Endriss (Hrsg.)
Bilanzbuchhalter-Handbuch

www.nwb.de

NWB Bilanzbuchhalter

Bilanzbuchhalter-Handbuch

Nachschlagewerk für Weiterbildung und Praxis

Herausgegeben von

WP/StB Prof. Dr. Horst Walter Endriss

Bearbeitet von

Dipl.-Kaufmann (FH) Udo Cremer, Aurich

Bärbel Ettig, Kreischa

RA Dr. Diana Ettig, Frankfurt/Main

Dipl.-Finanzwirt (FH)
Christoph Kleine-Rosenstein, Fröndenberg

Dipl.-Betriebswirt
Jochen Langenbeck, Bochum

Dr. Hans J. Nicolini, Köln

Dipl.-Betriebswirt Dipl.-Finanzwirt
Christoph Raabe, Dinslaken

Dipl.-Kaufmann Dipl.-Volkswirt
Dipl.-Ingenieur
Prof. Dr. Selden Peter Schröder, Solingen

Dipl.-Finanzwirt StB Michael Seifert, Troisdorf

RA Dr. Oliver C. Storr, München

Prof. Dr. Carsten Theile, Bochum

Dipl.-Finanzwirt
Ralf Walkenhorst, Werther

Akad. Direktor a. D. Dr. Harald Wedell,
Göttingen

Prof. Dr. Torsten Wengel, Remagen

Steueramtsrat Dipl.-Finanzwirt (FH) M.A.
Carsten Zimmermann, Dillingen/Saar

13., überarbeitete Auflage

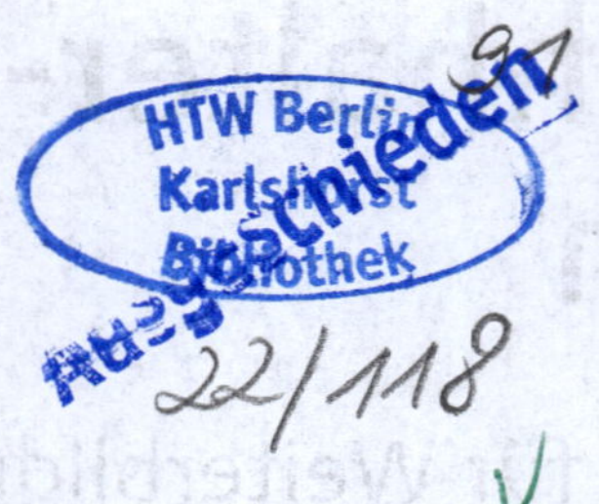

ISBN 978-3-482-**66783**-1

13., überarbeitete Auflage 2021

www.nwb.de

Satz: PMGi Agentur für intelligente Medien GmbH, Hamm
Druck: L.E.G.O., Italien

VORWORT

Das Bilanzbuchhalter-Handbuch ist seit vielen Jahren ein hilfreiches Nachschlagewerk bei der täglichen Arbeit des Bilanzbuchhalters* und auch ein idealer Begleiter für angehende Bilanzbuchhalter bzw. Bachelor Professional in Bilanzbuchhaltung während der Vorbereitung auf ihre Prüfung. Darüber hinaus richtet sich dieses Werk an alle Personen, die mit ihrer Tätigkeit im Rechnungswesen, in Steuerberaterkanzleien etc. den praktischen Problemen von Bilanzbuchhaltern nahestehen, und bietet ebenfalls den Studenten der Betriebswirtschaftslehre mit dem Schwerpunkt Rechnungswesen – während oder nach dem Studium – eine nützliche Ergänzung zu ihren bereits erworbenen Kenntnissen.

Der Aufbau des Handbuchs orientiert sich in weiten Teilen an der aktuellen Prüfungsverordnung für Bilanzbuchhalter (BibuBAProFPrV) vom 18. 12. 2020 (BGBl 2020 I S. 3070). Gemäß den Anforderungen und Tätigkeiten in der Praxis liegt der Schwerpunkt des Werkes auf der Buchführung (einschließlich des handels- und steuerrechtlichen Jahresabschlusses, Konzernabschluss, Grundlagen internationaler Rechnungslegung und Jahresabschlussanalyse) sowie den volks- und betriebswirtschaftlichen Grundlagen. Ein weiterer Fokus liegt auf dem Steuerrecht und der betrieblichen Steuerlehre, hier insbesondere Einkommensteuer, Lohnsteuer, Körperschaftsteuer, Gewerbesteuer, Umsatzsteuer, Internationales Steuerrecht und Abgabenordnung. Im Vordergrund stehen neben der laufenden Besteuerung auch Steuerauswirkungen bei einzelfallbezogenen Problemen wie der Rechtsformwahl oder bei Umwandlungen. Abschließend sind Themen aus der Unternehmensführung und -steuerung (einschließlich Kosten- und Leistungsrechnung, Finanzwirtschaftliches Management und Risikomanagement) sowie wichtige Rahmenbedingungen für den Beruf des Bilanzbuchhalters zu finden: Sozialversicherung, Berufswesen und -recht, Personalführung und allgemeines Recht (inkl. Handels- und Gesellschaftsrecht, Sachenrecht, Gewerberecht, Bürgerliches Gesetzbuch und Internetrecht). Ein Glossar zum Rechnungswesen (Deutsch-Englisch) rundet das Werk ab.

Seit der 12. Auflage, die im September 2019 erschienen ist, sind zahlreiche Änderungen durch die Gesetzgebung und Rechtsprechung erfolgt (u. a. durch die Corona-Steuerhilfegesetze), die bei der Überarbeitung dieses Handbuchs berücksichtigt wurden. Darüber hinaus wird auch auf bevorstehende Änderungen eingegangen, wie beispielsweise auf das Gesetz zur Modernisierung des Körperschaftsteuerrechts (KöMoG), das die Einführung einer Option zur Körperschaftsteuer für Personenhandels- und Partnerschaftsgesellschaften ab dem 1. 1. 2022 vorsieht.

Auch bei dieser Auflage bitten wir Sie, liebe Leser, wieder um Ihre Unterstützung. Schicken Sie uns Ihre Anregungen, kritischen Hinweise oder Verbesserungsvorschläge gerne per E-Mail an lektorat-bwl@nwb.de. Wir werden diese zeitnah beantworten und für die kommende Auflage des Bilanzbuchhalter-Handbuchs vormerken.

Remagen, im August 2021 **Prof. Dr. Horst Walter Endriss**

---

* Aus Gründen der besseren Lesbarkeit wird auf die gleichzeitige Verwendung der Sprachformen männlich, weiblich und divers (m/w/d) verzichtet. Sämtliche Personenbezeichnungen gelten gleichermaßen für alle Geschlechter.

VORWORT

Das Bilanzbuchhalter-Handbuch ist seit vielen Jahren ein hilfreiches Nachschlagewerk bei der täglichen Arbeit des Bilanzbuchhalters. Es ist auch ein idealer Begleiter für angehende Bilanzbuchhalter bzw. Bachelor Professional in Bilanzbuchhaltung während der Vorbereitung auf ihre Prüfung. Darüber hinaus richtet sich dieses Werk an alle Personen, die mit ihrer Tätigkeit im Rechnungswesen, in Steuerberaterkanzleien etc. den praktischen Problemen von Bilanzbuchhaltern gegenüberstehen, und bietet ebenfalls den Studenten der Betriebswirtschaftslehre mit dem Schwerpunkt Rechnungswesen – während oder nach dem Studium – eine nützliche Ergänzung zu ihren bereits erworbenen Kenntnissen.

Der Aufbau des Handbuchs orientiert sich in weiten Teilen an der aktuellen Prüfungsverordnung für Bilanzbuchhalter (BiBuchhFortbV) vom 18.12.2020 (BGBl 2020 I S. 3078). Gemäß den Anforderungen und Tätigkeiten in der Praxis liegt der Schwerpunkt des Werkes auf der Buchführung einschließlich des handels- und steuerrechtlichen Jahresabschlusses, Konzernabschluss, Grundlagen internationaler Rechnungslegung und Jahresabschlussanalyse sowie den volks- und betriebswirtschaftlichen Grundlagen. Ein weiterer Fokus liegt auf dem Steuerrecht und der betrieblichen Steuerlehre, hier insbesondere Einkommensteuer, Lohnsteuer, Körperschaftsteuer, Gewerbesteuer, Umsatzsteuer, internationales Steuerrecht und Abgabenordnung. Im Vordergrund stehen neben der laufenden Besteuerung auch steuerrechtlich [illegible] einzelfallbezogenen Problemen, wie der Rechtsformwahl oder bei Umwandlungen. Abschließend sind Themen aus der Unternehmensführung und -steuerung (einschließlich Kosten- und Leistungsrechnung, finanzwirtschaftliches Management und Risikomanagement) sowie wichtige Rahmenbedingungen für den Beruf des Bilanzbuchhalters zu finden (Sozialversicherung, Steuerberatungs- und Arbeitsrecht, Personalführung und allgemeines Recht (inkl. Handels- und Gesellschaftsrecht, Sachenrecht, Gewerberecht, Bürgerliches Gesetzbuch und Insolvenzrecht). Ein Glossar zum Rechnungswesen (Deutsch-Englisch) rundet das Werk ab.

Seit der 12. Auflage, die im September 2019 erschienen ist, sind zahlreiche Änderungen durch die Gesetzgebung und Rechtsprechung erfolgt (u. a. durch die Corona-Steuerhilfegesetze), die bei der Überarbeitung dieses Handbuchs berücksichtigt wurden. Darüber hinaus wird auch auf bevorstehende Änderungen eingegangen, wie beispielsweise auf das Gesetz zur Modernisierung des Körperschaftsteuerrechts (KöMoG), das die Einführung einer Option zur Körperschaftsteuer für Personenhandels- und Partnerschaftsgesellschaften ab dem 1.1.2022 vorsieht.

Auch bei dieser Auflage bitten wir die Leser wieder um ihre Unterstützung. Schicken Sie uns Ihre Anregungen, kritischen Hinweise oder Verbesserungsvorschläge gerne per E-Mail an lektorat@nwb.de. Wir werden diese zeitnah beantworten und für die kommende Auflage des Bilanzbuchhalter-Handbuchs vormerken.

Rellingen, im August 2021 Prof. Dr. Horst Walter Endriss

Aus Gründen der besseren Lesbarkeit wird auf die gleichzeitige Verwendung der Sprachformen männlich, weiblich und divers (m/w/d) verzichtet. Sämtliche Personenbezeichnungen gelten gleichermaßen für alle Geschlechter.

INHALTSÜBERSICHT

INHALTSVERZEICHNIS

ABKÜRZUNGSVERZEICHNIS

A

a. a. O.	am angegebenen Ort
AB	Anfangsbestand
abh.	abhängig
Abs.	Absatz
Abschn.	Abschnitt
Abschr.	Abschreibung(en)
Abtlg.	Abteilung
abzgl.	abzüglich
ADS	Adler/Düring/Schmaltz
AEAO	Anwendungserlass zur Abgabenordnung
AEUV	Vertrag über die Arbeitsweise der Europäischen Union
AEVO	Ausbildereignungsverordnung
AfA	Absetzung für Abnutzung
AfaA	Absetzung für außergewöhnliche Abnutzung
AFG	Arbeitsförderungsgesetz
AfS	Absetzung für Substanzverringerung
aG	auf Gegenseitigkeit
AG	Aktiengesellschaft/Arbeitgeber
AHK	Anschaffungs- und Herstellungskosten
ähnl.	ähnlich(e)
AICPA	American Institute of Certified Public Accountants
AK	Anschaffungskosten
AktG	Aktiengesetz
AN	Arbeitnehmer
and.	andere
Anf.	Anfang
Anl.	Anlage
Anm.	Anmerkung(en)
Ant.	Anteil(e)
a. o./A. o.	außerordentlich
AO	Abgabenordnung
ArbSchG	Arbeitsschutzgesetz
ArbZG	Arbeitszeitgesetz
Art.	Artikel
ASA	Arbeitsschutzausschuss
ASB	Arbeitskreis der Selbständigen Bilanzbuchhalter
ASiG	Arbeitssicherheitsgesetz
AStG	Außensteuergesetz
ATZ	Altersteilzeit
Aufl.	Auflage

Aufr.	Aufrechnung
Aufwend./Aufw.	Aufwendung(en)
AÜG	Arbeitnehmer-Überlassungsgesetz
AuslInvestmG	Gesetz über den Vertrieb ausländischer Investmentanteile und über die Besteuerung der Erträge aus ausländischen Investmentanteilen
Ausn.	Ausnahme
Aussch.	Ausschüttung(en)
AV	Anlagevermögen

B

BAB	Betriebsabrechnungsbogen
BB	Betriebs-Berater (Zeitschrift)
BBiG	Berufsbildungsgesetz
BBK	NWB Rechnungswesen – BBK (Zeitschrift)
Bd.	Band
BdF	s. BMF
BDSG	Bundesdatenschutzgesetz
BerlinFG	Berlinförderungsgesetz
BetBW	Beteiligungsbuchwert
Beteil.	Beteiligung(en)
BetrAVG	Gesetz zur Verbesserung der betrieblichen Altersversorgung
betriebl.	betrieblich(e)
Betriebsst.	Betriebsstätte
BetrSichV	Betriebssicherheitsverordnung
BetrVG	Betriebsverfassungsgesetz
BewG	Bewertungsgesetz
Bewk.	Bewirtungskosten
BFH	Bundesfinanzhof
BFH/NV	Sammlung amtlich nicht veröffentlichter Entscheidungen des Bundesfinanzhofs
BG	Berufsgenossenschaft
BGA	Bundesgesundheitsamt/Büro- und Geschäftsausstattung
BgA	Betrieb(e) gewerblicher Art
BGB	Bürgerliches Gesetzbuch
BGBl	Bundesgesetzblatt
BGH	Bundesgerichtshof
BGV	BG-Vorschrift
BibuBAProFPrV	Bilanzbuchhalter-Bachelor Professional in Bilanzbuchhaltung-Fortbildungsprüfungsverordnung
BildscharbV	Bildschirmarbeitsverordnung
BilMoG	Bilanzrechtsmodernisierungsgesetz
BilRUG	Bilanzrichtlinie-Umsetzungsgesetz
BioStoffV	Biostoffverordnung
BiRiLiG	Bilanzrichtlinien-Gesetz
BMF	Bundesministerium der Finanzen
bND	Nutzungsdauer
BpO	Betriebsprüfungsordnung

BSG	Bundessozialgericht
BSGE	Entscheidungen des Bundessozialgerichts
BStBl	Bundessteuerblatt
BT-Drucks.	Bundestag-Drucksache
Buchst.	Buchstabe(n)
BurlG	Bundesurlaubsgesetz
BuW	Betrieb und Wirtschaft (Zeitschrift)
BV	Betriebsvermögen
BVBC	Bundesverband der Bilanzbuchhalter und Controller e. V.
BVerfG	Bundesverfassungsgericht
BVerfGE	Entscheidungen des Bundesverfassungsgerichts
BVG	Bundesversorgungsgesetz
bzgl.	bezüglich
BZSt	Bundeszentralamt für Steuern
bzw.	beziehungsweise

C

ca.	circa
cbm	Kubikmeter
CD	Compact Disc
CDU	Christlich Demokratische Union
COBIT	Control Objectives for Information and Related Technology
COSO	Committee of Sponsoring Organizations of the Treadway Commission
CSU	Christlich Soziale Union

D

DATEV	Datenverarbeitungsorganisation des steuerberatenden Berufes in der Bundesrepublik Deutschland e. G.
DB	Der Betrieb (Zeitschrift)
DBA	Doppelbesteuerungsabkommen
DDR	Deutsche Demokratische Republik
DepotG	Depotgesetz
ders.	derselbe
dgl.	dergleichen
DGUV	Deutsche Gesetzliche Unfallversicherung
d. h.	das heißt
Diff.	Differenz
DIHK	Deutscher Industrie- und Handelskammertag
DIHT	Deutscher Industrie- und Handelstag
DM	Deutsche Mark
DMBilG	D-Markbilanzgesetz
DMEB	D-Markeröffnungsbilanz
dpi	dots per inch
DRK	Deutsches Rotes Kreuz

DRS	Deutscher Rechnungslegungs Standard
DRSC	Deutsches Rechnungslegungs Standard Committee
Drs.	Drucksache
DSGVO	Datenschutz-Grundverordnung
DStR	Deutsches Steuerrecht (Zeitschrift)
DStZ/E	Deutsche Steuerzeitung (Zeitschrift)
DÜG	Diskontsatz-Überleitungs-Gesetz
durchschn.	durchschnittlich
DV	Datenverarbeitung
DVD	Digital Versatile Disc
DVFA	Deutsche Vereinigung für Finanzanalyse und Anlageberatung GmbH

E

€	Euro
EBIT	Earnings before Interest and Taxes
EBITA	Earnings before Interest, Taxes and Amortisation
EBITDA	Earnings before Interest, Taxes, Depreciation and Taxes
EBK	Eröffnungsbilanzkonto
ECU	European Currency Unit
EDV	Elektronische Datenverarbeitung
EE	Einkommen und Ertrag
EFG	Entscheidungen der Finanzgerichte
eG	eingetragene Genossenschaft
EG	Europäische Gemeinschaft
EGAktG	Einführungsgesetz zum Aktiengesetz
EGHGB/EHGB	Einführungsgesetz zum HGB
einschl.	einschließlich
EK	Eigenkapital
endg.	endgültig
Entn.	Entnahme
entspr.	entsprechend
EntwStG	Entwicklungsländer-Steuergesetz
ErbbauV	Erbbaurechtsverordnung
ErbSt	Erbschaftsteuer
ErbStG	Erbschaftsteuer- und Schenkungsteuergesetz
Erl.	Erlass
Ertr.	Ertrag
Erw.	Erweiterung
Erzeugn.	Erzeugnisse
ESt	Einkommensteuer
EStDV	Einkommensteuer-Durchführungsverordnung
EStG	Einkommensteuergesetz
EStH	Einkommensteuer-Hinweise
EStR	Einkommensteuer-Richtlinien

etc.	et cetera
EU	Europäische Union
EuGH	Gerichtshof der Europäischen Gemeinschaften
EÜR	Einnahmen-Überschussrechnung
EuroBilG	Euro-Bilanzgesetz
EuroEG	Euro-Einführungsgesetz
EUSt	Einfuhrumsatzsteuer
ev.	evangelisch
e. V.	eingetragener Verein
EVA	Eingabe-Verarbeitung-Ausgabe
evtl.	eventuell
EW	Einheitswert
EWB	Einzelwertberichtigung
EWG	Europäische Wirtschaftsgemeinschaft
EWIV	Europäische Wirtschaftliche Interessenvereinigung

F

f.	folgende(r)/für
F.	Fach
FA	Finanzamt
FASB	Financial Accounting Standards Board
FDP	Freie Demokratische Partei
FE	Fertige Erzeugnisse
FEE	Fédération des Exports Comptables Européens
Fert.	Fertige
FF	Französische Francs
ff.	folgende
FG	Finanzgericht
FGO	Finanzgerichtsordnung
FIBOR	Frankfurt Interbank Offered Rate
Fibu	Finanzbuchhaltung
FinBeh	Finanzbehörde
FinAV	Finanzanlagevermögen
FinMin	Ministerium der Finanzen
FinVerw	Finanzverwaltung
FK	Fremdkapital
Ford.	Forderung(en)
FördG/FörderG	Fördergebietsgesetz
franz.	französisch
FVG	Finanzverwaltungsgesetz

G

GAAP	Generally Accepted Accounting Principles
GAG	geringwertiges Anlagegut
GAL	Gesetz über eine Altershilfe für Landwirte
GbR	Gesellschaft bürgerlichen Rechts
GE	Geldeinheiten
GefStoffV	Gefahrstoffverordnung
Gegenst.	Gegenstand
gem.	gemäß
Gemeink.	Gemeinkosten
GenG	Gesetz betreffend die Erwerbs- und Wirtschaftsgenossenschaften
geom.	geometrisch
ges.	gesamt
Gesch.	Geschenk(e)
Geschäftsausst.	Geschäftsausstattung
Geschäftsbet.	Geschäftsbetrieb
Gesellsch.	Gesellschaft(en)
Gew.	Gewinn
GewO	Gewerbeordnung
GewSt	Gewerbesteuer
GewStDV	Gewerbesteuer-Durchführungsverordnung
GewStG	Gewerbesteuergesetz
GewStR	Gewerbesteuer-Richtlinien
gez.	gezeichnet(es) [Kapital]
GG	Grundgesetz für die Bundesrepublik Deutschland
ggf.	gegebenenfalls
GJ	Geschäftsjahr
GKV	Gesamtkostenverfahren
GmbH	Gesellschaft mit beschränkter Haftung
GmbHG	Gesetz betreffend die Gesellschaften mit beschränkter Haftung
GmbHR	Rundschau für GmbH (Zeitschrift)
GNOFÄ	Grundsätze zur Neuorganisation der Finanzämter und zur Neuordnung des Besteuerungsverfahrens
GoB	Grundsätze ordnungsmäßiger Buchführung
GoS	Grundsätze ordnungsmäßiger Speicherbuchführung
Gr.	Gruppe
grds./grundsätzl.	grundsätzlich
GrEStG	Grunderwerbsteuergesetz
GrS	Großer Senat
GrSt	Grundsteuer
Grundst.	Grundstück(e)
GuV	Gewinn- und Verlustrechnung
GuVV	GuV-Vorschrift
GWG	geringwertiges Wirtschaftsgut

H

H.	Heft
HB	Handelsbilanz
HFA	Hauptfachausschuss
HGB	Handelsgesetzbuch
HK	Herstellungskosten
h. M.	herrschende Meinung
HP	Hewlett Packard
HR	Handelsregister
Hrsg.	Herausgeber
HS	Halbsatz
HW	Handelsware
Hz	Hertz

I

IAS	International Accounting Standards
IASC	International Accounting Standards Committee
i. d. F.	in der Fassung
i. d. R.	in der Regel
IDW	Institut der Wirtschaftsprüfer
i. e. S.	im engeren Sinne
IFAC	International Federations of Accountants
IFRS	International Financial Reporting Standards
IHK	Industrie- und Handelskammer
IKR	Industriekontenrahmen
IKS	internes Kontrollsystem
imm.	immateriell
inkl.	inklusive
insbes.	insbesondere
InsO	Insolvenzordnung
Inspekt.	Inspektion
INTOSAI	Internationale Organisation der obersten Rechnungskontrollbehörden
Inv.-Nr.	Inventarnummer
InvZ/InvZul	Investitionszulage
InvZulG	Investitionszulagengesetz
InvZulVO	Investitionszulagenverordnung
IOSCO	International Organization of Securities Commissions
IR	Investor Relations
i. S.	im Sinne
ital.	italienisch
i. V.	in Verbindung
i. w. S.	im weiteren Sinne
IZA	Informationszentrale Auslandsbeziehungen

J

J.	Jahr(e)
JA	Jahresabschluss
jährl.	jährlich
Jg.	Jahrgang
jPöR	juristische Personen des öffentlichen Rechts
JStErgG	Jahressteuerergänzungsgesetz
JStG	Jahressteuergesetz
JÜ	Jahresüberschuss
JugArbSchG	Jugendarbeitsschutzgesetz
JuSchG	Jugendschutzgesetz

K

KAGG	Kapitalanlagegesellschaftengesetz
Kap.	Kapitel
KapAEG	Kapitalaufnahmeerleichterungsgesetz
KapCoRiLiG	Kapitalgesellschaften- und Co-Richtliniegesetz
KapErhG	Kapitalerhöhungsgesetz
KapESt	Kapitalertragsteuer
KapGes	Kapitalgesellschaft
kath.	katholisch
kfm.	kaufmännisch(er)
Kfz	Kraftfahrzeug
KfzSt	Kraftfahrzeugsteuer
KfzStDV	Kraftfahrzeugsteuer-Durchführungsverordnung
KG	Kommanditgesellschaft
kg	Kilogramm
KGaA	Kommanditgesellschaft auf Aktien
KKK	Kontokorrentkredit
km	Kilometer
KN	Kurznachricht
KO	Konkursordnung
Komm.	Kommentar
KöMoG	Gesetz zur Modernisierung des Körperschaftsteuerrechts
KonTraG	Gesetz zur Kontrolle und Transparenz im Unternehmensbereich
KostO	Kostenordnung
KSt	Körperschaftsteuer
KStG	Körperschaftsteuergesetz
KStR	Körperschaftsteuer-Richtlinien
Ktn.	Konten
Kto.	Konto
kum.	kumuliert
kurzfr.	kurzfristig
KWG	Kreditwesengesetz
kWh	Kilowattstunde

L

LärmVibrationsArbSchV	Lärm- und Vibrations-Arbeitsschutzverordnung
LasthandhabV	Lastenhandhabungsverordnung
lfd.	laufend
LG	Landgericht
Lief.	Lieferung(en)/Lieferer
LIFO	Last-In-First-Out
LKW	Lastkraftwagen
LSt	Lohnsteuer
LStDV	Lohnsteuer-Durchführungsverordnung
LStR	Lohnsteuer-Richtlinien
LSW	Lexikon des Steuer- und Wirtschaftsrechts
lt.	laut
L. u. L.	Lieferungen und Leistungen

M

m	Meter
MA	Mitarbeiter
Ma./Masch.	Maschine(n)
max.	maximal
MbD	Management by Delegation
MbE	Management by Exception
MbO	Management by Objectives
MbS	Management by Systems
MHz	Megahertz
Mind.	Minderung
Mio.	Million(en)
mittelfr.	mittelfristig
mm	Millimeter
Mrd.	Milliarde(n)
MuSchRiV	Mutterschutzrichtlinienverordnung
m. w. N.	mit weiteren Nachweisen
MwSt	Mehrwertsteuer

N

NachwG	Nachweisgesetz
Nebenk.	Nebenkosten
nichtabzf.	nichtabzugsfähig
NJW-RR	Neue Juristische Wochenschrift-Rechtsprechungs-Report Zivilrecht (Zeitschrift)
NLP	Neurolinguistische Programmierung
Nr.	Nummer
NRW	Nordrhein-Westfalen
NWB	Neue Wirtschafts-Briefe (Zeitschrift)

O

o.	oder
o. a.	oben angeführt
o. Ä.	oder Ähnliches
OFD	Oberfinanzdirektion
o. g.	oben genannt
oGA	offene Gewinnausschüttung(en)
OHG	Offene Handelsgesellschaft
OHP	Overheadprojektor
OLG	Oberlandesgericht
ordentl.	ordentlich(er)
OWiG	Gesetz über Ordnungswidrigkeiten

P

p. a.	pro anno
PartG	Parteiengesetz
pass.	passiv(er)
PC	Personalcomputer
Pens.rückst.	Pensionsrückstellung(en)
PKW	Personenkraftwagen
PLZ	Postleitzahl
Pos.	Position
priv.	privat
PS	Pferdestärke/Prüfungsstandard
PublG	Publizitätsgesetz
PWB	Pauschalwertberichtigung

Q

qm	Quadratmeter

R

R	Richtlinie
RabattG	Rabattgesetz
RAP	Rechnungsabgrenzungsposten
Reparat.	Reparatur(en)
RHB	Roh-, Hilfs- und Betriebsstoffe
RichtlStB	Richtlinien für die Berufsausübung der Steuerberater und Steuerbevollmächtigten
Rdn.	Randnummer
RoI	Return-on-Investment
Rs	Rundschreiben
Rü./Rückst.	Rückstellung(en)
RVO	Reichsversicherungsordnung
Rz.	Randziffer

S

S.	Seite
SABI	Sonderausschuss BiRiLiG
SAV	Sachanlagevermögen
SB	Schlussbestand
SBK	Schlussbilanzkonto
ScheckG	Scheckgesetz
SEC	Securities and Exchange Commission
SGB	Sozialgesetzbuch
Sifa	Fachkraft für Arbeitssicherheit
SKR	Spezialkontenrahmen
SMS	Short Message Service
sog.	sogenannte(r)
Sonst.	Sonstige
SoPo	Sonderposten
Soz.Abg.	Sozialabgabe(n)
Sozialvers.	Sozialversicherung
StÄndG	Steueränderungsgesetz
StandOG	Standortsicherungsgesetz
StB	Steuerbilanz/Steuerberater
StBereinG	Steuerbereinigungsgesetz
StBerG	Steuerberatungsgesetz
StBGebV	Steuerberatergebührenverordnung
StBp	Die steuerliche Betriebsprüfung (Zeitschrift)
Std.	Stunde(n)
StEntlG	Steuerentlastungsgesetz
SteuerStud	NWB Steuer und Studium (Zeitschrift)
StGB	Strafgesetzbuch
StMBG	Steuerbereinigungs- und Missbrauchsbekämpfungsgesetz
Stpfl.	Steuerpflichtige(r)
StPO	Strafprozessordnung
StSenkErgG	Steuersenkungsergänzungsgesetz
StSenkG	Steuersenkungsgesetz
StuB	NWB Unternehmensteuern und Bilanzen – StuB (Zeitschrift)
StuW	Steuer und Wirtschaft (Zeitschrift)
StVergAbG	Steuervergünstigungsabbaugesetz

T

t	Tonne
tägl.	täglich
tarifl.	tariflich
TDG	Teledienstgesetz
TDM	Tausend Deutsche Mark
techn.	technisch(e)

T€	Tausend Euro
TMG	Telemediengesetz
TN	Teilnehmer
TranspRLG	Transparenzrichtliniengesetz
Tz.	Textziffer
TzBfG	Teilzeit- und Befristungsgesetz
TZI	Themenzentrierte Interaktion

U

u. a.	und andere/unter anderem
u. Ä.	und Ähnliches
UKV	Umsatzkostenverfahren
Umlaufverm.	Umlaufvermögen
UmwG	Umwandlungsgesetz
UmwStErl	Umwandlungssteuererlass
UmwStG	Gesetz über steuerliche Maßnahmen bei Änderungen der Unternehmensform
Unt.	Unternehmen
Unterst.	Unterstützung
Urt.	Urteil(e)
USt	Umsatzsteuer
USt-IdNr.	Umsatzsteuer-Identifikationsnummer
UStDB	Umsatzsteuer-Durchführungsbestimmung
UStDV	Umsatzsteuer-Durchführungsverordnung
UStG	Umsatzsteuergesetz
UStR	Umsatzsteuer-Richtlinien
UStVA	Umsatzsteuer-Voranmeldung
usw.	und so weiter
UV	Umlaufvermögen
u. v. a. m.	und vieles anderes mehr

V

VAG	Versicherungsaufsichtsgesetz
vE	verdeckte Einlage
vEK	verwendbares Eigenkapital
Verb.	Verbindlichkeiten
verb./verbund.	verbunden(en)
Verbindlichk.	Verbindlichkeit(en)
VerglO	Vergleichsordnung
verr.	verrechnet
Versich.	Versicherung
VersStDV	Versicherungsteuer-Durchführungsverordnung
VersStG	Versicherungsteuergesetz
vertragl.	vertraglich

VG	Vermögensgegenstand
vGA	verdeckte Gewinnausschüttung
vgl.	vergleiche
v. H.	vom Hundert
VJ	Vorjahr
Vlg.	Veranlagung
VO	Verordnung
VOB	Verdingungsordnung für Bauleistungen
vorl.	vorläufig(er)
vorst.	vorstehend
VSGen	Vorschriften für Sicherheits- und Gesundheitsschutz
VSt	Vermögensteuer
VStG	Vermögensteuergesetz
VStR	Vermögensteuer-Richtlinien
V + V	Vermietung und Verpachtung
VwL	Vermögenswirksame Leistungen
VwZG	Verwaltungszustellungsgesetz
VZ	Veranlagungszeitraum

W

WährG	Währungsgesetz
Wb	Wertberichtigung
WB	Weiterbildung
WEG	Wohnungseigentumsgesetz
Wertpap.	Wertpapier(e)
WG	Wirtschaftsgut/Wechselgesetz
Wj	Wirtschaftsjahr
WP	Wirtschaftsprüfer

Z

z. B.	zum Beispiel
Ziff.	Ziffer
Zinspap.	Zinspapier(e)
ZPO	Zivilprozessordnung
ZRFG	Zonenrandförderungsgesetz
zusätzl.	zusätzlich
zvE	zu versteuerndes Einkommen
zw.	zwischen
ZWH	Zentralstelle für die Weiterbildung im Handwerk
zzgl.	zuzüglich

1. Kapitel:

Buchführung

von
Dipl.-Betriebswirt Dipl.-Finanzwirt Christoph Raabe,
Dinslaken

Inhaltsverzeichnis

A. Aufgaben der Buchführung und Buchführungspflicht

I. Wesen und Aufgaben der Buchführung

Die Buchführung dient der **planmäßigen, lückenlosen** und **ordnungsmäßigen Aufzeichnung aller Geschäftsvorfälle** eines Unternehmens (s. auch § 239 Abs. 2 HGB und H 5.2 EStH). Sie hat **Dokumentations- und Kontrollfunktion.** 1

Die Buchführung soll 2

1. dem Kaufmann jederzeit einen Überblick über den Stand und alle Veränderungen der Vermögensteile und Schulden gewähren;
2. das Zahlenmaterial für den nach handels- und steuerrechtlichen Vorschriften zu erstellenden Jahresabschluss liefern.

Weitere Aufgaben der Buchführung sind: 3

- Ermittlung des Erfolgs, des Gewinns oder Verlusts;
- Lieferung der Werte für die Kostenrechnung und die Ermittlung der Verkaufspreise;
- Ermitteln und Belegen der Grundlagen für die Besteuerung;
- Überwachung der Zahlungsfähigkeit (Liquidität);
- Sammeln, Ordnen und Gruppieren der Vermögenswerte, Schulden, Aufwendungen und Erträge zum Zwecke innerbetrieblicher Kontrollen (Zeitvergleich) und für Vergleiche mit anderen Unternehmen (Betriebsvergleich);
- Liefern des Zahlenmaterials für interne statistische Zwecke und für die Statistiken der Behörden und der Unternehmensverbände;
- Belegfunktion gegenüber Kunden, Lieferanten, Banken und Behörden;
- Bereitstellen von Zahlenmaterial für die Unternehmensplanung;
- Kontrolle der Auswirkungen unternehmerischer Entscheidungen.

Die **Rahmenbedingungen** sind: 4

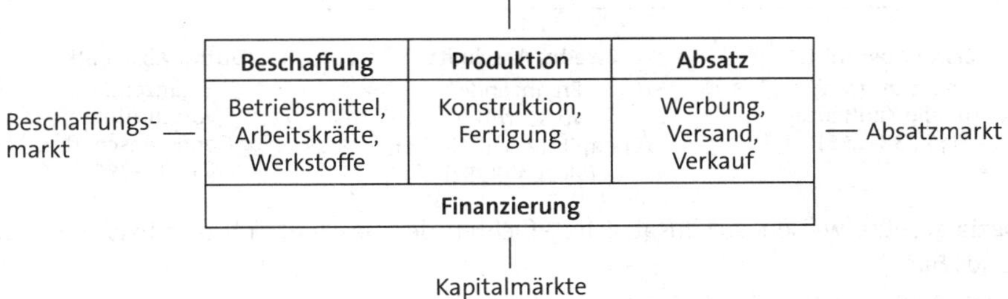

II. Buchführungs- und Aufzeichnungspflichten

1. Buchführungspflicht nach Handelsrecht

5 § 238 Abs. 1 HGB verpflichtet grundsätzlich alle Kaufleute, Bücher zu führen und in diesen ihre Handelsgeschäfte und die Lage ihres Vermögens nach den Grundsätzen ordnungsmäßiger Buchführung ersichtlich zu machen. Dabei unterscheidet das HGB

- allgemeine Vorschriften für sämtliche Kaufleute (§§ 238–263 HGB),
- ergänzende Vorschriften für Kapitalgesellschaften sowie Personenhandelsgesellschaften, bei denen unmittelbar oder mittelbar keine natürliche Person persönlich haftender Gesellschafter ist (§§ 264–335c HGB),
- ergänzende Vorschriften für Genossenschaften (§§ 336–339 HGB),
- ergänzende Vorschriften für Kredit- und Finanzdienstleistungsinstitute (§§ 340–340o HGB),
- ergänzende Vorschriften für Versicherungsunternehmen und Pensionsfonds (§§ 341–341p HGB) und den Rohstoffsektor (§§ 341q–341y HGB).

Kaufmann ist,

- wer ein Gewerbe ausübt, das nach Art und Umfang einen in kaufmännischer Weise eingerichteten Geschäftsbetrieb erfordert. Eine Eintragung in das Handelsregister ist dazu nicht erforderlich (Istkaufmann nach § 1 HGB);
- wer ohne die Notwendigkeit, einen in kaufmännischer Weise eingerichteten Geschäftsbetrieb zu führen, seine Firma in das Handelsregister eintragen lässt (Kannkaufmann nach § 2 HGB bzw. landwirtschaftlicher Kannkaufmann nach § 3 HGB);
- die Handelsgesellschaft (§ 6 HGB);
- die GmbH, die AG und die KGaA aufgrund ihrer Rechtsform (Formkaufmann nach § 6 HGB) und auch die Genossenschaft (§ 17 Abs. 2 GenG).

Einzelkaufleute, die am vergangenen Abschlussstichtag nicht mehr als 600 000 € Umsatzerlöse und 60 000 € Jahresüberschuss ausweisen, sind von der Pflicht zur Buchführung, der Aufstellung eines Inventars sowie der Aufstellung eines handelsrechtlichen Jahresabschlusses befreit (vgl. § 241a HGB). Dieses Wahlrecht gilt nicht für Einzelkaufleute, die kapitalmarktorientiert sind und auch nicht für Personenhandelsgesellschaften.

6 **Spezialgesetze** weisen auf zusätzliche Pflichten der Geschäftsführung bzw. des Vorstands hin:

- § 91 AktG: Pflicht zur Führung der Handelsbücher;
- § 41 GmbHG: Pflicht zur Buchführung und Bilanzaufstellung;
- § 33 GenG: Pflicht zur Buchführung;
- § 5 PublG: Pflicht zur Aufstellung von Jahresabschluss und Lagebericht;
- § 155 InsO: Buchführungspflicht des Insolvenzverwalters.

2. Buchführungspflicht nach Steuerrecht

Die §§ 140 bis 148 AO enthalten die grundlegenden steuerrechtlichen Vorschriften zur Buchführung. 7

Wer nach anderen Gesetzen als den Steuergesetzen, z. B. nach dem HGB, DepotG, GewO in Verbindung mit landesrechtlichen Regelungen usw., Bücher führen muss, hat diese Verpflichtung auch für die Besteuerung zu erfüllen (§ 140 AO). 8

Die aus der handelsrechtlichen Buchführungspflicht abgeleitete steuerrechtliche Buchführungspflicht des § 140 AO beginnt und endet mit der handelsrechtlichen Buchführungspflicht.

§ 141 AO erweitert den Kreis derjenigen, die Bücher führen und aufgrund einer jährlichen Bestandsaufnahme Abschlüsse erstellen müssen, um Kleingewerbetreibende und Land- und Forstwirte. Die Buchführungspflicht ist von den folgenden **Betragsgrenzen** abhängig: 9

- **Gesamtumsatz** von mehr als 600 000 € oder
- selbstbewirtschaftete **land- und forstwirtschaftliche Flächen** mit einem Wirtschaftswert (§ 46 BewG) von mehr als 25 000 € oder
- **Gewinn aus Gewerbebetrieb** von mehr als 60 000 € im Wirtschaftsjahr oder
- **Gewinn aus Land- und Forstwirtschaft** von mehr als 60 000 € im Kalenderjahr.

Das Steuerrecht stellt die folgenden **Mindestanforderungen** an die Buchführung: 10

- Vollständige, zeitnahe (zeitgerechte) und geordnete Erfassung sämtlicher Geschäftsvorfälle in einem oder mehreren **Grundbüchern** (H 5.2 EStH).
- Führung eines **Geschäftsfreundebuchs** (R 5.2 Abs. 1 EStR).
- **Jährliche Abschlüsse** und **Bestandsaufnahmen** (R 5.3 ff. EStR).

Weitere Rechtsgrundlagen zur Buchführung und Bilanzierung enthalten z. B.: 11

- § 4 Abs. 1 EStG: **Gewinnermittlung** durch Betriebsvermögensvergleich;
- § 5 Abs. 1 EStG: Grundsätzliche **Maßgeblichkeit** der Handelsbilanz für die Steuerbilanz;
- § 6 EStG: **Bewertung** nach Steuerrecht;
- § 7 bis 7k EStG: Steuerlich zulässige **Abschreibungen;**
- § 8 Abs. 1 KStG: Verweise auf Vorschriften des EStG;
- § 7 Abs. 1 GewStG: Verweise auf Vorschriften des EStG und des KStG;
- § 22 UStG: Aufzeichnungspflichten zur USt;
- § 41 Abs. 1 Satz 1 EStG: Führung eines **Lohnkontos** je Arbeitnehmer.

3. Maßgeblichkeit

Grundsätzlich sind die Ansätze in der Handelsbilanz maßgeblich für die Steuerbilanz (§ 5 Abs. 1 Satz 1 EStG). Ausnahmen: 12

- Handelsrechtliche Bilanzierungs- und Bewertungswahlrechte oder Ermessungsspielräume erlauben mehrere unterschiedliche Ansätze und für die Steuerbilanz ist ein bestimmter Wert vorgeschrieben (Einschränkung der Maßgeblichkeit).
- Steuerliche Vorschriften erfordern einen Ansatz, der mit den handelsrechtlichen Regelungen nicht vereinbar ist (Durchbrechung der Maßgeblichkeit).

- Soweit für die Steuerbilanz ein Wahlrecht besteht, kann dieses unabhängig vom Ansatz oder der Bewertung in der Handelsbilanz ausgeübt werden. Die handelsrechtliche Behandlung ist für die steuerliche Gewinnermittlung nicht bindend (keine Maßgeblichkeit).

13 Durch das Bilanzrechtsmodernisierungsgesetz (BilMoG) wurde die Maßgeblichkeit der Steuerbilanz für die Handelsbilanz (umgekehrte Maßgeblichkeit) abgeschafft. Die bilanzpolitischen Maßnahmen können seither in Handels- und Steuerbilanz weitgehend unabhängig voneinander getroffen werden. Das macht die Erstellung einer eigenständigen Steuerbilanz möglich.

4. Beginn der Buchführungspflicht

14 § 141 AO enthält dazu keine konkrete Regelung. § 240 Abs. 1 und § 242 Abs. 1 HGB schreiben vor, dass der Kaufmann zu Beginn seines Handelsgewerbes ein Inventar und eine Bilanz zu erstellen hat. Daraus ergibt sich, dass der Kaufmann von diesem Zeitpunkt an auch zur Buchführung verpflichtet ist. Schließlich sind die Konten der Buchführung nur eine zerlegte Bilanz. Die Buchführung führt über die Konten von der Eröffnungsbilanz des laufenden Jahres oder der Schlussbilanz des Vorjahres zur Schlussbilanz des laufenden Jahres.

15 Grundsätzlich beginnt die Buchführungspflicht

- für den Istkaufmann mit dem Beginn der Geschäftstätigkeit, der Vorbereitung und Ingangsetzung,
- für Personengesellschaften mit dem Beginn der Geschäftstätigkeit,
- für den Kannkaufmann mit der Eintragung in das Handelsregister,
- für den Formkaufmann mit der Gründung.

16 **Gewerbliche Unternehmen** und **Land- und Forstwirte** sind vom Beginn des Wirtschaftsjahres an buchführungspflichtig, das auf die Bekanntgabe der Mitteilung folgt, durch die die Finanzbehörde auf den Beginn dieser Verpflichtung hingewiesen hat (§ 141 Abs. 2 Satz 1 AO).

5. Ende der Buchführungspflicht

17 Die Buchführungspflicht endet **generell,** wenn der Kaufmann seine Geschäftstätigkeit einstellt (Umkehrschluss aus § 242 HGB). Die Aufgabe der werbenden Tätigkeit muss endgültig sein. **Ruht der Gewerbebetrieb** nur vorübergehend, so endet die Buchführungspflicht nicht. Maßnahmen im Zusammenhang mit der Aufgabe oder Veräußerung sind noch buchführungspflichtig.

Die Buchführungspflicht endet

- für den Istkaufmann, wenn Art und Umfang der Geschäftstätigkeit einen in kaufmännischer Weise eingerichteten Geschäftsbetrieb nicht mehr erforderlich machen,
- für Personengesellschaften mit der Abwicklung nach Auflösung,
- für den Kannkaufmann mit der Abwicklung nach Auflösung,
- für den Formkaufmann mit der Abwicklung nach Auflösung und der Löschung im Handelsregister.

Für **gewerbliche Unternehmen** und **Land- und Forstwirte** endet die Buchführungspflicht mit dem Ablauf des Wirtschaftsjahres, das auf das Wirtschaftsjahr folgt, in dem die Finanzbehörde feststellt, dass die Voraussetzungen nach § 141 Abs. 1 AO nicht mehr vorliegen (§ 141 Abs. 2 Satz 2 AO). 18

6. Aufzeichnungspflichten

In einer Buchführung werden sämtliche Geschäftsvorfälle erfasst. Betriebe, für die keine Buchführungspflicht besteht, sind lediglich zur Aufzeichnung bestimmter Arten von Geschäftsvorfällen verpflichtet (z. B. durch Führung eines Wareneingangs- und -ausgangsbuchs, §§ 143 f. AO). 19

B. Organisation der Buchführung

I. Belegorganisation

1. Wesen der Belege

Die Forderung „Keine Buchung ohne Beleg" ist ein wesentlicher Grundsatz ordnungsmäßiger Buchführung. Soweit ein Geschäftsvorfall nicht zwangsläufig zu einem (Fremd-)Beleg führt, z. B. im Falle einer Privatentnahme, muss ein Eigenbeleg erstellt werden. 101

Der Beleg ist das Bindeglied zwischen dem betrieblichen Vorgang und der Eintragung in den Geschäftsbüchern. Er ist Beweis- und Kontrollmittel für die sachliche Richtigkeit der Buchung. 102

2. Arten der Belege

Nach der **Herkunft** werden externe und interne Belege unterschieden. **Externe Belege** oder Fremdbelege sind z. B. Eingangsrechnungen, Bankauszüge, Zahlkarten, Quittungen, Frachtbriefe, Gutschriften, Begleitbriefe zu erhaltenen Schecks und Wechseln. **Interne Belege** oder Eigenbelege sind Kopien der Ausgangsrechnungen, Lohn- und Gehaltsbelege, Materialentnahmescheine, Quittungsdurchschriften usw. 103

Nach der **Entstehung** lassen sich die Belege in natürliche und künstliche Belege einteilen. **Natürliche Belege** sind die oben angeführten Fremd- und Eigenbelege. **Künstliche Belege** werden ausgestellt, wenn ein natürlicher Beleg fehlt: 104

- Von vornherein ist kein Beleg vorhanden, z. B. bei Privatentnahmen, Barverkauf, vorbereitenden Abschlussbuchungen.
- Ein Beleg müsste vorhanden sein, wurde aber aus erklärbaren Gründen nicht ausgestellt. Der **Notbeleg** muss Datum, Grund und Betrag der Ausgabe sowie die Unterschrift des Ausstellenden enthalten.

Nach der **Anzahl der Geschäftsvorfälle** werden unterschieden: 105

- **Einzelbelege**, wie Quittungen, Eingangsrechnung, Durchschrift eines Überweisungsträgers usw., und
- **Sammelbelege**, wie Lohnlisten, Bankauszüge, Sammelüberweisungen, Kassenberichte, Liste der Eingangsrechnungen eines Tags im Falle der Offene-Posten-Buchführung u. Ä.

3. Informationsinhalt eines Buchungsbelegs

106 Buchungsbelege können Informationen zur Verbuchung im Hauptbuch und in den Nebenbüchern, zur weiteren Bearbeitung in der Kostenrechnung, Bezugsinformationen u. Ä. enthalten. Bei den fett gedruckten innerhalb der folgenden Informationsinhalte handelt es sich um **Mussinformationen**:

- Belegart: Bankbeleg, Eingangsrechnung, Ausgangsrechnung usw.;
- **Belegnummer:** die von der Buchhaltung vergebene umkehrbar eindeutige Belegnummer;
- **Belegdatum:** Datum, an dem der Beleg ausgestellt (Eigenbeleg) bzw. eingegangen ist (Fremdbeleg);
- **Kontonummer:** Personen- oder Sachkonto, auf dem die Buchung erfolgt;
- Fremdbelegnummer: z. B. Rechnungsnummer des Lieferers für die Wiederholung bei Zahlung;
- **Nummer des Gegenkontos:** Sach- oder Personenkonto, auf dem die Gegenbuchung erfolgt;
- Kostenstellennummer: Kontierung der Kostenstelle bei Belegen über Gemeinkosten;
- Kostenträgernummer: Kontierung der Auftragsnummer bei Belegen über Einzelkosten;
- Buchungstext: verbale oder codifizierte Erläuterungen (in Ausnahmefällen);
- **Betrag:** Buchungsbetrag.

4. Belegbearbeitung

107 Die Belegbearbeitung erfolgt in **mehreren Schritten:**

(1) Vorbereitung

- Belegentstehung: intern/Ausstellungsdatum; extern/Datum des Eingangsstempels;
- Belegsortierung: nach Eingangsrechnungen, Gutschriften der Lieferer, Ausgangsrechnungen, Gutschriften der Kunden, Bankbelegen usw.;
- Nummerierung: Vergabe laufender Nummern innerhalb der Belegnummernkreise;
- Belegprüfung: auf sachliche und rechnerische Richtigkeit;
- Kontierung: Eintragung des Buchungssatzes alternativ (soweit nicht maschinell in Abhängigkeit von der Belegnummer generiert)
  - auf dem Beleg selbst,
  - auf einer Allonge (*frz.: Anhang*; wird verwendet, wenn der Platz auf dem eigentlichen Papier, z. B. einem Wechsel, nicht ausreicht),
  - in einen Kontierungsstempel,
  - in ein Erfassungsjournal.

(2) Buchung

Buchung im Journal, im Hauptbuch, evtl. zusätzlich in einem Nebenbuch.

(3) Ablage und Aufbewahrung

- Belegablage: je Abrechnungsperiode nach Belegnummernkreisen und laufender Nummer innerhalb der Nummernkreise, für einzelne Sachgebiete zusätzlich nach dem Alphabet;

- Belegaufbewahrung: **Buchungsbelege**, Bücher, Inventare, Jahresabschlüsse, Lageberichte, Arbeitsanweisungen und Organisationsunterlagen, die zu deren Verständnis erforderlich sind, sind **10 Jahre** lang aufzubewahren, gerechnet vom Ende des Kalenderjahrs, in dem der Beleg entstanden ist. Empfangene und Kopien der abgesandten Handelsbriefe sind 6 Jahre lang aufzubewahren (§ 257 Abs. 4 und 5 HGB, § 147 Abs. 3 und 4 AO).

(4) Belegüberwachung

- Interne Kontrolle durch Buchhaltung und Revision;
- Externe Kontrolle durch Wirtschaftsprüfer und Betriebsprüfer.

BEISPIEL: eines ausgefüllten Kontierungsstempels: 108

Konto	Soll	Haben
202	1000,00	
260	190,00	
44010		1190,00
gebucht:	*3/1/20xx*	*La*

II. Bücher

1. Übersicht über die Bücher

Eine ordnungsmäßige Buchführung setzt immer die Führung der Systembücher voraus. 109
Zusätzlich sind die Aufzeichnungen in den Systembüchern oft in Nebenbüchern zu erläutern.

Bücher der Buchführung

Systembücher
- Inventar- u. Bilanzbuch
- Grundbuch (Journal)
- Hauptbuch

Nebenbücher
- Kontokorrentbuch
- Lagerbuch
- Anlagenbuch
- Lohn- und Gehaltsliste
- Kassenbuch

2. Doppelte Buchführung

Zumindest die Kapitalgesellschaften buchen immer nach dem **System der doppelten** 110
Buchführung (Doppik), da sie die Bilanz nach § 266 HGB und die GuV nach § 275 HGB sonst nicht erstellen könnten. Der Begriff der doppelten Buchführung besagt:

- Jeder Geschäftsvorfall wird auf mindestens zwei Konten erfasst.
- Der Gewinn wird zweimal, nämlich in der Bilanz und in der GuV ausgewiesen.
- Jede Buchung wird in mindestens zwei Büchern erfasst, dem Grundbuch und dem Hauptbuch.

3. Systembücher

Die Systembücher halten den Wertefluss von der Eröffnungsbilanz bis zur Schluss- 111
bilanz fest.

112 Das **Inventar- und Bilanzbuch** ist i. d. R. ein Ordner, in dem die Inventare und Bilanzen gesammelt werden.

113 **Das Grundbuch,** auch **Journal, Tagebuch** oder **Prima Nota** genannt, hält die Geschäftsvorfälle in ihrer zeitlichen (chronologischen) Reihenfolge fest. Das Grundbuch ist die Grundlage aller Buchungen in den übrigen Büchern. Verlorene Konten und Buchungen müssen sich aus den Aufzeichnungen in diesem Buch rekonstruieren lassen.

114 Das Grundbuch dient dem unmittelbaren Festhalten der Geschäftsvorfälle, der Sicherung und der Dokumentation. Die Geschäftsvorfälle müssen deshalb **zeitnah** im Grundbuch erfasst werden.

115 Das Grundbuch kann sachbezogen in verschiedene Grundbücher aufgeteilt werden. Moderne Grundbücher bestehen aus laufend nummerierten Journalbögen oder EDV-Listen. Das Grundbuch kann durch eine geordnete Belegablage und -aufbewahrung ersetzt oder in Form der Speicherbuchführung geführt werden (§ 239 Abs. 4 HGB).

116 Das **Hauptbuch** ist das wichtigste Buch innerhalb der Buchführung. Aus dem Hauptbuch lassen sich jederzeit der Stand des Vermögens und der Schulden sowie der Erfolg ermitteln. Der gesetzlich vorgeschriebene Jahresabschluss wird nach Abstimmung mit den Inventurergebnissen unmittelbar aus dem Hauptbuch entwickelt. Das Hauptbuch stellt den gesamten Wertefluss von der Eröffnungsbilanz bis zur Schlussbilanz sachlich (systematisch) geordnet dar. Es kann auf losen Kontenblättern, als EDV-Liste oder in Form der Speicherbuchführung geführt werden. In der sog. „einfachen Buchführung" wird das Kontokorrent oft als „Hauptbuch" bezeichnet.

117 Die Selbstkontrolle der doppelten Buchführung erfolgt durch das Kapitalkonto und dessen Unterkonten sowie durch das Schlussbilanzkonto.

4. Nebenbücher

118 Die Nebenbücher dienen der lückenlosen Erfassung und Kontrolle aller auf einem bestimmten Sachkonto im Hauptbuch erfassten Vorgänge und Bestände. Sie enthalten **erläuternde bzw. ergänzende Einzel-Aufzeichnungen** zu den Buchungen im Hauptbuch. Nebenbücher werden oft in Kartei- oder Loseblattform geführt. Während im Hauptbuch durch Gegenbuchungen die verschiedenen Konten miteinander verbunden sind, werden in den Nebenbüchern lediglich Zugänge, Abgänge und Bestände **ohne Gegenbuchungen** eingetragen.

5. Zeitnahe Erfassung der Geschäftsvorfälle

119 Geschäftsvorfälle müssen zeitnah erfasst werden. Bei Bargeschäften ist eine tägliche Aufzeichnung der Zu- und Abgänge in der Kasse zu empfehlen. Eine Einzelaufzeichnung *jedes* Geschäfts ist *nicht* erforderlich. Sofern der Betrag aber über 15 000 € liegt, muss auf jeden Fall Name und Anschrift des Geschäftspartners aufgezeichnet werden (vgl. BMF-Schreiben vom 5. 4. 2004 – IV D 2 – S 0315 – 9/04). Wird allerdings eine Einzelaufzeichnung vorgenommen (heutige Scanner-/Computerkassensysteme), bilden diese Aufzeichnungen einen Teil der Buchführung und sind bei einer Betriebsprüfung gegenüber dem Finanzamt vorlagepflichtig. Auch gesetzlich vorgeschriebene Systeme zur

Verhinderung von elektronischen Kassenmanipulationen müssen verwendet werden. Der Unternehmer kann aber nicht gezwungen werden, überhaupt eine elektronische Kasse zu verwenden.

Werden Geschäftsvorfälle nicht täglich erfasst, sondern periodenweise gebucht, ist es nicht zu beanstanden, wenn die Erfassung der Kreditgeschäfte eines Monats im Grundbuch bis zum Ablauf des folgenden Monats erfolgt, sofern durch organisatorische Vorkehrungen sichergestellt ist, dass Buchführungsunterlagen bis zu ihrer Erfassung im Grundbuch nicht verloren gehen, z. B. durch laufende Nummerierung der eingehenden und ausgehenden Rechnungen oder durch ihre Ablage in besonderen Mappen oder Ordnern. Neben der Erfassung der Kreditgeschäfte in einem Grundbuch müssen die unbaren Geschäftsvorfälle, aufgegliedert nach Geschäftspartnern, kontenmäßig dargestellt werden. Dies kann durch Führung besonderer Personenkonten oder durch eine geordnete Ablage der nicht ausgeglichenen Rechnungen (Offene-Posten-Buchhaltung) erfüllt werden. Ist die Zahl der Kreditgeschäfte verhältnismäßig gering, gelten hinsichtlich ihrer Erfassung Erleichterungen (vgl. R 5.2 Abs. 1 EStR).

Wird gegen diese Regeln verstoßen, nimmt das Finanzamt Zuschätzungen vor, so z. B. bei einem Getränkehändler, der kein Kassenbuch führte, sondern nur Zahlen in eine Kladde eintrug (vgl. Urteil des FG Saarland, 24. 9. 2003).

Für die übrigen Geschäftsvorfälle reicht die periodenweise Erfassung aus. Es muss le- 120
diglich ein zeitlicher Zusammenhang zwischen den Vorgängen und ihrer buchmäßigen Erfassung bestehen. Dabei ist die Frage zu berücksichtigen, ob es sich um Geschäfte unter Kaufleuten (B2B) oder um Geschäfte mit Endverbrauchern (B2C) handelt. Bei B2B-Geschäften wird eine Einzelaufzeichnung von den Gerichten überwiegend bejaht, bei B2C-Geschäften ist dies häufig nicht möglich und nötig (vgl. FG Münster, Urteil vom 10. 10. 2013; Hessisches FG, Urteil vom 24. 4. 2013).

Die Erleichterungen für die Erfassung im Grundbuch gelten auch für die Aufzeichnun- 121
gen im Hauptbuch. Im Falle der EDV-Buchführung (Speicherbuchführung) genügt die grundbuchmäßige Erfassung auf magnetischen Datenträgern, wenn die jederzeitige Aufbereitung und Ausdruckbereitschaft des Buchungswerks möglich ist.

III. EDV-Buchführung

Bei der EDV-Buchführung werden unterschieden: 122

- Konventionelle EDV-Buchführung,
- verdichteter Ausdruck,
- Speicherbuchführung.

1. Konventionelle EDV-Buchführung

Wie bei der manuellen Buchführung und der mechanischen Maschinenbuchführung 123
werden alle Daten in zeitlicher Folge und sachlich geordnet aufgezeichnet. Die Verarbeitung der Geschäftsvorfälle steht in engem zeitlichen Zusammenhang zu ihrer Erfassung. Das gesamte Buchführungswerk wird ausgedruckt (Vollausdruck). Jeder einzelne Verarbeitungsschritt lässt sich mit Hilfe der Ausdrucke nachvollziehen.

124 Erfolgt die Buchhaltung EDV-gestützt, ist für die praktische Durchführung das BMF-Schreiben vom 28. 11. 2019 (IV A 4 – S 0316/19/10003 :001) zu den „Grundsätzen zur ordnungsmäßigen Führung und Aufbewahrung von Büchern, Aufzeichnungen und Unterlagen in elektronischer Form sowie zum Datenzugriff (GoBD)“ zu beachten.

Das GoBD-Schreiben ist von allen Unternehmen zu beachten, die ihre Buchhaltung per EDV erledigen. Adressaten sind aber auch die ERP-Software-Hersteller, die dafür Sorge tragen müssen, dass ihre Produkte im Hinblick auf die steuerlichen und außersteuerlichen Buchführungs- und Aufzeichnungspflichten, Datensicherheit und Datenzugriff (z. B. durch die Außenprüfung der Finanzämter), die Wahrheit, Nachprüfbarkeit, Vollständigkeit sowie Nachvollziehbarkeit den Anforderungen genügen.

2. Verdichteter Ausdruck

125 Verdichtete Daten sparen Speicherplatz und Übertragungszeiten. Die Ausdrucke sind übersichtlicher und führen zu gezielterer Information. Die Einzeldaten müssen jedoch weiterhin auf maschinenlesbaren Datenträgern aufbewahrt werden. Die Auflistung der Einzeldaten, die zu verdichteten Werten führen, müssen während der Aufbewahrungsfrist der Buchungsunterlagen jederzeit innerhalb angemessener Frist lesbar gemacht werden können. Die Verarbeitung der Geschäftsvorfälle steht auch hier in engem zeitlichen Zusammenhang zur Erfassung.

126 Die Anforderungen hinsichtlich der Mitwirkungspflicht bei Prüfungen, der Art der aufzubewahrenden Unterlagen und der Datenträger variieren je nach Automatisierungsgrad der Verarbeitung und der Art des Ausdrucks.

3. Speicherbuchführung

127 Im Falle der reinen Speicherbuchführung werden die Geschäftsvorfälle verarbeitungsfähig auf Datenträgern gespeichert (erfasst) und – mit Ausnahme der Eröffnungsbilanz und der Jahresabschlüsse – nur im Bedarfsfall am Bildschirm angezeigt oder ausgedruckt (§ 257 Abs. 3 HGB). Die Verarbeitung erfolgt durch programmgesteuerte Funktionsabläufe. Die eigentliche Verbuchung und der Abschluss fallen grundsätzlich zusammen. Der Zeitpunkt der Verbuchung und des Abschlusses wird hinausgeschoben. Dies stellt erhöhte Anforderungen an die Betriebsbereitschaft der Hard- und Software und der Datenbestände. Die Daten müssen auch später noch innerhalb der Aufbewahrungsfrist verarbeitet und lesbar gemacht werden können.

128 Die Geschäftsvorfälle gelten als ordnungsmäßig gebucht, wenn sie zeitgerecht nach einem Ordnungssystem erfasst und mit Identifizierungsmerkmalen, z. B. Belegnummern und Zuordnungsmerkmalen wie Kontonummern, verarbeitungsfähig gespeichert sind. Vollständigkeit und formale Richtigkeit der Datenerfassung müssen gewährleistet sein.

129 Bei der **Systemprüfung** im Bereich der EDV-Buchführung hat der Generalnachweis eine größere Bedeutung als der Nachweis von Einzelfällen. Geprüft wird das Anwendungsprogrammsystem der Buchhaltung. EDV-Programme werden für gleichartige, sich wiederholende Abläufe geschrieben. Wenn das Programm fehlerfrei ist, müssen auch die Geschäftsvorfälle, die dieses Programm verarbeitet hat, fehlerfrei aufgezeichnet sein, soweit nicht bereits ein Erfassungsfehler vorgelegen hat. Auch Erfassungsfehler können

durch programmierte Kontrollen weitgehend vermieden werden. Der Nachweis dafür, dass das Programm fehlerfrei arbeitet, wird anhand von Testläufen mit normalen und abnormalen Testdaten geführt.

Gegenstand der Prüfung sind: 130

- Eingliederung in die Gesamtorganisation,
- Verantwortungsbereiche,
- Belegaufbereitung und -ablage,
- Verfahrensdokumentation,
- Änderungen an bestehenden Programmen hinsichtlich Notwendigkeit, Zielsetzung und Durchführung,
- Aufbewahrung und Sicherung von Programmen, Dateien und Datenträgern.

Zu einem **internen Kontrollsystem** gehören: 131

- **Funktionstrennung**, z. B. zwischen Programmierung, Operating, Archivierung von Daten und Programmen sowie Zugriffsberechtigungen auf Dateien und Programme.
- **Sonstige Kontrollen** in Form programmierter Kontrollen, Schutzwörter, Dateikennsätze einschl. Wiederbeschriftungsdaten bei der Erfassung, Verarbeitung und Übertragung von Daten.
- Eine **schriftliche Dokumentation** der Ziele, des Aufbaus, der Abwicklung und der Sicherung der Verarbeitung sowie der Datenbestände.

Für die Aufzeichnungen über Kontrollen und Abstimmungen, soweit sie Buch- oder Be- 132
legfunktion erfüllen, sowie für die Dokumentation gelten die gesetzlichen Aufbewahrungsfristen.

Der Buchungspflichtige hat auf seine Kosten diejenigen Hilfsmittel zur Verfügung zu 133
stellen, die erforderlich sind, um die Unterlagen lesbar zu machen (§ 147 Abs. 5 AO und § 261 HGB). Das bedeutet, dass er im Rahmen von Prüfungen Geräte, Programme, Maschinenlaufzeiten und Bedienungspersonal zur Verfügung stellen muss. Weitere Vorschriften zur Unterstützung der Betriebsprüfer enthalten die §§ 147 Abs. 6 und 200 Abs. 1 AO.

Die aufzubewahrenden Unterlagen werden in § 147 Abs. 1 AO und § 257 Abs. 1 HGB 134
aufgezählt. Zu den dort angeführten **Arbeitsanweisungen** und **sonstigen Organisationsunterlagen**, die zum Verständnis der Bücher und Abschlüsse erforderlich sind, gehören:

- **Bedienerhandbücher** und Handbücher für die Fachabteilung, soweit sie für einen späteren Ausdruck oder sonstigen Nachweis der Bücher oder Daten erforderlich sind.
- **Arbeitsanweisungen**, die zum Verständnis der Ablauforganisation und des internen Kontrollsystems bei der Verarbeitung in der Buchführung und im Rechenzentrum sowie bei der Aufbewahrung der Daten dienen.
- die **Programmdokumentation** und die **Verfahrensdokumentation**.

Die Dokumentation ist eine Sammlung von Unterlagen, die sicherstellen soll, dass die 135
Buchführung innerhalb angemessener Zeit prüfbar ist (§ 145 Abs. 1 AO, § 238 Abs. 1 Satz 2 HGB). Sie muss neben der herkömmlichen Einzelfallprüfung eine Prüfung der Richtigkeit und Vollständigkeit der Buchungen vom Verfahren her ermöglichen. Die „Verfahrensdokumentation“ enthält deshalb: Generelle Aufgabenstellung; Datenverzeichnis und Datenbeschreibungen; Formularmuster, Listen, Bilder, Bildschirmmasken; Schlüsselverzeichnisse; Beschreibung der maschinellen und manuellen Kontrollen; Ver-

zeichnis sämtlicher Teilprogramme und Schnittstellen zu anderen Systemen; Beschreibung der Verarbeitungsregeln; Beschreibung der Fehlermeldungen und der dann erforderlichen Maßnahmen; Beschreibung des Datenaustausches; Datensicherung, Archivierung; Verfahrens- und Programmänderungen.

Die Dokumentation gilt als Dauerbeleg.

IV. Kontenrahmen und Kontenplan

1. Kontenrahmen

136 Der Kontenrahmen ist ein Organisationsvorschlag für die Buchführung. Er führt zu einer systematischen Gliederung und eindeutigen Bezeichnung der Konten. Einheitlichkeit und Übersichtlichkeit der Buchführung ermöglichen einen Zeitvergleich und einen Betriebsvergleich. Damit dient der Kontenrahmen gleichzeitig der Verbesserung der Entscheidungsgrundlagen für die Geschäftsleitung und der Steigerung der Wirtschaftlichkeit.

137 Alle Kontenrahmen sind nach dem **Dezimalklassifikationssystem** aufgebaut, d. h. die erste Stelle der Kontennummer bezeichnet die Kontenklasse, die zweite Stelle die Kontengruppe, die dritte die Kontenart und die vierte die Kontenunterart. Das Dezimalklassifikationssystem ermöglicht jederzeit das nachträgliche Einfügen neuer Kontennummern.

138 Beim Aufbau des Kontenrahmens nach dem **Prozessgliederungsprinzip** wird die Reihenfolge der Konten von der Reihenfolge des Einsatzes der Konteninhalte im Produktionsprozess bestimmt (z. B. der Gemeinschaftskontenrahmen/GKR der Industrie und der Großhandelskontenrahmen vor 1988 sowie der Standardkontenrahmen/SKR 03).

139 Bei der Gliederung nach dem **Abschlussgliederungsprinzip** sind die Konten in der Reihenfolge geordnet, in der ihre Salden im Rahmen des Jahresabschlusses in die Bilanz und in die GuV-Rechnung übernommen werden (z. B. Industriekontenrahmen/IKR und der Standardkontenrahmen/SKR 04).

Bilanzkonten

Klasse 0 Immat. Vermögensgegenstände und Sachanlagen **Klasse 1** Finanzanlagen **Klasse 2** Umlaufvermögen und akt. RAP	**Klasse 3** Eigenkapital und Rückstellungen **Klasse 4** Verbindlichkeiten und pass. RAP

GuV-Konten

Klasse 6 Betriebliche Aufwendungen **Klasse 7** Weitere Aufwendungen	**Klasse 5** Erträge

Der IKR teilt das Rechnungswesen in zwei Rechnungskreise ein: 140

ABB. 1: Zweikreissystem des IKR

Rechnungskreis I	Rechnungskreis II
Geschäfts- oder Finanzbuchführung Kontenklassen 0 bis 8 unternehmensbezogen Abrechnung mit der Außenwelt ermittelt das Gesamtergebnis in der GuV-Rechnung Durchführung auf Konten geschlossenes System	**Betriebsbuchführung oder Kosten- und Leistungsrechnung** Kontenklasse 9 betriebsbezogen interne Abrechnung ermittelt das Betriebsergebnis in der kurzfristigen Erfolgsrechnung Durchführung i. d. R. tabellarisch offenes System

ABB. 2: Gegenüberstellung der Kontenrahmen

Kontenklasse	Kontenrahmen für den Einzelhandel	Kontenrahmen für den Groß- u. Außenhandel (BGA 1988)	Gemeinschaftskontenrahmen der Industrie (GKR)	Industriekontenrahmen – IKR (IKR 1986)	Einheitskontenrahmen des Handwerks (1988)
0	Anlage- und Kapitalkonten	Anlage- und Kapitalkonten	Anlagevermögen und langfristiges Kapital	Immaterielle Vermögensgegenstände und Sachanlagen	Anlage- und Kapitalkonten
1	Finanzkonten	Finanzkonten	Finanz-, Umlaufvermögen u. kurzfristige Verbindlichk.	Finanzanlagen	Finanzkonten
2	Abgrenzungskonten	Abgrenzungskonten	Abgrenzungskonten	Umlaufvermögen u. aktive RAP	frei
3	Wareneinkaufskonten	Wareneinkaufskonten, Warenbestandskonten	Stoffe, Bestände	Eigenkapital und Rückstellungen	Bestände an Verbrauchsstoffen und Erzeugnissen
4	Kostenarten	Kostenarten	Kostenarten	Verbindlichkeiten und passive RAP	Kostenarten
5	Verrechnete Kosten	Kostenstellen	Kostenstellen	Erträge	frei
6	Kosten für Nebenbetriebe	Konten für Umsatzkostenverfahren	Herstellungskosten	Betriebliche Aufwendungen	frei
7	frei	frei	Bestände an unfertigen und fertigen Erzeugnissen	Weitere Aufwendungen	frei

8	Erlöskonten	Warenverkaufskonten	Erträge	Ergebnisrechnungen/Abschlusskonten	Erlöskonten
9	Abschlusskonten	Abschlusskonten	Abschlusskonten	Kosten- und Leistungsrechnung	Abgrenzungs- u. Abschlusskonten

141 Die DATEV-Kontenrahmen SKR 01, SKR 02 und SKR 03 sind nach dem Prozessgliederungsprinzip aufgebaut. Der SKR 04 ist nach dem Abschluss-Gliederungsprinzip aufgebaut. Der SKR 50 entspricht im Aufbau der Kontenklassen 1 bis 7 dem IKR. In der Tiefengliederung des SKR 50 ist seine Verwandtschaft mit dem SKR 04 erkennbar. Einen Rechnungskreis II für die Kosten- und Leistungsrechnung, den der IKR in der Kontenklasse 9 vorsieht, kennt der SKR 50 nicht.

2. Kontenplan

142 Der Kontenplan ist ein Verzeichnis der in einem bestimmten Betrieb tatsächlich vorkommenden bzw. genutzten Konten. Er wird aus dem Kontenrahmen abgeleitet.

3. Kontierungsanleitung auf der Grundlage des IKR

143 Die Buchführung dient der Fortführung der Bilanz. Zu Beginn des Geschäftsjahres wird die Bilanz in Konten aufgelöst und am Ende des Geschäftsjahres wird aus den Salden der Konten im Hauptbuch wieder die Schlussbilanz erstellt. So gesehen erfolgen die Buchungen in der Bilanz. Schon während des Geschäftsjahres muss der Buchhalter berücksichtigen, welche Informationen zum Jahresende an welcher Stelle der Bilanz, der GuV oder im Anhang auszuweisen sind. In Bilanzbuchhalterprüfungen im Fach „Buchführung und Buchhaltungsorganisation, Jahresabschluss und Jahresabschlussanalyse" reicht es i. d. R. aus, wenn in Buchungssätzen anstelle der Kontenbezeichnungen die Bezeichnungen der Bilanz- und GuV-Positionen angesprochen werden. Die folgende Kontierungsanleitung auf der Grundlage des IKR weist auf die Zuordnung in Bilanz, GuV und Anhang hin.

Aktivseite der Bilanz (§ 266 Abs. 2 HGB)

Klasse 0: Immaterielle Vermögensgegenstände und Sachanlagen 144

Konto	Konten-Inhalt
000 ausstehende Einlagen auf das gezeichnete Kapital	Hierzu zählen auch die ausstehenden Einlagen auf nicht voll eingezahlte Vorratsaktien, die ein Dritter für Rechnung der Gesellschaft übernommen hat (§ 272 Abs. 1 Satz 2 u. 3 HGB). Zu erbringende Einlagen auf Zeichnungsscheine (§ 185 AktG), die für eine Kapitalerhöhung ausgestellt wurden, gelten nicht als ausstehende Einlagen, solange die Kapitalerhöhung nicht in das Handelsregister eingetragen ist.
001 noch nicht eingeforderte Einlagen	gesonderte kontenmäßige Erfassung, da die eingeforderten und die noch nicht eingeforderten Einlagen in der Bilanz gesondert ausgewiesen werden müssen (§ 272 Abs. 1 Satz 3 HGB)
002 eingeforderte Einlagen	siehe Ktn. 001 sowie 268 u. 305 (§ 272 Abs. 1 Satz 3 HGB)
Aufwendungen für die Ingangsetzung und Erweiterung des Geschäftsbetriebs	**Mit der Einführung des HGB-BilMoG ab 1. 1. 2010 ist die Aktivierung nicht mehr möglich.**

A. Anlagevermögen

I. Immaterielle Vermögensgegenstände

1. Selbst geschaffene gewerbliche Schutzrechte und ähnliche Rechte und Werte

Konto	Konten-Inhalt
011 selbst geschaffene gewerbliche Schutzrechte	Patente, Geschmacks- und Gebrauchsmuster, Handelsmarken und Warenzeichen
013 selbst geschaffene ähnliche Rechte und Werte	s. unter Konto 023

2. Entgeltlich erworbene Konzessionen, gewerbliche Schutzrechte und ähnliche Rechte und Werte sowie Lizenzen an solchen Rechten und Werten

Konto	Konten-Inhalt
021 entgeltlich erworbene Konzessionen	entgeltlich erworbene Gewerbeberechtigungen, z. B. Mineralgewinnungs- und Bergbaurechte, Brenn- und Braurechte, Verkehrskonzessionen, Wasserrechte u. Ä.
022 entgeltlich erworbene gewerbliche Schutzrechte	Patente, Geschmacks- und Gebrauchsmuster, Handelsmarken und Warenzeichen
023 entgeltlich erworbene ähnliche Rechte und Werte	Zuteilungsquoten, Kontingente, Wohn-, Belegungs- und ähnliche Nutzungsrechte, Nießbrauchrechte, Syndikatsrechte, Vertriebs- und Belieferungsrechte, Wettbewerbsverbote, Wege- und Durchleitungsrechte, Optionsrechte zum Aktien- und Beteiligungserwerb (Umkehrschluss zu § 248 Abs. 2 HGB, § 5 Abs. 2 EStG)
024 Lizenzen an Rechten und Werten	Lizenzen sind Rechte, die Rechte eines anderen nutzen und auswerten dürfen (Umkehrschluss § 248 Abs. 2 HGB, § 5 Abs. 2 EStG), z. B. Software

3. Geschäfts- oder Firmenwert

Konto	Konten-Inhalt
031 Geschäfts- oder Firmenwert	entgeltlich erworbener (derivativer) Firmenwert (§ 246 Abs. 1 Satz 4 HGB, § 7 Abs. 1 Satz 3 EStG) Aktivierungsverbot für den selbst geschaffenen (originären) Firmenwert (§ 248 Abs. 2 HGB, § 5 Abs. 2 EStG)
032 Verschmelzungsmehrwert	Verschmelzungsmehrwert aus der Mehrleistung der übernehmenden Gesellschaft im Falle einer Fusion (§ 301 Abs. 3 u. § 309 HGB)

4. Geleistete Anzahlungen

Konto	Konten-Inhalt
040 geleistete Anzahlungen auf immaterielle Vermögensgegenstände	Einzubeziehen sind alle geleisteten Anzahlungen auf immaterielle Vermögensgegenstände der Kontengruppen 02 und 03. Voraussetzung ist, dass eine Zahlung geleistet wurde. Fällige, noch nicht geleistete Anzahlungen von materieller Bedeutung sind als „sonstige finanzielle Verpflichtungen" im Anhang zu vermerken.

II. Sachanlagen

1. Grundstücke, grundstücksgleiche Rechte und Bauten einschließlich der Bauten auf fremden Grundstücken

Konto	Konten-Inhalt
050 unbebaute Grundstücke	Reservegrundstücke, Brach- und Ödland, Grubengelände (soweit kein gesonderter Ausweis erfolgt). Wälder, Wiesen, Äcker, Seen, Teiche. Unbebaute Grundstücke sind auch Pachtgrundstücke, auf denen der Pächter Baulichkeiten errichtet hat, deren spätere Übernahme durch den Eigentümer vertraglich vorgesehen oder zu erwarten ist. Steinbrüche, Kohlefelder, Kiesgruben und sonstige betrieblich ausgebeutete Grundstücke mit erheblicher Bedeutung sind auf einem Unterkonto zu 050 zu erfassen und in der Bilanz gesondert auszuweisen.
051 bebaute Grundstücke	Grundstücke mit Geschäfts-, Fabrik-, Wohn- und anderen Bauten auf eigenen und auf fremden Grundstücken
052 grundstücksgleiche Rechte	Erbbau- u. Wegerechte, Abbaurechte (z. B. Bergwerk), Teileigentum, Dauerwohn- u. Dauernutzungsrechte nach § 31 WEG
053 Betriebsgebäude	Fabrikbauten wie Fabrikationshallen, Reparaturwerkstätten, Lagerhallen auf eigenen und auf fremden Grundstücken, Ladenlokale, Ausstellungsräume, Kantinen, Werksküchen u. a.
054 Verwaltungsgebäude	Verwaltungs- bzw. Bürogebäude, Unterrichtsgebäude
055 andere Bauten	Fabrikhöfe, Gleis- u. Hafenanlagen, Brücken, Kanäle für den Transport, Dämme, Uferbefestigungen, Werkstraßen, Hofpflasterungen, Parkplätze, Sportplätze, Schwimmbäder auf eigenen und fremden Grundstücken
056 Grundstückseinrichtungen	Beleuchtungsanlagen, Kanalisation, Leitungen aller Art
057 Gebäudeeinrichtungen	Fahrstuhl-, Heizungs-, Entlüftungsanlagen, Zuleitungsrohre, eingebaute Transporteinrichtungen, Leitungsnetze
059 Wohngebäude	Wohnungseigentum, Siedlungen, Werkswohnungen, Arbeiterwohnheime, Gästehäuser, Erholungsheime, Kindergärten und ähnliche Sozialeinrichtungen

2. Technische Anlagen und Maschinen

Konto	Konten-Inhalt
070 technische Anlagen und Maschinen	Technische Anlagen und Maschinen dienen unmittelbar der Produktion, der Be- und Verarbeitung. **Technische Anlagen** sind z. B. Hafen- u. Eisenbahnanlagen, Kühltürme, Krane, Bagger, Raffinerien, Hochöfen, Ziegelöfen, Gießereien, Umspannwerke, Kokereien, Arbeitsbühnen, Rohrbrücken, Krafterzeugungs- und -verteilungsanlagen, Wasserwerksanlagen, Silos, Tanks, Gasometer. **Anlagen und Maschinen** sind solche der Energieversorgung, der Materiallagerung u. -bereitstellung, der mechanischen Materialbearbeitung, -verarbeitung u. -umwandlung, Anlagen für Wärme-, Kälte- u. chemische Prozesse, Anlagen für Arbeitssicherheit u. Umweltschutz, Gabelstapler, Hubwagen, Förderbänder, sonstige Transportanlagen u. ähnliche Betriebsvorrichtungen, Verpackungsanlagen und -maschinen. Zu den Anlagen und Maschinen zählen die Anschaffungsnebenkosten einschl. Anschlüsse an die Strom- und Wasserversorgung, Fundamente, Stützen und ähnliche Einrichtungen. Zu dieser Rubrik zählen auch betriebsnotwendige, nicht selbständig nutzbare, auswechselbare **Ersatzteile**, die in technischer Verbindung mit der Maschine eingesetzt werden und zur Erstausstattung gehören, z. B. Werkzeuge, Modelle, Formen, Vorrichtungen, Bohrer, Fräser, Zieh- und Presswerkzeuge, Gesenke, Spezialwerkzeuge, die nicht nur für die Fertigung eines bestimmten Auftrags angeschafft worden sind; s. auch Konten 203 Betriebsstoffe und 603 Betriebsstoffe/Verbrauchswerkzeuge.
	Der IKR 1986 nach BiRiLiG schlägt folgende Aufteilung vor: **070** Anlagen u. Maschinen der Energieversorgung, **071** Anlagen der Materiallagerung und -bereitstellung, **072** Anlagen u. Maschinen der mechanischen Materialbearbeitung, -verarbeitung und -umwandlung, **073** Anlagen für Wärme-, Kälte- und chemische Prozesse sowie ähnliche Anlagen, **074** Anlagen für Arbeitssicherheit und Umweltschutz, **075** Transportanlagen und ähnliche Betriebsvorrichtungen, **076** Verpackungsanlagen und -maschinen, **077** sonstige Anlagen und Maschinen.
078 Reservemaschinen und -anlagenteile	Reservemaschinen und -anlagenteile sind solche, die nicht im Produktionsprozess eingesetzt und deshalb i. d. R. auch nicht betriebsnotwendig sind.
079 geringwertige Anlagen und Maschinen	Vermögensgegenstände, die selbständig nutzbar, selbständig bewertbar sind und der Abnutzung unterliegen und deren Anschaffungs- oder Herstellungskosten einen bestimmten Betrag nicht übersteigen (§ 6 Abs. 2 EStG); s. ausführliche Darstellung unten Rdn. 595 bis 598.

3. Andere Anlagen, Betriebs- und Geschäftsausstattung

Konto	Konten-Inhalt
080 andere Anlagen	Sammelposten für Vermögensgegenstände, die sich nicht unter den anderen Gruppen der Sachanlagen einordnen lassen, wie Drahtseilbahnen, Gleisanlagen, Verteilungsanlagen, die nicht unmittelbar der Produktion dienen.
081 Betriebsausstattung/Werkstätteneinrichtung	Werkstätten-, Labor-, Kantinen-, Transport- u. Lagereinrichtungen, Werkbänke, Werkzeugschränke, Werkzeuge (sofern nicht Maschinenwerkzeuge), Absauganlagen, Prüf- u. Messmittel, Modelle, Muster, Zeichnungen, Waagen, Fuhrpark einschl. Schienenfahrzeuge, Straßenfahrzeuge, Elektro- und Benzinkarren, Transportbehälter, Einrichtungen für den Feuer- und Werkschutz. Der IKR 1986 nach BiRiLiG schlägt folgende Aufteilung vor: **081** Werkstätteneinrichtung, **082** Werkzeuge, Werksgeräte und Modelle, Prüf- und Messmittel, **083** Lager- und Transporteinrichtungen, **084** Fuhrpark, **085** sonstige Betriebsausstattung.
086 Geschäftsausstattung	Büro-, Ausstellungs- und Ladeneinrichtungen, EDV-Anlagen, Telekommunikationsanlagen, Rohrpostanlagen, Büromaschinen, Organisationsmittel. Der IKR 1986 nach BiRiLiG schlägt folgende Aufteilung vor: **086** Büromaschinen, Organisationsmittel und Kommunikationsanlagen, **087** Büromöbel und sonstige Geschäftsausstattung.
088 Reserveteile für Betriebs- und Geschäftsausstattung	Reserveteile sind solche, die zur Zeit nicht eingesetzt werden und deshalb i. d. R. auch nicht betriebsnotwendig sind.
089 geringwertige Vermögensgegenstände der Betriebs- und Geschäftsausstattung	z. B. Handwerkzeuge, die die Voraussetzung für die Sofortabschreibung erfüllen (§ 6 Abs. 2 EStG), i. d. R. auch Leihemballagen wie Flaschen, Fässer, Kisten. Siehe ausführliche Darstellung unter Rdn. 595 bis 599.

4. Geleistete Anzahlungen und Anlagen im Bau

Konto	Konten-Inhalt
090 geleistete Anzahlungen auf Sachanlagen	Diese sind auf die Anschaffung eines Postens des Sachanlagevermögens gerichtet. Langfristige Mietvorauszahlungen und ihnen gleichzusetzende verlorene Baukostenzuschüsse sind keine Anzahlungen auf Anlagen. Siehe auch unter Kto. 040.
095 Anlagen im Bau	Herstellungskosten der noch nicht fertiggestellten Anlagen u. Zwischenabrechnungen über Anschaffungskosten noch nicht betriebsbereiter Sachanlagen.

145 ## Klasse 1: Finanzanlagen

1. Anteile an verbundenen Unternehmen

Konto	Konten-Inhalt
110 – an einem herrschenden oder einem mit Mehrheit beteiligten Unternehmen	verbriefte und unverbriefte gesellschaftsrechtliche Kapitalanteile an anderen Unternehmen (§ 272 Abs. 4 HGB, § 271 Abs. 2 i.V. mit § 290 Abs. 2 HGB) Anteile, die nur vorübergehend gehalten werden sollen, sind in Kontengruppe 25 zu aktivieren. Anteile an Personenhandelsgesellschaften sind grds. Beteiligungen (WP-Handbuch 1985/86, Bd. I, S. 585; BT-Drucks. 10/4268 S. 106).
111 – an der Konzernmutter	soweit nicht zu Kto. 110 gehörig (§ 301 Abs. 4 HGB)
112 – an Tochterunternehmen	soweit nicht zu Kto. 110 gehörig
119 – an sonstigen verbundenen Unternehmen	soweit nicht zu Kto. 110 bis 112 gehörig (§ 271 Abs. 2 HGB)

2. Ausleihungen an verbundene Unternehmen

Konto	Konten-Inhalt
120 – gesichert durch Grundpfandrechte oder andere Sicherheiten	Ausleihungen umfassen alle dem Anlagevermögen zuzuordnenden Finanz- und Kapitalforderungen in Form von Hypotheken-, Grund- und Rentenforderungen sowie Darlehen. Sie sind keine Wertpapiere. Die Gesamt- oder Restlaufzeit ist unbeachtlich. Für die Zuordnung zum Anlagevermögen kommt es auf die Absicht der Daueranlage an, die im allgemeinen eine Gesamtlaufzeit von einem Jahr voraussetzt.
125 – ungesichert	ungesicherte Darlehen

3. Beteiligungen

Konto	Konten-Inhalt
130 Beteiligungen an assoziierten Unternehmen	Hierzu zählen verbriefte und unverbriefte gesellschaftsrechtliche Kapitalanteile an anderen Unternehmen (Kapital- und Personengesellschaften, § 271 Abs. 1, § 311 HGB), stille Beteiligungen, soweit es sich nicht um solche an verbundenen Unternehmen handelt; nicht dagegen Genossenschaftsanteile (Konto 160). Bei Anteilsbesitz von mindestens 20 % sind im Anhang ergänzende Angaben zu machen (§ 271 Abs. 1 Satz 3 HGB, § 285 Satz 1 Nr. 11 HGB).
135 andere Beteiligungen	solche, die nicht auf Kto. 130 entfallen, z. B. als Gesellschafter an einer OHG oder einer KG.

4. Ausleihungen an Unternehmen, mit denen ein Beteiligungsverhältnis besteht

Konto	Konten-Inhalt
140 – gesichert durch Grundpfandrechte o. and. Sicherheiten	entsprechend Konto 120 Ausweisvoraussetzung ist, dass es sich um eine Forderung aus einem Geld- bzw. Finanzgeschäft mit einer Laufzeit von mehr als einem Jahr handelt.
145 – ungesichert	entsprechend Konto 125

5. Wertpapiere des Anlagevermögens

Konto	Konten-Inhalt
150 Wertpapiere des Anlagevermögens	übertragbare Inhaber- und Orderpapiere, die der längerfristigen Kapitalanlage dienen (§ 247 Abs. 2 HGB), wie Stammaktien, Vorzugsaktien, Genussscheine, Investmentzertifikate, Anteile an Immobilienfonds, Industrie- u. Bankobligationen einschl. Zero-Bonds, öffentliche Anleihen, zum Börsenhandel zugelassene Schuldbuchforderungen, Wandelschuldverschreibungen, festverzinsliche Wertpapiere, Optionsscheine, sonstige Wertpapiere (GmbH-Anteile sind Beteiligungen). Der IKR 1986 nach BiRiLiG schlägt folgende Aufteilung vor: **150** Stammaktien, **151** Vorzugsaktien, **152** Genussscheine, **153** Investmentzertifikate, **154** Gewinnobligationen, **155** Wandelschuldverschreibungen, **156** festverzinsliche Wertpapiere, **158** Optionsscheine, **159** sonstige Wertpapiere.

6. Sonstige Ausleihungen (sonstige Finanzanlagen)

Konto	Konten-Inhalt
160 Genossenschaftsanteile	auch wenn sie Beteiligungscharakter haben (§ 271 Abs. 1 Satz 5 HGB), Kto. 266, wenn sie nicht der dauerhaften Anlage dienen.
161 gesicherte sonstige Ausleihungen	gesicherte Kredite, die aufgrund ihrer Laufzeit von mehr als 1 Jahr dem Anlagevermögen zuzuordnen sind (§ 247 Abs. 2 HGB)
163 ungesicherte sonstige Ausleihungen	ungesicherte Kredite, die aufgrund ihrer Laufzeit von mehr als 1 Jahr dem Anlagevermögen zuzuordnen sind
165 Ausleihungen an Mitarbeiter, Organmitglieder und an Gesellschafter	Ausleihungen an Mitarbeiter, Geschäftsführer, Vorstandsmitglieder, Mitglieder des Beirats oder des Aufsichtsrats, Gesellschafter (§§ 89 u. 115 AktG, § 285 Nr. 9c HGB, § 42 Abs. 3 GmbHG) Der IKR 1986 nach BiRiLiG schlägt folgende Aufteilung vor: **1651** Ausleihungen an Mitarbeiter, **1654** Ausleihungen an Geschäftsführer/Vorstandsmitglieder, **1656** Ausleihungen an Mitglieder des Beirats/Aufsichtsrats, **1658** Ausleihungen an Gesellschafter.

169 übrige sonstige Finanzanlagen	Sammelposten für die nicht auf vorstehenden Konten zu erfassenden Beträge, aufgrund von Miet- und Pachtverhältnissen geleistete Kautionen, wenn der zugrundeliegende Vertrag für mehr als ein Jahr oder auf unbestimmte Zeit abgeschlossen ist. Brauereidarlehen i.V. mit Bierabnahmeverpflichtungen u. ä.

Bestandsveränderungen bei Wertpapieren des Anlagevermögens sind wegen der Ausweispflicht im Anlagenspiegel auf besonders einzurichtenden Wertberichtigungskonten zu erfassen.

Anzahlungen auf Finanzanlagen sind bei den einzelnen Konten selbst zu erfassen.

Rückdeckungsansprüche aus Lebensversicherungen stellen keine Ausleihungen dar. Da sie aber dem Anlagevermögen zuzuordnen sind, sollte im Bedarfsfall an dieser Stelle ein gesondertes Konto eingerichtet werden. Der Ausweis in der Bilanz kann dann unter besonderer Postenbezeichnung als letzter Posten (Nr. 7) unter den Finanzanlagen (§ 266 Abs. 2 A. III. HGB) erfolgen.

Zur **Erleichterung** der Abschlussarbeiten bei der Erstellung des Anlagenspiegels (§ 268 Abs. 2 HGB) können zu jeder Kontengruppe die folgenden Sammelkonten eingefügt werden:

xx01 Sammelkonto für Zugänge;
xx02 Sammelkonto für Abgänge;
xx03 Sammelkonto für Umbuchungen;
xx04 Sammelkonto für Zuschreibungen;
xx05 Sammelkonto für kumulierte Abschreibungen;
xx06 Sammelkonto für Abschreibungen des Geschäftsjahres.

146 Klasse 2: Umlaufvermögen und aktive Rechnungsabgrenzung

B. Umlaufvermögen

I. Vorräte

1. Roh-, Hilfs- und Betriebsstoffe

Konto	Konten-Inhalt
200 Rohstoffe/ Fertigungsmaterial	... gehen als wesentliche Bestandteile in die Erzeugnisse ein. Sie werden i. d. R. über Materialentnahmescheine direkt auf die Kostenträger verrechnet (z. B. Holzplatten in der Möbelindustrie, Bleche im Behälterbau, Baumwolle in Webereien, Fleisch in Wurstfabriken usw., zu beachten: § 284 Abs. 2 Nr. 4 HGB). Lieferantenskonti und Boni mindern die Anschaffungskosten. Auch unter Eigentumsvorbehalt beschaffte Vorräte sind zu aktivieren.
201 Vorprodukte/ Fremdbauteile	... sind z. B. zugekaufte Motoren aller Art zum Einbau in die gefertigten Erzeugnisse, zugekaufte Radsätze im Waggonbau und sonstige zugekaufte Baugruppen aller Art (zu beachten: § 284 Abs. 2 Nr. 4 HGB). Bei Verzicht auf das Kto. 201 werden Vorprodukte/Fremdbauteile auf Kto. 200 geführt.

202 Hilfsstoffe	... gehen als Nebenbestandteile in die Erzeugnisse ein. Die Verrechnung auf die Kostenträger erfolgt innerhalb der Gemeinkostenzuschläge (z. B. Leim, Nägel, Schrauben, Schweißmaterial, Farb- u. Konservierungsstoffe in der Nahrungs- u. Genussmittelindustrie, Verpackungsmaterial wie Hüllverpackungen bei Nahrungs- u. Genussmitteln, zu beachten: § 284 Abs. 2 Nr. 4 HGB).
203 Betriebsstoffe	... werden nicht Bestandteil der Erzeugnisse. Sie werden im Produktionsprozess verbraucht und wie die Hilfsstoffaufwendungen innerhalb der Gemeinkostenzuschläge auf die Kostenträger verrechnet (z. B.: Diesel- u. Heizöl, Kühl- u. Reinigungsmittel, kurzlebige Werkzeuge, Werkzeuge, die zum Ersatz verbrauchter oder beschädigter Werkzeuge auf Vorrat beschafft worden sind [also nicht Erstausstattung], Büromaterial, Vorräte der Werksküche und Bestände an Werbematerial für die eigene Werbung, zu beachten: § 284 Abs. 2 Nr. 4 HGB). Vgl. Kto. 070 Technische Anlagen und Maschinen.

2. Unfertige Erzeugnisse, unfertige Leistungen

Konto	Konten-Inhalt
210 unfertige Erzeugnisse	... sind noch nicht abschließend bearbeitet. Sie können deshalb, so wie sie sind, noch nicht verkauft werden. Abgrenzungskriterium zu den Rohstoffen ist, dass sie bereits in den Produktionsprozess eingegangen sind. Unfertige Erzeugnisse sind auch solche, die einem weiteren Lagerungsprozess unterliegen, wie Holz, Weine, Käse usw. Ebenfalls unfertige Erzeugnisse sind in der Produktion angefallene und der Produktion wieder zuzuführende Abfallstoffe. Werden Erzeugnisse zum Zwecke der Veredelung weitergegeben, sind sie bei dem veredelnden Betrieb unter den Vorräten auszuweisen mit gleicher Passivierung der Rücklieferungsverpflichtung. In diesem Fall sollte ein besonderes Kto. 211 eingerichtet werden.
219 unfertige Leistungen	... sind noch nicht abgeschlossene und nicht abgerechnete Leistungen.

3. Fertige Erzeugnisse und Waren

Konto	Konten-Inhalt
220 fertige Erzeugnisse	... sind verkaufsfähig bzw. versandfertig. Die Fertigung ist abgeschlossen. In der Produktion angefallene Abfallstoffe, die weiterveräußert werden sollen, zählen ebenfalls zu den fertigen Erzeugnissen. Hier können auch zum Bilanzstichtag fertiggestellte, aber noch nicht fakturierte Leistungen erfasst werden. In diesem Fall ist eine Erläuterung im Anhang erforderlich.
228 Waren (Handelswaren)	... werden von Dritten gekauft u. unverändert bzw. ohne wesentliche Be- oder Verarbeitung weiterverkauft. Dazu gehört auch zugekauftes selbständiges Zubehör zu den Erzeugnissen eines Fertigungsbetriebs (Beispiel: Ein Unternehmen fertigt Maschinen für die Herstellung von Bierdosen. Der Automat für die Herstellung der Zuglaschen zu den Bierdosen wird von einem dritten Unternehmen zugekauft und zusammen mit der Maschine für die Fertigung von Bierdosen an eine Brauerei geliefert). Unter Eigentumsvorbehalt beschaffte Waren sind ebenfalls hier auszuweisen.

4. Geleistete Anzahlungen

Konto	Konten-Inhalt
230 geleistete Anzahlungen auf Vorräte	Aktivierung der Anzahlungen auf bestellte Vorräte u. auf Dienstleistungen, die im Zusammenhang mit der Produktion stehen. Siehe auch unter Kto. 040.

II. Forderungen und sonstige Vermögensgegenstände

1. Forderungen aus Lieferungen und Leistungen

Konto	Konten-Inhalt
240 Forderungen aus L. u. L. und **244** zweifelhafte Forderungen	Forderungen aus gegenseitigen Liefer-, Werk-, Dienstleistungs- und ähnlichen Verträgen, die bereits durch Lieferung oder Leistung erfüllt, durch den Schuldner des Kaufpreises aber noch nicht beglichen sind. Dazu zählen auch Forderungen aus Nebenleistungen, wie Provisionen, Verzugszinsen, Erlösberichtigungen usw. Im Falle der Forderungszession oder des unechten Factoring ist die Forderung weiterhin hier unter den Forderungen aus L. u. L. zu führen, sofern nicht ein besonderes Kto. 241 eröffnet wird. Nur beim echten Factoring scheidet die Forderung aus (vgl. Kto. 266).
245 Wechselforderungen aus L. u. L. (Besitzwechsel)	Wechselforderungen, denen ein Umsatzgeschäft zugrunde liegt (Handelswechsel)
249 Wertberichtigungen zu Forderungen aus L. u. L.	Kto. **2491** Einzelwertberichtigung zu zweifelhaften Forderungen und Kto. **2492** Pauschalwertberichtigungen. Die Wertberichtigungen werden in der Bilanz aktiv abgesetzt.

2. Forderungen gegen verbundene Unternehmen

Konto	Konten-Inhalt
250 Forderungen aus L. u. L. gegen verbundene Unternehmen	entsprechend Kto. 240 (§ 265 Abs. 3 HGB); hier sind alle Forderungen gegen verbundene Unternehmen (§ 271 Abs. 2 HGB) auszuweisen, mit Ausnahme der längerfristigen Ausleihungen: letztere gehören zum Finanzanlagevermögen
252 Wechselforderungen gegen verbundene Unternehmen	entsprechend Kto. 245 (§ 265 Abs. 3 HGB)
253 sonstige Forderungen gegen verbundene Unternehmen	Gewinnansprüche und Zinsansprüche gegenüber verbundenen Unternehmen
254 Wertberichtigungen zu Forderungen gegen verb. Unternehmen	entsprechend Kto. 249

3. Forderungen gegen Unternehmen, mit denen ein Beteiligungsverhältnis besteht

Konto	Konten-Inhalt
255 Forderungen aus L. u. L. gegen Unternehmen, mit denen ein Beteiligungsverhältnis besteht	entsprechend Kto. 240 (§ 268 Abs. 4 HGB)
257 Wechselforderungen gegen Unternehmen, mit denen ein Beteiligungsverhältnis besteht	entsprechend Kto. 245 (§ 268 Abs. 4 HGB)
258 sonstige Forderungen gegen Unternehmen, mit denen ein Beteiligungsverhältnis besteht	Gewinnansprüche und Zinsansprüche gegenüber Unternehmen, mit denen ein Beteiligungsverhältnis besteht (§ 268 Abs. 4 HGB). Die Aktivierung von Dividendenansprüchen erfolgt, wenn ein Gewinnverwendungsbeschluss vorliegt.
259 Wertberichtigungen zu Forderungen bei Beteiligungsverhältnissen	entsprechend Kto. 249

4. Sonstige Vermögensgegenstände

Konto	Konten-Inhalt
260 anrechenbare Vorsteuer	Aufteilung des Kontos nach Vorsteuersätzen **2601** anrechenbare VSt ermäßigter Satz **2605** anrechenbare VSt voller Satz
261 aufzuteilende Vorsteuer	ermöglicht die Aufteilung nach USt-Sätzen und den Nachweis der VSt aus Umsätzen im Binnenmarkt
262 sonstige USt-Forderungen	bezahlte Einfuhrumsatzsteuer, Vorsteuer im Folgejahr abziehbar (zu den Posten sind jeweils gesonderte Konten einzurichten)
263 sonstige Forderungen an Finanzbehörden	alle übrigen Forderungen gegenüber Finanzbehörden, z. B. ausgezahltes Kindergeld und einbehaltene Quellensteuer, sofern nicht unter Kto. 772 gebucht
264 Forderungen an Sozialversicherungsträger	alle Forderungen gegenüber Sozialversicherungsträgern und Arbeitsverwaltung
265 Forderungen an Mitarbeiter, Organmitglieder u. Gesellschafter	Forderungen an Mitarbeiter, Geschäftsführer/Vorstandsmitglieder, Beirat/Aufsichtsrat und Gesellschafter aus Vorschüssen, kurzfristigen Darlehen u. ähnl. (zu diesen Posten sind je gesonderte Konten einzurichten, §§ 89 und 115 AktG, § 285 Nr. 9c HGB, § 42 Abs. 3 GmbHG)

266 andere sonstige Forderungen	Forderungen, die nicht in engem Zusammenhang mit dem Gegenstand des Unternehmens stehen (§ 268 Abs. 4 HGB), z. B. kurzfristige Darlehen an Kunden, Gewinn- u. Zinsansprüche, Ansprüche aus Versicherungs- u. Schadenersatzleistungen, Kostenvorschüsse (soweit nicht Anzahlungen), Kautionen u. sonstige Sicherheitsleistungen, Forderungen aus Bürgschaftsübernahmen u. Treuhandverhältnissen, Darlehen (soweit nicht Finanzanlage), antizipative Aktiva im Rahmen der zeitlichen Abgrenzung, wie noch zu vereinnahmende Mieten, Provisionen, Zinsen, Forderungen aus Sollsalden der Kontengruppe 44, abgetrennte Zins- und Dividendenscheine (vgl. Ktn. 240 u. 272), Durchlaufenden Posten
267 andere sonstige Vermögensgegenstände	z. B. außer Betrieb gesetzte und zur Veräußerung oder Verschrottung bestimmte ehemalige Gegenstände des Sachanlagevermögens, außerhalb des normalen Absatzprogramms liegende Vermögensgegenstände aus Kompensationsgeschäften, erworbene Pfandstücke, die weiterveräußert werden sollen, außerdem geleistete Anzahlungen, die weder die Vorräte noch das Anlagevermögen betreffen (§ 268 Abs. 4 Satz 2 HGB)
268 eingefordertes, noch nicht eingezahltes Kapital u. eingeforderte Nachschüsse	eingefordertes, noch nicht eingezahltes Kapital (vgl. Konten 305 und 002), eingeforderte Nachschüsse (vgl. Kto. 311, § 272 Abs. 1 Satz 3 HGB, § 42 Abs. 2 GmbHG)
269 Wertberichtigungen zu sonstigen Forderungen u. Vermögensgegenständen	entsprechend Kto. 249

III. Wertpapiere

1. Anteile an verbundenen Unternehmen

Konto	Konten-Inhalt
270 Anteile an verbundenen Unternehmen	Anteile an einem herrschenden oder einem mit Mehrheit beteiligten Unternehmen, Anteile an der Konzernmutter (soweit nicht Kto. 110), Anteile an Tochterunternehmen, Anteile an sonstigen verbundenen Unternehmen (§ 301 Abs. 4 HGB). Siehe auch § 271 Abs. 2 HGB.
271 eigene Anteile	Hier sind auch Anteile an einem herrschenden oder mit Mehrheit beteiligten Unternehmen auszuweisen (§ 265 Abs. 3 HGB, § 160 Abs. 1 Nr. 2 AktG, vgl. Kto. 322).

2. Sonstige Wertpapiere

Konto	Konten-Inhalt
272 sonstige Wertpapiere	Wertpapiere entsprechend denen auf Kto. 150, die für die vorübergehende Anlage bestimmt sind. Aktien, variabel verzinsliche Wertpapiere, festverzinsliche Wertpapiere, Finanzwechsel (Wechsel, denen kein Umsatzgeschäft zugrunde liegt). Schatzwechsel des Bundes, der Länder oder der Bundesbahn, Optionsscheine, sonstige Wertpapiere. Eine Unterteilung des Kontos in die genannten Posten ist zu empfehlen. Finanzwechsel, bei denen die zugrundeliegende Forderung dem Unternehmen selbst nicht zusteht, sind ebenfalls hier auszuweisen (vgl. Kto. 266).

IV. Kassenbestand, Bundesbankguthaben, Guthaben bei Kreditinstituten und Schecks

Konto	Konten-Inhalt
280 Guthaben bei Kreditinstituten	Guthaben täglich fälliger Gelder und der Festgelder gegenüber einem in- oder ausländischen Institut des Kreditverkehrs einschl. gutgeschriebener Zinsansprüche. Noch nicht gutgeschriebene Zinsansprüche fallen unter Kto. 266.
285 Postbank-guthaben	entsprechend Kto. 280
286 Schecks	... als hereingenommene Inhaber- u. Orderschecks, Bar- u. Verrechnungsschecks, Fremdwährungs-, Reise- und Tankschecks einschl. der vordatierten Schecks (§ 284 Abs. 2 Nr. 2 HGB). An den Aussteller zurückgesandte oder von der bezogenen Bank mit Protestvermerk zurückgegebene Schecks sind unter den Forderungen auszuweisen. Das Kto. 286 wird i. d. R. während des Jahres nicht geführt.
287 Bundesbank	Guthaben auf Kto. der Bundesbank und der LZBen
288 Kasse	Bestand an Bargeld einschl. ausländischer Sorten, nicht verbrauchte Bestände an Brief- und Gerichtskostenmarken, Francotypstreifen u. ähnl. (§ 284 Abs. 2 Nr. 2 HGB, Quittungen über Vorschüsse, Darlehen usw. sind nicht hier, sondern unter dem entsprechenden Forderungskonto auszuweisen)
289 Nebenkassen	... als Lohn-, Frachten-, Portokasse entsprechend Kto. 288

C. Rechnungsabgrenzungsposten

Konto	Konten-Inhalt
290 Disagio	Disagio, Damnum, Darlehensabgeld als Unterschiedsbetrag zwischen dem Ausgabebetrag und dem höheren Rückzahlungsbetrag eines Darlehens (§ 250 Abs. 3 HGB, § 5 Abs. 5 Satz 1 Nr. 1 EStG, § 268 Abs. 6 HGB)
291 Zölle und Verbrauchsteuern	Die Abgrenzung entfällt zum 1. 1. 2010.
292 Umsatzsteuer auf Anzahlungen	Die Abgrenzung entfällt zum 1. 1. 2010.
293 andere aktive Jahresabgrenzungs-posten	Ausgaben vor dem Bilanzstichtag führen zu Aufwendungen für eine bestimmte Zeit nach dem Bilanzstichtag (transitorische Aktiva) (§ 250 Abs. 1 HGB), wie Mietvorauszahlungen, vorausbezahlte Kraftfahrzeugsteuer und Versicherungsprämien, Diskontspesen u. -zinsen für die über den Bilanzstichtag hinausreichende Laufzeit von Wechseln, bezahlte Urlaubsgelder für Dienstleistungen nach dem Bilanzstichtag bei abweichendem Wirtschaftsjahr, Honorarvorauszahlungen für einen bestimmten Zeitraum. Einmalige größere Aufwendungen mit einem möglichen oder erwarteten Nutzen über mehrere Rechnungsperioden, wie eine größere Werbeaktion, sind nicht aktivierbar, da der Erfolg nicht einer ganz bestimmten, festumrissenen Zeit zugerechnet werden kann. Es handelt sich dann um Betriebsausgaben der Ktn. 6873 oder 613.

D. Aktive latente Steuern

Konto	Konten-Inhalt
295 aktive latente Steuern	... müssen zum Zwecke der Periodenabgrenzung bei unterschiedlicher Steuerbelastung in Handelsbilanz und Steuerbilanz gebildet werden (Gewinn in der Handelsbilanz ist dem in der Steuerbilanz vorgelagert, § 274 Abs. 1 Satz 2 und Abs. 2 HGB). Sie sind auf der Aktivseite unter entsprechender Bezeichnung gesondert auszuweisen.

E. Aktiver Unterschiedsbetrag aus der Vermögensverrechnung

Konto	Konten-Inhalt
299 nicht durch Eigenkapital gedeckter Fehlbetrag	Hier handelt es sich um eine etwaige rechnerische Differenz zwischen Aktivposten und Passivposten, die nicht mit dem Bilanzverlust zu verwechseln ist (§ 268 Abs. 3 HGB). Im Falle des nichtgedeckten Fehlbetrags ist das Eigenkapital aufgezehrt. Da daraus ein Konkurs folgen könnte, sollte im Anhang dargelegt werden, aus welchen Gründen keine Überschuldung im Sinne des Insolvenzrechts vorliegt.

Passivseite der Bilanz (§ 266 Abs. 3 HGB)

147 Klasse 3: Eigenkapital und Rückstellungen

A. Eigenkapital

I. Gezeichnetes Kapital

Konto	Konten-Inhalt
300 Eigenkapital bzw. gezeichnetes Kapital	variables Eigenkapital der Einzelunternehmungen und Personengesellschaften (Unterteilung z. B. in 3001 Gesellschafter A, 3002 Gesellschafter B) bzw. unveränderliches „gezeichnetes Kapital" (Grund- oder Stammkapital) der Kapitalgesellschaften (§ 247 Abs. 1 HGB, § 272 Abs. 1 HGB)
301 Privatkonto	zur Erfassung von Entnahmen und Einlagen bei Einzelunternehmungen. Als Entnahmen werden hier auch die Zahlung der Einkommensteuer u. Kirchensteuer sowie der Erbschaftsteuer der Inhaber erfasst. Gesellschaften unterteilen das Konto z. B. in 3011 Gesellschafter A, 3012 Gesellschafter B usw.
305 noch nicht eingeforderte Einlagen	vgl. Ktn. 268 und 001 (§ 272 Abs. 1 Satz 3 HGB)

II. Kapitalrücklage

Konto	Konten-Inhalt
311 Kapitalrücklage	Die Kapitalrücklage wird nicht aus dem erwirtschafteten Gewinn gebildet. Sie fließt dem Unternehmen von außen, nämlich den Gesellschaftern, zu als Aufgeld aus der Ausgabe von Anteilen, Aufgeld aus der Ausgabe von Wandelschuldverschreibungen, Zahlung aus der Gewährung eines Vorzugs für Anteile, andere Zuzahlungen von Gesellschaftern in das Eigenkapital, eingeforderte Nachschüsse der GmbH-Gesellschafter (vgl. Kto. 268). Die Bildung der Rücklage erfolgt bereits bei Aufstellung der Bilanz (§ 272 Abs. 2 HGB, § 270 Abs. 1 HGB, § 42 Abs. 2 GmbHG).

III. Gewinnrücklagen

Konto	Konten-Inhalt
321 gesetzliche Rücklage	Nur die AG und die KGaA müssen bereits bei Aufstellung der Bilanz eine gesetzliche Rücklage bilden (§ 272 Abs. 3 HGB, § 150 AktG, § 270 Abs. 2 HGB)
323 Rücklage für eigene Anteile	Ab dem Geschäftsjahr 2010 wird der Nennbetrag erworbener eigener Anteile in der Vorspalte offen von dem Posten „gezeichnetes Kapital" abgesetzt. Hier wird der Unterschiedsbetrag zwischen dem Nennbetrag oder dem rechnerischen Wert und den Anschaffungskosten erfasst.
322 satzungsmäßige Rücklagen	Gesellschaftsvertrag, Satzung oder Statut einer jeden Personenhandelsgesellschaft oder Kapitalgesellschaft können die Bildung von offenen, freien Rücklagen vorsehen (§ 272 Abs. 3 HGB, § 58 Abs. 1 AktG)
324 andere (freie) Gewinnrücklagen	freie Rücklagen, die aus einbehaltenen Gewinnen gebildet werden und nicht unter die vorstehenden Gewinnrücklagen fallen (§ 272 Abs. 3 HGB)
325 Eigenkapitalanteil bestimmter Passivposten	Eigenkapitalanteil von Wertaufholungen (Wertaufholungsrücklage), früher auch von Preissteigerungsrücklagen (§ 58 Abs. 2a AktG, § 29 Abs. 4 GmbHG) werden in der Bilanz unter den „anderen Gewinnrücklagen" ausgewiesen

IV. Gewinnvortrag/Verlustvortrag (Ergebnisverwendung)

Konto	Konten-Inhalt
331 Jahresergebnis des Vorjahres	nicht verteilte Gewinne oder nicht verrechnete Verluste aus dem Vorjahr
332 Ergebnisvortrag	nicht verteilte Gewinne oder nicht verrechnete Verluste aus früheren Perioden (§ 268 Abs. 1 HGB)
333 Entnahmen aus der Kapitalrücklage	evtl. Aufstellung eines Rücklagenspiegels s. auch § 158 Abs. 1 AktG
334 Veränderungen der Gewinnrücklagen vor Bilanzergebnis	evtl. Aufstellung eines Rücklagenspiegels
335 Bilanzergebnis	... anstelle des Jahresüberschusses/Jahresfehlbetrags, wenn bereits bei der Erstellung der Bilanz Teile des Ergebnisses verwendet worden sind (§ 268 Abs. 1 HGB)
336 Ergebnisausschüttung	ausgeschüttete Beträge, Vorabgewinnausschüttungen, Vortrag beschlossener Ausschüttungen
337 zusätzlicher Aufwand oder Ertrag	zusätzlicher Aufwand oder Ertrag aufgrund eines Ergebnisverwendungsbeschlusses (§ 278 HGB, § 174 Abs. 2 Nr. 5 AktG, § 29 Abs. 1 GmbHG)
338 Einstellungen in Gewinnrücklagen nach Bilanzergebnis	nach Hauptversammlung/Gesellschafterbeschluss – Die über den Gewinnverwendungsvorschlag der Geschäftsleitung hinaus beschlossenen Zuführungen
339 Ergebnisvortrag auf neue Rechnung	zur Verteilung bzw. Verrechnung im Folgejahr

V. Jahresüberschuss/Jahresfehlbetrag

Konto	Konten-Inhalt
340 Jahresergebnis des Abschlussjahres	Der Jahresüberschuss des Geschäftsjahres wird ungeteilt und gesondert in voller Höhe von Kto. 802 in die Bilanz übernommen.

VI. Wertberichtigungen

Konto	Konten-Inhalt
360 Wertberichtigungen	Sofern die aufgelaufenen Abschreibungen im Hauptbuch festgehalten werden, ist bei Kapitalgesellschaften eine Aufteilung entsprechend der Konten 000 bis 169 zur Vorbereitung der Spalte kumulierte Abschreibungen im Anlagenspiegel erforderlich. In der Bilanz der Kapitalgesellschaften werden Einzel- und Pauschalberichtigungen aktiv abgesetzt.

B. Rückstellungen

1. Rückstellungen für Pensionen und ähnliche Verpflichtungen

Konto	Konten-Inhalt
370 Rückstellungen für Pensionen und ähnl. Verpflichtungen	… unmittelbare Zusagen für eingetretene Pensionsfälle, unverfallbare Anwartschaften, verfallbare Anwartschaften, Verpflichtungen für ausgeschiedene Mitarbeiter, mittelbare Verpflichtungen wegen eines Kassenfehlbetrags, pensionsähnliche Verpflichtungen, z. B. aus Vorruhestandsregelungen und mittelbare oder unmittelbare Zusagen vergleichbarer Versorgungsverpflichtungen (Art. 28 EGHGB) Der IKR 1986 nach BiRiLiG schlägt folgende Aufteilung vor: **371** Verpflichtungen für eingetretene Pensionsfälle; **372** Verpflichtungen für unverfallbare Anwartschaften; **373** Verpflichtungen für verfallbare Anwartschaften; **374** Verpflichtungen für ausgeschiedene Mitarbeiter; **375** Pensionsähnliche Verpflichtungen.

2. Steuerrückstellungen

Konto	Konten-Inhalt
380 Steuerrückstellungen	für Gewerbeertrag-, Körperschaft-, Kapitalertrag-, ausländ. Quellensteuer, andere Steuern vom Einkommen und Ertrag

3. Sonstige Rückstellungen

Konto	Konten-Inhalt
390 sonstige Rückstellungen (Passivierungspflicht)	für Personalaufwendungen und Vergütung von Aufsichtsratsgremien, für Gewährleistung (Vertrags- und Kulanzgarantie), für Rechts- und Beratungskosten, für andere ungewisse Verbindlichkeiten, für drohende Verluste aus schwebenden Geschäften, unterlassene Instandhaltung usw. (§ 249 Abs. 1 Satz 1 und 2 HGB, § 285 Nr. 12 HGB)

Klasse 4: Verbindlichkeiten 148

C. Verbindlichkeiten

1. Anleihen, davon konvertibel

Konto	Konten-Inhalt
410 konvertible Anleihen	... sind am Kapitalmarkt aufgebrachte Fremdkapitalien, bei denen es sich ganz überwiegend um Teilschuldverschreibungen (Obligationen) handelt. Konvertible Anleihen sind solche, die dem Inhaber ein Umtausch- oder Bezugsrecht auf Anteile der Gesellschaft gewähren (§ 268 Abs. 5 HGB).
415 nicht konvertible Anleihen	... sind solche, die ein Umtausch- oder Bezugsrecht nicht einräumen (§ 268 Abs. 5 HGB).

2. Verbindlichkeiten gegenüber Kreditinstituten

Konto	Konten-Inhalt
420 Kredit der Bank A	alle Verbindlichkeiten gegenüber Kreditinstituten unabhängig von ihrer Laufzeit, ob Überziehungskredit, Grundschuld oder noch zu zahlende Zinsen aus
421 Kredit der Bank B usw.	diesen Verbindlichkeiten sowie Verbindlichkeiten gegenüber Bausparkassen (§ 268 Abs. 5 HGB, § 285 Nr. 1 HGB)
429 sonstige Verbindl. gegenüber Kreditinstituten	Dem Geschäftsjahr zuzurechnende, aber noch nicht belastete Zinsen, Gebühren, Provisionen und sonstige Nebenkosten.

3. Erhaltene Anzahlungen auf Bestellungen

Konto	Konten-Inhalt
430 erhaltene Anzahlungen auf Bestellungen	Zahlungen von Auftraggebern für noch zu erbringende Lieferungen u. Leistungen, die zur Sicherung oder zur Vorfinanzierung erteilter Aufträge dienen. Erhaltene Anzahlungen auf Bestellungen können auch auf der Aktivseite offen von dem Posten „Vorräte" abgesetzt werden, soweit Vorräte dazu aktiviert worden sind (§ 268 Abs. 5 HGB [Fristigkeit]).

4. Verbindlichkeiten aus Lieferungen und Leistungen

Konto	Konten-Inhalt
440 Verbindlichkeiten aus L. u. L./Inland	alle Schulden aus dem lfd. Geschäftsverkehr, soweit sie durch Lieferungen u. Leistungen Dritter im Rahmen von gegenseitigen Liefer-, Werk-, Dienstleistungs-, Miet-, Pacht- oder ähnl. Verträgen entstanden sind, unabhängig von ihrer Entstehungsursache, d. h. auch solche aus dem Erwerb von Vermögensgegenständen des Anlagevermögens. Bestehen Verbindlichkeiten gegenüber verbundenen Unternehmen oder Unternehmen, mit denen ein Beteiligungsverhältnis besteht, hat der Ausweis unter den Ktn. 460/465, 470/475 grundsätzlich Vorrang. Andernfalls ist die Mitzugehörigkeit zu vermerken (§ 268 Abs. 5 HGB [Fristigkeit]).

445 Verbindlichkeiten aus L. u. L./Ausland	entsprechend Kto. 440. Die Passivierung erfolgt zum höheren Kurs (§ 268 Abs. 5 HGB [Fristigkeit]).

5. Verbindlichkeiten aus der Annahme gezogener Wechsel und der Ausstellung eigener Wechsel

Konto	Konten-Inhalt
450 – gegenüber Dritten	... sind gezogene Wechsel, eigene Wechsel (Solawechsel) unabhängig davon, ob es sich um Waren- oder Finanzwechsel handelt, und Exportfinanzierungskredite, die durch Wechsel unterlegt sind. Gefälligkeitswechsel sind ebenfalls hier zu passivieren bei gleichzeitiger Aktivierung des entsprechenden Ausgleichsanspruchs unter den sonstigen Vermögensgegenständen Kto. 266 (§ 268 Abs. 5 HGB [Fristigkeit]). Nicht zu passivieren sind die Verbindlichkeiten aus Kautions-, Sicherungs- oder Depotwechseln. Über letztere ist im Anhang zu berichten. Kautionswechsel für Verpflichtungen Dritter sind als Eventualverbindlichkeiten zu vermerken (§ 285 Nr. 3 HGB, § 251 HGB).
451 – ggü. verbundenen Unternehmen	entsprechend Ktn. 450 und 440 (§ 268 Abs. 5 HGB) [Fristigkeit]
452 – ggü. Unternehmen mit Beteiligungsverhältnis	entsprechend Ktn. 450 und 440 (§ 268 Abs. 5 HGB) [Fristigkeit]

6. Verbindlichkeiten gegenüber verbundenen Unternehmen

Konto	Konten-Inhalt
460 – aus L. u. L./ Inland	entsprechend Ktn. 450 und 440 (§ 268 Abs. 5 HGB) [Fristigkeit]
465 – aus L. u. L./ Ausland	entsprechend Ktn. 450 und 440 (§ 268 Abs. 5 HGB)
469 sonstige Verbindl. ggü. verb. Unternehmen	entsprechend Ktn. 450 und 485 (§ 268 Abs. 5 HGB)

7. Verbindlichkeiten gegenüber Unternehmen, mit denen ein Beteiligungsverhältnis besteht

Konto	Konten-Inhalt
470 – aus L. u. L./ Inland	entsprechend Ktn. 450 und 440 (§ 268 Abs. 5 HGB)
475 – aus L. u. L./ Ausland	entsprechend Ktn. 450 und 440 (§ 268 Abs. 5 HGB)
479 sonst. Verbindl. bei Beteiligungsverhältnis	entsprechend Ktn. 450 und 485 (§ 268 Abs. 5 HGB)

8. Sonstige Verbindlichkeiten

Konto	Konten-Inhalt
480 Umsatzsteuer	... getrennt von der Vorsteuer, ggf. Untergliederung nach vollem und ermäßigtem Satz, Davon-Vermerk (§ 266 Abs. 3 C. Verbindlichkeiten 8 HGB)
481 Umsatzsteuer nicht fällig	ggf. Untergliederung nach 19 % und 7 %, Davon-Vermerk (§ 266 Abs. 2 C. 8 HGB)
482 Umsatzsteuer-vorauszahlung	ggf. Untergliederung nach den verschiedenen Vorauszahlungsanlässen, Davon-Vermerk (§ 266 Abs. 3 C. Verbindlichkeiten 8 HGB)
483 sonstige Steuer-verbindlichkeiten	Steuerschulden sowie sonstige einzubehaltende u. abzuführende Steuern, wie einbehaltene Lohn-, Kirchen- u. Kapitalertragsteuer und veranlagte Abschlusszahlungen an sonstigen betrieblichen Steuern, Davon-Vermerk (§ 266 Abs. 3 C. 8 HGB)
484 Verbindl. gegenüber Sozialversicherungsträgern	einbehaltene sowie von dem Unternehmen selbst zu tragende Sozialabgaben, Sozialplankosten, Leistungen an Versorgungseinrichtungen und Pensionssicherungsvereine zur Rückdeckungsversicherung für Pensionszusagen, noch nicht abgeführte Beiträge zur Berufsgenossenschaft sowie Vorruhestandsverpflichtungen bei Einzelvereinbarungen u. verbindl. Option des Arbeitgebers. Hier werden auch Verbindlichkeiten zu Unterstützungszwecken gebucht, z. B. aus der Übernahme von Arzt-, Kur- oder Krankenhauskosten. Davon-Vermerk (§ 266 Abs. 3 C. Verbindlichkeiten 8 HGB)
485 Verbindl. ggü. Mitarbeitern, Organmitgliedern, Gesellschaftern	noch auszuzahlende Dividenden, Aufsichtsrats- oder Beiratsvergütungen, als Fremdkapital zu qualifizierende Einlagen stiller Gesellschafter (§ 42 Abs. 3 GmbHG, § 268 Abs. 5 HGB) [Fristigkeit].
486 andere sonstige Verbindlichkeiten	... sind Hypotheken-, Grund- und Rentenschulden sowie sonstige kurz- und langfristige Darlehen, soweit es sich nicht um Anleihen handelt und sie nicht von einem Kreditinstitut gewährt worden sind. Fällige Zinsen, soweit sie nicht einem Kreditinstitut geschuldet werden, ferner Verbindlichkeiten aus dem Erwerb von Finanzanlagen, Verbindlichkeiten gegenüber Kunden aus dem lfd. Abrechnungsverkehr, z. B. aus Gutschriften, Boni oder Überzahlungen. Verpflichtungen aus beschlossenen, aber noch nicht abgeflossenen Gewinnausschüttungen. Erhaltene Anzahlungen, soweit sie nicht als solche auf Bestellungen auf Konto 430 zu buchen sind, werden hier mit dem Rückzahlungsbetrag passiviert. Andere sonstige Verbindlichkeiten aus Schadenersatzleistungen, erhaltenen Kostenvorschüssen (soweit nicht Anzahlungen), erhaltenen Kautionen, Verbindlichkeiten aus Haben-Salden der Kontengruppe 24, übrige sonstige Verbindlichkeiten (§ 268 Abs. 5 HGB).
489 übrige sonstige Verbindlichkeiten	Antizipative Posten wie rückständige Löhne, Gehälter, Tantiemen, Provisionen, Beiträge, Pachten, Mieten, Aufwandsersatz und Abfindungen an Handelsvertreter, Durchlaufende Posten.

D. Rechnungsabgrenzungsposten

Konto	Konten-Inhalt
490 passive Jahresabgrenzung	Es handelt sich um transitorische Abgrenzungsposten für im Voraus vereinnahmte Mieten u. Pachten, Zinsen, Provisionen, Lizenzgebühren, Entgelt für ein zeitlich befristetes Wettbewerbsverbot usw. Passive Rechnungsabgrenzungsposten sind nach § 250 Abs. 2 HGB Einnahmen vor dem Bilanzstichtag, soweit sie Ertrag für eine bestimmte Zeit nach dem Bilanzstichtag darstellen. Drei Voraussetzungen müssen also erfüllt sein: 1. Zahlungsvorgang vor dem Bilanzstichtag 2. Erfolgswirksamkeit (Ertrag) nach dem Abschlussstichtag 3. Der Ertrag muss eine bestimmte Zeit nach dem Abschlussstichtag betreffen und dieser zurechenbar sein. Der passiven Rechnungsabgrenzung muss zwar keine Verbindlichkeit zugrunde liegen, i. d. R. aber wird sie Verbindlichkeitscharakter haben.

E. Passive latente Steuern

Konto	Konten-Inhalt
495 passive latente Steuern	Der Unterschiedsbetrag zwischen den Steuern auf das handelsrechtliche Ergebnis und den nach steuerrechtlichen Vorschriften ermittelten Gewinn, wenn der in der Steuerbilanz ausgewiesene Gewinn dem in der Handelsbilanz nachgelagert ist, d. h. niedriger ist als in der Handelsbilanz.

Gewinn- und Verlustrechnung (§ 275 Abs. 2 HGB)

149 Klasse 5: Erträge

1. Umsatzerlöse

Konto	Konten-Inhalt
500 Umsatzerlöse	Umsatzerlöse sind Erträge aus der gewöhnlichen (normalen) Geschäftstätigkeit einschl. der berechneten Versand- u. Verpackungskosten (ohne USt) (§ 277 Abs. 1 HGB). Bei **Produktionsunternehmen** gehören dazu die Erlöse aus dem Verkauf von fertigen Erzeugnissen, Ersatzteilen und Leistungen einschl. Montagen, der Verkauf von Handelswaren. Bei **Dienstleistungsunternehmen** fallen darunter die Erlöse aus typischen Dienstleistungen des Unternehmens. Betriebstypische Verkäufe nicht mehr benötigter Roh-, Hilfs- u. Betriebsstoffe sind Umsatzerlöse. Schrottverkäufe und Erlöse aus dem Verkauf anderer Abfallprodukte stehen i. d. R. in einem bestimmten Zusammenhang mit der Produktion und führen deshalb zu Umsatzerlösen. Kuppelprodukte führen immer zu Umsatzerlösen. Miet- u. Pachteinnahmen sind je nach Geschäftszweig auf Kto. 500 oder auf Kto. 540 zu buchen. Was als typische Erzeugnisse, Waren u. Dienstleistungen anzusehen ist, bestimmt sich nicht so sehr nach dem in der Satzung bzw. dem Gesellschaftsvertrag angegebenen Gegenstand, sondern vielmehr nach dem tatsächlichen Erscheinungsbild des Unternehmens.

	Versicherungsentschädigungen für bereits verkaufte Waren sind Umsatzerlöse. Patent- u. Lizenzeinnahmen sind, wenn sie einem Dritten die Herstellung der auch vom Unternehmen selbst produzierten Erzeugnisse ermöglichen, Umsatzerlöse. In anderen Fällen kommt eine Verbuchung auf Kto. 541 in Betracht. Provisionen aus Kommissionsgeschäften sind ebenfalls Umsatzerlöse. **Keine Umsatzerlöse** sind Anlagenverkäufe, Erlöse aus Kantinen u. ähnl. Einrichtungen sowie Erträge aus Werkswohnungen oder aus Weiterberechnungen für die gelegentliche Inanspruchnahme von Einrichtungen des Unternehmens. **Unterteilung des Kontos** nach „Handelswaren und eigenen Erzeugnissen und Leistungen", „Waren- bzw. Erzeugnisgruppen", steuerfrei, 19 % USt, 7 % USt, Binnenmarkt. Siehe auch Konten 540 bis 546.

Erlösberichtigungen

Konto	Konten-Inhalt
516 (Kunden-) Skonti	... sind Preisnachlässe bei vorzeitiger Zahlung (§ 2 RabattG, § 277 Abs. 1 HGB). Unterteilung des Kontos nach 19 % USt, 7 % USt usw.
517 Boni	... sind nachträglich gewährte Rabatte. Unterteilung des Kontos nach 19 % USt, 7 % USt usw.
518 andere Erlösberichtigungen	z. B. Nachlässe aufgrund von Mängelrügen, gezahlte Konventionalstrafen, wenn sie einen versteckten Preisnachlass darstellen. In allen anderen Fällen sind Konventionalstrafen sonstige betriebl. Aufwendungen (Kto. 693). Rücksendungen führen zu einem Storno der Umsatzerlöse (Kto. 500). Unterteilung des Kontos nach 19 % USt, 7 % USt usw.

2. Erhöhung oder Verminderung des Bestands an fertigen und unfertigen Erzeugnissen

Konto	Konten-Inhalt
521 Bestandsveränd. an unfertigen Erzeugnissen	... können auf Mengen- und Wertveränderungen zurückgehen. Abschreibungen sind nur insoweit einzubeziehen, als sie die in dem Unternehmen sonst üblichen Abschreibungen nicht überschreiten (sonst Kto. 657) (§ 277 Abs. 2 HGB).
522 Bestandsveränd. an fertigen Erzeugnissen	entsprechend Kto. 521 (§ 277 Abs. 2 HGB)
525 zusätzliche Abschreibungen	... sind Abschreibungen auf Erzeugnisse bis zur Untergrenze erwarteter Wertschwankungen, die zusätzlich zu den auch steuerlich zulässigen Abschreibungen verrechnet werden (§ 253 Abs. 3 Satz 3, § 277 Abs. 3 Satz 1 HGB).
526 steuerliche Sonderabschreibungen	... auf Erzeugnisse (§ 254 HGB) (vgl. Kto. 697)

3. Andere aktivierte Eigenleistungen

Konto	Konten-Inhalt
530 selbst erstellte Anlagen	Herstellungskosten der im Abschlussjahr aktivierten selbst erstellten Vermögensgegenstände des Anlagevermögens
539 sonstige andere aktivierte Eigenleistungen	Herstellungskosten für sonstige andere Eigenleistungen, z. B. selbst erstellte Roh-, Hilfs- u. Betriebsstoffe, sofern diese nicht unter Kto. 521/522 erfasst werden

4. Sonstige betriebliche Erträge

Konto	Konten-Inhalt
540 Nebenerlöse	Erlöse aus Vermietung und Verpachtung (insbes. aus Werkswohnungen), aus Werksküche und Kantine, anderen Sozialeinrichtungen, aus der Abgabe von Energien u. Abfällen, soweit nicht Umsatzerlöse, alle anderen nicht betriebstypischen Verkäufe von Roh-, Hilfs- u. Betriebsstoffen. Verwaltungskostenumlagen (Gestionsgebühren) von Tochterunternehmen. Eine Unterteilung des Kontos ist zu empfehlen.
541 sonstige Erlöse	... aus Provisionen (solche aus Kommissionsgeschäften sind Umsatzerlöse), aus Lizenzen, aus Veräußerung von Patenten. Kto. 541 kann auch die Erlöse aus dem Abgang von Sachanlagen aufnehmen.
542 unentgeltliche Wertabgaben (Eigenverbrauch)	Unterteilung des Kontos nach § 1 UStG sowie nach 19 % USt, 7 % USt und nach Umsätzen bei vorher in Anspruch genommenem Vorsteuerabzug und vorher nicht in Anspruch genommenem Vorsteuerabzug (vgl. Kto. 694) **5421** Entnahme von Gegenständen (§ 3 Abs. 1b Nr. 1 UStG) **5423** Entnahme von Leistungen (§ 3 Abs. 9a Nr. 1 UStG) **5426** Privater Kfz-Anteil **5427** Unentgeltliche Leistungen
543 andere sonstige betriebliche Erträge	... sind Kostenerstattungen, empfangene Schadenersatzleistungen, Schuldenerlass, Steuerbelastungen an Organgesellschaften, Investitionszulagen, Versicherungsentschädigungen für unfertige u. nicht verkaufte fertige Erzeugnisse sowie Einnahmen aus einer Betriebsunterbrechungsversicherung, Erträge aus Zuschüssen u. Zulagen, Schuldnachlässe, soweit sie nicht im Zusammenhang mit einer Sanierung (sonst Kto. 580) stehen.
544 Erträge aus Werterhöhungen im Anlagevermögen	... sind Zuschreibungen (Wertaufholung), Erträge aus der Heraufsetzung von Festwerten des Sachanlagevermögens. Die Heraufsetzung von Festwerten bei Roh-, Hilfs- und Betriebsstoffen wird in Kontengruppe 60 gebucht.
545 Erträge aus Werterhöhungen im Umlaufvermögen	Erträge aus Werterhöhungen von Gegenständen des Umlaufvermögens (Zuschreibungen) außer Vorräten und Wertpapieren (§ 280 Abs. 1 HGB). Unterteilung des Kontos: ► aus Auflösung/Herabsetzung der Einzelwertberichtigung, ► aus Auflösung/Herabsetzung der Pauschalwertberichtigung, ► aus Kurserhöhungen bei Forderungen in Fremdwährung und Valutabeständen oder gefallenen Briefkursen im Falle von Fremdwährungsverbindlichkeiten

546 Erträge aus dem Abgang von Vermögensgegenständen	Buchgewinne. Unterteilung des Kontos in „immaterielle Vermögensgegenstände", „Sachanlagen", „Umlaufvermögen" (soweit nicht unter anderen Erlösen), z. B. Buchgewinne aus dem Verkauf von Wertpapieren des Umlaufvermögens.
547 Erträge aus der Herabsetzung von Sonderposten	Erträge aus der Auflösung von Sonderposten mit Rücklageanteil, sofern vor dem 1. 1. 2010 gebildete Posten aufgelöst werden.
548 Erträge aus der Herabsetzung von Rückstellungen	Auflösung nicht mehr benötigter oder teilweise nicht mehr benötigter Rückstellungen. Bei bestimmungsmäßigem Verbrauch wird der jeweilige Aufwand zu Lasten des Rückstellungskontos gebucht.
549 periodenfremde Erträge	... soweit sie nicht bei den betroffenen Ertragsarten erfasst werden können (§ 277 Abs. 4 Satz 3 HGB), z. B. Rückvergütungen und Gutschriften für frühere Jahre, Aufwandsrückerstattungen, Zahlungseingänge auf in Vorjahren abgeschriebene Forderungen. Wegen der Systematik der GuV nach § 275 HGB schreiben Kapitalgesellschaften Steuerrückerstattungen den entspr. Aufwandskonten gut (vgl. Kontengruppe 77). Einzelunternehmen und Personenhandelsgesellschaften werden die Erstattung sonstiger Steuern auf diesem Konto erfassen.

9. Erträge aus Beteiligungen

Erträge aus Beteiligungen an verbundenen Unternehmen

Konto	**Konten-Inhalt**
550 – mit gewinnorientierter Vertragsbindung	Erträge aus Beteiligungen an verbundenen Unternehmen, mit denen Verträge über Gewinngemeinschaft, Gewinnabführung oder Teilgewinnabführung bestehen (vorrangig Dividendenerträge einschl. anrechenbarer KSt) (§ 277 Abs. 3 Satz 2 HGB)
551 – aus anderen verbundenen Unternehmen	vgl. Kto. 550
552 Erträge aus Zuschreibungen zu Anteilen an verbund. Unternehmen	entsprechend Kontengruppen 54, 56, 57
553 Erträge aus Abgang von Anteilen an verbundenen Unternehmen	entsprechend Kontengruppen 54, 56, 57

Erträge aus Beteiligungen an nicht verbundenen Unternehmen

Konto	**Konten-Inhalt**
555 – mit gewinnorientierter Vertragsbindung	Erträge aus Beteiligungen an nicht verbundenen Unternehmen, mit denen Verträge über Gewinngemeinschaft, Gewinnabführung oder Teilgewinnabführung bestehen (§ 277 Abs. 3 Satz 2 HGB).

556 Erträge aus and. Beteiligungen	
557 Erträge aus Zuschreibungen an nicht verbund. Unternehmen	entsprechend Kontengruppen 54, 56, 57
559 Erträge aus Abgang von Anteilen an nicht verbund. Unternehmen	entsprechend Kontengruppen 54, 56, 57

10. Erträge aus anderen Wertpapieren und Ausleihungen des Finanzanlagevermögens

Konto	Konten-Inhalt
560 Erträge von verbundenen Unternehmen aus anderen Wertpapieren u. Ausleihungen des Anlagevermögens	**Alle Erträge aus Finanzanlagen**, soweit sie nicht Erträge aus Beteiligungen (Kontengruppe 55) sind. Es handelt sich um Erträge von verbundenen Unternehmen aus anderen Wertpapieren und Ausleihungen des Anlagevermögens, wie Zinsen, Dividenden u. ähnliche Erträge, Erträge aus Zuschreibungen zu anderen Wertpapieren, Erträge aus dem Abgang von anderen Wertpapieren, Ausgleichszahlungen (§ 304 AktG)
565 Erträge von nicht verbund. Untern. aus and. Wertpapieren und Ausleihungen des Anlagevermögens	entsprechend Kto. 560

11. Sonstige Zinsen und ähnliche Erträge

Konto	Konten-Inhalt
570 sonstige Zinsen und ähnliche Erträge von verbundenen Unternehmen	sonstige Zinsen und ähnliche Erträge von verbundenen Unternehmen, einschl. **Erträgen aus Wertpapieren des Umlaufvermögens**, einschl. Dividenden, Bankzinsen, Diskonterträge aus hereingenommenen Wechseln, Bürgschaftsprovisionen, Zinsen für Forderungen, Aufzinsungserträge, Zinserträge aus Kto. 016 Verzinsliche Ausgleichsforderungen an die Treuhandanstalt, wenn diese nicht dem Kto. 580 gutgeschrieben werden sollen.
578 Erträge aus Wertpapieren des Umlaufvermögens	Erträge aus Wertpapieren des Umlaufvermögens, soweit von nicht verbundenen Unternehmen, z. B. Zinsen und Dividenden, zinsähnliche Erträge aus Wertpapieren des Umlaufvermögens.
579 übrige sonstige Zinsen und ähnliche Erträge	alle Zinsen und ähnlichen Erträge, die nicht auf Konten der Gruppe 56 oder auf den Konten 570 u. 578 zu erfassen sind, z. B. Zinsen von Sparbriefen u. Ä., Zinsen auf Einlagen bei Kreditinstituten, für Darlehen und kurzfr. Ausleihungen, Verzugszinsen, Prozesszinsen, Diskonterträge und vereinnahmte Kreditprovisionen.

15. Außerordentliche Erträge

Konto	Konten-Inhalt
580 außerordentliche Erträge	Außerordentliche Erträge sind solche, die ungewöhnlich in der Art sind, selten vorkommen (mit einer Wiederholung kann nicht gerechnet werden) und außerhalb der gewöhnlichen Geschäftstätigkeit anfallen (§ 277 Abs. 4 HGB). Die Beträge sind von einiger materieller Bedeutung, z. B. Erträge aus dem Abgang wesentlicher Vermögensbestandteile bei Unternehmenszusammenschlüssen, Schuldnachlässe im Zusammenhang mit einer Sanierung, Erträge aus dem Abgang bzw. Verkauf ganzer Unternehmensbereiche, Zinserträge aus verzinslichen Ausgleichsforderungen an die Treuhandanstalt, soweit diese nicht auf Kto. 579 ausgewiesen werden sollen. Zu beachten ist, dass Beträge, die auf diesem Konto gebucht wurden, in der GuV des § 275 Abs. 2 und 3 HGB i. d. F. des BilRUG (gültig für alle ab 2016 beginnenden Geschäftsjahre) nicht mehr auftauchen. Sie werden zu den zugehörigen anderen GuV-Konten saldiert und nur im Anhang separat erläutert und ausgewiesen (vgl. § 285 Nr. 30 HGB i. d. F. des BilRUG). **Periodenfremde Erträge** werden unter dem GuV-Posten ausgewiesen, denen sie sachlich zugehören.
590 Erträge aus Verlustübernahme	Erträge aus Verlustübernahme bei Tochtergesellschaften. **Ausweis vor der Pos. Jahresüberschuss/Jahresfehlbetrag.**

Klasse 6: Betriebliche Aufwendungen 150

5. Materialaufwand

a) Aufwendungen für Roh-, Hilfs- und Betriebsstoffe und für bezogene Waren

Konto	Konten-Inhalt
600 Rohstoffe/ Fertigungsmaterial	Verbrauch der Vorräte in Kto. 200. Soweit bei Rohstoffen ein Festwert gebildet ist, fallen die laufenden Ersatzbeschaffungen unter diesen Posten. Aufwendungen aus den üblichen Inventur- und Bewertungsdifferenzen, die ihre Ursache z. B. in Schwund, Qualitätsverlusten oder rückläufigen Marktpreisen haben. Habenbuchung bei der Heraufsetzung von Festwerten.
601 Vorprodukte/ Fremdbauteile	Verbrauch der Vorräte in Kto. 201 Zu Inventur- u. Bewertungsdifferenzen siehe Kto. 600
602 Hilfsstoffe	Verbrauch der Vorräte in Kto. 202. Alle Hilfsstoffe, unabhängig davon, in welchem Bereich (Beschaffung, Fertigung, Verwaltung, Vertrieb) sie verbraucht worden sind. Soweit bei Hilfsstoffen ein Festwert gebildet ist, fallen die laufenden Ersatzbeschaffungen unter diesen Posten. Verpackungsmaterial, das für die Verkaufsfähigkeit der Erzeugnisse notwendig und im Verkaufspreis enthalten ist, wie Zigarettenschachteln, Papierbeutel für Süßigkeiten, Blechdosen usw., zählt zu den Hilfsstoffen (vgl. Kto. 604). Zu Inventur- u. Bewertungsdifferenzen siehe Kto. 600.

603 Betriebsstoffe/ Verbrauchswerkzeuge	Verbrauch der Vorräte in Kto. 203. Alle Betriebsstoffe, unabhängig davon, in welchem Bereich sie verbraucht worden sind, also auch auf Vorrat gehaltenes Büro- und Werbematerial, wie Briefbögen, Prospekte, Gebrauchsanweisungen, Vordrucke, Schnellhefter, Schreibmittel, Maschinen-, Zeichenbedarf (vgl. Kto. 680), Verbrauch von Vorräten für die Werksküche. Soweit bei Betriebsstoffen ein Festwert gebildet ist, fallen die laufenden Ersatzbeschaffungen unter diesen Posten. Zu Inventur- u. Bewertungsdifferenzen siehe Kto. 600.
604 Verpackungsmaterial	Verpackungsmaterial, das ausschließlich zum Versand verbraucht wird, wie Packpapier, Kordeln, Kartons. Bei dieser sog. Außenverpackung handelt es sich um Vertriebskosten, die nicht in die Herstellungskosten eingehen (vgl. Kto. 602). Zu Inventur- u. Bewertungsdifferenzen siehe Kto. 600.
605 Energie	Verbrauch an Strom, Gas und Wasser, Fernwärme
606 Reparaturmaterial und Fremdinstandhaltung	Reparaturmaterial und Fremdinstandhaltung, wenn der Materialanteil überwiegt. Überwiegt der Lohnanteil der Fremdinstandhaltung, ist das Konto 616 anzusprechen.
607 sonst. Material	Putz- und Pflegewaren, Berufskleidung, Lebensmittel und Kantinenwaren, soweit nicht auf Kto. 603 gebucht.
608 Aufwendungen für Waren	Dieses Konto nimmt den Umsatz zu Einstandspreisen auf.

b) Aufwendungen für bezogene Leistungen

Konto	**Konten-Inhalt**
610 Fremdleistungen für Erzeugnisse u. andere Umsatzleistungen	Aufwendungen für Lohnbearbeitung und -verarbeitung, für Leiharbeitskräfte für die Leistungserstellung nach dem Arbeitnehmer-Überlassungsgesetz (AÜG).
611 Fremdleistungen für Auftragsgewinnung	bei Auftragsfertigung, soweit einzelnen Aufträgen zurechenbar
612 Entwicklungs-, Versuchs- u. Konstruktionsarbeiten d. Dritte	bezogene Leistungen für Forschungs- und Entwicklungsabteilungen
613 weitere Fremdleistungen	Fremdleistungen für Garantiearbeiten, für den Verwaltungs- und den Vertriebsbereich und Leiharbeitskräfte (s. auch Kto. 670)
614 Frachten und Fremdlager	Frachten und Transportkosten inkl. Versicherungen u. anderer Nebenkosten. Eingangsfrachten und -transportkosten sind nicht hier zu erfassen, sondern im Rahmen der Einstandswerte zu aktivieren.
615 Vertriebsprovisionen	... sofern nicht unter Kto. 670
616 Fremdinstandhaltung u. Reparaturmaterial	... sofern die Fremdinstandhaltung überwiegt. Vgl. Kto. 606.

617 sonstige Aufwendungen für bezogene Leistungen	alle nicht den Ktn. 610 bis 616 zurechenbaren bezogenen Leistungen, z. B. Reinigungskosten für den Produktionsbereich, Übersetzungen für den Produktionsbereich durch Dritte.
618 Aufwandsberichtigungen	Skonti, Boni und andere Aufwandsberichtigungen, soweit nicht den Aufwandsarten direkt zurechenbar. Lieferantenskonti und Boni aus der Anschaffung aktivierter Vermögensgegenstände des Anlage- und des Umlaufvermögens mindern die Anschaffungskosten. Der IKR 1986 nach BiRiLiG schlägt folgende Aufteilung vor: **6181** Skonti 7 % USt-Satz; **6185** Skonti 19 % USt-Satz; **6191** Boni 7 % USt-Satz; **6195** Boni 19 % USt-Satz; **6197** andere Aufwandsberichtigungen.

6. Personalaufwand

a) Löhne und Gehälter

Konto	Konten-Inhalt
620 Löhne für geleistete Arbeitszeit	Löhne und Überstundenvergütungen der festangestellten Mitarbeiter und Aushilfen, der Praktikanten und Werkstudenten, einschl. tariflicher, vertraglicher oder arbeitsbedingter Zulagen, wie Nacht-, Sonntags- und Feiertagszulagen, Schmutz-, Lärm-, Untertagezulagen usw. Bei Nettolohnvereinbarungen sind die Arbeitnehmeranteile ebenfalls Lohnbestandteil.
621 Löhne für andere Zeiten	Löhne für Urlaub, Feiertage und bei Krankheit
622 sonstige tarifliche u. vertragliche Aufwendungen für Lohnempfänger	Weihnachts- und Urlaubsgeld, Hausstands- und Kindergeld, Zahlungen zur Anlage nach dem Vermögensbildungsgesetz, Zuschüsse zum Krankengeld aufgrund des Lohnfortzahlungsgesetzes, Erfolgsbeteiligungen, Provisionen, Soziallöhne für Ausfallzeiten, z. B. Sterbefall in der Familie
623 freiwillige Zuwendungen	Wohnungsentschädigungen, vom Arbeitgeber freiwillig übernommene Beiträge der Belegschaftsmitglieder an Versicherungen
625 Sachbezüge	Sachleistungen in Form von Verpflegung, mietfreie oder verbilligte Dienstwohnung oder Unterkunft, Heizung oder Deputate in der Landwirtschaft, im Bergbau und im Brauereigewerbe, private Nutzung des Dienstwagens, unentgeltliche oder verbilligte Überlassung von Aktien (Sachbezugs-VO)
626 Vergütungen an gewerbliche Auszubildende	tarifliche und freiwillige Vergütungen für Auszubildende einschl. Zulagen, Weihnachts- und Urlaubsgeld, Erfindervergütungen, Prämien für Verbesserungsvorschläge
629 sonstige Aufwendungen mit Lohncharakter	Jubiläumszahlungen, Auslösungen und Entschädigungen bei auswärtiger Montage, Zahlungen im zeitlichen Zusammenhang mit einem Geschäftsjubiläum, Abfindungen an vorzeitig ausscheidende Arbeitnehmer
630 Gehälter	entsprechend Kto. 620 und zusätzlich die Vergütungen der Vorstandsmitglieder und Gesellschafter der KapGes (Tantiemen)
632 sonst. tarifl. u. vertragl. Aufwend.	entsprechend Kto. 622

633 freiwillige Zuwendungen	entsprechend Kto. 623
635 Sachbezüge	entsprechend Kto. 625
636 Vergütungen an techn. u. kfm. Auszubildende	entsprechend Kto. 626
639 sonstige Aufwendungen mit Gehaltscharakter	entsprechend Kto. 629

b) soziale Abgaben und Aufwendungen für Altersversorgung und für Unterstützung

Soziale Abgaben

Konto	Konten-Inhalt
640 Arbeitgeberanteil zur Sozialvers. (Lohn)	gesetzliche Pflichtbeiträge zur Renten-, Arbeitslosen-, Krankenversicherung und Pflegeversicherung
641 Arbeitgeberanteil zur Sozialversicherung (Gehalt)	gesetzliche Pflichtbeiträge zur Renten-, Arbeitslosen-, Krankenversicherung und Pflegeversicherung
642 Beiträge zur Berufsgenossenschaft	gesetzliche Pflichtbeiträge an die zuständige Berufsgenossenschaft
643 sonstige soziale Abgaben	Beiträge zum Pensionssicherungsverein, Zahlungen zur Insolvenzversicherung

Aufwendungen für Altersversorgung (Davon-Posten gem. § 275 Abs. 2 HGB)

Konto	Konten-Inhalt
644 gezahlte Betriebsrenten	einschl. Vorruhestandsgeld
645 Veränderungen der Pensionsrückstellung	Zuführung zu den Pensionsrückstellungen, evtl. auch Auflösungen, aufgrund jährlicher Feststellung der Pensionsverpflichtungen gegenüber den einzelnen Arbeitnehmern im Falle von unmittelbaren Zusagen
646 Aufwendungen für Direktversicherung	Prämienzahlungen an die Versicherungsträger, wenn die Pensionen nicht oder nicht allein aus Rückstellungen gezahlt werden sollen
647 Zuweisungen an Pensions- und Unterstützungskassen	Zuweisungen an Pensions- und Unterstützungskassen bei mittelbaren Pensionszusagen
648 sonstige Aufwendungen für Altersversorgung	Beiträge zur Insolvenzsicherung von betrieblichen Versorgungszusagen an den Pensionssicherungsverein, Erstattung von Arbeitslosengeld nach § 128a AFG, Aufwand für Feiern für ausgeschiedene Mitarbeiter.

Aufwendungen für Unterstützung

Konto	Konten-Inhalt
649 Beihilfen und Unterstützungs-leistungen	Heirats-, Geburtsbeihilfen, Beihilfen zu Kuren u. Heilbehandlungen, Erholungsbeihilfen, Familienfürsorgezahlungen, Hausbrandzuschüsse, Deputate für Invaliden, Pensionäre, Witwen sowie Zuweisungen für diese Zwecke an Sozialkassen u. Unterstützungseinrichtungen (siehe auch Kto. 660)

7. Abschreibungen

a) auf immaterielle Vermögensgegenstände des Anlagevermögens und Sachanlagen

Konto	Konten-Inhalt
651 Abschreibungen auf immaterielle Vermögensgegenstände des AV	Abschreibungen auf Rechte gem. Kontengruppe 02, auf Geschäfts- oder Firmenwert (§ 255 Abs. 4 HGB, § 7 Abs. 1 Satz 1 EStG), auf aktivierte Entwicklungskosten, auf Anzahlungen gem. Kontengruppe 04
652 Abschreibungen auf Grundstücke u. Gebäude	planmäßige Abschreibungen (§ 253 Abs. 3 Satz 1 HGB, § 7 EStG)
653 Abschreibungen auf techn. Anlagen/ Maschinen	planmäßige Abschreibungen (§ 253 Abs. 3 Satz 1 HGB, § 7 EStG)
654 Abschr. auf and. Anlagen, Betriebs- u. Geschäftsausstattungen	planmäßige Abschreibungen (§ 253 Abs. 3 Satz 1 HGB, § 7 EStG) Der IKR 1986 nach BiRiLiG schlägt folgende Aufteilung vor: **6541** Abschreibungen auf andere Anlagen und Betriebsausstattung; **6544** Abschreibungen auf Fuhrpark; **6546** Abschreibungen auf Geschäftsausstattung; **6549** Abschreibungen auf geringwertige Wirtschaftsgüter
655 außerplanmäßige Abschr. auf Sachanlagen	außerplanmäßige Abschreibungen auf Sachanlagen auf den am Abschlussstichtag beizulegenden Wert (§§ 253 Abs. 3 Satz 3, 277 Abs. 3 HGB)

b) auf Vermögensgegenstände des Umlaufvermögens, soweit diese die in der Kapitalgesellschaft üblichen Abschreibungen überschreiten

Konto	Konten-Inhalt
657 unübliche Abschreibungen auf Vorräte	... sind Abschreibungen auf Vorräte (Kontengruppen 20 bis 23), die das in der Gesellschaft übliche Maß überschreiten, z. B. aus techn. Risiken, Preis- oder Lagerrisiken
658 unübliche Abschreibungen auf Forderungen und sonst. Vermögensgegenstände des Umlaufvermögens	... sind nur die für den Betrieb unüblichen Abschreibungen auf sonstige Vermögensgegenstände des Umlaufvermögens z. B. unübliche Kursverluste bei Forderungen in ausländischer Währung oder liquiden Mitteln in ausländischer Währung

8. Sonstige betriebliche Aufwendungen

Konto	Konten-Inhalt
660 sonstige Personalaufwendungen	Aufwendungen für Personaleinstellung, für übernommene Fahrtkosten, Reisekosten, Tage- und Übernachtungsgelder (auch Pauschalen), Vergütungen an Mitarbeiter für die Verwendung ihres eigenen Pkw, Aufwendungen für Werksarzt und Arbeitssicherheit, personenbezogene Versicherungen, Fort- und Weiterbildung, Dienstjubiläen, Belegschaftsveranstaltungen, Zuwendungen an Wohlfahrtseinrichtungen, Ausgleichsabgabe nach dem Schwerbehindertengesetz, evtl. Aufwendungen für Werksküche und Sozialeinrichtungen. Bei einer großen Anzahl von Buchungen empfiehlt sich die Aufteilung des Kontos in die vorstehend aufgeführten Aufwandsarten
670 Aufwendungen für die Inanspruchnahme von Rechten und Diensten	Mieten, Pachten, Erbbauzinsen, Leasing, Lizenzen u. Konzessionen, Gebühren, Leiharbeitskräfte (soweit nicht Kto. 613), Wechsel-/Bankspesen, Kosten des Geldverkehrs und der Kapitalbeschaffung, Provisionen (soweit nicht unter Ktn. 611 oder 615), Prüfung, Beratung, Rechtsschutz, Aufwendungen für den Aufsichtsrat bzw. Beirat u. ähnl., Ausgangsfrachten (soweit nicht Kto. 614). Bei einer größeren Anzahl von Buchungen sollte das Konto unterteilt werden
680 Büromaterial und Drucksachen	nicht auf Vorrat gehaltenes Büromaterial (vgl. Kto. 603), Vordrucke, Formulare (vgl. auch R 6.13 EStR – Verzicht auf Aktivierung)
681 Zeitungen und Fachliteratur	Abonnements für Zeitungen und Fachliteratur, Bücher und sonstiges Informationsmaterial
682 Post und sonstige Kommunikationsmittel	Porto, Telefon, sonstige Postnetzdienste und sonstige Kommunikationsmittel **682** Porto, Telefon, andere Postnetzdienste **683** sonstige Kommunikationsmittel
685 Reisekosten	Tagegeld, Übernachtungsgeld, Fahrt- und Flugkosten, Erstattungen für private Pkw-Benutzung und Parkgebühren
686 Gästebewirtung und Repräsentation	evtl. Unterteilung: 6861 Bewirtung mit amtlichem Vordruck, 6862 Bewirtung ohne amtlichen Vordruck, 6863 Repräsentation, 6869 Spenden (s. auch § 4 Abs. 5 Nr. 2 EStG)
6871 Werbegeschenke bis 35 €	… getrennter Ausweis von den Werbegeschenken bis 35 € (§ 4 Abs. 5 Nr. 1 EStG)
6872 Werbegesch. über 35 €	… getrennter Ausweis von den Werbegeschenken über 35 € (§ 4 Abs. 5 Nr. 1 EStG)
6873 übrige Werbeaufwendungen	… die nicht Werbegeschenke betreffen, z. B. werblich eingesetzte Fachbücher und Lehrmittel
690 Vers. Beiträge	diverse Versicherungsbeiträge einschl. Kfz-Versicherungen
692 Beiträge zu Wirtschaftsverbänden u. Berufsvertretungen	… wie IHK-Beiträge, Vereinsbeiträge
693 andere sonstige betriebliche Aufwendungen	Verluste aus Schadensfällen, Forderungsverzicht, gezahlte Konventionalstrafen (vgl. Kto. 518)

694 Aufwendungen zu unentgeltlichen Leistungen	Umsatzsteuerpflichtige Lieferungen und Leistungen ohne Entgelt (§ 3 Abs. 1b UStG), soweit nicht an anderer Stelle als Aufwand oder Privatentnahme zu buchen (vgl. Kto. 542)
695 Verluste aus Wertminderungen von Gegenständen des Umlaufvermögens (außer Vorräten u. Wertpapieren)	Abschreibungen auf Forderungen wegen Uneinbringlichkeit, Einzel- und Pauschalwertberichtigungen, Kursverluste bei Forderungen in Fremdwährung und Valutabeständen einschl. eines verschlechterten Kursverhältnisses bei Fremdwährungsverbindlichkeiten im Zeitpunkt der Zahlung (§§ 253 Abs. 4, 277 Abs. 3 Satz 1 HGB) Evtl. Unterkonto: 6955 Zusätzliche Abschreibungen auf Forderungen in Fremdwährung und Valutabestände bis Untergrenze erwarteter Wertschwankungen
696 Verluste aus dem Abgang von Vermögensgegenständen	... bei Veräußerung unter Buchwert. Evtl. Unterkonten für: immaterielle Vermögensgegenstände, Sachanlagen, Umlaufvermögen (außer Vorräten u. Wertpapieren)
697 aufwandswirksame Zölle und Verbrauchsteuern	... Aufwand in der HB, aktivierungspflichtig in der StB (§ 5 Abs. 5 Satz 2 Nr. 1 EStG)
698 Zuführungen zu Rückstellungen, soweit nicht unter anderen Aufwendungen erfassbar	z. B. Zuführungen zu Rückstellungen für Gewährleistung und für Wechselobligo
699 periodenfremde Aufwendungen	periodenfremde Aufwendungen, soweit nicht bei den betreffenden Aufwandsarten zu erfassen, denen sie sachlich zuzuordnen sind (§ 277 Abs. 4 Satz 3 HGB)

Klasse 7: Weitere Aufwendungen 151

12. Abschreibungen auf Finanzanlagen und auf Wertpapiere des Umlaufvermögens

Konto	**Konten-Inhalt**
740 Abschreibungen auf Finanzanlagen	Abschreibungen auf den beizulegenden Wert (§ 253 Abs. 3 Satz 4 HGB)
742 Abschreibungen auf Wertpapiere des Umlaufvermögens	Abschreibungen auf den Tageswert (§ 253 Abs. 4 Satz 1 u. 2 HGB)
745 Verluste aus dem Abgang von Finanzanlagen	... bei Verkauf von Vermögensgegenständen des Finanzanlagevermögens unter Buchwert
746 Verluste aus dem Abgang von Wertpapieren des Umlaufvermögens	... bei Verkauf von Vermögensgegenständen des Umlaufvermögens unter Buchwert
749 Aufwendungen aus Verlustübernahme	... wenn im Rahmen eines Gewinnabführungsvertrags ein Jahresfehlbetrag der Organgesellschaft auszugleichen ist (§ 277 Abs. 3 Satz 2 HGB)

13. Zinsen und ähnliche Aufwendungen

Konto	Konten-Inhalt
750 Zinsen und ähnl. Aufw. an verbundene Unternehmen	... sind hier gesondert auszuweisen
751 Bankzinsen	evtl. Aufteilung des Kontos nach Zinsen für Dauerkredite u. für andere Kredite
752 Kredit- und Überziehungsprovisionen	... sind ebenfalls Zinsen u. ähnliche Aufwendungen
753 Diskontaufwand	... dem Unternehmen belasteter Aufwand für die Laufzeit von Wechseln
754 Abschreibungen auf Disagio	... zur Verteilung des Agios auf die Laufzeit des Darlehens (§ 250 Abs. 3 Satz 2 HGB)
755 Bürgschaftsprovisionen	... die an den Bürgen zu zahlen sind
756 Zinsen für Verbindlichkeiten	... z. B. bei Überschreitung des Zahlungsziels
757 Abzinsungsbeträge	... bei langfristigen Forderungen, Wechselforderungen und Rückstellungen
759 sonstige Zinsen u. ähnl. Aufwendungen	... z. B. Stundungszinsen und sonstige Säumniszuschläge bei Steuern

16. Außerordentliche Aufwendungen

Konto	Konten-Inhalt
760 außerordentliche Aufwendungen	entsprechend Kto. 580. Tilgung des Kapitalentwertungskontos (017), wenn die Tilgungsbeträge nicht Kto. 650 belastet werden sollen (§ 277 Abs. 4 HGB). Vgl. auch die Ausführungen zu Konto 580.

18. Steuern vom Einkommen und vom Ertrag

Konto	Konten-Inhalt
770 GewSt	Gewerbesteuer auf den Ertrag einschl. der latenten Steuer
771 KSt	Körperschaftsteuer einschl. der latenten Steuer
772 KapESt	Kapitalertragsteuer (einschl. sog. Zinsabschlagsteuer)
773 ausländische Quellensteuer	ausländische Quellensteuer
775 latente Steuern	latente Steuern vom Einkommen u. vom Ertrag (§ 274 HGB) (vgl. Kto. 385), wenn nicht auf den vorstehenden Konten gebucht

Kapitalgesellschaften buchen wegen der Systematik der GuV nach § 275 HGB auch alle Steuererstattungen und die Auflösung von Steuerrückstellungen auf den Ktn. der Gruppen 77 und 78. Da das Ergebnis aus der gewöhnlichen Geschäftstätigkeit (Posten 14) bei der Steuerzahlung nicht durch den Steueraufwand gemindert wurde, darf die Erstattung dieses Ergebnis nicht erhöhen.

19. Sonstige Steuern

Konto	Konten-Inhalt
782 Grundsteuer	Grundsteuer
783 KfzSt	Kraftfahrzeugsteuer
787 Ausfuhrzölle	... stehen den Steuern gleich und sind deshalb hier auszuweisen
789 sonstige betriebliche Steuern	vom Arbeitgeber zu zahlende pauschalierte Lohnsteuer

Einzelunternehmen und Personenhandelsgesellschaften erfassen die „sonstigen Steuern" entsprechend aufgeteilt in der Kontengruppe 70 und weisen sie in der GuV innerhalb des Postens „8. Sonstige betriebliche Aufwendungen" aus.

Klasse 8: Ergebnisrechnungen 152

Eröffnung und Abschluss

Konto	Konten-Inhalt
800 Eröffnungsbilanzkonto	Anfangsbestände auf den Bestandskonten
801 Schlussbilanzkto.	Schlussbestände der Bestandskonten
802 GuV-Konto	Abschlusssalden der Erfolgskonten (soweit nicht Unterkonten)

Klasse 9: Kosten- und Leistungsrechnung 153

Konto	Konten-Inhalt
90 Unternehmensbezogene Abgrenzungen	betriebsfremde Aufwendungen und Erträge
91 Kostenrechnerische Korrekturen	für kalkulatorische Kostenarten, kurzfristige Periodenabgrenzung, Korrekturen bei Verrechnungspreisen
92 Kostenarten und Leistungsarten	Kostenarten- und Leistungsartenrechnung
93 Kostenstellen	Kostenstellenrechnung
94 Kostenträger	Kostenträgerrechnung
95 Fertige Erzeugn.	Fertige Erzeugnisse
96 Interne Lieferungen u. Leistungen sowie deren Kosten	interne Leistungsverrechnung

97 Umsatzkosten	bei Abrechnung nach dem Umsatzkostenverfahren
98 Umsatzleistungen	
99 Ergebnisausweise	

In der Praxis wird die Kosten- und Leistungsrechnung grundsätzlich tabellarisch durchgeführt.

C. Technik der Buchungen im Hauptbuch

I. Bilanzen

301 Da es sich bei der Buchhaltung um die Fortführung von Bilanzen handelt, muss der Buchhalter wissen, „in welcher **Bilanzart**" und nach welcher **Bilanzauffassung** er bucht.

1. Bilanzarten

302 Nach den **zugrundeliegenden Rechtsnormen** werden unterschieden:

- gesetzliche Bilanzen
  - Handelsbilanzen
  - Steuerbilanzen
- freiwillige Bilanzen

303 Nach der **Zahl der einbezogenen Unternehmen** unterscheidet man:

- Einzel-Bilanzen
- Gesamt-Bilanzen (General-Bilanzen)
- Konzern-Bilanzen (Konsolidierte Bilanzen)

304 Nach dem **Anlass der Bilanzierung** werden unterschieden:

- Ordentliche Bilanzen
  - Eröffnungsbilanzen
  - Zwischenbilanzen
  - Schlussbilanzen
- Außerordentliche Bilanzen
  - Gründungsbilanzen
  - Kapitalerhöhungsbilanzen
  - Umwandlungsbilanzen bei Verschmelzung, Spaltung, Vermögensübertragung, Übernahme bei Umwandlungen und bei Formwechsel
  - Auseinandersetzungs- und Realteilungsbilanzen
  - Sanierungsbilanzen
  - Liquidations- und Insolvenzbilanzen

305 Nach dem **Bilanzinhalt** unterscheidet man:

- Beständebilanzen (Anfangs-/Schlussbestände)
- Bewegungsbilanzen (Bestandsdifferenzen)
- Erfolgsbilanzen (Erfolgsrechnung)

Nach dem **zugrunde liegenden Gewinnbegriff** werden unterschieden: 306

- Nominalwert-Bilanzen (Buchwert)
- Realwert-Bilanzen
- Wiederbeschaffungswert-Bilanzen

Nach der **Bilanztheorie** unterscheidet man: 307

- Statische Bilanz
- Dynamische Bilanz
- Organische Bilanz

2. Bilanztheorien

2.1 Bilanzauffassungen

Den Bilanztheorien liegen unterschiedliche Auffassungen über die Aufgaben der Bilanz zugrunde. 308

Nach der **monistischen Bilanzauffassung** hat die Bilanz nur einen Hauptzweck, nämlich die Erfolgsermittlung (dynamische Bilanz) **oder** die Vermögensfeststellung (statische Bilanz). 309

Nach der **dualistischen Bilanzauffassung** dient die Bilanz der Erfolgsermittlung **und** der Vermögensfeststellung (organische Bilanz). 310

Gem. der **totalen Bilanzauffassung** soll die Bilanz alle Aufgaben erfüllen und allen Zwecken dienen (le Coutre). 311

2.2 Statische Bilanz

Die reine statische Bilanztheorie (ältere Theorie) ist eine monistische. Hauptzweck ist die Feststellung des Vermögens und des Kapitals zum Bilanzstichtag. Die Erfolgsermittlung ist Nebensache. Vergangenheit und Zukunft interessieren nicht. Die statische Bilanzauffassung liegt den Liquidations-, Insolvenz- und teilweise auch den Auseinandersetzungsbilanzen zugrunde. 312

Die neuere statische Bilanzauffassung nach le Coutre berücksichtigt in einer **totalen** Bilanz auch die Erfolgsseite. Sie hat folgende Aufgaben: Wirtschaftsübersicht, Wirtschaftsergebnisfeststellung, Wirtschaftsüberwachung und Rechenschaftslegung. Sie zeigt durch die Gliederung und Reihenfolge der Bilanzpositionen die Funktionen, Aufgaben, Arten, Risiken und Rechtsbeziehungen. 313

2.3 Dynamische Bilanz

Im Mittelpunkt der Theorie nach Schmalenbach steht die GuV. Sie zeigt die Dynamik des Unternehmens. Die Bilanz leistet lediglich eine Hilfestellung, indem sie die **Reste an Vermögensgegenständen und Schulden** darstellt, die noch nicht verbraucht worden sind und damit noch **nicht zu Aufwendungen und Erträgen geworden** sind. 314

Durch die Erstellung von Jahresbilanzen wird die Lebensdauer eines Unternehmens in Teilperioden zerlegt. Da zum Bilanzstichtag noch nicht alle Geschäftsvorfälle abge- 315 schlossen sind, fallen Ausgaben und Aufwendungen, Einnahmen und Erträge zeitlich auseinander.

2.4 Organische Bilanz

316 Diese Theorie wurde in den Inflationsjahren 1920–1924 von Fritz Schmidt entwickelt. Als dualistische Bilanz soll die organische Bilanz eine richtige Vermögensrechnung und eine richtige Erfolgsrechnung ermöglichen.

317 Das Unternehmen wird als Organ oder Glied der Gesamtwirtschaft gesehen, das über den Beschaffungs- und über den Absatzmarkt mit anderen Unternehmen verbunden ist. Es unterliegt dem Einfluss der Wertschwankungen in der Gesamtwirtschaft. Die organische Bilanztheorie wird vom Grundsatz der **substantiellen Kapitalerhaltung** beherrscht. Voraussetzung ist, dass alle Bilanzpositionen zum Tages- bzw. zum Wiederbeschaffungswert angesetzt werden. Die Bewertung zum Tageswert schließt die Bildung stiller Reserven aus. Offene Rücklagen sind erlaubt. Geldwerte werden zum Nominalwert bilanziert. Handels- und Steuerrecht gehen dagegen grundsätzlich von der nominalen Kapitalerhaltung aus.

318 BEISPIEL: Ein Fahrradhändler zahlt am 1. 3. einen Einstandspreis je Fahrrad von 250 €, am 1. 6. von 275 €. Verkauft er am 20. 5. ein Fahrrad für 270 €, liegt ein Substanzverlust in Höhe von 5 € vor.

3. Die ordentliche Bilanz

319 Die Bilanz ist die Gegenüberstellung des Vermögens und der Schulden in Kontenform zu einem bestimmten Zeitpunkt, dem Bilanzstichtag. Rechtsquellen sind §§ 242 Abs. 1, 244, 245 und 266 HGB (Gliederung bei Kapitalgesellschaften).

320 Die Seiten der Bilanz heißen Aktivseite und Passivseite. Die Bilanz ist summengleich, weil beide Seiten denselben Inhalt haben. Lediglich die Betrachtungsweise ist unterschiedlich:

Aktivseite	**Passivseite**
Womit arbeitet der Betrieb?	Welches Kapital wurde dem Betrieb zur Verfügung gestellt?
Wie ist das Kapital angelegt?	Woher stammt das Kapital?
Kapitalverwendung	Kapitalherkunft
konkretes Kapital	abstraktes Kapital
Mittelverwendung	Mittelherkunft
Investierung	Finanzierung
Vermögensformen	Vermögensquellen
Summe Aktiva	= Summe Passiva

321 Wie das Inventar ist die Bilanz in Anlagevermögen, Umlaufvermögen, Eigenkapital und Schulden gegliedert.

322 Die für Kapitalgesellschaften in § 266 HGB verbindlich vorgeschriebene Gliederung nach der Herkunft des Kapitals weicht bei der Darstellung der Verbindlichkeiten von der Reihenfolge nach Fälligkeit bzw. Dringlichkeit ab.

Anlässe der Bilanzerstellung sind die Gründung, der Schluss eines Geschäftsjahres, die Auflösung oder die Veräußerung des Unternehmens. 323

4. Sonderbilanzen

Sonderbilanzen unterscheiden sich von den regelmäßig erstellten Eröffnungs-, Zwischen- und Schlussbilanzen dadurch, dass sie **unregelmäßig** oder nur **einmalig** aus einem **besonderen Anlass** und teilweise losgelöst von der Buchführung erstellt werden. 324

4.1 Gründungsbilanzen

Gründungsbilanzen oder **Eröffnungsbilanzen** werden bei der Neugründung eines Unternehmens, bei der Umgründung und bei der Kapitalerhöhung aus Gesellschaftermitteln erstellt. Der Begriff „Eröffnungsbilanz" ist doppelt belegt, da auch die in einem bestehenden Unternehmen zu Beginn eines neuen Geschäftsjahres freiwillig erstellte Bilanz so bezeichnet wird. 325

Die Gründungsbilanz dient

- der Dokumentation der Vermögens- und Kapitalverhältnisse bei Aufnahme des Geschäftsbetriebs,
- der Abgrenzung des Betriebsvermögens vom Privatvermögen des Inhabers,
- als Ausgangspunkt für die Bewertung in den künftig zu erstellenden Jahresabschlüssen,
- als Ausgangspunkt für den Vermögensvergleich zur Ergebnisermittlung am Ende des ersten Geschäftsjahres,
- im Falle der Übernahme eines bestehenden Unternehmens dem rechnungsmäßigen Abschluss des bisherigen Rechtsträgers.

Die Gründung kann als Bargründung, Sachgründung oder Mischgründung erfolgen. Bei der **Bargründung** bringen der Inhaber oder die Gesellschafter bzw. Gründer Bargeld, Bankguthaben oder Schecks ein. Das Eigenkapital entspricht dann dem Vermögen in Gestalt der liquiden Mittel, die zum Nominalwert anzusetzen sind. 326

Die **Sachgründung** ist dadurch gekennzeichnet, dass Vorräte, Sachanlagen und auch immaterielle Vermögensgegenstände eingebracht werden. Nicht eingebracht werden können vorgeleistete Aufwendungen für die Ingangsetzung des Geschäftsbetriebs (§ 269 HGB) oder ein Geschäfts- oder Firmenwert (§ 255 Abs. 4 HGB). Die Sacheinlagen müssen in der Satzung oder im Gesellschaftsvertrag konkret festgelegt werden (§ 27 Abs. 1 AktG; § 5 Abs. 4 GmbHG). 327

Eine **Mischgründung** liegt vor, wenn die Gründer einer Kapitalgesellschaft oder die Gesellschafter einer Personengesellschaft sowohl liquide Mittel als auch Realgüter und Rechte (Sacheinlagen) einlegen. 328

4.2 Umwandlungsbilanzen

Das Umwandlungsgesetz (UmwG) ermöglicht den Einzelunternehmen, Personengesellschaften, Kapitalgesellschaften, Genossenschaften und Vereinen, ohne Liquidation durch Gesamtrechtsnachfolge, Sonderrechtsnachfolge oder Vollübertragung die Rechtsform zu ändern, sich miteinander zu verbinden oder sich zu teilen. § 1 Abs. 1 UmwG unterscheidet die Umwandlung durch 329

- Verschmelzung (durch Aufnahme oder durch Neubildung – §§ 2 ff. UmwG);
- Spaltung (als Aufspaltung, Abspaltung, Ausgliederung – §§ 123 ff. UmwG);
- Vermögensübertragung (als Sonderform der Verschmelzung oder Spaltung von Unternehmen auf die öffentliche Hand und zwischen Versicherungsunternehmen – §§ 174 ff. UmwG);
- Formwechsel (d. h. keine Vermögensübertragung, der Rechtsträger besteht weiter, lediglich die Rechtsform ändert sich – §§ 190 ff. UmwG).

4.3 Auseinandersetzungsbilanzen

330 Zu den Auseinandersetzungsbilanzen werden allgemein die Abfindungsbilanz und die Realteilungsbilanz gezählt.

331 Die **Abfindungsbilanz** dient der Feststellung der Vermögenslage der Gesellschaft zum Stichtag des Ausscheidens eines Gesellschafters. Sie ist eine Vermögensbilanz (Vermögensstatus) und weist den Verkehrswert des Unternehmens aus. Eine Auseinandersetzung wird erforderlich, wenn ein Gesellschafter ausscheidet, das Unternehmen aber von den übrigen Gesellschaftern **fortgeführt** wird.

332 Die **Realteilungsbilanz** wird bei **Auflösung** einer OHG, KG, GbR erstellt. Auf der Grundlage der Realteilungsbilanz wird das Gesamthandsvermögen auf die Gesellschafter verteilt. Eine Realteilung liegt auch dann vor, wenn mehrere Gesellschafter ausscheiden und eine neue Personengesellschaft gründen, auf die sie Teile des bisherigen Gesamthandsvermögens übertragen.

4.4 Überschuldungs- und Sanierungsbilanzen

4.4.1 Unterbilanz und Überschuldungsbilanz

333 Ergibt sich bei der Aufstellung der Jahresbilanz oder einer Zwischenbilanz oder ist bei pflichtgemäßem Ermessen anzunehmen, dass ein Verlust in Höhe der Hälfte des Grundkapitals besteht,

- hat der Vorstand der AG unverzüglich die Hauptversammlung einzuberufen (§ 92 Abs. 1 AktG),
- müssen die Gesellschafter der GmbH unverzüglich die Versammlung der Gesellschafter einberufen (§ 49 Abs. 3 GmbHG),
- hat der Vorstand der Genossenschaft die Generalversammlung einzuberufen (§ 33 GenG).

334 Eine **Unterbilanz** (Verlustanzeigebilanz) liegt vor, wenn bei einer Kapitalgesellschaft nach Verrechnung mit den offenen Rücklagen nach handelsrechtlichen Bewertungsgrundsätzen ein Verlust vorliegt, der einen Teil des gezeichneten Kapitals aufgezehrt hat, d. h. das Vermögen ist immer noch größer als die Schulden.

Unterbilanz

A. Anlagevermögen	500 T€	A. Eigenkapital	
B. Umlaufvermögen	500 T€	I. Gezeichn. Kapital 600 T€	
		II. Jahresfehlbetrag – 300 T€	300 T€
		B. Verbindlichkeiten	700 T€
	1 000 T€		1 000 T€

Bei der AG, der KGaA, der GmbH und i. d. R. auch bei der eG ist die Überschuldung neben der Zahlungsunfähigkeit ein Grund für die Eröffnung des Insolvenzverfahrens (§ 19

InsO, § 92 AktG, § 64 GmbHG, § 98 GenG, § 130 HGB). Aufgrund der Corona-Pandemie wurde im Frühjahr 2020 die Verpflichtung zur Beantragung der Eröffnung des Insolvenzverfahrens im Falle der Überschuldung ausgesetzt. Allerdings nur, wenn Aussicht auf Sanierung des Unternehmens bestand. Nach dem entsprechenden Gesetz (COVInsAG) ist derzeit die Aussetzung dieser Pflicht bis längstens 31. 3. 2021 geplant.

Die **Überschuldungsbilanz** (Überschuldungsstatus) wird auf der Grundlage des Buchführungswerkes, jedoch außerhalb der laufenden Buchführung erstellt. Sie ist eine Vermögensbilanz (Vermögensstatus), in der ohne Bindung an die Anschaffungs- oder Herstellungskosten zu Zeitwerten bewertet wird. 335

Überschuldung liegt vor, wenn trotz Neubewertung ein Verlust bleibt, der das gesamte Eigenkapital aufgezehrt hat, d. h. das Vermögen ist geringer als die Schulden.

Überschuldungsbilanz

A. Anlagevermögen	500 T€	A. Eigenkapital	
B. Umlaufvermögen	500 T€	I. Gezeichn. Kapital 600 T€	
C. Nicht durch Eigenkapital gedeckter Fehlbetrag	300 T€	II. Jahresfehlbetrag – 300 T€	300 T€
		B. Verbindlichkeiten	1 000 T€
	1 300 T€		1 300 T€

Bereits im Falle einer Unterbilanz ist oft fraglich, ob eine Sanierung erfolgversprechend ist. Deshalb sind zunächst die Voraussetzungen für eine Sanierung zu prüfen:

- **Sanierungsbedürftigkeit** besteht bereits bei Vorliegen einer Unterbilanz.
- **Sanierungsfähigkeit** setzt voraus, dass keine Überschuldung vorliegt.
- **Sanierungswürdigkeit** liegt nur dann vor, wenn Aussicht auf eine nachhaltige wirtschaftliche Gesundung des Unternehmens besteht.

4.4.2 Sanierungsbilanzen

Die Sanierung ist eine Maßnahme des Krisenmanagements zur Vermeidung oder Behebung einer negativen Unternehmensentwicklung. Die Sanierung soll die Leistungsfähigkeit des Unternehmens wiederherstellen und so den **Fortbestand sichern.** 336

Die **Sanierungseröffnungsbilanz** stellt zu Beginn der Sanierungsmaßnahmen die Vermögens- und Kapitalverhältnisse des Unternehmens fest und legt damit die Situation des Unternehmens offen. Wenn sich die Sanierung über einen längeren Zeitraum erstreckt, werden **Sanierungszwischenbilanzen** erstellt, die zeigen, inwieweit die bis zum Stichtag der Zwischenbilanz durchgeführten Maßnahmen bereits zu Veränderungen der Lage des Unternehmens geführt haben. Die **Sanierungsschlussbilanz** zeigt die Vermögens- und Kapitalverhältnisse des Unternehmens zum Zeitpunkt des Abschlusses der Sanierungsmaßnahmen. 337

Da es **keine gesetzlichen Vorschriften** zur Aufstellung von Sanierungsbilanzen gibt, können die Auswirkungen der Sanierungsmaßnahmen auch in den handelsrechtlichen Jahresabschlüssen berücksichtigt werden. In diesem Fall ist von der Fortführung der Unternehmenstätigkeit auszugehen (§ 252 Abs. 1 Nr. 2 HGB). Deshalb wird die Sanierungsbilanz nach den GoB erstellt und besteht aus Bilanz, GuV und Anhang.

4.4.3 Sanierung im Rahmen der Insolvenz (Insolvenzplan)

338 Zweck des Insolvenzplans (§ 217 ff. InsO) ist die Sanierung und damit der Erhalt eines insolventen Unternehmens. Insofern sind die im Rahmen eines Insolvenzplans getroffenen Maßnahmen Sanierungsmaßnahmen. Buchhalterisch lässt sich die Einhaltung der Vorgaben aus dem Insolvenzplan ebenfalls durch eine Buchhaltung entsprechend der im Sanierungsverfahren und durch die Aufstellung einer Eröffnungsbilanz, Zwischenbilanz und Schlussbilanz prüfen.

4.5 Liquidationsbilanzen

4.5.1 Liquidation allgemein

339 Die Liquidation ist die freiwillige oder zwangsweise **Auflösung** eines Unternehmens. Mit der Einleitung der Liquidation endet die Erwerbstätigkeit (werbende Tätigkeit) des Unternehmens. Der Betriebszweck besteht nur noch in der **Abwicklung**.

340 In der Abwicklungsphase muss das Unternehmen die bereits eingegangenen Verpflichtungen erfüllen (§ 268 Abs. 1 AktG, § 149 HGB). Die Abwicklung kann sich über mehrere Jahre erstrecken. Dann werden mehrere Liquidationsbilanzen (Abwicklungsbilanzen) erstellt:

- Die **Liquidations-Eröffnungsbilanz** und ein Erläuterungsbericht zeigen den Stand des Vermögens und der Schulden zu Beginn der Abwicklung (§ 270 Abs. 1 AktG, § 154 HGB).
- Erstreckt sich die Abwicklung über mehrere Jahre, werden neben den externen Jahresabschlüssen interne **Liquidations-Zwischenbilanzen** erstellt (§ 270 Abs. 1 AktG). Die Zwischenbilanz zeigt den bisherigen Erfolg der Liquidationsmaßnahmen und ist Entscheidungsgrundlage für die weitere Vorgehensweise.
- Die **Liquidations-Schlussbilanz** ist die letzte Bilanz vor der Verteilung des Reinvermögens. Liquidations-Schlussbilanz einschließlich GuV-Rechnung und Erläuterungsbericht dokumentieren das seit dem letzten Jahresabschluss erwirtschaftete Ergebnis und zeigen das an die Gesellschafter zu verteilende Vermögen (§ 154 HGB).

Wenn alle Geschäfte der Abwicklungsphase, etwaige Rechtsstreitigkeiten und die steuerliche Veranlagung abgeschlossen sind, die Gläubiger befriedigt und durch Hinterlegung gesichert sind (§ 272 Abs. 2 AktG, § 73 Abs. 2 Satz 1 GmbHG), das Sperrjahr abgelaufen (§ 272 Abs. 1 AktG, § 73 Abs. 1 GmbHG) und der verbliebene Liquidationserlös an die Gesellschafter verteilt worden ist (§ 271 Abs. 1 AktG, § 72 GmbHG), erstellen die Liquidatoren als letzte interne Abrechnung die **Schlussrechnung**.

4.5.2 Insolvenzbilanzen

341 Bei der Insolvenz handelt es sich um die **zwangsweise Auflösung** eines Unternehmens wegen Zahlungsunfähigkeit, drohender Zahlungsunfähigkeit und bei juristischen Personen auch wegen Überschuldung. Ein Insolvenzverfahren mit der Absicht der Auflösung des Unternehmens dient dazu, die Gläubiger des insolventen Unternehmens gemeinschaftlich zu befriedigen, indem das Vermögen des Schuldners verwertet (versilbert) und der Erlös verteilt wird (§ 1 InsO).

Wie bei der freiwilligen Liquidation werden Eröffnungs-, Zwischen- und Schlussbilanzen erstellt. Diese **Insolvenzbilanzen** sind Liquidationsbilanzen unter Beachtung der Vorschriften der Insolvenzordnung. An die Stelle der Schlussrechnung tritt die **Insolvenzverteilungsbilanz**.

Insolvenzverteilungsbilanz

Bankguthaben	462 T€	Insolvenzgläubiger	1 600 T€
Abwicklungskonto	1 128 T€		
	1 600 T€		1 600 T€

II. Buchen auf Bestandskonten

1. Wertveränderungen in der Bilanz

Die Bilanz zeigt die Vermögens- und Schuldverhältnisse des Unternehmens zu einem 342
bestimmten Zeitpunkt, dem Bilanzstichtag. Jeder Einkaufs-, Verkaufs-, Zahlungsvorgang usw. ändert bei Aufnahme der Tätigkeiten im neuen Geschäftsjahr mindestens die Werte zweier Bilanzpositionen.

Nach der Auswirkung auf das Bilanzbild lassen sich vier **Bilanzveränderungen** unter- 343
scheiden:

(1) Aktivtausch: Ein Betrag wird zwischen zwei Positionen auf der Aktivseite getauscht. Die Bilanz- 344
summe bleibt unverändert.

BEISPIEL: Ein Kunde begleicht eine Forderung bar. Die Forderungen nehmen ab, der Kassenbestand nimmt um den gleichen Betrag zu.

(2) Passivtausch: Ein Betrag wird zwischen zwei Positionen auf der Passivseite getauscht: Die Bilanzsumme bleibt unverändert.

BEISPIEL: Umwandlung einer Verbindlichkeit aus L. u. L. in ein verzinsliches Darlehen. Die Verbindlichkeiten aus L. u. L. nehmen ab, der Posten Darlehen nimmt um den gleichen Betrag zu.

(3) Aktiv-Passiv-Mehrung oder Bilanzverlängerung: Ein Geschäftsvorfall führt dazu, dass auf der Aktivseite und auf der Passivseite jeweils mindestens ein Posten um jeweils den gleichen Betrag je Bilanzseite zunimmt. Die Bilanzsumme nimmt ebenfalls zu.

BEISPIEL: Einkauf von Waren auf Ziel. Auf der Aktivseite nehmen die Posten Waren und Sonstige Forderungen (Vorsteuer) zu, auf der Passivseite nehmen um den gleichen Betrag die Verbindlichkeiten aus L. u. L. zu.

(4) Aktiv-Passiv-Minderung oder Bilanzverkürzung: Auf der Aktivseite und auf der Passivseite nimmt jeweils mindestens ein Posten ab. Insgesamt nehmen beide Seiten der Bilanz um den gleichen Betrag ab.

BEISPIEL: Begleichung von Verbindlichkeiten aus L. u. L. in bar. Auf der Aktivseite nimmt der Kassenbestand ab, auf der Passivseite nehmen um den gleichen Betrag die Verbindlichkeiten aus L. u. L. ab.

2. Der Buchungssatz

Die Wertveränderungen werden nicht in der Bilanz selber, sondern auf Konten (ital. 345
conto = Rechnung) gebucht. Die Konten sind Einzelabrechnungen für die verschiedenen Bilanzposten. Die Konten zu den Posten der Aktivseite der Bilanz heißen Aktivkonten, die zur Passivseite heißen Passivkonten.

346 Wie die Bilanz haben die Konten zwei Seiten. Die linke Seite ist die **Soll-Seite,** die rechte Seite ist die **Haben-Seite.** Die Aktivkonten nehmen auf der Soll-Seite den Anfangsbestand und die Zugänge auf, auf der Haben-Seite die Abgänge und den Endbestand. Die Passivkonten nehmen – spiegelbildlich zu den Aktivkonten – auf der Soll-Seite die Abgänge und den Schlussbestand auf und auf der Haben-Seite den Anfangsbestand und die Zugänge. Die Aktivkonten und Passivkonten zeigen jeweils die aus der Eröffnungsbilanz entnommenen Anfangsbestände und die in die Schlussbilanz zu übernehmenden Schluss- oder Endbestände. Sie sind deshalb **Bestandskonten** (Kontenklassen 0 bis 4 des IKR).

347 Der Buchungssatz hat eine bestimmte Ordnung. Gebucht wird immer: Soll-Konto **an** Haben-Konto. Wird nur ein Konto im Soll und ein Konto im Haben berührt, liegt ein **einfacher Buchungssatz** vor. Werden auf der Soll-Seite und/oder auf der Haben-Seite mehr als ein Konto berührt, spricht man von einem **zusammengesetzten Buchungssatz.**

348 Andere Bezeichnungen für **Soll** und **Haben** sind:

- Soll = Belastung, Debet, (bei Erfolgskonten:) Aufwand
- Haben = Gutschrift, Kredit, (bei Erfolgskonten:) Ertrag

III. Eröffnungsbilanzkonto und Schlussbilanzkonto

1. Eröffnungsbilanzkonto

349 Bestandskonten können eröffnet werden, indem der Anfangsbestand mit einem entsprechenden Hinweis, z. B. „AB", ohne eine Gegenbuchung vorgetragen wird. Daneben besteht die Möglichkeit, den Anfangsbestand mit einer Gegenbuchung auf dem Eröffnungsbilanzkonto (EBK) vorzutragen.

350 BEISPIEL: Aktive Bestandskonten werden eröffnet mit der Buchung

Aktives Bestandskonto an EBK.

Passive Bestandskonten werden eröffnet mit der Buchung

EBK an passives Bestandskonto.

351 Das EBK verhält sich spiegelbildlich zum Schlussbilanzkonto des Vorjahres. Es dient allein der Konteneröffnung und ist nach den GoB nicht unbedingt erforderlich.

2. Schlussbilanzkonto

352 Das Schlussbilanzkonto dient der buchtechnischen Abwicklung des Kontenabschlusses. Gem. den GoB müssen die Bestandskonten immer zum Schlussbilanzkonto (SBK) abgeschlossen werden.

BEISPIEL: Aktive Bestandskonten werden abgeschlossen mit der Buchung

SBK an aktives Bestandskonto.

Passive Bestandskonten werden abgeschlossen mit der Buchung

Passives Bestandskonto an SBK.

353 Gliederungsvorschriften, wie sie für die Bilanz bestehen, gibt es für das SBK nicht. Die Schlussbilanz wird statistisch aus dem SBK abgeleitet. Sie ist insofern keine Abschrift des SBK, als aus Gründen der Übersichtlichkeit in vielen Fällen die Salden mehrerer Be-

standskonten zu einer Bilanzposition zusammengefasst werden (siehe unter Abschn. B.IV.3 Kontierungsanleitung auf der Grundlage des IKR). In den Bilanzen der Kapitalgesellschaften werden außerdem auf der Aktivseite die Salden der (passiven) Wertberichtigungskonten von den Schlussbeständen der zugehörigen Aktivkonten abgesetzt.

IV. Buchen auf Erfolgskonten

1. Aufwendungen und Erträge

Aufwendungen führen zum Verzehr von Vermögensgegenständen auf der Aktivseite der Bilanz. Die Minderung der Vermögenswerte führt gleichzeitig zu einer Minderung des Ausgleichspostens Eigenkapital. 354

BEISPIEL: Lohnzahlung durch Banküberweisung: Löhne an Bank; Abschreibungen auf Gebäude: Abschreibungen an Gebäude; Barzahlung für Büromaterial: Büromaterial an Kasse; Verbrauch von Rohstoffen: Rohstoffaufwendungen an Rohstoffe. 355

Erträge führen zu einem Rückfluss der Aufwendungen. 356

Dieser Vorgang wirkt sich in der Bilanz als Mehrung der Vermögenswerte und damit gleichzeitig als Mehrung des Ausgleichspostens Eigenkapital aus. 357

BEISPIEL: Verkauf von Waren auf Ziel: Forderungen an Verkaufserlöse; Gutschrift von Zinsen: Bankguthaben an Zinserträge.

Übersteigen die Erträge die Aufwendungen, wurde ein **Gewinn** erwirtschaftet. Liegen mehr Aufwendungen als Erträge vor, kommt es zu einem **Verlust.** Aufwendungen und Erträge beeinflussen den in € messbaren Erfolg der betrieblichen Tätigkeit. Die Aufwands- und Ertragskonten heißen deshalb **Erfolgskonten** (Kontenklassen 5 bis 7 des IKR). 358

2. Unterkonten des Eigenkapitalkontos

Privatwirtschaftliche Unternehmen setzen Eigenkapital ein, um es durch die betriebliche Tätigkeit zu mehren. Die Gewinnermittlung durch Kapitalvergleich (Betriebsvermögensvergleich) zeigt, dass der Gewinn aus der Gegenüberstellung von Aufwendungen und Erträgen zu einer Mehrung des Eigenkapitals führt, der Verlust zu einer Minderung: 359

Eigenkapital am Anfang des Jahres
\+ Gewinn aus dem abgelaufenen Geschäftsjahr
(bzw. – Verlust aus dem abgelaufenen Geschäftsjahr)
= Eigenkapital am Ende des Jahres

Die Buchung „Eigenkapital an Bank" würde zu dem gleichen Ergebnis führen wie die Buchung „Mietaufwendungen an Bank". Das gleiche gilt für die Buchung „Forderungen an Eigenkapital" anstelle von „Forderungen an Verkaufserlöse" bei einem Verkauf auf Ziel. 360

Würden alle Aufwendungen und Erträge direkt auf dem Eigenkapitalkonto gebucht, wäre ein Einblick in das Zustandekommen des Gewinns oder Verlusts sehr erschwert. 361

Deshalb wird, ähnlich wie aus Gründen der Übersicht die Bilanz in Bestandskonten aufgelöst wird, das Eigenkapitalkonto in Erfolgskonten aufgelöst.

362 Erfolgskonten sind Unterkonten des Eigenkapitalkontos. Sie bewegen sich wie dieses. Erträge führen zu Kapitalmehrungen und werden deshalb auf der Haben-Seite der Ertragskonten erfasst. Aufwendungen führen zu Kapitalminderungen und werden deshalb auf der Soll-Seite der Aufwandskonten gebucht.

3. Gewinn- und Verlustkonto

363 Die Salden der Aufwands- und Ertragskonten werden nicht unmittelbar auf das Eigenkapitalkonto übertragen, sondern zunächst zu einem Sammelkonto, dem „Gewinn- und Verlustkonto" (GuV-Konto) abgeschlossen.

BEISPIEL: Abschluss der Aufwandskonten: GuV-Konto an Aufwandskonto
Abschluss der Ertragskonten: Ertragskonto an GuV-Konto

Auf dem GuV-Konto werden die Aufwendungen und Erträge gegenübergestellt. Das GuV-Konto zeigt die Quellen des Erfolgs. Der Saldo ist der Gewinn oder der Verlust. Das GuV- Konto wird zum Eigenkapitalkonto abgeschlossen.

BEISPIEL: Das GuV-Konto weist einen Gewinn aus: GuV-Konto an Eigenkapitalkonto.
Das GuV-Konto weist einen Verlust aus: Eigenkapitalkonto an GuV-Konto.

Die Gewinn- und Verlustrechnung (§§ 242 Abs. 2 und 275 HGB) wird statistisch aus dem GuV-Konto abgeleitet.

V. Privatentnahmen und Privateinlagen

1. Privatkonto

364 Bringt der Kaufmann bei der Gründung Zahlungsmittel oder Maschinen ein, könnte die Buchung lauten:
Bank an Eigenkapital oder Maschinen an Eigenkapital

365 In einem bestehenden Unternehmen werden Privateinlagen und Privatentnahmen i. S. von § 4 Abs. 1 Satz 1 EStG zum Zwecke der Erfolgsermittlung durch Kapitalvergleich immer auf einem besonderen **Privatkonto** erfasst.

BEISPIEL:

Buchung der Einlagen:
Bank an Privatkonto
Maschinen an Privatkonto

Buchung der Entnahmen:
Privatkonto an Bank

366 Das Privatkonto ist ein Unterkonto des Eigenkapitalkontos. Einlagen erhöhen das Eigenkapital, Entnahmen mindern das Eigenkapital.

BEISPIEL: Abschluss, wenn die Einlagen überwiegen: Privatkonto an Eigenkapital
Abschluss, wenn die Entnahmen überwiegen: Eigenkapital an Privatkonto

	Erfolgsermittlung durch **Kapitalvergleich:**	€
	Eigenkapital am Ende des Geschäftsjahres	940 000
–	Eigenkapital am Anfang des Geschäftsjahres	800 000
=	Kapitalmehrung	140 000
–	Privateinlagen	60 000
+	Privatentnahmen	120 000
=	Gewinn (lt. GuV-Konto)	200 000

2. Bewertung der Entnahmen und Einlagen

Entnahmen sind mit dem Teilwert anzusetzen (§ 6 Abs. 1 Nr. 4 EStG). **Einlagen** sind mit dem Teilwert im Zeitpunkt der Zuführung anzusetzen, höchstens jedoch mit den Anschaffungs- oder Herstellungskosten abzüglich evtl. zeitanteiliger Abschreibungen, wenn das zugeführte Wirtschaftsgut innerhalb der letzten drei Jahre vor dem Zeitpunkt der Zuführung angeschafft oder hergestellt worden ist (§ 6 Abs. 1 Nr. 5 EStG). 367

3. Buchung der unentgeltlichen Wertabgaben

Seit dem 1. 4. 1999 ist die Besteuerung des Umsatzes bei unentgeltlichen Wertabgaben in § 3 Abs. 1b und Abs. 9a UStG geregelt. Die Regelung stellt auf einen **vorher in Anspruch genommenen Vorsteuerabzug** ab, d. h. der Gegenstand oder seine Bestandteile müssen zu einem vollen oder teilweisen Vorsteuerabzug berechtigt haben, um die Entnahme oder die Verwendung des Gegenstands einer Lieferung gegen Entgelt oder einer Dienstleistung gegen Entgelt gleichstellen zu können. 368

3.1 Unentgeltliche Wertabgaben gem. § 3 Abs. 1b UStG

Einer **Lieferung gegen Entgelt** sind gleichgestellt (§ 3 Abs. 1b UStG): 369

- Die **Entnahme eines Gegenstands** durch den Unternehmer aus seinem Unternehmen für Zwecke, die außerhalb des Unternehmens liegen (Abs. 1b Nr. 1).
- Die **unentgeltliche Zuwendung** eines Gegenstands durch einen Unternehmer **an sein Personal** für dessen privaten Bedarf, sofern es sich nicht um Aufmerksamkeiten handelt (Abs. 1b Nr. 2).
- **Jede andere unentgeltliche Zuwendung** eines Gegenstands, ausgenommen Geschenke von geringem Wert und Warenmuster für Zwecke des Unternehmens (Abs. 1b Nr. 3).

Voraussetzung ist, dass der Gegenstand oder seine Bestandteile zum vollen oder teilweisen Vorsteuerabzug berechtigt haben (§ 3 Abs. 1b Satz 2 UStG). Bemessungsgrundlage ist der Einstandspreis (einschließlich Nebenkosten) bzw. der Einstandspreis für einen gleichartigen Gegenstand im Zeitpunkt der Entnahme bzw. Zuwendung. Lässt sich der Einstandspreis nicht ermitteln, sind die Selbstkosten anzusetzen (§ 10 Abs. 4 Nr. 1 UStG). 370

BEISPIEL: Ein Einzelhändler entnimmt Lebensmittel im Wert (Wiederbeschaffungskosten) von netto 400 € für den privaten Verbrauch.

Buchung:

Privatkonto	428 €	an	Entnahme von Waren (7 % USt)	400 €
		an	Umsatzsteuer (7 %)	28 €

371 Die handelsrechtlichen GoB verlangen eine laufende Verbuchung der **Sachentnahmen**. Da die Sachentnahmen sich in vielen Fällen schwer schätzen lassen und außerdem eine Menge von Einzelaufzeichnungen erforderlich machen, gibt das BMF **Pauschbeträge** bekannt. Die Pauschbeträge beruhen auf Erfahrungswerten. Sie lassen keine Zu- oder Abschläge wegen individueller persönlicher Ess- oder Trinkgewohnheiten zu. Auch Krankheit oder Urlaub rechtfertigen keine Abweichung. Die Pauschbeträge sind Jahreswerte für **eine** Person. Für Kinder von 2 bis 12 Jahren ist die Hälfte des jeweiligen Werts anzusetzen. Tabakwaren sind in den Pauschbeträgen nicht enthalten.

372–377 *Einstweilen frei*

3.2 Nicht abzugsfähige Betriebsausgaben

378 Nicht abzugsfähige Betriebsausgaben gem. § 4 Abs. 5 EStG sind zwar betrieblich veranlasst, führen aber gleichzeitig zu privaten Vergünstigungen. Sie sind einzeln und getrennt von den sonstigen Betriebsausgaben aufzuzeichnen. Soweit diese Aufwendungen nach § 4 Abs. 5 EStG abziehbar sind, dürfen sie auch dann bei der Gewinnermittlung nur berücksichtigt werden, wenn besondere Aufzeichnungen vorliegen (§ 4 Abs. 7 EStG, R 4.10 EStR).

379 Nicht abzugsfähige Betriebsausgaben sind dem Privatkonto oder einem Konto „Nicht abzugsfähige Betriebsausgaben“ unter den Kostenkonten zu belasten. Der Betrag darf nicht die Einkünfte aus Gewerbebetrieb mindern. Der Saldo auf dem Konto „Nicht abzugsfähige Betriebsausgaben“ kann deshalb außerhalb der Buchführung dem zu versteuernden Gewinn hinzugerechnet werden oder bei Einzelunternehmen und Personengesellschaften im Rahmen der vorbereitenden Abschlussbuchungen zum Privatkonto abgeschlossen werden.

380 Nicht abziehbar sind Vorsteuerbeträge (§ 15 Abs. 1a UStG), die entfallen auf **nicht abziehbare Betriebsausgaben, Bewirtungs- und Repräsentationskosten** und sonstige **Kosten der privaten Lebensführung**, für die das Abzugsverbot des § 4 Abs. 5 Satz 1 Nr. 1 bis 4, 7 EStG und die Regelungen der §§ 4 Abs. 7 und 12 Nr. 1 EStG gelten;

381 **BEISPIEL 1:** Unternehmer A kauft anlässlich des Geburtstages des Kunden A eine Flasche Champagner zum Preis von 30 € plus 5,70 € Umsatzsteuer. Im gleichen Wirtschaftsjahr wendet der Unternehmer dem Kunden A keine weiteren Geschenke zu. Die Freigrenze von 35 € (§ 4 Abs. 5 Nr. 1 EStG) wird nicht überschritten. Hier liegt eine **abzugsfähige Betriebsausgabe** vor. Der **Vorsteuerabzug** ist zulässig.

Buchung:

Werbeaufwendungen (steuerl. abzugsfähig)	30,00 €			
Vorsteuer (19 %)	5,70 €	an	Kasse	35,70 €

382 Wird die Freigrenze von 35 € je Empfänger in einem Wirtschaftsjahr überschritten, liegt keine abzugsfähige Betriebsausgabe vor. Gem. § 17 Abs. 2 Nr. 5 UStG ist eine Vorsteuerkorrektur vorzunehmen. Bei Unternehmen, die im vollen Umfang zum Vorsteuerabzug berechtigt sind, handelt es sich bei der in § 4 Abs. 5 Nr. 1 EStG genannten Freigrenze um einen **Nettobetrag**.

BEISPIEL 2: Unternehmer A kauft anlässlich des 25-jährigen **Betriebsjubiläums des Kunden** B ein Buch zum Preis von 60 € plus 4,20 € Umsatzsteuer. Die Freigrenze von 35 € im Wirtschaftsjahr wurde überschritten. Die **nicht abzugsfähige Betriebsausgabe** darf den Gewinn nicht mindern. Gem. § 17 Abs. 2 Nr. 5 UStG ist eine **Vorsteuerkorrektur** erforderlich. 383

Buchung bei der Beschaffung:

Werbeaufwendungen (steuerl. nicht abzugsfähig)	60,00 €			
Vorsteuer (7 %)	4,20 €	an	Kasse	64,20 €

Buchung der Vorsteuerkorrektur:

Werbeaufwendungen (steuerl. nicht abzugsfähig)	4,20 €	an	Vorsteuer (7 %)	4,20 €

BEISPIEL 3: Der im Betrieb des Unternehmers A beschäftigte Haushandwerker führt während der Arbeitszeit 8 Stunden lang Reparaturarbeiten am Einfamilienhaus von A aus. Der Lohnkostenanteil für diese Arbeiten beträgt einschließlich Lohnnebenkosten 20 €/Std. und wird in der Lohnbuchhaltung nicht von dem übrigen Zeitlohn getrennt. 384

Die **unentgeltliche sonstige Leistung** liegt **außerhalb des Unternehmens** und ist den sonstigen Leistungen gegen Entgelt gleichgestellt (§ 3 Abs. 9a Nr. 2 UStG, Abschn. 3.4 Abs. 5 UStAE). Die Umsatzsteuer bemisst sich nach § 10 Abs. 4 Nr. 3 UStG.

Buchung:

Privatkonto	190,40 €	an	Entnahme von sonstigen Leistungen	160,00 €
			Umsatzsteuer (19 %)	30,40 €

BEISPIEL 4: Eine **Telefonrechnung** über 595 € einschl. USt wird vom betrieblichen Bankkonto abgebucht. Der private Nutzungsanteil liegt nachweislich (z. B. Einzelaufstellung zur Telefonrechnung) bei 20 %. 385

Dieser Sachverhalt ist keine unentgeltliche Leistung i. S. des UStG (Abschn. 3.4 Abs. 4 UStAE). Die monatlichen Telefonrechnungen Grund- und Gesprächsgebühren und eine evtl. Miete für die Telefonanlage sind um den privaten Anteil zu korrigieren.

Buchungen:

Telekommunikationskosten	500 €			
Vorsteuer	95 €	an	Bank	595 €
Privatkonto	119 €	an	Telekommunikationskosten	100 €
		an	Vorsteuer	19 €

Für die **betriebseigene Anlage** entstehen außerdem Aufwendungen für Abschreibungen und Wartung. Beim Kauf wurde die Vorsteuer voll abgezogen. Die private Nutzung der betriebseigenen Geräte ist eine Privatentnahme (§ 4 Abs. 1 Satz 2 EStG) und ebenfalls eine sonstige Leistung (§ 3 Abs. 9a Nr. 1 UStG).

Die Kosten für Abschreibung und Wartung betragen 1 000 €. Davon entfallen ebenfalls 20 % auf die private Verwendung.

Privatkonto	238 €	an	Erlöse unentgeltlicher Wertabgaben	200 €
		an	Umsatzsteuer	38 €

VI. Übersicht über die Konten

386

			Soll	Haben
laufende Konten	Bestandskonten	aktive	Anfangsbestand Zugänge	Abgänge Endbestand
		passive	Abgänge Endbestand	Anfangsbestand Zugänge
	Erfolgskonten	Aufwandskonten	Aufwendungen	Salden zum GuV-Konto
		Ertragskonten	Salden zum GuV-Konto	Erträge
Abschlusskonten	Schlussbilanzkonto		Salden der aktiven Bestandskonten	Salden der passiven Bestandskonten
	Gewinn- und Verlustkonto		Salden der Aufwandskonten Gewinn	Salden der Ertragskonten Verlust

D. Buchungen im Bereich des Anlagevermögens

I. Sachanlagen und immaterielle Vermögensgegenstände

497 Der Begriff des Vermögensgegenstands ist ein unbestimmter Rechtsbegriff. Der Bilanzansatz (§ 246 HGB) ist nur möglich, wenn der Vermögensgegenstand

- selbständig verwertbar ist,
- dem Unternehmen wirtschaftlich zurechenbar ist,
- das Unternehmen zivilrechtlicher oder wirtschaftlicher Eigentümer (vgl. § 246 Abs. 1 Satz 2 HGB) ist.

Dem handelsrechtlichen **Vermögensgegenstand** entspricht das **Wirtschaftsgut** im Steuerrecht.

498 Neben den Sachanlagen (materielle Vermögensgegenstände) werden auch die immateriellen Vermögensgegenstände auf der Aktivseite der Bilanz ausgewiesen (§ 266 Abs. 2). Immaterielle Vermögensgegenstände sind

- selbst geschaffene gewerbliche Schutzrechte und ähnliche Rechte und Werte;
- entgeltlich erworbene Konzessionen, gewerbliche Schutzrechte und ähnliche Rechte und Werte sowie Lizenzen an solchen Rechten und Werten;
- entgeltlich erworbene Geschäfts- oder Firmenwerte;
- geleistete Anzahlungen.

499 Ein immaterieller Vermögensgegenstand entsteht durch

- gesonderte Anschaffung,
- Erwerb im Rahmen eines Unternehmenszusammenschlusses,
- Zugang im Rahmen eines Tauschgeschäfts,
- Erstellung im eigenen Unternehmen.

Für immaterielle Vermögensgegenstände besteht handelsrechtlich ein Aktivierungswahlrecht. Nicht aktiviert werden dürfen selbst geschaffene Marken, Drucktitel, Verlagsrechte und Kundenlisten.

In Kapitel „J. Buchungen im Rahmen der Vorbereitung des Jahresabschlusses“ werden die Buchungen zum entgeltlich erworbenen Geschäfts- oder Firmenwert (Rdn. 1864 ff.) und der aktivierungspflichtigen Entwicklungskosten (Rdn. 1874 ff.) dargestellt. Die Darstellung des Ausweises und der Bewertung der Software als immaterieller Vermögensgegenstand erfolgt unter Rdn. 633 ff. 500

II. Anlagevermögen und Anlagenkartei

Zum **Anlagevermögen** gehören alle Vermögensgegenstände, die im Zeitpunkt des Jahresabschlusses dazu bestimmt sind, dauernd dem Geschäftsbetrieb zu dienen (§ 247 Abs. 2 HGB). 501

Bei der Anschaffung von Gegenständen des Anlagevermögens werden diese im Hauptbuch und in der **Anlagenbuchhaltung bzw. Anlagenkartei** gebucht. Die Anlagenbuchhaltung ist eine Nebenbuchhaltung. Sie ergänzt die Anlagekonten im Hauptbuch. Während im Hauptbuch nur der Anfangsbestand, die Abschreibungen und der Schlussbestand jeweils in einer Summe erscheinen, wird in der Anlagenbuchhaltung nachgewiesen, wie sich diese Werte zusammensetzen. 502

Die Anlagenkarten sind entsprechend den Sachkonten der Klasse 0 geordnet. Innerhalb eines Sachkontos erfolgt die Ordnung nach der Inventarnummer oder nach einer laufenden Nummer der Anlagenkarten. Die Summe der Salden aller Anlagenkarten zu einem Sachkonto muss dem Saldo auf diesem Konto entsprechen. Da die Anlagenbuchhaltung eine Nebenbuchhaltung ist, erfolgen die Eintragungen ohne Gegenbuchung. 503

Die Anlagenkartei hat nicht nur Bedeutung für den Nachweis der Bestände, der Zu- und Abgänge und Abschreibungen für die Bilanzierung nach Handels- und Steuerrecht. Sie dient auch der 504

- Erfassung der Reparaturen,
- Standortkontrolle,
- Feststellung des Platzbedarfs und anderer technischer und wirtschaftlicher Merkmale,
- Ermittlung der Werte für die Feuer- und die Maschinenversicherung,
- Ermittlung kalkulatorischer Abschreibungen und kalkulatorischer Zinsen,
- Bereitstellung von Ausgangswerten für die Unternehmensplanung

und je nach Bedarf vielen weiteren Aufgaben.

505 **BEISPIEL:** Für jede Maschine auf dem Konto Maschinen wird in der Nebenbuchhaltung eine Anlagenkarte angelegt:

Anlagenkarteikarte					
Bezeichnung:		Stanzmaschine		**Inventar-Nr.:**	148
Lieferant:		Karl Sommer KG, Bochum ER-Nr. 10007 vom 12.02.01		**Konto-Nr.:**	070
Anschaffungskosten:		50 000 €		**Nutzungsdauer:**	5 Jahre
Tag der Anschaffung:		12.02.01		**Versicherungswert:**	50 000 €
Bilanz-stichtag	**Abschreibung** (linear)			**Veränderungen des Anschaffungswerts:**	
	%satz	**Betrag**	**Buchwert**		
31.12.01	20	10 000 €	40 000 €		
31.12.02	20	10 000 €	30 000 €		
31.12.03	20	10 000 €	20 000 €		
Tag des Abgangs:			**Erlös:**		

Auflistung der unter Konto 070 erfassten Vermögensgegenstände:

Inv.-Nr.	Gegenstand	Abschreibung 31.12.03	Buchwert 31.12.03
148	Stanzmaschine	10 000 €	20 000 €
149	Drehbank	5 180 €	12 904 €
150	Schneidemaschine	6 200 €	13 450 €
151	Presse	7 340 €	15 330 €
		28 720 €	61 684 €

Im Hauptbuch werden die Werte auf dem Konto „070 Maschinen" zusammengefasst.

Soll		Konto 070 Maschinen			Haben
AB	1.1.03	74 904 €	Abschr. 03		28 720 €
Zugänge in 03		15 500 €	SB	31.12.03	61 684 €
		90 404 €			90 404 €

506 In vielen Betrieben enthält die Anlagenkarte auf der Rückseite – bzw. bei EDV-mäßiger Abrechnung der Anlagenstammsatz (oder das Menüfeld) – Angaben über Garantiezeit, Reparaturen, Bestellnummer, Fabriknummer, Flächenbedarf, Kostenstelle, Maschinen-Gruppen-Nummer, Wiederbeschaffungswert, Betrag der kalkulatorischen Abschreibungen, Versicherungs- und Einheitswerte und andere Informationen.

III. Anlagenzugänge

1. Anschaffung von Vermögensgegenständen des Anlagevermögens

Die Vermögensgegenstände des Anlagevermögens sind im Zeitpunkt der Anschaffung auf den Anlagekonten zu aktivieren (§ 247 Abs. 2, § 253 Abs. 1 HGB). Im Zeitpunkt der Anschaffung beginnt häufig auch die betriebliche Nutzung. 507

Anschaffungskosten sind alle Aufwendungen, die geleistet werden, um den Anlagegegenstand zu erwerben und in einen betriebsbereiten Zustand zu versetzen (§ 255 Abs. 1 HGB und H 6.2 EStH). Dazu zählen der Anschaffungspreis des Anlagegegenstands (netto ohne USt) und die Anschaffungsnebenkosten. 508

Anschaffungsnebenkosten sind alle mit der Anschaffung im Zusammenhang stehenden Aufwendungen, die bis zur Betriebsbereitschaft des Anlagegegenstands anfallen, wie Eingangsfrachten, Provisionen für Handelsvertreter, Speditions-, Anfuhr- und Abladekosten, Transportversicherungen, Kosten der Begutachtung, Notariats-, Gerichts- und Registerkosten (Grundbucheintragung), Grunderwerbsteuer, Kosten für Fundamente, Anschlusskosten usw. Die Anschaffungsnebenkosten sind zusammen mit dem Anschaffungspreis zu aktivieren und über die betriebsgewöhnliche Nutzungsdauer abzuschreiben. 509

Rabatte, Boni, Skonti und sonstige Nachlässe führen zu **Anschaffungskostenminderungen**, soweit sie dem angeschafften Vermögensgegenstand konkret zurechenbar sind, ansonsten zu den laufenden Erträgen. 510

BEISPIEL: Beim Kauf einer Maschine fallen Rechnungen an über: 511

1. Rechnung	
Anschaffungspreis (netto)	40 000 €
– 3 % Rabatt	– 1 200 €
Zieleinkaufspreis	38 800 €
– 2 % Skonto	– 776 €
Bareinkaufspreis	38 024 €
2. und 3. Rechnung	
Speditions- und Abladekosten (netto)	400 €
Transportversicherung	50 €
aktivierungspflichtige Anschaffungskosten	38 474 €

Buchungen der drei Eingangsrechnungen:

(1)	Gebucht wird der Zieleinkaufspreis				
	Maschinen	38 800,00 €			
	Vorsteuer	7 372,00 €	an	Verbindlichkeiten	46 172,00 €
(2)	Maschinen	400,00 €			
	Vorsteuer	76,00 €	an	Verbindlichkeiten	476,00 €
(3)	Maschinen	50,00 €	an	Verbindlichkeiten	50,00 €
(4)	Buchung der Zahlung zu (1):				
	Verbindlichkeiten	46 172,00 €	an	Bank	45 248,56 €
			an	Maschinen	776,00 €
			an	Vorsteuer	147,44 €

512 Im Bereich des Anlagevermögens werden Nachlässe für Skonti direkt auf der Habenseite des Anlagekontos gebucht.

	Anschaffungspreis (meist der Listenpreis)
+	Anschaffungsnebenkosten
−	Anschaffungskostenminderungen (Skonti usw.)
=	aktivierungspflichtige Anschaffungskosten

513 Die aktivierungspflichtigen Anschaffungskosten sind die Bemessungsgrundlage für die Abschreibungen.

BEISPIEL: Die Maschine aus vorstehendem Beispiel kann bei 10-jähriger betriebsgewöhnlicher Nutzungsdauer mit 10 % der Anschaffungskosten von 38 474 € abgeschrieben werden. Buchung: Abschreibungen auf Sachanlagen an Maschinen 3 847,40 €

514 **Anschaffungsnahe Aufwendungen bei Gebäuden** sind aktivierungspflichtig, wenn sie der Herstellung, Erweiterung oder wesentlichen Verbesserung dienen (§ 255 Abs. 2 Satz 1 HGB). In der StB besteht ebenfalls **Aktivierungspflicht**, wenn Aufwendungen für Instandhaltung und Modernisierung (außer Aufwendungen für Erweiterung i. S. des § 255 Abs. 2 Satz 1 HGB und jährlich üblicherweise anfallende Erhaltungsarbeiten) innerhalb 3 Jahren nach der Anschaffung durchgeführt werden und wenn die Aufwendungen ohne Umsatzsteuer 15 % der Anschaffungskosten des Gebäudes übersteigen (§ 6 Abs. 1 Nr. 1a EStG).

515 Die Vermögensgegenstände sind **einzeln zu bewerten** und abzuschreiben (§ 252 Abs. 1 Nr. 3 HGB und § 6 Abs. 1 EStG).

516 Vom Grundsatz der Einzelbewertung wird in folgenden Fällen abgewichen:

(1) Festwerte (§ 240 Abs. 3 HGB, R 5.4 Abs. 4 EStR);

(2) Gruppenbewertung (§ 240 Abs. 4 HGB, R 5.4 Abs. 2 EStR) bei Gegenständen gleicher Art, die in demselben Wirtschaftsjahr angeschafft wurden, gleiche Nutzungsdauer, gleiche Anschaffungskosten haben und nach der gleichen Methode abgeschrieben werden.

2. Aktivierte Eigenleistungen

517 Aktivierte Eigenleistungen wurden im Unternehmen erstellt. Sie sind nicht für den Vertrieb bestimmt, sondern werden im Anlagevermögen aktiviert.

518 **BEISPIEL:** Ein Industriebetrieb stellt Mitarbeiter für den Bau von Fundamenten für eine gekaufte Presse ab. Dafür fallen aufgrund von Lohnscheinen und Materialentnahmescheinen direkt diesem Vorhaben zurechenbare Löhne und Materialkosten an. Daneben verursacht der Bau des Fundaments Gemeinkosten, die, weil sie sich nicht unmittelbar ausrechnen lassen, in der Kostenrechnung prozentual auf die einzeln zurechenbaren Lohn- und Materialkosten verrechnet werden. Die Gemeinkosten setzen sich aus Abschreibungen, Hilfs- und Betriebsstoffkosten, Sozialkosten, Versicherungsprämien, Steuern usw. zusammen.

	Fertigungsmaterial lt. Materialentnahmescheine	5 000 €
+	10 % Materialgemeinkosten lt. Kostenrechnung	500 €
	Fertigungslöhne lt. Lohnscheine	4 000 €
+	300 % Fertigungsgemeinkosten lt. Kostenrechnung	12 000 €
=	aktivierungsfähige Herstellungskosten	21 500 €

Buchung:

Maschinen	an	Aktivierte Eigenleistungen	21 500 €

Die Aktivierung zu Herstellungskosten erfolgt entsprechend den handelsrechtlichen (§§ 253 Abs. 1 und 255 Abs. 2 HGB) und steuerrechtlichen Vorschriften (§ 6 Abs. 1 EStG, R 6.3 EStR). 519

Hinweis: Die handels- und steuerrechtlichen **Herstellungskosten** weichen von den **Herstellkosten** in der Kostenrechnung ab. 520

BEISPIEL: Eine Maschinenfabrik stellt Drehbänke her, die als fertige Erzeugnisse zum Wert von 32 760 € Herstellungskosten ans Lager genommen werden. In der Produktion des Betriebs werden ebenfalls Drehbänke eingesetzt. Bei der Entnahme einer Drehbank für den Einsatz in der eigenen Werkstatt erfolgt die Aktivierung mit der Buchung: 521

Maschinen	an	Aktivierte Eigenleistungen	32 760 €

Das Konto „Aktivierte Eigenleistungen" wird zum Gewinn- und Verlustkonto abgeschlossen. 522

BEISPIEL: 523

Soll		Aktivierte Eigenleistung	Haben
GuV-Konto	54 260 €	Maschinen (Presse)	21 500 €
		Maschinen (Drehbank)	32 760 €
	54 260 €		54 260 €

Soll		GuV-Konto	Haben
Fertigungsmaterial	... €	Umsatzerlöse	... €
Fertigungslöhne	... €	Bestandsveränderungen	... €
verschiedene Gemeinkostenarten	... €	Aktivierte Eigenleistungen	54 260 €
Eigenkapital/Gewinn	... €		
	990 000 €		990 000 €

Auf dem Gewinn- und Verlustkonto werden auf diese Weise auch die aktivierten Eigenleistungen einer Abrechnungsperiode den Kosten gegenübergestellt, die in der gleichen Periode durch diese Leistungen verursacht wurden. 524

Die aktivierten Eigenleistungen werden wie die übrigen Vermögensgegenstände des Anlagevermögens in der Anlagenbuchhaltung erfasst und über ihre betriebsgewöhnliche Nutzungsdauer abgeschrieben. 525

BEISPIEL: Lt. AfA-Tabelle wird die Presse über 14 Jahre abgeschrieben. 526

Lineare Abschreibung über 14 Jahre

Abschreibungen	1 536 €	an	Maschinen	1 536 € (1 535,71 €)

3. Großreparaturen und im Bau befindliche Gebäude und Anlagen

527 **Werterhaltende Reparaturen** dienen der laufenden Instandhaltung, der Werterhaltung und der Erhaltung der Funktionsfähigkeit eines Vermögensgegenstands. Sie sind im Jahr des Anfalls als Aufwand zu verrechnen.

528 **BEISPIEL:**

a) Für die Reparatur einer Produktionsanlage werden Rohstoffe im Wert von 2 000 € entnommen.

Buchung nach dem IKR:

606	Reparaturmaterial	2 000 €	an	200	Rohstoffe	2 000 €

b) Eingang einer Handwerkerrechnung für die Reparatur einer Maschine, netto 5 000 € plus 950 € USt.

Buchung nach dem IKR:

616	Fremdinstandhaltung	5 000 €				
260	Vorsteuer	950 €	an	440	Verbindlichk. aus L. u. L.	5 950 €

529 **Werterhöhende Reparaturen** sind Großreparaturen, die einen Vermögensgegenstand in seiner Funktion verbessern oder verändern oder in seiner Substanz mehren. Das trifft i. d. R. zu auf

- Umbauten, Anbauten und Einbauten, wie die Erweiterung einer Fabrikhalle, Aus- und Umbauarbeiten an Verwaltungsgebäuden,
- die Generalüberholung von Maschinen, Anlagen und Fahrzeugen, deren betriebsgewöhnliche Nutzungsdauer durch den Einbau umfangreicher Ersatzteile erheblich verlängert wird.

530 Werterhöhende Reparaturen werden zu Herstellungskosten aktiviert und über die Restnutzungsdauer des Vermögensgegenstands abgeschrieben.

531 Werterhöhende Reparaturen erstrecken sich oft über einen längeren Zeitraum. Bis zum Abschluss der Arbeiten werden dann alle Aufwendungen aus Fremdrechnungen und innerbetrieblichen Verrechnungen auf dem Konto „Großreparaturen und im Bau befindliche Anlagen" gesammelt. Das gilt auch bei **Neubauten von Gebäuden, Maschinen und Anlagen.**

532 **BEISPIEL:** Baubeginn einer neuen Fabrikhalle am 20. 3. 01. Während des Geschäftsjahres 01 gehen verschiedene Handwerkerrechnungen über insgesamt 1 000 000 € ein.

Buchung (zusammengefasst):

095	im Bau befindliche Gebäude	1 000 000 €				
260	Vorsteuer	190 000 €	an	440	Verbindlichk. aus L. u. L.	1 190 000 €

Am 31. 12. 01 ist die Halle noch nicht fertiggestellt. Das Konto „Im Bau befindliche Gebäude" wird abgeschlossen:

801	Schlussbilanzkonto	1 000 000 €	an	095	im Bau befindliche Gebäude	1 000 000 €

Im Geschäftsjahr 02 gehen weitere Rechnungen über insgesamt 500 000 € plus 95 000 € USt ein.

Buchung (zusammengefasst):

095	im Bau befindliche Gebäude	500 000 €				
260	Vorsteuer	95 000 €	an	440	Verbindlichk. aus L. u. L.	595 000 €

Am 31. 8. 02 ist die Fabrikhalle fertiggestellt. Jetzt erfolgt die Aktivierung auf dem Konto Gebäude:

053	Fabrikgebäude	1 500 000 €	an	095	im Bau befindliche Gebäude	1 500 000 €

4. Abschreibungen

533

<table>
<tr><th>ABB. 3:</th><th colspan="4">Übersicht über die Abschreibungsarten</th></tr>
<tr><td>Rechtsvorschriften</td><td colspan="4">handelsrechtliche Abschreibung (§ 253 Abs. 3 HGB)
steuerrechtliche Absetzung für Abnutzung (AfA) (§§ 6 u. 7 EStG)</td></tr>
<tr><td>Rechnungszweck</td><td colspan="4">bilanzielle Abschreibungen
kalkulatorische Abschreibungen</td></tr>
<tr><td>Verbuchung</td><td colspan="4">direkte Abschreibung
indirekte Abschreibung</td></tr>
<tr><td>Anzahl der Objekte</td><td colspan="4">Einzelabschreibung
Gruppen- oder Sammelabschreibung</td></tr>
<tr><td>Planmäßigkeit</td><td colspan="4">planmäßige Abschreibung
außerplanmäßige Abschreibung</td></tr>
<tr><td rowspan="7">Methode</td><td rowspan="5">zeitabhängige Abschreibung</td><td colspan="3">linear – gleichbleibende Beträge</td></tr>
<tr><td colspan="3">progressiv steigende Beträge</td></tr>
<tr><td rowspan="3">degressiv – fallende Beträge</td><td colspan="2">geometrisch-degressiv (max. 25 % vom Restbuchwert)*</td></tr>
<tr><td rowspan="2">arithmetisch degressiv</td><td>stufendegressiv</td></tr>
<tr><td>digital</td></tr>
<tr><td rowspan="2">leistungsabhängige Abschreibung</td><td colspan="3">verbrauchsmengenabhängige Abschreibung (technische)</td></tr>
<tr><td colspan="3">ertragswertabhängige Abschreibung (ökonomische)</td></tr>
</table>

*) im Steuerrecht: bis zum Jahr 2000 und in den Jahren 2006 und 2007: max. das 3-fache der linearen AfA, max. 30 %; 2001–2005: 2-fache der linearen AfA, max. 20 %; 2009 und 2010 sowie 2020 und 2021: 2,5-fache der linearen AfA, max. 25 %; 2008 und **ab 2011 bis 2019 bzw. ab 2022: keine degressive AfA zulässig.**

4.1 Wesen der Abschreibungen

534 Die Anschaffungs- oder Herstellungskosten von Vermögensgegenständen des Anlagevermögens dürfen nicht sofort als Aufwand berücksichtigt werden. Sie müssen zunächst aktiviert werden. Die Anschaffungs- oder Herstellungskosten sind damit in der Bilanz gespeicherter Aufwand, der durch Abschreibung entsprechend der Inanspruchnahme (Verbrauch) über die Geschäftsjahre der betriebsgewöhnlichen Nutzungsdauer (bND) verteilt wird.

535 Die Abschreibungen werden im Sinne einer periodengerechten Gewinnermittlung vorgenommen. Die Abschreibungen tragen außerdem dem Wertverzehr der Vermögensgegenstände des abnutzbaren Anlagevermögens Rechnung und dienen damit der richtigen Darstellung der Vermögenslage. Mit der technischen Abnutzung eines Vermögensgegenstands wird nicht immer eine tatsächliche Wertminderung in gleicher Höhe einhergehen. Dennoch ist eine planmäßige Abschreibung auch dann zwingend vorgeschrieben, wenn der wirkliche Wert gleichgeblieben oder sogar, wenn der Wert gestiegen ist.

536 Der Unternehmer muss zunächst festlegen, über welchen Zeitraum ein angeschafftes oder hergestelltes abnutzbares Wirtschaftsgut normalerweise in seinem Betrieb genutzt wird, d. h. er legt fest, über welchen Zeitraum sich der Wert des Vermögensgegenstands wirtschaftlich verbraucht. Bei der Gebäudeabschreibung werden Prozentsätze in § 7 Abs. 4 und 5 EStG für den steuerlichen Jahresabschluss fest vorgegeben. Viele Unternehmen schreiben dann in der Handelsbilanz nach den gleichen Grundsätzen ab, um einen Ausweis latenter Steuern zu vermeiden.

537 Bei der Festlegung der betriebsgewöhnlichen Nutzungsdauer handelt es sich um eine mit großen Unsicherheitsfaktoren verbundene Schätzung für die Zukunft. Dabei kann auf Erfahrungen aus der Vergangenheit im eigenen oder in fremden Betrieben zurückgegriffen werden. Die von der Finanzverwaltung herausgegebenen AfA-Tabellen können ebenfalls Anhaltspunkte geben. Im Zweifelsfall ist im Hinblick auf das handelsrechtliche Vorsichtsprinzip von der jeweils kürzeren Nutzungsdauer auszugehen.

538 HGB und EStG enthalten Abschreibungsvorschriften. Die planmäßigen Abschreibungen können in der Handelsbilanz und in der Steuerbilanz unterschiedlich hoch sein. Die handelsrechtlichen Abschreibungsgrundsätze sind gem. § 5 Abs. 1 EStG auch für die steuerliche Gewinnermittlung maßgebend.

4.2 Planmäßige Abschreibungen

539 Bei Vermögensgegenständen des Anlagevermögens, deren Nutzung zeitlich begrenzt ist, sind die Anschaffungs- oder Herstellungskosten um planmäßige Abschreibungen zu vermindern. Der Plan muss die Anschaffungs- oder Herstellungskosten auf die Geschäftsjahre verteilen, in denen der Vermögensgegenstand voraussichtlich genutzt werden kann (§ 253 Abs. 3 Sätze 1 und 2 HGB). Das HGB sieht keine bestimmte Abschreibungsmethode vor. Die Abschreibungen müssen lediglich den GoB entsprechen. Das EStG dagegen unterscheidet die folgenden Abschreibungsmethoden (§ 7 EStG, R 7.4 EStR):

- lineare Afa (§ 7 Abs. 1 Satz 1 EStG),
- degressive AfA (§ 7 Abs. 2 EStG; nicht für ab 2011 bis 2019 angeschaffte oder hergestellte Wirtschaftsgüter),
- AfA nach Leistungseinheiten (§ 7 Abs. 1 Satz 6 EStG),
- degressive AfA bei Gebäuden im Inland unter Anwendung vorgegebener gestaffelter Prozentsätze (§ 7 Abs. 5 EStG; nur noch in Altfällen, vgl. Anwendungszeiträume des § 7 Abs. 5 EStG).

Planmäßige Abschreibung setzt voraus, dass bereits im Zeitpunkt der Aktivierung ein 540
Abschreibungsplan (§ 253 Abs. 3 Satz 2 HGB) besteht. Ein Abschreibungsplan ist zu erstellen

- im Zeitpunkt der Anschaffung,
- nach einer außerplanmäßigen Abschreibung,
- bei nachträglichen Anschaffungs- oder Herstellungskosten (R 7.4 Abs. 9 EStR).

Wesentliche **Daten des Abschreibungsplans** sind Anschaffungs- (AK) oder Herstellungs- 541
kosten (HK), Anschaffungszeitpunkt, betriebsgewöhnliche Nutzungsdauer, Abschreibungsmethode, Abschreibungssatz.

Abschreibungsbasis sind die AK oder HK (§ 255 HGB). Die handelsrechtliche Abschrei- 542
bungsbasis ist maßgeblich für die steuerliche Gewinnermittlung (§ 5 Abs. 1 EStG, § 6 Abs. 1 Nr. 1 EStG, R 7.3 EStR).

Auf einen **Restwert** muss nur dann abgeschrieben werden, wenn dieser bei Aufstellung 543
des Plans mit hinreichender Genauigkeit bestimmbar und von seiner Höhe her wesentlich ist. Der Restwert ist der Veräußerungserlös abzüglich der Veräußerungskosten. Das ist i. d. R. der Schrottwert. Die Finanzverwaltung verlangt die Berücksichtigung des Schrottwertes bei Schiffen und des Schlachtwertes bei Kühen.

Materielle Vermögensgegenstände werden wegen ihrer normalen technischen und/ 544
oder wirtschaftlichen **Nutzung** planmäßig abgeschrieben. **Immaterielle** Vermögensgegenstände werden grundsätzlich wegen eines **Fristablaufs** abgeschrieben. Bei anderen Vermögensgegenständen, wie Bodenschätzen, kann der Substanzabbau Abschreibungsursache sein.

Weil die planmäßigen Abschreibungen i. d. R. den Verbrauch der Wirtschaftsgüter 545
durch Abnutzung berücksichtigen, heißt diese Abschreibung im Steuerrecht „Absetzung für Abnutzung", kurz „AfA". Da das Handelsrecht keine konkreten Vorschriften zur planmäßigen Abschreibung enthält, werden in der Praxis die AfA nach steuerlichen Vorschriften ermittelt und in die HB übernommen.

ABB. 4:	Möglichkeiten der planmäßigen Abschreibung	
Bilanz:	Handelsbilanz	Steuerbilanz
Bezeichnung:	Abschreibung	Absetzung für Abnutzung (AfA)
Abschreibungsmethoden:	§ 253 Abs. 3 Satz 1 HGB Abschreibungsmethoden entsprechend denen in der Steuerbilanz zu den nebenstehenden steuerlichen Methoden zusätzlich: ***digitale oder arithmetisch-degressive Abschreibung***	**Grundsätzl. für alle WG:** ***lineare*** (§ 7 Abs. 1 Satz 1, Abs. 4 Satz 1 EStG) **Nur bei beweglichen WG (nicht bei Immobilien und immateriellen WG):** ► ***nach Leistungseinheiten*** (§ 7 Abs. 1 Satz 6 EStG) als Sonderform der linearen Abschreibung ► ***geometrisch-degressive*** (§ 7 Abs. 2 Satz 2 EStG) Höhe der AfA: bis zum 2-fachen der linearen AfA, maximal 25 %*) ► ***degressive AfA bei Gebäuden*** (§ 7 Abs. 5 EStG) ► ***Absetzung für Substanzverringerung*** (AfS – § 7 Abs. 6 EStG)

*) 2009 und 2010 sowie 2020 und 2021: 2,5-fache der linearen AfA, max. 25 %; 2008 und **ab 2011 bis 2019 sowie ab 2022: keine degressive AfA mehr zulässig.**

Aufschläge bei Mehrschichtbetrieb:

546 Für bewegliche WG, für die die einschichtige Nutzung üblich ist, kann nach anerkannten steuerlichen Grundsätzen der lineare AfA-Satz bei ganzjähriger Doppelschicht um 25 %, bei Dreifachschicht um 50 % erhöht werden.

Nachholung unterbliebener AfA:

547 Die Nachholung unterbliebener AfA ist steuerlich zulässig, wenn

- sie aus nichtsteuerlichen Gründen oder aus Versehen unterblieben ist,
- sie wegen falscher Einschätzung der Nutzungsdauer zu niedrig geplant worden ist.

548 In beiden Fällen kann die AfA nach der bisherigen AfA-Methode auf die Restnutzungsdauer verteilt werden (R 7.4 Abs. 10 EStR).

549 Wenn die AfA bewusst unterlassen wurde, um dadurch unberechtigte Steuervorteile zu erlangen, darf sie nicht nachgeholt werden (BFH v. 3. 7. 1980, BStBl 1981 II S. 255 und v. 20. 1. 1987, BStBl II S. 491). Unterbliebene AfA werden erfolgsneutral vom Buchwert abgesetzt. Anschließend wird vom geminderten Buchwert weiter abgeschrieben.

Lineare Abschreibung:

550 Grundsätzlich sind die abnutzbaren Wirtschaftsgüter des Anlagevermögens linear abzuschreiben (§ 7 Abs. 1 Satz 1 EStG). Im Anschaffungsjahr und in den folgenden Geschäftsjahren werden die Abschreibungen mit einem gleichbleibenden Prozentsatz vom Anschaffungs- oder Herstellungswert ermittelt. Auf diese Weise werden die Anschaffungs- oder Herstellungskosten gleichmäßig (linear) auf die Nutzungsdauer ver-

teilt. Am Ende der betriebsgewöhnlichen Nutzungsdauer hat das Wirtschaftsgut den Wert 0 € erreicht.

BEISPIEL: Anschaffung einer Maschine am 2. 1. 01 zum Nettowert von 100 000 €. Die betriebsgewöhnliche Nutzungsdauer soll 10 Jahre betragen. 551

$$\text{Abschreibungsbetrag jährlich} = \frac{\text{Anschaffungskosten}}{\text{Nutzungsdauer}} = \frac{100\,000\,€}{10\ \text{Jahre}} = 10\,000\,€$$

$$\text{AfA-Satz} = \frac{100\,\%}{\text{Nutzungsdauer}} = \frac{100\,\%}{10\ \text{Jahre}} = 10\,\%$$

Hat das Unternehmen sich bei einem Wirtschaftsgut einmal für die lineare Abschreibung entschieden, muss es die Methode bis zum Ausscheiden des Wirtschaftsguts beibehalten. Der Wechsel zur degressiven Abschreibungsmethode ist nicht erlaubt. 552

Wirtschaftsgüter, die nach Ablauf der betriebsgewöhnlichen Nutzungsdauer abgeschrieben sind, sich jedoch noch im Betriebsvermögen befinden, werden in der Inventur mit aufgenommen. Da alle aufgenommenen Vermögensteile auch bewertet werden müssen, schreibt man im letzten Jahr i. d. R. 1 € weniger ab, so dass das Wirtschaftsgut mit 1 € **Erinnerungswert** zu Buche steht. Der Erinnerungswert wird erst bei endgültigem Ausscheiden des Wirtschaftsguts ausgebucht. 553

Es besteht jedoch keine Pflicht, für jeden einzelnen Vermögensgegenstand einen Erinnerungswert festzuhalten. Der Erinnerungswert ist Ausfluss des Vollständigkeitsgebots aus § 246 HGB und bezieht sich auf die Bilanzposition. Sind beispielsweise alle Maschinen vollständig abgeschrieben, dann muss die Bilanz die Position „Maschinen 1 €" enthalten. 554

BEISPIEL: Eine Maschine, Anschaffungskosten netto 100 000 €, lineare Abschreibung, ist am Ende des 10. Nutzungsjahres noch vorhanden. Am Ende des 10. Nutzungsjahres ist zu buchen: 555

Abschreibungen auf Sachanlagen	9 999 €	an	Maschinen	9 999 €

Maschinen

AB	10 000	Abschr.	9 999
		SBK	1
	10 000		10 000

Abschreibungen

Masch.	9 999		

Scheidet die Maschine beispielsweise nach 11 Jahren endgültig aus, lautet die Buchung:

Aufwandskonto Anlagenabgänge	1 €	an	Maschinen	1 €

Degressive Abschreibung (geometrisch-degressive Abschreibung):

Die handels- und steuerrechtlich zulässige Methode der degressiven Abschreibung darf in der Steuerbilanz nur auf bewegliche Wirtschaftsgüter des Anlagevermögens angewendet werden. Bei der degressiven Abschreibung fallen die Abschreibungsbeträge in Form einer geometrischen Reihe an. Die exakte Bezeichnung „geometrisch-degressive Abschreibung" wird in der Praxis selten genutzt. Allgemein spricht man einfach nur von der degressiven Abschreibung. 556

BEISPIEL:

Gegenüberstellung der linearen und der degressiven AfA und Darstellung des Wechsels von der degressiven zur linearen AfA			
Jahr der Abschreibung	lineare AfA 10 % (in €)	degressive AfA 25 % (in €)	Restwertabschreibung nach Wechsel zur linearen AfA (in €)
Anschaffungskosten – AfA Ende des 1. Jahres	100 000 - 10 000	100 000 - 25 000	
Buchwert für AfA im 2. Jahr	90 000 - 10 000	75 000 - 18 750	
Buchwert für AfA im 3. Jahr	80 000 - 10 000	56 250 - 14 063	
Buchwert für AfA im 4. Jahr	70 000 - 10 000	42 187 - 10 547	
Buchwert für AfA im 5. Jahr	60 000 - 10 000	31 640 - 7 910	
Buchwert für AfA im 6. Jahr	50 000 - 10 000	23 730 - 5 933	
Buchwert für AfA im 7. Jahr	40 000 - 10 000	17 797 - 4 449	17 797 - 4 449
Buchwert für AfA im 8. Jahr	30 000 - 10 000	13 348 - 3 337	13 348 - 4 449
Buchwert für AfA im 9. Jahr	20 000 - 10 000	10 011 - 2 503	8 899 - 4 449
Buchwert für AfA im 10. Jahr	10 000 - 10 000	7 508 (- 1 877)	4 450 - 4 450
Buchwert am Ende der Nutzungsdauer	0	(5 631)	0
Die letzten Werte der degressiven AfA wurden in Klammern gesetzt, da am Ende des 10. Jahres (= Ende der vorgesehenen Nutzungsdauer) der Restbetrag von 7 508 € abgeschrieben werden darf. In diesem Fall geht dann auch die degressive AfA auf 0 € auf. Sofern das Wirtschaftsgut am Ende des 10. Jahres noch vorhanden ist und weiter genutzt wird, wird der Buchwert am Ende der Nutzungsdauer in allen drei Fällen (lineare, degressive und Restwertabschreibung) mit 1 € Erinnerungswert weitergeführt.			

557 Bei der degressiven Abschreibung wird der Abschreibungsbetrag nur im ersten Jahr vom Anschaffungswert berechnet. In den folgenden Jahren wird er mit einem gleichbleibenden Prozentsatz vom jeweiligen Buchwert oder Restbuchwert ermittelt. Da der Abschreibungsbetrag von Jahr zu Jahr fällt, wird von der Abschreibung in fallenden (degressiven) Jahresbeträgen gesprochen. Am Ende der betriebsgewöhnlichen Nutzungsdauer wird der Wert 0 € nicht erreicht. Wenn das Wirtschaftsgut sich dann noch im Betriebsvermögen befindet, darf der Restbetrag bis auf den Erinnerungswert abgeschrieben werden.

In der Praxis wird überwiegend die lineare AfA angewendet, da sie 558

- handels- und steuerrechtlich gleichermaßen erlaubt ist,
- zu einer gleichmäßigeren Aufwands- bzw. Kostenbelastung über die Jahre der Nutzung des Wirtschaftsguts führt.

Steuerrechtlich ist die Höhe der degressiven AfA für nach dem 31.12.2008 und vor 559 dem 1.1.2011 angeschaffte Wirtschaftsgüter auf das Zweieinhalbfache des linearen AfA-Satzes, maximal jedoch auf 25 % begrenzt (§ 7 Abs. 2 Satz 2 EStG).

Der Wechsel von der degressiven zur linearen Abschreibung ist jederzeit möglich (§ 7 560 Abs. 3 Satz 1 EStG). Will der Kaufmann die AfA-Beträge möglichst früh ausschöpfen, empfiehlt sich der Wechsel in dem Jahr, in dem sich für die restliche Nutzungsdauer höhere Abschreibungsbeträge ergeben als bei einer Fortführung der degressiven AfA.

Der optimale Zeitpunkt zum Wechsel auf die lineare Restwertabschreibung kann bei einer 25 %igen degressiven AfA ermittelt werden nach der Formel:

$$\text{Übergangsjahr} = \text{Nutzungsdauer} - \frac{100}{25} + 1$$

ABB. 5: Vergleich der linearen mit der degressiven Abschreibung

	lineare Abschreibung	degressive Abschreibung
Berechnung von	Anschaffungs- oder Herstellungskosten	Buch- oder Restwert
Abschreibungs-prozentsatz	gleichbleibend $= \frac{100}{\text{Nutzungsdauer}}$	gleichbleibend für nach dem 31.12.2008 und vor dem 1.1.2011 bzw. in 2020 oder 2021 angeschaffte Wirtschaftsgüter bis zum 2,5-fachen des Satzes bei linearer AfA, maximal 25 %
Abschreibungsbetrag	gleichbleibend	fallend
Buchwert am Ende der Nutzungsdauer	kein Restwert	Restwert vorhanden
Wechsel der Abschreibungsmethode	kein Wechsel möglich	der Wechsel zur linearen AfA ist erlaubt
Anwendung	für alle abnutzbaren Wirtschaftsgüter des Anlagevermögens	steuerrechtlich nur auf bewegliche Wirtschaftsgüter des Anlagevermögens

Anteilige lineare oder degressive Abschreibung im Jahr der Anschaffung:

Die zeitanteilige Abschreibung ist zwingend vorgeschrieben. Willkürlich unterlassene 561 AfA darf grundsätzlich in späteren Jahren nicht nachgeholt werden. Die Nutzungsdauer und damit die Abschreibung beginnen im Zeitpunkt der Anschaffung des Wirtschaftsguts.

Im Jahr der Anschaffung beginnt die Abschreibung grundsätzlich in dem Monat der An- 562 schaffung (§ 7 Abs. 1 Satz 4 EStG). Wir sprechen von der zeitanteiligen Abschreibung (pro rata temporis).

BEISPIEL: Im Monat März wird eine Maschine im Wert von 24 000 € angeschafft. Die betriebsgewöhnliche Nutzungsdauer beträgt 10 Jahre. Am Ende des Anschaffungsjahres können 10/12 der Jahresabschreibung, also 2 000 €, gewinnmindernd abgesetzt werden.

Arithmetisch-degressive Abschreibung:

563 Bei der arithmetisch-degressiven Abschreibung (digitale Abschreibung) verringern sich die Abschreibungsbeträge in jedem Jahr um denselben Betrag. Der Degressionsbetrag wird ermittelt, indem man die Jahresziffern der voraussichtlichen Nutzungsdauer addiert und die Anschaffungs- oder Herstellungskosten durch die ermittelte Summe der Nutzungsjahre dividiert.

BEISPIEL: Anschaffungskosten 30 000 €, voraussichtliche Nutzungsdauer 5 Jahre.

Summe der Anschaffungsjahre = 1 + 2 + 3 + 4 + 5 = 15 Jahre

Degressionsbetrag 30 000 : 15 = 2 000 €

Jährliche Abschreibungsbeträge:

im 1. Jahr = 5/15 von 30 000 € = 10 000 €
im 2. Jahr = 4/15 von 30 000 € = 8 000 €
im 3. Jahr = 3/15 von 30 000 € = 6 000 €
im 4. Jahr = 2/15 von 30 000 € = 4 000 €
im 5. Jahr = 1/15 von 30 000 € = 2 000 €

Summe der Abschreibung 30 000 €

564 Die Degression fällt bei der arithmetisch-degressiven Abschreibung niedriger aus als bei der geometrisch-degressiven Abschreibung. Steuerlich ist die arithmetisch-degressive Abschreibung seit 1985 nicht mehr zulässig.

Progressive Abschreibung:

565 Die progressive Abschreibung verrechnet die Abnutzung in jährlich steigenden Beträgen. Die ersten Jahre der Nutzung werden also weniger belastet als die folgenden. Die Abschreibungsbeträge können analog zur degressiven Abschreibung geometrisch oder arithmetisch ansteigen. Deshalb spricht man auch von der geometrisch-progressiven und der arithmetisch-progressiven Abschreibung. Da die progressive Abschreibung nur in Ausnahmefällen mit dem Vorsichtsprinzip (§ 252 Abs. 1 Nr. 4 HGB) vereinbar ist, kann sie handelsrechtlich nur in solchen Ausnahmefällen verrechnet werden, in denen die betreffende Anlage tatsächlich in den ersten Jahren weniger abgenutzt wird als in den letzten. Dies kann zutreffen auf Versorgungsbetriebe, Substanzabbaubetriebe, Hotelbetriebe, Obstplantagen u. Ä.

566 Steuerlich sind progressive Abschreibungen nicht zulässig.

Abschreibung nach Leistungseinheiten:

567 Die tatsächliche Abnutzung der Wirtschaftsgüter kann sehr unterschiedlich auf die Jahre der Nutzung entfallen. Deshalb erlaubt das EStG bei **beweglichen Wirtschaftsgütern** die Verrechnung der Abschreibung nach der Anzahl der Leistungseinheiten. Leistungseinheiten können die gefahrenen Stunden einer Anlage, die gefahrenen km eines Fahrzeugs, die auf einer Maschine produzierte Stückzahl u. Ä. sein.

568 Die **Leistungsabschreibung** ist steuerrechtlich möglich, wenn sie wirtschaftlich begründet ist und der auf das einzelne Geschäftsjahr entfallende Umfang der Leistung nach-

gewiesen wird (§ 7 Abs. 1 Satz 6 EStG). Die Anwendung ist dann wirtschaftlich begründet, wenn die Leistung i. d. R. erheblich schwankt und zu einem entsprechend unterschiedlichen Verschleiß führt. Diese AfA-Methode kommt der technischen Abnutzung am nächsten und wird bei fortschreitender Digitalisierung attraktiver werden. Wo jetzt noch Menschen die Leistungsmessung vornehmen müssen, wird sich die „intelligente" Maschine der Zukunft quasi „selber abschreiben", d. h. den Leistungsverzehr an die Buchhaltung melden.

BEISPIEL: Ein Unternehmer kauft einen LKW zum Anschaffungswert von 100 000 €, der voraus- 569
sichtlich nach einer Fahrleistung von 500 000 km (Leistungseinheiten) nicht mehr einsetzbar sein wird. Im Abrechnungsjahr hat der LKW 70 000 km zurückgelegt.

$$\frac{100\,000\,€\text{ Anschaffungskosten}}{500\,000\text{ km Fahrleistung}} = 0{,}20\,€\text{ Abschreibung je km}$$

oder:

$$\frac{70\,000\,€\text{ im Abrechnungsjahr}}{500\,000\text{ km Fahrleistung}} \times 100\,000\,€\text{ Anschaffungskosten} = 14\,000\,€$$

Legt der Lkw bereits im Anschaffungsjahr 150 000 km zurück, so beträgt die Abschrei- 570
bung am Ende des Jahres 30 000 €. Die Anwendung der Leistungs-AfA darf nicht dazu führen, dass in einem Jahr überhaupt keine AfA angesetzt wird.

ABB. 6: Möglichkeiten des Wechsels der AfA-Methode

von	nach		
	linear	leistungsabhängig	geom.-degressiv
linear	–	möglich	unzulässig
leistungsabhängig	möglich	–	unzulässig
geometrisch-degressiv	möglich	möglich	–

Abschreibungen für Substanzverringerung (AfS):

§ 7 Abs. 6 EStG gestattet Bergbauunternehmen, Steinbrüchen und anderen Betrieben, 571
die einen Verbrauch der Substanz mit sich bringen, eine Absetzung nach Maßgabe des Substanzverzehrs (R 7.5 EStR). Es gelten die allgemeinen Vorschriften des § 7 Abs. 1 EStG zur AfA.

BEISPIEL: 572

$$\frac{\text{Anschaffungskosten} \times \text{Menge der im Abschlussjahr geförderten Substanz}}{\text{geschätzte Gesamtabbaumenge}} = \text{Afs}$$

4.3 Außerplanmäßige Abschreibungen

Die Ursachen für eine außerplanmäßige Abschreibung können ganz unterschiedlich 573
sein, z. B. höhere Gewalt (Hochwasser, Unwetter, Brand usw.), Mehrschichtbetrieb (erhöhte Inanspruchnahme), technischer oder wirtschaftlicher Fortschritt, mangelnde Wirtschaftlichkeit, Preisverfall, Abbruch u. Ä.

Außerplanmäßige Abschreibungen sind nicht nur bei Vermögensgegenständen des ab- 574
nutzbaren Anlagevermögens, sondern auch bei solchen des nicht abnutzbaren Anlagevermögens und des Umlaufvermögens möglich.

575 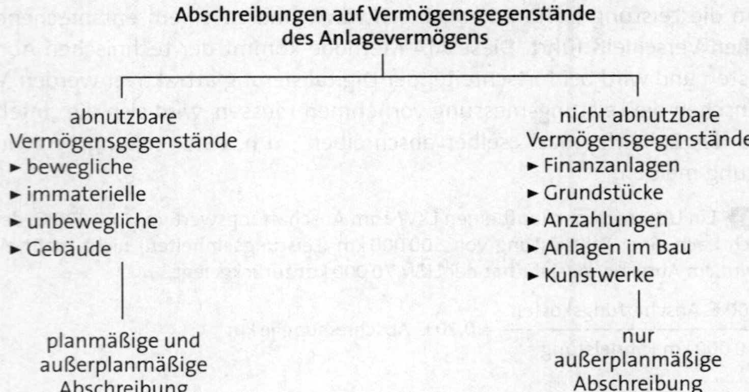

576 In der **Handelsbilanz** erfolgt die außerplanmäßige Abschreibung auf den am Bilanzstichtag **beizulegenden Wert** (§ 253 Abs. 3 Satz 5 HGB). Der beizulegende Wert entspricht dem Marktwert. Sofern kein aktiver Markt besteht, anhand dessen sich der Marktpreis ermitteln lässt, ist der beizulegende Zeitwert mit Hilfe allgemein anerkannter Bewertungsmethoden zu bestimmen. Ist die Ermittlung des beizulegenden Zeitwerts nicht möglich, sollen die Anschaffungs- oder Herstellungskosten weitergeführt werden.

577 Gründe für eine außerplanmäßige Abschreibung in der Handelsbilanz und in der Steuerbilanz können sein:

- **außergewöhnliche technische Abnutzung** (Substanzverzehr oder Verschleiß) durch die Beanspruchung im Einsatz, die Art der Bedienung, die Art der Pflege oder durch Witterungseinflüsse
- **wirtschaftliche Abnutzung** durch technischen Fortschritt, Einsatzmöglichkeit (Modeänderung) oder sonstigen Nachfragerückgang
- **gesunkene Wiederbeschaffungskosten**

In der Handelsbilanz führen auch selbst verschuldete bzw. in Kauf genommene Wertminderungen zu außerplanmäßigen Abschreibungen, z. B. bewusster Erwerb zu überhöhten Anschaffungskosten.

4.3.1 Außerplanmäßige Abschreibungen nach Handelsrecht

578 Handelsrechtlich müssen auf Vermögensgegenstände des Anlagevermögens außerplanmäßige Abschreibungen vorgenommen werden, wenn die Wertminderung von Dauer ist. Bei nur vorübergehender Wertminderung dürfen außerplanmäßige Abschreibungen nur auf Finanzanlagen vorgenommen werden (§ 253 Abs. 3 Satz 6 HGB).

579 Ab dem 1. 1. 2009 sind außerplanmäßige Abschreibungen für Wertschwankungen und nach vernünftiger kaufmännischer Beurteilung (früherer § 253 Abs. 3 Satz 3 und Abs. 4 HGB) nicht mehr zulässig.

Mit der Aufhebung der umgekehrten Maßgeblichkeit ab dem 1. 1. 2010 entfällt auch die Übernahme besonderer Abschreibungen aufgrund steuerrechtlicher Regelungen in die Handelsbilanz. Als Übergangsregelung besteht ein unbefristetes Beibehaltungswahlrecht für derartige Abschreibungen, die in vor dem 1. 1. 2010 beginnenden Geschäftsjahren vorgenommen wurden.

4.3.2 Außerplanmäßige Abschreibungen nach Steuerrecht

In der **Steuerbilanz** erfolgt die außerplanmäßige Abschreibung 580

- wegen **außergewöhnlicher technischer oder wirtschaftlicher Abnutzung** (AfaA) (§ 7 Abs. 1 Satz 7 EStG);
- als **Teilwertabschreibung** (§ 6 Abs. 1 Nr. 1 Satz 2 EStG);
- bei Gebäuden, wenn die AfA nach § 7 Abs. 4 EStG bemessen wird; werden aber auch nicht beanstandet bei Gebäuden, deren AfA nach § 7 Abs. 5 EStG vorgenommen werden (R 7.4 Abs. 11 EStR).

Einstweilen frei 581, 582

4.3.2.1 Absetzung für außergewöhnliche Abnutzung (AfaA)

Eine AfaA ist **nur bei abnutzbaren Anlagegütern** möglich, die planmäßig abgeschrieben werden. Die AfaA setzt eine **Nutzungsbeeinträchtigung** voraus. 583

Die Abgrenzung zwischen der Absetzung für außergewöhnliche Abnutzung (AfaA) und der Teilwertabschreibung ist in der Praxis nicht immer einfach, da die Ereignisse oder Gründe, die die AfaA rechtfertigen, auch Anlass für eine Teilwertabschreibung sein können. Nach § 6 Abs. 1 Nr. 1 EStG sind Wirtschaftsgüter des Anlagevermögens, die der Abnutzung unterliegen, mit den Anschaffungs- oder Herstellungskosten oder dem an deren Stelle tretenden Wert, vermindert um AfA, erhöhte Absetzungen, Sonderabschreibungen, Abzüge nach § 6b EStG und ähnliche Abzüge anzusetzen. Ist der Teilwert niedriger, ist dieser anzusetzen. Die AfaA geht also der Teilwertabschreibung vor. 584

4.3.2.2 Teilwertabschreibung

Die Teilwertabschreibung ist **bei abnutzbaren und bei nicht abnutzbaren Wirtschaftsgütern** möglich. Sie ist nicht zulässig bei einer Gewinnermittlung nach § 4 Abs. 3 EStG (Einnahmen-Überschussrechnung). Sie führt zu einer **allgemeinen Wertkorrektur**. 585

Bei Wirtschaftsgütern des Anlagevermögens **können** Abschreibungen auf den niedrigeren Teilwert am Bilanzstichtag vorgenommen werden (§ 6 Abs. 1 Nr. 1 Satz 2 EStG). Der Teilwert ist der Betrag, den ein Erwerber des ganzen Betriebs im Rahmen des Gesamtkaufpreises für das einzelne Wirtschaftsgut ansetzen würde; dabei ist davon auszugehen, dass der Erwerber den Betrieb fortführt. 586

Die Teilwertabschreibung rückt vom Grundsatz der Einzelbewertung ab. Die Ermittlung eines solchen Teilwerts ist praktisch unmöglich. Deshalb hat die Rechtsprechung des BFH ein System von Vermutungen entwickelt, nach dem der Teilwert bestimmt werden kann. Danach besteht die **obere Grenze** des Teilwerts in den Anschaffungs- oder Herstellungskosten abzüglich der AfA. Die **untere Grenze** bildet der Einzelveräußerungspreis. 587

588 Dem Teilwert im Steuerrecht entspricht der **am Bilanzstichtag beizulegende Wert** im Handelsrecht. Außerplanmäßige Abschreibungen sind auch beim nicht abnutzbaren Anlagevermögen möglich.

589 Die Teilwertabschreibung ist nur im Falle einer **voraussichtlich dauernden Wertminderung** zulässig. Eine voraussichtlich dauernde Wertminderung setzt ein voraussichtlich nachhaltiges Absinken des Werts unter den maßgeblichen Buchwert voraus. Eine nur vorübergehende Wertminderung reicht für eine Teilwertabschreibung nicht aus. Die Wertminderung ist voraussichtlich nachhaltig, wenn mehr Gründe für als gegen eine Nachhaltigkeit sprechen. Grundsätzlich ist von einer voraussichtlich dauernden Wertminderung auszugehen, wenn der Wert des Wirtschaftsguts während eines erheblichen Teils der Verweildauer im Unternehmen die Bewertungsobergrenze nicht erreichen wird. Wertminderungen aufgrund von Katastrophen, technischem Fortschritts u. Ä. sind regelmäßig von Dauer.

(a) Teilwertabschreibung beim abnutzbaren Anlagevermögen

590 Von einer voraussichtlich dauernden Wertminderung kann ausgegangen werden, wenn der Wert des Wirtschaftsguts zum Bilanzstichtag mindestens für die halbe Restnutzungsdauer unter dem planmäßigen Restbuchwert liegt, vgl. BMF-Schreiben vom 2. 9. 2016. Die verbleibende Nutzungsdauer wird im Falle von Gebäuden nach § 7 Abs. 4 und 5 EStG, im Falle aller anderen Wirtschaftsgüter grundsätzlich nach den amtlichen AfA-Tabellen bestimmt.

591 **BEISPIEL 1:** Die GmbH hat in 01 eine Maschine zu Anschaffungskosten von 100 000 € erworben. Die Nutzungsdauer beträgt 10 Jahre. Die Maschine wird linear abgeschrieben. Im Jahre 02 beträgt der Teilwert noch 30 000 € bei einer Restnutzungsdauer von 8 Jahren. Die Teilwertabschreibung auf 30 000 € ist zulässig. Die Minderung ist voraussichtlich von Dauer, da der Wert der Maschine am Bilanzstichtag bei planmäßiger Abschreibung erst nach 7 Jahren, nämlich erst nach mehr als der Hälfte der Restnutzungsdauer erreicht wird.

592 **BEISPIEL 2:** Wie unter Beispiel 1, nur beträgt der Teilwert 50 000 €. Die Minderung ist voraussichtlich nicht von Dauer, da der Wert der Maschine zum Bilanzstichtag bei planmäßiger Abschreibung bereits nach 3 Jahren erreicht würde. Die Restnutzungsdauer beträgt mehr als die Hälfte der Gesamtnutzungsdauer. Eine Teilwertabschreibung ist nicht zulässig.

(b) Teilwertabschreibung beim nicht abnutzbaren Anlagevermögen

593 Bei der Teilwertabschreibung von Wirtschaftsgütern des nicht abnutzbaren Anlagevermögens kommt es grundsätzlich allein darauf an, dass die Wertminderung voraussichtlich von Dauer ist. Gemäß BMF-Schreiben vom 2. 9. 2016 ist dies z. B. bei Aktien der Fall, wenn der Börsenkurs am Bewertungsstichtag um mehr als 5 % unter den Anschaffungskosten bzw. dem Wert am letzten Bewertungsstichtag liegt. Bei Grundstücken kann von einer dauernden Wertminderung ausgegangen werden, wenn z. B. das Grundstück mit Altlasten verseucht ist, nicht dagegen, wenn der Wert durch übliche Schwankungen des Marktpreises unter den Anschaffungskosten liegt.

594 **BEISPIEL:** Die GmbH hat vor vier Jahren ein Grundstück für 200 000 € gekauft. In der Höhe des Anschaffungspreises war berücksichtigt worden, dass das Grundstück über einen Gleisanschluss verfügte. Im Zuge der Einsparungen bei der Deutschen Bahn AG ist der Gleisanschluss entfallen. Bei einer Veräußerung des Grundstücks ohne diesen Anschluss würde die GmbH nur noch 150 000 € erzielen.

Steuerrechtlich kann der niedrigere Teilwert angesetzt werden. **Handelsrechtlich muss** eine Abschreibung auf den niedrigeren am Bilanzstichtag beizulegenden Wert vorgenommen werden, da die Wertminderung voraussichtlich von Dauer ist. Wegen der Maßgeblichkeit der Handelsbilanz für die Steuerbilanz ist der niedrigere Teilwert (handelsrechtlich = beizulegender Wert) dann auch in die Steuerbilanz zu übernehmen.

Buchung:

Außerplanmäßige Abschreibungen auf Sachanlagen	an	Grundstücke	50 000 €

4.3.3 Geringwertige Wirtschaftsgüter

Das Steuerrecht sieht besondere Abschreibungsmöglichkeiten vor für **bewegliche Wirtschaftsgüter des Anlagevermögens**, die **selbständig nutzbar, selbständig bewertbar** sind und **der Abnutzung unterliegen** und deren **Anschaffungs- oder Herstellungskosten** einen der in § 6 Abs. 2 EStG bzw. R 6.13 EStR genannten Beträge nicht überschreiten. 595

ABB. 7: Wahlrecht der Abschreibung geringwertiger Wirtschaftsgüter nach § 6 Abs. 2 EStG

Netto-Anschaffungs- bzw. Herstellungskosten bis 250 €	Netto-Anschaffungs- bzw. Herstellungskosten über 250 € bis 800 € (§ 6 Abs. 2 EStG)	Netto-Anschaffungs- bzw. Herstellungskosten über 250 € bis 1 000 € (§ 6 Abs. 2a EStG)	Netto-Anschaffungs- bzw. Herstellungskosten über 800 € oder bei Sammelposten über 1 000 €
Sofortiger Betriebsausgabenabzug. Keine besondere Aufzeichnung.	Vollabschreibung im Anschaffungsjahr. Aufnahme in ein besonderes Verzeichnis.	Einstellung in einen separaten Sammelposten je Geschäftsjahr, der über 5 Jahre abgeschrieben wird.	Aktivierung auf Konten des Anlagevermögens und Abschreibung über die Nutzungsdauer

4.3.3.1 Abschreibungswahlrechte

(a) Geringwertige Wirtschaftsgüter bis 250 €

Geringwertige Wirtschaftsgüter (GWG), deren Anschaffungs- oder Herstellungskosten 250 € nicht übersteigen (bis 31. 12. 2017: 150 €), dürfen im Jahr der Anschaffung oder Herstellung sofort als Betriebsausgaben abgezogen werden. 596

BEISPIEL: Barkauf eines Bürostuhles für netto 262,00 € unter Abzug von 3 % Rabatt und 2 % Skonto zzgl. 19 % USt.

Listenpreis	262,00 €	
– 3 % Rabatt	7,86 €	
Zieleinkaufspreis	254,14 €	
– 2 % Skonto	5,08 €	
Bareinkaufspreis	249,06 €	(nicht mehr als 250,00 €)
+ 19 % USt	47,32 €	
Rechnungsbetrag	296,38 €	

Buchung der Anschaffung:

Bürobedarf	249,06 €			
Vorsteuer	47,32 €	an	Kasse	296,38 €

Bei AK bis 250 € besteht keine Aufzeichnungspflicht. Die Buchung kann daher auf den passenden Aufwandskonten (z. B. Bürobedarf, Werkstattbedarf) vorgenommen werden.

(b) Geringwertige Wirtschaftsgüter über 250 € bis 1 000 €

597 Bei GWG mit AK über 250 € hat das Unternehmen ein Wahlrecht. In jedem Wirtschaftsjahr kann entschieden werden, ob die Regelung des § 6 Abs. 2 EStG oder § 6 Abs. 2a EStG angewendet wird. Die gewählte Regelung wird dann einheitlich auf alle Anschaffungs- und Herstellungsvorgänge der genannten Wirtschaftsgüter angewendet. Wird die Regelung des § 6 Abs. 2a EStG gewählt, sind geringwertige Wirtschaftsgüter, deren Anschaffungs- oder Herstellungskosten mehr als 250 € aber nicht mehr als 1 000 € betragen, in einem **Sammelposten** einzustellen. Der Sammelposten ist im Wirtschaftsjahr seiner Bildung und in den folgenden vier Wirtschaftsjahren jeweils mit 20 % linear abzuschreiben. Ein Wahlrecht zu einer anderen Behandlung dieser Wirtschaftsgüter besteht nicht. Deshalb sind auch selbständig nutzbare EDV-Geräte mit Anschaffungskosten von 250 € bis 1 000 € im Sammelposten über fünf Jahre abzuschreiben, obwohl ihre bND lt. amtlicher AfA-Tabelle nur drei Jahre beträgt.

BEISPIEL: Barkauf eines geringwertigen Wirtschaftsgutes für netto 500,00 € plus 19 % USt am 14. 8. 01.

Sammelposten GWG 01	500,00 €			
Vorsteuer	95,00 €	an	Kasse	595,00 €

BEISPIEL: Im Wirtschaftsjahr 01 wurden GWG für insgesamt 30 000 € auf dem Sammelkonto erfasst. Innerhalb der vorbereitenden Abschlussbuchung erfolgt die Abschreibung mt 20 % linear.

Abschreibungen	6 000,00 €	an	Sammelposten GWG 01	6 000,00 €

Vorgänge, die sich auf GWG innerhalb eines Sammelpostens beziehen, wirken sich auf dessen Höhe nicht mehr aus. Scheidet ein GWG durch Verkauf oder Entnahme aus dem Betriebsvermögen aus, ist der Veräußerungserlös oder der Entnahmewert als Betriebseinnahme zu buchen. Der Sammelposten bleibt unverändert.

BEISPIEL: Im Sammelposten GWG 01 ist ein geringwertiges Wirtschaftsgut mit Anschaffungskosten von 600 € enthalten, das im Wirtschaftsjahr 02 für 400 € plus 19 % USt bar veräußert wird.

Kasse	476,00 €	an	Erträge aus Anlagenabgängen	400,00 €
		an	Umsatzsteuer	76,00 €

Am Jahresende 02 werden die Abschreibungen weiterhin gebucht:

Abschreibungen	6 000,00 €	an	Sammelposten GWG 01	6 000,00 €

4.3.3.2 Geringwertige Wirtschaftsgüter über 250 € bis 800 €

598 Übersteigen die Netto-Anschaffungs- oder Herstellungskosten den Betrag von 250 €, aber nicht den Betrag von 800 €, werden sie im Jahr der Anschaffung voll abgeschrieben (2. Alternative, vgl. § 6 Abs. 2 EStG). Die Wirtschaftsgüter sind unter Angabe des Tages der Anschaffung, Herstellung oder Einlage und der Anschaffungs- oder Herstellungskosten in ein laufend zu führendes Verzeichnis aufzunehmen. Das Verzeichnis braucht nicht geführt zu werden, wenn die Angaben aus der Buchführung ersichtlich sind (§ 6 Abs. 2 Sätze 4 und 5 EStG).

BEISPIEL: Barkauf eines Schreibtisches für netto 420,00 € plus 19 % USt unter Abzug von 3 % Rabatt und 2 % Skonto.

Listenpreis	420,00 €	
– 3 % Rabatt	12,60 €	
Zieleinkaufspreis	407,40 €	
– 2 % Skonto	8,15 €	
Bareinkaufspreis	399,25 €	(unter 800,00 €, bis 31. 12. 2017: 410 €)
+ 19 % USt	75,86 €	
Rechnungsbetrag	475,11 €	

Buchung der Anschaffung:

GWG	399,25 €			
Vorsteuer	75,86 €	an	Kasse	475,11 €

Buchung der Abschreibung am Jahresende:

Abschreibung auf sofort-abschreibbare GWG	399,25 €	an	GWG	399,25 €

Einstweilen frei 599

4.3.4 Kurzlebige Wirtschaftsgüter

Wirtschaftsgüter, deren Nutzungsdauer zwölf Monate nicht übersteigt, werden „kurzlebige Wirtschaftsgüter“ genannt. 600

Kurzlebige Wirtschaftsgüter sind im Wirtschaftsjahr der Anschaffung oder Herstellung in voller Höhe abzuschreiben. Das gilt auch, wenn sie erst in der zweiten Hälfte des Wirtschaftsjahres angeschafft oder hergestellt worden sind und ihre Nutzungsdauer über den Bilanzstichtag hinausreicht. 601

Bei Bildung eines **Festwerts** hat dies zur Folge, dass solche Wirtschaftsgüter nicht als Zugänge zu berücksichtigen sind (§ 240 Abs. 3 HGB). 602

ABB. 8:	Schrittfolge bei der Bewertung des abnutzbaren Anlagevermögens		
1	Erstellung des Abschreibungsplans		
2	planmäßige Abschreibungen (§ 253 Abs. 3 Satz 1 HGB)		
3	mögliche steuerliche Sonderabschreibungen?		
4	beizulegender Wert dauerhaft niedriger (§ 253 Abs. 3 Satz 5 HGB)?		
	ja niedriger Wertansatz zwingend	nein	
		es handelt sich um Finanzanlagen	es handelt sich nicht um Finanzanlagen
		niedrigerer Wertansatz auch bei kurzfristiger Wertminderung erlaubt (§ 253 Abs. 3 Satz 6 HGB)	Kein Ansatz des vorübergehend gesunkenen Werts

5. Indirekte Abschreibung auf Anlagen

Bei der **direkten Abschreibung** wird die Wertminderung der Wirtschaftsgüter direkt auf der Habenseite der Anlagekonten als Abgang gebucht. Die **Anlagekonten weisen** dann nur **die Restbuchwerte aus.** 603

604 **BEISPIEL:** Eine Maschine, Anschaffungskosten 100 000 €, wird über 5 Jahre linear abgeschrieben:

Abschreibungen an Maschinen 20 000 €

S	Maschinen		H
Verb.	100 000	Abschr.	20 000
		SBK	80 000

S	Abschreibungen		H
Ma	20 000	SBK	20 000

S	Schlussbilanzkonto		H
Ma	80 000		

605 Die Anschaffungswerte sind bereits nach der ersten Abschreibung nicht mehr aus der Bilanz zu ersehen. Für den externen Bilanzleser haben die Restbuchwerte nur einen begrenzten Aussagewert, da daraus nicht auf den Umfang des Anlagevermögens geschlossen werden kann.

606 Bei der **indirekten Abschreibung** erfolgt die Gegenbuchung der Abschreibung nicht auf dem Anlagekonto, sondern auf dem Konto **Wertberichtigung zu Sachanlagen.**

607 **BEISPIEL:** Die oben angeführte Maschine wird über 5 Jahre indirekt abgeschrieben:

Abschreibungen an Wertberichtigungen 20 000 €

Ausweis im Anschaffungsjahr:

S	Maschinen		H
Verb.	100 000	SBK	100 000

S	Abschreibungen		H
Wb	20 000	GuV	20 000

S	Wertberichtigungen		H
SBK	20 000	Abschr.	20 000

S	Schlussbilanzkonto		H
Ma	100 000	Wb	20 000

Aktiva	Bilanz		Passiva
Maschinen	100 000 €	Wertberichtigung	20 000 €

Ausweis im Folgejahr:

S	Maschinen		H
AB	100 000	SBK	100 000

S	Abschreibungen		H
Wb	20 000	GuV	20 000

S	Wertberichtigungen		H
SBK	40 000	AB	20 000
		Abschr.	20 000

S	Schlussbilanzkonto		H
Ma	100 000	Wb	40 000

Aktiva	Bilanz		Passiva
Maschinen	100 000	Wertberichtigung	40 000 €

608 Auf dem Anlagekonto wird der **Anschaffungswert** während der Dauer der Betriebszugehörigkeit des Wirtschaftsguts **unverändert** ausgewiesen und in die Bilanz übernommen. Der zu hohe Wertansatz auf der Aktivseite wird durch den Ansatz der **Wertberichtigung auf der Passivseite** korrigiert. Das Wertberichtigungskonto enthält die Summe der Abschreibungen aus dem Abschlussjahr und aus den Vorjahren.

Kapitalgesellschaften dürfen in der zu veröffentlichenden Bilanz keine Wertberichtigungen ausweisen. In den Bilanzen der Kapitalgesellschaften wird die Wertberichtigung aktiv abgesetzt, d. h. auf der Aktivseite wird der Buchwert (= Anschaffungs- oder Herstellungskosten abzüglich Wertberichtigung) ausgewiesen. 609

Kapitalgesellschaften müssen jedoch im Jahresabschluss einen Anlagenspiegel veröffentlichen, der die sog. „historischen", die ursprünglichen Anschaffungskosten enthält und die „kumulierten", die aufgelaufenen Abschreibungen, die den Wertberichtigungen entsprechen. Die indirekte Abschreibung erleichtert die Aufstellung und Abstimmung des Anlagenspiegels. 610

IV. Abgang von Vermögensgegenständen des Anlagevermögens

Vermögensgegenstände können durch Verkauf, Verschrottung, Untergang oder Entnahme aus dem Betriebsvermögen ausscheiden. Der Abgang erfolgt zum Buchwert (bzw. zum Teilwert im Falle einer Privatentnahme). Deshalb muss bei einem Ausscheiden auch die **zeitanteilige Abschreibung** für die Zeit vom Beginn des Geschäftsjahres bis zum Zeitpunkt des Abgangs berücksichtigt werden (R 7.4 Abs. 8 EStR). Dabei ist eine Aufrundung auf volle Monate erlaubt. 611

1. Abgang durch Verkauf

Ist der Verkaufspreis (ohne USt) **höher** als der Buchwert, wird die Differenz auf dem Konto **Erträge aus dem Abgang** von Vermögensgegenständen erfasst. Ist der Verkaufspreis **niedriger** als der Buchwert, wird die Differenz auf dem Konto **Verluste aus dem Abgang** von Vermögensgegenständen gebucht. 612

1.1 Buchung bei direkter Abschreibung

BEISPIELE Ohne Einschaltung eines Erlöskontos: 613

a) **Erträge aus Abgang**

Am 3.4.01 wird ein PKW für 12 500 € plus 2 375 € USt bar verkauft. Das Konto weist mit 12 000 € noch den Buchwert zum 1. 1. 01 aus. Der PKW wird linear mit jährlich 6 000 € abgeschrieben.

Berechnung des Erfolgs:

	Buchwert am 1. 1.	12 000 €
–	AfA für die Zeit vom 1. 1. bis 31. 3.	1 500 €
	Buchwert am 31. 3.	10 500 €
	Verkaufspreis (netto)	12 500 €
	Ertrag aus dem Abgang	2 000 €

Buchung:

Abschreibungen	1 500 €	an	Fuhrpark	1 500 €
Kasse	14 875 €			
an	Fuhrpark			10 500 €
an	Erträge aus dem Abgang von VG			2 000 €
an	Umsatzsteuer			2 375 €

b) **Verluste aus Abgang**

Angenommen, der PKW wird für nur 8 000 € plus 1 520 € USt verkauft, so führt der Abgang zu einem Verlust.

Buchwert am 31. 3.	10 500 €
Verkaufspreis (netto)	8 000 €
Verlust aus dem Abgang	2 500 €

Buchung:

Abschreibungen	1 500 €	an	Fuhrpark	1 500 €
Kasse	9 520 €			
an	Fuhrpark			8 000 €
an	Umsatzsteuer			1 520 €
Anlagenabgänge bei Buchverlust (Aufwandskto.)	2 500 €	an	Fuhrpark	2 500 €

BEISPIELE: mit Einschaltung eines Erlöskontos:

a) **Erträge aus Abgang**

Abschreibungen	1 500 €	an	Fuhrpark	1 500 €
Kasse	14 875 €			
an	Sonstige Erlöse			12 500 €
an	Umsatzsteuer			2 375 €
Sonstige Erlöse	12 500 €			
an	Fuhrpark			10 500 €
an	Erträge aus dem Abgang von VG			2 000 €

b) **Verluste aus Abgang**

Abschreibungen	1 500 €	an	Fuhrpark	1 500 €
Kasse	9 520 €			
an	Sonstige Erlöse			8 000 €
an	Umsatzsteuer			1 520 €
Sonstige Erlöse	8 000 €			
Verluste aus dem Abgang	2 500 €			
an	Fuhrpark			10 500 €

1.2 Buchung bei indirekter Abschreibung

BEISPIELE: 614

a) Erträge aus Abgang

Am 5. 11. wird eine Maschine für 40 000 € plus 7 600 € USt bar verkauft. Das Konto Maschinen enthält den Anschaffungswert von 120 000 €. Das Konto Wertberichtigungen weist die bis zum 31. 12. des Vorjahres aufgelaufenen Abschreibungen in Höhe von 96 000 € aus. Die Maschine wird linear mit 12 000 € jährlich abgeschrieben.

Berechnung des Erfolgs:

	Anschaffungswert		120 000 €
–	Abschreibung bis zum 31. 10.	10 000 €	
–	Wertberichtigung	96 000 €	106 000 €
	Buchwert am 31. 3.		14 000 €
	Verkaufspreis (netto)		40 000 €
	Ertrag aus dem Abgang		26 000 €

Buchung:

Abschreibungen	10 000 €	an	Wertberichtigungen	10 000 €
Wertberichtigungen	106 000 €	an	Maschinen	106 000 €
Kasse	47 600 €	an	Maschinen	14 000 €
		an	Erträge aus dem Abgang von VG	26 000 €
		an	Umsatzsteuer	7 600 €

b) Verluste aus Abgang

Würde die Maschine nicht für 40 000 € netto, sondern für nur 5 000 € plus 950 € USt verkauft, ergäbe sich die Rechnung:

Buchwert am 31. 10.	14 000 €
Verkaufspreis (netto)	5 000 €
Verlust aus dem Abgang	9 000 €

Buchung:

Abschreibungen	10 000 €	an	Wertberichtigungen	10 000 €
Wertberichtigungen	106 000 €	an	Maschinen	106 000 €
Kasse	5 950 €	an	Maschinen	5 000 €
		an	Umsatzsteuer	950 €
Verluste aus dem Abgang	9 000 €	an	Maschinen	9 000 €

2. Abgang durch Entnahme

Entnimmt der Unternehmer ein Anlagegut aus dem Betriebsvermögen in das Privatvermögen (§ 4 Abs. 1 Satz 2 EStG), so liegt ein umsatzsteuerpflichtiger Vorgang vor (§ 3 Abs. 1b Nr. 1 UStG). Die Entnahme erfolgt zum Teilwert (§ 6 Abs. 1 Nr. 4 Satz 1 EStG), der grundsätzlich dem Wert entspricht, der dem Vermögensgegenstand zum Zeitpunkt der Veräußerung beizulegen ist (§ 253 Abs. 3 Satz 3 HGB). 615

616 **BEISPIEL:** Der Unternehmer entnimmt am 3. 4. 01 einen Schreibtisch, der mit 1 200 € zu Buche steht. Für die Zeit vom 1. 1. bis zum 3. 4. sind noch 300 € Abschreibung zu buchen. Der dem Schreibtisch aus Edelholz zum Zeitpunkt der Entnahme beizulegende marktübliche Wert wird auf netto 2 000 € geschätzt.

a) Nettobuchung

Buchungen:

Abschreibungen	300 €	an	BGA	300 €
Privat	2 380 €	an	BGA	900 €
		an	Erträge aus Vermögensabgang	1 100 €
		an	Umsatzsteuer	380 €

Auswirkung auf das GuV-Konto (Netto-Abschluss):

S	Gewinn- und Verlustkonto		H
Saldo	1 100 €	Erträge aus Vermögensabgang	1 100 €

b) Bruttobuchung

Abschreibungen	300 €	an	BGA	300 €
Privat	2 380 €	an	Eigenverbrauch	2 000 €
		an	Umsatzsteuer	380 €
Aufwendungen zu Eigenverbrauch	900 €	an	BGA	900 €

Auswirkung auf das GuV-Konto (Brutto-Abschluss):

S	Gewinn- und Verlustkonto		H
Aufwendungen zu Eigenverbrauch	900 €	Eigenverbrauch	2 000 €
Saldo	1 100 €		

3. Wertaufholung

3.1 Wertaufholung nach Handelsrecht

617 Wenn nach einer außerplanmäßigen Abschreibung i. S. des § 253 Abs. 3 Satz 5 bzw. Abs. 4 HGB in einem späteren Jahr die Gründe für die außerplanmäßige Abschreibung entfallen, muss in dem Geschäftsjahr eine Wertaufholung bzw. **Zuschreibung** vorgenommen werden (§ 253 Abs. 5 HGB).

618 Obergrenze für eine eventuelle Wertaufholung sind dann immer die ursprünglichen Anschaffungs- oder Herstellungskosten bzw. bei Vermögensgegenständen des abnutzbaren Anlagevermögens die Anschaffungs- oder Herstellungskosten abzüglich planmäßiger Abschreibungen (Anschaffungskostenprinzip), die inzwischen vorzunehmen gewesen wären.

3.2 Wertaufholung nach Steuerrecht

619 Gem. § 6 Abs. 1 Nr. 1 Satz 4 EStG sind Wirtschaftsgüter, die bereits am Schluss des vorangegangenen Wirtschaftsjahres zum Anlagevermögen gehört haben, in den folgenden Wirtschaftsjahren mit den fortgeführten Anschaffungs- oder Herstellungskosten anzusetzen, es sei denn, der Stpfl. weist nach, dass ein niedrigerer Teilwert angesetzt

werden kann. Daraus ergibt sich ein **striktes Wertaufholungsgebot**. Die steuerliche Wertaufholung ist bis zur Höhe der sich am Bilanzstichtag ergebenden fortgeführten Anschaffungs- oder Herstellungskosten durchzuführen.

Das Wertaufholungsgebot besteht auch nach einer Abschreibung wegen außergewöhnlicher technischer oder wirtschaftlicher Abnutzung (§ 7 Abs. 1 Satz 7 EStG). 620

BEISPIEL: Am 8. 1. 01 hat die AG eine Maschine für die Herstellung spezieller Gläser für Sonnenbrillen angeschafft. Anschaffungswert 100 000 €, betriebsgewöhnliche Nutzungsdauer 10 Jahre, Abschreibung linear. 621

a) Ende 03 beträgt der beizulegende Wert der Maschine noch 30 000 €, da die Gläser wegen des Geschmackswandels kaum noch gefragt sind. Es wird eine voraussichtlich dauernde Wertminderung angenommen.
Die Wertminderung ist voraussichtlich von Dauer, da der Wert des Wirtschaftsguts zum Bilanzstichtag bei planmäßiger Abschreibung erst nach mehr als der Hälfte der Restnutzungsdauer erreicht wird. Die AG muss eine Abschreibung auf den niedrigeren beizulegenden Wert (§ 253 Abs. 3 HGB) bzw. Teilwert (§ 6 Abs. 1 EStG) vornehmen. Der Ansatz in der Handelsbilanz ist maßgeblich für die Steuerbilanz (§ 5 Abs. 1 EStG). Die Restnutzungsdauer wird auf 3 Jahre geschätzt. Entwicklung des Buchwerts:

	Zugang 8. 1. 01	100 000 €
–	planmäßige Abschreibung für die Jahre 01 und 02	20 000 €
=	Buchwert 31. 12. 02	80 000 €
–	planmäßige Abschreibung 03	10 000 €
–	außerplanmäßige Abschreibung 03	40 000 €
=	Buchwert 31. 12. 03	30 000 €

b) Die Nachfrage in 05 zeigt, dass sich der Käufergeschmack wieder geändert hat. Die Gläser sind wieder gefragt. 622
Entwicklung des Buchwerts:

		ohne außerplanmäßige	**mit** Abschreibung
	Zugang 8. 1. 01	100 000 €	100 000 €
	planmäßige Abschreibung 01 und 02	20 000 €	20 000 €
=	Buchwert 31. 12. 02	80 000 €	80 000 €
	planmäßige Abschreibung 03	10 000 €	10 000 €
=	vorläufiger Buchwert 31. 12. 03	70 000 €	70 000 €
	außerplanmäßige Abschreibung 03	0 €	40 000 €
=	Buchwert 31. 12. 03	70 000 €	30 000 €
	planmäßige Abschreibung 04	10 000 €	10 000 €
=	Buchwert 31. 12. 04	60 000 €	20 000 €
	planmäßige Abschreibung 05	10 000 €	10 000 €
=	Buchwert 31. 12. 05	50 000 €	10 000 €

Zum 31. 12. 05 muss eine Zuschreibung auf 50 000 € erfolgen.
Buchung zum 31. 12. 05:

Abschreibungen	an	Maschinen	10 000 €
Maschinen	an	Erträge aus Werterhöhungen	40 000 €

V. Ausweis und Bewertung der Software

1. Typisierung der Software

623 Bei der Software handelt es sich um die immateriellen Teile einer EDV-Anlage, die die physischen Teile eines Computers, die Hardware, erst lauffähig machen.

Typisierung der Software:

<table>
<tr><th colspan="6">Software</th></tr>
<tr><td rowspan="4">System-Software

(einschl. Firmware)</td><td colspan="5">Anwender-Software</td></tr>
<tr><td colspan="4">fremdbezogene Software</td><td>selbst erstellte Software</td></tr>
<tr><td rowspan="2">Standard-Programme (einschl. Trivial-Programme)</td><td colspan="2">Modular-Programme</td><td rowspan="2">Individual-Programme</td><td rowspan="2">Individualprogramme</td></tr>
<tr><td>herkömmliche</td><td>ERP-Software</td></tr>
</table>

1.1 System-Software

624 Die System-Software koordiniert den Arbeitsablauf innerhalb der EDV-Anlage, d. h. das Zusammenwirken von Prozessor, Hauptspeicher und peripheren Geräten. Die Summe all dieser Programme, die eine Anlage funktionsfähig machen, wird als **Betriebssystem** bezeichnet. Betriebssysteme werden i. d. R. zusammen mit der EDV-Anlage erworben und gesondert in Rechnung gestellt. Der Käufer erwirbt das Nutzungsrecht an einem selbständigen immateriellen Wirtschaftsgut.

625 Zur System-Software wird auch die in die EDV-Anlage fest eingefügte **Firmware** gezählt. Die Firmware wird bei der Lieferung der Anlage nicht gesondert in Rechnung gestellt, ist nicht selbständig nutzbar und deshalb auch kein selbständiges Wirtschaftsgut.

1.2 Anwender-Software

626 Anwender-Software lösen spezielle Probleme des Anwenders oder Benutzers. Typische Anwender-Software sind die FiBu, das Lohnprogramm zur Berechnung von Brutto- und Nettolöhnen und das Lagerprogramm für die laufende Lagerbestandsfortschreibung.

1.2.1 Standard-Programme

627 Da bestimmte Aufgabenstellungen in vielen Betrieben die gleichen sind und in ähnlicher Weise gelöst werden, bieten Hersteller von Hardware, sowie Softwarehäuser und auch Anwender standardisierte Programme an, die in größeren Stückzahlen verkauft und von einem größeren Benutzerkreis zur Bewältigung gleichartiger Probleme eingesetzt werden. Die Standard-Programme werden unterteilt in

- **Branchen-Software**, z. B. für Handwerksbetriebe, Bäcker, Steuerberater, Rechtsanwälte, Spediteure usw.,
- **Funktions-Software**, z. B. für Finanzbuchhaltung, Lagerbuchhaltung, Lohnbuchhaltung, Auftragsverwaltung und Fakturierung,
- **Werkzeug-Software**, z. B. Textverarbeitungsprogramme, Tabellenkalkulationsprogramme, Grafik- und Datenbankprogramme.

Standard-Programme werden fertig gekauft und nur in Einzelfällen geringfügig an die vorhandene Hardware oder an die erforderliche Form der Ein- oder Ausgabe angepasst. Sie sind kurzfristig einsatzbereit und das anwendende Unternehmen benötigt kein qualifiziertes Personal für die Entwicklung. Die Programme sind bereits im Einsatz erprobt und weitaus kostengünstiger als eine Eigenentwicklung. 628

In die Gruppe der Standard-Programme gehören auch die **Trivial-Programme**. Dabei handelt es sich um standardisierte Software mit AK bis 800 € (vgl. Rdn. 635). 629

1.2.2 Individual-Programme

Individual-Programme werden auf die Bedürfnisse des einzelnen Anwenders hin vollkommen neu erstellt. Die Programmierung beginnt mit der Erstellung eines Pflichtenheftes, in dem das Anforderungsprofil der zu erstellenden Software genau beschrieben wird. Die Entwicklung kann erfolgen durch 630

- Mitarbeiter des Anwenders,
- ein Softwarehaus,
- in Zusammenarbeit der Mitarbeiter des Anwenders mit einem Softwarehaus.

1.2.3 Modular-Programme

Eine Abrechnung mithilfe der EDV ist nur sinnvoll, wenn Zwischenergebnisse der Funktionsbereiche automatisch in die Abrechnung anderer Funktionsbereiche weitergegeben werden. Beispiele: Weitergabe der summierten Lagerabgänge nach Konten aus der Lagerbuchhaltung oder der kumulierten Löhne und Gehälter aus der Lohn- und Gehaltsbuchhaltung in die Finanzbuchhaltung. Deshalb werden Programmpakete angeboten, die aus aufeinander abgestimmten und mit Schnittstellen versehenen Modulen für Lohnbuchhaltung, Lagerbuchhaltung, FiBu usw. bestehen. Die Struktur der Modular-Programme ist entsprechend den betrieblichen Funktionen oder den hierarchischen Strukturen des Unternehmens organisiert. Die fertigen Programm-Bausteine verfügen über Anschlussstellen (Benutzer-Exits), an die auch selbst erstellte Programmteile angeschlossen werden können. Der Anwender wählt aus einer großen Zahl von Modulen oder Bausteinen die von ihm benötigten aus und ergänzt sie durch individuelle Programmteile, meist Eingabe- und Ausgabeprogramme, um das gesamte Programm ablauffähig zu machen. 631

1.2.4 ERP-Software

Bei der ERP-Software (Enterprise Resource Planning Software) handelt es sich um ein Modularprogramm, das mit integrierten Abläufen eine durchgehende Abwicklung betrieblicher Abläufe ermöglicht (z. B. SAP R/3). Während die herkömmlichen Modularprogramme noch bis vor wenigen Jahren nur entsprechend den funktionsorientierten – manchmal auch den hierarchischen – Unternehmensstrukturen organisiert waren, ist bei den Softwarepaketen der jüngsten Generation davon nichts mehr zu erkennen. Über Abteilungsgrenzen und Arbeitsbereiche hinweg werden Produktionsplanung, Materialdisposition, Lagerwesen, Beschaffung, Fertigung, Personalwesen, Vertrieb und 632

Rechnungswesen in einen durchgängigen Daten- und Bearbeitungsfluss eingebunden. Die Geschäftsprozesse werden in einem ganzheitlichen Netz integriert abgewickelt.

2. Ausweis und Bewertung der Software

2.1 Software als immaterielles Wirtschaftsgut

633 Computerprogramme sind in der Regel **immaterielle Wirtschaftsgüter** (R 5.5 Abs. 1 EStR). Für immaterielle Wirtschaftsgüter des Anlagevermögens ist ein Aktivposten anzusetzen, wenn sie entgeltlich erworben (§ 5 Abs. 2 EStG) oder in das Betriebsvermögen eingelegt worden sind (R 4.3 Abs. 1 EStR). Ein immaterielles Wirtschaftsgut wurde entgeltlich erworben, wenn es durch einen Hoheitsakt oder ein Rechtsgeschäft gegen eine bestimmte Gegenleistung auf den Empfänger übergegangen ist. Es ist erforderlich, dass die Software bereits vor Abschluss des Rechtsgeschäfts bestanden hat. Liegt kein entgeltlicher Erwerb vor, gilt das Aktivierungsverbot im Steuerrecht, vgl. § 5 Abs. 2 EStG. In der Handelsbilanz gibt es ein Aktivierungswahlrecht (§ 248 Abs. 2 HGB, § 255 Abs. 2a HGB).

634 Die Software unterliegt als immaterielles Wirtschaftsgut i. d. R. einer wirtschaftlichen Abnutzung und ist deshalb über die geplante wirtschaftliche Nutzungsdauer abzuschreiben (§ 7 Abs. 1 EStG). Daneben sind außerplanmäßige **Abschreibungen** als Teilwertabschreibung (§ 6 Abs. 1 EStG) oder wegen außergewöhnlicher technischer oder wirtschaftlicher Abnutzung möglich (§ 7 Abs. 1 Satz 7 EStG).

635 Programme, deren Anschaffungs- oder Herstellungskosten 800 € nicht übersteigen (§ 6 Abs. 2 EStG) sind stets wie **Trivialprogramme** zu behandeln und können sofort abgeschrieben werden (R 5.5 Abs. 1 EStR). Siehe auch Rdn. 595 ff.

636 Ist die Software **in die Hardware integriert**, so ist sie der Bewertung nicht zugänglich und damit unselbständiger Teil der Hardware (BFH v. 16. 2. 1990 – III B 90/88, BStBl II 1990 S. 794). Sie wird zusammen mit der Hardware als einheitliches bewegliches abnutzbares Wirtschaftsgut angesehen und abgeschrieben. Das gilt auch für Software aller Art außerhalb der elektronischen Datenverarbeitung, z. B. in einem technischen oder elektronischen Gerät (BdF-Schreiben v. 20. 1. 1992 – IV B 2 – S 2180 – 1/92).

637, 638 *Einstweilen frei*

2.2 Interne Softwareentwicklung für die spätere Eigennutzung

639 Die Entwicklung von Individualprogrammen wird ab einer bestimmten Größenordnung als Projekt durchgeführt, das kostenrechnerisch über eine oder mehrere Kostenträgernummern abgerechnet wird. Da es sich bei der selbst erstellten Software um ein immaterielles WG handelt, belastet der Aufwand die laufende Periode. Bewertungsprobleme treten bei den zum Ende eines Geschäftsjahres nicht fertiggestellten Programmen deshalb nicht auf.

640 Werden Individualprogramme von externen Fachleuten oder Mitarbeitern von Softwarehäusern im Unternehmen des späteren Anwenders hergestellt, damit die speziellen betrieblichen Verhältnisse und Abläufe auch tatsächlich berücksichtigt werden, dann gilt:

- Liegt die **Verantwortung für das Ergebnis beim Auftraggeber** und späteren Anwender und stellt der Auftragnehmer (z. B. Softwarehaus) lediglich externe Fachleute zur Verfügung, dann liegt ein **selbst geschaffenes Wirtschaftsgut** vor und damit **Periodenaufwand**.
- Liegt die **Verantwortung für das Ergebnis beim Auftragnehmer**, der Auftraggeber bzw. seine Mitarbeiter stehen lediglich für Auskünfte bereit und arbeiten den Fachleuten des Auftragnehmers zu, dann liegt ein **entgeltlich erworbenes immaterielles Wirtschaftsgut** vor. Die Software muss **aktiviert** werden.

2.2.1 Auftragsbezogene Softwareentwicklung für Fremde

Die Herstellerin der Software rechnet den Fertigungsauftrag über eine oder mehrere Kostenträgernummern ab. Unfertige auftragsbezogen erstellte Programme werden mit den bis zum Bilanzstichtag aufgelaufenen Herstellungskosten (§ 255 Abs. 2 HGB) als unfertige Leistungen im Umlaufvermögen ausgewiesen. Die Herstellungskosten ergeben sich i. d. R. aus den mit einem Stundensatz bewerteten Mannstunden plus Sondereinzelkosten. 641

2.2.2 Softwareentwicklung für die Vermarktung von Programmkopien in großen Stückzahlen

Auch die Entwicklung von Standardprogrammen (oder Modularprogrammen) ohne Vorliegen eines konkreten Kundenauftrags wird i. d. R. als Projekt über eine oder mehrere Kostenträgernummern abgerechnet. Weil die Entwicklungskosten für das beim Hersteller verbleibende Ursprungsprogramm anfallen, entsteht ein **nicht aktivierbares immaterielles Wirtschaftsgut**. Die Entwicklungskosten sind Periodenaufwand. 642

Bei der späteren Überlassung der fertigen Software auf unbestimmte Dauer liegt ein Kaufvertrag vor, bei eingeschränktem Nutzungsrecht ein Mietvertrag. Verkauft wird das Nutzungsrecht an der Software. Den Erträgen können lediglich die Kosten für die Kopie des Ursprungsprogramms gegenübergestellt werden. Die Kopierkosten für auf Vorrat kopierte Standprogramme sind unfertige Erzeugnisse. 643

644

	Selbst erstellte Software	Entgeltlich erworbene Software
Aktivierung	nicht aktivierbares immaterielles Wirtschaftsgut	aktivierungspflichtiges immaterielles Wirtschaftsgut
Belastung der Kosten	Betriebsausgaben der Abrechnungsperiode	Aktivierung einschl. evtl. nachträglich anfallender Anschaffungskosten

2.3 Ausweis und Bewertung der ERP-Software

Das Kernproblem der bilanziellen Behandlung von ERP-Software liegt bei der Abgrenzung zwischen der Anschaffungskosten von den Herstellungskosten für den selbst erstellten Teil. Hauptursache dafür ist, dass diese Programme ohne Ausnahme erst nach Anpassung an die unternehmensspezifischen Belange einsetzbar sind. 645

2.3.1 Aufteilung der Arbeiten bis zur Lauffähigkeit

Bei der Einführung ist neben dem Hersteller der Software immer auch ein Beratungsteam als sog. Systempartner beteiligt. Das Beratungsunternehmen (kann auch eine Ab- 646 teilung des Herstellers sein) führt zusammen mit den Mitarbeitern des zukünftigen Anwenders die System- oder Problemanalyse durch. Auf die Systemanalyse folgen die Systemplanung (Erarbeitung eines Sollkonzepts) und die Detailorganisation einschließlich Systementwurf. Spätestens jetzt erwirbt der ERP-Anwender die Lizenz zur Nutzung der standardisierten Funktionsmodule vom Hersteller. Der Software-Hersteller verpflichtet sich zur Durchführung von **Korrekturen und Verbesserungen** (upgrades) und notfalls **Erweiterungen** (Release-Wechsel) der Programmkomponenten im Rahmen der jährlichen Systemwartung. Korrekturen und Verbesserungen sowie Erweiterungen werden unter dem Begriff **Customizing** zusammengefasst. Grundlage des Customizing sind die Feststellungen der Beratungsfirma (Systempartner).

647 In den standardisierten Modulen sind die betrieblichen Funktionen bereits umfassend abgebildet. Die Feineinstellung auf die spezifischen Belange des Anwenders erfolgt durch Eintragung von Parametern in vorgegebenen Programmtabellen. Die erforderlichen Eingaben können bei einer benutzerfreundlichen Parametrisierung in vielen Fällen die Mitarbeiter des Anwenders vornehmen. Bei sehr komplexen unternehmensindividuellen Abläufen sind diese in den standardisierten Funktionsmodellen nicht abgebildet. Dann stellt der Hersteller das Quellprogramm zur Verfügung und der Softwarepartner entwickelt ein Programm, das die ERP-Software ergänzt.

2.3.2 Ausweis

648 Von ihrem Charakter her sind die standardisierten Funktionsmodule Standard-Software und die Ergebnisse des Customizing sind Individual-Software. Hier liegt das Problem. Die entstandene Software kann nur einheitlich bewertet werden. Während die geringfügigen Anpassungen bei Standard-Programmen und herkömmlichen Modularprogrammen nichts daran ändern, dass es sich um gekaufte und eben nicht selbst erstellte Software handelt, können die Kosten für die Anpassung von ERP-Software bis zum zehnfachen der Kosten für die standardisierten Funktionsmodelle betragen.

649 Ein Vermögensgegenstand im Sinne von § 246 Abs. 1 HGB muss nach allgemeiner Auffassung einzeln nutzbar und veräußerbar sein. § 252 Abs. 1 Nr. 3 HGB setzt voraus, dass der Vermögensgegenstand einzeln bewertbar ist. Steuerrechtlich steht die selbständige Bewertbarkeit im Sinne von § 6 Abs. 1 Nr. 1 Satz 1 EStG im Vordergrund. Die Einzelveräußerbarkeit wird insoweit gefordert, als ein (potentieller) Erwerber des Betriebs ein im Rahmen des Gesamtkaufpreises wesentliches Entgelt für das Wirtschaftsgut ansetzen würde (§ 6 Abs. 1 Nr. 1 Satz 3 EStG). Nach umfangreichen Anpassungen an die unternehmensspezifischen Erfordernisse kann die ERP-Software in einem anderen Unternehmen nicht mehr eingesetzt werden. Sie hat die Einzelveräußerbarkeit verloren und behält ihren Wert nur bei Fortführung des Unternehmens. (Tatsächlich ist ein Mangel der Einzelveräußerbarkeit aus diesem Grunde z. B. auch bei Spezialmaschinen und Vorrichtungen kein Grund zur Ablehnung der Aktivierbarkeit.)

650 Weiter ist zu klären, ob die einzelnen Module als selbständige Wirtschaftsgüter bilanziert werden können oder nur das Programmsystem im Ganzen. Für die Selbständigkeit der Module könnte sprechen, dass jedes eine eigenständige Funktion wie Finanzwesen, Lagerwesen, Planung usw. abdeckt. In der Praxis dürfte es aber fast unmöglich sein, die umfangreichen Anpassungsarbeiten einzelnen Modulen zuzuordnen. Während die her-

kömmlichen Modular-Programme jeweils speziellen Aufgabenstellungen zuzuordnen sind, ist die ERP-Software gerade auf die Integration der Funktionen und eine Vernetzung der Abläufe mit dem Ziel der Optimierung der Geschäftsprozesse und der Abrechnung zugeschnitten. Von daher ist von einem **einheitlichen Wirtschaftsgut** auszugehen.

2.3.3 Bewertung

An der Einführung der ERP-Software sind drei Parteien beteiligt (s. unter 2.3.1): 651

(1) der **Software-Hersteller**, der die standardisierten Funktionsmodule liefert,

(2) der **Systempartner** als Berater,

(3) der **Erwerber** und spätere Anwender, dessen Mitarbeiter dem Systempartner zuarbeiten.

Die Software kann deshalb nicht ohne weiteres als Standard-Software oder als Individual-Software eingeordnet werden, weil sie

- zum Teil aus einem angeschafften **Rohprogramm**, den Funktionsmodulen, besteht,
- zum Teil von einem externen **Systemberater** erstellt worden ist,
- zum Teil in eigener Verantwortung unter Mithilfe eines Beratungsunternehmens und der **eigenen Mitarbeiter** entwickelt worden ist.

Die gekauften Module (1) sind entgeltlich erworben und deshalb aktivierungspflichtig. 652
Die Aktivierung der Aufwendungen für den Systempartner (2) hängt von der Vertragsgestaltung ab. Im Falle eines **Kauf-, Werk- oder Werklieferungsvertrags** liegt ein entgeltlicher Erwerb vor, im Falle eines **Dienstvertrags** nicht. Daraus folgt:

- Ein **aktivierungspflichtiger Erwerb** liegt vor, wenn die Summe der Aufwendungen aus dem Kauf der Funktionsmodule und dem Werkvertrag mit dem Systemberater höher ist als die Summe der Kosten für die Eigenleistung.
- Eine **nicht aktivierungsfähige Selbsterstellung** liegt vor, wenn die Summe der Kosten aus einem Dienstvertrag mit dem Systempartner und der Eigenleistung höher ist als die Aufwendungen für die Funktionsmodule.

In den Folgejahren erfolgt die Bewertung zum beizulegenden Zeitwert (§ 252 Abs. 1 653
Nr. 4 HGB).

2.3.4 Handelsrechtliche Vorschriften

Aufwendungen für die Entwicklung und Modifikation intern genutzter **Software** sowie 654
von **Websites** sind zu aktivieren, wenn die Voraussetzungen für einen immateriellen Vermögensgegenstand erfüllt sind (§ 248 Abs. 2 und § 246 Abs. 1 Satz 1 HGB).

Beratungskosten und **Kosten der Implementierung,** die die Software für die beabsich- 655
tigte Nutzung vorbereiten, sind nur als direkt zurechenbare Kosten aktivierbar. Soweit die Anschaffungs- oder Herstellungskosten nicht zuzuordnen sind, sind sie unmittelbar aufwandswirksam zu erfassen (§ 255 Abs. 1 Satz 1, Abs. 2 und Abs. 2a HGB).

Kosten für **Schulungen** und **Training** führen nicht zu einem immateriellen Vermögens- 656
gegenstand und sind deshalb nicht aktivierbar.

Einstweilen frei 657–700

VI. Buchung von Leasinggeschäften

1. Leasingarten

701 Die wesentliche Frage bei Leasinggeschäften ist immer die, ob das Leasingobjekt dem Leasinggeber oder dem Leasingnehmer zuzurechnen ist. Der Bundesfinanzhof hat deshalb mit seinem Urteil v. 26. 1. 1970 (BStBl 1970 II S. 264, sowie BdF-Schreiben v. 19. 4. 1971, BStBl 1971 I S. 264) zur steuerlichen Behandlung von Finanzierungs-Leasingverträgen über bewegliche Wirtschaftsgüter Stellung genommen. Danach ist die Frage, ob das Leasingobjekt steuerrechtlich dem Leasinggeber oder dem Leasingnehmer zuzurechnen ist, nach dem Inhalt und nach den Umständen der jeweiligen vertraglichen Bedingungen zu beurteilen.

702 Leasingverträge können verschiedenen Gruppen zugeordnet werden. Die folgende Tabelle zeigt diese Gruppen und gleichzeitig die Zuordnungskriterien.

ABB. 9: Bilanzierung beim Leasinggeber oder beim Leasingnehmer

Leasingvertrag	Grundmietzeit	
	40 % bis 90 %	kürzer als 40 % oder länger als 90 %
	der gewöhnlichen Nutzungsdauer	
als Operating-Leasing	Leasinggeber	Leasinggeber
ohne Kauf- oder Mietverlängerungsoption i. d. R.	Leasinggeber	Leasingnehmer
mit Kaufoption a) Kaufpreis kleiner als der Buchwert am Ende der Grundmietzeit (bei linearer AfA)	Leasingnehmer	Leasingnehmer
b) Kaufpreis größer oder gleich dem Restbuchwert am Ende der Grundmietzeit (bei linearer AfA)	Leasinggeber	Leasingnehmer
mit Mietverlängerungsoption a) Anschlussmiete niedriger als Restbuchwert dividiert durch Restnutzungsdauer	Leasingnehmer	Leasingnehmer
b) Anschlussmiete höher oder gleich dem Quotienten aus Restbuchwert dividiert durch Restnutzungsdauer	Leasinggeber	Leasingnehmer
Spezialleasing	Leasingnehmer	Leasingnehmer

703 **Operating-Leasing** liegt vor, wenn der Vertrag kurzfristig kündbar ist und das Leasingobjekt ohne besondere Schwierigkeiten anderweitig vermietet oder verkauft werden kann. Die steuerliche Behandlung entspricht dem normalen Mietvertrag. Der Leasinggeber behält die Verfügungsmacht und die Einwirkungsmöglichkeiten auf das Wirtschaftsgut. Er bleibt damit rechtlicher und wirtschaftlicher Eigentümer, bilanziert das Wirtschaftsgut und nimmt die Abschreibungen vor. Die Leasingraten sind beim Leasinggeber Umsatzerlöse und beim Leasingnehmer Betriebsausgaben. Typische Objekte des Operating-Leasing sind Fernsehgeräte, Telefonanlagen, EDV-Anlagen, Fahrzeuge

und Maschinen, sofern sie nicht Spezialmaschinen sind. I. d. R. ist der Leasinggeber Hersteller des Leasingguts.

Beim **Finanzierungsleasing** erwirbt i. d. R. eine Leasinggesellschaft als Leasinggeber den Leasinggegenstand vom Hersteller und räumt dem Leasingnehmer ein schuldrechtliches Nutzungsrecht ein. Dabei werden unterschieden das Leasing mit Vollamortisation und das Leasing mit Teilamortisation. 704

Im Falle des **Full-pay-out-Leasing** (Vollamortisation) deckt die Summe der während der festen Grundmietzeit zu zahlenden Leasingraten die Anschaffungskosten, die Anschaffungsnebenkosten und den kalkulierten Gewinn des Leasinggebers voll ab. Die Verträge können eine Kauf- oder eine Mietverlängerungsoption nach Ablauf der Grundmietzeit vorsehen oder ohne Optionsrecht abgeschlossen werden. 705

Bei einem **Non-pay-out-Leasing** (Teilamortisation) werden die Anschaffungskosten des Leasinggebers nicht voll durch die Summe der während der Grundmietzeit zu zahlenden Leasingraten gedeckt. Die Verträge können ein Verkaufs- oder Kündigungsrecht des Leasinggebers oder auch eine Beteiligung des Leasingnehmers an einem Mehrerlös beim Verkauf enthalten. 706

Ist das Leasingobjekt so speziell auf die Anforderungen im Betrieb des Leasingnehmers zugeschnitten, dass es nach Ablauf der Grundmietzeit i. d. R. nirgends anders als bei diesem Leasingnehmer eingesetzt werden kann, dann liegt **Spezialleasing** vor. Da nur der Leasingnehmer das Wirtschaftsgut wirtschaftlich sinnvoll nutzen kann, ist er in jedem Fall der wirtschaftliche Eigentümer. 707

2. Zurechnung beim Leasinggeber

Ist das Leasinggut dem Leasinggeber zuzurechnen, hat dieser es mit den ihm entstandenen Anschaffungs- oder Herstellungskosten (§ 253 Abs. 1 HGB; § 6 Abs. 1 Nr. 1 EStG) zu aktivieren (§ 247 HGB) und über die betriebsgewöhnliche Nutzungsdauer abzuschreiben (§ 253 Abs. 3 HGB; § 7 EStG). 708

Die einzelnen Leasingraten sind umsatzsteuerlich sonstige Leistungen (§ 1 Abs. 1 und § 3 UStG). Beim Immobilienleasing besteht Umsatzsteuerfreiheit, soweit der Leasingnehmer nicht zur Besteuerung optiert hat (§ 9 UStG). 709

BEISPIEL: A least eine Anlage ab 1. 1. 01 für eine unkündbare Grundmietzeit von 54 Monaten. Die betriebsgewöhnliche Nutzungsdauer der Anlage beträgt 5 Jahre (= 60 Monate). Am Ende der Grundmietzeit ist die Anlage zurückzugeben. Die monatliche Leasingrate beträgt 1 500 €. Der Leasinggeber hat die Anlage für 50 000 € netto erworben. 710

Die Grundmietzeit ist gleich 90 % der betriebsgewöhnlichen Nutzungsdauer. Die Kosten des Leasinggebers (50 000 €) sind durch die Leasingraten innerhalb der Grundmietzeit (54 Raten mal 1 500 € = 81 000 €) gedeckt. Hier liegt ein Vollamortisationsvertrag ohne Optionsmöglichkeit vor. Der Leasinggegenstand ist dem Leasinggeber zuzurechnen.

Buchungen beim Leasinggeber:

a) **Anschaffung der Anlage:**

Anlagen		50 000 €	
Vorsteuer		9 500 €	
an	Verbindlichkeiten		59 500 €

b) **Buchung der Leasingrate:**

Forderungen aus L. u. L.		1 785 €	
an	Erlöse aus Leasinggeschäften		1 500 €
an	Umsatzsteuer		285 €

c) **Abschreibung am Jahresende:**

Abschreibungen auf Sachanlagen		10 000 €	
an	Anlagen		10 000 €

Buchungen beim Leasingnehmer:
Bei Belastung der Leasingrate:

Leasingaufwendungen		1 500 €	
Vorsteuer		285 €	
an	Verbindlichkeiten aus L. u. L.		1 785 €

3. Zurechnung beim Leasingnehmer

711 Mit der Übergabe des Leasinggegenstands an den Leasingnehmer bleibt der Leasinggeber bürgerlich-rechtlicher Eigentümer. Er hat eine Forderung gegenüber dem Leasingnehmer in Höhe der ihm selbst entstandenen Anschaffungskosten.

712 Steuerlich liegt im Falle der Zurechnung beim Leasingnehmer ein Verkaufsgeschäft vor (Abschn. 3.5 Abs. 5 UStAE). Die Leasingraten sind Kaufpreisraten, die sich aus einem Zins- und einem Tilgungsanteil zusammensetzen. Die Zinsanteile sind Teil des Entgelts. Die Leasingraten während der Grundmietzeit unterliegen der Umsatzsteuer.

713 Bemessungsgrundlage für die Umsatzsteuer sind die Summe der Leasingraten plus der vereinbarte Kaufpreis bei Kaufoption oder die vereinbarten Verlängerungsraten bei vereinbarter Mietverlängerungsoption.

714 Die Umsatzsteuer wird dem Leasingnehmer bereits im Zeitpunkt der Lieferung in Rechnung gestellt. Im Zeitpunkt der Belastung der Leasingraten wird keine Umsatzsteuer berechnet.

715 Wird nach Ablauf der Grundmietzeit eine Kaufoption ausgeübt, so ist der vereinbarte Übernahmepreis sofort als Finanzierungsaufwand abzugsfähig. Umsatzsteuerlich haben Leasinggeber und Leasingnehmer eine Entgeltberichtigung vorzunehmen (§ 17 UStG).

716 **BEISPIEL:** A least ab 1. 1. 01 einen Leasinggegenstand von B. Es wird eine unkündbare Grundmietzeit von 4 Jahren vereinbart, nach deren Ablauf A den Leasinggegenstand für 20 000 € plus 19 % Umsatzsteuer erwerben kann. Die monatlichen Leasingraten betragen 5 000 € plus 19 % Umsatzsteuer.

B hat den Leasinggegenstand am 1. 1. 01 für 200 000 € angeschafft. Die betriebsgewöhnliche Nutzungsdauer beträgt 5 Jahre.

Die Summe der Leasingraten (240 000 €) übersteigt die Anschaffungskosten des Leasinggebers. Die Grundmietzeit liegt mit 80 % von 5 Jahren zwischen 40 % und 90 % der möglichen Nutzungsdauer. Der Übernahmepreis von 20 000 € ist niedriger als der Restbuchwert von 40 000 € (= 200 000 € – 4 × 40 000 € Abschreibung) deshalb Zuordnung beim Leasingnehmer.

Buchungen beim Leasinggeber:

a) Anschaffung des Leasinggegenstands:

Leasingvermögen		200 000 €	
Vorsteuer		38 000 €	
an	Verbindlichkeiten aus L. u. L.		238 000 €

b) Ermittlung der Leasingraten:

48 Raten zu je 5 000 €	240 000 €
Anschaffungskosten	200 000 €
= Zins- und Kostenanteil	40 000 €

Jahr	Anteil	Zinsen/Kosten	Tilgung	Gesamt
1	4/10	16 000	44 000*)	60 000
2	3/10	12 000	48 000	60 000
3	2/10	8 000	52 000	60 000
4	1/10	4 000	56 000	60 000
10	10/10	40 000	200 000	240 000

*) = 240 000 : 4 – 16 000 = 60 000 – 16 000

Höhe der Leasingraten im ersten Jahr:

Tilgungsanteil	(44 000 : 12 =)	3 666,67 €
Zins- und Kostenanteil	(16 000 : 12 =)	1 333,33 €
Leasingrate gesamt		5 000,00 €

c) Übergabe des Leasinggegenstands an den Leasingnehmer:

Leasingforderungen		200 000 €	
USt-Forderungen ggü. Leasingnehmer		49 400 €	
an	Leasingvermögen		200 000 €
an	Umsatzsteuer		49 400 €

Ermittlung der Umsatzsteuer:

Tilgungsanteil	200 000 €
Zins- und Kostenanteil	40 000 €
Übernahmepreis	20 000 €
Summe	260 000 €
19 % USt	49 400 €

d) Eingang der ersten Leasingrate:

Bank		5 000 €	
an	Leasingforderungen		3 667 €
an	Leasingerträge		1 333 €

e) Buchung beim Kauf zum vereinbarten Übernahmepreis:

Leasingforderungen		20 000 €	
an	Leasingerträge		20 000 €

Buchungen beim Leasingnehmer:

a) Übernahme des Leasinggegenstands:

Geleaste Sachanlagen		200 000 €	
Vorsteuer		49 400 €	
an	Leasingverbindlichkeiten		200 000 €
an	USt-Verbindlichkeiten ggü. Leasinggeber		49 400 €

b) **Überweisung der ersten Leasingrate:**

Leasingverbindlichkeiten	3 667 €	
Leasingaufwendungen	1 333 €	
an Bank		5 000 €

c) **Jahres-Abschreibung des Leasinggegenstands:**

Abschreibungen auf Sachanlagen	40 000 €	
an Geleaste Sachanlagen		40 000 €

d) **Buchung beim Kauf zum vereinbarten Übernahmepreis:**

Finanzierungsaufwand	20 000 €	
an Leasingverbindlichkeiten		20 000 €

717 Zulässig ist auch die Aktivierung der Kaufpreisforderung des Leasinggebers bzw. der Kaufpreisschuld des Leasingnehmers in Höhe der Anschaffungskosten ohne Zins- und Kostenanteil. In diesem Falle sind die Leasingraten aufzuteilen in den erfolgswirksam zu verbuchenden Zins- und Kostenanteil und den erfolgsneutralen Tilgungsanteil.

718–733 *Einstweilen frei*

VII. Buchung und Bilanzierung von Zuschüssen

734 **Echte Zuschüsse** werden ohne Rückzahlungsverpflichtung aus öffentlichen oder privaten Mitteln gegeben. Ein unmittelbarer wirtschaftlicher Zusammenhang mit einer Leistung des Empfängers liegt nicht vor. Zuschüsse dagegen, die in unmittelbarem Zusammenhang mit einer Leistung des Empfängers stehen, sind **unechte Zuschüsse.**

1. Geleistete Zuschüsse

735 Geleistete Zuschüsse können Kosten für die Anschaffung von Grundstücken, Herstellungskosten von Gebäuden, Anschaffungskosten von Rechten oder auch Betriebsaufwendungen sein.

736 Im Falle des Erwerbs von **Rechten** muss ein entgeltlich erworbenes Wirtschaftsgut vorliegen. Aufwendungen, die einen Beitrag zu den Kosten einer vom leistenden Betriebsinhaber **mitbenutzten Einrichtung** sind, zählen zu den Aufwendungen für einen originären Erwerb des Nutzungsrechts. Sie sind sofort abziehbare **Betriebsausgaben**. Ein Wirtschaftsgut wurde nicht erworben.

BEISPIEL 1: Ein Handelsvertreter beteiligt sich mit einem Zuschuss von 20 000 € am Bau eines Hotels und erhält dafür ein Belegungsvorrecht auf 10 Jahre. In diesem Falle liegt der Erwerb eines immateriellen Wirtschaftsguts, eines **Rechts** (Belegungsrecht) vor.

Buchung:

Ähnliche Rechte und Werte	an	Bank	20 000 €

Das immaterielle Wirtschaftsgut „Belegungsvorrecht" ist über 10 Jahre abzuschreiben.

Abschreib. auf immat. WG	an	Ähnl. Rechte und Werte	2 000 €

BEISPIEL 2: Mehrere Einzelhändler, von denen einige Grundstückseigentümer, andere Pächter sind, zahlen freiwillig Zuschüsse zum Ausbau der Geschäftsstraße an die Gemeinde. Die Höhe der Zuschüsse richtet sich allein nach der Verkaufsfläche der Geschäfte.

Die Zuschüsse wurden nicht in Abhängigkeit von der Größe oder der Straßenfront des Grundstücks bemessen. Die Zahlung betrifft weder nachträgliche Anschaffungskosten des Grundstücks, noch wird den Einzelhändlern ein besonderes Nutzungsrecht der Geschäftsstraße zugesagt. Sie sind Mitbenutzer. Die Zahlung ist deshalb als **Betriebsausgabe** zu erfassen.

Buchung:

Sonstige betriebliche Aufwendungen	an	Bank

2. Erhaltene Zuschüsse

Erhaltene Zuschüsse können einmalige oder wiederkehrende Zuwendungen von privater oder öffentlicher Seite sein, die als Prämien, Zulagen, Beihilfen, Subventionen und ohne unmittelbaren wirtschaftlichen Zusammenhang mit einer Leistung gewährt werden. 737

Ertragszuschüsse sollen die Ertragskraft eines Unternehmens verbessern (z. B. Lohnzuschüsse der Bundesagentur für Arbeit, die das Unternehmen für die Beschäftigung Langzeitarbeitsloser erhält). Sie wirken sich als sonstige betriebliche Erträge gewinnerhöhend aus. 738

Kapital- oder Investitionszuschüsse sollen die Investition eines Vermögensgegenstands erleichtern. Der Bilanzierende hat grundsätzlich ein **Wahlrecht** (R 6.5 Abs. 2 EStR). 739

Ertragszuschüsse und Kapital- oder Investitionszuschüsse sind **echte Zuschüsse.** 740

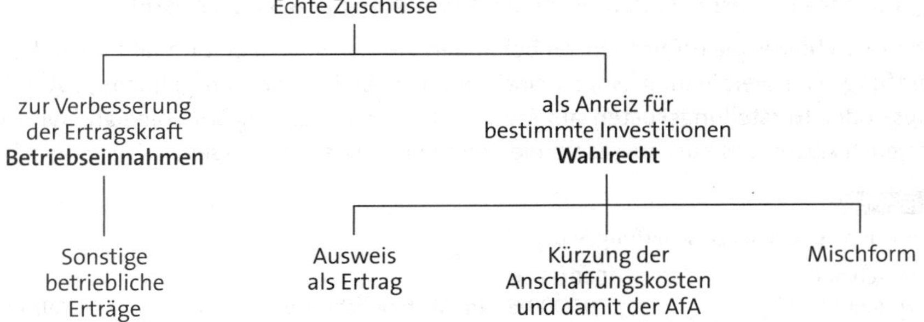

Soweit ein Wahlrecht besteht, können die Zuschüsse auch teilweise als Ertrag und teilweise als Minderung der Anschaffungskosten behandelt werden. 741

Wird der Zuschuss an den Anschaffungskosten gekürzt, führt dies zu einer Kürzung der Bilanzsumme (Größenordnungsmerkmal § 267 HGB) und wegen der verminderten Abschreibungsbeträge zu einer Kürzung der Aufwendungen in den Folgejahren. 742

Investitionszuschüsse dürfen nicht verwechselt werden mit den Investitionen nach dem Investitionszulagengesetz. 743

Eingang des Zuschusses im Anschaffungsjahr

Geht der Zuschuss im Jahr der Anschaffung des bezuschussten Wirtschaftsguts ein, kann er spätestens im Rahmen der Jahresabschlussarbeiten als Anschaffungskostenminderung verrechnet werden. Basis für die Ermittlung der Abschreibungsbeträge sind dann die eigenen Aufwendungen. 744

BEISPIEL:

Kürzung der Anschaffungskosten:

Kauf einer Maschine am 3. 1. 01 für netto 500 000 €.

Betriebsgewöhnliche Nutzungsdauer 10 Jahre. Lineare AfA. Zuschuss 100 000 €.

Buchungen:

Maschinen	500 000 €			
Vorsteuer	95 000 €	an	Verbindlichkeiten	595 000 €
Bank	100 000 €	an	Maschinen	100 000 €

10 % Abschreibung im Anschaffungsjahr:

Abschreibungen	40 000 €	an	Maschinen	40 000 €

745 Bei einem **Ausweis als Ertrag** wird auf eine Kürzung der Anschaffungskosten und damit auf eine Verteilung des Ertrags auf die Folgejahre verzichtet. Da es bei Kapitalzuschüssen an einer zeitraumbezogenen Gegenleistung fehlt, ist die Bildung eines passiven Rechnungsabgrenzungspostens nicht möglich.

Buchung:

Bank	an	sonstige betriebliche Erträge

Wegen des Wahlrechts können solche Zuschüsse auch teils als sonstiger betrieblicher Ertrag und teils als Minderung der Anschaffungskosten gebucht werden:

Bank	an	Anlagenkonto
	an	sonstige betriebliche Erträge

Eingang des Zuschusses im Jahr nach der Anschaffung (R 6.5 Abs. 3 EStR)

746 Gehen Zuschüsse, die erfolgsneutral behandelt werden sollen, erst im Jahr nach der Anschaffung oder Herstellung ein, so sind sie nachträglich von den gebuchten Anschaffungs- oder Herstellungskosten abzusetzen. Die Abschreibung im Folgejahr wird von dem nach Abzug des Zuschusses verbleibenden Buchwert bemessen.

BEISPIEL:

Buchungen bei der Anschaffung in 01:

Maschinen	500 000 €			
Vorsteuer	95 000 €	an	Verbindlichkeiten	595 000 €

10 % Abschreibung im Anschaffungsjahr:

Abschreibung	50 000 €	an	Maschinen	50 000 €

Buchungen in 02 bei Eingang des Zuschusses:

Bank	100 000 €	an	Maschinen	100 000 €

Buchung am Jahresende 02:

Abschreibungen	38 890 €	an	Maschinen	38 890 €

Ermittlung der Abschreibung für 02:

	Anschaffungskosten	500 000 €
–	Abschreibung für 01	50 000 €
–	Zuschuss in 02	100 000 €
	neue Abschreibungsbasis	350 000 €

350 000 € : 9 Jahre = 38 890 € Jahresabschreibung

Eingang des Zuschusses im Jahr vor der Anschaffung (R 6.5 Abs. 4 EStR)

Gehen Zuschüsse, die erfolgsneutral behandelt werden sollen, bereits im Wirtschafts- 747
jahr vor der Anschaffung ein, so kann der noch nicht verwendete Zuschussbetrag als steuerfreie Gewinnrücklage gespeichert werden. Für diesen Fall sollte ein entsprechendes Unterkonto innerhalb der anderen Gewinnrücklagen eingerichtet werden.

BEISPIEL:

Buchungen in 01:

Bank	100 000 €	an	Gewinnrücklage gem. R 6.5 EStR (Zuschussrücklage)	100 000 €

Buchungen in 02:

Maschinen	500 000 €			
Vorsteuer	95 000 €	an	Verbindlichkeiten	595 000 €
Gewinnrücklage gem. R 6.5 EStR (Zuschussrücklage)	100 000 €	an	Maschinen	100 000 €

10 % Abschreibung im Anschaffungsjahr:

Abschreibungen	40 000 €	an	Maschinen	40 000 €

Bei **öffentlichen Zuschüssen** zum Ausgleich fehlender oder zur Aufstockung zu nied- 748
riger Erträge (**Ertragszuschüsse**) wird meist eine Verteilung auf mehrere Perioden angestrebt, in denen sie sich ertragswirksam auswirken sollen. Soweit entsprechende vertragliche Regelungen vorliegen, ist im Jahr des Zuflusses ein passiver Rechnungsabgrenzungsposten zu bilden.

Ertragszuschüsse sind immer gewinnerhöhend zu erfassen. 749

Bank	an	sonstige betriebliche Erträge
ggf.		
Sonstige betriebliche Erträge	an	passiver Rechnungsabgrenzungsposten

Buchung jeweils am Ende der folgenden Geschäftsjahre:
passiver Rechnungsabgrenzungsposten an Sonstige betriebliche Erträge

Wurde ein Wirtschaftsgut mit einem erfolgsneutral behandelten Zuschuss i. S. d. R 6.5 750
Abs. 1 EStR angeschafft oder hergestellt, kann der Fall eintreten, dass die um den Zuschuss gekürzten Anschaffungs- oder Herstellungskosten des einzelnen Wirtschaftsguts den Betrag eines geringwertigen Wirtschaftsguts (s. Rdn. 595 ff.) nicht mehr übersteigen. Dann ist die Sofortabschreibung nach § 6 Abs. 2 EStG möglich.

BEISPIEL: Anschaffung einer Werkzeugmaschine im Wert von 1 000 € zzgl. 190 € USt. Im glei- 751
chen Jahr wird ein Kapitalzuschuss von 600 € gewährt. Buchungen:

a) bei Anschaffung:

Maschinen	1 000 €			
Vorsteuer	190 €	an	Verbindlichkeiten	1 190 €

b) bei Eingang des Zuschusses:

Bank	600 €	an	Maschinen	600 €
Geringwert. WG	400 €	an	Maschinen	400 €

c) am Jahresende:

Abschreibungen auf geringwertige WG	400 €	an	Geringwertige WG	400 €

3. Mieterzuschüsse und sonstige unechte Zuschüsse

752 Mieterzuschüsse (verlorene Zuschüsse) sind unechte Zuschüsse. Sie sind als Mieteinnahmen zu behandeln und können über die Jahre der vereinbarten Mietzeit abgegrenzt werden (R 21.5 Abs. 3 EStR).

Diese Regelung gilt für alle Zuschüsse **in unmittelbarem Zusammenhang mit einer Leistung** des Empfängers. Unechte Zuschüsse sind immer als Betriebseinnahme zu erfassen und ggf. als passiver Rechnungsabgrenzungsposten gem. § 5 Abs. 5 Satz 1 Nr. 2 EStG auf die Perioden zu verteilen, für die der Empfänger des „Zuschusses" sich zur Gebrauchsüberlassung verpflichtet hat.

753 **BEISPIEL:** Ein Unternehmen erhält am 1. 1. 01 beim Abschluss eines Mietvertrags einen Mieterzuschuss in Höhe von 12 000 € und verpflichtet sich, eine im betrieblichen Verwaltungsgebäude gelegene Wohnung für 5 Jahre zu einem Mietzins von 400 € monatlich zu vermieten. Der „Zuschuss" ist auf die vereinbarte Mietdauer zu verteilen.

Buchung bei Abschluss des Mietvertrags:

Bank	an	Sonst. betriebl. Erträge/Mieterträge	12 000 €

Buchung im Jahresabschluss 01:

Sonstige betriebl. Erträge	an	passiven RAP	9 600 €

Buchung im Jahresabschluss 02:

pass. RAP	an	Sonst. betriebl. Erträge/Mieterträge	2 400 €

Die Leistungen des Mieters sind in diesem Fall zusätzliches Nutzungsentgelt für die Gebrauchsüberlassung.

Daneben wird in 01 und 02 jeweils 12x der Mieteingang gebucht:

Bank	an	Sonst. betriebl. Erträge/Mieterträge	400 €

754 Anders als bei Mieterzuschüssen ist bei den meisten anderen unechten Zuschüssen der unmittelbare Zusammenhang mit einer Leistung nicht immer ohne weiteres bestimmbar. Oft wird in diesem Zusammenhang auch von „Abstandszahlungen" gesprochen. Manchmal liegt auch die Hingabe eines immateriellen Vermögensgegenstands vor. Voraussetzung für die entgeltliche Gewährung eines Rechts gegen Erlangung eines „Zuschusses" ist, dass

- sich der Sachverhalt aus dem Inhalt des Vertrags ergibt oder
- der Zuschuss nach den Vorstellungen und den Interessen beider Vertragsteile als Gegenleistung zu verstehen ist.

4. Investitionszulagen

755 Investitionszulagen nach dem Investitionszulagengesetz (InvZulG) sind keine Zuschüsse, sondern echte Subventionen. Sie mindern nicht die steuerlichen Anschaffungs- oder Herstellungskosten und stellen steuerlich auch keine Betriebseinnahme i. S. des EStG dar (H 6.5 EStH). Verbucht werden sie handelsrechtlich als Erträge. Bei der steuerlichen Gewinnermittlung werden sie wieder abgezogen, da Investitionszulagen steuerfrei sind (§ 13 InvZulG). Investitionszulagen wurden auf Antrag Unternehmen mit Betriebsstätten in den neuen Bundesländern gewährt. InvZul wird letztmalig für Investitionen bis 31. 12. 2013 gewährt (vgl. § 4 InvZulG).

ABB. 10: Investitionszulagen als steuerfreie Betriebseinnahmen

Handelsbilanz	Steuerbilanz
Nach h. M. Wahlrecht zwischen sofortiger Ertragsvereinnahmung und zeitverschobener Ertragsvereinnahmung durch Verrechnung mit den Anschaffungs- oder Herstellungskosten	Steuerbefreiung. Keine Minderung der Anschaffungs- oder Herstellungskosten (§ 13 InvZulG, H 6.5 EStH)

Handelsrechtlich sind diese Zulagen jedoch „Sonstige betriebliche Erträge" und erhöhen das Ausschüttungspotential. Die Ertragsbuchung wird dann außerhalb des Jahresabschlusses neutralisiert, indem der Jahresüberschuss um die steuerfreien Zulagen gemindert wird. Die Buchung kann auch erfolgsneutral über das Privat- oder das Kapitalkonto erfolgen. Bei Kapitalgesellschaften kann über das Konto „Sonstige betriebliche Erträge" oder direkt über ein Konto „Gewinnrücklagen" gebucht werden mit einer Korrektur bei der Ableitung der StB aus der HB. 756

BEISPIEL 1: **Kapitalgesellschaften** buchen: 757

Bank	an	Sonstige betriebliche Erträge

Der Jahresüberschuss wird für Zwecke der Besteuerung außerhalb der Buchführung um die steuerfreien Zuschüsse gemindert. Dadurch kommt es nicht zu einer indirekten Steuererhöhung. Im Prinzip wäre auch die Buchung möglich:

Bank	an	Andere Gewinnrücklagen

BEISPIEL 2: Bei **Einzelunternehmen und Personengesellschaften** erhöhen Investitionszulagen das Eigenkapital. Sie sind beim Vermögensvergleich als Einlage zu erfassen. Buchung: 758

Bank	an	Privateinlagen
oder		
Bank	an	Sonstige betriebliche Erträge

und spätere Korrektur des handelsrechtlichen Gewinns für die Besteuerung.

VIII. Festwerte im Anlagevermögen

Die Bildung von Festwerten im Anlagevermögen wird unter Abschn. E. VIII. Festwerte (Rdn. 938 ff.) zusammen mit der Bildung von Festwerten für Vorräte dargestellt. 759

IX. Anlagenspiegel (Anlagengitter)

Nach § 284 Abs. 3 HGB stellen alle Kapitalgesellschaften einen Anlagenspiegel (ein Anlagengitter) auf, wobei dies verpflichtend nur für die mittelgroßen und großen Kapitalgesellschaften ist; die kleinen Kapitalgesellschaften können dies freiwillig tun, vgl. § 288 Abs. 1 Nr. 1 HGB. Im Anlagengitter sind für die einzelnen Posten des Anlagevermögens (vgl. Bilanzgliederung des § 266 HGB) die Entwicklung der Beträge durch Angabe von Zu- und Abgängen, Ab- und Zuschreibungen nachvollziehbar anzugeben. Ebenso sind die Abschreibungen des laufenden Jahres und eine eventuelle Einbeziehung von Fremdkapital in die Herstellungskosten der Anlagegüter anzugeben. Eine bestimmte äußere Form des Anlagengitters schreibt der Gesetzgeber nicht vor. Er nennt nur Mindestangaben, die gemacht werden müssen. Selbst der Begriff wird nicht festgelegt. In der Praxis wird der Begriff „Anlagenspiegel" häufiger verwendet, obwohl der Begriff „Anlagengitter" wohl eher die Form der Darstellung beschreibt. 760

ABB. 11: Anlagengitter eines Unternehmens zum 31. 12. 07

Bilanzpositionen	Historische Anschaffungs- oder Herstellungskosten	Zugänge	Abgänge	Umbuchungen	Abschreibungen kumuliert	Zuschreibungen	Buchwerte 31. 12. 07	Abschreibungen 07
B. Aufwendungen für die Ingangsetzung und Erweiterung des Geschäftsbetriebs	0	320 000					320 000	
C. Anlagevermögen								
I. Immaterielle Vermögensgegenst.								
1. Lizenzen	424 800				100 330		324 470	50 000
2. Geschäftswert	1 200 000				480 000		720 000	80 000
II. Sachanlagen								
1. Grundstücke, Bauten einschl. Bauten auf fremden Grundstücken	14 962 675				3 800 000		11 162 675	800 000
2. technische Anlagen u. Masch.	20 203 265	1 465 100	740 000	+ 134 900	9 200 444		11 862 821	3 183 444
3. andere Anlagen, Betriebs- und Geschäftsausstattung	3 805 890	100 798	100 798		1 600 000	18 000	2 223 890	700 000
4. geleistete Anzahlungen und Anlagen im Bau	134 900	500 000		- 134 900			500 000	
III. Finanzanlagen								
1. Wertpapiere des AV	480 000				50 000		430 000	
2. sonstige Ausleihungen	230 500						230 500	
	41 442 030	2 385 898	840 798	–	15 230 774	18 000	27 774 356	4 813 444

Abstimmung:

Ursprüngliche Anschaffungs- oder Herstellungskosten		41 442 030
+ Zugänge	2 385 898	
+/– Umbuchungen	0	
+ Zuschreibungen	18 000	2 403 898
– Abgänge	840 798	
– kumulierte Abschreibungen	15 230 774	16 071 572
Buchwerte 31. 12. 07		27 774 356

Geringwertige Wirtschaftsgüter können auf zwei Arten im Anlagengitter erfasst werden:

a) Abgangsfiktion im Anschaffungsjahr. In diesem Falle weicht der Betrag der im Anlagengitter ausgewiesenen Abschreibungen von den in der GuV nach § 275 Abs. 2 HGB ausgewiesenen Abschreibungen ab;

b) Abgangsfiktion im Folgejahr.

Das Anlagengitter zeigt nicht die Entwicklung während des abzuschließenden Geschäftsjahres, also von Restbuchwert zu Restbuchwert, sondern von den ursprünglichen Anschaffungs- oder Herstellungskosten bis zum Restbuchwert am jeweiligen Bilanzstichtag. 761

Die für Kapitalgesellschaften zwingend vorgeschriebene Bruttomethode macht den Ausweis der ursprünglichen **Anschaffungs- und Herstellungskosten** erforderlich. 762

Zugänge werden mit ihren Anschaffungs- oder Herstellungskosten ausgewiesen. 763

Unter den **Abgängen** wird das mengenmäßige Ausscheiden von Vermögensgegenständen aus dem Betriebsvermögen durch Verkauf, Tausch, Verschrottung, Entnahme oder Untergang aufgrund höherer Gewalt verstanden. Die Abgänge werden zu ihren ursprünglichen (historischen) Anschaffungs- oder Herstellungskosten ausgewiesen. Gleichzeitig müssen auch die aufgelaufenen Abschreibungen, die auf diese Vermögensgegenstände vorgenommen worden sind, aus dem Anlagenspiegel herausgenommen werden. 764

Bei den **Umbuchungen** handelt es sich um Ausweisveränderungen, z. B. aus der Position „Anlagen im Bau“ heraus in die Position „technische Anlagen und Maschinen“. Die Umbuchungen erfolgen in der Höhe der ursprünglichen Anschaffungs- oder Herstellungskosten. Eventuelle aufgelaufene Abschreibungen müssen ebenfalls umgruppiert werden. 765

Unter **Abschreibungen** werden sämtliche in den vorausgegangenen Geschäftsjahren und im laufenden Geschäftsjahr angefallenen Abschreibungen auf Vermögensgegenstände erfasst, die sich zum Ende des Geschäftsjahres noch im Betriebsvermögen befinden. Diese aufgelaufenen (kumulierten) Abschreibungen werden erst beim Abgang der Vermögensgegenstände auch aus dem Anlagenspiegel entnommen. In der Höhe entsprechen sie dem bei indirekter Abschreibung auf dem Konto Wertberichtigungen aufgelaufenen Betrag. 766

Unter den Zuschreibungen sind nur die werterhöhenden Korrekturen des abgelaufenen Geschäftsjahres auszuweisen. 767

- Zuschreibungen: allein wertmäßige Erhöhung
- Zugänge: mengen- und wertmäßige Erhöhung

Die Spalte **Buchwert** enthält die Restbuchwerte zum Bilanzstichtag. 768

E. Buchung der Vorräte

I. Lagerbuchhaltung

1. Aufgaben der Lagerbuchhaltung

801 Die **Hauptaufgabe** der Lagerbuchhaltung ist die **mengen- und wertmäßige Bestandsführung** der Vorräte. Dazu sind die Zu- und Abgänge sowie die Bestände zu erfassen. Die Lagerbuchhaltung erläutert die Konten der Vorräte im Hauptbuch.

802 Weitere Aufgaben sind:

- **Verbrauchsnachweis** und die **Vorbereitung der Kostenrechnung** durch Aufzeichnung der Entnahmen nach Arten des Materials (Kostenarten) und Zweck der Verwendung, z. B. als Einzelkosten nach Aufträgen (Kostenträgern) und als Gemeinkosten nach Werkstätten (Kostenstellen);
- **Erstellung von Sammelbelegen** für die monatliche Buchung des Werts der Abgänge von den Konten Rohstoffe, Fremdbauteile, Hilfsstoffe und Betriebsstoffe im Hauptbuch;
- Lieferung von Zahlenmaterial für die **Materialdisposition**, die **Statistik** und die **Planung**, wie Bedarfsvorhersage (Trendrechnungen), Sicherheitsbestände, Bestellmengenoptimierung;
- **Kontrolle der Wirtschaftlichkeit** des Lagers durch Ermittlung von Lagerkennziffern;
- Unterstützung bei der **Vorbereitung der Inventur** und bei der Bewertung zum Jahresabschluss.

803 In Industriebetrieben ist meist der Leiter der **Beschaffung** verantwortlich für das Lager der Roh-, Hilfs-, Betriebsstoffe und der Fertigteile, der Leiter des Vertriebs für das Lager der unfertigen und der fertigen Erzeugnisse sowie der Handelswaren. In **Handelsbetrieben** ist oft der Abteilungsleiter eines bestimmten Bereichs, z. B. Garten- und Freizeitgeräte, für den Bestand seiner Vorräte und dessen möglichst schnellen Abbau verantwortlich.

2. Konten der Lagerbuchhaltung

804 Für jede am Lager geführte Materialart (für jeden Lagerartikel) wird ein **Material- oder Artikelkonto** angelegt. Die Lagerbuchhaltung kennt wie alle Nebenbuchhaltungen keine Buchungssätze, sie kann deshalb auch als Kartei geführt werden. Oft wird die Lagerbuchhaltung auch heute noch allein mengenmäßig geführt.

805 Da das Materialkonto nur mengenmäßig geführt werden muss, reichen die Angaben zu

- Materialnummer, Artikelnummer,
- Materialbezeichnung, Artikelbezeichnung,
- Anfangsbestand mit Datum,
- Zu- und Abgänge mit Datum,
- Endbestand mit Datum

aus. Nutzt der Betrieb die Vorteile der permanenten Inventur, sind zusätzlich Vermerke erforderlich hinsichtlich:

- Tag der Aufnahme,
- vorgefundene Menge,

- Inventurdifferenz,
- Nummer des Aufnahmebelegs

Die EDV ermöglicht heute auch Kleinbetrieben die mengen- **und** wertmäßige Bestandsführung. Für die wertmäßige Bestandsführung werden benötigt: 806

- Einzelpreise,
- Gesamtwerte (Menge mal Einzelpreis) je Materialkonto,
  - des Anfangsbestands,
  - der Zugänge,
  - der Abgänge,
  - des Endbestands.

BEISPIEL: für eine Lagerkarte

Artikel Nr.:	*4711007*	Lagerort:	*Halle I 3*
Artikel:	*U-Bogen*	Mindestbestand:	*1 000*
Lieferer:	*Metagro GmbH*	Höchstbestand:	*5 200*
Bestandskonto:	*200 Rohstoffe*	Mengeneinheit:	*Stück*

Datum	Beleg	Zugang Abgang	Menge	Einzelpreis	gesamt €	Bestand Menge	Bestand €	Durchschnitt €
01								
01. 01.		AB		5,00		1 000	5 000,00	5,000
18. 01.	346	Zugang	2 000	6,00	12 000,00	3 000	17 000,00	5,667
02. 02.	456	Abgang	1 800		10 200,60	1 200	6 799,40	
07. 02.	588	Zugang	4 000	6,50	26 000,00	5 200	32 794,00	6,307
14. 02.	603	Abgang	3 800		23 970,40	1 400	8 829,00	
28. 02.	665	Zugang	2 000	6,45	12 900,00	3 400	21 729,00	6,391

3. Belege der Lagerbuchhaltung

Die **Zugänge** werden in der Lagerbuchhaltung je nach Organisation aufgrund der **Eingangsrechnungen** oder von Waren- bzw. Materialeingangsscheinen gebucht. Die Buchung der **Abgänge** erfolgt aufgrund von **Materialentnahmescheinen.** 807

Materialentnahmeschein Nr.					
Materialnummer	Bezeichnung		Menge	Mengeneinheit	Abmessung
Auftragsnummer	Belastung Kostenstelle	entnehmende Kostenstelle	Ausgabe Datum	erhalten Datum	gebucht
Unterschrift	Unterschrift	Zeichen	Vermerk		

Werden in Industriebetrieben Materialien ganz oder teilweise aus der Fertigung an das Lager zurückgegeben, wird ein **Materialrückgabeschein** ausgefüllt. 808

809 Die Lagerbuchhaltung erstellt – meist monatlich – einen **Sammelbeleg** für die Buchung der Abgänge. Sie addiert die Abgänge der Lagerkonten je Sachkonto und meldet die Summen an die Hauptbuchhaltung.

Text	Beleg Nr. *91038*		
	Konto	Soll €	Haben €
Abgänge Oktober 01			
Rohstoffe	*600*	*17 320,50*	
	200		*17 320,50*
Hilfsstoffe	*602*	*8 904,10*	
	202		*8 904,10*
Betriebsstoffe	*603*	*1 002,50*	
	203		*1 002,50*
Summen		*27 227,10*	*27 227,10*
Datum Unterschrift	ausgestellt:	geprüft:	gebucht:

II. Anschaffung von Vorräten

1. Arten der Vorräte und Bewertungsgrundsätze

810 **Die Vorräte der Industriebetriebe** sind (§ 266 Abs. 2 B. I. HGB):

- Rohstoffe (einschließlich der zugekauften Vorprodukte oder Fremdbauteile), Hilfs- und Betriebsstoffe,
- unfertige Erzeugnisse,
- fertige Erzeugnisse,
- Handelswaren.

811 Im **Handelsbetrieb** kommen i. d. R. nur Handelswaren vor.

812 Die Vorräte werden zu Einstandspreisen, das sind die Anschaffungs- oder Herstellungskosten, aktiviert (§ 253 Abs. 1 HGB). Wie für die anderen Vermögensteile und Schulden gilt der **Grundsatz der Einzelbewertung** (§ 252 Abs. 1 Nr. 3 HGB).

2. Ermittlung der Einstandspreise

813 Die Ermittlung der Einstandspreise entspricht der Ermittlung der Anschaffungskosten bei den Vermögensgegenständen des Anlagevermögens:

	Anschaffungskosten lt. Eingangsrechnung
–	Anschaffungskostenminderungen
+	Bezugskosten (Anschaffungsnebenkosten)
=	Einstandspreis (oder Einstandswert)

814 **BEISPIEL:**

	Listeneinkaufspreis	10 944,00 €
–	10 % Rabatt	1 094,40 €
	Zieleinkaufspreis	9 849,60 €
–	2 % Skonto	196,99 €
	Bareinkaufspreis	9 652,61 €
+	Eingangsfracht (Bezugskosten)	180,00 €
	Einstandspreis	9 832,61 €

Zu den **Anschaffungskostenminderungen** gehören Skontoerträge und sonstige Nachlässe. (Siehe unter „4. Buchen von Nachlässen, Rücksendungen und Gutschriften“ unter Abschn. E II. 4, Rdn. 826 ff.) 815

Bei der Aktivierung gekaufter Vorräte können wie bei der Anschaffung von Vermögensgegenständen des Anlagevermögens Anschaffungsnebenkosten, die **Bezugskosten**, anfallen. Zu den Bezugskosten zählen die Aufwendungen, die getätigt werden müssen, bis die Vorräte am eigenen Lager verfügbar sind, wie Rollgelder, Frachtkosten, Verpackungskosten, Transportversicherungen, Einfuhrzölle, Vermittlungsgebühren für Makler und Kommissionäre. Die Kosten der Beschaffungsabteilung, z. B. das Gehalt des Einkäufers, sind keine Bezugskosten. 816

3. Verrechnung der Bezugskosten

3.1 Buchen der Bezugskosten

Die Bezugskosten können direkt auf die Bestandskonten gebucht werden. Sie können aber auch zunächst auf Unterkonten der Vorrätekonten gebucht werden. Da die Bezugskosten als Anschaffungsnebenkosten zu aktivieren sind, müssen sie spätestens im Rahmen der vorbereitenden Abschlussbuchungen zu den übergeordneten Bestandskonten abgeschlossen werden. 817

BEISPIEL 1: 818

Buchen der Bezugskosten direkt auf dem Bestandskonto

a) Zieleinkauf von Rohstoffen, netto 10 000 € plus 1 900 € USt.

b) Barzahlung der Eingangsfrachten auf vorstehende Lieferung, netto 200 € plus 38 € USt.

Buchung (nach dem IKR):

a)	200	Rohstoffe	10 000 €				
	260	Vorsteuer	1 900 €	an	440	Verbindlichkeiten	11 900 €
b)	200	Rohstoffe	200 €				
	260	Vorsteuer	38 €	an	288	Kasse	238 €

BEISPIEL 2:

Buchen unter Einbeziehung eines Bezugskostenkontos

Die Bezugskosten werden auf einem besonderen Konto erfasst. Die Geschäftsvorfälle entsprechen denen unter vorstehendem Beispiel 1.

Buchung:

a)	200	Rohstoffe	10 000 €				
	260	Vorsteuer	1 900 €	an	440	Verbindlichkeiten	11 900 €
b)	2001	Bezugskosten für Rohstoffe	200 €				
	260	Vorsteuer	38 €	an	288	Kasse	238 €

Am Jahresende wird das Bezugskostenkonto zum Konto Rohstoffe abgeschlossen:

200	Rohstoffe	200 €	an	2001	Bezugskosten für Rohstoffe	200 €

S	200 Rohstoffe		H
AB)	5 000	SBK)	15 200
440)	10 000		
2001)	200		
	15 200		15 200

S	2001 Bezugskosten		H
288)	200	200)	200

819 Der IKR sieht für jedes Vorrätekonto ein gesondertes Bezugskostenkonto vor:

- 2001 Bezugskosten für Rohstoffe,
- 2011 Bezugskosten für Vorprodukte/Fremdbauteile,
- 2021 Bezugskosten für Hilfsstoffe,
- 2031 Bezugskosten für Betriebsstoffe.

820 Die Aussagefähigkeit der Buchhaltung und damit die Überwachung der Wirtschaftlichkeit können durch eine Aufteilung nach der Art der Bezugskosten noch einmal erhöht werden:

- 2003 Eingangsfrachten,
- 2004 Transportversicherungen,
- 2005 Verpackungskosten usw.

821 Werden Verpackungen, wie Paletten, Kisten, Fässer, Flaschen u. Ä., gegen teilweise Erstattung der berechneten Kosten vom Lieferanten zurückgenommen, ist die Einrichtung eines besonderen Kontos **Verpackungskosten** angebracht. Auf der Habenseite dieses Kontos werden die Gutschriften der Lieferer für zurückgesandte Verpackungen gebucht.

822 Am Ende des Geschäftsjahres dürfen nur die anteilig auf den Bestand entfallenden Bezugskosten aktiviert werden. Der verbleibende Saldo wird wie die Abgänge von den zugehörigen Bestandskonten in den Aufwand gebucht.

3.2 Bedeutung der verursachungsgerechten Erfassung

823 Mit der (vorläufigen) Erfassung auf Unterkonten, die im Rahmen der vorbereitenden Jahresabschlussarbeiten zu den übergeordneten Bestandskonten abgeschlossen werden, wird das Problem der Zuordnung gelöst. Grundsätzlich werden die Bezugskosten in der Eingangsrechnung auch dann in **einer** Summe ausgewiesen, wenn die gekauften Vorräte auf unterschiedlichen Vorrätekonten geführt werden.

Spätestens dann, wenn die Salden der Bestandskonten in unterschiedliche Bilanzposten (§ 266 Abs. 2 B 1. Vorräte: 1. Roh-, Hilfs- und Betriebsstoffe, 3. fertige Erzeugnisse und Waren) eingehen, ist eine entsprechende Aufgliederung der Bezugskosten erforderlich. Deshalb werden die Bezugsposten i. d. R. bereits im Rahmen der Eingangsrechnungsprüfung und -kontierung aufgeteilt und den entsprechenden Bestandskonten bzw. den zugehörigen Bezugskostenkonten zugeordnet.

824 Aus dem Verhältnis Summe der Zugänge während des Jahres auf dem Hauptkonto zum Anfall der Bezugskosten auf dem zugehörigen Bezugskostenkonto für den gleichen Zeitraum wird der Prozentsatz der Bezugskosten ermittelt. Dieser Prozentsatz

wird auf die internen Verrechnungspreise je Artikel in der Lagerbuchhaltung angewendet und spätestens bei den Entnahmen verrechnet.

Je tiefer die Gliederung der Hauptkonten und der zugehörigen Bezugskostenkonten, 825
desto effektiver sind die Kontrolle und die Möglichkeiten der Einflussnahme auf den Anfall von Bezugskosten (Bezugskosten-Controlling). Eilige Lieferungen und kleine Liefermengen führen immer zu prozentual höheren Bezugskosten als Bestellungen im Rahmen eines gezielten Beschaffungs-Managements. Aber auch bei der Tiefengliederung der Konten muss das Verhältnis von Aufwand und Effizienz beachtet werden.

4. Buchung von Nachlässen, Rücksendungen und Gutschriften beim Einkauf und Verkauf

Nachlässe sind Rabatte, Boni, Skonti und Preisnachlässe aufgrund von Mängeln. 826

4.1 Rabatte

Rabatte sind Preisvergünstigungen, die aus verschiedenen Anlässen ohne Rücksicht auf 827
den Zeitpunkt der Zahlung gewährt werden. Rabatte ermöglichen es dem Lieferer, trotz formell einheitlicher Angebotspreise verschiedenen Abnehmern unter bestimmten Umständen unterschiedliche Preise einzuräumen.

Handelsübliche Sofortrabatte, die als Mengen-, Sonder-, Treue- oder Wiederverkäuferrabatte gewährt werden, dienen deshalb der Preisgestaltung. Es liegt kein Nachlass vor. Aus diesem Grunde werden Rabatte weder beim Einkauf noch beim Verkauf buchmäßig auf einem besonderen Konto erfasst.

BEISPIEL: 828

a) **Kauf** von Rohstoffen zum Listenpreis von 20 000 € abzüglich 10 % Mengenrabatt.

	Listenpreis	20 000 €
–	10 % Rabatt	2 000 €
	Zieleinkaufspreis	18 000 €
+	19 % USt	3 420 €
	Rechnungsbetrag	21 420 €

Buchung:

Rohstoffe	18 000 €			
Vorsteuer	3 420 €	an	Verbindlichkeiten	21 420 €

b) **Verkauf** von Erzeugnissen zum Listenpreis von 30 000 € abzüglich 20 % Wiederverkäuferrabatt.

	Listenpreis	30 000 €
–	20 % Rabatt	6 000 €
	Zielverkaufspreis	24 000 €
+	19 % USt	4 560 €
	Rechnungsbetrag	28 560 €

Buchung:

Forderungen	28 560 €	an	Umsatzerlöse	24 000 €
		an	Umsatzsteuer	4 560 €

4.2 Skonti

4.2.1 Wesen der Skonti

829 Skonti mindern – anders als der Sofort-Rabatt – nachträglich den Preis unter der Bedingung, dass der Käufer innerhalb einer bestimmten Frist zahlt. Auf der Einkaufsseite werden die Anschaffungskosten bzw. der Einstandspreis gemindert, auf der Verkaufsseite die Erlöse.

830 Der Skonto ist ein Nachlass für vorzeitige Zahlung. Bei einer Zahlungsvereinbarung „Ziel 30 Tage, bei einer Zahlung innerhalb von 10 Tagen 2 % Skonto" entspricht der Abzug einem Zinssatz von 36 %. Rechnung:

$$\frac{\text{Zinsen} \times 100 \times 360}{\text{Kapital} \times \text{Tage}} = \frac{2 \times 100 \times 360}{100 \times 20 \text{ (Tage früher)}} = 36\,\%$$

Dabei wird deutlich, dass es sich nicht allein um eine Verzinsung für vorzeitige Zahlung handeln kann. Der Skonto ist auch eine Prämie für die Einsparung von Verwaltungskosten und die Minderung des Kreditrisikos.

831 Da sich der Rechnungsbetrag aus dem Entgelt und der Umsatzsteuer zusammensetzt, nehmen bei einem Skontoabzug das Entgelt und die darauf berechnete Umsatzsteuer anteilig ab.

BEISPIEL:

Rechnung			Skontoabzug			verbleiben
Warenwert	10 000 €	–	(2 % =)	200 € Skonto	=	9 800 €
+ USt	1 900 €	–	(2 % =)	38 € Skonto	=	1 862 €
Rechnungsbetrag	11 900 €	–	Abzug	238 € zahlbar		11 662 €

4.2.2 Buchung der Skonti

832 Der Skonto kann netto oder brutto gebucht werden. Bei **Nettobuchung** wird die Umsatzsteuerberichtigung **bei jeder Zahlung** sofort gebucht.

833 Das **Bruttoverfahren** führt zur Einsparung von Buchungen. Dabei wird bei allen Zahlungen zunächst der gesamte Abzug (Bruttoabzug einschl. anteiliger USt) auf das Konto für Skontoaufwendungen bzw. das Konto für Skontoerträge gebucht. Die Berichtigung erfolgt am Monatsende durch nur **eine** Sammelbuchung.

834 **BEISPIEL:** **Herausrechnung der Umsatzsteuer:**

Das Konto Erlösberichtigungen (für Skontoaufwand) wurde mit insgesamt 833 € aus den Bruttobuchungen belastet. Die Umsatzsteuer aus dem Bruttobetrag wurde errechnet:

$$\frac{833 \text{ (= Bruttobetrag)} \times 19}{119} = 133\,€$$

Die Korrektur der Umsatzsteuer erfolgt durch eine einzige Buchung (nach dem IKR):

480	Umsatzsteuer	133 €	an	5001	Erlösberichtigungen	133 €

835 **Skontoaufwendungen** sind an Kunden gewährte Nachlässe. Sie werden deshalb auch **Kundenskonti** genannt. Kundenskonti sind Erlösberichtigungen beim Verkauf von Er-

zeugnissen oder Handelswaren. Deshalb werden Kundenskonti auf dem **Konto Erlösberichtungen** erfasst. Zur Unterscheidung von anderen Erlösberichtigungen, wie Nachlässe an den Kunden aufgrund einer Mängelrüge, wird i. d. R. innerhalb der Erlösberichtigungen ein besonderes Konto „Erlösberichtigungen für Skontoaufwand" eingerichtet. Die Konten für Erlösberichtigungen werden am Ende der Abrechnungsperiode zum Konto Umsatzerlöse bzw. Warenverkauf abgeschlossen.

BEISPIEL: ▸ Die A-GmbH hat Stabeisen für netto 10 000 € an die B-AG verkauft. Die B-AG überweist den Rechnungsbetrag unter Abzug von 2 % Skonto. 836

a) **Nettobuchung**

Buchung der Zahlung (nach dem IKR):

280	Bank	11 662 €				
5001	Erlösberichtigungen	200 €				
480	Umsatzsteuer	38 €	an	240	Forderungen	11 900 €

Abschluss des Kontos Erlösberichtigungen:

500	Umsatzerlöse	200 €	an	5001	Erlösberichtigungen	200 €

b) **Bruttobuchung**

Buchung der Zahlung:

280	Bank	11 662 €				
5001	Erlösberichtigungen	238 €	an	240	Forderungen	11 900 €

Berichtigung am Monatsende:

480	Umsatzsteuer	38 €	an	5001	Erlösberichtigungen	38 €

Abschluss des Kontos Erlösberichtigungen:

500	Umsatzerlöse	200 €	an	5001	Erlösberichtigungen	200 €

Auf der Einkaufsseite fallen **Skontoerträge** an. Diese Liefererskonti mindern nachträglich die Anschaffungskosten. (Wegen der Buchung von Skontoerträgen beim Kauf von Vermögensgegenständen des Anlagevermögens siehe unter Abschn. D III. 1. Anschaffung von Vermögensgegenständen des Anlagevermögens, Rdn. 507 ff.). 837

Beim Kauf von Vorräten werden Skontoerträge auf entsprechende Konten für Nachlässe gebucht, z. B. **Nachlässe für Rohstoffe,** Nachlässe für Fremdbauteile, Nachlässe für Hilfsstoffe, Nachlässe für Betriebsstoffe. Da diese Konten auch andere Nachlässe, wie Preisnachlässe für mangelhafte Waren aufnehmen, richten viele Unternehmen besondere Konten Skontoerträge für Rohstoffe, für Hilfsstoffe usw. innerhalb der Konten für Nachlässe ein. Die Konten für Nachlässe werden am Ende der Abrechnungsperiode über die entsprechenden Bestandskonten abgeschlossen. Buchungen nach dem IKR: 838

▸ 2002	Nachlässe für Rohstoffe	an	200	Rohstoffe
▸ 2022	Nachlässe für Hilfsstoffe	an	202	Hilfsstoffe
▸ 2282	Nachlässe für Handelswaren	an	228	Handelswaren

Beim Verkäufer liegen – spiegelbildlich – Erlösberichtigungen (für Skontoaufwand) vor. 839

840 **BEISPIEL:** Die X-AG hat Rohstoffe für netto 10 000 € bei der Y-GmbH gekauft und überweist den Rechnungsbetrag unter Abzug von 2 % Skonto.

a) **Nettobuchung**

Buchung der Zahlung (nach dem IKR):

1)	440	Verbindlichkeiten	11 900 €	an	280	Bank	11 662 €
				an	2002	Nachlässe für an Rohstoffe	200 €
				an	260	Vorsteuer	38 €

Abschluss des Kontos „Nachlässe“:

2)	2002	Nachlässe für Rohstoffe	200 €	an	200	Rohstoffe	200 €

b) **Bruttobuchung**

Buchung der Zahlung (nach dem IKR):

1)	440	Verbindlichkeiten	11 900 €	an	280	Bank	11 662 €
				an	2002	Nachlässe/Rohstoffe	238 €

Berichtigungsbuchung am Monatsende:

2)	2002	Nachlässe für Rohstoffe	38 €	an	260	Vorsteuer	38 €
3)	2002	Nachlässe für Rohstoffe	200 €	an	200	Rohstoffe	200 €

4.3 Rücksendungen und Gutschriften

(1) Einkaufsseite

841 a) **Rücksendungen** liegen vor, wenn Roh-, Hilfs-, Betriebsstoffe oder Handelswaren an den Lieferanten zurückgeschickt werden. In diesem Falle wird der ursprüngliche Einkauf storniert (zurückgebucht).

842 **BEISPIEL:** Kauf von Rohstoffen auf Ziel, netto 2 000 € plus 380 € USt.

Buchung (nach dem IKR):

200	Rohstoffe	2 000 €				
260	Vorsteuer	380 €	an	440	Verbindlichkeiten	2 380 €

Die Rohstoffe entsprechen nicht den Anforderungen und werden an den Lieferanten zurückgeschickt. Dieser erteilt eine Gutschrift.

Buchung:

440	Verbindlichkeiten	2 380 €	an	200	Rohstoffe	2 000 €
			an	260	Vorsteuer	380 €

843 b) **Gutschriften** werden in Form von **Preisnachlässen auf Grund von Mängelrügen, Boni oder Skonti** gewährt. (Die Buchung der **Skonti** wurde bereits im Abschnitt Liefererskonti dargestellt.)

844 **Boni** (Einzahl: Bonus) werden halbjährlich oder jährlich als nachträgliche Rabatte gewährt. Die Höhe ist meist prozentual gestaffelt nach dem mit dem Lieferer erreichten Umsatz. Daher wird auch von einem Umsatz- oder Mengenbonus gesprochen.

845 **Nachlässe**, meist aufgrund von Beanstandungen seitens des Kunden, mindern die Einstandspreise der Vorräte. Die Vorräte werden nicht zurückgeschickt. Zur Wahrung der Übersichtlichkeit werden die Nachlässe zunächst auf Unterkonten der Vorräte-Konten erfasst. Spätestens am Ende des Geschäftsjahres werden die Unterkonten im Rahmen der vorbereitenden Abschlussbuchungen zum übergeordneten Bestandskonto abge-

schlossen. Auf diese Weise werden die Anschaffungskosten noch vor der Bilanzierung berichtigt.

Die Gewährung eines Nachlasses führt zu einer Minderung des Entgelts. Aus diesem Grunde wird die Vorsteuer anteilig berichtigt. 846

BEISPIEL: Kauf von Rohstoffen auf Ziel, netto 5 000 € plus 950 € USt. 847

Buchung nach dem IKR:

200	Rohstoffe	5 000 €				
260	Vorsteuer	950 €	an	440	Verbindlichkeiten	5 950 €

Wegen eines Materialfehlers gewährt der Lieferer einen Preisnachlass von 20 %. Damit werden der Einstandspreis um 1 000 € und die anteilige Vorsteuer um 190 € gemindert.

Buchung nach dem IKR:

440	Verbindlichkeiten	1 190 €	an	2002	Nachlässe für Rohstoffe	1 000 €
			an	260	Vorsteuer	190 €

Am Ende der Abrechnungsperiode wird das Konto Nachlässe für Rohstoffe zum Konto Rohstoffe abgeschlossen.

Buchung:

2002	Nachlässe für Rohstoffe	1 000 €	an	200	Rohstoffe	1 000 €

(2) Verkaufsseite

a) Rücksendungen liegen vor, wenn der Kunde Erzeugnisse oder Waren zurückschickt. In diesem Falle wird der ursprüngliche Geschäftsvorfall des Verkaufs storniert. 848

BEISPIEL: Verkauf von Erzeugnissen auf Ziel, netto 4 000 € plus 760 € USt. 849

Buchung nach dem IKR:

240	Forderungen	4 760 €	an	500	Umsatzerlöse	4 000 €
			an	480	Umsatzsteuer	760 €

Der Kunde sendet die Erzeugnisse zurück und erhält eine Gutschrift über 4 760 €.

Buchung nach dem IKR:

500	Umsatzerlöse	4 000 €				
480	Umsatzsteuer	760 €	an		Forderungen	4 760 €

b) Gutschriften an Kunden werden für Preisnachlässe aufgrund von Mängelrügen oder als Boni gewährt. Der Kunde schickt die Waren oder Erzeugnisse nicht zurück. 850

Auch auf der Verkaufsseite werden die Nachlässe zunächst auf besonderen Konten erfasst. Der IKR sieht die Konten 5001 Erlösberichtigungen für Erzeugnisse und 5101 Erlösberichtigungen für Waren vor. 851

Nachlässe **schmälern die Umsatzerlöse.** Am Ende einer Abrechnungsperiode werden die Konten für Nachlässe deshalb zum jeweiligen übergeordneten Erlöskonto abgeschlossen. Die Gewährung eines Nachlasses führt zu einer Minderung des Entgelts. Aus diesem Grunde wird die Umsatzsteuer anteilig berichtigt. 852

853 **BEISPIEL:** Verkauf von Erzeugnissen, netto 8 000 €, USt 1 520 €.

Buchung nach dem IKR:

240	Forderungen	9 520 €	an	500	Umsatzerlöse	8 000 €
			an	480	Umsatzsteuer	1 520 €

Wegen einer Mängelrüge wird dem Kunden ein Preisnachlass von netto 500 € gewährt.

Buchung nach dem IKR:

5001	Erlösberichtigungen für Erzeugnisse	500 €				
480	Umsatzsteuer	95 €	an	240	Forderungen	595 €

854 Am Ende der Abrechnungsperiode wird auch hier das Konto Erlösberichtigungen zum Konto Umsatzerlöse abgeschlossen.

Buchung:

500	Umsatzerlöse	500 €	an	5001	Erlösberichtigungen für Erzeugnisse	500 €

S	240 Forderungen		H
500	9 520 €	5001	595 €

S	500 Umsatzerlöse		H
5001	500 €	240	8 000 €

S	5001 Erlösberichtigungen		H
240	500 €	500	500 €

S	480 Umsatzsteuer		H
240	95 €	240	1 520 €

III. Verbrauch von Roh-, Hilfs- und Betriebsstoffen

855 Soweit Roh-, Hilfs- und Betriebsstoffe eingelagert wurden und deshalb zunächst auf Bestandskonten aktiviert worden sind, führt die Lagerentnahme zu einer Bestandsminderung.

856 **BEISPIEL:** Entnahme von Rohstoffen im Wert von 50 000 €, von Hilfsstoffen im Wert von 8 000 € und von Betriebsstoffen für 2 000 €.

Buchung nach dem IKR:

600	Rohstoffaufwendungen	50 000 €	an	200	Rohstoffe	50 000 €
602	Hilfsstoffaufwendungen	8 000 €	an	202	Hilfsstoffe	8 000 €
603	Betriebsstoffaufwendungen	2 000 €	an	203	Betriebsstoffe	2 000 €

857 Werden Roh-, Hilfs- und Betriebsstoffe sofort verbraucht, also nicht zunächst am Lager vereinnahmt, erfolgt die Buchung direkt auf dem Aufwandskonto. Einige Betriebsstoffe können gar nicht erst gelagert werden. (Wegen Einzelheiten hierzu s. Kontierungsanleitung auf der Grundlage des IKR unter Abschn. B. IV. 3. Kontierungsanleitung unter Klasse 2, Konten 200 bis 203).

858 **BEISPIEL:** Eingangsrechnung für Betriebsstoffe, die nicht am Lager des Unternehmens geführt werden, über netto 10 000 €.

Buchung nach dem IKR:

603	Betriebsstoffaufwendungen	10 000 €				
260	Vorsteuer	1 900 €	an	440	Verbindlichkeiten aus L. u. L.	11 900 €

IV. Bestandsveränderungen

1. Definition

Bestandsveränderungen können auf Mengen- und Wertänderungen zurückgehen. Abschreibungen sind nur einzubeziehen, wenn sie die im Unternehmen üblichen Abschreibungen nicht überschreiten (§ 277 Abs. 2 HGB). Unüblich hohe Abschreibungen werden dem Kto. 657 „unübliche Abschreibungen auf Vorräte" belastet. 859

2. Bestandsveränderungen bei Roh-, Hilfs- und Betriebsstoffen

Die Anfangsbestände an Roh-, Hilfs- und Betriebsstoffen entsprechen den Endbeständen lt. Inventur des Vorjahres. I. d. R. werden Zugänge im lfd. Geschäftsjahr aufgrund der Eingangsrechnungen den Bestandskonten für Roh-, Hilfs- und Betriebsstoffe belastet, z. B. 860

200	Rohstoffe	an	440	Verbindlichkeiten aus L. u. L.

Die Abgänge während des Jahres werden aufgrund eines Buchungsbelegs aus der Lagerbuchhaltung dem Bestandskonto gutgeschrieben, z. B.

600	Rohstoffaufwendungen	an	200	Rohstoffbestände

Kleine Unternehmen verzichten oft auf die Ausstellung von Materialentnahmescheinen. Auch in diesen Betrieben werden die Anfangsbestände vorgetragen und die Zugänge aufgrund der Eingangsrechnung auf den Sachkonten im Hauptbuch gebucht. Da keine Belege über Abgänge vorliegen, ist eine Buchung der Abgänge während des Geschäftsjahres nicht möglich. 861

Am Jahresende wird der Schlussbestand durch Inventur ermittelt und gebucht: 862

801	Schlussbilanzkonto	an	200	Rohstoffbestände

Nach der Buchung des Schlussbestands verbleibt der Abgang oder Verbrauch als Saldo (Anfangsbestand + Zugänge – Schlussbestand = Verbrauch). Der Verbrauch wird gebucht:

600	Rohstoffaufwendungen	an	200	Rohstoffbestände

3. Bestandsveränderungen bei unfertigen und fertigen Erzeugnissen

Fertige Erzeugnisse sind im bilanzierenden Unternehmen hergestellte Produkte, deren Fertigung abgeschlossen ist, d. h. sie werden in diesem Zustand ohne jede weitere Bearbeitung verkauft. **Unfertige Erzeugnisse** wurden ebenfalls im bilanzierenden Unternehmen gefertigt. Die Fertigung ist jedoch noch nicht abgeschlossen. Die Erzeugnisse befinden sich in einem Zustand, in dem sie i. d. R. nicht verkauft werden. 863

Unfertige und fertige Erzeugnisse werden mit ihren Herstellungskosten aktiviert. Der Betrag der **Herstellungskosten in Handels- und Steuerbilanz** weicht von dem Betrag der **Herstellkosten in der Kostenrechnung** ab. 864

Die Anfangsbestände der Sachkonten **unfertige Erzeugnisse** und **fertige Erzeugnisse** werden aus der Schlussbilanz des Vorjahres übernommen. Während des Geschäftsjah- 865 res erfolgt auf diesen Konten keine Buchung. Zu- und Abgänge werden also nicht erfasst. Die Konten werden deshalb auch als „ruhende Konten" bezeichnet.

866 Buchung der Anfangsbestände nach dem IKR:

210	Unfertige Erzeugnisse	an	800	EBK
220	Fertige Erzeugnisse	an	800	EBK

867 Am Ende des Geschäftsjahres erfolgt die Aufnahme der Schlussbestände und deren Bewertung zu Herstellungskosten.

868 Die Schlussbestände werden gebucht:

801	SBK	an	210	Unfertige Erzeugnisse
801	SBK	an	220	Fertige Erzeugnisse

869 Die wertmäßige Veränderung zwischen Anfangsbestand und Schlussbestand wird auf dem Erfolgskonto **Bestandsveränderungen** gebucht.

870 **Bestandsmehrungen** wirken sich als Ertrag des Abschlussjahres aus:

210	Unfertige Erzeugnisse	an	521	Bestandsveränd. an unfert. Erzeugnissen
220	Fertige Erzeugnisse	an	522	Bestandsveränd. an fertigen Erzeugnissen

871 **Bestandsminderungen** wirken sich wie zusätzlicher Aufwand des Abschlussjahres aus. Die ursprünglich auf der Aktivseite zu Herstellungskosten des Jahres der Fertigung gespeicherten Erzeugnisse werden durch Lagerentnahme wieder zu Aufwand, der den Verkaufserlösen dieser Periode gegenübergestellt wird.

521	Bestandsveränderungen an unfertigen Erzeugnissen			
		an	210	Unfertige Erzeugnisse
522	Bestandsveränderungen an fertigen Erzeugnissen			
		an	220	Fertige Erzeugnisse

S	Gewinn- und Verlustkonto H
Aufwand der Abrechnungsperiode für verkaufte Erzeugnisse, an Lager genommene Erzeugnisse und aktivierte Eigenleistungen Bestandsverändungen (= Aufwendungen für vom Lager verkaufte Erzeugnisse)	Verkaufserlöse (= Verkaufsleistungen) Bestandsveränderungen (= Lagerleistungen) Aktivierte Eigenleistungen

872 Stimmt die Menge der hergestellten Erzeugnisse einer Abrechnungsperiode mit der Menge der verkauften Erzeugnisse überein, liegt keine Bestandsveränderung vor. Der in der GuV ausgewiesene Erfolg entspricht dem Erfolg der Abrechnungsperiode.

873 Es gibt nur wenige Industriebetriebe, z. B. Elektrizitäts- und Kraftwerke, bei denen zum Bilanzstichtag keine Bestände an unfertigen oder fertigen Erzeugnissen vorhanden sind.

874 In dem folgenden Buchungsbeispiel werden die Herstellungskosten aus Gründen der Übersichtlichkeit mit den Selbstkosten gleichgesetzt. Die Beispiele zeigen die Buchung der Bestandsveränderungen bei den fertigen Erzeugnissen. Die Buchungen bei den unfertigen Erzeugnissen werden hier nicht gezeigt, da sie denen bei den fertigen Erzeugnissen entsprechen.

BEISPIELE: Die Herstellungskosten pro Stück sollen 90 € betragen. 875

a) Keine Schlussbestände

Der Fertigungsbetrieb hatte am Jahresanfang keinen Anfangsbestand vorliegen. Während des Jahres wurden 100 Einheiten gefertigt und auch im gleichen Geschäftsjahr verkauft. Am Jahresende liegt ebenfalls kein Bestand vor. Die Buchung einer Bestandsveränderung entfällt.

b) Bestandsmehrung

Für das Geschäftsjahr 01 wird ein Anfangsbestand von 90 Einheiten vorgetragen. Die Inventur am Jahresende ergibt einen Bestand von 100 Einheiten. Während des Jahres wurden 100 Einheiten verkauft.

Buchungen:

Fertige Erzeugnisse	8 100 €	an	EBK	8 100 €
SBK	9 000 €	an	Fertige Erzeugnisse	9 000 €

Ausgleich des Kontos:

Fertige Erzeugnisse	900 €	an	Bestandsveränderungen	900 €

S	Fertige Erzeugnisse		H
EBK	8 100	SBK	9 000
BV	900		
	9 000		9 000

S	Bestandsveränderungen		H
GuV	900	FE	900

c) Bestandsminderung

Zu Beginn des Geschäftsjahres 02 wird ein Anfangsbestand von 100 Einheiten vorgetragen. Laut Inventur beträgt der Bestand am Jahresende nur noch 90 Einheiten. Verkauft wurden 110 Einheiten.

Buchungen:

Fertige Erzeugnisse	9 000 €	an	EBK	9 000 €
SBK	8 100 €	an	Fertige Erzeugnisse	8 100 €
Bestandsveränderungen	900 €	an	Fertige Erzeugnisse	900 €

S	Fertige Erzeugnisse		H
EBK	9 000	SBK	8 100
		BV	900
	9 000		9 000

S	Bestandsveränderungen		H
FE	900	GuV	900

V. Buchen der Handelswaren

1. Buchen der Handelswaren im Industriebetrieb

Industriebetriebe beziehen normalerweise auch Handelswaren, die sie **ohne jede Be- oder Verarbeitung** neben ihren eigenen Erzeugnissen weiterveräußern. Aus Gründen der Klarheit der Buchhaltung und zur Überwachung des Erfolgs aus solchen Handelsgeschäften ermöglicht der IKR die Einrichtung besonderer Konten: 876

- 228 Handelswaren,
- 2281 Bezugskosten für Handelswaren,
- 2282 Nachlässe für Handelswaren,

- ► 510 Umsatzerlöse für Handelswaren,
- ► 5101 Erlösberichtigungen für Handelswaren,
- ► 608 Aufwendungen für Handelswaren (Wareneinsatz).

877 In der GuV werden die Aufwendungen für Handelswaren den Erlösen für Handelswaren gegenübergestellt, so dass der Erfolg aus den reinen Handelsgeschäften abgelesen werden kann. Dieser Erfolg ist der **Rohgewinn** aus der Gegenüberstellung von Wareneinsatz und Erlös. Der Rohgewinn berücksichtigt nicht die Kosten der Einkaufsabteilung, die Kosten des Lagers, die Verwaltungskosten und die Kosten der Verkaufsabteilung, die in den übrigen Aufwendungen auf der Sollseite des GuV-Kontos enthalten sind.

878 Im Industriebetrieb entsprechen die Buchungen der Handelswaren im Prinzip denen bei Roh-, Hilfs-, Betriebsstoffen und Vorprodukten/Fremdbauteilen.

879 **BEISPIEL:**

1. Anfangsbestand an Handelswaren 5 000 €.
2. Kauf von Handelswaren für 10 000 € plus 19 % USt.

Buchung (nach dem IKR):

228 Handelswaren	10 000 €			
260 Vorsteuer	1 900 €	an	440	Verbindlichkeiten aus L. u. L. 11 900 €

3. Verkauf von Handelswaren für 9 000 € plus 19 % USt.

240 Forderungen aus L. u. L.	10 710 €	an	510	Erlöse für Handelswaren 9 000 €
		an	480	Umsatzsteuer 1 710 €

4. Buchung des Wareneinsatzes zu vorstehendem Verkauf bei einem Einstandspreis von 8 000 €.

608 Aufwendungen für Handelswaren	8 000 €	an	228	Handelswaren 8 000 €

S	228 Handelswaren		H
AB	5 000	608	8 000
440	10 000	SB	7 000
	15 000		15 000

S	608 Aufwend. für HW		H
228	8 000	802 (GuV)	8 000

S	510 Erlöse für HW		H
802	9 000	240	9 000

S	802 Gewinn- und Verlustkonto			H
608	Aufwendungen für HW	8 000 €	510 Erlöse für HW	9 000 €
	Rohgewinn aus HW	1 000 €		

2. Buchen der Handelswaren im Handelsbetrieb

2.1 Gemischtes Warenkonto

Werden Wareneinkauf und Warenverkauf auf ein und demselben Konto erfasst, ist nur der Nettoabschluss möglich. Dieses **gemischte Warenkonto** wird mit dem Schlussbestand zum SBK und mit dem ebenfalls auf diesem Konto ermittelten Erfolg zum GuV-Konto abgeschlossen. 880

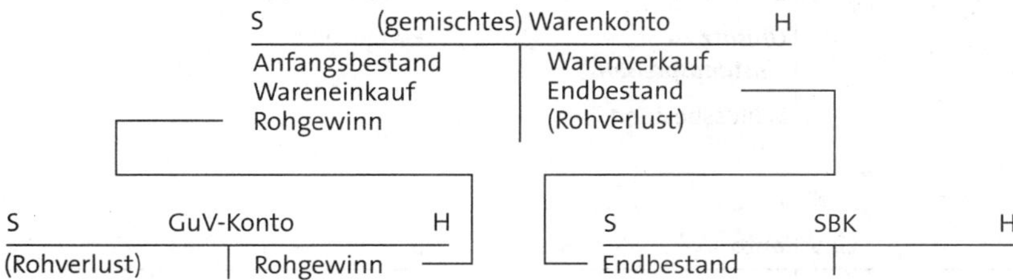

Auflösung des gemischten Warenkontos:

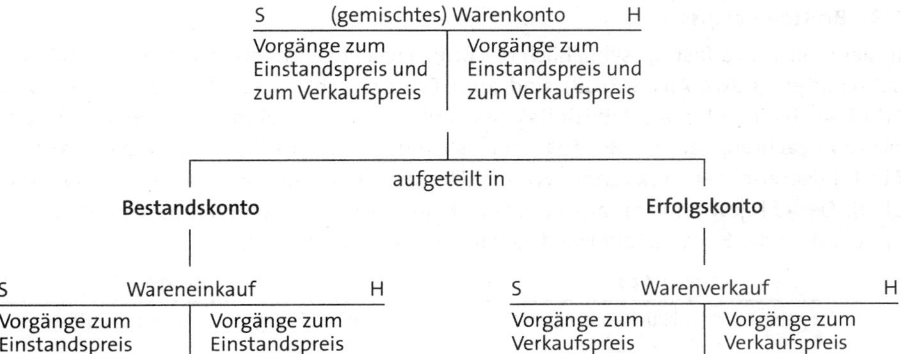

2.2 Nettoabschluss

Beim Nettoabschluss wird der Abgang vom Wareneinkaufskonto mit der Buchung „Warenverkauf an Wareneinkauf“ zu Einstandspreisen den Verkaufserlösen auf dem Konto Warenverkauf gegenübergestellt. Dann wird der Rohgewinn mit der Buchung „Warenverkauf an GuV“ auf das GuV-Konto übertragen. 881

882 Bei einem Rohverlust lautet die Buchung „GuV an Warenverkauf".

S Wareneinkauf	H
Anfangsbestand	Rücksendungen an Lieferer
Wareneinkäufe	Nachlässe von Lieferern
Bezugskosten	Abschreibung auf Waren
	Umsatz zu Einstandspreisen
	Schlussbestand

S Warenverkauf	H
Rücksendungen von Kunden	Verkaufserlöse
Nachlässe an Kunden	(Rohverlust)
Umsatz zu Einstandspreisen	
Rohgewinn	

S GuV-Konto	H
	Rohgewinn

S SBK	H
Schlussbestand	

2.3 Bruttoabschluss

883 In der Praxis wird fast ausschließlich der Bruttoabschluss angewandt. Große Kapitalgesellschaften (§ 267 Abs. 3 HGB) sind zum Bruttoabschluss verpflichtet (§§ 275, 276 HGB). Auch die unter das Publizitätsgesetz fallenden Unternehmen müssen das Bruttoprinzip beachten. Bei dem Bruttoabschluss werden in der GuV den Verkaufserlösen die Einstandspreise der verkauften Waren (Umsatz zu Einstandspreisen) gegenübergestellt. Der Rohgewinn kann aus dem GuV-Konto ermittelt werden. Das Verfahren entspricht dem der Buchung der Handelswaren im Industriebetrieb.

S Wareneinkauf	H
Anfangsbestand	Rücksendungen an Lieferer
Wareneinkäufe	Nachlässe von Lieferern
Bezugskosten	Abschreibung auf Waren
	Umsatz zu Einstandspreisen zum GuV-Konto
	Schlussbestand

S Warenverkauf	H
Rücksendungen von Kunden	Verkaufserlöse
Nachlässe an Kunden	
Saldo zum GuV-Konto	

S GuV-Konto	H
Umsatz zu Einstandspreisen	Verkaufserlöse

S SBK	H
Schlussbestand	

884 Für Bezugskosten, Rücksendungen, Gutschriften und Nachlässe werden i. d. R. Unterkonten eingerichtet, die dann – wie oben dargestellt – zu den übergeordneten Konten „Wareneinkauf" und „Warenverkauf" abgeschlossen werden.

Reihenfolge der Buchungen: 885

1. Vortrag des Anfangsbestands auf das Wareneinkaufskonto.
2. Buchungen der Einkäufe und Verkäufe.
3. Abschluss der Konten Bezugskosten und Nachlässe von Lieferern zum Wareneinkaufskonto.
4. Buchung eventueller Abschreibungen.
5. Buchung des Schlussbestands (SBK an Wareneinkauf).
6. Buchung des Umsatzes zu Einstandspreisen (GuV-Konto an Wareneinkauf).
7. Abschluss des Kontos Warenverkauf (Warenverkauf an GuV-Konto).

Je nach Organisation der Jahresabschlussarbeiten kann die Reihenfolge der Vorgänge 5 und 6 auch vertauscht werden. 886

2.4 Buchen der Wareneinkäufe über Wareneingangskonten

Die Wareneinkäufe werden auf Wareneingangskonten getrennt nach Warengruppen erfasst. Wareneingangskonten sind Aufwandskonten, die am Jahresende zum GuV-Konto abgeschlossen werden. Buchung nach dem Großhandelskontenrahmen: 887

3010	Wareneingang			
1410	Vorsteuer	an	1710	Verbindlichkeiten aus L. u. L.

Bezugskosten, Nachlässe und Boni werden während des Geschäftsjahres auf Unterkonten der Wareneingangskonten gebucht. Diese Konten werden zu den Wareneingangskonten abgeschlossen: 888

3010	Wareneingang	an	3020	Bezugskosten
3060	Nachlässe von Lieferern	an	3010	Wareneingang
3070	Liefererboni	an	3010	Wareneingang

Zu Beginn des Geschäftsjahres werden die Anfangsbestände an Waren auf den Warenbestandskonten erfasst. Buchung nach dem Großhandelskontenrahmen: 889

3910	Warenbestand	an	9100	Eröffnungsbilanzkonto

Während des Jahres erfolgen keine Buchungen auf den Warenbestandskonten. Sie sind ruhende Konten. Am Ende der Abrechnungsperiode wird der Schlussbestand lt. Inventur gebucht: 890

9400	Schlussbilanzkonto	an	3910	Warenbestand

Der auf den Warenbestandskonten verbleibende Saldo ist die Bestandsveränderung. 891

Buchung eines Minderbestands:

3010	Wareneingang	an	3910	Warenbestand

Buchung eines Mehrbestands:

3910	Warenbestand	an	3010	Wareneingang

892 Nach Abschluss der Konten Bezugskosten, Nachlässe und Boni weist das Konto Wareneingang den Umsatz zu Einstandspreisen aus. Der Umsatz zu Einstandspreisen (Wareneinsatz) wird auf dem GuV-Konto den Verkaufserlösen gegenübergestellt:

9300	GuV-Konto	an	3010	Wareneingang

893 **Zusammenfassende Darstellung:**

Die Ziffern geben die Reihenfolge der Buchungen an.

3910 Warenbestand					
1)	9 100	80 000	17)	9 400	70 000
			18)	3 010	10 000
		80 000			80 000

3010 Wareneingang					
2)	1 710	35 000	13)	3 050	4 000
3)	1 710	45 000	14)	3 060	1 000
12)	3 020	8 000	15)	3 070	3 000
18)	3 910	10 000	16)	3 080	2 000
			19)	9 300	88 000
		98 000			98 000

9300 GuV-Konto					
19)	3 010	88 000	20)	8 010	100 000
Gewinn		12 000	(Erlöse)		
		100 000			100 000

3020 Bezugskosten					
4)	1 710	3 000	12)	3 010	8 000
5)	1 710	5 000			

9400 SBK					
17)	3 910	70 000			

3050 Rücksendungen an Lief.					
13)	3 010	4 000	6)	1 710	4 000

3060 Nachlässe an Lieferern					
14)	3 010	1 000	7)	1 710	1 000

3070 Lieferboni					
15)	3 010	3 000	10)	1 710	2 000
			11)	1 710	1 000

3080 Liefererskonti					
16)	3 010	2 000	8)	1 710	900
			9)	1 710	1 100

VI. Kommissionsgeschäfte

1. Ablauf eines Kommissionsgeschäfts

894 An einem Kommissionsgeschäft sind drei Parteien beteiligt:

- Der **Kommittent**, der dem Kommissionär einen Einkaufs- oder Verkaufsauftrag erteilt.
- Der **Kommissionär**, der als Vermittler für den Kommittenten ein- oder verkauft.
- Der **Dritte**, von dem der Kommissionär die Ware kauft oder an den er die Ware verkauft.

895 Der **Kommissionär** ist ein Kaufmann i. S. des HGB (§ 1 HGB), der im eigenen Namen und für fremde Rechnung ständig oder fallweise selbständig tätig ist. Die besonderen **Pflichten** des Kommissionärs sind: Sorgfaltspflicht, Befolgungspflicht, Benachrichtigungspflicht, Abrechnungspflicht. Besondere **Rechte** des Kommissionärs sind der Provisionsanspruch, das Recht auf Auslagenersatz, das Pfandrecht und das Selbsteintrittsrecht.

896 Das Kommissionsgeschäft kann in drei Schritte aufgeteilt werden:

1. Abschluss eines Kommissionsvertrags. Dieser ist bei Einzelgeschäften regelmäßig ein Werkvertrag, bei längerer Bindung ein Dienstvertrag.

2. Kauf- oder Verkaufsgeschäft des Kommissionärs mit dem Dritten.

3. Im Rahmen des **Abwicklungsgeschäfts** wendet der Kommissionär das Ergebnis des Ausführungsgeschäfts, die Ware oder das Entgelt, dem Kommittenten zu.

2. Umsatzsteuerliche Behandlung

Nach § 3 Abs. 3 UStG und Abschn. 3.1 Abs. 3 UStAE liegt eine Lieferung zwischen Kommittent und Kommissionär erst im Zeitpunkt der Lieferung des Kommissionsgutes an den Abnehmer vor. Bei der Verkaufskommission wird der Kommissionär, bei der Einkaufskommission wird der Kommittent als Empfänger der Ware angesehen. Das USt-Recht weicht damit vom Handelsrecht (§ 383 HGB) ab, da es das Kommissionsgeschäft nicht als für Rechnung des Kommittenten ausgeführt ansieht, sondern dieses in zwei fiktive Lieferungsvorgänge aufteilt: 897

- Handelsrecht = 1 Liefervorgang,
- Umsatzsteuerrecht = 2 Liefervorgänge.

3. Verkaufskommission

898

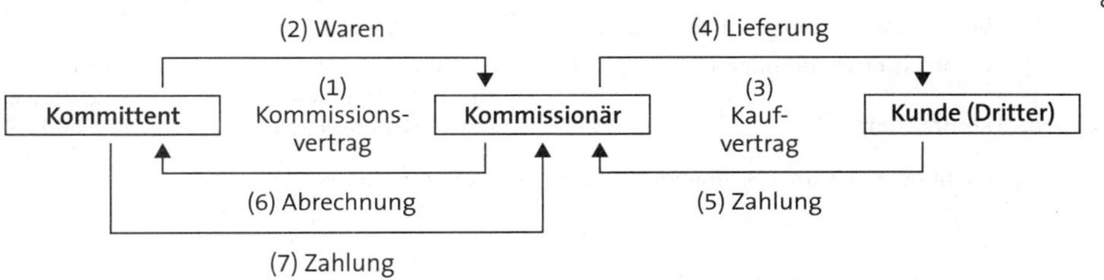

Bei einer Verkaufskommission bleibt der Kommittent bis zum Verkauf der Ware auch juristischer Eigentümer. Bis zur Erfüllung des Übereignungsgeschäfts ist die Ware beim Kommittenten zu aktivieren. 899

Der Verkaufskommissionär kann die Ware, wenn sie sein Lager berührt, als Fremdeigentum in einer Lagerkartei erfassen. Er kann sie auch auf einem „Kommissions-Wareneingangskonto" führen, obwohl er sie nicht aktiviert. 900

BEISPIEL 1: 901

Verkaufskommission mit Kommissionswarenkonto

a) Der Kommittent übergibt die Ware:

Kommissionswareneingang	100 000 €	an	Kommittent	100 000 €

b) Der Kommissionär überweist netto 500 € Frachten und belastet den Kommittenten weiter:

Kommissions-Frachten	500 €			
Vorsteuer	95 €	an	Bank	595 €
Kommittent	595 €	an	Kommissions-Fracht	500 €
		an	Umsatzsteuer	95 €

c) Der Kommissionär verkauft die Ware für 110 000 € plus Umsatzsteuer:

Kommissionsforderungen	130 900 €	an	Kommissionswaren-eingang	110 000 €
		an	Umsatzsteuer	20 900 €

d) Verrechnung der Provision: Der Überpreis (10 000 € abzüglich 5 000 € Provision) steht dem Kommittenten zu:

Kommissionswareneingang	10 000 €	an	Kommittent	5 000 €
		an	Provisionsertrag	5 000 €

e) Nachträgliche Verrechnung der Vorsteuer auf den Einstandspreis von 105 000 €:

Vorsteuer	19 950 €	an	Kommittent	19 950 €

f) Der Käufer überweist an den Kommissionär:

Bank	130 900 €	an	Kommissionsforderungen	130 900 €

g) Der Kommissionär rechnet das Kommittentenkonto ab und überweist an den Kommittenten:

Kommittent	124 355 €	an	Bank	124 355 €

BEISPIEL 2:

Verkaufskommission ohne Kommissionswarenkonto

a) Entfällt, da bei der Übergabe keine Buchung auf einem Sachkonto im Hauptbuch erfolgt.

b) Buchung wie im vorstehenden Beispiel „mit Kommissionswarenkonto".

c)	Kommissionsforderungen	130 900 €	an	Kommittent	110 000 €
			an	Umsatzsteuer	20 900 €
d)	Kommittent	5 000 €	an	Provisionsertrag	5 000 €

e-g) Buchungen wie im vorstehenden Beispiel „mit Kommissionswarenkonto".

4. Einkaufskommission

902

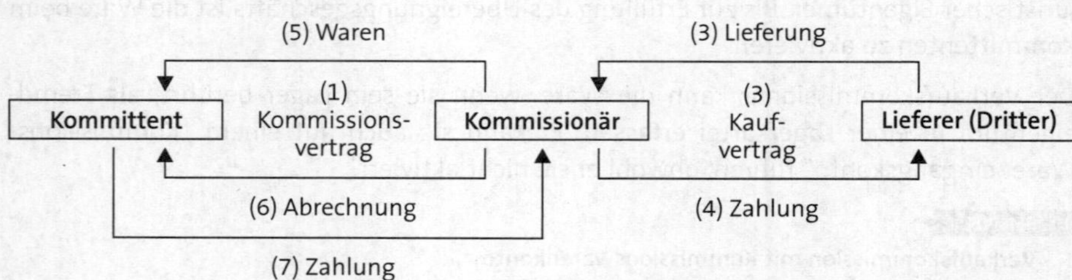

903 Bei der Einkaufskommission wird der Kommissionär juristischer Eigentümer der gekauften Ware. Der Kommittent wird wirtschaftlicher Eigentümer. Aus diesem Grunde wird die Ware unmittelbar nach dem Zugang beim Kommissionär in den Büchern des Kommittenten aktiviert, der gleichzeitig eine Verbindlichkeit gegenüber dem Kommissionär bucht. Der Kommissionär hat eine Forderung gegenüber dem Kommittenten und eine Verbindlichkeit gegenüber dem Dritten.

904 Wird die Ware vom Lieferanten (Dritten) direkt an den Kommittenten versandt und berührt somit nicht das Lager des Kommissionärs, dann braucht der Kommissionär kein Kommissionswarenkonto zu führen. Die Geschäftsvorfälle werden auf einem Kontokorrentkonto erfasst. Gehen die Waren jedoch zunächst an das Lager des Kommissionärs, erhöht ein Kommissions-Wareneingangskonto die Übersicht.

BEISPIEL 1: 905

Einkaufskommission mit Kommissionswarenkonto

a) Der Einkaufskommissionär kauft Kommissionsware für 20 000 € plus 19 % USt.

Kommissionswareneingang	20 000 €			
Vorsteuer	3 800 €	an	Kommissionsverbindlichkeiten	23 800 €

b) Der Einkaufskommissionär verauslagt Frachten:

Kommissionsfrachten	200 €			
Vorsteuer	38 €	an	Bank	238 €

c) Der Einkaufskommissionär überweist 23 800 € an den Lieferer:

Kommissionsverbindlichkeiten	23 800 €	an	Bank	23 800 €

d) Der Kommittent holt die Ware beim Kommissionär ab.
Dieser berechnet dem Kommittenten:

Einkaufspreis	20 000 €
Vorfracht	200 €
10 % Provision	2 000 €
	22 200 €
+ 19 % USt	4 218 €
	26 418 €

Kommittent	26 418 €	an	Kommissionswareneingang	20 000 €
		an	Kommissionsfrachten	200 €
		an	Provisionserträge	2 000 €
		an	Umsatzsteuer	4 218 €

e) Der Kommittent überweist 26 418 € an den Kommissionär:

Bank	26 418 €	an	Kommittent	26 418 €

BEISPIEL 2:

Einkaufskommission ohne Kommissionswarenkonto

a) Die Buchung erfolgt direkt auf dem Konto Forderungen gegenüber dem Kommittenten:

Kommittent	20 000 €			
Vorsteuer	3 800 €	an	Kommissionsverbindlichkeiten	23 800 €

b) Die Buchung der Kommissionsfrachten kann direkt auf dem Konto Forderungen gegenüber dem Kommittenten erfolgen. Die Einrichtung eines besonderen Kontos für Kommissionsfrachten ist aber auch möglich.

Kommissionsfrachten	200 €			
Vorsteuer	38 €	an	Bank	238 €

c) Die Buchung entspricht der bei der Abrechnung „mit Kommissionswarenkonto":

Kommissionsverbindlichkeiten	23 800 €	an	Bank	23 800 €

d)

Kommittent	6 418 €	an	Provisionserträge	2 000 €
		an	Kommissionsfrachten	200 €
		an	Umsatzsteuer	4 218 €

e) Der Kommittent überweist 26 418 € an den Kommissionär:

Bank	26 418 €	an	Kommittent	26 418 €

VII. Bewertung der Vorräte

1. Übersicht über die handels- und steuerrechtlichen Bewertungsvorschriften für Vorräte

906 ABB. 12: Bewertungsvorschriften für Vorräte

	HB	StB
Grundsatz der Einzelbewertung	§ 252 Abs. 1 Nr. 3 HGB	§ 6 Abs. 1 Nr. 2 EStG
Bewertungsvereinfachung	HB	StB
Durchschnittsbewertung und Gruppenbewertung – Gruppenbewertung – Gewogener Durchschnitt Verbrauchsfolgebewertung – Lifo-Verfahren – Fifo-Verfahren andere Verbrauchsfolgeverfahren sind nicht zulässig – Hifo-Verfahren – Lofo-Verfahren Festbewertung	§ 240 Abs. 4 HGB **zulässig** **zulässig** § 256 HGB **zulässig** **zulässig** **nicht zulässig** **nicht zulässig** § 240 Abs. 3 HGB	R 6.8 Abs. 4 EStR **zulässig** **zulässig** § 6 Abs. 1 Nr. 2a EStG **zulässig** R 6.8 Abs. 4, R 6.9 EStR **nicht zulässig** **nicht zulässig** **nicht zulässig** R 5.4 Abs. 3 EStR i.V.m. H 6.8 EStH
Wechsel von der Lifo-Methode Übergang zur Lifo-Methode		R 6.9 Abs. 5 EStR R 6.9 Abs. 7 EStR
Grundsatz der Vorsicht	§ 252 Abs. 1 Nr. 4 HGB	
Höchstwert sind die Anschaffungs- oder Herstellungskosten Wertsteigerungen während der Lagerdauer können nicht berücksichtigt werden (Realisationsprinzip)	§ 253 Abs. 1 HGB § 252 Abs. 1 Nr. 4 HGB	§ 6 Abs. 1 EStG
Strenges Niederstwertprinzip HB = beizulegender Wert StB = Teilwert unabhängig von der Dauer der Wertminderung Bei Roh-, Hilfs-, Betriebsstoffen und Waren Orientierung am Beschaffungsmarkt: Anschaffungskosten plus Anschaffungsnebenkosten. Bei unfertigen und fertigen Erzeugnissen Orientierung an den Herstellungskosten und zusätzlich am Absatzmarkt. Bei (Handels-)Waren Orientierung am Absatzmarkt. Bei allen Vorräten kann auch eine besonders lange **Lagerdauer** zu Abwertungen führen. Möglichkeit der **retrograden Berechnung** der Anschaffungskosten vom Verkaufspreis; bei unfertigen, fertigen Erzeugnissen und Waren: voraussichtlicher Verkaufserlös abzüglich Verkaufskosten.	§ 253 Abs. 4 HGB	R 6.8 Abs. 1 EStR H 6.8 EStH
Zwingendes Wertaufholungsgebot	§ 253 Abs. 5 HGB	Maßgeblichkeitsprinzip § 5 Abs. 1 EStG

2. Ausweis der Abschreibungen in der GuV nach § 275 Abs. 2 HGB

Schon bei der Einrichtung von Konten und der Buchung der Abschreibung sollte der Ausweis im Jahresabschluss berücksichtigt werden. In der GuV werden ausgewiesen: 907

- **übliche Abschreibungen und Inventurdifferenzen**
  (auch periodenfremde Aufwendungen):
  - auf RHB und Waren: GuV-Posten 5a
  - auf unfert. u. fertige Erzeugn.: GuV-Posten 2

  (hier nachrichtlich zu nennen):
  - auf Forderungen: GuV-Posten 8
  - auf Wertpapiere des Umlaufvermögens: GuV-Posten 12
- **ungewöhnlich hohe und selten vorkommende Abschreibungen:** GuV-Posten 7b
- **außerordentliche Abschreibungen** (§ 277 Abs. 4 Satz 1 HGB), wenn sie ungewöhnlich, selten und materiell bedeutsam sind oder außerhalb des going concerns anfallen, z. B. bei Katastrophen, Unterschlagung in beachtlicher Höhe, im Rahmen des Verkaufs von Betriebsteilen: GuV-Posten 16

  Erläuterung im Anhang hinsichtlich Betrag und Art des Anfalls (§ 277 Abs. 4 Satz 2 HGB). Nach § 275 Abs. 2 bzw. 3 HGB i. d. F. des BilRUG dürfen in der GuV keine außerordentlichen Posten mehr ausgewiesen werden. Sie werden nur noch im Anhang genannt und erläutert (§ 285 Nr. 31 und 32 HGB n. F.).

Schrittfolge bei der Bewertung der Vorräte 908

1. Feststellung der Anschaffungs- oder Herstellungskosten;
2. Abschreibung auf den niedrigeren Börsen- oder Marktpreis (Strenges Niederstwertprinzip des § 253 Abs. 4 Satz 1 HGB);
3. Vornahme von Abschlägen wegen

- ungewöhnlich langer Lagerdauer bzw. geringer Umschlagshäufigkeit (Gängigkeitsabschläge),
- festgestellter Mängel,
- verdeckter, aber üblicher Mängel,
- Umlagerungskosten bei Saisonwaren,
- Mode- und Geschmacksveränderungen,
- Verstaubung, Verfärbung u. Ä.

Beim Umlaufvermögen ist im Falle von Wertminderungen eine außerplanmäßige Abschreibung zwingend vorgeschrieben, um diese mit einem niedrigeren Wert anzusetzen, der sich aus einem Börsen- oder Marktpreis am Bilanzstichtag ergibt. Ist ein Börsen- oder Marktpreis nicht festzustellen und liegen die Anschaffungs- oder Herstellungskosten über dem beizulegenden Wert am Bilanzstichtag, so ist auf diesen niedrigeren Wert abzuschreiben (§ 253 Abs. 4 HGB).

Vor dem 1. 1. 2010 vorgenommene

- Abschreibungen auf den nahen Zukunftswert,
- Abschreibungen auf einen niedrigeren, nach vernünftiger kaufmännischer Beurteilung zulässigen Wert,
- Abschreibungen auf einen niedrigeren, steuerlich zulässigen Wert

dürfen zeitlich unbefristet beibehalten werden (Wahlrecht). Wird dieses Wahlrecht nicht in Anspruch genommen, sind die aus der Zuschreibung resultierenden Beträge – erfolgsneutral – in die anderen Gewinnrücklagen einzustellen.

909 Sobald die Gründe für einen niedrigeren Wertansatz entfallen, ist eine Zuschreibung (Wertaufholung) auf den aktuellen Wert am Bilanzstichtag vorzunehmen (§ 253 Abs. 5 Satz 1 HGB).

3. Bewertung der gekauften Vorräte

3.1 Durchschnitts- und Verbrauchsfolgebewertung

910 Nach dem Grundsatz der Einzelbewertung wären alle Gegenstände im Vorratsvermögen einzeln zu bewerten. In der Praxis bereitet die Einzelbewertung große Schwierigkeiten, da die Vorräte zu verschiedenen Zeitpunkten während des Geschäftsjahres und auch zu unterschiedlichen Einzelpreisen gekauft wurden. Die Inventur kann nicht mehr feststellen, mit welcher Lieferung und mit welchem Einzelpreis die gerade noch am Lager befindlichen Vorräte beschafft worden sind. Aus diesem Grunde erlaubt der Gesetzgeber bei **gleichartigen** Vorräten die **Sammel- oder Gruppenbewertung.**

3.1.1 Durchschnittsbewertung

911 In der Handelsbilanz (§ 240 Abs. 4 HGB) und in der Steuerbilanz (R 6.8 Abs. 4 EStR) darf zum gewogenen oder zum gleitenden Durchschnittswert aktiviert werden, wenn dieser niedriger ist als der Tageswert am Bilanzstichtag.

912 Bei der jährlichen Durchschnittswertermittlung wird am Ende des Geschäftsjahres die Summe der Anschaffungskosten aus Anfangsbestand und Zugängen durch die Gesamtmenge aus Anfangsbestand und Zugängen dividiert. Das Ergebnis ist der **gewogene Durchschnittspreis** je Stück. Die Menge des Endbestands aus der Inventur wird mit diesem Durchschnittspreis multipliziert, wenn der Tageswert nicht niedriger ist.

BEISPIEL:

Anfangsbestand am 1. 1.:		200 Stück zu 30 €
Zugänge im laufenden Geschäftsjahr:	22. 1.	300 Stück zu 32 €
	15. 5.	250 Stück zu 28 €
	18. 9.	280 Stück zu 33 €
Abgänge im laufenden Geschäftsjahr:	29. 1.	100 Stück
	2. 6.	200 Stück
	7. 10.	250 Stück
Schlussbestand 31. 12.:		480 Stück
Tageswert (Marktpreis) am 31. 12.:		29 €

Berechnung des gewogenen Durchschnittswerts:

		Stückzahl	Einzelpreis	Gesamtwert
Anfangsbestand	1. 1.	200	30 €	6 000 €
Zugang	22. 1.	300	32 €	9 600 €
Zugang	15. 5.	250	28 €	7 000 €
Zugang	18. 9.	280	33 €	9 240 €
		1 030		31 840 €

Durchschnittliche Anschaffungskosten: 31 840 : 1 030 = 30,91 €

Tageswert am 31. 12. (Bilanzstichtag) = 29 €

Der Endbestand von 480 Stück wird nach dem strengen Niederstwertprinzip mit 480 × 29 € = 13 920 € bewertet.

Bei der **gleitenden Durchschnittsbewertung** wird vor jedem Abgang der bis zu diesem Zeitpunkt jeweils erreichte Durchschnittswert ermittelt. Dabei können sich unterschiedliche Werte für die verschiedenen Abgänge ergeben. Diese **permanente Durchschnittsbewertung** stellt gegenüber dem gewogenen Durchschnitt eine Verfeinerung dar und kommt den tatsächlichen Anschaffungskosten näher. Sie zeigt zum Bilanzstichtag zwangsläufig den Durchschnittspreis des Endbestands. Auch hier wird der errechnete Durchschnittswert mit dem Tageswert am Bilanzstichtag verglichen und der niedrigere von beiden der Bewertung zugrunde gelegt. 913

BEISPIEL: Die Ausgangswerte entsprechen denen im vorstehenden Beispiel bei der Ermittlung des gewogenen Durchschnittswerts. 914

		Menge	Einzelpreis	Gesamtwert
Anfangsbestand	1. 1.	200	30,00 €	6 000,00 €
Zugang	22. 1.	300	32,00 €	9 600,00 €
Bestand	22. 1.	500	31,20 €	15 600,00 € *)
Abgang	29. 1.	100	31,20 €	3 120,00 €
Bestand	29. 1.	400	31,20 €	12 480,00 €
Zugang	15. 5.	250	28,00 €	7 000,00 €
Bestand	15. 5.	650	29,97 €	19 480,00 €
Abgang	2. 6.	200	29,97 €	5 994,00 €
Bestand	2. 6.	450	29,97 €	13 486,00 €
Zugang	18. 9.	280	33,00 €	9 240,00 €
Bestand	18. 9.	730	31,13 €	22 726,00 €
Abgang	7. 10.	250	31,13 €	7 782,50 €
Bestand	31. 12.	480	31,13 €	14 943,50 €

*) 15 600 : 500 = 31,20 €

Der Durchschnittswert beträgt 31,13 €. Nach dem strengen Niederstwertprinzip ist der Tageswert von 29 € anzusetzen.

3.1.2 Verbrauchsfolgebewertung

Bei der Verbrauchsfolgebewertung (§ 256 HGB) bildet die zeitliche Reihenfolge der Zu- und Abgänge die Grundlage für die Bewertung. Nach dem Lifo-Verfahren und dem Fifo-Verfahren ermittelte Werte dürfen in der **Handelsbilanz** angesetzt werden. In der **Steuerbilanz** darf als einziger Verbrauchsfolgewert **nur** der nach der **Lifo-Methode** ermittel- 915 te Wert angesetzt werden (§ 6 Abs. 1 Nr. 2a EStG, R 6.9 EStR). Wird in der Handelsbilanz ein nach Fifo-Methode ermittelter Wert angesetzt, ist eine unterschiedliche Bewertung des Vorratsvermögens für die Handelsbilanz **und** für die Steuerbilanz erforderlich.

(1) Lifo-Methode

916 Bei der Lifo-Methode (last in – first out) wird unterstellt, dass die **zuletzt erworbenen** Vorräte **als erste wieder entnommen** worden sind. Der Endbestand setzt sich stets aus dem Anfangsbestand und den ersten Zugängen zusammen. Die Lagerabgänge werden so zu möglichst gegenwartsnahen Preisen abgerechnet. Bei steigenden Preisen wird ein Gewinnausweis vermieden.

917 **Handelsrechtliche Voraussetzungen** für die Anwendung (§ 256 Satz 1 HGB):

- die Vorgehensweise muss den GoB entsprechen und
- die Vermögensgegenstände des Vorratsvermögens müssen gleichartig sein.

918 **Steuerrechtliche Voraussetzungen** (§ 6 Abs. 1 Nr. 2a EStG):

- Gewinnermittlung nach § 5 EStG.
- Gleichartige Wirtschaftsgüter des Vorratsvermögens.
- Das Verfahren entspricht den handelsrechtlichen Vorschriften ordnungsmäßiger Buchführung.
- Wertansatz auch in der Handelsbilanz.

919 Nur **gleichartige Vermögensgegenstände** dürfen zusammengefasst werden. Vermögensgegenstände sind gleichartig, wenn folgende Kriterien erfüllt sind:

- **Zugehörigkeit zur gleichen Warengattung:** Sie liegt vor bei gleichen Waren auch unterschiedlicher Abmessung, Farbe oder Qualität,

  oder
- **Erfüllung des gleichen Verwendungszwecks:** Eine solche Funktionsgleichheit liegt auch dann vor, wenn die Vorräte aus unterschiedlichem Material, anderer Herkunft oder ein verbessertes Nachfolgemodell der bisherigen Vorräte sind.
- **Annähernde Preisgleichheit:** Der Preis kann als Anzeichen für unterschiedliche Qualitätsmerkmale Einfluss auf die Gruppenbildung nehmen (BT-Drs. 11/2536, S. 47). Im Übrigen wird die geforderte Preisgleichheit als Voraussetzung für die Anwendung der Lifo-Methode heute zunehmend abgelehnt.

920 Die Bewertung nach der Lifo-Methode entspricht nicht den GoB bei Vorräten mit hohen Erwerbsaufwendungen, deren Anschaffungskosten ohne weiteres festgestellt und zugeordnet werden können (z. B. PKW).

Der Berechnung in den folgenden Beispielen liegen die Ausgangswerte aus den Beispielen zur Durchschnittsberechnung unter 3.1.1 zugrunde.

921 **BEISPIEL: Perioden-Lifo**

	200 Stück zu 30 €	=	6 000 €				
+	280 Stück zu 32 €	=	8 960 €				
	480 Stück	=	14 960 €	:	480	=	31,17 €

Der Bestand ist mit dem niedrigeren Tageswert von 29 € zu bewerten.

922 **BEISPIEL: Permanentes Lifo**

Die Abgänge werden laufend erfasst und nach der Methode last in – first out mit den Wertansätzen der letzten Zugänge bewertet.

		Menge	Einzelpreis	Gesamtwert
Anfangsbestand	1. 1.	200	30,00 €	6 000,00 €
Zugang	22. 1.	300	32,00 €	9 600,00 €
Bestand	22. 1.	500	31,20 €	15 600,00 €*)
Abgang	29. 1.	100	32,00 €	3 200,00 €
Bestand	29. 1.	400	31,00 €	12 400,00 €
Zugang	15. 5.	250	28,00 €	7 000,00 €
Bestand	15. 5.	650	29,85 €	19 400,00 €
Abgang	2. 6.	200	28,00 €	5 600,00 €
Bestand	2. 6.	450	30,67 €	13 800,00 €
Zugang	18. 9.	280	33,00 €	9 240,00 €
Bestand	18. 9.	730	31,56 €	23 040,00 €
Abgang	7. 10.	250	33,00 €	8 250,00 €
Bestand	31. 12.	480	30,81 €	14 790,00 €

*) 15 600,00 € : 500 = 31,20 €

Der Durchschnittspreis beträgt 30,81 € (genau 30,8125 €; EDV-Programme rechnen deshalb mit vier Stellen hinter dem Komma). Nach dem strengen Niederstwertprinzip ist der Tageswert von 29 € anzusetzen.

(2) Hifo-Methode

Bei der Hifo-Methode werden jeweils die Einheiten mit dem **höchsten Preis** als **zuerst verbraucht** angesehen: highest in – first out. Der Endbestand setzt sich aus den Zugängen mit den **niedrigsten Preisen** zusammen. Das Verfahren ist handels- und steuerrechtlich nicht zulässig. 923

BEISPIEL: ▸ **Perioden-Hifo** 924

	250 Stück zu 28 €	= 7 000 €			
+	200 Stück zu 30 €	= 6 000 €			
+	30 Stück zu 32 €	= 960 €			
	480 Stück	= 13 960 €	:	480	= 29,08 €

Es ist mit dem niedrigeren Tageswert von 29 € zu bewerten.

Auf die Darstellung des permanenten Hifo wird hier verzichtet. 925

(3) Fifo-Methode

Die Fifo-Methode geht von der entgegengesetzten Verbrauchsfolge der Lifo-Methode aus. Es wird unterstellt, dass die **zuerst gelieferten** Einheiten auch **zuerst verbraucht** worden sind: first in – first out. Der Endbestand setzt sich daher aus den letzten Zugängen zusammen. Das Verfahren ist steuerrechtlich nicht zulässig. 926

BEISPIEL: ▸ **Perioden-Fifo** 927

	280 Stück zu 33 €	= 9 240 €			
+	200 Stück zu 28 €	= 5 600 €			
	480 Stück	= 14 840 €	:	480	= 30,92 €

Es ist mit dem niedrigeren Tageswert von 29 € zu bewerten.

Auf die Darstellung des permanenten Fifo wird hier verzichtet. 928

(4) Lofo-Methode

929 Die Vorräte mit den **niedrigsten** Einstandspreisen werden **zuerst verkauft** oder verbraucht: lowest in – first out. Die Bestände werden zu den höchsten Beschaffungspreisen bewertet. Das Verfahren hat bei sinkenden Preisen eine zu hohe Bewertung zur Folge und ist handels- und steuerrechtlich **nicht zulässig**.

3.2 Retrograde Ermittlung des beizulegenden Werts (verlustfreie Bewertung)

930 Der beizulegende Wert einer Handelsware kann auch retrograd ermittelt werden, indem die kalkulierte Handelsspanne von den ausgezeichneten Preisen abgezogen wird (H 6.8 EStH). Zulässig ist auch die „spitze" Abrechnung der Verkaufskosten.

931 **BEISPIEL:**

Voraussichtlicher Verkaufserlös (netto)		4 000 €
– Erlösschmälerungen	120 €	
– Verpackungskosten	40 €	
– Ausgangsfrachten	60 €	
– noch anfallende Verwaltungskosten	200 €	
– Kapitaldienstkosten	15 €	435 €
Beizulegender Wert		3 565 €

4. Bewertung der unfertigen und fertigen Erzeugnisse

932 Unfertige und fertige Erzeugnisse sind zu Herstellungskosten zu bewerten (§ 255 Abs. 2 u. 3 HGB; § 6 Abs. 1 Nr. 2 EStG; R 6.3 EStR). Die Herstellungskosten können sich aus den folgenden Bestandteilen zusammensetzen:

ABB. 13: Bestandteile der Herstellungskosten bei Entnahme aus der Kostenrechnung

	Steuerbilanz	Handelsbilanz
Materialeinzelkosten (Rohstoffaufwendungen)	Pflicht	Pflicht
Materialgemeinkosten (für Einkauf und Lager)	Pflicht	Pflicht
Lohneinzelkosten (Fertigungslöhne)	Pflicht	Pflicht
Fertigungsgemeinkosten (Hilfslöhne und alle in den Werkstätten anfallenden Gemeinkosten)	Pflicht	Pflicht
Zinsen, soweit sie auf den Zeitraum der Herstellung entfallen	Wahl	Wahl
Sonder(einzel)kosten der Fertigung	Pflicht	Pflicht
anteilige Gemeinkosten der Verwaltung	Wahl	Wahl

Handelsrechtlich muss ab dem 1. 1. 2010 innerhalb der Materialgemeinkosten und der Fertigungsgemeinkosten insbesondere der im operativen Prozess veranlasste Werteverzehr des Anlagevermögens verrechnet werden.

Als Wahlbestandteile dürfen verrechnet werden (§ 255 Abs. 2 HGB):

- Kosten der allgemeinen Verwaltung,
- Aufwendungen für soziale Einrichtungen des Betriebs,
- Aufwendungen für freiwillige soziale Leistungen,
- Aufwendungen für betriebliche Altersversorgung,
- Fremdkapitalzinsen zur Finanzierung der Herstellung des Vermögengegenstands, soweit sie auf den Zeitraum der Herstellung entfallen (§ 255 Abs. 3 HGB).

Forschungs- und Vertriebskosten dürfen nicht einbezogen werden (§ 255 Abs. 2 Satz 4 HGB).

ABB. 14: Bestandteile der Herstellungskosten aus bilanzieller Sicht

		Steuerbilanz	Handelsbilanz
1	Einzelkosten und Sonder(einzel)kosten der Fertigung	Pflicht § 5 Abs. 1 Satz 1 EStG	Pflicht § 255 Abs. 2 Satz 2 HGB
2	Material- und Fertigungsgemeinkosten (angemessen/notwendig)	Pflicht R 6.3 Abs. 1 EStR	Pflicht 244 Abs. 2 Satz 2 HGB
3	Werteverzehr des Anlagevermögens (durch die Fertigung veranlasst) *Die Aktivierung entfällt bei selbst erstellten immateriellen Vermögensgegenständen.*	Pflicht R 6.3 Abs. 1 u. 3 EStR	Pflicht § 255 Abs. 2 Satz 2 HGB
	1 bis 3 = Untergrenze der Herstellungskosten		
4	Kosten der allgemeinen Verwaltung, Aufwendungen für soz. Einrichtungen/freiw. soz. Leistungen/betriebl. Altersversorgung (anteilmäßig)	Wahlrecht R 6.3 Abs. 4 EStR	Wahlrecht § 255 Abs. 2 Satz 3 HGB
5	Fremdkapitalzinsen, soweit durch die Fertigung veranlasst	Wahlrecht R 6.3 Abs. 4 EStR	Wahlrecht § 255 Abs. 3 HGB
	1 bis 5 = Obergrenze der Herstellungskosten		

Gem. § 6 Abs. 1 Nr. 1b EStG besteht ein Wahlrecht zum Ansatz der in Abbildung 15 dargestellten Kosten für die Steuerbilanz. Allerdings muss das Wahlrecht dann in Übereinstimmung mit der Handelsbilanz ausgeübt werden. Der Gesetzgeber hat hier die vor dem BilMoG geltende Umkehrmaßgeblichkeit des § 5 Abs. 1 Satz 2 EStG a. F. bzgl. dieses Sachverhaltes wieder eingeführt: Werden steuerliche Wahlrechte ausgeübt, muss genauso in der Handelsbilanz verfahren werden. 933

Alle Aufwendungen, die durch den Vertrieb verursacht worden sind – einschl. der Sondereinzelkosten des Vertriebs –, **dürfen nicht** in die Herstellungskosten eingehen. 934

Materialeinzelkosten, Lohneinzelkosten und Sonder(einzel)kosten der Fertigung lassen sich aufgrund von Belegen direkt bestimmten Erzeugnissen bzw. Fertigungsaufträgen zurechnen. Die bei der Bilanzierung angesetzten **Herstellungskosten** sind niedriger als die für betriebswirtschaftliche (kostenrechnerische) Zwecke ermittelten **Herstellkosten**. Die Gemeinkosten werden mit Hilfe von prozentualen Zuschlagsätzen, die in der Kostenrechnung ermittelt wurden, auf die Einzelkosten verrechnet. 935

Für die Aktivierung Materialgemeinkosten und der Fertigungsgemeinkosten innerhalb der Herstellungskosten in der Handelsbilanz und auch in der Steuerbilanz sind in der Kostenrechnung besondere Berechnungen erforderlich, da nicht alle in der Kostenrechnung anfallenden Bestandteile der beiden Kostenblöcke aktivierungspflichtig sind (s. hierzu auch Kapitel 2 Jahresabschluss, IV. Herstellungskosten). Deshalb weichen die während des Jahres in der Kostenrechnung verrechneten Herstellkosten von den aktivierten Herstellungskosten ab. 936

937 Stellt sich am Jahresende heraus, dass die unfertigen oder die fertigen Erzeugnisse zum Bilanzstichtag kostengünstiger gefertigt werden könnten als zu den tatsächlich angefallenen Kosten, müssen sie mit dem niedrigeren Wert aktiviert werden.

VIII. Festwerte

1. Wesen der Festbewertung

938 Die Vorräte an bestimmten Roh-, Hilfs- und Betriebsstoffen sowie Gegenstände des beweglichen Anlagevermögens verursachen bei der jährlichen körperlichen Bestandsaufnahme einen erheblichen Arbeitsaufwand und große Schwierigkeiten bei der anschließenden Bewertung.

939 Eine Alternative zur Sammel- oder Gruppenbewertung ist die Festbewertung (§ 240 Abs. 3 und § 256 Satz 2 HGB). Diese erlaubt, dass bestimmte Gegenstände über einen längeren Zeitraum mit einem gleichbleibenden Wert angesetzt werden.

2. Voraussetzungen für die Festbewertung

940 **Handelsrechtlich** (§ 240 Abs. 3 HGB) dürfen Vermögensgegenstände mit einer gleichbleibenden Menge und mit einem gleichbleibenden Wert angesetzt werden, wenn

- es sich um Gegenstände des Sachanlagevermögens oder um Roh-, Hilfs- und Betriebsstoffe handelt. Für andere Vermögensgegenstände, z. B. Waren, unfertige und fertige Erzeugnisse, darf kein Festwert angesetzt werden.
- die unbrauchbaren bzw. verbrauchten Gegenstände regelmäßig ersetzt werden.
- der Gesamtwert der so bewerteten Vermögensgegenstände für das Unternehmen von nachrangiger Bedeutung ist.
- der einzelne Vermögensgegenstand nicht besonders wertvoll ist.
- der Bestand in seiner Größe, seinem Wert und seiner Zusammensetzung nur geringen Veränderungen unterliegt.
- i. d. R. alle drei Jahre eine körperliche Bestandsaufnahme durchgeführt wird.

941 Anstelle der Bestandsaufnahme ist auch die Anpassung aufgrund von Schlüsselgrößen möglich. Schlüsselgrößen können sein: bei Werkzeugen die Anzahl der Arbeitsplätze, bei Gleisanlagen die Länge des Netzes, die Anzahl der Sitz- oder Übernachtungsgelegenheiten bei Hotelinventar, bei Laborgeräten die Anzahl der Arbeitsplätze usw.

942 Anhaltspunkte für die **Nachrangigkeit** können sich aus dem Grundsatz der Wesentlichkeit ergeben, der in einem § 270 Nr. 3 EHGB zur Erläuterungspflicht von Änderungen der Bilanzierungs- und Bewertungsmethoden im Anhang mit 10 % des Jahresüberschusses oder -fehlbetrags vorgesehen war. Allgemein wird von einem Betrag von 10 % des jeweiligen Bilanzpostens – nicht der Bilanzsumme – ausgegangen.

943 **Steuerlich** ist für Gegenstände des **beweglichen Anlagevermögens**, für die ein Festwert angesetzt wurde, mindestens an jedem dritten Bilanzstichtag, spätestens aber an jedem fünften Bilanzstichtag, eine körperliche Bestandsaufnahme vorzunehmen (R 5.4 Abs. 3 Satz 1 EStR).

944 Bei **Roh-, Hilfs- und Betriebsstoffen**, für die ein Festwert angesetzt wurde, ist mindestens an jedem dritten Bilanzstichtag eine körperliche Bestandsaufnahme durchzufüh-

ren. Der Festwert darf nur der Erleichterung der Inventur und der Bewertung, nicht jedoch dem Ausgleich von Preisschwankungen, insbesondere von Preissteigerungen, dienen (H 6.8 EStH).

3. Bildung des Festwerts

3.1 Bildung bei Gegenständen des beweglichen Anlagevermögens

Beim Anlagevermögen ist die Bildung eines Festwerts dann sinnvoll, wenn die so er- 945
fassten Gegenstände eine ungefähr gleiche technische oder wirtschaftliche Zweckbestimmung haben, in einer größeren Zahl vorhanden sind, als Einzelstück keinen erheblichen Wert haben und ständig in größerem Umfang angepasst, ergänzt und erneuert werden müssen. Das trifft insbesondere zu auf Vorrichtungen im Maschinen- und Anlagenbau, Kleinbahnschienen der Bergwerke und Ziegeleien, Transport- und Förderanlagen, Formen, Modelle, Mess- und Prüfgeräte, Schalungs- und Gerüstteile der Bauunternehmungen, Kleinwerkzeuge, Flaschen und Flaschenkörbe in der Getränkeindustrie, Bettwäsche, Geschirr und Bestecke der Gaststätten und Hotelbetriebe. Ersatzteile und Werkzeuge, die noch nicht in Gebrauch sind, werden im Vorratsvermögen erfasst und bewertet.

Soweit bei Gegenständen des abnutzbaren Anlagevermögens die Voraussetzungen des 946
§ 6 Abs. 2 EStG gegeben sind, werden die Unternehmen die Sofortabschreibung vorziehen. Festwerte werden im Allgemeinen gebildet, wenn Güter nicht selbständig nutzbar sind, wie Sägeblätter, Fräser, Bohrer, Stanzen, Formen, und im Falle von Beleuchtungsanlagen, sofern es sich um Betriebsvorrichtungen handelt. Die Abgrenzung von den geringwertigen Wirtschaftsgütern ergibt sich aus R 6.13 Abs. 1 EStR.

Für Gerüst- und Schalungsteile kann ein Festwert gebildet werden, wenn sie **technisch** 947
aufeinander abgestimmt und genormt sind und nicht selbständig bewertet und genutzt werden können. Sind sie **nicht technisch aufeinander abgestimmt und genormt,** können sie als geringwertige Wirtschaftsgüter im Jahr der Anschaffung abgeschrieben werden. Letzteres gilt insbesondere für Bretter, Kanthölzer, Gerüstbretter und Stempel, die für den einzelnen Bau nach Bedarf zugeschnitten und zusammengestellt werden und damit selbständig nutzbar sind.

Wegen der Forderung der nachrangigen Bedeutung ist insbesondere bei Großwerkzeu- 948
gen, Transport und Förderanlagen sowie Bahnanlagen zu prüfen, ob diese nach den Verhältnissen des einzelnen Unternehmens von nachrangiger Bedeutung sind. Reine Gerüstbaubetriebe werden deshalb keinen Festwert für Gerüst- und Schalungsteile bilden können.

Zwar ist eine Gleichartigkeit der in einer Gruppe zusammengefassten Vermögens- 949
gegenstände nicht ausdrücklich verlangt, dennoch sollten nur Vermögensgegenstände mit

- wirtschaftlich und technisch vergleichbaren Funktionen,
- ungefähr gleicher Nutzungsdauer,
- ungefähr gleich hohen Anschaffungs- oder Herstellungskosten zusammengefasst werden.

950 Bei der Festlegung des Festwerts ist zu berücksichtigen, dass der darin zusammengefasste Bestand i. d. R. altersmäßig gemischt ist. Aus diesem Grunde ist bei der Ermittlung von den um angemessene Abschreibungen gekürzten Anschaffungs- oder Herstellungskosten auszugehen. Für Werkzeuge wird der Festwert i. d. R. 50 % der Anschaffungskosten betragen, für Gerüst- und Schalungsteile 40 % (FinMin NRW vom 12. 12. 1961 – S 2133 – 12 – VB 1, BStBl 1961 II S. 194).

951 Im Falle von Neugründungen und bei erstmaliger Bildung eines Festwerts sind die Anschaffungskosten zu aktivieren und so lange abzuschreiben, bis der Festwert erreicht ist.

952 Der Festwert muss jedoch **nicht sofort ausgewiesen** werden. In diesem Falle wird auf den noch nicht abgeschriebenen Altbestand die laufende Abschreibung vorgenommen, die Neuzugänge werden in den Folgejahren mit dem entsprechenden Anteil ihrer Anschaffungskosten aktiviert, bis der Festwert erreicht ist.

953 Die in einem Festwert erfassten Vermögensteile brauchen nicht in das Bestandsverzeichnis aufgenommen zu werden.

954 **BEISPIEL:** Die GmbH möchte für die im Anlagevermögen befindlichen Vorrichtungen das Wahlrecht der Festbewertung in Anspruch nehmen. Die Vorrichtungen haben eine betriebsgewöhnliche Nutzungsdauer von 5 Jahren. Die am Bilanzstichtag 31. 12. 01 vorhandenen Vorrichtungen wurden zum Teil im Abschlussjahr angeschafft, zum Teil stammen sie aus den Vorjahren und sind je nach Anschaffungsjahr mehr oder weniger abgenutzt. Die GmbH addiert die ursprünglichen Anschaffungskosten aller am Bilanzstichtag vorhandenen Vorrichtungen und setzt den Festwert unter Berücksichtigung einer linearen Abschreibung mit 50 % dieser Anschaffungskosten an.

31. 12. 01

Da 50 % der Anschaffungskosten angesetzt werden dürfen, ergäbe sich hier ein Festwert von 50 000 €. Der Buchwert beläuft sich auf 45 000 €. Zum 31. 12. 01 werden 45 000 € bilanziert.

31. 12. 02

In 02 werden Werkzeuge für netto 36 000 € zugekauft. Der Altbestand wird weiter linear einzeln abgeschrieben. Abschreibungsbetrag insgesamt: 15 000 €

	Bilanzansatz 1. 1. 02	45 000 €
–	Abschreibung für 02 auf den Altbestand	15 000 €
		30 000 €
+	Zugang in 02 (50 % der Anschaffungskosten von 36 000 €)	18 000 €
	Bilanzansatz 31. 12. 02	48 000 €

Buchung bei Anwendung des IKR:

654	Abschreibungen	15 000 €	an	082	Vorrichtungen	15 000 €
082	Vorrichtungen	18 000 €				
603	Sonst. betriebliche Aufwendungen für Vorrichtungen	18 000 €				
260	Vorsteuer	6 840 €	an	440	Verbindlichkeiten	42 840 €

31. 12. 03

Zu berücksichtigen sind eine lineare Abschreibung von insgesamt 15 000 € auf den Altbestand und Zukäufe im Wert von netto 40 000 €.

	Bilanzansatz 1. 1. 03	48 000 €
–	Abschreibung für 03 auf den Altbestand	15 000 €
		33 000 €
+	Zugang in 03 (50 % der Anschaffungskosten von 40 000 €)	20 000 €
		53 000 €
–	Abschreibung des Überbestands in 03	3 000 €
	Bilanzansatz 31. 12. 03	50 000 €

Buchung bei Anwendung des IKR:

654	Abschreibungen	18 000 €	(= 15 000 + 3 000)			
			an	082	Vorrichtungen	18 000 €
082	Vorrichtungen	20 000 €				
603	Sonst. betriebliche Aufwendungen für Vorrichtungen	20 000 €				
260	Vorsteuer	7 600 €	an	440	Verbindlichkeiten	47 600 €

31. 12. 04

Die Zugänge ab 1. 1. 04 werden sofort in voller Höhe in den Aufwand gebucht. Abschreibungen und Abgänge werden buchmäßig nicht erfasst. Zugang in 04 netto 40 000 €.

Buchung:

603	Sonst. betriebliche Aufwendungen für Vorrichtungen	40 000 €				
260	Vorsteuer	7 600 €	an	440	Verbindlichkeiten	47 600 €

3.2 Bildung bei Roh-, Hilfs- und Betriebsstoffen

Typische Roh-, Hilfs- und Betriebsstoffe, für die eine Festbewertung sinnvoll ist, sind Farbläger, Schmier- und Reinigungsmittel, Nieten, Schrauben und sonstiges Kleinmaterial, Heizölbestände. Für die Zusammenfassung in Gruppen gelten die zu Vermögensgegenständen des Anlagevermögens genannten Merkmale. Für Gegenstände, die besonders wertvoll sind (Gold und Platin) oder regelmäßig erheblichen Preisschwankungen unterliegen (Blei, Kupfer), kann ein Festwert nicht gebildet werden. 955

Die **Höhe des Festwerts** richtet sich nach den Anschaffungskosten unter Berücksichtigung des Niederstwertprinzips. Bei erstmaligem Ansatz des Festwerts in einem bestehenden Betrieb entspricht die Höhe grundsätzlich dem letzten Inventurwert. 956

BEISPIEL: Bei der Inventur des Farblagers zum 31. 12. 01 wird ein Bestand von 20 000 € ermittelt. Das Konto wird ab 1. 1. 02 als Festwertkonto geführt. Eine besondere Buchung ist nicht erforderlich. In die Kontenbezeichnung sollte vom 1. 1. 02 an der Zusatz „Festwert" aufgenommen werden. 957

3.3 Zu- und Abgänge bei Festwertkonten

Beim Ansatz eines Festwerts werden Zu- und Abgänge sowie Abschreibungen nicht berücksichtigt. Ersatzbeschaffungen werden sofort als Aufwand verbucht. Die Anpassung des Bestands erfolgt allein aufgrund einer nach § 240 Abs. 3 HGB vorgenommenen Bestandsaufnahme. 958

959 **BEISPIEL:** Die Zugänge zu Festwertbeständen im Anlagevermögen werden gebucht:

603	Sonstige betriebliche Aufwendungen zu Festwerten im AV			
260	Vorsteuer	an	440	Verbindlichkeiten aus L. u. L.

Die Zugänge zu Festwertbeständen bei Roh-, Hilfs- und Betriebsstoffen werden gebucht:

6 . .	Roh-, Hilfs-/Betriebsstoffaufwendungen			
260	Vorsteuer	an	440	Verbindlichkeiten aus L. u. L.

3.4 Anpassung des Festwerts

3.4.1 Anpassung des Festwerts beim Anlagevermögen

960 Bei der Anpassung des Festwerts nach einer Inventur ist zu beachten:

- **Übersteigt der** bei einer nach § 240 Abs. 3 HGB vorgenommenen Aufnahme **ermittelte Wert den bisher geführten Festwert um mehr als 10 %**, so ist der ermittelte Wert als neuer Festwert maßgebend.
- Bei Festwerten im Anlagevermögen ist der bisherige Festwert so lange um die Anschaffungs- oder Herstellungskosten der im Festwert erfassten und nach dem Bilanzstichtag des vorangegangenen Wirtschaftsjahres angeschafften oder hergestellten Wirtschaftsgüter **aufzustocken**, bis der neue Festwert erreicht ist (R 5.4 Abs. 3 Satz 2 EStR).
- Ist der ermittelte Festwert **niedriger** als der bisherige Festwert, **kann** der Steuerpflichtige den ermittelten Wert als neuen Festwert ansetzen (R 5.4 Abs. 3 Satz 4 EStR). Das handelsrechtliche Niederstwertprinzip muss beachtet werden. Allerdings sind geringe Wertschwankungen unbeachtlich, da es zum Charakter des Festwertansatzes gehört, dass geringe Wertschwankungen aus Gründen der Vereinfachung nicht berücksichtigt werden.
- **Vermindert sich die Menge**, so **muss** wegen des Prinzips der Vorsicht auch innerhalb der Drei-Jahres-Frist und innerhalb der 10 %-Grenze eine Angleichung vorgenommen werden.
- **Wertveränderungen** aufgrund von **Preissteigerungen** führen wegen des Anschaffungswertprinzips nicht zu einer vorzeitigen Änderung des Festwerts.

961 **BEISPIEL:** Der in der Inventur zum 31.12.05 tatsächlich ermittelte Wert an Vorrichtungen beträgt 58 000 €. Der Betrag **übersteigt** den bisherigen Festwert von 50 000 € um mehr als 10 %. Die Ergänzungsbeschaffungen haben in 05 6 000 € und in 06 7 000 € betragen.

Buchung der Ergänzungsbeschaffungen in 05:

603	Sonst. betriebliche Aufwendungen für Vorrichtungen	6 000 €				
260	Vorsteuer	1 140 €	an	440	Verbindlichkeiten aus L. u. L.	7 140 €

Buchung Ende 05:

082	Vorrichtungen	6 000 €	an	603	Sonst. betr. Aufw./ Vorrichtungen	6 000 €

Möglich wäre auch die Buchung

082	Vorrichtungen	6 000 €	an	544	Erträge aus Zuschreibungen	6 000 €

Buchung der Ergänzungsbeschaffungen in 06:

603	Sonst. betriebliche Aufwendungen für Vorrichtungen	7 000 €				
260	Vorsteuer	1 330 €	an	440	Verbindlichkeiten aus L. u. L.	8 330 €

Buchung Ende 06:

082	Vorrichtungen	2 000 €	an	603	Sonst. betr. Aufw./ Vorrichtungen	2 000 €

BEISPIEL: ▸ **Unwesentliche Veränderung von weniger als 10 %** 962

Der in der Inventur zum 31. 12. 05 tatsächlich ermittelte Wert an Vorrichtungen beträgt 47 000 €. Die GmbH **kann** den niedrigeren Wert als neuen Festwert ansetzen. Macht sie von dem Wahlrecht Gebrauch, wird folgende Buchung erforderlich:

654	Abschreibungen auf Sachanlagen	3 000 €	an	082	Vorrichtungen	3 000 €

3.4.2 Anpassung des Festwerts bei Roh-, Hilfs- und Betriebsstoffen

BEISPIEL: ▸ **Inventur und Buchungen in 04:** 963

Die Bestandsaufnahme zum 31. 12. 04 ergibt gegenüber dem bisherigen Festwert von 20 000 € einen Wert von 25 000 €. Im Geschäftsjahr 04 wurden Farben für 4 000 € zugekauft. Die Eingangsrechnungen wurden gebucht:

602	Hilfsstoffaufwendungen	4 000 €				
260	Vorsteuer	760 €	an	440	Verbindlichkeiten aus L. u. L.	4 760 €

	alter Festwert	20 000 €
+	Zugänge in 04	4 000 €
	Festwert 31. 12. 04	24 000 €

Korrekturbuchung zum 31. 12. 04:

202	Hilfsstoffe	4 000 €	an	602	Hilfsstoff-aufwendungen	4 000 €

Buchungen in 05:

Im Geschäftsjahr 05 wurden Farben für 3 000 € zugekauft.

Buchung der Eingangsrechnungen:

602	Hilfsstoffaufwendungen	3 000 €				
260	Vorsteuer	570 €	an	440	Verbindlichk. aus L. u. L.	3 570 €

Korrekturbuchung zum 31. 12. 05:

202	Hilfsstoffe	1 000 €	an	602	Hilfsstoff-aufwendungen	1 000 €

4. Übergang vom Festwert zur üblichen Bewertung

Unter Beachtung des Grundsatzes der Stetigkeit (§ 252 Abs. 1 Nr. 6 HGB) kann von der 964
Festbewertung zur üblichen Bewertung gewechselt werden. Ein Wechsel wird i. d. R. erforderlich sein, wenn die betriebswirtschaftlichen Verhältnisse sich so verändert haben, dass die Festbewertung nicht mehr gerechtfertigt ist. Auch in diesem Fall ist die Bewertung in der Handelsbilanz maßgeblich für die Steuerbilanz.

Bei Festwerten im **Anlagevermögen** sind im Jahr des Übergangs alle Neuzugänge mit 965
ihren Anschaffungs- oder Herstellungskosten zu aktivieren und über ihre betriebsgewöhnliche Nutzungsdauer (§ 7 Abs. 1 EStG) oder ggf. sofort abzuschreiben (§ 6 Abs. 2 EStG). Die bisher im Festwert enthaltenen Altbestände können zum Bilanzstichtag des Übergangsjahres körperlich aufgenommen, mit ihrem Buchwert erfasst und von nun

an einzeln über ihre Restnutzungsdauer abgeschrieben werden. Dabei darf der einzelne Gegenstand aus Gründen des Wertzusammenhangs nicht mit einem höheren Wertansatz erscheinen, als es seinem bisherigen Festwertanteil entspricht.

966 Bei **Umlaufvermögen** erfolgt vom Übergangsjahr an die Aufnahme und Bewertung zum jeweiligen Bilanzstichtag.

F. Buchungen im Personalbereich

I. Aufgaben der Lohn- und Gehaltsbuchhaltung

1101 Die Lohn- und Gehaltsabrechnung ist ein wesentlicher Bestandteil des Rechnungswesens. Sie dient der

- ordnungsmäßigen Entlohnung der Arbeitnehmer;
- Aufbereitung des Zahlenmaterials für die Buchführung, Kostenrechnung, Statistik und Planung;
- Dokumentation und dem Nachweis
  - der Zusammensetzung der Arbeitsentgelte je Arbeitnehmer,
  - bei Prüfungen der Finanzbehörden bezüglich der Lohnkonten, der Lohnjournale und der monatlichen Lohnsteueranmeldungen,
  - bei Prüfungen der gesetzlichen Krankenkassen und der Ersatzkassen bezüglich der monatlichen Beitragsnachweisungen, der Anmeldungen, Abmeldungen, Unterbrechungsmeldungen, Jahresmeldungen usw.,
  - bei der Prüfung der ordnungsmäßigen Ermittlung und Abführung der Berufsgenossenschaftsbeiträge durch die Berufsgenossenschaften,
  - bei der Prüfung durch das Arbeitsamt im Falle der Zahlung von Kurzarbeitergeld und Schlechtwettergeld.

II. Lohn- und Gehaltsbuchhaltung als Nebenbuchhaltung

1102 Als Nebenbuchhaltung wird die Lohn- und Gehaltsbuchhaltung außerhalb des Kontensystems der Hauptbuchhaltung geführt. Das in der Lohn- und Gehaltsbuchhaltung aufbereitete Zahlenmaterial wird monatlich weitergemeldet an

a) die **Finanzbuchhaltung**: aufbereitet nach Lohn- und Gehaltssummen je Hauptbuchkonto, einzubehaltenden Steuern, Sozialversicherungsbeiträgen, sonstigen Abzügen und Nettobeträgen;

b) die **Kostenrechnung**: aufbereitet nach Summen je Kostenart/Lohnart und Kostenstellennummer bzw. Kostenträgernummer;

c) die mit der **Statistik** beauftragte Abteilung und

d) mindestens einmal jährlich an die mit der **Unternehmensplanung** beauftragte Abteilung.

1103 Für die Nebenbuchhaltung gelten die allgemeinen Anforderungen an die Buchführung und Aufzeichnungen des § 239 Abs. 2 HGB und der §§ 145–147 und 158 AO. Daneben sind steuerliche (§§ 38 bis 42f EStG) und sozialversicherungsrechtliche Vorschriften zu beachten. § 41 Abs. 1 Satz 1 EStG schreibt vor, dass der Arbeitgeber für jeden Arbeitnehmer und für jedes Kalenderjahr ein Lohnkonto führen muss. In § 4 LStDV ist der Inhalt des Lohnkontos festgelegt.

Aufgrund vertraglicher Regelungen oder/und aufgrund der Lohnscheine werden zunächst die Bruttolöhne oder -gehälter errechnet **(Bruttolohnrechnung)**. 1104

Die Bruttolöhne und -gehälter sind die Basis für die Ermittlung der Lohn- und Kirchensteuer, den Solidaritätszuschlag und der Sozialversicherungsbeiträge (Renten-, Arbeitslosen- und Kranken- und Pflegeversicherung). Die Sozialversicherungsbeiträge werden grundsätzlich je zur Hälfte vom Arbeitgeber (AG-Anteil) und zur Hälfte vom Arbeitnehmer (AN-Anteil) getragen. Den gesetzlichen Zusatzbeitrag zur Krankenversicherung zahlt der Arbeitnehmer i. d. R. allein. 1105

Bruttolohn bzw. -gehalt abzüglich der Abzüge ergibt den Nettolohn/das Nettogehalt **(Nettolohnrechnung)**. 1106

1107

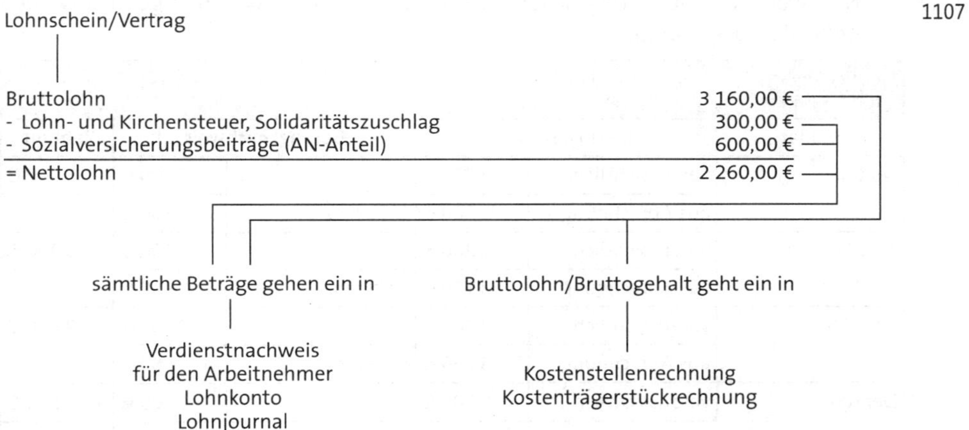

III. Buchung der Löhne und Gehälter im Hauptbuch

Grundlage für die Buchungen im Hauptbuch ist die Lohn- oder Gehaltsliste bzw. ein aufgrund der Summen in der Lohn- oder Gehaltsliste erstellter Buchungsbeleg. 1108

ABB. 15: Vereinfachte Darstellung einer Lohn- oder Gehaltsliste

Name	Steuerklasse	Bruttogehalt	Abzüge			Summe Abzüge	Auszahlung	Arbeitgeberanteil zur Sozialversich.
			Lohnsteuer/ Solid. Zuschl.	Kirchensteuer	Sozial-Vers.			
....	III/2	3 299,99	409,03 22,50	32,72	646,80	1 111,05	2 188,94	640,00
....	I/0	2 000,00	292,37 16,08	23,38	392,00	732,83	1 276,17	388,00
....	IV/0	2 500,00	448,06 24,64	35,84	490,00	998,54	1 501,46	485,50
Summe		7 799,99	1 212,68	91,94	1 528,80	2 833,42	4 966,57	1 513,50

Überweisung der Sozialversicherungsbeiträge

1109 Die Sozialversicherungsbeiträge müssen seit dem 1. 1. 2006 in der voraussichtlichen Höhe der Schuld spätestens am drittletzten Bankarbeitstag des laufenden Monats an die Einzugsstellen abgeführt werden. Ein i. d. R. verbleibender Restbetrag wird zum drittletzten Bankarbeitstag des Folgemonats fällig. Aus Gründen der Vereinfachung kann der Arbeitgeber die Sozialversicherungsbeiträge in Höhe der Beiträge des Vormonats zahlen, wenn Änderungen der Beitragsabrechnung regelmäßig durch Mitarbeiterwechsel oder variable Entgeltsbestandteile dies erfordern. Für einen verbleibenden Restbetrag bleibt es bei der Fälligkeit zum drittletzten Bankarbeitstag des Folgemonats (§ 23 Abs. 1 SGB IV).

1110 Der Nachweis über die Beitragsschuld und die Zahlung kann wie folgt geführt werden (vereinfachte Darstellung):

ABB. 16: Nachweis der geschuldeten und der gezahlten Sozialversicherungsbeiträge nach Monaten

Monat	Beitragsschuld		Beitragsnachweis		Zahlung
Sept. 06	voraussichtlich	3 000 €		3 000 €	3 000 €
	aus Abrechnung	3 100 €	Differenz	100 €	
Okt. 06	voraussichtlich	3 200 €		3 200 €	3 300 €
	aus Abrechnung	3 150 €	Differenz	– 50 €	
Nov. 06	voraussichtlich	3 000 €		3 000 €	2 950 €
	aus Abrechnung	3 050 €	Differenz	50 €	
Dez. 06	voraussichtlich	3 100 €		3 100 €	3 150 €
	aus Abrechnung	3 100 €	Differenz	0 €	
Summen	aus Abrechnung	12 400 €			12 400 €

1111 **a) Grundbuchungssätze**

BEISPIEL: Als Vorauszahlung auf die Sozialversicherungsbeiträge werden 3 000,00 € überwiesen.

Buchung der Vorauszahlung der Sozialversicherungsbeiträge:

				Soll	Haben
2640	Vorauszahlung SV-Beiträge			3 000,00 €	
	an	2800	Bankguthaben		3 000,00 €

Buchungen auf der Basis der Lohn- oder Gehaltsliste unter ABB. 15:

				Soll	Haben
6200	Löhne			7 799,99 €	
	an	4830	sonst. Verbindl. gegenüber Finanzbehörden		1 304,62 €
	an	2640	Vorauszahlung SV-Beiträge		1 528,80 €
	an	2800	Bankguthaben		4 966,57 €
6400	AG-Anteil zur Sozialversicherung			1 513,50 €	
	an	2640	Vorauszahlung SV-Beiträge		1 513,50 €

Buchung der Überweisung der einbehaltenen LSt, KiSt und des Solidaritätszuschlags:

				Soll	Haben
4830	sonst. Verbindl. gegenüber Finanzbehörden			1 304,62 €	
	an	2800	Bankguthaben		1 304,62 €

Auf dem Konto Vorauszahlung Sozialversicherungsbeiträge bleibt ein Betrag von 3 000,00 − 1 528,80 − 1 513,50 = −42,30 € offen, der mit der Vorauszahlung am drittletzten Bankarbeitstag des folgenden Abrechnungsmonats fällig wird.

b) Buchungen bei Einschaltung eines Lohnverrechnungskontos 1112

BEISPIEL:

				Soll	Haben
2640	Vorauszahlung SV-Beiträge			3 000,00 €	
	an	2800	Bankguthaben		3 000,00 €

Buchungen aufgrund der Lohn- oder Gehaltsliste unter ABB. 15:

				Soll	Haben
6200	Löhne			7 799,99 €	
	an	4830	sonst. Verbindl. gegenüber Finanzbehörden		1 304,62 €
	an	2640	Vorauszahlung SV-Beiträge		1 528,80 €
	an	4810	Lohnverrechnungskonto		4 966,57 €
6400	AG-Anteil zur Sozialversicherung			1 513,50 €	
	an	2640	Vorauszahlung SV-Beiträge		1 513,50 €

Buchung der Überweisung der einbehaltenen LSt, KiSt und des Solidaritätszuschlags:

				Soll	Haben
4830	sonst. Verbindl. gegenüber Finanzbehörden			1 304,62 €	
	an	2800	Bankguthaben		1 304,62 €

oder:

				Soll	Haben
2640	Vorauszahlung SV-Beiträge			3 000,00 €	
	an	2800	Bankguthaben		3 000,00 €

Buchungen aufgrund der Lohn- oder Gehaltsliste unter ABB. 15:

				Soll	Haben
6200	Löhne			7 799,99 €	
	an	4810	Lohnverrechnungskonto		7 799,99 €
4810	Lohnverrechnungskonto			7 799,99 €	
	an	4830	sonst. Verbindl. gegenüber Finanzbehörden		1 304,62 €
	an	2640	Vorauszahlung SV-Beiträge		1 528,80 €
	an	2800	Bankguthaben		4 966,57 €
6400	AG-Anteil zur Sozialversicherung			1 513,50 €	
	an	2640	Vorauszahlung SV-Beiträge		1 513,50 €

c) Abrechnung unter Berücksichtigung vermögenswirksamer Leistungen 1113

BEISPIEL:

Lohnberechnung:

	Tariflohn	1 559 €
+	vermögenswirksame Leistung (des AG)	27 €
=	steuer- und sozialversicherungspfl. brutto	1 586 €
−	Lohn- und Kirchensteuer (einschl. Soli-Zuschlag)	100 €
−	Sozialversicherungsbeitrag (AN-Anteil)	300 €
=	Nettolohn	1 186 €
−	vermögenswirksamer Sparbeitrag (des AN)	40 €
=	auszuzahlender Betrag	1 146 €

Buchung:

	Soll	Haben
Löhne/Gehälter	1 586 €	
an sonst. Verbindl. gegen Finanzbehörden		100 €
an Vorauszahlung SozVers.		300 €
an sonst. Verbindl. aus einbeh. VwL		40 €
an Lohnverrechnungskonto		1 146 €
AG-Anteil zur Sozialversicherung	300 €	
an sonst. Verbindl. gegen Sozialversicherung		300 €

Bei Überweisung:

	Soll	Haben
Lohnverrechnungskonto	1 146 €	
an Bank		1 146 €
sonst. Verbindl. gegen Finanzbehörden	100 €	
sonst. Verbindl. aus einbeh. VwL	40 €	
an Bank		140 €

1114 d) Buchung von Vorschüssen

Vorschüsse sind Forderungen an Mitarbeiter, da diese noch keine Gegenleistung erbracht haben.

BEISPIEL: Eine Mitarbeiterin erhält einen Vorschuss in Höhe von 250 €.
Buchung bei Auszahlung:

	Soll	Haben
Forderungen gegenüber Mitarbeitern	250 €	
an Kasse		250 €

Verrechnung des Vorschusses bei der folgenden Gehaltszahlung:

	Soll	Haben
Gehälter	1 590 €	
an sonst. Verbindl. gegen Finanzbehörden		100 €
an Vorauszahlung SozVers.		300 €
an Forderungen gegenüber Mitarbeitern		250 €
an Lohnverrechnungskonto		940 €

1115 e) Buchung von Arbeitgeberdarlehen

Ein sog. Arbeitgeberdarlehen ist dann zu vermuten, wenn ein die jeweilige Vergütungszahlung erheblich übersteigender Betrag zur Erreichung eines Zwecks gewährt wird, der mit den normalen Bezügen nicht in absehbarer Zeit erreicht werden kann und zu dessen Befriedigung auch sonst üblicherweise ein Kredit in Anspruch genommen wird.

BEISPIEL: Der Betrieb zahlt ein Arbeitgeberdarlehen von 7 000 € als Hilfe zum Kauf einer Eigentumswohnung. Buchung bei Auszahlung:

	Soll	Haben
Ausleihungen an Mitarbeiter	7 000 €	
an Bank		7 000 €

1116 f) Buchung von Abschlagszahlungen

Abschlagszahlungen sind ausgezahlte, aber noch nicht aufwandsmäßig abgerechnete Anteile der Arbeitsentgelte. Sie dürfen nicht mit Vorschüssen verwechselt werden. Anders als im Falle der Vorschüsse hat der Arbeitnehmer bereits eine Gegenleistung erbracht. Aus diesem Grunde können Abschläge im Zeitpunkt der Auszahlung auch bereits aufwandswirksam auf den Lohnkonten gebucht werden. Die Buchhaltung bleibt jedoch übersichtlicher, wenn ein Abschlagsverrechnungskonto geführt wird.

BEISPIEL: Ein Arbeitnehmer erhält am 21. 3. einen Abschlag von 500 €. Die endgültige Abrechnung am Monatsende ergibt die folgenden Werte:

Bruttolohn insgesamt für den Monat März	1 900 €
Lohn- und Kirchensteuer	200 €
Beiträge zur gesetzl. Sozialversicherung (AN-Anteil)	350 €

Erfassung der Abschlagszahlung direkt auf dem Lohnkonto:

Buchung der Abschlagszahlung:

Löhne		500 €	
an	Verrechnungskonto (bzw. Bank)		500 €

Verrechnung der Abschlagszahlung bei Endabrechnung:

Löhne		1 400 €	
an	Lohnverrechnungskonto (bzw. Bank)		850 €
an	Sonst. Verbindl. Finanzamt		200 €
an	Vorauszahlung SozVers.		350 €

Erfassung der Abschlagszahlung auf einem Abschlagsverrechnungskonto:

Buchung der Abschlagszahlung:

Abschlagsverrechnungskonto		500 €	
an	Lohnverrechnungskonto (bzw. Bank)		500 €

Verrechnung der Abschlagszahlung bei Endabrechnung:

Löhne		1 900 €	
an	Abschlagsverrechnungskonto		500 €
an	Lohnverrechnungskonto (bzw. Bank)		850 €
an	Sonst. Verbindl. Finanzamt		200 €
an	Vorauszahlung SozVers.		350 €

g) Einbehaltung von Mieten für Werkswohnungen 1117

Der Vorteil aus unentgeltlicher oder verbilligter Überlassung von Wohnungen wäre steuer- und sozialversicherungspflichtiger Arbeitslohn. Die steuerliche Regelung für Personalrabatte findet keine Anwendung auf die Überlassung von Wohnraum. Ein evtl. Vorteil wird ermittelt durch Vergleich mit dem Mietzins bei Fremdvermietungen.

I. d. R. ist die Miete nicht Teil des Arbeitsentgelts. Sie ist in einem Mietvertrag geregelt und wird bei der monatlichen Gehaltszahlung einbehalten.

BEISPIEL: Der Hausmeister eines Industriebetriebs bewohnt eine Wohnung im Betriebsgebäude zu marktüblichen Bedingungen. Bei der monatlichen Gehaltszahlung wird eine Miete von 350 € einbehalten. Der Mietzins entspricht der ortsüblichen Vergleichsmiete.

Gehälter		1 600 €	
an	Mieterträge		350 €
an	Sonst. Verbindl. gegenüber Finanzbehörden		250 €
an	Vorauszahlung SozVers.		300 €
an	Lohnverrechnungskonto (bzw. Bank)		700 €

h) Einbehaltung von Entgelt für Mahlzeiten 1118

Der häufigste Fall des Naturallohns ist die Gewährung unentgeltlicher oder verbilligter Mahlzeiten im Betrieb oder die Vergabe von Essensmarken, die der Arbeitgeber mit 25 % pauschal versteuert (§ 40 Abs. 2 Satz 1 Nr. 1 EStG). Die Mahlzeiten stellen grundsätzlich steuerpflichtigen Arbeitslohn dar. Bei arbeitstäglichen Mahlzeiten in der betriebseigenen Kantine oder einer Gaststätte soll hier von einem Sachbezugswert von

3,30 € (Sachbezugswert 2019) ausgegangen werden. Die Sachbezugswerte werden durch Sachbezugs-Entgeltverordnung (SvEV) festgelegt und jährlich angepasst. Der Wert eines Mittag- oder Abendessens beträgt z. B. für 2020 3,40 € und für 2021 3,47 €.

Im Verhältnis des Arbeitgebers zum Arbeitnehmer ist die Zahlung des Essenszuschusses ein nichtumsatzsteuerbarer Vorgang.

BEISPIEL: Ein Angestellter bezieht einen Bruttobarlohn von 2 000 €. Bei der Gehaltszahlung werden u. a. 20 Kantinenessen zum Preis von 3,30 € einbehalten.

Gehälter		2 066,00 €	
an	Verrechnungskonto / Bank		2 000,00 €
an	Erlöse verrechnete Sachbezüge		55,46 €
an	Umsatzsteuer		10,54 €

Abzüge für LSt und Sozialversicherung bleiben dabei unberücksichtigt.

G. Buchungen im Zahlungs- und Finanzbereich

I. Buchung von Anzahlungen

1. Umsatzsteuerpflicht

1201 Wird das Entgelt oder ein Teil des Entgelts vereinnahmt, bevor die Leistung ausgeführt worden ist, so entsteht insoweit die Steuer mit Ablauf des Voranmeldungszeitraums, in dem das Entgelt oder das Teilentgelt vereinnahmt worden ist (§ 13 Abs. 1 Nr. 1a Satz 4 UStG). Anzahlungen sind deshalb umsatzsteuerpflichtig, wenn sie sich auf umsatzsteuerpflichtige Lieferungen oder Leistungen beziehen.

2. Bewertung und Ausweis

1202 **Geleistete Anzahlungen** werden mit ihren Anschaffungskosten **aktiviert** (§ 6 Abs. 1 Nr. 2 und § 5 Abs. 1 EStG i. V. mit § 253 Abs. 1 HGB). Da die Vorsteuer abzugsfähig ist (§ 15 UStG; § 9b Abs. 1 EStG), entspricht der beizulegende Wert dem **Nettobetrag**.

1203 **Erhaltene Anzahlungen** sind Verbindlichkeiten und mit dem **Erfüllungsbetrag** zu **passivieren** (§ 6 Abs. 1 Nr. 3 EStG, § 5 Abs. 1 EStG i. V. mit § 253 Abs. 1 Satz 2 HGB). Enthält die Anzahlung einen offen ausgewiesenen Umsatzsteuerbetrag, ist die durch die Abführung bewirkte Gewinnminderung (Betriebsvermögensvergleich) durch eine aktive Rechnungsabgrenzung zu neutralisieren (vgl. § 5 Abs. 5 Satz 2 EStG).

In der durch BilMoG aktualisierten Fassung des § 250 HGB fehlt eine derartige Ansatzpflicht. Hier würde man den Nettobetrag der Verbindlichkeit als „Verbindlichkeiten/erhaltene Anzahlungen" ausweisen und die USt als „Schuld/Verbindlichkeit gegenüber dem Finanzamt".

3. Buchung der Anzahlungen

BEISPIEL: 1204

Buchungen beim Käufer		Buchungen beim Verkäufer	
Buchung der Anzahlung:		*Buchung des Zahlungseingangs:*	
Anzahlungen auf Anlagen	50 000 €	Bank	59 500 €
Vorsteuer	9 500 €	an Erhalt. Anzahlungen	50 000 €
an Bank	59 500 €	an Umsatzsteuer	9 500 €
Buchung der Eingangsrechnung:		*Buchung der Ausgangsrechnung:*	
Anlagen	100 000 €	Forderungen	59 500 €
Vorsteuer	9 500 €	Erhaltene Anzahlungen	50 000 €
an Anzahlungen auf Anlagen	50 000 €	an Umsatzerlöse	100 000 €
an Verbindlichkeiten	59 500 €	an Umsatzsteuer	9 500 €

Angaben in der Schlussrechnung: 1205

ABB. 17: Schlussrechnung

Walzwerk GmbH, Bochumer Straße 33, 44869 Bochum

Maschinenbau GmbH
Reckhammerstr. 50
44999 Bochum

Schlussrechnung
Rechnung Nr. 4711

Bochum, 11. 2. 02

Pos.			Menge	Stückpreis		gesamt
1	Spezialbleche	Z44	300	200 €		60 000 €
2	Verbindungen	007	800	50 €		40 000 €
					netto	100 000 €
					+ 19 % USt	19 000 €
						119 000 €
	abzüglich Zahlung (Zwischenrechnung vom 12. 12. 01) netto € 50 000 USt € 9 500					59 500 €
					Restbetrag	59 500 €

4. Anzahlungen in den verschiedenen Bilanzpositionen

1206 Die folgende Übersicht zeigt, in welchen Positionen der Bilanz nach § 266 Abs. 2 und 3 HGB Anzahlungen ausgewiesen werden können.

ABB. 18: Bilanzpositionen für Anzahlungen

Geleistete Anzahlungen = Forderungen	Erhaltene Anzahlungen = Verbindlichkeiten
Aktivierung unter: ***A. Anlagevermögen*** I. Immaterielle Vermögensgegenstände 4. Geleistete Anzahlungen II. Sachanlagen 4. Geleistete Anzahlungen und Anlagen im Bau	Passivierung unter: ***C. Verbindlichkeiten*** 3. erhaltene Anzahlungen auf Bestellungen 8. Sonstige Verbindlichkeiten
III. Finanzanlagen unter den einzelnen Positionen der Finanzanlagen oder 7. Geleistete Anzahlungen ***B. Umlaufvermögen*** I. Vorräte 4. Geleistete Anzahlungen II. Forderungen und sonstige Vermögensgegenstände 4. Sonstige Vermögensgegenstände *Anzahlungen auf Aufwendungen* i. d. R. (GuV § 275 Abs. 2 HGB): ***8. Sonstige betriebl. Aufwend.***	Anzahlungen auf Bestellungen, soweit dazu bereits Vorräte aktiviert sind (§ 268 Abs. 5 Satz 2 HGB), auch unter ***B. Umlaufvermögen*** I. Vorräte abzüglich 5. Erhaltene Anzahlungen *Die aktivisch abgesetzten erhaltenen Anzahlungen führen zu einer Kürzung der Bilanzsumme.*

1207, 1208 *Einstweilen frei*

II. Buchungen im Scheckverkehr

1209 Der Scheck ist eine Urkunde, in der der Aussteller ein Geldinstitut anweist, bei Sicht aus seinem Guthaben einen bestimmten Geldbetrag zu zahlen (ScheckG v. 14. 8. 1933).

Eigene Schecks dienen dem Ausgleich von Verbindlichkeiten. Von Kunden eingereichte **Kundenschecks** gleichen Forderungen des Scheckempfängers aus.

1210 **Eigene Schecks:**

Die Abgabe eigener Schecks wird nicht gebucht. Erst wenn der Scheck dem Bankkonto belastet worden ist, wird aufgrund des Kontoauszugs gebucht:

Verbindlichkeiten aus L. u. L. an Bank

Noch nicht dem Bankkonto belastete eigene Schecks werden nicht bilanziert.

Kundenschecks: 1211

Die Buchung der Kundenschecks wird in der Praxis unterschiedlich gehandhabt:

a) Während des Geschäftsjahres wird kein Konto „Schecks" geführt

Insbesondere kleinere Betriebe nehmen bei Eingang von Kundenschecks keine Buchung vor. Die Schecks werden der Bank eingereicht und erst aufgrund der Gutschrift im Kontoauszug der Bank buchen sie:

Bank an Forderungen aus L. u. L.

Da erhaltene Kundenschecks aktiviert werden müssen, buchen diese Betriebe nur am Ende des Geschäftsjahres die der Bank eingereichten, aber zum Bilanzstichtag noch nicht gutgeschriebenen Schecks:

Schecks an Forderungen aus L. u. L.

Bei Eröffnung der Konten im neuen Geschäftsjahr buchen die Betriebe dann

Forderungen aus L. u. L. an Schecks

und aufgrund der Gutschrift im Kontoauszug des neuen Geschäftsjahres

Bank an Forderungen aus L. u. L.

b) Das Konto „Schecks" wird während des lfd. Geschäftsjahres geführt

Bei Eingang der Kundenschecks erfolgt die Buchung:

Schecks an Forderungen aus L. u. L.

Dann werden die Schecks der Bank eingereicht. Aufgrund der Gutschrift im Kontoauszug folgt die Buchung:

Bank an Schecks

III. Buchungen im Wechselverkehr

1. Handelswechsel und Finanzwechsel

Der Wechsel ist eine Urkunde, in der der Gläubiger (Aussteller, Trassant) den Schuldner 1212 (Bezogenen, Trassat) auffordert, eine bestimmte Geldsumme an eine bestimmte Person (Wechselnehmer, Remittent) zu zahlen (Wechselgesetz (WG vom 21. 6. 33).

Liegt dem Wechsel ein Warengeschäft zugrunde, handelt es sich um einen Waren- 1213 oder **Handelswechsel.** Fehlt das Warengeschäft als Grundlage, handelt es sich um einen Gefälligkeitswechsel oder um einen **Finanzwechsel.** Liegt dem Wechsel eine selbständige Kreditleistung zugrunde, ist auch im Rahmen von Beziehungen zwischen Kaufleuten von einem Finanzwechsel auszugehen, für den dann die Umsatzsteuerbefreiung gem. § 4 Nr. 8 UStG gilt.

Finanzwechsel werden unter den „sonstigen Wertpapieren" innerhalb des Umlaufver- 1214 mögens aktiviert (§ 266 Abs. 2 B. III. 2. HGB).

Handelswechsel (zwischen Kaufleuten der Normalfall) werden unter den Forderungen 1215 aus L. u. L. bilanziert (§ 266 Abs. 2 B. II. 1. HGB). Die Belastung des Kunden mit Diskont auf einen Handelswechsel führt zu einer Erhöhung des Entgelts aus dem dem Wechsel zugrundeliegenden Lieferungs- oder Leistungsgeschäft und ist deshalb umsatzsteuerpflichtig.

BEISPIEL: Eine Forderung aus L. u. L. über 1 000 € plus 160 € USt wird auf Wunsch des Kunden in eine Wechselforderung umgewandelt.

Der Lieferer bucht:

Besitzwechsel	1 160 €	an	Forderungen aus L. u. L.	1 160 €

2. Schuldwechsel

1216 **Schuldwechsel** werden unter der Bilanzposition „Verbindlichkeiten aus der Annahme gezogener Wechsel und der Ausstellung eigener Wechsel" passiviert (§ 266 Abs. 3 C. 5 HGB).

1217 **BEISPIEL:** **Der bezogene Kunde bucht** (s. Beispiel unter Rdn. 1215):

Verbindlichkeiten aus L. u. L.	1 160 €	an	Schuldwechsel	1 160 €

3. Diskontierung

1218 Belastet der Lieferer den bezogenen Kunden mit Diskont für die Laufzeit des Wechsels, so ist die Belastung wie das Hauptgeschäft der Lieferung oder Leistung umsatzsteuerpflichtig.

1219 Die **Diskontierung des Wechsels bei der Bank** ist gem. § 4 Nr. 8a UStG steuerfrei. Bei Warenwechseln bewirkt der abgezogene Diskont eine Entgeltsminderung gem. § 17 UStG. Die sonstigen Spesen (Wechselvor- und Wechselumlaufkosten) führen nicht zu einer Entgeltsminderung. Derartige Kosten des Geldverkehrs tragen keinerlei Elemente einer schadenersatzähnlichen Leistung in sich und sind deshalb im Gegensatz zum Diskont immer uneingeschränkt steuerbar. Der Abzug von Wechselspesen mindert also nicht das Entgelt.

1220 Aus dem Diskont ist die Umsatzsteuer herauszurechnen. Die Kürzung der Umsatzsteuer muss dem Leistungsempfänger (Kunden, Bezogenen) mitgeteilt werden. Der Leistungsempfänger hat seine Vorsteuer entsprechend zu berichtigen. In der Praxis wird eine Benachrichtigung und Kürzung nur im Falle großer Beträge vorgenommen.

1221 **BEISPIEL:** Der Lieferer berechnet dem Bezogenen (s. vorstehendes Beispiel) 22,80 € netto Diskont für die Laufzeit des Wechsels.

Der Lieferer bucht:

Forderungen aus L. u. L.	27,13 €	an	Diskonterträge	22,80 €
		an	Umsatzsteuer	4,33 €

Der bezogene Kunde bucht:

Diskontaufwendungen	22,80 €			
Vorsteuer	4,33 €	an	Verbindlichkeiten aus L. u. L.	27,13 €

4. Verwendung des Wechsels

1222 Der Wechselberechtigte kann den Wechsel

- bis zum Verfalltag aufbewahren und dann dem Bezogenen zur Zahlung vorlegen;
- kurz vor dem Verfalltag seiner Bank zum Inkasso einreichen;

- flüssig machen, indem er ihn vor dem Verfalltag seiner Bank zum Diskont einreicht;
- zur Tilgung eigener Verbindlichkeiten weitergeben.

BEISPIELE: 1223

a) Der Lieferer aus den vorstehenden Beispielen bewahrt den Wechsel bis zum Verfalltag auf und legt ihn dann dem Bezogenen zur Zahlung vor.

Der Lieferer bucht:

Kasse	1 160 €	an	Besitzwechsel	1 160 €

Der Bezogene bucht:

Schuldwechsel	1 160 €	an	Kasse	1 160 €

b) Der Lieferer reicht den Wechsel kurz vor dem Verfalltag seiner Bank zum Inkasso ein. Die Bank berechnet eine Gebühr von 10 €. Der Lieferer bucht aufgrund der Abrechnung der Bank:

Bank	1 150 €			
Kosten des Geldverkehrs	10 €	an	Besitzwechsel	1 160 €

c) Der Lieferer reicht den Wechsel vor dem Verfalltag seiner Bank zum Diskont ein. Die Bank berechnet 23,20 € Diskont für die Restlaufzeit des Wechsels und 10 € Spesen. Der Lieferer bucht aufgrund der Abrechnung der Bank:

Bank	1 131,80 €			
Diskontaufwendungen	23,20 €			
Kosten des Geldverkehrs	5,00 €	an	Besitzwechsel	1 160,00 €

Für den Lieferer ist der Diskontaufwand eine Entgeltsminderung. Er darf deshalb auch seine Umsatzsteuer kürzen. Der Lieferer könnte die Kürzung dem Bezogenen mitteilen und buchen:

Umsatzsteuer	3,70 €	an	Diskontaufwendungen	3,70 €

Der **Kunde** bucht in diesem Falle spiegelbildlich:

Diskontaufwendungen	3,70 €	an	Vorsteuer	3,70 €

Im vorliegenden Falle wäre der Aufwand für Benachrichtigung und Buchung der Kürzung wirtschaftlich nicht sinnvoll.

d) Der Lieferer begleicht eigene Verbindlichkeiten in Höhe von 1 300 € bar und durch Weitergabe des Besitzwechsels. Er bucht:

Verbindlichkeiten	1 300 €	an	Besitzwechsel	1 160 €
aus L. u. L.		an	Kasse	140 €

5. Wechselprotest und Wechselrückrechnung

Wird der Wechsel nicht oder nur teilweise eingelöst, hat der Wechselinhaber das Recht, Wechselprotest zu erheben (Art. 44 WG) und Rückgriff zu nehmen (Art. 48 f. WG) und die Pflicht, seinen unmittelbaren Vormann und den Aussteller von der Protesterhebung zu benachrichtigen (Art. 45 WG). Bei Wechselprotest und Wechselrückrechnung liegt ein Schuldnerverzug und damit ein nicht steuerbarer Schadenersatz vor. Die nach Art. 48 WG im Falle des Rückgriffs zu zahlenden Zinsen, Protestkosten und Vergütungen sind als Schadenersatz zu behandeln. 1224

1225 **BEISPIEL:** Der Inhaber eines Wechsels über 1 160 € lässt Protest mangels Zahlung erheben. Die Protestkosten belaufen sich auf netto 30,00 € plus 5,70 € USt.

Buchungen beim Inhaber des Wechsels:

Kosten des Geldverkehrs	30,00 €			
Vorsteuer	5,70 €	an	Verbindlichk. aus L. u. L.	35,70 €
Protestwechsel	1 160,00 €	an	Besitzwechsel	1 160,00 €

Folgende Rückgriffsrechnung geht an den Vormann des Wechselinhabers:

ABB. 19: Rückgriffsrechnung

Protest GmbH — Bochum, 11. 10. 01

An
Vormann AG
Holzweg 17
55987 Kasseleer

Wechselrückgriff
Sie haben uns am 22. 7. 01 einen Wechsel über 1 160 € zur Begleichung unserer Rechnung Nr. 907 vom 28. 6. 01 eingereicht. Da die bezogene Xaver Oberhauser & Co. KG nicht zahlen konnte, mussten wir Protest erheben lassen.
Wir berechnen Ihnen gem. Art. 48 WG:

Rückrechnung:

Wechselbetrag	1 160,00 €
Protestkosten	30,00 €
Auslagen (Porti usw.)	10,00 €
1/3 % Provision	3,87 €
6 % Zinsen (10. 21. 10.)	2,11 €
Summe	1 205,98 €

Bitte überweisen Sie diesen Betrag bis zum 21. 10. auf unser Konto bei der XY Bank.

Mit freundlichen Grüßen

Anlagen

Der **Wechselinhaber** bucht die Benachrichtigung:

Forderungen aus L. u. L.	1 205,98 €	an	Protestwechsel	1 160,00 €
		an	Sonstige Erträge (Protestkosten, Auslagen, Provision)	43,87 €
		an	Zinserträge	2,11 €

Der **Vormann** bucht:

Protestwechsel	1 160,00 €			
Kosten des Geldverkehrs	43,87 €			
Zinsaufwendungen	2,11 €	an	Verbindlichk. aus L. u. L.	1 205,98 €

6. Bewertung des Wechselbestands zum Bilanzstichtag

1226 Die Bewertung der am Bilanzstichtag vorhandenen Besitzwechsel entspricht der Bewertung der Forderungen aus L. u. L. (s. unter I. Buchung der Forderungen ... Abschn. I. 1.: Einteilung der Forderungen nach der Bewertung). Die Bilanzierung erfolgt zum Nennwert. Im Falle direkt feststellbarer Risiken wird eine indirekte Abschreibung (Einzelwertberichtigung auf Forderungen) vorgenommen. Nicht einzeln wertberichtigte Wechselforderungen werden zusammen mit dem Bestand auf dem Konto „Forderungen aus Lieferungen und Leistungen" bei der Ermittlung der Pauschalwertberichtigung zu Forderungen berücksichtigt.

7. Wechselprolongation

Bei der Wechselprolongation ist buchungstechnisch zu unterscheiden: 1227

a) Der Aussteller hat den **Wechsel nicht weitergegeben**. Zu buchen ist bei Eintausch des Akzepts gegen ein neues Akzept lediglich die Belastung der Aufwendungen.

BEISPIEL: Der Aussteller hat den Wechsel noch nicht weitergegeben. Der Bezogene akzeptiert einen neuen Wechsel gegen Rückgabe des bisherigen Wechsels. Der Aussteller berechnet seine Auslagen und Diskont für die verlängerte Laufzeit. 1228

	Diskont	23,20 €
	Auslagen	5,00 €
	gesamt	28,20 €
+	19 % USt	5,34 €
	Belastung	33,54 €

Der Wechselgläubiger (Aussteller) bucht:

Forderungen aus L. u. L.	33,54 €	an	Diskonterträge	23,20 €
		an	Sonstige Erträge	5,00 €
		an	Umsatzsteuer	5,34 €

Der Wechselschuldner (Bezogener) bucht:

Diskontaufwendungen	23,20 €			
Kosten des Geldverkehrs	5,00 €			
Vorsteuer	5,34 €	an	Verbindlichk. aus L. u. L.	33,54 €

b) Der Aussteller hat den **Wechsel zwischenzeitlich weitergegeben**. Ein neuer Wechsel muss ausgestellt, akzeptiert und gebucht werden. Die daraus resultierenden Aufwendungen werden dem Akzeptanten belastet.

BEISPIEL: Der Wechselgläubiger tritt in Vorlage und überweist dem Wechselschuldner den Wechselbetrag. Der Wechselschuldner übergibt dem Wechselgläubiger ein neues (zweites) Akzept. Der Aussteller berechnet seine Auslagen und Diskont für die verlängerte Laufzeit. 1229

Der Wechselgläubiger bucht:

Forderungen aus L. u. L.	1 160,00 €	an	Bank	1 160,00 €
Besitzwechsel	1 160,00 €	an	Forderungen aus L. u. L.	1 160,00 €
Forderungen aus L. u. L.	33,54 €	an	Diskonterträge	23,20 €
		an	Sonstige Erträge	5,00 €
		an	Umsatzsteuer	5,34 €

Der Wechselschuldner bucht:

Bank	1 160,00 €	an	Verbindlichk. aus L. u. L.	1 160,00 €
Verbindlichk. aus L. u. L.	1 160,00 €	an	Schuldwechsel	1 160,00 €
Diskontaufwendungen	23,20 €			
Kosten des Geldverkehrs	5,00 €			
Vorsteuer	5,34 €	an	Verbindlichk. aus L. u. L.	33,54 €

8. Umkehrwechsel oder Scheck-Wechsel-Tauschverfahren

1230 Sinn des Scheck-Wechsel-Tauschverfahrens ist es, den allgemein hohen Zinsvorteil aus Skontoabzügen durch einen preiswerten Wechselkredit zu finanzieren.

1231 **Voraussetzungen** sind:

- dem Wechsel liegt ein **Warengeschäft** zugrunde (Warenwechsel);
- **zwei gute Unterschriften** auf dem Wechsel (Kunde als Akzeptant, Lieferer als Aussteller);
- maximal **drei Monate Laufzeit** des Wechsels;
- **Vorbehaltsklausel im Kaufvertrag**, die festlegt, dass der Eigentumsvorbehalt erst mit der Einlösung des Wechsels durch den Käufer als Bezogenen erlischt.

Das Verfahren wird in zwei Schritten abgewickelt.

1232 **(1) Warengeschäft**

Der Kunde zahlt durch Banküberweisung oder Scheck, um in den Genuss des Skontoabzugs zu kommen. Ohne Vorbehaltsklausel wäre die Kaufpreisforderung mit der Bezahlung des Kaufpreises erloschen, während der Verkäufer bei Nichteinlösung des Wechsels als Aussteller gegenüber dem Wechselinhaber haftbar ist. Die Wechselforderung ist eine abstrakte Forderung, d. h. sie besteht unabhängig von dem zugrundeliegenden Warengeschäft.

1233 **(2) Finanzierungsgeschäft**

Der Kunde unterschreibt einen Wechsel über den Rechnungsbetrag abzüglich Skonto und schickt diesen an den Lieferer, der den Wechsel als Aussteller unterschreibt. Der Lieferer schickt den Wechsel an den Kunden zurück, der diesen als Bezogener bei seiner Hausbank diskontiert. Die Bank wird den Wechselbetrag am Fälligkeitstag vom Konto des Bezogenen abbuchen. I.d.R. ist inzwischen der Warenposten weiterverkauft worden.

1234 **BEISPIEL:** A kauft bei B Waren für netto 10 000 € und zahlt durch Banküberweisung unter Abzug von 3 % Skonto 11 543 €. A hat mit B die Anwendung des Wechsel-Tauschverfahrens vereinbart.

(1) Warengeschäft (Teil 1)

Lieferer B bucht bei Lieferung:

Forderungen aus L. u. L.	11 900 €	an	Umsatzerlöse	10 000 €
		an	Umsatzsteuer	1 900 €

Kunde A bucht bei Lieferung:

Waren	10 000 €			
Vorsteuer	1 900 €	an	Verbindlichk. aus L. u. L.	11 900 €

(2) Finanzierungsgeschäft (Teil 1)

Bei Ausstellung des Wechsels über 11 543 € (= 11 900 – 3%):

Keinerlei Buchung, da dem Wechsel keine Forderung oder Verbindlichkeit zugrunde liegt.

Bei Diskontierung:

Beim Lieferer keine Buchung.

Der **Kunde** bucht:

Bank	11 393 €			
Diskontaufwand	140 €			
Kosten des Geldverkehrs	10 €	an	Schuldwechsel	11 543 €

(3) Warengeschäft (Teil 2)

Der **Lieferer** bucht die Zahlung:

Bank	11 543 €			
Skontoaufw./Erlösbericht	300 €			
Umsatzsteuer	57 €	an	Forderungen aus L. u. L.	11 900 €

Der **Kunde** bucht die Zahlung:

Verbindlichk. aus L. u. L.	11 900 €	an	Skontoerträge/Nachlässe	300 €
		an	Vorsteuer	57 €
		an	Bank	11 543 €

(4) Finanzierungsgeschäft (Teil 2)

Einlösung des Wechsels:

Beim **Lieferer**: keine Buchung.

Der **Kunde** bucht:

Schuldwechsel	11 543 €	an	Bank	11 543 €

IV. Buchung von Wertpapiergeschäften

1. Arten der Wertpapiere

Wertpapiere gehören zu den **Finanzinstrumenten.** Der Begriff der Finanzinstrumente 1235
wird im HGB nicht definiert. Zu den Finanzinstrumenten gehören Finanzanlagen und verschiedene Posten mit Forderungs- oder Verbindlichkeitscharakter, insbesondere Wertpapiere, Geldmarktinstrumente, Devisen und die Derivate (d. h. schwebende Vertragsverhältnisse).

Nach der Art der Wertpapiere lassen sich unterscheiden:

Kriterien	**Teilhaber- oder Dividendenpapiere**	**Gläubiger- oder Zinspapiere**
Art des Wertpapiers	Aktien, Investmentzertifikate	Anleihen, Obligationen, Pfandbriefe, Bankschuldverschreibungen
verbriefte Rechte	Teilhaberrechte: ► Rückzahlung des Kapitals ► Beteiligung am Gewinn u. Verlust ► Beteiligung am Vermögenszuwachs	Gläubigerrechte: ► Rückzahlung des Kapitals ► festen Zins unabhängig von der Ertragslage
Haftung	Haftung für die Schulden des Unternehmens	Im Konkursfall Recht auf einen Anteil an der Konkursmasse

Beim Kauf von Wertpapieren werden übergeben: 1236

- ► das Papier (Mantel) bei Dividendenpapieren zum Stückkurs, bei Zinspapieren zum Prozentkurs;
- ► der Dividendenscheinbogen bei Aktien bzw. der Zinsscheinbogen bei Zinspapieren.

Die **Zinstermine** lauten meist: 1237

A/O	=	1. 4.	und	1. 10.
J/J	=	1. 1.	und	1. 7.
M/S	=	1. 3.	und	1. 9.

2. Anschaffungskosten

1238 Wertpapiere sind mit ihren Anschaffungskosten zu aktivieren. Beim Kauf fallen aktivierungspflichtige Anschaffungsnebenkosten an (§ 255 Abs. 1 HGB i.V. mit § 253 Abs. 1 HGB). Die Anschaffungsnebenkosten setzen sich i. d. R. zusammen aus:

Bei Dividendenpapieren:

einer Bankprovision vom Kurswert;
einer Maklergebühr (Courtage) vom Kurswert.

Bei Zinspapieren:

einer Bankprovision vom Kurswert;
einer Maklergebühr vom Nennwert.

1239 Einzelne Banken können weitere Kosten verrechnen, wie eigene und fremde Auslagen.

1240 Der **Nennwert** ist der auf dem Papier angegebene Wert. Der **Kurswert** ist der Preis, zu dem ein Wertpapier an der Börse gehandelt wird.

3. Abrechnung beim Kauf und Verkauf von Wertpapieren

1241 **Abrechnungsschema bei der Anschaffung von Dividendenpapieren:**

Kurswert
\+ Anschaffungsnebenkosten
= Anschaffungskosten

Die erwartete Dividende schlägt sich im Kurswert nieder.

1242 **Abrechnungsschema bei der Anschaffung von Zinspapieren:**

Kurswert
\+ Anschaffungsnebenkosten
= Anschaffungskosten
\+ Stückzinsen für die Zeit ab letztem Zinstermin bis zum Tag des Kaufs

1243 **Abrechnungsschema beim Verkauf von Dividendenpapieren:**

Kurswert
– Verkaufskosten
= Verkaufswert

Die Verkaufskosten entsprechen den Anschaffungsnebenkosten beim Kauf.

1244 **Abrechnungsschema beim Verkauf von Zinspapieren:**

Kurswert
Verkaufskosten
= Verkaufswert
\+ Stückzinsen für die Zeit vom letzten Zinstermin bis zum Tag des Verkaufs

4. Bilanzierung der Wertpapiere

Wertpapiere können im allgemeinen als gewillkürtes Betriebsvermögen behandelt werden. Wurden sie zur **langfristigen** Anlage *(held to maturity)* erworben, erfolgt die Buchung auf Konten für **Wertpapiere des Anlagevermögens** (§ 247 Abs. 2 HGB). 1245

Aktien, die mit der Absicht erworben wurden, auf ein anderes Unternehmen **Einfluss auszuüben,** sind auf Konten für **Beteiligungen** im Anlagevermögen zu buchen. Eine Beteiligung liegt im Zweifel vor, wenn die Summe der Nennbeträge der Anteile den fünften Teil des Nennkapitals der Kapitalgesellschaft überschreitet (§ 271 Abs. 1 HGB). 1246

Die Zugangsbewertung der Wertpapiere des Anlagevermögens und der Beteiligungen erfolgt zu Anschaffungskosten (§ 253 Abs. 1 Satz 1 HGB).

Die Folgebewertung erfolgt zu fortgeführten Anschaffungskosten (§ 253 Abs. 1 Satz 1 HGB). Bei dauernder Wertminderung muss auf den niedrigeren Stichtagswert abgeschrieben werden (§ 253 Abs. 3 Satz 5 HGB), bei vorübergehender Wertminderung kann auf den niedrigeren Stichtagswert abgeschrieben werden (§ 253 Abs. 3 Satz 6 HGB).

Wertpapiere, die nur zur kurzfristigen Anlage *(available for sale)* oder zu Handelszwecken gehalten werden *(held for trading)*, sind Wertpapiere des Umlaufvermögens. Entscheidend für die Zuordnung ist die Absicht im Zugangszeitpunkt. 1247

Die Zugangsbewertung erfolgt zu Anschaffungskosten (§ 253 Abs. 1 Satz 1 HGB).

Die Folgebewertung erfolgt zum beizulegenden Zeitwert (§ 253 Abs. 4 Satz 2 HGB). Die Bewertung zum beizulegenden Wert führt zur Erfassung noch nicht realisierter Verluste, aber auch zur Vereinnahmung lediglich realisierbarer Gewinne. Bei der Vereinnahmung der realisierbaren, aber noch nicht realisierten Gewinne wird dem Gläubigerschutz durch eine Ausschüttungs- und Abführungssperre Rechnung getragen.

Zins- und Dividendenforderungen sind im Umlaufvermögen als Forderungen gegen verbundene Unternehmen bzw. als sonstige Vermögensgegenstände zu aktivieren. 1248

5. Buchungen beim An- und Verkauf von Wertpapieren

Dividendenpapiere: 1249

BEISPIEL: Gehandelt werden 50 Stück Aktien, Nennwert je 100 €, Stückkurs 300 €.

Der Käufer bucht:

	Kurswert	15 000 €			
+	Anschaffungsnebenkosten	165 €			
=	Banklastschrift	15 165 €			
Wertpapiere		15 165 €	an	Bank	15 165 €

Der Verkäufer bucht:

	Kurswert	15 000 €			
–	Verkaufsspesen	165 €			
=	Bankgutschrift	14 835 €			
Bank		14 835 €	an	Wertpapiere	14 835 €

Die Abrechnung einer anteiligen Dividende erfolgt nicht, da diese im Kurswert enthalten ist.

1250 **Zinspapiere:**

Beim Kauf festverzinslicher Wertpapiere innerhalb eines Zinszahlungszeitraums erhält der Käufer grundsätzlich auch den laufenden Zinsschein und bekommt am Ende der Zinsperiode die gesamten Zinsen – auch die für die Zeit ab dem letzten Zinstermin bis zum Tag des Kaufs – gutgeschrieben.

Für den Käufer entstehen Zinsaufwendungen, für den Verkäufer Zinserträge. Die Saldierung von Zinsaufwendungen und Zinserträgen ist nicht zulässig (§ 246 Abs. 2 Satz 1 HGB).

BEISPIEL: Gehandelt werden 7 %-Anleihen A/O am 30. 6., Nennwert 10 000 €, Kurs 98 %.

Zinsen, die dem Verkäufer zustehen	Zinsen, die dem Käufer zustehen
1. 4. – 30. 6.	30. 6. – 1. 10.

Der Käufer bucht:

	Kurswert	9 800 €
+	Anschaffungsnebenkosten	57 €
=	Anschaffungskosten	9 857 €
+	Stückzinsen (04-06)	175 €
=	Banklastschrift	10 032 €

Wertpapiere	9 857 €			
Zinsaufwand	175 €	an	Bank	10 032 €

Der Verkäufer bucht:

	Kurswert	9 800,00 €
–	Verkaufsspesen	57,00 €
=	Verkaufswert	9 743,00 €
+	Stückzinsen	175,00 €
	Gesamtbetrag	9 918,00 €
–	25 % Abgeltungssteuer	43,75 €
–	5,5 % Solidaritätszuschlag	2,41 €
=	Bankgutschrift	9 871,84 €

Sonstige Forderungen an Finanzbehörden*)	46,16 €			
Bank	9 871,84 €	an	Wertpapiere	9 743,00 €
		an	Erträge aus Wertpapieren	175,00 €

*) Soweit nicht über Steueraufwand gebucht.

Gewinne oder Verluste aus der Veräußerung von Wertpapieren:

1251 Buchgewinne oder -verluste werden i. d. R. nicht im Zeitpunkt des Verkaufs für jeden einzelnen Verkauf gebucht, sondern erst zum Ende des Geschäftsjahres im Zusammenhang mit der Bewertung des Bestands an Wertpapieren zum Bilanzstichtag.

Gewinne aus dem Abgang gehen in den Posten „4. Sonstige betriebliche Erträge", **Verluste** aus dem Abgang gehen in den Posten „8. Sonstige betriebliche Aufwendungen" ein.

Sollten die Gewinne oder Verluste aus dem Abgang ausnahmsweise ungewöhnlich hoch, in ihrem Vorkommen für das Unternehmen einmalig und gleichzeitig von einiger materieller Bedeutung sein, so sind sie hinsichtlich ihres Betrags und ihrer Art im Anhang zu erläutern (§ 285 Nr. 31 HGB).

6. Buchung der laufenden Zins- und Dividendenerträge

Zinsen und Dividenden aus Wertpapieren des Betriebsvermögens sind einschließlich 1252
Abgeltungssteuer und Soli-Zuschlag als **Einkünfte aus Gewerbebetrieb** den folgenden Konten gutzuschreiben (hier nach dem Industriekontenrahmen/IKR):

Übersicht über den Verbleib der Erträge aus Wertpapieren in der GuV (§ 275 Abs. 2 HGB)		
Art des Ertrags	**GuV-Posten**	**Konto nach IKR**
Buchgewinn aus dem Verkauf von Wertpapieren des Anlagevermögens einschl. der Beteiligungen und des Umlaufvermögens	Nr. 4 Sonstige betriebliche Erträge	546 Erträge aus dem Abgang von Vermögensgegenständen
a) Dividenden aus Beteiligungen b) Zuschreibungen zu Beteiligungen c) Erträge aus dem Abgang von Beteiligungen	Nr. 9 Erträge aus Beteiligungen	a) 550 Erträge aus Beteiligungen b) 552 Erträge aus Zuschreibungen bei Beteiligungen c) 553 Erträge aus dem Abgang von Beteiligungen
Erträge aus Zinsen, Dividenden aus Wertpapieren des Anlagevermögens	Nr. 10 Erträge aus anderen Wertpapieren und Ausleihungen des Finanzanlagevermögens	560 Erträge aus anderen Finanzanlagen
Zinsen und Dividenden aus Wertpapieren des Umlaufvermögens	Nr. 11 Sonstige Zinsen und ähnliche Erträge	578 Erträge aus Wertpapieren des Umlaufvermögens

BEISPIEL: 1253

	Gutschrift der Halbjahreszinsen:	5 % von 20 000 €
	Zinsen	500,00 €
–	25 % Abgeltungssteuer	125,00 €
–	5,5 % Solidaritätszuschlag	6,88 €
=	Bankgutschrift	368,12 €

Buchung:

Sonstige Forderungen an Finanzbehörden*)	131,88 €			
Bank	368,12 €	an	Erträge aus Wertpapieren	500 €

*) Soweit nicht über Steueraufwand gebucht.

7. Besonderheiten bei der Buchung der Dividende

1254 **BEISPIEL:**

	Gutschrift der Dividende	
	Bardividende	500,00 €
–	25 % Abgeltungssteuer	125,00 €
–	5,5 % Solidaritätszuschlag	6,88 €
	Überweisung (netto)	368,12 €

Einzelunternehmen buchen:

Bank	368,12 €			
Privat	131,88 €	an	Erträge aus Wertpapieren	500 €

Kapitalgesellschaften buchen:

Bank	368,12 €			
Sonst. Forderungen an Finanzbeh.	131,88 €	an	Erträge aus Wertpapieren	500 €

1255 Dividenden sind periodengerecht bereits im Jahr des Ausschüttungsbeschlusses zu erfassen.

BEISPIEL:

a) **Buchung im Zeitpunkt des Ausschüttungsbeschlusses:**

Noch im Dezember 01 hat die AG beschlossen, für das abgelaufene Geschäftsjahr die im vorstehenden Beispiel angegebene Dividende zu zahlen. Die Auszahlung erfolgt im Geschäftsjahr 02.

Einzelunternehmer und Kapitalgesellschaften buchen:

Sonstige Forderungen	500 €	an	Erträge aus Wertpapieren	500 €

b) **Buchung bei der Ausschüttung im Folgejahr:**

Einzelunternehmer buchen:

Bank	368,12 €			
Privat	131,88 €	an	Sonstige Forderungen	500 €

Kapitalgesellschaften buchen:

Bank	368,12 €			
Sonst. Forderungen an Finanzbeh.	131,88 €	an	Sonstige Forderungen	500 €

8. Bewertung des Schlussbestands an Wertpapieren

Bewertung der Wertpapiere des Anlagevermögens:

1256 Für die Wertpapiere des Anlagevermögens gilt das **gemilderte Niederstwertprinzip** (§ 253 Abs. 3 HGB). Anschaffungswert und Börsen- oder Marktpreis am Bilanzstichtag werden verglichen. Der niedrigere der beiden Werte **darf** der Bewertung zugrunde gelegt werden (§ 253 Abs. 3 Satz 6 HGB). Er **muss** angesetzt werden, wenn die Wertminderung voraussichtlich von Dauer ist (§ 253 Abs. 3 Satz 5 HGB).

	Niedrigerer Kurswert
+	Anschaffungsnebenkosten von diesem Wert
=	Bilanzansatz

Bewertung der Wertpapiere des Umlaufvermögens:

Bei der Bewertung der Wertpapiere des Umlaufvermögens gilt das **strenge Niederst-** 1257
wertprinzip (§ 253 Abs. 4 HGB). Die Bewertung **muss** in jedem Fall zum niedrigeren Wert erfolgen:

	Niedrigerer Kurswert
+	Anschaffungsnebenkosten von diesem Wert
=	Bilanzansatz

Wenn die Veräußerung unmittelbar bevorsteht, ist auch der Ansatz des niedrigeren Verkaufswerts möglich:

	Niedrigerer Kurswert
–	anteilige Verkaufskosten von diesem Wert
=	Bilanzansatz

9. Abschluss des Wertpapierkontos

Die Wertpapiere sind inventurmäßig aufzunehmen und zu bewerten. Der Schluss- 1258
bestand wird gebucht:

Schlussbilanzkonto	an	Wertpapiere

Wertpapierkonten sind gemischte Konten, da sie Bestände und Erfolge enthalten. Der 1259
nach Buchung des Schlussbestands verbleibende Saldo ist ein positiver oder negativer Erfolg:

S	Wertpapiere		H
Anfangsbestand	12 000	Verkauf von Aktien	9 494
Kauf von Aktien	15 165	Verkauf von Zinspapieren	4 951
Kauf von Zinspapieren	9 857	**Schlussbestand**	26 185
Erträge aus Wertpapieren	3 608		
	40 630		40 630

Der Schlussbestand wird gebucht:

Wertpapiere	an	Schlussbilanzkonto

Erträge werden gebucht:

Wertpapiere	an	Erträge aus dem Abgang von Vermögensgegenständen

Verluste werden je nach Verursachung gebucht:

Bei Wertpapieren des Anlagevermögens:

Verluste aus dem Abgang von Finanzanlagen (GuV nach § 275 Abs. 2 Pos. 8 HGB)	an	Wertpapiere des Anlagevermögens

bzw.

Abschreibungen auf Finanzanlagen (GuV nach § 275 Abs. 2 Pos. 8 HGB)	an	Wertpapiere des Anlagevermögens

Bei Wertpapieren des Umlaufvermögens:

Verluste aus dem Abgang von Wertpapieren des Umlaufvermögens (GuV nach § 275 Abs. 2 Pos. 12 HGB)	an	Wertpapiere des Umlaufvermögens

bzw.

Abschreibungen auf Wertpapiere des Umlaufvermögens (GuV nach § 275 Abs. 2 Pos. 12 HGB)	an	Wertpapiere des Umlaufvermögens

H. Buchung der Steuern

I. Buchung der Aufwandssteuern und der Grunderwerbsteuer

1401 a) Objektsteuern:

Gewerbeertragsteuer*)	an	Bank
Grundsteuer	an	Bank

Einzelunternehmen und Personengesellschaften belasten die Grundsteuer i. d. R. dem Konto „Haus- und Grundstücksaufwendungen".

1402 b) Verkehrsteuern (ohne Umsatzsteuer):

Kraftfahrzeugsteuer	an	Bank

1403 c) Verbrauchsteuern:

Tabaksteuer	an	Bank
Biersteuer	an	Bank
Branntweinsteuer	an	Bank
Mineralölsteuer	an	Bank
usw.	an	Bank

1404 d) Grunderwerbsteuer:

Grundstücke und Bauten	an	Bank

*) Das Unternehmensteuerreformgesetz 2008 schließt die Abzugsfähigkeit der Gewerbesteuer als Betriebsausgabe bei der Einkommen- und Körperschaftsteuer aus.

II. Buchung der durchlaufenden Steuern

1. Buchung der Umsatzsteuer

1405 Das Umsatzsteuergesetz unterscheidet:

- Das **Inland**, das Gebiet der Bundesrepublik Deutschland ausschließlich der Zollausschlüsse und der Zollfreigebiete.
- Das **Gemeinschaftsgebiet**, das ist das Inland zuzüglich aller anderen Mitgliedstaaten der Europäischen Gemeinschaft, die nach dem Gemeinschaftsrecht als Inland dieser Mitgliedstaaten gelten. **Übriges Gemeinschaftsgebiet** ist das Gemeinschaftsgebiet ohne Inland.
- Das **Drittlandsgebiet**, das Gebiet, das weder zum Inland noch zum übrigen Gemeinschaftsgebiet gehört.

1.1 Buchung der Umsatzsteuer beim Ein- und Verkauf im Inland

1406 Für die Buchung der Umsatzsteuer müssen mindestens zwei Konten eingerichtet werden: die Konten „Vorsteuer" und „Umsatzsteuer".

Buchungen auf der Einkaufsseite:

Dem Konto **Vorsteuer** werden die Umsatzsteuerbeträge aus den Eingangsrechnungen belastet. Das Finanzamt erstattet die Vorsteuerbeträge (§ 15 i.V. mit § 16 Abs. 2 UStG). Das Konto Vorsteuer ist ein Konto innerhalb der sonstigen Forderungen (Sonstige Vermögensgegenstände). 1407

BEISPIEL: Buchung von Eingangsrechnungen für 1408

1) Kauf von Rohstoffen/Waren auf Ziel

Rohstoffe/Wareneinkauf	200 €			
Vorsteuer	38 €	an	Verbindlichkeiten aus L. u. L.	238 €

2) Kauf von Büromöbeln auf Ziel

Geschäftsausstattung	1 000 €			
Vorsteuer	190 €	an	Verbindlichkeiten aus L. u. L.	1 190 €

3) Eingangsrechnung für Instandhaltungsarbeiten

Fremdinstandhaltungen	100 €			
Vorsteuer	19 €	an	Verbindlichkeiten aus L. u. L.	119 €

S	Vorsteuer		H
1)	38		
2)	190		
3)	19		

Buchungen auf der Verkaufsseite:

Auf der Habenseite des Kontos **Umsatzsteuer** werden die Umsatzsteuerbeträge aus den Ausgangsrechnungen erkannt. Die den Kunden in Rechnung gestellte Umsatzsteuer wird an das Finanzamt abgeführt. Das Konto Umsatzsteuer ist ein Konto innerhalb der sonstigen Verbindlichkeiten. 1409

BEISPIEL: 1410

4) Ausgangsrechnung über 2 000 € plus 380 € Umsatzsteuer

Forderungen aus L. u. L.	2 380 €	an	Umsatzerlöse	2 000 €
		an	Umsatzsteuer	380 €

S	Umsatzsteuer		H
		4)	380

Aus den Konten der Buchhaltung müssen ersichtlich sein (§ 22 UStG, §§ 63 f. UStDV):

- die Höhe der Vorsteuer,
- die Höhe der Umsatzsteuer,
- die vereinbarten Entgelte (Umsatzerlöse) getrennt nach Steuersätzen.

Führt das Unternehmen Umsätze mit unterschiedlichen Umsatzsteuersätzen aus, sind die Konten nach Umsatzsteuersätzen entsprechend aufzuteilen.

Ermittlung der Zahllast und des Vorsteuerüberhangs:

Aus den beiden vorhergehenden Beispielen ergibt sich jeweils eine Forderung gegenüber dem Finanzamt (247 €) und eine Verbindlichkeit gegenüber dem Finanzamt (380 €). Forderungen und Verbindlichkeiten dürfen in diesem Falle saldiert werden. Das Konto mit dem kleineren Saldo wird zum Konto mit dem größeren Saldo abgeschlossen. Verbleibt dabei ein Saldo auf dem Konto Umsatzsteuer, liegt eine **Zahllast** vor. 1411

1412 **BEISPIEL:**

S	Vorsteuer		H
1)	38	5)	247
2)	190		
3)	19		
	247		247

S	Umsatzsteuer		H
5)	247	4)	380
6)	133		
	380		380

Das Konto Vorsteuer weist den kleineren Saldo aus. Es wird aufgelöst zum Konto Umsatzsteuer:

5) Umsatzsteuer	247 €	an	Vorsteuer	247 €

Bei Überweisung der Zahllast wird gebucht:

6) Umsatzsteuer	133 €	an	Bank	133 €

Liegt zwischen dem Monatsabschluss und der Überweisung der Zahllast ein Bilanzstichtag, so ist die Zahllast zu passivieren:

6) Umsatzsteuer	133 €	an	SBK	133 €

Fällt in der Abrechnungsperiode mehr Vorsteuer als Umsatzsteuer an, wird der kleinere Saldo des Kontos Umsatzsteuer zum Konto Vorsteuer abgeschlossen. Das Konto Vorsteuer weist nun eine Forderung gegenüber dem Finanzamt aus. Dieser Forderungsbetrag wird **Vorsteuerüberhang** genannt.

1413 **BEISPIEL:**

S	Vorsteuer		H
1)	38	5)	190
2)	190	6)	57
3)	19		
	247		247

S	Umsatzsteuer		H
5)	190	4)	190

5) Umsatzsteuer	190 €	an	Vorsteuer	190 €

Bei Eingang des Vorsteuerguthabens auf dem Bankkonto wird gebucht:

6) Bank	57 €	an	Vorsteuer	57 €

Liegt zwischen dem Monatsabschluss und der Erstattung durch das Finanzamt ein Bilanzstichtag, ist die Forderung zu aktivieren:

6) SBK	57 €	an	Vorsteuer	57 €

1.2 Umsätze im übrigen Gemeinschaftsgebiet (Binnenmarkt)

1.2.1 Nachweisführung

1414 Die Verbringung von Waren im Binnenmarkt muss nachvollziehbar sein. Deshalb sind im Rahmen der Abrechnung bestimmte Vorschriften zu beachten. Dazu gehören die Angabe der Umsatzsteuer-Identifikationsnummer und der Nachweis der Beförderung bzw. der Versendung.

1415 Die am Handel beteiligten Unternehmen müssen in ihren Rechnungen eine Umsatzsteuer-Identifikationsnummer (USt-IdNr.) führen. Sie wird von den Finanzbehörden für das Kontrollverfahren benötigt. Der Unternehmer als Leistungsempfänger erkennt aus der USt-IdNr. u. a., dass das leistende Unternehmen

- kein Kleinunternehmen ist (§ 1a Abs. 3 Nr. 1b UStG i.V. mit § 19 UStG), 1416
- kein Unternehmen mit ausschließlich steuerfreien Umsätzen ist (§ 4 UStG).

Einzurichtende Konten:

Für die Buchung der Umsatzsteuer im Binnenmarkt sind folgende Sachkonten einzurichten: 1417

- Umsatzsteuer aus innergemeinschaftlichen Erwerben (Erwerbsteuer),
- Umsatzsteuer aus im anderen EU-Land steuerpflichtigen Lieferungen,
- Vorsteuer aus innergemeinschaftlichem Erwerb,
- Verbindlichkeiten aus innergemeinschaftlichen Erwerben,
- Wareneinkauf für innergemeinschaftliche Erwerbe,
- Erlöse aus innergemeinschaftlichen Lieferungen,
- Erlöse aus im anderen EU-Land steuerpflichtigen Lieferungen,
- Warenausgang durch Verbringung,
- Erlöse aus fiktiven innergemeinschaftlichen Lieferungen,
- Innergemeinschaftliche Lohnveredelungen (fiktiver Erwerb).

In Einzelfällen kann die Einrichtung weiterer Konten erforderlich sein.

Außerdem müssen **Verrechnungskonten** eingerichtet werden für 1418

- fiktive innergemeinschaftliche Erwerbe,
- Auslieferungslager im übrigen Gemeinschaftsgebiet (wie Lieferer-Personenkonten geführt),
- fiktive innergemeinschaftliche Lieferungen,
- Auslieferungslager im übrigen Gemeinschaftsgebiet (wie Kunden-Personenkonten geführt).

1.2.2 Innergemeinschaftlicher Erwerb

Ein innergemeinschaftlicher Erwerb liegt vor, wenn eine Lieferung gegen Entgelt ausgeführt wird und der Gegenstand der Lieferung aus dem übrigen Gemeinschaftsgebiet in das Inland oder in eines der in § 1 Abs. 3 UStG bezeichneten Zollfreigebiete gelangt ist (§ 1a Abs. 1 UStG). 1419

BEISPIEL: Ein deutsches Unternehmen bezieht von einem französischen Unternehmen Waren für 630,00 €. Die Zahlung erfolgt unter Abzug von 2 % Skonto. Die Besteuerung erfolgt nach dem Bestimmungslandprinzip und unterliegt in Deutschland der Erwerbsbesteuerung.

Buchungen:

a) Eingangsrechung

	Soll	Haben
Wareneinkauf für innergemeinschaftliche Erwerbe	630,00 €	
an Verbindlichkeiten aus innergemeinschaftlichem Erwerb		630,00 €
Vorsteuer aus innergemeinschaftlichem Erwerb	119,70 €	
an Umsatzsteuer aus innergemeinschaftlichem Erwerb		119,70 €

b) Zahlungsvorgang

	Soll	Haben
Verbindlichkeiten aus innergemeinschaftlichem Erwerb	630,00 €	
an Bankguthaben		617,40 €
an erhaltene Skonti (innergemeinschaftli. Erwerb)		12,60 €

Umsatzsteuer aus innergemeinschaftlichem Erwerb	2,39 €	
an Vorsteuer aus innergemeinschaftlichem Erwerb		2,39 €

1.2.3 Innergemeinschaftliche Lieferung

1420 Eine innergemeinschaftliche Lieferung liegt bei Beförderung oder Versendung des Gegenstands der Lieferung in das übrige Gemeinschaftsgebiet vor (§ 6a UStG). Sie ist steuerfrei (§ 4 Nr. 1b UStG).

BEISPIEL: Ein deutsches Unternehmen liefert Waren im Wert von 10 000 € an ein Unternehmen in Frankreich. Die Zahlung erfolgt unter Abzug von 2 % Skonto.

Buchungen:

a) **Ausgangsrechnung**

Forderungen aus innergemeinschaftlichen Lieferungen	10 000 €	
an Umsatzerlöse aus innergemeinschaftlichen Lieferungen		10 000 €

b) **Zahlungsvorgang**

Bankguthaben	9 800 €	
Skontoaufwendungen	200 €	
an Forderungen aus innergemeinschaftlichen Lieferungen		10 000 €

1.3 Umsätze mit Unternehmen aus dem Drittlandsgebiet

1.3.1 Einfuhr aus dem Drittlandsgebiet

1421 Bei der Einfuhr tritt an die Stelle der Vorsteuer die Einfuhrumsatzsteuer (§ 21 UStG). Die Einfuhrumsatzsteuer ist eine Verbrauchsteuer im Sinne der Abgabenordnung. Es gelten die Vorschriften für Zölle sinngemäß. Für die Erhebung der Einfuhrumsatzsteuer ist das Zollamt zuständig, in dessen Bezirk die Einfuhr erfolgt bzw. von dessen Bezirk der Stpfl. sein Unternehmen betreibt (§ 23 AO). Das Konto „Einfuhrumsatzsteuer" wird bei den „Vorsteuerkonten" innerhalb der Kontengruppe „Sonstige Vermögensgegenstände" geführt.

BEISPIEL: Die Maschinenbau AG führt Rohstoffe für 100 000 € aus Südafrika ein.

(1) Buchung der Eingangsrechnung:

Rohstoffe	100 000 €	an	Verbindlichkeiten/Ausland	100 000 €

(2) Überweisung der Einfuhrumsatzsteuer:

Gezahlte Einfuhr-USt	19 000 €	an	Bank	19 000 €

1.3.2 Ausfuhr in ein Drittlandsgebiet

1422 Ausfuhrlieferungen in das Drittlandsgebiet führen zu steuerfreien Exportlieferungen (§ 4 Abs. 1a UStG).

BEISPIEL: Die Maschinenbau AG liefert eine Drehbank für 50 000 € an ein Unternehmen in den USA.

Forderungen aus Exportgeschäften	50 000 €	an	Exporterlöse	50 000 €

1.4 Steuerbefreiungen

Beispiele für steuerbare Umsätze, die von der Umsatzsteuer befreit sind (§ 4 UStG): 1423

- Ausfuhrlieferungen in das Drittlandsgebiet (s. unter 1.3),
- Umsätze der Ärzte (nicht der Tierärzte) und Zahnärzte,
- Umsätze der Alten-, Kranken- und Pflegeheime,
- Umsätze der Einrichtungen des Bundes, der Länder und der Gemeinden, z. B. Eintrittsgebühren für Theater, Orchester, Museen, botanische und zoologische Gärten,
- die Vermietung und Verpachtung von Grundstücken,
- Kreditgeschäfte.

Bei der Vermietung und Verpachtung ist zu beachten:

- Die **Vermietung von Wohnraum** ist immer umsatzsteuerfrei.
- Die **Vermietung von gewerblich genutzten Räumen** ist ebenfalls umsatzsteuerfrei. Der Unternehmer kann aber ein **Optionsrecht** ausüben (§ 9 UStG), d. h. er kann dem Finanzamt gegenüber erklären, dass er diese Umsätze der Besteuerung unterwerfen will.
- Die **Vermietung von beweglichen Wirtschaftsgütern** ist umsatzsteuerpflichtig.

2. Buchung der einbehaltenen Lohn- und Kirchensteuer

Löhne und Gehälter an Sonstige Verbindlichkeiten gegenüber FA (s. unter Abschn. F.III.) 1424

III. Buchung der Privatsteuern

Zu den Privatsteuern zählen die Einkommen- und Kirchensteuer und die Erbschaft- und 1425
Schenkungsteuer des Inhabers. Die Buchung lautet immer

Privat an Bank

Kapitalgesellschaften buchen diese Steuern zunächst stets als Aufwand. Diese Steuern dürfen den steuerpflichtigen Gewinn (das Einkommen gem. § 8 KStG) aber nicht mindern, daher werden die auf diesen Aufwandskosten erfassten Beträge außerbilanziell wieder hinzugerechnet. Zunächst wird aber gebucht:

Körperschaftsteuer
Erbschaftsteuer an Bank

IV. Ausweis der Steuern in der GuV-Rechnung der Kapitalgesellschaften nach § 275 Abs. 2 HGB i. d. F. des BilRUG

Hinweis: Ab 2016 ist die bisherige Darstellung außerordentlicher Posten (Nr. 15 bis 17 1426
des § 275 Abs. 2 HGB a. F.) nicht mehr zulässig.

Posten 6a. Löhne und Gehälter

- für die Mitarbeiter übernommene Lohnsteuer

Posten 8. Sonstige betriebliche Aufwendungen

- Abgaben, Gebühren, Bußgelder
- Steuerstrafen
- Steuerberatungskosten

Posten 13. Zinsen und ähnliche Aufwendungen

- Säumnis- und Verspätungszuschläge

Posten 14. Steuern vom Einkommen und vom Ertrag

- Körperschaftsteuer (= Steuer vom Einkommen)
- Gewerbeertragsteuer (= Steuer vom Ertrag)
- ausländische Steuern vom Einkommen und vom Ertrag
- latente Steuern
- Zuführung zu den Rückstellungen für vorstehend genannte Steuern
- Steuererstattungen (Der Abschluss der Kapitalgesellschaften und der IKR sehen den gesonderten Ausweis periodenfremder Aufwendungen und Erträge nicht vor.)
- Steuernachzahlungen zu Steuern vom Einkommen und vom Ertrag
- Erträge aus der Auflösung von Rückstellungen für Steuern

Posten 16. Sonstige Steuern

Alle Steuern, die Aufwand sind, aber nicht Steuern vom Einkommen und Ertrag, wie

- Erbschaftsteuer
- Kraftfahrzeugsteuer
- Grundsteuer
- sämtliche Verbrauchsteuern
- Steuererstattungen zu sonstigen Steuern
- Steuernachzahlungen zu sonstigen Steuern
- vom Arbeitgeber zu zahlende pauschalierte Lohnsteuer, soweit nicht Personalaufwand

Soweit einzelne der zu Posten 16 angeführten Steuern unter dem GuV-Posten 8 ausgewiesen werden, ist dies im Anhang zu vermerken.

V. Weitere Buchungen im Bereich der Steuern

a) Steuerstrafen und Geldbußen

1427 Kapitalgesellschaften belasten ein Konto **nicht abzugsfähige Aufwendungen** innerhalb der **sonstigen betrieblichen Aufwendungen** oder der **sonstigen Steuern.**

Einzelunternehmen und Personengesellschaften buchen Steuerstrafen (R 12.3 EStR) und Geldbußen (§ 4 Abs. 5 Nr. 8 EStG, § 12 Nr. 4 EStG, R 4.13 EStR) auf dem **Privatkonto**.

b) Säumniszuschläge

1428 Kapitalgesellschaften buchen Säumniszuschläge auf einem Konto innerhalb der **Zinsen und ähnlichen Aufwendungen.**

Einzelunternehmen und Personengesellschaften buchen Säumniszuschläge zu Privat- oder Personensteuern auf dem **Privatkonto**, zu Betriebssteuern auf einem **Aufwandskonto**.

c) Steuernachzahlungen

1429 Kapitalgesellschaften belasten Steuernachzahlungen grundsätzlich den Konten, denen auch die periodengerechten Zahlungen belastet werden.

Einzelunternehmen und Personengesellschaften buchen Steuernachzahlungen zu Privatsteuern auf dem **Privatkonto**, zu Betriebssteuern i. d. R. auf einem Konto **periodenfremde Aufwendungen**.

d) Steuererstattungen

Kapitalgesellschaften schreiben Steuererstattungen zu Steuern vom Einkommen und Ertrag und zu den sonstigen Steuern den Konten gut, denen ursprünglich der Steueraufwand belastet wurde. Diese Vorgehensweise wird verständlich, wenn man die GuV-Rechnung nach § 275 HGB betrachtet. Da das Ergebnis aus der gewöhnlichen Geschäftstätigkeit bei der Steuerzahlung nicht durch Aufwand gemindert worden ist, darf die Erstattung das Ergebnis auch nicht erhöhen. Hier handelt es sich nicht um einen Ertrag, sondern um eine Korrektur des Aufwands. Deshalb liegt kein Verstoß gegen das Verrechnungsverbot des § 246 Abs. 2 HGB vor. 1430

Sollte die ursprüngliche Belastung sonstiger Steuern ausnahmsweise in die sonstigen betrieblichen Aufwendungen (Posten 8 der GuV) eingegangen sein, muss die Gutschrift bei einer Erstattung auf einem Konto zu den sonstigen betrieblichen Erträgen (Posten 4 der GuV) erfolgen.

Einzelunternehmen und Personengesellschaften buchen Steuererstattungen aus Privatsteuern auf dem Privatkonto, solche aus Aufwandssteuern i. d. R. auf dem Konto **periodenfremde Erträge** oder als **außerordentliche Erträge**.

e) Freigewordene Steuerrückstellungen

Freigewordene Steuerrückstellungen werden bei Kapitalgesellschaften und bei Einzelunternehmen und Personengesellschaften entsprechend den Steuererstattungen behandelt. 1431

f) Steuerberatungskosten

Steuerberatungskosten zu betrieblichen Steuern sind Rechts- und Beratungskosten. Die Steuerberatungskosten zu Privatsteuern bei Einzelunternehmern werden dem Privatkonto belastet. 1432

I. Buchung der Forderungen, Verbindlichkeiten und Haftungsverhältnisse

I. Buchung der Forderungen

1. Einteilung der Forderungen nach der Bewertung

Forderungen sind mit ihren Anschaffungskosten zu bewerten (§ 253 Abs. 1 Satz 1 HGB). 1500 Die Anschaffungskosten entsprechen grundsätzlich dem Nominalwert. Für **Forderungen im Anlagevermögen** gilt das gemilderte Niederstwertprinzip. Sie müssen nur dann auf den niedrigeren am Bilanzstichtag beizulegenden Wert abgeschrieben werden, wenn die Wertminderung voraussichtlich von Dauer ist (§ 253 Abs. 3 Satz 5 HGB). Für **Forderungen im Umlaufvermögen** gilt das strenge Niederstwertprinzip. Sie müssen auf den niedrigeren Wert am Bilanzstichtag abgeschrieben werden (§ 253 Abs. 4 HGB). Fremdwährungsforderungen werden zum Devisenkassakurs umgerechnet. Rdn. 1525 gilt entsprechend.

1501 Nach der Bewertung lassen sich die Forderungen im Umlaufvermögen in drei Gruppen einteilen:

- **Einwandfreie Forderungen** werden zum Nominalwert bilanziert (§ 253 Abs. 1 HGB). Forderungen in fremder Währung werden zum Devisenkassakurs umgerechnet (vgl. § 256a HGB). Bei einer Restlaufzeit von einem Jahr oder weniger sind Kurswertschwankungen dabei stets zu erfassen, und zwar auch dann, wenn sich ein Ertrag aus Währungsdifferenzen ergibt. Das Realisationsprinzip und das Imparitätsprinzip (§ 252 Abs. 1 Nr. 4 HGB) sowie die „Deckelung" auf die AK (§ 253 Abs. 1 Satz 1 HGB) gelten dann nicht mehr. Wegen des allgemeinen Kreditrisikos wird auf den Forderungsbestand am Jahresende eine Abwertung entsprechend den Erfahrungssätzen in den Vorjahren und dem erwarteten Ausfall entsprechend der erwarteten Entwicklung im Folgejahr vorgenommen. Die Abwertung erfolgt indirekt in Form einer Pauschalwertberichtigung (PWB). Wertberichtigungen von 1 % (Nichtaufgriffsgrenze) werden von der Finanzverwaltung ohne weiteres anerkannt. Höhere Sätze sollten begründet werden.
  Wegen des Grundsatzes der Darstellungsstetigkeit (§ 265 Abs. 1 u. 2 HGB) sollte der Wertberichtigungssatz nur angepasst werden, wenn sich die Verhältnisse wesentlich geändert haben.
  Pauschalwertberichtigungen sind nicht auf Forderungsbestände zu berechnen, bei denen **kein Ausfallrisiko** besteht, wie Forderungen an öffentlich-rechtliche Körperschaften, Steuererstattungsansprüche, Forderungen, für die Bürgschaften bestehen, Forderungen, zu denen aufrechenbare Gegenansprüche bestehen, Forderungen gegen Beteiligungsunternehmen, durch eine Delkredere- oder Warenkreditversicherung gesicherte Forderungen.
- **Zweifelhafte Forderungen** (Dubiosen) werden mit ihrem wahrscheinlichen Wert bilanziert, wenn teilweiser Ausfall mit hoher Wahrscheinlichkeit droht. Die Abschreibung erfolgt indirekt durch Einzelwertberichtigung (EWB). **Beispiele: (1)** Ein Kunde zahlt nicht trotz wiederholter Mahnungen. **(2)** Der Kurswert einer Forderung in fremder Währung ist zum Bilanzstichtag unter den Kurs am Tag der Anschaffung gesunken.
- **Uneinbringliche Forderungen** werden durch direkte Abschreibungen voll abgeschrieben. Die Beibehaltung eines Erinnerungswerts von 1 € ist möglich, belastet aber die Buchhaltung. **Beispiele:** Zahlungsunfähigkeit des Schuldners (Abschn. 17.1 Abs. 5 UStAE), fruchtlose Pfändung, der Schuldner hat eine eidesstattliche Erklärung abgegeben oder macht von der Einrede der Verjährung Gebrauch. Oder die gerichtliche Erzwingung lohnt nicht wegen Geringfügigkeit des Betrags.

2. Buchungen im Abschluss und im Folgejahr

2.1 Einwandfreie Forderungen

a) Buchungen im Jahresabschluss

1502 Am Jahresende wird eine Pauschalwertberichtigung wegen des allgemeinen Kreditrisikos gebucht. Diese wird vom Nettobetrag des Forderungsbestands einschließlich der Besitzwechsel und der sonstigen Forderungen berechnet. Differenzierte Abschläge, z. B. nach Inland und Ausland, Branchen, sind möglich.

1503 **BEISPIEL:** Der Forderungsbestand am Ende des Geschäftsjahres beträgt 987 700 €. In diesem Betrag sind insgesamt 157 700 € USt enthalten. Erfahrungsgemäß fallen im Folgejahr 3 % dieser Forderungen aus.

3 % von 830 000 € = 24 900 €

- Die PWB aus dem Vorjahr sind aufgebraucht. Das Konto PWB auf Forderungen weist keinen Saldo aus.
  Buchung:

Abschreibungen auf Forderungen	24 900 €	an	PWB auf Forderungen	24 900 €

► Das Konto PWB auf Forderungen weist noch einen nicht in Anspruch genommenen Restsaldo von 10 000 € aus dem Vorjahr aus.

Buchung der Anpassung:

Abschreibungen auf Forderungen	14 900 €	an	PWB auf Forderungen	14 900 €

b) Buchungen im Folgejahr

Im Zeitpunkt des Ausfalls einer am Ende des Vorjahres noch einwandfreien Forderung wird die PWB entsprechend aufgelöst. 1504

BEISPIEL: Die Forderung in Höhe von 119 € einschließlich USt ist ausgefallen. 1505

a) Die PWB ist noch nicht verbraucht:

PWB auf Forderungen	100 €			
Umsatzsteuer	19 €	an	Forderungen aus L. u. L.	119 €

b) Die PWB ist bereits für Ausbuchungen von Forderungen aus dem Vorjahr aufgebraucht:

Abschreibungen auf Forderungen	100 €			
Umsatzsteuer	19 €	an	Forderungen aus L. u. L.	119 €

Einzelunternehmen und Personengesellschaften buchen in diesem Fall meist

Periodenfremde (oder a.o.) Aufwendungen	100 €			
Umsatzsteuer	19 €	an	Forderungen aus L. u. L.	119 €

Das allgemeine Kreditrisiko umfasst das allgemeine Ausfallrisiko, die Kosten der Eintreibung, Skontoberichtigungen und den innerbetrieblichen Zinsverlust. Entsprechend differenziert kann die PWB berechnet werden. 1506

BEISPIEL: Der Forderungsbestand am Bilanzstichtag beträgt einschl. 19 % USt 119 000 €. Bei einem durchschnittlichen Ausfall von 4 % in den Vorjahren ergibt sich ein **allgemeines Ausfallrisiko** von 4 000 €. 1507

Die mit dem Einzug der Forderungen zusammenhängenden Kosten für Mahnverfahren, Zwangsmaßnahmen und gerichtliche Klagen können als **Beitreibungskosten** abgesetzt werden (BFH v. 19. 1. 1967, BStBl 1967 III S. 336). Diese Kosten haben in den Vorjahren 1,5 % des Forderungsbestands am Ende des vorhergehenden Geschäftsjahres ausgemacht. Das bilanzierende Unternehmen geht von 1 785 € aus; die Beitreibungskosten werden vom Bruttoforderungsbestand berechnet.

Erfahrungsgemäß werden 20 % der Forderungen unter Abzug von 3 % Skonto beglichen. 3 % von 20 000 € ergibt einen Ausfall für **Skontoberichtigung** von 600 €.

Das Unternehmen hat eine Umschlagsdauer der Forderungen von 42 Tagen. Bei einem durchschnittlich vereinbarten Zahlungsziel von 30 Tagen ergibt sich ein Schuldnerverzug von 12 Tagen. Bei einem marktüblichen Zinssatz von 7 % wird der innerbetriebliche **Zinsverlust** bei Soll-Versteuerung wie folgt berechnet:

$$\frac{119\,000\,€ \times 7 \times 12\ \text{Tage}}{360 \times 100} = 277{,}67\,€$$

Errechnung des Prozentsatzes für die Pauschalwertberichtigung:

Allgemeines Ausfallrisiko	4 000 €
Beitreibungskosten	1 785 €
Skontoberichtigung	600 €
Zinsverlust	278 €
	6 663 €

Abschreibungen auf Forderungen	6 663 €	an	PWB auf Forderungen	6 663 €

2.2 Zweifelhafte Forderungen

a) Buchungen während des lfd. Geschäftsjahres

1508 Im Zeitpunkt der Kenntnisnahme der Gefährdung der Forderung wird diese zum (Brutto-)Nennbetrag umgebucht auf das Konto Zweifelhafte Forderungen.

1509 **BEISPIEL 1:**

Ein Kunde hat die Eröffnung des Insolvenzverfahrens beantragt. Die Forderung beträgt 11 900 €.

Buchung:

Zweifelhafte Forderungen	11 900 €	an	Forderungen aus L. u. L.	11 900 €

Stellt sich noch vor dem Bilanzstichtag heraus, dass die Forderung uneinbringlich ist, wird sie direkt abgeschrieben.

BEISPIEL 2:

Abschreibungen auf Ford.	10 000 €			
Umsatzsteuer	1 900 €	an	Forderungen aus L. u. L. (bzw. an zweifelhafte Forderungen)	11 900 €

b) Buchungen im Jahresabschluss

1510 Ist die zweifelhafte Forderung zum Bilanzstichtag noch offen, erfolgt die indirekte Abschreibung auf den wahrscheinlichen Wert am Bilanzstichtag. Die Abschreibung wird vom Nettobetrag der Forderung berechnet. Eine Berichtigung der Umsatzsteuer erfolgt nicht, da die Forderung noch nicht endgültig ausgefallen ist. Bei der Feststellung des Werts ist die Wertaufhellung, d. h. die besseren Erkenntnisse innerhalb der Zeit zwischen dem Abschlussstichtag und dem Tag der Bilanzerstellung, zu berücksichtigen (§ 252 Abs. 1 Nr. 4 HGB).

1511 **BEISPIEL 3:**

Am Bilanzstichtag ist bei der Forderung von 11 900 € (Beispiel 1) mit einem Ausfall von 50 % zu rechnen.

Buchung:

Abschreibungen auf Ford.	5 000 €	an	EWB auf Forderungen	5 000 €

c) Buchungen im Folgejahr

1512 Ist der Zahlungseingang im Folgejahr höher als erwartet, fallen Erträge aus der Herabsetzung/Auflösung von EWB auf Forderungen an. Im umgekehrten Fall werden die im Vorjahr versäumten Abschreibungen nachgeholt.

1513 **BEISPIEL:**

(1) Im Folgejahr gehen 7 140 € der Forderung im vorstehenden Beispiel auf dem Bankkonto ein.

Umsatzsteuer-Korrektur: 1 900 € - 1 140 € = 760 €

Buchung:

Bank	7 140 €	an	Zweifelhafte Forderungen	11 900 €
EWB auf Forderungen	5 000 €	an	Erträge aus der	
Umsatzsteuer	760 €		Auflösung von EWB	1 000 €

(2) Im Folgejahr gehen nur 3 570 € auf dem Bankkonto ein.

Bank	3 570 €			
EWB auf Forderungen	5 000 €			
Umsatzsteuer	1 330 €			
Abschreibungen auf Forderungen	2 000 €	an	Zweifelhafte Forderungen	11 900 €

Einzelunternehmen und Personengesellschaften belasten mitunter an Stelle von Abschreibungen auf Forderungen das Konto „periodenfremde Aufwendungen".

2.3 Uneinbringliche Forderungen

a) Buchungen im Jahresabschluss

Uneinbringliche Forderungen werden im Zeitpunkt des Ausfalls direkt abgeschrieben. 1514
Die Umsatzsteuer wird berichtigt.

BEISPIEL: Ein Kunde hat die eidesstattliche Erklärung abgegeben. Die Forderung beträgt 1515
1 190 €.

Buchung:

Abschreibungen auf Forderungen	1 000 €			
Umsatzsteuer	190 €	an	Forderungen aus L. u. L.	1 190 €

Gehen in Folgejahren unerwartet in Vorjahren abgeschriebene Forderungen ein, lebt die Umsatzsteuerschuld wieder auf. Einzelunternehmen, Personengesellschaften und auch Kapitalgesellschaften buchen an „periodenfremde Erträge".

BEISPIEL: Auf dem Bankkonto sind 1 190 € aus einer im Vorjahr abgeschriebenen Forderung eingegangen. Die Forderung enthielt 19 % USt. Buchung:

Bank	1 190 €	an	periodenfremde Erträge	1 000 €
		an	Umsatzsteuer	190 €

3. Gemischtes Verfahren

Soweit bereits Einzelwertberichtigungen vorgenommen worden sind, muss zusätzlich 1516
das Kreditrisiko aus den nicht einzelwertberichtigten Forderungen abgedeckt werden.

BEISPIEL: 1517

	Forderung €	EWB %	EWB €
Gesamtbetrag der Forderungen zum 31. 12. 01	238 000		
– einzelwertberichtigte Forderungen gegen A	11 900	50	5 000
– einzelwertberichtigte Forderungen gegen B	23 800	75	15 000
= pauschalwertzuberichtigende Forderungen	202 300		
– darin enthaltene Umsatzsteuer (19 %)	32 300		
Basis für die Ermittlung der PWB	170 000		
davon 4 % PWB	6 800		

Buchung:

Abschreibungen auf Ford.	26 800 €	an	EWB auf Forderungen	20 000 €
		an	PWB auf Forderungen	6 800 €

4. Ausweis in der Bilanz

1518 In den offenlegungspflichtigen Bilanzen der Kapitalgesellschaften werden Einzel- und Pauschalwertberichtigungen nicht gesondert ausgewiesen, sondern auf der Aktivseite abgesetzt.

1519 **BEISPIEL:**

S	Schlussbilanzkonto		H
Forderungen aus L. u. L.	202 300 €	PWB zu Forderungen	6 800 €
Zweifelhafte Forderungen	35 700 €	EWB zu Forderungen	20 000 €

A	Schlussbilanz		P
Forderungen	211 200 €		

1520 **Im Falle einer Forderungszession** sowie bei unechtem Factoring, bei dem das Factoringunternehmen das Delkredererisiko nicht übernimmt, ist die Forderung weiterhin bei dem begebenden Unternehmen zu bilanzieren. Nur beim echten Factoring erwirbt der Factor die Forderung, so dass sie aus dem Vermögen des begebenden Unternehmens ausscheidet.

II. Buchung der Verbindlichkeiten

1. Übersicht über die Rechtsgrundlagen zur Buchung, Bewertung und Bilanzierung der Verbindlichkeiten

1521 Die wichtigsten **handelsrechtlichen Vorschriften** zur Bewertung und Bilanzierung der Verbindlichkeiten enthalten:

- § 238 Abs. 1 HGB: Ausweis der Schulden in den **Büchern**.
- § 240 Abs. 1 u. 2 HGB: Ausweis der Schulden im **Inventar**.
- § 242 Abs. 1 HGB: Ausweis der Schulden in den **Bilanzen**.
- § 244 HGB: **Währungsverbindlichkeiten** sind in € umzurechnen.
- § 246 Abs. 1 HGB: Der Jahresabschluss hat sämtliche Schulden zu enthalten.
- § 246 Abs. 2 HGB: **Forderungen und Verbindlichkeiten** dürfen nicht miteinander saldiert werden.
- § 247 Abs. 1 HGB: Die Schulden sind **gesondert** auszuweisen und hinreichend aufzugliedern.
- § 250 Abs. 3 HGB: Eine Differenz zwischen dem Ausgabebetrag und dem **höheren Rückzahlungsbetrag** einer Verbindlichkeit darf in den Rechnungsabgrenzungsposten auf der Aktivseite aufgenommen werden.
- § 251 HGB: Nicht auf der Passivseite auszuweisende Verbindlichkeiten **(Haftungsverhältnisse)** sind unter der Bilanz zu vermerken.
- § 252 HGB: Allgemeine **Bewertungsgrundsätze** einschließlich des Grundsatzes der Einzelbewertung und des Vorsichtsprinzips.
- § 253 Abs. 1 Satz 2 HGB: Verbindlichkeiten sind zu ihrem **Rückzahlungsbetrag** zu bewerten.
- § 254 HGB: Bildung von **Bewertungseinheiten**.
- § 256a HGB: **Währungsdifferenzen**.
- § 265 Abs. 1 HGB: Beibehaltung der **Bilanzgliederung**.
- § 265 Abs. 2 HGB: Angabe der **Vorjahresbeträge**.
- § 265 Abs. 3 HGB: **Mitzugehörigkeit** zu einem anderen Posten.
- § 266 Abs. 1 HGB: Größenabhängige **Erleichterungen**.
- § 266 Abs. 3 HGB: **Gliederungsschema** in der Bilanz.
- § 268 Abs. 5 Satz 1 HGB: Vermerk des Betrags der Verbindlichkeiten mit einer **Restlaufzeit bis zu einem Jahr**.

- § 268 Abs. 5 Satz 2 HGB: **Erhaltene Anzahlungen** auf Bestellungen.
- § 268 Abs. 7 HGB: Angabe der gewährten **Pfandrechte** und sonstigen Sicherheiten zu den in § 251 HGB bezeichneten Haftungsverhältnissen.
- § 285 Nr. 1 und 2 HGB: Angabe des Gesamtbetrags der Verbindlichkeiten mit einer **Restlaufzeit von mehr als fünf Jahren** und Angabe von Art und Form der Sicherheiten.
- § 285 Nr. 3 HGB: Angabe des Gesamtbetrags der **sonstigen finanziellen Verpflichtungen**, die weder in der Bilanz noch unter der Bilanz erscheinen.
- § 288 HGB: Größenabhängige **Erleichterungen**.
- § 42 Abs. 3 GmbHG: Verbindlichkeiten gegenüber **Gesellschaftern**, die in der Bilanz nicht gesondert ausgewiesen oder mit einem Mitzugehörigkeitsvermerk gekennzeichnet wurden.

Steuerrechtliche Vorschriften zur Buchung, Bilanzierung und Bewertung der Verbind- 1522
lichkeiten enthalten:

- § 6 Abs. 1 Nr. 3 EStG: Die Verbindlichkeiten sind unter sinngemäßer Anwendung des § 6 Abs. 1 Nr. 2 EStG anzusetzen.
- § 5 Abs. 5 Satz 1 Nr. 1 EStG: Behandlung des Damnums, Disagios oder Agios.

2. Bewertung der Verbindlichkeiten

Verbindlichkeiten liegen vor, wenn ein Unternehmen daraus nach Grund, Fälligkeit und 1523
Höhe eindeutig rechtlich verpflichtet ist. Verbindlichkeiten sind mit ihrem **Erfüllungsbetrag (Rückzahlungsbetrag)**, Rentenverpflichtungen, für die eine Gegenleistung nicht mehr zu erwarten ist, sind zum **Barwert** der zukünftigen Auszahlungen anzusetzen (§ 253 Abs. 1 Satz 2 HGB). Der Rückzahlungsbetrag ist der Betrag, den das Unternehmen zur Begleichung der Verbindlichkeiten ausgeben muss. Verbindlichkeiten, deren Restlaufzeit am Bilanzstichtag 12 Monate und mehr beträgt, sind mit einem Zinssatz von 5,5 % abzuzinsen (§ 6 Abs. 1 Nr. 3 EStG).

Bewertungsuntergrenze sind die Anschaffungskosten. Der niedrigere Teilwert darf 1524
nicht angesetzt werden. Der höhere Teilwert muss angesetzt werden. Der spätere Ansatz eines niedrigeren Teilwerts ist möglich.

Fremdwährungsverbindlichkeiten werden im Zeitpunkt des Zugangs zum aktuellen 1525
Kurs eingebucht. I. d. R. würde man den Geldkurs nehmen (= Kurs, zu dem die Bank die fremde Währung an uns verkaufen würde, damit wir unsere Schulden bezahlen können), bei Fremdwährungsforderungen würde man demzufolge den Briefkurs nehmen (Kurs, der beim Ankauf der Fremdwährung von der Bank aufgerufen wird). Gesetzlich ist das aber nicht geregelt; § 256a HGB enthält nur die Festlegung auf den Devisenkassamittelkurs bei Bewertung zum Jahresabschluss. Unterjährig ist der heranzuziehende Kurs also frei wählbar (Börsenplatz, Geld- oder Briefkurs, ggf. Mittelkurs des BMF).

Fremdwährungsverbindlichkeiten mit einer **Laufzeit von mehr als einem Jahr** werden zum Abschlussstichtag stets zum Devisenkassakurs ausgewiesen (§ 256a HGB).

BEISPIEL: Am 15. 12. 01 wurden Handelswaren für 10 000 Dollar importiert. Die Eingangsrech- 1526
nung wurde am 16. 12. 01 bei einem Dollarkurs von 0,95 € gebucht:

Handelswaren	9 500 €	an	Verbindlichkeiten aus L. u. L.	9 500 €

Fall 1: Unveränderter Kurswert

Am 31. 12. 01 (Bilanzstichtag) beträgt der Kurs beim Kauf (Briefkurs) für einen Dollar unverändert 0,95 €. In diesem Falle ist **keine zusätzliche Buchung** erforderlich.

Fall 2: Gefallener Kurswert

Am 31. 12. 01 ist der Kurs (Briefkurs) auf 0,90 € gefallen. Die Verbindlichkeit ist weiter mit 0,95 € je Dollar zu passivieren, da der Ansatz eines niedrigeren Kurses zur Bilanzierung eines am 31. 12. 01 noch nicht realisierten Gewinns von 500 € führen würde. Der Ausweis dieses Gewinns würde gegen das Realisationsprinzip (§ 252 Abs. 1 Nr. 4 letzter Teilsatz HGB) verstoßen. Sofern aber die Restlaufzeit der Verbindlichkeit nicht mehr als 1 Jahr beträgt, ist handelsrechtlich ein Ertrag als Kursdifferenzen darzustellen (§ 256a HGB). Die Buchung lautet dann:

Verbindlichkeiten aus L. u. L.	500 €	an	Erträge aus Kursdifferenzen	500 €

Fall 3: Gestiegener Kurswert

Am 31. 12. 01 ist der Kurs (Briefkurs) auf 0,98 € gestiegen. Aus Gründen der Vorsicht (§ 252 Abs. 1 Nr. 4 HGB) ist die Verbindlichkeit mit dem höheren Rückzahlungsbetrag (§ 253 Abs. 1 Satz 2 HGB) zu bilanzieren. Der zum 31. 12. 01 noch nicht realisierte Verlust ist auszuweisen (Imparitätsprinzip, § 252 Abs. 1 Nr. 4 HGB). Erforderliche Buchung:

Aufwand aus Kursdifferenzen (Sonstige betriebl. Aufwendungen)	300 €	an	Verbindlichkeiten aus L. u. L.	300 €

Etwas anderes gilt, wenn die Verbindlichkeit „gehedgt" ist. Gemäß § 254 HGB muss ein gegenläufiges Wertsicherungsgeschäft in der Weise berücksichtigt werden, dass gleichermaßen die Gewinne aus dem einen Finanzierungsinstrument (z. B. Put-Optionsschein, mit dem auf einen sinkenden Dollarkurs gewettet wird) und die Verluste aus dem anderen (gegenläufigen) Finanzinstrument (z. B. Forderung auf Dollarbasis) gebucht werden.

3. Angaben im Anhang

1527 Nach dem Wortlaut des § 268 Abs. 5 HGB ist der Betrag der Verbindlichkeiten mit einer **Restlaufzeit bis zu einem Jahr** bei jedem gesondert ausgewiesenen Posten als „Davon-Vermerk" in der Bilanz auszuweisen. § 285 Nr. 1 HGB schreibt für alle Kapitalgesellschaften vor, dass im Anhang

a) der Gesamtbetrag der Verbindlichkeiten mit einer **Restlaufzeit von mehr als fünf Jahren,**

b) der Gesamtbetrag der Verbindlichkeiten, die durch Pfandrechte oder ähnliche Rechte gesichert sind, unter Angabe von **Art und Form der Sicherheiten** anzugeben sind.

1528 Große und mittelgroße Kapitalgesellschaften müssen im Anhang die Aufgliederung dieser Angaben für jeden Posten der Verbindlichkeiten entsprechend dem Gliederungsschema der Bilanz (§ 266 Abs. 3 C. HGB) vornehmen, sofern sich die Angaben nicht aus der Bilanz ergeben (§ 285 Nr. 2 HGB i.V. mit § 288 HGB).

Kleine Kapitalgesellschaften brauchen die Verbindlichkeiten nicht zu untergliedern. Sie können sämtliche Verbindlichkeiten unter „C. Verbindlichkeiten" zusammenfassen.

Für **mittelgroße Kapitalgesellschaften** sieht § 327 HGB Erleichterungen bei der Offenlegung vor.

An Stelle verbaler Erläuterungen kann ein übersichtlicherer **Verbindlichkeitenspiegel** in den Anhang aufgenommen werden: 1529

ABB. 20: Verbindlichkeitenspiegel

Verbindlichkeitenspiegel						
		mit einer Restlaufzeit von				
Verbindlichkeiten	Gesamtbetrag	bis zu 1 Jahr	1 bis 5 Jahren	mehr als 5 Jahren	gesicherte Beträge	Art der Sicherheiten
	€	€	€	€	€	

Weitere Angaben im Anhang: 1530

- Beträge für Verbindlichkeiten, die erst **nach dem Abschlussstichtag** rechtlich entstehen (antizipative Posten innerhalb der sonstigen Verbindlichkeiten), müssen, soweit sie einen größeren Umfang haben, im Anhang erläutert werden (§ 268 Abs. 5 Satz 3 HGB). Wesentlich ist immer ein Betrag in Höhe von 10 % des Jahresergebnisses oder ein Betrag, der im Verhältnis zum Gesamtbetrag der Verbindlichkeiten ins Gewicht fällt.
- Die in § 251 HGB aufgeführten Verbindlichkeiten aus der Begebung und Übertragung von Wechseln (Wechselobligo), aus Bürgschaften, Wechsel- und Scheckbürgschaften und aus Gewährleistungsverträgen sowie **Haftungsverhältnisse** aus der Bestellung von Sicherheiten für fremde Verbindlichkeiten sind jeweils gesondert im Anhang (§ 268 Abs. 7 HGB) unter Angabe der gewährten Pfandrechte und sonstigen Sicherheiten anzugeben. Im Anhang sind auch die nicht nach § 251 HGB anzugebenden finanziellen Verpflichtungen aufzuführen, sofern die Angabe für die Beurteilung der Finanzlage von Bedeutung ist.

III. Kontokorrent

Das Kontokorrent ist das wichtigste der Nebenbücher. Der gesamte Geschäftsverkehr 1531
mit den Kunden und mit den Lieferanten wird über die Sachkonten **Forderungen** (Debitoren) und **Verbindlichkeiten** (Kreditoren) gebucht. Die Salden dieser Konten zeigen den Gesamtbetrag an Forderungen und den Gesamtbetrag an Verbindlichkeiten. Welche Beträge einzelne Kunden zu zahlen haben und welche Beträge einzelnen Lieferanten geschuldet werden, ist aus den Konten im Hauptbuch nicht ersichtlich. Deshalb wird im **Kontokorrent** (conto corrente = lfd. Rechnung) auf den Namen jedes einzelnen Kunden und Lieferanten ein **Personenkonto** geführt.

Jede Buchung auf den Konten Forderungen aus L. u. L. und Verbindlichkeiten aus L. u. L. 1532
wird gleichzeitig auf einem Personenkonto im Kontokorrent vorgenommen. Die Übertragung erfolgt aus dem Hauptbuch oder unmittelbar aus dem Grundbuch. Bei Anwendung der Durchschreibebuchführung oder der EDV-Buchführung entfällt die Übertragung.

Beim Kontenabschluss werden die Salden der Personenkonten in der Debitoren-Liste 1533
und in der Kreditoren-Liste zusammengestellt. Die Summen der **Saldenlisten** müssen mit den Salden der Konten Forderungen und Verbindlichkeiten im Hauptbuch übereinstimmen. Die Saldenlisten sind Anlagen zum Inventar.

IV. Buchung der Haftungsverhältnisse

1. Wesen und Ausweis

1534 Neben Vermögen, Schulden und Reinvermögen müssen auch die Eventualverbindlichkeiten im Jahresabschluss berücksichtigt werden. Banken messen bei der Kreditgewährung gerade diesem Posten besondere Bedeutung zu.

1535 Das Handelsrecht unterscheidet zwischen der Angabe solcher Haftungsverhältnisse in der Bilanz, innerhalb der Erläuterungen im Anhang und der Angabe unter der Bilanz.

1536 Die Vermerkpflicht für Eventualverbindlichkeiten (§ 251 HGB) gilt für alle Kaufleute und für Konzerne (§ 298 Abs. 1 HGB). Kapitalgesellschaften und Konzerne müssen die einzelnen Haftungsverhältnisse gesondert ausweisen unter Angabe der gewährten Sicherheiten (§ 268 Abs. 7 HGB). Haftungsverhältnisse gegenüber verbundenen Unternehmen sind als „Davon-Posten" anzugeben.

1537 Kapitalmarktorientierte Kapitalgesellschaften (§ 264d HGB) müssen im Anhang die Gründe und Risiken der Inanspruchnahme der nach § 251 HGB ausgewiesenen Verbindlichkeiten und Haftungsverhältnisse angeben (§ 285 Nr. 27 HGB).

2. Haftungsverhältnisse nach § 251 HGB

1538

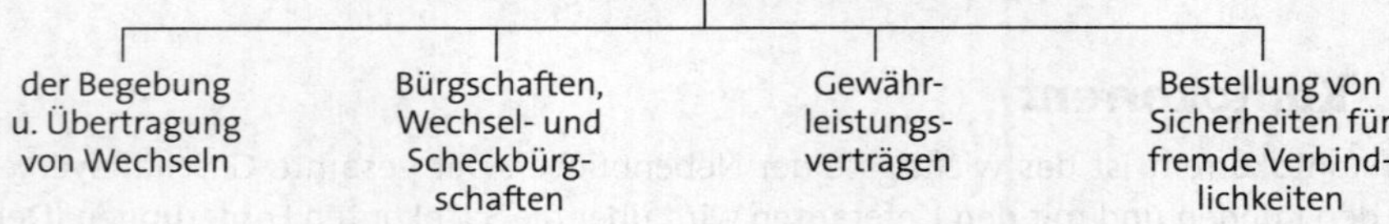

1539 **Einzelunternehmen und Personengesellschaften** dürfen die Haftungsverhältnisse **in einem Betrag** angeben. Die Verpflichtungen sind auch dann anzugeben, wenn ihnen gleichwertige Rückgriffsforderungen gegenüberstehen.

1540 Das Haftungsrisiko aus der **Begebung und Übertragung von Wechseln** ist anzugeben, und zwar das Gesamtobligo ohne Rücksicht auf die Bonität der Akzeptanten. Alle Wechsel, aus denen das Unternehmen als Aussteller oder Indossant haftet, sind einzubeziehen. Wertmäßig ist von den Wechselsummen ohne Nebenkosten auszugehen.

1541 Die besondere Angabe des **Wechselobligos gegenüber verbundenen Unternehmen** kann schwierig werden, wenn nicht bekannt ist, ob der Wechsel sich am Bilanzstichtag noch in Händen des verbundenen Unternehmens befindet. Hier muss eine Abstimmung im Rahmen der Konsolidierung erfolgen.

1542 Anzugeben sind alle Arten von **Bürgschaften,** wie Rück-, Nach-, Ausfall-, Kredit-, Mit-, Höchstbetrags-, Zeitbürgschaften ohne Rücksicht darauf, ob es sich um selbstschuldnerische Bürgschaften handelt oder nicht. Bürgschaften für eine zukünftige oder eine bedingte Verbindlichkeit (§ 765 Abs. 2 BGB) sind nicht angabepflichtig.

1543 Angabepflichtig sind **vertragliche Verpflichtungen** aus Gewährleistungsverträgen für eigene und für fremde Leistungen.

Sicherheiten für fremde Verbindlichkeiten können durch alle möglichen Pfandrechte und ähnliche Rechte gegeben werden. Häufig anzutreffen sind Grundpfandrechte, wie Hypotheken-, Grund- und Rentenschulden (§§ 1113 ff. BGB) und Pfandrechte an beweglichen Sachen und Rechten (§§ 1204 ff. BGB) sowie der Eigentumsvorbehalt (§ 449 BGB). Angabepflichtig ist der Betrag der Hauptschuld am Bilanzstichtag. 1544

Die aufgeführten Eventualverbindlichkeiten haben gemeinsam, dass 1545

- es sich um Haftungsverhältnisse für **fremde** Verbindlichkeiten handelt,
- diese erst dann auf den Bilanzierenden zukommen, wenn bestimmte **Bedingungen eintreten**, z. B. derjenige, für den die Bürgschaft übernommen wurde, zahlt nicht.

Verbindlichkeiten aus **schwebenden Geschäften** sind nicht angabepflichtig. Ebenfalls nicht angabepflichtig sind: 1546

- **Haftungen kraft Gesetzes**, z. B. aus Kfz-Haltung, aus Tierhaltung, für Betriebsunfälle usw.
- Haftungen und Bestellungen von Sicherheiten **für eigene Verbindlichkeiten**, z. B. Verpflichtungen zur Leistung von Vertragsstrafen, branchenübliche Garantiezusagen u. ä.
- Haftungen aus **treuhänderischen Übereignungen**.

Der Ausweis muss so lange erfolgen, wie mit dem Eintritt der Bedingung gerechnet werden kann. Auch strittige Haftungsverhältnisse sind anzugeben (ADS, § 160 Rdn. 169). Angabepflichtig sind allein die am Bilanzstichtag bestehenden Haftungsverhältnisse. 1547

Ist die Bedingung eingetreten, liegt keine Eventualverbindlichkeit mehr vor, sondern eine **drohende Verpflichtung.** Für drohende Verpflichtungen muss eine **Rückstellung** gebildet werden (§ 249 Abs. 1 HGB). Steht die Inanspruchnahme aus dem Haftungsverhältnis fest, wird die Verpflichtung als **Verbindlichkeit** passiviert. Eine Angabe im Anhang entfällt. 1548

Eventualverbindlichkeiten sind auch dann anzugeben, wenn ihnen **gleichwertige Rückgriffsforderungen** gegenüberstehen, d. h. wenn am Bilanzstichtag keinerlei Risiko erkennbar ist. 1549

Publizitätspflichtige Gesellschaften, Kapitalgesellschaften und Genossenschaften müssen die Beträge jeweils gesondert nach den in § 251 HGB aufgeführten Kategorien ausweisen (§§ 268 Abs. 7 und 336 Abs. 2 HGB; § 5 Abs. 1 PublG). Sie müssen außerdem die **gewährten Pfandrechte und sonstigen Sicherheiten** für die vier Kategorien **unter der Bilanz oder im Anhang** gesondert angeben. Verpflichtungen **gegenüber verbundenen Unternehmen** sind zusätzlich als „Davon-Posten“ anzugeben (§ 268 Abs. 7 HGB). 1550

3. Sicherheiten für eigene Verbindlichkeiten

In der Bilanz der mittelgroßen und großen Kapitalgesellschaften muss zu den einzelnen Verbindlichkeitspositionen gem. § 268 Abs. 5 Satz 1 i.V. mit § 266 Abs. 3 HGB jeweils der Betrag der darin enthaltenen Verbindlichkeiten angegeben werden, deren Laufzeit bis zu einem Jahr beträgt. Diese Aufgliederung wird im Anhang ergänzt durch die Angabe des Gesamtbetrags der Verbindlichkeiten mit einer Restlaufzeit von mehr als fünf Jahren sowie des Gesamtbetrags der Verbindlichkeiten, die durch Pfandrechte oder ähnliche Rechte, Eigentumsvorbehalte oder sonstige branchenübliche Sicherheiten gesichert sind. Dabei sind Art und Form der Sicherheiten anzugeben (§ 285 Nr. 1 HGB). 1551

Kleine Kapitalgesellschaften sind von der Aufgliederung der Verbindlichkeiten befreit (§ 288 HGB), mittelgroße Kapitalgesellschaften brauchen die Aufgliederung nicht offenzulegen (§ 327 HGB). Anzugeben ist jeweils die verbleibende Restlaufzeit. Wenn die Tilgung in Raten über einen längeren Zeitraum erfolgt, muss die Verbindlichkeit in Teilbeträge aufgeteilt werden.

4. Sonstige finanzielle Verpflichtungen

4.1 Gegenstand der sonstigen finanziellen Verpflichtungen

1552 Kapitalgesellschaften müssen den **Gesamtbetrag der sonstigen finanziellen Verpflichtungen**, die nicht in der Bilanz erscheinen und auch nicht nach § 251 HGB anzugeben sind, im Anhang angeben, sofern diese Angabe für die Beurteilung der Finanzlage **von Bedeutung** ist. Verpflichtungen gegenüber verbundenen Unternehmen sind als „Davon-Posten" gesondert anzugeben (§ 285 Nr. 3a HGB). Die Angabe soll das sich aus Bilanz bzw. GuV ergebende Bild ergänzen bzw. korrigieren.

1553 **Sonstige finanzielle Verpflichtungen sind z. B.:**

- mehrjährige Verpflichtungen aus Miet- und Leasingverträgen,
- Verpflichtungen aus begonnenen Investitionsvorhaben,
- aus künftigen Großreparaturen,
- aus notwendig werdenden Umweltschutzmaßnahmen,
- Verpflichtungen aus Vertragsstrafen,
- Verpflichtungen zur Leistung noch ausstehender GmbH-Anteile (§§ 19 ff. GmbHG).

1554 Außerdem können

- die Delkrederehaftung des Kommissionärs (§ 394 HGB),
- die Haftung aus Konsortialgeschäften,
- die Haftung für ein unwiderrufliches Bankakkreditiv,
- die Haftung bei der Übernahme fremden Vermögens oder bei Erwerb eines Unternehmens (§ 75 AO)

im Einzelfall einen Vermerk im Anhang erforderlich machen.

1555 Anzugeben sind nur Verpflichtungen, die finanzieller Natur sind und zu **Belastungen des Bilanzgewinns führen**. Dabei handelt es sich um konkrete, unausweichliche zukünftige Zahlungsverpflichtungen, die allein wegen eines Passivierungsverbots oder eines Passivierungswahlrechts nicht passiviert worden sind, jedoch die derzeitige Finanzlage des bilanzierenden Unternehmens verändern oder den finanziellen Spielraum für die Zukunft einschränken.

1556 Beispiele für sonstige finanzielle Verpflichtungen, die aufgrund eines **Passivierungsverbots** nicht in der Bilanz erscheinen, sind **Aufwandsrückstellungen,** die über den Umfang des § 249 Abs. 1 HGB hinausgehen und nicht rückstellungsfähige Verluste aus zukünftigen Geschäften, denen sich das Unternehmen nicht entziehen kann. Beispiel für Angaben aufgrund eines **Passivierungswahlrechts** sind **Pensionszusagen** (Altzusagen gemäß Art. 28 EGHGB).

4.2 Umfang der Offenlegung

Der **Gesamtbetrag** der sonstigen finanziellen Verpflichtungen muss unter Beachtung des Grundsatzes der Wesentlichkeit nur dann angegeben werden, wenn die Angabe für die Beurteilung der Finanzlage **von Bedeutung** ist. Nach den Vorstellungen des Gesetzgebers müssen nur die **mehrjährigen Verpflichtungen** angegeben werden. Kleine Kapitalgesellschaften sind von der Angabe befreit (§ 288 HGB). Für mittelgroße Kapitalgesellschaften sieht das Gesetz keine Erleichterung vor. 1557

5. Aufzeichnungs- und Inventarisierungspflicht

Die Grundsätze ordnungsmäßiger Buchführung und Bilanzierung umfassen auch die Rechnungslegung der Haftungsverhältnisse. Auf sie treffen insbesondere der Grundsatz der Vollständigkeit (§ 246 Abs. 1 HGB) und die Generalnorm des § 264 Abs. 2 HGB zu. Bürgschaften und sonstige Haftungsverhältnisse (§§ 251 und 268 Abs. 7 HGB) sind also systematisch aufzuzeichnen, es besteht Inventarisierungspflicht. Hierzu bedarf es einer Einzelaufgliederung und des Einzelnachweises durch geeignete Unterlagen. 1558

Das Vollständigkeitsgebot wird bei den Haftungsverhältnissen eingeschränkt durch den Grundsatz der Wesentlichkeit. Unbedeutende oder verkehrs- bzw. branchenübliche Haftungsverhältnisse, wie gesetzliche Haftpflichten, gesetzliche Pfandrechte, Haftung aufgrund steuerlicher Vorschriften, branchenübliche Eigentumsvorbehalte u. ä., sind nicht vermerk- oder angabepflichtig. 1559

Eventualverbindlichkeiten werden in der Praxis nur selten buchmäßig erfasst. Das Wechselobligo bildet dabei wegen der Eintragungen in das Wechselkopierbuch eine Ausnahme. Der Nachweis von Bürgschaften, Gewährleistungsverträgen und eventueller Haftungsverhältnisse aus der Bestellung von Sicherheiten für fremde Verbindlichkeiten kann aus den sonstigen Unterlagen und Verträgen erbracht werden, wie Satzung oder Gesellschaftsvertrag, Allgemeine Geschäftsbedingungen, Beschlüsse der Gesellschaftsorgane, Kredit- und Prozessakten, Grundbuchauszüge und Saldenbestätigungen. 1560

Wegen der Ausweispflicht empfiehlt es sich, zumindest Bürgschaften schon während des Geschäftsjahres auch buchhalterisch zu erfassen, wenn solche Fälle im gegebenen Unternehmen oft vorkommen. 1561

BEISPIEL: Die A-GmbH übernimmt für ihren Kunden B (Hauptschuldner) eine Bürgschaft für einen Kredit von 100 000 € gegenüber der C-OHG (Gläubiger). Die GmbH bucht: 1562

a) **bei Begründung der Bürgschaft:**

Bürgschaftsforderung (B)	100 000 €	an	Bürgschaftsverpflichtung (C-OHG)	100 000 €

Hauptschuldner und Gläubiger nehmen bei der Begründung der Bürgschaft keine Buchung vor.

b) **wenn die Bürgschaft erlischt:**

Bürgschaftsverpflichtung (C-OHG)	100 000 €	an	Bürgschaftsforderung (B)	100 000 €

c) **Im Falle der Inanspruchnahme** durch die Bürgschaftsgläubigerin C-OHG wird aus der Bürgschaftsforderung eine echte Rückgriffsforderung.

Buchung:

Bürgschaftsverpflichtung (C-OHG)	100 000 €	an	Bank	100 000 €

Die **Bürgschaftsforderung wird am Jahresende aktiviert:**

Schlussbilanzkonto	100 000 €	an	Bürgschaftsforderung (B)	100 000 €

1563 Besteht das Haftungsverhältnis noch zum Geschäftsjahresschluss, eine Inanspruchnahme ist jedoch nicht zu erwarten, ist lediglich ein Vermerk oder im Anhang erforderlich. Die Konten können zum Schlussbilanzkonto abgeschlossen werden.

1564 **BEISPIEL:**

Schlussbilanzkonto	100 000 €	an	Bürgschaftsforderung	100 000 €
Bürgschaftsverpflichtung	100 000 €	an	Schlussbilanzkonto	100 000 €

1565 Im Folgejahr können die Konten wieder entsprechend eröffnet werden.

6. Möglichkeiten der Offenlegung

1566 Kapitalgesellschaften können die Angaben derzeit noch **wahlweise unter der Bilanz oder im Anhang** machen (§ 268 Abs. 7 HGB). Gem. § 268 Abs. 7 HGB i. d. F. des BilRUG sind die im Rahmen des § 251 HGB erforderlichen Angaben für Geschäftsjahre beginnend ab 2016 stets im Anhang zu machen.

1567 Da § 265 Abs. 2 Satz 1 HGB sich allein auf Posten der Bilanz bezieht, nicht aber auf Haftungsverhältnisse und sonstige finanzielle Verpflichtungen, ist die Angabe von **Vorjahreswerten** nicht vorgeschrieben.

1568 Der Ausweis muss sich am **Grundsatz der Stetigkeit** bei den angewandten Bewertungsmethoden (§ 252 Abs. 1 Nr. 6 HGB) orientieren und mit eindeutigen Bezeichnungen erfolgen.

1569 **BEISPIEL:**

Angaben im Anhang:

k) Haftungsverhältnisse und sonstige finanzielle Verpflichtungen

Zum 31. 12. 01 bestanden die folgenden Haftungsverhältnisse i. S. des § 251 HGB:

1.	Verbindlichkeiten aus der Begebung und Übertragung von Wechseln		205 600 €
2.	Verbindlichkeiten aus Bürgschaften, Wechsel- und Scheckbürgschaften		300 000 €
3.	Verbindlichkeiten aus Gewährleistungsverträgen		122 500 €
4.	Haftungsverhältnisse aus der Bestellung von Sicherheiten für fremde Verbindlichkeiten (Sicherungsübereignung des Lagers an fertigen Pressen)		132 000 €
	– davon gegenüber verbundenen Unternehmen	111 000 €	760 100 €

Außerdem bestehen langfristige sonstige finanzielle Verpflichtungen aus Miet- und Leasingverträgen sowie Investitionsvorhaben und künftigen Großreparaturen in folgender Höhe:

	02 €	03–06 €	nach 06 €
Miet- und Leasingraten	463 000	1 380 000	1 220 000
Investitionen	1 790 000	–	–
künftige Großreparaturen	310 000	700 000	–

J. Buchungen im Rahmen der Vorbereitung des Jahresabschlusses

I. Zeitliche Abgrenzung

Zum Zwecke der periodengerechten Abgrenzung des Jahresergebnisses werden transitorische Posten, antizipative Posten und Rückstellungen gebildet: 1701

ABB. 21: Posten zur zeitlichen Abgrenzung

Konten	im alten Jahr	im neuen Jahr
1. Transitorische Posten Rechnungsabgrenzung i. e. S. Höhe und Zeitpunkt der Fälligkeit sind bekannt.	Zahlungsvorgang	wirtschaftliche Zugehörigkeit
Aktive Rechnungsabgrenzung (§ 250 Abs. 1 und 3 HGB)	Ausgabe	Aufwand
Passive Rechnungsabgrenzung (§ 250 Abs. 2 HGB)	Einnahme	Ertrag
Sonderfälle der aktiven Rechnungsabgrenzung: **Disagio** (§§ 250 Abs. 3 und 268 Abs. 6 HGB; H 6.10 EStH)		
2. Antizipative Posten Höhe und Zeitpunkt der Fälligkeit sind bekannt.	wirtschaftliche Zugehörigkeit	Zahlungsvorgang
Sonstige Forderungen (§ 268 Abs. 4 Satz 2 HGB)	Ertrag (und Forderung)	Einnahme
Sonstige Verbindlichkeiten (§ 268 Abs. 5 Satz 3 HGB)	Aufwand (und Verbindl.)	Ausgabe
3. Rückstellungen (§ 249 HGB) Höhe und/oder Zeitpunkt der Fälligkeit sind unbekannt.	wirtschaftliche Zugehörigkeit	Zahlungsvorgang
a) Rückstellungen für Pensionen und ähnliche Verpflichtungen b) Steuerrückstellungen c) Sonstige Rückstellungen	Aufwand (und ungewisse Verbindlichk.)	Ausgabe

1. Transitorische Posten

1.1 Wesen der transitorischen Posten

1702 Betriebseinnahmen und Betriebsausgaben sind erfolgsmäßig dem Wirtschaftsjahr zuzuordnen, in dem sie wirtschaftlich verursacht worden sind. Im Jahresabschluss wird das Ergebnis der Abrechnungsperiode (Geschäftsjahr) ermittelt. Wie die Abschreibungen und die Rückstellungen haben die Rechnungsabgrenzungsposten die Funktion der zeitlich richtigen Erfolgsermittlung (§ 252 Abs. 1 Nr. 5 HGB; § 5 Abs. 5 EStG).

1703 Transitorische Rechnungsabgrenzungsposten liegen vor, wenn die drei folgenden **Kriterien** erfüllt sind:

- Es handelt sich um Einnahmen oder Ausgaben vor dem Abschlussstichtag (R 5.6 Abs. 1 EStR).
- Die Einnahmen oder Ausgaben wirken sich erst nach dem Abschlussstichtag erfolgswirksam (als Aufwand oder Ertrag) aus (R 5.6 Abs. 1 EStR).
- Der Erfolg (Aufwand oder Ertrag) muss eine **bestimmte Zeit** nach dem Abschlussstichtag betreffen (R 5.6 Abs. 2 EStR).

1704 BEISPIEL: **Werbeaufwendungen** können **nicht** abgegrenzt werden, weil sie nicht einem Werbeerfolg für eine bestimmte Zeit nach dem Bilanzstichtag zugerechnet werden können. Schaukästen, Werbefilme usw. sind zu aktivieren und über die Zeit der Nutzung abzuschreiben.

1705 Nach der Rechtsprechung des BFH stellen Rechnungsabgrenzungsposten keine Wirtschaftsgüter, sondern Posten der Aufwands- und Ertragsverteilung dar. Sie scheiden deshalb für eine Bewertung nach § 6 EStG aus, d. h. Teilwertabschreibungen kommen nicht in Betracht.

1706 Typische Fälle transitorischer Posten sind im voraus gezahlte bzw. erhaltene Mieten, Zinsen, Honorare, Beiträge, Gebühren, Versicherungsprämien, Provisionen, Kraftfahrzeugsteuer, Abfindungen, Entschädigungen u. ä.

1707 Aktiv abzugrenzen sind ferner

- vor dem Bilanzstichtag gezahlte **Vermittlungsgebühren** für Leistungen nach dem Bilanzstichtag,
- **Diskontspesen und Diskontzinsen** auf Akzepte, soweit die Laufzeit des Wechsels über den Bilanzstichtag hinausgeht,
- **Mietvorauszahlungen** einschließlich Vormieten bei degressiven Leasingraten beim Leasingnehmer.

1708 Im Fall der Abschlussgebühren einer Bausparkasse hat der BFH im Urteil vom 11. 2. 1998 entschieden, dass kein RAP-Posten zu bilden ist. Die Bausparkasse hatte die Erträge aus den Abschlussgebühren des Sparvertrags auf die Laufzeit des Vertrags per passiver Abgrenzung verteilt. Das Gericht sah aber eine ökonomische Zuordnung in voller Höhe im Jahr der Vereinnahmung der Gebühr an, da sie tatsächlich etwa der Abschlussprovision des Vertreters entsprach, die ja auch einmaliger Aufwand im Jahr des Vertragsabschlusses war. Dagegen werden bei Wartungsverträgen Abgrenzungen vorgenommen, wenn z. B. die Wartungsfirma einen Einmalbetrag erhalten hat und dafür verpflichtet ist, in einem bestimmten Zeitraum der Zukunft Wartungsarbeiten durchzuführen, sofern sie anfallen. Daran ändert die Tatsache nichts, dass ggf. Material- und Arbeitskosten der *tatsächlichen* Arbeitseinsätze extra vergütet werden.

Der steuerliche Ansatz der Rechnungsabgrenzungsposten unterscheidet sich vom handelsrechtlichen im Grundsatz nicht (vgl. § 250 Abs. 1 und 2 HGB versus § 5 Abs. 5 Satz 1 EStG). 1709

Gem. § 250 Abs. 3 HGB *darf* ein Disagio/Damnum auf die Laufzeit des Darlehens mithilfe eines aktiven RAP abgegrenzt werden (wobei die Verteilung nicht festgelegt ist, also linear aber auch in ungleichen Beträgen oder degressiv/digital erfolgen könnte). Im Steuerrecht gibt es eine derartige Sonderregelung nicht: dort gilt der Grundsatz des § 5 Abs. 5 Satz 1 Nr. 1 EStG, nach dem in einem solchen Fall ein aktiver RAP gebildet werden *muss*.

Darüber hinaus enthält § 5 Abs. 5 Satz 2 EStG zwei Sonderregelungen, die nach dem BilMoG in der jetzigen Fassung des HGB nicht mehr enthalten sind: gem. § 5 Abs. 5 Satz 2 Nr. 1 EStG müssen als Aufwand berücksichtigte Zölle und Verbrauchsteuern aktiv abgegrenzt werden, soweit sie auf am Abschlussstichtag noch auf Lager befindliche Wirtschaftsgüter des Vorratsvermögens entfallen.

BEISPIEL: Die A-AG handelt mit Spirituosen. Für die noch auf Lager liegende Ware wurde bereits vor dem Abschlussstichtag die Alkopop-Steuer bezahlt und als Aufwand gebucht.

LÖSUNG: Die Steuer ist aktiv abzugrenzen, da sie Vertriebskosten des Folgejahres darstellt. Denn dort wird die Ware ja verkauft.

Außerdem ist ein aktiver RAP für als Aufwand berücksichtigte USt auf Anzahlungen auszuweisen (§ 5 Abs. 5 Satz 2 Nr. 2 EStG).

BEISPIEL: Die A-AG hat vom Kunden eine Anzahlung auf eine im Folgejahr auszuführende Leistung i. H.v. 100 000 € zzgl. 19 % USt erhalten.

LÖSUNG: Handelsrechtlich müsste lediglich gebucht werden:

Geldkonto 119 000 € an erhaltene Anzahlungen (Verbindlichkeit, die handelsrechtlich zum Erfüllungsbetrag auszuweisen ist) 100 000 € und USt 19 000 €.

Steuerrechtlich dagegen müsste gebucht werden:

Geldkonto 119 000 € an erhaltene Anzahlungen 119 000 € (Ausweis der Verbindlichkeit zum Nennbetrag), aktiver RAP 19 000 € an USt 19 000 € (§ 5 Abs 5 Satz 2 Nr. 2 EStG).

Im Folgejahr müsste der aktive RAP dann bei Erfüllung der Leistung aufgelöst werden.

In der Praxis wird – entgegen der Gesetzeslage – die steuerliche Variante kaum beachtet; es wird meist nach den handelsrechtlichen Regeln gebucht.

1.2 Buchungstechnische Behandlung

Die transitorischen Posten können buchungstechnisch unterschiedlich erfasst werden: 1710

a) Sie können sofort im Zeitpunkt des Zahlungsvorgangs auf den Konten Aktive (Aktiver RAP) bzw. Passive Rechnungsabgrenzung (Passiver RAP) erfasst werden mit der Buchung „Aktive Rechnungsabgrenzung an Bank". Dieses Verfahren empfiehlt sich nur für kleine Betriebe, in denen alle Arbeiten in der Hand nur eines Buchhalters liegen.

b) Sie können im Zeitpunkt des Zahlungsvorgangs zunächst auf dem zugehörigen Erfolgskonto gebucht werden, z. B. „Zinsaufwendungen an Bank". Dann ist im Rahmen der vorbereitenden Abschlussbuchungen eine Korrekturbuchung erforderlich: „Aktive Rechnungsabgrenzung an Zinsaufwendungen".

1711 **BEISPIEL 1:**

Die Zahlung betrifft nur eine Abrechnungsperiode

Sachverhalt: A hat die Miete für die Geschäftsräume für Januar 02 in Höhe von 1 000 € bereits im Dezember 01 an B überwiesen.

A bucht:

bei Überweisung:

Mietaufwendungen	1 000 €	an	Bank	1 000 €

Innerhalb der vorbereitenden Abschlussbuchungen:

Aktiver RAP	1 000 €	an	Mietaufwendungen	1 000 €

oder sofort:

Aktiver RAP	1 000 €	an	Bank	1 000 €

Buchung im Januar 02:

Mietaufwendungen	1 000 €	an	Aktiver RAP	1 000 €

B bucht:

bei Zahlungseingang:

Bank	1 000 €	an	Mieterträge	1 000 €

Innerhalb der vorbereitenden Abschlussbuchungen:

Mieterträge	1 000 €	an	Passiver RAP	1 000 €

oder sofort:

Bank	1 000 €	an	Passiver RAP	1 000 €

Buchung im Januar 02:

Passiver RAP	1 000 €	an	Mieterträge	1 000 €

BEISPIEL 2:

Die Zahlung betrifft zwei Abrechnungsperioden

Sachverhalt: A überweist die halbjährlich fälligen Darlehenszinsen in Höhe von 600 € am 1. 10. 01 für ein halbes Jahr im voraus.

Oktober	November	Dezember	Januar	Februar	März
300 € Aufwand bzw. Ertrag in 01			300 € Aufwand bzw. Ertrag in 02		

A bucht:

bei Überweisung:

Zinsaufwendungen	600 €	an	Bank	600 €

Innerhalb der vorbereitenden Abschlussbuchungen:

Aktiver RAP	300 €	an	Zinsaufwendungen	300 €

oder sofort:

Zinsaufwendungen	300 €			
Aktiver RAP	300 €	an	Bank	600 €

Buchung im Folgejahr:

Im Januar 02

Zinsaufwendungen	300 €	an	Aktiver RAP	300 €

oder monatlich im Januar, Februar und März 02

Zinsaufwendungen	100 €	an	Aktiver RAP	100 €

B bucht:

bei Zahlungseingang:

Bank	600 €	an	Zinserträge	600 €

Innerhalb der vorbereitenden Abschlussbuchungen:

Zinserträge	300 €	an	Passiver RAP	300 €

Im Folgejahr:

Im Januar 02

Passiver RAP	300 €	an	Zinserträge	300 €

oder monatlich im Januar, Februar und März 02

Passiver RAP	100 €	an	Zinserträge	100 €

2. Antizipative Posten

2.1 Wesen der antizipativen Posten

Bei den sonstigen Forderungen und den sonstigen Verbindlichkeiten geht es darum, 1712
Aufwendungen und Erträge in dem Geschäftsjahr zu erfassen, in dem sie wirtschaftlich verursacht worden sind, auch wenn der Zahlungsvorgang (Einnahme oder Ausgabe) erst im Folgejahr stattfindet.

Typische Fälle antizipativer Posten sind noch zu erhaltende bzw. zu zahlende Mieten, 1713
Zinsen, Provisionen, Gebühren, Honorare, Steuern, Löhne, Gehälter, Sozialversicherungsbeiträge, Dividenden u. Ä.

2.2 Buchungstechnische Behandlung

BEISPIEL 1: 1714

Die Zahlung betrifft nur eine Abrechnungsperiode

Sachverhalt: Y überweist die am 31.12.01 fälligen Zinsen in Höhe von 900 € für Juli bis Dezember 01 erst am 3.1.02 an X.

Y bucht:

Innerhalb der vorbereitenden Abschlussbuchungen für 01:

Zinsaufwendungen	900 €	an	Sonstige Verbindlichkeiten	900 €

Bei Überweisung im Folgejahr 02:

Sonstige Verbindlichkeiten	900 €	an	Bank	900 €

X bucht:

Innerhalb der vorbereitenden Abschlussbuchungen:

Sonstige Forderungen	900 €	an	Zinserträge	900 €

Bei Zahlungseingang im Folgejahr:

Bank	900 €	an	Sonstige Forderungen	900 €

BEISPIEL 2:

Die Zahlung betrifft zwei Abrechnungsperioden

Sachverhalt: Der Darlehensnehmer A begleicht die halbjährlich an B zu zahlenden Zinsen für Oktober 01 bis März 02 in Höhe von insgesamt 300 € erst nachträglich am 31. 3. 02.

Oktober	November	Dezember	Januar	Februar	März
50 €	50 €	50 €	50 €	50 €	50 €
insgesamt 150 €					Zahlung

Aufwand für A, Ertrag für B

A bucht:

Innerhalb der vorbereitenden Abschlussbuchungen:

Zinsaufwendungen	150 €	an	Sonstige Verbindlichkeiten	150 €

Bei Zahlung Ende März 02

Zinsaufwendungen	150 €			
Sonstige Verbindlichkeiten	150 €	an	Bank	300 €

B bucht:

Innerhalb der vorbereitenden Abschlussbuchungen:

Sonstige Forderungen	150 €	an	Zinserträge	150 €

Ende März 02

Bank	300 €	an	Zinserträge	150 €
		an	Sonstige Forderungen	150 €

II. Rückstellungen

1. Begriff der Rückstellung

1715 Rückstellungen sind Verbindlichkeiten, die am Bilanzstichtag dem Grunde nach feststehen, aber unbestimmt sind hinsichtlich Höhe und Zeitpunkt der Fälligkeit. Die handelsrechtlichen Vorschriften für alle Kaufleute enthält § 249 HGB.

2. Buchungstechnische Behandlung

1716 Rückstellungen werden immer **gebildet** mit dem Buchungssatz:

Aufwandskonto an Rückstellungen

1717 **BEISPIEL:**

Bildung einer Rückstellung von 10 000 € für Prozesskosten:

Rechtskosten	10 000 €	an	Rückstellungen	10 000 €

Bei der Auflösung bzw. Inanspruchnahme im Folgejahr oder einem späteren Geschäftsjahr sind zu unterscheiden:

a) Die Rückstellung wird **nicht in Anspruch** genommen:

Rückstellungen	10 000 €	an	Erträge aus der Auflösung von Rückstellungen	10 000 €

b) Die Rückstellung wird nur **teilweise in Anspruch** genommen:

Rückstellungen	10 000 €	an	Bank	7 000 €
		an	Erträge aus der Auflösung von Rückstellungen	3 000 €

c) Die Rückstellung **reicht nicht aus**:

Rückstellungen	10 000 €			
Rechtskosten	3 000 €	an	Bank	13 000 €

Einzelunternehmen und Personengesellschaften buchen i. d. R.:

Rückstellungen			10 000 €
periodenfremde/außerordentl. Aufwendungen			3 000 €
	an	Bank	13 000 €

bei Erträgen: außerordentl./periodenfremde Erträge

Kapitalgesellschaften weisen **periodenfremde Aufwendungen bzw. Erträge** innerhalb der jeweils in der GuV nach § 275 HGB genannten Aufwands- bzw. Ertragsposition (bzw. auf dem im IKR genannten Aufwands- oder Ertragskonto) aus. Soweit die Beträge nicht bei den betroffenen Aufwands- bzw. Ertragsarten zu erfassen sind (§ 277 Abs. 4 Satz 3 HGB), fallen sie unter die Position 1718

- Sonstige betriebliche Erträge,
  Konto „549 periodenfremde Erträge" des IKR

bzw.

- Sonstige betriebliche Aufwendungen,
  Konto „699 periodenfremde Aufwendungen" des IKR.

Unter die **außerordentlichen Aufwendungen bzw. Erträge** (§ 277 Abs. 4 HGB) fallen bei Kapitalgesellschaften nur solche, die 1719

- außerhalb der gewöhnlichen Geschäftstätigkeit, d. h. des going concern (§ 252 Abs. 1 Nr. 2 HGB), anfallen,
- ihrer Art nach ungewöhnlich sind,
- selten vorkommen,
- für das Unternehmen von materieller Bedeutung sind.

Dafür waren vorgesehen die GuV-Positionen (§ 275 HGB a. F., ab 2016: kein Ansatz von außerordentlichen Posten in der Handelsbilanz, lediglich Erläuterungen im Anhang bei außerordentlichen Geschehnissen): 1720

15. außerordentliche Erträge,
16. außerordentliche Aufwendungen,
17. außerordentliches Ergebnis,

und die Kontengruppen des IKR:

58 außerordentliche Erträge,

76 außerordentliche Aufwendungen.

1721 § 266 Abs. 3 HGB sieht für Kapitalgesellschaften die folgende **Gliederung in der Bilanz** vor:

B. Rückstellungen

1. Rückstellungen für Pensionen und ähnliche Verpflichtungen;
2. Steuerrückstellungen;
3. sonstige Rückstellungen.

3. Bewertung der Rückstellungen

1722 **Handelsrechtlich** sind Rückstellungen in Höhe des nach vernünftiger kaufmännischer Beurteilung notwendigen Erfüllungsbetrages anzusetzen (§ 253 Abs. 1 Satz 2 HGB). **Künftige Preis- und Kostensteigerungen** bis zum tatsächlichen Anfall der Aufwendungen müssen berücksichtigt werden. Für die künftigen Preis- und Kostensteigerungen müssen ausreichende objektive Hinweise vorliegen. Es gilt der Grundsatz der Maßgeblichkeit der HB für die StB (§ 5 Abs. 1 EStG).

Steuerrechtlich erfolgt die Bewertung zu **Anschaffungskosten oder zum höheren Teilwert** (§ 6 Abs. 1 Nr. 3a Buchst. b, c, d EStG; R 6.11 EStR und H 6.10 EStH). Künftige Preis- und Kostensteigerungen dürfen aber nicht in die Steuerbilanz übernommen werden. Das Gleiche gilt für die Berücksichtigung **künftiger Karriere- und Gehaltstrends** bei den Pensionsrückstellungen.

1723 Rückstellungen mit einer Restlaufzeit von mehr als einem Jahr sind

- mit laufzeitkongruenten durchschnittlichen Marktzinssätzen der vergangenen sieben Jahre (§ 253 Abs. 2 Satz 1 HGB) oder
- mit dem durchschnittlichen Marktzinssatz der vergangenen sieben Jahre, der pauschal auf einer Laufzeit von 15 Jahren beruht (Vereinfachungsregel § 253 Abs. 2 Satz 2 u. 3 HGB für Rentenverpflichtungen und gleichartige Verpflichtungen) zu **diskontieren.** Das Abzinsungsgebot gilt sowohl für Geld- als auch für Sachleistungen.
- für ab dem 1. 1. 2016 beginnende Wirtschaftsjahre: Renten- und Pensionsverpflichtungen können mit Durchschnittszinssatz der vergangenen zehn Jahre abgezinst werden, der sich ebenfalls aus einer Tabelle ergibt, die von der Deutschen Bundesbank herausgegeben wird. Der Gesetzgeber reagierte mit der Neuregelung auf die anhaltende Niedrigzinsphase. Diese führte dazu, dass die Marktzinssätze immer geringer wurden, damit auch der Durchschnittszinssatz der letzten sieben Jahre. Dies führte zu immer geringeren Abzinsungen der Pensionsrückstellungen der Unternehmen, damit zu immer höheren Schuldbeträgen in den Bilanzen.

Die in der **Handelsbilanz** verpflichtend anzuwendenden Zinssätze werden zu Beginn eines jeden Monats von der Deutschen Bundesbank veröffentlicht und auch auf den Internetseiten der Deutschen Bundesbank bekannt gegeben (§ 253 Abs. 2 Satz 4 HGB). Diese Zinssätze sind Durchschnittssätze der vergangenen sieben Jahre. Für Pensionsrückstellungen ist ein einheitlicher von der Deutschen Bundesbank bekannt gegebener Zinssatz für eine 15-jährige Laufzeit anzuwenden.

Erträge und Aufwendungen aus der Diskontierung von Rückstellungen sind „sonstige Zinsen" (§ 275 Abs. 2 Nr. 11 und 13 HGB).

1724 In der **Steuerbilanz** erfolgt die Diskontierung der Rückstellungen mit einem Zinssatz von 5,5 %. Pensionsrückstellungen werden ohne Berücksichtigung ihrer Laufzeit und erwarteter Karrieretrends und Gehaltssteigerungen mit einheitlich 6 % diskontiert (§ 6a EStG).

4. Übersicht über die Passivierungspflichten und die Passivierungswahlrechte bei Rückstellungen

ABB. 22: Passivierungspflichten, -wahlrechte und -verbote bei Rückstellungen 1725

		Handelsbilanz	Steuerbilanz
1. Verbindlichkeitsrückstellungen			
Rückstellungen für ungewisse Verbindlichkeiten *)		Pflicht § 249 Abs. 1 Satz 1 HGB	Pflicht § 5 Abs. 1 Satz 1 EStG, R 5.7 Abs. 1 EStR
Steuerrückstellungen	Körperschaftsteuer	Pflicht	Pflicht
	Gewerbesteuer	Pflicht	Pflicht
	latente Steuern	Pflicht	entfällt
Kulanzrückstellungen (Gewährleistungen, die ohne rechtliche Verpflichtung erbracht werden)		Pflicht § 249 Abs. 1 Satz 2 Nr. 2 HGB	i. d. R. Pflicht § 5 Abs. 1 Satz 1 EStG, R 5.7 Abs. 12 EStR
Rückstellungen für Verpflichtungen, die nur zu erfüllen sind, soweit zukünftig Einnahmen oder Gewinne anfallen.		Verbot Keine Verursachung vor dem Bilanzstichtag	Verbot § 5 Abs. 2a EStG
Rückstellungen wegen Verletzung fremder Patent-, Urheber- oder ähnlicher Rechte		Pflicht bei konkretem Grund Verbot in anderen Fällen	Pflicht unter bestimmten Voraussetzungen Verbot in anderen Fällen § 5 Abs. 3 EStG
Rückstellungen für Jubiläumszuwendungen		Pflicht § 249 Abs. 1 Satz 1 HGB	Pflicht unter bestimmten Voraussetzungen § 5 Abs. 4 EStG
Rückstellungen für künftige aktivierungspflichtige AK oder HK eines Vermögensgegenstands		Verbot da nicht vor dem Bilanzstichtag verursacht	Verbot § 5 Abs. 4b Satz 1 EStG
Rückstellungen wegen der Verpflichtung zur schadlosen Verwertung radioaktiver Reststoffe		Pflicht § 249 Abs. 1 HGB	Verbot § 5 Abs. 4b Satz 2 EStG

Rückstellungen für drohende Verluste aus schwebenden Geschäften		Pflicht § 249 Abs. 1 Satz 1 HGB	Verbot § 5 Abs. 4b Satz 1 EStG
Pensionsrückstellungen § 253 Abs. 2 HGB, Art. 28 EGHGB § 6a Abs. 3, 4 EStG	unmittelbare Neuzusagen	Pflicht	Pflicht R 5.7 Abs. 1 EStR
	unmittelbare Altzusagen und Erhöhungen	Wahlrecht	Wahlrecht
	mittelbare Zusagen	Wahlrecht	Verbot
	pensionsähnliche Verpflichtungen	Wahlrecht	Verbot
2. Aufwandsrückstellungen (konkrete)			
Instandhaltungsarbeiten, die innerhalb der ersten drei Monate des folgenden Geschäftsjahres nachgeholt werden.		Pflicht § 249 Abs. 1 Satz 2 Nr. 1 HGB	Pflicht § 5 Abs. 1 Satz 1 EStG
Instandhaltungsarbeiten, die nach Ablauf von drei Monaten, aber innerhalb des folgenden Geschäftsjahres abgeschlossen werden.		Verbot § 249 Abs. 2 Satz 1 HGB	Verbot § 5 Abs. 1 Satz 1 EStG
Abraumbeseitigung, die im folgenden Geschäftsjahr nachgeholt wird.		Pflicht § 249 Abs. 1 Satz 2 Nr. 1 HGB	Pflicht § 5 Abs. 1 Satz 1 EStG, R 5.7 Abs. 1 EStR
3. Rückstellungen für sonstige Zwecke			
Rückstellungen für andere als die vorstehenden Zwecke dürfen nicht gebildet werden.		Verbot § 249 Abs. 2 HGB	Verbot § 6 Abs. 1 Nr. 3a EStG

*) Rückstellungen für ungewisse Verbindlichkeiten (R 5.7 Abs. 1 Nr. 1 EStR) sind z. B. solche für Gewährleistungen mit rechtlicher Verpflichtung, für Prozesskosten, Abschlusskosten, Steuern und Abgaben, Wechselobligo, für die Inanspruchnahme aus Bürgschaften, für den Ausgleichsanspruch des Handelsvertreters nach § 89b HGB (H 5.7 Abs. 4 EStH: In der StB erst ab dem Ausscheiden des Handelsvertreters zulässig), für die Wiederherstellung des ursprünglichen Zustands eines Grundstücks, für Rabatte und Boni im abgelaufenen Geschäftsjahr, für Pensionen u. a.

5. Auflösung von Rückstellungen

1726 Rückstellungen dürfen nur aufgelöst werden, soweit der Grund entfallen ist, aus dem sie gebildet worden sind (§ 249 Abs. 2 Satz 2 HGB, R 5.7 Abs. 13 EStR).

1727 Rückstellungen, die von Anfang an zu Unrecht gebildet worden sind oder bereits zu früheren Bilanzstichtagen hätten aufgelöst werden müssen, sind in der ersten Schlussbilanz, in der dies noch geschehen kann, gewinnerhöhend aufzulösen (BFH v. 12. 4. 1989, BStBl 1989 II S. 612).

6. Besonderheiten bei der Bildung häufig vorkommender Rückstellungen

6.1 Rückstellungen für Pensionen und ähnliche Verpflichtungen

6.1.1 Behandlung in der Handelsbilanz

Pensionsrückstellungen sind zu bilden für laufende Pensionen und für Anwartschaften auf Pensionen, wenn rechtsverbindliche Zusagen vorliegen oder ein faktischer Leistungszwang besteht, dem sich das Unternehmen auch ohne rechtliche Verpflichtung nicht entziehen kann. Grundsätzlich muss eine vertraglich zugesagte zukünftige Versorgungsleistung vorliegen (s. auch BStBl 1984 I S. 495). Eine rechtsverbindliche Zusage liegt vor bei 1728

- einzelvertraglicher Regelung,
- entsprechender Betriebsvereinbarung,
- betrieblicher Übung oder nach dem Grundsatz der Gleichbehandlung (§ 1 Abs. 1 Satz 3 des Gesetzes zur Verbesserung der betrieblichen Altersversorgung/Betriebsrentengesetz vom 19. 12. 1974).

Neuzusagen sind unmittelbare vertraglich zugesagte künftige Versorgungsleistungen, die nach dem 31. 12. 1986 erteilt worden sind. Für diese Zusagen besteht **Passivierungspflicht.** 1729

Die grundsätzliche Passivierungspflicht aus § 249 Abs. 1 HGB wird eingeschränkt durch das **Wahlrecht** des Art. 28 EGHGB für die sog. **Altzusagen**, nämlich 1730

- laufende Pensionen und Anwartschaften aufgrund unmittelbarer Zusagen, wenn der Rechtsanspruch vor dem 1. 1. 1987 erworben worden ist,
- Erhöhungen zu diesen Altzusagen, die nach dem 31. 12. 1986 zugesagt worden sind.

Ähnliche Verpflichtungen sind Überbrückungsgelder bis zur eigentlichen Pensionszahlung, Sterbegelder sowie Treueprämien, Tantiemen, die vom Erreichen der Altersgrenze, Invalidität oder Tod abhängen und sonstige Personalaufwendungen. Für diese besteht sowohl bei Altzusagen als auch bei Neuzusagen ein **Passivierungswahlrecht.** Da die „ähnlichen Verpflichtungen" nicht im Gesetz definiert sind, besteht hier hinsichtlich der Angabepflichten zu Fehlbeträgen ein zusätzlicher bilanzpolitischer Ermessensspielraum. 1731

Passivierungspflicht besteht nur für **unmittelbare (direkte) Zusagen.** Sie liegen dann vor, wenn das Unternehmen im Falle der Inanspruchnahme die Leistung selbst erbringen muss. 1732

Bei mittelbaren Zusagen werden die Leistungen von einem Versorgungsträger, z. B. Unterstützungskasse, erbracht (Direktversicherung). Sofern das Unternehmen nicht für Fehlbeträge einstehen muss, ist die Bildung einer **Rückstellung ausgeschlossen.** Die laufenden Zahlungen an die Versorgungskasse sind im Zeitpunkt der Ausgabe als Aufwand zu buchen: Sonstige soziale Abgaben an Bank. Der Übergang von einer mittelbaren zu einer unmittelbaren Zusage gilt als Neuzusage. 1733

Werden Pensionszusagen durch Versicherungen rückgedeckt, sind die Zusagen als Rückstellungen zu passivieren und der Anspruch gegenüber der Versicherung zu akti- 1734 vieren. **Rückdeckungsversicherungen** dürfen nicht mit der Direktversicherung verwechselt werden.

6.1.2 Bewertung

1735 Jede Pensionsrückstellung ist als ein einzelnes Wirtschaftsgut zu behandeln. In der Handelsbilanz erfolgt die Bewertung mit dem nach vernünftiger kaufmännischer Beurteilung notwendigen Erfüllungsbetrag. Der Erfüllungsbetrag wird nach versicherungsmathematischen Regeln unter Beachtung der Abzinsungszinssätze der Deutschen Bundesbank, der Mitarbeiterfluktuation und den Karrierechancen ermittelt und abgezinst. Ein bestimmtes versicherungsmathematisches Verfahren ist nicht vorgeschrieben. Das angewandte versicherungsmathematische Verfahren ist im Anhang anzugeben (§ 285 Nr. 24 HGB).

1736 Zinsaufwendungen werden in der GuV-Rechnung unter dem Posten „Zinsen und ähnliche Aufwendungen", Zinserträge unter dem Posten „sonstige Zinsen und ähnliche Erträge" ausgewiesen. Sonstige Erfolgsbeiträge aus der Fortschreibung der Pensionsrückstellungen sind betriebliche Aufwendungen bzw. Erträge.

Die Entwicklung der Rückstellungen kann in einem Rückstellungsspiegel, der auch die Auswirkungen der Ab- und Aufzinsung gesondert darstellt, transparent gemacht werden.

Vergleich der Regeln zur Bilanzierung von Pensionszusagen			
	HGB	Steuerrecht	IAS 19
Wertansatz	Erfüllungsbetrag	Teilwert	Barwert der leistungsorientierten Verpflichtung
Bewertungsverfahren	nicht vorgeschrieben	Teilwertverfahren (Anwartschaftsdeckungsverfahren)	Anwartschaftsbarwertverfahren *(projected unit credit method)*
Kalkulationszinssatz	Ein über 7 bzw. 10 Jahre verteilter Marktzinssatz für die tatsächliche oder eine 15-jährige Laufzeit	6 %	Rendite-Satz erstrangiger festverzinslicher Industrieanleihen
Künftige Gehalts- und Rentenentwicklung	Berücksichtigung	Berücksichtigung, wenn vereinbart oder aus Betriebsrentenrecht folgend	Berücksichtigung

6.1.3 Angaben im Anhang

1737 Soweit für Pensionszusagen oder ähnliche Verpflichtungen aufgrund des Wahlrechts Rückstellungen unterlassen wurden, sind Kapitalgesellschaften, Genossenschaften und Unternehmen, die nach § 5 Abs. 1 PublG der Offenlegungspflicht unterliegen, verpflichtet, diese in **einem** Betrag im Anhang zu nennen (Art. 28 Abs. 2 EGHGB). Außerdem ist anzugeben, ob

- aufgrund des Passivierungswahlrechts oder aufgrund einer Passivierungspflicht schon vor dem 1. 1. 1987 Pensionsrückstellungen gebildet wurden,
- die Bewertungsmethoden für Pensionsverpflichtungen geändert wurden,
- nach dem 1. 1. 1987 unterschiedliche Grundsätze und Bewertungsverfahren für Altzusagen und für Neuzusagen angewandt worden sind.

6.1.4 Behandlung in der Steuerbilanz

Nach § 6a Abs. 1 EStG kann eine Pensionsrückstellung gebildet werden, wenn 1738

- der Pensionsberechtigte einen Rechtsanspruch auf einmalige oder laufende Pensionsleistungen erworben hat,
- die Pensionszusage keinen Vorbehalt enthält und
- die Zusage schriftlich erteilt worden ist.

Zum Zwecke der Anpassung betrieblicher Versorgungsrenten nach § 16 des Gesetzes 1739
zur Verbesserung der betrieblichen Altersversorgung können Rückstellungen gebildet werden, soweit diese Verpflichtungen konkret ersichtlich und quantifizierbar sind.

§ 6a EStG schreibt für die Steuerbilanz den Teilwert als höchsten Ansatz vor (§ 6a Abs. 3 1740
Satz 1 EStG) und einen Rechnungszinsfuß von 6 % (§ 6a Abs. 3 Satz 3 EStG). In Einzelfällen können Regelungen des Steuerrechts zu handelsrechtlich nicht vertretbaren Werten führen.

Eine Pensionsrückstellung darf in einem Wirtschaftsjahr höchstens um den Unter- 1741
schiedsbetrag zwischen dem Teilwert der Verpflichtung am Schluss des Wirtschaftsjahres und am Schluss des vorangegangenen Wirtschaftsjahres erhöht werden. Hinsichtlich der in Vorjahren bewusst unterlassenen Zuführung besteht für die StB ein **Nachholverbot** (§ 6a Abs. 4 Satz 1 EStG).

BEISPIEL: Der GmbH liegt ein versicherungsmathematisches Gutachten über die Pensionszusa- 1742
gen vor. Nach diesem Gutachten beläuft sich der Wert per 31. 12. 07 auf 1 229 926 €. Der entsprechende versicherungsmathematische Wert am Ende des Vorjahres belief sich auf 1 180 350 €. Allerdings wurden Ende 06 nur 1 151 300 € in der für Handels- und Steuerzwecke gleichzeitig erstellten Einheitsbilanz passiviert. Im Geschäftsjahr 07 wurden keine Neuzusagen gemacht. In HB und StB soll der gleiche Rückstellungsbetrag ausgewiesen werden.

Handelsrechtlich besteht insofern ein Wahlrecht, als jeder Betrag von 1 151 300 € bis 1 229 926 € passiviert werden könnte. **Steuerrechtlich** besteht hinsichtlich der in den Vorjahren bewusst unterlassenen Zuführung ein **Nachholverbot**.

Rückstellung Ende des Vorjahres			1 151 300 €
Differenz zwischen dem Gutachten			
	zum 31. 12. 07	1 229 926 €	
und	zum 31. 12. 06	1 180 350 €	49 576 €
Rückstellung zum 31. 12. 07			1 200 876 €

Buchung:

Aufwendungen für Altersversorgung	49 576 €
an Rückstellungen für Pensionen	49 576 €

6.1.5 Auflösung

Pensionsrückstellungen dürfen nur aufgelöst werden, wenn der Grund für ihre Bildung 1743
entfallen ist (absolutes Auflösungsverbot). Das gilt auch für solche Rückstellungen, die

aufgrund des Wahlrechts gebildet wurden. Sie **müssen** ganz oder teilweise aufgelöst werden, wenn

- sich ein Arbeitnehmer in den Ruhestand begibt in Höhe der Inanspruchnahme,
- ein Rentenberechtigter verstirbt,
- infolge von Fluktuation Pensionsanwartschaften entfallen,
- eine bereits laufende Pensionsleistung herabgesetzt wird oder sich die Leistung im Falle des Todes des Berechtigten auf eine niedrigere Hinterbliebenenrente ermäßigt.

1744 In diesen Fällen kann steuerlich wahlweise eine Auflösung auf den neuen versicherungsmathematischen Wert erfolgen oder durch Absetzung der vollen laufenden Pensionsleistungen unmittelbar von den Rückstellungen bis zur Erreichung des neuen versicherungsmathematischen Werts der Ausweis eines Ertrags vermieden werden. Das steuerliche Wahlrecht muss im Sinne der umgekehrten Maßgeblichkeit in der HB berücksichtigt werden. Aus Gründen der Bilanzkontinuität kann von der einmal gewählten Auflösungsmethode in den Folgejahren nicht willkürlich abgewichen werden.

6.2 Steuerrückstellungen

6.2.1 Wesen der Steuerrückstellungen

1745 Alle bis zum Bilanzstichtag entstandenen betrieblichen Steuerschulden **müssen** passiviert werden. Soweit Steuern mit ihren endgültigen Beträgen durch Steuerbescheid rechtskräftig veranlagt worden sind oder aufgrund von Steueranmeldungen feststehen, aber noch nicht gezahlt wurden, liegen **sonstige Verbindlichkeiten** vor.

6.2.2 Behandlung in Handels- und Steuerbilanz

1746 **Handelsrechtlich** sind auch für Steuernachforderungen Rückstellungen zu passivieren, wenn diese erfahrungsgemäß aufgrund von Betriebsprüfungen erforderlich werden. Eine derartige Rückstellung ist in Höhe des Betrags anzusetzen, der nach vernünftiger kaufmännischer Beurteilung notwendig ist (§ 253 Abs. 1 HGB). Aus Vorsichtsgründen wird immer der volle seitens des Finanzamts forderbare Betrag zurückzustellen sein.

1747 Die nach Handelsrecht gebildeten Steuerrückstellungen sind in die Steuerbilanz zu übernehmen. Die Rückstellungen sind grundsätzlich zu Lasten des Wirtschaftsjahres zu bilden, zu dem sie wirtschaftlich gehören. Der Wertansatz wird entsprechend den Vorschriften zur Ermittlung der Steuern errechnet und teilweise geschätzt.

6.2.3 Arten der Steuerrückstellungen

1748 Rückstellungen werden insbesondere für die **Körperschaftsteuer** und die **Gewerbesteuer** gebildet. Wenn für im Vorjahr erworbene Grundstücke und fertiggestellte Gebäude ein Einheitswert und Grundsteuermessbetrag noch nicht feststeht, ist die Grundsteuer eventuell zu schätzen und zurückzustellen. Handelsrechtlich ist für erwartete Nachforderungen aus einer **Lohnsteuerprüfung** eine Rückstellung erforderlich.

1749–1759 *Einstweilen frei*

6.3 Sonstige Rückstellungen

6.3.1 Rückstellungen für drohende Verluste aus schwebenden Geschäften

Schwebende Geschäfte sind von keiner Seite erfüllte gegenseitige Verpflichtungsgeschäfte. Nach den GoB unterbleibt die Buchung, da der Vertragsabschluss noch nicht zu einer Vermögensveränderung führt. Der Kaufmann schließt i. d. R. nur dann Geschäfte ab, wenn er daraus einen Vorteil erwartet. Die Verbuchung nicht realisierter Gewinne würde gegen das Realisationsprinzip verstoßen (§ 252 Abs. 1 Nr. 4 zweiter Teilsatz HGB). Das Imparitätsprinzip und der Grundsatz der Vorsicht machen dagegen den Ausweis nicht realisierter Verluste erforderlich (§ 252 Abs. 1 Nr. 4 zweiter Teilsatz HGB). Ein drohender Verlust wird unterstellt, wenn die eigene Leistung größer ist als die erwartete Gegenleistung. Dann muss nach § 249 Abs. 1 Satz 1 HGB eine Drohverlustrückstellung gebildet werden. 1760

Auch bei Dauerschuldverhältnissen aus Leasingverträgen, Darlehensverträgen und Verpflichtungen aus Sozialplänen kann es dazu kommen, dass das Leistungsverhältnis der Vertragsparteien ab einem bestimmten Zeitpunkt nicht mehr ausgeglichen ist. 1761

1762

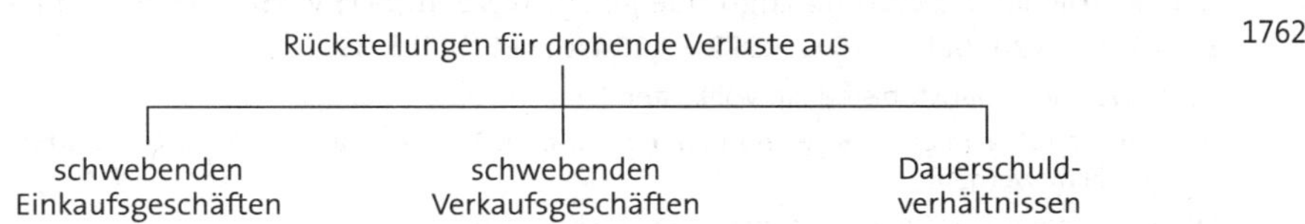

Es ist nicht erforderlich, dass das Verpflichtungsgeschäft bereits abgeschlossen ist. Es reicht aus, dass mit dem Abschluss zu rechnen ist und der Verlust sich mit einiger Sicherheit abzeichnet. Eine Saldierung der Verluste aus einzelnen Rechtsgeschäften mit erwarteten Gewinnen aus anderen Rechtsgeschäften würde gegen das Prinzip der Einzelbewertung verstoßen (§ 252 Abs. 1 Nr. 3 HGB). Verluste, die sich über mehrere Jahre erstrecken, sind entweder bei jährlicher Neuberechnung der Rückstellung zu diskontieren, oder in Höhe der Differenz zwischen dem Barwert und dem Nennwert der Rückstellung ist ein aktiver Rechnungabgrenzungsposten gegenüberzustellen. Der RAP ist in den Folgejahren anteilig aufzulösen. 1763

Allgemeine Risiken, wie das Unternehmerrisiko oder das Forschungs- und Entwicklungsrisiko führen nicht zur Bildung einer Rückstellung. 1764

Trotz der handelsrechtlichen Passivierungspflicht dürfen Rückstellungen für drohende Verluste aus schwebenden Geschäften für Wirtschaftsjahre, die nach dem 31. 12. 1996 enden, **nicht in die StB** übernommen werden (§ 5 Abs. 4a EStG). 1765

(1) Verluste aus schwebenden Einkaufsgeschäften

Bei schwebenden Einkaufsgeschäften liegt ein Verlust vor, wenn am Bilanzstichtag der Tagesbeschaffungspreis (Börsen- oder Marktpreis bzw. Wiederbeschaffungspreis) niedriger ist als der vereinbarte Anschaffungspreis. Der Rückstellungsbetrag entspricht der Differenz zwischen dem vereinbarten Kaufpreis und dem Wiederbeschaffungspreis. Sie ist eine vorweggenommene Teilwertabschreibung. 1766

1767 **BEISPIEL:** Die GmbH hat im abgelaufenen Geschäftsjahr 100 Elektromotoren zum Einzelpreis von 400 € (ohne USt) gekauft. Die Lieferung soll im Folgejahr erfolgen. Zum Bilanzstichtag des abgelaufenen Geschäftsjahres ist der Preis auf 350 € (ohne USt) gesunken.

Es muss eine Rückstellung in Höhe von 100 × (400 – 350) = 5 000 € gebildet werden.

Buchung:

Sonstige betriebliche Aufwendungen	5 000 €	an	Sonstige Rückstellungen	5 000 €

(2) Verluste aus schwebenden Verkaufsgeschäften

1768 Bei noch nicht erfüllten Verkaufsgeschäften muss handelsrechtlich eine Rückstellung gebildet werden, wenn der vereinbarte Verkaufspreis die Anschaffungs- oder Herstellungskosten des zu veräußernden Vermögensstands unterschreitet oder das vertragliche Entgelt für eine Dienst- oder Werkleistung unter den Herstellungskosten liegt.

Der Rückstellungsbetrag entspricht der Differenz zwischen eigenem Einsatz zu Vollkosten ohne Berücksichtigung kalkulatorischer Kosten und künftiger Kostensteigerungen und erwartetem Erlös. Der BFH hat Richtlinien vorgegeben, die allgemein auch der handelsrechtlichen Bewertung zugrunde gelegt werden (BFH v. 19. 7. 1983 – VIII R 160/79, BB 1984 S. 120; BFH v. 19. 1. 1972 – I 114/65, BStBl II S. 392):

- Bewertungsmaßstab sind die Vollkosten (Einzel- und Gemeinkosten).
- Nur die tatsächlichen Aufwendungen, nicht dagegen kalkulatorische Kosten, dürfen in Ansatz gebracht werden.
- Ein entgangener Gewinn ist nicht zu berücksichtigen.

1769 **BEISPIEL:** Die GmbH hat am 2. 10. 01 den Auftrag erhalten, einen Behälter zum Festpreis von 295 000 € herzustellen und zu liefern. Als Liefertermin wurde der 19. 8. 02 vereinbart. Dem Angebot lag die folgende Kalkulation zugrunde:

Herstellungskosten (gem. Abschn. 6.3 EStR)		250 000 €
+ 5 % Verwaltungsgemeinkosten		12 500 €
+ 10 % Vertriebsgemeinkosten		25 000 €
+ Auftragsgewinn		7 500 €
	Festpreis	295 000 €

Bei den Jahresabschlussarbeiten wird festgestellt, dass wegen der Schwierigkeit der Arbeiten und wegen der bis zum Bilanzstichtag eingetretenen Lohn- und Materialpreiserhöhungen mit einem Anstieg der Herstellungskosten um ca. 75 000 € zu rechnen ist. Bei vorsichtiger Schätzung werden die Verwaltungsgemeinkosten in 02 auf 10 % und die Vertriebsgemeinkosten auf 15 % ansteigen.

Fall a) Mit der Fertigung wurde am 15. 1. 02 begonnen

Ermittlung der Selbstkosten des Verlusts:

Herstellungskosten bisher		250 000 €
zusätzliche Herstellungskosten		75 000 €
neue Herstellungskosten		325 000 €
+ 10 % Verwaltungsgemeinkosten		32 500 €
+ 15 % Vertriebsgemeinkosten		48 750 €
Selbstkosten		406 250 €
– vereinbarter Verkaufspreis (Festpreis)		295 000 €
	Verlust	111 250 €

Sonstige betriebliche Aufwendungen	111 250 €	an	Sonstige Rückstellungen	111 250 €

Fall b) Mit der Fertigung wurde bereits in 01 begonnen

Bis zum 31.12.01 sind bereits Herstellungskosten in Höhe von 70 000 € angefallen. Die Verwaltungs- und Vertriebsgemeinkosten auf die in 01 angefallenen Herstellungskosten können bei der Bildung der Rückstellung nicht berücksichtigt werden, da sie bereits das Ergebnis in 01 belasten.

Herstellungskosten in 01	70 000 €
Herstellungskosten in 02	255 000 €
+ 10 % Verwaltungsgemeinkosten in 02	25 500 €
+ 15 % Vertriebsgemeinkosten in 02	38 250 €
Selbstkosten	388 750 €
vereinbarter Verkaufspreis	295 000 €
erforderliche Rückstellung	93 750 €

(3) Verluste aus Dauerschuldverhältnissen

BEISPIEL: Bei einem längerfristigen Mietvertrag stellt sich während der unkündbaren Laufzeit heraus, dass der gemietete Gegenstand für den Mieter nur eingeschränkt brauchbar ist und auch bis zum Ende des Mietverhältnisses bleiben wird. Die Höhe der Rückstellung wird in der Weise ermittelt, dass dem Anspruch des Bilanzierenden für die gesamte Restlaufzeit des Vertrags (z. B. 75 % Nutzung) die Summe der Verpflichtungen (Summe der Aufwendungen) gegenübergestellt wird. In der Steuerbilanz ist der Barwert der künftigen Ansprüche den Verpflichtungen gegenüberzustellen und die Ratierlichkeit zu beachten (§ 6 Abs. 1 Nr. 3a Buchst. d EStG). 1770

6.3.2 Rückstellungen für Gewährleistung, Garantie- und Kulanzleistungen

Die **Gewährleistung** ist im BGB **gesetzlich** geregelt. Eine **Garantie** wird **vertraglich** vereinbart. Bei der **Kulanz** handelt es sich um ein Entgegenkommen des Verkäufers, das **weder gesetzlich geregelt noch vertraglich** vereinbart ist. 1771

(1) Rückstellungen für Gewährleistung und Garantie

Das BGB sieht **gesetzliche Gewährleistungsverpflichtungen** aus Kaufverträgen (§ 433 ff. BGB) und Werkverträgen (§ 631 ff. BGB) vor. Weitere Verpflichtungen können sich aus **besonderen Geschäftsbedingungen** oder durch die Bezugnahme auf **allgemeine Geschäftsbedingungen** ergeben, z. B. den VOB usw. Oft werden **vertragliche Vereinbarungen** getroffen, die die gesetzlichen Vorschriften einengen oder darüber hinausgehen. 1772

Aufwendungen für Gewährleistung und Garantie schmälern im Folgejahr nachträglich den Erfolg. Die zu erwartenden Aufwendungen gehören wirtschaftlich in das Geschäftsjahr, in dem auch die Verkaufserlöse aus diesen Aufträgen ausgewiesen worden sind. Sie sind deshalb durch Rückstellungen abzugrenzen (§ 252 Abs. 1 Nr. 4 und 5 HGB). 1773

Garantierückstellungen dürfen nur für den garantiepflichtigen Umsatz gebildet werden. Die Höhe der Rückstellung muss allgemein geschätzt werden. Die Wertansätze müssen jedoch objektiv nachprüfbar und angemessen sein. Willkürliche Schätzungen werden steuerlich nicht anerkannt. Für den Nachweis, dass eine Inanspruchnahme ernstlich droht, genügt es, dass nach der Erfahrung in der betreffenden Branche mit einer Inanspruchnahme gerechnet werden muss. Auszugehen ist von der Höhe der Verpflichtung am Bilanzstichtag. 1774

1775 Nach Handelsrecht sind Gewährleistungs- und Garantierückstellungen Pflichtrückstellungen für ungewisse Verbindlichkeiten nach § 249 Abs. 1 Satz 1 HGB. Nach dem Grundsatz der Maßgeblichkeit (§ 5 Abs. 1 EStG) führt die handelsrechtliche Passivierungspflicht steuerlich zu einem Passivierungsgebot.

1776 Rückstellungen für Gewährleistung und Garantie können (wie die Wertberichtigungen auf Forderungen) im Rahmen der Einzelbewertung, der Pauschalbewertung oder in Form des gemischten Verfahrens gebildet werden.

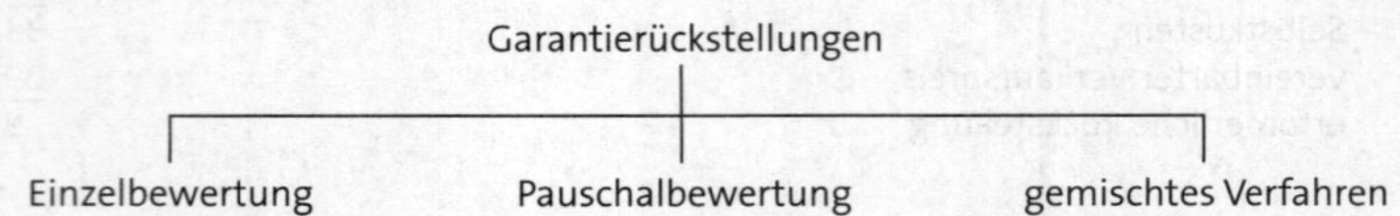

a) Einzelbewertung

1777 Der einzelne garantiepflichtige Umsatz (Auftrag) wird geprüft und bewertet. Weichen die Garantieleistungen der vergangenen Jahre stark voneinander ab, weil auch die garantiepflichtigen Lieferungen und Leistungen von ihrer Art her große Unterschiede aufweisen, können nur die Methoden der Einzelbewertung oder des gemischten Verfahrens angewendet werden.

b) Pauschalbewertung

1778 Die Pauschalbewertung wird erforderlich, wenn die Risiken für die einzelnen Umsätze unbestimmt sind oder eine Einzelbewertung wirtschaftlich sinnvoll nicht durchzuführen ist. Dabei wird von Erfahrungssätzen aufgrund der Inanspruchnahme in Vorjahren ausgegangen. Die OFD Münster hat für einzelne Branchen Erfahrungssätze für Pauschalrückstellungen als unverbindliche Anhaltspunkte aufgestellt. Daneben haben die Finanzminister der Länder Vereinfachungsregelungen erlassen, nach denen Garantierückstellungen ohne Überprüfung anerkannt werden, wenn der Pauschalsatz 0,5 % auf den garantiepflichtigen Umsatz nicht übersteigt.

Die pauschale Rückstellung gewinnt an Genauigkeit, wenn die garantiebehafteten Umsätze nach Produkten, Kundengruppen oder unterschiedlichen Risiken differenziert werden.

1779 **BEISPIEL:**

Die GmbH sichert vertraglich 12 Monate Garantie auf ihre Produkte zu. Im Geschäftsjahr 01 wurden Erzeugnisse für 141 344 250 € umgesetzt. Für einen Teilbetrag von 21 000 250 € bestehen Rückgriffsrechte gegen Vorlieferanten. Nach den Erfahrungen der letzten Jahre müssen auf den restlichen Umsatz Garantieleistungen (Selbstkosten ohne kalkulatorische Kosten) in Höhe von 5 % erbracht werden. Im Geschäftsjahr 01 wurden bereits 4 900 000 € Garantieleistungen zu Umsätzen des laufenden Geschäftsjahres von den Kunden in Anspruch genommen.

	Umsatz im Geschäftsjahr 01	141 344 250 €
–	Umsatzanteil mit Rückgriffsrechten	21 000 250 €
	garantiepflichtiger Umsatz	120 344 000 €
	davon 5 %	6 017 200 €
–	bereits erbrachte Garantieleistungen	4 900 000 €
	erforderliche Rückstellung	1 117 200 €

Sonstige betriebliche Aufwendungen	1 117 200 €	an	Sonstige Rückstellungen	1 117 200 €

c) Gemischtes Verfahren

Beim gemischten Verfahren werden für erfassbare Risiken Einzelrückstellungen und für das allgemeine Risiko Pauschalrückstellungen gebildet. 1780

(2) Rückstellungen für Kulanzleistungen

Kulanzleistungen sind **nicht gesetzlich vorgeschrieben** und auch **nicht vertraglich vereinbart**. Das Unternehmen kann sich jedoch diesen Leistungen aus **wirtschaftlichen Gründen** oder aus **kaufmännischer Übung** heraus nicht entziehen. Es handelt sich um eine Pflichtrückstellung (§ 249 Abs. 1 Satz 2 Nr. 2 HGB). Kulanzleistungen werden über die Gewährleistungsfristen oder über den gesetzlich oder vertraglich vereinbarten Gewährleistungsumfang hinaus gewährt (vgl. R 5.7 Abs. 12 EStR). 1781

BEISPIEL: Die GmbH hat vor zwei Jahren an verschiedene Abnehmer Pressen geliefert. Die Pressen wurden damals mit Elektromotoren versehen, deren Wickelung für den vorgesehenen Einsatzbereich ungeeignet ist. Der Mangel ist mittlerweile einem größeren Kundenkreis bekannt. Einige Abnehmer sind bereits zur Konkurrenz abgewandert. Die GmbH tauscht deshalb auch nach Ablauf der Gewährleistungsfrist kostenlos die Elektromotoren aus. Für das kommende Geschäftsjahr werden noch Kulanzleistungen in Höhe von 200 000 € erwartet. Es liegt eine Gewährleistung ohne rechtliche Verpflichtung i. S. des § 249 Abs. 1 Satz 2 Nr. 2 HGB vor. 1782

Sonstige betriebliche Aufwendungen	200 000 €	an	Sonstige Rückstellungen	200 000 €

Die Rückstellungen für Garantie- und Gewährleistungsverpflichtungen und die Rückstellungen für Kulanzleistungen sind **aufzulösen**, wenn die Voraussetzungen dem Grunde oder der Höhe nach nicht mehr bestehen (§ 249 Abs. 2 Satz 2 HGB; R 5.7 Abs. 13 EStR). Der Grund entfällt spätestens mit Ablauf der Gewährleistungsfrist, wenn nicht über diesen Zeitraum hinaus eine Inanspruchnahme aus Kulanzleistungen droht. 1783

6.3.3 Rückstellungen für Jahresabschlusskosten

Handelsrechtlich sind alle im Zusammenhang mit dem JA anfallenden Kosten als ungewisse Verbindlichkeiten rückstellungspflichtig (§ 249 Abs. 1 HGB). Darüber hinaus sind die Aufwendungen – unabhängig vom Zeitpunkt der Zahlung – im Abschluss des Geschäftsjahres zu berücksichtigen, dem sie wirtschaftlich zuzurechnen sind (§ 252 Abs. 1 Nr. 5 HGB). Anders als in der StB können Aktiengesellschaften u. a. auch die erwarteten Kosten für die Hauptversammlung zurückstellen. 1784

In die **Steuerbilanz** können Rückstellungen für Jahresabschlusskosten nur begrenzt übernommen werden. Die **eigentlichen Jahresabschlusskosten** (Aufstellung des Jahresabschlusses), die Kosten für die Buchung lfd. Geschäftsvorfälle des Vorjahres und für die Erstellung der USt- und der GewSt-Erklärung sind nach dem Grundsatz der Maßgeblichkeit der HB in die StB zu übernehmen (H 5.7 Abs. 4 EStH). Da mit der **Durchführung der Hauptversammlung** auch Angelegenheiten des lfd. Wirtschaftsjahres und nicht nur des Vorjahres betroffen sind, darf die Rückstellung für eine noch durchzuführende Hauptversammlung nicht in die StB übernommen werden (BFH v. 20. 3. 1980 – IV R 89/79, BStBl 1980 II S. 297). 1785

1786 **Kosten für die Prüfung, Offenlegung und Veröffentlichung** dürfen nur dann passiviert werden, wenn eine gesetzliche Verpflichtung vorliegt. Deshalb dürfen Kosten für die Prüfung einer Personengesellschaft in der StB grundsätzlich nicht zurückgestellt werden (R 5.7 Abs. 4).

1787 Personengesellschaften dürfen nur für die Kosten der GewSt- und der USt-Erklärung eine Rückstellung passivieren.

ABB. 23: Möglichkeiten der Bildung von Rückstellungen für Jahresabschlusskosten

P = Rückstellungspflicht W = Wahlrecht V = Verbot (bei Personengesellschaften, wenn keine gesetzliche Verpflichtung vorliegt)	HB		StB	
	Kapital-ges.	Personen-ges.	Kapital-ges.	Personen-ges.
Eigentliche Jahresabschlusskosten	P	P	P	P
Prüfung des Jahresabschlusses	P	P	P	V
Erstellung des Geschäftsberichts	P	–	P	–
Offenlegung und Veröffentlichung	P	–	P	–
Durchführung der Hauptversammlung	W	–	V	–
Buchung laufender Geschäftsvorfälle des Vorjahres	P	P	P	P
Erstellung der Umsatzsteuer- und der Gewerbesteuererklärung	P	P	P	P

1788 Rückstellungen sind mit dem Wert anzusetzen, der nach vernünftiger kaufmännischer Beurteilung notwendig ist (§ 253 Abs. 1 Satz 2 HGB). Maßgebend sind die zu erwartenden Honorarforderungen (externe Kosten). Soweit Jahresabschluss, betriebliche Steuererklärungen und lfd. Buchungen für das Abschlussjahr von Mitarbeitern des Betriebs erstellt werden, ist die Rückstellung mit den betrieblichen Kosten zu bewerten, die durch diese Arbeiten veranlasst sind (interne Kosten). Dabei sind jedoch **nur die einzeln zurechenbaren Kosten** (z. B. Gehälter) zu berücksichtigen. Als Obergrenze für die internen Kosten gilt der Betrag, der für die gleiche Leistung an Dritte zu bezahlen wäre.

1789 **BEISPIEL:** Die GmbH schätzt die noch im Folgejahr anfallenden Kosten für betriebliche Steuererklärungen des Abschlussjahres und die Kosten für die Aufstellung des Jahresabschlusses einschließlich der Kosten für die Erstellung des Lageberichts sowie für die Prüfung, Offenlegung und Veröffentlichung auf 25 000 €.

Sonstige betriebliche Aufwendungen		25 000 €
(bzw. differenzierte Aufwandskonten innerhalb der sonst. betriebl. Aufwendungen)		
an	Sonstige Rückstellungen	25 000 €
	(bzw. an Rückstellungen für Jahresabschlusskosten)	

6.3.4 Rückstellungen für Prozesskosten

1790 Für rechtshängig gewordene Streitsachen muss bei Aktiv- und Passivprozessen eine Rückstellung für ungewisse Verbindlichkeiten gebildet werden (§ 249 Abs. 1 Satz 1 HGB). Für die Handelsbilanz besteht **Passivierungspflicht.** Daraus ergibt sich ein Passivierungsgebot für die Steuerbilanz.

1791 Die Rückstellung darf nicht aufgelöst werden, solange die Klage nicht rechtskräftig abgewiesen worden ist bzw. das Unternehmen noch in Anspruch genommen werden kann. Das gilt auch, wenn das Unternehmen in einer Instanz obsiegt hat, der Prozessgegner gegen diese Entscheidung aber noch ein Rechtsmittel einlegen kann. Rechtsmittel ist auch eine Beschwerde wegen Nichtzulassung der Revision. Eine Ausnahme gilt nur, wenn das Rechtsmittel offensichtlich erfolglos wäre.

Ein nach dem Bilanzstichtag, aber vor dem Tag der Bilanzerstellung erfolgter Verzicht 1792
des Prozessgegners auf ein Rechtsmittel führt nicht zu einer Wertaufhellung i. S. des § 252 Abs. 1 Nr. 4 HGB, da das Risiko der Inanspruchnahme am Abschlussstichtag noch bestanden hat.

Handelsrechtlich kann wegen des Grundsatzes der Vorsicht und des daraus abgeleite- 1793
ten Imparitätsprinzips auch **für einen noch nicht anhängigen Prozess** eine Rückstellung gebildet werden.

Für **Kosten der Strafverteidigung,** die im Falle des Freispruchs steuerlich abzugsfähig 1794
sind, kann in der StB erst nach Beendigung des Verfahrens eine Rückstellung gebildet werden, sofern nicht bereits der Ausweis einer Verbindlichkeit in Frage kommt. Voraussetzung für eine Rückstellung in der HB und in der StB ist, dass die Straftat in den betrieblichen Bereich fällt.

Die **Höhe der Rückstellung** ist nach dem Streitwert unter Berücksichtigung der zum Bi- 1795
lanzstichtag angerufenen Instanz zu berechnen. Bei Passivprozessen ergibt sich die Höhe der Rückstellung aus der voraussichtlichen Inanspruchnahme für Rechtskosten zuzüglich der von der gegnerischen Seite geltend gemachten Ansprüche.

Wurden die Risiken bereits bei anderen Positionen des Jahresabschlusses, z. B. bei der 1796
Bewertung der Forderungen, berücksichtigt, so ist dies bei der Bemessung der Rückstellung zu beachten.

BEISPIEL: Die GmbH führt einen Prozess gegen einen Handwerker, wegen einer mangelhaft er- 1797
brachten Instandhaltungsleistung. Die Kosten unter Berücksichtigung der zum 31. 12. 01 angerufenen Instanz belaufen sich auf 10 000 €. Es ist damit zu rechnen, dass das Verfahren im Geschäftsjahr 02 in die nächste Instanz gehen wird und die Kosten dann auf 15 000 € steigen werden. Die GmbH geht – auch nach der Rechtslage – davon aus, dass für sie kein Risiko besteht und die gegnerische Partei in jedem Fall für die Kosten aufkommen muss. Der Prozessgegner wird auch aufgrund seiner Vermögenslage die Kosten tragen können.

Ungeachtet der Erfolgsaussichten muss eine Rückstellung gebildet werden. Dabei ist von den Verhältnissen am Bilanzstichtag auszugehen.

Sonstige betriebliche Aufwendungen (Rechtskosten)	10 000 €	an	Sonstige Rückstellungen (Rückstellung für Prozesskosten)	10 000 €

6.3.5 Rückstellungen für Wechselobligo

Wechsel, die am Bilanzstichtag im Besitz des Unternehmens sind, sind zu aktivieren 1798
und bei der Ermittlung der Pauschalwertberichtigung auf Forderungen zu berücksichtigen. Eventuell ist auch eine Einzelwertberichtigung zu bilden. Für **weitergegebene Kundenwechsel,** die am Bilanzstichtag **noch nicht fällig** sind, besteht – obwohl die Forderung wirtschaftlich ausgeglichen ist – wegen des möglichen Rückgriffs der Wechselgläubiger ein Risiko gem. § 364 Abs. 2 BGB. Für diese ungewissen Verbindlichkeiten muss eine Rückstellung gebildet werden. Das kann nach dem Einzel-, dem Pauschal- und dem gemischten Verfahren erfolgen.

Die **Höhe der Rückstellung** wird von der „Wertaufhellungstheorie" bestimmt (§ 252 1799
Abs. 1 Nr. 4 HGB; BMF-Schreiben IV B 2 – S 2137 – 6/74). Für die bis zum Tag der Bilanz-

erstellung eingelösten Wechsel kann grundsätzlich weder eine Einzel- noch eine Pauschalrückstellung gebildet werden.

1800 **Eine Einzelrückstellung** kann nur dann beibehalten werden, wenn die Einlösung vor dem Tag der Bilanzerstellung auf einer wertbeeinflussenden Tatsache beruht, d. h. die Einlösung war nach den Verhältnissen am Bilanzstichtag tatsächlich gefährdet.

1801 Für die **Pauschalrückstellung** ist der sich aus den Erfahrungen vorangegangener Geschäftsjähre ergebende Vomhundertsatz maßgeblich. Sind die weitergegebenen Wechsel im Zeitpunkt der Bilanzaufstellung zum Teil eingelöst worden, so darf die Rückstellung die Gesamtsumme der am Tag der Bilanzaufstellung noch nicht eingelösten Kundenwechsel nicht übersteigen.

1802 **BEISPIEL:** Der Gesamtbetrag der zum 31. 12. 01 weitergegebenen unterwegs befindlichen Wechsel beläuft sich auf 500 000 €. Nach den Erfahrungen aus Vorjahren ist mit einem voraussichtlichen Ausfall von 3 % zu rechnen. Am Tag der Bilanzerstellung, dem 20. 3. 02, sind noch nicht eingelöste weitergegebene Wechsel mit einem Nennwert von 10 000 € in Umlauf.

Gesamtbetrag der dem Pauschalverfahren unterliegenden Wechsel	500 000 €
davon 3 %	15 000 €
am Tag der Bilanzerstellung noch im Umlauf befindliche Wechselsumme	10 000 €
zulässige Pauschalrückstellung	10 000 €

Sonstige betriebliche Aufwendungen	10 000 €	an	Sonstige Rückstellungen	10 000 €

6.3.6 Rückstellungen wegen fremder Schutzrechte

1803 Im Falle eines Rechtsstreits wegen angeblicher Urheberrechtsverletzungen und der damit entstehenden Schadenersatzansprüche ist eine Rückstellung für ungewisse Verbindlichkeiten (§ 249 Abs. 1 Satz 1 HGB) zu bilden. Wegen der **Passivierungspflicht** in der Handelsbilanz ist die Rückstellung in die Steuerbilanz zu übernehmen (§ 5 Abs. 1 EStG).

1804 Die Bewertung in der Handelsbilanz erfolgt nach vernünftiger kaufmännischer Vorsicht zum jeweiligen Bilanzstichtag. Die Bewertung in der Steuerbilanz regelt § 6 Abs. 1 Nr. 3a EStG. Bei einer Laufzeit der Verbindlichkeit von 12 Monaten und länger ist die Rückstellung mit einem **Zinssatz von 5,5 %** abzuzinsen (§ 6 Abs. 1 Nr. 3a Buchst. e i.V. mit Nr. 3 EStG).

1805 Die Rückstellung darf erst dann aufgelöst werden, wenn der eingeforderte Anspruch rechtskräftig abgewiesen worden ist.

6.3.7 Rückstellungen für Dienstjubiläen

1806 Eine Jubiläumszuwendung ist jede **Einmalzuwendung** in Geld oder Geldeswert an den Arbeitnehmer anlässlich eines Dienstjubiläums, die dieser neben den laufenden und anderen sonstigen Bezügen erhält. Dazu gehören auch zusätzliche Urlaubstage im Jubiläumsjahr.

1807 Die Verpflichtung zu einer Zuwendung anlässlich eines Dienstjubiläums darf nicht von anderen Bedingungen als der Betriebszugehörigkeit des Arbeitnehmers zum Jubiläumszeitpunkt abhängig gemacht werden.

Steuerlich liegt ein Dienstjubiläum nur dann vor, wenn die Dauer des Dienstverhältnisses (Jubiläumsarbeitszeit) durch fünf Jahre ohne Rest teilbar ist. Eine Ausnahme gilt für den Fall, dass die Zuwendung anlässlich der Beendigung des Dienstverhältnisses wegen des Eintritts in den Ruhestand höchstens fünf Jahre vor Ableisten der vollen Jubiläumsarbeitszeit gewährt wird (BMF-Schreiben vom 29. 10. 1993, BStBl I S. 898). Nach § 5 Abs. 4 EStG ist die Bildung einer Rückstellung an folgende **Voraussetzungen** gebunden: 1808

- Die Zusage gegenüber dem berechtigten Arbeitnehmer muss schriftlich erteilt sein.
- Das Dienstverhältnis muss mindestens 10 Jahre bestanden haben.
- Das Dienstjubiläum muss das Bestehen eines Dienstverhältnisses von mindestens 15 Jahren voraussetzen.

Das BMF-Schreiben IV C 6 – 5 – S 2137/07/10002 v. 8. 12. 2008 weist die folgenden Regeln für Ansatz, Bewertung und Bilanzberichtigung von Rückstellungen für Dienstjubiläen aus:

- Die Rückstellung ist zulässig, wenn das Dienstverhältnis 10 Jahre bestanden und die Zuwendung ein Dienstverhältnis von 15 Jahren voraussetzt. Durch die 10-Jahres-Frist wird die Fluktuation pauschal berücksichtigt.
- Nur Dienstzeiten nach dem 31. 12. 1992 dürfen berücksichtigt werden.
- Die Zusage muss schriftlich erteilt werden.
- Für die Bewertung sind die Wertverhältnisse am Bilanzstichtag maßgebend. Dabei ist die Wahrscheinlichkeit zu berücksichtigen, dass der Arbeitnehmer stirbt oder wegen Invalidität vorzeitig ausscheidet.
- Zur Bewertung ist ein Pauschalverfahren zulässig. Die Teilwerte werden in einer Tabelle vorgegeben.

Für die **Bewertung** der zugesagten Leistungen sind die Wertverhältnisse am jeweiligen Bilanzstichtag maßgebend, nicht die in Zukunft erwarteten Werte. Die Bewertung kann nach dem Teilwertverfahren oder nach dem Pauschalwertverfahren erfolgen. 1809

Der **Teilwert** der Verpflichtung zur Leistung der einzelnen Jubiläumszuwendung ist nach versicherungsmathematischen Regeln als Barwert der künftigen Zuwendung am Schluss des Wirtschaftsjahres abzüglich des sich auf denselben Zeitpunkt ergebenden Barwerts betragsmäßig gleichbleibender Jahresbeträge zu ermitteln. Bei der Bewertung ist zur Ermittlung des Teilwerts eine Abzinsung von mindestens 5,5 % vorzunehmen (vgl. BMF-Schreiben v. 29. 10. 1993, BStBl I S. 898). 1810

Das **Pauschalwertverfahren** erfolgt unter Zugrundelegung einer in H 5.7 Abs. 1 Nr. 22 EStH dargestellten Tabelle. 1811

6.3.8 Rückstellungen für Altersteilzeit

Grundlage ist das Gesetz zur Förderung eines gleitenden Übergangs in den Ruhestand (Altersteilzeitgesetz) v. 23. 7. 1996. Zur Bildung der daraus erforderlich werdenden Rückstellungen nimmt das BMF-Schreiben v. 11. 11. 1999 – IV C 2 – S 2176 – 102/99 – Stellung. Der **gleitende Übergang** kann auf **zwei Arten** gestaltet werden: 1812

Ist vorgesehen, dass der Arbeitnehmer während der gesamten Zeitspanne der Altersteilzeit (ATZ) seine Arbeitsleistung um ein bestimmtes Maß reduziert **(Teilzeit),** ohne dass die Vergütung entsprechend gemindert wird, scheidet die Bildung einer Rückstellung vor und während der Altersteilzeit aus. 1813

1814 Sieht die Vereinbarung vor, dass der Arbeitnehmer in der ersten Zeit der Altersteilzeit eine geringere laufende Vergütung (einschließlich der hierauf entfallenden Arbeitgeberanteile zur Sozialversicherung und der Aufstockungsbeträge i. S. des ATZ-Gesetzes) erhält, als es seiner geleisteten Arbeit entspricht, und wird er in der restlichen Altersteilzeit bei Fortzahlung der Vergütung vollständig von der Arbeit freigestellt **(Blockmodell)**, so ist

a) ab Beginn der ATZ eine kontinuierlich anwachsende Rückstellung (wegen **Erfüllungsrückstands**) in Höhe der Differenz zwischen dem lfd. Vergütungsanspruch vor Beginn der ATZ und dem lfd. Vergütungsanspruch (einschließlich der in § 3 ATZ-Gesetz genannten Beträge) zu bilden. Die Bewertung ist im o. a. BMF-Schreiben Rdn. 6 bis 10 im Einzelnen geregelt.

b) mit Ablauf des ersten Blocks (Anwesenheitsblock) zusätzlich eine Rückstellung für ungewisse Verbindlichkeiten zu bilden. Diese zusätzliche Rückstellung (für **ungewisse Verbindlichkeiten**) bezieht sich auf die Differenz zwischen dem lfd. Vergütungsanspruch, der in der Zeit der Arbeitsfreistellung (Abwesenheitsblock) dem Arbeitnehmer insgesamt zusteht, und dem Vergütungsanspruch, für den der Arbeitnehmer während des ersten Blocks bereits Arbeitsleistungen erbracht hat. Die Rückstellung deckt den Teil der Verpflichtung des Arbeitgebers ab, für die der Arbeitnehmer keine Gegenleistung erbracht hat und wegen Freistellung von der Arbeit auch nicht mehr erbringen wird. Außerdem steht die Dauer dieser Zahlungen i. d. R. nicht fest (Tod des Arbeitnehmers, Invalidität, vorzeitige Rente). Die Rückstellung ist mit einem Zinssatz von 5,5 % abzuzinsen (§ 6 Abs. 1 Nr. 3a Buchst. e EStG), wenn die Laufzeit der Verpflichtung am Bilanzstichtag mindestens 12 Monate beträgt. Im Übrigen gelten Regelungen unter Rdn. 6 bis 10 des o. a. BMF-Schreibens.

1815 Leistungen des Arbeitgebers in der Zeit der Arbeitsfreistellung sind zunächst mit der Rückstellung wegen Erfüllungsrückstands und dann mit der Rückstellung für ungewisse Verbindlichkeiten zu verrechnen.

6.3.9 Rückstellungen für unterlassene Instandhaltung und für Abraumbeseitigung (Aufwandsrückstellungen)

(1) Instandhaltungsarbeiten, die im folgenden Geschäftsjahr innerhalb von drei Monaten nachgeholt werden

1816 Das HGB schreibt die Bildung einer Rückstellung zwingend vor, wenn eine im Geschäftsjahr unterlassene Instandhaltungsarbeit innerhalb der ersten 3 Monate des folgenden Geschäftsjahres nachgeholt wird (§ 249 Abs. 1 Satz 2 Nr. 1 HGB). Für die StB besteht ebenfalls Passivierungspflicht (§ 5 Abs. 1 Satz 1 EStG, R 5.7 Abs. 11 EStR).

Aufgrund der handelsrechtlichen Passivierungspflicht muss auch in der StB eine Rückstellung gebildet werden, wenn es sich um grundsätzlich umfangreiche Erhaltungsarbeiten handelt, die bei wirtschaftlicher Betrachtungsweise bis zum Bilanzstichtag bereits erforderlich gewesen wären, aber erst innerhalb von drei Monaten nach dem Bilanzstichtag durchgeführt werden können. Zu Aufwendungen für laufende Reparaturen, die regelmäßig in den auf den Bilanzstichtag folgenden Monaten ausgeführt werden, ist eine Rückstellung nicht möglich. Eine Unterlassung liegt ebenfalls nicht vor, soweit die Reparatur erst nach weiterem Gebrauch des Vermögensgegenstands notwendig wird.

Bei Wartungs- und Inspektionsarbeiten muss der Nachweis eines unterlassenen Aufwands anhand von Wartungsplänen geführt werden. Ob die Gründe für die Unterlassung einer Instandhaltungs- oder Wartungsarbeit organisatorischer, technischer, finanzieller oder sonstiger Art sind, ist ohne Bedeutung. Technische Gründe können sich aus fehlenden notwendigen Genehmigungen, aus notwendigen Prüfungen und Untersuchungen oder aus der Vorbereitung der Arbeiten ergeben. Oft wird die Aufschiebung von Instandhaltungsarbeiten mit Terminschwierigkeiten der Handwerker, Witterungseinflüssen oder die drohende Beeinträchtigung des laufenden Betriebs durch die erforderlichen Arbeiten begründet sein. Ebenso spielt es keine Rolle, ob die Unterlassung bereits im ersten oder noch im letzten Monat des abgelaufenen Geschäftsjahres vorlag. Wenn die Arbeiten bis zum letzten Tag des Geschäftsjahres fällig gewesen wären, aber nicht durchgeführt werden konnten, ist eine Rückstellung zu bilden.

Da in früheren Jahren unterlassene Rückstellungen nicht nachgeholt werden dürfen, ist auch die Bildung einer Rückstellung für Instandhaltungsarbeiten in diesem Fall nicht möglich (§ 249 Abs. 1 Satz 2 Nr. 1 HGB).

Der Stpfl. muss anhand objektiver Anhaltspunkte nachweisen können, dass Instandhaltungsarbeiten unterlassen worden sind. Ein solcher Anhaltspunkt liegt immer vor bei Schäden, die die Funktionsfähigkeit des Vermögensgegenstands beeinträchtigen.

BEISPIEL: Am Lieferwagen der GmbH tritt am 30. 12. 01 ein Motorschaden auf. Eine Anfrage in 1817
der Werkstatt des Autohändlers ergibt, dass der Schaden in den ersten Januartagen 02 zu einem Preis von 2 100 € ohne USt behoben werden kann.

Obwohl das Fahrzeug im alten Jahr auch ohne den Schaden nicht mehr eingesetzt worden wäre, ist eine Rückstellung zu bilden.

Instandhaltungskosten/Fremdinstandhaltung (Aufwendungen für bezogene Leistungen)	2 100 €	an	Sonstige Rückstellungen	2 100 €

Die Rückstellung muss aufgelöst werden, wenn die Arbeiten nicht innerhalb der ersten drei Monate des folgenden Geschäftsjahres durchgeführt worden sind. **Durchgeführt** bedeutet in diesem Falle **abgeschlossen**. Das gilt auch, wenn Instandhaltungs-, Wartungs- oder Inspektionsarbeiten später anfallen werden. Nicht zu beanstanden ist, wenn nach der Dreimonatsfrist noch unbedeutende Restarbeiten durchgeführt werden, die keinen Einfluss auf die Nutzungsmöglichkeiten des Wirtschaftsguts haben. Für solche Aufwendungen dürfen keine Rückstellungsbeträge in den Büchern verbleiben.

Für unterlassene Instandhaltungsarbeiten, die erst nach Ablauf von drei Monaten 1818
nachgeholt werden, darf weder in der Handelsbilanz noch in der Steuerbilanz eine Rückstellung gebildet werden.

Die vor dem 1. 1. 2010 gebildeten Rückstellungen dürfen zunächst zeitlich unbefristet beibehalten werden. Wird von dem Beibehaltungswahlrecht kein Gebrauch gemacht, können die aus der Auflösung resultierenden Beträge unmittelbar in die Gewinnrücklagen eingestellt werden.

(2) Rückstellungen für im Geschäftsjahr unterlassene Abraumbeseitigung

1819 Die Rückstellung für unterlassene Abraumbeseitigung ist eine Pflichtrückstellung, soweit die Arbeiten innerhalb des folgenden Geschäftsjahres erledigt werden (§ 249 Abs. 1 Satz 2 Nr. 1 HGB). Passivierungspflicht besteht auch für die StB (§ 5 Abs. 1 Satz 1 EStG, R 5.7 Abs. 1 EStR). Um Substanzvorkommen im Tagebau nutzen zu können, ist im Allgemeinen eine Freilegung durch Beseitigung der nicht nutzbaren Erdkrume (Abraum) erforderlich. Dabei sind Rückstellungen für Abraumbeseitigung nach **zwei Kriterien** zu unterteilen:

a) Arbeiten, die aufgrund vertraglicher oder gesetzlicher Verpflichtungen nachzuholen sind.
b) Rückstände, die durch das Abbauverhalten entstanden sind, ohne dass dadurch eine vertragliche oder gesetzliche Verpflichtung verletzt wird.

Im ersten Fall handelt es sich um eine **Rückstellung für ungewisse Verbindlichkeiten** (§ 249 Abs. 1 Satz 1 HGB). Die Rückstellung muss unabhängig davon gebildet werden, ob der Aufwand im abgeschlossenen Geschäftsjahr unterlassen worden und ob er innerhalb des folgenden Geschäftsjahres nachgeholt wird. Die Rückstellung darf erst dann aufgelöst werden, wenn die Verpflichtung nicht mehr besteht (§ 249 Abs. 2 Satz 2 HGB).

Im zweiten Fall muss eine **Rückstellung für Abraumbeseitigung** i. S. des § 249 Abs. 1 Nr. 2 HGB gebildet werden. Die Rückstellung ist unabhängig davon, ob die Arbeiten nachgeholt worden sind oder nicht, zum Ende des folgenden Geschäftsjahres aufzulösen.

III. Weitere Buchungen im Rahmen der Jahresabgrenzung

1. Latente Steuern

1.1 Wesen und Zweck der Verrechnung latenter Steuern

1820 Den latenten Steuern liegt ein anglo-amerikanischer Bilanzierungsgrundsatz zugrunde. Sie gehen zurück auf die dynamische Bilanztheorie und dienen der richtigen **Periodenabgrenzung.**

1821 Verschiedene Bilanzposten unterliegen in der HB und in der StB unterschiedlichen Bilanzierungs- und Bewertungsvorschriften. Daraus folgen unterschiedliche Ergebnisse in HB und StB. Im Falle erfolgsneutral entstandener Bewertungsdifferenzen müssen auch die Steuerlatenzen erfolgsneutral angesetzt werden. Da der Ertragsteueraufwand aus der StB in die HB übernommen wird, korrespondiert dann der in der HB ausgewiesene Aufwand für die Steuern vom Einkommen und vom Ertrag nicht mit dem Ergebnis der HB *(temporary concept)*.

1822 Bei zeitlich begrenzten Differenzen aus der vor- oder nachverlagerten steuerlichen Belastung, die sich in den folgenden Jahren wieder ausgleichen, werden die Posten „aktive latente Steuern" und „passive latente Steuern" gebildet. Die Posten weisen nicht die Unterschiede zwischen handelsrechtlich und steuerrechtlich anerkannten Aufwendungen und Erträgen aus, sondern den Unterschied zwischen den Steuern auf das handelsrechtliche Ergebnis und dem nach steuerrechtlichen Vorschriften ermittelten Gewinn.

Differenzen, die zwischen der handelsrechtlichen und der steuerlichen Ergebnisrechnung **in Verlustjahren** entstehen und sich voraussichtlich auch in Verlustjahren wieder aufheben, führen nicht zu einer Steuerabgrenzung, weil in diesem Fall keine ergebnisabhängigen Steuern anfallen. 1823

Kommt ein Verlustabzug (§ 10d EStG) in Betracht, so muss dieser grundsätzlich bei der Ermittlung der Steuerabgrenzung berücksichtigt werden, da Verlustrückträge und Verlustvorträge die Höhe der zeitlichen Ergebnisdifferenzen zwischen dem handelsrechtlichen und dem steuerrechtlichen Ergebnis beeinflussen. In diesen Fällen ist grundsätzlich eine Neuberechnung der latenten Steuern erforderlich. 1824

Die in der Bilanz ausgewiesenen Posten der aktiven und passiven latenten Steuern sind aufzulösen, sobald die Steuerbelastung oder -entlastung eintritt oder nicht mehr zu erwarten ist. Ist mit einer Steuerbelastung oder -entlastung in einer anderen als der ursprünglichen Höhe zu rechnen, erfolgt eine entsprechende Anpassung. 1825

In Vorjahren gebildete Steuerabgrenzungsposten, die erst in späteren Geschäftsjahren planmäßig aufzulösen wären, sind vorzeitig und somit außerplanmäßig aufzulösen, wenn entgegen der ursprünglichen Erwartung aufgrund neuerer Erkenntnis in späteren Geschäftsjahren mit Verlusten zu rechnen ist. 1826

Die Bildung und die Auflösung der Posten „aktive latente Steuern“ und „passive latente Steuern“ erfolgt über ein Aufwandskonto „latente Steuern“. Der Ausweis kann über eine zusätzliche Zeile oder als Davon-Posten erfolgen. 1827

In der Bilanz nach § 266 HGB werden die Posten jeweils auf der Aktivseite und der Passivseite unterhalb des Rechnungsabgrenzungspostens als „D. Aktive latente Steuern“ und „E. Passive latente Steuern“ ausgewiesen. Im Anhang sind keine Angaben zur Fristigkeit erforderlich. 1828

Kleine Kapitalgesellschaften dürfen auf die Ermittlung und den Ausweis latenter Steuern verzichten (§ 274a Nr. 5 HGB). 1829

1.2 Aktive latente Steuern

Ist der in der Steuerbilanz einer Kapitalgesellschaft oder haftungsbeschränkten Personengesellschaft ausgewiesene Gewinn dem in der Handelsbilanz zeitlich vorgelagert, d. h. höher als in der HB, so kann unterhalb des Rechnungsabgrenzungspostens auf der Aktivseite der Bilanz nach § 266 HGB ein Posten „aktive latente Steuern“ (§ 274 Abs. 1 HGB) ausgewiesen werden. Die aktivierten Steuern erhöhen das Ergebnis der Handelsbilanz. In Höhe des aktivierten Betrages besteht eine Ausschüttungs- bzw. Abführungssperre (§ 268 Abs. 8 HGB). 1830

Aktive latente Steuern für steuerliche Verlust- und Zinsvorträge oder für Steuergutschriften sind nur zulässig, wenn die Verluste, der Zinsaufwand oder die Gutschriftsbeträge voraussichtlich innerhalb der folgenden fünf Jahre genutzt werden können (§ 274 Abs. 1 Satz 4 HGB). 1831

1832 Zeitlich begrenzte Differenzen, die sich voraussichtlich in den folgenden Geschäftsjahren wieder ausgleichen und deshalb zur Abgrenzung aktiver latenter Steuern führen, ergeben sich in den folgenden Fällen:

ABB. 24: Aktive latente Steuern

Handelsbilanz	Steuerbilanz
Degressive Abschreibung des abnutzbaren Anlagevermögens	Lineare Abschreibung
Zugrundelegung einer kürzeren Nutzungsdauer des abnutzbaren Anlagevermögens als in den AfA-Tabellen für die Steuerbilanz	Aufgrund der Vorgaben in den AfA-Tabellen Ansatz einer längeren Nutzungsdauer des abnutzbaren Anlagevermögens als in der HB
Disagio sofort als Aufwand gebucht	Aktivierungspflicht für das Disagio
Ansatz einer Drohverlustrückstellung	Verbot des Ansatzes einer Drohverlustrückstellung
Höherer Ansatz einer Pensionsrückstellung als in der Steuerbilanz	Niedrigerer Ansatz einer Pensionsrückstellung als in der Handelsbilanz
Höherer Ansatz sonstiger Verbindlichkeitsrückstellungen als in der Steuerbilanz	Niedrigerer Ansatz sonstiger Verbindlichkeitsrückstellungen als in der Handelsbilanz
Forderungen werden mit einem höheren Zinssatz abgezinst als in der Steuerbilanz	Forderungen werden mit einem niedrigeren Zinssatz abgezinst als in der Handelsbilanz

1833 BEISPIEL: Das Unternehmen bucht ein Disagio in Höhe von 50 000 € sofort in den Aufwand. Das Unternehmen hat einen Ertragsteuersatz von 34 %.

Berechnung der latenten Steuern:	Handelsbilanz T€		Steuerbilanz T€
Jahresüberschuss vor Berücksichtigung eines Disagios das Disagio wird in der Handelsbilanz als Aufwand gebucht	100 – 50		100 0
verbleibender Jahresüberschuss 34 % Steuerbelastung, die in die Handelsbilanz übernommen wird	50 – 34	←	100 – 34

In die HB wurden 34 T€ Steuern aus der StB übernommen, obwohl bei einem Ertragsteuersatz von 34 % bei einem Jahresüberschuss von 50 T€ in der HB nur 17 T€ (= 34 % von 50 T€) hätten anfallen müssen.

In der HB erfolgt eine entsprechende Anpassung des Steuerbetrages durch die Buchung:

295 aktive latente Steuern	17 000 €	an	775 latente Steuern	17 000 €

1834 Der Posten „aktive latente Steuern" ist im **Anhang** zu erläutern (§ 285 Nr. 29 HGB). Die Erläuterungen sollen Hinweise enthalten auf:

- die Gewinndifferenz, auf die sich der Posten bezieht,
- den zugrunde gelegten Steuersatz,
- den Unterschiedsbetrag zwischen dem ausgewiesenen Steueraufwand bzw. -ertrag und dem erwarteten Steueraufwand bzw. -ertrag.

BEISPIEL: 1835

Steuerliche Überleitungsrechnung im Anhang		
	Vorjahr Mio. €	Abschlussjahr Mio. €
Ergebnis vor Ertragsteuern Erwarteter Ertragsteueraufwand (Steuersatz jeweils 34 %)	1 800 612	2 000 680
Überleitungsrechnung:		
Abweichende ausländische Steuerbelastung	– 140	– 110
Steueranteil für: Steuerfreie Erträge Steuerlich nicht abzugsfähige Aufwendungen Temporäre Differenzen, für die keine latenten Steuern erfasst wurden	 – 300 + 368 + 100	 – 360 + 540 + 120
Steuergutschriften	– 60	– 100
Periodenfremde tatsächlich angefallene Steuern	– 30	– 80
Effekte aus Steuersatzänderungen Sonstige Steuereffekte	+ 10 + 20	– 20 – 10
Ausgewiesener Ertragsteueraufwand Effektiver Steuersatz	580 32,2 %	660 33,0 %

Der Aufwand oder Ertrag aus der Veränderung bilanzierter latenter Steuern ist in der Gewinn- und Verlustrechnung gesondert unter dem Posten „Steuern vom Einkommen und Ertrag" auszuweisen (§ 274 Abs. 2 Satz 3 HGB). Damit kommt eine Saldierung der Aufwendungen und Erträge aus latenten Steuern in Betracht. Der Ausweis kann über eine zusätzliche Zeile erfolgen, z. B.: 1836

13. Steuern vom Einkommen und vom Ertrag
14. latenter Steuerertrag

oder als Davon-Posten

13. Steuern vom Einkommen und vom Ertrag
    davon: latenter Steuerertrag

1.3 Passive latente Steuern

Anlass für die Bildung des Postens „passive latente Steuern" sind Durchbrechungen des Maßgeblichkeitsgrundsatzes aus § 5 Abs. 1 EStG. 1837

ABB. 25: Passive latente Steuern

Handelsbilanz	Steuerbilanz
Ansatz selbst geschaffener immaterieller Vermögensgegenstände	Bilanzierungsverbot selbst geschaffener immaterieller Wirtschaftsgüter
Bilanzierungsverbot steuerfreier Rücklagen	Ansatz sog. steuerfreier Rücklagen
Lineare Abschreibung des abnutzbaren Anlagevermögens	Degressive Absetzung für Abnutzung

Ist der in der Steuerbilanz ausgewiesene Gewinn dem in der Handelsbilanz zeitlich nachgelagert, d. h. niedriger als in der HB, so **muss** unterhalb des Rechnungsabgrenzungspostens auf der Passivseite der Bilanz nach § 266 HGB ein Posten „passive latente Steuern" (§ 274 Abs. 1 HGB) ausgewiesen werden.

1838 **BEISPIEL:** In der HB werden die Vorräte bei steigenden Preisen nach dem Fifo-Verfahren (§ 256 HGB), in der StB mit dem gewogenen Durchschnittswert (§ 240 Abs. 4 HGB; R 6.9 Abs. 1 EStR) bewertet.

Vorgehen bei der Übernahme der Steuern aus der StB in die HB und Angleichung der Steuern in der HB an das Ergebnis	Handelsbilanz T€	Steuerbilanz T€
Jahresüberschuss vor Berücksichtigung der Bewertungsdifferenz	100	100
Erhöhung des Überschusses in der HB aus der Fifo-Bewertung	+ 50	0
verbleibender Jahresüberschuss	150	100
34 % Steuerbelastung werden aus der StB in die HB übernommen	– 34	← – 34
zusätzlich 34 % nachverlagerte Steuerbelastung 50 T€ in der StB	– 17	
In der HB insgesamt auszuweisende Ertragsteuern	– 51	

In die HB wurden 34 T€ Steuern aus der StB übernommen, obwohl bei einem Ertragsteuersatz von 34 % bei einem Jahresüberschuss von 150 T€ in der HB 51 T€ (= 34 % von 150 T€) hätten anfallen müssen.

In der HB erfolgt eine entsprechende Anpassung des Steuerbetrages durch die Buchung:

775 latente Steuern 17 000 € an 495 passive latente Steuern 17 000 €

1839 In der Bilanz nach § 266 HGB werden die passiven latenten Steuern unterhalb des Rechnungsabgrenzungspostens auf der Passivseite als „passive latente Steuern" ausgewiesen.

1840 Der Posten ist aufzulösen, sobald die höhere Steuerbelastung eintritt oder mit ihr voraussichtlich nicht mehr zu rechnen ist. Buchung:

495 passive latente Steuern an 775 latente Steuern

1.4 Ermittlung des Steuersatzes

1841 Passive latente Steuern sind in Höhe der voraussichtlichen Steuerbelastung in den nachfolgenden Geschäftsjahren, aktive latente Steuern sind in Höhe der voraussichtlichen Steuerentlastung in den nachfolgenden Geschäftsjahren anzusetzen (§ 274 HGB). Bei der Bewertung muss deshalb von den individuellen – steuersubjektbezogenen – Steuersätzen der künftigen Jahre ausgegangen werden, in denen sich der Unterschied wieder ausgleichen wird (liability-Methode). Eine Abzinsung soll nicht erfolgen (§ 274 Abs. 2 Satz 1 HGB).

1842 Angesichts der beschränkten Prognosemöglichkeiten kann auch von den aktuellen individuellen Steuersätzen ausgegangen werden. Lediglich dann, wenn bekannt ist, dass sich die Verhältnisse in den Folgejahren ändern werden, muss mit den zu erwartenden

Ertragsteuersätzen gerechnet werden. Das ist beispielsweise der Fall, wenn für die Jahre, in denen sich der Unterschied zwischen HB und StB wieder ausgleicht, gesetzliche Änderungen der Steuersätze oder Jahresfehlbeträge zu erwarten sind.

Gesetzliche Steuersatzänderungen sind nur dann zu berücksichtigen, wenn der Bundesrat diesen am Abschlussstichtag bereits zugestimmt hat. 1843

1.5 Erstanwendung für das Geschäftsjahr 2010

Beim Übergang auf die neuen Vorschriften nach BilMoG bestehen einige Übergangswahlrechte. Beispielsweise kann ein aus der Inanspruchnahme einer § 6b EStG-Rücklage gebildeter Sonderposten mit Rücklageanteil wahlweise bis zur Auflösung beibehalten werden oder im Jahresabschluss für das Geschäftsjahr 2010 mit den Gewinnrücklagen verrechnet werden. Im letzteren Fall ist lediglich der Stundungsanteil am Sonderposten innerhalb der passiven latenten Steuern auszuweisen. 1844

Einstweilen frei 1845–1851

2. Disagio

2.1 Buchhalterische Behandlung des Disagios

Bei einem Disagio (Damnum, Darlehnsabgeld) nach § 250 Abs. 3 HGB handelt es sich um den Unterschiedsbetrag zwischen dem Ausgabebetrag und dem höheren Rückzahlungsbetrag eines Darlehens. Der Unterschiedsbetrag stellt eine zusätzliche Vergütung für die Kapitalnutzung (zusätzliche Zinsen), zu einem geringen Teil auch Entgelt für die Bearbeitung und die Abwicklung des Kredits dar. 1852

1853

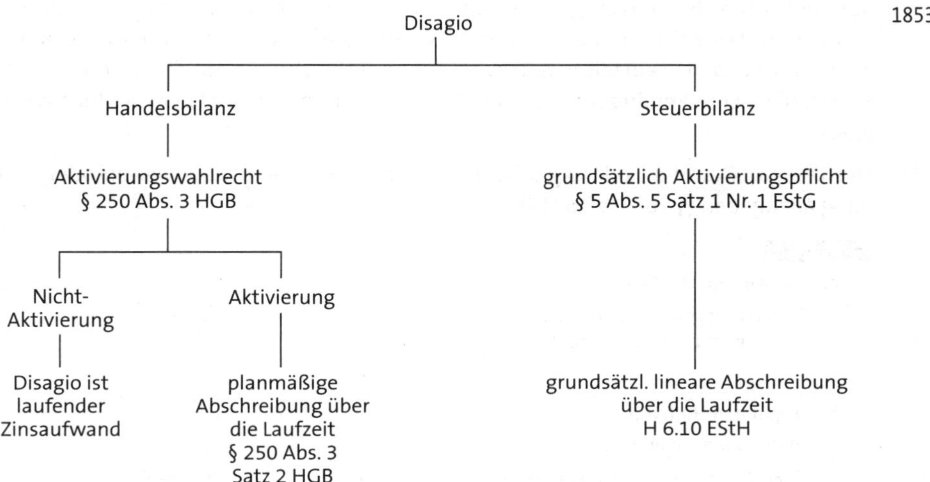

1854 **BEISPIEL:** Aufnahme einer Grundschuld in Höhe von 400 000 € am 2. 1. 01 zu 8 % Zinsen. Laufzeit 5 Jahre. Auszahlung unter Abzug eines Damnums von 5 %.

Die Verbindlichkeit muss immer mit ihrem Rückzahlungsbetrag passiviert werden (§ 250 Abs. 3 HGB).

a) Das Damnum soll sofort als **Betriebsaufwand** gebucht werden:

Guthaben bei Kreditinstituten	380 000 €			
Zinsen und ähnliche Aufwendungen	20 000 €	an	Verbindlichk. gegenüber Kreditistitute	400 000 €

b) Das Damnum soll **aktiviert** werden:

Guthaben bei Kreditinstituten	380 000 €			
Aktiver RAP (Disagio)	20 000 €	an	Verbindlichk. gegenüber Kreditinstituten	400 000 €

1855 Die gleichen Vorschriften gelten für den seltenen Fall, dass der Rückzahlungsbetrag niedriger ist als der Auszahlungsbetrag. Der Unterschiedsbetrag ist dann zu passivieren und über die Laufzeit verteilt aufzulösen (ADS, § 253 HGB Rdn. 76).

1856 Das Disagio wird planmäßig über die Laufzeit der Verbindlichkeit abgeschrieben (§ 250 Abs. 3 Satz 2 HGB). Wegen des Aktivierungswahlrechts ist **handelsrechtlich** auch eine planmäßige Abschreibung über einen kürzeren Zeitraum als die Laufzeit des Darlehens möglich. **Handelsrechtlich** besteht ein Wahlrecht zwischen linearer und degressiver Abschreibung. Das Disagio zu Tilgungsdarlehen wird in der HB i. d. R. digital (arithmetisch-degressiv) abgeschrieben.

1857 **BEISPIEL:** In Fortführung des o. a. Buchungsbeispiels wird zum 31. 12. 01 abgeschrieben:

Zinsen und ähnliche Aufwendungen	4 000 €	an	Aktiver RAP (Damnum)	4 000 €

1858 Im Falle einer **Zinsfestschreibung** ist der Unterschiedsbetrag über den Zeitraum der Zinsfestschreibung abzuschreiben und nicht über die vorgesehene Gesamtlaufzeit der Verbindlichkeit. Bei **vorzeitiger Tilgung** ist der noch nicht abgeschriebene Betrag des Disagios im Jahre der Kündigung oder der vorzeitigen Tilgung als **Betriebsaufwand** auszubuchen. Wird die **Laufzeit verkürzt,** ist das restliche Disagio auf die neue Restlaufzeit zu verteilen. Eine **Verlängerung** der Laufzeit führt nicht zu einer Neuverteilung des Disagios.

1859 Das Disagio, Damnum oder Agio ist in der Bilanz gesondert auszuweisen **oder** im Anhang anzugeben (§ 268 Abs. 6 HGB).

BEISPIEL:

a) **Ausweis in der Bilanz**

C. Rechnungsabgrenzungsposten		199 000 €
– davon Disagio	16 000 €	

b) **Angabe im Anhang**

in der Bilanz lediglich:

C. Rechnungsabgrenzungsposten	199 000 €

zusätzlich im Anhang z. B.:

Der Aktive Rechnungsabgrenzungsposten enthält ein Disagio von ursprünglich 20 000 €, Restbetrag 16 000 €, das bei der Aufnahme einer Grundschuld in Abzug gebracht wurde.

2.2 Steuerrechtliche Abschreibung des Disagios

Steuerrechtlich ist ein Damnum oder Disagio *grundsätzlich* über die Laufzeit des Darle- 1860
hens bzw. über den Zeitraum der Zinsfestschreibung gleichmäßig (d. h. linear) zu verteilen. In analoger Anwendung des BFH-Urteils v. 18. 3. 2010 kann aber auf die Bildung eines aRAP verzichtet werden, wenn der abzugrenzende Betrag je Sachverhalt nicht mehr als 800 € beträgt.

Bei Nichtaktivierung des Disagios in der Handelsbilanz trotz Aktivierungspflicht in der Steuerbilanz **muss** ein „aktiver Steuerabgrenzungsposten" gebildet werden (§ 274 Abs. 1 Satz 2 HGB).

2.3 Handelsrechtliche Abschreibung des Disagios

2.3.1 Planmäßige Abschreibung

Die planmäßige jährliche Abschreibung setzt die Festlegung der Abschreibungsmetho- 1861
de im Jahr des Zugangs voraus, die dann für die gesamte Laufzeit des Kredites gilt. Ist eine feste Laufzeit des Kredites vereinbart, entspricht die Laufzeit der Abschreibungsdauer in Jahren. Ist die Laufzeit innerhalb der Kreditbedingungen nicht geregelt, sollte die Abschreibung über die *voraussichtliche* Tilgungszeit erfolgen. Unter Berücksichtigung des Grundsatzes der Vorsicht sollte vom Zeitpunkt der ersten Kündigungsmöglichkeit ausgegangen werden. Der Unterschiedsbetrag muss spätestens im Zeitpunkt der Rückzahlung des Kredits abgeschrieben sein. Wegen des Aktivierungswahlrechts des Disagios ist die Abschreibung über einen kürzeren Zeitraum zulässig, wenn sie nur planmäßig erfolgt.

Bei einem reinen **Fälligkeitsdarlehen** ist der Unterschiedsbetrag linear über die Laufzeit 1862
verteilt abzuschreiben.

Bei einem **Tilgungsdarlehen** wäre eine entsprechende Verteilung des Disagios in gleichen Jahresbeträgen wirtschaftlich nicht richtig, da der Zinsaufwand mit zunehmender Tilgung von Jahr zu Jahr abnimmt. Das Disagio ist deshalb jährlich mit einem Prozentsatz des Kreditbetrages abzuschreiben. Der Prozentsatz lässt sich nach folgender Formel errechnen:

BEISPIEL: Aufnahme eine Kredits von 90 000 € unter Abzug von 5 % Disagio (= 4 500 €).

Laufzeit des Kredits = 9 Jahre.

Abschreibungsprozentsatz = Prozentsatz des Disagios × 2 / Kreditlaufzeit in Jahren + 1

Abschreibungsprozentsatz = 5 × 2 / 9 + 1 = 1 %

Das Disagio ist deshalb mit jährlich 1 % des Kreditbetrages am Anfang des Geschäftsjahres abzuschreiben, d. h. im ersten Jahr mit 1 % von 90 000 € = 900 €, im zweiten Jahr mit 1 % von 80 000 € = 800 € usw., im 9. Jahr mit 1 % von 10 000 € = 100 €.

Bei einem **Annuitätendarlehen** ist über die Laufzeit des Kredites eine gleiche Jahresrate zu entrichten. Dabei erhöht sich die jährliche Tilgung um den Betrag der ersparten Zinsen. Die Abschreibung des Disagios stellt dann eine geometrische Reihe dar. Die Gesamtzinsbelastung errechnet sich deshalb aus der Summe der Annuitäten abzüglich Nominalbetrag der Verbindlichkeiten.

Die Berechnung erfolgt nach der Formel:

Abschreibungsbetrag = Disagiobetrag × Jahreszinsaufwand : Gesamtzinsbelastung

2.3.2 Außerplanmäßige Abschreibung

1863 Gründe für außerplanmäßige Abschreibungen des Disagios können sein:

- Außerplanmäßige Tilgung,
- Umschuldung,
- Verbesserung der Kreditbedingungen,
- Verkürzung der Laufzeit.

Wird ein Kredit in vollem Umfang vorzeitig zurückgezahlt, ist das gesamte restliche Disagio abzuschreiben. Im Falle einer außerplanmäßigen teilweisen Tilgung ist auf den restlichen Darlehensbetrag entfallenden Disagiobetrag abzuschreiben.

3. Firmenwert *(goodwill)*

3.1 Aktivierung des Firmenwerts

1864 Im Laufe des Bestehens und der Entwicklung eines Unternehmens entsteht ein Firmenwert. Dieser selbst geschaffene oder **originäre Geschäfts- oder Firmenwert** ist kein Vermögensstand und deshalb handels- und steuerrechtlich nicht aktivierungsfähig (§ 248 Abs. 2 HGB, § 5 Abs. 2 EStG).

Bei dem im Rahmen eines sog. *asset deals* entgeltlich erworbenen **derivativen Geschäfts- oder Firmenwert** handelt es sich per Fiktion um einen zeitlich begrenzt nutzbaren Vermögensgegenstand, der deshalb handels- und steuerrechtlich aktivierungspflichtig ist (Vollständigkeitsgrundsatz § 246 Abs. 1 Satz 4 HGB, § 5 Abs. 2 i.V. m. § 6 Abs. 1 Nr. 1 EStG).

1865 Der derivative Geschäfts- oder Firmenwert ist ein sog. Gesamt- oder Sammelwirtschaftsgut, das sich bei der Übernahme eines Unternehmens ergibt. Es handelt sich um den Unterschiedsbetrag, um den die für die Übernahme bewirkte Gegenleistung den Wert der einzelnen Vermögensgegenstände abzüglich der Schulden im Zeitpunkt der Übernahme übersteigt. Der Firmenwert ist das Entgelt für die übernommenen immateriellen Werte, wie Ruf des Unternehmens, Kundenstamm, Absatzorganisation, Mitarbeiterstamm usw.

1866

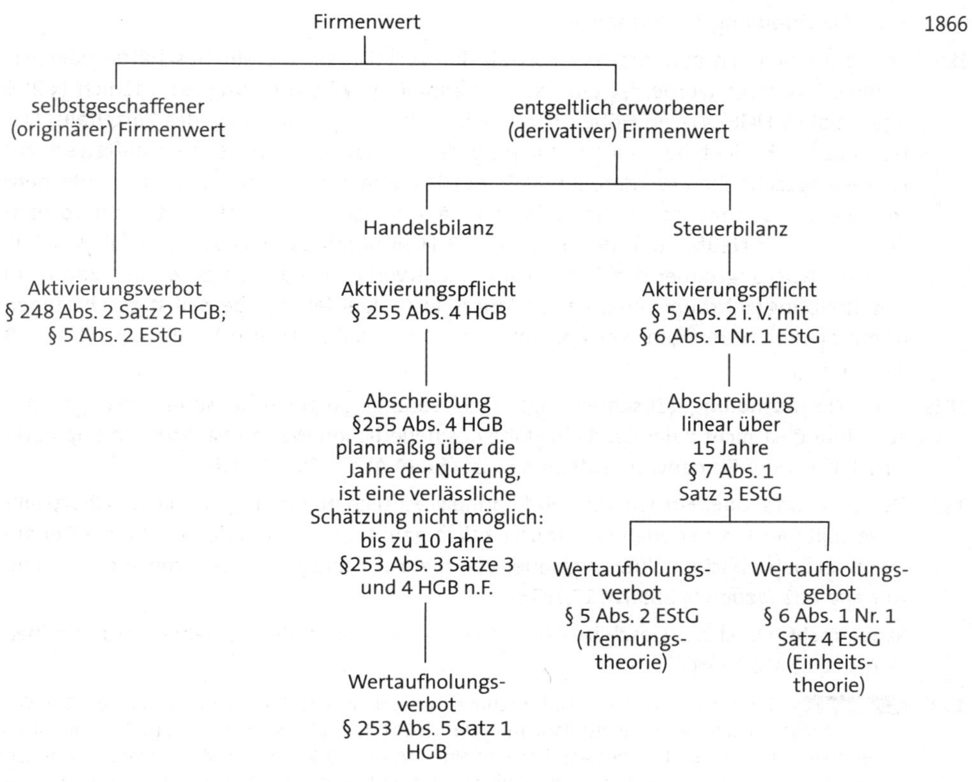

BEISPIEL: 1867

Ermittlung des Firmenwerts:

	Vermögensgegenstände	1000 000 €
–	Schulden	500 000 €
=	Nettosubstanzwert	500 000 €
	Kaufpreis	800 000 €
	Firmenwert	300 000 €

Buchungen der Aktivierung:

Bank	an	Eigenkapital	800 000 €
Übernahmekonto	an	Bank	800 000 €
Vermögensgegenstände (einschl. Bankguthaben)	an	Übernahmekonto	1 000 000 €
Übernahmekonto	an	Fremdkapitalkonten	500 000 €
Firmenwert	an	Übernahmekonto	300 000 €

Eröffnungsbilanz (in €)

Aktiva			**Passiva**
Firmenwert	300 000	Eigenkapital	800 000
Vermögensgegenstände	1 000 000	Fremdkapital	500 000
	1 300 000		1 300 000

3.2 Abschreibung des Firmenwerts

1868 Bei voraussichtlich dauerhaftem Fortfall der Vorteile, für die ein Geschäfts- oder Firmenwert bezahlt wurde, ist eine **außerplanmäßige Abschreibung** erforderlich (§ 253 Abs. 3 Satz 5 HGB). Deren Höhe richtet sich nach den Verhältnissen des Einzelfalls. Dabei muss z. B. nicht bei einer Halbierung des Umsatzes auch der Geschäftswert zur Hälfte abgeschrieben werden. Bei 50 % des bisherigen Umsatzes kann das Unternehmen bereits so unwirtschaftlich arbeiten, dass ein Geschäftswert nicht mehr vorhanden ist. In der Neufassung des § 253 Abs. 3 HGB durch das BilRUG wird für den Fall, dass die Nutzungsdauer des Firmenwerts nicht verlässlich geschätzt werden kann, ein Abschreibungszeitraum von bis zu 10 Jahren festgelegt (ebenso bei selbst geschaffenen immateriellen Vermögenswerten), vgl. § 253 Abs. 3 Satz 4 HGB n. F. i. V. m. § 285 Nr. 13 HGB n. F.

1869 Eine **Wertaufholung** (Zuschreibung) nach vorangegangener außerplanmäßiger Abschreibung ist **nicht zulässig,** da in Höhe des neuerlichen Wertzuwachses ein originärer Geschäfts- oder Firmenwert entstanden ist (§ 253 Abs. 5 Satz 2 HGB).

1870 Der Geschäfts- oder Firmenwert wird **handelsrechtlich** planmäßig auf die Geschäftsjahre verteilt werden, in denen er voraussichtlich genutzt wird. Gründe, welche die Annahme einer betrieblichen Nutzungsdauer von mehr als fünf Jahren rechtfertigen, sind im Anhang anzugeben (§ 285 Nr. 13 HGB).

Steuerrechtlich ist der Geschäfts- oder Firmenwert linear über 15 Jahre abzuschreiben (§ 7 Abs. 1 Satz 3 EStG).

1871 **BEISPIEL:** Im Januar wird ein Unternehmen erworben. Geschäftswert 300 000 €. Der Geschäftswert soll in der Handelsbilanz mit jährlich 60 000 € abgeschrieben werden. In der Steuerbilanz wird ab dem Jahr der Anschaffung eine AfA von 20 000 € verrechnet. Der nach steuerlichen Vorschriften zu versteuernde Gewinn ist damit niedriger als das handelsrechtliche Ergebnis. Im Jahresabschluss müssen deshalb passive latente Steuern abgegrenzt werden. Das Unternehmen rechnet aktuell mit einem individuellen Ertragsteuersatz von 34 %.

a) Buchung im Jahr der Anschaffung

651 Abschreibungen auf den Geschäfts- oder Firmenwert	60 000 €	an	031 Geschäfts- oder Firmenwert	60 000 €

Die steuerliche Abschreibung im Jahr der Anschaffung beläuft sich auf 300 000 € durch 15 Jahre gleich 20 000 €. In der Handelsbilanz wurden 40 000 € mehr abgeschrieben als in der Steuerbilanz. 34 % von 40 000 € ergeben 13 600 € latente Steuern, die entsprechend dem Ergebnis in der StB mehr gezahlt wurden als entsprechend dem Ergebnis in der HB.
Buchung:

295 aktive latente Steuern	13 600 €	an	775 latente Steuern	13 600 €

b) Buchungen ab dem 6. Jahr

Ab dem 6. Jahr entfällt die Abschreibung in der Handelsbilanz. In der Steuerbilanz werden weiterhin jährlich 20 000 € abgeschrieben. Das Unternehmen zahlt jetzt über 10 Jahre jährlich 34 % von 20 000 € = 6 800 € weniger an Steuern, als es entsprechend dem handelsrechtlichen Ergebnis zahlen müsste. Der auf (5 × 13 600 =) 68 000 € aufgelaufene Posten „aktive latente Steuern" ist über 10 Jahre mit jährlich 6 800 € aufzulösen.

775 latente Steuern	6 800 €	an	295 aktive latente Steuern	6 800 €

Anmerkung: In der Konzernrechnungslegung werden bei der erstmaligen Erfassung eines Geschäfts- oder Firmenwerts aus der Erstkonsolidierung keine latenten Steuern abgegrenzt (§ 306 Satz 2 HGB). 1872

Für den Geschäfts- oder Firmenwert gilt handelsrechtlich ein ausdrückliches Wertaufholungsverbot (§ 253 Abs. 5 HGB). Das Wertaufholungsgebot gilt grundsätzlich auch für die Steuerbilanz (§ 5 Abs. 2 EStG). 1873

4. Aufwendungen für Forschung und Entwicklung

4.1 Forschungskosten

Forschung ist die eigenständige und planmäßige Suche nach neuen wissenschaftlichen und technischen Erkenntnissen oder Erfahrungen allgemeiner Art, über deren technische Verwertbarkeit und wirtschaftliche Erfolgsaussichten grundsätzlich keine Angaben gemacht werden können (§ 255 Abs. 2a Satz 3 HGB). Für Forschungskosten besteht ein **Aktivierungsverbot** (§ 255 Abs. 2 Satz 4 HGB). 1874

4.2 Entwicklungskosten

Entwicklung ist die Anwendung von Forschungsergebnissen oder von anderem Wissen für die Neuentwicklung von Gütern oder Verfahren oder die Weiterentwicklung von Gütern oder Verfahren mittels wesentlicher Veränderungen. Entwicklungskosten sind immaterielle Vermögensgegenstände, wenn bestimmte Voraussetzungen erfüllt sind (§ 255 Abs. 2a HGB). 1875

Voraussetzungen für die Aktivierung: 1876

- Die Entwicklungskosten müssen mit hoher Wahrscheinlichkeit zu einem einzeln verwertbaren immateriellen Vermögensgegenstand führen.
- Das setzt während der Entwicklungsphase eine entsprechend zuverlässige Zukunftsprognose voraus.
- Sofern Forschung und Entwicklung nicht verlässlich voneinander unterschieden werden können, ist eine Aktivierung ausgeschlossen (§ 255 Abs. 2a Satz 4 HGB).

Für immaterielle Vermögensgegenstände besteht ein Aktivierungswahlrecht. Wird das Wahlrecht in Anspruch genommen, besteht eine Ausschüttungssperre in Höhe der aktivierten Entwicklungskosten. Die Aktivierung der im Rahmen der Entwicklung anfallenden Herstellungskosten erfolgt bereits in der Entwicklungsphase. 1877

Die zu aktivierenden Entwicklungskosten können sich aus verschiedenen im Unternehmen angefallenen Kosten und aus Fremdleistungen zusammensetzen. Die Aktivierung erfolgt mit der Buchung 1878

025 aktivierte Entwicklungskosten	an	530 andere aktivierte Eigenleistungen

Zur Entwicklung von Software s. Rdn. 633 ff. 1879

Einstweilen frei 1880–1950

IV. Abschluss in der Betriebsübersicht

1. Aufbau der Betriebsübersicht

1951 Die Betriebsübersicht (auch Abschlussblatt, Abschlusstabelle, Hauptabschlussübersicht) ist eine Tabelle, in der der Abschluss des Hauptbuchs vorbereitet wird. Sie besteht aus den Spalten:

- Eröffnungsbilanz (Anfangsbestände aus dem EBK),
- Umsatzbilanz (Umschlagszahlen = Zu- und Abgänge),
- Summenbilanz (Summen der Kontenseiten vor Abschluss),
- Saldenbilanz I (Salden aus der Summenbilanz),
- Umbuchungen (Vorbereitende Abschlussbuchungen),
- Saldenbilanz II (Saldierung der Saldenbilanz I und der Umbuchungen),
- Inventurbilanz (Schlussbilanz, Vermögensbilanz),
- Erfolgsbilanz (Gewinn- und Verlustrechnung).

1952 Oft beginnt die Betriebsübersicht mit der Summenbilanz. Hauptabschlussübersicht, Abschlusstabelle, Abschlussbogen, Abschlussblatt sind andere Bezeichnungen für die Betriebsübersicht.

2. Arbeitsschritte bei der Erstellung

1953 Nachdem die laufenden Geschäftsvorfälle einer Abschlussperiode im Hauptbuch gebucht worden sind, werden die Eintragungen auf den Sollseiten und auf den Habenseiten der Konten addiert. Je Konto werden die Summen der Sollseite und der Habenseite in die Spalten der **Summenbilanz** übernommen. Die Doppelspalten (Soll- und Habenspalte) der Betriebsübersicht heißen „Bilanz“, weil sie summengleich sein müssen. Die Summenbilanz wird auch als **Probebilanz** bezeichnet, weil sie die rechnerische Richtigkeit der Buchungen belegt. Die Probebilanz erlaubt eine Plausibilitätsprüfung. Hier würde bereits auffallen, wenn an Stelle von Umsätzen in Höhe von 1 Mio. € nur 0,5 Mio. € gebucht worden wären oder wenn die aufgelaufenen Werte eines Aufwandskontos auf der Habenseite größer wären als auf der Sollseite. Aus der **Summenbilanz** können, wie aus der **Umsatzbilanz**, wichtige Umschlagszahlen entnommen werden.

BEISPIEL: **Betriebsübersicht (Hauptabschlussübersicht)**

Kto.-Nr.	Kontenbezeichnung	Summenbilanz		Saldenbilanz I		Umbuchungsbilanz		Saldenbilanz II		Inventurbilanz		Erfolgsbilanz	
		Soll	Haben	Soll	Haben	Soll	Haben	Soll	Haben	Aktiva	Passiva	Aufw.	Erträge
070	Maschinen	300.000		300.000			55.000	245.000		245.000			
080	Geschäftsausstattung	100.000		100.000			20.000	80.000		80.000			
200	Rohstoffe	380.000	270.000	110.000		7.000		117.000		117.000			
201	Bezugskosten	7.000		7.000			7.000	0		0			
210	Unfertige Erzeugnisse	20.000		20.000		10.000		30.000		30.000			
220	Fertige Erzeugnisse	50.000		50.000			15.000	35.000		35.000			
240	Forderungen	855.000	800.000	55.000				55.000		55.000			
260	Vorsteuer	56.000	47.000	9.000			9.000	0		0			
288	Kasse	90.000	70.000	20.000				20.000		20.000			
300	Eigenkapital		312.800		312.800	48.000			264.800		264.800		
301	Privat	48.000		48.000			48.000	0		0			
440	Verbindlichkeiten	342.000	456.000		114.000				114.000		114.000		
480	Umsatzsteuer	90.000	106.000		16.000	9.000			7.000		7.000		
500	Umsatzerlöse		969.000		969.000	22.800			946.200				946.200
501	Erlösberichtigungen	22.800		22.800			22.800	0				0	
520	Bestandsveränderungen					15.000	10.000	5.000				5.000	
541	Provisionserträge		40.000		40.000				40.000				40.000
600	Rohstoffaufwendungen	330.000		330.000				330.000				330.000	
620	Löhne	116.000		116.000				116.000				116.000	
630	Gehälter	100.000		100.000				100.000				100.000	
640	Arbeitgeberanteil Sozialversich.	44.000		44.000				44.000				44.000	
652	Abschreibungen					75.000		75.000				75.000	
670	Mietaufwendungen	120.000		120.000				120.000				120.000	
	Summe	3.070.800	3.070.800	1.451.800	1.451.800	186.800	186.800	1.372.000	1.372.000	582.000	385.800	790.000	986.200
	Gewinn										196.200	196.200	
										582.000	582.000	986.200	986.200

1954 Soll- und Habenseite der Summenbilanz werden saldiert. Die Salden werden in die **Saldenbilanz I** übertragen. Überwiegt die Habenseite, wird der Saldo in die Habenspalte, umgekehrt in die Sollspalte der Saldenbilanz I übernommen. Auch die Saldenbilanz I muss rechnerisch ausgeglichen sein.

1955 Aufgrund eines Vergleichs der Salden in der Saldenbilanz I mit den Werten laut Inventur werden in der **Umbuchungsbilanz** neben den vorbereitenden Abschlussbuchungen auch Berichtigungsbuchungen vorgenommen.

1956 **Die häufigsten Umbuchungen sind:**

1. Abschreibungen auf Sachanlagen	an	Bestandskonto
2. Abschreibungen auf Vorräte	an	Bestandskonto
3. Abschreibungen auf Forderungen	an	EWB zu Ford.
	an	PWB zu Ford.
4. Zinsaufwendungen	an	Aktive RAP (Disagio)
5. Abschreibungen auf immaterielle WG	an	Firmenwert
6. Bei gestiegenem Kurs für die Rückzahlung einer Verbindlichkeit:		
Sonstige Aufwendungen	an	Verbindlichkeiten
7. Wenn während des Jahres kein Scheckkonto geführt wird:		
Schecks	an	Forderungen aus L. u. L.
8. Wertpapierkonten	an	Ertragskonten
Abschreibungen auf Wertpapiere	an	Wertpapierkonten
Verluste aus dem Abgang	an	Wertpapierkonten
9. Sonstige Forderungen	an	Ertragskonten
Aufwandskonten	an	Sonstige Verbindlichkeiten
10. Akt. Rechnungsabgrenzungsposten	an	Aufwandskonten
Ertragskonten	an	Passiver RAP
11. Aufwandskonten	an	Rückstellungen
12. Bestandsveränderungen	an	unfert. u. fert. Erzeugnisse (bei Minderbestand)
unfert. u. fert. Erzeugnissen	an	Bestandsveränderungen (bei Mehrbestand)
13. Nachlässe	an	Wareneinkauf, Roh-, Hilfs- u. Betriebsstoffe
14. Wareneinkauf, Roh-, Hilfs- und Betriebstoffe	an	Bezugskosten
15. Umsatzerlöse bzw. Warenverkauf	an	Erlösschmälerungen
16. Umsatzsteuer	an	Vorsteuer
17. Eigenkapital	an	Privat (die Entnahmen überwiegen)
Privat	an	Eigenkapital (die Einlagen überwiegen)
Nach Erstellung der Betriebsübersicht:		
18. GuV-Konto	an	Eigenkapital (bei Gewinn)
Eigenkapital	an	GuV-Konto (bei Verlust)

1957 In die **Saldenbilanz II** werden die Werte aus der Saldenbilanz I und aus der Umbuchungsbilanz, also der Inhalt aus vier Spalten, saldiert.

1958 Die Salden der Bestandskonten werden aus der Saldenbilanz II direkt in die **Inventurbilanz** übernommen.

1959 Die Salden der Erfolgskonten werden aus der Saldenbilanz II direkt in die **Erfolgsbilanz** übernommen.

1960 Die Spalten der Inventurbilanz und der Erfolgsbilanz enden zunächst mit unterschiedlichen Summen. Der Differenzbetrag der Erfolgsbilanz entspricht dem der Inventurbilanz. Bei dem Differenzbetrag handelt es sich um den Gewinn bzw. Verlust, der noch nicht auf das Eigenkapitalkonto übertragen worden ist.

3. Beleg-Charakter

Nach Erstellung der endgültigen Betriebsübersicht werden alle Buchungen aus der Umbuchungsbilanz in das Grundbuch und auf die Konten des Hauptbuchs übernommen. Anschließend erfolgt der Abschluss der Konten im Hauptbuch. Die Betriebsübersicht kann dabei die Funktion eines Buchungsbelegs übernehmen. 1961

Kleinbetriebe betrachten die Betriebsübersicht oft als Jahresabschluss. Sie ersparen sich die Schreibarbeit der Übertragung der Buchungen aus der Umbuchungsbilanz und den Abschluss der Konten im Hauptbuch. Voraussetzungen: 1962

- Die nicht abgeschlossenen Sachkonten im Hauptbuch werden durch doppeltes Unterstreichen der Summen im Soll und Haben (= Summen, die in die Summenbilanz übernommen worden sind) eindeutig als abgeschlossen gekennzeichnet.
- Die Betriebsübersicht wird als Bestandteil des Jahresabschlusses 10 Jahre lang geordnet aufbewahrt.

4. Vorteile des Abschlusses in der Betriebsübersicht

(1) Kontrollmöglichkeiten

Die Betriebsübersicht ermöglicht eine weitgehende Kontrolle der Richtigkeit der Buchführung. Während der Abschlussarbeiten werden Fehler aufgedeckt, die noch vor dem Abschluss der Konten berichtigt werden können. 1963

(2) Überblick über Bewertungsspielräume

Handels- und Steuerrecht lassen Bewertungsspielräume zu, deren Auswirkungen sich durch Simulation bewertungs- und bilanzpolitischer Maßnahmen in der Betriebsübersicht als **Probeabschluss** noch vor Abschluss der Konten feststellen lassen. 1964

Bereits vor Abschluss der Konten gewährt die Betriebsübersicht einen Überblick über 1965

- den Stand des Vermögens und der Schulden,
- die Aufwendungen und Erträge,
- den zu versteuernden (vorläufigen) Gewinn,
- wichtige Umschlagszahlen.

K. Buchungen im Jahresabschluss verschiedener Gesellschaftsformen

I. Bestandteile des Jahresabschlusses und Anforderungen an den Jahresabschluss

1. Bestandteile

Der Jahresabschluss der Einzelkaufleute und der Nicht-Kapitalgesellschaften – mit Ausnahme der Personenhandelsgesellschaften i. S. des § 264a HGB – setzt sich aus der Bilanz und der Gewinn- und Verlustrechnung zusammen. 1985

1986 Der Begriff der **Bilanz** wird im Sinne der Vorschriften für alle Kaufleute (§§ 238–263 HGB) als **Bilanz im engeren Sinne** auf die Gegenüberstellung von Vermögen und Kapital (Eigen- und Fremdkapital) angewandt. Als **Bilanz im weiteren Sinne** wird der **Jahresabschluss mit Bilanz und Gewinn- und Verlustrechnung** bezeichnet.

Jahresabschluss der Einzelkaufleute und der Personenhandelsgesellschaften §§ 242–256 HGB	
Handelsbilanz § 247 ff. HGB	**Gewinn- und Verlustrechnung** gemäß GoB

1987 Die ergänzenden Vorschriften für Kapitalgesellschaften und Personenhandelsgesellschaften (PHG) i. S. des § 264a HGB, haben den Jahresabschluss aus Bilanz und Gewinn- und Verlustrechnung um einen Anhang zu erweitern, der mit der Bilanz und der Gewinn- und Verlustrechnung eine Einheit bildet. Zusätzlich müssen sie einen Lagebericht aufstellen.

Jahresabschluss der Kapitalgesellschaften u. PHG i. S. § 264a HGB §§ 264 ff. HGB			**Lagebericht** § 289 HGB
Handelsbilanz § 266 ff. HGB in Kontenform	**GuV-Rechung** §§ 275–278 HGB in Staffelform	**Anhang** §§ 284–288 HGB	

1988 Der **Konzernabschluss** (§ 297 Abs. 1 HGB) muss zusätzlich zu den Angaben im Jahresabschluss der Kapitalgesellschaften eine Kapitalflussrechnung und einen Eigenkapitalspiegel ausweisen. Er kann um eine Segmentberichterstattung erweitert werden.

1989 Die **Gewinn- und Verlustrechnung** kann nach dem Gesamtkostenverfahren (§ 275 Abs. 2 HGB) oder dem Umsatzkostenverfahren (§ 275 Abs. 3 HGB) aufgestellt werden. Die beiden Verfahren unterscheiden sich lediglich in der Form der Darstellung der Aufwendungen. Während das Gesamtkostenverfahren eine Gliederung nach Aufwandsarten vornimmt, erfolgt beim Umsatzkostenverfahren eine funktionsorientierte Gliederung der Aufwendungen. Beide Verfahren kommen zum gleichen Periodenerfolg.

1990 Der **Anhang** erläutert die Posten der Bilanz und der Gewinn- und Verlustrechnung hinsichtlich des Inhalts und der angewendeten Bewertungsverfahren (Erläuterungsfunktion). Zahlreiche Informationen, z. B. Anzahl der beschäftigten Arbeitnehmer, Haftungsverhältnisse und sonstige finanzielle Verpflichtungen, die wegen der traditionellen Gesamtstruktur der Bilanz und der GuV-Rechnung dort nicht mitgeteilt werden können, lassen sich im Anhang ergänzend anführen (Ergänzungsfunktion).

1991 Alle Kapitalgesellschaften müssen neben dem Jahresabschluss einen **Lagebericht** erstellen (§ 264 Abs. 1 HGB). Im Lagebericht sind zumindest der **Geschäftsverlauf** und die **Lage der Kapitalgesellschaft** darzustellen. Der Lagebericht soll gem. § 289 HGB eingehen auf:

- Den Geschäftsverlauf einschließlich des Geschäftsergebnisses und die Lage der Gesellschaft;
- die voraussichtliche Entwicklung mit ihren wesentlichen Chancen und Risiken;
- Vorgänge von besonderer Bedeutung, die nach dem Schluss des Geschäftsjahres eingetreten sind und deshalb aus dem Jahresabschluss nicht hervorgehen;
- die Risikomanagementziele und -methoden der Gesellschaft;

- die Preisänderungs-, Ausfall- und Liquiditätsrisiken sowie die Risiken aus Zahlungsstromschwankungen;
- den Bereich Forschung und Entwicklung;
- bestehende Zweigniederlassungen;
- die Grundzüge des Vergütungssystems der Gesellschaft für die Mitglieder der Geschäftsführung, des Aufsichtsrats und eines Beirats oder einer ähnlichen Einrichtung (§ 285 Nr. 9 HGB);
- bei einer großen Kapitalgesellschaft (§ 267 Abs. 3 HGB) zusätzlich auf die nichtfinanziellen Leistungsfaktoren, wie Umwelt- und Arbeitnehmerbelange.

Während der Jahresabschluss mit seinen Bestandteilen Bilanz, GuV-Rechnung und Anhang ganz streng nur die Verhältnisse am Bilanzstichtag darstellt, geht der Lagebericht insbesondere auf die Entwicklung des Unternehmens nach dem Bilanzstichtag ein. 1992

Kleine Kapitalgesellschaften und kleine Personenhandelsgesellschaften i. S. des § 264a HGB brauchen keinen Lagebericht aufzustellen. 1993

Kapitalmarktorientierte Kapitalgesellschaften (§ 264d HGB), die nicht zur Aufstellung eines Konzernabschlusses und Konzernlageberichts verpflichtet sind, müssen den Einzelabschluss um eine **Kapitalflussrechnung** und einen **Eigenkapitalspiegel** ergänzen. Der Jahresabschluss kann zusätzlich um eine **Segmentberichterstattung** erweitert werden (§ 264 Abs. 1 Satz 2 HGB). 1994

In der **Kapitalflussrechnung** (§ 264 Abs. 1 Satz 2 HGB) wird 1995

- der Cashflow aus der operativen Geschäftstätigkeit (auch unter der Bezeichnung „Cashflow aus der gewöhnlichen Geschäftstätigkeit"),
- der Cashflow aus Investitionstätigkeit und
- der Cashflow aus Finanzierungstätigkeit

jeweils gesondert angegeben.

Der Cashflow aus der operativen Geschäftstätigkeit kann wahlweise nach

- der **direkten Methode,** d. h. dem Saldo aus den in der Abrechnungsperiode generierten Ertragseinzahlungen und Aufwandsauszahlungen, oder
- der **indirekten Methode,** d. h. durch Modifikation der Periodenerfolgsgrößen um nicht zahlungswirksame Sachverhalte

ermittelt werden. Beide Methoden führen bei gleichen Abgrenzungen zum selben Ergebnis.

Für den **Eigenkapitalspiegel** (§ 264 Abs. 1 Satz 2 HGB) sind keine einschlägigen Standards vorgeschrieben. 1996

Die **Segmentberichtserstattung** (§ 264 Abs. 1 Satz 2 HGB und § 297 Abs. 1 Satz 2 HGB) zeigt zumindest die Aufgliederung der Umsatzerlöse nach Tätigkeitsbereichen und nach geographisch bestimmten Märkten. Kapitalmarktorientierte Unternehmen gehen zusätzlich auf die Gewinnspannen, Risiken und Wachstumspotenziale ein. 1997

Soweit keine eigenständige Segmentberichterstattung vorgeschrieben ist, sind die Umsatzerlöse im Anhang nach den verschiedenen Tätigkeitsbereichen und den geographisch unterschiedlichen Märkten aufzugliedern (§ 285 Nr. 4 HGB, § 314 Abs. 1 Nr. 3 HGB).

1998 Unter bestimmten Voraussetzungen, z. B. Verlustübernahme gem. § 302 AktG, können Kapitalgesellschaften von der erweiterten Rechnungslegung für Kapitalgesellschaften befreit werden, wenn die Gesellschaft ein Tochterunternehmen eines nach § 290 HGB bzw. § 11 PublG zur Konzernrechnungslegung verpflichtetes Unternehmen ist (§ 264 Abs. 3 u. 4 HGB). Für Personenhandelsgesellschaften i. S. des § 264a HGB gelten ähnliche Regelungen (§ 264b HGB).

2. Anforderungen

1999 Der Jahresabschluss muss den **GoB** entsprechen, **klar und übersichtlich** sowie **in deutscher Sprache** und **in €** aufgestellt sein (§§ 243 f. HGB). Das **Vollständigkeitsgebot** und das **Verrechnungsverbot** (§§ 246, 247 ff. HGB) sind zu beachten.

2000 Der Jahresabschluss der Kapitalgesellschaften und der Personenhandelsgesellschaften nach § 264a HGB hat unter Beachtung der Grundsätze ordnungsmäßiger Buchführung und Bilanzierung ein den tatsächlichen Verhältnissen entsprechendes Bild der **Vermögens-, Finanz- und Ertragslage** zu vermitteln (*true and fair view* oder Generalklausel des § 264 Abs. 2 HGB). Führen besondere Umstände dazu, dass trotz Einhaltung aller Bilanzierungsvorschriften ein solches Bild nicht vermittelt werden kann, so sind im Anhang zusätzliche Angaben zu machen (Korrekturfunktion).

II. Buchungen im Jahresabschluss der Personengesellschaften

1. Jahresabschluss der offenen Handelsgesellschaft (OHG)

2001 Jeder Gesellschafter der OHG hat die gleichen Rechte und Pflichten wie ein Einzelkaufmann. Die Gesellschafter haften unbeschränkt mit ihrer Kapitaleinlage und mit ihrem Privatvermögen. Die Buchung unterscheidet sich von der des Einzelkaufmanns allein dadurch, dass sie für jeden Gesellschafter ein Eigenkapitalkonto und ein Privatkonto ausweist (3 Gesellschafter: 3 Eigenkapitalkonten und 3 Privatkonten).

2002 Soweit nicht im Gesellschaftsvertrag geregelt, richtet sich die Gewinnverteilung nach § 121 HGB. Nach der gesetzlichen Regelung erhält jeder Gesellschafter 4 % auf seine Kapitaleinlage, der Rest wird nach Köpfen verteilt. Für ihren Arbeitseinsatz erhalten die geschäftsführenden Gesellschafter vorab einen vereinbarten Anteil am Gewinn. Ein Verlust wird ebenfalls nach Köpfen verteilt (§ 121 Abs. 3 HGB).

2003 Höhe und Zeitpunkt der zulässigen Privatentnahmen während des Geschäftsjahres sind meist vertraglich geregelt. Im Übrigen gilt § 122 HGB.

2004 **BEISPIEL:** An der ABC-OHG sind A mit 300 000 €, B mit 200 000 € und C mit 150 000 € beteiligt. Gewinn lt. GuV: 200 000 €. A erhält vorab einen Arbeitsanteil von 24 000 €, B von 30 000 €. Die Kapitaleinlagen werden mit 4 % verzinst. Während des Geschäftsjahres haben A = 30 000 €, B = 24 000 € und C = 18 000 € entnommen.

Gesell-schafter	Kapital-anteile	Arbeits-anteil	4 % Zinsen	Rest-anteil	Gewinn gesamt
A	300 000	24 000	12 000	40 000	76 000
B	200 000	30 000	8 000	40 000	78 000
C	150 000	0	6 000	40 000	46 000
	650 000	54 000	26 000	120 000	200 000

Buchungen:

GuV 200 000	an	Kapital A	76 000
	an	Kapital B	78 000
	an	Kapital C	46 000
Kapital A	an	Privat A	30 000
Kapital B	an	Privat B	24 000
Kapital C	an	Privat C	18 000

S GuV-Konto H

Aufw.	700 000	Erträge	900 000
Gew. A	76 000		
Gew. B	78 000		
Gew. C	46 000		
	900 000		900 000

S Privat A H

Bank	30 000	EK A	30 000

S Privat B H

Bank	24 000	EK B	24 000

S Privat C H

Bank	18 000	EK C	18 000

S Kapital A H

Priv.	30 000	AB	300 000
SB	346 000	GuV	76 000
	376 000		376 000

S Kapital B H

Priv.	24 000	AB	200 000
SB	254 000	GuV	78 000
	278 000		278 000

S Kapital C H

Priv.	18 000	AB	150 000
SB	178 000	GuV	46 000
	196 000		196 000

2. Jahresabschluss der Kommanditgesellschaft (KG)

Anders als die OHG unterscheidet die KG Vollhafter und Teilhafter. Die **Vollhafter** (Kom- 2005
plementäre) haften wie die Gesellschafter der OHG unbeschränkt mit ihrem gesamten
Betriebs- und Privatvermögen. Die Haftung der **Teilhafter** (Kommanditisten) ist auf ihre
vertraglich festgesetzte Einlage beschränkt. Das Eigenkapital der Kommanditisten ist
auf ihre Einlage beschränkt. Sie können keine Privatentnahmen oder -einlagen tätigen.

Für jeden **Vollhafter** wird ein Kapitalkonto und ein Privatkonto geführt, für jeden **Teil-** 2006
hafter ein Kapitalkonto und anstelle des Privatkontos ein Gewinnanteilkonto innerhalb
der sonstigen Verbindlichkeiten. Gewinnanteile der Teilhafter werden bis zur Auszahlung dem **Gewinnanteilkonto** gutgeschrieben. Verlustanteile werden bis zur Verrechnung mit Gewinnanteilen im Folgejahr dem Konto **Sonstige Forderungen gegenüber
Gesellschaftern** belastet.

2007 Soweit keine vertragliche Regelung besteht, erfolgt die Gewinnverteilung gem. § 168 i.V. mit § 121 HGB: 4 % des Kapitalanteils, Arbeitsanteile für geschäftsführende Vollhafter, Rest in angemessenem Verhältnis (§ 168 Abs. 2 HGB).

2008 **BEISPIEL 1: Gewinnverteilung:**

Eigenkapital des Komplementärs X 80 000 €, Eigenkapitalanteile der Kommanditisten Y und Z je 20 000 €. Der Vollhafter hat im abgelaufenen Geschäftsjahr 12 000 € entnommen. Das GuV-Konto weist einen Jahresüberschuss von 48 000 € aus. X erhält für seinen Arbeitseinsatz vorab 20 000 €. Die Kapitaleinlagen werden mit 4 % verzinst. Verteilung des Restgewinns im Verhältnis 4 : 1 : 1.

Gesellschafter	Kapitalanteile	Arbeitsanteil	4 % Zinsen	Restgewinn		Gewinn-gesamt
X	80 000	20 000	3 200	4	15 466	38 666
Y	20 000		800	1	3 867	4 667
Z	20 000		800	1	3 867	4 667
gesamt	120 000	20 000	4 800	6	23 200	48 000

S	300 Kapital X		H
3001	12 000	AB	80 000
SB	106 666	802	38 666

S	3001 Privat X		H
Entnahme	12 000	300	12 000

S	301 Kapital Y		H
SB	20 000	AB	20 000

S	302 Kapital Z		H
SB	20 000	AB	20 000

S	4871 Gewinnanteil Y		H
		802	4 667

S	4872 Gewinnanteil Z		H
		802	4 667

S	802 GuV-Konto		H
Aufw.	120 000	Erträge	168 000
300	38 666		
4871	4 667		
4872	4 667		
	168 000		168 000

2009 **BEISPIEL 2: Verlustverteilung:**

Die A-KG hat im abgelaufenen Geschäftsjahr einen Verlust von 120 000 € erwirtschaftet. Der Vollhafter A ist mit 500 000 €, der Teilhafter B mit 300 000 € an der KG beteiligt. A hat während des Geschäftsjahres 60 000 € entnommen. Nach dem Gesellschaftsvertrag ist der Verlust im Verhältnis 2:1 zu verteilen.

Gesellschafter	Kapitalanteile	anteiliger Verlust	
A	500 000	2	80 000
B	300 000	1	40 000
	800 000	3	120 000

S	3001 Privat A		H
Entnahme	60 000	30	60 000

S	2691 Ford. gegen B		H
802	40 000		

S	300 Kapital A		H
802	80 000	AB	500 000
3001	60 000		
SB	360 000		
	500 000		500 000

S	802 GuV-Konto		H
Verlust	120 000	300	80 000
		2691	40 000
	120 000		120 000

Im Folgejahr erwirtschaftet die A-KG einen Gewinn von 172 000 €. A hat während des Geschäftsjahres 72 000 € entnommen. Die Kapitaleinlagen werden mit 4 % verzinst. Der Restgewinn ist im Verhältnis 3:1 zu verteilen.

Gesellschafter	Kapitalanteile		4 % Zinsen	Restgewinn		Gewinn gesamt
A		360 000	14 400	3	110 400	124 800
	300 000					
B	40 000	260 000	10 400	1	36 800	47 200
		620 000	24 800	4	147 200	172 000

Buchungen:

S — 3001 Privat A — H

S		H	
Entnahme	72 000	300	72 000

S — 300 Kapital A — H

S		H	
3001	72 000	AB	360 000
801	412 800	802	124 800
	484 800		484 800

S — 802 GuV-Konto — H

S		H	
300	124 800	Gewinn	172 000
487	47 200		
	172 000		172 000

S — 2691 Ford. gegen B — H

S		H	
AB	40 000	487	40 000

S — 487 Gewinnanteil B — H

S		H	
2691	40 000	802	47 200
801	7 200		
	47 200		47 200

S — 301 Kapital B — H

S		H	
801	300 000	AB	300 000

Hat der Kommanditist die vereinbarte Kapitaleinlage noch nicht voll geleistet, ist dessen Haftungskapital dennoch in voller Höhe zu passivieren. Auf der Aktivseite wird diesem Betrag die **noch ausstehende Kommanditeinlage** als Korrekturposten gegenübergestellt. 2010

BEISPIEL: Der Kommanditist D überweist zunächst 80 000 € seiner Kommanditeinlage von 100 000 € auf das Bankkonto der KG: 2011

Ausstehende Einlagen	20 000 €			
Bank	80 000 €	an	Kommanditkapital D	100 000 €

Aktiva — Bilanz der A-KG — Passiva

Aktiva	€	Passiva	€
Ausstehende Kommanditeinlage	20 000	Kapital Komplementär A	500 000
		Kapital Kommanditist B	150 000
		Kapital Kommanditist C	150 000
		Kapital Kommanditist D	100 000

Offenlegungspflichtige Kommanditgesellschaften werden die Kapitalposten auf der Passivseite zusammenfassen: 2012

Aktiva — Bilanz der A-KG — Passiva

Aktiva	€	Passiva		€
Ausstehende Kommanditeinlage	20 000	Einlagen und gezeichnetes Kapital		900 000
		– davon gezeichnetes Kommanditkapital	400 000	

3. Jahresabschluss der GmbH & Co. KG

2013 Bei der GmbH & Co. KG handelt es sich um eine KG, bei der eine GmbH Vollhafterin ist. Auf die GmbH & Co. KG werden deshalb die Vorschriften für die KG der §§ 167 bis 169 HGB angewendet. Die Rechtsnatur der beteiligten Gesellschaftsformen, GmbH und KG, bleibt jeweils erhalten. Da bei der Grundtypenvermischung zwei eigenständige Gesellschaften vorliegen, sind **zwei Abschlüsse** zu erstellen. Zuerst wird im Jahresabschluss der KG der Gewinnanteil des Vollhafters GmbH ermittelt, der anschließend in den Jahresabschluss der GmbH übernommen wird.

III. Buchungen im Jahresabschluss der Kapitalgesellschaften

2014 Die Besonderheiten der Buchungen im Jahresabschluss der Kapitalgesellschaften ergeben sich aus den ergänzenden Vorschriften für Kapitalgesellschaften im zweiten Abschnitt des Dritten Buchs im HGB und aus der Aufteilung des Eigenkapitals in einen unveränderlichen Teil, das gezeichnete Kapital, und einen variablen Teil, Rücklagen und Jahresüberschuss/Jahresfehlbetrag bzw. Bilanzgewinn/Bilanzverlust.

1. Ausstehende Einlagen auf das gezeichnete Kapital

2015 Die Haftung der Gesellschafter für die Verbindlichkeiten ist auf das „gezeichnete Kapital" begrenzt. Das gezeichnete Kapital entspricht im Falle von Bareinlagen nicht immer dem eingezahlten Kapital. Zur besseren Gesamtdarstellung des bilanziellen Eigenkapitals (§§ 266, 268 Abs. 1 und 3 HGB) und der Liquidität der Gesellschaft werden die ausstehenden Einlagen in **eingeforderte** und **noch nicht eingeforderte** unterschieden. Eingeforderte, aber noch nicht eingezahlte ausstehende Einlagen sind gleichzeitig Forderungen der Gesellschaft gegenüber den Anteilseignern.

2016 Die nicht eingeforderten ausstehenden Einlagen sind von dem Posten „gezeichnetes Kapital" offen abzusetzen und der verbleibende Betrag wird als „eingefordertes Kapital" in der Hauptspalte der Passivseite ausgewiesen (Nettoausweis). Der noch nicht eingezahlte Teil des eingeforderten Kapitals ist unter den Forderungen gesondert auszuweisen und entsprechend zu bezeichnen (§ 272 Abs. 1 Satz 3 HGB).

2017 BEISPIEL: **Nettoausweis:**

Aktiva	Bilanz in T€			Passiva
A. Anlagevermögen	1 500	A. Eigenkapital		
B. Umlaufvermögen		I. Gez. Kapital	4 000	
II. Forderungen und sonstige Vermögensgegenstände		– noch nicht eingeford.	500	
		– eingefordert		3 500
.				
.	1 500			
5. eingefordertes, noch nicht eingezahltes Kapital	500			
	3 500			3 500

2018 Der Bruttoausweis des eingeforderten, noch nicht eingezahlten Kapitals ist ab dem 1. 1. 2010 nicht mehr zulässig. Ab dem Geschäftsjahr 2010 ist deshalb ggf. eine Umwandlung vom Brutto- zum Nettoausweis vorzunehmen.

Soweit bei der GmbH Nachschüsse als Kapitalrücklage passiviert, aber noch nicht eingezahlt worden sind, ist der Betrag unter der Bezeichnung **eingeforderte Nachschüsse** innerhalb der Forderungen zu aktivieren, wenn die Einziehung auf der Grundlage eines Gesellschafterbeschlusses bereits feststeht **und** mit der Zahlung gerechnet werden kann (§ 42 Abs. 2 GmbHG). 2019

2. Offene Rücklagen

Offene Rücklagen sind variabler Teil des Eigenkapitals einer Kapitalgesellschaft. Anders als die „stillen Reserven" werden sie offen auf der Passivseite der Bilanz ausgewiesen. Die offenen Rücklagen sind entweder Kapitalrücklagen oder Gewinnrücklagen. 2020

2.1 Kapitalrücklage

Die Kapitalrücklage (§ 272 Abs. 2 HGB) ist gem. § 270 Abs. 1 HGB bereits bei der Aufstellung der Bilanz zu bilden bzw. aufzulösen. In die Kapitalrücklage werden solche Anteile des variablen Eigenkapitals eingestellt, die nicht im Unternehmen erwirtschaftet, sondern von außerhalb dem Unternehmen (von den Gesellschaftern) zugeführt worden sind. 2021

Eine GmbH muss der Kapitalrücklage zuführen: 2022

- Beträge, die bei der Ausgabe von Anteilen über den Nennbetrag hinaus erzielt wurden (§ 272 Abs. 2 Nr. 1 HGB),
- Beträge aus sonstigen Zuzahlungen, die die Gesellschafter in das Eigenkapital leisten (§ 272 Abs. 2 Nr. 4 HGB), wie verlorene Zuschüsse der Gesellschafter und der Verzicht auf eine Rückzahlung von Gesellschafterdarlehen zum Zwecke der Sanierung,
- die der Gesellschaft als Nachschusskapital zugeflossenen Mittel (§ 42 Abs. 2 Satz 3 GmbHG).

Bei der **AG** werden Beträge, die dem Unternehmen von außen zugeflossen sind, wie Ausgabeaufgelder, Vorzugs-Zuzahlungen, die Beträge, um die der Erlös von Wandelschuldverschreibungen den Rückzahlungsbetrag übersteigt, der Kapitalrücklage zugewiesen. Weiter sind in die Kapitalrücklage der AG die Beträge einzustellen, die der Gesellschaft im Rahmen einer Kapitalherabsetzung gem. §§ 229 Abs. 1, 232 und 237 Abs. 5 AktG zufließen. 2023

Die Kapitalrücklage wird grundsätzlich gebildet, ohne dass sie zuvor in der GuV-Rechnung erfasst wird. Jedoch ist eine Einstellung nach § 229 Abs. 1 AktG und § 232 AktG in der GuV als „Einstellung in die Kapitalrücklage nach den Vorschriften über die vereinfachte Kapitalherabsetzung" gesondert auszuweisen (§ 240 AktG). 2024

Die AG und die KGaA müssen den Betrag, der während des Geschäftsjahres in die Kapitalrücklage eingestellt worden ist und den Betrag, der für das Geschäftsjahr entnommen worden ist, in der Bilanz oder im **Anhang** gesondert angeben (§ 152 Abs. 2 AktG). 2025

2.2 Gewinnrücklagen

2026 Gewinnrücklagen fließen dem Unternehmen nicht von außen zu. Sie werden im Rahmen der Ergebnisverwendung aus dem erwirtschafteten Gewinn gebildet (§ 272 Abs. 3 HGB).

2027 Nur die AG und die KGaA müssen bereits bei der Aufstellung des Jahresabschlusses eine **gesetzliche Rücklage** bilden. In diese Rücklage sind 5 % des um einen Verlustvortrag aus dem Vorjahr geminderten Jahresüberschusses einzustellen, bis die gesetzliche Rücklage und die Kapitalrücklage zusammen 10 % oder den in der Satzung bestimmten höheren Teil des Grundkapitals erreichen (§ 150 Abs. 2 AktG).

2028, 2029 *Einstweilen frei*

2030 Um bei der Aktivierung eigener Anteile die Ausschüttung des entsprechenden Gegenwerts an die Anteilseigner zu verhindern (Ausschüttungssperrfunktion), schreibt § 272 Abs. 4 HGB die Passivierung einer **Rücklage für eigene Anteile** vor. In die Rücklage ist ein Betrag einzustellen, der dem Betrag der auf der Aktivseite ausgewiesenen eigenen Anteile entspricht. Anteile eines herrschenden oder eines mit Mehrheit beteiligten Unternehmens werden den eigenen Anteilen gleichgestellt (§ 272 Abs. 4 Satz 4 HGB).

2031 Die Bildung und Auflösung der Rücklage für eigene Anteile muss bereits bei der Aufstellung der Bilanz erfolgen (§ 270 Abs. 2 HGB). Sie darf aus vorhandenen Gewinnrücklagen gebildet werden, soweit diese frei verfügbar sind. Die Auflösung darf nur erfolgen, soweit die eigenen Anteile ausgegeben, veräußert oder eingezogen worden sind oder soweit für die eigenen Anteile ein niedrigerer Betrag auf der Aktivseite angesetzt wurde (§ 272 Abs. 4 Satz 2 HGB).

2032 **Satzungsmäßige Rücklagen** sind durch die Satzung der Gesellschaft vorgeschriebene zweckgebundene und nicht zweckgebundene **freie Rücklagen** (statuarische Rücklagen). Gesetzliche Vorschriften zur Bildung solcher Rücklagen existieren nicht.

2033 Der Posten **andere Gewinnrücklagen** nimmt alle aus dem Jahresüberschuss gebildeten Rücklagen auf, die nicht den ersten drei Posten der Gewinnrücklagen zuzurechnen sind.

2.3 Darstellung der Veränderungen bei den Rücklagen

2034 In der Bilanz oder im Anhang ist zu dem Posten **Kapitalrücklage** der Betrag, der während des Geschäftsjahres eingestellt oder für das Geschäftsjahr entnommen worden ist, gesondert anzugeben (§ 152 Abs. 2 AktG).

2035 Gem. § 152 Abs. 3 AktG sind auch die Beträge zu den **Gewinnrücklagen** in der Bilanz oder im Anhang jeweils gesondert anzugeben: (1) die die Hauptversammlung aus dem Bilanzgewinn des Vorjahres eingestellt hat; (2) die Beträge, die aus dem Jahresüberschuss des Geschäftsjahres eingestellt werden; (3) die Beträge, die für das Geschäftsjahr entnommen werden. Um eine Belastung der Darstellung in der Bilanz und in der GuV-Rechnung zu vermeiden, können die Bewegungen auch in einem Rücklagenspiegel dargestellt werden.

ABB. 26: Beispiel für einen Rücklagenspiegel

	Kapital-rücklage	Gewinnrücklagen			Bilanz-gewinn
		Gesetzliche Rücklage	Satzungs-mäßige Rücklagen	Andere (freie) Gewinn-rücklagen	
	€	€	€	€	€
Vortrag zum 31.12.01	xxx	xxx	xxx	xxx	
Einstellung durch die Hauptversammlung aus dem Bilanzgewinn aus 01	xxx	xxx	xxx	xxx	
Gewinn-/Verlustvortrag					xxx
Jahresüberschuss/-fehlbetrag					xxx
Entnahmen	./. xxx	./. xxx	./. xxx	./. xxx	+ xxx
Einstellungen	xxx	xxx	xxx	xxx	./. xxx
Stand am 31.12.02	xxx	xxx	xxx	xxx	xxx

2.4 Eigene Anteile

Eigene Anteile liegen vor, wenn die AG bzw. die KGaA eigene Aktien oder die GmbH eigene Geschäftsanteile im Eigentum hat. Der Posten „eigene Anteile" ist einerseits ein Vermögenswert und andererseits ein Korrekturposten zum Eigenkapital. 2036

Ab dem Geschäftsjahr 2010 wird der Nennbetrag erworbener eigener Anteile in der Vorspalte offen von dem Posten „gezeichnetes Kapital" als Kapitalrückzahlung abgesetzt (§ 272 Abs. 1a Satz 1 HGB). Der Unterschiedsbetrag zwischen dem Nennbetrag (oder rechnerischem Wert) und den Anschaffungskosten wird mit den „anderen Gewinnrücklagen" verrechnet (§ 272 Abs. 1a Satz 2 HGB). Aufwendungen im Zusammenhang mit der Anschaffung werden erfolgswirksam erfasst (§ 272 Abs. 1a Satz 3 HGB). 2037

BEISPIEL: 2038

Bilanz vor Erwerb eigener Anteile			
A. Anlagevermögen	200 000	A. Eigenkapital	
B. Umlaufvermögen	151 000	I. gezeichnetes Kapital	100 000
		II. Kapitalrücklage	50 000
		III. Gewinnrücklagen	50 000
		IV. Jahresüberschuss	0
		B. sonstige Passiva	151 000
	351 000		351 000

Das Unternehmen erwirbt 100 eigene Anteile zum Nennbetrag von 5 € zu 50 € Anschaffungskosten.

Buchung:

gezeichnetes Kapital	500			
andere Gewinnrücklagen	4 500	an	Bank	5 000

Bilanz nach Erwerb der eigenen Anteile				
A. Anlagenvermögen	200 000	A. Eigenkapital		
B. Umlaufvermögen	146 000	I. gezeichnetes Kapital	100 000	
		– Kapitalrückzahlung	500	99 500
		II. Kapitalrücklage		50 000
		III. Gewinnrücklagen		45 500
		IV. Jahresüberschuss		0
		B. sonstige Passiva		151 000
	346 000			346 000

2039 Das Unternehmen verkauft die 100 erworbenen Anteile zum Nennbetrag von 5 € zu 100 € Anschaffungskosten.

Buchung:

Bank	10 000	an	gezeichnetes Kapital	500
		an	andere Gewinnrücklagen	9 500

BEISPIEL:

Bilanz vor Erwerb eigener Anteile			
A. Anlagevermögen	200 000	A. Eigenkapital	
B. Umlaufvermögen	156 000	I. gezeichnetes Kapital	100 000
		II. Kapitalrücklage	50 000
		III. Gewinnrücklagen	55 000
		IV. Jahresüberschuss	0
		B. sonstige Passiva	151 000
	356 000		356 000

2040 Führte die Rücknahme eigener Anteile zu einer Kapitalherabsetzung, so stellt die Wiederveräußerung eine Kapitalerhöhung dar. Die vorangegangene Kürzung des gezeichneten Kapitals wird in Höhe des Nennbetrages oder des rechnerischen Wertes rückgängig gemacht (§ 272 Abs. 1b Satz 1 HGB). Ein Unterschiedsbetrag zwischen dem Nennwert bzw. dem rechnerischen Wert und den ursprünglichen Anschaffungskosten der eigenen Anteile wird mit den „anderen Gewinnrücklagen" verrechnet (§ 272 Abs. 1b Satz 2 HGB). Ein die ursprünglichen Anschaffungskosten übersteigender Differenzbetrag aus dem Verkauf wird als Agio erfolgsneutral in die Kapitalrücklage eingestellt (§ 272 Abs. 1b Satz 3 HGB). Nebenkosten der Veräußerung werden erfolgswirksam erfasst (§ 272 Abs. 1b Satz 4 HGB).

ABB. 27: Gesamtdarstellung des bilanziellen Eigenkapitals

Aktiva	Bilanz	Passiva
A. Ausstehende Einlagen auf das gezeichnete Kapital** (§ 272 Abs. 1 HGB)* ***B. Umlaufvermögen: . . . II. Forderungen und sonstige Vermögensgegenstände: . . . bei der GmbH: 4. eingeforderte Nachschüsse § 42 Abs. 2 Satz 2 GmbHG) . . . . . . ***C. Nicht durch Eigenkapital gedeckter Fehlbetrag*** (§ 268 Abs. 3 HGB; § 286 Abs. 2 AktG zur KGaA)		***A. Eigenkapital*** ***I. Gezeichnetes Kapital*** (§ 272 Abs. 1 Satz 1 HGB, § 152 Abs. 1 AktG – Grundkapital; § 286 Abs. 2 AktG zur KGaA; § 42 Abs. 1 GmbHG – Stammkapital) bzw. Eingefordertes Kapital ***II. Kapitalrücklage*** (§ 272 Abs. 2 HGB, § 152 Abs. 2 AktG) Eingefordertes Nachschusskapital (§ 42 Abs. 2 Satz 3 GmbHG) ***III. Gewinnrücklagen*** (§ 272 Abs. 3 u. 4 HGB; § 152 Abs. 3 AktG) ***1. gesetzliche Rücklage*** (§ 150 AktG) ***2. satzungsmäßige Rücklagen*** ***3. andere Rücklagen*** ***IV. Jahresüberschuss/Jahresfehlbetrag*** bzw. ***V. Bilanzgewinn/Bilanzverlust*** – davon Gewinnvortrag/Verlustvortrag (Bei Bilanzerstellung unter vollständiger oder teilweiser Verwendung des Jahresergebnisses)

2.5 Ausweis des Ergebnisses

Unter der Position **Gewinnvortrag/Verlustvortrag** werden nicht verteilte Gewinne oder nicht verrechnete Verluste aus dem Vorjahr vorgetragen. Das Bilanzschema des § 266 HGB geht davon aus, dass der Jahresabschluss i. d. R. vor einer erfolgten Gewinnverwendung aufgestellt wird. Dieser Posten weist dann den ungeschmälerten, tatsächlich im abgelaufenen Geschäftsjahr erwirtschafteten **Jahresüberschuss/Jahresfehlbetrag** aus. Wird die Bilanz unter Berücksichtigung der teilweisen oder vollständigen Verwendung des Jahresergebnisses erstellt, so tritt an die Stelle der Posten „Jahresüberschuss/Jahresfehlbetrag" „Gewinnvortrag/Verlustvortrag" der Posten **Bilanzgewinn/Bilanzverlust**. Ein vorhandener Gewinn- oder Verlustvortrag ist in den Posten „Bilanzgewinn/Bilanzverlust" einzubeziehen, in der Bilanz als „davon-Vermerk" auszuweisen oder im Anhang gesondert anzugeben (§ 268 Abs. 1 HGB). 2041

3. Buchungen im Rahmen der Gewinnverwendung

Die Buchungen sollen hier an einem vereinfachten Beispiel des Abschlusses einer AG dargestellt werden. Bei den Abschlussarbeiten der GmbH wird entsprechend verfahren. 2042

BEISPIEL:

a) Eigenkapital der AG in der Bilanz zum 31.12.01

I.	Gezeichnetes Kapital		10 000 000 €
II.	Kapitalrücklage		200 000 €
III.	Gewinnrücklagen:		
	1. gesetzliche Rücklage		300 000 €
	2. satzungsmäßige Rücklagen		100 000 €
	3. andere Gewinnrücklagen		50 000 €
IV.	Bilanzgewinn		490 000 €
	– davon Gewinnvortrag	10 000 €	

b) Verwendung des Gewinns aus 02

Der vorläufige Jahresüberschuss für das Geschäftsjahr 02 beträgt 700 000 €. Im Geschäftsjahr 02 wurden eigene Anteile erworben. Daraus ist ein Unterschiedsbetrag von 10 000 € in die Gewinnrücklagen einzustellen. Im Jahresabschluss 02 werden die satzungsmäßige Rücklage um 25 000 €, die anderen Gewinnrücklagen um 10 000 € aufgestockt. Nach Verteilung des Gewinns aus 01 im Geschäftsjahr 02 ist ein Gewinnvortrag von 3 000 € übrig geblieben. Für 02 werden bei einem endgültigen Jahresüberschuss von 655 585 € 5 % der gesetzlichen Rücklage zugeführt. Es wird eine Aufsichtsratstantieme von 15 025 € (8 % nach Vordividende) und eine Vorstandstantieme von 29 390 € = 5 % von 587 805 € Gewinn) ausgeschüttet. Die Restdividende wird so bemessen, dass ein möglichst niedriger Gewinnvortrag verbleibt. (Zuführungen zur Gewerbesteuerrückstellung und zur Körperschaftsteuerrückstellung werden hier nicht berücksichtigt.)

Die Gewinnverteilung bei der AG wird wie folgt vorgenommen:

	Vorläufiger Jahresüberschuss (lt. Betriebsübersicht)
–	Vorstandstantiemen
–	Aufsichtsratstantiemen
–	Gewerbesteuerrückstellung
–	Körperschaftsteuerrückstellung
–	Zuführungen zu den Rücklagen
=	Bilanzgewinn

In die **gesetzliche Rücklage** ist der zwanzigste Teil des um einen Verlustvortrag aus dem Vorjahr geminderten Jahresüberschusses einzustellen (§ 150 Abs. 2 AktG).

Den **Vorstandsmitgliedern** wird i. d. R. ein Anteil am Jahresgewinn der Gesellschaft gewährt. Dieser Anteil berechnet sich nach dem Jahresüberschuss, vermindert um einen Verlustvortrag aus dem Vorjahr und um die Beträge, die nach Gesetz oder Satzung aus dem Jahresüberschuss in die Gewinnrücklagen einzustellen sind.

Den **Aufsichtsratsmitgliedern** kann für ihre Tätigkeit eine Vergütung gewährt werden, die in der Satzung festgelegt oder von der Hauptversammlung bewilligt werden kann (§ 113 Abs. 1 AktG). Der den Aufsichtsratsmitgliedern gewährte Anteil am Jahresgewinn wird von dem um die Vordividende geminderten Bilanzgewinn berechnet (§ 113 Abs. 3 AktG).

c) Ermittlung des Bilanzgewinns

	vorläufiger Jahresüberschuss	700 000 €
–	5 % Vorstandstantieme	29 390 €
–	8 % Aufsichtsratstantieme (von 187 805 €)	15 025 €
=	endgültiger Jahresüberschuss	655 585 €
–	Zuführung zur gesetzlichen Rücklage 5 % von 655 585 €	32 780 €
–	Zuführung zu den anderen (freien) Rücklagen	10 000 €
–	Zuführung satzungsmäßige Rücklagen	25 000 €
=	Bilanzgewinn (ohne Gewinnvortrag)	587 805 €

d) Buchungen im Abschluss 02

Einstellungen in Rücklagen	67 780 €	
an gesetzliche Rücklage		32 780 €
an satzungsmäßige Rücklagen		25 000 €
an andere (freie) Rücklagen		10 000 €
Vorstandstantieme (Gehälter)	29 390 €	
Aufsichtsratstantieme (sonstige Aufwendungen)	15 025 €	
an sonstige Verbindlichkeiten		44 415 €
Gewinn- und Verlustkonto	587 805 €	
Gewinnvortrag aus Vorjahr	3 000 €	
an Bilanzgewinn		590 805 €

e) Darstellung des Eigenkapitals zum 31. 12. 02

I. Gezeichnetes Kapital	10 000 000 €	
– Kapitalrückzahlung	10 000 €	9 990 000 €
II. Kapitalrücklage		200 000 €
III. Gewinnrücklagen:		
1. gesetzliche Rücklage		332 780 €
2. satzungsmäßige Rücklagen		125 000 €
3. andere (freie) Gewinnrücklagen		50 000 €
IV. Bilanzgewinn		590 805 €
– davon Gewinnvortrag 3 000 €		

f) Buchungen nach der Hauptversammlung in 03

zu verteilender Gewinn	590 805 €
– Zuführung zu den anderen Gewinnrücklagen	10 000 €
– Vordividende (§ 60 Abs. 2 AktG) 4 % vom gezeichneten Kapital	400 000 €
es verbleiben	180 805 €
– Restdividende 1,5 % vom gezeichneten Kapital	150 000 €
Gewinnvortrag	30 805 €

Buchungen:

Eröffnungsbilanzkonto	590 805 €	
an Ergebnisverwendungskonto		590 805 €
Ergebnisverwendungskonto	590 805 €	
an andere Gewinnrücklagen		10 000 €
an Dividendenverbindlichkeiten (400 000 + 150 000 =)		550 000 €
an Gewinnvortrag		30 805 €

Literaturangaben:

Bornhofen/Bornhofen, Buchführung 1 und 2, 2 Bände, 32. Auflage, Wiesbaden 2020; *Coenenberg/Haller et al.*, Jahresabschluss und Jahresabschlussanalyse, 25. Auflage, Stuttgart 2018; *Küting/Weber*, Die Bilanzanalyse: Beurteilung von Abschlüssen nach HGB und IFRS, 11. Auflage, Stuttgart 2015.

2. Kapitel:

Jahresabschluss (Einzelabschluss, Handels- und Steuerbilanz)

von

Dipl.-Kaufmann (FH) Udo Cremer, Aurich

Inhaltsverzeichnis

A. Allgemeine Grundsätze

I. Der handelsrechtliche Jahresabschluss

1. Der Regelfall

1 Die sich aus §§ 238 bis 245 HGB ergebende Verpflichtung zu der Führung von Büchern, der Aufstellung einer Eröffnungsbilanz sowie eines Abschlusses zum Schluss eines jeden Geschäftsjahres bestehend aus Bilanz und Gewinn- und Verlustrechnung (vgl. 1. Kap. Rdn. 301 ff. und 354 ff.) wurde den Kaufleuten i. S. der §§ 1 bis 7 HGB vom Gesetzgeber aus den unterschiedlichsten Gründen auferlegt. Sieht man von der dadurch ermöglichten Selbstkontrolle der Geschäftsführung, der Kontrolle durch die Eigentümer ab, soll Dritten (Gläubigern, Kunden, Arbeitnehmern, der interessierten Öffentlichkeit) ein Einblick in die Vermögensverhältnisse sowie die Ertragslage des Unternehmens ermöglicht werden. Je nach Rechtsform des Unternehmens kommen dem Jahresabschluss weitergehende Funktionen zu. Bei den Personengesellschaften des Handelsrechts werden zusätzlich die gesellschaftsrechtlichen Beziehungen dokumentiert. Der Jahresabschluss ist Grundlage für die Ermittlung der den einzelnen Gesellschaftern zustehenden Anteile am Jahresergebnis. Dem Jahresabschluss der Kapitalgesellschaften kommt zusätzlich die Aufgabe der Rechnungslegung der Geschäftsleitung gegenüber den Gesellschaftern zu; er ist zugleich Grundlage für die notwendigen Beschlüsse über die Ergebnisverwendung.

2 Die allgemein verbindlichen Regelungen zum Ansatz und zur Bewertung der einzelnen Bilanzposten ergeben sich aus §§ 246 bis 263 HGB. Kapitalgesellschaften (insbesondere AG und GmbH, aber auch die Europäische Gesellschaft – SE – mit Sitz im Inland) haben die ergänzenden Regelungen in §§ 264 bis 289f HGB zu beachten. Danach werden kapitalmarktorientierten Kapitalgesellschaften besondere Verpflichtungen auferlegt. Eine Kapitalgesellschaft ist nach § 264d HGB kapitalmarktorientiert, wenn sie einen organisierten Markt i. S. des § 2 Abs. 11 des Wertpapierhandelsgesetzes durch von ihr ausgegebene Wertpapiere i. S. des § 2 Abs. 1 des Wertpapierhandelsgesetzes in Anspruch nimmt oder die Zulassung solcher Wertpapiere zum Handel an einem organisierten Markt beantragt hat.

3 Den Kapitalgesellschaften werden durch § 264a HGB gleichgestellt die OHG und die KG, bei denen nicht mindestens ein persönlich haftender Gesellschafter eine natürliche Person ist (§ 264a Abs. 1 Nr. 1 HGB). Danach unterliegt eine ausschließlich aus Kapitalgesellschaften bestehende OHG den für Kapitalgesellschaften geltenden Rechnungslegungsvorschriften. Kommanditgesellschaften haben die Vorschriften von §§ 264 ff. HGB zu beachten, wenn der einzige Komplementär eine Kapitalgesellschaft ist oder sämtliche Komplementäre Kapitalgesellschaften sind. Damit ist die typische GmbH & Co. KG hinsichtlich der zu beachtenden Rechnungslegungsvorschriften der Kapitalgesellschaft gleichgestellt worden. Dies gilt auch, wenn der Komplementär einer KG eine GmbH & Co. KG ist, deren einziger Komplementär eine Kapitalgesellschaft ist (§ 264a Abs. 1 Nr. 2 HGB). Danach kann auch eine doppelstöckige GmbH & Co. KG der Kapital-

gesellschaft gleichgestellt sein. Sind mehrere Komplementäre vorhanden, von denen mindestens einer eine natürliche Person ist, liegt keine Gesellschaft i. S. des § 264a HGB vor.

Der Jahresabschluss ist nach § 243 Abs. 3 HGB innerhalb der einem ordnungsgemäßen 4
Geschäftsgang entsprechenden Zeit aufzustellen. Dazu sind die dem PublG unterliegenden Personenunternehmen, die großen und mittelgroßen Kapitalgesellschaften sowie die entsprechenden Personengesellschaften innerhalb von drei Monaten nach Ende des betreffenden Geschäftsjahres verpflichtet (§ 5 Abs. 1 PublG, § 264 Abs. 1 HGB). Für kleine Kapitalgesellschaften (i. S. des § 267 Abs. 1 HGB) und die gleichgestellten Personengesellschaften gilt nach § 264 Abs. 1 HGB eine auf sechs Monate verlängerte Frist. Daraus wird gefolgert, dass Einzelunternehmen und die übrigen Personengesellschaften des Handelsrechts ihren Jahresabschluss ebenfalls innerhalb dieser Sechsmonatsfrist aufzustellen haben. Kleinstkapitalgesellschaften (vgl. Rdn. 6) können weitergehende Erleichterungen beanspruchen.

2. Besonderheiten bei Kapitalgesellschaften sowie bestimmten weiteren Unternehmen

2.1 Kapitalgesellschaften und gleichgestellte Personengesellschaften

Der Jahresabschluss von Kapitalgesellschaften wird durch § 264 Abs. 1 HGB um einen 5
Anhang (vgl. §§ 284 bis 288 HGB) erweitert. Kapitalgesellschaften werden ferner zur Aufstellung eines Lageberichts i. S. des § 289 HGB verpflichtet. Diese Pflichten obliegen auch den durch § 264a HGB den Kapitalgesellschaften insoweit gleichgestellten Personengesellschaften – sog. Personengesellschaften & Co. Für den Umfang der im Jahresabschluss zu machenden Angaben, die Verpflichtung zur Prüfung und Offenlegung des Jahresabschlusses unterscheidet der Gesetzgeber in § 267 HGB zwischen kleinen, mittelgroßen und großen Kapitalgesellschaften. Die Abgrenzung hat nach Maßgabe des BilRUG für nach dem 31. 12. 2015 beginnende Geschäftsjahre grundsätzlich nach folgenden Größenmerkmalen zu erfolgen:

	Bilanzsumme	Umsatzerlöse	Anzahl Arbeitnehmer
Kleine Gesellschaft § 267 Abs. 1 HGB	≤ 6 000 000 €	≤ 12 000 000 €	≤ 50
Mittelgroße Gesellschaft § 267 Abs. 2 HGB	≤ 20 000 000 €	≤ 40 000 000 €	≤ 250
Große Gesellschaft § 267 Abs. 3 HGB	> 20 000 000 €	> 40 000 000 €	> 250

Kapitalmarktorientierte Kapitalgesellschaften i. S. des § 264d HGB gelten stets als große Kapitalgesellschaften.

Die Bilanzsumme entspricht der Summe der auf der Aktivseite der Bilanz gem. § 266 Abs. 2 A bis E HGB auszuweisenden Posten (§ 267 Abs. 4a HGB). Sie umfasst damit nicht den ggf. auf der Aktivseite auszuweisenden, nicht durch das Eigenkapital gedeckten Fehlbetrag i. S. des § 268 Abs. 3 HGB.

6 Kleinstkapitalgesellschaften werden über die für kleine Gesellschaften bestehenden Erleichterungen hinaus weitergehende Vereinfachungen zugestanden. Nach § 267a HGB sind Kleinstkapitalgesellschaften die kleinen Kapitalgesellschaften, die mindestens zwei der drei nachstehenden Merkmale nicht überschreiten:

- Bilanzsumme 350 000 €,
- Umsatzerlöse in den zwölf Monaten vor dem Abschlussstichtag 700 000 €,
- im Jahresdurchschnitt zehn Arbeitnehmer.

Kleinstkapitalgesellschaften können eine verkürzte Bilanz (Rdn. 125) und eine verkürzte GuV (Rdn. 1412) aufstellen und nach § 264 HGB auf die Aufstellung eines Anhangs verzichten, sofern Angaben zu den in § 251 HGB bezeichneten Haftungsverhältnissen (§ 268 Abs. 7 HGB), zu Forderungen an Gesellschafter, Geschäftsführer und dgl. i. S. des § 285 Nr. 9 Buchst. c HGB und zum Bestand eigener Aktien gem. § 160 Abs. 3 Satz 2 AktG gemacht werden. Voraussetzung ist, dass der verkürzte Jahresabschluss unter Beachtung der GoB ein den tatsächlichen Verhältnissen entsprechendes Bild der Vermögens-, Finanz- und Ertragslage widerspiegelt.

Die Erleichterungen gelten grundsätzlich auch für Personengesellschaften & Co. (§ 264b HGB; beachte § 264c Abs. 5 HGB), nicht jedoch für Investmentgesellschaften i. S. von § 1 Abs. 11 KAGB, für Unternehmensbeteiligungsgesellschaften i. S. von § 1a Abs. 1 des Gesetzes über Unternehmensbeteiligungsgesellschaften sowie für bestimmte Beteiligungen haltende und verwaltende Unternehmen (§ 267a Abs. 3 HGB).

Die allgemeinen Bilanzierungs- und Bewertungsvorschriften des HGB sehen keine Erleichterungen für die Kleinstkapitalgesellschaften vor.

7 Die Abschlüsse der mittelgroßen und großen Gesellschaften sowie der Großunternehmen sind durch Wirtschaftsprüfer oder Wirtschaftsprüfungsgesellschaften (bei mittelgroßen GmbH und mittelgroßen Personengesellschaften & Co. auch durch vereidigte Buchprüfer oder Buchprüfungsgesellschaften, § 319 HGB) zu prüfen (§ 316 HGB, § 14 PublG). Die Abschlussprüfer werden nach § 318 HGB im Regelfall von den Gesellschaftern gewählt. Die Prüfung, in die die Buchführung einzubeziehen ist, hat sich nach § 317 Abs. 1 HGB darauf zu erstrecken, ob die gesetzlichen Vorschriften und die sie ergänzenden Vorschriften des Gesellschaftsvertrags bzw. der Satzung eingehalten wurden. Der nach § 321 HGB zu erstattende Prüfungsbericht ist mit dem sich aus § 322 Abs. 1 HGB ergebenden Bestätigungsvermerk abzuschließen, sofern keine Einwendungen zu erheben sind. Im Bedarfsfalle ist dieser Vermerk zu ergänzen, einzuschränken oder zu versagen.

8 Ergänzend sind von den **Kapitalgesellschaften** die nachfolgenden Regelungen zur Rechnungslegung zu beachten:

- Aktiengesellschaft (AG) §§ 58, 150 bis 161, 170 bis 174, 256 AktG,
- Kommanditgesellschaft auf Aktien (KGaA) zusätzlich zu den zur AG bezeichneten Sondervorschriften (§ 278 Abs. 3 AktG) § 286 AktG,
- Gesellschaft mit beschränkter Haftung (GmbH) §§ 29, 42, 42a GmbHG.

Bei den **Personengesellschaften & Co.** sind folgende Besonderheiten zu beachten: 9

- Ein Jahresabschluss nach den für Kapitalgesellschaften geltenden Vorschriften braucht nach § 264b HGB nicht aufgestellt zu werden bei Einbeziehung der Gesellschaft in einen Konzernabschluss.
- Ausleihungen, Forderungen und Verbindlichkeiten gegenüber Gesellschaftern sind gem. § 264c Abs. 1 HGB als solche jeweils gesondert auszuweisen oder im Anhang anzugeben (werden sie unter anderen Posten ausgewiesen, so muss diese Eigenschaft vermerkt werden).
- Das Eigenkapital ist in der sich aus § 264c Abs. 2 HGB ergebenden Form auszuweisen (vgl. auch Rdn. 121 f.).
- Der Ausweis des Privatvermögens der Gesellschafter sowie der darauf entfallenden Aufwendungen und Erträge wird durch § 264c Abs. 3 HGB ausgeschlossen.
- Bei dem Ausweis von Anteilen an Komplementärgesellschaften sind die sich aus § 264c Abs. 4 HGB ergebenden Besonderheiten zu beachten.

Verbindlich wird der Jahresabschluss mit der Feststellung (vgl. dazu §§ 120 ff., 163 ff. HGB, §§ 172 ff. AktG, § 42a GmbHG, § 8 PublG), die innerhalb der im Einzelnen vorgesehenen Frist, die zwischen acht und elf Monaten liegt, zu erfolgen hat. 10

Die Mitglieder des vertretungsberechtigten Organs von Kapitalgesellschaften und die Personengesellschaften & Co. haben für die Gesellschaft nach §§ 325 ff. HGB spätestens ein Jahr nach dem Abschlussstichtag des Geschäftsjahres folgende Unterlagen in deutscher Sprache offenzulegen: 11

1. den festgestellten oder gebilligten Jahresabschluss, den Lagebericht und den Bestätigungsvermerk oder den Vermerk über dessen Versagung sowie
2. den Bericht des Aufsichtsrats und die nach § 161 AktG vorgeschriebene Erklärung.

Die Unterlagen sind elektronisch beim Betreiber des Bundesanzeigers in einer Form einzureichen, die ihre Bekanntmachung ermöglicht.

Erleichterungen ergeben sich für kleine Gesellschaften aus § 326 Abs. 1 HGB, für Kleinstkapitalgesellschaften aus § 326 Abs. 2 HGB, für mittelgroße Gesellschaften aus § 327 HGB, für bestimmte kapitalmarktorientierte Kapitalgesellschaften aus § 327a HGB. Ferner sind die sich aus § 328 HGB ergebenden Regelungen zu Form, Inhalt und Wiedergabe der offen zu legenden Unterlagen zu beachten. Abweichend davon können Kleinstkapitalgesellschaften ihre Bilanz in elektronischer Form beim Betreiber des Bundesanzeigers hinterlegen, Interessenten wird auf Antrag an das Unternehmensregister eine kostenpflichtige Kopie der Bilanz auf elektronischem Weg übermittelt (§ 9 Abs. 6 HGB). Verletzungen der Offenlegungspflicht werden durch nach § 335 HGB vom Bundesamt für Justiz festzusetzende Ordnungsgelder sanktioniert.

2.2 Branchenspezifische Besonderheiten

Kreditinstitute und Finanzdienstleistungsinstitute unterliegen ebenfalls den allgemeinen Rechnungslegungsvorschriften nach §§ 264 ff. HGB. Zusätzlich sind die sich aus §§ 340 bis 340o HGB ergebenden Besonderheiten zu beachten. 12

Für **Kapitalanlagegesellschaften** (Investmentvermögen) ergeben sich zusätzliche Regelungen aus dem Kapitalanlagegesetzbuch (KAGB).

13 Für **Versicherungsunternehmen und Pensionsfonds** ergeben sich die neben den allgemeinen Rechnungslegungsvorschriften zu beachtenden Sonderregelungen aus §§ 341–341p HGB.

2.3 Genossenschaften

14 Genossenschaften haben gem. § 336 Abs. 1 HGB den Jahresabschluss, der innerhalb von fünf Monaten nach dem Bilanzstichtag aufzustellen ist, um einen Anhang zu erweitern. Sie haben die allgemeinen Rechnungslegungsvorschriften zu beachten. Genossenschaften, die die Merkmale einer Kleinstkapitalgesellschaft erfüllen, können die diesen Gesellschaften zustehenden Erleichterungen ebenfalls beanspruchen (§ 336 Abs. 2 Satz 3 HGB). Im Übrigen sind folgende Regelungen zu beachten:

- § 337 HGB zur Darstellung des Eigenkapitals in der Bilanz,
- § 336 Abs. 2, § 338 HGB zur Aufstellung des Jahresabschlusses, Lageberichts und Anhangs,
- § 339 HGB zur Offenlegung des Jahresabschlusses,
- §§ 33, 48, 53 und 160 GenG.

Europäische Genossenschaften mit Sitz im Inland haben die Regelungen in §§ 32–34 des SCE-Ausführungsgesetzes zu beachten.

2.4 Unternehmen des Rohstoffsektors

15 Im Inland ansässige große Kapitalgesellschaften sowie ihnen gleichgestellte Personengesellschaften, die in der mineralgewinnenden Industrie tätig sind oder Holzeinschlag in Primärwäldern betreiben, haben zusätzlich die Regelungen in §§ 341q bis 341y HGB zu beachten.

2.5 Andere Großunternehmen

16 Wirtschaftlich bedeutsamen Unternehmen, die nicht bereits nach anderen Vorschriften zu einer qualifizierten Rechnungslegung verpflichtet sind, wird durch das Publizitätsgesetz (PublG) auferlegt, einen Jahresabschluss nach den für große Kapitalgesellschaften geltenden Grundsätzen aufzustellen und prüfen zu lassen sowie offen zu legen (§§ 5, 6, 9 PublG). Dabei handelt es sich nach § 1 Abs. 1 PublG um Unternehmen, bei denen an drei aufeinander folgenden Bilanzstichtagen mindestens zwei der nachfolgend aufgeführten Größenmerkmale überschritten wurden:

- Bilanzsumme 65 Mio €,
- Umsatzerlöse in den zwölf Monaten vor dem Abschlussstichtag 130 Mio €,
- durchschnittlich beschäftigte Arbeitnehmer in den zwölf Monaten vor dem Abschlussstichtag 5 000.

17 Einzelunternehmen und die Personenhandelsgesellschaften, die keine Personengesellschaften & Co. i. S. des § 264a HGB sind, werden durch § 5 Abs. 2 PublG von der Aufstellung eines Anhangs und eines Lageberichts befreit.

II. Der Jahresabschluss im Interesse der Besteuerung

1. Grundlage zur Ermittlung des steuerlichen Gewinns

Natürliche Personen unterliegen u. a. mit ihren Einkünften aus Land- und Forstwirtschaft (§§ 13–14a EStG), aus Gewerbebetrieb (§§ 15–17 EStG) und aus selbständiger Arbeit i. S. des § 18 EStG der Einkommensbesteuerung. Als Einkünfte sind die aus diesen Aktivitäten bezogenen Gewinne zu besteuern, die nach §§ 4 bis 7k und 13a EStG zu ermitteln sind (§ 2 Abs. 2 Satz 1 Nr. 1 EStG). Der Gewinn ist nach § 4 Abs. 1 Satz 1 EStG der Unterschiedsbetrag zwischen dem Betriebsvermögen am Schluss des Wirtschaftsjahres und dem Betriebsvermögen am Schluss des vorangegangenen Wirtschaftsjahres, vermehrt um den Wert der Entnahmen und vermindert um den Wert der Einlagen. Diese Definition knüpft an die handelsrechtlichen Rechnungslegungsgrundsätze an. Damit besteht die Möglichkeit, den handelsrechtlichen Jahresabschluss auch zur Ermittlung des zu besteuernden Gewinns heranzuziehen. Aus diesem Grunde wird zunächst in § 140 AO bestimmt, dass die nach Maßgabe anderer Gesetze zu führenden Bücher und Aufzeichnungen auch im Interesse der Besteuerung zu führen sind. 18

Abweichend davon kann bei einem Gewerbebetrieb mit Geschäftsleitung im Inland der Gewinn, soweit er auf den Betrieb von Handelsschiffen im internationalen Verkehr entfällt, auf unwiderruflichen Antrag gem. § 5a EStG nach der im Betrieb geführten Tonnage unter Anwendung eines pro 100 Nettotonnen pauschalierten Gewinns ermittelt werden, wenn die Bereederung dieser Handelsschiffe im Inland durchgeführt wird – sog. Tonnagebesteuerung. Wegen weiterer Einzelheiten wird auf die BMF-Schreiben v. 12. 6. 2002 (BStBl I S. 614), v. 31. 10. 2008 (BStBl I S. 956) und v. 10. 9. 2013 (BStBl 2013 I S. 1152) hingewiesen. 19

Einzelkaufleute, die an den Abschlussstichtagen von zwei aufeinander folgenden Geschäftsjahren nicht mehr als jeweils 600 000 € Umsatzerlöse und jeweils 60 000 € Jahresüberschuss aufweisen, können nach § 241a HGB auf die Führung von Büchern und die Aufstellung eines Inventars verzichten. Im Fall der Neugründung ist dies bereits dann der Fall, wenn diese Schwellenwerte am ersten Abschlussstichtag nach der Neugründung nicht überschritten werden. Bei Unterschreiten dieser Schwellenwerte wird auch nach Steuerrecht keine Buchführungspflicht begründet, wenn zugleich die Umsätze einschl. der steuerfreien Umsätze ausschließlich der Umsätze i. S. von § 4 Nr. 8 bis 10 UStG 600 000 € im Kalenderjahr nicht übersteigen oder der Gewinn aus Gewerbetrieb 60 000 € nicht übersteigt (§ 141 Abs. 1 AO). Damit besteht für Einzelkaufleute, nicht hingegen für Personengesellschaften, unter diesen Voraussetzungen die Möglichkeit, ihren Gewinn gem. § 4 Abs. 3 EStG durch Gegenüberstellung der Betriebseinnahmen und der Betriebsausgaben (vgl. dazu Rdn. 1701 ff.) zu ermitteln. Soweit sich die Buchführungspflicht aus § 141 Abs. 1 AO ergibt, gelten §§ 238, 240, 241, 242 Abs. 1 und §§ 243 bis 256 HGB sinngemäß, sofern sich nicht aus den Steuergesetzen etwas anderes ergibt. Angesichts der nach unterschiedlichen Grundsätzen zu bestimmenden Schwellenwerte kann nicht davon ausgegangen werden, dass ein Kaufmann, der nach § 241a HGB nicht zur Führung von Büchern verpflichtet ist, auch nach Steuerrecht von dieser Verpflichtung freigestellt ist. 20

21 Der im Interesse der Besteuerung aufzustellende Jahresabschluss hat allein den Zweck, den nach Maßgabe des EStG (KStG) zu besteuernden Gewinn (das zu versteuernde Einkommen) zu ermitteln. Gewerbetreibende haben nach § 5 Abs. 1 Satz 1 EStG das Betriebsvermögen auszuweisen, das nach den handelsrechtlichen Grundsätzen ordnungsmäßiger Buchführung auszuweisen ist. Dabei sind die Regelungen in § 5 Abs. 1a bis 7 EStG zu beachten, die von den handelsrechtlichen Vorschriften abweichende Bilanzierungs- und Bewertungsvorschriften vorsehen. Steuerliche Wahlrechte können nach § 5 Abs. 1 Satz 1 Halbsatz 2 EStG unabhängig von der Verfahrensweise in der Handelsbilanz ausgeübt werden. Ergibt sich infolge der Ausübung eines steuerlichen Wahlrechts für die Steuerbilanz ein von der Handelsbilanz abweichender Ansatz, sind die in Betracht kommenden Wirtschaftsgüter gem. § 5 Abs. 1 Satz 2 EStG in besondere, laufend zu führende Verzeichnisse aufzunehmen. In diesen Verzeichnissen sind nachzuweisen:

- der Tag der Anschaffung oder Herstellung,
- die Anschaffungs- oder Herstellungskosten,
- die Vorschrift des ausgeübten steuerlichen Wahlrechts und
- die vorgenommenen Abschreibungen.

Auf das BMF-Schreiben v. 12. 3. 2010 (BStBl 2010 I S. 239) ergänzt durch das Schreiben v. 22. 6. 2010 (BStBl 2010 I S. 597) sowie auf Rdn. 660 ff. wird hingewiesen.

22 Die ihren Gewinn nach **§ 4 Abs. 1**, **§ 5** oder **§ 5a EStG** ermittelnden Stpfl. haben gem. § 5b EStG dem Finanzamt den Inhalt der Bilanz sowie der GuV nach amtlich vorgeschriebenem Datensatz, den vom BMF vorgegebenen Taxonomien, durch Datenfernübertragung zu übermitteln. Auf die BMF-Schreiben v. 28. 9. 2011 (BStBl 2011 I S. 855), v. 5. 6. 2012 (BStBl 2012 I S. 598), v. 27. 6. 2013 (BStBl 2013 I S. 844), v. 13. 6. 2014 (BStBl 2014 I S. 886), v. 25. 6. 2015 (BStBl 2015 I S. 541), v. 24. 5. 2016 (BStBl 2016 I S. 500), v. 16. 5. 2017 (BStBl 2017 I S. 776), v. 6. 6. 2018 (BStBl 2018 I S. 714), v. 2. 7. 2019 (BStBl 2019 I S. 887) und v. 23. 7. 2020 (BStBl 2020 I S. 639) wird hingewiesen.

23 Für die Ermittlung des Werts von der ErbSt unterliegendem Betriebsvermögen haben die ertragsteuerlichen Bewertungsvorschriften keine unmittelbare Bedeutung. Nach § 12 Abs. 1 ErbStG i. V. m. § 109 BewG ist der nach § 11 Abs. 2 BewG zu ermittelnde gemeine Wert des Betriebsvermögens maßgebend, der unter Berücksichtigung der Ertragsaussichten oder nach einer anderen anerkannten, auch im gewöhnlichen Geschäftsverkehr für nichtsteuerliche Zwecke üblichen Methode zu ermitteln ist.

24 Das Steuerrecht sieht keine besonderen Fristen für die Aufstellung der Steuerbilanz vor. Da sie jedoch als Anlage den Steuererklärungen beizufügen ist (vgl. § 60 EStDV; § 31 KStG), wird der Aufstellungszeitpunkt mittelbar durch die Frist für die Abgabe der Steuererklärungen (§ 149 AO) bestimmt.

25 Nach Maßgabe des EStG ist die einzelne natürliche Person, nach Maßgabe des KStG die einzelne Körperschaft oder Personenvereinigung i. S. des § 1 Abs. 1 KStG zu besteuern. Dies gilt auch für konzernangehörige Unternehmen, die in einen Konzernabschluss (§§ 290 ff. HGB; vgl. 3. Kap.) einzubeziehen sind. Daraus folgt, dass der Konzernabschluss für die Ermittlung der bei den einzelnen Konzerngesellschaften zu besteuernden Gewinne keinerlei Bedeutung hat.

Nicht buchführungspflichtige Land- und Forstwirte, Gewerbetreibende und selbständig Tätige können wahlweise ihren Gewinn nach § 4 Abs. 3 EStG durch Gegenüberstellung der Betriebseinnahmen und der Betriebsausgaben ermitteln. Bei diesen Land- und Forstwirten kann abweichend davon unter bestimmten Voraussetzungen der Gewinn gem. § 13a EStG nach Durchschnittssätzen zu ermitteln sein. 26

2. Ermittlung des zu besteuernden Gewinns

Das Ergebnis der unter Beachtung der Regelungen in § 5 EStG aus der Handelsbilanz abgeleiteten Steuerbilanz kann nicht ohne weiteres der Besteuerung zugrunde gelegt werden. Bei deren Aufstellung sind auch die Vermögensmehrungen einzubeziehen, die aufgrund besonderer Regelungen steuerfrei zu belassen sind. Ferner hat der Gesetzgeber verschiedentlich die steuerliche Berücksichtigung betrieblich veranlasster Wertabgaben eingeschränkt. Diese Korrekturen sind regelmäßig außerhalb der Steuerbilanz vorzunehmen, wie z. B. 27

- Eliminierung von nach § 3 EStG ganz oder teilweise (§ 3 Nr. 40 EStG) steuerfrei zu belassenden Einnahmen und Vermögensmehrungen (5. Kap. Teil A Rdn. 22 ff.), der nach Maßgabe von Doppelbesteuerungsabkommen nicht zu besteuernden Einkünfte (5. Kap. Teil G Rdn. 1945 ff.),
- Hinzurechnung nach § 2a Abs. 1 EStG nicht oder nur eingeschränkt ausgleichs- und abzugsfähiger Verluste aus Drittstaaten (5. Kap. Teil G Rdn. 1986 ff.),
- Hinzurechnung nach § 3c EStG nicht oder nur teilweise abziehbarer Betriebsausgaben (vgl. 5. Kap. Teil A Rdn. 24 ff.),
- Hinzurechnung der nach § 4 Abs. 5 und Abs. 5b EStG nicht abziehbaren Betriebsausgaben (Rdn. 1607 ff.),
- nicht abziehbare Schuldzinsen i. S. des § 4 Abs. 4a EStG und die Regelungen zur Zinsschranke (§ 4h EStG, § 8a KStG),
- Hinzurechnung nicht ausgleichsfähiger Verluste aus gewerblicher Tierzucht oder gewerblicher Tierhaltung, aus bestimmten Termingeschäften und aus stillen Gesellschaften, Unterbeteiligungen oder sonstigen Innengesellschaften an Kapitalgesellschaften, bei denen der Gesellschafter oder Beteiligte als Mitunternehmer anzusehen ist i. S. des § 15 Abs. 4 EStG (vgl. 5. Kap. Teil A Rdn. 131 ff.),
- Nichtberücksichtigung von Betriebsausgaben gem. § 160 AO wegen mangelnden Empfängernachweises (vgl. Rdn. 1578).

III. Geschäftsjahr – Wirtschaftsjahr

Nach § 242 HGB hat der buchführungspflichtige oder freiwillig Bücher führende Kaufmann einen Abschluss zum Schluss eines jeden Geschäftsjahres aufzustellen. Das Geschäftsjahr hat für den Regelfall den Zeitraum von zwölf Monaten zu umfassen (§ 240 Abs. 2 Satz 2 HGB). Bei Beginn und Einstellung der gewerblichen Tätigkeit kann sich ein Rumpfgeschäftsjahr ergeben, das sich über einen Zeitraum von weniger als zwölf Monaten erstreckt. Eine Übereinstimmung zwischen Geschäftsjahr und Kalenderjahr ist nicht zwingend. 28

BEISPIEL 1: Der Einzelkaufmann A eröffnet sein Unternehmen am 1. 4. 2021. Auf seinen Antrag hin wird die Firma im Handelsregister eingetragen. 29

a) Er wählt als Geschäftsjahr das Kalenderjahr. Damit wird für die Zeit vom 1. 4. bis zum 31. 12. 2021 ein Rumpfgeschäftsjahr gebildet. Am 1. 1. 2022 beginnt das erste zwölf Monate umfassende, am 31. 12. 2022 endende Geschäftsjahr.

b) Er wählt als Abschlusszeitpunkt den 31. 1. eines jeden Jahres. Damit wird für die Zeit vom 1. 4. 2021 bis zum 31. 1. 2022 ein Rumpfgeschäftsjahr gebildet. Am 1. 2. 2022 beginnt das erste zwölf Monate umfassende, am 31. 1. 2023 endende Geschäftsjahr.

30 Die Bemessungsgrundlagen für die Einkommensbesteuerung sind gem. § 2 Abs. 7 EStG für das Kalenderjahr zu ermitteln. Dazu wird in § 4a Abs. 1 EStG für Gewerbetreibende als Ermittlungszeitraum das Wirtschaftsjahr bestimmt. Grundsätzlich ist Wirtschaftsjahr das Kalenderjahr (§ 4a Abs. 1 Satz 2 Nr. 3 EStG). Es umfasst nach § 8b Abs. 1 EStDV einen Zeitraum von zwölf Monaten. Ein kürzerer Zeitraum, ein Rumpfwirtschaftsjahr, ist nur zulässig, wenn der Betrieb eröffnet, erworben, aufgegeben oder veräußert wird oder die Umstellung auf einen anderen Abschlussstichtag (vgl. nachfolgendes Beispiel 2) erfolgt.

31 Bei Gewerbetreibenden, deren Firma im Handelsregister eingetragen ist, ist Wirtschaftsjahr der Zeitraum, für den sie regelmäßig Abschlüsse machen (§ 4a Abs. 1 Satz 2 Nr. 2 EStG). Damit ist auch ein vom Kalenderjahr abweichendes Wirtschaftsjahr zulässig. Für diese Fälle gilt der Gewinn des Wirtschaftsjahres in dem Kalenderjahr als bezogen, in dem das Wirtschaftsjahr endet. Im Beispiel 1 ergibt sich danach Folgendes:

Variante a): A ist für das Kalenderjahr 2021 mit dem Ergebnis des den Zeitraum vom 1. 4. bis 31. 12. 2021 umfassenden Rumpfwirtschaftsjahres, für das Kalenderjahr 2022 mit dem Ergebnis des am 31. 12. 2022 endenden Wirtschaftsjahres 2022 zur ESt zu veranlagen.

Variante b): Da das Rumpfwirtschaftsjahr erst am 31. 1. 2022 endet, ist A mit dessen Ergebnis auch erst für das Kalenderjahr 2022 zu veranlagen. Im Kalenderjahr 2021 wurde aus dem gegründeten Einzelunternehmen noch kein Ergebnis erzielt. Das Ergebnis des am 31. 1. 2023 endenden Wirtschaftsjahres unterliegt dementsprechend auch erst im Kalenderjahr 2023 bei A der ESt.

32 Mit der Wahl des Abschlusszeitpunkts wird danach zugleich eine Entscheidung über den Zeitpunkt getroffen, zu dem die durch den Gewerbebetrieb erwirtschafteten Gewinne für die Einkommensbesteuerung zu berücksichtigen sind. Die Wahl eines vom Kalenderjahr abweichenden Wirtschaftsjahres bei Gründung des Unternehmens ist regelmäßig nicht rechtsmissbräuchlich (BFH v. 9. 11. 2006, BStBl 2010 II S. 230).

33 Die Regelungen des HGB lassen eine Umstellung des Geschäftsjahres auf einen von dem bisher gewählten Zeitraum auf einen abweichenden Zeitraum jederzeit zu. Dagegen ist die Umstellung des Wirtschaftsjahres auf einen vom Kalenderjahr abweichenden Zeitraum nur im Einvernehmen mit dem FA zulässig (§ 4a Abs. 1 Satz 2 Nr. 2 EStG). Damit soll vermieden werden, dass diese Umstellung ausschließlich zur Erlangung steuerlicher Vorteile erfolgt.

34 **BEISPIEL 2:** Der Einzelunternehmer A, dessen Firma im Handelsregister eingetragen ist, erzielt daraus einen durchschnittlichen Gewinn von 240 000 €. Er beschließt, sein dem Kalenderjahr entsprechendes Wirtschaftsjahr auf den Zeitraum vom 1. 2. bis zum 31. 1. des folgenden Jahres umzustellen und bildet deswegen ein Rumpfwirtschaftsjahr vom 1. 1. bis 31. 1. 2021, das mit einem Gewinn von 20 000 € abschließt. Aufgrund seiner persönlichen Verhältnisse wäre die ESt für 2021 auf 0 € festzusetzen. Der Gewinn des nachfolgenden, am 31. 1. 2022 endenden Wirtschaftsjahres wäre erst bei der ESt-Veranlagung für 2022 zu berücksichtigen. Im Ergebnis würde die Besteuerung des in der Zeit vom 1. 2. bis zum 31. 12. 2021 erzielten Gewinns in das Jahr 2022 verlagert. Dieser Effekt wird als Steuerpause bezeichnet (vgl. BFH v. 18. 12. 1991, BStBl II 1992 S. 486; v. 16. 12. 2003, BFH/NV 2004, 936).

Das FA wird der beabsichtigten Umstellung des Wirtschaftsjahres nur zustimmen, wenn A in der Lage ist, dafür wirtschaftlich beachtliche Gründe vorzutragen, die nicht in der eintretenden Steuerpause bestehen (BFH v. 24.4.1980, BStBl II 1981 S. 50; v. 15.6.1983, BStBl II S. 672; v. 18.12.1991 und v. 16.12.2003, jeweils a. a. O.). Werden die erklärten Einkünfte aus Gewerbebetrieb nach einem vom Kalenderjahr abweichenden Wirtschaftsjahr ermittelt und folgt das Finanzamt insoweit der Steuererklärung, erteilt es damit seine Zustimmung zur Wahl des vom Kalenderjahr abweichenden Wirtschaftsjahres (BFH v. 7.11.2013, BFH/NV 2014 S. 199). 35

Für Körperschaften i. S. des § 1 Abs. 1 KStG ergeben sich aus § 7 Abs. 4 KStG die entsprechenden Rechtsfolgen. Dabei ist allerdings zu beachten, dass nach § 31 Abs. 2 KStG die KSt-Vorauszahlungen bereits während des jeweils maßgebenden Wirtschaftsjahres zu entrichten sind, so dass sich die Frage nach der Steuerpause nicht in dem Maße wie bei natürlichen Personen stellt. 36

Bei Gewerbetreibenden, deren Firma nicht im Handelsregister eingetragen ist, ist Wirtschaftsjahr das Kalenderjahr. Die Wahl eines vom Kalenderjahr abweichenden Wirtschaftsjahres ist nicht zulässig (§ 4a Abs. 1 Satz 2 Nr. 3 EStG). 37

IV. Sprache, Währungseinheit

Während es nach § 239 Abs. 1 HGB ausreichend ist, dass die Bücher in einer lebenden Sprache geführt werden, ist der Jahresabschluss nach § 244 HGB in deutscher Sprache aufzustellen. 38

Als Währungseinheit ist in § 244 HGB der Euro vorgeschrieben. 39

In anderer Währung abgewickelte Geschäfte sind danach für die Darstellung in der Buchführung in € umzurechnen. Insoweit enthalten die handelsrechtlichen Rechnungslegungsvorschriften nach wie vor keine Regelungen. Die Vorschrift des § 256a HGB (vgl. Rdn. 42) bezieht sich auf die Folgebewertung. Für die Fälle, dass eine im Ausland unterhaltene Betriebsstätte nach ausländischem Recht Bücher führt, ist es für Zwecke der Besteuerung nach § 146 Abs. 2 AO ausreichend, dass die Ergebnisse dieser Buchführung in die inländische Buchführung des Stammhauses übernommen werden, soweit sie für die Besteuerung von Bedeutung sind. Dabei sind die erforderlichen Anpassungen an die inländischen steuerrechtlichen Vorschriften vorzunehmen und kenntlich zu machen. Dies schließt die Umrechnung in € ein. Weitergehende Regelungen zur Währungsumrechnung enthält auch das Steuerrecht nicht. Auf das EuGH-Urteil v. 28.2.2008 (BStBl 2009 II S. 976) sowie das BMF-Schreiben v. 23.11.2009 (BStBl I S. 1332) wird hingewiesen. 40

Nach dem Urteil des BFH v. 13.9.1989 (BStBl 1990 II S. 57) muss die Umrechnung in einer Weise erfolgen, dass das Ergebnis inländischen Grundsätzen über die Einkunftsermittlung, bei der Ermittlung gewerblicher Gewinne den Anforderungen von § 4 Abs. 1, § 5 EStG und damit den GoB entspricht. Sofern nur einzelne Geschäftsvorfälle, z. B. Liefergeschäfte in fremder Währung abgewickelt werden, wird dies zweifelsfrei dadurch erreicht, dass diese mit dem für den Zeitpunkt der Entstehung maßgebenden Kurs eingebucht werden. Dabei handelt es sich um den Devisenkassakurs (vgl. BR-Drucks. 344/08 S. 135). Ergeben sich bei der Vereinnahmung steuerfrei zu belassender 41

Dividenden nach Entstehung des Dividendenanspruches Währungsverluste, stehen diese nicht mit der Erzielung steuerfreier Einnahmen in unmittelbarem Zusammenhang (BFH v. 7. 11. 2001, BStBl 2002 II S. 865). Schwierigkeiten ergeben sich bei der Erfassung der Aktivitäten ausländischer Betriebsstätten. Bei schwankenden Umrechnungskursen führt die Umrechnung des Ergebnisses nach dem zum jeweiligen Bilanzstichtag maßgebenden Kurs zu keinem den GoB entsprechenden Ergebnis, so dass damit die Umrechnung jedes einzelnen Geschäftsvorfalls nach dem zum Zeitpunkt der Abwicklung jeweils maßgebenden Kurs erforderlich wird. (BFH v. 13. 9. 1989, a. a. O.). Statt der an sich erforderlichen Umrechnung eines jeden einzelnen Geschäftsvorfalls zum jeweiligen Tageskurs hält der BFH (a. a. O.) die Verwendung von Durchschnittskursen für zulässig, sofern dadurch keine wesentliche Verfälschung des Ergebnisses eintritt. Währungsschwankungen führen zu keinen Änderungen der Anschaffungs- oder Herstellungskosten (BFH v. 17. 12. 1977, BStBl 1978 II S. 233; v. 22. 9. 2005, BFH/NV 2006 S. 279), da bei einem Anschaffungsgeschäft in ausländischer Währung der Wechselkurs im Anschaffungszeitpunkt für die Berechnung der Anschaffungskosten maßgebend ist.

42 Für den Fall, dass der Jahresabschluss auf fremde Währung lautende Vermögensgegenstände und Verbindlichkeiten enthält, ist nach § 256a HGB zu verfahren. Danach hat die Umrechnung zum Devisenkassamittelkurs am Abschlussstichtag zu erfolgen. Der Anwendungsbereich dieser Vorschrift bezieht sich danach auf die Folgebewertung für die Fälle, in denen etwaige Währungsschwankungen noch erfolgswirksam werden (vgl. BR-Drucks. 344/08 S. 134 f.), z. B. bei Forderungen oder Verbindlichkeiten in fremder Währung, z. B. Kundenforderungen oder Lieferantenverbindlichkeiten in US-$. Die Regelung des § 256a HGB berechtigt danach nicht, z. B. die Anschaffungskosten von gegen Fremdwährung angeschafften Wirtschaftsgütern zum maßgebenden Bilanzstichtag abweichend vom dem sich im Zeitpunkt des Zugangs durch Umrechnung der Fremdwährung ergebenden Wert neu zu ermitteln. In diesen Fällen bleibt zu prüfen, ob die Voraussetzungen für eine außerplanmäßige Abschreibung bzw. Teilwertabschreibung vorliegen (BFH v. 23. 4. 2009, BStBl II S. 778; vgl. auch Hoffmann/Lüdenbach, NWB Kommentar Bilanzierung, 12. Aufl., § 256a HGB Rz. 24 ff.; ferner Hinweis auf Rdn. 1115 ff.).

B. Der Vermögensvergleich

I. Überblick

99 Die an die Eröffnungsbilanz (vgl. § 242 Abs. 1 Satz 1 HGB) anknüpfende Buchführung dokumentiert die sich durch die laufenden Geschäftsvorfälle ergebenden Änderungen des ursprünglich vorhandenen Vermögens der Art und dem Wert nach. Die daraus abgeleitete Schlussbilanz des Geschäftsjahres dokumentiert mit dem Jahresüberschuss oder Fehlbetrag die Mehrung oder Minderung des in der Eröffnungsbilanz ausgewiesenen Vermögens. Die Definition des steuerlichen Gewinns in § 4 Abs. 1 Satz 1 EStG führt zu keinem anderen Ergebnis; dort wird der Vergleich des Betriebsvermögens am Schluss des vorangegangenen Wirtschaftsjahres mit dem am Schluss des aktuellen Wirtschaftsjahres gefordert.

Das Ergebnis des danach sowohl nach Handels- als auch nach Steuerrecht vorzunehmenden Vermögensvergleichs wird im Wesentlichen durch folgende Entscheidungen beeinflusst: 100

- Bestimmung der ihrer Art nach bilanzierungsfähigen Vermögensgegenstände/Wirtschaftsgüter und Schulden,
- Zurechnung dieser Vermögensgegenstände/Wirtschaftsgüter und Schulden zum Vermögen des Kaufmanns, dem Betriebsvermögen des Stpfl.,
- Bewertung dieser Vermögensgegenstände/Wirtschaftsgüter und Schulden.

Ferner ist von entscheidender Bedeutung, ob Vermögensminderungen, die sich in keinem bilanzierungsfähigen Vermögensgegenstand/Wirtschaftsgut konkretisiert haben, durch die unternehmerische Tätigkeit veranlasst und damit als Betriebsausgaben abziehbar sind. Schließlich ist zu beachten, dass Zuführungen von Vermögen aus dem nichtunternehmerischen Bereich des Kaufmanns das Ergebnis der unternehmerischen Tätigkeit nicht beeinflussen dürfen. 101

Grundsätzlich ist eine Eröffnungsbilanz auf den Beginn des Handelsgewerbes, d. h. der gewerblichen Tätigkeit aufzustellen. Hat ein Einzelkaufmann gem. § 241a HBG (vgl. Rdn. 20) auf die Führung von Büchern verzichtet und entfallen die Voraussetzungen dafür zu einem späteren Zeitpunkt, ist für den Beginn des Geschäftsjahres, für das erstmalig Buchführungspflicht besteht, ebenfalls eine Eröffnungsbilanz zu erstellen; wegen der dabei zu berücksichtigenden steuerlichen Besonderheiten vgl. Rdn. 1742 ff. Für die nachfolgenden Geschäfts- bzw. Wirtschaftsjahre ist die Eröffnungsbilanz zugleich die Schlussbilanz des vorangegangenen Geschäfts- bzw. Wirtschaftsjahres (§ 252 Abs. 1 Nr. 1 HGB; § 4 Abs. 1 Satz 1 EStG). 102

II. Steuerliche Grundregelungen

1. Ausschließlich im Inland belegene Unternehmen

Nach § 4 Abs. 1 Satz 1 EStG ist Gewinn der Unterschiedsbetrag zwischen dem Betriebsvermögen am Schluss des Wirtschaftsjahres und dem Betriebsvermögen am Schluss des vorangegangenen Wirtschaftsjahres, vermehrt um den Wert der Entnahmen und vermindert um den Wert der Einlagen. Dabei sind die Vorschriften über die Betriebsausgaben, über die Bewertung und über die Absetzung für Abnutzung (AfA) oder Substanzverringerung (AfS) zu beachten (§ 4 Abs. 1 Satz 9 EStG). 103

Aus der Verwendung der Begriffe Betriebsausgaben und Betriebsvermögen wird deutlich, dass nur betrieblich veranlasste Vermögensänderungen steuerlich berücksichtigt werden sollen. Aufwendungen, die nicht Betriebsausgaben sind, dürfen danach den Gewinn nicht mindern. Zum Betriebsvermögen gehören nur Wirtschaftsgüter, die der Erzielung von Einkünften aus Gewerbebetrieb, Land- und Forstwirtschaft oder selbständiger Arbeit i. S. des § 18 EStG dienen (wegen Einzelheiten vgl. Rdn. 526). Buchführungspflichtige sowie freiwillig Bücher führende Gewerbetreibende haben nach § 5 Abs. 1 Satz 1 EStG für den Schluss des Wirtschaftsjahres grundsätzlich das Betriebsvermögen anzusetzen, das nach den handelsrechtlichen GoB auszuweisen ist; beachte jedoch Rdn. 21. Der Gesetzgeber knüpft damit grundsätzlich an die handelsrechtlichen Rechnungslegungsvorschriften mit der Maßgabe an, dass abweichende steuerrechtliche 104

Vorschriften zu beachten sind (§ 5 Abs. 6 EStG); seit jeher bestanden danach gewisse Abweichungen zwischen Handels- und Steuerbilanz. Die Änderungen der steuerlichen Bilanzierungs- und Bewertungsvorschriften in jüngerer Zeit haben in wesentlichen Teilbereichen zu einer Abkopplung der Steuerbilanz von der Handelsbilanz geführt.

105 Für den Regelfall ergibt sich der Begriff der Entnahmen aus § 4 Abs. 1 Satz 2 EStG, der Einlagen aus § 4 Abs. 1 Satz 8 Halbsatz 1 EStG. Entnahmen sind danach alle Wirtschaftsgüter (Barentnahmen, Waren, Erzeugnisse, Nutzungen und Leistungen), die der Steuerpflichtige dem Betrieb für sich, für seinen Haushalt oder für andere betriebsfremde Zwecke im Laufe des Wirtschaftsjahres entnommen hat. Danach handelt es sich auch bei der Überführung von Wirtschaftsgütern aus einem Betrieb in einen anderen Betrieb desselben Steuerpflichtigen um Entnahmen. In § 6 Abs. 5 EStG geht der Gesetzgeber jedoch insoweit von der Überführung von Wirtschaftsgütern aus, die unter Verzicht auf die Aufdeckung stiller Reserven erfolgen (vgl. Rdn. 960 ff.). Einlagen sind alle Wirtschaftsgüter (Bareinzahlungen und sonstige Wirtschaftsgüter), die der Steuerpflichtige dem Betrieb im Laufe des Wirtschaftsjahres zugeführt hat; auch insoweit ist § 6 Abs. 5 EStG zu beachten. Wegen der Besonderheiten bei Unternehmen mit ausländischen Betriebsteilen wird auf Rdn. 115 ff. hingewiesen. Die Korrektur des Ergebnisses des Betriebsvermögensvergleichs um Entnahmen und Einlagen soll verhindern, dass außerbetrieblich veranlasste Vermögensminderungen und -mehrungen die Höhe des steuerlichen Gewinns beeinflussen.

106 **BEISPIEL 3:** Der Lebensmitteleinzelhändler A verwendet eingekaufte Waren laufend für den Lebensunterhalt seiner Familie, ohne ein entsprechendes Entgelt der Kasse zuzuführen. Blieben die Entnahmen unberücksichtigt, würden die laufenden Wertabgaben für private Zwecke den zu besteuernden Gewinn mindern.

B eröffnet einen Handel mit Antiquitäten. Er führt diesem Betrieb ererbte Möbel und sonstige Einrichtungsgegenstände mit dem Ziel der Veräußerung zu, denen ein Wert von 50 000 € beizulegen ist. Bei Verzicht auf die Berücksichtigung entsprechender Einlagen würde der Gewinn eine Vermögensmehrung in dieser Höhe umfassen, die außerhalb des Betriebs angefallen ist.

107 Es handelt sich um Regelungen zur Abgrenzung zwischen dem der Einkunftserzielung dienenden Betriebsvermögen und dem Privatvermögen. Dabei ist es unerheblich, ob der privat veranlasste Aufwand außerbetrieblich der Erzielung von Einkünften dient oder steuerlich nicht berücksichtigungsfähig ist.

108 **BEISPIEL 4:** Der Bauunternehmer C verwendet für seinen Betrieb eingekaufte Baumaterialien u. a. auch für Reparaturen an einem zum Privatvermögen gehörenden Mietwohngrundstück sowie an seinem für eigene Wohnzwecke genutzten Einfamilienhaus. Es handelt sich dabei um außerbetriebliche Zwecke, so dass Entnahmen vorliegen. Soweit die Materialien für die Reparatur des Mietwohngrundstücks verwendet werden, handelt es sich um Aufwendungen, die bei der Ermittlung der Einkünfte aus Vermietung und Verpachtung gem. § 9 Abs. 1 EStG als Werbungskosten abziehbar sind. Dagegen dienen die Aufwendungen für das eigengenutzte Einfamilienhaus nicht der Einkunftserzielung und sind deswegen steuerlich nicht abziehbar.

109 Die Unterscheidung zwischen Betriebsvermögen und Privatvermögen ist ausnahmslos bei natürlichen Personen erforderlich. Diese Frage stellt sich danach nicht nur bei Einzelunternehmen, sondern auch bei Personengesellschaften, an denen natürliche Personen beteiligt sind. Aufgrund der Regelungen in § 15 Abs. 2 und 3 EStG ist es nicht zwingend, dass die Gesellschafter einer Personengesellschaft des Handelsrechts aus ihrer Beteiligung Einkünfte aus Gewerbebetrieb beziehen. Es ist nicht ausgeschlossen,

dass aus einer Beteiligung an einer vermögensverwaltenden Personengesellschaft Einkünfte aus Kapitalvermögen (vgl. § 20 EStG) und/oder aus Vermietung und Verpachtung (vgl. § 21 EStG) bezogen werden; wegen Einzelheiten vgl. 5. Kap. Teil A Rdn. 65 ff.

Die nach § 1 Abs. 1 KStG zu besteuernden Körperschaften, Personenvereinigungen und Vermögensmassen beziehen insgesamt Einkünfte aus Gewerbebetrieb, wenn sie nach den Vorschriften des HGB zur Führung von Büchern verpflichtet sind (vgl. § 8 Abs. 2 KStG). Dies ist bei den Kapitalgesellschaften, Genossenschaften, Versicherungs- und Pensionsvereinen auf Gegenseitigkeit (vgl. § 1 Abs. 1 Nr. 1, 2 und 3 KStG) regelmäßig der Fall. Deren Vermögen ist danach insgesamt Betriebsvermögen, so dass sich die Abgrenzung zu Privatvermögen nicht stellen kann. Gleichwohl ist auch in diesen Fällen der Gewinn nach den Grundsätzen des § 4 Abs. 1 EStG zu ermitteln (BFH v. 26. 10. 1987, BStBl II 1988 S. 348, 354). Allerdings ist dabei zu beachten, dass die Regelung über die verdeckten Gewinnausschüttungen (§ 8 Abs. 3 Satz 2 KStG) vorrangig vor den Regelungen über die Entnahme anzuwenden ist. Den verdeckten Gewinnausschüttungen entsprechend sind z. B. bei Kapitalgesellschaften Vermögensmehrungen, die ihre Grundlage in den gesellschaftsrechtlichen Beziehungen haben, als Einlagen zu qualifizieren (BFH v. 26. 10. 1987, a. a. O.). 110

Die sonstigen juristischen Personen des privaten Rechts sowie die nichtrechtsfähigen Vereine, Anstalten, Stiftungen und anderen Zweckvermögen des privaten Rechts (vgl. § 1 Abs. 1 Nr. 4 und 5 KStG), die nicht insgesamt buchführungspflichtig sind, jedoch u. a. einer gewerblichen Tätigkeit nachgehen, brauchen nicht insgesamt Einkünfte aus Gewerbebetrieb zu beziehen, so dass sich dann wie bei natürlichen Personen die Frage der Abgrenzung zwischen Betriebsvermögen und Privatvermögen stellen kann. 111

Nach R 4.3 Abs. 2 Satz 1 EStR liegt eine Entnahme auch dann vor, wenn das Wirtschaftsgut aus einem Betrieb in einen anderen betriebs- oder berufsfremden Bereich übergeht. Der Begriff der Entnahme ist danach betriebsbezogen auszulegen. Wird das Wirtschaftsgut in das Privatvermögen überführt, ist die Entnahme nach § 6 Abs. 1 Nr. 4 EStG für den Regelfall mit dem Teilwert zu bewerten (vgl. dazu Rdn. 921 ff.). Bei der Überführung in ein anderes Betriebsvermögen sind die Regelungen des § 6 Abs. 5 EStG zu beachten, wonach unter bestimmten Voraussetzungen von der Aufdeckung der stillen Reserven abgesehen werden kann (Rdn. 960). 112

BEISPIEL 4A: Zum Betriebsvermögen des Bauunternehmers A gehört ein unbebautes Grundstück, das als Lagerplatz genutzt wird. Auf einer Teilfläche errichtet er ein eigenen Wohnzwecken dienendes Einfamilienhaus. Für den von ihm gesondert geführten Baumaschinenhandel wird auf einer weiteren Teilfläche ein Betriebsgebäude errichtet. Die mit der Errichtung des Einfamilienhauses erfolgte Entnahme der dafür benötigten Teilfläche ist nach § 6 Abs. 1 Nr. 4 EStG zu bewerten. Hinsichtlich der Überführung der weiteren Teilfläche in den Baumaschinenhandel ist hingegen nach § 6 Abs. 5 EStG zu verfahren. 113

Gegenstand des Vermögensvergleichs sind nach § 4 Abs. 1 Satz 1 EStG die Schlussbilanzen zweier aufeinanderfolgender Wirtschaftsjahre. Dies bedeutet gegenüber den handelsrechtlichen Vorschriften lediglich eine formale, hingegen keine materielle Abweichung. Es entspricht einem allgemeinen Grundsatz ordnungsmäßiger Buchführung, dass die Schlussbilanz des vorangegangenen, der Eröffnungsbilanz des nachfolgenden 114

Geschäftsjahres zu entsprechen hat. Dies ist aus § 252 Abs. 1 Nr. 1 HGB abzuleiten, wonach die Wertansätze in der Eröffnungsbilanz des Geschäftsjahres mit denen der Schlussbilanz des vorhergehenden Geschäftsjahres überein zu stimmen haben.

2. Besonderheiten bei Unternehmen mit ausländischen Betriebsteilen

115 Nach § 4 Abs. 1 Satz 3 EStG steht die Überführung von Wirtschaftsgütern in eine ausländische Betriebsstätte des Unternehmens einer Entnahme gleich, wenn dadurch der Gewinn aus der Veräußerung oder der Nutzung dieses Wirtschaftsguts ganz oder teilweise der inländischen Besteuerung entzogen wird. Dies ist der Fall bei der Überführung eines Wirtschaftsguts

- aus dem Betrieb eines im Inland ansässigen Unternehmers in eine ausländische Betriebsstätte dieses Unternehmens oder in einen vom inländischen Unternehmer im Ausland betriebenen weiteren Unternehmen; dabei kann es sich auch um eine Personengesellschaft handeln, an der der Inländer beteiligt ist. Weitere Voraussetzung ist, dass die Gewinne aus der ausländischen Betriebsstätte, dem ausländischen Betrieb nach Maßgabe eines DBA insgesamt von der inländischen Besteuerung freizustellen sind oder dass diese Gewinne im Inland nur unter Anrechnung der vom ausländischen Staat darauf erhobenen Steuern besteuert werden dürfen (vgl. § 4 Abs. 1 Satz 4 EStG sowie R 4. 3. Abs. 2 EStR); dabei ist es unerheblich, ob dies ausschließlich auf innerstaatlichem Recht (vgl. 5. Kap. Teil G Rdn. 1996 ff.) oder auf einem DBA (vgl. 5. Kap. Teil G Rdn. 1945 ff.) beruht.
- aus der inländischen Betriebsstätte eines im Ausland ansässigen Unternehmers in das ausländische Stammhaus, eine andere ausländische Betriebsstätte oder einen anderen ausländischen Betrieb.

116 Bewertungsmaßstab ist nach § 6 Abs. 4 EStG der gemeine Wert. Zur Abmilderung der steuerlichen Folgen wird es im Inland ansässigen Unternehmern – unbeschränkt Steuerpflichtigen (vgl. 5. Kap. Teil A Rdn. 4 ff.) – durch § 4g EStG gestattet, die aus Anlass der Überführung von Wirtschaftsgütern des Anlagevermögens in eine Betriebsstätte in einem anderen EU-Staat aufgedeckten stillen Reserven im Regelfall gleichmäßig verteilt über einen Zeitraum von fünf Jahren zu versteuern. Die insoweit erforderlichen Korrekturen erfolgen außerhalb der Steuerbilanz unter Führung eines fortzuschreibenden Ausgleichspostens. Diese Regelung ist mit EU-Recht vereinbar (EuGH v. 21. 5. 2015 – C-657/13 Verder LabTec, DStR 2015 S. 1166).

117 Ausnahmeregelungen sind in § 4 Abs. 1 Satz 5 EStG für Anteile an einer Europäischen Gesellschaft oder an einer Europäischen Genossenschaft in den Fällen der Sitzverlegung der Europäischen Gesellschaft oder der Europäischen Genossenschaft vorgesehen; in diesen Fällen sind die Vorschriften des § 15 Abs. 1a EStG bzw. des § 12 Abs. 2 KStG zu beachten.

118 Durch § 4 Abs. 1 Satz 8 EStG wird die Begründung des inländischen Besteuerungsrechts an dem Gewinn aus der Veräußerung eines Wirtschaftsguts der Einlage gleichgestellt. Dies ist der Fall bei der Überführung eines Wirtschaftsguts

- aus der ausländischen Betriebsstätte, dem ausländischen Betrieb eines im Inland ansässigen Unternehmers oder Mitunternehmers in seinen inländischen Betrieb, die inländische Mitunternehmerschaft,
- aus der ausländischen Betriebsstätte, dem ausländischen Betrieb eines im Ausland ansässigen Unternehmers, Mitunternehmers in seine inländische Betriebstätte, seinen inländischen Betrieb, die inländische Mitunternehmerschaft.

Bewertungsmaßstab ist nach § 6 Abs. 1 Nr. 5a EStG der gemeine Wert. Wegen weiterer Einzelheiten wird auf die BMF-Schreiben v. 20. 5. 2009 (BStBl 2009 I S. 671) und v. 25. 8. 2009 (BStBl 2009 I S. 888) hingewiesen.

Geschäftsvorfälle zwischen dem Stammhaus und einer in einem anderen Staat belegenen Betriebsstätte sind nach § 1 Abs. 4 AStG Geschäftsbeziehungen, die gem. § 1 Abs. 5 AStG zum Fremdvergleichspreis abzuwickeln sind. Einzelheiten dazu ergeben sich aus der Betriebsstättengewinnaufteilungsverordnung (BsGaV) v. 13. 10. 2014 i.V. mit der Fassung v. 12. 7. 2017 (BGBl 2014 I S. 1603; BMF-Schreiben v. 22. 12. 2016, BStBl 2017 I S. 182). 119

Einstweilen frei 120

III. Die Gliederung der Bilanz

Durch § 240 HGB wird der Kaufmann zur Aufstellung der Eröffnungsbilanz und des aus Schlussbilanz und GuV bestehenden Jahresabschlusses verpflichtet. Kapitalgesellschaften und Personengesellschaften & Co. haben zusätzlich die sich aus §§ 264–335 HGB ergebenden Regelungen zu beachten, wegen weiterer rechtsform- oder branchenspezifischer Besonderheiten wird auf Rdn. 9–15 hingewiesen. Die Bilanzen sind gem. § 266 Abs. 1 HGB in Kontoform aufzustellen und in der sich aus Abs. 2 und 3 dieser Vorschrift ergebenden Weise zu gliedern. Für kleine Gesellschaften ist eine verkürzte Bilanz mit der nachfolgenden Gliederung ausreichend. 121

122

Aktiva	Passiva
A. Anlagevermögen	A. Eigenkapital
I. Immaterielle Vermögensgegenstände	I. Gezeichnetes Kapital
II. Sachanlagen	II. Kapitalrücklage
III. Finanzanlagen	III. Gewinnrücklagen
B. Umlaufvermögen	IV. Gewinnvortrag/Verlustvortrag
I. Vorräte	V. Jahresüberschuss/Jahresfehlbetrag
II. Forderungen und sonstige Vermögensgegenstände	B. Rückstellungen
	C. Verbindlichkeiten
III. Wertpapiere	D. Rechnungsabgrenzungsposten
IV. Kassenbestand, Bundesbankguthaben, Guthaben bei Kreditinstituten und Schecks	E. Passive latente Steuern
C. Rechnungsabgrenzungsposten	
D. Aktive latente Steuern	
E. Aktiver Unterschiedsbetrag aus der Vermögensverrechnung	

123 Personengesellschaften & Co. haben das Eigenkapital gem. § 264c Abs. 2 HGB davon abweichend wie folgt auszuweisen:

A. Eigenkapital
   I. Kapitalanteile
   II. Rücklagen
   III. Gewinnvortrag/Verlustvortrag
   IV. Jahresüberschuss/Jahresfehlbetrag

124 Mittlere und große Kapitalgesellschaften sowie die diesen gleichgestellten Personengesellschaften & Co. haben ihre Bilanz in der sich aus § 266 HGB ergebenden Gliederung aufzustellen.

125 Kleinstkapitalgesellschaften können nach § 266 Abs. 1, § 264c Abs. 5 HGB eine Bilanz aufstellen, die maximal folgende Posten enthält:

Aktiva	Passiva
A. Anlagevermögen	A. Eigenkapital
B. Umlaufvermögen	B. Rückstellungen
C. Rechnungsabgrenzungsposten	C. Verbindlichkeiten
D. Aktive latente Steuern	D. Rechnungsabgrenzungsposten
E. Aktiver Unterschiedsbetrag aus der Vermögensverrechnung	E. Passive latente Steuern

Dabei ist zu beachten, dass keine Verpflichtung zum Ausweis latenter Steuern besteht. Außerdem kann bei der Bewertung bestimmter Versorgungsverpflichtungen auf die Anwendung der Methode verzichtet werden, die auf der Aktivseite zu einem Ausweis unter E. führen würde (§ 253 Abs. 1 HGB).

126 Kapitalgesellschaften und Personengesellschaften & Co. haben die Gewinn- und Verlustrechnung gem. § 275 Abs. 1 HGB in Staffelform in der jeweils vorgegebenen Gliederung entweder nach dem Gesamtkostenverfahren (§ 275 Abs. 2 HGB) oder nach dem Umsatzkostenverfahren (§ 275 Abs. 3 HGB) aufzustellen. Kleinere und mittlere Gesellschaften können diese Schemata nach § 276 HGB verkürzen.

127 In der Praxis hat sich die allgemeine Übung durchgesetzt, dass auch die nicht den besonderen Rechnungslegungsvorschriften unterliegenden Einzelunternehmen und Personenhandelsgesellschaften bei Aufstellung ihrer Jahresabschlüsse weitgehend den Regelungen in §§ 266 bis 278 HGB folgen. Es wird deswegen auf die sich aus §§ 266, 275 HGB ergebenden Gliederungsschemata für Bilanz und Gewinn- und Verlustrechnung hingewiesen.

128 Wegen der Anforderungen, die im Hinblick auf § 5b EStG (vgl. Rdn. 22) an die Gliederung einer Steuerbilanz und der dazu gehörenden GuV zu stellen sind, wird auf die BMF-Schreiben v. 28. 9. 2011 (BStBl 2011 I S. 855), v. 5. 6. 2012 (BStBl 2012 I S. 598), v. 27. 6. 2013 (BStBl 2013 I S. 844), v. 13. 6. 2014 (BStBl 2014 I S. 886), v. 25. 6. 2015 (BStBl 2015 I S. 541), v. 24. 5. 2016 (BStBl 2016 I S. 500), v. 16. 5. 2017 (BStBl 2017 I S. 776), v. 6. 6. 2018 (BStBl 2018 I S. 714), v. 2. 7. 2019 (BStBl 2019 I S. 887) und v. 23. 7. 2020 (BStBl 2020 I S. 639) hingewiesen.

129, 130 *Einstweilen frei*

IV. Die in den Bilanzen auszuweisenden Einzelposten

1. Allgemeines

131 Nach § 246 Abs. 1 HGB hat die Bilanz vorbehaltlich abweichender Bestimmungen sämtliche Vermögensgegenstände, Schulden und RAP zu enthalten – Gebot der Vollständigkeit. Aus dem Saldo der Vermögensgegenstände, RAP und Schulden ergibt sich das Eigenkapital, das je nach Rechtsform des Unternehmens unterschiedlich zu gliedern ist (für Kapitalgesellschaften vgl. § 266 Abs. 3 A. HGB) und bei dem als Einzelposten regelmäßig der Jahresüberschuss/Jahresfehlbetrag ausgewiesen wird. Aufwendungen für die Gründung des Unternehmens, für die Beschaffung von Eigenkapital und für den Abschluss von Versicherungsverträgen dürfen nach § 248 Abs. 1 HGB nicht aktiviert werden.

132 Die bei der Darstellung des Eigenkapitals von Personengesellschaften & Co. zu beachtenden Besonderheiten ergeben sich aus § 264c Abs. 2 HGB. Als Rücklagen sind nur aufgrund von gesellschaftsrechtlichen Vereinbarungen gebildete Beträge auszuweisen. Die dem persönlich haftenden Gesellschafter zuzurechnenden Verluste sind von dessen Kapitalanteil abzuschreiben. Den Kapitalanteil übersteigende Verluste sind bei bestehender Einzahlungsverpflichtung als „Einzahlungsverpflichtung persönlich haftender Gesellschafter“ als Forderung, andernfalls als „Nicht durch Vermögenseinlagen gedeckter Verlustanteil persönlich haftender Gesellschafter“ am Schluss der Aktivseite der Bilanz gesondert auszuweisen. Bei Kommanditisten ist entsprechend zu verfahren. Der Ausweis einer Einzahlungsverpflichtung kommt jedoch nur dann in Betracht, wenn eine Nachschussverpflichtung besteht oder die Kapitalbeteiligung durch Entnahmen gemindert wurde und sich daraus eine entsprechende Einzahlungsverpflichtung ergibt.

133 Für nicht entgeltlich erworbene immaterielle Vermögensgegenstände des Anlagevermögens besteht nach § 248 Abs. 2 HGB grundsätzlich ein Ansatzwahlrecht. Ein ausdrückliches Aktivierungsverbot besteht lediglich für selbst geschaffene Marken, Drucktitel, Verlagsrechte, Kundenlisten oder vergleichbare immaterielle Vermögensgegenstände des Anlagevermögens; dazu gehört auch der selbst geschaffene Geschäfts- oder Firmenwert. Für die Steuerbilanz besteht weiterhin das sich aus § 5 Abs. 2 EStG ergebende umfassende Bilanzierungsverbot.

134 Die Begriffe Vermögensgegenstand und Schulden hat der Gesetzgeber nicht definiert. Begriffsbestimmungen enthalten lediglich § 249 HGB für die Rückstellungen und § 250 HGB für die RAP.

135 Die steuerrechtlichen Bilanzierungs- und Bewertungsvorschriften (vgl. z. B. § 6 Abs. 1 EStG) folgen nicht dem handelsrechtlichen Sprachgebrauch, wenn dort von Wirtschaftsgütern und Verbindlichkeiten die Rede ist. Daraus kann aber nicht geschlossen werden, dass diese Begriffe unterschiedliche Inhalte haben. Nach § 5 Abs. 1 EStG haben die buchführenden Gewerbetreibenden in ihrer Steuerbilanz für den Schluss des Wirtschaftsjahres grundsätzlich das Betriebsvermögen anzusetzen, das nach den handelsrechtlichen GoB auszuweisen ist. Daraus wird gefolgert, dass die Begriffe Vermögensgegenstand und Wirtschaftsgut identisch sein müssen (Weber-Grellet, in: Schmidt, EStG, 39. Aufl., § 5 Rdn. 93, unter Hinweis auf BFH v. 7. 8. 2000, BStBl II 2000 S. 632).

2. Die Aktivseite der Bilanz

2.1 Allgemein zu beachtende handelsrechtliche Regelungen

136 Nach § 246 Abs. 1 HGB sind im Jahresabschluss u. a. sämtliche Vermögensgegenstände und RAP auszuweisen. In der Bilanz sind z. B. das Anlage- und das Umlaufvermögen sowie die RAP hinreichend gegliedert darzustellen (§ 247 Abs. 1 HGB). Durch § 246 Abs. 1 Satz 2 HGB wird ausdrücklich bestimmt, dass Vermögensgegenstände in die Bilanz des (rechtlichen) Eigentümers aufzunehmen sind. Steht der Vermögensgegenstand hingegen im wirtschaftlichen Eigentum eines anderen, ist er diesem zuzurechnen und dementsprechend in dessen Bilanz auszuweisen (vgl. dazu Rdn. 501 ff.). Im Übrigen ist zu beachten, dass

- Aufwendungen für die Gründung eines Unternehmens (§ 248 Abs. 1 Nr. 1 HGB),
- Aufwendungen für die Beschaffung des Eigenkapitals (§ 248 Abs. 1 Nr. 2 HGB),
- Aufwendungen für den Abschluss von Versicherungsverträgen (§ 248 Abs. 1 Nr. 3 HGB) nicht ausgewiesen werden dürfen und
- selbst geschaffene immaterielle Vermögensgegenstände des Anlagevermögens nur im Rahmen der durch § 248 Abs. 2 HGB zugelassenen Wahlrechte ausgewiesen werden dürfen (vgl. dazu Rdn. 307 ff.).

137 Als RAP sind nach § 250 Abs. 1 HGB auf der Aktivseite Ausgaben vor dem Abschlussstichtag auszuweisen, soweit sie Aufwand für eine bestimmte Zeit nach diesem Tag darstellen. Anders als in der Steuerbilanz nach § 5 Abs. 5 Satz 2 EStG dürfen

- als Aufwand berücksichtigte Zölle und Verbrauchsteuern, soweit sie auf am Abschlussstichtag auszuweisende Wirtschaftsgüter des Vorratsvermögens entfallen und
- als Aufwand berücksichtigte Umsatzsteuer auf am Abschlussstichtag auszuweisende oder von den Vorräten offen abgesetzte Anzahlungen

in der Handelsbilanz nicht als RAP ausgewiesen werden. Dagegen darf nach § 250 Abs. 3 HGB der Unterschiedsbetrag zwischen dem Erfüllungsbetrag und dem Ausgabebetrag einer Verbindlichkeit als aktiver RAP ausgewiesen werden, der durch planmäßige jährliche Abschreibungen zu tilgen ist und auf die gesamte Laufzeit der Verbindlichkeit verteilt werden kann.

Weitergehende allgemein zu beachtende Ansatzvorschriften enthalten die handelsrechtlichen Rechnungslegungsvorschriften nicht.

2.2 Sonderregelungen für Kapitalgesellschaften und Personengesellschaften & Co.

138 Mit der Einbeziehung der Personengesellschaften & Co. in den Geltungsbereich der für Kapitalgesellschaften geltenden Rechnungslegungsvorschriften (vgl. Rdn. 2 ff.) haben diese dementsprechend die für Kapitalgesellschaften bedeutsamen Sonderregelungen zu beachten, soweit nichts Abweichendes bestimmt wurde.

139 Das gezeichnete Kapital von Kapitalgesellschaften (Grundkapital der AG, Stammkapital der GmbH) braucht nicht voll eingezahlt zu sein. Die nicht eingeforderten ausstehenden Einlagen auf das gezeichnete Kapital sind von dem Posten „Gezeichnetes Kapital"

offen abzusetzen; der verbleibende Betrag ist als Posten „Eingefordertes Kapital" in der Hauptspalte der Passivseite auszuweisen; der eingeforderte, aber noch nicht eingezahlte Betrag ist unter den Forderungen gesondert auszuweisen und entsprechend zu bezeichnen (§ 272 Abs. 1 Satz 2 HGB). Eigene Anteile sind unter den Aktiva nicht aufzuführen; deren Anschaffungskosten sind gem. § 272 Abs. 1a HGB als Minderungen des Eigenkapitals offen auszuweisen (vgl. auch BMF-Schreiben v. 27. 11. 2013, BStBl 2013 I S. 1615; vgl. auch Rdn. 149).

Für die Personengesellschaften & Co. ergeben sich aus § 264c HGB keine grundsätzlichen Abweichungen.

2.3 Steuerrechtliche Sonderregelungen

Buchführende Gewerbetreibende haben nach § 5 Abs. 1 Satz 1 EStG das Betriebsvermögen auszuweisen, das nach den handelsrechtlichen Grundsätzen ordnungsmäßiger Buchführung auszuweisen ist. Steuerliche Wahlrechte können nach § 5 Abs. 1 Satz 1 Halbsatz 2 EStG in der Steuerbilanz unabhängig von der Verfahrensweise in der Handelsbilanz ausgeübt werden (vgl. Rdn. 21). Die weiteren Abweichungen zwischen Handels- und Steuerbilanz ergeben sich aus § 5 Abs. 1a bis 7 EStG. 140

3. Die Passivseite der Bilanz

3.1 Das Eigenkapital

Nach § 247 Abs. 1 HGB ist das Eigenkapital in der Bilanz gesondert auszuweisen und hinreichend aufzugliedern. Besondere Regelungen zum Ausweis des Eigenkapitals enthalten § 266 Abs. 3 A. und § 272 HGB für Kapitalgesellschaften, die durch § 264c HGB für Personengesellschaften modifiziert werden. Dagegen wurden für Einzelunternehmen und die übrigen Personengesellschaften des Handelsrechts innerhalb der Rechnungslegungsvorschriften keine Sonderregelungen getroffen. 141

Allgemein lässt sich das Eigenkapital dahingehend definieren, dass es sich dabei um den Unterschiedsbetrag zwischen den auf der Aktivseite auszuweisenden Vermögensgegenständen einschl. der RAP und den auf der Passivseite auszuweisenden Verbindlichkeiten einschl. der Rückstellungen und der RAP handelt. Dies schließt im Einzelfall den Ausweis eines Negativbetrags nicht aus. Unproblematisch ist danach der Ausweis des Eigenkapitals eines Einzelunternehmens. Es entspricht weitgehender Übung, die Entwicklung des Eigenkapitals eines Einzelunternehmens innerhalb der Bilanz, zumindest aber innerhalb des Jahresabschlusses, nach folgendem Schema zu erläutern: 142

	Bestand 1. 1.
./.	Entnahmen
+	Einlagen
+	Jahresüberschuss
./.	Jahresfehlbetrag
	Bestand 31. 12.

143 Bei OHG verpflichten sich die Gesellschafter üblicherweise zur Leistung einer Einlage, die ihren Kapitalanteilen – Kapitalkonten – gutzuschreiben ist. Diesen Kapitalkonten sind Gewinnanteile gutzuschreiben, Verlustanteile und Entnahmen zu belasten (§ 120 Abs. 2 HGB). In der Praxis ist es nicht unüblich, die ausbedungene und tatsächlich geleistete Einlage als Festbetrag auszuweisen, die Gewinn- und Verlustanteile auf einem besonderen Konto für jeden einzelnen Gesellschafter zu buchen und auszuweisen, über das u. U. auch die Entnahmen und Einlagen gebucht werden (sog. Kapitalkonto I und II). Nach Auffassung des BFH (Urteile v. 29. 7. 2015, BStBl 2016 II S. 593, und v. 4. 2. 2016, BStBl 2016 II S. 607) handelt es sich nur dann um ein Kapitalkonto, wenn sich danach die maßgebenden Gesellschaftsrechte, insbesondere das Gewinnbezugsrecht, richten (vgl. auch BMF-Schreiben v. 26. 7. 2016, BStBl 2016 I S. 684). Im Regelfall wird es sich dabei um das Kapitalkonto I handeln. Es steht den Gesellschaftern aber auch frei, davon abweichende Regelungen zu treffen, z. B. Gewinne ganz oder teilweise einer Rücklage zuzuführen, die damit nicht entnommen werden können. In einem derartigen Fall bildet die Personengesellschaft zusätzlich gesamthänderisch gebundenes Eigenkapital, das steuerlich den einzelnen Gesellschaftern anteilig zuzurechnen ist (vgl. § 39 AO).

144 Die Beteiligten können die Entnahme von Geldern aus der Gesellschaft und die Überlassung weiterer Gelder an die Gesellschaft als schuldrechtliche Vorgänge gestalten. Für einen derartigen Fall werden zwischen Gesellschaft und Gesellschafter Darlehensverhältnisse begründet, die die Darstellung des Eigenkapitals in der Handelsbilanz nicht berühren.

145 **BEISPIEL 5:** A und B gründen gemeinschaftlich die A & B OHG. Sie erbringen vereinbarungsgemäß eine Kapitaleinlage von je 100 000 € und sind dementsprechend zu je 50 % an Gewinn und Verlust beteiligt. Nach dem Gesellschaftsvertrag sind 50 % der Gewinne solange einer Rücklage zuzuführen, bis ein Betrag in Höhe der Kapitaleinlage erreicht wird. Die überschießenden Gewinnanteile sind auf einem für jeden der beiden Gesellschafter geführten Darlehenskonto gutzuschreiben, dem nach den getroffenen Vereinbarungen auch Entnahmen und Verlustanteile zu belasten sind.

Für die Geschäftsjahre 01 bis 03 ergibt sich Folgendes:

	Gewinn €	Verlust €	Entnahmen A €	Entnahmen B €
Geschäftsjahr 01	125 000	./.	25 000	30 000
Geschäftsjahr 02	200 000	./.	90 000	120 000
Geschäftsjahr 03	./.	90 000	60 000	50 000

Dem Rücklagenkonto sind folgende Beträge zuzuführen:

Geschäftsjahr 01	50 % von 125 000 € =	62 500 €
Geschäftsjahr 02	50 % von 200 000 € =	100 000 €
Geschäftsjahr 03	Verlust daher	0 €
Stand Rücklagen 31. 12. 02 und 31. 12. 03		162 500 €

Danach entwickelt sich das Eigenkapital der A & B OHG wie folgt:

Kapitaleinlagen A und B insgesamt	200 000 €
Zuführung Rücklagen 01	62 500 €
Eigenkapital 31. 12. 01	262 500 €
Zuführung Rücklagen 02	100 000 €
Eigenkapital 31. 12. 02	362 500 €

Zum 31. 12. 03 verändert sich der Eigenkapitalstand nicht, da die Verlustanteile den Darlehenskonten der Gesellschafter zu belasten sind.

Die Darlehenskonten der Gesellschafter A und B entwickeln sich wie folgt; dabei wird aus Vereinfachungsgründen die Verzinsung außer Betracht gelassen.

	A	B
	€	€
Entnahmen 01	25 000	30 000
Teilbetrag Gewinn 01	31 250	31 250
Verbindlichkeit an Gesellschafter am 31. 12. 01	6 250	1 250
Entnahmen 02	90 000	120 000
Teilbetrag Gewinn 02	50 000	50 000
Forderung an Gesellschafter am 31. 12. 02	33 750	68 750
Entnahmen 03	60 000	50 000
Verlustanteil 03	45 000	45 000
Forderung an Gesellschafter am 31. 12. 03	138 750	163 750

Bei KG entspricht die Stellung des Komplementärs der eines Gesellschafters einer OHG, so dass insoweit die diesbezüglichen Ausführungen entsprechend gelten. Bei Kommanditisten ergibt sich die Besonderheit, dass deren Haftung auf den Betrag einer bestimmten Vermögenseinlage beschränkt ist (§ 161 Abs. 1 HGB). Die erbrachte Hafteinlage gehört zum Eigenkapital. Dies gilt auch für ggf. darüber hinaus erbrachte Einlagen. Verluste mindern danach die Einlage der Kommanditisten und damit auch das Kapitalkonto. Gewinne sind zunächst zum Ausgleich der zuvor durch Verluste oder Auszahlung geminderten Hafteinlage zu verwenden (§ 169 Abs. 1 HGB), so dass sich dadurch das Eigenkapital erhöht. Auch bei KG ist es verschiedentlich üblich, die Hafteinlagen der Kommanditisten unverändert auszuweisen, Verluste und Gewinne daneben auf einem besonderen Konto zu buchen. In einem derartigen Fall ergibt sich das Eigenkapital aus der Summe bzw. dem Saldo dieser Konten. Wegen weiterer Einzelheiten wird auf die BMF-Schreiben v. 30. 5. 1997 (BStBl 1997 I S. 627), v. 7. 12. 2000 (BStBl I 2001 S. 47), v. 11. 8. 2008 (BStBl 2008 I S. 838), v. 8. 12. 2011 (BStBl 2011 I S. 1279) sowie v. 17. 12. 2013 (BStBl I 2014 S. 63) hingewiesen. 146

Für **Kapitalgesellschaften** schreibt § 266 Abs. 3 HGB folgende Gliederung des Eigenkapitals vor: 147

I. Gezeichnetes Kapital
II. Kapitalrücklage
III. Gewinnrücklagen
   1. gesetzliche Rücklage
   2. Rücklage für Anteile an einem herrschenden oder mehrheitlich beteiligten Unternehmen
   3. satzungsmäßige Rücklagen
   4. andere Gewinnrücklagen
IV. Gewinnvortrag/Verlustvortrag
V. Jahresüberschuss/Jahresfehlbetrag

148 Die nicht eingeforderten ausstehenden Einlagen auf das gezeichnete Kapital sind gem. § 272 Abs. 1 Satz 2 HGB wie folgt auszuweisen:

Gezeichnetes Kapital
./. nicht eingeforderte Einlagen
Eingefordertes Kapital

Eingeforderte, aber noch nicht eingezahlte Beträge sind unter den Forderungen mit entsprechender Bezeichnung auszuweisen (§ 272 Abs. 1 Satz 2 letzter Halbsatz HGB).

149 Hat eine Kapitalgesellschaft eigene Anteile erworben, ist der Nennbetrag oder, falls ein solcher nicht vorhanden ist, der rechnerische Wert nach § 272 Abs. 1a HGB in der Vorspalte offen von dem Posten „Gezeichnetes Kapital" abzusetzen. Der Unterschiedsbetrag zwischen dem Nennbetrag oder dem rechnerischen Wert und den Anschaffungskosten der eigenen Anteile ist mit den frei verfügbaren Rücklagen zu verrechnen. Aufwendungen, die Anschaffungsnebenkosten sind, sind Aufwand des betreffenden Geschäftsjahres. Werden die eigenen Anteile später veräußert, entfällt die Absetzung von dem Gezeichneten Kapital. Der den Nennbetrag übersteigende Teil des Veräußerungserlöses ist mit dem Betrag der freien Rücklagen zu verrechnen, der sich aus Anlass des Erwerbs der eigenen Anteile ergeben hat. Ein danach noch verbleibender Differenzbetrag ist in die Kapitalrücklage i. S. des § 272 Abs. 2 Nr. 1 HGB einzustellen. Die Nebenkosten der Veräußerung sind Aufwand des betreffenden Geschäftsjahres. Nach dem BMF-Schreiben v. 27. 11. 2013 (BStBl 2013 I S. 1615) ist in der Steuerbilanz entsprechend zu verfahren.

150 Für Anteile an einem herrschenden oder mit Mehrheit beteiligten Unternehmen ist gem. § 272 Abs. 4 HGB eine Rücklage zu bilden, für die frei verfügbare Rücklagen verwendet werden können. Sie ist nach § 266 Abs. 3 HGB gesondert auszuweisen.

151 Personengesellschaften & Co. haben die sich aus § 264c Abs. 3 HGB ergebenden Besonderheiten zu beachten.

3.2 Rückstellungen, Verbindlichkeiten, Rechnungsabgrenzungsposten

152 Auf der Passivseite der Bilanz sind gem. § 266 Abs. 3 HGB nach dem Eigenkapital zunächst die Rückstellungen, danach die Verbindlichkeiten und die RAP sowie Passive latente Steuern auszuweisen.

153 Bei der Gliederung der Rückstellungen ist zu unterscheiden zwischen

- Rückstellungen für Pensionen und ähnliche Verpflichtungen,
- Steuerrückstellungen und
- sonstigen Rückstellungen.

154 Nach § 249 Abs. 1 HGB sind Rückstellungen zu bilden (Passivierungspflicht) für:

- ungewisse Verbindlichkeiten,
- drohende Verluste aus schwebenden Geschäften,
- im Geschäftsjahr unterlassene Aufwendungen für Instandhaltung, die im folgenden Geschäftsjahr innerhalb von drei Monaten, oder für Abraumbeseitigung, die im folgenden Geschäftsjahr nachgeholt werden,
- Gewährleistungen, die ohne rechtliche Verpflichtung erbracht werden.

Für andere Zwecke dürfen Rückstellungen nicht gebildet werden (§ 249 Abs. 2 Satz 1 HGB), sodass keine weitergehenden Passivierungswahlrechte bestehen.

Für den Ausweis von Rückstellungen in der Steuerbilanz sind folgende Einschränkungen zu beachten: 155

- Für Verpflichtungen, die nur zu erfüllen sind, soweit künftig Einnahmen oder Gewinne anfallen, sind Verbindlichkeiten oder Rückstellungen erst anzusetzen, wenn die Einnahmen oder Gewinne angefallen sind (§ 5 Abs. 2a EStG).
- Rückstellungen wegen der Verletzung fremder Patent-, Urheber- oder ähnlicher Schutzrechte dürfen nach § 5 Abs. 3 EStG erst gebildet werden, wenn der Rechtsinhaber Ansprüche wegen der Rechtsverletzung geltend gemacht hat oder mit einer Inanspruchnahme wegen der Rechtsverletzung ernsthaft zu rechnen ist. Wegen drohender Inanspruchnahme gebildete Rückstellungen sind spätestens in der Steuerbilanz des Dritten auf ihre erstmalige Bildung folgenden Wirtschaftsjahres aufzulösen, wenn tatsächlich keine Ansprüche geltend gemacht werden (vgl. auch R 5.7 Abs. 10 EStR).
- Rückstellungen für die Verpflichtung zu einer Zuwendung anlässlich eines Dienstjubiläums dürfen nur in dem sich aus § 5 Abs. 4 EStG ergebenden Umfang gebildet werden. Diese Regelung ist rechtmäßig (BVerfG v. 12. 5. 2009, BStBl II S. 685).
- Rückstellungen für drohende Verluste aus schwebenden Geschäften sind nach § 5 Abs. 4a EStG grundsätzlich nicht zulässig (Rdn. 386). Eine Ausnahme gilt bei Bildung einer Bewertungseinheit nach § 5 Abs. 1a EStG (Rdn. 669).
- Nach § 5 Abs. 4b Satz 1 EStG dürfen Aufwendungen, die Anschaffungs- oder Herstellungskosten für ein Wirtschaftsgut sind, in Übereinstimmung mit der Rechtsprechung des BFH (vgl. Urteil v. 23. 3. 1995, BStBl II S. 772) nicht in eine Rückstellung eingestellt werden. Dementsprechend sind Rückstellungen für die Verpflichtung zur schadlosen Verwertung von radioaktiven Rückständen und Abfällen insoweit nicht zulässig, als daraus wieder Kernbrennstoffe gewonnen werden, die keine Abfälle sind.
- Übernommene Verpflichtungen, die beim ursprünglichen Verpflichteten Ansatzverboten, -beschränkungen oder Bewertungsvorbehalten unterlegen haben, sind zu den auf die Übernahme folgenden Abschlussstichtagen bei dem Übernehmer und dessen Rechtsnachfolger gem. § 5 Abs. 7 EStG so zu bilanzieren, wie sie beim ursprünglich Verpflichteten ohne Übernahme zu bilanzieren wären (vgl. Rdn. 1331 ff.).
- Pensionsrückstellungen sind dem Grunde und der Höhe nach nur in dem sich aus § 6a EStG ergebenden Umfang zulässig.

Verbindlichkeiten sind Verpflichtungen (Schulden) des Unternehmens, bei denen Grund und Höhe bestimmt sind und denen sich das Unternehmen aus rechtlichen oder wirtschaftlichen Gründen nicht entziehen kann. Dabei ist es unerheblich, ob in Geld oder in Sachwerten zu leisten ist. Das Gliederungsschema in § 266 Abs. 3 HGB unterscheidet zwischen unterschiedlichsten Arten von Verbindlichkeiten und differenziert im Übrigen nach Fristigkeit und unterschiedlichen Gläubigern. Für Verbindlichkeiten besteht uneingeschränkte Passivierungspflicht. 156

Einstweilen frei 157

4. Sonderposten auf Aktiv- und Passivseite

Die Beteiligung einer Personengesellschaft & Co. an Komplementärgesellschaften ist auf der Aktivseite unter den Anteilen an verbundenen Unternehmen oder unter den Beteiligungen auszuweisen. In dieser Höhe ist nach dem Eigenkapital ein Sonderposten unter der Bezeichnung „Ausgleichsposten für aktivierte eigene Anteile" auszuweisen (§ 264c Abs. 4, § 272 Abs. 4 HGB). 158

159 Buchführende Gewerbetreibende haben für den Schluss des Wirtschaftsjahres nach § 5 Abs. 1 EStG das Betriebsvermögen anzusetzen, das nach den handelsrechtlichen GoB auszuweisen ist. Steuerrechtliche Wahlrechte bei der Gewinnermittlung können in der Steuerbilanz unabhängig von der Verfahrensweise in der Handelsbilanz ausgeübt werden (vgl. dazu Rdn. 21).

160 Der Ausweis von Einzelposten mit abweichenden, nur steuerlich zulässigen Werten in der Handelsbilanz ist nicht zulässig.

161 Kapitalgesellschaften unterliegen mit ihrem Gewinn der Einkommensbesteuerung nach Maßgabe des KStG und der Gewerbesteuer nach Maßgabe des GewStG. Der Aufwand für Ertragsteuern setzt sich danach bei Kapitalgesellschaften aus der Körperschaftsteuer und der Gewerbesteuer zusammen. Demgegenüber unterliegen die von einer Personengesellschaft erzielten Gewinne bei ihr zwar der Besteuerung nach Maßgabe des GewStG, Steuersubjekte für die Besteuerung nach Maßgabe des EStG oder des KStG sind hingegen die Gesellschafter. Die von den Gesellschaftern geschuldeten Steuern vom Einkommen führen danach bei der Personengesellschaft zu keinem Ertragsteueraufwand. Eine Ausnahme gilt nach § 264c Abs. 3 HGB bei Personengesellschaften & Co. für die Belastung der Komplementärgesellschaft mit Steuern vom Einkommen. Danach darf in der GuV nach dem Posten „Jahresüberschuss/Jahresfehlbetrag" ein dem Steuersatz der Komplementärgesellschaft entsprechender Steueraufwand der Gesellschafter offen ausgewiesen werden. Bemessungsgrundlage ist der Gewinnanteil der Komplementärgesellschaft. Da bei der Ermittlung des ggf. auszuweisenden Betrags die persönlichen Besteuerungsgrundlagen außer Betracht bleiben, wird es sich regelmäßig um einen fiktiven Betrag handeln.

162 Der Aufwand für Ertragsteuern wird durch die Höhe des in der Steuerbilanz ausgewiesenen Ergebnisses bestimmt. Handels- und Steuerbilanz werden im Regelfall infolge der weiteren Entkoppelung der Handelsbilanz von der Steuerbilanz (vgl. Rdn. 159) in stärkerem Maße als in der Vergangenheit voneinander abweichen. Dies führt dazu, dass der für das einzelne Geschäftsjahr tatsächlich entstandene Ertragsteueraufwand im Verhältnis zum Ergebnis der Handelsbilanz auch bei gleichbleibenden Steuersätzen zu einem nicht ausgewogenen Verhältnis führt. Diese Abweichungen werden sich regelmäßig über einen längeren Zeitraum ausgleichen. Damit wird über die Gesamtperiode betrachtet in Handels- und Steuerbilanz ein jeweils identischer Steueraufwand ausgewiesen.

163 **BEISPIEL 6:**

a) Die X-GmbH weist in ihrer Handelsbilanz zum 31. 12. 2021 in Ausübung des ihr durch § 248 Abs. 2 HGB eröffneten Wahlrechts einen von ihr selbst geschaffenen immateriellen Vermögensgegenstand aus. Die Herstellungskosten in 2021 haben 100 000 € betragen, sodass entsprechend einer zehnjährigen Nutzungsdauer in der Handelsbilanz noch 90 000 € ausgewiesen werden. Infolge des sich aus § 5 Abs. 2 EStG ergebenden Bilanzierungsverbots ergibt sich in der Steuerbilanz aus diesem Anlass ein um 90 000 € niedriger Gewinn, der Bemessungsgrundlage für die KSt und GewSt ist. Die Ergebnisse Steuerbilanzen der nachfolgenden neun Jahre weisen aus diesem Anlass gegenüber der Handelsbilanz einen um 10 000 € höheren Gewinn aus, der jeweils der Besteuerung unterliegt. Ausgehend von der Betrachtung in der Handelsbilanz wird danach die „verminderte" Steuerbelastung für 2021 durch eine „überhöhte" Steuerbelastung für die nachfolgenden neun Jahre ausgeglichen.

b) Die Y-GmbH stellt in ihre Handelsbilanz zum 31. 12. 2021 eine Rückstellung wegen drohender Verluste aus einem schwebenden Geschäft in Höhe von 100 000 € ein. Diese Rückstellung ist in der Steuerbilanz gem. § 5 Abs. 4a EStG nicht zulässig. Aus diesem Grunde weist die Steuerbilanz einen entsprechend höheren Gewinn aus, der Bemessungsgrundlage für die KSt und GewSt ist.

Das risikobelastete Geschäft wird im Jahre 2022 mit dem bereits zum 31. 12. 2021 prognostizierten Ergebnis abgewickelt. Dies hat zur Folge, dass in der Steuerbilanz gegenüber der Handelsbilanz ein um 100 000 € niedrigerer Gewinn ausgewiesen wird. Dieser niedrigere Gewinn ist Bemessungsgrundlage für die KSt und GewSt. Damit wird ausgehend von der Betrachtung der Handelsbilanzen die „überhöhte" Steuerbelastung des Jahres 2021 durch die „verminderte" Steuerbelastung des Jahres 2022 ausgeglichen.

Bestehen zwischen den handelsrechtlichen Wertansätzen von Vermögensgegenständen, Schulden und Rechnungsabgrenzungsposten und ihren steuerlichen Wertansätzen Differenzen, die sich in späteren Geschäftsjahren voraussichtlich abbauen, so ist nach § 274 Abs. 1 Satz 1 HGB eine sich daraus insgesamt ergebende Steuerbelastung auf der Passivseite der Bilanz unter § 266 Abs. 3 E. Passive latente Steuern auszuweisen. Diese Voraussetzungen liegen im Beispiel 6 Variante a) vor. 164

Ergeben sich durch die unterschiedlichen Wertansätze von Vermögensgegenständen, Schulden und Rechnungsabgrenzungsposten in Handels- und Steuerbilanz insgesamt Steuerentlastungen, können diese nach § 274 Abs. 1 Satz 2 HGB auf der Aktivseite der Bilanz unter § 266 Abs. 2 D. Aktive Latente Steuern ausgewiesen werden. Der Gesetzgeber geht danach von einer Saldierung der passiven und aktiven Steuerlatenzen aus. Nach § 274 Abs. 1 Satz 3 HGB können aber auch die beiden Latenzen getrennt ausgewiesen werden. Im Beispiel 6 Variante b) besteht lediglich eine aktive Steuerlatenz, sodass der Y-GmbH ein Wahlrecht zusteht. 165

Steuerliche Verlustvorträge führen zu steuerlichen Entlastungen in den Folgejahren. Sie sind bei der Berechnung aktiver latenter Steuern nach § 274 Abs. 1 Satz 4 HGB in Höhe der innerhalb der nächsten fünf Jahre zu erwartenden Verlustverrechnung zu berücksichtigen. Die auszuweisenden Beträge sind nach § 274 Abs. 2 HGB mit den unternehmensindividuellen Steuersätzen im Zeitpunkt des Abbaus der Differenzen zu bewerten und nicht abzuzinsen. Die Posten sind aufzulösen, sobald die Steuerbelastung oder -entlastung eintritt oder mit ihr nicht mehr zu rechnen ist. Der sich danach ergebende Aufwand oder Ertrag ist in der GuV gesondert unter dem Posten „Steuern vom Einkommen und vom Ertrag" auszuweisen. Zu beachten ist, dass Personengesellschaften i. S. des § 264a HGB lediglich der GewSt unterliegen und damit für den Ausweis der Ertragsteuerbelastung der Gesellschafter regelmäßig kein Raum ist. 166

Kleine Kapitalgesellschaften können gem. § 274a Nr. 4 HGB auf die Anwendung des § 274 HGB insgesamt verzichten. 167

Der Ausweis latenter Steuern kommt in der Steuerbilanz nicht in Betracht. 168

Einstweilen frei 169, 170

V. Das Inventar als Grundlage für die Bilanzaufstellung

1. Zeitnahe Aufstellung

171 Nach § 240 Abs. 1 HGB hat jeder Kaufmann in einem Inventar zu Beginn seines Handelsgewerbes seine Grundstücke, seine Forderungen und Schulden, seine Zahlungsmittel sowie seine sonstigen Vermögensgegenstände genau zu verzeichnen und dabei den Wert der einzelnen Vermögensgegenstände und Schulden anzugeben. Ein derartiges Inventar ist nach § 240 Abs. 2 HGB zum Schluss eines jeden Geschäftsjahres innerhalb der einem ordnungsmäßigen Geschäftsgang entsprechenden Zeit aufzustellen. Diesen Anforderungen wird genügt, wenn die körperliche Bestandsaufnahme (Inventur) innerhalb einer Frist von 10 Tagen vor oder nach dem Bilanzstichtag erfolgt (R 5.3 Abs. 1 Satz 2 EStR). Dabei ist es erforderlich, dass die zwischen dem Aufnahmetag und dem Bilanzstichtag eingetretenen bzw. noch eintretenden Bestandsveränderungen anhand von Belegen oder Aufzeichnungen verfolgt und dementsprechend berücksichtigt werden können.

172 **BEISPIEL 7:** A lässt die Inventur in seinem Einzelunternehmen für die Rohstoffe am 22. 12. 2021, für die Fertigfabrikate am 6. 1. 2022 durchführen.

Zur Ermittlung der tatsächlichen Bestände zum 31. 12. 2021 sind Unterlagen über etwaige Zu- und Abgänge bei den Rohstoffen für die Zeit bis zum 31. 12. 2021 erforderlich. Die Zugänge werden sich regelmäßig aus Belegen über Anlieferungen bis zu diesem Zeitpunkt ergeben. Bei den Abgängen wird es sich um Entnahmen aus dem Lager für Produktionszwecke handeln, die zu dokumentieren sind (z. B. Lagerentnahmescheine).

Bei der Ermittlung des Bestands der Fertigfabrikate sind die Ausgänge in der Zeit vom 1. 1. bis 6. 1. 2022 zu berücksichtigen, die regelmäßig durch die entsprechenden Ausgangsrechnungen oder dgl. belegt werden können. Ferner sind die erst nach dem 31. 12. 2021 hergestellten Produkte auszuscheiden. Soweit diese in das Lager überführt wurden, werden die insoweit gefertigten Aufzeichnungen heranzuziehen sein.

Bei der Ermittlung des Bestands an Fertigprodukten ist zu beachten, dass die nach dem Bilanzstichtag fertig gestellten Produkte je nach dem Stand der Bearbeitung noch als Rohstoffe oder als teilfertiges Produkt zu erfassen sein werden.

173 Die Verpflichtung zur Durchführung der Inventur und damit der jährlichen Ermittlung und Aufzeichnung der Bestände erstreckt sich auf sämtliche zu bilanzierende Vermögensgegenstände/Wirtschaftsgüter und Schulden. Für die Wirtschaftsgüter des beweglichen Anlagevermögens wird gefordert, dass aus dem Bestandsverzeichnis die genaue Bezeichnung des Gegenstands sowie der Bilanzwert am Bilanzstichtag ersichtlich sein muss (R 5.4 Abs. 1 EStR). Dem Erfordernis der genauen Bezeichnung wird nach R 5.4 Abs. 2 EStR auch dann genügt, wenn bei einer aus mehreren Gegenständen bestehenden Anlage (z. B. Hochofen, Fertigungsstraße) auf die Bezeichnung der Einzelgegenstände verzichtet und nur die Anlage aufgeführt wird, vorausgesetzt, die AfA wird auf die Gesamtanlage einheitlich vorgenommen. Gleichartige Gegenstände können unter Angabe der Stückzahl bei Anschaffung im selben Wirtschaftsjahr zusammengefasst werden, sofern sie die gleiche Nutzungsdauer und die gleichen Anschaffungs- oder Herstellungskosten haben und nach einer einheitlichen AfA-Methode abgeschrieben werden.

Gesetzgeber und Finanzverwaltung haben für die Durchführung der Inventur die unterschiedlichsten Erleichterungen zugelassen. Ob und in welchem Umfang davon Gebrauch gemacht werden kann, hängt von den betrieblichen Gegebenheiten ab. Für den Regelfall werden einzelne Erleichterungen nur für die Inventur bei bestimmten Vermögensgegenständen/Wirtschaftsgütern beansprucht werden. 174

BEISPIEL 8: Der Einzelunternehmer A führt für die abnutzbaren Anlagegüter eine Anlagenkartei und verzichtet deswegen insoweit auf eine Inventur (vgl. Rdn. 178). Der Heizölvorrat wird zulässigerweise mit einem Festwert (vgl. Rdn. 176) ausgewiesen. Der Bestand der Reparaturmaterialien wird durch eine permanente Inventur (vgl. Rdn. 181) nachgewiesen. 175

2. Erleichterungen bei der Inventur

2.1 Festwert

Nach § 240 Abs. 3 HGB ist es zulässig, Vermögensgegenstände des Sachanlagevermögens, sowie Roh-, Hilfs- und Betriebsstoffe, die regelmäßig ersetzt werden, und deren Gesamtwert für das Unternehmen von nachrangiger Bedeutung ist, mit einer gleichbleibenden Menge und einem gleichbleibenden Wert – Festwert – anzusetzen. Weitere Voraussetzung ist, dass der Bestand in seiner Größe, seinem Wert und seiner Zusammensetzung nur geringen Veränderungen unterliegt. Nicht einzubeziehen sind kurzlebige Wirtschaftsgüter, d. h. Anlagegüter mit einer betriebsgewöhnlichen Nutzungsdauer von weniger als einem Jahr (BFH v. 26. 8. 1993, BStBl II 1994 S. 232). Für den Regelfall ist eine Überprüfung des Bestands in einem dreijährigen Turnus erforderlich. Nach diesen Grundsätzen kann auch bei der Aufstellung der Steuerbilanz verfahren werden (§ 5 Abs. 1 EStG). Der Bestand der in einem Festwert zusammenzufassenden Wirtschaftsgüter ist von nachrangiger Bedeutung, wenn er im Durchschnitt der dem Bilanzstichtag vorangegangenen fünf Bilanzstichtage 10 % der Bilanzsumme nicht überstiegen hat. Der Festwert darf nur der Erleichterung der Inventur und der Bewertung, nicht jedoch dem Ausgleich von Preisschwankungen, insbesondere Preissteigerungen, dienen (BFH v. 1. 3. 1955, BStBl 1955 III S. 144, und v. 3. 3. 1955, BStBl 1955 III S. 222). 176

Nach R 5.4 Abs. 3 Satz 1 EStR soll die körperliche Bestandsaufnahme im Regelfall an jedem dritten, spätestens aber an jedem fünften Bilanzstichtag erfolgen. Übersteigt der für diesen Bilanzstichtag ermittelte Wert den bisherigen Festwert um mehr als 10 %, ist der ermittelte Wert als neuer Festwert maßgebend. Der bisherige Festwert ist so lange um die Anschaffungs- und Herstellungskosten der im Festwert erfassten und nach dem Bilanzstichtag des vorangegangenen Wirtschaftsjahres angeschafften oder hergestellten Wirtschaftsgüter aufzustocken, bis der neue Festwert erreicht ist. Ist der ermittelte Wert niedriger als der bisherige Festwert, kann der ermittelte Wert als neuer Festwert angesetzt werden. Übersteigt der ermittelte Wert den bisherigen Festwert um nicht mehr als 10 %, kann der bisherige Festwert beibehalten werden. 177

2.2 Erfassung des Anlagevermögens

Nach § 241 Abs. 2 HGB kann auf eine körperliche Bestandsaufnahme verzichtet werden, 178
soweit durch ein den GoB entsprechendes anderes Verfahren gesichert ist, dass der Be-

stand nach Art, Menge und Wert auch ohne diese Bestandsaufnahme ermittelt werden kann. Gem. R 5.4 Abs. 4 EStR werden diese Voraussetzungen für die Wirtschaftsgüter des Anlagevermögens durch ein Anlagenverzeichnis oder eine Anlagenkartei erfüllt, sofern sich daraus bei laufender Führung die Bezeichnung des einzelnen Wirtschaftsguts, der Tag der Anschaffung oder Herstellung, die Anschaffungs- oder Herstellungskosten oder der nach Maßgabe des DMBilG an deren Stelle tretende Wert, der Bilanzwert zum jeweiligen Bilanzstichtag sowie der Tag des Abgangs ergeben.

179 Bei der Erfassung der geringwertigen Wirtschaftsgüter (vgl. dazu Rdn. 973) ist wie folgt zu differenzieren:

- Werden die Anschaffungskosten/Herstellungskosten von nicht mehr als 250 € sofort als Betriebsausgaben abgezogen, bestehen, abgesehen von der buchmäßigen Erfassung der Wirtschaftsgüter, keine weiteren steuerlichen Aufzeichnungspflichten.
- Werden die Anschaffungskosten/Herstellungskosten von mehr als 250 € aber nicht mehr als 800 € sofort als Betriebsausgaben abgezogen, ist das einzelne Wirtschaftsgut unter Angabe des Tages der Anschaffung, Herstellung oder Einlage sowie der Anschaffungs- oder Herstellungskosten oder des Einlagewertes in ein besonderes, laufend zu führendes Verzeichnis aufzunehmen. Das Verzeichnis braucht nicht geführt zu werden, wenn diese Angaben aus der Buchführung ersichtlich sind.
- Werden die Anschaffungskosten/Herstellungskosten von mehr als 250 € aber nicht mehr als 1 000 € in einen Sammelposten eingestellt, sind – abgesehen von der buchmäßigen Erfassung des Zugangs und der Fortschreibung des Sammelpostens – keine weiteren Aufzeichnungspflichten vorgesehen.

2.3 Stichprobeninventur

180 Nach § 241 Abs. 1 HGB darf der Bestand der Vermögensgegenstände nach Art, Menge und Wert mit Hilfe anerkannter mathematisch statistischer Methoden aufgrund von Stichproben ermittelt werden. Das Verfahren muss den GoB und in seinem Aussagewert einer körperlichen Bestandsaufnahme entsprechen. Ziel der Stichprobe ist die Überprüfung der Lagerbuchführung. Nach der Stellungnahme des HFA des IDW 1/1981 (WPg 1981 S. 479; ergänzt durch die Stellungnahme des HFA 1/1990, WPg 1990 S. 143) kommen als Verfahren für die Stichprobeninventur insbesondere die freie (geschichtete) Hochrechnung sowie gebundene Schätzverfahren in Betracht. Führt die Stichprobe zu Abweichungen von der Lagerbuchführung, ist diese dem gewonnenen Ergebnis anzupassen. Wegen weiterer Einzelheiten zu dem Verfahren Hinweis auf Hoffmann/ Lüdenbach, NWB Kommentar Bilanzierung, 12. Aufl., § 241 HGB Rz. 10 ff.

2.4 Permanente Inventur

181 Nach § 241 Abs. 2 HGB kann auf eine körperliche Bestandsaufnahme zum Schluss des Geschäftsjahres verzichtet werden, wenn der Bestand der Vermögensgegenstände/ Wirtschaftsgüter in anderer Weise festgestellt werden kann. Dies kann erreicht werden, indem die Bestände, die Zu- und Abgänge chronologisch nach Art und Menge z. B. in Lagerbüchern oder -karteien aufgezeichnet und durch Belege nachgewiesen werden. Diese Aufzeichnungen sind einmal jährlich mit den durch eine körperliche Bestandsaufnahme ermittelten Beständen abzustimmen. Es ist nicht erforderlich, dass dies für den gesamten Bestand zu einem bestimmten Stichtag erfolgt. Die körperliche Bestandsauf-

nahme kann sich im Übrigen auf Stichproben beschränken (vgl. auch § 241 Abs. 1 HGB). Die Durchführung und das Ergebnis der körperlichen Bestandsaufnahmen sind zu dokumentieren.

Dieses Verfahren setzt voraus, dass die zu erfassenden Wirtschaftsgüter nach Art und 182 Qualität eindeutig bestimmbar sind und insoweit über die Lagerdauer keine Änderungen eintreten. Es ist deswegen grundsätzlich nicht für die Ermittlung des Bestands halbfertiger Produkte geeignet. Ferner kann es regelmäßig nicht angewendet werden, wenn bei den Beständen durch Verderb, Verdunsten oder dgl. nicht zu vernachlässigende unkontrollierbare Abgänge eintreten, wie dies z. B. bei den Vorräten eines Obst- oder Gemüsegroßhändlers weitgehend der Fall sein dürfte. Außerdem ist die permanente Inventur nicht zulässig für nach den Verhältnissen des Betriebs besonders wertvolle Wirtschaftsgüter (vgl. auch R 5.3 Abs. 3 EStR).

2.5 Zeitverschobene Inventur

Durch § 241 Abs. 3 HGB wird es schließlich zugelassen, die Inventur einschließlich der 183 Bewertung statt zum Bilanzstichtag für einen Tag innerhalb der letzten drei Monate vor oder der ersten beiden Monate nach diesem Stichtag durchzuführen. Der Bestand zum Bilanzstichtag ist dann durch Fortschreibung oder Rückrechnung des auf den Aufnahmestichtag festgestellten Werts zu ermitteln. Es ist danach ausreichend, dass die Zu- und Abgänge zwischen Bilanzstichtag und Aufnahmestichtag wertmäßig festgehalten werden.

BEISPIEL 9: Der Großhändler X, Bilanzstichtag 31. 12., führt die körperliche Bestandsaufnahme 184 für die Warengruppe A jeweils am 1. 12. des laufenden Geschäftsjahres, für die Warengruppe B jeweils am 15. 2. des nachfolgenden Geschäftsjahres durch. Danach sind die Bestände dieser Warengruppen zum Bilanzstichtag wie folgt zu ermitteln:

Warengruppe A:		Wert 1. 12.
	+	Wert der Zugänge bis zum 31. 12.
	./.	Wert der Abgänge bis zum 31. 12.
		Wert des Bestands zum 31. 12.
Warengruppe B:		Wert 15. 2.
	+	Wert der Abgänge vom 1. 1. bis zum 15. 2.
	./.	Wert der Zugänge vom 1. 1. bis zum 15. 2.
		Wert des Bestands zum 31. 12.

Da die körperliche Zusammensetzung des Bestands zum Bilanzstichtag nicht ermittelt 185 wird, kann dieses Verfahren nicht angewendet werden, wenn dieser für die Bewertung zum Bilanzstichtag von Bedeutung ist, wie z. B. bei der Anwendung des Lifo-Verfahrens nach § 6 Abs. 1 Nr. 2a EStG (vgl. Rdn. 906 ff.). Ferner ist die zeitverschobene Inventur in den Fällen ausgeschlossen, in denen auch die permanente Inventur nicht zulässig ist (vgl. Rdn. 181). Auf R 5.3 Abs. 3 EStR wird hingewiesen.

C. Die Einzelposten der Bilanz

I. Das Anlagevermögen

1. Allgemeines

301 Nach § 247 Abs. 2 HGB sind beim Anlagevermögen nur die Gegenstände auszuweisen, die bestimmt sind, dem Geschäftsbetrieb dauernd zu dienen (BFH v. 7. 11. 2000, BStBl 2001 II S. 200; v. 31. 5. 2001, BStBl 2001 II S. 673, jeweils m. w. N.). Bei Personengesellschaften hat diese Unterscheidung gesellschaftsbezogen und nicht der Interessenlage einzelner Gesellschafter folgend zu erfolgen (BFH v. 8. 10. 2010, BFH/NV 2011 S. 244). Abzustellen ist auf die Zweckbestimmung zum Bilanzstichtag. Wesentlich ist, dass der betreffende Vermögensgegenstand für betriebliche Zwecke genutzt werden soll. Nicht entscheidend ist, ob sich diese Nutzung über die gesamte voraussichtliche Nutzungsdauer oder nur über einen verhältnismäßig kurzen Zeitraum erstrecken soll, so gehören z. B. auch Musterhäuser eines Fertighausunternehmens (BFH v. 23. 9. 2008, BStBl 2009 II S. 986) und Vorführwagen von Kfz-Händlern (BFH v. 17. 11. 1981, BStBl 1982 II S. 344) zum Anlagevermögen. In den Fällen des gewerblichen Grundstückshandels (vgl. BMF-Schreiben v. 26. 3. 2004, BStBl I S. 434) gehören die zur Veräußerung bestimmten Grundstücke auch dann zum Umlaufvermögen, wenn sie vermietet sind (BFH v. 14. 12. 2006, BStBl 2007 II S. 777 m. w. N.). Werden bisher zum Anlagevermögen gehörende Wirtschaftsgüter zur Veräußerung bestimmt, werden sie bei unveränderter Nutzung im Betrieb damit nicht zwangsläufig in das Umlaufvermögen überführt (BFH v. 31. 5. 2001, a. a. O.; v. 9. 2. 2006, BFH/NV 2006 S. 1267). Beschränkt sich der bisherige Eigentümer indessen nicht auf die bloße Verkaufstätigkeit, sondern wird von ihm das Wirtschaftsgut durch besondere Maßnahmen erst verkaufsreif gemacht, indem er z. B. an der Aufbereitung und Erschließung eines unbebauten Grundstücks als Bauland mitwirkt oder darauf Einfluss nimmt, ändert sich auch bei zunächst unveränderter Nutzung die Zweckbestimmung Grundstücks; es wird aus dem Anlagevermögen in das Umlaufvermögen überführt (BFH v. 25. 10. 2001, BStBl 2002 II S. 289).

302 Die Kapitalgesellschaften und die Personengesellschaften & Co. werden in § 266 Abs. 2 HGB verpflichtet, zu unterscheiden zwischen

- immateriellen Vermögensgegenständen,
- Sachanlagen und
- Finanzanlagen.

303 Die Kleinstkapitalgesellschaften können auf diese Differenzierung verzichten. Für nach dem 31. 12. 2015 beginnende Geschäftsjahre haben mittelgroße und große Kapitalgesellschaften die Entwicklung der einzelnen Posten des Anlagevermögens nach § 284 Abs. 3 HGB im Anhang zu machen. Die kleinen Kapitalgesellschaften werden durch § 288 Abs. 1 Nr. 1 HGB von diesen Angaben befreit.

Die mittelgroßen und großen Gesellschaften haben danach ausgehend von den historischen Anschaffungs- oder Herstellungskosten die Entwicklung der Posten bis zum Abschlussstichtag unter Berücksichtigung der Zugänge, Abgänge, Umbuchungen und Zuschreibungen des Geschäftsjahres sowie der Abschreibungen darzustellen – sog. **Anla-**

genspiegel. Dies gilt sowohl für die abnutzbaren als auch für die nicht abnutzbaren Anlagegüter. Bei den Umbuchungen handelt es sich um Umgliederungen, die z. B. dann erforderlich werden, wenn nach geleisteten Anzahlungen die Anschaffung erfolgt oder eine im Bau befindliche Anlage fertig gestellt wird.

Für den Anlagenspiegel ergibt sich danach folgendes Schema: 304

- Anschaffungs- oder Herstellungskosten,
- Zugänge im Geschäftsjahr,
- Abgänge im Geschäftsjahr,
- Umbuchungen im Geschäftsjahr,
- Zuschreibungen des Geschäftsjahres,
- kumulierte Abschreibungen zu Beginn und Ende des Geschäftsjahres,
- Buchwert zum Schluss des Geschäftsjahres,
- Abschreibungen im Laufe des Geschäftsjahres,
- Änderungen in den Abschreibungen in ihrer gesamten Höhe im Zusammenhang mit Zu- und Abgängen sowie Umbuchungen im Laufe des Geschäftsjahres.

Geringwertige Wirtschaftsgüter i. S. von § 6 Abs. 2 und 2a EStG brauchen nicht in den 305
Anlagenspiegel aufgenommen zu werden (vgl. Rdn. 179).

Die steuerliche Gewinnermittlung hat entweder durch eine unter Beachtung der steu- 306
erlichen Vorschriften abgeleitete Handelsbilanz oder aber eine gesondert aufgestellte Steuerbilanz zu erfolgen (§ 60 Abs. 2 EStDV). In beiden Fällen sind die Taxonomien für die E-Bilanz zu beachten (vgl. Rdn. 128).

2. Immaterielle Vermögensgegenstände

Nach § 248 Abs. 2 HGB können selbst geschaffene immaterielle Vermögensgegenstän- 307
de des Anlagevermögens grundsätzlich als Aktivposten in die Bilanz aufgenommen werden. Ein Bilanzierungsverbot besteht jedoch weiterhin für selbst geschaffene Marken, Drucktitel, Verlagsrechte, Kundenlisten oder vergleichbare immaterielle Vermögensgegenstände des Anlagevermögens, damit u. a. für den selbst geschaffenen Geschäfts- oder Firmenwert. Bei dem Ausweis der immateriellen Vermögensgegenstände des Anlagervermögens ist dann gem. § 266 Abs. 2 A. I. HGB wie folgt zu unterscheiden:

1. Selbst geschaffene gewerbliche Schutzrechte und ähnliche Rechte und Werte;
2. entgeltlich erworbene Konzessionen, gewerbliche Schutzrechte und ähnliche Rechte und Werte sowie Lizenzen an solchen Rechten und Werten;
3. Geschäfts- oder Firmenwert (§ 246 Abs. 1 HGB; vgl. Rdn. 313);
4. geleistete Anzahlungen.

Werden selbst geschaffene immaterielle Vermögensgegenstände des Anlagevermögens in der Bilanz ausgewiesen, so dürfen Gewinne nach § 268 Abs. 8 HGB nur ausgeschüttet werden, wenn die nach der Ausschüttung verbleibenden frei verfügbaren Rücklagen zuzüglich eines Gewinnvortrags und abzüglich eines Verlustvortrags mindestens den insgesamt angesetzten Beträgen abzüglich der hierfür gebildeten passiven latenten Steuern entsprechen.

Für den Ausweis in der Steuerbilanz gilt uneingeschränkt das sich aus § 5 Abs. 2 EStG 308
ergebende Bilanzierungsverbot für selbst geschaffene immaterielle Wirtschaftsgüter.

309 Immaterielle Vermögensgegenstände (Wirtschaftsgüter) sind unkörperlich und umfassen insbesondere Rechte und tatsächliche Positionen von wirtschaftlichem Wert. Gesellschaftsanteile und Geldforderungen gehören nicht zu den immateriellen Vermögensgegenständen. Es handelt sich weder um bewegliche noch um unbewegliche Vermögensgegenstände (BFH v. 6. 8. 1964, BStBl III S. 575; v. 22. 5. 1979, BStBl II S. 634). Danach sind die grundstücksgleichen Rechte (z. B. Erbbaurecht) immaterielle Vermögensgegenstände, die jedoch nach § 266 Abs. 2 A. II. 1. HGB unter den Sachanlagen auszuweisen sind. Soweit sie einer Abnutzung, einem Wertverzehr unterliegen, sind planmäßige Abschreibungen (AfA) vorzunehmen (vgl. Rdn. 1027 ff.).

310 Außer den in § 266 Abs. 2 HGB aufgeführten immateriellen Vermögensgegenständen (Wirtschaftsgütern) werden dazu gerechnet: Ablösesummen für Lizenzspieler (BFH v. 26. 8. 1992, BStBl II S. 977; v. 14. 12. 2011, BStBl 2012 II S. 238), Alleinvertriebsrechte (BFH v. 27. 7. 1988, BStBl 1989 II S. 101), Belieferungsrechte (BFH v. 28. 5. 1998, BStBl II S. 775), Datensätze (BFH v. 30. 10. 2008, BStBl 2009 II S. 421; v. 2. 6. 2014, BFH/NV 2014 S. 1590), Emissionsberechtigungen nach dem Treibhausgas-Emissionsgesetz (BMF-Schreiben v. 6. 12. 2005, BStBl 2005 I S. 1047, und v. 7. 3. 2013, BStBl 2013 I S. 275), Optionsrechte (BFH v. 10. 8. 1989, BStBl 1990 II S. 15), ungeschützte Erfindungen, Gebrauchsmuster, Fabrikationsverfahren, Know-how, Tonträger in der Schallplattenindustrie (BFH v. 28. 5. 1979, BStBl II S. 734), Markenzeichen (BMF-Schreiben v. 27. 2. 1998, BStBl I S. 252), Arzneimittelzulassungen (BMF-Schreiben v. 12. 7. 1999, BStBl I S. 686), Urheberrechte, Verlagsrechte (BFH v. 24. 11. 1982, BStBl 1983 II S. 113), Filmrechte (BMF-Schreiben v. 23. 2. 2001, BStBl 2001 I S. 175, Tz. 16; v. 5. 8. 2003, BStBl 2003 I S. 406), Domain-Namen (BFH v. 19. 10. 2006, BStBl 2007 II S. 301), Internet-Seite (Weber-Grellet, in: Schmidt, EStG, 37. Aufl., § 5 EStG Rdn. 270), Vertreterrechte eines Handelsvertreters (BFH v. 12. 7. 2007, BStBl 2007 II S. 959), Eigenjagdrechte (BMF-Schreiben v. 23. 6. 1999, BStBl I S. 593), Kundenstamm auch Kundenkartei, sofern nicht Bestandteil des Firmenwerts (BFH v. 26. 11. 2009, BStBl 2010 II S. 609), Anspruch eines Prozesskostenfinanzierungsfonds auf Beteiligung am Prozesserlös (FG Berlin-Brandenburg v. 6. 3. 2012 – 6 K 6014/09, NWB DokID: JAAAE-15577), Konzessionen für Personenbeförderungsleistungen (OFD NRW v. 16. 1. 2014, StuB 2014 S. 152).

311 Computer-Programme (Software) sind grundsätzlich als immaterielle Vermögensgegenstände (Wirtschaftsgüter) zu beurteilen (BFH v. 3. 7. 1987, BStBl 1987 II S. 728 u. 787; v. 28. 7. 1994, BStBl II S. 873). Sog. Trivialprogramme werden bei Anschaffungskosten von nicht mehr als 410 € als abnutzbare bewegliche Anlagegüter behandelt (R 5.5 Abs. 1 EStR). Es kann aber davon ausgegangen werden, dass die Finanzverwaltung die Grenze in Anlehnung an die Erhöhung der GWG-Grenze ebenfalls auf 800 € anheben wird. Nach dem Urteil des BFH v. 18. 5. 2011 (BStBl 2011 II S. 865) sind Computerprogramme jedweder Art grundsätzlich auch dann, wenn sie auf einem Datenträger gespeichert und demnach aus materiellen und immateriellen Elementen zusammengesetzt sind, unkörperlicher Natur und daher immaterielle Wirtschaftsgüter.

Bei der sog. ERP-Software – Enterprise Ressource Planning Software – handelt es sich um unternehmensübergreifende Software-Lösungen, die zum Optimieren von Geschäftsprozessen eingesetzt werden. Sie ermöglicht mit integrierten Abläufen eine durchgehende Abwicklung betrieblicher Prozesse. Für den Regelfall wird eine Standardkonfiguration angeboten, die den besonderen Anforderungen des Anwenders angepasst wird. Zu der bilanziellen Behandlung wird auf die IDW-Stellungnahme zur Rechnungslegung IDW RS HFA 11 (BBK F. 12 S. 6709) und das BMF-Schreiben v. 18. 11. 2005 (BStBl 2005 I S. 1025) hingewiesen. Danach wird für den Regelfall von der Anschaffung eines einheitlichen Vermögensgegenstands (Wirtschaftsguts) ausgegangen. Bei bestimmten Sachverhaltskonstellationen wird jedoch das Vorliegen von Herstellungsvorgängen nicht ausgeschlossen.

Wird Software zusammen mit der zu den beweglichen Wirtschaftsgütern gehörenden 312 Hardware erworben, wird ein einheitliches materielles Wirtschaftsgut angenommen, wenn der Träger der Software als unselbständiger Bestandteil in das Gerät fest eingebaut und die Software auf das Gerät zugeschnitten ist oder wenn Hardware und zugehörige Systemsoftware im Rahmen eines sog. *Bundlings* erworben werden, bei dem die Systemsoftware zusammen mit der Hardware ohne gesonderte Berechnung und ohne Aufteilbarkeit des Entgelts zur Verfügung gestellt wird (BFH v. 28. 11. 2002, BStBl 2003 II S. 365). Sofern Hardware und Software untrennbar miteinander verbunden sind und die Software auch faktisch nicht auf anderen Anlagen des gleichen Typs und Herstellers eingesetzt werden könnte, ist danach von einem einheitlichen beweglichen Wirtschaftsgut auszugehen.

Nach § 246 Abs. 1 Satz 4 HGB gilt der entgeltlich erworbene Geschäfts- oder Firmen- 313 wert als zeitlich begrenzt nutzbarer Vermögensgegenstand. Dabei handelt es sich um den Unterschiedsbetrag, um den die für die Übernahme eines Unternehmens bewirkte Gegenleistung den Wert der einzelnen Vermögensgegenstände des Unternehmens abzüglich der Schulden im Zeitpunkt der Übernahme übersteigt. Damit besteht für die Handelsbilanz Ausweispflicht. Für den Ausweis in der Steuerbilanz liegt – wie § 7 Abs. 1 EStG zu entnehmen ist – bei entgeltlichem Erwerb ein abnutzbares Wirtschaftsgut vor.

Nach der ständigen Rechtsprechung des BFH (z. B. Urteil v. 5. 6. 2008, BStBl 2009 II S. 15 314 m. w. N.) ist der Geschäfts- oder Firmenwert derjenige Wert, der einem gewerblichen Unternehmen über den Substanzwert (Verkehrswert) der einzelnen materiellen und immateriellen Wirtschaftsgüter hinaus innewohnt. Der Firmenwert ist Ausdruck der Gewinnchancen eines lebenden Unternehmens, soweit diese nicht in einzelnen Wirtschaftsgütern verkörpert sind; er ist somit an den Betrieb (Teilbetrieb) gebunden und kann (grundsätzlich) nicht ohne diesen veräußert oder entnommen werden. Er konkretisiert sich in dem Überschuss der Anschaffungskosten für den Betrieb insgesamt über den Wert der materiellen und (übrigen) immateriellen Wirtschaftsgüter vermindert um die übernommenen Schulden für das übernommene Unternehmen. Dementsprechend kann ein Geschäftswert nur mit der Übernahme eines ganzen lebenden Betriebs oder eines Teilbetriebs erworben werden (BFH v. 20. 8. 1986, BStBl 1987 II S. 455; v. 26. 7. 1989, BFH/NV 1990 S. 442; v. 27. 3. 1996, BStBl 1996 II S. 576 m. w. N.). Bei Erwerb eines Mitunternehmeranteils ist nur der Teil des Geschäfts- oder Firmenwerts bilanzierungsfähig, der dem Veräußerer vergütet wurde (BFH v. 16. 5. 2002, BStBl 2003 II S. 10). Wird bei Erwerb eines noch im Aufbau befindlichen Unternehmens ein Mehrbetrag gezahlt, kann dieser nach dem Urteil des BFH v. 18. 2. 1993 (BStBl 1994 II S. 224) nicht auf einen Geschäfts- oder Firmenwert entfallen. Der Praxiswert einer freiberuflichen Praxis ist ebenfalls ein immaterielles Wirtschaftsgut, das jedoch nicht dem Geschäfts- oder Firmenwert i. S. des § 7 Abs. 1 Satz 3 EStG entspricht (BFH v. 24. 2. 1994, BStBl II S. 590; v. 23. 2. 1999, BStBl 1999 II S. 590; v. 9. 8. 2011, BStBl 2011 II S. 875; vgl. ferner BMF-Schreiben v. 15. 1. 1995, BStBl I S. 14). Die Vertragsarztzulassung ist regelmäßig ein unselbständiger Bestandteil des Praxiswertes der Arztpraxis. Sie kann aber durch einen gesonderten Veräußerungsvorgang zu einem selbständigen immateriellen Wirtschaftsgut konkretisiert werden, das nicht der Abnutzung unterliegt (BFH v. 9. 8. 2011 – VIII R 13/08, BStBl 2011 II S. 875; v. 21. 2. 2017 – VIII R 56/14, NWB DokID: OAAAG-45104, VIII R 24/16, NWB DokID: JAAAG-45094, VIII R 7/14, NWB DokID: YAAAG-45105).

315 Der Ausweis eines immateriellen Vermögensgegenstands (Wirtschaftsguts) kommt nur in Betracht, wenn es sich um einen selbständigen Vermögensgegenstand (ein selbständiges Wirtschaftsgut) handelt. Davon ist z. B. nicht auszugehen, wenn es unselbständiger Teil eines anderen Vermögensgegenstands (Wirtschaftsguts) ist. So gehören z. B. die Aufwendungen für die einer Konzession vergleichbaren Genehmigung oder Erlaubnis zur Errichtung eines Gebäudes oder einer Anlage zu dessen/deren Herstellungskosten. Nach dem Urteil des BFH v. 26. 6. 2007 (BFH/NV 2008 S. 347) führen die Aufwendungen für die Anschaffung eines Grundstücks auch dann insgesamt zu dessen Anschaffungskosten, wenn der Erwerb zur Abwehr eines Konkurrenten erfolgte.

316 Ein Geschäfts- oder Firmenwert kann nur dann und insoweit angesetzt werden, als der Kaufpreis nachweislich nicht für andere materielle und immaterielle Wirtschaftsgüter gezahlt wurde. Danach ist insbesondere eine Abgrenzung gegenüber den übrigen immateriellen Wirtschaftsgütern erforderlich. Für den Regelfall werden Kundenstamm und damit die Kundenkartei zu den sog. firmenwertbildenden Faktoren gehören (BFH v. 26. 11. 2009, BStBl 2010 II S. 609); zum Erwerb des Mandantenstamms einer freiberuflichen Praxis vgl. BFH v. 30. 5. 1994 (BStBl II S. 903). Eine andere Beurteilung wird insbesondere bei Erwerb von Betrieben zur Stilllegung in Betracht kommen. Nach dem Urteil des BFH v. 30. 3. 1994 (BStBl II S. 903) ist der Firmenwert an das Unternehmen gebunden. Deswegen kommt der Erwerb des als gesondertes immaterielles Wirtschaftsgut anzusehenden Kundenstamms dann in Betracht, wenn das Unternehmen, der Betrieb nicht mit übertragen wird. Ähnliche Erwägungen führen dazu, dass ein im Zusammenhang mit dem Erwerb eines Unternehmens vereinbartes **Wettbewerbsverbot** je nach Sachverhaltsgestaltung Bestandteil des erworbenen Firmenwerts oder aber ein selbständiges abnutzbares immaterielles Wirtschaftsgut sein kann (BFH v. 24. 3. 1983, BStBl 1984 II S. 233). Zur Frage, unter welchen Voraussetzungen der **Auftragsbestand** eines Unternehmens nach Erwerb als selbständiges immaterielles Wirtschaftsgut angesehen werden kann vgl. BFH v. 7. 11. 1985 (BStBl 1986 II S. 176) und vom 1. 2. 1989 (BFH/NV 1989 S. 778). Wegen der Voraussetzungen, unter denen ein **Belieferungsrecht** ein selbständiges Wirtschaftsgut darstellt und für dessen Abgrenzung gegenüber anderen Einzelwirtschaftsgütern (z. B. Kundenstamm, Wettbewerbsverbote) wird auf das Urteil des BFH v. 28. 5. 1998 (BStBl II S. 775) hingewiesen.

317 Der Begriff des entgeltlichen Erwerbs wird weder im HGB noch im EStG näher umschrieben. Er liegt immer dann vor, wenn das immaterielle Wirtschaftsgut durch einen Hoheitsakt oder ein Rechtsgeschäft gegen Hingabe einer bestimmten Gegenleistung übergeht oder eingeräumt wird. Voraussetzung ist also, dass die Leistung des Vertrags-

partners in der Übertragung eines bereits bestehenden Wirtschaftsguts oder in der Begründung (Einräumung) eines neuen Rechts besteht (BFH v. 26. 8. 1992, BStBl II S. 977; v. 16. 5. 2002, BStBl 2003 II S. 10). Dementsprechend liegt kein entgeltlicher Erwerb vor, wenn Gegenstand des Leistungsaustausches nicht die Übertragung eines Wirtschaftsguts, sondern die Erbringung einer Dienstleistung ist, die im Betrieb des Auftraggebers zur Schaffung eines immateriellen Wirtschaftsguts führen kann (BFH v. 26. 2. 1975, BStBl II S. 443). Wurde ein immaterielles Wirtschaftsgut erworben und dementsprechend aktiviert, ist der Bilanzansatz auch vom Rechtsnachfolger fortzuführen, wenn dieser nach einem unentgeltlichen Erwerb gem. § 6 Abs. 3 EStG oder nach den Vorschriften des UmwStG zur Fortführung der Buchwerte seines Rechtsvorgängers verpflichtet ist.

Dem entgeltlichen Erwerb wird die Einlage in ein Betriebsvermögen (vgl. R 4.3 Abs. 1 318
EStR) gleichgestellt (R 5.5 Abs. 2 Satz 1 und Abs. 3 Satz 3 EStR).

3. Sachanlagen

3.1 Überblick

Bei den nach § 266 Abs. 2 HGB auf der Aktivseite unter A II. auszuweisenden Sachanla- 319
gen ist zwischen den folgenden Sachanlagen zu unterscheiden:

- Grundstücke, grundstücksgleiche Rechte und Bauten einschl. Bauten auf fremden Grundstücken,
- technische Anlagen und Maschinen,
- andere Anlagen, Betriebs- und Geschäftsausstattung,
- geleistete Anzahlungen auf die vorbezeichneten Anlagegüter, vorbezeichnete Anlagen im Bau.

3.2 Grundbesitz

3.2.1 Dem Grundbesitz zuzuordnende Vermögensgegenstände

Unter § 266 Abs. 2 A. II. 1 HGB ist der gesamte Grundbesitz des Unternehmens unab- 320
hängig davon auszuweisen, ob es sich dabei um abnutzbare oder nicht abnutzbare Vermögensgegenstände handelt. Dazu gehören die nachfolgenden Anlagegüter:

- Dem Unternehmen gehörende Grundstücke, der Grund und Boden einschl. ggf. aufstehender Gebäude. Dabei ist es unerheblich, ob diese dem Unternehmen als Produktionsstätten, Geschäftslokale, Verwaltungsgebäude unmittelbar oder nur mittelbar, z. B. durch Vermietung an Dritte einschl. zu Wohnzwecken dienenden Gebäuden und Gebäudeteilen, dienen.
- Zu den grundstücksgleichen Rechten gehören insbesondere gegen einmaliges Entgelt angeschaffte Erbbaurechte und das Bergwerkseigentum. Gegen laufenden Zins genutzte Erbbaurechte führen zu keinem bilanzierungsfähigen Vermögensgegenstand.
- Gebäude auf fremden Grund und Boden, unabhängig davon, ob sie zivilrechtlich dem Unternehmen oder dem Grundstückseigentümer zuzurechnen sind.
- Einbauten und Umbauten des Unternehmens in ein angemietetes Grundstück – sog. Mietereinbauten (vgl. BFH v. 28. 7. 1993, BStBl 1994 II S. 164; v. 11. 6. 1997, BStBl II S 774; v. 4. 5. 2004, BFH/NV 2004 S. 1397), soweit es sich dabei nicht um Betriebsvorrichtungen (vgl. Rdn. 1022) handelt.
- Sonstige bauliche Anlagen einschl. sog. Außenanlagen, soweit es sich dabei nicht um Betriebsvorrichtungen (vgl. Rdn. 1022) handelt. Als derartige Vermögensgegenstände können in Be-

tracht kommen Eisenbahnanlagen, Hafenanlagen, Kanalbauten, Wasserbauten, Brücken, Kühltürme, Parkplätze, Straßen, Einfriedungen, Schachtanlagen, Bauten unter Tage.

321 Das Gebäude umfasst regelmäßig auch die Einrichtungen, die der eigentlichen Gebäudenutzung dienen, u.U. dem Gebäude ein besonderes Gepräge geben. Nach dem Beschluss des GrS des BFH v. 26. 11. 1973 (BStBl 1974 II S. 132) müssen die Einrichtungen und Anlagen in einem besonderen Nutzungs- und Funktionszusammenhang mit dem Gebäude und nicht mit der darin ausgeübten Tätigkeit stehen. Danach gehören die üblichen Heizungs-, Beleuchtungs- und Lüftungsanlagen, sanitären Anlagen einschl. der Zuleitungen und Installationen regelmäßig zum Gebäude. Dies hat auch für den Personenaufzug zu gelten. Demgegenüber werden Lastenaufzüge weitgehend als Betriebsvorrichtungen (vgl. Rdn. 1022) anzusehen sein.

322 Grund und Boden und aufstehende Gebäude sind danach unter einem einheitlichen Posten auszuweisen. Daraus kann aber nicht auf eine einheitliche Bewertung geschlossen werden. Während der Grund und Boden nicht der Abnutzung unterliegt und damit keine planmäßigen Abschreibungen (AfA) zulässig sind, sind diese auf Gebäude vorzunehmen. Damit ist sowohl in der Handels- als auch in der Steuerbilanz insoweit der Ausweis verschiedener Vermögensgegenstände (Wirtschaftsgüter) erforderlich.

3.2.2 Gebäude als Mehrheit von Wirtschaftsgütern

323 Nach R 4.2 Abs. 3 und 4 EStR kann ein einheitliches Gebäude aus einer Mehrzahl von Wirtschaftsgütern bestehen (vgl. Rdn. 1015 ff.). Bei Gebäuden, die im Eigentum von Kapitalgesellschaften stehen, kommt diesen Grundsätzen allein für die Bemessung der AfA Bedeutung zu. Steht das Gebäude hingegen im Eigentum eines Einzelunternehmers, einer Personengesellschaft oder des Gesellschafters einer Personengesellschaft, kann diese Regelung dazu führen, dass das Gebäude und damit auch der Grund und Boden zulässigerweise nur zum Teil als Betriebsvermögen zu behandeln ist. Dabei sind folgende Grundsätze zu beachten:

- Der eigenbetrieblichen Zwecken dienende Grundstücksteil ist notwendiges Betriebsvermögen (vgl. Rdn. 535). Einzelunternehmen können auf den Ausweis als Betriebsvermögen jedoch dann verzichten, wenn der Wert des eigenbetrieblichen Zwecken dienenden Grundstücksteils, d. h. Gebäudeteil zzgl. anteiligem Grund und Boden, nicht mehr als 1/5 des Gesamtgrundstücks ausmacht und der Wert 20 500 € (vgl. § 8 EStDV, R 4.2 Abs. 8 EStR) nicht übersteigt. Wird der Grundstücksteil einer Personengesellschaft vom Gesellschafter zur Nutzung überlassen, gehört er zum notwendigen Sonderbetriebsvermögen (5. Kap. Teil A Rdn. 113), sofern nicht wegen untergeordneter Bedeutung auf den Ausweis verzichtet werden kann. Personengesellschaften können bei im Gesamthandseigentum stehenden Grundstücken auf den Ausweis hingegen nicht verzichten.
- Einzelunternehmer können bei fremdgewerblichen Zwecken und fremden Wohnzwecken dienenden Gebäudeteilen zwischen dem Ausweis als gewillkürtem Betriebsvermögen (Rdn. 537 ff.) und der Zuordnung zum Privatvermögen wählen. Im Eigentum von Personengesellschaften stehende Grundstücke sind auch insoweit Betriebsvermögen.
- Der eigenen Wohnzwecken dienende Gebäudeteil gehört zum notwendigen Privatvermögen (Rdn. 542). Entsprechendes gilt für einen dem Gesellschafter einer Personengesellschaft unentgeltlich überlassenen Grundstücksteil für eigene Wohnzwecke (H 4.2 Abs. 11 EStH).

3.3 Technische Anlagen und Maschinen

Bei den unter § 266 Abs. 2 A. II. 2 HGB auszuweisenden technischen Anlagen und Maschinen handelt es sich um Vermögensgegenstände, die dem Produktionsprozess dienen. Dazu gehören auch Betriebsvorrichtungen und andere in Gebäude fest eingebaute Anlagen, die – da sie dem Fertigungsbereich dienen – nicht unselbständiger Gebäudebestandteil, sondern selbständige Vermögensgegenstände sind (vgl. Rdn. 1015 ff.). Mit Maschinen und maschinellen Anlagen wird verschiedentlich eine Erstausstattung an Ersatz- und Reserveteilen geliefert. Diese gehören zusammen mit der Maschine, der Anlage zum abnutzbaren Anlagevermögen (Hoffmann/Lüdenbach, NWB Kommentar Bilanzierung, 12. Aufl., § 266 HGB Rz. 43). Im Übrigen gehören Ersatzteile und Reparaturmaterialien zum Umlaufvermögen (Hoffmann/Lüdenbach, NWB Kommentar Bilanzierung, 12. Aufl., § 247 HGB Rz. 23). 324

3.4 Andere Anlagen, Betriebs- und Geschäftsausstattung

Bei der unter den anderen Anlagen auszuweisenden Betriebs- und Geschäftsausstattung i. S. des § 266 Abs. 2 A. II. 3 HGB handelt es sich um die Sachanlagen, die nicht den beiden vorangegangenen Posten zugeordnet werden können. Dazu gehören im Wesentlichen Büro-, Laden- und Lagereinrichtungen, Büromaschinen, Fernmeldeanlagen, Fahrzeuge, Transporteinrichtungen. 325

3.5 Geleistete Anzahlungen und Anlagen im Bau

Unter den vorstehend erörterten Posten der Sachanlagen sind die Vermögensgegenstände auszuweisen, die sich in einem betriebsbereiten Zustand befinden und für den Regelfall auch genutzt werden. Sind auf anzuschaffende Anlagegüter Anzahlungen geleistet worden, handelt es um eine Vorleistung auf ein schwebendes Geschäft, das den Erfolg grundsätzlich noch nicht beeinflussen darf. Deswegen ist insoweit ein Aktivposten auszuweisen. Da es sich um eine Vorleistung auf in absehbarer Zeit zugehendes Anlagevermögen handelt, werden die aufgewendeten Mittel langfristig dem Unternehmen gewidmet, so dass damit der Ausweis bereits unter den Sachanlagen gerechtfertigt wird. Entsprechendes gilt für Anlagegüter, die im Unternehmen selbst hergestellt werden. In diesen Fällen liegen bis zur Fertigstellung Anlagen im Bau vor, so dass die bis zum jeweiligen Bilanzstichtag angefallenen Teilherstellungskosten auszuweisen sind. Dabei ist es unerheblich, ob die Herstellung unmittelbar durch das Unternehmen erfolgt, so dass die im Einzelnen anfallenden Herstellungskosten zu ermitteln und zu aktivieren sind oder die Herstellung insgesamt einem Dritten, z. B. einem Bauunternehmer bei der Herstellung eines Betriebsgebäudes auf dem Grundstück des Unternehmens, übertragen wurde. Zu bilanzieren sind die bis zum Bilanzstichtag angefallenen Teilherstellungskosten, die nicht mit den an den mit der Herstellung beauftragten Unternehmen geleisteten Abschlagszahlungen identisch sind. Wegen der in diesen Fällen notwendigen Unterscheidung zwischen Teilherstellungskosten und Anzahlungen auf Anschaffungskosten vgl. Rdn. 1215. 326

Eine Untergliederung innerhalb der Bilanz entsprechend den vorbezeichneten drei Posten des Sachanlagevermögens ist nicht erforderlich. Es ist lediglich darauf zu achten, 327 dass darunter keine Anzahlungen auf immaterielle Vermögensgegenstände und Finanzanlagen ausgewiesen werden.

328 Mit Lieferung oder Fertigstellung sind die geleisteten Anzahlungen, die angefallenen Teilherstellungskosten auf den entsprechenden Posten des Sachanlagevermögens umzubuchen. Abgänge liegen vor, wenn z. B. die Lieferung nicht erfolgt und die Anzahlung zurückgewährt wird, infolge Konkurses des Lieferanten die Lieferung nicht mehr erfolgen wird und die Anzahlung damit verloren ist, wenn das Bauvorhaben aufgegeben wird und sich damit die angefallenen Teilherstellungskosten als verloren erweisen.

4. Finanzanlagen

4.1 Allgemeine Grundsätze

329 Die mittelgroßen und großen Kapitalgesellschaften haben den Posten Finanzanlagen wie folgt zu gliedern (§ 266 Abs. 2 A. III. HGB):

1. Anteile an verbundene Unternehmen,
2. Ausleihungen an verbundene Unternehmen,
3. Beteiligungen,
4. Ausleihungen an Unternehmen, mit denen ein Beteiligungsverhältnis besteht,
5. Wertpapiere des Anlagevermögens,
6. sonstige Ausleihungen.

Kapitalgesellschaften haben eigene Anteile bei der Darstellung des Eigenkapitals zu berücksichtigen (vgl. Rdn. 149).

330 Danach ist zu unterscheiden zwischen Finanzanlagen auf gesellschaftsrechtlicher und auf schuldrechtlicher Grundlage. Weiter ist dann zu differenzieren nach dem Umfang der Einflussmöglichkeiten auf das Unternehmen, an dem Anteile gehalten werden, an das Ausleihungen erfolgten.

331 Ein gesonderter Ausweis von Anzahlungen auf Finanzanlagen ist nicht vorgesehen. Sofern diese ausnahmsweise einmal erfolgen sollten, dürften sie bereits unter dem Posten auszuweisen sein, dem die zu erwerbende Finanzanlage zuzuordnen sein wird.

4.2 Finanzanlagen auf gesellschaftsrechtlicher Grundlage

4.2.1 Der Regelfall

332 Die Begriffe **Beteiligungen** und **verbundene Unternehmen** werden in § 271 HGB erläutert. Nach § 271 Abs. 1 Satz 1 HGB liegt eine Beteiligung vor bei Anteilen an einem anderen Unternehmen, die dazu bestimmt sind, dem eigenen Geschäftsbetrieb durch die Herstellung einer dauernden Verbindung zu jenem Unternehmen zu dienen. Dabei ist es unerheblich, ob die Anteile in Wertpapieren verbrieft sind oder nicht. Danach sind u. a. auch Beteiligungen an Personengesellschaften des Handelsrechts und stille Beteiligungen i. S. des § 230 ff. HGB einzubeziehen, da auch diese regelmäßig auf eine länger andauernde Verbindung mit dem betreffenden Unternehmen angelegt sind.

333 Nicht jeder Anteil an einer Gesellschaft, insbesondere an einer AG begründet eine Beteiligung. Nach § 271 Abs. 1 Satz 3 HGB besteht die Vermutung für eine Beteiligung, wenn die an einer Kapitalgesellschaft gehaltenen Anteile ein Fünftel des Nennkapitals dieser Gesellschaft überschreiten; ist ein Nennkapital nicht vorhanden, wird eine Betei-

ligung vermutet, wenn die Anteile ein Fünftel der Summe aller Kapitalanteile an diesem Unternehmen überschreiten. Dies schließt nicht aus, auch bei geringerem Anteilsbesitz von einer Beteiligung auszugehen. Ertragssteuerlich wird allgemein von einer qualifizierten Beteiligung – einer Schachtelbeteiligung – an einer Kapitalgesellschaft bereits bei einer Beteiligung von mindestens 15 % am Nennkapital ausgegangen (vgl. z. B. § 9 Nr. 2a und 7 GewStG). Ist mit dem Halten der Anteile eine dauernde Verbindung mit der Kapitalgesellschaft beabsichtigt, wird regelmäßig eine den Finanzanlagen zuzuordnende Beteiligung vorliegen.

Nach § 271 Abs. 2 HGB sind verbundene Unternehmen solche Unternehmen, die als Mutter- oder Tochtergesellschaften in den Konzernabschluss eines Mutterunternehmens nach den Vorschriften über die Vollkonsolidierung einzubeziehen sind (vgl. dazu 3. Kap. Rdn. 3). Voraussetzung ist, dass eine Mehrheitsbeteiligung i. S. des § 290 Abs. 2 HGB besteht. Es ist nicht erforderlich, dass tatsächlich ein Konzernabschluss unter Einbeziehung des Unternehmens, an dem die Beteiligung besteht, aufgestellt worden ist. 334

4.2.2 Abgrenzung zum Umlaufvermögen

Nach § 266 Abs. 2 B. III. HGB sind unter dem Umlaufvermögen Wertpapiere auszuweisen. Diesem Posten sind Anteile an verbundenen Unternehmen und sonstige Wertpapiere zuzuordnen. Eigene Anteile gehören dagegen nicht dazu. Nach § 272 Abs. 1a HGB ist der Nennbetrag der erworbenen eigenen Anteile vom gezeichneten Kapital in einer Vorspalte abzusetzen. Darüber hinaus gehende Anschaffungskosten mindern die anderen Gewinnrücklagen i. S. von § 266 Abs. 3 A. III. 4 HGB. Soweit diese Rücklagen nicht ausreichen, entsteht der Gesellschaft ein Aufwand. Nach dem BMF-Schreiben v. 27. 11. 2013 (BStBl 2013 I S. 1615) ist in der Steuerbilanz entsprechend zu verfahren. 335

Personengesellschaften & Co. haben Anteile an Komplementärgesellschaften gem. § 264c Abs. 4 Satz 1 HGB unter dem Anlagevermögen als Anteile an verbundenen Unternehmen oder als Beteiligungen auszuweisen. Auf der Passivseite ist nach dem Posten „Eigenkapital" (vgl. Rdn. 132) in Höhe des aktivierten Betrags ein „Ausgleichsposten für aktivierte eigene Anteile" auszuweisen (§ 264c Abs. 4 Satz 2 HGB). 336

Eine entsprechende Rücklage ist auch für die Anteile eines herrschenden oder eines mit Mehrheit beteiligten Unternehmens zu bilden, die Anteile an der Muttergesellschaft auszuweisen (§ 272 Abs. 4 Satz 1 HGB). Diese Anteile werden deswegen ebenfalls nicht den Finanzanlagen zugeordnet. Sie sind als Anteile an verbundenen Unternehmen beim Umlaufvermögen unter den Wertpapieren auszuweisen. 337

Handelt es sich bei den Anteilen an anderen Unternehmen weder um Anteile an verbundenen Unternehmen noch um Beteiligungen im vorerörterten Sinne, sind sie dem Umlaufvermögen zuzuordnen. Sofern sie durch Wertpapiere verbrieft sind, hat der Ausweis als sonstige Wertpapiere, im Übrigen unter den sonstigen Vermögensgegenständen (§ 266 Abs. 2 B. II. 4. HGB; vgl. Rdn. 356 ff.) zu erfolgen. 338

4.2.3 Besonderheiten bei Beteiligungen an Personengesellschaften

Zu den Finanzanlagen, die entsprechend den allgemeinen Grundsätzen (§ 253 HGB) als nicht der Abnutzung unterliegende Vermögensgegenstände in der Handelsbilanz zu- 339 nächst mit den Anschaffungskosten und danach ggf. mit dem ihnen beizulegenden niedrigeren Wert auszuweisen sind, gehören auch Beteiligungen an Personengesellschaften. Wegen weiterer Einzelheiten vgl. Hoffmann/Lüdenbach, NWB Kommentar Bilanzierung, 12. Aufl., § 255 HGB Rz. 175 unter Bezugnahme auf IDW RS HFS 18 Tz. 7 und 11 bzw. IDW ERS HFA 18 Tz. 6 und 10. Diese Grundsätze gelten nicht für die Steuerbilanz. Der Gesellschafter einer Personengesellschaft unterliegt mit seinem Gewinnanteil i. S. des § 15 Abs. 1 Satz 1 Nr. 2 EStG (vgl. 5. Kap. Teil A Rdn. 68 ff.) der Einkommensbesteuerung. Dieser Gewinnanteil wird mit bindender Wirkung für das Besteuerungsverfahren der Gesellschafter auf der Grundlage der Gewinnermittlung der Personengesellschaft gem. § 180 Abs. 1 Nr. 2 Buchst. a AO gesondert und einheitlich festgestellt. Dementsprechend kommt der Beteiligung an einer Personengesellschaft für den Ausweis in der Steuerbilanz auch nicht die Qualität eines Wirtschaftsguts zu. Sie wird als der in einem Posten zusammengefasste Anteil an den der Personengesellschaft gehörenden Wirtschaftsgütern verstanden (BFH v. 6. 7. 1995, BStBl II S. 831, v. 12. 12. 1996, BStBl 1998 II S. 180, m. w. N.). Da über die Bewertung dieser Wirtschaftsgüter jedoch in dem nach § 180 Abs. 1 Nr. 2 Buchst. a AO durchzuführenden Gewinnfeststellungsverfahren zu entscheiden ist, kommt dem Ausweis der Beteiligung an einer Personengesellschaft in der Bilanz des Gesellschafters für die steuerliche Gewinnermittlung keine eigenständige Bedeutung zu. Deswegen können Teilwertabschreibungen auf die Beteiligung an einer Personengesellschaft bei der steuerlichen Gewinnermittlung nicht berücksichtigt werden (BFH v. 23. 7. 1975, BStBl 1976 II S. 73, v. 6. 11. 1985, BStBl 1986 II S. 333; v. 1. 7. 2010, BFH/NV 2010 S. 2056).

340 **BEISPIEL 10:** A und die B GmbH haben sich in 2021 mit einer Einlage von jeweils 100 000 € als Kommanditisten an X-GmbH & Co KG beteiligt. Ihnen stehen jeweils 50 % an deren Gewinn und Verlust zu. Die X-GmbH & Co KG weist in ihrer Handelsbilanz zum 31. 12. 2021 einen Verlust von 80 000 € aus, der zu je 40 000 € auf die beiden Kommanditisten entfällt. Demgegenüber weist die Steuerbilanz einen Verlust von 50 000 € aus, der den beiden Kommanditisten auch vom Finanzamt mit je 25 000 € zugerechnet wird, so dass sich nach Verrechnung mit der Einlage für die Kommanditisten noch ein Kapitalkonto von jeweils 75 000 € ergibt.

Die B GmbH hat die Beteiligung zunächst mit den Anschaffungskosten von 100 000 € als Finanzanlage eingebucht. Aufgrund der schlechten Ertragslage nimmt sie zum 31. 12. 2021 eine außerplanmäßige Abschreibung von 90 000 € vor.

Im Besteuerungsverfahren beider Kommanditisten ist aufgrund des Ergebnisses des vom Finanzamt durchgeführten Feststellungsverfahrens für 2021 ein Verlustanteil von 25 000 € zu berücksichtigen. Die außerplanmäßige Abschreibung der B GmbH auf die Kommanditbeteiligung in der Handelsbilanz wird damit steuerlich nicht wirksam. Ein Gleichklang mit der steuerlichen Gewinnermittlung bei der X-GmbH & Co wird dadurch erreicht, dass die B GmbH in ihrer Steuerbilanz die Beteiligung in Höhe ihres steuerlichen Kapitalkontos ausweist – sog. Spiegelbildmethode.

Wird die Beteiligung an einer Personengesellschaft, ein Mitunternehmeranteil, im Wege der Sachgründung in eine unbeschränkt körperschaftsteuerpflichtige Kapitalgesellschaft eingebracht und übernimmt die aufnehmende Kapitalgesellschaft die Mitunternehmerstellung des Einbringenden, kann die Einbringung zum Buchwert oder unter völliger oder teilweiser Aufdeckung der stillen Reserven erfolgen (vgl. 6. Kap. Rdn. 255 ff.). Das danach für die in dem Mitunternehmeranteil verkörperten Wirtschaftsgüter bestehende Bewertungswahlrecht wird nicht in der Steuerbilanz der Kapitalgesellschaft, sondern in derjenigen der Personengesellschaft ausgeübt (BFH v.

30.4.2003, BStBl 2004 II S.804; v. 28.5.2008, BStBl II S.916). Werden stille Reserven aufgedeckt, ist für die aufnehmende Kapitalgesellschaft eine Ergänzungsbilanz aufzustellen.

4.3 Finanzanlagen auf schuldrechtlicher Grundlage

Bei der Zuordnung von schuldrechtlichen Forderungen zu den Finanzanlagen ist davon 341 auszugehen, dass es sich um die Hingabe von Kapital handeln muss, bei denen sich der Dritte zur Rückzahlung nach einer bestimmten Zeit verpflichtet hat. Eine Zuordnung zu den Finanzanlagen kommt dann nur bei einer längerfristigen Ausleihung in Betracht. Dabei ist auf die ursprünglich vereinbarte Laufzeit abzustellen. Es ist nicht möglich, eine ursprünglich langfristige, unter den Finanzanlagen ausgewiesene Ausleihung gegen Ende der Laufzeit dem Umlaufvermögen zuzuordnen.

Weiter ist Voraussetzung, dass die Forderungen ihre Grundlage in der Hingabe von Ka- 342 pital haben. Forderungen aufgrund von Warenlieferungen, Leistungen oder z. B. Anlageverkäufen können deswegen regelmäßig auch dann nicht unter den Finanzanlagen ausgewiesen werden, wenn von vornherein eine längere Laufzeit vereinbart ist. Eine andere Beurteilung greift dann ein, wenn eine derartige Forderung in ein langfristiges Darlehensverhältnis umgewandelt wird (Novation).

Soweit es sich nicht um Ausleihungen an verbundene Unternehmen oder an Unterneh- 343 men, mit denen ein Beteiligungsverhältnis besteht, handelt, wird ein Ausweis regelmäßig unter den sonstigen Ausleihungen zu erfolgen haben.

II. Das Umlaufvermögen

1. Überblick

Der Gesetzgeber hat den Begriff des Umlaufvermögens nicht definiert. Es handelt sich 344 um die Vermögensgegenstände, die nicht dem Anlagevermögen (vgl. Rdn. 301 ff.) zuzuordnen sind (§ 247 Abs. 2 HGB im Umkehrschluss). Das Umlaufvermögen ist in vier Gruppen gegliedert, die von den kleinen Kapitalgesellschaften jeweils nur als „Sammelposten" ausgewiesen zu werden brauchen (§ 266 Abs. 1 Satz 3 HGB):

I. Vorräte,
II. Forderungen und sonstige Vermögensgegenstände,
III. Wertpapiere,
IV. Kassenbestand, Bundesbankguthaben, Guthaben bei Kreditinstituten und Schecks.

Die unter III. auszuweisenden Wertpapiere sind von den mittelgroßen und großen Ka- 345 pitalgesellschaften wie folgt zu gliedern:

1. Anteile an verbundenen Unternehmen,
2. sonstige Wertpapiere

(vgl. § 266 Abs. 2 B. III. HGB); zum Ausweis eigener Anteile wird auf Rdn. 335 hingewiesen. Regelmäßig stellt sich die Frage der Abgrenzung gegenüber den Finanzanlagen; wegen Einzelheiten vgl. Rdn. 329 ff. Unerheblich ist es jedoch, ob durch die Wertpapiere gesellschaftsrechtliche Ansprüche, wie z. B. durch Aktien, oder schuldrechtliche Ansprüche, wie z. B. bei Obligationen, Pfandbriefen, Anleihen öffentlich-rechtlicher Körperschaften, verbrieft werden.

346 Die unter IV. auszuweisenden liquiden Mittel sind auch von den mittelgroßen und großen Kapitalgesellschaften nicht weiter aufzugliedern (§ 266 Abs. 2 B. IV. HGB).

2. Vorräte

347 Den Vorräten sind nach § 266 Abs. 2 B. I. HGB folgende Vermögensgegenstände zuzuordnen:

1. Roh-, Hilfs- und Betriebsstoffe,
2. unfertige Erzeugnisse, unfertige Leistungen,
3. fertige Erzeugnisse und Waren,
4. geleistete Anzahlungen auf die vorbezeichneten Vermögensgegenstände.

348 **Rohstoffe** sind die Stoffe, die unmittelbar in die Fertigprodukte eingehen und deren Hauptbestandteil bilden. **Hilfsstoffe** gehen ebenfalls in die fertigen Erzeugnisse ein, sind jedoch nur deren untergeordneten Bestandteile. Derartige Vorräte werden regelmäßig nur von Fertigungsbetrieben gehalten.

349 Bei den **Betriebsstoffen** handelt es sich um Verbrauchsgüter, die für die unternehmerische Tätigkeit benötigt werden, unabhängig davon, ob für den Fertigungsbereich oder für den kaufmännischen Bereich, z. B. Brennstoffe, Reinigungs- und Schmierstoffe, Werbematerialien, Büromaterialien.

350 Zu den **unfertigen Erzeugnissen** gehören die bearbeiteten Rohstoffe, die aus der Sicht des betreffenden Unternehmens noch nicht den Grad eines Fertigprodukts erreicht haben; sie befinden sich noch nicht in dem Zustand, in dem sie von dem herstellenden Unternehmen üblicherweise als besonderer Vermögensgegenstand in den Verkehr gebracht werden, z. B. geformte aber noch nicht gebrannte Ziegeln oder Klinkersteine. Dies schließt nicht aus, dass die fertig gestellten Erzeugnisse auf einer weiteren Bearbeitungsstufe wiederum Rohstoff sein können.

351 Unter den **unfertigen Leistungen** sind noch nicht abgeschlossene Werk- und Dienstleistungen für Dritte auszuweisen, die sich nicht in einem dem Leistenden zuzurechnenden Vermögensgegenstand konkretisieren, wie z. B. den Leistungen eines Bauunternehmers zur Errichtung eines Gebäudes für einen Dritten auf dessen Grundstück, die noch nicht vollständig erbrachten Leistungen für die Entwicklung von Software für einen Dritten. Im allgemeinen Sprachgebrauch wird in diesem Zusammenhang auch der Begriff der **halbfertigen Arbeiten** verwendet.

352 Als **fertige Erzeugnisse** können nur die be- oder verarbeiteten Rohstoffe ausgewiesen werden, die sich in den dem Unternehmen zuzurechnenden Vermögensgegenständen konkretisiert haben, die in diesem Zustand bestimmungsgemäß in den Verkehr gebracht werden können. Wann dies der Fall ist, hängt von den Umständen des Einzelfalls ab.

353 Soweit das Unternehmen Anzahlungen auf unter den Vorräten auszuweisende Posten erhalten hat, können diese offen von dem Posten Vorräte abgesetzt werden. Stattdessen ist aber auch ein Ausweis unter den Verbindlichkeiten zulässig (§ 268 Abs. 5 Satz 2 i.V. mit § 266 Abs. 2 Passivseite C. 3. HGB).

BEISPIEL 11: Ein Bauunternehmen hat zum Bilanzstichtag insgesamt fünf Bauvorhaben noch nicht abgeschlossen. Aus diesem Grunde sind unfertige Leistungen in Höhe von 1 200 000 € auszuweisen. Von den Bauherren waren zum Bilanzstichtag Anzahlungen in Höhe von 900 000 € vereinnahmt worden. Es sind folgende Darstellungen in der Bilanz zulässig, 354

a) auf der Aktivseite unter B. I. Vorräte

3. Unfertige Leistungen		1 200 000 €,
auf der Passivseite unter C. Verbindlichkeiten		
3. erhaltene Anzahlungen auf Bestellungen		900 000 €,

b) ausschließlich auf der Aktivseite unter B. I. Vorräte

3. Unfertige Leistungen	1 200 000 €	
./. darauf erhaltene Anzahlungen	900 000 €	300 000 €.

Schließlich sind unter den Vorräten die Anzahlungen auf solche Vermögensgegenstände auszuweisen, die nach Zugang ebenfalls unter den Vorräten auszuweisen sein werden. 355

3. Forderungen und sonstige Vermögensgegenstände

Die mittelgroßen und großen Kapitalgesellschaften haben den Posten Forderungen und sonstige Vermögensgegenstände (§ 266 Abs. 2 B. II. HGB) wie folgt zu untergliedern: 356

1. Forderungen aus Lieferungen und Leistungen,
2. Forderungen gegen verbundene Unternehmen,
3. Forderungen gegen Unternehmen, mit denen ein Beteiligungsverhältnis besteht,
4. sonstige Vermögensgegenstände.

Danach sind Abgrenzungen gegenüber den Finanzanlagen und den Wertpapieren erforderlich (vgl. Rdn. 332 ff., 344 f.). 357

Unter den **Forderungen aus Lieferungen und Leistungen** sind die Ansprüche auszuweisen, die dem Unternehmen aus erfüllten gegenseitigen Verträgen, insbesondere Lieferverträgen, Werkverträgen, Dienstleistungsverträgen und ähnlichen Verträgen zustehen. Es handelt sich danach um solche Forderungen, mit deren (zunächst) vollwertigem Ausweis der Gewinn aus dem zugrundeliegenden Geschäft realisiert wird. 358

Forderungen gegenüber verbundenen Unternehmen und Unternehmen, mit denen ein **Beteiligungsverhältnis** (zu den Begriffen vgl. Rdn. 332 ff.) besteht, können aus den unterschiedlichsten Gründen entstanden sein, z. B. aus Lieferungen und Leistungen, kurzfristigen Ausleihungen, Forderungen aus Gewinnausschüttungen und Unternehmensverträgen (Gewinnabführungsverträgen). Soweit es sich um Forderungen aus Lieferungen und Leistungen handelt, ist darauf gesondert hinzuweisen (§ 265 Abs. 3 HGB). 359

Unter den Voraussetzungen des § 272 Abs. 1 Satz 2 HGB sind eingeforderte, aber noch nicht eingezahlte Beträge auf das Nennkapital gesondert unter den Forderungen auszuweisen und zu bezeichnen. Nach §§ 26–28 GmbHG eingeforderte Nachschüsse sind unter entsprechender Bezeichnung unter den Forderungen gesondert auszuweisen, soweit mit der Zahlung gerechnet werden kann. 360

361 Forderungen mit einer Restlaufzeit von mehr als einem Jahr sind bei jedem einzelnen Posten gesondert zu vermerken (§ 268 Abs. 4 Satz 1 HGB). Kleine Kapitalgesellschaften haben einen entsprechenden Vermerk bei dem von ihnen auszuweisenden „Sammelposten“ anzubringen.

362 Bei dem Posten der **sonstigen Vermögensgegenstände** handelt es sich um einen „Sammelposten“, unter dem die Vermögensgegenstände auszuweisen sind, die keinem anderen Posten des Anlage- oder Umlaufvermögens zuzuordnen sind. Dabei wird es sich insbesondere um Forderungen aus den unterschiedlichsten Gründen handeln, z. B. Darlehen gegenüber Arbeitnehmern, Forderungen aus Vorschüssen, Kautionen, Steuererstattungsansprüche, Schadensersatzansprüche.

III. Aktive Rechnungsabgrenzungsposten

363 Zu den nach § 266 Abs. 2 C. HGB auszuweisenden RAP gehören nach § 250 Abs. 1 Satz 1 HGB Ausgaben vor dem Abschlussstichtag, soweit sie Aufwand für eine bestimmte Zeit nach diesem Zeitpunkt darstellen – sog. transitorische Posten. Dies entspricht § 5 Abs. 5 Satz 1 Nr. 1 EStG. Nach herrschender Auffassung handelt es sich dabei nicht um Vermögensgegenstände (Hoffmann/Lüdenbach, NWB Kommentar Bilanzierung, 12. Aufl., § 250 HGB Rz. 3 ff.) und damit auch nicht um Wirtschaftsgüter (vgl. R 5.6 Abs. 1 und 3 EStR; Weber-Grellet, in: Schmidt, EStG, 39. Aufl., § 5 Rdn. 241, m. w. N.). In der Steuerbilanz sind dann gem. § 5 Abs. 5 Satz 2 EStG als Rechnungsabgrenzungsposten außerdem auszuweisen

- als Aufwand berücksichtigte Zölle und Verbrauchsteuern, soweit sie auf am Abschlussstichtag auszuweisende Wirtschaftsgüter des Vorratsvermögens entfallen,
- als Aufwand berücksichtigte Umsatzsteuer auf am Abschlussstichtag auszuweisende Anzahlungen.

364 Von einem Aufwand für eine bestimmte Zeit nach dem Abschlussstichtag ist immer dann auszugehen, wenn mit der vor dem Abschlussstichtag erbrachten Vorleistung ein Verhalten erwartet wird, das wirtschaftlich im weitesten Sinne als Gegenleistung dafür aufgefasst werden kann. Typischerweise handelt es sich um Vorleistungen im Rahmen eines gegenseitigen Vertrags (BFH v. 27. 7. 2011, BStBl 2012 II S. 284, m. w. N.), aber auch um zeitraumbezogene öffentliche Abgaben, wie z. B. die Kfz-Steuer, soweit sie auf die voraussichtliche Zulassungszeit von Fahrzeugen im nachfolgenden Wirtschaftsjahr entfällt (BFH v. 19. 5. 2010, BStBl 2010 II S. 967). Für die verbilligte Abgabe von Mobiltelefonen bei gleichzeitigem Abschluss von Mobilfunkdienstleistungs-Verträgen mit 24-monatiger Mindestlaufzeit hat das Mobilfunkunternehmen aktive Rechnungsabgrenzungsposten zu bilden (BFH v. 15. 5. 2013, BStBl 2013 II S. 730). Bei Darlehensverträgen mit sinkendem Zinssatz ist nicht auszuschließen, dass mit den in den zu Beginn der Laufzeit gezahlten höheren Zinsen bereits eine Vergütung für die Folgejahre erbracht wird, für die ein nominell niedrigerer Zinssatz vereinbart wurde (BFH v. 27. 7. 2011, BStBl 2012 II S. 284). Eine bestimmte Zeit liegt immer dann vor, wenn die Zeitdauer kalendarisch bestimmbar ist (BFH v. 3. 5. 1983, BStBl 1983 II S. 572; v. 28. 2. 2001, BStBl II 2001 S. 645 m. w. N.). Davon ist aber auch dann auszugehen, wenn die Zuordnung der Aufwendungen zu einzelnen Zeiträumen nach anderen Kriterien möglich ist; nach den Urteilen des BFH v. 9. 12. 1993 (BStBl 1995 II S. 202) und v.

25. 10. 1994 (BStBl 1995 II S. 312) ist dies z. B. der Fall bei voraus gezahlten Vergütungen für den Abbau von Mineralien, deren Höhe von der abgebauten Menge abhängig ist. Zum Ausweis eines Disagios als RAP wird auf das Urteil des BFH v. 29. 11. 2006 (BStBl 2009 II S. 955), von Bearbeitungsgebühren für ein Darlehen die Urteile des BFH v. 22. 6. 2011 (BStBl 2011 II S. 870) und v. 14. 11. 2012 (BFH/NV 2013 S. 1389) hingewiesen. Nach Auffassung des BFH (Urteil v. 18. 3. 2010, BFH/NV 2010 S. 1796) darf auf die Bildung von Rechnungsabgrenzungsposten verzichtet werden, wenn die abzugrenzenden Beträge nur von untergeordneter Bedeutung sind und eine unterlassene Abgrenzung das Jahresergebnis nur unwesentlich beeinflussen würde. Davon kann ausgegangen werden, wenn der Wert des einzelnen Abgrenzungspostens 800 € (angelehnt an die Grenze für geringwertige Wirtschaftsgüter) nicht übersteigt.

IV. Aktive latente Steuern

Der Ertragssteueraufwand entsteht auf der Grundlage des Ergebnisses der Steuerbilanz 365
ggf. nach Berücksichtigung außerbilanzieller Korrekturen. Misst man den Umfang der Ertragsteuerbelastung an dem Ergebnis der Handelsbilanz, ergeben sich Disparitäten insbesondere dann, wenn bestimmte Aufwendungen und Erträge in Handels- und Steuerbilanz unterschiedlichen Gewinnermittlungszeiträumen zuzuordnen sind. Führt ein bestimmter Sachverhalt zu einem gegenüber der Handelsbilanz höheren Gewinn, während sich aus diesem Anlass in den Folgejahren gegenüber der Handelsbilanz entsprechend niedrigere Gewinne ergeben werden, kann dieser Minderung der künftigen Ertragsteuerbelastung durch den Ausweis auf der Aktivseite der Bilanz unter „D. Aktive latente Steuern" Rechnung getragen werden (vgl. Rdn. 162 ff.). In der Steuerbilanz kommt dies nicht in Betracht.

V. Aktiver Unterschiedsbetrag aus der Vermögensverrechnung

Vermögensgegenstände, die dem Zugriff aller übrigen Gläubiger entzogen sind und 366
ausschließlich der Erfüllung von Schulden aus Altersversorgungsverpflichtungen oder vergleichbaren langfristig fälligen Verpflichtungen dienen, sind gem. § 246 Abs. 2 Satz 2 HGB mit diesen Schulden zu verrechnen. Übersteigt der beizulegende Zeitwert der Vermögensgegenstände den Betrag der Schulden, ist der übersteigende Betrag in einem gesonderten Posten unter der Bezeichnung „E. Aktiver Unterschiedsbetrag aus der Vermögensverrechnung" auf der Aktivseite auszuweisen (vgl. Rdn. 507). In der Steuerbilanz kommt ein derartiger Ausweis nicht in Betracht.

VI. Rückstellungen

1. Allgemeine Grundsätze

Die nach § 266 Abs. 3 B. HGB auszuweisenden Rückstellungen sind von den mittelgro- 367
ßen und den großen Kapitalgesellschaften wie folgt zu untergliedern:

1. Rückstellungen für Pensionen und ähnliche Verpflichtungen,
2. Steuerrückstellungen,
3. sonstige Rückstellungen.

368 Die Voraussetzungen, unter denen Rückstellungen in die Bilanz einzustellen sind oder eingestellt werden können, ergeben sich aus § 249 HGB; vgl. Rdn. 152 ff. Die danach zulässigen Rückstellungen dürfen in der Steuerbilanz nur ausgewiesen werden, soweit eine betriebliche Veranlassung besteht und steuerliche Sondervorschriften nicht entgegenstehen (vgl. R 5.7 Abs. 1 EStR, H 5.7 Abs. 1 EStH). Aus diesem Grund sind für den Ausweis in der Steuerbilanz folgende Sonderregelungen zu beachten:

- Für Verpflichtungen, die nur zu erfüllen sind, soweit künftig Einnahmen oder Gewinne anfallen, sind nach § 5 Abs. 2a EStG Verbindlichkeiten oder Rückstellungen erst anzusetzen, wenn die Einnahmen oder Gewinne angefallen sind; wegen weiterer Einzelheiten vgl. Rdn. 380.
- Rückstellungen wegen der Verletzung fremder Patent-, Urheber- oder ähnlicher Schutzrechte – **Patentverletzungsrückstellungen** – dürfen nach § 5 Abs. 3 EStG erst gebildet werden, wenn
  - der Rechtsinhaber Ansprüche wegen der Rechtsverletzung geltend gemacht hat oder
  - mit einer Inanspruchnahme wegen der Rechtsverletzung ernsthaft zu rechnen ist; eine aus diesem Grunde gebildete Rückstellung ist spätestens in der Bilanz des dritten auf ihre erstmalige Bildung folgenden Wirtschaftsjahres aufzulösen, wenn Ansprüche nicht geltend gemacht worden sind.

  Wegen Einzelheiten vgl. auch R 5.7 Abs. 10 EStR.
- Rückstellungen für die Verpflichtung zu Zuwendungen anlässlich von Dienstjubiläen dürfen nach § 5 Abs. 4 EStG nur gebildet werden, wenn das Dienstverhältnis mindestens 10 Jahre bestanden hat, das Dienstjubiläum mindestens das Bestehen eines 15-jährigen Dienstverhältnisses voraussetzt und eine schriftliche Zusage erteilt wurde. Im Übrigen ist eine Rückstellung nur insoweit zulässig, als der Zuwendungsberechtigte seine Ansprüche nach dem 31. 12. 1992 erwirbt. Diese Regelung ist rechtmäßig (BVerfG v. 12. 5. 2009, BStBl II S. 685). Wegen weiterer Einzelheiten wird auf das Urteil des BFH v. 18. 1. 2007 (BStBl 2008 II S. 956) und die BMF-Schreiben v. 8. 12. 2008 (BStBl 2008 I S. 1013) und v. 27. 2. 2020 (BStBl 2020 I S. 254) wegen der Anpassung an die neuen „Heubeck-Richttafeln 2018 G“ hingewiesen.
- Rückstellungen wegen **drohender Verluste aus schwebenden Geschäften** dürfen nach § 5 Abs. 4a EStG in der Steuerbilanz nicht ausgewiesen werden; vgl. dazu Rdn. 386 ff.
- Nach § 5 Abs. 4b Satz 1 EStG dürfen Aufwendungen, die in künftigen Wirtschaftsjahren als Anschaffungs- oder Herstellungskosten eines Wirtschaftsguts zu aktivieren sind, in Übereinstimmung mit der Rechtsprechung des BFH (vgl. Urteil v. 18. 12. 2001, BStBl 2002 II S. 733) nicht in eine Rückstellung eingestellt werden. Rückstellungen für die Verpflichtung zur schadlosen Verwertung von radioaktiven Rückständen und Abfällen sind nach Satz 2 dieser Vorschrift insoweit nicht zulässig, als daraus wieder Kernbrennstoffe gewonnen werden, die keine Abfälle sind.
- Rückstellungen für **Pensionsverpflichtungen** sind dem Grunde und der Höhe nach unter den sich aus § 6a EStG ergebenden Voraussetzungen zulässig. Wegen weiterer Einzelheiten wird auf R 6a EStR und H 6a EStH hingewiesen.
- Werden Verpflichtungen übertragen, die beim ursprünglich Verpflichteten einem Ansatzverbot, einer Ansatzbeschränkung oder einem Bewertungsvorbehalt unterlegen haben, wird dies dem Übernehmenden entgolten. Dem ursprünglich Verpflichteten entsteht damit ein Aufwand, der bei Verbleib der Verpflichtung bei ihm erst zu einem späteren Zeitpunkt steuerlich wirksam geworden wäre. Ein entsprechendes Ergebnis kann durch einen Schuldbeitritt oder eine Erfüllungsübernahme erreicht werden. Der Gesetzgeber hält dies nicht für vertretbar. Mit Wirkung für nach dem 28. 11. 2013 endende Wirtschaftsjahre wird die Berücksichtigung dieses Aufwandes gem. § 4f EStG für den Regelfall nur gleichmäßig verteilt über einen Zeitraum von 15 Jahren zugelassen. Ausnahmen gelten u. a. in den Fällen der Veräußerung oder Aufgabe eines ganzen Betriebs oder des gesamten Mitunternehmeranteils. Wegen weiterer Einzelheiten wird auf Rdn. 549 ff. hingewiesen.
- Der nach einer Verpflichtungsübernahme, einem Schuldbeitritt oder einer Erfüllungsübernahme Verpflichtete hat die Verpflichtung in Höhe des Gegenwerts des dafür erlangten Ver-

mögenswerts zu passivieren. Dies gilt nach Auffassung des BFH (Urteil v. 16.12.2009, BStBl 2011 II S.566; v. 14.12.2011, BFH/NV 2012 S.635) auch dann, wenn die übernommene Verpflichtung beim ursprünglich Verpflichteten einem Ansatzverbot, einer Ansatzbeschränkung oder einem Bewertungsvorbehalt unterlag. Für diese Fälle wird in § 5 Abs.7 EStG für nach 28.11.2013 endende Wirtschaftsjahre bestimmt, dass derartige Verpflichtungen in der Schlussbilanz des Wirtschaftsjahres des Zugangs unter Beachtung der für den ursprünglich Verpflichteten geltenden Ansatzverbote, Ansatzbeschränkungen oder Bewertungsvorbehalte auszuweisen sind. Der sich dadurch ergebende Gewinn kann mit 14/15 in eine den steuerlichen Gewinn mindernde Rücklage, die in den nachfolgenden Wirtschaftsjahren mit mindestens 1/14 aufzulösen ist, eingestellt werden. Dies gilt auch für bereits in vorangegangenen Wirtschaftsjahren übernommene Verpflichtungen. Besonderheiten gelten für vor dem 14.12.2011 übernommene Verpflichtungen sowie unter bestimmten Voraussetzungen für übergegangene Pensionsverpflichtungen. Zu weiteren Einzelheiten wird in Rdn.1328ff. Stellung genommen.

Rückstellungen sind aufzulösen, soweit die Gründe für ihre Bildung entfallen sind 369
(§ 249 Abs. 2 Satz 2 HGB). Bei einem gerichtlich geltend gemachten Anspruch kann eine Rückstellung danach erst dann aufgelöst werden, wenn dieser am Bilanzstichtag rechtskräftig abgewiesen worden ist. Dementsprechend wirkt ein nach dem Bilanzstichtag, aber vor Aufstellung der Bilanz geschlossener Vergleich nicht auf den Abschlusszeitpunkt zurück (BFH v. 30.1.2002, BStBl 2002 II S.688, m.w.N.). Wurde in Vorjahren eine Rückstellung zu Unrecht gebildet und ist eine Berichtigung für das Jahr der Bildung nicht mehr möglich, ist diese Rückstellung für das frühest mögliche Wirtschaftsjahr erfolgswirksam aufzulösen (BFH v. 22.1.1985, BStBl II S.308; vgl. auch R 5.7 Abs.13 EStR). Eine Rückstellung ist ebenfalls nicht aufzulösen, wenn der Stpfl. in einer Instanz obsiegt hat, der Prozessgegner gegen diese Entscheidung aber noch ein Rechtsmittel einlegen kann (BFH v. 30.1.2002, BStBl 2002 II S.688). Eine Rückstellung wegen einer gerichtsanhängigen Schadensersatzverpflichtung ist erst aufzulösen, wenn über die Verpflichtung endgültig und rechtskräftig ablehnend entschieden ist (BFH v. 27.11.1997, BStBl 1998 II S.375).

2. Rückstellungen für ungewisse Verbindlichkeiten

Die Bildung einer Rückstellung für eine ungewisse Verbindlichkeit setzt voraus, dass 370

- eine Verbindlichkeit gegenüber einem Dritten oder eine öffentlich-rechtliche Verpflichtung besteht,
- die Verpflichtung vor dem Bilanzstichtag wirtschaftlich verursacht ist,
- mit einer Inanspruchnahme aus einer dem Grunde oder der Höhe nach ungewissen Verbindlichkeit ernsthaft zu rechnen ist,
- die Aufwendungen in künftigen Wirtschaftsjahren nicht zu Anschaffungs- oder Herstellungskosten für ein Wirtschaftsgut führen.

Rückstellungsfähig sind nur Verbindlichkeiten, die i.S. des § 4 Abs.4 EStG betrieblich veranlasst sind. Danach darf eine Rückstellung für privat veranlasste Verbindlichkeiten, bei denen der Betriebsausgabenabzug nach § 12 EStG ausgeschlossen ist, nicht in der Steuerbilanz ausgewiesen werden. Ist der Gesellschafter einer Kapitalgesellschaft eine Bürgschaftsverpflichtung zugunsten der Kapitalgesellschaft eingegangen, ist bei drohender Inanspruchnahme eine Rückstellung nach dem Urteil des BFH v. 18.4.2012

(BStBl 2013 II S. 785) ungeachtet des § 3c Abs. 2 EStG vollumfänglich zulässig. Dieses Urteil ist zu der bis zum 31. 12. 2010 geltenden Rechtslage ergangen; wegen der ab 2011 maßgebenden Fassung des § 3c Abs. 2 EStG wird auf das 5. Kap. Teil A Rdn. 26 hingewiesen.

Die Betriebsausgabeneigenschaft wird nicht dadurch beeinträchtigt, dass bestimmte betrieblich veranlasste Aufwendungen steuerlich nicht zum Abzug zugelassen werden (vgl. z. B. § 4 Abs. 5 und 5b EStG). Insoweit liegt betrieblicher Aufwand vor, der außerhalb der Bilanz zu eliminieren ist (BFH v. 6. 4. 2000, BStBl 2001 II S. 536). Demzufolge ist z. B. im Bedarfsfalle auch in der Steuerbilanz eine GewSt-Rückstellung auszuweisen (R 5.7 Abs. 1 Satz 2 EStR). Diese Auffassung ist nicht unumstritten (vgl. z. B. BFH v. 9. 6. 1999, BStBl 1999 II S. 656; v. 15. 3. 2000, BFH/NV 2001 S. 297; ferner Weber-Grellet, in: Schmidt, EStG, 39. Aufl., § 5 Rdn. 550 Gewerbesteuer). Nach dem Urteil des BFH v. 26. 9. 2013 (BStBl 2014 II S. 253; Streitjahr 2001) sind für nicht vom Abzug als Betriebsausgabe ausgeschlossene Ertragsteuern steuerbilanziell Rückstellungen zu bilden, wenn die Steuern nach steuerrechtlichen Vorschriften bis zum Ende des Geschäftsjahres entstanden sind. Wird bei einem bestehenden steuerlichen Abzugsverbot in der Steuerbilanz eine entsprechende Rückstellung ausgewiesen, ist dem Abzugsverbot durch eine außerbilanzielle Hinzurechnung zum Gewinn Rechnung zu tragen (H 5.7 (1) „Nicht abziehbare Betriebsausgaben" EStH; so R 5.7 Abs. 1 EStR zur Zulässigkeit einer GewSt-Rückstellung. Der BFH hat es im Urteil v. 14. 5. 2014 (BStBl 2014 II S. 684) letztendlich offen gelassen, ob für nach § 4 Abs. 5 Satz 1 Nr. 10 EStG nicht abziehbare Betriebsausgaben eine Rückstellung in der Steuerbilanz auszuweisen ist.

Handelt es sich bei Leistungen einer Kapitalgesellschaft um verdeckte Gewinnausschüttungen, weil irrtümlich von einer bestehenden Leistungspflicht ausgegangen wurde, rechtfertigt dies nicht den Ausweis einer Rückstellung (BFH v. 29. 4. 2008, BStBl 2011 II S. 55), beachte jedoch BMF-Schreiben v. 28. 5. 2002 (BStBl I S. 603) sowie BFH v. 21. 8. 2007 (BStBl 2008 II S. 277).

371 Rückstellungen werden für Aufwendungen gebildet, die Betriebsausgaben i. S. des § 4 Abs. 4 EStG sind. Sie müssen deswegen betrieblich veranlasst sein, sodass den Stpfl. insoweit die Beweislast trifft. Ihm obliegt es, die zur Rechtfertigung der begehrten Rückstellungen erforderlichen konkreten Tatsachen darzulegen, soweit das nach den betrieblichen Verhältnissen zumutbar ist. Geschieht das nicht in ausreichendem Maß, geht dies zu seinen Lasten (BFH v. 15. 10. 1998, BStBl 1999 II S. 333; v. 24. 3. 1999, BStBl 2001 II S. 612; v. 25. 4. 2006, BStBl II S. 749).

372 Eine Verbindlichkeit kann sich ergeben aus einer vertraglichen Vereinbarung über einen Einzelsachverhalt (z. B. Gewährleistungsverpflichtung im Zusammenhang mit der Lieferung einer Maschine), aus einem Dauervertragsverhältnis (z. B. Pensionsverpflichtung gegenüber einem noch aktiv tätigen Arbeitnehmer), aus gesetzlichen Vorschriften oder Auflagen (z. B. Steuern, Verpflichtung zur Führung von Büchern und Erstellung von Jahresabschlüssen, Beachtung von Vorschriften im Interesse des Umweltschutzes). Es muss sich um eine Verpflichtung handeln, die einem Dritten das Recht einräumt, vom Stpfl. ein bestimmtes Tun oder Unterlassen fordern zu können, es sich also um eine sog. Außenverpflichtung handelt (BFH v. 5. 6. 2014, BStBl 2014 II S. 886).

Die entgeltliche Übertragung einer Verpflichtung, die beim ursprünglich Verpflichteten einem Ansatzverbot, einer Ansatzbeschränkung oder einem Bewertungsvorbehalt unterlegen hat, berechtigt nach Auffassung des BFH den Übernehmenden zum Ausweis der Verpflichtung in Höhe der empfangenen Gegenleistung (BFH-Urteile v. 16. 12. 2009, BStBl 2011 II S. 566; v. 14. 12. 2011, BFH/NV 2012 S. 635). In diesen Fällen ist für den Regelfall mit Wirkung für nach dem 28. 11. 2013 endende Wirtschaftsjahre nach § 5 Abs. 7 EStG zu verfahren. Danach ist die Verpflichtung mit dem Gegenwert der empfangenen Gegenleistung einzubuchen. In der maßgebenden Schlussbilanz ist die Verpflichtung dann unter Beachtung der für den ursprünglich Verpflichteten maßgebenden Verbote, Beschränkungen oder Vorbehalte auszuweisen. Der sich dadurch ergebende Gewinn kann für den Regelfall mit 14/15 in eine den steuerlichen Gewinn mindernde Rücklage eingestellt werden, die in den nachfolgenden Wirtschaftsjahren mit mindestens 1/14 aufzulösen ist; dies gilt auch für bereits in vorangegangenen Wirtschaftsjahren übernommene Verpflichtungen. Besteht eine Verpflichtung, für die eine Rücklage gebildet wurde, bereits vor Ablauf des maßgebenden Auflösungszeitraums nicht mehr, ist die insoweit verbleibende Rücklage erhöhend aufzulösen. Wegen weiterer Einzelheiten wird auf Rdn. 1331 ff. hingewiesen.

Die Verpflichtung gegenüber dem Dritten muss hinreichend konkretisierbar sein. Bei der Bildung einer Rückstellung für ungewisse Verbindlichkeiten ist zwischen der Wahrscheinlichkeit des Bestehens der Verbindlichkeit und der Wahrscheinlichkeit der tatsächlichen Inanspruchnahme hieraus zu unterscheiden, da die beiden Voraussetzungen innewohnenden Risiken unterschiedlich hoch zu bewerten sein können. Nach den Umständen des Einzelfalls kommt eine Rückstellung für eine ungewisse Verbindlichkeit wegen eines gegen den Kaufmann geführten Klageverfahrens dann nicht in Betracht, wenn nach einem von fachkundiger dritter Seite erstellten Gutachten sein Unterliegen im Prozess am Bilanzstichtag nicht überwiegend wahrscheinlich ist (BFH v. 16. 12. 2014, BStBl 2015 II S. 759). Im Regelfall wird jedoch eine Rückstellung auszuweisen sein, wenn eine Forderung im Klagewege geltend gemacht wird. Vielfach wird der Ausweis zu einem früheren Zeitpunkt auf der Grundlage getroffener Vereinbarungen in Betracht kommen, z. B. zum Rückbau von Mietereinbauten (BFH v. 5. 5. 2011, BStBl 2012 II S. 98), bei Erfüllungsrückständen eines Versicherungsvertreters (BFH v. 19. 7. 2011, BStBl 2012 II S. 856), oder aber nach Vereinnahmung von Zuschüssen von Kunden für die Werkzeuge herzustellen sind und dies bei der Preisgestaltung für die mittels dieser Werkzeuge herzustellenden und zu liefernden Produkte preismindernd zu berücksichtigen ist (BFH v. 29. 11. 2000, BStBl 2002 II S. 655). Die Ausgabe von Gutscheinen, die einen Anspruch auf eine Preisermäßigung bei Inanspruchnahme einer Dienstleistung gewähren, berechtigen weder zum Ausweis einer Verbindlichkeit noch einer Rückstellung im Ausgabejahr (BFH v. 15. 9. 2012, BStBl 2013 II S. 123). Wegen der Passivierung von Verpflichtungen im Kfz-Handel zum Rückerwerb von Kfz wird auf das Urteil des BFH v. 17. 11. 2010 (BStBl 2011 II S. 812) sowie das BMF-Schreiben v. 12. 10. 2011 (BStBl 2011 I S. 967) und OFD NRW v. 25. 7. 2014 (NWB DokID: GAAAE-71105), zu Mietrückzahlungen auf das Urteil des BFH v. 21. 9. 2011 (BStBl 2012 II S. 197) hingewiesen.

373 Öffentlich-rechtlichen Verpflichtungen liegt regelmäßig ein konkreter Gesetzesbefehl zugrunde (vgl. z. B. BFH v. 29. 8. 2002, BStBl 2003 II S. 131 m. w. N. zur Rückstellung der Aufwendungen für die Aufbewahrung von Geschäftsunterlagen; ferner BFH v. 5. 11. 2014, BStBl 2015 II S. 523). Eine Rückstellung ist immer dann erforderlich, wenn bei Nichterfüllung gesetzlicher Verpflichtungen Sanktionen drohen; vgl. dazu z. B. § 3 Abs. 1 AltfahrzeugVO zu der den Herstellern und Importeuren von Kfz auferlegten Rücknahmeverpflichtungen für Altfahrzeuge. Nach R 5.7 Abs. 4 EStR soll in den Fällen, in denen sich eine öffentlich rechtliche Verpflichtung nicht unmittelbar aus einem Gesetz ergibt, sondern den Erlass einer behördlichen Verfügung – einen Verwaltungsakt – voraussetzt, eine Rückstellung für ungewisse Verbindlichkeiten erst dann zulässig sein, wenn die zuständige Behörde einen vollziehbaren Verwaltungsakt erlassen hat, der ein bestimmtes Handeln vorschreibt (vgl. dazu auch BFH v. 25. 3. 2004, BStBl 2006 II S. 644; v. 21. 9. 2005, BStBl 2006 II S. 647). Im Übrigen ist eine Rückstellung nur zulässig, wenn die Frist für die Erfüllung der Verpflichtung am maßgeblichen Bilanzstichtag bereits abgelaufen ist (BFH v. 13. 12. 2007, BStBl 2008 II S. 516). Deswegen ist eine Rückstellung für Zusatzbeiträge zur Handwerkskammer für ein Wirtschaftsjahr vor dem Beitragsjahr nicht zulässig (BFH v. 5. 4. 2017 – X R 30/15, NWB DokID: RAAAG-48081). Nach dem Urteil des BFH v. 6. 6. 2012 (BStBl 2013 II S. 196) ist die Bildung einer Rückstellung für die Kosten einer zukünftigen Betriebsprüfung bei Großbetrieben auch dann zulässig, wenn noch nicht feststeht, ob eine Prüfung überhaupt durchgeführt wird; maßgebend dafür ist, dass Betriebe dieser Größenklasse der Anschlussprüfung unterliegen, die auch in der überwiegenden Anzahl der Fälle tatsächlich durchgeführt wird (vgl. auch BMF-Schreiben v. 7. 3. 2013, BStBl 2013 I S. 274).

Zu den öffentlich-rechtlichen Verpflichtungen im eigentlichen Sinne gehört auch Verpflichtung zur Entrichtung der geschuldeten Steuern. Dementsprechend sind die für ein Wirtschaftsjahr geschuldeten aber noch nicht festgesetzten und noch nicht entrichteten betrieblichen Steuern grundsätzlich in einer Rückstellung zum Schluss des in Betracht kommenden Wirtschaftsjahres auszuweisen. Nach R 5.7 Abs. 1 EStR ist die in der Handelsbilanz auszuweisende GewSt-Rückstellung ungeachtet der Regelung in § 4 Abs. 5b EStG in die Steuerbilanz zu übernehmen. Die GewSt ist danach keine Betriebsausgabe, die erforderliche Korrektur soll außerbilanziell erfolgen.

Die vorstehend dargestellten Grundsätze gelten grundsätzlich auch für die erst nachträglich durch eine Außenprüfung festgestellten Mehrsteuern, sofern die in Betracht kommende Veranlagung noch änderbar ist (BFH v. 15. 3. 2012, BStBl 2012 II S. 719 m. w. N.), ferner für Steuern, die sich in Verfolg eines Rechtsmittelverfahrens ergeben, mit denen zunächst nicht gerechnet wurde (BFH v. 26. 9. 2013, BStBl 2014 II S. 253). Ergibt sich infolge der Rückgängigmachung eines Investitionsabzugsbetrages nach § 7g EStG (vgl. Rdn. 1259) eine GewSt-Nachforderung, berechtigt dies nicht zur Erhöhung der GewSt-Rückstellung bereits für das ursprüngliche Abzugsjahr; bei Bilanzaufstellung war nicht absehbar, dass die bestehende Investitionsabsicht später aufgegeben werden würde (BFH v. 17. 7. 2012, BFH/NV 2012 S. 1955). Hinterzogene Steuern können erst zu Lasten des Wirtschaftsjahres berücksichtigt werden, in dem der Steuerpflichtige erstmalig ernsthaft mit einer entsprechenden Nachforderung rechnen muss, d. h. bei einer Außen- oder Steuerfahndungsprüfung frühestens mit der Beanstandung einer bestimmten Sachbehandlung durch den Prüfer (BFH v. 22. 8. 2012, BStBl 2013 II S. 76; vgl. auch H 4. 9. Rückstellung für künftige Steuerforderungen EStH).

Die sich aus dem AbfG ergebende Verpflichtung zur Entsorgung eigenen Abfalls führt zu 374
einem Aufwand, der nach dem Urteil des BFH v. 8. 11. 2000 (BStBl 2000 II S. 570) keine Rückstellung rechtfertigt. Unternehmen, die Bauabfälle aufbereiten und die dadurch gewonnenen Stoffe veräußern, können für die ihnen nach dem AbfG bzw. dem BImSchG obliegende Entsorgung der verbleibenden nicht verwertbaren Abfälle für den insoweit entstehenden Aufwand grundsätzlich eine Rückstellung bilden. Dabei ist es unerheblich, ob die aufzuarbeitenden Abfälle aufgekauft (BFH v. 21. 9. 2005, BStBl 2006 II S. 647) oder gegen Entgelt entgegengenommen werden (BFH v. 21. 9. 2005, BFH/NV 2006 S. 515).

Weiter ist Voraussetzung, dass der Gläubiger und damit ggf. die in Betracht kommende 375
öffentlich-rechtliche Körperschaft grundsätzlich den Anspruch gegen den Schuldner (Steuerpflichtigen) kennt. Deshalb ist bei Schadensersatz- und Beseitigungsansprüchen eine Inanspruchnahme des Schuldners erst dann wahrscheinlich und passivierbar, wenn die den Anspruch begründenden Tatsachen entdeckt und dem Geschädigten bekannt geworden sind oder dies unmittelbar bevorsteht. Erst ab diesem Zeitpunkt muss der Schädiger ernsthaft mit einer Inanspruchnahme aus der bereits zuvor entstandenen Verpflichtung rechnen (BFH v. 19. 10. 2005 – XI R 64/04, BStBl 2006 II S. 371; v. 17. 3. 2006 – IV B 177/04, BFH/NV 2006 S. 1286; v. 25. 4. 2006 – VIII R 40/04, BStBl 2006 II S. 749 jeweils m. w. N.). Zur Anwendung der Grundsätze des Urteils des BFH v. 19. 11. 2003 (BStBl 2010 II S. 482) weist das BMF-Schreiben v. 2. 9. 2016 (BStBl 2016 I S. 1002) in Rdn. 12 darauf hin, dass eine Rückstellung für Aufwendungen zur Beseitigung von Schadstoffen auf einem Grundstück erst nach Bekanntgabe der behördlichen Anordnung zur Durchführung der Maßnahme in Betracht komme. Nach Auffassung des BFH ist dagegen eine Rückstellung bereits dann zulässig, wenn der Behörde der Schadensfall bekannt ist und nach den Gesamtumständen der Erlass einer Anordnung erwartet werden kann. Von einer bestehenden Verpflichtung soll nur dann nicht mehr ausgegangen werden, wenn die Behörde trotz Kenntnis von dem polizei- oder ordnungswidrigen Zustand erklärt hat, dass sie (in negativer Ausübung eines ihr eingeräumten Ermessens oder aus sonstigen Gründen der Opportunität) davon absehen wird, den Handlungs- oder Zustandsstörer tatsächlich in Anspruch zu nehmen. Dem kommt ein gleichgerichtetes, für den Verpflichteten erkennbares konkludentes Verhalten der Behörde gleich. Sieht die zum Handeln verpflichtende Rechtsnorm eine Frist für die Erfüllung vor, ist eine Rückstellung erst dann zulässig, wenn sie am maßgeblichen Bilanzstichtag abgelaufen ist (BFH v. 13. 12. 2007, BStBl 2008 II S. 516). Eine behördliche Anweisung, nach der Altanlagen einen festgelegten Emissionswert ab einem bestimmten Zeitpunkt einhalten sollen, kann i. d. R. nicht dahin verstanden werden, dass die Verpflichtung zur Wahrung des Grenzwerts rechtlich bereits vor Ablauf dieses Zeitpunkts entsteht (BFH v. 6. 2. 2013, BStBl 2013 II S. 686). Zur Zulässigkeit von Rückstellungen wegen angeordneter flugverkehrstechnischer Maßnahmen wird auf das Urteil des BFH v. 17. 10. 2013 (BStBl 2014 II S. 302) hingewiesen.

Allgemeine, branchen- oder konjunkturbedingte unternehmerische Risiken (BFH v. 376
19. 1. 1967, BStBl 1967 III S. 335) sowie allgemeine öffentliche Leitsätze oder Zielsetzungen (BFH v. 26. 5. 1976, BStBl 1976 II S. 622) berechtigen nicht zum Ausweis einer

Rückstellung. Rückstellungen für die Nachforderung von Lohnsteuer sind erst zu bilden, wenn mit einer Haftungsinanspruchnahme nach § 42d EStG ernsthaft zu rechnen ist (BFH v. 16. 2. 1996, BStBl II S. 592). Wegen der Passivierung von Steuernachforderungen im Übrigen wird auf Rdn. 373 hingewiesen.

377 Die Bildung einer Rückstellung für ungewisse Verbindlichkeiten setzt eine Verpflichtung gegenüber einem anderen voraus. Nach R 5.7 Abs. 3 EStR muss diese Verpflichtung den Verpflichteten wirtschaftlich wesentlich belasten. Dabei soll nicht auf den Aufwand für das einzelne Vertragsverhältnis, sondern auf die Bedeutung der Verpflichtung für das Unternehmen abgestellt werden. Dies ist z. B. auch der Fall, wenn ein Versicherungsvertreter zur Nachbetreuung der laufenden Lebensversicherungsverträge verpflichtet und diese Leistung mit der bereits vereinnahmten Provision für den Abschluss des Versicherungsvertrages abgegolten ist (BFH v. 28. 7. 2004, BStBl 2006 II S. 866; v. 19. 7. 2011, BStBl 2012 II S. 856; v. 12. 12. 2013, BStBl 2014 II S. 517; BMF-Schreiben v. 20. 11. 2012, BStBl 2012 I S. 1100). Eine Rückstellung kann auch durch eine faktische ungewisse Verbindlichkeit gegenüber Dritten gerechtfertigt werden, nach der sich ein Kaufmann aus sittlichen, tatsächlichen oder wirtschaftlichen Gründen nicht entziehen kann, obwohl keine Rechtspflicht zur Leistung besteht (BGH v. 28. 1. 1991 – II ZR 20/90, NJW 1991 S. 1890), z. B. aufgrund einer Selbstverpflichtungserklärung des brancheneigenen Zentralverbandes, hergestellte bzw. verkaufte Güter (Batterien) nach dem Gebrauch wieder zurückzunehmen, um sie sachgerecht zu entsorgen (BFH v. 10. 1. 2007, BFH/NV 2007 S. 1102). Die Ausgabe von Gutscheinen an Kunden, die einen Anspruch auf Preisermäßigung bei Dienstleistungen im Folgejahr gewähren, rechtfertigt nicht den Ausweis einer Rückstellung für das Ausgabejahr (BFH v. 19. 9. 2012, BStBl 2013 II S. 123).

378 Ist eine Verpflichtung bereits entstanden, liegt die wirtschaftliche Verursachung aber erst in der Zukunft, ist nach Auffassung des BFH im Urteil v. 27. 6. 2001 (BStBl 2003 II S. 121, m. w. N.) gleichwohl die bereits entstandene Verpflichtung auszuweisen, beachte dazu BFH v. 13. 12. 2007 (BStBl 2008 II S. 516). Die FinVerw folgt den Grundsätzen des Urteils v. 27. 6. 2001 (a. a. O.) insoweit nicht (BMF-Schreiben v. 21. 1. 2003, BStBl 2003 I S. 125). Nach R 5.7 Abs. 5 Satz 3 EStR darf die Erfüllung der Verpflichtung nicht nur an Vergangenes anknüpfen, sondern muss auch Vergangenes abgelten. Ein Hörgeräte-Akustiker, der sich beim Verkauf einer Hörhilfe für einen bestimmten Zeitraum zur kostenlosen Nachbetreuung des Gerätes und des Hörgeschädigten in technischer und medizinischer Hinsicht verpflichtet hat, hat nach Auffassung des BFH für diese Verpflichtung eine Rückstellung zu bilden (BFH v. 5. 6. 2002, BStBl 2005 II S. 736), beachte dazu das BMF-Schreiben v. 12. 10. 2005 (BStBl 2005 I S. 953).

379 Unstreitig ist danach, dass eine Rückstellung für künftig erst entstehende Verbindlichkeiten erforderlich ist, wenn die künftigen zur Tilgung der ungewissen Verbindlichkeit zu leistenden Ausgaben im Wesentlichen bereits in vorausgegangenen Wirtschaftsjahren verursacht worden sind (vgl. BFH v. 19. 5. 1987, BStBl II 1987 S. 848 m. w. N.). Aus den Urteilen des BFH v. 19. 8. 2002 (BStBl 2003 II S. 131) und v. 8. 9. 2011 (BStBl 2012 II S. 122). Daraus wird gefolgert, dass die wirtschaftliche Verursachung der Verbindlichkeit in der Vergangenheit allein den Ausweis einer Rückstellung rechtfertige, der Zeitpunkt der Entstehung unerheblich sei (Weber-Grellet, in: Schmidt, EStG, 39. Aufl., § 5

Rdn. 384, m. w. N.). Dies gilt z. B. für in der Zukunft entstehende Kosten für die Aufbewahrung von Buchführungsunterlagen (BFH v. 19. 8. 2002, a. a. O.), bei mangelhaft erbrachten Leistungen, bei zum Bilanzstichtag rückständigen Buchführungsarbeiten (BFH v. 25. 3. 1992, BStBl 1992 II S. 1010). Für den Ausgleichsanspruch eines Handelsvertreters nach § 89b HGB kann vor dessen Ausscheiden keine Rückstellung gebildet werden (BFH v. 20. 1. 1983, BStBl II S. 375; v. 4. 2. 1999, BFH/NV 1999 S. 1076); wegen der Besonderheiten bei der Weiterzahlung von Provisionen nach Ausscheiden des Handelsvertreters wird auf das Urteil des BFH v. 24. 1. 2001 (BStBl 2005 II S. 465) und das BMF-Schreiben v. 21. 6. 2005 (BStBl 2005 I S. 802) hingewiesen.

Nach § 5 Abs. 2a EStG dürfen Verpflichtungen, die nur aus künftig anfallenden Einnahmen oder Gewinnen zu tilgen sind, in der Steuerbilanz nicht ausgewiesen werden. Entsprechendes gilt, wenn die Tilgung aus einem etwaigen Liquidationsüberschuss erfolgen soll. Der Anspruch des Gläubigers darf sich nur auf künftiges Vermögen, nicht aber auf am Bilanzstichtag vorhandenes Vermögen des Schuldners beziehen. In diesen Fällen mangelt es an einer gegenwärtigen wirtschaftlichen Belastung (BFH v. 30. 11. 2011, BStBl 2012 II S. 332; v. 6. 2. 2013, BStBl 2013 II S. 954). Wegen Einzelheiten wird auf das BMF-Schreiben v. 8. 9. 2006 (BStBl 2006 I S. 497; beachte BFH v. 10. 8. 2016 – I R 25/15, BFH/NV 2017 S. 155) hingewiesen. Die Frage der Anwendung des § 5 Abs. 2a EStG stellt sich u. a. auch bei der Bilanzierung von Druckbeihilfen, die aus zukünftigen Veräußerungserlösen zu tilgen sind, von bedingt rückzahlbaren Zuwendungen aus öffentlichen Kassen für Forschungs- und Entwicklungsvorhaben sowie zur Modernisierung von Mietwohnungen und bei bestimmten Verlustzuweisungsmodellen (vgl. BMF-Schreiben v. 25. 2. 2000, BStBl 2000 I S. 375). Ergibt sich bei einem auf der Grundlage der tatsächlich anfallendem Kosten für ein Wirtschaftsjahr zu entrichtenden Nutzungsentgelt eine Überdeckung, die zu einer entsprechenden Minderung des Nutzungsentgelts im Folgejahr führt, ist in Höhe der Überdeckung eine Rückstellung zulässig; es liegt kein Anwendungsfall des § 5 Abs. 2a EStG vor (BFH v. 6. 2. 2013, BStBl 2013 II S. 954; vgl. auch BMF-Schreiben v. 22. 11. 2013, BStBl 2013 I S. 1502). 380

Nach § 5 Abs. 4b Satz 1 EStG (vgl. auch R 5.7 Abs. 2 EStR) dürfen Aufwendungen, die in künftigen Wirtschaftsjahren als Anschaffungs- oder Herstellungskosten für ein Wirtschaftsgut zu aktivieren sind, nicht in eine Rückstellung eingestellt werden. Damit ist es weiterhin zulässig, in Fällen, in denen ein Wirtschaftsgut des Anlagevermögens gegen Ende des Wirtschaftsjahres angeschafft oder fertig gestellt wurde, aber die tatsächlich entstandenen Anschaffungs- oder Herstellungskosten nur allein deswegen nicht ermittelt werden können, weil die diesbezüglichen Rechnungen noch nicht vorliegen, diese Werte zu schätzen und zugleich entsprechende Rückstellungen auszuweisen. Das sich aus dieser Vorschrift ergebende Passivierungsverbot gilt nur im Verhältnis zu Aufwendungen, die in künftigen Jahren als Anschaffungs- oder Herstellungskosten eines Wirtschaftsguts zu aktivieren sind (BFH v. 18. 12. 2001, BStBl 2002 II S. 733). Der Verkäufer eines Wirtschaftsguts ist bei Aufhebung des Kaufvertrages grundsätzlich zur Rückerstattung des Kaufpreises verpflichtet. Die Bildung einer Rückstellung ist aus diesem Anlass nur dann zulässig, wenn am Bilanzstichtag eine Vertragsauflösung durch Rücktritt oder Wandlung wahrscheinlich ist (BFH v. 28. 3. 2000, BStBl 2002 II S. 227; BMF-Schreiben v. 21. 2. 2002, BStBl 2002 I S. 335). 381

382 Rückstellungen für die Verpflichtung zur schadlosen Verwertung von radioaktiven Rückständen und Abfällen sind nach § 5 Abs. 4b Satz 2 EStG insoweit nicht zulässig, als daraus wieder Kernbrennstoffe gewonnen werden, die keine Abfälle sind.

383 Eine Rückstellung ist nur zulässig, wenn und soweit damit zu rechnen ist, dass eine Inanspruchnahme tatsächlich erfolgt. Dies setzt zunächst voraus, dass der Gläubiger den Anspruch kennt (vgl. Rdn. 369). Weiter muss dann die Wahrscheinlichkeit der Inanspruchnahme aufgrund objektiver, am Bilanzstichtag vorliegender und spätestens bei der Bilanzaufstellung erkennbarer Tatsachen aus der Sicht des sorgfältigen und gewissen haften Kaufmanns bestehen (BFH v. 6. 10. 2009, BStBl 2010 II S. 232 m. w. N.). Es müssen mehr Gründe für als gegen die Inanspruchnahme sprechen (vgl. auch R 5.7 Abs. 6 EStR). Dabei darf nicht auf die pessimistischste Alternative abgestellt werden (BFH v. 19. 10. 2005, BStBl 2006 II S. 371). Bei Verpflichtungen aufgrund von Bürgschaftsversprechen ist erforderlich, dass die Inanspruchnahme ernsthaft droht (BFH v. 25. 10. 2006, BStBl 2007 II S. 384). Eine Rückstellung für Regressrisiken eines Arztes ist nach dem Urteil des BFH v. 5. 11. 2014 (BStBl 2015 II S. 523) dann zulässig, wenn der Arzt in seiner Verordnungspraxis die dafür bestehenden Richtgrößenvolumen um mehr als 25 % überschreitet und deswegen Erstattungsforderungen nicht auszuschließen sind. Grundsätzlich sind die danach bestehenden Verpflichtungen einzeln zu bilanzieren. Dies schließt bei dem Bestehen einer Vielzahl gleichartiger Verpflichtungen, z. B. bei Gewährleistungs- oder Garantieverpflichtungen, die Bildung einer Pauschalrückstellung auf der Grundlage der Erfahrungen der Vergangenheit nicht aus (BFH v. 24. 3. 1999, BStBl 2001 II S. 612 m. w. N.).

384 Nach § 5 Abs. 3 Satz 1 Nr. 2 EStG ist die Bildung einer Rückstellung wegen Verletzung von fremden Schutzrechten zulässig, wenn mit einer Inanspruchnahme wegen der Rechtsverletzung ernsthaft zu rechnen ist. Dies ist nach den Erkenntnissen des BFH in seinem Urteil v. 9. 2. 2006 (BStBl 2006 II S. 517) regelmäßig bereits dann der Fall, wenn die Rechtsverletzung vorliegt. Angesichts der im Einzelfall unterschiedlichen Interessen des Rechtsinhabers könne nicht ausgeschlossen werden, dass der entsprechende Anspruch nicht bereits nach erster Kenntniserlangung, sondern erst zu einem späteren Zeitpunkt geltend gemacht, u. U. aber auch darauf verzichtet werde. Diesem Gesichtspunkt trage § 5 Abs. 3 Satz 2 EStG Rechnung, wonach eine im Hinblick auf eine objektive Rechtsverletzung gebildete Rückstellung spätestens in der Bilanz des dritten auf die erstmalige Bildung folgenden Wirtschaftsjahres aufzulösen ist, wenn Ansprüche nicht geltend gemacht worden sind. Diese Auflösungsfrist bestimmt sich bei Verletzung eines Schutzrechts über mehrere Jahre nach der erstmaligen Rechtsverletzung.

385 Rückstellungen für Gewährleistungen ohne rechtliche Verpflichtung i. S. des § 249 Abs. 1 Satz 2 Nr. 2 HGB liegen dann vor, wenn sich der Kaufmann diesen aus geschäftlichen Gründen nicht entziehen kann und er sie deswegen auch künftig erfüllen muss (R 5.7 Abs. 12 EStR; BFH v. 6. 4. 1965, BStBl III S. 383).

3. Rückstellungen für drohende Verluste aus schwebenden Geschäften

386 Nach § 249 Abs. 1 Satz 1 HGB hat der Kaufmann Rückstellungen für drohende Verluste aus schwebenden Geschäften auszuweisen, die gem. § 5 Abs. 4a EStG in der Steuer-

bilanz nicht mehr ausgewiesen werden dürfen. Eine Ausnahme gilt für die Darstellung des Ergebnisses von zur Absicherung finanzwirtschaftlicher Risiken gebildeter Bewertungseinheiten i. S. des § 5 Abs. 1a EStG (vgl. Rdn. 671).

Schwebende Geschäfte sind Vertragsverhältnisse, die auf einen gegenseitigen Leis- 387
tungsaustausch gerichtet sind, wenn zum Bilanzstichtag beide Vertragspartner mit der Erfüllung ihrer vertraglichen Verpflichtung noch nicht begonnen oder einer oder beide Vertragspartner sie erst teilweise erfüllt haben (BFH v. 18. 12. 2002, BStBl 2004 II S. 126; vgl. auch R 5.7 Abs. 7 EStR). Dies kann sowohl bei einer einmaligen als auch bei einer sich über einen gewissen Zeitraum wiederholenden Leistungserbringung, einem sog. Dauerschuldverhältnis, der Fall sein. Ein Verlust droht dann, wenn bereits vor vollständiger Erfüllung des Geschäftes hinreichend sicher ist, dass die Aufwendungen die Erträge übersteigen (BFH v. 15. 9. 2004, BStBl 2009 II S. 100 m. w. N.). Dies ist nicht der Fall bei Erfüllungsrückständen, d. h. wenn die Leistung erbracht wurde, die Gegenleistung dafür jedoch zum Bilanzstichtag noch aussteht (vgl. Rdn. 389).

Wird eine Verpflichtung entgeltlich übertragen, für die der originär Verpflichtete durch § 5 Abs. 4a EStG gehindert war, in seiner Steuerbilanz eine Rückstellung auszuweisen, ist der Übernehmende nach Auffassung des BFH (Urteil v. 16. 12. 2009, BStBl 2011 II S. 566; v. 14. 12. 2011 – I R 72/10, BFH/NV 2012 S. 635) berechtigt, eine Rückstellung in Höhe der für die Übernahme erlangten Gegenleistung auszuweisen. In diesen Fällen ist für den Regelfall mit Wirkung für nach dem 28. 11. 2014 endende Wirtschaftsjahre nach § 5 Abs. 7 EStG zu verfahren. Danach ist die Verpflichtung mit dem Gegenwert der empfangenen Gegenleistung einzubuchen. In der maßgebenden Schlussbilanz ist die Verpflichtung dann unter Beachtung der für den ursprünglich Verpflichteten maßgebenden Verbote, Beschränkungen oder Vorbehalte auszuweisen. Der sich dadurch ergebende Gewinn kann für den Regelfall mit 14/15 in eine den steuerlichen Gewinn mindernde Rücklage eingestellt werden, die in den nachfolgenden Wirtschaftsjahren mit mindestens 1/14 aufzulösen ist; dies gilt auch für bereits in vorangegangenen Wirtschaftsjahren übernommene Verpflichtungen. Wegen weiterer Einzelheiten wird auf Rdn. 1328 ff. hingewiesen. Die Rechtsfolgen für den ursprünglich Verpflichteten ergeben sich aus § 4f EStG (vgl. Rdn. 549 ff.).

Für den Fall, dass ein Kfz-Händler beim Verkauf eines Neuwagens an eine Leasing- 388
gesellschaft eine Rückkaufsverpflichtung eingegangen ist, liegt kein schwebendes Geschäft vor. Nach dem Urteil des BFH v. 17. 11. 2010 (BStBl 2011 II S. 812) ist in diesen Fällen zu prüfen, ob eine Verpflichtung aus einem Optionsgeschäft zu passivieren ist (vgl. dazu BMF-Schreiben v. 12. 10. 2011, BStBl 2011 I S. 967, OFD NRW v. 25. 7. 2014, NWB DokID: GAAAE-71105). Zum Ausweis der Verpflichtung, dem Mieter eines Kfz nach Beendigung des Mietverhältnisses ggf. einen Teil des Veräußerungserlöses zu zahlen, wird auf das Urteil des BFH v. 21. 9. 2011 (BStBl 2012 II S. 197) hingewiesen.

Ein Erfüllungsrückstand liegt dann vor, wenn ein Vertragspartner seine Leistung er- 389
bracht hat, der andere Vertragspartner die entsprechende Gegenleistung jedoch noch schuldet. Dabei ist die Fälligkeit der vertraglich noch geschuldeten Leistung zum Bilanzstichtag nicht erforderlich. So liegen Erfüllungsrückstände eines Vermieters z. B. dann vor, wenn sich die allgemeine Pflicht zur Erhaltung der vermieteten Sache in der Notwendigkeit einzelner Erhaltungsmaßnahmen konkretisiert hat und der Vermieter diese

Maßnahmen unterlässt (BFH v. 5. 4. 2006, BStBl 2006 II S. 593). Zur Frage des Erfüllungsrückstandes bei Versicherungsvertretern im Hinblick auf die Nachbetreuung von Versicherungsverträgen wird auf die Urteile des BFH v. 19. 7. 2011 (BStBl 2012 II S. 856), v. 12. 12. 2013 (BStBl 2014 II S. 517), v. 7. 1. 2014 (BFH/NV 2014 S. 695) und v. 9. 6. 2015 (BFH/NV 2015 S. 1676) sowie auf das BMF-Schreiben v. 20. 11. 2012 (BStBl 2012 I S. 1100) hingewiesen. Ein Erfüllungsrückstand liegt ferner vor, wenn ein zum Abbau von Bodenschätzen berechtigter Unternehmer die zur Erfüllung der ihm obliegenden Pflicht zur Rekultivierung der abgebauten Flächen erforderlichen Arbeiten zum Bilanzstichtag nicht in dem gebotenen Umfang durchgeführt hat (BFH v. 3. 12. 1991, BStBl 1993 II S. 89). Der Grundsatz der Nichtbilanzierung schwebender Geschäfte steht dem Ausweis einer Verbindlichkeit, die erst nach Beendigung des Schwebezustands zu erfüllen sein wird, nicht entgegen (BFH v. 30. 1. 2002, BStBl 2003 II S. 279). Danach ist für die Verpflichtung, Pensionären und aktiven Mitarbeitern während der Zeit ihres Ruhestandes in Krankheits-, Geburts- und Todesfällen Beihilfen zu gewähren, eine Rückstellung zu bilden. Nach dem Urteil des BFH v. 30. 11. 2005 (BStBl 2007 II S. 251) ist dies auch der Fall bei Vereinbarungen über Altersteilzeit, nach denen dem jeweiligen Arbeitnehmer in der Freistellungsphase ein bestimmter Prozentsatz des bisherigen Arbeitsentgelts zu zahlen ist. Für diese Verpflichtung ist während der vorangehenden Beschäftigungsphase eine ratierlich aufzubauende Rückstellung zu bilden (BMF-Schreiben v. 28. 3. 2007, BStBl I S. 297, ergänzt durch BMF-Schreiben v. 11. 3. 2008, BStBl 2008 I S. 496). Die Verpflichtung zur Fortzahlung von Arbeitslohn im Krankheitsfall für nach dem Bilanzstichtag liegende Zeiträume rechtfertigt keine Passivierung in der Steuerbilanz (BFH v. 27. 6. 2001, BStBl 2001 II S. 738).

4. Aufwandsrückstellungen

390 Nach § 249 Abs. 1 Satz 2 Nr. 1 HGB besteht Passivierungspflicht für im Geschäftsjahr unterlassene Aufwendungen für Instandhaltung, die innerhalb von drei Monaten nach Ablauf des Geschäftsjahres, oder für Abraumbeseitigung, die innerhalb des nachfolgenden Geschäftsjahres nachgeholt werden. Weitergehende Rückstellungen für in der Zukunft anfallenden Aufwand sind nicht zulässig. Für die Steuerbilanz gilt Entsprechendes.

391 Rückstellungsfähig ist nur der Aufwand für die Erhaltungsarbeiten, die bereits am Bilanzstichtag objektiv erforderlich waren. Aufwendungen für Erhaltungsarbeiten, die erfahrungsgemäß in etwa gleichem Umfang in gleichen Zeitabständen anfallen und turnusmäßig durchgeführt werden, sind nicht rückstellungsfähig (BFH v. 15. 2. 1955, BStBl III S. 172). Dementsprechend ist es nicht zulässig, eine Rückstellung in Höhe des in den ersten drei Monaten des nachfolgenden Geschäftsjahres anfallenden Reparaturaufwands zu bilden (R 5.7 Abs. 11 EStR), da es sich bei der unterlassenen Instandhaltung um Erhaltungsarbeiten handeln muss, die bis zum Bilanzstichtag bereits erforderlich gewesen wären, aber erst nach dem Bilanzstichtag durchgeführt werden.

392 Diese Rückstellung setzt ausnahmsweise nicht das Bestehen einer Außenverpflichtung voraus. Sieht man von der nach § 249 Abs. 1 Satz 2 Nr. 2 HGB zulässigen Rückstellung für Gewährleistungen, die ohne rechtliche Verpflichtung erbracht werden, ab, sind andere Aufwandsrückstellungen nicht zulässig. Dementsprechend ist eine Rückstellung

für die Kosten einer gesellschaftsvertraglich begründeten Pflicht zur Begründung des Jahresabschlusses nicht zulässig (BFH v. 5. 6. 2014 – IV R 26/11, BStBl 2014 II S. 886).

Einstweilen frei 393–400

VII. Verbindlichkeiten

1. Allgemeines

Die (gewissen) Verbindlichkeiten sind nach § 266 Abs. 3 C. HGB von den mittelgroßen und großen Kapitalgesellschaften wie folgt zu gliedern: 401

1. Anleihen, davon konvertibel;
2. Verbindlichkeiten gegenüber Kreditinstituten;
3. erhaltene Anzahlungen auf Bestellungen;
4. Verbindlichkeiten aus Lieferungen und Leistungen;
5. Verbindlichkeiten aus der Annahme gezogener Wechsel und der Ausstellung eigener Wechsel;
6. Verbindlichkeiten gegenüber verbundenen Unternehmen;
7. Verbindlichkeiten gegenüber Unternehmen, mit denen ein Beteiligungsverhältnis besteht;
8. sonstige Verbindlichkeiten,
   davon aus Steuern,
   davon im Rahmen der sozialen Sicherheit.

Einige Einzelposten entsprechen spiegelbildlich den auf der Aktivseite auszuweisenden Forderungen und sonstigen Vermögensgegenständen, auf Rdn. 356 wird hingewiesen. Der Ausweis von erhaltenen Anzahlungen auf Bestellungen kommt nur in Betracht, wenn keine entsprechende offene Absetzung bei den Vorräten erfolgte (vgl. Rdn. 347).

Die kleinen Kapitalgesellschaften und die Kleinstkapitalgesellschaften brauchen die Verbindlichkeiten nur insgesamt anzugeben. Nach § 268 Abs. 5 Satz 1 HGB ist der Betrag der Verbindlichkeiten mit einer Restlaufzeit von nicht mehr als einem Jahr und der Betrag der Verbindlichkeiten mit einer Restlaufzeit von mehr als einem Jahr bei jedem gesondert ausgewiesenen Posten, von den kleinen Kapitalgesellschaften und den Kleinstkapitalgesellschaften in einer Summe als gesonderter Posten zu den gesamten Verbindlichkeiten anzugeben. Im Übrigen bleibt es den Gesellschaften unbenommen, bereits in der Bilanz bei den einzelnen Posten zu vermerken: 402

- den Betrag der Verbindlichkeiten mit einer Restlaufzeit von mehr als fünf Jahren,
- den Betrag der Verbindlichkeiten, die durch Pfandrechte oder ähnliche Rechte gesichert sind, unter Angabe von Art und Form der Sicherheiten.

Zum Ausweis von Verbindlichkeiten in der Steuerbilanz wird in Rdn. 548 ff. eingegangen. 403

2. Anleihen

Bei den Anleihen handelt es sich um langfristige Darlehen, die auf dem öffentlichen bzw. dem organisierten Kapitalmarkt im Allgemeinen von Großunternehmen aufgenommen werden. Für den Regelfall wird es sich um Schuldverschreibungen (Obligationen) handeln. Eine Anleihe ist konvertibel, wenn mit ihr Umtausch- oder Bezugsrechte verbunden sind. Der Ausweis unter C. 1 hat unabhängig davon zu erfolgen, ob 404

Gläubiger Kreditinstitute oder andere Personen sind. Auszuweisen sind lediglich die noch nicht fälligen Beträge. Bereits fällige Beträge sind – sofern kein anderer Ausweis erfolgt – den sonstigen Verbindlichkeiten zuzuordnen.

3. Sonstige Verbindlichkeiten

405 Unter den sonstigen Verbindlichkeiten sind die Verbindlichkeiten auszuweisen, die nicht einem anderen Verbindlichkeitenposten zugeordnet werden können. Es handelt sich regelmäßig um einen „Sammelposten", bei dem u. a. die Verbindlichkeiten aus Steuern und im Rahmen der sozialen Sicherheit gesondert auszuweisen sind. Unter den Verbindlichkeiten aus Steuern sind sämtliche von dem Unternehmen abzuführende Steuern, Zölle und Verbrauchssteuern aufzuführen, unabhängig davon, ob das Unternehmen selbst Steuerschuldner ist oder die Steuern für die Rechnung Dritter einbehalten wurden und abzuführen sind (z. B. Lohnsteuer). Unter den Verbindlichkeiten im Rahmen der sozialen Sicherheit sind insbesondere noch abzuführende Sozialversicherungsbeiträge einschl. Arbeitnehmerbeiträge, Beiträge zu Pensions- und Unterstützungskassen sowie überbetrieblichen Versorgungseinrichtungen zu verstehen.

VIII. Passive Rechnungsabgrenzungsposten

406 Bei den unter § 266 Abs. 3 D. HGB auf der Passivseite auszuweisenden Rechnungsabgrenzungsposten handelt es sich gem. § 250 Abs. 2 HGB unverändert um Einnahmen vor dem Abschlussstichtag, soweit sie Ertrag für eine bestimmte Zeit nach diesem Tag darstellen. Es wird auf die Ausführungen in Rdn. 363 ff. sowie die Urteile des BFH v. 24. 7. 1996 (BStBl 1997 II S. 122), v. 10. 9. 1998 (BStBl 1999 II S. 21), v. 7. 3. 2007 (BStBl 2007 II S. 697) und das Urteil des FG Nürnberg v. 19. 9. 2013 – 4 K 1613/11 (NWB DokID: NAAAE-61131, Rev. Az. BFH IV R 40/13) hingewiesen. Dabei ist zu beachten, dass Einnahmen vor dem Abschlussstichtag für eine zeitlich nicht befristete Dauerleistung bereits dann passiv abzugrenzen sind, wenn sie rechnerisch Ertrag für einen bestimmten Mindestzeitraum nach diesem Tag sind (BMF-Schreiben v. 15. 3. 1995, BStBl I S. 183; v. 12. 10. 2005, BStBl I S. 953). Dem Urteil des BFH v. 14. 10. 1999 (BStBl 2000 II S. 5) ist zu entnehmen, dass im Einzelfall statt eines passiven RAP eine Verbindlichkeit aus erhaltenen Anzahlungen zu passivieren sein kann. Öffentliche Zuschüsse für das Leasing emissionsarmer Nutzfahrzeuge sind passiv abzugrenzen und über den im Zuwendungsbescheid genannten Mindestnutzungszeitraum (Zweckbindung) des Fahrzeugs aufzulösen (FG Münster v. 15. 12. 2015, EFG 2016 S. 462).

IX. Passive latente Steuern

407 Der Ertragsteueraufwand entsteht auf der Grundlage des Ergebnisses der Steuerbilanz ggf. nach Berücksichtigung außerbilanzieller Korrekturen. Misst man den Umfang der Ertragsteuerbelastung an dem Ergebnis der Handelsbilanz, ergeben sich Disparitäten insbesondere dann, wenn bestimmte Aufwendungen und Erträge in Handels- und Steuerbilanz unterschiedlichen Gewinnermittlungszeiträumen zuzuordnen sind. Wegen Einzelheiten wird auf Rdn. 158 ff. sowie 365 hingewiesen. Für den Fall, dass einer steuerlichen Entlastung in Folgejahren eine steuerliche Mehrbelastung gegenüber-

steht, kommt der Ausweis passiver latenter Steuern auf der Passivseite der Handelsbilanz gem. § 266 Abs. 3 E. HGB in Betracht.

D. Allgemeine Bilanzierungs- und Bewertungsgrundsätze

I. Ausweis sämtlicher Vermögensgegenstände

1. Allgemeine Zurechnungsregeln

Nach § 246 Abs. 1 Satz 1 HGB hat der Jahresabschluss vorbehaltlich abweichender Bestimmungen sämtliche Vermögensgegenstände, Schulden, Rechnungsabgrenzungsposten, Aufwendungen und Erträge zu enthalten. Durch Satz 2 dieser Vorschrift wird ausdrücklich bestimmt, dass Vermögensgegenstände in die Bilanz des Eigentümers aufzunehmen sind. Maßgebend ist insoweit das zivilrechtliche Eigentum. Für den Fall, dass ein Vermögensgegenstand nicht dem (zivilrechtlichen) Eigentümer, sondern einem anderen wirtschaftlich zuzurechnen ist, ist der Vermögensgegenstand in der Bilanz des wirtschaftlichen Eigentümers auszuweisen. 501

Für die Bestimmung, unter welchen Voraussetzungen an einem Vermögensgegenstand wirtschaftliches Eigentum begründet wird, sind die Grundsätze des § 39 AO maßgebend (vgl. Hoffmann/Lüdenbach, NWB Kommentar Bilanzierung, 12. Aufl., § 246 HGB Rz. 221 ff.). Nach § 39 Abs. 2 Nr. 1 AO wird wirtschaftliches Eigentum dadurch begründet, dass ein anderer als der (zivilrechtliche) Eigentümer die tatsächliche Herrschaft über ein Wirtschaftsgut in der Weise ausübt, dass er den (zivilrechtlichen) Eigentümer im Regelfall für die gewöhnliche Nutzungsdauer von der Einwirkung auf das Wirtschaftsgut wirtschaftlich ausschließen kann. Damit sind insbesondere die von der Rechtsprechung des BFH entwickelten Grundsätze zu beachten (vgl. z. B. AEAO Nr. 1 zu § 39 AO; BFH v. 25. 7. 2012, BStBl 2013 II S. 165). Wegen der Zurechnung bei Wertpapiergeschäften wird auf das Urteil des BFH v. 18. 8. 2015 (BStBl 2016 II S. 961) sowie das BMF-Schreiben v. 11. 11. 2016 (BStBl 2016 I S. 1324) hingewiesen. 502

Weiter sind danach die folgenden Grundsätze des § 39 Abs. 2 Nr. 1 Satz 2 AO zu beachten: 503

- Bei Treuhandverhältnissen sind die Wirtschaftsgüter dem Treugeber zuzurechnen.
- Sicherungseigentum steht dem Sicherungsgeber zu.
- Im Eigenbesitz stehende Wirtschaftsgüter sind dem Eigenbesitzer zuzurechnen.

BEISPIEL 12: Der Einzelhändler A erwirbt vom Hersteller B eine Partie Waren im Wert von 100 000 € unter Eigentumsvorbehalt. Diese Waren werden am 17. 12. 2021 ausgeliefert. Damit sind sie insgesamt A zuzurechnen. Am 31. 12. 2021 befindet sich davon noch ein Posten im Wert von 75 000 € im Lager. Zahlungen auf die Lieferverbindlichkeit hat A bis zu diesem Zeitpunkt nicht geleistet. In der Bilanz zum 31. 12. 2021 hat A unter den Vorräten den noch nicht veräußerten Posten von 75 000 € sowie die Lieferverbindlichkeit von 100 000 € auszuweisen. B hat die Forderung an A, nicht aber die unter Eigentumsvorbehalt gelieferte Ware zu bilanzieren.

A gerät in Zahlungsschwierigkeiten und leistet keinerlei Zahlungen. B macht deswegen am 15. 8. 2022 seinen Eigentumsvorbehalt geltend. Daraufhin gibt A die von ihm noch nicht weiter veräußerte Ware im Rechnungswert von 50 000 € zurück. Im Zeitpunkt der Rückgabe vermindern sich bei A die Vorräte sowie die Verbindlichkeiten gegenüber B entsprechend. Bei B ergibt sich dadurch ein Zugang bei den Vorräten sowie eine entsprechende Minderung seiner Forderung an A. Die verbleibende Forderung im Nennwert von 50 000 € ist von B ihrer Werthaltigkeit entsprechend auszuweisen.

504 Wirtschaftsgüter, die mehreren zur gesamten Hand gehören, werden nach § 39 Abs. 2 Nr. 2 AO den Beteiligten anteilig zugerechnet, soweit eine getrennte Zurechnung für die Besteuerung von Bedeutung ist.

505 **BEISPIEL 13:** Der Einzelunternehmer A ist gemeinschaftlich mit seinem Bruder B Eigentümer eines Grundstücks, das ausschließlich für betriebliche Zwecke des A genutzt wird. B erhält für die Nutzungsüberlassung eine angemessene Miete. Das Grundstück ist zur Hälfte A zuzurechnen. Nur diese Grundstückshälfte ist von A zu bilanzieren (BFH v. 23. 11. 1995, BStBl 1996 II S. 193).

506 Übersteigt die Gegenleistung für die Übernahme eines Unternehmens den Wert der einzelnen Vermögensgegenstände des Unternehmens abzüglich der Schulden im Zeitpunkt der Übernahme, konkretisiert sich in dem überschießenden Betrag der Geschäfts- oder Firmenwert (§ 246 Abs. 1 Satz 4 HGB). Er gilt als zeitlich begrenzt nutzbarer Vermögensgegenstand, für den angesichts seines entgeltlichen Erwerbs Bilanzierungspflicht besteht. Damit besteht dem Grunde nach Übereinstimmung mit den steuerlichen Bilanzierungsvorschriften (§ 5 Abs. 2, § 7 Abs. 1 EStG).

507 Ansprüche von Arbeitnehmern im Bereich der betrieblichen Altersversorgung werden verschiedentlich durch den Arbeitgeber zuzurechnende Vermögensgegenstände abgesichert. Im Interesse der Sicherstellung der Ansprüche der Arbeitnehmer werden diese Vermögensgegenstände durch geeignete Maßnahmen dem Zugriff aller übrigen Gläubiger entzogen. Sofern diese Vermögensgegenstände ausschließlich der Erfüllung von Schulden aus Altersversorgungsverpflichtungen oder vergleichbaren langfristig fälligen Verpflichtungen dienen, sind sie gem. 246 Abs. 2 Satz 2 HGB mit diesen Schulden zu verrechnen. Es handelt sich um eine Ausnahme von dem sich aus § 246 Abs. 2 Satz 1 HGB ergebenden Verbot der Saldierung von Posten der Aktivseite mit Posten der Passivseite. Übersteigt der beizulegende Zeitwert dieser Vermögensgegenstände den Betrag der Schulden, ist der übersteigende Betrag als aktiver Unterschiedsbetrag aus der Vermögensverrechnung (Rdn. 366) auszuweisen. Die gegenüber den Arbeitnehmern bestehenden Verpflichtungen werden im Regelfall nach § 253 Abs. 2 Satz 2 HGB (Rdn. 1321 ff.), für nach dem 31. 12. 2015 endende Geschäftsjahre im Regelfall nach § 253 Abs. 6 HGB zu bewerten sein. Kleinstkapitalgesellschaften, die die ihnen zustehenden Erleichterungen beanspruchen, können nicht nach § 246 Abs. 2 Satz 2 HGB verfahren (§ 253 Abs. 1 HGB).

In der Steuerbilanz ist bei Versorgungsverpflichtungen nach § 6a EStG zu verfahren. Eine Ausnahme vom Saldierungsverbot besteht insoweit nicht (§ 5 Abs. 1a Satz 1 EStG).

508 Soweit Ansatzwahlrechte bestehen – z. B. für bestimmte selbst geschaffene immaterielle Vermögensgegenstände gem. § 248 Abs. 2 HGB (Rdn. 307 ff.) – wird in § 246 Abs. 3 HGB bestimmt, dass die auf den vorhergehenden Jahresabschluss angewandten An-

satzmethoden beizubehalten sind. In entsprechender Anwendung des § 252 Abs. 2 HGB darf davon nur in begründeten Ausnahmefällen abgewichen werden.

2. Aufwand auf im Eigentum Dritter stehende Grundstücke

Wird ein Grundstück auf Grund eines langfristigen Mietvertrags oder eines Nieß- 509 brauchsrechts genutzt, rechtfertigt es diese langfristige Nutzung für sich allein nicht, das Grundstück dem Nutzenden als wirtschaftlichem Eigentümer zuzurechnen (AEAO Nr. 1 zu § 39 AO; vgl. auch BFH v. 11. 6. 1997, BStBl 1997 II S. 774 m. w. N.; v. 24. 6. 2004, BStBl 2005 II S. 80 m. w. N.). Errichtet ein Unternehmen auf einem ihm zur Nutzung überlassenen Grundstück ein Gebäude oder nimmt es in einem ihm zur Nutzung überlassenen Gebäude für seine Zwecke Einbauten vor, stellt sich Frage, ob und unter welchen Gesichtspunkten der insoweit entstandene Aufwand zum Ausweis eines Wirtschaftsguts in der Bilanz führt.

Bei Errichtung eines Gebäudes auf dem Grundstück eines fremden Dritten werden re- 510 gelmäßig auch Vereinbarungen für die Zeit nach der Beendigung der Nutzung durch das Unternehmen getroffen. Steht dem Unternehmen danach eine Entschädigung oder ein Wegnahmerecht – im Regelfall wird es sich dabei um die Abbruchverpflichtung handeln – zu, ist es wirtschaftlicher Eigentümer dieses Gebäudes (BFH v. 25. 6. 2003, BStBl 2004 II S. 403; v. 28. 6. 2006, BStBl 2007 II S. 131; Weber-Grellet, in: Schmidt, EStG, 39. Aufl., § 5 Rdn. 270 Bauten auf fremden Grund und Boden, m. w. N.). Unter diesen Voraussetzungen kann auch wirtschaftliches Eigentum an Gebäudeteilen begründet werden (BFH v. 4. 5. 2004, BFH/NV 2004 S. 1397; v. 29. 4. 2008, BStBl 2008 II S. 749). Werden von einem Dritten wesentliche Bestandteile in ein von ihm genutztes Gebäude eingebaut, die ihm nach den vorstehenden Grundsätzen als wirtschaftlicher Eigentümer zurechnen sind, kann es sich um Betriebsvorrichtungen, also bewegliche abnutzbare Wirtschaftsgüter handeln (BFH v. 20. 11. 2003, BStBl 2004 II S. 305; vgl. auch Tz. 31 BMF-Schreiben v. 8. 5. 2008, BStBl 2008 I S. 590). Eine andere Beurteilung greift nach der insoweit fortentwickelten Rechtsprechung des BFH u. U. bei Bauten auf einem Grundstück ein, das ganz oder teilweise im Eigentum des Ehegatten/Lebenspartners steht.

BEISPIEL 14: 511

a) Der Einzelunternehmer A errichtet auf dem seinem Nichtunternehmer-Ehegatten gehörenden Grundstück auf eigene Kosten ein für seine betrieblichen Zwecke genutztes Gebäude, ohne dass zwischen den Ehegatten darüber weitergehende Vereinbarungen getroffen wurden.

b) Ehegatten haben gemeinsam ein Gebäude errichtet, das den gemeinschaftlichen Wohnzwecken dient und in dem jeder der Ehegatten einen Raum für eigenbetriebliche Zwecke nutzt.

Mit Urteil v. 9. 3. 2016 (BStBl 2016 II S. 976; vgl. auch BFH v. 21. 2. 2017 – VIII R 10/14, 512 NWB DokID: FAAAG-46841) hat der BFH über einen dem Beispiel 14 Variante a vergleichbaren Sachverhalt entschieden. Dazu hat das BMF mit Schreiben v. 16. 12. 2016 (BStBl 2016 I S. 1431) Stellung genommen. Danach wird der Nichtunternehmer-Ehegatte sowohl zivilrechtlicher als auch wirtschaftlicher Eigentümer des Gebäudes. Der Unternehmer-Ehegatte hat den von ihm getragenen Aufwand bei Gewinnermittlung nach

§ 4 Abs. 1, § 5 EStG auf einem Aufwandverteilungsposten, der kein Wirtschaftsgut ist, auszuweisen. Der Aufwandverteilungsposten ist entsprechend § 7 Abs. 4 Satz 1 Nr. 2 Buchst. a EStG mit jährlich 2 % abzuschreiben. Die Berechtigung zu dieser Abschreibung endet grundsätzlich mit der betrieblichen Nutzung durch den Unternehmer-Ehegatten. Wird der Betrieb unentgeltlich i. S. des § 6 Abs. 3 EStG übertragen, geht der Aufwandverteilungsposten auf den Rechtsnachfolger über, wenn diesem das Grundstück zivilrechtlich und wirtschaftlich nicht zuzurechnen ist.

513 Ist der Aufwandverteilungsposten nicht fortzuführen, ist er erfolgsneutral auszubuchen und dem Nichtunternehmer-Ehegatten als Anschaffungs- oder Herstellungskosten des Gebäudes zuzurechnen. Sofern dieser das Gebäude zur Einkunftserzielung im Privatvermögen nutzt, ist danach die AfA zu bemessen. Nutzt der Nichtunternehmer-Ehegatte das Gebäude hingegen in einem Betriebsvermögen zur Einkunftserzielung, erfolgt damit eine nach § 6 Abs. 1 Nr. 5 EStG zu bewertende Einlage. Überträgt der Nichtunternehmer-Ehegatte das Grundstück mit dem aufstehenden Gebäude auf den Unternehmer-Ehegatten, der es unverändert für eigenbetriebliche Zwecke nutzt, wird es damit dessen Betriebsvermögen, so dass eine nach § 6 Abs. 1 Nr. 5 EStG zu bewertende Einlage vorliegt. Der Aufwandverteilungsposten ist erfolgsneutral auszubuchen.

Sofern der Unternehmer-Ehegatte das von ihm betrieblich genutzte Gebäude auf einem ihm und seinem Ehegatten je zur Hälfte gehörenden Grundstück errichtet, sind die Hälfte des Grundstücks und des Gebäudes von ihm als notwendiges Betriebsvermögen auszuweisen (BFH v. 23. 11. 1995, BStBl 1996 II S. 193). Die verbleibende Hälfte der Gebäudeherstellungskosten ist in einen Aufwandverteilungsposten einzustellen.

514 Bisher wurden die Aufwendungen des Unternehmer-Ehegatten wie Anschaffungs- oder Herstellungskosten für ein eigenes materielles Wirtschaftsgut behandelt (BMF-Schreiben v. 5. 11. 1996, BStBl 1996 I S. 1257). Die bisherige Verfahrensweise hat damit für die zurückliegenden Veranlagungszeiträume zu fehlerhaften Veranlagungen geführt, die nach Auffassung des BMF eine Bilanzberichtigung erfordern (Rdn. 4 des BMF-Schreibens v. 16. 12. 2016, a. a. O.).

BEISPIEL 14A: Der Unternehmer-Ehegatte hat in 2012 auf dem Grundstück des Nichtunternehmer-Ehegatten ein seinem Betrieb dienendes Gebäude mit Herstellungskosten von 1 200 000 € errichtet. Darauf ist für 2012 bis 2021 eine jährliche AfA von 3 % von 1 200 000 € = 36 000 € vorgenommen worden; Der Restbuchwert zum 31. 12. 2021 beträgt danach 840 000 € (1 200 000 € ./. 360 000 € [10 × 36 000 €]). Die Veranlagungen für die Jahre bis 2020 sind nicht mehr änderbar.

Zum 31. 12. 2021 ergibt sich ein Aufwandverteilungsposten von 960 000 € (1 200 000 € ./. 240 000 € [10 x (2 % von 1 200 000 €) 24.000 €]), von dem ab 2021 auszugehen ist. Dadurch ergibt sich ein Mehrgewinn von 120 000 €, der zum 31. 12. 2021 zu 4/5 = 96.000 € in eine den steuerlichen Gewinn mindernde Rücklage eingestellt werden kann, die in den Folgejahren (2022–2025) zu mindestens einem Viertel gewinnerhöhend aufzulösen ist.

515 Im Fall des Beispiels 14 Variante b (Rdn. 511) können beide Ehegatten nach dem Beschluss des GrS des BFH v. 23. 8. 1999 (BStBl II 1999 S. 774) für die Dauer der betrieblichen Nutzung jeweils die AfA auf die auf diesen Raum entfallenden Herstellungskosten als Betriebsausgaben abziehen. Damit dürfte aber auch jeweils der gesamte Raum ein eigenbetrieblichen Zwecken dienender Gebäudeteil sein, der zum notwendigen Be-

triebsvermögen gehört, sofern er einen nicht nur untergeordneten Wert (vgl. § 8 EStDV, R 4.2 Abs. 8 EStR) hat.

3. Besonderheiten bei Leasingverträgen

Wird ein Vermögensgegenstand, Wirtschaftsgut aufgrund eines entgeltlich eingeräumten Rechts genutzt, stellt sich bei Zahlung einer Einmalvergütung die Frage nach der Verteilung dieses Aufwands auf die vereinbarte Dauer der Nutzung durch Aktivierung und Abschreibung eines Wirtschaftsguts Nutzungsrecht oder aber durch Bildung und Auflösung eines RAP. Laufende Zahlungen während der Nutzungsüberlassung sind für den Regelfall sofort abziehbarer Aufwand. Eine Ausnahme gilt dann, wenn die getroffenen Vereinbarungen derart beschaffen sind, dass von den Vertragspartnern keine zeitlich befristete Nutzungsüberlassung, sondern die Übertragung des Nutzungsgegenstands auf den Nutzenden beabsichtigt und damit dieser wirtschaftlicher Eigentümer ist. Diese Frage stellt sich regelmäßig bei Leasingverträgen. Der Abschluss derartiger Verträge wird weitgehend als ein Finanzierungsinstrument verstanden. So gingen Unternehmen zunächst in Einzelfällen dazu über, in ihrem Eigentum stehende Grundstücke an Leasingunternehmen zu veräußern und anschließend von diesen zu leasen – sale and lease back; inzwischen werden derartige Verträge vielfach auch über bewegliche abnutzbare Wirtschaftsgüter geschlossen. 516

Die FinVerw hat in den nachfolgend bezeichneten BMF-Schreiben auf der Grundlage der Rechtsprechung des BFH zu der Frage Stellung genommen, unter welchen Voraussetzungen das Leasinggut dem Leasinggeber oder aber dem Leasingnehmer zuzurechnen ist: 517

- Ertragsteuerliche Behandlung von Leasing-Verträgen über bewegliche Wirtschaftsgüter v. 19. 4. 1971 (BStBl I S. 264);
- Ertragsteuerliche Behandlung von Finanzierungs-Leasing-Verträgen über unbewegliche Wirtschaftsgüter v. 21. 3. 1972 (BStBl I S. 188);
- Steuerrechtliche Zurechnung des Leasinggegenstandes beim Leasinggeber v. 22. 12. 1975 (Amtliches ESt-Handbuch 2015 Anhang 21 III);
- Einkommensteuerrechtliche Beurteilung eines Immobilien-Leasing-Vertrages mit degressiven Leasing-Raten v. 10. 10. 1983 (BStBl I S. 431), ergänzt durch Schreiben v. 22. 6. 2002 (DB 2002 S. 1530);
- Ertragsteuerliche Behandlung von Finanzierungs-Leasing-Verträgen über unbewegliche Wirtschaftsgüter v. 9. 6. 1987 (BStBl I S. 440), ergänzt durch BMF-Schreiben v. 10. 9. 2002 (DB 2002 S. 2245);
- Ertragsteuerliche Behandlung von Teilamortisations-Leasing-Verträgen über unbewegliche Wirtschaftsgüter v. 23. 12. 1991 (BStBl 1992 I S. 13);
- Bilanzierung von Leasinggegenständen, die aufgrund eines Teilamortisations-Leasing-Vertrags dem Leasing-Nehmer zuzurechnen sind v. 19. 1. 1993 (DStR 1993 S. 243).

Vgl. ferner zum Container-Leasing-Modell Vfg. der OFD Rheinland v. 20. 3. 2007 (DB 2007 S. 829).

Im Laufe der Zeit hat sich eine Vielzahl von Vertragstypen herausgebildet, die sich nach den vorbezeichneten BMF-Schreiben wie folgt umschreiben lassen, Verträge 518

- ohne Kauf- oder Verlängerungsoption,
- mit Kaufoption,

- mit Mietverlängerungsoption,
- mit Kauf- oder Mietverlängerungsoption und besonderen Verpflichtungen,
- über Gegenstände, die auf die Belange des Leasingnehmers in einer Weise zugeschnitten sind, dass sie nach Ablauf der Grundmietzeit wirtschaftlich sinnvoll nur noch durch den Leasingnehmer verwendbar sind – sog. Spezialleasing.

519 Die Frage, ob ein verleastes bewegliches oder unbewegliches Wirtschaftsgut dem Leasingeber oder ausnahmsweise dem Leasingnehmer zuzurechnen ist, kann jeweils nur nach den Verhältnissen des Einzelfalls beurteilt werden. Ein schuldrechtlich oder dinglich Nutzungsberechtigter begründet im Regelfall kein wirtschaftliches Eigentum i. S. von § 39 Abs. 2 Nr. 1 Satz 1 AO an dem ihm zur Nutzung überlassenen Wirtschaftsgut. Etwas anderes kann dann gelten, wenn der Nutzungsberechtigte statt des Eigentümers die Kosten der Anschaffung oder Herstellung eines von ihm selbst genutzten Wirtschaftsguts trägt und ihm auf Dauer, nämlich für die voraussichtliche Nutzungsdauer, Substanz und Ertrag des Wirtschaftsguts wirtschaftlich vollständig zustehen. Danach sind die Leasinggüter vielfach dem Leasingnehmer zuzurechnen. Nach der ständigen Rechtsprechung des BFH (vgl. die Nachweise im Urteil v. 13. 10. 2016 – IV R 33/13, DB 2017 S. 281) ist das Leasinggut in den nachstehenden Fallgruppen insbesondere dann dem Leasingnehmer zuzurechnen, wenn

- der Leasinggegenstand speziell auf die Verhältnisse des Leasingnehmers zugeschnitten ist und nach Ablauf der Grundmietzeit nur noch beim Leasingnehmer eine sinnvolle Verwendung finden kann (Spezialleasing),
- sich die betriebsgewöhnliche Nutzungsdauer des Leasinggegenstandes und die Grundmietzeit annähernd decken oder
- die betriebsgewöhnliche Nutzungsdauer zwar länger als die Grundmietzeit ist, dem Leasingnehmer aber ein Recht auf Verlängerung der Nutzungsüberlassung oder eine Kaufoption zu so günstigen Konditionen zusteht, dass bei wirtschaftlich vernünftiger Entscheidungsfindung mit der Ausübung des Rechts zu rechnen ist.

Wird hingegen dem Leasinggeber bei einer betriebsgewöhnlichen Nutzungsdauer, die über die Grundmietzeit hinausgeht, ein Andienungsrecht eingeräumt, begründet der Leasingnehmer kein wirtschaftliches Eigentum am Leasinggut. Er kann den Leasinggeber entsprechend § 39 Abs. 2 Nr. 1 Satz 1 AO nicht für die gesamte Nutzungsdauer von der Einwirkung auf das Wirtschaftsgut wirtschaftlich auszuschließen (BFH v. 13. 10. 2016, a. a. O.).

Im Interesse einer einheitlichen Beurteilung in den Besteuerungsverfahren von Leasinggeber und Leasingnehmer sollen sich die zuständigen Finanzämter untereinander abstimmen.

520 Ist der Leasing-Gegenstand dem Leasinggeber zuzurechnen, ergeben sich gegenüber dem üblichen Mietvertrag keine Besonderheiten. Der Leasing-Gegenstand ist als abnutzbares Anlagevermögen des Leasinggebers zu bilanzieren (vgl. Rdn. 516 ff.). Beim Leasingnehmer sind die Leasingraten laufender Aufwand. Wurden jährlich fallende (degressive) Leasing-Raten vereinbart, ist die Summe der insgesamt vereinbarten Raten gleichmäßig auf die Vertragsdauer zu verteilen. Der in den ersten Jahren darüber hinaus zu entrichtende Betrag ist als RAP zu aktivieren und ab dem Zeitpunkt, ab dem die zu entrichtenden Raten unter den so ermittelten gleichmäßigen Betrag fallen, entsprechend erfolgswirksam aufzulösen, so dass sich eine gleichmäßige Verteilung des

Gesamtaufwands auf die Vertragsdauer ergibt. Entsprechend ist zu verfahren, wenn bereits vor Nutzung des Leasing-Gegenstands sog. Vormieten zu entrichten sind. Wegen Einzelheiten vgl. BFH v. 12.8.1982 (BStBl II S.696) sowie das BMF-Schreiben v. 10.10.1983 (BStBl I S.431).

Verbleibt das wirtschaftliche Eigentum beim Leasinggeber, ergeben sich aus dem Jah- 521
resabschluss des Leasingnehmers regelmäßig auch dann keine verwertbaren Hinweise auf die bestehenden Leasingverträge, wenn sich diese auf für den Betrieb des Unternehmens bedeutsame Vermögensgegenstände, wie z.B. Gebäude, wesentliche Teile des Maschinen- und/oder Fuhrparks beziehen. Aus diesem Grunde sind die mittelgroßen und großen Kapitalgesellschaften verpflichtet, im Anhang innerhalb der nicht in anderer Weise auszuweisenden Verpflichtungen auch die mehrjährigen Verpflichtungen aus Leasingverträgen anzugeben, sofern dies für die Beurteilung der Finanzlage von Bedeutung ist (§ 285 Nr. 3a i.V.m. § 288 HGB).

Bei wirtschaftlichem Eigentum des Leasingnehmers hat dieser als Anschaffungs- oder 522
Herstellungskosten den Betrag zu aktivieren, der der Berechnung der Leasingraten zugrunde gelegt worden ist. In dieser Höhe ist eine Verbindlichkeit gegenüber dem Leasinggeber auszuweisen. Wurden vom Leasingnehmer weitere als Anschaffungs- oder Herstellungskosten zu qualifizierende Aufwendungen getragen, sind diese als solche zusätzlich zu aktivieren. Mit den Leasing-Raten wird die verzinsliche Verbindlichkeit gegenüber dem Leasinggeber getilgt. Dementsprechend sind diese Raten in einen Zins- und einen Tilgungsanteil aufzuteilen. Dabei ist zu beachten, dass sich der Zinsanteil im Laufe der Zeit zugunsten des Tilgungsanteils verringert. Der Leasinggeber hat gegenüber dem Leasingnehmer eine Forderung aus Lieferungen und Leistungen auszuweisen (BFH v. 13.12.2006, BStBl 2008 II S.137), die den Anschaffungskosten des Leasingnehmers entspricht. Mit den einzelnen Leasingraten vereinnahmt er den Zinsanteil jeweils erfolgswirksam, den Tilgungsanteil durch Verrechnung mit der Forderung erfolgsneutral.

II. Beschränkung auf das dem Unternehmen dienende Vermögen

1. Ausweis in der Handelsbilanz

Nach § 238 Abs. 1 Satz 2 HGB muss die Buchführung so beschaffen sein, dass sie einem 523
sachverständigen Dritten innerhalb einer angemessenen Zeit u. a. einen Überblick über die Lage des Vermögens vermittelt. Daraus folgt, dass in der Buchführung und damit in der Eröffnungsbilanz eines Einzelkaufmanns nur die Vermögensgegenstände und Schulden auszuweisen sind, die dem Unternehmen dienen. Der Ausweis des übrigen, nicht unternehmerisch eingesetzten Vermögens ist nicht erforderlich.

Demgegenüber haben die Personengesellschaften des Handelsrechts sowie die persön- 524
lich buchführungspflichtigen Körperschaften und Vermögensmassen, insbesondere die Kapitalgesellschaften, deren Tätigkeit nach den Vorstellungen des Gesetzgebers insgesamt auf die Ausübung eines Handelsgewerbes ausgerichtet ist, ihr gesamtes Vermögen zu bilanzieren. Dazu gehören bei Personenhandelsgesellschaften auch die Ver-

mögensgegenstände, die von den Gesellschaftern nicht nur zur Nutzung, sondern dem Werte nach überlassen worden sind, die aber weder im Eigentum der Gesellschaft stehen noch bei denen eine Verpflichtung zur Übertragung in das Gesamthandseigentum besteht. Den Personengesellschaften & Co. wird es durch § 264c Abs. 3 HGB ausdrücklich untersagt, das sonstige Vermögen der Gesellschafter (Privatvermögen) in der Bilanz auszuweisen.

525 Bei Einzelunternehmen sind dementsprechend auch nur die durch die unternehmerischen Aktivitäten begründeten Schulden, nicht hingegen die privaten Schulden bilanzierungsfähig. Dies bedeutet für Personenhandelsgesellschaften, dass nur die Gesamthandsverbindlichkeiten passivierungsfähig sind. Schulden der Gesellschafter dürfen auch dann nicht in der Gesellschaftsbilanz ausgewiesen werden, wenn sie in unmittelbarem wirtschaftlichem Zusammenhang mit der Beteiligung stehen (z. B. durch die Beteiligung ausgelöste Steuern vom Einkommen und Vermögen). Wegen Einzelheiten bei Personenhandelsgesellschaften vgl. auch Hoffmann/Lüdenbach, NWB Kommentar Bilanzierung, 12. Aufl., § 264c HGB, Rz. 45 ff. unter Bezugnahme auf IDW RS HFA 7 Tz. 11.

2. Steuerliches Betriebsvermögen

2.1 Allgemeine Grundsätze

526 Die Einbeziehung von Wirtschaftsgütern in das Betriebsvermögen führt dazu, dass sich die dabei ergebenden Wertveränderungen auf die Höhe des zu besteuernden Betriebsergebnisses auswirken. Dies gilt auch dann, wenn die laufenden Aufwendungen für das Wirtschaftsgut dem Abzugsverbot nach § 4 Abs. 5 Satz 1 EStG unterliegen (BFH v. 12. 12. 1973, BStBl 1974 II S. 207; v. 25. 3. 2015, BFH/NV 2015 S. 973). Dagegen sind Wertveränderungen bei im Privatvermögen gehaltenen Wirtschaftsgütern steuerlich grundsätzlich nur dann zu berücksichtigen, wenn

- sie durch die Veräußerung einer Beteiligung an einer Kapitalgesellschaft i. S. des § 17 EStG (vgl. 5. Kap. Teil A Rdn. 220 ff.) realisiert werden,
- es sich um Überschüsse aus der Veräußerung bestimmter Kapitalanlagen handelt, die als Einkünfte aus Kapitalvermögen im Regelfall der Abgeltungsteuer unterliegen (vgl. 5. Kap. Teil A Rdn. 251 ff.),
- es sich um Gewinne aus privaten Veräußerungsgeschäften i. S. des § 23 EStG handelt.

527 **BEISPIEL 15:** A hat in 2007 ein unbebautes Grundstück für 50 000 € erworben, das er 2021 für 150 000 € veräußert. Ferner hat er im Dezember 2020 Aktien für 50 000 € erworben, die er im März 2021 für 30 000 € veräußert.

a) Beide Geschäfte sind im Privatvermögen durchgeführt worden. Die Veräußerung des Grundstücks erfolgte mehr als 10 Jahre nach Anschaffung, sodass der erzielte Gewinn nicht der Besteuerung nach § 23 EStG unterliegt. Der Verlust aus der Veräußerung der Aktien ist grundsätzlich im Rahmen der Erhebung der Abgeltungsteuer zu berücksichtigen (vgl. 5. Kap. Teil A Rdn. 251 ff.).

b) Beide Geschäfte sind zulässigerweise im Betriebsvermögen des Einzelunternehmens des A durchgeführt worden. Der Veräußerungsgewinn aus dem Grundstück unterliegt als Teil des Gewinns 2021 der Besteuerung, sofern nicht nach § 6b EStG verfahren wird (Rdn. 1270). Der Verlust aus der Veräußerung der Aktien mindert unter Beachtung von § 3 Nr. 40, § 3c Abs. 2 EStG (vgl. 5. Kap. Teil A Rdn. 24 ff.) den Gewinn 2021.

Daraus wird deutlich, dass die Frage der Zuordnung einzelner Wirtschaftsgüter zum Betriebsvermögen ertragsteuerlich von nicht zu unterschätzender Bedeutung sein kann. Der Umstand, dass private Veräußerungsgewinne nicht der GewSt unterliegen, hat angesichts der Möglichkeit der Anrechnung der GewSt auf die ESt gem. § 35 EStG (vgl. 5. Kap. Teil A Rdn. 311 ff.) an Bedeutung verloren. 528

Soweit die im Betriebsvermögen abgewickelten Geschäfte fremdfinanziert worden sind, sind die Schuldzinsen grundsätzlich als Betriebsausgaben unter Beachtung der Einschränkungen des § 4h EStG (Rdn. 1570) abziehbar. Durch § 4 Abs. 4a EStG (vgl. Rdn. 1561 ff.) soll verhindert werden, dass privat veranlasste Schuldzinsen als Betriebsausgaben abgezogen werden können. Finanzierungsaufwendungen für Wirtschaftsgüter des Privatvermögens sind nur dann steuerlich berücksichtigungsfähig, wenn das betreffende Wirtschaftsgut der Einkunftserzielung dient und es sich dementsprechend um Werbungskosten handelt. Im Bereich der Einkünfte aus Kapitalvermögen sind derartige Aufwendungen über den nach § 20 Abs. 9 EStG zu berücksichtigenden Sparerpauschbetrag hinaus nicht berücksichtigungsfähig. 529

Besonderheiten sind bei Personengesellschaften (Mitunternehmerschaften) zu beachten. Nach § 15 Abs. 1 Satz 1 Nr. 2 EStG (vgl. 5. Kap. Teil A Rdn. 91 ff.) gehören zu deren Gewinn und damit auch zum Gewinnanteil der einzelnen Gesellschafter (Mitunternehmer) die Vergütungen, die diese von der Gesellschaft für ihre Tätigkeit im Dienst der Gesellschaft, für die Hingabe von Darlehen oder die Überlassung von Wirtschaftsgütern beziehen. Daraus wird gefolgert, dass die für die Erzielung dieser Sondervergütungen eingesetzten Wirtschaftsgüter als Sonderbetriebsvermögen der einzelnen Mitunternehmer neben dem Gesamthandsvermögen der Mitunternehmerschaft in deren Gewinnermittlung einzubeziehen sind. Wegen Einzelheiten dazu vgl. 5. Kap. Teil A Rdn. 108. 530

Der Gesetzgeber hat den Begriff des Betriebsvermögens nicht definiert. Nach Auffassung des BFH erstreckt er sich auf sämtliche Wirtschaftsgüter. Dazu gehören nicht nur die auf der Aktivseite der Bilanz auszuweisenden Vermögensgegenstände, sondern auch die Verbindlichkeiten einschl. der Rückstellungen (Loschelder, in: Schmidt, EStG, 39. Aufl., § 4 Rdn. 25, m. w. N.) 531

2.2 Abgrenzung zwischen Betriebsvermögen und Privatvermögen

Wie bereits unter Rdn. 103 ff. dargestellt, ist eine Unterscheidung zwischen einer betrieblichen und einer privaten Sphäre nur bei natürlichen Personen möglich, so dass sich die Unterscheidung zwischen Betriebsvermögen und Privatvermögen nur bei natürlichen Personen und Mitunternehmerschaften, an denen natürliche Personen beteiligt sind, sowie bei den Körperschaften, Personenvereinigungen und Vermögensmassen i. S. des § 1 Abs. 1 KStG stellen kann, die nicht ausschließlich Einkünfte aus Gewerbebetrieb beziehen. 532

Auf der Grundlage der Rechtsprechung des BFH wird unterschieden zwischen 533

- dem notwendigen Betriebsvermögen,
- dem gewillkürten Betriebsvermögen und
- dem notwendigen Privatvermögen.

534 Ein Wirtschaftsgut kann jeweils nur insgesamt einer dieser drei Vermögensarten zugeordnet werden. Dies gilt auch dann, wenn es z. B. nur teilweise für betriebliche und dementsprechend im Übrigen für außerbetriebliche Zwecke genutzt wird. Dabei ist zu beachten, dass ein Gebäude, das bautechnisch eine Einheit ist, bei Nutzung zu unterschiedlichen Zwecken aus einer Mehrheit von Wirtschaftsgütern bestehen kann und für jedes dieser selbständigen Wirtschaftsgüter die Zugehörigkeit zum Betriebs- oder Privatvermögen gesondert zu entscheiden ist; wegen Einzelheiten vgl. Rdn. 320 ff.

2.2.1 Notwendiges Betriebsvermögen

535 Zum notwendigen Betriebsvermögen gehören nach der ständigen Rechtsprechung des BFH alle Wirtschaftsgüter, die unmittelbar für eigenbetriebliche Zwecke genutzt werden (Urteile v. 6. 3. 1991, BStBl II S. 829; v. 20. 4. 2005, BStBl II S. 694; v. 2. 9. 2008, BStBl 2009 II S. 634, jeweils m. w. N.). Sie müssen objektiv erkennbar zum unmittelbaren Einsatz im Betrieb selbst bestimmt sein (BFH v. 31. 5. 2001, BStBl 2001 II S. 828). Dies bedeutet, dass sich die Wirtschaftsgüter auf den Betriebsablauf beziehen und ihm zu dienen bestimmt sind. Nicht erforderlich ist, dass die Wirtschaftsgüter für den Betrieb notwendig, wesentlich oder gar unentbehrlich sind (BFH v. 6. 3. 1991, a. a. O.; v. 4. 2. 1998, BStBl 1998 II S. 301; v. 31. 5. 2001, a. a. O.; v. 2. 8. 2013, BFH/NV 2013 S. 1782). Bei einer Vielzahl von Wirtschaftsgütern, wie z. B. bei der Produktion dienenden Maschinen, für Produktionszwecke hergerichteten Gebäuden, werden diese Voraussetzungen bereits aus ihren Eigenschaften deutlich. Sie können aber auch bei Beteiligungen an Kapitalgesellschaften vorliegen, wenn durch die Beteiligungsgesellschaft die betriebliche Betätigung entscheidend gefördert wird (BFH v. 2. 9. 2008, a. a. O.). Entscheidend ist, auf welchem Geschäftsfeld diese Gesellschaft tätig ist und wie und in welchem Umfang diese Tätigkeit dem Betrieb dient (BFH v. 26. 8. 2005, BStBl 2005 II S. 833; v. 12. 6. 2013, BStBl 2013 II S. 907).

Im Einzelfall kann aber auch der Anlass des Erwerbs des Wirtschaftsguts Aufschluss über die erforderliche enge Verbindung zum betrieblichen Geschehen geben; so gehören z. B. zur Rettung betrieblicher Forderungen erworbene Grundstücke (BFH v. 11. 11. 1987, BStBl 1988 II S. 424), nicht hingegen der Sicherung betrieblicher Kredite dienende Grundstücke (BFH v. 13. 8. 1964, BStBl III S. 502) zum notwendigen Betriebsvermögen. Liegen derartig enge Verknüpfungen mit dem Betrieb nicht vor, kommt es bei Wirtschaftsgütern, die ihrer Art nach auch für außerbetriebliche Zwecke genutzt werden können, auf die tatsächliche Nutzung bzw. die betriebliche Funktionszuweisung an. Danach kann ein Wirtschaftsgut bereits dann notwendiges Betriebsvermögen sein, wenn die konkrete betriebliche Nutzung erst in der Zukunft liegt, z. B. Anschaffung eines Grundstücks für eine künftige Betriebserweiterung oder -verlegung (BFH v. 5. 3. 2002, BStBl 2002 II S. 690; v. 26. 7. 2006, BFH/NV 2007 S. 21 jeweils m. w. N.) oder die Anschaffung eines verpachteten Grundstücks mit dem Ziel späterer eigenbetrieblicher Nutzung (BFH v. 24. 9. 1998, BStBl 1999 II S. 55). Wird in die Geschäfte eines inländischen Unternehmens eine ausländische Domizilgesellschaft, die vom inländischen Unternehmen beherrscht wird, rechtsmissbräuchlich i. S. des § 42 AO eingeschaltet, können die der Domizilgesellschaft gehörenden Wirtschaftsgüter, z. B. Bankguthaben, notwendiges Betriebsvermögen des inländischen Unternehmens sein (BFH v. 19. 7. 2012, BFH/NV 2012 S. 1932).

Wirtschaftsgüter, die nicht Grundstücke oder Grundstücksteile sind und die zu mehr als 50 % eigenbetrieblich genutzt werden, gehören in vollem Umfang zum notwendigen Betriebsvermögen, unabhängig davon, ob sie in der Bilanz ausgewiesen werden (R 4.2 Abs. 1 Satz 4 EStR; BFH v. 24. 10. 2001, BStBl 2002 II S. 75; BFH v. 26. 11. 2008, BStBl 2009 II S. 407; v. 13. 5. 2014 – III B 152/13, BFH/NV 2014 S. 1364). Sie verlieren diese Eigenschaft damit auch nicht durch eine Entnahmebuchung (BFH v. 3. 9. 2009, BFH/NV 2010 S. 404). 536

2.2.2 Gewillkürtes Betriebsvermögen

Wird ein Wirtschaftsgut zu nicht mehr als 50 % aber zu mindestens 10 % für eigenbetriebliche Zwecke genutzt, kann sich der Unternehmer für den Ausweis dieses Wirtschaftsguts als gewillkürtes Betriebsvermögen entscheiden (R 4. 2 Abs. 1 EStR; BFH v. 13. 3. 1964, BStBl III S. 455). Es verliert diese Eigenschaft nicht allein dadurch, dass der Umfang der betrieblichen Nutzung später auf weniger als 10 % zurückgeht (BFH v. 21. 8. 2012, BStBl 2013 II S. 117). Ferner können Wirtschaftsgüter, die objektiv geeignet und dazu bestimmt sind, den Betrieb zu fördern, als gewillkürtes Betriebsvermögen behandelt werden. Diese Voraussetzungen liegen dann vor, wenn durch die Zurechnung zum Betriebsvermögen das Vermögen und/oder die Ertragskraft des Unternehmens gestärkt werden. Kapitalanlagen sowie fremd vermieteter Grundbesitz werden bei positiven Ertragsaussichten im Zeitpunkt der Zuführung zum Betriebsvermögen regelmäßig diesen Anforderungen genügen; der Ausweis als gewillkürtes Betriebsvermögen wird nur dann ausgeschlossen, wenn z. B. die Nutzung des Grundbesitzes das Gesamtbild der gewerblichen Tätigkeit so verändert, dass es den Charakter einer Vermögensverwaltung im nicht gewerblichen Bereich erhält (BFH v. 10. 12. 1964, BStBl 1965 III S. 377). Eine Zuordnung zum Betriebsvermögen kommt ferner dann nicht in Betracht, wenn von vornherein erkennbar ist, dass die betreffenden Wirtschaftsgüter nur zu Verlusten führen werden (H 4. 2 Abs. 1 [Gewillkürtes Betriebsvermögen] EStH). Dementsprechend können nicht branchenübliche, besonders risikoträchtige Geschäfte nur ausnahmsweise dem Betrieb zugeordnet werden (BFH v. 20. 4. 1999, BStBl II S. 466), ferner Darlehen, die zur Finanzierung privater Spekulationsgeschäfte aufgenommen wurden (FG Hamburg v. 16. 2. 2016 – 2 K 170/13, NWB DokID: FAAAF-71270). Dazu können auch ungesicherte Darlehensforderungen gehören (Thüringer FG v. 18. 2. 2010, EFG 2010 S. 697, bestätigt durch BFH v. 9. 2. 2011, BFH/NV 2011 S. 826). 537

Die Bildung gewillkürten Betriebsvermögens setzt eine betriebliche Veranlassung voraus. Vom Stpfl. ist im Zweifelsfall darzulegen, welche Beziehung das Wirtschaftsgut zum Betrieb hat und welche vernünftigen wirtschaftlichen Überlegungen ihn veranlasst haben, das Wirtschaftsgut als Betriebsvermögen zu behandeln (BFH v. 29. 1. 2009, BFH/NV 2009 S. 916). Dabei ist zu beachten, dass bei Land- und Forstwirten und bei Freiberuflern wegen der Besonderheiten der jeweiligen Einkunftsart die erforderliche betriebliche Veranlassung gegenüber den bei Gewerbetreibenden anzulegenden Maßstäben nur in eingeschränktem Umfange zu bejahen ist (BFH v. 23. 9. 2009, BStBl 2010 II S. 227; v. 26. 1. 2011, BFH/NV 2011 S. 1311, jeweils m. w. N.). 538

539 Personenhandelsgesellschaften können kein gewillkürtes Betriebsvermögen bilden. Sie haben nach § 246 Abs. 1 HGB ihr gesamtes Vermögen zu bilanzieren. Gem. § 5 Abs. 1 Satz 1 EStG handelt es sich damit auch insgesamt um Betriebsvermögen, sofern nicht ausnahmsweise einzelne Wirtschaftsgüter dem notwendigen Privatvermögen der Gesellschafter zuzurechnen sind (BFH v. 20. 5. 1994, BFH/NV 1995 S. 101; Wacker, in: Schmidt, EStG, 39. Aufl., § 15 Rdn. 481; diese Auffassung ist nicht unumstritten (BFH v. 16. 10. 2014, BStBl 2015 II S. 267; Pohl, StuB 2015 S. 330). Lediglich für die Gesellschafter (Mitunternehmer) besteht die Möglichkeit, gewillkürtes Sonderbetriebsvermögen zu bilden; wegen Einzelheiten vgl. 5. Kap. Teil A Rdn. 113.

540 Gewillkürtes Betriebsvermögen kann auch bei Gewinnermittlung nach § 4 Abs. 3 EStG gebildet werden (R 4.2 Abs. 1 EStR).

541 Die Zuordnung zum gewillkürten Betriebsvermögen muss in eindeutiger Weise dokumentiert sein. Bei buchführenden Stpfl. erfolgt dies durch den zeitgerechten Ausweis in der Buchführung (BFH v. 25. 11. 2004, BFH/NV 2005 S. 549, m. w. N.; v. 27. 6. 2006, BStBl II S. 874). Bei Gewinnermittlung nach § 4 Abs. 3 EStG sind unmissverständliche zeitgerechte Nachweise innerhalb der geführten Aufzeichnungen erforderlich (BFH v. 16. 6. 2004, BFH/NV 2005 S. 173).

2.2.3 Notwendiges Privatvermögen

542 Wirtschaftsgüter, die nicht zum unmittelbaren Einsatz im Betrieb bestimmt sind, gehören auch dann nicht zum notwendigen Betriebsvermögen, wenn sie mit betrieblichen Geldmitteln erworben wurden. Ein Ausweis als gewillkürtes Betriebsvermögen kommt nur für Wirtschaftsgüter in Betracht, die objektiv geeignet sind, den Betrieb zu fördern. Unter diesen Gesichtspunkten gehört Barrengold bei einem Betrieb, der nach Art oder Kapitalausstattung kurzfristig auf Liquidität angewiesen ist, weder zum notwendigen noch zum gewillkürten Betriebsvermögen (BFH v. 18. 12. 1996, BStBl 1997 II S. 351), weil es als Kreditgrundlage oder Liquiditätsreserve nicht oder nur eingeschränkt geeignet ist. Es gehört deswegen zum notwendigen Privatvermögen. Wirtschaftsgüter, die nicht Grundstücke oder Grundstücksteile sind und ausschließlich oder nahezu ausschließlich, d. h. zu mehr als 90 % privaten Zwecken dienen, können unter keinen Umständen als Betriebsvermögen ausgewiesen werden (R 4.2 Abs. 1 Satz 5 EStR). Dies ist z. B. der Fall bei dem eigenen Wohnzwecken dienenden Einfamilienhaus, dem ausschließlich für private Zwecke der Familienangehörigen genutzten Pkw und allen weiteren Wirtschaftsgütern, die der privaten Lebensführung dienen (eine betriebliche Mitbenutzung von nur untergeordneter Bedeutung ist unerheblich). Die Wirtschaftsgüter gehören auch dann zum notwendigen Privatvermögen, wenn für die Anschaffung oder Herstellung eine betriebliche Mitveranlassung nicht auszuschließen ist, jedoch nicht überwiegt und eine Abgrenzung zwischen betrieblicher und privater Nutzung nicht ohne weiteres möglich ist (BFH v. 21. 5. 1992, BStBl II S. 1015; v. 15. 1. 1993, BStBl II S. 348; v. 12. 3. 1993, BStBl II S. 506; v. 20. 7. 2005, BFH/NV 2005 S. 2185). Ansprüche zur Vermeidung außerbetrieblich verursachter Risiken gehören zum notwendigen Privatvermögen; dies gilt z. B. für Ansprüche gegen eine Versicherungsgesellschaft aus Anlass der Erkrankung des Unternehmers (BFH v. 19. 5. 2009, BStBl 2010 II S. 168; v. 24. 8. 2011,

StuB 2012 S. 642; v. 15. 11. 2011, BFH/NV 2012 S. 722). Steht bei der Anschaffung/Herstellung eines Wirtschaftguts der betriebliche Einsatz eindeutig im Vordergrund, führt eine nur vorübergehende Nutzung für private Zwecke nicht zur Annahme notwendigen Privatvermögens (BFH v. 11. 10. 1979, BStBl 1980 II S. 40; v. 23. 1. 1991, BStBl II S. 519).

Bei Mitunternehmerschaften gehören nicht der Einkunftserzielung dienende Wirt- 543
schaftsgüter des Gesamthandsvermögens nicht zum Betriebsvermögen. Insoweit liegt eine in den Wertungen des Steuerrechts begründete Abweichung von der Handelsbilanz und damit kein Verstoß gegen den Maßgeblichkeitsgrundsatz des § 5 Abs. 1 EStG vor (BFH v. 11. 5. 1989, BStBl II S. 657; v. 6. 2. 1992, BStBl II S. 653; v. 9. 5. 1996, BStBl II 1996 S. 642; v. 30. 11. 2000, BFH/NV 2001 S. 597 jeweils m. w. N.).

Die Grundsätze der Abgrenzung zum notwendigen Privatvermögen gelten danach 544
auch für das Gesamthandsvermögen. Dies gilt auch, soweit davon Beziehungen zu Gesellschaftern betroffen sind. Bei Überlassung einer Wohnung zu einer angemessenen Miete gehört das Grundstück zum Betriebsvermögen, bei unentgeltlicher Überlassung hingegen zum Privatvermögen der Gesellschaft (BFH v. 3. 12. 2015, BFH/NV 2016 S. 742). Wird ein bereits zuvor zum Betriebsvermögen gehörendes Grundstück gegen ein unangemessen niedriges Entgelt überlassen, liegt in Höhe des Unterschiedsbetrags zum angemessenen Entgelt eine Nutzungsentnahme des Gesellschafters vor (BFH v. 30. 11. 2000, BFH/NV 2001 S. 597 m. w. N.).

Die auf das Leben eines Gesellschafters abgeschlossene Risikolebensversicherung (BFH 545
v. 11. 5. 1989, a. a. O.), die auf einen Gesellschafter abgeschlossene Lebensversicherung (BFH v. 10. 4. 1990, BStBl II S. 1017; v. 6. 2. 1992, a. a. O.) ist deswegen im Regelfall nicht dem Betriebsvermögen der Mitunternehmerschaft zuzurechnen. Etwas anderes gilt nach dem Urteil des BFH v. 3. 3. 2011 (BStBl 2011 II S. 552) dann, wenn dadurch Mittel für die Tilgung betrieblicher Kredite angespart werden sollen und das für Lebensversicherungen charakteristische Element der Absicherung des Todesfallrisikos bestimmter Personen demgegenüber in den Hintergrund tritt. Der Anspruch gegenüber dem Versicherer ist in Höhe des geschäftsplanmäßigen Deckungskapitals zum Bilanzstichtag auszuweisen. Ein zum Gesamthandsvermögen gehörendes Wirtschaftsgut kann nicht Betriebsvermögen sein, wenn es ausschließlich oder fast ausschließlich der privaten Lebensführung eines, mehrerer oder aller Gesellschafter dient (H 4.2 Abs. 11 EStH; BFH v. 6. 6. 1973, BStBl II S. 705; v. 22. 5. 1975, BStBl II S. 804). Nach dem Urteil des BFH v. 15. 11. 1978 (BStBl 1979 II S. 257) ist der Ausweis von zum Gesamthandsvermögen gehörenden Wirtschaftsgütern als Betriebsvermögen immer dann ausgeschlossen, wenn

- bei Erwerb erkennbar ist, dass diese für die Gesellschaft nicht von Nutzen sein, sondern Verluste bringen werden oder
- die buchmäßige Behandlung der Geschäfte in der Buchführung auf die private Veranlassung durch die Gesellschafter schließen lässt.

Wie beim notwendigen Betriebsvermögen erlangen die Wirtschaftsgüter des notwen- 546
digen Privatvermögens diese Eigenschaft allein durch ihre Funktion, die besondere Art ihrer Nutzung. Einer weitergehenden Erklärung oder Dokumentation durch den Unternehmer bedarf es nicht.

547 *Einstweilen frei*

2.3 Verbindlichkeiten

2.3.1 Grundsätzliches

548 Nach § 240 Abs. 2 i.V. m. Abs. 1, § 242 Abs. 1, § 246 Abs. 1 HGB hat der Kaufmann in der Bilanz für den Schluss eines jeden Geschäftsjahres u. a. seine Verbindlichkeiten (Schulden) vollständig auszuweisen. Dies gilt gem. § 5 Abs. 1 Satz 1 EStG auch für die Steuerbilanz. Eine Verbindlichkeit verkörpert eine dem Inhalt und der Höhe nach bestimmte Leistungspflicht, die erzwingbar ist und zudem eine wirtschaftliche Belastung darstellt (BFH v. 20. 10. 2004, BStBl 2005 II S. 581; v. 18. 12. 2002, BStBl 2004 II S. 126). Verpflichtungen, die nur zu erfüllen sind, soweit künftig Einnahmen oder Gewinne anfallen, sind nach § 5 Abs. 2a EStG erst dann anzusetzen, wenn die Einnahmen oder Gewinne angefallen sind. Dies gilt auch dann, wenn der Gläubiger einer Kapitalgesellschaft einen Rangrücktritt derart erklärt, dass die Schuldnerin zu einer Tilgung nur aus künftigen Gewinnen oder einem etwaigen Liquidationsüberschuss verpflichtet ist (BFH v. 30. 11. 2011, BStBl 2012 II S. 332; v. 10. 9. 2016, BFH/NV 2017 S. 155). Eine dem Grunde und der Höhe nach entstandene Verbindlichkeit ist dann nicht mehr zu passivieren, wenn sie keine wirtschaftliche Belastung mehr darstellt, insbesondere wenn mit einer Geltendmachung der Forderung durch den Gläubiger mit an Sicherheit grenzender Wahrscheinlichkeit nicht mehr zu rechnen ist (BFH v. 22. 11. 1988, BStBl 1989 II S. 359; v. 27. 3. 1996, BStBl 1996 II S. 470, m. w. N.). Dies gilt unabhängig davon, ob bereits Verjährung eingetreten ist und anzunehmen ist, dass sich der Schuldner auf die Verjährung berufen wird (BFH v. 15. 2. 2000, BFH/NV 2000 S. 1450; v. 21. 5. 2014, BFH/NV 2014 S. 1543). Ist eine Verbindlichkeit dem Grunde und/oder der Höhe nach ungewiss, ist sie unter den Rückstellungen für ungewisse Verbindlichkeiten i. S. des § 249 Abs. 1 Satz 1 HGB, in der Steuerbilanz vorbehaltlich der Regelungen in § 5 Abs. 2a bis 4b EStG auszuweisen (R 5.7 Abs. 1 EStR).

549 Erloschene Verbindlichkeiten sind nicht mehr auszuweisen. Dies ist auch der Fall, wenn die Verbindlichkeit von dem ursprünglich Verpflichteten auf einen Dritten übergangen ist. Dies ist bei einer Schuldübernahme sowie bei einem Schuldbeitritt oder einer Erfüllungsübernahme, sofern und soweit damit eine Schuldfreistellung vereinbart wurde, der Fall. Ein derartiger Schuldübergang auf einen Dritten setzt regelmäßig die Übertragung von Vermögenswerten voraus, durch die dem Dritten die Tilgung der auf ihn übergegangenen Verpflichtung ermöglicht wird. Wird eine Verpflichtung übertragen, die z. B. zu einem drohenden Verlust aus einem schwebenden Geschäft führt, ist dem originär Verpflichteten der Ausweis einer entsprechenden Rückstellung und damit ein Ausweis eines Verlustes vor dessen Realisierung gem. § 5 Abs. 4a EStG untersagt. Dem Übertragenden entsteht Aufwand in Höhe des dem Übernehmenden gewährten Vermögenswerts, der bislang steuerlich nicht berücksichtigt werden konnte. Der Übernehmende vereinnahmt den ihm übertragenen Vermögenswert und hat zugleich die entsprechende Verpflichtung übernommen.

BEISPIEL 15A: A hat langfristig ein Ladenlokal gemietet, das er nicht mehr eigenbetrieblich nutzt und nicht kostendeckend untervermietet hat. Wegen des zu erwartenden Verlustes aus dem Mietvertrag weist er in seinen Handelsbilanzen eine Rückstellung aus, die in der Steuerbilanz gem. § 5 Abs. 4a EStG nicht zulässig ist. Ende 10 übernimmt B den Mietvertrag sowie den Untermietvertrag. Zu diesem Zeitpunkt musste A für die verbleibende Vertragsdauer von fünf Jahren noch mit einer Unterdeckung von 45 000 € rechnen. Er vergütete deswegen B diesen Betrag.

Damit realisiert A in 10 einen Verlust von 45 000 €. B hat für 45 000 € eine Verbindlichkeit „angeschafft". Dem zugegangenen Vermögenswert steht die übernommene Verpflichtung aus dem Mietvertrag gegenüber, die mit 45 000 € zu passivieren ist. Der Vorgang ist damit bei B erfolgsneutral.

Diese vom BFH vertretene Auffassung (Urteile v. 16. 12. 2009, BStBl 2011 II S. 566; v. 14. 12. 2011 – R 72/10, BFH/NV 2012 S. 635) wurde vom BMF mit Schreiben v. 24. 6. 2011 (BStBl 2011 I S. 627) nicht geteilt. Eine vergleichbare Problematik ergibt sich bei der Übertragung von Pensionsverpflichtungen; der nach § 6a EStG zulässige Bilanzansatz liegt regelmäßig unter dem Barwert derartiger Verpflichtungen (BFH v. 26. 4. 2012, BFH/NV 2012, S. 1248; v. 12. 12. 2012, BFH/NV 2013 S. 840 sowie BFH/NV 2013 S. 884; vgl. dazu BMF-Schreiben v. 16. 12. 2005, BStBl 2005 I S. 1052). 550

Durch § 4f Abs. 1 EStG wird mit Wirkung für nach dem 28. 11. 2013 endende Wirtschaftsjahre (§ 52 Abs. 8 EStG) bestimmt, dass bei der Übertragung von Verpflichtungen aufgrund von Schuldübernahmen, die beim ursprünglich Verpflichteten Ansatzverboten, -beschränkungen oder Bewertungsvorbehalten unterlegen haben, der sich aus diesem Vorgang ergebende Aufwand im Wirtschaftsjahr der Schuldübernahme und den nachfolgenden 14 Wirtschaftsjahren gleichmäßig verteilt als Betriebsausgabe abziehbar ist. 551

BEISPIEL 15B: Abwandlung des Beispiels 15A dahingehend, dass A ein dem Kalenderjahr entsprechendes Wirtschaftsjahr hat und die Übertragung der Verpflichtung Ende 2020 erfolgte.

Der durch die Übertragung der Verpflichtung entstandene Aufwand in Höhe von 45 000 € darf den steuerlichen Gewinn nur um 3 000 € (1/15 des Gesamtbetrags) mindern. Der verbleibende Betrag von 42 000 € mindert ab 2021 den steuerlichen Gewinn der folgenden 14 Wirtschaftsjahre in Höhe von jeweils 3 000 €.

Die danach erforderlichen Korrekturen haben außerhalb der Bilanz zu erfolgen. Besondere Aufzeichnungspflichten i. S. des § 5 Abs. 1 Satz 2 EStG bestehen nicht; es liegt kein infolge der Ausübung eines steuerlichen Wahlrechts von der Handelsbilanz abweichender Bilanzansatz vor. Ungeachtet dessen ist durch eine geeignete, jährlich fortzuschreibende Dokumentation sicherzustellen, dass die Berechtigung zur Kürzung des Ergebnisses auch noch für das letzte in Betracht kommende, das vierzehnte Wirtschaftsjahr nachgewiesen werden kann.

Unterlag die übertragene Verpflichtung einem Bewertungsvorbehalt, ist der aus Anlass der Übertragung zusätzlich entstehende Aufwand ebenfalls auf den Zeitraum von insgesamt 15 Jahren zu verteilen. 552

BEISPIEL 15C: Die X-GmbH überträgt ihre Versorgungsverpflichtungen, für die sie Rückstellungen nach § 6a EStG gebildet hatte zum 31. 12. 2021 gegen die Übertragung von Vermögenswerten von 450 000 € auf die Z-GmbH. Zum 31. 12. 2021 ergab sich eine Rückstellung i. S. des § 6a EStG von 300 000 €. Die begünstigten Arbeitnehmer stehen weiterhin in Diensten bei der X-GmbH.

Die Ausbuchung der Rückstellung gegen den entsprechenden Teil der übertragenen Vermögenswerte ist erfolgsneutral. In Höhe des übersteigenden Betrags von 150 000 € entsteht ein zusätzlicher Aufwand, der den steuerlichen Gewinn 2021 nur in Höhe von 1/15 = 10 000 € mindern darf. Die verbleibenden 140 000 € mindern ab 2022 den steuerlichen Gewinn der folgenden 14 Wirtschaftsjahre in Höhe von jeweils 10 000 €.

553 Die Regelungen des § 4f EStG gelten nicht für kleine und mittlere Unternehmen, wenn der Betrieb am Schluss des vorangehenden Wirtschaftsjahres die Gewinngrenze des § 7g Abs. 1 Satz 2 Nr. 1 EStG (bzw. die Größenmerkmale i. S. des § 7g Abs. 1 Satz 2 Nr. 1 Buchst. a bis c EStG bis 31. 12. 2019; vgl. Rdn. 1217) nicht überschritten hat. Sie sind außerdem nicht anwendbar im Fall der Veräußerung oder Aufgabe eines ganzen Betriebs oder des gesamten Mitunternehmeranteils i. S. der §§ 14, 16 Abs. 1, 3 und 3a sowie des § 18 Abs. 3 EStG; dementsprechend dürfte bei einer Betriebsaufgabe des A in Beispiel 15B in 2021 der bis dahin noch nicht berücksichtigte Verlust insgesamt bei der Ermittlung des Aufgabegewinns abziehbar sein. Schließlich wird die Anwendung des § 4f EStG ausgeschlossen, wenn ein Arbeitnehmer unter Mitnahme seiner erworbenen Pensionsansprüche zu einem neuen Arbeitgeber wechselt.

Die Berechtigung zum Abzug des bisher nicht berücksichtigten Aufwandes geht auf den Rechtsnachfolger über. Verstirbt A im Beispiel 15B in 2021, ist dessen Erbe ab 2022 zum Abzug des noch nicht berücksichtigten Aufwandes für den verbleibenden Zeitraum berechtigt.

554 Die Regelungen des § 4f Abs. 1 EStG gelten nach § 4f Abs. 2 EStG grundsätzlich auch bei dem Übergang von Verpflichtungen infolge Schuldbeitritts oder Erfüllungsübernahme mit ganzer oder teilweiser Schuldfreistellung für die vom Freistellungsberechtigten an den Freistellungsverpflichteten erbrachten Leistungen. Ausgenommen sind die Regelungen

- für die Fälle der Veräußerung oder Aufgabe eines ganzen Betriebs oder des gesamten Mitunternehmeranteils i. S. der §§ 14, 16 Abs. 1, 3 und 3a sowie des § 18 Abs. 3 EStG,
- für die Fälle der Mitnahme von Versorgungsverpflichtungen bei Ausscheiden von Arbeitnehmern und
- zum Verzicht auf die Nichtanwendung bei kleinen und mittleren Unternehmen, wenn der Betrieb am Schluss des vorangehenden Wirtschaftsjahres die Gewinngrenze des § 7g Abs. 1 Satz 2 Nr. 1 EStG (bzw. die Größenmerkmale i. S. des § 7g Abs. 1 Satz 2 Nr. 1 Buchst. a bis c EStG bis 31. 12. 2019) nicht überschritten hat.

555 Die Rechtsfolgen für das die Verpflichtung übernehmende Unternehmen ergeben sich aus § 5 Abs. 7 EStG (vgl. Rdn. 1328 ff.).

556 Verbindlichkeiten sind Betriebsschulden und damit als (negatives) Betriebsvermögen auszuweisen, wenn und soweit sie aus betrieblichem Anlass begründet wurden. Dies ist immer dann der Fall, wenn sie mit auf der Aktivseite ausgewiesenen Wirtschaftsgütern in wirtschaftlichem Zusammenhang stehen, unabhängig davon, ob diese zum notwendigen oder zum gewillkürten Betriebsvermögen gehören, z. B. Verbindlichkeiten, die durch die Anschaffung/Herstellung von Betriebsgrundstücken, Maschinen, Fahrzeugen oder Warenvorräten veranlasst sind. Ferner gehören dazu alle betrieblich begründeten Verpflichtungen, z. B. betriebliche Steuerschulden, Löhne, Gehälter. Entsprechendes gilt für die Zuführung von Mitteln für diese betrieblichen Zwecke. Lässt sich der danach erforderliche betriebliche Zusammenhang nicht feststellen, liegt eine Betriebs-

schuld nicht vor. Nimmt ein Kaufmann einen Kredit auf, dessen Valuta er anschließend zur Finanzierung eines privaten Vorhabens aus seinem Betrieb entnimmt, hat er eine private Schuld begründet (BFH v. 8.12.1997, BStBl 1998 II S. 193; v. 29.7.1998, BStBl 1999 II S. 81; v. 29.8.2001, BFH/NV 2002 S. 188).

Unerheblich ist es, in welcher Weise Verbindlichkeiten gesichert sind. Eine Privatschuld, 557 z. B. für die Anschaffung einer ausschließlich privaten Zwecken dienenden Yacht, wird nicht zur Betriebsschuld, wenn sie durch ein Wirtschaftsgut des Betriebsvermögens abgesichert wird (BFH v. 5.6.1985, BStBl II S. 619). Andererseits wird die durch das private Einfamilienhaus des Unternehmers gesicherte Betriebsschuld nicht dadurch zur Privatschuld.

Die Frage, ob eine Betriebsschuld vorliegt, ist allein nach objektiven Gesichtspunkten 558 zu beurteilen (BFH v. 4.7.1990, BStBl II S. 817; v. 21.5.1987, BStBl II S. 628). Maßgebend ist der Veranlassungszusammenhang (BFH v. 27.6.2006, BStBl II S. 874; v. 9.2.2010, BFH/NV 2010 S. 1525). Wird eine Verbindlichkeit im Zusammenhang mit der Anschaffung oder Herstellung einer Mehrheit von Wirtschaftsgütern, z. B. eines nach den Grundsätzen von R 4.2 Abs. 4 EStR aus mehreren Wirtschaftsgütern bestehenden Grundstücks, aufgenommen, die nicht sämtlich zum Betriebsvermögen gehören, kommt ein Ausweis als Betriebsschuld nur insoweit in Betracht, als ein unmittelbarer Zusammenhang mit den zum Betriebsvermögen gehörenden Wirtschaftsgütern besteht. Wegen weiterer Einzelheiten wird auf das BMF-Schreiben v. 16.4.2004 (BStBl 2004 I S. 464) sowie die Urteile des BFH v. 1.3.2005 (BStBl 2005 II S. 597), v. 18.1.2006 (BFH/NV S. 1634) und v. 1.4.2009 (BStBl II S. 663) sowie auf Rdn. 564 ff. hingewiesen.

Soweit danach der Ausweis in der Handelsbilanz von dem in der Steuerbilanz abweicht, handelt es sich um eine Durchbrechung des sich aus § 5 Abs. 1 EStG ergebenden Grundsatzes der Maßgeblichkeit der Handelsbilanz für die Steuerbilanz (BFH v. 4.7.1990; v. 30.6.1987, BStBl 1988 II S. 418). Eine Betriebsschuld liegt auch dann vor, wenn sie z. B. im Zusammenhang mit der Anschaffung oder Herstellung eines Wirtschaftsguts aufgenommen wurde, aus dem ganz oder teilweise steuerbefreite Einkünfte erzielt werden, oder bei dem die in wirtschaftlichem Zusammenhang stehenden Aufwendungen zu den nicht abziehbaren Betriebsausgaben gehören. Die durch die Inanspruchnahme von Krediten für derartige Zwecke entstehenden Aufwendungen sind Betriebsausgaben, die jedoch nicht ohne weiteres auch steuerlich berücksichtigt werden können. Bei wirtschaftlichem Zusammenhang mit steuerfreien Einnahmen scheidet die Berücksichtigung nach § 3c EStG ganz oder teilweise aus. Wurde der Kredit für ein Wirtschaftsgut verwendet, bei dem die darauf gemachten Aufwendungen dem Abzugsverbot nach § 4 Abs. 5 EStG unterliegen (z. B. Gästehaus i. S. des § 4 Abs. 5 Nr. 3 EStG), gehören Zinsen und dgl. ebenfalls zu den nicht abziehbaren Betriebsausgaben (R 4.10 Abs. 11 EStR; BFH v. 20.8.1986 BStBl 1987 II S. 108). Die Aufnahme eines Kredits zur Tilgung einer durch die Unterschlagung durchlaufender Posten begründeten Verbindlichkeit führt zu keiner Betriebsschuld (BFH v. 15.5.2008, BStBl II S. 715).

Wird ein der Einkunftserzielung dienendes Wirtschaftsgut vor Tilgung des für dessen 559 Anschaffung oder Herstellung aufgenommenen Kredits veräußert, entfällt damit der wirtschaftliche Zusammenhang mit den aus diesem Wirtschaftsgut erzielten Einkünften. Verwendet der Stpfl. den Veräußerungserlös nicht zur Tilgung des Kredits, sondern zur Finanzierung anderer Investitionen oder Vorhaben, steht der Kredit nunmehr damit in wirtschaftlichem Zusammenhang (BFH v. 1. 10. 1996, BStBl 1997 II S. 454).

BEISPIEL 16: Ein unter Inanspruchnahme von Krediten angeschafftes Grundstück des Betriebsvermögens wird veräußert. Der Veräußerungserlös überschreitet diese Verbindlichkeiten. Er wird nicht für deren Tilgung, sondern für private Investitionen verwendet. Als Sicherheit für die Kredite dient weiterhin ein Betriebsgrundstück. Die fortbestehenden Verbindlichkeiten sind den privaten Investitionen zuzuordnen, so dass ein Ausweis als Betriebsschuld nicht mehr in Betracht kommt. Ein Abzug der Schuldzinsen als Betriebsausgaben scheidet damit aus. Dienen die angeschafften Wirtschaftsgüter des Privatvermögens der Einkunftserzielung, ist zu prüfen, ob die Zinsen als Werbungskosten abziehbar sind (BFH v. 25. 2. 2009, BFH/NV S. 1255, m. w. N.).

560 Privat veranlasste Schuldzinsen sind steuerlich nur dann berücksichtigungsfähig, wenn sie Werbungskosten i. S. des § 9 Abs. 1 Satz 3 Nr. 1 EStG sind. Aus diesem Grunde geht das Bestreben allgemein dahin, private Aufwendungen möglichst aus frei verfügbaren Mitteln zu bestreiten und, soweit danach erforderlich, möglichst nur für betrieblich veranlasste Aufwendungen Kredite in Anspruch zu nehmen. Zu diesem Zweck werden die einzelnen Zahlungsströme über verschiedene Konten abgewickelt – sog. Zwei- oder Mehrkontenmodelle. Die sich danach ergebende Zuordnung der Verbindlichkeiten zum Betriebsvermögen und die daraus folgende Möglichkeit des Abzugs der Schuldzinsen als Betriebsausgaben (vgl. dazu BMF-Schreiben v. 2. 11. 2018, BStBl 2018 I S. 1207) führte nach Auffassung des Gesetzgebers zu nicht hinnehmbaren Ergebnissen. Aus diesem Grunde sieht § 4 Abs. 4a EStG weitere Einschränkungen des Abzugs von Schuldzinsen als Betriebsausgaben vor; wegen weiterer Einzelheiten vgl. Rdn. 1559 ff.; weitergehende Einschränkungen ergeben sich durch die Zinsschranke nach § 4h EStG (Rdn. 1570).

2.3.2 Keine gewillkürten Betriebsschulden

561 Verbindlichkeiten können nicht allein durch eine Willensentscheidung des Kaufmanns eine Betriebsschuld werden (BFH v. 4. 7. 1990, BStBl II S. 817). Ihm ist damit die Bildung gewillkürten negativen Betriebsvermögens verwehrt (BFH v. 5. 2. 2014, BFH/NV 2014 S. 1018). Wird ein Kredit erkennbar zur Tilgung einer außerbetrieblichen Verpflichtung aufgenommen, kann eine Betriebsschuld nicht dadurch begründet werden, dass die Darlehensvaluta in den Betrieb eingelegt und von dort aus zur Tilgung der privaten Verbindlichkeit eingesetzt wird (BFH v. 8. 11. 1990, BStBl 1991 II S. 505; v. 21. 2. 1991, BStBl II S. 514). Abzustellen ist allein auf den tatsächlichen Geschehensablauf. Es ist unbeachtlich, ob es dem Stpfl. möglich gewesen wäre, die Aufwendungen statt durch Aufnahme eines Kredits aus verfügbaren eigenen Mitteln oder aus einem möglichen Veräußerungserlös von Gegenständen des Betriebsvermögens oder des Privatvermögens zu finanzieren (BFH v. 4. 7. 1990, a. a. O.). Dem Kaufmann steht es jedoch frei, darüber zu entscheiden, ob die ihm zur Verfügung stehenden liquiden Mittel für private oder betriebliche Zwecke verwendet werden sollen (BFH v. 15. 11. 1990, BStBl 1991 II S. 516).

562 **BEISPIEL 17:** Der Einzelunternehmer A überführt seine nicht unbeträchtlichen Bareinnahmen weitgehend in sein Privatvermögen, um damit neben seinem Lebensunterhalt eine private Investition zu finanzieren. Zur Erfüllung der betrieblichen Verpflichtungen wird deswegen ein Bankkredit in Anspruch genommen. A begründet damit eine Betriebsschuld.

2.3.3 Aufteilung einer einheitlichen Schuld

Steht eine einheitlich begründete Verbindlichkeit in wirtschaftlichem Zusammenhang mit der Anschaffung/Herstellung verschiedener Wirtschaftsgüter, die nicht insgesamt zum Betriebsvermögen gehören, ist eine entsprechende Aufteilung im Zeitpunkt des Eingehens der Verbindlichkeit erforderlich, soweit keine Zuordnung zu bestimmten einzelnen Wirtschaftsgütern möglich ist (BFH v. 27. 10. 1998, BStBl 1999 II S. 676, 678 und 680). 563

Bei der Finanzierung der Herstellungskosten eines Gebäudes, das zutreffenderweise nur mit dem eigenbetrieblichen Zwecken dienenden Teil bilanziert wird (vgl. R 4.2 Abs. 4 und 7 EStR; Rdn. 320), kann danach eine Verbindlichkeit nur dann insgesamt als Betriebsschuld ausgewiesen werden, wenn die Valuta nachweislich nur zur Tilgung der durch die Herstellung dieses Gebäudeteils begründeten Verbindlichkeiten verwendet wird (BFH v. 7. 7. 2005, BFH/NV 2006 S. 264). Dieser Nachweis obliegt dem Stpfl. Ist eine Zuordnung zu einzelnen Gebäudeteilen nicht möglich, wird im Regelfall die Aufteilung nach dem Verhältnis der Nutzflächen in Betracht kommen (vgl. dazu auch Ziff. 2 Buchst. b des BMF-Schreibens v. 16. 4. 2004, BStBl 2004 I S. 464). 564

Bei der Anschaffung von Grundstücken, die nur teilweise dem Betriebsvermögen zugeordnet werden, ist in entsprechender Anwendung der Grundsätze von Ziff 2 Buchst. a des BMF-Schreibens v. 16. 4. 2004 (BStBl 2004 I S. 464) eine Zuordnung aufgenommener Kredite zu dem zum Betriebsvermögen gehörenden Grundstücksteil dann möglich, wenn sie gezielt dafür aufgenommen werden. Dabei ist eine von den Vertragsparteien vorgenommene Aufteilung des Kaufpreises auf einzelne Wirtschaftsgüter grundsätzlich der Besteuerung zugrunde zu legen, wenn die Voraussetzungen für die Annahme einer Scheinvereinbarung oder eines Gestaltungsmissbrauchs nicht gegeben sind (BFH v. 10. 10. 2000, BStBl 2001 II S. 183; v. 18. 1. 2006, BFH/NV S. 1634). Dies gilt auch dann, wenn die Darlehensvaluta auf ein Notaranderkonto mit dem Ziel der Entrichtung des Gesamtkaufpreises eingezahlt wird. Ist danach eine Zuordnung nicht möglich, sind die Zins- und Tilgungsleistungen aufzuteilen (BFH v. 21. 2. 1991, BStBl II S. 514). Es ist nicht möglich, zu unterstellen, dass einer der beiden Teile der Verbindlichkeit vorrangig getilgt wird (BFH v. 7. 11. 1991, BStBl 1992 II S. 141). 565

BEISPIEL 18: A erwirbt ein bebautes Grundstück, auf dem sich eine Gaststätte und eine Wohnung befinden, für 1 000 000 €. Davon werden 700 000 € durch ein dinglich gesichertes Darlehen finanziert. A betreibt die Gaststätte selbst. Die Wohnung nutzt er für eigene Wohnzwecke. Der eigenen Wohnzwecken dienende Grundstücksteil, dem ein Wert von 300 000 € beizulegen ist, ist notwendiges Privatvermögen. Als Betriebsvermögen ist deswegen nur der eigenbetrieblichen Zwecken dienende Grundstücksteil von 700 000 € auszuweisen. Von der Gesamtschuld von 700 000 € ist nur ein Anteil von 7/10 = 490 000 € eine Betriebsschuld. Die aufgrund des einheitlichen Schuldverhältnisses zu entrichtenden Zins- und Tilgungsleistungen sind zu 7/10 der Betriebsschuld, im Übrigen der Privatschuld zuzuordnen. 566

Eine spätere Ablösung eines Kredits durch einen anderen Kredit (Umschuldung, Novation) führt zu keinen Veränderungen. In diesen Fällen entscheidet die Verwendung des abgelösten Kredits auch über die steuerliche Beurteilung des neuen Kredits (BFH v. 8. 11. 1990, BStBl 1991 II S. 505; v. 15. 11. 1990, BStBl 1991 II S. 226). Würde sich A im Beispiel 18 zu einem späteren Zeitpunkt zur Ablösung des Darlehens durch einen ande- 567 ren Kredit entschließen, wäre auch dieser Kredit bei unveränderter Nutzung des Grundstücks nur zu 7/10 eine Betriebsschuld.

568–570 *Einstweilen frei*

2.4 Ausweis des Betriebsvermögens

571 Zu bilanzieren sind nur die Wirtschaftsgüter des Betriebsvermögens. Die Zuordnung eines Wirtschaftsguts zum notwendigen Betriebsvermögen nach den unter Rdn. 526 dargestellten Grundsätzen ist nicht von dem Ausweis in Buchführung und Bilanz abhängig. Dementsprechend wird die Eigenschaft eines Wirtschaftsguts des notwendigen Betriebsvermögens nicht dadurch beeinträchtigt, dass es nicht bilanziert wird (R 4.2 Abs. 1 Satz 2 EStR; BFH v. 24. 10. 2001, BStBl 2002 II S. 75; v. 26. 11. 2008, BStBl 2009 II S. 407) oder die damit zusammenhängenden Aufwendungen und Erträge in der Buchführung nicht erfasst wurden (BFH v. 5. 3. 2002, BStBl 2002 II S. 690). Stellt sich heraus, dass ein Wirtschaftsgut unzutreffenderweise nicht oder unzulässigerweise bilanziert wurde, sind diese Fehler zu berichtigen – Bilanzberichtigung (vgl. Rdn. 611 ff.). Entsprechendes gilt für die Bilanzierung von Verbindlichkeiten.

572 Gewillkürtes Betriebsvermögen (Rdn. 537 ff.) liegt nur dann vor, wenn sich der Kaufmann zu der Hinzurechnung des betreffenden Wirtschaftsguts zum Betriebsvermögen entschieden und diese Entscheidung auch unmissverständlich dokumentiert hat. Diese Voraussetzungen liegen vor, wenn das Wirtschaftsgut bei Gewinnermittlung nach § 4 Abs. 1, § 5 EStG in einem zeitnahen Akt in Buchführung und Bilanz ausgewiesen wird (BFH v. 25. 11. 2004, BFH/NV 2005 S. 549, m. w. N.; v. 27. 6. 2006, BStBl II S. 874); zur Eindeutigkeit des Willkürungsakts vgl. BFH v. 22. 9. 1993 (BStBl 1994 II S. 172; v. 20. 4. 1999, BStBl II S. 466). Danach ist der Zugang von gewillkürtem Betriebsvermögen im Laufe eines Wirtschaftsjahres auch in diesem Zeitpunkt zu dokumentieren. Die Einbuchung im Rahmen der sog. Abschlussarbeiten nach Ablauf des Wirtschaftsjahres erfüllt diese Voraussetzungen nicht. Bei risikobehafteten Geschäften dürfte es erforderlich sein, das Anschaffungsgeschäft unverzüglich einzubuchen. Sollte die Einbuchung erst zu einem Zeitpunkt erfolgen, zu dem sich bereits ein Verlust abzeichnet, wird die Eignung zum Ausweis als gewillkürtes Betriebsvermögen zu verneinen sein (BFH v. 22. 5. 1975, BStBl II S. 804; v. 25. 2. 1982, BStBl II S. 461; BFH v. 18. 12. 1996, BStBl 1997 II S. 351; H 4.2 (1) [Gewillkürtes Betriebsvermögen] EStH).

573 **BEISPIEL 19:** A schafft am 20. 11. 2021 Wertpapiere für 100 000 € an. Der Anschaffungsvorgang wird in der laufenden Buchführung seines Einzelunternehmens nicht erfasst. Nach dem 31. 12. 2021 stellt sich heraus, dass diese Wertpapiere wertlos sind. A veranlasst die Einbuchung des Anschaffungsvorgangs im Rahmen der Abschlussarbeiten für das Wj. 2021 im Mai 2022.

Die inzwischen wertlos gewordenen Wertpapiere können nicht nachträglich als gewillkürtes Betriebsvermögen behandelt werden. Dies wäre nur bei zeitnaher Einbuchung des Anschaffungsvorgangs vor dem Bilanzstichtag und vor dem Bekanntwerden des eingetretenen Verlusts möglich gewesen.

574 Bei der Gewinnermittlung nach § 4 Abs. 3 EStG hat die Zuordnung von Wirtschaftsgütern zum gewillkürten Betriebsvermögen in unmissverständlicher Weise durch entsprechende zeitnah erstellte Aufzeichnungen zu erfolgen, sodass sie für einen sachver-

ständigen Dritten, z. B. einen Betriebsprüfer, ohne eine weitere Erklärung erkennbar ist (BMF-Schreiben v. 17. 11. 2004, BStBl 2004 I S. 1064; BFH v. 16. 6. 2004, BFH/NV 2005 S. 173). Dies kann z. B. durch die zeitnahe Aufnahme des erworbenen Wirtschaftsguts in das betriebliche Bestandsverzeichnis (R 5.4 Abs. 1 EStR) geschehen.

2.5 Änderungen der Beziehungen der Wirtschaftsgüter zum Betrieb

2.5.1 Wirtschaftsgüter eines Einzelunternehmens

Wirtschaftsgüter erlangen ihre Eigenschaft als notwendiges Betriebsvermögen durch ihre besondere Beziehung zum Betrieb. Dies hat zur Folge, dass sich bei einer Nutzungsänderung die Frage stellt, ob damit notwendigerweise eine Änderung in der buch- und bilanzmäßigen Behandlung verbunden ist. 575

Wird das Wirtschaftsgut veräußert, scheidet es aus dem Betriebsvermögen aus. Es handelt es sich dabei für den Regelfall um einen nach allgemeinen Grundsätzen zu beurteilenden laufenden Geschäftsvorfall. Wird der Betrieb insgesamt veräußert oder aufgegeben, ist zu prüfen, ob aus diesem Anlass ein Veräußerungs- oder Aufgabegewinn i. S. des § 16 EStG angefallen ist (vgl. 5. Kap. Teil A Rdn. 191). Besonderheiten ergeben sich, wenn das Betriebsvermögen aus Anlass der Veränderung der Rechtsform des Unternehmens ganz oder teilweise auf einen anderen Rechtsträger übertragen wird. Dies ist z. B. der Fall, wenn ein Einzelunternehmer ein Wirtschaftsgut seines Einzelunternehmens in das Gesamthandsvermögen einer Personengesellschaft überträgt. Erfolgt die Übertragung unentgeltlich oder gegen Gewährung von Gesellschaftsrechten, hat die Überführung gem. § 6 Abs. 5 Satz 3 Nr. 1 EStG zum bisherigen Buchwert, d. h. ohne Aufdeckung etwaiger stiller Reserven zu erfolgen. Werden mit dem Wirtschaftsgut zugleich Verbindlichkeiten übertragen, ist umstritten, ob und ggf. in welchem Umfang ein entgeltlicher Vorgang vorliegt (BMF v. 12. 9. 2013, BStBl 2013 I S. 1164; ferner BFH v. 19. 3. 2014, BStBl 2014 II S. 629). Eine Klärung wird durch den Großen Senat des BFH aufgrund des Beschlusses v. 27. 10. 2015 – X R 28/12 (BStBl 2016 II S. 8) erwartet. Zu Einzelheiten im Zusammenhang mit einer Änderung der Unternehmensform wird auf Kap. 6 Rdn. 91 ff. hingewiesen. 576

Weiter ist nicht auszuschließen, dass sich die Beziehungen des Wirtschaftsguts während des Bestehens des Betriebs zu diesem ändern. 577

BEISPIEL 20: Der Einzelunternehmer A ist Eigentümer eines unbebauten Grundstücks. 578

a) Er hält dieses Grundstück im Privatvermögen und nutzt es ab April des Jahres 2021 nachhaltig als Lagerplatz für sein Einzelunternehmen.

b) Er hat dieses Grundstück als Lagerplatz für sein Einzelunternehmen angeschafft, entsprechend genutzt und auch als zu seinen Betriebsvermögen gehörend bilanziert.

   aa) Ab 1. 4. 2021 verpachtet er dieses Grundstück an X, der es für seine gewerblichen Zwecke nutzt. Es wird weiterhin in der Buchführung ausgewiesen.

   bb) Ab 1. 4. 2021 verpachtet er dieses Grundstück an die inländische Y-GmbH & Co. KG, an der A als Kommanditist beteiligt ist.

   cc) Im Mai 2021 wird auf diesem Grundstück mit der Errichtung eines Einfamilienhauses begonnen, das A nach Fertigstellung für eigene Wohnzwecke nutzen wird.

dd) A überträgt das Grundstück im Juni 2021 im Wege der vorweggenommenen Erbfolge zivilrechtlich wirksam auf seine Tochter T, die es aufgrund eines steuerlich anzuerkennenden Vertrags an A verpachtet, der es weiterhin als Lagerplatz seines Einzelunternehmens nutzt.

579 In der Sachverhaltsvariante a) wird das Grundstück mit der Aufnahme der betrieblichen Nutzung notwendiges Betriebsvermögen. Es ist deswegen im April 2021 mit dem nach § 6 Abs. 1 Nr. 5 EStG maßgebenden Wert (vgl. Rdn. 947 ff.) in das Einzelunternehmen einzulegen.

580 Mit der Verpachtung des Grundstücks ab 1. 4. 2021 an X (Variante b) aa)) dient das Grundstück nicht mehr unmittelbar den Zwecken des Einzelunternehmens. Es liegt insoweit eine vermögensverwaltende Tätigkeit vor. Damit gehört das Grundstück nicht mehr zum notwendigen Betriebsvermögen. Nach den unter Rdn. 537 ff. dargestellten Grundsätzen kann es jedoch als gewillkürtes Betriebsvermögen behandelt werden. Da keine Ausbuchung (Entnahme) erfolgte, wird das Grundstück ab 1. 4. 2021 als gewillkürtes Betriebsvermögen geführt (BFH v. 6. 11. 1991, BStBl 1993 II S. 391; v. 14. 5. 2009, BStBl II S. 811; R 4.3 Abs. 3 Satz 5 EStR).

581 Durch die Überlassung des Grundstücks an die Y-GmbH & Co. KG (Variante b)bb)) werden die Beziehungen zum Einzelunternehmen gelöst. Es wird nunmehr zur Erzielung von Einkünften aus Gewerbebetrieb aus der Beteiligung an der Y-GmbH & Co. KG (vgl. § 15 Abs. 1 Satz 1 Nr. 2 EStG) genutzt. Damit ist das Grundstück als notwendiges Sonderbetriebsvermögen des A bei der Y-GmbH & Co. KG auszuweisen. Es wird aus dem Betriebsvermögen des Einzelunternehmens A in das Sonderbetriebsvermögen des A bei der Y-GmbH & Co. KG überführt. Dadurch wird die Besteuerung der im Einzelunternehmen gebildeten stillen Reserven nicht gefährdet. Die Überführung in das Sonderbetriebsvermögen bei der Y-GmbH & Co. KG hat gem. § 6 Abs. 5 Satz 2 EStG mit dem Buchwert des Einzelunternehmens zu erfolgen (vgl. Rdn. 960). Entsprechendes würde zu gelten haben, wenn A das Grundstück in das Gesamthandsvermögen unentgeltlich oder gegen Gewährung von Gesellschaftsrechten auf die X-GmbH & Co KG übertragen oder ausschließlich für Zwecke eines weiteren, von ihm betriebenen Einzelunternehmens nutzen würde.

582 Das eigenen Wohnzwecken dienende Einfamilienhaus gehört zum notwendigen Privatvermögen (Rdn. 542 ff.). Es kann deswegen auch nicht als gewillkürtes Betriebsvermögen behandelt werden. Der Grund und Boden ist für die Zuordnung zum Betriebsvermögen mit dem aufstehenden Gebäude als eine Einheit zu behandeln (BFH v. 12. 7. 1979, BStBl 1980 II S. 5; R 4.2 Abs. 8 Satz 2 EStR). Das unbebaute Grundstück, der Lagerplatz in der Variante b) cc), wird deswegen mit Aufnahme der Bauarbeiten für das eigengenutzte Einfamilienhaus ein Wirtschaftsgut des notwendigen Privatvermögens und zu diesem Zeitpunkt auch dann aus dem Einzelunternehmen entnommen, wenn keine entsprechende Buchung erfolgt. Die Entnahme ist in der tatsächlichen Nutzungsänderung zu sehen (BFH v. 18. 11. 1986, BStBl 1987 II S. 261; v. 8. 5. 2000, BFH/NV 2001 S. 16; R 4.3 Abs. 3 Satz 4 EStR). Entnahmen sind nach § 6 Abs. 1 Nr. 4 EStG für den Regelfall mit dem Teilwert (vgl. Rdn. 939 ff.) zu bewerten. Gehörte das Grundstück hingegen bereits im VZ 1986 zum Betriebsvermögen des A, ist ein sich ergebender Entnahmegewinn nach § 15 Abs. 1 Satz 3 i.V. mit § 13 Abs. 5 EStG nicht zu besteuern, weil darauf eine eigengenutzte Wohnung errichtet wird. Der Sachverhalt in Variante b) cc) ist dadurch gekennzeichnet, dass durch die Bebauung die betriebliche Nutzung auf Dauer

beendet wurde. Ist hingegen im Einzelfall nicht auszuschließen, dass das Wirtschaftsgut nur vorübergehend für private Zwecke und anschließend wieder für betriebliche Zwecke genutzt wird, führt die Nutzungsänderung nach dem Urteil des BFH v. 1. 3. 1994 (BStBl 1995 II S. 241, m. w. N.) zu keiner Entnahme, z. B. Überlassung einer zum Betriebsvermögen gehörenden Wohnung an einen Angehörigen über einen absehbar vorübergehenden Zeitraum.

Die Schenkung des Grundstücks an T in der Variante b) dd) ist ebenfalls ein außerbetrieblicher Vorgang. Es handelt sich deswegen um eine mit dem Teilwert zu bewertende Entnahme. 583

Die Überführung von Wirtschaftsgütern aus dem inländischen Betrieb in eine ausländische Betriebsstätte steht nach § 4 Abs. 1 Satz 3 EStG für den Regelfall einer Entnahme gleich; wegen Einzelheiten vgl. Rdn. 115 ff. 584

2.5.2 Besonderheiten bei Gewinnermittlung nach § 4 Abs. 3 EStG

Bei Gewinnermittlung nach § 4 Abs. 3 EStG gelten die vorstehend dargestellten Grundsätze entsprechend (BFH v. 14. 11. 2007, BFH/NV 2008 S. 365); beachte im Übrigen Rdn. 1701 ff. 585

2.5.3 Besonderheiten bei Mitunternehmerschaften

Ist ein Gewerbetreibender zugleich Mitunternehmer und überlässt er ein für seinen Gewerbebetrieb angeschafftes Wirtschaftsgut der Mitunternehmerschaft zur Nutzung, wird es damit notwendiges Sonderbetriebsvermögen bei der Mitunternehmerschaft (BFH v. 24. 2. 2005, BStBl 2005 II S. 578; vgl. 5. Kap. Teil A Rdn. 108 ff.). Dies gilt auch für den Fall der Überlassung unter Zwischenschaltung eines anderen Rechtsträgers (BFH v. 31. 3. 2008, BFH/NV S. 1320, m. w. N.). Die Überführung in das Sonderbetriebsvermögen ist der Übergang aus einem gewerblichen in ein anderes gewerbliches Betriebsvermögen, der nicht als Entnahme zu werten ist und damit auch keine Aufdeckung etwaiger stiller Reserven erfordert (§ 6 Abs. 5 Satz 2 EStG). Dies gilt ferner für die Überführung eines Wirtschaftsguts aus dem Sonderbetriebsvermögen bei einer Personengesellschaft in das Sonderbetriebsvermögen bei einer anderen Personengesellschaft. 586

BEISPIEL 21: 587

a) A betreibt als Einzelunternehmer ein Bauunternehmen, für das er im Jahre 2021 einen Turmdrehkran angeschafft hat. Im Jahre 2022 vermietet er dieses Gerät langfristig an die Y-KG, an der er als Kommanditist beteiligt ist. Der Turmdrehkran wird damit aus dem Einzelunternehmen in das Sonderbetriebsvermögen des A bei der Y-KG überführt.

Es liegt eine Abweichung der Steuerbilanz von der Handelsbilanz vor, die ihre Ursache in § 15 Abs. 1 Satz 1 Nr. 2 EStG hat.

b) B ist Kommanditist der B-GmbH & Co. KG sowie der Z-GmbH & Co. KG. Er hat der B-GmbH & Co. KG ein unbebautes Grundstück als Lagerplatz überlassen, das damit zu seinem Sonderbetriebsvermögen bei dieser Gesellschaft gehört. In 2021 gestattet B der Z-GmbH & Co. KG, auf diesem Grundstück ein Betriebsgebäude zu errichten. Damit wird das Grundstück Sonderbetriebsvermögen des B bei der Z-GmbH & Co. KG. Die Überführung hat zum bisherigen Buchwert und damit erfolgsneutral zu erfolgen.

Einstweilen frei 588

589 Scheidet ein Mitunternehmer aus der Mitunternehmerschaft aus, entfällt damit die Voraussetzung für den Ausweis als Sonderbetriebsvermögen. Bei der Veräußerung der Beteiligung oder der Liquidation der Gesellschaft ist dieser Vorgang in die Ermittlung des Veräußerungs- oder Aufgabegewinns i. S. des § 16 EStG einzubeziehen, sofern das Sonderbetriebsvermögen mitveräußert oder in das Privatvermögen überführt wird (BFH v. 10. 2. 2016, BFH/NV 2016 S. 1256). Wird das zurück behaltene Sonderbetriebsvermögen, das im Hinblick auf beträchtliche stille Reserven eine wesentliche Betriebsgrundlage ist, gem. § 6 Abs. 5 EStG zum Buchwert in ein anderes Betriebsvermögen überführt, ist der Gewinn aus der Veräußerung der Beteiligung nicht als Veräußerungsgewinn i. S. des § 16 EStG, sondern als laufender Gewinn zu besteuern (BFH v. 2. 10. 1997, BStBl 1998 II S. 104).

590 Wird die gesamte Beteiligung an einer Personengesellschaft unentgeltlich übertragen, kommt die Fortführung der Buchwerte gem. § 6 Abs. 3 Satz 1 EStG durch den Übernehmenden nur in Betracht, wenn neben dem Anteil am Gesamthandsvermögen auch sämtliche Wirtschaftsgüter des Sonderbetriebsvermögens, die für die Funktion des Betriebes von Bedeutung sind, übertragen werden. Bei Zurückbehaltung derartigen Sonderbetriebsvermögens unter Überführung in das Privatvermögen liegt insgesamt eine Aufgabe des gesamten Mitunternehmeranteils i. S. des § 16 EStG vor (BFH v. 31. 8. 1995, BStBl 1995 II S. 890). Wird das zurück behaltene Sonderbetriebsvermögen hingegen gem. § 6 Abs. 5 EStG zum Buchwert in ein anderes Betriebsvermögen überführt, kommt hinsichtlich der Beteiligung an der Personengesellschaft, dem Gesamthandsvermögen, eine Fortführung der Buchwerte nach § 6 Abs. 3 Satz 1 EStG nicht in Betracht. Der sich aus der Aufdeckung der stillen Reserven ergebende Gewinn ist nicht nach §§ 16, 34 EStG begünstigt (BFH v. 19. 3. 1991, BStBl 1991 II S. 635; v. 2. 10. 1997, BStBl 1998 II S. 104). Diese Rechtsfolge soll nach Tz. 7 des BMF-Schreibens v. 3. 3. 2005 (BStBl I S. 458) i. V. m. BMF-Schreiben v. 12. 9. 2013 (BStBl 2013 I S. 1164) auch dann eintreten, wenn das Sonderbetriebsvermögen in zeitlichem Zusammenhang mit der beabsichtigen Anteilsübertragung in ein anderes Betriebsvermögen überführt wird.

591 **BEISPIEL 22:** Die X-GmbH & Co. KG betreibt ihr Produktionsunternehmen auf Grundstücken, die sie von dem Kommanditisten A gepachtet hat. Die Grundstücke gehören deswegen zum Sonderbetriebsvermögen des A. Im November 2021 überträgt A seinen Kommanditanteil unentgeltlich auf seinen Sohn SA. Die an die X-GmbH & Co. KG verpachteten Grundstücke hatte er zuvor im März 2021 nach § 6 Abs. 5 Satz 3 Nr. 2 EStG zu Buchwerten auf die von ihm neu gegründete gewerblich geprägte Y-GmbH & Co. KG übertragen. Die Übertragung der Kommanditbeteiligung führt danach zur Aufdeckung der stillen Reserven.

592 Nach Tz. 8 des BMF-Schreibens v. 3. 3. 2005 (a. a. O.) kann in diesen Fällen die Aufdeckung der stillen Reserven bei der zu übertragenden Beteiligung nur bei der Zurückbehaltung nicht wesentlichen Sonderbetriebsvermögens vermieden werden. Für dieses Sonderbetriebsvermögen besteht dann auch die Möglichkeit der Überführung in ein anderes Betriebsvermögen zum Buchwert gem. § 6 Abs. 5 EStG. Die Überführung in das Privatvermögen führt zu einem laufenden Gewinn (BFH v. 29. 10. 1987, BStBl 1988 II S. 374).

593 Der BFH folgt der vorstehend dargestellten Auffassung der FinVerw nicht. Überträgt ein Mitunternehmer seinen Anteil unentgeltlich und überführt er gleichzeitig ein Wirtschaftsgut seines Sonderbetriebsvermögens in ein anderes, ihm zuzurechnendes Be-

triebsvermögen, kommt nach dem Urteil v. 2.8.2012 (IV R 41/11, NWB DokID: TAAAE-19933) im Regelfall sowohl hinsichtlich des Mitunternehmeranteils nach § 6 Abs. 3 EStG, als auch hinsichtlich des Wirtschaftsguts seines Sonderbetriebsvermögens nach § 6 Abs. 5 EStG eine Aufdeckung der stillen Reserven nicht in Betracht. Wegen weiterer Einzelheiten wird auf die BMF-Schreiben v. 12.9.2013 (BStBl 2013 I S. 1164) und v. 20.11.2019 (BStBl 2019 I S. 1291), ferner auf den Beschluss des BFH v. 19.3.2014 (BStBl 2014 II S. 629) hingewiesen.

Werden bei Einbringung eines Einzelunternehmens in eine Personengesellschaft gegen Gewährung von Gesellschaftsrechten einzelne Wirtschaftsgüter vom Einbringenden zurückbehalten, kann er diese bei der Mitunternehmerschaft als gewillkürtes Sonderbetriebsvermögen fortführen, so dass die Überführung in ein anderes Betriebsvermögen und keine mit dem Teilwert zu bewertende Entnahme vorliegt (BFH v. 7.4.1992, BStBl II 1993 S. 21, Tz. 24.05; BMF-Schreiben v. 11.11.2011, BStBl 2011 I S. 1314). 594

BEISPIEL 23: A bringt sein Einzelunternehmen gegen Gewährung einer Kommanditeinlage in die X-GmbH & Co. KG ein. Dabei wird das ihm gehörende gemischt genutzte Grundstück, das er insgesamt im Betriebsvermögen seines Einzelunternehmens hielt, nicht auf die KG übertragen. Der bisher eigengewerblich genutzte Grundstücksteil wird an die KG verpachtet. Insoweit wird notwendiges Sonderbetriebsvermögen gebildet. Der verbleibende, an Dritte vermietete Grundstücksteil kann als gewillkürtes Sonderbetriebsvermögen des A bei der X-GmbH & Co. KG behandelt werden. 595

2.5.4 Verbindlichkeiten

Scheidet das unter Aufnahme eines Kredits angeschaffte/hergestellte Wirtschaftsgut bei Fortbestehen des Betriebs vor Tilgung der Verbindlichkeit aus betrieblichem Anlass aus dem Betriebsvermögen aus, ändert sich dadurch dessen betrieblicher Charakter nicht. 596

BEISPIEL 24: Der Einzelunternehmer A bezieht Waren. Zur Bezahlung der Lieferantenrechnung nimmt er einen Kredit auf. Die Waren werden alsbald nach Erwerb gegen Barzahlung veräußert. 597

A verwendet die Einnahmen nicht zur Tilgung des Kredits. Der Kredit verliert dadurch den Charakter der Betriebsschuld nicht.

Wird das Wirtschaftsgut hingegen in das Privatvermögen überführt, können die damit in wirtschaftlichem Zusammenhang stehenden Verbindlichkeiten nicht mehr als Betriebsschuld ausgewiesen werden (R 4.2 Abs. 15 Satz 1 EStR). Bei Nutzung im Privatvermögen zur Einkunftserzielung ist zu prüfen, ob anfallende Schuldzinsen als Werbungskosten abziehbar sind. 598

Verbleiben nach Veräußerung oder Aufgabe des Betriebs noch betrieblich begründete Verbindlichkeiten, sind die dafür zu entrichtenden Schuldzinsen insoweit als nachträgliche Betriebsausgaben abziehbar, als sie auf Verbindlichkeiten entfallen, die den vereinnahmten Veräußerungserlös und/oder den Wert der in das Privatvermögen übernommenen Wirtschaftsgüter übersteigen (BFH v. 28.3.2007, BStBl 2007 II S. 642). Bei Nutzung der Wirtschaftsgüter zur Einkunftserzielung ist zu prüfen, ob anfallende Schuldzinsen als Werbungskosten abziehbar sind (BFH v. 28.3.2007, a. a. O.). 599

600 **BEISPIEL 25:** A hat im Jahre 2013 für sein Einzelunternehmen ein Grundstück für 250 000 € erworben. Zur Finanzierung des Kaufpreises wurde ein Darlehen von 200 000 € aufgenommen. Im Jahre 2021 stellt sich heraus, dass das Grundstück für betriebliche Zwecke nicht verwendet werden kann. A entnimmt es deswegen. Die im Zeitpunkt der Entnahme noch bestehende Darlehensschuld wird damit eine Privatschuld.

601 Demzufolge wird bei Einlage eines fremdfinanzierten Wirtschaftsguts aus dem Privatvermögen in das Betriebsvermögen die aus Anlass der Anschaffung begründete Privatschuld zur Betriebsschuld (R 4.2 Abs. 15 Satz 2 EStR; vgl. auch BFH v. 1. 10. 1996, BStBl 1997 II S. 454).

602–610 *Einstweilen frei*

2.6 Bilanzberichtigung

2.6.1 Allgemeine Grundsätze

611 Berichtigungsfähig ist lediglich eine vorliegende Bilanz. Wurde die Aufstellung von Bilanzen für vorangegangene Wirtschaftsjahre versäumt, weil z. B. nicht erkannt wurde, dass es sich bei den entfalteten Aktivitäten um einen Gewerbebetrieb handelt, sog. „nicht erkannter Gewerbebetrieb", so dass erst für ein späteres Wirtschaftsjahr nach Eröffnung mit der Bilanzierung begonnen wird, kann diese nicht für die Wirtschaftsjahre nachgeholt werden, für die die Veranlagungen aus verfahrensrechtlichen Gründen nicht mehr änderbar bzw. durchführbar sind. Auf den Beginn des Wirtschaftjahres, dessen Ergebnis der Besteuerung noch zugrunde gelegt werden kann, ist eine „Eröffnungsbilanz" aufzustellen. Dabei sind die zuvor nicht bilanzierten Wirtschaftsgüter mit den Werten anzusetzen, mit denen sie von Anfang an bei richtiger Bilanzierung zu Buche stehen würden (BFH v. 30. 10. 1997, BFH/NV 1998 S. 578; v. 24. 10. 2001, BStBl 2002 II S. 75; v. 26. 11. 2008, BStBl 2009 II S. 407). Die Einbuchung hat erfolgsneutral über das Kapitalkonto zu erfolgen. Es handelt sich dabei um keine Einlage.

Wurden bei Aufstellung der Bilanz die handelsrechtlichen Bilanzierungs- und Bewertungsgrundsätze nicht beachtet, liegt bei den nach Handelsrecht buchführungspflichtigen Unternehmen eine fehlerhafte Handelsbilanz vor. Sieht man von den Fällen eines nichtigen Jahresabschlusses ab, bestehen keine allgemein verbindlichen Regelungen zur Verfahrensweise für diesbezügliche Korrekturen. In der Praxis werden sie weitgehend unter Verzicht auf die Änderung des betreffenden Jahresabschlusses in laufender Rechnung vorgenommen, vgl. dazu Hoffmann/Lüdenbach, NWB Kommentar Bilanzierung, 10. Aufl., § 252 HGB Rz. 244 ff. unter Bezugnahme auf IDW RS HFA 6 v. 12. 4. 2007.

Die Frage der Bilanzberichtigung stellt sich auch in den Fällen, in denen der fehlerhafte Bilanzansatz nach einer Übertragung eines Betriebs, Teilbetriebs zu Buchwerten fortgeführt wird, z. B. nach einer unentgeltlichen Übertragung i. S. des § 6 Abs. 3 EStG oder einer Realteilung (BFH v. 20. 10. 2015, BStBl 2016 II S. 596).

612 Eine fehlerhafte Handelsbilanz wird vielfach dazu führen, dass die daraus abgeleitete Steuerbilanz ebenfalls fehlerhaft ist. Unabhängig davon können sich bei der Steuerbilanz Fehler durch die Nichtbeachtung steuerlicher Bilanzierungs- und Bewertungsvorschriften ergeben. Der nach § 4 Abs. 1, § 5 EStG ermittelte Gewinn oder Verlust ist

Grundlage für die Besteuerung nach Maßgabe des EStG, des KStG und des GewStG. Fehlerhafte Steuerbilanzen führen damit bezogen auf die einzelnen Besteuerungszeiträume zu unzutreffenden Steuerfestsetzungen. Eine Korrektur etwaiger Fehler in nachfolgenden Wirtschaftsjahren in laufender Rechnung würde danach dem Prinzip der Abschnittsbesteuerung zuwiderlaufen. Deswegen wird in § 4 Abs. 2 Satz 1 EStG bestimmt, dass der Steuerpflichtige die Bilanz auch nach ihrer Einreichung beim Finanzamt ändern darf, soweit sie den Grundsätzen ordnungsmäßiger Buchführung unter Beachtung der steuerlichen Gewinnermittlungsvorschriften nicht entspricht. Dies gilt jedoch dann nicht mehr, wenn die Bilanz bereits einer nach den steuerrechtlichen Verfahrensvorschriften nicht mehr änderbaren Steuerfestsetzung bzw. gesonderten und ggf. einheitlichen Gewinnfeststellung zugrunde liegt, wie in § 4 Abs. 1 Halbsatz 2 EStG ausdrücklich bestimmt wird. Daraus folgt für Land- und Forstwirte mit einem vom Kalenderjahr abweichenden Wirtschaftsjahr, dass die Veranlagungen für beide Veranlagungszeiträume, für die ein Teilbetrag des Gewinns eines Wirtschaftsjahres zu berücksichtigen ist, noch änderbar sein müssen (R 4.4 Abs. 1 Satz 10 EStR).

Eine Verpflichtung zum Handeln besteht gem. § 153 Abs. 1 Satz 1 Nr. 1 AO (vgl. auch 613
EAO zu § 153 AO) dann, wenn die fehlerhafte Bilanz zu einer zu niedrigen Steuerfestsetzung geführt hat oder führen würde und dies innerhalb der Festsetzungsfrist (vgl. dazu § 169 AO) erkannt wird, die eingereichte Bilanz also einen zu niedrigen Gewinn oder einen zu hohen Verlust ausweist. Dabei ist auf die Auswirkungen für das jeweilige Wirtschaftsjahr abzustellen.

Bilanzberichtigungen sind nach § 4 Abs. 2 Satz 1 EStG nur vom Stpfl. selbst vorzuneh- 614
men (BFH v. 4. 11. 1999, BStBl 2000 II S. 129; v. 31. 1. 2013, BStBl 2013 II S. 317). Weicht die FinVerw im Rahmen der Veranlagung oder einer steuerlichen Außenprüfung von einem Ansatz des Stpfl. ab, liegt keine Bilanzberichtigung i. S. des § 4 Abs. 2 Satz 1 EStG vor (BFH v. 31. 1. 2013, a. a. O.). Dies ist in einem derartigen Fall nur dann und insoweit der Fall, als der Stpfl. der Auffassung des Finanzamts folgt (BFH v. 4. 11. 1999, BStBl 2000 II S. 129; v. 25. 10. 2007, BStBl 2008 II S. 226). Korrigiert das Finanzamt unzutreffenderweise einen Bilanzansatz, ist der Stpfl. an diesen falschen Bilanzansatz nicht gebunden (BFH v. 4. 11. 1999, BStBl 2000 II S. 129; v. 9. 2. 2012, BFH/NV 2012 S. 965).

Eine Steuerbilanz kann unrichtig sein, weil Wirtschaftsgüter, Verbindlichkeiten, Rück- 615
stellungen oder RAP unter Verstoß gegen steuerliche Bilanzierungs- oder Bewertungsvorschriften

- nicht,
- fälschlicherweise oder
- in unzutreffender Höhe

ausgewiesen werden (BFH v. 14. 3. 2006, BStBl 2006 II S. 799). Dabei ist der Grundsatz der Einzelbewertung zu beachten (Rdn. 727 ff.). Eine fehlerhafte Bilanz liegt ferner vor, wenn Entnahmen oder Einlagen nicht zutreffend erfasst wurden (BFH v. 31. 5. 2007, BStBl 2008 II S. 665; BMF-Schreiben v. 13. 8. 2008, BStBl 2008 I S. 845). Wurden als sofort abziehbare Betriebsausgaben bzw. Sonderbetriebsausgaben zu behandelnde Aufwendungen privat verausgabt und dementsprechend nicht gewinnmindernd berücksichtigt, kann deren Abzug nicht für ein nachfolgendes Wirtschaftsjahr im Rahmen einer Bilanzberichtigung nachgeholt werden (FG Köln v. 1. 3. 2016 – 15 K 317/12,

NWB DokID: RAAAF-74247, Rev. Az. BFH IV R 19/16). Infolge der einerseits nicht gebuchten Einlage und der andererseits nicht erfassten Betriebsausgaben wird das Kapitalkonto im Ergebnis in zutreffender Höhe ausgewiesen. Im Übrigen ist die Saldierung fehlerhafter Einzelposten grundsätzlich nicht zulässig.

Wurden steuerliche Bewertungsfreiheiten beansprucht, kann der Ausweis einer sog. steuerfreien Rücklage (z. B. Rücklage für Ersatzbeschaffung oder nach § 6b EStG) fehlerhaft sein. Bei der Inanspruchnahme von Sonderabschreibungen oder erhöhten Absetzungen kann die Fehlerhaftigkeit erst nachträglich eintreten, weil z. B. bestimmte Verbleibens- oder Nutzungsfristen nicht eingehalten wurden und damit die Voraussetzungen für die Inanspruchnahme dieser Vergünstigung mit Wirkung für die Vergangenheit entfallen sind (BFH v. 5. 9. 2001, BStBl 2002 II S. 134). Die zutreffende Ausübung eines Bilanzierungs- oder Bewertungswahlrechts führt zu keiner fehlerhaften Bilanz.

616 Ein Bilanzansatz ist immer dann fehlerhaft, wenn er nach dem zum Bilanzstichtag verwirklichten Sachverhalt objektiv unrichtig ist (BFH v. 31. 1. 2013, BStBl 2013 II S. 317). Dies ist der Fall, wenn der Fehler auf einer fehlerhaften Rechtsauslegung beruht. Nach dem Bilanzstichtag eintretende Umstände führen vorbehaltlich abweichender gesetzlicher Regelungen zu keinem fehlerhaften Bilanzansatz.

BEISPIEL 25A:

a) Ein im Mobilfunkbereich tätiges Unternehmen hatte Erwerbern eines Mobiltelefons bei gleichzeitigem Abschluss eines Mobilfunkdienstleistungsvertrags mit einer Laufzeit von mindestens 24 Monaten eine Preisermäßigung eingeräumt. Das Unternehmen ging davon aus, dass der dadurch entstandene Aufwand allein dem Wirtschaftsjahr des jeweiligen Vertragsabschlusses zuzuordnen sei.

Nach dem Urteil des BFH v. 15. 5. 2013 (BStBl 2013 II S. 730) handelt es sich dagegen um einen Aufwand, der über die Vertragsdauer gleichmäßig zu verteilen ist, weshalb ein entsprechender Rechnungsabgrenzungsposten zu bilden ist. Der Bilanzierungsfehler lag also darin, dass die Notwendigkeit der Bildung eines Rechnungsabgrenzungspostens nicht gesehen wurde.

b) A hat seinem Arbeitnehmer X ein Darlehen gegeben, das zum 31. 12. 2019 nicht zuletzt im Hinblick auf das fortdauernde Arbeitsverhältnis werthaltig ist. In 2021 verunglückt X tödlich. Dadurch wird der Restbetrag des Darlehens uneinbringlich. Die Bilanzen zum 31. 12. 2019 und 31. 12. 2020, in denen das Darlehen als voll werthaltig ausgewiesen wird, sind insoweit nicht fehlerhaft geworden.

c) B hat für ein in 2021 angeschafftes abnutzbares Wirtschaftsgut ausweislich der Steuerbilanz zum 31. 12. 2021 zutreffenderweise die Sonderabschreibungen nach § 7g Abs. 5 EStG beansprucht. Im Oktober 2022 gibt B seinen Betrieb auf. Das Wirtschaftsgut ist damit nicht bis zum Ende des auf seine Anschaffung folgenden Jahres im Betrieb des B genutzt worden. Gem. § 7g Abs. 6 i. V. mit Abs. 4 EStG ist damit die Berechtigung zur Vornahme der Sonderabschreibung für 2021 entfallen. Die ursprünglich aufgestellte Steuerbilanz zum 31. 12. 2021 ist damit fehlerhaft geworden (vgl. auch Rdn. 1224 ff.).

617 In den dem Beispiel 25A a) entsprechenden Fällen ist es unerheblich, ob die fehlerhafte Beurteilung auf der zum Zeitpunkt der Bilanzaufstellung maßgebenden Rechtsauffassung oder auf nach der Bilanzaufstellung gewonnenen Erkenntnissen beruht. Die in der Vergangenheit für zutreffend gehaltene Rechtsauffassung, wonach ein Bilanzansatz dann nicht fehlerhaft ist, wenn er der im Zeitpunkt der Bilanzaufstellung vorliegenden höchstrichterlichen Rechtsprechung entspricht (BFH v. 23. 1. 2008, BStBl 2008 II S. 669, m. w. N.), der BFH jedoch zu einem späteren Zeitpunkt zu einer abweichenden

Auffassung gelangt, ist damit überholt. Dies gilt für die entsprechenden Ausführungen in R 4.4 Abs. 1 Satz 3 bis 8 EStR. Ferner ist es unerheblich, ob der ursprüngliche Bilanzansatz auf einer von der FinVerw für zutreffend gehaltenen Auffassung beruhte.

Der Stpfl. ist danach bei einer Änderung der Rechtsprechung des BFH zu seinen Gunsten im Rahmen der verfahrensrechtlichen Vorschriften (vgl. dazu Rdn. 627 ff.) auch für zurückliegende Veranlagungszeiträume zu einer Bilanzberichtigung berechtigt. Bei einer Änderung der Rechtsprechung zum Nachteil des Stpfl. ist hingegen zu prüfen, ob § 176 Abs. 1 AO einer Änderung der Steuerfestsetzung für zurückliegende Veranlagungszeiträume entgegen steht und damit im Ergebnis eine Bilanzberichtigung nicht in Betracht kommt.

Eine fehlerhafte Handelsbilanz erzeugt gem. § 5 Abs. 1 EStG keine Bindungswirkung für die Steuerbilanz (BFH v. 13. 6. 2006, BStBl II S. 928 m. w. N.), so dass die Frage der Berichtigung der Steuerbilanz unabhängig von der Handelsbilanz zu prüfen ist. Andererseits kann eine aus einer fehlerfreien Handelsbilanz abgeleitete Steuerbilanz fehlerhaft sein, weil bei Einzelposten abweichende steuerrechtliche Bilanzierungs- und Bewertungsvorschriften nicht beachtet wurden (vgl. z. B. Weber-Grellet, in: Schmidt, EStG, 39. Aufl., § 5 Rz. 26 ff., m. w. N.). 618

BEISPIEL 26: Die X-GmbH & Co. KG weist in ihrer Handelsbilanz eine gem. § 249 Abs. 1 HGB zulässige Rückstellung wegen drohender Verluste aus schwebenden Geschäften aus, die sie auch in die Steuerbilanz übernimmt. Im Hinblick auf § 5 Abs. 4a EStG ist die Steuerbilanz damit objektiv falsch (vgl. auch Rdn. 386). 619

Bei Personengesellschaften ist zu beachten, dass die Steuerbilanz nicht nur die Gesamthandelsbilanz, sondern auch die ggf. für einzelne Gesellschafter geführten Sonder- und Ergänzungsbilanzen (vgl. Rdn. 1672 ff.) umfasst (BFH v. 18. 2. 1993, BStBl 1994 II S. 224; v. 21. 3. 1995, BFH/NV 1996 S. 211; v. 30. 3. 2006, BStBl 2008 II S. 171). Die Steuerbilanz einer Personengesellschaft ist auch dann fehlerhaft, wenn die Kapitalkonten der Gesellschafter z. B. infolge einer nicht zutreffenden Gewinnverteilung in falscher Höhe ausgewiesen werden (BFH v. 11. 2. 1988, BStBl II S. 825; v. 10. 12. 1991, BStBl 1992 II S. 650). 620

Der sich aus § 252 Abs. 1 Nr. 1 HGB ergebende Grundsatz der Bilanzidentität, wonach die Wertansätze der Schlussbilanz eines Geschäftsjahres mit denen der Eröffnungsbilanz des nachfolgenden Geschäftsjahres zu entsprechen haben, korrespondiert mit dem sich aus § 4 Abs. 1 Satz 1 EStG ergebenden Grundsatz des Bilanzenzusammenhangs (Rdn. 627 ff.). Danach ist der Gewinn des Wirtschaftsjahres durch Gegenüberstellung des Betriebsvermögens zu dessen Schluss mit dem zum Schluss des vorangegangenen Wirtschaftsjahres zu ermitteln. Stellt sich heraus, dass die für ein Wirtschaftsjahr abgegebene Bilanz fehlerhaft ist, stellt sich die Frage einer Bilanzberichtigung vorrangig für diesen Zeitraum. 621

BEISPIEL 27: Der Einzelunternehmer A erkennt nach Abgabe der Steuererklärungen für 2020 bei Aufstellung der Bilanz für das Wirtschaftsjahr 2021, dass bei Aufstellung der Bilanz zum 31. 12. 2020 der Warenbestand versehentlich um 100 000 € zu niedrig ausgewiesen wurde, so dass sich ein entsprechend höherer Gewinn ergibt. 622

Angesichts des Zeitablaufs ist noch keine Festsetzungsverjährung eingetreten, so dass es dem FA auch bei bereits durchgeführter Veranlagung für 2020 noch möglich wäre, diese zumindest wegen Bekanntwerdens neuer Tatsachen, die eine höhere Veranlagung rechtfertigen, gem. § 173 Abs. 1 Nr. 1 AO zu ändern. Für A ergibt sich danach gem. § 153 Abs. 1 Satz 1 Nr. 1 AO die Verpflichtung zur Berichtigung der eingereichten Steuerklärungen 2020 und damit zur Berichtigung der Bilanz zum 31. 12. 2020. Damit wird zugleich erreicht, dass der Gewinn 2021 auf der Grundlage der nicht mehr fehlerhaften Schlussbilanz zum 31. 12. 2020 ermittelt und der Grundsatz des Bilanzenzusammenhangs beachtet wird.

623 Die Bilanzberichtigung unter Wahrung des Bilanzenzusammenhangs bis zur Fehlerquelle ist danach immer dann unproblematisch, wenn die betreffende Veranlagung (Gewinnfeststellung) nach Maßgabe der zu beachtenden verfahrensrechtlichen Vorschriften änderbar ist. Wird eine Bilanz deswegen unrichtig, weil die Voraussetzungen für die Inanspruchnahme von Sonderabschreibungen oder erhöhte Absetzungen mit Wirkung für die Vergangenheit entfallen sind, ermöglicht § 175 Abs. 1 Nr. 2 AO die Änderung der betreffenden Veranlagung (BFH v. 5. 9. 2001, BStBl 2002 II S. 134).

624 Wurde ein für das Betriebsvermögen am Schluss des Wirtschaftsjahres maßgebender Wertansatz korrigiert, der sich auf die Höhe des Gewinns der Folgejahre auswirkt, ermöglicht § 175 Abs. 1 Nr. 2 AO ebenfalls die Änderung der Veranlagungen für nachfolgende Jahre (BFH v. 30. 6. 2005, BStBl II S. 809). Dies ist z. B. dann der Fall, wenn in einem Rechtsbehelfsverfahren für das Jahr 2015 in 2021 rechtskräftig festgestellt wird, dass die Herstellungskosten eines abnutzbaren Wirtschaftsguts aufgrund einer Außenprüfung vom FA zutreffend erhöht wurden, die AfA für dieses Wirtschaftsgut für die Folgejahre jedoch ausgehend von dem niedrigeren Wert bemessen wurden und die Veranlagungen für die Jahre 2017 und 2018 aus anderen Gründen nicht mehr änderbar sind.

625 Grundstücksgeschäfte im Privatvermögen können zu Einkünften aus privaten Veräußerungsgeschäften i. S. des § 23 EStG führen. Aus der Zwischennutzung der Grundstücke können im Übrigen Einkünfte aus Vermietung und Verpachtung i. S. des § 21 EStG anfallen. Stellt sich zu einem späteren Zeitpunkt heraus, dass stattdessen von Beginn an ein Gewerbetrieb geführt wurde, sind statt der bisher veranlagten Überschüsse der Einnahmen über die Werbungskosten Gewinne zu besteuern. Dies ist dem Grunde nach unproblematisch, wenn die in Betracht kommenden Veranlagungen nach Maßgabe der verfahrensrechtlichen Vorschriften noch änderbar sind. Für den Fall, dass Einkünfte aus Gewerbebetrieb erst ab einem nachfolgenden Veranlagungszeitraum besteuert werden können, wird auf Rdn. 611 hingewiesen.

626 **BEISPIEL 28:** A hat in 2012 damit begonnen, Mietwohngrundstücke zu erwerben und diese mit dem Ziel der späteren Veräußerung in Eigentumswohnungen aufzuteilen und zu modernisieren. Er versteuert aus diesem Anlass Einkünfte aus Vermietung und Verpachtung. Nach den Feststellungen einer in 2021 durchgeführten Außenprüfung hat A mit diesen Aktivitäten bereits seit 2012 einen Gewerbebetrieb unterhalten. Die ESt-Veranlagungen bis einschl. 2017 sind nicht mehr änderbar. Deswegen können erst ab 2018 Einkünfte aus Gewerbebetrieb besteuert werden. In der auf den 1. 1. 2018 aufzustellenden „Eröffnungsbilanz" sind die auszuweisenden Einzelposten mit den Werten einzustellen, die sich ergeben hätten, wenn bereits seit Aufnahme der gewerblichen Tätigkeit in 2012 bilanziert worden wäre.

2.6.2 Keine Durchbrechung des Bilanzenzusammenhangs

627 Wandelt man das Beispiel 27 dahingehend ab, dass die Veranlagung für 2020 nach den zu beachtenden verfahrensrechtlichen Grundsätzen nicht mehr änderbar ist, würde die

Berichtigung der Eröffnungsbilanz 2021 zu einem objektiv zutreffenden Gewinn für dieses Wirtschaftsjahr führen. Gleichzeitig bliebe aber ein Gewinn für 2020 in Höhe von 100 000 € unbesteuert. Dies ist nach der ständigen Rechtsprechung des BFH (Beschluss v. 29. 11. 1965, BStBl 1966 III S. 142; v. 13. 6. 2006, BStBl 2006 II S. 928, jeweils m. w. N.) nicht zulässig. Kann die an sich erforderliche Bilanzberichtigung steuerlich nicht wirksam werden, weil die Veranlagung für den betreffenden Veranlagungszeitraum nicht mehr änderbar ist, ist die Bilanzberichtigung unzulässig. Entsprechendes gilt, wenn infolge eines Verlustes keine Steuer festgesetzt und deswegen ein verbleibender Verlustvortrag gem. § 10d Abs. 4 EStG festgestellt wurde (BFH v. 16. 12. 2014, BStBl 2015 II S. 759; Niedersächsisches FG v. 16. 2. 2012, EFG 2012 S. 1027). Dementsprechend ist entsprechend dem Grundsatz des Bilanzenzusammenhangs die fehlerhafte Schlussbilanz als Eröffnungsbilanz des nachfolgenden noch zu veranlagenden Jahres zugrunde zu legen. Im abgewandelten Beispiel 27 verbleibt es danach bei der Besteuerung eines zu niedrigen Gewinnes, während für 2020 – gemessen an den allgemeinen Bilanzierungsgrundsätzen – ein überhöhter Gewinn besteuert wird. Fasst man hingegen die Ergebnisse beider Jahre zusammen, werden insgesamt Gewinne in zutreffender Höhe besteuert. Wirkt sich der Bilanzierungsfehler auf die Schlussbilanz des ersten noch „offenen" Wirtschaftsjahres nicht aus, weil das fälschlicherweise nicht bilanzierte Wirtschaftsgut im Laufe dieses Wirtschaftsjahres aus dem Betriebsvermögen ausgeschieden ist, ist der Fehler gleichwohl für dieses Wirtschaftsjahr erfolgswirksam zu korrigieren (BFH v. 9. 5. 2012, BStBl 2012 II S. 725).

Dem Grundsatz des Bilanzenzusammenhangs wird danach der Vorrang vor der zutref- 628
fenden Zuordnung der Gewinne/Verluste zu den einzelnen Wirtschaftsjahren eingeräumt (vgl. auch BFH v. 30. 3. 2006, BStBl 2008 II S. 171; v. 16. 12. 2009, BFH/NV 2010 S. 1419, jeweils m. w. N.). Dies ist rechtmäßig (BVerfG v. 5. 7. 2005, HFR 2005 S. 1019). Daraus folgt, dass eine Berichtigung bis zur Fehlerquelle grundsätzlich nur dann und insoweit zulässig ist, als sich der fehlerhafte Bilanzansatz auf die Gewinnermittlung noch nicht ausgewirkt hat.

BEISPIEL 29: Der Einzelunternehmer A (Bilanzstichtag 31. 12.) übt sein Unternehmen seit dem 629
Jahr 2018 auf einem ihm gehörenden gemischt genutzten Grundstück aus. Entgegen den Grundsätzen in R 4.2 Abs. 7 EStR (vgl. auch Rdn. 535) wurde es versäumt, die der eigenbetrieblichen Nutzung dienenden Teile des Grund und Bodens sowie des Gebäudes zu bilanzieren.

a) Dieser Fehler wird im Jahre 2021 anlässlich einer die Jahre 2018 bis 2020 umfassenden Betriebsprüfung festgestellt. Die ESt- und GewSt-Veranlagungen sind für diese Veranlagungszeiträume noch uneingeschränkt änderbar. Damit können die fehlerhaften Bilanzen beginnend mit dem Stichtag 31. 12. 2018 berichtigt werden.

b) Der Fehler wird erst im Jahre 2025 festgestellt. Zu diesem Zeitpunkt sind noch die ESt- und GewSt-Veranlagungen für die Jahre ab 2022 änderbar. Der Wert des Grund und Bodens hat sich gegenüber dem Jahr 2018 nicht gemindert. Danach hat sich die fehlerhafte Bilanzierung insoweit bislang nicht ausgewirkt. Die Bilanzberichtigung ist damit insoweit uneingeschränkt zulässig (BFH v. 29. 10. 1991, BStBl 1992 II S. 512). Durch den Nichtausweis des Gebäudes als Betriebsvermögen wurde die darauf entfallende AfA nicht als Betriebsausgaben der Jahre 2018 bis 2021 berücksichtigt. Nach dem Urteil des BFH v. 12. 10. 1977 (BStBl 1978 II S. 191 und v. 24. 10. 2001, BStBl 2002 II S. 75) ist das Gebäude mit dem sich zu Beginn des Jahres 2022 ergebenden Wert einzubuchen, der sich bei Ausweis als Betriebsvermögen ab 2018 ergeben haben würde. Dies bedeutet eine Einlagebuchung zu Beginn des Jahres 2022 mit dem um die AfA für 2018 bis 2021 geminderten Einlagewert des Jahres 2018. Die Berichtigung erfolgt damit in diesen Fällen erfolgsneutral.

630 Wird ein sich jährlich wiederholender Sachverhalt fehlerhaft beurteilt, führt die erfolgswirksame Berichtigung dieses Fehlers im ersten noch offenen Jahr zu einer Zusammenballung der steuerlichen Folgen. In dem Fall des Beschlusses des GrS des BFH v. 10. 11. 1997 (BStBl 1998 II S. 83) waren die Ansprüche auf Gewährung einer Beihilfe der EU für das abgelaufene Jahr erst als Ertrag des Folgejahres behandelt worden. Anlässlich einer Außenprüfung erfasste das Finanzamt für das erste Jahr des Prüfungszeitraums den für dieses Jahr entstandenen Beihilfeanspruch. Zugleich blieb es für dieses Jahr auch nach Auffassung des BFH bei der erfolgswirksamen Berücksichtigung des Beihilfeanspruchs für das Vorjahr.

631 Wird ein Wirtschaftsgut weiterhin bilanziert, obwohl es bereits untergegangen ist, hat im ersten noch offenen Jahr die erfolgswirksame Ausbuchung zu erfolgen (BFH v. 21. 10. 1976, BStBl 1977 II S. 148). Bei einem Fremdverschulden ist zu prüfen, ob noch ein ggf. bestehender Schadensersatzanspruch zu aktivieren ist (Loschelder, in: Schmidt, EStG, 39. Aufl., § 4 Rz. 328). Kein Untergang in diesem Sinne ist die Entnahme von Wirtschaftsgütern.

632 **BEISPIEL 30:** Der Einzelunternehmer A hat in 2013 einen Teil des betrieblich genutzten Grundstücks abgetrennt und mit einem eigengenutzten Einfamilienhaus bebaut. Der anteilige Buchwert beträgt 20 000 €, der Teilwert im Zeitpunkt dieser Nutzungsänderung 50 000 €. Der Grund und Boden wird weiterhin bilanziert. Dieser Sachverhalt wird im Jahre 2020 anlässlich einer die Jahre 2017–2019 umfassenden steuerlichen Außenprüfung festgestellt.

Nach den in Rdn. 575 ff. dargestellten Grundsätzen führte die Nutzungsänderung des anteiligen Grund und Bodens zu einer Entnahme in 2013, so dass die nachfolgenden Bilanzen insoweit fehlerhaft sind. Dieser Fehler ist dadurch auszuräumen, dass in der Schlussbilanz des Jahres 2017, dem ersten noch offenen Jahr, der anteilige Buchwert erfolgsneutral zu Lasten des Kapitalkontos ausgebucht wird (BFH v. 21. 10. 1976, BStBl 1977 II S. 148; v. 24. 4. 2014, BFH/NV 2014 S. 1519). Die nachträgliche Erfassung des in 2013 entstandenen Entnahmegewinns in 2017 ist nicht zulässig.

633 Werden bereits erloschene Verbindlichkeiten weiterhin ausgewiesen oder Rückstellungen noch fortgeführt, obwohl sich zwischenzeitlich ergeben hat, dass eine entsprechende Verpflichtung nicht mehr besteht, ist regelmäßig eine erfolgswirksame Ausbuchung im ersten noch offenen Jahr erforderlich.

634 **BEISPIEL 31:** Der Einzelunternehmer A weist zum 31. 12. 2013 eine Rückstellung wegen eines gegen ihn geltend gemachten Schadensersatzanspruches aus. Dieser Anspruch wird durch ein Ende 2016 erlassenes, Anfang 2017 rechtskräftig gewordenes Urteil zurückgewiesen. Gleichwohl wird die Rückstellung auch noch zum 31. 12. 2020 ausgewiesen. Dieser Sachverhalt wird im Jahre 2022 anlässlich einer die Jahre 2019–2021 umfassenden steuerlichen Außenprüfung festgestellt.

Nach Rechtskraft des Urteils Anfang 2017 stand fest, dass der geltend gemachte Anspruch unbegründet war, so dass insoweit erstmalig zum 31. 12. 2017 falsch bilanziert wurde (BFH v. 30. 1. 2002, BStBl 2002 II S. 588). Die Veranlagung 2017 ist jedoch nicht mehr änderbar, so dass die erfolgswirksame Auflösung der Rückstellung zum 31. 12. 2019 zu erfolgen hat (BFH v. 16. 5. 1990, BStBl 1990 II S. 1044).

Bei der fehlerhaften Inanspruchnahme der AfA sind in den Fällen, in denen eine Berichtigung bis zur Fehlerquelle nicht mehr möglich ist, bei der Korrektur in dem ersten noch offenen Jahr die nachfolgenden Gesichtspunkte zu beachten: 635

- Bei Ansatz einer zu niedrigen AfA-Bemessungsgrundlage, z. B. nach Einlage in das Betriebsvermögen ist die zutreffende Bemessungsgrundlage vermindert um die bis zu diesem Zeitpunkt tatsächlich vorgenommene AfA einzubuchen (BFH v. 29.10.1991, BStBl 1992 II S. 512; v. 26.6.1996, BStBl II S. 601).
- War die AfA-Bemessungsgrundlage überhöht, ist die zutreffende AfA-Bemessungsgrundlage nach Kürzung um die tatsächlich vorgenommenen AfA auf die Restnutzungsdauer abzuschreiben (Loschelder, in: Schmidt, EStG, 39. Aufl., § 4 Rz. 339). Wegen der Verfahrensweise bei der Gebäude-AfA nach § 7 Abs. 4 EStG, vgl. FG Münster v. 8.12.2005 (EFG 2006 S. 903).
- Wurde eine überhöhte AfA beansprucht, ist im Regelfall der verbliebene Buchwert auf die Restnutzungsdauer zu verteilen. Besonderheiten sind bei der Gebäude-AfA nach § 7 Abs. 5 EStG zu beachten (BFH v. 11.12.1987, BStBl 1988 II S. 335; v. 4.5.1993, BStBl II S. 661).
- Wurde ein Wirtschaftsgut des notwendigen Betriebsvermögens bisher im Privatvermögen gehalten, ist es zu Beginn des ersten noch offenen Jahres mit dem Wert einzubuchen, der sich bei zutreffender Bilanzierung ab dem Zeitpunkt des Zugangs ohnehin ergeben hätte (BFH v. 24.10.2001, BStBl 2002 II S. 75; v. 26.11.2008, BStBl 2009 II S. 407).
- Die willentlich und willkürlich unterlassene Normal-AfA kann grundsätzlich nicht in späteren Gewinnermittlungszeiträumen nachgeholt werden (BFH v. 8.4.2008, BFH/NV 2008 S. 1660).

Ausnahmen von der Wahrung des Bilanzenzusammenhangs sind nach der Rechtsprechung des BFH unter dem Gesichtspunkt von Treu und Glauben zulässig, wenn der bewusst überhöhte Ausweis eines Aktivpostens, der zu niedrige Ausweis oder Nichtausweis eines Passivpostens zu einem nicht gerechtfertigten Steuervorteil geführt hat (BFH v. 3.7.1980, BStBl 1981 II S. 255; v. 8.12.1988, BStBl 1989 II S. 407). Dies ist jedoch dann nicht der Fall, wenn die falsche Bilanzierung auf einem Rechtsirrtum oder einer unrichtigen wirtschaftlichen Beurteilung beruht (BFH v. 3.7.1956, BStBl 1956 III S. 250) oder für den fehlerhaften Bilanzansatz außersteuerliche Gründe maßgebend waren (BFH v. 3.7.1980, a. a. O.). 636

Einstweilen frei 637–640

2.7 Bilanzänderung

Nach § 4 Abs. 2 Satz 2 EStG ist abgesehen von der Bilanzberichtigung nach Satz 1 dieser Vorschrift (vgl. Rdn. 611 ff.) eine Änderung der Bilanz nur zulässig, wenn sie in einem engen zeitlichen und sachlichen Zusammenhang mit einer derartigen Bilanzberichtigung steht, soweit sich diese auf den Gewinn ausgewirkt hat. Danach wird es in diesem Rahmen zugelassen, einen zulässigen Bilanzansatz durch einen anderen zulässigen Bilanzansatz zu ersetzen, d. h. Ansatz- und Bewertungswahlrechte anderweitig auszuüben. Der Anwendungsbereich dieser Vorschrift erstreckt sich danach auch auf die Bildung und Auflösung von sog. steuerfreien Rücklagen, z. B. nach § 6b EStG (Rdn. 1270 ff.). Bei einer Personengesellschaft erstreckt sich die Berechtigung zu einer Bilanzänderung auf die Gesamtbilanz, d. h. die Gesamthandsbilanz einschl. etwaiger für einzelne Gesellschafter geführter Ergänzungs- und Sonderbilanzen (vgl. dazu Rdn. 1672 ff.; R 4.4 Abs. 2 EStR). 641

642 Durch § 4 Abs. 2 Satz 2 EStG wird es danach ermöglicht, Mehrgewinne aufgrund von durch die FinVerw festgestellten Fehlern bei der Bilanzierung durch die anderweitige Ausübung von Wahlrechten möglichst auszugleichen. Voraussetzung ist zunächst, dass eine vom betroffenen Stpfl. ausgestellte Bilanz vorliegt, auf die sich das Änderungsbegehren bezieht (BFH v. 18. 8. 2005, BStBl 2006 II S. 165; v. 27. 9. 2006, BStBl 2008 II S. 600). Weiter ist dann zu prüfen, ob und ggf. in welchem Umfang die aufgestellte Bilanz fehlerhaft ist.

643 **BEISPIEL 32:** A hat für bewegliche abnutzbare Wirtschaftsgüter neben den grundsätzlich zulässigen Sonderabschreibungen entgegen § 7a Abs. 5 EStG die degressive AfA nach § 7 Abs. 2 EStG vorgenommen. Dieser Fehler kann durch A in der Weise ausgeräumt werden, dass er sich für die Inanspruchnahme der Sonderabschreibungen entscheidet, so dass die daneben zulässige AfA nach § 7 Abs. 1 EStG zu bemessen ist.

Dem FA steht insoweit keine Entscheidung zu (BFH v. 14. 3. 2006, BStBl 2006 II S. 799). Damit liegt kein Anwendungsfall des § 4 Abs. 2 Satz 2 EStG vor.

644 Ein Bewertungswahlrecht kann nur bei einem bereits bilanzierten Wirtschaftsgut ausgeübt werden. Wurde ein Wirtschaftsgut bislang nicht aktiviert und wird dieser Fehler korrigiert, wird ein insoweit bestehendes Bewertungswahlrecht in der berichtigten Bilanz erstmalig ausgeübt; es liegt also keine Bilanzänderung i. S. des § 4 Abs. 2 Satz 2 EStG vor (BFH v. 12. 9. 2006, BFH/NV 2007 S. 48; v. 27. 9. 2006, BFH/NV 2007 S. 326; R 4.4 Abs. 2 Satz 3 EStR).

Hat sich der Stpfl. für einen zulässigen Bilanzansatz entschieden, ist das bestehende Wahlrecht auch dann wirksam ausgeübt, wenn aus dem Sachverhalt im Übrigen eine unzutreffende steuerliche Folge gezogen wurde. Nach dem Beschluss des BFH v. 11. 6. 2010 – IV S 1/10 (BFH/NV 2010 S. 1851) hatte der Stpfl. sich nach Vereinnahmung eines Investitionszuschusses durch den Ausweis der bezuschussten Wirtschaftsgüter mit den ungekürzten Anschaffungskosten als AfA-Bemessungsgrundlage auch dann für die in R 6.5 Abs. 2 EStR zugelassene Möglichkeit der erfolgswirksamen Vereinnahmung des Zuschusses entschieden, wenn er ihn fälschlicherweise durch eine außerbilanzielle Korrektur als steuerfreie Einnahme behandelte. Dem Stpfl. hätte danach das sich aus R 6.5 Abs. 2 EStR ergebende Wahlrecht nur unter den Voraussetzungen des § 4 Abs. 2 Satz 2 EStR anderweitig ausüben können.

645 Im Zusammenhang mit Änderungen der steuerlichen Gewinnermittlungsvorschriften zum Nachteil der Stpfl. werden verschiedentlich Übergangsregelungen getroffen, nach denen der sich dadurch ergebende Mehrgewinn im Erstjahr in eine in den Folgejahren ratierlich aufzulösende Rücklage eingestellt werden kann. Wurde diese Neuregelung im Erstjahr nicht beachtet und kann die Korrektur aus verfahrensrechtlichen Gründen erst für ein Folgejahr erfolgen, kann der Stpfl. im Wege der Bilanzänderung zu Lasten dieses Wirtschaftsjahres noch insoweit eine Rücklage bilden, als sie bei von vornherein zutreffender Bilanzierung zu diesem Stichtag ausgewiesen worden wäre (BFH v. 25. 8. 2010, BStBl II 2011 II S. 169). Diese Problematik kann sich künftig z. B. bei Anwendung des § 5 Abs. 7 EStG (Rdn. 1331 ff.) ergeben.

646 **BEISPIEL 33:** Die X-GmbH wies in ihren Bilanzen seit 1998 unverzinsliche Darlehen jeweils mit dem Nennbetrag aus. Die an sich ab 1999 nach § 6 Abs. 1 Nr. 3 EStG gebotene Abzinsung erfolgte aus verfahrensrechtlichen Gründen aufgrund der Feststellung durch eine steuerliche Außenprüfung erstmalig für 2002. Durch § 52 Abs. 16 Satz 8 EStG in der seinerzeit maßgebenden

Fassung wurde es zugelassen, im Erstjahr 1999 eine gewinnmindernde Rücklage in Höhe von neun Zehnteln des Abzinsungsbetrags zu bilden, die in den Folgejahren mit mindesten einem Zehntel aufzulösen war. Der X-GmbH wurde im Rahmen einer Bilanzänderung für 2002 die Bildung einer gewinnmindernden Rücklage in Höhe von sechs Zehnteln des für 2002 berücksichtigten Abzinsungsbetrags zugestanden.

Im Gegensatz zu der zuvor maßgebenden Rechtsauffassung liegt nach dem Beschluss des GrS des BFH v. 31. 1. 2013 (BStBl 2013 II S. 317) ein Bilanzierungsfehler immer dann vor, wenn ein Bilanzansatz objektiv fehlerhaft ist (vgl. Rdn. 616). Die Auffassung, wonach eine fehlerhafte Bilanz dann nicht vorliegt, wenn sich der Stpfl. für einen als zulässig gehaltenen, jedoch später als fehlerhaft erkannten Bilanzausweis entschieden hat (BFH v. 17. 7. 2008, BStBl 2008 II S. 924), ist damit aufgegeben worden. In einem derartigen Fall ist nunmehr zu prüfen, ob die Voraussetzungen für eine Bilanzberichtigung nach § 4 Abs. 2 Satz 1 EStG (vgl. Rdn. 616) vorliegen. Die Frage nach der Zulässigkeit einer Bilanzänderung nach § 4 Abs. 2 Satz 2 EStG stellt sich nicht. Wegen der anderweitigen Ausübung des Wahlrechts zur Inanspruchnahme von Sonderabschreibungen bei einem mehrjährigen Begünstigungszeitraum vgl. BFH v. 25. 10. 2007 (BStBl 2008 II S. 226). Hat der Stpfl. ihm zustehende Sonderabschreibungen beansprucht, kann er darauf in den Folgejahren auch dann nicht verzichten, wenn er handelsrechtlich eine entsprechende Zuschreibung vorgenommen hat (BFH v. 4. 6. 2008, BStBl 2009 II S. 187; BMF-Schreiben v. 11. 2. 2009, BStBl I S. 397). 647

Eine fehlerhafte Bilanz liegt nach der Rechtsprechung des BFH (v. 31. 5. 2007, BStBl 2008 II S. 665; v. 5. 10. 2007, BFH/NV 2008 S. 353; v. 11. 10. 2007, BFH/NV 2008 S. 354) auch dann vor, wenn sich die Gewinnänderung im Rahmen der Bilanzberichtigung aus der Nichtverbuchung oder der fehlerhaften Verbuchung von Entnahmen und Einlagen ergibt. Nachträgliche außerbilanzielle Gewinnerhöhungen rechtfertigen hingegen keine Bilanzänderung (BFH v. 23. 1. 2008, BStBl II 2008 S. 669), ebenso wenig die Versagung einer Tarifvergünstigung für einen zu besteuernden Gewinn (BFH v. 14. 2. 2007, BFH/NV 2007 S. 1293). Die FinVerw folgt dieser Auffassung (BMF-Schreiben v. 13. 8. 2008, BStBl I 2008 S. 845). 648

Ein enger zeitlicher und sachlicher Zusammenhang zwischen Bilanzberichtigung und Bilanzänderung setzt voraus, dass sich beide Maßnahmen auf dieselbe Bilanz beziehen und die Bilanzänderung unverzüglich nach der Bilanzberichtigung vorgenommen wird (R 4.4 Abs. 2 Satz 5 EStR). Offen ist die Frage, ob auch der bisher unterlassene Ausweis einer steuerfreien Vermögensmehrung, z. B. des Anspruchs auf Gewährung einer InvZul nach Maßgabe des InvZulG 2007, bei der Bestimmung des sich aus § 4 Abs. 2 Satz 2 EStG ergebenden Änderungsrahmens zu berücksichtigen ist (FG Berlin-Brandenburg v. 5. 2. 2013 – 8 K 8140/09, NWB DokID: VAAAE-40187, aufgehoben durch BFH v. 16. 9. 2015 – I R 20/13, NWB DokID: DAAAF-66169, aus verfahrensrechtlichen Gründen). 649

Eine über den Umfang der Bilanzberichtigung hinausgehende Gewinnminderung ist nicht zulässig (BFH v. 27. 9. 2006, BStBl 2008 II S. 600). 650

BEISPIEL 34: ▸ Im Rahmen einer steuerlichen Außenprüfung wird festgestellt, dass im Jahr 2021 fälschlicherweise nachträgliche Herstellungskosten bei einem Betriebsgebäude in Höhe von 5 000 € als Aufwand behandelt worden sind, sodass es zu einer gewinnerhöhenden Nach- 651 aktivierung kommt. Die Bilanz zum 31. 12. 2021 wird entsprechend berichtigt. Im Wege der Bilanzberichtigung wird vom Stpfl. eine bisher noch nicht berücksichtigte (zulässige) Sonderabschreibung nach § 7g Abs. 5 EStG bei einer Maschine in Höhe von 5 000 € geltend gemacht. Nach einer Bilanzberichtigung ist in derselben Bilanz eine Bilanzänderung zulässig.

652 Eine Bilanzänderung ist nur dann wirksam, wenn tatsächlich eine geänderte Bilanz aufgestellt wird. Dies setzt ggf. auch die entsprechende Änderung der Handelsbilanz, nicht jedoch deren Offenlegung voraus (FinMin Schleswig-Holstein v. 30. 6. 2011, StuB 2012 S. 279). Mit Wirkung für nach dem 31. 12. 2008 endende Wirtschaftsjahre können steuerliche Wahlrechte nach § 5 Abs. 1 Satz 1 Halbsatz 2 EStG unabhängig von der Verfahrensweise in der Handelsbilanz ausgeübt werden (Rdn. 660 ff.; BMF-Schreiben v. 12. 3. 2010, BStBl 2010 I S. 239), so dass sich insoweit die Frage der Änderung der Handelsbilanz nicht stellen dürfte.

653 Besteht Streit über die Zulässigkeit einer Bilanzänderung, so muss der Unternehmer nicht schon mit dem Antrag auf Bilanzänderung eine geänderte Bilanz aufstellen, wenn er den Streit gerichtlich klären lassen will. Er ist vielmehr berechtigt, zunächst diese Klärung zu betreiben und ggf. im Anschluss daran seine Bilanz entsprechend zu ändern (BFH v. 19. 8. 2002, BStBl 2003 II S. 131; v. 27. 9. 2006, BStBl 2008 II S. 600; v. 17. 7. 2008, BStBl II S. 924).

654–659 *Einstweilen frei*

III. Der Grundsatz der Maßgeblichkeit der Handelsbilanz für die Steuerbilanz – Ausübung von Wahlrechten

1. Allgemeine Grundsätze

660 Nach § 5 Abs. 1 Satz 1 Halbsatz 1 EStG haben buchführende und buchführungspflichtige Gewerbetreibende das Betriebsvermögen auszuweisen, das nach den handelsrechtlichen Grundsätzen ordnungsmäßiger Buchführung anzusetzen ist. Danach sind die allgemeinen handelsrechtlichen Grundsätze zur Aktivierung, Passivierung und Bewertung auch für die steuerliche Gewinnermittlung maßgeblich, soweit das Steuerrecht keine abweichenden Regelungen vorsieht (vgl. dazu § 5 Abs. 1a bis 4b, Abs. 6 und 7, §§ 6, 6a und 7 EStG). Ist eine Rückstellung in der Handelsbilanz mit einem niedrigeren als dem sich nach § 6 Abs. 1 Nr. 3 EStG ergebenden Wert auszuweisen, soll dieser niedrigere Wertansatz gem. § 5 Abs. 1 Satz 1 EStG auch für die Steuerbilanz maßgebend sein (R 5.7 Abs. 2 EStR), sofern es sich dabei um keine Pensionsrückstellung (vgl. dazu § 6a EStG) handelt. Vorbehaltlich abweichender ausdrücklicher Regelungen führen handelsrechtliche Aktivierungswahlrechte zu steuerlichen Aktivierungsgeboten, handelsrechtliche Passivierungswahlrechte zu steuerlichen Passivierungsverboten (BMF-Schreiben v. 12. 3. 2010, BStBl 2010 I S. 239). Eine Ausnahme ergibt sich aus § 6 Abs. 1 Nr. 1b EStG, wonach die Ausübung des sich aus § 255 Abs. 2 Satz 3 HGB ergebenden Wahlrechts zur Einbeziehung der dort bezeichneten Kosten in die Herstellungskosten in der Handelsbilanz auch für die Steuerbilanz maßgeblich ist.

Gem. § 5 Abs. 1 Halbsatz 2 EStG können in der Steuerbilanz unabhängig von dem Ausweis in der Handelsbilanz u. a. folgende Wahlrechte ausgeübt werden: 661

- die Wahl zwischen der linearen AfA nach § 7 Abs. 1 EStG und der degressiven AfA nach § 7 Abs. 2 EStG,
- die Inanspruchnahme von erhöhten Absetzungen, z. B. nach §§ 7h, 7i EStG,
- die Inanspruchnahme von Sonderabschreibungen, z. B. nach §§ 7b, 7g EStG,
- die Übertragung stiller Reserven nach § 6b EStG,
- die Übertragung stiller Reserven nach R 6.6 EStR,
- die Vornahme einer Teilwertabschreibung (Rdn. 15 des BMF-Schreibens v. 12. 3. 2010, BStBl 2010 I S. 239),
- die Kürzung der Anschaffungs- oder Herstellungskosten von Anlagegütern um Investitionszuschüsse nach R 6.5 EStR,
- die sich aus § 6 Abs. 2 und 2a EStG ergebenden unterschiedlichen Möglichkeiten beim Ausweis geringwertiger Wirtschaftsgüter.

Werden Wirtschaftsgüter in Ausübung dieser Wahlrechte in der Steuerbilanz abweichend von der Handelsbilanz ausgewiesen, ist dies gem. § 5 Abs. 1 Sätze 2 und 3 EStG in besonderen, laufend zu führenden Verzeichnissen zu dokumentieren. Die Verzeichnisse sind Bestandteil der Buchführung. Sie müssen 662

- den Tag der Anschaffung oder Herstellung,
- die Anschaffungs- oder Herstellungskosten,
- die Vorschrift des ausgeübten steuerlichen Wahlrechtes und
- die vorgenommenen Abschreibungen

enthalten.

Derartige Aufzeichnungen sind bei Wirtschaftsgütern des Sonderbetriebsvermögens bei Personengesellschaften und bei Umwandlungsvorgängen des Umwandlungssteuerrechts nicht erforderlich.

Eine besondere Form der Verzeichnisse ist nicht vorgeschrieben. Den Anforderungen kann auch durch ein entsprechend ergänztes Anlagenverzeichnis sowie ggf. durch das für geringwertige Wirtschaftsgüter zu führende Verzeichnis i. S. von § 6 Abs. 2 Satz 4 EStG genügt werden. Die Aufstellung der Verzeichnisse kann auch noch nach Ablauf des Wirtschaftsjahres im Rahmen der Erstellung der Steuererklärung erfolgen, zumal erst dann über die Ausübung steuerlicher Wahlrechte entschieden wird. 663

Steuerlich zulässige Rücklagen (z. B. nach § 6b EStG und § 5 Abs. 7 EStG, Rücklagen für Ersatzbeschaffung) werden nur in der Steuerbilanz ausgewiesen, sodass ein zusätzlicher Ausweis in dem besonders zu führenden Verzeichnis entbehrlich ist. Besondere Aufzeichnungen werden erst dann erforderlich, wenn und soweit eine Rücklage nach § 6b EStG oder für Ersatzbeschaffung auf die Anschaffungs- oder Herstellungskosten des Reinvestitionsguts übertragen wird. Dementsprechend sind besondere Aufzeichnungen dann erforderlich, wenn die Anschaffungs- oder Herstellungskosten eines Wirtschaftsguts gem. R 6.5 Abs. 2 Satz 3 EStR um einen Zuschuss gekürzt werden. 664

Zu den bestehenden besonderen Aufzeichnungspflichten hat das BMF in Tz. 19–23 seines Schreibens v. 12. 3. 2010 (BStBl I S. 239) Stellung genommen. Dabei weist es darauf hin, dass die besonderen Aufzeichnungen Tatbestandsvoraussetzung für die wirksame 665

Ausübung des jeweiligen steuerlichen Wahlrechtes sind. Wird den gesetzlichen Anforderungen nicht vollständig genügt, ist danach der Gewinn hinsichtlich des betreffenden Wirtschaftsguts durch die Finanzbehörde entsprechend dem Ansatz in der Handelsbilanz zu ermitteln, ein abweichendes steuerrechtliches Wahlrecht ist also nicht zu berücksichtigen.

666 Der Stpfl. kann in Ausübung eines steuerlichen Wahlrechts auf die Berücksichtigung eines steuermindernden Umstandes verzichten, z. B. die Berücksichtigung einer Teilwertabschreibung, die Übertragung stiller Reserven auf ein Ersatzwirtschaftsgut nach R 6.6 EStR oder auf ein Reinvestitionsgut i. S. des § 6b EStG. Hat er sich jedoch für den niedrigeren Wertansatz entschieden, stellt sich die Frage, ob es zulässig ist, in einem Folgejahr die Berücksichtigung des steuermindernden Umstandes rückgängig zu machen. Bei abnutzbaren Wirtschaftsgütern des Anlagevermögens ist § 6 Abs. 1 Nr. 1 Satz 4 EStG zu beachten. Danach sind diese Wirtschaftsgüter, die bereits am Schluss des vorangegangenen Wirtschaftsjahres zum Anlagevermögen des Steuerpflichtigen gehört haben, in den folgenden Wirtschaftsjahren gemäß § 6 Abs. 1 Nr. 1 Satz 1 EStG anzusetzen. Danach ist der Wert die Obergrenze, der sich zu diesem Zeitpunkt ausgehend von den Anschaffungs- oder Herstellungskosten oder dem an deren Stelle tretenden Wert, vermindert um die AfA, erhöhte Absetzungen, Sonderabschreibungen, Abzüge nach § 6b EStG und ähnliche Abzüge ergeben hat. Für die nicht abnutzbaren Wirtschaftsgüter gilt nach § 6 Abs. 1 Nr. 2 Satz 3 EStG Entsprechendes. Damit ist die Rückgängigmachung von erhöhten Absetzungen, Sonderabschreibungen sowie der Übertragung stiller Reserven in nachfolgenden Wirtschaftsjahren ausgeschlossen (vgl. BFH v. 4. 6. 2008, BStBl 2009 II S. 187). Offen ist, ob eine Teilwertabschreibung in einem Folgejahr rückgängig gemacht werden kann, obwohl die Voraussetzungen für eine Wertaufholung (Rdn. 1153 ff.) nicht vorliegen.

2. Einzelfragen

667 Die teilweise kodifizierten Grundsätze ordnungsmäßiger Buchführung beziehen sich sowohl auf die formellen Anforderungen an Buchführung und Jahresabschluss als auch auf deren materiellen Inhalt. Das Gebot des § 5 Abs. 1 Satz 1 EStG erstreckt sich auch auf die Regelungen, die lediglich bestimmte Gewerbetreibende im Hinblick auf ihre Rechtsform (Kapitalgesellschaft oder Personengesellschaft & Co.) oder ihren Geschäftszweig (z. B. Kreditinstitut) zu beachten haben. Soweit ein Jahresabschluss diesen Grundsätzen nicht entspricht, ist er fehlerhaft, so dass insoweit auch keine Bindung für die Steuerbilanz erzeugt werden kann.

668 Eine Abhängigkeit der Steuerbilanz von der Handelsbilanz besteht nach § 5 Abs. 1 Satz 1 EStG weiterhin insoweit, als aufgrund steuerlicher Gewinnermittlungsvorschriften kein von der Handelsbilanz abweichender Bilanzansatz dem Grunde und/oder der Höhe nach zulässig ist. Unter diesem Gesichtspunkt ist das sich nach § 246 Abs. 1 Satz 1 HGB ergebende Vollständigkeitsgebot auch für die Steuerbilanz weiterhin maßgebend. Soweit in § 246 Abs. 1 Satz 2 HGB ausdrücklich bestimmt wird, dass Vermögensgegenstände grundsätzlich dem zivilrechtlichen Eigentümer, davon abweichend jedoch dem wirtschaftlichen Eigentümer zuzurechnen sind (vgl. Rdn. 501 ff.), wird verdeutlicht, dass insoweit keine grundsätzlichen Unterschiede zwischen Handels- und Steuerbilanz be-

stehen. Ein auch bei Aufstellung der Steuerbilanz zu beachtender allgemeiner Grundsatz ergibt sich unverändert aus § 246 Abs. 2 Satz 1 HGB. Danach dürfen Posten der Aktivseite nicht mit Posten der Passivseite, Aufwendungen nicht mit Erträgen, Grundstücksrechte nicht mit Grundstückslasten verrechnet werden. Dies gilt gem. § 5 Abs. 1a Satz 1 EStG für die Steuerbilanz uneingeschränkt.

Die Bildung von Bewertungseinheiten i. S. des § 254 HGB ist nach § 5 Abs. 1a EStG auch 669
in der Steuerbilanz zulässig (vgl. BFH v. 8. 11. 2000, BStBl 2001 II S. 349). In Satz 2 dieser Vorschrift wird bestimmt, dass die Ergebnisse der in der handelsrechtlichen Rechnungslegung zur Absicherung finanzwirtschaftlicher Risiken gebildeten Bewertungseinheiten auch für die steuerliche Gewinnermittlung maßgeblich sind. Dadurch soll erreicht werden, dass mit bestimmten Geschäften verbundene Risiken, die durch Gegengeschäfte minimiert oder insgesamt vermieden werden sollen, im Ergebnis den Erfolg des Unternehmens nicht beeinflussen sollen. Aus den in Betracht kommenden Geschäften zu erwartende Verluste sollen durch Gewinne aus den Gegengeschäften ausgeglichen werden, die beiden gegenläufigen Geschäfte werden zu einer Bewertungseinheit zusammengefasst. Die Frage der Bildung derartiger Bewertungseinheiten stellt sich z. B. bei in Fremdwährung abgeschlossenen Warengeschäften.

BEISPIEL 35: Der Großhändler A importiert Waren. Die Rechnungen sind in US-$ zu begleichen. 670
Das sich aus den Wechselkursschwankungen des US-$ im Verhältnis zum € ergebende Währungsrisiko lässt sich in zweierlei Weise einschränken.

a) Es werden zugleich Exporte gegen US-$ durchgeführt, deren Höhe und Fälligkeit deckungsgleich mit der Fälligkeit der Eingangsrechnungen ist. Etwaigen Verlusten bei den Einkaufsgeschäften aus Wechselkursschwankungen stehen damit entsprechende Gewinne aus den Gegengeschäften gegenüber. Es liegen die Voraussetzungen für die Bildung einer Bewertungseinheit vor.

b) Der bei Fälligkeit der Eingangsrechnungen benötigte Bedarf an US-$ wird durch Abschluss eines sog. Devisentermingeschäfts zum Fälligkeitstermin zu dem vereinbarten Devisenkurs sichergestellt. Damit drohen aus dem Anschaffungsgeschäft keine weitergehenden Verluste. Dieses Geschäft und das Devisentermingeschäft bilden die Voraussetzungen für eine Bewertungseinheit.

Nach § 5 Abs. 1a EStG i.V. mit § 254 HGB sind in den Fällen, in denen Vermögensgegen- 671
stände, Schulden, schwebende Geschäfte oder mit hoher Wahrscheinlichkeit erwartete Transaktionen zum Ausgleich gegenläufiger Wertänderungen oder Zahlungsströme aus dem Eintritt vergleichbarer Risiken mit Finanzinstrumenten zu einer Bewertungseinheit zusammengefasst werden, die nachfolgend aufgeführten Regelungen in dem Umfang und für den Zeitraum nicht anzuwenden, in dem die gegenläufigen Wertänderungen oder Zahlungsströme sich ausgleichen:

- die Regelungen des § 249 Abs. 1 HGB über den Ausweis von Rückstellungen,
- der Grundsatz der Einzelbewertung nach 252 Abs. 1 Nr. 3 HGB (Rdn. 727 ff.),
- das Vorsichtsprinzip nach 252 Abs. 1 Nr. 4 HGB (Rdn. 733 ff.),
- der Ansatz mit ggf. um die zulässigen Abschreibungen verminderten Anschaffungs- oder Herstellungskosten als Höchstwert gem. § 253 Abs. 1 Satz 1 HGB und
- über die Währungsumrechnung gem. § 256a HGB bei der Folgebewertung (Rdn. 42).

Mit dieser Regelung wird danach erreicht, dass aus einem Geschäft zu erwartende Gewinne oder Verluste mit aus dem Gegengeschäft zu erwartenden Verlusten oder

Gewinnen ausgeglichen und damit nicht in verschiedenen Geschäftsjahren wirksam werden. Dies gilt auch für Termingeschäfte über den Erwerb oder die Veräußerung von Waren.

672 Im Anhang ist gem. § 285 Nr. 23 HGB eine detaillierte Darstellung über gebildete Bewertungseinheiten erforderlich, sofern und soweit sich diese Angaben nicht bereits aus dem Lagebericht ergeben. § 288 HGB sieht insoweit keine Erleichterungen für kleine und mittlere Gesellschaften vor.

673 Es entspricht der herrschenden Auffassung, dass für die Steuerbilanz ein nach Handelsrecht bestehendes Ansatzwahlrecht im Interesse der Objektivierung der steuerlichen Gewinnermittlung auf der Aktivseite grundsätzlich zur Aktivierungspflicht (BFH v. 3. 2. 1969, BStBl 1969 II S. 291), auf der Passivseite zum Passivierungsverbot (BFH v. 25. 8. 1989, BStBl 1989 II S. 893) führt. Dem Ansatzwahlrecht für bestimmte selbst geschaffene immaterielle Vermögensgegenstände nach § 248 Abs. 2 HGB steht für die Steuerbilanz das sich aus § 5 Abs. 2 EStG ergebende Bilanzierungsverbot gegenüber. Nach § 249 HGB besteht hinsichtlich der Zulässigkeit von Rückstellungen dem Grunde nach Übereinstimmung zwischen Handels- und Steuerbilanz. Für den Ausweis in der Steuerbilanz sind jedoch folgende Einschränkungen zu beachten:

- Für aus künftigen Einnahmen oder Gewinnen zu tilgende Verpflichtungen dürfen nach § 5 Abs. 2a EStG Verbindlichkeiten oder Rückstellungen erst nach Anfall der Einnahmen oder Gewinne ausgewiesen werden.
- Rückstellungen wegen der Verletzung fremder Patent-, Urheber- oder ähnlicher Schutzrechte sind nur unter den sich aus § 5 Abs. 3 EStG ergebenden Voraussetzungen zulässig.
- Bei dem Ausweis von Rückstellungen für die Verpflichtung von Zuwendungen anlässlich eines Dienstjubiläums sind die sich aus § 5 Abs. 4 EStG ergebenden Einschränkungen zu beachten.
- Rückstellungen für drohende Verluste aus schwebenden Geschäften dürfen – außer im Rahmen der Bildung von Bewertungseinheiten nach § 5 Abs. 1a EStG (vgl. Rdn. 669 ff.) – nach § 5 Abs. 4a EStG nicht ausgewiesen werden.
- Der Ausweis von Rückstellungen für Aufwendungen, die in künftigen Wirtschaftsjahren zu Anschaffungs- oder Herstellungskosten eines Wirtschaftsguts führen, wird durch § 5 Abs. 4b EStG ausgeschlossen.

674 Nach dem sich aus § 5 Abs. 6 EStG ergebenden steuerlichen Bewertungsvorbehalts können die Wertansätze in der Handelsbilanz nur dann und insoweit in die Steuerbilanz übernommen werden, als die steuerlichen Bewertungsvorschriften nicht entgegenstehen. Abgesehen von Regelungen über die Inanspruchnahme von steuerlichen Bewertungsfreiheiten (vgl. insbesondere § 6b EStG sowie die Regelungen des UmwStG, vgl. dazu 6. Kap. Rdn. 91 ff.) ist insbesondere auf folgende Vorschriften hinzuweisen:

- Der Ansatz des niedrigeren Teilwerts ist nach § 6 Abs. 1 Nr. 1 und 2 EStG nur bei voraussichtlich dauernder Wertminderung zulässig.
- Der niedrigere Teilwert darf nach § 6 Abs. 1 Nr. 1 und 2 EStG nur insoweit beibehalten werden, als die Gründe dafür fortbestehen – Wertaufholungsgebot.
- Nach § 6 Abs. 1 Nr. 1a EStG gehören zu den Herstellungskosten eines Gebäudes auch Aufwendungen für Instandsetzungs- und Modernisierungsmaßnahmen, die innerhalb von drei Jahren nach der Anschaffung des Gebäudes durchgeführt werden, wenn die Aufwendungen ohne die USt 15 % der Anschaffungskosten des Gebäudes übersteigen (anschaffungsnahe Herstellungskosten).

- § 6 Abs. 1 Nr. 2b EStG enthält eine Sonderregelung für die Bewertung von zu Handelszwecken erworbenen Finanzinstrumenten bei Kreditinstituten und Finanzdienstleistungsinstituten i. S. des § 340 HGB.
- Unverzinsliche Verbindlichkeiten mit einer Laufzeit von mindestens 12 Monaten am Bilanzstichtag, die nicht auf einer Anzahlung oder Vorleistung beruhen, sind nach § 6 Abs. 1 Nr. 3 EStG mit einem Zinssatz von 5,5 % p. a. abzuzinsen. Entsprechendes gilt nach § 6 Abs. 1 Nr. 3a Buchst. e EStG für Rückstellungen.
- Für verschiedene Rückstellungen enthält § 6 Abs. 1 Nr. 3a EStG weitergehende differenzierende Bewertungsvorschriften, die zu Abweichungen vom Ausweis in der Handelsbilanz führen können.
- Entnahmen und Einlagen sind gem. § 6 Abs. 1 Nr. 4 und 5 EStG – abgesehen von bestimmten Ausnahmen – grundsätzlich mit dem Teilwert zu bewerten.
- Für geringwertige Wirtschaftsgüter bestehen folgende Wahlrechte:
  - bei einem Zugangswert von nicht mehr als 250 € ist statt der Vornahme der AfA nach § 7 EStG der sofortige Abzug als Betriebsausgaben zulässig;
  - bei einem Zugangswert von mehr als 250 € aber nicht mehr als 800 € ist statt der Vornahme der AfA nach § 7 EStG der sofortige Abzug als Betriebsausgaben zulässig;
  - bei einem Zugangswert von mehr als 250 € aber nicht mehr als 1 000 € ist statt der Vornahme der AfA nach § 7 EStG die Aufnahme in einen Sammelposten möglich, der im Wirtschaftsjahr der Bildung und in den folgenden vier Wirtschaftsjahren mit jeweils einem Fünftel gewinnmindernd aufzulösen ist. Für diesen Fall können die Aufwendungen für Wirtschaftsgüter mit einem Zugangswert von mehr als 250 € aber nicht mehr als 800 € nicht als sofort abziehbare Betriebsausgaben behandelt werden.
- Nach unentgeltlicher Übertragung eines Betriebes hat der Rechtsnachfolger die Buchwerte seines Rechtsvorgängers gem. § 6 Abs. 3 EStG fortzuführen.
- Die Überführung von Wirtschaftsgütern aus einem Betriebsvermögen in ein anderes Betriebsvermögen desselben Steuerpflichtigen hat unter den Voraussetzungen des § 6 Abs. 5 EStG zu Buchwerten zu erfolgen.
- Der Tausch von Wirtschaftsgütern führt nach § 6 Abs. 6 EStG zur Aufdeckung der stillen Reserven.
- Pensionsrückstellungen dürfen sowohl dem Grunde als auch der Höhe nach nur in dem sich aus § 6a EStG ergebenden Umfang ausgewiesen werden.
- Kürzung der AfA-Bemessungsgrundlage bei in das Betriebsvermögen eingelegten Wirtschaftsgütern, die zuvor im Privatvermögen der Einkunftserzielung gedient haben, gem. § 7 Abs. 1 Satz 5 EStG.
- § 7 Abs. 1 Satz 6 EStG sieht ein Wertaufholungsgebot nach Absetzungen für außergewöhnliche technische oder wirtschaftliche Absetzungen vor.
- Die degressive AfA ist nach § 7 Abs. 2 EStG nur für bewegliche abnutzbare Anlagegüter in dem sich daraus ergebenden Umfang zulässig.
- Der Wechsel von der linearen AfA nach § 7 Abs. 1 EStG zur degressiven AfA nach § 7 Abs. 2 EStG wird durch § 7 Abs. 3 Satz 3 EStG ausgeschlossen.
- Die degressive Gebäude-AfA ist nach § 7 Abs. 5 EStG nur für die dort bezeichneten Gebäude, die innerhalb der dort bezeichneten Zeiträume errichtet worden sind, nur in dem ausdrücklich bestimmten Umfang zulässig.

Einstweilen frei 675, 676

Nach § 5 Abs. 7 EStG sind die mit Wirkung für nach dem 28. 11. 2013 endende Wirtschaftsjahre bei der entgeltlichen Übertragung von Verpflichtungen, die beim ursprünglich Verpflichteten Ansatzverboten, Ansatzbeschränkungen oder Bewertungsvorbehalten unterlegen haben, bei Übernahme mit dem dafür erlangten Gegenwert einzubuchen. Zu den auf die Übernahme folgenden Abschlussstichtagen sind sie bei dem Übernehmer und dessen Rechtsnachfolger so zu bilanzieren, wie sie beim ur- 677 sprünglich Verpflichteten ohne Übernahme zu bilanzieren wären. Der sich dadurch ergebende Gewinn kann für den Regelfall zu 14/15 in eine den steuerlichen Gewinn mindernde Rücklage eingestellt werden, die in den Folgejahren zu mindestens 1/14 aufzulösen ist. Wegen weiterer Einzelheiten wird auf Rdn. 1334 ff. hingewiesen.

678 *Einstweilen frei*

E. Die Bewertungsvorschriften

I. Überblick

1. Handelsrechtliche Vorschriften

701 Ist ein Vermögensgegenstand, ein RAP, eine Schuld oder eine Rückstellung in der Bilanz auszuweisen oder hat sich der Kaufmann in Ausübung eines Ansatzwahlrechts für einen entsprechenden Ausweis entschieden, stellt sich die Frage nach der Bewertung dieses Postens. Allgemein zu beachtende Bewertungsgrundsätze sind für alle Kaufleute verbindlich in § 252 HGB zusammengefasst. Weiter wird dann in § 253 Abs. 1 Satz 1 HGB bestimmt, dass die Vermögensgegenstände höchstens mit ihren Anschaffungs- oder Herstellungskosten vermindert um die Abschreibungen anzusetzen sind. Die Begriffe der Anschaffungs- und Herstellungskosten werden in § 255 HGB definiert. Nach § 256 Satz 1 HGB kann bei der Bewertung des Vorratsvermögens unterstellt werden, dass gleichartige Vermögensgegenstände in einer bestimmten Folge verbraucht oder veräußert werden. Ferner wird die Bildung von Festwerten (§ 240 Abs. 3 HGB) sowie für das Vorratsvermögen die Gruppenbewertung (§ 240 Abs. 4 HGB; vgl. Rdn. 897) durch § 256 Satz 2 HGB zugelassen. Zur Währungsumrechnung bei der Folgebewertung sind ausdrückliche Regelungen in § 256a HGB getroffen worden (vgl. Rdn. 42). Als Abschreibungen kommen bei den abnutzbaren Anlagegütern zunächst die planmäßigen Abschreibungen (§ 253 Abs. 3 HGB) in Betracht. Außerplanmäßige Abschreibungen sind bei den abnutzbaren Anlagegütern nach § 253 Abs. 3 HGB bei voraussichtlich dauernder Wertminderung vorzunehmen. Der Ansatz zu dem sich zum Abschlussstichtag ergebenden niedrigeren Wert, der nicht auf einer dauernden Wertminderung beruht, ist nur bei Finanzanlagen zulässig. § 253 Abs. 5 HGB sieht ein allgemeines Wertaufholungsgebot vor, das nur bei einem entgeltlich erworbenen Geschäfts- oder Firmenwert nicht anwendbar ist.

702 Verbindlichkeiten sind gem. § 253 Abs. 1 Satz 2 HGB mit ihrem Erfüllungsbetrag anzusetzen. Rentenverpflichtungen, für die eine Gegenleistung nicht mehr zu erwarten ist, sind mit dem Barwert anzusetzen, der nach § 253 Abs. 2 Satz 3 HGB unter Berücksichtigung des danach maßgebenden Marktzinssatzes zu ermitteln ist. Rückstellungen sind in Höhe des nach vernünftiger kaufmännischer Beurteilung notwendigen Erfüllungsbetrages anzusetzen.

703 Diese Grundsätze gelten auch für Kapitalgesellschaften und Personengesellschaften & Co.

Sofern und soweit für bestimmte Gewerbezweige gesetzliche Sonderregelungen getroffen wurden (vgl. z. B. für den Bereich der Kreditinstitute §§ 340e bis 340o HGB) sind diese von den in Betracht kommenden Unternehmen zu beachten. 704

2. Steuerrechtliche Vorschriften

Bei der Ermittlung des steuerlichen Gewinns sind nach § 4 Abs. 1 letzter Satz EStG u. a. 705 die Vorschriften des EStG über die Bewertung und die AfA oder die AfS zu beachten. Eine entsprechende Regelung enthält § 5 Abs. 6 EStG für die Gewerbetreibenden deren Gewinne nach § 5 Abs. 1 EStG zu ermitteln sind. Die bei der Bewertung von Wirtschaftsgütern und Verbindlichkeiten einschl. Rückstellungen zu beachtenden Grundsätze ergeben sich aus § 6 Abs. 1 EStG. Aus § 7 EStG sind Einzelheiten für die Vornahme der AfA oder der AfS zu entnehmen. Steuerrechtliche Wahlrechte bei der Gewinnermittlung können gem. § 5 Abs. 1 Satz 1 Halbsatz 2 EStG unabhängig von der Verfahrensweise in der Handelsbilanz ausgeübt werden (vgl. Rdn. 662 ff.). Bei der entgeltlichen Übertragung von Verpflichtungen sind die Regelungen des § 4f EStG, bei deren Übernahme des § 5 Abs. 7 EStG zu beachten.

Danach sind bei der Bewertung für die Steuerbilanz unter Einbeziehung der im Übrigen 706 getroffenen Sonderregelungen die nachfolgenden Grundsätze zu beachten:

Wirtschaftsgüter des Anlage- und Umlaufvermögens sind nach § 6 Abs. 1 Nr. 1 und 2 EStG grundsätzlich höchstens mit den Anschaffungs- oder Herstellungskosten anzusetzen, die ggf. um die nach § 7 EStG vorzunehmende AfA oder AfS zu kürzen sind. Bei angeschafften Gebäuden sind gem. § 6 Abs. 1 Nr. 1a EStG ggf. zusätzlich anschaffungsnahe Herstellungskosten zu berücksichtigen. Nach § 6 Abs. 1 Nr. 1b EStG ist die Ausübung des sich aus § 255 Abs. 2 Satz 3 HGB ergebenden Wahlrechts zur Einbeziehung der dort bezeichneten Kosten in die Herstellungskosten in der Handelsbilanz auch für die Steuerbilanz maßgeblich. Aufgrund vorrangig anzuwendender anderer Bewertungsvorschriften kann es sich bei dem an die Stelle der Anschaffungs- oder Herstellungskosten tretenden Wert handeln

- ► um den gem. § 6 Abs. 1 Nr. 5 und 6 EStG anzusetzenden Wert bei Einlage in ein Betriebsvermögen einschl. der Eröffnung eines Betriebs,
- ► für den Fall des entgeltlichen Erwerbs eines Betriebs um den gem. § 6 Abs. 1 Nr. 7 EStG anzusetzenden Wert,
- ► um den in der DM-Eröffnungsbilanz nach den Vorschriften der verschiedenen DM-Bilanzgesetze vorgeschriebenen Wert,
- ► um den sich nach Kürzung um Abzüge nach § 6b EStG, nach Übertragung einer Rücklage für Ersatzbeschaffung nach R 6.6 EStR oder nach Kürzung um Zuschüsse nach R 6.5 EStR oder dgl. ergebenden Wert.

Ferner sind neben der AfA (AfS) ggf. vorgenommene Sonderabschreibungen oder anstelle der AfA (AfS) beanspruchte erhöhte Absetzungen zu berücksichtigen.

- ► Bei der Bewertung des Vorratsvermögens wird durch § 6 Abs. 1 Nr. 2a EStG die Lifo-Methode zugelassen. Dies gilt unabhängig von der Bewertung in der Handelsbilanz (Tz. 17 BMF-Schreiben v. 12. 3. 2010, BStBl I S. 239).
- ► Statt der danach maßgebenden Werte kann der niedrigere Teilwert angesetzt werden, sofern er auf einer dauernden Wertminderung beruht (§ 6 Abs. 1 Nr. 1 und 2 EStG). Dabei handelt es sich um ein steuerliches Wahlrecht, das unabhängig von der Bewertung in der Handelsbilanz

ausgeübt werden kann (Tz. 15 BMF-Schreiben v. 12. 3. 2010, BStBl I S. 239). Teilwert ist nach § 6 Abs. 1 Nr. 1 Satz 3 EStG der Betrag, den ein Erwerber des ganzen Betriebs im Rahmen des Gesamtkaufpreises für das einzelne Wirtschaftsgut ansetzen würde; dabei ist von der Fortführung des Betriebes durch den Erwerber auszugehen. Der niedrige Teilwert darf nur dann und insoweit beibehalten werden, als die Gründe dafür fortbestehen (Wertaufholungsgebot). Wegen Einzelheiten wird auf Rdn. 1115 ff. hingewiesen.

- ► Lediglich für die in § 340 HGB bezeichneten Kreditinstitute und Finanzdienstleistungsunternehmen wird in § 6 Abs. 1 Nr. 2b EStG bestimmt, dass die zu Handelszwecken erworbenen, d. h. zum Umlaufvermögen gehörenden Finanzinstrumente mit dem beizulegenden Zeitwert abzüglich eines Risikoabschlages (§ 340e Abs. 3 HGB) zu bewerten sind. Voraussetzung ist, dass sie nicht zu einer Bewertungseinheit i. S. des § 5 Abs. 1a EStG (vgl. Rdn. 669) gehören. Der Ansatz mit dem niedrigeren Teilwert nach § 6 Abs. 1 Nr. 2 Satz 2 EStG ist ausgeschlossen.
- ► In Einzelfällen ist es zulässig, auf die Anschaffungs- oder Herstellungskosten bestimmter Wirtschaftsgüter statt der AfA nach § 7 EStG erhöhte Absetzungen oder neben der AfA nach § 7 EStG Sonderabschreibungen (vgl. Rdn. 1211 ff.) vorzunehmen.
- ► Verbindlichkeiten sind nach § 6 Abs. 1 Nr. 3 EStG in entsprechender Anwendung der Grundsätze für nicht abnutzbare Anlagegüter und Umlaufvermögen (vgl. § 6 Abs. 1 Nr. 2 EStG) zu bewerten, ggf. ist eine Abzinsung erforderlich.
- ► Bei der Bewertung von Rückstellungen sind die sich aus § 6 Abs. 1 Nr. 3a EStG ergebenden Besonderheiten, für Pensionsrückstellungen die Sonderregelungen in § 6a EStG zu beachten.
- ► Entgeltlich übernommene Verpflichtungen, die beim ursprünglich Verpflichteten Ansatzverboten, Ansatzbeschränkungen oder Bewertungsvorbehalten unterlegen haben, sind gem. § 5 Abs. 7 EStG zu den auf die Übernahme folgenden Abschlussstichtagen bei dem Übernehmer und dessen Rechtsnachfolger so zu bilanzieren, wie sie beim ursprünglich Verpflichteten ohne Übernahme zu bilanzieren wären. Der sich dadurch ergebende Gewinn kann im Regelfall zu 14/15 in eine den steuerlichen Gewinn mindernde Rücklage eingestellt werden, die in den Folgejahren zu mindestens 1/14 erfolgswirksam aufzulösen ist.
- ► Aus Anlass des Ausscheidens bestimmter Wirtschaftsgüter aus dem Betriebsvermögen aufgedeckte stille Reserven können nach Maßgabe von Sonderregelungen (§§ 6b, 6c EStG, R 6.6 EStR) auf die Anschaffungs- oder Herstellungskosten insbesondere von bestimmten Wirtschaftsgütern des Anlagevermögens übertragen werden.
- ► Verluste, die durch die entgeltliche Übertragung von Verpflichtungen, welche beim Übertragenden Ansatzverboten, Ansatzbeschränkungen oder Bewertungsvorbehalten unterlegen haben, realisiert worden sind, dürfen gem. § 4f EStG im Jahr der Übertragung und in den nachfolgenden Jahren jeweils nur mit 1/15 den steuerlichen Gewinn mindern. Dies gilt nicht in Fällen der Veräußerung oder Aufgabe eines Betriebs, Teilbetriebs oder Mitunternehmeranteils, bei kleinen und mittleren Betrieben, die zum Schluss des vorangegangenen Wirtschaftsjahres die Gewinngrenze des § 7g Abs. 1 Satz 2 Nr. 1 EStG (bis 31. 12. 2019: die Größenmerkmale des § 7g Abs. 1 Satz 2 Nr. 1 Buchst. a bis c EStG) nicht überschreiten, sowie bei Arbeitgeberwechsel unter Mitnahme der Versorgungsansprüche. Diese Ausnahmeregelungen gelten nicht bei Schuldbeitritt oder Erfüllungsübernahme.
- ► Entnahmen und Einlagen sind grundsätzlich mit dem Teilwert zu bewerten. Zu beachten sind Sonderregelungen für die Nutzung von zum Betriebsvermögen gehörenden Pkw für private (außerbetriebliche) Zwecke, im Zusammenhang mit der Entnahme von als Spenden verwendeten Wirtschaftsgütern sowie von unbebauten Grundstücken aus Anlass der Errichtung einer eigengenutzten Wohnung. Besonderheiten sind ferner bei der Einlage von innerhalb von drei Jahren zuvor angeschafften/hergestellten Wirtschaftsgütern sowie von (wesentlichen) Beteiligungen i. S. des § 17 EStG zu beachten. Auf § 6 Abs. 1 Nr. 4 bis 6 EStG sowie § 15 Abs. 1 Satz 3 EStG wird hingewiesen.
- ► Nach § 4 Abs. 1 Satz 3 EStG steht die Überführung von Wirtschaftsgütern in eine ausländische Betriebsstätte des Unternehmens unter bestimmten Voraussetzungen einer Entnahme gleich (vgl. Rdn. 115 ff.). Dementsprechend wird die Zuführung von Wirtschaftsgütern aus einer aus-

ländischen Betriebsstätte unter den in § 4 Abs. 1 Satz 8 EStG genannten Voraussetzungen einer Einlage gleichgestellt. Bewertungsmaßstab ist der gemeine Wert.

- Bei unentgeltlichem Erwerb eines Betriebs, Teilbetriebs oder eines Mitunternehmeranteils ist § 6 Abs. 3 EStG zu berücksichtigen, vgl. dazu auch 5. Kap. Teil A Rdn. 211. Zu den Rechtsfolgen bei unentgeltlichem Erwerb einzelner Wirtschaftsgüter wird in § 6 Abs. 4 EStG Stellung genommen.
- Regelungen zur Überführung von Wirtschaftsgütern zwischen verschiedenen inländischen Betriebsvermögen ergeben sich aus § 6 Abs. 5 EStG Rdn. 960 ff.; zu dem Fall der Realteilung einer Personengesellschaft wird auf § 16 Abs. 3 EStG (5. Kap. Teil A Rdn. 209) hingewiesen.
- Die Rechtsfolgen bei dem Tausch von Wirtschaftsgütern ergeben sich aus § 6 Abs. 6 EStG.
- Bei entgeltlichem Erwerb eines Betriebs ist der Gesamtkaufpreis auf die einzelnen Wirtschaftsgüter aufzuteilen. Nach § 6 Abs. 1 Nr. 7 EStG sind diese mit dem Teilwert, höchstens jedoch den Anschaffungs- oder Herstellungskosten anzusetzen.
- Bei der Umstrukturierung von Unternehmen nach Maßgabe des Umwandlungssteuergesetzes sind besondere Bewertungsvoschriften zu beachten; in der Mehrzahl der Fälle wird ein Wahlrecht dahingehend eingeräumt, aus diesem Anlass auf die grundsätzlich vorgesehene Aufdeckung der stillen Reserven ganz oder teilweise zu verzichten, sofern an dem jeweiligen Vorgang nur im Inland ansässige Rechtsträger beteiligt sind, vgl. 6. Kap. Rdn. 91 ff.
- In den Fällen der Wohnsitzverlegung in das Ausland sind die Regelungen in § 50i EStG und § 6 AStG zu beachten.

3. Das Verhältnis der handelsrechtlichen zu den steuerrechtlichen Bewertungsvorschriften

Übereinstimmung zwischen Handels- und Steuerbilanz besteht aufgrund des sich aus § 5 Abs. 6 EStG ergebenden Bewertungsvorbehalts insoweit, als die steuerrechtlichen Regelungen den handelsrechtlichen Bewertungsvorschriften nicht entgegenstehen. Dabei ist zu beachten, dass unterschiedlichen Begriffen nicht notwendigerweise eine unterschiedliche Bedeutung beizulegen ist. 707

Nach § 253 Abs. 3 Satz 2 HGB sollen die planmäßigen Abschreibungen dazu führen, dass die Anschaffungs- oder Herstellungskosten abnutzbarer Vermögensgegenstände des Anlagevermögens planmäßig auf die Geschäftsjahre der Nutzung verteilt werden. Dies entspricht im sachlichen Gehalt den in § 7 EStG verwendeten Begriffen der AfA und der AfS. Die Unterschiede bestehen darin, dass nach § 7 EStG nur bestimmte AfA-Methoden zulässig sind; teilweise wird sogar die Nutzungsdauer vorgegeben; vgl. § 7 Abs. 1 Satz 3 EStG für den Geschäfts- und Firmenwert sowie die unter bestimmten Voraussetzungen für die Abschreibung von Gebäuden in § 7 Abs. 4 und 5 EStG vorgegebenen Prozentsätze, durch die im Ergebnis eine fiktive Nutzungsdauer vorgegeben wird. 708

Soweit außerplanmäßige Abschreibungen zugelassen werden, um 709

- die Vermögensgegenstände des Anlagevermögens mit dem niedrigeren Wert anzusetzen, der ihnen am Bilanzstichtag beizulegen ist,
- die Vermögensgegenstände mit dem niedrigeren Börsen- oder Marktpreis anzusetzen,

liegt eine gewisse Vergleichbarkeit mit dem Teilwert i. S. des § 6 Abs. 1 Nr. 1 und 2 EStG nahe. Zu beachten ist jedoch, dass der Begriff des Teilwerts in § 6 Abs. 1 Nr. 1 Satz 3 EStG konkreter gefasst ist als der des niedrigeren, am Bilanzstichtag beizulegenden Werts i. S. des § 253 Abs. 3 Satz 3 HGB. Hoffmann/Lüdenbach (NWB Kommentar Bilanzierung, 12. Aufl., § 253 HGB Rz. 180) gehen davon aus, dass ungeachtet des unterschiedlichen Ansatzes dieser beiden Begriffe bezogen auf das Ergebnis kein Unterschied besteht.

710 Der Begriff der Anschaffungskosten wird in § 255 Abs. 1 HGB definiert. Zu den Herstellungskosten gehören nach § 255 Abs. 2 Satz 2 HGB auch angemessene Teile der Materialgemeinkosten, der Fertigungsgemeinkosten und des Werteverzehrs des Anlagevermögens, soweit dieser durch die Fertigung veranlasst ist. Damit besteht insoweit Übereinstimmung mit der für die Vergangenheit steuerlich maßgebenden Definition der Herstellungskosten (R 6.3 Abs. 1 EStR 2008). Soweit nach § 255 Abs. 2 Satz 3 HGB angemessene Teile der Kosten der allgemeinen Verwaltung sowie angemessene Aufwendungen für soziale Einrichtungen des Betriebs, für freiwillige soziale Leistungen und für die betriebliche Altersversorgung bei der Berechnung der Herstellungskosten einbezogen werden können, ist bei entsprechender Verfahrensweise in der Handelsbilanz der sich danach ergebende Wert auch für die Steuerbilanz maßgebend (§ 6 Abs. 1 Nr. 1b EStG). Der Bestimmung der Herstellungskosten für selbst geschaffene immaterielle Vermögensgegenstände in § 255 Abs. 2a HGB kommt angesichts des sich für die Steuerbilanz bestehenden Bilanzierungsverbots des § 5 Abs. 2 EStG keine Bedeutung für die steuerliche Gewinnermittlung zu. In § 255 Abs. 4 HGB wird als weiterer Bewertungsmaßstab der beizulegende Zeitwert als der Marktpreis definiert. Diese Regelung ist für die Bewertung des Handelsbestands von Finanzinstrumenten durch Kreditinstitute (vgl. dazu § 340e HGB) bedeutsam.

711 Nach § 256 Satz 1 HGB ist es bei der Bewertung des Vorratsvermögens nach Verbrauchsfolgeverfahren nur noch zulässig zu unterstellen, dass die zuerst oder dass die zuletzt angeschafften oder hergestellten Vermögensgegenstände zuerst verbraucht oder veräußert worden sind. Für die Steuerbilanz ist nur das nach § 6 Abs. 1 Nr. 2a EStG zulässige Lifo-Verfahren möglich.

712 *Einstweilen frei*

4. Besonderheiten bei DM-Eröffnungsbilanzen und den Folgeabschlüssen

713 Mit Einführung der DM als Währungseinheit waren in den einzelnen Gebieten der Bundesrepublik Deutschland zu unterschiedlichen Zeitpunkten DM-Eröffnungsbilanzen nach Maßgabe der aus diesen Anlässen erlassenen DM-Bilanzgesetze aufzustellen. Im Einzelnen waren folgende Stichtage maßgebend:

- 21. 6. 1948 für das ursprüngliche Gebiet der Bundesrepublik Deutschland,
- 1. 4. 1949 für Berlin (West),
- 6. 7. 1959 für das Saarland,
- 1. 7. 1990 für das Beitrittsgebiet i. S. des Art. 3 des Einigungsvertrags.

714 Sämtlichen DM-Bilanzgesetzen ist gemeinsam, dass sie besondere Bilanzierungs- und Bewertungsvorschriften für die am jeweiligen Bilanzstichtag zu bilanzierenden Vermögensgegenstände (Wirtschaftsgüter) und Schulden enthalten. Die maßgebenden Werte treten für die weitere Bilanzierung an die Stelle der Anschaffungs- oder Herstellungskosten.

Soweit in den nicht zum Beitrittsgebiet i. S. des Art. 3 des Einigungsvertrags gehörenden Gebieten noch eine AfA auf Wirtschaftsgüter vorzunehmen ist, die bereits zum maßgebenden Stichtag genutzt wurden, ergeben sich die insoweit zu beachtenden Besonderheiten aus §§ 10, 10a, 11c EStDV. 715

Für die im Beitrittsgebiet i. S. des Art. 3 des Einigungsvertrags am 1. 7. 1990 belegenen Wirtschaftsgüter sind die Vorschriften des DMBilG v. 18. 4. 1991 (BGBl I S. 971, 1951) mit seinen späteren Änderungen zu beachten. Die steuerlichen Sondervorschriften ergeben sich aus §§ 50 bis 55 DMBilG. 716

Die danach endgültig maßgebenden Wertansätze zum 1. 7. 1990 gelten als Anschaffungs- oder Herstellungskosten der betreffenden Wirtschaftsgüter und sind für die weitere Bilanzierung die Höchstwerte. 717

Einstweilen frei 718

II. Allgemeine Bewertungsgrundsätze

1. Kodifizierung verschiedener Grundsätze ordnungsmäßiger Buchführung

Die auf die in der Bilanz anzusetzenden Einzelposten anzuwendenden Bewertungsmaßstäbe ergeben sich – soweit es sich nicht um Posten des Eigenkapitals handelt – aus der Eigenart dieser Posten. Bei der Findung des konkreten Bewertungsmaßstabs sind einige allgemeine Prinzipien zu berücksichtigen, die bereits in der Vergangenheit als GoB verstanden wurden. Aus der Verpflichtung zur Bilanzierung in € nach § 244 HGB folgt das Nominalwertprinzip (Rdn. 754). Weitere allgemeine, für alle Kaufleute gleichermaßen verbindliche Grundsätze enthält § 252 Abs. 1 HGB. Sie stehen nicht selbständig nebeneinander. Teilweise bedingen sich die Prinzipien gegenseitig. Verschiedentlich zeichnen sich Überschneidungen derart ab, dass sie ausgehend von unterschiedlichen Ansatzpunkten zu einem einheitlichen Ergebnis beitragen, wie sich z. B. aus dem Verhältnis des Realisationsprinzips (vgl. Rdn. 736) zum Prinzip der wirtschaftlichen Verursachung (vgl. Rdn. 748) ergibt. 719

Nach § 252 Abs. 1 Nr. 1 HGB müssen die Wertansätze in der Eröffnungsbilanz des Geschäftsjahres mit denen der Schlussbilanz des vorhergehenden Geschäftsjahres übereinstimmen – Grundsatz der **formellen Bilanzkontinuität**. Im Steuerrecht ergibt sich eine entsprechende Regelung aus § 4 Abs. 1 Satz 1 EStG, insoweit ist vom Bilanzenzusammenhang die Rede. 720

Nach § 252 Abs. 2 HGB darf von den Grundsätzen des Abs. 1 nur in begründeten Ausnahmefällen abgewichen werden. Von den handelsrechtlichen Rechnungslegungsvorschriften sind abweichende steuerliche Bilanzierungsvorschriften bei Aufstellung der Handelsbilanz nicht zulässig. Insoweit besteht danach kein Anlass für eine Abweichung vom Grundsatz der Bewertungsstetigkeit (vgl. Rdn. 752). 721

Einstweilen frei 722

2. Going-concern-Prinzip

723 Durch § 252 Abs. 1 Nr. 2 HGB wird bestimmt, dass bei der Bewertung, nicht hingegen für den Ansatz von Bilanzposten (BFH v. 5. 4. 2017 – X R 30/15, NWB DokID: RAAAG-48081), von der Fortführung des Unternehmens auszugehen ist. Damit wird dem Umstand Rechnung getragen, dass Vermögensgegenständen im Rahmen des auf nicht absehbare Zeit fortgeführten Unternehmens für den Regelfall ein anderer, ein höherer Wert beizulegen ist, als er im Fall der Liquidation anlässlich der dabei erfolgenden Einzelveräußerung erzielbar ist. Abweichungen von diesem Grundsatz kommen nur dann in Betracht, wenn dem tatsächliche oder rechtliche Gegebenheiten nicht entgegenstehen, die Liquidation des Unternehmens bevorsteht oder bereits begonnen wurde.

724 Ausdruck dieses going-concern-Prinzips ist, dass die Bewertung grundsätzlich mit den Anschaffungs- oder Herstellungskosten ggf. unter Berücksichtigung planmäßiger Abschreibungen zu erfolgen hat.

725 Dem für die Bewertung in der Steuerbilanz zentralen Bewertungsmaßstab, dem Teilwert, ist dieses Prinzip ebenfalls immanent, wie dessen Definition in § 6 Abs. 1 Nr. 1 Satz 3 EStG zu entnehmen ist (vgl. Rdn. 1115 ff.).

3. Das Stichtagsprinzip

726 Aus § 252 Abs. 1 Nr. 3 und 4 HGB wird deutlich, dass die Vermögensgegenstände und Schulden zum Abschlussstichtag zu bewerten sind. Konkretisiert wird das daraus abzuleitende Stichtagsprinzip z. B. in § 253 Abs. 2 und 3 HGB, wenn dort jeweils u. a. auf den dem Vermögensgegenstand am Abschlussstichtag beizulegenden Wert abgestellt wird. Tatsachen, die erst nach dem Bilanzstichtag eintreten, sind danach nicht zu berücksichtigen (BFH v. 27. 1. 2010, BStBl II S. 614; v. 25. 2. 2014, BStBl 2014 II S. 668, jeweils m. w. N.). Nach § 252 Abs. 1 Nr. 4 HGB sind nur die Erkenntnisse über die Verhältnisse zum Bilanzstichtag zu berücksichtigen, die danach aber vor Bilanzaufstellung bekannt werden – wertaufhellende Informationen.

4. Grundsatz der Einzelbewertung

727 Die Vermögensgegenstände und Schulden sind gem. § 252 Abs. 1 Nr. 3 HGB zum Abschlussstichtag einzeln zu bewerten. Es handelt sich damit zunächst um eine Fortführung des sich aus § 246 Abs. 2 Satz 1 HGB ergebenden Saldierungsverbots. Weiter wird damit grundsätzlich ausgeschlossen, dass in einem Bilanzposten zusammengefasste Vermögensgegenstände in ihrer Gesamtheit bewertet werden. Dadurch wird vermieden, dass z. B. Wertminderungen eines Vermögensgegenstands mit Wertsteigerungen eines anderen saldiert werden. Gegenstand der Beurteilung ist der einzelne Sachverhalt, der einzelne Geschäftsvorfall. Davon abweichend wird in § 246 Abs. 2 Satz 2 ff. HGB bestimmt, dass Vermögensgegenstände, die dem Zugriff aller übrigen Gläubiger entzogen sind und ausschließlich der Erfüllung von Schulden aus Altersversorgungsverpflichtungen oder vergleichbaren langfristig fälligen Verpflichtungen dienen, mit diesen Schulden zu verrechnen sind; entsprechend ist mit den zugehörigen Aufwendungen und Erträgen aus der Abzinsung und aus dem zu verrechnenden Vermögen zu verfahren. Es handelt sich um eine Sonderregelung für den Bereich der betrieblichen Altersversorgung. Ferner wird es durch § 254 HGB zugelassen, zu erwartende Verluste

aus bestimmten Geschäften mit zu erwartenden Gewinnen aus bestimmten Gegengeschäften unter besonderen Voraussetzungen zu Bewertungseinheiten zusammenzufassen (vgl. Rdn. 669 ff.).

Der Grundsatz der Einzelbewertung erfordert danach, dass im Regelfall die zu bewertende Einheit, der Vermögensgegenstand, das Wirtschaftsgut zu bestimmen ist. So ist in den Fällen, in denen bestimmte Einrichtungen und Anlagen, die grundsätzlich auch für sich allein nutzbar sind, jedoch in einem bestimmten Nutzungs- und Funktionszusammenhang zueinander stehen, zu prüfen, ob es sich in der Gesamtheit um einen einheitlichen Vermögensgegenstand, ein einheitliches Wirtschaftsgut oder eine Mehrheit von Vermögensgegenständen, Wirtschaftsgütern handelt. 728

BEISPIEL 36: 729

a) Ein in ein Bürogebäude eingebauter Personenfahrstuhl ist Gebäudebestandteil, während es sich bei dem Lastenaufzug eines der Produktion dienenden Gebäudes um eine Betriebsvorrichtung und damit ein selbständig bewertbares abnutzbares bewegliches Wirtschaftsgut handelt (wegen Einzelheiten vgl. Rdn. 1012 ff.).

b) Maschinen werden einzeln von verschiedenen Herstellern erworben und zu einer Gesamtanlage verbunden. Die Frage, ob damit die jeweiligen Maschinen als selbständige Einzelwirtschaftsgüter angeschafft wurden oder eine Anlage als einheitliches Wirtschaftsgut hergestellt wurde, ist danach zu beantworten, ob die einzelnen Maschinen trotz ihrer Verbindung weiterhin selbständig bewertbar sind, d. h. ob sie nach der Verkehrsanschauung in ihrer Einzelheit von Bedeutung und bei einer Veräußerung greifbar sind (vgl. z. B. BFH v. 28. 3. 1996, BFH/NV 1996 S. 707; v. 1. 2. 2012, BStBl 2012 II S. 404; v. 19. 4. 2012, BFH/NV 2012 S. 1655).

Der Grundsatz der Einzelbewertung ist nur durchsetzbar, wenn der einzelne Vermögensgegenstand derart identifizierbar ist, dass ihm zunächst seine individuellen Anschaffungs- oder Herstellungskosten zugeordnet werden können. Dies ist teilweise nicht möglich, z. B. bei Rohstoffen, Betriebsstoffen, gleichartigen Kleinteilen unabhängig davon, ob sie zum Anlage- oder Umlaufvermögen gehören. Bei Erwerb von Aktien derselben Gesellschaft zu unterschiedlichen Zeitpunkten, die in einem Sammeldepot gehalten werden, ist die Identifizierung der einzelnen Aktie praktisch nicht mehr möglich. Aus diesem Grunde werden verschiedene Ausnahmen vom Grundsatz der Einzelbewertung zugelassen: 730

- Nach § 256 Satz 2 i.V. mit § 240 Abs. 3 HGB ist es zulässig, für Vermögensgegenstände des Sachanlagenvermögens sowie Roh-, Hilfs- und Betriebsstoffe **Festwerte** zu bilden, wenn der Bestand in seiner Größe, seinem Wert und seiner Zusammensetzung nur geringen Veränderungen unterliegt (vgl. Rdn. 176 ff.).
- Für gleichartige Vermögensgegenstände des Vorratsvermögens sowie andere gleichartige oder annähernd gleichwertige bewegliche Vermögensgegenstände wird durch § 256 Satz 2 i.V. mit § 240 Abs. 4 HGB die Zusammenfassung zu Gruppen unter Bewertung mit dem gewogenen Durchschnittswert zugelassen – **Gruppenbewertung** (vgl. Rdn. 897).
- Gleichartige Vermögensgegenstände des Vorratsvermögens können gem. § 256 Satz 1 HGB nach einem Verbrauchsfolgeverfahren, z. B. Lifo- oder Fifo-Verfahren bewertet werden (vgl. Rdn. 906 ff.).

Der Grundsatz der Einzelbewertung bezieht sich danach auf den einzelnen Vermögensgegenstand als Subjekt der Bewertung, nicht hingegen auf die anzuwendende Bewertungsmethode. Der Umstand, dass sämtliche abnutzbaren Anlagegüter ausschließlich nach der linearen Methode abgeschrieben werden, bedeutet dann keinen Verstoß ge- 731 gen die Einzelbewertung, wenn diese auf jeden einzelnen Vermögensgegenstand unter Beachtung der individuellen Eigenschaften angewandt wird.

732 Eine Ausnahme vom Grundsatz der Einzelbewertung in der Steuerbilanz sieht § 6 Abs. 2a EStG für abnutzbare bewegliche Wirtschaftsgüter vor, die einer selbständigen Nutzung fähig sind. Sofern nicht insgesamt nach § 6 Abs. 2 EStG verfahren wird, d. h. Sofortabzug bei einem Zugangswert von jeweils nicht mehr als 800 €, können die Wirtschaftsgüter deren Zugangswert 250 € aber nicht 1 000 € übersteigt, in einem Sammelposten zusammengefasst werden. Dieser Sammelposten ist im Wirtschaftsjahr der Bildung und in den folgenden vier Wirtschaftsjahren mit jeweils einem Fünftel gewinnmindernd aufzulösen. Wegen weiterer Einzelheiten vgl. Rdn. 973 ff.

5. Das Vorsichtsprinzip

733 In § 252 Abs. 1 Nr. 4 HGB wird bestimmt, dass vorsichtig zu bewerten ist. Dabei sind alle vorhersehbaren Risiken und Verluste, die bis zum Stichtag entstanden sind, zu berücksichtigen. Dies gilt auch dann, wenn sie erst zwischen Abschlussstichtag und dem Tag der Bilanzaufstellung bekannt werden. Maßgebend sind die objektiven Verhältnisse am Stichtag. Berücksichtigungsfähig sind danach nur die sog. werterhellenden Umstände, die sich auf Gegebenheiten im alten Geschäftsjahr beziehen. Dies gilt auch für solche nach dem Bilanzstichtag eingetretenen oder bekannt gewordenen Tatsachen, die Rückschlüsse auf die Verhältnisse am Bilanzstichtag zulassen (BFH v. 6. 6. 2012, BStBl 2013 II S. 196, m. w. N.). Die Berücksichtigung werterhellender Umstände wird für die Umrechnung von auf fremde Währung lautenden Einzelposten nach § 256a HGB (vgl. Rdn. 42) ausgeschlossen.

734 Deutlich wird daraus, dass dem Kaufmann damit ein gewisser Beurteilungsspielraum eingeräumt wird, mit der einer zu optimistischen Beurteilung der Risiken entgegengewirkt werden soll, der jedoch nicht als Gebot zu einem überzogenen Pessimismus missverstanden werden darf, der zu einer unzulässigen Unterbewertung führen würde (Hoffmann/Lüdenbach, NWB Kommentar Bilanzierung, 9. Aufl., § 252 HGB Rz. 57).

735 Eine besondere Ausprägung erfährt das Vorsichtsprinzip durch das Realisationsprinzip (vgl. Rdn. 736 ff.) und das Imparitätsprinzip (vgl. Rdn. 748 ff.).

6. Das Realisationsprinzip

736 Der sich aus § 252 Abs. 1 Nr. 4 HGB ergebende Grundsatz, dass nur zum Abschlussstichtag realisierte Gewinne zu berücksichtigen sind, wird allgemein als das Realisationsprinzip bezeichnet. Damit ist aus ihm auch abzuleiten, wann Aufwendungen und Erträge auszuweisen sind (vgl. Rdn. 748), d. h. deren Periodisierung. Entsprechend dem Nominalwertprinzip (vgl. Rdn. 752 ff.) tritt ein Gewinn immer dann ein, wenn sich gegenüber den historischen Anschaffungs- oder Herstellungskosten ein Mehrbetrag in der maßgebenden Währungseinheit € ergibt. Dabei ist es unerheblich, ob damit eine Substanzvermehrung verbunden ist.

737 Versteht man die Anschaffung/Herstellung von Vermögensgegenständen als einen erfolgsneutralen Vorgang, kann sich ein Gewinn nur im Zusammenhang mit deren Ausscheiden aus dem Vermögen des Unternehmens ergeben. Nach ständiger Rechtspre-

chung des BFH (Urteil v. 14.10.1999, BStBl 2000 II S. 25; v. 29.11.2007, BStBl 2008 II S. 557; v. 12.12.2013, BStBl 2014 II S. 517; v. 9.6.2015, BFH/NV 2015 S. 1676, jeweils m.w.N.) wird der Gewinn dann realisiert, sobald das Unternehmen als Leistungsverpflichteter seine Leistung (Lieferung, Herstellung, Dienstleistung) erbracht hat und deshalb sein Anspruch auf die Gegenleistung (Zahlung oder dgl.) nicht mehr mit Risiken belastet ist, die über das jeder Geldforderung eigentümliche Ausfallrisiko hinausgehen. Zeitpunkt der Gewinnrealisierung ist danach weder der regelmäßig vorher liegende Zeitpunkt z. B. der Auftragsannahme noch der später liegende Zeitpunkt der tatsächlichen Zahlung. Gewinne aus Lieferungs- und Leistungsgeschäften werden regelmäßig mit der Bewirkung der Lieferung oder Leistung, der Übergabe an den Abnehmer, realisiert. Auf die Erteilung der Rechnung kommt es nicht an. Dementsprechend ist auch bei bereits erbrachten, aber noch nicht berechneten Lieferungen oder Leistungen von einer Gewinnrealisierung auszugehen. Nach dem Urteil des BFH v. 8.11.2000 (BStBl 2001 II S. 349 m.w.N.) ist eine Forderung bereits vor ihrer rechtlichen Entstehung zu aktivieren, wenn die für die Entstehung wesentlichen wirtschaftlichen Ursachen im abgelaufenen Geschäftsjahr gesetzt worden sind und der Kaufmann mit der künftigen rechtlichen Entstehung des Anspruchs fest rechnen kann (beachte jedoch BFH v. 25.2.2014, BStBl 2014 II S. 668). Abschlagszahlungen führen nur in Ausnahmefällen zur Gewinnrealisierung (BFH v. 14.5.2014, BStBl 2014 II S. 968; BMF-Schreiben v. 16.3.2016, BStBl 2016 I S. 279). Wird ein erfüllter Kaufvertrag später rückgängig gemacht, ist gleichwohl ein etwaiger Gewinn daraus realisiert (BFH v. 28.3.2000, BStBl 2002 II S. 227 m.w.N.); zu prüfen bleibt, ob bei drohender Rückabwicklung eine Rückstellung zu bilden ist (vgl. auch BMF Schreiben v. 21.2.2002, BStBl 2002 I S. 335). Wegen der Bilanzierung von Steuererstattungsansprüchen wird auf die Urteile des BFH v. 31.8.2011 (BStBl 2012 II S. 190), v. 15.3.2012 (BStBl 2012 II S. 719) und v. 25.2.2014 (a.a.O.) hingewiesen; zur Behandlung stornobehafteter Provisionen bei Versicherungsvertretern vgl. OFD Niedersachsen v. 1.8.2014 (NWB DokID: YAAAE-71942).

Unter einer aufschiebenden Bedingung erworbene Ansprüche sind bis zum Eintritt der 738
Bedingung grundsätzlich nicht bilanzierungsfähig (BFH v. 26.4.1995, BStBl II S. 594; v. 23.3.2011, BStBl 2012 II S. 188). Ein sich ergebender Gewinn ist erst im Zeitpunkt des Eintritts der Bedingung realisiert. Die Bildung eines RAP ist insoweit ausgeschlossen.

BEISPIEL 37: Die X-GmbH & Co. KG erwirbt am 10.8.2021 von ihrem Abnehmer A eine am 739
10.2.2022 fällige Forderung gegenüber dessen Kunden B in Höhe von 100 000 € für 95 000 €, die fristgerecht getilgt wird. Diese Forderung ist mit ihren Anschaffungskosten einzubuchen und zum 31.12.2021 zu bilanzieren. Der sich durch die Vereinnahmung des Mehrbetrags von 5 000 € ergebende Gewinn ist in vollem Umfang Bestandteil des Ergebnisses des Geschäftsjahres 2022.

Aufschiebend bedingte Provisionsansprüche sind erst mit Bedingungseintritt zu aktivieren. Soweit noch keine Gewinnrealisierung eingetreten ist, sind die auf die entsprechenden Vermittlungsleistungen entfallenden Aufwendungen nach Auffassung des FG Münster v. 28.4.2016 – 9 K 843/14 K, G, F, Zerl (NWB DokID: AAAAF-79769, Rev. Az. BFH I R 53/16) als „unfertige Arbeiten" zu aktivieren; a. A. insoweit Niedersächsisches FG v. 12.1.2016 – 13 K 12/15 (NWB DokID: VAAAF-77873, Rev. Az. BFH III R 5/16).

740 Als Realisationszeitpunkt kann danach auch der Zeitpunkt der Veräußerung verstanden werden, der Zeitpunkt des Übergangs der Verfügungsmacht auf den Erwerber (BFH v. 4. 6. 2003, BStBl 2003 II S. 751; v. 28. 11. 2006, BFH/NV 2007 S. 975; v. 17. 12. 2009, BStBl 2014 II S. 190; v. 1. 2. 2012, BStBl 2012 II S. 407, jeweils m. w. N.). Dabei ist es unerheblich, ob die Veräußerung freiwillig oder unter Zwang (z. B. zur Vermeidung einer Enteignung, durch Zwangsversteigerung) erfolgt. Auch der Tausch von Vermögensgegenständen ist eine Veräußerung, wie aus § 6 Abs. 6 EStG deutlich wird. Nach Auffassung des FG Hamburg wird der Gewinn bei gewinn- oder umsatzabhängigen Kaufpreisforderungen erst mit deren Zufluss realisiert (Urteil v. 19. 9. 2016 – 6 K 67/15, NWB DokID: UAAAF-86111, Rev. Az. BFH I R 71/16).

741 Bei Großaufträgen ist zu prüfen, ob die Gewinnrealisierung erst mit vollständiger Erledigung oder teilweise bereits zuvor eintritt.

742 **BEISPIEL 38:** Die A-KG, ein Bauunternehmen, hat eine Fabrikanlage bestehend aus mehreren Gebäuden herzustellen. Die Abwicklung erstreckt sich über einen Zeitraum von dreieinhalb Jahren.

a) Die einzelnen Gebäude werden nacheinander fertiggestellt und jeweils nach Fertigstellung dem Auftraggeber übergeben. Aus diesem Anlass werden jeweils Teilrechnungen erteilt.

b) Der Gesamtkomplex ist zum Ende der Bauzeit insgesamt zu übergeben. Während der Bauzeit hat der Auftraggeber dem Fortgang der Arbeiten entsprechende Abschlagszahlungen zu leisten.

743 In der Variante a) wird die Leistung abschnittsweise erbracht, so dass damit auch die Gewinnrealisierung entsprechend zu erfolgen hat. Damit ergibt sich bei der A-KG auch für die Geschäftsjahre, über die sich die Auftragsabwicklung erstreckt, ein den tatsächlich erbrachten Leistungen entsprechender Ausweis von Erträgen. Dies ist hingegen bei der Sachverhaltsvariante b) nicht der Fall. Über die Gesamtdauer der Fertigung entstehen Verluste, da nicht sämtliche im Zusammenhang mit diesen Leistungen anfallende Aufwendungen als Herstellungskosten für die bis zur Übergabe auszuweisenden halbfertigen Arbeiten verrechnet werden können. Der durch diese Aktivitäten erwirtschaftete Gewinn ist insgesamt erst im Jahr der Fertigstellung, dem vierten Geschäftsjahr auszuweisen. Es wird deswegen für vertretbar gehalten, in Fällen einer langfristigen Fertigung auch dann bereits Teilgewinne vor Abnahme zu realisieren, sofern der

- Wert der Teilleistungen und die darauf entfallenden Erlösanteile zuverlässig ermittelt werden können,
- die Risiken der Teilfertigung überschaubar sind und berücksichtigt wurden sowie
- aus den noch verbleibenden (noch auszuführenden) Leistungen keine (weiteren) Verluste drohen.

744 Der BFH hat in seinem Urteil v. 11. 12. 1987 (BFH/NV 1988 S. 296) unter Bezugnahme auf seine ständige Rechtsprechung darauf hingewiesen, dass teilweise beendigte schwebende Geschäfte insoweit bilanzsteuerrechtlich zu berücksichtigen sind, als es sich um selbständig abrechenbare und vergütungsfähige Teillieferungen und -leistungen handelt; dies ist der Fall, wenn der Schuldner zu Teillieferungen oder -leistungen berechtigt ist und das Geleistete selbständig abnehmbar und vergütungsfähig ist. In seinem Urteil v. 8. 12. 1982 (BStBl 1983 II S. 369) hat er es bei Teilerfüllung eines Vertrages für vertretbar gehalten, den darauf entfallenden Anspruch der Gegenleistung zu aktivieren, sofern er als gesichert erscheint (vgl. im Übrigen Hoffmann/Lüdenbach,

NWB Kommentar Bilanzierung, 12. Aufl., § 252 HGB Rz. 123 ff. sowie Weber-Grellet, in: Schmidt, EStG, 39. Aufl., § 5 Rdn. 270, Langfristige Fertigung). Bei einem Gerüstbauvertrag, der auf die Aufstellung, die Nutzungsüberlassung und den anschließenden Abbau des Gerüsts gerichtet ist, handelt es sich um einen Werkvertrag. Der Gewinn daraus wird bei mangelnder Abnahme mit der Beendigung des Abbaus des Gerüsts realisiert (FG Baden-Württemberg v. 3. 3. 2016, EFG 2016 S. 1071).

Bei zeitraumbezogenen Dauerschuldverhältnissen, z. B. Miete, Pacht, wird der Anspruch 745
auf das Entgelt jeweils zeitraumbezogen verwirklicht (BFH v. 10. 9. 1998, BStBl 1999 II S. 21 m. w. N.).

Der Anspruch des Gesellschafters einer Kapitalgesellschaft auf eine Gewinnausschüt- 746
tung kann nach der Rechtsprechung des BFH (Urteil v. 7. 2. 2007, BStBl 2008 II S. 340, m. w. N.) regelmäßig auch von einem Mehrheitsgesellschafter nicht vor der Beschlussfassung über die Gewinnverwendung aktiviert werden.

Wegen des Ausweises eines nach § 37 KStG bestehenden KSt-Guthabens wird auf das 747
BMF-Schreiben v. 14. 1. 2008 (BStBl 2008 I S. 280) hingewiesen.

7. Das Imparitätsprinzip

Eine besondere Ausprägung erfährt das Vorsichtsprinzip durch den Grundsatz, dass 748
alle vorhersehbaren Risiken und Verluste, die bis zum Abschlussstichtag entstanden sind, zu berücksichtigen sind. Dies gilt auch dann, wenn diese erst nach dem Bilanzstichtag, aber vor der Aufstellung der Bilanz bekannt werden. Danach sind nicht realisierte Verluste bereits auszuweisen. Das Imparitätsprinzip hat in die folgenden Regelungen Eingang gefunden:

- Nach § 253 Abs. 3 Satz 5 HGB ist ein Vermögensgegenstand des Anlagevermögens dann mit dem ihm am Bilanzstichtag beizulegenden niedrigeren Wert auszuweisen, wenn eine voraussichtlich dauernde Wertminderung vorliegt. Eine außerplanmäßige Abschreibung wegen nur vorübergehender Wertminderung ist – abgesehen von Finanzanlagen – nicht zulässig.
- Bei den Vermögensgegenständen des Umlaufvermögens sind nach § 253 Abs. 4 HGB Abschreibungen auf den niedrigeren Börsen- oder Marktpreis, ggf. den am Abschlussstichtag beizulegenden niedrigeren Wert vorzunehmen.
- Drohende Verluste aus schwebenden Geschäften sind nach § 249 Abs. 1 Satz 1 HGB in einer Rückstellung auszuweisen.

Dem Imparitätsprinzip entspricht im Übrigen das Gebot, Verbindlichkeiten mit dem 749
höchsten zulässigen Wert anzusetzen – **Höchstwertprinzip**. Deutlich wird dies z. B. bei der Bilanzierung von Verbindlichkeiten in Fremdwährung.

BEISPIEL 39: Der Einzelkaufmann A hat aus dem Ausland Waren bezogen, die in Fremdwährung 750
fakturiert sind. Im Zeitpunkt der Anschaffung ergibt sich daraus eine in € umgerechnete Verbindlichkeit in Höhe von 100 000 €. Aufgrund der Kursverhältnisse zum Bilanzstichtag wären zu diesem Zeitpunkt für die Tilgung dieser Verbindlichkeit erforderlich

a) 110 000 €,

b) 95 000 €.

Bei der Variante a) ist die Verbindlichkeit mit 110 000 € auszuweisen. Dagegen ist bei der Variante b) vom Grundsatz her der Wert von 100 000 € beizubehalten. Hat die Fremdwährungsverbindlichkeit zum Bilanzstichtag eine Restlaufzeit von nicht mehr als einem Jahr, ist diese mit 95 000 € zu bewerten, weil der Nichtausweis des nicht realisierten Gewinns nach § 256a Satz 2 HGB außer Kraft gesetzt ist.

8. Grundsatz der Periodenabgrenzung

751 Nach § 252 Abs. 1 Nr. 5 HGB sind Aufwendungen und Erträge des Geschäftsjahres unabhängig vom Zeitpunkt der entsprechenden Zahlungen im Jahresabschluss zu berücksichtigen. Diesem Grundsatz der Periodenabgrenzung liegen u. a. die Regelungen über die Bildung von RAP (§ 250 HGB), die Verrechnung von Aufwendungen als Anschaffungs- oder Herstellungskosten (§ 255 HGB) sowie die Berücksichtigung von planmäßigen und außerplanmäßigen Abschreibungen (§ 253 Abs. 3 und 4 HGB) zugrunde. Deutlich wird daraus aber auch, dass nur tatsächlich angefallene Aufwendungen und Erträge ausgewiesen werden dürfen. Nur kalkulatorische Größen, wie z. B. der sog. Unternehmerlohn, sind nicht berücksichtigungsfähig.

9. Grundsatz der Bewertungsstetigkeit

752 Der Gesetzgeber hat dem Kaufmann die Möglichkeit eingeräumt, unter bestimmten Voraussetzungen zwischen verschiedenen Bewertungsmethoden zu wählen, z. B. Einzel- oder Gruppenbewertung, Einbeziehung bestimmter Aufwendungen in die Herstellungskosten, Bemessung der planmäßigen Abschreibungen nach unterschiedlichen Methoden (vgl. Rdn. 991 ff.). Nach § 252 Abs. 1 Nr. 6 HGB sind die auf den vorhergehenden Jahresabschluss angewandten Bewertungsmethoden beizubehalten.

Dieser Grundsatz der Bewertungsstetigkeit bezieht sich zunächst auf die bereits zum vorhergehenden Bilanzstichtag bilanzierten Vermögensgegenstände. Bei nicht abnutzbaren Vermögensgegenständen ist dementsprechend der bisherige Ansatz beizubehalten, sofern keine außerplanmäßigen Abschreibungen geboten sind. Die bei der Bewertung des abnutzbaren Anlagevermögens bisher angewandte Methode zur Vornahme der planmäßigen Abschreibungen ist fortzuführen.

753 Soweit Vermögensgegenstände zum vorhergehenden Bilanzstichtag noch nicht vorhanden waren, sind auf sie die Bewertungsmethoden anzuwenden, die für diesen Stichtag auf vergleichbare Vermögensgegenstände angewendet wurden. Wurden z. B. die beweglichen abnutzbaren Anlagegüter ausnahmslos nach der linearen Methode abgeschrieben, ist diese Methode auch bei den Neuzugängen anzuwenden. Der Grundsatz der Einzelbewertung wird dadurch nicht berührt (vgl. auch Rdn. 727 ff.).

10. Das Nominalwertprinzip

754 Aus der Verpflichtung zur Bilanzierung in € (vgl. Rdn. 39) folgt das Nominalwertprinzip. Danach ist es nicht zulässig, die laufende Geldentwertung bei der Bewertung der Vermögensgegenstände/Wirtschaftsgüter zu berücksichtigen (BFH v. 14. 5. 1974, BStBl II S. 572; v. 17. 1. 1980, BStBl II S. 434). Inflationsbedingte Anpassungen der historischen Anschaffungs- oder Herstellungskosten, Zuschreibungen sind nicht zulässig. Dies würde dem Verbot des Ausweises nicht verwirklichter Gewinne zuwiderlaufen (vgl. Rdn. 735 ff.). Im Übrigen läge ein Verstoß gegen § 253 Abs. 1 Satz 1 HGB vor, wonach

die historischen Anschaffungs- oder Herstellungskosten den höchstzulässigen Wertansatz bilden.

BEISPIEL 40: A hat für sein Einzelunternehmen in 2013 ein unbebautes Grundstück für 100 000 € erworben, das anschließend mit einem Betriebsgebäude bebaut wurde. Im Laufe der Jahre steigt der Wert des Grund und Bodens auf 150 000 €. Gleichwohl ist der Bilanzwert von 100 000 € beizubehalten. 755

Andererseits führt das Nominalwertprinzip dazu, dass bei der Realisation Gewinne auszuweisen sind, ohne dass sich die Substanz vermehrt hat. 756

BEISPIEL 41: Der Einzelunternehmer A hat im Jahre 2021 ein Produkt für 100 € eingekauft, das er in 2022 für 150 € veräußert. Er erzielt daraus nach Berücksichtigung der dafür entstandenen Aufwendungen einen Gewinn von 20 €. Dabei ist es unerheblich, dass er für die Wiederbeschaffung dieses Produkts zu diesem Zeitpunkt bereits 120 € aufwenden muss, also keine Substanzvermehrung eingetreten ist. 757

III. Die Anschaffungskosten

1. Allgemeine Grundsätze

Nach § 253 Abs. 1 HGB sind Vermögensgegenstände höchstens mit ihren Anschaffungs- oder Herstellungskosten zu bewerten. Für die steuerliche Gewinnermittlung wird in § 6 Abs. 1 Nr. 1 und 2 EStG die Bewertung der Wirtschaftsgüter des Betriebsvermögens auf der Grundlage der Anschaffungs- oder Herstellungskosten vorgeschrieben. Damit sind die Anschaffungskosten sowohl nach Handels- als auch nach Steuerrecht ein zentraler Bewertungsmaßstab. 758

Anschaffungskosten sind nach § 255 Abs. 1 HGB die Aufwendungen, die geleistet werden, um einen Vermögensgegenstand zu erwerben und ihn in einen betriebsbereiten Zustand zu versetzen, soweit sie dem Vermögensgegenstand einzeln zugeordnet werden können, ferner die Nebenkosten und die nachträglichen Anschaffungskosten. Zurechenbare Anschaffungspreisminderungen sind abzusetzen. Diese Begriffsbestimmung gilt nach der ständigen Rechtsprechung des BFH (vgl. Urteil v. 26. 4. 2006, BStBl 2006 II S. 656; v. 14. 4. 2011, BStBl 2011 II S. 709; v. 15. 6. 2011, BFH/NV 2011 S. 1516, jeweils m. w. N.; vgl. auch Kulosa, in: Schmidt, EStG, 39. Aufl., § 6 Rdn. 32) auch für das Steuerrecht, und zwar sowohl für die steuerliche Gewinnermittlung als auch für die Ermittlung der Einkünfte, bei denen der Überschuss der Einnahmen über die Werbungskosten der Besteuerung unterliegt, wie z. B. bei den Einkünften aus Vermietung und Verpachtung oder aus nichtselbständiger Arbeit (BFH v. 14. 6. 2012 – VI R 89/10, BStBl 2012 II S. 835). Mit § 6 Abs. 1 Nr. 1a EStG wurde für das Steuerrecht eine Regelung für die Behandlung von Aufwendungen getroffen, die in zeitlicher Nähe zum Erwerb eines Gebäudes stehen. Danach gehören zu den Herstellungskosten eines Gebäudes auch Aufwendungen für Instandsetzungs- und Modernisierungsmaßnahmen, die innerhalb von drei Jahren nach der Anschaffung eines Gebäudes durchgeführt werden, wenn sie ohne die USt 15 % der Anschaffungskosten des Gebäudes übersteigen (anschaffungsnahe Herstellungskosten), sofern es sich dabei nicht um Aufwendungen für Erweiterungen i. S. des § 255 Abs. 2 Satz 1 HGB sowie um Aufwendungen für Erhaltungsarbeiten handelt, die jährlich üblicherweise anfallen (vgl. dazu Rdn. 841 ff.). Aufwendungen auf ein 759

Wirtschaftsgut im Anschluss an seinen Erwerb können danach im Einzelfall zu weiteren Anschaffungskosten, zu Herstellungskosten oder aber auch zu sofort abziehbarem Aufwand führen.

Abweichend von § 255 Abs. 1 HGB gehören gem. § 42 AO Gebühren und Provisionen, die von Anlegern zeitnah zum Beitritt zu geschlossenen Fonds zu entrichten sind, regelmäßig zu den Anschaffungskosten der Wirtschaftsgüter des Fondsvermögens, z. B. von Grundstücken, Schiffen oder Windkraftanlagen (BFH v. 28. 6. 2001, BStBl 2001 II S. 717; v. 14. 4. 2011, BStBl 2011 II S. 706, 709 und BFH/NV 2011 S. 1361; BMF-Schreiben v. 20. 10. 2003, BStBl 2003 I S. 546).

760 Wird ein Wirtschaftsgut übertragen, ohne dass der Erwerber dafür eine wie auch geartete Vergütung aufzuwenden hat, entstehen begrifflich keine Anschaffungskosten. Der Gesetzgeber hat dazu verschiedene Sonderregelungen getroffen.

- Für aus dem Privatvermögen in das Betriebsvermögen eingelegte Wirtschaftsgüter entstehen aus diesem Anlass keine Anschaffungskosten. Sie sind nach § 6 Abs. 1 Nr. 5 bzw. Nr. 6 EStG zu bewerten (vgl. Rdn. 947 ff.).
- Wird ein Betrieb, ein Teilbetrieb oder ein Anteil an einer Personengesellschaft, einer Mitunternehmerschaft, unentgeltlich übertragen, hat der Übernehmende nach § 6 Abs. 3 EStG die Buchwerte des Übertragenden fortzuführen (vgl. Rdn. 781 ff.).
- Wird dem Betrieb von einem Dritten aus betrieblichen Gründen ein Wirtschaftsgut unentgeltlich zugewendet, gilt gem. § 6 Abs. 4 EStG dessen gemeiner Wert als Anschaffungskosten.
- Bei der Überführung von Wirtschaftsgütern aus einem Betriebsvermögen in ein anderes Betriebsvermögen desselben Steuerpflichtigen ist nach § 6 Abs. 5 EStG im Regelfall der bisherige Buchwert fortzuführen (vgl. Rdn. 960 ff.).

Leistet der Übertragende, der Veräußerer, noch eine Zuzahlung, ist nach dem Urteil des BFH v. 26. 4. 2006 (BStBl 2006 II S. 656) zu prüfen, ob diese im Hinblick auf mit dem Anschaffungsvorgang übernommene besondere Verpflichtungen geleistet wird, die gesondert auszuweisen wären. Ist die Zuzahlung hingegen dem Anschaffungsvorgang zuzurechnen, ist zu dessen Neutralisierung ein passiver Ausgleichsposten zu bilden, der damit dem Zugang auf der Aktivseite gegenübersteht. Die Frage, ob und in welcher Weise dieser Ausgleichsposten in späteren Wirtschaftsjahren erfolgswirksam aufzulösen ist, hat der BFH offen gelassen. Geht man davon aus, dass eine erfolgswirksame Auflösung des passiven Ausgleichspostens die Wirkung einer Zuschreibung hat, könnte darin ein Verstoß gegen das Verbot des Ausweises nicht realisierter Gewinne gesehen werden, so dass eine Auflösung des Passivpostens erst bei Ausscheiden des Wirtschaftsguts aus dem Betriebsvermögen in Betracht kommen dürfte.

761 Die Anschaffung von Wirtschaftsgütern ist regelmäßig mit USt belastet. Zu deren Berücksichtigung bei der Ermittlung der Anschaffungskosten hat der Gesetzgeber in § 9b EStG Stellung genommen (vgl. dazu Rdn. 787 ff.).

762 Preisminderungen, die dem Vermögensgegenstand einzeln zugeordnet werden können, sind abzusetzen. Darunter werden im Allgemeinen Skonti, Rabatte, Preisnachlässe verstanden, die vom Lieferanten gewährt werden (BFH v. 3. 12. 1970, BStBl 1971 II S. 323, v. 27. 2. 1991, BStBl II S. 456; v. 16. 3. 2004, BStBl 2004 II S. 1046; v. 22. 4. 2008, BFH/NV 2008 S. 1155). Darüber hinaus kann eine Minderung der An-

schaffungskosten aufgrund verschiedener steuerlicher Regelungen in Betracht kommen, z. B. durch

- für die Anschaffung von Wirtschaftsgütern des Anlagevermögens gewährte Zuschüsse nach R 6.5. EStR (vgl. Rdn. 1311),
- die Übertragung von aus Anlass des Ausscheidens von Wirtschaftsgütern aus dem Betriebsvermögen infolge höherer Gewalt aufgedeckter stiller Reserven nach den Grundsätzen von R 6.6 EStR (vgl. Rdn. 1262),
- die Übertragung von aus Anlass der Veräußerung bestimmter Wirtschaftsgüter des Anlagevermögens aufgedeckter stiller Reserven nach § 6b EStG (vgl. Rdn. 1270 ff.),
- die Kürzung nach einem beanspruchten Investitionsabzugsbetrag gem. § 7g Abs. 2 Satz 3 EStG (vgl. Rdn. 1244 ff.).

Anzahlungen sind eine Vorleistung auf den zu entrichtenden Kaufpreis. Die Entrichtung des Kaufpreises berührt nicht den Zeitpunkt der Anschaffung. Dementsprechend können auf Anzahlungen auf Anschaffungskosten abnutzbarer Vermögensgegenstände/Wirtschaftsgüter keine planmäßigen Abschreibungen/AfA vorgenommen werden. Abweichend davon sehen steuerliche Regelungen bereits die Möglichkeit der Vornahme erhöhter Absetzungen oder Sonderabschreibungen, u. U. bereits auf Anzahlungen auf Anschaffungskosten vor; wegen Einzelheiten vgl. § 7a Abs. 2 EStG sowie R 7a Abs. 5 und 6 EStR. 763

Die betrieblichen Verhältnisse lassen es vielfach nicht zu, die tatsächlichen Anschaffungskosten für das zum Ende des Wirtschaftsjahres konkret vorhandene einzelne Wirtschaftsgut zu ermitteln. Insbesondere bei Massengütern ist nicht mehr feststellbar, wann und zu welchen Bedingungen der einzelne Gegenstand angeschafft worden ist. Zur Ermittlung der zu bilanzierenden Anschaffungskosten werden danach unterschiedliche Bewertungsverfahren angewandt: 764

- Durchschnittsbewertung (vgl. Rdn. 897 ff.),
- Ansatz von Festwerten (vgl. Rdn. 176 ff.),
- Verbrauchsfolgeverfahren (vgl. Rdn. 906 ff.),
- retrograde Wertermittlung (vgl. Rdn. 916 ff.).

Während der Ansatz von Festwerten auch beim Anlagevermögen zulässig ist, werden die übrigen Verfahren nur bei der Bewertung des Vorratsvermögens angewendet. 765

2. Anschaffung des Bewertungsgegenstands

Anschaffungskosten können begrifflich nur aus Anlass des entgeltlichen Erwerbs eines bereits bestehenden Vermögengegenstands/Wirtschaftsguts anfallen (BFH v. 13. 1. 1993, BStBl II S. 346). Nach Tz. 176 des BMF-Schreibens vom 8. 5. 2008 (BStBl 2008 I S. 590) liegt eine Anschaffung bei entgeltlichem Erwerb durch Lieferung (Übergang der wirtschaftlichen Verfügungsmacht) vor. Als Bewertungsmaßstab kommen die Anschaffungskosten nur in Betracht, wenn das angeschaffte Wirtschaftsgut auch Bewertungsgegenstand ist. 766

767 **BEISPIEL 42:** Der Bauingenieur A hat am 2.5.2021 ein Bauunternehmen eröffnet. Aus diesem Anlass legt er u.a. seinen bisher von ihm als Arbeitnehmer genutzten Pkw in den Betrieb ein. Im Laufe des Jahres schafft er Baumaterialien an, die für die Herstellung von Bauten für fremde Auftraggeber, eines eigenen Betriebsgebäudes verwendet wurden und sich im Übrigen am 31.12.2021 am Lager befinden.

Bei der Einlage des Pkw handelt es sich um keine Anschaffung, sondern eine Einlage (BFH v. 11.12.1984, BStBl 1985 II S. 250), die Bewertung in der Steuerbilanz hat nach § 6 Abs. 1 Nr. 5 oder 6 EStG (vgl. Rdn. 927 ff.) zu erfolgen. Soweit die Baumaterialien bis zum Bilanzstichtag für die Herstellung von Bauten für Auftraggeber verwendet worden sind, sind sie in die Herstellungskosten des erstellten Bauwerks eingegangen. Sie sind damit nicht mehr selbständig bewertungsfähig. Soweit die Bauten bereits fertig gestellt worden sind, sind die Aufwendungen in die abgerechneten Leistungen eingegangen. Die für die am Bilanzstichtag noch nicht fertig gestellten Bauwerke verwendeten Materialien sind bei der Bewertung der im Vorratsvermögen zu erfassenden halbfertigen Arbeiten zu berücksichtigen. Die für das Betriebsgebäude verbrauchten Materialien sind in dessen Herstellungskosten eingegangen. Soweit sich am 31.12.2021 noch nicht verbrauchte Materialien am Lager befinden, kommen für diese Wirtschaftsgüter des Umlaufvermögens deren Anschaffungskosten als Bewertungsmaßstab in Betracht.

768 Dagegen ist Herstellung die Schaffung eines bisher in dem sich nach Abschluss der Maßnahme ergebenden Zustand noch nicht vorhandenen Wirtschaftsguts; wegen Einzelheiten dazu vgl. Rdn. 805 ff. Anschaffungskosten liegen hingegen auch insoweit vor, als die Aufwendungen dazu dienen, das erworbene Wirtschaftsgut in einen betriebsbereiten Zustand zu versetzen, so dass es seiner Zweckbestimmung entsprechend genutzt werden kann (BFH v. 12.9.2001, BStBl 2003 II S. 569 m.w.N.). Betriebsbereitschaft liegt nur dann vor, wenn sich das Wirtschaftsgut in dem Zustand befindet, der die vom Erwerber vorgesehene Nutzung ermöglicht. Dementsprechend gehören z.B. bei einer Maschine die Kosten für die Aufstellung, die Errichtung eines Fundaments und den Anschluss an die Energieversorgung regelmäßig zu den Anschaffungskosten (Kulosa, in: Schmidt, EStG, 39. Aufl., § 6 Rdn. 44, 45). Unter diesem Gesichtspunkt geht der BFH (a.a.O.) bei Erwerb eines vermieteten Wohngrundstücks grundsätzlich vom Erwerb eines betriebsbereiten Wirtschaftsguts aus, wenn auch der Erwerber beabsichtigt, es unverändert durch Vermietung zu Wohnzwecken zu nutzen. Anschaffungskosten liegen in einem derartigen Fall jedoch auch dann und insoweit vor, als Aufwendungen dadurch entstehen, dass funktionsuntüchtige Teile des Gebäudes, die für seine Nutzung z.B. als Wohnung unerlässlich sind, wiederhergestellt werden, z.B. eine defekte Heizung, die Beseitigung von die Bewohnbarkeit ausschließenden Wasserschäden, die Herrichtung einer durch Brand verwüsteten Wohnung. Entsprechendes gilt für Renovierungs- oder Modernisierungsarbeiten, die gleichzeitig mit dem Kaufvertrag über eine Eigentumswohnung in einem Altbau in Auftrag gegeben und alsbald durchgeführt werden (sog. Modernisierungsmodell, vgl. BFH v. 17.12.1996, BStBl II 1997 S. 348 m.w.N.). Werden an einem Gebäude innerhalb von drei Jahren nach der Anschaffung Instandsetzungs- und Modernisierungsmaßnahmen durchgeführt, führen die Aufwendungen dafür nach § 6 Abs. 1 Nr. 1a EStG zu anschaffungsnahen Herstellungskosten, wenn sie 15 % der Anschaffungskosten übersteigen und es sich dabei nicht um Aufwendungen für eine Erweiterung des Gebäudes oder für üblicherweise jährlich anfallende Erhaltungsarbeiten handelt (vgl. dazu Rdn. 835 ff.). Bei Erwerb eines teilfertigen Wirtschaftsguts, das anschließend fertig gestellt wird, führen sämtliche Aufwendungen zu Herstellungskosten (R 7.3 Abs. 1 EStR).

Auch die Aufwendungen, die in nicht unmittelbarem zeitlichen Zusammenhang mit der Anschaffung des Wirtschaftsguts anfallen, jedoch darauf gerichtet sind, führen zu Anschaffungskosten. Erforderlich ist, dass sie durch die Anschaffung verursacht sind, die Art und Funktion des angeschafften Wirtschaftsguts dadurch nicht verändert wird. So gehören z. B. die erstmalig anfallenden Erschließungs- und Straßenanliegerbeiträge auch dann zu den Anschaffungskosten des Grund und Bodens, wenn dieser bereits vor einer länger zurückliegenden Zeit angeschafft wurde. Die nachträgliche Erhöhung des Kaufpreises z. B. infolge eines Prozesses führt zu weiteren Anschaffungskosten im Zeitpunkt des Prozessabschlusses (BFH v. 12. 6. 1978, BStBl II S. 620). Entsprechendes gilt für aufschiebend bedingte Verpflichtungen, die erst nach Eintritt der Bedingung zu passivieren sind (BFH v. 10. 4. 1991, BStBl II S. 791; Kulosa, in: Schmidt, EStG, 39. Aufl., § 6 Rdn. 57). Besteht der Kaufpreis in einer Rente, führt deren Anpassung aufgrund einer Wertsicherungsklausel zu keiner Änderung der Anschaffungskosten (vgl. Rdn. 772). 769

Ferner sind die Anschaffungsnebenkosten (vgl. Rdn. 801) einzubeziehen.

Werden mehrere Wirtschaftsgüter für einen Gesamtpreis erworben, wie dies z. B. bei Erwerb eines ganzen Betriebs oder eines bebauten Grundstücks der Fall ist, ist dieser zur Ermittlung der Anschaffungskosten der einzelnen Wirtschaftsgüter nach objektiven Maßstäben aufzuteilen. Sieht der Kaufvertrag eine Aufteilung vor, ist dieser grundsätzlich zu folgen (BFH v. 17. 9. 1987, BStBl 1988 II S. 441; v. 4. 12. 2008, BFH/NV 2009 S. 365; v. 1. 4. 2009, BStBl II S. 663; v. 16. 9. 2015, BStBl 2016 II S. 397). Entspricht diese Vereinbarung nicht den wirtschaftlichen Gegebenheiten oder wurde keine derartige Vereinbarung getroffen, hat die Aufteilung nach dem Verhältnis der Teilwerte der einzelnen Wirtschaftsgüter einschließlich etwaiger immaterieller Wirtschaftsgüter zueinander zu erfolgen. Bei dem Erwerb eines bebauten Grundstücks sind zunächst der Bodenwert und der Gebäudewert gesondert zu ermitteln. Der Gesamtkaufpreis ist dann im Verhältnis dieser Werte zueinander aufzuteilen (BFH v. 10. 10. 2000, BStBl 2001 II S. 183; v. 29. 5. 2008, BFH/NV S. 1668, jeweils m. w. N.; BMF v. 16. 4. 2004, BStBl 2004 I S. 464); vgl. auch Kulosa, in: Schmidt, EStG, 39. Aufl., § 6 Rdn. 118 f. Das BMF hat eine auf der Grundlage der Rechtsprechung des BFH entwickelte Arbeitshilfe zur Kaufpreisaufteilung bei bebautem Grundstück zur Verfügung gestellt (NWB DokID: LAAAE-61859). Eine derartige Arbeitshilfe kann naturgemäß – wenn überhaupt – den im Einzelfall ggf. zu berücksichtigenden Besonderheiten nur in beschränktem Maße Rechnung tragen. So darf eine vertragliche Kaufpreisaufteilung auf Grund und Gebäude, die die realen Wertverhältnisse in grundsätzlicher Weise verfehlt und wirtschaftlich nicht haltbar erscheint, nicht durch die unter Verwendung der Arbeitshilfe des BMF ermittelte Aufteilung ersetzen, da die Arbeitshilfe die von der Rechtsprechung geforderte Aufteilung nach den realen Verkehrswerten von Grund und Gebäude im Hinblick auf die Verengung der zur Verfügung stehenden Bewertungsverfahren auf das (vereinfachte) Sachwertverfahren und die Nichtberücksichtigung eines sog. Orts- oder Regionalisierungsfaktors bei der Ermittlung des Gebäudewerts nicht gewährleistet (BFH v. 21. 7. 2020, NWB DokID: PAAAH-64928). 770

3. Entgeltliche Anschaffung

771 Anschaffungskosten können nur entstehen, wenn für den Erwerb eines Wirtschaftsguts eine Gegenleistung zu erbringen ist, die in Geld oder Geldeswert besteht. Diese Voraussetzungen werden regelmäßig bei Leistungsaustauschen zwischen fremden Dritten vorliegen. Nicht erforderlich ist es, dass dem Veräußerer ein Kaufpreis zu entrichten ist. Die Gegenleistung kann auch darin bestehen, dass eine Verbindlichkeit übernommen wird (BFH v. 19. 12. 2006, BStBl 2008 II S. 216).

772 Besteht die Gegenleistung in einer **Rente**, sind Anschaffungskosten deren Barwert, der entweder nach §§ 12 ff. BewG (BFH v. 20. 11. 1969, BStBl 1970 II S. 309) oder nach versicherungsmathematischen Grundsätzen (BFH v. 31. 1. 1980, BStBl II S. 491) zu ermitteln ist (vgl. auch R 6.2 EStR). Dies gilt auch für die Fälle, in denen wiederkehrende Leistungen in ungleichmäßiger Höhe zu entrichten sind (BFH v. 9. 2. 1994, BStBl 1995 II S. 47; v. 18. 10. 1994, BStBl 1995 II S. 169); derartige Vereinbarungen werden nicht selten aus Anlass einer vorweggenommenen Erbfolgeregelung getroffen, so dass die Frage des unentgeltlichen Erwerbs zu prüfen ist (vgl. Rdn. 781 ff.). Entfällt bei entgeltlichem Erwerb die Verpflichtung zur Entrichtung wiederkehrender Bezüge vorzeitig, wird dadurch die Höhe der Anschaffungskosten nicht berührt (BFH v. 31. 8. 1972, BStBl 1973 II S. 51). Spätere Erhöhungen der Leistungen durch eine Wertsicherungsklausel führen zu keiner Änderung der Anschaffungskosten; die Erhöhung des Barwerts ist erfolgswirksam einzubuchen (BFH v. 30. 7. 2003, BStBl 2004 II S. 211, m. w. N.).

773 Nach R 6.2 Satz 2 EStR soll der Barwert bei einem Ratenkauf zwingend nach §§ 12 ff. BewG ermittelt werden. Dies bedeutet dann eine Abweichung von Tz. 1 und 2 des BMF-Schreibens v. 26. 5. 2005 (BStBl 2005 I S. 699), wenn sich bei Anwendung versicherungsmathematischer Grundsätze unter Berücksichtigung des Zinssatzes von 5,5 % ein gegenüber der Anwendung der Regelungen von § 12 ff. BewG abweichender Wert ergeben sollte. Im Übrigen wird auf die Berechnungsbeispiele zu §§ 12 ff. BewG im BMF-Schreiben v. 26. 5. 2005 (a. a. O.) hingewiesen.

774 Besteht die Gegenleistung für die Übertragung des Wirtschaftsguts in der **Übernahme von Verbindlichkeiten**, liegt regelmäßig ebenfalls eine entgeltliche Anschaffung vor (beachte jedoch nachfolgend Rdn. 781 ff.). Der Wert der übernommenen Verbindlichkeit entspricht den Anschaffungskosten. Zur weiteren Bilanzierung einer Verbindlichkeit, die bei dem ursprünglich Verpflichteten einem Ansatzverbot, einer Ansatzbeschränkung oder einem Bewertungsvorbehalt unterlegen hat, wird auf Rdn. 1327 ff. hingewiesen.

775 **BEISPIEL 43:** A erwirbt für sein Einzelunternehmen von X ein Gebäude.

a) A übernimmt in Erfüllung des Kaufpreises eine noch mit 250 000 € valutierte Hypothek. Er wendet auch insoweit Anschaffungskosten auf.

b) In dem Gebäude befindet sich eine vermietete Wohnung. Der Veräußerer hatte von dem Dritten eine Mietvorauszahlung erhalten, die durch Verrechnung mit der Miete getilgt wird. Im Zeitpunkt des Erwerbs durch A war der Mieter noch für fünf Jahre berechtigt, seine Mietzahlungen entsprechend zu kürzen. A tritt in diesen Mietvertrag ein, ohne von X die für diesen Zeitraum erhaltene Mietvorauszahlung vergütet zu bekommen. Die Anschaffungskosten bestehen aus dem vereinbarten Kaufpreis zuzüglich der noch nicht verrechneten Mietvorauszahlung, in deren Höhe zugleich ein passiver RAP zu bilden ist (BFH v. 17. 12. 1970, BStBl 1971 II S. 325).

Ist das erworbene Wirtschaftsgut mit besonderen dinglichen Verpflichtungen belastet, wird es sich regelmäßig um wertmindernde Umstände handeln, die die Höhe des vereinbarten Kaufpreises nicht berühren, z. B. Belastung eines Grundstücks mit einem Wegerecht zugunsten eines Dritten. Nach der Rechtsprechung des BFH (Urteil v. 31. 5. 2000, BStBl 2001 II S. 594 m. w. N.) ist dies auch bei Erwerb eines Grundstücks, das aus diesem Anlass mit einem dinglichen Nutzungsrecht (Wohnrecht, Nießbrauchsrecht) belastet wird, der Fall. 776

Beim **Tausch** wird handelsrechtlich das Wahlrecht eingeräumt, den eingetauschten Vermögensgegenstand mit dem Buchwert oder dem tatsächlichen Wert des hingetauschten Vermögensgegenstands anzusetzen (Hoffmann/Lüdenbach, NWB Kommentar Bilanzierung, 12. Aufl., § 255 HGB Rz. 61 ff.; Kulosa, in: Schmidt, EStG, 39. Aufl., § 6 Rdn. 851, jeweils m. w. N.). Nach § 6 Abs. 6 EStG bemessen sich die Anschaffungskosten eines eingetauschten Wirtschaftsguts hingegen in jedem Fall nach dem gemeinen Wert des hingegebenen Wirtschaftsguts (vgl. auch BFH v. 14. 12. 1982, BStBl 1983 II S. 303; v. 7. 7. 1992, BStBl 1993 II S. 331). 777

Die **Umwandlung** von Unternehmen führt regelmäßig zur Übertragung des Vermögens auf einen anderen Rechtsträger. Für den Regelfall ergeben sich die steuerlichen Rechtsfolgen aus dem UmwStG. Wegen der Einzelheiten dazu vgl. 6. Kap. Rdn. 91 ff. 778

Ist für den Übergang eines Wirtschaftsguts keine Gegenleistung aufzuwenden, liegt ein unentgeltlicher Erwerb vor. Beim Erwerber fallen keine Anschaffungskosten an. Dies ist insbesondere der Fall bei Vermögensübergängen durch **Schenkung** oder aus Anlass eines **Erbfalls**, wegen Einzelheiten vgl. Rdn. 781 ff. Wird ein Betrieb, ein Teilbetrieb oder ein Mitunternehmeranteil unentgeltlich übertragen, führt dies nach § 6 Abs. 3 EStG beim Übertragenden zu keiner Entnahme. Der unentgeltliche Erwerber hat die Buchwerte des Übertragenden fortzuführen. Er tritt damit in die Stellung seines Rechtsvorgängers ein, sofern in der Person des Übertragnehmers die uneingeschränkte Besteuerung der zuvor gebildeten stillen Reserven gesichert ist. Dies gilt auch bei der unentgeltlichen Aufnahme einer natürlichen Person in ein bestehendes Einzelunternehmen sowie bei der unentgeltlichen Übertragung eines Teils eines Mitunternehmeranteils auf eine natürliche Person. Dabei wird es sich vielfach um Fälle handeln, in denen Kinder als Mitunternehmer in das bisherige Einzelunternehmen eines Elternteils aufgenommen werden. Unschädlich ist es, dass der Übertragende einzelne Wirtschaftsgüter des Betriebsvermögens nicht anteilig mit überträgt, sofern diese Wirtschaftsgüter zu seinem Sonderbetriebsvermögen bei der nunmehr begründeten Mitunternehmerschaft gehören. Wird der Teil eines Mitunternehmeranteils unentgeltlich übertragen, ist es nicht erforderlich, dass auch etwaiges Sonderbetriebsvermögen anteilsmäßig mit übertragen wird. Auf die Aufdeckung der stillen Reserven kann in derartigen Fällen nur verzichtet werden, sofern der Rechtsnachfolger den übernommenen Mitunternehmeranteil über einen Zeitraum von mindestens fünf Jahren nicht veräußert oder aufgibt. Erforderlichenfalls sind dann bereits durchgeführte Veranlagungen (Gewinnfeststellungen) nach § 175 Abs. 1 Nr. 2 AO zu ändern. Wegen Einzelheiten vgl. BMF-Schreiben v. 3. 3. 2005 (BStBl 2005 I S. 458) ergänzt durch das BMF-Schreiben v. 779

7.12.2006 (BStBl 2006 I S. 766). Abweichend davon kommt bei unentgeltlicher Übertragung eines Mitunternehmeranteils unter gleichzeitiger Überführung von Wirtschaftsgütern des Sonderbetriebsvermögens in ein anderes Betriebsvermögen des Übertragenden nach dem Urteil des BFH v. 2.8.2012 (IV R 41/11, NWB DokID: TAAAE-19933) eine Aufdeckung der stillen Reserven nicht in Betracht. Wegen der sich bei der Realteilung einer Personengesellschaft ergebenden Rechtsfolgen wird auf das BMF-Schreiben v. 19.12.2018 (BStBl 2019 I S. 6) hingewiesen, ferner die Urteile des BFH v. 17.9.2015 (BStBl 2017 II S. 37) und v. 16.12.2015 (BFH/NV 2016 S. 646) sowie die teilweise von der Auffassung des BMF abweichenden Urteile des BFH v. 16.3.2014 – IV R 31/14 (NWB DokID: FAAAG-48085) und v. 30.3.2017 – IV R 11/15 (NWB DokID: LAAAG-48083).

Die Regelung des § 6 Abs. 5 EStG ist nicht anwendbar bei entgeltlichen Übertragungen. Erfolgt eine Übertragung z. B. gegen die Übernahme von Verbindlichkeiten, die den Wert des übertragenen Wirtschaftsgutes nicht übersteigen, ist streitig, ob die Anwendung des § 6 Abs. 5 EStG bereits dann ausgeschlossen ist, wenn die Gegenleistung den bisherigen Buchwert des übertragenen Wirtschaftsgutes nicht überschreitet.

BEISPIEL 43A: Der Einzelunternehmer A ist zugleich Kommanditist der X-GmbH & Co. KG. Er überträgt aus seinem Einzelunternehmen ein unbebautes Grundstück zum Buchwert von 100 000 € in das Gesamthandsvermögen der KG sowie die aus Anlass der Anschaffung diese Grundstücks begründete Verbindlichkeit in Höhe von noch 50 000 €. Der Teilwert des Grundstücks beträgt 150 000 €. Die Höhe der Gesellschaftsrechte des A wird durch diese Übertragung nicht berührt.

Dazu vertritt das BMF mit Schreiben v. 12.9.2013 (BStBl 2013 I S. 1164, modifiziert durch Schreiben v. 26.7.2016, BStBl 2016 I S. 684) die Auffassung, dass ein entgeltlicher Erwerb insoweit vorliegt, als die übernommene Verbindlichkeit dem anteiligen Teilwert des Grundstücks entspricht. Danach erwirbt die KG das Grundstück zu 1/3 entgeltlich (50 000 €) und zu 2/3 unentgeltlich (66 667 €). Diese Auffassung steht im Gegensatz zur Auffassung des BFH (Urteile v. 21.6.2012 – IV R 1/08, BFH/NV 2012 S. 1536; v. 19.9.2012 – IV R 11/12, BFH/NV 2012 S. 1880).

780 Wird ein einzelnes Wirtschaftsgut aus außerbetrieblichen Gründen unentgeltlich übertragen, das vom Beschenkten betrieblich genutzt wird, erfolgt der unentgeltliche Erwerb im Privatvermögen. Das Wirtschaftsgut wird mit der betrieblichen Nutzung in das Betriebsvermögen eingelegt. Die Bewertung hat nach § 6 Abs. 1 Nr. 5 EStG (vgl. Rdn. 947 ff.) zu erfolgen. Eine andere Beurteilung greift dann ein, wenn aus betrieblichem Anlass Wirtschaftsgüter aus einem Betriebsvermögen in das Betriebsvermögen eines anderen Steuerpflichtigen übertragen werden, z. B. ein Geschenk i. S. des § 4 Abs. 5 Satz 1 Nr. 1 EStG. In diesem Fall gilt nach § 6 Abs. 4 EStG für den Erwerber der Betrag als Anschaffungskosten, den er für dieses Wirtschaftsgut im Zeitpunkt des Erwerbs hätte aufwenden müssen. Die steuerliche Erfassung der Zuwendung beim Empfänger kommt dann nicht in Betracht, wenn der Zuwendende die Pauschsteuer nach § 37a EStG (vgl. 5. Kap. Teil A Rdn. 336 ff.) abgeführt und dies dem Empfänger mitgeteilt hat.

4. Besonderheiten bei Erbfall und vorweggenommener Erbregelung

Mit dem Tod des Erblassers geht der gesamte Nachlass unentgeltlich im Wege der Gesamtrechtsnachfolge auf den Alleinerben – oder – bei mehreren Erben – auf die Erbengemeinschaft über (§§ 1922, 2032 BGB). Führt der Alleinerbe den auf ihn übergegangenen Betrieb fort, ist er nach § 6 Abs. 3 EStG zur Fortführung der Buchwerte des Erblassers verpflichtet, sofern die uneingeschränkte Besteuerung der vom Erblasser gebildeten stillen Reserven beim Erben gesichert ist. Die Erbengemeinschaft besteht grundsätzlich bis zu ihrer Auseinandersetzung fort, so dass bis dahin nach § 6 Abs. 3 EStG zu verfahren ist; wegen der Voraussetzungen, unter denen eine Erbauseinandersetzung auf den Tag des Erbanfalls zurückwirkt, wird auf Tz. 8, 9 des BMF-Schreibens v. 14. 3. 2006 (BStBl 2006 I S. 253) hingewiesen. Nach dem Beschluss des GrS des BFH v. 5. 7. 1990 (BStBl II S. 837) ist bei der Auseinandersetzung der Erbengemeinschaft zu prüfen, ob aus diesem Anlass entgeltliche Erwerbe erfolgen. Dies ist nicht der Fall, wenn eine Realteilung erfolgt, ohne dass Ausgleichszahlungen zu entrichten sind, sondern sich zwei Erben eines Gewerbebetriebs dahingehend auseinandersetzen, dass jeder der Beiden einen Teilbetrieb fortführt, ohne dass Ausgleichszahlungen zu entrichten sind. Jeder der beiden Erben hat die Buchwerte des Erblassers nach § 6 Abs. 3 EStG fortzuführen (Tz. 10 des BMF-Schreibens v. 14. 3. 2006, a. a. O.). Entsprechende Rechtsfolgen treten bei der Realteilung eines Mischnachlasses ohne Ausgleichszahlungen ein (Tz. 32 bis 35 des BMF-Schreibens v. 14. 3. 2006, a. a. O.), wenn z. B. der Nachlass aus einem Gewerbebetrieb und privatem Grundbesitz besteht und sich die Erben angesichts der Gleichwertigkeit dieser Vermögensgegenstände dahingehend auseinandersetzen, dass nur einer der Erben den Gewerbebetrieb fortführt, während der andere Erbe den privaten Grundbesitz übernimmt. Zu Problemen, die sich aufgrund von Erbstreitigkeiten ergeben haben, hatte der BFH mit den Urteilen v. 14. 3. 1996 (BStBl 1996 II S. 310), v. 13. 2. 1997 (BStBl 1997 II S. 535) und v. 16. 5. 2013 (BStBl 2013 II S. 858) Stellung genommen. 781

Scheiden Miterben aus der Erbengemeinschaft gegen Barabfindung oder die Hingabe von Sachwerten aus, veräußern sie an den/die verbleibenden Miterben ihren Anteil entgeltlich (BFH v. 19. 12. 2006, BStBl 2008 II S. 216). Dem/Den Erwerber(n) entstehen insoweit Anschaffungskosten. Wird z. B. das Einzelunternehmen des Erblassers nach Erbauseinandersetzung gegen Barabfindung durch nur einen Erben fortgeführt, liegt hinsichtlich seines Erbteils ein unentgeltlicher Erwerb, im Übrigen ein entgeltlicher Erwerb von den Miterben vor. Im Rahmen einer Erbauseinandersetzung übernommene Schulden der Erbengemeinschaft führen für den übernehmenden Miterben nur insoweit zu Anschaffungskosten der von ihm übernommenen Nachlassgegenstände, als sie seinen Anteil am Nachlass übersteigen (BFH-Urteil v. 14. 12. 2004, BStBl 2006 II S. 296; v. 14. 7. 2009, BFH/NV 2009 S. 1808). 782

BEISPIEL 44: Der Einzelunternehmer A ist am 2. 5. 2020 verstorben. Er wird von seinen Kindern B und C zu gleichen Teilen beerbt, die zunächst das Einzelunternehmen in Erbengemeinschaft und damit als Mitunternehmer i. S. des § 15 Abs. 1 Satz 1 Nr. 2 EStG fortführen. Beide haben damit je die Hälfte des Einzelunternehmens unentgeltlich erworben. Am 1. 12. 2021 setzen sich B und C dahingehend auseinander, dass B das Unternehmen ab 1. 1. 2022 als Einzelunternehmer fortführt. Er zahlt dafür an C eine Abfindung. B erwirbt damit entgeltlich den bisherigen Mitunternehmeranteil des C. Ihm sind insoweit Anschaffungskosten entstanden. Im Er- 783 gebnis hat B danach das Einzelunternehmen zu 50 % von A unentgeltlich im Erbgange und zu den weiteren 50 % mit dem 1. 1. 2022 entgeltlich erworben.

784 Haben die Erben Dritten aufgrund eines Vermächtnisses (§ 2147 BGB), bestehender Erbersatzansprüche (§ 1934a BGB) oder Pflichtteilsansprüche (§§ 2203 ff. BGB) einen bestimmten Geldbetrag oder bestimmte Wirtschaftsgüter zu übertragen, geht zivilrechtlich der Gesamtnachlass auf den (die) Erben als Gesamtrechtsnachfolger des Erblassers über. Die Dritten erwerben aus Anlass des Erbfalls einen schuldrechtlichen Anspruch gegenüber den Erben. Die Erfüllung dieser Ansprüche durch den Erben gegenüber den Anspruchsberechtigten führt zu keinen Anschaffungskosten auf den Nachlass (Tz. 60 BMF-Schreiben v. 14. 3. 2006, a. a. O.). Wird in Erfüllung des Vermächtnisses ein Einzelwirtschaftsgut des ererbten Betriebs auf den Vermächtnisnehmer übertragen, liegt eine Entnahme des Erben vor. Ist hingegen ein Betrieb auf den Vermächtnisnehmer zu übertragen, kommt eine Aufdeckung der stillen Reserven nach § 6 Abs. 3 EStG nicht in Betracht. Wegen weiterer Einzelheiten wird auf Tz. 60 ff. des BMF-Schreibens v. 14. 3. 2006 (a. a. O.) hingewiesen.

785 Verschiedentlich wird die Erbfolge ganz oder teilweise bereits zu Lebzeiten des Erblassers geregelt, indem einzelne Vermögensgegenstände auf potentielle Erben übertragen werden. Mit der Übertragung verpflichtet sich nicht selten der Übernehmer, Leistungen gegenüber dem Übertragenden oder Dritten sowie gegenüber potentiellen Miterben zu erbringen. Zu dieser Problematik hat der BMF mit Schreiben v. 13. 1. 1993 (BStBl 1993 I S. 80), geändert und ergänzt durch das BMF-Schreiben v. 26. 2. 2007 (BStBl I S. 269), Stellung genommen. Danach hängt es in Übereinstimmung mit der Rechtsprechung des BFH davon ab, ob im Einzelfall ein unentgeltlicher oder ein teilentgeltlicher Erwerb vorliegt. Veranlasst durch die zwischenzeitliche Rechtsprechung des BFH sind die Ausführungen zur Verfahrensweise bei teilentgeltlichen Erwerben durch das BMF-Schreiben v. 26. 2. 2007 (BStBl I S. 269) modifiziert worden.

786 Zu den bei Vermögensübertragungen gegen wiederkehrende Leistungen eintretenden Rechtsfolgen wird in den BMF-Schreiben v. 16. 9. 2004 (BStBl 2004 I S. 922) und v. 19. 1. 2007 (BStBl 2007 I S. 188) Stellung genommen. Zu der bei nach dem 31. 12. 2007 vereinbarten Vermögensübertragungen zu beachtenden geänderten Regelung des § 10 Abs. 1 Nr. 1a EStG wird auf das BMF-Schreiben v. 11. 3. 2010 (BStBl I S. 227) hingewiesen, das in Rz. 80 ff. Übergangsregelungen enthält.

5. Berücksichtigung der Umsatzsteuer

787 Das Unternehmen wird mit der ihm in Rechnung gestellten USt wirtschaftlich nicht belastet, wenn es insoweit zum Vorsteuerabzug nach § 15 UStG berechtigt ist (vgl. 5. Kap. Teil F Rdn. 1666 ff.). In diesen Fällen wird der Vorsteueranspruch mit der geschuldeten Umsatzsteuer verrechnet, u. U. kann sich dadurch ein Erstattungsanspruch gegenüber dem FA ergeben. Der Vorsteueranspruch entsteht mit Ausführung der Lieferung des mit USt belasteten Wirtschaftsguts und ist deswegen zu diesem Zeitpunkt einzubuchen (BFH v. 12. 5. 1993, BStBl II S. 786).

788 Über H 6.2 „Vorsteuerbeträge“ EStH wird § 9b Abs. 1 EStG für anwendbar erklärt. Danach gehört der nach § 15 UStG bei der USt abziehbare Vorsteuerbetrag nicht zu den

Anschaffungs- oder Herstellungskosten des Wirtschaftsguts, bei dessen Anschaffung oder Herstellung er anfällt. Danach sind nur die bei der USt nicht abziehbaren Vorsteuerbeträge den Anschaffungs- oder Herstellungskosten des in Betracht kommenden Wirtschaftsguts zuzurechnen. Dabei ist es unerheblich, ob es zum Anlage- oder Umlaufvermögen gehört; vgl. auch R 9b Abs. 1 EStR.

Nach R 9b Abs. 2 EStR ist für die Prüfung der Frage, ob bei den geringwertigen Wirtschaftsgütern i. S. des § 6 Abs. 2 oder 2a oder § 9 Abs. 1 Satz 3 Nr. 7 Satz 2 EStG die Grenze von 250, 1 000 oder 800 € überschritten wurde, stets von den Anschaffungs- oder Herstellungskosten abzüglich eines darin enthaltenen Vorsteuerbetrags, also von dem reinen Warenpreis ohne Vorsteuer (Nettowert), auszugehen. Dies gilt auch dann, wenn der Vorsteuerbetrag umsatzsteuerrechtlich nicht abziehbar ist. Dagegen sind für die Bemessung der Freigrenze für Geschenke nach § 4 Abs. 5 Satz 1 Nr. 1 EStG die Anschaffungs- oder Herstellungskosten einschließlich eines umsatzsteuerrechtlich nicht abziehbaren Vorsteuerbetrags maßgebend; dabei bleibt § 15 Abs. 1a Satz 1 UStG unberücksichtigt. 789

Dient ein Wirtschaftsgut unterschiedlichen Zwecken, kann der Vorsteuerabzug nach § 15 UStG teilweise ausgeschlossen sein, indem er teilweise nichtunternehmerischen Zwecken dient (5. Kap. Teil F Rdn. 1674 ff.). Die danach nicht abziehbare Vorsteuer gehört zu den Anschaffungskosten des in Betracht kommenden Wirtschaftsguts. 790

BEISPIEL 45: Die X-GmbH erwirbt in 2021 ein Gebäude für 1 000 000 € zzgl. 190 000 € USt, die zu 90 % als Vorsteuer abziehbar ist. Danach gehört die Vorsteuer in Höhe von 10 % = 19 000 € zu den Anschaffungskosten des Gebäudes. 791

Bei der Zuordnung von Vorsteuern zu den Anschaffungs- oder Herstellungskosten ist an die umsatzsteuerliche Behandlung anzuknüpfen. Führt eine Prüfung durch die FinVerw. zu einer anderweitigen Aufteilung der Vorsteuern, folgt daraus eine entsprechende Korrektur der Anschaffungs- oder Herstellungskosten. 792

BEISPIEL 46: Fortsetzung des Beispiels 45 mit der Maßgabe, dass nach einer Überprüfung durch die FinVerw nur 88 % der Vorsteuern abziehbar sind. Die Anschaffungskosten des Gebäudes erhöhen sich aus diesem Grunde um weitere 2 % von 190 000 = 3 800 €. 793

Ändert sich in einem späteren Wirtschaftsjahr der Verwendungszweck des angeschafften/hergestellten Wirtschaftsguts, kann dies unter den Voraussetzungen des § 15a UStG (vgl. 5. Kap. Teil F Rdn. 1681) zu einer Berichtigung des Vorsteuerabzugs führen. Nach § 9b Abs. 2 EStG werden dadurch die Anschaffungs- oder Herstellungskosten nicht berührt. Mehrbeträge sind erfolgswirksame Betriebseinnahmen, Minderbeträge sofort abziehbare Betriebsausgaben. 794

BEISPIEL 47: (Fortsetzung des Beispiels 46) 795

a) Im Jahre 2026 tritt eine Nutzungsänderung dahingehend ein, dass nunmehr insgesamt die Voraussetzungen für den Vorsteuerabzug vorliegen. Der sich dadurch ergebende Erstattungsbetrag an Vorsteuern ist als Ertrag zu buchen.

b) Im Jahre 2026 tritt eine Nutzungsänderung dahingehend ein, dass nunmehr der Vorsteuerabzug zu 30 % ausgeschlossen ist. Der sich dadurch ergebende Nachforderungsbetrag ist sofort abziehbare Betriebsausgabe.

796 Nach § 15 Abs. 1a Nr. 1 UStG sind ferner die Vorsteuerbeträge nicht abziehbar, die auf Aufwendungen entfallen, für die das Abzugsverbot des § 4 Abs. 5 Satz 1 Nr. 1 bis 4, 7 EStG, d. h. für Geschenke, Bewirtungsaufwendungen (mit Einschränkungen), Gästehäuser, Jagd und Fischerei und die Lebensführung berührende unangemessene Aufwendungen sowie das Abzugsverbot nach § 12 Nr. 1 EStG für die nichtabziehbaren Kosten der Lebensführung gilt. Diese Vorsteuerbeträge unterliegen dem Abzugsverbot des § 12 Nr. 3 EStG (Rdn. 1535 ff.). § 9b EStG findet insoweit keine Anwendung (R 9b Abs. 3 EStR).

797, 798 *Einstweilen frei*

6. Ermittlung der Anschaffungskosten im Einzelfall

799 Zu den Anschaffungskosten gehören alle Aufwendungen, die geleistet werden, um das Wirtschaftsgut zu erwerben und in einen betriebsbereiten Zustand zu versetzen (§ 255 Abs. 1 HGB; BFH v. 12. 9. 2001, BStBl 2003 II S. 574). Die Höhe der Anschaffungskosten richtet sich grundsätzlich nach dem Preis, zu dem das Wirtschaftsgut entsprechend der vertraglichen Regelung erworben wurde (BFH v. 16. 1. 1996, BFH/NV 1996 S. 600, unter Hinweis auf BFH v. 16. 12. 1977, BStBl 1978 II S. 233). Wurde der Kaufpreis kreditiert und ist das Darlehen aus einem bestimmten Anteil an den Verwertungserlösen zu tilgen, ist zu beachten, dass derartige Verpflichtungen nach § 5 Abs. 2a EStG erst dann in der Steuerbilanz ausgewiesen werden dürfen, wenn die Einnahmen oder Gewinne angefallen sind. Damit können auch erst ab diesem Zeitpunkt Anschaffungskosten ausgewiesen werden. Aufschiebend bedingte Zahlungsverpflichtungen sowie aufschiebend befristete Verbindlichkeiten führen erst im Zeitpunkt des Eintritts des Ereignisses zu Anschaffungskosten (BFH v. 2. 3. 2005, BFH/NV 2005 S. 1067; v. 21. 8. 2007, BFH/NV 2007 S. 2109; v. 1. 9. 2010 – IV B 132/09, BFH/NV 2011 S. 28, m. w. N.).

800 Ist die Kaufpreisschuld nach § 6 Abs. 1 Nr. 3 EStG abgezinst worden (vgl. Rdn. 1321 ff.), führt nur der abgezinste Nennbetrag zu Anschaffungskosten (so bereits BFH v. 29. 10. 1974, BStBl 1975 II S. 173; v. 21. 10. 1980, BStBl 1981 II S. 160). Dementsprechend entstehen bei Erwerb einer Forderung gegen Zahlung eines unter dem Nennwert liegenden Betrags auch nur in dieser Höhe Anschaffungskosten. Der Umstand, dass der Schuldner bei Fälligkeit den Nennwert der Forderung schuldet, rechtfertigt keinen über die tatsächlichen Aufwendungen hinausgehenden Ansatz. Der sich infolge der Vereinnahmung des Nennwerts der Forderung ergebende Gewinn wird erst im Zeitpunkt der Zahlung durch den Schuldner realisiert (BFH v. 26. 4. 1995, BStBl II S. 594).

801 In die Ermittlung der Anschaffungskosten sind sämtliche Aufwendungen einzubeziehen, die gemacht werden, um das Wirtschaftsgut mit den gewünschten Eigenschaften zu erwerben. Die von den Beteiligten gewählte äußere Abwicklung ist nicht ausschlaggebend, vgl. dazu BFH v. 17. 12. 1996 (BStBl II 1997 S. 348 m. w. N.). Bei Erwerb eines nicht funktionsfähigen Wirtschaftsguts gehören zu dessen Anschaffungskosten die Aufwendungen, um es in einen nutzungsfähigen Zustand zu versetzen. Beim Erwerb von Gebäuden können in derartigen Fällen nicht Anschaffungskosten, sondern Herstellungskosten i. S. des § 6 Abs. 1 Nr. 1a EStG vorliegen (Rdn. 840).

Ferner sind die durch den Anschaffungsvorgang verursachten Nebenkosten einzubeziehen. Dies sind alle sonstigen Aufwendungen des Erwerbers neben der Entrichtung des Kaufpreises, die in einem unmittelbaren wirtschaftlichen Zusammenhang mit der Anschaffung stehen, insbesondere zwangsläufig im Gefolge der Anschaffung anfallen. Nicht entscheidend ist dabei, ob diese Kosten bereits im Zeitpunkt des Erwerbs oder erst im Anschluss hieran als „unmittelbare Folgekosten des Erwerbsvorgangs" anfallen. Die Frage, welche Kosten danach dem Anschaffungsvorgang im Einzelfall zuzuordnen sind, ist nach wirtschaftlichen Gesichtspunkten zu entscheiden. Dabei ist ein bloßer kausaler oder zeitlicher Zusammenhang mit der Anschaffung nicht ausreichend, vielmehr kommt es auf die Zweckbestimmung der Aufwendungen an (BFH v. 17. 10. 2001, BStBl 2002 S. 349 m. w. N.). Regelmäßig wird es sich um Zahlungen handeln, die nicht dem Lieferanten, sondern Dritten geschuldet werden, wie z. B. Kosten der Beurkundung des Kaufvertrages, Vermittlungsprovisionen, Rollgebühren, Transportkosten, Montagekosten, Gutachterkosten (BFH v. 27. 3. 2007, BFH/NV 2007 S. 1407; v. 9. 12. 2007, BFH/NV 2008 S. 566) sowie öffentlich-rechtliche Gebühren und Abgaben wie z. B. für die Eintragung in das Grundbuch, Zulassungsgebühren, Grunderwerbsteuer, nicht abziehbare Vorsteuern (vgl. Rdn. 787 ff.), Zölle. Bei diesen Aufwendungen handelt es sich um Einzelkosten, die dem einzelnen Anschaffungsvorgang unmittelbar zugerechnet werden können (BFH v. 24. 2. 1972, BStBl II S. 422; v. 13. 4. 1988, BStBl II S. 892). Grunderwerbsteuer fällt bei Gesellschaften auch bei bestimmten Änderungen des Gesellschafterbestandes an, obwohl die Gesellschaft weiterhin Eigentümerin des Grundbesitzes bleibt. In einer Anzahl von derartigen Sachverhalten ist die Grunderwerbsteuer sofort abziehbare Betriebsausgabe (BFH v. 20. 4. 2011, BStBl 2011 II S. 761; v. 14. 3. 2011, BStBl 2012 II S. 281; v. 2. 9. 2014, BStBl 2015 II S. 260), vgl. auch OFD Nordrhein-Westfalen v. 21. 4. 2015 (DB 2015 S. 1013). Zu den bei Umwandlungen zu beachtenden Grundsätzen hat das BMF in Tz. 04.34 und 23.01 seines Schreibens v. 11. 11. 2011 (BStBl 2011 I S. 1314) Stellung genommen. Anschaffungsnebenkosten können auch bei einem im Übrigen unentgeltlichen Erwerb anfallen (BFH v. 9. 7. 2013, BStBl 2014 II S. 878).

Gemeinkosten, die nur im Wege einer Schätzung dem Anschaffungsvorgang zugeordnet werden können, sind nicht als Anschaffungsnebenkosten zu verrechnen (BFH v. 14. 1. 1992, BStBl II S. 464; v. 28. 9. 1993, BFH/NV 1994 S. 236). Dazu gehören z. B. die Kosten der Einkaufsabteilung, des Transports mit eigenem Fuhrpark (BFH v. 31. 7. 1967, BStBl 1968 II S. 22). 802

BEISPIEL 48: Die X-GmbH bezieht regelmäßig Rohstoffe aus dem Ausland, die vom Hafen in Rotterdam abgeholt werden. Zunächst erfolgte die Abholung jeweils mit eigenen Lkw. Die Aufwendungen für den Fuhrpark können nicht unmittelbar, sondern nur durch Schätzung den einzelnen Beförderungsvorgängen zugeordnet werden. Es handelt sich deswegen nicht um Anschaffungsnebenkosten. Im Rahmen einer Umstrukturierung des Konzerns wird der Fuhrpark in eine Schwestergesellschaft, die Y-GmbH ausgegliedert. Die Y-GmbH berechnet die einzelnen Transportleistungen. Damit können diese Aufwendungen dem einzelnen Anschaffungsvorgang unmittelbar zugeordnet werden und sind damit Anschaffungsnebenkosten. Dabei ist es unerheblich, dass jeweils mehrere Einheiten der angeschafften Wirtschaftsgüter gemeinschaftlich befördert werden und damit die einzelne Transportrechnung entsprechend aufzuteilen ist. 803

Finanzierungskosten berühren die Entrichtung des Kaufpreises, nicht aber den Anschaffungsvorgang. Sie gehören deswegen nicht zu den Anschaffungskosten. 804

IV. Die Herstellungskosten

1. Begriffsbestimmung

1.1 Einheitlicher Begriff nach Handels- und Steuerrecht

805 Nach § 255 Abs. 2 Satz 1 HGB sind Herstellungskosten die Aufwendungen, die durch den Verbrauch von Gütern und die Inanspruchnahme von Diensten für

- die Herstellung eines Vermögensgegenstands,
- die Erweiterung eines Vermögensgegenstands oder
- die über den ursprünglichen Zustand eines Vermögensgegenstands hinausgehende Verbesserung

entstehen. Daraus folgt, dass der tatsächlich entstandene Aufwand und nicht Kosten im betriebswirtschaftlichen Sinne zu berücksichtigen sind. Sprachlich zutreffender wäre es sicherlich, den Begriff des Herstellungsaufwands zu verwenden. Wegen der Bestimmung der Herstellungskosten für selbst geschaffene immaterielle Wirtschaftsgüter, für die ein Aktivierungswahlrecht besteht, wird auf Rdn. 811 hingewiesen.

806 Der in R 6.3 Abs. 1 EStR mangels einer allgemeinen eigenständigen steuerrechtlichen Regelung in Anlehnung an § 255 Abs. 2 Satz 1 HGB definierte Begriff der Herstellungskosten ist auch für die steuerliche Einkunftsermittlung, also nicht nur für die steuerliche Gewinnermittlung und damit für die Anwendung des § 6 Abs. 1 Nr. 1 EStG, sondern auch für die Ermittlung des Überschusses der Einnahmen über die Werbungskosten maßgebend (BFH v. 4. 7. 1990, BStBl 1990 II S. 830; v. 25. 1. 2006, BStBl 2006 II S. 707; v. 25. 9. 2007, BStBl 2008 II S. 218, jeweils m. w. N.). Er umfasst die Aufwendungen, die durch den Verbrauch von Gütern und die Inanspruchnahme von Diensten für die Herstellung eines Vermögensgegenstandes, für die Erweiterung oder die über den ursprünglichen Zustand hinausgehende Verbesserung eines Vermögensgegenstandes entstehen. Eine wesentliche Verbesserung eines Wirtschaftsguts liegt dann vor, wenn die bisherige Nutzbarkeit des Wirtschaftsguts nicht nur erhalten, sondern verbessert wird oder eine andere Gebrauchs- oder Verwendungsmöglichkeit des Wirtschaftsguts geschaffen wird, sog. Umschaffung (BFH v. 25. 1. 2006, a. a. O.). Es handelt sich also um die Aufwendungen, die durch den Herstellungsvorgang selbst verursacht worden sind (BFH v. 24. 3. 1987, BStBl 1987 II S. 695; v. 13. 9. 1984, BStBl 1985 II S. 49; v. 15. 11. 1985, BStBl 1986 II S. 367; v. 17. 10. 2001, BStBl 2002 II S. 349). Die Herstellung endet mit der Fertigstellung des Erzeugnisses, d. h. wenn das Wirtschaftsgut seiner Bestimmung gemäß nutzbar ist. Folgekosten können deswegen nicht als Herstellungskosten erfasst werden. Eine von diesen Grundsätzen abweichende Regelung ergibt sich lediglich aus § 6 Abs. 1 Nr. 1a EStG für die Behandlung von innerhalb eines Zeitraums von drei Jahren nach Erwerb eines Gebäudes anfallende Aufwendungen (Rdn. 840).

807 Das sich aus § 255 Abs. 2 Satz 3 HGB ergebende Wahlrecht, Kosten der allgemeinen Verwaltung sowie Aufwendungen für soziale Einrichtungen des Betriebs, für freiwillige soziale Leistungen und für betriebliche Altersversorgung insoweit als Herstellungskosten zu verrechnen, als sie auf den Zeitraum der Herstellung entfallen, kann gem. § 6 Abs. 1 Nr. 1b EStG auch für die Steuerbilanz nur in Übereinstimmung mit der Handelsbilanz ausgeübt werden. Vertriebskosten gehören nicht zu den Herstellungskosten. Fer-

ner sind die Zinsen für Fremdkapital nach § 255 Abs. 3 HGB grundsätzlich nicht zu berücksichtigen. Wurde das Fremdkapital für die Herstellung eines Vermögensgegenstands aufgenommen, dürfen die Zinsen dafür den Herstellungskosten zugerechnet werden, soweit sie auf den Zeitraum der Herstellung entfallen.

Einstweilen frei 808

Aus der Definition in § 255 Abs. 2 HGB könnte entnommen werden, dass die Herstel- 809
lungskosten allein durch die Zusammenrechnung der im Einzelnen entstandenen Aufwendungen – progressive Methode – zu ermitteln sind. Es entspricht jedoch den GoB, in geeigneten Fällen nach der retrograden Methode – Rückrechnung vom Verkaufspreis – zu verfahren, wie z. B. bei sog. Kuppelprodukten (vgl. Rdn. 916).

Einstweilen frei 810

Nach § 248 Abs. 2 HGB können bestimmte selbst geschaffene immaterielle Vermögens- 811
gegenstände wahlweise in der Bilanz ausgewiesen werden (vgl. Rdn. 307 ff.). Zu deren Herstellungskosten gehören nach § 255 Abs. 2a Satz 1 HGB die Aufwendungen i. S. des § 255 Abs. 2 HGB, die aus Anlass der Entwicklung des betreffenden Vermögensgegenstandes anfallen. Danach muss im Zeitpunkt der Aktivierung mit hoher Wahrscheinlichkeit davon ausgegangen werden können, dass ein einzeln verwertbarer immaterieller Vermögensgegenstand des Anlagevermögens zur Entstehung gelangt. Unter Entwicklung ist die Anwendung von Forschungsergebnissen oder anderem Wissen für die Neuentwicklung von Gütern oder Verfahren oder die Weiterentwicklung von Gütern oder Verfahren mittels wesentlicher Änderungen zu verstehen. Aufwendungen für die Forschung sind danach nicht bilanzierungsfähig. Deswegen wird eine Aktivierung für die Fälle ausgeschlossen, in denen Forschung und Entwicklung nicht verlässlich voneinander unterschieden werden können. Wegen weiterer Einzelheiten wird auf Hoffmann/Lüdenbach, NWB Kommentar Bilanzierung, 12. Aufl., § 255 HGB Rz. 192 ff. hingewiesen. Steuerlich wird der Ausweis selbst geschaffener immaterieller Wirtschaftsgüter durch § 5 Abs. 2 EStG ausgeschlossen.

1.2 Notwendigkeit der Unterscheidung zwischen Anschaffungs- und Herstellungsvorgängen

Grundsätzlich ist es unerheblich, ob ein Vermögensgegenstand in der Handelsbilanz 812
mit seinen Anschaffungs- oder Herstellungskosten zu bewerten ist. Eine Ausnahme gilt, soweit für selbst geschaffene immaterielle Vermögensgegenstände des Anlagevermögens das sich aus § 248 Abs. 2 HGB ergebende Aktivierungsverbot zu beachten ist; wegen weiterer Einzelheiten vgl. Rdn. 701 ff.

Bei der Bestimmung der Höhe der zu aktivierenden Aufwendungen ist zu beachten, 813
dass den Anschaffungskosten nur Einzelkosten (vgl. Rdn. 799 ff.) zugerechnet werden können, während bei der Ermittlung der Herstellungskosten auch bestimmte Gemeinkosten verrechenbar sind.

Für die Steuerbilanz gelten die vorstehenden Grundsätze entsprechend, mit der Maß- 814
gabe, dass für selbst geschaffene immaterielle Wirtschaftsgüter das Bilanzierungsverbot des § 5 Abs. 2 EStG zu beachten ist. Erhöhte Absetzungen oder Sonderabschreibun-

gen können verschiedentlich nur auf die Herstellungskosten, nicht hingegen auf die Anschaffungskosten der begünstigten Wirtschaftsgüter beansprucht werden. Aus diesem Grunde kommt der Unterscheidung zwischen der Anschaffung oder Herstellung eines Wirtschaftsguts bei der steuerlichen Gewinnermittlung in Teilbereichen eine besondere Bedeutung zu.

815 Der Investor ist Hersteller, wenn er den in Betracht kommenden Vermögensgegenstand (Wirtschaftsgut) auf eigene Rechnung und Gefahr herstellt oder herstellen lässt und dieses Geschehen beherrscht. Für die Fälle der Herstellung von Gebäuden fordert der BFH in ständiger Rechtsprechung (vgl. Urteil v. 8. 5. 2001, BStBl II S. 720; v. 24. 2. 2010, BStBl 2014 II S. 192; v. 6. 2. 2014, BFH/NV 2014 S. 847, jeweils m. w. N.), dass der Hersteller – der Bauherr – das umfassend zu verstehende Bauherrenwagnis, d. h. wirtschaftlich das für die Durchführung des Bauvorhabens auf seinem Grundstück typische Risiko trägt sowie rechtlich und tatsächlich die Planung und Ausführung in der Hand hat (Tz. 2 des BMF-Schreibens v. 20. 10. 2003, BStBl I S. 546). Dabei ist es unerheblich, ob der Investor die Herstellungsarbeiten selbst ausführt oder die Arbeiten ganz oder teilweise einem anderen Unternehmen übertragen worden sind und in welcher Weise die erforderlichen Materialien beschafft werden.

816 **BEISPIEL 49:** Die X-GmbH & Co. KG errichtet auf dem ihr gehörenden Grundstück ein Gebäude. Die Baugenehmigung ist ihr erteilt worden.

a) Sämtliche Arbeiten werden von Arbeitnehmern der X-GmbH & Co. KG durchgeführt.
b) Die Arbeiten werden verschiedenen Unternehmen übertragen, denen damit auch die Beschaffung der dafür benötigten Materialien obliegt. Lediglich die Elektroinstallation erfolgt durch Arbeitnehmer der X-GmbH & Co. KG. Das Baugeschehen wird von einem Architekten überwacht.
c) Die Herstellung wird einem Generalunternehmer übertragen, dem es freisteht, Subunternehmer einzuschalten.

1.3 Allgemeine Prinzipien

817 Mit der Verrechnung der durch den Herstellungsvorgang verursachten Aufwendungen wird dieser erfolgsneutral gestaltet. Es handelt sich um eine ergebnisneutrale Vermögensumschichtung (BFH v. 15. 2. 1966, BStBl III S. 468). Der Umstand, dass ein hergestellter Vermögensgegenstand zu einem Preis, der die dem Unternehmen entstandenen Aufwendungen deckt, nicht absetzbar ist, berührt die Frage nach der Höhe der Herstellungskosten nicht. Sofern derartige Produkte am Bilanzstichtag noch vorhanden sind, stellt sich die Frage der Bewertung mit dem niedrigeren beizulegenden Wert in der Handelsbilanz, dem niedrigeren Teilwert in der Steuerbilanz, vgl. dazu Rdn. 1115 ff.

818 Da nur der dem Unternehmen entstandene Aufwand als Herstellungskosten zu verrechnen ist, wird der Ausweis eines Gewinns aus dem Herstellungsvorgang ausgeschlossen.

819 Aus dem Gebot zur Verrechnung der dem Unternehmen tatsächlich entstandenen Aufwendungen folgt weiter, dass der Begriff der Herstellungskosten nach objektiven Grundsätzen zu bestimmen ist (BFH v. 12. 6. 1978, BStBl II S. 620; v. 1. 4. 1981, BStBl II S. 660). Entscheidend ist allein, ob die entstandenen Aufwendungen auf die Herstellung des in Betracht kommenden Vermögensgegenstands/Wirtschaftsguts gerichtet waren. Entsprechend dem Grundsatz der Einzelbewertung (vgl. Rdn. 727) sind die für die Her-

stellung des konkreten Vermögensgegenstands/Wirtschaftsguts tatsächlich entstandenen Aufwendungen als Herstellungskosten zu verrechnen. Dabei ist es z. B. unerheblich, ob sich durch die Verwendung preiswerteren Materials die Herstellung eines gleichermaßen funktionsfähigen Vermögensgegenstands/Wirtschaftsguts hätte erreichen lassen. Ferner ist es unerheblich, ob die Aufwendungen zwingend erforderlich waren oder sich bei objektiver Betrachtung als überflüssig herausstellen. Es ist dementsprechend auch nicht Voraussetzung, dass der im Rahmen des Herstellungsvorgangs für einzelne Maßnahmen angefallene Aufwand zu einer Werterhöhung führt (BFH v. 30. 8. 1994, BStBl 1995 II S. 306; v. 26. 7. 2006, BFH/NV 2006 S. 2072).

BEISPIEL 50: A hat den Bauunternehmer X mit der Herstellung eines Verwaltungsgebäudes beauftragt. Er leistet vereinbarungsgemäß Zahlungen an X entsprechend dem Baufortschritt, so dass den Zahlungen tatsächlich erbrachte Bauleistungen gegenüberstehen. X gerät in Insolvenz und kann deswegen die Bauarbeiten nicht beenden. Daraufhin beauftragt A den Bauunternehmer Y mit der Fertigstellung des Gebäudes. Bei diesen Arbeiten wird festgestellt, dass X mangelhafte Leistungen erbracht hat, die eine teilweise Rückforderung der geleisteten Abschlagszahlungen rechtfertigen würden. Dieser Anspruch kann von A im Insolvenzverfahren des X nicht durchgesetzt werden. Gleichwohl gehören sowohl die an X geleisteten Abschlagszahlungen als auch die an Y für die Fertigstellung des Gebäudes einschl. der Beseitigung der von X verursachten Mängel geleisteten Zahlungen zu den Herstellungskosten des Gebäudes (BFH v. 31. 3. 1992, BStBl II S. 805; v. 27. 1. 1993, BStBl II S. 702; v. 30. 8. 1994, a. a. O.; v. 26. 7. 2006, BFH/NV 2006 S. 2072). 820

Abgesehen von dem Wahlrecht zur Einbeziehung von bestimmten Gemeinkosten, liegt es nicht im Ermessen des Kaufmanns, ob im Zusammenhang mit dem Herstellungsvorgang entstandene Aufwendungen als Herstellungskosten zu verrechnen sind. 821

1.4 Weitere Einzelfragen

Das Gebot der Ermittlung der objektiv entstandenen Aufwendungen für die Herstellung der zu bewertenden Vermögensgegenstände (Wirtschaftsgüter) bedeutet, dass die **Ergebnisse der Betriebsabrechnung** nur dann und insoweit für die Ermittlung der Herstellungskosten herangezogen werden können, als sie tatsächlich entstandene Aufwendungen enthalten. Darin berücksichtigte kalkulatorische Kosten, wie z. B. Eigenkapitalzinsen, Unternehmerlohn gehören nicht zu den Herstellungskosten und sind deswegen nicht berücksichtigungsfähig (H 6.3 „Kalkulatorische Kosten" EStH). 822

Richtlinien und Leitsätze zur Preisermittlung z. B. für die Vergabe öffentlicher Aufträge enthalten keine verbindlichen Aussagen zur Ermittlung der Herstellungskosten und können deswegen grundsätzlich der Ermittlung der Herstellungskosten nicht zugrunde gelegt werden. Allenfalls können sie in beschränktem Umfang zur Bestimmung des Begriffs der Herstellungskosten herangezogen werden (BFH v. 26. 1. 1960, BStBl III S. 191). 823

Bilanzierungsfähig sind die durch den Herstellungsvorgang entstandenen Aufwendungen. Dies setzt voraus, dass die entsprechenden Güter und Leistungen in das herzustellende Gut bereits eingegangen sein müssen. Insoweit entstehen Teilherstellungskosten. Im Zusammenhang mit einem Herstellungsvorgang angefallene Anzahlungen können deswegen nicht ohne weiteres als Herstellungskosten verrechnet werden. 824

825 **BEISPIEL 51:**

a) Der Bauunternehmer A beabsichtigt die Errichtung einer Halle zur Unterbringung der Baumaschinen und Fahrzeuge. Auf die bestellten Materialien leistet er am 20.12.2021 eine Anzahlung von 100 000 €. Die Lieferung im Gesamtwert von 150 000 € erfolgt am 10.1.2022. Mit den Bauarbeiten wird am 10.3.2022 begonnen. A hat zum 31.12.2021 eine geleistete Anzahlung von 100 000 € zu bilanzieren. Mit der Lieferung der Materialen erwirbt er Vorratsvermögen. Eine Verrechnung als Herstellungskosten ist erst mit dem tatsächlichen Verbrauch durch die Verwendung für die Errichtung des Gebäudes beginnend ab dem 10.3.2022 möglich.

Wegen Verstoßes gegen baurechtliche Vorschriften wird die Baustelle in 2022 vorübergehend stillgelegt. Zum 31.12.2022 ist deswegen erst die Hälfte der Materialien verwendet worden. Der Rest wird noch unbearbeitet gelagert. Danach sind bis dahin 75 000 € Materialien in die Herstellungskosten der teilfertigen Halle eingegangen. Der noch nicht verwendete Teil von 75 000 € ist noch als Vorratsvermögen zu erfassen.

b) Die X-GmbH & Co. KG hat ein Bauunternehmen mit der Herstellung eines Betriebsgebäudes beauftragt. Nach den getroffenen Vereinbarungen ist bei Auftragsvergabe eine erste Teilzahlung von 20 % der Auftragssumme fällig, die am 1.12.2021 gezahlt wird. Zu diesem Zeitpunkt war mit den Herstellungsarbeiten noch nicht begonnen worden. Damit sind auch noch keine Herstellungskosten entstanden. Zu buchen ist eine geleistete Anzahlung.

Das Bauunternehmen hat noch vor dem 31.12.2021 mit den Bauarbeiten begonnen, erstellt wurden bis dahin 5 % des Bauvolumens, so dass auch nur insoweit Herstellungskosten entstanden sind.

826 Der Unterscheidung von Teilherstellungskosten und Anzahlungen kann dann besondere Bedeutung zukommen, wenn steuerliche Sonderabschreibungen oder erhöhte Absetzungen bereits vor Fertigstellung des Wirtschaftsguts auf die entstandenen Teilherstellungskosten beansprucht werden können; wegen weiterer Einzelheiten vgl. auch § 7a Abs. 2 EStG sowie R 7a Abs. 5 und 6 EStR.

2. Der Herstellungsvorgang

2.1 Der Regelfall

827 Die Herstellungskosten knüpfen an den Herstellungsvorgang an, den Vorgang, durch den der zuvor in dieser Form nicht existente Vermögensgegenstand (das Wirtschaftsgut) erst geschaffen wird. Dabei kann es sich um eine Neuschaffung – durch Material-, Maschinen- und Arbeitseinsatz wird ein neuer Gegenstand geschaffen – oder eine Umschaffung handeln. Eine Umschaffung liegt vor, wenn ein bereits vorhandener Vermögensgegenstand, ein bereits vorhandenes Wirtschaftsgut in seiner Substanz vermehrt oder in seiner Verwendungs- oder Nutzungsmöglichkeit wesentlich verändert wird. Nach § 255 Abs. 2 Satz 1 HGB ist dies auch dann der Fall, wenn ein Vermögensgegenstand erweitert wird oder über seinen ursprünglichen Zustand hinaus eine Verbesserung erfährt. Nach dem Urteil des BFH v. 25.2.1976 (BStBl 1980 II S. 294) liegt ein Herstellungsvorgang immer dann vor, wenn eine wesentliche Substanzvermehrung, eine Wesensänderung oder eine erhebliche Erhöhung des Nutzungswerts oder der Nutzungsdauer eintritt. In jedem Fall wird ein Vermögensgegenstand (Wirtschaftsgut) geschaffen, der in dieser Form vor Beginn der Herstellungsarbeiten noch nicht vorhanden war (BFH v. 25.1.2006, BStBl 2006 II S. 707; v. 25.9.2007, BStBl 2008 II S. 218). Dies wird im Regelfall auch bei dem Umbau von Gebäuden der Fall sein (BFH v. 31.3.1992,

BStBl 1992 II S. 808; v. 15. 10. 1996, BStBl 1997 II S. 533; v. 4. 3. 1998, BFH/NV 1998 S. 1086; v. 24. 1. 2008, BStBl 2008 II S. 688; beachte jedoch FG Münster v. 29. 1. 2016 – 12 K 3193/12 E, NWB DokID: AAAAF-79503). Werden Vermögensgegenstände mit der Bestimmung angeschafft, mit anderen Vermögensgegenständen vermischt oder verbunden zu werden, liegt insgesamt ein Herstellungsvorgang vor (BFH v. 9. 11. 1990, BStBl 1991 II S. 425; v. 19. 4. 2012, BFH/NV 2012 S. 1655, m. w. N.).

BEISPIEL 52: Ein Gebäude wird völlig neu errichtet. 828
Ein Container wird in eine Baubude umgestaltet.

Der Umstand, dass ein erworbener Vermögensgegenstand, z. B. eine Maschine, erst 829 durch den Anschluss an das Versorgungsnetz, die Herstellung von und die Verbindung mit einem Fundament in den betriebsbereiten Zustand versetzt wird, führt zu keinem Herstellungsvorgang. Durch diese Maßnahmen wird kein anderer Vermögensgegenstand geschaffen, der angeschaffte Vermögensgegenstand wird in seinen Eigenschaften nicht verändert.

Werden auf ein bereits vorhandenes Wirtschaftsgut nicht unbeträchtliche Aufwendun- 830 gen gemacht, handelt es sich um sofort abziehbaren Erhaltungsaufwand, sofern dadurch keine wesentliche Verbesserung i. S. des § 255 Abs. 2 HGB herbeigeführt wird; wegen Einzelheiten dazu vgl. Rdn. 835 ff. Bei Gebäuden geht die FinVerw nach R 21.1 Abs. 2 EStR ohne nähere Prüfung von Erhaltungsaufwand aus, wenn der Rechnungsbetrag ohne USt für die einzelne Baumaßnahme nach Fertigstellung des Gebäudes nicht mehr als 4 000 € beträgt (H 6.4 „Abgrenzung von Anschaffungs-, Herstellungskosten und Erhaltungsaufwendungen" EStH). Liegt hingegen eine Substanzvermehrung vor, ist zu prüfen, ob nachträgliche Herstellungskosten auf das bereits vorhandene Wirtschaftsgut entstanden sind oder ein insgesamt neues Wirtschaftsgut geschaffen wurde.

Nachträgliche Herstellungskosten des bereits vorhandenen Vermögensgegenstands lie- 831 gen regelmäßig dann vor, wenn die bisherige Substanz im Wesentlichen erhalten bleibt und lediglich ergänzt oder vermehrt wird, wie z. B. bei Anbauten an ein vorhandenes Gebäude, Einbau einer Fahrstuhlanlage, Ausbau des Dachgeschosses, Ersatz eines Flachdachs durch ein ausbaufähiges Satteldach (BFH v. 19. 6. 1991, BStBl 1992 II S. 73), Anbringung einer Markise an ein Gebäude (BFH v. 29. 8. 1989, BStBl 1990 II S. 430), Einbau einer Alarmanlage in ein Gebäude (BFH v. 16. 2. 1993, BStBl II S. 544).

Ein insgesamt neuer Vermögensgegenstand (Wirtschaftsgut) wird hingegen geschaf- 832 fen, wenn der bisherige Gegenstand in seinem Wesen geändert, so tiefgreifend umgestaltet oder in einem solchen Ausmaß erweitert wird, dass die eingefügten neuen Teile der Gesamtsache das Gepräge geben und die verwendeten Altteile nach Bedeutung und Wert nur untergeordnet sind, wie z. B. bei Umbau einer Scheune in eine Pferdeklinik (BFH v. 26. 1. 1978, BStBl II S. 280), eines alten Gasthofs in eine moderne Gastwirtschaft (BFH v. 26. 1. 1978, BStBl II S. 280), einer Hochdruck-Rotationsmaschine in eine Flachdruck-Offsetmaschine (BFH v. 6. 12. 1991, BStBl 1992 II S. 452). Nach diesen Grundsätzen ist bei Gebäuden von einem Neubau nicht bereits dann auszugehen, wenn lediglich die Raumaufteilung verändert wird. Erforderlich ist vielmehr, dass verbrauchte Teile ersetzt werden, die für die Nutzungsdauer des Gebäudes bestimmend sind, z. B. Fundamente, tragende Außen- und Innenmauern. Geschossdecken, Dachkonstruktion (BFH v. 28. 6. 1977, BStBl II S. 725; v. 31. 3. 1992, BStBl II S. 808). Bei unbeweglichen Wirtschaftsgütern kann nach R 7.3 Abs. 5 Satz 2 EStR aus Vereinfachungsgründen von der Herstellung eines anderen Wirtschaftsguts dann ausgegangen werden, wenn der im zeitlichen und sachlichen Zusammenhang mit der Herstellung des Wirtschaftsguts angefallene Bauaufwand zzgl. des Werts der Eigenleistung nach überschlägiger Berechnung den Verkehrswert des bisherigen Wirtschaftsguts übersteigt. Wegen der Problematik bei durch Umwandlung entstandenem Wohnungseigentum wird auf das Urteil des BFH v. 22. 2. 2012 (BFH/NV 2012 S. 942) hingewiesen.

833 Die Unterscheidung zwischen nachträglichen Herstellungskosten und der Herstellung eines neuen Vermögensgegenstands ist für die Vornahme der planmäßigen Abschreibungen (AfA) bedeutsam. Ferner kann die Beantwortung dieser Frage dafür entscheidend sein, ob auf die angefallenen Herstellungskosten erhöhte Absetzungen, Sonderabschreibungen oder andere Vergünstigungen beansprucht werden können.

834 Der Herstellungsvorgang wird mit der Fertigstellung des Gegenstands abgeschlossen (§ 9a EStDV; BFH v. 17. 10. 2001, BStBl 2002 II S. 349). Sofern er im Unternehmen genutzt werden soll, ist dies der Zeitpunkt, in dem er nach seinem Zustand der bestimmungsgemäßen Verwendung zugeführt werden kann (BFH v. 21. 7. 1989, BStBl II S. 906). Dies setzt insbesondere bei Gebäuden nicht die Beendigung der Herstellungsarbeiten insgesamt voraus (BFH v. 16. 12. 1988, BStBl II S. 203). Es ist ausreichend, dass sie in ihren wesentlichen Bereichen nutzbar sind (BFH v. 21. 7. 1989, a. a. O.). Besteht das fertigzustellende Gebäude aus mehreren selbständigen Wirtschaftsgütern (R 4.2 Abs. 3 EStR), ist für den Zeitpunkt der Fertigstellung jeweils auf das einzelne Wirtschaftsgut abzustellen (BFH v. 9. 8. 1989, BStBl 1991 II S. 132). Wird z. B. in einem Gebäude zunächst das für eigenbetriebliche Zwecke genutzte Erdgeschoss fertig gestellt, während das für die Nutzung zu Wohnzwecken dienende Obergeschoss noch nicht nutzungsfähig ist, ist damit die Herstellung des eigenbetrieblichen Zwecken dienenden Gebäudeteils abgeschlossen; vgl. dazu Rdn. 1059 ff. Wird ein Rohbau mit der Maßgabe verpachtet, dass er vom Pächter in einen für ihn nutzbaren Zustand versetzt wird, wurde damit aus Sicht des Verpächters ein nutzungsfähiges Wirtschaftsgut fertig gestellt (FG Saarland v. 9. 5. 2012, EFG 2012 S. 1630). Zur Veräußerung bestimmte Gegenstände sind fertig gestellt, wenn sie verkaufsreif sind. Zu den im Bereich der Land- und Forstwirtschaft zu beachtenden Besonderheiten wird für Dauerkulturen auf das BMF-Schreiben v. 17. 9. 1990 (BStBl I S. 420), für Tiere auf Tz. 8 des BMF-Schreibens v. 14. 11. 2001 (BStBl I S. 864) hingewiesen.

2.2 Abgrenzung gegenüber Erhaltungsaufwand

835 Aufwendungen auf einen bereits vorhandenen Vermögensgegenstand (Wirtschaftsgut) führen nach § 255 Abs. 2 HGB zu Herstellungskosten, wenn sie für seine Erweiterung oder für eine über seinen ursprünglichen Zustand hinausgehende wesentliche Verbesserung entstehen, bei Gebäuden z. B. die Nutzfläche vergrößert wird (BFH v. 15. 5. 2013, BStBl 2013 II S. 732). Liegen diese Voraussetzungen nicht vor, sind die Aufwendungen als Erhaltungsaufwand sofort abziehbar. Nach der Rechtsprechung des BFH (vgl. Urteile v. 9. 5. 1995, BStBl 1996 II S. 628, 630, 632 und 637; v. 10. 5. 1995, BStBl 1996 II S. 637;

und v. 16. 7. 1996, BStBl II S. 649), der die FinVerw weitgehend folgt, liegt § 255 Abs. 2 HGB entsprechend Erhaltungsaufwand immer dann vor, wenn damit die uneingeschränkte Nutzungsfähigkeit des Vermögensgegenstands (Wirtschaftsguts) wiederhergestellt wird. Dies ist dann der Fall, wenn der Vermögensgegenstand (das Wirtschaftsgut) weder in seiner Substanz vermehrt noch in seinem Wesen verändert oder über seinen bisherigen Zustand hinaus wesentlich verbessert wird. Als ursprünglicher Zustand ist grundsätzlich der Zustand des Gebäudes im Zeitpunkt der Anschaffung oder Herstellung durch den Stpfl. (BFH v. 22. 9. 2009, BFH/NV 2010 S. 846; FG Köln v. 26. 1. 2012, EFG 2012 S. 1732; vgl. dazu auch BFH v. 3. 7. 2012 – IX B 38/12, BFH/NV 2012 S. 1824), im Fall des unentgeltlichen Erwerbs durch den Rechtsvorgänger des Stpfl., anzusehen. Dabei sind etwaige nachträgliche Veränderungen einzubeziehen. Bei der Entnahme aus einem Betriebsvermögen bzw. der Einlage in ein Betriebsvermögen ist auf den Zustand im Zeitpunkt der Entnahme oder Einlage abzustellen. Dabei ist es unerheblich, dass bei dem Wirtschaftsgut durch die getroffenen Maßnahmen eine Wertsteigerung gegenüber dem Zeitpunkt vor deren Durchführung herbeigeführt wird.

Die wohl mit jeder umfangreicheren Erhaltungsmaßnahme einhergehende Wertsteige- 836
rung gegenüber dem Zeitpunkt vor deren Durchführung rechtfertigt für sich allein nicht die Annahme von nachträglichen Herstellungskosten. Eine wesentliche Verbesserung ist erst dann gegeben, wenn die Maßnahmen zur Instandsetzung und Modernisierung eines Gebäudes in ihrer Gesamtheit über eine zeitgemäße substanzerhaltende Erneuerung hinausgehen, den Gebrauchswert des Gebäudes insgesamt deutlich erhöhen und damit für die Zukunft eine erweiterte Nutzungsmöglichkeit geschaffen wird (BFH v. 13. 10. 1998, BStBl II 1999, 282). In seinen Urteilen v. 12. 9. 2001 (BStBl 2003 II S. 569) und v. 25. 6. 2002 (BStBl 2003 II S. 690) geht der BFH in Anknüpfung an seine bisherige Rechtsprechung (Urteil v. 9. 5. 1995, BStBl 1996 II S. 632 m. w. N.) davon aus, dass für sich allein noch als Erhaltungsmaßnahmen zu beurteilende Instandsetzungs- und Modernisierungsmaßnahmen, in ihrer Gesamtheit zu einer wesentlichen Verbesserung gemäß § 255 Abs. 2 Satz 1 HGB führen, wenn dadurch der Gebrauchswert (das Nutzungspotenzial) eines Wohngebäudes gegenüber dem Zustand im Zeitpunkt des Erwerbs deutlich erhöht wird. Dies ist bei einem Wohngebäude insbesondere dann der Fall, wenn dessen Gebrauchswert durch die Modernisierung derjenigen Einrichtungen erhöht wird, die ihn maßgeblich bestimmen. Dabei handelt es sich vor allem um die Heizungs-, Sanitär- und Elektroinstallationen sowie die Fenster. Eine deutliche Erhöhung des Gebrauchswerts ist immer dann gegeben, wenn ein Wohngebäude durch die Modernisierung von einem sehr einfachen auf einen mittleren oder von einem mittleren auf einen sehr anspruchsvollen Standard gehoben wird. Erstreckt sich die Sanierung eines Gebäudes planmäßig über mehrere Jahre, ist es nach Auffassung des BFH (a. a. O.) geboten, diese Maßnahmen für die Frage der Abgrenzung zwischen Erhaltungs- und Herstellungsaufwand insgesamt zu beurteilen; vgl. auch Abschn. I.2.3 des BMF-Schreibens v. 18. 7. 2003 (BStBl I S. 386). Bei einem betrieblich genutzten Gebäude oder Gebäudeteil ist von einer wesentlichen Verbesserung auszugehen, wenn durch Baumaßnahmen eine neue betriebliche Gebrauchs- oder Verwendungsmöglichkeit (BFH v. 25. 1. 2006, BStBl 2006 II S. 707) oder eine höherwertige und damit verbesserte Nutzbarkeit (BFH v. 25. 9. 2007, BStBl 2008 II S. 21) geschaffen wird. Besteht ein Gebäude aus mehreren selbständigen Wirtschaftsgütern (Rdn. 323), ist das Vorliegen der Vo-

raussetzungen für die Annahme von Erhaltungsaufwand für jedes dieser Wirtschaftsgüter gesondert zu prüfen (BFH v. 25. 9. 2007, BStBl 2008 II S. 218; v. 18. 8. 2010, BFH/NV 2011 S. 215).

837 Eine zu Herstellungskosten führende Substanzvermehrung liegt z. B. bei einer zusätzlichen Fassadenverkleidung zu Wärme- oder Schallschutzzwecken (BFH v. 13. 3. 1979, BStBl II S. 435), bei der Umstellung einer Heizungsanlage von Einzelöfen auf eine Zentralheizung (BFH v. 24. 7. 1979, BStBl 1980 II S. 7), bei dem Anschluss eines Gebäudes an die Kanalisation als Ersatz für eine Sickergrube oder eine eigene Kläranlage nicht vor. Dienen die Maßnahmen zur Abwehr weiterer Schäden, ist nach Abschn. I.2.3. des BMF-Schreibens v. 18. 7. 2003 (a. a. O.) z. B. bei Anbringung einer Betonvorsatzschale zur Trockenlegung eines Fundaments (entgegen BFH v. 10. 5. 1995, BStBl 1996 II S. 639), Überdachung von Wohnungszugängen oder Dachterassen zur Vermeidung von weiteren Wasserschäden, von Erhaltungsaufwand auszugehen.

Für die Abgrenzung zwischen Erhaltungs- und Herstellungsaufwand ist das Verhältnis zwischen dem Buchwert des betreffenden Vermögensgegenstandes (Wirtschaftsgutes) und den entstandenen Aufwendungen unerheblich. Der Ersatz von Einzelteilen eines bereits voll abgeschriebenen Vermögensgegenstandes (Wirtschaftsgutes), z. B. eines Austauschmotors für ein bereits voll abgeschriebenes Kraftfahrzeug, führt deswegen ebenfalls zu Erhaltungsaufwand (BFH v. 30. 5. 1974, BStBl II S. 520; v. 25. 3. 1977, BStBl II S. 577). Entgegen der in der Vergangenheit vertretenen Auffassung handelt es sich nach der vorbezeichneten jüngeren Rechtsprechung des BFH bei den Aufwendungen für umfangreichere Maßnahmen zur Erhaltung der Funktionsfähigkeit eines Wirtschaftsguts, sog. Generalüberholungen, nicht um (weitere) Herstellungskosten dieses Wirtschaftsguts, sondern um sofort abziehbaren Erhaltungsaufwand. Maßgebend ist allein, ob der Vermögensgegenstand (das Wirtschaftsgut) gegenüber seinem bisherigen Zustand vergrößert oder wesentlich verbessert worden ist. Auch im Verhältnis zum bisherigen Umfang nur geringfügige Vergrößerungen führen zu Herstellungsaufwand. Von einer wesentlichen Verbesserung eines Gebäudes ist bei einer Vermehrung der Substanz ohne Vergrößerung der Nutzfläche z. B. bei Einsetzen zusätzlicher Trennwände, Errichtung einer Außentreppe, Einbau einer Alarmanlage (BFH v. 29. 8. 1993, BStBl II S. 544), einer Markise (BFH v. 29. 8. 1989, BStBl 1990 II S. 430), einer Treppe zum Spitzboden, eines Kachelofens oder eines Kamins auszugehen.

838 Treffen Maßnahmen zusammen, die isoliert betrachtet teilweise zu Herstellungskosten, im Übrigen zu Erhaltungsaufwand führen, liegt insgesamt Herstellungsaufwand vor, wenn die Herstellungsmaßnahme und die Modernisierungs- und Instandsetzungsmaßnahmen bautechnisch ineinandergreifen. Dies ist insbesondere der Fall, wenn Aufwendungen, die für sich allein als Erhaltungsaufwand zu beurteilen sind, jedoch Vorbedingung für Herstellungsarbeiten oder durch bestimmte Herstellungsarbeiten verursacht sind, z. B. Putz- und Malerarbeiten, die durch den erstmaligen Einbau von Bädern an der bisher vorhandenen Gebäudesubstanz erforderlich werden (vgl. auch Abschn. II des BMF-Schreibens v. 18. 7. 2003, a. a. O.). Handelt es sich hingegen um bautechnisch selbständige Maßnahmen, ist, ggf. im Wege der Schätzung, eine Aufteilung in Herstellungskosten und Erhaltungsaufwand vorzunehmen (BFH v. 16. 7. 1996, BStBl II S. 648).

Wird ein nicht funktionsfähiges Wirtschaftsgut erworben und mit erheblichem Aufwand erst in einen nutzungsfähigen Zustand versetzt, liegen auch insoweit Anschaffungskosten vor (BFH v. 12.9.2001, BStBl 2003 II S. 569 u. 574; v. 25.1.2006, BStBl II S. 707). Dagegen liegen Herstellungskosten vor, wenn das Wirtschaftsgut, z. B. ein Gebäude, erweitert und/oder verbessert wird. Ist ein Gebäude bei Erwerb in einem Zustand, der die bestimmungsgemäße Nutzung zulässt, ist die Frage, ob im Anschluss an den Erwerb entstandene Aufwendungen nach den allgemeinen Grundsätzen Anschaffungskosten sind oder aber sofort abziehbarer Erhaltungsaufwand entstanden ist, nach den vorstehend dargestellten Grundsätzen zu prüfen. Nach Tz. 7 des BMF-Schreibens v. 18.7.2003 (BStBl I S. 386) richtet sich die Funktionsfähigkeit nach der konkreten Zweckbestimmung des Erwerbers. 839

Nach dem BMF-Schreiben v. 18.7.2003 (a. a. O.) führen – der Auffassung des BFH folgend – Instandsetzungs- und Modernisierungsmaßnahmen nach Erwerb eines betriebsbereiten Gebäudes grundsätzlich zu sofort abziehbaren Aufwendungen. Aus der Höhe der Instandsetzungs- und Modernisierungsaufwendungen im Verhältnis zum Kaufpreis kann nicht auf eine wesentliche Verbesserung i. S. von § 255 Abs. 2 Satz 1 HGB und damit auf das Vorliegen von Herstellungskosten geschlossen werden. Es ist eine Einzelfallprüfung erforderlich (BFH v. 22.9.2009, BFH/NV 2010 S. 846). Ist das Gebäude hingegen vor erstmaliger Nutzung nach dem Erwerb z. B. wegen einer nicht funktionsfähigen Heizung nicht vermietbar, entstehen durch die Aufwendungen zur Behebung dieses Schadens Anschaffungskosten (BFH v. 20.8.2002, BStBl 2003 II S. 585). Werden nach Erwerb des Gebäudes Maßnahmen zur Anhebung des Standards ergriffen, führen diese Aufwendungen zu (weiteren) Anschaffungskosten (BFH v. 22.1.2003, BStBl II S. 596). Dabei ist zwischen dem sehr einfachen, dem mittleren und dem sehr anspruchsvollen Standard (auch Luxussanierung) zu unterschieden; vgl. dazu Abschn. I. 2 des BMF-Schreibens v. 18.7.2003 (a. a. O.). Aufwendungen, die danach nicht als Anschaffungskosten zu beurteilen sind und auch nicht zu einer über den ursprünglichen Zustand hinausgehenden wesentlichen Verbesserung führen, sind als Erhaltungsaufwand sofort abziehbar. 840

Nach § 6 Abs. 1 Nr. 1a EStG gehören zu den Herstellungskosten eines Gebäudes auch die Aufwendungen für Instandsetzungs- und Modernisierungsmaßnahmen, die innerhalb von drei Jahren nach der Anschaffung des Gebäudes durchgeführt werden, wenn die Aufwendungen ohne die USt 15 % der Anschaffungskosten des Gebäudes übersteigen – anschaffungsnahe Herstellungskosten. Dazu gehören nicht die Aufwendungen für Erweiterungen i. S. des § 255 Abs. 2 Satz 1 HGB sowie Aufwendungen für Erhaltungsarbeiten, die jährlich üblicherweise anfallen. § 6 Abs. 1 Nr. 1a EStG ist mit dem EU-Recht vereinbar (BFH v. 25.8.2009, BStBl II 2010 S. 125). Zu den Instandsetzungs- und Modernisierungsmaßnahmen i. S. des § 6 Abs. 1 Nr. 1a EStG gehört auch die Beseitigung versteckter Mängel (R 6.4 Abs. 1 Satz 1 EStR). Wird ein Gebäude teilentgeltlich erworben (vgl. Rdn. 785), können anschaffungsnahe Herstellungskosten nur im Verhältnis zum entgeltlichen Teil des Erwerbs entstehen (R 6.4 Abs. 1 Satz 2 EStR). 841

Die Anwendung dieser Regelung setzt danach voraus, dass die innerhalb von drei Jahren nach Erwerb eines Gebäudes insgesamt anfallenden Aufwendungen in folgende Gruppen aufzuteilen sind 842

- Aufwendungen, die zu einer Verbesserung oder Erweiterung i. S. des § 255 Abs. 2 Satz 1 HGB führen und deswegen als Herstellungskosten nicht sofort abziehbar sind,
- Aufwendungen für jährlich üblicherweise anfallende Erhaltungsarbeiten und
- die danach verbleibenden Aufwendungen für Instandsetzungs- und Modernisierungsmaßnahmen.

Übersteigen die zuletzt genannten Aufwendungen innerhalb des maßgebenden Dreijahreszeitraums 15 % der Anschaffungskosten des Gebäudes, liegen zwingend anschaffungsnahe Herstellungskosten vor. Bei § 6 Abs. 1 Nr. 1a EStG handelt es sich um eine steuerliche Sonderregelung, die unabhängig von dem sich aus § 255 HGB ergebenden und grundsätzlich auch für das Steuerrecht maßgebenden Begriff der Herstellungskosten vorrangig anwendbar ist (BFH v. 14. 6. 2016, BStBl 2016 II S. 996 und 999). Danach sind unabhängig von ihrer handelsrechtlichen Einordnung sämtliche Aufwendungen für bauliche Maßnahmen, die im Rahmen einer im Zusammenhang mit der Anschaffung des Gebäudes vorgenommenen Instandsetzung und Modernisierung anfallen, einschließlich der Kosten für die Herstellung der Betriebsbereitschaft den Aufwendungen zuzurechnen, die bei Überschreiten der 15 %-Grenze als Herstellungskosten zu behandeln sind. Dazu gehören insbesondere Aufwendungen für die Instandsetzung oder Erneuerung vorhandener Sanitär-, Elektro- und Heizungsanlagen, der Fußbodenbeläge, der Fenster und der Dacheindeckung, ferner Aufwendungen für bauliche Maßnahmen, durch die funktionsuntüchtige Teile eines Gebäudes, die für seine bestimmungsgemäße Nutzung unerlässlich sind, wieder hergestellt werden und damit das Gebäude in einen betriebsbereiten Zustand versetzt wird, wenn sie im Rahmen einer Renovierung und Modernisierung im Zusammenhang mit dem Erwerb des Gebäudes anfallen. In die für die Ermittlung der 15 %-Grenze bedeutsamen Aufwendungen sind danach auch solche Maßnahmen einzubeziehen, die zur Herstellung der Betriebsbereitschaft nach Erwerb getroffen wurden und ohnehin als Teil der Anschaffungskosten nicht sofort abzugsfähig wären. Kosten für (unvermutete) Instandsetzungsmaßnahmen zur Beseitigung eines Substanzschadens, der nachweislich erst nach Anschaffung des Gebäudes durch das schuldhafte Handeln eines Dritten verursacht worden ist, sind auch dann nicht den anschaffungsnahen Herstellungskosten i. S. von § 6 Abs. 1 Nr. 1a Satz 1 EStG zuzuordnen, wenn die Maßnahmen vom Stpfl. innerhalb von drei Jahren seit Anschaffung zur Wiederherstellung der Betriebsbereitschaft des Gebäudes durchgeführt werden (BFH v. 9. 5. 2017, BStBl 2018 II S. 9). Zu den sofort abzugsfähigen Aufwendungen führenden Erhaltungsaufwendungen gehören z. B. Wartungsarbeiten an Energieanlagen (BFH v. 14. 6. 2016, BStBl II S. 999).

Besteht ein Gebäude aus mehreren selbständigen Wirtschaftsgütern, ist das Übersteigen der 15 %-Grenze für jedes dieser Wirtschaftsgüter gesondert zu prüfen (BFH v. 14. 6. 2016, BStBl 2016 II S. 992).

843 Für die Behandlung der Aufwendungen für die Beseitigung von Unwetterschäden an Anlagegütern sieht die von den obersten Finanzbehörden des Bundes und der Länder beschlossene Rahmenregelung (vgl. BMF-Schreiben v. 4. 6. 2002 – IV B 2 – S 0336 – 4/02), die jeweils aus konkretem Anlass für die FinMin der betroffenen Bundesländer für anwendbar erklärt wird, gewisse Erleichterungen vor. Danach können die etwaige Entschädigungen übersteigenden Aufwendungen für die Wiederherstellung beschädig-

ter Betriebsgebäude und beschädigter beweglicher Anlagegüter ohne nähere Prüfung als Erhaltungsaufwand anerkannt werden, wenn mit der Wiederherstellung innerhalb von drei Jahren nach dem schädigenden Ereignis begonnen wurde und die bisherigen Buchwerte fortgeführt werden. Das gilt bei Gebäuden nur, wenn die gesamten Aufwendungen dafür 45 000 € nicht übersteigen. Weitere Voraussetzung ist, dass wegen des Schadens keine Absetzung für außergewöhnliche technische oder wirtschaftliche Absetzungen vorgenommen wird. Die Aufwendungen zur Beseitigung der Unwetterschäden am Grund und Boden können sofort als Betriebsausgaben abgezogen werden.

3. Die Herstellungskosten im Einzelnen

3.1 Einzelkosten

3.1.1 Allgemeines

Durch den Herstellungsvorgang entstehen Aufwendungen, die dem herzustellenden 844
Vermögensgegenstand (Wirtschaftsgut) unmittelbar zugerechnet werden können – direkte Kosten oder Einzelkosten – und Aufwendungen, die dem herzustellenden Gegenstand nur mittelbar, d. h. anteilmäßig, zugeordnet werden können – indirekte Kosten oder Gemeinkosten. Die Praxis ist insoweit nicht einheitlich. Betriebs- und branchenspezifische Besonderheiten sind nicht auszuschließen. Verschiedentlich ist es auch vom Rechnungswesen abhängig, ob eine unmittelbare oder nur eine mittelbare Zurechnung möglich ist.

Den Einzelkosten werden zugerechnet 845

- das Fertigungsmaterial,
- die Fertigungslöhne,
- die Sonder(einzel)kosten der Fertigung

(vgl. auch § 255 Abs. 2 Satz 2 HGB). Insoweit ist regelmäßig eine Zuordnung zu einem bestimmten Herstellungsvorgang, einem bestimmten Vermögensgegenstand (Wirtschaftsgut) zumindest zu einer bestimmten Gruppe gleichartiger und gleichwertiger Gegenstände möglich. Es handelt sich um Aufwendungen, die dem einzelnen Produkt nach einer Maßeinheit (Menge, Zeit oder dgl.) bestimmbar unmittelbar zugeordnet werden können, variable Aufwendungen, die durch den einzelnen Herstellungsvorgang unmittelbar veranlasst werden und deswegen gem. § 255 Abs. 2 Satz 2 HGB zwingend als Herstellungskosten zu verrechnen sind.

3.1.2 Materialkosten

3.1.2.1 Sachlicher Umfang

Den Materialkosten – auch Fertigungsstoffkosten, Stoffkosten – werden im Allgemei- 846
nen die Aufwendungen für Roh-, Hilfs- und Betriebsstoffe, im Betrieb gefertigte Halb- und Teilerzeugnisse, bezogene Fertigerzeugnisse, Lohnveredlungen sowie wiederverwendete Abfälle zugerechnet.

Rohstoffe gehen regelmäßig als Bestandteile in den hergestellten Gegenstand ein, z. B. 847
Ziegelsteine bei einem Gebäude, Bleche bei einem Pkw. Als Hilfsstoffe werden Gegen-

stände bezeichnet, die bei der Herstellung unmittelbar verwendet oder verbraucht werden, ohne Bestandteil des hergestellten Gegenstands zu werden (z. B. Gerbstoffe des Gerbers, Filme und Chemikalien eines Fotografen, Säuren des Galvaniseurs, Energie für den unmittelbaren Produktionsprozess). Ferner werden solche Materialien den Hilfsstoffen zugerechnet, die als Nebenbestandteile in die Erzeugnisse eingehen (z. B. Nägel, Schrauben, Beizen, Lacke, Farben, Material für die Innenverpackung). Die Praxis ist insoweit nicht einheitlich. Vielfach wird es auf die Art des hergestellten Gegenstands sowie des Hilfsstoffs ankommen, ob eine Verrechnung als Einzelkosten oder Gemeinkosten in Betracht kommt.

848 Den Herstellungskosten sind die Aufwendungen für die tatsächlich durch den Produktionsvorgang verbrauchten Gegenstände zuzurechnen, d. h. ein dabei auftretender Schwund – nicht verwertbare Abfälle, Bruch, Gewichtsverlust, Ausschuss und dgl. – ist einzubeziehen. Entscheidend ist, dass der in Betracht kommende Roh- oder Hilfsstoff in den herzustellenden Gegenstand eingegangen ist. Dementsprechend können verlorene Anzahlungen auf nicht erfolgte Materiallieferungen, die Aufwendungen für die Wiederbeschaffung vor dem Herstellungsprozess entwendeter Rohstoffe nicht als Herstellungskosten verrechnet werden (Kulosa, in: Schmidt, EStG, 39. Aufl., § 6 Rdn. 208).

3.1.2.2 Wertermittlung

849 Sind danach die Materialien dem einzelnen Herstellungsvorgang körperlich zugeordnet worden, ist deren Wert zu ermitteln, mit dem sie den Herstellungskosten zuzurechnen sind.

Dabei ist zu unterscheiden zwischen

- der Anschaffung,
- der eigenen Herstellung oder Gewinnung des Materials und
- der Verwendung unentgeltlich erworbenen Materials.

850 Angeschafftes Material ist grundsätzlich mit seinen Anschaffungskosten zu berücksichtigen (vgl. Rdn. 758 ff.). Nach dem Urteil des BFH v. 31. 7. 1967 (BStBl 1968 II S. 23) ist bei Fertigungsbetrieben zwischen dem Beschaffungsbereich und dem Herstellungsbereich abzugrenzen. Anschaffungskosten entstehen nur bis zur erstmaligen Einlagerung des Materials. Die danach anfallenden Aufwendungen sind bereits den Fertigungsgemeinkosten (vgl. Rdn. 852 ff.) zuzurechnen. Dabei ist es unerheblich, ob das Material gezielt für die Herstellung bestimmter Gegenstände, allgemein zur Deckung des erfahrungsgemäß innerhalb eines bestimmten Zeitraums zu erwartenden Bedarfs oder unabhängig davon unter Nutzung besonders günstiger Bezugsquellen beschafft wurde (BFH v. 5. 12. 1963, BStBl 1964 III S. 299). Wird das Material mit einem unter den tatsächlichen Anschaffungskosten liegenden Buchwert bilanziert, z. B. infolge der Bewertung nach der Lifo-Methode, ist es mit dem Buchwert zu verrechnen (BFH v. 29. 9. 1966, BStBl 1967 III S. 3).

851 Dementsprechend sind selbst hergestellte oder selbst gewonnene Materialien mit den dafür ermittelten Herstellungskosten zu berücksichtigen. Werden Abfälle aufgearbeitet oder z. B. aus Trümmern Baumaterialien gewonnen, sind die dadurch entstehenden Aufwendungen zunächst als Herstellungskosten des Materials anzusehen, die mit dem

Herstellungsvorgang in die Herstellungskosten des zu erstellenden Gegenstands eingehen (BFH v. 5. 12. 1963, BStBl 1964 III S. 299).

Bei Unternehmen mit mehrstufiger Fertigung sind die selbst erzeugten Halbfertigfabrikate mit den dafür aufgewendeten tatsächlichen Herstellungskosten als Herstellungskosten der Endprodukte zu verrechnen. Dies gilt auch dann, wenn die Herstellungskosten der Halbfabrikate über den für vergleichbare Produkte geforderten Börsen- oder Marktpreisen liegen. Dies folgt aus dem Grundsatz, dass die Herstellungskosten allein nach objektiven Grundsätzen zu ermitteln (vgl. Rdn. 817 ff.) sind. Unabhängig davon ist zu prüfen, ob das Endprodukt aus diesem Grunde mit einem unter den Herstellungskosten liegenden tatsächlich beizulegenden Wert (dem niedrigeren Teilwert) zu bewerten ist. 852

Bei der Verwendung unentgeltlich erworbenen Materials ist zwischen folgenden Sachverhalten zu unterscheiden: 853

- Während eines Herstellungsvorgangs geht ein Einzelunternehmen, eine Beteiligung an einer Mitunternehmerschaft schenkweise oder infolge eines Erbfalls unentgeltlich auf Dritte über. Nach § 6 Abs. 3 EStG haben die Rechtsnachfolger die Buchwerte des Rechtsvorgängers fortzuführen. Es ergeben sich keine anderen Folgerungen, als wenn der Rechtsvorgänger das Unternehmen fortgeführt und den Herstellungsvorgang abgeschlossen hätte.
- Ein Unternehmen erhält aus betrieblichem Anlass von einem Geschäftsfreund Baumaterial unentgeltlich zugewendet. Nach § 6 Abs. 4 EStG gilt dieses Material als mit dem Wert angeschafft, den der Empfänger im Zeitpunkt der Zuwendung hätte aufwenden müssen. Der Empfänger erzielt danach zunächst in dieser Höhe erfolgswirksame Betriebseinnahmen, die dann anschließend als Herstellungskosten zu verrechnen sind.
- Ein Einzelunternehmer, Mitunternehmer erhält aus privaten Gründen Baumaterial geschenkt, das er für ein betriebliches Bauvorhaben verwendet. Das Material wird damit privat erworben. Es wird mit der betrieblichen Verwendung in den Betrieb eingelegt. Die Einlage ist nach § 6 Abs. 1 Nr. 5 EStG im Regelfall mit dem Teilwert zu bewerten (vgl. Rdn. 947 ff.).
- Einer Kapitalgesellschaft wird von ihrem Gesellschafter Baumaterial in Erfüllung der Verpflichtung zur Erbringung des Nennkapitals als Sacheinlage zur Verfügung gestellt. Gem. § 6 Abs. 6 Satz 1 EStG ist das Material mit dem Wert der dafür erlangten Anteile anzusetzen, bei Überlassung durch den Gesellschafter ohne jegliche Verpflichtung liegt eine verdeckte Einlage i. S. des § 6 Abs. 6 Satz 2 EStG vor, sodass die Bewertung mit dem Teilwert zu erfolgen hat. Wegen weiter Einzelheiten zu dieser Problematik vgl. auch Kulosa, in: Schmidt, EStG, 39. Aufl., § 6 Rdn. 625.

Einstweilen frei 854–858

3.1.3 Fertigungslöhne

Fertigungslöhne sind alle unmittelbar für die Herstellung des betreffenden Gegenstands aufgewendeten Brutto-Arbeitsentgelte. Dazu gehören auch die gesetzlichen Sozialabgaben, tarifliche Sozialaufwendungen, Urlaubsentgelte, tariflich festgelegte Leistungen an Zusatzversorgungskassen, soweit sie auf die beim Herstellungsvorgang eingesetzten Arbeitnehmer, einschl. der leitenden Angestellten, entfallen. Sonderzulagen, Leistungs- und Abschlussprämien können dazu gehören. Gewinnbeteiligungen von Arbeitnehmern sind nach dem Urteil des BFH v. 5. 8. 1958 (BStBl III S. 392, m. w. N.) nicht als Einzelkosten zu verrechnen. Insoweit kann ebenfalls wie bei den sozialen Aufwendungen (BFH v. 26. 1. 1960, BStBl III S. 191) eine Verrechnung als Gemeinkosten (vgl. Rdn. 864) in Betracht kommen. 859

3.1.4 Sondereinzelkosten der Fertigung

860 Nach § 255 Abs. 2 Satz 2 HGB gehören zu den Herstellungskosten auch die Sonderkosten der Fertigung. Dabei handelt es sich um Einzelkosten. Sonderkosten gehören zu den Herstellungskosten, soweit sie zur Fertigung der Erzeugnisse aufgewendet werden und nicht zu den allgemeinen Verwaltungskosten oder den Vertriebskosten rechnen. Bei den Sondereinzelkosten der Fertigung handelt es sich danach um Aufwendungen, die der Herstellung des einzelnen Gegenstands unmittelbar zugerechnet werden können und weder durch Fertigungsmaterial noch durch die Tätigkeit der mit der Herstellung beauftragten Arbeitnehmer verursacht sind. Als typisches Beispiel der Sondereinzelkosten der Fertigung dürften die Aufwendungen für die Aufstellung eines Bauplans für ein Gebäude anzusehen sein; dazu gehören auch vergebliche Planungskosten im Zusammenhang mit dem konkreten Bauvorhaben (BFH v. 2. 11. 2000, BFH/NV 2001 S. 592; v. 3. 11. 2005, BFH/NV 2006 S. 295, jeweils m. w. N.). Aufwendungen für Formen, Schablonen und Modelle gehören dann zu den Sondereinzelkosten, wenn sie im Zusammenhang mit der Herstellung nur eines Gegenstands anfallen, in den verbleibenden Fällen werden Fertigungsgemeinkosten (vgl. Rdn. 864 f.) vorliegen. Entsprechendes wird für die Aufwendungen für Spezialwerkzeuge, Mieten für fremde Geräte (z. B. Baumaschinen), Aufwendungen für Subunternehmer zu gelten haben.

861 **Forschungs- und Entwicklungstätigkeiten** können auf die Entwicklung neuer Produkte oder besonderer Herstellungsverfahren oder aber die Verbesserung der Qualität der laufend produzierten Produkte oder bereits angewendeter Herstellungsverfahren gerichtet sein. Aufwendungen für die Forschung führen nach wie vor zu keinem aktivierungsfähigen Vermögensgegenstand (Rdn. 811). Sie können auch nicht dem Herstellungsprozess bestimmter Vermögensgegenstände zugeordnet werden, sodass eine Verrechnung als Herstellungskosten ausscheidet (vgl. auch § 255 Abs. 2 Satz 4 HGB). Entwicklungskosten können in Ausübung des durch § 248 Abs. 2 HGB eingeräumten Wahlrechts zum Ausweis eine selbst geschaffenen immateriellen Vermögensgegenstand des Anlagevermögens führen (vgl. Rdn. 307 ff.). Die Verrechnung von Entwicklungskosten als Herstellungskosten stellt sich dann, wenn die Tätigkeit entweder einem bestimmten Herstellungsvorgang zugerechnet werden kann oder wenn es sich um eine produktionsbegleitende Fortentwicklung handelt.

862 **BEISPIEL 53:**

a) Die X-GmbH wird mit der Herstellung einer Anlage beauftragt, die ganz bestimmte Funktionen zu erfüllen hat und in dieser Art noch nicht hergestellt wurde und auch voraussichtlich nicht wieder herzustellen sein wird. Der insoweit erforderliche Forschungs- und Entwicklungsaufwand ist als Sondereinzelkosten der Fertigung den Herstellungskosten dieser Anlage zuzurechnen.

b) Die Y-GmbH stellt Konsumgüter her, deren Herstellung laufend nach wissenschaftlichen Methoden überwacht werden muss. Diese Tätigkeit führt zu einer Verbesserung des Produkts, ohne dass dadurch ein neues Produkt entwickelt worden wäre. Bei den insoweit verursachten Aufwendungen wird es sich um Fertigungsgemeinkosten handeln.

863 Forschungs- oder Entwicklungsergebnisse können gegen einmaliges oder gegen laufendes Entgelt erworben werden. Gegen einmaliges Entgelt wird regelmäßig ein immaterieller Vermögensgegenstand (immaterielles Wirtschaftsgut) erworben. Es besteht sowohl nach Handels- als auch nach Steuerrecht Bilanzierungspflicht (Rdn. 307 ff.). Damit

sind bei Nutzung für einen Herstellungsvorgang die Abschreibungen als Fertigungsgemeinkosten zu verrechnen. Bei Erwerb gegen laufendes Entgelt wird für den Regelfall zu unterscheiden sein zwischen der Bemessung nach der Anzahl der hergestellten Gegenstände (**Stücklizenzen**) und nach den erzielten Erlösen (**Umsatzlizenzen**). Nach dem Urteil des BFH v. 23. 9. 1969 (BStBl 1970 II S. 104) sind Umsatzlizenzen den Vertriebskosten und damit nicht den Herstellungskosten zuzurechnen. Dagegen entstehen die Stücklizenzen mit der Herstellung des einzelnen Gegenstands, sie sind deswegen Sondereinzelkosten der Fertigung.

3.2 Gemeinkosten

3.2.1 Begriff und Umfang

Vertriebskosten gehören nicht zu den Herstellungskosten. Verwaltungskosten sind 864
nach § 255 Abs. 2 Satz 3 HGB nicht zwingend als Herstellungskosten zu verrechnen. Die verbleibenden Gemeinkosten werden regelmäßig aufgeteilt in Material-, Fertigungs- und Sondergemeinkosten der Fertigung. In R 6.3 Abs. 2 EStR werden Material- und Fertigungsgemeinkosten nebeneinander aufgeführt, ohne dass eine Abgrenzung dieser beiden Gruppen gegeneinander erfolgt. Dazu gehören die Aufwendungen für

- Lagerhaltung, Transport und Prüfung des Fertigungsmaterials,
- Vorbereitung und Kontrolle der Fertigung,
- Werkzeuglager,
- Betriebsleitung, Raumkosten, Sachversicherungen,
- Unfallstationen und Unfallverhütungseinrichtungen der Fertigungsstätten,
- Lohnbüro, soweit in ihm die Löhne und Gehälter für in der Fertigung tätige Arbeitnehmer abgerechnet werden,
- Wertverzehr des Anlagevermögens, soweit es der Fertigung dient (R 6.3 Abs. 4 EStR).

Den Materialgemeinkosten werden die Aufwendungen zugerechnet, die auf die ver- 865
wendeten Materialien insgesamt entfallen und daher auf diese aufzuteilen sind. Insbesondere werden dazu gerechnet die Kosten der Einkaufsabteilung, Warenannahme, Material- und Rechnungsprüfung, Lagerung und Materialverwaltung. Die Fertigungsgemeinkosten werden dahingehend definiert, dass sie die Kosten umfassen, die für die Herstellung anfallen und nicht unmittelbar als Materialkosten, Fertigungslöhne und Sondereinzelkosten verrechnet werden können und auch nicht zu den Verwaltungs- und Vertriebskosten gehören.

3.2.2 Abgrenzung gegenüber den allgemeinen Verwaltungskosten

Nach § 255 Abs. 2 Satz 3 HGB können die angemessenen Teile der Kosten der allgemei- 866
nen Verwaltung in die Herstellungskosten einbezogen werden (vgl. dazu Rdn. 872). Dabei handelt es sich um die Aufwendungen, die bei finaler Betrachtung nicht mehr dem Herstellungsvorgang zugerechnet werden und damit nicht in die Fertigungsgemeinkosten einbezogen werden können, die außerhalb des Herstellungsbereichs angefallen sind. Dazu gehören u. a. die Aufwendungen für die Geschäftsleitung, Betriebsrat, Personalbüro, Nachrichtenwesen, Ausbildungswesen, Rechnungswesen (Buchführung, Betriebsabrechnung, Statistik, Kalkulation), Rechts- und Versicherungsabteilung, Feuerwehr und Werkschutz (vgl. auch R. 6.3 Abs. 3 EStR). Die Finanzierung des Unterneh-

mens, d. h. die Ausstattung mit Fremdkapital kann – von Ausnahmen abgesehen (vgl. Rdn. 877 ff.) – nicht dem Herstellungsbereich zugeordnet werden. Dies gilt ferner für Aufwendungen, die erst aus dem zu erwartenden Gewinn gedeckt werden sollen, z. B. die Steuern vom Einkommen und Vermögen, wegen der Behandlung von Zöllen und Verbrauchsteuern wird auf Rdn. 867 ff. hingewiesen.

3.2.3 Abgrenzung gegenüber den Vertriebskosten

867 Vertriebskosten gehören nicht zu den Herstellungskosten (§ 255 Abs. 2 Satz 4 HGB). Damit ist der Herstellungsbereich gegenüber dem Vertriebsbereich abzugrenzen. Der Herstellungsvorgang ist dann abgeschlossen, wenn das Produkt den Zustand erreicht hat, in dem es üblicherweise auf den Markt gebracht wird. Dabei ist zu berücksichtigen, dass die Veräußerung vielfach erst in verpacktem Zustand, wie dies z. B. bei Getränken deutlich wird, möglich ist. Deswegen ist zwischen der Innenverpackung zu unterscheiden, die den Absatz erst ermöglicht und dem Produkt u. U. noch ein gewisses Gepräge gibt und deswegen noch den Herstellungskosten zuzurechnen ist (BFH v. 26. 2. 1975, BStBl 1976 II S. 13), sowie der sog. Außenverpackung, die regelmäßig allein aus Gründen des Transports zusätzlich erforderlich wird und damit zu den Vertriebskosten gehört.

868 Dementsprechend gehören die Aufwendungen für einen Schutzumschlag zu den Herstellungskosten eines Buchs (BFH v. 21. 1. 1971, BStBl II S. 304), während die dann weiter entstehenden Aufwendungen für die verwendeten Schrumpffolien als Außenverpackung den Vertriebskosten zuzurechnen sind (BFH v. 3. 3. 1978, BStBl II S. 413). Abfüllkosten von Getränken in handelsübliche Behälter, je nach Vertriebsweg in Flaschen, Dosen, Tüten oder Fässer, sind dementsprechend ebenfalls in die Herstellungskosten einzubeziehen, die weitergehende Verpackung z. B. in Kisten oder Kartons führt hingegen zu Vertriebskosten (BFH v. 26. 2. 1975, BStBl 1976 II S. 13). Die Aufwendungen für die Konfektionierung von Arzneimitteln (Abfüllen in innere und äußere Umschließung) sind nach dem Urteil des BFH v. 30. 1. 1980 (BStBl II S. 327) den Herstellungskosten zuzurechnen.

869 Die Umsatzsteuer entsteht aus Anlass des Vertriebs und ist deswegen den Vertriebskosten zuzurechnen (R 6.3 Abs. 6 Satz 3 EStR), wegen der Behandlung der Vorsteuern wird auf § 9b EStG (vgl. Rdn. 787 ff.) hingewiesen.

870 Bestimmte Produkte (insbesondere Genussmittel) können nur mit einer Verbrauchsteuer belastet in den Verkehr gebracht werden. Diese Steuern gehören nach dem Urteil des BFH v. 26. 2. 1975 (BStBl 1976 II S. 13) nicht zu den Herstellungskosten. In der Praxis (vgl. WPg 1976 S. 59) wird gleichwohl die Verrechnung als Herstellungskosten nicht ausgeschlossen.

871 Für die Fälle, dass Zölle und Verbrauchsteuern nicht als Herstellungskosten verrechnet werden, sind die auf die am Bilanzstichtag vorhandenen Bestände entfallenden Beträge nach § 5 Abs. 5 EStG als RAP (vgl. Rdn. 363 ff.) auszuweisen.

3.2.4 Wahlrechte zur Einbeziehung von Gemeinkosten in die Herstellungskosten

Dem Kaufmann wird durch § 255 Abs. 2 Satz 3 HGB das Wahlrecht eingeräumt, Gemeinkosten, die noch dem Herstellungsbereich zuzurechnen sind, in die Ermittlung der Herstellungskosten einzubeziehen. Dabei handelt es sich insbesondere um angemessene Teile der 872

- Kosten der allgemeinen Verwaltung (z. B. Aufwendungen für Geschäftsleitung, Einkauf und Wareneingang, Betriebsrat, Personalbüro, Nachrichtenwesen, Ausbildungswesen, Rechnungswesen, allgemeine Fürsorge) und Aufwendungen für soziale Einrichtungen (Kantine, Essenszuschüsse, Freizeitgestaltung der Arbeitnehmer),
- freiwilligen sozialen Aufwendungen, wie z. B. Jubiläumsgeschenke, Wohnungs- und andere freiwillige Beihilfen, Weihnachtszuwendungen, Beteiligung der Arbeitnehmer am Betriebsergebnis,
- Aufwendungen für die betriebliche Altersversorgung (Direktversicherungen, Zuwendungen an Pensions- und Unterstützungskassen, Zuführungen zu Pensionsrückstellungen).

Dieses Wahlrecht kann bei entsprechender Verfahrensweise in der Handelsbilanz auch für die Steuerbilanz ausgeübt werden (§ 6 Abs. 1 Nr. 1b EStG).

3.2.5 Weitere Einzelfragen

3.2.5.1 Wertverzehr des Anlagevermögens

Nach § 255 Abs. 2 Satz 2 HGB ist der Werteverzehr des Anlagevermögens, soweit dieser durch die Fertigung veranlasst ist, den Herstellungskosten zuzurechnen. Gleiches gilt für den Ausweis in der Steuerbilanz (R 6.3 Abs. 1 EStR). Dabei wird nicht zwischen materiellen und immateriellen Anlagegütern unterschieden. Es kann sich dabei handeln um 873

- Gebäude, die dem Produktionsprozess dienen,
- im Herstellungsbereich eingesetzte Maschinen und maschinelle Anlagen,
- Mineralvorkommen, die der Gewinnung von Rohstoffen dienen (z. B. Ton- oder Lehmvorkommen einer Ziegelei),
- erworbene Patente, erworbenes Know-how.

Zu verrechnen sind die planmäßigen Abschreibungen, die AfA bzw. AfS. Außerplanmäßige Abschreibungen, d. h. Sonderabschreibungen, erhöhte Absetzungen, andere steuerliche Bewertungsfreiheiten und Teilwertabschreibungen sind nicht zu berücksichtigen. Die Aufwendungen für geringwertige Wirtschaftsgüter i. S. von § 6 Abs. 2 und 2a EStG (Rdn. 973 ff.) sind nicht als Herstellungskosten zu verrechnen. Auf R 6.3 Abs. 4 EStR wird hingewiesen. 874

Für den Regelfall werden danach die in den Bilanzen vorgenommenen Abschreibungen zugrunde gelegt (R 6.3 Abs. 4 Satz 1 EStR). In Satz 2 (a. a. O.) wird es abweichend davon zugelassen, auch bei Inanspruchnahme der degressiven AfA nach § 7 Abs. 2 EStG durchgängig die sich bei Anwendung der linearen Methode ergebenden Abschreibungsbeträge zu verrechnen. Wurden außerplanmäßige Abschreibungen vorgenommen, sind die Beträge bei der Ermittlung der Herstellungskosten zu berücksichtigen, die sich ergeben haben würden, wenn das Anlagegut linear abgeschrieben worden wäre. 875

BEISPIEL 54: ► Die X-GmbH hat auf eine zu Beginn des Geschäftsjahres 03 angeschaffte Maschine (betriebsgewöhnliche Nutzungsdauer 10 Jahre, Anschaffungskosten 1 000 000 €), die im Her- 876 stellungsbereich eingesetzt ist, in 03 die Sonderabschreibungen nach dem Fördergebietsgesetz mit 50 % sowie daneben die lineare AfA mit 10 % beansprucht. Bei der Ermittlung der Herstellungskosten der Produkte, die unter Einsatz dieser Maschine hergestellt werden, sind für die Dauer der Zugehörigkeit der Maschine zum Betrieb, längstens jedoch bis zum Ablauf des 10. Jahres nach Anschaffung, jeweils 100 000 € zu verrechnen. Dies gilt auch für die Jahre, für die wegen der zuvor vorgenommenen Sonderabschreibungen bei der Gewinnermittlung keine Abschreibungen mehr berücksichtigt werden können.

3.2.5.2 Zinsen, Finanzierungskosten

877 Die grundsätzliche Aussage in § 255 Abs. 3 Satz 1 HGB, wonach Zinsen für Fremdkapital nicht zu den Herstellungskosten gehören, wird durch den nachfolgenden Satz 2 relativiert. Danach können Zinsen für Fremdkapital, das zur Finanzierung der Herstellung eines Vermögensgegenstands verwendet wird, die auf die Dauer der Herstellung entfallen, als Herstellungskosten verrechnet werden. Dem Kaufmann steht danach ein Wahlrecht zu, das auch für die Steuerbilanz gilt (R 6.3 Abs. 5 Satz 1 EStR).

878 **BEISPIEL 55:** Der Unternehmer X stellt auf einem Erbbaugrundstück ein Gebäude her, das in Sondereigentum aufgeteilt an verschiedene Erwerber veräußert werden soll. Die Herstellung wird insgesamt fremdfinanziert. Mit den Herstellungsarbeiten wird im Mai 2020 begonnen. Die Fertigstellung erfolgt im Oktober 2021. Die Veräußerungen erfolgen in der Zeit von Dezember 2021 bis September 2022. Als Herstellungskosten können lediglich die für die Zeit von Mai 2020 bis Oktober 2021 angefallenen Zinsen verrechnet werden. Die danach anfallenden Zinsen sind in jedem Fall laufender Aufwand.

879 Für die Zurechnung der Zinsen zu den Herstellungskosten wird eine Mindestdauer des Herstellungsvorgangs nicht gefordert. Da jedoch verlangt wird, dass das Fremdkapital zur Herstellung eines bestimmten Vermögensgegenstands verwendet wird, muss eine eindeutige Zuordnung möglich sein. Dies dürfte nur bei größeren Vermögensgegenständen möglich sein, deren Herstellung sich wie im Beispiel 55 über einen längeren Zeitraum erstreckt.

880 Hat sich der Kaufmann in der Handelsbilanz für die Verrechnung der Zinsen als Herstellungskosten zutreffenderweise entschieden, ist in der Steuerbilanz entsprechend zu verfahren (§ 5 Abs. 1 EStG; R 6.3 Abs. 5 Satz 2 EStR).

3.2.5.3 Herstellungskosten bei Unterbeschäftigung

881 Nicht abschließend geklärt ist die Frage, ob und unter welchen Voraussetzungen die durch die nicht volle Auslastung der Produktionseinrichtungen und -anlagen entstehenden Aufwendungen den Herstellungskosten der hergestellten Produkte zuzurechnen oder als sofort abziehbarer Aufwand zu behandeln sind.

882 Nach dem Urteil des BFH v. 15. 2. 1966 (BStBl III S. 468) sind diese Aufwendungen dann den Herstellungskosten zuzurechnen, wenn die Schwankungen in der Kapazitätsauslastung sich aus der Art der Produkte bzw. der Rohstoffe ergeben; dies ist z. B. bei Rübenzuckerfabriken der Fall, die nach Verarbeitung der angelieferten Zuckerrüben bis zum Beginn der nächsten Ernte stillgelegt werden müssen. Entsprechendes wird für Bauunternehmen zu gelten haben, die infolge der Witterungseinflüsse nicht das ganze Jahr über tätig sein können.

Nach R 6.3 Abs. 7 EStR soll eine Verrechnung als Herstellungskosten jedoch dann nicht in Betracht kommen, wenn der Betrieb aus anderen Gründen teilweise stillgelegt wird oder wegen mangelnder Aufträge nicht voll ausgelastet ist. Fraglich ist in diesem Zusammenhang, wann von einer vollen Auslastung auszugehen ist. Da das Marktgeschehen keine kontinuierliche Nachfrage gewährleistet, werden Produktionsbetriebe regelmäßig so ausgelegt, dass bei einer gewissen Grundauslastung in einem bestimmten Rahmen Nachfragespitzen noch Rechnung getragen werden kann. Von einer Unterbeschäftigung im hier verstandenen Sinne kann deswegen nicht bereits dann ausgegangen werden, wenn Kapazitäten für zu erwartende Nachfragen vorgehalten werden. So wird z. B. die Auffassung vertreten, dass eine Verrechnung bei den Herstellungskosten dann nicht mehr in Betracht kommt, wenn die Kapazitätsauslastung 70 % unterschreitet (vgl. Kulosa, in: Schmidt, EStG, 39. Aufl., § 6 Rdn. 196). 883

Einstweilen frei 884–890

V. Methoden zur Ermittlung der Anschaffungs- oder Herstellungskosten

1. Allgemeine Grundsätze

Es entspricht den Grundvorstellungen des Gesetzgebers, dem einzelnen Vermögensgegenstand, das einzelne Wirtschaftsgut mit den Anschaffungs- oder Herstellungskosten zu bewerten, die tatsächlich dafür aufgewandt wurden. Dies erfordert eine Zusammenrechnung des Werts der im Einzelfall verbrauchten Güter und Dienste (progressive Methode). Die Anwendung der progressiven Methode setzt voraus, dass die für die Anschaffung oder Herstellung angefallenen Aufwendungen im Einzelnen festgehalten werden. Insoweit müssen also die erforderlichen Nachweise und Belege geschaffen werden. Dazu bedarf es einer entsprechenden Ausgestaltung des Rechnungswesens sowie der Erstellung von Einzelaufzeichnungen, die die Zuordnung der Aufwendungen zu dem einzelnen Gegenstand ermöglichen, z. B. Materialentnahmescheine, Stundennachweise über Lohn- und Maschinenstunden. Ferner ist es erforderlich, den einzelnen Gegenstand identifizieren zu können. 891

Die Ermittlung der Anschaffungs- oder Herstellungskosten nach der progressiven Methode kann sich im Einzelfall sehr aufwändig gestalten oder sogar unmöglich sein. Dies kann sowohl bei der Identifizierung als auch hinsichtlich der Zuordnung der für den einzelnen Gegenstand entstandenen Aufwendungen der Fall sein. 892

BEISPIEL 56: Die X-GmbH & Co. KG ist eine Kraftfahrzeughandlung mit Reparaturwerkstatt. Ein geringer Teil der erworbenen Neufahrzeuge wird eigenbetrieblich sowie zu Vorführzwecken genutzt; der weitaus überwiegende Teil ist dem Betriebszweck entsprechend unmittelbar zur Weiterveräußerung bestimmt. Weiter werden bei den Neuwagengeschäften gebrauchte Fahrzeuge in Zahlung genommen, die anschließend weiter veräußert werden. Für die Reparaturwerkstatt wird eine Vielzahl von Ersatzteilen teilweise über einen längeren Zeitraum vorrätig gehalten. Schließlich sind noch verschiedene Hilfs- und Betriebsstoffe vorhanden. 893

Die Kfz sind aufgrund der dazugehörenden Kfz-Briefe und -Scheine einzeln identifizierbar, unabhängig davon, ob sie dem Anlage- oder dem Umlaufvermögen zuzuordnen sind und es sich um Neu- oder Gebrauchtwagen handelt. Damit ist grundsätzlich aber auch eine Zuordnung der auf das einzelne Kfz aufgewendeten Anschaffungskosten möglich.

Insbesondere bei den bereits über eine längere Zeit verwendbaren Ersatzteilen wird sich vielfach der Zeitpunkt des Bezugs nicht mehr feststellen lassen. Damit ist aber eine Zuordnung der für das einzelne Teil aufgewendeten Anschaffungskosten nicht mehr möglich.

Entsprechendes wird erfahrungsgemäß für Hilfs- und Betriebsstoffe zu gelten haben; teilweise handelt es sich bei den Beständen um körperlich nicht mehr trennbare Partien aus mehreren Teillieferungen (z. B. bei Heizmaterial).

894 Ist danach die Zuordnung der tatsächlich entstandenen Anschaffungs- oder Herstellungskosten zu dem tatsächlich vorhandenen Gegenstand nicht (mehr) möglich, ist ein Ansatz mit dem Wert erforderlich, der dem tatsächlichen Aufwand möglichst nahe kommt.

895 Nicht zuletzt auch aus diesen Gründen wird sowohl für die Vermögensgegenstände des Sachanlagevermögens als auch für Roh-, Hilfs- und Betriebsstoffe der Ansatz von Festwerten zugelassen (§ 256 i.V. mit § 240 Abs. 3 HGB; vgl. Rdn. 176, 177). Für gleichartige Vermögensgegenstände des Vorratsvermögens sowie andere gleichartige oder annähernd gleichwertige bewegliche Vermögensgegenstände wird die Zusammenfassung zu Gruppen und die Bewertung zu Durchschnittswerten zugelassen (§ 256 i.V. mit § 240 Abs. 4 HGB). Schließlich kann nach § 256 HGB für den Wertansatz gleichartiger Vermögensgegenstände des Vorratsvermögens eine bestimmte Verbrauchsfolge unterstellt werden; Voraussetzung ist, dass diese Verbrauchsfolge mit den GoB vereinbar ist (vgl. Rdn. 906).

896 Ferner wird es nicht beanstandet, die Anschaffungskosten durch Rückrechnung vom Veräußerungspreis, d. h. retrograd zu ermitteln (vgl. Rdn. 916 ff.).

2. Gruppenbewertung

897 Nach § 256 Satz 2 HGB i.V. mit § 240 Abs. 4 HGB können gleichartige Vermögensgegenstände des Vorratsvermögens sowie andere gleichartige oder annähernd gleichwertige bewegliche Vermögensgegenstände jeweils zu einer Gruppe zusammengefasst und mit dem gewogenen Durchschnittswert angesetzt werden. Die vom Kaufmann für die Bewertung in der Handelsbilanz angewandte Methode ist für die Bewertung in der Steuerbilanz bindend (BMF-Schreiben v. 12. 3. 2010, BStBl I S. 239, Rdn. 7). Der Gesetzgeber unterscheidet danach zwischen

- gleichartigen Vermögensgegenständen des Vorratsvermögens und
- anderen gleichartigen oder gleichwertigen beweglichen Vermögensgegenständen des Anlage- oder Umlaufvermögens.

898 Dem Grundsatz der Einzelbewertung entspricht es, dass besonders wertvolle Vermögensgegenstände keiner Gruppenbewertung zugänglich sind.

899 Aus dem Erfordernis der Gleichartigkeit ergibt sich, dass nicht nur völlig identische Vermögensgegenstände zu einer Gruppe zusammengefasst werden können, z. B. Sperrholzplatten einer bestimmten Qualität mit gleichen Abmessungen. Gleichartigkeit setzt eine Funktionsgleichheit voraus, so dass eine Übereinstimmung in wesentlichen Merkmalen gegeben ist. Dies wird z. B. bei Sperrholzplatten der Fall sein, die sich bei gleichen Qualitätsmerkmalen lediglich in ihren flächenmäßigen Abmessungen voneinander unterscheiden. Gleichwertigkeit wird zwar nicht vorausgesetzt, sofern ein Durchschnittswert bekannt ist. Dies ist der Fall, wenn ein ohne weiteres feststellbarer,

nach den Erfahrungen der Branche sachgemäßer Durchschnittswert verwendet wird (R 6.8 Abs. 4 Sätze 3 bis 5 EStR). Da wesentliche Preisunterschiede regelmäßig auf eine unterschiedliche Qualität oder Funktion hindeuten, wird bei z. B. beträchtlichen Qualitätsunterschieden eine Zusammenfassung zu Gruppen nicht in Betracht kommen.

BEISPIEL 57: Ein Oberbekleidungsgeschäft bietet ein reichhaltiges Krawattensortiment an. Die Anschaffungskosten für Seidenkrawatten übersteigen die Anschaffungskosten für aus Kunststofffasern hergestellte Krawatten um mehr als 100 %. Danach dürfte es nicht möglich sein, die Krawatten insgesamt in einer Gruppe zusammenzufassen. 900

Zu ermitteln ist der gewogene Durchschnittswert (vgl. § 240 Abs. 4 HGB). Bei der Ermittlung dieses Werts wird zwischen der einfachen und der gleitenden Durchschnittsberechnung unterschieden. Bei der einfachen Durchschnittsberechnung wird aus dem Wert des Anfangsbestands und den Werten der Zugänge im Laufe des Geschäftsjahres ein Durchschnittswert ermittelt, mit dem der Bestand zum Schluss des Geschäftsjahres bewertet wird. Bei der gleitenden Berechnung wird der Durchschnittswert nach jeder Bestandsveränderung ermittelt. 901

BEISPIEL 58: Der Bestand einer Ware entwickelt sich wie folgt: 902

	Datum	**Einheiten Anzahl**	**Einzelpreis €**	**Gesamtpreis €**
Bestand	1. 1. 2021	1 000	50,00	50 000
Zugang	15. 2. 2021	200	52,50	10 500
Abgang	10. 3. 2021	400	–	–
Zugang	15. 5. 2021	800	55,00	44 000
Abgang	25. 6. 2021	600	–	–
Zugang	10. 8. 2021	1 000	57,50	57 500
Abgang	20. 12. 2021	800	–	–
Bestand	31. 12. 2021	1 200	–	–

a) **Einfache Durchschnittsberechnung**

	Datum €	**Einheiten Anzahl**	**Gesamtpreis €**
Bestand	1. 1. 2021	1 000	50 000
Zugang	15. 2. 2021	200	10 500
Zugang	15. 5. 2021	800	44 000
Zugang	10. 8. 2021	1 000	57 500
Summe	–	3 000	162 000

Danach ergibt sich ein Durchschnittspreis von 162 000 : 3 000 = 54,00 €

Für den Bestand zum 31. 12. 2021 ergibt sich danach ein Wert von 1 200 × 54,00 € = 64 800 €

b) Gleitende Durchschnittsberechnung

	Einheiten Anzahl	Einzelpreis €	Gesamtpreis €	Durchschnitt €
Bestand	1 000	50,00	50 000	50,00
Zugang	200	52,50	10 500	
Bestand	1 200		60 500	50,42
Abgang	400		20 168	
Bestand	800		40 332	50,42
Zugang	800	55,00	44 000	
Bestand	1 600		84 332	52,71
Abgang	600		31 626	
Bestand	1 000		52 706	52,71
Zugang	1 000	57,50	57 500	
Bestand	2 000		110 206	55,10
Abgang	800		44 080	
Bestand	1 200		66 126	55,11

Der Bestand zum 31. 12. 2021 von 1 200 Einheiten ist unter Berücksichtigung des errechneten Durchschnittswerts mit insgesamt 66 126 € zu bewerten.

903 Der Durchschnittswert ist nur anzusetzen, wenn er den Börsen- oder Marktpreis zum Bewertungsstichtag unterschreitet. Würde sich im Beispiel 58 zum 31. 12. 2021 ein Marktpreis von 54,50 € ergeben, würde es bei der einfachen Durchschnittsberechnung bei der Bewertung mit 54,00 € verbleiben, während bei der gleitenden Durchschnittsberechnung der Ansatz mit 54,50 € pro Einheit und dementsprechend des Gesamtbestands mit 65 400 € gem. § 253 Abs. 4 Satz 1 HGB zwingend wäre.

904 Führt die Bewertung mit dem Durchschnittswert gegenüber der zum maßgebenden Börsen- oder Marktpreis zu einem erheblich abweichenden Wert, sind Kapitalgesellschaften gem. § 284 Abs. 2 Nr. 3 HGB verpflichtet, im Anhang darauf hinzuweisen.

905 Zur Gruppenbewertung von Tieren bei land- und forstwirtschaftlichen Betrieben wird auf das BMF-Schreiben v. 14. 11. 2001 (BStBl I S. 864) sowie auf das Urteil des BFH v. 15. 2. 2001 (BStBl II S. 548) hingewiesen.

3. Verbrauchsfolgeverfahren

906 Nach § 256 Satz 1 HGB kann für den Wertansatz gleichartiger Vermögensgegenstände des Vorratsvermögens unterstellt werden, dass die zuerst oder dass die zuletzt angeschafften oder hergestellten Vermögensgegenstände zuerst oder zuletzt verbraucht oder veräußert werden. Nicht ungewöhnlich ist es zu unterstellen, dass die zuletzt angeschafften oder hergestellten Gegenstände zuerst veräußert werden – Lifo-Methode (last in – first out), oder aber die zuerst angeschafften oder hergestellten Gegenstände auch zuerst veräußert werden – Fifo-Methode (first in – first out). Führt die Bewertung nach einer Verbrauchsfolgemethode gegenüber der zum maßgebenden Börsen- oder Marktpreis zu einem erheblich abweichenden Wert, sind Kapitalgesellschaften gem. § 284 Abs. 2 Nr. 3 HGB verpflichtet, im Anhang darauf hinzuweisen.

Durch § 6 Abs. 1 Nr. 2a EStG wird es in der Steuerbilanz zugelassen, für den Wertansatz gleichartiger Wirtschaftsgüter des Vorratsvermögens zu unterstellen, dass die zuletzt angeschafften oder hergestellten Wirtschaftsgüter zuerst verbraucht oder veräußert worden sind, soweit dies den handelsrechtlichen Grundsätzen ordnungsmäßiger Buchführung entspricht. Damit wird für die Bewertung in der Steuerbilanz ausschließlich die Lifo-Methode zugelassen. Die Anwendung dieser Methode ist unabhängig von der Verfahrensweise in der Handelsbilanz zulässig. Bei Abweichungen von der Handelsbilanz sind die Wirtschaftsgüter in gem. § 5 Abs. 1 Satz 2 EStG laufend zu führende besondere Verzeichnisse aufzunehmen (R 6.9 Abs. 1 EStR). 907

Es steht dem Kaufmann frei, in welchem Umfang, für welche Wirtschaftsgüter des Vorratsvermögens nach der Lifo-Methode verfahren werden soll. Soll jedoch nach Übergang zu dieser Methode auf eine andere Bewertungsmethode übergangen werden, ist dies nach § 6 Abs. 1 Nr. 2a Satz 3 EStG nur im Einvernehmen mit dem zuständigen FA möglich; vgl. hierzu auch R 6.9 Abs. 5 EStR, ferner Hinweis auf BMF-Schreiben v. 12. 5. 2015 (NWB DokID: UAAAE-90676). 908

Sofern die der Lifo-Methode zugrundeliegende Fiktion der Verbrauchsfolge bei den zu bewertenden Wirtschaftsgütern nicht ausgeschlossen ist, widerspricht deren Anwendung auch dann nicht den GoB, wenn tatsächlich eine andere Verbrauchs- oder Veräußerungsfolge eingehalten wird. Voraussetzung ist lediglich, dass das Wirtschaftsgut nach seiner Beschaffenheit auch zum Schluss des nachfolgenden Wirtschaftsjahres noch im Bestand sein kann. Danach entspricht die Anwendung der Lifo-Methode insbesondere bei leicht verderblichen Waren (z. B. Obst und Gemüse) nicht den GoB. 909

Mit der Anwendung des Lifo-Verfahrens wird erreicht, dass die Anschaffungs- oder Herstellungskosten eines bestimmten Bestands solange und in dem Umfang für die Bewertung zu den nachfolgenden Bilanzstichtagen maßgeblich bleiben, als diese Bestände aufgrund der Verbrauchsfolgefiktion aus dem Bestand zum Zeitpunkt des Übergangs auf das Lifo-Verfahren stammen. 910

BEISPIEL 59: Die X-GmbH weist in ihrem Bestand zum 31. 12. 01 100 t eines Rohstoffs mit einem Marktpreis von 200 € pro t aus. Sie geht im Wirtschaftsjahr 02 zur Bewertung nach der Lifo-Methode über. An den nachfolgenden Bilanzstichtagen ergeben sich folgende Bestände: 911

31. 12. 02: 60 t (Marktpreis 220 € pro t),
31. 12. 03: 40 t (Marktpreis 230 € pro t),
31. 12. 04: 80 t (Marktpreis 240 € pro t).

Die Bestände zum 31. 12. 02 und 31. 12. 03 sind jeweils mit 200 € pro t zu bewerten. Es wird unterstellt, dass diese Bestände bereits Teil des Bestands zum 31. 12. 01 waren. Daraus wird zugleich deutlich, dass die Bestandserhöhung zum 31. 12. 04 gegenüber dem vorherigen Stichtag um 40 t nicht aus dem bereits am 31. 12. 01 und auch nicht dem am 31. 12. 03 vorhandenen Bestand stammen kann, so dass insoweit nicht der Preis von 200 € und auch nicht von 230 € pro t angesetzt werden kann. Diese Teilmenge ist zum 31. 12. 04 mit 240 € pro t zu bewerten.

Im Übrigen wäre die X-GmbH gem. § 284 Abs. 2 Nr. 3 HGB grundsätzlich verpflichtet, in den Anhängen zu den jeweiligen Jahresabschlüssen auf den Umfang der gelegten stillen Reserven hinzuweisen.

Hat – wie im Beispiel 59 – der Bestand gegenüber dem vorangegangenen Bilanzstichtag zugenommen, kann der Wert des Mehrbestands – Layer – nach unterschiedlichen Methoden ermittelt werden. Der Mehrbestand wird 912

- mit den Anschaffungs- oder Herstellungskosten der ersten Zugänge des betreffenden Wirtschaftsjahres,
- mit den Anschaffungs- oder Herstellungskosten der letzten Zugänge des betreffenden Wirtschaftsjahres,
- mit den im betreffenden Wirtschaftsjahr durchschnittlich aufgewendeten Anschaffungs- oder Herstellungskosten angesetzt.

913 Bei der in Beispiel 59 dargestellten Methode handelt es sich um das sog. Perioden-Lifo, bei dem jeweils nur die Bestände zum jeweiligen Bilanzstichtag bewertet werden. Als weitere Methode ist das sog. permanente Lifo zulässig. Bei dieser Methode werden die Zu- und Abgänge innerhalb des Wirtschaftsjahres jeweils einzeln berücksichtigt. Bei innerhalb des Wirtschaftsjahres stark schwankenden Beständen kann die Bildung stiller Reserven weitgehend ausgeschlossen sein. Diese Methode ist deswegen in der Praxis äußerst selten anzutreffen.

914 Sowohl nach § 256 Satz 1 HGB als auch nach § 6 Abs. 1 Nr. 2a EStG ist es zulässig, gleichartige Wirtschaftsgüter zu einer Gruppe zusammenzufassen. In R 6.9 Abs. 3 EStR wird dazu die Auffassung vertreten, dass zur Beurteilung der Gleichartigkeit die kaufmännischen Gepflogenheiten, insbesondere die marktübliche Einteilung in Produktklassen unter Beachtung der Unternehmensstruktur sowie der Verkehrsanschauung heranzuziehen sind. Erhebliche Qualitätsunterschiede stehen der Zusammenfassung zu einer Gruppe entgegen. Erhebliche Preisunterschiede sind Anzeichen für bedeutsame Qualitätsunterschiede. Nach dem Urteil des BFH v. 20. 6. 2000 (BStBl 2001 II S. 636) entspricht eine Bewertung nach der sog. Lifo-Methode dann nicht den GoB und ist deshalb auch steuerrechtlich ausgeschlossen, wenn Vorräte mit – absolut betrachtet – hohen Erwerbsaufwendungen in Frage stehen, die Anschaffungskosten ohne weiteres identifiziert und den einzelnen Vermögensgegenständen angesichts deren individueller Merkmale ohne Schwierigkeiten zugeordnet werden können. Diese zur Bewertung von Pkw bei Kfz-Händlern ergangene Entscheidung ist umstritten (vgl. Krumbholz, StuB 2001 S. 74; Herzig, DB 2014 S. 1765; jeweils m. w. N.).

915 Die Anwendung der Lifo-Methode entbindet den Kaufmann nicht von der Verpflichtung zur Beachtung des Niederstwertprinzips (§ 253 Abs. 4 Satz 1 HGB). Würde im Beispiel 59 der Börsen- oder Marktpreis zum 31. 12. 03 auf 190 € pro t sinken, wäre dieser Wert maßgebend sowie Ausgangspunkt für die Bewertung des Bestands zum 31. 12. 04.

4. Die retrograde Methode

916 Die Ermittlung der Anschaffungs- oder Herstellungskosten durch Rückrechnung von den Verkaufserlösen wird in den Rechnungslegungsvorschriften des HGB nicht ausdrücklich zugelassen. Sie wird in Praxis dann angewendet, wenn keine aussagefähige Kostenrechnung vorliegt (Hoffmann/Lüdenbach, NWB Kommentar Bilanzierung, 12. Aufl., § 255 HGB Rz. 127) oder auch sonst die Zuordnung von Aufwendungen problematisch ist (z. B. bei Kuppelprodukten), Sie wird ferner bei der Ermittlung des niedrigeren beizulegenden Werts i. S. des § 253 Abs. 4 Satz 2 HGB, des niedrigeren Teilwerts (vgl. Rdn. 1115 ff.) angewendet.

Die Anschaffungskosten- oder Herstellungskosten werden derart ermittelt, dass der Verkaufspreis um die Bestandteile gekürzt wird, die diesen nicht zuzurechnen sind. Dies sind die zu erwartenden Erlösschmälerungen (Skonti, Boni, Rabatte und dgl.), die Vertriebskosten, die nicht den Herstellungskosten zuzurechnenden Verwaltungskosten sowie ein etwaiger Gewinn einschl. eines etwaigen Unternehmerlohns. Da Ziel die Ermittlung der tatsächlich entstandenen Anschaffungs- oder Herstellungskosten ist, sind bei dieser Rückrechnung grundsätzlich nur die tatsächlich entstandenen bzw. entstehenden Aufwendungen zu berücksichtigen. Dies gilt auch für die Berücksichtigung eines etwaigen Gewinns. Die bei Anwendung der retrograden Methode vorzunehmenden Abschläge können danach nicht aus einer Kalkulation abgeleitet werden. Maßgebend sind grundsätzlich die in der GuV verrechneten Aufwendungen. Wurde tatsächlich kein Gewinn erzielt, kann danach für die Ermittlung der Anschaffungs- oder Herstellungskosten auch kein Abschlag für den zu erzielenden Gewinn vorgenommen werden. Unabhängig davon ist die Frage zu prüfen, ob für die Ermittlung des dem einzelnen Gegenstand beizulegenden tatsächlichen niedrigeren Werts ein Gewinnabschlag zu berücksichtigen ist (vgl. Rdn. 1115 ff.). Sind aus einer vorhandenen Betriebsabrechnung die nach dem Bilanzstichtag bei den einzelnen Kostenarten noch jeweils anfallenden Kosten ersichtlich, kann die Rückrechnung nach der Subtraktionsmethode erfolgen, ansonsten nach der Formelmethode. Auf H 6.8 „Beispiele für die Bewertung von Wirtschaftsgütern des Vorratsvermögens, die durch Lagerung, Änderung des modischen Geschmacks oder aus anderen Gründen im Wert gemindert sind" EStH wird hingewiesen. 917

Einstweilen frei 918–920

VI. Die Bewertung von Entnahmen und Einlagen

1. Begriffsbestimmungen

Nach § 4 Abs. 1 Satz 1 EStG ist Gewinn der Unterschiedsbetrag zwischen dem Betriebsvermögen am Schluss des Wirtschaftsjahres und dem Betriebsvermögen am Schluss des vorangegangenen Wirtschaftsjahres, vermehrt um den Wert der Entnahmen und vermindert um den Wert der Einlagen. Zu den Entnahmen gehören alle Wirtschaftsgüter (Barentnahmen, Waren, Erzeugnisse, Nutzungen und Leistungen), die der Unternehmer dem Betrieb für sich, für seinen Haushalt oder für andere betriebsfremde Zwecke entnimmt (§ 4 Abs. 1 Satz 2 EStG). Einlagen sind nach § 4 Abs. 1 Satz 8 EStG die Bareinzahlungen und sonstigen Wirtschaftsgüter, die dem Betrieb vom Stpfl. zugeführt werden. Die Überführung von Wirtschaftsgütern in eine ausländische Betriebsstätte steht nach § 4 Abs. 1 Satz 3 EStG einer Entnahme, aus einer ausländischen Betriebsstätte in eine inländische Betriebsstätte nach § 4 Abs. 1 Satz 8 EStG einer Einlage gleich (vgl. Rdn. 115 ff.). Die unentgeltliche Übertragung eines Betriebes, Teilbetriebs oder Mitunternehmeranteils führt zu keiner Entnahme; wegen der Rechtsfolgen vgl. § 6 Abs. 3 EStG. Wegen der Überführung einzelner Wirtschaftsgüter aus einem Betriebsvermögen in ein anderes Betriebsvermögen desselben Stpfl. wird auf § 6 Abs. 5 EStG (Rdn. 960 ff.) hingewiesen. 921

922 Mit den Korrekturen um die Entnahmen und Einlagen sollen nicht durch das betriebliche Geschehen verursachte Vermögensminderungen und -mehrungen neutralisiert werden. Der Gesetzeswortlaut orientiert sich an den Verhältnissen des Einzelunternehmens, bei dem es gilt, die private von der betrieblichen Sphäre abzugrenzen.

923 **BEISPIEL 60:**

a) Der Lebensmitteleinzelhändler A entnimmt sowohl Waren als auch Bargeld zur Bestreitung seines Lebensunterhalts seinem Betrieb. Diese Minderungen seines Betriebsvermögens sind nicht betrieblich veranlasst und dürfen deswegen den steuerlichen Gewinn nicht mindern (vgl. auch § 12 Nr. 1 EStG).

b) Der Viehhändler B kauft bei einem Landwirt einen Posten Schweine gegen Barzahlung. Das erforderliche Bargeld hat er von einem privaten Sparkonto abgehoben. Dieser Geldabfluss ist betrieblich veranlasst, so dass das Bargeld zunächst dem Betriebsvermögen zuzuführen ist.

924 Entnahmen und Einlagen können deswegen nicht über Aufwands- und Ertragskonten verbucht werden. Bei Einzelunternehmen sind entsprechende Buchungen auf einem Privatkonto, das im Ergebnis ein Unterkonto des das Eigenkapital ausweisenden Kapitalkontos ist, vorzunehmen.

925 Bei **Personenhandelsgesellschaften** ist die private Sphäre der einzelnen Gesellschafter gegenüber der betrieblichen Sphäre der Gesellschaft abzugrenzen. Dabei ist jedoch zu beachten, dass mit der Veränderung der Kapitalkonten der einzelnen Gesellschafter deren Anteil am Gesellschaftsvermögen und damit zugleich das Verhältnis der Gesellschafter zueinander verändert wird. Aus diesem Grunde treffen die Gesellschafter für die Abwicklung der hier in Rede stehenden Sachverhalte besondere Abreden. Laufende Entnahmen (vgl. Beispiel 60a) werden danach nicht selten über Verrechnungs- oder Darlehenskonten gebucht, auf denen die schuldrechtlichen Beziehungen zwischen Gesellschaft und Gesellschafter dargestellt und abgewickelt werden. Bei Geldzuführungen (Beispiel 60b) ist zu prüfen, ob damit eine Verbindlichkeit gegenüber der Gesellschaft zurückgeführt, eine Forderung gegenüber der Gesellschaft begründet oder neues Kapital zugeführt wird.

926 Kapitalgesellschaften sind als selbständige Steuersubjekte nach Maßgabe des KStG zu besteuern. Sie beziehen nach § 8 Abs. 2 KStG insgesamt Einkünfte aus Gewerbebetrieb, so dass grundsätzlich ihr gesamtes Vermögen Betriebsvermögen ist. Die Frage der Abgrenzung gegenüber einer außerbetrieblichen, privaten Sphäre kann sich danach nicht stellen, wie der BFH in ständiger Rechtsprechung (vgl. Beschluss v. 16. 2. 2005, BFH/NV 2005 S. 1377, m.w.N.) entschieden hat. Wie aus § 8 Abs. 3 KStG deutlich wird, dürfen als Gewinnausschüttungen zu qualifizierende Vermögenszuwendungen an die Gesellschafter das zu besteuernde Einkommen nicht mindern. Daraus ist abzuleiten, dass Vermögensminderungen und -mehrungen, die ihre Ursache in gesellschaftsrechtlichen Beziehungen haben, den steuerlichen Gewinn nicht beeinflussen dürfen. Dies entspricht auch den handelsrechtlichen Rechnungslegungsvorschriften, wonach z. B. die Zuführungen von Nennkapital nicht als Ertrag auszuweisen sind, Gewinnausschüttungen zu keinem Aufwand der Kapitalgesellschaft führen. Danach liegt es nahe, dem Begriff der Entnahmen i. S. des § 4 Abs. 1 EStG den Zuwendungen von Vermögensvorteilen an Gesellschafter auf gesellschaftsrechtlicher Grundlage (offene und verdeckte Gewinnausschüttungen, Rückgewähr von Einlagen) sowie den Einlagen i. S. des § 4 Abs. 1

EStG die Zuführung von Vermögen auf gesellschaftsrechtlicher Grundlage (Zuführung von Nennkapital, Aufgelder, Zuschüsse) gleichzustellen (vgl. BFH v. 26.10.1987, BStBl 1988 II S. 348).

Als Entnahme kommt jede Vermögensminderung in Betracht, unabhängig davon, ob sie sich in einem Gegenstand konkretisiert. 927

BEISPIEL 61: Der Einzelunternehmer A wendet seiner nicht im Betrieb tätigen Tochter aus Anlass des Bestehens einer Abschlussprüfung einen bisher zum Betriebsvermögen gehörenden Pkw zur alleinigen Nutzung zu. Persönlich nutzt er einen weiteren ebenfalls zum Betriebsvermögen gehörenden Pkw überwiegend für betriebliche, im Übrigen für private Zwecke. 928

Mit der Zuwendung an die Tochter wird der Pkw als körperlicher Gegenstand entnommen, da er nunmehr ausschließlich für außerbetriebliche Zwecke genutzt wird; Gegenstand der Entnahme ist also ein körperlicher Gegenstand. Die vorübergehende private Nutzung des weiteren Pkw für eigene private Zwecke berührt dessen Zuordnung zum Betriebsvermögen nicht. Gegenstand der Entnahme ist der Nutzungsvorteil, den A durch die private Nutzung erlangt.

Gegenstand einer Entnahme können auch sonstige betrieblich erlangte Vorteile sein, z. B. eine von einem Lieferanten zugewendete Reise; wegen weiterer Einzelheiten vgl. R 4.3 Abs. 4 EStR, sowie BFH v. 26. 9. 1995 (BStBl 1996 II S. 273) und die BMF-Schreiben v. 14.10.1996 (BStBl 1991 S. 1192), v. 22.8.2005 (BStBl 2005 I S. 845) sowie v. 11. 7. 2006 (BStBl 2006 I S. 845). Hat der Zuwendende die Pauschsteuer nach § 37a EStG (vgl. 5. Kap. Teil A Rdn. 336 ff.) abgeführt und dies dem Begünstigten mitgeteilt, kommt bei diesem die Erfassung des Vorteils als Betriebseinnahme und damit auch als Entnahme nicht in Betracht (BMF-Schreiben v. 19. 5. 2015, BStBl 2015 I S. 468, Rdn. 27). Bei der außerbetrieblich veranlassten verbilligten Überlassung einer zum Betriebsvermögen gehörenden Wohnung liegt eine Nutzungsentnahme vor (BFH v. 29. 4. 1999, BStBl II S. 652; v. 19. 12. 2002, BFH/NV 2003 S. 979). 929

Gegenstand einer Einlage können hingegen nur bilanzierungsfähige Wirtschaftsgüter sein. Dazu gehören auch immaterielle Wirtschaftsgüter. Die bloße Nutzung eines Wirtschaftsguts zu betrieblichen Zwecken kann nicht eingelegt werden; dies gilt auch für unentgeltliche dingliche oder obligatorische Nutzungsrechte. 930

BEISPIEL 62: X überlässt einem Unternehmen, an dem er beteiligt ist, ein Grundstück unentgeltlich zur Nutzung. 931

a) X ist Kommanditist der X-GmbH & Co. KG. Das der KG eingeräumte Nutzungsrecht ist nicht einlagefähig. Da das Grundstück im Rahmen der X-GmbH & Co. KG der Erzielung von Einkünften aus Gewerbebetrieb dient, wird es mit Beginn des Nutzungsverhältnisses von X in dessen Sonderbetriebsvermögen bei der X-GmbH & Co. KG eingelegt.

b) X ist Gesellschafter der X-GmbH. Weder das der X-GmbH unentgeltlich eingeräumte Nutzungsrecht noch der laufende Verzicht auf Pachteinnahmen ist einer Einlage fähig.

Wegen weiterer Einzelheiten vgl. R 4.3 Abs. 1 EStR sowie BFH v. 26.10.1987 (BStBl 1988 II S. 348); v. 16.12.1988 (BStBl 1989 II S. 763) und v. 20.9.1990 (BStBl 1991 II S. 82). 932

2. Die einzelnen Bewertungsvorschriften

2.1 Überblick

933 Angesichts des sowohl nach Handels- als auch nach Steuerrecht maßgebenden Nominalwertprinzips sind für in Geld erfolgende Entnahmen und Einlagen besondere Bewertungsvorschriften entbehrlich. Die handelsrechtlichen Rechnungslegungsvorschriften enthalten keine ausdrücklichen Bewertungsvorschriften für die Entnahmen und Einlagen.

934 Entnommene Gegenstände sind nicht mehr zu bilanzieren. Unter diesem Gesichtspunkt ist handelsrechtlich eine besondere Bewertungsvorschrift verzichtbar.

935 Dagegen konnte der Gesetzgeber für die steuerliche Gewinnermittlung auf besondere Bewertungsvorschriften für Entnahmen und Einlagen nicht verzichten, da mit der Bewertung vielfach darüber entschieden wird, ob und ggf. in welchem Umfang aus einzelnen Vorgängen steuerpflichtige Einkünfte entstehen. Diese besonderen Vorschriften sind für Entnahmen für den Regelfall in § 6 Abs. 1 Nr. 4 EStG getroffen worden. Einlagen sind grundsätzlich nach § 6 Abs. 1 Nr. 5 EStG zu bewerten, der auch für den Fall der Eröffnung eines Betriebs entsprechend anzuwenden ist (§ 6 Abs. 1 Nr. 6 EStG).

936 Wird ein Einzelunternehmen, eine Personengesellschaft aufgegeben, werden die aus diesem Anlass nicht veräußerten Wirtschaftsgüter in das Privatvermögen der (Mit-)Unternehmer überführt. Diese Wirtschaftsgüter sind für die Ermittlung des Aufgabegewinns nach § 16 Abs. 3 Sätze 7 und 8 EStG mit dem gemeinen Wert zu bewerten. Nach § 9 Abs. 2 BewG wird dieser Wert durch den Preis bestimmt, der bei einer Veräußerung unter Berücksichtigung aller für die Preisbildung maßgebenden Gesichtspunkte im gewöhnlichen Geschäftsverkehr erzielbar wäre; lediglich ungewöhnliche oder persönliche Verhältnisse dürfen nicht berücksichtigt werden.

937 Die Veränderung der Unternehmensform kann zu der Übertragung des Betriebsvermögens auf einen anderen Rechtsträger führen. Für diese Fälle ist zu prüfen, ob die Sonderregelungen des UmwStG (vgl. 6. Kap. Rdn. 91 ff.) anzuwenden sind. Dies gilt auch für die Entnahme und Einlage von Anteilen an Kapitalgesellschaften, die aus Anlass einer Sacheinlage erworben wurden.

938 Die Überführung einzelner Wirtschaftsgüter von einem inländischen Betriebsvermögen in ein anderes inländisches Betriebsvermögen desselben Stpfl. hat unter den Voraussetzungen des § 6 Abs. 5 EStG zum Buchwert zu erfolgen. Für die Fälle der Überführung von Wirtschaftsgütern zwischen inländischen und ausländischen Betriebsstätten, die Entnahmen bzw. Einlagen gleichgestellt sind (vgl. Rdn. 115 ff.), ist als Bewertungsmaßstab der gemeine Wert vorgegeben (vgl. § 6 Abs. 1 Nr. 4 Satz 1, § 6 Abs. 1 Nr. 5a EStG). Der gemeine Wert ist nach § 9 Abs. 2 BewG zu bestimmen (vgl. Rdn. 936). Nach R 6.12 Abs. 2 EStR entspricht der gemeine Wert regelmäßig dem Fremdvergleichspreis.

2.2 Die Bewertung von Entnahmen

2.2.1 Der Regelfall

Nach § 6 Abs. 1 Nr. 4 Satz 1 EStG sind die Entnahmen des Stpfl. für sich, für seinen Haushalt oder für andere betriebsfremde Zwecke für den Regelfall mit dem Teilwert zu bewerten. Teilwert ist nach § 6 Abs. 1 Nr. 1 Satz 3 EStG der Betrag, den ein Erwerber des ganzen Betriebs im Rahmen des Gesamtkaufpreises für das einzelne Wirtschaftsgut ansetzen würde; dabei ist von der Fortführung des Betriebs durch den Erwerber auszugehen; wegen weiterer Einzelheiten vgl. Rdn. 1115 ff. Soweit Wirtschaftsgüter in Buchführung und Bilanz nicht mit dem Teilwert angesetzt worden sind, führt die Bewertung der Entnahme mit dem Teilwert zur Realisierung stiller Reserven und damit zu der Besteuerung eines entsprechenden Entnahmegewinns. Wird ein zum Betriebsvermögen gehörender Pkw während einer Privatfahrt zerstört, liegt in Höhe des Restbuchwerts eine Nutzungsentnahme vor. Dies gilt auch bei Diebstahl des Pkw während einer Privatfahrt. Die ggf. bestehende Schadensersatzforderung gegenüber Dritten bzw. die Leistung der Kaskoversicherung ist als Betriebseinnahme zu erfassen, soweit sie über den Restbuchwert des Pkw hinausgeht; vgl. dazu R. 4.7 Abs. 1 EStR sowie BFH v. 16. 3. 2004 (BStBl 2004 II S. 725). 939

Nutzungen sind grundsätzlich mit den tatsächlichen Selbstkosten zu bewerten (BFH v. 24. 5. 1989, BStBl 1990 II S. 8). Nach dem weiteren Urteil des BFH v. 19. 12. 2002 (BFH/NV 2003 S. 979) sind dabei die auf das überlassene Wirtschaftsgut gemachten Aufwendungen zur Instandhaltung und Modernisierung angemessen zu berücksichtigen. Dazu gehören z. B. die Nutzung eines zum Betriebsvermögen gehörenden Pkw, die Verwendung von durch eine gewerblich betriebene Fotovoltaikanlage erzeugtem Strom für private Zwecke (R 4.3 Abs. 4 Satz 2 EStR). Als Höchstwert kommt der Marktwert, bei der Überlassung einer Wohnung die Marktmiete in Betracht. 940

Bei der privaten Nutzung eines Kfz, das zu mehr als 50 % betrieblich genutzt wird, kann der Stpfl. für die Bemessung des Werts der Nutzungsentnahme zwischen zwei Möglichkeiten wählen. 941

- Wird das Kraftfahrzeug zu mehr als der Hälfte betrieblich genutzt, kann die Privatnutzung für jeden Kalendermonat mit 1 % des inländischen Listenpreises im Zeitpunkt der Erstzulassung zuzüglich der Kosten für Sonderausstattung einschließlich Umsatzsteuer angesetzt werden. Für die steuerliche Behandlung der Privatnutzung von Fahrzeugen mit Elektroantrieb wird auf § 6 Abs. 1 Nr. 4 Satz 2 EStG verwiesen.
- Alternativ besteht auch die Möglichkeit, den privaten Anteil mithilfe eines ordnungsgemäß geführten Fahrtenbuchs zu besteuern. Bei Fahrzeugen mit Elektromotoren sind dabei die Besonderheiten in § 6 Abs. 1 Nr. 4 Satz 3 EStG zu beachten.

Elektrofahrzeug ist ein Kraftfahrzeug, das ausschließlich durch einen Elektromotor angetrieben wird, der ganz oder überwiegend aus mechanischen oder elektrochemischen Energiespeichern oder aus emissionsfrei betriebenen Energiewandlern gespeist wird; vgl. Feld 10 der Kfz-Zulassungsbescheinigung Codierungen: 0004 und 0015. Hybridelektrofahrzeug ist ein Hybridfahrzeug, das zum Zwecke des mechanischen Antriebs aus im Fahrzeug gespeicherten Betriebskraftstoff und einer Speichereinrichtung für elektrische Energie/Leistung die für den Betrieb erforderliche Energie/Leistung bezieht; vgl. Feld 10 der Kfz-Zulassungsbescheinigung Codierungen: 0016 bis 0019 und 0025 bis

0031. Zu den begünstigten Fahrzeugen rechnen auch Elektrofahrräder, wenn diese verkehrsrechtlich als Kraftfahrzeug einzuordnen sind (z. B. Elektrofahrräder, deren Motor auch Geschwindigkeiten über 25 Kilometer pro Stunde unterstützt). Zur Bemessung des privaten Nutzungsanteils von diesen Fahrzeugen wird auf das BMF-Schreiben v. 5. 6. 2014 (BStBl 2014 I S. 835) und die gleichlautenden Erlasse der obersten Finanzbehörden der Länder v. 23. 11. 2012 (BStBl 2012 I S. 1224) hingewiesen.

Bei Verwendung des Pkw für Fahrten zwischen Wohnung und Betrieb oder aus Anlass einer betrieblich verursachten doppelten Haushaltsführung ist § 4 Abs. 5 Satz 1 Nr. 6 EStG (Rdn. 1635) zu beachten.

Wird der Pkw u. a. auch von dem anderen Ehegatten/Lebenspartner für eigenbetriebliche Zwecke genutzt, handelt es sich um eine außerbetriebliche Nutzung, die mit der Anwendung von § 6 Abs. 1 Nr. 4 Satz 2 EStG abgegolten wird (BFH v. 15. 7. 2014 – X R 24/12, BStBl 2015 II S. 132); für den Fall der Nutzung des Pkw durch den Stpfl. selbst zur Erzielung unterschiedlicher Einkünfte beachte BFH v. 26. 4. 2006 (BStBl 2007 II S. 445 sowie LfSt Bayern v. 22. 1. 2013 – S 2177.1.1 – 3/6 St 32).

942 Die Regelung des § 6 Abs. 1 Nr. 4 Satz 2 EStG ist rechtmäßig (BFH v. 1. 3. 2001, BStBl 2001 II S. 403; v. 27. 1. 2004, BFH/NV S. 639; v. 13. 12. 2012, BStBl 2013 II S. 385). Bei geleasten Pkw kann nicht nach § 6 Abs. 1 Nr. 4 Satz 2 EStG verfahren werden (BFH v. 20. 11. 2012, BFH/NV 2013 S. 527). Ein unterjähriger Wechsel zwischen der 1 %-Regelung (§ 6 Abs. 1 Nr. 4 Satz 2 EStG) und der Fahrtenbuchmethode (§ 6 Abs. 1 Nr. 4 Satz 3 EStG) ist für dasselbe Fahrzeug nicht zulässig (BFH v. 20. 3. 2014, BStBl 2014 II S. 643).

943 Wegen weiterer Einzelheiten wird auf das BMF-Schreiben v. 18. 11. 2009 (BStBl 2009 I S. 1326) hingewiesen, das durch weitere Schreiben v. 15. 11. 2012 (BStBl 2012 I S. 1099) und FinMin Hamburg v. 24. 7. 2017 – S 2177 – 2017/001 – 52 ergänzt und geändert worden ist.

2.2.2 Die Bewertung von Spenden

944 Spenden i. S. des § 10b EStG sind freigebige Zuwendungen, die nicht betrieblich, sondern privat veranlasst und innerhalb von Höchstbeträgen als Sonderausgaben abziehbar sind; § 9 Abs. 1 Nr. 2 KStG enthält eine entsprechende Regelung. Nicht begünstigt sind Zuwendungen in Form von Nutzungen und Leistungen, es sei denn, dass ein Anspruch auf die Erstattung der Aufwendungen durch Vertrag oder Satzung eingeräumt und auf die Erstattung verzichtet worden ist (§ 10b Abs. 3 Satz 5 EStG). Besteht die Spende in der Zuwendung eines Wirtschaftsguts, das zu einem Betriebsvermögen des Spenders gehört, geht der Hingabe an den Spendenempfänger die Entnahme aus dem Betriebsvermögen voraus. Diese Entnahme wäre nach § 6 Abs. 1 Nr. 4 Satz 1 EStG mit dem Teilwert zu bewerten. Abweichend davon wird dem Stpfl. in § 6 Abs. 1 Nr. 4 Satz 4 EStG ein Wahlrecht zur Bewertung dieser Entnahme mit dem bisherigen Buchwert des hingegebenen Wirtschaftsguts eingeräumt, sofern die Hingabe unmittelbar nach der Entnahme erfolgt, vgl. dazu auch BFH v. 5. 7. 2002 (BStBl 2003 II S. 237). Die Spende ist nach § 10b Abs. 3 Satz 2 EStG höchstens mit dem Entnahmewert und die auf die Entnahme entfallenden Umsatzsteuer abziehbar.

BEISPIEL 63: Die X-GmbH & Co. KG wendet am 31. 7. 2021 dem Ortsverband des Deutschen Roten Kreuzes einen gebrauchten Transporter zu, der am 10. 1. 2020 für 24 000 € angeschafft wurde. Die betriebsgewöhnliche Nutzungsdauer beträgt 5 Jahre. Es wird linear abgeschrieben. Der Teilwert des Kfz macht per 31. 7. 2021 18 000 € aus. Zum 31. 7. 2021 ergibt sich folgender Buchwert: 945

Anschaffungskosten 10. 1. 2020	24 000 €
./. AfA 2020 20 %	4 800 €
./. AfA 2021 7/12 von 20 %	2 800 €
Buchwert 31. 7. 2021	16 400 €

Die Hingabe des Transporters ist eine Entnahme der Gesellschafter der X-GmbH & Co. KG, die wahlweise mit dem Teilwert von 18 000 € oder dem Buchwert von 16 400 € bewertet werden kann.

Wegen der Erteilung der Zuwendungsbestätigung und der Spendenbescheinigung wird auf das BMF-Schreiben v. 6. 2. 2017 (BStBl 2017 I S. 287) hingewiesen.

2.2.3 Entnahme von unbebauten Grundstücken für Wohnzwecke

Wird auf einem Grundstück, das bereits im VZ 1986 zum Betriebsvermögen gehört hat, eine eigengenutzte Wohnung errichtet, ist ein infolge der Nutzungsänderung sich ergebender Entnahmegewinn nach § 15 Abs. 1 Satz 3 i.V. mit § 13 Abs. 5 EStG nicht zu besteuern. 946

2.3 Die Bewertung von Einlagen

2.3.1 Allgemeine Grundsätze

Einlagen sind nach § 6 Abs. 1 Nr. 5 Halbsatz 1 EStG für den Regelfall mit dem Teilwert (vgl. Rdn. 1115 ff.) im Zeitpunkt der Zuführung (vgl. BFH v. 9. 6. 1997, BStBl 1998 II S. 307; v. 15. 10. 1997, BStBl 1998 II S. 305) zu bewerten. Höchstwert sind jedoch nach Halbsatz 2 dieser Regelung die Anschaffungs- oder Herstellungskosten, wenn 947

- das Wirtschaftsgut innerhalb der letzten drei Jahre vor der Einlage angeschafft oder hergestellt wurde oder
- es sich um eine (wesentliche) Beteiligung i. S. des § 17 Abs. 1, 6 EStG an einer Kapitalgesellschaft oder an einer Genossenschaft (vgl. § 17 Abs. 7 EStG) handelt, oder
- es sich um Wirtschaftsgüter i. S. des § 20 Abs. 2 EStG (zum Begriff vgl. BMF-Schreiben v. 18. 1. 2016, BStBl 2016 I S. 85, Rdn. 9 ff.) handelt.

Wird ein Wirtschaftsgut nach Entnahme aus einem Betriebsvermögen aus dem Privatvermögen in ein anderes Betriebsvermögen eingelegt, gilt nach § 6 Abs. 1 Nr. 5 Satz 3 EStG die Entnahme als Anschaffung, der Entnahmewert als Anschaffungs- oder Herstellungskosten.

BEISPIEL 64: A hat am 15. 7. 2019 aus seinem in Münster betriebenen Einzelunternehmen ein abnutzbares Wirtschaftsgut zum Teilwert von 40 000 € entnommen. Am 3. 5. 2021 legt er dieses Wirtschaftsgut in sein inzwischen in Düsseldorf eröffnetes Einzelunternehmen ein. Für die Bewertung der Einlage vom 3. 5. 2021 gilt die Entnahme am 15. 7. 2018 als Anschaffung, der Entnahmewert von 40 000 € als Anschaffungskosten. 948

Bei der Überführung von Wirtschaftsgütern aus dem Privatvermögen in das Gesamthandsvermögen einer Personengesellschaft gegen Gewährung von Gesellschaftsrechten handelt es sich um keine Einlage, sondern um die entgeltliche Anschaffung der Ge- 949 sellschaftsrechte (BFH v. 24. 1. 2008, BStBl 2011 II S. 464), vgl. dazu auch BMF-Schreiben v. 11. 7. 2011 (BStBl 2011 I S. 713), modifiziert durch BMF-Schreiben v. 26. 7. 2016 (BStBl 2016 I S. 684). Danach ist § 6 Abs. 1 Nr. 5 EStG in diesen Fällen nicht anwendbar.

2.3.2 Einlagen innerhalb von drei Jahren nach Anschaffung

950 Wird ein Wirtschaftsgut im Privatvermögen angeschafft oder hergestellt und innerhalb von drei Jahren in ein Betriebsvermögen eingelegt, ist es nach § 6 Abs. 1 Nr. 5 Halbsatz 2 EStG nur dann mit dem Teilwert anzusetzen, wenn dieser niedriger als die Anschaffungs- oder Herstellungskosten ist.

951 Handelt es sich um ein abnutzbares Wirtschaftsgut, sind die historischen Anschaffungs- oder Herstellungskosten gem. § 6 Abs. 1 Nr. 5 Satz 2 EStG um die AfA zu kürzen, die auf den Zeitraum zwischen Anschaffung oder Herstellung und Einlage entfällt. Nach dem Urteil des BFH v. 27. 1. 1994 (BStBl II S. 638) ist diese Regelung dahingehend zu verstehen, dass eine Kürzung um die Abschreibungen zu erfolgen hat, die bei einer Nutzung im Privatvermögen bei der Ermittlung zu besteuernder Einkünfte vorgenommen wurden.

952 **BEISPIEL 65:** A vermietet seit 2012 eine Ferienwohnung und bezieht daraus Einkünfte aus Vermietung und Verpachtung. Die Aufwendungen für die Einrichtungsgegenstände werden gem. § 9 Abs. 1 Nr. 7 EStG i. V. m. § 7 EStG als AfA berücksichtigt. Anfang Juli 2018 wird eine als einheitliches Wirtschaftsgut zu behandelnde Küchenzeile für 5 000 € angeschafft; die AfA wurde nach einer Nutzungsdauer von 10 Jahren vorgenommen.

Zum 1. 1. 2021 wird A der bisher von seinem Vater geführte Gasthof unentgeltlich übertragen; A führt danach gem. § 6 Abs. 3 EStG die Buchwerte seines Vaters fort (vgl. Rdn. 781 ff.). Die Ferienwohnung wird nunmehr im Rahmen des Gasthofs vermietet und damit notwendiges Betriebsvermögen dieses Gewerbebetriebs. Sie wird damit insgesamt, d. h. Gebäudeteil einschl. des dazu gehörenden Grundstücksteils sowie der Einrichtungsgegenstände, am 1. 1. 2021 in das Betriebsvermögen des Gasthofes eingelegt. Diese Wirtschaftsgüter sind mit Ausnahme der Küchenzeile vor mehr als drei Jahren angeschafft bzw. hergestellt worden, so dass sie jeweils mit dem Teilwert zu bewerten sind. Der Einlagewert der Küchenzeile ist hingegen wie folgt zu ermitteln:

Anschaffungskosten Anfang Juli 2018	5 000 €
./. AfA 2018 ½ von 10 %	250 €
./. AfA 2019 10 %	500 €
./. AfA 2020 10 %	500 €
Buchwert 31. 12. 2020 zugleich Einlagewert 1. 1. 2021	3 750 €

953 Eine Kürzung der Anschaffungs- oder Herstellungskosten um die AfA hat auch dann zu erfolgen, wenn das innerhalb der Dreijahresfrist angeschaffte/hergestellte Wirtschaftsgut im Privatvermögen nicht zur Einkunftserzielung verwendet wurde, wie z. B. ein Pkw oder Teile eines ausschließlich eigengenutzten Einfamilienhauses, die nunmehr betrieblich genutzt werden und deswegen notwendiges Betriebsvermögen geworden sind. Es ist die AfA in der Höhe zu berücksichtigen, die bei einer Nutzung zur Erzielung von Einkünften mindestens abziehbar gewesen wäre.

954 Die Regelung des § 6 Abs. 1 Nr. 5 Halbsatz 2 EStG bezieht sich nur auf die Fälle, in denen der Stpfl. selbst die Wirtschaftsgüter innerhalb eines Zeitraums von drei Jahren vor der Einlage angeschafft hat, zur Ermittlung der Anschaffungskosten bei verbilligtem Er-

werb vom Arbeitgeber vgl. das Urteil des BFH v. 9. 12. 2000 (BStBl 2001 II S. 190). Wurde ihm das Wirtschaftsgut hingegen geschenkt, ist die Einlage auch dann mit dem Teilwert zu bewerten, wenn es von dem Schenker innerhalb der Dreijahresfrist entgeltlich angeschafft wurde (BFH v. 14. 7. 1993, BStBl 1994 II S. 15); entsprechendes gilt für ein Gebäude, das ein Unternehmer für seine betrieblichen Zwecke ohne weitergehende Vereinbarungen auf dem Grundstück seines Ehegatten/Lebenspartners errichtet hat, nach Beendigung der Nutzung durch den Unternehmer-Ehegatten/Lebenspartner vom Grundstückseigentümer in ein Betriebsvermögen eingelegt wird (BMF-Schreiben v. 16. 12. 2016, BStBl 2016 I S. 1431).

Liegt zwischen Anschaffung/Herstellung und Einlage ein Zeitraum von mehr als drei 955
Jahren, ist die Einlage auch dann mit dem Teilwert zu bewerten, wenn bereits die gesamten Aufwendungen bei der Ermittlung der außerhalb eines Betriebsvermögens bezogenen Einkünfte abgezogen wurden (BFH v. 27. 1. 1994, a. a. O.).

Wurde ein abnutzbares Wirtschaftsgut vor der Einlage bereits im Privatvermögen zur 956
Einkunftserzielung genutzt, ist die AfA gem. § 7 Abs. 1 Satz 5 EStG zu bemessen. Danach ist der Einlagewert nicht in jedem Fall AfA-Bemessungsgrundlage (Rdn. 998 ff.).

2.3.3 Einlage einer (wesentlichen) Beteiligung

Wird eine im Privatvermögen gehaltene Beteiligung an einer in- oder ausländischen Ka- 957
pitalgesellschaft oder an einer Genossenschaft veräußert, ist der daraus erzielte Gewinn nach § 17 EStG als Einkünfte aus Gewerbetrieb zu versteuern, wenn der Veräußerer innerhalb der letzten fünf Jahre zu mindestens 1 % unmittelbar oder mittelbar beteiligt war (vgl. 5. Kap. Teil A Rdn. 220 ff.). Bei vorherigem unentgeltlichem Erwerb der veräußerten Beteiligung ist es ausreichend, wenn der Rechtsvorgänger innerhalb der letzten fünf Jahre zu 1 % beteiligt war. Besonderheiten sind zu beachten, wenn die Anteile aus Anlass eines Umwandlungs- oder Einbringungsvorgangs nach Maßgabe des UmwStG (vgl. 6. Kap. Rdn. 91 ff.) erworben wurden. Die Rechtsfolgen ergeben sich aus den Vorschriften des UmwStG, die auf die Einbringung bzw. die Umwandlung angewendet wurden.

Im Hinblick auf die in der Vergangenheit erfolgten Absenkungen des Schwellenwerts für das Vorliegen einer (wesentlichen) Beteiligung i. S. des § 17 EStG vertritt der BFH (Urteil v. 11. 12. 2012, BStBl 2013 II S. 372; vgl. auch BMF v. 27. 5. 2013, BStBl 2013 I S. 721) die Auffassung, dass das Tatbestandsmerkmal „innerhalb der letzten fünf Jahre am Kapital der Gesellschaft wesentlich beteiligt" in § 17 Abs. 1 Satz 1 EStG für jeden abgeschlossenen Veranlagungszeitraum nach der in diesem Veranlagungszeitraum jeweils geltenden Beteiligungsgrenze zu bestimmen ist. Danach kommt die Bewertung der Einlage nach auf § 6 Abs. 1 Nr. 5 Satz 1 Buchst. b EStG mit den historischen Anschaffungskosten nur dann in Betracht, wenn bei einer Veräußerung des Anteils zum Zeitpunkt der Einlage ein Gewinn nach § 17 EStG zu versteuern wäre.

Liegt der Teilwert der Beteiligung unter den anzusetzenden historischen Anschaffungs- 958
kosten, sind nach dem Urteil des BFH v. 2. 9. 2008 (BStBl 2010 II S. 162; beachte BFH v. 26. 6. 2013, BFH/NV 2013 S. 1578) gleichwohl die Anschaffungskosten anzusetzen. Eine anschließende Teilwertabschreibung ist nicht zulässig. Die Wertminderung wird erst

bei Ausscheiden der Beteiligung aus dem Betriebsvermögen erfolgswirksam. Die Übertragung einer wertgeminderten Beteiligung auf eine Personengesellschaft gegen Gewährung von Gesellschaftsrechten führt zu einer Veräußerung der Anteile (vgl. Rdn. 949), so dass insoweit ein Veräußerungsverlust realisiert wird (BMF-Schreiben v. 29. 3. 2000, BStBl 2000 I S. 482).

2.3.4 Einlage von Wirtschaftsgütern i. S. des § 20 Abs. 2 EStG

959 Gewinne aus bestimmten Kapitalanlagen unterliegen bei Zugehörigkeit zum Privatvermögen gem. § 20 Abs. 2 EStG (vgl. Rdn. 9 ff. des BMF-Schreibens v. 18. 1. 2016, BStBl 2016 I S. 85, mit Ergänzungen in BMF-Schreiben v. 16. 9. 2019, BStBl 2019 I S. 889) als Einkünfte aus Kapitalvermögen der Abgeltungsteuer (§ 32d EStG; 5. Kap. Teil A Rdn. 251 ff.). Die Einlage derartiger Kapitalanlagen in ein Betriebsvermögen hat gem. § 6 Abs. 1 Nr. 5 Buchst. c EStG mit dem Teilwert höchstens jedoch mit den Anschaffungskosten zu erfolgen. Damit sind die daraus erzielten Einkünfte als Bestandteil des aus dem Betrieb erzielten Gewinns nach allgemeinen Grundsätzen zu besteuern.

2.4 Überführung von Wirtschaftsgütern in ein anderes inländisches Betriebsvermögen

960 Begrifflich liegt eine Entnahme auch dann vor, wenn ein Stpfl. ein Wirtschaftsgut aus einem Betriebsvermögen in ein anderes ihm zuzurechnendes Betriebsvermögen überführt (R 4.3 Abs. 1 EStR). Die Überführung von Wirtschaftsgütern zwischen in- und ausländischen Betriebsstätten hat der Gesetzgeber Entnahmen und Einlagen gleichgestellt (vgl. Rdn. 115 ff.), die zu einer Aufdeckung der stillen Reserven führen. Aus Anlass der Überführung von Wirtschaftsgütern zwischen inländischen Betriebsvermögen desselben Stpfl. kommt hingegen eine Aufdeckung der stillen Reserven unter den Voraussetzungen des § 6 Abs. 5 EStG nicht in Betracht. Für die Fälle der Beendigung einer Personengesellschaft unter Aufteilung des Betriebsvermögens auf die bisherigen Gesellschafter – Realteilung – und Überführung der so erlangten Wirtschaftsgüter in ein Betriebsvermögen kann unter den Voraussetzungen des § 16 Abs. 3 Satz 2 bis 4 EStG auf die Aufdeckung der stillen Reserven verzichtet werden (vgl. dazu auch BMF-Schreiben v. 20. 12. 2016, BStBl 2017 I S. 36; beachte BFH v. 16. 3. 2014 – IV R 31/14, NWB DokID: FAAAG-48085, und v. 30. 3. 2017 – IV R 11/15, NWB DokID: LAAAG-48083).

961 In den Fällen des § 6 Abs. 5 EStG hat der abgebende Betrieb das ausscheidende Wirtschaftsgut mit seinem Buchwert auszubuchen, der aufnehmende Betrieb hat es dementsprechend mit diesem Wert einzubuchen. Voraussetzung ist, dass die Besteuerung der danach auf den anderen Betrieb übergehenden stillen Reserven gesichert ist. Dies ist immer der Fall, wenn auch der Gewinn dieses Betriebes uneingeschränkt der inländischen Besteuerung unterliegt. Der übernehmende Betrieb führt damit den Buchwert des abgebenden Betriebs fort. Damit ist auch die AfA in der vom abgebenden Betrieb vorgenommenen Weise fortzuführen.

962 **BEISPIEL 66:** A überführt aus seinem inländischen Bauunternehmen einen Pkw in seinen als gesonderten Betrieb im Inland geführten Baumaschinenhandel. Der Buchwert beträgt 30 000 €, der Teilwert 40 000 €. Der Pkw ist gem. § 6 Abs. 5 Satz 1 EStG beim Bauunternehmen mit

30 000 € aus- und beim Baumaschinenhandel mit 30 000 € einzubuchen. Die Aufdeckung der stillen Reserven ist ausgeschlossen.

Nach § 6 Abs. 5 Satz 3 EStG ist ferner auf die Aufdeckung stiller Reserven zu verzichten, 963
soweit ein Wirtschaftsgut

- unentgeltlich oder gegen Gewährung von Gesellschaftsrechten aus einem Betriebsvermögen des Mitunternehmers in das Gesamthandsvermögen einer Mitunternehmerschaft,
- unentgeltlich oder gegen Minderung von Gesellschaftsrechten aus dem Gesamthandsvermögen einer Mitunternehmerschaft in ein Betriebsvermögen des Mitunternehmers,
- unentgeltlich oder gegen Gewährung von Gesellschaftsrechten aus dem Sonderbetriebsvermögen eines Mitunternehmers in das Gesamthandsvermögen derselben Mitunternehmerschaft oder einer anderen Mitunternehmerschaft, an der er beteiligt ist,
- unentgeltlich oder gegen Minderung von Gesellschaftsrechten aus dem Gesamthandsvermögen einer Mitunternehmerschaft in das Sonderbetriebsvermögen eines Mitunternehmers bei derselben Mitunternehmerschaft oder das Sonderbetriebsvermögen dieses Mitunternehmers bei einer anderen Mitunternehmerschaft,
- unentgeltlich zwischen den jeweiligen Sonderbetriebsvermögen derselben Mitunternehmerschaft

übertragen wird. Es handelt sich um eine abschließende Aufzählung; dazu zu beachten BFH v. 19. 9. 2012 – IV R 11/12 (BFH/NV 2012 S. 1880).

Mitunternehmer i. S. der vorstehenden Ausführungen können auch Körperschaften, insbesondere Kapitalgesellschaften, sowie auch – wie bei den sog. doppelstöckigen Personengesellschaften – Personengesellschaften sein (BMF-Schreiben v. 7. 2. 2002, StuB 2002 S. 344). Weiter ist zu beachten, dass die Einbringung von Wirtschaftsgütern in eine Mitunternehmerschaft gegen Gewährung von Gesellschaftsrechten nach § 6 Abs. 6 Satz 4 EStG nicht als ein Tausch i. S. dieser Regelung zu verstehen ist, sondern dass insoweit nach § 6 Abs. 5 EStG zu verfahren und damit auf die Aufdeckung der stillen Reserven zu verzichten ist. Zu den Voraussetzungen, unter denen von einer unentgeltlichen Übertragung bzw. einer Übertragung gegen Gewährung von Gesellschaftsrechten auszugehen ist, hat das BMF in seinen Schreiben v. 8. 12. 2011 (BStBl 2011 I S. 1279), v. 12. 9. 2013 (BStBl 2013 I S. 1164) und v. 20. 11. 2019 (BStBl 2019 I S. 1291) Stellung genommen. Hinsichtlich Zweifelsfragen zur Übertragung und Überführung von einzelnen Wirtschaftsgütern wird auf OFD Frankfurt v. 11. 10. 2013 – S 2241 A – 117 – St verwiesen. Diese Ausführungen stehen teilweise im Widerspruch zur Rechtsprechung des BFH. Überträgt ein Mitunternehmer seinen Anteil unentgeltlich und überführt er gleichzeitig ein Wirtschaftsgut seines Sonderbetriebsvermögens in ein anderes, ihm zuzurechnendes Betriebsvermögen, kommt – entgegen der Auffassung der FinVerw – im Regelfall sowohl hinsichtlich des Mitunternehmeranteils nach § 6 Abs. 3 EStG, als auch hinsichtlich des Wirtschaftsguts seines Sonderbetriebsvermögens nach § 6 Abs. 5 EStG eine Aufdeckung der stillen Reserven nicht in Betracht (BFH v. 2. 8. 2012 – IV R 41/11, NWB DokID: TAAAE-19933).

Nach dem BMF-Schreiben v. 12. 9. 2013 (BStBl 2013 I S. 1164, so bereits Tz. 16 des 964
Schreibens v. 8. 12. 2011, BStBl 2011 I S. 1279) liegt ein unentgeltlicher Erwerb nur vor, wenn keine Gegenleistung gewährt wird. Demgegenüber liegt nach Auffassung des BFH ein unentgeltlicher Erwerb auch dann vor, wenn das Teilentgelt den Buchwert des Wirtschaftsgutes nicht erreicht (Urteile v. 21. 6. 2012 – IV R 1/08, BFH/NV 2012 S. 1536,

und v. 19. 9. 2012 – IV R 11/12, BFH/NV 2012 S. 1880, sowie Beschluss v. 19. 3. 2014, BStBl 2014 II S. 629).

Weiter ist umstritten, ob die unentgeltliche Übertragung eines Wirtschaftsgutes in ein anderes Betriebsvermögen in zeitlichem Zusammenhang mit einer unentgeltlichen Übertragung des Betriebs, eines Mitunternehmeranteils i. S. des § 6 Abs. 3 EStG zulässig ist (BFH v. 2. 8. 2012, DStR 2012 S. 2118; v. 18. 9. 2013 – X R 42/10, BFH/NV 2013 S. 2006; BMF-Schreiben v. 12. 9. 2013, a. a. O.).

Die unentgeltliche Übertragung einzelner Wirtschaftsgüter in ein anderes Betriebsvermögen im Zusammenhang mit der Veräußerung des danach verbleibenden Betriebs, Mitunternehmeranteils kann der Anwendung des § 16 EStG auf den insoweit erzielten Veräußerungsgewinn entgegenstehen (BFH v. 6. 9. 2000, BStBl 2001 II S. 229).

965 Nach dem Urteil des BFH v. 25. 11. 2009 (BStBl 2010 II S. 471) führt die unentgeltliche Überführung eines Wirtschaftsgutes aus dem Betriebsvermögen einer gewerblich tätigen Personengesellschaft in das Betriebsvermögen einer beteiligungsidentischen anderen Personengesellschaft zur Aufdeckung der in dem Wirtschaftsgut ruhenden stillen Reserven. Auf das Schreiben der OFD Frankfurt v. 10. 4. 2019 – S 2241 A – 117 – St 213 wird hingewiesen.

966 Geht man in Abwandlung des vorstehenden Beispiels 66 davon aus, dass A die Wirtschaftsgüter in die X-GmbH & Co. KG, an der er als alleiniger Kommanditist beteiligt ist, überführt, sind die Buchwerte des Einzelunternehmens unabhängig davon fortzuführen, ob die Einbringung in das Gesamthandsvermögen der KG oder aber in sein Sonderbetriebsvermögen erfolgt. Eine Aufdeckung der stillen Reserven kommt u. a. auch dann nicht in Betracht, wenn ein Wirtschaftsgut aus dem Sonderbetriebsvermögen in ein anderes Betriebsvermögens des Mitunternehmers überführt wird.

967 **BEISPIEL 67:** A ist Kommanditist der X-GmbH & Co. KG, der er ein Grundstück vermietet hat. Dieses Grundstück gehört damit zu seinem Sonderbetriebsvermögen bei der X-GmbH & Co. KG (vgl. 5. Kap. Teil A Rdn. 113). Das Mietverhältnis wird gelöst.

a) A nutzt das Grundstück nunmehr für eigengewerbliche Zwecke. Das Grundstück ist mit seinem Buchwert aus dem Sonderbetriebsvermögen des A aus- und mit diesem Wert bei dem Einzelunternehmen des A einzubuchen.

b) A überlässt das Grundstück nunmehr der Y-GmbH & Co. KG, an der er ebenfalls als Kommanditist beteiligt ist. Das Grundstück wird damit Sonderbetriebsvermögen des A bei der Y-GmbH & Co. KG. Es ist mit seinem Buchwert aus dem Sonderbetriebsvermögen des A der X-GmbH & Co. KG aus- und mit diesem Wert bei dem Sonderbetriebsvermögen des A bei der Y-GmbH & Co. KG einzubuchen.

968 Im Übrigen wird eine unentgeltliche Übertragung aus einem Betriebsvermögen in ein anderes Betriebsvermögen immer nur dann erfolgen, wenn dadurch der Vermögensstand des betreffenden Unternehmers (Mitunternehmers) nicht beeinträchtigt wird oder aber wenn damit eine unentgeltliche Vermögensübertragung auf nahe stehende Personen, z. B. im Interesse der Heranführung der nachfolgenden Generation an das Unternehmen, erfolgen soll.

969 **BEISPIEL 68:**

a) VA ist alleiniger Kommanditist der X-GmbH & Co. KG sowie alleiniger Gesellschafter der Komplementär GmbH, die am Vermögen der KG nicht beteiligt ist. Die KG betreibt ihr Unternehmen auf einem Grundstück, das ihr von A gegen Pachtzahlung überlassen wird. Das Grundstück gehört deswegen zum Sonderbetriebsvermögen I des A bei der KG (vgl. 5. Kap. Teil A Rdn. 113). A überträgt das Grundstück unentgeltlich auf die KG. Im Ergebnis wird der Vermögensstand des A durch diese Übertragung nicht beeinträchtigt.

b) Abwandlung des Sachverhalts zu a) dahingehend, dass neben VA seine Kinder SA und TA weitere Kommanditisten sind. Mit der Übertragung des Grundstücks in das Gesamthandsvermögen geht im Ergebnis ein Teil des väterlichen Vermögens auf die Kinder über.

c) Abweichend von dem Sachverhalt zu b) überträgt VA das Grundstück nicht in das Gesamthandsvermögen der KG, sondern auf SA und TA je zur Hälfte. Das Grundstück wird infolge der unveränderten Nutzung durch die KG Sonderbetriebsvermögen I von SA und TA.

Wird das zum Buchwert übertragene Wirtschaftsgut innerhalb einer Sperrfrist von drei 970 Jahren nach Abgabe der Steuererklärung des Übertragenden (in den Fällen des Beispiel 66a des A, in den Fällen der Beispiele 67 und 68 der X-GmbH & Co. KG) für das Jahr, in dem die Übertragung erfolgte, veräußert oder entnommen, ist nach § 6 Abs. 5 Satz 4 EStG rückwirkend auf den Zeitpunkt der Übertragung der Teilwert anzusetzen. Nach R 6.15 EStR ist der Teilwert des veräußerten Wirtschaftsgutes auch dann rückwirkend zum Übertragungszeitpunkt anzusetzen, wenn die bis zur Übertragung entstandenen stillen Reserven durch Erstellung einer Ergänzungsbilanz dem übertragenden Gesellschafter zugeordnet worden sind, durch die Übertragung jedoch keine Änderung des Anteils des übertragenden Gesellschafters an dem übertragenen Wirtschaftsgut eingetreten ist. Der BFH folgt dieser Auffassung dann nicht, wenn der Übertragende bei Überführung und bei der späteren Veräußerung des Wirtschaftsgutes unverändert zu 100 % beteiligt ist (Urteile v. 31. 7. 2013 – I R 44/12, BFH/NV 2013 S. 1855; v. 26. 6. 2014, BStBl 2015 II S. 463).

Die Sperrfrist endet drei Jahre nach Abgabe der Steuererklärung des Übertragenden für den Veranlagungszeitraum, in dem die betreffende Übertragung erfolgt ist. Wegen weiterer Einzelheiten vgl. Tz. 22 ff. BMF-Schreiben v. 8. 12. 2011 (BStBl 2011 I S. 1279).

Nach § 6 Abs. 5 Satz 5 EStG ist dagegen die Aufdeckung der stillen Reserven erforder- 971 lich, sofern und soweit aus Anlass der Überführung des Wirtschaftsguts stille Reserven auf eine Körperschaft, Personenvereinigung oder Vermögensmasse übergehen. Dies wäre z. B. der Fall, wenn im Beispiel 68, Sachverhaltsvariante a), an der X-GmbH & Co. KG neben VA eine Kapitalgesellschaft als Kommanditistin beteiligt wäre. Die Regelung des § 6 Abs. 5 Satz 5 EStG greift dann nicht ein, wenn die übertragende Kapitalgesellschaft zu 100 % an Gewinn und Vermögen der Mitunternehmerschaft beteiligt ist. (Ziff. 2 BMF-Schreiben v. 7. 2. 2002, StuB 2002 S. 344). Auf die Erläuterungen in Tz. 28 ff. des BMF-Schreibens v. 8. 12. 2011 (BStBl 2011 I S. 1279) anhand mehrerer Beispiele sowie auf das Schreiben der OFD Frankfurt v. 28. 11. 2019 – S 2241 A – 117 – St 517 wird hingewiesen.

Stille Reserven sind nach § 6 Abs. 5 Satz 6 EStG dann rückwirkend auf den Zeitpunkt der 972 Überführung des Wirtschaftsguts aufzudecken, soweit sie innerhalb von sieben Jahren auf eine Körperschaft oder dgl. übergehen. Dies wäre z. B. der Fall, wenn im Beispiel 68, Sachverhalt a), innerhalb dieses Zeitraums der X-GmbH & Co. KG eine Kapitalgesellschaft als weitere Kommanditistin beitreten würde. Entsprechendes hat zu gelten, wenn sich innerhalb des Siebenjahreszeitraums der Anteil einer Kapitalgesellschaft an den stillen Reserven durch Änderung der Beteiligungsverhältnisse erhöht. Mit diesen

Regelungen soll erreicht werden, dass keine stillen Reserven auf die Kapitalgesellschaft übergehen, die bei einer wie auch immer gearteten Aufdeckung in die nur teilweise Besteuerung nach § 3 Nr. 40 EStG einfließen könnten.

VII. Geringwertige Wirtschaftsgüter

973 Für geringwertige Wirtschaftsgüter, d. h. einer selbständigen Nutzung fähigen abnutzbaren Wirtschaftsgüter des Anlagevermögens, deren Zugangswerte bestimmte Schwellenwerte nicht übersteigen, kann eine Bewertungsfreiheit unter den folgenden Voraussetzungen beansprucht werden:

- Bei einem Zugangswert von nicht mehr als 250 € ist statt der Vornahme der AfA nach § 7 EStG der sofortige Abzug als Betriebsausgaben zulässig. Die Aufnahme in das Inventarverzeichnis oder weitergehende Aufzeichnungen sind nicht erforderlich (§ 6 Abs. 2 EStG).
- Bei einem Zugangswert von mehr als 250 € aber nicht mehr als 800 € ist statt der Vornahme der AfA nach § 7 EStG der sofortige Abzug als Betriebsausgaben zulässig. Für diesen Fall sind die Wirtschaftsgüter unter Angabe des Tags des Zugangs und des Zugangswerts in einem besonderen Verzeichnis auszuweisen, sofern diese Angaben nicht aus der Buchführung ersichtlich sind (§ 6 Abs. 2 EStG).
- Bei einem Zugangswert von mehr als 250 € aber nicht mehr als 1 000 € ist statt der Vornahme der AfA nach § 7 EStG die Aufnahme in einen Sammelposten möglich, der im Wirtschaftsjahr der Bildung und in den folgenden vier Wirtschaftsjahren mit jeweils 1/5 gewinnmindernd aufzulösen ist. Für diesen Fall können die Aufwendungen für Wirtschaftsgüter mit einem Zugangswert von mehr als 250 € aber nicht mehr als 800 € nicht als sofort abziehbare Betriebsausgaben behandelt werden (§ 6 Abs. 2a EStG).

Das danach bestehende Wahlrecht kann für die Zugänge eines Wirtschaftsjahres nur einheitlich ausgeübt werden (R 6.13 Abs. 5 EStR).

Im Rahmen der Ermittlung des Gewinns aus Land- und Forstwirtschaft nach Durchschnittssätzen gem. § 13a EStG wird für nach dem 30. 12. 2015 endende Wirtschaftsjahre die Anwendung von § 6 Abs. 2 und 2a EStG durch § 13a Abs. 3 EStG ausdrücklich ausgeschlossen.

974–975 *Einstweilen frei*

976 Für im Privatvermögen zur Einkunftserzielung genutzte Wirtschaftsgüter, z. B. zur Erzielung von Einkünften aus nichtselbständiger Arbeit oder aus Vermietung und Verpachtung, ist der Höchstwert von 800 € maßgebend (§ 9 Abs. 1 Satz 3 Nr. 7 EStG).

977 Die vorstehend erörterten Regelungen sind ausnahmslos auf bewegliche abnutzbare Wirtschaftsgüter des Anlagevermögens, die selbständig nutzungsfähig sind, anwendbar. Nicht darunter fallen unbewegliche Wirtschaftsgüter und immaterielle Wirtschaftsgüter. Wegen Einzelheiten vgl. dazu R 6.13 Abs. 1 EStR sowie die in H 6.13 EStH aufgeführten Beispiele, ferner BFH v. 3. 8. 2016 – IX R 14/15 (BFH/NV 2017 S. 184) zu einer Einbauküche.

978 Wegen der Bestimmung des Zeitpunkts der Anschaffung oder der Herstellung vgl. Rdn. 1036 ff.

979 Die Anschaffungs- oder Herstellungskosten sind nach den allgemeinen Grundsätzen zu bestimmen (Rdn. 758 ff., 805 ff.). Der an deren Stelle tretende Wert ergibt sich nach Kürzung um die Übertragung stiller Reserven nach §§ 6b oder 6c EStG (vgl. Rdn. 1270 ff.), um den Investitionsabzugsbetrag i. S. des § 7g Abs. 2 Satz 3 EStG (vgl.

Rdn. 1224 ff.), um einen Zuschuss nach R 6.5 EStR (vgl. Rdn. 1311 ff.) oder um eine Rücklage für Ersatzbeschaffung nach R 6.6 EStR (vgl. Rdn. 1262 ff.), Bei der Einlage von Wirtschaftsgütern aus dem Privatvermögen ist der nach § 6 Abs. 1 Nr. 5 oder 6 EStG zu ermittelnde Wert (vgl. Rdn. 947 ff.) maßgebend.

Wird ein Wirtschaftsgut i. S. des § 6 Abs. 2 oder 2a EStG teilweise für private Zwecke 980 genutzt, ist für die Dauer der Privatnutzung ein entsprechender Privatanteil zu berücksichtigen (H. 6. 13 [Private Mitbenutzung] EStH).

Fallen in einem folgenden Wirtschaftsjahr nachträgliche Anschaffungs- oder Herstel- 981 lungskosten an, ist zu differenzieren:

- Wurde der Aufwand für das betreffende Wirtschaftsgut im Vorjahr in voller Höhe als Betriebsausgabe abgezogen, sind die nachträglichen Aufwendungen im Folgejahr auch dann sofort als Betriebsgaben abziehbar, wenn der Aufwand für das betreffende Wirtschaftsgut insgesamt den maßgebenden Schwellenwert überschreitet (R 6.13 Abs. 4 EStR).
- Ist der Aufwand für das betreffende Wirtschaftsgut im Vorjahr dem Sammelposten zugeführt worden, sind die nachträglichen Aufwendungen im Folgejahr auch dann dem für das Folgejahr zu bildenden Sammelposten zuzuführen, wenn der Aufwand für das betreffende Wirtschaftsgut insgesamt den maßgebenden Schwellenwert überschreitet (R 6.13 Abs. 5 EStR). Wird für die Zugänge des Folgejahres in Ausübung des ab 2010 bestehenden Wahlrechts auf die Bildung eines Sammelpostens verzichtet, ist lediglich für die nachträgliche Anschaffungs- oder Herstellungskosten ein neuer Sammelposten für dieses Wirtschaftsjahr zu bilden (Rdn. 10 BMF-Schreiben v. 30. 9. 2010, BStBl I S. 755).

Der Sammelposten nach § 6 Abs. 2a EStG ist für jedes Wirtschaftsjahr gesondert zu füh- 982 ren. Es handelt es sich lediglich um eine „Rechengröße", die z. B. einer Teilwertabschreibung nicht zugänglich ist. Das vorzeitige Ausscheiden einzelner Wirtschaftsgüter aus dem Betriebsvermögen ist dementsprechend bei der Fortschreibung des Sammelpostens nicht zu berücksichtigen. Die erfolgswirksame Erfassung eines etwaigen Veräußerungserlöses oder eines Entnahmewerts wird dadurch nicht berührt. Vgl. dazu auch R 6.13 Abs. 6 EStR, Rdn. 8, 14 BMF-Schreiben v. 30. 9. 2010 (a. a. O.).

Der Sammelposten ist im Wirtschaftsjahr der Bildung und in den folgenden vier Wirt- 983 schaftsjahren mit je 1/5 erfolgswirksam aufzulösen. Dies gilt auch für Rumpfwirtschaftsjahre. Bei Veräußerung oder Aufgabe des Betriebs mindert der zum Zeitpunkt der Veräußerung/Aufgabe ggf. noch verbliebene Sammelposten den Veräußerungs- oder Aufgabegewinn (Rdn. 15 BMF-Schreiben v. 30. 9. 2010, BStBl I S. 755). Bei einer Realteilung einer Personengesellschaft i. S. des § 16 Abs. 3 Satz 2 bis 4 EStG sind die Sammelposten des Gesamthandsvermögens entsprechend der Beteiligung am Betriebsvermögen der Mitunternehmerschaft bei den einzelnen Mitunternehmern fortzuführen. Sammelposten des Sonderbetriebsvermögens sind unmittelbar bei den einzelnen Mitunternehmern planmäßig aufzulösen.

Auf den Sammelposten sind keine Sonderabschreibungen nach § 7g Abs. 5 EStG zulässig (FG München v. 19. 12. 2013 – 10 K 1076/12, NWB DokID: XAAAE-56402).

Bei der Übertragung des gesamten Betriebs zum Buchwert hat der übernehmende 984 Rechtsträger die jeweiligen Sammelposten fortzuführen. Wird ein Betrieb nur teilweise übertragen, verbleiben die Sammelposten beim bisherigen Rechtsträger. Überträgt ein Stpfl. einzelne im Sammelposten erfasste Wirtschaftsgüter in einen von ihm ebenfalls geführten Betrieb, berührt dies die Führung der Sammelposten in beiden Betrieben nicht. Wegen weiterer Einzelheiten vgl. R 6.13 Abs. 6 EStR sowie Rdn. 22 ff. BMF-Schreiben v. 30. 9. 2010 (a. a. O.).

985–990 *Einstweilen frei*

VIII. Planmäßige Abschreibungen – Absetzungen für Abnutzung

1. Überblick über die handelsrechtlichen und steuerrechtlichen Regelungen

1.1 Abschreibungen nach Handelsrecht

991 Vermögensgegenstände des Anlagevermögens, deren Nutzung zeitlich begrenzt ist, sind nach § 253 Abs. 3 Satz 1 HGB mit den um die planmäßigen Abschreibungen verminderten Anschaffungs- oder Herstellungskosten zu bewerten. Dadurch sollen die Anschaffungs- oder Herstellungskosten nach einem vorbestimmten Plan auf die Geschäftsjahre der voraussichtlichen Nutzung verteilt werden (§ 253 Abs. 3 Satz 2 HGB). Kann in Ausnahmefällen die voraussichtliche zeitliche Nutzung eines selbst geschaffenen immateriellen Vermögensgegenstands des Anlagevermögens nicht verlässlich geschätzt werden, sind nach der durch das BilRUG geplanten Ergänzung des § 253 Abs. 3 HGB bei Zugang des Vermögensgegenstandes nach dem 31. 12. 2015 die planmäßigen Abschreibungen über einen Zeitraum von zehn Jahren vorzunehmen. Dies soll für entgeltlich erworbene Geschäfts- oder Firmenwerte, die aus Erwerbsvorgängen herrühren und in nach dem 31. 12. 2015 beginnenden Geschäftsjahren erfolgten, entsprechend gelten. Weitere Einzelheiten zur Bestimmung der planmäßigen Abschreibungen sowie den dabei zulässigen Methoden enthalten die handelsrechtlichen Rechnungslegungsvorschriften nicht. Insoweit sind die nicht kodifizierten GoB maßgebend.

992 Aus dem Gebot der Verteilung der Anschaffungs- oder Herstellungskosten (Bemessungsgrundlage) auf die voraussichtliche Nutzungsdauer wird regelmäßig gefolgert, dass über diesen Zeitraum eine **Vollabschreibung** zu erfolgen, also kein Restwert zu verbleiben hat. Abweichend davon soll nach dem Beschluss des GrS des BFH v. 7. 12. 1967 (BStBl 1968 II S. 268) eine Verteilung der gesamten Anschaffungs- oder Herstellungskosten auf die betriebsgewöhnliche Nutzungsdauer dann nicht in Betracht kommen, wenn bei Beendigung der Nutzung ein **Schrottwert** zu erwarten ist, der wie bei Schiffen im Verhältnis zu den Anschaffungs- oder Herstellungskosten auch bei Anlegung eines absoluten Maßstabs erheblich ins Gewicht fällt (vgl. auch BFH v. 22. 7. 1971, BStBl II S. 800). Die Abschreibungen sollen in diesen Fällen so bemessen werden, dass nach Ablauf der betriebsgewöhnlichen Nutzungsdauer dieser Schrottwert verbleibt. Bei Tieren ist die AfA-Bemessungsgrundlage ggf. um den Schlachtwert zu kürzen (BFH v. 24. 7. 2013, BStBl 2014 II S. 246; v. 5. 6. 2014, BFH/NV 2014 S. 1538). Der Umstand, dass bei zwischenzeitlicher Veräußerung des Anlageguts ein über dem Buchwert liegender Erlös erzielbar ist, darf nach dem Urteil des BFH v. 7. 2. 1975 (BStBl II S. 478; ferner v. 8. 4. 2008, BFH/NV 2008 S. 1660) bei der Bemessung der Abschreibungen nicht berücksichtigt werden. Zu den bei Tieren zu beachtenden Besonderheiten

vgl. im Übrigen BFH v. 1.10.1992 (BStBl 1993 II S. 284) sowie das BMF-Schreiben v. 14.11.2001 (BStBl I S. 864).

Für die Verteilung der Bemessungsgrundlage auf die voraussichtliche Nutzungsdauer 993
sind verschiedene Methoden gebräuchlich.

- Die gleichmäßige Verteilung der Bemessungsgrundlage auf die voraussichtliche Nutzungsdauer wird als **lineare Abschreibung** bezeichnet.
- Wird hingegen die Bemessungsgrundlage auf die voraussichtlichen Leistungseinheiten (z. B. voraussichtliche Einsatzstunden eines Aggregats) verteilt, ist von der **leistungsbezogenen Abschreibung** die Rede. In diesen Fällen wird die Abschreibung nicht zeitraumbezogen, sondern der tatsächlichen Nutzung entsprechend vorgenommen.
- Der Einsatz der abnutzbaren Anlagegüter erfordert erfahrungsgemäß einen mit fortschreitender Zeit sich erhöhenden Reparaturbedarf. Daraus wird gefolgert, dass in den ersten Jahren nach Anschaffung oder Herstellung der höchste Wertverzehr zu berücksichtigen ist. Diesem Umstand kann durch die nachfolgenden Methoden Rechnung getragen werden.

(1) Die jährliche Abschreibungsquote vermindert sich alljährlich derart um einen gleich- 994
bleibenden Betrag, dass zum Ende der voraussichtlichen Nutzungsdauer kein Restwert verbleibt.

BEISPIEL 69: Ein Anlagegut, Anschaffungskosten 100 000 €, hat eine voraussichtliche Nutzungsdauer von 5 Jahren. Zunächst ist der Betrag zu ermitteln, um den die Abschreibungen alljährlich zu vermindern sind (Degressionsquote). Dabei handelt es sich um den Quotienten, der sich aus der Division der Bemessungsgrundlage durch die Summe der Jahresziffern ergibt. Der jährliche Abschreibungsbetrag ergibt sich aus Multiplikation der Degressionsquote mit der jeweiligen Jahresziffer in absteigender Folge. Danach ergeben sich folgende Berechnungen:

Degressionsquote: 100 000 : (1+2+3+4+5) 15 = 6 666,66 €

Entwicklung des Buchwertes:

Anschaffungskosten	100 000,00 €
./. 5 × 6 666,66 €	33 333,33 €
Buchwert 31.12.01	66 666,67 €
./. 4 × 6 666,66 €	26 666,67 €
Buchwert 31.12.02	40 000,00 €
./. 3 × 6 666,66 €	20 000,00 €
Buchwert 31.12.03	20 000,00 €
./. 2 × 6 666,66 €	13 333,33 €
Buchwert 31.12.04	6 666,67 €
./. 1 × 6 665,67 €	6 665,67 €
Buchwert 31.12.05	1,00 €

Es handelt sich um die **arithmetisch degressive** oder auch **digitale** Abschreibungsmethode.

(2) Die jährliche Abschreibungsquote wird durch die Anwendung eines festen %-Satzes auf den sich jeweils ergebenden Restwert ermittelt. Dabei kann aufgrund der mathematischen Gesetzmäßigkeiten keine Vollabschreibung erreicht werden. Die Regelungen des § 7 Abs. 2 EStG (vgl. Rdn. 999) beruhen auf dieser **geometrisch degressiven** Abschreibungsmethode.

Neben den planmäßigen Abschreibungen sind gem. § 253 Abs. 3 Satz 5 HGB außerplan- 995
mäßige Abschreibungen zulässig, um die Vermögensgegenstände mit dem niedrigeren Wert anzusetzen, der ihnen am Abschlussstichtag beizulegen ist. Die Bewertung mit

diesem niedrigen Wert ist zwingend, wenn eine voraussichtlich dauernde Wertminderung vorliegt. Bei Finanzanlagen können gem. § 253 Abs. 3 Satz 6 HGB außerplanmäßige Abschreibungen auch bei voraussichtlich nicht dauernder Wertminderung vorgenommen werden.

996 Die handelsrechtlichen Rechnungslegungsvorschriften lassen abweichende, nur nach steuerlichen Vorschriften zulässige Ausweise nicht zu. Steuerliche Wahlrechte können gem. § 5 Abs. 1 Satz 1 Halbsatz 2 EStG unabhängig von der Verfahrensweise in der Handelsbilanz ausgeübt werden (vgl. Rdn. 660 ff.).

997 Werden abnutzbare Anlagegüter gem. § 240 Abs. 3 HGB mit einem Festwert angesetzt (vgl. Rdn. 176), sind planmäßige Abschreibungen darauf nicht zulässig.

1.2 Abschreibungen nach Steuerrecht

998 Nach § 6 Abs. 1 Nr. 1 Satz 1 EStG sind die abnutzbaren Wirtschaftsgüter des Anlagevermögens im Regelfall mit den um die AfA nach § 7 EStG verminderten Anschaffungs- oder Herstellungskosten anzusetzen. An die Stelle der Anschaffungs- oder Herstellungskosten tritt im Einzelfall der sich nach deren Kürzung um die Übertragung stiller Reserven nach §§ 6b oder 6c EStG (vgl. Rdn. 1270 ff.), um den Investitionsabzugsbetrag i. S. des § 7g Abs. 2 Satz 3 EStG (vgl. Rdn. 1224 ff.), um einen Zuschuss nach R 6.5 EStR (vgl. Rdn. 1311 ff.) oder um eine Rücklage für Ersatzbeschaffung nach R 6.6 EStR (vgl. Rdn. 1262 ff.), ergebende Betrag (vgl. auch R 6.13 Abs. 2 EStR); bei der Einlage von Wirtschaftsgütern aus dem Privatvermögen ist der nach § 6 Abs. 1 Nr. 5 oder 6 EStG zu ermittelnde Wert (vgl. Rdn. 947 ff.) maßgebend. Abweichend davon können die Anschaffungs- oder Herstellungskosten oder der an deren Stelle tretende Betrag abnutzbarer beweglicher Wirtschaftsgüter des Anlagevermögens, die einer selbständigen Nutzung fähig sind,

- ► sofort abzugsfähige Betriebsausgaben sein, sofern sie 250 € bzw. 800 € nicht übersteigen (§ 6 Abs. 2 EStG),
- ► im Rahmen eines über fünf Wirtschaftsjahre gleichmäßig aufzulösenden Sammelpostens abziehbar sein, sofern sie 1 000 € nicht übersteigen (§ 6 Abs. 2a EStG),

vgl. dazu Rdn. 973 ff. § 7 EStG enthält z. T. zwingende Vorschriften zur Bemessung der voraussichtlichen Nutzungsdauer sowie zu den anzuwendenden AfA-Methoden.

999
- ► Nach § 7 Abs. 1 Satz 1 EStG ist bei Wirtschaftsgütern, deren Nutzung sich erfahrungsgemäß auf einen Zeitraum von mehr als einem Jahr erstreckt, jeweils für ein Jahr der Teil der Anschaffungs- oder Herstellungskosten abzusetzen, der bei gleichmäßiger Verteilung dieser Kosten auf die gesamte Nutzungsdauer auf ein Jahr entfällt – AfA in gleichen Jahresbeträgen, **lineare** AfA.
- ► Die betriebsgewöhnliche Nutzungsdauer des Geschäfts- oder Firmenwerts eines Gewerbebetriebs oder eines land- und forstwirtschaftlichen Betriebs beträgt nach § 7 Abs. 1 Satz 3 EStG 15 Jahre.
- ► Im Jahr der Anschaffung oder Herstellung eines Wirtschaftsguts vermindert sich der Jahresbetrag der AfA nach § 7 Abs. 1 Satz 4 EStG um jeweils ein Zwölftel für den jeden vollen Monat, der dem Monat der Anschaffung oder Herstellung vorausgeht.
- ► Werden Wirtschaftsgüter nach Nutzung zur Einkunftserzielung im Privatvermögen in das Betriebsvermögen eingelegt, mindert sich der Einlagewert um die AfA oder AfS, die Sonderabschreibungen oder die erhöhten Absetzungen, die bis zum Zeitpunkt der Einlage beansprucht wurden, höchstens jedoch bis zu den fortgeführten Anschaffungs- oder Herstellungs-

kosten; ist der Einlagewert niedriger als dieser Wert, bemisst sich die weitere AfA vom Einlagewert (§ 7 Abs. 1 Satz 5 EStG).

- Durch § 7 Abs. 1 Satz 6 EStG wird es bei beweglichen abnutzbaren Anlagegütern in wirtschaftlich begründeten Fällen zugelassen, die AfA nach Maßgabe der Leistung im einzelnen Wirtschaftsjahr vorzunehmen – **Leistungs-AfA**.
- In § 7 Abs. 1 Satz 7 EStG werden neben der Normal-AfA Absetzungen für außergewöhnliche technische oder wirtschaftliche Abnutzung für zulässig erklärt – **AfaA**. Entfallen die Gründe dafür nachträglich, hat bei Gewinnermittlung nach § 4 Abs. 1 oder § 5 EStG eine entsprechende Zuschreibung zu erfolgen.
- Durch § 7 Abs. 2 EStG wird für **bewegliche Wirtschaftsgüter** des Anlagevermögens anstelle der linearen AfA nach § 7 Abs. 1 EStG zeitlich begrenzt die **degressive AfA** nach der geometrisch degressiven Methode innerhalb einer bestimmten Höchstgrenze zugelassen. In § 7 Abs. 3 EStG wird zum Übergang von der degressiven AfA zur linearen AfA Stellung genommen. Es handelt sich um Sonderregelungen, die nur bei der Ermittlung der Einkünfte aus Land- und Forstwirtschaft, Gewerbebetrieb und selbständiger Arbeit i. S. des § 18 EStG anwendbar sind. Wegen Einzelheiten vgl. Rdn. 1050 ff.
- Für **Gebäude, Gebäudeteile**, die selbständige Wirtschaftsgüter sind, Eigentumswohnungen und im Teileigentum stehende Räume, sind die Sonderregelungen in § 7 Abs. 4 bis 5a EStG zu beachten. Nach § 7 Abs. 4 EStG ist die **lineare AfA** für den Regelfall nach vorgeschriebenen AfA-Sätzen vorzunehmen; Abweichungen sind nur bei einer nachweislich geringeren betriebsgewöhnlichen Nutzungsdauer zulässig. Die **degressive AfA** gem. § 7 Abs. 5 EStG nach ausdrücklich vorgesehenen fallenden AfA-Sätzen ist nur für bestimmte Gebäude bei Erfüllung bestimmter zeitlicher Voraussetzungen zulässig; es handelt sich um eine auslaufende Regelung für bereits in der Vergangenheit fertig gestellte Gebäude.
- Dem Verzehr der Substanz durch den Abbau von Bodenschätzen ist gem. § 7 Abs. 6 EStG durch die **Absetzungen für Substanzverringerung** – AfS – Rechnung zu tragen.
- Entscheidet sich ein Kaufmann zur Vornahme von Sonderabschreibungen, kann die daneben vorzunehmende AfA für den Regelfall nur nach der linearen Methode bemessen werden (§ 7a Abs. 4 EStG; vgl. Rdn. 1215).
- Sollen anstelle der AfA erhöhte Absetzungen beansprucht werden, sind nach § 7a Abs. 3 EStG mindestens Absetzungen in Höhe der sich nach § 7 Abs. 1 oder 4 EStG ergebenden linearen AfA vorzunehmen; wegen Einzelheiten vgl. Rdn. 1084.
- Verbleibt nach Inanspruchnahme von Sonderabschreibungen oder erhöhten Absetzungen ein Restwert, darf dieser gem. § 7a Abs. 9 EStG nur linear über die Restnutzungsdauer abgeschrieben werden (Rdn. 1215).

Wird ein abnutzbares Wirtschaftsgut in das Betriebsvermögen eingelegt, das zuvor im 1000
Privatvermögen der Einkunftserzielung diente, ist AfA-Bemessungsgrundlage für den Regelfall der um die bisher im Privatvermögen vorgenommene AfA ggf. zuzüglich Sonderabschreibungen oder ggf. vorgenommenen erhöhten Absetzungen gekürzte Einlagewert (BFH v. 18. 9. 2009, BStBl 2010 II S. 961; v. 28. 10. 2009, BStBl 2010 II S. 964; BMF-Schreiben v. 27. 10. 2010, BStBl 2010 I S. 1204) Die fortgeführten Anschaffungs- oder Herstellungskosten bleiben dann maßgebend, wenn diese höher als der Saldo zwischen Teilwert und vorgenommenen Abschreibungen sind; vgl. auch § 7 Abs. 1 Satz 5 EStG.

BEISPIEL 69A: A vermietete ein im Jahre 1994 im Privatvermögen angeschafftes Gebäude (Bau- 1001
antrag nach dem 31. 3. 1985) bis zum 31. 12. 2021 und bezog dementsprechend Einkünfte aus Vermietung und Verpachtung. Die Anschaffungskosten haben 700 000 € betragen. In Übereinstimmung mit § 7 EStG wurde AfA in Höhe von 350 000 € vorgenommen.

Ab 1. 1. 2022 wird das Gebäude zu eigengewerblichen Zwecken und damit nicht zu Wohnzwecken genutzt. Das Gebäude ist deswegen zu diesem Zeitpunkt notwendiges Betriebsvermögen geworden und damit eingelegt worden.

Der Teilwert des Gebäudes beträgt zum 1. 1. 2022

a) 1 000 000 €,

b) 400 000 €.

Zu a): Der Einlagewert liegt über den historischen Anschaffungskosten. Die AfA-Bemessungsgrundlage beträgt 650 000 € (Saldo zwischen dem Einlagewert von 1 000 000 € und bisher beanspruchter AfA von 350 000 €).

Die jährliche AfA beträgt danach gem. § 7 Abs. 4 Satz 1 Nr. 1 EStG 3 % von 650 000 = 19 500 €, sodass sich nach Ablauf von 33 1/3 Jahren für das Gebäude ein nicht der AfA unterliegender Restwert von 350 000 € ergibt.

Zu b): Der Einlagewert ist geringer als die historischen Anschaffungskosten, aber nicht geringer als die fortgeführten Anschaffungskosten. AfA-Bemessungsgrundlage sind die fortgeführten Anschaffungskosten von 350 000 €

Die jährliche AfA beträgt danach gem. § 7 Abs. 4 Satz 1 Nr. 1 EStG 3 % von 350 000 = 10 500 €, sodass sich nach Ablauf von 33 1/3 Jahren für das Gebäude ein nicht der AfA unterliegender Restwert von 50 000 € ergibt.

1002 Der nach Vornahme der AfA verbleibende Restwert ist spätestens bei Ausscheiden des Gebäudes aus dem Betriebsvermögen erfolgswirksam auszubuchen, soweit nicht vorher gem. § 6 Abs. 1 Nr. 1 Satz 2 EStG eine Teilwertabschreibung oder gem. § 7 Abs. 1 Satz 7 EStG eine Absetzung für außerordentliche technische oder wirtschaftliche Abnutzung vorgenommen wird (Rdn. 3 u. 4 BMF-Schreiben v. 27. 10. 2010, BStBl I S. 1204).

1003 Für den Fall, dass der Einlagewert des Wirtschaftsguts unter den fortgeführten Anschaffungs- oder Herstellungskosten liegt, ist nach § 7 Abs. 1 Satz 5 EStG mit Wirkung für nach dem 31. 12. 2010 erfolgte Einlagen der Einlagewert die AfA-Bemessungsgrundlage (Rdn. 5 u. 7 BMF-Schreiben v. 27. 10. 2010, BStBl I S. 1204).

1004 Nach § 6 Abs. 1 Nr. 1 Satz 2 EStG ist es zulässig, die abnutzbaren Anlagegüter statt mit den um die AfA (AfS) gekürzten Anschaffungs- oder Herstellungskosten mit dem niedrigeren Teilwert anzusetzen, sofern dieser auf einer voraussichtlich dauernden Wertminderung beruht (Rdn. 1115 ff.). Soweit die Voraussetzungen für die Teilwertabschreibung zu einem späteren Zeitpunkt entfallen, hat eine entsprechende Wertaufholung zu erfolgen (Rdn. 1152 ff.). Der Zuschreibungsbetrag erhöht die AfA-Bemessungsgrundlage.

1005 Verschiedentlich lässt der Gesetzgeber im Interesse der Förderung bestimmter Investitionen anstelle der AfA erhöhte Absetzungen oder neben der AfA Sonderabschreibungen (vgl. Rdn. 1211) zu. Bei deren Inanspruchnahme sind zusätzlich die Sondervorschriften des § 7a EStG (vgl. ferner R 7a EStR) zu beachten (vgl. Rdn. 1215).

1.3 Verhältnis der handelsrechtlichen und steuerrechtlichen Regelungen zueinander

1006 Soweit in den handelsrechtlichen Rechnungslegungsvorschriften von außerplanmäßigen Abschreibungen die Rede ist, handelt es sich steuerrechtlich um Absetzungen für außergewöhnliche technische oder wirtschaftliche Abnutzung – AfaA nach § 7 Abs. 1 Satz 7 EStG oder um Teilwertabschreibungen nach § 6 Abs. 1 Nr. 1 Satz 2 oder Nr. 2

Satz 2 EStG. Die handelsrechtlichen Rechnungslegungsvorschriften sehen die Berücksichtigung von erhöhten Absetzungen oder Sonderabschreibungen sowie von sonstigen steuerlichen Bewertungsfreiheiten nach Maßgabe steuerlicher Sonderregelungen nicht vor. Aus Gründen der Vereinfachung der planmäßigen Abschreibungen werden die steuerrechtlichen Regelungen zu GWGs und Sammelposten allerdings auch handelsrechtlich für zulässig angesehen.

Nach § 253 Abs. 3 HGB sind auf die Anschaffungs- oder Herstellungskosten von Ver- 1007
mögensgegenständen des Anlagevermögens, deren Nutzung zeitlich begrenzt ist, planmäßige Abschreibungen vorzunehmen. Für den Regelfall werden diese Abschreibungen für den einzelnen Vermögensgegenstand nach einer einheitlichen Nutzungsdauer von den insgesamt aufgewendeten Anschaffungs- oder Herstellungskosten bemessen. Abweichend davon wird es für zulässig gehalten, bedeutsame Vermögensgegenstände, bei denen einzelne Komponenten im Verhältnis zum gesamten Vermögensgegenstand wesentlich und getrennt austauschbar sind (z. B. bei Flugzeugen und Gebäuden), in die wesentlichen Komponenten unterschiedlicher wirtschaftlicher Nutzungsdauern zu zerlegen und die einzelnen Komponenten nach unterschiedlichen Nutzungsdauern abzuschreiben (Rechnungslegungshinweis des Hauptfachausschusses des IDW RH HFA 1.016, IDW-FN 2009 S. 362). Die Summe der Abschreibungen für die einzelnen Komponenten entspricht den planmäßigen Abschreibungen auf den Vermögensgegenstand. Für den Fall des Austausches einer Komponente soll insoweit ein Abgang und demzufolge der Zugang der ausgetauschten Komponente vorliegen, die dann über die Nutzungsdauer abzuschreiben ist. Insoweit entsteht also kein sofort abziehbarer Aufwand (vgl. z. B. Wiechers, in: BBK 2009 S. 836, und Willeke, in: StuB 2009 S. 679).

Der Anwendung dieser Abschreibungsmethode steht § 7 Abs. 1 Satz 1 EStG entgegen. 1008
Danach ist die AfA auf die Anschaffungs- oder Herstellungskosten eines Wirtschaftsguts, nicht aber einzelner Komponenten eines Wirtschaftsguts vorzunehmen (BFH v. 14. 4. 2011, BStBl 2011 II S. 696; vgl. auch Kulosa, in: Schmidt, EStG, 37. Aufl., § 7 Rdn. 21).

Übereinstimmung zwischen Handels- und Steuerrecht besteht insoweit, als nach § 253 1009
Abs. 3 Satz 1 HGB die planmäßigen Abschreibungen, nach § 7 Abs. 1 Satz 1 EStG die AfA vorzunehmen sind. Handelsrechtlich kann der Kaufmann dabei grundsätzlich zwischen verschiedenen Abschreibungsmethoden wählen. Dabei ist jedoch zu beachten, dass nach § 252 Abs. 1 Nr. 6 HGB die auf den vorhergehenden Jahresabschluss angewandten Bewertungsmethoden beizubehalten sind (vgl. Rdn. 752 ff.).

In § 5 Abs. 6 EStG wird ausdrücklich bestimmt, dass die Vorschriften über die AfA und 1010
die AfS zu befolgen sind. Danach ergeben sich für die steuerliche Gewinnermittlung gegenüber den handelsrechtlichen Rechnungslegungsvorschriften folgende Einschränkungen:

- Für Gebäude ist die AfA ausschließlich nach § 7 Abs. 4 und 5 EStG zu bemessen.
- Für andere unbewegliche abnutzbare Wirtschaftsgüter und abnutzbare immaterielle Wirtschaftsgüter ist ausschließlich die lineare AfA nach § 7 Abs. 1 EStG zulässig. Dabei ist für den Geschäfts- oder Firmenwert eine betriebsgewöhnliche Nutzungsdauer von 15 Jahren zugrunde zu legen.

- Für bewegliche abnutzbare Wirtschaftsgüter kann wahlweise die lineare AfA nach § 7 Abs. 1 EStG oder bei Zugang des Wirtschaftsguts innerhalb vom Gesetzgeber bestimmter Zeiträume die degressive AfA § 7 Abs. 2 EStG nach der dort vorgeschriebenen geometrisch degressiven Methode mit den sich daraus ergebenden Höchstbeträgen beansprucht werden.
- Der Substanzverzehr von Bodenschätzen ist ausschließlich durch die Vornahme von AfS nach § 7 Abs. 6 EStG zu berücksichtigen.

1011 Das danach für bewegliche abnutzbare Wirtschaftsgüter ggf. bestehende Wahlrecht zwischen der linearen AfA nach § 7 Abs. 1 EStG und der degressiven AfA nach § 7 Abs. 2 EStG kann gem. § 5 Abs. 1 Satz 1 Halbsatz 2 EStG unabhängig von der Verfahrensweise in der Handelsbilanz ausgeübt werden (Rdn. 660 ff.; Rdn. 18 BMF-Schreiben v. 12. 3. 2010, BStBl I S. 239).

2. Absetzungen für Abnutzung oder Substanzverringerung nach § 7 EStG

2.1 Bestimmung der abzuschreibenden Wirtschaftsgüter

2.1.1 Allgemeine Grundsätze

1012 Nach § 253 Abs. 3 Satz 1 HGB sind planmäßige Abschreibungen vorzunehmen auf die Anschaffungs- oder Herstellungskosten der Anlagegüter, deren Nutzung zeitlich beschränkt ist. Die Regelungen des § 7 EStG beschränken sich nicht auf zu einem Betriebsvermögen gehörende Wirtschaftsgüter, sondern sind grundsätzlich auf alle Wirtschaftsgüter anzuwenden, die von einem Stpfl. über einen Zeitraum von mehr als einem Jahr zur Erzielung von Einkünften eingesetzt werden. Der Anwendungsbereich dieser Vorschrift ist danach nicht auf die abnutzbaren Wirtschaftsgüter eines Betriebsvermögens beschränkt. Er erstreckt sich auch auf der Einkunftserzielung dienende Wirtschaftsgüter des Privatvermögens, z. B. Arbeitsmittel bei den Einkünften aus nichtselbständiger Arbeit, Gebäude bei den Einkünften aus Vermietung und Verpachtung (vgl. § 9 Abs. 1 Satz 3 Nr. 7 EStG).

1013 Werden dem Wertverzehr (Verschleiß) unterliegende Wirtschaftsgüter eines Betriebsvermögens über einen Zeitraum von mehr als einem Jahr zur Einkunftserzielung genutzt, handelt es sich zweifelsfrei um abnutzbare Wirtschaftsgüter des Anlagevermögens. Damit besteht insoweit Übereinstimmung zwischen den Regelungen in § 253 Abs. 3 HGB und § 7 EStG. Wegen des Begriffs des Anlagevermögens vgl. Rdn. 301 ff.

1014 Angesichts der differenzierenden Regelungen über die Bemessung der AfA in § 7 EStG (vgl. Rdn. 991 ff.) ist eine Unterscheidung zwischen den nachstehenden Gruppen der abnutzbaren Wirtschaftsgüter des Anlagevermögens erforderlich:

- Gebäude und Gebäudeteile,
- sonstige abnutzbare unbewegliche Wirtschaftsgüter,
- Geschäfts- oder Firmenwert,
- sonstige immaterielle Wirtschaftsgüter,
- bewegliche abnutzbare Wirtschaftsgüter.

2.1.2 Abgrenzung zwischen Gebäuden, sonstigen unbeweglichen und beweglichen abnutzbaren Anlagegütern

2.1.2.1 Gebäude und Gebäudeteile als selbständige Wirtschaftsgüter

Zivilrechtlich ist das Grundstück, d. h. der Grund und Boden einschl. der aufstehenden 1015
Gebäude und der Außenanlagen ein einheitlicher Vermögensgegenstand. Für den Ausweis in Handels- und Steuerbilanz ist es in den nicht abnutzbaren Grund und Boden (vgl. § 6 Abs. 1 Nr. 2 EStG) und die aufstehenden abnutzbaren Gebäude und Anlagen aufzuteilen. Ein Gebäude ist ein Bauwerk, das fest mit dem Grund und Boden verbunden ist, von einiger Beständigkeit und standfest ist sowie Menschen oder Sachen durch räumliche Umschließung Schutz gegen Witterungseinflüsse gewährt und den Aufenthalt von Menschen gestattet (vgl. dazu die gleich lautenden Ländererlasse v. 5. 6. 2013, BStBl 2013 I S. 734; BFH v. 20. 9. 2000, BFH/NV 2001 S. 581; v. 28. 9. 2000, BStBl 2001 II S. 137; und v. 3. 4. 2001, BStBl II S. 599, jeweils m. w. N.). Dabei ist grundsätzlich auf den einzelnen Baukörper abzustellen. Werden auf einem Grundstück mehrere Gebäude errichtet, liegen dementsprechend grundsätzlich mehrere Wirtschaftsgüter vor (BFH v. 15. 9. 1977, BStBl 1978 II S. 123, m. w. N.; H 4.2 Abs. 4 [Mehrere Baulichkeiten] EStH). Ist das Grundstück und damit auch das Gebäude in Teileigentum nach Maßgabe des WEG aufgeteilt, ist jede Einheit für sich eine getrennte Gebäudeeinheit (BFH v. 29. 9. 1994, BStBl 1995 II S. 72).

Nach dem Beschluss des GrS des BFH v. 26. 11. 1973 (BStBl 1974 II S. 132) braucht ein 1016
als einheitlicher Baukörper konzipiertes Gebäude kein einheitliches Wirtschaftsgut zu sein. Eine Aufteilung ist unter zweierlei Gesichtspunkten erforderlich. Gebäudeteile, die nicht in einem einheitlichen Nutzungs- und Funktionszusammenhang zum Gebäude stehen, sind selbständige Wirtschaftsgüter.

Nach R 4.2 Abs. 3 EStR sind die nachstehenden Gebäudeteile selbständige Wirtschafts- 1017
güter:

- Betriebsvorrichtungen,
- Scheinbestandteile i. S. des § 95 BGB (vgl. auch R 7.1 Abs. 4 EStR),
- Ladeneinbauten, Schaufensteranlagen, Gaststätteneinbauten, Schalterhallen sowie ähnliche Einbauten, die einem schnellen Wandel des modischen Geschmacks unterworfen sind, soweit sich die Aufwendungen auf für die Statik des Gebäudes unwesentliche Einbauten beziehen,
- sonstige Mietereinbauten.

Wird das danach verbleibende Gebäude nicht einheitlich, sondern für unterschiedliche 1018
Zwecke genutzt, besteht es angesichts der unterschiedlichen Nutzungs- und Funktionszusammenhänge aus mehreren Wirtschaftsgütern,

- dem eigenbetrieblichen Zwecken,
- dem fremdbetrieblichen Zwecken,
- dem eigenen Wohnzwecken,
- dem fremden Wohnzwecken

dienenden Gebäudeteil (R 4.2 Abs. 4 EStR).

Werden mehrere eigene selbständige Betriebe in einem Gebäude unterhalten, ist eine 1019
Aufteilung des Gebäudes auf die verschiedenen Betriebe nicht erforderlich (BFH v. 29. 9. 1994, BStBl 1995 II S. 72). Werden Teile eines Gebäudes an verschiedene fremde

Betriebe überlassen, bilden diese Teile insgesamt ein einheitliches Wirtschaftsgut, den fremdbetrieblichen Zwecken dienenden Gebäudeteil (R 4.2 Abs. 4 Satz 4 EStR). Zur fremdbetrieblichen Nutzung gehört auch die Überlassung zu hoheitlichen, zu gemeinnützigen oder zu Zwecken eines Berufsverbands (R 4.2 Abs. 4 Satz 3 EStR).

1020 Für die Beurteilung eines Bauwerks nach den vorstehenden Grundsätzen ist es grundsätzlich unerheblich, ob es auf eigenem Grund und Boden, auf fremdem Grund und Boden oder auf einem Erbbaurecht errichtet wurde; wegen der Besonderheiten bei Gebäuden auf dem Grundstück des anderen Ehegatten/Lebenspartners siehe Rdn. 509 ff. Besteht ein Gebäude danach aus mehreren selbständigen Wirtschaftsgütern, ist für jedes dieser Wirtschaftsgüter die AfA gesondert und damit nicht von vornherein nach einheitlichen Grundsätzen vorzunehmen. Aufgrund der unterschiedlichen Regelungen in § 7 Abs. 4 und 5 EStG ist es möglich, dass einzelne Teile eines Gebäudes nach unterschiedlichen Grundsätzen abzuschreiben sind.

2.1.2.2 Außenanlagen

1021 Bei Bauwerken, die nicht Bestandteil des Gebäudes sind, ist zu unterscheiden, ob es sich um Außenanlagen oder um Betriebsvorrichtungen (vgl. Rdn. 1022 ff.) handelt (Tz. 4.1 der gleichlautenden Ländererlasse v. 5. 6. 2013, BStBl 2013 I S. 734). Zu den Außenanlagen gehören Einfriedigungen, Umzäunungen, Hof- und Platzbefestigungen bei Betriebsgrundstücken (BFH v. 2. 6. 1971, BStBl II S. 673; v. 19. 2. 1974, BStBl 1975 II S. 20; v. 1. 7. 1983, BStBl II S. 686; v. 10. 10. 1990, BStBl 1991 II S. 59) einschl. der Tore oder Zufahrten; dies gilt auch für Zuwegungen zu Windkraftanlagen (BFH v. 14. 4. 2011, BStBl 2011 II S. 696; v. 1. 2. 2012, BStBl 2012 II S. 407). Entsprechend dem Urteil des BFH v. 17. 5. 1968 (BStBl II S. 563) dürfte es nicht möglich sein, insoweit von Betriebsvorrichtungen auszugehen. Verkehrsflächen für die Feuerwehr im Notfall sind Außenanlagen (BFH v. 9. 12. 1988, BFH/NV 1989 S. 570). Dazu gehören ferner Brunnenanlagen, die vergleichbar zu Gartenanlagen auf dem Grundstück errichtet werden, einschl. der darin ggf. integrierten Plastiken. Bei Wohngebäuden stehen die Umzäunungen für den Regelfall in einem besonderen Nutzungs- und Funktionszusammenhang zum Gebäude und sind deswegen diesem zuzurechnen (BFH v. 15. 12. 1977, BStBl 1978 II S. 210; R 21.1 Abs. 3 Satz 1 EStR). Bodenbefestigungen vor Garagen, Reparaturwerkstätten und Waschhallen, Restaurations- und Beherbergungsgebäuden, der Dauerpark- und Abstellplätze sind regelmäßig Außenanlagen. Entsprechendes gilt für freistehende Rampen. Dagegen sind Bodenbefestigungen und Einfriedungen bei Tankstellenbetrieben regelmäßig Betriebsvorrichtungen (BFH v. 23. 2. 1962, BStBl III S. 179). Beleuchtungsanlagen von Straßen, Wegen und Plätzen gehören dann zu den Außenanlagen, wenn sie nicht überwiegend einem Betriebsvorgang (z. B. Ausleuchtung eines Lagerplatzes für Zwecke der Materiallagerung) dienen und damit keine Betriebsvorrichtung sind. Zur Abgrenzung zwischen Außenanlagen und Betriebsvorrichtungen im Übrigen wird auf das Urteil des BFH v. 30. 4. 1976 (BStBl II S. 527) hingewiesen; wegen weiterer Einzelheiten vgl. Tz. 4.2 und 4.3 der gleichlautenden Ländererlasse vom 5. 6. 2013 (a. a. O.). Hinweise darauf, ob es sich bei bestimmten Bauwerken um Außenanlagen oder Betriebsvorrichtungen handelt, können sich auch aus den amtlichen AfA-Tabellen (vgl. Rdn. 1032) ergeben.

2.1.2.3 Betriebsvorrichtungen

Zu den wesentlichen Bestandteilen eines Grundstücks i. S. der §§ 93, 94 BGB können auch Maschinen und sonstige Vorrichtungen aller Art gehören, die jedoch nach § 68 Abs. 2 Nr. 2 BewG nicht dem Grundvermögen zuzurechnen sind. Diese Vorrichtungen dienen regelmäßig dem auf dem Grundstück ausgeübten Betrieb. Sie stehen nicht mit dem Grundstück, sondern mit dem Betrieb in einem besonderen Nutzungs- und Funktionszusammenhang und werden vom Gesetzgeber als Betriebsvorrichtungen bezeichnet. Für die steuerliche Gewinnermittlung sind sie deswegen auch nicht dem Grund und Boden oder dem aufstehenden Gebäude zuzurechnen. Sie gehören zu den beweglichen abnutzbaren Wirtschaftsgütern des Anlagevermögens, selbst wenn sie wesentliche Bestandteile eines Grundstücks sind (R 7.1 Abs. 3 EStR). 1022

Die Abgrenzung zwischen dem Grundstück (Gebäude) einerseits und den Betriebsvorrichtungen andererseits hat für die Einheitsbewertung des Grundbesitzes und das Bilanzsteuerrecht nach einheitlichen Grundsätzen zu erfolgen (R 7.1 Abs. 5 Satz 1 EStR). Die FinVerw hat die nach ihrer Auffassung dabei maßgebenden Grundsätze im gleichlautenden Ländererlass vom 5. 6. 2013 (a. a. O.) zusammengefasst; vgl. auch BFH v. 5. 9. 2002 (BStBl II S. 877). Ferner können sich aus den amtlichen AfA-Tabellen (vgl. Rdn. 1032) für die einzelnen Wirtschaftszweige Hinweise darauf ergeben, ob im Einzelfall von einer Betriebsvorrichtung oder einem unselbständigen Gebäudeteil auszugehen ist. Dies gilt jedoch nicht für die AfA-Tabelle für die allgemein verwendbaren Wirtschaftsgüter; in Ziff. 3 des BMF-Schreibens v. 6. 12. 2001 (BStBl I S. 860) wird darauf hingewiesen, dass mit der Aufnahme in diese Tabelle nicht über die Zugehörigkeit der Wirtschaftsgüter zu den Betriebsvorrichtungen, Gebäuden oder baulichen Einzelbestandteilen entschieden wurde. Die insoweit erforderliche Abgrenzung hat vielmehr im Einzelfall nach den dafür maßgebenden Grundsätzen zu erfolgen. Die auf einem Dach montierte Fotovoltaikanlage ist eine Betriebsvorrichtung, während die eigentliche Dachkonstruktion Teil des Gebäudes ist, das allein aufgrund der Verbindung mit der Voltaikanlage nicht zum Betriebsvermögen gehört (BFH v. 17. 10. 2013, BStBl 2014 II S. 372; v. 16. 9. 2014, BFH/NV 2015 S. 324). 1023

2.1.3 Bewegliche abnutzbare Anlagegüter

Bewegliche Wirtschaftsgüter können nur Sachen (§ 90 BGB), Tiere (§ 90a BGB) und Scheinbestandteile (§ 95 BGB) sein (vgl. auch R 7.1 Abs. 2 bis 4 EStR). Dazu gehören auch Betriebsvorrichtungen (vgl. Rdn. 1022). Schiffe sind auch dann bewegliche Wirtschaftsgüter, wenn sie in ein Schiffsregister eingetragen sind. Nicht zu den beweglichen abnutzbaren Anlagegütern gehören danach neben den Gebäuden und Gebäudeteilen (vgl. Rdn. 1015 ff.) und den Außenanlagen (vgl. Rdn. 1021) die immateriellen Wirtschaftsgüter. 1024

2.1.4 Immaterielle Wirtschaftsgüter

Nach ständiger Rechtsprechung des BFH gehören die immateriellen Wirtschaftsgüter weder zu den beweglichen noch zu den unbeweglichen Wirtschaftsgütern (BFH v. 6. 8. 1964, BStBl III S. 575; v. 22. 5. 1979, BStBl II S. 634, m. w. N.). Sie sind unkörperlich und umfassen insbesondere Rechte und tatsächliche Positionen von wirtschaftlichem 1025

Wert. Gesellschaftsanteile und Geldforderungen gehören nicht zu den immateriellen Wirtschaftsgütern. Für bestimmte selbst geschaffene immaterielle Vermögensgegenstände besteht für die Handelsbilanz gem. § 248 Abs. 2 HGB ein Ansatzwahlrecht (Rdn. 307 ff.), während sich steuerlich aus § 5 Abs. 2 EStG ein umfassendes Bilanzierungsverbot ergibt.

1026 Die für den Betrieb einer EDV-Anlage unabdingbare System-Software, sofern sie ein selbständig bewertbares Wirtschaftsgut ist, sowie die zur Lösung von Einzelproblemen eingesetzte Anwender-Software sind abnutzbare immaterielle Wirtschaftsgüter. Dies gilt unabhängig davon, ob es sich dabei um Standard- oder Individual-Software handelt (BFH v. 3. 7. 1987, BStBl 1987 II S. 728; v. 28. 7. 1994, BStBl 1994 II S. 873; v. 18. 5. 2011, BStBl 2011 II S. 865; LFD Thüringen v. 25. 10. 2011, DB 2011 S. 2812). Aus Vereinfachungsgründen werden Trivialprogramme und Programme, deren Anschaffungskosten 800 € nicht übersteigen, als abnutzbare bewegliche Wirtschaftsgüter behandelt (R 5.5 Abs. 1 EStR). Wegen weiterer Einzelheiten zur Bilanzierung von Software bis 31. 12. 2020 vgl. die IDW-Stellungnahme RS-HFA 11 (BBK F. 12 S. 6709), zur Bilanzierung von ERP-Software vgl. das BMF-Schreiben v. 18. 11. 2005 (BStBl 2005 I S. 1025). Für Betriebs- und Anwendersoftware zur Dateneingabe und -verarbeitung beträgt die betriebsgewöhnliche Nutzungsdauer ab dem 1. 1. 2021 nur noch ein Jahr. Davon betroffen sind auch die nicht technisch physikalischen Anwendungsprogramme eines Systems zur Datenverarbeitung sowie neben Standardanwendungen auch auf den individuellen Nutzer abgestimmte Anwendungen wie ERP-Software, Software für Warenwirtschaftssysteme oder sonstige Anwendungssoftware zur Unternehmensverwaltung oder Prozesssteuerung. Wegen weiterer Einzelheiten wird auf das BMF-Schreiben v. 26. 2. 2021 (NWB DokID: GAAAH-72616) hingewiesen.

2.2 Die Abschreibung abnutzbarer Anlagegüter ausschließlich Gebäude

2.2.1 Abschreibung über die betriebsgewöhnliche Nutzungsdauer

1027 Die planmäßigen Abschreibungen sind nach § 253 Abs. 3 Satz 2 HGB so zu bemessen, dass die Anschaffungs- oder Herstellungskosten auf die Geschäftsjahre verteilt werden, in denen der Vermögensgegenstand voraussichtlich genutzt werden kann. Nach § 7 Abs. 1 Satz 1 EStG sind die Anschaffungs- oder Herstellungskosten des abnutzbaren Wirtschaftsguts auf die Gesamtdauer der Verwendung oder Nutzung – die betriebsgewöhnliche Nutzungsdauer – zu verteilen. Dabei handelt es sich um den Zeitraum, über den das Wirtschaftsgut seiner Bestimmung gemäß aufgrund seiner Beschaffenheit genutzt werden kann. Es ist unerheblich, ob das Wirtschaftsgut bis zum völligen technischen oder wirtschaftlichen Wertverzehr genutzt oder voraussichtlich zu einem früheren Zeitpunkt ausgetauscht werden wird. Danach ist die voraussichtliche Nutzungsdauer handels- und steuerrechtlich nach einheitlichen Grundsätzen zu bestimmen.

1028 Die Nutzungsdauer wird nach der ständigen Rechtsprechung des BFH (Urteil v. 14. 4. 2011, BStBl II 2011 S. 696, m. w. N.) bestimmt durch den technischen Verschleiß, die wirtschaftliche Entwertung sowie rechtliche Gegebenheiten, die die Nutzungsdauer eines Gegenstands begrenzen können. Die technische Nutzungsdauer umfasst den

Zeitraum, in dem sich das Wirtschaftsgut technisch verbraucht. Die wirtschaftliche Nutzungsdauer umfasst den Zeitraum, in dem das Wirtschaftsgut rentabel genutzt werden kann. Ist ein Wirtschaftsgut zwar nicht mehr entsprechend der ursprünglichen Zweckbestimmung nutzbar, hat es aber wegen seiner Nutzbarkeit für andere noch einen erheblichen Verkaufswert, ist es auch für den Unternehmer wirtschaftlich noch nicht verbraucht (BFH v. 19.11.1997, BStBl 1998 II S.59; v. 9.12.1999, BStBl 2001 II S.311). Entsprechen sich die wirtschaftliche und technische Nutzungsdauer nicht, können sich die Steuerpflichtigen auf die für sie günstigere Alternative berufen (BFH v. 2.12.1977, BStBl II 1978 S.164; v. 26.7.1991, BStBl II 1992 S.1000, jeweils m.w.N.) Maßgebend sind die Verhältnisse des Einzelfalls. Angesichts der unterschiedlichen betrieblichen Verhältnisse für Wirtschaftsgüter desselben Typs kann sich durchaus eine unterschiedliche betriebsgewöhnliche Nutzungsdauer ergeben; so macht es z. B. einen Unterschied, ob bei einem Kfz von einer voraussichtlichen Jahresfahrleistung von 20 000 km oder 60 000 km auszugehen ist, eine Maschine durchgängig ein- oder mehrschichtig eingesetzt wird.

Besteht ein Wirtschaftsgut aus mehreren unselbständigen Teilen, die für sich allein 1029
eine unterschiedliche Nutzungsdauer haben, ist die Nutzungsdauer des Teils maßgebend, das dem Wirtschaftsgut das Gepräge gibt (BFH v. 14.4.2011, BStBl 2011 II S.696). Es ist danach nicht möglich, die Nutzungsdauer des Wirtschaftsguts nach der durchschnittlichen Nutzungsdauer der einzelnen Bestandteile zu ermitteln.

Die nach diesen Grundsätzen ermittelte betriebsgewöhnliche Nutzungsdauer ist 1030
grundsätzlich für den gesamten Zeitraum, in dem das Wirtschaftsgut zu einem Betriebsvermögen gehört oder außerhalb eines Betriebsvermögens vom Stpfl. zur Einkunftserzielung genutzt wird, maßgebend. Eine spätere Änderung wird insbesondere in Betracht kommen, wenn nachträgliche Ereignisse zu deren Verkürzung oder Verlängerung führen, z. B. aufgrund veränderter öffentlich rechtlicher Planungen der vorzeitige Abriss oder die Stilllegung einer Anlage in Betracht kommt (BFH v. 8.7.1980, BStBl II S.743; v. 22.8.1984, BStBl 1985 II S.743), Entstehung weiterer Herstellungskosten. In diesen Fällen ist die AfA nach der zu schätzenden Restnutzungsdauer vorzunehmen (vgl. R 7.4 Abs.10 EStR).

Eine Schätzung der betriebsgewöhnlichen Nutzungsdauer kommt für den Geschäfts- 1031
oder Firmenwert, der vom Praxiswert freiberuflicher Unternehmen abzugrenzen ist, nicht in Betracht, weil sie nach § 7 Abs.1 Satz 3 EStG 15 Jahre beträgt. Nach § 246 Abs.1 Satz 4 HGB gilt der Geschäfts- oder Firmenwert als zeitlich begrenzt nutzbarer Vermögensgegenstand (vgl. Rdn. 313), sodass gem. § 253 Abs.3 HGB planmäßige Abschreibungen vorzunehmen sind. Bei Gebäuden wird die betriebsgewöhnliche Nutzungsdauer weitgehend durch § 7 Abs.4 und 5 EStG vorgegeben (Rdn. 1059 ff.).

In der Praxis wird die betriebsgewöhnliche Nutzungsdauer der einzelnen Anlagegüter 1032
vielfach den vom BMF auf der Grundlage der Erfahrungen der steuerlichen Betriebsprüfung nach Anhörung der Fachverbände der Wirtschaft (vgl. BMF-Schreiben v. 6.12.2001, BStBl I S.860) erstellten amtlichen AfA-Tabellen entnommen. Die Tabellen sind unterteilt in eine Tabelle für allgemein verwendbare, d. h. nicht branchengebundene Anlagegüter und Tabellen für verschiedene Wirtschaftszweige (Branchentabellen). Die Branchentabellen sind nach dem systematischen Verzeichnis der Wirtschaftszwei-

ge des Statistischen Bundesamts aufgestellt worden. Die sich aus den Tabellen ergebende betriebsgewöhnliche Nutzungsdauer ist unabhängig von der anzuwendenden AfA-Methode bestimmt worden. Die betriebsgewöhnliche Nutzungsdauer von Computerhardware (einschließlich der dazu gehörenden Peripheriegeräte) sowie die für die Dateneingabe und -verarbeitung erforderliche Betriebs- und Anwendersoftware wurde an die geänderten Verhältnisse angepasst. Für die nach § 7 Abs. 1 EStG anzusetzende Nutzungsdauer kann für die im BMF-Schreiben v. 26. 2. 2021 in Rz. 2 ff. aufgeführten materiellen Wirtschaftsgüter „Computerhardware“ sowie die in Rz. 5 näher bezeichneten immateriellen Wirtschaftsgüter „Betriebs- und Anwendersoftware“ eine betriebsgewöhnliche Nutzungsdauer von einem Jahr zugrunde gelegt werden. Dabei umfasst der Begriff „Computerhardware“ z. B. Computer, Desktop-Computer, Notebook-Computer, Desktop-Thin-Clients, Workstations, Dockingstations, externe Speicher- und Datenverarbeitungsgeräte (Small-Scale-Server), externe Netzteile sowie Peripheriegeräte (z. B. Tastatur, Maus, Scanner, Kamera, Mikrofon, Headset, Festplatte, DVD-/CD-Laufwerk, Beamer, Plotter, Headset sowie Drucker). Wegen weiterer Voraussetzungen wird auf das BMF-Schreiben v. 26. 2. 2021 (NWB DokID: GAAAH-72616) verwiesen.

1033 Nach Ziff. 4 des BMF-Schreibens v. 6. 12. 2001 (BStBl I S. 860), den allgemeinen Vorbemerkungen zu den AfA-Tabellen, kann der aufgrund der angegebenen Nutzungsdauer zu errechnende lineare AfA-Satz bei ganzjähriger Nutzung von schichtabhängigen Anlagegütern in Doppelschicht um 25 % und in Drei- oder Vierfachschicht um 50 % erhöht werden, soweit dies bei der Festlegung der Nutzungsdauer nicht schon berücksichtigt worden ist. Wegen der Besonderheiten bei sog. Verlustzuweisungsgesellschaften bzw. sog. Steuersparmodellen (vgl. § 15b EStG zuvor § 2b EStG) wird auf das BMF-Schreiben v. 17. 7. 2007 (BStBl 2007 I S. 542) sowie die Vfg. der OFD Münster v. 15. 11. 2011 (NWB DokID: OAAAD-96199) hingewiesen.

Die übrigen Tabellen berücksichtigen demgegenüber branchenspezifische Besonderheiten. Den Vorbemerkungen zu den jeweiligen Branchentabellen kann jeweils entnommen werden, ob und ggf. in welchem Umfang bei der angegebenen betriebsgewöhnlichen Nutzungsdauer eine mehrschichtige Nutzung als allgemein üblich berücksichtigt wurde.

1034 Die AfA-Tabellen haben die Vermutung der Richtigkeit für sich. Wer eine davon abweichende Nutzungsdauer geltend macht, hat dies substantiiert zu begründen (BFH v. 14. 4. 2011, BStBl 2011 II S. 696, m. w. N.). Die Tabellen sind aber für die Gerichte nicht bindend (BFH v. 9. 12. 1999, BStBl 2001 II S. 31; v. 26. 7. 1991, BStBl 1992 II S. 1000; v. 8. 4. 2008, BFH/NV 2008 S. 1660; vgl. auch Kulosa, in: Schmidt, EStG, 39. Aufl., § 7 Rdn. 153, m. w. N.), jedoch unter dem Gesichtspunkt der Selbstbindung der Verwaltung und im Hinblick auf das Prinzip der Gleichmäßigkeit der Besteuerung zu beachten. Dies gilt dann nicht, wenn die Anwendung der AfA-Tabelle zu einer offensichtlich unzutreffenden Besteuerung führen würde (BFH v. 14. 4. 2011, a. a. O., m. w. N.).

1035 In den verbleibenden Fällen besteht lediglich die Möglichkeit der Schätzung der betriebsgewöhnlichen Nutzungsdauer unter Berücksichtigung aller Umstände des Einzelfalles, vgl. z. B. BFH v. 1. 3. 2002 (BFH/NV 2002 S. 787 m. w. N.) zu einem laufend genutzten historischen Musikinstrument.

2.2.2 Beginn der Abschreibungen

Planmäßige Abschreibungen (AfA) sind ab dem Zeitpunkt vorzunehmen, zu dem der abnutzbare Gegenstand dem Anlagevermögen zugeführt wurde. Für den Regelfall ist dies der Zeitpunkt der Anschaffung oder Herstellung (R 7.4 Abs. 1 EStR). 1036

Zeitpunkt der Anschaffung ist grundsätzlich der Zeitpunkt der Lieferung (§ 9a EStDV). 1037 Dies ist der Zeitpunkt, zu dem der Erwerber über das Wirtschaftsgut wirtschaftlich verfügen kann, d. h. Eigenbesitz, Gefahr, Nutzen und Lasten auf ihn übergegangen sind (BFH v. 28. 4. 1977, BStBl II S. 553; v. 6. 2. 2014, BFH/NV 2014 S. 847; BFH v. 22. 9. 2016, BStBl 2017 II S. 171). Maßgebend ist nicht der vertraglich vorgesehene, sondern der tatsächliche Übergang (BFH v. 17. 12. 2009, BFH/NV 2010 S. 757). Hat der Lieferant das Wirtschaftsgut auch zu montieren, wird dementsprechend erst mit Beendigung der Montage geliefert. Erfolgt hingegen die Montage durch den Erwerber oder durch einen von ihm beauftragten Dritten, ist die wirtschaftliche Verfügungsmacht bereits zuvor übergegangen und damit bereits vor Durchführung der Montagearbeiten geliefert worden. In diesen Fällen ist eine Abschreibung bereits ab einem Zeitpunkt vorzunehmen, zu dem sich das Anlagegut noch nicht in einem betriebsbereiten Zustand befindet. Soweit für die Anwendung des InvZulG der Zeitpunkt der Lieferung nach abweichenden Grundsätzen zu bestimmen ist (vgl. BFH v. 25. 9. 1996, BStBl 1998 II S. 70, und v. 19. 6. 1997, BStBl 1998 II S. 72; Tz. 136, 138 des BMF-Schreibens v. 8. 5. 2008, BStBl I 2008 S. 590), sind diese für die Anwendung des § 7 EStG nicht anzuwenden (R 7.4 Abs. 1 Satz 4 EStR).

Ein Anlagegut ist hergestellt (§ 9a EStDV), sobald es seiner Zweckbestimmung entspre- 1038 chend genutzt werden kann (BFH v. 12. 9. 2001, BStBl 2003 II S. 569, m. w. N.). Dies setzt insbesondere bei Gebäuden nicht die Beendigung der Herstellungsarbeiten insgesamt voraus (BFH v. 16. 12. 1988, BStBl 1989 II S. 203); wegen Einzelheiten vgl. Rdn. 1065 ff. Zum Zeitpunkt der Fertigstellung bei bestimmten Anlagegütern land- und forstwirtschaftlicher Betriebe wird auf das BMF-Schreiben v. 14. 11. 2001 (BStBl I S. 864) hingewiesen. Dauerkulturen sind mit Beginn ihrer Ertragsreife fertiggestellt (BMF-Schreiben v. 17. 9. 1990, BStBl 1990 I S. 420).

Im Jahr des Zugangs des Wirtschaftsguts vermindert sich der Jahresbetrag der AfA 1039 gem. § 7 Abs. 1 Satz 4 EStG bzw. § 7 Abs. 2 Satz 3 EStG um jeweils ein Zwölftel für jeden vollen Monat, der dem Monat der Anschaffung oder Herstellung vorausgeht. Danach ist die AfA für das Jahr des Zugangs zeitanteilig – pro rata temporis – zu bemessen.

2.2.3 Beendigung der Abschreibungen

Wird das Anlagegut über das Ende der betriebsgewöhnlichen Nutzungsdauer hinaus 1040 bestimmungsgemäß genutzt, endet die Abschreibung mit deren Ablauf. Für den Regelfall verbleibt in diesen Fällen der Erinnerungswert von 1 €. Wurde das bisher im Privatvermögen der Einkunftserzielung dienende Wirtschaftsgut in zu einem über den fortgeführten Anschaffungs- oder Herstellungskosten liegenden Wert in das Betriebsvermögen eingelegt, verbleibt nach Ablauf der betriebsgewöhnlichen Nutzungsdauer ein nicht der AfA unterliegender Restwert, der bis zum Zeitpunkt des Ausscheidens des Wirtschaftsgutes aus dem Betriebsvermögen fortzuführen ist (vgl. Rdn. 1002).

Scheidet ein abnutzbares Wirtschaftsgut aus dem Betriebsvermögen aus, ist vor Ablauf der betriebsgewöhnlichen Nutzungsdauer die AfA bis zum Zeitpunkt des Ausscheidens pro-rata-temporis vorzunehmen (R 7.4 Abs. 8 EStR; BFH v. 18. 8. 1977, BStBl II S. 835). Das weitere Schicksal des nicht der AfA unterliegenden Restwerts richtet sich nach dem Anlass des Ausscheidens aus dem Betriebsvermögen. In den Fällen der Veräußerung ist er mit dem Veräußerungserlös, der Entnahme mit dem Entnahmewert (vgl. Rdn. 939 ff.) zu verrechnen. Geht das Anlagegut infolge eines Unfalls oder infolge höherer Gewalt (z. B. Brand) unter, wird der sich ggf. dadurch ergebende Wertverlust nicht durch die planmäßige Nutzung verursacht und kann deswegen nicht als planmäßige Abschreibungen (AfA) verrechnet werden. Handelsrechtlich ist eine außerplanmäßige Abschreibung, steuerlich ist für den Regelfall eine Absetzung für außergewöhnliche technische Abnutzung vorzunehmen (vgl. Rdn. 1041 ff.).

2.2.4 Abschreibungen wegen außergewöhnlicher technischer oder wirtschaftlicher Abnutzung

1041 Nach § 7 Abs. 1 Satz 7 EStG sind neben der normalen AfA Absetzungen für außergewöhnliche technische oder wirtschaftliche Abnutzung (AfaA) zulässig, wenn sich aufgrund nachträglich eingetretener außergewöhnlicher Umstände ergibt, dass sich die Anschaffungskosten/Herstellungskosten gegenüber den ursprünglichen Erwartungen, dem ursprünglichen Plan in stärkerem Umfang verbraucht haben. Diese Korrektur ist nur bei Wirtschaftsgütern möglich, die nach § 7 Abs. 1 EStG linear abgeschrieben werden. Wurde hingegen die degressive AfA nach § 7 Abs. 2 EStG gewählt, werden AfaA durch § 7 Abs. 2 Satz 4 EStG ausgeschlossen. Die AfaA ist auch bei Wirtschaftsgütern zulässig, die im Privatvermögen der Einkunftserzielung dienen.

1042 Entfallen die Gründe für eine AfaA nachträglich, hat bei Gewinnermittlung nach § 4 Abs. 1 oder § 5 EStG gem. § 7 Abs. 1 Satz 7 EStG eine entsprechende Zuschreibung zu erfolgen, nicht jedoch bei Gewinnermittlung nach § 4 Abs. 3 EStG sowie bei der Einkunftserzielung im Privatvermögen dienenden Wirtschaftsgütern.

1043 Wurde die AfaA wegen einer Substanzeinbuße vorgenommen, wird sich die Frage nach einer Wertaufholung nicht stellen. Aufwendungen auf ein in der Substanz gemindertes Wirtschaftsgut werden regelmäßig zu einer Erweiterung oder über den bisherigen Zustand hinausgehenden Verbesserung führen, so dass nachträgliche Herstellungskosten (vgl. Rdn. 835 ff.) vorliegen dürften. Sofern eine AfaA im Hinblick auf unzureichende Instandhaltungsmaßnahmen vorgenommen wurde (vgl. BFH v. 15. 2. 1955, BStBl III S. 172), dürfte sich nach umfassender Renovierung nunmehr die Frage der Wertaufholung stellen.

1044 Eine AfaA ist nur auf die für das in Betracht kommende Wirtschaftsgut entstandenen Anschaffungskosten/Herstellungskosten zulässig. Soweit vergebliche Aufwendungen entstanden sind, die nicht den Anschaffungskosten/Herstellungskosten zuzurechnen sind, kommt eine AfaA nicht in Betracht (BFH v. 4. 7. 1990, BStBl II S. 830).

1045 Die AfaA setzt eine außergewöhnliche technische oder wirtschaftliche Abnutzung des Wirtschaftsguts voraus; es muss also eine Beeinträchtigung der Nutzungsfähigkeit vorliegen (BFH v. 8. 7. 1980, BStBl II S. 743). Die technische Abnutzung liegt bei einer Substanzeinbuße, die wirtschaftliche Abnutzung bei einer Einschränkung der Nutzungsfähigkeit des Wirtschaftsguts vor. Dabei ist es erforderlich, dass ein von außen kommendes Ereignis unmittelbar körperlich auf das Wirtschaftsgut einwirkt. Der Verlust eines Wirtschaftsguts infolge Zerstörung oder Entwendung rechtfertigt ebenfalls eine AfaA, sofern er nicht privat veranlasst ist (BFH v. 9. 12. 2003, BStBl 2004 II. S. 491; v. 18. 4. 2007, BStBl 2007 II S. 762). Andere Wertminderungen, z. B. der Anfall überhöhter Anschaffungs- oder Herstellungskosten (BFH v. 31. 3. 1992, BStBl II S. 805; v. 1. 12. 1992, BFH/NV 1993 S. 410; v. 27. 1. 1993, BStBl II S. 702; v. 30. 8. 1994, BStBl 1995 II S. 306), das nachträgliche Sinken der Anschaffungs- oder Herstellungskosten für vergleichbare Wirtschaftsgüter ohne Verbesserung der Nutzungsfähigkeit rechtfertigen keine AfaA.

Eine **außergewöhnliche technische Abnutzung** liegt vor, wenn das Wirtschaftsgut in einem Maße abgenutzt wurde, das über den bei der Schätzung der Nutzungsdauer berücksichtigten Grad der Abnutzung wesentlich hinausgeht, also eine Substanzeinbuße eingetreten ist. Dies ist regelmäßig der Fall, wenn das Wirtschaftsgut infolge eines Abbruchs, Brands, Unfalls oder ähnlichen Umstands untergeht oder in der Substanz wesentlich beeinträchtigt wird (BFH v. 1. 2. 1962, BStBl III S. 272; v. 7. 5. 1969, BStBl II S. 464). Dagegen liegen diese Voraussetzungen bei mangelhaften Bauleistungen an einem noch nicht fertiggestellten Gebäude nicht vor (BFH v. 30. 8. 1994, BStBl 1995 II S. 306; v. 26. 7. 2006, BFH/NV 2006, S. 2072). Die unzureichende Instandhaltung eines vermieteten Wirtschaftsguts durch den Mieter kann zu einer außergewöhnlichen technischen Abnutzung führen (BFH v. 15. 2. 1955, BStBl III S. 172). Der sich nach einem Kfz-Unfall ergebende merkantile Minderwert rechtfertigt nach einer fehlerfrei durchgeführten Reparatur keine AfaA wegen außergewöhnlicher technischer Abnutzung (BFH v. 31. 1. 1992, BStBl II S. 401). Etwas anderes hat nur dann zu gelten, wenn durch die Reparatur die Schäden nur teilweise behoben werden und deswegen eine auf technischen Mängeln beruhende erhebliche Wertminderung fortbesteht (BFH v. 27. 8. 1993, BStBl 1994 II S. 235). 1046

Unter einer **außergewöhnlichen wirtschaftlichen Abnutzung** wird die tatsächliche Beeinträchtigung der wirtschaftlichen Nutzungsfähigkeit verstanden. Die nicht auszuschließende, in der Zukunft liegende Möglichkeit einer Beeinträchtigung der wirtschaftlichen Nutzungsfähigkeit rechtfertigt eine AfaA (noch) nicht (BFH v. 31. 1. 1992, a. a. O.). Sie wird erst bei einer später tatsächlich eintretenden dauerhaften Nutzungseinschränkung zulässig (BFH v. 28. 10. 1980, BStBl 1961 S. II 161). Mangelhafte Leistungen des Herstellers, Lieferanten, die vor Fertigstellung, Inbetriebnahme, durch zusätzliche Aufwendungen beseitigt werden, beeinträchtigen die wirtschaftliche Nutzungsfähigkeit nicht und berechtigen deswegen auch zu keiner Absetzung wegen außergewöhnlicher wirtschaftlicher Abnutzung (BFH v. 14. 1. 2004, BStBl 2004 II S. 592; v. 8. 4. 2014, BFH/NV 2014 S. 1202). Dies gilt auch, wenn die Minderleistung nicht zu beseitigen ist, die wirtschaftliche Nutzungsfähigkeit jedoch dadurch nicht wesentlich beeinträchtigt wird (BFH v. 27. 1. 1993, BStBl 1993 II S. 702). Sonstige Wertminderungen, wie der Anfall überhöhter Anschaffungs- oder Herstellungskosten, das nachträgliche Sinken der Anschaffungs- oder Herstellungskosten für vergleichbare Wirtschaftsgüter ohne Verbesserung der Nutzungsfähigkeit rechtfertigen ebenfalls keine AfaA (BFH v. 31. 3. 1992, BStBl 1992 II S. 805; v. 1. 12. 1992, BFH/NV 1993 S. 410; v. 27. 1. 1993, BStBl 1047

1993 II S. 702). Nachhaltige Mietminderungen bei zum Privatvermögen gehörenden Gebäuden rechtfertigen grundsätzlich keine AfaA. Etwas anderes gilt, wenn bei Beendigung eines Mietverhältnisses erkennbar wird, dass das Gebäude wegen einer auf den bisherigen Mieter ausgerichteten Gestaltung nicht oder nur eingeschränkt an Dritte vermietbar ist (BFH v. 17. 9. 2008, BStBl 2009 II S. 301; v. 8. 4. 2014, BFH/NV 2014 S. 1202). Nicht ausreichend ist hingegen eine bloße Wertminderung (BFH v. 24. 1. 2008, BStBl 2009 II S. 449). Der endgültige Verlust eines Arbeitsmittels durch Diebstahl oder Unterschlagung kann als AfaA berücksichtigungsfähig sein, nicht jedoch der Verlust des Arbeitsplatzes (FG München v. 21. 1. 2016, NWB DokID: FAAAF-75210).

1048 Die AfaA ist grundsätzlich auf den Zeitpunkt vorzunehmen, zu dem die Wertminderung eingetreten ist, spätestens aber zu dem sie erkannt wurde (BFH v. 1. 12. 1992, BStBl 1994 II S. 11 und 12). Es besteht kein Wahlrecht zur Vornahme der AfaA. Wurde die Wertminderung durch einen Umstand verursacht, der einen Ersatzanspruch gegenüber einem Dritten (z. B. Feuerversicherung, Haftpflichtversicherer des Schädigers) auslöst, ist eine Verrechnung der AfaA mit dem Entschädigungsanspruch grundsätzlich nicht zulässig (BFH v. 1. 12. 1992, a. a. O.); es bleibt zu prüfen, ob die Besteuerung der aufgedeckten stillen Reserven auf Antrag aus Billigkeitsgründen nach den Grundsätzen von R 6.6 EStR (Rücklage für Ersatzbeschaffung; vgl. Rdn. 1162) ganz oder teilweise vermieden werden kann.

1049 Bei Wertminderungen, die die technische und wirtschaftliche Nutzungsfähigkeit nicht beeinträchtigen, bleibt bei Zugehörigkeit des Wirtschaftsguts zu einem Betriebsvermögen die Zulässigkeit einer Teilwertabschreibung nach § 6 Abs. 1 Nr. 1 Satz 2 EStG zu prüfen (vgl. Rdn. 1126). Im Einzelfall ist nicht auszuschließen, dass die Voraussetzungen für eine AfaA und eine Teilwertabschreibung gleichermaßen vorliegen.

2.2.5 Besonderheiten bei der degressiven AfA nach § 7 Abs. 2 EStG

1050 Die Regelung des § 7 Abs. 2 EStG, nach der die AfA bei beweglichen abnutzbaren Anlagegütern in fallenden Jahresbeträgen nach einem unveränderlichen Prozentsatz vom jeweiligen Buchwert (Restwert) zulässig ist, geometrisch-degressive AfA, ist im Laufe der Zeit wiederholt geändert worden. Der zulässige Höchstsatz beträgt jeweils ein Mehrfaches des bei der linearen AfA anzusetzenden Prozentsatzes. Der jeweilig maßgebende Höchstsatz ist nach dem Zeitpunkt der Anschaffung oder Herstellung zu bestimmen, wie sich aus der nachfolgenden Übersicht ergibt.

Betriebsgewöhnliche Nutzungsdauer	Höchstsatz Zugang 30. 7. 1981 – 31. 12. 2000	Höchstsatz Zugang 1. 1. 2001 – 31. 12. 2005	Höchstsatz Zugang 1. 1. 2006 – 31. 12. 2007	Höchstsatz Zugang 1. 1. 2009 – 31. 12. 2010 sowie 1. 1. 2020 – 31. 12. 2021
1–10 Jahre	30,00 %	20,00 %	30,00 %	25,00 %
11 Jahre	27,27 %	18,18 %	27,27 %	22,72 %
12 Jahre	25,00 %	16,67 %	25,00 %	20,82 %
13 Jahre	23,08 %	15,38 %	23,08 %	19,22 %
14 Jahre	21,43 %	14,29 %	21,43 %	17,85 %
15 Jahre	20,00 %	13,33 %	20,00 %	16,67 %
20 Jahre	15,00 %	10,00 %	15,00 %	12,50 %
25 Jahre	12,00 %	8,00 %	12,00 %	10,00 %
30 Jahre	10,00 %	6,67 %	10,00 %	8,32 %
40 Jahre	7,50 %	5,00 %	7,50 %	6,25 %
50 Jahre	6,00 %	4,00 %	6,00 %	5,00 %

1051

Die geometrisch-degressive AfA führt anders als die lineare AfA aus mathematischen Gesetzmäßigkeiten nicht zur vollständigen Abschreibung der Anschaffungs- oder Herstellungskosten. 1052

BEISPIEL 70: Die X-GmbH & Co. KG hat zu Beginn des Wirtschaftsjahres 10 ein bewegliches abnutzbares Anlagegut für 10 000 €, betriebsgewöhnliche Nutzungsdauer 5 Jahre, angeschafft. Nach § 7 Abs. 1 und 2 EStG ergeben sich folgende Möglichkeiten der Vornahme der AfA: 1053

	lineare AfA €		degressive AfA €
Anschaffungskosten	10 000		10 000
./. AfA 20 %	2 000	./. AfA 25 %	2 500
31. 12. 21	8 000		7 500
./. AfA 20 %	2 000	./. AfA 25 % vom Restwert	1 875
31. 12. 22	6 000		5 625
./. AfA 20 %	2 000	./. AfA 25 % vom Restwert	1 406
31. 12. 23	4 000		4 219
./. AfA 20 %	2 000	./. AfA 25 % vom Restwert	1 055
31. 12. 24	2 000		3 164
./. AfA 20 %	1 999	./. AfA 25 % vom Restwert	791
31. 12. 25	1		2 373

Die Anwendung der geometrisch-degressiven Methode führt danach zu Beginn der betriebsgewöhnlichen Nutzungsdauer nur dann zu einer höheren AfA, wenn der zulässige Höchstsatz über dem AfA-Satz liegt, der bei der linearen Methode anzuwenden ist. Im Interesse der vollständigen Abschreibung innerhalb der betriebsgewöhnlichen Nutzungsdauer lässt der Gesetzgeber in § 7 Abs. 3 EStG den Übergang von der degressiven AfA nach § 7 Abs. 2 EStG zur linearen AfA nach § 7 Abs. 1 EStG zu. Für diesen Fall ist der im Zeitpunkt des Übergangs vorhandene Restwert auf die Restnutzungsdauer zu ver- 1054 teilen. Dabei wird es regelmäßig nicht beanstandet, wenn die Restnutzungsdauer aus der bisher zugrunde gelegten betriebsgewöhnlichen Nutzungsdauer abgeleitet wird.

1055 **BEISPIEL 71:** Fortführung des Beispiels 70. Die X-GmbH & Co. KG hat sich zunächst für die AfA nach § 7 Abs. 2 EStG entschieden. Diese ist nur für das Wirtschaftsjahr 21 höher als die lineare AfA. Es bietet sich danach an, mit dem Wirtschaftsjahr 22 auf die lineare AfA überzugehen. Der Restwert zum 31. 12. 21 und damit zu Beginn des Wirtschaftsjahres 22 beträgt 7 500 €. Bei einer Restnutzungsdauer von 4 Jahren ergibt sich bezogen auf den Restwert ein AfA-Satz von 25 % und damit ein jährlicher Abschreibungsbetrag von 1 875 €,

1056 Mit dem Übergang zur linearen AfA nach § 7 Abs. 1 EStG wird eine etwaige AfaA (vgl. Rdn. 1041 ff.) zulässig.

1057 Entstehen auf ein Wirtschaftsgut, für das die degressive AfA nach § 7 Abs. 2 EStG bemessen wird, nachträgliche Herstellungskosten, ist nach R 7.4 Abs. 9 Satz 1 EStR die betriebsgewöhnliche Nutzungsdauer neu zu schätzen. Für diesen Zeitraum ist dann der nach § 7 Abs. 2 EStG maßgebende AfA-Satz zu bestimmen; auf das in H 7.4 EStH unter AfA nach nachträglichen Anschaffungs- oder Herstellungskosten Nr. 1 aufgeführte Beispiel wird hingewiesen.

1058 Wurde für ein bewegliches abnutzbares Anlagegut zunächst die lineare AfA nach § 7 Abs. 1 EStG gewählt, ist ein späterer Übergang zur geometrisch-degressiven AfA nach § 7 Abs. 2 EStG durch § 7 Abs. 3 Satz 3 EStG ausgeschlossen.

2.3 Gebäudeabschreibungen

2.3.1 Allgemeine Grundsätze

1059 Für die Vornahme der AfA auf die Anschaffungs- oder Herstellungskosten von Gebäuden enthalten § 7 Abs. 4 und 5 EStG abschließende Regelungen mit der Maßgabe, dass diese Grundsätze nach § 7 Abs. 5a EStG auch für Gebäudeteile gelten, die selbständige unbewegliche Wirtschaftsgüter sind, sowie für Eigentumswohnungen und im Teileigentum stehende Räume. Abweichungen von diesen Grundsätzen sind nicht zulässig. Wegen der Begriffe Gebäude und Gebäudeteil wird auf die Ausführungen unter Rdn. 1015 hingewiesen. Nach dem Urteil des BFH v. 15. 10. 1996 (BStBl 1997 II S. 533) ist die AfA auf Mietereinbauten, die keine Scheinbestandteile oder Betriebsvorrichtungen sind, nach den für Gebäude maßgebenden Grundsätzen zu bemessen (R 7.1 Abs. 6 und R 7.4 Abs. 3 EStR).

1060 Für den Regelfall ist die AfA linear nach § 7 Abs. 4 EStG mit den dort bestimmten %-Sätzen vorzunehmen. Liegt die tatsächliche betriebsgewöhnliche Nutzungsdauer unter den sich rechnerisch aus den Vorgaben des § 7 Abs. 4 Satz 1 EStG ergebenden Zeiträumen von 33 1/3, 50 oder 40 Jahren, kann diese der AfA-Bemessung zugrunde gelegt werden (§ 7 Abs. 4 Satz 2 EStG).

1061 Die in der Vergangenheit mehrfach geänderte Vorschrift des § 7 Abs. 5 EStG über die degressive Gebäude-AfA ist letztmalig auf Gebäude anwendbar, die aufgrund eines nach dem 31. 12. 2003 und vor dem 1. 1. 2006 gestellten Bauantrages hergestellt oder eines innerhalb dieses Zeitraums abgeschlossenen obligatorischen Vertrags angeschafft wurden, sofern der Hersteller keinerlei Absetzungen vorgenommen hat. Die jeweils maßgebende Fassung des § 7 Abs. 5 EStG (vgl. z. B. die Übersicht in Anhang 1 des aktuellen Einkommensteuerhandbuchs), ist noch für die Fälle bedeutsam, in denen der danach vorgesehene Abschreibungszeitraum noch nicht abgelaufen ist. Die AfA nach § 7 Abs. 5 EStG sind keine erhöhten Absetzungen oder Sonderabschreibungen (BFH v. 24. 11. 1993, BStBl 1994 II S. 322).

Die Regelung des § 7 Abs. 4 Satz 1 Nr. 1 EStG ist dann anwendbar, wenn der Bauantrag 1062
für das in Betracht kommende Gebäude nach dem 31. 3. 1985 gestellt worden ist. Einzelheiten dazu ergeben sich aus R 7.2 Abs. 4 EStR, dem BMF-Schreiben v. 5. 8. 2002 (BStBl 2002 I S. 710) und der in H 7.2 EStH zitierten Rechtsprechung des BFH. Wegen des für Anwendung des § 7 Abs. 5 EStG im Einzelfall bedeutsamen Merkmals des rechtswirksam abgeschlossenen obligatorischen Vertrags wird auf R 7.2 Abs. 5 und H 7.2 EStH hingewiesen.

Einstweilen frei 1063, 1064

Wie bei den übrigen Wirtschaftsgütern ist die AfA ab dem Zeitpunkt der Anschaffung 1065
oder Herstellung zulässig (vgl. Rdn. 1036 ff.). Ein Gebäude ist bereits dann fertiggestellt, wenn es in seinen wesentlichen Bereichen nutzbar ist (BFH v. 21. 7. 1989, BStBl II S. 906). Besteht es aus mehreren selbständigen Wirtschaftsgütern, ist für den Zeitpunkt der Fertigstellung jeweils auf das einzelne Wirtschaftsgut abzustellen (BFH v. 9. 8. 1989, BStBl 1991 II S. 132). Wird ein Rohbau mit der Maßgabe verpachtet, dass er vom Pächter in einen für ihn nutzbaren Zustand versetzt wird, ist der Verpächter mit dem Beginn der Verpachtung zur Vornahme der AfA von den ihm entstandenen Herstellungskosten berechtigt (FG Saarland v. 9. 5. 2012, EFG 2012 S. 1630):

Wird in einem Gebäude zunächst das für eigenbetriebliche Zwecke genutzte Erd- 1066
geschoss fertig gestellt, während das für die Nutzung zu Wohnzwecken bestimmte Obergeschoss noch nicht nutzungsfähig ist, ist die Herstellung des eigenbetrieblichen Zwecken dienenden Gebäudeteils gleichwohl abgeschlossen. Für die Bemessung der AfA wird in diesen Fällen durch R 7.3 Abs. 2 EStR ein Wahlrecht eingeräumt.

- In die AfA-Bemessungsgrundlage für den bereits fertiggestellten Gebäudeteil werden auch die Aufwendungen einbezogen, die auf den noch nicht fertiggestellten Gebäudeteil entfallen, z. B. Rohbaukosten für ein noch nicht ausgebautes Geschoss, anteilige Baukosten für Anlagen, die den einzelnen Gebäudeteilen, die selbständige Wirtschaftsgüter sind, gleichermaßen dienen (z. B. anteilige Kosten des Dachs, der Heizungsanlage oder dgl.).
- Auf die für den noch nicht fertiggestellten Gebäudeteil aufgewendeten Herstellungskosten einschl. der anteiligen Aufwendungen für die gemeinschaftlich erforderlichen Anlagen wird bis zur tatsächlichen Fertigstellung keine AfA vorgenommen.

Die AfA nach § 7 Abs. 4 EStG ist im Jahr der Anschaffung oder Herstellung pro-rata-tem- 1067
poris vorzunehmen (vgl. auch Rdn. 1036 ff.). Dies gilt auch bei Ausscheiden aus dem Betriebsvermögen, für den Fall der AfA nach § 7 Abs. 5 EStG Hinweis auf BFH v. 18. 8. 1977 (BStBl 1977 II S. 835); vgl. im Übrigen Rdn. 1027 ff.

AfaA (vgl. Rdn. 1041) sind sowohl bei der Vornahme der AfA nach § 7 Abs. 4 EStG (vgl. 1068
§ 7 Abs. 4 Satz 3 EStG) als auch nach § 7 Abs. 5 EStG (vgl. R 7.4 Abs. 11 Satz 2 EStR) zulässig. Bei zu einem Betriebsvermögen gehörenden nicht Wohnzwecken dienenden Gebäuden, die aufgrund eines vor dem 1. 4. 1985 gestellten Bauantrags errichtet worden sind, rechtfertigt die Regelung in § 7 Abs. 4 Satz 1 Nr. 1 EStG für sich allein weder eine Verkürzung der Nutzungsdauer auf 25 Jahre noch eine Teilwertabschreibung nach § 6 Abs. 1 Nr. 1 Satz 2 EStG (§ 7 Abs. 4 Satz 4 EStG). Baumängel vor Fertigstellung eines Ge-

bäudes begründen auch dann keine AfaA, wenn infolge dieser Baumängel noch während der Bauzeit unselbständige Gebäudeteile wieder abgetragen werden. Die Aufwendungen hierfür und für das Neuerstellen der Gebäudeteile sind Herstellungskosten des Gebäudes (BFH v. 30. 8. 1994, BStBl 1995 II S. 706). Wegen der Besonderheiten bei Abbruchkosten von Gebäuden vgl. H 6.4 [Abbruchkosten] EStH.

2.3.2 Die lineare Gebäude-AfA

1069 Die lineare AfA beträgt nach § 7 Abs. 4 Satz 1 EStG für den Regelfall

- 4 % der Anschaffungs- oder Herstellungskosten eines Gebäudes, soweit es zu einem Betriebsvermögen gehört und nicht Wohnzwecken dient, sofern der Bauantrag nach dem 31. 3. 1985 gestellt worden ist (§ 7 Abs. 4 Nr. 1 EStG). Durch das Steuersenkungsgesetz vom 23. 10. 2000 (BGBl I S. 1433) ist dieser AfA-Satz auf 3 % abgesenkt worden für Gebäude, bei denen, sofern bei Herstellung durch den Stpfl. mit deren Herstellung nach dem 31. 12. 2000 (§ 52 Abs. 15 EStG) begonnen wird oder bei Anschaffung durch den Stpfl. das Objekt aufgrund eines nach dem 31. 12. 2000 rechtswirksam geschlossenen obligatorischen Vertrages (vgl. R 7.2 Abs. 5 EStR; H 7.2 [Obligatorischer Vertrag] EStH) erworben wird,
- 2 % der Anschaffungs- oder Herstellungskosten eines Gebäudes, das nach dem 31. 12. 1924 fertiggestellt worden ist und nicht die Voraussetzungen des § 7 Abs. 4 Satz 1 Nr. 1 EStG erfüllt,
- 2,5 % der Anschaffungs- oder Herstellungskosten eines Gebäudes, das vor dem 1. 1. 1925 fertiggestellt worden ist.

1070 Diese Abschreibungssätze sind für die Steuerbilanz auch dann verbindlich, wenn die tatsächliche Nutzungsdauer des Gebäudes länger ist.

1071 Ist die Nutzungsdauer tatsächlich kürzer als die, die sich rechnerisch aus den vorbezeichneten Regelungen ergibt, hat sich die AfA nach § 7 Abs. 4 Satz 2 EStG gleichmäßig über diesen kürzeren Zeitraum zu erstrecken. Die AfA-Tabellen für die einzelnen Wirtschaftszweige sehen für bestimmte Gebäude teilweise von § 7 Abs. 4 EStG abweichende AfA-Sätze vor. Nach dem Urteil des Niedersächsischen FG v. 9. 7. 2014 – 9 K 98/14 (NWB DokID: JAAAE-72047) sind diese Angaben für die FinVerw grundsätzlich bindend; Abweichungen davon sind nur im Einzelfall mit detaillierter Begründung zulässig. Bei Gebäuden, die ausschließlich dem Einzelhandel dienen (Warenhäuser, Kaufhäuser u. Ä.), geht die FinVerw für die Gebäude, für die der Bauantrag vor dem 1. 9. 2007 gestellt wurde bzw. die aufgrund eines vor dem 1. 9. 2007 abgeschlossenen obligatorischen Rechtsgeschäfts angeschafft wurden, ohne Rücksicht auf deren Größe allgemein von einer Nutzungsdauer von 33 1/3 Jahren aus (LfSt Bayern v. 5. 9. 2007, BB 2007 S. 2512); dieser Aussage kommt dann keine Bedeutung zu, wenn aufgrund der ausdrücklichen Regelung in § 7 Abs. 4 EStG ein höherer AfA-Satz als 3 % in Betracht kommt. Dient das Gebäude hingegen auch teilweise Wohnzwecken, kommt ein höherer AfA-Satz als 2 % bzw. 2,5 % nur in Betracht, wenn eine tatsächliche kürzere Nutzungsdauer nachgewiesen wird (OFD Frankfurt/Main v. 9. 1. 1995, BBK-Kurznachricht Nr. 114/1995, BBK F. 1 S. 3334). Nach der weiteren Verfügung der OFD Frankfurt/Main v. 9. 1. 1995 (DB 1995 S. 402) kann bei Parkhäusern und Tiefgaragen eine Nutzungsdauer von 30 Jahren angenommen werden. Ist ein Gebäude mit einer Betriebsvorrichtung so eng verbunden, dass es bei deren Beseitigung auch nicht teilweise erhalten werden kann, kann die Nutzungsdauer des Gebäudes nach der kürzeren Nutzungsdauer der Betriebsvorrichtung bemessen werden (OFD Frankfurt/Main v. 28.12.1994, BBK Kurznachricht Nr. 134/1995, BBK F. 1 S. 3338).

Im Rahmen der sachlichen Voraussetzungen bestand in der Vergangenheit ein Wahlrecht zwischen der AfA nach § 7 Abs. 4 und 5 EStG. Nach zutreffender Ausübung dieser Wahl war eine anderweitige Entscheidung nur noch für das Erstjahr im Wege einer Bilanzänderung nach § 4 Abs. 2 EStG (vgl. Rdn. 641) möglich. In nachfolgenden Jahren ist ein Wechsel zur AfA nach § 7 Abs. 5 EStG ausgeschlossen (BFH v. 10.3.1987, BStBl II S. 618). 1072

Zur Vornahme der AfA nach § 7 Abs. 4 EStG ist der Stpfl. immer dann verpflichtet, wenn die Voraussetzungen für die degressive AfA nach § 7 Abs. 5 EStG nicht vorliegen. 1073

Wurde die AfA zunächst zutreffender Weise nach § 7 Abs. 4 Satz 1 Nr. 1 EStG vorgenommen und entfallen die Voraussetzungen dafür, weil das Gebäude entweder nicht mehr zu einem Betriebsvermögen gehört oder bei Zugehörigkeit zum Betriebsvermögen nunmehr Wohnzwecken dient, ist die weitere AfA nach § 7 Abs. 4 Satz 1 Nr. 2 EStG vorzunehmen (R 7.4 Abs. 7 EStR). 1074

BEISPIEL 72: Die X-GmbH & Co. KG hat aufgrund eines nach dem 31.3.1985 gestellten Bauantrags in 2003 ein Gebäude hergestellt, in dem sich die eigene Verwaltung befindet. Ferner sind zunächst zwei Etagen für fremde gewerbliche Zwecke vermietet worden. Die AfA wird insgesamt nach § 7 Abs. 4 Satz 1 Nr. 1 EStG bemessen. Mit Ablauf des Jahres 2020 wird das Mietverhältnis mit dem Mieter einer Etage gelöst. Da eine Vermietung für gewerbliche Zwecke aufgrund der veränderten Marktlage nicht realisierbar ist, werden die frei gewordenen Räume unverzüglich in Wohnräume umgestaltet und noch in 2021 als solche vermietet. 1075

Das Gebäude bestand bis zur Umgestaltung in 2021 aus zwei selbständigen Wirtschaftsgütern, dem eigengewerblichen Zwecken dienenden Gebäudeteil und dem fremdgewerblichen Zwecken dienenden Gebäudeteil. Beide Gebäudeteile erfüllten gleichermaßen die Voraussetzungen für die Inanspruchnahme der AfA nach § 7 Abs. 4 Satz 1 Nr. 1 EStG. Mit der Umgestaltung in 2021 wurde von dem fremdgewerblichen Zwecken dienenden Gebäudeteil ein weiteres selbständiges Wirtschaftsgut, der fremden Wohnzwecken dienende Gebäudeteil abgespalten. Dieses neu geschaffene Wirtschaftsgut erfüllt nicht mehr die Voraussetzungen des § 7 Abs. 4 Satz 1 Nr. 1 EStG, ab Wirtschaftsjahr 2021 ist die AfA gem. § 7 Abs. 4 Satz 1 Nr. 2 Buchst. a) EStG mit 2 % der anteiligen Herstellungskosten für diesen Gebäudeteil zu bemessen.

Wird ein aufgrund eines nach dem 31.12.1985 gestellten Bauantrags errichtetes Gebäude in ein Betriebsvermögen überführt, ohne dass es Wohnzwecken dient, oder wird ein derartiges zum Betriebsvermögen gehörendes Gebäude nicht mehr zu Wohnzwecken genutzt, ist die weitere AfA nicht mehr nach § 7 Abs. 4 Satz 1 Nr. 2 EStG, sondern nach § 7 Abs. 4 Satz 1 Nr. 1 EStG vorzunehmen. Auf R 7.4 Abs. 7 EStR wird hingewiesen. 1076

Werden auf ein bereits vorhandenes Gebäude nachträgliche Herstellungskosten aufgewendet, erhöhen diese die bisherige AfA-Bemessungsgrundlage. Wird die AfA bisher nach § 7 Abs. 4 Satz 2 EStG vorgenommen, ist nach R 7.4 Abs. 9 EStR die Restnutzungsdauer neu zu schätzen und AfA entsprechend vorzunehmen. In den Fällen des § 7 Abs. 4 Satz 2 EStG wird es nicht beanstandet, wenn der bisherige AfA-Satz beibehalten wird. Aus Vereinfachungsgründen sind die nachträglichen Herstellungskosten so zu berücksichtigen, als seien sie bereits zu Beginn des Jahres aufgewendet worden. 1077

Wurde die AfA bisher nach § 7 Abs. 4 Satz 1 EStG bemessen, ist sie für den Regelfall nach dem bisher maßgebenden %-Satz auf die um die nachträglichen Herstellungskos- 1078 ten erhöhte AfA-Bemessungsgrundlage vorzunehmen, so dass in diesen Fällen die sich bei Anwendung dieser Vorschriften rechnerisch ergebende Nutzungsdauer verlängert wird (BFH v. 20. 2. 1975, BStBl II S. 412; v. 20. 1. 1987, BStBl II S. 491). Wird in einem derartigen Fall eine kürzere Restnutzungsdauer nachgewiesen, ist diese maßgebend (BFH v. 7. 6. 1977, BStBl II S. 606; vgl. auch H 7.4 (Nachträgliche Anschaffungs- oder Herstellungskosten) EStH).

1079 Eine andere Beurteilung greift dann ein, wenn durch die (nachträglichen) Herstellungsarbeiten ein neues Wirtschaftsgut entstanden ist (BFH v. 5. 6. 2003, BStBl 2004 II S. 28, v. 30. 6. 2005, BFH/NV 2005 S. 1882, jeweils m. w. N.). Nach R 7.3 Abs. 5 Satz 2 EStR kann der Stpfl. aus Vereinfachungsgründen bei unbeweglichen Wirtschaftsgütern von der Herstellung eines anderen Wirtschaftsguts ausgehen, wenn der aus Anlass der Herstellungsmaßnahme angefallene Aufwand zuzüglich des Werts der nicht aktivierungsfähigen Eigenleistung den Verkehrswert des bisherigen Wirtschaftsguts übersteigt. Wurde danach ein neues Gebäude hergestellt, ist zu prüfen, ob die AfA nach § 7 Abs. 4 Satz 1 Nr. 1 oder 2 EStG beansprucht werden kann; die Fortführung der bisherigen AfA-Methode ist deswegen nicht zwingend. Bemessungsgrundlage ist der um die nunmehr entstandenen Herstellungskosten erhöhte Restbuchwert des bisher vorhandenen, durch die Herstellungsmaßnahme untergegangenen Gebäudes.

2.3.3 Die degressive Gebäude-AfA

1080 Bei bestimmten Gebäuden, auch wenn sie in einem EU- oder einem EWR-Staat belegen sind, kann die AfA statt nach § 7 Abs. 4 EStG nach den in § 7 Abs. 5 EStG bestimmten fallenden Prozentsätzen beansprucht werden. Dabei unterscheidet der Gesetzgeber zwischen dem Zeitraum der Herstellung einerseits und der Nutzungsart des Gebäudes andererseits. Durch § 7 Abs. 5 Satz 1 Nr. 3 Buchst. c EStG sind Gebäude letztmalig begünstigt worden, die vom Stpfl. aufgrund eines nach dem 31. 12. 2003 vor dem 1. 1. 2006 gestellten Bauantrags hergestellt oder eines innerhalb dieses Zeitraums abgeschlossenen obligatorischen Vertrags angeschafft wurden, sofern der Hersteller keinerlei Absetzungen vorgenommen hat. Danach kann die AfA nach § 7 Abs. 5 EStG regelmäßig nur noch für Gebäude beansprucht werden, die in der Vergangenheit fertig gestellt worden sind. Bei der AfA nach § 7 Abs. 5 EStG handelt es sich um keine erhöhten Absetzungen oder Sonderabschreibungen (BFH v. 24. 11. 1993, BStBl 1994 II S. 322).

1081 Das Wahlrecht zur Vornahme der AfA nach § 7 Abs. 5 EStG konnte nur zu Beginn des Abschreibungszeitraums ausgeübt werden. Ein Übergang von der AfA in gleichen Jahresbeträgen zur AfA in fallenden Jahresbeträgen ist nach Bestandskraft des Steuerbescheides für das Erstjahr nicht mehr möglich (BFH v. 10. 3. 1987, BStBl 1987 II S. 618; Schmidt/Kulosa, 27. Aufl., § 7 EStG Rz. 176; Niedersächsisches FG v. 3. 11. 2003, rkr., EFG 2004 S. 487).

1082 Die Berechtigung zur Vornahme der AfA nach § 7 Abs. 5 EStG hat der Gesetzgeber jeweils an die Erfüllung bestimmter Voraussetzungen geknüpft. Entfallen diese Voraussetzungen zu einem späteren Zeitpunkt, kann die AfA nach § 7 Abs. 5 EStG nicht mehr fortgeführt werden.

- Die Überführung eines Gebäudes aus einem Betriebsvermögen in das Privatvermögen unter Aufdeckung der stillen Reserven steht der Anschaffung eines Gebäudes i. S. des § 7 Abs. 5 EStG gleich. Dementsprechend kann die AfA im Privatvermögen auch dann nur nach § 7 Abs. 4 EStG bemessen werden, wenn die AfA im Betriebsvermögen nach § 7 Abs. 5 EStG vorgenommen wurde (BFH v. 2. 7. 1992, BStBl 1992 II S. 909; v. 8. 11. 1994, BStBl 1995 II S. 170).
- Wird ein nach § 7 Abs. 5 Satz 1 Nr. 3 EStG begünstigtes Gebäude nicht mehr für Wohnzwecke genutzt, kann nach dem Urteil des BFH v. 15. 2. 2005 (BStBl 2006 II S. 51) die weitere AfA gem. § 7 Abs. 5 Satz 1 Nr. 2 EStG vorgenommen werden, wenn das Gebäude nunmehr zu fremdbetrieblichen Zwecken genutzt wird. Daraus dürfte zu folgern sein, dass allgemein in den Fällen, in denen auch nach Nutzungsänderung die Voraussetzungen für die Vornahme einer AfA nach einer anderen Regelung des § 7 Abs. 5 EStG vorliegen, die AfA nach dieser Regelung fortzuführen ist. Scheidet z. B. ein nach § 7 Abs. 5 Satz 1 Nr. 1 EStG abgeschriebenes Gebäude bei unveränderter Nutzung aus dem Betriebsvermögen aus, wäre die weitere AfA nach § 7 Abs. 5 Satz 1 Nr. 2 EStG vorzunehmen.
- Ändert sich die Nutzung eines nach seiner Fertigstellung teils eigenbewohnten und teils zu fremden gewerblichen Zwecken vermieteten Gebäudes dahin, dass der bisher eigenbewohnte Teil jetzt für eigene gewerbliche Zwecke genutzt wird und deswegen nunmehr notwendiges Betriebsvermögen ist, und wird in diesem Zusammenhang auch der fremdvermietete Gebäudeteil dem (gewillkürten) Betriebsvermögen zugeordnet, so darf das Gebäude nach dieser Einlage in das Betriebsvermögen nur noch linear nach § 7 Abs. 4 EStG und nicht mehr wie vor der Einlage degressiv nach § 7 Abs. 5 EStG abgeschrieben werden (BFH v. 18. 5. 2010, BFH/NV 2010 S. 1901).
- Wird ein Gebäude durch eine Baumaßnahme so umfassend umgestaltet, dass dadurch bautechnisch ein neues Wirtschaftsgut entsteht (R 7.3 Abs. 5 EStR), kommt eine Fortführung der AfA nach den bisher maßgebenden Regelungen nicht mehr in Betracht. Maßgebend sind nunmehr die für das neue Wirtschaftsgut anwendbaren Vorschriften. Nach der ständigen Rechtsprechung des BFH (Urteil v. 25. 5. 2004, BStBl 2004 II S. 783, m. w. N.) ist von einem Neubau dann auszugehen, wenn entweder die bisher vorhandene Gebäudesubstanz – mit Rücksicht auf die für die Nutzungsdauer bestimmenden Gebäudeteile (z. B. Fundamente, tragende Innen- und Außenmauern, Geschossdecken, Dachkonstruktion) – nicht mehr nutzbar war (sog. Vollverschleiß; vgl. BFH v. 3. 12. 2002, BStBl 2003 II S. 590; v. 12. 3. 1996, BStBl 1996 II S. 514) oder – sofern dies nicht gegeben ist – dass die neu eingefügten Gebäudeteile dem Gesamtgebäude in bautechnischer Hinsicht das Gepräge geben. Auch in diesem Falle führt der (grundlegende) Umbau des Gebäudes nur dann zu einem Neubau, wenn die tragenden Gebäudeteile in zumindest überwiegendem Umfang ersetzt werden (BFH v. 25. 11. 1993, BFH/NV 1994 S. 705; v. 31. 3. 1992, BStBl 1992 II S. 808; v. 28. 6. 1977, BStBl 1977 II S. 725). Dabei ist es unerheblich, ob mit der Maßnahme eine Änderung der Zweckbestimmung des Gebäudes einhergeht. Die Höhe des insgesamt anfallenden Sanierungsaufwands oder die Verlängerung der Gebäudenutzungsdauer sind für die Beurteilung dieser Frage ebenfalls unerheblich (BFH v. 19. 3. 1991, BFH/NV 1991 S. 670). Bei nachträglichen Herstellungskosten wird es in R 7.3 Abs. 5 Satz 2 EStR aus Vereinfachungsgründen zugelassen, von der Herstellung eines anderen Wirtschaftsguts dann auszugehen, wenn der im zeitlichen und sachlichen Zusammenhang mit der Herstellung des Wirtschaftsguts angefallene Bauaufwand zzgl. des Werts der Eigenleistungen nach überschlägiger Berechnung den Verkehrswert des bisherigen Wirtschaftsguts übersteigt.

Nachträgliche Herstellungskosten an einem Gebäude, für das die AfA nach § 7 Abs. 5 1083 EStG bemessen wird, erhöhen die bisherige AfA-Bemessungsgrundlage (BFH v. 20. 1. 1987, BStBl 1987 II S. 491). Voraussetzung ist, dass die Baumaßnahmen nicht so umfassend sind, dass dadurch ein neues Gebäude geschaffen wurde. Die weiteren Abschreibungen haben einheitlich mit dem bereits bisher maßgebenden Prozentsatz zu erfolgen. Dies hat zur Folge, dass nach Ablauf des sich nach § 7 Abs. 5 EStG ergebenden Abschreibungszeitraums noch ein Restwert verbleibt. Dieser ist dann nach § 7 Abs. 4 EStG abzuschreiben.

1084 Veräußert ein Stpfl. ein Gebäude, für das er die AfA nach § 7 Abs. 5 EStG vorgenommen hat, ist die AfA im Jahr der Veräußerung nur zeitanteilig vorzunehmen (BFH v. 18. 8. 1977, BStBl II S. 835; v. 15. 3. 1994, BFH/NV 1994 S. 780).

1085–1087 *Einstweilen frei*

2.4 Absetzungen für Substanzverringerung

1088 Nach § 7 Abs. 6 EStG sind bei Bergbauunternehmen, Steinbrüchen und anderen Unternehmen, auf die Bodenschätze, die den Verbrauch der Substanz mit sich bringen, die Grundsätze des § 7 Abs. 1 EStG entsprechend anzuwenden. Danach sind die Anschaffungskosten des Bodenschatzes auf die Dauer der Gewinnung bzw. des Abbaus zu verteilen. Die erforderlichen Absetzungen sind nach Maßgabe des Substanzverzehrs vorzunehmen – Absetzung für Substanzverringerung (AfS). Mit dieser Regelung wird erreicht, dass Aufwendungen für abzubauende Bodenschätze der jeweils abgebauten Menge entsprechend als Aufwand berücksichtigt werden.

1089 Bodenschätze sind unabhängig von dem Grund und Boden, der sie bedeckt, selbständige Wirtschaftsgüter, die sich durch den Abbau, die Förderung verbrauchen. Sie konkretisieren sich, wenn ihr Abbau genehmigt und zur nachhaltigen gewerblichen Nutzung in den Verkehr gebracht, d. h. durch den Eigentümer oder Dritte genutzt, also abgebaut werden (BFH v. 19. 7. 1994, BStBl 1994 II S. 846; v. 25. 7. 2012, BStBl 2013 II S. 165). Ferner ist dies bereits dann der Fall, wenn mit der Verwertung des Vorkommens unmittelbar zu rechnen ist, die für den Abbau des Bodenschatzes (im Urteilsfalle Sand-/Kiesvorkommen) erforderliche öffentlich-rechtliche Genehmigung vorliegt und das Grundstück unter gesondertem Ausweis eines Kaufpreises für den Bodenschatz an einen Erwerber veräußert wird, der seinerseits beabsichtigt, den Bodenschatz durch einen Abbauunternehmer ausbeuten zu lassen (BFH v. 24. 1. 2008, BStBl 2009 II S. 449, vgl. ferner BFH v. 4. 9. 1997, BStBl 1998 II S. 657; beachte jedoch BFH v. 7. 12. 1989, BStBl 1990 II S. 317 und v. 20. 4. 2001, BFH/NV 2001 S. 1256). Nach § 11d Abs. 2 EStDV ist eine AfS auf im eigenen Grundstück entdeckte Bodenschätze nicht zulässig.

Für den Ansatz eines Wirtschaftsguts ist nach dem Urteil des BFH v. 26. 11. 1993 (BStBl 1994 II S. 293) ferner dann kein Raum, wenn es erst im Betriebsvermögen entstanden ist, d. h. das Nutzungsrecht dem Betrieb erteilt wurde. Bei Bodenschätzen, die ein Stpfl. auf einem ihm gehörenden Grundstück im Privatvermögen entdeckt und in ein Betriebsvermögen einlegt, sind nach dem Beschluss des GrS des BFH v. 4. 12. 2006 (BStBl 2007 II S. 508) gem. § 6 Abs. 1 Nr. 5 Satz 1 Halbsatz 1 EStG mit dem Teilwert anzusetzen. Eine AfS ist darauf jedoch nicht zulässig. Der GrS des BFH rechtfertigt diese Entscheidung damit, dass der Sachverhalt einer Nutzungseinlage gleichkomme, die zu keinem berücksichtigungsfähigen Aufwand führe, so dass auch eine Teilwertabschreibung nicht zulässig sei (vgl. BFH v. 22. 8. 2007, BFH/NV 2008 S. 33). Entsprechendes gilt auch dann, wenn der Gesellschafter einer Personengesellschaft ein auf seinem Grundstück entdecktes Kiesvorkommen der Personengesellschaft nicht gegen Gewährung von Gesellschaftsrechten oder nicht gegen sonstiges Entgelt überlässt, soweit ihm die Einkünfte aus dem Abbau des Vorkommens zuzurechnen sind (BFH v. 22. 8. 2007, a. a. O.; v. 4. 2. 2016, BStBl 2016 II S. 607). Offen ist danach, ob der ungekürzte Teilwert des Vorkommens bei einer Betriebsaufgabe oder einer Betriebsveräußerung erfolgswirksam zu berücksichtigen ist.

Nicht selten wird die Berechtigung zum Abbau des Bodenschatzes durch vertragliche Vereinbarungen erlangt, die von den Parteien als ein Pachtvertrag angesehen werden. Sofern der nach diesem Vertrag Abbauberechtigte in Vorleistung tritt, handelt es sich bei noch nicht begonnenem Abbau um Anzahlungen, bei bereits begonnenem Abbau um Aufwendungen, für die, soweit noch ein Erfüllungsrückstand des Verpflichteten besteht, ein RAP zu bilden ist (BFH v. 25. 10. 1994, BStBl 1995 II S. 312). 1090

Eine AfS ist ab dem Zeitpunkt zulässig, in dem mit dem Abbau des Bodenschatzes begonnen wird. Für die Vornahme der AfS ist die abzubauende Menge bei Beginn des Abbaus (ggf. durch Schätzung) zu ermitteln. Die vorzunehmende AfS bestimmt sich nach dem Verhältnis der in dem Wirtschaftsjahr abgebauten Menge zu der gesamten Abbaumenge. Wegen Einzelheiten vgl. R 7.5 EStR sowie H 7.5 EStH. Eine unterbliebene AfS kann in der Weise nachgeholt werden, dass sie in gleichen Beträgen auf die restliche Nutzungsdauer verteilt wird (BFH v. 21. 2. 1967, BStBl 1967 III S. 460). Dagegen darf eine AfS, die unterblieben ist, um dadurch unberechtigte Steuervorteile zu erlangen, nicht nachgeholt werden. 1091

Einstweilen frei 1092–1100

IX. Außerplanmäßige Abschreibungen – Teilwertabschreibungen

1. Außerplanmäßige Abschreibungen in der Handelsbilanz

1.1 Überblick

Ausgangspunkt für die Bewertung der Vermögensgegenstände sind nach § 253 Abs. 1 HGB deren Anschaffungs- oder Herstellungskosten. Darauf werden die nachstehend aufgeführten Abschreibungen zugelassen. 1101

- Bei abnutzbaren Vermögensgegenständen des Anlagevermögens sind planmäßige Abschreibungen über die voraussichtliche Nutzungsdauer vorzunehmen (§ 253 Abs. 3 Sätze 1 und 2 HGB). 1102
- Auf abnutzbare und nicht abnutzbare Anlagegüter sind bei voraussichtlich dauernder Wertminderung **außerplanmäßige Abschreibungen** auf den Wert vorzunehmen, der ihnen am Bilanzstichtag beizulegen ist, vgl. § 253 Abs. 5 Satz 5 HGB.
- Bei Finanzanlagen (§ 266 Abs. 2 A. III. HGB) können außerplanmäßige Abschreibungen auch bei voraussichtlich nicht dauernder Wertminderung vorgenommen werden (§ 253 Abs. 3 Satz 6 HGB).
- Auf Vermögensgegenstände des Umlaufvermögens sind nach § 253 Abs. 4 Satz 1 HGB Abschreibungen auf den Wert vorzunehmen, der sich aus einem niedrigeren Börsen- oder Marktpreis am Abschlussstichtag ergibt. Kann ein Börsen- oder Marktpreis nicht festgestellt werden, ist eine Abschreibung dann erforderlich, wenn der den Vermögensgegenständen am Bilanzstichtag beizulegende Wert die Anschaffungs- oder Herstellungskosten unterschreitet.

Abschreibungen aus anderen Anlässen sehen die handelsrechtlichen Rechnungslegungsvorschriften nicht vor.

1103 Bei zum Bilanzstichtag tatsächlich eingetretenen Wertminderungen besteht die Verpflichtung zur Vornahme einer außerplanmäßigen Abschreibung bei den Vermögensgegenständen des Umlaufvermögens unabhängig vom Vorliegen einer voraussichtlich dauernden Wertminderung (**uneingeschränktes Niederstwertprinzip**). Bei Vermögensgegenständen des Anlagevermögens ist mit Ausnahme von Finanzanlagevermögen hingegen eine außerplanmäßige Abschreibung nur bei voraussichtlich dauernden Wertminderungen zulässig.

1104 Nach § 253 Abs. 5 HGB darf ein niedrigerer Wertansatz i. S. von § 253 Abs. 3 Satz 5 oder 6 und Abs. 4 HGB nicht beibehalten werden, wenn die Gründe dafür nicht mehr bestehen. Höchstwert nach einer Wertaufholung ist der Wert, mit dem der Vermögensgegenstand ohne Vornahme der vorangegangenen außerplanmäßigen Abschreibungen ausgewiesen worden wäre. Bei den nicht abnutzbaren Vermögensgegenständen handelt es sich dabei im Regelfall um die historischen Anschaffungs- oder Herstellungskosten, bei den abnutzbaren Vermögensgegenständen um die bis zum maßgebenden Stichtag zu berücksichtigenden planmäßigen Abschreibungen geminderten historischen Anschaffungs- oder Herstellungskosten. Ein Wertaufholungsverbot besteht lediglich für den niedrigeren Wertansatz eines entgeltlich erworbenen Geschäfts- oder Firmenwertes (§ 253 Abs. 5 Satz 2 HGB).

1105 Der Grundsatz der Einzelbewertung (vgl. Rdn. 727) gebietet die Bewertung jedes einzelnen Vermögensgegenstands (Wirtschaftsguts). Abweichend davon wird für gleichartige Vermögensgegenstände des Vorratsvermögens sowie andere gleichartige oder annähernd gleichwertige bewegliche Vermögensgegenstände und Schulden durch § 240 Abs. 4 HGB die Gruppenbewertung zugelassen (vgl. Rdn. 897). Es entspricht einer weitverbreiteten Praxis, Wertminderungen des Vorratsvermögens durch pauschale Abschläge von den Anschaffungs- oder Herstellungskosten zu berücksichtigen. Derartige Abschläge können nach dem Urteil des BFH v. 24. 2. 1994 (BStBl II S. 514) nur insoweit anerkannt werden, als durch konkrete Angaben und Unterlagen nachgewiesen werden kann, dass ein bestimmter Teil der Vorräte wertlos ist, oder in welchem Umfang der zu erwartende Veräußerungserlös die Selbstkosten einschließlich der noch zu erwartenden Lagerkosten zuzüglich eines durchschnittlichen Unternehmergewinns nicht mehr decken wird. Erfahrungssätze für derartige Pauschalabschläge, die von der FinVerw allgemein anerkannt würden, sind nicht bekannt.

1106 Soweit bei Forderungen aus Lieferungen und Leistungen zum Bilanzstichtag ein Einzelrisiko nicht erkennbar ist, das durch eine entsprechende Abschreibung der einzelnen Forderung (Einzelwertberichtigung) zu berücksichtigen ist, entspricht es der Praxis, das latente Risiko, die zu erwartenden Skontominderungen, die Einziehungskosten sowie den zu erwartenden Zinsverlust durch eine Pauschalwertberichtigung zu berücksichtigen (vgl. dazu BFH v. 22. 11. 1988, BStBl 1989 II S. 359 unter II.2.d). Die FinVerw beanstandete bei steuerlichen Außenprüfungen Pauschalwertberichtigung auf Forderungen vielfach dann nicht, wenn sie 1 % der Nettoforderungen nach Abzug der einzeln bewerteten Forderungen nicht übersteigen (vgl. Hoffmann/Lüdenbach, NWB Kommentar Bilanzierung, 12. Aufl., § 253 HGB Rz. 243a) Nach der Vfg. der OFD Rheinland v. 6. 11. 2008 (DB 2008 S. 2623) soll bei den Kundenforderungen, bei denen danach grundsätzlich eine Fälligkeit von höchstens vier Wochen besteht, bei Bemessung der Wertberichtigung ein Zinsverlust nur in gesondert gelagerten Ausnahmefällen berücksichtigt werden. Dies soll der Fall sein, wenn z. B. Kundenforderungen in einer ins Gewicht fallenden Anzahl bei Aufstellung der Bilanz nicht getilgt sind (z. B. bei regelmäßig längeren Zahlungszielen oder sehr zeitnaher Aufstellung der Bilanz). Einziehungskosten (insbesondere Mahn- und Prozesskosten) sollen nur dann und insoweit berücksichtigungsfähig sein, als bestehende Erstattungsansprüche tatsächlich nicht geltend gemacht werden.

Verbindlichkeiten sind nach § 253 Abs. 1 Satz 2 HGB mit ihrem Erfüllungsbetrag anzu- 1107
setzen. Erhöht sich z. B. bei einer Fremdwährungsverbindlichkeit der Rückzahlungsbetrag in €, ist dieser höhere Betrag auszuweisen. Dadurch wird ein entsprechend niedrigeres Vermögen ausgewiesen, so dass damit dem Niederstwertprinzip Rechnung getragen wird.

BEISPIEL 73: Die X-GmbH & Co. KG hat Waren von einem ausländischen Lieferanten bezogen. 1108
Die Kaufpreisschuld ist in US-Dollar zu tilgen. Bei Erwerb der Waren entspricht der Rechnungsbetrag 10 000 €. Mit diesem Wert wird die Verbindlichkeit eingebucht. Aufgrund von Veränderungen des Wechselkurses ergibt sich zum Bilanzstichtag folgender Wert der Verbindlichkeit:

a) 9 500 €,

b) 10 500 €.

a) Die Bilanzierung der Verbindlichkeit mit 9 500 € würde zur Realisierung eines nicht verwirklichten Gewinns führen, so dass dieser Ausweis nach § 252 Abs. 1 Nr. 4 Halbsatz 2 HGB unzulässig ist. Beträgt die Restlaufzeit der Fremdwährungsverbindlichkeit zum Bilanzstichtag nicht mehr als ein Jahr, ist dieser nicht realisierte Gewinn bereits zum Bilanzstichtag zwingend auszuweisen (§ 256a Satz 2 HGB).

b) Für die Tilgung der Verbindlichkeit wäre zum Bilanzstichtag der Betrag von 10 500 € aufzuwenden. Dieser Betrag entspricht dem Teilwert. Die Verbindlichkeit ist unabhängig von der Restlaufzeit mit 10 500 € auszuweisen, so dass sich ein Verlust von 500 € ergibt (§ 252 Abs. 1 Nr. 4 Halbsatz 1 HGB).

1.2 Börsen- oder Marktpreis, niedrigerer beizulegender Wert

Bei Vermögensgegenständen des Umlaufvermögens ist zunächst zu prüfen, ob der Bör- 1109
sen- oder Marktpreis die Anschaffungs- oder Herstellungskosten unterschreitet. Börsenpreis ist der an einer in- oder ausländischen Börse amtlich notierte oder im Freiverkehr festgestellte Preis bzw. Kurs (Hoffmann/Lüdenbach, NWB Kommentar Bilanzierung, 12. Aufl., § 253 HGB Rz. 227 f.). Marktpreis ist der Durchschnittspreis, der sich an einem Handelsplatz oder in einem Handelsbezirk für Waren einer bestimmten Gattung von durchschnittlicher Art und Güte zu einem bestimmten Zeitpunkt oder Zeitabschnitt ergeben hat (BFH v. 22. 7. 1988, BStBl II S. 995). Börsen- und Marktpreise sind nur dann maßgeblich, wenn sie zu dem Bilanzstichtag auch tatsächlich festgestellt worden sind, d. h. sich auch tatsächlich Umsätze ergeben haben.

Bei der Bewertung des Umlaufvermögens ist regelmäßig zu prüfen, ob gegenüber dem 1110
Ansatz mit den Anschaffungs- oder Herstellungskosten Verluste aus dem Beschaffungs- oder dem Absatzmarkt drohen. Auf die Verhältnisse des **Beschaffungsmarkts** wird regelmäßig bei Roh-, Hilfs- und Betriebsstoffen sowie bei am Markt erhältlichen unfertigen und fertigen Erzeugnissen abzustellen sein. Dagegen sind die Verhältnisse des **Absatzmarkts** für die übrigen fertigen und unfertigen Erzeugnisse, unfertige Leistungen, Wertpapiere und Überbestände an Roh-, Hilfs- und Betriebsstoffen maß-

gebend. Sowohl vom Beschaffungs- als auch vom Absatzmarkt können Verluste drohen bei den Handelswaren sowie bei den Überbeständen an unfertigen und fertigen Erzeugnissen. In diesen Fällen ist der jeweils niedrigere Wert maßgebend (Hoffmann/Lüdenbach, NWB Kommentar Bilanzierung, 12. Aufl., § 253 HGB Rz. 230 ff.).

1111 Bei der Ermittlung des zutreffenden niedrigeren Werts ist zu berücksichtigen, dass bei Beschaffung der Vermögensgegenstände wie auch sonst ggf. Anschaffungsnebenkosten anfallen würden. Da bei der Bewertung von der Fortführung des Unternehmens auszugehen ist (§ 252 Abs. 1 Nr. 2 HGB; vgl. Rdn. 723), sind diese dem niedrigeren Börsen- oder Marktpreis hinzuzurechnen.

1112 Für die Bestimmung des den Vermögensgegenständen anstelle der ggf. um die planmäßigen Abschreibungen geminderten Anschaffungs- oder Herstellungskosten u.U. beizulegenden niedrigeren Werts hat der Gesetzgeber keine Regelungen getroffen. Er kann danach nur nach den besonderen Verhältnissen des Einzelfalls bestimmt werden. Sinkt bei Vermögensgegenständen des Anlagevermögens, die im Unternehmen benötigt werden, der Wiederbeschaffungswert unter die historischen Anschaffungs- oder Herstellungskosten, wird dies regelmäßig ein Indiz für einen niedrigeren beizulegenden Wert sein. Bei nicht abnutzbaren Anlagegütern (z. B. Grund und Boden, Beteiligungen) wird regelmäßig auf den **Wiederbeschaffungszeitwert**, der sich unmittelbar auf einen gleichartigen Vermögensgegenstand bezieht, abzustellen sein. Bei abnutzbaren Anlagegütern ist nur ein Vergleich mit ebenfalls bereits genutzten Anlagegütern derart möglich, dass die zum Bilanzstichtag für ein vergleichbares Anlagegut aufzuwendenden Anschaffungs- oder Herstellungskosten um planmäßige Abschreibungen für den Zeitraum zu kürzen sind, in dem der zu bewertende Vermögensgegenstand bereits im Unternehmen genutzt wird – **Wiederbeschaffungsneuwert**. Angesichts des technischen Fortschritts wird insbesondere bei Maschinen und maschinellen Anlagen die insoweit erforderliche Vergleichbarkeit nicht oder nur bedingt vorliegen.

1113 Bei einzelnen Vermögensgegenständen kann auch der **Ertragswert** für die Ermittlung des beizulegenden Werts in Betracht kommen. Dabei handelt es sich um den auf den Bilanzstichtag abgezinsten Wert der zu erwartenden Einnahmeüberschüsse. Dementsprechend wird der Ertragswert nur dann heranzuziehen sein, wenn sich die Funktion des Vermögensgegenstands innerhalb des Unternehmens in einer möglichst rentierlichen Kapitalanlage erschöpft. Zu beachten ist allerdings, dass diesen Vermögensgegenständen im Übrigen u.U. ein aus dem Wiederbeschaffungswert oder dem Einzelveräußerungspreis abzuleitender Substanzwert beizumessen ist, der nicht völlig außer Acht gelassen werden dürfte.

1114 Als weiterer Wertmaßstab kann der **Einzelveräußerungspreis** in Betracht kommen. Er dürfte bei den Vermögensgegenständen des Umlaufvermögens anzuwenden sein. Bei Anlagegütern kann er nur herangezogen werden, wenn mit einer alsbaldigen Veräußerung zu rechnen ist oder wenn bei stillgelegten Anlagen mit einer Wiederinbetriebnahme in absehbarer Zeit nicht zu rechnen und damit eine Veräußerung nicht auszuschließen ist. Im Einzelfall kann unter diesen Gesichtspunkten u.U. nur noch der Schrottwert anzusetzen sein. Der Einzelveräußerungspreis wird deswegen regelmäßig der für die Bestimmung des beizulegenden Werts niedrigste Wert sein.

2. Der steuerliche Teilwert

2.1 Überblick über die gesetzlichen Regelungen

Die steuerlichen Bewertungsvorschriften sehen in § 6 Abs. 1 Nr. 1 und 2 EStG für den Regelfall die Bewertung der Wirtschaftsgüter mit ihren Anschaffungs- oder Herstellungskosten vor, die bei den abnutzbaren Wirtschaftsgütern des Anlagevermögens um die nach § 7 EStG vorzunehmenden Absetzungen für Abnutzung (AfA) zu vermindern sind; insoweit besteht danach Übereinstimmung mit den handelsrechtlichen Bewertungsvorschriften in § 253 Abs. 3 und 4 HGB. Abweichend davon kann nach dem jeweiligen Satz 2 von § 6 Abs. 1 Nr. 1 und 2 EStG bei einer voraussichtlich dauernden Wertminderung der niedrigere Teilwert angesetzt werden. Dabei handelt es sich um ein steuerliches Wahlrecht, das gem. § 5 Abs. 1 Satz 1 Halbsatz 2 EStG unabhängig von der Verfahrensweise in der Handelsbilanz ausgeübt werden kann (BMF-Schreiben v. 12. 3. 2010, BStBl 2010 I S. 239, Tz. 13, 15). Eine Fortführung des niedrigeren Werts ist nur dann zulässig, wenn und soweit der Fortbestand der Wertminderung zum jeweiligen Bilanzstichtag nachgewiesen wird. Unterbleibt dieser Nachweis, wird eine entsprechende Wertaufholung erforderlich (BMF-Schreiben v. 2. 9. 2016, BStBl 2016 I S. 995, Tz. 27). Dies gilt auch dann, wenn die Wertminderung objektiv fortbesteht, der Stpfl. – aus welchen Gründen auch immer – den dafür erforderlichen Nachweis nicht führt. 1115

Wird eine außerplanmäßige Abschreibung in der Handelsbilanz nicht durch eine entsprechende Teilwertabschreibung in der Steuerbilanz nachvollzogen, ist diese Abweichung von der Handelsbilanz durch die Aufnahme des betreffenden Wirtschaftsguts in das nach § 5 Abs. 1 Satz 2 EStG zu führende Verzeichnis zu dokumentieren. Der niedrigere Wertansatz nach Vornahme einer Teilwertschreibung darf nur dann beibehalten werden, wenn und soweit die Voraussetzungen dafür fortbestehen. Danach besteht ein uneingeschränktes Wertaufholungsgebot.

Der Teilwert ist ferner im Regelfall Bewertungsmaßstab für Entnahmen und Einlagen 1116
(§ 6 Abs. 1 Nr. 4, 5 und 6 EStG; vgl. Rdn. 921 ff.). Schließlich wird in § 6 Abs. 1 Nr. 7 EStG bestimmt, dass bei dem entgeltlichen Erwerb eines Betriebes die einzelnen Wirtschaftsgüter mit dem Teilwert, höchstens jedoch mit den Anschaffungs- oder Herstellungskosten anzusetzen sind. In einem derartigen Fall ist regelmäßig der zwischen den Parteien vereinbarte Gesamtkaufpreis auf die einzelnen Wirtschaftsgüter des erworbenen Betriebsvermögens aufzuteilen. Überschreitet der Gesamtkaufpreis die Summe der Teilwerte der beim Erwerber bilanzierungsfähigen Wirtschaftsgüter, ist für den Regelfall davon auszugehen, dass vom Veräußerer selbstgeschaffene immaterielle Wirtschaftsgüter, im Allgemeinen ein Geschäfts- oder Firmenwert, erworben wurden, die vom Erwerber auszuweisen sind (§ 5 Abs. 2 EStG).

Teilwert ist nach § 6 Abs. 1 Nr. 1 Satz 3 EStG der Betrag, den der Erwerber des ganzen 1117
Betriebs im Rahmen des Gesamtkaufpreises für das einzelne Wirtschaftsgut bei Fortführung des Betriebs ansetzen würde. Danach kann der Wert des einzelnen Wirtschaftsguts nicht losgelöst von seiner Zugehörigkeit zum Betrieb beurteilt werden, so dass der Einzelveräußerungspreis nur in Ausnahmefällen dem Teilwert entsprechen wird (BFH v. 7. 2. 2002, BStBl II S. 294). Bei Wirtschaftsgütern des Umlaufvermögens kann deswegen die Lagerdauer einzelner Wirtschaftsgüter für sich allein noch keinen

Rückschluss auf die Höhe des Teilwerts zulassen, insbesondere ob er unter den historischen Anschaffungs- oder Herstellungskosten liegt (BFH v. 24. 2. 1994, BStBl II S. 514; v. 8. 12. 2003, BFH/NV 2004 S. 648).

1118 Anknüpfungspunkt ist ein hypothetischer Sachverhalt, bei dem nicht zu prüfen ist, ob er tatsächlich eintreten würde. Abzustellen ist auf die konkreten betrieblichen Verhältnisse, d. h. die unveränderte Fortführung des Betriebs durch den Erwerber. Es kann nicht geltend gemacht werden, dass ein gedachter Erwerber den Betrieb in anderer Weise und ggf. auch nur mit anderen Wirtschaftsgütern führen würde (BFH v. 15. 7. 1966, BStBl III S. 643). Dementsprechend ist der Teilwert eines Wirtschaftsguts bei Betriebseröffnung unter Berücksichtigung der bei einem entgeltlichen Erwerb zu diesem Zeitpunkt aufzuwendenden Anschaffungsnebenkosten zu ermitteln (BFH v. 29. 4. 1999, BStBl 2004 II S. 639). Subjektive, allein in der Person des Kaufmanns liegende Gesichtspunkte, die nicht in den objektiven Verhältnissen des Betriebs begründet sind, haben deswegen außer Betracht zu bleiben. Bei dem Teilwert handelt es sich danach um einen objektiven Wert (BFH v. 31. 1. 1991, BStBl II S. 627). Es ist deswegen nicht möglich, den Teilwert, z. B. eines Grundstücks, nach einem Bandbreitenverfahren zu bestimmen; eine Schätzung des anzusetzenden Werts nach den Regeln der Beweislast zu dem für den Stpfl. günstigsten Wert innerhalb einer Bandbreite ist nicht zulässig (BFH v. 30. 1. 2014, BFH/NV 2014 S. 689). Gleichwohl wird er durch die betriebsindividuellen Verhältnisse bestimmt, wie z. B. die Art des Betriebs (Produktions-, Groß- oder Einzelhandelsunternehmen) oder die äußere Verkehrslage, durch die z. B. die Möglichkeit der Beschaffung von Rohstoffen beeinflusst wird. Ferner wird der Teilwert durch die Funktion des zu bewertenden Wirtschaftsguts innerhalb des Betriebs beeinflusst.

1119 Eine Teilwertabschreibung ist nur dann zulässig, wenn vom Stpfl. eine voraussichtlich dauernde Wertminderung nachgewiesen wird. Dabei kommt der Eigenart des betreffenden Wirtschaftsgutes eine entscheidende Bedeutung zu (BFH v. 26. 9 2007, BStBl 2009 II S. 294; v. 24. 10. 2012, BStBl 2013 II S. 162). Bei Wirtschaftsgütern des abnutzbaren Anlagevermögens ist dies dann der Fall, wenn der Teilwert des Wirtschaftsgutes zum Bilanzstichtag mindestens für die halbe Restnutzungsdauer unter dem planmäßigen Restbuchwert liegt (BFH v. 14. 3. 2006, BStBl 2006 II S. 680; v. 29. 4. 2009, BStBl 2009 II S. 899). Dabei ist grundsätzlich auf die objektive Restnutzungsdauer des Wirtschaftsguts und nicht die individuelle Verbleibensdauer im betreffenden Betriebsvermögen abzustellen (BFH v. 29. 4. 2009, a. a. O.; v. 9. 9. 2010, BFH/NV 2011 S. 423). Der bei einer späteren Veräußerung tatsächlich erzielte Verlust kann nur dann zur Begründung der Teilwertabschreibung herangezogen werden, wenn dieser eine nachhaltige Wertminderung indiziert. Insoweit besteht Übereinstimmung zwischen der Auffassung des BMF (Rdn. 8–10 des Schreibens v. 2. 9. 2016, BStBl 2016 I S. 995) und der Rechtsprechung des BFH.

1120 **BEISPIEL 74:** (vgl. auch Rdn. 9, 10 des BMF-Schreibens v. 2. 9. 2016, a. a. O.):

Einer Anfang 01 für 100 000 € angeschafften Maschine (Nutzungsdauer 10 Jahre) ist zum 31. 12. 02 bei einem Buchwert von 80 000 € ein Teilwert von a) 50 000 €, b) 30 000 € beizulegen. Die Restnutzungsdauer beträgt 8 Jahre.

a) Bei unveränderter Fortsetzung der AfA ergibt sich zum 31. 12. 05 ein Buchwert von 50 000 €. Dieser Zeitpunkt liegt vor Ablauf der Hälfte des Zeitraums der Restnutzungsdauer. Nach Auffassung der FinVerw liegt keine voraussichtlich dauernde Wertminderung vor.

b) Bei unveränderter Fortsetzung der AfA ergibt sich zum 31.12.07 ein Buchwert von 30 000 €. Dieser Zeitpunkt liegt nach Ablauf der Hälfte des Zeitraums der Restnutzungsdauer. Damit liegt auch nach Auffassung der FinVerw eine voraussichtlich dauernde Wertminderung vor, die die Teilwertabschreibung auf 30 000 € rechtfertigt.

Bei den Wirtschaftsgütern des nicht abnutzbaren Anlagevermögens ist nach der Art 1121 der Wirtschaftsgüter zu differenzieren. Nach Rdn. 12 des BMF-Schreibens v. 2. 9. 2016 (a. a. O.) ist bei einem Grundstück eine Teilwertabschreibung wegen der vorhandenen Altlasten dann zulässig, wenn die zuständige Behörde mangels akuter Umweltgefährdung durch die gegenwärtige Nutzung bis auf Weiteres auf die Schadensbeseitigung verzichtet; beachte BFH v. 29. 4. 2009 (BStBl 2010 II S. 482) sowie Tz. 9, 10 des BMF-Schreibens v. 11. 5. 2010 (BStBl 2010 I S. 495).

In Rdn. 13 des BMF-Schreibens v. 2. 9. 2016 (a. a. O.) wird zur Zulässigkeit einer Teilwertabschreibung auf die Anschaffungskosten eines Grundstücks Stellung genommen, das wegen des erfolgten Kiesabbaus bereits teilweise rekultiviert wurde.

Bei festverzinslichen Wertpapieren, die eine Forderung in Höhe des Nominalwerts der 1122 Forderung verbriefen, ist nach dem Urteil des BFH v. 8. 6. 2011 (BStBl 2012 II S. 716) eine Teilwertabschreibung unter ihren Nennwert allein wegen gesunkener Kurse regelmäßig nicht zulässig; etwas Anderes wird zu gelten haben, wenn ein Bonitäts- oder Liquiditätsrisiko hinsichtlich der Rückzahlung der Nominalbeträge besteht und die Wertpapiere bei Endfälligkeit nicht zu ihrem Nennbetrag eingelöst werden können (BFH v. 8. 6. 2011, BStBl 2012 II S. 716). Wegen weiterer Einzelheiten vgl. Rdn. 21 bis 23 des BMF-Schreibens v. 2. 9. 2016 (a. a. O.).

Nach Rdn. 17 des BMF-Schreibens v. 2. 9. 2016 (a. a. O.) liegt bei börsennotierten, bör- 1123 sengehandelten und aktienindexbasierten Wertpapieren des Anlage- und Umlaufvermögens eine voraussichtlich dauernde Wertminderung vor, wenn der Börsenwert zum Bilanzstichtag unter denjenigen im Erwerbszeitpunkt gesunken ist und der Kursverlust die Bagatellgrenze von 5 % der Notierung bei Erwerb überschreitet. Bei einer vorangegangenen Teilwertabschreibung ist für die Bestimmung der Bagatellgrenze der Bilanzansatz am vorangegangenen Bilanzstichtag maßgeblich. In Fällen der Wertaufholung nach erfolgter Inanspruchnahme einer Teilwertabschreibung kommt die Bagatellgrenze von 5 % nicht zur Anwendung. Die Wertaufholung ist auf den aktuellen Börsenkurs am Bilanzstichtag, maximal auf die Anschaffungskosten vorzunehmen.

Der Teilwert eines Wertpapiers entspricht nur dann nicht dem Kurswert (zzgl. der bei Erwerb anfallenden Nebenkosten), wenn aufgrund konkreter und objektiv überprüfbarer Anhaltspunkte davon auszugehen ist, dass der Börsenpreis den tatsächlichen Anteilswert nicht widerspiegelt (BFH v. 21. 9. 2011, BStBl 2014 II S. 612), z. B. bei Manipulationen durch Insidergeschäfte oder wenn über einen längeren Zeitraum kein Handel mit den zu bewertenden Wertpapieren erfolgte. Bei den bis zum Tag der Bilanzaufstellung eintretenden Kursänderungen handelt es sich um wertbeeinflussende (wertbegründende) Umstände, die die Bewertung der Wertpapiere zum Bilanzstichtag grundsätzlich nicht berühren (vgl. BFH v. 21. 9. 2011, a. a. O.). Wegen weiterer Einzelheiten wird auf Rdn. 17 bis 20c des BMF-Schreibens v. 2. 9. 2016 (a. a. O.) hingewiesen.

Die vorstehend dargestellten Grundsätze sind auf im Anlagevermögen gehaltene Investmentanteile an Publikums- und Spezial-Investmentvermögen anzuwenden, wenn das Investmentvermögen überwiegend, d. h. zu mehr als 50 %, in börsennotierten Aktien als Vermögensgegenstände investiert ist. Eine voraussichtlich dauernde Wertminderung liegt vor, wenn der Ausgabepreis, zzgl. Erwerbsnebenkosten zu dem jeweils aktuellen Bilanzstichtag um mehr als 5 % (sog. Bagatellgrenze) unter die Anschaffungskosten gesunken ist. § 8 Abs. 3 InvStG und Rz. 162 ff. des BMF-Schreibens v. 18. 8. 2009 (BStBl 2009 I S. 931) sind zu beachten. Auf Rdn. 24 bis 26 des BMF-Schreibens v. 2. 9. 2016 (a. a. O.) und das Urteil des BFH v. 21. 6. 2016 – I R 63/15 (NWB DokID: TAAAG-37598) zu Anteilen an einem ausländischen Aktienfonds in Fremdwährung wird hingewiesen.

Wegen der Verfahrensweise bei zum Anlagevermögen gehörenden Forderungen wird auf Rdn. 14, 15 des BMF-Schreibens v. 2. 9. 2016 (a. a. O.) hingewiesen.

1124 Bei Wirtschaftsgütern des Umlaufvermögens, soweit es sich nicht um Wertpapiere handelt (vgl. dazu Rdn. 1122, 1123), liegt eine dauernde Wertminderung dann vor, wenn diese bis zur Bilanzaufstellung bzw. bis zum vorherigen Ausscheiden aus dem Betriebsvermögen bzw. vorherigen Verbrauchszeitpunkt anhält. Ggf. sind zusätzliche werterhellende Erkenntnisse zu berücksichtigen. Vgl. Rdn. 16 des BMF-Schreibens v. 2. 9. 2016 (a. a. O.).

1125 **BEISPIEL 75:** A hat eine Ware zum Stückpreis von 100 € angeschafft. Der Marktpreis beträgt zum 31. 12. 2021: 70 €. Diese Ware ist zum Zeitpunkt der Aufstellung der Bilanz, am 30. 4. 2022 noch nicht veräußert. Der Marktpreis beträgt zu diesem Zeitpunkt a) 105 €, b) 90 €.

a) Es liegt keine dauernde Wertminderung vor. Eine Teilwertabschreibung ist nicht zulässig.

b) Es liegt eine dauernde Wertminderung in Höhe von 10 € vor, so dass insoweit eine Teilwertabschreibung gerechtfertigt ist.

2.2 Die Teilwertvermutungen

1126 Für den Regelfall ist davon auszugehen, dass der nach den allgemeinen steuerlichen Bewertungsvorschriften anzusetzende Wert auch dem Teilwert entspricht. Ausgehend von diesem Grundsatz hat der BFH angesichts der unterschiedlichen Art und Funktion der zu bewertenden Wirtschaftsgüter die nachstehend aufgeführten Teilwertvermutungen aufgestellt.

- Bei angeschafften oder hergestellten Wirtschaftsgütern entspricht der Teilwert im Zeitpunkt des Zugangs den tatsächlich aufgewendeten Anschaffungs- oder Herstellungskosten (BFH v. 17. 1. 1978, BStBl II S. 335; v. 7. 2. 2002, BFH/NV 2002 S. 1021).
- Der Teilwert nicht abnutzbarer Anlagegüter entspricht auch zu späteren Bilanzstichtagen den tatsächlich aufgewendeten Anschaffungs- oder Herstellungskosten (BFH v. 21. 7. 1982, BStBl II S. 758; v. 7. 2. 2002, BStBl II S. 294).
- Für abnutzbare Anlagegüter ergibt sich der Teilwert für den Regelfall durch die Minderung der Anschaffungs- oder Herstellungskosten um die bis zum maßgebenden Bewertungsstichtag vorzunehmende lineare AfA (BFH v. 30. 11. 1988, BStBl 1989 II S. 183).
- Bei Wirtschaftsgütern des Umlaufvermögens entsprechen grundsätzlich die Wiederbeschaffungskosten dem Teilwert. Sofern die Wirtschaftsgüter zur Veräußerung bestimmt sind, wird der Teilwert jedoch auch von dem zu erwartenden Veräußerungserlös bestimmt (BFH v. 9. 11. 1994, BStBl 1995 II S. 336; v. 24. 7. 2003, BFH/NV 2004 S. 34, m. w. N.).

2.3 Die Bestimmung des niedrigeren Teilwerts

2.3.1 Allgemeine Grundsätze

Wird im Besteuerungsverfahren geltend gemacht, dass der Teilwert eines Wirtschaftsguts von dem Wert abweicht, der sich nach der allgemeinen Teilwertvermutung ergibt (vgl. Rdn. 1126), hat derjenige die maßgebenden Umstände nachzuweisen, in dessen Interesse der abweichende Wert angesetzt werden soll (BFH v. 7. 11. 1990, BStBl 1991 II S. 342; v. 24. 7. 2003, BFH/NV 2004 S. 34 m. w. N.). Nach § 6 Abs. 1 Nr. 1 Satz 4 und Nr. 2 Satz 3 EStG hat der Stpfl. die Berechtigung zum Ansatz des niedrigeren Teilwerts nachzuweisen, wenn also der Nachweis geführt wird, dass 1127

- es sich bei der Investition um eine Fehlmaßnahme handelt,
- die Wiederbeschaffungs- oder Wiederherstellungskosten gesunken sind,
- der voraussichtliche Verkaufserlös gesunken ist,
- sonstige Umstände den niedrigeren Wertansatz erfordern.

Muss bei einem Auftrag davon ausgegangen werden, dass die vereinbarten Erlöse die zu erwartenden Aufwendungen nicht decken, ist dies bei der Bewertung der zu aktivierenden teilfertigen Arbeiten zu berücksichtigen. Nach dem Urteil des BFH v. 7. 9. 2005 (BStBl 2006 II S. 298) ist die Teilwertabschreibung in Höhe des insgesamt zu erwartenden Verlustes vorzunehmen. Eine Beschränkung auf den Teil des Verlustes, der anteilig dem jeweiligen Stand der Fertigstellung entspricht, ist nicht zulässig (vgl. auch H 6.7 [Halbfertige Bauten auf fremden Grund und Boden] EStH). Damit stellt sich in diesen Fällen die Frage des Ausweises einer Rückstellung wegen eines drohenden Verlustes aus schwebenden Geschäften, die nach § 5 Abs. 4a EStG nicht zulässig wäre, nicht. 1128

Der Teilwert einer Beteiligung an einer Kapitalgesellschaft ist regelmäßig nicht nur nach der Ertragslage und den Ertragsaussichten, sondern auch unter Einbeziehung des Vermögenswerts und der funktionalen Bedeutung des Beteiligungsunternehmens zu bestimmen (BFH v. 6. 11. 2003, BStBl 2004 II S. 416 m. w. N.). Wird die Beteiligung im Rahmen einer Betriebsaufspaltung vom Besitzunternehmen gehalten, hat ihre funktionale Bedeutung für die Wertbestimmung besonderes Gewicht. Danach kann deren Wert erheblich von dem Betrag abweichen, den derjenige zu zahlen bereit wäre, der lediglich die Anteile an der Betriebskapitalgesellschaft erwirbt (BFH v. 6. 11. 2003 – IV R 10/01, BStBl 2004 II S. 416). Als verdeckte Einlagen zu behandelnde Sanierungszuschüsse erhöhen die Anschaffungskosten der Beteiligung, rechtfertigen aber grundsätzlich nicht zugleich eine entsprechende Teilwertabschreibung (BFH v. 18. 12. 1990, BFH/NV 1992 S. 15; v. 28. 4. 2004, BFH/NV 2005 S. 19; v. 19. 10. 2005, BFH/NV 2006 S. 822; v. 7. 5. 2014, BFH/NV 2014 S. 1736). Beträchtliche, alsbald nach Beteiligungserwerb vorgenommene Gewinnausschüttungen können eine Teilwertabschreibung rechtfertigen (vgl. z. B. BFH v. 23. 10. 1996, BStBl 1998 II S. 90). Bei der Ermittlung des Teilwerts handelt es sich im Regelfall um eine Schätzung, die auf der Grundlage eines Sachverständigengutachtens erfolgen kann (BFH v. 16. 12. 2015, BStBl 2016 II S. 346). 1129

Gehört die Beteiligung an einer Kapitalgesellschaft zum Betriebsvermögen natürlicher Personen, wird die Teilwertabschreibung nur in dem in § 3c Abs. 2 EStG vorgesehenen Umfang steuerwirksam (5. Kap. Teil A Rdn. 26 ff.). Sofern oder soweit die Beteiligung 1130 zum Betriebsvermögen einer Körperschaft i. S. des KStG gehört, wird die Teilwertabschreibung nach § 8b KStG nur in Ausnahmefällen steuerwirksam.

1131 Da es sich bei der Ermittlung des Teilwerts regelmäßig um eine Schätzung handelt, werden nur geringfügige Wertabweichungen, die sich im üblichen Schätzungsrahmen bewegen, regelmäßig den Ansatz eines niedrigeren Werts nicht rechtfertigen. Nach Rdn. 17 des BMF-Schreibens v. 2. 9. 2016 (BStBl 2016 I S. 995) rechtfertigt ein Kursverlust von nicht mehr als 5 % bei börsennotierten Aktien keine Teilwertabschreibung.

2.3.2 Fehlmaßnahmen

1132 Die Bewertung eines Wirtschaftsguts bereits zum Zeitpunkt der Anschaffung/Herstellung mit einem unter den Anschaffungs- oder Herstellungskosten liegenden Wert ist nur dann zulässig, wenn nachgewiesen wird, dass es sich von Anbeginn um eine Fehlmaßnahme handelte, d. h. der Erwerber eines Unternehmens von vornherein den tatsächlich entstandenen Aufwand im Rahmen des Gesamtkaufpreises nicht in vollem Umfang honorieren würde (BFH v. 25. 10. 1972, BStBl 1973 II S. 79; v. 13. 3. 1991, BStBl II S. 595, m. w. N.). Dies wird der Fall sein, wenn sich der Stpfl. bei der Anschaffung oder Herstellung über den Wert beeinflussende Umstände geirrt hat oder getäuscht worden ist, z. B. bei der Anschaffung eines Gebäudes oder eines gebrauchten Fahrzeugs objektiv vorhandene Mängel nicht erkannt oder beachtet wurden. Dies kann auch der Fall sein, wenn z. B. infolge Insolvenz des Bauunternehmers überhöhte Fertigstellungskosten für ein Gebäude anfallen, weil überhöhte Abschlagszahlungen nicht zurückgefordert werden können oder infolge mangelhafter Bauleistungen aufwändige Nachbesserungen erforderlich sind. Eine Fehlmaßnahme kann aber auch dann vorliegen, wenn sich nachträglich herausstellt, dass infolge Veränderung der Marktverhältnisse das Wirtschaftsgut nicht oder nicht in dem vorgesehenen Umfang genutzt werden kann, z. B. eine Produktionsanlage wegen Verbots des Vertriebs der damit hergestellten Produkte entgegen den Erwartungen im Zeitpunkt der Bestellung nicht in Betrieb genommen werden kann (BFH v. 17. 9. 1987, BStBl 1988 II S. 488; v. 17. 11. 1987, BStBl 1988 II S. 430)..

1133 Der Umstand, dass für ein Wirtschaftsgut bewusst ein überhöhter Wert aufgewendet wurde, lässt regelmäßig für sich allein noch nicht auf eine Fehlmaßnahme schließen.

1134 **BEISPIEL 76:** Die X-GmbH, die ihren Betrieb auf einem eigenen Grundstück betreibt, beabsichtigt ihren Betrieb zu erweitern und möchte deswegen insgesamt drei benachbarte Grundstücke erwerben. Während es gelingt, zwei Grundstücke zu ortsüblichen Preisen zu erwerben, verlangt der dritte Grundstückseigentümer für eine verhältnismäßig kleine, für die Durchführung der Erweiterung jedoch unverzichtbare Fläche einen unverhältnismäßig hohen Preis, der auch gezahlt wird, um das Investitionsvorhaben nicht zu gefährden. Es liegt keine Fehlmaßnahme vor. Eine Teilwertabschreibung ist nicht gerechtfertigt (BFH v. 4. 1. 1962, BStBl III S. 186; v. 13. 7. 1967, BStBl 1968 II S. 11; vgl. ferner die weiteren Urteile des BFH v. 7. 2. 2002, BStBl II S. 294 und BFH/NV 2002 S. 1021).

1135 Anlaufverluste einer Kapitalgesellschaft innerhalb einer für den Regelfall auf fünf Jahre zu bemessenden Anlaufphase rechtfertigen regelmäßig für sich allein noch nicht die Annahme einer Fehlmaßnahme und damit auch nicht eine Teilwertabschreibung auf die Beteiligung (BFH v. 27. 7. 1988, BStBl 1989 II S. 274). Entsprechendes gilt für die Fälle, in denen nach Erwerb von Anteilen an einer Kapitalgesellschaft dieser zum Auf- oder Ausbau der geschäftlichen Aktivitäten weitere Mittel zugeführt werden (BFH v.

31. 10. 1978, BStBl 1979 II S. 108; v. 18. 12. 1990, BFH/NV 1992 S. 15). Zu bewerten sind die entsprechenden Forderungen, in Fällen der Betriebsaufspaltung indessen in Anlehnung an die für die Bewertung der Anteile an der Betriebsgesellschaft maßgebenden Grundsätze (BFH v. 6. 11. 2003, BStBl 2004 II S. 416; v. 10. 11. 2005, BStBl 2006 II S. 618 jeweils m. w. N.).

Bei Darlehen, die Kapitalgesellschaften von ihren Gesellschaftern gegeben werden, gelten für die Zulässigkeit von Teilwertabschreibungen die allgemeinen Grundsätze. Die Frage, ob und ggf. in welchem Umfang diese Gewinnminderungen auch steuerlich wirksam werden, war umstritten. Für unmittelbare und mittelbare Darlehensgewährungen durch natürliche Personen ist für nach dem 31. 12. 2014 beginnende Wirtschaftsjahre ist mit der Neufassung des § 3c Abs. 2 EStG eine einschränkende Regelung getroffen worden, vgl. dazu 5. Kap. Teil A Rdn. 26 ff. Bei Körperschaften i. S. des KStG als Darlehensgebern sind die Regelungen des § 8b KStG zu beachten. Soweit Gewinnminderungen danach steuerlich nicht berücksichtigungsfähig sind, unterliegen später ggf. anfallende Gewinne aus Wertaufholungen nicht der Besteuerung. 1136

Stellt sich eine Investition insgesamt als Fehlmaßnahme dar, entspricht der Teilwert dem Einzelveräußerungspreis des Wirtschaftsguts. Ist, wie z. B. bei einer Beteiligung an einer überschuldeten Kapitalgesellschaft, eine Veräußerung nicht möglich, kommt die Abschreibung auf den Erinnerungswert in Betracht, beachte Rdn. 1129 f. Liegt nur teilweise eine Fehlmaßnahme vor, kommt eine Teilwertabschreibung nur in Höhe des vergeblichen Aufwands in Betracht, z. B. des Teils der Herstellungskosten für ein Gebäude, für das keine Gegenleistung mehr erlangt wurde, weil infolge der Insolvenz des Bauunternehmers eine nur unvollständige Bauleistung erbracht wurde (BFH v. 17. 9. 1987, BStBl 1988 II S. 488). 1137

2.3.3 Sinken der Wiederbeschaffungs- oder Wiederherstellungskosten

Der gedachte Erwerber eines Unternehmens wird lediglich dazu bereit sein, für das einzelne Wirtschaftsgut den Preis aufzuwenden, den er für ein Wirtschaftsgut gleicher Art und Güte bei Anschaffung oder Herstellung zum Bewertungsstichtag aufwenden müsste. Dabei sind die betriebsindividuellen Verhältnisse zu berücksichtigen. Dementsprechend sind auch die dabei anfallenden Nebenkosten einzubeziehen. 1138

Ausgangspunkt für die Ermittlung der **Wiederbeschaffungskosten** sind regelmäßig der Börsen- oder Marktpreis, soweit dieser nicht feststellbar ist, der Einkaufspreis (vgl. Rdn. 1109 ff.); dabei sind die dem Unternehmen erschlossenen Bezugsquellen (z. B. langfristige Abnahmeverpflichtungen, eingeräumte Sonderkonditionen) einzubeziehen (BFH v. 11. 5. 1973, BStBl II S. 606). Die Preise für gebrauchte Wirtschaftsgüter können nur dann bei der Ermittlung der Wiederbeschaffungskosten berücksichtigt werden, als üblicherweise auch gebrauchte Wirtschaftsgüter angeschafft werden (BFH v. 19. 6. 1956, BStBl III S. 224). Werden üblicherweise fabrikneue Wirtschaftsgüter angeschafft, können die Wiederbeschaffungskosten nur ausgehend von den Anschaffungskosten entsprechender neuer Wirtschaftsgüter ermittelt werden; bei abnutzbaren Wirtschaftsgütern käme dann eine Kürzung um die vorzunehmende AfA in Betracht (BFH v. 9. 10. 1969, BStBl 1970 II S. 205). Der sich durch die bloße Ingebrauchnahme eines Wirtschaftsguts, z. B. eines Kfz, ggf. ergebende niedrigere gemeine Wert rechtfer- 1139 tigt deswegen für sich allein regelmäßig noch keine entsprechende Teilwertabschreibung (BFH v. 19. 6. 1956, a. a. O.).

1140 Skonti sind nur insoweit abziehbar, als sie aufgrund der Liquiditätslage tatsächlich beansprucht werden können (BFH v. 27. 2. 1991, BStBl II S. 456). Transportkosten sowie Vorsteuern sind den betriebsindividuellen Verhältnissen entsprechend zu berücksichtigen.

1141 Die Wiederherstellungskosten sind ebenfalls auf der Grundlage der betriebsindividuellen Verhältnisse zu ermitteln. Ausgangspunkt sind die Herstellungskosten einschl. der Gemeinkosten, die bei Herstellung im Zeitpunkt des Bewertungsstichtags tatsächlich anfallen würden (BFH v. 17. 5. 1974, BStBl II S. 508, m. w. N.). Das Verständnis des Teilwerts als ein objektiver Wert erfordert es allerdings, ggf. auch die Gemeinkosten einzubeziehen, die nur wahlweise (vgl. Rdn. 864 ff.) den Herstellungskosten zugerechnet werden. Dies gilt ferner für bis zum Bewertungsstichtag bereits angefallene Vertriebskosten (BFH v. 20. 7. 1973, BStBl II S. 794). Der zu erwartende Unternehmergewinn ist hingegen unter keinen Umständen zu berücksichtigen (BFH v. 27. 10. 1983, BStBl 1984 II S. 35).

1142 Die Wiederbeschaffungs- oder Wiederherstellungskosten können sowohl nach der progressiven als auch nach der retrograden Methode (vgl. dazu Rdn. 891 ff.) ermittelt werden.

2.3.4 Sinken des voraussichtlichen Verkaufserlöses

1143 Insbesondere bei den Wirtschaftsgütern des Umlaufvermögens kann der Teilwert unter die Wiederbeschaffungs- oder Wiederherstellungskosten sinken. Dies ist der Fall, wenn der zu erwartende Veräußerungserlös die Anschaffungs- oder Herstellungskosten zzgl. der Verwaltungs- und Vertriebskosten und des Unternehmergewinns nicht mehr deckt (BFH v. 27. 10. 1983, BStBl 1984 II S. 35). Dabei ist auf die nach den Verhältnissen zum Bilanzstichtag voraussichtlich noch erzielbaren Veräußerungserlöse abzustellen, die vom Kaufmann in geeigneter Weise nachzuweisen sind. Die FinVerw (vgl. R 6.8 Abs. 2 Satz 9 EStR) sieht diesen Nachweis als erbracht an, wenn die tatsächlich erzielten Verkaufspreise für die im Wert geminderten Wirtschaftsgüter in der Weise und in einer solch großen Anzahl nachgewiesen werden, dass sich daraus ein repräsentativer Querschnitt für die betreffenden Wirtschaftsgüter ergibt und allgemeine Schlussfolgerungen möglich sind.

1144 In der Literatur wird die Frage diskutiert, ob bei den zu berücksichtigenden Verwaltungs- und Vertriebskosten die Vollkosten oder nur die Einzelkosten und die variablen Gemeinkosten zu berücksichtigen sind (vgl. z. B. Blümich, § 6 EStG Anm. 667, m. w. N.). Nach dem Urteil des BFH v. 27. 10. 1983 (a. a. O.) ist es zulässig, den zu berücksichtigenden Aufwand dem Jahresabschluss zu entnehmen. Danach sind die Vollkosten berücksichtigungsfähig.

1145 Zu berücksichtigen ist grundsätzlich nicht der vom Unternehmen erzielte Gesamtgewinn, sondern der auf die zu bewertenden Wirtschaftsgüter entfallende durchschnittliche Unternehmergewinn (BFH v. 6. 11. 1975, BStBl 1977 II S. 377). Gleichwohl wird es im Urteil des BFH v. 27. 10. 1983 (a. a. O.) zugelassen, auch insoweit auf den tatsächlich erzielten Gewinn abzustellen.

Danach kann davon ausgegangen werden, dass der Teilwert dem Betrag entspricht, der 1146
sich nach Kürzung des erzielbaren Verkaufserlöses um den durchschnittlichen Rohgewinnaufschlag ergibt (BFH v. 27. 10. 1983, a. a. O.). In R 36 Abs. 2 EStR 2001 wurde es für zulässig erachtet, den Rohgewinnaufschlag dadurch zu ermitteln, dass der betriebliche Aufwand und der durchschnittliche Unternehmergewinn dem Jahresabschluss entnommen und zum Wareneinsatz in Beziehung gesetzt werden, so dass sich folgende Formel ergibt

$$\frac{\text{Verkaufserlös}}{1 + \text{Rohgewinnaufschlagssatz}}$$

Diese recht grobe Schätzung dürfte – wenn überhaupt – wohl nur den Verhältnissen bei Handelsbetrieben gerecht werden.

Nach R 6.8 Abs. 2 Satz 4 EStR kann im Regelfall davon ausgegangen werden, dass der 1147
Teilwert dem Betrag entspricht, der sich nach Kürzung des erzielbaren Verkaufserlöses um den nach dem Bilanzstichtag noch anfallenden Teil des durchschnittlichen Rohgewinnaufschlags ergibt. Nach dem Beispiel in H 6.8 Subtraktionsmethode EStH ergibt sich danach Folgendes:

Anschaffungskosten	10 000 €
Rohgewinnaufschlag 100 %	10 000 €
Ursprünglicher Verkaufspreis	20 000 €
Noch erzielbarer Verkaufspreis	8 000 €
(40 % des ursprünglichen Verkaufspreises)	
Durchschnittlicher Gewinn 5 %	400 €
Nach Bilanzstichtag anfallende Kosten 70 %	

Dies führt zu folgender Berechnung:

Erzielbarer Verkaufspreis		8 000 €
./. zu erwartender Gewinn		400 €
Ursprünglicher Verkaufspreis	20 000 €	
durchschnittlicher Gewinn 5 %	./. 1 000 €	
Anschaffungskosten	./. 10 000 €	
Verbleibende Kosten insgesamt	9 000 €	
./. davon nach Bilanzstichtag anfallend 70 %		6 300 €
Teilwert		1 300 €

Diese als Substraktionsmethode bezeichnete Ermittlung des Teilwerts setzt voraus, 1148
dass die dafür erforderlichen Angaben vom betrieblichen Rechnungswesen bereitgestellt werden. Ist dies nicht möglich, soll die Ermittlung des Teilwerts nach der sog. Formelmethode gem. R 6.8 Abs. 2 Satz 5 EStR nach folgender nicht beanstandet werden:

$$\frac{\text{Erzielbarer Verkaufspreis}}{(1 + \text{durchschnittlicher Reingewinnsatz} + \text{verbleibender Rohgewinn nach Bilanzstichtag})}$$

Bei dieser Berechnung ist nach dem Beispiel in H 6.8 EStH der Reingewinnsatz auf die ursprünglichen Anschaffungskosten zu beziehen. Für das in Rdn. 1147 dargestellte Beispiel ergibt sich danach Folgendes:

Bei planmäßigem Verkauf hätte sich ein Gewinn von 1 000 € = 10 % der Anschaffungskosten ergeben. Der danach verbleibende Rohgewinn entspricht damit 90 %, von dem 63 % auf die Zeit nach dem Bilanzstichtag entfallen. Danach ergibt sich folgende Berechnung:

$$\frac{8\,000\,€}{1 + 0{,}10 + 0{,}63} = \frac{8\,000\,€}{1{,}73}$$

Danach ergibt sich ein Betrag von 4 624 €, der nach Auffassung der FinVerw dem Teilwert entsprechen soll. Angesichts des beträchtlichen Unterschiedes der Ergebnisse beider Berechnungsmethoden dürfte deren Eignung für die Ermittlung des Teilwerts mehr als in Frage stehen. Wegen weiterer Einzelheiten vgl. Kölpin, in: StuB 2004 S. 587.

2.3.5 Der niedrigere Einzelveräußerungspreis

1149 Die Untergrenze des Teilwerts eines Wirtschaftsguts ist der Preis, der sich für das Wirtschaftsgut bei einer Einzelveräußerung, losgelöst vom betrieblichen Zusammenhang erzielen lässt (BFH v. 17. 9. 1987, BStBl 1988 II S. 488). Dabei sind evtl. anfallende Veräußerungskosten abzuziehen. Im Einzelfall ist nicht auszuschließen, dass sich Einzelveräußerungspreis und Wiederbeschaffungspreis decken.

1150 Die Bewertung mit dem Einzelveräußerungspreis wird regelmäßig bei solchen Wirtschaftsgütern in Betracht kommen, die für den Betriebsablauf entbehrlich sind (BFH v. 15. 7. 1966, BStBl II S. 643); der fiktive Erwerber des Unternehmens wäre nicht bereit, im Rahmen des Gesamtkaufpreises des Unternehmens einen höheren Preis aufzuwenden.

1151 Kommt den Wirtschaftsgütern keine wirtschaftliche oder technische Funktion mehr zu, wird regelmäßig nur noch der Material- oder Schrottwert erzielbar sein. Dabei sind die ggf. anfallenden Abbruchkosten mindernd zu berücksichtigen (BFH v. 2. 3. 1973, BStBl II S. 475).

2.4 Wertaufholung nach erfolgter Teilwertabschreibung

1152 Der nach § 6 Abs. 1 Nr. 1 Satz 2 bzw. Nr. 2 Satz 2 EStG zulässige Ansatz eines Wirtschaftsguts mit dem niedrigeren Teilwert wegen einer dauernden Wertminderung darf in den Folgeabschlüssen nur insoweit beibehalten werden, als die Gründe für einen Ansatz unter den ggf. um die AfA bzw. AfS gekürzten Anschaffungs- oder Herstellungskosten fortbestehen (§ 6 Abs. 1 Nr. 1 Satz 4 bzw. Nr. 2 Satz 3 EStG). Danach besteht für die Steuerbilanz ein zwingendes Wertaufholungsgebot. Nach Tz. 27 des BMF-Schreibens v. 2. 9. 2016 (BStBl 2016 I S. 994) ist eine Wertaufholung bereits dann erforderlich, wenn die für die Beibehaltung des niedrigeren Werts erforderliche fortbestehende Wertminderung nicht nachgewiesen wird.

Der sich durch die Wertaufholung ergebende Gewinn unterliegt der Besteuerung nach allgemeinen Grundsätzen. Bei Wertaufholungen nach Teilwertabschreibungen sind grundsätzlich die Regelungen von § 3 Nr. 40, § 3c Abs. 2 EStG, § 8b KStG zu beachten (vgl. auch Rdn. 1512). Erfolgten die Teilwertabschreibungen hingegen vor Inkrafttreten dieser Regelungen und waren sie damit in vollem Umfang erfolgswirksam, unterliegen die Wertaufholungsgewinne in vollem Umfang der Besteuerung. Das Wertaufholungsgebot ist auch insoweit verfassungsgemäß, als es vor dem Zeitraum seines Inkrafttretens eingetretene Teilwertsteigerungen erfasst (BFH v. 24. 4. 2007, BStBl 2007 II S. 707; v. 25. 2. 2010, BStBl II S. 784).

Soll der niedrigere Wertansatz beibehalten werden, ist nachzuweisen bzw. glaubhaft 1153
zu machen, dass die Gründe dafür fortbestehen (§ 6 Abs. 1 Nr. 1 Satz 4 bzw. Nr. 2 Satz 3 EStG). Wie bei der vorausgegangenen Teilwertabschreibung liegt danach die Beweislast bei dem bilanzierenden Unternehmen. Sofern ein Unternehmen unter Fortführung der Buchwerte übertragen wird (z. B. durch Schenkung oder aus Anlass eines Erbfalles nach § 6 Abs. 3 EStG, Übertragung auf einen anderen Rechtsträger nach Maßgabe des UmwStG) besteht die Verpflichtung zur Wertaufholung fort.

Nach dem Urteil des BFH v. 4. 6. 2008 (BStBl 2009 II S. 187) kommt angesichts der Rege- 1154
lung in § 6 Abs. 1 Nr. 1 Satz 4 EStG eine Wertaufholung nur dann und insoweit in Betracht, wenn in einem Vorjahr eine Teilwertabschreibung vorgenommen wurde und der Teilwert am Bilanzstichtag über dem Bilanzansatz des Vorjahres liegt, jedoch den nach § 6 Abs. 1 Nr. 1 Satz 1 EStG maßgebenden Wert nicht übersteigt. Danach ist es nicht möglich, auf die Inanspruchnahme steuerlicher Bewertungsfreiheiten (z. B. Sonderabschreibungen, erhöhte Absetzungen, Übertragung stiller Reserven nach § 6b ESt oder R 6 Abs. 6 EStR) mit Wirkung für ein auf die Inanspruchnahme folgendes Wirtschaftsjahr zu verzichten, vgl. dazu das BMF-Schreiben v. 11. 2. 2009 (BStBl 2009 I S. 397).

Einstweilen frei 1155–1210

X. Sonderabschreibungen und erhöhte Absetzungen

1. Überblick, gemeinsame Vorschriften

1.1 Allgemeines

In der Vergangenheit sind in stärkerem Maße als gegenwärtig bestimmte Investitionen 1211
dadurch gefördert worden, dass auf die Anschaffungs- oder Herstellungskosten der begünstigten Wirtschaftsgüter über einen bestimmten Zeitraum (Begünstigungszeitraum)

- gegenüber der nach § 7 EStG vorzunehmenden AfA **erhöhte Absetzungen** oder
- neben der AfA nach § 7 EStG vorzunehmenden AfA in einer bestimmten Höhe **Sonderabschreibungen**

vorgenommen werden können. Dabei steht es den Stpfl. frei, ob und ggf. in welchem Umfang von diesen Abschreibungsvergünstigungen Gebrauch gemacht werden soll. Begünstigungszeitraum und Höhe der erhöhten Absetzungen/Sonderabschreibungen ergeben sich aus der jeweiligen Einzelregelung. Bei diesen Vergünstigungen kann es sich um Subventionen handeln, die nur im Einvernehmen mit der EU gewährt werden dürfen. Der Gesetzgeber verzichtet in jüngerer Zeit u. a. auch im Hinblick auf die sich dadurch ergebenden Schwierigkeiten weitgehend auf derartige Förderungsmaßnahmen.

1212 Die handelsrechtlichen Rechnungslegungsvorschriften sehen abweichende, nur nach Steuerrecht zulässige Bilanzansätze in der Handelsbilanz nicht vor. Das Wahlrecht zur Inanspruchnahme von erhöhten Absetzungen oder Sonderabschreibungen kann deswegen gem. § 5 Abs. 1 Satz 1 Halbsatz 2 EStG für die Steuerbilanz unabhängig von der Verfahrensweise in der Handelsbilanz ausgeübt werden (Rdn. 660 ff.). Die Inanspruchnahme von Sonderabschreibungen oder erhöhten Absetzungen führt danach in der Steuerbilanz zu von der Handelsbilanz abweichenden Ansätzen, die gem. § 5 Abs. 1 Satz 2 und 3 EStG durch Aufnahme der in Betracht kommenden Wirtschaftsgüter in das danach zu führende Verzeichnis zu dokumentieren sind (vgl. Rdn. 660 ff.).

1213 Die Voraussetzungen für die Inanspruchnahme der Abschreibungsvergünstigungen sind aus den jeweiligen Einzelregelungen zu entnehmen (vgl. Rdn. 1216 ff.). Bei der Vornahme von erhöhten Absetzungen oder von Sonderabschreibungen, nicht jedoch bei der Inanspruchnahme anderer steuerlicher Vergünstigungen, sind vorbehaltlich abweichender Sonderregelungen die Vorschriften des § 7a EStG (vgl. dazu auch R 7a EStR) zu beachten.

1214 Für die Wiederherstellung oder die Wiederbeschaffung von Anlagegütern, die durch eine Unwetterkatastrophe untergegangen sind, sieht die von den obersten Finanzbehörden des Bundes und der Länder beschlossenen Rahmenregelung, die jeweils aus konkretem Anlass vom zuständigen Landesfinanzminister für anwendbar erklärt wird, u. a. die Gewährung von Sonderabschreibungen vor. Sie betragen bei Gebäuden bis zu 30 %, bei beweglichen Anlagegütern bis zu 50 % der Anschaffungskosten/Herstellungskosten und sind der absoluten Höhe nach begrenzt. Unter bestimmten Voraussetzungen kann im Vorgriff auf die Sonderabschreibungen bereits eine den steuerlichen Gewinn mindernde Rücklage gebildet werden.

1.2 Gemeinsame Vorschriften für die Inanspruchnahme von erhöhten Absetzungen und Sonderabschreibungen nach § 7a EStG

1215 Der Gesetzgeber hat in § 7a EStG zu den nachfolgend aufgeführten Problemkreisen Stellung genommen.

- ► Fallen auf das begünstigte Wirtschaftsgut innerhalb des Begünstigungszeitraums **nachträgliche Anschaffungs- oder Herstellungskosten** an, sind diese nach § 7a Abs. 1 EStG ab dem Wirtschaftsjahr ihrer Entstehung zu berücksichtigen. Dementsprechend sind nachträgliche Minderungen der Bemessungsgrundlage ab dem Wirtschaftsjahr des Eintritts der Minderung zu berücksichtigen. Wegen Einzelheiten vgl. R 7a Abs. 2 bis 4 EStR, ferner H 7a EStH.
- ► Verschiedentlich können die Abschreibungsvergünstigungen bereits auf **Anzahlungen auf Anschaffungskosten** oder auf **Teilherstellungskosten** beansprucht werden. Einzelheiten dazu ergeben sich aus § 7a Abs. 2 EStG. Dabei wird auch zu der Frage Stellung genommen, unter welchen Voraussetzungen und zu welchem Zeitpunkt Anzahlungen auf Anschaffungskosten geleistet worden sind. Weitere Erläuterungen ergeben sich aus R 7a Abs. 5 und 6 EStR.

- Werden erhöhte Absetzungen beansprucht, sind für jedes Jahr des Begünstigungszeitraums mindestens Absetzungen in Höhe der nach § 7 Abs. 1 oder 4 EStG vorzunehmenden AfA vorzunehmen (§ 7a Abs. 3 EStG).
- Sonderabschreibungen können nach § 7a Abs. 4 EStG vorbehaltlich abweichender Einzelregelungen (z. B. § 7g Abs. 5 EStG) nur neben der linearen AfA nach § 7 Abs. 1 oder 4 EStG vorgenommen werden.
- Erfüllt ein Wirtschaftsgut sowohl die Voraussetzungen für die Vornahme erhöhter Absetzungen als auch von Sonderabschreibungen, kann nach § 7a Abs. 5 EStG nur eine dieser Abschreibungsvergünstigungen beansprucht werden – **Kumulationsverbot**. Das Kumulationsverbot bezieht sich nicht auf die Fälle, in denen nachträgliche Anschaffungs- oder Herstellungskosten Gegenstand einer eigenen Abschreibungsvergünstigung sind und sowohl für das Wirtschaftsgut in seinem ursprünglichen Zustand als auch für die nachträglichen Anschaffungs- oder Herstellungskosten Abschreibungsvergünstigungen aufgrund verschiedener Vorschriften in Betracht kommen (vgl. auch R 7a Abs. 7 EStR).
- Nach § 141 Abs. 1 Nr. 4 und 5 AO tritt bei Unternehmen, die nicht bereits nach anderen Vorschriften (z. B. des HGB) buchführungspflichtig sind, bei Überschreiten bestimmter Gewinngrenzen **Buchführungspflicht** ein. Bei der Ermittlung dieser Grenzen dürfen die durch die Inanspruchnahme erhöhter Absetzungen oder von Sonderabschreibungen eingetretenen Gewinnminderungen nach § 7a Abs. 6 EStG nicht berücksichtigt werden.
- Die Gewährung erhöhter Absetzungen oder von Sonderabschreibungen ist verschiedentlich davon abhängig, dass die Personen, denen das begünstigte Wirtschaftsgut zuzurechnen ist, besondere persönliche Voraussetzungen – z. B. Zugehörigkeit zu einem bestimmten Personenkreis – erfüllen. Ist ein Wirtschaftsgut mehreren Personen zuzurechnen, die nicht sämtlich die vorgesehenen besonderen persönlichen Voraussetzungen erfüllen, können die erhöhten Absetzungen/Sonderabschreibungen nur in dem Umfang beansprucht werden, als das Wirtschaftsgut den persönlich begünstigten Gesellschaftern/Gemeinschaftern anteilig zuzurechnen ist. Die einzelnen Beteiligten können das ihnen zustehende Wahlrecht jedoch nicht unterschiedlich ausüben; insoweit können die Abschreibungsvergünstigungen nur einheitlich beansprucht werden (vgl. dazu § 7a Abs. 7 EStG).
- Die zu einem Betriebsvermögen gehörenden begünstigten Wirtschaftsgüter sind nach § 7a Abs. 8 EStG in ein **laufend zu führendes Verzeichnis** einzutragen, aus dem der Tag der Anschaffung oder Herstellung, die Anschaffungs- oder Herstellungskosten, die betriebsgewöhnliche Nutzungsdauer, die jährliche AfA und die beanspruchten erhöhten Absetzungen oder Sonderabschreibungen ersichtlich sind. Auf dieses besondere Verzeichnis kann verzichtet werden, wenn sich die vorbezeichneten Angaben aus der Buchführung ergeben.
- Verbleibt nach Ablauf des Begünstigungszeitraums noch ein **Restwert** des begünstigten Wirtschaftsguts, ist dieser nach § 7a Abs. 9 EStG linear auf die Restnutzungsdauer, die bei Gebäuden und Gebäudeteilen aus § 7 Abs. 4 EStG abzuleiten ist, abzuschreiben. Wegen Einzelheiten vgl. R 7a Abs. 9 und 10 EStR; BFH v. 20. 6. 1990 (BStBl 1992 II S. 622), sowie die BMF-Schreiben v. 20. 7. 1992 (BStBl I S. 415) und v. 21. 12. 1992 (BStBl I S. 734).

2. Die besonders zugelassenen erhöhten Absetzungen und Sonderabschreibungen

2.1 Überblick über bereits ausgelaufene Regelungen

Nachfolgend wird ein Überblick über Regelungen zur Gewährung von Sonderabschrei- 1216
bungen oder von erhöhten Absetzungen gegeben, denen zwar für Neuinvestitionen keine Bedeutung mehr zukommt, die sich jedoch auf noch in Nutzung befindliche Wirtschaftsgüter beziehen können.

- Sonderabschreibungen konnten für vor dem 1. 1. 1999 angeschaffte oder hergestellte **Luftfahrzeuge und Handelsschiffe** nach § 82f EStDV beansprucht werden, sofern der Kaufvertrag oder der Bauvertrag vor dem 25. 4. 1996 geschlossen wurde. Wegen weiterer Einzelheiten wird auf die BMF-Schreiben v. 17. 2. 1997 (BStBl I S. 194) und v. 13. 5. 1997 (BStBl I S. 565) hingewiesen.
- Für Baumaßnahmen an Gebäuden zur **Herstellung neuer Mietwohnungen,** die vor dem 1. 1. 1996 abgeschlossen wurden, sah § 7c EStG eine Begünstigung durch erhöhte Absetzungen vor (vgl. dazu BMF-Schreiben v. 17. 2. 1992, BStBl I S. 115).
- Die Anschaffung oder Herstellung von vor dem 1. 1. 1996 fertiggestellten **Wohnungen mit Sozialbindung** wurde durch die Zulassung erhöhter Absetzungen nach § 7k EStG gefördert (vgl. dazu BMF-Schreiben v. 17. 2. 1992, BStBl I S. 115).
- Für Investitionen vor dem 1. 1. 1995 im sog. **Zonenrandgebiet** konnten Sonderabschreibungen nach § 3 ZRFG beansprucht werden.
- Für betriebliche Investitionen in den Ländern Berlin, Brandenburg, Mecklenburg-Vorpommern, Sachsen, Sachsen-Anhalt und Thüringen in der Zeit vom 1. 1. 1991 bis zum 31. 12. 1998 konnten Sonderabschreibungen nach dem Fördergebietsgesetz beansprucht werden (gem. Art. 68 des Zweiten Gesetzes über die weitere Bereinigung von Bundesrecht v. 8. 7. 2016, BGBl 2016 I S. 1594, mit Wirkung v. 15. 7. 2016 außer Kraft getreten).

2.2 Sonderabschreibungen für kleine und mittlere Betriebe

2.2.1 Die begünstigten Betriebe

1217 Investitionen kleiner und mittlerer Unternehmen werden durch § 7g EStG gefördert. Diese Vorschrift ist verschiedentlich zuletzt durch das Jahressteuergesetz v. 21. 12. 2020 mit Wirkung v. 1. 1. 2020 geändert und ergänzt worden.

Von kleineren oder und mittleren Betrieben, zu denen gem. § 7g Abs. 7 EStG auch Personengesellschaften gehören, können Sonderabschreibungen in Anspruch genommen werden, wenn

1. der Betrieb im Wirtschaftsjahr, das der Anschaffung oder Herstellung vorangeht, die Gewinngrenze von 200 000 € nicht überschreitet und
2. das Wirtschaftsgut im Jahr der Anschaffung oder Herstellung und im darauffolgenden Wirtschaftsjahr vermietet oder in einer inländischen Betriebsstätte des Betriebs des Steuerpflichtigen ausschließlich oder fast ausschließlich betrieblich genutzt wird.

1218 Auf Einzelheiten zur Ermittlung der Schwellenwerte (die bis 31. 12. 2019 Anwendung finden) weist das BMF in Rdn. 11 bis 20 seines Schreibens v. 20. 3. 2017 (BStBl 2017 I S. 423) hin. Personengesellschaften haben die Ergebnisse der ggf. für einzelne Gesellschafter geführten Ergänzungsbilanz und etwaiges Sonderbetriebsvermögen ihrer Gesellschafter einzubeziehen (BFH v. 2. 8. 2012 – IV R 41/11, DStR 2012 S. 2118), dazu gehören auch verzinsliche Gesellschafterdarlehen. Bei Ermittlung der Höhe des Betriebsvermögens ist entsprechend R 5.7 Abs. 1 EStR auch eine etwaige GewSt-Rückstellung zu berücksichtigen; dabei kann die aufgrund der Inanspruchnahme des Investitionsabzugsbetrags zu erwartende Minderung unberücksichtigt bleiben.

1219 Maßgebend sind die Werte, die sich im jeweiligen Besteuerungsverfahren ergeben. Führen z. B. Feststellungen anlässlich einer steuerlichen Außenprüfung infolge Erhöhung des Betriebsvermögens oder des Gewinns gegenüber den abgegebenen Steuererklärungen zu einer Überschreitung der maßgebenden Gewinngrenze, entfällt damit die Berechtigung zur Inanspruchnahme der Sonderabschreibungen.

Wird das zu begünstigende Wirtschaftsgut in mehr als einem Betrieb desselben Steuerpflichtigen, jedoch nicht zu mindestens 90 % in einem der Betriebe genutzt, ist die Summe der Größenmerkmale beider Betriebe maßgebend. Dabei ist insgesamt das Größenmerkmal des Betriebes maßgebend, dem das Wirtschaftsgut zugeordnet wurde (BFH v. 19. 3. 2014, BFH/NV 2014 S. 1143; v. 6. 4. 2016, BFH/NV 2016 S. 1775).

Wegen der Ermittlung der Schwellenwerte für land- und forstwirtschaftliche Betriebe wird auf das Urteil des BFH v. 6. 3. 2014 (BFH/NV 2014 S. 944) und das Urteil des FG des Landes Sachsen-Anhalt v. 12. 11. 2013 (EFG 2014 S. 430, Rev. Az. BFH IV R 49/13) hingewiesen.

Einstweilen frei 1220–1223

2.2.2 Sonderabschreibungen nach § 7g EStG

Nach § 7g Abs. 5 EStG können bei abnutzbaren beweglichen Wirtschaftsgütern des An- 1224
lagevermögens bei Zugang nach dem 31. 12. 2007 im Jahr der Anschaffung oder Herstellung und in den vier folgenden Jahren Sonderabschreibungen bis zu insgesamt 20 % der Anschaffungs- oder Herstellungskosten in Anspruch genommen werden. Nach § 7g Abs. 6 Nr. 1 EStG ist erforderlich, dass der Betrieb ab dem 1. 1. 2020 im Wirtschaftsjahr, das der Anschaffung oder Herstellung vorangeht, die Gewinngrenze des § 7g Abs. 1 Satz 2 Nr. 1 EStG nicht überschreitet (bis 31. 12. 2019: zum Schluss des Wirtschaftsjahres, das der Anschaffung oder Herstellung des in Betracht kommenden Wirtschaftsgutes vorangeht, die Größenmerkmale des § 7g Abs. 1 Satz 2 Nr. 1 EStG (Rdn. 1217) nicht überschreitet). Neben den Sonderabschreibungen ist die AfA nach § 7 Abs. 1 oder 2 EStG zulässig. Die vorherige Inanspruchnahme eines Investitionsabzugsbetrags nach § 7g Abs. 1 EStG berechtigt nicht zur Vornahme der Sonderabschreibungen, ist aber auch nicht erforderlich.

Im Rahmen der Ermittlung des Gewinns aus Land- und Forstwirtschaft gem. § 13a EStG in der für das nach dem 30. 12. 2015 endende Wirtschaftsjahr geltenden Fassung sind Sonderabschreibungen nach § 7g Abs. 5 EStG nicht berücksichtigungsfähig (§ 13a Abs. 3 EStG).

Voraussetzung ist nach § 7g Abs. 6 Nr. 2 EStG, dass das begünstigte Wirtschaftsgut 1225
mindestens bis zum Ende des dem Wirtschaftsjahr der Anschaffung oder Herstellung folgenden Wirtschaftsjahres vermietet oder in einer inländischen Betriebsstätte des Betriebes ausschließlich oder fast ausschließlich betrieblich genutzt wird.

Eine Beschränkung der Begünstigung auf neue Wirtschaftsgüter ist nicht vorgesehen. Wirtschaftsgüter, die zu mehr als 10 % für private Zwecke benutzt werden, z. B. Pkw, sind danach nicht begünstigt. Die Begünstigung von Investitionen in ausländischen Betriebsstätten wird ausdrücklich ausgeschlossen. Wurde kein Investitionsabzugsbetrag beansprucht, sind die Sonderabschreibungen und die daneben vorzunehmende AfA nach den ungekürzten Anschaffungs- oder Herstellungskosten zu bemessen.

1226 Wurde ein Investitionsabzugsbetrag nach § 7g Abs. 1 EStG beansprucht, können die Anschaffungs- oder Herstellungskosten des begünstigten Wirtschaftsguts nach § 7g Abs. 2 EStG in Höhe des tatsächlich vorgenommenen Abzugsbetrags, höchstens jedoch um 50 % der Anschaffungs- oder Herstellungskosten gewinnmindernd gekürzt werden. Mit diesem steuerlichen Wahlrecht wird die Möglichkeit eröffnet, den sich durch die zwingende Hinzurechnung des Investitionsabzugsbetrags ergebenden Gewinn (vgl. Rdn. 1239 ff.) zu eliminieren. Für Investitionsabzugsbeträge, die erstmals in nach dem 31. 12. 2020 endenden Wirtschaftsjahren in Anspruch genommen werden, setzt die Hinzurechnung für nach Eintritt der Unanfechtbarkeit der erstmaligen Steuerfestsetzung oder der erstmaligen gesonderten Feststellung nach § 7g Abs. 1 EStG in Anspruch genommenen Investitionsabzugsbeträgen voraus, dass das begünstigte Wirtschaftsgut zum Zeitpunkt der Inanspruchnahme der Investitionsabzugsbeträge noch nicht angeschafft oder hergestellt worden ist. Damit wird die Bemessungsgrundlage für die AfA und die Sonderabschreibungen entsprechend gekürzt. Dieses Wahlrecht kann gem. § 5 Abs. 1 Satz 1 Halbsatz 2 EStG unabhängig von der Verfahrensweise in der Handelsbilanz ausgeübt werden (Rdn. 660 ff.).

Wird das begünstigte Wirtschaftsgut bis zum Ende des auf das Jahr der Anschaffung/Herstellung folgenden Jahres nicht für die begünstigten Zwecke genutzt, weil es z. B. veräußert wird oder zu mehr als 10 % privaten Zwecken dient, sind beanspruchte Sonderabschreibungen rückwirkend zu versagen (§ 7g Abs. 6 Nr. 2 i. V. m. Abs. 4 EStG). Wurde für das Wirtschaftsgut zuvor ein Investitionsabzugsbetrag beansprucht, ist dieser nach § 7g Abs. 4 EStG ebenfalls rückgängig zu machen. Bereits durchgeführte Veranlagungen sind entsprechend zu ändern (vgl. auch Rdn. 1254 f.).

2.3 Sonderabschreibungen für Mietwohnungsneubau

1227 Für die Anschaffung oder Herstellung neuer Wohnungen, die in einem Mitgliedstaat der Europäischen Union belegen sind, können nach Maßgabe der nachfolgenden Absätze im Jahr der Anschaffung oder Herstellung und in den folgenden drei Jahren Sonderabschreibungen bis zu jährlich 5 % der Bemessungsgrundlage neben der Absetzung für Abnutzung nach § 7 Abs. 4 EStG in Anspruch genommen werden. Im Fall der Anschaffung ist eine Wohnung neu, wenn sie bis zum Ende des Jahres der Fertigstellung angeschafft wird. Dafür müssen die Voraussetzungen des § 7b Abs. 2 und 5 EStG erfüllt sein. Bemessungsgrundlage für die Sonderabschreibungen nach § 7b Abs. 1 EStG sind die Anschaffungs- oder Herstellungskosten der nach § 7b Abs. 2 EStG begünstigten Wohnung, jedoch maximal 2 000 € je Quadratmeter Wohnfläche. Die nach § 7b Abs. 1 EStG in Anspruch genommenen Sonderabschreibungen sind rückgängig zu machen, wenn

1. die begünstigte Wohnung im Jahr der Anschaffung oder Herstellung und in den folgenden neun Jahren nicht der entgeltlichen Überlassung zu Wohnzwecken dient,
2. die begünstigte Wohnung oder ein Gebäude mit begünstigten Wohnungen im Jahr der Anschaffung oder der Herstellung oder in den folgenden neun Jahren veräußert wird und der Veräußerungsgewinn nicht der Einkommen- oder Körperschaftsteuer unterliegt oder
3. die Baukostenobergrenze nach § 7b Abs. 2 Nr. 2 EStG innerhalb der ersten drei Jahre nach Ablauf des Jahres der Anschaffung oder Herstellung der begünstigten Wohnung durch nachträgliche Anschaffungs- oder Herstellungskosten überschritten wird.

Wegen weiterer Einzelheiten wird auf das BMF-Scheiben v. 7.7.2020 (BStBl 2020 I S. 623) verwiesen.

2.4 Erhöhte Absetzungen für Gebäude in Sanierungsgebieten

Entstehen an einem Gebäude in einem förmlich festgelegten Sanierungsgebiet oder in einem städtebaulichen Entwicklungsbereich im Zusammenhang mit Modernisierungs- und Instandsetzungsmaßnahmen i. S. des § 177 des Bundesbaugesetzes Herstellungskosten, können diese nach § 7h Abs. 1 EStG abweichend von § 7 Abs. 4 und 5 EStG im Jahr der Herstellung und den folgenden sieben Jahren mit jeweils bis zu 9 % und in den folgenden vier Jahren mit jeweils bis zu 7 % abgesetzt werden. Ferner ist der Herstellungsaufwand zur Erhaltung, Erneuerung und funktionsgerechten Verwendung der vorbezeichneten Gebäude begünstigt, sofern sie wegen ihrer geschichtlichen, künstlerischen oder städtebaulichen Bedeutung erhalten bleiben sollen und sich der Eigentümer dazu neben bestimmten Modernisierungsmaßnahmen gegenüber der Gemeinde verpflichtet hat. Die erhöhten Absetzungen sind auch zulässig auf die Anschaffungskosten von Gebäuden, soweit diese auf Maßnahmen der vorbezeichneten Art entfallen, die nach dem rechtswirksamen Abschluss des obligatorischen Vertrags oder gleichstehenden Rechtsakts zum Erwerb dieses Gebäudes durchgeführt worden sind. Begünstigt sind nur Maßnahmen, die während der Geltungsdauer eine Sanierungssatzung durchgeführt werden (BFH v. 25. 2. 2014, BFH/NV 2014 S. 1512). Die Voraussetzungen für die Inanspruchnahme der erhöhten Absetzungen müssen nach § 7h Abs. 2 EStG durch eine Bescheinigung der zuständigen Gemeindebehörde nachgewiesen werden (vgl. dazu BMF-Schreiben v. 16. 5. 2007, BStBl 2007 I S. 475). Erforderlich ist eine Bescheinigung für das jeweilige Objekt, z. B. die in Betracht kommende Eigentumswohnung (BFH v. 6. 5. 2014, BStBl 2015 II S. 581; v. 16. 9. 2014, BFH/NV 2015 S. 194). Bei dieser Bescheinigung handelt es sich bei deren Bestandskraft um einen Grundlagenbescheid (BFH v. 22. 9. 2005, BStBl 2007 II S. 373; v. 25. 2. 2014, a. a. O.; beachte BFH v. 6. 12. 2016, BStBl 2017 II S. 523). Im Übrigen wird auf R 7h EStR und H 7h EStH sowie BFH v. 24. 6. 2009 (BStBl II S. 596) hingewiesen. 1228

2.5 Erhöhte Absetzungen bei Baudenkmalen

Für Herstellungskosten an Baudenkmalen können nach § 7i Abs. 1 Satz 1 EStG anstelle der AfA nach § 7 Abs. 4 oder 5 EStG erhöhte Absetzungen im Jahr der Herstellung und in den folgenden sieben Jahren jeweils bis zu 9 % und in den folgenden vier Jahren mit jeweils bis zu 7 % jährlich beansprucht werden. Bei Baumaßnahmen, für die ein Antrag auf Baugenehmigung nicht erforderlich ist, soll die Einreichung der für die denkmalsrechtliche Genehmigung erforderlichen Unterlagen als das Einreichen von Bauunterlagen und damit als Herstellungsbeginn gewertet werden (OFD Koblenz v. 3. 6. 2004, DB 2004 S. 1534). Begünstigt sind ausschließlich Gebäudeinvestitionen, nicht hingegen Aufwendungen für Außenanlagen und bewegliche abnutzbare Wirtschaftsgüter. Unter bestimmten Voraussetzungen kann es sich bei einem Baudenkmal auch um einen Neubau im bautechnischen Sinne handeln (BFH v. 24. 6. 2009, BStBl II S. 960). Die erhöhten 1229

Absetzungen können erst nach Abschluss der Baumaßnahme und nicht bereits zuvor von den Teilherstellungskosten vorgenommen werden (BFH v. 27. 6. 1995, BStBl 1996 II S. 215). Erstreckt sich eine Gesamtbaumaßnahme auf mehrere Einzelmaßnahmen, sind erhöhte Absetzungen auf die Herstellungskosten für die jeweilig abgeschlossene Einzelmaßnahme zulässig (BFH 20. 8. 2002, BStBl 2003 II S. 582). Wird ein Baudenkmal während des Begünstigungszeitraums veräußert, können die erhöhten Absetzungen auch für das Jahr der Veräußerung noch mit dem vollen Jahresbetrag der begünstigten Herstellungskosten beansprucht werden (BFH v. 18. 6. 1996, BStBl II S. 645).

1230 Die Voraussetzungen für die Inanspruchnahme der erhöhten Absetzungen sind nach § 7i Abs. 2 EStG durch eine Bescheinigung der zuständigen Denkmalbehörde. Eine Übersicht über die Veröffentlichungen der länderspezifischen Bescheinigungsrichtlinien ergibt sich aus den BMF-Schreiben v. 10. 11. 2000 (BStBl 2000 I S. 1513) und v. 8. 11. 2004 (BStBl 2004 I S. 1049), über die zuständigen Bescheinigungsbehörden aus dem BMF-Schreiben v. 4. 6. 2015 (BStBl 2015 I S. 506). Wegen weiterer Einzelheiten zum Bescheinigungsverfahren wird auf R 7i EStR sowie das BMF-Schreiben v. 16. 5. 2007 (BStBl 2007 I S. 475) und das Urteil des BFH v. 24. 6. 2009 (BStBl II S. 596) hingewiesen. Wird die Begünstigung für eine Eigentumswohnung begehrt, muss die Bescheinigung für diese Wohnung erteilt sein; nicht ausreichend ist eine Bescheinigung für den gesamten Gebäudekomplex, zu dem die Wohnung gehört (BFH v. 6. 4. 2014, BStBl 2015 II S. 581). Bei der Bescheinigung handelt es sich um einen Grundlagenbescheid (BFH v. 22. 9. 2015, BStBl 2007 II S. 373; v. 25. 2. 2014, BFH/NV 2014 S. 1364; beachte BFH v. 6. 12. 2016, BStBl 2017 II S. 523).

XI. Sonstige steuerliche Bewertungsfreiheiten, steuerfreie Rücklagen

1. Überblick über die unterschiedlichen Regelungen

1231 Die Bemühungen des Gesetzgebers, bei der Gewinnermittlung unter bestimmten Voraussetzungen Erleichterungen einzuräumen, beschränken sich nicht auf die Zulassung des Lifo-Verfahrens für das Umlaufvermögen (vgl. Rdn. 906 ff.), besonderer AfA-Sätze (vgl. Rdn. 1101 ff.), von Sonderabschreibungen und erhöhten Absetzungen (vgl. Rdn. 1211 ff.). Sie erstrecken sich auch auf weitere Bewertungsfreiheiten.

- Qualifizierter Abzug der Aufwendungen für einer selbständigen Nutzung fähigen beweglichen Wirtschaftsgütern des Anlagevermögens, sofern die Anschaffungs- oder Herstellungskosten bzw. der an deren Stelle tretende Wert 1 000 € nicht übersteigt in unterschiedlicher Weise nach § 6 Abs. 2 und 2a EStG – Bewertungsfreiheit für geringwertige Wirtschaftsgüter (Rdn. 973 ff.).
- Kleine und mittlere Unternehmen (vgl. Rdn. 1217) können im Vorgriff auf beabsichtigte Investitionen nach § 7g Abs. 1 EStG einen Investitionsabzugsbetrag außerhalb der Bilanz abziehen (vgl. Rdn. 1244).
- Gewinne aus der Veräußerung bestimmter Wirtschaftsgüter des Anlagevermögens können nach §§ 6b, 6c EStG auf die Anschaffungs- oder Herstellungskosten bestimmter Anlagegüter übertragen werden. Ist die Übertragung der stillen Reserven erst in einem auf die Veräußerung folgenden Wirtschaftsjahr möglich, können diese über einen begrenzten Zeitraum in eine den steuerlichen Gewinn mindernde Rücklage eingestellt werden (vgl. Rdn. 1270 ff.).

Weiter sind die nachstehend aufgeführten Möglichkeiten zur Vermeidung der sofortigen Besteuerung realisierter Gewinne zu beachten: 1232

- Kürzung der Anschaffungs- oder Herstellungskosten von Anlagegütern um gewährte **Zuschüsse** nach R 6.5 EStR (vgl. Rdn. 1311).
- Übertragung infolge höherer Gewalt aufgedeckter stiller Reserven auf Ersatzwirtschaftsgüter nach R 6.6 EStG – **Rücklage für Ersatzbeschaffung** (vgl. Rdn. 1262).

Die handelsrechtlichen Rechnungslegungsvorschriften sehen weitgehend entsprechende Regelungen nicht vor. Es handelt sich um steuerrechtliche Wahlrechte, die gem. § 5 Abs. 1 Satz 1 Halbsatz 2 EStG unabhängig von der Verfahrensweise in der Handelsbilanz ausgeübt werden können. Soweit sich danach für die in Betracht kommenden Wirtschaftsgüter in der Steuerbilanz von der Handelsbilanz abweichende Ansätze ergeben, sind diese gem. § 5 Abs. 1 Satz 2 EStG durch Aufnahme der in Betracht kommenden Wirtschaftsgüter in das danach zu führende Verzeichnis zu dokumentieren (vgl. Rdn. 660 ff.). 1233

Im Vorgriff auf die aus Billigkeitsgründen zulässigen Sonderabschreibungen aus Anlass der Wiederherstellung oder der Wiederbeschaffung von Anlagegütern, die durch eine Unwetterkatastrophe untergegangen sind, kann nach der von den obersten Finanzbehörden des Bundes und der Länder beschlossenen Rahmenregelung (vgl. BMF-Schreiben v. 19. 7. 2005 – IV A 4 – S 0336 – 1/05) in bestimmtem Umfang eine den steuerlichen Gewinn mindernde Rücklage gebildet werden. Diese Regelung wird für die betroffenen Gebiete von dem zuständigen Landesfinanzminister zugelassen. 1234

2. Bewertungsfreiheit für geringwertige Wirtschaftsgüter

Die Regelungen zur Inanspruchnahme der Bewertungsfreiheit für geringwertige Wirtschaftsgüter sind in der Vergangenheit mehrfach geändert worden. Den unterschiedlichen Regelungen ist gemeinsam, dass nur die einer selbständigen Nutzung fähigen abnutzbaren beweglichen Wirtschaftsgüter des Anlagevermögens begünstigt sind. Die jeweiligen Schwellenwerte beziehen sich auf die Anschaffungs- oder Herstellungskosten bzw. den an deren Stelle tretenden Wert. Bei Zugang nach dem 31. 12. 2009 bestehen bei ab 2018 erhöhten Schwellenwerten folgende Wahlrechte, die jeweils bezogen für das einzelne Wirtschaftsjahr gesondert auszuüben sind: 1235

- Bei einem Zugangswert von nicht mehr als 250 € (bis 2017 150 €) ist statt der Vornahme der AfA nach § 7 EStG der sofortige Abzug als Betriebsausgaben zulässig. Die Aufnahme in das Inventarverzeichnis oder weitergehende Aufzeichnungen sind nicht erforderlich (§ 6 Abs. 2 EStG).
- Bei einem Zugangswert von mehr als 250 € (bis 2017 150 €) aber nicht mehr als 800 € (bis 2017 410 €) ist statt der Vornahme der AfA nach § 7 EStG der sofortige Abzug als Betriebsausgaben zulässig. Für diesen Fall sind die Wirtschaftsgüter unter Angabe des Zugangstages und des Zugangswerts in einem besonderen Verzeichnis auszuweisen, sofern diese Angaben nicht aus der Buchführung ersichtlich sind (§ 6 Abs. 2 EStG).
- Bei einem Zugangswert von mehr als 250 € (bis 2017 150 €) aber nicht mehr als 1 000 € ist statt der Vornahme der AfA nach § 7 EStG die Aufnahme in einen Sammelposten möglich, der im Wirtschaftsjahr der Bildung und in den folgenden vier Wirtschaftsjahren mit jeweils 1/5 gewinnmindernd aufzulösen ist. Für diesen Fall können die Aufwendungen für Wirtschaftsgüter mit einem Zugangswert von mehr als 250 € (bis 2017 150 €) aber nicht mehr als 800 € (bis 2017 410 €) nicht als sofort abziehbare Betriebsausgaben behandelt werden (§ 6 Abs. 2a EStG).

1236 Wegen weiterer Einzelheiten wird auf R 6.13 EStR, H 6.13 EStH, das BMF-Schreiben v. 30. 9. 2010 (BStBl I S. 755) sowie Rdn. 973 ff. hingewiesen.

1237, 1238 *Einstweilen frei*

3. Ansparabschreibungen, Investitionsabzugsbetrag nach § 7g EStG

3.1 Rechtsentwicklung

1239 Investitionen kleiner und mittlerer Unternehmen (vgl. Rdn. 1217) werden durch § 7g EStG gefördert. Begünstigt sind die Anschaffung oder Herstellung abnutzbarer beweglicher Wirtschaftsgüter des Anlagevermögens. Zunächst war es mit Wirkung für vor dem 18. 8. 2007 endende Wirtschaftsjahre zulässig, auf beabsichtigte Investitionen bis zu einem Höchstbetrag eine Ansparabschreibung gewinnmindernd zu berücksichtigen, bei Gewinnermittlung nach § 4 Abs. 1, § 5 EStG durch die Bildung einer entsprechenden Rücklage, bei Gewinnermittlung nach § 4 Abs. 3 EStG durch den Abzug wie eine Betriebsausgabe. Die Rücklage war für das Jahr der Durchführung der Investition, spätestens jedoch zum Ende des zweiten auf die Bildung folgenden Wirtschaftsjahres aufzulösen. Bei Gewinnermittlung nach § 4 Abs. 3 EStG hatte eine entsprechende Zurechnung zum Gewinn zu erfolgen. Für die begünstigte Investition konnten im Übrigen Sonderabschreibungen beansprucht werden (Rdn. 1220). Weitergehende Vergünstigungen waren für Existenzgründer vorgesehen.

1240 Für nach dem 17. 8. 2007 endende Wirtschaftsjahre wurde mit der Neufassung des § 7g EStG durch das UntStRefG v. 18. 8. 2007 (BGBl 2007 I S. 1912) im Vorgriff auf beabsichtigte Investitionen ein Investitionsabzugsbetrag bis zur Höhe 40 % der voraussichtlichen Anschaffungs- oder Herstellungskosten abnutzbarer beweglicher Wirtschaftsgüter des Anlagevermögens, höchstens jedoch von 200 000 € zugestanden, der bei Gewinnermittlung nach § 4 Abs. 1, § 5 EStG außerhalb der Bilanz, bei Gewinnermittlung nach § 4 Abs. 3 EStG wie eine Betriebsausgabe abzuziehen ist. Änderungen und Ergänzungen erfolgten durch das Wachstumsbeschleunigungsgesetz v. 22. 12. 2009 (BGBl 2009 I S. 1346) und das AmtshilfeRLUmsG v. 26. 6. 2013 (BGBl 2013 I S. 1809). Die Gewährung von Sonderabschreibungen wurde beibehalten.

Die begünstigte Investition hatte innerhalb der auf den Abzug folgenden drei Wirtschaftsjahre zu erfolgen. Die beabsichtigten Investitionen waren bei Geltendmachung des Abzugsbetrags in qualifizierter Form zu bezeichnen. Bei fristgemäß erfolgter Investition ist der entsprechende Abzugsbetrag entweder dem Gewinn hinzuzurechnen oder von den Anschaffungs- oder Herstellungskosten des begünstigten Wirtschaftsguts abzuziehen. Wird die Investition nicht oder nicht fristgerecht durchgeführt, ist der Abzug nachträglich zu versagen. Entsprechendes gilt, wenn nach fristgerecht durchgeführter Investition das begünstigte Wirtschaftsgut nicht bis zum Ende des auf die Anschaffung/Herstellung folgenden Wirtschaftsjahres ausschließlich oder nahezu ausschließlich in einer inländischen Betriebsstätte genutzt wird. Mit der qualifizierten Bezeichnung der beabsichtigten Investitionen und der mit der rückwirkenden Versagung des Abzugsbetrags im Regelfall einhergehenden Verzinsung der sich danach ergebenden Steuernachforderung sollte Missbräuchen entgegengewirkt werden.

Auf die Erläuterungen des BMF in seinen Schreiben v. 20.11.2013 (BStBl 2013 I S. 1493) und v. 15.8.2014 (BStBl 2014 I S. 1174) wird hingewiesen.

Die danach maßgebende Fassung des § 7g EStG ist dann durch das StÄndG 2015 v. 2.11.2015 (BGBl 2015 I S. 1834) mit Wirkung für nach dem 31.12.2015 endende Wirtschaftsjahre geändert worden. Beibehalten wurde die Gewährung von Investitionsabzugsbeträgen bis zur Höhe von 40 % der voraussichtlichen Anschaffungs- oder Herstellungskosten abnutzbarer beweglicher Wirtschaftsgüter des Anlagevermögens, höchstens jedoch von 200 000 €. Erleichtert wurden die Voraussetzungen für die Inanspruchnahme eines Investitionsabzugsbetrags unter Beibehaltung der Größenmerkmale für kleine und mittlere Unternehmen und der Regelungen im Übrigen. § 7g Abs. 1 bis 4 EStG wurden neu gefasst, ohne dass sich in Abs. 2 bis 4 daraus wesentliche materielle Änderungen ergaben. Die Vorschriften über die Zulässigkeit von Sonderabschreibungen nach § 7g Abs. 5 und 6 EStG sowie zur entsprechenden Anwendung von § 7g Abs. 1 bis 6 EStG auf Personengesellschaften und Gemeinschaften gem. § 7g Abs. 7 EStG blieben unverändert. 1241

Dem begünstigten Steuerpflichtigen steht es nunmehr frei, im Rahmen des unverändert gebliebenen Höchstbetrags einen Investitionsabzugsbetrag zu beanspruchen. Einer Bezeichnung der im Einzelnen beabsichtigten Investitionen bedarf es nicht. Erforderlich ist, dass er die Summen der Abzugsbeträge und der nach den § 7g Abs. 2 bis 4 EStG hinzuzurechnenden oder rückgängig zu machenden Beträge nach amtlich vorgeschriebenen Datensätzen durch Datenfernübertragung dem Finanzamt übermittelt, sofern ihm dafür keine Erleichterungen zugestanden worden sind. Der Investitionsabzugsbetrag ist nur dann und insoweit rückwirkend zu versagen, als innerhalb des dreijährigen Investitionszeitraums 40 % der begünstigungsfähigen Investitionen den beanspruchten Investitionsabzugsbetrag nicht erreichen.

Die Neufassung des § 7g EStG ist erstmals für Investitionsabzugsbeträge anzuwenden, die für nach dem 31.12.2015 endende Wirtschafsjahre beansprucht werden (§ 52 Abs. 16 Satz 1 EStG). Bei einem vom Kalenderjahr abweichenden Wirtschaftsjahr, z. B. bei Land- und Forstwirten (vgl. dazu § 4a Abs. 1 Satz 2 Nr. 1 EStG), ist die Neuregelung bereits für das Wirtschaftsjahr 2015/2016 anwendbar. Bei Investitionsabzugsbeträgen, die in vor dem 1.1.2016 endenden Wirtschaftsjahren in Anspruch genommen wurden, ist § 7g Abs. 1 bis 4 EStG in der am 31.12.2015 geltenden Fassung weiter anzuwenden (§ 52 Abs. 16 Satz 2 EStG). Soweit vor dem 1.1.2016 beanspruchte Investitionsabzugsbeträge noch nicht hinzugerechnet oder rückgängig gemacht worden sind, vermindert sich der Höchstbetrag von 200 000 € nach § 7g Abs. 1 Satz 4 EStG in der am 1.1.2016 geltenden Fassung entsprechend (§ 52 Abs. 16 Satz 3 EStG). 1242

Zu der ab 1.1.2016 maßgebenden Fassung von § 7g Abs. 1 bis 4 und 7 EStG hat das BMF mit Schreiben v. 20.3.2017 (BStBl 2017 I S. 423) Stellung genommen. Danach sind für vor dem 1.1.2016 endende Wirtschaftsjahre gebildete Investitionsabzugsbeträge insgesamt die bis dahin maßgebenden Regelungen anzuwenden. Die Investition hat innerhalb des bisherigen Investitionszeitraums zu erfolgen; die Bestimmung der anzuschaffenden/herzustellenden Wirtschaftsgüter bleibt maßgebend. Eine Verrechnung mit anderen Investitionen ist nicht zulässig, so dass der Investitionsabzugsbetrag ggf. gem. § 7g Abs. 3 EStG rückgängig zu machen ist. Entsprechendes gilt für den Teil des

Abzugsbetrags, um den die Anschaffungs- oder Herstellungskosten den Abzugsbetrag unterschreiten.

1243 Durch das Jahressteuergesetz 2020 (JStG 2020) vom 21. 12. 2020 ist es Steuerpflichtigen möglich, in Wirtschaftsjahren, die nach dem 31. 12. 2019 enden, für die künftige Anschaffung oder Herstellung von abnutzbaren beweglichen Wirtschaftsgütern des Anlagevermögens, die mindestens bis zum Ende des dem Wirtschaftsjahr der Anschaffung oder Herstellung folgenden Wirtschaftsjahres vermietet oder in einer inländischen Betriebsstätte des Betriebes ausschließlich oder fast ausschließlich betrieblich genutzt werden, bis zu 50 % der voraussichtlichen Anschaffungs- oder Herstellungskosten gewinnmindernd als Investitionsabzugsbetrag außerhalb der Buchführung abzuziehen. Voraussetzung dafür ist, dass der Gewinn nach § 4 oder § 5 EStG ermittelt wird und im Wirtschaftsjahr, in dem die Abzüge vorgenommen werden sollen, ohne Berücksichtigung der Investitionsabzugsbeträge nach § 7g Abs. 1 Satz 1 EStG und der Hinzurechnungen nach § 7g Abs. 2 EStG 200 000 € nicht überschreitet. Die Übermittlung durch Datenfernübertragung nach amtlich vorgeschriebenen Datensätzen ist weiterhin vorzunehmen.

Im Wirtschaftsjahr der Anschaffung oder Herstellung eines begünstigten Wirtschaftsguts können ab dem 1. 1. 2020 bis zu 50 % der Anschaffungs- oder Herstellungskosten gewinnerhöhend hinzugerechnet werden; die Hinzurechnung darf allerdings die Summe der nach § 7g Abs. 1 EStG abgezogenen und noch nicht nach § 7g Abs. 2 bis 4 EStG hinzugerechneten oder rückgängig gemachten Abzugsbeträge nicht übersteigen. Für Investitionsabzugsbeträge, die nach dem 31. 12. 2020 endenden Wirtschaftsjahren in Anspruch genommen werden, ist durch den neuen Satz 2 in Abs. 2 Voraussetzung für die Hinzurechnung nach § 7g Abs. 2 Satz 1 EStG, dass das begünstigte Wirtschaftsgut zum Zeitpunkt der Inanspruchnahme der Investitionsabzugsbeträge noch nicht angeschafft oder hergestellt worden ist, wenn der Investitionsabzugsbetrag nach Eintritt der Unanfechtbarkeit der erstmaligen Steuerfestsetzung oder der erstmaligen gesonderten Feststellung nach § 7g Abs. 1 EStG in Anspruch genommenen wird.

Nach § 7g Abs. 2 Satz 3 EStG können die Anschaffungs- oder Herstellungskosten des Wirtschaftsguts ab dem 1. 1. 2002 um bis zu 50 %, höchstens jedoch um die Hinzurechnung nach § 7g Abs. 2 Satz 1 EStG, gewinnmindernd herabgesetzt werden; die Bemessungsgrundlage für die Absetzungen für Abnutzung, erhöhten Absetzungen und Sonderabschreibungen sowie die Anschaffungs- oder Herstellungskosten i. S. von § 6 Abs. 2 und 2a verringern sich entsprechend.

3.2 Investitionsabzugsbetrag nach § 7g EStG n. F.

1244 Nach § 7g Abs. 1 Satz 1 EStG n. F. können Steuerpflichtige für die künftige Anschaffung oder Herstellung von abnutzbaren beweglichen Wirtschaftsgütern des Anlagevermögens bis zu 50 % der voraussichtlichen Anschaffungs- oder Herstellungskosten gewinnmindernd abziehen. Dabei wird vorausgesetzt, dass die Wirtschaftsgüter mindestens bis zum Ende des dem Wirtschaftsjahr der Anschaffung oder Herstellung folgenden Wirtschaftsjahres vermietet oder in einer inländischen Betriebsstätte des Betriebes ausschließlich oder fast ausschließlich betrieblich genutzt werden. Weiter wird gefordert:

- Der Betrieb muss den Gewinn nach § 4 EStG oder § 5 EStG ermitteln und dieser darf im Wirtschaftsjahr, in dem die Abzüge vorgenommen werden sollen, ohne Berücksichtigung der Investitionsabzugsbeträge nach § 7g Abs. 1 Satz 1 EStG und der Hinzurechnungen nach § 7g Abs. 2 EStG 200 000 € nicht überschreiten (§ 7g Abs. 1 Satz 2 Nr. 1 EStG).
- Der Steuerpflichtige muss die Summen der Abzugsbeträge und der nach den § 7g Abs. 2 bis 4 EStG hinzuzurechnenden oder rückgängig zu machenden Beträge nach amtlich vorgeschriebenen Datensätzen durch Datenfernübertragung dem Finanzamt übermitteln. Auf Antrag kann zur Vermeidung unbilliger Härten auf eine elektronische Übermittlung verzichtet werden (vgl. § 150 Abs. 8 AO). In diesen Fällen müssen sich die Summen der Abzugsbeträge und der nach § 7g Abs. 2 bis 4 EStG hinzuzurechnenden oder rückgängig zu machenden Beträge aus den beim Finanzamt einzureichenden Unterlagen ergeben (Rdn. 24 bis 26 des BMF-Schreibens v. 20. 3. 2017, a. a. O.).
- Die Summe (der Saldo) der Beträge, die im Wirtschaftsjahr des Abzugs und in den drei vorangegangenen Wirtschaftsjahren sowie der im betreffenden Wirtschaftsjahr und der nach den § 7g Abs. 2 bis 4 EStG hinzuzurechnenden oder rückgängig zu machenden Beträge darf je Betrieb 200 000 € nicht übersteigen.

Investitionsabzugsbeträge können auch beansprucht werden, wenn sich dadurch ein Verlust ergibt.

Begünstigt sind Einzelunternehmer, Personengesellschaften und Gemeinschaften (vgl. 1245
dazu § 7g Abs. 7 EStG) sowie nach Maßgabe des KStG zu besteuernde Körperschaften (Rdn. 1 bis 5 des BMF-Schreibens v. 20. 3. 2017, a. a. O.). Personengesellschaften können danach Abzugsbeträge auch für beabsichtigte Investitionen ihrer Gesellschafter im Sonderbetriebsvermögen beanspruchen (beachte FG Baden-Württemberg v. 11. 3. 2016, EFG 2016 S. 1081, Rev. Az. BFH VI R 44/16). Die Vergünstigung wird betriebsbezogen gewährt. Voraussetzung ist die Ausübung einer werbenden Tätigkeit; nicht begünstigt sind beabsichtigte Investitionen in einem fortgeführten verpachteten Betrieb i. S. von § 16 Abs. 3b EStG (BFH v. 27. 9. 2001, BStBl 2002 II S. 136). Natürliche Personen können mehrere Betriebe unterhalten, so dass bei Vorliegen der weiteren Voraussetzungen für jeden der Betriebe Abzugsbeträge jeweils bis zum Höchstbetrag von 200 000 € beansprucht werden können (Rdn. 10, 19 des BMF-Schreibens v. 20. 3. 2017, a. a. O.; BFH v. 24. 10. 2012, BFH/NV 2013 S. 252; v. 25. 2. 2016, BFH/NV 2016 S. 915). Kapitalgesellschaften und Personengesellschaften unterhalten demgegenüber jeweils nur einen Betrieb. In Fällen der Betriebsaufspaltung kann ein Abzugsbetrag von Besitz- und Betriebsunternehmen, in den Fällen der Organschaft von Organträger und Organgesellschaft jeweils unabhängig voneinander beansprucht werden. Ab dem 1. 1. 2021 können vom Gewinn der Gesamthand oder Gemeinschaft abgezogene Investitionsabzugsbeträge ausschließlich bei Investitionen der Personengesellschaft oder Gemeinschaft nach § 7g Abs. 2 Satz 1 EStG gewinnerhöhend hinzugerechnet werden. Entsprechendes gilt für vom Sonderbetriebsgewinn eines Mitunternehmers abgezogene Investitionsabzugsbeträge bei Investitionen dieses Mitunternehmers oder seines Rechtsnachfolgers in seinem Sonderbetriebsvermögen.

Der Abzugsbetrag kann sowohl bei Gewinnermittlung nach § 4 Abs. 1 als auch nach § 5 EStG, nicht hingegen bei Gewinnermittlung nach Durchschnittssätzen gem. § 13a EStG beansprucht werden. Er ist bei Gewinnermittlung durch Bestandsvergleich außerhalb der Bilanz zu berücksichtigen.

1246 Investitionsabzugsbeträge können beansprucht werden für die künftige Anschaffung oder Herstellung abnutzbarer beweglicher Anlagegüter einschließlich geringwertiger Wirtschaftsgüter i. S. von § 6 Abs. 2 und 2a EStG (Rdn. 6 bis 8 des BMF-Schreibens v. 20. 3. 2017, a. a. O.). Dabei kann es sich auch um gebrauchte Wirtschaftsgüter handeln. Zur Verfahrensweise in Fällen, in denen ein Wirtschaftsgut in mehr als einem Betrieb des Anspruchsberechtigten genutzt werden soll, vgl. BFH v. 19. 3. 2014 (BFH/NV 2014 S. 1143) und v. 6. 4. 2016 (BFH/NV 2016 S. 1775). Wirtschaftsgüter, die zu mehr als 10 % privat genutzt werden, sind nicht begünstigt. Wird der Umfang der privaten Pkw-Nutzung nach der sog. 1 %-Regelung (§ 6 Abs. 1 Nr. 4 Satz 2 EStG) ermittelt, ist grundsätzlich von einem schädlichen Nutzungsumfang auszugehen. Die Inanspruchnahme eines Investitionsabzugsbetrags für die geplante Anschaffung eines weiteren Pkw kann nicht deswegen versagt werden, weil bei dem gegenwärtig genutzten Pkw die sog. 1 %-Regelung angewendet wird (BFH v. 26. 11. 2009, BStBl 2013 II S. 946). Bei der Verwendung eines Teils des von einer gewerblich betriebenen Fotovoltaikanlage erzeugten Stroms für private Zwecke handelt es sich um eine Sachentnahme und keine teilweise private Nutzung der Anlage (R 4.3 Abs. 4 EStR). Dagegen führt bei sog. Blockheizkraftwerken die Nutzung der Wärme für außerbetriebliche Zwecke zu einer (anteiligen) außerbetrieblichen Nutzung der Anlage.

Steht von vornherein fest, dass ein Wirtschaftsgut aufgrund seiner Beschaffenheit vor Ende des auf das Jahr des Zugangs folgenden Wirtschaftsjahres aus dem Betriebsvermögen ausscheiden wird, wie dies z. B. bei bestimmten Tieren der Fall sein kann, ist die Inanspruchnahme des Investitionsabzugsbetrags ausgeschlossen (Niedersächsisches FG v. 15. 8. 2012 – 2 K 80/12, EFG 2012 S. 2191, rkr.).

1247 Die begünstigte Investition muss in den dem Wirtschaftsjahr des Abzugs folgenden drei Wirtschaftsjahren erfolgen. Nach dem Urteil des BFH v. 10. 3. 2016 (BStBl 2016 II S. 763) steht es der Inanspruchnahme eines Investitionsabzugsbetrags nicht entgegen, wenn im Zeitpunkt seiner Geltendmachung feststeht, dass die Investition nicht mehr von dem Steuerpflichtigen selbst, sondern aufgrund einer bereits durchgeführten oder feststehenden unentgeltlichen Betriebsübertragung von dem Betriebsübernehmer vorgenommen werden soll. Entsprechendes gilt in Wirtschaftsjahren vor einer Einbringung von Betriebsvermögen in eine Personengesellschaft nach § 24 UmwStG, vgl. Rdn. 22 des BMF-Schreibens v. 20. 3. 2017 (a. a. O.). Für den Fall der Einbringung eines Betriebs zu Buchwerten in eine Kapitalgesellschaft vgl. BFH v. 27. 1. 2016 (BFH/NV 2016 S. 1032).

1248 Der Abzugsbetrag kann nur auf Antrag beansprucht werden. Angaben zu in der Zukunft beabsichtigten Investitionen sind nicht erforderlich. Dieser Antrag kann im Rahmen der Steuererklärung, u. U. auch zu einem späteren Zeitpunkt, z. B. in einem Rechtsbehelfsverfahren und aus Anlass einer steuerlichen Außenprüfung, gestellt werden. Erforderlich ist im Regelfall die Übermittlung der erforderlichen Daten nach amtlich vorgeschriebenem Datensatz durch Datenfernübertragung. Bei erstmaliger Inanspruchnahme eines Investitionsabzugsbetrags mit der Jahressteuererklärung ist lediglich der Abzugsbetrag zu übermitteln. Korrekturen sind danach ebenfalls nur im Rahmen der Datenfernübertragung nach den Vorgaben der FinVerw möglich.

Für den Regelfall wird der Antrag auf Gewährung des Abzugsbetrags mit der Abgabe der entsprechenden Jahressteuererklärung gestellt werden. Bereits für die zuvor maßgebenden Fassungen des § 7g EStG wurde eine spätere Antragstellung z. B. im Rahmen eines Einspruchs- oder Klageverfahrens (BFH v. 8. 6. 2011, BStBl 2013 II S. 952; v. 17. 1. 2012, BStBl 2013 II S. 949; vgl. auch Rdn. 21 des BMF-Schreibens v. 20. 3. 2017, a. a. O.) für zulässig angesehen, sofern die Investition von dem betreffenden Betrieb durchgeführt wird. Nach dem Urteil des BFH v. 23. 3. 2016 – IV R 9/14 (BFH/NV 2016 S. 1500) ist die Gewährung eines Investitionsabzugsbetrags nicht deshalb ausgeschlossen, dass durch eine Außenprüfung festgestellte Mehrgewinne ausgeglichen werden sollen (gegen Rdn. 26 des BMF-Schreibens v. 20. 11. 2013, BStBl 2013 I S. 1493). Bisher wurde ein Investitionsabzugsbetrag nicht zugestanden, wenn bei Antragstellung die Investitionsfrist bereits abgelaufen und die Investition tatsächlich nicht durchgeführt worden war oder mit einer fristgerechten Investition nicht gerechnet werden kann (Rdn. 20, 25 des BMF-Schreibens v. 20. 11. 2013, a. a. O.). Für einen bereits veräußerten oder eingestellten Betrieb kommt ein Abzugsbetrag dann nicht mehr in Betracht, wenn tatsächlich keine entsprechenden Investitionen durchgeführt worden sind. Entsprechendes gilt, wenn bei beabsichtigter Veräußerung oder Aufgabe Investitionen nicht mehr durchgeführt werden (Rdn. 22, 23 des BMF-Schreibens v. 20. 11. 2013, a. a. O.; BFH v. 20. 12. 2006, BStBl 2007 II S. 862; v. 1. 8. 2007, BStBl 2008 II S. 106). 1249

Bereits die Neufassung des § 7g EStG durch das UntStRefG v. 18. 8. 2007 (BGBl 2007 I S. 1912) sah die Rückgängigmachung des Investitionsabzugsbetrags für den Fall der Nichteinhaltung des dreijährigen Investitionszeitraums vor. Für den Regelfall ist damit die Verzinsung der dadurch ausgelösten Steuernachforderung verbunden. Nach Auffassung des BFH (Urteil v. 23. 3. 2016 – IV R 9/14, a. a. O.) wird damit i. d. R. kein Anreiz mehr dafür bestehen, den Investitionsabzugsbetrag auch dann in Anspruch zu nehmen, wenn tatsächlich keine Investitionsabsicht besteht. Berücksichtigt man weiter, dass der Gesetzgeber inzwischen den Abzugsbetrag für nicht näher konkretisierte Investitionen zugelassen hat, sprechen wesentliche Gesichtspunkte dafür, den Abzugsbetrag immer dann zuzulassen, wenn bei Antragstellung die Investition bereits durchgeführt oder bei noch bevorstehender Investition der Investitionszeitraum noch nicht abgelaufen ist.

Der Investitionsabzugsbetrag kann ab 1. 1. 2020 unter Beachtung der Höchstgrenze von 200 000 € bis zur Höhe von 50 % der voraussichtlichen Anschaffungs- oder Herstellungskosten beansprucht werden. Es steht im Belieben des Steuerpflichtigen, einen niedrigeren Abzugsbetrag geltend zu machen. Nach dem Urteil des BFH v. 12. 11. 2014 (BStBl 2016 II S. 38) kann das nicht ausgeschöpfte Volumen des Abzugsbetrags in einem Folgejahr nachgeholt werden, sog. Aufstockung. Dieses Urteil ist zu der für vor dem 1. 1. 2016 endende Wirtschaftsjahre maßgebenden Rechtslage ergangen. Ihm kommt für nach dem 31. 12. 2015 endende Wirtschaftsjahre keine Bedeutung mehr zu. 1250

BEISPIEL 77: Der Einzelunternehmer A (Wirtschaftsjahr = Kalenderjahr) plant in 2021 die Anschaffung einer Produktionsmaschine für das Jahr 2022. Die Anschaffungskosten werden voraussichtlich 200 000 € betragen. Für Vorjahre wurde kein Investitionsabzugsbetrag geltend gemacht. Die weiteren Voraussetzungen für die Anwendung des § 7g EStG liegen vor. A bean- 1251 tragt mit der Abgabe der Steuererklärung 2021 einen Abzugsbetrag in Höhe von 50 % = 100 000 €. Die weiteren Voraussetzungen für die Anwendung des § 7g EStG liegen vor. Die Maschine wird 2022 für 200 000 € geliefert.

Die Maschine ist in 2022 und damit innerhalb des dem für 2021 beanspruchten Abzugsbetrags nachfolgenden Investitionszeitraums angeschafft worden. Der für 2021 beanspruchte Abzugsbetrag i. H. von 100 000 € ist damit nach der dafür maßgebenden Fassung des § 7g Abs. 2 Satz 1 EStG dem Gewinn 2022 hinzuzurechnen. Für die angeschaffte Maschine konnte ein Investitionsabzugsbetrag von insgesamt 50 % von 200 000 € = 100 000 € beansprucht werden. Die Anschaffungskosten der Maschine und damit die Bemessungsgrundlage für die AfA sowie für die ggf. zu beanspruchende Sonderabschreibungen können nach den insoweit übereinstimmenden Regelungen in § 7g Abs. 2 Satz 3 EStG erfolgswirksam um 100 000 € gemindert werden.

1252 Wird die beabsichtigte Investition nicht bis zum Ende des dritten auf das Wirtschaftsjahr des Abzugs folgenden Wirtschaftsjahres durchgeführt, ist der Abzug des Abzugsbetrags nach § 7g Abs. 3 EStG rückgängig zu machen; der materielle Gehalt dieser Vorschrift ist durch das StÄndG 2015 v. 2. 11. 2015 (BGBl 2015 I S. 1834) nicht verändert worden. Dazu wird nunmehr in Rdn. 31 bis 34 des BMF-Schreibens v. 20. 3. 2017 (a. a. O.) Stellung genommen.

1253 **BEISPIEL 77A:** Abwandlung des Beispiels 77 dahingehend, dass die Maschine nicht angeschafft und der Betrieb in 2023 nach dem plötzlichen Tod des A eingestellt wird. Das Finanzamt hat die ESt-Veranlagungen 2021 und 2022 bereits durchgeführt.

Es kommt danach nicht zu der durch den für 2021 beanspruchten Investitionsabzugsbetrag beabsichtigten Investition. Aufgrund der materiell übereinstimmenden Regelungen des § 7g Abs. 3 EStG entfällt die Berechtigung für die Berücksichtigung des Investitionsabzugsbetrags 2021. Die bereits durchgeführte ESt-Veranlagung für 2021 ist entsprechend zu ändern.

1254 Bei fristgerecht durchgeführter Investition ist weiter erforderlich, dass die Wirtschaftsgüter mindestens bis zum Ende des dem Wirtschaftsjahr der Anschaffung oder Herstellung folgenden Wirtschaftsjahres vermietet oder in einer inländischen Betriebsstätte des Betriebes ausschließlich oder fast ausschließlich betrieblich genutzt werden. Wird diese Voraussetzung nicht erfüllt, ist die Berücksichtigung des Abzugsbetrags nach § 7g Abs. 4 EStG rückgängig zu machen; der materielle Gehalt dieser Vorschrift ist durch das StÄndG 2015 v. 2. 11. 2015 (BGBl 2015 I S. 1834) nicht verändert worden. Dementsprechend ist nicht nur die Veranlagung für das Abzugsjahr, sondern auch für das Jahr des Zugangs des begünstigten Wirtschaftsguts zu ändern; vgl. auch Rdn. 35, 36 des BMF-Schreibens v. 20. 3. 2017 (a. a. O.).

1255 **BEISPIEL 77B:** Abwandlung des Beispiels 77 dahingehend, dass die in 2022 angeschaffte Maschine nicht die erwartete Leistung erbringt. Sie wird deswegen in 2023 veräußert. A teilt diesen Sachverhalt mit der Abgabe der Steuererklärungen 2023 mit. Zu diesem Zeitpunkt sind die Veranlagungen für die Vorjahre bereits durchgeführt.

Für 2022 entfallen damit die Hinzurechnungen sowie eine etwaige Kürzung der Anschaffungskosten der Maschine, so dass die Veranlagung 2022 insoweit zu ändern ist. Hinsichtlich des für 2021 berücksichtigten Abzugsbetrags entfällt rückwirkend die Abzugsberechtigung, so dass die Veranlagung insoweit zu ändern ist.

1256–1261 *Einstweilen frei*

4. Rücklage für Ersatzbeschaffung

Scheidet ein Wirtschaftsgut des Anlagevermögens infolge höherer Gewalt oder infolge bzw. zur Vermeidung eines behördlichen Eingriffs gegen Entschädigung aus dem Betriebsvermögen aus, können die aus diesem Anlass aufgedeckten stillen Reserven nach den Grundsätzen von R 6.6 EStR auf die Anschaffungs- oder Herstellungskosten eines dafür angeschafften/hergestellten Ersatzwirtschaftsguts übertragen werden; Voraussetzung ist, dass es sich um kein immaterielles Wirtschaftsgut und keine Beteiligung an einer Kapitalgesellschaft handelt (FG Münster v. 23.6.2016 – 2 K 3762/12 G, F, NWB DokID: AAAAF-80737). Wird das Ersatzwirtschaftsgut erst in einem nachfolgenden Wirtschaftsjahr angeschafft/hergestellt, können die aufgedeckten stillen Reserven in eine den steuerlichen Gewinn mindernde Rücklage eingestellt werden. Diese Rücklage für Ersatzbeschaffung ist im Jahr der Anschaffung/Herstellung des Ersatzwirtschaftsguts auf dessen Anschaffungs- oder Herstellungskosten zu übertragen. Die Übertragung der stillen Reserven auf ein Ersatzwirtschaftsgut, das vor der Veräußerung des zu ersetzenden Wirtschaftsguts angeschafft wurde, ist ausnahmsweise dann zulässig, wenn zwischen Erwerb und Veräußerung ein ursächlicher Zusammenhang besteht (BFH v. 12.6.2001, BStBl 2001 II S. 830). Die Übertragung ist erfolgsneutral, mindert aber die Anschaffungs- oder Herstellungskosten und damit bei abnutzbaren Anlagegütern die AfA-Bemessungsgrundlage des Ersatzwirtschaftsgutes. Wird ein Wirtschaftsgut infolge höherer Gewalt beschädigt und wird dafür eine Entschädigung gezahlt, kann diese unter Voraussetzungen von R 6.6 Abs. 7 EStR in eine den steuerlichen Gewinn mindernde Rücklage eingestellt werden, wenn die Reparatur erst in einem Folgejahr erfolgt. Die Rücklage ist dann mit dem Reparaturaufwand zu verrechnen. 1262

Höhere Gewalt liegt vor, wenn das Wirtschaftsgut infolge von Elementarereignissen wie z. B. Brand, Sturm, Überschwemmung, sowie durch andere unabwendbare Ereignisse wie z. B. Diebstahl oder einen unverschuldeten Unfall aus dem Betriebsvermögen ausscheidet. Als Fälle eines behördlichen Eingriffs sind u. a. Maßnahmen zur Enteignung oder Inanspruchnahme für Verteidigungszwecke zu verstehen; vgl. R 6.6 Abs. 2 EStR sowie H 6.6 (2) EStH. Die Übertragung von Aktien nach §§ 327a ff. AktG (sog. Squeeze-out) erfolgt nicht aufgrund höherer Gewalt (BFH v. 13.10.2010, BStBl 2012 I S. 421). 1263

Als Ersatzwirtschaftsgut kommt nur ein Wirtschaftsgut in Betracht, das dieselbe oder eine entsprechende Aufgabe wie das ausgeschiedene Wirtschaftsgut erfüllt, da nach der Rechtsprechung ein Ersatzwirtschaftsgut nicht nur ein der Art nach funktionsgleiches Wirtschaftsgut voraussetzt, es muss darüber hinaus auch funktionsgleich genutzt werden (BFH v. 29.4.1999, BStBl 1999 II S. 488); wegen der Übertragungsmöglichkeiten der stillen Reserven eines bebauten Grundstücks wird auf R 6.6 Abs. 3 EStR sowie das Urteil des BFH v. 29.4.1999 (BStBl II S. 488) hingewiesen. Erforderlich ist, dass das Ersatzwirtschaftsgut vom Stpfl. angeschafft oder hergestellt wird. Die Übertragung stiller Reserven auf ein vom Stpfl. in das Betriebsvermögen eingelegtes Wirtschaftsgut ist nicht möglich (BFH v. 11.12.1984, BStBl 1985 II S. 250). 1264

Die Rücklage wegen Ausscheidens eines beweglichen Wirtschaftsguts ist grundsätzlich in dem auf ihre Bildung folgenden Wirtschaftsjahr auch dann aufzulösen, wenn noch kein Ersatzwirtschaftsgut angeschafft/hergestellt wurde. Handelt es sich bei den aus- 1265 geschiedenen Wirtschaftsgütern um Grund und Boden, bei land- und forstwirtschaftlichen Betrieben um den Aufwuchs auf Grund und Boden, um Gebäude oder um Schiffe, verlängert sich die Frist auf vier Jahre, bei beabsichtigter Herstellung eines Gebäudes auf sechs Jahre. Mit dieser Regelung in R 6.6. Abs. 4 EStR folgt die FinVerw der Auffassung des BFH (Urteil v. 12. 1. 2012, BStBl 2014 II S. 443). Bei beweglichen Wirtschaftsgütern kann die einjährige Frist auf bis zu vier Jahren verlängert werden, wenn glaubhaft gemacht werden kann, dass die Ersatzbeschaffung innerhalb der verlängerten Frist erfolgen wird. Eine Verlängerung auf bis zu sechs Jahre kann in Betracht kommen, wenn die Ersatzbeschaffung im Zusammenhang mit der Herstellung eines Gebäudes steht. Dies ist z. B. der Fall, wenn für ein zerstörtes Produktionsgebäude ein Neubau erstellt wird und erst bei dessen Bezugsfertigkeit die Ersatzbeschaffungen für die ebenfalls zerstörten Maschinen erfolgen.

1266 Die handelsrechtlichen Rechnungslegungsvorschriften sehen keine R 6.6 EStR entsprechende Verfahrensweise vor. Es handelt sich deswegen um ein steuerrechtliches Wahlrecht, das gem. § 5 Abs. 1 Satz 1 Halbsatz 2 EStG unabhängig von der Verfahrensweise in der Handelsbilanz ausgeübt werden kann. Den sich aus § 5 Abs. 1 Satz 2 EStG ergebenden Dokumentationspflichten wird dadurch genügt, dass das in Betracht kommende Wirtschaftsgut nach Übertragung der stillen Reserven, der Rücklage, in dem nach § 5 Abs. 1 Satz 2 EStG zu führenden Verzeichnis ausgewiesen wird. Für die Rücklage ist unter diesem Gesichtspunkt über den Ausweis in der Steuerbilanz hinaus keine weitergehende Dokumentation erforderlich (R 6.6 Abs. 1 EStR).

Auf die Übertragung der stillen Reserven kann nicht nachträglich durch eine Wertaufholung in der Steuerbilanz eines nachfolgenden Wirtschaftsjahres verzichtet werden (BFH v. 4. 6. 2008, BStBl 2009 II S. 187; BMF-Schreiben v. 11. 2. 2009, BStBl 2009 I S. 397). Scheidet ein Wirtschaftsgut gegen Barzahlung und gegen Erhalt eines Ersatzwirtschaftsguts aus dem Betriebsvermögen aus oder wird die für das Ausscheiden eines Wirtschaftsguts erhaltene Entschädigung nicht in voller Höhe zur Beschaffung eines Ersatzwirtschaftsguts verwendet, dürfen die aufgedeckten stillen Reserven nur anteilig auf das Ersatzwirtschaftsgut übertragen werden (auf das Beispiel in H 6.6 (3) „Mehrentschädigung" EStH wird hingewiesen).

1267 **BEISPIEL 78:** Die X-GmbH ist Eigentümerin eines bebauten Grundstücks, das zum 1. 1. 2021 wie folgt bilanziert wird:

Grund und Boden	50 000 €,
Gebäude	150 000 €,
Außenanlagen	1 000 €.

Dieses Grundstück wird für öffentliche Zwecke der Gemeinde benötigt. Zur Vermeidung eines Enteignungsverfahrens überträgt die X-GmbH das Grundstück gegen eine Entschädigung von insgesamt 600 000 € mit Wirkung ab 2. 1. 2021 auf die Gemeinde. Nach einem baufachlichen Gutachten entfallen davon 275 000 € auf den Grund und Boden, 300 000 € auf das Gebäude sowie 25 000 € auf die Außenanlagen.

Am 3. 1. 2021 erwirbt die X-GmbH ein Ersatzgrundstück für 250 000 €, das anschließend bebaut wird. Das darauf errichtete Ersatzgebäude (Herstellungskosten 500 000 €) wird am 10. 12. 2022 bezugsfertig. Die Außenanlagen werden am 20. 1. 2023 für insgesamt 30 000 € fertig gestellt.

Im Wirtschaftsjahr 2021 werden folgende stillen Reserven aufgedeckt:

Grund und Boden	275 000 € ./.	50 000 € =	225 000 €,
Gebäude	300 000 € ./.	150 000 € =	150 000 €,
Außenanlagen	25 000 € ./.	1 000 € =	24 000 €.

Die X-GmbH entscheidet sich insgesamt zur Anwendung der Grundsätze von R 6.6 EStR. Da die abschließende Fertigstellung der Außenanlagen erst nach Bezug des Gebäudes möglich ist, ist damit die Fortführung der insoweit gebildeten Rücklage gerechtfertigt.

Die beim Grund und Boden aufgedeckten stillen Reserven sind auf das Ersatzgrundstück zu übertragen, das dementsprechend mit 25 000 € zu bilanzieren ist (Anschaffungskosten 250 000 € ./. übertragene stille Reserven 225 000 €). Die bei dem Gebäude und den Außenanlagen aufgedeckten stillen Reserven von insgesamt 174 000 € werden in eine Rücklage für Ersatzbeschaffung eingestellt. Mit Fertigstellung des Gebäudes am 10. 12. 2022 wird der Teilbetrag der Rücklage von 150 000 € auf dessen Herstellungskosten übertragen, so dass sich danach eine AfA-Bemessungsgrundlage von 350 000 € (Herstellungskosten 500 000 € ./. 150 000 € Rücklage) ergibt. Der verbleibende Teilbetrag von 24 000 € ist zum 31. 12. 2022 noch als Rücklage für Ersatzbeschaffung auszuweisen, die mit Fertigstellung der Außenanlagen am 20. 1. 2023 aufzulösen ist, für die sich danach eine AfA-Bemessungsgrundlage von 6 000 € (Herstellungskosten 30 000 € ./. 24 000 € Rücklage) ergibt.

Wird für die Beschädigung eines Wirtschaftsgutes infolge höherer Gewalt oder eines behördlichen Eingriffs eine Entschädigung gezahlt, handelt es sich um eine erfolgswirksame Betriebseinnahme, die dem Reparaturaufwand gegenübersteht. Wird das Wirtschaftsgut erst in einem späteren Wirtschaftsjahr repariert, kann die Entschädigung gem. R 6.6 Abs. 7 EStR in eine Rücklage eingestellt werden. Die Rücklage ist im Zeitpunkt der Reparatur, bei beweglichen Gegenständen jedoch am Ende des ersten und bei Wirtschaftsgütern i. S. des § 6b Abs. 1 Satz 1 EStG spätestens am Ende des vierten auf die Bildung der Rücklage folgenden Wirtschaftsjahres aufzulösen. 1268

Bei der Gewinnermittlung nach § 4 Abs. 3 EStG sind entsprechende Rechtsfolgen erreichbar (vgl. R 6.6 Abs. 5 EStR). Nach R 6.6 Abs. 6 EStR kann die Aufdeckung stiller Reserven auch bei Gewinnermittlung nach Durchschnittssätzen gem. § 13a EStG vermieden werden (vgl. dazu BFH v. 25. 9. 2014 – IV R 44/11, DStR 2012 S. 2118). 1269

5. Rücklage nach § 6b EStG

5.1 Allgemeine Grundsätze

Werden in einem Betrieb stille Reserven durch die Veräußerung von Anlagegütern aufgedeckt, steht der Veräußerungserlös für Reinvestitionen insoweit nicht zur Verfügung, als er zur Tilgung der dadurch verursachten Steuern vom Einkommen und Ertrag verwendet werden muss, soweit die Besteuerung nicht nach den Grundsätzen von R 6.6 EStR (vgl. Rdn. 1262 ff.) vermieden werden kann. Der Gesetzgeber hat es deswegen für erforderlich gehalten, auf die Besteuerung aufgedeckter stiller Reserven dann zu verzichten, wenn sie bei langlebigen Anlagegütern, die über einen längeren Zeitraum beim veräußernden Stpfl. zu einem Betriebsvermögen gehört haben, durch Veräußerung aufgedeckt und auf bestimmte Anlagegüter des Veräußerers in einem inländischen Betriebsvermögen innerhalb eines bestimmten Zeitraums übertragen werden. 1270

Die aufgedeckten stillen Reserven können auf im Wirtschaftsjahr der Veräußerung und im vorangegangenen Wirtschaftsjahr vorgenommene Reinvestitionen übertragen werden. Soweit dies nicht möglich ist, wird die Einstellung in eine den Gewinn mindernde Rücklage zugelassen, die innerhalb einer bestimmten Frist durch Übertragung auf eine Reinvestition oder zugunsten des laufenden Ergebnisses aufzulösen ist. Im letztgenannten Fall ist der Gewinn des Wirtschaftsjahrs, in dem die Rücklage aufgelöst wird, für jedes volle Wirtschaftsjahr, in dem die Rücklage bestanden hat, um 6 % des aufgelösten Rücklagenbetrags außerhalb der Bilanz zu erhöhen. Für Stpfl., die ihren Gewinn nach § 4 Abs. 1 oder § 5 EStG ermitteln, ergeben sich diese Rechtsfolgen aus § 6b EStG. Bei Gewinnermittlung nach § 4 Abs. 3 EStG oder gem. § 13a EStG nach Durchschnittssätzen ist nach § 6c EStG zu verfahren. § 6b EStG ist insoweit nicht mit EU-Recht vereinbar, als die Übertragung der stillen Reserven in ein ausländisches Betriebsvermögen ausgeschlossen wird (EuGH v. 16. 4. 2015, BFH/NV 2015 S. 941). Dieser Mangel ist auch mit Wirkung für die Vergangenheit durch § 6b Abs. 2a EStG ausgeräumt worden. Danach verbleibt es bei der Besteuerung der aufgedeckten stillen Reserven. Erfolgen begünstigte Reinvestitionen in einem Betriebsvermögen des Steuerpflichtigen in einem EU- oder EWR-Staat, kann die auf die aufgedeckten stillen Reserven entfallende Steuer auf Antrag in fünf gleichen Jahresraten entrichtet werden.

1271 Die handelsrechtlichen Rechnungslegungsvorschriften sehen keine § 6b EStG entsprechende Verfahrensweise vor. Es handelt sich deswegen um ein steuerrechtliches Wahlrecht, das gem. § 5 Abs. 1 Satz 1 Halbsatz 2 EStG unabhängig von der Verfahrensweise in der Handelsbilanz ausgeübt werden kann. Den sich aus § 5 Abs. 1 Satz 2 EStG ergebenden Dokumentationspflichten wird dadurch genügt, dass das in Betracht kommende Wirtschaftsgut nach Übertragung der stillen Reserven, der Rücklage, in dem nach § 5 Abs. 1 Satz 3 EStG zu führenden Verzeichnis ausgewiesen wird. Für die Rücklage ist über den Ausweis in der Steuerbilanz hinaus unter diesem Gesichtspunkt keine weitergehende Dokumentation erforderlich (R 6b.2 Abs. 1 und 2 EStR).

1272 Die Regelungen der §§ 6b, 6c EStG sind als Instrument der Förderung von Investitionen der Wirtschaft wiederholt geändert worden. § 6b Abs. 10 Satz 11 EStG in der am 12. 12. 2006 geltenden Fassung ist für einbringungsgeborene Anteile i. S. des § 21 UmwStG in der am 12. 12. 2006 geltenden Fassung (6. Kap. Rdn. 298 ff.) weiter anzuwenden (§ 52 Abs. 14 EStG).

In § 6c EStG wird die entsprechende Anwendung von Einzelregelungen des § 6b EStG vorgesehen.

1273 Die Inanspruchnahme der teilweisen Steuerbefreiung für Veräußerungsgewinne von Grundstücken nach § 3 Nr. 70 EStG (vgl. 5. Kap. Teil A Rdn. 28 ff.) ist ausgeschlossen, wenn stille Reserven auf eine Reinvestition übertragen werden sollen. Wird ein Grundstück veräußert, auf das stille Reserven nach § 6b EStG übertragen wurden, kann insoweit nicht nach § 3 Nr. 70 EStG verfahren werden.

5.2 Die begünstigten Veräußerungsgewinne

Durch § 6b Abs. 1 Satz 1 EStG werden Gewinne aus der Veräußerung 1274

- von Grund und Boden,
- von dem zu einem land- und forstwirtschaftlichen Betriebsvermögen gehörenden Aufwuchs auf oder den Anlagen im Grund und Boden mit dem dazugehörigen Grund und Boden,
- von Gebäuden und
- von Binnenschiffen

begünstigt. Nicht zum Grund und Boden gehören aufstehende Gebäude, als Wirtschaftsgüter bereits entstandene Bodenschätze, grundstücksgleiche Rechte, aufstehende Anlagen und Kulturen (vgl. auch H 6b.1 [nicht begünstigte Wirtschaftsgüter] EStH). Wegen des Begriffs des Aufwuchses wird auf H 6b.1 EStH hingewiesen.

Durch § 6b Abs. 10 EStG wird die Begünstigung auf Gewinne von bis zu 500 000 € aus 1275 Veräußerungen von Anteilen an Kapitalgesellschaften unter bestimmten Voraussetzungen erweitert, sofern der Veräußerer nicht der Besteuerung nach Maßgabe des KStG unterliegt, der Gewinn also von einer natürlichen Person erzielt wird (vgl. Rdn. 1298 ff.).

Nach § 6b Abs. 4 Satz 1 Nr. 4 EStG ist es erforderlich, dass der Veräußerungsgewinn 1276 nicht von der inländischen Besteuerung freizustellen ist.

Veräußerung ist die entgeltliche Übertragung des wirtschaftlichen Eigentums an ei- 1277 nem Wirtschaftsgut (BFH v. 27. 8. 1992, BStBl 1993 II S. 225). Dabei ist es unerheblich, ob die Gegenleistung in Geld oder in Sachwerten besteht und damit ein Tausch vorliegt. Nicht zu differenzieren ist zwischen der Veräußerung des einzelnen Wirtschaftsgutes unter Fortführung des Betriebs, im Rahmen einer Betriebsveräußerung im Ganzen oder einer Betriebsaufgabe i. S. des § 16 EStG. Zu beachten ist jedoch, dass bei einer Betriebsveräußerung oder -aufgabe i. S. des § 16 EStG die Tarifermäßigung nach § 34 Abs. 1 oder 3 EStG dann nicht zu gewähren ist, wenn bei aus diesem Anlass aufgedeckten stillen Reserven nach § 6b EStG verfahren wurde. Keine Veräußerung liegt vor, wenn die Wirtschaftsgüter aus dem Betriebsvermögen in das Privatvermögen überführt werden und aus diesem Anlass gem. § 6 Abs. 1 Nr. 4 EStG stille Reserven aufzudecken sind. Auf R 6b.1 Abs. 1 EStR wird hingewiesen.

5.3 Die Sechsjahresfrist des § 6b Abs. 4 Nr. 2 EStG

Nach § 6b Abs. 4 Satz 1 Nr. 2 EStG sind grundsätzlich nur Veräußerungsgewinne solcher 1278 Wirtschaftsgüter begünstigt, die im Zeitpunkt der Veräußerung mindestens sechs Jahre ununterbrochen zum Anlagevermögen einer inländischen Betriebsstätte des Veräußerers gehört haben. In den Fällen der unentgeltlichen Betriebsübertragung z. B. infolge eines Erbfalls sind die Besitzzeiten von Rechtsvorgänger und Rechtsnachfolger zusammenzurechnen. Bei Veränderungen der Unternehmensform nach Maßgabe des UmwStG sind die insoweit getroffenen Sonderregelungen (vgl. z. B. § 4 Abs. 2 UmwStG) zu beachten.

Unproblematisch ist die Anwendung des § 6b Abs. 4 Nr. 2 EStG bei Einzelunternehmen 1279 und auch bei Kapitalgesellschaften.

1280 **BEISPIEL 79:** Der Einzelunternehmer A hat im Jahre 2013 ein unbebautes Grundstück erworben, das er zunächst als Abstellplatz für sein Speditionsunternehmen nutzt. Im Jahre 2016 errichtet er auf diesem Grundstück Gebäude, in dem er eine Gaststätte betreibt. Das Speditionsunternehmen wird daneben fortgeführt. Für beide Unternehmen werden getrennte Bilanzen aufgestellt. Den Gaststättenbetrieb veräußert er im Jahre 2021. Der dabei erzielte Veräußerungsgewinn ist im Wesentlichen auf die Aufdeckung der beim Grund und Boden gebildeten stillen Reserven zurückzuführen.

Das unbebaute Grundstück scheidet im Jahre 2016 aus dem Speditionsunternehmen aus und wird zu Buchwerten in den Gaststättenbetrieb überführt (vgl. § 6 Abs. 5 EStG). Das unbebaute Grundstück hat danach mehr als sechs Jahre ununterbrochen zum Anlagevermögen einer inländischen Betriebsstätte des A gehört. Der Veräußerungsgewinn des Grund und Bodens ist dementsprechend nach § 6b EStG begünstigt. Dagegen kann diese Vergünstigung für einen etwaigen Gewinn aus der Veräußerung des Gebäudes nicht beansprucht werden; es wurde vor Ablauf der Sechsjahrsfrist veräußert.

1281 Bei zum Gesamthandsvermögen einer Personengesellschaft gehörenden Wirtschaftsgütern kann die Begünstigung nach § 6b EStG von dem einzelnen Gesellschafter, Mitunternehmer beansprucht werden. Die Erfüllung der Sechsjahresfrist i. S. des § 6b Abs. 4 Satz 1 Nr. 2 EStG ist dementsprechend im Verhältnis zu jedem einzelnen Gesellschafter gesondert zu prüfen (BFH v. 10. 7. 1980, BStBl 1981 II S. 84 und 90).

1282 **BEISPIEL 80:** An der X-GmbH & Co. KG sind A, E und F zu je einem Drittel beteiligt. Sie veräußert im Wirtschaftsjahr 2021 ein ihr gehörendes, im Wirtschaftsjahr 2001 angeschafftes unbebautes Grundstück mit einem beträchtlichen Gewinn. A ist Gesellschafter seit Gründung. E erwarb die Beteiligung im Wirtschaftsjahr 2016 entgeltlich von dem weiteren Gründungsgesellschafter B. F ist als alleiniger Erbe des dritten Gründungsgesellschafters C im Wirtschaftsjahr 2016 dessen Rechtsnachfolger geworden.

Im Verhältnis zu A ist danach die Sechsjahresfrist erfüllt. F ist die Besitzzeit seines Rechtsvorgängers zuzurechnen (vgl. R 6b.3 Abs. 5 EStR), sodass auch im Verhältnis zu ihm die Sechsjahresfrist erfüllt ist. E hat die Beteiligung vor weniger als sechs Jahren entgeltlich erworben. Danach können A und F unabhängig voneinander die Begünstigung nach § 6b EStG für den auf sie entfallenden Teil des Gewinns aus der Veräußerung des Grundstücks beanspruchen. E ist hingegen dazu nicht berechtigt.

Vgl. im Übrigen R 6b.3 EStR.

1283 Erfolgt die Veräußerung im Rahmen städtebaulicher Sanierungs- oder Entwicklungsmaßnahmen an Gebietskörperschaften, Gemeindeverbände, Planungsverbände oder andere nach Maßgabe des Baugesetzbuchs in diesem Rahmen tätige Körperschaften (vgl. § 6b Abs. 8 Satz 3 EStG), verkürzt sich die Frist von sechs Jahren i. S. des § 6b Abs. 4 Nr. 2 EStG auf zwei Jahre (§ 6b Abs. 8 Satz 1 Nr. 2 EStG). Diese Voraussetzungen sind durch eine Bescheinigung der nach Landesrecht zuständigen Behörde nachzuweisen (§ 6b Abs. 9 EStG).

5.4 Die begünstigten Reinvestitionsgüter

1284 Die begünstigten Veräußerungsgewinne (vgl. Rdn. 1274 ff.) können nur auf die Anschaffungs- oder Herstellungskosten der in § 6b Abs. 1 Satz 2 EStG bezeichneten Wirtschaftsgüter des Anlagevermögens einer inländischen Betriebsstätte (vgl. dazu § 6b Abs. 4 Satz 1 Nr. 3 EStG) des veräußernden Stpfl. übertragen werden. In einem Gewerbebetrieb gebildete stille Reserven können entgegen dem Wortlaut des § 6b Abs. 4 Satz 2 EStG auch auf land- und forstwirtschaftliches Anlagevermögen übertragen werden, wenn es sich dabei um einen Veräußerungsgewinn i. S. des § 16 EStG handelt, der nicht der GewSt unterliegt (BFH v. 30. 8. 2012 – IV R 28/09, BStBl 2012 II S. 877). Die Übertragung stiller Reserven aus einem land- und forstwirtschaftlichen Betrieb oder einem der Ausübung einer selbständigen Tätigkeit i. S. des § 18 EStG dienenden Betrieb in ein gewerbliches Betriebsvermögen desselben Steuerpflichtigen ist hingegen uneingeschränkt möglich.

§ 6b Abs. 1 Satz 2 EStG steht einer Übertragung der stillen Reserven auf immaterielle Anlagegüter, auf nicht als Gebäude anzusehende unbewegliche abnutzbare Anlagegüter (z. B. Außenanlagen) und auf abnutzbare bewegliche Wirtschaftsgüter entgegen. Die Übertragung von stillen Reserven der in § 6b Abs. 1 Satz 1 EStG bezeichneten Wirtschaftsgüter auf Anteile an Kapitalgesellschaften ist ebenfalls ausgeschlossen. Wegen der Übertragung stiller Reserven von Anteilen an Kapitalgesellschaften auf begünstigte Reinvestitionsgüter wird auf Rdn. 1298 ff. hingewiesen. Im Übrigen sind die nachstehenden Einschränkungen zu beachten.

- Auf die Anschaffungskosten von Grund und Boden sind nur bei der Veräußerung von Grund und Boden aufgedeckte stille Reserven übertragbar (§ 6b Abs. 1 Satz 2 Nr. 1 EStG).
- Eine Übertragung stiller Reserven auf Aufwuchs oder auf Anlagen im Grund und Boden mit dem dazugehörigen Grund und Boden eines land- und forstwirtschaftlichen Betriebsvermögens ist nur möglich, wenn sie aus Anlass der Veräußerung entsprechender Anlagegüter oder von Grund und Boden aufgedeckt worden sind (§ 6b Abs. 1 Satz 2 Nr. 2 EStG).
- Die Anschaffungs- oder Herstellungskosten von Gebäuden können um alle begünstigten Veräußerungsgewinne gekürzt werden (§ 6b Abs. 1 Satz 2 Nr. 3 EStG).
- Die Anschaffungs- oder Herstellungskosten von Binnenschiffen können nur um Veräußerungsgewinne von Binnenschiffen gekürzt werden (§ 6b Abs. 1 Satz 2 Nr. 4 EStG).

Begünstigt ist die Anschaffung oder die Herstellung der Reinvestitionsgüter. Danach 1285
kann es sich auch bei dem entgeltlichen Erwerb eines älteren Gebäudes um ein begünstigtes Reinvestitionsgut handeln. Der Anschaffung oder Herstellung eines Gebäudes steht nach § 6b Abs. 1 Satz 3 EStG dessen Erweiterung, Ausbau oder Umbau gleich. Danach ist die Übertragung der stillen Reserven auch auf die diesbezüglichen nachträglichen Herstellungskosten eines bereits seit längerer Zeit zum Betriebsvermögen gehörenden Gebäudes möglich.

5.5 Die Übertragung der stillen Reserven

Nach § 6b Abs. 1 Satz 1 EStG können die stillen Reserven auf im Wirtschaftsjahr der Ver- 1286
äußerung und im vorangegangenen Wirtschaftsjahr angeschaffte oder hergestellte Reinvestitionsgüter übertragen werden. Bei der Übertragung im Jahr der Veräußerung ist es unerheblich, ob die Veräußerung vor oder nach Anschaffung/Herstellung des Reinvestitionsguts erfolgt. In diesen Fällen sind die Anschaffungs- oder Herstellungskosten des Reinvestitionsguts zu kürzen. Sollen die stillen Reserven hingegen auf ein im vorangegangenen Wirtschaftsjahr angeschafftes/hergestelltes Wirtschaftsgut übertragen werden, ist nach § 6b Abs. 5 EStG der Buchwert des Reinvestitionsguts zum Schluss des vorangegangenen Wirtschaftsjahrs Grundlage für den vorzunehmenden Abzug, der sich ggf. um im Folgejahr entstandene nachträgliche Anschaffungs- oder Herstellungskosten erhöht (R 6b.2 Abs. 1 Sätze 6 und 7 EStR).

1287 Nicht erforderlich ist, dass das Reinvestitionsgut in dem Betriebsvermögen angeschafft/hergestellt wird, in dem die stillen Reserven aufgedeckt werden. Im Beispiel 79 ist es A deswegen möglich, die aus Anlass der Veräußerung des der Gaststätte dienenden Grundstücks aufgedeckten stillen Reserven auf ein Reinvestitionsgut in seinem Speditionsbetrieb, ggf. auch in sein Sonderbetriebsvermögen bei einer Personengesellschaft (Mitunternehmerschaft) zu übertragen.

1288 Nach § 6b Abs. 4 Nr. 3 EStG können stille Reserven, die durch die Veräußerung eines begünstigten Wirtschaftsguts im Gesamthandsvermögen einer Personengesellschaft aufgedeckt werden, anteilig auch auf Reinvestitionsgüter übertragen werden, die zum Betriebsvermögen der einzelnen Mitunternehmer gehören. Dabei ist es unerheblich, ob die Reinvestitionsgüter zum Sonderbetriebsvermögen bei der betreffenden Mitunternehmerschaft oder zu einem anderen Betriebsvermögen des Mitunternehmers gehören. Andererseits können im Betriebsvermögen eines Mitunternehmers aufgedeckte stille Reserven bei Vorliegen der weiteren Voraussetzungen auf zum Gesamthandsvermögen der Mitunternehmerschaft gehörende Reinvestitionsgüter übertragen werden.

1289 **BEISPIEL 81:** Fortsetzung des Beispiels 80 mit der Maßgabe, dass A der X-GmbH & Co. KG ein dem veräußerten Grundstück benachbartes Grundstück seit Gründung zur Nutzung überlassen hat, das damit zu seinem Sonderbetriebsvermögen gehörte. Er veräußert dieses Grundstück ebenfalls im Wirtschaftsjahr 2021. A hat dadurch einen weiteren nach § 6b EStG begünstigten Gewinn erzielt. Er kann für jeden dieser Gewinne gesondert entscheiden, ob diese Gewinne auf ein Reinvestitionsgut

- der X-GmbH & Co. KG,
- einer anderen Personengesellschaft, an der er als Mitunternehmer beteiligt ist,
- in seinem Sonderbetriebsvermögen bei einer Personengesellschaft oder
- in einem von ihm betriebenen Einzelunternehmen

übertragen werden soll. F steht für den ihm zuzurechnenden begünstigten Gewinn ebenfalls ein entsprechendes Wahlrecht zu (vgl. auch R 6b.2 Abs. 6 und 7 EStR).

1290 Sollen stille Reserven auf ein bereits im vorangegangenen Wirtschaftsjahr angeschafftes/hergestelltes Wirtschaftsgut übertragen werden, führt dieser Vorgang nicht zu einer nachträglichen Änderung der Vorjahrsbilanz. Es handelt sich um einen Vorgang des laufenden Wirtschaftsjahrs.

1291 **BEISPIEL 82:** Fortführung des Beispiels 79. A hat im Wirtschaftsjahr 2020 in seinem Speditionsbetrieb ein Betriebsgebäude fertiggestellt, auf das die stillen Reserven des veräußerten Grund und Bodens übertragen werden sollen. Nach Vornahme der AfA für 2020 ergibt sich zum 31. 12. 2020 ein Buchwert von 925 000 €. In 2021 fallen noch nachträgliche Herstellungskosten von 75 000 € an. Die stillen Reserven sind danach von dem sich danach ergebenden Wert von 1 000 000 € abzuziehen. Der sich danach ergebende Saldo ist die AfA-Bemessungsgrundlage für das Gebäude ab Wirtschaftsjahr 2021.

1292 Wegen weiterer Einzelheiten wird auf R 6b.2 Abs. 1, 6 und 8 EStR hingewiesen. Die Übertragung der stillen Reserven muss gem. § 6b Abs. 4 Nr. 5 EStG in der Buchführung verfolgt werden können. Zu den bei der Übertragung stiller Reserven durch eine Kapitalgesellschaft als Mitunternehmerin einer Personengesellschaft auf ein Wirtschaftsgut des Gesamthandsvermögen der Personengesellschaft zu beachtenden Besonderheiten wird auf das BMF-Schreiben v. 29. 2. 2008 (BStBl 2008 I S. 495) hingewiesen (vgl. auch Grützner, in: StuB 2008 S. 178).

5.6 Bildung und Auflösung einer Rücklage

Soweit eine Übertragung der aufgedeckten stillen Reserven nach den unter Rdn. 1286 ff. dargestellten Grundsätzen nicht in Betracht kommt, können diese nach § 6b Abs. 3 Satz 1 EStG in eine den steuerlichen Gewinn mindernde Rücklage eingestellt werden. Diese Rücklage ist auch dann in dem Betrieb zu bilden, von dem das begünstigte Wirtschaftsgut veräußert wurde, wenn die stillen Reserven auf ein Reinvestitionsgut in einem anderen Betrieb (vgl. Rdn. 1287) übertragen werden sollen (BFH v. 19. 12. 2012, BStBl 2013 II S. 313). Sie kann innerhalb der vier nachfolgenden Wirtschaftsjahre durch Übertragung auf die Anschaffungs- oder Herstellungskosten begünstigter Reinvestitionsgüter aufgelöst werden. Dabei sind ebenfalls die unter Rdn. 1284 ff. dargestellten Beschränkungen zu beachten. 1293

Die Übertragung einer Rücklage auf einen anderen Betrieb des Steuerpflichtigen ist entgegen R 6b Abs. 2 Satz 3 EStR nicht erst in dem Wirtschaftsjahr zulässig, in dem der Abzug von den Anschaffungs- oder Herstellungskosten bei den Wirtschaftsgütern des anderen Betriebs vorgenommen wird. Dies ist bereits zeitlich vor einem Abzug und grundsätzlich sogar unabhängig von einem Abzug von den Anschaffungskosten bzw. Herstellungskosten des Reinvestitionsguts in dem anderen Betrieb möglich, wenn zumindest im Zeitpunkt der Übertragung auf den anderen Betrieb bereits mit der Herstellung des Wirtschaftsguts begonnen worden ist (FG Münster v. 13. 5. 2016, EFG 2016 S. 1164, Rev. Az. BFH VI R 50/16).

Soll die Rücklage zulässigerweise auf die Herstellungskosten eines Gebäudes übertragen werden, verlängert sich die Frist für die Auflösung der Rücklage auf sechs Jahre, sofern mit der Herstellung des Gebäudes vor dem Schluss des vierten auf die Bildung der Rücklage folgenden Wirtschaftsjahrs begonnen wurde. 1294

Die Frist von vier bzw. sechs Jahren verlängert sich bei Veräußerungen im Rahmen städtebaulicher Sanierungs- oder Entwicklungsmaßnahmen an Gebietskörperschaften, Gemeindeverbände, Planungsverbände oder andere nach Maßgabe des Baugesetzbuchs in diesem Rahmen tätige Körperschaften (vgl. § 6b Abs. 8 Satz 3 EStG) um drei Jahre (§ 6b Abs. 8 Satz 1 Nr. 1 EStG). Diese Voraussetzungen sind durch eine Bescheinigung der nach Landesrecht zuständigen Behörde nachzuweisen (§ 6b Abs. 9 EStG). 1295

Ist die Rücklage nach Ablauf der im Einzelfall maßgebenden Frist nicht auf begünstigte Reinvestitionsgüter übertragen worden, ist sie zugunsten des laufenden Gewinns aufzulösen. Außerdem ist der steuerliche Gewinn außerhalb der Bilanz um einen Zuschlag in Höhe von 6 % des Rücklagenbetrags für jedes volle Wirtschaftsjahr, in dem die Rücklage bestanden hat, zu erhöhen. Nach Ablauf von vier Jahren ist dementsprechend ein Gewinnzuschlag in Höhe von 24 % des Rücklagenbetrags erforderlich. Wird die Rücklage bereits zu einem früheren Zeitpunkt, z. B. nach Ablauf von zwei Jahren, zugunsten des laufenden Gewinns aufgelöst, hat auch ein entsprechender Zuschlag, im Beispielsfall von 12 % des Rücklagenbetrags, zu erfolgen. Wegen Einzelheiten vgl. auch R 6b.2 Abs. 2 bis 5 EStR. 1296

Die Bildung und die Auflösung der Rücklage müssen sich nach § 6b Abs. 4 Satz 1 Nr. 5 EStG in der Buchführung verfolgen lassen. Wegen der bei einem Wechsel der Gewinner- 1297 mittlungsart zu beachtenden Besonderheiten wird auf R 6b.2 Abs. 11 EStR hingewiesen.

5.7 Besonderheiten bei der Veräußerung von Anteilen an Kapitalgesellschaften

1298 Durch § 6b Abs. 10 EStG wird es zugelassen, dass nicht der Besteuerung nach Maßgabe des KStG unterliegende Stpfl. Gewinne aus der Veräußerung von Anteilen an Kapitalgesellschaften, die im Zeitpunkt der Veräußerung mehr als sechs Jahre ununterbrochen zum Anlagevermögen einer inländischen Betriebsstätte gehört haben, bis zu einem Betrag von 500 000 € im Wirtschaftsjahr der Veräußerung auf bestimmte Reinvestitionsgüter übertragen können. Begünstigt sind danach Veräußerungsgewinne in den Einzelunternehmen natürlicher Personen und in Personengesellschaften, soweit die Veräußerungsgewinne als Mitunternehmer beteiligten natürlichen Personen zuzurechnen sind. Der Höchstbetrag von 500 000 € steht der einzelnen natürlichen Person für jeden Veranlagungszeitraum zu (R 6b.2 Abs. 12 EStR). Werden z. B. zum Gesamthandsvermögen einer Personengesellschaft gehörende Anteile an einer Kapitalgesellschaft veräußert, kann bei Vorliegen der weiteren Voraussetzungen jeder Mitunternehmer, der eine natürliche Person ist, diesen Höchstbetrag beanspruchen. Erzielt ein Mitunternehmer sowohl aus der Mitunternehmerschaft als auch aus seinem Einzelunternehmen Gewinne aus der Veräußerung von Anteilen an Kapitalgesellschaften, steht ihm für die in einem Veranlagungszeitraum insgesamt erzielten Veräußerungsgewinne der Höchstbetrag zu. Wegen Einzelheiten vgl. R 6b.2 Abs. 12 EStR sowie die Beispiele zur zeitlichen Zuordnung von Veräußerungsgewinnen in H 6b.2 EStH. Nicht begünstigt sind danach Veräußerungsgewinne, die von Kapitalgesellschaften erzielt werden; dies gilt auch insoweit, als ihnen diese Veräußerungsgewinne auf Grund einer Beteiligung an einer Personengesellschaft (Mitunternehmerschaft) anteilig zuzurechnen sind. Einer besonderen Begünstigung dieser Gewinne bedurfte es angesichts der im Regelfall nach § 8b KStG eintretenden Steuerfreiheit derartiger Gewinne nicht.

1299 Als begünstigte Reinvestitionen kommen in Betracht:

- die Anschaffungskosten von neu angeschafften Anteilen an Kapitalgesellschaften, sofern diese Anteile im Wirtschaftsjahr der Veräußerung oder in den zwei nachfolgenden Wirtschaftsjahren angeschafft werden,
- die Anschaffungs- oder Herstellungskosten der im Wirtschaftsjahr der Veräußerung oder den beiden folgenden Wirtschaftsjahren angeschafften oder hergestellten abnutzbaren beweglichen Wirtschaftsgüter,
- die Anschaffungs- oder Herstellungskosten der im Wirtschaftsjahr der Veräußerung oder den vier folgenden Wirtschaftsjahren angeschafften oder hergestellten Gebäude.

Die Übertragung auf bereits im vorangegangenen Wirtschaftsjahr angeschaffte oder hergestellte Reinvestitionsgüter ist danach nicht möglich (R 6b.2 Abs. 13 EStR).

1300 Nicht begünstigte Reinvestitionsgüter sind danach der Grund und Boden, immaterielle Wirtschaftsgüter sowie andere unbewegliche abnutzbare Wirtschaftsgüter (z. B. Außenanlagen). Ferner sind nachträgliche Herstellungskosten an bereits vorhandenen Wirtschaftsgütern von der Begünstigung ausgeschlossen.

1301 Zu berücksichtigen ist weiter, dass die Veräußerungsgewinne nach § 3 Nr. 40, § 3c Abs. 2 EStG zu 40 % steuerfrei zu belassen sind (vgl. 5. Kap. Teil A Rdn. 24 ff.). Dies hat zur Folge, dass bei der Übertragung der stillen Reserven auf die Anschaffungskosten von Anteilen an einer anderen Kapitalgesellschaft die stillen Reserven insgesamt zu übertragen sind, während für die Übertragung auf die begünstigten abnutzbaren Anlagegüter nur 60 % der stillen Reserven zur Verfügung stehen.

BEISPIEL 83: Der Einzelunternehmer A veräußert im Wirtschaftsjahr 2021 die bereits seit 1980 zu seinem Betriebsvermögen gehörende Beteiligung an der X-GmbH mit einem Veräußerungsgewinn von 600 000 €. Es soll nach § 6b Abs. 10 EStG verfahren werden. Als Reinvestitionsgüter kommen in 2021 in Betracht die Anschaffungskosten der neu angeschafften Beteiligung an der Y-GmbH in Höhe von 200 001 €, Anschaffungskosten eines Gebäudes in Höhe von 2 000 000 €. 1302

Nach § 6b Abs. 10 EStG kann max. ein Veräußerungsgewinn von 500 000 € begünstigt werden. Dies hat zur Folge, dass ein Teilbetrag des Veräußerungsgewinns von 100 000 € nach den Grundsätzen von § 3 Nr. 40, § 3c Abs. 2 EStG der Besteuerung unterliegt, d. h. ein Teilbetrag von 40 000 € ist steuerfrei zu belassen, der verbleibende Betrag von 60 000 € unterliegt nach allgemeinen Grundsätzen der Besteuerung.

Die verbleibenden stillen Reserven von 500 000 € werden mit 200 000 € auf die Anschaffungskosten der Anteile an der Y-GmbH Übertragen, sodass diese mit 1 € zu bilanzieren sind. Von den restlichen 300 000 € führen 120 000 € zu einem steuerfreien Gewinn, sodass die Anschaffungskosten des Gebäudes um die verbleibenden 180 000 € zu kürzen sind und damit eine AfA-Bemessungsgrundlage von 1 820 000 € (2 000 000 € - 120 000 €) verbleibt.

Kommt die Übertragung der stillen Reserven nicht bereits im Jahr der Veräußerung der begünstigten Beteiligung in Betracht, können sie unter Beachtung des Höchstbetrags von 500 000 € in eine den steuerlichen Gewinn mindernde Rücklage eingestellt werden. Sie können dann in nachfolgenden Jahren auf begünstigte Reinvestitionsgüter übertragen werden. 1303

BEISPIEL 84: Fortführung des Beispiels 83 mit der Maßgabe, dass die Beteiligung an der Y-GmbH im Wirtschaftsjahr 2022, das Gebäude im Wirtschaftsjahr 2023 angeschafft wird. 1304

In die Bilanz zum 31. 12. 2021 ist eine Rücklage von 500 000 € einzustellen. Von dem verbleibenden Veräußerungsgewinn von 100 000 € unterliegt nach § 3 Nr. 40, § 3c Abs. 2 EStG ein Teilbetrag von 60 000 € der Besteuerung nach allgemeinen Grundsätzen. Zum 31. 12. 2022 ist ein Teilbetrag der Rücklage von 200 000 € auf die Anschaffungskosten der Beteiligung an der Y-GmbH zu übertragen, die danach mit 1 € zu bilanzieren ist.

Die verbleibende Rücklage von 300 000 € ist zum 31. 12. 2023 mit 180 000 € auf die Anschaffungskosten des Gebäudes zu übertragen, sodass von einer AfA-Bemessungsgrundlage von 1 820 000 € (2 000 000 € - 120 000 €) auszugehen ist. Der verbleibende Betrag ist gem. § 3 Nr. 40, § 3c Abs. 2 EStG steuerfrei aufzulösen.

Ist eine Rücklage am Schluss des vierten auf ihre Bildung folgenden Wirtschaftsjahres noch vorhanden, so ist sie gewinnerhöhend aufzulösen. Davon sind 40 % gem. § 3 Nr. 40, § 3c Abs. 2 EStG steuerfrei zu belassen. Weiter ist der Gewinn dieses Wirtschaftsjahres für jedes volle Wirtschaftsjahr in dem die Rücklage bestanden hat, um 6 % von 60 % des Rücklagenbetrags zu erhöhen. Wandelt man das Beispiel 84 dahingehend ab, dass sich innerhalb des Vierjahreszeitraums keine Möglichkeit zur Übertragung der stillen Reserven ergeben hat, führt die Auflösung der im Jahr 2021 gebildeten Rücklage für das Wirtschaftsjahr 2025 zu einem steuerpflichtigen Gewinn von 300 000 € und zu einem Gewinnzuschlag von 72 000 € (4 × 6 % von 300 000 €). 1305

Im Übrigen sind die Regelungen des § 6b Abs. 2, Abs. 4 Satz 1 Nr. 1, 2, 3 und 5 und Satz 2 sowie Abs. 5 EStG sinngemäß anzuwenden. 1306

1307–1310 *Einstweilen frei*

6. Behandlung von Zuschüssen nach R 6.5 EStR

1311 Es entspricht der Lebenserfahrung, dass sich bei Geschäftsbeziehungen zwischen fremden Dritten Leistung und Gegenleistungen ausgewogen gegenüberstehen. Deswegen kann für den Regelfall davon ausgegangen werden, dass Geldleistungen, die zwischen Geschäftspartnern erbracht werden, eine dem anderen Partner zu erbringende Gegenleistung auch dann gegenübersteht, wenn diese Geldleistung als Zuschuss bezeichnet wird. So sind z. B. Beiträge des Mieters zur Erstellung des anzumietenden Gebäudes regelmäßig ein vorausgezahltes Nutzungsentgelt, das entsprechend abzugrenzen ist (BFH v. 28. 10. 1980, BStBl 1981 II S. 161). Erhält ein Unternehmen von seinen Kunden Zuschüsse zu den Herstellungskosten für Werkzeuge, die es bei der Preisgestaltung für die von ihm mittels dieser Werkzeuge herzustellenden und zu liefernden Produkte preismindernd berücksichtigen muss, so sind einerseits die Zuschüsse im Zeitpunkt ihrer Vereinnahmung gewinnerhöhend zu erfassen und andererseits ist in derselben Höhe eine gewinnmindernde Rückstellung für ungewisse Verbindlichkeiten zu bilden. Diese Rückstellung ist sodann über die voraussichtliche Dauer der Lieferverpflichtung gewinnerhöhend aufzulösen (BFH v. 29. 11. 2000, BStBl 2002 II S. 655; beachte Hessisches FG v. 14. 8. 2012 – 10 K 2697/06, NWB DokID: TAAAE-40889, Rev. Az. BFH IV R 3/13).

1312 Werden hingegen von der öffentlichen Hand für ein bestimmtes Tun oder Verhalten Zuschüsse gezahlt, erbringt der Empfänger keine Leistung, die Gegenstand eines wirtschaftlichen Leistungsaustauschs mit der öffentlichen Hand ist. Die Leistungen werden vielmehr an oder gegenüber Dritten erbracht, indem z. B. bestimmte Arbeitsplätze geschaffen werden oder Leistungen gegenüber einem Dritten zu einem niedrigeren Preis berechnet werden können. Bei diesen Geldleistungen der öffentlichen Hand kann es sich um einen Beitrag zu den laufenden Betriebskosten oder aber zu bestimmten Investitionen handeln. Zuschüsse zu den laufenden Betriebskosten sind in jedem Fall als erfolgswirksame Betriebseinnahmen zu erfassen. Beziehen sie sich auf Leistungen, die über einen bestimmten, über einen Bilanzstichtag hinausgehenden Zeitraum zu erbringen sind, ist insoweit ein RAP (vgl. Rdn. 406) zu bilden (BFH v. 22. 1. 1992, BStBl II S. 488).

Zuschüsse des Bundesamts für Wirtschaft und Ausfuhrkontrolle (BAFA) für den Erwerb eines Anteils an einer Kapitalgesellschaft in Höhe von 20 % der Anschaffungskosten bis zu einer Höhe von 100 000 €, die nach Maßgabe der Richtlinie des Bundesministeriums für Wirtschaft und Energie zur Bezuschussung von Wagniskapital privater Investoren für junge innovative Unternehmen v. 2. 4. 2014 (INVEST) gewährt werden, sind nach § 3 Nr. 71 EStG steuerfreie Einnahmen (5. Kap. Teil A Rdn. 29). Insoweit stellt sich die Frage der Kürzung der Anschaffungskosten des Anteils nach den Grundsätzen von R 6.5 EStR nicht.

Von dem BAFA kann auf Antrag für den Ersterwerb eines reinen Batterieelektrofahrzeugs bzw. eines Brennstoffzellenfahrzeugs (keine lokale CO_2-Emission) ein Zuschuss von 2 000 €, für eines von außen aufladbaren Hybridelektrofahrzeugs (weniger als 50 g CO_2-Emission pro km) ein Zuschuss von 1 500 € bei Erstzulassung ab dem 18. 5. 2016 gewährt werden – sog. Umweltbonus. Insoweit liegen die Voraussetzungen von R 6.5 EStR vor.

Öffentliche Zuschüsse für geleaste emissionsarme Nutzfahrzeuge sind in passive Rechnungsabgrenzungsposten einzustellen, die über den im Zuwendungsbescheid genannten Mindestnutzungszeitraum (Zweckbindung) der Fahrzeuge aufzulösen sind (FG Münster v. 15. 12. 2015, EFG 2016 S. 462).

Wird ein Zuschuss für eine bestimmte Investition gezahlt, liegt ein unmittelbarer wirtschaftlicher Zusammenhang mit dem Anschaffungs- oder Herstellungsvorgang vor. Bei unbedingter Zahlung wird der Investor insoweit von Anschaffungs- oder Herstellungskosten entlastet. Unabhängig davon, ob ein derartiger Investitionszuschuss aus öffentlichen oder privaten Mitteln gezahlt wird, wird dem Investor in R 6.5 Abs. 2 EStR das Wahlrecht eingeräumt, ihn als sofort wirksame Betriebseinnahmen zu behandeln oder aber die Anschaffungs- oder Herstellungskosten des bezuschussten Wirtschaftsguts und damit ggf. die AfA-Bemessungsgrundlage zu mindern (vgl. auch BFH v. 5. 6. 2003, BStBl II S. 801; v. 29. 11. 2007, BStBl 2008 II S. 561; v. 11. 6. 2010, BFH/NV 2010 S. 851, m. w. N.). In dem Beschluss v. 11. 6. 2010 (a. a. O.) wird darauf hingewiesen, dass Zuschüsse aus öffentlichen Kassen weder nach Handels- noch nach Steuerrecht die Anschaffungs- oder Herstellungskosten des bezuschussten Wirtschaftsguts minderten; vgl. in diesem Zusammenhang auch HFA des IDW Stellungnahme 1/1984 (WPg 1984 S. 612). Gleichwohl wird es unter Bezugnahme auf die ständige Rechtsprechung des BFH für zulässig gehalten, entsprechend R 6.5 Abs. 2 EStR von einem steuerlichen Wahlrecht auszugehen, das sich nach dem Wortlaut dieser Regelung auch auf Zuschüsse aus privaten Mitteln erstreckt. 1313

Danach handelt es sich bei der Kürzung der Anschaffungs- oder Herstellungskosten um einen Zuschuss gem. R 6.5 Abs. 2 EStR um ein steuerliches Wahlrecht, das nach § 5 Abs. 1 Satz 1 Halbsatz 2 EStG unabhängig von der Verfahrensweise in der Handelsbilanz ausgeübt werden kann. Damit sind die sich aus § 5 Abs. 1 Satz 2 EStG ergebenden besonderen Aufzeichnungspflichten zu beachten (vgl. Rdn. 660 ff.). Hat sich der Stpfl. für die Kürzung der Anschaffungs- oder Herstellungskosten eines Wirtschaftsguts entschieden, kann dies nicht durch eine Wertaufholung in nachfolgenden Wirtschaftsjahren rückgängig gemacht werden (BFH v. 4. 6. 2008, BStBl 2009 II S. 187; BMF-Schreiben v. 11. 2. 2009, BStBl 2009 I S. 397). 1314

Verschiedentlich werden öffentliche Leistungen unter dem Vorbehalt gewährt, dass erst zu einem späteren Zeitpunkt abschließend entschieden wird, ob die Mittel als Zuschuss dem Investor belassen werden oder als Darlehen zurückzuzahlen sind. In einem derartigen Fall kann erst im Zeitpunkt der abschließenden Entscheidung die Wahl ausgeübt werden, ob eine Kürzung der begünstigten Anschaffungs- oder Herstellungskosten in Betracht kommt (BFH v. 14. 2. 1995, BStBl II S. 380; vgl. ferner BFH v. 21. 6. 1990, BStBl II S. 980). 1315

Wird ein Zuschuss bestimmungswidrig verwendet, ist für die Rückzahlungsverpflichtung erst bei konkreter wirtschaftlicher Verursachung eine Rückstellung zu bilden (BFH v. 17. 12. 1998, BStBl 2000 II S. 116; v. 4. 2. 1999, BStBl 2000 II S. 139; v. 4. 11. 1999, BFH/NV 2000 S. 693). 1316

1317 Werden Zuschüsse erst nach der Anschaffung oder Herstellung von Anlagegütern gewährt, ist nach R 6.5 Abs. 3 EStR die nachträgliche Minderung der Anschaffungs- oder Herstellungskosten zulässig. Entsprechendes gilt, wenn zur Durchführung der Investition gegebenes Darlehen in einen Zuschuss umgewandelt wird. Wird ein Zuschuss bereits vor Anschaffung/Herstellung des betreffenden Wirtschaftsguts gewährt, ist es bei beabsichtigter erfolgsneutraler Behandlung nach R 6.5 Abs. 2 EStR zulässig, diesen in eine den steuerlichen Gewinn mindernde Rücklage einzustellen, die dann auf die Anschaffungs- oder Herstellungskosten des betreffenden Wirtschaftsguts zu übertragen ist (R 6.5 Abs. 4 EStR). Ein zugesagter, aber noch nicht ausgezahlter Zuschuss ist mit dem Nennbetrag als Forderung auszuweisen (BFH v. 24.7.2013 – IV R 30/10, BFH/NV 2014 S. 304) und kann ggf. in eine den steuerlichen Gewinn mindernde Rücklage eingestellt werden.

1318–1320 *Einstweilen frei*

XII. Verbindlichkeiten, Rückstellungen

1. Allgemeine Grundsätze

1321 Nach § 253 Abs. 1 Satz 2 HGB sind Verbindlichkeiten zu ihrem Erfüllungsbetrag anzusetzen. Dabei handelt es sich gegenüber der bisherigen Verwendung des Begriffs „Rückzahlungsbetrag" lediglich um eine Klarstellung mit der verdeutlicht werden soll, dass Sachleistungs- und Sachwertverpflichtungen mit dem im Erfüllungszeitpunkt voraussichtlich aufzuwendenden Geldbetrag auszuweisen sind (BR-Drucks. 344/08 S. 112). Rückstellungen sind in Höhe des nach vernünftiger kaufmännischer Beurteilung notwendigen Erfüllungsbetrages anzusetzen. Daraus folgt, dass künftigen Preis- und Kostensteigerungen Rechnung tragen ist. Weiter wird in § 253 Abs. 2 HGB bestimmt, dass Rückstellungen bei einer Restlaufzeit von mehr als einem Jahr mit dem ihrer Restlaufzeit entsprechenden durchschnittlichen Marktzinssatz abzuzinsen sind, der sich im Falle von Rückstellungen für Altersversorgungsverpflichtungen aus den vergangenen zehn Geschäftsjahren und im Falle sonstiger Rückstellungen aus den vergangenen sieben Geschäftsjahren ergibt. Der danach anzuwendende jeweilige Abzinsungszinssatz wird von der Deutschen Bundesbank nach Maßgabe einer Rechtsverordnung ermittelt und monatlich bekannt gegeben.

1322 Richtet sich die Höhe von Altersversorgungsverpflichtungen ausschließlich nach dem beizulegenden Zeitwert von Wertpapieren des Anlagevermögens i. S. des § 266 Abs. 2 A. III. 5 HGB, sind Rückstellungen hierfür zum beizulegenden Zeitwert dieser Wertpapiere anzusetzen, soweit er einen garantierten Mindestbetrag übersteigt.

1323 Bei der Umrechnung von in Fremdwährung zu erfüllenden Verbindlichkeiten sind die Regelungen des § 256a HGB zu beachten (vgl. Rdn. 41). Hat die Fremdwährungsverbindlichkeit zum Bilanzstichtag eine Restlaufzeit von einem Jahr oder weniger, sind ggf. nicht realisierte Gewinne auszuweisen, da die Vorschriften § 253 Abs. 1 Satz 1 sowie § 252 Abs. 1 Nr. 4 Halbsatz 2 HGB keine Gültigkeit besitzen.

1324 Eine verjährte Verbindlichkeit ist dann auszubuchen, wenn mit der Einrede der Verjährung zu rechnen ist (BFH v. 9.2.1993, BStBl II S. 543). Die Zahlungsunfähigkeit des Schuldners rechtfertigt demgegenüber die Ausbuchung nicht (BFH v. 9.2.1993, BStBl II

S. 747). Unbedingt erlassene Verbindlichkeiten sind erfolgswirksam auszubuchen. Dies gilt auch, wenn der Verzicht gegen die Ausgabe von Besserungsscheinen erfolgt. In einem derartigen Fall lebt die bedingt erlassene Forderung bei Eintritt der sich aus dem Besserungsversprechen ergebenden Bedingungen voll, ggf. auch nur teilweise wieder auf. Dementsprechend ist zu diesem Zeitpunkt eine entsprechende Verbindlichkeit erfolgswirksam wieder einzubuchen (vgl. BMF-Schreiben v. 2.12.2003, BStBl 2003 I S. 648; BFH v. 12.7.2012 – I R 23/11, DStR 2012 S. 2058). Die Vereinbarung nur eines Rangrücktritts berührt den Bestand der Verbindlichkeit nicht, sie ist weiterhin auszuweisen; wegen weiterer Einzelheiten wird auf das BMF-Schreiben v. 8.9.2006 (BStBl I S. 497) hingewiesen, beachte jedoch BFH v. 15.4.2015 (BStBl 2015 II S. 769) und v. 10.8.2016 (BFH/NV 2017 S. 155).

Aus Anlass von Insolvenzverfahren können Verbindlichkeiten aufgrund der rechtskräftigen Bestätigung eines Insolvenzplans oder aufgrund der Restschuldbefreiung für natürliche Personen (§§ 286, 300 InsO) erlöschen. Die Restschuldbefreiung wirkt auf den Zeitpunkt der Betriebsaufgabe nicht zurück (a. A. FG Münster, Urteil v. 21.7.2016 – 9 K 3457/15 E, F, Rev. Az. BFH IX R 30/16). Im Übrigen wird auf das BMF-Schreiben v. 22.12.2009 (BStBl 2010 I S. 18) und die Kurzinfo ESt der OFD NRW v. 21.11.2014 (DB 2014 S. 2741) hingewiesen.

Die Ausbuchung von Verbindlichkeiten führt regelmäßig zu einem entsprechenden Er- 1325
trag. Dies gilt auch dann, wenn der Gläubigerverzicht im Interesse des Fortbestands des Unternehmens erfolgt, sich also ein sog. Sanierungsgewinn ergibt. Diese Gewinne unterliegen der Besteuerung nach allgemeinen Grundsätzen. Darauf entfallende Steuern können nach dem BMF-Schreiben v. 27.3.2003 (BStBl 2003 I S. 240), ergänzt durch das BMF-Schreiben v. 22.12.2009 (BStBl 2010 I S. 18) unter bestimmten Voraussetzungen aus Billigkeitsgründen zunächst gestundet und später ggf. auch erlassen werden; vgl. dazu auch die Urteile des BFH v. 14.7.2010 (BStBl II S. 916) und v. 12.12.2013 (BStBl 2014 II S. 572). In den Fällen der Planinsolvenz (§§ 217 ff. InsO), einer Restschuldbefreiung (§§ 286 ff. InsO) und der Verbraucherinsolvenz (§§ 304 ff. InsO) soll nach dem BMF-Schreiben v. 22.12.2009 (a. a. O.) entsprechend verfahren werden, beachte BFH v. 14.7.2010 (BStBl 2010 II S. 916). Diese Verwaltungsanweisung ist nach dem Beschluss des Großen Senats des BFH v. 28.11.2016 – GrS 1/15 (BStBl 2017 II S. 393) nicht rechtmäßig. Nach der neu eingefügten Regelung des § 3a EStG sind Betriebsvermögensmehrungen oder Betriebseinnahmen aus einem Schuldenerlass zum Zwecke einer unternehmensbezogenen Sanierung, gemindert um eine nach § 4f Abs. 1 Satz 1 EStG gebildete steuerfreie Rücklage und bislang steuerlich nicht berücksichtigte Verluste und Abzugsbeträge aus Vorjahren (wegen Einzelheiten vgl. § 3a Abs. 3 EStG) als Sanierungserträge steuerfrei zu belassen. Die Berücksichtigung bei Ermittlung des Sanierungsertrags führt insoweit zur Auflösung der steuerfreien Rücklage sowie den Verbrauch von verrechenbaren Verlusten, Verlustvorträgen und dergleichen. Nach der neu eingefügten Vorschrift des § 3c Abs. 4 EStG sind Betriebsvermögensminderungen und Betriebsausgaben, die mit einem steuerfreien Sanierungsertrag i. S. des § 3a EStG in einem unmittelbaren wirtschaftlichen Zusammenhang stehen, bei der steuerlichen Gewinnermittlung nicht abziehbar. Die Neuregelungen gelten grundsätzlich in den Fällen, in denen Schulden nach dem 8.2.2017 erlassen werden, es sei denn, dass für den Sa-

nierungsertrag aus Gründen des Vertrauensschutzes Billigkeitsmaßnahmen auf der Grundlage von § 163 Abs. 1 Satz 2 AO und §§ 222, 227 AO zu gewähren sind (§ 52 Abs. 4a und 5 EStG).

2. Verbindlichkeiten in der Steuerbilanz

1326 Verbindlichkeiten sind nach § 6 Abs. 1 Nr. 3 EStG unter sinngemäßer Anwendung der Vorschriften in § 6 Abs. 1 Nr. 2 EStG, d. h. mit ihren Anschaffungskosten bzw. ihrem höheren Teilwert anzusetzen. Nach der Rechtsprechung des BFH (Urteil v. 31. 1. 1980, BStBl 1980 II S. 491 m. w. N.) entspricht der Nennwert einer Verbindlichkeit im Regelfall den Anschaffungskosten. Sach- und Dienstleistungsverpflichtungen sind mit den Vollkosten (Einzelkosten und Gemeinkosten) zu bewerten (BFH 25. 2. 1986, BStBl 1986 II S. 788).

1327 Nach § 5 Abs. 1 Satz 1 EStG i. V. mit § 253 Abs. 1 Satz 2 HGB sind Verbindlichkeiten mit ihrem Erfüllungsbetrag anzusetzen. Dies ist unproblematisch, wenn zwischen den Beteiligten ein bestimmter Betrag in der Währungseinheit Euro vereinbart wurde. Ist die Höhe der Zahlungsverpflichtung hingegen wie bei Fremdwährungsverbindlichkeiten von einem bestimmten Kurswert abhängig, ist der Erfüllungsbetrag in € grundsätzlich nach dem Kurswert zum Zeitpunkt des Entstehens der Verbindlichkeit zu bestimmen. Ein steigender Kurswert führt zu einer Erhöhung der Verbindlichkeit in € und damit zu einer Minderung des Betriebsvermögens. Diese Vermögensminderung entspricht dem Ansatz des niedrigeren Teilwerts auf der Aktivseite der Bilanz (vgl. dazu Rdn. 1115 ff.).

1328 Zu unterscheiden ist zwischen Verbindlichkeiten, die dazu bestimmt sind, das Betriebskapital auf Dauer zu verstärken, und denjenigen, die dem laufenden Geschäftsverkehr (Rdn. 1329) zuzuordnen sind. Eine Fremdwährungsverbindlichkeit kann nur dann mit dem höheren Kurswert angesetzt werden, wenn zum Bilanzstichtag mit einer voraussichtlich dauernden Erhöhung des Kurswerts zu rechnen ist. Nach Rdn. 31 ff. des BMF-Schreibens v. 2. 9. 2016 (BStBl 2016 I S. 995) ist dies nur bei einer nachhaltigen Erhöhung des Wechselkurses gegenüber dem Kurs bei Entstehung der Verbindlichkeit der Fall. Zum Bilanzstichtag müssen aus der Sicht eines sorgfältigen und gewissenhaften Kaufmanns mehr Gründe für als gegen eine Nachhaltigkeit sprechen. Die auf den Devisenmärkten üblichen Wechselkursschwankungen berechtigen nicht zu einem höheren Ansatz der Verbindlichkeit. Bei Fremdwährungsverbindlichkeiten, die eine Restlaufzeit von jedenfalls zehn Jahren haben, begründet ein Kursanstieg der Fremdwährung grundsätzlich keine voraussichtlich dauernde Erhöhung der Verbindlichkeit in €, die Währungsschwankungen werden i. d. R. ausgeglichen (BFH v. 23. 4. 2009, BStBl 2009 II S. 778).

1329 Handelt es sich hingegen um Verbindlichkeiten aus dem laufenden Geschäftsverkehr, ist der Ansatz zum höheren Kurswert dann gerechtfertigt, wenn die Kurssteigerung bis zum Zeitpunkt der Bilanzaufstellung oder dem davor liegenden Zeitpunkt der Tilgung anhält (Rdn. 35 ff. des BMF-Schreibens v. 2. 9. 2016, BStBl 2016 I S. 995). In Anlehnung an die Rechtsprechung des BFH (z. B. Urteil v. 31. 10. 1990, BStBl 1991 II S. 471) werden diese Verbindlichkeiten wie folgt umschrieben:

- Ihr Entstehen hängt wirtschaftlich eng mit einzelnen bestimmbaren, nach Art des Betriebs immer wiederkehrenden und nicht die Anschaffung oder Herstellung von Wirtschaftsgütern des Anlagevermögens betreffenden laufenden Geschäftsvorfällen zusammen.
- Dieser Zusammenhang bleibt bis zur Tilgung der Verbindlichkeit erhalten.

- Die Verbindlichkeit wird innerhalb der nach Art des laufenden Geschäftsvorfalls allgemein üblichen Frist getilgt.

Verbindlichkeiten mit einer Laufzeit von mindesten 12 Monaten am Bilanzstichtag sind gem. § 6 Abs. 1 Nr. 3 EStG mit einem Zinssatz von 5,5 % abzuzinsen, sofern es sich dabei nicht um verzinsliche Verbindlichkeiten oder um eine auf einer Anzahlung oder Vorauszahlung beruhenden Verbindlichkeit handelt. Danach sind im Ergebnis ausschließlich langfristige unverzinsliche Verbindlichkeiten abzuzinsen. Bei diesen Verbindlichkeiten wird zu jedem Bilanzstichtag eine Neubewertung erforderlich, die zu einer erfolgswirksamen Erhöhung des Bilanzansatzes führt. Sind die Verbindlichkeiten vereinbarungsgemäß niedriger als mit 5,5 % zu verzinsen, kommt nach dem Wortlaut des § 6 Abs. 1 Nr. 3 EStG keine Abzinsung in Betracht. Wegen weiterer Einzelheiten wird auf das BMF-Schreiben v. 26. 5. 2005 (BStBl I S. 699) hingewiesen. Zur Abzinsung unverzinslicher Gesellschafterdarlehen, die keine feste Laufzeit haben, hat der BFH durch Urteile v. 27. 1. 2010 (BStBl 2010 II S. 478) und v. 5. 1. 2011 (BFH/NV 2011 S. 986) Stellung genommen. Zur Berechnung einer lebenslänglichen Nutzung oder Leistung für Bewertungsstichtage ab 1. 1. 2021 wird auf das BMF-Schreiben v. 28. 10. 2020 (BStBl 2020 I S. 1048) hingewiesen. Für den Fall des Verzichts auf eine ursprünglich vereinbarte Verzinsung für die Zukunft wird auf das Urteil des BFH v. 22. 7. 2013 (BFH/NV 2013 S. 1779) hingewiesen. Zur Frage der Bilanzierung unverzinslicher Darlehen von Angehörigen wird auf die Urteile des FG München v. 26. 6. 2014 (EFG 2015 S. 1084, Rev. Az. BFH X R 40/16) und des FG Münster v. 7. 11. 2016 (EFG 2016 S. 2056) hingewiesen. Wird ein bisher bedingt verzinstes Darlehen ohne Bedingungseintritt in ein die Restlaufzeit umfassendes unbedingt verzinstes Darlehen mit einem Zinssatz, der dem effektiven Zinssatz eines bei einer Landesbank refinanzierten Darlehens entspricht, umgewandelt, so liegt auch dann ein verzinsliches Darlehen i. S. des § 6 Abs. 1 Nr. 3 Satz 2 EStG vor, wenn die Verzinsungsabrede zwar vor dem Bilanzstichtag erfolgte, der Zinslauf aber erst danach begann (BFH Urteil v. 18. 9. 2018, BStBl 2019 II S. 67). 1330

Werden z. B. im Rahmen eines gesamten Unternehmenskaufs steuerrechtliche „stille Lasten“ entgeltlich übertragen, die dadurch entstehen, dass unterschiedliche Ansatz- und Bewertungsvorschriften in Handels- und Steuerrecht bestehen, insbesondere bei Rückstellungen für drohende Verluste aus schwebenden Geschäften, Verpflichtungen aufgrund von Dienstjubiläen, aufgrund unterschiedlicher Abzinsungssätze bei Verbindlichkeitenrückstellungen oder durch einen unterschiedlichen Rückstellungsbetrag in Handels- und Steuerbilanz zum Bilanzstichtag, stellt sich die Frage der steuerrechtlichen Behandlung sowohl beim übertragenden als auch beim erwerbenden Unternehmen. 1331

Der BFH hat in mehreren Urteilen entschieden, dass übernommene Verpflichtungen beim Übernehmer keinen Ansatz- und Bewertungsbeschränkungen unterliegen, sondern als ungewisse Verbindlichkeiten auszuweisen und mit den „Anschaffungskosten“ oder dem höheren Teilwert zu bewerten sind (BFH-Urteil v. 14. 12. 2011, BStBl 2017 II S. 1226, v. 12. 12. 2012, BStBl 2017 II S. 1265). Tritt ein Dritter neben dem bisherigen Schuldner in die Verpflichtung ein (sog. Schuldbeitritt) und verpflichtet sich der Dritte, den bisherigen Schuldner von der Verpflichtung freizustellen, kann der bisherige Schuldner mangels Wahrscheinlichkeit der Inanspruchnahme weder eine Rückstellung 1332 für die Verpflichtung passivieren, noch einen Freistellungsanspruch gegenüber dem Schuldbeitretenden ansetzen (BFH-Urteil v. 26. 4. 2012, BStBl 2017 II S. 1228). Der BFH weicht damit von zwei bisherigen BMF-Schreiben v. 16. 12. 2005 und 24. 6. 2011 ab. Beide vorgenannten BMF-Schreiben sind durch die Veröffentlichung des neuen BMF-Schreibens v. 30. 11. 2017 (BStBl 2017 I S. 1619) aufgehoben.

1333 Für nach dem 28. 11. 2013 endende Wirtschaftsjahre ist § 5 Abs. 7 EStG zu beachten, wonach der Übernehmer die gleichen Bilanzierungsvorschriften zu beachten hat, die auch für den ursprünglich Verpflichteten am Bilanzstichtag gegolten hätten, wenn er die Verpflichtung nicht übertragen hätte. Für den Fall, dass der ursprünglich Verpflichtete nicht dem deutschen Handels- und Steuerrecht unterlag, ist der Wert maßgebend, der nach den Regelungen des EStG oder KStG anzusetzen gewesen wäre.

1334 Nach der Übernahme sind die Verpflichtungen in der ersten für die Besteuerung maßgebenden Schlussbilanz unter Berücksichtigung der steuerlichen Ansatz- und Bewertungsvorbehalte anzusetzen, d. h. unter Berücksichtigung von u. a. § 5 Abs. 2a bis 4b, § 5 Abs. 5 Satz 1 Nr. 2, § 6 Abs. 1 Nr. 3, 3a und § 6a EStG. In diesem Zusammenhang können bilanzsteuerliche Wahlrechte vom Übernehmer unabhängig von der Wahl des Rechtsvorgängers in Anspruch genommen werden. Dies führt regelmäßig zu einer Herabsetzung des zunächst eingebuchten Werts der Verpflichtung und damit zur Erhöhung eines Gewinns. Dieser Gewinn kann in Höhe von 14/15 in eine gewinnmindernde Rücklage eingestellt werden, die in den folgenden 14 Wirtschaftsjahren jeweils mit mindestens 1/14 gewinnerhöhend aufzulösen ist (Auflösungszeitraum).

1335 Scheidet eine Verpflichtung vor Ablauf des Auflösungszeitraums aus dem Betriebsvermögen aus, ist eine für diese Verpflichtung noch nicht aufgelöste Rücklage gewinnerhöhend auszubuchen. Dies kann im Vorfeld dadurch vermieden werden, dass jährlich mehr als 1/14 gewinnerhöhend aufgelöst wird, z. B. durch entsprechende Verteilung über die tatsächliche Laufzeit der Verpflichtung (BMF-Schreiben v. 30. 11. 2017, BStBl 2017 I S. 1619, Rdn. 12).

1336 Für das Beispiel 84A Variante b) ergeben sich aus § 52 Abs. 9 EStG verschiedene Lösungsmöglichkeiten.

BEISPIEL 84A: B übernimmt Ende 2021 eine Verpflichtung des A zur Erfüllung eines Mietvertrags über noch fünf Jahre für ein Ladenlokal, das er nicht mehr nutzte und das B aktuell ebenfalls nicht nutzen kann. B erhält von A 45 000 €. A war durch § 5 Abs. 4a EStG gehindert, in seinen Steuerbilanzen eine Rückstellung wegen des aus der Erfüllung des Mietvertrags drohenden Verlustes auszuweisen, der durch die Übertragung auf B realisiert wird. B ist zum Ausweis einer Rückstellung wegen der übernommenen Verpflichtung in Höhe von 45 000 € auch in der Steuerbilanz berechtigt.

Das Wirtschaftsjahr des B entspricht dem Kalenderjahr. Der Ertrag aus der Vereinnahmung des Betrags von 45 000 € wird durch die Einbuchung einer entsprechenden Verpflichtung neutralisiert. B wird durch § 5 Abs. 7 Satz 1 EStG der Ausweis einer entsprechenden Verpflichtung durch das auch für ihn danach geltende Ansatzverbot des § 5 Abs. 4a EStG zum 31. 12. 2021 verwehrt. Damit wird der vereinnahmte Betrag von 45 000 € erfolgswirksam. B kann 14/15 dieses Betrags = 42 000 € in eine den steuerlichen Gewinn mindernde Rücklage einstellen, die zunächst jährlich mit 1/14 = 3 000 € aufzulösen ist. Das Vertragsverhältnis mit dem Vermieter endet nach Ablauf von fünf Jahren. Der sich zu diesem Zeitpunkt noch ergebende Wert der Rücklage von 9/14 = 27 000 € ist damit zum 31. 12. 2026 erfolgswirksam aufzulösen.

Die Regelung des § 5 Abs. 7 Satz 1 EStG gilt nicht nur für die Fälle, in denen ausschließlich eine Verpflichtung übertragen wird. Sie ist auch anwendbar bei dem Erwerb eines Betriebs. Soweit veräußerten Betrieben aus noch nicht vollständig abgewickelten Aufträgen ein Verlust droht, ist dieser bei der Bewertung der teilfertigen Leistung zu berücksichtigen (BFH v. 7. 9. 2005, BStBl 2006 II S. 298; v. 25. 11. 2009, BFH/NV 2010 S. 1090); damit stellt sich die Frage der Anwendung des § 5 Abs. 7 EStG insoweit nicht. 1337

Bei Erwerb eines Mitunternehmeranteils ist ggf. bezogen auf den erwerbenden Mitunternehmer nach vorstehend dargestellten Grundsätzen zu verfahren (§ 5 Abs. 7 Satz 3 EStG). 1338

BEISPIEL 84B: Die Y-GmbH & Co. KG, alleiniger Kommanditist C, hat in ihrer Handelsbilanz zum 31. 12. 2021 eine Rückstellung wegen eines drohenden Verlustes aus einem schwebenden Geschäft in Höhe von 300 000 € ausgewiesen. Einem entsprechenden Ansatz in der Steuerbilanz steht § 5 Abs. 4a EStG entgegen.

Zum Anfang 2022 veräußert C 50 % seiner Beteiligung an D. C wendet damit 150 000 € für die Übernahme eines drohenden Verlustes durch D auf. Dieser Vorgang berührt die von der Y-GmbH & Co. KG aufzustellende Steuerbilanz nicht. Er betrifft D und ist deswegen in einer für D zu führenden Ergänzungsbilanz darzustellen (5. Kap. Teil A Rdn. 111). Mit dem Erwerb ist der übernommene drohende Verlust in Höhe von 150 000 € als Rückstellung einzubuchen und zum 31. 12. 2022 erfolgswirksam auszubuchen. D kann den Gewinn von 150 000 € zu 14/15 in eine in der Ergänzungsbilanz auszuweisenden und fortzuschreibenden Rücklage ausweisen. Im Rahmen der steuerlichen Gewinnverteilung 2022 wäre für D insoweit zusätzlich ein Gewinn von 10 000 € zu erfassen.

Im Verhältnis zu C ist nach § 4f EStG zu verfahren (Rdn. 550 ff.). Sein Gewinnanteil ist außerhalb der Bilanz um 10 000 € zu mindern. Entscheidet sich D zum Ausweis der Rücklage in der Ergänzungsbilanz, gleichen sich bezogen auf den steuerlichen Gewinn und damit den Gewerbeertrag der Y-GmbH & Co. KG die Auswirkungen von § 4f EStG und § 5 Abs. 7 EStG für 2022 aus.

Geht man weiter davon aus, dass das Geschäft in 2023 abgewickelt wird, hat D die dann noch verbliebene Rücklage in seiner Ergänzungsbilanz erfolgswirksam aufzulösen.

In § 5 Abs. 7 Satz 4 EStG wurde eine Sonderregelung für die Übernahme einer Pensionsverpflichtung unter gleichzeitiger Übernahme von Vermögenswerten gegenüber einem Arbeitnehmer getroffen, der bisher in einem anderen Unternehmen tätig war. 1339

Darlehensschulden sind auch dann mit dem Rückzahlungsbetrag zu passivieren, wenn dem Schuldner nur ein geringerer Betrag zugeflossen ist. Der Unterschiedsbetrag ist als Rechnungsabgrenzungsposten auf die Laufzeit des Darlehens (BFH v. 19. 1. 1978, BStBl II S. 262), bei einem kürzeren Zinsfestschreibungszeitraum auf diesen (BFH v. 21. 4. 1988, BStBl 1989 II S. 722) zu verteilen. Nur aus künftig anfallenden Einnahmen oder Gewinnen zu tilgende Verbindlichkeiten sind nach § 5 Abs. 2a EStG erst dann und insoweit bilanzierungsfähig, als die Einnahmen oder Gewinne tatsächlich angefallen sind, wegen weiterer Einzelheiten vgl. Rdn. 380. 1340

3. Rückstellungen in der Steuerbilanz

1341 Für die Bewertung von Rückstellungen in der Steuerbilanz sieht § 6 Abs. 1 Nr. 3a EStG von den Bewertungsvorschriften des HGB abweichende Regelungen vor, die für Pensionsrückstellungen durch § 6a EStG ergänzt werden. Ergeben sich – wie vielfach – danach niedrigere Werte als in der Handelsbilanz ausgewiesen, sind unstreitig diese niedrigeren Werte in der Steuerbilanz auszuweisen. Die nach § 253 Abs. 2 Satz 1 HGB gebotene Abzinsung von Rückstellungen mit einer Laufzeit von mehr als einem Jahr mit dem ihrer Restlaufzeit entsprechenden durchschnittlichen Marktzinssatz der vergangenen sieben Geschäftsjahre bzw. für Rückstellungen für Altersversorgungsverpflichtungen aus den vergangenen zehn Geschäftsjahren kann zu einem niedrigeren Wertansatz als dem nach § 6 Abs. 1 Nr. 3a EStG führen. Daraus wird in R 6.11 Abs. 3 Satz 1 EStR aufgrund des sich aus § 5 Abs. 1 Satz 1 EStG ergebenden Grundsatzes der Maßgeblichkeit der Handelsbilanz für die Steuerbilanz gefolgert, dass die Höhe einer Rückstellung in der Steuerbilanz den zulässigen Ansatz in der Handelsbilanz nicht übersteigen darf, sofern es sich um keine Pensionsrückstellung i. S. des § 6a EStG handelt (vgl. auch OFD Münster v. 13. 7. 2012, StuB 2012 S. 602). In Anlehnung an Art. 67 Abs. 1 EHGB (vgl. Rdn. 1322) wird es zugelassen, den sich durch die Auflösung von bereits in dem vor dem 1. 1. 2010 endenden Wirtschaftsjahr passivierten Rückstellungen ergebenden Gewinn in Höhe von 14/15 in eine gewinnmindernde Rücklage einzustellen. Diese Rücklage ist in den folgenden vierzehn Wirtschaftsjahren jeweils mit mindestens 1/15 gewinnerhöhend aufzulösen. Entfällt die der Rücklage zugrunde liegende Verpflichtung vor Ablauf des vierzehnjährigen Auflösungszeitraums, ist die verbliebene Rücklage zum Ende des Wirtschaftsjahres des Wegfalls der Verpflichtung insgesamt gewinnerhöhend aufzulösen. Verringert sich der Verpflichtungsumfang innerhalb des Auflösungszeitraums, ist anteilmäßig entsprechend zu verfahren.

1342 Nach § 6 Abs. 1 Nr. 3a Buchst. a EStG sind Rückstellungen für gleichartige Verpflichtungen, z. B. für Garantie- oder Gewährleistungsverpflichtungen sowie für Kulanzleistungen, auf der Grundlage der Erfahrungen in der Vergangenheit zu bewerten. In der Praxis werden insoweit vielfach Pauschalrückstellungen auf der Grundlage der branchenmäßigen Erfahrungen und der individuellen Gestaltung des Betriebs gebildet (BFH v. 24. 3. 1999, BStBl 2001 II S. 612), soweit es sich nicht um Großschäden handelt. Dabei kommt auf die aus der Sicht des Unternehmens zu erwartende tatsächliche, nicht auf eine nach der Einschätzung der Vertragspartner mögliche Inanspruchnahme an. Das bilanzrechtliche Vorsichtsprinzip fordert nicht, dass bei mehreren Schätzungsalternativen die pessimistischste zu wählen ist (BFH v. 6. 5. 2003, BFH/NV 2003 S. 1313). Es entspricht weitgehender Übung, derartige Rückstellungen in Höhe eines bestimmten Prozentsatzes der am Bilanzstichtag noch garantiebehafteten Umsätze der Vorjahre zu bilden. Für den Regelfall wird von der FinVerw erwartet, dass dieser Prozentsatz auf der Grundlage der in der Vergangenheit tatsächlich erbrachten Garantieleistungen auf der Preisbasis des Bilanzstichtags unter Aussonderung der Aufwendungen für Großschäden ermittelt wird.

1343 Rückstellungen für Sachleistungsverpflichtungen (z. B. für Gewährleistungen und Kulanzleistungen) sind nach § 6 Abs. 1 Nr. 3a Buchst. b EStG mit den Einzelkosten und den angemessenen Teilen der notwendigen Gemeinkosten zu bewerten. Dazu können auch

Finanzierungskosten gehören (BFH v. 11.10.2012, BStBl 2013 II S. 676). Die sog. Fixkosten dürfen nicht berücksichtigt werden. Damit ist eine Bewertung zu Vollkosten ausgeschlossen. Diese Grundsätze sind z. B. beachten bei der Bewertung von Rückstellungen für Gewährleistungen und Kulanzleistungen, aber auch die Aufwendungen für die Aufbewahrung von Geschäftsunterlagen (BFH v. 18.1.2011, BStBl 2011 II S. 496; v. 11.10.2012, a. a. O.).

Künftige Vorteile, die mit der Erfüllung der die Rückstellung begründenden Verpflich- 1344
tung voraussichtlich verbunden sein werden, sind gem. § 6 Abs. 1 Nr. 3a Buchst. c EStG, soweit sie nicht als Forderung zu aktivieren sind, bei der Bewertung der Rückstellung wertmindernd zu berücksichtigen. Voraussetzung ist, dass am Bilanzstichtag nach den Umständen des jeweiligen Einzelfalles mehr Gründe für als gegen den Eintritt des Vorteils sprechen. Die Möglichkeit, dass künftig wirtschaftliche Vorteile eintreten könnten, genügt für die Gegenrechnung nicht.

Bestehen im Hinblick auf die die Rückstellung begründende Verpflichtung unbestritte- 1345
ne Rückgriffsansprüche, sind diese bei der Bewertung der Rückstellung risikomindernd zu berücksichtigen (BFH v. 3.8.1993, BStBl 1994 II S. 444; beachte BFH v. 17.10.2013, BStBl 2014 II S. 302). Bei der Bewertung von Urlaubsrückstellungen sind Ausgleichsansprüche gegen Urlaubskassen zu berücksichtigen (BFH v. 8.2.1995, BStBl 1995 II S. 412). Zur Berücksichtigung von Vorteilen, die bei der Bewertung von Rückstellungen aufgrund von Verpflichtungen im Zusammenhang mit dem Betrieb von Deponien wird in Tz. 17-22 des BMF-Schreibens v. 25.7.2005 (BStBl 2005 I S. 826) Stellung genommen wird. Wegen der bei dem Ausweis von Rückstellungen für Verpflichtungen aus Altersteilzeitvereinbarungen zu beachtenden Besonderheiten wird auf die BMF-Schreiben v. 28.3.2007 (BStBl 2007 I S. 297) und v. 11.3.2008 (BStBl 2008 I S. 496) hingewiesen.

Nach § 6 Abs. 1 Nr. 3a Buchst. d Satz 1 EStG sind Rückstellungen für Verpflichtungen, 1346
für deren Entstehen im wirtschaftlichen Sinne der laufende Betrieb ursächlich ist, zeitanteilig in gleichen Raten anzusammeln, wie bei Verpflichtungen zur Erneuerung oder zum Abbruch von Betriebsanlagen (BFH v. 3.12.1991, BStBl 1993 II S. 89; v. 28.3.2000, BStBl 2000 II S. 612). Dazu gehört z. B. die Verpflichtung eines Mieters, die von ihm in das gemietete Gebäude eingefügten Einbauten bei Beendigung des Mietverhältnisses zu entfernen. Bei einem Mietvertrag mit Verlängerungsoption hat die Ansammlung innerhalb der tatsächlich vereinbarten Mietdauer zu erfolgen. Kommt es zu einer Vertragsverlängerung, ist die Verpflichtung neu zu bewerten; der für die Erfüllung der Verpflichtung zu erwartende Aufwand ist auf den Zeitraum bis zur nunmehr maßgebenden Vertragsbeendigung zu verteilen (BFH v. 2.7.2014, BStBl 2014 II S. 979). Die auf der Grundlage der ursprünglichen Vereinbarung gebildete Rückstellung kann also nicht fortgeführt werden. Für den Regelfall wird die Neubewertung der Verpflichtung im Ergebnis zu einer teilweisen Auflösung der bisherigen Rückstellung führen.

Rückstellungen für gesetzliche Verpflichtungen zur Rücknahme und Verwertung von Erzeugnissen, die vor Inkrafttreten entsprechender gesetzlicher Verpflichtungen in Verkehr gebracht worden sind, sind nach § 6 Abs. 1 Nr. 3a Buchst. d Satz 2 EStG zeitanteilig in gleichen Raten bis zum Beginn der jeweiligen Erfüllung anzusammeln; eine Abzinsung kommt insoweit nicht in Betracht. Schließlich sieht § 6 Abs. 1 Nr. 3a Buchst. d

Satz 3 EStG eine Sonderregelung für die Bewertung von Rückstellungen für die Verpflichtung zur Stilllegung von Kernkraftwerken vor.

1347 Verpflichtungen, die von Jahr zu Jahr nicht nur im wirtschaftlichen Sinne, sondern tatsächlich zunehmen, sind bezogen auf den am Bilanzstichtag tatsächlich entstandenen Verpflichtungsumfang zu bewerten. Die Summe der in früheren Wirtschaftsjahren angesammelten Rückstellungsraten ist am Bilanzstichtag auf das Preisniveau dieses Stichtages anzuheben. Der Aufstockungsbetrag ist der Rückstellung in einem Einmalbetrag zuzuführen; eine gleichmäßige Verteilung auf die einzelnen Jahre bis zur Erfüllung der Verbindlichkeit kommt insoweit nicht in Betracht. Dies ist beispielsweise der Fall bei Verpflichtungen zur Rekultivierung oder zum Auffüllen abgebauter Hohlräume (z. B. bei Deponien Tz. 17 BMF-Schreiben v. 25. 7. 2005, a. a. O.; beachte BFH v. 8. 11. 2016 – I R 35/15, BFH/NV 2017 S. 783; für den Fall der Verlängerung des maßgebenden Zeitraums vgl. BFH v. 2. 7. 2014, BStBl 2014 II S. 979). Zu dem Ausweis einer Rückstellung für Zuwendungen aus Anlass eines Dienstjubiläums in Übereinstimmung mit § 5 Abs. 4 EStG (vgl. dazu Rdn. 368) wird auf das BMF-Schreiben v. 8. 12. 2008, BStBl 2008 I S. 1013) hingewiesen.

1348 Rückstellungen sind gem. § 6 Abs. 1 Nr. 3a Buchst. e EStG wie Verbindlichkeiten abzuzinsen (vgl. Rdn. 1321 ff.). Für die Abzinsung von Rückstellungen für Sachleistungsverpflichtungen ist der Zeitraum bis zum Beginn der Erfüllung maßgebend. Für die Abzinsung von Rückstellungen für die Verpflichtung, ein Kernkraftwerk stillzulegen, ist der sich aus § 6 Abs. 1 Nr. 3a Buchst. d Satz 3 EStG ergebende Zeitraum maßgebend.

1349 Nach § 6 Abs. 1 Nr. 3a Buchst. f EStG sind für die Bewertung die Wertverhältnisse am Bilanzstichtag maßgebend; künftige Preis- und Kostensteigerungen dürfen nicht berücksichtigt werden. Dadurch soll sichergestellt werden, dass für die Bewertung die Verhältnisse zum Bilanzstichtag maßgebend sind; anders als nach § 253 Abs. 1 Satz 2 HGB (vgl. Rdn. 1321) dürfen künftige Preis- und Kostensteigerungen nicht berücksichtigt werden.

F. Die Gewinn- und Verlustrechnung

I. Allgemeine Grundsätze

1. Materielle Regelungen

1401 Nach § 242 Abs. 2 HGB ist jeder Kaufmann verpflichtet, für den Schluss eines jeden Geschäftsjahrs eine Gegenüberstellung der Aufwendungen und Erträge des Geschäftsjahrs – eine Gewinn- und Verlustrechnung (GuV) – aufzustellen. Sie bildet zusammen mit der Bilanz den Jahresabschluss (§ 242 Abs. 3 HGB), so dass die dafür geltenden Grundsätze nicht nur bei Aufstellung der Bilanz, sondern auch der GuV zu beachten sind (vgl. insbesondere § 264 Abs. 2 und § 265 HGB). Danach hat die GuV ein den tatsächlichen Verhältnissen entsprechendes Bild der Ertragslage zu vermitteln. Wegen weiterer Einzelheiten zu den allgemein zu beachtenden Grundsätzen vgl. insbesondere Rdn. 719.

Aus der GuV ergibt sich durch die Gegenüberstellung der Erträge und der Aufwendungen des Geschäftsjahrs dessen Ergebnis. Es handelt sich mithin um eine zeitraumbezogene Darstellung der erfolgswirksamen Wertbewegungen des Geschäftsjahrs innerhalb des Unternehmens der Art und der Verursachung nach geordnet. Durch ihre Struktur wird eine Analyse der Ertragslage des Unternehmens ermöglicht. 1402

Die GuV hat nach § 246 Abs. 1 HGB sämtliche Aufwendungen und Erträge zu enthalten – Gebot der Vollständigkeit. Das Saldierungsverbot nach § 246 Abs. 2 HGB ist auch bei Aufwendungen und Erträgen zu beachten. Der durch das BilMoG eingefügte Satz 2 sieht eine Ausnahme für die Aufwendungen und Erträge vor, die im Zusammenhang mit zu saldierenden Vermögensgegenständen und Verpflichtungen aus Altersversorgungsverpflichtungen stehen (vgl. Rdn. 727). Nach § 252 Abs. 1 Nr. 5 HGB sind Aufwendungen und Erträge unabhängig vom Zeitpunkt der Zahlung im Jahresabschluss zu berücksichtigen. Es handelt sich dabei um den Grundsatz der Periodenabgrenzung, der seine besondere Ausprägung in den Regelungen zur Berücksichtigung planmäßiger Abschreibungen (§ 253 Abs. 3 und 4 HGB; vgl. Rdn. 991 ff.) sowie der Bildung von RAP (§ 250 HGB; vgl. Rdn. 363 ff.) erfährt. Weitere Einzelregelungen enthalten die allgemeinen handelsrechtlichen Rechnungslegungsvorschriften nicht. Für die ihren Gewinn nach § 4 Abs. 1, § 5 oder § 5a EStG ermittelnden Stpfl. wird die Gliederung der GuV durch die vom BMF bestimmten Taxonomien gem. § 5b EStG für die nach amtlich vorgeschriebenem Datensatz dem Finanzamt durch Datenfernübertragung zu übermittelnden Bilanzen und GuV vorgegeben (BMF-Schreiben v. 28. 9. 2011, BStBl 2011 I S. 855, v. 5. 6. 2012, BStBl 2012 I S. 598, v. 27. 6. 2013, BStBl 2013 I S. 844, v. 13. 6. 2014, BStBl 2014 I S. 886, v. 25. 6. 2015, BStBl 2015 I S. 541, v. 24. 5. 2016, BStBl 2016 I S. 500, v. 16. 5. 2017, BStBl 2017 I S. 776 und v. 6. 6. 2018, BStBl 2018 I S. 714). 1403

Die Frage, wann ein Aufwand oder Ertrag auszuweisen ist, ist danach zu beurteilen, wann eine entsprechende Vermögensminderung oder -mehrung auszuweisen ist. Diese Veränderungen im Vermögensstand schlagen sich regelmäßig in einem Zugang eines Vermögensgegenstands, der Verminderung eines Vermögensgegenstands oder aber der Erhöhung einer Schuld einschl. einer Rückstellung nieder. Daraus wird deutlich, dass auch bei der GuV im Ergebnis die allgemeinen Bilanzierungs- und Bewertungsgrundsätze zu beachten sind; auf die Ausführungen unter D. und E. wird hingewiesen. So beziehen sich z. B. die Bewertungsvorschriften in §§ 252 bis 256a HGB zwar auf den Ansatz der einzelnen Vermögensgegenstände der Höhe nach. Sie wirken sich jedoch unmittelbar auch auf die GuV aus, als z. B. die danach vorzunehmenden planmäßigen und außerplanmäßigen Abschreibungen als Aufwendungen in der GuV auszuweisen sind. Soweit danach bestimmte Aufwendungen nicht als Anschaffungs- oder Herstellungskosten einzelner Vermögensgegenstände zu verrechnen sind, sind sie in der GuV auszuweisen. 1404

2. Formvorschriften

Kapitalgesellschaften und Personengesellschaften & Co. haben die GuV in Staffelform aufzustellen (§ 275 Abs. 1 HGB). Dabei haben sie die Wahl zwischen der Darstellung nach dem Gesamtkostenverfahren (§ 275 Abs. 2 HGB; vgl. Rdn. 1413) und nach dem Umsatzkostenverfahren (§ 275 Abs. 3 HGB; vgl. Rdn. 1417) unter Beachtung der vom 1405

Gesetzgeber jeweils vorgegebenen Gliederung. Definitionen zu einzelnen danach auszuweisenden Posten ergeben sich aus § 277 HGB.

1406 Den übrigen Unternehmen steht die Möglichkeit offen, sich für die Staffel- oder Kontoform zu entscheiden. Ebenso wenig ist ihnen vom Gesetzgeber eine besondere Gliederung vorgegeben worden, so dass ebenfalls das Wahlrecht zwischen Gesamtkosten- und Umsatzkostenverfahren besteht. In der Praxis ist – wie auch bei den Bilanzen – weitgehend eine Darstellung entsprechend den bisher nur für Kapitalgesellschaften geltenden Regelungen zu beobachten. Abweichungen ergeben sich insoweit, als die bei Kapitalgesellschaften erforderliche qualifizierte Darstellung der Ergebnisverwendung im Anschluss an den Posten Jahresüberschuss/Jahresfehlbetrag entfällt. Mit der weitgehenden Übernahme der für Kapitalgesellschaften geltenden Gliederung der GuV genügen die Personenunternehmen insoweit dem Grundsatz der Klarheit und Übersichtlichkeit des Jahresabschlusses (vgl. § 243 Abs. 2 HGB).

1407 Die Gliederungsschemata der GuV in § 275 Abs. 2 und 3 HGB lassen sich dahingehend strukturieren, dass sich daraus zunächst das Betriebsergebnis (§ 275 Abs. 2 Nr. 1 bis 8 und Abs. 3 Nr. 1 bis 7 HGB), bis einschließlich zum Posten „Zinsen und ähnliche Aufwendungen, davon an verbundene Unternehmen" das Finanzergebnis (§ 275 Abs. 2 Nr. 9 bis 13 und Abs. 3 Nr. 8 bis 12 HGB) umfassen, das nach Berücksichtigung der „Steuern vom Einkommen und Ertrag" zum Ergebnis nach Steuern und nach Berücksichtigung von „Sonstige Steuern" zum Jahresüberschuss/Jahresfehlbetrag führt.

II. Aufwendungen und Erträge

1408 Die Begriffe Aufwendungen und Erträge hat der Gesetzgeber nicht ausdrücklich definiert. Bei den Aufwendungen handelt es sich um die vom Unternehmen eingesetzten Mittel, bei den Erträgen um die Leistungen des Unternehmens. Sie haben ihre Ursache in den wirtschaftlichen Aktivitäten des Unternehmens und konkretisieren sich in unterschiedlicher Weise. Für den Regelfall haben sie ihre Ursache in einem Leistungsaustausch; Ausnahmen gelten für die Erfüllung öffentlich-rechtlicher Verpflichtungen.

- Vermögensminderungen, die nicht zu den Anschaffungs- oder Herstellungskosten zu bilanzierender Vermögensgegenstände führen und auch nicht als RAP auszuweisen sind, sind sofort erfolgswirksam und als Aufwendungen in der GuV auszuweisen. Dabei ist es unerheblich, ob diese Minderung durch den körperlichen Abgang eines Vermögensgegenstands einschl. Zahlungsmitteln oder das Eingehen einer Verpflichtung begründet wird. Auch die Einstellung von ungewissen Verbindlichkeiten, die Bildung von Rückstellungen (vgl. Rdn. 367 ff.) führt zu Aufwendungen.
- Aufwendungen konkretisieren sich aber auch dadurch, dass bilanzierte Vermögensgegenstände an Wert verlieren. Dieser Umstand wird durch planmäßige und außerplanmäßige Abschreibungen berücksichtigt.
- Bei den Erträgen handelt es sich um Vermögensmehrungen aus Anlass der Zuführung von Vermögenswerten aufgrund unternehmerischer Leistungen, z. B. Erlöse für Lieferungen und Leistungen oder die Veräußerung von Anlagegütern.
- Vermögensmehrungen und damit Erträge können sich ferner durch die Freistellung von Verbindlichkeiten (Verpflichtungen) ergeben. Entsprechendes gilt für die Fälle, in denen sich herausstellt, dass eine als Rückstellung ausgewiesene ungewisse Verbindlichkeit in dem ursprünglich angenommenen Umfang nicht besteht und deswegen aufzulösen ist.

- Ferner können sich Erträge daraus ergeben, dass sich eine Abschreibung auf einen Vermögensgegenstand letztendlich als nicht erforderlich erweist, z. B. bei späterem Eingang abgeschriebener Forderungen.

Vermögensmehrungen und Vermögensminderungen, die die Ausstattung des Unternehmens mit Eigenkapital durch den Unternehmer oder die Gesellschafter berühren, sind weder Aufwendungen noch Erträge und sind deswegen in der GuV nicht auszuweisen. Bei der Zuführung von Eigenkapital handelt es sich regelmäßig um Einlagen. 1409

Der Abfluss von Vermögen ist je nach Rechtsform des Unternehmens als Entnahme, Gewinnausschüttung oder Kapitalherabsetzung zu qualifizieren. Wegen Einzelheiten vgl. Rdn. 99 ff.

III. Gesamtkostenverfahren und Umsatzkostenverfahren

1. Überblick

Der Vergleich des Schemas für das Gesamtkostenverfahren in § 275 Abs. 2 HGB mit dem des Umsatzkostenverfahrens in § 275 Abs. 3 HGB ergibt, dass die nach § 275 Abs. 2 Nr. 9 bis 17 HGB auszuweisenden Posten den in § 275 Abs. 2 Nr. 8 bis 16 HGB aufgeführten entsprechen. Die unterschiedliche Struktur der beiden Verfahren ergibt sich aus den jeweils zuvor auszuweisenden Posten, die nachfolgend gegenübergestellt werden. 1410

1411

Gesamtkostenverfahren	Umsatzkostenverfahren
1. Umsatzerlöse	1. Umsatzerlöse
2. Erhöhung oder Verminderung des Bestands an fertigen und unfertigen Erzeugnissen	2. Herstellungskosten der zur Erzielung der Umsatzerlöse erbrachten Leistungen
3. andere aktivierte Eigenleistungen	3. Bruttoergebnis vom Umsatz
4. sonstige betriebliche Erträge	4. Vertriebskosten
5. Materialaufwand a) Aufwendungen für Roh-, Hilfs- und Betriebsstoffe und für bezogene Waren b) Aufwendungen für bezogene Leistungen	5. allgemeine Verwaltungskosten
6. Personalaufwand a) Löhne und Gehälter b) soziale Abgaben und Aufwendungen für Altersversorgung und für Unterstützung, davon für Altersversorgung	6. sonstige betriebliche Erträge
7. Abschreibungen a) auf immaterielle Vermögensgegenstände des Anlagevermögens und Sachanlagen b) auf Vermögensgegenstände des Umlaufvermögens, soweit diese die für Kapitalgesellschaften üblichen Abschreibungen überschreiten	7. sonstige betriebliche Aufwendungen
8. sonstige betriebliche Aufwendungen	

1412 Kleine und mittlere Kapitalgesellschaften (vgl. Rdn. 5) dürfen nach § 276 HGB

- bei Anwendung des Gesamtkostenverfahrens die Posten i. S. des § 275 Abs. 2 Nr. 1 bis 5 HGB,
- bei Anwendung des Umsatzkostenverfahrens die Posten i. S. des § 275 Abs. 3 Nr. 1 bis 3 und 6 HGB

zu einem Posten unter der Bezeichnung „Rohergebnis" zusammenfassen.

Kleinstkapitalgesellschaften (vgl. Rdn. 6) können gem. § 275 Abs. 5 HGB die Gewinn- und Verlustrechnung wie folgt darstellen:

1. Umsatzerlöse,
2. sonstige Erträge,
3. Materialaufwand,
4. Personalaufwand,
5. Abschreibungen,
6. sonstige Aufwendungen,
7. Steuern,
8. Jahresüberschuss/Jahresfehlbetrag.

2. Das Gesamtkostenverfahren

1413 Wesentliches Merkmal des Gesamtkostenverfahrens – auch Produktions- oder Leistungsrechnung – ist, dass die für die betrieblichen Leistungen im Geschäftsjahr entstandenen Aufwendungen im Einzelnen ausgewiesen werden. Die entsprechenden Zahlenwerte werden deswegen regelmäßig ohne wesentliche Probleme aus dem Buchführungswerk in die GuV übernommen werden können. Eine Zuordnung der Aufwendungen zu den einzelnen Funktionsbereichen des Unternehmens (Produktion, Vertrieb, allgemeine Verwaltung) ist weitgehend nicht möglich.

1414 Als Umsatzerlöse sind nach § 277 Abs. 1 HGB die Erlöse aus dem Verkauf und der Vermietung oder Verpachtung von Produkten sowie aus der Erbringung von Dienstleistungen der Kapitalgesellschaft nach Abzug von Erlösschmälerungen und der Umsatzsteuer sowie sonstiger direkt mit dem Umsatz verbundener Steuern auszuweisen. Dabei handelt es sich nicht nur um Erlöse für die unternehmensspezifische Veräußerung von Waren oder erbrachten Leistungen, sodass auch die im Geschäftsjahr abgesetzten Waren einzubeziehen sind, die bereits im Vorjahr angeschafft oder hergestellt worden sein können. Zur Ermittlung des periodengerechten Ergebnisses sind deswegen Korrekturen um die Veränderungen im Bestand der fertigen und unfertigen Erzeugnisse (vgl. Rdn. 1425) sowie die anderen aktivierten Eigenleistungen (vgl. Rdn. 1428) erforderlich.

1415 Bei der Anwendung des Gesamtkostenverfahrens werden die für die Beurteilung der Ertragskraft des Unternehmens wesentlichen Aufwandsarten offen ausgewiesen. Einzelheiten zu den Abschreibungen auf das Anlagevermögen sind gem. § 284 Abs. 3 HGB in einem Anlagespiegel im Anhang aufzuführen. Aus dem Vergleich mehrerer Jahresabschlüsse lassen sich etwaige Veränderungen insbesondere in der Struktur der Aufwendungen erkennen. Gegenüber der Vergangenheit wird die Aussagefähigkeit der Einzelwerte u. a. dann wesentlich beeinträchtigt, wenn in den Umsatzerlösen nicht unternehmensspezifische Erträge in nicht zu vernachlässigendem Umfang in ggf. schwankendem Umfang enthalten sind.

Einstweilen frei 1416

3. Das Umsatzkostenverfahren

Das Umsatzkostenverfahren sieht die Gegenüberstellung der Umsatzerlöse und der Herstellungskosten der zur Erzielung der Umsatzerlöse erbrachten Leistungen vor. Als weitere Aufwendungen werden die Vertriebskosten und die allgemeinen Verwaltungskosten ausgewiesen. Damit folgt das Umsatzkostenverfahren im Ergebnis den Gesichtspunkten der Kostenrechnung, sofern unter den Umsatzerlösen fast ausschließlich unternehmensspezifische Erträge zu erfassen waren. In diesen Fällen wird die Beurteilung der erbrachten betrieblichen Leistung des Unternehmens erleichtert. Problematisch ist dies jedoch bei langfristigen Fertigungen. Der Gesetzgeber selbst hält die sich aus der GuV ergebenden Zahlen für nicht ausreichend. Durch § 285 Nr. 8 HGB werden für den Fall der Anwendung des Umsatzkostenverfahrens im Anhang zusätzliche Angaben zum Materialaufwand und zum Personalaufwand verlangt. Die Abschreibungen auf das Anlagevermögen sind nach § 284 Abs. 3 HGB in einem Anlagespiegel im Anhang dazustellen. 1417

Die Anwendung des Umsatzkostenverfahrens erfordert in stärkerem Maße eine Verdichtung der sich aus der Buchführung ergebenden Zahlen. Sofern kein entsprechend tief gegliedertes Rechnungswesen vorhanden ist, werden die Zahlen des Buchführungswerks einer besonderen Aufbereitung bedürfen. Diese besonderen Schlüsselungen bergen die Gefahr von Ungenauigkeiten und Abgrenzungsproblemen. 1418

Einstweilen frei 1419

4. Die Einzelposten des Gesamtkostenverfahrens

4.1 Umsatzerlöse

Nach § 277 Abs. 1 HGB sind als Umsatzerlöse die Erlöse aus dem Verkauf und der Vermietung von für die gewöhnliche Geschäftstätigkeit des Unternehmens typischen Erzeugnissen und Waren sowie aus dem für die gewöhnliche Geschäftstätigkeit typischen Dienstleistungen nach Abzug der Erlösschmälerungen und der USt auszuweisen. Auf den Zeitpunkt der Vereinnahmung kommt es dabei nicht an (§ 252 Abs. 1 Nr. 5 HGB). Da die Beschränkung auf Erlöse aus der gewöhnlichen Geschäftstätigkeit entfallen ist, ist der gesonderte Ausweis von außerordentlichen Erlösen nicht mehr erforderlich. 1420

Zu den Umsatzerlösen gehören auch die Erträge aus dem branchenüblichen Verkauf von nicht benötigten Roh-, Hilfs- und Betriebsstoffen, von Abfällen und Schrott (soweit bei der Produktion angefallen), von Kuppelprodukten und Zwischenerzeugnissen, Versicherungsentschädigungen für bereits verkaufte Waren, Entgeltzahlungen Dritter einschl. produktbezogener Subventionen. 1421

Den Umsatzerlösen sind z. B. auch Erträge aus für die Überlassung betrieblicher Vermögensgegenstände zur privaten Nutzung durch Arbeitnehmer (z. B. Pkw, Werkswohnungen), aus der Vermietung von einzelnen Parkplätzen an Dritte, aus dem Betrieb der 1422

Werkskantine, Verkäufen von Treibstoffen, Arbeitskleidung und dergleichen an Mitarbeiter zuzuordnen. Erlöse aus der Veräußerung von Vermögensgegenständen des Anlagevermögens sind dagegen unter den sonstigen betrieblichen Erträgen/sonstigen betrieblichen Aufwendungen (§ 275 Abs. 2 Nr. 4 und 8 HGB) auszuweisen.

1423 Die Höhe des Umsatzerlöses bestimmt sich im Einzelfall nach dem vereinbarten Preis. Bei den Erlösschmälerungen handelt es sich insbesondere um Preisnachlässe (z. B. Rabatte, Skonti, Boni) und zurückgewährte Entgelte (z. B. aufgrund von Mängelrügen, Gewichts- und Preisdifferenzen).

1424 Mit dem ausdrücklichen Hinweis, dass eine Kürzung um die USt zu erfolgen hat, wird zugleich darüber entschieden, dass die USt nicht als sonstige Steuer (§ 275 Abs. 2 Nr. 16 HGB) auszuweisen ist. Dies soll nach dem BilRUG auch für sonstige direkt mit dem Umsatz verbundene Steuern gelten (§ 277 Abs. 1 HGB).

4.2 Erhöhung oder Verminderung des Bestands an fertigen und unfertigen Erzeugnissen

1425 Die betriebliche Leistung schlägt sich bei Herstellungsbetrieben nicht nur in den Umsatzerlösen, sondern auch in den Beständen der fertigen und unfertigen Erzeugnisse nieder. Deutlich wird dies insbesondere bei Bauunternehmen mit langfristiger Fertigung. Deswegen ist gem. § 275 Abs. 2 Nr. 2 HGB die Erhöhung oder Verminderung des Bestands an fertigen und unfertigen Erzeugnissen i. S. des § 266 Abs. 2 B. I. 2. und 3. HGB auszuweisen. Handelswaren sowie bezogene Roh-, Hilfs- und Betriebsstoffe sind nicht einzubeziehen. Sie gehen in den Materialaufwand (vgl. Rdn. 1431) ein. Bei Handelsunternehmen kommt dementsprechend der Ausweis eines Postens i. S. des § 275 Abs. 2 Nr. 2 HGB regelmäßig nicht in Betracht. Die Bestandsveränderungen werden durch Gegenüberstellung der aktivierten Bestände zu Beginn und zu Ende des Geschäftsjahrs ermittelt.

1426 Die zu berücksichtigenden Bestandsveränderungen können auf mengenmäßige und/oder wertmäßige Abweichungen gegenüber dem Vergleichszeitpunkt zurückzuführen sein (§ 277 Abs. 2 HGB). Die wertmäßigen Abweichungen können auf zwischenzeitliche Preissteigerungen z. B. bei den verwendeten Materialien oder Änderungen bei den als Herstellungskosten verrechneten Fertigungslöhnen zurückzuführen sein. Sie können aber auch durch Abschreibungen verursacht sein, die nach § 277 Abs. 2 HGB nur insoweit berücksichtigt werden dürfen, als sie die sonst üblichen Abschreibungen nicht übersteigen. Auszusondern sind danach die nach § 275 Abs. 2 Nr. 7 Buchst. b HGB gesondert auszuweisenden Abschreibungen auf Vermögensgegenstände des Umlaufvermögens, soweit diese die üblichen Abschreibungen überschreiten (vgl. Rdn. 1442 f.). Zu den üblichen, nicht auszusondernden Abschreibungen gehören die Abschreibungen wegen gesunkener Preise, wegen Änderungen des Geschmacks oder der Mode bei nur noch schwer verkäuflichen Produkten.

1427 Entsprechendes gilt für Dienstleistungsunternehmen, bei denen die zu den einzelnen Bilanzstichtagen in Arbeit befindlichen Aufträge und noch nicht abgerechneten Leistungen auszuweisen sind.

4.3 Andere aktivierte Eigenleistungen

Bei den anderen aktivierten Eigenleistungen i. S. des § 275 Abs. 2 Nr. 3 HGB handelt es sich insbesondere um Vermögensgegenstände, die nicht unter den fertigen und unfertigen Erzeugnissen ausgewiesen, deren Bestandsveränderungen bereits nach § 275 Abs. 2 Nr. 2 HGB zu berücksichtigen sind. Dazu gehören z. B. selbst hergestellte Bauten oder Maschinen; die insoweit entstandenen Aufwendungen sind in den entsprechenden Aufwandsposten enthalten. 1428

4.4 Sonstige betriebliche Erträge

Zu den gem. § 275 Abs. 2 Nr. 4 HGB auszuweisenden sonstigen betrieblichen Erträgen gehören für den Regelfall Erträge aus dem Abgang von Vermögensgegenständen des Anlagevermögens, aus Zuschreibungen zu Anlagegütern, aus der Herabsetzung der Pauschalwertberichtigung auf Forderungen, aus Eingängen von abgeschriebenen Forderungen und aus der Auflösung von Rückstellungen sowie der nach § 277 Abs. 5 HGB gesondert auszuweisenden der Erträge aus der Währungsumrechnung. 1429

Einstweilen frei 1430

4.5 Materialaufwand

Für den Ausweis des Materialaufwands sieht § 275 Abs. 2 Nr. 5 HGB eine Untergliederung vor in 1431

a) Aufwendungen für Roh-, Hilfs- und Betriebsstoffe und für bezogene Waren,

b) Aufwendungen für bezogene Leistungen.

Im Ergebnis handelt es sich hierbei um die Aufwendungen, die zur Erzielung der Umsatzerlöse i. S. des § 275 Abs. 2 Nr. 1 HGB eingesetzt worden sind. Der Begriff der Roh-, Hilfs- und Betriebsstoffe ist mit dem in § 266 Abs. 2 B. I. 1 HGB identisch (vgl. Rdn. 347). Dazu gehören weder Büromaterialien noch Material, das für Werbemaßnahmen eingesetzt wird. 1432

Anders als bei den Umsatzerlösen erfolgt die Korrektur um die Bestandsveränderungen nicht innerhalb der GuV. Der auszuweisende Aufwand ist vielmehr nach folgender Formel zu ermitteln: 1433

Bestand zu Beginn des Geschäftsjahrs
\+ Zugänge während des Geschäftsjahrs
./. Bestand zum Schluss des Geschäftsjahrs
auszuweisender Aufwand

Dabei sind die jeweils bilanzierten Bestände maßgebend, so dass damit Wertminderungen sowie Verluste durch körperlichen Untergang (Schwund) berücksichtigt werden, soweit die diesbezüglichen Abschreibungen nicht gesondert zu berücksichtigen sind (vgl. Rdn. 1442). 1434

Bei den Aufwendungen für bezogene Leistungen handelt es sich um Fremdleistungen, die dem Materialaufwand gleichzusetzen sind. Dazu gehören u. a. die Be- oder Verarbeitung von Produkten durch Dritte, z. B. Bearbeitungen unterschiedlicher Art (Verzinken, Stanzen, Lackieren), Lohnarbeiten (z. B. Nähen von Bekleidungsstücken), Erbrin- 1435 gung von Teilleistungen bei der Herstellung eines Bauwerks. Die Aufwendungen für Leistungen sog. Subunternehmer werden regelmäßig hier auszuweisen sein.

4.6 Personalaufwand

1436 Der nach § 275 Abs. 2 Nr. 6 HGB auszuweisende Personalaufwand ist folgt zu unterteilen:

a) Löhne und Gehälter,

b) soziale Abgaben und Aufwendungen für Altersversorgung und für Unterstützung, davon für Altersversorgung.

1437 Es handelt sich dabei um den gesamten Aufwand für die in Arbeitsverhältnissen zum Unternehmen stehenden Personen unabhängig von deren Funktion und Aufgabenstellung; zu erfassen sind unter diesem Posten sowohl Vergütungen für Vorstand oder Geschäftsführung als auch für Auszubildende und Aushilfskräfte. Wesentlich ist allein, dass zivilrechtlich ein Arbeitsverhältnis besteht. Auf die steuerliche Beurteilung kommt es nicht an. Besteht mit dem Gesellschafter einer Personengesellschaft ein Arbeitsverhältnis, sind die Vergütungen dafür unter den Löhnen und Gehältern auszuweisen ungeachtet des Umstands, dass der Gesellschafter steuerlich auch insoweit Einkünfte aus Gewerbebetrieb bezieht (§ 15 Abs. 1 Satz 1 Nr. 2 EStG). Unerheblich ist auch, ob die Vergütungen dem Lohnsteuerabzug unterliegen oder ggf. davon aus den unterschiedlichsten Gründen freizustellen sind. Die Aufwendungen für Aufsichtsratsmitglieder einer Kapitalgesellschaft sowie für Handelsvertreter können nicht unter den Löhnen und Gehältern ausgewiesen werden.

1438 Es ist gleichgültig, ob die Aufwendungen durch ein gegenwärtiges oder ein früheres Arbeitsverhältnis verursacht sind, sie aufgrund gesetzlicher/vertraglicher Verpflichtung oder freiwillig erbracht werden. Ferner ist es unerheblich, ob es sich um laufende oder einmalige Vergütungen (z. B. Tantiemen, Urlaubsgelder, sonstige einmalige Zuwendungen) handelt. Zu erfassen sind sowohl die Geld- als auch die Sachleistungen. Nicht zu den Löhnen und Gehältern gehören Kostenerstattungen (z. B. für Reisekosten, Spesen, Bewirtungskosten und sonstige Barauslagen und Kosten).

1439 Die abzuführende Lohnsteuer wird für den Regelfall vom einzelnen Arbeitnehmer geschuldet und ist damit Bestandteil des Lohns oder Gehalts, so dass ein gesonderter Ausweis unter den Steuern (§ 275 Abs. 2 Nr. 14, 16 HGB) nicht in Betracht kommt. Der Arbeitnehmeranteil zu den einzelnen Versicherungen wird ebenfalls vom Arbeitnehmer geschuldet, so dass er ebenfalls unter § 275 Abs. 2 Nr. 6 Buchst. a HGB auszuweisen ist.

1440 Zu den sozialen Aufwendungen i. S. des § 275 Abs. 2 Nr. 6 Buchst. b HGB gehören insbesondere die Arbeitgeberbeiträge zur gesetzlichen Sozialversicherung. Den gesondert auszuweisenden Aufwendungen für die Altersversorgung sind die Zahlungen von Pensionen, Renten und Ruhegehältern, die Zuführungen zu Pensionsrückstellungen, die Zuweisungen zu Pensions- und Unterstützungskassen, Beiträge an überbetriebliche Zusatzversorgungseinrichtungen, Versicherungsprämien für die Zukunftssicherung der Arbeitnehmer zuzuordnen.

Bei den Aufwendungen für Unterstützungen handelt es sich um freiwillige Zuwendungen an Arbeitnehmer und ehemalige Arbeitnehmer aus sozialen Gründen, z. B. Unterstützungen im Todes- oder Krankheitsfalle, Notstandsbeihilfen, Heirats- und Geburtsbeihilfen. 1441

4.7 Abschreibungen

Für den Ausweis von Abschreibungen sieht § 275 Abs. 2 Nr. 7 HGB folgende Untergliederung vor: 1442

a) Abschreibungen auf immaterielle Vermögensgegenstände des Anlagevermögens und Sachanlagen,
b) auf Vermögensgegenstände des Umlaufvermögens, soweit diese die in der Kapitalgesellschaft üblichen Abschreibungen überschreiten.

Wegen der Darstellung der Abschreibungen im Anhang wird auf § 284 Abs. 3 HGB hingewiesen.

Abschreibungen auf Finanzanlagen und Wertpapiere des Umlaufvermögens sind gesondert auszuweisen (§ 275 Abs. 2 Nr. 12 HGB). 1443

Einstweilen frei 1444

4.8 Sonstige betriebliche Aufwendungen

Bei den sonstigen betrieblichen Aufwendungen i. S. des § 275 Abs. 2 Nr. 8 HGB handelt es sich um einen „Sammelposten" für die bei der Ermittlung des „Ergebnisses der gewöhnlichen Geschäftstätigkeit" zu berücksichtigenden Aufwendungen. 1445

Unter den sonstigen betrieblichen Aufwendungen sind danach u. a. auszuweisen: 1446

- Verluste aus dem Abgang von Anlagegütern,
- Verluste aus der Veräußerung von Wertpapieren des Umlaufvermögens,
- Forderungsverluste unabhängig davon, ob sie zu erwarten oder bereits eingetreten sind oder sich durch Abtretung oder Veräußerung von Forderungen konkretisieren,
- Verluste aus Währungsgeschäften, gesonderter Ausweis der Aufwendungen aus Währungsumrechnung nach § 277 Abs. 5 HGB,
- alle übrigen Aufwendungen des gewöhnlichen Geschäftsverkehrs, die nicht unter anderen Posten auszuweisen sind, z. B.
  - sonstige Fertigungsgemeinkosten i. S. von R 6.3 Abs. 2 EStR,
  - Mieten, Pachten, Erbbauzinsen,
  - allgemeine Personalaufwendungen z. B. für Fortbildungskosten, Betriebsveranstaltungen und dgl.,
  - allgemeine Verwaltungskosten, z. B. Büromaterial, Porto, Telefon- und Fernschreibgebühren, Versicherungsprämien, Beiträge zu Verbänden, Gebühren und Abgaben (soweit sie nicht gesondert als Steuern auszuweisen sind), Rechts- und Beratungskosten,
  - Aufwendungen des Vertriebs,
  - Aufwendungen der Finanzierung und des Zahlungsverkehrs, soweit kein Ausweis als Zinsen i. S. des § 275 Abs. 2 Nr. 13 HGB in Betracht kommt,
  - sonstige allgemeine Aufwendungen, z. B. für Gesellschafterversammlungen, Spenden, Aufsichtsrat.

4.9 Erträge aus Beteiligungen

1447 Nach § 275 Abs. 2 Nr. 9 HGB sind die Erträge aus Beteiligungen i. S. des § 266 Abs. 2 Aktivseite A. III. 1. und 2. HGB (vgl. dazu Rdn. 329) gesondert auszuweisen. Dabei sind die von verbundenen Unternehmen bezogenen Erträge zu vermerken. In Betracht kommen Gewinnausschüttungen von Kapitalgesellschaften, Gewinnanteile aus der Beteiligung an Personengesellschaften und aus stillen Beteiligungen. Wegen der Besonderheiten bei Gewinnabführungsverträgen vgl. Rdn. 1451.

1448 Nicht auszuweisen sind Gewinne aus der Veräußerung von Beteiligungen. Dabei handelt es sich um sonstige betriebliche Erträge (vgl. Rdn. 1429). Verluste aus den Abgängen von Beteiligungen sind unter den sonstigen betrieblichen Aufwendungen (vgl. Rdn. 1445, 1446). Abschreibungen auf Beteiligungen sind nach § 275 Abs. 2 Nr. 12 HGB gesondert auszuweisen.

4.10 Erträge aus anderen Wertpapieren und Ausleihungen des Finanzanlagevermögens, sonstige Zinsen und ähnliche Erträge

1449 In § 275 Abs. 2 Nr. 10 und 11 HGB wird der getrennte Ausweis der Erträge aus Wertpapieren und Ausleihungen des Anlage- und Umlaufvermögens gefordert. Die Regelungen beziehen sich danach auf die unter § 266 Abs. 2 A. III. 4. bis 6. HGB auszuweisenden Finanzanlagen (vgl. dazu Rdn. 329) und die unter § 266 Abs. 2 B. II. bis IV. HGB auszuweisenden Forderungen und Wertpapiere (vgl. dazu Rdn. 356). Es handelt sich um Erträge, die nicht bereits nach § 275 Abs. 2 Nr. 9 HGB gesondert darzustellen sind. Dabei sind die von verbundenen Unternehmen bezogenen Erträge jeweils gesondert zu vermerken.

1450 Neben den aus den zum Umlaufvermögen gehörenden Aktien bezogenen Dividenden werden die Erträge weitgehend aus Zinsen und vergleichbaren Entgelten bestehen. Neben den Zinsen, die für die vereinbarungsgemäße Nutzungsüberlassung von Kapital vereinnahmt werden, gehören dazu u. a. auch Zinsaufschläge auf Forderungen, Verzugszinsen, Prozesszinsen, Wechseldiskonterträge sowie nach § 277 Abs. 5 Satz 1 HGB die gesondert auszuweisenden Erträge aus der Abzinsung von Rückstellungen. Ferner sind darunter zu erfassen Aufzinsungsbeträge für nicht oder niedrig verzinsliche Forderungen. Zu den ähnlichen Erträgen gehören Agio, Disagio, Kreditprovisionen, Teilzahlungszuschläge und dgl., nicht jedoch weiter berechnete Gebühren für besondere Leistungen, wie z. B. Kreditbearbeitungsgebühren, Spesen, Mahnkosten. Lieferantenskonti mindern die Anschaffungskosten (vgl. Rdn. 758 ff.) und können deswegen nicht als Zinserträge ausgewiesen werden.

4.11 Besonderheiten bei Gewinnabführungsverträgen

1451 Mit einem Gewinnabführungsvertrag (vgl. z. B. § 291 Abs. 1 AktG) verpflichtet sich eine Kapitalgesellschaft, ihren Gewinn ganz oder teilweise an das sie beherrschende Mutterunternehmen, das eine Kapitalgesellschaft oder ein Personenunternehmen sein kann, abzuführen. Das Mutterunternehmen verpflichtet sich im Gegenzug dazu, etwaige Verluste der Tochtergesellschaft zu übernehmen. Aus der Sicht der Muttergesellschaft handelt es sich bei Gewinnabführungen der Tochtergesellschaft wirtschaftlich um einen besonders qualifizierten Beteiligungsertrag, bei Verlustübernahmen um einen Beteiligungsaufwand. Demgegenüber entsteht der Tochtergesellschaft aus der Gewinnabführung ein Aufwand, aus der Verlustübernahme ein Ertrag. Diese Sachverhalte sind nach § 277 Abs. 3 Satz 2 HGB unter Erweiterung des sich aus § 275 Abs. 2 HGB ergebenden Schemas gesondert darzustellen.

4.12 Zinsen und ähnliche Aufwendungen

Der dem Unternehmen entstehende Zinsaufwand ist ohne Rücksicht auf die Art der zugrundeliegenden Verbindlichkeiten gem. § 275 Abs. 2 Nr. 13 HGB insgesamt gesondert auszuweisen. Dabei sind an verbundene Unternehmen gezahlte Zinsen besonders zu vermerken. 1452

Zum Begriff der Zinsen wird auf die Ausführungen unter Rdn. 1450 hingewiesen. Dazu gehören nach § 277 Abs. 5 HGB die gesondert auszuweisenden Aufwendungen aus der Abzinsung von Rückstellungen. Nicht dazu gehören die Kundenskonti, die als Erlösschmälerungen zu behandeln sind (vgl. Rdn. 1420). Geldbeschaffungskosten, Vermittlungsprovisionen, Gerichts- und Notargebühren für die Bestellung von Sicherheiten, Bankspesen, Optionsgebühren, Überwachungs- und Prüfungskosten gehören nicht zum Zinsaufwand. 1453

4.13 Außerordentliche Aufwendungen und Erträge

Ein gesonderter Ausweis an außerordentlichen Erträgen und Aufwendungen ist nicht mehr vorgesehen. 1454

Einstweilen frei 1455, 1456

4.14 Steuern

Bei den gem. § 275 Abs. 2 Nr. 14 HGB auszuweisenden Steuern vom Einkommen und Ertrag handelt es sich ausschließlich um Steuern, bei denen das Unternehmen Steuerschuldner ist. Nicht auszuweisen sind dementsprechend die Steuern, die – wie z. B. im Regelfall die Lohnsteuer – für Rechnung Dritter einzubehalten und abzuführen sind. Bei der Lohnsteuer handelt es sich dementsprechend um Personalaufwand (Rdn. 1436 ff.). Bei Einzelunternehmen und Personengesellschaften ist zu beachten, dass nicht das Unternehmen, sondern der Unternehmer, die Gesellschafter Steuersubjekt für die Einkommensteuer sind. Sie kann deswegen nicht als Aufwand ausgewiesen werden. 1457

Bei gewerblichen Unternehmen fällt als Steuer vom Einkommen die Gewerbesteuer an. Kapitalgesellschaften unterliegen mit ihrem Einkommen der Körperschaftsteuer, die ebenfalls wie der darauf erhobene Solidaritätszuschlag als Steuer vom Einkommen auszuweisen ist. Dazu gehört auch die Kapitalertragsteuer einschließlich des Solidaritätszuschlags auf vereinnahmte inländische Kapitalerträge. Bei aus dem Ausland bezogenen Einkünften können ferner ausländische Steuern vom Einkommen anfallen, z. B. der Kapitalertragsteuer vergleichbare Quellensteuern auf ausländische Kapitalerträge. 1458

Abweichungen zwischen Handels- und Steuerbilanz führen dazu, dass das Verhältnis zwischen dem in der Handelsbilanz ausgewiesenen Ertrag und dem tatsächlichen Steu- 1459 eraufwand im Vergleich zu den übrigen Geschäftsjahren unausgewogen ist. Sofern sich dieses unausgewogene Verhältnis in nachfolgenden Geschäftsjahren ausgleicht, sieht § 274 HGB (Rdn. 365) den Ausweis von latenten Steuern vor. Je nach Sachverhaltsgestaltung kann es sich dabei um einen Aktiv- oder um einen Passivposten handeln. Die sich durch Bildung und die Auflösung dieser Posten ergebenden Aufwendungen und Erträge sind als solche bei den Steuern vom Einkommen und Ertrag auszuweisen (§ 274 Abs. 2 HGB).

1460 Zu den gem. § 275 Abs. 2 Nr. 16 HGB auszuweisenden sonstigen Steuern gehören die als Aufwand zu behandelnden Verbrauchsteuern, Verkehrsteuern, Grundsteuern, Kfz-Steuer, Zölle. Die nicht abziehbare Vorsteuer ist wie die zugrundeliegende Lieferung bzw. Leistung zu behandeln. Nicht zu den Steuern gehören Nebenleistungen wie Stundungs-, Aussetzungs- und Prozesszinsen, Säumnis- und Verspätungszuschläge. Steuern, die als Anschaffungsnebenkosten zu verrechnen sind, z. B. Grunderwerbsteuer (vgl. Rdn. 758 ff.), gehen ebenfalls nicht in den Steueraufwand ein.

5. Die Einzelposten des Umsatzkostenverfahrens

1461 Die Gegenüberstellung des Gesamtkosten- und Umsatzkostenverfahrens in Rdn. 1411 zeigt, dass Identität zwischen den nachstehend aufgeführten, im Einzelnen auszuweisenden Posten besteht:

- Umsatzerlöse (§ 275 Abs. 2 Nr. 1 und Abs. 3 Nr. 1 HGB),
- sonstige betriebliche Erträge (§ 275 Abs. 2 Nr. 4 und Abs. 3 Nr. 6 HGB),
- Einzelposten ab Erträge aus Beteiligungen (§ 275 Abs. 2 Nr. 9 ff. und Abs. 3 Nr. 8 ff. HGB).

1462 Wegen der Erläuterungen zu diesen Posten wird auf die Ausführungen unter 4. Bezug genommen. Die bei Anwendung des Umsatzkostenverfahrens im Übrigen auszuweisenden Posten beinhalten eine anderweitige Zusammenfassung der Posten Bestandsveränderungen, andere aktivierte Eigenleistungen, Materialaufwand, Personalaufwand, Abschreibungen und sonstige betriebliche Aufwendungen (§ 275 Abs. 2 Nr. 2–3, 5–8 HGB). Die entsprechenden Aufwendungen und Erträge sind im Einzelnen zuzuordnen den Posten

- Herstellungskosten der zur Erzielung der Umsatzerlöse erbrachten Leistung (§ 275 Abs. 3 Nr. 2 HGB),
- Vertriebskosten (§ 275 Abs. 3 Nr. 4 HGB),
- allgemeine Verwaltungskosten (§ 275 Abs. 3 Nr. 5 HGB).

1463 Wegen Einzelheiten zu diesen Begriffen wird auf die diesbezüglichen Ausführungen unter Rdn. 844 ff. verwiesen. Diese Grundsätze sind auch bei Aufstellung der GuV zu beachten.

1464 Die danach verbleibenden Aufwendungen sind als sonstige betriebliche Aufwendungen auszuweisen (§ 275 Abs. 3 Nr. 7 HGB). Dieser Posten ist nicht identisch mit dem beim Gesamtkostenverfahren unter derselben Bezeichnung nach § 275 Abs. 2 Nr. 8 HGB auszuweisenden Einzelposten.

IV. Darstellung der Verwendung des Jahresergebnisses

Die Schemata in § 275 Abs. 2 und 3 HGB enden jeweils mit dem Posten Jahresüberschuss/Jahresfehlbetrag. Dies entspricht bei der Bilanz § 266 Abs. 3 A. V. HGB. Wird die Bilanz unter Berücksichtigung der vollständigen oder teilweisen Verwendung des Jahresergebnisses aufgestellt und ist dementsprechend gem. § 268 Abs. 1 HGB statt des Postens Jahresüberschuss/Jahresfehlbetrag und Gewinnvortrag/Verlustvortrag der Posten Bilanzgewinn/Bilanzverlust auszuweisen, ist in der GuV entsprechend zu verfahren. Dazu wird in § 275 Abs. 4 HGB lediglich bestimmt, dass Veränderungen der Kapital- und Gewinnrücklagen in der GuV erst nach dem Posten Jahresüberschuss/Jahresfehlbetrag auszuweisen sind. Lediglich § 158 AktG enthält eine für die AG verbindliche Regelung. Soweit Vorstand/Aufsichtsrat einer AG über das Ergebnis verfügen, ist die GuV im Anschluss an den Posten Jahresüberschuss/Jahresfehlbetrag unter Fortführung der Nummerierung – soweit erforderlich – um die folgenden Posten zu ergänzen, sofern im Anhang keine entsprechenden Angaben gemacht werden: 1465

1. Gewinnvortrag/Verlustvortrag aus dem Vorjahr
2. Entnahmen aus der Kapitalrücklage
3. Entnahmen aus Gewinnrücklagen
   a) aus der gesetzlichen Rücklage
   b) aus der Rücklage für Anteile an einem herrschenden oder mehrheitlich beteiligten Unternehmen
   c) aus satzungsmäßigen Rücklagen
   d) aus anderen Gewinnrücklagen
4. Einstellungen in die Gewinnrücklagen
   a) in die gesetzliche Rücklage
   b) in die Rücklage für Anteile an einem herrschenden oder mehrheitlich beteiligten Unternehmen
   c) in satzungsmäßige Rücklagen
   d) in andere Gewinnrücklagen
5. Bilanzgewinn/Bilanzverlust

Damit wird die Übereinstimmung mit der Bilanz herbeigeführt. Weitergehende Regelungen hielt der Gesetzgeber angesichts der Verpflichtung zur Offenlegung der Ergebnisverwendung (vgl. §§ 325, 326 HGB) für entbehrlich. Der GmbH steht es danach frei, in Anlehnung an § 158 AktG zu verfahren oder die Ergebnisverwendung im Anhang darzustellen. 1466

G. Betriebseinnahmen und Betriebsausgaben in der steuerlichen Gewinnermittlung

I. Allgemeine Grundsätze

Bei den buchführenden Gewerbetreibenden ist die Handelsbilanz, die zusammen mit der GuV den Jahresabschluss bildet, Grundlage für die steuerliche Gewinnermittlung. Angesichts der Verknüpfung mit der Bilanz ist die GuV ebenfalls Grundlage für die 1501 steuerliche Gewinnermittlung. Damit wirken sich der Grundsatz der Maßgeblichkeit der Handelsbilanz für die Steuerbilanz (vgl. Rdn. 660 ff.) sowie die vorrangig zu beachtenden steuerlichen Bilanzierungs- und Bewertungsvorschriften auf die GuV aus.

1502 Die steuerlichen Gewinnermittlungsvorschriften verwenden die in den handelsrechtlichen Rechnungslegungsvorschriften gebräuchlichen Begriffe Aufwendungen und Erträge weitgehend nicht. In § 5 Abs. 5 Satz 1 EStG ist von Ausgaben und Einnahmen die Rede, die Aufwand/Ertrag für eine bestimmte Zeit nach dem Bilanzstichtag sind. In § 4 Abs. 3 EStG wird es für nicht buchführungspflichtige Land- und Forstwirte, Gewerbetreibende und i. S. des § 18 EStG selbständig Tätige zugelassen, den Gewinn nicht nach § 4 Abs. 1 ggf. i.V. mit § 5 EStG durch Bestandsvergleich, sondern durch Gegenüberstellung der Betriebseinnahmen und der Betriebsausgaben zu ermitteln – Einnahmen-Überschussrechnung.

1503 Den Begriff der **Betriebseinnahmen** hat der Gesetzgeber nicht definiert. Bei den Einkünften aus nichtselbständiger Arbeit, aus Kapitalvermögen, aus Vermietung und Verpachtung sowie bei den sonstigen Einkünften sind nach § 8 Abs. 1 EStG als Einnahmen alle Güter zu erfassen, die in Geld oder Geldeswert bestehen und dem Stpfl. im Rahmen dieser Einkunftsarten zufließen. In Anlehnung daran werden unter Betriebseinnahmen die Zugänge von Wirtschaftsgütern in der Form von Geld oder Geldeswert verstanden, die durch den Betrieb veranlasst sind (BFH v. 27. 5. 1998, BStBl 1998 II S. 618; v. 27. 1. 2016, BStBl 2016 II S. 534, jeweils m. w. N.). Ein Wertzuwachs ist betrieblich veranlasst, wenn insoweit ein nicht nur äußerlicher, sondern sachlicher und wirtschaftlicher Zusammenhang gegeben ist (BFH v. 14. 3. 2006, BStBl 2006 II S. 650).

1504 **Betriebsausgaben** sind nach § 4 Abs. 4 EStG die Aufwendungen, die durch den Betrieb veranlasst sind (Rdn. 1532 ff.). Dazu gehören auch zurückgewährte Einnahmen.

Voraussetzung ist, dass die durch den Betrieb veranlassten Aufwendungen vom Stpfl. selbst getragen werden, sie ihn also wirtschaftlich belasten. Dies ist nicht der Fall, wenn ein Dritter Kosten trägt, die durch den Betrieb des Stpfl. veranlasst sind, sog. Drittaufwand vorliegt; auf die vier Entscheidungen des Großen Senats des BFH v. 23. 8. 1999 (BStBl 1999 II S. 778, 782, 787 und 774) sowie das Urteil des BFH v. 15. 7. 2014 (BStBl 2015 II S. 132) wird hingewiesen. Davon abzugrenzen sind die Fälle des abgekürzten Zahlungswegs. Davon ist auszugehen, wenn der Dritte im Einvernehmen mit dem Stpfl. dessen Schuld tilgt, statt ihm den Geldbetrag unmittelbar zuzuwenden, der Dritte also für Rechnung des Stpfl. an dessen Gläubiger leistet. Ferner sind Fälle des abgekürzten Vertragswegs denkbar; in diesem Fall hat ein Dritter im eigenen Namen für den Stpfl. einen Vertrag geschlossen, den geschuldeten Betrag geleistet und damit dem Stpfl. zugewendet. Wegen weiterer Einzelheiten wird auf H 4.7 (Drittaufwand) EStH und die dort zitierte Rechtsprechung des BFH hingewiesen, zur Tilgung von Verbindlichkeiten durch den anderen Ehegatten/Lebenspartner vgl. BFH v. 3. 2. 2016 (BStBl 2016 II S. 391).

Wegen der Behandlung des Aufwandes auf auch nicht im wirtschaftlichen Eigentum des Stpfl. stehende Wirtschaftsgüter, z. B. Baumaßnahmen auf einem dem Ehegatten gehörenden Grundstück, wird auf die Urteile des BFH v. 30. 1. 1995 (BStBl 1985 II S. 281), v. 25. 2. 2010 (BStBl 2010 II S. 670) und v. 9. 3. 2016 (BStBl 2016 II S. 976) sowie das BMF-Schreiben v. 16.12.2016 (BStBl 2016 I S.1431) hingewiesen; vgl. auch Rdn. 510.

Nach § 40 AO ist es für die Besteuerung unerheblich, ob ein Verhalten, das den Tatbestand eines Steuergesetzes ganz oder zum Teil erfüllt, gegen ein gesetzliches Gebot oder Verbot oder gegen die guten Sitten verstößt. Dementsprechend liegen Betriebseinnahmen auch dann vor, wenn sie unter Verstoß gegen geltende Wettbewerbsregelungen oder strafrechtlich sanktionierte Verbote (z. B. Rauschgifthandel) erzielt werden. Entsprechendes gilt für Betriebsausgaben, die im Zusammenhang mit strafbaren Handlungen im Rahmen einer betrieblichen oder beruflichen Tätigkeit stehen, zu denen z. B. betrieblich veranlasste Schmier- oder Bestechungsgelder gehören. Dementsprechend können die sich aus ihnen ergebenden Schadensersatzverpflichtungen zu Werbungskosten oder Betriebsausgaben und damit zu Betriebsschulden führen (z. B. BFH v. 20. 7. 1994, BFH/NV 1995 S. 198; v. 2. 10. 1992, BStBl 1993 II S. 153). 1505

Abziehbare Aufwendungen liegen nur dann vor, wenn die Aufwendungen auslösenden schuldhaften Handlungen noch im Rahmen der betrieblichen oder beruflichen Aufgabenerfüllung liegen und nicht auf privaten, den betrieblichen oder beruflichen Zusammenhang aufhebenden Umständen beruhen. Dies ist dann der Fall, wenn die strafbaren Handlungen mit der Erwerbstätigkeit des Steuerpflichtigen nur insoweit im Zusammenhang stehen, als diese eine Gelegenheit zu einer Straftat verschafft. Ein erwerbsbezogener Veranlassungszusammenhang wird jedoch aufgehoben, wenn z. B. der Arbeitnehmer seinen Arbeitgeber bewusst schädigen wollte oder sich oder einen Dritten durch die schädigende Handlung bereichert hat. Wegen weiterer Einzelheiten vgl. BFH v. 20. 10. 2016 (BFH/NV 2017 S. 223, m. w. N.).

Verschiedentlich sind insoweit Abzugsverbote zu beachten (vgl. § 4 Abs. 5 Nr. 8 und Nr. 10, § 12 Nr. 4 EStG; Hinweis auf Rdn. 1601, 1651, 1653).

Danach ist sowohl bei Vermögensmehrungen als auch Vermögensminderungen die betriebliche Veranlassung zu prüfen. Sie liegt immer dann vor, wenn bei objektiver Betrachtung ein tatsächlicher oder wirtschaftlicher Zusammenhang mit dem Betrieb besteht. Für den Fall der Betriebsausgaben hat der BFH in ständiger Rechtsprechung entschieden, dass eine betriebliche Veranlassung immer dann zu bejahen ist, wenn die Aufwendungen objektiv mit dem Betrieb zusammenhängen und subjektiv dem Betrieb zu dienen bestimmt sind (BFH v. 4. 7. 1990, BStBl II S. 817, m. w. N.). Soweit der Zusammenhang mit dem Betrieb zu beurteilen ist, kommt es auf die subjektiven Vorstellungen des Unternehmers nicht an. Maßgebend sind allein die tatsächlichen Verhältnisse. Auch hier sind die Grundsätze maßgebend, die bei der Prüfung der Frage, ob ein Wirtschaftsgut zum notwendigen Betriebsvermögen gehört, anzuwenden (vgl. Rdn. 535) sind. Gestaltungsmöglichkeiten bestehen insoweit, als es dem Einzelunternehmer freisteht, gewillkürtes Betriebsvermögen zu bilden (vgl. Rdn. 537). Mit dem Ausweis eines Wirtschaftsguts als gewillkürtes Betriebsvermögen werden die damit zusammenhängenden Einnahmen Betriebseinnahmen, die dadurch veranlassten Ausgaben Betriebsausgaben. 1506

BEISPIEL 85: ▸ Der Einzelunternehmer A weist ein ihm gehörendes Mietwohngrundstück als gewillkürtes Betriebsvermögen aus. Die vereinnahmten Mieten sind Betriebseinnahmen. Damit 1507 sind die dadurch verursachten Aufwendungen (z. B. AfA, Schuldzinsen, Bewirtschaftungskosten, Reparaturaufwand) Betriebsausgaben.

1508 Bei bestehender betrieblicher Veranlassung ist nicht weiter zu prüfen, ob die angefallenen Aufwendungen üblich, zweckmäßig, sinnvoll oder gar notwendig sind. Insoweit ist den subjektiven Vorstellungen des Unternehmers zu folgen (vgl. Loschelder, in: Schmidt, EStG, 37. Aufl., § 4 Rdn. 483, m. w. N.). Dies schließt nicht aus, dass bestimmte Betriebsausgaben nach besonderen gesetzlichen Regelungen steuerlich nicht abzugsfähig sind (vgl. Rdn. 1607 ff.).

1509 Betriebsausgaben sind danach sämtliche betrieblich veranlassten Aufwendungen unabhängig davon, ob sie in einen Aktivposten der Bilanz einzustellen sind, einen Passivposten der Bilanz mindern oder sofort abziehbar sind. Im allgemeinen Sprachgebrauch wird dieser Begriff ungeachtet dessen vielfach nur für sofort abziehbare Aufwendungen gebraucht.

1510 Folgende Aufwendungen sind keine Betriebsausgaben:

- ► Aufwendungen für den Haushalt des Stpfl. und für den Unterhalt seiner Familienangehörigen (§ 12 Nr. 1 EStG). Dazu gehören auch die Aufwendungen für die Lebensführung, die die wirtschaftliche oder gesellschaftliche Stellung mit sich bringt, selbst dann, wenn sie zur Förderung des Berufs oder der Tätigkeit erfolgen;
- ► freiwillige Zuwendungen, Zuwendungen aufgrund einer freiwillig begründeten Rechtspflicht und Zuwendungen an eine gegenüber dem Stpfl. oder seinem Ehegatten gesetzlich unterhaltsberechtigte Person oder deren Ehegatten (§ 12 Nr. 2 EStG);
- ► die Steuern vom Einkommen und sonstige Personensteuern sowie die Umsatzsteuer für Umsätze, die Entnahmen sind, und die Vorsteuerbeträge auf Aufwendungen, für die das Abzugsverbot des § 12 Nr. 1 EStG oder des § 4 Abs. 5 Satz 1 Nr. 1 bis 5, 7 oder Abs. 7 EStG gilt, ferner die auf diese Steuern entfallenden Nebenleistungen (§ 12 Nr. 3 EStG);
- ► in einem Strafverfahren festgesetzte Geldstrafen, sonstige Rechtsfolgen vermögensrechtlicher Art, bei denen der Strafcharakter überwiegt, Leistungen zur Erfüllung von Auflagen oder Weisungen, soweit diese nicht lediglich der Wiedergutmachung des durch die Tat verursachten Schadens dienen (§ 12 Nr. 4 EStG);
- ► Aufwendungen des Steuerpflichtigen für seine Berufsausbildung oder für sein Studium sind nur dann Betriebsausgaben, wenn der Steuerpflichtige zuvor keine Erstausbildung (Berufsausbildung oder Studium) abgeschlossen hat (§ 4 Abs. 9 i.V. mit § 9 Abs. 6 EStG; Hinweis auf Rdn. 1605). Aufwendungen für die Erstausbildung sind nach § 10 Abs. 1 Nr. 7 EStG in einem begrenzten Umfang als Sonderausgaben abziehbar

(wegen Einzelheiten vgl. Rdn. 1535 ff.).

1511 Auch die Betriebseinnahmen, die aufgrund einer ausdrücklichen gesetzlichen Vorschrift steuerfrei zu belassen sind (vgl. BFH v. 9. 10. 1996, BStBl 1997 II S. 125), sind Bestandteil des Jahresergebnisses. Aus dem so ermittelten Jahresergebnis sind die steuerfreien Einnahmen (Einkünfte) lediglich für Zwecke der Besteuerung außerhalb von Bilanz und GuV auszuscheiden. Die Steuerfreiheit kann sich aus § 3 EStG oder aus anderen Gesetzen ergeben.

1512 Erträge aus der Beteiligung an Kapitalgesellschaften und anderen Körperschaften, deren Ausschüttungen zu Einnahmen i. S. des § 20 Abs. 1 Nr. 1 EStG führen, unterliegen bei Bezug durch natürliche Personen gem. § 3 Nr. 40 EStG zu 60 % der Besteuerung, sofern

- die Beteiligungen in einem Betriebsvermögen gehalten werden (vgl. § 20 Abs. 8 EStG),
- es sich um Einkünfte aus der Veräußerung von im Privatvermögen gehaltenen Anteilen an Kapitalgesellschaften i. S. des § 17 EStG (vgl. 5. Kap. Teil A Rdn. 220 ff.) handelt,
- es sich um bestimmte, im Privatvermögen bezogene Einkünfte handelt, die nach § 32d Abs. 2 EStG nicht der Abgeltungsteuer unterliegen.

Bei Zugehörigkeit zu einem Betriebsvermögen sind nicht nur Gewinnausschüttungen, sondern auch Erlöse aus der Veräußerung derartiger Beteiligungen, Betriebsvermögensmehrungen aus Anlass von Wertaufholungen (vgl. Rdn. 1152) oder der Entnahmegewinn aus einer Beteiligung begünstigt. Die mit diesen Betriebsvermögensmehrungen in Zusammenhang stehenden Betriebsausgaben sind nach § 3c Abs. 2 EStG nur zu 60 % berücksichtigungsfähig (vgl. auch 5. Kap. Teil A Rdn. 26). Besonderheiten sind jedoch zu beachten

- bei Anteilen, die aus Anlass der Einbringung eines Betriebs, Teilbetriebs oder Mitunternehmeranteils in eine Kapitalgesellschaft gegen neue Gesellschaftsrechte unter Verzicht auf die Aufdeckung sämtlicher stiller Reserven erworben wurden – sog. einbringungsgeborene Anteile (vgl. 6. Kap. Rdn. 298 ff.);
- bei Anteilen, auf die in der Vergangenheit eine Teilwertabschreibung vorgenommen wurde oder eine Rücklage nach § 6b EStG übertragen wurde.

Die danach erforderlichen Korrekturen haben außerhalb der Steuerbilanz zu erfolgen. Bei der Besteuerung von Körperschaften sind statt der Regelungen in § 3 Nr. 40, § 3c Abs. 2 EStG die des § 8b KStG zu beachten, die teilweise eine Steuerfreistellung von 95 % der Einnahmen bzw. der Gewinne vorsehen.

Zu den nach § 3 Nr. 40 Buchst. d) EStG begünstigten Einnahmen gehören auch die Ge- 1513
winnausschüttungen vergleichbaren Leistungen von Versicherungs- und Pensionsfondsvereinen auf Gegenseitigkeit, sonstigen juristischen Personen des privaten Rechts, nichtrechtsfähigen Vereinen, Anstalten, Stiftungen und anderen Zweckvermögen des privaten Rechts i. S. des § 20 Abs. 1 Nr. 9 EStG.

Nach § 3c Abs. 2 Satz 2 EStG in der ab 2011 geltenden Fassung greift das sich aus Satz 1 1514
dieser Vorschrift ergebende teilweise Abzugsverbot bereits dann, wenn die Absicht zur Erzielung von Betriebsvermögensmehrungen oder Einnahmen i. S. des § 3 Nr. 40 EStG oder von Vergütungen i. S. des § 3 Nr. 40a EStG besteht. Dazu nahm das BMF mit Schreiben v. 23. 10. 2013 (BStBl 2013 I S. 1269) Stellung. Angesprochen wurden folgende Problemkreise:

- Aufwendungen für die Überlassung von Wirtschaftsgütern an eine Kapitalgesellschaft, an der der Überlassende beteiligt ist (Tz. 4–9),
- Darlehensgewährungen an die Kapitalgesellschaft (Tz. 10–13),
- Änderung der Bedingungen bei der Überlassung von Wirtschaftsgütern sowie bei Darlehensgewährungen (Tz. 14–17),
- Aufwendungen für Bürgschaftsverpflichtungen (Tz. 18).

Für nach dem 31. 12. 2014 beginnende Wirtschaftsjahre ist § 3c Abs. 2 EStG erneut er- 1515
gänzt worden. Danach gelten die Abzugsbeschränkungen gem. Sätze 2 bis 6 dieser Vorschrift i. d. F. des Zollkodexanpassungsgesetzes (ZKAnpG) v. 22. 12. 2014 (BGBl 2014 I S. 2417) auch für Betriebsvermögensminderungen oder Betriebsausgaben

- im Zusammenhang mit einer Darlehensforderung oder aus der Inanspruchnahme von Sicherheiten die für ein Darlehen hingegeben wurden, wenn das Darlehen oder die Sicherheit von einem Stpfl. gewährt wurde, der zu mehr als einem Viertel unmittelbar oder mittelbar am Grund- oder Stammkapital der Körperschaft, der das Darlehen gewährt wurde, beteiligt ist oder war. Das Abzugsverbot gilt insoweit nicht, als nachgewiesen wird, dass auch ein fremder Dritter das Darlehen bei sonst gleichen Umständen gewährt oder noch nicht zurückgefordert hätte; dabei sind nur die eigenen Sicherungsmittel der Körperschaft zu berücksichtigen;

- im Zusammenhang mit Forderungen aus Rechtshandlungen, die einer Darlehensgewährung unter den vorstehend dargestellten Voraussetzungen wirtschaftlich vergleichbar sind;
- soweit diese mit einer im Gesellschaftsverhältnis veranlassten unentgeltlichen Überlassung von Wirtschaftsgütern an diese Körperschaft oder bei einer teilentgeltlichen Überlassung von Wirtschaftsgütern mit dem unentgeltlichen Teil in Zusammenhang stehen und der Stpfl. zu mehr als einem Viertel unmittelbar oder mittelbar am Grund- oder Stammkapital dieser Körperschaft beteiligt ist oder war; dies gilt ungeachtet eines wirtschaftlichen Zusammenhangs mit den dem § 3 Nr. 40 EStG zugrunde liegenden Betriebsvermögensmehrungen oder Einnahmen. Ggf. erstreckt sich die Abzugsbeschränkung auch auf Veräußerungskosten.

1516 In den Fällen der sog. Wertpapierleihe unter Beteiligung einer Körperschaft sind ab 2007 die Regelungen des § 8b Abs. 10 KStG zu beachten.

1517 Zur Anwendung von § 3c Abs. 2 EStG wird auch auf 5. Kap. Teil A Rdn. 26 hingewiesen. Zur Rechtmäßigkeit des § 3c Abs. 2 Satz 2 EStG wird auf das Urteil des BFH v. 2. 9. 2014 (BStBl 2015 II S. 257) hingewiesen.

1518 Soweit Betriebseinnahmen aufgrund anderer Regelungen, z. B. des § 3 EStG, von der Besteuerung freizustellen sind, ist § 3c Abs. 1 EStG zu beachten. Danach dürfen mit steuerfreien Einnahmen in unmittelbarem wirtschaftlichem Zusammenhang stehende Ausgaben nicht als Betriebsausgaben abgezogen werden (BFH v. 27. 4. 2016, BStBl 2016 II S. 755).

1519 Durch § 4 Abs. 4a und 5 EStG werden die darin bezeichneten Betriebsausgaben ganz oder teilweise vom steuerwirksamen Abzug ausgeschlossen. Für einen Teil dieser Aufwendungen bestehen besondere Aufzeichnungspflichten. Wegen weiterer Einzelheiten vgl. Rdn. 1559 ff., 1596 ff., 1605, 1607 ff. hingewiesen. Die Zinsschranke nach § 4h EStG (vgl. Rdn. 1570 ff.) soll bewirken, dass dem Grunde nach abziehbare Schuldzinsen erst in nachfolgenden Veranlagungszeiträumen steuerwirksam werden. Dagegen handelt es sich bei den Aufwendungen i. S. von § 4 Abs. 5b, 6 und 9 EStG aufgrund der jeweils ausdrücklich getroffenen Bestimmung nicht um Betriebsausgaben.

Nach § 4i EStG sind Sonderbetriebsausgaben des Gesellschafters einer Personengesellschaft dann nicht abzugsfähig, soweit diese Aufwendungen auch die Steuerbemessungsgrundlage in einem anderen Staat mindern.

Nach § 4j EStG sind Lizenzgebühren (insbesondere für die Überlassung von Urheberrechten, gewerblichen Schutzrechten, Know-how und dergleichen), deren Gläubiger eine im Ausland ansässige i. S. des § 1 Abs. 2 AStG nahestehende Person (vgl. 5. Kap. Rdn. 1832) ist und im Ausland niedrig besteuert wird, bei der steuerlichen Gewinnermittlung nur teilweise abzugsfähig. Eine niedrige Besteuerung liegt bei einer Belastung mit Ertragsteuern von weniger als 25 % vor. Der nicht abzugsfähige Teil der Lizenzgebühr ist von dem Umfang der Niedrigbesteuerung abhängig. Die Neuregelung ist auf Aufwendungen anzuwenden, die nach dem 31. 12. 2017 entstehen (§ 52 Abs. 8a EStG).

Aufwendungen zur Förderung staatspolitischer Zwecke i. S. des § 10b Abs. 2 EStG – sog. Parteispenden – sind nach § 4 Abs. 6 EStG keine Betriebsausgaben. Auf 5. Kap. Teil A Rdn. 327 wird hingewiesen. 1520

Bei der Beurteilung der Aufwendungen im Bereich der betrieblichen Altersversorgung sind die Vorschriften der §§ 4b–4e EStG zu beachten (vgl. Rdn. 1606). 1521

II. Betriebseinnahmen

Betriebseinnahmen sind die Zugänge von Wirtschaftsgütern in der Form von Geld oder Geldeswert, die durch den Betrieb veranlasst sind (BFH v. 14. 3. 2006, BStBl II S. 650). Eine betriebliche Veranlassung liegt immer dann vor, wenn der Anlass für den Anfall der Einnahme in den betrieblichen Aktivitäten besteht. Dies liegt bei der Ausstattung des Unternehmens mit Eigenkapital nicht vor. Insoweit handelt es sich um Einlagen, die Gewinn oder Verlust nicht beeinträchtigen dürfen. Weitgehend handelt es sich bei den Betriebseinnahmen um die Gegenleistung des Empfängers für eine vom Unternehmen erbrachte Leistung. Dies gilt auch, wenn eine Leistung vergütet wird, die üblicherweise im Rahmen des Gewerbebetriebes erbracht wird, im Einzelfall jedoch die Privatsphäre des Gewerbetreibenden berührt, z. B. die von einem Versicherungsvertreter für den Abschluss eines eigenen privaten Versicherungsvertrages bezogene Provision (BFH v. 27. 5. 1998, BStBl II S. 618; v. 21. 4. 2010, BFH/NV 2010 S. 1436). Betriebseinnahmen sind ferner zurückgewährte Leistungen, z. B. nachträgliche Preisnachlässe, die Rückerstattung zu Unrecht geleisteter Zahlungen, die zuvor als Betriebsausgaben abgezogen wurden. Gewährt eine Kapitalgesellschaft ihrem Gesellschafter eine Einlage zurück, handelt es sich dabei um eine Betriebseinnahme, die die bilanzierten Anschaffungskosten der Beteiligung mindert. Soweit die zurückgewährte Einlage den Buchwert der Beteiligung übersteigt, vereinnahmt der Gesellschafter insoweit einen Beteiligungsertrag (BFH v. 20. 4. 1999, BStBl II S. 647). Eine unentgeltliche Zuwendung, eine Schenkung oder eine Zuwendung von Todeswegen wird nur in Ausnahmefällen als Betriebseinnahme zu erfassen sein (BFH v. 14. 3. 2006, BStBl II S. 650; FG Rheinland-Pfalz v. 10. 2. 2011 – 6 K 2713/07, NWB DokID: JAAAD-79477; BFH v. 6. 12. 2016 – I R 50/16, BStBl 2017 II S. 324; FG Münster v. 26. 2. 2014 – 7 K 1183/10 U, F, NWB DokID: EAAAE-76995, Rev. Az. BFH VIII R 41/14). 1522

Betriebseinnahmen liegen auch vor, wenn auf den empfangenen Vermögenswert kein Rechtsanspruch besteht, z. B. bei über den vereinbarten Preis hinausgehenden Zahlungen oder bei Zuwendungen für erfolgreiche Vertriebsaktivitäten (BFH v. 2. 9. 2008, BStBl 2010 II S. 550), beachte jedoch BFH v. 2. 9. 2008, BStBl 2010 II S. 548). 1523

BEISPIEL 86: Der Einzelunternehmer A betreibt sein Unternehmen auf einem von seinem Vater angemieteten Grundstück. Im Rahmen einer vorweggenommenen Erbfolgeregelung bekommt er dieses Grundstück Ende 2021 von seinem Vater geschenkt. 1524

Für den besonders erfolgreichen Vertrieb eines bestimmten Produkts wird ihm vom Lieferanten eine Espressomaschine, für die er 2 000 € aufwenden müsste, unentgeltlich zugewendet. Die Maschine wird ausschließlich betrieblich genutzt.

Die Schenkung des Vaters ist ein außerbetrieblicher Vorgang. Es liegt ein unentgeltlicher Erwerb im Privatvermögen vor (vgl. BMF-Schreiben v. 13. 1. 1993, BStBl 1993 I S. 80; v. 26. 2. 2007,

BStBl 2007 I S. 269). Durch die eigenbetriebliche Nutzung wird das Grundstück notwendiges Betriebsvermögen. Es ist in das Betriebsvermögen einzulegen (vgl. Rdn. 535).

Die Zuwendung der Espressomaschine hat ihre Ursache in den betrieblichen Aktivitäten. Es handelt sich um eine betrieblich veranlasste Vermögensmehrung und damit um eine Betriebseinnahme.

1525 Nach § 6 Abs. 4 EStG sind Wirtschaftsgüter, die aus einem Betriebsvermögen in das Betriebsvermögen eines anderen Stpfl. übertragen werden, bei dem Erwerber mit dem Wert als Anschaffungskosten anzusetzen, die er für dieses Wirtschaftsgut im Zeitpunkt des Erwerbs hätte aufwenden müssen. Dies bedeutet, dass A im Beispiel 86 eine Betriebseinnahme von 2 000 € zu erfassen hat. Zugleich ist der entsprechende Zugang eines abnutzbaren Anlageguts zu buchen. Würde A die Espressomaschine ausschließlich für private Zwecke nutzen, läge eine nach § 6 Abs. 1 Nr. 4 EStG mit dem Teilwert zu bewertende Entnahme vor (vgl. auch Rdn. 939). Eine entsprechende Problematik ergibt sich bei der Zuwendung sog. Incentive-Reisen (BFH v. 9. 3. 1990, BStBl II S. 711; v. 26. 9. 1995, BStBl 1996 II S. 273; BMF-Schreiben v. 14. 10. 1996, BStBl I S. 1192 sowie anderer Vorteile z. B. im Zusammenhang mit dem Besuch von sportlichen Veranstaltungen (BMF-Schreiben v. 22. 8. 2005, BStBl I S. 845; v. 28. 11. 2006, BStBl I S. 791; v. 19. 5. 2015, BStBl I S. 468 – u. a. zu den sog. VIP-Logen). Die Betriebseinnahme ist unabhängig davon zu erfassen, ob es sich beim Zuwendenden um eine abzugsfähige Betriebsausgabe oder um abzugsfähige Werbungskosten handelt. Die Erfassung einer Sachzuwendung als Betriebseinnahme kommt nach § 37b Abs. 3 EStG dann nicht in Betracht, wenn der Zuwendende darauf die Pauschsteuer nach § 37b EStG abgeführt hat (vgl. 5. Kap. Teil A Rdn. 336 ff.).

1526 Wird ein Wirtschaftsgut gegen ein anderes Wirtschaftsgut getauscht, liegt die Veräußerung des hingegebenen Wirtschaftsguts gegen Vereinnahmung des anderen Wirtschaftsguts vor. Es ist eine Betriebseinnahme in Höhe des gemeinen Werts des hingegebenen Wirtschaftsguts zu erfassen (§ 6 Abs. 6 EStG; BFH v. 25. 1. 1984, BStBl II S. 422). Dabei handelt es sich zugleich um die Anschaffungskosten des erlangten Wirtschaftsguts (vgl. auch Rdn. 777).

1527 Wird auf eine Betriebseinnahme verzichtet, ist zu prüfen, ob dieser Verzicht betrieblich veranlasst ist.

1528 **BEISPIEL 87:** Der Baustoffhändler A bucht eine gegenüber dem Kunden X bestehende Forderung in Höhe von 20 000 € aus, nachdem ihm dieser umfangreiche Aufträge vermittelt hat. Im Rahmen eines Vergleichsverfahrens des Kunden Y wird auf eine Teilforderung von 30 000 € verzichtet. Ferner erlässt A seinem Sohn im Zusammenhang mit einer vorweggenommenen Erbfolgeregelung eine Warenforderung in Höhe von 50 000 €.

Gegenüber X liegt kein Forderungsverzicht vor. X wird im Wege der Verrechnung eine Vermittlungsprovision zugewendet; die Forderung wird vereinnahmt, zugleich wird die Provision gezahlt.

Der Verzicht einer Teilforderung gegenüber Y ist betrieblich veranlasst. Insoweit kann begrifflich keine Betriebseinnahme entstehen.

Der Erlass der Forderung gegenüber dem Sohn ist ein außerbetrieblicher Vorgang (vgl. BMF-Schreiben v. 13. 1. 1993, BStBl I S. 80, geändert durch BMF-Schreiben v. 26. 2. 2007, BStBl 2007 I S. 269). Die Forderung ist mit dem Nennwert zu entnehmen. Damit wird im Ergebnis die Forderung vereinnahmt.

Betrieblich veranlasst sind auch Vermögensmehrungen, die lediglich an betriebliche Vorgänge anknüpfen, ohne dass gegenüber dem Leistenden eine konkrete Gegenleistung erbracht wird, z. B. Subventionen. Schadensersatzansprüche gegenüber Dritten führen zu Betriebseinnahmen, sofern und soweit sie durch den Betrieb verursacht sind, z. B. im Hinblick auf die Beschädigung oder den Verlust eines zum Betriebsvermögen gehörenden Wirtschaftsguts. Dazu gehört auch die Entschädigungsleistung eines Steuerberaters an eine GmbH für die überhöhte Festsetzung von GewSt (FG Baden-Württemberg v. 11. 8. 2014 – 6 K 3812/13, NWB DokID: BAAAE-73736), obwohl es sich bei der GewSt um eine nicht abziehbare Betriebsausgabe handelt. Dagegen führt der Schadensersatz für eine vom steuerlichen Berater zu vertretende überhöhte Festsetzung der Einkommensteuer, die keine Betriebsausgabe ist, auch dann nicht zu Betriebseinnahmen, wenn Ursache dafür eine unzutreffende Ermittlung des Gewinns aus Gewerbebetrieb ist (BFH v. 18. 6. 1998, BStBl II S. 621). 1529

Betriebseinnahmen sind nach § 24 Nr. 1 EStG auch Entschädigungen, die gewährt werden 1530

- als Ersatz für entgangene oder entgehende Einnahmen oder
- für die Aufgabe oder Nichtausübung einer Tätigkeit,
- als Ausgleichszahlungen an Handelsvertreter nach § 89b HGB.

Wegen Einzelheiten vgl. R 24.1 EStR sowie H 24.1 EStH.

Nach § 24 Nr. 2 EStG sind ferner nachträgliche Einkünfte aus einer ehemaligen Tätigkeit zu besteuern. Stehen die nachträglichen Einnahmen im Zusammenhang mit der Veräußerung oder Aufgabe eines Betriebes, ist zu prüfen, ob dadurch die Höhe des Veräußerungs- oder Aufgabegewinns berührt wird (H 16 (10) „Nachträgliche Änderungen des Veräußerungspreises oder des gemeinen Werts“ EStH). Auf R 24.1 EStR und H 24.1 EStH wird hingewiesen; wegen der Behandlung nachträglich anfallender Betriebsausgaben vgl. Rdn. 1538 ff. 1531

III. Sofort abziehbare Betriebsausgaben

Als sofort abziehbare Betriebsausgaben werden allgemein die Aufwendungen bezeichnet, 1532

- die sich nicht in einem zu bilanzierenden Wirtschaftsgut oder in einem aktiven RAP konkretisieren,
- die zum Ausweis eines Passivpostens führen, ohne dass auf der Aktivseite der Bilanz ein entsprechender Aufwand auszuweisen wäre.

Sofort abziehbare Betriebsausgaben werden danach regelmäßig unter den Aufwendungen in der GuV ausgewiesen. 1533

Bei Aufwendungen auf bilanzierte Wirtschaftsgüter des Anlagevermögens ist zu prüfen, ob es sich dabei um zu aktivierende Anschaffungs- oder Herstellungskosten oder sofort abziehbaren Erhaltungsaufwand handelt. Wegen Einzelheiten zu der insoweit erforderlichen Abgrenzung wird auf Rdn. 835 hingewiesen. Soweit danach Erhaltungsaufwand vorliegt, ist dieser im Jahr des Anfalls grundsätzlich in vollem Umfang abziehbar. Für die Ermittlung der Einkünfte aus Vermietung und Verpachtung wird es zugelassen, 1534

- den vom Stpfl. selbst getragenen Erhaltungsaufwand für Maßnahmen i. S. des § 177 des Baugesetzbuchs an im Inland in einem förmlich festgelegten Sanierungsgebiet oder städtebaulichen Entwicklungsbereich gelegenen Gebäude nach § 11a EStG,
- den vom Stpfl. selbst getragenen Erhaltungsaufwand für ein im Inland belegenes Gebäude oder Gebäudeteil, das nach den jeweiligen landesrechtlichen Vorschriften ein Baudenkmal ist, nach § 11b EStG

auf Antrag jeweils über einen Zeitraum von zwei bis fünf Jahren gleichmäßig zu verteilen. Diese Regelungen sind nach § 4 Abs. 8 EStG bei der Gewinnermittlung nach § 4 Abs. 1, § 5 EStG entsprechend anzuwenden. Es handelt sich dabei um eine Abweichung vom Grundsatz der periodengerechten Erfassung von Aufwendungen für die steuerliche Gewinnermittlung, vgl. dazu R 11a, 11b EStR, H 11a, 11b EStH.

IV. Einzelfragen zum Abzug von Betriebsausgaben

1. Betriebliche Veranlassung

1.1 Allgemeine Grundsätze

1535 Betriebsausgaben sind nach § 4 Abs. 4 EStG die durch den Betrieb veranlassten Aufwendungen. Diese Voraussetzung ist immer dann erfüllt, wenn nach objektiven Gesichtspunkten ein tatsächlicher oder wirtschaftlicher Zusammenhang mit dem Betrieb besteht. Der Gesetzgeber hält es jedoch nicht für vertretbar, sämtliche Aufwendungen, die danach Betriebsausgaben sind, auch zum Abzug bei der steuerlichen Gewinnermittlung zuzulassen. Bestimmte, in § 4 Abs. 5 EStG aufgeführte Aufwendungen sind insgesamt nicht oder nur in einem bestimmten Umfang steuerlich berücksichtigungsfähig (vgl. Rdn. 1607 ff.). Nach § 4 Abs. 5b EStG sind die GewSt und die darauf entfallenden Nebenleistungen (z. B. Zinsen und Säumniszuschläge) keine Betriebsausgaben. Entsprechendes gilt nach § 4 Abs. 6 EStG für Aufwendungen zur Förderung politischer Parteien (5. Kap. Teil A Rdn. 327) und nach § 4 Abs. 9 EStG für die Aufwendungen für die eigene erstmalige Berufsausbildung, das eigene Erststudium (Rdn. 1605). Durch § 4h EStG zur sog. Zinsschranke wird die Berücksichtigung von Zinsaufwendungen bezogen auf die einzelnen Wirtschaftsjahre beschränkt. Im Jahr der Entstehung nicht berücksichtigte Aufwendungen können unter bestimmten Voraussetzungen in nachfolgenden Wirtschaftsjahren wirksam werden (vgl. Rdn. 1570 ff.).

1536 Die für die Qualifikation als Betriebsausgabe nach § 4 Abs. 4 EStG erforderliche betriebliche Veranlassung liegt immer dann vor, wenn ein unmittelbarer Bezug zum betrieblichen Geschehen hergestellt werden kann, wie dies z. B. bei Aufwendungen auf ein zum Betriebsvermögen gehörendes Wirtschaftsgut oder für den laufenden Geschäftsbetrieb regelmäßig der Fall ist. Zu dem erforderlichen Nachweis der Erbringung der dem Betrieb berechneten Leistungen wird auf das Urteil des BFH v. 17. 11. 2015 (BFH/NV 2016 S. 922) hingewiesen. Für die Teilnahme an Fortbildungskursen liegt der erforderliche betriebliche Zusammenhang dann vor, wenn der Erwerb der Kenntnisse und Fähigkeiten auf eine anschließende Verwendung in der beruflichen Tätigkeit angelegt ist und ein homogener Teilnehmerkreis vorliegt (BFH v. 28. 8. 2008, BStBl 2009 II S. 106 und 108). Werden Aufwendungen im Hinblick auf die beabsichtigte Aufnahme einer gewerblichen Tätigkeit gemacht, handelt es sich bei ausreichend bestimmbaren Zusammenhang zwischen den Aufwendungen und der Einkunftsart bereits um Betriebsausgaben (BFH v. 15.4.1992, BStBl II S. 819). Lediglich Aufwendungen für die erstmalige Berufsausbildung oder für ein Erststudium, das zugleich eine Erstausbildung vermittelt, sind vom Betriebsausgabenabzug ausgeschlossen (vgl. § 4 Abs. 9 i.V. mit § 9 Abs. 6 EStG; Rdn. 1605).

BEISPIEL 88: A beabsichtigt, nach bestandener Meisterprüfung einen eigenen Betrieb zu eröffnen. Die dafür vorbereitenden Aufwendungen, wie z. B. Anmietung von Betriebsräumen, Anschaffung von Büro- und Werkstatteinrichtung sowie entsprechender Verbrauchsmaterialien führen bereits zu Betriebsausgaben. 1537

Dementsprechend sind Aufwendungen, die im wirtschaftlichen Zusammenhang mit einem bereits eingestellten Betrieb stehen, ebenfalls noch als Betriebsausgaben abziehbar. Soweit diese Aufwendungen nicht noch nachträglich bei der Ermittlung eines Veräußerungs- oder Aufgabegewinns zu berücksichtigen sind (BFH v. 10.2.1994, BStBl II S. 564; v. 6.3.2008, BFH/NV 2008 S. 1311), handelt es sich um nachträgliche Betriebsausgaben, die zu nachträglichen negativen Einkünften aus Gewerbebetrieb führen (§ 24 Nr. 2 EStG), für den Fall eines Insolvenzverfahrens vgl. BFH v. 3.2.2016 (BStBl 2016 II S. 391). 1538

BEISPIEL 89: B hat seinen Gewerbebetrieb zum Ende des Jahres 2021 mangels Rentabilität aufgegeben. Nach Verwertung sämtlicher Gegenstände des Betriebsvermögens verbleibt lediglich eine Verbindlichkeit gegenüber einem Kreditinstitut, die zu verzinsen ist. Diese Zinsen sind auch dann als nachträgliche negative Einkünfte aus Gewerbebetrieb zu berücksichtigen, wenn die Verbindlichkeit durch das eigenen Wohnzwecken dienende Einfamilienhaus gesichert ist (BFH v. 11.12.1980, BStBl II S. 460, 461 und 462). 1539

Werden hingegen bei einer Betriebsaufgabe neben Schulden auch Vermögensgegenstände zurückbehalten, die nicht zur Schuldentilgung verwendet werden, wird damit der Zusammenhang zum ursprünglichen Betrieb insoweit gelöst. Die nach einer Betriebseinstellung anfallenden Schuldzinsen können mangels betrieblicher Veranlassung nicht mehr als nachträgliche negative Einkünfte berücksichtigt werden. Dient das in das Privatvermögen überführte Wirtschaftsgut der Einkunftserzielung, ist zu prüfen, ob die anfallenden Schuldzinsen bei den insoweit in Betracht kommenden Einkünften als Werbungskosten abziehbar sind. Wegen weiterer Einzelheiten zu dieser Problematik wird auf das ausführliche Urteil des BFH v. 22.1.2003 (BFH/NV 2003 S. 900; ferner BFH v. 28.3.2007, BStBl II S. 642) hingewiesen. 1540

Eindeutig nicht betrieblich veranlasst sind Aufwendungen für die private Sphäre des Unternehmers (Mitunternehmers), wie z. B. die Kosten der privaten Lebensführung (vgl. Rdn. 1544 ff.). Nicht betrieblich veranlasst sind auch Aufwendungen auf im Privatvermögen gehaltene Vermögenswerte, z. B. auf ein im Privatvermögen gehaltenes Mietwohngrundstück, eine im Privatvermögen gehaltene Beteiligung an einer Kapitalgesellschaft; insoweit stellt sich die Frage, ob diese Aufwendungen bei der Ermittlung der Einkünfte aus Vermietung und Verpachtung oder aus Kapitalvermögen als Werbungskosten abziehbar sind. 1541

Lässt der feststellbare Geschehensablauf einen Rückschluss auf die betriebliche Veranlassung nicht zu, trifft den Stpfl. dafür die objektive Beweislast (Feststellungslast; ständige Rechtsprechung des BFH, Urt. v. 24.6.1976, BStBl II S. 562; v. 23.11.1988, 1542

BStBl 1989 II S. 405). Gelingt der Nachweis der betrieblichen Veranlassung nicht, scheidet der Abzug als Betriebsausgabe aus (BFH v. 18. 12. 2002, BFH/NV 2003 S. 964). Nicht ausreichend ist die objektiv nicht auszuschließende Möglichkeit der betrieblichen Veranlassung. Maßgebend ist allein, ob nach dem tatsächlichen Geschehensablauf eine ausschließliche oder nahezu ausschließliche betriebliche Veranlassung vorliegt, d. h. Ursache und tatsächliche Verausgabung sind nachzuweisen. So wird z. B. durch die Bezeichnung „Presseerzeugnisse“ oder „Fachzeitschriften“ auf Belegen allein die betriebliche Veranlassung des Aufwandes nicht nachgewiesen (FG Münster v. 21. 7. 2014 – 5 K 2767/13 E, NWB DokID: RAAAE-75034, rkr.). Ein Abzug als Betriebsausgaben ist immer dann ausgeschlossen, wenn nach den objektiven Umständen die Möglichkeit der Einkunftserzielung von vornherein ausscheidet.

1543 Wegen der bei Auslandsbeziehungen zu bestehenden besonderen Nachweispflichten wird auf 5. Kap. Teil G Rdn. 1811 hingewiesen.

1.2 Abgrenzung zwischen betrieblicher und privater Veranlassung

1.2.1 Allgemeines

1544 Nach § 12 Nr. 1 EStG können die Aufwendungen für den Haushalt des Stpfl. und für den Unterhalt seiner Familienangehörigen nicht als Betriebsausgaben abgezogen werden. So zählen Aufwendungen für das private Wohnen grundsätzlich zu den nicht abziehbaren Kosten der Lebensführung nach § 12 Nr. 1 Satz 1 und 2 EStG (BFH v. 11. 2. 2014, BFH/NV 2014 S. 1197). Dazu gehören u. a. auch die erwerbsbedingten Kinderbetreuungskosten, die gem. § 10 Abs. 1 Nr. 5 EStG als Sonderausgaben abziehbar sind. Aufwendungen für die Ausbildung von Kindern sind auch dann nicht als Betriebsausgaben abziehbar, wenn sie eine spätere Unternehmensnachfolge vorbereiten sollen (BFH v. 29. 10. 1997, BStBl 1998 II S. 149; v. 29. 11. 1999, BFH/NV 2000 S. 701; v. 6. 11. 2012, BStBl 2013 II S. 309). Die Grundsätze des § 12 Nr. 1 EStG gelten für den Abzug als Betriebsausgaben gem. § 4 Abs. 4 EStG sowie als Werbungskosten bei den sog. Überschusseinkünften gleichermaßen.

1545 Zu den nichtabziehbaren Aufwendungen gehören ferner die Kosten der Lebensführung, die die wirtschaftliche oder gesellschaftliche Stellung mit sich bringt, selbst dann, wenn sie zur Förderung des Berufs oder der Tätigkeit erfolgen. Aufwendungen, die teilweise betrieblich bzw. beruflich und im Übrigen privat veranlasst sind, sind im Gegensatz zu der in der Vergangenheit als maßgeblich angesehenen Rechtsauffassung, auch dann in abziehbare und nicht abziehbare Aufwendungen aufzuteilen, wenn es an objektiven Merkmalen und Unterlagen für eine zutreffende und leicht nachprüfbare Trennung mangelt (Beschluss des Großen Senats des BFH v. 21. 9. 2009, BStBl 2010 II S. 672). Danach sind z. B. bei gemischt beruflich (betrieblich) und privat veranlassten Reisen die Aufwendungen für die Hin- und Rückreise grundsätzlich in abziehbare Werbungskosten oder Betriebsausgaben und nicht abziehbare Aufwendungen für die private Lebensführung nach Maßgabe der beruflich und privat veranlassten Zeitanteile der Reise aufzuteilen. Voraussetzung ist, dass die beruflich veranlassten Zeitanteile feststehen und nicht von untergeordneter Bedeutung sind. Das unterschiedliche Gewicht der verschiedenen Veranlassungsbeiträge kann es jedoch im Einzelfall erfordern, einen anderen Aufteilungsmaßstab heranzuziehen oder ganz von einer Aufteilung abzusehen. Zur Problematik bei der Beurteilung gemischt veranlasster Aufwendungen hat das BMF mit Schreiben v. 6. 7. 2010 (BStBl 2010 I S. 614) Stellung genommen.

Der Große Senat des BFH geht in seinem Beschluss v. 21. 9. 2009 (a. a. O.) von einem 1546
engen Anwendungsbereich des § 12 Nr. 1 Satz 1 EStG aus. Zu den danach bei der Einkommensermittlung nicht abziehbaren Aufwendungen für den Haushalt des Steuerpflichtigen und für den Unterhalt seiner Familienangehörigen gehören insbesondere die Aufwendungen für Wohnung, Ernährung, Kleidung, allgemeine Schulausbildung, Kindererziehung, persönliche Bedürfnisse des täglichen Lebens, z. B. Erhaltung der Gesundheit, Pflege, Hygieneartikel, Zeitung, Rundfunk, Fernsehen oder Besuch kultureller und sportlicher Veranstaltungen (Lebenshaltungskosten). Es handelt sich danach um Aufwendungen, die bei der Einkommensbesteuerung durch die Berücksichtigung des steuerlichen Existenzminimums (Grundfreibetrag, Freibeträge für Kinder) pauschal abgegolten werden (BFH v. 11. 2. 2014, BFH/NV 2014 S. 1197), oder die als Sonderausgaben oder als außergewöhnliche Belastungen abziehbar sind. Diese Aufwendungen sind nicht aufteilbar und damit insgesamt nicht als Betriebsausgaben bzw. Werbungskosten abziehbar (vgl. auch Tz. 4 des BMF-Schreibens v. 6. 7. 2010, a. a. O.). Die Frage, ob die Aufwendungen für einen Wohnraum, der teilweise als häusliches Arbeitszimmer genutzt wird, auch anteilig als Betriebsausgaben bzw. Werbungskosten abgezogen werden können, hat der Große Senat verneint (Beschluss v. 27. 7. 2015, BStBl 2016 II S. 265). Durch § 12 Nr. 1 Satz 2 EStG wird weiter bestimmt, dass das Abzugsverbot nach Satz 1 dieser Vorschrift auch dann gilt, wenn die wirtschaftliche oder gesellschaftliche Stellung des Steuerpflichtigen diese Aufwendungen für die Lebensführung mit sich bringt, auch wenn sie zur Förderung des Berufs oder der Tätigkeit des Steuerpflichtigen erfolgen.

Im Übrigen ist zu beachten, dass ein betrieblich (beruflich) veranlasster Mehraufwand 1547
bei den Lebenshaltungskosten in bestimmten Fällen pauschaliert steuerlich berücksichtigungsfähig ist. Dabei handelt es sich teilweise um gesetzliche Regelungen, z. B. Mehraufwendungen für Verpflegung aus Anlass von Geschäftsreisen oder betrieblich veranlasster doppelter Haushaltsführung (§ 4 Abs. 5 Satz 1 Nr. 5 EStG) oder die Möglichkeit der Ermittlung des Werts der privaten Nutzung eines betrieblichen Pkw nach der sog. 1 %-Regelung gem. § 6 Abs. 1 Nr. 4 Satz 2 EStG.

Sind danach keine ausdrücklichen gesetzlichen Vorschriften anwendbar, sind nach der 1548
Entscheidung des Großen Senats des BFH v. 21. 9. 2009 (a. a. O.) bei der Aufteilung gemischter Aufwendungen folgende Grundsätze zu beachten.

- Eine unbedeutende private Mitveranlassung steht dem vollständigen Abzug von Betriebsausgaben oder Werbungskosten nicht entgegen.
- Eine unbedeutende berufliche Mitveranlassung von Aufwendungen für die Lebensführung eröffnet keinen Betriebsausgaben- oder Werbungskostenabzug.
- Ein Abzugsverbot besteht nur dann, wenn private und berufliche Gründe so zusammenwirken, dass eine Trennung ggf. auch im Rahmen einer Schätzung nicht möglich ist.
- Der Abzug von Betriebsausgaben oder Werbungskosten kann Steuerpflichtigen nicht mit der Begründung versagt werden, es handele sich um Aufwendungen, die für andere Steuerpflichtige Privataufwendungen sind.

- ► Der Steuerpflichtige hat die (betriebliche) berufliche Veranlassung der Aufwendungen im Einzelnen umfassend darzulegen und nachzuweisen (BFH v. 27.9.1991, BStBl 1992 II S. 195; v. 21.6.1994 BFH/NV 1995 S. 216). Neben einer detaillierten Sachverhaltsdarstellung sind entsprechende Nachweise erforderlich.
- ► Es ist regelmäßig eine Einzelfallprüfung erforderlich (BFH v. 20.5.2010 – VI R 53/09, BFH/NV 2010 S. 2316).

Das BMF geht in Rdn. 11 u. 12 seines Schreibens v. 6.7.2010 (a. a. O.) von einer unbedeutenden privaten bzw. beruflichen Mitveranlassung von < 10 % aus. Im Übrigen ist nach Auffassung des BFH (Urteil v. 5.7.2012, BStBl 2013 II S. 282) zu beachten, dass nach dem „traditionellen Bestand des deutschen Einkommensteuerrechts" Aufwendungen, die untrennbar sowohl privat als auch beruflich veranlasst sind, dann als Betriebsausgaben/Werbungskosten abziehbar sind, wenn sie so stark durch die berufliche/betriebliche Situation geprägt sind, dass der private Veranlassungsbeitrag bei wertender Betrachtung unbedeutend ist.

Die Auffassung des BMF in Rdn. 5 seines Schreibens v. 6.7.2010 (a. a. O.), dass bei Veranstaltungen aus persönlichem Anlass und gesellschaftlichen Veranstaltungen wesentliche Indizien für eine private Veranlassung und damit für nicht abziehbare Aufwendungen sprechen, wird vom BFH in dieser Allgemeinheit nicht geteilt. Nach den Urteilen v. 9.7.2015 (BStBl 2015 II S. 1013), v. 20.1.2016 (BStBl 2016 II S. 744) und v. 20.11.2016 (VI R 7/16, BStBl 2017 II S. 409) kann der Aufwand für persönlich mitveranlasste Veranstaltungen (Geburtstag, Dienstjubiläum, Berufszulassung) dann insoweit abziehbar sein als er auf einen nicht zu vernachlässigenden Kreis von Teilnehmern entfällt, deren Teilnahme betrieblich bzw. beruflich veranlasst ist. Mit seinem Urteil v. 13.7.2016 (BStBl 2017 II S. 161) hat der BFH lediglich zu der Frage Stellung genommen, unter welchen Voraussetzungen im Urteilsfalle die Aufwendungen für einen sog. Herrenabend den Abzugsbeschränkungen des § 4 Abs. 5 Satz 1 Nr. 4 EStG unterliegen. Nach den Vorgaben des BFH hat das FG im zweiten Rechtsgang auch festzustellen, ob diese Aufwendungen betrieblich veranlasst sind und es sich damit überhaupt um Betriebsausgaben handelt.

Die Frage, ob bestimmte Aufwendungen betrieblich veranlasst und damit als Betriebsausgaben abziehbar sind, kann jeweils nur nach den Verhältnissen des Einzelfalls beurteilt werden. Deutlich wird dies aus dem Urteil des BFH v. 4.10.2015 (BFH/NV 2016 S. 631), wonach die Aufwendungen für die Veranstaltung eines Golfturniers als Betriebsausgaben abgezogen werden konnten, während dies im Fall des Urteils v. 16.12.2015 (BFH/NV 2016 S. 652) letztlich an § 4 Abs. 5 Satz 1 Nr. 4 EStG scheiterte.

1.2.2 Nicht aufteilbare gemischte Aufwendungen

1549 Danach ist unverändert davon auszugehen, dass ein Abzug von Aufwendungen, die als den Lebenshaltungskosten zugehörig mit dem steuerlichen Existenzminimum abgegolten werden oder als Sonderausgaben oder als außergewöhnliche Belastungen abziehbar sind, auch dann nicht als Betriebsausgaben bzw. Werbungskosten abgezogen werden können, wenn zumindest theoretisch ein Zusammenhang mit einer Erwerbstätigkeit nicht auszuschließen ist. Als beispielhaft wird vom Großen Senat des BFH (a. a. O.) auf folgende Sachverhalte hingewiesen:

- Anschaffung eines Hörgeräts (BFH v. 8.4.1954, BStBl III S.174; v. 22.4.2003, BFH/NV 2003 S.1052),
- Aufwendungen für bürgerliche Kleidung (BFH v. 6.7.1989, BStBl 1990 II S.49; v. 18.4.1991, BStBl II S.751; v. 20.3.1992, BStBl 1993 II S.192; v. 27.5.1994, BStBl 1995 II S.17), zu sog. Business-Kleidung FG Hamburg v. 26.3.2014 – 6 K 231/12 (NWB DokID: EAAAE-67644),
- Aufwendungen für Kosmetika (BFH v. 6.7.1989, BStBl 1990 II S.49),
- Aufwendungen für eine Brille (BFH v. 23.10.1992, BStBl 1993 II S.193; v.20.7.2005, BFH/NV S.2185),
- Aufwendungen zur Förderung der Gesundheit für den Regelfall; Aufwendungen zur Wiederherstellung der Gesundheit können dann betrieblich oder beruflich veranlasst sein, wenn es sich um eine typische Berufskrankheit handelt oder der Zusammenhang zwischen der Erkrankung und dem Beruf eindeutig feststeht (BFH v. 9.11.2015, BFH/NV 2016 S.194; FG Köln v. 14.11.2013, EFG 2014 S.519, rkr.).

Im BMF-Schreiben v. 6.7.2010 (a.a.O.) wird ergänzend auf folgende Beispiele hinge- 1550
wiesen:

- Bezug einer überregionalen Tageszeitung (Rdn.17, a.a.O.)
- Aufwendungen für Sicherheitsmaßnahmen eines Steuerpflichtigen zum Schutz von Leben, Gesundheit, Freiheit und Vermögen seiner Person (BFH v. 5.4.2006, BStBl II S.541),
- Aufwendungen eines in Deutschland lebenden Ausländers für das Erlernen der deutschen Sprache (BFH v. 15.3.2007, BStBl II S.814),
- Aufwendungen einer Landärztin für einen Schutzhund (BFH v. 29.3.1979, BStBl II S.512),
- Einbürgerungskosten zum Erwerb der deutschen Staatsangehörigkeit (BFH v. 18.5.1984, BStBl II S.588),
- Kosten für den Erwerb eines Führerscheins (BFH v. 8.4.1964, BStBl III S.431).

Zur Berücksichtigung der Aufwendungen eines Berufsfußballspielers für Beratungsleistungen als Kosten der Lebenshaltung hat das FG München mit Urteil v. 21.1.2010 – 5 K 2356/07 (NWB DokID: NAAAD-54609; rkr.) Stellung genommen.

Diese Beispiele sind dadurch gekennzeichnet, dass die Aufwendungen sowohl im pri- 1551
vaten als auch im beruflichen Interesse erfolgen, die unterschiedlichen Veranlassungsbeiträge jedoch so ineinandergreifen, dass ein objektiver Maßstab für eine Trennung – auch im Wege einer Schätzung – nicht erkennbar ist. Dies ist z.B. bei Räumen der Fall, die Wohnzwecken dienen aber auch als Arbeitszimmer für betriebliche bzw. berufliche Zwecke genutzt werden (BFH v. 27.7.2015, BStBl 2016 II S.265; v. 16.2.2016, BFH/NV 2016 S.912; v. 17.2.2016, BStBl 2016 II S.708; v. 22.3.2016, BStBl 2016 II S.881; v. 22.3.2016, BStBl 2016 II S.884; v. 16.2.2016, BFH/NV 2016 S.1146).

An einen Entführer gezahlte Lösegelder sind selbst dann nicht als Betriebsausgaben abziehbar, wenn die Entführung im Ergebnis darauf zurückzuführen ist, dass der Entführte aufgrund seiner unternehmerischen Tätigkeit einen gewissen Bekanntheitsgrad erlangt hat (BFH v. 30.10.1980, BStBl II S.303 und 307). Von insgesamt nicht abziehbaren Aufwendungen wurde ferner ausgegangen bei der Anschaffung von Nachschlagewerken allgemeiner Art (BFH v. 29.4.1977, BStBl II S.716) sowie dem Halten von Zeitungen (BFH v. 7.9.1989, BStBl 1990 II S.19) soweit es sich nicht um fachspezifische Publikationen handelt (vgl. dazu BFH v. 13.4.2010, BFH/NV 2010 S.2035; v. 20.5.2010, BStBl 2011 II. S.723; FG Münster v. 30.9.2010, EFG 2011 S.228). Die Aufwendungen einer Lehrerin für Bildende Kunst für den Besuch von Kunstausstellungen und Vernissagen sind nicht abziehbar (FG Baden-Württemberg v. 19.2.2016, EFG 2016 S.627). Die Kosten für die Ausfertigung der ESt-Erklärung sind nicht abziehbarer Aufwand (BFH v. 18. 11. 1965, BStBl 1966 III S. 190; v. 24. 3. 2014, BFH/NV 2014 S. 1200). Nach dem Urteil des FG Köln v. 16. 6. 2011 (EFG 2011 S. 1782) sind die Beiträge für einen Golfclub bei einem Sportartikel-Hersteller nicht als Betriebsausgaben abziehbar.

1552 Die für die Beurteilung der Frage, unter welchen Voraussetzungen Aufwendungen betrieblich (beruflich) oder privat veranlasst sind, maßgebenden Grundsätze sind durch die Entscheidung v. 21. 9. 2009 (a. a. O.) nicht berührt worden. Deswegen ist bei der steuerlichen Beurteilung der Kosten eines Verkehrsunfalls entsprechend dem Beschluss v. 28. 11. 1977 (BStBl 1978 II S. 105) weiterhin darauf abzustellen, ob der Unfall anlässlich einer betrieblichen oder einer privaten Fahrt eintrat. Dieser Grundsatz gilt nur dann nicht, wenn der Unfall anlässlich einer Betriebsfahrt durch private Umstände (z. B. Alkoholgenuss) verursacht wurde (vgl. auch Rdn. 939).

1.2.3 Aufteilbare gemischte Aufwendungen

1553 Die Entscheidung des Großen Senats des BFH v. 21. 9. 2009 (BStBl 2010 II S. 672) hat für Aufwendungen, die teilweise betrieblich bzw. beruflich und im Übrigen privat veranlasst sind, gegenüber der bisher als zutreffend angesehenen Auffassung für den Regelfall die Möglichkeit des Abzugs als Betriebsausgaben bzw. Werbungskosten erweitert. Für den Fall einer gemischt veranlassten Auslandsreise wird nunmehr auch eine Aufteilung des Aufwandes zugelassen, der weder unmittelbar dem betrieblichen noch die unmittelbar dem privaten Teil der Aufwendungen am Zielort zuzuordnen ist. Dabei handelt es sich hauptsächlich um die Fahrt- bzw. Flugkosten.

1554 Weiter ist zu beachten, dass bei der Abgrenzung der betrieblichen/beruflichen von der privaten Sphäre eine gewisse Akzentverschiebung eingetreten sein dürfte. In Tz. 12 des BMF-Schreibens v. 6. 7. 2010 (BStBl I S. 614) wird darauf hingewiesen, dass bei einer Reise von einer untergeordneten privaten Mitveranlassung der Kosten für die Hin- und Rückreise auch dann auszugehen ist, wenn der Reise ein eindeutiger unmittelbarer betrieblicher/beruflicher Anlass zugrunde liegt (z. B. ein Arbeitnehmer nimmt aufgrund einer Weisung seines Arbeitgebers einen ortsgebundenen Pflichttermin wahr oder ein Nichtarbeitnehmer tätigt einen ortsgebundenen Geschäftsabschluss oder ist Aussteller auf einer auswärtigen Messe), den der Steuerpflichtige mit einem vorangehenden oder nachfolgenden Privataufenthalt verbindet. Für diesen Fall sind dann lediglich die am Zielort (im Zielgebiet) aus privatem Anlass angefallenen Aufwendungen nicht abziehbar. Bei Aufenthalten zur Erholung und zur Aktualisierung von Lehrbüchern an ausländischen Ferienorten hat der BFH eine nicht unwesentliche private Mitveranlassung der Reise mit fehlender Trennbarkeit in einen beruflichen und einen privaten Teil gesehen, so dass ein anteiliger Abzug der Aufwendungen als Betriebsausgaben ausschied (Urteil v. 7. 5. 2013, BStBl 2013 II S. 808).

1555 Nach der Entscheidung v. 21. 9. 2009 (a. a. O.) kann der Abzug als Betriebsausgaben oder Werbungskosten nicht mit der Begründung versagt werden, es handele sich um Aufwendungen, die für andere Steuerpflichtige Privataufwendungen sind. Demzufolge hat der BFH mit Urteil v. 21. 4. 2010 (BStBl 2010 II S. 685) die Aufwendungen eines Unfallarztes, der die Zusatzqualifikation „Sportmedizin" anstrebte, für die Teilnahme an einem Skikurs als Werbungskosten anerkannt. Die Teilnahme an einem im Ausland durchgeführten Sprachkurs, der nur Grundkenntnisse oder allgemeine Kenntnisse in einer Fremdsprache vermittelt, kann beruflich veranlasst sein, wenn die vermittelten Kenntnisse für die berufliche Tätigkeit ausreichen (BFH v. 24.2.2011, BStBl 2011 II S. 796). Die Kursgebühr ist dann eine abzugsfähige Ausgabe. Die Wahl, einen Sprachkurs im Ausland zu besuchen, ist regelmäßig privat mitveranlasst. Deswegen kann für die Aufteilung der Reisekosten in abziehbare Aufwendungen und Kosten der privaten Lebensführung ein anderer als der zeitliche Maßstab angezeigt sein. In seinem Beschluss v. 9.1.2013 (BFH/NV 2013 S. 552) hat es der BFH bei einem in Südamerika durchgeführten Sprachkurs nicht beanstandet, dass die abziehbaren Aufwendungen mit der Hälfte der mit der Reise verbundenen Kosten bemessen wurden. Nach dem Urteil des BFH v. 20.5.2010 (BStBl 2011 II S. 723) ist bei der Entscheidung, ob Aufwendungen für beruflich genutzte Gegenstände, die auch privat genutzt werden können, nicht abziehbare Aufwendungen für die Lebenshaltung sind, weniger auf den objektiven Charakter des angeschafften Gegenstands, sondern vielmehr auf die Funktion des Gegenstands im Einzelfall, also den tatsächlichen Verwendungszweck abzustellen (BFH v. 19.2.2004, BStBl II S. 958; v. 20.7.2005, BFH/NV 2005 S. 2185). Deswegen kommt es bei von einem Lehrer angeschafften Büchern und Zeitschriften allein auf die tatsächliche Verwendung an.

Die Veranstaltung von Auslandsgruppenreisen durch einen Fachverband, einen Berufs- 1556
verband, rechtfertigt für sich allein die betriebliche (berufliche) Veranlassung dieser Reise nicht (BFH v. 19.1.2012, BStBl 2012 II S. 416). Erforderlich ist vielmehr, dass die Reisen auch inhaltlich, d. h. nach ihrem Reiseprogramm und der tatsächlichen Durchführung, die Kriterien für eine beruflich veranlasste Fortbildungsreise erfüllen. Wird eine Reise hingegen durch einen Fachverband angeboten und beworben, jedoch im Wesentlichen durch einen kommerziellen Reiseveranstalter durchgeführt, so wird eine betriebliche (berufliche) Veranlassung regelmäßig ausscheiden, wenn die Reise nach Programm und Ablauf einer allgemeinbildenden Studienreise entspricht. Entscheidend ist, ob die Reise fachlich organisiert wurde, das Programm auf die besonderen beruflichen Bedürfnisse der Teilnehmer zugeschnitten und der Teilnehmerkreis im Wesentlichen homogen ist. Eine (ausschließlich) berufliche Veranlassung kann auch dann vorliegen, wenn die im beruflichen Interesse gewonnenen Erkenntnisse auch im privaten Bereich angewendet werden können. Schließlich kann die berufliche Veranlassung nicht mit der Begründung abgesprochen werden, der Beruf erfordere Aufwendungen, die für andere Steuerpflichtige Privataufwendungen sind. Der bisher festgestellte Sachverhalt ließ eine abschließende Entscheidung nicht zu (BFH v. 21.4.2010, BStBl 2010 II S. 687; v. 9.12.2010, BStBl 2011 II S. 522, jeweils m.w.N., vgl. auch OFD Frankfurt/Main v. 13.4.2012, NWB DokID: YAAAE-08175).

Werden zu einem Betriebsvermögen gehörende Wirtschaftsgüter auch für private Zwe- 1557
cke genutzt, ist diese Entnahme gem. § 6 Abs. 1 Nr. 4 EStG mit den Selbstkosten zu bewerten (Rdn. 940). Damit ist u. a. auch die AfA nur anteilig als Betriebsausgabe abziehbar. Wird dieses Wirtschaftsgut später veräußert, unterliegt ein dabei erzielter Buchgewinn gleichwohl insgesamt der Besteuerung (BFH v. 26.1.1994, BStBl II S. 353). Es ist nicht möglich, einen Teil dieses Gewinns dem privaten Nutzungsteil entsprechend bei der steuerlichen Gewinnermittlung auszuscheiden. Entsprechendes gilt bei einem Ver-

äußerungsverlust; auf das Urteil des BFH v. 16. 3. 2004 (BStBl II S. 725) wird hingewiesen.

1558 Bei den nachfolgend aufgeführten Sachverhalten wird regelmäßig eine Aufteilung als zulässig erachtet:

- Aufwendungen für ein zum Betriebsvermögen gehörendes Flugzeug sind nach dem Verhältnis der betrieblich und privat veranlassten Flugstunden zueinander aufzuteilen (BFH v. 4. 8. 1977, BStBl 1978 II S. 93). Die Flugstunden sind aufgrund außersteuerlicher Vorschriften in einem Bordbuch aufzuzeichnen.
- Ein Grundstück kann aus einer Mehrheit von Wirtschaftsgütern bestehen (vgl. R 4.2 Abs. 3 und 4 EStR). Für jedes dieser Wirtschaftsgüter ist die Zuordnung zum Betriebsvermögen gesondert zu prüfen, sodass ein Grundstück teils zum Betriebsvermögen und teils zum Privatvermögen gehören kann (vgl. Rdn. 1015 ff.). Soweit Aufwendungen nicht den einzelnen Wirtschaftsgütern zuzuordnen sind, sondern das Grundstück insgesamt betreffen (z. B. Steuern und öffentliche Abgaben), ist eine Aufteilung erforderlich. Für den Regelfall wird der Aufteilungsmaßstab in Betracht kommen, der bei Aufteilung des Grundstücks auf die einzelnen Wirtschaftsgüter angewandt wurde. Ist ein betrieblich genutzter Grundstücksteil wegen seiner untergeordneten Bedeutung (§ 8 EStDV; R 4.2 Abs. 8 EStR) Privatvermögen, sind die Aufwendungen auch für diesen Grundstücksteil Betriebsausgaben (R 4.7 Abs. 2 Satz 4 EStR). Wegen der bei einem häuslichen Arbeitszimmer nach § 4 Abs. 5 Nr. 6b EStG zu beachtenden Besonderheiten vgl. Rdn. 1637 ff.
- Bei Aufwendungen für eine Hausgehilfin, die auch für den Betrieb tätig ist, ist das Verhältnis der Arbeitszeit für Betrieb und Haushalt zueinander Aufteilungsmaßstab (BFH v. 8. 11. 1979, BStBl 1980 II S. 117).
- Der private Nutzungsanteil eines zu mehr als 50 % betrieblich genutzten Pkw ist nach § 6 Abs. 1 Nr. 4 Satz 2–4 EStG, für jeden Kalendermonat mit 1 % des inländischen Listenpreises im Zeitpunkt der Erstzulassung zuzüglich der Kosten für Sonderausstattung einschließlich USt anzusetzen. Dem Unternehmer ist es jedoch unbenommen, den tatsächlichen Umfang der privaten Nutzung durch ein Fahrtenbuch nachzuweisen. Die tatsächlich entstandenen, durch Belege nachzuweisenden Aufwendungen sind dann in dem sich danach ergebenden Verhältnis entsprechend aufzuteilen (§ 6 Abs. 1 Nr. 4 Satz 3 EStG). Wegen weiterer Einzelheiten wird auf Rdn. 941 ff. und die BMF-Schreiben v. 19. 11. 2009 (BStBl 2009 I S. 1326) und v. 15. 11. 2012 (BStBl 2012 I S. 1099) hingewiesen.
- Bei den Aufwendungen für ein Telefon sind die Gebühren für die einzelnen Gespräche ihrer tatsächlichen Verursachung entsprechend entweder Betriebsausgaben oder private Ausgaben. Die Grundgebühr ist entsprechend dem Verhältnis der Verursachung der aus- und eingehenden Gespräche aufzuteilen. Schätzungen aufgrund repräsentativer Erhebungen werden nicht beanstandet (BFH v. 21. 11. 1980, BStBl 1981 II S. 131), vgl. auch R 9.1 Abs. 5 LStR.
- Aufwendungen für Verpflegung entstehen dem Grunde nach unabhängig von einer etwaigen betrieblichen oder beruflichen Tätigkeit. Sie sind als Lebenshaltungskosten insgesamt nicht abziehbar. Lediglich aus Anlass von betrieblich bedingter Abwesenheit von Betrieb und Wohnung entstandener Verpflegungsmehraufwand ist in dem sich aus § 4 Abs. 5 Satz 1 Nr. 5 EStG ergebenden Umfang abzugsfähig. Wegen weiterer Einzelheiten vgl. Rdn. 1633 ff., R 4.12 Abs. 2 EStR i. V. m. R 9.6 LStR.
- Nehmen an einer betrieblich bzw. beruflich veranlassten Veranstaltung, z. B. aus Anlass eines Firmenjubiläums, eines „runden Geburtstags“ (vgl. dazu Rdn. 1548), auch private Gäste teil, sind die Aufwendungen grundsätzlich insoweit abzugsfähig, als die Gesamtkosten aufgeteilt nach Köpfen auf die Teilnehmer entfallen, die nicht aus privaten Interessen teilnehmen (vgl. z. B. Rdn. 15 des BMF-Schreibens v. 21. 9. 2009, BStBl 2009 II S. 672; BFH v. 8. 7. 2015, BStBl 2015 II S. 1013).

► Wegen der Abzugsfähigkeit von Steuerberatungskosten, die teilweise betrieblich, im Übrigen privat veranlasst sind, wird auf das BMF-Schreiben v. 21.12.2007 (BStBl 2008 I S. 256) hingewiesen.

1.2.4 Schuldzinsen

Zinsen für eine Betriebsschuld (vgl. dazu Rdn. 548 ff.) sind Betriebsausgaben. Betragen die um die Zinserträge gekürzten Zinsaufwendungen mindestens 3 Mio. €, ist zu prüfen, ob die Aufwendungen nach § 4h EStG teilweise erst zugunsten eines nachfolgenden Wirtschaftsjahres gewinnmindernd berücksichtigt werden dürfen (vgl. Rdn. 1570 ff.). 1559

Einzelunternehmer und Gesellschafter von Personengesellschaften wickeln ihren privaten Zahlungsverkehr vielfach über betriebliche Bankkonten ab. Entsteht durch privat veranlasste Zahlungen eine Schuld, handelt es sich bei den dafür gezahlten Zinsen um eine Privatentnahme (vgl. z. B. BFH v. 29.8.2001, BFH/NV 2002 S. 188 m. w. N.; Tz. 3 BMF-Schreiben v. 2.11.2018, BStBl 2018 I S. 1207). Dies kann dazu führen, dass die angefallenen Schuldzinsen in einen betrieblich veranlassten und andererseits privat veranlassten Teil aufzuteilen sind, so dass teilweise Privatentnahmen vorliegen (vgl. auch Tz. 6 BMF-Schreiben v. 2.11.2018, a. a. O.). Werden Betriebseinnahmen und Betriebsausgaben jeweils über verschiedene Bankkonten abgewickelt und werden die private Zahlungsvorgänge über das Guthaben ausweisende Konto für die Betriebseinnahmen abgewickelt, während die Betriebsausgaben über das andere Konto mit einem Kredit finanziert werden, sind die anfallenden Kreditzinsen Betriebsausgaben (BFH v. 4.7.1990, BStBl II S. 817; v. 8.12.1997, BStBl II S. 193; v. 16.12.1998, BFH/NV 1999 S. 774 jeweils m. w. N.). 1560

Für die danach als Betriebsausgaben verbliebenen Schuldzinsen ist in einer weiteren Stufe zu prüfen, ob und ggf. in welchem Umfang das Abzugsverbot des § 4 Abs. 4a EStG eingreift (BFH v. 21.9.2005, BStBl 2006 II S. 125), für den Fall eines Insolvenzverfahrens vgl. BFH v. 3.2.2016 (BStBl 2016 II S. 391). Dies gilt auch bei einer Gewinnermittlung nach § 4 Abs. 3 EStG; für diesen Fall ergeben sich aus § 4 Abs. 4a Satz 6 EStG besondere Aufzeichnungspflichten. § 4 Abs. 4a EStG ist rechtmäßig (BFH v. 22.2.2012, BFH/NV 2012 S. 1418). Die Vorschrift ist betriebsbezogen anzuwenden (BFH v. 22.9.2011, BStBl 2012 II S. 10). Der BMF hat zu § 4 Abs. 4a durch Schreiben v. 2.11.2018 (BStBl 2018 I S. 1207) Stellung genommen. 1561

Bei Personengesellschaften ist die Regelung des § 4 Abs. 4a EStG gesellschafterbezogen anzuwenden (BFH v. 29.3.2007, BStBl 2008 II S. 402; BMF-Schreiben v. 4.11.2008, BStBl 2008 I S. 957). Haben Personengesellschaften Darlehen ihrer Gesellschafter zu verzinsen, sind die Zinsen den Gesellschaftern als Teil ihres steuerlichen Gewinnanteils gem. § 15 Abs. 1 Satz 1 Nr. 2 EStG zuzurechnen. Insoweit liegen keine Schuldzinsen i. S. des § 4 Abs. 4a EStG vor (BFH v. 12.2.2014, BStBl 2014 II S. 621). Dies gilt bei doppelstöckigen Personengesellschaften auch für die Zinsen, die ein Gesellschafter der Obergesellschaft von der Untergesellschaft bezieht. 1562

Nach § 4 Abs. 4a Satz 1 EStG sind Schuldzinsen nicht abziehbar, wenn Überentnahmen erfolgten. Eine Überentnahme liegt vor, wenn die Entnahmen die Summe des Gewinns und der Einlagen des Wirtschaftsjahres übersteigen (§ 4 Abs. 4a Satz 2 EStG). § 4 Abs. 4a 1563

Satz 3 EStG bestimmt, dass die betrieblich veranlassten Schuldzinsen pauschal in Höhe von 6 % der Überentnahme des Wirtschaftsjahres zuzüglich der verbliebenen Überentnahme oder abzüglich der verbliebenen Unterentnahme des vorangegangenen Wirtschaftsjahres (kumulierte Überentnahme) zu nicht abziehbaren Betriebsausgaben umqualifiziert werden. Dabei wird die kumulierte Überentnahme auf den kumulierten Entnahmenüberschuss begrenzt. Der kumulierte Entnahmenüberschuss errechnet sich aus den Entnahmen der Totalperiode abzüglich der Einlagen der Totalperiode, d. h. seit der Betriebseröffnung, frühestens aber seit dem 1. 1. 1999 (BFH v. 14. 3. 2018, BStBl 2018 II S. 744). Der pauschal ermittelte Betrag, höchstens jedoch der um 2 050 € verminderte Betrag der im Wirtschaftsjahr angefallenen Schuldzinsen, ist dem Gewinn hinzuzurechnen (§ 4 Abs. 4a Satz 4 EStG). Die Betriebsbezogenheit der Vorschrift führt dazu, dass eine Entnahme grundsätzlich auch dann vorliegt, wenn der Stpfl. ein Wirtschaftsgut aus einem Betriebsvermögen in ein anderes ihm zuzurechnendes Betriebsvermögen überführt (BFH v. 22. 9. 2011, BStBl 2012 II S. 10). Bei dem aufnehmenden Betriebsvermögen liegt dementsprechend eine Einlage vor (Tz. 10 BMF-Schreiben v. 2. 11. 2018, a. a. O.). Dies gilt dann nicht bei einer geänderten betriebsvermögensmäßigen Zuordnung eines Wirtschaftsguts wegen einer Bilanzierungskonkurrenz, weil

- ein Wirtschaftsgut nach Begründung einer mitunternehmerischen Betriebsaufspaltung einem anderen Betriebsvermögen zuzuordnen ist (BFH v. 22. 9. 2011, a. a. O.),
- ein Wirtschaftsgut nach Verschmelzung einem anderen Betriebsvermögen zuzuordnen ist

(Tz. 12 BMF-Schreiben v. 2. 11. 2018, BStBl 2018 I S. 1207).

1564 Für die Ermittlung der Überentnahmen ist nach § 4 Abs. 4a Satz 3 EStG von dem Gewinn auszugehen, der sich vor Berücksichtigung der nach § 4 Abs. 4a EStG nicht abziehbaren Schuldzinsen nach den allgemein anzuwendenden steuerlichen Gewinnermittlungsvorschriften ergibt (BFH v. 7. 3. 2006, BStBl 2006 II S. 588; v. 20. 11. 2011 – VIII R 5/08, StuB 2012 S. 628; v. 2. 12. 2013, BFH/NV 2014 S. 339, jeweils m. w. N.; vgl. auch Tz. 8 BMF-Schreiben v. 2. 11. 2018, BStBl 2018 I S. 1207). Der BFH hat mit Urteil vom 3. 12. 2019 (BFH/NV 2020, S. 985) entschieden, dass Gewinnbegriff i. S. des § 4 Abs. 4a EStG für die Ermittlung der nicht abziehbaren Schuldzinsen der Gewinn i. S. des § 4 Abs. 1 EStG ist. Außerbilanzielle Korrekturen werden nicht berücksichtigt. In der Folge verbleibt eine steuerfreie Investitionszulage im Gewinn und erhöht das Entnahmepotenzial; nicht abziehbare Betriebsausgaben i. S. des § 4 Abs. 5 Satz 1 EStG mindern den Gewinn und damit das Entnahmepotenzial. Die Entscheidung widerspricht zum Teil den Festlegungen im BMF-Schreiben vom 2. 11. 2018 (BStBl 2018 I S. 1207). Damit bleiben außerbilanzielle Korrekturen bei der Ermittlung des Gewinns für die Anwendung des § 4 Abs. 4a EStG außer Ansatz. Dies sind u. a. auch die nicht abzugsfähige Gewerbesteuer samt Nebenleistung (§ 4 Abs. 5b EStG), nach § 4d Abs. 3, § 4e Abs. 3 oder nach § 4f EStG verteilte Betriebsausgaben, abgezogene oder hinzugerechnete Investitionsabzugsbeträge nach § 7g EStG oder die Verteilung des Übergangsgewinns aus dem Wechsel der Gewinnermittlungsart nach R 4.6 Abs. 1 Satz 2 EStR. Auf das BMF-Schreiben v. 18. 1. 2021 (BStBl 2021 I S. 119) wird hingewiesen.

In den Fällen der unentgeltlichen Betriebsübertragung soll der Rechtsnachfolger auch hinsichtlich der Anwendung des § 4 Abs. 4a EStG in die Rechtsstellung seines Rechtsvorgängers eintreten (Tz. 11 BMF-Schreiben v. 2. 11. 2018, a. a. O.). Für den Fall der unentgeltlichen Übertragung eines verpachteten landwirtschaftlichen Betriebs auf den Pächter wird auf das Urteil des BFH v. 12. 12. 2013 (BStBl 2014 II S. 316) hingewiesen.

BEISPIEL 90: A hat seinen Betrieb am 1. 6. 02 mit einer Einlage von 100 000 € eröffnet. Er erwirtschaftete in 02 einen Verlust von 100 000 €. Entnahmen tätigte er in Höhe von 140 000 €. Betrieblich veranlasste Schuldzinsen – ohne Berücksichtigung von Zinsen für ein Investitionsdarlehen – fielen in Höhe von 30 000 € an.

Berechnung der Überentnahme:

Entnahmen des Wirtschaftsjahres	14 000 €
- Einlagen des Wirtschaftsjahres	100 000 €
- Verlust des Wirtschaftsjahres	- 100 000 €
= Überentnahme des Wirtschaftsjahres	140 000 €
(kein Vorjahreswert; Jahr der Betriebseröffnung)	
= kumulierte Überentnahme	140 000 €
(geht in die Berechnung des Folgejahres ein)	

Berechnung des Entnahmenüberschusses:

Entnahmen des Wirtschaftsjahres 140 000 - Einlagen des Wirtschaftsjahres	100 000 €
= kumulierter Entnahmenüberschuss	40 000 €

Die auf den kumulierten Entnahmenüberschuss begrenzte Überentnahme i. S. des § 4 Abs. 4a EStG beträgt 40 000 €.

Berechnung des Hinzurechnungsbetrages: 40 000 € × 6 % = 2 400 €

Berechnung des Höchstbetrags:

Tatsächlich angefallene Schuldzinsen	30 000 €
./. Kürzungsbetrag	2 050 €
	27 950 €

Da der Hinzurechnungsbetrag den Höchstbetrag nicht übersteigt, ist er in voller Höhe von 2 400 € dem Gewinn hinzuzurechnen.

Verzichtet das Finanzamt bei Durchführung der Erstveranlagung auf die Ermittlung 1565 von nach § 4 Abs. 4a EStG nicht abzugsfähigen Zinsen, stellt sich die Frage, ob deren Änderung aufgrund später angestellter Ermittlungen wegen des Bekanntwerdens neuer Tatsachen gem. § 172 Abs. 1 Nr. 1 AO zulässig ist. Der BFH hat dies für den Fall verneint, in dem aus den dem Finanzamt mit der Steuererklärung eingereichten Unterlagen Überentnahmen sowie als Betriebsausgaben abgezogene Schuldzinsen ersichtlich sind (Urteil v. 9. 4. 2014, BFH/NV 2014 S. 1499).

Nicht dem Abzugsverbot unterliegen nach § 4 Abs. 4a Satz 5 EStG die Schuldzinsen für 1566 Darlehen zur Finanzierung der Anschaffungs- oder Herstellungskosten von Wirtschaftsgütern des Anlagevermögens; dazu gehören auch Zinseszinsen (BFH v. 7. 7. 2016, BStBl 2016 II S. 837). Die Finanzierung der (erstmaligen) Beschaffung von Umlaufvermögen aus Anlass der Gründung des Betriebs ist nicht begünstigt (BFH v. 23. 3. 2011, BStBl 2011 II S. 753; v. 27. 10. 2011, BFH/NV 2012 S. 576). § 4 Abs. 4a Satz 5 EStG umfasst auch Zinsen für die Finanzierung von Zinsen für Investitionsdarlehen (BFH v. 7. 7. 2016, BStBl 2016 II S. 837). Es ist nicht erforderlich, dass zur Finanzierung von Anschaffungs- oder Herstellungskosten von Wirtschaftsgütern des Anlagevermögens ein gesondertes

Darlehen aufgenommen wird. Ob Schuldzinsen i. S. des § 4 Abs. 4a Satz 5 EStG für Darlehen zur Finanzierung von Anschaffungs- oder Herstellungskosten von Wirtschaftsgütern des Anlagevermögens vorliegen, ist ausschließlich nach der tatsächlichen Verwendung der Darlehensmittel zu bestimmen (Tz. 24 des BMF-Schreibens v. 2. 11. 2018, a. a. O.).

1567 Werden Darlehensmittel zunächst auf ein betriebliches Kontokorrentkonto überwiesen, von dem sodann die Anschaffungs- oder Herstellungskosten von Wirtschaftsgütern des Anlagevermögens bezahlt werden, oder wird zunächst das Kontokorrentkonto belastet und anschließend eine Umschuldung in ein Darlehen vorgenommen, kann ein Finanzierungszusammenhang mit den Anschaffungs- oder Herstellungskosten von Wirtschaftsgütern des Anlagevermögens nur angenommen werden, wenn ein enger zeitlicher und betragsmäßiger Zusammenhang zwischen der Belastung auf dem Kontokorrentkonto und der Darlehensaufnahme besteht. Dabei wird unwiderlegbar vermutet, dass die dem Kontokorrentkonto gutgeschriebenen Darlehensmittel zur Finanzierung der Anschaffungs- oder Herstellungskosten von Wirtschaftsgütern des Anlagevermögens verwendet werden, wenn diese innerhalb von 30 Tagen vor oder nach Auszahlung der Darlehensmittel tatsächlich über das entsprechende Kontokorrentkonto finanziert wurden. Beträgt der Zeitraum mehr als 30 Tage, muss der Stpfl. den erforderlichen Finanzierungszusammenhang zwischen der Verwendung der Darlehensmittel und der Bezahlung der Anschaffungs- oder Herstellungskosten für die Wirtschaftsgüter des Anlagevermögens nachweisen. Eine Verwendung der Darlehensmittel zur Finanzierung von Anschaffungs- oder Herstellungskosten von Wirtschaftsgütern des Anlagevermögens scheidet aus, wenn die Anschaffungs- oder Herstellungskosten im Zeitpunkt der Verwendung der Darlehensmittel bereits abschließend finanziert waren und die erhaltenen Darlehensmittel lediglich das eingesetzte Eigenkapital wieder auffüllen (BFH v. 9. 2. 2010, BStBl 2011 II S. 257).

1568 Die Regelung des § 4 Abs. 4a EStG ist eine betriebsbezogene Gewinnhinzurechnung. Die Bemessungsgrundlage für die nicht abziehbaren Schuldzinsen ist begrenzt auf den Entnahmeüberschuss des Zeitraums von 1999 bis zum aktuellen Wirtschaftsjahr (BFH v. 6. 12. 2018 – IV R 15/17, NWB DokID: IAAAH-11880). Der Hinzurechnungsbetrag ist daher auch für jede einzelne Mitunternehmerschaft zu ermitteln. Der Begriff der Überentnahme sowie die ihn bestimmenden Merkmale (Einlage, Entnahme, Gewinn und ggf. Verlust) ist dagegen gesellschafterbezogen auszulegen (BFH v. 29. 3. 2007, BStBl 2008 II S. 420). Die Überentnahme bestimmt sich nach dem Anteil des einzelnen Mitunternehmers am Gesamtgewinn der Mitunternehmerschaft (Anteil am Gewinn oder Verlust aus dem Gesamthandsvermögen einschließlich Ergänzungsbilanzen zuzüglich/abzüglich seines im Sonderbetriebsvermögen erzielten Ergebnisses) und der Höhe der individuellen Einlagen und Entnahmen (einschließlich Sonderbetriebsvermögen). Der Kürzungsbetrag nach § 4 Abs. 4a Satz 4 EStG in Höhe von 2 050 € ist gesellschaftsbezogen anzuwenden, d. h. er ist nicht mit der Anzahl der Mitunternehmer zu vervielfältigen. Er ist auf die einzelnen Mitunternehmer entsprechend ihrer Schuldzinsenquote aufzuteilen (BFH v. 29. 3. 2007, BStBl 2008 II S. 420). Schuldzinsen i. S. des § 4 Abs. 4a Satz 5 EStG sind bei der Aufteilung des Kürzungsbetrages nach § 4 Abs. 4a Satz 4 EStG nicht zu berücksichtigen.

BEISPIEL 90A: An der X-OHG sind A, B und C zu jeweils einem Drittel beteiligt. Weitere Abreden bestehen nicht. Im ersten Wirtschaftsjahr haben der Gewinn der OHG 120 000 € und die Schuldzinsen zur Finanzierung laufender Aufwendungen 10 000 € betragen. Die Entnahmen verteilen sich auf die Mitunternehmer wie folgt: B und C haben jeweils 80 000 € entnommen, während sich A auf eine Entnahme in Höhe von 20 000 € beschränkte. Einlagen wurden nicht getätigt. Der Hinzurechnungsbetrag ist gem. Tz. 29 des BMF-Schreibens v. 2.11.2018, a. a. O. wie folgt zu ermitteln:

	A	B	C
Gewinnanteil	40 000	40 000	40 000
Entnahmen	20 000	80 000	80 000
Überentnahmen	20 000	40 000	40 000
Unterentnahmen			
(kumulierter) Entnahmenüberschuss	20 000	80 000	80 000
niedrigerer Betrag	0	40 000	40 000
6 %	0	2 400	2 400
anteilige Zinsen	3 334	3 333	3 333
Mindestabzug	684	683	683
Höchstbetrag	2 650	2 650	2 650
Hinzurechnungsbetrag	0	2 400	2 400

Bei den Mitunternehmern B und C sind Überentnahmen in Höhe von jeweils 40 000 € entstanden. Demzufolge können Schuldzinsen in Höhe von jeweils 2 400 € (= 6 % aus 40 000 €) nicht als Betriebsausgaben abgezogen werden. Hieraus ergibt sich ein korrigierter Gewinn der Mitunternehmerschaft in Höhe von 124 800 €, der den Mitunternehmern A in Höhe von 40 000 und den Mitunternehmern B und C zu jeweils 42 400 € zuzurechnen ist.

Die Rechtsfolgen des § 4 Abs. 4a EStG lassen sich danach durch die Zuführung von Liquidität minimieren oder gar vermeiden. Angesichts der betriebsbezogenen Anwendung dieser Vorschrift bietet es sich bei Unterhalten mehrerer Betriebe an, erforderlichenfalls insoweit Verlagerungen zwischen den einzelnen Betrieben durchzuführen. Bei nur kurzfristigen Zuführungen von Liquidität aus dem Privatvermögen über einen Bilanzstichtag ist nach Auffassung des BFH (Urteil v. 21. 8. 2012 – VIII R 32/09, BStBl 2013 II S. 16) zu prüfen, ob ein Gestaltungsmissbrauch i. S. des § 42 AO vorliegt. Einen Gestaltungsmissbrauch sieht die Rechtsprechung darin, wenn die kurzfristige Einlage allein dazu dient, die Hinzurechnung nicht abziehbarer Schuldzinsen zu umgehen (BFH v. 21. 8. 2012, BStBl 2013 II S. 16). 1569

1.2.5 Die Zinsschranke nach § 4h EStG

Durch § 4h EStG wird der Abzug von Zinsaufwendungen als Betriebsausgaben in der Weise beschränkt, dass die eine bestimmte Grenze überschreitenden Aufwendungen erst in nachfolgenden Wirtschaftsjahren steuerwirksam werden können. Bei der Besteuerung nach Maßgabe des KStG sind die Regelungen des § 8a KStG zu beachten. Zur Anwendung des § 4h EStG wurde durch das umfangreiche BMF-Schreiben v. 4. 7. 2008, (BStBl 2008 I S. 718) Stellung genommen. Mit diesen Regelungen soll insbesondere dem Bestreben grenzüberschreitend operierender Konzerne entgegengewirkt werden, Aufwendungen zur Finanzierung der inländischen konzernangehörigen Unternehmen in sachlich nicht gerechtfertigtem Umfang im Inland steuerwirksam werden zu lassen. Deswegen greifen die grundsätzlich vorgesehenen Abzugsbeschränkungen gem. § 4h Abs. 2 EStG nicht, wenn 1570

- der Betrag der Zinsaufwendungen, soweit er den Betrag der Zinserträge übersteigt, weniger als 3 Mio. € beträgt,
- der Betrieb nicht oder nur anteilmäßig zu einem Konzern gehört, oder
- der Betrieb zu einem Konzern gehört und seine Eigenkapitalquote am Schluss des vorangegangenen Abschlussstichtages gleich hoch oder höher ist als die des Konzerns (Eigenkapitalvergleich). Ein Unterschreiten der Eigenkapitalquote des Konzerns bis zu einem Prozentpunkt, mit Wirkung für nach dem 31. 12. 2009 endende Wirtschaftsjahre um bis zu zwei Prozentpunkte ist unschädlich.

Die Regelungen zur Zinsschranke sind danach dann nicht anwendbar, wenn der Betrieb eine der drei vorgenannten Voraussetzungen erfüllt. Der Gesetzgeber geht davon aus, dass kleine und mittlere Betriebe angesichts der zu beachtenden Freigrenze von 3 Mio € nicht betroffen sein werden. Wird diese Freigrenze überschritten, sind die Regelungen des § 4h EStG nur dann nicht anwendbar, wenn die Voraussetzungen für eine der beiden weiteren Ausnahmeregelungen vorliegen.

Die Rechtmäßigkeit des § 4h EStG wird vom BVerfG in dem Verfahren 2 BvL 1/16 aufgrund des Beschlusses des BFH v. 14. 10. 2015 (BFH/NV 2016 S. 475) geprüft.

1571 Die Abzugsbeschränkungen nach § 4h EStG sollen bei den danach verbleibenden Betrieben dann greifen, sofern die Zinsaufwendungen des Betriebs den Zinsertrag übersteigen. Abzugsfähig sind danach in jedem Fall die Zinsaufwendungen in Höhe der Zinserträge. Die übersteigenden Zinsaufwendungen sind in Höhe von 30 % des nach folgendem Schema ermittelten Saldos abzugsfähig:

Nach Maßgabe der Gewinnermittlungsvorschriften des EStG ermittelter Gewinn vor Anwendung des § 4h EStG

\+ Zinsaufwendungen

./. Zinsertrag

\+ beanspruchte Bewertungsfreiheit für geringwertige Wirtschaftsgüter (§ 6 Abs. 2 Satz 1, Abs. 2a Satz 2 EStG

\+ beanspruchte AfA nach § 7 EStG

Bemessungsgrundlage für die Ermittlung des Teils der berücksichtigungsfähigen Zinsaufwendungen, die über die Höhe des Zinsertrags hinausgehen = verrechenbares auch steuerliches EBITDA (Tz. 40 ff. BMF-Schreiben v. 4. 7. 2008, a. a. O.).

1572 Ist das verrechenbare EBITDA größer als der Saldo von Zinsaufwendungen und Zinserträgen zzgl. 30 % des verrechenbaren EBITDA, kann es in Höhe des sich danach ergebenden Unterschiedsbetrags vorgetragen werden. Dieser EBITDA-Vortrag kürzt den nichtabziehbaren Zinsaufwand der nachfolgenden fünf Wirtschaftsjahre. Ein danach ggf. noch verbleibender EBITDA-Vortrag geht unter.

1573 Die Abzugsbeschränkungen des § 4h EStG greifen danach in den in Betracht kommenden Fällen nur dann, wenn die Zinsaufwendungen eines Betriebs den Zinsertrag übersteigen und die danach verbleibenden Zinsaufwendungen nach Berücksichtigung eines etwaigen EBITDA-Vortrags mehr als 30 % der nach dem vorstehenden Schema ermittelten Bemessungsgrundlage übersteigen. Die danach nicht abzugsfähigen Zinsen sind in nachfolgenden Jahren unter Berücksichtigung der Regelungen des § 4h EStG zu berücksichtigen. Der vortragsfähige Zinsaufwand – der Zinsvortrag – ist ebenso wie der EBITDA-Vortrag gesondert festzustellen und jährlich fortzuschreiben (§ 4h Abs. 4 EStG). Bei Aufgabe oder Übertragung des Betriebs gehen sowohl ein nicht verbrauchter Zinsvortrag als auch ein nicht verbrauchter EBITDA-Vortrag unter (§ 4h Abs. 5 EStG). Entsprechendes gilt bei dem entgeltlichen Ausscheiden eines Gesellschafters einer Personengesellschaft für den auf ihn entfallenden Anteil an Zinsvortrag und EBITDA-Vortrag.

Zinsaufwendungen sind Vergütungen für Fremdkapital, die den maßgeblichen Gewinn gemindert haben, wenn die Rückzahlung des Fremdkapitals oder ein Entgelt für die Überlassung des Fremdkapitals zur Nutzung zugesagt oder gewährt worden ist, auch wenn die Höhe des Entgelts von einem ungewissen Ereignis abhängt. Dementsprechend sind Erträge aus Kapitalforderungen jeder Art Zinserträge, sofern sie den maßgeblichen Gewinn erhöht haben, wenn die Rückzahlung der Kapitalforderung oder ein Entgelt für die Überlassung der Kapitalforderung zur Nutzung zugesagt oder gewährt worden ist, auch wenn die Höhe des Entgelts von einem ungewissen Ereignis abhängt. Zu erfassen sind danach nur die Erträge und Aufwendungen aus der vorübergehenden Überlassung von Geldkapital (Zinserträge und Zinsaufwendungen im engeren Sinne). Hierunter fallen typischerweise die Gewährung oder die Inanspruchnahme von Darlehen. Dies ist bei Dividenden nicht der Fall. Werden Zinsen als verdeckte Gewinnausschüttungen qualifiziert, können sie deswegen bei Anwendung des § 4h EStG nicht als Zins behandelt werden. Der Zinsschranke unterliegen nur solche Zinsaufwendungen und Zinserträge, die den maßgeblichen Gewinn bzw. das maßgebliche Einkommen gemindert oder erhöht haben. Insbesondere nicht abziehbare Zinsen gem. § 3c Abs. 1 und Abs. 2 EStG, § 4 Abs. 4a EStG und § 4 Abs. 5 Satz 1 Nr. 8a EStG sind keine Zinsaufwendungen i. S. des § 4h Abs. 3 Satz 2 EStG. Die Auf- und Abzinsung unverzinslicher oder niedrig verzinslicher Verbindlichkeiten oder Kapitalforderungen führen zu Zinserträgen oder Zinsaufwendungen. Wegen Einzelheiten wird auf Tz. 15 ff. BMF-Schreiben v. 4. 7. 2008 (a. a. O.) hingewiesen. 1574

Ein Einzelunternehmen oder eine Gesellschaft ist nicht deswegen ein Konzern, weil im In- und/oder Ausland mehrere Betriebe/Betriebsstätten unterhalten werden. In den Fällen der Betriebsaufspaltung bildet das nur aus diesem Grunde gewerblich tätige Besitzunternehmen mit der Betriebsgesellschaft noch keinen Konzern (BT-Drucks. 16/48141 S. 50). Ein Konzern kann aber dann vorliegen, wenn eine natürliche Person ein Einzelunternehmen betreibt und darüber hinaus Gesellschafter einer GmbH ist, die sie beherrscht, jedoch die Voraussetzungen einer Betriebsaufspaltung nicht vorliegen. 1575

Nach den Vorstellungen des Gesetzgebers (BT-Drucks. 16/48141 S. 50) gehört ein Betrieb zu einem Konzern, wenn er nach dem jeweiligen Rechnungslegungsstandard in einen Konzernabschluss einzubeziehen ist oder, ohne dass tatsächlich ein handelsrechtlicher Konzernabschluss erstellt wird, einbezogen werden könnte. Ferner sollen diese Voraussetzungen dann vorliegen, wenn die Finanz- und Geschäftspolitik mit einem oder mehreren anderen Betrieben einheitlich bestimmt werden kann. Gemeinschaftlich geführte Unternehmen i. S. von § 310 HGB oder vergleichbare Unternehmen, die nach anderen zur Anwendung kommenden Rechnungslegungsstandards nur anteilmäßig in den Konzernabschluss einbezogen werden, gehören nicht zu einem Konzern, wenn sie nicht von einem einzelnen Rechtsträger beherrscht werden (z. B. PPP-Projektgesellschaften, die nicht zu einem einzelnen Konzern gehören). Entsprechendes gilt auch für Verbriefungszweckgesellschaften im Rahmen von Asset-Backed-Securities- 1576

Gestaltungen, deren Unternehmensgegenstand in dem rechtlichen Erwerb von Forderungen aller Art und/oder der Übernahme von Risiken aus Forderung und Versicherungen liegt, wenn eine Einbeziehung in den Konzernabschluss allein aufgrund einer wirtschaftlichen Betrachtungsweise unter Berücksichtigung der Nutzen- und Risikoverteilung erfolgt ist.

1577 Bei einem zu einem Konzern gehörenden Betrieb, bei dem die Freigrenze von 3 Mio. € überschritten wird, greift die Abzugsbeschränkung des § 4h EStG dann nicht, wenn er nach den Wertungen des Gesetzes im Konzernvergleich mit ausreichendem Eigenkapital ausgestattet ist. Dazu enthält § 4h Abs. 2 Satz 1 Buchst. c EStG ausführliche Regelungen. Wegen weiterer Einzelheiten wird auf Tz. 59 ff. BMF-Schreiben v. 4. 7. 2008 (a. a. O.) hingewiesen.

2. Der Empfängernachweis nach § 160 AO

1578 Betriebsausgaben können nach § 160 AO dann nicht abgezogen werden, wenn der Zahlungsempfänger auf Verlangen der Finanzbehörden nicht genau benannt wird. Eine gemäß § 160 AO geforderte Empfängerbenennung kann bis zum Abschluss des Verfahrens vor dem FG nachgeholt werden (BFH v. 27. 6. 2001, BFH/NV 2002 S. 1). Handelt es sich bei dem Aufwand nicht um Betriebsausgaben, stellt sich die Frage der Anwendung des § 160 AO grundsätzlich nicht (BFH v. 18. 9. 2013, BFH/NV 2014 S. 3). Wegen der Besonderheiten bei der Bildung von Rückstellungen für ungewisse Verbindlichkeiten wird auf das Urteil des BFH v. 15. 10. 1998 (BStBl 1999 II S. 333) hingewiesen. Zur Anwendung des § 160 AO in Fällen, in denen der Steuerabzug nach § 48 EStG (5. Kap. Rdn. 351 ff.; Bauabzugsteuer) vorgenommen wurde, vgl. das Urteil des Niedersächsischen FG v. 13. 1. 2016 (EFG 2016 S. 444, Rev. Az. BFH IV R 11/16). Im Übrigen ist es unerheblich, ob es sich um sofort abziehbare oder aktivierungspflichtige Aufwendungen handelt.

1579 **BEISPIEL 91:** Der Einzelunternehmer A hat im Zusammenhang mit Reparaturarbeiten an seinem Verwaltungsgebäude an nicht benannte Personen Vergütungen für geleistete Arbeiten gezahlt. Sie wurden zutreffend als sofort abziehbarer Erhaltungsaufwand verbucht. Weiter sind den Herstellungskosten einer Lagerhalle Vergütungen an nicht benannte Personen zugerechnet worden.

Bei einer Außenprüfung wird A in beiden Fällen um Benennung der Zahlungsempfänger gebeten. Diesem Verlangen, das sich als rechtmäßig erweist, kommt A nicht nach. Dies hat zur Folge, dass

- der Erhaltungsaufwand bei der steuerlichen Gewinnermittlung nicht berücksichtigungsfähig ist,
- die AfA für die Lagerhalle steuerlich nur in dem Umfang berücksichtigt werden darf, der sich nach entsprechender Kürzung der Herstellungskosten ergibt.

1580 Das Benennungsverlangen der FinVerw ist gerechtfertigt, wenn nach den Gesamtumständen nicht auszuschließen ist, dass durch die Nichtbenennung des Zahlungsempfängers der gegenüber diesem bestehende Steueranspruch beeinträchtigt wird (BFH v. 1. 4. 2003 – I R 28/02, BFHE 202, 196, DStR 2003 S. 1340; v. 25. 1. 2006, BFH/NV 2006 S. 1618). Die mit § 160 Abs. 1 Satz 1 AO verfolgte Zielsetzung ist erst erreicht, wenn der wirkliche Empfänger der Zahlungen benannt ist und die Finanzbehörde überprüfen kann, ob er seine steuerlichen Pflichten entweder erfüllt hat oder mit an Sicherheit grenzender Wahrscheinlichkeit im Inland nicht steuerpflichtig ist. Gleichwohl kann die Benennung des Zahlungsempfängers im Einzelfall unzumutbar sein (BFH 25. 2. 2004, BStBl II S. 582). Auf dessen Benennung kann dann verzichtet werden, wenn feststeht, dass die Zahlung im Rahmen eines üblichen Handelsgeschäftes erfolgte, der Geldbetrag in das Ausland abgeflossen ist, der Empfänger nicht der deutschen Steuerpflicht unterliegt und keine Anhaltspunkte für eine straf- oder bußgeldbewehrte Bestechungshandlung vorliegen (AO-Anwendungserlass Nr. 4 zu § 160 AO v. 15. 7. 1998, BStBl I S. 630). Ein Benennungsverlangen ist dann gerechtfertigt, wenn hohe Barzahlungen an Personen geleistet werden, deren Identität nicht überprüft wurde (FG Hamburg v. 12. 5. 2016 – 6 K 249/15, NWB DokID: QAAAF-77908). Vermutet das Finanzamt hingegen, dass es sich bei den eigentlichen Zahlungsempfängern um Hintermänner der Personen handelt, denen das Geld übergeben wurde, ist das Verlangen auf Benennung der Hintermänner nicht zumutbar (Niedersächsisches FG v. 27. 1. 2016 – 3 K 155/14 und 3 K 157/14, NWB DokID: WAAAF-72874, NZB Az. BFH X B 23/16).

Kann das Finanzamt davon ausgehen, dass der Steuerpflichtige seinen Aufzeichnungs- und Mitwirkungspflichten ordnungsgemäß nachgekommen ist, rechtfertigt die nach Durchführung der Erstveranlagung erlangte Kenntnis von der Nichtbenennung von Zahlungsempfängern ein Benennungsverlangen und ggf. die nachträgliche Versagung des Betriebsausgabenabzugs (BFH v. 9. 3. 2016, BStBl 2016 II S. 815; v. 9. 3. 2016, BFH/NV 2016 S. 1665).

Der Empfänger ist nur dann benannt, wenn neben dem Namen auch die Adresse ange- 1581
geben wird, unter der er für die für ihn zuständigen Finanzbehörde ohne weitere Ermittlungen erreichbar ist (BFH v. 9. 4. 1987, BFH/NV 1987 S. 689; v. 15. 3. 1995, BStBl 1996 II S. 51). Der Empfängernachweis umfasst regelmäßig auch den Nachweis, dass der Zahlungsempfänger tatsächlich die entsprechende Leistung erbracht hat. Werden Dritte eingeschaltet, deren Funktion darin besteht, die gezahlten Vergütungen an die in Betracht kommenden Personen, die letztlich auch die zu entgeltende Leistung erbracht haben, weiterzuleiten, sind diese Hilfspersonen nicht Zahlungsempfänger (BFH v. 25. 11. 1986, BStBl 1987 II S. 286; v. 24. 4. 2009, BFH/NV S. 1398). Dies gilt u. a. auch bei Zahlungen an sog. Briefkastengesellschaften, die keinen eigenen Geschäftsbetrieb unterhalten und im Ansässigkeitsstaat regelmäßig keiner oder nur einer niedrigen Besteuerung unterliegen (BFH v. 10. 11. 1998, BStBl 1999 II S. 121). Wegen der Voraussetzungen, unter denen von einer im Ausland ansässigen Domizilgesellschaft (Briefkastengesellschaft) auszugehen ist, wird auf das Urteil des BFH v. 1. 4. 2003 (BStBl 2007 II S. 855) hingewiesen.

Kommt das Unternehmen dem Benennungsverlangen nicht vollständig nach, ist der Betriebsausgabenabzug auch dann zu versagen, wenn feststeht, dass tatsächlich entsprechende Betriebsausgaben angefallen sind und die entsprechende Gegenleistung erbracht wurde. Steht nach den Gesamtumständen jedoch fest, dass sich bei den Empfängern eine geringere Steuerbelastung ergeben würde, als die, die bei dem Zahlungsverpflichteten durch die Versagung des Betriebsausgabenabzugs eintreten würde, ist dies angemessen zu berücksichtigen (BFH v. 10. 3. 1999, BStBl II S. 434, m. w. N.; vgl. auch StuB 1999 S. 434).

1582 **BEISPIEL 92:** Der Bestattungsunternehmer X wendet Bediensteten von Altenheimen und Krankenhäusern für die Anzeige von Todesfällen jeweils kleinere Beträge zu, ohne die Empfänger einzeln zu benennen. Nach den Gesamtumständen ist davon auszugehen, dass die steuerliche Erfassung bei den Empfängern durchschnittlich zu einer Belastung mit ESt von 20 % führen würde. Die Rechtsfolgen des § 160 AO sind darauf zu beschränken, dass sich bei X für die dem Grunde nach nicht abziehbaren Betriebsausgaben eine Steuerbelastung von 20 % ergibt.

1583 Diese Rechtsfolge erklärt sich aus dem gesetzgeberischen Ziel, Steuerausfällen entgegenzuwirken.

3. Weitere Einzelfragen

3.1 Verträge mit nahe stehenden Personen

1584 Bei der steuerlichen Beurteilung von Verträgen zwischen dem Unternehmer und seinen Familienangehörigen (zum Begriff der Angehörigen i. S. der Steuergesetze vgl. § 15 AO) ist zu beachten, dass diese nicht allein durch betriebliche Erwägungen, sondern auch durch die persönliche Verbundenheit bestimmt sein können. Dabei handelt es sich um außerbetriebliche Erwägungen, die einer steuerlichen Anerkennung dieser Verträge entgegenstehen können. Dies hat dann zur Folge, dass die an die betreffende Person gezahlten Vergütungen nicht als Betriebsausgaben abziehbar, sondern Entnahmen des Unternehmers sind. Außerbetriebliche Erwägungen sind nach der ständigen Rechtsprechung des BFH (vgl. die Nachweise in H 4.8 EStH) insgesamt nur dann auszuschließen, wenn die Vereinbarung

- rechtzeitig, d. h. vor Beginn des vereinbarten Leistungsaustausches abgeschlossen wurde,
- unter Beachtung der bei entsprechenden Vereinbarungen zwischen fremden Dritten zu berücksichtigenden Formerfordernissen (z. B. der Schriftform) getroffen wurde,
- in ihrer Ausgestaltung zwischen fremden Dritten getroffenen Regelungen entspricht,
- ernsthaft gemeint ist und
- tatsächlich durchgeführt wird.

Bei der Übertragung eines Wirtschaftsgutes zu keinem oder nur zu einem symbolischen Kaufpreis liegt eine Veräußerung nur dann vor, wenn es objektiv wertlos ist (BFH v. 8. 4. 2014, BFH/NV 2014 S. 1201, m. w. N.).

1585 Werden diese Grundsätze nicht beachtet, kann die Vereinbarung grundsätzlich insgesamt nicht mit steuerlicher Wirkung anerkannt werden. Sind Verträge zwischen Angehörigen zivilrechtlich unwirksam, spricht dies gegen die steuerrechtliche Anerkennung (BFH v. 7. 6. 2006, BStBl 2007 II S. 294; v. 12. 5. 2009, BFH/NV S. 1326; v. 11. 5. 2010, BStBl II S. 823; v. 17. 7. 2014, BFH/NV 2014 S. 1949; v. 12. 5. 2016, BFH/NV 2016 S. 1559). Nach Rdn. 9 des BMF-Schreibens v. 23. 12. 2010 (BStBl 2011 I S. 37) soll die nachträglich herbeigeführte zivilrechtliche Wirksamkeit grundsätzlich nicht zurückwirken. Etwas anderes soll nur dann gelten, wenn dieser Mangel alsbald nach dessen Erkennen oder auftretenden Zweifeln ausgeräumt wird. Liegen gleichartige Verträge mit Angehörigen und Fremden vor und weisen diese Verträge gleichermaßen Mängel und Unklarheiten auf, führt dies nicht von vornherein zur steuerlichen Nichtanerkennung des Angehörigenvertrages (BFH v. 26. 6. 2002, BStBl II S. 699).

Das Erfordernis der tatsächlichen Durchführung erstreckt sich auf die beiderseits zu erbringenden Leistungen (BFH v. 23.12.2013, BFH/NV 2014 S. 533). Der Umstand, dass z. B. die im Rentenalter befindlichen Eltern des Stpfl. regelmäßig Arbeitsleistungen erbringen, die den vereinbarten Umfang wesentlich übersteigen, führt nicht ohne Weiteres zur Nichtanerkennung der Arbeitsverträge (BFH v. 17.7.2013, BStBl 2013 II S. 1015). Bei einem zwischen Ehegatten vereinbarten Arbeitsverhältnis ist es danach nicht ausreichend, dass die vereinbarte Arbeitsleistung erbracht wird sowie Steuern und Sozialversicherungsbeiträge einbehalten und abgeführt werden. Weiter ist es erforderlich, dass der Arbeitnehmer über den Arbeitslohn auch tatsächlich verfügen kann (BFH v. 24.3.1983, BStBl II S. 770; v. 20.10.1983, BStBl 1984 II S. 298; v. 25.7.1991, BStBl II S. 842). Entgegen der Auffassung des BFH kann nach dem Beschluss des BVerfG v. 7.11.1995 (BStBl 1996 II S. 34) einem Ehegattenarbeitsverhältnis nicht allein deswegen die steuerliche Anerkennung versagt werden, weil der Arbeitslohn auf ein Bankkonto überwiesen wird, über das beide Ehegatten unabhängig voneinander verfügen können – sog. Oderkonto. Zur Umwandlung von Barlohn in einen Direktversicherungsschutz ohne Veränderung des anzuerkennenden Ehegatten-Arbeitsverhältnisses im Übrigen wird auf das Urteil des BFH v. 10.6.2008 (BStBl 2008 II S. 973) hingewiesen.

Entspricht die Vereinbarung und deren tatsächliche Durchführung den vorbezeichne- 1586
ten Anforderungen, wird jedoch eine nach dem erforderlichen Drittvergleich überhöhte Vergütung gezahlt, liegen Betriebsausgaben nur in Höhe der angemessenen Vergütung vor. Der übersteigende Betrag ist nicht betrieblich veranlasst und deswegen Privatentnahme des Unternehmers. Die Vereinbarung einer im Drittvergleich zu niedrigen Vergütung berechtigt nicht zur nachträglichen Berücksichtigung weiterer Betriebsausgaben bis zur Höhe des als angemessen anzusehenden Betrags; dies würde gegen das Verbot der Rückwirkung verstoßen. Insoweit können erhöhte Bezüge nur nach entsprechender Vereinbarung für die Zukunft auch steuerlich anerkannt werden.

Die vorstehend dargestellten Grundsätze gelten nicht nur für Vereinbarungen zwi- 1587
schen einem Einzelunternehmer und seinen Angehörigen, sondern auch zwischen einer Personengesellschaft und Angehörigen des diese Gesellschaft beherrschenden Gesellschafters (BFH v. 10.6.2008, BStBl 2008 II S. 973; R 4.8 Abs. 2 EStR).

Wegen weiterer Einzelheiten zur Anerkennung von Darlehensverhältnissen zwischen 1588
Angehörigen wird auf das BMF-Schreiben v. 23.12.2010 (BStBl I 2011 S. 37), geändert durch das Schreiben vom 29.4.2014 (BStBl 2014 I S. 809; ferner BFH v. 11.11.2015, BStBl 2016 II S. 491), zur Anerkennung von Gesellschaftsverträgen zwischen Angehörigen auf R 15.9 EStR sowie die in H 15.9 EStH aufgeführte Rechtsprechung des BFH hingewiesen. Zu der Frage, ob ein steuerlich nicht anerkanntes Darlehen gleichwohl zu passivieren und ggf. abzuzinsen ist, wird auf die Urteile des FG München v. 26.6.2014 (EFG 2015 S. 1084, Rev. Az. BFH VI R 62/15) und des FG Münster v. 7.11.2016 (EFG 2016 S. 2056, Rev. Az. BFH X R 40/16) hingewiesen.

Für die Beurteilung eines Mietvertrages zwischen nahen Angehörigen kommt es ent- 1589
scheidend darauf an, ob die Vertragsparteien ihre Hauptpflichten, wie die Überlassung einer konkret bestimmten Sache und die Höhe der Miete (§ 535 BGB), klar und eindeutig vereinbart und wie vereinbart durchgeführt – d. h. bezogen auf die Miete: gezahlt – haben (BFH v. 20.10.1997, BStBl 1998 II S. 106; v. 17.12.2003, BFH/NV 2004, S. 1274;

v. 21. 11. 2013, BFH/NV 2014 S. 529; v. 4. 10. 2016 – IX R 8/16, BStBl 2017 II S. 273). Eine Mietzahlung kann auch dann vorliegen, wenn z. B. der das Grundstück nutzende Ehegatte Zahlungen auf eine Darlehensschuld des Eigentümer-Ehegatten leistet, also im abgekürzten Zahlungsweg eine Ausgabe des Ehegatten beglichen wird (BFH v. 23. 8. 1999, BStBl 1999 II S. 782; v. 2. 12. 1999, BStBl 2000 II S. 310; v. 4. 9. 2000, BStBl 2001 II S. 785; v. 19. 8. 2008, BStBl 2009 II S. 299). Wird anstelle der Zahlung der vereinbarten Miete für Geschäftsräume die Berechtigung zur Nutzung des „jeweiligen Geschäftswagens" vereinbart, liegt mangels Fremdüblichkeit und fehlender Klarheit und Eindeutigkeit kein steuerlich anzuerkennendes Mietverhältnis vor (BFH v. 6. 8. 2013, BFH/NV 2014 S. 151).

1590 Wegen weiterer Einzelheiten wird auf die in H 4.8 EStH zitierte Rechtsprechung des BFH hingewiesen.

Zu den bei Beziehungen zu im Ausland ansässigen nahestehenden Personen im Übrigen zu beachtenden Besonderheiten vgl. 5. Kap. Teil F Rdn. 1831 ff.

1591 Als nahestehende Personen werden bei der Besteuerung auch Kapitalgesellschaften und deren Gesellschafter angesehen. Die vorstehenden Grundsätze sind deswegen weitgehend auch auf die steuerliche Beurteilung von Rechtsbeziehungen zwischen einer Kapitalgesellschaft und deren Gesellschaftern, insbesondere beherrschenden Gesellschaftern, anzuwenden, ferner im Verhältnis zur Enkelgesellschaft sowie zwischen Schwestergesellschaften. Dem Grunde oder der Höhe nach nicht anzuerkennende Vereinbarungen führen zu verdeckten Gewinnausschüttungen (R 8.5 KStR) oder verdeckten Einlagen (R 8.9 KStR), vgl. hierzu z. B. BFH v. 11. 11. 2015 (BStBl 2016 II S. 491).

3.2 Steuern

1592 Zu den nicht betrieblich veranlassten und damit nicht als Betriebsausgaben abziehbaren Steuern gehören nach § 12 Nr. 3 EStG die Steuern vom Einkommen und sonstige Personensteuern, die USt für Umsätze, die Entnahmen sind, und die Vorsteuerbeträge auf Aufwendungen, für die das Abzugsverbot nach § 12 Nr. 1 EStG (vgl. Rdn. 1544 ff.) oder des § 4 Abs. 5 Satz 1 Nr. 1 bis 5, 7 oder Abs. 7 EStG (vgl. Rdn. 1607 ff.) gilt, ferner die auf diese Steuern entfallenden Nebenleistungen. Dabei ist es unerheblich, ob es sich um deutsche oder ausländische Steuern handelt, z. B. Quellensteuern auf aus dem Ausland bezogene Dividenden. Nicht abziehbar sind danach die Einkommensteuer, Erbschaftsteuer, Ergänzungsabgaben zur Einkommensteuer, Kapitalertragsteuer, Kirchensteuer, Lohnsteuer, Solidaritätszuschlag. Wegen der Berücksichtigung ausländischer Steuern, die der Einkommensteuer entsprechen, wird auf § 34c EStG hingewiesen (5. Kap. Teil F Rdn. 1996 ff.). Das Abzugsverbot bezieht sich nur auf die Steuern, die vom Unternehmer persönlich geschuldet werden. Etwas anderes gilt für Steuern, die für Rechnung eines Dritten einzubehalten und abzuführen sind; insoweit ist nach allgemeinen Grundsätzen zu prüfen, ob ein Abzug als Betriebsausgaben ausgeschlossen ist.

1593 **BEISPIEL 93:** Der Einzelunternehmer A beschäftigt neben den in seinem Unternehmen tätigen Arbeitnehmern in seinem Haushalt eine Hausgehilfin. Der Arbeitslohn für die gewerblichen Arbeitnehmer ist Betriebsausgabe. Dazu gehören auch die davon einzubehaltenden und abzuführenden Steuern. Dagegen ist der Arbeitslohn für die Hausgehilfin nicht betrieblich veranlasst, so dass auch die darauf entfallenden Steuerabzugsbeträge keine Betriebsausgabe sind.

Zu den ebenfalls nicht als Betriebsausgaben abziehbaren Nebenleistungen gehören die zu nicht abziehbaren Steuern erhobenen Hinterziehungszinsen (§ 235 AO), Säumniszuschläge (§ 240 AO), Verspätungszuschläge (§ 152 AO), Zwangsgelder (§ 329 AO), Aussetzungszinsen (§ 237 AO), Nachforderungszinsen (§ 233a AO) und Stundungszinsen (§ 234 AO). 1594

Für Körperschaften, z. B. Kapitalgesellschaften ergeben sich entsprechende Rechtsfolgen aus der Regelung über die nach § 10 Nr. 2 KStG nichtabziehbaren Aufwendungen. Graduell besteht allerdings ein Unterschied insoweit, als die Steuern und Abgaben z. B. bei Kapitalgesellschaften unzweifelhaft Betriebsausgaben sind, die bei Ermittlung des Einkommens wieder hinzuzurechnen sind. 1595

Betrieblich veranlasste Steuern sind grundsätzlich nach den allgemeinen Grundsätzen als Betriebsausgaben zu berücksichtigen. Nach § 4 Abs. 5b EStG ist die GewSt und die darauf entfallenden Nebenleistungen (z. B. Zinsen und Säumniszuschläge) keine Betriebsausgabe. Diese Vorschrift ist rechtmäßig (BFH v. 16. 1. 2014, BStBl 2014 II S. 531; v. 10. 9. 2015, BStBl 2015 II S. 1046; BVerfG v. 12. 7. 2016, BStBl 2016 II S. 812). 1596

Die danach als Betriebsausgaben abziehbaren Steuern sind unter Beachtung der allgemeinen Gewinnermittlungsgrundsätze zu berücksichtigen. Dies gilt nach R 5.7 Abs. 1 Satz 2 EStR ungeachtet von § 4 Abs. 5b EStG auch für die GewSt mit der Maßgabe, dass der Betriebsausgabenabzug außerbilanziell zu neutralisieren ist. Diese Auffassung ist nicht unumstritten (vgl. Rdn. 370). Die Steuern dürfen bei Gewinnermittlung nach § 4 Abs. 1, § 5 EStG grundsätzlich nur insoweit abgezogen werden, als sie für das Wirtschaftsjahr geschuldet werden. Weicht der Besteuerungszeitraum vom Wirtschaftsjahr ab, ist ggf. ein RAP (vgl. Rdn. 363) zu bilden, z. B. für die Kfz-Steuer für zum Betriebsvermögen gehörende Kfz (BFH v. 19. 5. 2010, BStBl 2010 II S. 967). 1597

Bilanzierende Stpfl. haben für am Bilanzstichtag festgesetzte aber noch nicht entrichtete Betriebsteuern eine Verbindlichkeit auszuweisen. Für noch nicht festgesetzte aber voraussichtlich geschuldete Betriebsteuern sind Rückstellungen auszuweisen, vgl. dazu Rdn. 373. 1598

Einstweilen frei 1599, 1600

3.3 Geldstrafen und vergleichbare Sanktionen

Nach § 12 Nr. 4 EStG sind in einem Strafverfahren festgesetzte Geldstrafen, Aufwendungen für sonstige Rechtsfolgen vermögensrechtlicher Art, bei denen der Strafcharakter überwiegt, Leistungen zur Erfüllung von Auflagen oder Weisungen, soweit diese nicht lediglich der Wiedergutmachung des durch die Tat verursachten Schadens dienen, keine Betriebsausgaben. Dementsprechend erstreckt sich das Abzugsverbot des § 12 Nr. 4 EStG nicht auf von einem Strafgericht zur Wiedergutmachung des durch die Tat verursachten Schadens erteilte Geldauflagen nach § 56b Abs. 2 Satz 1 Nr. 1 StGB (BFH v. 15. 1. 2009, BStBl 2010 II S. 111). Dies gilt ferner für Ausgleichszahlungen an das geschädigte Tatopfer. Solche Zahlungen sind nach den allgemeinen Grundsätzen als Betriebsausgaben oder Werbungskosten abzugsfähig. Für Körperschaften ist nach § 10 Nr. 3 KStG insoweit von nicht abziehbaren Aufwendungen auszugehen. Diese Regelun- 1601 gen gelten für Sanktionen inländischer und ausländischer Gerichte. Das Abzugsverbot ist bei Maßnahmen ausländischer Gerichte nur dann unbeachtlich, wenn diese wesentlichen Grundsätzen der deutschen Rechtsordnung widersprechen (BFH v. 31. 7. 1991, BStBl 1992 II S. 85; vgl. auch R 12.3 EStR). Der sachliche Geltungsbereich der vorbezeichneten Regelungen ist abzugrenzen gegenüber den nach § 4 Abs. 5 Nr. 8 EStG als nicht abziehbare Betriebsausgaben zu behandelnden Geldbußen, Ordnungsgelder und Verwarnungsgelder (vgl. auch Rdn. 1644 ff.).

1602 Nach deutscher Rechtsordnung können Strafverfahren nur gegen natürliche Personen verhängt werden, etwas anderes kann nach ausländischen Rechtsordnungen möglich sein. Das Abzugsverbot erstreckt sich deswegen für den Regelfall nur auf die gegenüber dem Unternehmer, Mitunternehmer verhängten Sanktionen. Ersetzt ein Arbeitgeber seinem Arbeitnehmer entsprechenden Aufwand, handelt es sich um die Zahlung von Arbeitslohn, der als Betriebsausgabe abziehbar ist. Nach § 12 Nr. 4 EStG nicht abziehbare Aufwendungen fallen bei dem Arbeitnehmer an.

1603 Zu den Aufwendungen aus in einem Strafverfahren angeordneten oder festgesetzten sonstigen Rechtsfolgen vermögensrechtlicher Art gehören die Einziehung von Gegenständen nach § 74 Abs. 2 Nr. 1 oder § 76a StGB, nicht jedoch der Verfall von Gegenständen nach § 73 StGB, es sei denn, es handelt sich dabei um Tatentgelte (z. B. Bestechungsgelder, Agentenlohn). Nicht abziehbare Leistungen zur Erfüllung von Auflagen oder Weisungen liegen dann vor, wenn sie im Zusammenhang mit der Strafaussetzung zur Bewährung, einer Verwarnung mit Strafvorbehalt nach § 56b Abs. 2 Nr. 2 und 3, § 59a Abs. 2 StGB, der Einstellung eines Strafverfahrens nach § 153a Abs. 1 Satz 1 Nr. 2 und 3 StPO ausgesprochen werden; vgl. auch H 12.3 EStH. Zur Nichtabzugsfähigkeit von Auflagen nach § 153a StPO wird auf die Urteile des BFH v. 22. 7. 1986 (BStBl 1986 II S. 845), v. 22. 7. 2008 (BStBl 2009 II S. 151) und v. 16. 9. 2014 (BFH/NV 2015 S. 191) verwiesen.

1604 Die Regelung des § 12 Nr. 4 EStG enthält keine Aussage zur Abzugsfähigkeit der Kosten des Strafverfahrens und der Strafverteidigung. Ein Abzug als Betriebsausgaben kommt nur insoweit in Betracht, als der strafrechtliche Vorwurf, gegen den sich der Steuerpflichtige zur Wehr setzt, durch sein berufliches Verhalten veranlasst war (BFH v. 19. 2. 1982, BStBl 1982 II S. 467; v. 18. 10. 2007, BStBl 2008 II S. 223; v. 17. 8. 2011, BFH/NV 2011 S. 2040). Das ist bei einer Verurteilung wegen Vorteilsannahme nicht der Fall. Diese Straftat wurde nicht in, sondern bei Ausübung der obliegenden Dienstpflichten begangen (FG Rheinland-Pfalz v. 15. 4. 2010, EFG 2010 S. 1491). Einen Zusammenhang mit der Erzielung von Einkünften hat der BFH für die Strafverteidigungskosten eines zu einer Freiheitsstrafe verurteilten Stpfl. verneint, dessen Handeln auf die Erlangung von nicht unerheblichen Geldbeträgen gerichtet war (BFH v. 16. 4. 2013, BStBl 2013 II S. 806). Das Niedersächsische FG hat in seinem Urteil v. 14. 5. 2014 – 9 K 99/13 (NWB DokID: DAAAE-69594) die Kosten eines eingestellten Steuerstrafverfahrens, das wegen des Verdachts der schuldhaften Steuerkürzung im Zusammenhang mit den Einkünften aus Vermietung und Verpachtung eingeleitet worden war, als Werbungskosten bei den Einkünften aus Vermietung und Verpachtung zum Abzug zugelassen.

Die Kosten eines Strafverfahrens wegen der Zuwendung von Vorteilen i. S. des § 4 Abs. 5 Satz 1 Nr. 10 EStG (sog. Schmiergelder; Rdn. 1653) sind nicht abziehbare Betriebsausgaben i. S. dieser Vorschrift (BFH v. 14. 5. 2014, BStBl 2014 II S. 684).

3.4 Ausbildungskosten

Aufwendungen des Stpfl. für seine Berufsausbildung oder für sein Studium sind nur dann Betriebsausgaben, wenn der Stpfl. zuvor bereits eine Erstausbildung (Berufsausbildung oder Studium) unter entsprechender Anwendung von § 9 Abs. 6 Satz 2 bis 5 EStG abgeschlossen hat. 1605

3.5 Aufwendungen im Bereich der betrieblichen Altersversorgung

Arbeitgeber tragen verschiedentlich zur sozialen Sicherung ihrer Arbeitnehmer über die bestehenden gesetzlichen Verpflichtungen hinaus bei. Die insoweit entstehenden Aufwendungen sind grundsätzlich betrieblich veranlasst und deswegen Betriebsausgaben; wegen der Besonderheiten im Verhältnis zu Angehörigen des Unternehmers beachte Rdn. 1584 ff. Zur Behandlung dieser Aufwendungen bei der steuerlichen Gewinnermittlung hat der Gesetzgeber die nachstehenden Sonderregelungen getroffen: 1606

- Schließt ein Arbeitgeber eine Lebensversicherung auf das Leben des Arbeitnehmers oder dessen Hinterbliebene ab, bei der der Arbeitnehmer oder dessen Hinterbliebene ganz oder teilweise bezugsberechtigt sind, handelt es sich um eine sog. **Direktversicherung**. Die Versicherungsbeiträge dafür sind Betriebsausgaben. Soweit der Anspruch auf die Versicherungsleistungen dem Arbeitnehmer oder seinen Hinterbliebenen unmittelbar gegenüber der Versicherungsgesellschaft zusteht, ist nach **§ 4b EStG** für die Aktivierung eines entsprechenden Anspruchs durch den Arbeitgeber kein Raum. Etwas anderes gilt nur dann und insoweit, als der Anspruch für bestimmte Versicherungsfälle nicht dem Arbeitnehmer oder seinen Hinterbliebenen, sondern dem Arbeitgeber zusteht. Wegen Einzelheiten wird auf R 4b EStR hingewiesen.
- Verschiedentlich werden freiwillige Sozialleistungen nicht vom Unternehmen selbst, sondern von **Pensionskassen** oder **Unterstützungskassen** erbracht. Pensionskassen übernehmen die Zahlung von laufenden Versorgungsleistungen an Arbeitnehmer und deren Hinterbliebene nach Beendigung des Arbeitsverhältnisses. Die Leistungen von Unterstützungskassen können ebenfalls in derartigen laufenden Zahlungen bestehen. Sie können aber daneben einmalige Leistungen oder ausschließlich einmalige Leistungen gegenüber den (ehemaligen) Arbeitnehmern des Trägerunternehmens erbringen. Die Arbeitnehmer der Trägerunternehmen erwerben Ansprüche auf die zugesagten Leistungen gegenüber der jeweiligen Kasse. Die für die Erbringung der Leistungen erforderlichen Mittel sind von den Trägerunternehmen aufzubringen. Da die Pensions- und Unterstützungskassen für den Regelfall von der KSt befreit sind (vgl. § 5 Abs. 1 Nr. 3 i.V. mit § 6 KStG), können die Zuwendungen nur in dem für die Erfüllung des jeweiligen Zwecks erforderlichen Umfang als sofort abzugsfähige Betriebsausgaben berücksichtigt werden. Einzelheiten dazu ergeben sich für Pensionskassen aus § 4c EStG (vgl. auch R 4c EStR) und für die Unterstützungskassen aus dem in jüngerer Zeit wiederholt geänderten § 4d EStG (vgl. auch R 4d EStR). Durch § 4d Abs. 2 Satz 2 EStG wird es den Trägerunternehmen ermöglicht, dass Zuwendungen, die innerhalb eines Monats nach Aufstellung oder Feststellung der Bilanz des Trägerunternehmens für den Schluss eines Wirtschaftsjahrs geleistet werden, noch für das abgelaufene Wirtschaftsjahr durch eine Rückstellung gewinnmindernd zu berücksichtigen. Zur steuerlichen Förderung der betrieblichen Altersversorgung wird auf das BMF-Schreiben v. 6. 12. 2017 (BStBl 2018 I S. 147) hingewiesen.
- Nach § 4e EStG dürfen Beiträge an einen Pensionsfonds i. S. des § 112 VAG von dem Unternehmen, das die Beiträge leistet (Trägerunternehmen), als Betriebsausgaben abgezogen werden, soweit sie auf einer festgelegten Verpflichtung beruhen oder der Abdeckung von Fehlbeträgen

bei dem Fonds dienen. Sollen einem Pensionsfonds bestehende Versorgungsverpflichtungen oder Versorgungsanwartschaften übertragen werden, können die dafür insgesamt erforderlichen Leistungen auf Antrag erst in den dem Wirtschaftsjahr der Übertragung folgenden zehn Wirtschaftsjahren gleichmäßig verteilt als Betriebsausgaben abgezogen werden. Der Antrag ist unwiderruflich; der jeweilige Rechtsnachfolger ist an den Antrag gebunden. Ist eine Pensionsrückstellung nach § 6a EStG gewinnerhöhend aufzulösen, können die Leistungen an den Pensionsfonds im Wirtschaftsjahr der Übertragung in Höhe der aufgelösten Rückstellung als Betriebsausgaben abgezogen werden; der die aufgelöste Rückstellung übersteigende Betrag ist bei entsprechender Antragstellung in den dem Wirtschaftsjahr der Übertragung folgenden zehn Wirtschaftsjahren gleichmäßig verteilt als Betriebsausgaben abzuziehen. Entsprechendes gilt, wenn es im Zuge der Leistungen des Arbeitgebers an den Pensionsfonds zu Vermögensübertragungen einer Unterstützungskasse an den Arbeitgeber kommt. Der Betriebsausgabenabzug wird durch § 4e EStG für die Beiträge ausgeschlossen, die für Leistungen des Fonds geleistet werden, die bei unmittelbarer Erbringung durch das Trägerunternehmen nicht betrieblich veranlasst wären. Dies wäre z. B. bei Leistungen an Angehörige des Unternehmers der Fall, die einem Fremdvergleich nicht standhalten (vgl. 3.1).

- Hat sich das Unternehmen gegenüber Arbeitnehmern unmittelbar zur Leistung von Ruhestandsbezügen verpflichtet, sind für die insoweit entstandenen Verpflichtungen **Pensionsrückstellungen** zu bilden, für deren Ausweis in der Steuerbilanz die Regelungen des § 6a EStG (vgl. R 6a EStR) zu beachten sind.

V. Nichtabzugsfähige Betriebsausgaben (§ 4 Abs. 5 EStG)

1. Überblick

1607 Ursprünglich schränkte § 4 Abs. 5 EStG die steuerliche Berücksichtigung von Betriebsausgaben ein, die die Lebensführung des Stpfl. oder anderer Personen berühren. Im Laufe der Zeit wurde diese Einschränkung aus den unterschiedlichsten Gründen auf andere Betriebsausgaben ausgedehnt. Im Einzelnen handelt es sich um die nachfolgend bezeichneten Betriebsausgaben.

1608
- Aufwendungen für Geschenke an Personen, die nicht Arbeitnehmer des Stpfl. sind, sofern sie im Verhältnis zum einzelnen Empfänger im Wirtschaftsjahr den Wert von 35 € übersteigen (§ 4 Abs. 5 Satz 1 Nr. 1 EStG).
- 30 % der nachgewiesenen und als angemessen anzusehenden Aufwendungen für die Bewirtung von Personen aus geschäftlichem Anlass (§ 4 Abs. 5 Satz 1 Nr. 2 EStG).
- Aufwendungen für Gästehäuser, die sich außerhalb des Ortes eines Betriebs des Stpfl. befinden (§ 4 Abs. 5 Satz 1 Nr. 3 EStG).
- Aufwendungen für die Jagd oder Fischerei, für Segel- oder Motoryachten sowie für ähnliche Zwecke einschl. der damit zusammenhängenden Bewirtungen (§ 4 Abs. 5 Satz 1 Nr. 4 EStG).
- Mehraufwendungen für Verpflegung in unterschiedlichem Umfang (§ 4 Abs. 5 Satz 1 Nr. 5 EStG).
- Aufwendungen für Fahrten zwischen Wohnung und Betrieb sowie für Familienheimfahrten aus Anlass einer doppelten Haushaltsführung in einem bestimmten Umfang sind gem. § 4 Abs. 5 Satz 1 Nr. 6 EStG nicht abziehbare Betriebsausgaben.
- Aufwendungen für aus betrieblichem Anlass begründete doppelte Haushaltsführung und für Übernachtungskosten aus Anlass von Geschäftsreisen gem. § 4 Abs. 5 Satz 1 Nr. 6a EStG.
- Aufwendungen für ein häusliches Arbeitszimmer gem. § 4 Abs. 5 Satz 1 Nr. 6b EStG. Für nach dem 31. 12. 2019 und vor dem 1. 1. 2022 in der häuslichen Wohnung ausgeübte Tätigkeiten kann der Steuerpflichtige für jeden Kalendertag, an dem er seine betriebliche oder berufliche Tätigkeit ausschließlich in der häuslichen Wohnung ausübt und keine außerhalb der häuslichen Wohnung belegene Betätigungsstätte aufsucht, für seine gesamte betriebliche und be-

rufliche Betätigung einen Betrag von 5 € abziehen, höchstens 600 € im Wirtschafts- oder Kalenderjahr, wenn kein häusliches Arbeitszimmer vorliegt oder auf einen Abzug der Aufwendungen für ein häusliches Arbeitszimmer verzichtet wird.

- Andere als die vorbezeichneten Aufwendungen, die die Lebensführung des Stpfl. oder anderer Personen berühren, soweit sie nach allgemeiner Verkehrsauffassung als unangemessen anzusehen sind (§ 4 Abs. 5 Satz 1 Nr. 7 EStG).
- Von inländischen Gerichten und Behörden oder Organen der EU verhängte Geldbußen, Ordnungsgelder und Verwarnungsgelder sowie vergleichbarer Leistungen sowie ab dem 1. 1. 2019 damit zusammenhängenden Aufwendungen (§ 4 Abs. 5 Satz 1 Nr. 8 EStG).
- Hinterziehungszinsen nach § 235 AO (§ 4 Abs. 5 Satz 1 Nr. 8a EStG).
- Ausgleichszahlungen an Minderheitsgesellschafter von Kapitalgesellschaften, mit denen ein Ergebnisabführungsvertrag besteht (§ 4 Abs. 5 Satz 1 Nr. 9 EStG).
- Die Zuwendung von Vorteilen sowie damit zusammenhängende Aufwendungen, wenn die Zuwendung der Vorteile eine rechtswidrige Handlung darstellt, die den Tatbestand eines Strafgesetzes oder eines Gesetzes verwirklicht, das die Ahndung mit einer Geldbuße zulässt (§ 4 Abs. 5 Satz 1 Nr. 10 EStG).
- Aufwendungen, die mit unmittelbaren oder mittelbaren Zuwendungen von nicht einlagefähigen Vorteilen an natürliche oder juristische Personen oder Personengesellschaften zur Verwendung in Betrieben in tatsächlichem oder wirtschaftlichem Zusammenhang stehen, deren Gewinn nach § 5a Abs. 1 EStG (sog. Tonnagebesteuerung, vgl. Rdn. 19) ermittelt wird.
- Zuschläge nach § 162 Abs. 4 AO wegen Verletzung der Aufzeichnungspflichten nach § 90 Abs. 3 AO (§ 4 Abs. 5 Satz 1 Nr. 12 EStG; vgl. 5. Kap. Teil F Rdn. 1816).
- Jahresbeiträge nach § 12 Abs. 2 des Restrukturierungsfondsgesetzes (§ 4 Abs. 5 Satz 1 Nr. 13 EStG). Diese Beiträge sind nur von Kreditinstituten zu entrichten.

Soweit Dritten Vorteile zugewendet werden, wie z. B. bei Geschenken, wird das sich 1609
aus § 4 Abs. 5 EStG ergebende Abzugsverbot nicht dadurch berührt, dass beim Empfänger insoweit eine Betriebseinnahme oder von Dritten gezahlter Arbeitslohn zu besteuern ist (BFH v. 5. 7. 1996, BStBl II S. 545). Diese Rechtsfolge tritt dann nicht ein, wenn der Zuwendende darauf die Pauschsteuer nach § 37b EStG abgeführt und dies dem Empfänger mitgeteilt hat (vgl. 5. Kap. Teil A Rdn. 336 ff.).

Die Aufwendungen i. S. des § 4 Abs. 5 Satz 1 Nr. 1 bis 4, 6b und 7 EStG sind nach § 4 1610
Abs. 7 EStG gesondert aufzuzeichnen (Rdn. 1655 ff.). Wird bei danach abziehbaren Aufwendungen gegen diese besonderen Aufzeichnungspflichten verstoßen, scheidet auch insoweit ein Abzug bei der steuerlichen Gewinnermittlung aus.

Durch diese Abzugsbeschränkungen wird der Charakter der Betriebsausgaben nicht be- 1611
rührt. Die erforderlichen Gewinnkorrekturen haben mithin nur für Zwecke der Besteuerung außerhalb der Bilanz zu erfolgen. Es liegen keine Privatentnahmen vor (BFH v. 22. 1. 1988, BStBl II S. 535).

Unterliegen die Aufwendungen für Wirtschaftsgüter Abzugsbeschränkungen nach § 4 1612
Abs. 5 EStG, führt dies nicht dazu, dass diese Wirtschaftsgüter insgesamt aus der Gewinnermittlung ausscheiden. Etwaige Veräußerungsgewinne, die wie allgemein durch Gegenüberstellung von Veräußerungserlös und Buchwert zu ermitteln sind, unterliegen ungekürzt der Besteuerung (BFH v. 12. 12. 1973, BStBl 1974 II S. 207; v. 25. 3. 2015, BFH/NV 2015 S. 973). Diese Problematik kann sich insbesondere stellen bei der Veräußerung von Gästehäusern, von Yachten oder des Grundstücks, in dem das häusliche Arbeitszimmer belegen ist.

1613 Die Regelungen des § 4 Abs. 5 EStG sind weitgehend auch beim Werbungskostenabzug zu beachten, wie § 9 Abs. 5 EStG zu entnehmen ist.

2. Die nicht abziehbaren Aufwendungen im Einzelnen

2.1 Geschenke

1614 Die Abzugsbeschränkungen des § 4 Abs. 5 Satz 1 Nr. 1 EStG beziehen sich ausschließlich auf Geschenke an Personen, die nicht Arbeitnehmer des Stpfl. sind. Bei Zuwendungen an Arbeitnehmer ist regelmäßig zu prüfen, ob sie als Arbeitslohn zu behandeln sind.

1615 Ein Geschenk ist eine unentgeltliche Vermögenszuwendung, bei der es an einer Gegenleistung mangelt. Dabei kommt es nicht allein auf die Erwartung des zuwendenden Kaufmanns, sondern auch auf die Vorstellungen des Empfängers an, ob eine Gegenleistung erbracht werden soll (BFH v. 18. 2. 1982, BStBl II S. 394). Als Gegenleistungen kommen alle Handlungen in Betracht, die im betrieblichen Interesse des Zuwendenden liegen und hinreichend konkretisierbar sind. Ein Geschenk liegt danach regelmäßig vor, wenn durch die Zuwendung lediglich persönliche Kontakte oder andere Voraussetzungen für die Geschäftsbeziehung hergestellt, erhalten oder verbessert werden sollen, ohne dass eine weitergehende Leistung des Empfängers erfolgt. Es wird sich also z. B. um eine Zuwendung im Vorfeld des noch nicht konkretisierbaren Geschäftsabschlusses handeln, ein sog. Gefälligkeitsgeschenk, z. B. Kalender mit Firmenlogo (FG Baden-Württemberg v. 12. 4. 2016, EFG 2016 S. 1197, Rev. Az. BFH I R 38/16). Die Übernahme der pauschalen Einkommensteuer nach § 37b EStG für ein Geschenk unterliegt als weiteres Geschenk dem Abzugsverbot des § 4 Abs. 5 Satz 1 Nr. 1 EStG, soweit bereits der Wert des Geschenks selbst oder zusammen mit der übernommenen pauschalen Einkommensteuer den Betrag von 35 € übersteigt (BFH v. 30. 3. 2017 – IV R 13/14, DStR 2017 S. 1255). Nach Auffassung des FG Köln v. 26. 9. 2013 (EFG 2014 S. 296; rkr.) sind hochwertige Tombolapreise nach § 4 Abs. 5 Satz 1 Nr. 1 EStG nicht abzugsfähige Geschenke, wenn der Teilnehmerkreis derart beschränkt ist, dass der Wert der Gewinnchance für jeden Teilnehmer über 35 € liegt.

Keine Geschenke sind Kränze und Blumen bei Beerdigungen, Spargeschenkgutscheine der Kreditinstitute, Preise anlässlich von Preisausschreiben und sonstigen Auslobungen (R 4.10 Abs. 4 Satz 5 EStR), Rabatte, Trinkgelder. Ferner liegt ein Geschenk dann nicht vor, wenn der gewährte Vorteil nur ausschließlich betrieblich genutzt werden kann (z. B. Ärztemuster von Medikamenten, berufsspezifische Fachbücher).

1616 Wird eine Gegenleistung erbracht, handelt es sich um ein Schmiergeld, das nicht als Geschenk zu werten ist (BFH v. 18. 2. 1982, BStBl II S. 394; v. 16. 2. 1990, BStBl II S. 575; v. 22. 10. 1991, BFH/NV 1992 S. 449), bei dem zu prüfen ist, ob der Abzug durch § 4 Abs. 5 Satz 1 Nr. 10 EStG (vgl. Rdn. 1653) ausgeschlossen wird. Wegen der Abgrenzung zu Zugaben wird auf BFH v. 12. 10. 2010 (BFH/NV 2011 S. 650) hingewiesen.

1617 Nach R 4.10 Abs. 4 Satz 6 EStR werden nicht zu den Geschenken gerechnet die Aufwendungen für die Bewirtung, die damit verbundene Unterhaltung und Beherbergung von Geschäftsfreunden; insoweit ist nach § 4 Abs. 5 Satz 1 Nr. 2 EStG zu verfahren (vgl. 2.2). Dazu gehören nach dem Urteil des BFH v. 16. 2. 1990 (BStBl II S. 575) nur Aufwendungen, bei denen als Gegenleistung die Darreichung von Speisen und/oder Getränken eindeutig im Vordergrund steht. Werden daneben noch andere Leistungen (Varieté, Striptease o. Ä.) geboten und steht der insgesamt geforderte Preis in einem offensichtlichen Missverhältnis zum Wert des Verzehrs, handelt es sich um Aufwendungen, die die Lebensführung des Stpfl. oder anderer Personen berühren und nach § 4 Abs. 5 Satz 1 Nr. 7 EStG zu beurteilen sind (vgl. Rdn. 1643).

Geschäftsfreunden wird verschiedentlich die kostenlose Teilnahme an sportlichen, kulturellen oder ähnlichen Veranstaltungen ermöglicht. Zur steuerlichen Beurteilung dieser Aufwendungen beim Zuwendenden hat der BMF mit Schreiben v. 22. 8. 2005 (BStBl I S. 845), v. 11. 7. 2006 (BStBl I S. 845) und v. 19. 5. 2015 (BStBl 2015 I S. 468, Rdn. 15) Stellung genommen. Dabei werden Vereinfachungen bei der Aufteilung des Gesamtaufwandes für die Einzelleistungen zugelassen. 1618

Werden Gegenstände verbilligt abgegeben, liegt ein Geschenk nur insoweit vor, als dem Unternehmen ein Aufwand entsteht, z. B. bei Abgabe zu einem Wert unter den Anschaffungs- oder Herstellungskosten hinsichtlich des Unterschiedsbetrags zum erlösten Betrag (gemischte Schenkung). 1619

Das Abzugsverbot greift nur dann, wenn der Wert der dem Empfänger im Laufe des Wirtschaftsjahrs zugewendeten Geschenke insgesamt 35 € übersteigt. Maßgebend sind die Anschaffungs- oder Herstellungskosten, ggf. der an ihre Stelle tretende Wert einschl. der anteiligen Aufwendungen für Kennzeichnungen und Verpackung sowie der USt, soweit der Abzug als Vorsteuer ausgeschlossen ist (R 4.10 Abs. 3 Satz 1 EStR, H 9b EStH). Wird bei Zuwendung mehrerer Geschenke an eine Person im Laufe des Wirtschaftsjahrs die Freigrenze von 35 € überschritten, greift das Abzugsverbot insgesamt. Unterhält ein Stpfl. mehrere selbständige Betriebe, ist das Überschreiten der Freigrenze für jeden dieser Betriebe gesondert zu prüfen. Die Beachtung der Freigrenze soll durch die sich aus § 4 Abs. 7 EStG ergebenden besonderen Aufzeichnungspflichten (vgl. Rdn. 1655 ff.) sichergestellt werden. 1620

Eine besondere Prüfung der Angemessenheit der Aufwendungen entfällt angesichts der vom Gesetzgeber festgelegten Freigrenze. 1621

2.2 Aufwendungen für Bewirtungen

2.2.1 Die Aufwendungen dem Grunde und der Höhe nach

Die Aufwendungen für Bewirtungen in Gästehäusern, die sich außerhalb des Ortes eines Betriebs des Stpfl. befinden, sind nach § 4 Abs. 5 Satz 1 Nr. 3 EStG insgesamt vom Abzug ausgeschlossen. Entsprechendes gilt nach § 4 Abs. 5 Satz 1 Nr. 4 EStG für Bewirtungen im Zusammenhang mit der Jagd, der Fischerei und den Fahrten auf Yachten. Demgegenüber beschränkt § 4 Abs. 5 Satz 1 Nr. 2 EStG für die verbleibenden Fälle der Bewirtung von Personen aus geschäftlichem Anlass den Abzug auf 70 % der nach der allgemeinen Verkehrsauffassung angemessenen Aufwendungen. Der Vorlagebeschluss des FG Baden-Württemberg v. 26. 4. 2013 – 10 K 2983/11 (NWB DokID: JAAAE-61115; Az. BVerfG 2 BvL 4/13) ist wegen Zweifel am rechtmäßigen Zustandekommen des Haushaltsbegleitgesetzes 2004 v. 29. 12. 2003 (BGBl 2003 I S. 3076), mit dem die Ab- 1622 senkung des Prozentsatzes auf 70 % für die abziehbaren Bewirtungskosten erfolgte, ergangen. Dieser Mangel ist durch das Gesetz v. 5. 4. 2011 (BGBl 2011 I S. 311) mit Wirkung ab 2011 ausgeräumt worden. Der zu erwartenden Entscheidung des BVerfG kommt danach lediglich für die Jahre 2004–2010 Bedeutung zu.

Das teilweise Abzugsverbot greift nicht bei ausschließlich betrieblich, jedoch nicht geschäftlich veranlassten Bewirtungsaufwendungen. Nicht geschäftlich veranlasst sind nach Auffassung der FinVerw lediglich Bewirtungen, die aus Anlass betriebsinterner Veranstaltungen erfolgen und an denen dementsprechend nur die Arbeitnehmer des Betriebs ggf. einschl. deren Angehörigen sowie an der Durchführung der Veranstaltung beteiligte außenstehende Personen teilnehmen (R 4.10 Abs. 7 EStR; BFH v. 19. 6. 2008, BFH/NV 2008 S. 1997 und BFH/NV 2009 S. 11). Dabei wird es sich z. B. um Betriebsfeste oder interne Schulungsveranstaltungen handeln; vgl. im Übrigen R 4.10 Abs. 5 EStR. Bewirtungsaufwand aus Anlass von Schulungsveranstaltungen für Personen, die nicht Arbeitnehmer des Veranstalters sind, unterliegt dementsprechend der Abzugsbeschränkung (BFH v. 18. 9. 2007, BStBl 2008 II S. 116; v. 6. 6. 2013, BFH/NV 2013 S. 1561).

1623 Ein geschäftlicher Anlass besteht immer dann, wenn aus der Sicht des Unternehmens außenstehende Personen, dazu gehören auch Arbeitnehmer konzernangehöriger Unternehmen, bewirtet werden. Dies gilt unabhängig davon, ob mit diesen Personen Geschäftsbeziehungen bestehen oder angebahnt werden sollen. Auch Bewirtungen im Rahmen der Öffentlichkeitsarbeit unterfallen dem teilweisen Abzugsverbot; vgl. auch R 4.10 Abs. 6 EStR. Nach diesen Grundsätzen ist auch bei gastronomischen Betrieben zu verfahren (BFH v. 7. 9. 2011, BStBl 2012 II S. 194).

1624 Zu den Bewirtungskosten gehören nur Aufwendungen, bei denen als Gegenleistung die Darreichung von Speisen und/oder Getränken eindeutig im Vordergrund steht (BFH v. 16. 2. 1990, BStBl II S. 575). Werden daneben noch andere Leistungen (Varieté, Striptease u. Ä.) geboten und steht der insgesamt geforderte Preis in einem offensichtlichen Missverhältnis zum Wert des Verzehrs, handelt es sich um Aufwendungen, die die Lebensführung des Stpfl. oder anderer Personen berühren und nach § 4 Abs. 5 Satz 1 Nr. 7 EStG zu beurteilen sind (vgl. Rdn. 1643).

1625 Wird neben der Bewirtung eine weitere Veranstaltung besucht (z. B. Theater, Karnevalssitzung), sind die Aufwendungen dafür gesondert zu beurteilen (vgl. z. B. BFH v. 29. 3. 1994, BStBl II S. 843; ferner BMF-Schreiben v. 22. 8. 2005, BStBl I S. 845; v. 11. 7. 2006, BStBl I S. 447 und v. 28. 11. 2006, BStBl 2006 I S. 791). Keine Bewirtungskosten entstehen durch die Darbietung von Aufmerksamkeiten, wenn es sich dabei um eine übliche Geste der Höflichkeit handelt (z. B. Getränke und Gebäck anlässlich von Besprechungen), die Verkostung von Produkten und Waren. Wegen Einzelheiten vgl. auch R 4.10 Abs. 5 EStR.

1626 Nach § 4 Abs. 5 Satz 1 Nr. 2 EStG sind lediglich die nach der allgemeinen Verkehrsauffassung als angemessen anzusehenden Bewirtungsaufwendungen zu beurteilen. Dabei ist auf die Auffassung der Allgemeinheit vernünftig denkender Menschen, nicht allein der beteiligten Wirtschaftskreise abzustellen (BFH v. 7. 12. 1973, BStBl 1974 II S. 195). Zu beurteilen ist jeweils der einzelne Lebenssachverhalt (BFH v. 16. 2. 1990, BStBl II S. 575). Als Beurteilungskriterien können in Betracht kommen die Größe des Unternehmens, die Bedeutung der Bewirtung für die geschäftliche Entwicklung, Stellung der bewirteten Person, die Üblichkeit bei vergleichbaren Unternehmen, letztlich die Frage, ob ein ordentlicher und gewissenhafter Geschäftsleiter unter Würdigung der Gesamtumstände die Aufwendungen getragen hätte. Soweit danach ein Teil der Aufwendungen als unangemessen anzusehen ist, ist vorab der Abzug nach § 4 Abs 5 Satz 1 Nr. 7 EStG zu versagen. Für den verbleibenden, angemessenen Teil ist die Kürzung um 30 % vorzunehmen.

2.2.2 Die erforderlichen besonderen Nachweise

Zum Nachweis der Höhe und der betrieblichen Veranlassung der Bewirtung sind gem. 1627 § 4 Abs. 5 Satz 1 Nr. 2 Sätze 2 und 3 EStG schriftlich anzugeben der Ort, der Tag, die Teilnehmer, der Anlass der Bewirtung, die Höhe der Aufwendungen; bei Bewirtung in einer Gaststätte reicht die Rechnung der Gaststätte mit Angaben zum Anlass und den Teilnehmern der Bewirtung aus. Auf die Angaben des Bewirtenden auf der Rechnung der Gaststätte kann bei einem 150 € nicht übersteigenden Rechnungsbetrag verzichtet werden. Die Rechnung muss den Anforderungen des § 14 UStG entsprechen und maschinell erstellt und registriert sein, auf die Angabe der Steuernummer des leistenden Unternehmens kann jedoch verzichtet werden (R 4.10 Abs. 8 EStR). Dementsprechend ist die Angabe des Bewirtenden als Rechnungsempfänger unverzichtbar (BFH v. 18. 4. 2012, BStBl 2012 II S. 770). Die in Anspruch genommenen Leistungen müssen nach Art, Umfang, Entgelt und Tag der Bewirtung gesondert bezeichnet sein; die Sammelbezeichnung „Speisen und Getränke“ ist nicht ausreichend (R 4.10 Abs. 8 Satz 9 ff. EStR). Wegen der darüber hinaus zu beachtenden besonderen Aufzeichnungspflichten wird auf nachfolgend Rdn. 1655 ff. hingewiesen.

2.3 Aufwendungen für Gästehäuser

Unter Gästehäusern i. S. des § 4 Abs. 5 Satz 1 Nr. 3 EStG werden Einrichtungen verstan- 1628 den, die der Bewirtung oder Beherbergung von Geschäftsfreunden des Stpfl. dienen, die außerhalb des Orts des Betriebs (vgl. dazu BFH v. 9. 4. 1968, BStBl II S. 603; v. 3. 8. 2005, BFH/NV S. 2228), einschl. Zweigniederlassungen und Betriebsstätten, die üblicherweise von Geschäftsfreunden besucht werden, belegen sind. Nicht dem Abzugsverbot unterfallen danach entsprechende Einrichtungen, die ausschließlich der Belegschaft dienen, z. B. Ferienheime. Aufwendungen für am Ort unterhaltene Gästehäuser sowie die Unterbringung von Geschäftsfreunden in fremden Beherbergungsbetrieben sind ebenfalls im Rahmen des Angemessenen (vgl. Rdn. 1643) uneingeschränkt abziehbar.

Zu den nicht abziehbaren Aufwendungen gehören sämtliche Aufwendungen für den 1629 Unterhalt der Einrichtung, d. h. für das Grundstück, seine Einrichtung und Bewirtschaftung. Dagegen fallen die Kosten für die Bewirtung der Gäste nicht unter § 4 Abs. 5 Satz 1 Nr. 3 EStG, sondern sind nur von den Einschränkungen des § 4 Abs. 5 Satz 1 Nr. 2 EStG (Rdn. 1622 ff.) betroffen (Loschelder, in: Schmidt, EStG, 37. Aufl., § 4 Rdn. 562). Wird für die Benutzung des Gästehauses kein kostendeckendes Entgelt verlangt, ist der Zuschuss zu den Betriebskosten nicht abziehbar (vgl. auch R 4.10 Abs. 10, 11 EStR; zu den besonderen Aufzeichnungspflichten vgl. nachfolgend Rdn. 1655 ff.).

2.4 Aufwendungen für Jagd, Fischerei, Yachten und dgl.

1630 Die beispielhafte Aufzählung der Aufwendungen für Jagd, Fischerei, Yachten und ähnliche Zwecke in § 4 Abs. 5 Satz 1 Nr. 4 EStG bezieht sich auf Repräsentationsaufwendungen, die, soweit sie die Lebensführung des Stpfl. betreffen, bereits nach § 12 Nr. 1 EStG (Rdn. 1535 ff.) nicht abziehbar sind, z. B. die Ausrichtung eines Golfturniers mit Abendveranstaltung (BFH v. 16. 12. 2015, BStBl 2017 II S. 224; beachte jedoch BFH v. 14. 10. 2015, BFH/NV 2016 S. 631). Dies trifft z. B. auch für die Aufwendungen für die Begleitung einer Regatta auf einem historischen Segelschiff (BFH v. 2. 8. 2012, BStBl 2012 II S. 824) oder für den Unterhalt eines Rennwagens (BFH v. 22. 12. 2008, BFH/NV 2009 S. 579) zu; wegen der Aufwendungen für besonders aufwendige Pkw vgl. Rdn. 1544. Zu den ähnlichen Zwecken gehören z. B. auch die Aufwendungen für Oldtimer-Flugzeuge, die bei Flugtagen eingesetzt werden, selbst dann, wenn sie Werbehinweise tragen (BFH v. 7. 2. 2007, BFH/NV 2007 S. 1230). Weiter wird den ähnlichen Zwecken die Haltung und Nutzung von Sportflugzeugen (FG München v. 8. 3. 2010, EFG S. 1345), Tennis- und Golfplätzen, Schwimmbädern und Reitpferden zugerechnet (Loschelder, in: Schmidt, EStG, 37. Aufl., § 4 Rdn. 567). Das Abzugsverbot greift dann nicht, wenn die Aufwendungen im Rahmen einer mit Gewinnerzielungsabsicht ausgeübten Tätigkeit oder einer betrieblichen Sozialeinrichtung anfallen (BFH v. 30. 7. 1980, BStBl 1981 II S. 58); wegen der Aufwendungen für ein für Fahrten zwischen Wohnung und Betrieb genutztes Motorboot vgl. BFH v. 10. 5. 2001 (BStBl 2001 II S. 575). Zu der Beurteilung der Aufwendungen für einen sog. Herrenabend hat der BFH in seinem Urteil v. 13. 7. 2016 (BFH/NV 2017 S. 86) entschieden, dass das Abzugsverbot nach § 4 Abs. 5 Satz 1 Nr. 4 EStG nur dann eingreift, wenn sich aus der Art und Weise der Veranstaltung und ihrer Durchführung ableiten lässt, dass es sich um Aufwendungen handelt, die für eine überflüssige und unangemessene Unterhaltung und Repräsentation getragen werden.

1631 Das Abzugsverbot erstreckt sich auf die vorbezeichneten Aufwendungen ohne Rücksicht darauf, ob die Anlagen im Eigentum des Stpfl. stehen oder gemietet oder gepachtet sind. Es umfasst sämtliche Aufwendungen, d. h. ggf. auch Personalkosten, Kfz-Kosten aus Anlass der Durchführung einer Jagd. Der Gesetzgeber hat die Bewirtungskosten ausdrücklich in den Kreis der nicht abziehbaren Aufwendungen einbezogen. Wird im Zusammenhang mit der Jagd oder der Fischerei eine Jagd- oder Fischerhütte unterhalten, sind auch die Aufwendungen dafür nicht abziehbar. Damit gehören im Ergebnis auch die in wirtschaftlichem Zusammenhang mit derartigen Aktivitäten anfallenden Beherbergungskosten zu den nicht abziehbaren Aufwendungen.

1632 Auf die sich aus § 4 Abs. 7 EStG ergebenden besonderen Aufzeichnungspflichten wird hingewiesen (vgl. Rdn. 1655 ff.).

2.5 Mehraufwendungen für Verpflegung

1633 Aus Anlass von Geschäftsreisen oder betrieblich veranlasster doppelter Haushaltsführung entstehende Mehraufwendungen für Verpflegung sind Betriebsausgaben und können nur in dem aus § 4 Abs. 5 Satz 1 Nr. 5 EStG ergebenden Umfang abgezogen werden.

Nach § 4 Abs. 5 Satz 1 Nr. 5 EStG gehören die Mehraufwendungen für die Verpflegung des Steuerpflichtigen grundsätzlich weiterhin zu den nichtabziehbaren Betriebsausgaben. Bei einer vorübergehend von der Wohnung und dem Mittelpunkt der dauerhaft angelegten betrieblichen Tätigkeit entfernten betrieblichen Tätigkeit sind die Mehraufwendungen für Verpflegung jedoch nach Maßgabe des § 9 Abs. 4a EStG abziehbar. Danach sind folgende Pauschalbeträge berücksichtigungsfähig: 1634

1. 28 € für jeden Kalendertag, an dem der Stpfl. 24 Stunden abwesend ist,
2. jeweils 14 € für den An- und Abreisetag, wenn der Stpfl an diesem, einem anschließenden oder vorhergehenden Tag außerhalb übernachtet,
3. 14 € für den Kalendertag, an dem der Stpfl. ohne Übernachtung außerhalb mehr als 8 Stunden abwesend ist; beginnt die auswärtige Tätigkeit an einem Kalendertag und endet sie am nachfolgenden Kalendertag ohne Übernachtung, werden 14 € für den Kalendertag gewährt, an dem der Stpfl. den überwiegenden Teil der insgesamt mehr als 8 Stunden abwesend ist.

Bezüglich der steuerlichen Behandlung von Reisekosten und Reisekostenvergütungen bei betrieblich und beruflich veranlassten Auslandsreisen ab 1. 1. 2020 wird auf das BMF-Schreiben v. 15. 11. 2019 verwiesen.

Besondere Aufzeichnungspflichten bestehen nicht.

2.6 Fahrten zwischen Wohnung und Betrieb und aus Anlass doppelter Haushaltsführung

Durch § 4 Abs. 5 Satz 1 Nr. 6 EStG wird anknüpfend an § 9 Abs. 1 Satz 3 Nr. 4 und Nr. 5 und Abs. 2 EStG die Berücksichtigung der Aufwendungen für die Fahrten zwischen Wohnung und Betrieb sowie für Familienheimfahrten aus Anlass einer doppelten Haushaltsführung geregelt. Diese Regelungen sind rechtmäßig (BFH v. 15. 11. 2016, BStBl 2017 II S. 228). 1635

Für die Fahrten zwischen Wohnung und Betrieb ist mindestens die Entfernungspauschale zu berücksichtigen. Eine Kürzung der Betriebsausgaben kommt bei Nutzung eines Kfz dann und insoweit in Betracht, als das Produkt aus 0,03 % des Listenpreises (vgl. dazu Rdn. 941) und der Entfernung zum Betrieb monatlich die zu berücksichtigende Entfernungspauschale übersteigt. Wird der Wert der privaten Kfz-Nutzung nach den nachgewiesenen Aufwendungen bemessen, gilt dies auch für die Ermittlung der nach § 4 Abs. 5 Satz 1 Nr. 6 EStG nichtabziehbaren Betriebsausgaben. Wegen Einzelheiten wird auf das BMF-Schreiben v. 23. 12.2014 (BStBl 2015 I S. 26) hingewiesen. 1636

2.7 Mehraufwendungen aus Anlass doppelter Haushaltsführung

Die Mehraufwendungen für eine betrieblich veranlasste doppelte Haushaltsführung gehören gem. § 4 Abs. 5 Satz 1 Nr. 6a EStG zu den beschränkt abzugsfähigen Betriebsausgaben. Der berücksichtigungsfähige Mehraufwand für Verpflegung ist nach § 9 Abs. 1 Satz 3 Nr. 5 Satz 1 bis 4 EStG zu bemessen (vgl. Rdn. 1633 f.). Die abziehbaren Aufwendungen für Unterbringung sind nach § 9 Abs. 1 Satz 3 Nr. 5 EStG auf monatlich 1 000 € begrenzt. Auf das BMF-Schreiben v. 23. 12. 2014 (BStBl 2015 I S. 26) wird hingewiesen. 1637

Besondere Aufzeichnungspflichten bestehen nicht.

2.8 Aufwendungen für ein häusliches Arbeitszimmer

1638 Wird eine gewerbliche oder freiberufliche Tätigkeit u. a. in Räumlichkeiten ausgeübt, die eine Nähe zum Wohnbereich des Stpfl. haben, stellt sich die Frage, ob es sich bei diesen Räumlichkeiten um eine Betriebsstätte oder um ein den Abzugsbeschränkungen des § 4 Abs. 5 Satz 1 Nr. 6b EStG unterliegendes häusliches Arbeitszimmer handelt (BFH v. 18. 2. 2012, BStBl 2012 II S. 770, unter III.). Für die Begründung einer Betriebsstätte sprechen

- die Öffnung der Räumlichkeiten für einen intensiven und dauerhaften Publikumsverkehr (BFH v. 23. 1. 2003, BStBl II 2004 S. 43; v. 20. 11. 2003, BStBl 2005 II S. 203; v. 31. 3. 2004, BFH/NV 2004, 1387),
- die Ausübung von Tätigkeiten durch dritte, nicht familienangehörige und auch nicht haushaltszugehörige Personen in diesen Räumen (BFH v. 20. 11. 2003, BStBl II 2005 S. 203; v. 9. 11. 2006, BFH/NV 2007 S. 677).

Dies gilt auch für Räume innerhalb des privaten Wohnbereichs des Steuerpflichtigen, die aufgrund ihrer Ausstattung (z. B. als Werkstatt) und/oder bei denen wegen ihrer Zugänglichkeit durch dritte Personen eine private Mitbenutzung auszuschließen ist, z. B. bei einer Notarztpraxis (BFH v. 5. 12. 2002, BStBl 2003 II S. 463; v. 20. 11. 2003, BStBl 2005 II S. 203), bei einem häuslichen Tonstudio (BFH v. 16. 10. 2002, BStBl 2003 II S. 185; v. 28. 8. 2003, BStBl 2004 II S. 55) und bei einem Warenlager (BFH v. 22. 11. 2006, BStBl 2007 II S. 304). In den verbleibenden Fällen ist zu prüfen, ob die genutzten Räumlichkeiten ein häusliches Arbeitszimmer sind und die Abzugsbeschränkung des § 4 Abs. 5 Satz 1 Nr. 6b EStG eingreift.

1639 Nach § 4 Abs. 5 Satz 1 Nr. 6b Satz 2 EStG i. V. m. § 9 Abs. 5 Satz 1 EStG gehören Aufwendungen für ein häusliches Arbeitszimmer grundsätzlich zu den nicht abziehbaren Betriebsausgaben bzw. Werbungskosten. Davon gelten folgende Ausnahmen:

- Steht für die betriebliche oder berufliche Tätigkeit kein anderer Arbeitsplatz zur Verfügung, sind Aufwendungen bis zur Höhe von 1 250 € abziehbar.
- Bildet das Arbeitszimmer den Mittelpunkt der gesamten betrieblichen und beruflichen Betätigung, sind die Aufwendungen insgesamt abziehbar.

Diese Regelungen bewegen sich im Rahmen der Vorgaben des BVerfG, das es als zulässig ansieht, den steuerwirksamen Abzug auf einen bestimmten Betrag zu begrenzen (BVerfG v. 7. 12. 1999, BStBl 2000 II S. 162). Das BMF-Schreiben v. 6. 10. 2017 (BStBl 2017 I S. 1320) enthält eine umfangreiche Stellungnahme zu den vielfältigen Problemen bei der Anwendung der den steuerlichen Abzug einschränkenden Regelung.

Bei einem häuslichen Arbeitszimmer handelt es sich typischerweise um das häusliche Büro, d. h. einen Arbeitsraum, der seiner Lage, Funktion und Ausstattung nach in die häusliche Sphäre des Steuerpflichtigen eingebunden ist und vorwiegend der Erledigung gedanklicher, schriftlicher oder verwaltungstechnischer Arbeiten dient. Der Nutzung entsprechend ist das häusliche Arbeitszimmer typischerweise mit Büromöbeln eingerichtet, wobei der Schreibtisch regelmäßig das zentrale Möbelstück darstellt (BFH v. 20. 6. 2012, BFH/NV 2012 S. 1776, m. w. N.). Im Einzelfall können auch mehrere Räume, die eine funktionale Einheit bilden, insgesamt als häusliches Arbeitszimmer zu qualifizieren sein (BFH v. 18. 4. 2012, BStBl 2012 II S. 770). Aufwendungen für einen Raum, der nur teilweise betrieblich bzw. beruflich, im Übrigen privat genutzt wird, können nicht anteilig als Aufwendungen für ein häusliches Arbeitszimmer abgezogen werden (BFH v. 27.7.2015, BStBl 2016 II S.265; v. 16.2.2016, BFH/NV 2016 S.912; v. 17.2.2016, BStBl 2016 II S.708; v. 22.3.2016, BStBl 2016 II S.881; v. 22.3.2016, BStBl 2016 II S.884). Dementsprechend sind auch Aufwendungen für gemischt genutzte Nebenräume nicht abzugsfähig (BFH v. 17.2.2016, BStBl 2016 II S.611; v. 20.6.2016, BFH/NV 2016 S.1552).

Wegen weiterer Einzelheiten im Übrigen vgl. Abschn. III. des BMF-Schreibens v. 6.10.2017 (a.a.O.). Zu der Frage, unter welchen Voraussetzungen das Arbeitszimmer den Mittelpunkt der gesamten betrieblichen oder beruflichen Betätigung bildet und damit keine Abzugsbeschränkungen bestehen, wird in Abschn. V und VI dieses Schreibens Stellung genommen. Das Vorhandensein eines Büroarbeitsplatzes steht der Anerkennung der Aufwendungen für ein häusliches Arbeitszimmer entgegen (BFH v. 5.10.2011, BStBl 2012 II S.127; v. 21.11.2013, BFH/NV 2014 S.509; v. 26.2.2014, BStBl 2014 II S.674).

Das eingeschränkte Abzugsverbot gilt danach für die Fälle, in denen der Steuerpflichtige seiner Tätigkeit auch an einem anderen Ort nachgeht. Zu dieser Problematik wird in Abschn. VI des BMF-Schreibens v. 6.10.2017 (a.a.O.) Stellung genommen. 1640

Das eingeschränkte Abzugsverbot bezieht sich auf die Aufwendungen für das Arbeitszimmer einschl. der Ausstattung. Dagegen sind Aufwendungen für Arbeitsmittel, dazu gehören auch Büromöbel und dgl. uneingeschränkt abzugsfähig (vgl. Abschn. IV, BMF-Schreiben v. 6.10.2017, a.a.O.). Weiter werden folgende Probleme angesprochen: 1641

- Nutzung des Arbeitszimmers zur Erzielung unterschiedlicher Einkünfte – Abschn. VII,
- Nutzung des Arbeitszimmers durch mehrere Steuerpflichtige – Abschn. VIII,
- Nicht ganzjährige Nutzung des häuslichen Arbeitszimmers – Abschn. IX,
- Nutzung des häuslichen Arbeitszimmers zu Ausbildungszwecken – Abschn. X,
- Nutzung des häuslichen Arbeitszimmers in Zeiten der Nichtbeschäftigung – Abschn. XI,
- Vermietung eines häuslichen Arbeitszimmers – Abschn. XII.

Die Aufwendungen sind nach § 4 Abs. 7 EStG (vgl. Rdn. 1655 ff.) besonders aufzeichnungspflichtig. Durch Abschn. XIII des BMF-Schreibens v. 6.10.2017 (a.a.O.) wird es zugelassen, anteilig zu berücksichtigende Kosten für Grundstück und Gebäude (z.B. Finanzierungskosten oder verbrauchsabhängige Kosten wie Wasser- und Energiekosten) durch Schätzung zu ermitteln und die so ermittelten Beträge aufzuzeichnen. 1642

2.9 Die Lebensführung berührende unangemessene Aufwendungen

Nach § 4 Abs. 5 Satz 1 Nr. 7 EStG gehören zu den nichtabziehbaren Betriebsausgaben andere als in § 4 Abs. 5 Satz 1 Nr. 1 bis 6 und 6b EStG bezeichneten Aufwendungen, die die Lebensführung des Stpfl. oder anderer Personen berühren, soweit sie nach allgemeiner Verkehrsauffassung als unangemessen anzusehen sind. Nach Auffassung der FinVerw ist diese Frage zu prüfen bei Übernachtungskosten anlässlich von Geschäftsreisen, Aufwendungen für die Unterhaltung und Beherbergung von Geschäftsfreunden, soweit der Abzug nicht bereits unter anderen Gesichtspunkten ausgeschlossen ist, die Aufwendungen einschl. der AfA für besonders aufwändige Pkw (BFH v. 19.3.2002, BFH/NV 2002 S.1145; v. 4.6.2009 – IV B 53/08, NWB DokID: MAAAD-27363; 1643

v. 29. 4. 2014, BStBl 2014 II S. 679; v. 29. 1. 2016, BFH/NV 2016 S. 776; sowie FG Baden-Württemberg v. 6. 6. 2016, EFG 2016 S. 1833, jeweils m. w. N.) sowie für Flugzeuge (BFH v. 27. 2. 1985, BStBl II S. 458; v. 8. 10. 1987, BStBl II S. 853), den Aufwendungen für die Ausstattung der Geschäftsräume, insbesondere Chefbüros und Sitzungsräume (vgl. auch R 4.10 Abs. 12 EStR). Nach dem Urteil des BFH v. 16. 2. 1990 (BStBl II S. 575) liegen bei dem Besuch von Nachtlokalen und Stripteaselokalen regelmäßig nicht abziehbare Aufwendungen i. S. des § 4 Abs. 5 Satz 1 Nr. 7 EStG vor. Wegen der bei der Angemessenheitsprüfung zu beachtenden Grundsätze vgl. Rdn. 1622 ff. Zu den sich aus § 4 Abs. 7 EStG ergebenden besonderen Aufzeichnungspflichten wird auf Rdn. 1655 ff. hingewiesen.

2.10 Geldbußen, Ordnungsgelder, Verwarnungsgelder

1644 Während Geldstrafen nach § 12 Nr. 4 EStG keine Betriebsausgaben sind (vgl. Rdn. 1601 ff.), gehören Geldbußen, Ordnungsgelder, und Verwarnungsgelder, soweit sie betrieblich veranlasst sind, zu den Betriebsausgaben. Wurden sie von einem deutschen Gericht, einer deutschen Behörde oder einem Organ der EU verhängt, sind sie nach § 4 Abs. 5 Satz 1 Nr. 8 EStG nicht abziehbar. Dabei ist es unerheblich, ob sie gegen eine natürliche Person, z. B. den Einzelunternehmer, oder eine juristische Person, z. B. eine Kapitalgesellschaft als Unternehmen festgesetzt worden sind. Dabei handelt es sich insbesondere um

- **Geldbußen** nach Maßgabe des Ordnungswidrigkeitenrechts, der berufsgerichtlichen Gesetze des Bundes und der Länder (z. B. Bundesrechtsanwaltsordnung, Wirtschaftsprüferordnung, Steuerberatungsgesetz), nach Art. 101, 102, 103 Abs. 2 des Vertrages über die Arbeitsweise der Europäischen Union (AEUV) i. V. m. Art. 23 Abs. 2 der Verordnung (EG) Nr. 1/2003 des Rates v. 16. 12. 2002 (R 4.13 Abs. 2 EStR),
- **Ordnungsgelder** nach Maßgabe innerstaatlicher Verfahrensordnungen oder verfahrensrechtlicher Vorschriften, z. B. wegen Verstoßes eines Zeugen gegen die ihm obliegenden Pflichten, wegen Verstoßes gegen ein Unterlassungsurteil nach § 890 ZPO, nicht jedoch Zwangsgelder nach §§ 328, 329 AO,
- **Verwarnungsgelder** nach § 56 OWiG aus Anlass einer geringfügigen Ordnungswidrigkeit.

Ersetzt ein Unternehmer seinem Arbeitnehmer, z. B. ein Spediteur einem Kraftfahrer, die in Ausübung seiner Tätigkeit verwirkten Bußgelder, handelt es sich um Arbeitslohn (BFH v. 14. 11. 2013, BStBl 2014 II S. 278) und damit um keine dem Abzugsverbot nach § 4 Abs. 5 Satz 1 Nr. 8 EStG unterliegenden Betriebsausgaben. Demgegenüber handelt es sich nach Auffassung des FG Düsseldorf (Urteil v. 4. 11. 2016 – 1 K 2470/14 L, NWB DokID: SAAAG-35948) um gegen den Arbeitgeber festgesetzte Bußgelder und deswegen bei den Erstattungen nicht um dem Arbeitnehmer zugeflossenen Arbeitslohn. Damit dürften für den Arbeitgeber nicht abziehbare Betriebsausgaben vorliegen.

1645 Von einem Strafgericht zur Wiedergutmachung des durch die Tat verursachten Schadens erteilte Geldauflagen nach § 56b Abs. 2 Satz 1 Nr. 1 StGB unterliegen keinen Abzugsbeschränkungen (BFH v. 15. 1. 2009, BStBl 2010 II S. 111). Dies gilt ferner für Ausgleichszahlungen an das geschädigte Tatopfer. Das Abzugsverbot erstreckt sich ferner nicht auf entsprechende Sanktionen, die von ausländischen Gerichten oder Behörden verhängt wurden.

Für eine drohende Sanktion darf nach Auffassung des BFH (Urteile v. 9. 6. 1999, BStBl II S. 656, und v. 15. 3. 2000, BFH/NV 2001 S. 297) dementsprechend in der Steuerbilanz auch keine Rückstellung ausgewiesen werden. 1646

Nicht dem Abzugsverbot unterfallen die Nebenfolgen vermögensrechtlicher Art, z. B. die Abführung des Mehrerlöses nach § 8 Wirtschaftsstrafgesetz, der Verfall nach § 29a OWiG, die Einziehung nach § 22 OWiG. Verschiedentlich werden diese Nebenfolgen nicht gesondert ausgesprochen; die Geldbuße wird dann so bemessen, dass nicht nur der Rechtsverstoß geahndet, sondern weiter damit auch der rechtswidrig erlangte Vorteil abgeschöpft wird. Für diese Fälle wird das Abzugsverbot für die Geldbuße auf den Betrag beschränkt, der sich nach Abzug der Steuern vom Einkommen und Ertrag ergibt, die auf den wirtschaftlichen Vorteil entfallen. Damit wird der Stpfl. so gestellt, als wenn der Vorteil neben der Geldbuße gesondert abgeschöpft worden wäre (vgl. auch BFH v. 9. 6. 1999, BStBl II S. 658). 1647

BEISPIEL 94: 1648

a) Gegen den Einzelunternehmer A wird wegen eines Rechtsverstoßes ein Bußgeld von 50 000 € verhängt. Daneben hat er den Mehrerlös in Höhe von 100 000 € abzuführen. Die Geldbuße ist nach § 4 Abs. 5 Satz 1 Nr. 8 EStG nicht abziehbar. Der abgeführte Mehrerlös ist als Betriebsausgabe abziehbar, so dass sich die Steuern vom Einkommen und Ertrag entsprechend mindern.

b) Bei einem völlig identischen Sachverhalt wird eine Geldbuße von 150 000 € verhängt, ohne dass auf eine Abführung von Mehrerlösen erkannt wurde. Für den Fall, dass sich die Höhe der Geldbuße am Gewinnpotenzial der Kartellabsprache orientiert, aus dem Bußgeldbescheid jedoch nicht ersichtlich ist, dass der erlangte wirtschaftliche Vorteil abgeschöpft werden soll, ist nach Auffassung des FG Köln v. 24. 11. 2016 (10 K 659/16, NWB DokID: YAAAG-38577, Rev. Az. BFH I R 2/17) insgesamt nicht abziehbar.

Nach der Vfg. des Bayerischen Landesamts für Steuern v. 5. 11. 2010 (NWB DokID: WAAAD-55241) hat die Europäische Kommission in einem Schreiben v. 20. 5. 2010 klargestellt, dass von ihr verhängte Geldbußen im Zuge von Verstößen gegen das EG-Wettbewerbsrecht rein bestrafender Natur seien und nicht als vorteilsabschöpfend angesehen werden könnten, beachte BFH v. 7. 11. 2013 (BStBl 2013 II S. 306). Den Steuerpflichtigen ist es danach im Regelfall nicht möglich, einen Abschöpfungsanteil nachzuweisen. Die Geldbußen sind dann in vollem Umfang steuerlich nicht abzugsfähig (R 4.13 Abs. 3 EStR). 1649

Das Abzugsverbot erstreckt sich nicht auf die Verfahrenskosten. Sie sind auch bei der steuerlichen Gewinnermittlung abziehbar (BFH v. 19. 2. 1982, BStBl II S. 467); vgl. auch R 4.13 Abs. 1 bis 5 EStR. 1650

2.11 Hinterziehungszinsen

Sind Steuern durch den Betrieb veranlasst und deswegen als Betriebsausgaben abziehbar (vgl. Rdn. 1592 ff.), gilt dies auch für die damit in Zusammenhang stehenden Nebenleistungen. Dieser Grundsatz gilt nach § 4 Abs. 5 Satz 1 Nr. 8a EStG nicht für die auf hinterzogene Steuern nach § 235 AO zu entrichtenden Hinterziehungszinsen, die jeweils durch besonderen Bescheid festgesetzt werden. 1651

2.12 Ausgleichszahlungen an Minderheitsgesellschafter von Organgesellschaften

1652 Hat sich eine Kapitalgesellschaft (Organgesellschaft) durch einen Ergebnisabführungsvertrag verpflichtet, ihren gesamten Gewinn an ihren Gesellschafter (Organträger) abzuführen, ist das Einkommen der Organgesellschaft nach §§ 14 bis 19 KStG beim Organträger zu versteuern. Durch die Gewinnabführung verbleiben keine Gewinne für an etwaige Minderheitsgesellschafter auszuschüttende Dividenden. Zur Wahrung ihrer Rechte wird deswegen den Minderheitsgesellschaftern eine Mindestdividende garantiert, die u.U. vom beherrschenden Gesellschafter zu tragen ist, der dann eine entsprechende Ausgleichszahlung zu leisten hat, die nach § 4 Abs. 5 Satz 1 Nr. 9 EStG weder den Gewinn der Organgesellschaft noch des Organträgers mindern darf.

2.13 Schmiergelder und sonstige Vorteilsgewährungen

1653 Für den Abzug von Aufwendungen als Betriebsausgaben ist es unerheblich, ob damit gegen ein Strafgesetz oder gegen die guten Sitten verstoßen wird (§ 40 AO) oder es sich um ein unwirksames Rechtsgeschäft handelt, solange die Beteiligten das wirtschaftliche Ergebnis eintreten und bestehen lassen (§ 41 AO). Danach erfüllen betrieblich veranlasste Schmiergeldzahlungen und vergleichbare Vorteilszuwendungen die Voraussetzungen des § 4 Abs. 4 EStG. Nach § 4 Abs. 5 Satz 1 Nr. 10 EStG dürfen derartige Aufwendungen den steuerlichen Gewinn nicht mindern, wenn mit der Hingabe objektiv gegen eine Vorschrift verstoßen wurde, die die Ahndung mit einer Strafe oder einer Geldbuße vorsieht. Das Abzugsverbot erstreckt sich auch auf die mit der rechtswidrigen Handlung zusammenhängenden Aufwendungen. Dazu gehören die Kosten eines nachfolgenden Strafverfahrens sowie Aufwendungen, die aufgrund einer im Strafurteil ausgesprochenen Verfallsanordnung entstehen (BFH v. 14. 5. 2014, BStBl 2014 II S. 684).

1654 Auf die tatsächliche Ahndung des Gesetzesverstoßes kommt es nicht an. Danach ist im Besteuerungsverfahren des Stpfl. zu prüfen, der den Abzug als Betriebsausgabe begehrt, ob mit der Zuwendung gegen Strafvorschriften verstoßen wurde oder eine Ordnungswidrigkeit vorliegt. Zu beachten ist, dass danach auch die Bestechung ausländischer Amtsträger und Abgeordneter bereits nach deutschem Recht strafbar ist. Die Strafverfolgungsbehörden und die Ordnungsbehörden sind nach § 4 Abs. 5 Satz 1 Nr. 10 Satz 2 EStG verpflichtet, den Finanzbehörden einschlägige Sachverhalte mitzuteilen. Andererseits sind die Finanzbehörden verpflichtet, diesen Behörden die ihnen bekannt gewordenen Verstöße gegen die einschlägigen Vorschriften anzuzeigen (BFH v. 14. 7. 2008, BStBl 2008 II S. 850). Wegen weiterer Einzelheiten wird auf das BMF-Schreiben v. 10. 10. 2002 (BStBl I S. 1031) hingewiesen. Nach dem Beschluss des FG Köln v. 18. 11. 2011 (EFG 2012 S. 176) ist nicht auszuschließen, dass die Nichtbeachtung des Abzugsverbots nach § 4 Abs. 5 Satz 1 Nr. 10 EStG vielfach als Steuerhinterziehung zu werten sein dürfte.

3. Die besonderen Aufzeichnungspflichten

1655 Um die Durchführung der sich aus § 4 Abs. 5 EStG ergebenden Abzugsverbote sicherzustellen, werden durch § 4 Abs. 7 EStG besondere Aufzeichnungspflichten begründet, für

- Geschenke i. S. des § 4 Abs. 5 Satz 1 Nr. 1 EStG (Rdn. 1614 ff.),
- Aufwendungen für Bewirtungen i. S. des § 4 Abs. 5 Satz 1 Nr. 2 EStG (Rdn. 1622 ff.),
- Aufwendungen für Gästehäuser i. S. des § 4 Abs. 5 Satz 1 Nr. 3 EStG (Rdn. 1628 ff.),
- Aufwendungen für Jagd, Fischerei, Yachten und dgl. i. S. des § 4 Abs. 5 Satz 1 Nr. 4 EStG (Rdn. 1630 ff.),
- Aufwendungen für ein häusliches Arbeitszimmer i. S. des § 4 Abs. 5 Satz 1 Nr. 6b EStG (Rdn. 1638 ff.),
- die Lebensführung berührende unangemessene Aufwendungen i. S. des § 4 Abs. 5 Satz 1 Nr. 7 EStG (Rdn. 1643).

Diese besonderen Aufzeichnungspflichten erstrecken sich auch auf die Aufwendungen, die unter Beachtung dieser Regelungen bei der steuerlichen Gewinnermittlung abzugsfähig sind, z. B. aus Anlass der Vermietung von Yachten im Rahmen eines Gewerbetriebes, der im Übrigen anderweitigen Aktivitäten nachgeht (BFH v. 27. 3. 2007, BFH/NV 2007 S. 1305).

Danach müssen diese Aufwendungen einzeln und getrennt von den sonstigen Betriebs- 1656 ausgaben aufgezeichnet werden. Bei Verletzung dieser Aufzeichnungspflichten liegen nichtabziehbare Betriebsausgaben auch insoweit vor, als sie an sich nach Maßgabe der vorbezeichneten Regelungen abziehbar wären, z. B. die Aufwendungen für die Herstellung eines Kalenders mit Firmenlogo (FG Baden-Württemberg v. 12. 4. 2016, EFG 2016 S. 1197, Rev. Az. BFH I R 38/16). Werden z. B. die Aufzeichnungspflichten für Geschenke verletzt, sind sämtliche Aufwendungen für Geschenke nicht abziehbare Aufwendungen, d. h. auch in den Fällen, in denen den einzelnen Empfängern im Wirtschaftsjahr Geschenke im Wert von jeweils insgesamt weniger als 35 € zugewandt wurden.

Die von der FinVerw auf der Grundlage der Rechtsprechung des BFH entwickelten An- 1657 forderungen an die besonderen Aufzeichnungspflichten entwickelten Grundsätze (vgl. auch R 4.11 EStR) lassen sich wie folgt zusammenfassen:

- Erforderlich ist die fortlaufende, zeitnahe Verbuchung auf besonderen Konten getrennt von den übrigen Betriebsausgaben im Rahmen der Buchführung. Statistische Zusammenstellungen oder die geordnete Sammlung von Belegen genügen nur dann, wenn zusätzlich die Summe der Aufwendungen periodisch und zeitnah auf einem besonderen Konto eingetragen wird oder vergleichbare Aufzeichnungen geführt werden. Bei Gewinnermittlung nach § 4 Abs. 3 EStG wird von vornherein die getrennte Aufzeichnung von den übrigen Betriebsausgaben gefordert. Auf die Urteile des BFH v. 22. 1. 1988 (BStBl II S. 535) und v. 26. 2. 1988 (BStBl II S. 613) wird hingewiesen.
- Den Aufzeichnungspflichten wird dann genügt, wenn für jede der vorbezeichneten Gruppe von Aufwendungen ein besonderes Konto geführt wird. Bei der Verbuchung auf nur einem einheitlichen Konto wird den besonderen Aufzeichnungen dann genügt, wenn sich aus jeder Buchung die Art der Aufwendung ergibt. Die Zusammenfassung unterschiedlicher Aufwendungen zu einer Sammelbuchung, z. B. Bewirtungsaufwendungen und Geschenke ist nicht zulässig. Aufwendungen für die Bewirtung von Personen aus geschäftlichem Anlass sind auch dann getrennt von den sonstigen Betriebsausgaben aufgezeichnet, wenn in der Buchführung nur ein Konto für Bewirtungsaufwendungen vorgesehen ist, auf dem auch die übrigen Bewirtungsaufwendungen gebucht werden (BFH v. 19. 8. 1999, BStBl 2000 II S. 203). Der besonderen Aufzeichnungspflicht wird dann nicht genügt, wenn z. B. die Aufwendungen für Fortbildungsveranstaltungen insgesamt auf besonderen Konten verbucht werden, die Bewirtungsaufwendungen daneben pauschaliert pro Teilnehmer ermittelt in einer Nebenrechnung zusätzlich ausgewiesen werden (BFH v. 6. 6. 2013, BFH/NV 2013 S. 1561).

- ► Nicht beanstandet wird es, wenn Mehraufwendungen für Verpflegung aus Anlass einer Geschäftsreise zusammen mit den übrigen Reisekosten verbucht werden, sofern die erforderlichen Angaben den Belegen zu entnehmen sind.
- ► Nachträglich z. B. im Rahmen einer Betriebsprüfung festgestellte Mängel können grundsätzlich nicht mehr korrigiert werden. Offensichtlich unzutreffende Fehlbuchungen können jedoch berichtigt werden (BFH v. 19. 8. 1999, BStBl 2000 II S. 203). Die Angabe des Bewirtenden auf dem amtlich vorgeschriebenen Bewirtungsvordruck kann nachgeholt werden (BFH v. 19. 3. 1998, BStBl 1998 II S. 610).
- ► Bei Geschenkaufwendungen muss der Empfänger aus der Buchung oder dem Buchungsbeleg ersichtlich sein, bei Sammelbuchungen ist die Angabe der Empfänger auf dem Buchungsbeleg ausreichend. Die Angabe des Empfängers ist bei Geschenken von geringem Wert (z. B. Kugelschreiber, Taschenkalender einfacher Art) verzichtbar.
- ► Zur besonderen Aufzeichnung von Aufwendungen für ein häusliches Arbeitszimmer wird auf das BMF v. 6. 10. 2017, BStBl 2017 I S. 1320 Rdn. 25, hingewiesen.

H. Besonderheiten bei Personengesellschaften

1671 Personengesellschaften des Handelsrechts unterliegen nicht der Besteuerung nach Maßgabe des EStG; zu besteuern sind deren Gesellschafter. Nach § 15 Abs. 1 Satz 1 Nr. 2 EStG gehören zu den Einkünften aus Gewerbebetrieb die Gewinnanteile der Gesellschafter einer OHG, einer KG und einer anderen Gesellschaft, bei der der Gesellschafter als Unternehmer (Mitunternehmer) des Betriebs anzusehen ist: vgl. dazu 5. Kap. Teil A Rdn. 79 ff. Grundlage für die Ermittlung des Gewinnanteils des einzelnen Gesellschafters ist die aus der Handelsbilanz der Gesellschaft abzuleitende Steuerbilanz unter Berücksichtigung der nach den steuerlichen Gewinnermittlungsvorschriften erforderlichen außerbilanziellen Korrekturen (5. Kap. Teil A Rdn. 87 ff.).

1672 In der Handelsbilanz und damit auch in der Steuerbilanz der Gesellschaft sind die einzelnen Posten jeweils mit den Werten auszuweisen, die sich im Verhältnis zur Gesamtheit der Gesellschafter ergeben haben. So sind die Wirtschaftsgüter des Anlagevermögens mit den der Gesellschaft entstandenen und dann fortgeschriebenen Anschaffungs- oder Herstellungskosten auszuweisen. Hat ein neu hinzutretender Gesellschafter seinen Anteil entgeltlich erworben, wird dadurch der Ausweis der einzelnen Wirtschaftsgüter in der Bilanz der Gesellschaft nicht berührt. Die über die Höhe des Kapitalkontos des Veräußerers hinausgehenden Anschaffungskosten der Beteiligung werden für die übergehenden anteiligen stillen Reserven aufgewendet. Sie sind in einer für den Erwerber geführten Ergänzungsbilanz darzustellen und fortzuschreiben. Entsprechendes gilt für die Fälle, in denen einzelne Gesellschafter ihnen persönlich zustehende steuerliche Bewertungsfreiheiten, z. B. nach § 6b EStG (vgl. Rdn. 1270 ff.), in Anspruch nehmen. Wegen weiterer Einzelheiten vgl. 5. Kap Teil A Rdn. 111 ff.

1673 Dem nach den getroffenen Vereinbarungen zu bemessenden Gewinnanteil sind die Vergütungen hinzuzurechnen, die der Gesellschafter von der Gesellschaft für seine Tätigkeit im Dienst der Gesellschaft oder für die Hingabe von Darlehen oder für die Überlassung von Wirtschaftsgütern bezogen hat. Danach führt die einem Gesellschafter einer Personengesellschaft zustehende Tätigkeitsvergütung nicht zu Einkünften aus nichtselbständiger Arbeit i. S. des § 19 EStG, der Zins für ein der Gesellschaft gewährtes

Darlehen nicht zu Einkünften aus Kapitalvermögen i. S. des § 20 EStG, die Miete, Pacht für die Überlassung von Grundbesitz nicht zu Einkünften aus Vermietung und Verpachtung i. S. des § 21 EStG. Diese Vergütungen sind gem. § 15 Abs. 1 Satz 1 Nr. 2 EStG vielmehr als Einkünfte aus Gewerbebetrieb dem Gewinnanteil des jeweiligen Gesellschafters hinzuzurechnen. Mit dieser Regelung soll erreicht werden, dass der Gesellschafter einer Personengesellschaft vergleichbar einem Einzelunternehmer besteuert wird (vgl. z. B. BFH v. 12. 4. 2000, BStBl 2001 II S. 26).

Diese in den Gewinnanteil des einzelnen Gesellschafters einzubeziehenden Vergütungen werden auch als Sonderbetriebseinnahmen bezeichnet. Die damit in wirtschaftlichem Zusammenhang stehenden Aufwendungen sind Sonderbetriebsausgaben. Die zur Erzielung der Sonderbetriebseinnahmen eingesetzten Vermögenswerte sind das Sonderbetriebsvermögen des einzelnen Gesellschafters. Dem Gesellschafter ist es auch möglich, gewillkürtes Sonderbetriebsvermögen zu bilden. Verbindlichkeiten, die vom Gesellschafter in wirtschaftlichem Zusammenhang mit dem eingesetzten Sonderbetriebsvermögen oder zur Refinanzierung seiner Beteiligung begründet worden sind, sind Passiva des Sonderbetriebsvermögens. Das Sonderbetriebsvermögen ist in einer von der Gesellschaft für den einzelnen Gesellschafter aufzustellenden Sonderbilanz (vgl. 5. Kap. Teil A Rdn. 113 ff.) auszuweisen und fortzuschreiben. 1674

Der steuerliche Gewinn einer Personengesellschaft setzt sich danach wie folgt zusammen: 1675

Gewinn/Verlust lt. Steuerbilanz
\+ bzw. ./. außerbilanzielle steuerliche Korrekturen
\+ bzw. ./. Korrekturen aufgrund etwaiger Ergänzungsbilanzen
\+ Sondervergütungen und andere Sonderbetriebseinnahmen der einzelnen Gesellschafter
./. Sonderbetriebsausgaben der einzelnen Gesellschafter
= Steuerlicher Gewinn/Verlust

Parallel dazu ist der Anteil des einzelnen Gesellschafters an Gewinn/Verlust der Gesellschaft zu ermitteln (vgl. auch 5. Kap. Teil A Rdn. 87 ff.).

Werden aus Anlass des Ausscheidens aus einer Personengesellschaft oder der Betriebsaufgabe einer Personengesellschaft Wirtschaftsgüter in das Betriebsvermögen eines bisherigen Gesellschafters überführt, ist zu prüfen, ob eine Realteilung vorliegt und deswegen insoweit auf die Aufdeckung der stillen Reserven verzichtet werden kann (BFH v. 30. 3. 2017 – IV R 11/15, DStR 2017 S. 1376; BMF v. 20. 12. 2016, BStBl 2017 I S. 36 sowie v. 19. 12. 2018, BStBl 2019 I S. 6).

Der steuerliche Gewinn/Verlust der Gesellschaft und die Anteile der einzelnen Gesellschafter werden in einem besonderen Verfahren bindend für das Besteuerungsverfahren der Gesellschafter gesondert und einheitlich festgestellt (vgl. 5. Kap. Teil A Rdn. 120 f.). 1676

Die vorstehend dargestellten Grundsätze gelten bei Bezug von Einkünften aus Land- und Forstwirtschaft i. S. von §§ 13–14 EStG sowie von Einkünften aus selbständiger Arbeit i. S. des § 18 EStG entsprechend. 1677

I. Die Gewinnermittlung nach § 4 Abs. 3 EStG durch Gegenüberstellung der Betriebseinnahmen und der Betriebsausgaben

I. Allgemeine Grundsätze

1701 Der Gesetzgeber gestattet es durch § 4 Abs. 3 EStG den Stpfl., die weder nach Handelsrecht noch nach Steuerrecht zur Führung von Büchern verpflichtet sind, den Gewinn aus Land- und Forstwirtschaft, aus Gewerbebetrieb oder aus selbständiger Arbeit i. S. des § 18 EStG durch Gegenüberstellung der Betriebseinnahmen und der Betriebsausgaben zu ermitteln. Weitere Voraussetzung ist, dass auch tatsächlich keine Bücher geführt und keine Abschlüsse gemacht werden. Diesem Personenkreis steht es danach grundsätzlich frei, den Gewinn wahlweise nach § 4 Abs. 1, § 5 EStG durch Bestandsvergleich oder durch eine Einnahmen-Überschussrechnung zu ermitteln. Die nach der Betriebseinstellung ggf. noch nachträglich anfallenden Einkünfte sind zwingend nach § 4 Abs. 3 EStG zu ermitteln (BFH v. 23. 2. 2012, BFH/NV 2012 S. 1448). Nichtbuchführungspflichtige Land- und Forstwirte haben ihren Gewinn bei Vorliegen der Voraussetzungen des § 13a Abs. 1 EStG grundsätzlich nach Durchschnittssätzen zu ermitteln. Sie können sich jedoch durch einen Antrag nach § 13a Abs. 2 EStG für die Gewinnermittlung nach § 4 Abs. 3 EStG entscheiden. Die sich aus § 22 UStG i. V. m. §§ 63 bis 68 UStDV ergebenden Aufzeichnungspflichten sind auch im Interesse der Gewinnermittlung nach § 4 Abs. 3 EStG zu erfüllen. Dazu wird auf §§ 146, 146a AO hingewiesen; vgl. im Übrigen FG Niedersachsen v. 8. 12. 2011 (12 K 389/09, NWB DokID: WAAAE-27322, NZB unzulässig; BFH v. 13. 3. 2013, BFH/NV 2013 S. 902). Die ESt-Erklärung ist gem. § 25 Abs. 4 EStG bei Bezug von Einkünften aus Land- und Forstwirtschaft, aus Gewerbebetrieb oder aus selbständiger Arbeit i. S. des § 18 EStG im Regelfall nach amtlich vorgeschriebenem Datensatz zu übermitteln. Dies gilt nach § 60 Abs. 4 EStDV auch für die Einnahme-Überschussrechnung. Das BMF gibt den Datensatz – Vordruck Anlage EÜR – alljährlich durch besonderes Schreiben bekannt; für 2018 wird auf das BMF-Schreiben v. 17. 10. 2018 (BStBl 2018 I S. 1038) hingewiesen.

1702 Der Gewinn ist grundsätzlich durch Gegenüberstellung der Betriebseinnahmen und der Betriebsausgaben zu ermitteln. Dabei ist jeweils auf den Zeitpunkt des Zuflusses der einzelnen Betriebseinnahme und den Zeitpunkt des Abflusses der jeweiligen Betriebsausgabe abzustellen. Bestandsveränderungen beim Betriebsvermögen sind nicht zu berücksichtigen. Es handelt sich danach um eine gegenüber dem Bestandsvergleich vereinfachte Gewinnermittlung, die bezogen auf den einzelnen Gewinnermittlungszeitraum, das Wirtschaftsjahr, zu einem von der Gewinnermittlung durch Bestandsvergleich abweichenden Ergebnis führt. Der Grundsatz der Gleichmäßigkeit der Besteuerung gebietet es, dass bezogen auf die Gesamtdauer des Bestehens des Betriebs insgesamt kein höherer oder niedrigerer Gewinn besteuert wird, als er sich bei Gewinnermittlung durch Bestandsvergleich ergeben würde (BFH v. 24. 1. 1985, BStBl II S. 255, m. w. N.). Deswegen sind im Übrigen die Vorschriften über die steuerliche Gewinnermittlung anwendbar. Die sich bei Anwendung der Regelungen in § 6 Abs. 3 bis 6 EStG ergebenden Werte sind gem. § 6 Abs. 7 EStG bei Gewinnermittlung nach § 4 Abs. 3

EStG für die Bemessung der AfA oder AfS als Anschaffungskosten zugrunde zu legen sowie die Bewertungsvorschriften des § 6 Abs. 1 Nr. 1a und Nr. 4 bis 7 EStG entsprechend anzuwenden. Dies führt in wesentlichen Teilbereichen zu Einschränkungen des Prinzips der Vereinnahmung und Verausgabung. Dementsprechend ist der nach § 4 Abs. 3 EStG zu besteuernde Gewinn nicht mit dem sich für das betreffende Wirtschaftsjahr erzielten und damit verfügbaren Liquiditätsüberschuss identisch (BFH v. 15. 11. 2011, BStBl 2012 II S. 207).

- Betriebseinnahmen und Betriebsausgaben, die im Namen und Rechnung eines Dritten vereinnahmt oder verausgabt werden (durchlaufende Posten), sind nicht zu berücksichtigen (§ 4 Abs. 3 Satz 2 EStG).
- Die Vorschriften über die AfA und AfS sind zu beachten (§ 4 Abs. 3 Satz 3 EStG).
- Die Anschaffungs- oder Herstellungskosten nicht abnutzbarer Wirtschaftsgüter des Anlagevermögens dürfen erst im Zeitpunkt des Ausscheidens aus dem Betriebsvermögen (Veräußerung oder Entnahme) als Betriebsausgaben abgezogen werden (§ 4 Abs. 3 Satz 4 EStG). Dies gilt auch für nach dem 5. 5. 2006 angeschaffte, hergestellte oder in das Betriebsvermögen eingelegte Anteile an Kapitalgesellschaften, Wertpapiere und vergleichbare nicht verbriefte Forderungen und Rechte, Grund und Boden sowie Gebäude des Umlaufvermögens. Aus diesem Grunde sind diese Wirtschaftsgüter unter Angabe des Zeitpunkts der Anschaffung oder Herstellung sowie der Anschaffungs- oder Herstellungskosten in ein laufend zu führendes Verzeichnis aufzunehmen (§ 4 Abs. 3 Satz 5 EStG).

Aus der entsprechenden Anwendung der steuerlichen Gewinnermittlungsvorschriften 1703
im Übrigen folgt, dass auch bei der Gewinnermittlung nach § 4 Abs. 3 EStG Entnahmen und Einlagen insoweit zu berücksichtigen sind, als es sich dabei nicht um die Verminderung oder Vermehrung der betrieblichen Liquidität handelt.

BEISPIEL 95: A, Betreiber eines Kiosks, ermittelt seinen Gewinn zulässigerweise nach § 4 Abs. 3 1704
EStG. Er entnimmt der Kasse regelmäßig Beträge sowie seinem Lager verschiedene Waren zur privaten Verwendung. Für die Bezahlung von Lieferanten-Rechnungen werden verschiedentlich Beträge von einem privaten Sparkonto abgehoben.

Die entnommenen Beträge sind als Einnahmen erfasst worden. Sie sind keine Betriebsausgaben. Insoweit ist also keine Korrektur der Einnahmen-Überschussrechnung erforderlich. Die Aufwendungen für die privat verwendeten Waren werden mit der Bezahlung der Lieferanten-Rechnung als Betriebsausgaben abgezogen. Deswegen sind die Sachentnahmen als die Betriebseinnahmen erhöhend zu berücksichtigen.

Die Bezahlung von Lieferanten-Rechnungen führt zu Betriebsausgaben. Danach ist es unerheblich, ob die insoweit erforderliche Liquidität aus dem Privatvermögen zugeführt wird.

Ein bisher betrieblichen Zwecken dienendes Wirtschaftsgut wird infolge einer Nut- 1705
zungsänderung nur dann entnommen, wenn es dadurch ein Wirtschaftsgut des notwendigen Privatvermögens wird (R 4.3 Abs. 3 EStR; vgl. auch Rdn. 585).

Besondere Aufzeichnungspflichten im Interesse der Gewinnermittlung nach § 4 Abs. 3 1706
EStG bestehen grundsätzlich nicht. Gem. § 146 Abs. 1 AO sind die für die Besteuerung erforderlichen Aufzeichnungen vollständig, richtig, zeitgerecht und geordnet vorzunehmen; vgl. im Übrigen § 146a AO. Kasseneinahmen sollen täglich festgehalten werden. Nach der ständigen Rechtsprechung des BFH müssen Kassenaufzeichnungen so beschaffen sein, dass ein jederzeitiger Kassensturz möglich ist; ein Buchsachverständiger muss jederzeit in der Lage sein, den Sollbestand laut Aufzeichnungen mit dem Istbestand der Geschäftskasse zu vergleichen (BFH v. 17. 11. 1981, BStBl 1982 II S. 430; v. 20. 9. 1989, BStBl 1990 II S. 109). Kassenbuchungen sind grundsätzlich an demselben

Geschäftstag vorzunehmen (BFH v. 31. 7. 1974, BStBl 1975 II S. 96). Wird ein Kassenbuch in Form aneinandergereihter Tageskassenberichte geführt, ist die Buchführung nur ordnungsgemäß, wenn die Ursprungsaufzeichnungen über die Bargeschäfte unmittelbar nach Auszählung der Tageskasse in den Tageskassenbericht übertragen werden (BFH v. 23. 12. 2004, BFH/NV 2005 S. 667). Zur Problematik bei einer danach nicht ordnungsmäßigen Kassenführung wird auf das Urteil des FG des Landes Sachsen-Anhalt v. 16. 12. 2013 – 1 K 1147/12 (NWB DokID: PAAAE-68903) hingewiesen.

Als Betriebsausgaben sind gem. § 4 Abs. 4 EStG die Aufwendungen abziehbar, die durch den Betrieb veranlasst sind. Der danach erforderliche Nachweis der betrieblichen Veranlassung ist wie bei der Gewinnermittlung durch Bestandsvergleich zu führen (vgl. Rdn. 1522 ff.). Insoweit ergeben sich keine Besonderheiten. Sollen Schuldzinsen als Betriebsausgaben abgezogen werden, setzt dies nach § 4 Abs. 4a letzter Satz EStG die gesonderte Aufzeichnung sämtlicher Entnahmen und Einlagen voraus (vgl. auch BMF-Schreiben v. 17. 11. 2005, BStBl I S. 1019, Tz. 33 ff.). Die gesonderten Aufzeichnungspflichten nach § 4 Abs. 7 EStG für Betriebsausgaben i. S. des § 4 Abs. 5 Satz 1 Nr. 1 bis 4, 6b und 7 EStG (vgl. G.V.3.) sind bei Gewinnermittlung nach § 4 Abs. 3 EStG gleichermaßen zu beachten (BFH v. 22. 1. 1988, BStBl II S. 535). Der Nachweis der Voraussetzungen für die Inanspruchnahme einzelner Steuervergünstigungen ist im Allgemeinen durch besondere Aufzeichnungen zu führen, vgl. dazu z. B. § 6 Abs. 2, § 6c Abs. 2 und § 7a Abs. 8 EStG.

1707 Für den Nachweis der als Betriebsausgaben abziehbaren Aufwendungen besteht danach anders als bei einer Buchführung kein in sich geschlossenes System. Der Stpfl. trägt die objektive Beweislast für den Nachweis der Voraussetzungen für den Betriebsausgabenabzug; bei Verletzung dieser Pflicht wird das Finanzamt den entsprechenden Abzug versagen (Loschelder, in: Schmidt, EStG, 37. Aufl., § 4 Rdn. 375, m. w. N.). Bezüglich der zu erfassenden Betriebseinnahmen sieht das EStG hingegen keine Einzelregelungen vor. Besondere Aufzeichnungspflichten hinsichtlich der Einnahmen ergeben sich aus § 22 UStG zur Erfassung der der Besteuerung nach Maßgabe des UStG unterliegenden Entgelte, die nach Auffassung des BFH (Urteil v. 2. 3. 1982, BStBl 1984 II S. 504) auch im Interesse der Einkommensbesteuerung zu erfüllen sind. Wegen Einzelheiten zu diesen Aufzeichnungspflichten vgl. 5. Kap. Teil E Rdn. 1686 ff. Über diese Regelungen hinausgehende Verpflichtungen, z. B. zur Aufzeichnung der Bareinnahmen in einem Kassenbuch unter Berücksichtigung der Geldbestände, wie sie für eine ordnungsmäßige Buchführung Voraussetzung sind, bestehen nicht. Im Einzelfall kann die Verpflichtung zur Aufzeichnung des Wareneingangs nach § 143 AO und/oder des Warenausgangs nach § 144 AO bestehen.

1708 Nach § 60 Abs. 4 ESDV besteht bei Gewinnermittlung nach § 4 Abs. 3 EStG für den Regelfall die Verpflichtung, die Gewinnermittlung nach amtlich vorgeschriebenem Datensatz zu übermitteln – Vordruck Anlage EÜR. Es dürfte danach sinnvoll sein, die Aufzeichnungen in einer Weise zu führen, die sich an dessen Gliederung orientiert (vgl. auch Happe, BBK 2015 S. 68).

II. Die Berechtigung zur Gewinnermittlung nach § 4 Abs. 3 EStG

Der der Besteuerung unterliegende Gewinn ist grundsätzlich nach § 4 Abs. 1 EStG zu ermitteln. Die Gewinnermittlung nach § 4 Abs. 3 EStG durch Einnahmen-Überschuss-rechnung ist nur dann zulässig, wenn keine Buchführungspflicht besteht und sich der Steuerpflichtige wirksam für die Einnahmen-Überschussrechnung entschieden hat. Ist keine wirksame Wahl getroffen worden, ist der Gewinn durch Betriebsvermögensvergleich zu ermitteln (BFH v. 19. 3. 2009, BStBl II S. 659; v. 21. 7. 2009, BFH/NV 2010 S. 186). Nach wirksam ausgeübter Wahl ist ein wiederholter Wechsel der Gewinnermittlungsart für das gleiche Wirtschaftsjahr auch vor Eintritt der Bestandskraft des Steuerbescheides nur bei Vorliegen eines besonderen Grundes zulässig. Dazu zählt nicht der bloße Irrtum über die steuerlichen Folgen dieser Wahl (BFH v. 2. 6. 2016, BStBl 2017 II S. 154). Keine wirksame Wahl für eine der beiden Gewinnermittlungsarten wurde dann getroffen, wenn der Steuerpflichtige zu erkennen gibt, keinen Gewinn ermitteln zu wollen. Dies ist z. B. der Fall, wenn aus wirtschaftlichen Aktivitäten mit Grundstücken Einkünfte aus Vermietung und Verpachtung, ggf. auch aus privaten Veräußerungsgeschäften erklärt werden, tatsächlich jedoch ein gewerblicher Grundstückshandel (vgl. dazu z. B. H 15.7 (1) Gewerblicher Grundstückshandel EStH) betrieben wird; mit der Ermittlung der erklärten Einkünfte aus Vermietung und Verpachtung durch Gegenüberstellung der Einnahmen und der (vermeintlichen) Werbungskosten wurde nicht die Gewinnermittlung nach § 4 Abs. 3 EStG für die tatsächlich bezogenen Einkünfte aus Gewerbebetrieb gewählt. 1709

Das Wahlrecht zwischen Gewinnermittlung durch Bestandsvergleich und durch Einnahmenüberschuss steht den Steuerpflichtigen zu, 1710

- die als Gewerbetreibende weder nach Handelsrecht noch nach Steuerrecht buchführungspflichtig sind (vgl. Rdn. 20),
- die als Land- und Forstwirte nicht buchführungspflichtig sind (§§ 141, 142 AO) und ihren Gewinn auch nicht nach Durchschnittssätzen gem. § 13a EStG zu ermitteln haben,
- die Einkünfte aus selbständiger Arbeit i. S. des § 18 EStG beziehen; diesem Personenkreis wurde allgemein keine Buchführungspflicht auferlegt.

Abweichend davon sind die nach der Betriebseinstellung ggf. noch nachträglich anfallenden Einkünfte zwingend nach § 4 Abs. 3 EStG zu ermitteln (BFH v. 23. 2. 2012, BFH/NV 2012 S. 1448).

Ein nicht buchführungspflichtiger Steuerpflichtiger hat sein Wahlrecht auf Gewinnermittlung durch Bestandsvergleich erst dann wirksam ausgeübt, wenn er eine Eröffnungsbilanz aufstellt, eine kaufmännische Buchführung einrichtet und aufgrund von Bestandsaufnahmen einen Abschluss macht (BFH v. 19. 3. 2009, BStBl II S. 659 m. w. N.). Das Recht zur Wahl einer Gewinnermittlung durch Einnahmen-Überschussrechnung entfällt aber erst mit der Erstellung eines Abschlusses und nicht bereits mit der Einrichtung einer Buchführung oder der Aufstellung einer Eröffnungsbilanz (BFH v. 21. 7. 2009, BFH/NV 2010 S. 186). Die Entscheidung für die Gewinnermittlung nach § 4 Abs. 3 EStG gilt auch für nachfolgende Wirtschaftsjahre bis zu einer ausdrücklichen abweichenden Ausübung des Wahlrechts (BFH v. 24. 9. 2008, BStBl 2009 II S. 368). Hat ein Steuerpflichtiger Einkünfte aus selbständiger Arbeit i. S. des § 18 EStG nach § 4 Abs. 3 EStG ermittelt 1711 und stellt sich nachträglich heraus, dass er insoweit Einkünfte aus Gewerbebetrieb bezogen hat, berechtigt dies für das betreffende Wirtschaftsjahr nicht zum Wechsel zur Gewinnermittlung nach § 4 Abs. 1, § 5 EStG (BFH v. 8. 10. 2008, BStBl 2009 II S. 238).

1712 Werden bei einem Betrieb, für den der Gewinn zunächst zulässigerweise nach § 4 Abs. 3 EStG ermittelt wird, die sich aus § 141 AO ergebenden Grenzen überschritten, besteht Buchführungspflicht nur nach ausdrücklicher Aufforderung durch das FA. Diese Mitteilung soll dem betroffenen Stpfl. mindestens einen Monat vor Beginn des in Betracht kommenden Wirtschaftsjahres gemacht werden. Ergibt sich aufgrund geführter Bücher ein Unterschreiten der Buchführungsgrenzen des § 141 AO, kann der Stpfl. von sich aus den Gewinn wieder nach § 4 Abs. 3 EStG ermitteln, sofern keine Buchführungspflicht nach anderen Vorschriften besteht und § 13a Abs. 2 EStG dem nicht entgegensteht. Wegen weiterer Einzelheiten wird auf die Erläuterungen im Anwendungserlass AO zu § 141 AO hingewiesen. Zu den bei dem Wechsel zwischen den verschiedenen Gewinnermittlungsarten zu beachtenden Besonderheiten wird auf Rdn. 1742 ff. hingewiesen. Ein mehrfacher willkürlicher Wechsel zwischen den Gewinnermittlungsarten ist nach dem Urteil des BFH v. 9. 11. 2000 (BStBl 2001 II S. 102) nicht zulässig.

1713 Werden bei bestehender Buchführungspflicht, d. h. auch nach rechtzeitiger Aufforderung zur Führung von Büchern, tatsächlich keine Bücher geführt, ist der Gewinn nach § 4 Abs. 1, § 5 EStG zu schätzen. Entsprechendes gilt, wenn sich der Stpfl. bei nicht bestehender Buchführungspflicht nachweislich nicht für die Gewinnermittlung nach § 4 Abs. 3 EStG entschieden hat. Eine Schätzung nach den Grundsätzen des § 4 Abs. 3 EStG ist lediglich dann zulässig, wenn der Stpfl. diese Gewinnermittlungsart tatsächlich gewählt hat; vgl. auch H 4.1 [Gewinnschätzung] EStH unter Hinweis auf BFH v. 20. 8. 1980 (BStBl 1981 II S. 301) und v. 2. 3. 1982 (BStBl 1984 II S. 504).

1714 Die Einkünfte aus Land- und Forstwirtschaft, aus Gewerbebetrieb und aus selbständiger Arbeit i. S. des § 18 EStG sind für das Wirtschaftsjahr zu ermitteln (§ 4a Abs. 1 EStG). Das Wirtschaftsjahr entspricht bei nicht buchführungspflichtigen Gewerbetreibenden und bei den selbständig Tätigen i. S. des § 18 EStG dem Kalenderjahr. Bei Land- und Forstwirten sind die sich aus § 4a Abs. 1 Nr. 1 und Abs. 2 Nr. 1 EStG ergebenden Besonderheiten zu beachten.

III. Betriebseinnahmen

1715 Der Gesetzgeber hat den Begriff der **Betriebseinnahmen** nicht definiert. Nach der ständigen Rechtsprechung des BFH handelt es sich dabei um alle Zugänge in Geld oder Geldeswert, die durch den Betrieb veranlasst sind (BFH v. 1. 10. 1993, BStBl 1994 II S. 179; v. 26. 9. 1995, BStBl 1996 II S. 273; vgl. auch Rdn. 1526 ff.). Es ist danach unwesentlich, ob es sich bei den Einnahmen um Erlöse aus den vom Betrieb entfalteten Aktivitäten (Lieferungen, Dienstleistungen oder Werkleistungen) oder aus Hilfs- oder Nebengeschäften, z. B. aus der Veräußerung abnutzbarer Wirtschaftsgüter des Anlagevermögens, handelt (BFH v. 28. 6. 1984, BStBl II S. 798, m. w. N.). Wurde das veräußerte Anlagegut auch teilweise privat genutzt, ist gleichwohl der gesamte Veräußerungserlös als Betriebseinnahme zu erfassen (BFH v. 16. 5. 1991, BFH/NV 1992 S. 20, m. w. N.). Dies gilt auch für Entschädigungen für einen zum Betriebsvermögen gehörenden Pkw, der bei einer Privatfahrt beschädigt wurde (BFH v. 27. 1. 2016, BStBl 2016 II S. 534). Zu den

Betriebseinnahmen gehören ferner erstattete Betriebsausgaben, z. B. erstattete Betriebssteuern (BFH v. 10. 6. 1992, BStBl 1993 II S. 41).

Keine Betriebseinnahmen sind die Geldzuflüsse, denen keine betriebliche Leistung gegenübersteht. Dazu gehören insbesondere Kredite, die für die Bestreitung von Betriebsausgaben aufgenommen werden (BFH v. 8. 10. 1969, BStBl 1970 II S. 44). Vorschüsse sind im Regelfall mit ihrer Vereinnahmung als Betriebseinnahmen zu erfassen (BFH v. 2. 8. 2016 – VIII R 4/14, BStBl 2017 II S. 310). Liquide Mittel, die der Stpfl. seinem Betrieb aus seinem Privatvermögen oder einem anderen Betriebsvermögen zuführt, d. h. Einlagen, sind keine Betriebseinnahmen. Beiden Sachverhalten ist gemeinsam, dass die Verwendung der Liquidität für betriebliche Zwecke regelmäßig zu Betriebsausgaben führt. 1716

Besteht die Betriebseinnahme nicht aus Geld, sondern handelt es sich um eine Sachleistung oder einen Nutzungsvorteil, ist diese in entsprechender Anwendung von § 8 Abs. 2 EStG mit den üblichen Endpreisen am Verbrauchsort anzusetzen (BFH v. 22. 7. 1988, BStBl II S. 995; vgl. ferner Rdn. 1522 ff.). 1717

Die private Verwendung der aus Betriebseinnahmen stammenden liquiden Mittel berührt die Gewinnermittlung nach § 4 Abs. 3 EStG nicht mehr. Etwas anderes gilt, wenn Wirtschaftsgüter für private Zwecke verwendet werden, deren Anschaffung oder Herstellung zu Betriebsausgaben geführt hat, z. B. Sachentnahmen eines Lebensmitteleinzelhändlers für den Haushalt. In diesen Fällen ist der Entnahmewert wie eine Betriebseinnahme zu erfassen (BFH v. 18. 9. 1986, BStBl II S. 907). Dabei sind die Bewertungsvorschriften des § 6 Abs. 1 Nr. 4 EStG (vgl. Rdn. 939 ff.) zu beachten. Entsprechend ist bei Nutzungsentnahmen, z. B. Mitbenutzung eines betrieblichen Pkw, des betrieblichen Telefonanschlusses, zu verfahren. 1718

Durchlaufende Posten sind nach § 4 Abs. 3 Satz 2 EStG bei der Gewinnermittlung nicht als Betriebseinnahmen zu erfassen. Damit scheidet zugleich deren Berücksichtigung als Betriebsausgaben bei Weiterleitung aus. Bei den durchlaufenden Posten handelt es sich um Einnahmen und Ausgaben, die im Namen und für Rechnung eines anderen vereinnahmt oder verausgabt werden. Dazu gehören z. B. Gerichtskostenvorschüsse, die ein Rechtsanwalt als Vertreter seiner Mandanten von diesen vereinnahmt und an das Gericht abführt (BFH v. 11. 12. 1996, BFH/NV 1997 S. 290) oder für einen Mandanten eingezogene Forderungen. Dies gilt auch, wenn die Fremdgelder veruntreut wurden (BFH v. 16. 12. 2014, BStBl 2015 II S. 643). Die mit den Erlösen vereinnahmte USt ist zivilrechtlich ein Teil des vom Kunden entrichteten Entgelts. Die an das FA abzuführende USt wird vom Unternehmer geschuldet. Es handelt sich damit nicht um die Entrichtung der Steuerschuld eines Dritten. Die USt ist danach kein durchlaufender Posten i. S. des § 4 Abs. 3 Satz 2 EStG (vgl. dazu H 9b EStH, ferner BFH v. 13. 11. 1986, BStBl 1987 II S. 374). 1719

Die Betriebseinnahmen sind im Zeitpunkt des **Zuflusses** (§ 11 Abs. 1 EStG) zu erfassen (BFH v. 16. 2. 1995, BStBl II S. 635; H 4.5 (2) [Zufluss von Betriebseinnahmen] EStH). Es handelt sich dabei um den Zeitpunkt, in dem die wirtschaftliche Verfügungsmacht über die in Geld oder Geldeswert bestehende Einnahme erlangt wird, d. h. die Vereinnahmung des Geldbetrages oder die Gutschrift auf einem Bankkonto. Besteht die Ge- 1720 genleistung wie bei einem Tausch in einem Sachwert, z. B. einem Grundstück, erfolgt der Zufluss mit der Übergabe, d. h. mit der Einräumung des wirtschaftlichen Eigentums (BFH v. 17. 4. 1986, BStBl 1986 II S. 607; v. 17. 11. 2001, BFH/NV 2012 S. 1309). Ein Zufluss ist regelmäßig auch dann anzunehmen, wenn z. B. eine Warenforderung in eine Darlehensforderung umgewandelt wird (sog. Novation; BFH v. 30. 12. 2001, BStBl 2002 II S. 138, m. w. N.). Wegen weiterer Einzelfälle wird auf die in H 11 EStH aufgeführte Rechtsprechung des BFH hingewiesen. Dabei ist es unerheblich, ob die Zahlung durch den Schuldner selbst oder für ihn durch einen Dritten erfolgt, z. B. bei einer Forderungspfändung durch den Drittschuldner.

1721 Ein **Zufluss** liegt auch dann vor, wenn die Verfügungsmacht noch nicht endgültig erlangt wurde, wie dies z. B. bei der Vereinnahmung von Abschlagszahlungen oder Vorschüssen der Fall ist. Werden Vorschüsse zu einem späteren Zeitpunkt zurückgezahlt, liegt zu diesem Zeitpunkt eine Betriebsausgabe vor. Die Rückzahlung kann nicht auf den Zeitpunkt der Vereinnahmung des Vorschusses zurückbezogen werden (BFH v. 13. 10. 1989, BStBl 1990 II S. 287, m. w. N.). Entsprechendes gilt bei der Vereinnahmung von Honoraren, deren Berechtigung zwischen den Beteiligten streitig ist (FG Köln v. 5. 6. 2014 – 15 K 2605/12, NWB DokID: ZAAAE-72422).

1722 Nach § 11 Abs. 1 Satz 2 EStG sind abweichend vom Zeitpunkt des Zuflusses regelmäßig wiederkehrende Einnahmen für das Kalenderjahr zu erfassen, zu dem sie wirtschaftlich gehören, sofern sie kurze Zeit vor Beginn oder kurze Zeit nach Ende dieses Kalenderjahres zufließen. Dies ist z. B. bei laufenden Miet- und Pachtzahlungen der Fall (vgl. BFH v. 23. 9. 1999, BStBl 2000 II S. 121). Nach der ständigen Rechtsprechung des BFH (Urteil v. 24. 7. 1986, BStBl 1987 II S. 16) ist als kurze Zeit i. S. des § 11 Abs. 1 Satz 2 EStG regelmäßig ein Zeitraum von bis zu 10 Tagen anzusehen, Hinweis auf BFH v. 8. 3. 2016 (BFH/NV 2016 S. 1008); zur USt-Vorauszahlung für den letzten Voranmeldungszeitraum des Vorjahres vgl. Thüringer FG v. 27. 1. 2016 (EFG 2016 S. 1425, Rev. Az. BFH X R 44/16).

1723 In § 4 Abs. 3 Satz 3 EStG wird das Zufluss- und Abflussprinzip u. a. dadurch durchbrochen, dass die Vorschriften über die AfA oder Substanzverringerung für anwendbar erklärt werden. Diese Vorschriften setzen den Ansatz der Anschaffungs- und Herstellungskosten voraus. Für die AfA – einschließlich ihrer Bemessungsgrundlage – sind daher bilanzsteuerrechtliche Grundsätze maßgeblich (BFH v. 16. 1. 1996, BFH/NV 1996 S. 600; v. 16. 4. 2002, BFH/NV 2002 S. 1152 II. 4.a der Gründe). Daraus folgert der BFH dann weiter, dass öffentliche Investitionszuschüsse für die Anschaffung oder Herstellung bestimmter Wirtschaftsgüter deren Anschaffungs- oder Herstellungskosten nach R 6.5 EStR (vgl. Rdn. 1311 ff.) bereits im Jahr der Bewilligung und nicht im Jahr der Auszahlung mindern. Sofern der Zuschuss sofort als Betriebseinnahme versteuert werden soll, ist das entsprechende Wahlrecht ebenfalls im Jahr der Zusage ausüben (BFH v. 29. 11. 2007, BStBl 2008 II S. 561).

IV. Betriebsausgaben

1724 Bei den Betriebsausgaben handelt es sich um Aufwendungen, die durch den Betrieb veranlasst sind; vgl. auch Rdn. 1522 ff. Dabei ist es unerheblich, ob sie im Zeitpunkt des Abflusses oder aufgrund besonderer Regelungen erst zu einem späteren Zeitpunkt ganz oder in Teilbeträgen bei der steuerlichen Gewinnermittlung abgezogen werden können. Nicht als Betriebsausgaben abziehbar sind Veränderungen der Liquidität. Dies gilt sowohl für Einzahlungen auf ein Bankkonto als auch für die Tilgung von Darlehen; wegen der Verwendung liquider Mittel für außerbetriebliche Zwecke wird auf Rdn. 1718 hingewiesen. Zu den Besonderheiten bei der Tilgung von Rentenverpflichtungen vgl. Rdn. 1741.

Betriebsausgaben sind grundsätzlich im Zeitpunkt der Verausgabung abzugsfähig. Ab- 1725
weichend davon wird in § 4 Abs. 3 Satz 3 EStG bestimmt, dass die Vorschriften über die AfA und AfS zu befolgen sind. Danach können die Anschaffungs- oder Herstellungskosten für abnutzbare Wirtschaftsgüter des Anlagevermögens nur verteilt über die betriebsgewöhnliche Nutzungsdauer nach Maßgabe des § 7 EStG (beachte § 6 Abs. 7 EStG, Rdn. 1702) als Betriebsausgaben abgezogen werden. Die weitergehenden Regelungen des § 6 Abs. 1 Nr. 1 und 2 EStG sind nicht anwendbar, sodass Teilwertabschreibungen auf diese Wirtschaftsgüter nicht zulässig sind. Bei Ausscheiden eines abnutzbaren Anlageguts aus dem Betriebsvermögen ist der Restbuchwert als Betriebsausgabe abziehbar, der Erlös bzw. der Entnahmewert als Betriebseinnahme zu berücksichtigen. Wurde es versäumt, die AfA für ein abnutzbares Anlagegut abzuziehen, ist eine Nachholung der AfA nicht möglich. Im Rahmen der verfahrensrechtlichen Möglichkeiten kann lediglich die AfA für die Restnutzungsdauer berücksichtigt werden, die sich ergeben haben würde, wenn die AfA von vornherein zutreffend berücksichtigt worden wäre (BFH v. 22. 6. 2010 – VIII R 3/08, BStBl II S. 1035).

Die Aufwendungen für die Anschaffung oder Herstellung von nicht abnutzbaren Wirt- 1726
schaftsgütern des Anlagevermögens, z. B. der Grund und Boden eines Betriebsgrundstücks, können erst im Zeitpunkt des Ausscheidens aus dem Betriebsvermögen als Betriebsausgabe abgezogen werden. Diese Regelung des § 4 Abs. 3 Satz 4 EStG erstreckt sich nunmehr auch auf die Anschaffungs- oder Herstellungskosten von nach dem 5. 5. 2006 angeschafften bzw. hergestellten Anteilen an Kapitalgesellschaften, Wertpapiere und vergleichbare nicht verbriefte Forderungen und Rechte, Grund und Boden sowie Gebäude des Umlaufvermögens. Der Abzug als Betriebsausgabe ist erst zum Zeitpunkt der Vereinnahmung des Veräußerungserlöses zulässig. Bei Entnahmen ist es bei dem Zeitpunkt der Entnahme verblieben. Die Anschaffungs- oder Herstellungskosten für die übrigen Wirtschaftsgüter des Umlaufvermögens sind wie bisher im Zeitpunkt der Verausgabung abzugsfähig.

Sacheinlagen sind der entgeltlichen Anschaffung von Wirtschaftsgütern mit dem nach 1727
§ 6 Abs. 1 Nr. 5 EStG maßgebenden Wert (vgl. Rdn. 947 ff.) gleichzusetzen (BFH v. 22. 1. 1980, BStBl II S. 244). Dementsprechend führt die Einlage eines Wirtschaftsguts des Umlaufvermögens zum Zeitpunkt der Einlage zu einer sofort abziehbaren Betriebsausgabe. Die Einlage eines abnutzbaren Anlageguts berechtigt zum Abzug der AfA auf den Einlagewert als Betriebsausgaben.

Gewillkürtes Betriebsvermögen kann auch bei Gewinnermittlung nach § 4 Abs. 3 EStG 1728
gebildet werden (BFH v. 2. 10. 2003, BStBl 2004 II S. 985; v. 16. 6. 2004, BFH/NV 2005 S. 173; BMF-Schreiben v. 17. 11. 2004, BStBl 2004 I S. 1064). Vgl. dazu auch R 4.2 Abs. 1 EStR sowie Rdn. 537 ff.

1729 Vermögenseinbußen sind nur insoweit berücksichtigungsfähig, als sie sich nicht bereits bei der Gewinnermittlung ausgewirkt haben. Unter diesem Gesichtspunkt kann der Ausfall einer Kundenforderung nicht mehr gesondert berücksichtigt werden, weil die dadurch verursachten Aufwendungen (Beschaffung der Ware, Vertriebskosten usw.) im Zeitpunkt des jeweiligen Abflusses gewinnmindernd berücksichtigt wurden oder werden. Entsprechendes gilt für den Untergang von Wirtschaftsgütern des Umlaufvermögens; in diesen Fällen wurden/werden deren Anschaffungs- oder Herstellungskosten im Zeitpunkt der Bezahlung als Betriebsausgaben abgezogen. Etwas anderes gilt für den Untergang von Anlagegütern des notwendigen Betriebsvermögens sowie der Anlagegüter, die aufgrund einer Nutzungsänderung nach den vorstehend dargestellten Grundsätzen nicht als entnommen gelten. In diesen Fällen sind die bisher nicht als Betriebsausgaben verrechneten Anschaffungs- oder Herstellungskosten, bei abnutzbaren Anlagegütern der noch nicht abgeschriebene Restwert, abziehbar. Teilwertabschreibungen im Vorgriff auf einen sich abzeichnenden Vermögensverlust sind nicht zulässig (BFH v. 5. 11. 2015, BStBl 2016 II S. 46).

1730 Bei der Gewinnermittlung nach § 4 Abs. 3 EStG sind Veränderungen im Bestand des Betriebsvermögens unbeachtlich. Unter diesem Gesichtspunkt könnte es fraglich erscheinen, ob z. B. die Unterschlagung oder der Diebstahl von Geldbeträgen, der Verlust eines im Interesse des Betriebes hingegebenen Darlehens bei der Gewinnermittlung überhaupt berücksichtigungsfähig sind. Entsprechendes wird für den Verlust der Beteiligung an einer Kapitalgesellschaft zu gelten haben. Voraussetzung ist zunächst, dass in diesen Fällen anhand konkreter und objektiv greifbarer Anhaltspunkte der betriebliche Zusammenhang nachgewiesen werden kann (BFH v. 28. 11. 1991, BStBl 1992 II S. 343), d. h. sich eine ausschließliche Zugehörigkeit zur betrieblichen Sphäre ergibt. Diese Voraussetzung wird bei der Unterschlagung von Bargeld durch Arbeitnehmer zweifelsfrei vorliegen. Bei dem Verlust von Geldbeträgen ist die Zugehörigkeit zum Betriebsvermögen zweifelsfrei nachzuweisen, wie z. B. bei einem Diebstahl (BFH v. 28. 11. 1991, BStBl 1992 II S. 343). Zu den Auswirkungen, die sich bei Unterschlagungen eines Gesellschafters einer Personengesellschaft ergeben, hat der BFH mit Urteil v. 14. 12. 2000 (BStBl 2001 II S. 238) Stellung genommen. Der Verlust von Darlehensforderungen oder der Beteiligung an einer Kapitalgesellschaft wird nur dann berücksichtigt werden können, wenn es sich dabei um Vermögensgegenstände handelt, die dem notwendigen Betriebsvermögen zuzurechnen sind. Er ist zu dem Zeitpunkt zu berücksichtigen, zu dem die insoweit eingesetzten Mittel endgültig verlorengegangen sind (BFH v. 23. 11. 1978, BStBl 1979 II S. 109; v. 14. 1. 1982, BStBl II S. 345). Soweit zu einem späteren Zeitpunkt Schadensersatz- oder Regressansprüche durchgesetzt werden können, liegen Betriebseinnahmen vor.

1731 Betriebsausgaben sind grundsätzlich im Zeitpunkt des **Abflusses** abzuziehen. Wie bei der Bestimmung des Zeitpunkts des Zuflusses einer Betriebseinnahme ist der Zeitpunkt des Abflusses nach § 11 EStG zu bestimmen. Ausgaben sind nach § 11 Abs. 2 EStG dann abgeflossen, wenn sie geleistet worden sind. Danach handelt es sich um den Zeitpunkt, zu dem der Verausgabende die wirtschaftliche Verfügungsmacht über das Geld bzw. das geldwerte Gut verliert (BFH v. 16. 2. 2011, BStBl 2011 II S. 685, Tz. 15; vgl. auch H 11 „Allgemeines" EStH). Die unter Rdn. 1715 ff. dargestellten Grundsätze gelten entsprechend. Danach liegt ein Abfluss z. B. auch dann vor, wenn Lieferantenschulden in ein Darlehensverhältnis umgewandelt werden – Novation. Daraus wird deutlich, dass Darlehenstilgungen nicht mehr als Betriebsausgaben abgezogen werden können. Dagegen sind die Darlehenszinsen vorbehaltlich des § 4 Abs. 4a EStG (vgl. Rdn. 1561 ff.) als Betriebsausgaben abziehbar.

Abzustellen ist vorbehaltlich der nachfolgenden Ausführungen auf den tatsächlichen 1732 Zeitpunkt des Abflusses. Es kommt also grundsätzlich nicht darauf an, ob bei Abfluss die zu erfüllende Verbindlichkeit bereits fällig oder der Fälligkeitszeitpunkt bereits abgelaufen war. Bei Zahlungen vor Fälligkeit kann sich indessen die Frage stellen, ob bei Fehlen wirtschaftlicher Gründe ein Rechtsmissbrauch i. S. des § 42 AO vorliegt (BFH v. 3. 2. 1987, BStBl II S. 492); dies kann der Fall sein, wenn durch die vorzeitige Zahlung ein der Sache nach ungerechtfertigter steuerlicher Vorteil erlangt werden soll.

Abweichungen vom Grundsatz der Berücksichtigung von Betriebsausgaben im Zeit- 1733 punkt des Abflusses sind bei folgenden Sachverhalten zu beachten:

- Nach § 4 Abs. 3 Satz 3 EStG sind die Vorschriften des § 7 EStG über die AfA und AfS zu beachten. Bemessungsgrundlage für die AfA oder AfS sind die nach allgemeinen Grundsätzen zu ermittelnden Anschaffungs- oder Herstellungskosten der abnutzbaren Wirtschaftsgüter. Gegenüber der Gewinnermittlung nach § 4 Abs. 1, § 5 EStG bestehen insoweit keine Besonderheiten (vgl. dazu Rdn. 991 ff.; beachte § 6 Abs. 7 EStG). Entsprechendes gilt für die Aufwendungen für geringwertige Wirtschaftsgüter nach § 6 Abs. 2 und 2a EStG (vgl. Rdn. 973) sowie bei der Inanspruchnahme von Sonderabschreibungen oder erhöhten Absetzungen nach Maßgabe der unterschiedlichsten steuerlichen Vorschriften (Rdn. 1101 ff.).
- Die Anschaffungs- oder Herstellungskosten nicht abnutzbarer Wirtschaftsgüter des Anlagevermögens, für nach dem nach dem 5. 5. 2006 angeschaffte bzw. hergestellte Anteile an Kapitalgesellschaften, Wertpapiere und vergleichbare nicht verbriefte Forderungen und Rechte, Grund und Boden sowie Gebäude des Umlaufvermögens dürfen erst im Zeitpunkt des Ausscheiden aus dem Betriebsvermögen bzw. der Vereinnahmung des Veräußerungserlöses als Betriebsausgaben abgezogen werden (§ 4 Abs. 3 Satz 4 EStG); vgl. auch R 4.5 Abs. 3 EStR. Aus diesem Grunde sind diese Wirtschaftsgüter unter Angabe des Zeitpunkts der Anschaffung oder Herstellung sowie der Anschaffungs- oder Herstellungskosten selbst in ein laufend zu führendes Verzeichnis aufzunehmen (§ 4 Abs. 3 Satz 5 EStG).

Danach kommt es in diesen Fällen nicht darauf an, zu welchem Zeitpunkt Zahlungen 1734 auf die Anschaffungs- oder Herstellungskosten dieser Wirtschaftsgüter erfolgen. Dies gilt auch, wenn ein Wirtschaftsgut gegen Rentenzahlung erworben wurde. Es entstehen Anschaffungskosten in Höhe des Barwerts der Rente. Die einzelnen Rentenzahlungen sind in Höhe des Zinsanteils als Betriebsausgaben abziehbar; wegen weiterer Einzelheiten vgl. R 4.5 Abs. 4 EStR sowie H 4.5 (4) EStH.

Regelmäßig wiederkehrende Ausgaben, die kurze Zeit vor Beginn oder kurze Zeit nach 1735 Beendigung des Kalenderjahrs abfließen, sind gem. § 11 Abs. 2 Satz 2 EStG für das Kalenderjahr zu berücksichtigen, zu dem sie wirtschaftlich gehören, z. B. Miet- und Pachtzahlungen oder Versicherungsprämien. Nach dem Urteil des BFH v. 1. 8. 2007 (BStBl 2008 II S. 282) gehören Umsatzsteuervorauszahlungen zu den regelmäßig wiederkehrende Ausgaben i. S. des § 11 Abs. 2 Satz 2 EStG (vgl. BMF-Schreiben v. 10. 11. 2008, BStBl 2008 I S. 958).

V. Sonderfragen zur Vereinnahmung und Verausgabung

1736 Veräußert der Stpfl. Wirtschaftsgüter i. S. des § 4 Abs. 3 Satz 4 EStG, d. h. nicht abnutzbare Wirtschaftsgüter des Anlagevermögens, Anteile an Kapitalgesellschaften, Wertpapiere und vergleichbare nicht verbriefte Forderungen und Rechte, Grund und Boden sowie Gebäude des Umlaufvermögens, gegen einen in Raten zu zahlenden Kaufpreis oder gegen eine Veräußerungsrente, ist nach R 4.5. EStR in jedem Wirtschaftsjahr in Höhe der in demselben Wirtschaftsjahr zufließenden Kaufpreisraten oder Rentenzahlungen ein Teilbetrag der Anschaffungs- oder Herstellungskosten als Betriebsausgaben abzusetzen. Bei der Veräußerung abnutzbarer Wirtschaftsgüter des Anlagevermögens kann er hinsichtlich der noch nicht im Wege der AfA als Betriebsausgaben berücksichtigten Anschaffungs- oder Herstellungskosten, abweichend von den allgemeinen Grundsätzen, entsprechend verfahren. Wird die Kaufpreisforderung uneinbringlich, ist der noch nicht abgesetzte Betrag in dem Wirtschaftsjahr als Betriebsausgabe zu berücksichtigen, in dem der Verlust eintritt.

1737 Scheidet ein Wirtschaftsgut infolge höherer Gewalt gegen Entschädigung aus dem Betriebsvermögen aus, wird es durch R 6.6 EStR zugelassen, die dadurch aufgedeckten stillen Reserven unter bestimmten Voraussetzungen auf ein Ersatzwirtschaftsgut zu übertragen – **Rücklage für Ersatzbeschaffung** (vgl. Rdn. 1262 ff.). Wegen der Verfahrensweise in diesen Fällen wird auf R 6.6 Abs. 5 EStR hingewiesen. Dementsprechend ist bei Übergang von der Gewinnermittlung durch Bestandsvergleich zu der nach § 4 Abs. 3 EStG eine in zulässiger Weise gebildete Rücklage für Ersatzbeschaffung nicht aufzulösen (BFH v. 29. 4. 1999, BStBl II S. 488).

1738 Durch § 6b EStG wird es zugelassen, die Gewinne aus der Veräußerung bestimmter langlebiger Anlagegüter auf Reinvestitionsgüter zu übertragen, ggf. bis zu deren Anschaffung oder Herstellung zunächst in eine den steuerlichen Gewinn mindernde Rücklage einzustellen (vgl. Rdn. 1270 ff.). Bei Gewinnermittlung nach § 4 Abs. 3 EStG ist in derartigen Fällen nach § 6c EStG zu verfahren. Ist die Übertragung der stillen Reserven erst in einem der Aufdeckung folgenden Wirtschaftsjahr möglich, wird das Wahlrecht dadurch ausgeübt, dass die in Höhe der stillen Reserven erfassten Betriebseinnahmen durch eine entsprechende Betriebsausgabe in der dem Finanzamt eingereichten Gewinnermittlung erkennbar neutralisiert werden (BFH v. 11. 6. 2014, BFH/NV 2014 S. 1369). Eine anderweitige Ausübung des Wahlrechts ist immer dann möglich, wenn die Verfahrensvorschriften der AO einer entsprechenden Änderung des in Betracht kommenden Steuerbescheids nicht entgegenstehen (BFH v. 30. 8. 2001 – IV R 30/99, BStBl 2002 II S. 49). Wegen weiterer Einzelheiten wird auf R 6c EStR und H 6c EStH hingewiesen.

1739 Kleine und mittlere Unternehmen (vgl. Rdn. 1217) können im Vorgriff auf beabsichtigte Investitionen einen Investitionsabzugsbetrag nach § 7g Abs. 1 EStG beanspruchen; wegen Einzelheiten wird auf Rdn. 1244 ff. hingewiesen. Ferner können diese Unternehmen nach § 7g EStG in der jeweils maßgebenden Fassung Sonderabschreibungen beanspruchen (vgl. Rdn. 1224 ff.).

1740 Der Gewinn aus der Veräußerung oder Aufgabe eines Betriebs i. S. des § 16 EStG, dessen Gewinn nach § 4 Abs. 3 EStG ermittelt wurde, ist durch Bestandsvergleich zu ermitteln, so dass aus diesem Anlass der Übergang zur Gewinnermittlung nach § 4 Abs. 1, § 5 EStG erforderlich wird (BFH v. 17. 9. 2015, BStBl 2017 II S. 37). Der sich dadurch ergebende Gewinn (wegen Einzelheiten vgl. Rdn. 1742 ff.) unterliegt der Besteuerung nach allgemeinen Grundsätzen. Auf der Grundlage des sich danach ergebenden Betriebsvermögens ist dann der Veräußerungs- oder Aufgabegewinn i. S. des § 16 EStG zu ermitteln. Wegen weiterer Einzelheiten wird auf R 4.5 Abs. 6 EStR sowie H 4.5 (6) EStH hingewiesen.

Wird ein Wirtschaftsgut des Anlagevermögens gegen eine Leibrente erworben, entstehen nach R 4.5 Abs. 4 EStR Anschaffungskosten in Höhe des Barwerts der Leibrentenverpflichtung. Der Zinsanteil der einzelnen Rentenzahlungen führt zu sofort abziehbaren Betriebsausgaben. Aus Vereinfachungsgründen wird es nicht beanstandet, wenn die einzelnen Rentenzahlungen in voller Höhe mit dem Barwert der ursprünglichen Rentenverpflichtung verrechnet werden; erst die den Barwert übersteigenden Zahlungen führen zu sofort abziehbaren Betriebsausgaben. Entfällt die Rentenverpflichtung vorzeitig, ist eine Betriebseinnahme in Höhe des bisher nicht verrechneten Barwerts zu erfassen (vgl. auch BFH v. 31. 8. 1972, BStBl 1973 II S. 51). Erhöht sich die Rentenverpflichtung infolge einer Wertsicherungsklausel, führt der jeweilige Mehrbetrag des einzelnen Rentenbetrages zu sofort abziehbaren Betriebsausgaben (BFH v. 23. 5. 1991, BStBl 1991 II S. 796). Bei dem Erwerb von Wirtschaftsgütern des Umlaufvermögens ist zu differenzieren. Handelt es sich um Wirtschaftsgüter i. S. des § 4 Abs. 3 Satz 4 EStG (Anteile an Kapitalgesellschaften, Wertpapiere und vergleichbare nicht verbriefte Forderungen und Rechte, Grund und Boden sowie Gebäude) ist nach den vorstehend dargestellten Grundsätzen zu verfahren. Bei den übrigen Wirtschaftsgütern des Umlaufvermögens sind die einzelnen Rentenzahlungen sofort abziehbare Betriebsausgaben. Ein vorzeitiger Wegfall der Verpflichtung führt zu keiner Betriebseinnahme. Auf R 4.5 Abs. 4 EStR wird hingewiesen. 1741

VI. Wechsel der Gewinnermittlungsart

Der Übergang von der Gewinnermittlung nach § 4 Abs. 3 EStG zu der nach § 4 Abs. 1 ggf. i.V. mit § 5 EStG z. B. aus Anlass zwischenzeitlich begründeter Buchführungspflicht führt dazu, dass einzelne Geschäftsvorfälle nicht oder doppelt berücksichtigt werden. Noch nicht vereinnahmte Erlöse aus Warenlieferungen sind als Forderungen, noch nicht bezahlte Lieferantenrechnungen sind als Verbindlichkeiten in die Eröffnungsbilanz des Wirtschaftsjahres einzustellen, für das der Gewinn erstmals durch Bestandsvergleich ermittelt werden soll. Damit waren bei der Gewinnermittlung nach § 4 Abs. 3 EStG für das Vorjahr entsprechende Betriebseinnahmen und Betriebsausgaben noch nicht zu erfassen. Die entsprechenden Zahlungsvorgänge beeinflussen andererseits den durch Bestandsvergleich ermittelten Gewinn der nachfolgenden Wirtschaftsjahre nicht. Vergleichbare Folgen treten bei Übergang von der Gewinnermittlung nach § 4 Abs. 1 ggf. i.V. mit § 5 EStG zu der nach § 4 Abs. 3 EStG ein. Wollte man die so ermittelten Ergebnisse unkorrigiert bei der Besteuerung berücksichtigen, würde dies zu dem vom Gesetzgeber nicht gewollten Ergebnis führen, dass über das Bestehen des Betriebes insgesamt gesehen ein höherer oder niedrigerer Gewinn besteuert würde, als er sich bei durchgängiger Gewinnermittlung nach § 4 Abs. 1 ggf. i.V. mit § 5 EStG ergeben 1742 hätte. Um dies auszuschließen, ist bei Wechsel zwischen den Gewinnermittlungsarten nach § 4 Abs. 3 und nach § 4 Abs. 1, § 5 EStG jeweils eine Korrektur um die Ergebnisse der Geschäftsvorfälle erforderlich, die sich infolge des Wechsels bei der nachfolgend maßgebenden Gewinnermittlungsart nicht oder nochmals, d. h. insgesamt doppelt auswirken würden (BFH v. 24. 1. 1985, BStBl II S. 255; vgl. auch Loschelder, in: Schmidt, EStG, 37. Aufl., § 4 Rdn. 650 ff., m. w. N.).

1743 Bei Übergang von der Gewinnermittlung nach § 4 Abs. 3 EStG zu der nach § 4 Abs. 1, § 5 EStG ist eine Eröffnungsbilanz aufzustellen. Der Gewinn des Erstjahres der Gewinnermittlung durch Bestandsvergleich ist nach der Anlage zu R 4.6 EStR um die in dieser Eröffnungsbilanz ausgewiesenen Warenbestände, Bestände an Forderungen aus Lieferungen und Leistungen sowie an sonstigen Forderungen zu erhöhen sowie um den Bestand an Warenverbindlichkeiten zu vermindern. Hinsichtlich der in der Eröffnungsbilanz ausgewiesenen nicht abnutzbaren Anlagegüter sowie der in § 4 Abs. 3 Satz 4 EStG genannten Wirtschaftsgüter des Umlaufvermögens, d. h. Anteile an Kapitalgesellschaften, Wertpapiere und vergleichbare nicht verbriefte Forderungen und Rechte, Grund und Boden sowie Gebäude, kann sich danach unter bestimmten Voraussetzungen ein Korrekturbedarf dann ergeben, wenn sie vor dem 1. 1. 1971 angeschafft oder hergestellt wurden. Die Aufzählung in der Anlage zu R 4.6 EStR ist nur beispielhaft. Ein weitergehender Korrekturbedarf wird sich regelmäßig hinsichtlich der Rechnungsabgrenzungsposten, der sonstigen Verbindlichkeiten sowie erhaltenen und geleisteten Anzahlungen ergeben, soweit sie zuvor erfolgswirksam berücksichtigt wurden. Hinsichtlich der abnutzbaren Wirtschaftsgüter des Anlagevermögens besteht kein Korrekturbedarf. Sie sind mit den um die AfA bzw. AfS, ggf. auch um Sonderabschreibungen oder erhöhte Absetzungen gekürzten Anschaffungs- oder Herstellungskosten in die Eröffnungsbilanz einzustellen und dann entsprechend weiter abzuschreiben. Ein sich danach ergebender Hinzurechnungsbetrag kann aus Billigkeitsgründen auf Antrag nach R 4.6 Abs. 1 Satz 2 EStG auf das Jahr des Übergangs und das folgende Jahr oder das Jahr des Übergangs und die beiden folgenden Jahre gleichmäßig verteilt werden. Bei einer derartigen Verteilung ist die Höhe des für das Übergangsjahr ermittelten Übergangsgewinns für die Folgejahre bindend (BFH v. 1. 10. 2015 – X R 32/13, BStBl 2016 II S. 139).

Wird der Betrieb vor Ablauf dieses Zeitraums veräußert oder aufgegeben, ist der bisher nicht berücksichtigte Hinzurechnungsbetrag im Jahr der Veräußerung oder Aufgabe als Teil des laufenden Gewinns zu besteuern. Nach dem Urteil des BFH v. 13. 9. 2001 (BStBl 2002 II S. 287) besteht dann kein Anspruch auf Verteilung des Übergangsgewinns auf drei Jahre, wenn ein Steuerpflichtiger vor Einbringung seiner Einzelpraxis in eine neu gegründete Sozietät zu Buchwerten von der Gewinnermittlung nach § 4 Abs. 3 EStG zum Bestandsvergleich nach § 4 Abs. 1 EStG übergegangen ist (beachte jedoch BFH v. 14. 11. 2007, BFH/NV 2008 S. 385). Bei Übergang zum Bestandsvergleich aus Anlass der Betriebsveräußerung oder Betriebsaufgabe ist dementsprechend eine Verteilung des nach allgemeinen Grundsätzen zu besteuernden Übergangsgewinns auf mehrere Jahre nicht möglich.

1744 Bei Übergang von der Gewinnermittlung nach § 4 Abs. 1 ggf. i. V. mit § 5 EStG zu der nach § 4 Abs. 3 EStG ist Grundlage für die vorzunehmenden Korrekturen die Schlussbilanz des vorangegangenen Wirtschaftsjahres, für das der Gewinn letztmalig durch Bestandsvergleich ermittelt wurde. Nach der Anlage zu R 4.6 EStR ist der erstmals nach § 4 Abs. 3 EStG ermittelte Gewinn zu mindern um die in dieser Schlussbilanz ausgewiesenen Bestände an Waren, an Forderungen aus Lieferungen und Leistungen sowie an sonstigen Forderungen. Er ist zu erhöhen um die in der maßgebenden Schlussbilanz ausgewiesenen Verbindlichkeiten aus Lieferungen und Leistungen. Auch hier ist zu beachten, dass die Übersicht in der Anlage zu R 4.6 EStR nur beispielhaft ist, die diesbezüglichen vorstehenden Ausführungen gelten entsprechend. Nach den Erfahrungen der Praxis ergibt sich im Regelfall für das Jahr des Übergangs ein Kürzungsbetrag. Eine Verteilung auf mehrere Jahre sieht R 4.6 Abs. 2 EStR nicht vor (vgl. auch BFH v. 3. 10. 1961, BStBl III S. 565; v. 23. 7. 2013, BStBl 2013 II S. 820).

Wegen Besonderheiten beim Übergang von der Gewinnermittlung nach Durchschnittssätzen gem. § 13a EStG zu der nach § 4 Abs. 3 EStG wird auf das Urteil des BFH v. 12. 12. 2013 (BFH/NV 2014 S. 514) hingewiesen.

Literaturangaben:

Adler/Düring/Schmaltz (ADS), Rechnungslegung und Prüfung der Unternehmen, Loseblattwerk, Stuttgart; *Blümich,* Einkommensteuergesetz, Körperschaftsteuergesetz, Gewerbesteuergesetz, Loseblattwerk, Berlin; *Grottel u. a.* (Hrsg.), Beck'scher Bilanz-Kommentar, 12. Aufl., München 2020; *Gunsenheimer,* Die Einnahmen-Überschussrechnung nach § 4 Abs. 3 EStG, 15. Aufl., Herne 2019; *Herrmann/Heuer/Raupach,* Kommentar zur Einkommensteuer und Körperschaftsteuer, Loseblattwerk, Köln; *Hoffmann/Lüdenbach,* NWB Kommentar Bilanzierung, 12. Aufl., Herne 2021; *Kirchhof/Söhn/Mellinghoff* (Hrsg.), Kommentar zum Einkommensteuergesetz, Loseblattwerk; *Kanzler/Kraft/Bäuml/Marx/Hechtner,* Einkommensteuergesetz Kommentar, 5. Aufl. Herne 2020; *Küting/Pfitzer/Weber* (Hrsg.), Handbuch der Rechnungslegung, Loseblattwerk, Stuttgart; *Lange/Bilitewski/Götz,* Personengesellschaften im Steuerrecht, 10. Aufl., Herne 2017; *Littmann/Bitz/Pust,* Das Einkommensteuerrecht, Loseblattwerk, Stuttgart; *Meyer/Theile,* Bilanzierung nach Handels- und Steuerrecht, 29. Aufl., Herne 2018; *Schmidt,* Einkommensteuergesetz, 39. Aufl., München 2020; *Theile,* Bilanzrichtlinie-Umsetzungsgesetz (BilRUG), Herne 2015.

3. Kapitel:

Konzernabschluss und Grundlagen internationaler Rechnungslegung

von

Prof. Dr. Carsten Theile, Bochum

Inhaltsverzeichnis

A. Grundlagen

I. Begriff und Bedeutung des Konzernabschlusses

1 Ein Konzern besteht aus einem Mutterunternehmen und beliebig vielen Tochterunternehmen. Ein Unternehmen ist dann ein **Mutterunternehmen**, wenn es beherrschenden Einfluss auf mindestens ein anderes Unternehmen ausüben kann; dieses andere Unternehmen ist dann ein Tochterunternehmen. Ein so strukturierter Konzern wird als **Unterordnungskonzern** bezeichnet, weil es eine wirtschaftlich führende Einheit – das Mutterunternehmen – gibt, mit beliebig vielen geführten Einheiten, den Tochterunternehmen.

Obwohl die Kriterien, anhand derer der beherrschende Einfluss gemessen wird, in den Rechnungslegungssystemen der Welt durchaus im Detail variieren, geht es im Kern immer um die Feststellung der Beherrschung, die oft auch als Kontrolle bezeichnet wird („control-concept").

BEISPIEL: Die Volkswagen AG, die ihren Konzernabschluss nach IFRS aufstellt, weist in ihrem Konzernanhang 2020 eine Zahl von 1 242 Tochterunternehmen aus, beurteilt nach dem IFRS-Beherrschungs-Konzept. Davon stuft die Muttergesellschaft Volkswagen AG 880 als wesentlich ein, so dass sie diese vollkonsolidiert.

2 Ein Abschlussadressat, der nun an Volkswagen interessiert ist – vielleicht, weil er Aktien oder Anleihen von VW erwerben oder verkaufen möchte –, kann sich den **Jahresabschluss** der Volkswagen AG über den Bundesanzeiger oder direkt auf der Homepage von VW ansehen. Für das Jahr 2018 sieht er Umsatzerlöse von 78 Mrd. € und einen Jahresüberschuss von 4,6 Mrd. € (siehe unten, *ABB. 1*). Allerdings handelt es sich hierbei nur um die Umsatzerlöse aus dem Jahresabschluss des Unternehmens Volkswagen AG. Welche Umsatzerlöse und Ergebnisse aber etwa Audi, Skoda, Seat, Porsche und viele weitere Tochterunternehmen der Volkswagen AG erzielen, kann der Abschlussadressat mit Blick auf den Jahresabschluss der Volkswagen AG nicht erkennen. Unser Abschlussadressat hätte natürlich die (theoretische) Möglichkeit, sich zumindest die Jahresabschlüsse der 864 wesentlichen Tochterunternehmen „zu besorgen" und auszuwerten. Es ist leicht erkennbar, dass das ein hoffnungsloses Unterfangen wäre.

Doch die Volkswagen AG bietet einen weiteren Abschluss an, der über den Bundesanzeiger oder die Homepage von VW erhältlich ist: den **Konzernabschluss** der Volkswagen AG. In diesem finden sich die Erträge und Aufwendungen, Vermögensgegenstände und Schulden sowie das Eigenkapital der Volkswagen AG zzgl. ihrer 864 wesentlichen Tochterunternehmen, also insgesamt die Werte von 865 Unternehmen. Dabei werden vorab die Erträge und Aufwendungen, Vermögensgegenstände und Schulden, die aus Geschäftsbeziehungen zwischen diesen Unternehmen entstanden sind, eliminiert („konsolidiert"). Durch dieses Weglassen der Konzerninnenbeziehungen bleiben im Konzernabschluss nur noch die Geschäftsbeziehungen abgebildet, die die Konzernunternehmen mit externen Dritten aufweisen. Obwohl ein Konzern aus ziemlich vielen rechtlich selbständigen Unternehmen bestehen kann, bilden alle zusammen wirtschaftlich eine Einheit, weil die Tochterunternehmen von dem Mutterunternehmen beherrscht werden (können). Über die wirtschaftliche Einheit Konzern einheitlich zu berichten, ist Aufgabe des Konzernabschlusses: Der Konzernabschluss ist der Jahresabschluss des Konzerns!

ABB. 1: Ausgewählte Kennzahlen der Volkswagen AG, Konzernabschluss und Jahresabschluss

	Volkswagen AG Konzernabschluss (IFRS)		Volkswagen AG Jahresabschluss (HGB)	
in Mio. €	2020	2019	2020	2019
Umsatzerlöse	222 884	252 632	67 535	80 621
Jahresüberschuss	8 824	14 029	6 338	4 958
Anteile an verbundenen Unternehmen	*	*	105 901	99 316
Sachanlagen	63 884	66 152	7 997	7 378
Eigenkapital	128 783	123 651	39 549	35 629
Bilanzsumme	497 114	488 071	184 488	167 872

* Anteile an verbundene Unternehmen nicht gesondert ausgewiesen; Ausweis der Anteile an 362 Unternehmen erfolgt unter „Beteiligungen". Es handelt sich hierbei um unwesentliche verbundene Unternehmen, die nicht voll konsolidiert, sondern zu Anschaffungskosten bewertet werden.

Die in *ABB. 1* ausgewählten Kennzahlen sind geeignet, die Unterschiede zwischen dem Jahresabschluss der Volkswagen AG und dem Konzernabschluss transparent zu machen.

- So enthalten die Umsatzerlöse im Jahresabschluss nur diejenigen der Volkswagen AG, während die Umsatzerlöse im Konzernabschluss jene aller voll konsolidierten Konzernunternehmen mit fremden Dritten enthalten.
- Auch der Jahresüberschuss ist unterschiedlich und im Konzernabschluss in beiden Jahren jeweils deutlich höher als im Jahresabschluss, weil es offensichtlich weitere Konzernunternehmen gibt, die positive Ergebnisbeiträge aufweisen.
- Hinter den Anteilen an verbundenen Unternehmen im Jahresabschluss der AG – das ist der wichtigste Aktivposten mit weit mehr als 50 % der Bilanzsumme – stecken die Beteiligungsbuchwerte der Tochterunternehmen, die die AG selbst unmittelbar hält. Im Konzernabschluss werden diese Anteile ersetzt durch die Vermögensgegenstände und Schulden aller Konzernunternehmen, die voll konsolidiert werden. Deshalb sind z. B. die Sachanlagen des Konzerns viel höher als die der AG.
- Auch das Eigenkapital des Konzerns ist deutlich höher als das der AG in ihrem Jahresabschluss. Seit Konzernzugehörigkeit haben die Tochtergesellschaften offensichtlich erhebliche Gewinne erwirtschaftet, die noch nicht ausgeschüttet worden sind.

Die Unterschiede in den Kennzahlen ergeben sich z. T. aber auch daraus, dass der Jahresabschluss nach HGB, der Konzernabschluss jedoch nach IFRS aufgestellt worden ist. Umsätze nach HGB müssen aber nicht gleich den Umsätzen nach IFRS sein, und auch das Vermögen und die Schulden können unterschiedlich bewertet sein. Das ist ein zusätzlicher Effekt, der aber an dem grundsätzlichen Zusammenhang bzw. den Unterschieden zwischen dem Jahresabschluss eines Mutterunternehmens und seinem Konzernabschluss nichts ändert. Diese grundsätzlichen Aussagen blieben auch dann bestehen, wenn sowohl der Jahresabschluss als auch der Konzernabschluss nach HGB aufgestellt worden wären. Volkswagen ist aber als kapitalmarktorientiertes Unternehmen verpflichtet, seinen Konzernabschluss nach IFRS aufzustellen, siehe Rdn. 15.

II. Funktionen des Konzernabschlusses

3 Das obige Beispiel der Volkswagen AG macht eindrucksvoll deutlich: Der Konzernabschluss ist ein **Informationsinstrument** über die wirtschaftliche Einheit Konzern. Er gewährt seinen Adressaten (Gesellschafter, Gläubiger, Arbeitnehmer und Öffentlichkeit) Einblick in die Vermögens-, Finanz- und Ertragslage des Konzerns. Nur der Konzernabschluss, nicht jedoch die Summe der Einzelabschlüsse der Konzernunternehmen, vermag diesen Einblick zu vermitteln.

4 Häufig werden in Konzernen die finanziellen Mittel zentral im Rahmen des sog. Konzernfinanzverkehrs verteilt und kontrolliert bis hin zur Einrichtung physischer Cash-Pools (vgl. Kap. 7 Teil B, Rdn. 635). Der Konzernabschluss wird so zu einem wichtigen Instrument für die **finanzwirtschaftliche Steuerung und Kontrolle**. In der Praxis werden daher auch häufig interne Quartals- und Monatsabschlüsse erstellt. Dieses interne Berichtswesen auf Konzerndaten dient der Information der Konzernleitung zum Zweck der operativen und finanziellen Konzernsteuerung.

5 Der Konzernabschluss ist aber **nicht** Rechtsgrundlage für die **Gewinnverwendungsentscheidungen** der Gesellschafter des Mutterunternehmens. Diese Funktion kommt ausschließlich dem Jahresabschluss des Mutterunternehmens zu. Allerdings hat die im Konzernabschluss zum Ausdruck kommende wirtschaftliche Lage des Konzerns hohen Einfluss auf die Gewinnverwendungsvorschläge der Verwaltung (Geschäftsführung/Vorstand und ggf. Aufsichtsrat) des Mutterunternehmens.

6 Ebenso ist der Konzernabschluss **nicht** Rechtsgrundlage für die **Gewinnbesteuerung**. Besteuerungssubjekte der Körperschaft- und Gewerbesteuer sind die jeweilige Körperschaft und der jeweilige Gewerbebetrieb. Allerdings lassen sich in Konzernen **steuerliche Organschaften** strukturieren (vgl. auch 5. Kap. Teil C, Rdn. 973) und der Konzernabschluss kann wegen der steuerlichen **Zinsschrankenregelung** (§ 8a KStG, § 4h EStG; vgl. auch 5. Kap. Teil C, Rdn. 906) Bedeutung erlangen für die Höhe der Abzugsfähigkeit von Zinsaufwendungen.

III. Theorien des Konzernabschlusses: Einheits- und Interessen-Theorie

7 Unterschiedliche Auffassungen über den Zweck und die Aufgaben des Konzernabschlusses haben zur Bildung verschiedener Theorien geführt. Von Bedeutung für die Praxis sind die Einheits-Theorie und die Interessen-Theorie.

8 Die **Einheits-Theorie** geht davon aus, dass die durch einheitliche Leitung zusammengefassten Konzernunternehmen nicht nur eine wirtschaftliche, sondern auch eine rechtliche Einheit bilden. Aufgabe des Konzernabschlusses ist die Darstellung der Vermögens-, Finanz- und Ertragslage des Konzerns als eine wirtschaftliche *und* rechtliche Einheit. Wirtschaftlich *ist* der Konzern wegen des Beherrschungskonzepts eine Einheit, und im Hinblick auf die rechtliche Selbstständigkeit der einzelnen Tochterunternehmen wird genau diese vernachlässigt, so dass ein Abschluss unter der *Fiktion* der rechtlichen Einheit aufgestellt wird. Als Folge dieser Ansicht müssen u. a. sämtliche Vermögensgegenstände und Schulden der Tochterunternehmen ohne Rücksicht auf den Betei-

ligungsgrad in den Konzernabschluss übernommen und für die Anteile von Minderheitsgesellschaftern ein Ausgleichsposten eingestellt werden (= Vollkonsolidierung oder Bruttomethode). Auch die Minderheitsgesellschafter von Tochterunternehmen, deren Anteile bilanzrechtlich als **nicht beherrschende Anteile** bezeichnet werden, gelten nach der Einheits-Theorie als Eigenkapitalgeber des Konzerns.

Die **Interessen-Theorie** versteht den Konzernabschluss als erweiterten Abschluss des 9 Mutterunternehmens. Er hat ihren Interessen zu dienen und soll (nur) das Vermögen und das Kapital aufzeigen, das den Gesellschaftern der Muttergesellschaft zuzurechnen ist. Seine konsequente Ausprägung findet diese Ansicht in der Quotenkonsolidierung oder anteilmäßigen Konsolidierung, d. h. der Übernahme der Vermögensgegenstände und Schulden der Tochterunternehmen nur entsprechend dem Beteiligungsgrad des Mutterunternehmens. Ein nach den Kriterien der Interessen-Theorie aufgestellter Abschluss kann keinen Einblick in die Vermögens-, Finanz- und Ertragslage des Konzerns als rechtliche Einheit geben. Aus der Perspektive der Betriebswirtschaftslehre ist daher die Einheits-Theorie wegen ihrer größeren Aussagekraft vorzuziehen.

Das HGB folgt in seinen Regelungen weitgehend der Einheits-Theorie (vgl. auch den 10 Wortlaut von § 297 Abs. 3 Satz 1 HGB). Sofern das Gesetz für einzelne Tatbestände keine Bestimmungen enthält, muss eine Lösung i. S. der Einheits-Theorie gesucht werden.

IV. Derivative Erstellung des Konzernabschlusses, Summenabschluss und Konsolidierung

Weltweit entstehen Konzernabschlüsse nicht originär auf Basis einer Konzernbuchfüh- 11 rung, sondern derivativ aus den Einzelabschlüssen aller im Wege der Vollkonsolidierung einbezogenen Tochterunternehmen und dem Mutterunternehmen. Da die Einzelabschlüsse ohnehin aufgestellt werden müssen, liegen deren Daten bereits vor. Vereinfacht dargestellt werden sodann die einander entsprechenden Posten aus den Bilanzen und den Gewinn- und Verlustrechnungen aller Einzelabschlüsse horizontal addiert zu einer **Summenbilanz** und **Summen-GuV**. Schließlich werden im nächsten Schritt die Beziehungen zwischen den in den Konzernabschluss einbezogenen Unternehmen eliminiert; der Fachbegriff hierzu lautet **Konsolidierung**. Der Grund hierfür ist die Darstellung des Konzerns auf die Art und Weise, als wäre er ein einziges Unternehmen (siehe Rdn. 8, Einheits-Theorie). Der Konzernabschluss bildet so nur die Beziehungen des Konzerns zu außenstehenden Dritten ab.

BEISPIEL: Mutterunternehmen (MU) liefert an ein Tochterunternehmen (TU) fertige Erzeugnisse, woraus im Jahresabschluss von MU Umsatzerlöse und Forderungen aus Lieferungen und Leistungen entstehen. TU wiederum nimmt die fertigen Erzeugnisse auf und weist sie in seinem Jahresabschluss als Roh-, Hilfs- und Betriebsstoffe aus, von wo aus sie im kommenden Jahr weiterverarbeitet werden sollen. Außerdem ist eine Verbindlichkeit aus Lieferungen und Leistungen zu passivieren. – Im Summenabschluss (Summenbilanz und Summen-GuV) finden sich nun Forderungen und Verbindlichkeiten, Umsatzerlöse und RHB. Im Konzernabschluss sind aber beide Unternehmen so darzustellen, als wären sie ein Unternehmen. Ein Unternehmen kann aber nicht gegen sich selbst eine Forderung und eine Verbindlichkeit haben. Also sind Forderung gegen Verbindlichkeit aufzurechnen, wegzulassen, zu eliminieren, zu konsolidieren; diese Begriffe werden häufig sämtlich synonym benutzt. Aus der Sicht eines fiktiv einzelnen Unternehmens (also aus Konzernsicht) kann aber auch kein Umsatzerlös entstanden sein, weil man sich nicht selbst beliefern kann. Also ist auch der Umsatzerlös zu eliminieren und stattdessen eine Bestandserhöhung (Erhöhung des Bestands an fertigen und unfertigen Erzeugnissen) einzubuchen. Schließlich muss auch eine bilanzielle Umbuchung erfolgen, denn aus Konzernsicht liegen keine RHB, sondern unfertige Erzeugnisse vor, die im nächsten Jahr im Konzern weiterverarbeitet werden sollen.

Die beiden im Beispiel beschriebenen Konsolidierungsvorgänge werden der sog. **Schuldenkonsolidierung** (Weglassen von Forderung und Verbindlichkeit) und **Aufwands- und Ertragskonsolidierung** (Weglassen der Umsatzerlöse, Einbuchung der Bestandserhöhung) zugeordnet. In diesen beiden Bereichen gibt es zahlreiche Konsolidierungsbuchungen. Die Umbuchung innerhalb der Bilanz (von RHB auf unfertige Erzeugnisse) ist hingegen keinem speziellen Konsolidierungsnamen zugeordnet.

12 Die vielleicht wichtigste Konsolidierungsmaßnahme ist jedoch die Aufrechnung des Beteiligungsbuchwertes der MU gegen das anteilige Eigenkapital eines TU, die sog. **Kapitalkonsolidierung.**

BEISPIEL: Die Bilanz eines Unternehmens bestehe aus einem Kassenbestand und Eigenkapital von je 1 Mio. €. Nun gründe dieses Unternehmen für 400 000 € ein Tochterunternehmen im Wege der sog. Bargründung. Es liegt jetzt ein Konzern vor mit einem MU und einem TU. Beim MU ergibt sich ein Aktivtausch: 400 000 € liquide Mittel gehen aus der Kasse heraus an die TU und Anteile an verbundene Unternehmen werden in gleicher Höhe eingebucht.

ABB. 2: Beispiel zur Kapitalkonsolidierung

I. Bilanz des Mutterunternehmens vor Gründung des Tochterunternehmens

A	Bilanz zum 1. 1. x1		P
Kasse	1 000	Eigenkapital	1 000
	1 000		1 000

II. Bilanzen nach der Gründung des Tochterunternehmens

A	Bilanz zum 31. 12. x1 – Mutter		P
Anteile an verbundenen Unternehmen	400	Eigenkapital	1 000
Kasse	600		
	1 000		1 000

A	Bilanz zum 31. 12. x1 – Tochter		P
Kasse	400	Eigenkapital	400
	400		400

III. Bilanz des Konzerns

A	Bilanz zum 31. 12. x1		P
Kasse	1 000	Eigenkapital	1 000
	1 000		1 000

Kapitalkonsolidierung
Der Beteiligungsbuchwert in der Bilanz des Mutterunternehmens wird mit dem Eigenkapital des Tochterunternehmens verrechnet.

Ohne Kapitalkonsolidierung weisen beide Unternehmen addiert Vermögensgegenstände von 1,4 Mio. € und ein Eigenkapital von 1,4 Mio. € aus. Durch die Bargründung der Tochter kann sich aber das vorher vorhandene Vermögen des Konzerns (1 Mio. €) nicht erhöht haben. Also ist noch die Kapitalkonsolidierung durch die Aufrechnung des Beteiligungsbuchwertes der MU mit dem (anteiligen, hier: vollem) Eigenkapital des TU durchzuführen.

Technisch geschieht die Konsolidierung in der Praxis durch eine tabellarische Darstellung am Bilanzstichtag (hier: 31. 12. x1), siehe *ABB. 3*:

ABB. 3: Summenbilanz, technische Durchführung der Kapitalkonsolidierung und Konzernbilanz

Posten	MU	TU	Summen-bilanz	Konsolidierung				Konzern-bilanz
				Nr.	Soll	Nr.	Haben	
Anteile an verb. Unt.	400		400			1)	400	
Kasse	600	400	1 000					1 000
Summe Aktiva	**1 000**	**400**	**1 400**					**1 000**
Eigenkapital	1 000	400	1 400	1)	400			1 000
Summe Passiva	**1 000**	**400**	**1 400**					**1 000**

Die Konzernbilanz sieht demzufolge so aus wie der Jahresabschluss des MU vor Gründung des TU, eben weil sich durch die Gründung des TU das Konzernvermögen nicht geändert hat.

Mutter-Tochter-Beziehungen entstehen nicht nur durch Gründungsfälle, sondern auch 13
durch Erwerb von Anteilen (sog. share deal). Im Jahresabschluss des MU werden in beiden Fällen die Anteile als „Anteile an verbundene Unternehmen" im Finanzanlagevermögen ausgewiesen. Bei Aufstellung des Konzernabschlusses werden die Anteile ersetzt durch die Vermögensgegenstände und Schulden des verbundenen Unternehmens. Auf diese Weise wird aus einem rechtlichen share deal ein wirtschaftlicher asset deal. Technisch geschieht dies durch die in Rdn. 12 dargestellte Kapitalkonsolidierung.

V. Rechtliche Prüfschritte zur Aufstellung des Konzernabschlusses nach HGB oder IFRS

Aufgrund der IAS-Verordnung aus dem Jahr 2002 (VO (EG) Nr. 1606/2002), geändert 14
durch VO (EG) Nr. 297/2008 müssen alle kapitalmarktorientierten Mutterunternehmen mit Sitz in der EU ihren Konzernabschluss nach IFRS aufstellen (vgl. auch § 315e Abs. 1 HGB). Nicht kapitalmarktorientierte Mutterunternehmen mit Sitz in Deutschland haben das Wahlrecht zwischen einem HGB- oder IFRS-Konzernabschluss (§ 315e Abs. 3 HGB). Die Frage, ob überhaupt ein Konzernabschluss aufzustellen ist, richtet sich allerdings immer nach dem nationalen Recht des jeweiligen Mitgliedstaates auf Basis der EU-Bilanzrichtlinie, in Deutschland also nach den §§ 290 ff. HGB.

15 Daher sind bei der Aufstellung eines Konzernabschlusses systematisch und in dieser Reihenfolge folgende Themenkomplexe abzuarbeiten:

1. Notwendige Voraussetzung zur Aufstellung eines Konzernabschlusses ist das Vorliegen eines **Mutter-Tochter-Verhältnisses.** Das ist die Prüfung einer Rechtsfrage nach § 290 HGB, siehe Rdn. 101 ff.

2. Insoweit ***sämtliche*** **Tochtergesellschaften** wegen **Einbeziehungswahlrechten** nach § 296 HGB gar nicht einbezogen zu werden brauchen (nicht einbezogen bedeutet: sie brauchen nicht vollkonsolidiert zu werden), kann die Aufstellung eines Konzernabschlusses unterbleiben (§ 290 Abs. 5 HGB). Eine solche Beobachtung ist in der Praxis selten und wird hier nicht weiter vertieft.

3. Wenn das **Mutterunternehmen kapitalmarktorientiert** ist, muss es den Konzernabschluss nach den Rechtsregeln der IFRS aufstellen mit einigen ergänzenden Angaben nach HGB (§ 315e Abs. 1 HGB; zu den Hintergründen dieser Rechtsetzung siehe Rdn. 801 ff.). Im Grundsatz wird hier der HGB-Rechtskreis für diese Konzerne verlassen. Auf die kapitalmarktorientierten Konzerne und ihre IFRS-Anwendung kommen wir in Rdn. 801 ff. zurück. Alle anderen – nicht kapitalmarktorientierten – Konzerne müssen die nachfolgenden Prüfschritte durchlaufen.

4. Ist das betrachtete Mutterunternehmen seinerseits ein Tochterunternehmen? In diesem Fall liegt ein sog. **Teilkonzern** vor. Grundsätzlich ist auch für jeden Teilkonzern ein (Teil-)Konzernabschluss aufzustellen. Aber es gibt Befreiungsmöglichkeiten nach den §§ 291, 292 HGB, von denen in der Praxis auch in erheblichem Umfang Gebrauch gemacht wird, siehe im Einzelnen Rdn. 104.

5. Liegt kein Teilkonzern vor oder werden die Tatbestandsvoraussetzungen der §§ 291, 292 HGB nicht erfüllt, so bleibt unter Festlegung des **Konsolidierungskreises** (Rdn. 105 ff.) noch zu prüfen, ob der betrachtete Konzern die **Größenmerkmale** des § 293 HGB erfüllt. Werden diese unterschritten, kann auf die Aufstellung des Konzernabschlusses verzichtet werden, siehe Rdn. 111 ff. Eine größenabhängige Befreiung steht allerdings nicht zur Verfügung, soweit das Mutter- oder ein Tochterunternehmen kapitalmarktorientiert ist (§ 293 Abs. 5 HGB).

6. Jetzt steht fest, dass ein Konzernabschluss aufzustellen ist. Nichtkapitalmarktorientierte Mutterunternehmen haben das Wahlrecht, den Konzernabschluss nach den Rechtsregeln der IFRS oder nach denen des HGB aufzustellen (§ 315e Abs. 3 HGB). Wir konzentrieren uns hier auf die Aufstellung des Konzernabschlusses nach HGB unter Beachtung der Standards des DRSC (siehe hierzu Rdn. 24 ff.).

Die nachfolgende *ABB. 4* fasst die bisherigen Prüfschritte zusammen:

ABB. 4: Aufstellung Konzernabschluss nach HGB oder IFRS (entnommen aus *Theile*, in: Heuser/Theile, IFRS-Handbuch, 6. Aufl. 2019, Rz. 4.14)

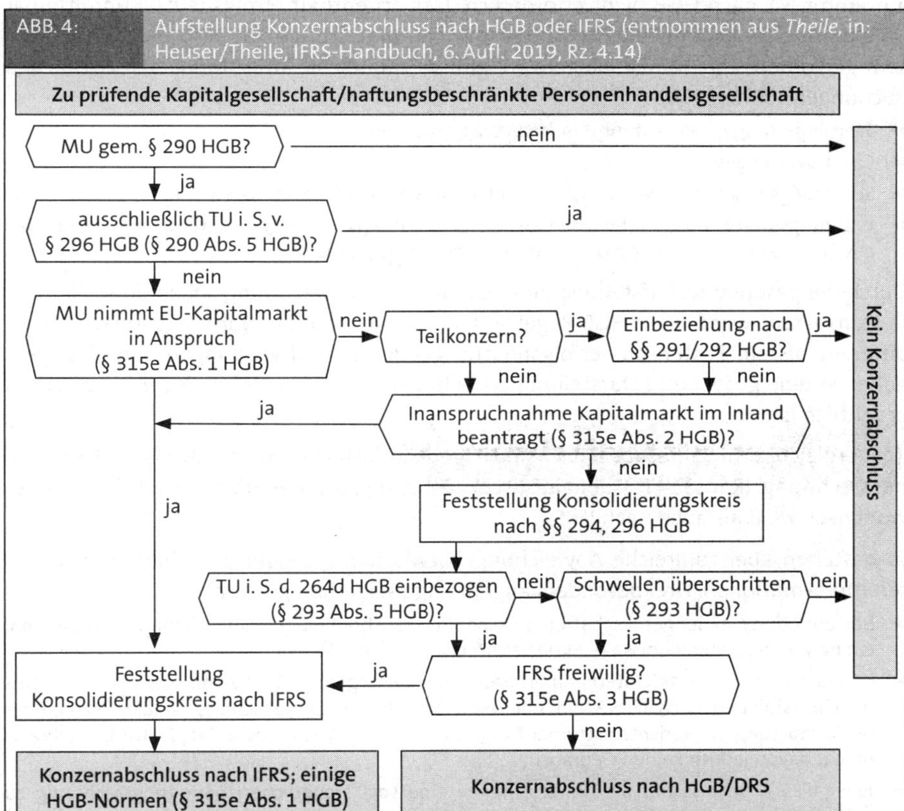

VI. Bestandteile des Konzernabschlusses, Konzernlagebericht

Die Bestandteile des Konzernabschlusses nach HGB im Vergleich zum IFRS-Konzern- 16
abschluss sind fast deckungsgleich, siehe nachfolgende *ABB. 5*:

ABB. 5: Bestandteile des Konzernabschlusses nach HGB und IFRS

Konzern-	HGB (§ 297 Abs. 1 HGB)	IFRS (IAS 1.10)
Bilanz	ja	ja
Gewinn- und Verlustrechnung	ja	ja
Gesamtergebnisrechnung	-	ja
Eigenkapitalspiegel	ja	ja
Kapitalflussrechnung	ja	ja
Anhang	ja	ja

17 Lediglich die Gesamtergebnisrechnung, die das sog. *other comprehensive income* (oci) aufnimmt, ist nach HGB nicht erforderlich. Das oci enthält erfolgsneutral unmittelbar im Eigenkapital gegengebuchte Aufwendungen und Erträge, die also nicht GuV-wirksam geworden sind. Im IFRS-Regelwerk gibt es zahlreiche Tatbestände, die zu solchen Buchungen führen, etwa

- Wertänderungen von bestimmten Finanzinstrumenten,
- Cashflow Hedges,
- Schätzungsänderungen von Pensionsverpflichtungen und Planvermögen sowie
- Währungsumrechnungsdifferenzen aus der Umrechnung von Tochterunternehmen außerhalb des Euro-Raumes nach der modifizierten Stichtagskursmethode.

Durch die gesonderte Aufstellung einer Gesamtergebnisrechnung sollen diese Elemente transparent werden. Im HGB-Regelwerk findet sich nur die Währungsumrechnungsdifferenz als ein Posten aus erfolgsneutral gebuchten Aufwendungen oder Erträgen; daher ist eine gesonderte Darstellung entbehrlich, weil sie auch im Eigenkapitalspiegel ersichtlich ist.

18 Im Vergleich zum Jahresabschluss sind Eigenkapitalspiegel (Rdn. 307 ff.) und Kapitalflussrechnung (Rdn. 314 ff.) obligatorische Bestandteile jedes Konzernabschlusses sowohl nach HGB als auch nach IFRS.

19 Es bestehen aber zahlreiche Abweichungen zwischen HGB und IFRS hinsichtlich weiterer Informationen. Drei besonders augenfällige seien hier genannt:

- Börsennotierte Aktiengesellschaften müssen im IFRS-Abschluss auf GuV-Ebene und im Anhang ein bzw. mehrere **Ergebnisse je Aktie** veröffentlichen (vgl. IAS 33).
- Kapitalmarktorientierte Unternehmen haben im Anhang des IFRS-Abschlusses eine **Segmentberichterstattung** nach IFRS 8 aufzunehmen. Im HGB-Konzernabschluss ist die Segmentberichterstattung als Berichtsinstrument optional möglich (§ 297 Abs. 1 Satz 2 HGB). Die Praxis macht davon jedoch keinen Gebrauch.
- Jeder IFRS-Abschluss hat als Anhangangabe eine sog. **steuerliche Überleitungsrechnung** zu enthalten (siehe IAS 12.81c). Im HGB-Konzernabschluss ist sie nicht erforderlich.

20 Unabhängig davon, ob der Konzernabschluss nach HGB oder IFRS aufgestellt wird, ist zu jedem Konzernabschluss ein **Konzernlagebericht** aufzustellen (§ 315 ff. HGB). Die Informationspflichten im Konzernlagebericht entsprechen weitestgehend denen aus dem Lagebericht zum Einzelunternehmen, beziehen sich aber auf die wirtschaftliche Einheit Konzern. Zum Konzernlagebericht siehe Rdn. 401 ff.

VII. Persönlicher Anwendungsbereich der Rechtsquellen für den Konzernabschluss, DRSC

1. HGB: Kapitalgesellschaften, haftungsbeschränkte Personenhandelsgesellschaften

21 Die Vorschriften zur Aufstellung des Konzernabschlusses nach HGB finden sich in den §§ 290–314 HGB und die zum Konzernlagebericht in den §§ 315–315d HGB. Es handelt sich hierbei um Regelungen auf Basis der EU-Bilanzrichtlinie 2013. Der persönliche Anwendungsbereich der Vorschriften betrifft Kapitalgesellschaften und haftungsbeschränkte Personenhandelsgesellschaften i. S. d. § 264a HGB.

2. HGB: Kreditinstitute, Versicherungsunternehmen

Für Kreditinstitute gelten rechtsformunabhängig die §§ 340i, 340j HGB sowie für Versicherungsunternehmen die §§ 341i, 341j HGB mit entsprechenden Verweisen auf die Konzernvorschriften für Kapitalgesellschaften. Auf die rechtsformspezifischen Besonderheiten von Kreditinstituten und Versicherungsunternehmen – beispielsweise können sie die größenabhängige Befreiung von der Aufstellungspflicht gem. § 293 Abs. 5 HGB nicht in Anspruch nehmen – wird hier nicht eingegangen. 22

3. Publizitätsgesetz (PublG): Großunternehmen bestimmter Rechtsformen

Auch Unternehmen, die unter das Publizitätsgesetz (PublG) fallen – z. B. OHG oder KG (mit natürlicher Person als persönlich haftendem Gesellschafter) – müssen ggf. einen Konzernabschluss aufstellen. Dazu müssen zwei der drei folgenden Merkmale (egal welche) an drei Abschlussstichtagen erfüllt sein (§ 11 PublG): 23

- Konzernbilanzsumme größer als 65 Mio. €,
- Konzernumsatzerlöse größer als 130 Mio. € und
- durchschnittliche Anzahl der Arbeitnehmer der Konzernunternehmen mit Sitz im Inland mehr als 5 000.

Die Vorschriften zur Rechnungslegung im Konzern nach dem PublG finden sich in den §§ 11–15 PublG. Auch hier wird regelmäßig auf die Vorschriften für Kapitalgesellschaften im HGB verwiesen. Obwohl noch einige bekannte Konzerne nach dem PublG den Konzernabschluss aufstellen müssen – z. B. der Oetker-Konzern –, ist der Anwendungsbereich doch eher gering. Daher wird im Folgenden und der leichteren Lesbarkeit wegen nicht auf die Konzernrechnungslegung nach PublG eingegangen.

4. DRSC: Deutsche Rechnungslegungs Standards (DRS)

Die Vorschriften im HGB zum Konzernabschluss und Konzernlagebericht sind lückenhaft und interpretationsbedürftig. Gesetzliche Aussagen zur Auf- und Abwärtskonsolidierung, zur Endkonsolidierung oder zur Konsolidierung im mehrstufigen Konzern fehlen ebenso wie zur Ausgestaltung der Kapitalflussrechnung oder des Eigenkapitalspiegels. Um gleichwohl eine Verbesserung der Vergleichbarkeit von Konzernabschlüssen nach HGB zu erreichen, hat der Gesetzgeber mit der Einfügung des § 342 HGB durch das KonTraG 1998 die rechtliche Grundlage zur Anerkennung eines privaten Rechnungslegungsgremiums geschaffen. 24

Das Deutsche Rechnungslegungs Standards Committee e.V. (DRSC) ist das private Rechnungslegungsgremium, das auf Basis des § 342 HGB seit 1998 tätig ist. Am 2. 12. 2011 wurde zwischen dem Bundesministerium der Justiz (BMJ, jetzt BMJV = Bundesministerium der Justiz und für Verbraucherschutz) und dem DRSC der zurzeit aktuelle sog. Standardisierungsvertrag geschlossen. Durch diesen Vertrag erkennt das BMJV das DRSC als Standardisierungsgremium gem. § 342 HGB an und hat ihm die in § 342 Abs. 1 Nr. 1–4 HGB genannten Aufgaben übertragen, vor allem die der **Entwicklung von Empfehlungen über die Anwendung der Grundsätze über die Konzernrechnungslegung** (sog. Konzern-GoB). Zu den gesetzlichen Aufgaben gehören aber auch die Beratung in 25

Gesetzgebungsvorhaben zur Rechnungslegung, die Vertretung der Bundesrepublik Deutschland in internationalen Standardisierungsgremien (z. B. beim IASB) und die Erarbeitung von Interpretationen zu den IFRS.

Neben den gesetzlichen Aufgaben verfolgt die Arbeit des DRSC im gesamtwirtschaftlichen Interesse (§ 2 der Satzung):

- die Erhöhung der Qualität der Rechnungslegung,
- die Förderung der Forschung und Ausbildung in den vorgenannten Bereichen.

ABB. 6 zeigt die Organe und Gremien des Vereins nach der aktuellen Satzung auf.

ABB. 6: Organe und Gremien des DRSC nach der Satzung vom 10. 7. 2017

Organe/Gremium/Satzung	Funktion
Mitgliederversammlung §§ 7 ff.	Wahl, Abberufung und Entlastung des Verwaltungsrats und des Normierungsausschusses; Festsetzung des Jahresbeitrags, Wirtschaftsplan; Feststellung des Jahresabschlusses, Wahl des Abschlussprüfers; Änderung und Ergänzung der Satzung
Verwaltungsrat §§ 10 ff.	20 Mitglieder, legt Grundsätze und Leitlinien des Vereins, insbesondere der Fachausschüsse und des Präsidiums fest; Wahl der Mitglieder der Fachausschüsse; Bestellung, Beratung und Überwachung des Präsidiums
Normierungsausschuss §§ 13 ff.	Sieben Mitglieder nach Wahl durch die Mitgliederversammlung; unterbreitet Vorschläge für die Wahl der Mitglieder des Präsidiums und der Fachausschüsse
Präsidium § 16 ff.	Präsident und Vizepräsident; Wahl durch den Verwaltungsrat auf Vorschlag des Normierungsausschusses; Führung der Geschäfte des Vereins; gesetzliche Vertreter nach § 26 BGB
Fachausschüsse §§ 19 ff.	Fachausschüsse: HGB-Ausschuss; IFRS-Ausschuss; Wissenschaftsbeirat

26 Die fachinhaltliche Arbeit des DRSC wird seit 2011 durch zwei Ausschüsse wahrgenommen:

- **HGB-Fachausschuss,**
- **IFRS-Fachausschuss.**

Es bestehen Pläne des DRSC, ab 2022 beide Fachausschüsse zum Fachausschuss „Finanzberichterstattung" zusammenzufassen und einen Ausschuss „Nachhaltigkeitsberichterstattung" einzurichten.

Die für den Rechnungsleger in der Praxis wesentliche Aufgabe des DRSC ist die Entwicklung von Empfehlungen zur Anwendung der Grundsätze über die Konzernrechnungslegung und den Konzernlagebericht. Der Anwendungskreis der Deutschen Rechnungslegungs Standards (DRS) beschränkt sich also auf die HGB-Konzernrechnungslegung und den Konzernlagebericht. Die DRS sollen die bestehenden HGB-Grundsätze weiterentwickeln, d. h. einzelne Vorschriften auslegen bzw. Regelungslücken schließen.

Für die Deutschen Rechnungslegungs Standards (DRS), die vom BMJV im Bundesanzeiger veröffentlicht worden sind, gilt die Vermutung, dass sie Grundsätze ordnungsmäßiger Bilanzierung für den Konzernabschluss darstellen (§ 342 Abs. 2 HGB). Daher müssen die Standards des DRSC für die Erstellung eines HGB-Konzernabschlusses beachtet werden. Auch für den HGB-Konzernabschlussprüfer sind die DRS maßgeblich (vgl. IDW PS 201 Rz. 12). Die aktuell gültigen Standards (Stand 1. 4. 2021) sind in *ABB. 7* zusammengefasst.

ABB. 7: Deutsche Rechnungslegungs Standards (DRS)

DRS	Inhalt
13	Grundsatz der Stetigkeit und Berichtigung von Fehlern
16	Halbjahresfinanzberichterstattung
17	Berichterstattung über die Vergütung der Organmitglieder
18	Latente Steuern
19	Pflicht zur Konzernrechnungslegung und Abgrenzung des Konsolidierungskreises
20	Konzernlagebericht
21	Kapitalflussrechnung
22	Konzerneigenkapital
23	Kapitalkonsolidierung (Einbeziehung von Tochterunternehmen in den Konzernabschluss)
24	Immaterielle Vermögensgegenstände im Konzernabschluss
25	Währungsumrechnung im Konzernabschluss
26	Assoziierte Unternehmen
27	Anteilmäßige Konsolidierung
28	Segmentberichterstattung

5. IFRS

Kapitalmarktorientierte Mutterunternehmen müssen, alle anderen können ihren Konzernabschluss nach den IFRS (= International Financial Reporting Standards) aufstellen; das haben Sie oben unter Rdn. 15 bereits gelesen. Wer hinter den IFRS steckt nebst einer Einführung in die Grundsätze der internationalen Rechnungslegung lesen Sie in Rdn. 801 ff. 27

Einstweilen frei 28–100

B. Aufstellungspflicht und Konsolidierungskreis nach HGB

I. Mutter-Tochter-Verhältnis: Verbundene Unternehmen

101 Notwendiges Tatbestandsmerkmal für die Aufstellung eines Konzernabschlusses ist das Vorliegen eines **Mutter-Tochter-Verhältnisses**. Eine **Kapitalgesellschaft** oder eine **haftungsbeschränkte Personenhandelsgesellschaft** i. S. d. § 264a HGB mit Sitz im Inland ist Mutterunternehmen, wenn sie über mindestens ein anderes Unternehmen (= Tochterunternehmen) unmittelbar oder mittelbar einen beherrschenden Einfluss ausüben kann (§ 290 Abs. 1 HGB). Ein beherrschender Einfluss eines Mutterunternehmens über ein anderes Unternehmen besteht nach § 290 Abs. 2 HGB stets, wenn

1. dem Mutterunternehmen die Mehrheit der Stimmrechte zusteht,
2. dem Mutterunternehmen das Recht zusteht, die Mehrheit des Verwaltungs-, Leitungs- oder Aufsichtsorgans zu bestellen oder abzuberufen und es gleichzeitig Gesellschafter ist,
3. dem Mutterunternehmen das Recht zusteht, einen beherrschenden Einfluss wegen Vertrag oder Satzung auszuüben oder
4. das andere Unternehmen (1) eine Zweckgesellschaft ist, bei der (2) die Risiken und Chancen beim Mutterunternehmen liegen.

Die nachfolgende *ABB. 8* zeigt die Kriterien zum Mutter-Tochter-Verhältnis:

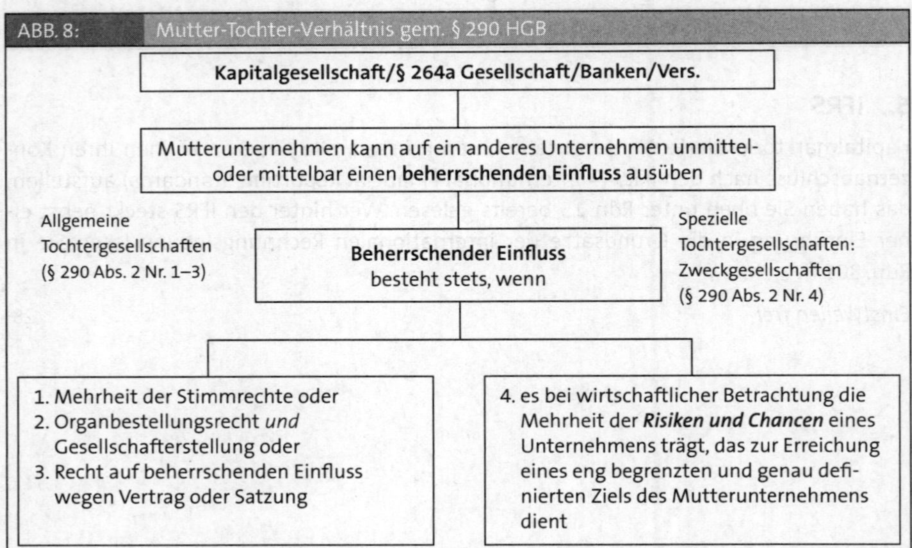

102 Die oben genannten typisierenden Tatbestandsmerkmale des § 290 Abs. 2 Nr. 1–3 HGB sind gesellschaftsrechtlich abgesichert. Das gilt indes nicht für die Nr. 4. Hier kommt es ausschließlich darauf an, ob eine sog. **Zweckgesellschaft** vorliegt mit einem engen und genau definierten Ziel der Unternehmenstätigkeit (DRS 19.38), beispielsweise eine Lea-

sing-Objekt-Gesellschaft oder eine Verbriefungsgesellschaft. In einem zweiten Schritt ist unter wirtschaftlicher Betrachtung zu analysieren, wem die Mehrheit der Risiken und Chancen der Unternehmenstätigkeit der Zweckgesellschaft zustehen; derjenige ist dann Muttergesellschaft.

Mutter- und Tochterunternehmen sind **verbundene Unternehmen** nach § 271 Abs. 2 HGB. Die Verbundenheitsbeziehung kommt bereits in den Jahresabschlüssen der verbundenen Unternehmen zum Ausdruck, in dem etwa Anteile an verbundene Unternehmen, Forderungen und Verbindlichkeiten gegenüber verbundenen Unternehmen gesondert in der Bilanz auszuweisen sind. 103

II. Befreiung von Teilkonzernabschlüssen

Bei **mehrstufigen Konzernen** (mehr als die zwei Stufen Mutter-Tochter, also mindestens 104
Mutter-Tochter-Enkel) führen die Bestimmungen über die Aufstellung eines Konzernabschlusses zur Aufstellung

- eines Gesamtkonzernabschlusses und
- von Teilkonzernabschlüssen auf jeder Konzernstufe (sog. Tannenbaumprinzip).

Große mehrstufige Konzerne mit zahlreichen Tochterunternehmen hätten mit erheblichem Aufwand eine Vielzahl von Teilkonzernabschlüssen aufzustellen und auch offenzulegen, obwohl es kaum Informationsadressaten für diese Teilkonzernabschlüsse gibt. Zur Vermeidung dieser Folgen enthalten die §§ 291, 292 HGB Vorschriften über **befreiende Konzernabschlüsse**. Danach ist es unter Erfüllung bestimmter Voraussetzungen möglich, auf die Aufstellung von Teilkonzernabschlüssen zu verzichten.

BEISPIEL: In der nachfolgenden *ABB. 9* bestehe der Konzern aus sieben Unternehmen. Tochter 1 und Tochter 2 sind ihrerseits auch Mutterunternehmen der Teilkonzerne 1 und 2. Unter Beachtung

- des § 291 HGB (das oberste Mutterunternehmen hat seinen Sitz in der EU/EWR) oder
- § 292 HGB (das oberste Mutterunternehmen hat seinen Sitz außerhalb EU/EWR) und
- bei Erfüllung der dort jeweils angegebenen Tatbestandsvoraussetzungen (u. a. Einbeziehung des Teilkonzerns in den obersten Konzernabschluss, Aufstellung des obersten Konzernabschlusses und -lageberichts gleichwertig zum EU-Recht, Veröffentlichung des obersten Konzernabschlusses in deutscher oder englischer Sprache; wichtigster Unterschied der beiden Normen ist, dass der Konzernlagebericht des obersten Mutterunternehmens nach § 292 nicht von einem Abschlussprüfer geprüft sein muss),

kann auf die Aufstellung der Teilkonzernabschlüsse verzichtet werden. Ein Verzicht ist nicht möglich, wenn die Teilkonzernmutter kapitalmarktorientiert ist oder Minderheiten (bei einer AG als Teilkonzernmutter 10 %, bei einer GmbH 20 %) die Aufstellung des Teilkonzernabschlusses beantragen (§ 291 Abs. 3 HGB, § 292 Abs. 2 Satz 2 HGB).

ABB. 9: Gesamtkonzernabschluss, Teilkonzernabschluss

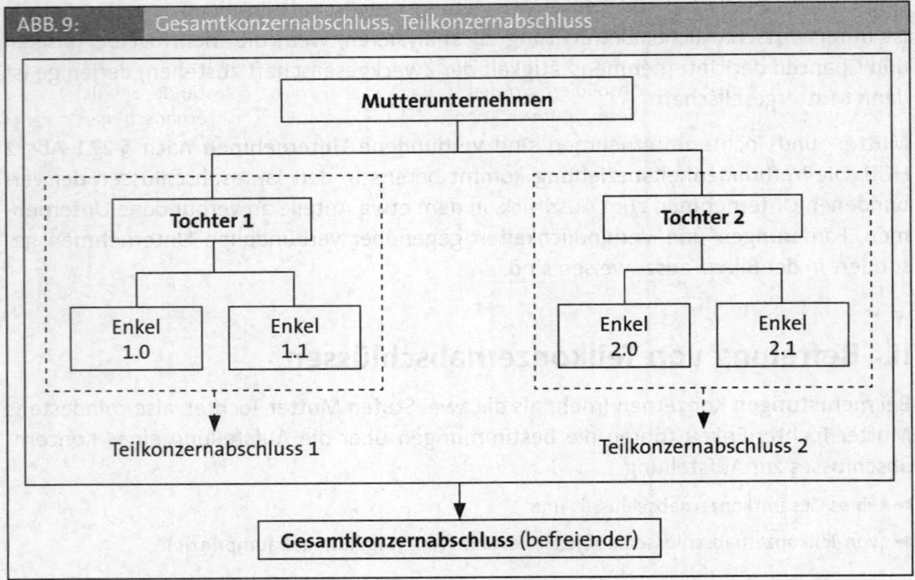

III. Festlegung des Konsolidierungskreises

1. Vollkonsolidierungspflicht der Tochterunternehmen

105 Das HGB verlangt in § 294 Abs. 1 i. V. m. § 290 Abs. 1 HGB die grundsätzliche Einbeziehung des Mutterunternehmens und aller Tochterunternehmen ohne Rücksicht auf den Sitz und die Rechtsform der Tochterunternehmen, d. h. grundsätzlich die Aufstellung von **Weltabschlüssen.** Die Tochterunternehmen werden im Wege der **„Vollkonsolidierung"** nach §§ 300 ff. HGB in den Konzernabschluss einbezogen. Vollkonsolidierung ist der Name zur Übernahme sämtlicher Vermögensgegenstände, Schulden, Aufwendungen und Erträge des Tochterunternehmens in den Konzernabschluss unter Weglassung („Konsolidierung") aller Konzerninnenbeziehungen.

2. Verzicht auf die Einbeziehung

106 Auf die Einbeziehung (= Vollkonsolidierung) von Tochterunternehmen kann nach § 296 HGB verzichtet werden (= Einbeziehungswahlrecht)

- bei Verfügungsbeschränkungen über das Tochterunternehmen,
- falls die für den Konzernabschluss notwendigen Angaben des Tochterunternehmens nicht ohne erhebliche Kosten oder unangemessene Verzögerungen zu erhalten sind (das konnte z. B. während des durch die Corona-Pandemie im Frühjahr 2020 verhängten Lockdowns der Wirtschaft, etwa in Italien, ein Grund für die temporäre Nichteinbeziehung von Tochtergesellschaften gewesen sein),
- die Anteile des Tochterunternehmens bereits im Erwerbszeitpunkt mit Weiterveräußerungsabsicht gehalten werden oder
- bei (einzeln und in Summe) untergeordneter Bedeutung des oder der Tochterunternehmen.

Wird von dem Wahlrecht Gebrauch gemacht, werden die betroffenen Tochterunternehmen nur mit ihrem Beteiligungsbuchwert im Konzernabschluss ausgewiesen.

BEISPIEL: Wenn in einer Konzernbilanz im Finanzanlagevermögen immer noch die Zeile „Anteile an verbundenen Unternehmen" ausgewiesen wird, verbergen sich die Anteile an solchen Tochterunternehmen dahinter, die unter Inanspruchnahme eines Einbeziehungswahlrechts des § 296 HGB nicht vollkonsolidiert worden sind. Die Vermögensgegenstände, Schulden, Aufwendungen und Erträge dieser Unternehmen finden sich nicht im Konzernabschluss und damit auch nicht deren kumulierte Ergebnisse seit Konzernzugehörigkeit.

Die Ausübung des Wahlrechts ist im Konzernanhang zu begründen (§ 296 Abs. 3 HGB).

ABB. 10 fasst die Sachverhalte graphisch zusammen.

ABB. 10: Konsolidierungskreis nach HGB

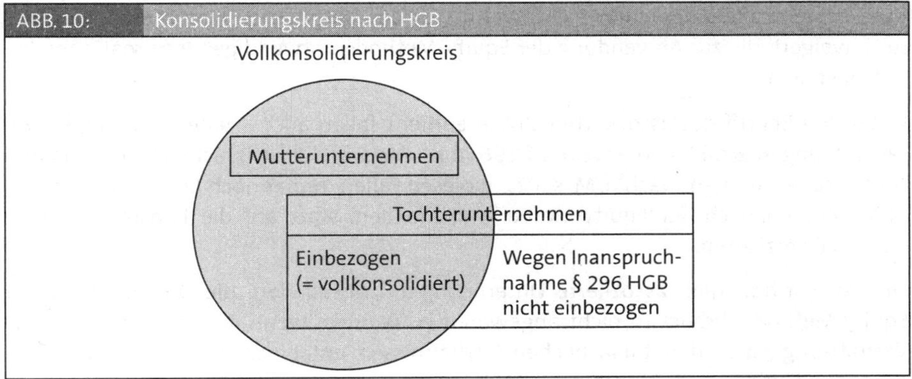

Hinsichtlich weiterer Einzelheiten zu § 296 HGB wird auf DRS 19 verwiesen.

3. Gemeinschaftsunternehmen und assoziierte Unternehmen

107 Wenn ein Mutterunternehmen einen Konzernabschluss aufzustellen hat, sind die sog. **Gemeinschaftsunternehmen** (siehe Rdn. 108) und **assoziierte Unternehmen** (siehe Rdn. 109) des Mutterunternehmens oder ihrer Tochterunternehmen im Konzernabschluss wie folgt abzubilden:

- **Gemeinschaftsunternehmen** sind entweder entsprechend der Kapitalanteile – also **quotal (anteilmäßig) – zu konsolidieren** oder nach der **Equity-Methode** zu bewerten.
- **Assoziierte Unternehmen** werden nach der **Equity-Methode** bewertet.

Zur anteilmäßigen Konsolidierung siehe Rdn. 262 und zur Equity-Methode Rdn. 264.

Die Existenz von nur Gemeinschaftsunternehmen und/oder nur assoziierten Unternehmen löst keine Konzernrechnungslegungspflicht aus.

108 **Gemeinschaftsunternehmen** („joint ventures") sind solche, die von vollkonsolidierten Mutter- und/oder Tochterunternehmen gemeinsam mit außenstehenden Dritten gemeinschaftlich geführt werden. Bei zwei gemeinschaftlich führenden Einheiten ist die Kapitalbeteiligung am Gemeinschaftsunternehmen häufig 50:50. Seltener sind Gemeinschaftsunternehmen mit mehr als zwei Partnern. Der Zweck solcher Vereinbarungen kann z. B. die gemeinschaftliche Forschung- und Entwicklung, aber auch die Herstellung von Gütern sein.

109 Als **assoziierte Unternehmen** werden *nicht* in den Konzernabschluss einbezogene Unternehmen bezeichnet,

- an denen ein in den Konzernabschluss einbezogenes Unternehmen beteiligt ist (§ 271 Abs. 1 HGB) und
- tatsächlich einen maßgeblichen Einfluss auf die Geschäfts- und Finanzpolitik ausübt.

Der maßgebliche Einfluss wird beim Innehaben von mindestens 20 % der Stimmrechte vermutet (§ 311 Abs. 1 HGB, widerlegbare Assoziierungsvermutung). Mit einer Vertretung im Aufsichtsrat oder im Vorstand des Unternehmens seitens des beteiligten Konzernunternehmens besteht regelmäßig maßgeblicher Einfluss. Ein maßgeblicher Einfluss besteht allerdings dann nicht, wenn sich das betreffende Unternehmen erfolgreich weigert, die zur Anwendung der Equity-Methode notwendigen Informationen bereit zu stellen.

Unter den Begriff des assoziierten Unternehmens fallen auch – sofern die obigen Voraussetzungen erfüllt sind – wegen § 296 Abs. 1 Nr. 1 und 2 HGB nicht vollkonsolidierte Tochterunternehmen. Nach h. M. sei es in diesen Fällen immer noch besser, die Tochterunternehmen nach der Equity-Methode abzubilden, statt auf die Konsolidierung in Gänze zu verzichten.

Die Vorschriften über assoziierte Unternehmen, insbesondere die Durchführung der Equity-Methode, brauchen nicht angewandt zu werden, wenn die Beteiligung für die Vermittlung eines den tatsächlichen Verhältnissen entsprechenden Bildes der Vermögens-, Finanz- und Ertragslage des Konzerns von untergeordneter Bedeutung ist (§ 311 Abs. 2 HGB).

4. Veränderungen des Konsolidierungskreises

110 Werden bisher konsolidierungspflichtige Tochterunternehmen oder Anteile an Tochterunternehmen verkauft, scheiden also aus dem Konsolidierungskreis aus bzw. die Beteiligungsquote wird verändert, kann dies bei den betroffenen Tochterunternehmen zur Entkonsolidierung oder Änderung der Konsolidierungsmethode führen. Umgekehrt erweitern der Erwerb von Tochterunternehmen oder Anteilen an bislang nicht konsolidierten Unternehmen den Konsolidierungskreis und können zur Änderung der Konsolidierungsmethode der betroffenen Tochterunternehmen führen. Für derartige Sachverhalte enthält das HGB keine Bestimmungen, jedoch thematisiert DRS 23 zum Teil diese Vorgänge.

Die technische Umsetzung des Ausscheidens eines Tochterunternehmens aus dem Konsolidierungskreis wird als **Entkonsolidierung** bezeichnet.

Den Wechsel zu einer anderen Konsolidierungsmethode nennt die Literatur **Übergangskonsolidierung.**

Über wesentliche Erst-, Ent- und Übergangskonsolidierungen ist im Konzernanhang zu berichten: Hat sich die Zusammensetzung der in den Konzernabschluss einbezogenen Unternehmen im Laufe des Geschäftsjahres wesentlich geändert, so sind Angaben aufzunehmen, die es ermöglichen, die aufeinanderfolgenden Konzernabschlüsse sinnvoll zu vergleichen (§ 294 Abs. 2 HGB).

IV. Größenabhängige Aufstellungsbefreiung

Für Konzerne, die bestimmte **Größenmerkmale** nach § 293 HGB nicht überschreiten, sieht das HGB die **Befreiung** von der Aufstellung eines Konzernabschlusses und Konzernlageberichts vor. Die Größenmerkmale sind in der *ABB. 11* zusammengefasst dargestellt. Die Befreiung kann nicht in Anspruch genommen werden, soweit das Mutterunternehmen oder ein in den Konzernabschluss einbezogenes Tochterunternehmen kapitalmarktorientiert ist (§ 293 Abs. 5 HGB). Auch **Kreditinstitute** und **Versicherungsunternehmen** dürfen § 293 HGB nicht anwenden (vgl. § 340i Abs. 2 Satz 2 HGB sowie § 341j Abs. 1 Satz 2 HGB). 111

ABB. 11: Größenabhängige Aufstellungsbefreiung nach § 293 HGB

	Bruttomethode nach § 293 Abs. 1 Nr. 1 HGB (addiert)	**Nettomethode** nach § 293 Abs. 1 Nr. 2 HGB (konsolidiert)
Bilanzsumme in T€ bis	24 000	20 000
Umsatzerlöse in T€ bis	48 000	40 000
Arbeitnehmer bis	250	250

Bei der **Bruttomethode** (§ 293 Abs. 1 Nr. 1 HGB) werden die Bilanzsummen und die Umsatzerlöse des Mutterunternehmens und der Tochterunternehmen, die in den Konzernabschluss einzubeziehen wären, addiert. Damit ist unter Beachtung auch der Einbeziehungswahlrechte lediglich der Vollkonsolidierungskreis festzulegen; ein Probe-Konzernabschluss muss nicht aufgestellt werden. 112

Bei der **Nettomethode** (§ 293 Abs. 1 Nr. 2 HGB) wird auf die Bilanzsumme und die Umsatzerlöse des **Konzernabschlusses** abgestellt, also auf bereits konsolidierte Werte. Damit ist im Vorhinein der gesamte Konsolidierungskreis (einschließlich Gemeinschaftsunternehmen und assoziierter Unternehmen) festzustellen und es sind alle Konsolidierungsmaßnahmen durchzuführen. 113

Die Bruttomethode ist sehr einfach, so dass sich zunächst deren Anwendung zur Prüfung der größenabhängigen Befreiung anbietet. Zu beachten ist: Die Befreiung von der Aufstellungspflicht tritt nur ein, wenn zwei der drei Merkmale innerhalb einer Methode an zwei aufeinanderfolgenden Jahren unterschritten werden. Sofern insoweit bei der Bruttomethode zwei der drei Größenmerkmale an zwei aufeinanderfolgenden Geschäftsjahren überschritten werden, kann noch anhand der Nettomethode überprüft werden, ob an zwei aufeinander folgenden Abschlussstichtagen die Größenmerkmale überschritten sind. Zwar hat man dann schon konsolidiert, aber bei einem dann festgestellten Unterschreiten der Größenmerkmale besteht keine Pflicht zur Aufstellung des Konzernabschlusses. Mithin brauchen dann Kapitalflussrechnung, Eigenkapitalspiegel und Anhang nicht aufgestellt zu werden. 114

V. Rechtsfolge: Aufstellungspflicht des Konzernabschlusses

115 Sind alle vorgenannten Prüfschritte positiv durchlaufen, muss ein Konzernabschluss aufgestellt werden. Nicht kapitalmarktorientierte Mutterunternehmen haben gem. § 315e Abs. 3 HGB die Möglichkeit, den Konzernabschluss statt nach den Vorschriften des HGB nach IFRS aufzustellen. In der Praxis dominiert eindeutig der **HGB-Konzernabschluss**. Dabei sind die Vorschriften des HGB (§§ 290–315d HGB) zu ergänzen um die Standards des DRSC (zur Bedeutung des DRSC siehe Rdn. 24 f., zu den Standards siehe Rdn. 26).

116–200 *Einstweilen frei*

C. Konsolidierung nach HGB

I. Grundlagen

1. Konsolidierungstechnik

201 Nach Feststellung der Fragen,

- ob ein Konzernabschluss aufzustellen ist, und wenn ja,
- nach welchen Rechtsregeln er aufgestellt wird (IFRS-Pflicht für kapitalmarktorientierte Mutterunternehmen, für alle anderen Wahlrecht zwischen IFRS und HGB) und
- nach Festlegung des jeweiligen Konsolidierungskreises

sind die nachfolgenden Fragen zu klären. Sie werden im Folgenden anhand des Rechtskreises HGB beschrieben, sind aber analog auch unter IFRS zu beachten. An einigen besonders wichtigen Stellen wird explizit auf IFRS hingewiesen.

202 Die zu konsolidierenden Tochterunternehmen stellen Jahresabschlüsse nach den rechtlichen Vorschriften ihres jeweiligen Sitzlandes auf; dieser Abschluss wird in der Praxis auch **Handelsbilanz I (HB I)** genannt. Deutsche Unternehmen bilanzieren nach HGB, ungarische nach dem ungarischen Rechnungslegungsgesetz, US-Tochterunternehmen ggf. nach US-GAAP, russische nach russischem Recht usw. Soll bei derivativer Aufstellung des Konzernabschlusses (siehe Rdn. 11) ein Konzernabschluss nach den Rechtsregeln des HGB entstehen, müssen zunächst diese Handelsbilanzen I gleichnamig gemacht werden. Das geschieht durch Einführung einer **Handelsbilanz II (HB II)**, in der alle Sachverhalte der einbezogenen Unternehmen im Hinblick auf ihre Abschlusswirkung nach HGB beurteilt werden.

203 Im Falle eines Unternehmenserwerbs (nicht bei Gründung eines Tochterunternehmens) sind bei der Erstkonsolidierung regelmäßig sog. stille Reserven und ggf. auch Lasten aufzudecken, die in den Folgeperioden fortzuführen sind. Das geschieht häufig in einer gesonderten Differenzenbetrachtung, die in der Fachwelt den Namen **Handelsbilanz III (HB III)** trägt. Hinzu tritt bei Unternehmen außerhalb des Euro-Raumes auch das Problem der Währungsumrechnung; der so umgerechnete Abschluss wird gelegentlich auch HB IV genannt.

Schließlich werden die (ggf. umgerechnete) HB II und die HB III addiert zur Summenbilanz und Summen-GuV. Danach schließen sich die eigentlichen Konsolidierungsmaßnahmen an, um die Innenbeziehungen zu eliminieren (siehe *ABB. 13*). Sodann entstehen die Konzernbilanz und die Konzern-GuV. Die nachfolgende *ABB. 12* zeigt die Vorgehensweise schematisch. 204

ABB. 12: Vom Einzel- zum Konzernabschluss (modifiziert entnommen aus *Theile/Pawelzik*, in: Heuser/Theile, IFRS-Handbuch, 6. Aufl. 2019, Rz. 36.32)

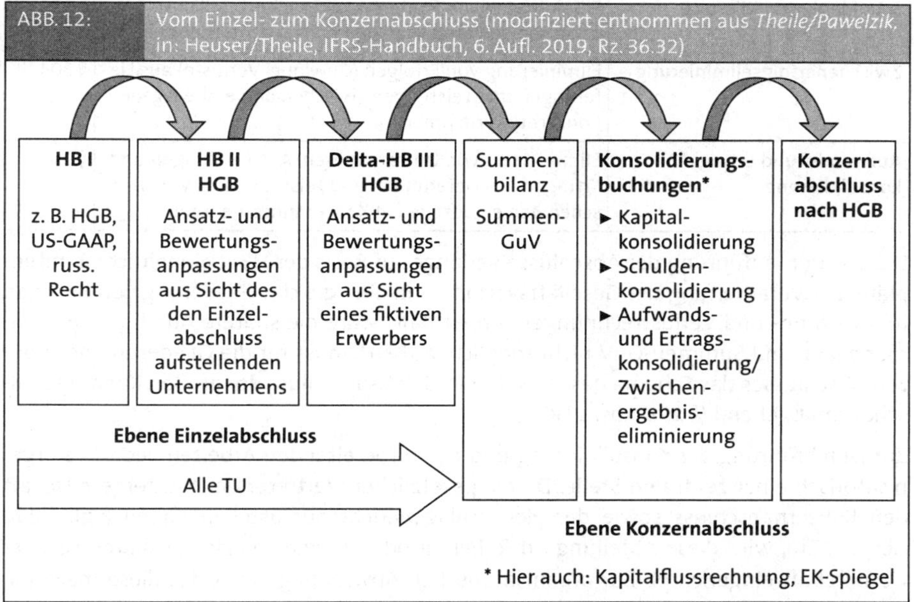

Dass von der HB I zur HB II übergeleitet wird – wie *ABB. 12* durch die Pfeile oben suggeriert –, ist nicht zwingend. Manche Konzerne richten auch die HB II als konzernführendes System ein; sie „denken" und „handeln" gewissermaßen auf HB II-Ebene. Das hat einen guten Grund: Zumindest in größeren Konzernen wird der Konzernabschluss auch als Instrument zur internen Steuerung und Kontrolle genutzt. Intern, d. h. konzernweit für alle Tochterunternehmen vergleichbar sind aber nur die HB II-Daten, sodass diese und wichtige konsolidierte Kennzahlen bis hin zum gesamten Konzernabschluss oftmals monatlich benötigt werden. Demgegenüber wird die HB I nur einmal im Jahr aufgestellt. Dann ist die Überleitung von der HB II zur HB I einmal im Jahr viel einfacher als die zwölfmal jährliche Überleitung von HB I zur HB II. 205

ABB. 13: Konsolidierungsmaßnahmen

Konsolidierungsmaßnahme	Gegenstand	HGB
Kapitalkonsolidierung	Aufrechnung der Beteiligungsbuchwerte mit dem neubewerteten Eigenkapital der einbezogenen Tochterunternehmen	§ 301 § 307 § 309
Schuldenkonsolidierung	Eliminierung von Forderungen und Verbindlichkeiten zwischen den einbezogenen Konzernunternehmen	§ 303
Zwischenerfolgseliminierung	Eliminierung von Erfolgen (Gewinne, Verluste) aus Lieferungen und Leistungen zwischen den einbezogenen Konzernunternehmen	§ 304
Aufwands- und Ertragskonsolidierung	Eliminierung von Umsatzerlösen, Aufwendungen und Erträgen aus Lieferungen und Leistungen usw. zwischen den einbezogenen Konzernunternehmen	§ 305

206 Die Zusammenführung der Abschlüsse verlangt auf Basis der HB II **einheitliche Kontenpläne** zur Verarbeitung der Geschäftsvorfälle und eine gleiche Gliederung von Bilanzen und Gewinn- und Verlustrechnungen. Andernfalls wäre die spätere Addition zur Summenbilanz und Summen-GuV nicht möglich. Außerdem ist für die Gliederung des Konzernabschlusses das Schema des HGB für den Jahresabschluss der großen Kapitalgesellschaft maßgebend (§ 298 Abs. 1 HGB).

207 Zur Durchführung der Konsolidierung und der vorbereitenden Arbeiten bedarf es organisatorisch einer **zentralen Stelle**. Da die gesetzlichen Vertreter der Muttergesellschaft den Konzernabschluss sowie den Konzernlagebericht aufzustellen haben (vgl. § 290 Abs. 1 HGB), wird diese Abteilung i. d. R. bei ihr oder in einer speziellen **shared-service**-Gesellschaft eingerichtet. Zur organisatorischen Abwicklung erarbeitet diese meist ein sog. **Konsolidierungs-Handbuch**, das allen Konzernunternehmen elektronisch zur Verfügung gestellt wird und entsprechende Arbeitsanweisungen auch zur Aufstellung der HB II enthält.

2. Grundsätze der Konsolidierung

208 Der Konzernabschluss ist – analog zum Jahresabschluss – klar und übersichtlich aufzustellen. Er hat ein den tatsächlichen Verhältnissen entsprechendes Bild der Vermögens-, Finanz- und Ertragslage zu vermitteln (vgl. im Einzelnen § 297 Abs. 2, 3 HGB). Um dieses Ziel zu erreichen, enthält das HGB einige wichtige Grundsätze, die in nachfolgender *ABB. 14* genannt sind.

ABB. 14: Grundsätze der Konsolidierung		
Grundsatz	**Gegenstand**	**HGB**
Klarheit und Übersichtlichkeit	Vermittlung eines den tatsächlichen Verhältnissen entsprechenden Bildes der Konzernlage.	§ 297 Abs. 2
Fiktion der rechtlichen Einheit	Es wird unterstellt, dass die einbezogenen Unternehmen auch rechtlich ein einziges Unternehmen wären.	§ 297 Abs. 3
Vollständigkeit	Alle Posten sind aufzunehmen, maßgeblich ist das Recht der Muttergesellschaft.	§ 300
Einheitlichkeit der Ansatz- und Bewertungsmethoden	Die Ansatz- und Bewertungsmethoden im Konzernabschluss müssen für vergleichbare Sachverhalte einheitlich sein, vgl. auch Rdn. 202, 206 und 211.	§ 300 Abs. 2, § 308
Stetigkeit und Vergleichbarkeit	Die Darstellungsmethode, die Konsolidierungs- und Bewertungsmethoden sind stetig beizubehalten, damit der Konzernabschluss mit den Vorjahresdaten vergleichbar ist.	§ 297 Abs. 3, § 298, § 265

3. Anzuwendende Vorschriften

Die Vorschriften zum Konzernabschluss finden sich in den §§ 290–314 HGB. Darüber 209
hinaus verweist § 298 Abs. 1 HGB auf die Vorschriften über den Jahresabschluss (siehe *ABB. 15*), die auch auf den Konzernabschluss anzuwenden sind, soweit seine Eigenart keine Abweichung bedingt oder in den konzernspezifischen Vorschriften nichts anderes vorgeschrieben ist.

ABB. 15: Auf den Konzernabschluss anzuwendende Vorschriften nach § 298 Abs. 1 HGB	
§§ HGB	**Bezeichnung**
244	Sprache, Währungseinheit
245	Unterzeichnung
246	Vollständigkeit, Verrechnungsverbot
247	Inhalt der Bilanz
248	Bilanzierungsverbote und -wahlrechte
249	Rückstellungen
250	Rechnungsabgrenzungsposten
251	Haftungsverhältnisse
252	Allgemeine Bewertungsgrundsätze
253	Zugangs- und Folgebewertung
254	Bildung von Bewertungseinheiten
255	Bewertungsmaßstäbe
256	Bewertungsvereinfachungsverfahren
256a	Währungsumrechnung
264c	Besondere Bestimmungen für offene Handelsgesellschaften und Kommanditgesellschaften i. S. d. § 264a

§§ HGB	Bezeichnung
265	Allgemeine Grundsätze für die Gliederung
266	Gliederung der Bilanz
268 Abs. 1–7	Vorschriften zu einzelnen Posten der Bilanz, Bilanzvermerke
270	Bildung bestimmter Posten
271	Beteiligungen, verbundene Unternehmen
272 Abs. 1–4	Eigenkapital
274	Latente Steuern
275	Gliederung
277	Vorschriften zu einzelnen Posten der Gewinn- und Verlustrechnung

II. Vorbereitende Konsolidierungsmaßnahmen

1. Abschlussstichtag

210 Die in den Konzernabschluss eingehenden Bilanzen und Gewinn- und Verlustrechnungen müssen denselben Abschlussstichtag und damit denselben Gewinnermittlungszeitraum (abgesehen von Rumpfgeschäftsjahren) haben, ggf. sind von den Tochterunternehmen Zwischenabschlüsse aufzustellen. Bei der Wahl des Stichtags der Konzernbilanz wird grundsätzlich vom Abschlussstichtag der Muttergesellschaft ausgegangen. In § 299 bestimmt das HGB über den Konzernabschlussstichtag: **Maßgebend ist der Stichtag des Mutterunternehmens**. Der Abschluss eines Tochterunternehmens darf bis zu drei Monate *vor* dem Stichtag des Konzernabschlusses liegen. In diesem Fall ist über Vorgänge von besonderer Bedeutung – soweit sie den Abweichungszeitraum betreffen – zu berichten (§ 299 Abs. 2, 3 HGB). Liegt ein Abschlussstichtag um mehr als drei Monate vor dem des Konzernabschlusses, so muss ein **Zwischenabschluss** zur Wahrung der Einheitlichkeit aufgestellt werden.

2. Ansatz, Bewertung und Gliederung in der HB II

211 Nach der Einheits-Theorie sind Vermögensgegenstände und Schulden in der Konzernbilanz nach den auf den Jahresabschluss des Mutterunternehmens anwendbaren Gliederungs-, Bilanzierungs- und Bewertungsmethoden einheitlich zu erfassen. Damit sind die Abschlüsse der Tochterunternehmen – vor allem die der ausländischen – vor Durchführung von Konsolidierungsmaßnahmen an das für die Muttergesellschaft einschlägige Bilanzrecht anzupassen. Zweckmäßig erfolgt dies durch die Erstellung der **Handelsbilanz II (HB II)**. Ohne die Einhaltung dieser Forderung könnten gleichartige Vermögensgegenstände ggf. nach unterschiedlichen Ansatz- und Bewertungsverfahren bilanziert sein.

212 Unabhängig davon, ob die Jahresabschlüsse der Tochterunternehmen Vermögensgegenstände, Schulden usw. enthalten, müssen diese vollständig nach dem **Recht des**

Mutterunternehmens, also dem deutschen Handelsrecht, übernommen werden. Dies gilt jedoch nicht, wenn das HGB ein Bilanzierungsverbot oder ein Bilanzierungswahlrecht enthält. Bilanzierungswahlrechte dürfen im Konzernabschluss selbstständig und losgelöst vom Jahresabschluss des Mutterunternehmens ausgeübt werden (vgl. § 300 Abs. 2 HGB).

Die im Konzernabschluss ausgewiesenen Vermögensgegenstände, Schulden usw. sind 213 einheitlich nach den auf den Jahresabschluss der Mutter anwendbaren Bewertungsmethoden und damit ggf. abweichend zum Jahresabschluss zu bewerten. Die Ansätze der Jahresabschlüsse werden somit nicht von vornherein in den Konzernabschluss übernommen (= *keine* Maßgeblichkeit der Jahresabschlüsse für den Konzernabschluss, § 308 Abs. 1, 2 HGB).

Damit sind die Ansatz- und Bewertungsvorschriften des HGB eigenständig auf den 214 Konzernabschluss anzuwenden: Das Mutterunternehmen kann die Bilanzierungs- und Bewertungswahlrechte im Konzernabschluss unabhängig davon, wie sie in den Jahresabschlüssen ausgeübt wurden, anwenden. Dies eröffnet für die Muttergesellschaft die Möglichkeit einer eigenständigen **Konzernbilanzpolitik**.

3. Aufdeckung stiller Reserven und Lasten in der HB III

Bei Erwerb neuer vollzukonsolidierender Unternehmen sind deren Vermögensgegen- 215 stände und Schulden im Rahmen der Erstkonsolidierung grundsätzlich zum beizulegenden Zeitwert, dem Fair Value, zu bewerten (§ 301 Abs. 1 HGB).

Der beizulegende Zeitwert entspricht dem Marktpreis auf einem aktiven Markt (§ 255 216 Abs. 4 Satz 1, 2 HGB). Ein **aktiver Markt** ist gegeben, wenn folgende Merkmale kumulativ vorliegen:

- Preise sind an der Börse oder von einer autorisierten Gruppe ermittelt und öffentlich zugänglich,
- die Produkte sind homogen und
- es lassen sich jederzeit Käufer/Verkäufer finden, der Markt ist liquide.

BEISPIELE: Die Aktien der Daimler AG werden an der Börse gehandelt, sind untereinander homogen und der Markt ist sehr liquide. Es liegt ein aktiver Markt vor. Die Aktien der Daimler AG sind aber inhomogen zu allen anderen Aktien des DAX 30: Der DAX 30 setzt sich aus 30 aktiven Märkten zusammen.

Für Unikate (z. B. Berliner Flughafen, Dortmunder Opernhaus, ein Patent) kann es demgegenüber von vornherein keinen aktiven Markt geben.

Fehlt es an einem aktiven Markt, ist der beizulegende Zeitwert anhand **allgemein aner- 217 kannter Bewertungsmethoden** zu bestimmen (§ 255 Abs. 2 Satz 2 HGB). Dazu zählen:

- Kapitalwertmethoden (Discounted Cashflow-Methoden), bei denen künftige Nettozahlungsströme aus dem Bewertungsobjekt geschätzt und mit einem laufzeit- und risikoadjustierten Zins auf den Gegenwartswert diskontiert werden,
- Optionspreismodelle (Black-Scholes-Merton oder Binomialmodell),
- ggf. auch Vergleichswertverfahren oder kostenorientierte Verfahren.

Sollte auch dies – ausnahmsweise – scheitern, bestimmen die fortgeführten Anschaffungs- und Herstellungskosten den beizulegenden Zeitwert (§ 255 Abs. 4 Satz 3, 4 HGB).

218 Der beizulegende Zeitwert insbesondere von Vermögensgegenständen weicht i. d. R. von den Fortführungswerten der HB II ab, und zwar nach oben.

BEISPIEL: MU erwirbt das Unternehmen TU. TU weist in seiner Bilanz ein Grundstück zu Anschaffungskosten von 1 Mio. € aus. Das Grundstück hat TU vor 30 Jahren erworben. Der aktuelle Marktwert (beizulegender Zeitwert) liegt bei 3 Mio. €. Dann ist das Grundstück in der Konzernbilanz mit 3 Mio. € anzusetzen; der beizulegende Zeitwert markiert hier die Anschaffungskosten aus Konzernsicht.

219 Die Differenzen zwischen den HB II-Buchwerten und den beizulegenden Zeitwerten der einzelnen Vermögensgegenstände und Schulden werden oft in einer HB III erfasst und fortgeführt, bis sie sich ggf. realisiert haben. Die Darstellung dieser Vorgehensweise erfolgt zweckmäßig bei der Erläuterung der Kapitalkonsolidierung in Rdn. 225 ff.

4. Währung und Währungsumrechnung

220 Der Konzernabschluss ist wie der Jahresabschluss in deutscher Sprache und in Euro aufzustellen (§ 244 i. V. m. § 298 Abs. 1 HGB). Dies ist auch die Berichtswährung.

Das Problem der **einheitlichen Währung** taucht nur bei der Konsolidierung ausländischer, nicht zum Euro-Währungsgebiet gehörender Tochterunternehmen auf. Im Rahmen der Konsolidierung müssen die Ansätze im Abschluss der Auslandsgesellschaft in Euro umgerechnet werden.

221 Tochterunterunternehmen mit Sitz außerhalb des Euro-Raumes stellen i. d. R. ihren Jahresabschluss in ihrer jeweiligen Landeswährung auf. Daher ist nach der Anpassung ihrer Jahresabschlüsse an konzerneinheitliche Gliederungs-, Bilanzierungs- und Bewertungsvorschriften die Umrechnung ihrer HB II bzw. HB III in Euro erforderlich. Die **Währungsumrechnung** ist in § 308a HGB für den Konzernabschluss geregelt. Es handelt sich um die **modifizierte Stichtagsmethode**, bei der die Umrechnungsdifferenzen erfolgsneutral innerhalb des Konzerneigenkapitals nach den Rücklagen unter dem Posten **„Eigenkapitaldifferenz aus Währungsumrechnung"** zu erfassen sind. Bei teilweisem oder vollständigem Ausscheiden eines Tochterunternehmens ist der Posten in der entsprechenden Höhe erfolgswirksam aufzulösen.

Für die Währungsumrechnung gelten nach § 308a HGB folgende Grundsätze:

- Aktiv- und Passivposten (mit Ausnahme des Eigenkapitals): Devisenkassamittelkurs am Abschlussstichtag,
- Eigenkapital: Historischer Kurs; für unterjährige Eigenkapitalveränderungen der jeweilige Transaktionskurs,
- Posten der Gewinn- und Verlustrechnung und damit auch das Jahresergebnis: Durchschnittskurs.

Die Währungsumrechnung nach § 308a HGB wird ergänzt durch DRS 25.

5. Latente Steuern

Im Konzernabschluss ist entsprechend dem Jahresabschluss ebenfalls eine Steuerabgrenzung vorzunehmen (§ 306 HGB). Die Steuerabgrenzung im Konzernabschluss dient der **korrekten Ergebnis- und Vermögensermittlung**. Folglich müssen sowohl die Erstkonsolidierung als auch alle erfolgswirksamen Konsolidierungsvorgänge bezüglich ihrer Wirkungen auf die Abgrenzung der latenten Steuern untersucht werden. 222

Das Konzept der latenten Steuern orientiert sich am Temporary-Konzept (analog zu § 274 HGB für den Jahresabschluss). Danach sind Steuerbelastungen und/oder Steuerentlastungen aus Differenzen zwischen handelsrechtlichen Wertansätzen der Vermögensgegenstände, Schulden oder Rechnungsabgrenzungsposten und deren steuerlichen Wertansätzen, die sich in späteren Geschäftsjahren voraussichtlich wieder abbauen, bei einer insgesamt sich ergebenden Steuerbelastung als passive latente Steuern und eine sich insgesamt ergebende Steuerentlastung als aktive latente Steuer auszuweisen. Auch ein unsaldierter Ausweis ist zulässig (vgl. § 306 Abs. 1 Satz 2, 3, 4 HGB). Die Posten dürfen mit den Posten nach § 274 HGB zusammengefasst werden. Im Unterschied also zur Steuerabgrenzung nach § 274 HGB besteht bei der Steuerabgrenzung nach § 306 HGB für aktive latente Steuern eine Ansatzpflicht. 223

Daraus ergeben sich zwei Ansatzebenen für die Ermittlung latenter Steuern im Konzernabschluss, nämlich

1. die Handelsbilanzen bei Anpassung an Konzernwerte (HB II) und
2. latente Steuern, die sich aus Konsolidierungsmaßnahmen einschließlich einer Neubewertung in der HB III ergeben.

Für die Bewertung und den Ansatz verweist § 306 Satz 5 auf § 274 Abs. 2 HGB. Danach sind unternehmensindividuelle Steuersätze anzuwenden. Dies ist aber bei großen Konzernen mit einer Vielzahl von Unternehmen kaum praktikabel. Deshalb wird auch ein konzerneinheitlicher Satz zumindest für Inlandsgesellschaften für zulässig gehalten. 224

III. Kapitalkonsolidierung

1. Grundsatz und Problemstellungen

Die Kapitalverflechtung zwischen den einbezogenen Unternehmen, im einfachsten Fall zwischen dem Mutter- und einem Tochterunternehmen, führt bei einer bloßen Addition der Einzelbilanzen zu Doppelrechnungen. So erhöht sich z. B. durch eine Bargründung eines Tochterunternehmens weder das Gesamtvermögen noch das Gesamtkapital des Konzerns (siehe bereits Rdn. 12). Zur Vermeidung derartiger Doppelrechnungen wird bei der **Kapitalkonsolidierung nach § 301 HGB** die Aufrechnung des Beteiligungsbuchwertes des Mutterunternehmens gegen das (anteilige) Eigenkapital des Tochterunternehmens zum Erwerbs- oder Gründungszeitpunkt durchgeführt. Demgegenüber wird das Eigenkapital des Mutterunternehmens unverändert in den Konzernabschluss übernommen. 225

Die Kapitalkonsolidierung wird durchgeführt nach der sog. **Erwerbsmethode** (= erfolgswirksame Kapitalkonsolidierung, Purchase-Methode oder angelsächsische Methode).

Die Erwerbsmethode fingiert einen Einzelerwerb der Vermögensgegenstände und Schulden. Sie ist im Erwerbszeitpunkt (Erstkonsolidierung) erfolgsneutral; Erfolgswirkungen aufgrund von Abschreibungen auf aufgedeckte stille Reserven oder Auflösungen stiller Lasten ergeben sich erst in Folgekonsolidierungen. Die Erwerbsmethode kommt in mehreren Ausprägungen vor, von denen die Buchwert- und die Neubewertungsmethode sowie die Full Goodwill Methode die wichtigsten sind (siehe hierzu *ABB. 16* sowie Rdn. 227 ff.).

226 Die bei der Kapitalkonsolidierung zu lösenden Probleme lassen sich in folgende **Fragenkomplexe** aufgliedern:

1. Wie sind die Beteiligungsbuchwerte (= „Anteile an verbundenen Unternehmen") zu ermitteln?
2. Was gehört zum konsolidierungspflichtigen Eigenkapital und wie wird es bewertet?
3. Werden die Beteiligungsbuchwerte und das konsolidierungspflichtige Eigenkapital zum jeweiligen Stichtag des Konzernabschlusses oder zum Zeitpunkt der Entstehung des Mutter-Tochter-Verhältnisses aufgerechnet?
4. Was geschieht, wenn konsolidierungspflichtiger Beteiligungsbuchwert und Eigenkapital betragsmäßig nicht übereinstimmen?
5. Was ist zu tun, wenn keine 100 %ige Beteiligung vorliegt, sondern nur z. B. 70 %, und daher 30 % der Kapitalanteile eines Tochterunternehmens anderen Gesellschaftern (sog. nicht beherrschende Anteile) gehören?
6. Gibt es Sonderprobleme, die im HGB nur unvollständig geregelt oder gar nicht erwähnt sind?

Die aufgezeigten Fragenkomplexe werden in dieser Reihenfolge abgehandelt und mit einem durchgängigen Beispiel verdeutlicht.

ABB. 16: Ausprägungen der Erwerbsmethode

	Erwerbsmethode (purchase method): Fiktion des Einzelerwerbs der Vermögensgegenstände und Schulden		
	Buchwertmethode	**Neubewertungsmethode**	**Full Goodwill Methode**
HGB	Seit 2010 unzulässig	Einzig zulässig	Unzulässig
IFRS	Seit 2004 unzulässig	Zulässig	Seit 2009 zulässig (als einzeln ausübbare Alternative zur Neubewertungsmethode)

2. Buchwert- und Neubewertungsmethode sowie Full Goodwill Methode als Ausprägungen der Erwerbsmethode

227 **Für Unternehmenserwerbe bis zum 31. 12. 2009** kamen im HGB als Methoden zur Kapitalkonsolidierung die **Erwerbsmethode** in ihren Ausprägungen **Buchwert- und Neubewertungsmethode** (Wahlrecht) in Betracht. Mit dem BilMoG ist für Neuerwerbe die

Buchwertmethode abgeschafft worden; die bisherigen Konzernbuchwerte nach dieser Methode können aber fortgeführt werden. Die Full Goodwill Methode ist im HGB-Konzernabschluss untersagt (siehe *ABB. 16*).

Auch im IFRS-Abschluss ist die Buchwertmethode unzulässig, und zwar bereits schon seit 2004. Demgegenüber besteht seit 2009 ein einzeln ausübbares Wahlrecht zwischen der Neubewertungsmethode und der Full Goodwill Methode. In der Anwendungspraxis dominiert die Neubewertungsmethode.

Buchwert- und Neubewertungsmethode sowie Full Goodwill Methode unterscheiden 228
sich materiell ausschließlich in der Bewertung der Anteile anderer Gesellschafter. Das sind Anteile an Tochterunternehmen, die nicht dem Mutterunternehmen oder anderen einbezogenen Unternehmen gehören. Sie sind sowohl im HGB als auch im IFRS-Konzernabschluss als **nicht beherrschende Anteile** auszuweisen.

- Bei der **Buchwertmethode** werden die Anteile anderer Gesellschafter nach ihrem Eigenkapitalanteil auf Basis der HB II des Tochterunternehmens bewertet, also *vor* Aufdeckung von stillen Reserven und Lasten.
- Bei der **Neubewertungsmethode** werden die Anteile anderer Gesellschafter mit ihrem Eigenkapitalanteil auf Basis der HB III des Tochterunternehmens bewertet, also *nach* Aufdeckung von stillen Reserven und Lasten.
- Das gilt auch für die **Full Goodwill Methode**. Zusätzlich partizipieren hier die Anteile anderer Gesellschafter an einer Hochrechnung des Goodwills (Buchungssatz: Goodwill an nicht beherrschende Anteile). Beim Erwerb eines Unternehmens wird so dessen Gesamtwert im Konzernabschluss abgebildet, ungeachtet dessen, dass das Mutterunternehmen nicht 100 % der Anteile übernommen hat. Mit der Full Goodwill Methode wird die Einheitstheorie konsequent verwirklicht.

Da bei der Erstkonsolidierung i. d. R. stille Reserven aufgedeckt werden und die Anteile anderer Gesellschafter im Konzerneigenkapital auszuweisen sind, führt die Neubewertungsmethode bei der Erstkonsolidierung zu einem höheren Konzerneigenkapital als die Buchwertmethode. Andererseits werden aufgedeckte stille Reserven in Folgeperioden i. d. R. zu Aufwand (z. B. Abschreibungen auf immaterielle Vermögensgegenstände) und insoweit zu einer höheren Ergebnisbelastung in der Konzern-Gewinn- und Verlustrechnung als bei der Buchwertmethode. Freilich: Diese höhere Ergebnisbelastung betrifft dann ausschließlich wiederum die anderen Gesellschafter (nicht beherrschende Anteile).

Im HGB Konzernabschluss ist **für Unternehmenserwerbe ab 1. 1. 2010** ausschließlich 229
die **Neubewertungsmethode als Kapitalkonsolidierung** erlaubt. Daher wird diese Methode jetzt anhand eines Beispiels ausführlich und Schritt für Schritt dargestellt.

BEISPIEL: Konsolidierungsbeispiel, Ausgangsdaten

Die Mutter AG erwirbt am 31. 12. t_1 100 % der Anteile an der Tochter GmbH zum Kaufpreis (Anschaffungskosten) von 600 €. Der Sitz beider Gesellschaften befindet sich in Deutschland (= keine Währungsumrechnung). Die Handelsbilanzen II beider Unternehmen zum 31. 12. t_1 und zum 31. 12. t_2 (= Folgejahr) lauten wie folgt (in €):

31. 12. t_1

Posten	Mutter AG		Tochter GmbH	
	Aktiva	Passiva	Aktiva	Passiva
Anteile an verbundenen Unternehmen	600			
Sonstige Aktiva	400		600	
Gezeichnetes Kapital/Rücklagen		300		300
Jahresüberschuss		200		
Sonstige Passiva		500		300
Summen	1 000	1 000	600	600

31. 12. t_2

Posten	Mutter AG		Tochter GmbH	
	Aktiva	Passiva	Aktiva	Passiva
Anteile an verbundenen Unternehmen	600			
Sonstige Aktiva	500		650	
Gezeichnetes Kapital/Rücklagen		300		300
Jahresüberschuss		250		50
Sonstige Passiva		550		300
Summen	1 100	1 100	650	650

Anmerkung: Aus didaktischen Gründen sind manche einzeln auszuweisende Posten (z. B. Sachanlagen, Vorräte, Forderungen usw.) zusammengefasst dargestellt (z. B. „Sonstige Aktiva")

3. Ermittlung der konsolidierungspflichtigen Beteiligungsbuchwerte

230 Nach § 301 Abs. 1 HGB gehören zu den „Anteilen" *alle* kapitalmäßigen Beteiligungen und Einlagen von vollkonsolidierten Konzernunternehmen gegenüber *einbezogenen* anderen Konzernunternehmen, also alles, was Miteigentumsrechte begründet. Diese werden als „Anteile an verbundenen Unternehmen" im Anlagevermögen ausgewiesen, sehr selten auch im Umlaufvermögen.

BEISPIEL (FORTSETZUNG AUS RDN. 229): Die Anteile an verbundenen Unternehmen mit dem Buchwert von 600 € in der Bilanz der Mutter AG sind heranzuziehen. Grundsätzlich ist zu prüfen, ob ggf. andere einbezogene Tochterunternehmen ebenfalls derartige Anteile besitzen – was hier nicht der Fall sein kann, da die Mutter AG bereits 100 % der Anteile hält.

4. Umfang und Ermittlung des zu verrechnenden Eigenkapitals (Neubewertung)

231 Aus dem Gliederungsschema der Bilanz in § 266 Abs. 3 HGB lässt sich für das Tochterunternehmen der Umfang der zu konsolidierenden Eigenkapitalposten ablesen:

I. Gezeichnetes Kapital
II. Kapitalrücklage
III. Gewinnrücklagen
IV. Gewinnvortrag/Verlustvortrag
V. Jahresüberschuss/-fehlbetrag

Der Kapitalkonsolidierung nach der Erwerbsmethode liegt die Vorstellung zugrunde, das Mutterunternehmen erwerbe keine Anteile an dem Tochterunternehmen (share deal), sondern dessen Vermögensgegenstände und Schulden (= Fiktion des Einzelerwerbs der Vermögensgegenstände und Schulden; asset deal). Bei der Vollkonsolidierung in ihrer Ausprägung der **Neubewertungsmethode** sollen die Vermögensgegenstände und Schulden des Tochterunternehmens zum beizulegenden Zeitwert (Fair Value) in die Konzernbilanz übernommen werden. Ausgenommen von der Bewertung zum Fair Value sind Rückstellungen und latente Steuern (§ 301 Abs. 1 Satz 3 HGB). Die Fair Value-Bewertung erfordert eine **Neubewertung** der Vermögensgegenstände und Schulden in einer zusätzlichen für den Konzernabschluss erstellten **Neubewertungsbilanz (= Handelsbilanz III)** des Tochterunternehmens, also *nach* konzerneinheitlicher Bilanzierung. In der Handelsbilanz III (HB III) erfolgt dann durch die Fair Value-Bewertung die vollständige Aufdeckung stiller Reserven und Lasten. Dabei darf das neu bewertete Eigenkapital insgesamt die Anschaffungskosten des Mutterunternehmens für die Anteile auch überschreiten. Die aufgedeckten stillen Reserven und Lasten werden in den Folgeperioden fortgeführt und über die Nutzungsdauer abgeschrieben.

In Höhe der aufgedeckten stillen Reserven und Lasten empfiehlt es sich, eine **Neubewertungsrücklage** zu bilden, die zum konsolidierungspflichtigen Eigenkapital des Tochterunternehmens gehört. Die Neubewertungsrücklage hat nur eine statistische Bedeutung und wird im Rahmen der Kapitalkonsolidierung wieder eliminiert.

Zur zutreffenden Bemessung der stillen Reserven und Lasten müssen auch **latente Steuern** berücksichtigt werden. Sie nehmen, bewertet mit dem Steuersatz des Tochterunternehmens, den Unterschied auf zwischen dem Steuerwert (Buchwert des Postens in der Steuerbilanz) und dem handelsrechtlichen Buchwert des Postens in der Konzernbilanz. Wenn auch in der HB I und HB II für Buchwertunterschiede latente Steuern angesetzt worden sind, brauchen bei der Erstkonsolidierung nur die HB III-Differenzen zu den bisherigen Buchwerten in der HB II verglichen zu werden. Ein Rückgriff auf die Steuerbilanz ist dann nicht erforderlich.

BEISPIEL (FORTSETZUNG AUS RDN. 230): In den „sonstigen Aktiva" des Tochterunternehmens befinden sich 200 € stille Reserven (z. B. ist der beizulegende Zeitwert von Immateriellen Vermögensgegenständen und Sachanlagen höher als der bisherige Buchwert in der HB II), die in t_1 erfolgsneutral aufgedeckt werden. Die Nutzungsdauer der stillen Reserven wird auf fünf Jahre geschätzt. Der Steuersatz des TU beträgt 30 %. In Höhe der aufgedeckten stillen Reserven abzüglich passivierter latenter Steuern wird der Posten „Neubewertungsrücklage" passiviert:

Nr.	Soll	€		Haben	€
1	Sonstige Aktiva	200	an	Neubewertungsrücklage	140
				Passive latente Steuern	60

Die nachfolgende Tabelle zeigt die Umsetzung der Buchung in einem Tabellenkalkulationsprogramm. So oder so ähnlich erfolgt auch die Darstellung in einer Konsolidierungssoftware. Die Buchung vollzieht sich in einer „Delta-HB III“, die zusammen mit der HB II und übersichtlich dargestellt die „Summen-HB III“ ergibt (für die Summen-HB III wird im folgenden Text nur „HB III“ verwendet). Das neubewertete Eigenkapital der Tochter GmbH in der HB III beträgt somit in t_1 440 €.

31.12.t_1 **Posten**	**HB II**	**Δ HB III** Nr.	Soll	Nr.	Haben	**∑ HB III**
GoF						
Anteile an verbundenen Unternehmen						
Sonstige Aktiva	600	1	200			800
Summe Aktiva	**600**					**800**
Gezeichnetes Kapital/Rücklagen	300					300
Neubewertungsrücklage				1	140	140
Jahresüberschuss						
Summe EK	*300*					*440*
Sonstige Passiva	300					300
Latente Steuern				1	60	60
Summe Passiva	**600**					**800**

31.12. t_2

In t_2 werden die im Rahmen der Erstkonsolidierung (= t_1) aufgedeckten stillen Reserven fortgeführt und über die geschätzte Nutzungsdauer (hier: 5 Jahre) abgeschrieben, jährlich 40 €. Damit beträgt der Buchwert der aufgedeckten stillen Reserven am Ende von t_2 nur noch 160 €. Folglich sinkt die im Vorjahr passivierte latente Steuer um 12 € auf 48 € (= 30 % von 140 €). Die erste Buchung zeigt den Saldovortrag aus dem Vorjahr, die zweite Buchung die Abschreibung und die dritte die entsprechende Auflösung passiver latenter Steuern:

Nr.	**Soll**	**€**		**Haben**	**€**
1	Sonstige Aktiva	200	an	Neubewertungsrücklage	140
				Passive latente Steuern	60
2	Abschreibung	40	an	Sonstige Aktiva	40
3	Passive latente Steuern	12	an	Latenter Steuerertrag	12

Die Abschreibung i. H.v. 40 € (= 200 € / 5) wirkt sich erfolgswirksam auf den Jahresüberschuss aus, sodass in t_2 der Jahresüberschuss der Tochter GmbH von 50 € in der HB II auf 10 € in der HB III sinkt. Gegengleich erhöht sich der Jahresüberschuss durch die Auflösung passiver latenter Steuern um 12 €. Folglich beträgt der Jahresüberschuss insgesamt 22 €; er ist um 28 € gesunken. Weil hier keine GuV abgebildet wird, sind die erfolgswirksamen Buchungen in der folgenden Tabelle in der Zeile „Jahresüberschuss“ eingetragen. Wichtig: Die Neubewertungsrücklage aus dem Zeitpunkt der Erstkonsolidierung bleibt unverändert.

31.12.t_2 Posten	HB II	Δ HB III Nr.	Soll	Nr.	Haben	∑ HB III
GoF						
Anteile an verbundenen Unternehmen						
Sonstige Aktiva	650	1	200	2	40	810
Summe Aktiva	**650**					**810**
Gezeichnetes Kapital/Rücklagen	300					300
Neubewertungsrücklage				1	140	140
Jahresüberschuss	50	2	40	3	12	22
Summe EK	*350*					*462*
Sonstige Passiva	300					300
Latente Steuern		3	12	1	60	48
Summe Passiva	**650**					**810**

5. Zeitpunkt der Aufrechnung von Beteiligungsbuchwert und Eigenkapital

Die Verrechnung von Beteiligungsbuchwert und anteiligem Eigenkapital erfordert die Festlegung eines Bewertungszeitpunkts für das Eigenkapital. Der Gesetzgeber sieht grundsätzlich nur einen einzigen Zeitpunkt vor: Die Verrechnung hat zu dem Zeitpunkt zu erfolgen, zu dem das Unternehmen Tochterunternehmen geworden ist (§ 301 Abs. 2 Satz 1 HGB). Dies ist i. d. R. der Zeitpunkt des Erwerbs der Anteile. Dieser ist zugleich der Zeitpunkt der Konzernentstehung bzw. Entstehung eines Mutter-Tochter-Verhältnisses. 232

In besonderen Konstellationen, beispielsweise bei erst später entstehender Konzernrechnungslegungspflicht, sind auch andere Zeitpunkte der Aufrechnung möglich (§ 301 Abs. 2 Satz 3–5 HGB). Darauf gehen wir nicht ein.

6. Unterschiedsbeträge zwischen Beteiligungsbuchwert und konsolidierungspflichtigem Eigenkapital

6.1 Entstehungsursachen

Nach der Neubewertungsmethode können sich bei der Aufrechnung des Beteiligungsbuchwertes mit dem (anteiligen) neubewerteten Eigenkapital (§ 301 Abs. 1 Nr. 2 HGB) regelmäßig **Unterschiedsbeträge** ergeben. Dabei kann der Unterschiedsbetrag positiv (aktiver Unterschiedsbetrag) oder negativ (passiver Unterschiedsbetrag) sein. Häufig ist der aktive Unterschiedsbetrag. Er bedeutet, dass der Erwerber für das Unternehmen mehr bezahlt hat als die Summe des neubewerteten Kapitals ausmacht. Hinter diesem aktiven Unterschiedsbetrag, der als Geschäfts- oder Firmenwert (GoF, nach IFRS: Goodwill) auszuweisen ist, können keine einzeln identifizierbaren Vermögensgegenstände mehr stecken, denn diese sind bereits in der HB III angesetzt worden. Also verbleiben vergütete „geschäftswertbildende Faktoren“ wie das Image, Standortvorteile, das gut ausgebildete Personal, Marktzugang, Zugang zu Beschaffungsmärkten usw. (siehe 233 auch DRS 23.121). Natürlich kann auch eine Fehleinschätzung vorliegen: Der Erwerber hat schlicht zu viel bezahlt.

6.2 Geschäfts- oder Firmenwert

234 Ein aktiver Unterschiedsbetrag aus der Verrechnung nach § 301 Abs. 1 HGB ist als **Geschäfts- oder Firmenwert (GoF)** auszuweisen und im Anhang zu erläutern (§ 301 Abs. 3 HGB). Er ist nach den allgemeinen Vorschriften (§ 309 Abs. 1 HGB) planmäßig abzuschreiben ab dem Zeitpunkt der Erstkonsolidierung (§ 301 Abs. 2 HGB). Kann die voraussichtliche Nutzungsdauer eines Geschäfts- oder Firmenwertes nicht verlässlich geschätzt werden, sind die planmäßigen Abschreibungen über zehn Jahre vorzunehmen (§ 253 Abs. 3 Satz 3, 4 HGB). Der GoF ist auch der außerplanmäßigen Abschreibung zugänglich (§ 253 Abs. 3 Satz 5 HGB), die durch DRS 23.124 ff. konkretisiert wird. Diese Standardvorgaben werden in der Literatur z. T. sehr kritisch gesehen.

Der Ansatz latenter Steuern auf den GoF ist untersagt (§ 306 Satz 3 HGB).

6.3 Unterschiedsbetrag aus der Kapitalkonsolidierung

235 Entsteht bei der Aufrechnung nach § 301 Abs. 1, 2 HGB ein Unterschiedsbetrag auf der Passivseite, so ist dieser als **„Unterschiedsbetrag aus der Kapitalkonsolidierung"** nach dem Eigenkapital auszuweisen. Der Posten kann ergebniswirksam nach den Grundsätzen der §§ 297, 298 HGB aufgelöst werden (§ 309 Abs. 2 HGB). Die entsprechende Konkretisierung findet sich in DRS 23.139 ff. Der Posten und wesentliche Änderungen gegenüber dem Vorjahr sind im Konzernanhang zu erläutern (§ 301 Abs. 3 HGB). Der Ansatz latenter Steuern auf den passiven Unterschiedsbetrag ist untersagt (§ 306 Satz 3 HGB).

236 Im Falle mehrerer Tochterunternehmen, bei der das Mutterunternehmen bei einem Tochterunternehmen einen Geschäfts- und Firmenwert und bei einem anderen Tochterunternehmen einen Unterschiedsbetrag aus der Kapitalkonsolidierung ermittelt, sind die Posten getrennt in der Konzernbilanz auszuweisen; eine Saldierung ist nicht erlaubt.

7. Beispiel zur Erst- und Folgekonsolidierung bei 100 %igem Anteilsbesitz nach der Neubewertungsmethode

237 In Fortführung aus Rdn. 231 sind nun die Posten aus der HB III des TU mit jenen aus der HB II des MU zur Summenbilanz zu verdichten. Sodann ist die Kapitalkonsolidierung durchzuführen: Der Beteiligungsbuchwert von 600 € (Anteile an verbundenen Unternehmen) ist mit dem anteiligen, hier 100 % betragenden neubewerteten Eigenkapital des TU zum Erwerbszeitpunkt zu verrechnen. Es ergibt sich ein GoF von 160 €. Die Konsolidierung wird hier anhand von Arbeitsblättern gezeigt, die die in der Praxis verwendeten Konsolidierungssoftware-Lösungen nachempfinden. Die Konsolidierungsbuchung schließt in der Nummerierung an der aus Rdn. 231 an, hier also Nr. 2.

31. 12. t_1 – **Erstkonsolidierung**

Nr.	Soll	€		Haben	€
1	Sonstige Aktiva	200	an	Neubewertungsrücklage	140
				Passive latente Steuern	60

Nr.	Soll	€		Haben	€
2	GoF	160			
	GezKap/Rücklagen	300			
	Neubewertungsrücklage	140	an	Anteile an verbundenen Unternehmen	600

31.12.t_1 Posten	HB II MU	HB III TU	Summen-bilanz	Kapitalkonsolidierung Nr.	Soll	Nr.	Haben	Konzern-bilanz
GoF				2	160			160
Anteile an verbundenen Unternehmen	600		600			2	600	
Sonstige Aktiva	400	800	1 200					1 200
Summe Aktiva	**1 000**	**800**	**1 800**					**1 360**
Gezeichnetes Kapital/ Rücklagen	300	300	600	2	300			300
Neubewertungsrücklage		140	140	2	140			
Jahresüberschuss	200		200					200
Summe EK	*500*	*440*	*940*					*500*
Sonstige Passiva	500	300	800					800
Latente Steuern		60	60					60
Summe Passiva	**1 000**	**800**	**1 800**					**1 360**

31. 12. t_2 – **Folgekonsolidierung**

Bei der Folgekonsolidierung wird auf die HB III aus t_2 aufgesetzt, wie sie in Rdn. 231 schon entwickelt worden ist. Erneut sind die HB II des MU und die HB III des TU zur Summenbilanz zu verdichten, jetzt aber mit den Bilanzwerten des Jahres t_2. Bei der Kapitalkonsolidierung wird nun der Saldovortrag aus dem Vorjahr (Vorjahresbuchung Nr. 2, jetzt Buchung Nr. 4) eingebucht. Es folgt mit Buchung Nr. 5 die planmäßige Abschreibung des Geschäfts- oder Firmenwerts für das Jahr t_2. Der GoF ist über die zu schätzende Nutzungsdauer abzuschreiben. Annahmegemäß kann MU die Nutzungsdauer nicht verlässlich schätzen und schreibt den GoF daher über zehn Jahre ab (§ 253 Abs. 3 HGB).

Nr.	Soll	€		Haben	€
4	GoF	160			
	GezKap/Rücklagen	300			
	Neubewertungsrücklage	140	an	Anteile an verbundenen Unternehmen	600
5	Abschreibung	16	an	GoF	16

31.12.t_2 Posten	HB II MU	HB III TU	Summen-bilanz	Kapitalkonsolidierung Nr.	Soll	Nr.	Haben	Konzern-bilanz
GoF				4	160	5	16	144
Anteile an verbundenen Unternehmen	600		600			4	600	
Sonstige Aktiva	500	810	1 310					1 310
Summe Aktiva	**1 100**	**810**	**1 910**					**1 454**
Gezeichnetes Kapital/ Rücklagen	300	300	600	4	300			300
Neubewertungsrücklage		140	140	4	140			
Jahresüberschuss	250	22	272	5	16			256
Summe EK	*550*	*462*	*1 012*					*556*
Sonstige Passiva	550	300	850					850
Latente Steuern		48	48					48
Summe Passiva	**1 100**	**810**	**1 910**					**1 454**

8. Die Behandlung von Anteilen anderer Gesellschafter

8.1 Darstellung nach der Neubewertungsmethode

238 In der Praxis besitzen Konzerne in vielen Fällen nicht alle Anteile (also keine 100 %ige Beteiligung) an den in den Konzernabschluss einzubeziehenden Tochterunternehmen. Dennoch werden alle Vermögensgegenstände und Schulden des Tochterunternehmens nach der Neubewertungsmethode zum Erstkonsolidierungszeitpunkt zum Fair Value bewertet und vollständig in den Konzernabschluss übernommen. Erst bei der Kapitalkonsolidierung wird aus allen (neubewerteten) Eigenkapitalposten des Tochterunternehmens (z. B. Gezeichnetes Kapital, Kapitalrücklage, Gewinnrücklage, Neubewertungsrücklage) der Anteil der anderen Gesellschafter in Höhe ihres Anteils am Kapital herausgerechnet und in einer Summe als **„nicht beherrschende Anteile“** innerhalb des Konzerneigenkapitals ausgewiesen. Auch in Folgeperioden bemisst sich der Anspruch der anderen Gesellschafter am Nettovermögen des Tochterunternehmens immer anhand ihres aktuellen Eigenkapitals. Die nicht beherrschenden Anteile partizipieren somit an den aufgedeckten stillen Reserven und Lasten aus der Erstkonsolidierung sowie deren Folgewirkungen in Folgekonsolidierungen.

Das Mutterunternehmen verrechnet seinen Beteiligungsbuchwert nur in Höhe seines Anteils am Kapital mit dem neubewerteten Eigenkapital aus der Erstkonsolidierung. Diese Buchung bleibt auch in Folgekonsolidierungen konstant, sodass die Folgewirkungen aus der Aufdeckung stiller Reserven und Lasten das Eigenkapital der Gesellschafter des Mutterunternehmens erhöhen oder vermindern. 239

In der **Gewinn- und Verlustrechnung** sind die Anteile anderer Gesellschafter am Gewinn bzw. Verlust nach dem Jahresüberschuss oder -fehlbetrag unter der Bezeichnung **nicht beherrschende Anteile** getrennt auszuweisen (§ 307 Abs. 2 HGB).

8.2 Beispiel nach der Neubewertungsmethode

Nachfolgend wird auf das ab Rdn. 229 entwickelte Beispiel aufgesetzt: 240

BEISPIEL (ABWANDLUNG AUS RDN. 229): Es wird nun unterstellt, dass das Mutterunternehmen lediglich 80 % an TU erworben hat. Bisherige Altgesellschafter des TU bleiben mit 20 % beteiligt (aus Konzernsicht: Anteile anderer Gesellschafter). Der Beteiligungsbuchwert (Kaufpreis) für die 80 % hat sich linear verringert und beträgt nunmehr 480 € (statt 600 €). Demzufolge belaufen sich die sonstigen Aktiva der Mutter auf 520 € (statt 400 €). Die sonstigen Daten, insbesondere die des Tochterunternehmens, sind unverändert.

Bei der Neubewertungsmethode erfolgt die Aufdeckung stiller Reserven und Lasten vor der Konsolidierung in der HB III. Dabei ist es völlig unerheblich, ob Anteile anderer Gesellschafter vorliegen oder nicht. 241

31. 12. t_1 – **Erstkonsolidierung**

1. Schritt: Aufdeckung der stillen Reserven in HB III (siehe unverändert Rdn. 231)

Nr.	Soll	€		Haben	€
1	Sonstige Aktiva	200	an	Neubewertungsrücklage	140
				Passive latente Steuern	60

2. Schritt: Erstellen der Summenbilanz

3. Schritt: Erstkonsolidierungsbuchung zum 31. 12. t_1

Das neubewertete Eigenkapital der Tochter-GmbH beträgt 440 €. Daran partizipieren die anderen Gesellschafter mit 20 % (= 88 €) und die Mutter-AG mit 80 % (= 352 €). Das anteilige Eigenkapital der anderen Gesellschafter wird als nicht beherrschende Anteile eingebucht (88 €). Der GoF von 128 € resultiert aus dem Beteiligungsbuchwert bei der Mutter-AG (480 €) abzüglich dem anteiligen neubewerteten Eigenkapital von TU (352 €). Zusammengefasst ergibt sich Buchung Nr. 2:

Nr.	Soll	€		Haben	€
2	GoF	128			
	GezKap/Rücklagen	300			
	Neubewertungsrücklage	140	an	Anteile an verbundenen Unternehmen	480
				Nicht beherrschende Anteile	88

31.12.t_1 Posten	HB II MU	HB III TU	Summen-bilanz	Kapitalkonsolidierung Nr.	Soll	Nr.	Haben	Konzern-bilanz
GoF				2	128			128
Anteile an verbundenen Unternehmen	480		480			2	480	
Sonstige Aktiva	520	800	1 320					1 320
Summe Aktiva	**1 000**	**800**	**1 800**					**1 448**
Gezeichnetes Kapital/ Rücklagen	300	300	600	2	300			300
Neubewertungsrücklage		140	140	2	140			
Jahresüberschuss	200		200					200
Nicht beherrschende Anteile						2	88	88
Summe EK	*500*	*440*	*940*					*588*
Sonstige Passiva	500	300	800					800
Latente Steuern		60	60					60
Summe Passiva	**1 000**	**800**	**1 800**					**1 448**

Der GoF ist hier im Vergleich zum Erwerb von 100 % (siehe Rdn. 237) um 32 niedriger. Das Tochterunternehmen ist jetzt nur noch mit einem Nettovermögen von 568 € im Konzernabschluss angesetzt statt 600 € bei Erwerb von 100 %. Der Grund ist klar: Für die nicht beherrschenden Anteile wird bei der Neubewertungsmethode kein Goodwill-Anteil berechnet. Das wäre anders bei der Full Goodwill Methode: Dann käme ein Goodwill-Anteil von 32 zugunsten der nicht beherrschenden Anteile hinzu. Die Full Goodwill Methode ist allerdings im HGB verboten und nach IFRS nur ein Wahlrecht.

IV. Schuldenkonsolidierung

1. Grundsatz

242 „Ausleihungen und andere Forderungen, Rückstellungen und Verbindlichkeiten zwischen den in den Konzernabschluss einbezogenen Unternehmen sowie entsprechende Rechnungsabgrenzungsposten sind *wegzulassen*" (§ 303 Abs. 1 HGB). Die Vorschrift entspricht der Einheits-Theorie. Der Konzern als (fiktiv) rechtliche und (tatsächlich) wirtschaftliche Einheit kann – wie ein rechtlich selbstständiges Unternehmen – keine Forderungen bzw. Verbindlichkeiten gegen sich selbst haben.

243 Voraussetzung für das „Weglassen" ist allerdings nicht, dass Forderungen und Verbindlichkeiten sich in gleicher Höhe gegenüberstehen. Nach dieser Bestimmung sind auch in der Höhe unterschiedliche und einseitige Forderungen bzw. Verbindlichkeiten wegzulassen; die Begriffe „Forderungen" und „Verbindlichkeiten" sind dabei nicht im engen bilanztechnischen Sinne zu verstehen, sondern weit auszulegen. Danach kommen insbesondere auch folgende Posten in Betracht: Ausstehende Einlagen, Anzahlungen (erhaltene und geleistete), Ausleihungen, Wechsel, Schecks, sonstige Vermögensgegen-

stände, sonstige finanzielle Verpflichtungen gegenüber einbezogenen Unternehmen und – außerbilanziell – Eventualverbindlichkeiten und Haftungsverhältnisse.

Sofern die aufzurechnenden Beträge von untergeordneter Bedeutung sind, kann auf eine Konsolidierung verzichtet werden (§ 303 Abs. 2 HGB, Wesentlichkeitsgrundsatz). 244

BEISPIEL: Das Mutterunternehmen habe eine Forderung gegenüber seinem Tochterunternehmen von 300. Spiegelbildlich hat Letzteres eine Verbindlichkeit gegenüber dem Mutterunternehmen. In der Konzernbilanz sind diese beiden Posten zu konsolidieren, siehe die nachfolgende *ABB. 17* (die auch noch – nicht grau unterlegt – die Kapitalkonsolidierung enthält, um auf die zutreffende Konzernbilanz zu kommen).

ABB. 17: Beispiel zur Schuldenkonsolidierung nach § 303 HGB

I. Bilanz des Mutterunternehmens

A	Bilanz zum ...		P
Anteile verb. Unt.	400	Eigenkapital	1.000
Forderungen gegen verb. Unternehmen	300		
Kasse	300		
	1.000		1.000

II. Bilanzen des Tochterunternehmens

A	Bilanz zum ...		P
Kasse	700	Eigenkapital	400
		Verbindlichkeiten gegenüber verb. Unternehmen	300
	700		700

III. Bilanz des Konzerns

A	Bilanz zum ...		P
Kasse	1.000	Eigenkapital	1.000
	1.000		1.000

Schuldenkonsolidierung
Forderungen und Verbindlichkeiten zwischen den in den Konzernabschluss einbezogenen Konzernunternehmen sind wegzulassen.

2. Forderungen und Verbindlichkeiten zwischen Konzernunternehmen, Rückstellungen

Der einfachste Fall liegt vor, wenn Forderungen und Verbindlichkeiten sich deckungsgleich, d. h. in gleich hohen Beträgen, gegenüberstehen. Das „Weglassen" (= Aufrechnen) wirft keine Probleme auf, die Konzernbilanzsumme wird reduziert, der Konzernerfolg nicht beeinflusst (vgl. *ABB. 17*). 245

In manchen Fällen bilden sich **Aufrechnungsdifferenzen** aus buchungstechnischen Gründen, z. B. zeitliche Buchungsunterschiede um den Bilanzstichtag. Diese „unechten 246

Differenzen" sind bei der Erstellung des Konzernabschlusses zu berichtigen. Neben solchen Aufrechnungsdifferenzen können sich auch echte Differenzen aus u. U. zwingenden Bewertungsbestimmungen ergeben. So entsteht eine passive Aufrechnungsdifferenz, wenn die Forderung kleiner als die entsprechende Verbindlichkeit ist, z. B. eine niedrig verzinsliche Forderung wurde mit dem Barwert nach § 253 Abs. 3, 4 HGB und die korrespondierende Verbindlichkeit mit dem Erfüllungsbetrag nach § 253 Abs. 1 HGB bilanziert. Nur in Ausnahmefällen kann eine aktive Aufrechnungsdifferenz (Forderung > Verbindlichkeit) entstehen.

247 Die Besonderheit der Konsolidierung von **Rückstellungen** für ungewisse Verbindlichkeiten gegenüber Konzernunternehmen besteht darin, dass ihnen regelmäßig kein Aktivposten gegenübersteht. So wird bei konzerninternen Lieferungen und Leistungen in der Bilanz des leistenden Konzernunternehmens eine Gewährleistungsrückstellung passiviert, der in der Bilanz des empfangenden Konzernunternehmens regelmäßig keine Forderung gegenübersteht. Grundsätzlich sind daher die im Geschäftsjahr neu entstandenen Rückstellungen erfolgswirksam aufzulösen, und zwar wie eine Stornobuchung ihrer Bildung.

248 Sowohl passive als auch aktive Aufrechnungsdifferenzen werden über die konsolidierte Gewinn- und Verlustrechnung ausgeglichen und sind daher erfolgswirksam (= erfolgswirksame Schuldenkonsolidierung). Für die erfolgswirksame Erfassung von Aufrechnungsdifferenzen aus der Forderungs- und Schuldenkonsolidierung gilt der Grundsatz der periodenanteiligen Verrechnung. Danach darf der Konzern-Jahresüberschuss bzw. -fehlbetrag nur in dem Umfang berührt werden, wie sich die Höhe der Aufrechnungsdifferenz zwischen dem Beginn und dem Ende des Konzerngeschäftsjahres verändert. Die aus dem Vorjahr stammenden Aufrechnungsdifferenzen sind daher ergebnisneutral mit den Gewinnrücklagen oder dem Gewinnvortrag zu verrechnen.

Die erfolgswirksame Schuldenkonsolidierung erfordert eine Steuerabgrenzung (latente Steuern), um das Konzernergebnis korrekt abzubilden.

3. Ausweis von Haftungsverhältnissen

249 Nach den Bestimmungen in § 298 Abs. 1 i. V. m. § 268 Abs. 7 HGB müssen auch **Eventualverbindlichkeiten** im Konzernabschluss vermerkt werden. Eine *Addition* der in den Jahresabschlüssen enthaltenen Eventualverbindlichkeiten ist *nicht* sachgerecht, sondern sie sind unter dem Gesichtspunkt der fiktiv rechtlichen Einheit des Konzerns zu prüfen und zu *konsolidieren.*

BEISPIEL: Das Mutterunternehmen bürgt gegenüber einem Gläubiger des vollkonsolidierten Tochterunternehmens für dessen Verbindlichkeit. Im Jahresabschluss des Mutterunternehmens ist die Angabe der Bürgschaft zutreffend, im Konzernabschluss aber nicht: Hier wird bereits die Verbindlichkeit auf Konzernbilanzebene ausgewiesen und die Belastung des Konzerns zutreffend angegeben.

4. Konsolidierung von Drittschuldverhältnissen

250 Von Drittschuldverhältnis oder Fremdschuldverhältnis wird gesprochen, wenn verschiedene, in den Konzernabschluss einbezogene Konzernunternehmen *gleichzeitig* Forde-

rungen und Verbindlichkeiten gegenüber einem Unternehmen außerhalb des Konsolidierungskreises (Drittunternehmen) besitzen.

ABB. 18: Beispiel für Drittschuldverhältnisse

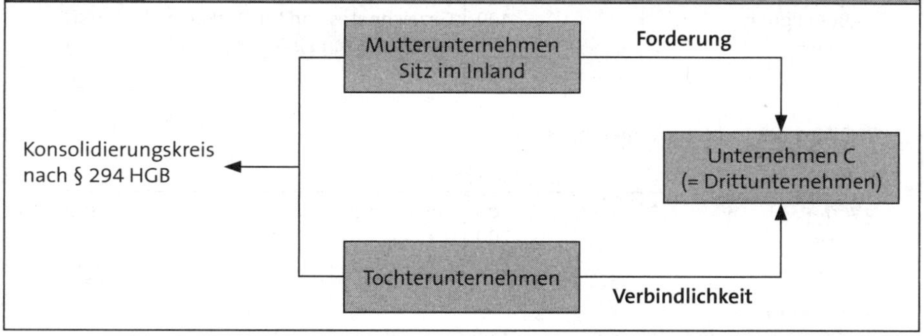

Aus der Sicht des Konzerns als einer fiktiv rechtlichen Einheit liegen gegenüber *demselben* Dritten Forderungen und Verbindlichkeiten vor, die nach der Einheits-Theorie wegzulassen sind. Das *HGB* verlangt jedoch nur das Weglassen von Forderungen und Verbindlichkeiten *zwischen* den in den Konzernabschluss einbezogenen Konzernunternehmen (§ 303 Abs. 1 HGB). Eine Pflicht zur Konsolidierung von Drittschuldverhältnissen besteht somit nicht. Die Literatur hält jedoch eine *freiwillige* Aufrechnung grundsätzlich für zulässig. Wegen der damit verbundenen organisatorischen Schwierigkeiten bei deren Feststellung werden Drittschuldverhältnisse allerdings eher selten konsolidiert.

V. Zwischenergebniseliminierung

1. Grundsatz

Gewinne und Verluste, die aus Lieferungen und Leistungen zwischen Konzernunterneh- 251
men entstanden und bei denen die Vermögensgegenstände sich am Konzernbilanzstichtag noch im Besitz von zum Konsolidierungskreis gehörenden Konzernunternehmen befinden, sind aus der Sicht des Konzerns als (fiktiv) rechtliche und (tatsächlich) wirtschaftliche Einheit **nicht realisiert**. Solche zwischengesellschaftlichen Gewinne *und* Verluste müssen nach § 304 HGB in voller Höhe *eliminiert* werden (vgl. dazu *ABB. 19*). Dabei ist ergänzend auf zwei Dinge hinzuweisen:

1. Es ändern sich dadurch die Ansätze in den Einzelbilanzen nicht, die Gewinnansprüche beteiligter Konzernunternehmen und evtl. anderer Gesellschafter bleiben von der Eliminierung zwischengesellschaftlicher Gewinne und Verluste im Konzernabschluss unberührt.

2. Bei der Konsolidierung von Zwischenergebnissen wird der Bilanzansatz des Vermögensgegenstands für die Konzernbilanz verändert (bei zwischengesellschaftlichen Gewinnen reduziert; bei zwischengesellschaftlichen Verlusten erhöht).

ABB. 19: Beispiel zur Zwischenergebniseliminierung nach § 304 HGB

I. Bilanz des Mutterunternehmens

A	Bilanz zum ...		P
Beteiligung	400	Gezeichnetes Kapital/Rücklagen	980
Kasse	600	Jahresüberschuss	20
	1.000		1.000

II. Bilanz des Tochterunternehmens

A	Bilanz zum ...		P
Vorräte	200	Eigenkapital	400
Kasse	200		
	400		400

Anmerkung:
In den Vorräten sind Vermögensgegenstände aus einer Lieferung des Mutterunternehmens enthalten:

Anschaffungskosten des Tochterunternehmens	200
Wert für den Konzernabschluss nach § 304 Abs. 1 HGB	180
Zwischengesellschaftlicher Gewinn	20

III. Bilanz des Konzerns

A	Bilanz zum ...		P
Vorräte	180	Gezeichnetes Kapital/Rücklagen	980
Kasse	800	Jahresüberschuss	0
	980		980

Zwischenergebniselemenierung
Ergebnisse (Gewinne oder Verluste) aus Lieferungen zwischen den in den Konzernabschluss einbezogenen Konzernunternehmen in Vermögensgegenständen, die in den Konzernabschluss aufzunehmen sind, müssen herausgerechnet werden.

2. Konzernanschaffungskosten, Konzernherstellungskosten

252 Vermögensgegenstände, die ganz oder teilweise auf Lieferungen oder Leistungen zwischen in den Konzernabschluss *einbezogenen* Unternehmen beruhen, sind in der Konzernbilanz mit einem Betrag anzusetzen, zu dem sie in der auf den Stichtag des Jahresabschlusses aufgestellten Jahresbilanz dieses Unternehmens angesetzt werden könnten; die Ermittlung erfolgt unter der Fiktion der rechtlichen Einheit (vgl. § 304 Abs. 1 HGB). Dies ist eine Umschreibung der Begriffe **Konzernherstellungskosten** und **Konzernanschaffungskosten**.

253 Als **Konzernherstellungskosten** gelten alle Kosten, die aus der Sicht des einheitlichen Unternehmens als Herstellungskosten aktiviert werden dürfen (§ 255 Abs. 2, 2a, 3 HGB). Den **Einzelherstellungskosten** sind also sämtliche Kosten hinzuzurechnen, die aus der Sicht der einzelnen Unternehmung nicht, aber aus der Sicht des Konzerns aktivierbare Kosten darstellen. Dies gilt z. B. für den Transport von Fertigerzeugnissen vom

herstellenden Konzernunternehmen zum vertreibenden Konzernunternehmen. Für das herstellende Konzernunternehmen handelt es sich um Vertriebskosten, für den Konzern um innerbetriebliche und damit i. d. R. aktivierungspflichtige Transportkosten. Neben der beschriebenen Erweiterung des Umfangs der zu aktivierenden Kosten kann es in selteneren Fällen auch zu Reduzierungen gegenüber den Einzelherstellungskosten kommen, z. B.: die Einzelherstellungskosten enthalten an einbezogene Konzernunternehmen bezahlte Lizenzgebühren.

Für die Ermittlung der Konzernanschaffungskosten bzw. Konzernherstellungskosten 254
stehen dem Mutterunternehmen die Wahlrechte in § 300 Abs. 2 HGB (Ansatz in der Konzernbilanz), § 308 HGB (einheitliche Bewertung) und § 298 Abs. 1 HGB (Ansatz im Jahresabschluss) zur Verfügung.

Die Begriffe „Zwischengewinn" und „Zwischenverlust" lassen sich wie folgt definieren:

Zwischengewinn	=	Buchwert im Jahresabschluss	>	Konzernhöchstwert
Zwischenverlust	=	Buchwert im Jahresabschluss	<	Konzernmindestwert

Konzernhöchstwert ist der Wert, zu dem ein Vermögensgegenstand höchstens im Konzernabschluss angesetzt werden darf, also z. B. die Obergrenze der Herstellungskosten aus der Sicht des Konzerns. Als **Konzernmindestwert** kann der Betrag bezeichnet werden, der als Untergrenze mindestens anzusetzen ist, z. B. die Untergrenze aus der Sicht des Konzerns bei den Herstellungskosten nach § 255 Abs. 2 HGB. Ob wegen des Niederstwertprinzips eine Abwertung notwendig wird, muss im Einzelfall entschieden werden.

3. Umfang der eliminierungspflichtigen Ergebnisse

Die Bestimmung in § 304 Abs. 1 HGB verlangt die Eliminierung *aller* zwischengesell- 255
schaftlichen Ergebnisse (Gewinne und Verluste) bei Vermögensgegenständen, die ganz oder teilweise auf Lieferungen und Leistungen zwischen in den Konzernabschluss einbezogenen Unternehmen beruhen. In Abs. 2 wird der Grundsatz eingeschränkt. Danach kann auf das Herausrechnen *verzichtet* werden, wenn die Eliminierung der Zwischenergebnisse für die Vermittlung eines den tatsächlichen Verhältnissen entsprechenden Bildes der Vermögens-, Finanz- und Ertragslage von untergeordneter Bedeutung ist **(Wesentlichkeitsgrundsatz)**.

4. Arbeitsablauf

Folgende Schritte sind zur Eliminierung zwischengesellschaftlicher Ergebnisse erforder- 256
lich:

(1) Feststellung, ob aus direkten konzerninternen Lieferungen einbezogener Konzernunternehmen Bestände von Vermögensgegenständen am Konzernbilanzstichtag vorhanden sind (u. a. Einzelfeststellung bei wertvollen Gegenständen; Durchschnittspreisermittlung, Verbrauchs- bzw. Veräußerungsfolgen, Gruppenbewertung)

(2) Berechnung des Konzernhöchstwertes und des Konzernmindestwertes

(3) Vergleich der Bilanzansätze in den Einzelbilanzen (HB II/HB III) mit dem Konzernhöchst- bzw. Konzernmindestwert

(4) Eliminierung evtl. zwischengesellschaftlicher Ergebnisse gem. § 304 HGB (lieferungsindividuelle Methode, u. a. für besonders wertvolle Gegenstände; Durchschnittsätze als Jahresdurchschnitt, Konzerndurchschnitt, u. a. für große Bestandsmengen wie Vorräte). Zur korrekten Durchführung, an der stets mehrere Konzernunternehmen beteiligt sind, bedarf es organisatorischer Vorkehrungen, insbesondere bei den Kontenplänen der Buchführung, und eines zweckadäquaten Informationssystems (siehe auch Konsolidierungs-Handbuch, Rdn. 207).

(5) Ermittlung und Durchführung der Steuerabgrenzung (latente Steuern).

VI. Aufwands- und Ertragskonsolidierung

1. Grundsatz

257 Die Aufwendungen und Erträge der in den Konzernabschluss einzubeziehenden Konzernunternehmen sind

- unabhängig von der Berücksichtigung in deren Gewinn- und Verlustrechnung nach dem Recht des Mutterunternehmens und
- vollständig in der konsolidierten Gewinn- und Verlustrechnung zusammenzufassen (§ 300 Abs. 2 HGB).

In den meisten Konzernen tauschen die Konzernunternehmen Lieferungen und Leistungen untereinander aus. Die Einzelgewinn- und -verlustrechnungen weisen dadurch zwangsläufig Aufwendungen und Erträge aus diesen konzerninternen Geschäften auf. Unter dem Gesichtspunkt der rechtlichen Einheit dürfen derartige Beträge in der konsolidierten Gewinn- und Verlustrechnung nicht enthalten sein. § 305 HGB schreibt deshalb eine **Aufwands- und Ertragskonsolidierung** wie folgt vor:

- Bei den Umsatzerlösen:
  Die Erlöse aus Lieferungen und Leistungen sind mit den auf sie entfallenden Aufwendungen, soweit sie nicht als Erhöhung der Bestände an fertigen und unfertigen Erzeugnissen oder als andere aktivierte Eigenleistungen auszuweisen sind, zu verrechnen.
- Bei anderen Erträgen:
  Die anderen Erträge aus Lieferungen und Leistungen sind mit den auf sie entfallenden Aufwendungen, soweit sie nicht als andere aktivierte Eigenleistungen auszuweisen sind, zu verrechnen.

258 Tatsächlich scheint die Einschränkung der Konsolidierung auf Umsatzerlöse und andere Erträge aus Lieferungen und Leistungen zu kurz zu greifen. Es müssen im Rahmen der Zusammenfassung *alle* konzerninternen Vorgänge untersucht und ggf. unter dem Gesichtspunkt der wirtschaftlichen Einheit des Konzerns aufgerechnet werden.

BEISPIEL: Das Mutterunternehmen hat dem Tochterunternehmen ein Darlehen ausgereicht und erzielt daraus Zinserträge; entsprechend weist das Tochterunternehmen Zinsaufwendungen aus. Zinserträge und Zinsaufwendungen sind zu konsolidieren (Aufwands- und Ertragskonsolidierung), übrigens auch die Darlehensforderung und -verbindlichkeit (Schuldenkonsolidierung).

Für *alle* Konzerne sieht § 305 Abs. 2 HGB jedoch eine Erleichterung vor. Die zwischenkonzernlichen Erträge und Aufwendungen müssen dann nicht weggelassen werden, wenn sie für die Vermittlung eines den tatsächlichen Verhältnissen entsprechenden Bildes der Vermögens-, Finanz- und Ertragslage von untergeordneter Bedeutung sind (**Wesentlichkeitsgrundsatz**). 259

2. Konsolidierung von Innenumsatzerlösen

Innenumsatzerlöse sind Erlöse aus Lieferungen und Leistungen zwischen den in den Konzernabschluss **einbezogenen Konzernunternehmen**. Diese sind mit den darauf entfallenden Aufwendungen zu verrechnen oder als Bestandserhöhung oder als andere aktivierte Eigenleistung auszuweisen. Diese Vorgänge werden aus der Sicht der rechtlichen Einheit betrachtet und erfordern eine differenzierte Behandlung der Innenumsatzerlöse. So kommen insbesondere folgende Fälle in Betracht: 260

- Umgliederung in andere aktivierte Eigenleistungen,
- Umgliederung in Bestandsveränderungen von fertigen und unfertigen Erzeugnissen,
- Verrechnung mit den Aufwendungen.

Vgl. die nachfolgenden Beispiele in *ABB. 20*.

ABB. 20: Beispiele zur Aufwands- und Ertragskonsolidierung

Beispiel 1

- Mutter kauft Waren für 800 ein
- Verkauf dieser Waren an die Tochter für 1 000
- Weiterverkauf durch die Tochter an Konzernfremde für 1 200

Konsolidierung: Verrechnung der Umsatzerlöse der Mutter mit den Aufwendungen bei der Tochter

Posten	Mutter	Tochter	Summe	Konsolidierung	Konzern-GuV
Umsatzerlöse	1 000	1 200	2 200	- 1 000	1 200
Materialaufwand	800	1 000	1 800	- 1 000	800

Beispiel 2

- Mutter verkauft der Tochter eine Maschine zu Konzernherstellungskosten von 750
- Tochter hat diese Maschine am Abschlussstichtag als Ware noch auf Lager und mit 750 aktiviert

Konsolidierung: Umgliederung der Umsatzerlöse der Mutter auf „Bestandserhöhung fertige Erzeugnisse" (außerdem ist in der Bilanz die Ware umzugliedern auf fertige Erzeugnisse)

Posten	Mutter	Tochter	Summe	Konsolidierung	Konzern-GuV
Umsatzerlöse	750	–	750	- 750	–
Bestandsveränderungen Fertigerzeugnisse	–	–	–	+ 750	+ 750
Diverse Aufwendungen	- 750		- 750		- 750

Beispiel 3

► Mutter verkauft zu Konzernherstellungskosten eine Maschine an die Tochter von 500

► Tochter benutzt die Maschine für die Produktion

Konsolidierung: Umgliederung der Umsatzerlöse der Mutter auf andere aktivierte Eigenleistungen

Posten	Mutter	Tochter	Summe	Konsolidierung	Konzern-GuV
Umsatzerlöse	500	–	500	- 500	–
andere aktivierte Eigenleistungen	–	–	–	+ 500	+ 500
Diverse Aufwendungen	- 500		- 500		- 500

3. Ergebnisübernahmen, Erträge aus Beteiligungen

261 Regelmäßig kommt es in Konzernen zu Gewinnausschüttungen der Tochtergesellschaften an ihre Mutterunternehmen. Dieser Sachverhalt wirft keine Probleme auf, wenn die Ergebnisse **periodengleich** übernommen werden. Das ist z. B. bei Ergebnisübernahmeverträgen der Fall, wobei die einander entsprechenden Erträge und Aufwendungen konsolidiert werden. Treten aber **Phasenverschiebungen** zwischen Gewinnerzielung und Gewinnausschüttung auf (Gewinn der Tochter des Jahres t_1 wird im Jahre t_2 als Beteiligungsertrag des Mutterunternehmens ausgewiesen), so ist eine Abgrenzung notwendig. Eine unveränderte Übernahme der Beträge aus den Einzelgewinn- und -verlustrechnungen im Jahre t_2 würde den Konzernjahresüberschuss zu hoch erscheinen lassen (der Gewinn aus der Ausschüttung in t_2 ist bereits als Gewinn der Tochter in t_1 enthalten). Deshalb muss darauf geachtet werden, dass nur periodengleiche Ergebnisse den Jahresüberschuss bzw. -fehlbetrag beeinflussen. Periodenfremde Beteiligungserträge sind gesondert über den Ergebnisvortrag (oder die Gewinnrücklagen) zu konsolidieren.

VII. Anteilmäßige Konsolidierung (Quotenkonsolidierung)

262 Für Gemeinschaftsunternehmen (zum Begriff siehe Rdn. 108) sieht § 310 HGB die **Möglichkeit der anteilmäßigen Konsolidierung**, also entsprechend dem Anteil am Kapital, vor (Wahlrecht). Die gegenüber Tochterunternehmen übliche Vollkonsolidierung (volle Übernahme aller Vermögensgegenstände, Schulden, Aufwendungen und Erträge) ist nicht zulässig bei Gemeinschaftsunternehmen. Sie wird durch die quotale Übernahme des Vermögens, der Schulden, Aufwendungen und Erträge ersetzt (anteilmäßige Konsolidierung, früher sog. **Quotenkonsolidierung**). Im Übrigen sind die bereits beschriebenen Regeln der Neubewertungsmethode bei der Vollkonsolidierung sowie der Schuldenkonsolidierung, Zwischenerfolgseliminierung und Ertrags- und Aufwandskonsolidierung mit Ausnahme des Ausweises der anderen Gesellschafter anzuwenden (vgl. im Einzelnen § 310 HGB sowie DRS 27). Der Ausweis der Anteile anderer Gesellschafter **(nicht beherrschende Anteile)** entfällt wegen der anteilmäßigen Übernahme des Vermögens und der Schulden zwangsläufig. Allerdings ist folgendes zu beachten: Stellt das Gemeinschaftsunternehmen seinerseits einen Konzernabschluss auf, ist dieser

quotal zu konsolidieren. Dann sind natürlich auch die in diesem Konzernabschluss ggf. enthaltenen nicht beherrschenden Anteile quotal zu übernehmen!

Wird das Wahlrecht nach § 310 HGB nicht ausgeübt, so werden Gemeinschaftsunternehmen nach der Equity-Methode im Konzernabschluss berücksichtigt, auf die nachfolgend eingegangen wird. 263

VIII. Equity-Methode

Assoziierte Unternehmen (zum Begriff siehe Rdn. 109) müssen grundsätzlich nach der sog. **Equity-Methode** in den Konzernabschluss einbezogen werden (vgl. § 311 f. HGB sowie DRS 26). Es handelt sich um eine **besondere Technik der (Kapital-)Konsolidierung**, bei der im Gegensatz zur Vollkonsolidierung nicht die Vermögensgegenstände und Schulden des einbezogenen Unternehmens an die Stelle des Beteiligungsbuchwertes treten. Stattdessen wird der Beteiligungsbuchwert nach der Equity-Methode ausgehend von den Anschaffungskosten um die Eigenkapitalveränderungen des assoziierten Unternehmens fortgeschrieben (sog. *one-line-consolidation*). 264

Der **Verfahrensablauf** folgt in wesentlichen Teilen der angelsächsischen Methode der Kapitalkonsolidierung, weist aber bei der Fortführung des in der Konzernbilanz zu aktivierenden Betrags Besonderheiten auf. Zum besseren Verständnis soll die Methode – die Einzelheiten sind in *ABB. 21* gelistet – anhand der einzelnen Arbeitsschritte dargelegt und mit einem Zahlenbeispiel begleitet werden.

(1) Ermittlung der assoziierten Unternehmen und deren Beteiligungsbuchwert 265

Der Posten „Beteiligungen" in der Bilanz des Mutterunternehmens und den Bilanzen aller anderen einbezogenen Unternehmen muss daraufhin untersucht werden, ob assoziierte Unternehmen nach § 311 HGB vorhanden sind; gleichzeitig ist der Beteiligungsbuchwert festzustellen.

BEISPIEL: Die einen Konzernabschluss aufstellende Mutter-AG besitzt auch eine Beteiligung an der Assozi-GmbH i. H. v. 30 %. Der Beteiligungsbuchwert in der Bilanz der Mutter-AG beträgt seit Beteiligungserwerb unverändert 200. Es ist davon auszugehen, dass es sich um ein assoziiertes Unternehmen und nicht um eine Beteiligung von untergeordneter Bedeutung i. S. v. § 311 Abs. 2 HGB handelt.

Die Bilanz der Mutter-AG sieht wie folgt aus:

Aktiva	Konzernbilanz		Passiva
Beteiligungen (Assozi-GmbH)	200	Eigenkapital	250
Sonstige Aktiva	500	Sonstige Passiva	450
	700		700

(Um das Beispiel nicht mit unnötigen Zahlen zu belasten, wird vereinfachend die Bilanz der Mutter mit der Beteiligung am assoziierten Unternehmen als „Konzernbilanz" bezeichnet.)

ABB. 21:	Konsolidierung von assoziierten Unternehmen	
		§ 312 HGB
Methode	Buchwertmethode	Abs. 1 Satz 1
Ansatz in der Konzernbilanz	Buchwert der Beteiligung	Abs. 1 Satz 1
Ermittlung des Ansatz	Übernahme des Postens Beteiligungen	Abs. 1 Satz 1
Höhe des Unterschiedsbetrags	Zwischen Beteiligungsbuchwert und anteiligem Eigenkapital: Vermerk im Konzernanhang	Abs. 1 Satz 2
Behandlung des Unterschiedsbetrags	► Zuordnung auf die einzelnen Vermögensgegenstände usw. ► Restlicher Unterschiedsbetrag Aktivseite: Geschäfts- oder Firmenwert Passivseite: Unterschiedsbetrag	Abs. 2 Satz 1, 2 Abs. 2 Satz 3, 4
Zeitpunkt der Ermittlung	Entstehen des Assoziierungsverhältnisses	Abs. 3
Fortführung in Folgejahren	Eigenkapitalveränderungen sind zu berücksichtigen, Gewinnausschüttungen abzuziehen Basis: Jeweils letzter Jahresabschluss bzw. Konzernabschluss	Abs. 4 Abs. 6
Bewertungsmethoden	Anpassung der Bewertungsmethoden des Konzerns, falls Bewertung beim assoziierten Unternehmen davon abweicht, möglich. Sofern nicht: Angabe im Konzernanhang	Abs. 5
Zwischenergebnisse	Behandlung nach § 304 HGB (sofern Sachverhalte bekannt oder zugänglich sind).	Abs. 5
Latente Steuern	Behandlung nach § 306 HGB (sofern Sachverhalte bekannt oder zugänglich sind).	Abs. 5

266 **(2) Ermittlung des auszuweisenden Equity-Ansatzes**

Die Beteiligung ist in der Konzernbilanz nach der Equity-Methode in der Ausprägung „Buchwertmethode" § 312 Abs. 1 Satz 1 HGB) anzusetzen.

BEISPIEL: Die Bilanz der Assozi-GmbH weist folgende Beträge aus:

	Ursprungsbilanz	nach Auflösung stiller Reserven		Ursprungsbilanz	nach Auflösung stiller Reserven
Aktiva	600	700	Eigenkapital (einschl. stiller Reserven)	400	500
			Sonstige Passiva	200	200
	600	700		600	700

Bei der *Buchwertmethode* ist der Buchwert in der Bilanz der Mutter-AG mit 200 auch in der Konzernbilanz auszuweisen. Der Unterschiedsbetrag zwischen diesem und dem anteiligen Eigenkapital (30 % aus 400 = 120) i. H. v. 80 muss bei erstmaliger Anwendung in der Konzernbilanz oder im Konzernanhang angegeben werden (§ 312 Abs. 1 Satz 2 HGB).

Der *Differenzbetrag* mit 80 zeigt die beim Erwerb der Beteiligung übernommenen anteiligen stillen Reserven und den übernommenen Geschäfts- oder Firmenwert. Danach hat die Konzernbilanz folgendes Aussehen:

Aktiva	**Konzernbilanz**		Passiva
Assoziierte Beteiligungen davon Unterschiedsbetrag nach § 312 HGB: 80	200	Eigenkapital	250
Sonstige Aktiva	500	Sonstige Passiva	450
	700		700

(3) Zeitpunkt der Ermittlung 267

Nach § 312 Abs. 3 HGB ist zwingend der Zeitpunkt, zu dem das Unternehmen assoziiertes Unternehmen wurde, vorgeschrieben.

BEISPIEL: Im Beispiel wird vom Zeitpunkt des Entstehens des Assoziierungsverhältnisses ausgegangen.

(4) Behandlung von Unterschiedsbeträgen 268

Der Unterschiedsbetrag ist zunächst den Vermögensgegenständen usw. zuzuordnen und entsprechend fortzuführen (§ 312 Abs. 2 Sätze 1, 2 HGB). Für einen evtl. verbleibenden Unterschiedsbetrag gelten die Bestimmungen über die Kapitalkonsolidierung in § 309 HGB (vgl. § 312 Abs. 2 Satz 3 HGB). Ein passiver Unterschiedsbetrag (Beteiligungsbuchwert < anteiliges Eigenkapital) erscheint nicht in der Konzernbilanz.

BEISPIEL: Bei der Ermittlung des auszuweisenden Ansatzes wurde gezeigt, dass der Posten **Sonstige Aktiva** stille Reserven mit 100 € enthält, davon entfallen auf die Mutter-AG 30 €. Somit verbleibt ein weiterer Unterschiedsbetrag von 50 € (= 80 € - 30 €). Er stellt auf der Aktivseite einen **Geschäfts- oder Firmenwert** dar, der aber im Beteiligungsbuchwert gegenüber assoziierten Unternehmen enthalten bleibt; ein gesonderter Ausweis als Geschäfts- oder Firmenwert kommt nicht in Betracht.

Die **stillen Reserven** in den **Sonstigen Aktiva** sind nach den allgemeinen Vorschriften zu bewerten, insbesondere abzuschreiben. Das geschieht technisch in einer Nebenrechnung. Gleiches gilt für den verbleibenden Unterschiedsbetrag, den Geschäfts- oder Firmenwert nach § 309 Abs. 1 HGB. Maßgebend sind die für den Konzernabschluss angewandten Bewertungsmethoden. Damit werden die Beträge in der konsolidierten Gewinn- und Verlustrechnung erfolgswirksam.

(5) Behandlung des Beteiligungswertes in den Folgejahren 269

Um einen zeitgerechten und den tatsächlichen Verhältnissen entsprechenden Ausweis der Beteiligung zu erhalten, müssen bei dem Ansatz der Beteiligung in der Konzernbilanz die Veränderungen des Eigenkapitals berücksichtigt und in den Folgejahren fortgeschrieben werden (vgl. § 312 Abs. 4 HGB).

BEISPIEL: Der Erwerb sei mit Ablauf des Geschäftsjahres t_0 erfolgt, die Assozi-GmbH war ergebnislos. Der gesamte Jahresüberschuss in t_1 beträgt 60 €, Vollausschüttung in t_2; der Jahresüberschuss in t_2 beträgt 80 €, Vollausschüttung in t_3.

Die Abschreibungen in jedem Geschäftsjahr betragen

- auf die stillen Reserven jeweils 5 € (Nutzungsdauer sechs Jahre) und
- auf den Geschäfts- oder Firmenwert bei einer Nutzungsdauer von zehn Jahren jeweils 5 €.

Daraus entwickelt sich bei der Equity-Methode der *Ansatz der Beteiligung in der konsolidierten Bilanz* wie folgt:

Entwicklung des Ansatzes	t_1 Equity-Methode	t_2 Equity-Methode
Assoziierte Beteiligungen (einschl. Unterschiedsbetrag) – Vorjahr	200	208
+ Anteilige Jahresüberschüsse	18	24
- Anteilige Jahresfehlbeträge	–	
- Vereinnahmte Gewinnausschüttungen	–	18
- Abschreibungen		
– stille Reserven	5	5
– Geschäfts- oder Firmenwert	5	5
= Ansatz der assoziierten Beteiligung (einschl. Unterschiedsbetrag)	208	204

In der *konsolidierten Gewinn- und Verlustrechnung* ist das auf assoziierte Unternehmen entfallende Ergebnis gesondert auszuweisen (§ 312 Abs. 4 HGB).

BEISPIEL:

Posten	Gewinn- und Verlustrechnung					
	t_1			t_2		
	Mutter	Veränderung	Konzern	Mutter	Veränderung	Konzern
Erträge aus Beteiligungen				18	- 18	–
Ergebnis aus assoziierten Unternehmen (anteilige Jahresüberschüsse abzgl. Abschreibungen)		+ 8	8		+ 14	14
Jahresüberschuss bzw. Konzern-Jahresüberschuss	–		8	18		.14

Diese Zahlen im **Ergebnis aus assoziierten Unternehmen** korrespondieren in t_1 mit den Veränderungen der Beteiligungen an assoziierten Unternehmen (siehe Beispiel oben). In t_2 dagegen mindert die Ausschüttung an die Mutter den Beteiligungsbuchwert erfolgsneutral. Die Ausschüttung selbst ist allerdings in der Summen-GuV erfolgswirksam zu konsolidieren.

270 Abschließend sei noch darauf verwiesen, dass bei der Übernahme von assoziierten Unternehmen auch eine Ergebniskonsolidierung nach § 304 HGB grundsätzlich notwendig

ist und auch einheitliche Bewertungsmethoden anzuwenden sind; auch eine Steuerabgrenzung (latente Steuern) ist vorzunehmen (vgl. im Einzelnen § 312 Abs. 5 HGB).

Einstweilen frei 271–300

D. Konzernabschluss nach HGB

I. Konzernbilanz

Für die Konzernbilanz sieht das HGB kein eigenes Gliederungsschema vor. Das ist verständlich, denn der Konzernabschluss und damit auch die Konzernbilanz sollen so dargestellt werden, als wäre der Konzern ein Unternehmen; der Konzernabschluss ist der Jahresabschluss des Konzerns. Folglich sind das Gliederungsschema der Bilanz für den Jahresabschluss (§ 266 HGB) sowie die allgemeinen Gliederungsgrundsätze (§ 265 HGB) auch auf die Konzernbilanz anzuwenden (§ 298 Abs. 1 HGB), und zwar 301

- soweit ihre Eigenart keine Abweichung bedingt und
- die Vorschriften über die Rechnungslegung des Konzerns sowie
- die für die Rechtsform und den Geschäftszweig der einbezogenen Unternehmen geltenden Vorschriften für große Kapitalgesellschaften (beschränkt auf den Geltungsbereich des Gesetzes)

nichts anderes bestimmen.

Die möglichen Abweichungen zum Jahresabschluss sowie die konzernspezifischen Besonderheiten werden in *ABB. 22* zusammengefasst und erläutert. 302

ABB. 22: Besonderheiten in der Konzernbilanz

Posten	Erläuterungen zum Inhalt
Geschäfts- oder Firmenwert	Verbleibender aktiver Unterschiedsbetrag aus der Kapitalkonsolidierung (§ 301 Abs. 3 HGB), hohe Bedeutung im Konzernabschluss; Zusammenfassung mit dem GoF aus asset deal im Jahresabschluss üblich
Beteiligungen an assoziierten Unternehmen	Gesonderter Ausweis bei Anwendung der Equity-Methode innerhalb der Finanzanlagen (§ 311 Abs. 1 HGB); bei untergeordneter Bedeutung Verzicht möglich (§ 311 Abs. 2 HGB)
Eigenkapitaldifferenz aus der Währungsumrechnung	Ausweis innerhalb des Konzerneigenkapitals nach den Rücklagen (§ 308a HGB)
Anteile andere Gesellschafter	Ausweis als „nicht beherrschende Anteile“ innerhalb des Eigenkapitals (§ 307 Abs. 1 HGB)
Unterschiedsbetrag aus der Kapitalkonsolidierung	Verbleibender passiver Unterschiedsbetrag, Ausweis nach dem Eigenkapital (§ 301 Abs. 3 HGB)

II. Konzern-Gewinn- und Verlustrechnung

Für die Gliederung der Konzern-Gewinn- und Verlustrechnung gelten nach § 298 Abs. 1 HGB die allgemeinen Gliederungsvorschriften (ohne die größenabhängigen Erleichte- 303 rungen in § 276 HGB) für die einzelne Unternehmung. Damit haben Konzerne die Möglichkeit, ihre konsolidierte Gewinn- und Verlustrechnung nach

- dem Gesamtkostenverfahren *oder*
- dem Umsatzkostenverfahren

aufzustellen (§ 275 Abs. 2, 3 HGB).

Auch für die Konzern-Gewinn- und -Verlustrechnung gelten – analog zur Konzernbilanz – zunächst die allgemeinen Vorschriften, allerdings nur insoweit, als

- ihre Eigenart keine Abweichung bedingt,
- die Vorschriften über die Rechnungslegung des Konzerns und
- die für die Rechtsform und den Geschäftszweig der einbezogenen Unternehmen geltenden Vorschriften für große Kapitalgesellschaften (beschränkt auf den Geltungsbereich des Gesetzes) nichts anderes bestimmen (§ 298 Abs. 1 HGB).

304 Hinsichtlich der Ermittlung des Ergebnisses enthält § 307 Abs. 2 HGB die Bestimmung, dass den anderen Gesellschaftern zustehende Gewinn bzw. der auf sie entfallende Verlust nach dem Posten „Jahresüberschuss/Jahresfehlbetrag“ unter der Bezeichnung **nicht beherrschende Anteile** gesondert auszuweisen ist. Im Übrigen sind die möglichen *Abweichungen* vom Normalschema und die *Sonderposten* in der konsolidierten Gewinn- und Verlustrechnung in *ABB. 23* zusammengefasst dargestellt.

ABB. 23: Sonderposten in der Konzern-Gewinn- und Verlustrechnung

Posten	Erläuterungen zum Inhalt
Anderen Gesellschaftern zustehender Gewinn bzw. auf sie entfallender Verlust	Anteile der anderen Gesellschafter am Ergebnis sind gesondert nach dem Posten „Jahresüberschuss/Jahresfehlbetrag“ unter „nicht beherrschende Anteile“ auszuweisen; § 307 Abs. 2 HGB
Einstellungen in Gewinnrücklagen ► des Konzerns	Die Einstellungen in Gewinnrücklagen müssen beim Vorhandensein von anderen Gesellschaftern aufgespalten werden
► Anteile der anderen Gesellschafter	Keine gesetzliche Regelung vorhanden
Ergebnis aus assoziierten Beteiligungen	Ausweis des Ergebnisses unter einem gesonderten Posten; § 312 Abs. 4 HGB

305 Die Gliederungsschemata für die Gewinn- und Verlustrechnung im Jahresabschluss enden mit dem Posten „Jahresüberschuss/Jahresfehlbetrag“ (vgl. § 275 Abs. 2, 3 HGB). Veränderungen der Kapital-/Gewinnrücklagen dürfen erst nach dem Posten „Jahresüberschuss/Jahresfehlbetrag“ ausgewiesen werden (§ 275 Abs. 4 HGB). Dies geschieht in Abstimmung mit dem Gliederungsschema der Bilanz, das auch im Normalfall den „Jahresüberschuss/Jahresfehlbetrag“ unter dem Eigenkapital ausweist (vgl. § 266 Abs. 3 HGB). Im Falle der teilweisen oder vollständigen Gewinnverwendung tritt unter Berücksichtigung der Rücklagenveränderungen infolge der Gewinnverwendung der „Bilanzgewinn/Bilanzverlust“ an seine Stelle (§ 268 Abs. 1 HGB).

306 Das HGB enthält keine gesetzliche Regelung über die Entwicklung und Darstellung des Konzernbilanzgewinns/-verlusts. Es muss aber beachtet werden, dass neben dem getrennten Ausweis der Anteile der anderen Gesellschafter auch die Besonderheiten der

jeweiligen Rechtsform der Konzernunternehmen zu berücksichtigen sind. Deutsche Konzerne sind häufig dazu übergegangen, als Konzernbilanzergebnis das Bilanzergebnis des Mutterunternehmens als ausschüttbares Ergebnis auszuweisen. Die (sonstigen) Gewinnrücklagen dienen dann regelmäßig als Ausgleichsposten für Differenzen zwischen dem Konzernjahresüberschuss/-fehlbetrag und dem Konzernbilanzgewinn/-verlust. Im Übrigen verdeutlicht auch der nachfolgend erläuterte **Konzern-Eigenkapitalspiegel** die Entwicklung der einzelnen Eigenkapitalposten.

III. Konzern-Eigenkapitalspiegel

1. Charakteristik und Ziel

Bestandteil des Konzernabschlusses ist auch ein Eigenkapitalspiegel (§ 297 Abs. 1 HGB). 307
Als Eigenkapitalspiegel oder Eigenkapitalveränderungsrechnung wird eine Matrix bezeichnet, die die Veränderung einzelner Elemente des Eigenkapitals aufzeigt.

- Üblicherweise zeigen die **Spalten** die einzelnen Kategorien des Eigenkapitals (z. B. Gezeichnetes Kapital, Rücklagen, Anteile anderer Gesellschafter).
- In den **Zeilen** wird dann vom Anfangsbestand des Geschäftsjahres über die Veränderungen innerhalb des Geschäftsjahres (z. B. Kapitalerhöhung, Jahresüberschuss) zum Endbestand übergeleitet.
- Zeilen und Spalten können auch inhaltlich vertauscht werden.

Der Leser erkennt so auf den ersten Blick, welche Eigenkapitaländerungen es im Geschäftsjahr aus welchen Gründen gegeben hat. Dabei wird der Informationsgehalt über die Aggregation oder Nichtaggregation, also die Anzahl der einzelnen Eigenkapitalkategorien und über die Differenziertheit der angegebenen Gründe für Eigenkapitaländerungen bestimmt. Ein Eigenkapitalspiegel kann sehr ausladend oder „groß" werden, je stärker ausdifferenziert die Kategorien/Gründe angegeben werden.

Exemplarisch findet sich ein Eigenkapitalspiegel in *ABB. 24*. Der Leser sieht auf den ersten Blick: 308

- Es hat eine Kapitalerhöhung stattgefunden, und auch die entsprechenden Werte des Grundkapitals und des Agios sind ersichtlich.
- Auf der letzten Hauptversammlung in x1 ist die Vollausschüttung des Bilanzgewinns aus dem Vorjahr (120) beschlossen worden. Nicht erkennbar ist allerdings, ob die 120 bereits abgeflossen sind (üblich) oder noch als Verbindlichkeit (unüblich) aufgeführt werden. Das ist ersichtlich in der Kapitalflussrechnung (siehe Rdn. 323).
- Die Hälfte des Jahresergebnisses ist bereits den Gewinnrücklagen zugeführt worden, d. h. Vorstand und Aufsichtsrat haben von ihrer Möglichkeit nach § 58 Abs. 2 AktG Gebrauch gemacht.

ABB. 24: Struktur eines Eigenkapitalspiegels

	Gezeichnetes Kapital	Kapitalrücklagen	Gewinnrücklagen	Bilanzgewinn	Summe
Stand 1. 1. x1	10 000	3.800	14 350	120	28 270
Kapitalerhöhung	1 000	2 500			3 500
Ausschüttung				-120	-120
Jahresergebnis			450	450	900
Stand 31. 12. x1	11 000	6 300	14 800	450	32 550

2. Aufstellungspflicht und Anwendung des DRS 22

309 Aufstellungspflichten für einen Eigenkapitalspiegel nach HGB gibt es zweifach:

1. Gemäß § 297 Abs. 1 HGB wird die Aufstellung eines Eigenkapitalspiegels als selbstständiger Teil des HGB-Konzernabschlusses verlangt.
2. Eine kapitalmarktorientierte Kapitalgesellschaft, die nicht zur Aufstellung eines Konzernabschlusses verpflichtet ist, hat ihren Jahresabschluss um einen Eigenkapitalspiegel zu erweitern (§ 264 Abs. 1 Satz 2 HGB).

Allerdings schreibt das HGB in beiden Fällen kein Gliederungsschema vor. Diese Lücke hat das DRSC für den Konzernabschluss mit dem Standard DRS 22 geschlossen. Das DRSC empfiehlt die Anwendung des DRS 22 auch für den 2. Fall.

Die folgenden Ausführungen beziehen sich ausschließlich auf DRS 22.

3. Gliederung des Eigenkapitalspiegels nach DRS 22

310 In den **Spalten** des Konzerneigenkapitalspiegels nach DRS 22 werden die Kategorien des bilanziellen Konzerneigenkapitals stets nach der Rechtsform des Mutterunternehmens aufgegliedert (DRS 22.11). Für Mutterunternehmen in der Rechtsform der Kapitalgesellschaft z. B. Gezeichnetes Kapital (weiter untergliedert in Stamm- und Vorzugsaktien, eigene Anteile, nicht eingeforderte ausstehende Einlagen), Kapitalrücklagen, die vier Gruppen von Gewinnrücklagen und insgesamt davon getrennt die nicht beherrschenden Anteile. Für Mutterunternehmen in der Rechtsform der haftungsbeschränkten Personenhandelsgesellschaft sind die Kategorien aus § 264c HGB entlehnt.

311 Die **Zeilen** nehmen die Sachverhalte der Veränderungen der jeweiligen Kategorie in der Berichtsperiode auf. Die erste Zeile zeigt den jeweiligen Stand der Kategorie zum Ende der Vorperiode und die letzte zum Ende des Berichtsjahres. Die Veränderungen des Konzerneigenkapitals sind unsaldiert auszuweisen (DRS 22.19).

Als **Sachverhalte für Eigenkapitaländerungen** werden genannt:

- Kapitalerhöhung/-herabsetzung,
- Einforderung/Einzahlung bislang nicht eingeforderter Einlagen,
- Einstellung in/Entnahme aus Rücklagen,
- Ausschüttung,
- Währungsumrechnung,
- sonstige Veränderungen,
- Änderung des Konsolidierungskreises,
- Konzernjahresüberschuss/-fehlbetrag.

312 Der Eigenkapitalspiegel für Kapitalgesellschaften in Anlage 1 des DRS 22 hat die Aktiengesellschaft zum Vorbild und fordert die Aufteilung des gezeichneten Kapitals in Stamm- und Vorzugsaktien. Nicht kapitalmarktorientierte Mutterunternehmen – nur diese können einen HGB-Konzernabschluss aufstellen – in der Rechtsform der Aktiengesellschaft haben aber oftmals nur eine Aktiengattung, sodass sich der Spiegel entsprechend verkürzt. Ohnehin dürfte der Anwendungsbereich für Mutterunternehmen in der Rechtsform der GmbH überwiegen.

Die jeweiligen Anfangs- und Endbestände der Eigenkapitalkategorien müssen mit den entsprechenden Posten der Konzernbilanz abstimmbar sein (DRS 22.15). Das betrifft auch den Ausweis zusätzlicher Posten im Eigenkapital (z. B. Genussrechtskapital), die dann in den Konzerneigenkapitalspiegel zu übernehmen sind (DRS 22.18).

DRS 22.21 fordert nur die Aufstellung für das **Berichtsjahr** und empfiehlt lediglich die Angabe von Vorjahresvergleichszahlen. Zu hoffen ist, dass die Praxis auch das Vergleichsvorjahr angibt. 313

IV. Konzern-Kapitalflussrechnung

1. Charakteristik und Ziel

Seit Jahrzehnten ist die Kapitalflussrechnung als Bewegungsbilanz, finanzwirtschaftliche Bilanz, Zeitraumbilanz oder Finanzierungsrechnung in der betriebswirtschaftlichen Literatur bekannt. Es handelt sich um finanzwirtschaftlich ausgerichtete Rechenwerke, die die **Veränderung liquider Mittel** im Laufe einer Abrechnungsperiode aufzeigen. In vielen Geschäftsberichten wurden sie als Teil der freiwilligen Publizitätserweiterung insbesondere von Konzernen seit vielen Jahren veröffentlicht. 314

Die Zahlungsströme des Unternehmens mit seiner Umwelt (Ein- und Auszahlungen) werden dabei drei Tätigkeitsbereichen zugeordnet: 315

- Operative Tätigkeit (Cashflow aus laufender Geschäftstätigkeit),
- Cashflow aus Investitionstätigkeit,
- Cashflow aus Finanzierungstätigkeit.

Exemplarisch findet sich die Grobdarstellung einer Kapitalflussrechnung in *ABB. 25*. Der Leser erkennt:

- Aus der operativen Geschäftstätigkeit (Zahlungsflüsse aus der Erbringung der Unternehmensleistungen) ist ein Zahlungsüberschuss erwirtschaftet worden, der die Investitionen des Geschäftsjahres deckt (Investitionstätigkeit) und sogar ermöglicht, dass Ausschüttungen an Gesellschafter oder Rückzahlung von Krediten (Finanzierungstätigkeit) vorgenommen werden konnten. Zahlungswirksam haben sich so die liquiden Mittel um 10 erhöht.
- Nicht zahlungswirksam haben sich allerdings die liquiden Mittel um -2 verändert. Offensichtlich verfügt das Unternehmen über Fremdwährungsbestände, bei denen seit ihrem Zugang Wechselkursverluste beobachtet werden mussten.

ABB. 25: Struktur einer Kapitalflussrechnung		
Mittelzu/-abflüsse aus laufender Geschäftstätigkeit		300
Mittelzu/-abflüsse aus Investitionstätigkeit	-	180
Mittelzu/-abflüsse aus Finanzierungstätigkeit	-	110
Zahlungswirksame Veränderung liquider Mittel	+	10
Wechselkursbedingte Änderung liquider Mittel	-	2
Liquide Mittel 1. 1. x1	+	30
Liquide Mittel 31. 12. x1	=	38

2. Aufstellungspflicht und Anwendung des DRS 21

316 Aufstellungspflichten für die Kapitalflussrechnung nach HGB gibt es zweifach:

1. Gemäß § 297 Abs. 1 HGB wird die Aufstellung einer Kapitalflussrechnung als selbstständiger Teil des HGB-Konzernabschlusses verlangt.
2. Eine kapitalmarktorientierte Kapitalgesellschaft, die nicht zur Aufstellung eines Konzernabschlusses verpflichtet ist, hat ihren Jahresabschluss um eine Kapitalflussrechnung zu erweitern (§ 264 Abs. 1 Satz 2 HGB).

Allerdings schreibt das HGB in beiden Fällen kein Gliederungsschema vor. Diese Lücke hat das DRSC für den Konzernabschluss mit dem Standard DRS 21 geschlossen. Das DRSC empfiehlt die Anwendung des DRS 21 auch für den 2. Fall.

Die folgenden Ausführungen beziehen sich ausschließlich auf DRS 21.

3. Ermittlung der Zahlungsströme

317 Die Kapitalflussrechnung kann entweder

- originär aus den Daten der Buchhaltung oder
- derivativ durch Bereinigung der aktuellen und der Vorjahresbilanz sowie der aktuellen Gewinn- und Verlustrechnung

aufgestellt werden. Die **originäre Ermittlung** erfordert bei jeder (zahlungswirksamen) Buchung die Zuordnung zu einem der drei Bereiche der Kapitalflussrechnung. Das ist oftmals bei der Buchung gar nicht möglich. In der Praxis dominiert daher eindeutig die **derivative Ermittlung**.

318 Innerhalb der derivativen Ermittlung kann die Kapitalflussrechnung eines Konzerns entweder

- aus zwei Konzernbilanzen und der Konzerngewinn- und -verlustrechnung unter Verwendung zusätzlicher Informationen *oder*
- durch die Konsolidierung der einzelnen Kapitalflussrechnungen der in den Konzernabschluss einbezogenen Unternehmen

erfolgen (DRS 21.11). In der Praxis wird i. d. R. vom Konzernabschluss ausgegangen.

4. Grundsätze der Darstellung der Zahlungsströme

319 Die Kapitalflussrechnung ist in **Staffelform** unter Beachtung der in dem Standard enthaltenen, ggf. ergänzten und erweiterten Mindestgliederungen darzustellen (DRS 21.21). Die **Vorjahreszahlen** sollen, müssen aber nicht angegeben werden (DRS 21.22). Es gilt der Stetigkeitsgrundsatz für die Darstellung (DRS 21.23).

320 Zahlungsströme aus Investitions- und Finanzierungstätigkeit müssen direkt angegeben werden; für den Zahlungsstrom aus laufender Geschäftstätigkeit besteht das Wahlrecht der direkten (unüblich) oder indirekten (üblich) Darstellung.

5. Tätigkeitsabgrenzung

5.1 Cashflow aus der laufenden Geschäftstätigkeit

Dieser Bereich umfasst die Zahlungsströme aus der auf Erlöserzielung ausgerichteten Geschäftstätigkeit, soweit sie nicht den beiden anderen Bereichen zuzuordnen sind. Für die Darstellung der Zahlungsströme stehen wahlweise zwei Methoden zur Verfügung: 321

a) die direkte Methode: Einzahlungen und Auszahlungen werden unsaldiert angegeben *oder*

b) die indirekte Methode: das Periodenergebnis wird korrigiert um nicht zahlungswirksame Aufwendungen und Erträge (z. B. Abschreibungen), um Bestandsveränderungen bei Posten des Nettoumlaufvermögens (ohne Finanzmittelfonds) und um alle Posten, die Cashflows aus der Investitions- und Finanzierungstätigkeit sind.

Die Einzelheiten sind in DRS 21.38 ff. zusammengefasst.

In der Regel geht die Praxis von der indirekten Methode aus – vgl. dazu das Schema in *ABB. 26*, Rdn. 326.

5.2 Cashflow aus der Investitionstätigkeit

Die Zahlungsströme im Zusammenhang mit den Veränderungen des Anlagevermögens werden brutto und direkt dargestellt. Die Hauptgruppen im Schema nach § 266 HGB Immaterielles Anlagevermögen, Sachanlagen und Finanzanlagen wiederholen sich. Getrennt ausgewiesen werden Einzahlungen bzw. Auszahlungen aus dem Verkauf bzw. aus dem Erwerb von konsolidierten Unternehmen (vgl. DRS 21.42 ff., siehe Rdn. 326). 322

5.3 Cashflow aus der Finanzierungstätigkeit

In diesem Bereich sind die Zahlungsströme aus der Finanzierungstätigkeit gesondert auszuweisen. Es handelt sich um Ein- und Auszahlungen von Gesellschaftern (Kapitalerhöhungen, Dividenden), aus Anleihen und langfristiger Finanzierung. Auch hier ist die direkte Methode anzuwenden (DRS 21.47). Es ist dabei die Mindestgliederung zu beachten (DRS 21.50 f., siehe Rdn. 326). 323

6. Finanzmittelfonds (Liquide Mittel)

Es handelt sich um Zahlungsmittel und Zahlungsmitteläquivalente. Die Letztgenannten müssen dem Unternehmen als Liquiditätsreserve dienen und jederzeit in Zahlungsmittel ohne wesentliche Wertabschläge umgewandelt werden können. Zum Erwerbszeitpunkt dürfen Zahlungsmitteläquivalente nur eine Restlaufzeit von maximal drei Monate aufweisen (vgl. DRS 21.9). Es kann sich handeln um festverzinsliche Wertpapiere oder etwa Geldmarktfonds. 324

Vom Finanzmittelfonds offen abzusetzen sind jederzeit fällige Verbindlichkeiten gegenüber Kreditinstituten sowie andere kurzfristige Kreditaufnahmen, die zur Disposition der liquiden Mittel gehören.

325 **Fremdwährungsbestände** gehören ebenfalls zum Finanzmittelfonds. Sie sind mit dem Wechselkurs des Bilanzstichtages umzurechnen. Bei Veränderungen des Wechselkurses liegen keine zahlungswirksamen Geschäftsvorfälle vor. Deshalb werden diese Veränderungen gesondert als Fondsveränderungen ausgewiesen (vgl. DRS 21.9).

7. Mindestgliederungsschema

326 Die nachfolgende *ABB. 26* zeigt das Mindestgliederungsschema einer Kapitalflussrechnung nach DRS 21, wobei der Cashflow aus der laufenden Geschäftstätigkeit indirekt dargestellt wird. DRS 21 bietet auch Schemata für Versicherungsunternehmen und Kreditinstitute an.

ABB. 26:	Kapitalflussrechnung (indirekte Darstellung), Mindestgliederungsschema nach DRS 21	
1.		Periodenergebnis (Konzernjahresüberschuss/-fehlbetrag einschließlich Ergebnisanteile anderer Gesellschafter)
2.	+/-	Abschreibungen/Zuschreibungen auf Gegenstände des Anlagevermögens
3.	+/-	Zunahme/Abnahme der Rückstellungen
4.	+/-	Sonstige zahlungsunwirksame Aufwendungen/Erträge
5.	-/+	Zunahme/Abnahme der Vorräte, der Forderungen aus Lieferungen und Leistungen sowie andere Aktiva, die nicht der Investitions- oder Finanzierungstätigkeit zuzuordnen sind
6.	+/-	Zunahme/Abnahme der Verbindlichkeiten aus Lieferungen und Leistungen sowie anderer Passiva, die nicht der Investitions- oder Finanzierungstätigkeit zuzuordnen sind
7.	-/+	Gewinn/Verlust aus dem Abgang von Gegenständen des Anlagevermögens
8.	+/-	Zinsaufwendungen/Zinserträge
9.	-	Sonstige Beteiligungserträge
10.	+/-	Aufwendungen/Erträge von außergewöhnlicher Größenordnung oder außergewöhnlicher Bedeutung
11.	+/-	Ertragsteueraufwand/-ertrag
12.	+	Einzahlungen im Zusammenhang mit Erträgen von außergewöhnlicher Größenordnung oder außergewöhnlicher Bedeutung
13.	-	Auszahlungen im Zusammenhang mit Aufwendungen von außergewöhnlicher Größenordnung oder außergewöhnlicher Bedeutung
14.	-/+	Ertragsteuerzahlungen
15.	**=**	**Cashflow aus der laufenden Geschäftstätigkeit (Summe aus 1 bis 14)**
16.	+	Einzahlungen aus Abgängen von Gegenständen des immateriellen Anlagevermögens
17.	-	Auszahlungen für Investitionen in das immaterielle Anlagevermögen
18.	+	Einzahlungen aus Abgängen von Gegenständen des Sachanlagevermögens
19.	-	Auszahlungen für Investitionen in das Sachanlagevermögen
20.	+	Einzahlungen aus Abgängen von Gegenständen des Finanzanlagevermögens

21.	-	Auszahlungen für Investitionen in das Finanzanlagevermögen
22.	+	Einzahlungen aus Abgängen aus dem Konsolidierungskreis
23.	-	Auszahlungen für Zugänge zum Konsolidierungskreis
24.	+	Einzahlungen aufgrund von Finanzmittelanlagen im Rahmen der kurzfristigen Finanzdisposition
25.	-	Auszahlungen aufgrund von Finanzmittelanlagen im Rahmen der kurzfristigen Finanzdisposition
26.	+	Einzahlungen im Zusammenhang mit Erträgen von außergewöhnlicher Größenordnung oder außergewöhnlicher Bedeutung
27.	-	Auszahlungen im Zusammenhang mit Aufwendungen von außergewöhnlicher Größenordnung oder außergewöhnlicher Bedeutung
28.	+	Erhaltene Zinsen
29.	+	Erhaltene Dividenden
30.	**=**	**Cashflow aus der Investitionstätigkeit (Summe aus 16 bis 29)**
31.	+	Einzahlungen aus Eigenkapitalzuführungen von Gesellschaftern des Mutterunternehmens
32.	+	Einzahlungen aus Eigenkapitalzuführungen von anderen Gesellschaftern
33.	-	Auszahlungen aus Eigenkapitalherabsetzungen an Gesellschafter des Mutterunternehmens
34.	-	Auszahlungen aus Eigenkapitalherabsetzungen an andere Gesellschafter
35.	+	Einzahlungen aus der Begebung von Anleihen und der Aufnahme von (Finanz-)Krediten
36.	-	Auszahlungen aus der Tilgung von Anleihen und (Finanz-)Krediten
37.	+	Einzahlungen aus erhaltenen Zuschüssen/Zuwendungen
38.	+	Einzahlungen im Zusammenhang mit Erträgen von außergewöhnlicher Größenordnung oder außergewöhnlicher Bedeutung
39.	-	Auszahlungen im Zusammenhang mit Aufwendungen von außergewöhnlicher Größenordnung oder außergewöhnlicher Bedeutung
40.	-	Gezahlte Zinsen
41.	-	Gezahlte Dividenden an Gesellschafter des Mutterunternehmens
42.	-	Gezahlte Dividenden an andere Gesellschafter
43.	**=**	**Cashflow aus der Finanzierungstätigkeit (Summe aus 31 bis 42)**
44.		Zahlungswirksame Veränderungen des Finanzmittelfonds (Summe aus 15, 30, 43)
45.	+/-	Wechselkurs- und bewertungsbedingte Änderungen des Finanzmittelfonds
46.	+/-	Konsolidierungskreisbedingte Änderungen des Finanzmittelfonds
47.	+	Finanzmittelfonds am Anfang der Periode
48.	**=**	**Finanzmittelfonds am Ende der Periode (Summe aus 44 bis 47)**

V. Konzernanhang

327 Auch Konzerne haben als Bestandteil ihres Konzernabschlusses einen Anhang aufzustellen. Generelles Ziel ist – analog dem Anhang des Jahresabschlusses (§§ 284 ff. HGB) – die Erläuterung der konsolidierten Bilanz und Gewinn- und Verlustrechnung; beachte dazu auch § 298 Abs. 1 HGB. Die Rechtsvorschriften zum Konzernanhang haben folgenden Aufbau:

(1) Erläuterung der Konzernbilanz und Konzern-Gewinn- und Verlustrechnung	
(a) Angaben zu einzelnen vorgeschriebenen Posten der Konzernbilanz und Konzern-GuV;	
Angaben sind in ihrer jeweiligen Reihenfolgen der Konzernbilanz und Konzern-GuV anzugeben	§ 313 Abs. 1 Satz 1 HGB
(b) Angaben, die aufgrund der Ausübung eines Wahlrechtes nicht in der Konzernbilanz oder Konzern-Gewinn- und Verlustrechnung, sondern im Anhang zu machen sind	§ 313 Abs. 1 Satz 2 HGB
(c) Angaben zu Bilanzierungs- und Bewertungsmethoden	§ 313 Abs. 1 Satz 3 HGB
(2) Aufstellung über den Anteilsbesitz	§ 313 Abs. 2, 3 HGB
(3) Sonstige Pflichtangaben	§ 314 HGB
Anmerkung: Eigenkapitalspiegel, Kapitalflussrechnung und ggf. Segmentberichterstattung sind selbständige Berichtsinstrumente, nicht Teile des Konzernanhangs	§ 297 Abs. 1 HGB

328 Die **angabepflichtigen Tatbestände** sind in *ABB. 27* zusammengefasst. Der Konzernanhang und der Anhang der Muttergesellschaft dürfen zusammengefasst werden (§ 298 Abs. 2 HGB).

ABB. 27: Konzernanhang nach § 297 Abs. 1 HGB – Zusammenstellung aller gesetzlich vorgesehenen Angaben

		Rechtsgrundlage
A.	**Angaben zum Konzernabschluss und zum Konsolidierungsbereich**	
I.	Angabe über Firma, Sitz, Registergericht und Registernummer, unter der das Mutterunternehmen im Handelsregister eingetragen ist	§ 297 Abs. 1a HGB
	Zusätzliche Angaben, wenn der Konzernabschluss trotz der GoB ein den tatsächlichen Verhältnissen entsprechendes Bild der Vermögens-, Finanz- und Ertragslage nicht vermittelt.	§ 297 Abs. 2 Satz 3 HGB
	Bei Zusammenfassung des Konzernanhangs mit dem der Mutter: Trennung der Angaben	§ 298 Abs. 2 Satz 3 HGB
II.	Angabe, Erläuterung und Begründung von Abweichungen, Konsolidierungsbereich	
	1. Angaben bei wesentlichen Änderungen in der Zusammensetzung der in den Konzernabschluss einbezogenen Unternehmen, um die aufeinanderfolgenden Konzernabschlüsse sinnvoll zu vergleichen;	§ 294 Abs. 2 HGB
	beachte die ggf. zusätzlichen Angaben nach DRS. 23.207 ff.	

		Rechtsgrundlage
2.	Begründung bei Verzicht auf Einbeziehung, wenn die Voraussetzungen nach § 296 Abs. 1 oder Abs. 2 HGB vorliegen;	§ 296 Abs. 3 HGB
3.	Aufzählung der in den Konzernabschluss einbezogenen Unternehmen mit Name, Sitz, Anteil am Kapital, Konsolidierungsgrund;	§ 313 Abs. 2 Nr. 1 Satz 1 HGB
4.	Gleiche Angaben wie lfd. Nr. 3 zu den Tochterunternehmen, die nach § 296 HGB nicht einbezogen wurden;	§ 313 Abs. 2 Nr. 1 Satz 2 HGB
5.	Aufzählung der assoziierten Unternehmen mit Namen, Sitz, Anteil am Kapital sowie Angabe und Begründung, wenn die Vorschriften über assoziierte Unternehmen wegen untergeordneter Bedeutung nicht angewandt wurden (§ 311 Abs. 2 HGB);	§ 313 Abs. 2 Nr. 2 HGB
	beachte auch die zusätzlichen Angaben nach DRS. 26.80 ff.	
6.	Gleiche Angaben wie lfd. Nr. 3 zu den Gemeinschaftsunternehmen;	§ 313 Abs. 2 Nr. 3 HGB
	beachte auch die zusätzlichen Angaben nach DRS. 27.57 ff.	
7.	Aufzählung der anderen Unternehmen bei Beteiligung von mindestens 20 % mit Name, Sitz, Anteil am Kapital, Höhe des Eigenkapitals und Ergebnis des letzten Geschäftsjahres (sofern das in Anteilsbesitz stehende Unternehmen seinen JA offenlegt, § 313 Abs. 3 Satz 5 HGB); von börsennotierten Mutterunternehmen Angabe aller Beteiligungen an großen Kapitalgesellschaften mit mehr als 5 % der Stimmrechte;	§ 313 Abs. 2 Nr. 4–5 HGB
	Die Angaben entfallen bei Unwesentlichkeit gem. § 313 Abs. 3 Satz 4 HGB;	
8.	Name, Sitz und Rechtsform von Unternehmen, deren unbeschränkt haftender Gesellschafter ein Konzernunternehmen ist; Name und Sitz des Unternehmens, das den Konzernabschluss für den größten/kleinsten Kreis von Unternehmen aufstellt (bei Teilkonzernabschlüssen);	§ 313 Abs. 2 Nr. 6–8 HGB
9.	Angabe der Anwendung der Schutzklausel, falls die Angaben nach § 313 Abs. 2 nicht gemacht werden;	§ 313 Abs. 3 HGB
	Schutzklausel kann bei Kapitalmarktorientierung nicht in Anspruch genommen werden.	§ 313 Abs. 3 Satz 3 HGB
III.	Grundsätze der Bilanzierung, Bewertung und Konsolidierung	
1.	Angabe der auf die Posten der Konzernbilanz und KonzernGuV angewandten Bilanzierungs- und Bewertungsmethoden in der Reihenfolge der Posten;	§ 313 Abs. 1 HGB
2.	Angaben, die in Ausübung eines Wahlrechts gemacht werden müssen;	§ 313 Abs. 1 Satz 2 HGB
3.	Angabe und Begründung der Abweichungen von den Bilanzierungs-, Bewertungs- und Konsolidierungsmethoden; beachte ergänzend: DRS 13.28	§ 313 Abs. 1 Satz 3 Nr. 2, 1. Halbsatz HGB

		Rechtsgrundlage
4.	Gesonderte Darstellung des Einflusses von Abweichungen der Bilanzierungs-, Bewertungs- und Konsolidierungsmethoden auf die Vermögens-, Finanz- und Ertragslage des Konzerns;	§ 313 Abs. 1 Satz 1 Nr. 2, 2. Halbsatz HGB i. V. m. § 297 Abs. 3 HGB
5.	Angabe und Begründung bei Abweichungen von den Konsolidierungsmethoden des Vorjahres;	§ 297 Abs. 3 Satz 4 HGB
6.	Angabe des Einflusses der Abweichungen auf die Vermögens-, Finanz- und Ertragslage des Konzerns;	§ 297 Abs. 3 Satz 5 HGB
7.	Angaben bei abweichendem Abschlussstichtag eines einbezogenen Unternehmens, für das kein Zwischenabschluss aufgestellt wird; Vorgänge von besonderer Bedeutung für Vermögens-, Finanz- und Ertragslage, soweit nicht in Konzernbilanz und Konzern-GuV berücksichtigt;	§ 299 Abs. 3 HGB
8.	Angabe des Ausnahmefalls für den Zeitpunkt der Erstkonsolidierung;	§ 301 Abs. 2 Satz 5 HGB
9.	Erläuterung des Unterschiedsbetrags aus der Kapitalkonsolidierung einschließlich wesentlicher Änderungen gegenüber dem Vorjahr (Aktiv: Firmenwert; Passiv: Unterschiedsbetrag aus der Kapitalkonsolidierung);	§ 301 Abs. 3, Satz 2 HGB
10.	Angabepflichten bei anteilmäßiger Konsolidierung;	§ 310 Abs. 2 HGB
11.	Angabe und Begründung bei Abweichungen von den Bewertungsmethoden des Mutterunternehmens;	§ 308 Abs. 1 Satz 3 HGB
12.	Hinweis bei nicht einheitlicher Bewertung im Konzern, sofern Banken oder Versicherungen einbezogen werden;	§ 308 Abs. 2 Satz 2 HGB
13.	Angabe und Begründung bei Abweichungen vom Grundsatz der einheitlichen Bewertung im Konzern, sofern die fehlende Anpassung nicht in Unwesentlichkeit begründet liegt (§ 308 Abs. 2 Satz 3 HGB);	§ 308 Abs. 2 Satz 4 HGB
14.	Angabe des Unterschiedsbetrags zwischen Buchwert der Beteiligung und dem anteiligen Eigenkapital des assoziierten Unternehmens;	§ 312 Abs. 1 Satz 2 HGB
15.	Angabe der Nichtanpassung der Bewertung beim assoziierten Unternehmen an die Bewertung im Konzernabschluss;	§ 312 Abs. 5 Satz 2 HGB
16.	Angabe des Ausnahmefalls für den Zeitpunkt erstmaliger Bewertung nach der Equity-Methode	§ 312 Abs. 3 Satz 3 i. V. m. § 301 Abs. 2 Satz 5 HGB
IV.	Erläuterung der Konzernbilanz und der Konzern-Gewinn- und Verlustrechnung	
1.	Angabe des Gesamtbetrags der Verbindlichkeiten mit einer Restlaufzeit von mehr als fünf Jahren;	§ 314 Abs. 1 Nr. 1 HGB
2.	Angabe des Gesamtbetrags der Verbindlichkeiten, die durch Pfandrechte oder ähnliche Rechte gesichert sind, unter Angabe von Art und Form der Sicherheiten;	§ 314 Abs. 1 Nr. 1 HGB
3.	Angabe der Fehlbeträge von Pensionsverpflichtungen;	Art. 28 Abs. 2 EGHGB

		Rechtsgrundlage
4.	Aufgliederung der Umsatzerlöse nach Tätigkeitsbereichen und geografisch bestimmten Märkten, wenn diese sich untereinander erheblich unterscheiden; Befreiung bei Segmentberichterstattung,	§ 314 Abs. 1 Nr. 3, Abs. 2 HGB
5.	Durchschnittliche Zahl der Arbeitnehmer getrennt nach Gruppen und gesondert bei anteilmäßiger Konsolidierung; Angabe des aufgeschlüsselten Personalaufwands;	§ 314 Abs. 1 Nr. 4 HGB
6.	Angabe über die Einbeziehung von Fremdkapitalzinsen in die Herstellungskosten;	§ 313 Abs. 4 HGB i.V.m. § 284 Abs. 2 Nr. 4 HGB
7.	Anlagespiegel	§ 313 Abs. 4 HGB i.V.m. § 284 Abs. 3 HGB
B.	**Zusätzliche Angaben**	
1.	Art und Zweck sowie Risiken, Vorteile und finanzielle Auswirkungen von Geschäften, die nicht in der Konzernbilanz enthalten sind, wenn wesentlich;	§ 314 Abs. 1 Nr. 2 HGB
2.	Angabe des Gesamtbetrags der sonstigen finanziellen Verpflichtungen, die nicht in der Konzernbilanz enthalten sind; davon jeweils gesondert betreffend Altersversorgung und gegenüber nicht einbezogenen Tochterunternehmen und assoziierten Unternehmen;	§ 314 Abs. 1 Nr. 2a HGB
3.	Angaben für die Mitglieder des Geschäftsführungsorgans, eines Aufsichtsrats, eines Beirats oder einer ähnlichen Einrichtung des Mutterunternehmens, jeweils für jede Personengruppe:	
	die für die Wahrnehmung ihrer Aufgaben im Mutterunternehmen und den Tochterunternehmen im Geschäftsjahr gewährten Gesamtbezüge; auch Bezugsrechte und aktienbasierte Vergütungen,	§ 314 Abs. 1 Nr. 6 a HGB
4.	Angabe der Gesamtbezüge der früheren Mitglieder der Organe und ihrer Hinterbliebenen;	§ 314 Abs. 1 Nr. 6 b HGB
5.	Angabe für die früheren Mitglieder der Organe und ihrer Hinterbliebenen: die gebildeten Pensionsrückstellungen und einen Fehlbetrag;	§ 314 Abs. 1 Nr. 6 b Satz 2 HGB
6.	Angaben für die Mitglieder der Organe über die vom Mutterunternehmen und von den Tochterunternehmen gewährten Vorschüsse und Kredite;	§ 314 Abs. 1 Nr. 6 c HGB
7.	Angaben für die Mitglieder der Organe über die zu Gunsten dieser Personengruppe eingegangenen Haftungsverhältnisse;	§ 314 Abs. 1 Nr. 6 c HGB
8.	Angaben über den Bestand an Anteilen an dem Mutterunternehmen;	§ 314 Abs. 1 Nr. 7 HGB
9.	Zahl der Aktien jeder Gattung bei genehmigtem Kapital mit Angabe Nennbetrag/rechnerischer Wert;	§ 314 Abs. 1 Nr. 7a HGB
10.	Verpflichtungen aus dem Bestehen von Genussscheinen, Wandelschuldverschreibungen usw.;	§ 314 Abs. 1 Nr. 7b HGB

		Rechtsgrundlage
11.	Abgabe der Erklärung nach § 161 AktG für jedes einbezogene börsennotierte Unternehmen und Zugänglichmachung der Erklärung;	§ 314 Abs. 1 Nr. 8 HGB
12.	Aufgeschlüsselte Honorarangaben für den Konzernabschlussprüfer;	§ 314 Abs. 1 Nr. 9 HGB
13.	Finanzinstrumente des Finanzanlagevermögens, sofern der Ausweis nicht zum beizulegenden Zeitwert usw.;	§ 314 Abs. 1 Nr. 10 HGB
14.	Angaben zu nicht zum beizulegenden Zeitwert bilanzierte derivativer Finanzinstrumente;	§ 314 Abs. 1 Nr. 11 HGB
15.	Angaben zu mit dem beizulegenden Zeitwert bewertete Finanzinstrumente nach § 340e Abs. 3 Satz 1 HGB;	§ 314 Abs. 1 Nr. 12 HGB
16.	Wesentliche Geschäfte zu nicht üblichen Marktbedingungen zwischen nahe stehenden Unternehmen und Personen;	§ 314 Abs. Nr. 13 HGB
17.	Bei Aktivierung von Entwicklungskosten Gesamtbetrag der Forschungs- und Entwicklungskosten und Angabe des aktivierten Betrags;	§ 314 Abs. Nr. 14 HGB
18.	Erläuterungen zu Bewertungseinheiten nach § 254 HGB soweit nicht im Konzernlagebericht angegeben;	§ 314 Abs. 1 Nr. 15 HGB
19.	Berechnungsverfahren und Annahmen bei Rückstellungen für Pensionen und ähnlichen Verpflichtungen;	§ 314 Abs. 1 Nr. 16 HGB
20.	Angaben zur Verrechnung nach § 246 Abs. 2 Satz 2 HGB;	§ 314 Abs. 1 Nr. 17 HGB
21.	Erläuterungen zu Anteilen oder Anlageaktien an Sondervermögen;	§ 314 Abs. 1 Nr. 18 HGB
22.	Risikoeinschätzung zu Beträgen nach § 268 Abs. 7 HGB;	§ 314 Abs. 1 Nr. 19 HGB
23.	Erläuterung des Abschreibungszeitraums des Geschäfts- oder Firmenwertes;	§ 314 Abs. 1 Nr. 20 HGB
24.	Angaben zu Buchwertdifferenzen und Verlustvorträgen im Zusammenhang mit latenten Steuern;	§ 314 Abs. 1 Nr. 21 HGB
25.	Latente Steuersalden und ihre Bewegungen;	§ 314 Abs. 1 Nr. 22 HGB
26.	Erträge und Aufwendungen von außergewöhnlicher Größenordnung oder Bedeutung;	§ 314 Abs. 1 Nr. 23 HGB
27.	Aperiodische Erträge und Aufwendungen;	§ 314 Abs. 1 Nr. 24 HGB
28.	Vorgänge von besonderer Bedeutung nach Schluss des Geschäftsjahres;	§ 314 Abs. 1 Nr. 25 HGB
29.	Ergebnisverwendungsvorschlag oder Beschluss;	§ 314 Abs. 1 Nr. 26 HGB
30.	Angabe der Befreiung eines Tochterunternehmens zur Aufstellung eines Jahresabschlusses für Kapitalgesellschaften	§ 264 Abs. 3 Nr. 4 HGB § 264b Nr. 3 HGB

	Rechtsgrundlage
C. Angaben nach § 298 Abs. 1 HGB	
Durch Verweis des § 298 Abs. 1 HGB auf die Vorschriften zum Jahresabschluss.	§ 298 Abs. 1 HGB
D. Rechtsformspezifische Angaben	
Im AktG, GmbHG und für haftungsbeschränkte Personenhandelsgesellschaften in § 264c HGB.	

Einstweilen frei 329–400

E. Konzernlagebericht

I. Überblick

1. Bedeutung des Lageberichts und Konzernlageberichts

Der Lagebericht und der Konzernlagebericht sind neben dem Jahresabschluss bzw. Kon- 401
zernabschluss ein *eigenständiges Berichtsinstrument* (§§ 264 Abs. 1, 290 Abs. 1 HGB). Aufgrund seiner **Ergänzungs-, Rechenschafts- und Informationsfunktion** im Zusammenhang mit dem (Konzern-)Jahresabschluss rückt der (Konzern-)Lagebericht immer mehr in den Blickpunkt der interessierenden Öffentlichkeit.

Jahres- und Konzernabschluss lassen nur begrenzt die tatsächliche wirtschaftliche Lage des Unternehmens erkennen. Neben der vergangenheitsorientierten Berichterstattung über das abgelaufene Geschäftsjahr und die aktuelle Lage des Unternehmens sind im (Konzern-)Lagebericht **zukunftsorientierte Angaben** zu machen, insbesondere zu Risiken und Chancen. Außerdem ist über finanzielle und ggf. nichtfinanzielle Leistungsindikatoren zu berichten.

Ziel einer solchen Berichterstattung ist es auch, bestehende **Informationsasymmetrien** zwischen der Unternehmensführung und der interessierten Öffentlichkeit zu reduzieren.

Der Lagebericht des Mutterunternehmens und der Konzernlagebericht dürfen zusammengefasst werden (§ 315 Abs. 3 HGB).

2. Rechtsentwicklung, CSR-Richtlinie

Die pflichtgemäße Lageberichterstattung ist in Deutschland durch das BiRiLiG 1985 402
auf Basis des EU-Rechts eingeführt worden. Die Bedeutung war zunächst relativ gering und veröffentlichte Lageberichte kaum länger als eine Seite.

Im Laufe der Zeit sind aber die gesetzlichen Anforderungen gestiegen und präzisiert worden. Ein Konzernlagebericht hat heute oftmals einen Umfang von 30 Seiten, bei kapitalmarktorientierten Konzernen sind es regelmäßig deutlich mehr.

403 Zuletzt sind die gesetzlichen Vorschriften zur (Konzern-)Lageberichterstattung (§§ 289, 315 HGB) in größerem Umfang durch das CSR-Richtlinie-Umsetzungsgesetz im März 2017 geändert worden. Gegenstand der Neuregelung sind zusätzliche Angabepflichten für große kapitalmarktorientierte Unternehmen mit über 500 Mitarbeitern (für Banken und Versicherungsunternehmen auch ohne Kapitalmarktorientierung) zu sozialen Aspekten und umweltbezogener Informationen, Menschenrechte, Korruption und Korruptionsbekämpfung. Die Angaben können als Bestandteil des (Konzern-)Lageberichts als sog. **Nichtfinanzielle Erklärung** oder außerhalb des (Konzern-)Lageberichts (auf der Homepage oder als gesondertes Dokument) als **Nichtfinanzieller Bericht** gemacht werden.

404 Darüber hinaus hatten börsennotierte AGs bis 2020 über die Grundzüge des Vergütungssystems für Organmitglieder nach § 285 Nr. 9 HGB im Lagebericht zu berichten (§ 289a Abs. 2 HGB a. F.). Die Angabe ist mit Wirkung für Geschäftsjahre ab 2021 in einen gesonderten und ausgeweiteten Vergütungsbericht verlegt worden, der auf der Internetseite der Gesellschaft kostenfrei und zehn Jahre lang zugänglich zu halten ist (§ 162 AktG).

405 *Einstweilen frei*

3. Pflicht zur Aufstellung, Prüfung und Offenlegung des (Konzern-)Lageberichts

406 Die zur Aufstellung, Prüfung und Offenlegung eines Lageberichts bzw. Konzernlageberichts verpflichteten Unternehmen sind der *ABB. 28* zu entnehmen. Der Inhalt des Lageberichts ergibt sich aus §§ 289 ff. HGB und der des Konzernlageberichts aus §§ 315 ff. HGB.

407 Das DRSC ergänzt und konkretisiert mit seinem Standard DRS 20 „Konzernlagebericht“ die gesetzlichen Vorgaben des § 315 HGB zum Konzernlagebericht. Da sich die gesetzlichen Vorgaben der §§ 289, 315 HGB sehr ähneln, besteht eine hohe Ausstrahlungswirkung des DRS 20 auch auf den Einzellagebericht. Das DRSC selbst empfiehlt die Anwendung des DRS 20 auch auf den Lagebericht nach § 289 HGB (DRS 20.2).

ABB. 28: Aufstellungs-, Prüfungs- und Offenlegungspflicht von Lagebericht und Konzernlagebericht

	Lagebericht	Konzernlagebericht
Aufstellung	KapGes und haftungsbeschränkte PersG ab Mittelformat (§§ 264 Abs. 1, 264a HGB)	alle MU in der Rechtsform KapGes/Ges. i. S. d. 264a, die zur Aufstellung KA verpflichtet sind (§ 290–293 HGB)
	kapitalmarktorientierte Unternehmen i. S. d. § 264d HGB	alle MU in anderer Rechtsform bei Überschreitung bestimmter Größenkriterien (§ 13 i. V. m. § 11 PublG)
	alle Kreditinstitute und Finanzdienstleistungsinstitute unabhängig	alle Kreditinstitute und Finanzdienstleistungsinstitute als MU (§ 340i HGB)

	Lagebericht	Konzernlagebericht
	von der Rechtsform (§ 340a Abs. 1 HGB)	
	alle Versicherungsunternehmen unabhängig von der Rechtsform (§ 341a HGB)	alle Versicherungsunternehmen als MU (§ 341i HGB)
	Genossenschaften ab Mittelformat (§ 366 Abs. 1 und 2 HGB)	
	Kommunale Eigenbetriebe (§§ 25, 26 EigVO NRW)	
	bestimmte Unternehmen nach § 5 Abs. 2 PublG unter Erfüllung bestimmter Voraussetzungen (u. a. Vereine, Stiftungen, Körperschaften des öffentlichen Rechts)	
Befreiung von der Aufstellung	§ 264 Abs. 3 HGB: Tochterkapitalgesellschaften ab Mittelformat wenn alle Bedingungen kumulativ erfüllt sind	
	§ 264b HGB: Tochter-haftungsbeschränkte PersGes i. S. d § 264a HGB, wenn alle Bedingungen kumulativ erfüllt sind	
Zusammengefasste Darstellung	Wahlrecht für MU i. S. d. § 290 HGB: Anstelle eines Lageberichts und eines Konzernlageberichts kann ein zusammengefasster Lagebericht erstellt werden (§ 315 Abs. 3 i.V. m. § 289 Abs. 3 HGB)	
Inhalt	§§ 289–289f HGB	§§ 315–315d HGB/DRS 20
Prüfung	jeder pflichtgemäß aufgestellte Lagebericht (§ 316 HGB)	jeder pflichtgemäß aufgestellte Konzernlagebericht (§ 316 HGB) *Ausnahme*: § 292 HGB: (MU mit Sitz außerhalb der EU/EWR) stellt befreienden Konzernabschluss und Konzernlagebericht für den inländischen Teilkonzern auf; dieser Konzernlagebericht, der einem inländischen gleichwertig sein muss, ist nicht prüfungspflichtig
Offenlegung	Jeder pflichtgemäß aufgestellte (und i. d. R. geprüfte) Lagebericht/Konzernlagebericht (§ 325 HGB)	

II. Inhalt des (Konzern-)Lageberichts

408 Die erforderlichen (Konzern-)Lageberichtangaben, die für alle aufstellungspflichtigen Unternehmen gelten (sog. **Mindestbestandteile**), werden üblicherweise wie folgt gruppiert:

- Grundlagen des Unternehmens,
- Wirtschaftsbericht: Angaben zu den gesamtwirtschaftlichen und branchenbezogenen Rahmenbedingungen, Darstellung und Analyse des Geschäftsverlaufs und der Lage, Angaben der finanziellen Leistungsindikatoren, Fazit,
- Prognose-, Chancen- und Risikobericht,
- Sonstiges: Risikoberichterstattung über Finanzinstrumente, Angaben zu Forschung und Entwicklung sowie Zweigniederlassungsberichterstattung.

409 **Zusätzlich** sind bestimmte Unternehmen verpflichtet, die Mindestbestandteile um weitere Angaben im Lagebericht zu ergänzen:

- **Große Kapitalgesellschaften**: Angaben der *nicht* finanziellen Leistungsindikatoren; im Konzernlagebericht obligatorisch;
- **Kapitalmarktorientierte Unternehmen**: Lagerberichtseid, übernahmerelevante Angaben, Darstellung des internen Kontroll- und Risikomanagementsystems;
- **Große kapitalmarktorientierte Unternehmen mit mehr als 500 Arbeitnehmern**: Nichtfinanzielle Erklärung oder Nichtfinanzieller Bericht;
- **Börsennotierte AGs**: Vergütung, übernahmerelevante Angaben, Erklärung zur Unternehmensführung, Diversity.

Neben den gesetzlich geforderten Angaben kann das Unternehmen freiwillig zusätzliche Informationen bereitstellen. Dies wird bislang vor allem von kapitalmarktorientierten Gesellschaften so gehandhabt (z. B. Aussagen zur Nachhaltigkeit, häufig aber auch gesondert in einer Nachhaltigkeitsberichterstattung außerhalb des Lageberichts). Seit dem Geschäftsjahr 2017 sind große kapitalmarktorientierte Kapitalgesellschaften ohnehin zur nichtfinanziellen Berichterstattung verpflichtet.

Das Gesetz gibt keine Reihenfolge der Angaben vor. Eine mögliche Gliederung kann sich aber aus den Bestandteilen des Lageberichts entwickeln lassen, siehe hierzu die folgende Tabelle:

ABB. 29: Bestandteile des (Konzern-)Lageberichts

Persönlicher Anwendungsbereich	Gegenstand
Alle Unternehmen	► Grundlagen des Unternehmens ► Wirtschaftsbericht ► Prognose-, Risiko-, Chancenbericht ► Sonstiges
Große KapGes/ jeder Konzern	► Nicht finanzielle Leistungsindikatoren

Kapitalmarktorientierte Unternehmen	► Lageberichtseid ► Übernahmerelavante Angaben ► Interner Kontroll- und Risikomanagementbericht
Echt große kapitalmarktorientierte Unternehmen mit mehr als 500 Arbeitnehmern	► Nichtfinanzielle Erklärung oder Nichtfinanzieller Bericht
Börsennotierte AG	► Vergütungsbericht (Verweis auf Internetseite) ► Erklärung zur Unternehmensführung ► Diversity

III. Erläuterungen der Pflichtangaben für alle Konzernlageberichte (ohne kapitalmarktorientierte Konzerne)

1. Grundlagen des Unternehmens

Ausgangspunkt in der Praxis der Lageberichterstattung ist häufig die Berichterstattung 410 über die grundsätzliche Geschäftstätigkeit des berichtenden Konzerns. Hier wird regelmäßig u. a. auf die organisatorische Struktur des Konzerns, auf Segmente, Standorte, Produkte und Dienstleitungen, Geschäftsprozesse, Absatzmärkte und externe Einflussfaktoren auf das Geschäft eingegangen. Formal ist ein solcher Einstieg nicht verpflichtend, hat sich aber auf Basis des DRS 20.36 ff. als *best practice* durchgesetzt.

2. Wirtschaftsbericht

2.1 Gesamtwirtschaftliche und branchenbezogene Rahmenbedingungen

Die Darstellung und Erläuterung der gesamtwirtschaftlichen und branchenbezogenen 411 Rahmenbedingungen gibt den berichtenden Unternehmen die Möglichkeit, auf die relevanten Aussagen einzugehen, die sich auf ihren Geschäftsverlauf und ihrer Lage auswirken. Hierzu können u. a. Angaben zur Branchenkonjunktur, Wettbewerbssituation und Marktstellung getätigt werden. Auch wesentliche Veränderungen der gesamtwirtschaftlichen und branchenbezogenen Rahmenbedingungen zum Vorjahr sind im Lagebericht darzustellen und im Hinblick auf ihre Bedeutung zu beurteilen.

2.2 Darstellung und Analyse des Geschäftsverlaufs und des Geschäftsergebnisses

Es sind zeitraumbezogene Informationen über den Geschäftsverlauf und das Ergebnis 412 des abgelaufenen Geschäftsjahres zu vermitteln. Der Geschäftsverlauf ist so darzustellen, dass der interessierenden Öffentlichkeit ein den tatsächlichen Verhältnissen entsprechendes Bild des Unternehmens vermittelt wird. Die Darstellung ist um eine ausgewogene und umfassende, dem Umfang und der Komplexität der Geschäftstätigkeit entsprechende Analyse des Geschäftsverlaufs zu ergänzen. Dabei ist über Entwicklungen und Ereignisse zu berichten, die hinsichtlich ihrer Bedeutung für den Geschäftsverlauf ursächlich waren. Sie sind auch hinsichtlich ihrer Bedeutung zu würdigen. So hat beispielsweise die Corona-Pandemie 2020/2021 mitunter zu erheblichen negativen Einflüssen auf den Geschäftsverlauf geführt.

2.3 Darstellung und Analyse der Vermögens-, Finanz- und Ertragslage

413 Neben dem Geschäftsverlauf ist auch die Lage des Unternehmens darzustellen einschließlich einer ausgewogenen und umfassenden, dem Umfang und der Komplexität der Geschäftstätigkeit entsprechende Analyse und Beurteilung. Dabei sind die in der Vorperiode berichteten Prognosen mit der tatsächlichen Lage zu vergleichen (vgl. DRS 20.57, sog. **Soll-Ist-Vergleich**).

414 Maßgeblich für die Berichterstattung der Lage ist die Vermögens-, Finanz- und Ertragslage (VFE-Lage) nach § 264 Abs. 2 Satz 1 HGB, die ein den tatsächlichen Verhältnissen entsprechendes Bild des Unternehmens vermitteln soll. Hinsichtlich der Angaben zur VFE-Lage können beispielhaft aufgeführt werden:

- **Vermögenslage:** u. a.
  - Erhöhungen und Minderungen, die nicht unmittelbar dem Jahresabschluss zu entnehmen sind,
  - Bilanzstrukturkennzahlen,
  - außerbilanzielle Finanzierungsmaßnahmen,
  - Inflations- und Wechselkurseinflüsse;
- **Ertragslage:** u. a.
  - Darstellung, Analyse und Beurteilung auf Basis von Ergebnisquellen,
  - Trends, nicht gewöhnliche und aperiodische Ereignisse, ökonomische Veränderungen,
  - Analyse des Umsatzes nach Produkten, Regionen, Preis-, Mengen- und Sortimentseinflüssen auf die Umsatzeinflüsse,
  - Segmentbezogene Angaben,
  - Auftragslage,
  - Aufwands- und Ertragsanalyse;
- **Finanzlage:** u. a.
  - Angaben zu Art, Fälligkeits- und Zinsstruktur,
  - Liquidität,
  - Kapitalstruktur,
  - wesentliche Kreditkonditionen,
  - Darstellung von Veränderungen außerbilanziellen Verpflichtungen,
  - Umfang und Zweck getätigter Investitionen und künftiger Investitionsvorhaben,
  - Cash-Flow-Rechnung.

415 Die Berichterstattung soll zudem den Zeitvergleich beeinträchtigende Faktoren, wie z. B. ein Rumpfgeschäftsjahr oder einmalige außerordentliche Ereignisse, berücksichtigen. Dabei sind auch die zum Bilanzstichtag bekannten sicheren Faktoren anzugeben, die die künftige Lage verändern werden.

2.4 Bedeutsame (finanzielle und nicht finanzielle) Leistungsindikatoren

416 In die Analyse des Geschäftsverlaufs sind die für die Geschäftstätigkeit bedeutsamen finanziellen Leistungsindikatoren einzubeziehen und unter Bezugnahme auf die im Ab-

schluss ausgewiesenen Beträge und Angaben zu erläutern. Zu den finanziellen Leistungsindikatoren gehören oftmals die Kennzahlen der Jahresabschlussanalyse, wie z. B. Eigenkapitalrendite, Gesamtkapitalrendite, Umsatzrendite, Cashflow, Working Capital, EBIT und EBITDA.

Die **Berechnung** finanzieller Leistungsindikatoren ist darzustellen, sofern dies nicht im Anhang erfolgt ist. In die Darstellung ist eine Überleitungsrechnung auf die Zahlen des Abschlusses aufzunehmen, sofern eine solche Überleitung sinnvoll möglich ist. 417

Schließlich sind die die Analyse der Geschäftstätigkeit auch die **nicht finanziellen Leistungsindikatoren einzubeziehen,** soweit sie für das Verständnis des Geschäftsverlaufs oder der Lage von Bedeutung sind. Zu den nicht finanziellen Leistungsindikatoren gehören u. a. Informationen über Arbeitnehmer- und Kundenbelange, gesellschaftliche Reputation, Arbeitssicherheit und Gesundheitsschutz sowie Nachhaltigkeitsbericht. 418

2.5 Verdichtung zur Gesamtaussage

Gesetzlich ist eine Verdichtung zur Gesamtaussage der Angaben zum Geschäftsverlauf und der Lage des Unternehmens nicht vorgesehen. Jedoch ziehen Unternehmen oft ein sog. **Fazit** und geben eine **wertende Beurteilung** darüber ab, ob sich das Geschäft im abgelaufenen Geschäftsjahr – aber unter Einbezug wesentlicher Erkenntnisse nach Ende des Geschäftsjahres – insgesamt eher günstig oder ungünstig entwickelt hat. Dies entspricht den Vorgaben des DRS 20.58. 419

3. Prognose-, Chancen- und Risikobericht

Die (Konzern-)Lageberichterstattung muss eine Beurteilung und Erläuterung der voraussichtlichen Entwicklungen des Unternehmens mit ihren wesentlichen Chancen und Risiken beinhalten. Dieser Teil der Berichterstattung umfasst zukunftsorientierte Berichtsangaben **(Prognosebericht)** unter Einschluss wesentlicher Chancen und Risiken. Der Prognosezeitraum soll mindestens ein Jahr nach dem letzten Stichtag betragen (DRS 20.127). Die Berichterstattung ist um Sondereinflüsse zu ergänzen, die nach dem Prognosezeitraum absehbar sind. 420

Der Prognosebericht beinhaltet Beurteilungen und Erläuterungen zur **voraussichtlichen Entwicklung** des Unternehmens hinsichtlich des Geschäftsverlaufs und der VFE-Lage. Somit zeigt der Prognosebericht die künftigen Erwartungen sowie Ereignisse auf, die den Geschäftsverlauf und die Lage im Prognosezeitraum prägen werden. Zu den Angaben können u. a. Entwicklungen im Unternehmensfeld, geplante Akquisitionen, Investitionen, Desinvestitionen und Finanzierungsmaßnahmen gehören. 421

Zusätzlich sind die Ist-Werte von Leistungsindikatoren für das berichtende Geschäftsjahr sowie über die erwarteten Veränderungen einschließlich der **Richtung und Intensität** zu berichten. Als Richtung ist anzugeben, ob die voraussichtlichen Entwicklungen positiv, negativ oder unverändert bleiben. Darüber hinaus ist die jeweilige Richtung um eine Intensität zu ergänzen. Diese Intensität kann durch Adjektive wie z. B. „stark", „bedeutend", „geringfügig", „moderat" oder „leicht" beschrieben werden. Auch quantitative Angaben sind möglich und in der Praxis nicht unüblich, etwa Prozentangaben oder Intervalle. 422

423 Den Prognosen liegen i. d. R. Annahmen zugrunde, die im Prognosebericht anzugeben sind. Die Annahmen können vom Unternehmen selbst stammen; meist jedoch stützen sich die Unternehmen auf Prognosen Dritter, wie z. B. Branchenverbände, Banken oder Wirtschaftsforschungsinstitute. Die verwendeten Prognosen Dritter sind als Quelle anzugeben.

424 Im Rahmen der Prognoseberichterstattung ist über die wesentlichen **Chancen und Risiken** zu berichten, die einen bedeutenden Einfluss auf die VFE-Lage haben können. Dies können sowohl interne als auch externe Faktoren und Umstände sein. Als Beispiele können hier die Konjunktur-, Zins-, Wechselkurs-, Steuer- und Lohnentwicklungen sowie politische Entwicklungen in Abnehmerländer genannt werden.

4. Sonstiges

4.1 Hedging/Sicherungsgeschäfte

425 Viele Unternehmen und Konzerne sichern sich gegen finanzielle Risiken durch den Einsatz bestimmter Finanzinstrumente, meist Derivate, ab. Beispielsweise ist es üblich, das Wechselkursrisiko bei Transaktionen in fremder Währung durch Devisentermingeschäfte oder ähnliche Instrumente abzusichern. Im (Konzern-)Lagebericht ist daher insgesamt einzugehen auf

- die **Risikomanagementziele und -methoden** des Unternehmens einschließlich ihrer Methoden zur Absicherung aller wichtigen Arten von Transaktionen, die im Rahmen der Bilanzierung von Sicherungsgeschäften erfasst werden, sowie
- die **Preisänderungs-, Ausfall- und Liquiditätsrisiken** sowie die **Risiken aus Zahlungsstromschwankungen**, denen das Unternehmen ausgesetzt ist

jeweils in Bezug auf die Verwendung von Finanzinstrumenten durch das Unternehmen und sofern dies für die Beurteilung der Lage und der voraussichtlichen Entwicklung von Belang ist.

4.2 Forschung und Entwicklung

426 Im (Konzern-)Lagebericht ist auf den Bereich Forschung und Entwicklung einzugehen, sofern das Unternehmen in diesem Bereich tätig ist. Zu den Inhalten liegen keine gesetzlichen Vorgaben vor. Angaben zu den Inhalten können den DRS 20.48–20.52 entnommen werden: u. a. Darstellung und Entwicklung der Aktivitäten (auch die für eigene Zwecke), die Intensität muss zum Ausdruck kommen, Angaben zur Aktivierungsquote und Abschreibungen auf aktivierte Entwicklungskosten, Quantitative Angaben zum Faktoreneinsatz und zu den Ergebnissen der Aktivitäten, Darstellung und Erläuterung wesentlicher Veränderungen gegenüber dem Vorjahr.

4.3 Zweigniederlassungen

427 Ziel der Berichterstattung über die Zweigniederlassungen ist die Information über deren wirtschaftliche und soziale Bedeutung, weil sie durchaus mit selbstständigen Tochterunternehmen vergleichbar sein können. Anzugeben sind u. a. die Tätigkeiten und der Sitz aller in- und ausländischen Zweigniederlassungen i. S. d. §§ 13–13h HGB, we-

sentliche Veränderungen im Vorjahr und abweichende Firmierungen, soweit diese zur Zuordnung zur Hauptniederlassung erforderlich ist.

Einstweilen frei 428–500

F. Prüfung

Der Konzernabschluss und der Konzernlagebericht sind durch einen Abschlussprüfer zu prüfen (§ 316 Abs. 2 HGB, § 14 PublG). Abschlussprüfer können nur Wirtschaftsprüfer bzw. Wirtschaftsprüfungsgesellschaften sein (§ 319 Abs. 1 HGB). Der Abschlussprüfer wird von den Gesellschaftern des Mutterunternehmens gewählt (§ 318 Abs. 1 HGB). Wenn kein Abschlussprüfer bestellt wird, gilt der Abschlussprüfer des Mutterunternehmens als Konzernabschlussprüfer bestellt (vgl. im Einzelnen § 318 Abs. 2 HGB). 501

Prüfungspflichtige Unterlagen sind nach § 317 HGB 502

- Konzernabschluss und
- Konzernlagebericht
- unter Einbeziehung der Buchführung.

Kriterien für die Prüfung sind nach § 317 HGB die Einhaltung 503

- der gesetzlichen Vorschriften und
- der sie ergänzenden Bestimmungen von Gesellschaftsvertrag oder der Satzung.

Die Prüfung ist so anzulegen, dass Unrichtigkeiten und Verstöße gegen gesetzliche Vorschriften bzw. Gesellschaftsvertrag und Satzung bei gewissenhafter Berufsausübung erkannt werden.

Bei Konzernabschlüssen sind auch die zum Konzernabschluss zusammengefassten Jahresabschlüsse darauf zu prüfen, ob sie den GoB entsprechen und ob die für die Übernahme in den Konzernabschluss maßgeblichen Vorschriften beachtet sind. Sind Jahresabschlüsse von einem anderen Abschlussprüfer geprüft worden, hat der Konzernabschlussprüfer dessen Arbeit zu überprüfen und dies zu dokumentieren (vgl. § 317 Abs. 3 Satz 2 HGB). Die internationalen Prüfungsstandards sind dabei zu beachten, soweit sie von der EU-Kommission angenommen worden sind (vgl. § 317 Abs. 5, 6 HGB). 504

Für die Prüfung des Jahresabschlusses und des Konzernabschlusses gelten, abgesehen von konzernspezifischen Sachverhalten, dieselben Vorschriften (vgl. §§ 316 ff. HGB bzw. §§ 14 f. PublG). Es ist also auch ein Prüfungsbericht nach § 321 HGB zu erstellen und ein Bestätigungsvermerk nach § 322 HGB zu erteilen. 505

Einstweilen frei 506–600

G. Vorlage, Offenlegung

I. Vorlage

Bei der *GmbH* hat der bzw. haben die Geschäftsführer 601

- den Konzernabschluss,
- den Konzernlagebericht,

- den Prüfungsbericht des Abschlussprüfers und
- ggf. den Prüfungsbericht des Aufsichtsrats

unverzüglich den Gesellschaftern vorzulegen (§ 42a Abs. 4 i.V. m. Abs. 1 GmbHG), und zwar zum Zweck der **Billigung** des Konzernabschlusses (§ 46 Nr. 1b GmbHG). Die Unterlassung eines Billigungsbeschlusses ist indes sanktionslos.

602 Der Vorstand des Mutterunternehmens in der Rechtsform der AG hat den Konzernabschluss, den Konzernlagebericht und den Prüfungsbericht des Abschlussprüfers unverzüglich dem Aufsichtsrat vorzulegen (§ 170 Abs. 1 i.V. m. Abs. 3 AktG). Dieser hat ihn zu billigen oder der Hauptversammlung zur Billigung vorzulegen (§§ 171 Abs. 2, 173 Abs. 1 AktG).

603 Auch das *PublG* enthält hinsichtlich der Vorlage der Konzernrechnungslegung Vorschriften. Sofern das Mutterunternehmen einen Aufsichtsrat hat, sind diesem die Unterlagen vorzulegen (vgl. § 14 Abs. 3 PublG).

II. Offenlegung

604 Die gesetzlichen Vertreter der aufstellungspflichtigen *Kapitalgesellschaft* haben den

- Konzernabschluss mit Bestätigungsvermerk und den
- Konzernlagebericht

spätestens vor Ablauf des zwölften Monats des nachfolgenden Geschäftsjahres beim Betreiber des elektronischen Bundesanzeigers elektronisch einzureichen und unverzüglich bekanntmachen zu lassen (vgl. § 325 Abs. 3 HGB). Für Unternehmen, die dem *PublG* unterliegen, gilt § 325 Abs. 3 ff. HGB entsprechend (§ 15 PublG).

Die Frist von 12 Monaten verkürzt sich bei kapitalmarktorientierten Gesellschaften auf vier Monate, vgl. § 325 Abs. 4 HGB.

605 Hinsichtlich *Form und Inhalt* der Unterlagen bei der Offenlegung, Veröffentlichung und Vervielfältigung wird auf § 328 HGB und § 15 Abs. 1, 2 PublG verwiesen.

606–700 *Einstweilen frei*

H. Rechtsfolgen bei der Verletzung von Rechnungslegungsvorschriften

I. Nichtigkeit des Konzernabschlusses

701 Es gibt keine Vorschriften, die bei Verletzung von Bestimmungen zur Nichtigkeit des Konzernabschlusses führen (anders beim Jahresabschluss der AG/KGaA, s. § 256 AktG). Der Grund ist darin zu sehen, dass der Konzernabschluss keine Rechtswirkungen auf die Zahlungsbemessung (Ausschüttung, Besteuerung) entfaltet. Allerdings wird bei schwerwiegenden Fehlern der Bestätigungsvermerk des Abschlussprüfers bei der zwingend vorgeschriebenen Prüfung des Konzernabschlusses nicht oder nur eingeschränkt erteilt (vgl. § 322 HGB, § 14 PublG), damit dem Informationszweck des Konzernabschlusses Genüge getan werden kann.

II. Bußgeldvorschriften, Ordnungsgelder

Wegen der nicht ordnungsmäßigen *Aufstellung* eines Konzernabschlusses bzw. Konzernlageberichts enthält § 334 HGB Vorschriften über *Bußgelder* bis zu 50 000 €. Bei kapitalmarktorientierten Kapitalgesellschaften kann das Bußgeld auch 2 Mio. € und mehr betragen (siehe im Einzelnen § 334 Abs. 3 HGB). 702

Der Betreiber des elektronischen Bundesanzeigers prüft, ob die einzureichenden und offen zu legenden Unterlagen nach § 325 HGB fristgemäß und vollständig eingereicht worden sind (§ 329 Abs. 1, 2 HGB). Ergibt die Prüfung, dass die Unterlagen nicht oder nicht vollständig eingereicht worden sind, wird die zuständige Verwaltungsbehörde unterrichtet (§ 329 Abs. 4 HGB). 703

Das Bundesamt für Justiz (BfJ) setzt gegen die vertretungsberechtigten Organe der Kapitalgesellschaft bzw. bestimmten Personenhandelsgesellschaft das *Ordnungsgeldverfahren* in Gang (§ 335 Abs. 1 bzw. § 335b HGB). Die Beteiligten werden unter Androhung eines Ordnungsgeldes von mindestens 2 500 € und höchstens 50 000 € aufgefordert, ihren gesetzlichen Verpflichtungen innerhalb von sechs Wochen nachzukommen (§ 335 Abs. 1 ff. HGB). Bei kapitalmarktorientierten Kapitalgesellschaften kann das Ordnungsgeld auch 10 Mio. € und mehr betragen (§ 335 Abs. 1a HGB).

Einstweilen frei 704–800

I. Internationale Rechnungslegung

I. Vorbemerkung: Einige Gründe zur Internationalisierung der Rechnungslegung

In den 90er Jahren des vorigen Jahrhunderts hatten viele deutsche börsennotierte Mutterunternehmen überwiegend aus Marketing- und Kapitalbeschaffungsgründen ein Interesse am Listing ihrer Aktien an der New York Stock Exchange (NYSE). Dazu gehörten etwa Daimler, die Telekom oder die Allianz. Die Zulassung zum Börsenhandel an der NYSE erforderte damals die Aufstellung und Veröffentlichung des Konzernabschlusses nach US-Generally Accepted Accounting Principles (US-GAAP), den amerikanischen Rechnungslegungsregeln. Zugleich waren es aber Unternehmen mit Sitz in Deutschland, die ihren Konzernabschluss deshalb auch nach dem HGB aufstellen mussten. Folglich wurden für jedes Geschäftsjahr zwei Konzernabschlüsse aufgestellt, geprüft und veröffentlicht: nach HGB und nach US-GAAP. Das ist natürlich aufwendig. Hinzu kommt der folgende Aspekt: Da die Rechnungslegungsregeln HGB und US-GAAP unterschiedlich sind, ergeben sich aus deren jeweiliger Anwendung unterschiedlich hohe Umsätze, Jahresergebnisse, Eigenkapital usw. Das wiederum kann die Abschlussadressaten irritieren: Was ist das wirkliche Ergebnis, was das richtige Eigenkapital? 801

Die Bundesregierung hat 1998 reagiert und mit dem Kapitalaufnahmeerleichterungsgesetz die Möglichkeit eines Wahlrechts geschaffen: Die börsennotierten Mutterunternehmen konnten auf ihren Konzernabschluss statt des HGB auch international anerkannte Rechnungslegungsnormen anwenden. Als international anerkannt galten US- 802

GAAP und die damaligen IAS (jetzt: IFRS). Von dieser Möglichkeit haben nachfolgend sehr viele deutsche börsennotierte Mutterunternehmen Gebrauch gemacht; einige Hundert haben US-GAAP oder IAS angewendet. Außerdem verlangten manche Börsensegmente – etwa der damalige „Neue Markt" – für die Aufnahme in das Segment Konzernabschlüsse nach US-GAAP oder IAS.

803 Das **Ziel** der vom damaligen IASC (jetzt: IASB, siehe Rdn. 805) herausgegebenen IAS (IAS = International Accounting Standards war der Name für die internationalen Rechnungslegungsstandards bis 2001; seit einer Umbenennung heißt der Oberbegriff IFRS = International Financial Reporting Standards) war von Beginn an (Gründung in 1973, Umbenennung in IASB als standardsetzendes Gremium in 2001) die Entwicklung einer weltweit an den Kapitalmärkten akzeptierten Rechnungslegungssprache.

804 Dass eine möglichst einheitliche Rechnungslegungssprache auf dem internationalen Kapitalmarkt die Kommunikation zwischen Investoren und Kapital nachfragenden Unternehmen erleichtert, hat schließlich auch die Europäische Union erreicht. Nach einigen politischen Vorüberlegungen hat der Europäische Rat am 19. 7. 2002 die **Verordnung (EG) Nr. 1606/2002** verabschiedet, in der im Kern die verpflichtende Anwendung der IFRS für den Konzernabschluss kapitalmarktorientierter Mutterunternehmen in der gesamten EU ab 2005 vorgeschrieben wird. In der Fachwelt ist die Verordnung als „IAS-Verordnung" bekannt. Mit der IAS-Verordnung war dann das zuvor in Deutschland bestehende Wahlrecht für börsennotierte Mutterunternehmen zwischen HGB, US-GAAP und IAS bzw. IFRS obsolet und musste aufgehoben werden. Zur IFRS-Anwendung in Deutschland und in der EU siehe Rdn. 807 ff.

II. IASB: Organisationsstruktur

805 Der International Accounting Standards Board (IASB) ist ein unabhängiges, privatwirtschaftliches Gremium mit physischem Sitz in London, das die International Financial Reporting Standards (IFRS) entwickelt und verabschiedet. Ziel ist die Schaffung eines **weltweit akzeptierten Rechnungslegungssystems.**

806 Der IASB arbeitet unter der Aufsicht der IFRS-Stiftung. Der IASB wurde 2001 neu gestaltet und ersetzte das vormalige International Accounting Standards Committee (IASC). Dieses wurde ursprünglich von Berufsverbänden (Wirtschaftsprüfungsorganisationen, z. B. WPK und IDW) im Jahre 1973 in London gegründet.

Nach der Satzung der IFRS-Stiftung trägt der IASB die volle Verantwortung für **alle fachlichen Angelegenheiten der IFRS-Stiftung**, darunter:

- die volle Hoheit bei der Entwicklung und Abarbeitung seines Arbeitsprogramms, vorbehaltlich bestimmter Konsultationserfordernisse mit den Treuhändern und der Öffentlichkeit,
- die Ausarbeitung und Herausgabe der IFRS sowie von Standardentwürfen unter Beachtung des Konsultationsprozesses wie in der Satzung niedergelegt und
- die Verabschiedung und Herausgabe der vom IFRS Interpretations Committee entwickelten Interpretationen.

Der IASB hat derzeit 13 Mitglieder (Stand: 1. 3. 2021). Ab 1. 7. 2021 tritt Prof. Dr. Andreas Barckow, zuvor Präsident des DRSC, die Nachfolge von Hans Hoogervorst als Präsident des IASB an.

ABB. 30 zeigt die Organisation und ihre Gremien.

ABB. 30: Institutionen der IFRS-Rechnungslegung

Gremium	Funktion
International Financial Reporting Standards Foundation (IFRS Foundation)	Gemeinnützige Stiftung mit juristischem Sitz in Delaware/USA; 22 Trustees (= Treuhänder); Aufgabe: Wahl und Berufung der Mitglieder des IASB, des IFRS IC und des IFRS AC; Beaufsichtigung des IASB; verantwortlich über die Finanzierung der Organisation
Monitoring Board	Oberstes Aufsichtsgremium; Aufgaben: Auswahl der Trustees, deren Überwachung und Beratung
International Accounting Standards Board (IASB)	Aufgabe: Facharbeit; Veröffentlichung von Discussion Paper (Diskussionspapieren), Verabschiedung der Exposure Drafts (= Standardentwürfen), der Standards (= IFRS bzw. IAS) und der IFRS Interpretationen (IFRIC bzw. SIC) und anderen Verlautbarungen
International Financial Reporting Standards Interpretations Committee (IFRS IC)	Aufgabe: Facharbeit; Entwicklung von Interpretationen zu Anwendungs- und Auslegungsfragen existierender Standards
IFRS Advisory Council (IFRS AC)	Mindestens 30 Mitglieder, bestimmt von den Trustees, Repräsentanten von verschiedenen Organisationen, z. B. Weltbank, IOSCO, DRSC; Aufgabe: Beratung des Boards und der Trustees
Accounting Standards Advisory Forum (ASAF)	12 Mitglieder zuzüglicher Vorsitzender (= Präsident oder Vizepräsident des IASB), die Mitglieder sind Vertreter nationaler oder internationaler Standardsetter, z. B. FASB, DRSC; Aufgabe: Beratung des Boards und der Trustees
Diverse ständige oder zeitlich befristete Project Consultative Groups	Arbeitsgruppen zur Unterstützung des Boards bei einzelnen wichtigen Projekten

III. Anwendung der IFRS in der EU und in Deutschland

1. Überblick zum Regelungsgegenstand der EU-Verordnung vom 19. 7. 2002

Die in Rdn. 804 genannte EU-Verordnung aus dem Jahr 2002 hat folgenden Regelungsgegenstand: 807

- Auf **Konzernabschlüsse** von **kapitalmarktorientierten Gesellschaften** mit Sitz in der EU müssen zwingend die IFRS angewendet werden (Art. 4).
- Die Mitgliedstaaten erhalten ein Wahlrecht, allen übrigen unter EU-Recht fallenden (das sind Kapitalgesellschaften und haftungsbeschränkte Personenhandelsgesellschaften sowie Kreditinstitute und Versicherungen), aber nicht kapitalmarktorientierten Unternehmen mit Sitz in ihrem jeweiligen Mitgliedstaat die Anwendung der IFRS auf ihren **Konzernabschluss** zu gestatten oder vorzuschreiben (Art. 5).
- Die Mitgliedstaaten erhalten ein Wahlrecht, allen unter EU-Recht fallenden Unternehmen mit Sitz in ihrem jeweiligen Land die Anwendung der IFRS auf ihren **Einzelabschluss** zu gestatten oder vorzuschreiben (Art. 5).

Es wäre insoweit aus Sicht der EU zulässig, dass Deutschland die HGB-Rechnungslegung für Kapitalgesellschaften (& Co.) durch eine Pflicht zur IFRS-Rechnungslegung 808 ersetzt. Für andere Unternehmensrechtsformen (Einzelkaufleute, Personenhandelsgesellschaften mit natürlicher Person als persönlich haftenden Gesellschafter) ist Deutschland ohnehin frei in seiner Entscheidung, also nicht an das EU-Recht gebunden. Freilich: An die Abschaffung der Rechnungslegungsregeln des HGB wird in Deutschland politisch nicht gedacht.

2. Übernahme der Standards in EU-Recht

809 Allerdings dürfen die IFRS von den betroffenen Unternehmen nicht schon unmittelbar dann angewendet werden, wenn sie vom IASB verabschiedet worden sind. Zunächst werden die Standards in einem besonderen Verfahren („Regelungsverfahren mit Kontrolle" seit der Verordnung vom 11. 3. 2008, siehe Art. 3 und 6 der IAS-Verordnung) auf ihre Güte zur Anwendung in der EU geprüft. Hierzu ist u. a. der Technische Ausschuss der EFRAG (= European Financial Reporting Advisory Group) unter Einbeziehung der Öffentlichkeit beauftragt. Im Falle einer positiven Prüfung und nach Zustimmung des Europäischen Parlaments – und das ist der Regelfall – werden die Standards durch EU-Verordnungen in EU-Recht übernommen; sie haben damit **Gesetzeskraft** und sind von den betroffenen Unternehmen dann auch anzuwenden.

Zum Verfahren der Übernahme der Standards in EU-Recht (sog. **Endorsement-Verfahren**) siehe *ABB. 31*.

Der *EFRAG Endorsement Status Report* zeigt jeweils den aktuellen Stand der Übernahme neuer Standards auf. Die Änderungsgeschwindigkeit der IFRS ist hoch. In jedem Jahr kommen weitere EU-Änderungsverordnungen hinzu, die das Regelwerk fortschreiben.

810 Die übernommenen Standards werden in allen Amtssprachen der Gemeinschaft im Amtsblatt der Europäischen Gemeinschaften veröffentlicht. Dabei muss leider darauf hingewiesen werden, dass sich bei der Übersetzung aus der englischen Originalsprache ins Deutsche eine erhebliche Zahl von Fehlern und Unzulänglichkeiten eingeschlichen haben. Ein Rückgriff auf die Originaltexte ist empfehlenswert.

ABB. 31: Übernahme von IFRS in die Europäische Union

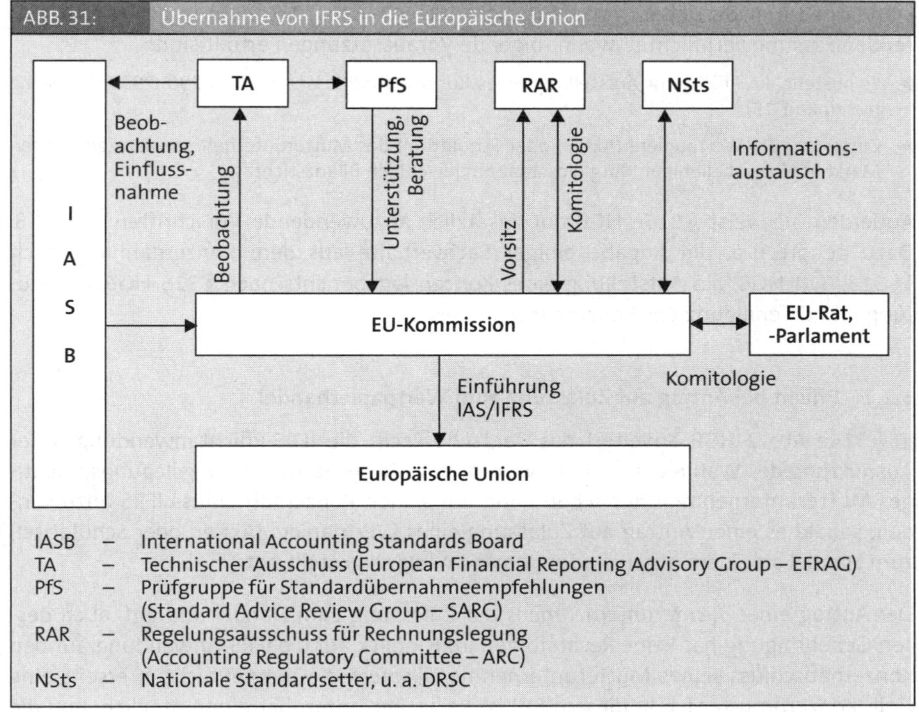

3. IFRS-Anwendungspflichten und -wahlrechte in Deutschland

3.1 Überblick

Die Transformation der Wahlrechte der EU-Verordnung in deutsches Recht erfolgte 2004 durch das Bilanzrechtsreformgesetz (BilReG), insbesondere durch die Einfügung von § 315a HGB „Konzernabschluss nach internationalen Rechnungslegungsstandards“, dessen Inhalte 2017 unverändert in § 315e HGB verschoben worden sind (siehe hierzu Rdn. 405). Daneben waren zahlreiche Ergänzungen erforderlich, u. a. bzgl. der Aufstellung, Prüfung, Feststellung bzw. Billigung und Offenlegung, die in der IAS-Verordnung bzw. in den IFRS nicht geregelt sind. § 315e HGB stellt die Verbindung her zwischen der IAS-Verordnung und dem nationalen Recht. 811

3.2 Konzernabschluss

3.2.1 Pflicht bei Kapitalmarktorientierung

Nach § 315e Abs. 1 HGB sind Mutterunternehmen zur Aufstellung eines Konzern- 812
abschlusses nach den von der EU übernommenen internationalen Rechnungslegungs-

standards unter Bezugnahme auf Art. 4 der EU-VO vom 19. 7. 2002 in der jeweils geltenden Fassung verpflichtet, wenn folgende Voraussetzungen erfüllt sind:

- Es besteht die Pflicht zur Aufstellung eines Konzernabschlusses nach §§ 290–293 HGB (siehe hierzu Rdn. 15);
- Zulassung der Wertpapiere (Aktien oder Schuldtitel) des Mutterunternehmens am geregelten Markt in einem beliebigen Mitgliedsstaat am jeweiligen Bilanzstichtag.

Außerdem verweist § 315e HGB auf zusätzlich anzuwendende Vorschriften des HGB. Dazu gehört u. a. die Angabe einiger Sachverhalte aus dem Konzernanhang nach §§ 313, 314 HGB, die Aufstellung eines Konzernlageberichts nach § 315 HGB, die Prüfung und Offenlegung des Konzernabschlusses.

3.2.2 Pflicht bei Antrag auf Zulassung zum Wertpapierhandel

813 In § 315e Abs. 2 HGB erweitert das deutsche Recht die IFRS-Pflichtanwendung unter Ausnutzung des Wahlrechts der IAS-Verordnung: Ein konzernrechnungslegungspflichtiges Mutterunternehmen hat schon dann auf seinen Konzernabschluss IFRS anzuwenden, sobald es einen Antrag auf Zulassung eines Wertpapiers (Aktien oder Schuldtitel) zum Handel an einem organisierten Markt im Inland gestellt hat.

Der Antrag eines *Tochterunternehmens* auf Zulassung zum Handel und ggf. auch dessen Genehmigung hat keine Rechtsfolgen im Hinblick auf die IFRS-Anwendung auf den Konzernabschluss seines Mutterunternehmens, sofern die Tochter nicht ihrerseits eine (Teil-)Konzernmutter ist. In diesem Fall ist keine Teilkonzernbefreiung möglich, und die Tochter muss einen Teilkonzernabschluss nach IFRS aufstellen.

3.2.3 Freiwillige IFRS-Anwendung statt HGB

814 § 315e Abs. 3 räumt allen anderen Mutterunternehmen das Wahlrecht ein, statt eines HGB-Konzernabschlusses einen Konzernabschluss nach internationalen Rechnungslegungsstandards aufzustellen. Auch in diesem Fall müssen die in § 315e Abs. 1 HGB genannten Standards und Vorschriften vollständig befolgt werden.

BEISPIEL: Die B. Braun Melsungen AG, ein international tätiger Medizintechnik-Hersteller, finanziert sich nicht über den organisierten Kapitalmarkt. Dennoch wendet die AG seit 2005 auf ihren Konzernabschluss IFRS an.

3.3 Einzelabschluss

815 Die IFRS-Anwendung ist auch in einem Einzelabschluss möglich: Für **Offenlegungszwecke im Bundesanzeiger** kann ein IFRS-Einzelabschluss treten (§ 325 Abs. 2a HGB). Dabei sind die in das EU-Recht übernommenen IFRS vollständig zu befolgen. Das Unternehmenswahlrecht steht jedem offenlegungspflichtigen Unternehmen zu. Allerdings ersetzt der IFRS-Einzelabschluss nicht den HGB-Jahresabschluss. Dieser muss weiterhin aufgestellt und dem Bundesanzeiger eingereicht werden. Die Regelung spielt in der Praxis daher keine Rolle.

IV. Formaler Aufbau des IFRS-Rechnungslegungssystems

1. Überblick

Das Regelwerk des IASB besteht aus 816

- Standards und
- Interpretationen.

Standards und Interpretationen sind damit der Gegenstand der EU-Übernahme (siehe Rdn. 809). Sie sind, soweit sie im Verordnungsweg in EU-Recht übernommen worden sind, unmittelbar geltende **Gesetze in der EU**.

In der Originalfassung des IASB nehmen die Standards und Interpretationen einen Umfang von rund 1 800 Seiten ein.

ABB. 32: Aufbau des IFRS-Rechnungslegungssystems

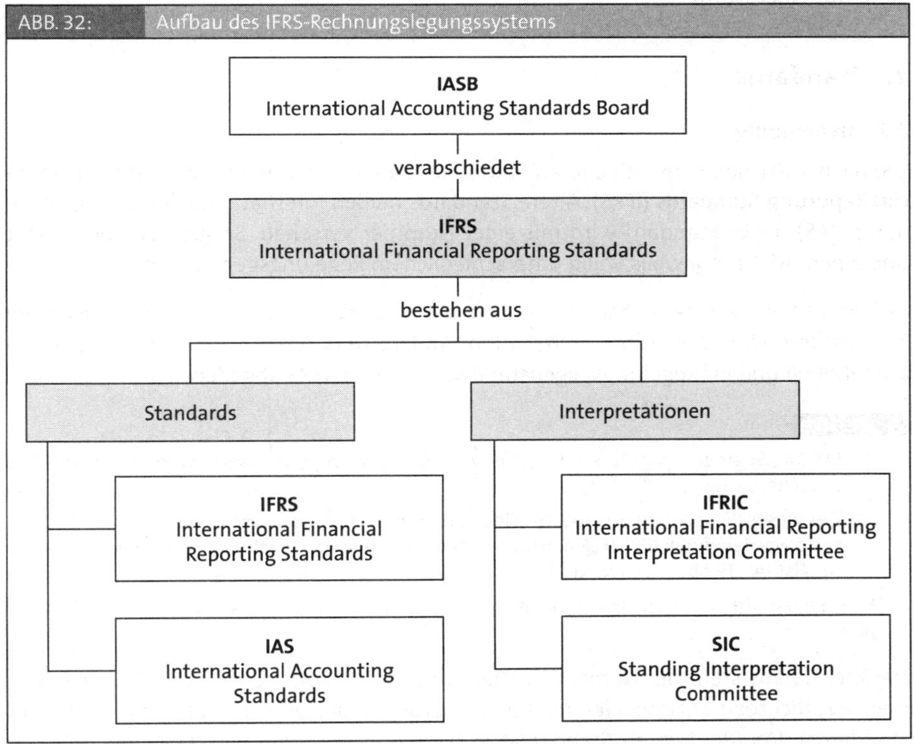

Doch Standards und Interpretationen sind nicht die einzigen Verlautbarungen des IASB. 817
Von Bedeutung ist das im März 2018 neu gefasste sog. Rahmenkonzept (*Conceptual Framework for Financial Reporting*, kurz: **Conceptual Framework**). Es kann als Grundlage für das gesamte IFRS-Rechnungslegungssystem verstanden werden. Es dient dem IASB als Leitlinie, als theoretische Basis für die Entwicklung einzelner Regelungen, die sich dann in den Standards und Interpretationen finden, darstellen. Allerdings stellt das Rahmenkonzept selbst keinen Standard dar. Für die IFRS-Anwender hat es vor allem Auslegungs- und Lückenfüllungsfunktion.

818 Schließlich werden noch weitere Materialien vom IASB verfasst. So enthält jeder seit 2001 verabschiedete Standard und jede verabschiedete Interpretation eine Begründung (***Basis for Conclusions***). Das lässt sich ganz gut vergleichen mit den Regierungsentwurfsbegründungen deutscher Gesetze. Außerdem ergänzen Anwendungsleitlinien (***Implementation Guidance***) und erläuternde Beispiele (***Illustrative Examples***) gelegentlich die Standards und Interpretationen.

Der Umfang dieser weiteren Materialien liegt bei rund 3 500 Seiten. Sie werden nicht in EU-Recht übernommen und liegen daher auch nicht in einer amtlich übersetzten Fassung vor, weil sie nicht zum eigentlichen Regelungsumfang der IFRS gehören. Gleichwohl sind diese Materialien sehr hilfreich für das Verständnis der Regelungen. Insoweit besteht auch in ihrer Bedeutung eine Analogie etwa zur Regierungsentwurfsbegründung eines deutschen Gesetzes: Oft erschließt sich erst daraus der zutreffende Umgang mit einer Norm.

2. Standards

2.1 Benennung

819 Die nach 2001 neu verabschiedeten Standards tragen den Namen **International Financial Reporting Standards (IFRS)**. Ältere Standards heißen International Accounting Standards (IAS). Jeder Standard wird mit einer Nummer versehen. So gibt es einen IFRS 1 und einen IAS 1 mit jeweils völlig unterschiedlichem Regelungsgegenstand.

Es kommt vor, dass ältere Standards – die IAS – überarbeitet werden und dabei ihren Namen (ihre Nummerierung) beibehalten. Andererseits werden manchmal ältere IAS aufgehoben und ihr Regelungsgegenstand von neueren IFRS abgedeckt.

BEISPIELE:

1. IAS 14 „Segmentberichterstattung" ist mit Wirkung ab 2009 ersetzt worden durch IFRS 8 „Geschäftssegmente".
2. Der wesentliche Inhalt von IAS 39 „Finanzinstrumente: Ansatz und Bewertung" ist 2018 ersetzt worden durch IFRS 9 „Finanzinstrumente". Für einige Regelungen zum Hedge Accounting ist IAS 39 aber noch in Kraft.

Eine Systematik in dieser unterschiedlichen formalen Vorgehensweise lässt sich nicht erkennen.

Darüber hinaus steht der Name IFRS aber auch für die Summe der von den Unternehmen verpflichtend anzuwendenden Verlautbarungen des IASB, bestehend aus IFRS (als Standards), IAS (die älteren Standards) sowie die Interpretationen IFRIC und SIC. Das mag zunächst ein Stück weit verwirrend sein.

2.2 Gegenstände und Aufbau der Standards

820 Die Standards werden vom IASB der zeitlichen Reihenfolge ihrer Verabschiedung nach durchnummeriert, eine sachliche Gliederung gibt es nicht. Die einzelnen Standards behandeln jeweils eine oder mehrere **Rechnungslegungs-** und/oder **Darstellungsthemen** für den IFRS-Abschluss.

BEISPIEL: IAS 16 hat den Ansatz, die Erstbewertung zu Anschaffungs- und Herstellungskosten sowie die planmäßige Folgebewertung von Sachanlagen zum Gegenstand, einschließlich der zugehörigen Anhangangabepflichten. Außerplanmäßige Abschreibungen (Wertminderungen) sind dagegen Regelungsgegenstand des IAS 36, allerdings nicht nur für Sachanlagen, sondern auch für langfristige immaterielle Vermögenswerte und einige andere Themen, nicht aber beispielsweise für Vorräte; hier ist der IAS 2 einschlägig.

Jeder Standard ist in Absätze gegliedert, die auch Paragraphen genannt werden. Daraus resultiert auch die übliche Zitierweise in „Standardnummer.Absatz“. 821

BEISPIEL: In IAS 16 lautet der Absatz oder Paragraph 15 wie folgt: „Eine Sachanlage, die als Vermögenswert anzusetzen ist, ist bei erstmaligem Ansatz mit ihren Anschaffungs- oder Herstellungskosten zu bewerten.“ Die übliche Zitierweise für diese Passage lautet „IAS 16.15“.

Häufig wird den Standards in der Originalfassung des IASB eine knappe Einführung mit Hintergrundinformationen zur historischen Entwicklung sowie Hinweisen zu den letzten Änderungen vorangestellt. Sodann ist der **typische Standardaufbau** wie folgt: 822

- **Zielsetzung** (*objective*): Was ist Gegenstand dessen, was mit den Regelungen erreicht werden soll?
- **Anwendungsbereich** (*scope*): Auf welche Unternehmen und/oder Sachverhalte ist der Standard anzuwenden? Grundsätzlich ist das IFRS-Rechnungslegungssystem auf jeden IFRS-Abschluss vollumfänglich anzuwenden. Gleichwohl gibt es gelegentlich Einschränkungen im persönlichen Anwendungsbereich.

BEISPIEL: IFRS 8 „Geschäftssegmente“ hat die Aufspaltung („Segmentierung“) der Konzernbilanz und Konzern-GuV sowie weiterer Abschlussinformationen auf Geschäftssegmente zum Gegenstand. Der Standard (siehe Rdn. 879 ff.) ist aber nur von Unternehmen anzuwenden, die den Kapitalmarkt mit Eigenkapital- oder Schuldtiteln in Anspruch nehmen. Diese müssen ihren Abschluss um eine Segmentberichterstattung erweitern. Umkehrschluss: Im IFRS-Abschluss eines nicht kapitalmarktorientierten Unternehmens ist eine Segmentberichterstattung entbehrlich.

Problematischer ist der in den Standards genannte sachliche Anwendungsbereich. Es braucht eine gewisse Erfahrung, um herauszufinden, auf welche Sachverhalte welcher Standard anzuwenden ist.

BEISPIEL: So hat zwar IAS 16 die Bilanzierung von Sachanlagen zum Gegenstand (siehe Beispiel in Rdn. 820), aber u. a. vermietete Gebäude gehören nicht zu Sachanlagen, sondern werden als „Als Finanzinvestition gehaltene Immobilien“ bezeichnet und nach IAS 40 bilanziert. Andere häufige Bezeichnungen hierfür sind auch Renditeliegenschaften oder Anlageimmobilien.

- Der eigentliche **Regelungsbereich** (gegliedert nach inhaltsbezogenen Überschriften, z. B. *„measurement“, „recognition“* oder auch *„method of accounting“*): Dieser Bereich nimmt den größten Raum in Anspruch. Je nach Gegenstand des Standards werden hier beispielsweise Bilanzierungs- oder Zuordnungsfragen geklärt. Die Regelungen sind erheblich detaillierter als die Vorschriften im Dritten Buch des HGB.
- **Angaben** (*disclosure*): Mit Ausnahme von IFRS 7 (Angaben zu Finanzinstrumenten) und IFRS 12 (Angaben zu Anteilen an anderen Unternehmen) gibt es keine Standards, die nur Anhangangaben zum Gegenstand haben. Also finden sich die jeweiligen Anhangangabepflichten am Ende der Standards und nehmen da einen vergleichsweise breiten Raum ein. Die Angabepflichten sind insgesamt weit umfangreicher als nach HGB und führen deshalb auch zu umfangreicheren Anhängen (zum Anhang des IFRS-Abschlusses siehe Rdn. 878).

BEISPIEL: Angabepflichten zu den Anschaffungs- und Herstellungskosten von Sachanlagen finden sich in IAS 16. Sollten in diesem Zusammenhang jedoch Zinskosten zu aktivieren sein, sind Angaben darüber wiederum Gegenstand der Angabepflichten des IAS 23.

Diese zerhackten Fundstellen zu den Angabepflichten machen in der Aufstellungs- und Prüfungspraxis den Einsatz zusammenfassender Checklisten unumgänglich.

- **Übergangsvorschriften und Inkrafttreten** (*transitional provisions and effective date*): Die erstmalige Anwendung eines (ggf. überarbeiteten) Standards wird regelmäßig in der Form formuliert, dass er auf Berichtsperioden anzuwenden sei, die am oder nach einem bestimmten angegebenen Datum beginnen. Häufig wird auch die frühere Anwendung empfohlen. Gelegentlich enthalten die Standards auch Übergangsvorschriften. Fehlen diese, ist in der Periode der erstmaligen Anwendung neuer Regelungen gem. IAS 8 zu verfahren.
- **Anhänge** (*Appendices*): Manche Standards enthalten einen oder mehrere Anhänge, die mit fortlaufenden Großbuchstaben gekennzeichnet werden. Sie haben oft detailliertere Erläuterungen zum Gegenstand. Manchmal werden in den Anhängen auch Definitionen bestimmter, für den jeweiligen IFRS einschlägiger Begriffe aufgeführt.

2.3 Liste der Standards

823 Das Normenwerk der IAS reicht bis IAS 41, wobei wegen des zwischenzeitlichen Außerkraftsetzens einige Nummern nicht belegt sind. Die IFRS sind derzeit nummeriert von 1 bis 17, wobei IFRS 14 und IFRS 17 (noch) nicht von der EU übernommen sind.

Die nachfolgende Liste enthält alle mit **Stand 1. 3. 2021** seitens der EU übernommenen Standards (IAS und IFRS). Wichtige Anwendungszeitpunkte jüngerer Standards sind auf Jahresbasis in der Spalte der deutschen Bezeichnung in kursiver Schrift vermerkt.

ABB. 33: Zusammenstellung der von der EU übernommenen IAS/IFRS

IAS / IFRS	Bezeichnung Deutsch	Bezeichnung Englisch
IAS 1	Darstellung des Abschlusses	Presentation of Financial Statements
IAS 2	Vorräte	Inventories
IAS 7	Kapitalflussrechnungen	Statements of Cash Flows
IAS 8	Rechnungslegungsmethoden, Änderungen von rechnungslegungsbezogenen Schätzungen und Fehlern	Accounting policies, Changes in Accounting Estimates and Errors
IAS 10	Ereignisse nach der Berichtsperiode	Events After the Reporting Period
IAS 12	Ertragsteuern	Income Taxes
IAS 16	Sachanlagen	Property, Plant and Equipment
IAS 17	Leasingverhältnisse *(bis einschließlich 2018, ab 2019 ersetzt durch IFRS 16)*	Leases
IAS 19	Leistungen an Arbeitnehmer	Employee Benefits
IAS 20	Bilanzierung und Darstellung von Zuwendungen der öffentlichen Hand	Accounting for Government Grants and Disclosure of Government Assistance
IAS 21	Auswirkungen von Wechselkursänderungen	The Effects of Changes in Foreign Exchange Rates
IAS 23	Fremdkapitalkosten	Borrowing Costs

IAS / IFRS	Bezeichnung Deutsch	Bezeichnung Englisch
IAS 24	Angaben über Beziehungen zu nahestehenden Unternehmen und Personen	Related Party Disclosures
IAS 26	Bilanzierung und Berichterstattung von Altersversorgungsplänen	Accounting and Reporting by Retirement Benefit Plans
IAS 27	Einzelabschlüsse	Separate Financial Statements
IAS 28	Anteile an assoziierten Unternehmen und Gemeinschaftsunternehmen	Investments in Associates and Joint Ventures
IAS 29	Rechnungslegung in Hochinflationsländern	Financial Reporting in Hyperinflationary Economies
IAS 32	Finanzinstrumente: Darstellung	Financial Instruments: Presentation
IAS 33	Ergebnis je Aktie	Earnings per Share
IAS 34	Zwischenberichterstattung	Interim Financial Reporting
IAS 36	Wertminderung von Vermögenswerten	Impairment of Assets
IAS 37	Rückstellungen, Eventualverbindlichkeiten und Eventualforderungen	Provisions, Contingent Liabilities and Contingent Assets
IAS 38	Immaterielle Vermögenswerte	Intangible Assets
IAS 39	Finanzinstrumente: Ansatz und Bewertung *(wesentliche Inhalte ab 2018 ersetzt durch IFRS 9; diese sind dann nicht mehr anwendbar)*	Financial Instruments: Recognition and Measurement
IAS 40	Als Finanzinvestition gehaltene Immobilien	Investment Property
IAS 41	Landwirtschaft	Agriculture
IFRS 1	Erstmalige Anwendung der IFRS	First-Time Adoption of IFRS
IFRS 2	Anteilsbasierte Vergütung	Share-Based Payment
IFRS 3	Unternehmenszusammenschlüsse	Business Combinations
IFRS 4	Versicherungsverträge	Insurance Contracts
IFRS 5	Zur Veräußerung gehaltene langfristige Vermögenswerte und aufgegebene Geschäftsbereiche	Non-Current Assets Held for Sale and Disconfirmed Operations
IFRS 6	Exploration und Evaluierung von mineralischen Ressourcen	Exploration for and Evaluation of Mineral Resources
IFRS 7	Finanzinstrumente: Angaben	Financial Instruments: Disclosures
IFRS 8	Geschäftssegmente	Operating Segments
IFRS 9	Finanzinstrumente *(ab 2018)*	Financial Instruments
IFRS 10	Konzernabschlüsse	Consolidated Financial Statements
IFRS 11	Gemeinsame Vereinbarungen	Joint Arrangements

IAS / IFRS	Bezeichnung Deutsch	Bezeichnung Englisch
IFRS 12	Angaben zu Anteilen an anderen Unternehmen	Disclosure of Interests in Other Entities
IFRS 13	Bemessung des beizulegenden Zeitwerts	Fair Value Measurement
IFRS 15	Erlöse aus Verträgen mit Kunden *(ab 2018)*	Revenue from Contract with Customers
IFRS 16	Leasingverhältnisse *(ab 2019, ersetzt IAS 17)*	Leases

3. Interpretationen

824 Interpretationen (ältere heißen SIC, neuere IFRIC) dienen speziellen Auslegungsfragen einzelner Standards und/oder sollen kleinere Regelungslücken schließen. Sie sind von allen IFRS-Anwendern ebenfalls pflichtgemäß zu beachten. Interpretationen sind deutlich kürzer als Standards.

4. Sachlicher Geltungsbereich der Standards und Interpretationen

825 Die IASB-Normen sind verbindlich für Abschlüsse, soweit diese behaupten, IFRS-Abschlüsse zu sein (IAS 1.16). Mit anderen Worten: Ein Abschluss ist nur dann ein IFRS-Abschluss, wenn sämtliche Standards und Interpretationen beachtet worden sind. Für Abschlüsse von Unternehmen mit Sitz in der EU bezieht sich die Pflichtanwendung der Standards und Interpretationen nur auf solche, die in das EU-Recht übernommen worden sind (vgl. hierzu Rdn. 809 und zur Standardliste Rdn. 823). Zu Beginn des Anhangs eines jeden IFRS-Abschlusses ist aufzuführen, dass es sich um einen IFRS-Abschluss handelt und dass sämtliche IFRS beachtet worden sind (sog. **Übereinstimmungserklärung**).

826 Die Standards gelten für Einzel- und Konzernabschlüsse. Es wird dabei weder größen- noch branchenabhängig differenziert. Jedoch gibt es manche Standards, die nur einen engen, quasi branchenbezogenen Anwendungsbereich aufweisen (z. B. IAS 41 Landwirtschaft).

827 Der IASB hat einen Standard **„IFRS for Small and Medium-sized Entities"** verabschiedet. Er richtet seinen Fokus auf kleinere, vor allem nicht kapitalmarktorientierte Unternehmen. Allerdings ist der Standard bzgl. seiner Eignung umstritten. Daher wird er auch bis auf weiteres von der EU nicht übernommen.

V. Materielle Grundsätze und Bilanzierung in der IFRS-Rechnungslegung

1. Ziel

828 „Die Zielsetzung eines Abschlusses ist es, Informationen über die **Vermögens-, Finanz- und Ertragslage** und die **Cashflows** eines Unternehmens bereitzustellen, die für ein breites Spektrum von Adressaten nützlich sind, um wirtschaftliche Entscheidungen zu

treffen. Ein Abschluss legt ebenfalls **Rechenschaft** über die Ergebnisse der Verwaltung des dem Management anvertrauten Vermögens ab." Diese Informationen sollen den Adressaten helfen, „die künftigen Cashflows des Unternehmens sowie insbesondere deren Zeitpunkt und Sicherheit des Entstehens vorauszusagen" (IAS 1.9).

Ziel der Finanzberichterstattung ist demnach die Vermittlung **entscheidungsnützlicher Informationen** („decision usefulness") für Investoren, Kreditgeber und sonstige Gläubiger. Sie sollen in die Lage versetzt werden, anhand der Informationen selbst eine Einschätzung über die künftigen Zahlungsflüsse des Unternehmens gewinnen zu können. Hierzu sollen die nachfolgend aufgeführten Grundsätze entscheidungsnützlicher Informationsvermittlung dienen. Die *ABB. 34* bietet einen Überblick:

ABB. 34: Basisannahmen und qualitative Merkmale entscheidungsnützlicher Informationsvermittlung (entnommen aus *Theile*, in: Heuser/Theile, IFRS-Handbuch, 6. Aufl. 2019, Rz. 6.27)

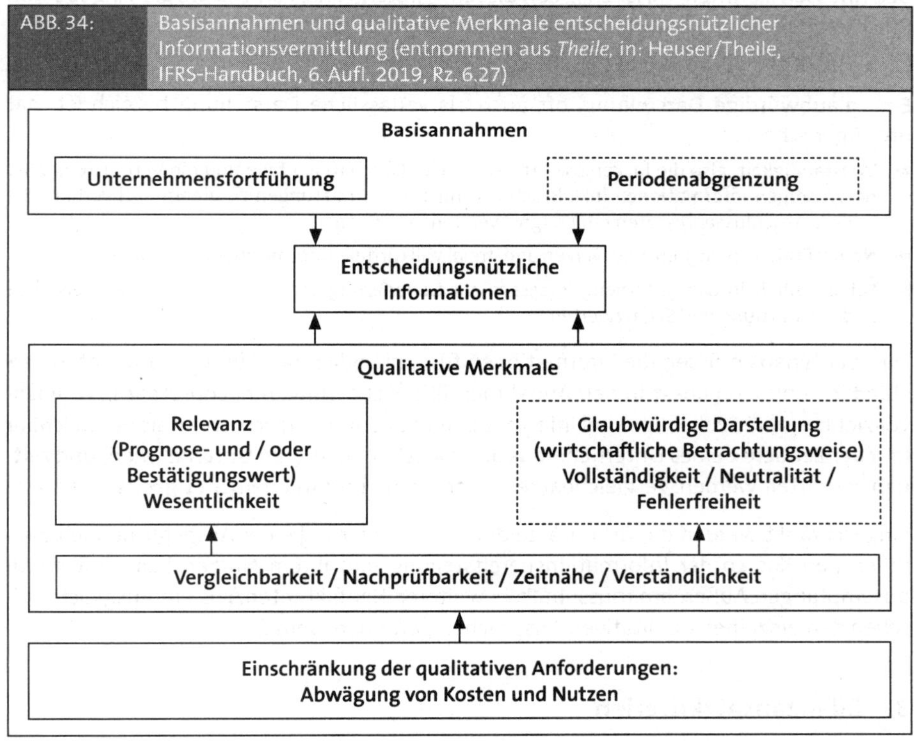

2. Grundsätze entscheidungsnützlicher Informationsvermittlung

2.1 Basisannahmen

Grundlegende Annahmen bilden die **Unternehmensfortführungsprämisse** (going concern, IAS 1.25) und die **periodengerechte Erfolgsermittlung** (accrual basis, IAS 1.27). Beide Grundsätze finden sich als GoB auch in § 252 Abs. 1 HGB. 829

2.2 Qualitative Merkmale

830 Als qualitative Merkmale gelten die Relevanz/Wesentlichkeit und die glaubwürdige Darstellung.

Nach dem Grundsatz der **Relevanz** hat ein Abschluss (nur) entscheidungsrelevante Informationen zu enthalten. Eine Information ist entscheidungsrelevant, wenn sie wirtschaftliche Entscheidungen des Adressaten ermöglicht. In diesem Zusammenhang ist auch der Grundsatz der **Wesentlichkeit** zu würdigen. Mit Wirkung ab 2020 hat der IASB eine neue Definition für den Begriff der Wesentlichkeit eingeführt. Demnach sind „Informationen wesentlich, wenn deren Auslassung, Falschdarstellung oder Verschleierung die Entscheidungen der primären Adressaten auf Basis vernünftiger Erwartungen beeinflussen könnten" (IAS 1.7). Vor diesem Hintergrund kann auch die Angabe von Pflichtangaben aus den IFRS entfallen, wenn die mit ihnen transportierten Informationen unwesentlich wären oder zu Verschleierung führen könnten.

831 Eine **glaubwürdige Darstellung**, oft auch als verlässliche Darstellung bezeichnet, hat drei Eigenschaften:

- **Vollständigkeit**, also die lückenlose Erfassung aller Geschäftsvorfälle und die Vermittlung aller notwendigen Informationen inkl. Beschreibungen und Erklärungen zu einem Sachverhalt, damit die Abschlussadressaten ein Ereignis verstehen können;
- **Neutralität**, also die neutrale, verzerrungsfreie, willkürfreie Informationsvermittlung;
- **Fehlerfreiheit** in den (internen) Prozessen zur Generierung der Informationen, beispielsweise in der Ermittlung von Schätzwerten.

832 Darüber hinaus müssen die Informationen für hinlänglich fachkundige Adressaten **verständlich** und zumindest in den Annahmen über Schätzungen nachprüfbar bzw. nachvollziehbar sein. Schließlich sind Informationen nur dann nützlich, wenn sie **vergleichbar** (auf der Zeitachse eines Unternehmens und zwischen mehreren Unternehmen) und **zeitnah** vermittelt werden. Vergleichbarkeit ist eng verknüpft mit dem Stetigkeitsgrundsatz.

833 Eingeschränkt werden die Grundsätze durch die Forderung einer Ausgeglichenheit zwischen den Kosten der Informationsbereitstellung und ihrem Nutzen beim Informationsempfänger. Außerdem muss im Falle weiteren Konfliktpotenzials ein Ausgleich zwischen den einzelnen qualitativen Ansprüchen gefunden werden.

3. Bilanzansatzkriterien

3.1 Übersicht

834 Die IFRS verfolgen für die Aktivierung und Passivierung eine eher dynamische, zukunftsgerichtete Sichtweise: Das wesentliche Merkmal für den Ansatz von Vermögenswerten sind künftige Nutzenzuflüsse und für Schulden entsprechend künftige Nutzenabflüsse. Bilanzansatzwahlrechte für Vermögenswerte und Schulden kennen die IFRS formal nicht.

835 Vermögenswerte (assets) und Schulden (liabilities) sind im Conceptual Framework (CF) definiert. Außerdem finden sich dort sehr allgemein gehaltene Überlegungen und Kriterien für den Bilanzansatz.

Die Standards nehmen regelmäßig Bezug auf diese Definitionen und Kriterien, wiederholen sie gelegentlich oder konkretisieren sie weiter, etwa für immaterielle Vermögenswerte oder für Rückstellungen.

Es gilt das **Vollständigkeitsgebot**. Da aber das Conceptual Framework den Standards nicht vorgeht, kann es durch Regelungen in Einzelstandards zu Durchbrechungen des Vollständigkeitsgebots kommen. Die Vorgehensweise ist aus dem HGB zur konkreten Bilanzierungsfähigkeit (§ 246 Abs. 1 HGB) bekannt.

Trotz unterschiedlicher Definitionsmerkmale von Vermögen und Schulden in der IFRS- 836
Welt und nach HGB ergibt sich im Wesentlichen der gleiche Bilanzinhalt, weil Unterschiede in den Merkmalen durch Sondervorschriften entweder in den IFRS (z. B. Separierbarkeit bei immateriellen Vermögenswerten) oder im HGB (Ansatzpflicht für den derivativen Geschäfts- oder Firmenwert, obwohl es sich nicht um einen Vermögensgegenstand handelt) aufgefangen werden. Durch den neuen, ab 2019 anzuwenden **Leasing-Standard IFRS 16** ergeben sich aber größere Unterschiede: Nach IFRS 16 werden grundsätzlich alle Leasingverträge beim Leasingnehmer bilanzwirksam, d. h. die Unterscheidung zwischen *operate lease* und *finance lease* entfällt. Beim Erstansatz wird ein Nutzungsrecht aktiviert und in gleicher Höhe eine Leasingverbindlichkeit passiviert, außerdem sind die Leasingraten aufzuteilen in einen Zins- und Tilgungsanteil. Insoweit sind die Leasingraten nur noch in ihrem Zinsanteil aufwandswirksam. Als Aufwand tritt dafür die Abschreibung des Nutzungsrechts hinzu. Das hat Konsequenzen auch für die Abschlussanalyse: Im Vergleich zum (nicht bilanzwirksamen) *operate lease*, bei dem die Leasingraten typischerweise im sonstigen betrieblichen Aufwand erfasst werden, erhöht sich bei der Leasing-Bilanzierung unter IFRS 16 z. B. die Kennzahl EBITDA recht deutlich.

3.2 Vermögenswerte

Ein Vermögenswert (asset) ist 837

- eine ökonomische Ressource,
- die in der Verfügungsmacht des Unternehmens steht und
- die ein Ergebnis von Ereignissen der Vergangenheit darstellt (CF.4.3).

Eine ökonomische Ressource wiederum ist ein Recht mit dem Potenzial, zu Nutzenzuflüssen zu führen. Dabei kommt es nicht auf die Wahrscheinlichkeit des Nutzenzuflusses an. *Ein* mögliches Zukunftsszenario ist ausreichend.

Spezielle Ansatzkriterien enthält das Conceptual Framwork 2018 (im Gegensatz zur Vorgängerversion 2010) nicht mehr. Diese ergeben sich typischerweise aus den Einzelstandards.

BEISPIEL: Für **selbstgeschaffene immaterielle Vermögenswerte des Anlagevermögens** – eigene Produkt- oder Verfahrensentwicklungen – besteht, anders als nach HGB, Aktivierungspflicht. Bei der Prüfung auf das Potenzial zu Nutzenzuflüssen ist aber besondere Sorgfalt an den Tag zu legen. IAS 38.57 enthält hier spezielle Hinweise.

838 Das Verbot der Aktivierung bestimmter selbstgeschaffener immaterieller Vermögenswerte des Anlagevermögens verhält sich nach HGB beinahe wortgleich zu IFRS (vgl. § 248 Abs. 2 Satz 2 HGB mit IAS 38.63). Darüber hinaus dürfen Forschungskosten hier wie da nicht aktiviert werden.

3.3 Schulden

839 Spiegelbildlich zum Vermögenswert ist eine **Schuld** definiert als

- **gegenwärtige Verpflichtung** des Unternehmens,
- zur Übertragung einer ökonomischen Ressource
- als Ergebnis eines vergangenen Ereignisses (CF.4.26).

Schulden werden ausgewiesen als Rückstellungen (unsichere Schulden) und Verbindlichkeiten (sichere Schulden). Die Bildung sog. Aufwandsrückstellungen ist im IFRS-Abschluss untersagt, da es an der Außenverpflichtung fehlt.

4. Bewertung

4.1 Überblick

840 Für die Ausgestaltung der Bewertungsvorschriften gibt es zwei verschiedene Vorgehensweisen. Die erste versucht, eine Vielzahl von Sachverhalten durch **abstrakte, generalisierende Formulierungen** abzudecken (= Code Law). Dieses mehr kontinentaleuropäisch geprägte System wird im HGB praktiziert. Der Vorteil dieser Regelung liegt in der Kürze der Vorschriften. Die zweite Vorgehensweise ersetzt die systemorientierte Abfassung der Normen durch eine Vielzahl von **Einzelfallregelungen** (= Case Law). Durch diese Spezialregelungen werden die Rechnungslegungsnormen umfangreich und unübersichtlich. Diese Verfahrensweise dominiert im angelsächsischen Bereich und damit auch bei den IFRS.

841 Dennoch lassen sich in der IFRS-Welt drei grundsätzliche Bewertungsstränge identifizieren, denen sich die Spezialregelungen zuordnen lassen.

- **Fortgeführte Anschaffungs- und Herstellungskosten** (historische Kosten) unter Berücksichtigung von Niederstwertbestimmungen (grundsätzlich kein Unterschied zum HGB).
- **Erfolgsneutrale Bewertung zum Fair Value** (Neubewertungsmethode), wonach Wertänderungen des Vermögens im Vergleich zum vorherigen Stichtag erfolgsneutral (= an der GuV vorbei) im Eigenkapital in einer bzw. mehreren (positiven oder negativen) Rücklagen zu erfassen sind. Die Veränderungen dieser Rücklagen werden als sonstiges Ergebnis (other comprehensive income (OCI)) bezeichnet und in der Gesamtergebnisrechnung ersichtlich (siehe Rdn. 873).
- **Erfolgswirksame Bewertung zum Fair Value**, wonach die Wertänderungen des Vermögens im Vergleich zum vorherigen Stichtag in voller Höhe erfolgswirksam in der Gewinn- und Verlustrechnung zu erfassen sind. Daher erübrigen sich Niederstwertbestimmungen mit besonderen Regelungen zu außerplanmäßigen Abschreibungen. Aus der Perspektive der HGB-Rechnungslegung ist hier bei Wertsteigerungen des Vermögens der Ausweis **unrealisierter Gewinne** möglich und zwingend; die Methode stellt eine Durchbrechung des Realisationsprinzips dar.

Die nachfolgende *ABB. 35* ordnet wichtige Vermögenswerte diesen Bewertungssträngen zu.

ABB. 35: Erst- und Folgebewertung von Vermögenswerten (Quelle: *Franken/Schulte/Theile*, in: Heuser/Theile: IFRS-Handbuch, 6. Aufl. 2019, Rz. 8.13)

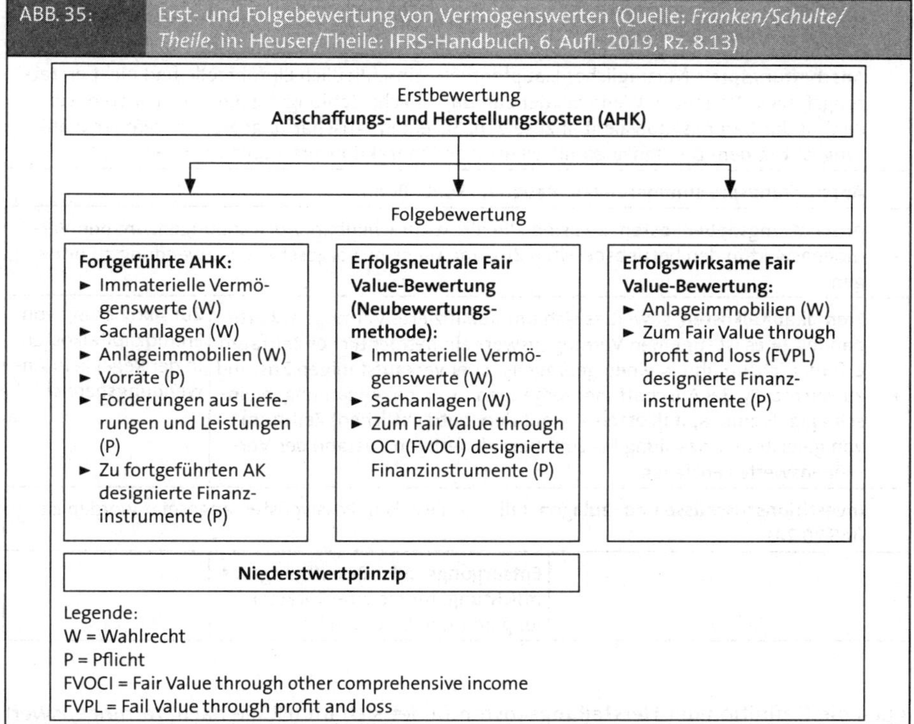

4.2 Vermögenswerte

4.2.1 Historische Kosten

Bei der **Erstbewertung von Vermögenswerten** bilden die Anschaffungs- oder Herstellungskosten fast ausnahmslos die Ausgangs- oder Basiswerte. 842

Die Definition der **historischen Anschaffungskosten** ist in IFRS an unterschiedlichen Stellen zu finden (vgl. IAS 2.10 ff. Vorräte, IAS 16.15 ff. Sachanlagen, IAS 38.27 ff. Immaterielle Vermögenswerte), die inhaltlich alle übereinstimmen. Die historischen Anschaffungskosten umfassen folgende Elemente:

<table>
<tr><th colspan="2">ABB. 36:</th><th colspan="2">Anschaffungskosten nach IFRS (leicht modifiziert entnommen aus *Franken/Schulte/Theile*, in: Heuser/Theile, IFRS-Handbuch, 6. Aufl. 2019, Rz. 8.21)</th></tr>
<tr><th colspan="2">Immaterielle Vermögenswerte des Anlagevermögens</th><th>Sachanlagen</th><th>Vorräte</th></tr>
<tr><td></td><td colspan="3">**Anschaffungspreis** (vertragliches Hauptentgelt) einschließlich Einfuhrzölle und nicht erstattungsfähiger Vorsteuer. Wenn bei der Zahlung übliche Zahlungsfristen überschritten werden, ist das Barpreisäquivalent anzusetzen. Bei einem Anschaffungspreis in fremder Währung ist mit dem Devisenkassamittelkurs zum Transaktionspreis umzurechnen.</td></tr>
<tr><td>-</td><td colspan="3">**Anschaffungspreisminderungen** (Rabatte, Skonti, Boni).</td></tr>
<tr><td>+</td><td colspan="3">**Anschaffungsnebenkosten.** Das sind alle direkt zurechenbare Aufwendungen, um den Vermögenswert in den betriebsbereiten Zustand für seine vorgesehene Verwendung zu bringen.</td></tr>
<tr><td>+</td><td colspan="2">**Fremdkapitalkosten**, soweit es sich um qualifizierte Vermögenswerte handelt (= es ist für einen Vermögenswert ein beträchtlicher Zeitraum erforderlich, um ihn in einen gebrauchs- oder verkaufsfähigen Zustand zu versetzen). Bei Anschaffungsvorgängen i. d. R. bei Anzahlungen einschlägig: Fremdkapitalkosten, die auf den (beträchtlichen) Zeitraum von geleisteter Anzahlung bis zum betriebsfertigen Zustand des Vermögenswertes entfallen.</td><td>Zur Aktivierung von Fremdkapitalkosten in der Regel kein Anwendungsbereich.</td></tr>
<tr><td>-</td><td colspan="3">**Investitionszuschüsse und -zulagen**, falls für diese kein Passivposten angesetzt worden ist (IAS 20.24).</td></tr>
<tr><td>+</td><td></td><td>**Entsorgungs- oder Beseitigungsverpflichtung**, für die eine Rückstellung angesetzt worden ist.</td><td></td></tr>
</table>

Auch die Definition der **Herstellungskosten** findet sich im IFRS je nach Vermögenswert an unterschiedlichen Stellen wieder. In den IFRS wird bei der Ermittlung der **Herstellungskosten** grundsätzlich dem Vollkostenansatz gefolgt:

ABB. 37: Herstellungskosten nach IFRS (leicht modifiziert entnommen aus *Franken/Schulte/Theile*, in: Heuser/Theile, IFRS-Handbuch, 6. Aufl. 2019, Rz. 8.22)

<table>
<tr><th></th><th>Immaterielle Vermögenswerte des Anlagevermögens („Entwicklungskosten“)</th><th>Sachanlagen</th><th>Vorräte</th></tr>
<tr><td></td><td colspan="3">Alle Einzelkosten: Material- und Fertigungseinzelkosten (einschließlich der direkten Personalkosten und der direkten fertigungsbezogenen Verwaltungskosten), Sondereinzelkosten der Fertigung.</td></tr>
<tr><td>+</td><td colspan="3">Planmäßige Abschreibungen von immateriellem und sächlichem Anlagevermögen, das bei der Produktion verwendet wird, sofern auf den Zeitraum der Herstellung entfallend. Hierzu gehören auch Abschreibungen auf bei der Erstkonsolidierung eines Tochterunternehmens aufgedeckte stille Reserven (Abschreibung in der HB III).</td></tr>
<tr><td>+</td><td colspan="2">Fremdkapitalkosten wie oben bei Anschaffungskosten, hier aber auf den Herstellungszeitraum entfallend.</td><td>In der Regel kein Anwendungsbereich.</td></tr>
<tr><td>-</td><td colspan="3">Investitionszuschüsse und -zulagen, falls für diese kein Passivposten angesetzt worden ist (IAS 20.24).</td></tr>
<tr><td>+</td><td colspan="3">Sonstige fixe und variable Produktionsgemeinkosten, worunter sonstige Materialgemeinkosten (z. B. Kosten der Einkaufsabteilung, Warenannahme oder Lagerhaltung) und Fertigungsgemeinkosten (Energiekosten, ggf. Kosten für Hilfs- und Betriebsstoffe, Werkstattverwaltung oder Fertigungskontrolle) zu verstehen sind.</td></tr>
<tr><td>+</td><td></td><td>Entsorgungs- oder Beseitigungsverpflichtung, für die eine Rückstellung angesetzt worden ist.</td><td></td></tr>
</table>

Nicht in die Herstellungskosten einbezogen werden dürfen:

- Leerkosten (Kosten der Unterauslastung),
- überhöhte Kosten für Material und Fertigung (Beachtung des Angemessenheitsprinzips),
- allgemeine, nicht produktionsbezogene Verwaltungskosten,
- Vertriebskosten,
- Forschungskosten,
- kalkulatorische Kosten.

Für die Ermittlung der Anschaffungs- und Herstellungskosten insbesondere bei **Vorräten** kommt (neben der vorrangigen Einzelbewertung) nur die Durchschnittsmethode oder die Fifo-Fiktion in Betracht. Lifo ist in der IFRS-Welt als Methode untersagt. 843

Abnutzbare langfristige immaterielle Vermögenswerte und Sachanlagen sind im Rahmen der **Folgebewertung** entweder nach dem Neubewertungsmodell erfolgsneutral zum Fair Value (spielt in der Praxis keine Rolle) oder nach dem cost-Modell zu bewerten, d. h. planmäßig über die Nutzungsdauer abzuschreiben. Die zu bestimmende Abschreibungsmethode hat grundsätzlich der erwarteten Nutzenabgabe zu folgen. Dabei können Sachanlagen komponentenweise abgeschrieben werden. 844

BEISPIEL: Ein Flugzeug besteht im Wesentlichen aus drei Komponenten: (1) Rumpf und Tragflächen, (2) Inneneinrichtung und (3) Turbinen. Wenn sich die Nutzungsdauer sehr stark unterscheidet, ist komponentenweise abzuschreiben (z. B. (1) über 30 Jahre, (2) über fünfzehn Jahre und (3) über fünf Jahre). Außerdem ist das Flugzeug etwa alle zehn Jahre einer Generalüberholung zu unterziehen. Für die komponentenweise Abschreibung müssen die Anschaffungskosten des gesamten Flugzeugs auf die drei sächlichen Komponenten und auf die geschätzten

Kosten der ersten Generalüberholung aufgeteilt werden. Wird eine Komponente ersetzt oder die Generalüberholung durchgeführt, sind die Aufwendungen hierfür zu aktivieren (und erneut planmäßig abzuschreiben); es handelt sich nicht um Erhaltungsaufwand.

845 Ein aus einem Unternehmenserwerb entstandener **Goodwill** ist zu aktivieren, darf aber nicht planmäßig abgeschrieben werden. Er ist jährlich auf Werthaltigkeit zu testen, sog. **Impairment-Test**. Hierbei ist sein Buchwert zu vergleichen mit dem höheren Wert (sog. erzielbarer Betrag) aus

- Nettoveräußerungswert (= Fair Value abzgl. Veräußerungskosten) und
- Nutzungswert (= Barwert erwarteter unternehmensindividueller Cashflows aus fortgesetzter Nutzung).

Da aber ein Goodwill nicht alleine Cashflows erzielen kann, ist er zunächst sog. zahlungsmittelgenerierenden Einheiten (z. B. Segmente eines Konzerns, Unternehmensbereiche) zuzuordnen, für die dann insgesamt der Impairment-Test durchgeführt wird.

Auch andere langfristige immaterielle Vermögenswerte und Sachanlagen sind – allerdings hauptsächlich nur bei Hinweisen auf eine Wertminderung – entsprechend zu testen.

846 Für **Vorräte** gilt das strenge Niederstwertprinzip. Allerdings ist es ausschließlich absatzmarktbezogen ausgestaltet: Die Anschaffungs- und Herstellungskosten sind mit dem Nettoveräußerungswert zu vergleichen, und der niedrigere Wert ist anzusetzen.

4.2.2 Erfolgsneutrale Fair Value-Bewertung

847 Hier werden Vermögenswerte (z. B. Wertpapiere der Kategorie FVOCI) zu jedem Abschlussstichtag mit ihrem Fair Value in der Bilanz angesetzt. Die Wertänderung gegenüber der Vorperiode wird allerdings unmittelbar im Eigenkapital gegengebucht, zeigt also keine Wirkung auf das Jahresergebnis lt. GuV.

848 In einem Konzernabschluss kommt als erfolgsneutrale, im Eigenkapital gebuchte Komponente noch die **Währungsumrechnungsdifferenz** hinzu, soweit die Abschlüsse von Tochterunternehmen außerhalb des Euro-Raumes nach der modifizierten Stichtagskursmethode umgerechnet werden. Das Verfahren entspricht jenem für den HGB-Konzernabschluss (Rdn. 221). Allerdings kann bei der Währungsumrechnung nur der Wechselkurs zum Bilanzstichtag als Marktwert angesehen werden; die jeweils umgerechneten Bilanzposten bleiben natürlich in ihrem ursprünglichen Bewertungsregime, z. B. Sachanlagen zu fortgeführten historischen Kosten. Es wäre insoweit nicht sauber, hier von erfolgsneutraler Fair Value-Bewertung zu sprechen. Lediglich der Wechselkurseffekt wird erfolgsneutral erfasst.

4.2.3 Erfolgswirksame Fair Value-Bewertung

849 Im Unterschied zur erfolgsneutralen Fair Value-Bewertung erfolgt bei erfolgswirksamer Fair Value-Bewertung die Gegenbuchung der Wertänderung in der GuV.

BEISPIEL: Als Finanzinvestition gehaltene Immobilien – auch kurz als Anlageimmobilien bezeichnet – sind vermietete, verpachtete oder zur Wertsteigerung gehaltene Immobilien. Für Immobiliengesellschaften sind das die wichtigsten Vermögenswerte. Sie können nach IAS 40 entweder zu fortgeführten historischen Kosten oder erfolgswirksam zum Fair Value bewertet werden. Deutsche Immobiliengesellschaften wählen i. d. R. die erfolgswirksame Fair Value-Bewertung. Abnutzbare Immobilien (z. B. vermietete Wohnhäuser) werden dann nicht mehr planmäßig abgeschrieben. Auf der anderen Seite ist jährlich eine Marktbewertung der Immobilien erforderlich.

4.3 Schulden

Kurzfristige **Verbindlichkeiten** werden i. d. R. mit dem Rückzahlungsbetrag und langfristige zum Barwert angesetzt. Bei marktüblicher Verzinsung sowie Auszahlung zu 100 % ist der Barwert auch gleich dem Rückzahlungsbetrag. 850

Sonstige Rückstellungen sind im Rahmen bestmöglicher Schätzung mit dem Betrag anzusetzen, der zur Erfüllung der Verpflichtung oder zur Übertragung der Verpflichtung auf einen Dritten zum Bilanzstichtag notwendig ist (IAS 37.37). Bei der Schätzung des Erfüllungsbetrags ist auf die voraussichtlichen Verhältnisse zum Erfüllungszeitpunkt (z. B. das künftige Kostenniveau) abzustellen, und langfristige Rückstellungen sind abzuzinsen. Allerdings ist nicht ein Durchschnittszins (wie nach HGB), sondern ein Stichtagszins zu verwenden. 851

Pensionsrückstellungen dürfen nicht nach dem Teilwertverfahren (z. B. § 6a EStG), sondern müssen nach der projected unit credit-Methode (Anwartschaftsbarwertverfahren) bewertet werden (IAS 19). Hiernach sind die gesamten künftigen Pensionsleistungen, welche den zurückliegenden Dienstjahren zuzurechnen sind, mit dem versicherungsmathematischen Barwert zu bewerten. Erwartete künftige Gehaltssteigerungen und andere Leistungsanpassungen sind, wie auch nach HGB, zu berücksichtigen. Schätzungsänderungen allerdings müssen erfolgsneutral und endgültig unmittelbar im Eigenkapital erfasst werden. 852

VI. Aufbau und Gliederung des IFRS-Abschlusses

1. Berichtsinstrumente

In Deutschland ist nicht ein IFRS-Einzelabschluss, sondern praktisch nur die Aufstellung eines IFRS-Konzernabschlusses von Bedeutung. Dessen Bestandteile sind in Rdn. 16 schon gelistet. Allerdings würde ein IFRS-Einzelabschluss aus denselben Instrumenten bestehen. Die IFRS machen hier keinen Unterschied zwischen Einzel- und Konzernabschluss. Im Übrigen müssen Tochterunternehmen von nach IFRS im Konzern bilanzierenden Mutterunternehmen ihren Mutterunternehmen einen IFRS-Abschluss für Konsolidierungszwecke zur Verfügung stellen. Die Handelsbilanz II dieser Tochterunternehmen ist also nach IFRS aufzustellen. 853

Im Anschluss der Erörterung übergreifender Aufbau- und Gliederungsgrundsätze werden alle IFRS-Berichtsinstrumente skizziert.

2. Übergreifende Grundsätze

2.1 Stetigkeit und Vergleichbarkeit

854 Für den Bilanzansatz und die Bewertung (IAS 8.10) sowie für die Darstellung in allen Berichtsinstrumenten (IAS 1.45) gilt ein umfassendes **Stetigkeitsgebot**: Einmal bestimmte Rechnungslegungsmethoden und ihre Darstellung in den Berichtsinstrumenten sind beizubehalten. Stetigkeit in der Bilanzierung führt so zur Verbesserung der Vergleichbarkeit auf der Zeitachse. Für alle quantitativen Angaben im Abschluss sind grundsätzlich auch die **Vergleichswerte der Vorperiode** anzugeben, für die aktuellen Buchwerte in der Bilanz beispielsweise der jeweilige Vorjahreswert (IAS 1.38 ff.).

855 **Stetigkeitsdurchbrechungen** (z. B. der Wechsel von Ansatz- und Bewertungsmethoden oder eine veränderte Aggregation von Bilanzposten oder Zuordnungen in der Kapitalflussrechnung) sind nur zulässig, wenn die neue Methode/Darstellung

- ► von den IFRS verlangt wird oder
- ► zu entscheidungsnützlicheren Informationen im Abschluss führt (IAS 8.14, IAS 1.45).

Klar ist, dass letzteres hohe Ermessensspielräume bietet.

856 Solche Stetigkeitsdurchbrechungen sind grundsätzlich **retrospektiv** vorzunehmen, so, als sei die jetzt neue Methode/Darstellung schon immer angewendet worden. Damit sind in der aktuellen Berichtsperiode auch die Vergleichswerte der Vorperiode bis zu deren Jahresanfang nach der neuen Methode/Darstellung anzupassen. Die Vergleichswerte der Vorperiode stimmen dann methodisch zwar mit dem Berichtsjahr überein, entsprechen aber nicht mehr dem im Vorjahr ursprünglich berichteten Werten. Diese Vorgehensweise wäre nach HGB grundsätzlich unzulässig.

2.2 Wesentlichkeit

857 Der Wesentlichkeitsgrundsatz ist ein zentraler Grundsatz, der sich durch alle IFRS zieht. Zugleich ist er auch stark ermessensbehaftet. Immerhin herrscht Konsens in der theoretischen Idee: Wesentlich ist eine Information immer dann, wenn deren Weglassen die Entscheidungen der Abschlussadressaten verändern könnte. Das ist schwierig zu operationalisieren und daher auch ermessensbehaftet.

858 Wichtige Anwendungsbereiche des Wesentlichkeitsgrundsatzes sind die folgenden:

- ► **Unwesentliche Tochterunternehmen** brauchen nicht voll konsolidiert zu werden (siehe das Beispiel von Volkswagen, Rdn. 1 f.).
- ► **Geringwertige Wirtschaftsgüter** können (wie im Jahresabschluss nach HGB) im Jahr des Zugangs sofort abgeschrieben werden.
- ► Der nach HGB bei nachrangiger Bedeutung mögliche **Festwertansatz** (§ 240 Abs. 3 HGB) kann nach h. M. eben wegen seiner nachrangigen Bedeutung auch nach IFRS verwendet werden, obwohl jede Regelung in den IFRS dazu fehlt.

859 Regelbasierte Ausfüllungen des Wesentlichkeitsgrundsatzes liegen insbesondere für Darstellungsfragen vor. So ist in allen Berichtsinstrumenten des Abschlusses jede wesentliche Gruppe gleichartiger Posten gesondert darzustellen. Im Umkehrschluss müssen unwesentliche Gruppen zusammengefasst werden (IAS 1.29 f.). Auch die **Offenle-**

gungserfordernisse einzelner Standards müssen nur bei Wesentlichkeit beachtet werden (IAS 1.31). Das soll überbordende Anhangangaben eigentlich verhindern.

2.3 Saldierung

Vermögenswerte und Schulden sowie Erträge und Aufwendungen dürfen nicht miteinander saldieren werden, sofern nicht die Saldierung von einem IFRS vorgeschrieben oder gestattet wird (IAS 1.32). Das Saldierungsverbot ist auch ein handelsrechtlicher GoB. 860

Durchbrechungen des vorstehend genannten Saldierungsverbots bestehen aber reichlich. Ohne Anspruch auf Vollständigkeit seien die folgenden Punkte genannt: 861

- Beim Abgang von **Vermögenswerten des Anlagevermögens** wird (wie nach HGB) nur der resultierende Gewinn oder Verlust als Ertrag oder Aufwand gezeigt (IAS 1.34a).
- Entstehen aus der Veräußerung mehrerer Anlagegüter sowohl Gewinne als auch Verluste, ist entgegen handelsrechtlicher Sichtweise außerdem noch deren Saldierung möglich, sofern die Einzelbeträge nicht wesentlich sind. Solche Saldierungen sind auch zwischen Währungsgewinnen und -verlusten explizit zulässig (IAS 1.35).
- Erträge aus Erstattungsansprüchen können mit zugehörigen Aufwendungen aus Verpflichtungen saldiert werden (IAS 1.34b).
- Wertaufholungen bei Vorräten sind als Aufwandsminderung darzustellen (IAS 2.34).
- Pensionsverpflichtungen sind mit zugehörigem Planvermögen zu saldieren (IAS 19.63). Das gilt auch nach HGB.
- Tatsächliche Steuerschulden und -erstattungsansprüche sowie aktive und passive latente Steuern sind unter bestimmten Bedingungen zu saldieren (IAS 12.71 ff.).
- Die indirekte Darstellung des operativen Cashflows in der Kapitalflussrechnung ist eine Saldierung (IAS 7.18b).

3. Bilanz

In Abhängigkeit der Unternehmenstätigkeit sind nach IAS 1.60 entweder 862

- **kurz- und langfristige Vermögenswerte und Schulden** als getrennte Gliederungsgruppen in der Bilanz darzustellen (Fristigkeitsgliederung, Regelfall für Industrieunternehmen) *oder*
- alle Vermögenswerte und Schulden grob nach ihrer **Liquiditätsnähe** anzuordnen (i. d. R. für Banken und Versicherungen).

Eine Kombination beider Varianten ist zulässig, wenn dies auf Basis einer gemischten Geschäftstätigkeit begründet ist (IAS 1.64)

Die Bilanz kann in Konto- oder Staffelform aufgestellt werden; üblich ist in Deutschland die **Kontoform**.

Die Fristigkeitsgliederung ist auf der Aktivseite dem System des HGB ähnlich: Den langfristigen Vermögenswerten (Anlagevermögen) folgen die kurzfristigen (Umlaufvermögen). Die Schulden allerdings werden, anders als nach HGB, nicht nach ihrer Qualität (Rückstellungen als unsichere, Verbindlichkeiten als sicherer Schulden), sondern ebenso wie die Aktivseite nach der Fristigkeit gegliedert (langfristige Schulden, kurzfristige Schulden; vgl. IAS 1.60 ff.). Erst auf einer weiteren Gliederungsebene wird zwischen Rückstellungen und Verbindlichkeiten unterschieden. 863

864 Eine detaillierte Vorschrift wie § 266 HGB zur Gliederung der einzelnen Posten in der Bilanz enthalten die IFRS aber nicht. Das ist erstaunlich für ein Rechnungslegungssystem, dessen einziger Zweck die Erfüllung der Informationsfunktion ist: Abschlussadressaten dürften Vergleiche zwischen Unternehmen leichter fallen, wenn die Unternehmensinformationen nach einheitlichen Schemata gegliedert sind. IAS 1.54 benennt immerhin jene Posten, die – unter dem Vorbehalt der Wesentlichkeit – in die Bilanz aufzunehmen sind.

Die nachfolgende *ABB. 38* enthält einen Gliederungsvorschlag für die IFRS-Bilanz. Der Vorschlag entstammt der DRSC Interpretation 1 (IFRS) „Bilanzgliederung nach Fristigkeit gem. IAS 1 Darstellung des Abschlusses“, zuletzt geändert 2013. Das DRSC hat die Interpretation am 14. 2. 2020 zurückgenommen, weil es als nationaler Standardsetter nur für nationale Besonderheiten eine Regelungskompetenz für Interpretationen zur IFRS-Rechnungslegung beanspruchen kann. Fragen der IFRS-Bilanzgliederung sind allerdings kaum nationale Besonderheiten. Gleichwohl behalten wir hier den Gliederungsvorschlag bei, weil so oder ähnlich quasi alle IFRS-Bilanzen aufgebaut sind.

ABB. 38: Vorschlag einer Bilanzgliederung nach IAS 1

AKTIVA	PASSIVA
Langfristige Vermögenswerte Immaterielle Vermögenswerte Biologische Vermögenswerte Sachanlagen Als Finanzinvestition gehaltene Immobilien At Equity bilanzierte Beteiligungen Forderungen aus Lieferungen und Leistungen Wertpapiere Sonstige Vermögenswerte Latente Steueransprüche *Summe langfristige Vermögenswerte* **Kurzfristige Vermögenswerte** Vorratsvermögen Forderungen aus Lieferungen und Leistungen Wertpapiere Laufende Ertragsteueransprüche Zahlungsmittel und Zahlungsmitteläquivalente Sonstige Vermögenswerte *Zwischensumme kurzfristige Vermögenswerte* Zur Veräußerung gehaltene langfristige Vermögenswerte und Veräußerungsgruppen *Summe kurzfristige Vermögenswerte*	Eigenkapital **Den Gesellschaftern des Mutterunternehmens zurechenbarer Anteil am Eigenkapital** Gezeichnetes Kapital Rücklagen Sonstige Eigenkapitalkomponenten **Eigene Anteile** **Nicht beherrschende Anteile** *SUMME Eigenkapital* Schulden **Langfristige Schulden** Rückstellungen Finanzverbindlichkeiten Verbindlichkeiten aus Lieferungen und Leistungen Abgegrenzte Zuwendungen der Öffentlichen Hand Sonstige Verbindlichkeiten Latente Steuerverbindlichkeiten *Summe langfristige Schulden* **Kurzfristige Schulden** Rückstellungen Laufende Ertragsteuerverbindlichkeiten Finanzverbindlichkeiten Verbindlichkeiten aus Lieferungen und Leistungen Sonstige Verbindlichkeiten *Zwischensumme kurzfristige Schulden* Schulden in direktem Zusammenhang mit zur Veräußerung gehaltenen langfristigen Vermögenswerten und Veräußerungsgruppen *Summe kurzfristige Schulden* *SUMME Schulden*
BILANZSUMME	**BILANZSUMME**

4. Gewinn- und Verlustrechnung

4.1 Struktur

Die Ergebnisrechnung nach IFRS besteht aus zwei Sektionen (IAS 1.81A): 865

- Sie beginnt mit der herkömmlichen GuV, gefolgt von

- der Gesamtergebnisrechnung, die das *other comprehensive income (OCI)* aufnimmt, also jene Aufwendungen und Erträge, die an der GuV vorbei direkt im Eigenkapital gebucht werden.

Beide Sektionen können zu einem Berichtsinstrument zusammengefasst werden. In der Praxis üblich ist die Trennung: Erst die GuV, dann die Gesamtergebnisrechnung. Zur Gesamtergebnisrechnung siehe Rdn. 873.

866 Für die GuV wird kein strenges Gliederungskorsett vorgegeben. Ob neben der Staffelform auch die Kontoform möglich ist, lässt IAS 1 offen; üblich ist allein die **Staffelform.** Ferner kann die GuV entweder nach dem **Gesamtkosten-** oder nach dem **Umsatzkostenverfahren** aufgestellt werden. Nach beiden Verfahren wird verlangt, dass die GuV folgende Posten enthält (IAS 1.82, hier ohne die durch IFRS 9 ab 2018 insbesondere für Banken erforderlichen Erweiterungen):

	Deutsch	Englisch
a)	Umsatzerlöse	*Revenue*
b)	Finanzierungsaufwendungen	*Finance costs*
c)	Gewinn- und Verlustanteile an assoziierten Unternehmen und Gemeinschaftsunternehmen, die nach der Equity-Methode bilanziert werden	*Share of the profit or loss of associates and joint ventures accounted for using the equity method*
d)	Steueraufwendungen	*Tax expense*
e)	Gesonderter Betrag des aufgegebenen Geschäftsbereichs	*A single amount for the total discontinued operations*

Auffällig ist: Die operativen Aufwendungen fehlen in dieser Liste. Das bedeutet aber nicht, dass sie weggelassen werden können. Die Frage ihrer Aufgliederung ist aber nach der Wesentlichkeit zu würdigen.

867 Zusätzliche Posten, Überschriften und Zwischensummen sind in der Gewinn- und Verlustrechnung darzustellen, wenn dies nach anderen IFRS verlangt wird und/oder eine solche Darstellung notwendig ist, um die Ertragslage des Unternehmens den tatsächlichen Verhältnissen entsprechend deutlich zu machen.

4.2 Gliederung

4.2.1 Gesamtkostenverfahren

868 Bei der Gliederung der operativen Aufwendungen nach ihrer Art (Aufwandsartengliederung nach dem Gesamtkostenverfahren, IAS 1.102) bestehen grundsätzlich keine wesentlichen Unterschiede zu § 275 Abs. 2 HGB, sofern die Sachverhalte vorliegen. Allerdings könnte z. B. ein Dienstleistungsunternehmen mit geringen Abschreibungen auf den gesonderten Ausweis der Abschreibungen verzichten.

Die *ABB. 39* zeigt exemplarisch eine mögliche Gliederung nach dem Gesamtkostenverfahren bis zum Gewinn vor Steuern.

ABB. 39:	Gesamtkostenverfahren (Aufwandsartenmethode), IAS 1.102
Deutsch	**Englisch**
Umsatzerlöse	*Revenue*
Sonstige Erträge	*Other income*
Veränderung des Bestands an Fertigerzeugnissen und unfertigen Erzeugnissen	*Change in inventories of finished and goods and work in progress*
Aufwendungen für Roh-, Hilfs- und Betriebsstoffe	*Raw materials and consumables used*
Aufwendungen für Leistungen an Arbeitnehmer	*Employee benefits expense*
Aufwand für planmäßige Abschreibungen	*Depreciation and amortisation expense*
Andere Aufwendungen	*Other expenses*
Gesamtaufwand	*Total expenses*
Gewinn vor Steuern	*Profit before tax*

4.2.2 Umsatzkostenverfahren

Auch die Kostenstellengliederung nach dem Umsatzkostenverfahren entspricht im Wesentlichen dem § 275 Abs. 3 HGB, wenn dem Vorschlag in IAS 1.103 gefolgt wird. 869

Die *ABB. 40* zeigt exemplarisch eine mögliche Gliederung nach dem Umsatzkostenverfahren bis zum Gewinn vor Steuern.

ABB. 40:	Umsatzkostenverfahren, IAS 1.103
Deutsch	**Englisch**
Umsatzerlöse	*Revenue*
Umsatzkosten	*Cost of sales*
Bruttogewinn	*Gross profit*
Sonstige Erträge	*Other income*
Vertriebskosten	*Distribution costs*
Verwaltungsaufwendungen	*Administrative expenses*
Andere Aufwendungen	*Other expenses*
Gewinn vor Steuern	*Profit before tax*

4.3 Ergebnis je Aktie

Unternehmen, deren Eigenkapitalinstrumente öffentlich gehandelt werden oder die eine diesbezügliche Zulassung zu einem öffentlichen Markt beantragt haben, sind verpflichtet, die nach Maßgabe von IAS 33 ermittelten Ergebnisse je Aktie (earnings per share, EPS) anzugeben. Von der Angabepflicht sind also (nur) börsennotierte Aktiengesellschaften und KGaA betroffen. 870

Das EPS ist die einzige finanzwirtschaftliche Kennzahl, die nach IFRS reguliert wird. Dem EPS wird eine hohe Signalkraft für den Kapitalmarkt zugeschrieben. Dem Adressaten soll die Beurteilung der Ertragskraft des Unternehmens im Zeitablauf sowie im Vergleich zu anderen Unternehmen ermöglicht werden (IAS 33.1).

871 Vorgaben zur Ermittlung des Ergebnisses je Aktie enthält IAS 33. Das Ergebnis je Aktie ist auf der Seite der Gewinn- und Verlustrechnung anzugeben, ggf. auch im Anhang.

Die Grundformel für die Ermittlung lautet:

$$\text{Ergebnis je Aktie (earnings per share)} = \frac{\text{Periodenergebnis (Jahresergebnis)}}{\text{Anzahl der während der Periode ausstehenden (umlaufenden) Aktien}}$$

872 IAS 33 unterscheidet zwischen

- einem **unverwässerten Jahresergebnis** je emittierter Aktie (*basic earnings per share*) und
- einem **verwässerten Jahresergebnis** je Aktie (*diluted earnings per share*).

Das verwässerte Ergebnis je Aktie ist relevant, wenn Finanzinstrumente ausgegeben werden, die potenziell zu einer Ausgabe neuer Stammaktien führen (z. B. Aktienoptionen oder Wandelschuldverschreibungen). In diesem Fall ist es auszuweisen.

Sofern der Sachverhalt aufgegebener Geschäftsbereiche vorliegt, ist neben dem unverwässerten und ggf. verwässerten Jahresergebnis je Aktie auch ein jeweiliges

- Ergebnis je Aktie aus fortzuführender Tätigkeit (unverwässert/verwässert) und ein
- Ergebnis je Aktie aus aufgegebenen Geschäftsbereichen (unverwässert/verwässert)

anzugeben. Es kann daher zum Ausweis von sechs (!) Ergebnissen je Aktie kommen!

5. Gesamtergebnisrechnung

873 Das sonstige Ergebnis (*other comprehensive income – OCI*) enthält jene Aufwendungen und Erträge, die unter Umgehung der GuV direkt im Eigenkapital gegengebucht werden. Dazu gehören wie im HGB-Konzernabschluss die Währungsumrechnungsdifferenzen, aber auch – anders als nach HGB – Bewertungsänderungen bei bestimmten Finanzinstrumenten und vor allem Schätzungsänderungen im Zusammenhang mit Pensionsverpflichtungen. Um diese Posten deutlich zu machen, ist eine gesonderte Aufstellung erforderlich, die als **Gesamtergebnisrechnung** bezeichnet wird (IAS 1.82A, IAS 1.90 ff.). Dabei wird vom Jahresergebnis der GuV über die Posten der Gesamtergebnisrechnung zum Gesamtergebnis übergeleitet. Das Gesamtergebnis – nicht das Jahresergebnis lt. GuV – reflektiert die gesamte Eigenkapitaländerung des Unternehmens bzw. Konzerns, die nicht durch Transaktionen mit Gesellschaftern (Entnahmen (Dividendenausschüttungen) oder Einlagen (Kapitalerhöhungen, Sacheinlagen)) verursacht worden ist.

6. Eigenkapitalspiegel

874 Die Darstellung der **Entwicklung des Eigenkapitals (= Eigenkapitalveränderungsrechnung, Eigenkapitalspiegel)** ist sowohl in einem HGB-Konzernabschluss als auch in jedem IFRS-Abschluss vorgeschrieben. Aufgeführt werden sämtliche Eigenkapitalveränderungen von Beginn bis zum Ende des Berichtsjahres.
Die Einzelheiten für die Darstellung sind in IAS 1.106 ff. festgelegt.

7. Kapitalflussrechnung

Auch die Kapitalflussrechnung ist im HGB-Konzernabschluss und in jedem IFRS-Abschluss vorgeschrieben. Die Gliederungsvorgaben der einzelnen Standardsetter sind international sehr vergleichbar. 875

Der relevante Standard für den IFRS-Abschluss ist IAS 7. Im Vergleich zu DRS 21 enthält IAS 7 vor allem Wahlrechte in der Zuordnung gezahlter/erhaltener Zinsen und Dividenden, die mitunter den Vergleich erschweren.

8. Anhang

8.1 Ziel und Struktur

Der **Anhang (= notes)** ist Bestandteil eines jeden IFRS-Abschlusses. Die Struktur und die Ziele der zusätzlichen Angaben sind in IAS 1.112 ff. detailliert beschrieben. Nach IAS 1.112 haben die Anhangangaben Informationen zu liefern 876

- über die Grundlagen der Aufstellung des Abschlusses, u. a. die Bilanzierungs- und Bewertungsmethoden,
- über die nach den einzelnen IFRS erforderlichen Informationen, die aber an keiner anderen Stelle des Abschlusses gegeben werden, und
- die notwendig für das Verständnis sind und die nicht in den anderen Bestandteilen enthalten sind.

Die Anhangangaben sind systematisch zu machen, ggf. mit Querverweis zu den anderen Berichtsinstrumenten des Abschlusses (IAS 1.114 ff.).

In der Praxis veröffentlichter Konzernabschlüsse nach IFRS ist der Anhang sehr lang und umfangreich. Es werden deutlich mehr Informationen übermittelt als in einem HGB-Konzernabschluss. Man spricht für den IFRS-Bereich auch von einem *information overload*. Der IASB ist sich des Problems bewusst und versucht in den letzten Jahren mit stärkerer Betonung der Wesentlichkeit gegenzusteuern: Nur jene Angabepflichten müssten befolgt werden, die für die Abschlussadressaten wesentlich seien.

8.2 Insbesondere: Segmentberichterstattung

In jedem Abschluss, vor allem aber im Konzernabschluss, wird die Geschäftstätigkeit des Unternehmens/Konzerns nur insgesamt, also aggregiert, abgebildet. Folglich werden auch die Risiken und Chancen der Unternehmenstätigkeit nur aggregiert abgebildet. Dies gilt in besonderem Maße für die großen Konzerne, die eine Vielzahl von Geschäftsfeldern mit sehr differenzierten wirtschaftlichen Perspektiven in unterschiedlichen Weltregionen bearbeiten. Für diese ist es schon lange international üblich, durch eine Segmentbetrachtung zu disaggregieren, um so einen verbesserten Einblick in die Struktur der Vermögens-, Finanz- und Ertragslage, der Risiken und Chancen, zu erhalten. 877

Eine Segmentberichterstattung ist nach HGB optional als Berichtsinstrument des Konzernabschlusses möglich (§ 297 Abs. 1 HGB), aber in der überwiegend mittelständischen Konzernpraxis unüblich. 878

Im IFRS-Abschluss ist die Segmentberichterstattung Pflichtbestandteil des Anhangs kapitalmarktorientierter Unternehmen. Der einschlägige Standard ist IFRS 8.

879 In der *ABB. 41* sind die wesentlichen Merkmale der Segmentberichterstattung gelistet.

ABB. 41:	Merkmale der Segmentberichterstattung
Grundlage	**IFRS**
Regelung in	IFRS 8
Anwendungsbereich	► Unternehmen, deren Eigen- oder Fremdkapitaltitel öffentlich gehandelt werden
Segmenttypen	Segmentierung der internen Reporting Struktur (management approach) folgend
Wesentlichkeitsgrenzen für die Segmentierung	Erträge stammen mehrheitlich aus Außenumsätzen und mindestens eines der folgenden Kriterien ist erfüllt: ► Segmentumsatz ≥ 10 % des Gesamtumsatzes ► Segmentvermögen ≥ 10 % des Gesamtvermögens ► Segmentergebnis ≥ 10 % des Gesamtergebnisses Identifikation weiterer Segmente erforderlich, sofern die nach diesen Kriterien berichtspflichtigen Segmente nicht mindestens 75 % der Außenumsätze repräsentieren; vertikal integrierte Segmente nicht berichtspflichtig.

880 Die Segmentberichterstattung nach IFRS 8 soll zusätzliche Informationen über die Entwicklung wesentlicher Geschäftsbereiche (Produkte, Dienstleistungen, geografische Regionen, Kunden) liefern, und zwar aus der Sicht des Managements (sog. **management approach**). Damit wird auf die interne Berichtsstruktur zurückgegriffen.

Die Abgrenzung der **berichtspflichtigen Segmente** wird in IFRS 8.5 ff. vorgegeben. Sie werden in *ABB. 42* aufgezeigt.

881 Die **berichtspflichtigen Angaben** lassen sich nach IFRS 8.20 ff. wie folgt einteilen:

- ► Generelle Informationen (Ableitung der Segmente, Darstellung der Produkte und Dienstleistungen),
- ► Weiterführende Informationen (Nettovermögen, Ertragslage),
- ► Überleitung zum IFRS-Abschluss.

Für die **formale Darstellung** gibt es keine direkten Vorgaben. Es sind jedoch nach dem Grundprinzip in IFRS 8.1 Informationen anzugeben, anhand derer die Abschlussadressaten die Art und die finanziellen Auswirkungen der von dem Unternehmen ausgeübten Geschäftstätigkeiten sowie das wirtschaftliche Umfeld, in dem es tätig ist, beurteilen können. Das allgemeine Stetigkeitsgebot bei der Darstellung nach IAS 1.45 gilt auch für die Segmentberichterstattung. Analog zur Bilanz und Gewinn- und Verlustrechnung sind bei der Segmentberichterstattung die Vorjahreswerte anzugeben (IFRS 8.21, IFRS 8.29 f.).

ABB. 42: Berichtspflichtige Segmente nach IFRS 8 (leicht modifiziert entnommen aus *Haller*, in: Baetge/Wollmert/Kirsch/Oser/Bischof (Hrsg.), Rechnungslegung nach IFRS, IFRS 8 (26. Erg.-Lfg. Mai 2015), Tz. 48)

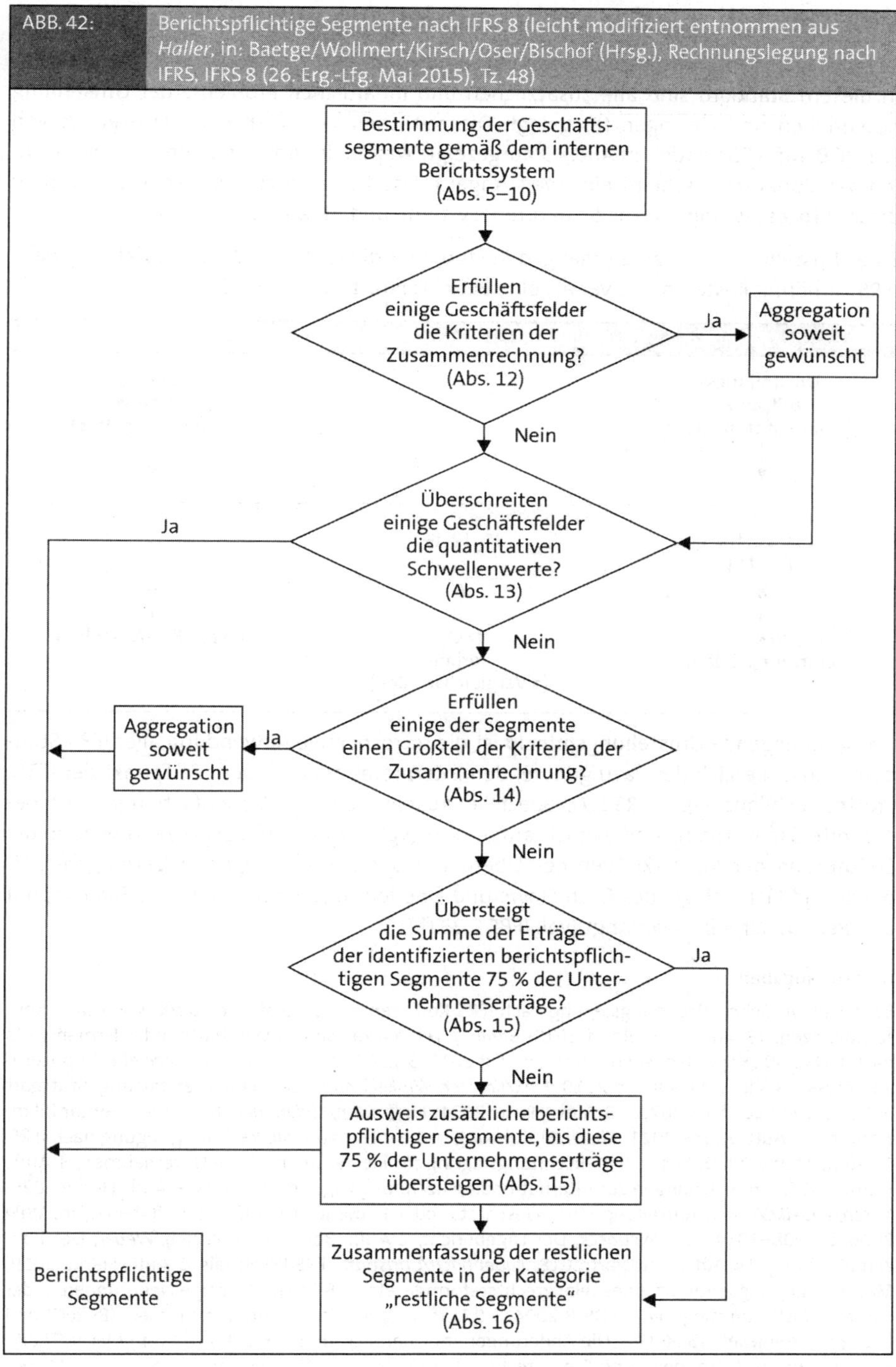

VII. Umstellung der Rechnungslegung von HGB auf IFRS

882 Der Übergang von nationalen Rechnungslegungsnormen zu IFRS ist in IFRS 1 geregelt. In diesem Standard sind alle zusätzlichen und inhaltlichen Probleme der Umstellung beschrieben und Lösungen festgelegt. Die zeitlichen Vorgaben eines Übergangs von z. B HGB auf IFRS werden in *ABB. 43* aufgezeigt. Wegen der notwendigen Vergleichszahlen des Vorjahres erscheint ein zweijähriger Umstellungsprozess notwendig. Während dieses Prozesses sind interne Strukturen, Systeme und Abläufe zu analysieren.

Eine Umstellung führt zu einmaligen Kosten, und die laufende Berichterstattung nach IFRS ist häufig kostenintensiver als eine Berichterstattung nach HGB.

ABB. 43: Erstmalige Anwendung von IFRS

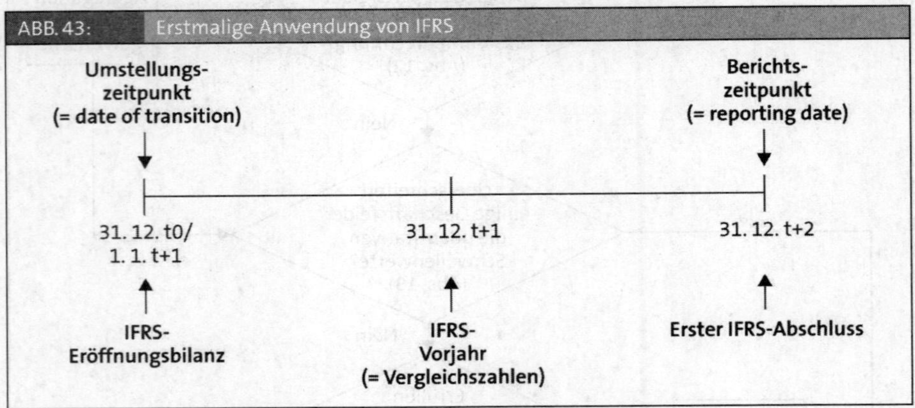

883 Das grundlegende **Umstellungsprinzip** ist die retrospektive Anwendung aller IFRS-Standards einschließlich der dazu gehörenden Interpretationen ab dem Zeitpunkt der IFRS-Eröffnungsbilanz (vgl. IFRS 1.7). Spezielle Ausnahmen und Vereinfachungen für bestimmte Sachverhalte sind explizit aufgeführt (vgl. IFRS 1.13 ff.). Ergänzend werden die Erläuterung der Auswirkungen des Übergangs auf die IFRS bzgl. der Vermögens-, Finanz- und Ertragslage, des Cash Flows und Überleitungsrechnungen zum Eigenkapital und Periodenergebnis verlangt (vgl. IFRS 1.23 ff.).

Literaturangaben:

Baetge et. al. (Hrsg.), Rechnungslegung nach IFRS-Kommentar, Loseblatt; *Baetge/Kirsch/Thiele*, Konzernbilanzen, 13. Aufl., Düsseldorf 2019; *Behling*, Fehlallokation des Geschäfts- oder Firmenwerts nach E-DRS 30 „Kapitalkonsolidierung", in: DB 2015, S. 2101–2104; *Busse von Colbe et al.*, Konzernabschlüsse, 9. Aufl., Wiesbaden 2010; *Fink/Kajüter/Winkeljohann*, Lageberichterstattung, Stuttgart 2013; *Grünberger*, IFRS 2021, 18. Aufl., Herne 2021; *Hoffmann/Lüdenbach*, NWB Kommentar Bilanzierung, 12. Aufl., Herne 2021; *Kirsch*, Einführung in die internationale Rechnungslegung nach IFRS, 12. Aufl., Herne 2020; *Kirsch*, IFRS-Rechnungslegung für kleine und mittlere Unternehmen, 3. Aufl., Herne 2016; *Kirsch*, Übungen zur internationalen Rechnungslegung nach IFRS, 9. Aufl., Herne 2020; *Kirsch/Engelke/Faber*, Aufteilung eines Geschäfts- oder Firmenwerts auf Geschäftsfelder, in: WPg 2016, S. 1008–1014; *Kolb/Neubeck*, Der Lagebericht, 2. Aufl., Bonn 2016; *Küting/Weber*, Der Konzernabschluss, 14. Aufl., Stuttgart 2018; *Lüdenbach/Christian*, IFRS Essentials, 5. Aufl., Herne 2019; *Meyer*, Regierungsentwurf eines Bilanzrechtsreformgesetzes (BilReG), Wichtige Neuerungen in der externen Rechnungslegung, in: DStR 2004, S. 971 ff.; *Meyer*, Bilanzrechtsreformgesetz (BilReG) und Bilanzkontrollgesetz (BilKoG) – Die Änderungen im Überblick, in: DStR 2005, S. 41 ff.; *Meyer/Theile*, Bilanzierung nach Handels- und Steuerrecht, 31. Aufl., Herne 2021; *Niehaus*, IFRS für den Mittelstand? Warum eigentlich?, in: DB 2006, S. 2529 ff.; *Pawelzik*, IFRS-Abschlüsse im Mittelstand – Warum eigentlich nicht?, in: DB 2006, S. 793–799; *Pellens u. a.*, Internationale Rechnungslegung, 10. Aufl., Stuttgart 2017; *Stibi/Kirsch/Engelke*, Das Konzept der außerplanmäßigen Abschreibung eines Geschäfts- oder Firmenwerts nach DRS 23, in: WPg 2016, S. 603–611; *Theile*, Erstmalige Anwendung der IAS/IFRS – einfach unvergleichlich komplex, in: DB 2003, S. 1745–1752; *Theile*, Mehrmütterschaft? Es kann nur eine geben!, in: BBK 2013, S. 430–437; *Theile*, Übungsbuch IFRS, 4. Aufl., Wiesbaden 2014; *Theile*, Geschäfts- oder Firmenwerte aus Unternehmenserwerben im Jahres- und Konzernabschluss, in: BBK 2014, S. 246–253; *Theile*, Kapitalflussrechnung – Ermittlung und Darstellung, in: BBK 2015, S. 38–44; *Theile*, Außerplanmäßige Abschreibung des Geschäfts- oder Firmenwerts nach DRS 23, in: BBK 2016, S. 753–758; *Theile*, Konzerneigenkapitalspiegel nach DRS 22: Praxisfall, in: BBK 2016, S. 558–565; *Theile*, Das neue Conceptual Framework – was für IFRS-Anwender wichtig ist, in: BBK 2018, S. 589–594; *Theile*, Zur neuen Wesentlichkeit im IFRS-Abschluss, in: BBK 2019, S. 41–46; *Theile (Hrsg.)*, Heuser/Theile, IFRS-Handbuch, 6. Aufl., Köln 2019; *Theile/Salewski*, Praxisfälle zum BilMoG (9): HGB-Konzernabschluss: von der Buchwert- zur Neubewertungsmethode, in: BBK 2010, S. 1031–1037; *Wiechers*, Erstellung und Prüfung des Lageberichts im Mittelstand: Neue Anforderungen an die Lageberichterstattung, Herne 2013; *v. Wysocki/Wohlgemuth/Brösel*, Konzernrechnungslegung, 5. Aufl., München 2014.

4. Kapitel:

Berichterstattung
Teil A: Jahresabschlussanalyse

von
Prof. Dr. Torsten Wengel, Remagen

Inhaltsverzeichnis

I. Grundlagen der Berichterstattung über Jahresabschlüsse

1. Ziele und Fragestellungen

1 Kapitel 4, Teil A umfasst den Handlungsbereich „Jahresabschluss aufbereiten und auswerten" der neuen Bilanzbuchhalterprüfungsverordnung (BibuchhFPrV) vom 26. 10. 2015, welcher im schriftlichen Teil zusammen mit den Handlungsbereichen „Finanzmanagement des Unternehmens wahrnehmen, gestalten und kontrollieren" und „Kommunikation, Führung und Zusammenarbeit mit internen und externen Partnern sicherstellen" in einer von drei Aufgabenstellungen abgeprüft wird. Die Bearbeitungszeit beträgt für jede Aufgabenstellung 240 Minuten. Ferner ist dieser Teil auch regelmäßig Prüfungsinhalt der mündlichen Prüfung.

Gemäß der Prüfungsverordnung soll der bzw. die Prüfungsteilnehmer(in) nachweisen, dass er bzw. sie in der Lage ist, Zusammenhänge in der Rechnungslegung zu erkennen sowie Jahresabschlüsse für unternehmerische Zwecke zu analysieren und zu interpretieren.

Im Einzelnen hat die Prüfungsverordnung (§ 7 Abs. 2 BibuchhFPrV) hierzu folgende zu beherrschende Qualifikationsinhalte vorgegeben:

(1) Jahresabschluss aufbereiten,

(2) Jahresabschluss mithilfe von Kennzahlen und Cashflow-Rechnung analysieren und interpretieren,

(3) zeitliche und betriebliche Vergleiche von Jahresabschlüssen durchführen und die Einhaltung von Plan- und Normwerten überprüfen und

(4) Bedeutung von Ratings (siehe Kapitel 4, Teil B) erkennen und Maßnahmen zur Verbesserung für das Unternehmen vorschlagen.

Damit muss letztlich der Prüfling die Fähigkeit der Auswertung und Interpretation des Zahlenwerks „Jahresabschluss einschließlich des Lageberichts" auf Grundlage der traditionellen Kennzahlenberechnung als Grundlage für Managemententscheidungen im Sinne von Planungs- und Kontrollentscheidungen beweisen.

Insofern ist Gegenstand dieses Beitrages die Ermittlung oder Berechnung der wichtigsten Kennzahlen materiell zu zeigen und ihren Aussagegehalt zu beschreiben (*quantitative Bilanzanalyse*).

Durch Definition, Ermittlung, Gruppierung und Interpretation der *Kennzahlen* – sie sind meistens als Quotient durch Zähler und Nenner definiert – einerseits und durch Nutzung der Informationen aus Anhang und Lagebericht sowie der Aufdeckung der Bilanzpolitik andererseits wird versucht, zu einer Beurteilung der ökonomischen Situation der betrachteten Unternehmung zu gelangen und ggf. eine Prognose der künftigen Entwicklung zu wagen.

Im Mittelpunkt der Berichterstattung steht somit die *Jahresabschlussanalyse.*

Sie ist ein systematisches Verfahren zur Ausschöpfung und Verarbeitung des Informationspotenzials von Bilanz, Gewinn- und Verlustrechnung (GuV), Anhang und Lagebericht mit dem Ziel, Einsichten und Erkenntnisse über die wirtschaftliche Lage und Zukunftsaussichten eines Unternehmens zu erlangen.

Auf Basis der vergangenheitsorientierten Daten und Informationen des aktuellen Jahresabschlusses wird versucht, Erkenntnisse über die zu erwartende künftige Entwicklung des Unternehmens zu erlangen. 2

So unterschiedlich die Informationsbedürfnisse der verschiedenen Interessentengruppen (Anteilseigner und potenzielle Anleger, Kreditinstitute, Aktienanalysten, Lieferanten, Arbeitnehmer und ihre Organisationen, Wirtschaftsverbände und -presse) auch sein mögen, ihre Fragen konzentrieren sich auf die folgenden Problemstellungen der Analyse: 3

(1) die Untersuchung der gegenwärtigen Ertragslage mit dem Ziel der Prognose der zukünftigen *Ertragskraft* der Unternehmung, also ihrer Fähigkeit, nachhaltig Gewinne zu erzielen;

(2) die Beurteilung der *Liquidität sowie der Stabilität und Solidität der Finanzierung* zur Einschätzung der Möglichkeiten der Unternehmung, ihren gegenwärtigen und zukünftigen Zahlungsverpflichtungen nachkommen zu können (Bonitätsanalyse);

(3) die Einschätzung der *Erfolgspotenziale* i. S. von Stärken und Schwächen des Unternehmens, die u. a. in Investitionsaktivitäten, Wachstum, Risikostreuung, Finanzierungsmöglichkeiten zum Ausdruck kommen, aber ihrer Natur gemäß nur zum Teil aus dem Jahresabschluss erkennbar sind.

Traditionell wird zwischen der erfolgswirtschaftlichen und der finanzwirtschaftlichen Jahresabschlussanalyse unterschieden. 4

ABB. 1: Gliederung der Jahresabschlussanalyse

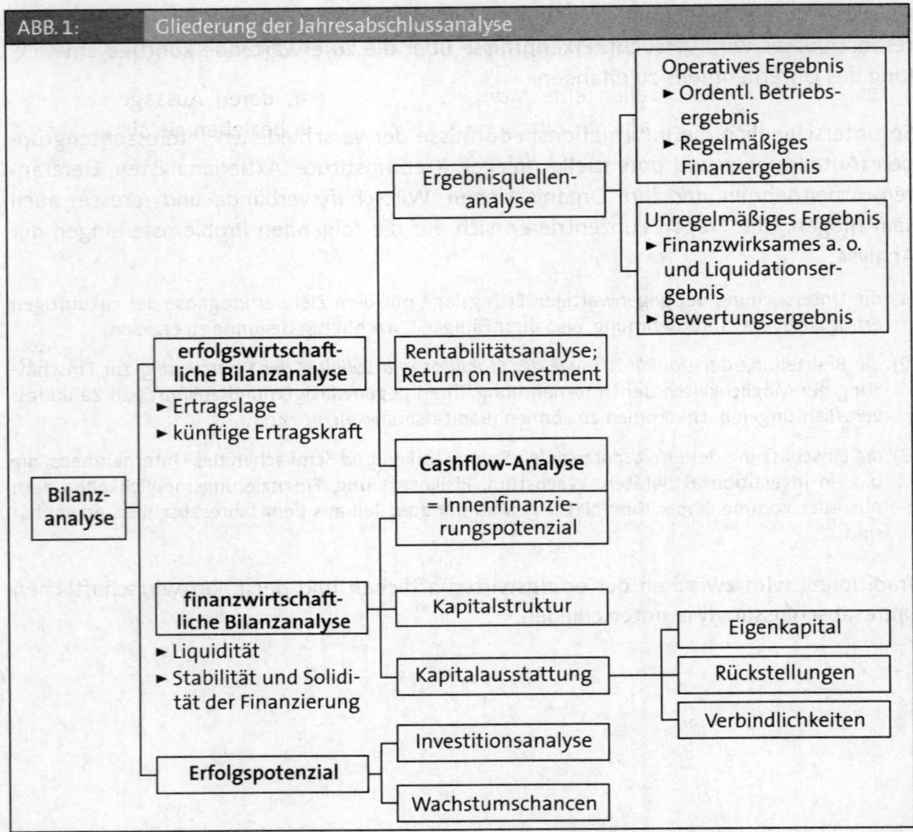

Dieser Gliederung soll auch im vorliegenden Beitrag gefolgt werden.

2. Bilanzanalyse als Kennzahlenrechnung

2.1 Bedeutung von Kennzahlen

5 Das wichtigste Instrument zur Auswertung der Fülle der im Jahresabschluss zusammengestellten Daten ist die Bildung von Kennzahlen. Kennzahlen sind zu verstehen als betriebswirtschaftlich relevante absolute Zahlen und Verhältniszahlen, die messbare betriebliche Tatbestände zusammengefasst wiedergeben. Ihr Wert liegt darin, dass sie

(1) Sachverhalte sichtbar machen, die anders nicht zu erkennen sind (z. B. die Rentabilität des betrachteten Unternehmens);

(2) Sachverhalte durch Verdichtung auf eine einzige Zahl komprimiert beschreiben (z. B. die Eigenkapitalquote);

(3) die Transparenz erhöhen und helfen, die Situation eines Unternehmens, auch im Vergleich zu anderen Unternehmen der Branche, zu beurteilen.

Kennzahlen, die aus Jahresabschlüssen gewonnen werden, erlauben Feststellungen über die wirtschaftliche Lage und Entwicklung eines Unternehmens als Ganzes und liefern in komprimierter Form prägnante Einsichten in Teilbereiche des Unternehmens.

Sie vermitteln ein Bild der Situation, lassen Interdependenzen erkennen und decken Schwächen und Stärken des Unternehmens im Betriebs- und Zeitvergleich auf.

Allerdings: Kennzahlen stellen eine *Momentaufnahme* dar, deren Aussagewert zeitgebunden ist; soweit sie aus der Bilanz gewonnen werden, beziehen sie sich lediglich auf die Situation am Bilanzstichtag. Werden Zahlen der Gewinn- und Verlustrechnung zugrunde gelegt, betreffen sie den *Zeitraum* der Abrechnungsperiode. In der Zeit zwischen Bilanzstichtag und Bilanzauswertung können sie sich bereits verändert haben. Eine weitere Einschränkung ihres Werts als Instrument der Bilanzanalyse liegt darin, dass mit Hilfe von Kennzahlen nur solche Sachverhalte beurteilt werden können, die sich quantifizieren lassen. 6

Kennzahlen leisten dort nichts, wo nicht quantifizierbare Informationen in Zahlen gepresst werden, wo blinde Zahlengläubigkeit herrscht, wo Denkarbeit durch Kennzahlen ersetzt werden soll und wo die Mängel der Zahlengrößen nicht beachtet werden. Im Ergebnis kann dies zu Fehldeutungen, zu sehr vereinfachten Darstellungen und zu falschen Interpretationen führen. 7

Trotz dieser Einschränkungen sind Kennzahlen ein durchaus geeignetes Mittel der Untersuchung von Unternehmen und der Bildung von Urteilen. Die Auswahl, die Errechnung und der Vergleich von Kennzahlen stellt den *Kern der Bilanzanalyse* dar. Es fällt nicht schwer, *Bilanzanalyse überhaupt als Kennzahlenrechnung zu bezeichnen,* wenn auch die mit Hilfe von Kennzahlen gewonnenen Erkenntnisse durch andere zusätzliche Einsichten und Informationen und insbesondere durch die qualitative Analyse der Bilanzpolitik ergänzt und abgerundet werden. 8

So verschiedenartig die betrieblichen Tatbestände sind, über die diese Kennzahlen informieren sollen, so vielfältig sind auch die Kennzahlen selbst. 9

Im weiteren Verlauf der Darstellung wird zu jeder Fragestellung eine Fülle von Kennzahlen vorgeführt und ihr Aussagegehalt erläutert. 10

Bei praktischen Untersuchungen besteht die Kunst der Bilanzanalyse dann darin, die jeweils zweckmäßigen Kennzahlen auszuwählen und richtig zu interpretieren. 11

2.2 Interpretation der Kennzahlen mit Hilfe von Vergleichsmaßstäben

2.2.1 Die statische Bilanzanalyse als Ausgangspunkt und das Problem des Vergleichsmaßstabs

Ausgangspunkt einer jeden Bilanzuntersuchung ist die Betrachtung des Jahresabschlusses einer einzelnen Unternehmung und eines speziellen Jahres. Wir sprechen von statischer Analyse deswegen, weil in sie nur Größen einbezogen werden, die sich auf den gleichen Zeitpunkt oder auf die gleiche Zeitperiode beziehen. Diese Arbeit bildet die Vorstufe für alle weiteren Maßnahmen im Rahmen der Bilanzanalyse. 12

Durch die *Betrachtung nur eines einzelnen Abschlusses* gelangt man noch nicht zu einem Urteil. Allenfalls kann man gewisse Auffälligkeiten herausstellen. Typische Auffälligkeiten sind etwa eine ungewöhnliche Höhe eines einzelnen Postens oder eine unübliche Zusammensetzung der Aktiva und Passiva. Besonderheiten lassen sich möglicher- 13 weise finden im Verhältnis des ordentlichen Betriebsergebnisses zum außerordentlichen Ergebnis, der Anlagezugänge zu den Abschreibungen, von langfristigem Kapital zum Gesamtkapital, des Bestands an fertigen Erzeugnissen zum Umsatz usw.

14 Eine solche statische Analyse bleibt jedoch unbefriedigend und reicht zur Urteilsfindung nicht aus. Beschränkt man sich auf nur einen einzelnen Abschluss, so können *Veränderungen nicht erfasst* werden. Damit fehlt eine wichtige Erkenntnisquelle. Es fehlt das Maß, an dem die Höhe der einzelnen Bilanzposten und die einzelnen Kennzahlen gemessen werden können. Zur Erlangung eines Urteils im Sinne von gut oder schlecht bzw. besser oder schlechter bedarf es eines Bezugspunkts, eines Vergleichs- bzw. Beurteilungsmaßstabs. Die Bilanzanalyse beinhaltet aber auch immer explizit oder implizit einen Vergleichsvorgang. Schon die Worte „auffällig" oder „Besonderheiten" deuten bereits auf grobe Normvorstellungen des Analytikers über die Zusammensetzung von Bilanzpositionen hin.

15 Auf der Suche nach geeigneten Beurteilungsmaßstäben stößt man schnell auf die Möglichkeit des Vergleichs der aktuellen Werte mit denen der Vorjahre. Man nennt dies *Zeit- oder Entwicklungsvergleich.*

Eine andere Möglichkeit der Bildung eines Urteils besteht darin, die Werte des Jahresabschlusses des betrachteten Unternehmens mit denen anderer ähnlicher Unternehmen oder mit Branchendurchschnitten zu vergleichen. Man spricht vom *Betriebs- oder Branchenvergleich.*

2.2.2 Der Zeit- und Entwicklungsvergleich

16 Der die statische Analyse ergänzende Zeitvergleich wird durchgeführt, indem man Größen miteinander vergleicht, die sich auf unterschiedliche Zeitpunkte bzw. Zeitperioden beziehen, d. h. die Werte des neuesten Jahresabschlusses werden mit denen der Vorjahresabschlüsse verglichen. Man geht also so vor, dass man mit Hilfe der statischen Analyse gewisse Kennzahlen ermittelt und diese mit Zahlengrößen früherer Perioden vergleicht. Aufgrund dieses Vergleichs werden Vorgänge im Zeitablauf sichtbar und Entwicklungstendenzen deutlich, die es zu analysieren und interpretieren gilt.

17 Mit Hilfe eines solchen Zeitvergleichs wird also versucht, die *Entwicklung einer Unternehmung* im abgelaufenen Geschäftsjahr oder über längere Zeiträume zu erkennen. Damit wird ein Teil der Mängel der Betrachtung eines einzelnen Jahresabschlusses überwunden. Insbesondere können sich mögliche Fehler, die aufgrund der notwendigen Periodenrechnung entweder unumgänglich sind oder aufgrund von Ermessensspielräumen des Bilanzierenden entstehen können, im Laufe der Zeit wieder aufheben oder doch wenigstens auf ein Minimum reduzieren. Außerdem ermöglicht der Zeit- oder Entwicklungsvergleich ganz allgemein einen Einblick in die strukturelle Entwicklung der Unternehmung.

18 Dennoch besteht die Gefahr, dass der Analytiker bilanzpolitische Manipulationen nicht erkennt oder nicht erkennen kann, so dass er an Stelle der tatsächlichen eine vorgetäuschte Entwicklung der Unternehmung für richtig hält. Solche Fehler oder Schwierigkeiten müssen jedoch in Kauf genommen werden, wenn man überhaupt zu Urteilen kommen will.

Voraussetzung für den Periodenvergleich ist die *Vergleichbarkeit der Abschlüsse*. Daraus folgt: 19

(1) Das Datenmaterial der verschiedenen Zeiträume muss *nach den gleichen Grundsätzen aufbereitet* werden, bevor durch die Kombination von Einzeldaten Kennzahlen gebildet werden. Nur dann ist eine Analyse der Veränderungen möglich und sinnvoll, weil nur dann die Kennzahlen wirklich vergleichbar sind.

(2) Die aus den Jahresabschlüssen gewonnenen Grunddaten für die verschiedenen Zeitpunkte müssen auch *inhaltlich vergleichbar sein*. Ist das nicht der Fall, können sich von Abschluss zu Abschluss Änderungen ergeben, die einen Kennzahlenvergleich mit früheren Perioden erschweren oder unmöglich machen.

Diese Änderungen können ihre Ursache darin haben, dass die bilanzierende Unternehmung ihren Ermessensspielraum, über den Umfang der gesetzlichen Mindestanforderungen hinaus zu publizieren, im Zeitablauf unterschiedlich ausnutzt. So kann es vorkommen, dass die einzelnen Positionen der GuV oder der Bilanz in verschiedenen Jahresabschlüssen unterschiedlich stark untergliedert sind. 20

Auch die in Presseveröffentlichungen oder Hauptversammlungen gegebenen Zusatzinformationen können unterschiedlich groß sein, was ebenfalls Einfluss auf die Interpretation der Kennzahlen haben kann. 21

Weitere Änderungen des Grundmaterials können aus den *Änderungen der Bilanzierungsvorschriften* resultieren. 2010 ergaben sich diesbezüglich Probleme aus der durch das BilMoG geforderten Umstellung auf das HGB n. F. 22

Einstweilen frei 23, 24

2.2.3 Der Betriebs- und Branchenvergleich

Im Falle des Betriebsvergleichs, auch Objektvergleich genannt, werden die aus den Daten der Jahresabschlüsse des betrachteten Unternehmens gewonnenen Kennziffern mit solchen eines anderen Unternehmens verglichen. Das eine Unternehmen wird also am anderen gemessen, damit auf diese Weise eine Beurteilungsgrundlage gewonnen wird. 25

Der Objektvergleich kann sowohl als Zustandsvergleich als auch als Vergleich der Entwicklungen verschiedener Unternehmen betrieben werden. 26

Wenn es gelingt, *vergleichbare Unternehmungen* zu finden, kann ein solcher Betriebs- oder Unternehmungsvergleich zu wichtigen Erkenntnissen führen. Insbesondere kann er dazu beitragen, bestimmte auffällige Entwicklungen im betrachteten Unternehmen zu erklären und im Zusammenhang mit der Ursachenforschung betriebsspezifische Gründe von konjunkturellen, saisonalen oder allgemeinwirtschaftlichen Schwankungen zu unterscheiden. Die *Problematik des Objektvergleichs* liegt jedoch darin, dass es oftmals nicht einfach ist, dem zu analysierenden Unternehmen ein tatsächlich vergleichbares gegenüberzustellen. Unterschiedliche Produktionsprogramme, Betriebsgrößen, Rechtsformen, Standorte und die unterschiedliche Bereitwilligkeit der Unternehmensleistungen, über die gesetzlichen Mindestanforderungen hinaus Informationen zu veröffentlichen, können den Betriebsvergleich erheblich stören. Die *Vergleichbarkeit der Erfolgsrechnung* ist vielfach nicht möglich: 27

(1) zum einen, weil eine Überleitung vom Umsatzkostenverfahren zum Gesamtkostenverfahren (und umgekehrt) selbst unter Berücksichtigung von Anhangangaben nicht möglich ist,

(2) zum anderen – bei einheitlicher Anwendung des Umsatzkostenverfahrens – wegen der infolge unterschiedlicher Schlüsselungen der Kostenumlagen differierenden Posteninhalte.

28 Zum Teil können diese Störfaktoren jedoch eliminiert werden, indem der Kreis der Vergleichsobjekte, also der in die Überlegungen einbezogenen Unternehmungen, entsprechend abgegrenzt wird. Man bezieht z. B. nur Großunternehmungen einer bestimmten Branche in den Vergleich ein. Eine andere Möglichkeit, störende Einflüsse zu reduzieren, besteht darin, dass man den Vergleich auf solche Kennzahlen beschränkt, auf deren Bildung sich diese Störgrößen gar nicht oder nur geringfügig auswirken.

2.2.4 Der Normenvergleich: Soll-Ist-Vergleich

29 Bei dieser Methode bilden gewisse Soll- oder Normgrößen den Maßstab zur Beurteilung einer Unternehmung.

30 Das Problem eines solchen Beurteilungsmaßstabs besteht darin, sinnvolle Richtwerte zu erlangen. Verwendung als Normgröße und Beurteilungsmaßstab finden oftmals *Branchendurchschnittswerte.* In einzelnen Branchen, etwa im Lebensmitteleinzelhandel, ist es üblich, die Ergebnisse von Unternehmensvergleichen zu Durchschnittswerten zusammenzufassen und sie als Richtzahlen vorzugeben. Allerdings enthält ein solcher Branchendurchschnitt die Daten aller vergleichbaren Betriebe, also auch der unwirtschaftlich arbeitenden. Das reduziert die Brauchbarkeit solcher Maßstäbe als Normgröße. Dennoch gibt ein derartiger Vergleich grobe Orientierungspunkte dafür ab, wie die einzelne Unternehmung im Verhältnis zu ihren Konkurrenten in der Branche liegt.

31 Im *Bereich der finanzwirtschaftlichen Bilanzanalyse* können die sog. *„Finanzierungsregeln“* zu Normgrößen werden, an denen das Unternehmen gemessen wird.

32 Im Falle der *Beurteilung der Rentabilität* kann etwa der *langfristige Kapitalmarktzins* die Funktion einer Soll- oder Richtziffer übernehmen.

33 So gibt es eine Fülle möglicher Norm- und Vergleichsgrößen, an denen der Analytiker die Kennzahlen des betrachteten Unternehmens messen und beurteilen kann.

2.2.5 Die Kombination der Beurteilungsmaßstäbe

34 Selbstverständlich stellen die vorgeführten Beurteilungsmaßstäbe, mit deren Hilfe die Ergebnisse der statischen Analyse des betrachteten Unternehmens interpretiert werden, keine Alternativen dar. Vielmehr wird der Analytiker versuchen, möglichst viele unterschiedliche Maßstäbe heranzuziehen und in seine Beurteilung und Würdigung der Kennzahlen einfließen zu lassen. Je nach Art der zu beleuchtenden Frage wird die statische Analyse durch einen Entwicklungsvergleich und, soweit möglich, auch durch einen Branchenvergleich oder durch den Vergleich mit den Ergebnissen der Jahresabschlüsse der Konkurrenten ergänzt. Mindestens der Entwicklungsvergleich über zwei Jahre hinaus ist stets möglich, denn in den veröffentlichten Jahresabschlüssen müssen die Unternehmen jeweils die entsprechenden Daten des Vorjahres mit heranführen.

Natürlich ist die Analyse umso aufschlussreicher, und selbstverständlich sind die Erkenntnisse umso fundierter, je länger der Beobachtungszeitraum ist. Eine Bilanzanalyse, die Anspruch auf Gründlichkeit stellt und wichtige Entscheidungen untermauern soll, müsste etwa drei aufeinanderfolgende Jahresabschlüsse einbeziehen. 35

3. Probleme und Grenzen der Bilanzanalyse

Insbesondere der externen Jahresabschlussanalyse sind Grenzen gesetzt.

Die Gründe für die Unzulänglichkeiten seien kurz beschrieben: 36

(1) Die zur Verfügung stehenden Informationsquellen sind unvollständig. Bilanz und GuV liefern nur quantitative Informationen. Wesentliche qualitative Aspekte, die für eine Unternehmensbeurteilung erforderlich wären, kennt der externe Analytiker oft nicht. Die Qualität des Managements und der Mitarbeiter, das Image der Unternehmung, die Qualität und die technologische Reife der Produkte, die Stärke der Konkurrenz auf den Absatzmärkten, das technische und organisatorische Know-how sind wichtige Einflussgrößen für den zukünftigen Erfolg einer Unternehmung, deren Wirkung ein außenstehender Beobachter kaum einzuschätzen vermag. Desgleichen fehlen genauere Kenntnisse über vorhandene Kreditreserven und den realen Wert immaterieller Vermögensgegenstände.

(2) Die Zahlen des publizierten Jahresabschlusses sind keine eindeutig definierten Größen. Bilanzierungs- und Bewertungsvorschriften und -wahlrechte erzwingen oder ermöglichen den Ansatz der Vermögenswerte oft zu unrealistischen Werten. Man denke nur an die Möglichkeiten zur Bildung stiller Reserven infolge der Aktivierung auf Basis der Anschaffungs- oder Herstellungskosten, den Verzicht auf volle Zuschreibungen bei inzwischen wieder gestiegenen Werten des Anlage- oder Umlaufvermögens nach außerplanmäßigen Abschreibungen, die Ausnutzung von Bewertungsspielräumen infolge notwendiger Schätzungen bei der Bemessung der Rückstellungen.

(3) Jahresabschlüsse sind vergangenheitsorientiert. Ihre Daten beziehen sich auf einen abgeschlossenen, vergangenen Zeitraum, der ein Jahr umfasst. Zur Beurteilung eines Unternehmens interessieren jedoch Informationen, die Schlüsse auf die Zukunft zulassen. Aussagen über die künftige Entwicklung der Unternehmung sind nur unter der Annahme möglich, dass eine in der Vergangenheit sichtbare Tendenz in die Zukunft übertragen werden kann.

(4) Die Informationen des Jahresabschlusses sind i. d. R. erst eine geraume Zeit nach dem Bilanzstichtag verfügbar (§§ 325, 326 HGB) und damit zum Analysezeitpunkt oft schon überholt.

(5) Hinzu kommen die Schwierigkeiten, die sich aus der Unvollkommenheit aller Bilanzen ohnehin ergeben.

Diese Probleme und Schwierigkeiten führen dazu, dass den aus Jahresabschlüssen zu gewinnenden Erkenntnissen enge Grenzen gesetzt sind und den möglichen Aussagen immer ein Hauch von Spekulationen anhängt. Insofern kann die Bilanzanalyse nur einen Teil der für eine Unternehmensbeurteilung notwendigen Erkenntnisse und Fakten liefern. 37

Trotz dieser Bedenken und Schwierigkeiten kann man jedoch bei der Unternehmensbeurteilung auf die Bilanzanalyse nicht verzichten. Sie stellt eine wichtige Komponente der Einschätzung eines Unternehmens dar. 38

Die Bedenken dürfen auch nicht dazu führen, dass man dem Jahresabschluss jeglichen Aussagewert abspricht und ihn daher völlig durch andere Instrumente ersetzt wissen will. Nach Überzeugung des Verfassers stellt der Jahresabschluss trotz der beschriebenen Mängel auch für die externen Adressaten ein durchaus brauchbares Informationsmittel über die Vermögens-, Finanz- und Ertragslage der Unternehmung dar. Zudem 39 wird der Informationswert des veröffentlichten Jahresabschlusses für die externen Analytiker nicht unerheblich dadurch gesteigert, dass das veröffentlichte Datenmaterial sachkundig aufbereitet, zu Kennzahlen verdichtet und es zu den entsprechenden Daten vergangener Perioden oder vergleichbarer Unternehmungen in Beziehung gesetzt – eben Bilanzanalyse betrieben – wird.

40 *Ziel der Bilanzanalyse ist es auch nicht, sichere und endgültige Urteile über die betrachtete Unternehmung zu fällen. Es geht vielmehr darum, Entwicklungstendenzen und Auffälligkeiten zu erkennen. Diese sind dann Anlass für weitere Fragen und Recherchen.*

41 Wenn man die geschilderten Grenzen im Auge behält, sich der Möglichkeit von falschen Interpretationen und Fehlurteilen bewusst ist und die gewonnenen Erkenntnisse und Aussagen mit der gebotenen Vorsicht formuliert und wertet, kann das hier vorzustellende bilanzanalytische Instrumentarium eine wichtige Hilfe für die Beurteilung und Einschätzung von Unternehmen sein.

II. Kennzahlen zum Betriebs- und Unternehmenserfolg

1. Problemstellung und Analyseziel

42 Das wichtigste Ziel der Jahresabschlussanalyse ist die Beurteilung der Ertragskraft der Unternehmung. Unter *Ertragskraft* wird die Fähigkeit verstanden, in der Zukunft nachhaltig – also auf Dauer – Gewinne zu erzielen und damit Entnahmen bzw. Gewinnausschüttungen sicherzustellen bzw. die Leistungsfähigkeit der Unternehmung durch Rücklagenbildung zu erhalten und zu stärken.

43 Vom Gesetzgeber vorgesehenes Instrument zur Berichterstattung über die Erfolgsentwicklung in der Abrechnungsperiode ist die *GuV*. In ihr werden die Erträge und Aufwendungen der Periode gegenübergestellt und als Ausdruck für Gewinn oder Verlust der *Jahresüberschuss oder Jahresfehlbetrag* ermittelt. Werden diese Größen um Gewinn- bzw. Verlustvorträge aus der Vorperiode und um die Einstellung oder Auflösung von offenen Rücklagen ergänzt, gelangt man zum *Bilanzgewinn oder Bilanzverlust*.

Umsatzerlöse
± Bestandsveränderungen
+ übrige Erträge
– Aufwendungen
= **Jahresüberschuss/-fehlbetrag**
± Gewinn-/Verlustvortrag
– Einstellung in Rücklagen
+ Auflösung von Rücklagen
= **Bilanzgewinn/-verlust**

Jahresüberschuss oder Bilanzgewinn sind folglich die im Jahresabschluss vorgesehenen Erfolgskennziffern. Sie beide aber entsprechen nicht dem tatsächlichen Gewinn der Periode im betriebswirtschaftlichen Sinn.

44 Der *Bilanzgewinn* ist der Teil des Gewinns, der zur Disposition der Hauptversammlung steht, von ihr zur Ausschüttung oder Thesaurierung vorgesehen werden kann. Er ist

also nur eine Teilgröße und somit für die Beurteilung des Jahresergebnisses ungeeignet. Der *Jahresüberschuss* ist als von der Gesellschaft für *ausweisbar gehaltene* Gewinn zu interpretieren, der im Rahmen der durch Gesetz und GoB vorgegebenen bilanzpolitischen Wahlrechte und Spielräume „gestaltbar" ist. Tatsächlicher und ausgewiesener Erfolg fallen auseinander. Der Grund dafür liegt in der Legung und Auflösung *stiller Reserven.* Sie sind das Ergebnis restriktiver Bilanzierungs- und Bewertungsvorschriften sowie des Einsatzes des bilanzpolitischen Instrumentariums. Definiert sind sie als Differenz zwischen dem Buchwert und einem höheren Vergleichswert (z. B. dem Zeit- oder Wiederbeschaffungswert) von Vermögensgegenständen und Schulden. Werden stille Reserven gelegt, so wird der Jahreserfolg zu niedrig ausgewiesen und vice versa.

Die Erfolgsanalyse setzt an dieser *Diskrepanz zwischen tatsächlichem und ausgewiesenem Erfolg* an. Ziel ist es, einen Erfolg zu ermitteln, der dem tatsächlichen Ergebnis der unternehmerischen Tätigkeit möglichst nahekommt. Instrumente dafür sind die „Bereinigungsrechnung" und die „Erfolgsspaltung". 45

In der *Bereinigungsrechnung* werden die Positionen der GuV unter Nutzung der Anhangangaben und sonstiger dem Analysten verfügbaren Informationen korrigiert. In der *Erfolgsspaltung* wird das Gesamtergebnis (Jahresüberschuss bzw. bereinigter Unternehmenserfolg) in seine Teilsegmente aufgespalten, um insbesondere das *„operative"* Ergebnis als besonders aussagefähige Kennzahl zu ermitteln.

Die Erfolgsanalyse verfolgt also insbesondere vier Zwecke: 46

(1) Es soll der *bereinigte Unternehmenserfolg* festgestellt werden, der aussagefähiger ist als der von steuer-, ausschüttungs- und anderen bilanzpolitischen Erwägungen bestimmte Jahresüberschuss.

(2) Es sollen die verschiedenen Erfolgskomponenten (ggf. Erfolgsquellen) herausgestellt werden, um neben dem *operativen Unternehmenserfolg* das *ordentliche Betriebsergebnis* (EBIT) und die von Sondereinflüssen und Einmaleffekten gekennzeichneten *„unregelmäßigen" Ergebnisanteile* sowie das *Bewertungsergebnis* deutlich zu machen. In diesem Beitrag werden die Bereinigungsrechnung und die Erfolgsspaltung miteinander verbunden (vgl. ABB. 2, Komponenten des Unternehmenserfolgs).

(3) Im Rahmen der detaillierten Analyse des Betriebsergebnisses, sollen durch Verfolgung der Entwicklung der verschiedenen Ertrags- und Aufwandskomponenten die Ursachen von Erfolgen und Misserfolgen sowie Fehlentwicklungen aufgedeckt werden s. Rdn. 91 ff.

(4) Anhand von Rentabilitätskennzahlen soll die Erreichung des Unternehmensziels „Gewinn- bzw. Einkommensgenerierung" gemessen und durch Betriebs-, Branchen- oder Entwicklungsvergleiche bewertet und gewürdigt werden s. Rdn. 143 ff.

2. Ergebnisquellenanalyse und Erfolgsspaltung

Sinn der Ergebnisquellenanalyse ist es, zu erforschen, in welchen Bereichen der Unternehmensbetätigung der Erfolg, der letztlich seinen Ausdruck in der zusammenfassenden Kennziffer Jahresüberschuss bzw. -fehlbetrag findet, entstanden ist. 47

Insbesondere ist zwischen ordentlichen (sich eher wiederholenden, regelmäßigen) und außerordentlichen (einmaligen) sowie lediglich buch- und bewertungstechnischen Erfolgskomponenten zu unterscheiden. Durch die Spaltung des Gesamtergebnisses in seine Segmente und Komponenten soll das *nachhaltige Ergebnis* – häufig „operatives Ergebnis" genannt – ermittelt und von den anderen Ergebnis-Segmenten getrennt werden, denn durch dieses Ergebnis werden Entwicklungen und „Fehlentwicklungen" besonders deutlich signalisiert.

ABB. 2: Komponenten des Unternehmenserfolgs

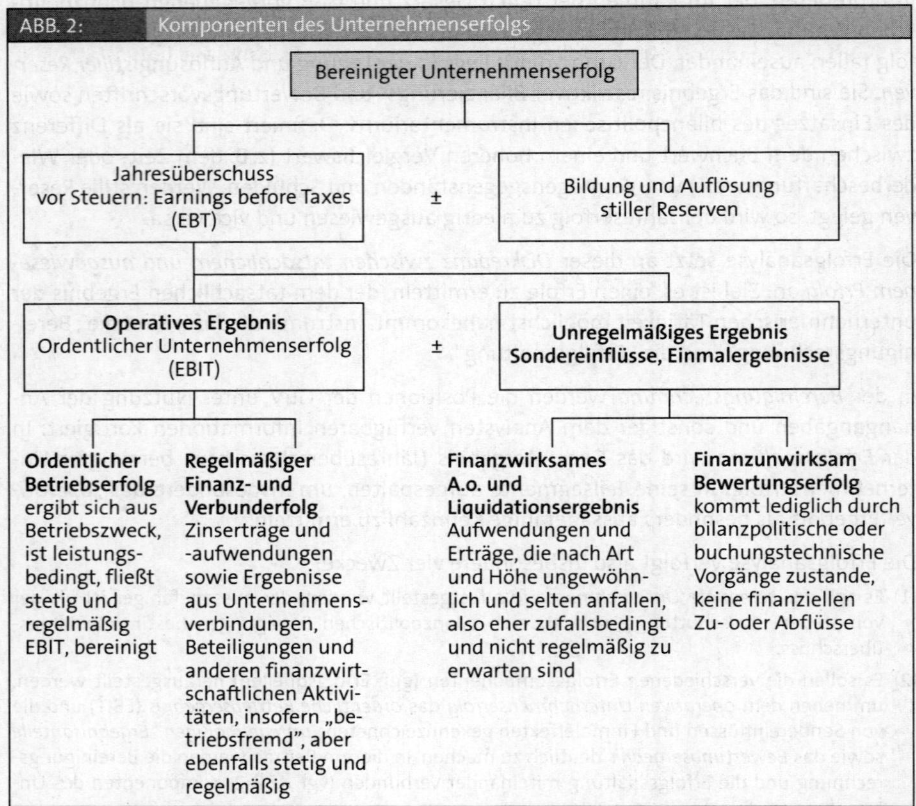

Das *„operative Ergebnis"* (ordentliches Unternehmensergebnis) setzt sich aus dem ordentlichen Betriebserfolg und dem regelmäßigen Finanzergebnis zusammen. Es ist frei von „Sondereinflüssen" von außerordentlichen Vorgängen und „Einmaleffekten". Deswegen wird mit der Wiederholbarkeit in den Folgejahren gerechnet.

Der *ordentliche Betriebserfolg* ergibt sich aus dem unmittelbaren Betriebszweck (aus der „gewöhnlichen Geschäftstätigkeit"). Es handelt sich um eine eher regelmäßige und nachhaltige Ergebnisquelle. Sinkt das ordentl. Betriebsergebnis, während der Jahresüberschuss konstant bleibt oder gar steigt, ist das ein Alarmsignal: es müssen Kompensationen in den anderen Ergebnissen erfolgt sein.

Das *Finanzergebnis* (Finanz- und Verbunderfolg): Zinserträge und -aufwendungen sowie Ergebnisse aus Unternehmensverbindungen, Beteiligungen und andere finanzwirtschaftlichen Aktivitäten (entstammt indes nicht dem eigentlichen Betriebszweck; wird allerdings – abgesehen von außerplanmäßigen Abschreibungen – als stetig und somit nachhaltig angesehen).

Das *unregelmäßige Ergebnis* in Form des außerordentlichen und Liquidationsergebnisses umfasst alle aperiodischen sowie alle außergewöhnlichen, d. h. untypischen, betriebsfremden, zufälligen oder einmaligen (und somit nicht nachhaltigen) Komponenten, wie z. B. Liquidationserfolge sowie Erfolgsbeiträge aus Katastrophen, Enteignungen, Betriebs- oder Teilbetriebsstilllegungen und ähnliches. Es kann aus liquiditätswirksamen Teilen bestehen (z. B. Erlöse aus Anlageabgängen) oder aus rein bewertungstechnischen Vorgängen (beispielsweise Zuschreibungen).

Der *Bewertungserfolg* ist dem handelsrechtlichen Erfolgsspaltungskonzept nicht direkt zu entnahmen. Darunter werden Erfolgsbestandteile zusammengefasst, die vor allem aus bewusst steuerbaren bilanzpolitischen Maßnahmen resultieren, d. h. nicht Folge wirtschaftlicher Aktivitäten sind. Der Bewertungserfolg ist noch geringer einzuschätzen als der a. o. Erfolg, da die Bestandteile weder *regelmäßig* noch *finanzwirksam* sind. Positive Bewertungserfolge stellen die Auflösung stiller Reserven, negative deren Bildung dar.

Mit anderen Worten: es geht im Wesentlichen darum, die Erfolgskomponenten, die unter vergleichsweise konstanten Bedingungen auch zukünftig erwartet werden können, von unregelmäßigen, nicht planbaren Komponenten zu trennen.

Unter *bereinigtem Unternehmenserfolg* verstehen wir den um erkannte bilanzpolitische Maßnahmen bereinigten Erfolg (Bildung oder Auflösung stiller Reserven), der sich somit vom ausgewiesenen Gewinn (Jahresüberschuss) unterscheidet. Er ergibt sich aus der Summe der Teilergebnisse der einzelnen Erfolgsquellen (Jahresüberschuss vor Steuern) unter Hinzurechnung der aufgedeckten Reservebildungen der Periode bzw. nach Abzug der aufgelösten Reserven. 48

Methodisch steht dabei folgende Überlegung im Hintergrund: von der in der „aufbereiteten" GuV zum Ausdruck kommenden gegenwärtigen Gewinnlage sollen Rückschlüsse auf die zukünftige Ertragskraft, also auf die künftigen Gewinnaussichten geschlossen werden. Es wird versucht, die verfügbaren Informationen über die bisherige Entwicklung und den derzeitigen Stand zu nutzen, um Prognosen für die kommenden Jahre zu ziehen. Der Schluss von der vergangenen auf die künftige Ertragskraft stützt sich im Wesentlichen auf die – allerdings nicht immer berechtigte – Annahme, dass die Ursachen der vergangenen Erfolgserzielung künftig in ähnlicher Stärke und Zusammenfassung weiterwirken. Dabei ist die Erfolgsspaltung insofern besonders hilfreich, weil die Zerlegung in einzelne Teilerfolge die Aufdeckung der einzelnen, den Gesamterfolg beeinflussenden Determinanten (bereinigte Ertrags- und Aufwandspositionen) erleichtert. Außerdem sind die verschiedenen Teilerfolge von unterschiedlicher Qualität sowohl für die Beurteilung der gegenwärtigen Ertragslage wie auch für die Prognose der künftigen Entwicklung der Ertragskraft. 49

Die Teilergebnisse und auch der bereinigte Unternehmenserfolg werden zunächst immer als *„Ergebnis vor Steuern vom Einkommen und Ertrag"* ermittelt. Auf diese Weise sollen die 50

(1) Einflüsse unterschiedlicher Gewinnverwendungspolitiken (Ausschüttungen/Rücklagenbildungen);

(2) unterschiedlichen Hebesätze für die Gewerbeertragsteuer;

(3) unterschiedlichen Kapitalstrukturen;

(4) Verzerrungen durch Steuernachzahlungen und Erstattungen;

(5) Unterschiede zwischen Personenhandels- und Kapitalgesellschaften

neutralisiert und die Abschlüsse vergleichbar gemacht werden.

2.1 Das operative Ergebnis: Ordentlicher Betriebserfolg und regelmäßiges Finanzergebnis

51 Das *operative Ergebnis* liefert genauere Aufschlüsse über die Entwicklung der Unternehmung als der durch betriebsfremde Einflüsse, außerordentliche und zufällige sowie rein bewertungstechnische Maßnahmen gekennzeichnete Gesamterfolg, wie er im Jahresüberschuss zum Ausdruck kommt. Es setzt sich zusammen aus dem *ordentlichen Betriebserfolg* und dem regelmäßig fließenden Teil des *Finanz- und Verbunderfolges*.

Anders als der Jahresüberschuss, zeigt das *operative Ergebnis* Fehlentwicklungen in der Unternehmung sofort an, was es bilanzanalytisch besonders bedeutsam macht. Das sei an einem Szenario erläutert:

Das operative Ergebnis ist mit dem in der GuV ausgewiesenen „Ergebnis der gewöhnlichen Geschäftstätigkeit" vergleichbar, unterscheidet sich von diesem aber durch die Eliminierung außerordentlicher und rein bewertungstechnischer Vorgänge.

Der Jahresüberschuss eines Unternehmens möge im Zeitvergleich etwa gleich sein, möglicherweise sogar leicht steigen. Das erweckt den Eindruck einer normalen Entwicklung. Wird nun jedoch im Rahmen der Erfolgsquellenanalyse aufgedeckt, dass das operative Ergebnis gesunken ist, erkennt der Bilanzleser sofort, dass das „normale" Jahresergebnis nur durch Vorgänge im außerordentlichen Bereich (z. B. durch Grundstücksverkäufe) oder durch Bewertungsmaßnahmen (Zuschreibungen, Auflösung von Rückstellungen) ausgewiesen werden konnte, aber nicht verdient ist. Der Analyst ist hochgradig alarmiert!

2.1.1 Der ordentliche Betriebserfolg/das ordentliche Betriebsergebnis

52 Der *ordentliche* Betriebserfolg setzt sich aus denjenigen Ertrags- und Aufwandskomponenten zusammen, die mit dem eigentlichen Betriebszweck in direktem Zusammenhang stehen und Bestandteil der „gewöhnlichen Geschäftstätigkeit" sind. Sie sind auch in Zukunft mit einiger Wahrscheinlichkeit zu erwarten, sofern sich ihre Determinanten nicht bedeutsam ändern. Sollten Änderungen über Einflussfaktoren bereits bekannt sein, ist dies bei der Analyse und Beurteilung im Hinblick auf die zu erwartenden Änderungen des Ergebnisses zu berücksichtigen. Hierin liegt ja gerade der Sinn der Analyse: Das Ergebnis wird in seine Komponenten und Einflussfaktoren zerlegt, damit ihre Bedeutung für die zukünftige Entwicklung erkannt und für die Prognose nutzbar gemacht wird! Sofern auch die regelmäßig fließenden Teile des Finanz- und Verbunderfolges hinzugerechnet werden, wird vom *operativen Ergebnis* gesprochen.

53 Berechnet werden das *operative Ergebnis* bzw. der *ordentliche Betriebserfolg* nachfolgendem Schema, wobei zwischen GuV nach Gesamtkosten- und derjenigen nach dem Umsatzkostenverfahren unterschieden werden muss.

ABB. 3: Ordentlicher Betriebserfolg

Ordentlicher Betriebserfolg GuV nach ***Gesamtkostenverfahren***	2. Vorjahr	1. Vorjahr	Geschäfts- jahr	**Ordentlicher Betriebserfolg** GuV nach ***Umsatzkostenverfahren***
Umsatzerlöse ± Bestandsveränderungen + aktivierte Eigenleistungen				Umsatzerlöse - Herstellungskosten - Vertriebskosten - Allgem. Verwaltungskosten + sonst. betrieblichen Erträge - sonst. betrieblichen Aufwendungen - sonst. Steuern
= Gesamtleistung				
+ sonst. betrieblichen Erträge - Materialaufwand - Personalaufwand - Abschreib. auf imm. VG u. SAV - sonst. betrieblichen Aufwend. - sonst. Steuern				
= Betriebsergebnis				**= Betriebsergebnis**
+ außerplanm. Abschreib. + unregelmäßiger Teil der sonst. betrieblichen Aufwendungen* - unregelmäßige Teil der sonst. betrieblichen Erträge* + Zinsanteil in Pensionsrück-stellungen + Geschäftswertabschreibungen + gelegte stille Reserven - aufgelöste stille Reserven				+ außerplanm. Abschreib. + unregelmäßiger Teil der sonst. betrieblichen Aufwendungen* - unregelmäßiger Teil der sonst. betrieblichen Erträge* + Zinsanteil Pensionsrück-stellungen + Geschäftswertabschreibung + gelegte stille Reserven der Periode - aufgelöste stille Reserven
= Ordentlicher Betriebserfolg				**= Ordentlicher Betriebserfolg**
+ Erträge aus Beteiligungen, Wertpapieren u. Ausleihun-gen, sofern einigermaßen regelmäßig + Zinsen u. ähnl. Erträge - Zinsen u. ähnl. Aufwend.				+ Erträge aus Beteiligungen, Wertpapieren u. Ausleihun-gen, sofern einigermaßen regelmäßig + Zinsen u. ähnl. Erträge - Zinsen u. ähnl. Aufwend.
= Operatives Ergebnis				**= Operatives Ergebnis**

* Unregelmäßige Teile der sonstigen betrieblichen Aufwendungen sind beispielsweise solche für Restrukturierung, ungewöhnlich hohe Währungsverluste. Unregelmäßige sonstige betriebliche Erträge sind Erträge aus Anlageabgängen, aus der Auflösungen von Rückstellungen, Erstattungsleistungen von Versicherungen usw. In Geschäftsberichten wird in diesem Zusammenhang häufig auch von „Sondereinflüssen“ gesprochen.

Man könnte den so ermittelten ordentlichen Betriebserfolg bzw. das operative Ergebnis auch als ein „Normalergebnis“ bezeichnen, das ein „typisches“ Ergebnis frei von zufälligen Einflüssen im Geschäftsjahr ist.

Dazu sind einige Erläuterungen erforderlich: Unproblematisch ist zunächst die Ermitt- 54
lung des Betriebsergebnisses. Die einzelnen Elemente lassen sich direkt der Gewinn- und Verlustrechnung entnehmen. Um zu dem gesuchten *ordentlichen Betriebserfolg* bzw. zum *operativen Ergebnis* zu gelangen, sind sodann jedoch Korrekturen erforderlich: Außerplanmäßige und unregelmäßige sowie bewertungsbedingte Erträge sind

herauszurechnen, die entsprechend qualifizierten Aufwendungen sind hinzuzurechnen. So erhalten wir den ordentlichen Betriebserfolg im Sinne eines *„Normalergebnisses"*.

55 Die gerade in den letzten Jahren sehr bedeutsamen *Abschreibungen auf Geschäfts- und Firmenwerte* (§§ 246 Abs. 1, 253 Abs. 3 und 5, 285 Nr. 13 HGB) stören sowohl wegen ihres Charakters, aber auch wegen der bilanzpolitischen Gestaltungsmöglichkeit über die Schätzung und Festlegung der Nutzungsdauer den „vergleichbaren Periodenerfolg". Sie werden deswegen aus dem „ordentlichen Betriebserfolg" eliminiert und im Bewertungsergebnis erfasst.

Außerplanmäßige Abschreibungen – sie sind dem Anhang zu entnehmen – sind erfolgserhöhend, die *unregelmäßigen Teile der Sonstigen betrieblichen Erträge* sind erfolgsmindernd zu berücksichtigen und je nach Finanzwirksamkeit im a. o. Liquidationsergebnis oder im Bewertungserfolg zu erfassen. Das sei kurz begründet und erläutert:

(1) Bei den *Sonstigen betrieblichen Erträgen* handelt es sich um eine Sammelposition, in der alle diejenigen Erträge zusammengefasst werden, für die die GuV keine besondere Position enthält.

Insofern stellen die sonstigen betrieblichen Erträge eine Problemposition dar, die der Analyse nur schwer zugänglich bzw. entzogen ist. Dies insbesondere auch deswegen, weil in ihr nach geltendem Bilanzrecht auch die Erlöse aus Anlageverkäufen und der Auflösung von Rückstellungen untergehen und, soweit sie für die Ergebnisbeurteilung u.U. von besonderer Bedeutung sind, nicht speziell ausgewiesen oder im Anhang genannt werden müssen. Insofern ist mit den sonstigen betrieblichen Erträgen in besonderer Weise umzugehen: Sofern ihre Zusammensetzung überhaupt nicht bekannt ist oder die Anhanginformationen darauf hinweisen, dass es sich eher oder überwiegend um betriebsfremde oder außerordentliche Komponenten handelt, gehören sie nicht in das ordentliche Betriebsergebnis sondern in das a.o. und Liquidations- bzw. in das Bewertungsergebnis. Wenn die Unternehmen freiwillig zusätzliche Angaben machen, können entsprechende Zuordnungen auf die jeweiligen Teilergebnisse einschließlich des ordentlichen Erfolgs vorgenommen werden.

(2) Ein Teil der in den Aufwendungen – insbesondere in den *sonstigen betrieblichen Aufwendungen* – ausgewiesenen Beträge ist kein echter Aufwand der Abrechnungsperiode, sondern resultiert aus handelsrechtlich zulässigen Bewertungsmaßnahmen. Es handelt sich insoweit um neu gebildete *stille Reserven*, die das Ergebnis vermindert und verfälscht haben. Soweit der Jahresabschluss entsprechende Informationen liefert, machen wir diese nutzbar, indem wir diesen sog. Bewertungsaufwand vom Betriebsaufwand abziehen, damit den *ordentlichen Betriebserfolg* erhöhen und die anderen Teilergebnisse belasten. Als Beispiele können steuerliche Sonderabschreibungen (GWG!) und außerplanmäßige Abschreibungen genannt werden.

(3) Andererseits müssen *Zuschreibungen*, die aus dem Anlagegitter oder dem Anhang ersichtlich sind und in den Sonstigen betrieblichen Erträgen stecken, abgezogen werden, weil sie den Betriebserfolg erhöhend verfälschen: sie sind nicht verdient worden, sondern stellen lediglich eine Werterhöhung von Vermögensgegenständen dar.

56 *Betriebserfolg* bzw. *operatives* Ergebnis stellen somit den wichtigsten Indikator der Ertragskraft der Unternehmung dar.

Während der Jahresüberschuss durch zahlreiche betriebsfremde und außerordentliche Vorgänge sowie durch bilanzpolitische Maßnahmen beeinflussbar und gestaltbar ist, sind *Betriebserfolg* und *operatives Ergebnis* weitgehend frei von derartigen im Hinblick auf das Analyseziel „störenden" und „verzerrenden" Einflüssen.

Die oben beschriebenen Bereinigungs- und Aufbereitungsmaßnahmen haben das Ziel, Kennzahlen zu schaffen, die Veränderungen der Ertragskraft und Fehlentwicklungen deutlich signalisieren und Kaschierungen offenlegen. 57

Gelingt es beispielsweise einer Unternehmung, trotz rückläufiger Ergebnisse oder gar Verluste im operativen Bereich durch Mobilisierung stiller Reserven insgesamt einen Erfolg oder Stabilität vortäuschenden Jahresüberschuss auszuweisen, so wird dies durch die Ermittlung des *ordentlichen Betriebsergebnisses* aufgedeckt.

Ein konstanter oder gar steigender Jahresüberschuss bei rückläufigem Betriebserfolg bzw. operatives Ergebnis stellt immer ein Alarmsignal dar. Insofern ist es wichtig, die Entwicklung der Erfolgskennzahlen „Jahresüberschuss" und „ordentlicher Betriebserfolg" einander gegenüberzustellen und – wie später zu zeigen sein wird – durch Cashflow-Analysen zu ergänzen. 58

2.1.2 Der regelmäßige Finanz- und Verbunderfolg

Der *Finanz- und Verbund- bzw. Beteiligungserfolg* ist dadurch charakterisiert, dass er zwar durch Betätigung der Unternehmung erwirtschaftet wird, jedoch nicht mit dem eigentlichen Unternehmungszweck in Zusammenhang steht. Es wird oft auch die Bezeichnung „betriebsfremdes Ergebnis" gewählt, was ebenfalls zum Ausdruck bringt, dass es sich hierbei um einen Erfolg handelt, der neben dem eigentlichen Betriebserfolg steht und sich aus Finanzierungsvorgängen und Beteiligungen ergibt. 59

Positive Komponenten des Finanz- und Beteiligungserfolgs sind 60

(1) Erträge aus Gewinngemeinschaften und Gewinnabführungsverträgen.

(2) Erträge aus Beteiligungen, einschließlich solcher aus verbundenen Unternehmen. Es werden hier nur die laufenden Erträge aus Beteiligungen (Dividenden von Kapitalgesellschaften und Genossenschaften, Gewinnanteile von Personengesellschaften, Erträge aus Beherrschungsverträgen) ausgewiesen. Einmalige Erträge aus dem Verkauf von Beteiligungen werden unter „Sonstige betriebliche Erträge" oder, soweit sie der Höhe nach ungewöhnlich sind, im „Außerordentlichen Ergebnis" ausgewiesen und von uns dem finanzwirksamen *A. o. und Liquidationsergebnis* zugerechnet.

(3) Erträge aus anderen Wertpapieren: Regelmäßig anfallende Erträge aus nicht als Beteiligungen aktivierten Wertpapieren des AV und aus langfristigen Ausleihungen.

(4) Sonstige Zinsen und ähnliche Erträge: Zinsen für Einlagen bei Kreditinstituten, aus Wechselforderungen, Zinsen und Dividenden aus Wertpapieren.

Um zum Finanzergebnis zu gelangen, sind von diesen Erträgen die *Aufwendungen dieses Bereichs* abzuziehen. In Betracht kommen hier insbesondere 61

(1) Zinsen und ähnliche Aufwendungen,

(2) Aufwendungen aus Verlustübernahmen.

„Abschreibungen auf Finanzanlagen" gehören nicht in das Finanzergebnis. Sie finden nicht planmäßig statt, sondern stellen immer außerordentliche Maßnahmen dar und beeinflussen folglich das *Bewertungsergebnis*. 62

Innerhalb des Finanz- und Beteiligungserfolgs empfiehlt es sich, das Zinsergebnis besonders herauszustellen, um die Abhängigkeit des Unternehmenserfolgs von der Zinsentwicklung auf den Kapitalmärkten deutlich zu machen. 63

ABB. 4: Finanz- und Verbunderfolg	2. Vorjahr	1. Vorjahr	Geschäftsjahr
Zinsen und ähnliche Erträge			
– Zinsen und ähnliche Aufwendungen			
+ Erträge aus Wertpapieren und Ausleihungen des Anlagevermögens			
– Zinsanteil in Zuführungen zu Pensionsrückstellungen			
= **Zinsergebnis**			
Erträge aus Beteiligungen			
+ Erträge aus Gewinngemeinschaften			
– Aufwendungen aus Verlustübernahmen			
Beteiligungsergebnis			
= **Finanz- und Beteiligungsergebnis**			

64 Die Kennzahl

$$\text{Beteiligungsergebnisanteil} = \frac{\text{Beteiligungsergebnis}}{\text{Jahresüberschuss vor Steuern}} \times 100$$

gibt Hinweise auf die Bedeutung dieses Bereichs und auf das Ausmaß der Risikostreuung und des Diversifikationserfolgs.

65 Die Kennzahl

$$\text{Beteiligungsrendite} = \frac{\text{Beteiligungsergebnis}}{\text{Beteil. + Ant. verb. Unt. (AHK GJ-Anf.)}} \times 100$$

misst die Verzinsung des in Beteiligungen investierten Kapitals (der Wert ergibt sich aus dem Anlagegitter, und zwar aus den Positionen Anteile an verbundenen Unternehmen und Beteiligungen zu historischen Anschaffungskosten) und zeigt damit den Erfolg oder Misserfolg der Beteiligungspolitik oder Gewinnverlagerungen im Konzern. Bei schlechten Beteiligungsrenditen liegen folgende Fragen auf der Hand:

(1) Welche Probleme bestehen im Bereich der verbundenen Unternehmen und Beteiligungen? An welchen Stellen, bei welchen Töchtern, lassen sie sich lokalisieren, und welche Konsequenzen werden daraus für die Unternehmenspolitik gezogen?

(2) Ist das schlechte Ergebnis möglicherweise auf Gewinnverlagerungen innerhalb des Konzerns zurückzuführen? Welche Gründe gibt es dafür, wer hat Vorteile, wer Nachteile davon?

(3) Kann das unbefriedigende Ergebnis mit hohen Anlaufaufwendungen und Startschwierigkeiten bei neuen Aktivitäten, z. B. im unternehmerischen Bereich, erklärt werden? Mit welcher künftigen Entwicklung ist zu rechnen?

66 Besondere Beachtung verdient das Zinsergebnis als Teil des Finanz- und Verbunderfolgs, denn die Finanzierung und Kapitalstruktur sowie das Halten von Wertpapieren und die damit verbundenen Aufwendungen und Erträge können die Ertragslage entscheidend beeinflussen.

Die Kennzahl 67

$$\text{Zinsdeckung} = \frac{\text{ordentlicher Betriebserfolg}}{\text{Zinsaufwand}} \times 100$$

beschreibt, wie sensibel das Ergebnis auf Veränderungen der Zinsen reagiert, in welchem Maße es von Kapitalmarktentwicklungen abhängig ist. Unter Umständen wird die Notwendigkeit einer Verbesserung der Kapitalstruktur angedeutet. Eine Zinsdeckung von z. B. 120 % bedeutet, dass eine Zinserhöhung von 20 %, z. B. von 5 % auf 6 %, das Betriebsergebnis aufzehrt. Je größer die Spanne, desto stabiler ist das Unternehmen gegen Zinserhöhungen.

Die Kennzahl 68

$$\text{Zinsbelastung} = \frac{\text{Zinsaufwand}}{\varnothing\ \text{Geldverbindlichkeiten}} \times 100$$

verdeutlicht die Kosten der Fremdfinanzierung und sollte mit der Gesamtkapitalrentabilität (vgl. Rdn. 154 ff.) verglichen werden, um die Effizienz des Mitteleinsatzes der Unternehmung zu zeigen. Dabei sind unter *Geldverbindlichkeiten* folgende Bilanzposten zusammenzufassen:

(1) Anleihen,

(2) Verbindlichkeiten gegenüber Kreditinstituten,

(3) Verbindlichkeiten aus der Annahme gezogener Wechsel und der Ausstellung eigener Wechsel,

(4) Verbindlichkeiten gegenüber verbundenen Unternehmen,

(5) Verbindlichkeiten gegenüber Unternehmen, mit denen ein Beteiligungsverhältnis besteht.

2.2 Der finanzwirksame außerordentliche und Liquidationserfolg

Unter dieser Erfolgsquelle erfassen wir zunächst die schon bis 31. 12. 2015 gem. § 277 69 Abs. 4 HGB a. F. in der GuV als *„außerordentliche Erträge"* und *„außerordentliche Aufwendungen"* ausgewiesenen Posten. Hinzu kommen die von uns – z. B. durch Anhangerläuterungen – als außerordentlich erkannten Vorgänge und Beträge. Außerordentlich ist ein Ertrag oder Aufwand immer dann, wenn er a) ungewöhnlich ist, also nicht dem typischen Geschäftsverlauf entspringt, b) selten vorkommt, folglich nicht auf Wiederholung angelegt ist, und c) das Unternehmen wirtschaftlich nicht unbedeutend belastet bzw. begünstigt.

Beispielsweise sind dafür Kursgewinne und -verluste zu nennen, die aus den sonstigen 70 betrieblichen Erträgen und sonstigen betrieblichen Aufwendungen des *ordentlichen Betriebserfolgs* eliminiert wurden. Während die Berücksichtigung der Kursgewinne an dieser Stelle eindeutig ist, weil sie nur dann ausgewiesen werden dürfen, wenn sie realisiert worden sind (Realisationsprinzip; § 252 Abs. 1 Nr. 4 HGB), könnten die Kursverluste auch dem *Bewertungsergebnis* zugerechnet werden. Ihre gewinnmindernde Berücksichtigung in der GuV als sonstiger betrieblicher Aufwand stellt zunächst nur eine aus Vorsichtsgründen notwendige Bewertungsmaßnahme dar (Imparitätsprinzip). Ob es tatsächlich zu diesen Kursverlusten kommt, bleibt offen.

Weitere Beispiele für außerordentliche Erträge sind Sanierungsgewinne, Gewinne aus dem Verkauf von Teilbetrieben, Betriebsteilen, Zweigstellen, Niederlassungen oder Geschäftsstellen, Gewinne aus Enteignungen, Kapitalherabsetzungen, Forderungsverzichten der Gesellschafter oder Schenkungen. Ferner Entschädigungen aus gewonnenen Rechtsstreitigkeiten, einmalige Zuschüsse der öffentlichen Hand, Entschädigungsleistungen von Versicherungen, der vollständige oder teilweise Erlass von Verbindlichkeiten oder Zahlungseingänge auf bereits in früheren Jahren abgeschriebene Forderungen.

Beispiele für außerordentliche Aufwendungen sind Verluste aus nicht betriebstypischen Geschäften wie beispielsweise Stilllegungen und Umstrukturierungen von Betriebsteilen, Aufwendungen infolge von ungewöhnlich hohen Schadensfällen, Betrug, Unterschlagung oder ungewöhnliche Abfindungszahlungen an Mitarbeiter.

ABB. 5: Der finanzwirksame außerordentliche und Liquidationserfolg

		2. Vorjahr	1. Vorjahr	Geschäftsjahr
	außerordentliche Erträge lt. GuV			
+	untypische und unregelmäßige Erträge (z. B. Kursgewinne, Erlöse aus Anlagenabgängen)			
–	außerordentliche Aufwendungen lt. Anhang			
–	untypische u. unregelmäßige Aufwendungen (z. B. Restrukturierungsaufwand)			
±	periodenfremde Erträge u. Aufwendungen			
+	sonstige unregelmäßige Finanzerträge			
–	sonstige unregelmäßige Finanzaufwendungen			
=	**finanzwirksamer a. o. u. Liquidationserfolg**			

71 *Einstweilen frei*

72 Der *außerordentliche und Liquidationserfolg* beinhaltet außerordentliche Aufwendungen und Erträge, wie sie als solche bis 31. 12. 2015 in der GuV ausgewiesen oder für Geschäftsjahre nach dem 31. 12. 2015 im Anhang (ab 1. 1. 2016 § 285 Nr. 31 und 32 HGB) erläutert sind und darüber hinaus periodenfremde Erfolgsbeiträge, soweit sie aus Zusatzinformationen bekannt sind (Erlöse aus Anlageverkäufen, Zuschüssen und Zulagen, Rückstellungsaufwendungen).

Aufgrund Rechtsänderung entfällt mit Wirkung für die nach dem 31. 12. 2015 beginnenden Geschäftsjahre der gesonderte Ausweis der Posten *„außerordentliche Erträge"* und *„außerordentliche Aufwendungen"* in der Gewinn- und Verlustrechnung. Ab 1. 1. 2016 sind die außerordentlichen Erträge und außerordentlichen Aufwendungen mit in die Posten *„sonstige betriebliche Erträge"* und *„sonstige betriebliche Aufwendungen"* aufzunehmen. Sie sind jedoch dann im Anhang nach § 285 Nr. 31 HGB geschäftsvorfallbezogen zu erläutern.

Hilfreich bei der Identifizierung von weiteren bilanzanalytisch markanten Geschäftsvorfällen, die die Merkmale der Außerordentlichkeit aufweisen, sind die Anhangangaben nach § 285 Nr. 32 HGB zu Erträgen und Aufwendungen, die einem anderen Geschäftsjahr zuzuordnen sind.

Zwar kann das a. o. Ergebnis den Unternehmenserfolg erheblich beeinflussen, doch ist 73
es gerade wegen des außerordentlichen Charakters prognostisch und für die Bewertung der künftigen Ertragskraft weniger relevant. Praktisch heißt das: Ein positives a.o. Ergebnis erfreut sich in diesem Sinne keiner besonders hohen Wertschätzung, wie auch umgekehrt ein negatives a. o. Ergebnis nicht besonders alarmierend ist. Gleichwohl ist den Ursachen nachzugehen und insbesondere festzustellen, ob ein positives a. o. Ergebnis Folge dispositiver Maßnahmen (z. B. Verkäufe von Gegenständen des Anlagevermögens) zur Überbrückung von Liquiditätsengpässen oder Mobilisierung stiller Reserven zur Verbesserung des Jahresüberschusses und des Ausschüttungspotentials ist. Das wäre ein alarmierendes Signal. So sind Krisen bilanzanalytisch häufig schon sehr früh bei Verkäufen von Immobilien in Verbindung mit Leasing-Verträgen (Sale-Lease-Back-Verfahren) und einem Ansteigen der „Sonstigen finanziellen Verpflichtungen" (Anhanginformation) zu erkennen.

2.3 Der Bewertungserfolg

Im Bewertungserfolg werden die steuerlich bedingten Teile der sonstigen betrieblichen 74
Aufwendungen und sonstigen betrieblichen Erträge erfasst, die aus dem *ordentlichen Betriebserfolg und dem Finanz- und Verbunderfolg* eliminiert wurden.

Einstweilen frei 75

Außerdem rechnen zum Bewertungserfolg alle übrigen, aus den anderen Segmenten 76
eliminierten Beträge, die als reine bewertungstechnische Maßnahmen erkannt wurden, wie z. B. die Zuschreibungen, außerplanmäßige und steuerliche Abschreibungen, Abschreibungen auf das Finanzanlagevermögen und Wertpapiere.

ABB. 6: Bewertungserfolg

		2. Vorjahr	1. Vorjahr	Geschäftsjahr
	Zuschreibungen			
+	Erträge aus Rückstellungsauflösung			
–	außerplanmäßige Abschreibungen			
–	Abschreibungen auf FinAV und Wertpapiere			
–	Geschäftswertabschreibungen			
=	**Bewertungserfolg**			

Charakteristisch ist, dass der *Bewertungserfolg* keine finanziellen Zu- oder Abflüsse do- 77
kumentiert. Er ist, das sei noch einmal betont, lediglich Folge einer buchtechnischen Korrektur des Jahresüberschusses aus steuerrechtlichen Gründen. Insofern hat er für die Prognose der Ertragskraft vergleichsweise geringere Bedeutung als die übrigen Erfolgsquellen.

78 Anzumerken ist, dass ein *negativer Bewertungserfolg eher positiv gedeutet* wird: Er ist von buchtechnischen bzw. steuerlichen Aufwendungen hervorgerufen, ohne dass ihnen ein betrieblicher Werteverzehr, also ein echter Aufwand, zugrunde liegt. Es wurden „stille Reserven" gelegt. Umgekehrt ist ein positiver Bewertungserfolg insofern negativ zu werten, als er durch Zuschreibungen zustande gekommen ist, also ebenfalls keinen echten betriebswirtschaftlichen Erfolg der Abrechnungsperiode darstellt und auch finanziell nicht zugeflossen ist.

79 Der Bewertungserfolg ergibt zusammen mit den übrigen drei Erfolgskomponenten den Jahresüberschuss/-fehlbetrag vor Steuern.

2.4 Pro-Forma Kennzahlen: Die „Before ..."-Familie

80 Mit der zunehmenden Internationalisierung der Unternehmensaktivitäten und in dem Bemühen einer adäquaten Darstellung der Unternehmens- und Managementleistung auf den Kapitalmärkten ist auch in Deutschland und im EURO-Bereich die Verwendung von „Earnings-before"-Kennzahlen in der Veröffentlichungs- und Analysepraxis üblich geworden.

Gemeinsam ist all diesen „Before-Kennzahlen", dass der nach den Rechnungslegungsvorschriften (HGB) oder Internationalen Standards (IAS/IFRS) ermittelte Jahreserfolg (Jahresüberschuss/-fehlbetrag, Ergebnis) um jeweils bestimmte Aufwandspositionen korrigiert wird um – wie argumentiert wird – eine bessere Vergleichbarkeit herzustellen. Grundlegendes Merkmal dieser Art von Kennzahlen ist also die Darstellung eines Unternehmensergebnisses vor Abzug einer oder mehrerer Aufwandspositionen. Es handelt sich also um absolute, nicht um Verhältniszahlen. Seitens der Rechnungslegungsstandards HGB und IAS/IFRS werden die Earnings-Before-Kennzahlen weder definiert noch vorgegeben. Aus diesem Grund werden sie als *Pro-Forma-Ergebniszahlen* bezeichnet.

81 Der Begriff „Earnings" umfasst neben dem Ergebnis der primären Geschäftstätigkeit auch das Ergebnis der sonstigen Unternehmensaktivitäten. Der Ausdruck „before" signalisiert die Modifizierung um die jeweiligen Aufwandspositionen: Steuern (T), Abschreibungen auf immaterielle Vermögenswerte, insbesondere auf Geschäftswerte (A), Abschreibungen auf Sachanlagen (D) und Zinsen (I).

Diese Kennzahlen sollen nun dargestellt und bezüglich ihres Aussagegehaltes gewürdigt werden.

2.4.1 Earnings before Taxes (EBT)

82 Die EBT werden ermittelt, um den intertemporären und zwischenbetriebliche Vergleich zu ermöglichen und Störfaktoren die sich aus

- Einflüssen verschiedener Gewinnverwendungspolitiken (Ausschüttungen, Rücklagenbildungen),
- unterschiedlichen Hebesätzen für die Gewerbesteuer,
- unterschiedlichen Kapitalstrukturen,

- Steuernachzahlungen und Erstattungen,
- Unterschiede zwischen Personen- und Kapitalgesellschaften

ergeben können, zu eliminieren.

Problematisch ist, ob unter „Taxes" nur die ertragsabhängigen Steuern (EE-Steuern) oder auch die „Sonstigen Steuern" zu verstehen sind. Die zuletzt genannten Steuern sind Kosten und damit ergebnisunabhängig, gehören also eigentlich nicht in den oben beschriebenen Sinnzusammenhang. Da sie aber in den nach internationalen Standards erstellten Abschlüssen und häufig auch bei Verwendung des Umsatzkostenverfahrens als Erfolgsrechnung nicht gezeigt werden, empfiehlt es sich zur Herstellung der zwischenbetrieblichen Vergleichbarkeit, auch die sonstigen Steuern dem Ergebnis hinzuzurechnen. 83

Jahresergebnis (Jahresüberschuss/-fehlbetrag)
+ Steuern vom Einkommen und Ertrag
+ sonstige Steuern
= **Earnings Before Taxes (Ergebnis vor Steuern)**

Aus den oben beschriebenen Gründen der Neutralisierung von Störeinflüssen auf die Vergleichbarkeit erweisen sich die EBT als Kennzahl – wie schon für die Analyse des Einzelabschlusses – als hilfreiche Ausgangsgrundlage für die Errechnung und Interpretation der vorne schon beschriebenen Rentabilitätskennzahlen.

2.4.2 Earnings before Interest and Taxes (EBIT)

Bei der Ermittlung des EBITs werden dem Jahresergebnis nicht nur die Steuern, sondern auch die „Zinsen" hinzugerechnet: 84

Jahresergebnis (Jahresüberschuss/-fehlbetrag)
+ Zinsen
+ Steuern vom Einkommen und Ertrag u. sonst. Steuern
= **Earnings Before Interest and Taxes (EBIT)**

Problematisch ist, dass diese Kennzahl in der Unternehmenspublizität und Literatur sowohl bezüglich der ***„Interests"*** wie auch hinsichtlich der Eliminierung der außerordentlichen Erträge und Aufwendungen unterschiedlich definiert, kommuniziert und interpretiert wird.

Ursprünglich sollten die EBITs einen Erfolg *frei von Einflüssen unterschiedlicher Kapitalstrukturen* beschreiben und damit für den Unternehmensvergleich ein von der Finanzierung unabhängiges Ergebnis zeigen. Insofern ist es zweckmäßig, nur den Zinsaufwand zu berücksichtigen. (Nennen wir diese Variante „klassisches EBIT".) 85

Inzwischen sind aber immer mehr Unternehmen dazu übergegangen, die Earnings im Sinne des Jahreserfolges um das gesamte Finanzergebnis, also einschließlich der Zinserträge und regelmäßig fließende Teile des *Beteiligungsergebnisses*, zu korrigieren. Bei dieser Handhabung stellen die EBITs dann das uns vertraute operative Ergebnis dar. Weil sich diese Variante zumindest in der Unternehmenspublizität durchzusetzen scheint, werden wir ihr hier auch folgen.

Die Eliminierung der *außerordentlichen Erträge und Aufwendungen* ist ebenfalls umstritten. Sie macht immer dann Sinn, wenn die EBITs Ausdruck einer nachhaltigen, also auch in Zukunft zu erwartenden Ertragskraft sein sollen, was i. d. R. der Fall ist.

Bei Definition und Interpretation der EBITs als ordentliches Betriebsergebnis stellen sie eine brauchbare Grundlage für die Errechnung weiterer Kennzahlen wie der EBIT-Marge (Umsatzrentabilität) und der Betriebsrentabilität bzw. des Return on Investments (RoI) dar.

Die Variante des EBITs, die um das gesamte „regelmäßige Beteiligungsergebnis" und um die außerordentlichen Erträge und Aufwendungen bereinigt ist, sei als „bereinigtes Ergebnis" bezeichnet.

Welche Variante der Analyst wählt, hängt von seinem Erkenntnisinteresse ab: Geht es ihm vorzugsweise um einen Unternehmensvergleich und um die Eliminierung der von der Finanzierungsart ausgehenden Einflüsse, mag ihm die klassische Variante ausreichen. Will er hingegen ein im Zeitvergleich eher „operatives Ergebnis" haben, ist das „bereinigte" Ergebnis geeigneter.

Bei der Analyse von Konzernabschlüssen verliert die Frage ohnehin an Bedeutung, weil die „Beteiligungsergebnisse" dann sowieso zum großen Teil wegkonsolidiert und in das Gesamtergebnis eingegangen sind.

2.4.3 Earnings before Interest, Taxes and Amortization (EBITA)

86 Eine eher modische Kennzahl scheint EBITA zu sein

EBIT	
+	Abschreibungen auf immaterielle Vermögenswerte einschließlich der Geschäfts- und Firmenwerte
=	**Earnings before Interest, Taxes and Amortization (EBITA)**

Diese Kennzahl ist in den Zeiten vieler Unternehmensakquisitionen unter Zahlung hoher Entgelte für Geschäfts- und Firmenwerte und des Erwerbs teuerer Lizenzgebühren (z. B. für UMTS-Rechte) entstanden. Die hohen Abschreibungen auf diese immateriellen Vermögenswerte belasten die Erfolgsrechnungen und es ist nahe liegend, ein Pro-Forma-Ergebnis zu präsentieren, das von diesen Belastungen frei ist.

87 Mit der Berücksichtigung, der Goodwill-Abschreibungen werden Unterschiede zwischen intern gewachsenen Firmen und solchen die ihr Wachstum extern durch Unternehmenserwerbe gekauft und teuer bezahlt haben, wieder ausgeglichen. Letztere erscheinen damit wieder erfolgreicher.

Sinn machen könnte die EBITA-Ermittlung, wenn wir es in Folge der Neuregelungen zu den Geschäftswertabschreibungen, die keine planmäßige, sondern nur noch außerplanmäßige Abschreibungen auf Basis eines jährlich durchzuführen Werthaltigkeitstests (impairment only) vorsehen, mit Jahresabschlüssen sehr unterschiedlicher Behandlungsweise der Goodwill-Abschreibungen zu tun haben werden.

2.4.4 Earnings before Interest, Taxes, Depreciation and Amortization (EBITDA)

Die Kennzahl EBITDA stellt eine modifizierte Ergebnisgröße dar, die alle bisher vorgestellten Korrekturgrößen vereint und darüber hinaus auch die Abschreibungen auf Sachanlagen dem Jahresergebnis hinzurechnet. 88

EBIT
+ Abschreibungen auf immaterielle Vermögenswerte einschl. der Geschäfts- und Firmenwerte (amortization)
+ Abschreibungen auf Sachanlagen (Depriciation)
= **Earnings before Interest, Taxes, Depriciation and Amortization (EBITDA)**

Mit EBITDA entfernt man sich nun sehr weit vom ursprünglichen Jahresergebnis und es fällt nicht schwer festzustellen, dass nun nicht mehr um eine Erfolgs- sondern um eine Finanzkennzahl – ähnlich dem Cashflow – handelt. Deutet man EBITDA als Erfolgsgröße wird übersehen, dass die Abschreibungen auf Sachanlagen und immaterielle Vermögensgegenstände wichtige, das Ergebnis mindernde Aufwendungen darstellen, die ihre Ursache in vorausgegangenen, aber auf Folgeperioden umgelegte Auszahlungen haben und deren Gegenwerte für Ersatzbeschaffungen notwendig sind.

Zunächst einmal werden zum Zwecke des Unternehmensvergleichs die Einflüsse die von unterschiedlichen Abschreibungsmethoden, verschieden lang geschätzten Nutzungsdauern, unterschiedlicher Behandlung der Geschäftswerte, verschiedener Kapitalstrukturen und steuerlichen Belastungen ausgehen, neutralisiert. Das kann gelegentlich zusätzlich zu den übrigen Analysen sinnvoll sein.

Es ist sicherlich nicht zufällig, dass gerade Unternehmen, die sich erfolgswirtschaftlich in kritischen Situationen befinden, mit EBITDA gern nachweisen, dass sie zumindest bezüglich ihrer Finanzkraft stark und damit (zunächst) überlebensfähig sind. Vom klassischen Cashflow (Rdn. 301 ff.) unterscheidet sich EBITDA, dass Zuschreibungen und Rückstellungsveränderungen nicht erfasst werden. 89

Als vorteilhaft kann angesehen werden, dass die Kennzahl EBITDA den Vergleich sehr unterschiedlicher Unternehmen ermöglicht, so etwa bei Fluggesellschaften von denen einige ihre Fluggeräte erworben und finanziert, andere aber von den Leasing-Möglichkeiten Gebrauch gemacht haben. Die jeweils unterschiedlich hohen Abschreibungen und Zinsbelastungen finden in den EBITDA ihren Niederschlag.

Praktisch lassen sich die Kennzahlen folgendermaßen ermitteln:

ABB. 7: Pro-Forma-Kennzahlen („Before"-Kennzahlen)

	2. Vorjahr	1. Vorjahr	Geschäftsjahr
Jahresergebnis (Jahresüberschuss/-fehlbetrag) + Steuern vom Einkommen und Ertrag + Sonstige Steuern = **Earnings Before Taxes (EBT)**			
± Außerordentliche Aufwendungen u. Erträge + Finanz- und Beteiligungsergebnis = **Earnings Before Interest and Taxes (EBIT)**			
+ Abschreibungen auf immaterielle Vermögensgegenstände einschl. Geschäfts- und Firmenwerte = **Earnings Before Interest, Taxes and Amortization (EBITA)**			
+ Abschreibungen auf Sachanlagen = **Earnings Before Interest Taxes, Depriciation and Amortization (EBITDA)**			

2.4.5 Zusammenfassende Beurteilung

90 Bilanzanalytisch wirklich neue Erkenntnismöglichkeiten bieten die „Before-Kennzahlen" nicht. Ihr Nutzen mag darin liegen, dass sie international bekannt sind und Verwendung finden und sie insofern terminologisch die Verständigung und den Vergleich von Unternehmen erleichtern. Darüber können sie für die innerkonzernliche Steuerung und zur internen Beurteilung von Managementqualitäten in den Tochtergesellschaften durchaus geeignet sein.

Problematisch aber sind bezüglich ihrer Publizität zwei Aspekte:

Es fehlt derzeit noch an einheitlichen Definitionen, Inhalten und Verwendungen, so dass die unkritische Nutzung der Unternehmensinformationen eher zur Verwirrung und zu Fehlurteilen führen können. Dies mag sich im Zeitablauf aber ändern.

Außerdem werden die Pro-Forma-Kennzahlen gern herangezogen, um real existierende Situationen zu verschleiern und realitätswidrig zu beschönigen.

„In den letzten Jahren häufen sich national wie international die Angaben sogenannter modifizierter Ergebnisse. Dabei werden die nach rechnungslegungstechnischen Vorschriften ermittelten Ergebnisse um Aufwandsgrößen verbessert, um dadurch die wahre Ergebnissituation zu verschleiern. Den Adressaten dieser neuen Ergebnisgrößen (Earnings Before ...) soll suggeriert werden, dass diese Ergebniskorrekturen die zwischenbetriebliche Vergleichbarkeit aufgrund einer 'Zurückdrehung' von Aufwandsgrößen erleichtert. Dabei wird aber verschwiegen, dass diesen neuen Kennzahlen keine allgemein akzeptierten Inhaltsdefinitionen zugrunde liegen, sondern einzig dem Ziel dienen, ein schlecht 'verkaufbares' Ergebnis zu verbessern." (Volk, Neue Jahresabschluss- bzw. Ertragskennzahlen, Arten, Aussagekraft und Verwendungsmotivation, in: StuB 11/2002, S. 521–525, hier S. 525).

2.5 Detaillierte Analyse des Betriebserfolgs

Zur detaillierten Analyse der Betriebserfolge und zur Herausstellung ihrer Determinanten werden die Umsatz-, Ertrags- und Aufwandsstrukturen ermittelt und einzeln beurteilt. 91

2.5.1 Die Umsatzanalyse

Gem. § 285 Nr. 4 HGB ist im Anhang anzugeben „... die Aufgliederung der Umsatzerlöse nach Tätigkeitsbereichen sowie nach geographisch bestimmten Märkten, soweit sich, unter Berücksichtigung der Organisation des Verkaufs von für die gewöhnliche Geschäftstätigkeit der Kapitalgesellschaft typischen Erzeugnissen und der typischen Dienstleistungen, die Tätigkeitsbereiche und geographisch bestimmten Märkte untereinander erheblich unterscheiden“. 92

Es liegt nahe, dass neben der Beobachtung der *Entwicklung der Umsatzerlöse* auch die Nutzung der oben genannten Anhanginformationen wichtig ist, weil in ihr insbesondere *Risikoaspekte* zum Ausdruck kommen, die zumindest qualitativ berücksichtigt werden müssen. Zur besseren Übersicht und zur einfacheren Beurteilung bietet es sich an, die entsprechenden Daten und Angaben im Jahresabschluss in einem *„Umsatzspiegel“* darzustellen.

Natürlich sind die Definitionen der Produktgruppen und Märkte im Umsatzspiegel jeweils unternehmensspezifisch und auch abhängig von den verfügbaren Daten vorzunehmen.

Der *Umsatzspiegel* lässt die Entwicklung der einzelnen Produktgruppen auf den verschiedenen Märkten erkennen und erlaubt es – auch unter Berücksichtigung spezifischer Risiken, sowohl bei den Produkten wie auch auf den unterschiedlichen Märkten –, die Stabilität der Umsatzentwicklung differenzierter einzuschätzen. 93

Umsatzspiegel	**Gesamtmarkt in Mio. €**		**Bundesrepublik Deutschland**		**EU-Länder**		**übrige Gebiete**	
	Vorjahr	Geschäftsjahr	Vorjahr	Geschäftsjahr	Vorjahr	Geschäftsjahr	Vorjahr	Geschäftsjahr
Schuhe								
Chem. Bereich								
Sonst. Handel								
Techn. Dienstleistung								

2.5.2 Intensitäts- und Aufwandsstrukturkennzahlen

Um Bedeutung und Einfluss der einzelnen Aufwandsarten für den Betriebserfolg herauszustellen, berechnen wir Quoten oder sog. Intensitätskennzahlen, d. h. wir setzen die einzelnen Aufwandsarten in Relation zur Gesamtleistung (GKV) bzw. hilfsweise zum Umsatz (UKV). 94

95 **Materialaufwand/Materialintensität:** Die Materialaufwandsquote charakterisiert ein Unternehmen als material- oder lohnintensiv. Zwischen Materialaufwand und Personalaufwand bestehen entsprechende Wechselwirkungen: Einem hohen Materialaufwand steht häufig ein niedrigerer Personalaufwand gegenüber, weil das betreffende Unternehmen z. B. im großen Umfang fertige Teile für seine Produkte bezieht. Ein Handelsunternehmen ist i. d. R. besonders lohnintensiv, während Produktionsunternehmungen eine höhere Materialintensität aufweisen. Im Falle einer hohen Materialintensität wird das Risiko schwankender Beschäftigungsgrade teilweise auf die Zulieferer verlagert. Ein Rückgang des Materialaufwands kann damit zusammenhängen, dass bisher fremdbezogene Teile zur besseren Auslastung der eigenen Kapazitäten selbst hergestellt werden. Ein überdurchschnittlich hoher Materialaufwand ist möglicherweise auf Unwirtschaftlichkeiten im Betriebsablauf zurückzuführen.

96 Veränderungen der Materialintensität gegenüber dem Vorjahr können verschiedene Gründe haben:

(1) Verteuerung oder Verbilligung des Material- oder Wareneinkaufs (Preiserhöhungen oder -senkungen auf der Beschaffungsseite);

(2) Erhöhung oder Senkung der eigenen Verkaufspreise, ohne dass sich die Einkaufspreise entsprechend geändert haben;

(3) Bildung oder Auflösung von stillen Reserven im Vorratsvermögen;

(4) innerbetrieblicher Schlendrian.

97 Insofern erlaubt die Materialintensität bzw. die Veränderung des Materialaufwands sowohl eine Beurteilung der Abhängigkeit des Unternehmenserfolgs von Preisschwankungen auf den Beschaffungsmärkten als auch des Betriebsgebarens. In beiden Fällen ist jedoch ein Urteil nur im Vergleich mit anderen Betrieben möglich. Während gleiche Entwicklungen dieser Größe in den betrachteten Unternehmen auf veränderte Beschaffungspreise zurückzuführen sind, wird eine zu beobachtende Veränderung im Betrachtungsunternehmen eher auf betriebsinterne Maßnahmen zurückzuführen und entsprechend zu würdigen sein.

98 **Personalaufwand/Personalintensität:** Die Personalintensität misst die Wirtschaftlichkeit des Einsatzes des Faktors Arbeit. Dabei setzt sich der Personalaufwand zusammen aus den Positionen

(1) Löhne und Gehälter,

(2) soziale Angaben,

(3) Aufwendungen für Altersversorgung und Unterstützung.

99 In Anbetracht regelmäßig steigender Personalkosten und im Wettbewerb der Betriebe untereinander kommt dieser Größe immer größere Bedeutung zu. Eine schwache Ertragslage ist oft auf eine zu hohe Personalintensität zurückzuführen. In Verbindung mit der Kapitalintensität gibt die Personalintensität Hinweise auf den Rationalisierungsgrad des Betriebs.

100 Überproportionale Steigerungen sind gelegentlich die Folge von nachgeholten Einstellungen in die Pensionsrückstellungen. Sie sind dann kein Zeichen von eingetretenen Unwirtschaftlichkeiten, sondern als Vorsorgemaßnahme zu werten.

101 **Abschreibungsaufwand/Kapitalintensität:** Im Abschreibungsaufwand wird der Werteverzehr des Anlagevermögens erfasst. Erhöhte Abschreibungen können auf eine inten-

sivere Nutzung der Produktionskapazitäten hindeuten. Es ist jedoch zu beachten, dass gerade diese Kennzahl in besonders hohem Maße von bilanzpolitischen Maßnahmen beeinflusst und verfälscht sein kann. Insofern ist diese Betrachtung für unsere Fragestellung nicht besonders ergiebig. Dennoch erlaubt sie einige Spekulationen: Gestiegene Abschreibungen sind häufig auch die Folge von Investitionsschüben in der Abrechnungsperiode, die verbunden mit der degressiven Abschreibungsmethode zu hohem Abschreibungsaufwand führen. Eine solche Erhöhung des Abschreibungsaufwands im Zeitvergleich kann als Bildung stiller Reserven gewertet werden und andeuten, dass das Betriebsergebnis tendenziell besser als ausgewiesen ist. Eine Verringerung der Abschreibung hingegen dürfte ein Alarmzeichen dafür sein, dass das Unternehmen das Betriebsergebnis durch eine Änderung der Abschreibungspolitik verbessern will. In diesem Fall wären weitere Untersuchungen anzustellen.

Sonstiger betrieblicher Aufwand: Da im sonstigen Aufwand die verschiedensten Auf- 102
wandsarten zusammengefasst wiedergegeben werden, die dem externen Bilanzleser im Einzelnen nicht bekannt sind, gibt es hier kaum Interpretationsmöglichkeiten. Wir können lediglich die Entwicklung dieser Aufwandspositionen insgesamt im Zeitvergleich verfolgen und in Relation zur Konkurrenz betrachten.

Ist die GuV nach dem *Umsatzkostenverfahren* gestaltet, werden die Material-, Personal- 103
und Abschreibungsaufwendungen in der Erfolgsrechnung nicht als solche gezeigt. Vielmehr sind sie in die Kosten für die Funktionsbereiche

(1) Herstellung,
(2) Vertrieb,
(3) Allgemeine Verwaltung und
(4) sonstige Funktionsbereiche, z. B. Forschung und Entwicklung

einbezogen oder werden unter den „Sonstigen betrieblichen Aufwendungen" erfasst.

Zwar ist die Höhe dieser Aufwendungen dem Anhang oder dem Anlagegitter zu ent- 104
nehmen, doch sind Analyse und Beurteilung schwierig, weil nicht bekannt ist, in welchem Maße sie sich auf umgesetzte und auf Lager produzierte Erzeugnisse oder aus Bestandsminderungen stammen. Wegen des Fehlens einer Bezugsgröße können folglich keine Intensitätskennzahlen errechnet und Strukturen deutlich gemacht werden. Die Anlayse muss sich auf eine Betrachtung der absoluten und relativen Veränderung beschränken, ohne den Einfluss auf den Betriebserfolg herausstellen zu können.

Stattdessen setzen wir die Kosten der einzelnen *Funktionsbereiche* in Relation zum Um- 105
satz und erlangen auf diese Weise einen Eindruck von der Bedeutung dieser Funktionen und im Zeitvergleich von der Verschiebung der Gewichte.

Herstellungskosten: Sie sollen die Kosten der Leistungserstellung enthalten, die zur Er- 106
zielung des Periodenumsatzes notwendig waren. Nicht erfasst werden folglich die Herstellungskosten der auf Lager produzierten fertigen und unfertigen Erzeugnisse.

Infolge der großen Spielräume bei der Berechnung der hier anzusetzenden Herstel- 107
lungskosten bereitet diese Position dem Analytiker erhebliche Schwierigkeiten. Sie werden dadurch vergrößert, dass die Schlüssel der Verteilung der Kostenarten auf die Herstellungskosten und die übrigen Funktionsbereiche (Vertrieb, Verwaltung) nicht bekannt und von Unternehmung zu Unternehmung unterschiedlich sind.

108 Da aber sowohl der Begriffsinhalt bzw. die Berechnungsmethode der Herstellungskosten wie auch die Schlüssel der Umlage der Kostenarten auf die Funktionsbereiche wegen des Stetigkeitsgebots im Zeitablauf beibehalten werden müssen, ist diese Position dennoch nützlich für die Analyse. In Relation zum Umsatz gibt sie an, welche Bedeutung die Herstellungskosten haben, wie stark eine Änderung diese Einflussgröße das Ergebnis verändern kann.

109 **Vertriebskosten:** Sie enthalten alle durch den Vertrieb verursachten Aufwendungen. So auch die in diesem Bereich angefallenen Löhne, Gehälter und Abschreibungen.

110 Bilanzanalytisch machen sie ähnliche Schwierigkeiten wie die Herstellungskosten. Gleichwohl lassen sie Rückschlüsse zu: Beispielsweise können überproportionale Steigerungen auf verstärkte Marketing- und Werbebemühungen hinweisen.

111 **Allgemeine Verwaltungskosten:** Für sie gilt das oben Gesagte entsprechend.

2.5.3 Wirtschaftlichkeitsbetrachtungen

112 Überlegungen zur Wirtschaftlichkeit des Faktoreneinsatzes können anhand der Vermögensstruktur und mit Hilfe von Umschlagskoeffizienten, die das Geschäftsvolumen berücksichtigen, angestellt werden.

113 Die Vermögensstruktur wird üblicherweise mit folgenden Kennzahlen analysiert:

$$\text{Anlageintensität} = \frac{\text{Anlagevermögen}}{\text{Gesamtvermögen}} \times 100$$

$$\text{Arbeitsintensität} = \frac{\text{Umlaufvermögen}}{\text{Gesamtvermögen}} \times 100$$

114 Im Hinblick auf die *Wirtschaftlichkeit* gilt, dass diese umso größer ist, je kleiner ceteris paribus das Anlagevermögen ist. Ansatzpunkt für diese Aussage sind die fixen Kosten. Je kleiner der Anteil des Anlagevermögens am Gesamtvermögen ist, umso besser ist die *Kapazitätsausnutzung,* umso günstiger die Verteilung der fixen Kosten und damit die Stabilität der Erträge. Die Begründung liegt darin, dass eine steigende Kapazitätsnutzung zu steigendem Umsatz, und dieser zu einem steigenden Vorrats- und Forderungsbestand führt.

115 Trifft man auf den Fall, dass die Relation Sachanlagevermögen/Umlaufvermögen steigt, so könnte man daraus auf eine verschlechterte Kapazitätsauslastung schließen, wenn man die Entwicklung des Umlaufvermögens als einen Indikator für die Beschäftigung annimmt.

116 Um die Aussagen zu präzisieren, ist es jedoch erforderlich, die Beschäftigung direkt in die Untersuchungen einzubeziehen. Das kann geschehen, indem man die Umsatzerlöse als Maßstab für die Beschäftigung wählt und die folgende Kennzahl bildet:

$$\begin{array}{l}\text{Kapazitätsauslastung}\\ \text{(= Beschäftigung)}\end{array} = \frac{\text{Gesamtleistung}}{\text{Sachanlagevermögen zu Anschaffungskosten am Periodenende}}$$

Ein Steigen der Relation Sachanlagevermögen/Umlaufvermögen bei gleichzeitigem Steigen der Kennzahl Beschäftigung lässt dann vermuten, dass es sich nicht um einen Beschäftigungsrückgang handelt. Vielmehr wurde entweder bei gleichem Anlageeinsatz der Umsatz ausgedehnt oder der gleiche Umsatz mit weniger Anlagen erwirtschaftet, also eine bessere Beschäftigung der vorhandenen Anlagen und damit eine größere Wirtschaftlichkeit erzielt. 117

Gilt außerdem, dass die Kennzahl $\frac{\text{Vorräte}}{\text{Umsatzerlöse}}$ sinkt, lässt dies auf die Ursache für die 118 relative für die relative Senkung des Umlaufvermögens schließen. Vermutlich wurde die Lagerhaltung rationalisiert, oder in vergangenen Perioden wurden Vorratskäufe wegen erwarteter Preissteigerungen getätigt.

Bei all diesen Aussagen ist jedoch zu berücksichtigen, dass sich die Veränderungen auch aufgrund anderer Ursachen oder Einflüsse, z. B. infolge von Preisschwankungen, unregelmäßiger Investitionstätigkeit oder infolge einer veränderten Bilanzpolitik ergeben können. Diese *Mehrdeutigkeit der Aussagen* ist insofern besonders problematisch, als, je nach der tatsächlichen Ursache, eine unterschiedliche Einschätzung der künftigen Unternehmensentwicklung geboten ist. Die Vermögensstrukturanalyse muss folglich durch weitere Kennzahlen ergänzt werden. 119

Umschlagskoeffizienten geben an, wievielmal ein Vermögensposten in der Periode umgeschlagen wurde *(Umschlagshäufigkeit)* oder als reziproker Wert, in welcher Zeit der Bestand einmal umgeschlagen wird *(Umschlagsdauer):* 120

Umschlagshäufigkeit des Anlagevermögens	=	$\frac{\text{Abschreibungen Sachanlagevermögen}}{\text{Ø Bestand Sachanlagevermögen}}$
Umschlagshäufigkeit des Umlaufvermögens	=	$\frac{\text{Umsatzerlöse}}{\text{Ø Bestand Umlaufvermögen}}$
Umschlagshäufigkeit des Gesamtvermögens	=	$\frac{\text{Umsatzerlöse}}{\text{Ø Bestand Gesamtvermögen}}$

Die Wirtschaftlichkeit des Vermögenseinsatzes ist umso größer, je höher die Umschlagshäufigkeit ist. 121

Eine relativ geringe Umschlagshäufigkeit des Sachanlagevermögens und des Gesamtvermögens ist kennzeichnend für Unternehmen der Grundstoffindustrie. Sie korrespondiert mit dem Grad der Anlagenintensität. Die zunehmende Mechanisierung und Automatisierung der Fertigungsprozesse senkt die Umschlagshäufigkeit. Vielfach führen die hiermit im Zusammenhang stehenden Investitionen dazu, dass die Bilanzsumme überproportional zum Umsatzvolumen ansteigt. Die Fixkosten weisen dann eine steigende Tendenz auf. Unternehmen mit einem hohen Vermögensumschlag haben ceteris paribus einen geringeren Fixkostenanteil als Gesellschaften mit niedrigeren Umschlagswerten. Die Umschlagshäufigkeiten ermöglichen insofern einen gewissen Einblick in die Kostenstruktur. 122

123 Eine Kennzahl, die im Vergleich mit anderen Unternehmungen derselben Branche die Beurteilung der Vorratspolitik der Unternehmung ermöglicht, ist die Vorratsintensität:

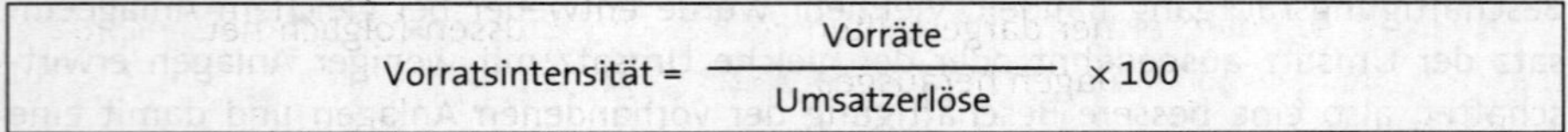

$$\text{Vorratsintensität} = \frac{\text{Vorräte}}{\text{Umsatzerlöse}} \times 100$$

124 Sie kann Hinweise über die Wirtschaftlichkeit der Lagerhaltung, aber auch – zusammen mit anderen Überlegungen – über die Einschätzung der Umsatzentwicklung in der nächsten Zeit durch das Unternehmen geben. So kann ein hohes Vorratsvermögen andeuten, dass die Unternehmensleitung mit einer Belebung der Geschäftstätigkeit rechnet.

125 Die Untersuchungen zur Wirtschaftlichkeit können durch einige *Produktivitätsbetrachtungen* abgerundet werden. *Produktivitätskennzahlen* zeichnen sich dadurch aus, dass in sie auch solche Einflussgrößen einbezogen werden können, die nicht in der Dimension € gemessen werden. I. d. R. handelt es sich um technische Größen, die zueinander in Beziehung gesetzt werden. So wird z. B. die Arbeitsproduktivität durch das Verhältnis von Ausbringung und geleisteten Arbeitsstunden bzw. Beschäftigten gemessen.

126 Dem externen Analytiker stehen Informationen zur Beurteilung der Produktivität kaum zur Verfügung. Dennoch können dann und wann mindestens einige Einblicke gewonnen werden.

127 So ist es möglich, die Produktivität des Faktors Arbeit hilfsweise zu messen durch:

$$\text{Produktivität des Faktors Arbeit} = \frac{\text{Ausbringung, Umsatz}}{\text{Zahl der Beschäftigten}}$$

128 Im Einzelhandel und bei Untersuchungen von Kaufhäusern ist es sinnvoll, die Produktivität der eingesetzten Verkaufsflächen zu messen, indem diese in Relation zum Umsatz gesehen wird. In der Stahlindustrie könnten die Erstellungsaufwendungen je t Rohstahl ermittelt werden.

129 *Produktivitätskennzahlen* sind offensichtlich *branchenabhängig* und müssen folglich jeweils neu überdacht werden.

130 Soweit die Ermittlung solcher Produktivitätskennziffern möglich ist, kann daraus geschlossen werden, dass eine gestiegene Produktivität auch zu einer gestiegenen Wirtschaftlichkeit führt.

131 *Einstweilen frei*

2.6 Bereinigungsrechnung: Der Umgang mit den stillen Reserven und die Ermittlung des tatsächlichen Unternehmenserfolgs

132 Ziel der im Rahmen der Erfolgsanalyse durchgeführten Aufbereitungen des Datenmaterials ist neben der Herausstellung der Ergebnisquellen bzw. Erfolgskomponenten die Ermittlung des *bereinigten Unternehmenserfolgs*, weil der als Jahresüberschuss ausgewiesene Betrag juristisch definiert und bilanzpolitisch bestimmt ist, jedoch nicht das tatsächliche Ergebnis zeigt und keinen Gewinn im betriebswirtschaftlichen Sinn darstellt.

Um vom *Jahresüberschuss zum bereinigten Unternehmenserfolg* zu gelangen, müssen die „stillen" Reservebildungen und -auflösungen berücksichtigt werden. 133

Unabhängig von dem bisher dargestellten Rechenwerk müssen folglich neu gebildete oder aufgelöste stille Rücklagen herausgearbeitet werden. 134

Die Aufdeckung der stillen Reserven kann allerdings gerade aus externer Sicht teilweise kaum betragsmäßig, manchmal nur qualitativ und häufig gar nicht erfolgen. 135

Aufgrund der gesetzlich vorgeschriebenen Anhanginformationen bieten folgende Positionen oder Geschäftsvorfälle Ansatzpunkte für die betragsmäßige Aufdeckung stiller Reserven: 136

(1) Folgen der Änderung der Bewertungsmethoden,
(2) Auswirkungen der Anwendung von Bewertungsvereinfachungsverfahren im Vorratsvermögen,
(3) Abschreibungen auf Finanzanlagen bei nur vorübergehender Wertminderung.

Einstweilen frei 137

Andere Vorgänge können allenfalls tendenziell oder qualitativ gefasst werden. 138

Hingewiesen sei auf 139

(1) die Bewertung der fertigen und unfertigen Erzeugnisse,
(2) die überwiegende Anwendung der degressiven Abschreibung,
(3) die Bemessung der Bildung von Rückstellungen,
(4) den gewählten Zinssatz für Pensionsrückstellungen.

Im Analysesystem werden diese Vorgänge folgendermaßen berücksichtigt: 140

ABB. 8: Bildung und Auflösung stiller Reserven

	GuV Position/Anhanginformation	VJ.	GJ.
	Abschr. auf das Finanzanlagevermögen bei vorübergehender Wertminderung		
+	Überhöhte (außerplanm.) Abschreibungen		
+	Unterbewertung der unfertigen und fertigen Erzeugnisse		
+	Unterlassene Zuschreibungen bei Geschäftswerten		
–	vorgenommene Zuschreibungen		
–	Werterhöhungen aufgrund von Änderungen der Bewertungsmethoden		
–	Fehlbeträge bei Pensionsrückstellungen		
	gebildete (+)/aufgelöste (–) Reserven		

2.7 Analyse der Erfolgsverwendung

Bei Verwendungsmöglichkeiten des bereinigten Unternehmenserfolgs ist zu differenzieren zwischen 141

- Bildung oder Auflösung offener Rücklagen (Veränderung des Eigenkapitals),
- Bildung oder Auflösung stiller Rücklagen,
- Zahlung von Ertragsteuern,
- Ausschüttungen.

142 Hier finden sich Hinweise auf die Solidität der Finanzierungspolitik:

(1) Die *Bildung offener oder auch stiller Rücklagen* wird aus Finanzierungs- und Stabilitätsüberlegungen immer zu begrüßen sein, es kann sich aber auch die Frage stellen, ob eine (zu) hohe Dotierung der Rücklagen nicht zu Lasten der Ausschüttungsinteressen der Anteilseigner geht.

(2) Die *Auflösung von Rücklagen* dürfte immer kritisch gesehen werden, unabhängig davon, ob sie zum Ausgleich eines Jahresfehlbetrags oder gar zum Zweck der Ausschüttung erfolgt.

(3) Veränderungen der *Ertragsteuer-Zahlungen* sind auf ihre Ursachen hin zu prüfen: veränderte Ertragslage, Steuernachzahlungen, Aufdeckung stiller Reserven bei Verkauf von Unternehmenssubstanz etc.

(4) Die *Ausschüttungen* sind ebenfalls Anlass zu allerlei erfolgswirtschaftlichen und finanzpolitischen Betrachtungen: Wird eine „kontinuierliche" Ausschüttungspolitik betrieben, und ist sie durch die Ertragssituation gerechtfertigt?
Lässt eine Erhöhung der Ausschüttungen positive Zukunftseinschätzungen der Geschäftsleitung erkennen oder vice versa?
In welcher Relation stehen die Ausschüttungen zur Rücklagenbildung oder -auflösung?

3. Rentabilitätskennzahlen

3.1 Die Kapitalrentabilitäten

143 Die Fähigkeit der Unternehmung, Gewinne zu erwirtschaften, spiegelt sich in den Kennzahlen zur Rentabilität wider. *Rentabilitätskennzahlen geben Aufschluss über den Erfolg oder Misserfolg des Einsatzes der finanziellen Ressourcen* und bilden damit eine Grundlage für die Entscheidungen der Unternehmensleitung, der Anteilseigner und auch der Gläubiger. Ohne ausreichenden Gewinn sind Einkommenszahlungen an die Beteiligten auf Dauer nicht möglich, ist die Existenz der Unternehmung gefährdet und die Wahrnehmung von Wachstumschancen ausgeschlossen.

144 Unter Rentabilität versteht man das *prozentuale Verhältnis des in einer Periode erzielten Gewinns zum eingesetzten Kapital.* Der Gewinn wird gewissermaßen als Verzinsung des investierten Kapitals betrachtet.

145 Die Rentabilitätsanalyse ist aussagefähiger als die Betrachtung der absoluten Höhe der Erfolgsgrößen, denn einerseits ist das Anspruchsniveau, also der Maßstab für die Beurteilung der errechneten Analysewerte, meist prozentual ausgedrückt. So haben Investoren i. d. R. eine Vorstellung davon, wie hoch die Verzinsung einer Kapitalanlage, ausgedrückt in Prozent, sein muss. Die Relativierung des Erfolgs, wie er in der Ermittlung der Rentabilitätskennzahlen zum Ausdruck kommt, ermöglicht somit überhaupt erst einen Soll-Ist-Vergleich. Andererseits ist auch ein Branchenvergleich nur aufgrund relativierter Kennzahlen, also durch Inbeziehungsetzung des Erfolgs zu sinnvollen Bezugsgrößen, durchführbar.

146 Die Rentabilität wird durch eine Beziehungszahl gemessen, die eine den Erfolg darstellende Größe zu einer anderen Größe in Relation setzt, von der vermutet wird, dass sie wesentlich zur Erzielung des Erfolgs beigetragen hat.

147 Damit stellt sich das Problem, sinnvolle Erfolgsziffern und damit in Ursache/Wirkungs-Zusammenhang stehende Bezugsgrößen zu finden. Je nach Art der verwendeten Erfolgsziffern und ihrer Bezugsgrößen unterscheiden wir:

(1) die Eigenkapitalrentabilität,

(2) die Gesamtkapitalrentabilität,

(3) die Betriebsrentabilität.

3.1.1 Eigenkapitalrentabilität

Die Eigenkapitalrentabilität setzt den Gewinn in Beziehung zum Eigenkapital. Für die externe Bilanzanalyse wird als die den Gewinn ausdrückende Größe üblicherweise der Jahresüberschuss vor Ertragsteuern gewählt. Das Eigenkapital setzt sich zusammen aus dem gezeichneten Kapital und den Rücklagen (bilanziertes Eigenkapital). 148

$$\text{Eigenkapitalrentabilität} = \frac{\text{Jahresüberschuss + EE-Steuern}}{\text{bilanziertes Eigenkapital + stille Reserven}} \times 100$$

Das Ergebnis kann dadurch in seiner Aussagekraft beeinträchtigt werden, dass der *Jahresüberschuss* durch die Bildung oder Auflösung stiller Reserven manipuliert oder verfälscht ist. Auch bei der Bezugsgröße *Eigenkapital* müssen Ungenauigkeiten in Kauf genommen werden. Durch Wahrnehmung der Bewertungsspielräume bei der Darstellung des Vermögens und der dabei auftretenden Schätzungsprobleme gibt diese Größe nicht unbedingt die Höhe des im Unternehmen eingesetzten gesamten Eigenkapitals wieder. Hilfsweise wird mit dem bilanzierten Eigenkapital gerechnet und es werden – soweit bekannt – entsprechende Werte für *stille Reserven hinzuaddiert.* 149

Die *Eigenkapitalrentabilität wird vor Steuern* ermittelt, indem die Steuern vom Einkommen und Ertrag zum Jahresüberschuss addiert werden und die Summe in Relation zum im Unternehmen arbeitenden Eigenkapital gesetzt wird. Auf diese Weise werden Einflüsse, die von der Gewinnverwendungspolitik und daraus resultierenden unterschiedlichen Steuerbelastungen ausgehen, eliminiert. Bei starken Veränderungen des Eigenkapitals ist nicht der Wert am Bilanzstichtag als Bezugsgröße, sondern das *durchschnittlich in der Periode arbeitende Eigenkapital* anzusetzen. 150

Die Eigenkapitalrentabilität ist ein Maßstab für den *Grad der Erreichung des Unternehmensziels „Einkommens- bzw. Gewinnerzielung für die Anteilseigner"*. Sie wird deshalb auch als *Unternehmer*rendite bezeichnet, während die später zu beschreibende Gesamtkapitalrentabilität als *Unternehmens*rendite zu charakterisieren ist.

Insbesondere im Zusammenhang mit der derzeit geführten Diskussion um die wertorientierte Unternehmensführung mit dem Ziel der Steigerung des *Shareholder-Value* erlangt sie – häufig allerdings in einer anderen, nämlich Cashflow-orientierten Variante – besondere Bedeutung. Im Sinne des Shareholder-Value-Konzepts wird die Maximierung der Eigenkapitalrentabilität, eben die Verzinsung des Kapitaleinsatzes der Anteilseigner, angestrebt. Dies wird u. a. dadurch erreicht, dass der Anteil des Eigenkapitals an der Unternehmensfinanzierung möglichst klein gehalten wird, um durch Nutzung des so genannten *Leverage-Effektes* die Steigerung dieser Rendite zu erzielen. Der Leverage-Effekt besagt, dass eine Substitution von Eigen- durch Fremdkapital dann sinnvoll ist, wenn die Gesamtkapitalrentabilität höher ist als der Zinssatz des Fremdkapitals. Eine Politik der Minimierung des Eigenkapitaleinsatzes mit dem Ziel der Rentabilitätssteigerung kann aber auch gefährlich sein, wenn die Bemessung des Eigenkapitals nur unter diesem Aspekt erfolgt, während die übrigen wichtigen Funktionen des Eigenkapitals (Verlustabsorption, Sicherheit, Erhaltung der Dispositionsfreiheit, Haftungsfunktion, Grundlage für die Erlangung zusätzlichen Fremdkapitals etc.) vernachlässigt werden.

151 Für die Interpretation der ermittelten Werte gilt es, sich klarzumachen, dass es sich bei der Eigenkapitalrentabilität um ein Maß für die Zielerreichung handelt. Um das Maß an Zielerreichung zu beurteilen, ist es erforderlich, Vergleichsmaßstäbe zu haben.

152 Grundsätzliche Überlegung ist, dass mindestens eine der *Anlage auf dem langfristigen Kapitalmarkt* entsprechende Verzinsung des Kapitals erreicht werden sollte. Darüber hinaus sollte die Rentabilität des Eigenkapitals so hoch sein, dass die Erträge die Risiken, denen das Eigenkapital als Haftungskapital ausgesetzt ist, rechtfertigen. Insoweit handelt es sich um einen Soll-Ist-Vergleich, wobei der Analytiker sich Vorstellungen über das „Soll" zu bilden hat. Die Soll-Vorstellungen sind je nach Entwicklung der Zinssätze auf dem langfristigen Kapitalmarkt und der jeweiligen Branche unterschiedlich.

In Deutschland beträgt die *Eigenkapitalrentabilität* z. Zt. ca. 10 % im Durchschnitt, streut aber erheblich über die Branchen. Generell ist zu beobachten, dass anlageintensive Unternehmen (Stahlindustrie, Maschinenbau, verarbeitendes Gewerbe, Schiffsbau etc.) eine geringere Eigenkapitalrendite erwirtschaften als arbeitsintensive Gesellschaften wie z. B. der Lebensmitteleinzelhandel, Discounter etc. (höheres Umlaufvermögen). Dies erklärt sich aus dem oben beschriebenen Zusammenhang zwischen dem Leverage-Effekt und den Finanzierungsregeln. Diese fordern z. B., dass das Anlagevermögen durch Eigenkapital finanziert sein sollte.

153 Weitere Überlegungen bei der Interpretation der für die Eigenkapitalrentabilität gewonnenen Kennzahl sind im Zusammenhang mit dem Zeitvergleich und dem Betriebs- und Branchenvergleich anzustellen. Der Zeitvergleich liefert Erkenntnisse über die vorausgegangene Entwicklung der Rentabilität des Unternehmens; der Betriebs- oder Branchenvergleich erlaubt eine Aussage über die spezielle Lage der Unternehmung, gemessen an Vergleichsobjekten.

3.1.2 Gesamtkapitalrentabilität

154 Zur Ermittlung des Einflusses unterschiedlicher Kapitalstrukturen infolge verschiedener Finanzierungen der zu vergleichenden Unternehmen auf den Erfolg und damit zur Verbesserung der Aussagefähigkeit eines Betriebs- oder Branchenvergleichs empfiehlt es sich, die Gesamtkapitalrentabilität zu ermitteln:

$$\text{Gesamtkapitalrentabilität} = \frac{\text{Jahresüberschuss + Zinsaufwand + EE-Steuern}}{\text{bilanziertes Gesamtkapital + stille Reserven}} \times 100$$

155 Auf diese Weise wird eine Kennzahl gewonnen, die die Verzinsung des gesamten im Unternehmen eingesetzten Kapitals ausdrückt. Gerade den externen Analytiker interessiert oftmals weniger die Rentabilität des von den Eigentümern bereitgestellten Kapitals als vielmehr die Verzinsung des eingesetzten Gesamtkapitals. Es ist offensichtlich, dass diese Kennzahl zur Beurteilung der Leistungsfähigkeit des Unternehmens – ausgedrückt durch die Effizienz des Kapitaleinsatzes – im Vergleich mit seinen Konkurrenten besser geeignet ist, weil darin die lediglich von der Finanzierung ausgehenden Einflüsse eliminiert werden.

156 An die ermittelte Gesamtkapitalrentabilität können sich weitere Überlegungen anschließen: So ist es z. B. nützlich, die Gesamtkapitalrentabilität des Unternehmens mit

den *Zinssätzen für Fremdkapital* zu vergleichen. Eine über den Fremdkapitalzinssätzen liegende Gesamtkapitalrentabilität besagt, dass im und mit dem Unternehmen offenbar ein höherer Gewinn erzielt werden kann, als an Zinsen für Fremdkapital zu zahlen ist. Daraus aber kann man schließen, dass eine weitere Aufnahme von Fremdkapital zu Gewinnsteigerungen und damit zur Erhöhung der Eigenkapitalrentabilität führen kann.

Auch für die Ermittlung der Gesamtkapitalrentabilität gelten die gleichen Einschrän- 157
kungen wie schon für die Eigenkapitalrentabilität. Wir müssen uns bei der Beurteilung all dieser Zahlen immer darüber im Klaren sein, dass Rentabilitätskennzahlen lediglich den Charakter von *Überschlagswerten* haben. Nichtsdestoweniger sind diese Überschlagswerte, wenn sie durch weitere Kennzahlen und Überlegungen ergänzt werden, für den Vergleich von Unternehmen untereinander sowie für die Analyse der vergangenen Entwicklung und für die Prognose der Zukunftsaussichten von Bedeutung. Das wird sich später noch zeigen.

3.1.3 Betriebsrentabilität

Um bei der Beurteilung zufällige Schwankungen im Finanz- und Beteiligungsbereich 158
auszuschließen und die nachhaltig durch Verfolgung des Betriebszwecks zu erzielende relative Ertragskraft des Unternehmens besser prognostizieren zu können, ist es sinnvoll, die Einflüsse der neutralen Ergebnisse zu eliminieren. Man ermittelt dazu die

$$\text{Betriebsrentabilität} = \frac{\text{ordentlicher Betriebserfolg}}{\text{betriebsnotwendiges Vermögen}} \times 100$$

Schwierig ist dabei die *Ermittlung des betriebsnotwendigen Vermögens*, da dieser Teil 159
des Gesamtvermögens aus der Bilanz nicht ohne weiteres ersichtlich ist und nur näherungsweise bestimmt werden kann. Wir helfen uns, indem wir überschlagsweise nach folgendem Schema ermitteln:

  Gesamtvermögen (Bilanzsumme)
– Finanzanlagen
– Wertpapiere des Umlaufvermögens
– eigene Anteile
– Sonst. Vermögensgegenstände

= Betriebsnotwendiges Vermögen

Der ordentliche Betriebserfolg wurde in seiner Zusammensetzung bereits ermittelt 160
(s. Rdn. 53 f.).

3.2 Die Umsatzrentabilität, Umsatzrendite, EBIT-MARGE

Ausgehend von der Entstehung des Erfolgs kann als weitere Kennzahl die 161

$$\text{Umsatzrentabilität} = \frac{\text{ordentlicher Betriebserfolg}}{\text{Umsatzerlöse}} \times 100$$

ermittelt werden. Auch diese Kennzahl ist geeignet, im Zeit- oder Betriebsvergleich Aussagen über eine positive oder negative Entwicklung bzw. über die relative Erfolgssituation der Unternehmung zu machen. In diesem Fall wird als Erfolgsgröße der Betriebserfolg gewählt, weil die Umsatzerlöse aus der Leistung der Unternehmung in ihrem eigentlichen Geschäftszweig resultieren und nicht durch betriebsfremde finanzwirtschaftliche oder außerordentliche Aktivitäten beeinflusst sind.

162 Änderungen der „Gewinnspanne" – wie man die Umsatzrendite auch nennen könnte – mögen auf veränderte Betriebsleistungen, auf ein neues Fertigungsprogramm oder auf eine Umstrukturierung des Kundenkreises zurückzuführen sein. Wenn ein Unternehmen niedrigere oder fallende Gewinnspannen aufweist, kann dies ein Symptom sowohl für eine allgemeine ungünstige wirtschaftliche Entwicklung als auch für eine schlechte Geschäftspolitik sein. Hier kann der Branchen- oder Betriebsvergleich Aufschluss geben.

Kennzahl	Definition	2. Vorjahr	1. Vorjahr	Geschäftsjahr
Eigenkapitalrentabilität	$\frac{\text{Jahresüberschuss + EE-Steuern}}{\text{bilanziertes Eigenkapital + stille Reserven}} \times 100$			
Gesamtkapitalrentabilität	$\frac{\text{Jahresüberschuss + EE-Steuern + Zinsaufw.}}{\text{bilanziertes Gesamtkapital + stille Reserven}} \times 100$			
Betriebsrentabilität	$\frac{\text{Betriebserfolg}}{\text{Betriebsnotwendiges Vermögen}} \times 100$			
Umsatzrendite	$\frac{\text{Betriebserfolg}}{\text{Umsatzerlöse}} \times 100$			

3.3 Der Return-on-Investment

163 Die beiden zuvor beschriebenen Kennzahlen Betriebsrentabilität und Umsatzrendite stellen die Grundlage und den Ausgangspunkt für das Return-on-Investment-Konzept dar. Dabei handelt es sich um ein *Kennzahlensystem,* das diese beiden Kennzahlen verbindet und deren Interdependenzen zu anderen Erfolgs- und Bilanzpositionen erklärt:

164 Die Betriebsrentabilität – nunmehr Return-on-Investment genannt – misst die Verzinsung des im betrieblichen Bereich eingesetzten Kapitals bzw. seines entsprechenden Gegenwerts auf der Aktiv-Seite der Bilanz: des betriebsnotwendigen Vermögens.

$$\text{Return-on-Investment (RoI)} = \frac{\text{Betriebserfolg}}{\text{betriebsnotwend. Vermögen}} \times 100$$

165 Insofern handelt es sich beim Return-on-Investment um nichts anderes als um die bereits bekannte Betriebsrentabilität.

166 Die Besonderheit liegt darin, dass diese Ausgangskennzahl zu einem umfassenden Konzept, einem Kennzahlensystem, erweitert wird.

Durch Multiplikation dieser Kennzahl mit dem Quotienten Umsatz/Umsatz und ent- 167
sprechender Umformung

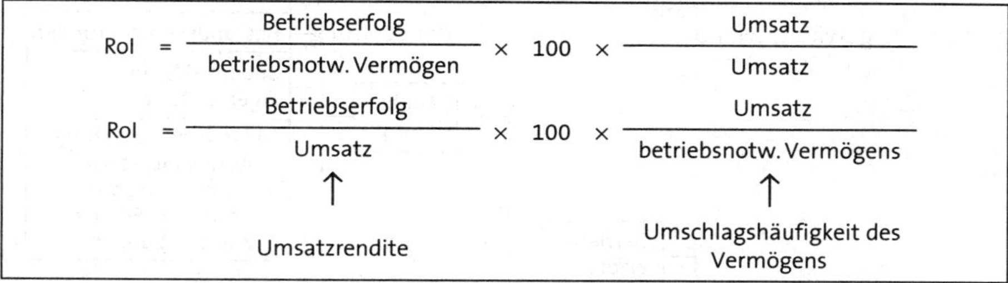

bleibt der rechnerische Wert des Ergebnisses gleich, doch werden die *Umsatzrendite* und die *Umschlagshäufigkeit des Vermögens (bzw. Kapitals)* als Einflussgrößen erkannt und herausgestellt:

Return-on-Investment = Umsatzrendite × Umschlagshäufigkeit

Es ist naheliegend, nunmehr auch jeweilige Einflussgrößen dieser zwei Spitzenkenn- 168
zahlen herauszustellen und logisch miteinander zu verknüpfen. Dann ergibt sich folgendes Bild:

ABB. 9: Return-on-Investment

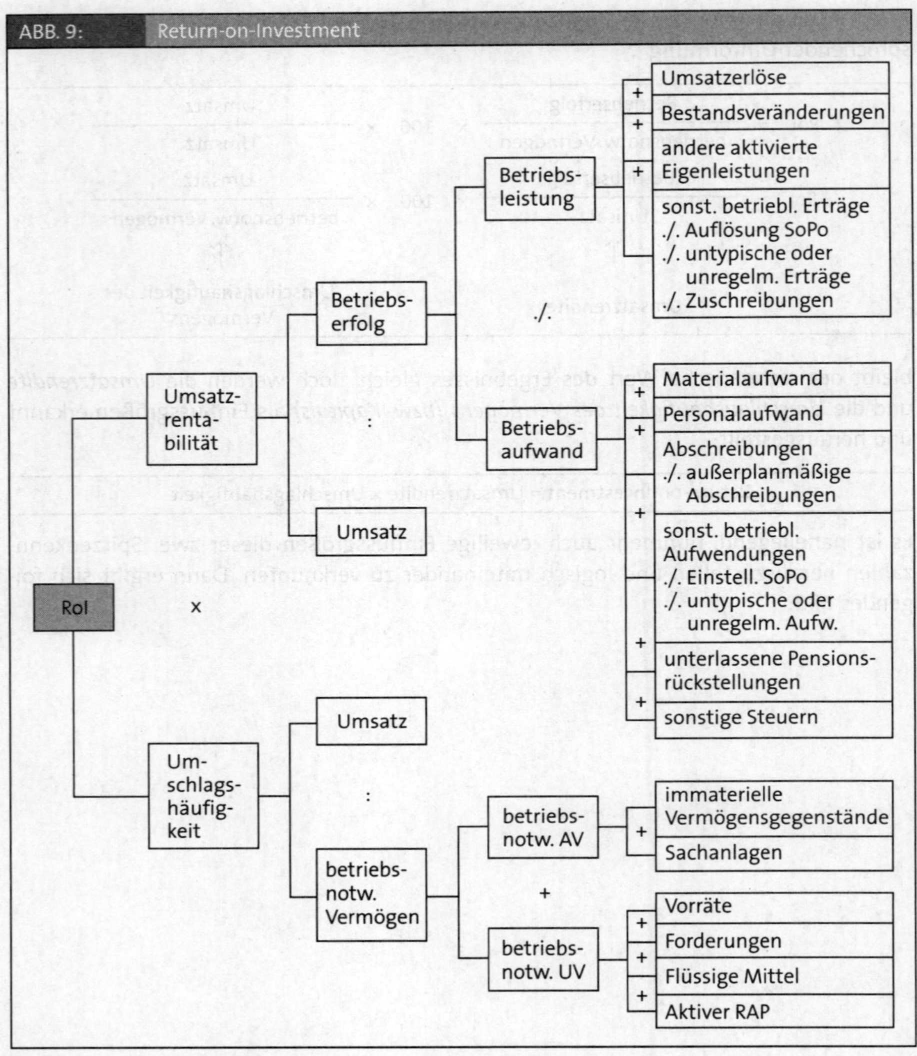

169 Das RoI-Konzept stellt insofern ein brauchbares Analyse-Instrument dar, als es das Zustandekommen der Betriebsrentabilität durch seine Einflussgrößen transparent macht und im Zeitvergleich die Ursachen für Veränderungen leicht erkennen lässt.

170 Es bieten sich zwei Betrachtungsweisen an:

- **Analytische Betrachtungsweise:**

  Sie ermöglicht eine differenzierte Ursachenforschung der Veränderung der Ertragslage, indem man die Veränderungen der Spitzenkennzahl über die Kennzahlenhierarchie bis zum einzeln aufgegliederten Ertrags-, Aufwands- bzw. Vermögensposten hin zurückverfolgt. In dieser Betrachtungsweise liegt die Stärke des RoI-Konzepts, da dem Bilanzanalytiker eine systematische Ursachenanalyse des geänderten Return-on-Investment ermöglicht wird.

- **Synthetische Betrachtungsweise:**
  Die synthetische Betrachtungsweise beginnt auf der Ebene der Aufwendungen, der Erträge und des Vermögens. Veränderungen wirken sich auf die übergeordneten Ebenen bis hin zum Return-on-Investment aus. Sie eignet sich als betriebsinternes Planungs- und Kontrollinstrument, um die Auswirkungen einzelner Entscheidungen über Aufwands-, Ertrags- und Vermögensposten auf die Entwicklung der Gesamtrentabilität des Unternehmens beurteilen zu können. Problematisch bei der externen Verwendung ist natürlich auch bei diesem Instrument die Abgrenzung und Bereinigung der Bilanz- und GuV-Positionen. Gleichwohl dürfte seine Bedeutung in Zukunft steigen, weil es die modernen Tabellenkalkulationsprogramme erlauben, die einzelnen Spitzen- und Zwischenkennzahlen leicht zu errechnen.

III. Kennzahlen zur Finanzlage

1. Das Analyseziel: Liquidität und Bonität

Erkenntnisziel finanzwirtschaftlicher Untersuchungen des Jahresabschlusses ist die Gewinnung von Informationen über die *Kapitalverwendung* (Vermögens- und Investitionsanalyse) und über die *Kapitalaufbringung* (Liquiditäts- und Finanzierungsanalyse). Grundlage der Betrachtung ist zunächst die Bilanz selbst, es werden später jedoch auch einige Positionen aus der GuV heranzuziehen sein. 171

Für alle am Unternehmen interessierten Gruppen ist die Antwort auf die Frage nach der *Liquidität*, also nach der Fähigkeit der Unternehmung, zu jedem Zeitpunkt die fälligen Zahlungsverpflichtungen erfüllen zu können, ein besonders wichtiges Ziel der Bilanzanalyse. 172

Die aktuellen und potentiellen Gläubiger der Unternehmung, Lieferanten, Kunden und Arbeitnehmer wollen die Sicherheit ihrer Forderungen aus Kreditgeschäften, Lieferungen, Leistungen, Warenbestellungen und Arbeitsverhältnissen prüfen. Sie müssen das Risiko der Nichterfüllung, also mögliche Verluste aus den Gründen der Illiquidität, kennen. 173

Darüber hinaus ist die Beantwortung dieser Frage insofern für alle Gruppen, einschließlich der Unternehmensleitung, der Anteilseigner und der „Öffentlichkeit", von herausragender Bedeutung, als die Illiquidität, also die Zahlungsunfähigkeit, zum Konkurs und damit zum Ende der Unternehmung führt. 174

Der Jahresabschluss wird folglich nach Informationen zu durchforschen sein, die Hinweise auf die Gewährleistung der ständigen Zahlungsfähigkeit und damit auf die Existenzsicherung der Unternehmen liefern. 175

Dabei sind *kurz- und langfristige Aspekte* zu beachten: 176

Kurzfristig ist zu untersuchen, ob die Unternehmung die bereits eingegangenen Verpflichtungen und die Zahlungen aus bevorstehenden Neuverschuldungen aufgrund von Kreditaufnahmen und Warenlieferungen unter Berücksichtigung der laufenden Zahlungen für Steuern, Löhne etc. erfüllen kann. An einer derartigen Sicht sind insbesondere Lieferanten und die Geber kurzfristiger Darlehen interessiert.

In diesem Zusammenhang werden die kurzfristig fälligen Schulden mit den kurzfristigen Forderungen und den Kassen- und Bankbeständen zu vergleichen sein. Auch die Liquidierbarkeit des Vermögens, also die unterschiedlichen Möglichkeiten, die Ver- 177 mögensteile einer Unternehmung im Rahmen des normalen Geschäftsverkehrs mehr oder weniger schnell verflüssigen zu können, um fälligen Zahlungsverpflichtungen nachzukommen, ist hier von Bedeutung. Insofern sind Fragen der Vermögensstruktur angesprochen.

178 Soweit möglich, sind auch *Überlegungen* zur *potentiellen* Liquidität anzustellen, d. h. es ist zu prüfen, ob möglicherweise noch Zahlungsmittel aus nicht abgeschöpften Kreditlinien bei Kreditinstituten, von verbundenen Unternehmen oder aus anderen Quellen beschafft werden können. In dieser Hinsicht ist der Jahresabschluss nicht sonderlich aussagefähig, weil er die Liquiditätslage lediglich zu einem Zeitpunkt, dem Bilanzstichtag, widerspiegelt und außerdem zwischen dem Bilanzstichtag und dem Analysezeitpunkt i. d. R. beträchtliche Zeiträume liegen, in denen sich die Situation grundlegend verändert hat. Immerhin sind einige Anhaltspunkte zu gewinnen und einige Aussagen durchaus möglich.

179 Während die Analyse der kurzfristigen Liquiditätssituation also darauf abstellt, die Verbindlichkeiten der Unternehmung mit ihrem kurzfristig realisierbaren „Schuldendeckungspotential" zu vergleichen, kommen für *langfristige Betrachtungen* andere Gesichtspunkte hinzu:

180 Die Liquiditätsüberlegungen leiten dabei über in Fragen der *Finanzierungspolitik als Teil der Unternehmenspolitik*. Damit ist zunächst die Kapitalstruktur, also der Anteil des Eigenkapitals bzw. des Fremdkapitals am Gesamtkapital, angesprochen. Es ist zu prüfen, ob die Ausstattung mit Eigenkapital auf lange Sicht den Grundsätzen der Risikoentsprechung, der Dispositionsfreiheit, der Anpassungsfähigkeit an Beschäftigungsänderungen und den Haftungsaspekten entspricht. Bezüglich des Fremdkapitals ist zu untersuchen, in welchem Maße die dem Unternehmen überlassenen Mittel langfristig zur Verfügung stehen bzw. mit kurzfristigen Rückzahlungen und mit Abhängigkeiten vom Kapitalmarkt zu rechnen ist.

2. Spezielle Bilanzpositionen und deren analytische Aufbereitung

181 Während bisher die GuV im Mittelpunkt der Betrachtungen stand, wird nun für die finanzwirtschaftliche Analyse auch die Bilanz als Vermögens- und Kapitaldarstellung hinzugezogen. Auch für diesen Teil sind zur Vorbereitung der Kennzahlenrechnung zahlreiche Aufbereitungsmaßnahmen erforderlich. Deswegen sollen nun zunächst die analytisch besonders relevanten Bilanzpositionen und die notwendige Aufbereitung besprochen werden.

182–189 *Einstweilen frei*

2.1 Eigenkapital

2.1.1 Primäre Bestandteile: Gezeichnetes Kapital, Rücklagen, Gewinn-/Verlustvorträge, Jahresüberschuss/-fehlbetrag, Bilanzgewinn

190 Das Eigenkapital entspricht den von den Gesellschaftern bereitgestellten Mitteln zur Unternehmensfinanzierung. Es ist dadurch gekennzeichnet, dass es der Gesellschaft ohne zeitliche Begrenzung zur Verfügung steht und durch weitere Zuführungen von außen oder durch Einbehaltung von Gewinnen erhöht werden kann. Für die Unterneh-

mensbeurteilung ist es insbesondere durch die Eigenschaft als *Haftungskapital* für die Gläubiger und als *Grundlage für die Erlangung von Fremdkapital* für die Unternehmung von Bedeutung.

Unproblematisch sind die Positionen 191

(1) **gezeichnetes Kapital,** soweit eingezahlt,

(2) **Kapitalrücklage,**

(3) **Gewinnrücklagen.**

Sie erfordern keine Aufbereitungsmaßnahmen.

Um den Gesamtbetrag des im Unternehmen eingesetzten Eigenkapitals zu ermitteln, 192 müssen jedoch noch folgende *Hinzurechnungen und Kürzungen* vorgenommen werden:

Gewinnvortrag/Verlustvortrag: Die aus früheren Berichtsjahren zu übernehmenden 193 Vorträge (Gewinnvortrag/Verlustvortrag) sind in der Bilanz gezeigte Ergebnisteile aus Vorperioden, die noch keiner Ergebnisverwendung zugeführt, also weder ausgeschüttet noch in die Rücklage eingestellt worden sind. Sie werden entweder in der laufenden oder aber in folgenden Perioden in die Verwendung des Periodenergebnisses einbezogen. Diese Beträge sind mit dem Eigenkapital zu saldieren, da ein Gewinnvortrag bis zu seiner eventuellen Ausschüttung der Unternehmung frei zur Disposition steht und vice versa ein Verlustvortrag als eine unter dieser Position ausgewiesene Rückstellung (Datum der Fälligkeit unbekannt) anzusehen ist.

Jahresüberschuss/Jahresfehlbetrag: Wird in der Bilanz ein Jahresüberschuss ausgewie- 194 sen, ist eine Entscheidung über die Gewinnverwendung noch nicht erfolgt. Sofern keine Informationen über den zu erwartenden Gewinnverwendungsbeschluss vorliegen, rechnen wir den Jahresüberschuss zum Eigenkapital. Ist hingegen bekannt, wie der Überschuss auf Rücklagen und Ausschüttungen verteilt werden soll, zählt nur der in die Rücklagen einzustellende Betrag zum Eigenkapital, den zur Ausschüttung vorgesehenen Teil subsummieren wir hingegen zu kurzfristigen Verbindlichkeiten, weil in dieser Höhe Mittel abfließen werden. Ein Jahresfehlbetrag mindert das Eigenkapital.

Bilanzgewinn: Der Ausweis eines Bilanzgewinns bedeutet, dass die Geschäftsleitung 195 von ihrem Recht Gebrauch gemacht hat, einen Teil des Jahresüberschusses (bei Aktiengesellschaften gem. § 58 AktG bis zu 50 %) in die Rücklagen einzustellen. Der Rest wird als „Bilanzgewinn" der Hauptversammlung oder der Gesellschafterversammlung zur Disposition gestellt, wobei oft ein Verwendungsvorschlag gemacht wird. Den zur Ausschüttung vorgesehenen Teil rechnen wir aus dem o. g. Grund den kurzfristigen Verbindlichkeiten zu. Im Übrigen stellt der Bilanzgewinn Eigenkapital dar.

2.1.2 Kürzungen, Hinzurechnungen

(1) Gesellschafterdarlehen 196

In Gesellschaften mit beschränkter Haftung (GmbH) gewähren Gesellschafter ihren Gesellschaften häufig Darlehen, anstatt das gezeichnete Kapital zu erhöhen. Solche *kapitalersetzenden Darlehen* werden aus den Verbindlichkeiten in das Eigenkapital umgruppiert. Umgekehrt werden aktivisch ausgewiesene Forderungen an Gesellschafter von Kreditinstituten häufig eliminiert und vom Eigenkapital abgezogen, wenn ihre Rückzahlung bezweifelt wird.

197 **(2) Latente Steuern**

Sie ergeben sich infolge unterschiedlicher Ansätze der Vermögens- und Schuldpositionen in Handels- und Steuerbilanz. Während in der Steuerbilanz der nach jeweils geltenden steuerrechtlichen Vorschriften der *effektive* Steueraufwand ermittelt wird, wird in der Handelsbilanz der *fiktive* Steueraufwand aufgrund der handelsrechtlichen Bewertungs- und Bilanzierungsvorschriften, auch unter Nutzung von Wahlrechten, ermittelt und gezeigt.

Im Zeitablauf gleichen sich die Werte jedoch an und die Unterschiede lösen sich auf. Sofern die *effektive* Steuerbelastung kleiner ist, als der nach handelsrechtlichen Grundsätzen ermittelte *fiktive* Steueraufwand, kommt es dabei hinfort zu vergleichsweise „höheren" Steuer(nach)belastungen. Es handelt sich um eine künftige wirtschaftliche Belastung, um eine ungewisse Verbindlichkeit, die in der Bilanz als Position *„Passive latente Steuern"* gezeigt wird. Diesbezüglich ist bezüglich des Eigenkapitals keine Korrektur erforderlich. Man könnte allerdings auch argumentieren, dass die passivischen latenten Steuern weder am Bilanzstichtag noch in einem Worst Case-Szenario eine Verbindlichkeit darstellen. Dann wären sie dem Eigenkapital hinzurechnen.

Ist hingegen der handelsbilanzielle Gewinn niedriger als der steuerliche und damit die effektive Steuerzahlung höher als die nach handelsrechtlichen Grundsätzen ermittelte fiktive Steuerbelastung, kann ggf. in den Folgejahren bei Angleichung der Wertansätze in Handels- und Steuerbilanz mit vergleichsweise niedrigeren Steuern wegen des sich aus den aktiven Latenzen ergebenden „Steueranspruchs", man könnte auch sagen, mit einer „Steuerentlastung" gerechnet werden. Dieser möglicherweise auftretende Effekt kann nach neuem Handelsrecht in einer Sonderposition als *„Aktive latente Steuern"* und somit Vermögens- und Eigenkapital erhöhend ausgewiesen werden (§ 274 HGB). Dies gilt auch für die Behandlung und Wirkung eines Verlustvortrags.

Bilanzanalytisch ist hier jedoch eine Korrektur angebracht. Da es ich nicht um eine Vermögensposition handelt, die nötigenfalls der Schuldendeckung dienen könnte und es überhaupt infrage stehen könnte, ob dieser Effekt auftritt oder sich auflöst – z. B. wenn die Unternehmung in Zukunft wegen unzureichender Gewinne ohnehin nicht oder nur geringfügig der Besteuerung ausgesetzt wäre und deswegen ein Verlustvortrag nicht nutzen kann – wird das Eigenkapital entsprechend gekürzt.

198 **(3) Geschäftswerte und Firmenwerte**

Sie gelten – soweit entgeltlich erworben – als zeitlich begrenzt nutzbare Vermögensgegenstände (§ 246 Abs. 1) und sind folglich zu aktivieren und planmäßig abzuschreiben. Die betriebliche Nutzungsdauer hat der Unternehmer unter Berücksichtigung der Art und voraussichtlichen Bestandsdauer der erworbenen Gesellschaft, des Lebenszyklus der Produkte, die Laufzeit der Absatz- und Beschaffungsverträge sowie nach der Stabilität und Bestandsdauer der Branche zu bestimmen. Im Anhang sind nach § 285 Nr. 13 HGB die Annahmen für die Bemessung der Nutzungsdauer einsehbar. Sollte die Nutzungsdauer hingegen durch den Unternehmer nicht verlässlich schätzbar sein, so muss der Geschäfts- oder Firmenwert über zehn Jahre planmäßig abgeschrieben werden (§ 253 Abs. 3 Satz 4 i. V. m. Satz 3 HGB).

Im Sinne einer „vorsichtigen" Ermittlung des bilanzanalytischen Eigenkapitals wird das ausgewiesene Eigenkapital um die aktivierten Geschäfts- und Firmenwerte mit der Begründung der fehlenden Einzelverkehrsfähigkeit, Werthaltigkeitsproblemen („Geschäftswerte sind bezahlte Gewinn*hoffnungen*") und bilanzpolitischen Gestaltungsmöglichkeiten traditionellerweise gekürzt.

Diese Kürzung sollte jedoch nicht automatisch und unreflektiert erfolgen, sondern einer Einzelfallbetrachtung unterzogen werden. Gibt es gute Gründe für die Unterstellung einer gegebenen Werthaltigkeit, kann im Sinne des Going Concern auf die Reduktion von Vermögens- und Eigenkapitalausweis verzichtet werden.

(4) Selbst erstellte immaterielle Vermögensgegenstände des Anlagevermögens 199

Sie dürfen gem. § 248 Abs. 2 HGB aktiviert werden. Damit akzeptiert der Gesetzgeber die Bedeutung dieser Vermögenswerte und bietet die Möglichkeit einer besseren Außendarstellung und Bonität. Ihren besonderen Niederschlag finden sie in den Entwicklungskosten. Probleme bereiten ihre Objektivierung, Bewertung und die Tatsache, dass sie dem bilanzierenden Unternehmen enorme bilanzpolitische Spielräume eröffnen und damit die zeitliche und zwischenbetriebliche Vergleichbarkeit von Jahresabschlüssen beeinträchtigen.

Aus diesem Grund werden die aktivierten Beträge immer dann bilanzanalytisch vom Eigenkapital gekürzt, wenn hohe Anforderungen an die Vergleichbarkeit, Objektivierung und Vorsicht gestellt werden.

(5) Disagio oder Damnum 200

Ein bei Kreditaufnahmen und Anleihen entstehender Differenzbetrag zwischen den erhaltenen finanziellen Mitteln und der eingegangenen Verbindlichkeit kann gem. § 250 Abs. 3 HGB entweder sofort in voller Höhe zu Lasten des Periodenergebnisses verrechnet oder aber aktiviert und während der Laufzeit der Anleihe oder des Darlehens abgeschrieben werden. Wird ein solches Disagio von der bilanzierenden Unternehmung sofort als Aufwand verrechnet, führt es zu einer stillen Reserve. Im Falle einer Aktivierung unter den „Rechnungsabgrenzungsposten" stört dieses Disagio auf der Aktiv-Seite, denn es stellt keinen Vermögensposten dar. Üblicherweise wird das Disagio mit dem Eigenkapital verrechnet, weil für diese Verpflichtung kein konkreter Gegenwert hereingekommen ist.

Nach diesen Aufbereitungen ermittelt sich das bilanzanalytische Eigenkapital wie folgt:

ABB. 10: Das bilanzanalytische Eigenkapital

Bilanzanalytisches Eigenkapital	2. Vorjahr	1. Vorjahr	Geschäftsjahr
bilanziertes Eigenkapital (gez. EK, Rücklagen, Jahresüberschuss bzw. Bilanzgewinn) **Kürzungen** – Aktivische latente Steuern – Rücklage für eigene Anteile – aktivierte Geschäftswerte			

Bilanzanalytisches Eigenkapital	2. Vorjahr	1. Vorjahr	Geschäftsjahr
– aktiviertes Disagio			
– Selbsterstellte immat. Vermögensgegenstände des Anlagevermögens			
– Aktivische latente Steuern			
– Fehlbeträge bzw. unterlassene Pensionsrückstellungen lt. Anhang			
– geplante Ausschüttungen			
Hinzurechnungen			
+ ggf. passiv. latente Steuern			
+ 50 % steuerwirksame stille Reserven AV, UV			
+ Sonstige stille Reserven			
= **bilanzanalytisches Eigenkapital**			

2.2 Rückstellungen

201 Die Bildung von Rückstellungen ist eine finanzwirtschaftliche Vorsichtsmaßnahme. Sie dient der periodengerechten Gewinnermittlung und verhindert durch Verrechnung von Aufwand, der in der Abrechnungsperiode entstanden ist, aber noch nicht zu Auszahlungen geführt hat, entsprechende Liquiditätsabflüsse, die durch Gewinnausschüttungen und ggf. Steuerzahlung veranlasst sind.

Das HGB (§ 266 Abs. 3 B. HGB) sieht drei Kategorien für den bilanziellen Ausweis von Rückstellungen vor:

- Rückstellungen für Pensionen und ähnliche Verpflichtungen;
- Steuerrückstellungen;
- Sonstige Rückstellungen.

202 Rückstellungen stellen juristisch eindeutig Fremdkapital dar. Ihnen liegen Zahlungsverpflichtungen zugrunde, die jedoch der Höhe und/oder dem Fälligkeitstermin nach noch nicht genau bekannt sind.

203 Bei wirtschaftlicher Betrachtung weisen *Pensionsrückstellungen* bezüglich der *langfristigen Verwendbarkeit* des Gegenwerts jedoch den *Charakter von Eigenkapital* auf. Kann z. B. eine kontinuierliche Entwicklung von Pensionsrückstellungen einerseits und Zahlungsverpflichtungen, die durch die eintretenden Pensionsfälle verursacht werden, andererseits unterstellt werden, steht der Unternehmung auf die Dauer ein bestimmter Kapitalstock als Finanzierungsmittel zur Verfügung. Dieser kann hinsichtlich seiner Fristigkeit damit durchaus die langfristige Finanzierungsfunktion wie Eigenkapital übernehmen. Ähnliches gilt auch für die Rückstellung für Bergschäden und Abraumbeseitigungen. Dabei darf jedoch nicht verkannt werden, dass es sich bei diesen Rückstellungsarten qualitativ letztlich um Fremdkapital, also um echte Verbindlichkeiten des Unternehmens handelt, deren Zahlung von Dritten juristisch durchgesetzt werden kann.

Es empfiehlt sich eine differenzierte Betrachtung: Bei der Beurteilung der Fristigkeiten sollten sie als „eigenkapitalähnliche Mittel“ gedeutet, bei der Einschätzung künftiger finanzieller Belastungen hingegen als langfristiges Fremdkapital gewertet werden. 204

Hierfür spricht auch die Größenordnung dieser Positionen. So erreichen etwa die Pensionsrückstellungen in manchen Bilanzen eine Höhe, die das gezeichnete Kapital übersteigt; manchmal liegen sie sogar über dem gesamten Eigenkapital. Gleichwohl erfassen wir sie bei den Berechnungen der Strukturen im langfristigen Fremdkapital, denn sie stellen letztlich eben doch Verbindlichkeiten dar, denen sich die Unternehmung nicht entziehen kann. So sehen es seit einigen Jahren auch die Ratingagenturen. 205

Im Zusammenhang mit der Beurteilung der Solidität der Finanzierung spielt die Höhe der Pensionsrückstellungen insofern eine Rolle, als ihre Gegenwerte als langfristig verfügbare und entsprechend disponierbare Mittel verwendet werden können. Dies gilt allerdings nur dann, wenn die Zuführungen höher oder mindestens gleich den jährlichen Zahlungen zu Lasten früher gebildeter Rückstellungen sind. Diesbezüglich fehlen dem Analytiker i. d. R. jedoch die notwendigen Informationen. 206

Bezüglich der Pensionsrückstellungen sind es also zwei Aspekte, die bei der Beurteilung der Solidität der Finanzierung zu beachten sind: 207

(1) die Feststellung, ob Pensionsrückstellungen in ausreichendem Maße gebildet worden sind, und

(2) die Einschätzung dieser Rückstellungskategorie als langfristiges Finanzierungsinstrument.

Beim Übergang auf die Bilanzierung nach HGB n. F. war in vielen Unternehmen infolge der neuen Ermittlungsvorschriften nach Maßgabe des BilMoG (Berücksichtigung von Lohn-, Gehalts- und Rentensteigerungstrends sowie niedrigere Abzinsungssätze) eine Nachdotierung von Rückstellungen für Pensionsverpflichtungen erforderlich. Um die Bilanzen und Erfolgsrechnungen nicht punktuell zu belasten, besteht ein Wahlrecht, die Nachdotierungen auf bis zu 15 künftige Jahre zu verteilen. Über bisher „unterlassene“ Pensionsrückstellungen ist im Anhang detailliert zu berichten (Art. 67 Abs. 2 EGHGB).

Das Gleiche gilt für „Altzusagen“ von Pensionen, die vor dem 31. 12. 1986 gemacht worden sind. Bilanzanalytisch werden die entsprechenden Beträge in beiden Fällen vom Eigenkapital abgezogen.

Steuerrückstellungen sind Rückstellungen für Zahllasten, deren Steuertatbestand in den laufenden oder früheren Perioden liegt, die Zahlung aber erst in den folgenden Perioden zu leisten ist. Dieses schließt auch aufgrund einer Betriebsprüfung erwartete Steuernachzahlungen ein. Hiervon abgegrenzt sind *Rückstellungen für latente Steuern*. Sie stellen eine zu erwartende Steuermehrbelastung für eine in früheren oder der Berichtsperiode durch bestimmte Geschäftsvorgänge vorgenommene Steuerentlastung dar. Die Rückstellungen sind aufzulösen, sobald mit der Steuermehrbelastung nicht mehr zu rechnen ist oder diese eintritt. In Abhängigkeit von dem zugrundeliegenden Geschäftsvorfall ist i. d. R. ein Auflösungszeitraum von ein bis fünf Jahren wahrscheinlich. Daher ist ggf. ein bilanzierter Betrag zu den Verbindlichkeiten mit einer Restlaufzeit von einem bis fünf Jahren zu zählen, also in die *mittelfristigen Verbindlichkeiten* umzugruppieren. 208

209 Die *Sonstigen Rückstellungen* (z. B. für ungewisse Verbindlichkeiten, drohende Verluste aus schwebenden Geschäften, unterlassene Instandhaltungen, die in den ersten drei Monaten des Folgegeschäftsjahres nachgeholt werden) liefern Anhaltspunkte für zu erwartende finanzielle Belastungen, die ihre Ursache in der Abrechnungsperiode haben.

210 Einerseits können sie ein Hinweis darauf sein, dass die Unternehmung in der Tat entsprechende Verpflichtungen zu erfüllen hat. Beispiele dafür mögen die Verluste aus den Devisenspekulationen sein. Neuerdings spielen Aufwendungen für Umstrukturierungsmaßnahmen und daraus resultierenden Sozialplänen diesbezüglich eine besondere Rolle.

211 Andererseits mögen sie jedoch auch ein Instrument der Bildung stiller Reserven sein, denn der Ungewissheitstatbestand (etwa die Inanspruchnahme von Gewährleistungsverpflichtungen) gewährt Spielräume bei der Festlegung ihrer Höhe. Nicht umsonst nehmen die „Sonstigen Rückstellungen" auffälligerweise häufig in Jahren guter Gewinne zu. Dies deutet darauf hin, dass hier „Gewinnglättung" betrieben worden ist. Denkbar ist jedoch auch, dass gute Jahre genutzt werden, um zuvor notwendige, aber unterlassene Rückstellungen nachzuholen.

212 Zwar ist es nicht negativ zu beurteilen, wenn ein Unternehmen gute Geschäftsjahre nutzt, um auch auf diese Weise „Zukunftsvorsorge" zu treffen, bedauerlich ist jedoch, dass dies dann auf „versteckte Weise" erfolgt. Nach Art und Höhe ungewöhnliche „Sonstige Rückstellungen" müssen allerdings im Anhang angegeben werden, was dem Analytiker entsprechende Beurteilungsmöglichkeiten gibt.

2.3 Verbindlichkeiten

213 Das Fremdkapital wird insbesondere hinsichtlich seiner Fristigkeiten aufbereitet; entsprechende Informationen finden sich in der Bilanz und im Anhang. Es empfiehlt sich die Anfertigung eines „Verbindlichkeitsspiegels" aus diesen Informationen, sofern er nicht schon von den Gesellschaften veröffentlicht wird.

214 Unter Berücksichtigung der zuvor und insbesondere zu den Rückstellungen gemachten Ausführungen ergibt sich dann das in der folgenden ABB. 11 gezeigte Bild.

ABB. 11:	Struktur des Fremdkapitals
Fremdkapital	Rückstellungen für Pensionen + unterlassene Rückstellungen + Verbindlichkeiten mit Restlaufzeit über 5 Jahre
	= **langfristiges Fremdkapital**
	Verbindlichkeiten mit Restlaufzeit 1–5 Jahre + passive latente Steuern
	= **mittelfristiges Fremdkapital**
	Verbindlichkeiten mit Restlaufzeit unter 1 Jahr + Steuerrückstellungen + sonstige Rückstellungen + Rechnungsabgrenzungsposten + zur Ausschüttung vorgesehener Betrag
	= **kurzfristige Verbindlichkeiten**
	Gesamtes Fremdkapital

3. Liquiditätsanalysen

3.1 Die situative kurzfristige Liquiditätsanalyse

3.1.1 Liquiditätskennzahlen

Im Falle der kurzfristigen Liquiditätsanalyse werden Liquiditätsgrade ermittelt, die sich durch die unterschiedliche Fristigkeit der in die Untersuchung einbezogenen bilanziellen Aktiv- und Passivposten unterscheiden. Diesem Vorgehen liegt die Überlegung zugrunde, dass das finanzielle Gleichgewicht dann erhalten ist bzw. durch kurzfristig wirksame Maßnahmen sichergestellt werden kann, wenn den nach Fälligkeitsfristen geordneten Verbindlichkeiten jeweils Vermögenswerte mit gleichen Liquidierbarkeitsgrenzen gegenüberstehen, die Zahlungsverpflichtungen also durch entsprechend flüssige oder flüssig zu machende Vermögensteile gedeckt sind. 215

In der Praxis werden für diese Betrachtung häufig folgende Kennzahlen verwendet, wobei jedoch auch unterschiedliche Darstellungen und Inhalte zu finden sind: 216

$$\text{Barliquidität, Liquidität 1. Grades} = \frac{\text{liquide Mittel}}{\text{kurzfristige Verbindlichkeiten}} \times 100$$

Zu den *liquiden Mitteln* zählen dabei, wie aus unserer Aufbereitung der Bilanz ersichtlich, insbesondere Barmittel, Bankguthaben und Schecks sowie die jederzeit veräußerbaren Wertpapiere des Umlaufvermögens. Die *kurzfristigen Verbindlichkeiten* setzen sich aus all den Positionen zusammen, die möglicherweise schnell zum Abfluss von Zahlungsmitteln aus der Unternehmung führen. Wir haben sie in unserer Aufbereitung entsprechend zusammengefasst. 217

218 Die *Barliquidität* ist also eine Maßzahl, die das Verhältnis von Barmitteln („flüssigen Mitteln") zu den kurzfristigen Verbindlichkeiten feststellt. Obgleich diese Kennzahl immer noch und immer wieder in der Literatur genannt und von Praktikern auch berechnet wird – siehe Aufbereitungsschemata der Kreditinstitute –, ist ihre Aussage nichtssagend, weil es keine Normvorstellungen gibt. Allerdings lässt eine erhebliche Veränderung in der einen oder anderen Richtung Liquiditätsengpässe oder -überflüsse zu.

219 Aufgrund dieser begrenzten Aussagefähigkeit wird üblicherweise der Zähler auf das kurzfristig gebundene Umlaufvermögen ausgedehnt und die Liquidität 2. Grades errechnet.

$$\text{Liquidität 2. Grades} = \frac{\text{kurzfr. gebund. Umlaufvermögen}}{\text{kurzfristige Verbindlichkeiten}} \times 100$$

220 Der Zähler wird in diesem Fall durch die relativ leicht in Finanzierungsmittel umwandelbaren, geldwerten Vermögenswerte erweitert.

221 Zwar gelangen wir nunmehr zu rechnerisch besseren Werten, doch bringt uns auch dies nicht weiter, wie unter dem weiter unten folgenden Gliederungspunkt „Beurteilung und zusammenfassende Thesen zu den Liquiditätskennzahlen" gezeigt wird.

222 Dies gilt auch für das „working capital" und die „banker's rule", die hier – wie auch die oben genannten Liquiditätsgrade – nur angeführt werden, weil sie trotz ihrer geringen Aussage offenbar nicht auszurotten sind:

$$\text{Working Capital (absolut)} = \text{Umlaufvermögen} - (\text{kurzfr.} + \text{mittelfr. Verbindlichkeiten})$$

oder

$$\text{Working Capital} = \frac{\text{Umlaufvermögen}}{\text{kurzfr.} + \text{mittelfr. Verbindlichk.}} \times 100$$

223 Es wird gefolgert, dass die zukünftige Liquiditätslage umso besser ist, je höher das Working Capital ist. Auch dieser Kennzahl liegt die Vorstellung zugrunde, dass die Liquidität mit der Langfristigkeit der Zahlungsverpflichtungen und der Kurzfristigkeit der Verflüssigungsmöglichkeiten der Vermögensgegenstände steigt.

3.1.2 Das Working Capital Management

224 Die Kennzahl Working Capitel ist die Ausgangsgröße zur Entwicklung des Working Capital Managements, dessen Ziel die Liquiditäts- und Rentabilitätsverbesserung der Unternehmung ist. Das Working Capital Management lässt sich anhand des Cash-Conversion-Cycle erläutern, auch *Cash-to-Cash-Cycle* genannt, der nachfolgend als Grafik dargestellt und zunächst erklärt wird.

Der Cash-Conversion-Cycle (CCC) gibt Auskunft über die Bindungsdauer der liquiden Mittel (*cash*) im Umlaufvermögen des Unternehmens. Die Bindungsdauer, die auch als **Kapitalbindungsdauer** oder **Geldumschlagsdauer** bezeichnet wird, errechnet sich aus der durchschnittlichen Lagerdauer der Vorräte (Lager- oder auch als Bestandsreichweite bezeichnet (Day Inventory Outstanding (DIO)) zuzüglich der durchschnittlichen Inkassoperiode (Debitorenlaufzeit (Day Sales Outstandig (DSO)) abzüglich des durchschnittlichen Zahlungsziels bei Lieferanten (Kreditorenlaufzeit (Day Payables Outstanding (DPO)), also:

Berechnung:

Cash-Conversion-Cycle (CCC) = Lagerreichweite + Debitorenlaufzeit – Kreditorenlaufzeit

Cash-Conversion-Cycle (CCC) = DIO+DSO-DPO

Für die Berechnung des Cash-Conversion-Cycle werden drei Kennzahlen benötigt: 225

(1) Lagerreichweite (DIO)

(2) Debitorenlaufzeit (DSO)

(3) Kreditorenlaufzeit (DPO)

$$\text{Lagerreichweite} = \frac{\text{durchschnittliche Lagerbestand}}{\text{durchschnittliche Bedarf (in Tagen)}}$$ 226

Die Lagerreichweite (DIO) gibt den Zeitraum an, für den der im Unternehmen vorhandene Lagerbestand bei gegebenem Verbrauch (Produktion) ohne Nachschub ausreicht.

$$\text{Debitorenlaufzeit} = \frac{\text{Forderungen aus Lieferungen u. Leistungen}}{\text{Umsatzerlöse}} \times 365$$ 227

vgl. die Ausführungen zu Rdn. 254

$$\text{Kreditorenlaufzeit} = \frac{\text{Verbindlichkeiten aus Lieferungen u. Leistungen}}{\text{Materialaufwand}} \times 365$$ 228

vgl. die Ausführungen zu Rdn. 254

Zusammenfassender Aussagegehalt: Der Cash-Conversion-Cycle gibt die Kapitalbindungsdauer in Tagen an, also wie lange es dauert, bis die in den Vorräten und Forderungen aus Lieferungen und Leistungen gebundene Liquidität durch die Kundenzahlungen wieder zur Liquidität des Unternehmens wird. Also wie lange im Durchschnitt die Liquidität eines Unternehmens gebunden ist und damit nicht für andere Aufgaben zur Verfügung steht. Der Cash-Conversion-Cycle umfasst damit den Zeitraum zwischen der Bezahlung der Lieferantenrechnungen und dem Zahlungseingang der Kundenrechnungen. 229

230 ABB. 12: Cash-Conversion-Cycle (CCC)

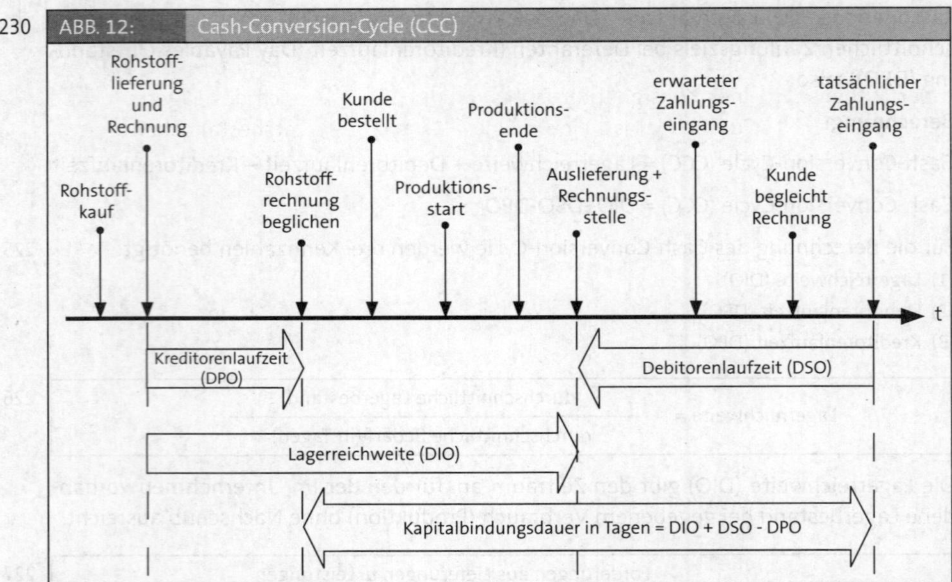

Quelle: In Anlehnung an *Seppelfricke*, Unternehmensanalysen, Stuttgart 2019, S. 140 und *Pfaff/Skiera/Weiss*: Financial supply chain management, Bonn 2004, S. 75.

231 Die Kapitalbindung beginnt mit der Bezahlung der Lieferanten und endet mit der Zahlung der Kunden. Je später die Lieferanten bezahlt werden bzw. je eher die Kunden zahlen, desto weniger Tage benötigt der Liquiditätskreislauf. Der Cash-Conversion-Cycle verläuft damit zeitlich nicht synchron zum Lagerzu- und -abgang des Materials, sondern berücksichtigt vielmehr die jeweiligen Zahlungszeitpunkte.

Ein positiver Wert des Cash-to-Cash-Cycles gibt an, für wie viele Tage Finanzierungsbedarf zwischen der Bezahlung der Lieferantenrechnung bis zum Zahlungseingang des Kunden besteht.

Ein negativer Wert gibt die Anzahl der Tage an, die das Unternehmen über den Geldeingang des Kunden verfügen kann, bevor die Lieferantenrechnung zu begleichen ist.

232 Und nun schließt sich der Kreis: Die Aufgabe des Working Capital Managements besteht folglich darin, die Zeit der Kapitalbindungsdauer zu reduzieren, wodurch der Liquiditätsbedarf und in Folge bei Kreditfinanzierung die Finanzierungskosten gesenkt werden. Des Weiteren kann die freigesetzte Liquidität, sofern Sie aus Eigenmitteln stammt, anderweitig rentierlich eingesetzt werden.

Durch die Ausführungen bzw. die Grafik werden auch die unmittelbaren Handlungsbereiche (Vorräte, Produktion, Debitoren, Kreditoren) deutlich, die Einfluss auf die Dauer der Kapitalbindung haben. Daran schließt sich die Frage an, welche Maßnahmen sind nun im Einzelnen für diese Bereiche denkbar, um die Kapitalbindungsdauer im Umlaufvermögen zu reduzieren?

(1) Vorräte und im weiteren Verlauf der Produktionsbereich (DIO)

Optimierungsmöglichkeiten liegen in der bedarfsgerechten Lieferung, z. B. Just-in-time, 233
in der Einrichtung eines Konsignationslagers oder auch im Bereich des Lagermanagements (Forecast to Fulfill). Ziel ist, eine möglichst geringe Vorratsbestandshaltung zu erreichen, die durch die Auftragslage bestimmt ist. Dadurch werden Lagerkosten reduziert.

Als Verbesserungsmaßnahmen sind hier insbesondere die Verringerung der Durchlaufzeiten, die Reduzierung der Sicherheitsbestände auf ein Mindestmaß (Eiserne Bestände) und die Minimierung der Ausschuss- bzw. Fehlerquote zu nennen.

Auch eine Optimierung der Ablauf- und Organisationsstrukturen im Lager- und im Produktionsbereich, also einschließlich der Transportwege und Zwischenlager, sowie der Sortimentspolitik bieten ggf. Verbesserungspotenzial.

Eine weitere Verbesserung wäre auch die zeitliche Verkürzung der Produktionsdauer. Hierzu sind der gesamte Produktionsprozess sowie die Ausfallraten von Maschinen und anderen technischen Geräten zu untersuchen und ggf. zu optimieren. Durch eine effiziente und schnelle Produktion wird die Verweildauer des Geldes im Prozess der Leistungserstellung verkürzt. Dadurch ergibt sich die Möglichkeit der schnelleren Auslieferung an den Kunden und Geltendmachung der Forderung gegenüber diesem.

(2) Debitorenlaufzeit (DPO)

Im Bereich der Forderungen wird ein möglichst frühzeitiger Eingang der liquiden Mittel 234
angestrebt. Die Kunden sollen schneller bezahlen. Dies kann durch ein zielgerichtetes Forderungsmanagement erreicht werden, insbesondere durch ein konsequentes Mahnwesen. Hierzu kann auch die Einbindung der Vertriebsabteilung hilfreich sein, die direkten und meist auch persönlichen Kundenkontakt besitzt. Des Weiteren beschleunigt die Vereinbarung möglichst kurzer Zahlungsziele mit den Kunden, u.U. unter Gewährung von Skonto, die Rückführung des Geldes in das Unternehmen. Ferner auch die Einführung von Liefergrenzen unter Berücksichtigung der Bonität der einzelnen Debitoren oder eine Fakturierung, die termingenau durchgeführt wird. Weitere Möglichkeiten bieten der Verkauf von Forderungen (Factoring) oder die Gestaltung der Zahlungsbedingungen, also z. B. Anzahlungen oder Vorauskasse. Auch eine fristgerechte Lieferung, die Verringerung der Reklamationsquote der abgesetzten Produkte und eine Vermeidung von Fakturierungsfehlern können zur Verkürzung der Außenstände beitragen.

(3) Kreditorenlaufzeit (DSO)

Hier kann eine Verbesserung erreicht werden, indem der Zahlungszeitpunkt weiter in 235
die Zukunft verlagert wird, also die Zahlungsfristen ausgereizt werden oder mit den Lieferanten möglichst lange Zahlungsziele vereinbart werden, obgleich die entgangenen Skontoerträge zu berücksichtigen wären. Des Weiteren könnte ggf. der Anteil an zu leistenden Anzahlungen verringert werden.

(4) Bewertung des Working Capital Managements

236 Eine einseitige Ausrichtung des Working Capital Managements auf ein möglichst niedriges Working Capital beeinträchtigt andere betriebliche Zielsetzungen. Niedrige Lagerbestände müssen durch niedrige Bestellmengen und entsprechend höhere Einkaufspreise „erkauft" werden. Der Verzicht auf Skonti bei Lieferantenrechnungen bedeutet, einen meist hochverzinslichen Lieferantenkredit in Anspruch zu nehmen. Das Working Capital Management muss daher auch unter Einbeziehung anderer Kostenfaktoren, z. B. Bestellkosten, Lagerkosten, Produktionskosten und Skonti, erfolgen. Darüber hinaus sind Kunden- und Lieferantenbeziehungen zu berücksichtigen. Das Debitoren- und Kreditorenmanagement ist so zu gestalten, dass Geschäftsbeziehungen, insbesondere mit strategisch wichtigen Kunden und Lieferanten, nicht negativ beeinflusst bzw. zerstört werden. Das auf den Cash-to-Cash-Cycle fokussierte Working Capital Management ist daher in ein ganzheitliches Unternehmenssteuerungskonzept zu integrieren.

237 Gleichwohl sind rentable Unternehmen bestrebt, einen in Tagen niedrigen Cash-Conversion-Cycle zu erreichen. Sollte ein negativer Cash-to-Cash-Zyklus vorliegen, handelt es sich um einen Finanzierungsbeitrag, der u.U. durch ein „langes" Lieferantenziel möglich wurde, weil Rechnungen gegenüber Lieferanten erst nach Eingang der Zahlung durch Kunden beglichen wurden.

Ferner ist bei der Bewertung der ermittelten Kapitalumschlagsdauer zu beachten, dass die Geldumschlagsdauer in Abhängigkeit der Branche zu betrachten ist, da regelmäßig Unterschiede zwischen Produktionsprozessen und Zahlungsbedingungen bestehen.

238 Aus konsequentem Working Capital Management resultiert jedoch eine Optimierung der Bilanzstrukturen. Das Verhältnis von Eigen- und Fremdkapital verbessert sich im Zuge der Verringerung des im Umlaufvermögen gebundenen Kapitals. Eine so herbeigeführte Bilanzverkürzung hat positive Auswirkungen auf die Finanzierungssituation eines Unternehmens bzw. die Bewertung durch externe Kreditgeber (Rating). Dies ist insbesondere bei mittelständisch geprägten Unternehmen aufgrund der oft schwierigen Finanzierungssituation (geringer Eigenkapitalanteil/niedrige Eigenkapitalquote) relevant.

BEISPIEL:

Amazon ist aufgrund seiner Marktmacht und der Art der Logistik beim Working Capital Management besonders erfolgreich. Die Kunden zahlen deutlich schneller (nach ca. 20 Tagen) als Amazon selbst seine Lieferanten bezahlt (nach ca. 60 Tagen). Die Vorräte weisen nur eine Reichweite von ca. 30 Tagen auf. In der Folge ist der Cash Conversion Cycle negativ (-10 Tage = 30 DIO + 20 DSO - 60 DPO), d. h. aus Umsätzen mit Kunden fließt regelmäßig schneller Geld wieder in das Unternehmen zurück als für die Bezahlung der Lieferanten benötigt wird. Amazon muss also kein Working Capital vorhalten, sondern kann im Gegenteil aktuell ca. 27 Mrd. US-$ auf Finanzmärkten anlegen. In Hochzinsphasen resultiert hieraus ein (erheblicher) Teil der Konzerngewinne.

3.1.3 Beurteilung und zusammenfassende Thesen zu den Liquiditätskennzahlen

239 Die vorgeführten Liquiditätskennzahlen beruhen auf der Ermittlung des Deckungsgrads der in der Bilanz ausgewiesenen kurzfristigen Verbindlichkeiten durch liquide oder leicht liquidierbare Vermögensteile.

Sie gewähren damit einen groben Einblick in die Liquiditätsverhältnisse am Bilanzstichtag, erlauben aber nur geringe und vorsichtige Aussagen über die tatsächliche Liquiditätssituation und die weitere Entwicklung. Das hat folgende Gründe: 240

(1) Die Kennzahlen beziehen sich auf die Situation am Bilanzstichtag. Bis zum Analysezeitpunkt kann sich die Situation grundlegend geändert haben. So wird ein großer Teil der einbezogenen Forderungen und Verbindlichkeiten bereits ausgeglichen sein. Neue Forderungen und Verbindlichkeiten sind in der Zwischenzeit entstanden.

(2) In die Rechnung ist nur der Teil der Zahlungsverpflichtungen eingegangen, die bilanziert wird. Andere laufende Zahlungsverpflichtungen – etwa für kurz nach dem Abschlussstichtag fällige Löhne, Gehälter und Mieten – sind nicht berücksichtigt. Ähnliches gilt für einen Teil der zu erwartenden Einzahlungen.

(3) Die unterstellten Fristigkeiten der einzelnen Bilanzpositionen sind zu pauschal und grob. So stecken in den „kurzfristigen Verbindlichkeiten" Beträge, die sehr schnell fällig werden, und andere, deren Ausgleich noch Monate Zeit hat.

(4) Es besteht kein kausaler Zusammenhang zwischen Liquidität am Bilanzstichtag und der zukünftigen Liquidität.

Die Unzulänglichkeit der bestandsorientierten Methoden liegt darin, dass von bilanziellen Bestandsgrößen auf mögliche Zahlungsströme geschlossen wird, also Einzahlungen und Auszahlungen ermittelt werden sollen. Das aber wäre nur möglich, wenn sich aus der Bilanz erkennen ließe, zu welchen Terminen Zahlungsverpflichtungen anfallen und zu welchen Terminen sich entsprechende Vermögensteile verflüssigen lassen. 241

Mithin lassen sich auf Basis der bestandsorientierten Kennzahlen allenfalls einige erste Hinweise und „historische" Erkenntnisse über die Liquidität gewinnen. In keinem Fall aber lässt ein positives Bild dieser Zahlen einen Schluss auf die zukünftige Zahlungsfähigkeit zu. 242

3.1.4 Vermögensstrukturanalyse

Bessere Erkenntnisse verspricht die Untersuchung der Vermögensstruktur. 243

Die Vermögensstruktur wird untersucht, um Vorstellungen von der Art und Zusammensetzung des Vermögens sowie über die Dauer der Bindung des Vermögens im Unternehmen zu erlangen. Dabei wird zunächst zwischen Anlagevermögen und Umlaufvermögen unterschieden, wobei das Anlagevermögen weiter in Finanz- und Sachanlagevermögen unterteilt wird. Die Investition von Kapital in Anlage- und Umlaufvermögen bedeutet für das Unternehmen ein mehr oder weniger großes Risiko. Produktionsanlagen können veraltet oder überdimensionalisiert sein, Vorräte können Ladenhüter und Debitoren uneinbringliche Forderungen enthalten. Es gilt festzustellen, *mit welcher Geschwindigkeit die Vermögensteile durch den Umsatzprozess wieder zu Geld werden*, denn dies ist für den Kapitalbedarf und damit bei gegebener Kapitalstruktur für die finanzielle Solidität von entscheidender Bedeutung. Aus zu langen Kapitalbindungen folgen Unflexibilitäten und drohen dem Unternehmen Gefahren. Insolvenzfälle haben oft ihre Ursache in überhöhten, nicht absetzbaren Warenlägern oder in zu groß ausgelegten Produktionskapazitäten. Das Vermögen der Unternehmung stellt ihr Schuldendeckungspotential dar, die Kurzfristigkeit seiner Monetisierbarkeit erhöht das Liquiditätspotential und verringert die Gefahr der Illiquidität. 244

(1) Vermögensintensitäten

245 Zunächst ist der Anteil des Anlagevermögens, also des langfristig festgelegten Vermögens, und des Umlaufvermögens, das sich kurzfristig umschlägt, am Gesamtvermögen zu ermitteln:

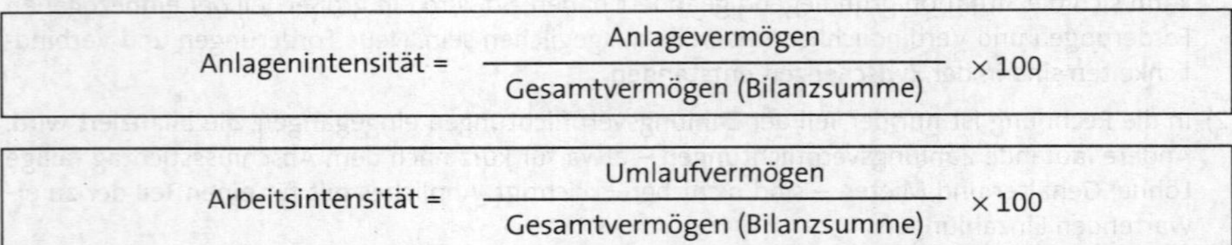

$$\text{Anlagenintensität} = \frac{\text{Anlagevermögen}}{\text{Gesamtvermögen (Bilanzsumme)}} \times 100$$

$$\text{Arbeitsintensität} = \frac{\text{Umlaufvermögen}}{\text{Gesamtvermögen (Bilanzsumme)}} \times 100$$

246 Je kleiner der Anteil des Anlagevermögens bzw. je größer der Anteil des Umlaufvermögens ist, desto größer ist die finanzielle Liquidität des Unternehmens:

- ► Ein hohes, sich schnell umschlagendes Umlaufvermögen setzt kontinuierlich Liquidität frei, über die kurzfristig wieder disponiert werden kann.
- ► Mit der Kurzfristigkeit der Vermögensbindung sinkt der Fixkostenanteil, und damit – je nach Finanzierung – auch die Belastung mit fixen Zahlungsverpflichtungen.
- ► Ein kleiner Anteil des Anlagevermögens deutet auf eine gute Kapazitätsnutzung hin, die wiederum über den Umsatzprozess zu Liquiditätszuflüssen führt.

(2) Umschlagskoeffizienten

247 Weitere Erkenntnisse können durch Umschlagskoeffizienten und Umsatzrelationen erlangt werden. Die Kennzahl

$$\text{Umschlagshäufigkeit des Gesamtvermögens} = \frac{\text{Umsatz}}{\varnothing\ \text{Gesamtvermögen}}$$

kann Gefahren und Liquiditätsbelastungen aus überhöhten Aktiva signalisieren. Sie gibt an, wie oft das eingesetzte Vermögen im Geschäftsjahr „verflüssigt" wurde.

248 Die Höhe des Vermögensumschlags hängt davon ab, ob es sich um ein Produktionsunternehmen oder um einen Handelsbetrieb handelt. Im Produktionsunternehmen ist der Kapitalumschlag tendenziell geringer als im Groß- und Einzelhandel, weil in den Unternehmen der zuletzt genannten Art weniger Anlagevermögen benötigt wird. Um zu einer Aussage zu gelangen, ist es folglich notwendig, die betriebliche Kennzahl mit entsprechenden Branchenwerten zu vergleichen. Wird dabei festgestellt, dass der Kapitalumschlag des zu analysierenden Unternehmens aus der Normalzone der Branche herausfällt oder sich erheblich von den Vergleichsunternehmen unterscheidet, müssen die Ursachen erforscht werden. Allerdings sind dafür oft betriebsinterne Informationen notwendig. Zu prüfen ist, ob möglicherweise die Anlagenkapazität, das Warenlager oder die Außenstände des Unternehmens zu hoch sind.

249 Der Vermögensumschlag sollte durch die Ermittlung weiterer *Umschlagskoeffizienten* ergänzt werden. All diese Umschlagskoeffizienten sind Kennzahlen, die durch die Inbeziehungsetzung von Bestandsgrößen mit den damit zusammenhängenden Stromgrößen gebildet werden. Sie sollen zeigen, in welcher Zeit ein bestimmter Vermögensposten im normalen Geschäftsverlauf wieder in Geld verwandelt wird. Als Bestandsgrößen

werden verschiedene Vermögenspositionen herangezogen und den entsprechenden Abgängen oder dem Umsatz in der Periode als Stromgröße gegenübergestellt.

Die Bildung von Umschlagskoeffizienten ist in zweifacher Weise möglich. Einmal kann 250 die *Umschlagshäufigkeit*, die angibt, wie oft eine Vermögensposition durch eine entsprechende Umsatzbewegung in einer Periode umgeschlagen wird, gemessen werden als Abgang der Periode in Relation zum durchschnittlichen Bestand der Periode.

Außerdem kann die *Umschlagsdauer* einer Vermögensposition in Tagen ermittelt wer- 251 den. Sie gibt dann an, wie lange eine Vermögensposition im Umsatzprozess gebunden ist. Die Umschlagsdauer (in Tagen) ist also der durchschnittliche Bestand der Periode multipliziert mit 365 Tagen in Relation zum Abgang in der Periode.

Der Sinn der Berechnung vom Umschlagskoeffizienten ergibt sich aus folgender Über- 252 legung:

Je höher die Umschlagshäufigkeit bzw. je geringer die Umschlagsdauer von Vermögenspositionen ist, desto geringer ist der erforderliche Kapitalbedarf und desto höher ist das Liquiditätspotential der Unternehmung. Eine hohe Umschlagshäufigkeit und eine geringe Umschlagsdauer sollen auf eine hohe Liquidierbarkeit hinweisen. Schnell liquidierbare Vermögensteile können notfalls zur Deckung von Liquiditätslücken herangezogen werden.

Folgende Kennzahlen werden üblicherweise gebildet: 253

Die Kennzahl

$$\text{Umschlagsdauer des Vorratsvermögens} = \frac{\varnothing \text{ Bestand an Vorräten}}{\text{Umsatzerlöse}} \times 365$$

gibt an, wie lange die Vorräte und das zu ihrer Finanzierung erforderliche Kapital durchschnittlich im Unternehmen gebunden sind. Eine geringe Umschlagsdauer lässt den Schluss zu, dass das Unternehmen in der Lage ist, Anspannungen der Liquiditätslage durch den laufenden Umsatzprozess zu mildern.

Die Umschlagsdauer der „Forderungen aus Lieferungen und Leistungen“ findet im Kun- 254 denziel Ausdruck:

$$\text{Debitorenlaufzeit} = \frac{\text{Forderungen aus Lieferungen u. Leistungen}}{\text{Umsatzerlöse}} \times 365$$

Hieraus lassen sich Rückschlüsse auf das Zahlungsverhalten der Kunden und darauf zie- 255 hen, wie lange es dauert, bis die Umsatzerlöse liquiditätswirksam werden.

Ein langes Kundenziel kann andeuten, dass die Unternehmung im Fall von Liquiditäts- 256 engpässen durch die Gewährung von Skonti und eine Intensivierung des Mahnwesens zu Zahlungsmitteln kommen kann. Eine Verkürzung der Debitorenlaufzeit deutet darauf hin, dass die Unternehmung einem wachsenden Kapitalbedarf oder einer nichtgedeckten Kapitalbedarfsspitze durch Verfrühung der Einzahlungszeitpunkte zu begegnen versuchte. Demgegenüber bedeutet eine Zunahme der Debitorenlaufzeit, dass sich das Reaktionspotential der Unternehmung für einen künftig steigenden Kapitalbedarf vergrößert hat.

257 Gleichzeitig gibt ein hohes „Kundenziel" Anlass zu der Vermutung, dass das betrachtete Unternehmen möglicherweise zum Zwecke der Umsatzausdehnung Kunden schlechterer Bonität und folglich größerer Risikoträchtigkeit beliefert hat. Lange Kundenziele sind häufig auch Ausdruck einer schlechten Zahlungsmoral, die ihrerseits wieder eine Ursache in konjunkturell bedingten Zahlungsschwierigkeiten der Kunden hat. In solchen Fällen sind die Möglichkeiten der Beeinflussung durch die Unternehmung relativ gering.

258 Umgekehrt kann man bezüglich des Lieferantenziels, der Inanspruchnahme von Zahlungsfristen durch die betrachtete Unternehmung, argumentieren.

$$\text{Kreditorenlaufzeit} = \frac{\text{Verbindlichk. aus Lieferungen u. Leistungen}}{\text{Materialaufwand}} \times 365$$

3.2 Die strukturelle Liquidität: Kapitalstrukturanalysen

3.2.1 Finanzierungsgrundsätze als Ausgangspunkt

259 Die Finanzierung einer Unternehmung wurde bisher vorzugsweise hinsichtlich der kurzfristigen Liquidität betrachtet. Nunmehr soll die Fragestellung erweitert und auch mittel- und langfristige Aspekte in die Überlegung einbezogen werden. Zwar spielen dabei auch wieder Liquiditätserwägungen eine Rolle, es kommen jedoch die Fragen nach den Anpassungsmöglichkeiten an mittel- und langfristige Änderungen des Kapitalbedarfs hinzu. Außerdem wird zu prüfen sein, ob die Finanzierung der betrachteten Unternehmung unter Beachtung ganz verschiedener Einflussfaktoren (Liquidität, Rentabilität, Sicherheit, Erhaltung der Dispositionsfreiheit usw.) als angemessen gelten kann.

260 Ausgangspunkt und Beurteilungsmaßstab sind dafür die sog. Finanzierungsgrundsätze. Solche Finanzierungsgrundsätze sind:

(1) Grundsatz der Liquiditätserhaltung:

Die Finanzierung muss gewährleisten, dass die Unternehmung jederzeit in der Lage ist, ihren fälligen Zahlungsverpflichtungen zu entsprechen.

(2) Grundsatz der Risikoentsprechung:

Die Unternehmung muss, ihren speziellen Risiken entsprechend, mit Haftungskapital ausgestattet sein. So erfordert z. B. die Betätigung in einer Branche, die durch schnelle Veränderungen, Produktinnovationen, raschen technischen Fortschritt gekennzeichnet ist, ein weitaus höheres Haftungskapital als etwa ein Versorgungsunternehmen mit langfristig gesicherten stabilen Absatzverhältnissen.

(3) Grundsatz der Wirtschaftlichkeit der Finanzierung:

Auch die Finanzierung selbst muss unter Wirtschaftlichkeitserwägungen stehen. Verschiedene Finanzierungsarten führen zu unterschiedlich hohen Finanzierungskosten. Unter Beachtung der übrigen Einflussfaktoren ist diejenige Finanzierungsform auszuwählen, deren Kosten minimal sind.

(4) Prinzip der Erhaltung der Dispositionsfreiheit und Unabhängigkeit:

Von der Art der Finanzierung können Einflüsse auf die Unternehmensführung ausgehen. Zwar sind formal nur die Eigenkapitalgeber berechtigt, Einfluss auf die Unternehmensführung zu nehmen, doch kann eine hohe Verschuldung auch dazu führen, dass die Dispositionsfreiheit der Unternehmensleitung von Kreditgebern eingeschränkt wird, und sei es nur, weil diese die Prolongation von Krediten oder die Hergabe neuer Finanzierungsmittel von ganz bestimmten Maßnahmen abhängig machen. Hinzu kommt, dass auch die Zuführung neuen Eigenkapitals, etwa durch die Aufnahme neuer Gesellschafter, Kapitalerhöhungen durch Ausgabe junger Aktien usw., zu einer Veränderung der Mitspracherechte und damit zu einer Beeinträchtigung der Unabhängigkeit der bisherigen Geschäftsleitung führen kann.

(5) Prinzip der optimalen akquisitorischen Wirkung des Finanzierungsgebildes:

Von der Darstellung der Finanzierung in der Bilanz können Wirkungen auf die Absatz- und Beschaffungsmärkte des Unternehmens ausgehen. Offensichtlich ist das für die Beschaffung neuer Finanzierungsmittel. Aber auch Kunden und Lieferanten können sich bei ihren Entscheidungen von der finanziellen Darstellung der Unternehmung leiten lassen. Insofern muss die Finanzstruktur eines Unternehmens auch unter dem Aspekt gestaltet und beurteilt werden, wie sie auf außenstehende Beobachter wirkt.

Änderungen des mittel- oder langfristigen Kapitalbedarfs können durch konjunkturell 261
oder strukturell bedingte Umsatzerlösrückgänge, durch Kreditrückforderungen, durch den Ausfall größerer Forderungen, durch Kostensteigerungen und durch Unternehmensexpansionen hervorgerufen werden.

Ein solcher veränderter Kapitalbedarf kann durch die Zuführung neuen Beteiligungs- 262
kapitals, aus Selbstfinanzierungsmitteln und durch neue Kreditaufnahmen gedeckt werden. Bei der Beurteilung der Solidität der Finanzierung müssen wir sowohl die denkbaren Veränderungen des Kapitalbedarfs als auch die verschiedenen Deckungsmöglichkeiten im Auge behalten und untersuchen.

Ansatzpunkte für diese Untersuchungen sind die Kapitalstruktur, die Struktur des Ei- 263
genkapitals, die Struktur des Fremdkapitals und der Vermögensaufbau sowie die finanzielle Deckung des Unternehmensvermögens.

3.2.2 Die Kapitalstruktur

Die Kapitalstruktur ergibt sich aus der Zusammensetzung der Passivseite der Bilanz. Sie 264
zeigt an, in welchem Maße das Unternehmen mit Eigenkapital und Fremdkapital finanziert ist. Gemessen wird sie durch die Kennzahl:

$$\text{Eigenkapitalquote} = \frac{\text{bilanzanalytisches Eigenkapital}}{\text{Gesamtkapital}} \times 100$$

bzw. durch den

$$\begin{array}{l}\text{Verschuldungsgrad}\\ \text{Anspannungskoeffizient}\end{array} = \frac{\text{Fremdkapital ohne Pensionsrückstellungen}}{\text{bilanzanalytisches Eigenkapital}} \times 100$$

265 Pensionsrückstellungen sind zwar juristisch Fremdkapital, da aber die finanzellen Gegenwerte der Unternehmung i. d. R. langfristig zur Finanzierung zur Verfügung stehen, werden sie als *eigenkapitalähnliche Mittel* betrachtet und deswegen besonders herausgestellt und gewürdigt.

$$\text{Anteil Pensionsrückstellungen} = \frac{\text{Pensionsrückstellungen}}{\text{Gesamtkapital}} \times 100$$

266 Generell kann gesagt werden, dass das Unternehmen umso solider finanziert ist, je höher die Eigenkapitalquote ist.

267 Die besondere *Bedeutung des Eigenkapitals* liegt darin, dass es bei Kapitalgesellschaften *unkündbar* ist und damit dem Unternehmen langfristig zur Verfügung steht. Ein hoher Eigenkapitalanteil garantiert der Unternehmensleitung die *Dispositionsfreiheit* und weitgehende *Unabhängigkeit* von Kreditgebern.

268 Aus der Sicht der Gläubiger stellt das Eigenkapital *Haftungskapital* dar. Die Funktion des Eigenkapitals als Haftungskapital liegt im Folgenden: Zwar ist das in der Bilanz ausgewiesene Eigenkapital nicht mehr in liquider Form vorhanden, sondern in auf der Aktivseite der Bilanz ausgewiesenen Vermögensgegenständen angelegt, doch es repräsentiert das Reinvermögen der Unternehmung, also den Teil des Gesamtvermögens, der den Eigentümern nach Abzug aller Schulden verbleibt. Verluste eines Geschäftsjahres führen zu einer Verringerung der Vermögenssubstanz. Da das Fremdkapital mit seinem Rückzahlungsbetrag feststeht und in dieser Höhe in der Bilanz ausgewiesen wird, führen Verluste zu einer Verringerung des ausgewiesenen Eigenkapitals. Mit anderen Worten: Verluste werden zunächst vom Eigenkapital aufgefangen und schlagen erst dann auf das Fremdkapital durch, wenn das Eigenkapital aufgezehrt ist. Je größer also das Eigenkapital ist, umso besser sind Gläubiger vor Verlusten geschützt.

269 Bezüglich der *Liquidität* ist von Bedeutung, dass das Fremdkapital mit festen Zins- und Tilgungszahlen belastet ist, die unabhängig vom Erfolg oder der Liquiditätslage gezahlt werden müssen: Die Eigenkapitalgeber hingegen haben *keinen juristisch durchsetzbaren Anspruch auf feste Gewinn- oder Dividendenzahlung:* Im Falle von Liquiditätsengpässen ist folglich ein mit hohem Eigenkapital ausgestattetes Unternehmen weniger durch feste Zahlungsverpflichtungen belastet. Es darf allerdings nicht verkannt werden, dass ein Unternehmen auch auf eine regelmäßige Bedienung seiner Gesellschafter und Eigentümer bedacht sein muss, wenn in Zukunft ein Bedarf an zusätzlichem Eigenkapital zu erwarten ist und durch die Gesellschafter bereitgestellt werden soll.

270 Eine hohe Eigenkapitalquote sichert also die Dispositionsfreiheit, schützt vor Unternehmenszusammenbrüchen in Folge von Überschuldung, vermindert das Risiko für die Gläubiger, stellt somit eine gute Grundlage für neue Kreditaufnahmen dar und reduziert die Gefahr kurzfristiger Liquiditätsengpässe.

271 Andererseits kann das Streben nach einer Finanzierung mit Eigenkapital jedoch auch von Nachteil sein. Die Eigenfinanzierung gilt infolge der hohen steuerlichen Belastung und des Dividendenanspruchs der Aktionäre als sehr teuer. Im Vergleich mit der Fremdfinanzierung, deren Zinszahlungen Aufwand darstellen und folglich steuermindernd

wirken, kann ein hohes Eigenkapital gegen den Finanzierungsgrundsatz der Wirtschaftlichkeit verstoßen.

Unternehmen, die eine Scheu vor Fremdfinanzierungen haben und ihren Verschuldungsspielraum nicht ausnutzen, verzichten oftmals auf die Wahrnehmung von Wachstumschancen und notwendige Anpassungen an den technischen Fortschritt, was auf längere Sicht zu ungünstigen Kostenstrukturen und zum Verlust der Wettbewerbsfähigkeit führen kann. Insofern kann ein hoher Eigenkapitalanteil bei begrenzten Beschaffungsmöglichkeiten von neuen eigenen Mitteln und der Verzicht auf die Ausnutzung von Verschuldungsmöglichkeiten in einer wachsenden Wirtschaft ebenso gefährlich sein wie ein hoher Fremdkapitalanteil. 272

Damit stellt sich die Frage nach der optimalen oder besser „angemessenen" Kapitalstruktur, also nach dem günstigsten Verhältnis zwischen Eigen- und Fremdkapital. Diese Frage ist jeweils speziell unter Beachtung der besonderen Risiken des Unternehmens, den Gepflogenheiten in der Branche und der gesamten Unternehmenssituation zu beurteilen. Als Faustregel gilt, dass das Eigenkapital etwa ein Drittel des Gesamtkapitals ausmachen sollte, d. h. das Verhältnis von Fremdkapital zu Eigenkapital sollte 2 : 1 sein. Die oben angestellten Überlegungen machen jedoch deutlich, dass diese Relation entsprechend den Gegebenheiten des einzelnen Falls zu modifizieren ist. Insgesamt ist festzustellen, dass die Eigenkapitalausstattung in deutschen Unternehmen im internationalen Vergleich sehr niedrig ist. Nach neueren Untersuchungen des Statistischen Bundesamts beträgt sie im Bundesdurchschnitt etwa 20 %. Darin sind offenbar allerdings auch die vielen kleinen „unterkapitalisierten" Gesellschaften mit beschränkter Haftung enthalten. Die großen Publikumsaktiengesellschaften zeigen nach unseren Beobachtungen einen Eigenkapitalanteil von 25 bis 30 %. Wie später deutlich werden wird, ist eine Beurteilung der Kapitalstruktur nur zusammen mit der Struktur des Fremdkapitals und dem Vermögensaufbau sowie den Zukunftserwartungen des Unternehmens sinnvoll. 273

Es ist zu erwarten, dass nach voller Wirkung des neuen Bilanzrechts das ausgewiesene Eigenkapital in den Bilanzen größer wird. Gründe dafür sind die Aktivierung selbst erstellter immaterieller Vermögensgegenstände und aktiver latenter Steuern, die Pflicht zur Aktivierung von Geschäftswerten sowie die eingeschränkten Möglichkeiten der Rückstellungsbildung.

3.2.2.1 Die Struktur des Eigenkapitals

Bei der Aufbereitung der Bilanzpositionen (vgl. Rdn. 190 ff.) hat sich bereits gezeigt, dass sich das Eigenkapital aus verschiedenen Komponenten zusammensetzt. Insbesondere handelt es sich um das gezeichnete Kapital, um die Kapitalrücklage und die Gewinnrücklagen. Sowohl die Kapital- als auch die Gewinnrücklagen sollen die Stabilität des Unternehmens durch eine Vergrößerung des Haftungskapitals erhöhen. 274

In der Kapitalrücklage sind offene Einzahlungen von Gesellschaftern/Aktionären, die über den Betrag des gezeichneten Kapitals hinausgehen, auszuweisen (vgl. § 272 Abs. 2 HGB). Insbesondere werden hier die Agios aus Kapitalerhöhungen erfasst. 275

276 Als Gewinnrücklagen dürfen nur Beträge ausgewiesen werden, die im Geschäftsjahr oder einem früheren Geschäftsjahr aus dem Jahresergebnis thesauriert worden sind (§ 272 Abs. 3 HGB). Sie sind untergliedert in die gesetzliche Rücklage (§ 150 AktG), die Rücklage für eigene Anteile (§ 71 Abs. 2 AktG; § 33 Abs. 2 Satz 1 GmbHG), auf Gesellschaftsvertrag oder der Satzung beruhende Rücklagen und andere Gewinnrücklagen.

277 Der Unterschied zwischen den freien (darunter fallen „satzungsmäßige" und „andere" Gewinnrücklagen) und gesetzlichen Rücklagen besteht darin, dass die gesetzliche Rücklage bei AG (für die GmbH sind gesetzliche Rücklagen nicht vorgesehen) zwangsweise gebildet wird, indem gem. § 150 Abs. 2 Nr. 1 AktG jeweils 5 % des Jahresüberschusses der Rücklage zugeführt werden müssen, bis die gesetzliche Rücklage und die Kapitalrücklage (gem. § 272 Abs. 2 Nr. 1–3 HGB) zusammen 10 % des Grundkapitals erreichen, während die Bildung der freien Rücklage dem Unternehmen selbst überlassen ist. Da es bei der Gewinnverwendung zu einem Konflikt zwischen der Unternehmensleitung und den Aktionären kommen kann, ist im § 58 AktG geregelt, dass Vorstand und Aufsichtsrat aus eigener Kompetenz bis zu 50 % des Jahresüberschusses in die freie Rücklage einbringen und damit vor der Ausschüttung an die Aktionäre bewahren können.

278 Für die hier anstehende Untersuchung interessiert die Struktur des Eigenkapitals insofern, als die verschiedenen Komponenten in unterschiedlichem Maße der Unternehmensleitung zur Disposition stehen. Das gezeichnete Kapital entzieht sich der Verfügbarkeit. Aus Gründen der Erhaltung der Haftungssubstanz und des Gläubigerschutzes darf es grundsätzlich nicht an die Anteilseigner ausgeschüttet bzw. zurückgewährt werden. Gesetzliche Rücklagen und Kapitalrücklagen haben eine ähnliche Funktion. Sie dürfen nur zum Ausgleich eines Jahresfehlbetrags oder eines Verlustvortrags aus dem Vorjahr aufgelöst werden, und das auch nur – solange gesetzliche Rücklage und Kapitalrücklage noch nicht 10 % des Grundkapitals ausmachen –, falls keine freien Rücklagen zum Ausgleich solcher Fehlbeträge und Verluste zur Verfügung stehen. In keinem Fall darf eine gesetzliche Rücklage aufgelöst werden, um auf diese Weise zu einem positiven Bilanzgewinn und damit zu Gewinnausschüttungen zu kommen.

279 Frei disponieren kann die Unternehmensleitung nur mit den freien, nicht zweckgebundenen Gewinnrücklagen. Sie dürfen aufgelöst werden, um auch in Zeiten eines Verlusts oder nur niedrigen Jahresüberschusses Dividendenzahlungen an die Anteilseigner zu ermöglichen. Freie Rücklagen sind somit oftmals ein Instrument zur Ermöglichung einer kontinuierlichen Ausschüttungspolitik.

280 Zur Beurteilung der Struktur des Eigenkapitals bilden wir folgende Kennzahlen:

$$\text{Rücklageanteil} = \frac{\text{gesamte Rücklagen}}{\text{bilanzanalytisches Eigenkapital}} \times 100$$

281 Die Höhe des Rücklageanteils ermöglicht Rückschlüsse auf die Stabilitätspolitik des Unternehmens, indem er anzeigt, in welchem Maße die Unternehmung das haftende Eigenkapital durch Gewinnthesaurierung bzw. Kapitalzuführungen gestärkt hat.

282 Die Ermittlung des Rücklageanteils ist deswegen von Bedeutung, weil man daraus bei sehr hohen offenen Rücklagen im Verhältnis zum Grundkapital auf eine möglicherwei-

se bevorstehende *Kapitalerhöhung aus Gesellschaftsmitteln,* also auf eine Ausgabe von Gratis- oder Berichtigungsanteilen, schließen kann.

Derartige Zumutungen sind im Zusammenhang mit der Ausschüttungspolitik, die eine Unternehmung betreibt, zu sehen. Hat eine Unternehmung in der Vergangenheit sehr hohe offene Rücklagen angesammelt und will sie trotz stark gestiegener Gewinne die Höhe ihres Ausschüttungssatzes nicht ändern (Ausschüttungsstabilisierung), so besteht für sie die Möglichkeit, das gezeichnete Kapital aus Gesellschaftsmitteln zu erhöhen und auf das so erhöhte gezeichnete Kapital den unveränderten Gewinn auszuschütten. 283

Irreführend ist die Ansicht, dass die Finanzierung umso solider sei, je höher die Rücklagen im Verhältnis zum gezeichneten Kapital sind. Für den Finanzierungsstatus einer Unternehmung ist es unerheblich, wie das Eigenkapital bezeichnet ist. Bei der Benutzung der Relation Rücklagen zu gezeichnetem Kapital wird für Finanzierungsbeurteilungen der Fehler gemacht, dass hier Eigenkapital mit Eigenkapital verglichen wird. Interessant ist diese Relation lediglich als Anhaltspunkt für die Ertragslage in der Vergangenheit sowie für die Ausschüttungspolitik der Unternehmung. 284

Gesetzliche Rücklagen und Kapitalrücklagen, die mehr als 10 % des gezeichneten Kapitals ausmachen, deuten an, dass das Unternehmen Kapitalerhöhungen durchgeführt und junge Aktien zu Ausgabekursen, die über dem Nennwert liegen, ausgegeben hat. Ein solches Agio ist gem. § 272 Abs. 2 Nr. 1 HGB in die Kapitalrücklage einzustellen. 285

Nützlich im Zusammenhang mit der Analyse der Rücklagen ist auch die Feststellung des Selbstfinanzierungsgrads. 286

$$\text{Selbstfinanzierungsgrad} = \frac{\text{Gewinnrücklagen}}{\text{Gesamtkapital}} \times 100$$

Er gibt an, in welchem Maße die Unternehmung in den vergangenen Jahren in der Lage war, Eigenkapital durch Gewinnthesaurierung zu bilden. Allerdings ist auch hier wiederum der Teil der Selbstfinanzierung nicht erkennbar, der durch die Bildung stiller Rücklagen entstanden oder infolge einer Kapitalerhöhung aus Gesellschaftsmitteln bereits in das gezeichnete Kapital eingegangen ist. 287

3.2.2.2 Die Struktur des Fremdkapitals

Die Höhe des Fremdkapitals haben wir bereits im Zusammenhang mit der allgemeinen Beurteilung der Kapitalstruktur festgestellt. Darüber hinaus ist es nützlich, zu untersuchen, wie sich das Fremdkapital seinerseits zusammensetzt. Dabei interessiert es zunächst, über welche *Zeiträume das Fremdkapital* verfügbar ist. 288

Da die Restlaufzeiten der Verbindlichkeiten angegeben werden müssen, können wir exakt zwischen *kurzfristigen* (bis zu einem Jahr), *mittelfristigen* (zwischen einem und fünf Jahren) und *langfristigen* Verpflichtungen unterscheiden. Dies ist bei der Erstellung der *Strukturbilanz* bereits berücksichtigt worden, so dass wir die dort gewonnenen Einsichten in die Analyse einbeziehen können. 289

290 Generell gilt, dass die Finanzierung als umso *sicherer* anzusehen ist, je länger die Mittel zur Verfügung stehen, je höher also der Anteil des langfristigen Fremdkapitals ist. Allerdings sind kurzfristige Finanzierungen je nach Kapitalmarktverfassung oftmals kostengünstiger, so dass zwischen Sicherheitsaspekten und Wirtschaftlichkeit abgewogen werden muss.

291 Außerdem ist die *Zusammensetzung der Verbindlichkeiten* nach ihrer Herkunft, also nach Kapitalgebern, zu untersuchen. Denn, je nachdem, ob die Finanzierungsmittel beispielsweise durch Anleiheemissionen über den organisierten Kapitalmarkt beschafft oder von Banken zur Verfügung gestellt wurden, lassen sich unterschiedliche Mutmaßungen über die Sicherung der Anschlussfinanzierung und die Anpassungsfähigkeit an veränderte Zinssituationen treffen.

292 Das Ausmaß der Verbindlichkeiten aus Lieferungen und Leistungen und seine Entwicklung im Zeitablauf sowie die Inanspruchnahme der Möglichkeiten der Wechselfinanzierung erlauben nicht nur Rückschlüsse auf die Liquiditätsverhältnisse am Bilanzstichtag, sondern informieren auch über die finanzielle Ausstattung der Unternehmung insgesamt. Überhöhte Werte dieser Positionen können auf Finanzierungsengpässe und Schwierigkeiten bei der Kapitalbeschaffung hinweisen.

293 In manchen Branchen (z. B. im Großanlagenbau, in Werften, im Maschinenbau) spielen die *Anzahlungen auf Bestellungen* eine wichtige Rolle. Sie sind darauf zu untersuchen, ob sie zweckentsprechend zur Finanzierung der Materialbeschaffung und des laufenden Produktionsprozesses (Löhne etc.) eingesetzt oder ob sie zur Beschaffung von Anlagevermögen „zweckfremd" verwendet worden sind. Vermutungen darüber erlaubt die „horizontale Bilanzanalyse".

294 Stellt sich dabei heraus, dass die übrigen langfristigen Eigen- und Fremdmittel das Anlagevermögen nicht decken, ist eine Verwendung der kurzfristigen Anzahlungen für die Beschaffung langlebigen Anlagevermögens mit entsprechender langfristiger Kapitalbindung zu befürchten. Dies kann im Fall des Ausbleibens von Anschlussbestellungen zu ernsten Finanzierungsschwierigkeiten führen.

295 Besondere Aufmerksamkeit gilt den Verbundverbindlichkeiten, den Verpflichtungen gegenüber Konzern- und Beteiligungsunternehmen. Sie zeigen die Abhängigkeit des betrachteten Unternehmens vom Wohlergehen des Konzerns insgesamt. Zweckmäßigerweise werden den Verbundverbindlichkeiten die Verbundforderungen gegenübergestellt, um die Intensität der Verflechtung und damit der Abhängigkeit zu erkennen.

296 Zur Erleichterung der Analyse fassen wir sowohl die Fristen wie auch die Arten der Verbindlichkeiten im sog. *Verbindlichkeitsspiegel* zusammen.

ABB. 13: Verbindlichkeitsspiegel						
Art der Verbindlichkeiten	**Quote**	**VJ**	**GJ**	**Restlaufzeiten**		
				< 1 J.	1–5 J.	> 5 J.
Verbindlichkeiten gegenüber Kreditinstituten						
Anzahlungen auf Bestellungen						
Verbindlichkeiten aus Lieferungen u. Leistungen						
Wechselverbindlichkeiten						
Sonstige Verbindlichkeiten						
Gesamte Verbindlichkeiten						

Dabei ist darauf hinzuweisen, dass die Höhe der „Gesamten Verbindlichkeiten" deswegen nicht der Summe des „Gesamten Fremdkapitals" entspricht, weil z. B. auch die Pensionsrückstellungen, die übrigen Rückstellungen und der zur Ausschüttung vorgesehene Bilanzgewinn in das Fremdkapital einbezogen werden müssen. Hilfreich für die Analyse des Fremdkapitals erweist sich die folgende Übersicht: 297

ABB. 14: Finanzschulden und Verbindlichkeiten			
Liquiditätsgrad = $\frac{\text{liquide Mittel + Wertpapiere UV}}{\text{Bilanzsumme}}$	**2. Vorjahr**	**1. Vorjahr**	**Geschäftsjahr**
Verbindlichkeiten gg. Kreditinstitute			
+ Anleihen			
+ Wechselverbindlichkeiten			
= **Bank- u. Kapitalmarktschulden (brutto)**			
– liquide Mittel + Wertpapiere			
= **Finanzschulden/-überschuss**			
+ Verbindlichkeiten aus Lieferungen und Leistungen			
+ Verbindlichkeiten gg. Beteiligungsunternehmen			
+ Sonstige Verbindlichkeiten			
= **Gesamte Liquiditätsbelastung/-überschuss**			
(Forderungen)	(............)	(............)	(............)
(Cashflow)	(............)	(............)	(............)

Sie beantwortet Fragen wie: Wie hat sich die Verschuldung entwickelt? Gegenüber wem bestehen Verbindlichkeiten? Kapitalmarkt, Kreditinstitute, Lieferanten, verbundene Unternehmen? Sie haben jeweils eine andere Qualität! Wie sind die Fristigkeiten? Hat sich die Struktur verschlechtert?

3.2.3 Deckungsgrade: Fristenkongruenz und „Goldene Bilanzregel"

298 Bisher wurde versucht, die Solidität der Finanzierung lediglich anhand der Kapitalstruktur, wie sie sich auf der Passivseite der Bilanz niederschlägt, zu beurteilen. Es wurde vertikale Bilanzanalyse betrieben und dabei im Wesentlichen die *Kapitalherkunft* betrachtet. Nun ist es aber naheliegend, auch die *Mittelverwendung* mit in die Überlegungen einzubeziehen und zu berücksichtigen, in welchen Vermögensgegenständen, die auf der Aktivseite der Bilanz zu finden sind, das Unternehmenskapital gebunden ist.

299 Es wird folglich versucht, Zusammenhänge zwischen Mittelherkunft und Mittelverwendung aufzuzeigen und damit *horizontale Bilanzanalyse* betrieben.

300 Zur Bereitstellung und Unterhaltung des Anlagevermögens werden finanzielle Mittel langfristig gebunden. Das Umlaufvermögen hingegen wird vergleichsweise schnell im betrieblichen Umsatzprozess der Leistungserstellung und Leistungsverwertung umgesetzt. So vergeht z. B. zwischen der Beschaffung der Roh-, Hilfs- und Betriebsstoffe, ihrem Einsatz für die Herstellung der Erzeugnisse und ihrer „Wiedergeldwerdung" beim Verkauf der Produkte relativ wenig Zeit. Für die Finanzierung des Umlaufvermögens ergibt sich daraus, dass hierbei Finanzierungsmittel nur über kurze Fristen festliegen und schnell monetisiert werden.

301 Wegen der unterschiedlich langen Bindungsfristen und wegen der mit zunehmender Bindungsdauer größer werdenden Ungewissheit über die zukünftige Datenentwicklung ergeben sich unterschiedlich hohe Risiken aus der Investition von Geldmitteln in diese verschiedenen Kategorien von Vermögensgegenständen. *Das Investitionsrisiko* ist beim Anlagevermögen im Allgemeinen größer als beim Umlaufvermögen, weil sich das letztere wesentlich kurzfristiger wieder amortisiert.

302 Diese Überlegungen führen dazu, einen Zusammenhang zwischen der Finanzierung und dem Vermögensaufbau herzustellen. Ihren Niederschlag haben sie in dem *Prinzip der Fristenkongruenz* gefunden, das besagt, dass die einzelnen Vermögensgegenstände bzw. Vermögensgruppen jeweils mit solchen Mitteln finanziert werden sollen, die genauso lange zur Verfügung stehen, wie das Kapital in den Vermögensteilen gebunden ist.

303 Eine besondere Ausprägung findet das Prinzip der Fristenkongruenz, Fristenentsprechung oder auch Fristenparallelität in der sog. *„goldenen Bilanzregel"*. In ihrer allgemeinen Fassung fordert diese Regel, dass langfristig gebundenes Vermögen mit langfristigem Kapital finanziert werden soll, kurzfristig gebundenes Vermögen kann mit kurzfristigem Kapital finanziert werden.

304 Wir messen die Beachtung der Fristenkongruenz pauschal mit den Kennzahlen

$$\text{Deckungsgrad A} = \frac{\text{bilanzanalytisches Eigenkapital}}{\text{Anlagevermögen}} \times 100$$

$$\text{Deckungsgrad B} = \frac{\text{bilanzanalytisches EK + langfristiges FK}}{\text{Anlagevermögen}} \times 100$$

Je größer die Kennzahl der Anlagendeckung ist, als umso solider kann die Finanzierung bezeichnet werden. Zur Verfeinerung der Untersuchung sollte auch noch geprüft werden, in welchem Verhältnis das Eigenkapital und das Anlagevermögen zueinanderstehen, weil das Eigenkapital i. d. R. dauernd verfügbar und in dieser Hinsicht noch wertvoller als langfristiges Fremdkapital ist. 305

Auch in diesem Zusammenhang darf die Beurteilung jedoch nicht nur von der errechneten Kennzahl abhängig gemacht werden. Sie drückt lediglich pauschale Vorstellungen aus, die durch unternehmensspezifische Gegebenheiten zu modifizieren und zu ergänzen sind. So können besondere Risiken eines Unternehmens oder einer Branche durchaus ein höheres Eigenkapital bzw. einen höheren Anteil des langfristigen Kapitals erfordern, wie auch umgekehrt ein besonders von Konjunkturabläufen unabhängiges, ertragsstarkes Unternehmen u. U. mit einem niedrigeren Anteil an langfristigem Kapital auskommt. Auch die Zusammensetzung des Anlagevermögens sollte berücksichtigt werden. So wäre z. B. zu beachten, welche finanzwirtschaftlichen Einflüsse von den „Beteiligungen" ausgehen. Handelt es sich um solche, von denen man sich ohne Gefährdung der Geschäftstätigkeit und der Rentabilität des Gesamtunternehmens leicht trennen könnte, ist das anders zu bewerten, als wenn es sich um Beteiligungen handelt, die das Unternehmen langfristig aufrechterhalten muss, etwa um seine Rohstoffversorgung oder seine Absatzorganisation sicherzustellen. Informationen darüber liefert möglicherweise der Geschäftsbericht. 306

Überhaupt gewährleisten die Einhaltung der goldenen Bilanzregel und des Prinzips der Fristenkongruenz keinesfalls eine „optimale" Finanzierung oder die Sicherung der Liquidität. Ein Zusammenhang zwischen den meisten zuvor postulierten Finanzierungsgrundsätzen ist theoretisch nicht herzustellen, insbesondere kann eine durch solche Regeln normierte Finanzierung gegen das Prinzip der Wirtschaftlichkeit und damit gegen Rentabilitätsüberlegungen verstoßen. Auch die Liquidität ist durch die Einhaltung dieser Regeln nicht ohne weiteres gewährleistet. Es kann aber festgestellt werden, dass das Investitionsrisiko in kapitalintensiven Unternehmen ceteris paribus stärker ausgeprägt ist als in arbeitsintensiven, weil die Anpassung der Kosten an konjunkturelle Schwankungen hier weniger gelingt als dort. Gerade der Zusammenhang zwischen dem insofern risikoreichen Sachanlagevermögen der (kapitalintensiven) Unternehmung mit dem risikotragenden Eigenkapital aber soll in horizontalen Finanzierungsregeln erfasst werden. 307

4. Cashflow-Analysen

4.1 Definition und Charakter des Cashflows

Die bisher vorgestellten liquiditätsanalytischen und strukturellen Betrachtungen befassten sich im Wesentlichen mit Zahlen der Bilanz. Nunmehr sollen auch Erkenntnisse aus der GuV herangezogen werden. Da die Erfolgsrechnung – wie ihr Name schon sagt – sich jedoch nur wenig an Zahlungsströmen, an Einzahlungen und Auszahlungen orientiert, sondern vorzugsweise Erträge und Aufwendungen enthält, die nicht zu Zahlungsvorgängen geführt haben, ist sie für finanzwirtschaftliche Analysen nicht ohne weiteres brauchbar. Die GuV ist wegen der Periodisierung der Einzahlungen (Erträge) 308 und Auszahlungen (Aufwendungen) erfolgswirtschaftlich ausgerichtet. Folglich macht auch die Ergebniskennzahl „Jahresüberschuss" keine Aussage zur Liquidität. Um zu einer finanzwirtschaftlich aussagefähigen Kennzahl zu kommen, müssen also alle diejenigen Aufwendungen, die nicht zu Auszahlungen, und alle diejenigen Erträge, die nicht zu Einzahlungen geführt haben, aus der GuV eliminiert werden. Das geschieht bei der Ermittlung des Cashflows.

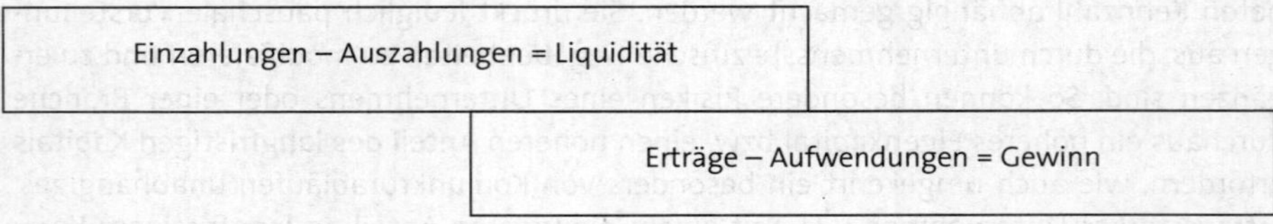

Gewinne sind keine Liquiditätsüberschüsse! Die Eliminierung unbarer Aufwendungen und Erträge aus dem erfolgswirtschaftlichen Ergebnis soll Liquiditätsaussagen ermöglichen und erfolgswirtschaftliche Erkenntnisse um finanzwirtschaftliche Einsichten ergänzen.

309 Der Cashflow ist eine Kennzahl, die den in der Periode aus eigener Kraft erwirtschafteten *Überschuss der Einzahlungen über die Auszahlungen*, die aus der laufenden Betriebstätigkeit resultieren, ausdrückt.

310 Theoretisch ist die Berechnung auf zwei Arten möglich: Bei der *direkten Ermittlung des Cashflows* werden, ausgehend von den Umsatzerlösen, alle Positionen der GuV, die zu Ein- oder Auszahlungen geführt haben oder kurzfristig führen werden (z. B. Löhne, Gehälter, Material, Steuern, Erträge aus Beteiligungen etc.), in die Rechnung einbezogen, und alle Posten, die nicht mit Zahlungen in der Periode verbunden sind, weggelassen.

	laufende betriebliche Einzahlungen
–	laufende betriebliche Auszahlungen
=	**Cashflow**

311 Konventionellerweise wird der Cashflow jedoch nicht direkt, sondern *indirekt ermittelt*, d. h. ausgehend von einer Erfolgsgröße (z. B. Jahresüberschuss), werden auszahlungsunwirksame Aufwendungen (z. B. Abschreibungen) hinzugerechnet und zahlungsunwirksame Erträge (z. B. Zuschreibungen) abgezogen. Mit anderen Worten: die Erfolgskennzahl „Jahresüberschuss" wird in die Finanzkennzahl „Cashflow" transformiert.

	Jahresüberschuss
+	Aufwendungen, die nicht zu Auszahlungen geführt haben
–	Erträge, die nicht zu Einzahlungen geführt haben
=	**Cashflow**

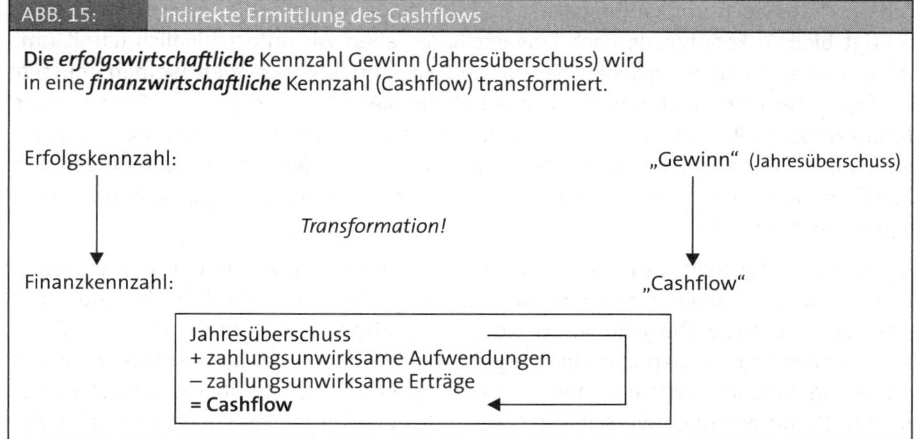
ABB. 15: Indirekte Ermittlung des Cashflows

Durch die Eliminierung aller Aufwendungen und Erträge, die nicht zahlungswirksam waren, gibt der Cashflow den Überschuss der in der Periode erzielten Einzahlungen über die laufenden Auszahlungen (Warenkäufe, Löhne, Sozialabgaben, Mieten, Steuern) an. Er stellt damit den *„Innenfinanzierungsspielraum"*, das Zahlungsmittelreservoir, zur Deckung besonderer Ausgaben etwa für *Schuldentilgung, Investitionen, Dividendenzahlungen* dar. 312

Es sei darauf hingewiesen, dass in der Literatur unterschiedliche Cashflow-Definitionen vorgeführt und diskutiert werden. Der Analytiker sollte jeweils eine den Gegebenheiten des Unternehmens und seinem Analyseziel angemessene Cashflow-Definition wählen, um den angestrebten Grad an Genauigkeit zu erreichen. 313

4.2 Cashflow als Ertragskraftindikator

In der **Praxis** wird häufig der Cashflow in seiner einfachsten Form verwendet. Er errechnet sich dann sehr ungenau und überschlagsmäßig als: 314

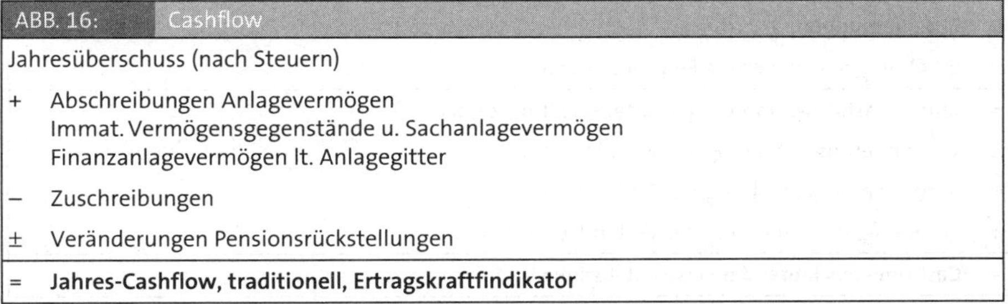
ABB. 16: Cashflow

	Jahresüberschuss (nach Steuern)
+	Abschreibungen Anlagevermögen Immat. Vermögensgegenstände u. Sachanlagevermögen Finanzanlagevermögen lt. Anlagegitter
–	Zuschreibungen
±	Veränderungen Pensionsrückstellungen
=	**Jahres-Cashflow, traditionell, Ertragskraftfindikator**

Unumstritten ist die Einbeziehung der Abschreibungen und der Zuschreibungen: Beide Vorgänge waren nicht zahlungswirksam. Grundsätzlich gilt das auch für die Erhöhung der Pensionsrückstellungen. Sie sind jedoch nicht aus der GuV, sondern näherungsweise aus der Veränderung der entsprechenden Bilanzposition zu erkennen. Bei den *außerordentlichen Erträgen und Aufwendungen* im Sinne des geltenden Bilanzrechts kann es 315 sich durchaus auch um zahlungswirksame Vorgänge handeln, die insoweit unberücksichtigt bleiben könnten. Je nach Fragestellung gehen wir unterschiedlich damit um. Soll das Innenfinanzierungspotential für die Folgejahre prognostiziert werden, müssen sie wegen der vermutlich fehlenden Wiederholbarkeit eliminiert werden. Geht es aber darum zu beurteilen, in welchem Maße die Investitionen des Geschäftsjahres durch eigene Mittel finanziert werden konnten, sollten die a. o. Erträge und Aufwendungen den Cashflow nicht verändern, also nicht vom Jahresüberschuss abgezogen bzw. hinzugerechnet werden.

316 Wir haben festgestellt, dass der Cashflow den Überschuss der Betriebseinzahlungen über die -auszahlungen der Periode angibt, d. h., er beschreibt die Existenz und Höhe eines Zahlungsmittelüberschusses im Ablauf der betrachteten Periode. Am Bilanzstichtag und zum Analysezeitpunkt steht er jedoch nicht mehr als Zahlungsmittelfonds zur Verfügung. Vielmehr wurde in der Abrechnungsperiode bereits über diese Mittel disponiert. Damit erkennen wir schon die wesentlichen *Grenzen der Cashflow-Analyse* zur Liquiditätsbeurteilung.
Da über den durch den Cashflow repräsentierten Überschuss der einzahlungsgleichen Erträge über die reine Auszahlungsdeckung bereits während der Abrechnungsperiode verfügt wurde und der Cashflow im Übrigen nur einen Teil der Zahlungsvorgänge – nämlich den Bereich der Innenfinanzierung – abbildet, handelt es sich insoweit um einen Torso.

Insofern ist es Erkenntnis erweiternd, wenn der traditionelle Cashflow erweitert und differenziert wird, wie dies in der Kapitalflussrechnung geschieht:

4.3 Cashflow als Finanzindikator

317

ABB. 17:	Erweiterte Cashflow-Analyse
	Jahresüberschuss nach Steuern
+	Abschreibungen auf Anlagevermögen (Immat. Vermögensgegenstände u. Sachanlagevermögen, Finanzanlagevermögen; Informationsquelle: GuV, Anlagengitter)
–	Zuschreibungen
±	Erhöhung, Verminderung Pensionsrückstellungen
=	**Jahres-Cashflow, traditionell, ‚Ertagskraftindikator'**
±	Verminderung/Erhöhung der Vorräte
±	Verminderung/Erhöhung der Forderungen
±	Erhöhung/Verminderung der Verbindlichkeiten
=	**Cashflow aus laufender Geschäftstätigkeit**

318 Weitere Differenzierungen ergeben sich durch Ermittlung des *Cashflows aus Investitionstätigkeit*, der die Finanzmittelveränderung aus Investitionsaktivitäten berücksichtigt, und des *Cashflows aus Finanzierungstätigkeiten*, der Deckungslücken aus operativem und investivem Cashflow zeigt.

Der Cashflow aus laufender Geschäftstätigkeit hat die größte Bedeutung. Er dokumentiert, wie viel Geld das Unternehmen im operativen Geschäft verdient bzw. verloren hat.

Generell gilt: Je höher der Cashflow, umso positiver ist die Liquiditätslage zu beurteilen, 319 denn ein umso höherer Betrag steht nach Abwicklung der Auszahlungen für den laufenden Aufwand zur Schuldentilgung, Investition und Dividendenzahlung zur Verfügung.

Einstweilen frei 320

4.3.1 Cashflow-Umsatzrate

Zur Urteilsbildung mit Hilfe des Entwicklungs- und Betriebsvergleichs relativieren wir 321 den Cashflow und errechnen verschiedene Kennzahlen:

Zunächst bilden wir die *Cashflow-Umsatzrate,* um eine Kennzahl zu erhalten, die aus- 322 sagt, wieviel Prozent des Umsatzes dem Unternehmen zu Selbstfinanzierungen, Schuldentilgungen oder Ausschüttungen zur Verfügung gestanden haben.

$$\text{Cashflow-Umsatzrate} = \frac{\text{Cashflow}}{\text{Umsatz}} \times 100$$

Mit ihrer Hilfe lässt sich das künftige Finanzierungspotential in Abhängigkeit von der 323 Umsatzentwicklung abschätzen.

4.3.2 Dynamischer Verschuldungsgrad

Als Indikator für die *Verschuldungsfähigkeit* eignet sich der Cashflow, weil die Verbind- 324 lichkeiten des Unternehmens letztlich nur aus selbst erwirtschafteten Mitteln getilgt werden können.

Maßstab ist der dynamische Verschuldungsgrad bzw. die Schuldentilgungsdauer in 325 Jahren:

$$\begin{array}{c}\text{Dynamischer Verschuldungsgrad}\\ \text{Schuldentilgungsdauer}\end{array} = \frac{\text{Gesamtes FK} - \text{Pens.rückst.} - \text{liquide Mittel*}}{\text{Cashflow}}$$

* inkl. Wertpapiere des UV

Allerdings hat diese Kennzahl eher eine *Indikatorfunktion* und dient lediglich der Relati- 326 vierung. Denn sie unterstellt, dass der Umfang der Verschuldung laufend abgebaut, der gesamte Cashflows zur Schuldentilgung verwendet wird und über einige Jahre einigermaßen konstant bleibt. Das ist aber, wie wir wissen, in der Realität nicht der Fall. Meist bleibt die Summe aller aufgenommenen Schulden gleich oder wächst mit der Ausweitung der Unternehmung. Darüber hinaus werden Teile des Cashflows laufend für Neu- oder Ersatzinvestitionen oder für Dividendenzahlungen benötigt. Insofern hat die Schuldentilgungsdauer nur *im zeitlichen oder zwischenbetrieblichen Vergleich* einen gewissen Aussagewert. Immerhin ermöglicht sie dabei jedoch Erkenntnisse über unterschiedliche Verschuldungs- und damit Finanzierungsspielräume der betrachteten Unternehmen.

4.3.3 Innenfinanzierungsgrad der Investitionen

327 Zur weiteren Beurteilung der finanzwirtschaftlichen Verhältnisse wird in diesem Zusammenhang gern gefragt, inwieweit die Unternehmung in der Lage war, ihre Investitionen aus den Umsatzüberschüssen, aus dem Cashflow, zu finanzieren:

$$\text{Innenfinanzierungsgrad der Investitionen} = \frac{\text{Jahres-Cashflow}}{\text{Zugänge AV}} \times 100$$

328 Die Cashflow-Analyse lässt leider eine Reihe von Fragen unbeantwortet. So kann nicht angegeben werden, wofür die im Cashflow ausgedrückten, selbst erwirtschafteten Mitteln letztlich verwendet worden sind. Außerdem bleibt die Cashflow-Analyse für unsere Liquiditätsuntersuchungen insofern unbefriedigend, als die im Unternehmen von außen zugeflossenen Mittel als Folge von Kapitalerhöhungen oder Neuverschuldungen nicht berücksichtigt wurden.

ABB. 18: Cashflow-Analysefelder

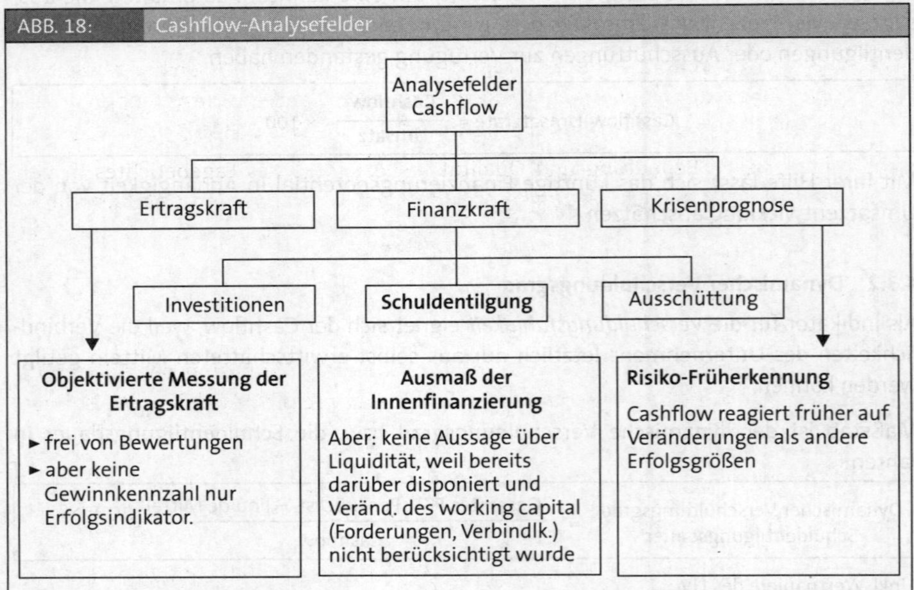

IV. Das Informationspotenzial von Anhang und Lagebericht

1. Bedeutung und materielle Qualität

329 Insbesondere seit der Reform des Bilanzrechtes durch das BilMoG im Jahr 2009 und BilRUG im Jahr 2015 haben die im Anhang zu findenden Informationen und die Lageberichterstattung ganz erheblich an Umfang zugenommen sowie an Bedeutung und Qualität gewonnen.

330 Der *Anhang* ist neben der Bilanz und der Gewinn- und Verlustrechnung der dritte, mit den beiden erstgenannten korrespondierende Bestandteil des Jahresabschlusses. Der

Lagebericht hingegen ist ein eigenständiger Bestandteil der Rechnungslegung, wird jedoch meistens zusammen mit dem Jahresabschluss veröffentlicht.

Beide Informationsinstrumente erläutern und ergänzen die Zahlenwerke von Bilanz 331
und Erfolgsrechnung. Sie erlangen ihre besondere Qualität dadurch, dass die Berichterstattung nicht durch die einschränkende Formulierung in der Generalnorm des § 264 Abs. 2 Satz 1 HGB „... *unter Beachtung der Grundsätze ordnungsmäßiger Buchführung*" verzerrt werden. Darüber hinaus werden die Rechenwerke durch verbale Darstellungen, Formulierungen, Grafiken sowie Statistiken in Anhang und Lagebericht verdeutlicht, verständlicher und einprägsamer.

Für den Bilanzleser stellen beide Instrumente eine Fundgrube an Informationen dar.

Der Unternehmensleitung bieten sie die Chance, das nüchterne Zahlenmaterial – auch 332
subjektiv – zu erläutern und zu bewerten. Für die Leser, die „User", wohnt ihnen eine besondere „Zuverlässigkeitsgarantie" inne, da sowohl Anhang als auch der Lagebericht unter die Prüfungspflicht durch die Abschlussprüfer fallen.

„Der Lagebericht ... sind darauf zu prüfen, ob der Lagebericht mit dem Jahres- 333
abschluss ... sowie mit den bei der Prüfung gewonnenen Erkenntnissen des Abschlussprüfers in Einklang stehen und ob der Lagebericht insgesamt eine zutreffende Vorstellung von der Lage des Unternehmens ... vermittelt" (§ 317 Abs. 2 HGB).

Nicht zuletzt haben Bedeutung und Qualität insbesondere des Lageberichtes in den 334
letzten Jahren durch allerlei Haftungsprozesse gegen Vorstände und Geschäftsführer zugenommen, die zu besonderer Aufmerksamkeit bei der Erstellung und Analyse des Lageberichtes geführt haben.

2. Der Anhang

Der Anhang hat zunächst eine *Erläuterungsfunktion,* d. h. die Posten der Bilanz und 335
GuV werden detailliert beschrieben, aufgegliedert und ergänzt. Auf diese Weise werden die „Kern"-Rechenwerke entlastet, was auch der Übersichtlichkeit dient.

BEISPIEL:

Das Vermögen wird in der Bilanz aufgelistet, die Bilanzierungs- und Bewertungsmethoden werden im Anhang ausführlich beschrieben.

Die zahlreichen Regelungen zum Anhang und die Auflistung der Pflichtangaben finden 336
sich in den §§ 284 und 285 HGB. Die wesentlichen seien hier genannt:

- Angabe der angewandten Bilanzierungs- und Bewertungsmethoden;
- Angabe der Grundlagen für die Währungsumrechnung ausländischer Posten;
- Begründung abweichender Bilanzierungs- und Bewertungsmethoden und Angabe des Einflusses auf die Vermögens-, Finanz- und Ertragslage;
- Angabe wesentlicher Unterschiede zwischen den Werten nach Gruppenbewertung bzw. Verbrauchsfolgeverfahren und den letzten bekannten Börsenkursen oder Marktpreisen;
- Angaben zu Einbeziehung von Fremdkapitalzinsen in den Herstellungskosten;
- Angabe der Restlaufzeiten von Verbindlichkeiten;
- Gesamtbetrag der sonstigen finanziellen Verpflichtungen, die nicht in der Bilanz enthalten sind;
- Umsatzerlöse nach Geschäftsbereichen sowie nach geographisch bestimmten Märkten;

- durchschnittliche Zahl der während des Geschäftsjahres beschäftigten Arbeitnehmer nach Gruppen;
- Gesamtbezüge der Geschäftsführungs- und Aufsichtsorgane sowie der Hinterbliebenen der früheren Organe;
- Begründung der Nutzungsdauer von mehr als fünf Jahren bei aktivierten Firmenwerten;
- im Falle der Aktivierung die Angabe der Forschungs- und Entwicklungskosten und der auf selbst geschaffene immaterielle Vermögenswerte des Anlagevermögens entfallende Betrag;
- Bewertungsmethoden der Rückstellungen für Pensionen und ähnliche Verpflichtungen;
- Einzelheiten zu den aktivierten latenten Steuern.

337 Es ist offensichtlich, dass die Nutzung des Anhangs für die Beurteilung der Vermögens-, Finanz- und Ertragslage und der zukünftigen Entwicklung der Gesellschaft von nicht zu unterschätzender Bedeutung ist.

3. Der Lagebericht

338 Mittelgroße und große Kapitalgesellschaften sowie haftungsbeschränkte Personenhandelsgesellschaften müssen einen Lagebericht erstellen (§ 264 Abs. 1 Sätze 1 und 4 HGB sowie § 289 HGB).

339 Der Lagebericht muss „ein den tatsächlichen Verhältnissen entsprechendes Bild des Geschäftsverlaufs einschließlich des Geschäftsergebnisses und der Lage der Kapitalgesellschaft“ vermitteln.

340 Der Lagebericht ist nicht Teil des Jahresabschlusses sondern ein eigenständiges Rechnungslegungsinstrument. Seine besonderen Aufgaben bestehen in der Verdichtung der Jahresabschlussinformationen und in einer zeitlichen/sachlichen Ergänzung des Jahresabschlusses durch Einbeziehung von Prognosen und Nachtragsinformationen.

341 Seiner Konzeption nach dient er wie der Jahresabschluss also sowohl der *Rechenschaft*, ist aber darüber hinaus auch ein *Informationsinstrument*.

342 Er folgt insofern der Zielsetzung einer kapitalmarktorientierten Berichterstattung, die dem Adressaten Informationen vermittelt, welche dem Jahresabschluss nicht unmittelbar zu entnehmen sind.

So umfassen die Berichterstattungspflichten insbesondere folgende Inhalte:

- Wirtschaftsbericht,
- Prognose-, Chancen- und Risikobericht,
- Bilanzeid für börsennotierte AG/KGaA,
- Bericht über Finanzinstrumente,
- Forschungs- und Entwicklungsbericht,
- Zweigniederlassungsbericht,
- Vergütungsbericht für die Organe börsennotierter AG,
- Zusatzangaben für größere Kapitalgesellschaften über nichtfinanzielle Leistungsindikatoren,
- Übernahmerechtliche Angaben für börsennotierte AG/KGaA,
- Beschreibung der wesentlichen Merkmale des Internen-Kontroll- und Risikomanagementsystem im Hinblick auf den Rechnungslegungsprozess für Kapitalmarktgesellschaften.

343 Die Berichterstattung über den *Geschäftsverlauf* im Wirtschaftsbericht soll einen Überblick über die Entwicklung der Gesellschaft und die ursächlichen Ereignisse im abgelau-

fenen Geschäftsjahr geben und in der Darstellung des Ergebnisses – auch im Sinne einer Bewertung – münden. Sie umfasst auch die gesamtwirtschaftlichen Rahmenbedingungen und die Branchensituation sowie deren Interpretation.

Die Darlegungen umfassen beispielsweise Auftragsbestand, Absatz und Umsatz, Pro- 344
duktion (Auslastung, Veränderungen gegenüber Vorjahr, Fertigungskosten), Beschaffung, Investitionen, Finanzierung (Instrumente, Aktienemissionen, Anleihen etc.), Personal- und Sozialangelegenheiten, Umweltschutz sowie sonstige wichtige Vorgänge im Geschäftsjahr (Umstrukturierungs- und Rationalisierungsmaßnahmen).

Im Rahmen der voraussichtlichen *Entwicklung mit ihren Chancen und Risiken (Prognose-* 345
bericht) soll die Geschäftsleitung darlegen, welchen Geschäftsverlauf sie in Zukunft erwartet und damit direkt an die dargestellte Lage anknüpfen. Die Leser sollen nicht allein auf die vergangenheitsbezogenen Angaben angewiesen sein.

Ihre Bedeutung und Qualität bekommt die Prognoseberichterstattung auch dadurch, 346
dass sich die Akteure später an ihren vorausgegangenen Aussagen messen lassen müssen.

Wenig Erfahrungen bestehen bisher mit der *Risikoberichterstattung*, ihrer Intensität, 347
Qualität und Folgen. Die Adressaten sollen in die Lage versetzt werden, sich ein Bild über die Risiken, deren Eintrittswahrscheinlichkeiten und Auswirkungen auf die wirtschaftliche Lage der Unternehmung zu machen. Dazu gehören beispielsweise Umfeld- und Branchenrisiken, Personalrisiken, finanzwirtschaftliche Risiken sowie leistungswirtschaftliche Risiken.

Die Beispiele machen insgesamt deutlich, dass der Lagebericht, oft mit dem Jahres- 348
abschluss zusammengefasst, eine wahre Fundgrube für Informationen zur Unternehmensbeurteilung ist und eine solche ohne ihre Nutzung ein Torso wäre. Bezüglich der Einzelheiten sei insbesondere auf § 289 HGB, DRS 20 und auf *Baetge/Kirsch/Thiele*, Bilanzen, 13. Aufl., Düsseldorf 2017, hingewiesen.

Literaturangaben:

Baetge/Kirsch/Thiele, Bilanzanalyse, 2. Aufl., Düsseldorf 2004; *Baetge/Kirsch/Thiele*, Bilanzen, 11. Aufl., Düsseldorf 2011; *Bitz/Schneeloch/Wittstock/Patek*, Der Jahresabschluss, 6. Aufl., München 2014; *Brösel*, Bilanzanalyse, Berlin 2012; *Coenenberg*, Jahresabschluss und Jahresabschlussanalyse, 20. Aufl., Stuttgart 2005; *Fink/Schultze/Winkeljohann*, Bilanzpolitik und Bilanzanalyse nach neuem Handelsrecht, Stuttgart 2010; *Goeke*, Der deutsche Mittelstand – Herzstück der deutschen Wirtschaft, in: Goeke (Hrsg.), Praxishandbuch Mittelstandsfinanzierung, Wiesbaden 2008; *Göllert*, Problemfelder der Bilanzanalyse: Einflüsse des BilMoG auf die Bilanzanalyse, in: DB 34/2009, S. 1773–1778; *Gräfer/Schneider/Gerenkamp*, Bilanzanalyse, 12. Aufl., Herne 2012; *Kanitz*, Bilanzkunde für Juristen, 3. Aufl., München 2014; *Kirsch*, Rentabilitätsanalyse auf Basis eines IAS/IFRS-Abschlusses, in: BB 5/2004, S. 261–265; *Krause/Arora*, Controlling-Kennzahlen, München 2009; *Krawitz*, Latente Steuern als Problem der Konzernbilanzanalyse, in: Lachnit/Freidank (Hrsg.), Investorenorientierte Unternehmenspublizität, Wiesbaden 2000; *Küting/Heiden*, Pro-Forma-Ergebnisse in deutschen Geschäftsberichten – Kritische Bestandsaufnahme aus Sicht der Erfolgsanalyse –, in: StuB 22/2002, S. 1085–1089; *Küting*, Entwicklungstendenzen der Bilanzanalyse, in: DB 42/2010, S. 2289–2296; *Küting/Lorson*, Stand und Entwicklungsperspektiven der Bilanzanalyse, BBK F. 19 S. 255–280; *Küting/Weber*, Die Bilanzanalyse, 10. Aufl., Stuttgart 2012; *Lachnit*, Bilanzanalyse, Wiesbaden 2007; *Losbichler/Rothböck*, Der Cash-to-cash Cycle als Werttreiber im SCM, in: Controlling & management review, Zeitschrift für Controlling & Management 52/2008; *Meyer*, Bilanzierung nach Handels- und Steuerrecht, 25. Aufl., Herne 2014; *Peemöller*, Bilanzanalyse und Bilanzpolitik,

3. Aufl., Wiesbaden 2003; *Petersen/Zwirner/Künkele*, Bilanzanalyse und Bilanzpolitik, 2. Aufl., Herne 2010; *Pfaff/Skiera/Weiss*, Financial supply chain management, Bonn; *Preißler*, Betriebswirtschaftliche Kennzahlen, München/Wien 2008; *Scherrer*, Rechnungslegung nach neuem HGB, 3. Aufl., München 2011; *Schindler*, EBITDA – Führungsgrösse mit Zukunft – Konzept zur Steuerung des Ressourcenmanagements, in: Der Schweizer Treuhänder, 9/2002, S. 771–778; *Schneider*, Oh, EVA, EVA, schlimmes Weib: Zur Fragwürdigkeit einer Zielvorgabe-Kennzahl nach Steuern im Konzerncontrolling, in: DB 48/2001, S. 2509–2514; *Seppelfricke*, Unternehmensanalysen, Stuttgart 2019; *Steffens*, Aus der Krise steuern, Differenziertes Finanz- und Liquiditätscontrolling für mittelständische Automobilzulieferer, 1. Aufl., Marburg 2009; *Ulbrich/Schmuck/Jäde*, Working Capital Management in der Automobilindustrie – Eine Betrachtung der Schnittstelle zwischen OEM und Zulieferer, in: Zeitschrift für Controlling & Management 52/2008; *Volk*, „Neue" Jahresabschluss- bzw. Ertragskennzahlen: Arten, Aussagekraft und Verwendungsmotivation, in: StuB 11/2002, S. 512–525; *Wagenhofer*, Bilanzierung und Bilanzanalyse, Wien 2000; *Wagenhofer*, Bilanzierung und Bilanzanalyse, 6. Aufl., Wien 2000; *Wagenhofer/Ewert*, Externe Unternehmensrechnung, Berlin/Heidelberg 2003; *Wulf/Müller*, Bilanztraining, Freiburg 2010.

4. Kapitel:

Teil B: Volks- und betriebswirtschaftliche Grundlagen

von
Dipl.-Kaufmann Dipl.-Volkswirt Dipl.-Ingenieur
Prof. Dr. Selden Peter Schröder, Solingen

Inhaltsverzeichnis

I. Abgrenzung Volkswirtschaftslehre/ Betriebswirtschaftslehre

Volkswirtschaftslehre und Betriebswirtschaftslehre sind **Teilgebiete der Wirtschaftswissenschaften**. Beide befassen sich mit der Wirtschaft, die als das menschliche Betätigungsfeld verstanden wird, das durch rationalen Umgang mit Gütern (reale Güter und Dienstleistungen) die Befriedigung menschlicher Bedürfnisse zum Ziel hat. Der rationale Umgang mit Gütern ist notwendig, da diese generell nicht unbegrenzt zur Verfügung stehen, sondern – unterschiedlich ausgeprägt – naturbedingt knapp und nicht beliebig regenerierbar sind. Dieser rationale Umgang mit Gütern wird als „wirtschaften" verstanden. Ziel des Wirtschaftens kann sein, mit einem bestimmten Mitteleinsatz ein höchstmögliches Ziel (Maximalprinzip) oder ein bestimmtes Ziel mit einem geringst möglichen Mitteleinsatz (Minimalprinzip) zu erreichen. Man bezeichnet dies als **Ökonomisches Prinzip.** 701

Von dieser Voraussetzung ausgehend ist es Aufgabe der **Volkswirtschaftslehre**, das wirtschaftliche Geschehen mittels geeigneter Begriffe und Methoden zu beschreiben und zu erklären, sowie den zukünftigen Geschehensablauf zu prognostizieren und Möglichkeiten zur Beeinflussung des Wirtschaftsablaufs darzustellen. Die **Betriebswirtschaftslehre** befasst sich dagegen mit den Entscheidungsprozessen in einem Betrieb. 702

II. Volkswirtschaftslehre

1. Wirtschaftsordnung und Wirtschaftssysteme

Die Begriffe Wirtschaftsordnung und Wirtschaftssysteme werden unterschiedlich definiert und verwendet. Teilweise werden Wirtschaftssysteme als theoretische Modelle und Wirtschaftsordnungen als Organisation von tatsächlich existierenden Volkswirtschaften bezeichnet. Häufig werden die beiden Begriffe aber auch synonym verwendet. Diese letzte Form soll auch hier gelten. 703

In der Volkswirtschaftslehre werden zwei Idealtypen von Wirtschaftsordnungen unterschieden. Zum einen handelt es sich um die **freie Marktwirtschaft** und zum anderen um die **Zentralverwaltungswirtschaft**. Die Abgrenzung erfolgt meistens durch die Hauptmerkmale der Eigentumsordnung und der Planung. Bei der freien Marktwirtschaft besteht Privateigentum an den Produktionsmitteln und es erfolgt eine dezentrale Planung über Einzelpläne der jeweiligen Unternehmen. Die Zentralverwaltungswirtschaft ist gekennzeichnet durch eine zentrale Planung und ein Kollektiveigentum an den Produktionsmitteln. 704

Zwischen diesen beiden Idealtypen existieren in den realen Volkswirtschaften zahlreiche Varianten. Eine der relevanten Ausprägungen ist beispielsweise in der chinesischen Volkswirtschaft zu beobachten: Staatlich gelenkte Investitionen und strategische Subventionierung bestimmter Sektoren werden hier mit privatwirtschaftlichem Gewinnmaximierungskalkül verknüpft. In Deutschland hat sich nach dem zweiten Weltkrieg das System der **Sozialen Marktwirtschaft** herausgebildet. Nach Alfred Müller-Armack (1901–1978), einem „Vater" der Sozialen Marktwirtschaft, soll dabei das Prinzip der Freiheit auf dem Markte mit dem des sozialen Ausgleichs verbunden werden, um so 705 die Vorteile der freien Marktwirtschaft zu nutzen und gleichzeitig deren Nachteile zu vermindern. Weitere Begründer dieses Systems sind Ludwig Erhard (1897–1977, erster Wirtschaftsminister der Bundesrepublik und zweiter Bundeskanzler) und Walter Eucken (1891–1950).

Im Unterschied zur freien Marktwirtschaft wird die Soziale Marktwirtschaft u. a. durch folgende Merkmale gekennzeichnet:

706 **Beschränkung der Eigentumsrechte:**

Grundsätzlich ist das Eigentum durch Art. 14 Abs. 1 GG gewährleistet.

Jedoch wird in Abs. 2 der Vorschrift geregelt, dass Eigentum auch verpflichtet. Sein Gebrauch soll zugleich dem Wohle der Allgemeinheit dienen. Hier ist eine soziale Bindung des Eigentums definiert, sodass der Eigentümer nicht beliebig über sein Eigentum verfügen kann.

Außerdem besagt Abs. 3, dass Enteignungen zum Wohle der Allgemeinheit zulässig sind, allerdings nur, wenn sie gegen Entschädigung erfolgen. Die Höhe dieser vorgeschriebenen Kompensation ist allerdings keineswegs unstrittig.

707 **Eingriffe in die Preisbildung:**

Um einen sozialen Ausgleich auf den Märkten zu erreichen, wird in der Sozialen Marktwirtschaft vom Staat in die Preisbildung eingegriffen. Dieses geschieht zum einen durch marktkonforme Maßnahmen, die den Preismechanismus nicht außer Kraft setzen (z. B. die Bezahlung von Wohngeld), oder durch marktkonträre Maßnahmen, die den Preismechanismus außer Kraft setzen (z. B. die Gewährung von Mindestpreisen, Produktionsbeschränkungen oder Höchstabnahmemengen in der landwirtschaftlichen Erzeugung). Vergleichbares gilt beispielsweise für Wohnungs- und Arbeitsmarkt („Mietpreisbremse", „Mindestlohn").

708 **Beschränkung der Gewinnmaximierung:**

In der Sozialen Marktwirtschaft ist genau wie in der freien Marktwirtschaft ein Gewinnstreben als Wirtschaftsmotor gewollt. In bestimmten Fällen sind jedoch Beschränkungen vorgesehen, z. B. werden durch § 138 BGB Wuchergeschäfte als nichtig erklärt. Auch die Missbrauchsaufsicht über marktbeherrschende Unternehmen stellt eine Beschränkung ihres Gewinnstrebens dar.

709 **Beschränkung der Gewerbefreiheit:**

In der Sozialen Marktwirtschaft ist die freie Ausübung von gewerblicher Tätigkeit durch Zulassungsbedingungen und Anzeige- bzw. Genehmigungspflichten beschränkt.

710 **Beschränkung der Vertragsfreiheit:**

Auch in der Sozialen Marktwirtschaft gilt grundsätzlich das Prinzip der Vertragsfreiheit. Aber in einigen Fällen, in denen Marktteilnehmer zu schützen sind, gibt es beschränkende Regelungen, wie z. B. die Vorschriften zur Geschäftsfähigkeit. Weitere Einschränkungen der Vertragsfreiheit wurden beispielsweise auf dem Arbeits- und dem Wohnungsmarkt oder im Rahmen des Kartellverbots implementiert.

2. Wirtschaftskreislauf

Als Wirtschaftskreislauf wird üblicherweise ein vereinfachtes Modell einer Volkswirtschaft bezeichnet. 711

In seiner **einfachen Form** werden nur Unternehmen und Haushalte gegenübergestellt. Die Haushalte stellen den Unternehmen Produktionsfaktoren zur Verfügung, aus denen Güter produziert werden, die von den Haushalten konsumiert werden. Diesem Güterkreislauf steht ein wertmäßig gleicher Geldkreislauf gegenüber, bei dem die Haushalte die Güter der Unternehmen bezahlen und eine Vergütung für die Produktionsfaktoren erhalten. 712

In einem **erweiterten Wirtschaftskreislauf** werden die Geldströme (auf die Güterströme wird aus Gründen der Übersichtlichkeit meistens verzichtet) zwischen den Sektoren Unternehmen, private Haushalte, Staat (inklusive Sozialversicherung) und Ausland dargestellt. 713

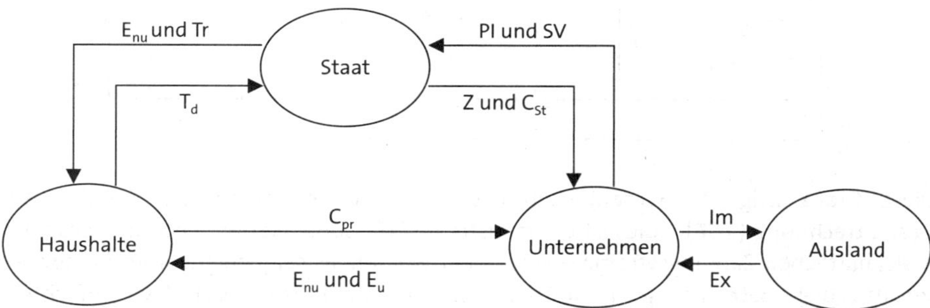

E_{nu}	Löhne und Gehälter
Tr	Transferleistungen (z. B. Krankengeld)
PI	Produktions- und Importabgaben
SV	Sozialversicherungsbeiträge
T_d	direkte Steuern
Z	Subventionen
C_{St}	staatlicher Konsum
C_{pr}	privater Konsum
E_u	Gewinne
Im	Import
Ex	Export

Dieses System kann noch weiter vereinfacht werden, in dem die direkten Steuern und die Sozialversicherungsbeiträge sowie die Transferleistungen außer Betracht bleiben. Außerdem wird allgemein unterstellt, dass die Unternehmen ihren Gewinn voll ausschütten und der Staat einen ausgeglichenen Haushalt hat. Somit entsteht die Sparleistung nur bei den privaten Haushalten, sie dient der Finanzierung der Investitionen.

Um in diesem Wirtschaftskreislauf ein geschlossenes System zu erhalten, muss als Erweiterung die Vermögensänderungsrechnung hinzugefügt werden. In dieser werden

den Bruttoinvestitionen (I_{br}) und dem Außenbeitrag (Ex-Im) die Abschreibungen (Ab) und die Ersparnisse (S) gegenübergestellt.

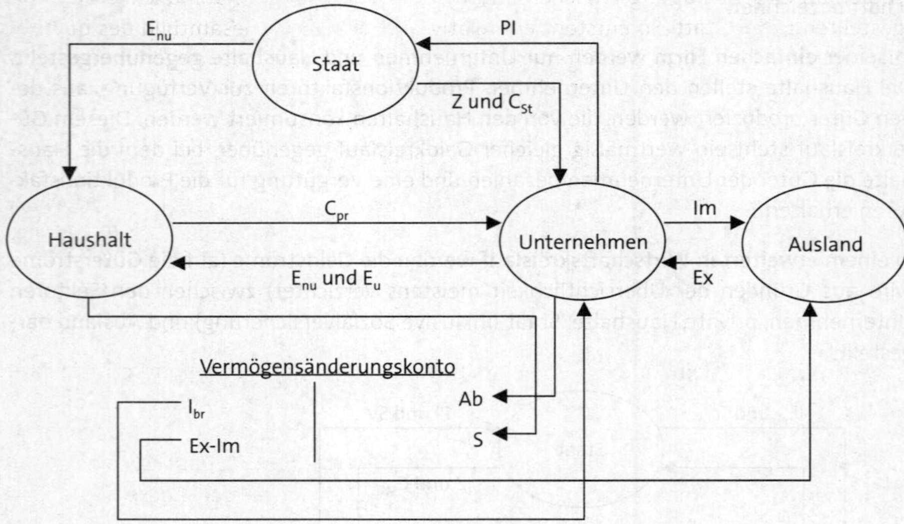

Diese Grafik zeigt die wesentlichen Positionen, die in der **Volkswirtschaftlichen Gesamtrechnung (VGR)** – dies ist die statistische Erfassung aller wesentlichen gesamtwirtschaftlichen Zahlungsströme – verwendet werden. Es sei jedoch darauf hingewiesen, dass diese Betrachtung eine statische Momentaufnahme eines stark vereinfachten Wirtschaftskreislaufs darstellt. Verschiedene Aspekte (z. B. Produkt- oder Prozessinnovationen) werden nicht berücksichtigt. Die detaillierte Funktionsweise von Güter-, Arbeits- und Geldmarkt werden im Bereich der Makroökonomik untersucht.

3. Konjunktur und Wirtschaftswachstum

714 Unter **Wirtschaftswachstum** wird allgemein die Steigerung des Bruttoinlandsproduktes innerhalb einer Periode verstanden (wobei eine Senkung des Bruttoinlandsproduktes als negatives Wirtschaftswachstum bezeichnet wird). Das **Bruttoinlandsprodukt** erfasst den Gesamtwert der Güter und Dienstleistungen, die während einer Periode im Inland (z. B. Deutschland) erzeugt worden sind. Für die Berechnung werden die Bruttoinvestitionen, der private und staatliche Konsum und der Außenbeitrag addiert (Bruttoinlandsprodukt = $I_{br} + C_{pr} + C_{St} + (Ex - Im)$, zu den Abkürzungen siehe Rdn. 713).

Die Ermittlung der entsprechenden Daten erfolgt durch das Statistische Bundesamt im Rahmen der Volkswirtschaftlichen Gesamtrechnung.

715 „Die Volkswirtschaftlichen Gesamtrechnungen haben die Aufgabe, für einen bestimmten Zeitraum ein möglichst umfassendes, übersichtliches, hinreichend gegliedertes quantitatives Gesamtbild des wirtschaftlichen Geschehens in einer Volkswirtschaft zu geben" (Statistisches Bundesamt, 2009).

Die bestimmten Größen, beispielhaft sei der Konsum privater Haushalte benannt, erwachsen aus aggregierten Transaktionen der betrachteten Sektoren. Es findet dabei naturgemäß eine Abwägung zwischen Informationsgehalt und Verständlichkeit der dargestellten Daten statt. So entsteht ein relativ übersichtliches Gesamtbild des quantifizierbaren wirtschaftlichen Geschehens, als Grundlage für zeitliche und/oder internationale Vergleiche. Auf dieser Datenbasis werden Entscheidungen in Politik und Wirtschaft getroffen.

Weitere wichtige Daten, die ermittelt werden, sind:

Volkseinkommen nach der Verteilung = $E_{nu} + E_u$

Lohnquote = $E_{nu} \times 100$ / Volkseinkommen

Volkseinkommen nach der Verwendung = $(I_{br} - Ab) + C_{pr} + C_{St} - PI + Z + (Ex - Im)$

Außenbeitrag = Ex – Im

Das **Bruttonationaleinkommen** erfasst den Gesamtwert der Güter und Dienstleistungen (ohne Vorleistungen), die während einer Periode von Inländern (Wohnsitz oder gewöhnlicher Aufenthalt in Deutschland) erzeugt worden sind. Der Unterschied zum Bruttoinlandsprodukt beruht also auf dem Primäreinkommen (PE) aus der und an die übrige Welt. Als Primäreinkommen werden die Verkaufserlöse der Produktion abzüglich Vorleistungen und Abschreibungen bezeichnet.

Bruttonationaleinkommen =
$I_{br} + C_{pr} + C_{St} + (Ex - Im)$ + PE aus der übr. Welt – PE an die übr. Welt

Das Nettoinlandsprodukt und das Nettonationaleinkommen werden ermittelt, indem von den Bruttowerten die Abschreibungen abgezogen werden, also in den obenstehenden Gleichungen statt I_{br} jeweils $(I_{br} - Ab)$ angesetzt wird.

BEISPIEL:

Private Konsumausgaben	C_{pr}	1 500,00
+ Konsumausgaben Staat	C_{St}	450,00
+ Bruttoanlageinvestitionen	I_{br}	400,00
+ Außenbeitrag (Exporte minus Importe)	Ex-Im	150,00
= Bruttoinlandsprodukt		2 500,00
- Abschreibungen	Ab	350,00
= Nettoinlandsprodukt		2 150,00
- Saldo der Primäreinkommen mit der übrigen Welt		50,00
= Primäreinkommen (Nettonationaleinkommen)		2 200,00
- Nettoproduktionsabgaben	PI-Z	300,00
= Volkseinkommen		1 900,00
- Arbeitnehmerentgelt	E_{nu}	1 250,00
Unternehmens- und Vermögenseinkommen	E_u	650,00

In der Volkswirtschaftlichen Gesamtrechnung kann allerdings nur eine bedingte Aus- 716
sage über das **quantitative Wachstum** durch eine Steigerung des Bruttoinlandsproduktes getroffen werden. Das Bruttoinlandsprodukt erfasst nämlich nicht alle Vorgänge in einer Volkswirtschaft, so werden die relevanten Bereiche selbst verrichtete Hausarbeit, negative externe Effekte (z. B. Umweltbelastungen) oder Naturkatastrophen nicht einberechnet. Sog. Schattenwirtschaft wie Schwarzarbeit oder Drogenhandel wird auf-

grund mangelnder Datengrundlage lediglich mittels Zuschlägen und Sonderrechnungen berücksichtigt.

Zur Frage des **qualitativen Wachstums** kann grundsätzlich keine Aussage aus dem Bruttoinlandsprodukt erfolgen. Ob also eine Verbesserung z. B. der Bildung oder ärztlichen Versorgung stattgefunden hat, ist nicht berücksichtigt. Dynamische Aspekte wie Innovation oder Qualitätsentwicklung von Dienstleistungen werden folglich nicht in der Volkswirtschaftlichen Gesamtrechnung betrachtet. Auch über die Einkommens- und Vermögensverteilung wird keine Aussage getroffen. Ebenso spielen der Ressourcenverbrauch und die Umweltbelastung beim Bruttoinlandsprodukt keine Rolle.

717 Trotzdem ist ein angemessenes und stetiges Wirtschaftswachstum ein Ziel nach dem Stabilitäts- und Wachstumsgesetz, in dem der grobe Rahmen für die wirtschafts- und finanzpolitischen Maßnahmen des Bundes und der Länder mit dem Ziel des gesamtwirtschaftlichen Gleichgewichts festgelegt sind.

718 Das Wirtschaftswachstum verläuft entgegen der gesetzlichen Zielvorgabe nicht stetig, sondern unterliegt ständigen Schwankungen. Diese Schwankungen im Auslastungsgrad des Produktionspotenzials werden als **Konjunkturverlauf** bezeichnet. Die im Grundmuster immer wiederkehrenden Schwankungen um den langfristigen Trend herum werden als **Konjunkturzyklen** bezeichnet, wobei die Bezeichnung irreführend ist, da es sich zwar um regelmäßig wiederkehrende, aber nicht um gleichmäßige Schwankungen handelt. Schematisch lässt sich dies folgendermaßen darstellen:

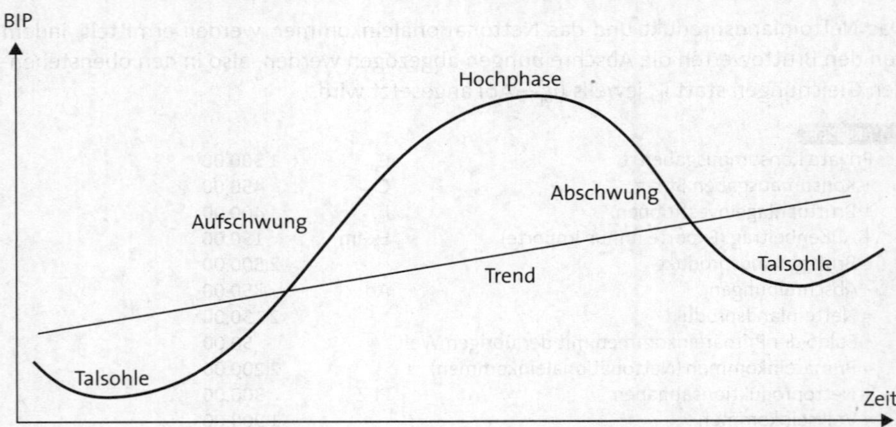

719 Tendenziell sind die Phasen eines Konjunkturzyklus folgendermaßen gekennzeichnet:

- **Aufschwung (Expansion)** = Zunahme der Produktion und der Gewinne, leichtes Ansteigen der Löhne und Gehälter, Abnahme der Arbeitslosigkeit, Abbau Kurzarbeit, Zunahme der offenen Stellen, Anstieg der Investitionen, leichte Zinserhöhungen, Preisniveaustabilität
- **Hochphase (Boom)** = annähernde Auslastung der Produktion, hohe Gewinne, stärkeres Ansteigen der Löhne und Gehälter, Vollbeschäftigung evtl. mit Überstunden, große Investitionstätigkeit, stärkere Zinserhöhungen, steigende Preise

- **Abschwung (Rezession)** = Abnahme der Produktion und der Gewinne, erst Stabilität der Löhne und Gehälter, dann Abnahme durch Streichung freiwilliger Leistungen, Zunahme der Arbeitslosigkeit, Einführung von Kurzarbeit, Rückgang der Investitionen, Zinssenkungen, abnehmende Preissteigerungsraten, evtl. Preissenkungen
- **Talsohle (Depression)** = hohe nicht ausgenutzte Produktionskapazitäten, sinkende Gewinne und Löhne und Gehälter, hohe Arbeitslosigkeit, geringe Investitionsbereitschaft, niedrige Zinsen, Rückgang des Preisniveaus

Zur Messung bzw. Prognose der Konjunkturzyklen werden verschiedene **Indikatoren** 720
verwendet. Die Frühindikatoren sollen Hinweise auf die Konjunkturentwicklung der näheren Zukunft geben. Typische Indikatoren dieser Gruppe sind die Auftragseingänge bzw. -bestände, Baugenehmigungen und Wirtschaftserwartungen. Die derzeitige Konjunktur wird durch die Präsensindikatoren, wie Bruttoinlandsprodukt und Auslastungsgrad, angezeigt. Die dem Konjunkturverlauf nachlaufenden Indikatoren, wie Arbeitslosenquote und Preisindizes, werden als Spätindikatoren bezeichnet.

4. Fiskalpolitische Instrumente

Fiskalpolitik wird definiert als das Bestreben des Staates, durch bewusste Veränderung 721
seiner Einnahmen- und Ausgabenpolitik zur Stabilisierung der Konjunktur und damit des Wirtschaftswachstums beizutragen.

Grundsätzlich gilt der haushaltrechtliche Grundsatz, dass ein Haushalt ausgeglichen 722
sein soll. Dies würde dazu führen, dass in konjunkturellen Hochphasen entstehende höhere Steuereinnahmen eine Notwendigkeit steigender Staatsausgaben bedingen. Dies hätte statt der angestrebten Verstetigung der Konjunkturzyklen eine Intensivierung derselben zur Folge.

Aus diesem Grund steht das entgegengesetzte Verhalten des Staates im Mittelpunkt der Betrachtungen der Fiskalpolitik. In Hochphasen soll der Staat die Ausgaben verringern und etwaige Überschüsse als Konjunkturausgleichsrücklage vorhalten. In den Phasen Abschwung und Talsohle können größere Ausgaben dazu genutzt werden, die Konjunktur zu stimulieren (antizyklische Fiskalpolitik). Zum Zwecke der Vermeidung von konjunkturellen Schwächephasen kann es dem Staat auch ermöglicht werden, auf kreditfinanzierte Ausgaben zurückzugreifen. Diese bewusste Neuverschuldung zum Zwecke der Konjunkturförderung wird als deficit-spending bezeichnet.

Wesentliche Grundlage für die Fiskalpolitik in Deutschland ist das Gesetz zur Förderung 723
der Stabilität und des Wachstums der Wirtschaft (Stabilitätsgesetz) von 1967. Es definiert in § 1 die fiskalpolitische Zielsetzung mit dem Oberziel des gesamtwirtschaftlichen Gleichgewichts und den Unterzielen Stabilität des Preisniveaus, hoher Beschäftigungsstand, außenwirtschaftliches Gleichgewicht und stetiges und angemessenes Wirtschaftswachstum (magisches Viereck). Nach § 2 ist eine Auseinandersetzung mit der wirtschaftlichen Entwicklung vorgeschrieben. In den folgenden Paragraphen werden allgemeine Rahmenbedingungen für die Fiskalpolitik aufgestellt, die bei bestimmten Ereignissen (z. B. eine die volkswirtschaftliche Leistungsfähigkeit übersteigende Nachfrageausweitung) festgelegte Maßnahmen ermöglichen (z. B. Verzögerung von Baumaßnahmen).

Weitere Eingriffsmöglichkeiten sind die Beschleunigung von Investitionsvorhaben und die Gewährung von Subventionen bei einer § 1 gefährdenden Abschwächung der allgemeinen Wirtschaftstätigkeit. Die Änderungsmöglichkeiten des Einkommens- und Körperschaftssteuergesetzes sind aus dem Stabilitätsgesetz gestrichen worden, aber weiterhin ein beliebtes fiskalpolitisches Mittel (z. B. Änderung der Abschreibungsmöglichkeiten, Änderung des Steuertarifes).

724 Allerdings kann daraus nicht geschlossen werden, dass diese Maßnahmen sofort einsetzen und wirken. Hier liegen auch die Hauptkritikpunkte an der Fiskalpolitik. Zum einen überschreitet die Entscheidungs- und Durchführungsdauer fiskalpolitischer Maßnahmen häufig die Konjunkturphase – diese wirken dann gegebenenfalls nicht oder entgegen der ursprünglichen Intention. Weiterhin wird die grundsätzliche Wirksamkeit fiskalpolitischer Maßnahmen regelmäßig infrage gestellt. Ein hoher Anteil feststehender Ausgaben, welche auf gesetzlichen oder vertraglichen Vereinbarungen beruhen, bedingen zudem Bedenken bezüglich des haushaltspolitischen Spielraums, wenn in Aufschwungs- und Hochphasen weder Schuldentilgung noch die Bildung einer Konjunkturausgleichsrücklage erfolgen. Diese Kritik liegt darin begründet, dass aus politisch-taktischen Abwägungen Vergünstigungen, die in einer Abschwungphase oder Talsohle implementiert wurden, in Aufschwung- oder Hochphasen selten abgebaut werden. Dies gilt besonders für eine Ausweitung der sog. automatischen Stabilisatoren. Als solche seien ein progressiver Steuertarif (Einkommensteuer) und Ausgaben für den Arbeitsmarkt beispielhaft benannt. In einer Talsohle sinken durch verminderte Einkommen die Steuer- und Sozialeinnahmen, während die Ausgaben zur Grundsicherung für Arbeitssuchende und die Arbeitsförderung (SGB II und III) steigen. Diese Stabilisatoren wirken durch die gesetzten Regelungen automatisch – sie bezwecken jedoch keinen konjunkturellen Umschwung, sondern sind auf die Abschwächung der eintretenden Auswirkungen einer negativen Konjunkturentwicklung ausgerichtet.

5. Volkswirtschaftliche Preisbildung

725 Die Preisbildung erfolgt in einer Marktwirtschaft grundsätzlich auf Märkten, auf denen **Angebot** und **Nachfrage** zusammentreffen. Diese Märkte können organisiert sein (z. B. Börsen oder Auktionen) oder ohne feste Organisationsstruktur ablaufen (z. B. Autohandel). Nach der Anzahl der Anbieter bzw. Nachfrager wird in Monopol, Oligopol oder Polypol unterschieden. Bei einem **Monopol** gibt es entweder nur einen Anbieter (Angebotsmonopol) oder einen Nachfrager (Nachfragemonopol, auch als Monopson bezeichnet).

Beim **Oligopol** stehen wenige Anbieter und/oder Nachfrager im Wettbewerb zueinander, im **Polypol** viele. Für die Untersuchung der Preisbildung wird ein Polypol auf einem sogenannten **vollkommenen Markt** unterstellt, d. h. es wird von einer Homogenität der Güter, von vollkommener Markttransparenz und unendlich schneller Reaktionsmöglichkeit ausgegangen. Weitere Bedingung ist, dass die Marktteilnehmer keinerlei Präferenzen haben, dass ihre Kaufentscheidung also lediglich vom Wettbewerbspreis abhängt. Außerdem verhalten sich alle Marktteilnehmer rational, sodass die Anbieter nach Gewinnmaximierung und die Nachfrager nach Nutzenmaximierung streben.

Sowohl die nachgefragte als auch die angebotene Menge nach einem Gut bestimmt sich auf dem vollkommenen Markt nach dem Preis. Je höher der Preis ist, umso kleiner ist die nachgefragte Menge. Eine Ausnahme bilden sog. Giffen-Güter, deren nachgefragte Menge mit dem Preis steigt. Bei der angebotenen Menge verhält es sich genau umgekehrt. Je höher der Preis ist, umso größer ist die angebotene Menge. Grafisch ergibt sich in einem Preis-Mengen-Diagramm folgendes Bild: 726

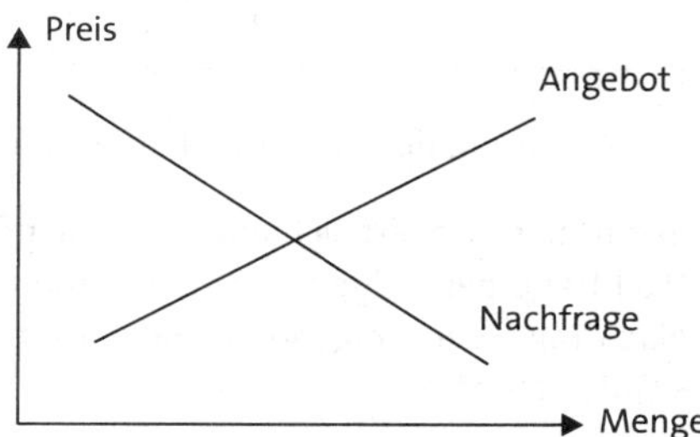

Der Verlauf der Nachfragekurve kann je nach dem Zusammenhang zwischen relativer Preisänderung und relativer Mengenänderung einen unterschiedlichen Verlauf haben (**Preiselastizität der Nachfrage**). 727

$$\text{Preiselastizität der Nachfrage} = \frac{\text{Mengenänderung in Prozent*}}{\text{Preisänderung in Prozent*}}$$

* in der Berechnung werden die Änderungen als positive Werte dargestellt

Bei einem Wert von 1 wird von einer normalen oder Einheitselastizität gesprochen. Wirkt sich eine Preisänderung nur verhältnismäßig gering auf die Nachfragemenge aus, so bezeichnet man die Nachfrage als unelastisch (< 1), bei einer verhältnismäßig großen Auswirkung ist die Nachfrage elastisch (> 1).

BEISPIEL: Ein Gut A hat einen Preis von 20 € je Einheit. Bei diesem Preis werden 100 000 Stück nachgefragt. Nach einer Preiserhöhung um 10 % auf 22 € werden nur noch 88 000 Stück nachgefragt (-12 %).

$$\text{Preiselastizität der Nachfrage} = \frac{12\,\%}{10\,\%} = 1{,}2$$

Die Preiselastizität der Nachfrage ist größer als 1, die Nachfrage ist also elastisch. Nach der Preiserhöhung nehmen die Ausgaben für das Gut A ab, da das Produkt aus Menge × Preis jetzt kleiner ist.

Eine berechnete Elastizität bezieht sich allerdings immer nur auf einen bestimmten Preis. Nach der im Beispiel angegeben Preiserhöhung kann bei einer weiteren Preiserhöhung eine andere Preiselastizität der Nachfrage gelten, da z. B. die Haushalte nicht weiter auf das Gut A verzichten können.

Das Nachfrageverhalten nach einem Gut ist aber nicht starr, sondern unterliegt laufenden Veränderungen. Dabei führt eine Abnahme der Nachfrage zu einer Verschiebung der Kurve nach links (N1) und eine Zunahme der Nachfrage zu einer Verschiebung nach rechts (N2). 728

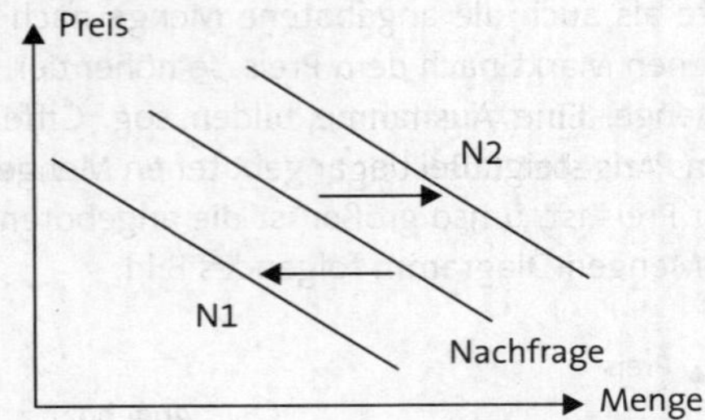

Die Ursachen für eine solche Änderung der Nachfragekurve können vielfältig sein:

Bei Veränderungen des Einkommens ändert sich auch das Nachfrageverhalten. Bei normalen Gütern steigt die Nachfrage bei steigendem Einkommen. Bei sogenannten inferioren Gütern sinkt die Nachfrage bei steigendem Einkommen, weil eine Ersetzung durch z. B. höherwertigere Güter stattfindet.

Einfluss auf das Nachfrageverhalten haben auch die Preise von **Substitutionsgütern** (eine Preiserhöhung bei Gut A führt zu einer Senkung der nachgefragten Menge bei Gut A und zu einer Erhöhung der nachgefragten Menge bei Gut B) oder **Komplementärgütern** (eine Preiserhöhung bei Gut A führt zu einer Senkung der nachgefragten Menge bei Gut A und zu einer Senkung der nachgefragten Menge bei Gut B). Dieser Zusammenhang wird in der sog. Kreuzpreiselastizität erfasst.

Veränderungen können außer durch den Preis auch durch Geschmackswandel (Mode), Verhaltensänderungen (Information z. B. über Gesundheitsgefährdungen) oder Zukunftsprognosen (Preisänderungen, Einkommensänderungen) auftreten.

729 Auch die Angebotskurve kann sich durch Änderungen der Produktionskosten oder der Zukunftsprognosen verschieben. Dabei führt eine Abnahme des Angebotes zu einer Verschiebung der Kurve nach links und eine Zunahme des Angebotes zu einer Verschiebung nach rechts.

730 Auf einem vollkommenen Markt sorgt der Preis dafür, dass sich Angebot und Nachfrage ausgleichen. Der Preis, bei dem Angebot und Nachfrage übereinstimmen, wird Gleichgewichtspreis (p) genannt. Die entsprechende Menge wird als Gleichgewichtsmenge (x) bezeichnet.

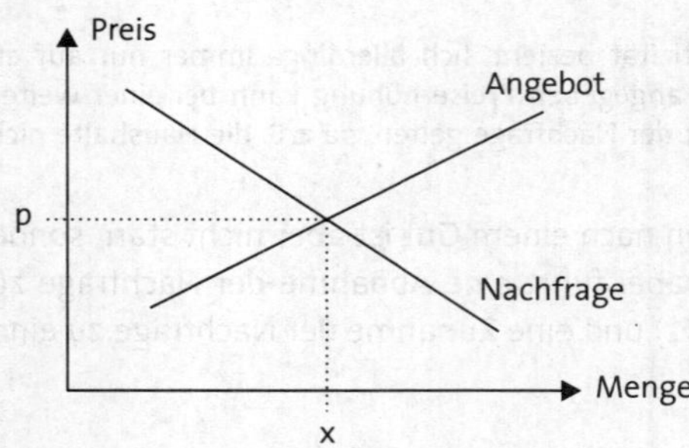

Der Gleichgewichtspreis bringt Angebot und Nachfrage zum Ausgleich, man sagt auch er „räumt den Markt". Ein höherer Preis als p würde dazu führen, dass es mehr Angebot als Nachfrage zu diesem Preis gibt (Angebotsüberschuss). Ein geringerer Preis führt dazu, dass die Nachfrage das Angebot übersteigt (Nachfrageüberschuss).

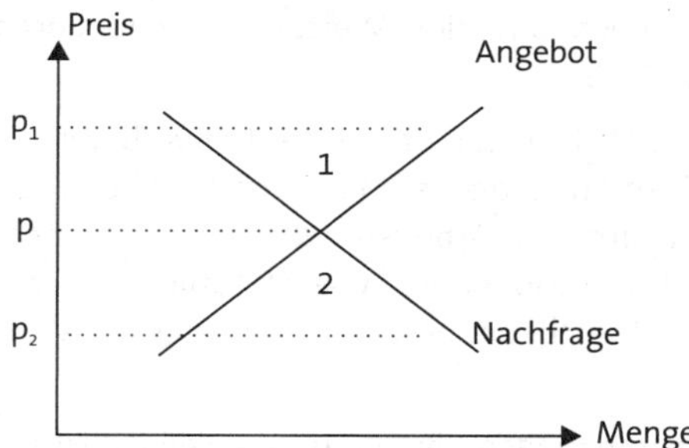

Der Preis p_1 führt zu einem Angebotsüberschuss (1) und der Preis p_2 zu einem Nachfrageüberschuss (2).

In einem vollkommenen Markt erfolgt der Ausgleich von Angebot und Nachfrage automatisch über den Preis. Ein Angebotsüberschuss würde durch eine Preissenkung der Anbieter zu einem Gleichgewichtspreis führen und auf einen Nachfrageüberschuss erfolgt eine Preissteigerung der Anbieter. Dabei erfüllt der **Preis** folgende Funktionen: 731

- Gleichgewichtsfunktion: Es gibt auf Dauer keine unverkäuflichen Mengen bei den Produzenten und keine unbefriedigte Nachfrage.
- Informationsfunktion: Ein sich ändernder Preis zeigt, dass sich auf der Angebots- und/oder Nachfrageseite Veränderungen ergeben haben.
- Allokationsfunktion: Die Produktion wird auf die Märkte gelenkt, die die höchsten Preise (den höchsten Gewinn) einbringen (Allokation der Ressourcen).
- Sanktionsfunktion: Produzenten, die z. B. durch falsche Produkte oder überhöhte Preise am Markt vorbei produzieren, werden durch niedrigere Gewinne oder höhere Verluste bestraft.

In diesen Marktmechanismus wird im Rahmen der sozialen Marktwirtschaft teilweise eingegriffen. Je nach der Art des Eingriffes wird dieser als marktkonform oder marktkonträr bezeichnet. Ein marktkonformer Eingriff unterstützt zwar die Marktteilnehmer, aber greift nicht in die Funktionsweise der Preisbildung ein (z. B. Zahlung von Wohngeld). Bei marktkonträren Eingriffen z. B. durch Mindest- oder Höchstpreise wird diese Funktionsweise außer Kraft gesetzt, sodass es entsprechend zu Angebotsüberschüssen oder zu nicht befriedigender Nachfrage kommt. 732

6. Wettbewerbspolitik

Auf Ludwig Erhard, den ersten Bundesminister für Wirtschaft ist auch die Einführung 733
des ordnungspolitisch ausgerichteten „Gesetzes gegen Wettbewerbsbeschränkungen" im Jahre 1957 zurückzuführen. Das GWB, seinerzeit gegen den Widerstand der deutschen Industrie (z. B. des BDI) eingeführt, wurde auch als „Grundgesetz der Wirtschaft"

bezeichnet. Die ursprüngliche Fassung, welche keine Fusionskontrolle und nur eine rudimentäre Missbrauchsaufsicht vorsah, wurde im Rahmen von zehn Novellen (1965–2021) stetig erweitert.

Die wichtigsten Behörden in diesem Zusammenhang sind das Bundeskartellamt (§ 51 ff. GWB) und die Generaldirektion Wettbewerb (DG Competition) der Europäischen Kommission (§ 22 GWB).

734 Grundsätzlich ist in einer Volkwirtschaft ein Wettbewerb der Wirtschaftssubjekte untereinander sowohl auf der Angebots-, als auch auf der Nachfrageseite gewünscht (Einschränkungen gelten z. B. auf dem Arbeitsmarkt, hinsichtlich des Preiswettbewerbs im Buchhandel und „natürlicher Monopole" wie öffentlichen Versorgern). Eine strategische Einschränkung des Wettbewerbs zugunsten eigener Vorteile ist jedoch regelmäßig zu beobachten.

Diese Wettbewerbsbeschränkungen können in unterschiedlicher Weise auftreten. Eine Variante ist ein Kartell, also ein vertraglicher Zusammenschluss von rechtlich selbständigen Unternehmen, die ihre Selbständigkeit bezüglich der Wahl der Wettbewerbsparameter im Rahmen der Kartellvereinbarung aufgeben, um so den Wettbewerb einzuschränken oder zu verfälschen (z. B. Ausweitung des Absatzgebietes bei einem Gebietskartell). Ein perfektes Preiskartell funktioniert wie ein Monopol – die Preise werden so abgesprochen, dass die Gewinne der Firmen maximiert werden.

735 Nach § 1 des Gesetzes gegen Wettbewerbsbeschränkungen (GWB) sind Vereinbarungen (horizontal und vertikal) zwischen Unternehmen, Beschlüsse von Unternehmensvereinigungen und aufeinander abgestimmte Verhaltensweisen, die eine Verhinderung, Einschränkung oder Verfälschung des Wettbewerbs bezwecken oder bewirken, verboten. Es sind in diesem Zusammenhang die Bestimmungen des Vertrags über die Arbeitsweise der Europäischen Union zu beachten (Art. 101 AEUV), sofern die Vereinbarung „geeignet ist, den Wettbewerb zwischen Mitgliedsstaaten zu beeinträchtigen".

Nach § 2 GWB können diese Vereinbarungen vom Verbot freigestellt werden, wenn durch sie Effizienzvorteile generiert werden, an denen die Verbraucher „in angemessener Weise" beteiligt werden. Außerdem darf keine Ausschaltung des Wettbewerbs für die betroffenen Produkte erfolgen. Zusätzliche Möglichkeiten der Freistellung finden sich in den Gruppenfreistellungsverordnungen (GVO) der Europäischen Union.

Neben den in § 1 GWB und Art. 101 (1) AEUV untersagten Vereinbarungen sind gem. § 19 GWB und Art. 102 AEUV verschiedene Praktiken durch sog. marktbeherrschende Unternehmen (§ 18 GWB) untersagt. Zu diesen zählen beispielsweise Exklusivitätsbindungen, Boykotte, Kopplungen, Diskriminierung, Verdrängungspreise oder stark überhöhte Preise. In Deutschland kommt das Verbot des Missbrauchs relativer Marktmacht (§ 20 GWB) hinzu, welches beispielsweise greift, wenn in einer Wertschöpfungskette ein Unternehmen in besonderer Abhängigkeit eines anderen Unternehmens steht.

736 Eine weitere Möglichkeit der Wettbewerbsbeschränkung bietet der Konzern, also ein horizontaler, vertikaler oder konglomerater Unternehmenszusammenschluss vormals rechtlich selbständiger Unternehmen, die ihre wirtschaftliche Selbständigkeit an die Muttergesellschaft abgetreten haben. Dieses kann durch vertragliche Vereinbarungen (Vertragskonzern) oder durch Beteiligungen (faktischer Konzern) geschehen. Häufig

sind beide Möglichkeiten simultan zu beobachten. Bei einer Fusion verlieren die Unternehmen nicht nur ihre wirtschaftliche, sondern auch ihre rechtliche Selbständigkeit, da nach der Fusion zweier Unternehmen nur noch eines besteht. Dies geschieht entweder durch Aufnahme des einen Unternehmens (A und B fusionieren zu A) oder durch Neugründung (A und B fusionieren zu C). Unternehmenskonzentrationen können zwar eine Reihe von positiven Effekten für die Unternehmen bewirken (z. B. Fixkostenreduktion, verbesserte Ausnutzung von Lerneffekten durch Spezialisierung der Arbeitnehmer, Durchführung kostenintensiver Forschungs- und Entwicklungsprojekte, erleichterte Kapitalbeschaffung durch günstigere Konditionen oder andere Finanzprodukte), dem können jedoch volkswirtschaftliche Nachteile gegenüberstehen, sofern eine signifikante Behinderung wirksamen Wettbewerbs aus der Fusion resultiert.

Ein Unternehmenszusammenschluss von Unternehmen, bei denen mindestens eines 737
die Größenordnung nach § 35 GWB erreicht, ist nach § 36 GWB vom Bundeskartellamt zu untersagen, wenn vom Zusammenschluss zu erwarten ist, dass er eine marktbeherrschende Stellung begründet oder verstärkt oder eine „signifikante Behinderung wirksamen Wettbewerbs" zur Folge hat, es sei denn, die beteiligten Unternehmen weisen nach, dass durch den Zusammenschluss auch Verbesserungen der Wettbewerbsbedingungen eintreten und dass diese Verbesserungen die wettbewerbsbeschränkenden Auswirkungen überwiegen (Effizienzverteidigung).

Nach der Verordnung (EG) Nr. 139/2004 des (Europäischen) Rates v. 20. 1. 2004, die am 1. 5. 2004 in Kraft trat, über die Kontrolle von Unternehmenszusammenschlüssen (Fusionskontrollverordnung) ist die EU-Kommission für alle „Zusammenschlüsse von gemeinschaftsweiter Bedeutung" (Umsatzschwellen) zuständig. Werden die Schwellen der Europäischen Union überschritten, verlieren die Mitgliedsstaaten ihre Zuständigkeit.

7. Umweltschutz

Marktwirtschaftliche Ergebnisse wirken nicht grundsätzlich ökologisch, jedoch ist ein 738
effizientes Marktergebnis ebenso nicht als per-se umweltschädigend einzuordnen. Eine wesentliche Ursache für die teilweise zu beobachtende Nichtberücksichtigung der Ökologie liegt in negativen Externalitäten, die von Wirtschaftssubjekten erzeugt werden. Da diese die Auswirkungen ihrer umweltschädigenden Handlungen nicht selbst tragen und niemand von der Nutzung öffentlicher Güter wie der Umwelt ausgeschlossen werden kann, werden sie nicht eingepreist. Der Verknappung der Menge „natürliche und unbelastete Umwelt" wird so nicht durch entsprechend steigende Preise für Umweltbelastungen entgegengewirkt.

Eine marktkonforme Lösung basiert auf der Annahme, dass die Zuweisung von Eigen- 739
tumsrechten eine effiziente Allokation bedingt (Coase-Theorem). Als Beispiel der Implementation dieser theoretischen Grundlage für öffentliche Güter können CO_2-Zertifikate benannt werden. Diese gewähren dem Inhaber das Recht, eine bestimmte Menge CO_2 auszustoßen. Wird die Gesamtmenge ausgegebener Zertifikate zur Erreichung eines ökologischen Zwischenziels verringert, erhöht sich deren Preis auf den sog. Umwelt-

märkten und der Anreiz, ökologischer zu agieren, wird verstärkt. Auch ist zu berücksichtigen, dass Emissionsmengen sich durch technischen Fortschritt reduzieren können, so dass die zugelassenen Mengen weiter abgesenkt werden können. Seit 2005 existiert innerhalb der Europäischen Union ein solcher Markt für CO_2-Emissionen. Hier werden allerdings regelmäßig eine zu hoch angesetzte Emissionsmenge und die Ausnahme bestimmter Industriebereiche wie Kraftstoffproduktion oder Schiffsverkehr kritisiert.

Neben marktkonformen Maßnahmen ergeben sich weitere Möglichkeiten der Einwirkung durch staatliche Anreizsysteme wie beispielsweise Abgaben als Strafsystem oder Subventionen für besonders ökologische oder zukunftsweisende Technologien. Diese Anreize entfalten nur dann Wirkung, wenn der Nutzen durch Abgabenersparnis oder Subventionserhalt für ein Unternehmen größer ist, als die Kosten für die Vermeidung der Umweltbelastung. Mit staatlichen Mitteln gelenkter Umweltschutz birgt überdies grundsätzlich das Risiko von Fehlallokationen.

740 Durch vermehrte Information und Sensibilisierung der Verbraucher für den Umweltschutz können Unternehmen motiviert werden, sich ökologisch zu verhalten, um ein positives Unternehmensimage in diesem Punkt zu erreichen oder zu festigen. Dieser indirekte Zwang zum Umweltschutz über den Verbraucher kann aber nur funktionieren, wenn der Kunde die ökologische Leistungsfähigkeit vergleichen kann und will und er bereit ist, für das umweltfreundlichere Produkt ggf. einen höheren Preis zu bezahlen. Möglichkeiten zur Darstellung des Umweltbewusstseins eines Unternehmens sind ökologisch Zertifizierung von Produkten, Verfahren und/oder Betrieben oder Veröffentlichungen von Umweltbilanzen. Dabei handelt es sich um Systeme von Kennzahlen, die hauptsächlich die mengenmäßige Belastung der Umwelt durch die Unternehmenstätigkeit darstellen.

741 Wichtige Daten jeder Umweltbilanz sind Strom- und Wasserverbrauch sowie der Energiebedarf für die Beheizung des Betriebs. Auch Materialverbräuche, Emissionen (CO_2, Lärm, Strahlen usw.) und die Menge an Abfällen sowie deren Entsorgung gehören standardmäßig dazu. Je nach Unternehmenstyp können zusätzlich spezifische Umweltbelastungen auftreten (z. B. Treibstoffe bei einer Spedition). Diese Angaben sind allerdings wie andere Bilanzkennzahlen auch erst im Mehrjahres- oder Soll-Ist-Vergleich sinnvoll zu interpretieren.

Auch ein Branchenvergleich kann aussagekräftig sein, wenn die Daten auf eine Vergleichsgröße bezogen werden (z. B. Stromverbrauch je Mitarbeiter oder Kilogramm Abfall je produzierte Einheit).

742 Zusammenfassend können Umweltschutzmaßnahmen in drei Bereiche untergliedert werden: Erstens marktkonforme Lösungen, die auf der Zuweisung von Eigentumsrechten zur Herstellung eines Preismechanismus basieren. Zweitens sind staatliche Subventionen, Gebühren oder Verbote zu nennen. An dritter Stelle steht eine Informationspolitik, die durch Sensibilisierung der Verbraucher Unternehmen zu ökologischem Verhalten motivieren soll.

III. Betriebswirtschaftslehre

1. Produktionsfaktoren

Die **betriebswirtschaftlichen Produktionsfaktoren** sind dispositive Arbeit, ausführende Arbeit, Betriebsmittel und Werkstoffe. 743

- Zur **dispositiven Arbeit** gehören die leitenden Arbeitskräfte, deren Aufgabe es ist, die wirtschaftlichste Kombination der drei folgenden Produktionsfaktoren (Elementarfaktoren) einzusetzen.
- Zur **ausführenden Arbeit** gehören alle Arbeitskräfte eines Unternehmens, die nicht überwiegend leitende Funktionen ausüben.
- Zu den **Betriebsmitteln** gehören alle Gebäude, Maschinen, Werkzeuge, Fahrzeuge u. ä. Güter.
- Zu den **Werkstoffen** gehören die Rohstoffe, Hilfsstoffe und Betriebsstoffe.

Die genannten Produktionsfaktoren werden am Beschaffungsmarkt erworben bzw. beim Faktor Arbeit angeworben. Im darauffolgenden Produktionsprozess werden die Werkstoffe unter Einsatz der ausführenden Arbeit und der Betriebsmittel in Waren und Dienstleistungen umgewandelt. Am Absatzmarkt erfolgt dann der Verkauf der Waren und Dienstleistungen. Dieser gesamte Vorgang wird als **güterwirtschaftlicher Prozess** bezeichnet. Die Steuerung dieses Prozesses erfolgt über die dispositive Arbeit. 744

Umgekehrt zum güterwirtschaftlichen läuft der **finanzwirtschaftliche Prozess** vom Absatzmarkt, auf dem die vom Unternehmen verkauften Waren und Dienstleistungen bezahlt werden, dem Unternehmen also Finanzmittel zufließen, zurück zum Beschaffungsmarkt, auf dem das Unternehmen für die bezogenen Produktionsfaktoren einen Finanzmittelabfluss hat. Dieses einfache Schema (vgl. einfacher Wirtschaftskreislauf, Rdn. 711 ff.) kann noch um den Staat, der dem Unternehmen über Subventionen Finanzmittel zuführt und durch Steuern Finanzmittel entzieht, sowie um den Kapitalmarkt, der Finanzmittelüberschüsse oder -bedarfe ausgleicht, erweitert werden. 745

2. Teilbereiche der Betriebswirtschaftslehre

Die betrieblichen Funktionen können allgemein in den Leistungs- und in den Verwaltungsbereich sowie die Unternehmensführung gegliedert werden. Der Leistungsbereich untergliedert sich weiter in den Produktionsbereich und den Absatzbereich. Der Verwaltungsbereich wird untergliedert in das Rechnungswesen, den (Investitions- und) Finanzbereich sowie den Personalbereich. 746

Diese Einteilung gibt die wesentlichen Bereiche wieder, mit denen sich die Allgemeine Betriebswirtschaftslehre beschäftigt. Sie sollen im Folgenden näher erläutert werden.

2.1 Unternehmensführung

Es ist die Aufgabe der Unternehmensführung, den Leistungs- und Verwaltungsbereich so zu steuern, dass die definierten Unternehmensziele erreicht werden. Um dieser Aufgabe gerecht werden zu können, müssen als erstes die Ziele des Unternehmens festgelegt werden. Im nächsten Schritt erfolgt die Planungsphase, in der die verschiedenen Möglichkeiten zur Zielerreichung geprüft und für eine Entscheidung aufbereitet werden. Dabei sind auch die Teilpläne der einzelnen Bereiche (Beschaffungs-, Produktions-, 747

Absatz-, Finanz-, Investitions- und Personalplanung) aufeinander abzustimmen. In der Entscheidungsphase wird der Planungsvariante der Vorzug gegeben, die den höchsten Zielerreichungsgrad erwarten lässt. In der Ausführungsphase müssen die für die Realisierung notwendigen und geeigneten Maßnahmen organisiert werden (Festlegung von Aufbau- und Ablauforganisation). Die Durchführung dieser Maßnahmen durch den Leistungs- bzw. Verwaltungsbereich wird laufend von der Unternehmensführung mit Hilfe von Abweichungsanalysen kontrolliert. Durch die Analyseergebnisse soll der gesamte Unternehmensprozess laufend verbessert werden, um so zu einer möglichst optimalen Zielerreichung zu gelangen. Die Koordination dieser Tätigkeiten und die Bereitstellung der benötigten Informationen werden als Controlling bezeichnet.

2.2 Produktion

748 Der Produktionsbereich ist sowohl für die Bereitstellung des benötigten Materials (Materialwirtschaft) als auch für die Leistungserstellung (Fertigungswirtschaft) zuständig. In enger Beziehung zu diesem Bereich liegt auch die Forschung und Entwicklung, die sich mit dem Erarbeiten von neuen Erkenntnissen und daraus abgeleitet neuen oder verbesserten Produkten beschäftigt.

Der Produktionsbereich bei Dienstleistungen ist insofern einfacher, dass der Bereich der Materialwirtschaft – hauptsächlich die Lagerhaltung – entfällt und die Ausführung nur in dem Moment erfolgen kann, in dem die Dienstleistung nachgefragt wird (keine Vorratsproduktion). Nachfolgend soll deshalb die Güterproduktion betrachtet werden.

749 Die **Materialwirtschaft** beschäftigt sich mit den Roh-, Hilfs- und Betriebsstoffen sowie mit Waren. Ihre Aufgabe ist es, den benötigten Materialbedarf zu ermitteln (Planung) und diesen unter Minimierung der Kosten zeitgerecht zur Verfügung zu stellen.

750 Bei der Beschaffung ist sowohl auf die benötigte Qualität als auch die termingerechte und vollständige Lieferung zu achten. Dabei müssen die in der Planung ermittelten Preise beachtet werden. Durch den Prozess der Lieferantenbeurteilung erfolgt eine Analyse des Beschaffungsprozesses.

751 Eng verbunden mit der Beschaffung ist der Bereich der Lagerhaltung, da die zur Verfügung stehende Lagerkapazität bei jeder Bestellung berücksichtigt werden muss. Da Lagerhaltung sowohl durch die gelagerten Materialien als auch durch die Lagerflächen und deren Ausstattung und Betrieb Kapital bindet, ist ein Ausgleich zu suchen zwischen einem möglichst kleinen Lager und der ständigen Verfügbarkeit des benötigten Materials. Eine vorratslose Beschaffung liefert das Just-in-Time-Konzept, das darauf ausgelegt ist, die Materialen erst in dem Moment anliefern zu lassen, in dem sie benötigt werden. Hierfür müssen der Beschaffungs- und Produktionsprozess sehr stark aufeinander abgestimmt sein, damit es nicht zu Ausfallzeiten kommt.

752 Ein weiteres Aufgabengebiet der Materialwirtschaft ist die Sammlung und Entsorgung des nicht mehr benötigten Materials bzw. der Produktionsreste und -abfälle. In diesem Teilbereich spielt der Umweltschutz eine große Rolle.

Zusätzlich unterstützt die Materialwirtschaft durch die mengenmäßige Ermittlung des Materials (Inventur) das Rechnungswesen.

In der **Fertigungswirtschaft** geht es um die Güterproduktion. Ausgangspunkt ist die Planung des Produktionsprogramms, also die Vorgabe, welche Produkte wann und in welcher Menge produziert werden. Dabei ist auf eine möglichst hohe Auslastung der Ressourcen zu achten. 753

Der Typ der Fertigung kann nach der Menge der gefertigten Produkte in Einzelfertigung, Serienfertigung und Massenfertigung unterschieden werden. Nach der Organisation der Fertigung kann die 754

- Werkstattfertigung (gleichartige Arbeitsverrichtungen werden räumlich zusammengefasst),
- Fließfertigung (Arbeitsverrichtungen werden nach dem Produktionsablauf angeordnet, wobei im Gegensatz zur Reihenfertigung bei der Fließbandfertigung sogar ein Zeittakt vorgegeben ist),
- Gruppenfertigung (mehrere Arbeitsverrichtungen, die nicht gleichartig sein müssen, werden zu einer Gruppe zusammengefasst, die Gruppen sind dann wieder nach dem Produktionsablauf angeordnet) und
- Baustellenfertigung (die Arbeitsverrichtungen erfolgen dort, wo das Produkt entstehen soll, z. B. Hochbau)

unterschieden werden.

Im Teilbereich der Fertigungssteuerung erfolgt die Koordinierung der bereitgestellten Ressourcen zur Produktion. Dabei sind die im Rahmen der Planung vorgegebenen Termine und Prioritäten einzuhalten und bei Störungen z. B. durch einen Maschinenausfall anzupassen. 755

Abschließend erfolgt im Bereich der Fertigung eine Qualitätskontrolle der produzierten Güter. Diese kann vollständig oder anhand von Stichproben erfolgen und soll sicherstellen, dass die Produkte die zugesagten qualitativen Eigenschaften besitzen.

Die Fertigungswirtschaft unterstützt durch die Aufzeichnung von verbrauchten Materialien und produzierten Gütern das Rechnungswesen.

2.3 Marketing

Aufgabe des Absatzbereiches – auch **Marketing** genannt – ist es, die produzierten Güter zu verkaufen. 756

Die Absatzplanung beginnt mit der Marktforschung, also einer systematischen Untersuchung des Marktes oder der Märkte für die Produkte des Unternehmens. Dabei sollen durch Marktanalyse und Marktbeobachtung, diese können durch Befragungen, Beobachtungen oder Tests erfolgen, absatzrelevante Informationen gewonnen und analysiert werden, um daraus eine Prognose für die Marktchancen zu erhalten. Die Absatzplanung soll vorgeben, welche Produkte wo, an wen und zu welchem Preis verkauft werden sollen. Die Absatzplanung ist häufig die Grundlage für alle anderen Planungen. 757

Der Verkauf der Produkte soll durch die absatzpolitischen Instrumente Produktpolitik, Preispolitik, Distributionspolitik und Kommunikationspolitik gesteigert werden. Der unterschiedliche Einsatz dieser Instrumente, der üblicherweise schon vor der Absatzplanung festgelegt wird, wird als Marketing-Mix bezeichnet. 758

Bei der Produktpolitik geht es um das Produkt selbst, aber nicht nur um seine technischen Eigenschaften, sondern auch um Faktoren, wie den Service bzw. Kundendienst, 759 die Garantie, die Marke und die Verpackung. Das Ziel ist die Ausrichtung aller Produkteigenschaften an den Bedürfnissen der voraussichtlichen Nachfrager.

760 Die Preispolitik, auch Konditionenpolitik genannt, bestimmt neben dem eigentlichen Preis auch die Art und Höhe von Rabatten sowie die Liefer- und Zahlungsbedingungen. Die Preispolitik wird meistens in unterschiedlicher Art und Weise auf die unterschiedlichen Nachfragegruppen ausgerichtet.

761 Aufgabe der Distributionspolitik ist es, den Weg der Produkte des Unternehmens zum Kunden so zu gestalten, dass der Prozess möglichst effizient ist. Dabei ist eine Entscheidung, ob dieser Absatzweg direkt (über Werksverkauf, Außendienst, Handelsvertreter, Kommissionäre oder Makler) und bzw. oder indirekt (über Groß- oder Einzelhandel) erfolgen soll. In diesen Bereich gehört auch die eigentliche Distribution, also die Verteilung der Produkte. Hier sind z. B. die Anzahl und Standorte sowie der Betrieb der Läger, Transportmittel und -wege und die Abnahmemengen zu nennen.

762 In den Bereich der Kommunikationspolitik fallen die Werbung, die Verkaufsförderung und die Öffentlichkeitsarbeit. In der Werbung will das Unternehmen Werbesubjekten (Zielpersonen oder -gruppen) durch Werbemittel (z. B. Werbefilme, Radiospots, Anzeigen) in oder an Werbeträgern (z. B. Fernsehen, Kino, Radio, Zeitungen, Zeitschriften) eine Werbebotschaft übermitteln. Das Ziel der Werbung ist es, die Werbesubjekte zu einer das Unternehmensziel unterstützenden Handlung zu veranlassen. Die Verkaufsförderung (Sales Promotion) kann sich an die Verkäufer (z. B. durch Schulung), Händler (z. B. durch Verkaufsaktionen) oder Verbraucher (z. B. durch Proben) richten. Die Öffentlichkeitsarbeit (Public Relations) hat das Ziel, das Unternehmensbild in der Öffentlichkeit zu verbessern. Dies geschieht z. B. durch Pressemitteilungen, Pressekonferenzen, Betriebsbesichtigungen oder Sponsoring. Insgesamt sollen mit Hilfe der Kommunikationspolitik das Unternehmen und seine Produkte positiv bekannt gemacht und potenzielle Nachfrager im Unternehmenssinne beeinflusst werden.

2.4 Rechnungswesen

763 Das Rechnungswesen wird üblicherweise in das externe Rechnungswesen, das sich mit der Buchführung, dem Jahresabschluss und den damit zusammenhängenden Aufgaben beschäftigt, sowie das interne Rechnungswesen, in dem neben der Kosten- und Leistungsrechnung auch die Planungsrechnung eine Rolle spielt, unterteilt.

Näheres zu diesem Bereich findet sich in den Teilen Buchführung, Jahresabschluss und Kosten- und Leistungsrechnung.

2.5 Finanzwirtschaft

764 Die Finanzwirtschaft soll zum einen für die Gewährleistung einer jederzeitigen Zahlungsbereitschaft des Unternehmens sorgen und zum anderen bei der Bereitstellung finanzieller Mittel für die Materialbeschaffungen und Investitionen auf eine Fristenkongruenz achten (Mittelbeschaffung).

Der Investitionsbereich (Mittelverwendung) ist eng mit dem Finanzbereich verbunden, da jede Investition einen Kapitalbedarf erzeugt. 765

Näheres zu diesem Bereich findet sich in Kapitel 7 Teil B „Finanzwirtschaftliches Management".

2.6 Betriebswirtschaftliche Steuerlehre

Die Aufgaben der Betriebswirtschaftlichen Steuerlehre können in mehrere Teilgebiete untergliedert werden. Die Steuerwirkungslehre befasst sich mit der Frage, welche steuerlichen Folgen aus betriebswirtschaftlichen Entscheidungen resultieren. Die Steuergestaltungslehre hat zum Ziel, Entscheidungsunterstützung hinsichtlich der Fragestellung zu leisten, welche betriebswirtschaftlichen Gestaltungen unter Berücksichtigung der Besteuerung zielführend sind. Die rechtskritische und die normative Betriebswirtschaftliche Steuerlehre würdigen bestehende bzw. geplante steuerliche Regeln und generieren Vorschläge zur Weiterentwicklung des Steuerrechts. Schließlich dient die empirische Betriebswirtschaftliche Steuerlehre der empirischen Untersuchung des Handelns von Entscheidungsträgern. 766

2.7 Organisation

Grundsätzlich wird unter Organisation die Managementaufgabe verstanden, die betriebliche Leistungserstellung nach Effizienzgesichtspunkten zu gestalten. Dabei wird zwischen der Aufbau- und der Ablauforganisation unterschieden. Die Aufbauorganisation regelt die Beziehungen der betrieblich handelnden Personen und Abteilungen. Sie ist tendenziell langfristig ausgerichtet. Die Ablauforganisation befasst sich mit der kurz- bzw. mittelfristigen Strukturierung von Arbeitsabläufen. 767

2.8 Personalwirtschaft

Die Personalwirtschaft umfasst alle personellen Maßnahmen in einem Unternehmen, wobei die Besonderheit des Produktionsfaktors Arbeit zu berücksichtigen ist. Während die Produktionsfaktoren Betriebsmittel und Werkstoffe als Sachen nach der Beschaffung zur Verfügung stehen und bei schlechter Qualität ggf. getauscht oder nachgebessert werden können, handelt es sich bei den Menschen, die hinter dem Produktionsfaktor Arbeit stehen, um individuelle Personen, mit unterschiedlichen Fähigkeiten und Beweggründen für eine Arbeitsaufnahme. 768

Aufgaben der Personalwirtschaft sind die an den Unternehmenszielen ausgerichtete Personalplanung sowie die Personalführung und -motivation.

Die Personalplanung hat das Ziel, den Personalbedarf sowohl in quantitativer als auch qualitativer Hinsicht zu ermitteln und nachfolgend Wege aufzuzeigen, den Personalbestand anzupassen. Dazu sind nach der Ermittlung des Personalbedarfes und eines Abgleichs mit dem Bestand, personelle Maßnahmen wie Einstellungen, Versetzungen oder Freisetzungen durchzuführen. Entscheidend dabei ist die Beachtung der individual- sowie der kollektivrechtlichen Arbeitsbestimmungen (z. B. Betriebsverfassungsgesetz oder Kündigungsschutzgesetz). Als individuelle Aufgabe soll die Qualifikation einzelner Arbeitnehmer/innen erfasst, ausgewertet und dann durch personenbezogene Maßnahmen (z. B. Fortbildung oder Coaching) gesteigert werden, um so eine Weiter- 769 entwicklung im Unternehmen zu ermöglichen (Personalentwicklung). Hilfsmittel für die Personalplanung sind Stellenpläne und Stellenbeschreibungen. Zusätzlich erfolgt im Rahmen der Personalplanung die zeitliche und räumliche Zuordnung des Personals zu den zu erfüllenden Aufgaben (Personaleinsatzplanung). Auch hier sind wieder gesetzliche Vorgaben, z. B. das Arbeitszeitgesetz, zu beachten.

770 Die Personalführung und -motivation soll bei einem gegebenen Bestand an Personal durch Steigerung der Leistungsbereitschaft und der Arbeitszufriedenheit versuchen, eine Verbesserung des Unternehmenserfolges zu erreichen. Diese Steigerung kann sowohl durch monetäre als auch nicht-monetäre Anreize erreicht werden.

771 Ein monetärer Anreiz ist das monatliche Arbeitsentgelt, wobei eine möglichst leistungsgerechte Entlohnung erfolgen sollte. Dafür muss zuerst eine Arbeitsbewertung vorgenommen werden, die entweder nach der summarischen Methode (es erfolgt eine Gesamtbetrachtung der Arbeitsschwierigkeit) oder nach der analytischen Methode (es erfolgt eine Arbeitsbewertung einzelner Anforderungsarten, wie z. B. dem Können, der Verantwortung, der Belastung und den Arbeitsbedingungen) durchgeführt wird. Unter Berücksichtigung der Prinzipien der Reihung und Stufung gibt es grundsätzlich vier Verfahren der Arbeitsbewertung:

	Methode	
Prinzip	**analytisch**	**summarisch**
Reihung	Rangreihenverfahren, für jede Anforderungsart getrennt werden die anfallenden Arbeiten aufgelistet und nach ihrer Schwierigkeit in eine Rangfolge gebracht	Rangfolgeverfahren, die anfallenden Arbeiten werden aufgelistet und nach ihrer Schwierigkeit in eine Rangfolge gebracht
Stufung	Stufenwertzahlverfahren, für jede Anforderungsart getrennt wird eine Punktwertreihe festgelegt, die durch beschriebene Bewertungsstufen zugeordnet werden kann, daraus ergibt sich dann die Wertzahl je Anforderungsart	Lohngruppenverfahren, es werden Lohn- und Gehaltsgruppen mit unterschiedlichen Schwierigkeitsgraden gebildet und durch Beschreibungen erläutert

Lohngruppenverfahren werden meist in Tarifverträgen benutzt, da sie relativ einfach zu handhaben sind.

Nach der Arbeitsbewertung muss die Lohnform festgelegt werden. Erfolgt die Vergütung nach Zeitablauf, handelt es sich um einen reinen Zeitlohn, bei dem alle Arbeitnehmer einer Lohngruppe das gleiche Arbeitsentgelt je Zeiteinheit erhalten. Beim Leistungslohn wird unterschieden in Akkordlohn und Prämienlohn. Der Prämienlohn setzt sich üblicherweise aus einem Grundlohn (meist Zeitlohn) und einer Prämie, für eine vorher definierte Mehrleistung bei z. B. Menge oder Güte, zusammen. Der Akkordlohn wird in Stückakkord (oder Geldakkord) und Zeitakkord unterschieden. Beim Akkordlohn wird zuerst ein Akkordrichtsatz festgelegt, das ist der Betrag der bei einer 100 %-Leistung als Stundensatz gezahlt wird. Beim Stückakkord wird ein Akkordsatz je Stück dadurch ermittelt, dass der Akkordrichtsatz durch die normale Sollmenge dividiert wird. Die Multiplikation des Akkordsatzes mit der erreichten Leistungsmenge ergibt dann den Akkordlohn. Beim Zeitakkord wird der Akkordrichtsatz durch 60 dividiert und so eine Vergütung je Minute errechnet (Minutenfaktor). Dieser Wert wird dann mit der Sollzeit je Stück und der Leistungsmenge multipliziert, um zum Akkordlohn zu kommen. Beide Berechnungsmethoden führen zum gleichen Ergebnis. Der Akkordlohn kann noch danach unterschieden werden, ob er für jeden Arbeitnehmer einzeln (Einzelakkord) oder für die Zusammenarbeit einer Gruppe (Gruppenakkord) ermittelt wird.

Neben dem monatlichen Arbeitsentgelt spielen als monetärer Anreiz auch freiwillige 772
Leistungen des Unternehmens eine große Rolle. Dies können Zuschläge für besondere Belastungen (z. B. bei Überstunden, Nacht- oder Feiertagsarbeit), betriebliche Altersversorgungen oder freiwillige Sonderzahlungen wie Urlaubs- und Weihnachtsgeld oder Jubiläumszuwendungen sein. Zusätzlich können Erfolgsbeteiligungen nach der Leistung, dem Ertrag oder dem Gewinn des Unternehmens gezahlt werden.

Die nicht-monetären Anreize betreffen die Personalentwicklung, die Arbeitsplatzgestal- 773
tung, den Aufgabenbereich, den Führungsstil, das Betriebsklima und das Vorhalten von betrieblichen sozialen Einrichtungen, wie Betriebskindergärten oder Sporteinrichtungen.

IV. Inhalte und Ziele der Eigenkapitalrichtlinie

1. Eigenkapitalrichtlinien

1.1 Basel II

Im Jahr 2004 wurde von den Notenbankgouverneuren der Zehnergruppe (G10) und 774
den Leitern der Finanzaufsichtsbehörden dieser Länder der vom Baseler Ausschuss für Bankenaufsicht vorgelegten Rahmenvereinbarung über die neue Eigenkapitalempfehlung für Kreditinstitute (Basel II) zugestimmt. Die Baseler Rahmenvereinbarung ist in drei Säulen gegliedert, wobei die Säulen 2 und 3 zu Basel I hinzugefügt wurden und Säule 1 erweitert wurde:

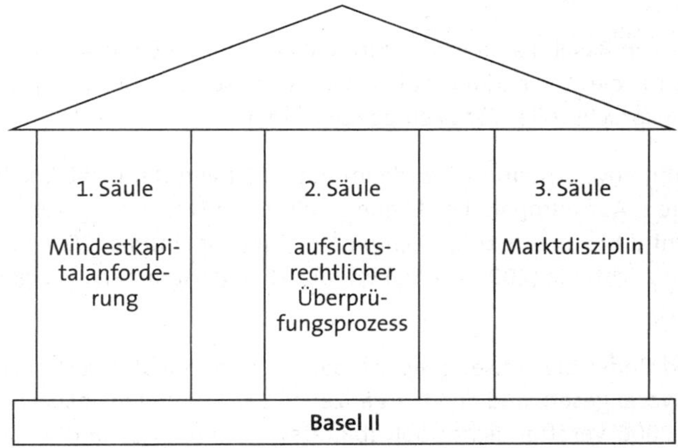

Säule 1: Die **Mindestkapitalanforderung** verpflichtet die Kreditinstitute, ihre Geschäfte 775
differenziert nach unterschiedlichen Risiken (Kreditrisiko, Marktrisiko und operationelles Risiko) mit Eigenkapital zu unterlegen. Diese Regelung begrenzt somit die Risiko-

übernahmemöglichkeiten eines Kreditinstituts und soll auf dem Weg das Eingehen bestandsgefährdender Risiken verhindern.

Die Marktrisiken (z. B. Zinsrisiko oder Aktienkursrisiko) und operationellen Risiken (z. B. beim Versagen von internen Verfahren oder Systemen) sind zwar auch mit Eigenkapital zu unterlegen, spielen aber für interne Ratingverfahren nur eine geringe Rolle.

Für das Kreditrisiko existiert weiterhin der Standardansatz, welcher bereits in Basel I enthalten war. Dieser kann nun modifiziert werden, so dass externe Ratings berücksichtigt werden können. Für die internen Ratings der Kreditinstitute sind die IRB-Ansätze (Internal Rating Based) von Bedeutung. Bei beiden Ansätzen (IRB-Basisansatz und fortgeschrittener IRB-Ansatz) muss das Kreditinstitut die Ausfallwahrscheinlichkeit des Kreditnehmers mit Hilfe von Ratings, für die das Kreditinstitut das Verfahren festlegen kann, schätzen. Die Schätzung des Verlustes beim Ausfall und die zu erwartende Höhe der Forderung beim Ausfall werden beim IRB-Basisansatz durch aufsichtsrechtliche Berechnungsvorgaben, beim fortgeschrittenen IRB-Ansatz ebenfalls durch das Kreditinstitut ermittelt.

776 **Säule 2:** Der **aufsichtsrechtliche Überprüfungsprozess** ergänzt die quantitativen Mindestkapitalanforderungen der Säule 1 um ein qualitatives Element. Primär sollen das Gesamtrisiko eines Instituts und die wesentlichen Einflussfaktoren auf dessen Risikosituation identifiziert und bankenaufsichtlich gewürdigt werden. Durch regelmäßigen Dialog zwischen Bankenaufsicht und den einzelnen Kreditinstituten wird eine kontinuierliche Verbesserung des Risikosteuerungsprozesses und der Risikotragfähigkeit bezweckt.

777 **Säule 3:** Die **Erweiterung der Offenlegungspflichten** der Kreditinstitute soll die disziplinierenden Kräfte der Märkte zusätzlich zu den Anforderungen der Säulen 1 und 2 instrumentalisieren. Dem liegt die These zugrunde, dass nur gut informierte Marktteilnehmer in ein Kreditinstitut investieren.

Hauptadressat von Basel II sind große, international tätige Banken. Das Grundkonzept soll zusätzlich für die Anwendung auf Banken unterschiedlicher Komplexität und unterschiedlich anspruchsvoller Tätigkeit geeignet sein.

Die Baseler Rahmenvereinbarung wurde im Juni 2004 veröffentlicht und ist Ende 2006 in Kraft getreten. Auf europäischer Ebene erfolgte die Umsetzung von Basel II in verbindliches Recht durch die Veröffentlichung der Bankenrichtlinie (2006/48/EG) und der Kapitaladäquanzrichtlinie (2006/49/EG) im Juni 2006 (zusammen als Eigenkapitalrichtlinie bezeichnet).

In Deutschland findet die Umsetzung von Basel II in nationales Recht durch Änderungen im Kreditwesengesetz und durch ergänzende Verordnungen, insbesondere die Mitte Dezember 2006 veröffentlichte Solvabilitätsverordnung (1. und 3. Säule) und die Groß- und Millionenkreditverordnung, statt. Die in der zweiten Säule verankerten qualitativen Anforderungen sind in den Mindestanforderungen an das Risikomanagement konkretisiert.

1.2 Basel III

Im Dezember 2009 hat der Baseler Ausschuss für Bankenaufsicht ein Konsultations- 778
papier, das als Basel III bekannt wurde, veröffentlicht. In dem Papier werden umfangreiche Änderungen zu Basel II vorgeschlagen. Ein Jahr später, im Dezember 2010, lag ein ausformulierter Regelungstext des Baseler Ausschusses vor.

Ein wesentlicher Änderungspunkt durch Basel III betrifft die Eigenkapitalausstattung der Kreditinstitute. Es ist eine deutliche Erhöhung des harten Kernkapitals (z. B. bei einer Aktiengesellschaft hauptsächlich in Höhe der ausgegebenen Stammaktien inklusive Aufgeld und der einbehaltenen Gewinne) von 2 % auf 4,5 % der risikogewichteten Aktiva vorgesehen. Das zusätzliche (weiche) Kernkapital (z. B. bei einer Aktiengesellschaft in Höhe der ausgegebenen Vorzugsaktien inklusive Aufgeld) soll dann 1,5 % betragen. Neu ist die Einführung eines verpflichtenden Kapitalerhaltungspuffers in Höhe von 2,5 %, der aus hartem Kernkapital gestellt wird, aber für Verlustausgleiche zur Verfügung steht. Sinkt der Puffer durch Verluste auf unter 2,5 %, unterliegt die Bank anteiligen Ausschüttungssperren, es wird also festgelegt, dass bestimmte Anteile des Gewinns zurückgehalten werden müssen. Unter Berücksichtigung des Ergänzungskapitals von 2 % ergibt sich eine Mindestkapitalausstattung von 10,5 % nach Basel III (gegenüber Basel II = 8,0 %). Hinzuweisen ist noch auf den sog. inländischen antizyklischen Kapitalpuffer. Dieser erhöht die Mindestkapitalausstattung um weitere 0–2,5%. Festgelegt wird der Wert von der Bundesanstalt für Finanzdienstleistungsaufsicht (BaFin), zurzeit beträgt er 0 %. Die Risikoabdeckung soll durch verschiedene Änderungen, die zum Teil auch schon rechtlich umgesetzt wurden, verbessert werden. Zusätzlich ist die Einführung einer Verschuldungsquote vorgesehen, bei der die nicht risikogewichteten Aktiva und die außerbilanziellen Geschäfte ins Verhältnis zum Kernkapital gesetzt werden. Der Anteil des Kernkapitals soll ab 2018 mindestens 3 % betragen. Die entsprechenden Daten sind ab 2015 zu veröffentlichen.

Um die Liquidität von Banken zu stärken, werden quantitative Kennzahlen eingeführt. Einerseits gilt ab 2015 die Kurzfristige Liquiditätsdeckungskennziffer (Stresstest-Kennziffer, liquidity cocerage ration – LCR), bei der die hochliquiden Aktiva mindestens der Höhe der Nettozahlungsabgänge für 30 Tage unter Stressszenario entsprechen sollen. Weiterhin gilt ab 2018 die verbindliche Strukturkennziffer (net stable funding ratio – NSFR), bei der die Summe der nach Verfügbarkeit gewichteten Passiva (tatsächliche stabile Refinanzierung) die Summe der nach Liquidierbarkeit gewichteten Aktiva (erforderliche stabile Refinanzierung) übersteigen muss. Beide Kennziffern sollen in einer Beobachtungsphase überprüft werden, bevor sie verbindlich einzuhalten sind. Neben diesen festen Kennzahlen zu den Mindeststandards zur Liquidität werden weitere Beobachtungskennziffern eingeführt.

Im Dezember 2017 wurde von der Basel-Gruppe eine Einigung zur Finalisierung der Regelungen in Basel III erreicht. Die Basel III- Finalisierung ist u. a. darauf ausgerichtet, inadäquate Abweichungen in den Berechnungen von Banken für risikogewichtete Aktiva im Vergleich zu externen Berechnungen zu reduzieren. Die in der Basel III-Finalisierung vorgeschlagenen Maßnahmen sollen sukzessive bis 2023 bzw. 2028 implementiert werden.

Die vorgesehenen Maßnahmen sind ein robusterer und risikosensitiverer Standardansatz für das Kredit- und operationelle Risiko, die Beschränkung der Verwendung interner Modelle und die Ergänzung der risikogewichteten Eigenkapitalquote durch eine finalisierte Verschuldungsquote und einen überarbeiteten und robusteren Output-Floor (Begrenzung der Eigenkapitalersparnis bei der Verwendung eigener statt anstelle von Standardmethoden).

Der Baseler Ausschuss für Bankenaufsicht untersucht in halbjährlichem Abstand im Rahmen des Basel III-Monitoring die Auswirkungen der Eigenkapitalanforderungen sowie der neuen Liquiditätsstandards auf ausgewählte Institute. Zum letzten Stichtag (31. 12. 2019) zeigte sich in Bezug auf die vorstehend dargestellten Anforderungen für die überwachten deutschen Kreditinstitute, dass die Mindestkapitalanforderungen über alle teilnehmenden Institute wesentlich (23,8 %) angestiegen sind. Das Gleiche gilt für die Liquiditätsausstattung: Die Kurzfristige Liquiditätsdeckungskennziffer LCR stieg aggregiert auf 157 %, die verbindliche Strukturkennziffer NSFR auf 112 %.

2. Rating

779 Externes Rating findet nicht durch das kreditgebende Institut, sondern durch eine dritte Institution statt. Dies kann eine der bekannten Ratingagenturen Fitch, Moody‘s oder Standard & Poor‘s sein. Diese befassen sich vornehmlich mit dem Rating großer Unternehmen und Staaten, die Wertpapiere auf den Kapitalmärkten emittiert haben. Daneben existieren verschiedene kleinere Dienstleister, die sich mit Ratings befassen. Die Ratingberichte Dritter dürfen nicht das Rating durch das kreditgebende Institut (internes Rating) ersetzen, sondern lediglich ergänzend Eingang finden.

Ziel des Ratings ist es, die Ausfallwahrscheinlichkeit eines Kreditnehmers zu ermitteln. Dafür werden sowohl quantitative Faktoren (*Hard Facts*) als auch qualitative Faktoren (*Soft Facts*) analysiert.

780 **Quantitative Faktoren:** Den Kern eines Ratingverfahrens bildet die Analyse des Jahresabschlusses des Kreditnehmers. Die ermittelten Kennzahlen aus dem Jahresabschluss werden sowohl im Zeit- als auch im Branchenvergleich betrachtet. Liefert der Kreditnehmer Planzahlen, so erfolgt ein Soll-Ist-Abgleich. Auch unterjährige Daten können die Qualität des Ratings verbessern. Starken Einfluss auf das Ergebnis haben Aktualität und Genauigkeit der verwendeten Daten.

781 **Qualitative Faktoren:** Hier spielen z. B. die Markt- und Wettbewerbssituation, die Managementqualität und die Organisationsstrukturen eine Rolle. Zum Teil werden diese Informationen bei Kreditnehmern mit Hilfe von Fragebögen oder Interviews der Geschäftsleitung abgefragt oder durch Vorlage von Dokumenten eingeholt. Diese Faktoren sollen das Bild von der Bonität des Kreditnehmers unterstützen und die Möglichkeit bieten, wichtige Informationen der Kreditexperten in die Bewertung einfließen zu lassen.

782 Die Ergebnisse der Auswertung werden dann in einer Ratingnote zusammengefasst. Diese Note kann dann in besonderen, für einen Dritten nachvollziehbaren Fällen, manuell geändert werden (*Overruling*).

Das eigentliche Verfahren unterscheidet sich zwar bei den einzelnen Kreditinstituten bzw. Institutsgruppen, aber es besteht Konsens, dass das Ergebnis in eine sog. Ratingstufe, hinter der eine Ausfallwahrscheinlichkeit steht, eingruppiert werden kann. So entspricht z. B. eine Ratingnote von 7 bei einer Sparkasse einer Ausfallwahrscheinlichkeit von 0,9 %. 783

3. Auswirkungen

Die Eigenkapitalrichtlinie kann für die kreditnachfragenden Unternehmen unterschiedliche Konsequenzen haben. 784

Der Prozess der Kreditvergabe wird regelmäßig um den Vorgang des Ratings erweitert. Andere bisherige Einflüsse, wie z. B. der aktuelle Liquiditätsstatus und Sicherheiten, sind weiterhin von Bedeutung, besonders da Sicherheiten dem Kreditinstitut die Möglichkeit geben, den Kredit mit weniger Eigenkapital zu unterlegen. Auf die Höhe des zu unterlegenden Eigenkapitals hat das Ergebnis des Ratings ebenfalls Einfluss. Grundsätzlich gilt, dass, je besser das Ratingergebnis ist, umso weniger Eigenkapitalunterlegung erforderlich ist. Da die Unterlegung mit Eigenkapital für das Kreditinstitut Kosten darstellt, folgt, dass ein schlechteres Ratingergebnis und weniger Sicherheiten die Kosten des Kredits erhöhen. Auch Kosten für die Durchführung des Ratings werden in die Kreditkosten (hauptsächlich den Zinssatz) einfließen.

Auch bisher fand eine Kreditwürdigkeitsprüfung statt, jedoch wird diese durch das Rating strukturiert und vereinheitlicht. Das durchzuführende Rating weitet die Kreditwürdigkeitsprüfung zudem aus und erfordert laufende aktuelle und detaillierte Informationen des Kreditnehmers.

Der Zugang zu Krediten wird durch das verpflichtende Rating für Kunden mit schlechter Bonität schwieriger. Von einer allgemeinen „Kreditklemme“ kann auf Basis der bisher vorliegenden Zahlen jedoch nicht gesprochen werden. Eine Ausnahme gilt für Unternehmensgründer: Da diese keine vergangenheitsbezogenen Daten vorlegen können und auch das Ausfallrisiko im Vergleich zu bestehenden Unternehmen größer ist, hat sich ihr Zugang zu Krediten tendenziell verschlechtert.

V. Selbstverpflichtung

Als Compliance wird die Selbstverpflichtung eines Unternehmens bezeichnet, sich an vorgegebene Regeln zu halten (regelkonformes Verhalten). Diese Selbstverpflichtung richtet sich nicht nur an die Führungskräfte eines Unternehmens, sondern an alle Beschäftigten. Die Regeln, die eingehalten werden sollen, können Gesetze oder Satzungen sein, es kann sich aber auch z. B. um unternehmensspezifische Richtlinien des Aufsichtsrats oder des Vorstands handeln. Bei Großunternehmen werden regelmäßig Verhaltenskodizes herausgegeben. Als Beispiel sei das Unternehmen Bayer mit der *Corporate Compliance Policy* angeführt, die für verschiedene Bereiche vorgibt, wie sich die Beschäftigten zu verhalten haben, insbesondere, welche Handlungsweisen unerwünscht sind. 785

Das Ziel der Selbstverpflichtung ist einerseits die Vermeidung von Haftungs- und Schadenersatzfällen und andererseits die Verhinderung negativer öffentlicher Darstellungen des Unternehmens (Imageverlust).

Die Kontrolle der Selbstverpflichtung ist eine Teilaufgabe des Risikomanagements.

Literaturangaben:

Baßeler/Heinrich/Utecht, Grundlagen und Probleme der Volkswirtschaft, 19. Aufl., Stuttgart 2013; *Boller/Schuster*, Volkswirtschaftslehre, 7. Aufl., Rinteln 2012; *Busse von Colbe/Coenenberg/Kajüter/Linnhoff/Pellens* (Hrsg.), Betriebswirtschaft für Führungskräfte, 4. Aufl., Stuttgart 2011; *Deutsche Bundesbank*, Basel III – Leitfaden zu den neuen Eigenkapital- und Liquiditätsregeln für Banken, Frankfurt 2011; *Deutsche Bundesbank*, Die Fertigstellung von Basel III, in: Monatsbericht Januar 2018, Frankfurt 2018; *Deutsche Bundesbank*, Statistischer Anhang zum Basel III-Monitoring für deutsche Institute, Frankfurt 2020; *Hutzschenreuter*, Allgemeine Betriebswirtschaftslehre, 6. Aufl., Wiesbaden 2015; *Initiative Finanzstandort Deutschland (IFD)*, Rating Broschüre, 2. Aufl., München 2010; *Mankiw/Taylor*, Grundzüge der Volkswirtschaftslehre, 7. Aufl., Stuttgart 2018; *Nölke*, Der Aufstieg multinationaler Unternehmen aus Schwellenländern: Staatskapitalismus in besonderer Form, der moderne staat – dms: Zeitschrift für Public Policy, Recht und Management, 6(1), S. 49–63, Leverkusen 2013; *Olfert/Rahn*, Einführung in die Betriebswirtschaftslehre, 11. Aufl., Ludwigshafen 2013; *Schierenbeck/Wöhle*, Grundzüge der Betriebswirtschaftslehre, 19. Aufl., München 2016; *Schmalen/Pechtl*, Grundlagen und Probleme der Betriebswirtschaft, 16. Aufl., Stuttgart 2019; *Schneeloch/Meyering/Patek*, Betriebswirtschaftliche Steuerlehre Band 1: Grundlagen der Besteuerung, Ertragsteuern, 7. Aufl., München 2016; *Statistisches Bundesamt (Destatis)*, Volkswirtschaftliche Gesamtrechnungen – Wichtige Zusammenhänge im Überblick, Wiesbaden 2021; *Wöhe/Döring/Brösel*, Einführung in die Allgemeine Betriebswirtschaftslehre, 27. Aufl., München 2020; *Woll*, Volkswirtschaftslehre, 16. Aufl., München 2011.

5. Kapitel:

Steuerrecht und betriebliche Steuerlehre
Teil A: Einkommensteuer

von
Dipl.-Kaufmann (FH) Udo Cremer, Aurich

Inhaltsverzeichnis

I. Überblick

1. Der Anwendungsbereich des EStG

1 Der Besteuerung vom Einkommen nach Maßgabe des EStG unterliegen nur die natürlichen Personen. Die insoweit bedeutsamen Regelungen ergeben sich aus §§ 1–58 EStG. Weiter wird in §§ 62–78 EStG die Gewährung des Kindergelds, in §§ 79–99 EStG die Gewährung der Altersvorsorgezulage geregelt. Ein Anspruch auf Berücksichtigung des Kinderfreibetrages bei der Einkommensbesteuerung anstelle des Kindergeldes besteht im Regelfall nur dann, wenn dies für die betroffenen Stpfl. zu einem günstigeren Ergebnis führt. Dieser sachliche Zusammenhang führte dazu, dass auch die Vorschriften zur Gewährung des Kindergeldes in das EStG aufgenommen wurden. Bei den durch die Altersvorsorgezulage begünstigten Altersvorsorgebeiträgen besteht ein enger sachlicher Zusammenhang mit den Regelungen zur steuerlichen Berücksichtigung von anderen Aufwendungen zur Altersvorsorge.

2 Die Vorschriften des EStG sind bei der Besteuerung nach Maßgabe des KStG ebenfalls anzuwenden, soweit dies der Sache nach möglich ist und das KStG keine abweichenden Regelungen enthält (§ 8 Abs. 1 KStG). Insbesondere die Vorschriften zu den einzelnen Einkunftsarten einschl. der Ermittlung der Einkünfte, insbesondere die Gewinnermittlungsvorschriften, sind bei der Besteuerung nach dem KStG zu beachten. Das GewStG (§ 7 GewStG) knüpft an den nach den Gewinnermittlungsvorschriften des EStG ermittelten Gewinn an. Schließlich ist nicht auszuschließen, dass auch außersteuerliche Regelungen an die nach Maßgabe des EStG zu ermittelnden Einkünfte anknüpfen.

3 Sieht man von den im Privatvermögen bezogenen Einkünften aus Kapitalvermögen ab, sieht das EStG die Erhebung der ESt im Rahmen der aufgrund der vom betroffenen Stpfl. abzugebenden ESt-Erklärung durchzuführenden ESt-Veranlagung vor. Die im Privatvermögen bezogenen Einkünfte aus Kapitalvermögen unterliegen im Regelfall der Abgeltungsteuer (vgl. Rdn. 251 ff.). Zur Sicherung des Steueranspruchs wird der Steuerabzug angeordnet

- bei den Einkünften aus nichtselbständiger Arbeit i. S. des § 19 EStG nach §§ 38–42g EStG – LSt-Abzugsverfahren,
- bei Einnahmen aus Kapitalvermögen nach §§ 43–45e EStG unabhängig davon, ob die Einnahmen in einem Betriebsvermögen oder im Privatvermögen bezogen werden – KapESt-Abzugsverfahren,
- bei Bauleistungen nach §§ 48–48d EStG – Steuerabzug bei Bauleistungen,
- bei den in § 50a Abs. 1 EStG aufgeführten Vergütungen sowie gem. § 50a Abs. 7 EStG bei anderen Vergütungen an beschränkt Stpfl. nach § 50a EStG (vgl. 5. Kap. Teil F Rdn. 2051 ff.).

Schließlich wird die Pauschalierung der ESt zugelassen

- bei der Gewährung von Sachprämien zur Kundenbindung i. S. des § 3 Nr. 38 EStG nach § 37a EStG,
- bei betrieblich veranlassten Sachzuwendungen an Außenstehende und an Arbeitnehmer nach § 37b EStG.

Mit der Pauschalsteuer wird die ESt der Empfänger auf diese Zuwendungen abgegolten, so dass sie bei der Ermittlung der zu besteuernden Einkünfte des Empfängers außer Betracht bleiben.

2. Unbeschränkte Steuerpflicht

Natürliche Personen, die im Inland einen Wohnsitz (§ 8 AO) oder ihren gewöhnlichen Aufenthalt (§ 9 AO) haben, sind nach § 1 Abs. 1 EStG mit sämtlichen von ihnen bezogenen Einkünften i. S. des § 2 Abs. 1 EStG unbeschränkt einkommensteuerpflichtig. Dies gilt unabhängig davon, ob diese Einkünfte aus dem Inland oder dem Ausland bezogen werden. Wegen weiterer Einzelheiten zur Besteuerung ausländischer Einkünfte wird auf 5. Kap. Teil F Rdn. 1971 ff. hingewiesen. Inländische Einkünfte können insbesondere nach § 3 EStG steuerbefreit sein (vgl. auch Rdn. 22 ff.). Zum Begriff des Inlands vgl. § 1 Abs. 1 Satz 2 EStG. 4

Nach § 1 Abs. 2 EStG sind ferner deutsche Staatsangehörige, die im Inland weder einen Wohnsitz noch ihren gewöhnlichen Aufenthalt haben und zu einer inländischen juristischen Person des öffentlichen Rechts in einem Dienstverhältnis stehen und dafür Arbeitslohn aus einer inländischen öffentlichen Kasse beziehen, unbeschränkt steuerpflichtig. Weitere Voraussetzung ist, dass sie in dem Staat, in dem sie ihren Wohnsitz oder ihren gewöhnlichen Aufenthalt haben, lediglich in einem der beschränkten Einkommensteuerpflicht ähnlichen Umfang zu einer Steuer vom Einkommen herangezogen werden. Entsprechendes gilt für die zu ihrem Haushalt gehörenden Angehörigen, die die deutsche Staatsangehörigkeit besitzen oder keine Einkünfte oder nur Einkünfte beziehen, die ausschließlich im Inland einkommensteuerpflichtig sind. Es handelt sich um eine Sonderregelung insbesondere für Angehörige der diplomatischen Vertretungen Deutschlands, die aufgrund besonderer internationaler Vereinbarungen einen Sonderstatus genießen. 5

Auf Antrag werden auch natürliche Personen, die im Inland weder einen Wohnsitz noch ihren gewöhnlichen Aufenthalt haben, nach § 1 Abs. 3 EStG mit ihren inländischen Einkünften i. S. des § 49 EStG als unbeschränkt einkommensteuerpflichtig behandelt. Weitere Voraussetzung ist, dass ihre Einkünfte insgesamt zu mindestens 90 % der ESt unterliegen oder die nicht der ESt unterliegenden Einkünfte für den Regelfall den bei der Ermittlung der ESt zu berücksichtigenden Grundfreibetrag nach § 32a Abs. 1 Satz 2 Nr. 1 EStG nicht übersteigen. Inländische Einkünfte, die nach einem DBA nur der Höhe nach beschränkt besteuert werden dürfen, gelten hierbei als nicht der ESt unterliegend. Unberücksichtigt bleiben bei der Ermittlung der Einkünfte gem. § 1 Abs. 3 Satz 4 EStG nach Satz 2 nicht der deutschen Einkommensteuer unterliegende Einkünfte, die im Ausland nicht besteuert werden, soweit vergleichbare Einkünfte im Inland steuerfrei sind. Die Höhe der nicht der ESt unterliegenden Einkünfte muss durch eine Bescheinigung der zuständigen ausländischen Steuerbehörde nachgewiesen werden. 6

Steuersubjekt ist die einzelne natürliche Person, die im Regelfall gem. § 25 Abs. 1 EStG nach Ablauf des Kalenderjahres (Veranlagungszeitraums – VZ) mit den im abgelaufenen VZ bezogenen Einkünften zur ESt herangezogen – veranlagt – wird. Unbeschränkt stpfl. nicht dauernd getrennt lebende Ehegatten und Lebenspartner können nach § 26 EStG zwischen der Einzelveranlagung (§ 26a EStG) und der Zusammenveranlagung (§ 26b EStG) wählen. Ungeachtet dessen sind die Einkünfte der Ehegatten/Lebenspartner in jedem Fall getrennt zu ermitteln. Unbeschränkt einkommensteuerpflichtige Staatsangehörige von EU- und EWR-Staaten können nach § 1a Abs. 1 EStG die Zusammenveranlagung mit ihrem im EU/EWR-Ausland lebenden Ehegatten/Lebenspartner 7 auch dann beanspruchen, wenn die gemeinsamen Einkünfte der Ehegatten/Lebenspartner zu weniger als 90 % der deutschen Einkommensteuer unterliegen oder die ausländischen Einkünfte der Ehegatten/Lebenspartner den doppelten Grundfreibetrag übersteigen (BFH v. 8. 9. 2010, BStBl 2011 II S. 269; v. 8. 9. 2010, BStBl 2011 II S. 447; v. 1. 10. 2014, BStBl 2015 II S. 474). Wegen der Anwendung des § 1a EStG bei im Inland tätigen, jedoch in der Schweiz wohnhaften Ehegatten/Lebenspartner wird auf das Urteil des EuGH v. 28. 2. 2013 (BStBl 2013 II S. 896) hingewiesen.

8 Die Besteuerung der unbeschränkt Stpfl. ist dadurch gekennzeichnet, dass von den der Besteuerung unterliegenden Einkünften bestimmte Kosten der Lebensführung als Sonderausgaben (§§ 10–10g EStG) und als außergewöhnliche Belastung (§§ 33–33b EStG) abgezogen werden können. Die Berücksichtigung von Kindern erfolgt nach § 31 EStG durch die Gewährung von Kinderfreibeträgen oder von Kindergeld in der Weise, dass die für den betroffenen Stpfl. jeweils günstigste Möglichkeit berücksichtigt wird. Wegen der Berücksichtigung von Kindern bei Lebenspartnerschaften wird auf das BMF-Schreiben v. 17. 1. 2014 (BStBl 2014 I S. 109) hingewiesen.

9 Der ESt-Tarif i. S. des § 32a Abs. 1 EStG gilt für die Besteuerung von Einzelpersonen. Zusammen zu veranlagende Ehegatten/Lebenspartner unterliegen nach § 32a Abs. 5 EStG dem Splittingtarif. Diese aus dem Tarif unmittelbar abzuleitende ESt kann aus den unterschiedlichsten Gründen zu ermäßigen sein, z. B. nach § 34 EStG für außerordentliche Einkünfte, nach § 34a EStG für nicht entnommene Gewinne (vgl. Rdn. 171 ff.). Einen Überblick über die unterschiedlichsten Tarifermäßigungen bietet R 2 Abs. 2 EStR. Auf die sich danach ergebende Steuerschuld sind einbehaltene Abzugsteuern (vgl. Rdn. 3) anzurechnen. Bei Land- und Forstwirten ist vorbehaltlich der Genehmigung durch die EU für 2016 bis 2022 die Tarifglättung nach § 32c EStG zu beachten.

10 Im Privatvermögen bezogene Einkünfte aus Kapitalvermögen i. S. des § 20 EStG unterliegen für den Regelfall der Abgeltungsteuer in Höhe von 25 % der Bruttoeinnahmen (§ 32d EStG) und sind nicht in die ESt-Veranlagung einzubeziehen. Zur Vermeidung einer Übermaßbesteuerung wird den Stpfl. jedoch die Möglichkeit eingeräumt, die Einbeziehung dieser Einkünfte in die ESt-Veranlagung zu beantragen. Auf Rdn. 251 ff. wird hingewiesen.

3. Beschränkte Steuerpflicht

11 Natürliche Personen, die im Inland weder einen Wohnsitz noch ihren gewöhnlichen Aufenthalt haben, sind gem. § 1 Abs. 4 EStG beschränkt einkommensteuerpflichtig. Sie unterliegen mit den inländischen Einkünften i. S. des § 49 EStG der Einkommensbesteuerung. Dieser Katalog umfasst nicht sämtliche Einkünfte i. S. des § 2 Abs. 1 EStG. Weiter ist zu beachten, dass das inländische Besteuerungsrecht durch ein mit dem Ansässigkeitsstaat des beschränkt Stpfl. geschlossenes DBA beeinträchtigt werden kann. Personen, die in einen niedrig besteuernden Staat verzogen sind, können nach § 2 AStG erweitert beschränkt stpfl. sein.

Wegen Einzelheiten zur Besteuerung beschränkt Stpfl. wird auf 5. Kap. Teil F Rdn. 2021 ff. hingewiesen.

12–15 *Einstweilen frei*

II. Die zu besteuernden Einkünfte

1. Allgemeine Grundsätze

In § 2 Abs. 1 EStG wird auch mit Wirkung für die Besteuerung nach Maßgabe des KStG 16
unterschieden zwischen den

- Einkünften aus Land- und Forstwirtschaft (§§ 13–14a EStG),
- Einkünften aus Gewerbebetrieb (§§ 15–17 EStG),
- Einkünften aus selbständiger Arbeit (§ 18 EStG),
- Einkünften aus nichtselbständiger Arbeit (§ 19 EStG),
- Einkünften aus Kapitalvermögen (§ 20 EStG),
- Einkünften aus Vermietung und Verpachtung (§ 21 EStG) und
- den sonstigen Einkünften (§§ 22, 23 EStG).

Der Besteuerung unterliegt bei den Einkünften aus Land- und Forstwirtschaft, aus Gewerbebetrieb und aus selbständiger Arbeit der Gewinn, der für den Regelfall nach § 4 Abs. 1 und § 5 EStG oder nach § 4 Abs. 3 EStG zu ermitteln ist; abweichend davon kann der Gewinn aus bestimmten landwirtschaftlichen Betrieben gem. § 13a EStG nach Durchschnittssätzen, der Gewinn aus dem Betrieb von Handelsschiffen im internationalen Verkehr gem. § 5a EStG pauschaliert ermittelt werden. Bei den verbleibenden vier Einkunftsarten ist der Überschuss der Einnahmen über die Werbungskosten (§§ 8–9a EStG) zu besteuern; zu den der Abgeltungsteuer unterliegenden Einkünften aus Kapitalvermögen wird auf § 2 Abs. 2 Satz 2 EStG hingewiesen.

Nach § 24 EStG sind diesen Einkünften auch zuzuordnen 17

- Entschädigungen, die gewährt worden sind
  - als Ersatz für entgangene oder entgehende Einnahmen,
  - für die Aufgabe oder Nichtausübung einer Tätigkeit, für die Aufgabe einer Gewinnbeteiligung oder einer Anwartschaft auf eine solche,
  - als Ausgleichszahlungen an Handelsvertreter nach § 89b HGB,
- Einkünfte aus einer ehemaligen Tätigkeit (i. S. des § 2 Abs. 1 Satz 1 Nr. 1 bis 4 EStG) oder aus einem früheren Rechtsverhältnis (i. S. des § 2 Abs. 1 Satz 1 Nr. 5 bis 7 EStG), auch wenn sie dem Stpfl. als Rechtsnachfolger zufließen,
- Nutzungsvergütungen für die Inanspruchnahme von Grundstücken für öffentliche Zwecke sowie Zinsen auf solche Nutzungsvergütungen und Entschädigungen, die mit der Inanspruchnahme von Grundstücken für öffentliche Zwecke zusammenhängen.

Allgemein werden Einkünfte i. S. des EStG nur dann erzielt, wenn die Aktivitäten in der 18
Absicht entfaltet werden, auf Dauer gesehen,

- bei den Einkünften i. S. des § 2 Abs. 1 Nr. 1 bis 3 EStG daraus einen Gewinn,
- bei den übrigen Einkünften einen Überschuss der Einnahmen über die Ausgaben

zu erzielen. Zu prüfen ist also, ob sich für den Gesamtzeitraum, über den die Aktivitäten entfaltet werden sollen, insgesamt gesehen voraussichtlich ein Gewinn bzw. ein Überschuss der Einnahmen über die Werbungskosten ergeben wird (z. B. BMF-Schreiben v. 8. 10. 2014, BStBl 2014 II S. 933). Die (vorübergehende) Erzielung von Verlusten steht der Annahme einer Gewinn- bzw. Einkunftserzielungsabsicht nicht entgegen; vgl. die Hinweise auf die Rechtsprechung des BFH in H 15.3. EStH. Der Übergang von einem Erwerbsbetrieb zur Liebhaberei führt nicht zwingend zu einer Betriebsaufgabe (H 16 (2)

Liebhaberei EStH) und damit auch nicht zur Überführung des (bisherigen) Betriebsvermögens in das Privatvermögen (BFH v. 11. 5. 2016, BFH/NV 2016 S. 1371). Die im Zeitpunkt des Übergangs bei den einzelnen Wirtschaftsgütern vorhandenen stillen Reserven sind gesondert festzustellen (§ 8 VO zu § 180 Abs. 2 AO). Deren Besteuerung erfolgt bei der späteren Veräußerung oder Entnahme der betreffenden Wirtschaftsgüter (BFH v. 29. 10. 1981, BStBl 1982 II S. 381; v. 11. 5. 2016, BFH/NV 2017 S. 96).

19 Einkünfte sind bei Land- und Forstwirtschaft, Gewerbebetrieb und selbständiger Arbeit im Regelfall der nach §§ 4 bis 7k EStG zu ermittelnde Gewinn (vgl. 2. Kap. Rdn. 18 ff.), bei den anderen Einkunftsarten der nach §§ 8 bis 9a EStG zu ermittelnde Überschuss der Einnahmen über die Werbungskosten (§ 2 Abs. 2 EStG). Weder durch die Gewinnermittlungsvorschriften noch die Vorschriften zur Überschussermittlung werden Verluste von der Berücksichtigung bei der Einkommensbesteuerung allgemein ausgeschlossen. Dementsprechend erstreckt sich der Begriff der Einkünfte sowohl auf Gewinne als auch auf Verluste; wegen Einzelheiten zur Berücksichtigung von Verlusten vgl. nachfolgend Rdn. 31, 301 ff.

20 Vermögensmehrungen, die den vorbezeichneten sieben Einkunftsarten nicht zugeordnet werden können, unterliegen nicht der Besteuerung nach Maßgabe des EStG, z. B. der Übergang von Vermögen aus Anlass einer Schenkung oder eines Erbfalls (beachte jedoch BFH v. 14. 3. 2006, BStBl II S. 650), Lottogewinne, Veräußerungsgewinne von Gegenständen des Privatvermögens, soweit nicht §§ 17, 23 EStG eingreifen. Zu besteuern sind jedoch die Einkünfte, die nach Erwerb aus diesen Vermögenswerten erzielt werden. Wird z. B. ein Gewerbebetrieb schenkweise übertragen, der vom Beschenkten fortgeführt wird, erzielt dieser daraus ab dem Zeitpunkt der Übertragung Einkünfte aus Gewerbebetrieb. Zinsen aus der Anlage eines Lottogewinns führen zu Einkünften aus Kapitalvermögen i. S. des § 20 EStG. Im Übrigen ist nicht auszuschließen, dass der Vermögensanfall den Tatbestand eines anderen Steuergesetzes erfüllt. Bei Übergang von Vermögenswerten durch Schenkung oder aus Anlass eines Erbfalls ist regelmäßig zu prüfen, ob deswegen Schenkung- oder Erbschaftsteuer nach Maßgabe des ErbStG zu erheben ist.

21 Verluste, die keiner der sieben Einkunftsarten zugeordnet werden können, sind nicht als negative Einkünfte berücksichtigungsfähig.

2. Steuerfreie Einkünfte

22 Der Gesetzgeber hält es nicht für vertretbar, sämtliche Vermögensmehrungen, die als Einkünfte im vorstehenden Sinne zu verstehen sind, auch zu besteuern. Er hat deswegen verschiedentlich Steuerbefreiungen ausgesprochen. Ein wesentlicher Teil der steuerbefreiten Einkünfte ist § 3 EStG zu entnehmen. Dies schließt nicht aus, dass auch durch ausdrückliche Regelungen in anderen Gesetzen Einkünfte von der Einkommensbesteuerung freigestellt werden. Bei Bezug ausländischer Einkünfte können Steuerbefreiungen nach Maßgabe von DBA eingreifen (vgl. 5. Kap. Teil F Rdn. 1876 ff.). Mangelt es an einer ausdrücklichen gesetzlichen Steuerbefreiung, liegen, sofern die Einnahmen einer der Einkunftsarten i. S. des § 2 Abs. 1 EStG zugeordnet werden können, steuerpflichtige Einnahmen vor (BFH v. 9. 10. 1996, BStBl 1997 II S. 125). Ausgaben, die mit

steuerfreien Einkünften in unmittelbarem wirtschaftlichem Zusammenhang stehen, können nach § 3c Abs. 1 EStG nicht als Betriebsausgaben oder Werbungskosten abgezogen werden.

BEISPIEL 1: Die X-GmbH & Co. KG, Gronau/Westf., unterhält im benachbarten Enschede/Niederlande eine Betriebsstätte. Der kaufmännische Angestellte Z, der sein Gehalt insgesamt von dem inländischen Stammhaus bezieht, erledigt zu 50 % Aufgaben für die niederländische Betriebsstätte. Nach dem mit den Niederlanden geschlossenen DBA sind die Ergebnisse der niederländischen Betriebsstätte von der inländischen Besteuerung freizustellen. Aus diesem Grunde sind 50 % des Gehalts von Z gem. § 3c Abs. 1 EStG vom Betriebsausgabenabzug zu Lasten des inländischen Stammhauses ausgeschlossen. Es handelt sich um Betriebsausgaben der niederländischen Betriebsstätte. 23

Die Vorschrift des § 3 Nr. 40 EStG, nach der Vermögensmehrungen, die im Zusammenhang mit Beteiligungen an Körperschaften stehen, deren Ausschüttungen zu den Einkünften aus Kapitalvermögen i. S. des § 20 Abs. 1 Nr. 1 EStG gehören, nur zu 60 % zu besteuern sind, ist nur noch dann anwendbar, wenn die Beteiligungen in einem Betriebsvermögen gehalten werden oder ein Anwendungsfall des § 17 EStG (Rdn. 220) vorliegt, oder dies nach § 32d Abs. 2 Nr. 3 EStG beantragt wird. Ihr Anwendungsbereich erstreckt sich auf die Ausschüttungen von in- und ausländischen Körperschaften, die Erlöse aus der Veräußerung von Anteilen an den betreffenden Körperschaften, die Gewinnerhöhungen, die sich aus anderen Gründen im Zusammenhang mit diesen Anteilen ergeben, z. B. infolge einer Wertaufholung oder der Entnahme der Beteiligung aus dem Betriebsvermögen. Bei Wertaufholungen nach einer Teilwertabschreibung richtet sich der Umfang der steuerfrei zu belassenden Vermögensmehrung nach der zum Zeitpunkt der Wertaufholung maßgebenden Fassung des § 3 Nr. 40 EStG (BFH v. 19. 8. 2009, BStBl 2010 II S. 760; FG Münster v. 2. 7. 2014, EFG 2014 S. 1658). Ausnahmeregelungen gelten für Anteile an Kapitalgesellschaften, die aus Anlass der Einbringung von Betriebsvermögen unter Verzicht auf die Aufdeckung sämtlicher stiller Reserven aufgrund eines Vorgangs, der bis zum 12. 12. 2006 zur Eintragung in das maßgebende öffentliche Register angemeldet worden ist, erworben wurden – sog. einbringungsgeborene Anteile. Ausschüttungen von REIT-AG unterliegen abweichend von § 3 Nr. 40 EStG in vollem Umfang der Besteuerung (§ 19 Abs. 3 REITG). 24

Die Regelung des § 3 Nr. 40 EStG bezieht sich auf Einnahmen bzw. Bruttozugänge beim Betriebsvermögen. Deswegen wird in § 3c Abs. 2 EStG bestimmt, dass die mit den nach § 3 Nr. 40 EStG begünstigten Vermögensmehrungen in wirtschaftlichem Zusammenhang stehenden Aufwendungen nur zu 60 % einkunftsmindernd zu berücksichtigen sind. Dies ist rechtmäßig (BFH v. 20. 4. 2011, BStBl 2011 II S. 815; v. 7. 2. 2012, BFH/NV 2012 S. 937). Dies gilt auch in Verlustfällen (BFH v. 6. 5. 2014, BStBl I 2014 II S. 682). § 3c Abs. 2 EStG ist im Verhältnis zu Anteilen an REIT-Gesellschaften nicht anwendbar (§ 19 Abs. 4 und 5 REITG). Bei der Besteuerung nach Maßgabe des KStG ist nach § 8b KStG zu verfahren. 25

Die Vorstellungen der FinVerw zu einem weitgehenden Verständnis des Abzugsverbots nach § 3c Abs. 2 Satz 2 EStG ließen sich gegen die Rechtsprechung des BFH nicht durchsetzen. Deswegen wurde diese Vorschrift zunächst mit Wirkung ab 2011 und dann erneut für nach dem 31. 12. 2014 beginnende Wirtschaftsjahre ergänzt. Zu der ab 2011 26 geltenden Regelung nahm das BMF mit Schreiben v. 23. 10. 2013 (BStBl 2013 I S. 1269) zu folgenden Problemkreisen Stellung:

- Aufwendungen für die Überlassung von Wirtschaftsgütern an eine Kapitalgesellschaft, an der der Überlassende beteiligt ist (Tz. 4–9): Werden abnutzbare Wirtschaftsgüter der Kapitalgesellschaft überlassen, unterliegen die AfA und etwaige Erhaltungsaufwendungen nicht dem Teilabzugsverbot. Bei Überlassung zu fremdüblichen Bedingungen gilt dies ferner für die mit diesen Wirtschaftsgütern in wirtschaftlichem Zusammenhang stehenden Aufwendungen, z. B. für Strom, Gas, Wasser, Heizkosten, Gebäudereinigungskosten, Versicherungsbeiträge und Finanzierungskosten. Dagegen unterliegen diese Aufwendungen bei unentgeltlicher oder teilentgeltlicher Überlassung des Wirtschaftsguts dem Teilabzugsverbot. Diese Ausführungen sind insbesondere für die Fälle der Betriebsaufspaltung (Rdn. 49) von Bedeutung; vgl. dazu auch BFH v. 17. 7. 2013 – X R 17/11 (BStBl 2013 II S. 817) und X R 6/12 (BFH/NV 2014 S. 21).
- Darlehensforderungen an die Kapitalgesellschaft (Tz. 10–13): Teilwertabschreibungen auf Darlehen und Darlehensverluste unterliegen nicht dem Teilabzugsverbot. Wurde das Darlehen zu nicht fremdüblichen Bedingungen gegeben, greift das Teilabzugsverbot hingegen für die Refinanzierungskosten ein.
- Änderung der Bedingungen bei der Überlassung von Wirtschaftsgütern sowie bei Darlehensgewährungen (Tz. 14–17): Werden zunächst fremdübliche durch nicht fremdübliche Bedingungen abgelöst, ist zu prüfen, ob und ggf. in welchem Umfang das Teilabzugsverbot eingreift.
- Bürgschaftsverpflichtungen (Tz. 18): Aufwendungen im Zusammenhang mit Bürgschaftsverpflichtungen zugunsten der Kapitalgesellschaft sind nach den vorstehend dargestellten Grundsätzen zu beurteilen.

Die ab 2011 geltende Fassung des § 3c Abs. 2 EStG gilt auch dann, wenn aufgrund der Verhältnisse in der Vergangenheit nicht mehr mit der Erzielung von Einnahmen i. S. des § 3 Nr. 40 EStG gerechnet werden konnte (BFH v. 2. 9. 2014, BStBl 2015 II S. 257). Sie ist rechtmäßig.

27 Mit der sich für nach dem 31. 12. 2014 beginnende Wirtschaftsjahre ergeben sich gem. § 3c Abs. 2 EStG Abzugsbeschränkungen auch für Betriebsvermögensminderungen oder Betriebsausgaben

- im Zusammenhang mit einer Darlehensforderung oder aus der Inanspruchnahme von Sicherheiten die für ein Darlehen hingegeben wurden, wenn das Darlehen oder die Sicherheit von einem Steuerpflichtigen gewährt wurde, der zu mehr als einem Viertel unmittelbar oder mittelbar am Grund- oder Stammkapital der Körperschaft, welcher das Darlehen gewährt wurde, beteiligt ist oder war. Das Abzugsverbot gilt insoweit nicht, als nachgewiesen wird, dass auch ein fremder Dritter das Darlehen bei sonst gleichen Umständen gewährt oder noch nicht zurückgefordert hätte; dabei sind nur die eigenen Sicherungsmittel der Körperschaft zu berücksichtigen;
- im Zusammenhang mit Forderungen aus Rechtshandlungen, die einer Darlehensgewährung unter den vorstehend dargestellten Voraussetzung wirtschaftlich vergleichbar sind;
- soweit diese mit einer im Gesellschaftsverhältnis veranlassten unentgeltlichen Überlassung von Wirtschaftsgütern an diese Körperschaft oder bei einer teilentgeltlichen Überlassung von Wirtschaftsgütern mit dem unentgeltlichen Teil in Zusammenhang stehen und der Stpfl. zu mehr als einem Viertel unmittelbar oder mittelbar am Grund- oder Stammkapital dieser Körperschaft beteiligt ist oder war; dies gilt ungeachtet eines wirtschaftlichen Zusammenhangs mit den dem § 3 Nr. 40 EStG zugrunde liegenden Betriebsvermögensmehrungen oder Einnahmen. Ggf. erstreckt sich die Abzugsbeschränkung auch auf Veräußerungskosten.

Soweit danach eine Gewinnminderung aufgrund einer Teilwertabschreibung steuerlich nicht wirksam werden konnte, unterliegt bei einer späteren Wertaufholung der entsprechende Anteil des Gewinns nicht der Besteuerung.

Durch § 3 Nr. 70 EStG wird die Hälfte von Betriebsvermögensmehrungen oder Einnahmen aus der Veräußerung von Grund und Boden und Gebäuden an eine REIT-AG oder eine REIT-Vorgesellschaft von der Besteuerung freigestellt. Voraussetzung ist, dass diese Wirtschaftsgüter am 1. 1. 2007 mindestens fünf Jahre zum Anlagevermögen eines inländischen Betriebsvermögens des Veräußerers gehört haben, sofern die Veräußerungen aufgrund eines nach dem 31. 12. 2006 und vor dem 1. 1. 2010 rechtswirksam abgeschlossenen obligatorischen Vertrags erfolgt. Die Inanspruchnahme dieser Vergünstigung ist an weitere Voraussetzungen geknüpft. Sie entfällt bei Eintritt bestimmter Sachverhalte innerhalb bestimmter Fristen rückwirkend. 28

Nach der mit Wirkung ab 2013 eingefügten Regelung des § 3 Nr. 71 EStG sind die aus einer öffentlichen Kasse gezahlten Zuschüsse für den Erwerb eines Anteils an einer Kapitalgesellschaft i. H. von 20 % der Anschaffungskosten bis zu einer Höhe von 50 000 € steuerfrei. Dabei handelt es sich um Zuschüsse, die vom Bundesamt für Wirtschaft und Ausfuhrkontrolle nach Maßgabe der Richtlinie des Bundesministeriums für Wirtschaft und Energie zur Bezuschussung von Wagniskapital privater Investoren für junge innovative Unternehmen v. 2. 4. 2014 (INVEST) gezahlt werden. Die Inanspruchnahme der Vergünstigung setzt die Erfüllung einer Vielzahl von Voraussetzungen voraus. Dazu gehören u. a. das Halten der unter Einsatz von Eigenkapital erworbenen Beteiligung durch einen über 18 Jahre alten Zuschussempfänger über einen Zeitraum von mindestens zehn Jahren, besondere Eigenschaften der Beteiligungsgesellschaft, die Option zur Gewährung weiterer Zuschüsse bis zur Höhe von insgesamt 250 000 €. 29

Mit Wirkung ab 2017 können veranlasst durch die veränderte Förderrichtlinie bis zu 20 % des gezahlten Zuschusses, höchstens jedoch 100 000 € bei im Übrigen veränderten Voraussetzungen steuerfrei belassen werden, z. B. Verkürzung der Mindesthaltedauer auf drei Jahre, Höchsthaltedauer von nicht mehr als zehn Jahren.

Die Gewährung des Zuschusses setzt Anträge der Kapitalgesellschaft und des potenziellen Zuschussempfängers voraus. Die Voraussetzungen für die Zuschussgewährung und die Steuerfreiheit sind identisch.

Die Ausbuchung von Verbindlichkeiten führt regelmäßig zu einem entsprechenden Ertrag. Dies gilt auch dann, wenn der Gläubigerverzicht im Interesse des Fortbestands des Unternehmens erfolgt, sich also ein sog. Sanierungsgewinn ergibt. Die Sanierungsgewinne waren ursprünglich gem. § 3 Nr. 66 EStG von der Besteuerung freigestellt. Nach Aufhebung dieser Vorschrift sah das BMF-Schreiben v. 27. 3. 2003 (BStBl 2003 I S. 240) ergänzt durch das BMF-Schreiben v. 22. 12. 2009 (BStBl 2010 I S. 18) unter bestimmten Voraussetzungen aus Billigkeitsgründen zunächst die Stundung später ggf. auch den Erlass der auf die Besteuerung der auf den Sanierungsgewinn endgültig entfallenden Steuern vom Einkommen vor. Diese Verwaltungsanweisung ist nach dem Beschluss des Großen Senats des BFH v. 28. 11. 2016 – GrS 1/15 (BStBl 2017 II S. 393) nicht rechtmäßig. Nach der daraufhin eingefügten Regelung des § 3a EStG sind Betriebsvermögensmehrungen oder Betriebseinnahmen aus einem Schuldenerlass zum Zwecke einer unternehmensbezogenen Sanierung, gemindert um eine nach § 4f Abs. 1 Satz 1 EStG gebildete steuerfreie Rücklage und bislang steuerlich nicht berücksichtigte Verluste und Abzugsbeträge aus Vorjahren (wegen Einzelheiten vgl. § 3a Abs. 3 EStG) als Sanierungserträge steuerfrei zu belassen. Die Berücksichtigung bei Ermittlung des 30

Sanierungsertrags führt insoweit zur Auflösung der steuerfreien Rücklage sowie den Verbrauch der Verluste, Verlustvorträge und dergleichen. Nach der neu eingefügten Vorschrift des § 3c Abs. 4 EStG sind Betriebsvermögensminderungen und Betriebsausgaben, die mit einem steuerfreien Sanierungsertrag i. S. des § 3a EStG in einem unmittelbaren wirtschaftlichen Zusammenhang stehen, bei der steuerlichen Gewinnermittlung nicht abziehbar. Die Neuregelungen gelten grundsätzlich in den Fällen, in denen Schulden nach dem 8. 2. 2017 erlassen werden, es sei denn, dass für den Sanierungsertrag aus Gründen des Vertrauensschutzes Billigkeitsmaßnahmen auf der Grundlage von § 163 Abs. 1 Satz 2 AO und §§ 222, 227 AO zu gewähren sind (§ 52 Abs. 4a und 5 EStG).

3. Berücksichtigung von Verlusten

31 Der Begriff der Einkünfte i. S. des § 2 Abs. 1 und 2 umfasst positive Einkünfte – Gewinne, Einnahmeüberschüsse – und Verluste. Aus § 2 Abs. 3 EStG ergeben sich keine Einschränkungen für den Ausgleich zwischen positiven und negativen Einkünften desselben VZ.

32 Einschränkungen des Verlustausgleiches und dann folgend auch des Verlustabzugs sind jedoch vorgesehen für

- ausländische Einkünfte, die nach Maßgabe eines DBA von der inländischen Besteuerung freigestellt sind (vgl. 5. Kap. Teil F Rdn. 1981 ff.),
- bestimmte ausländische Einkünfte durch § 2a Abs. 1 EStG (vgl. 5. Kap. Teil F Rdn. 1986 ff.),
- Verluste aus gewerblicher Tierzucht oder gewerblicher Tierhaltung durch § 15 Abs. 4 Sätze 1 und 2 EStG (vgl. Rdn. 131 ff.),
- Verluste aus bestimmten Termingeschäften durch § 15 Abs. 4 Satz 3 (vgl. Rdn. 134 ff.),
- Verluste bei beschränkter Haftung i. S. des § 15a EStG (vgl. Rdn. 139 ff.),
- Verluste im Zusammenhang mit Steuerstundungsmodellen durch 15b EStG; zum Begriff und zur Rechtmäßigkeit vgl. BFH v. 6. 2. 2014, BStBl 2014 II S. 456; v. 11. 11. 2015, BStBl 2016 II S. 388,
- Verluste aus Kapitalvermögen durch § 20 Abs. 6 EStG (Rdn. 118 ff. BMF-Schreiben v. 18. 1. 2016, BStBl 2016 I S. 85),
- Verluste aus Leistungen i. S. des § 22 Nr. 3 EStG nach Satz 3 dieser Vorschrift,
- Verluste aus privaten Veräußerungsgeschäften nach § 23 Abs. 3 Sätze 7 und 8 EStG,
- Betriebsvermögensminderungen, Betriebsausgaben oder Veräußerungskosten, die mit Beteiligungen an in- und ausländischen REIT-Gesellschaften in Zusammenhang stehen, dürfen nur mit Betriebsvermögensmehrungen, Betriebseinnahmen oder Einnahmen aus der Veräußerung von Anteilen an in- und ausländischen REIT-Gesellschaften ausgeglichen und in entsprechender Anwendung des § 10d EStG abgezogen werden (§ 19 Abs. 4 REITG).

Diesen Regelungen ist weitgehend gemeinsam, dass die danach nicht ausgleichsfähigen Verluste positive Einkünfte derselben Art in nachfolgenden VZ mindern.

33 Übersteigen die danach berücksichtigungsfähigen Verluste die positiven Einkünfte, ist nach § 10d EStG in eingeschränktem Umfang der Rücktrag in den vorangegangenen VZ und im Übrigen der Abzug in den nachfolgenden VZ zulässig, vgl. dazu Rdn. 301 ff.

III. Einkünfte aus Gewerbebetrieb

1. Überblick

Allgemeine Grundsätze zur Bestimmung der Einkünfte aus Gewerbebetrieb enthält **§ 15 EStG**. Aus dessen Vorschriften ergeben sich die Voraussetzungen, unter denen von Einkünften aus Gewerbebetrieb auszugehen ist; vgl. insbesondere § 15 Abs. 2 und 3 EStG. Eine natürliche Person kann danach u. a. mehrere Einzelunternehmen betreiben; sie erzielt damit Einkünfte aus Gewerbebetrieb, die für jeden Betrieb getrennt zu ermitteln sind. Weiter wird berücksichtigt, dass Personengesellschaften des Handelsrechts und andere Gesellschaften (insbesondere Gesellschaften des bürgerlichen Rechts), bei denen die Gesellschafter als Mitunternehmer anzusehen sind, nicht der Einkommensbesteuerung unterliegen. Zu besteuern sind die einzelnen Gesellschafter, Mitunternehmer, mit dem ihnen zuzurechnenden Gewinnanteil; der als Einkünfte aus Gewerbebetrieb bei den einzelnen Gesellschaftern zu besteuernde Gewinnanteil wird in § 15 Abs. 1 Satz 1 Nr. 2 EStG umschrieben. Eine entsprechende Regelung enthält § 15 Abs. 1 Satz 1 Nr. 3 EStG für die persönlich haftenden Gesellschafter einer KGaA. 34

Errichtet ein Gewerbetreibender auf einem zu seinem Betriebsvermögen gehörenden Grundstück ein eigenen Wohnzwecken dienendes Gebäude, wird das Grundstück damit entnommen (vgl. 2. Kap. Rdn. 582). Gem. § 15 Abs. 1 Satz 3 i.V. mit § 13 Abs. 5 EStG bleibt ein dadurch entstehender Entnahmegewinn außer Ansatz, sofern das Grundstück bereits im VZ 1986 zu einem Betriebsvermögen gehört hat. 35

Haftet ein Gewerbetreibender für ihm zugerechnete Verluste nur beschränkt, können diese Verluste nach § 15a EStG einkommensteuerlich nur insoweit berücksichtigt werden, als sie das vom Gewerbetreibenden aufgewendete Eigenkapital nicht übersteigen, sich durch die Belastung mit den Verlusten kein negatives Kapitalkonto ergibt. Diese Vorschrift ist in ihrer Grundkonzeption auf Kommanditisten zugeschnitten, erstreckt sich aber nach § 15a Abs. 5 EStG auch auf andere Unternehmen, bei denen die Unternehmer (Mitunternehmer) vergleichbar einem Kommanditisten nur beschränkt haften. 36

Für den Regelfall kann davon ausgegangen werden, dass die nach § 15 EStG zu besteuernden Einkünfte aus Gewerbebetrieb der GewSt unterliegen (vgl. 5. Kap. Teil D). Aus diesem Grunde kommt der Abgrenzung zwischen den Einkünften aus Gewerbebetrieb einerseits und den Einkünften aus Land- und Forstwirtschaft sowie aus selbständiger Arbeit i. S. des § 18 EStG andererseits besondere Bedeutung zu. 37

Für die Fälle, in denen aus Anlass der Überführung von Anteilen an einer Europäischen Gesellschaft oder einer Europäischen Genossenschaft in das Ausland nach § 4 Abs. 1 Satz 5 EStG von der Besteuerung der stillen Reserven abzusehen war, ist nach § 15 Abs. 1a EStG ein späterer Veräußerungsgewinn auch zu besteuern, wenn das in Betracht kommende DBA kein inländisches Besteuerungsrecht vorsieht. 38

Nach **§ 16 EStG** gehören zu den Einkünften aus Gewerbebetrieb nicht nur die während der werbenden Tätigkeit angefallenen Einkünfte, sondern auch die Gewinne/Verluste, die sich aus Anlass der Veräußerung oder der Einstellung des Betriebs ergeben. Unter bestimmten Voraussetzungen ist der Gewinn nach § 16 Abs. 4 EStG um einen Freibetrag zu kürzen. Der zu besteuernde Veräußerungsgewinn unterliegt für den Regelfall 39 einem nach § 34 EStG ermäßigten Steuersatz; vgl. dazu Rdn. 195 ff. Entsprechendes gilt bei der Veräußerung eines Teilbetriebs oder eines Mitunternehmeranteils (vgl. dazu Rdn. 201 ff.).

40 Einen Sondertatbestand regelt **§ 17 EStG**. Danach führt die Veräußerung von Anteilen an einer Kapitalgesellschaft auch dann zu Einkünften aus Gewerbebetrieb, wenn der Veräußerer die Beteiligung im Privatvermögen hält und an der Kapitalgesellschaft unmittelbar oder mittelbar in dem in § 17 EStG vorgesehenen Umfang (vgl. Rdn. 220 ff.) beteiligt war. Diese ggf. um einen Freibetrag geminderten Gewinne unterliegen nicht dem nach § 34 Abs. 1 oder 3 EStG ermäßigten Steuersatz.

2. Allgemeine Begriffsbestimmung

41 In § 15 Abs. 2 EStG wird die gewerbliche Tätigkeit als eine selbständige nachhaltige Betätigung umschrieben, die in der Absicht unternommen wird, Gewinn zu erzielen, und sich als eine Beteiligung am allgemeinen wirtschaftlichen Verkehr darstellt. Weitere Voraussetzung ist, dass es sich dabei weder um die Ausübung der Land- und Forstwirtschaft (§§ 13–14a EStG) noch eines freien Berufs oder einer anderen selbständigen Arbeit (§ 18 EStG, Rdn. 230 ff.) handelt. Nach § 15 Abs. 1 Nr. 1 EStG gehören zu den Einkünften aus Gewerbebetrieb auch solche aus gewerblicher Bodenbewirtschaftung, z. B. Bergbauunternehmen und aus Betrieben zur Gewinnung von Torf, Steinen und Erden, soweit sie nicht land- oder forstwirtschaftliche Nebenbetriebe sind.

42 **Land- und Forstwirtschaft** ist die planmäßige Nutzung von Naturkräften, insbesondere des Bodens und die Verwertung der dadurch gewonnenen Erzeugnisse. Es handelt sich hauptsächlich um Feldwirtschaft, Gartenbau, Obstbau, Gemüsebau, Tierzucht, Tierhaltung und Forstwirtschaft. Wesentliche Voraussetzung ist, dass der landwirtschaftlich genutzte Grund und Boden Grundlage für die Einkunftserzielung ist (vgl. § 13 EStG; R 13.2 und R 15.5 EStR). Dies bedeutet, dass die Herstellung von landwirtschaftlichen Erzeugnissen dann nicht mehr in einem land- und forstwirtschaftlichen, sondern in einem gewerblichen Unternehmen erfolgt, wenn dazu in nicht unbeträchtlichem Umfang Rohstoffe, z. B. Futtermittel, zugekauft werden. Entsprechendes gilt, wenn sich der Vertrieb landwirtschaftlicher Produkte nachhaltig nicht auf Eigenerzeugnisse beschränkt. Wegen weiterer Einzelheiten zu den insoweit maßgebenden Abgrenzungskriterien wird auf R 15.5 EStR hingewiesen.

43 Zu den **Einkünften aus selbständiger Arbeit** gehören Einkünfte

- aus freiberuflicher Tätigkeit (§ 18 Abs. 1 Nr. 1 EStG),
- aus der Tätigkeit als Einnehmer einer staatlichen Lotterie, wenn sie nicht Einkünfte aus Gewerbebetrieb sind (§ 18 Abs. 1 Nr. 2 EStG), und
- aus sonstiger selbständiger Arbeit (§ 18 Abs. 1 Nr. 3 EStG).
- Einkünfte von Beteiligten an sog. Wagniskapital-Gesellschaften, die als Vergütung für Leistungen zur Förderung des Gesellschafts- oder Gemeinschaftszwecks unter den Voraussetzungen des § 18 Abs. 1 Nr. 4 EStG gewährt werden, die gem. § 3 Nr. 40a EStG zu 40 % steuerbefreit sind.

Wegen weiterer Einzelheiten wird auf Rdn. 230 ff. hingewiesen.

3. Die einzelnen Tatbestandsmerkmale des § 15 Abs. 2 EStG

Übt eine Person eine Tätigkeit auf eigene Rechnung und auf eigene Verantwortung aus, ist sie selbständig. Die **Selbständigkeit** wird bei einem Gewerbetreibenden durch das umfassend zu tragende Unternehmerrisiko gekennzeichnet. Eine unselbständige Tätigkeit, ein Arbeitsverhältnis, wird dadurch geprägt, dass dem Vertragspartner die Arbeitskraft und kein bestimmter wirtschaftlicher Erfolg geschuldet wird. Dies setzt eine Weisungsgebundenheit und/oder eine organisatorische Eingliederung in den Betrieb des Arbeitgebers unter Freistellung vom Vermögensrisiko der Erwerbstätigkeit voraus. Maßgebend für die Beurteilung sind die tatsächlichen Verhältnisse, so dass es auf die vertragliche Bezeichnung nicht entscheidend ankommt. In Zweifelsfällen werden einzelne Merkmale für, andere gegen die Selbständigkeit sprechen, die gegeneinander abzuwägen sind; die gewichtigeren Merkmale sind dann für die Beurteilung maßgebend, ob eine Tätigkeit selbständig ausgeübt wird (BFH v. 18. 1. 1991, BStBl S. 409; v. 24. 7. 1992, BStBl 1993 II S. 155; v. 20. 11. 2008, BStBl 2009 II S. 374). Dies schließt nicht aus, dass eine natürliche Person als Einzelunternehmer selbständig und daneben in einem Arbeitsverhältnis steht und damit unselbständig tätig ist; wegen weiterer Einzelheiten vgl. R 15.1 EStR, die in H 15.1 EStH und H 19.0 LStH aufgeführte Rechtsprechung des BFH. 44

Wird eine Tätigkeit in Wiederholungsabsicht ausgeübt, um daraus eine ständige Erwerbsquelle zu machen, liegt **Nachhaltigkeit** vor (BFH v. 12. 7. 1991, BStBl 1992 II S. 143). Nicht erforderlich ist es, dass die Tätigkeit als Haupterwerbstätigkeit ausgeübt werden soll. Nachhaltigkeit liegt auch bei mehreren verschiedenen einmaligen Handlungen vor, die in einem gewissen inneren Zusammenhang stehen (BFH v. 21. 8. 1985, BStBl 1986 II S. 88); wegen weiterer Einzelheiten vgl. H 15.2 EStH. 45

Eine **Gewinnerzielungsabsicht** liegt immer dann vor, wenn aus der ausgeübten Tätigkeit ein Totalgewinn, d. h. eine Mehrung des eingesetzten Vermögens angestrebt wird. Maßgebend sind dabei die Grundsätze des § 4 Abs. 1 EStG. Unerheblich ist es, ob sich die angestrebte Vermögensmehrung in laufenden Gewinnen oder erst mit Veräußerung, Einstellung oder Aufgabe des Betriebs konkretisiert. 46

Beweisanzeichen für die vorliegende Gewinnerzielungsabsicht ist eine Betriebsführung, bei der nach Wesensart und Art der Bewirtschaftung auf die Dauer gesehen mit Gewinnen gerechnet werden kann. Diese Voraussetzungen liegen nicht vor, wenn mit den Einnahmen lediglich die Deckung der Selbstkosten angestrebt wird (BFH v. 22. 8. 1984, BStBl 1985 II S. 61). Im Zweifelsfall sind die tatsächlichen Verhältnisse eines längeren Zeitraums in die Beurteilung einzubeziehen (BFH v. 29. 3. 2007, BFH/NV 2007 S. 1492); in diesen Fällen veranlagt die FinVerw regelmäßig zunächst gem. § 165 AO vorläufig (vgl. auch BFH v. 25. 10. 1989, BStBl 1990 II S. 278, sowie H 15.3 und H 16 (2) [Liebhaberei] EStH).

Die sich durch die Berücksichtigung von Verlusten ergebende ESt-Ersparnis fällt außerhalb des Betriebsvermögens an und ist deswegen bei der Prüfung der Frage, ob Gewinnerzielungsabsicht vorliegt, nicht zu berücksichtigen (§ 15 Abs. 2 Satz 2 EStG). Unter diesem Gesichtspunkt hat der BFH verschiedentlich bei sog. Verlustzuweisungsgesell- 47 schaften die Gewinnerzielungsabsicht verneint (vgl. z. B. BFH v. 21. 8. 1990, BStBl 1991 II S. 564, v. 10. 9. 1991, BStBl 1992 II S. 328, und v. 12. 12. 1995, BStBl 1996 II S. 219).

In der Praxis wird eine nicht in Gewinnerzielungsabsicht ausgeübte Tätigkeit vielfach als eine **Liebhaberei** bezeichnet. Dieser Begriff ist missverständlich. Nicht entscheidend ist, ob der Stpfl. aus einer persönlichen Vorliebe an der nicht ertragsbringenden Tätigkeit festhält. Ausschlaggebend ist allein, ob die tatsächliche Betätigung objektiv geeignet ist, zu Gewinnen zu führen; wegen Einzelheiten wird auf H 15.3 EStH hingewiesen.

48 Von einer **Beteiligung am allgemeinen wirtschaftlichen Verkehr** ist dann die Rede, wenn sich eine Person mit Gewinnerzielungsabsicht nachhaltig gegenüber der Allgemeinheit am Leistungs- oder Güteraustausch beteiligt. Dabei genügt es, dass durch das Verhalten zu erkennen gegeben wird, am allgemeinen wirtschaftlichen Verkehr teilzunehmen. Es ist unerheblich, ob der Kreis der möglichen Geschäftspartner, wie z. B. bei einem Einzelhandelsunternehmen einen unbestimmten größeren Personenkreis, oder aber bei ganz speziellen Tätigkeiten, z. B. Durchführung von Gefahrgut-Transporten, einen überschaubaren Kreis von Interessenten umfasst. Sowohl der ausschließlich für ein Unternehmen tätige Zulieferer als auch die ausschließlich im Konzernverbund tätige Steuerberatungs-GmbH beteiligen sich danach am allgemeinen wirtschaftlichen Verkehr. Auf die in H 15.4 EStH zusammengefassten Grundsätze wird hingewiesen.

4. Abgrenzung gegenüber der Vermögensverwaltung

4.1 Allgemeine Grundsätze

49 Die bloße Verwaltung eigenen Vermögens ist regelmäßig keine gewerbliche Tätigkeit. Vermögensverwaltung liegt vor, wenn sich die Betätigung noch als Nutzung von Vermögen i. S. einer Fruchtziehung aus zu erhaltenden Substanzwerten darstellt und die Ausnutzung substantieller Vermögenswerte durch Umschichtung nicht entscheidend in den Vordergrund tritt. Die Vermietung und Verpachtung von Grundbesitz ist auch dann noch bloße Vermögensverwaltung, wenn der vermietete Grundbesitz sehr umfangreich ist, der Verkehr mit den vielen Mietparteien eine erhebliche Verwaltungsarbeit erfordert oder die vermieteten Räume gewerblichen Zwecken dienen (BFH v. 21. 8. 1990, BStBl 1991 II S. 126; v. 4. 3. 2008, BFH/NV S. 1462; v. 17. 3. 2009, BFH/NV S. 1114). Um der Tätigkeit eines Grundstückseigentümers einen gewerblichen Charakter zu geben, müssen besondere Umstände hinzutreten. Diese können darin bestehen, dass zu der eigentlichen Vermietung besondere Leistungen hinzukommen, die über die eigentliche Vermietung hinausgehen. Unter diesen Gesichtspunkten wird die nur kurzfristige Überlassung von Grundstücken oder Grundstücksteilen, wie z. B. von Ausstellungsräumen, Messeständen, Tennisplätzen, Konzerthallen für Einzelveranstaltungen regelmäßig zu einer gewerblichen Tätigkeit führen. Die Beherbergung in Gaststätten und Fremdenpensionen ist stets die Ausübung eines Gewerbebetriebs. Durch die Vermietung von Ferienwohnungen werden gewerbliche Einkünfte erzielt, wenn sie in einem Feriengebiet belegen sind, für die Führung eines Haushalts voll eingerichtet sind, für kurzfristige Überlassungen an ständig wechselnde Mieter geworben wird und ständig zur Vermietung bereitgehalten werden. Der Betreiber eines Campingplatzes, der gegenüber den Campern über die Gestattung der Nutzung des Geländes zum Aufstel-

len von Zelten, Wohnwagen oder dgl. hinaus wesentliche Nebenleistungen erbringt, ist regelmäßig Gewerbetreibender. Auf R 15.7 Abs. 1 bis 3 EStR sowie H 15.7 (1) bis (3) EStH wird hingewiesen. Die Vermietung nur eines Wohnmobils an wechselnde Mieter ist im Regelfall keine gewerbliche Tätigkeit. Sie führt zu Einkünften i. S. des § 22 Nr. 3 EStG (BFH v. 12. 11. 1997, BStBl 1998 II S. 774). Werden der Ankauf, die Vermietung und die anschließende Veräußerung eines wirtschaftlich bedeutsamen Wirtschaftsguts, z. B. eines Flugzeugs, zu einem einheitlichen Gesamtkonzept verknüpft, kann es sich insgesamt um eine gewerbliche Tätigkeit handeln (BFH v. 26. 6. 2007, BStBl 2009 II S. 289; BMF-Schreiben v. 1. 4. 2009, BStBl I S. 515).

Der An- und Verkauf von Wertpapieren auch in größerem Umfang stellt im Allgemei- 50
nen keine gewerbliche Tätigkeit dar. Etwas anderes wird nur dann zu gelten haben, wenn sich der Stpfl. wie ein Händler verhält (BFH v. 10. 12. 2000, BStBl 2001 II S. 706; v. 2. 9. 2008, BFH/NV S. 2012, jeweils m. w. N.), zum Handel mit GmbH-Anteilen vgl. BFH v. 25. 7. 2001 (BStBl II S. 809). Wegen der Voraussetzungen, unter denen bei der Veräußerung von Grundstücken eine gewerbliche Tätigkeit vorliegt, wird auf Rdn. 64 hingewiesen.

4.2 Betriebsaufspaltung

Führt ein Einzelunternehmer seine bisherige gewerbliche Tätigkeit derart fort, dass er 51
wesentliche Betriebsgrundlagen, insbesondere das Betriebsgrundstück, u. U. auch das bewegliche Anlagevermögen, an eine von ihm beherrschte Kapitalgesellschaft (z. B. GmbH oder UG [haftungsbeschränkt]) verpachtet, die damit die bisherige Tätigkeit des Einzelunternehmens fortführt, liegt keine private Vermögensverwaltung i. S. von Rdn. 49 vor.

BEISPIEL 2: A betreibt in eigenen Gebäuden einen Möbeleinzelhandel. Ende 2021 gründet er als 52
Alleingesellschafter die A-GmbH. Zum 1. 1. 2022 veräußert er die Warenbestände und den Fahrzeugpark an die A-GmbH, die ab diesem Zeitpunkt den Möbeleinzelhandel fortführt. Die bisherigen Betriebsgrundstücke verpachtet A an die A-GmbH.

Nach der ständigen Rechtsprechung des BFH wird in den Fällen, in denen wesentliche 53
Betriebsgrundlagen an eine von dem bisherigen Unternehmer beherrschte Kapitalgesellschaft zur Fortführung der gewerblichen Betätigung verpachtet werden, der bisherige Gewerbebetrieb nicht eingestellt. Er wird in Form der Aufspaltung in ein Besitzunternehmen und in ein Betriebsunternehmen fortgeführt. Das Besitzunternehmen ist weiterhin am allgemeinen wirtschaftlichen Verkehr beteiligt und deswegen gewerblich tätig (BFH v. 12. 11. 1985, BStBl 1986 II S. 296). Deswegen liegt im Beispiel 2 zum 31. 12. 2021 keine Betriebsaufgabe des A vor. Das Einzelunternehmen besteht als Besitzunternehmen fort. Zu seinem notwendigen Betriebsvermögen gehören auch die Anteile an der A-GmbH.

Eine Betriebsaufspaltung setzt die sachliche und personelle Verflechtung zwischen Be- 54
sitz- und Betriebsunternehmen voraus. Die erforderliche sachliche Verflechtung wird durch die Überlassung der wesentlichen Betriebsgrundlagen an das Betriebsunternehmen hergestellt. Dazu gehören nicht nur die Grundstücke, auf denen die Produktion oder der Handel betrieben wird, sondern auch Büro- und Verwaltungsgebäude, u. U. auch Büroräume in einem Einfamilienhaus (BFH v. 13. 7. 2006, BStBl II S. 804). Ferner

können auch bewegliche abnutzbare Anlagegüter, im Einzelfall auch immaterielle Wirtschaftsgüter (z. B. Firmenname, Erfindungen bzw. Patente) wesentliche Betriebsgrundlagen sein; wegen Einzelheiten vgl. H 15.7 (5) EStH.

55 Die erforderliche personelle Verflechtung liegt regelmäßig vor, wenn Besitz- und Betriebsunternehmen von derselben Person bzw. denselben Personen gleichermaßen beherrscht werden. Dies ist bei Beteiligungsidentität der Fall. Es sind aber auch andere Konstellationen denkbar, durch die die für die Annahme der personellen Verflechtung erforderliche Beherrschung begründet wird, vgl. dazu das BMF-Schreiben v. 7. 10. 2002 (BStBl I S. 1028) unter Bezugnahme auf die Rechtsprechung des BFH (Urteil v. 15. 3. 2000, BStBl 2002 II S. 774), beachte im Übrigen BFH v. 18. 8. 2005 (BStBl 2006 II S. 158) sowie v. 16. 5. 2013 (BFH/NV 2013 S. 1557). Für die Ermittlung der personellen Verflechtung ist es für den Regelfall nicht möglich, die Anteile von Ehegatten/Lebenspartnern an einer der beiden Gesellschaften zusammenzurechnen (beachte BFH v. 19. 10. 2006, BFH/NV 2007 S. 149; BVerfG v. 14. 2. 2008, HFR 2008 S. 754).

56 **BEISPIEL 3:** Abwandlung des Beispiels 2 dahingehend, dass Gesellschafter der A-GmbH zu je 50 % A und seine Ehefrau sind. Die Ehefrau ist in der Ausübung ihrer Gesellschaftsrechte in keiner Weise beschränkt. A beherrscht nicht beide Unternehmen. Es liegt deswegen keine Betriebsaufspaltung vor. Eine Betriebsaufgabe liegt mit der Einstellung der werbenden Tätigkeit dann nicht vor, wenn ab 1. 1. 2022 von einer Betriebsverpachtung i. S. des § 16 Abs. 3b EStG auszugehen ist, vgl. dazu auch H 16 (5) EStH.

57 Dagegen können Anteile minderjähriger Kinder für die Ermittlung der persönlichen Verflechtung dem in Betracht kommenden Elternteil zuzurechnen sein. Wegen weiterer Einzelheiten zu den Voraussetzungen, unter denen von einer persönlichen Verflechtung auszugehen ist, wird auf H 15.7 (6) bis (8) EStH hingewiesen.

58 Die Voraussetzungen für eine Betriebsaufspaltung brauchen nicht wie im Beispiel 2 durch Aufspaltung eines einheitlichen Unternehmens geschaffen zu werden. Sie können auch in anderer Weise eintreten.

59 **BEISPIEL 4:** Die A-GmbH, Alleingesellschafter A, eröffnet ein Möbeleinzelhandelsgeschäft auf einem Grundstück, das ihr vom Vater des A pachtweise überlassen wird. Der Verpächter stirbt im Laufe des Jahres 2021. Alleinerbe ist A. Da es sich bei dem Grundstück um eine wesentliche Betriebsgrundlage der A-GmbH handelt, wird mit Übergang des Grundstücks auf A eine Betriebsaufspaltung begründet. Das Grundstück sowie die Anteile an der A-GmbH werden notwendiges Betriebsvermögen des in dieser Weise entstehenden Besitzunternehmens.

60 Entfallen die Voraussetzungen für die sachliche oder personelle Verflechtung, wird damit die Betriebsaufspaltung beendet (BFH v. 22. 10. 2013, BStBl 2014 II S. 158, m. w. N.). Das Besitzunternehmen wird damit eingestellt.

61 **BEISPIEL 5:** Fortsetzung des Beispiels 2 mit der Maßgabe, dass A beabsichtigt, in 2025 60 % seiner Beteiligung an der A-GmbH auf seinen Sohn B zu übertragen, der im Anschluss daran zu deren alleinigem Geschäftsführer bestellt wird. Dagegen soll A weiterhin alleiniger Eigentümer des verpachteten Grundstücks bleiben.

Für diesen Fall wäre zu prüfen, ob mit der Übertragung der Anteile auf B das Besitzunternehmen eingestellt (§ 16 Abs. 3 EStG; vgl. Rdn. 204) oder als verpachteter Betrieb gem. § 16 Abs. 3b EStG fortgeführt wird (BFH v. 14. 3. 2006, BStBl II S. 591).

4.3 Ruhender Gewerbebetrieb

Wird ein Gewerbebetrieb insgesamt an einen Dritten in der Weise verpachtet, dass der Pächter den Betrieb mit den wesentlichen Betriebsgrundlagen fortführt, kann der Verpächter wählen, ob damit die gewerbliche Tätigkeit aufgegeben werden soll oder aus der Verpachtung weiterhin Einkünfte aus Gewerbebetrieb bezogen werden sollen. Voraussetzung für dieses Wahlrecht ist, dass der Verpächter oder sein Rechtsnachfolger mit den verpachteten Gegenständen nach Beendigung des Pachtverhältnisses die gewerbliche Tätigkeit wieder aufnehmen könnte. 62

Entscheidet sich der Verpächter für die Betriebsaufgabe, treten die Rechtsfolgen des § 16 Abs. 3 EStG ein (vgl. Rdn. 204). Aus der Verpachtung werden dann Einkünfte aus Vermietung und Verpachtung (vgl. § 21 Abs. 1 Nr. 1 und 2 EStG) bezogen. Entscheidet sich der Verpächter hingegen weiterhin zum Bezug von Einkünften aus Gewerbebetrieb, bleiben die verpachteten Wirtschaftsgüter weiterhin Betriebsvermögen. Als Einkünfte aus Gewerbebetrieb sind nicht nur die laufenden Pachteinnahmen, sondern u. a. auch etwaige Gewinne aus der Veräußerung des Anlagevermögens zu besteuern. Die Einkünfte aus einem ruhenden Gewerbebetrieb unterliegen nicht der GewSt. Zu der Frage unter welchen Voraussetzungen eine Betriebsaufgabe vorliegt, wird auf § 16 Abs. 3b EStG hingewiesen. 63

4.4 Gewerblicher Grundstückshandel

Gewinne aus der Veräußerung von im Privatvermögen gehaltenem Grundbesitz unterliegen dann nicht der Einkommensbesteuerung, wenn zwischen Anschaffung und Veräußerung ein Zeitraum von mehr als zehn Jahren liegt oder es sich um das eigenen Wohnzwecken dienende Gebäude handelt. Bei Unterschreiten der Zehnjahresfrist liegt ein privates Veräußerungsgeschäft i. S. des § 23 Abs. 1 Nr. 1 EStG vor. Veräußert hingegen eine Einzelperson innerhalb eines überschaubaren Zeitraums mehrere als Privatvermögen behandelte Grundstücke, ist zu prüfen, ob damit ein sog. gewerblicher Grundstückshandel ausgeübt wird. Dies ist der Fall, wenn über mehrere Jahre der An- und Verkauf von Grundstücken betrieben wird, z. B. unbebaute Grundstücke durch Baureifmachung in Baugelände umgestaltet werden, das Gelände nach einem bestimmten Bebauungsplan in einzelne Parzellen aufgeteilt und diese an Interessenten veräußert werden. Entsprechendes gilt, wenn Gebäude zur anschließenden Veräußerung errichtet werden. Von einem gewerblichen Grundstückshandel ist regelmäßig dann auszugehen, wenn innerhalb eines Fünfjahreszeitraums drei Objekte veräußert werden – sog. „Drei-Objekt-Grenze". Objekte in diesem Sinne sind Grundstücke jeglicher Art, d. h. z. B. auch unbebaute Grundstücke, Teileigentum, Eigentumswohnungen. Auf die Größe, den Wert oder die Nutzungsart des einzelnen Objekts kommt es nicht an. Beteiligungen an Grundstücksgesellschaften sind in die Prüfung der Frage, ob die „Drei-Objekt-Grenze" überschritten wurde, einzubeziehen. Maßgebend sind grundsätzlich die objektiven Umstände. Die subjektive Beurteilung des Steuerpflichtigen ist unbeachtlich (BFH v. 18. 8. 2009, BStBl II S. 965). Die – durch die Veräußerung von mehr als drei Objekten innerhalb von etwa fünf Jahren indizierte – (zumindest) bedingte Veräußerungsabsicht beim Erwerb kann nur durch objektive Umstände widerlegt werden (BFH v. 17. 12. 2009, BStBl 2010 II S. 541). Unter bestimmten Voraussetzungen kann ein ge- 64 werblicher Grundstückshandel auch bei Unterschreiten der „Drei-Objekt-Grenze" vorliegen (BFH v. 15. 9. 2006, BFH/NV 2007 S. 30). Das BMF hat mit Schreiben v. 26. 3. 2004 (BStBl 2004 I S. 434) auf der Grundlage bis dahin ergangenen Rechtsprechung Stellung genommen. Angesichts der vielfältigen Sachverhaltsgestaltungen sind dazu bis in die jüngste Zeit zahlreiche weitere Entscheidungen der Finanzgerichtsbarkeit ergangen.

5. Besonderheiten bei Personengesellschaften

5.1 Ausschließlicher Bezug von gewerblichen Einkünften gem. § 15 Abs. 3 Nr. 1 EStG

65 Natürliche Personen können neben Einkünften aus Gewerbebetrieb auch Einkünfte aus den übrigen sechs Einkunftsarten beziehen. Da die im Rahmen einer Personengesellschaft erzielten Einkünfte nicht bei der Personengesellschaft, sondern bei den Gesellschaftern der Einkommensbesteuerung unterliegen, stellt sich die Frage, ob die Gesellschafter aus dieser Beteiligung ausschließlich gewerbliche Einkünfte oder Einkünfte aus unterschiedlichen Einkunftsarten beziehen können.

66 **BEISPIEL 6:**

a) Die ausschließliche Tätigkeit der ABC-OHG besteht darin, ihren umfangreichen Grundbesitz sowie beträchtliches Kapitalvermögen in einer Art und Weise zu verwalten, die – würde sie von einer einzelnen natürlichen Person ausgeübt – zu Einkünften aus Vermietung und Verpachtung i. S. des § 21 EStG sowie aus Kapitalvermögen i. S. des § 20 EStG führen würde.

b) Die E & F-OHG unterhält einen Herstellungsbetrieb, in dem zweifelsfrei Einkünfte aus Gewerbebetrieb anfallen. Daneben ist sie Eigentümerin umfangreichen Grundbesitzes, der in einer Art und Weise genutzt wird, dass eine natürliche Person daraus Einkünfte aus Vermietung und Verpachtung i. S. des § 21 EStG beziehen würde.

c) Die G & H KG, die ausschließlich ihren Grundbesitz in einer Weise verwaltet, die nach den in Rdn. 49 dargestellten Grundsätzen zu Einkünften aus Vermietung und Verpachtung führen würde, bezieht außerdem Einkünfte aus Gewerbebetrieb als Kommanditistin der X GmbH & Co. KG.

67 Nach § 15 Abs. 3 Nr. 1 EStG gilt als Gewerbebetrieb in vollem Umfang die mit Einkünfteerzielungsabsicht unternommene Tätigkeit einer OHG, einer KG oder einer anderen Personengesellschaft, wenn die Gesellschaft

- auch eine gewerbliche Tätigkeit i. S. des § 15 Abs. 1 Nr. 1 EStG ausübt oder
- gewerbliche Einkünfte aus der Beteiligung als Mitunternehmerin i. S. des § 15 Abs. 1 Satz 1 Nr. 2 EStG bezieht.

Dies gilt unabhängig davon, ob aus der Tätigkeit i. S. des § 15 Abs. 1 Satz 1 Nr. 1 EStG ein Gewinn oder Verlust erzielt wird oder ob die gewerblichen Einkünfte i. S. des § 15 Abs. 1 Satz 1 Nr. 2 EStG positiv oder negativ sind.

Zu den anderen Personengesellschaften gehören die Gesellschaften, bei denen die Gesellschafter als Mitunternehmer anzusehen sind, die atypisch stille Gesellschaft, die Partenreederei i. S. des § 489 HGB, die GbR, bei der die Erreichung der gemeinsamen Zwecke (§ 705 BGB) in der Ausübung einer gewerblichen Tätigkeit besteht. Nicht dazu gehören die Erbengemeinschaft (vgl. BMF-Schreiben v. 14. 3. 2006, BStBl I S. 253) und die eheliche Gütergemeinschaft. Die Regelung des § 15 Abs. 3 Nr. 1 EStG ist rechtmäßig (BVerfG v. 15. 1. 2008, HFR 2008 S. 755).

Danach beziehen die Gesellschafter einer Personengesellschaft vorbehaltlich des § 15 Abs. 3 Nr. 2 EStG (vgl. Rdn. 72 ff.) nur dann Einkünfte aus Gewerbebetrieb, wenn überhaupt eine gewerbliche Tätigkeit ausgeübt wird. Im Beispiel 6 Variante a werden danach Einkünfte aus Kapitalvermögen und aus Vermietung und Verpachtung bezogen, die anteilig den einzelnen Gesellschaftern zustehen. Damit unterliegen die Einkünfte aus Kapitalvermögen grundsätzlich der Abgeltungsteuer; wegen weiterer Einzelheiten vgl. dazu Rdn. 72 ff., BMF-Schreiben v. 18. 1. 2016 (BStBl 2016 I S. 85). 68

Dagegen sind im Beispiel 6 Variante b die Einkünfte der E & F-OHG insgesamt als Einkünfte aus Gewerbebetrieb zu qualifizieren. Dies hat zur Folge, dass das gesamte Vermögen der E & F-OHG Betriebsvermögen und damit auch der vermietete Grundbesitz in die Gewinnermittlung einzubeziehen ist (vgl. auch R 15.8 Abs. 5 EStR sowie H 15.8 Abs. 5 EStH). Diese Grundsätze gelten nach dem Urteil des BFH v. 13. 11. 1997 (BStBl 1998 II S. 254; beachte jedoch BFH v. 27. 8. 1998, BStBl 1999 II S. 279) auch für die weiteren Aktivitäten einer Besitzpersonengesellschaft bei einer Betriebsaufspaltung. Nach BFH v. 10. 8. 1999 (BStBl 2000 II S. 229) soll die Regelung des § 15 Abs. 3 Nr. 1 EStG nur dann nicht eingreifen, wenn der gewerblichen Tätigkeit gegenüber der Vermögensverwaltung eine völlig untergeordnete Bedeutung zukommt; für den Fall einer geringfügigen gewerblichen Tätigkeit durch Freiberufler wird auf BFH v. 15. 12. 2010 (BStBl 2011 II S. 506) hingewiesen. 69

Beschränken sich die Aktivitäten einer Personengesellschaft (Besitzpersonengesellschaft) darauf, Grundstücke und ggf. auch weitere Anlagegüter an eine personenidentische Personengesellschaft zu verpachten, die einer gewerblichen Tätigkeit nachgeht – Betriebspersonengesellschaft, liegt eine mitunternehmerische Betriebsaufspaltung vor. Die Besitzpersonengesellschaft ist damit ebenfalls Gewerbetreibende (vgl. dazu BFH v. 24. 11. 1998, BStBl 1999 II S. 483; v. 18. 8. 2005, BStBl II S. 830 jeweils m. w. N.; BMF-Schreiben v. 28. 4. 1998, BStBl I S. 583; v. 7. 12. 2006, BStBl I S. 766). 70

Im Falle des Beispiels 6 Variante c führt der Bezug gewerblicher Einkünfte aus der Beteiligung an der X GmbH & Co. KG im Regelfall dazu, dass auch im Übrigen Einkünfte aus Gewerbebetrieb zu besteuern sind. Nach den Urteilen des BFH v. 27. 4. 2014 (BStBl 2015 II S. 996, 999 und 1000) werden nicht insgesamt Einkünfte aus Gewerbebetrieb bezogen, wenn den gewerblichen Aktivitäten nur eine völlig untergeordnete Bedeutung zukommt. Dies ist der Fall, wenn die originär gewerblichen Nettoumsatzerlöse 3 % der Gesamtnettoumsatzerlöse der Gesellschaft und den Betrag von 24 500 € im VZ nicht übersteigen (BFH v. 27. 8. 2014, BStBl 2015 II S. 996). 71

5.2 Gewerblich geprägte Personengesellschaften i. S. des § 15 Abs. 3 Nr. 2 EStG

Übt eine Personengesellschaft keine gewerbliche Tätigkeit aus, gilt ihre Tätigkeit nach § 15 Abs. 3 Nr. 2 EStG gleichwohl insgesamt als Gewerbebetrieb, wenn bei ihr ausschließlich eine oder mehrere Kapitalgesellschaften persönlich haftende Gesellschafter sind und nur diese Personen, oder nur Personen, die nicht Gesellschafter sind, zur Geschäftsführung befugt sind – gewerblich geprägte Personengesellschaft. Dies gilt auch dann, wenn die Haftung weiterer Gesellschafter gesellschaftsrechtlich beschränkt ist. 72

73 **BEISPIEL 7:** Die persönlich haftenden Gesellschafter der in Beispiel 6 Variante a bezeichneten ABC-OHG gründen die ABC-GmbH, die ohne eine Einlage zu leisten als persönlich haftende Gesellschafterin der OHG beitritt und zur alleinigen Geschäftsführerin bestellt wird. Die bisherigen persönlich haftenden Gesellschafter werden Kommanditisten. Mit dieser Veränderung der Unternehmensform in die ABC-GmbH & Co. KG werden bei unveränderten Aktivitäten statt der Einkünfte aus Kapitalvermögen und aus Vermietung und Verpachtung nunmehr insgesamt Einkünfte aus Gewerbebetrieb bezogen, die bei den Gesellschaftern nach den allgemeinen Grundsätzen zu besteuern sind (§ 20 Abs. 8 EStG). Die Kapitalerträge unterliegen damit nicht der Abgeltungsteuer.

Eine gewerblich geprägte Personengesellschaft liegt nach dem Urteil des FG Münster v. 28. 8. 2014 – 3 K 743/13 F (NWB DokID: GAAAE-81266, Rev. Az. BFH IV R 42/14) auch dann vor, wenn die Anteile an der Komplementär-GmbH von der KG im Gesamthandsvermögen gehalten werden.

Bei einer GbR kann die Haftung einzelner Gesellschafter nur individualrechtlich beschränkt werden. Deswegen ist eine GmbH & Co. GbR keine gewerblich geprägte Personengesellschaft (BMF-Schreiben v. 17. 3. 2014, BStBl 2014 I S. 555, mit einer Übergangsregelung; vgl. auch BFH v. 22. 9. 2016, BFH/NV 2017 S. 94).

74 Beteiligt sich eine derartig gewerblich geprägte Personengesellschaft ihrerseits wiederum als persönlich haftende Gesellschafterin an einer anderen Personengesellschaft und nimmt sie oder nehmen nicht beteiligte Personen die Geschäftsführung wahr, handelt es sich auch bei dieser anderen Personengesellschaft um eine gewerblich geprägte Personengesellschaft (vgl. im Übrigen R 15.8 Abs. 6 EStR sowie H 15.8 (6) EStH).

75 **BEISPIEL 8:** Die in Beispiel 7 bezeichnete ABC-GmbH & Co. KG wird alleinige Komplementärin und Geschäftsführerin der X-KG, die einer vermögensverwaltenden Tätigkeit nachgeht. Gleichwohl bezieht auch die X-KG gem. § 15 Abs. 3 Nr. 2 EStG insgesamt Einkünfte aus Gewerbebetrieb.

6. Der Umfang der Einkünfte aus Gewerbebetrieb bei Personengesellschaften

6.1 Überblick

76 Nach § 15 Abs. 1 Satz 1 Nr. 2 EStG sind Einkünfte aus Gewerbebetrieb zunächst die Gewinnanteile der Gesellschafter einer OHG, einer KG oder einer anderen Gesellschaft, bei der die Gesellschafter als Mitunternehmer anzusehen sind. Jeder Gesellschafter kann nur mit einem Anteil an der Gesellschaft beteiligt sein. Erwirbt ein Gesellschafter einen weiteren Anteil, werden damit die beiden Anteile zu einem einheitlichen Anteil zusammengefasst (BFH v. 13. 2. 1997, BStBl 1997 II S. 535; FG Düsseldorf v. 22. 10. 2013, EFG 2014 S. 132, rur.). Dabei wird vorausgesetzt, dass nach § 15 Abs. 3 EStG (vgl. Rdn. 65 ff.) von der Gesellschaft Einkünfte aus Gewerbebetrieb bezogen werden.

Dazu gehören auch die Vergütungen, die der Gesellschafter von der Gesellschaft für seine Tätigkeit im Dienst der Gesellschaft oder für die Hingabe von Darlehen oder für die Überlassung von Wirtschaftsgütern bezogen hat. Mit dieser Regelung soll erreicht werden, dass der Mitunternehmer einer gewerblich tätigen Personengesellschaft weitgehend nach den gleichen Grundsätzen wie ein Einzelunternehmer besteuert wird, dem es nicht möglich ist, einzelne Leistungen im Interesse seiner gewerblichen Betätigung mit der Folge aus dieser auszugliedern, dass er insoweit neben den gewerblichen

Einkünften noch andere Einkünfte beziehen kann (BFH v. 28. 4. 1983, BStBl II S. 668, m. w. N.). Dies gilt auch für Vergütungen, die ein ehemaliger Mitunternehmer für seine frühere Tätigkeit im Dienst der Gesellschaft bezieht (§ 15 Abs. 1 Satz 2 EStG; BMF-Schreiben v. 29. 1. 2008, BStBl 2008 I S. 317; BFH v. 6. 3. 2014, BStBl 2014 II S. 624). Zu den Mitunternehmern gehören nicht nur unmittelbar, sondern auch mittelbar beteiligte Gesellschafter, wenn sie und die Personengesellschaften, die ihre Beteiligung vermitteln, jeweils als Mitunternehmer der Betriebe anzusehen sind, an denen sie mittelbar beteiligt sind.

Die Qualifikation der vorbezeichneten Vergütungen als Teil des Gewinns des Mitunter- 77
nehmers bedeutet zugleich, dass sie weder als Einkünfte einer anderen Einkunftsart besteuert noch als Betriebseinnahme eines anderen Betriebs des Mitunternehmers behandelt werden können (BFH v. 18. 7. 1979, BStBl II S. 750; v. 11. 12. 1986, BStBl 1987 II S. 553).

Der persönlich haftende Gesellschafter einer KGaA bezieht nach § 15 Abs. 1 Satz 1 Nr. 3 78
EStG mit seinen Gewinnanteilen, soweit sie nicht auf Anteile am Grundkapital entfallen, nicht Einkünfte aus Kapitalvermögen, sondern Einkünfte aus Gewerbebetrieb. Diesem Gewinnanteil sind wie bei Mitunternehmern i. S. des § 15 Abs. 1 Satz 1 Nr. 2 EStG die Vergütungen für seine Tätigkeit im Dienst der Gesellschaft, für die Hingabe von Darlehen oder für die Überlassung von Wirtschaftsgütern hinzuzurechnen. Die nachfolgenden Erläuterungen zu § 15 Abs. 1 Satz 1 Nr. 2 EStG gelten entsprechend (vgl. auch BFH v. 21. 6. 1989, BStBl II S. 881; v. 17. 10. 1990, BStBl 1991 II S. 211).

6.2 Begriff der Mitunternehmerschaft

6.2.1 Allgemeine Grundsätze

Die Regelungen des § 15 Abs. 1 Satz 1 Nr. 2 EStG greifen nur dann, wenn der Gesell- 79
schafter als Mitunternehmer anzusehen ist. Dabei handelt es sich um einen steuerrechtlichen Begriff, der seine Ausprägung durch die Rechtsprechung des BFH erfahren hat, die sich dabei an den Rechtverhältnissen der Personengesellschaft des Handelsrechts orientiert. Letztendlich wird darauf abgestellt, ob die Beteiligten ihr Innenverhältnis in einer Weise ausgestaltet haben, wie es zwischen den Gesellschaftern einer Personengesellschaft des Handelsrechts allgemein üblich ist. Mitunternehmer können danach auch sein die Mitglieder der Europäischen Wirtschaftlichen Interessenvereinigung (EWIV; vgl. EWIV-Ausführungsgesetz v. 14. 4. 1988, BGBl I S. 514), die Gesellschafter einer GbR, der atypisch still Beteiligte, der Unterbeteiligte an der Beteiligung an einer Mitunternehmerschaft oder die Beteiligten an einer Erbengemeinschaft hinsichtlich des gemeinschaftlich betriebenen Gewerbebetriebs.

Bei Mitunternehmern handelt es sich um die Gesellschafter einer Personengesellschaft, 80
die eine gewisse unternehmerische Initiative – Mitunternehmerinitiative – entfalten und unternehmerisches Risiko – Mitunternehmerrisiko – tragen. Eine Mitunternehmerschaft wird dadurch geprägt, dass sich mehrere Personen durch gemeinsame Ausübung der Unternehmerinitiative und gemeinsame Übernahme des Unternehmerrisikos auf einen bestimmten Zweck hin zusammenarbeiten.

81 **Mitunternehmerinitiative** bedeutet vor allem Teilhabe an unternehmerischen Entscheidungen, zumindest durch die Ausübung von Stimm-, Kontroll- und Widerspruchsrechten, die üblicherweise einem Kommanditisten nach Maßgabe des HGB zustehen oder die den gesellschaftsrechtlichen Kontrollrechten nach § 716 Abs. 1 BGB entsprechen. **Mitunternehmerrisiko** trägt im Regelfall, wer an Gewinn und Verlust des Unternehmens und damit auch an den stillen Reserven einschl. des Geschäftswerts des Unternehmens beteiligt ist. Im Einzelfall können weitere Gesichtspunkte für die Annahme einer Mitunternehmerschaft sprechen, z. B. eine besonders ausgeprägte unternehmerische Initiative, verbunden mit einem bedeutenden Beitrag zur Kapitalausstattung des Unternehmens. Für den Regelfall sind die Gesellschafter von OHG, KG und GbR Mitunternehmer. Wird ein stilles Gesellschaftsverhältnis derart ausgestaltet, dass dem Gesellschafter eine Beteiligung an den stillen Reserven einschl. des Geschäftswerts zusteht, liegt regelmäßig eine Mitunternehmerschaft vor (**atypisch stille Beteiligung**). Andererseits kann die Stellung eines formal als Kommanditisten Beteiligten derart eingeschränkt sein, dass keine Mitunternehmerschaft mehr vorliegt; dafür können z. B. sprechen: der Ausschluss von Stimmrecht und Widerspruchsrecht, der Ausschluss der Teilhabe an beabsichtigten Gewinnen mangels entsprechendem Entnahmerechts oder aufgrund des Ausschlusses von wesentlichen stillen Reserven (BFH v. 28. 10. 1999, BStBl 2000 II S. 183). Wegen weiterer Einzelheiten wird auf die in H 15.8 EStH zitierte Rechtsprechung des BFH verwiesen.

Räumt ein Mitunternehmer an seiner Beteiligung Dritten eine **Unterbeteiligung** ein, kann diese als Mitunternehmerschaft – atypisch stille Beteiligung – ausgestaltet sein. Der Unterbeteiligte ist jedoch im Regelfall nicht Mitunternehmer der Hauptgesellschaft, sondern lediglich der mit dem Hauptbeteiligten begründeten Gesellschaft (vgl. BFH v. 29. 10. 1991, BStBl 1992 II S. 512; vgl. auch Wacker, in: Schmidt, EStG, 37. Aufl. 2018, § 15 Rdn. 366).

82 **BEISPIEL 9:** A ist Gesellschafter der ABC-OHG. Er räumt seinem Sohn AS an dieser Beteiligung eine Unterbeteiligung von 20 % ein, die sich auch auf die stillen Reserven erstreckt. AS wird damit nicht Mitunternehmer der OHG. Es besteht lediglich eine Mitunternehmerschaft im Verhältnis zu A, bezogen auf dessen Anteil an der ABC-OHG. Dabei ist es unerheblich, ob die Unterbeteiligung den übrigen Gesellschaftern der ABC-OHG bekannt ist.

6.2.2 Besonderheiten bei Mitunternehmerschaften zwischen nahe stehenden Personen

83 Beteiligen Eltern ihre Kinder an ihrem Unternehmen, ist regelmäßig zu prüfen, ob aufgrund der getroffenen Vereinbarungen und deren tatsächlicher Durchführung die Kinder tatsächlich eine Mitunternehmerstellung erlangt haben. Als problematisch erweisen sich in diesem Zusammenhang regelmäßig der völlige oder teilweise Ausschluss von Kontroll-, Kündigungs- und Entnahmerechten. Wurde zivilrechtlich und steuerrechtlich wirksam eine Mitunternehmerschaft begründet, ist weiter zu prüfen, ob die Gewinnverteilung mit einem fremden Dritten gleichermaßen vereinbart worden wäre, also angemessen ist. Wegen der Einzelheiten zur Anerkennung von Familienpersonengesellschaften wird auf die Ausführungen in R 15.9 EStR sowie die in H 15.9 EStH aufgeführte Rechtsprechung des BFH hingewiesen.

Eine vergleichbare Problematik ergibt sich bei Personengesellschaften, an denen natürliche Personen und von ihnen beherrschte Kapitalgesellschaften als Gesellschafter beteiligt sind. 84

BEISPIEL 10: A, B und C, die bisher zu je 1/3 an der ABC-OHG beteiligt sind, errichten die ABC-GmbH mit einem Stammkapital von 51 000 €, von dem jeder einen Stammanteil von 17 000 € übernimmt. Zu Geschäftsführern werden A, B und C bestellt. Die ABC-GmbH tritt der OHG bei. Sie erbringt keine Einlage. Zugleich treten A, B und C als persönlich haftende Gesellschafter aus und als Kommanditisten wieder ein. Die Gesellschaft firmiert nunmehr als ABC-GmbH & Co. KG. Die ABC-GmbH führt deren Geschäfte. 85

Beschränken sich wie im Beispiel 10 die Leistungen der Komplementär-GmbH auf die Haftungsübernahme und die Geschäftsführung innerhalb einer GmbH & Co., sind ihr insoweit angemessene Gewinnanteile zuzubilligen. Als Haftungsvergütung wird nach der ständigen Rechtsprechung des BFH eine Vergütung in einem bestimmten %-Satz des Stammkapitals, der sich an der Höhe von Avalprovisionen orientiert, nicht beanstandet (Urteil v. 3. 2. 1977, BStBl II S. 346, m. w. N.). Dabei ist eine Teilnahme an etwaigen Verlusten nicht erforderlich. Im Übrigen steht der GmbH der Ersatz der ihr im Interesse der Gesellschaft entstandenen Aufwendungen zu (BFH v. 24. 7. 1990, BFH/NV 1991 S. 191). Wegen der steuerlichen Behandlung der Vergütungen an die zugleich als Kommanditisten beteiligten Geschäftsführer vgl. nachfolgend Rdn. 91 ff. 86

6.3 Gewinn der Mitunternehmerschaft und Gewinnanteile der Gesellschafter

6.3.1 Ableitung des Gewinnanteils aus der Handelsbilanz

Nach § 15 Abs. 1 Satz 1 Nr. 2 EStG setzt sich der Gewinnanteil eines Mitunternehmers aus seinem Anteil am Gewinn der Mitunternehmerschaft und den in dieser Vorschrift bezeichneten besonderen Vergütungen zusammen. Die erste Komponente dieses Gewinnanteils besteht danach aus dem Anteil am Gewinn/Verlust der Gesellschaft, der sich aus der aus der Handelsbilanz abgeleiteten Steuerbilanz ergibt (BFH v. 23. 10. 1990, BStBl 1991 II S. 401, m. w. N.). Dieser Gewinnanteil ist dementsprechend nach handelsrechtlichen Grundsätzen zu bestimmen. Er umfasst auch die Teile, die den einzelnen Gesellschaftern nach §§ 121, 168 HGB oder nach Maßgabe des Gesellschaftsvertrags als Vorabgewinn einschl. gesellschaftsrechtlicher gewinnabhängiger Vergütungen aus dem Gesamtgewinn der Gesellschaft zustehen. Gewinnabhängige Vorabvergütungen liegen vor, wenn sie vom Gesellschafter nur insoweit beansprucht werden können, als der tatsächlich erzielte Gewinn eine entsprechende Verteilung zulässt. Vergütungen auf gesellschaftsrechtlicher Grundlage, die unabhängig vom Gesellschaftsgewinn zustehen, sind ebenfalls Bestandteil des Gewinnanteils. 87

Weiter ist das Ergebnis der Steuerbilanz ggf. durch außerbilanzielle Zu- und Abrechnungen zu korrigieren, z. B. infolge der Inanspruchnahme eines Investitionsabzugsbetrags nach § 7g EStG, wegen nach § 4 Abs. 5 EStG nicht abziehbarer Betriebsausgaben.

Abweichungen der Steuerbilanz von der Handelsbilanz ergeben sich dann und insoweit, als zwingende steuerrechtliche Vorschriften dies erfordern. Diese Abweichungen 88 können sich auf die Gesamthandsbilanz beziehen oder sich auch nur im Verhältnis zu einzelnen Mitunternehmern ergeben, wenn

- ► ein in der Handelsbilanz gewählter Bilanzansatz in der Steuerbilanz unzulässig ist, weil z. B. ein steuerliches Wahlrecht gem. § 5 Abs. 1 Satz 2 Halbsatz 2 EStG (vgl. 2. Kap. Rdn. 661 ff.) ausgeübt wurde,
- ► bei der Bewertung von Wirtschaftsgütern des Gesamthandsvermögens im Verhältnis zu einzelnen Mitunternehmern Besonderheiten zu beachten sind.

89 **BEISPIEL 11:** ► Die ABC-OHG, Gesellschafter A, B und C, die zu je einem Drittel an Gewinn und Verlust beteiligt sind, weist in ihrer Handelsbilanz zum 31. 12. 2021 einen Gewinn von 120 000 € aus. Dabei wurde eine außerplanmäßige Abschreibung auf ein Anlagegut in Höhe von 300 000 € berücksichtigt, in der Steuerbilanz wird auf eine entsprechende Teilwertabschreibung verzichtet. Auf ein in 2020 für 3 000 000 € fertig gestelltes Gebäude wird zulässigerweise eine AfA von 5 % vorgenommen. A hat auf dessen Herstellungskosten eine in seinem Einzelunternehmen gebildete Rücklage i. S. des § 6b EStG in Höhe von 800 000 € übertragen (vgl. 2. Kap. Rdn. 1270 ff.). Danach ergibt sich für die ABC OHG folgender steuerlicher Gewinn für das Wirtschaftsjahr 2021; auf die Berücksichtigung einer GewSt-Rückstellung wird aus Vereinfachungsgründen verzichtet:

Gewinn lt. Handelsbilanz	120 000 €
+ nicht vorgenommene Teilwertabschreibung	300 000 €
Zwischensumme	420 000 €
+ Korrektur im Verhältnis zu A 5 % von 800 000 €	40 000 €
Steuerlicher Gewinn aus dem Gesamthandsvermögen	460 000 €

Dieser Gewinn ist auf die Gesellschafter wie folgt zu verteilen:

	A €	B €	C €
1/3 von 420 000 €	140 000	140 000	140 000
AfA-Korrektur	40 000		
Gewinnanteile	180 000	140 000	140 000

90 Die im Verhältnis zu einzelnen Mitunternehmern hinsichtlich der Bewertung des Gesamthandsvermögens zu beachtenden Besonderheiten sind in für diese jeweils getrennt zu führenden Ergänzungsbilanzen darzustellen; im Beispiel 11 ist eine derartige Ergänzungsbilanz für A zu führen. Der Gewinn/Verlust aus dem Gesamthandsvermögen entspricht danach dem Ergebnis der Steuerbilanz der Mitunternehmerschaft, korrigiert um die Ergebnisse etwaiger Ergänzungsbilanzen (wegen weiterer Einzelheiten zur Führung von Ergänzungsbilanzen vgl. Rdn. 111 ff.).

6.3.2 Die Sondervergütungen für die einzelnen Mitunternehmer als weitere Gewinnanteile

91 Dem sich danach für den einzelnen Mitunternehmer ergebenden Anteil am Gewinn der Mitunternehmerschaft sind als weitere Komponente die Vergütungen hinzuzurechnen, die er von der Mitunternehmerschaft für seine Tätigkeit in deren Dienst oder für die Hingabe von Darlehen oder für die Überlassung von Wirtschaftsgütern bezogen hat. Die Regelung des § 15 Abs. 1 Satz 1 Nr. 2 Satz 1 Halbsatz 2 EStG setzt danach voraus, dass diese Vergütungen als Betriebsausgaben den Gewinn der gesamthänderisch verbundenen Mitunternehmerschaft gemindert haben (BFH v. 13. 10. 1998, BStBl 1999 II S. 284). Daraus wird deutlich, dass auch insoweit nach § 4 Abs. 1, § 5 EStG zu verfah-

ren ist, es also auf den Zufluss der Vergütung beim Berechtigten nicht ankommt. Es ist unerheblich, ob die Vergütungen auf schuldrechtlichen oder auf gesellschaftsrechtlichen Vereinbarungen beruhen. Sie werden durch § 15 Abs. 1 Satz 1 Nr. 2 Satz 1 Halbsatz 2 EStG als gewerbliche Einkünfte qualifiziert. Dabei ist allein entscheidend, dass der Bezieher der Vergütungen Mitunternehmer der Gesellschaft ist. Der Umfang der Beteiligung sowie die Gesellschafterstellung, z. B. beschränkte oder unbeschränkte Haftung, sind unerheblich (BFH v. 14. 8. 1986, BStBl 1987 II S. 60). Bei der Gewinnermittlung können Arbeitnehmern zustehende Steuerbefreiungen auch dann nicht berücksichtigt werden, wenn der Mitunternehmer sozialversicherungsrechtlich Arbeitnehmer ist (BFH v. 8. 4. 1992, BStBl II S. 812). Demzufolge handelt es sich bei den abgeführten Sozialversicherungsbeiträgen um einen Teil der Vergütungen i. S. des § 15 Abs. 1 Satz 1 Nr. 2 EStG (BFH v. 30. 8. 2007, BStBl II S. 942), die bei der ESt-Veranlagung als Vorsorgeaufwendungen berücksichtigungsfähig sind.

Gibt eine Personengesellschaft einem ihrer Gesellschafter eine Versorgungszusage, ist 92
in der Handels- und Steuerbilanz der Gesellschaft eine Rückstellung unter Beachtung des § 6a EStG auszuweisen. In der Sonderbilanz des anspruchsberechtigten Gesellschafters ist ein entsprechender Aktivposten auszuweisen. Wegen weiterer Einzelheiten wird auf das BMF-Schreiben v. 29. 1. 2008, BStBl 2008 I S. 317, hingewiesen.

Erforderlich ist, dass der Leistungsaustausch während des Bestehens des mitunterneh- 93
merschaftlichen Verhältnisses erfolgt. Vergütungen für Leistungen, die vor Bestehen der Mitunternehmerschaft erbracht wurden, fallen auch dann nicht unter § 15 Abs. 1 Satz 1 Nr. 2 EStG, wenn sie nach deren Begründung ausgezahlt werden (BFH v. 11. 12. 1980, BStBl 1981 II S. 422). Demgegenüber gelten nach § 15 Abs. 1 Satz 2 EStG die Regelungen des § 15 Abs. 1 Satz 1 Nr. 2 EStG auch für Vergütungen, die als nachträgliche Einkünfte i. S. des § 24 Nr. 2 EStG bezogen werden.

Mit der Qualifikation der Vergütungen als Einkünfte aus der Beteiligung der Mitunter- 94
nehmerschaft hat der Gesetzgeber zugleich entschieden, dass diese nicht als Einkünfte aus einer anderen gewerblichen oder freiberuflichen Tätigkeit des Mitunternehmers besteuert werden können.

BEISPIEL 12: 95

a) Die X-GmbH ist Kommanditistin der A-KG. Sie hat dieser eine Maschine gegen angemessenes Entgelt vermietet. Die Mieteinnahmen sind nach § 15 Abs. 1 Satz 1 Nr. 2 EStG in die Ermittlung des von der A-KG bezogenen Gewinnanteils einzubeziehen.
b) B ist Architekt und hat als Kommanditist an die C-GmbH & Co. KG Architektenleistungen erbracht. Die Honorare dafür sind Teil seines Gewinnanteils i. S. des § 15 Abs. 1 Satz 1 Nr. 2 EStG und nicht Betriebseinnahmen seines Architekturbüros.

Unerheblich ist es, ob es sich aus der Sicht der Mitunternehmerschaft um sofort ab- 96
ziehbaren Aufwand oder aber aktivierungspflichtigen Herstellungsaufwand handelt. (BFH v. 11. 12. 1986, BStBl 1987 II S. 553).

§ 15 Abs. 1 Satz 1 Nr. 2 Satz 1 Halbsatz 2 EStG enthält eine abschließende Aufzählung 97
der als Gewinnanteile des einzelnen Mitunternehmers zu behandelnden Vergütungen. Dabei ist es unerheblich, ob diese aufgrund eines Arbeitsverhältnisses (BFH v. 8. 4. 1992, BStBl II S. 812), eines sonstigen Dienstvertrags i. S. des § 611 BGB, eines Werkvertrags i. S. des § 631 BGB oder eines Geschäftsbesorgungsvertrags i. S. des § 675 BGB

bezogen werden (BFH v. 27. 5. 1981, BStBl 1982 II S. 192 und 194). Entsprechendes gilt für die Nutzungsüberlassung von Wirtschaftsgütern sowie die Überlassung von Kapital. Andere Leistungsaustausche zwischen Mitunternehmer und Mitunternehmerschaft können nicht nach § 15 Abs. 1 Satz 1 Nr. 2 EStG beurteilt werden. Dies gilt insbesondere für Veräußerungsgeschäfte (BFH v. 28. 10. 1999, BStBl 2000 II S. 339) und für Vergütungen für Leistungen, die die Gesellschaft gegenüber dem Gesellschafter erbracht hat, z. B. Zinsen für ein dem Gesellschafter gewährtes Darlehen (Wacker, in: Schmidt, EStG, 39. Aufl. 2020, § 15 Rdn. 625 ff., m. w. N.). Leistungsaustausche zwischen zwei gewerblich tätigen Mitunternehmerschaften mit ganz oder teilweise identischen Mitunternehmern sind nicht nach § 15 Abs. 1 Satz 1 Nr. 2 EStG zu beurteilen (BFH v. 24. 3. 1983, BStBl II S. 598), sofern sie im Eigeninteresse der Gesellschaften zu zwischen fremden Dritten üblichen Bedingungen erfolgen (BFH v. 31. 7. 1991, BStBl 1992 II S. 375; beachte BFH v. 15. 4. 2010, BStBl II S. 971). Dies gilt nach dem Urteil des BFH v. 23. 4. 1996 (BStBl 1998 II S. 325) auch in den Fällen der sog. mitunternehmerischen Betriebsaufspaltung (vgl. dazu auch BMF-Schreiben v. 28. 4. 1998 (BStBl I S. 583).

98 **BEISPIEL 13:** A und B sind die einzigen Kommanditisten der X GmbH & Co. KG sowie die alleinigen Gesellschafter der Komplementär-GmbH. Weiter sind sie in gleichem Verhältnis an der A & B GbR beteiligt, die der X GmbH & Co. KG Grundstücke überlässt, die wesentliche Betriebsgrundlagen sind. Damit liegen auch steuerlich zwei selbständig nebeneinander bestehende gewerbliche Mitunternehmerschaften vor. Die Grundstücksmieten sind Betriebsausgaben der X GmbH & Co. KG sowie Betriebseinnahmen der GbR, die ebenfalls Einkünfte aus Gewerbebetrieb bezieht.

99 Sind bei einer GmbH & Co. KG die Kommanditisten zugleich Geschäftsführer der Komplementär-GmbH, gehören die ihnen zustehenden Geschäftsführervergütungen auch dann zu den bei ihnen nach § 15 Abs. 1 Satz 1 Nr. 2 EStG zu besteuernden Gewinnanteilen, wenn zivilrechtlich Dienstverträge mit der GmbH bestehen (BFH v. 16. 12. 1992, BStBl 1993 II S. 792; v. 14. 2. 2006, BStBl 2008 II S. 182).

BEISPIEL 14: Fortsetzung des Beispiels 13 mit der Maßgabe, dass A und B ferner Geschäftsführer der Komplementärin, der X-GmbH sind. Die X-GmbH führt die Geschäfte der X-GmbH & Co. KG. Zwischen A und B einerseits und der X-GmbH andererseits bestehen Dienstverträge, wonach ihnen als Geschäftsführer der GmbH auch die Geschäftsführung der X-GmbH & Co. KG obliegt. Die X-GmbH hat gegenüber der KG Anspruch auf Erstattung der ihr durch die Wahrnehmung der Geschäftsführung entstehenden Aufwendungen. Gleichwohl sind A und B die ihnen formal von der X-GmbH zustehenden Vergütungen als unmittelbar von der X-GmbH & Co. KG bezogen gem. § 15 Abs. 1 Satz 1 Nr. 2 EStG zuzurechnen.

100 Die Erfassung der Vergütungen nach § 15 Abs. 1 Satz 1 Nr. 2 Satz 1 Halbsatz 2 EStG als Gewinnanteile der Gesellschafter hat zur Folge, dass die damit in wirtschaftlichem Zusammenhang stehenden Aufwendungen als Sonderbetriebsausgaben der jeweiligen Mitunternehmer zu berücksichtigen sind, so dass sie bei anderen Einkünften nicht abziehbar sind. Dementsprechend kann im Beispiel 12a die AfA für die Maschine nicht bei der Gewinnermittlung der X-GmbH als Betriebsausgabe abgezogen werden. Im Beispiel 12b ist zu prüfen, ob im Architekturbüro Aufwendungen für die gegenüber der C-GmbH & Co. KG erbrachten Leistungen angefallen sind, die nicht bei der Gewinnermittlung des Architekturbüros, sondern als Sonderbetriebsausgaben bei der C-GmbH & Co. KG zu berücksichtigen sind. Nach dem mit Wirkung ab 1. 1. 2017 eingefügten § 4i EStG sind Aufwendungen eines Gesellschafters einer Personengesellschaft nicht als

Sonderbetriebsausgaben abziehbar, soweit diese Aufwendungen auch die Steuerbemessungsgrundlage in einem anderen Staat mindern. Dies gilt nicht, soweit diese Aufwendungen Erträge desselben Steuerpflichtigen mindern, die bei ihm sowohl der inländischen Besteuerung unterliegen als auch nachweislich der tatsächlichen Besteuerung in dem anderen Staat. Diese Problematik dürfte sich insbesondere im Verhältnis zu im Ausland ansässigen Gesellschaftern inländischer Personengesellschaften stellen.

§ 15 Abs. 1 Satz 1 Nr. 2 Satz 1 Halbsatz 2 EStG gebietet danach eine Korrektur der Steuerbilanz der Mitunternehmerschaft. Die für die Erzielung der zurechnungspflichtigen Vergütungen, der Sonderbetriebseinnahmen, eingesetzten Wirtschaftsgüter sind als Sonderbetriebsvermögen in für die einzelnen Mitunternehmer zu führenden Sonderbilanzen auszuweisen. In deren Rahmen sind auch die Sonderbetriebsausgaben zu berücksichtigen. 101

BEISPIEL 15: Fortsetzung des Beispiels 11 mit folgenden Ergänzungen: 102

A erhält ein Gehalt von 150 000 €. Aufwendungen sind ihm in diesem Zusammenhang nicht entstanden. B hat der OHG für 200 000 € ein Grundstück vermietet; einschl. AfA und sonstiger laufender Kosten sind Sonderbetriebsausgaben in Höhe von 45 000 € angefallen. C hat für ein der OHG gewährtes Darlehen Zinsen in Höhe von 60 000 € erhalten, zur Refinanzierung wurden 20 000 € aufgewendet.

Danach ergibt sich für die ABC-OHG für das Wirtschaftsjahr 2021 folgender steuerlicher Gewinn:

	Gewinn aus dem Gesamthandsvermögen lt. Beispiel 11	460 000 €
+	Gehalt A	150 000 €
+	Mieten B	200 000 €
+	Zinsen C	60 000 €
	Zwischensumme	870 000 €
./.	Sonderbetriebsausgaben B	45 000 €
./.	Sonderbetriebsausgaben C	20 000 €
	Steuerlicher Gewinn des Wirtschaftsjahres 2021	805 000 €

Dieser Gewinn ist wie folgt zu verteilen:

		A	B	C
		€	€	€
	Gewinnanteile lt. Beispiel 11	180 000	140 000	140 000
+	Sonderbetriebseinnahmen	150 000	200 000	60 000
./.	Sonderbetriebsausgaben	—	45 000	20 000
	Gewinnanteile 06	330 000	295 000	180 000

Wegen weiterer Einzelheiten zur Führung von Sonderbilanzen vgl. Rdn. 113 ff. 103

6.3.3 Besonderheiten bei mittelbaren Beteiligungen

Bezieht der Mitunternehmer einer Personengesellschaft (Obergesellschaft), die ihrerseits Mitunternehmerin einer anderen Personengesellschaft (Untergesellschaft) ist, von der Untergesellschaft Vergütungen, die bei unmittelbarer Beteiligung zweifelsfrei nach § 15 Abs. 1 Satz 1 Nr. 2 EStG zu beurteilen wären, stellt sich die Frage, ob der Mitunternehmer der Obergesellschaft zugleich Mitunternehmer der Untergesellschaft ist. In diesen Fällen ist auch von doppelstöckigen, ggf. von mehrstöckigen Personengesellschaften die Rede. 104

105 **BEISPIEL 16:** Fortsetzung des Beispiels 8. A bezieht von der X-KG ein Gehalt von jährlich 50 000 €, B hat der X- KG ein ihm gehörendes Grundstück, das er außerhalb eines Betriebsvermögens hält, für jährlich 30 000 € verpachtet. A und B sind an der X-KG nicht als Kommanditisten beteiligt.

106 Nach § 15 Abs. 1 Satz 1 Nr. 2 EStG stehen mittelbar über eine oder mehrere Personengesellschaften beteiligte Gesellschafter dem unmittelbar beteiligten Gesellschafter gleich. Sie sind danach als Mitunternehmer der Gesellschaft anzusehen, an der sie mittelbar beteiligt sind, wenn sie und die Personengesellschaften, die seine Beteiligung vermitteln, jeweils als Mitunternehmer der Betriebe anzusehen sind, an denen sie unmittelbar beteiligt sind.

107 Im Beispiel 16 sind A und B danach insoweit Mitunternehmer der X KG, obwohl ein unmittelbares Gesellschaftsverhältnis nicht besteht (BFH v. 2.10.1997, BStBl 1998 II S. 137; vgl. auch R 15.8 Abs. 2 EStR). Dies hat zur Folge, dass das zur Erzielung der Sonderbetriebseinnahmen eingesetzte Betriebsvermögen ebenfalls in Sonderbilanzen bei der X KG auszuweisen ist. Insoweit beziehen A und B Einkünfte i. S. des § 15 Abs. 1 Satz 1 Nr. 2 EStG von der X KG. Am Gewinn der Gesellschaft, dem Gesamthandsgewinn, ist hingegen die ABC GmbH Co KG beteiligt, der in deren Gewinn einzubeziehen ist und damit anteilig auch A und B als Teil ihres Gewinnanteils an der ABC GmbH Co KG zugerechnet wird (vgl. auch Wacker, in: Schmidt, EStG, 39. Aufl. 2020, § 15 Rdn. 610 ff.).

6.4 Ergänzungs- und Sonderbilanzen

6.4.1 Allgemeine Grundsätze

108 Personenhandelsgesellschaften sind nach § 238 Abs. 1 HGB selbständig buchführungspflichtig. Diese Pflicht ist auch im Interesse der Besteuerung zu erfüllen (BFH v. 23.10.1990, BStBl 1991 II S. 401). Ausgangspunkt für die steuerliche Gewinnermittlung ist gem. § 5 Abs. 1 EStG die Handelsbilanz der Personengesellschaft, in der (nur) deren Vermögen, das Gesamthandsvermögen, auszuweisen ist (Gesamthandsbilanz). Wirtschaftsgüter, die nicht im zivilrechtlichem Eigentum der Mitunternehmerschaft stehen, sind nur dann dem Gesellschaftsvermögen zuzurechnen, wenn sie z. B. zur Nutzung und dem Werte nach (quo ad sortem) eingebracht werden, ohne dass durch den Einbringungsvorgang die dingliche Stellung des zivilrechtlichen Eigentümers berührt wird (BFH v. 21.12.1978, BStBl 1979 II S. 466; BGH v. 15.6.2009 – II ZR 242/08, DStR S. 2015). Ferner sind dem Vermögen der Mitunternehmerschaft die Wirtschaftsgüter zuzurechnen, an denen sie unter anderen Gesichtspunkten wirtschaftliches Eigentum i. S. des § 39 Abs. 2 AO erworben hat (BFH v. 26.5.1982, BStBl II S. 693; v. 16.3.1983, BStBl II S. 459).

109 In der Steuerbilanz der Gesellschaft können danach die bei der steuerlichen Gewinnermittlung im Verhältnis zu den einzelnen Mitunternehmern zwingend zu beachtenden Besonderheiten nicht berücksichtigt werden, indem z. B. die dem einzelnen Mitunternehmer anteilig zuzurechnenden Wirtschaftsgüter abweichend von dem Ansatz in der Gesamthandsbilanz zu bewerten sind. Diese Besonderheiten sind in für die einzelnen Gesellschafter zu führenden Ergänzungsbilanzen darzustellen (Rdn. 111). Die Einbeziehung der Vergütungen i. S. des § 15 Abs. 1 Satz 1 Nr. 2 EStG in den Gewinn der Personengesellschaft erfordert die Einbeziehung der für die Erzielung dieser Vergütungen

eingesetzten Wirtschaftsgüter in die steuerliche Gewinnermittlung. Dies hat in für die einzelnen Mitunternehmer zu führenden Sonderbilanzen zu erfolgen. Die Verpflichtung zur Führung der Sonderbilanzen obliegt gem. § 141 Abs. 1 AO der Mitunternehmerschaft (BFH v. 11. 3. 1992, BStBl II S. 797, m. w. N.; beachte BFH v. 25. 1. 2016, BStBl 2016 II S. 418).

Der steuerliche Gewinn/Verlust einer Mitunternehmerschaft ergibt sich danach aus 110
dem um die Ergebnisse der für einzelne Mitunternehmer geführten Ergänzungs- und Sonderbilanzen korrigierten Ergebnis der Gesamthandsbilanz.

6.4.2 Ergänzungsbilanzen

Entstehen einem Mitunternehmer bezogen auf Wirtschaftsgüter des Gesamthandsver- 111
mögens zusätzliche Aufwendungen oder beansprucht er insoweit ihm persönlich zustehende Bewertungsfreiheiten, sind diese Besonderheiten nicht in der Gesamthandsbilanz, sondern in einer für ihn zu führenden Ergänzungsbilanz darzustellen (BFH v. 25. 4. 2006, BStBl 2006 II S. 847). Dies kann erforderlich sein bei Begründung einer Mitunternehmerschaft einschl. einer Einbringung nach § 24 UmwStG (6. Kap. Rdn. 331 ff.), Bildung einer Rücklage nach § 5 Abs. 7 EStG (2. Kap. Rdn. 1334), Übertragung von Wirtschaftsgütern nach § 6 Abs. 5 EStG (2. Kap. Rdn. 960 ff.) sowie bei der Übertragung von stillen Reserven nach § 6b EStG (2. Kap. Rdn. 1270 ff.). Nach Auffassung des BFH kann der betroffene Mitunternehmer die betriebsgewöhnliche Nutzungsdauer der in Betracht kommenden Wirtschaftsgüter für die Vornahme der AfA in der Ergänzungsbilanz unabhängig von der Verfahrensweise in der Bilanz der Gesellschaft ermitteln (BFH v. 20. 11. 2014, BStBl 2017 II S. 34). Erwirbt ein Einzelunternehmer einen Betrieb, sind nach § 6 Abs. 1 Nr. 7 EStG die Wirtschaftsgüter höchstens mit den Anschaffungs- oder Herstellungskosten anzusetzen. Diese bilden auch die Bemessungsgrundlage für die AfA nach § 7 EStG. Übertragen auf den Erwerb eines Mitunternehmeranteils bei gleichzeitiger Aufstellung einer positiven Ergänzungsbilanz sind für die AfA die auf das jeweils (anteilig) erworbene Wirtschaftsgut entfallenden (gesamten) Anschaffungskosten maßgebend. Zu diesen (gesamten) Anschaffungskosten gehört aber nicht nur ein in der Ergänzungsbilanz ausgewiesener Mehrwert, sondern auch der in der Gesellschaftsbilanz ausgewiesene anteilige (auf den Erwerber des Mitunternehmeranteils entfallende) Buchwert. Die (eigene) AfA des Erwerbers des Mitunternehmeranteils bezieht sich also nicht nur isoliert auf die in der Ergänzungsbilanz ausgewiesenen Anschaffungskosten, sondern erfasst auch in der Gesellschaftsbilanz angesetzte Anschaffungs- oder Herstellungskosten. Das BMF folgt grundsätzlich dieser Auffassung (Schreiben v. 19. 12. 2016, BStBl 2017 I S. 34).

BEISPIEL 17: Gesellschafter der X OHG waren bis zum 31. 12. 2021 zu je 50 % A und B. Zum 112
31. 12. 2021 hat B seine Beteiligung mit einem Buchwert von 300 000 € an C für 600 000 € veräußert, weil das unbebaute Grundstück der X OHG stille Reserven von 200 000 € aufweist. Die Steuerbilanz der X OHG wird durch den Gesellschafterwechsel nicht berührt. Zum 31. 12. 2022 weist sie nach Hinzurechnung der GewSt gem. § 4 Abs. 5b EStG einen Gewinn von 400 000 € aus.

a) C hat danach stille Reserven im Gesamthandsvermögen von 300 000 € erworben, die zu 100 000 € auf ein unbebautes Grundstück und mit 200 000 € auf den Geschäftswert entfallen. Die Steuerbilanz der X OHG wird durch den Gesellschafterwechsel nicht berührt. Die zusätzlichen Aufwendungen des C sind in eine für ihn zu führende Ergänzungsbilanz zum 1.1.2022 einzustellen.

Aktiva			Passiva
Unbebautes Grundstück	100 000 €	Kapital	300 000 €
Geschäftswert	200 000 €		
	300 000 €		300 000 €

Diese Ergänzungsbilanz ist zum 31.12.2022 unter Berücksichtigung einer gem. § 7 Abs. 1 Satz 3 EStG nach einer Nutzungsdauer von 15 Jahren zu bemessenden AfA auf den Geschäftswert von 13 333 € wie folgt fortzuschreiben:

Aktiva			Passiva
Unbebautes Grundstück	100 000 €	Kapital	300 000 €
Geschäftswert	186 667 €	./. Verlust	13 333 €
	286 667 €		286 667 €

b) Die X OHG hat am 30.6.2022 ein Gebäude mit Herstellungskosten von 1 000 000 € fertig gestellt. AfA 3 % p.a. A überträgt auf dieses Gebäude stille Reserven aus seinem Einzelunternehmen gem. § 6b EStG von 300 000 €. Dies ist in einer für A zu führenden Ergänzungsbilanz darzustellen, mit der die Minderung der AfA-Bemessungsgrundlage für das Gebäude zu berücksichtigen ist, die zu einem Mehrgewinn von 3 % von 300 000 = 9 000 € führt.

Aktiva			Passiva
Minderkapital	300 000 €	Minderwert Gebäude	291 000 €
./. Gewinn Ergänzungsbilanz	9 000 €		
	291 000 €		291 000 €

c) Danach ergibt sich folgender steuerlicher Gewinn der X OHG, der wie nachfolgend zu verteilen ist.

	Gesamt	A	C
Gesamthandsbilanz	400 000 €	200 000 €	200 000 €
+ Ergänzungsbilanz A	9 000 €	9 000 €	
./. Ergänzungsbilanz C	13 333 €		13 333 €
	395 667 €	209 000 €	186 667 €

d) A erwirbt am 1.1.2018 zum Preis von 180 000 € einen 50 %igen Mitunternehmeranteil an einer KG, zu deren Betriebsvermögen ausschließlich ein bebautes Grundstück mit einem Buchwert für den Grund und Boden von 50 000 € (enthält keine stillen Reserven) und für das Gebäude von 210 000 € (stille Reserven 100 000 €, ursprüngliche Anschaffungskosten 350 000 €, AfA-Satz nach § 7 Abs. 4 Satz 1 Nr. 1 EStG = 3 %, Restnutzungsdauer 40 Jahre) gehört. In einer Ergänzungsbilanz des A auf den Erwerbszeitpunkt ist ein Mehrbetrag für das Gebäude von 50 000 € (Kaufpreis Gebäude 155 000 € ./. anteiliger Buchwert Gebäude 105 000 €) auszuweisen.

A hat Anschaffungskosten in Höhe von 155 000 € für den Erwerb des Anteils an dem Gebäude aufgewendet, wobei 105 000 € in der Gesamthandsbilanz und 50 000 € in der Ergänzungsbilanz auszuweisen sind. Aufgrund der im Vergleich zur in der Gesamthandsbilanz maßgeblichen AfA-Bemessungsgrundlage (= ursprüngliche Anschaffungskosten) ergibt sich somit (bei gleichbleibendem AfA-Satz) in der Ergänzungsbilanz eine Minder-AfA. Die Minder-AfA führt zu einer jährlichen Erhöhung des Mehrwerts für das Gebäude in der Ergänzungsbilanz.

AfA-Anteil des A gesamt:	
155 000 € x 3 % (§ 7 Abs. 4 Satz 1 Nr. 1 EStG)	= 4 650 €
Bereits in der Gesamthandsbilanz berücksichtigte AfA	
(1/2 von 3 % von 350 000 €)	= 5 250 €
Minder-AfA in der Ergänzungsbilanz	./. 600 €

6.4.3 Sonderbilanzen

Die von den Mitunternehmern zur Einkunftserzielung eingesetzten Wirtschaftsgüter 113
des Sonderbetriebsvermögens sind in Sonderbilanzen auszuweisen. Dies gilt auch, wenn es sich lediglich um einen Miteigentumsanteil an einem Grundstück handelt (BFH v. 8. 3. 1990, BStBl 1994 II S. 559; vgl. auch R 4.2 Abs. 12 EStR). Werden die Wirtschaftsgüter der Mitunternehmerschaft zur Nutzung überlassen, kommt es nicht darauf an, ob dies entgeltlich oder unentgeltlich erfolgt (BFH v. 12. 2. 1982, BStBl 1983 II S. 215). Die Überlassung von Wirtschaftsgütern zwischen personenidentischen Mitunternehmerschaften führt nicht zu Sonderbetriebsvermögen bei der nutzenden Mitunternehmerschaft (vgl. Rdn. 97, 98).

Von der Funktion her wird zwischen zwei Gruppen des Sonderbetriebsvermögens un- 114
terschieden (BFH v. 3. 8. 1993, BStBl 1994 II S. 444; R 4.2 Abs. 2 EStR):

- Wirtschaftsgüter und Anteile an Wirtschaftsgütern, die dem Betrieb der Mitunternehmerschaft dienen oder zu dienen bestimmt und geeignet sind, werden dem **Sonderbetriebsvermögen I** zugerechnet (BFH v. 31. 10. 1989, BStBl 1990 II S. 677, m. w. N.) Dabei handelt es sich im Wesentlichen um der Mitunternehmerschaft zur Nutzung überlassene Wirtschaftsgüter. Die Hingabe eines Darlehens an die Mitunternehmerschaft führt ebenfalls zu notwendigem Sonderbetriebsvermögen (vgl. BFH v. 8. 12. 1982, BStBl 1983 II S. 570; v. 22. 5. 1984, BStBl 1985 II S. 243). Der Forderung im Sonderbetriebsvermögen steht eine entsprechende Verbindlichkeit des Gesamthandsvermögens gegenüber.
- Wirtschaftsgüter, die unmittelbar zur Begründung oder Stärkung der mitunternehmerschaftlichen Beteiligung zu dienen bestimmt sind, werden als dem **Sonderbetriebsvermögen II** zugehörig angesehen (BFH v. 23. 1. 1992, BStBl II S. 721, m. w. N.). Dazu gehört regelmäßig die Beteiligung eines Kommanditisten einer GmbH & Co. KG an der Komplementär GmbH, die keiner weiteren eigenwirtschaftlichen Tätigkeit nachgeht. Weiter werden diese Voraussetzungen regelmäßig erfüllt von der Beteiligung an einer Kapitalgesellschaft,
  - an die die Mitunternehmerschaft – wie bei einer Betriebsaufspaltung – ihr Anlagevermögen vermietet hat,
  - die den Vertrieb für die Personengesellschaft übernommen hat,
  - deren Produkte von der Mitunternehmerschaft vertrieben werden (BFH v. 31. 1. 1991, BStBl II S. 786; v. 23. 1. 1992, BStBl II S. 721, v. 7. 7. 1992, BStBl 1993 II S. 328).

Der Ausweis des Sonderbetriebsvermögens beschränkt sich nicht auf die Aktiva. Auch 115
Verbindlichkeiten gehören bei dem erforderlichen wirtschaftlichen Zusammenhang mit der Beteiligung zum (negativen) Sonderbetriebsvermögen, wie z. B. der zur Refinanzierung der Kommanditeinlage oder von Wirtschaftsgütern des Sonderbetriebsvermögens aufgenommene Kredite (BFH v. 14. 5. 1991, BStBl 1992 II S. 167; v. 18. 12. 1991, BStBl 1992 II S. 585). Wegen des Ausweises der Bürgschaftsverpflichtung eines Kommanditisten in der Sonderbilanz vgl. BFH v. 9. 2. 1993 (BStBl II S. 747) sowie v. 27. 6. 2006 (BStBl II S. 874).

116 In den vorstehend aufgeführten Einzelfällen liegt notwendiges Sonderbetriebsvermögen I oder II vor, dessen Ausweis unverzichtbar ist. Daneben kann ein Mitunternehmer grundsätzlich auch gewillkürtes Sonderbetriebsvermögen bilden. Voraussetzung ist, dass die Wirtschaftsgüter objektiv geeignet und subjektiv dazu bestimmt sind, dem Betrieb der Personengesellschaft oder seiner Beteiligung zu dienen und diese zu fördern (BFH v. 23. 1. 1992, BStBl II S. 721, m. w. N.). Grundstücke, auf denen erhebliche Lasten ruhen, stärken regelmäßig die Gesellschafterstellung der Eigentümer nicht und können deswegen nicht dem Sonderbetriebsvermögen II zugeordnet werden (BFH v. 10. 3. 2016, BFH/NV 2016 S. 1438). Es muss also ein Bezug zu Gesellschaft und Beteiligung herstellbar sein (vgl. auch R 4.2 Abs. 2 EStR sowie die Nachweise in H 4.2 (2) EStH).

117 Die das Sonderbetriebsvermögen betreffenden Geschäftsvorfälle betreffen nicht das Vermögen der Gesellschaft und können deswegen nicht in die aufgrund der bestehenden handelsrechtlichen Verpflichtung geführten Bücher einbezogen werden. Von der Mitunternehmerschaft wird deswegen eine gesonderte Buchführung, zumindest aber ein gesonderter Buchungskreis einzurichten sein.

118 Das steuerliche Ergebnis der Mitunternehmerschaft ergibt sich nach § 15 Abs. 1 Satz 1 Nr. 2 EStG aus der Steuerbilanz der Mitunternehmerschaft nach Berücksichtigung der Ergebnisse der für einzelne Mitunternehmer geführten Ergänzungsbilanzen und Sonderbilanzen.

119 **BEISPIEL 18:** Fortsetzung des Beispiels 17: Die X OHG weist zum 31. 12. 2022 nach Hinzurechnung der GewSt gem. § 4 Abs. 5b EStG einen Gewinn von 500 000 € aus. Dabei wurden Mieten für ein von C überlassenes Grundstück in Höhe von 60 000 € abgezogen. Dieses Grundstück gehörte bis zum 31. 12. 2021 zum Einzelunternehmen des C und ist zum 1. 1. 2022 dessen Sonderbetriebsvermögen I bei der X OHG geworden. Dies gilt auch für die mit dem Grundstück zusammenhängenden Verbindlichkeiten. In Fortführung der bisherigen Buchwerte und der AfA und Berücksichtigung der übrigen Aufwendungen hat C aus der Überlassung des Grundstücks an die X OHG einen Gewinn von 20 000 € erzielt. Danach ergibt sich folgende Sonderbilanz zum 31. 12. 2022:

Aktiva			Passiva
Grund und Boden	30 000 €	Eigenkapital	50 000 €
Gebäude	80 000 €	Gewinn	20 000 €
Mietforderung	10 000 €	Verbindlichkeiten	50 000 €
	120 000 €		120 000 €

Unter Einbeziehung der fortzuschreibenden Ergänzungsbilanzen ergibt sich danach folgender steuerlicher Gewinn und folgende Gewinnverteilung für 2022:

	Gesamt	A	C
Gesamthandsbilanz	400 000 €	200 000 €	200 000 €
+ Ergänzungsbilanz A	7 500 €	7 500 €	
./. Ergänzungsbilanz C	13 333 €		13 333 €
+ Sonderbilanz C	20 000 €		20 000 €
	414 167 €	207 500 €	206 667 €

6.5 Verfahrensrechtliche Besonderheiten

Aus verfahrensökonomischen Gründen hat sich der Gesetzgeber dafür entschieden, dass über die Frage, ob und in welcher Höhe Einkünfte aus der Beteiligung an einer Mitunternehmerschaft zu berücksichtigen sind, nicht im Veranlagungsverfahren des einzelnen Mitunternehmers zu entscheiden ist. Darüber ist vielmehr bindend für die Veranlagungen der einzelnen Mitunternehmer (vgl. § 182 AO) in dem nach § 180 Abs. 1 Nr. 2 Buchst. a AO durchzuführenden gesonderten und einheitlichen Gewinnfeststellungsverfahren zu befinden. Gegenstand der Feststellung ist der steuerliche Gewinn der Gesellschaft einschl. der Ergebnisse aus Ergänzungs- und Sonderbilanzen. Dies hat zur Folge, dass in diesem Verfahren im Ergebnis auch darüber entschieden wird, ob und ggf. welche Wirtschaftsgüter dem Sonderbetriebsvermögen der einzelnen Mitunternehmer zuzurechnen sind. 120

Bei dem Gewinnfeststellungsbescheid handelt es sich um einen Grundlagenbescheid für den ESt(KSt)-Bescheid des einzelnen Mitunternehmers (§ 171 Abs. 10 AO). Dementsprechend ist der ESt(KSt)-Bescheid für den einzelnen Mitunternehmer zu ändern, wenn der Gewinnfeststellungsbescheid erstmalig erlassen oder geändert wird (§ 175 Abs. 1 Nr. 1 AO). Die Steuererklärung für die Durchführung des Feststellungsverfahrens ist von der Mitunternehmerschaft abzugeben; wegen weiterer Einzelheiten zu den Verfahrensvorschriften vgl. § 181 AO. 121

Einstweilen frei 122–130

7. Berücksichtigung von Verlusten bei der Besteuerung

7.1 Gewerbliche Tierzucht und gewerbliche Tierhaltung

Verluste aus gewerblicher Tierzucht oder gewerblicher Tierhaltung dürfen nach § 15 Abs. 4 Satz 1 weder mit anderen Einkünften aus Gewerbebetrieb noch mit Einkünften aus anderen Einkünften ausgeglichen werden. Nicht ausgleichsfähige Verluste dürfen in anderen Veranlagungszeiträumen nach den Grundsätzen des § 10d EStG (vgl. BMF-Schreiben v. 29. 11. 2004, BStBl I S. 1097, sowie Rdn. 248 ff.) nur von Gewinnen aus gewerblicher Tierzucht oder gewerblicher Tierhaltung abgezogen werden. Diese Regelung ist rechtmäßig (BFH v. 24. 4. 2012, BFH/NV 2012 S. 1313). Sie gilt auch bei der Besteuerung von Kapitalgesellschaften (BFH v. 8. 11. 2000, BStBl 2001 II S. 349). 131

Es handelt sich um die Fälle, in denen die Tierzucht oder die Tierhaltung deswegen zu Einkünften aus Gewerbebetrieb führt, weil für die gehaltenen Tiere keine ausreichenden landwirtschaftliche Nutzflächen als Futtergrundlage zur Verfügung stehen (vgl. die in H 15.10 EStH zitierte Rechtsprechung des BFH). 132

Die Ausgleichs- und Abzugsbeschränkungen greifen auch dann, wenn die Tierzucht oder Tierhaltung innerhalb eines einheitlichen Unternehmens zusammen mit einer anderen Tätigkeit ausgeübt wird. In diesen Fällen ist das Gesamtergebnis des Betriebs aufzuteilen. Ergibt sich dabei für den Betriebsteil gewerbliche Tierzucht oder gewerbliche Tierhaltung ein Verlust, ist insoweit nach § 15 Abs. 4 EStG zu verfahren; wegen Einzelheiten vgl. auch R 15.10 EStR sowie die in H 15.10 EStH aufgeführte Rechtsprechung des BFH. 133

7.2 Termingeschäfte

134 Verluste aus Termingeschäften sind nach § 15 Abs. 4 Satz 3 EStG entsprechend der in den vorhergehenden Sätzen 1 und 2 getroffenen Regelung für Verluste aus gewerblicher Tierzucht und gewerblicher Tierhaltung nur beschränkt ausgleichs- und abzugsfähig, soweit die Geschäfte

- nicht zum gewöhnlichen Geschäftsbetrieb bei Kreditinstituten, Finanzdienstleistungsinstituten und Finanzunternehmern i. S. des KWG gehören oder
- nicht der Absicherung von Geschäften des gewöhnlichen Geschäftsbetriebs (z. B. Warentermingeschäfte) dienen.

Da Kreditinstitute von dieser Regelung nicht betroffen sind, wird es sich regelmäßig um die Ergebnisse einzelner Geschäfte innerhalb eines Gewerbebetriebes handeln, die ggf. aus dem Gesamtergebnis auszugliedern und gesondert zu beurteilen sind. Wegen weiterer Einzelheiten vgl. BFH v. 6. 7. 2016 (BFH/NV 2016 S. 1821).

135 Bei den Termingeschäften handelt es sich entsprechend § 2 Wertpapierhandelsgesetz und § 1 KWG um solche Festgeschäfte oder Optionsgeschäfte, die zeitlich verzögert zu erfüllen sind und deren Wert sich unmittelbar oder mittelbar vom Preis oder Maß eines Basiswerts ableitet (BFH v. 20. 8. 2014, BStBl 2015 II S. 177). Dazu gehören nicht nur um Waren- und Devisentermingeschäfte mit Differenzausgleich einschl. Swaps, Indexgeschäften und Futures, sondern auch um Indexzertifikate und Optionsscheine. Sie lassen sich also als Geschäfte umschreiben, die ein Recht auf Zahlung eines Geldbetrags oder auf einen sonstigen Vorteil (z. B. Lieferung von Wertpapieren) einräumen, der sich nach anderen Bezugsgrößen (z. B. Wertentwicklung von Wertpapieren, Indices, Futures, Zinssätzen) bestimmt.

136 Die Beschränkungen des § 15 Abs. 4 Satz 3 EStG greifen nicht ein, soweit die Geschäfte zum gewöhnlichen Geschäftsbetrieb bei Kreditinstituten, Finanzdienstleistungsinstituten und Finanzunternehmern i. S. des KWG gehören oder der Absicherung von Geschäften des gewöhnlichen Geschäftsbetriebs (z. B. Warentermingeschäfte) dienen. Danach sind z. B. Verluste aus einem Devisentermingeschäft uneingeschränkt berücksichtigungsfähig, wenn es zur Sicherung eines Fremdwährungsgeschäftes abgeschlossen wurde. Es muss nicht nur ein subjektiver Sicherungszusammenhang, sondern auch ein objektiver Nutzungs- und Funktionszusammenhang zwischen dem Grund- und dem Absicherungsgeschäft bestehen. Das Sicherungsgeschäft muss deshalb auch dazu geeignet sein, Risiken aus dem Grundgeschäft zu kompensieren (BFH v. 20. 8. 2014, a. a. O.). Entsprechendes wird zu gelten haben, wenn der Bedarf an Rohstoffen im Rahmen von Warentermingeschäften gedeckt wird. Dagegen unterliegen Verluste aus derartigen Termingeschäften, die das betreffende Unternehmen nach den sich selbst auferlegten Vorgaben nicht betreiben darf und die von einem Mitarbeiter ohne Wissen und Wollen der Geschäftsleitung initiiert worden sind, den Ausgleichs- und Abzugsbeschränkungen (BFH v. 6. 7. 2016, BFH/NV 2016 S. 1821).

137 Die Beschränkungen des Verlustausgleichs und des Verlustabzugs gelten danach nicht bei sog. banküblichen Geschäften, die durch § 3 Nr. 40 Sätze 4 und 5 EStG vom Teileinkünfteverfahren ausgenommen sind (vgl. Rdn. 24 ff.). Sofern Veräußerungsgewinne aus Geschäften zur Absicherung von Aktiengeschäften nach § 3 Nr. 40 Satz 1 Buchst. a und b i. V. mit § 3c Abs. 2 EStG teilweise steuerfrei sind oder nach § 8b Abs. 2 KStG bei der Er-

mittlung des Einkommens außer Ansatz bleiben, sind etwaige Verluste nach § 15 Abs. 4 Satz 5 EStG nur eingeschränkt berücksichtigungsfähig.

7.3 Kapitalgesellschaften als stille Gesellschafter und dgl.

Verluste, die eine Kapitalgesellschaft als Mitunternehmerin aus ihrer Beteiligung als stille Gesellschafterin, als Unterbeteiligte oder Beteiligte an einer sonstigen Innengesellschaft an einer Kapitalgesellschaft bezieht, sind gem. § 15 Abs. 4 Satz 6 EStG unter den Voraussetzungen des § 10d EStG nur mit Gewinnen, die sie aus dieser Beteiligung in dem unmittelbar vorangegangenen Veranlagungszeitraum bezogen hat oder in den folgenden Veranlagungszeiträumen bezieht, verrechenbar; wegen Einzelheiten vgl. BMF-Schreiben v. 19. 11. 2008 (BStBl 2008 I S. 970); vgl. im Übrigen BFH v. 27. 3. 2012 (BStBl 2012 II S. 745). 138

7.4 Verluste bei beschränkter Haftung i. S. des § 15a EStG

7.4.1 Allgemeine Grundsätze

Nach § 167 Abs. 3 HGB nimmt der Kommanditist vorbehaltlich abweichender Vereinbarungen am Verlust der KG nur bis zum Betrag seines Kapitalanteils und seiner noch rückständigen Einlage teil. Damit wird der Verlust umschrieben, den der Kommanditist endgültig zu tragen hat. Entfallen nach dem maßgebenden Verteilungsschlüssel auf ihn Verluste in einem Umfang, der über seinen Kapitalanteil hinausgeht, sind ihm auch diese Anteile zuzurechnen, so dass damit sein Kapitalkonto negativ wird. Dieses negative Kapitalkonto ist nach § 169 Abs. 1 Satz 2, § 161 Abs. 2, § 120 HGB mit späteren Gewinnanteilen zu verrechnen (BGH v. 23. 10. 1985, BB 1986 S. 91). Das Steuerrecht folgt diesen Grundsätzen. Nach dem Beschluss des GrS des BFH v. 10. 11. 1980 (BStBl 1981 II S. 164) ist einem Kommanditisten ein Verlustanteil, der nach dem allgemeinen Gewinn- und Verlustverteilungsschlüssel der Gesellschaft auf ihn entfällt, auch insoweit zuzurechnen, als er in einer den steuerlichen Bilanzierungs- und Bewertungsvorschriften entsprechenden Bilanz der KG zu einem negativen Kapitalkonto führen würde. Maßgebend ist das für ihn in der Bilanz der Gesellschaft geführte Kapitalkonto unter Einbeziehung einer etwaigen Ergänzungsbilanz. Etwaiges Sonderbetriebsvermögen ist dabei nicht zu berücksichtigen (vgl. BFH v. 14. 5. 1991, BStBl 1992 II S. 162). Ergibt sich für einen Kommanditisten bei seinem Ausscheiden aus der KG ein negatives Kapitalkonto, ist er für den Regelfall nicht zu dessen Ausgleich verpflichtet. 139

BEISPIEL 19: A ist Kommanditist der X-GmbH & Co. KG. Er hat seine Kommanditeinlage von 100 000 € geleistet. Seine Gewinn- und Verlustanteile werden auf einem besonderen Konto verbucht, das zum 31. 12. 2021 einen Stand von ./. 200 000 € ausweist. A scheidet zum 31. 12. 2021 aus der Gesellschaft aus. Stille Reserven sind nicht vorhanden, so dass sich insoweit kein Anspruch ergibt. Andererseits besteht keine Nachschussverpflichtung. Zu den Folgen aus dem Austritt aus der KG wird auf Rdn. 153 hingewiesen.

Daraus wird deutlich, dass Kommanditisten Verluste wirtschaftlich nur bis zur Höhe ihrer Einlage zu tragen haben. Deswegen sind nach § 15a EStG Verlustanteile von Kommanditisten für den Regelfall nur bis zur Höhe der Kommanditeinlage mit anderen Einkünften ausgleichsfähig und nach § 10d EStG abziehbar. Danach nicht berücksichtigungsfähige Verluste mindern lediglich die Gewinnanteile des Kommanditisten aus 140 nachfolgenden Wirtschaftsjahren. Leistet ein Kommanditist Einlagen, nachdem ihm zuvor ein nicht berücksichtigungsfähiger Verlust zugerechnet worden ist, führt dies gem. § 15a Abs. 1a EStG nicht zur nachträglichen Ausgleichs- und Abzugsfähigkeit zuvor nicht berücksichtigungsfähiger Verluste (BFH v. 2. 2. 2017 – IV R 47/13, BStBl 2017 II S. 391). Nach Leistung der Einlagen anfallende Verluste sind nur insoweit ausgleichs- und abzugsfähig, als sie nicht zur Entstehung oder Erhöhung eines negativen Kapitalkontos führen.

141 Die Regelungen zur eingeschränkten Verlustberücksichtigung bei Kommanditisten in § 15a Abs. 1 bis 4 EStG sind nach Abs. 5 dieser Vorschrift ferner auf Fälle sinngemäß anzuwenden, in denen die Haftung des Unternehmers (Mitunternehmers) vergleichbar der eines Kommanditisten beschränkt ist.

142 Sie sind auch anwendbar bei den Einkünften aus Land- und Forstwirtschaft (§ 13 Abs. 7 EStG), aus selbständiger Arbeit (§ 18 Abs. 4 Satz 2 EStG), aus einer stillen Beteiligung (§ 20 Abs. 1 Nr. 4 Satz 2 EStG) und aus Vermietung und Verpachtung (§ 21 Abs. 1 Satz 2 EStG).

7.4.2 Verlustzurechnung bei Kommanditisten

143 Welche Verluste und späteren Gewinnanteile einem Kommanditisten einkommensteuerrechtlich zuzurechen sind, ergibt sich (ohne Berücksichtigung des § 15a EStG) aus der Gewinn- und Verlustverteilung. Aufgrund der Zugehörigkeit zu § 15 EStG ist § 15a EStG nur dann anwendbar, wenn die Kommanditgesellschaft (§ 15a Abs. 1 EStG) oder die Unternehmer, deren Haftung mit der eines Kommanditisten vergleichbar ist (vgl. Rdn. 164 f.), Einkünfte aus Gewerbebetrieb erzielen, was entweder einen Gewerbebetrieb (§ 15 Abs. 1 Satz 1 Nr. 1, Abs. 2 EStG) oder eine gewerblich geprägte Personengesellschaft i. S. des § 15 Abs. 3 Nr. 2 EStG voraussetzt. Außerdem setzt die Anwendung des § 15a EStG voraus, dass den Kommanditisten noch ein Anteil am Verlust der KG zuzurechnen ist. Dies ist nach dem Beschluss des GrS des BFH v. 10. 11. 1980 (BStBl 1981 II S. 164) nicht mehr zulässig, wenn nach den Verhältnissen am Bilanzstichtag feststeht, dass das dadurch entstehende oder sich erhöhende negative Kapitalkonto durch künftige Gewinnanteile nicht mehr ausgeglichen werden kann. Soweit den Kommanditisten danach keine Verluste mehr zugerechnet werden können, entfallen sie auf den Komplementär. Bei einer GmbH & Co. KG wird sich dieser Verlust im Regelfall bei der Komplementär-GmbH steuerlich nicht auswirken.

7.4.3 Die eingeschränkte Verlustberücksichtigung im Regelfall

7.4.3.1 Das Kapitalkonto des Kommanditisten

144 Für die Anwendung des § 15a Abs. 1 EStG ist nach der Rechtsprechung des BFH (Urteil v. 14. 5. 1991, BStBl 1992 II S. 167) auf das nach handelsrechtlichen Grundsätzen für den einzelnen Kommanditisten zu führende Kapitalkonto abzustellen. Einzubeziehen ist eine ggf. geführte Ergänzungsbilanz (vgl. Rdn. 111 ff.). Dagegen ist das Sonderbetriebsvermögen (vgl. Rdn. 113 ff.) außer Betracht zu lassen. Maßgebend ist danach das Kapitalkonto in der Steuerbilanz der KG, die sich auf das Gesamthandsvermögen zu beschränken hat.

Das Kapitalkonto umfasst unzweifelhaft die geleisteten Einlagen, etwaige Kapitalrücklagen und etwaige Gewinnrücklagen. Die geleisteten Einlagen brauchen nicht mit der Hafteinlage identisch zu sein. Abweichungen können sich dadurch ergeben, dass die Hafteinlage noch nicht voll erbracht wurde oder zusätzlich Einlagen zu leisten waren. Einlagen, die über den Nennbetrag der Kommanditbeteiligung hinausgehen, können auch als Kapitalrücklage ausgewiesen werden. Eine Gewinnrücklage wird jeweils aufgrund gesellschaftsvertraglicher Vereinbarungen aus danach nicht entnahmefähigen Teilen des Gewinns gebildet. Kapital- und Gewinnrücklagen werden regelmäßig insgesamt und damit nicht für die einzelnen Gesellschafter gesondert ausgewiesen. Sie sind damit für die Ermittlung des Kapitalkontos i. S. des § 15a Abs 1 Satz 1 EStG den einzelnen Kommanditisten anteilig zuzurechnen. 145

Der Gewinnanteil ist dem Kapitalanteil des Kommanditisten nach § 167 Abs. 1 HGB nur so lange gutzuschreiben, bis die Höhe der Pflichteinlage erreicht ist. Darüber hinausgehende – nicht abgerufene – Gewinnanteile sind nach § 169 HGB außerhalb des Kapitalanteils auf einem weiteren Konto (Forderungs- oder Darlehenskonto) des Kommanditisten auszuweisen. Werden von diesem Konto Verlustanteile des Kommanditisten abgebucht, gehört es für den Regelfall zum Kapitalkonto (vgl. auch § 120 Abs. 2 HGB). Wird ein gesondertes Verlustvortragskonto geführt, führt dies nach § 167 Abs. 3 HGB zur Minderung des Kapitalkontos. 146

Zu beachten ist, dass die Regelungen des § 169 HGB abdingbar sind. Es ist nicht unüblich, dass die Kommanditeinlage in der vereinbarten Höhe unverändert ausgewiesen wird und daneben für den einzelnen Kommanditisten ein oder mehrere Konten geführt werden. Im Einzelfall ist deswegen zu prüfen, ob diese Konten Teil des Kapitalkontos des Kommanditisten sind oder z. B. als Darlehenskonten dessen Sonderbetriebsvermögen zuzurechnen sind. Wegen Einzelheiten wird auf das BMF-Schreiben v. 30. 5. 1997 (BStBl I S. 627) und die Urteile des BFH v. 23. 1. 2001 (BStBl II S. 621) und v. 16. 10. 2008 (BStBl 2009 II S. 272) hingewiesen. 147

7.4.3.2 Der Verlustanteil des Kommanditisten

Ist für die Anwendung des § 15a Abs. 1 EStG allein auf das Kapitalkonto in der Steuerbilanz der KG abzustellen, können sich Rechtsfolgen daraus auch nur für den sich danach ergebenden Anteil am Verlust der KG ergeben. Die Vergütungen i. S. des § 15 Abs. 1 Satz 1 Nr. 2 EStG und damit das Ergebnis einer für den Kommanditisten ggf. geführten Sonderbilanz unterliegen unbeeinflusst von § 15a EStG der Besteuerung. Dies kann dazu führen, dass bei einem Verlustanteil, der nach § 15a Abs. 1 EStG zunächst nicht ausgleichs- und abzugsfähig ist, positive Einkünfte aus der Beteiligung an der KG zu besteuern sind (BFH v. 13. 10. 1998, BStBl II 1999 S. 165). 148

BEISPIEL 20: ▶ A ist Kommanditist der X-GmbH & Co. KG. In der Bilanz der KG wird die Kommanditeinlage mit 100 000 € unverändert ausgewiesen. Außerdem wird für A ein Verlustvortragskonto geführt, das zum 1. 1. 2021 100 000 € ausweist. Für das Wirtschaftsjahr 2021 ergibt sich für A ein Anteil am Verlust der KG von 150 000 €. 149

A bezieht von der KG eine Tätigkeitsvergütung von jährlich 100 000 €, die laufend ausgezahlt und nicht im Sonderbetriebsvermögen gebucht wird. Ferner hat er der KG ein Grundstück gegen eine monatliche Pacht von 10 000 € überlassen. Das Grundstück wird in einer Sonderbilanz ausgewiesen. Aus der Sonderbilanz ergibt sich zum 31.12.2021 bei einem Eigenkapital von 250 000 € ein Verlust von 10 000 €.

In die Ermittlung des Kapitalkontos des A ist das Sonderbetriebsvermögen nicht einzubeziehen. Der Verlustanteil 2021 führt damit zur Entstehung eines negativen Kapitalkontos, so dass die Beschränkungen des § 15a Abs. 1 EStG eingreifen. Die Vergütungen i. S. des § 15 Abs. 1 Satz 1 Nr. 2 EStG und damit das Ergebnis der Sonderbilanz unterliegen hingegen nach allgemeinen Grundsätzen der Besteuerung. A hat danach für 2021 folgenden Gewinnanteil aus der X-GmbH & Co. KG zu versteuern:

Anteil lfd. Verlust	150 000 €	
nicht ausgleichs- und abzugsfähig gem. § 15a Abs. 1 EStG = verrechenbarer Verlust (§ 15a Abs. 2 EStG)	150 000 €	0 €
Tätigkeitsvergütung		100 000 €
Verlust Sonderbilanz		10 000 €
zu besteuernder Gewinnanteil 2021		90 000 €

7.4.3.3 Das weitere Schicksal der nicht berücksichtigungsfähigen Verluste

150 Der nach § 15a Abs. 1 EStG nicht berücksichtigungsfähige Verlust mindert gem. § 15a Abs. 2 EStG die Gewinne, die dem Kommanditisten in späteren Wirtschaftsjahren aus seiner Beteiligung an der Kommanditgesellschaft zuzurechnen sind. Auch diese Regelung bezieht sich nicht auf die Vergütungen i. S. des § 15 Abs. 1 Satz 1 Nr. 2 EStG einschließlich des Ergebnisses der Sonderbilanz.

151 **BEISPIEL 21:** Fortführung des Beispiels 20. Auf A entfällt für das Wirtschaftsjahr 2022 ein Anteil am Gewinn der X-GmbH & Co. KG von 50 000 €. Die Tätigkeitsvergütung beträgt 100 000 €. Die Sonderbilanz weist einen Gewinn von 30 000 € aus.

152 A hat danach für 2022 aus der Beteiligung an der X-GmbH & Co. KG folgenden Gewinnanteil zu versteuern:

Anteil am laufenden Gewinn	50 000 €	
./. verrechenbarer Verlust aus 2021	50 000 €	0 €
Tätigkeitsvergütung		100 000 €
Gewinn Sonderbilanz		30 000 €
zu besteuernder Gewinnanteil		130 000 €

Zur Verrechnung mit Gewinnanteilen späterer Wirtschaftsjahre verbleibt noch ein verrechenbarer Verlust von 100 000 €.

153 Scheidet der Kommanditist bei Bestehen eines negativen Kapitalkontos aus, ohne dass eine entsprechende Ausgleichsverpflichtung besteht (vgl. Beispiel 19), entsteht für ihn durch den Wegfall des negativen Kapitalkontos ein Gewinn. Diesem Gewinn steht regelmäßig ein entsprechender verrechenbarer Verlust i. S. des § 15a Abs. 2 EStG gegenüber, so dass sich insoweit keine weitergehende Steuerbelastung ergibt. Erfolgt das Ausscheiden gegen Entgelt aus einer KG, ist bei dem Kommanditisten ein von ihm nicht auszugleichendes negatives Kapitalkonto bei der Berechnung seines Veräußerungsgewinns in vollem Umfang zu berücksichtigen. Es kommt nicht darauf an, aus welchen Gründen das Kapitalkonto negativ geworden ist (BFH v. 9. 7. 2015, BStBl 2015 II S. 954).

7.4.4 Sonderfälle

7.4.4.1 Außenhaftung des Kommanditisten

Hat ein Kommanditist seine Einlage noch nicht oder nicht vollständig erbracht, haftet er den Gläubigern der Gesellschaft bis zur Höhe des Betrags, um den die in das Handelsregister eingetragene Einlage die tatsächlich geleistete Einlage übersteigt (§ 171 Abs. 1 HGB). 154

BEISPIEL 22: B tritt im Laufe des Jahres 2021 der X-GmbH & Co. KG bei. Vereinbart wird eine Kommanditeinlage in Höhe von 100 000 €. Die entsprechende Eintragung in das Handelsregister erfolgt noch im Dezember 2021. Entsprechend den getroffenen Vereinbarungen hat B in 2021 von seiner Einlage erst einen Teilbetrag von 40 000 € erbracht. Der Restbetrag ist in 2022 zu erbringen. B haftet den Gläubigern der Gesellschaft mit diesem Restbetrag von 60 000 € bereits zum Ende des Jahres 2021. 155

Ergibt sich in derartigen Fällen für den Kommanditisten durch die Zuweisung eines Verlustanteils ein negatives Kapitalkonto, greifen die Abzugs- und Ausgleichsbeschränkungen insoweit nicht ein, als eine Außenhaftung besteht (§ 15a Abs. 1 Satz 2 und 3 EStG). 156

BEISPIEL 23: Fortsetzung des Beispiels 22 mit der Maßgabe, dass B für 2021 ein Verlustanteil von 120 000 € zuzurechnen ist. Dadurch entsteht ein negatives Kapitalkonto von 80 000 €. Nach § 15a Abs. 1 Satz 1 EStG ist lediglich ein Teilbetrag des Verlustes in Höhe von 40 000 € ausgleichs- und abzugsfähig. Aufgrund der Bestimmungen in Satz 2 und 3 dieser Vorschrift sind jedoch wegen der bestehenden Außenhaftung weitere 60 000 € des Verlustes berücksichtigungsfähig, so dass sich ein ausgleichs- und abzugsfähiger Verlust von insgesamt 100 000 € ergibt. Es verbleibt danach ein verrechenbarer Verlust von 20 000 €. 157

Wegen weiterer Einzelheiten vgl. auch R 15a Abs. 3 EStR sowie die Urteile des BFH v. 11. 10. 2007 (BStBl 2009 II S. 135) und v. 16. 10. 2008 (BStBl 2009 II S. 272). 158

7.4.4.2 Einlagenminderung

Zur Vermeidung von Umgehungen wird in § 15a Abs. 3 Satz 1 EStG bestimmt, dass in den Fällen, in denen ein negatives Kapitalkonto durch Entnahmen entsteht oder sich erhöht (Einlagenminderung) und soweit dadurch keine Außenhaftung i. S. des § 171 Abs. 1 HGB entsteht (vgl. Rdn. 154 ff.; BFH v. 6. 2. 2008, BStBl 2008 II S. 676), dem Kommanditisten ein Gewinn in Höhe der Einlagenminderung hinzuzurechnen ist. 159

BEISPIEL 24: A ist Kommanditist der X-GmbH & Co. KG. Die Kommanditeinlage von 100 000 € ist voll eingezahlt. Zum 31. 12. 2021 ergibt sich für ihn infolge eines Verlustanteils von 110 000 € ein negatives Kapitalkonto von 10 000 € und dementsprechend ein verrechenbarer Verlust von 10 000 €. A entnimmt in 2022 einen Betrag von 120 000 €. Außerdem ist ihm für 2022 ein Verlust anteilig von 30 000 € zuzurechnen. 160

Danach ergibt sich folgendes Kapitalkonto:

Vortrag 1. 1. 2022	./. 10 000 €
./. Entnahme	120 000 €
Verlustanteil	30 000 €
Kapitalkonto 31. 12. 2022	./. 160 000 €

Der Verlustanteil von 30 000 € erhöht das bereits vorhandene negative Kapitalkonto. Er ist deswegen nach § 15a Abs. 1 Satz 1 EStG nicht ausgleichs- und abzugsfähig und erhöht deswegen den verrechenbaren Verlust auf zunächst 40 000 €.

Durch die Entnahme von 120 000 € wird das negative Kapitalkonto weiter erhöht. Damit wird im Ergebnis die Kommanditeinlage zurückgewährt. Es entsteht eine Außenhaftung i. S. des § 171 Abs. 1 HGB in Höhe von 100 000 €. In Höhe der darüber hinaus erfolgten Entnahme ist A für 2022 ein Gewinnanteil von 20 000 € zuzurechnen, der bei ihm für 2022 der Besteuerung unterliegt. Zugleich ist der verrechenbare Verlust entsprechend zu erhöhen, der damit zum 31. 12. 2022 60 000 € beträgt.

161 Durch § 15a Abs. 3 Satz 2 EStG wird die Hinzurechnung aufgrund von Einlagenminderungen auf den Betrag der Anteile am Verlust der KG beschränkt, der im Wirtschaftsjahr der Einlagenminderung und in den zehn vorangegangenen Wirtschaftsjahren ausgleichs- und abzugsfähig gewesen ist.

7.4.4.3 Haftungsminderung

162 Eine weitere Möglichkeit der Umgehung der Regelungen des § 15a Abs. 1 EStG wurde darin gesehen, dass die ausbedungene Kommanditeinlage nicht voll eingezahlt wird, so dass Verluste bis zu deren Höhe gem. § 15a Abs. 1 Satz 2 und 3 EStG ausgleichs- und abzugsfähig sind (vgl. Rdn. 154 ff.). Im nachfolgenden Wirtschaftsjahr wird die ausbedungene Kommanditeinlage auf den tatsächlich erbrachten Betrag herabgesetzt. Der Kommanditist wird damit aus der Außenhaftung entlassen. Für diese Fälle ist dem Kommanditisten nach § 15a Abs. 3 Satz 3 EStG ein Gewinn in Höhe der eingetretenen Haftungsminderung hinzuzurechnen. Dieser hinzugerechnete Gewinn erhöht den nach § 15a Abs. 2 EStG verrechenbaren Verlust. Der Kommanditist wird damit im Ergebnis so gestellt, als wenn von vornherein nur eine Kommanditeinlage in der letztlich verbliebenen Höhe vereinbart worden wäre.

7.4.5 Verfahrensrechtliche Besonderheiten

163 Um die zutreffende Anwendung der Grundsätze des § 15a Abs. 1 bis 3 EStG zu gewährleisten, wird in § 15a Abs. 4 EStG die gesonderte Feststellung des verrechenbaren Verlustes zum Schluss eines jeden Wirtschaftsjahres angeordnet. Diese Feststellung hat nach folgendem Schema zu erfolgen:

	Gesondert festgestellter verrechenbarer Verlust des Vorjahres,
./.	nach § 15a Abs. 2 EStG zu verrechnender Gewinn des laufenden Jahres,
+	nach § 15a Abs. 1 EStG nicht ausgleichs- und abzugsfähiger Verlust des laufenden Jahres,
+	Gewinnzurechnung nach § 15a Abs. 3 EStG,
./.	nach § 15a Abs. 3 Satz 4 EStG zu verrechnende Gewinne,
	Verrechenbarer Verlust zum Schluss des Jahres (zugleich Vortrag für das Folgejahr).

Die Feststellung hat im Verhältnis zu jedem einzelnen Kommanditisten getrennt zu erfolgen. Sie kann mit der einheitlichen und gesonderten Feststellung der Einkünfte (vgl. Rdn. 120 ff.) verbunden werden.

7.4.6 Singgemäße Anwendung der Grundsätze des § 15a Abs. 1 bis 4 EStG auf andere Unternehmen

164 Die Regelungen des § 15a Abs. 1 bis 4 EStG gelten ausschließlich für Kommanditisten von nach Maßgabe der §§ 161 ff. HGB errichteten KG. Zur Vermeidung von Umgehungen sieht § 15a Abs. 5 EStG die entsprechende Anwendung dieser Vorschriften für an-

dere Unternehmer (Mitunternehmer) vor, soweit deren Haftung der eines Kommanditisten vergleichbar beschränkt ist. Als beispielhaft werden die nachfolgend bezeichneten fünf Gruppen von Unternehmen aufgeführt, bei denen nach Auffassung des Gesetzgebers diese Voraussetzungen vorliegen.

- Wird ein stilles Gesellschaftsverhältnis i. S. der §§ 230 ff. HGB derart ausgestaltet, dass der stille Gesellschafter als Mitunternehmer anzusehen ist, handelt es sich um eine **atypisch stille Gesellschaft** (vgl. Rdn. 81). Der stille Gesellschafter haftet nicht im Außenverhältnis der Gesellschaft. Seine Stellung ist der eines Kommanditisten dann vergleichbar, wenn er über seine Einlage hinaus am Verlust der Gesellschaft mit der Maßgabe beteiligt ist, dass das dadurch entstehende negative Kapitalkonto lediglich aus künftigen Gewinnen abzudecken ist. Auf das BMF Schreiben v. 19. 11. 2008, BStBl 2008 II S. 970, wird verwiesen. 165
- Gesellschafter einer **GbR** haften grundsätzlich auch mit ihrem Privatvermögen. Dies schließt nicht aus, dass im Einzelfall aufgrund getroffener Vereinbarungen oder der tatsächlichen Verhältnisse die Haftung auf die geleistete Einlage beschränkt sein kann (BMF v. 17. 3. 2014, BStBl 2014 I S. 555). Bei Innengesellschaften besteht regelmäßig keine Außenhaftung. Deswegen ist bei Unterbeteiligungen an Mitunternehmerschaften (vgl. Rdn. 81) regelmäßig zu prüfen, ob die Regelungen des § 15a EStG eingreifen.
- Bei der Beteiligung an einer **ausländischen Mitunternehmerschaft** ist zu prüfen, ob die Gesellschafterstellung der eines Kommanditisten einer inländischen KG vergleichbar ist.
- Verluste sind auch dann wirtschaftlich nicht zu tragen, wenn Verbindlichkeiten nur in Abhängigkeit von Erlösen oder Gewinnen aus der Nutzung, Veräußerung oder sonstigen Verwertung von Wirtschaftsgütern zu tilgen sind – sog. **haftungslose Verbindlichkeiten**.
- **Partenreedereien** i. S. der §§ 489 ff. HGB können einer KG gleichgestellt sein.

Einstweilen frei 166–170

8. Begünstigung des nicht entnommenen Gewinns

Durch § 34a EStG soll für thesaurierte Gewinne von Personenunternehmen eine vergleichbare Steuerbelastung im Vergleich zu thesaurierten Gewinnen von Kapitalgesellschaften hergestellt werden. Der von Personenunternehmen thesaurierte Gewinn unterliegt bei den natürlichen Personen auf Antrag zunächst nur einem Steuersatz von 28,25 %; nach den Vorstellungen des Gesetzgebers entspricht dies der durchschnittlichen Steuerbelastung von Kapitalgesellschaften einschl. GewSt. Werden die thesaurierten Gewinne in einem späteren Wirtschaftsjahr entnommen, sind sie mit einem Steuersatz von 25 % nachzuversteuern. Dabei sieht der Gesetzgeber eine Parallele zur Erhebung der Abgeltungsteuer auf Gewinnausschüttungen von Kapitalgesellschaften. Sind sowohl die Voraussetzungen für eine Tarifbegünstigung nach § 34a EStG als auch die Voraussetzung für eine Begünstigung nach § 34 Abs. 1 EStG erfüllt, kann der Steuerpflichtige wählen, welche Begünstigung er in Anspruch nehmen will. Dies gilt auch für übrige Tarifermäßigungen (z. B. § 34b EStG). Zur Anwendung des § 34a EStG hat das BMF durch Schreiben v. 11. 8. 2008 (BStBl 2008 I S. 838) Stellung genommen 171

Begünstigt sind nach § 4 Abs. 1 Satz 1 oder § 5 EStG nicht entnommene Gewinne aus Land- und Forstwirtschaft, aus Gewerbetrieb und/oder aus selbständiger Arbeit, unabhängig davon, ob sie aus einem Einzelunternehmen oder als Gesellschafter (Mitunternehmer) einer Personengesellschaft bezogen werden. Verfügt ein Steuerpflichtiger 172 über mehrere begünstigte Einkunftsquellen, kann er wählen, für welche Einkunftsquelle die Vergünstigung beansprucht werden soll. Mitunternehmer können die Vergünstigung unabhängig voneinander beanspruchen. Dabei ist zu beachten, dass die Vergünstigung von einem Mitunternehmer nur beansprucht werden kann, wenn sein Anteil am Gewinn mehr als 10 % beträgt oder 10 000 € übersteigt. Die Begünstigung steht auch beschränkt Steuerpflichtigen zu. Wegen Einzelheiten vgl. auch Rdn. 1–3 BMF-Schreiben v. 11. 8. 2008 (BStBl I S. 836).

173 **BEISPIEL 25:** A bezieht in 2021

- einen Gewinn aus land- und forstwirtschaftlichem Einzelunternehmen, Gewinnermittlung nach § 4 Abs. 1 EStG = 7 500 € (beachte Rdn. 19 BMF-Schreiben v. 11. 8. 2008, a. a. O.),
- einen Gewinnanteil aus der X GmbH & Co. KG, Gewinnermittlung § 5 EStG, Gewinnanteil 5 % = 100 000 €,
- einen Gewinnanteil aus der Y GmbH & Co. KG, Gewinnermittlung § 5 EStG, Gewinnanteil 2 % = 6 000 €,
- einen Gewinnanteil aus der Z Schifffahrts-GmbH & Co. KG, Gewinnermittlung nach § 5a EStG, Gewinnanteil 3 % = 15 000 € sowie
- einen Gewinnanteil aus einer ärztlicher Gemeinschaftspraxis, Gewinnermittlung nach § 4 Abs. 3 EStG = 180 000 €.

A kann sich für die Inanspruchnahme der Vergünstigung nach § 34a EStG bei Vorliegen der weiteren Voraussetzungen entscheiden bei den Einkünften aus dem land- und forstwirtschaftlichen Einzelunternehmen sowie aus der Beteiligung an der X GmbH & Co. KG. Nicht begünstigt sind die Einkünfte aus der Beteiligung

- an der Y GmbH & Co. KG, der Gewinnanteil unterschreitet 10 % und auch 10 000 €,
- der Gewinnanteil an der Z Schifffahrts-GmbH & Co. KG, der Gewinn wurde nach § 5a EStG ermittelt und
- der nach § 4 Abs. 3 EStG ermittelte Gewinnanteil aus der ärztlichen Gemeinschaftspraxis.

174 Die Veräußerung des Betriebes oder des Mitunternehmeranteils führt im Regelfall zur Beendigung der betrieblichen Aktivitäten, so dass sich aus diesem Anlass die Frage der Nachversteuerung etwaiger nicht entnommener Gewinne (vgl. Rdn. 187 ff.) stellen wird. Ein derartiger Veräußerungsgewinn kann ausnahmsweise nach § 34a EStG begünstigt sein, wenn er in einem fortgeführten Betrieb erzielt wird, z. B. bei Veräußerung der Beteiligung einer mitunternehmerschaftlichen Beteiligung, die von einer anderen Mitunternehmerschaft gehalten wird; wegen der dabei zu beachtenden Besonderheiten vgl. Rdn. 4–6 BMF-Schreiben v. 11. 8. 2008 (a. a. O.).

175 Nach § 34a Abs. 2 EStG ist der begünstigte nicht entnommene Gewinn ausgehend von dem nach § 4 Abs. 1, § 5 EStG ermittelten Gewinn, dem Steuerbilanzgewinn, für jeden Betrieb und jede Beteiligung gesondert wie folgt zu ermitteln:

Gewinn lt. Steuerbilanz
+ Einlagen
./. Entnahmen
begünstigter nicht entnommener Gewinn

176 Ausgangspunkt ist danach bei Gewerbetreibenden das Ergebnis der ggf. aus der Handelsbilanz abgeleiteten Steuerbilanz, d. h. insbesondere nach den gem. §§ 5, 6, 6a EStG vorgenommenen Anpassungen und Korrekturen. Andererseits umfasst der Gewinn lt. Steuerbilanz auch die steuerfrei zu belassenden Teile des erzielten Gewinns, z. B. nach

§ 3 Nr. 40 EStG teilweise steuerfrei zu belassende Einnahmen, nach DBA steuerbefreite Einkünfte. Die Höhe des nicht entnommenen Gewinns ist deswegen unabhängig davon zu ermitteln, ob der Gewinn ganz oder teilweise von der Besteuerung freizustellen ist. Übersteigt der nicht entnommene Gewinn den insgesamt steuerpflichtigen Gewinn, ist die Anwendung des § 34a EStG auf den nicht entnommenen Gewinn in Höhe des Betrags beschränkt, der dem insgesamt der Besteuerung unterliegenden Gewinn entspricht.

Der der Besteuerung unterliegende Gewinn wird jedoch nicht selten über dem Ergebnis 177 der Steuerbilanz liegen, weil Betriebsausgaben berücksichtigt wurden, die bei der Einkommensbesteuerung nicht abzugsfähig sind, z. B. Zinsen i. S. von § 4 Abs. 4a EStG, Aufwendungen i. S. des § 4h EStG (sog. Zinsschranke), Aufwendungen i. S. des § 4 Abs. 5 EStG sowie die Gewerbesteuer nach § 4 Abs. 5b EStG. In diesen Fällen liegt der für die Ermittlung des nicht entnommenen Gewinns maßgebende Gewinn lt. Steuerbilanz unter dem zu besteuernden Gewinn.

Die Begriffe Entnahmen und Einlagen sind grundsätzlich nach § 4 Abs. 1 EStG zu be- 178 stimmen. Die betriebsbezogene Ermittlung des nicht entnommenen Gewinns erfordert es jedoch, die Überführung von Wirtschaftsgütern zwischen zwei Betrieben desselben Steuerpflichtigen beim abgebenden Betrieb als Entnahme zu behandeln. Nach § 34a Abs. 5 Satz 2 EStG kann eine Nachversteuerung des nicht entnommenen Gewinns des abgebenden Betriebs dadurch vermieden werden, dass der dadurch ausgelöste Nachversteuerungsbetrag auf den aufnehmenden Betrieb übertragen wird. Wegen weiterer Einzelheiten zu dieser Problematik vgl. Rdn. 32–40 BMF-Schreiben v. 11. 8. 2008 (a. a. O.).

Bei Personengesellschaften ergeben sich Besonderheiten dadurch, dass der Gewinn lt. 179 Steuerbilanz das Ergebnis der für die Gesellschaft zu führenden Steuerbilanz unter Einbeziehung der ggf. für einzelne Gesellschafter zu führenden Ergänzungs- und Sonderbilanzen ist. Dies soll nachfolgend verdeutlicht werden.

BEISPIEL 26: An der A & B OHG, Wirtschaftsjahr = Kalenderjahr, sind A und C zu 50 % beteiligt. 180 Die Steuerbilanz zum 31. 12. 2021 weist einen Gewinn von 500 000 € aus, der in Höhe von 400 000 € nach Maßgabe unterschiedlicher Regelungen von der inländischen Besteuerung freizustellen ist. Ferner wurde das Ergebnis der Steuerbilanz um nicht abziehbare Betriebsausgaben einschl. GewSt in Höhe von 200 000 € gemindert. Zu Lasten dieses Gewinns sind ferner Tätigkeitsvergütungen an C in Höhe von 200 000 € und Pachten für ein von A überlassenes Grundstück in Höhe von 100 000 € gebucht worden, die den Berechtigten jeweils überwiesen wurden. Weitergehende Mittel haben A und C nicht entnommen.

Für A wird eine Ergänzungsbilanz mit einem Passivposten geführt, der um jährlich 20 000 € zu mindern ist. Die für A hinsichtlich des überlassenen Grundstücks geführte Sonderbilanz weist nach Saldierung mit den Aufwendungen einen Gewinn von 60 000 € aus.

C hat seinen Anteil in 2019 von B erworben. Aus der aus diesem Anlass geführten Ergänzungsbilanz ist für 2021 ein Aufwand von 80 000 € zu berücksichtigen. Weiter wird für C eine Sonderbilanz geführt, in der lediglich eine Bankverbindlichkeit ausgewiesen wird, die aus Anlass des Anteilserwerbs begründet wurde. Es wird ein Verlust von 30 000 € ausgewiesen.

Danach unterliegen A und C für 2021 mit folgenden Gewinnanteilen der Besteuerung:

	Gesamt	A	C
Gewinn lt. Steuerbilanz	500 000 €	250 000 €	250 000 €
./. steuerfrei zu lassender Gewinn	./. 400 000 €	./. 200 000 €	./. 200 000 €
+ nichtabziehbare Betriebsausgaben	200 000 €	100 000 €	100 000 €
+ Korrektur aus Ergänzungsbilanz A	20 000 €	20 000 €	./.
./. Korrektur aus Ergänzungsbilanz C	./. 80 000 €	./.	./. 80 000 €
+ Tätigkeitsvergütung C	200 000 €	./.	200 000 €
+ Gewinn Sonderbilanz A	60 000 €	60 000 €	./.
./. Verlust Sonderbilanz C	./. 30 000 €	./.	./. 30 000 €
Zu versteuernder Gewinn	470 000 €	230 000 €	240 000 €

Für A und C ergeben sich danach folgende nicht entnommenen Gewinne:

	A	C
Gewinnanteil lt. Steuerbilanz OHG	250 000 €	250 000 €
+ Ergänzungsbilanz A	20 000 €	./.
./. Ergänzungsbilanz C	./.	./. 80 000 €
+ Sonderbilanz A	60 000 €	./.
./. Sonderbilanz C	./.	./. 30 000 €
+ Tätigkeitsvergütung C	./.	200 000 €
Gewinnanteil lt. Steuerbilanz insgesamt	330 000 €	340 000 €
./. Entnahme Pacht A	./. 100 000 €	./.
./. Entnahme Tätigkeitsvergütung C	./.	./. 200 000 €
Nicht entnommener Gewinn	230 000 €	140 000 €

A kann danach für den insgesamt bezogenen steuerpflichtigen Gewinnanteil die Vergünstigung nach § 34a EStG beanspruchen, während C die Begünstigung nur für 140 000 € beanspruchen kann.

181 Die für die Inanspruchnahme der Begünstigung nach § 34a EStG bedeutsamen Besteuerungsmerkmale können nach § 34a Abs. 10 EStG von dem für die einheitliche und gesonderte Gewinnfeststellung der Personengesellschaft zuständigen Finanzamt gesondert festgestellt werden. Derartige Feststellungsverfahren sollten nur dann durchgeführt werden, wenn die Begünstigung tatsächlich beansprucht wird. Für diesen Fall sind dann aber auch gesonderte Feststellungen für die Folgejahre hinsichtlich der eine Nachversteuerung auslösenden Besteuerungsmerkmale erforderlich. Sobald der nachversteuerungspflichtige Betrag im Rahmen der Einkommensteuer vollständig nachversteuert wurde, ist eine gesonderte Feststellung der für die Tarifermittlung erforderlichen Besteuerungsgrundlagen nicht mehr erforderlich (Rdn. 49, OFD Frankfurt v. 19. 10. 2017, S 2290 a A – 1 – St 213, NWB DokID: IAAAG-62074).

182 Die Ermittlung des begünstigten nicht entnommenen Gewinns obliegt auch in diesem Fall den für die Besteuerung der Gesellschafter zuständigen Finanzämtern. Das für die einheitliche und gesonderte Gewinnfeststellung der Gesellschaft zuständige Finanzamt hat die dafür erforderlichen Besteuerungsgrundlagen in diese Gewinnfeststellung einzubeziehen und den Wohnsitzfinanzämtern der Gesellschafter mitzuteilen.

183 Danach handelt es sich bei dem der Besteuerung unterliegenden Gewinn einerseits und dem begünstigten nicht entnommenen Gewinn andererseits im Regelfall um zwei unterschiedliche Größen. Die Begünstigung ist jeweils auf den niedrigeren der beiden Beträge beschränkt. Ist der nicht entnommene Gewinn infolge Berücksichtigung steu-

erfreier Bezüge höher als der zu besteuernde Gewinn, kann die Vergünstigung nur für den zu besteuernden Gewinn beansprucht werden. Übersteigt der zu besteuernde Gewinn hingegen infolge nicht abziehbarer Betriebsausgaben den nicht entnommenen Gewinn, kann die Begünstigung nur für den nicht entnommenen Gewinn beansprucht werden. Vgl. dazu auch Rdn. 16–18 BMF-Schreiben v. 11. 8. 2008 (a. a. O.).

BEISPIEL 26A: Der durch Betriebsvermögensvergleich ermittelte Gewinn des Unternehmens beträgt 165 000 €. Für Geschenke, Bewirtungsaufwendungen usw. sind insgesamt 22 500 € für nicht abzugsfähige Betriebsausgaben i. S. des § 4 Abs. 5 EStG angefallen. Während des Jahres hat der Betriebsinhaber Entnahmen in Höhe von 35 000 € getätigt und Einlagen in Höhe von 5 000 €.

Der nicht entnommene Gewinn ist wie folgt zu ermitteln:

Gewinn	165 000 €
+ Einlagen	5 000 €
./. Entnahmen	35 000 €
Höhe des nicht entnommenen Gewinns	135 000 €

Weil sich der steuerpflichtige Gewinn auf 187 500 € (165 000 € zzgl. 22 500 € nicht abzugsfähiger Betriebsausgaben) beläuft und damit den Betrag des nicht entnommenen Gewinns übersteigt, kann der Stpfl. einen Antrag nach § 34a EStG nur für einen Betrag bis zu 135 000 € stellen.

Die Besteuerung des danach begünstigten nicht entnommenen Gewinns mit dem Steuersatz von 28,25 % erfolgt nur auf Antrag, der auch auf einen Teilbetrag beschränkt werden kann. Er kann bis zur Unanfechtbarkeit des ESt-Bescheides bei dem für die Einkommensbesteuerung zuständigen Finanzamt zu gestellt werden. Bis zu diesem Zeitpunkt sind Änderungen im Rahmen der verfahrensrechtlichen Möglichkeiten (§§ 129, 164, 165, 172 ff. AO oder nach den entsprechenden Regelungen in den Einzelsteuergesetzen) zulässig (Rdn. 7–10 BMF-Schreiben v. 11. 8. 2008, a. a. O.). 184

Die festzusetzende ESt ergibt sich danach aus der auf die übrigen Einkünfte entfallenden ESt zzgl. der Steuer auf den nicht entnommenen Gewinn, ggf. nach Berücksichtigung der Steuermäßigung nach § 35 EStG. Dazu ergibt sich dann zusätzlich die Belastung mit SolZ und ggf. mit Kirchensteuer. Die Berücksichtigung der Begünstigung bereits bei Festsetzung der ESt-Vorauszahlungen wird durch § 37 Abs. 3 Satz 5 EStG ausdrücklich ausgeschlossen. 185

Ergibt sich nach Inanspruchnahme der Begünstigung nach § 34a EStG bei der ESt-Veranlagung für das Folgejahr ein nach 10d EStG berücksichtigungsfähiger Verlust, verbleibt es nach § 10d Abs. 1 Satz 2 EStG bei der Besteuerung des nicht entnommenen Gewinns; insoweit wird also der Verlustrücktrag ausgeschlossen. Diese Rechtsfolge kann jedoch vermieden werden, indem gem. § 34a Abs. 1 Satz 4 EStG bis zur Unanfechtbarkeit des Steuerbescheides für das Folgejahr der Antrag auf Inanspruchnahme der Vergünstigung für den nicht entnommenen Gewinn ganz oder teilweise zurückgenommen wird. 186

Eine Nachversteuerung hat nach § 34a Abs. 4 EStG dann und insoweit zu erfolgen, als in einem der folgenden Wirtschaftsjahre aus dem jeweils in Betracht kommenden Betrieb die Entnahmen den Gewinn lt. Steuerbilanz zzgl. etwaiger Einlagen übersteigen. 187

Der Nachversteuerung unterliegt jedoch nicht der gesamte nicht entnommene Gewinn, sondern lediglich der um die Belastung mit ESt zzgl. SolZ gekürzte Betrag.

BEISPIEL 27: Fortführung des Beispiels 26 dahingehend, dass C die Vergünstigung nach § 34a EStG lediglich für einen Teilbetrag von 100 000 € beansprucht hat. Der ab 2022 bei ihm einer Nachversteuerung unterliegende Betrag ist danach wie folgt zu ermitteln:

Nichtentnommener Gewinn 2021	100 000 €
./. darauf entfallende ESt 28,25 % von 100 000 €	28 250 €
./. darauf entfallender SolZ 5,5 % von 28 250 €	1 554 €
Nachversteuerungspflichtiger Betrag 31. 12. 2021	70 196 €

Dieser Betrag ist gem. § 34a Abs. 3 EStG gesondert festzustellen und dann für die nachfolgenden VZ fortzuschreiben (vgl. dazu § 34a Abs. 11 EStG). Ergeben sich für C in nachfolgenden Wirtschaftsjahren Mehrentnahmen, ergibt sich daraus eine ESt-Belastung von 25 % von 70 196 € = 17 549 € ggf. zzgl. SolZ und Kirchensteuer.

188 Nach § 34a Abs. 6 EStG ist die Nachversteuerung auch ohne dass Mehrentnahmen vorliegen durchzuführen

1. in den Fällen der Betriebsveräußerung oder -aufgabe i. S. der §§ 14, 16 Abs. 1 und Abs. 3 EStG sowie des § 18 Abs. 3 EStG,
2. in den Fällen der Einbringung eines Betriebs oder Mitunternehmeranteils in eine Kapitalgesellschaft oder in eine Genossenschaft sowie in den Fällen des Formwechsels einer Personengesellschaft in eine Kapitalgesellschaft oder in eine Genossenschaft,
3. in den Fällen der unentgeltlichen Übertragung eines Betriebs oder Mitunternehmeranteils nach § 6 Abs. 3 EStG auf eine Körperschaft, Personenvereinigung oder Vermögensmasse i. S. des § 1 Abs. 1 KStG (beachte dazu § 52 Abs. 34 EStG),
4. wenn der Gewinn nicht mehr nach § 4 Abs. 1 Satz 1 oder § 5 EStG ermittelt wird, oder
5. wenn der Steuerpflichtige dies beantragt.

Für die Nachversteuerung nach Nr. 1 bis 3 wird dann weiter vorgesehen, dass die danach geschuldete ESt auf Antrag in regelmäßigen Teilbeträgen über einen Zeitraum von höchstens zehn Jahren seit Eintritt der ersten Fälligkeit zinslos zu stunden ist, wenn ihre alsbaldige Einziehung mit erheblichen Härten für den Stpfl. verbunden wäre.

189 Wird ein Betrieb oder ein Mitunternehmeranteil gem. § 24 UmwStG zu Buchwerten in eine Personengesellschaft eingebracht, ist der bisher festgestellte nachversteuerungspflichtige Betrag im Verhältnis zu dem aus diesem Anlass erworbenen Mitunternehmeranteil fortzuführen (§ 34a Abs. 7 Satz 2 EStG).

190 Geht ein Betrieb, ein Mitunternehmeranteil schenkweise oder aus Anlass eines Erbfalles und damit unentgeltlich auf einen Dritten über, hat der Übernehmende die Buchwerte seines Rechtsvorgängers gem. § 6 Abs. 3 EStG fortzuführen. Für diesen Fall sieht § 34a Abs. 7 Satz 1 EStG die Fortführung des nachversteuerungspflichtigen Betrages durch den Rechtsnachfolger vor. Dabei ist die Regelung des § 34 Abs. 4 Satz 3 EStG zu beachten. Danach ist der Nachversteuerungsbetrag um die Beträge zu vermindern, die für die Erbschaftsteuer (Schenkungsteuer) anlässlich der Übertragung des Betriebs oder Mitunternehmeranteils entnommen wurden. Vgl. dazu Rdn. 30 f., 47 BMF-Schreiben v. 11. 8. 2008 (a. a. O.).

9. Betriebsveräußerung, Betriebsaufgabe

9.1 Allgemeines

Nach § 16 Abs. 1 EStG gehören zu den Einkünften aus Gewerbebetrieb auch die Einkünfte aus der Veräußerung 191

- des ganzen Gewerbebetriebs, eines Teilbetriebs,
- des Anteils an einer Mitunternehmerschaft (vgl. Rdn. 76 ff.),
- des Anteils eines persönlichen haftenden Gesellschafters, einer KGaA (vgl. § 15 Abs. 1 Satz 1 Nr. 3 EStG).

Der Veräußerung eines Teilbetriebs ist gleichgestellt die Veräußerung der zum Betriebsvermögen gehörenden Beteiligung an einer Kapitalgesellschaft, wenn sie das gesamte Nennkapital umfasst. Entsprechendes gilt nach dem Urteil des BFH v. 19. 4. 1994 (BStBl 1995 II S. 705; ferner BFH v. 4. 10. 2006, BStBl 2009 II S. 772) für den Gewinn, den der Alleingesellschafter aus der Liquidation einer Kapitalgesellschaft erzielt. 192

Als Veräußerung gilt nach § 16 Abs. 3 EStG auch die Aufgabe des Gewerbebetriebs. Einer Betriebsaufgabe steht gem. § 16 Abs. 3a EStG der Ausschluss oder die Beschränkung des Besteuerungsrechts der Bundesrepublik Deutschland hinsichtlich des Gewinns aus der Veräußerung sämtlicher Wirtschaftsgüter des Betriebs oder eines Teilbetriebs gleich; § 4 Abs. 1 Satz 4 EStG gilt entsprechend. 193

Wird eine Personengesellschaft, Mitunternehmerschaft derart beendet, dass Teilbetriebe, Mitunternehmeranteile oder einzelne Wirtschaftsgüter in das jeweilige Betriebsvermögen der einzelnen Mitunternehmer übertragen werden – also eine Realteilung erfolgt, kann unter bestimmten Voraussetzungen insoweit auf die Aufdeckung der stillen Reserven verzichtet werden (§ 16 Abs. 3 Satz 2 EStG). Der übernehmende Mitunternehmer hat die bisherigen Buchwerte fortzuführen. Wegen weiterer Einzelheiten wird auf das BMF-Schreiben v. 19. 12. 2018 (BStBl 2019 I S. 6) hingewiesen.

Bei einer Betriebsunterbrechung und einer Betriebsverpachtung im Ganzen liegt gem. § 16 Abs. 3b EStG eine Betriebsaufgabe so lange nicht vor, bis der Steuerpflichtige diese i. S. des Abs. 3 Satz 1 ausdrücklich gegenüber dem Finanzamt erklärt oder dem Finanzamt Tatsachen bekannt werden, aus denen sich ergibt, dass die Voraussetzungen für eine Aufgabe i. S. des § 16 Abs. 3 Satz 1 EStG erfüllt sind, vgl. dazu das BMF-Schreiben v. 22. 11. 2016 (BStBl 2016 I S. 1326).

Gehören zum Betriebsvermögen des veräußerten Betriebs bzw. Teilbetriebs oder umfasst der veräußerte Anteil an einer Mitunternehmerschaft auch Anteile an einer Körperschaft oder Personenvereinigung, deren Ausschüttung zu Einnahmen i. S. des § 20 Abs. 1 Nr. 1 EStG führen, d. h. insbesondere Aktien, GmbH-Anteile und Anteile an Genossenschaften, sind bei der Ermittlung des Veräußerungsgewinns insoweit die Regelungen von § 3 Nr. 40, § 3c Abs. 2 EStG (vgl. Rdn. 24 ff.) zu beachten. Der für diese Anteile danach getrennt zu ermittelnde Veräußerungsgewinn unterliegt damit zu 60 % der Besteuerung. 194

Der danach zu besteuernde Veräußerungs- oder Aufgabegewinn ist um den ggf. nach § 16 Abs. 4 EStG zu gewährenden Freibetrag (Rdn. 219) zu kürzen. Bei diesem zu besteuernden Veräußerungsgewinn handelt es sich grundsätzlich um außerordentliche Ein- 195 künfte i. S. des § 34 Abs. 2 Nr. 1 EStG, für die die Tarifermäßigung nach § 34 Abs. 1 oder Abs. 3 EStG beansprucht werden kann. Nicht zu begünstigten außerordentlichen Einkünften gehören jedoch die Teile des Veräußerungsgewinns, die nach § 3 Nr. 40 i.V. mit § 3c Abs. 2 EStG zu 60 % der Besteuerung unterliegen. Dies kann der Fall sein, wenn zum veräußerten Betriebsvermögen Anteile an Kapitalgesellschaften gehören oder aus Anlass der Betriebsaufgabe derartige Anteile in das Privatvermögen überführt werden.

196 Nach § 34 Abs. 1 EStG kann durch die fiktive Verteilung der Einkünfte auf fünf Jahre lediglich eine Milderung der Progression erreicht werden. Für den betreffenden VZ ist zunächst die ESt auf das um die außerordentlichen Einkünfte geminderte zu versteuernde Einkommen zu ermitteln. Dem geminderten zu versteuernden Einkommen ist 1/5 der außerordentlichen Einkünfte hinzuzurechnen. Auf die sich danach ergebende Summe ist die ESt zu ermitteln. Von diesem Steuerbetrag ist die ESt auf das geminderte zu versteuernde Einkommen abzuziehen. Durch Multiplikation des Saldos mit fünf ergibt sich die ESt auf die außerordentlichen Einkünfte, die zur Ermittlung der ESt-Schuld der ESt auf das geminderte zu versteuernde Einkommen hinzuzurechnen ist; Besonderheiten sind zu beachten bei Inanspruchnahme der Begünstigung nach § 34a EStG (vgl. auch R 34.2 EStR sowie die Berechnungsbeispiele in H 34.2 EStH).

197 Eine weitergehende Begünstigung des Veräußerungsgewinns sieht § 34 Abs. 3 EStG vor. Danach kann ein Veräußerungsgewinn i. S. des § 16 EStG, soweit er zu den außerordentlichen Einkünften i. S. des § 34 Abs. 2 Nr. 1 EStG gehört und den Betrag von insgesamt 5 Mio. € nicht übersteigt, unter den nachfolgenden Voraussetzungen mit 56 % des durchschnittlichen Steuersatzes, mindestens jedoch mit 14 % besteuert werden:

- Der Veräußerer hat das 55. Lebensjahr vollendet oder ist im sozialversicherungsrechtlichen Sinne dauernd berufsunfähig.
- Wird in einem Veranlagungszeitraum mehr als ein Veräußerungs- oder Aufgabegewinn erzielt, kann die Tarifermäßigung nur für einen Veräußerungs- oder Aufgabegewinn beansprucht werden.
- Mit der Inanspruchnahme der Vergünstigung für einen Veräußerungs- oder Aufgabegewinn ab 2001 wird die Gewährung der Vergünstigung für weitere, in nachfolgenden Veranlagungszeiträumen erzielte Veräußerungs- oder Aufgabegewinne ausgeschlossen.

198 Veräußerungsgewinne sind nicht nach §§ 16, 34 Abs. 1 EStG, sondern als laufende Gewinne zu besteuern, wenn und soweit auf der Seite des Veräußerers und Erwerbers dieselben Personen Unternehmer oder Mitunternehmer sind (§ 16 Abs. 2 Satz 3 EStG). Ist z. B. der veräußernde Einzelunternehmer an der erwerbenden Personengesellschaft zu 30 % beteiligt, unterliegen nur 70 % des Veräußerungsgewinns der Besteuerung nach § 16, § 34 Abs. 1 EStG.

199 Ergibt sich bei der Veräußerung oder Aufgabe ein Verlust, ist dieser nach allgemeinen Grundsätzen bei der Besteuerung zu berücksichtigen.

200 Über die Frage, ob und ggf. in welchem Umfang ein Mitunternehmer einen nach § 16 EStG zu besteuernden Veräußerungs- oder Aufgabegewinn erzielt hat, ist ebenfalls ausschließlich in dem nach § 180 Abs. 1 Nr. 2 Buchst. a AO durchzuführenden gesonderten und einheitlichen Gewinnfeststellungsverfahren zu entscheiden (vgl. Rdn. 120 ff.).

9.2 Veräußerung oder Aufgabe eines Betriebs, Teilbetriebs, Mitunternehmeranteils

Die **Veräußerung eines Gewerbebetriebs** i. S. des § 16 Abs. 1 EStG liegt dann vor, wenn der Betrieb mit seinen wesentlichen Grundlagen gegen Entgelt in der Weise auf den Erwerber übertragen wird, dass er als geschäftlicher Organismus fortgeführt werden kann; die tatsächliche Fortführung durch den Erwerber ist hingegen nicht Voraussetzung. Eine Betriebsveräußerung wird nicht dadurch ausgeschlossen, dass einzelne, nicht wesentliche Betriebsgrundlagen zurückbehalten und anderweitig verwertet werden. Maßgeblich ist, dass mit der Veräußerung die Beendigung des Betriebs erfolgt (vgl. die Nachweise in H 16 (1) EStH). Nicht zum Veräußerungsgewinn i. S. des § 16 Abs. 1 EStG gehören Gewinne aus der Veräußerung von Wirtschaftsgütern, wenn deren Veräußerung Bestandteil eines einheitlichen Geschäftskonzepts der unternehmerischen Tätigkeit ist (BFH v. 5. 7. 2005, BStBl 2006 II S. 160; v. 1. 7. 2010, BFH/NV 2010 S. 2246; v. 20. 9. 2012, BStBl 2013 II S. 498; v. 1. 8. 2013, BStBl 2013 II S. 910, jeweils m. w. N.; vgl. auch H 16 (9) „einheitliches Geschäftskonzept" EStH). 201

BEISPIEL 28: A veräußert seinen Herstellungsbetrieb mit den Fabrikgrundstücken an die X-GmbH. Nicht veräußert werden der von ihm für betriebliche und private Zwecke gleichermaßen genutzte Pkw, sowie ein zum gewillkürten Betriebsvermögen zählendes Mietwohngrundstück. Beide Wirtschaftsgüter werden in das Privatvermögen überführt. 202

Zu den wesentlichen Betriebsgrundlagen gehören die Fabrikgrundstücke und der Maschinenpark, mit denen die X-GmbH den erworbenen Betrieb fortführen kann. Es liegt eine Betriebsveräußerung i. S. des § 16 Abs. 1 EStG vor.

Wegen weiterer Einzelheiten vgl. auch R 16 Abs. 1 EStR sowie die in H 16 Abs. 1 EStH aufgeführte Rechtsprechung des BFH. 203

Eine Betriebsaufgabe liegt vor, wenn die bisher im Betrieb entfaltete Tätigkeit aufgrund eines Entschlusses des Steuerpflichtigen, den Betrieb aufzugeben, endgültig eingestellt wird, alle wesentlichen Betriebsgrundlagen in einem einheitlichen Vorgang, d. h. innerhalb kurzer Zeit entweder insgesamt klar und eindeutig, äußerlich erkennbar in das Privatvermögen überführt bzw. anderen betriebsfremden Zwecken zugeführt oder insgesamt einzeln an verschiedene Erwerber veräußert oder teilweise veräußert und teilweise in das Privatvermögen überführt werden und dadurch der Betrieb als selbständiger Organismus des Wirtschaftslebens zu bestehen aufhört (BFH v. 26. 4. 2001, BStBl 2001 II S. 798; v. 12. 5. 2011, BFH/NV 2011, 2082 jeweils m. w. N., vgl. auch R 16 Abs. 2 EStR sowie H 16 (2) EStH). Dies ist nicht der Fall bei einer Betriebsunterbrechung (BFH v. 28. 8. 2003, BStBl 2004 II S. 10; v. 22. 9. 2004, BStBl 2005 II S. 160, unter II.1.b der Gründe). Dazu gehört insbesondere die Betriebsverpachtung, solange gegenüber dem Finanzamt nicht die Betriebsaufgabe erklärt wurde (BFH v. 19. 3. 2009, BStBl 2009 II S. 902, m. w. N.; v. 3. 4. 2014, BFH/NV 2014 S. 1038). Dies gilt aber auch, wenn – wie z. B. bei einem gewerblichen Grundstückshandel – die bei der Betriebseinstellung zurückbehaltenen Wirtschaftsgüter jederzeit die Wiederaufnahme des Betriebs gestatten (BFH v. 28. 9. 1995, BStBl 1996 II S. 276). Nach § 16 Abs. 3b EStG ist davon auszugehen, dass eine Betriebsaufgabe solange nicht vorliegt, als dies gegenüber dem Finanzamt nicht ausdrücklich erklärt wurde oder dem Finanzamt keine Tatsachen über die tatsächlich erfolgte Betriebsausgabe bekannt geworden sind. Auf das Schreiben des BMF zu § 16 Abs. 3b EStG v. 22. 11. 2016 (BStBl 2016 I S. 1326) wird hingewiesen. 204

205 Nach § 16 Abs. 3a EStG steht der Ausschluss oder die Beschränkung des inländischen Besteuerungsrechts hinsichtlich des Gewinns aus der Veräußerung sämtlicher Wirtschaftsgüter einer Aufgabe des Betriebs oder eines Teilbetriebs gleich; § 4 Abs. 1 Satz 4 EStG (vgl. 2. Kap. Rdn. 115) gilt entsprechend. Es handelt sich danach um eine Regelung für Fälle, in denen ein Betrieb, eine Betriebsstätte insgesamt in das Ausland verlagert wird und damit die inländischen Aktivitäten mit der Verlagerung beendet werden.

206 Ein **Teilbetrieb** ist nach der ständigen Rechtsprechung des BFH (vgl. die Nachweise in H 16 Abs. 3 EStH) ein mit einer gewissen Selbständigkeit ausgestatteter, organisch geschlossener Teil des Gesamtbetriebs, der für sich betrachtet alle Merkmale eines Betriebs aufweist und für sich lebensfähig ist. Die notwendige Eigenständigkeit wird nicht dadurch beeinträchtigt, dass bestimmte Organisationseinheiten, z. B. eine selbständige Buchführung, nicht vorhanden sind. Zweigniederlassungen und Filialen sind dann Teilbetriebe, wenn mit ihrer Veräußerung ein eigenständiger Kundenkreis aufgegeben wird. Die Einstellung der Produktion in einem Zweigbetrieb führt dann nicht zur Aufgabe eines Teilbetriebs, wenn wesentliche Betriebsgrundlagen, z. B. die dem bisherigen Zweigbetrieb dienenden Grundstücke im Betriebsvermögen verbleiben. Dabei ist es unerheblich, ob sie innerhalb des Unternehmens für eigene Zwecke oder aber durch Vermietung an Dritte genutzt werden. Die Verbringung wesentlicher Betriebsgrundlagen in den Hauptbetrieb steht ebenfalls einer Teilbetriebsaufgabe entgegen.

207 Als Veräußerung eines Teilbetriebs gilt auch die Veräußerung einer das gesamte Nennkapital umfassenden, zu einem Betriebsvermögen gehörenden Beteiligung an einer Kapitalgesellschaft (§ 16 Abs. 1 Nr. 1 EStG). Für den Fall der Auflösung der Kapitalgesellschaft wird die entsprechende Rechtsfolge vorgesehen. Die aus diesem Anlass bezogenen Einnahmen i. S. des § 20 Abs. 1 Nr. 1 und 2 EStG gehören nicht zum Veräußerungsgewinn i. S. des § 16 Abs. 1 Satz 1 Nr. 1 EStG. Unterliegt die Veräußerung der Anteile oder die Auflösung der Kapitalgesellschaft den Regelungen von § 3 Nr. 40, § 3c Abs. 2 EStG (vgl. Rdn. 24 ff.), werden keine außerordentlichen Einkünfte i. S. des § 34 Abs. 2 EStG bezogen.

208 Die Veräußerung eines Mitunternehmeranteils insgesamt führt immer dann zu einem nach § 16 Abs. 1 Satz 1 Nr. 2, § 34 Abs. 2 EStG zu besteuernden Veräußerungsgewinn, wenn in diesem Zusammenhang auch die stillen Reserven des ggf. vorhandenen Sonderbetriebsvermögens aufgedeckt werden (vgl. z. B. BFH v. 2. 10. 1997, BStBl 1998 II S. 104 und v. 6. 9. 2000, BStBl 2001 II S. 229 m. w. N.). Dagegen wird aus Anlass der Veräußerung eines Teils eines Mitunternehmeranteils ein nicht begünstigter, nach allgemeinen Grundsätzen zu besteuernder Gewinn bezogen.

209 Wird eine **Mitunternehmerschaft** dadurch beendet, dass das Gesamthandsvermögen auf die Mitunternehmer aufgeteilt wird, liegt eine **Realteilung** vor. In diesem Fall sind die stillen Reserven dann nicht aufzudecken, wenn Teilbetriebe, Mitunternehmeranteile oder einzelne Wirtschaftsgüter in das jeweilige Betriebsvermögen der ausscheidenden Mitunternehmer übertragen werden. Voraussetzung ist weiter, dass die Besteuerung der stillen Reserven bei den übernehmenden Mitunternehmern sichergestellt ist; beachte § 4 Abs. 1 Satz 4 EStG (vgl. 2. Kap. Rdn. 115). Die übernehmenden Mitunternehmer sind zur Fortführung der Buchwerte der abgebenden Mitunternehmerschaft verpflichtet. Diese Rechtsfolge tritt jedoch nur dann ein, wenn übertragener Grund und

Boden, übertragene Gebäude oder andere übertragene wesentliche Betriebsgrundlagen innerhalb einer Sperrfrist nach der Übertragung weder veräußert noch entnommen werden. Diese Sperrfrist endet drei Jahre nach Abgabe der Steuererklärung der Mitunternehmerschaft für den Veranlagungszeitraum der Realteilung. Auf die Aufdeckung der stillen Reserven kann nach § 16 Abs. 3 Satz 4 EStG dann nicht verzichtet werden, soweit die Wirtschaftsgüter unmittelbar oder mittelbar auf eine Körperschaft, Personenvereinigung oder Vermögensmasse übertragen werden; in diesem Fall ist bei der Übertragung der gemeine Wert anzusetzen. Wegen weiterer Einzelheiten wird auf das BMF-Schreiben v. 19. 12. 2018 (BStBl 2019 I S. 6) hingewiesen, wobei die dort dargestellten Grundsätze zur Realteilung sowohl für die „echte" als auch für die „unechte" Realteilung (BFH v. 16. 3. 2017, BStBl 2019 II S. 24) gelten. Als „echte" Realteilung i. S. des § 16 Abs. 3 Satz 2 und 3 EStG wird die Betriebsaufgabe auf der Ebene der Mitunternehmerschaft angesehen. Gleiches liegt auch bei Ausscheiden eines Mitunternehmers unter Übertragung eines Teilbetriebs, eines (Teil-)Mitunternehmeranteils an einer Tochter-Personengesellschaft oder von Einzelwirtschaftsgütern aus einer zweigliedrigen Mitunternehmerschaft und Fortführung des Betriebs durch den verbleibenden Mitunternehmer in Form eines Einzelunternehmens vor. Ein Fall einer „unechten" Realteilung liegt vor, wenn ein Mitunternehmer aus einer mehrgliedrigen Mitunternehmerschaft gegen Übertragung von Wirtschaftsgütern des Betriebsvermögens, die beim ausscheidenden Mitunternehmer zumindest teilweise weiterhin Betriebsvermögen darstellen, ausscheidet und diese im Übrigen von den verbleibenden Mitunternehmern als Mitunternehmerschaft fortgeführt wird. In diesem Zusammenhang spielt es keine Rolle, ob der ausscheidende Mitunternehmer einen Teilbetrieb (BFH v. 17. 9. 2015, BStBl 2017 II S. 37), einen Mitunternehmeranteil oder nur einzelne Wirtschaftsgüter (BFH v. 30. 3. 2017, BStBl 2019 II S. 29) erhält. Entsprechendes gilt im Fall von doppelstöckigen Personengesellschaften beim Ausscheiden aus der Mutter-Personengesellschaft gegen Übertragung eines Teils eines Mitunternehmeranteils an einer Tochter-Personengesellschaft.

Dagegen liegt keine „unechte" Realteilung vor, wenn der ausscheidende Mitunternehmer die ihm im Rahmen seines Ausscheidens übertragenen Einzelwirtschaftsgüter vollständig ins Privatvermögen überführt. In diesem Fall erzielt der ausscheidende Mitunternehmer einen Veräußerungsgewinn. Wächst der Mitunternehmeranteil des ausscheidenden Mitunternehmers bei den verbleibenden Mitunternehmern oder dem letzten verbleibenden Mitunternehmer an und erhält der ausscheidende Mitunternehmer eine in Geld bestehende Abfindung, liegt auch kein Fall der Realteilung vor.

Weiter sieht § 16 Abs. 5 EStG eine Sonderregelung für die Fälle vor, in denen eine aus 210
natürlichen und nicht natürlichen Personen bestehende Personengesellschaft durch Realteilung derart beendet wird, dass auf die Körperschaft ein Teilbetrieb, zu dessen Betriebsvermögen Anteile an einer Körperschaft, Personenvereinigung oder Vermögensmasse gehören, übertragen wird. Werden diese Anteile von der übernehmenden Körperschaft innerhalb von sieben Jahren nach der Realteilung unmittelbar oder mittelbar veräußert, ist rückwirkend auf den Zeitpunkt der Realteilung der Mitunternehmerschaft der gemeine Wert für diese Beteiligung anzusetzen. Entsprechendes gilt, wenn

innerhalb dieses Zeitraums eine Übertragung i. S. des § 22 Abs. 1 Satz 6 Nr. 1 bis 5 UmwStG erfolgt. In diesen Fällen ist dann weiter § 22 Abs. 2 Satz 3 UmwStG zu beachten (vgl. 6. Kap. Rdn. 298 ff.).

9.3 Sonderfälle

211 Kein Veräußerungs- oder Aufgabegewinn fällt bei der unentgeltlichen Übertragung eines Betriebs, Teilbetriebs oder Mitunternehmeranteils an. Der Übergang vom Erblasser auf den oder die Erben aus Anlass des Erbfalls ist ein unentgeltlicher Vorgang. Veräußerungsgewinne entstehen u. U. anschließend aus Anlass der **Erbauseinandersetzung**; wegen Einzelheiten dazu werden auf die BMF-Schreiben v. 14. 3. 2006 (BStBl I S. 253) und v. 27. 12. 2018 (BStBl I 2019 S. 11) hingewiesen; für den Fall der Erbauseinandersetzung nach Erbstreitigkeiten vgl. BFH v. 16. 5. 2013 (BStBl 2013 II S. 858). Zu Fragen im Zusammenhang mit der Übertragung eines Betriebs, Teilbetriebs oder Mitunternehmeranteils aus Anlass von vorweggenommenen Erbfolgeregelungen hat der BMF mit Schreiben v. 13. 1. 1993 (BStBl 1993 I S. 80) Stellung genommen. Danach hängt es in Übereinstimmung mit der Rechtsprechung des BFH davon ab, ob im Einzelfall ein unentgeltlicher oder ein teilentgeltlicher Erwerb vorliegt. Veranlasst durch die zwischenzeitliche Rechtsprechung des BFH sind die Ausführungen zur Verfahrensweise bei teilentgeltlichen Erwerben durch das BMF-Schreiben v. 26. 2. 2007 (BStBl 2007 I S. 269) modifiziert worden. Zu den Rechtsfolgen bei Übertragungen unter Einräumung wiederkehrender Bezüge wird auf das BMF-Schreiben v. 11. 3. 2010 (BStBl I S. 227) hingewiesen. Eine unentgeltliche Betriebsübertragung i. S. von § 6 Abs. 3 Satz 1 EStG ist nicht gegeben, wenn der bisherige Inhaber zunächst sämtliche wesentlichen Betriebsgrundlagen unentgeltlich auf einen Erwerber überträgt, sie sodann aber zurückpachtet oder auf sonstige Weise nutzt und so die bisherige Tätigkeit fortführt. Der Vorbehalt des Nießbrauchs an einem Grundstück stellt keine Gegenleistung für die übertragene Vermögenssubstanz dar (BFH v. 25. 1. 2017, BFH/NV 2017 S. 1077 Nr. 8). Entgegen der Auffassung der FinVerw (Tz. 4 ff. des BMF-Schreibens v. 3. 3. 2005, BStBl I 2005 S. 458) ist bei der Übertragung eines Mitunternehmeranteils auch dann nach § 6 Abs. 3 EStG zu verfahren, wenn sich der Übertragende an einem Grundstück des Sonderbetriebsvermögens den Nießbrauch vorbehält (FG Münster v. 24. 6. 2014 – 3 K 3886/12 F, NWB DokID: DAAAE-74648, Rev. Az. BFH IV R 38/14).

9.4 Ermittlung des Veräußerungs- oder Aufgabegewinns

212 Veräußerungsgewinn ist der Betrag, um den der Veräußerungspreis nach Abzug der Veräußerungskosten den Wert des übertragenen Betriebsvermögens übersteigt (§ 16 Abs. 2 Satz 1 EStG). Der Wert des Betriebsvermögens ist gem. § 16 Abs. 2 Satz 2 EStG nach § 4 Abs. 1, § 5 EStG zu ermitteln. Dies erfordert bei Gewinnermittlung nach § 4 Abs. 3 EStG zunächst den Übergang zum Bestandsvergleich (2. Kap. Rdn. 1742 f.). Die Betriebsaufgabe stellt sich regelmäßig als eine Vielzahl von Einzelveräußerungen dar, bei der Veräußerungserlös und Buchwert der veräußerten Wirtschaftsgüter gegenüberzustellen sind. Bei den nicht veräußerten Wirtschaftsgütern ist statt des Veräußerungserlöses deren gemeiner Wert anzusetzen (§ 16 Abs. 3 Satz 7 EStG). Der sich danach ergebende, ggf. um den Freibetrag nach § 16 Abs. 4 EStG zu kürzende Gewinn führt nach der Ausgliederung

der Gewinne aus der Veräußerung (Entnahme) von Anteilen an Kapitalgesellschaften (vgl. Rdn. 195) zu außerordentlichen Einkünften i. S. des § 34 Abs. 2 EStG, die auf Antrag nach § 34 Abs. 1 oder Abs. 3 EStG ermäßigt zu besteuern sind. Die Gewährung dieser Steuervergünstigungen wird jedoch insoweit ausgeschlossen, als bei Erwerber und Veräußerer Personenidentität besteht (§ 16 Abs. 2 Satz 3 und Abs. 3 Satz 5 EStG).

BEISPIEL 29: A veräußert sein Einzelunternehmen an die X-GmbH & Co. KG, an der er zu 20 % 213
beteiligt ist. Der Kaufpreis ist wie zwischen fremden Dritten bemessen worden. 20 % des von A erzielten Veräußerungsgewinns sind weder nach § 16 Abs. 4 EStG noch nach § 34 Abs. 1 EStG begünstigt.

In die Ermittlung des Veräußerungs- oder Aufgabegewinns können nicht die Ergebnisse 214
der Abwicklung des normalen Geschäftsverkehrs einbezogen werden (BFH v. 25. 6. 1970, BStBl II S. 719; v. 29. 11. 1988, BStBl 1989 II S. 602). Soweit aus Anlass der Veräußerung der Aufgabe sog. steuerfreie Rücklagen aufzulösen sind, z. B. Rücklage für Ersatzbeschaffung (2. Kap. Rdn. 1262 ff.), Rücklage nach § 6b EStG (2. Kap. Rdn. 1270 ff.), gehören die sich daraus ergebenden Gewinne zum begünstigten Veräußerungs- oder Aufgabegewinn (BFH v. 17. 10. 1991, BStBl 1992 II S. 392).

Veräußerungspreis ist der Wert der erlangten Gegenleistung. Dazu gehört auch die 215
Übernahme von Verbindlichkeiten. Besteht die Gegenleistung in wiederkehrenden Bezügen, steht dem Veräußerer ein Wahlrecht zu, ob ein Veräußerungsgewinn i. S. des § 16 EStG oder die den Buchwert des Betriebsvermögens übersteigenden Einzelzahlungen als nachträgliche Einkünfte aus Gewerbebetrieb (§ 15 i.V. mit § 24 Nr. 2 EStG) besteuert werden sollen (R 16 Abs. 11 EStR). Voraussetzung ist, dass die wiederkehrenden Zahlungen Versorgungscharakter haben (BFH v. 20. 7. 2010, BStBl II S. 969). Vorstehende Sätze gelten sinngemäß, wenn ein Betrieb gegen einen festen Barpreis und eine Leibrente veräußert wird, das Wahlrecht bezieht sich jedoch nicht auf den durch den festen Barpreis realisierten Teil des Veräußerungsgewinns.

Mit Wirkung für nach dem 31. 12. 2003 erfolgte Veräußerungen soll nur der Kapitalanteil der wiederkehrenden Bezüge mit dem Kapitalkonto verrechnet werden. Bei dem in den laufenden Zahlungen enthaltenen Zinsanteil handelt es sich gem. § 15 i.V. mit § 24 Nr. 2 EStG um nachträgliche Einkünfte aus Gewerbebetrieb.

BEISPIEL 30: A veräußert sein Einzelunternehmen mit Wirkung zum Beginn des Kalenderjahres 216
2021 gegen eine ihm zustehende (lebenslängliche) Leibrente von monatlich 5 000 €. Das veräußerte Betriebsvermögen hat einen Buchwert von 300 000 €. A hat im Zeitpunkt der Veräußerung das 63. Lebensjahr vollendet. Aus Vereinfachungsgründen wird davon ausgegangen, dass sämtliche Veräußerungskosten vom Erwerber getragen werden.

a) A entscheidet sich für die sofortige Beteuerung des Veräußerungsgewinns. Der Jahreswert der Rente beträgt 60 000 €. Der sich nach BMF-Schreiben v. 28. 10. 2020 (BStBl 2020 I S. 1048) für A bei Berücksichtigung eines Zinssatzes von 5,5 % ergebende Vervielfältiger beträgt 12,081, so dass sich daraus ein Kapitalwert von 724 860 € errechnet. Danach ergibt sich ein nach § 16 EStG zu besteuernder Veräußerungsgewinn von 424 860 €. Die Renten unterliegen als wiederkehrende Bezüge mit dem sich aus § 22 Nr. 1 Satz 3 Buchst. a Doppelbuchst. bb EStG ergebenden Ertragsanteil als sonstige Einkünfte der Besteuerung.

b) A entscheidet sich für die Besteuerung nachträglicher Einkünfte aus Gewerbetrieb.

Der Kapitalanteil der jährlichen Leistungen entspricht dem Betrag, um den sich der Kapitalwert zum Ende eines Jahres gegenüber diesem Wert zu Beginn des Jahres vermindert hat. Der nach Abzug dieser Differenz von den jährlichen Bezügen verbleibende Betrag ist der zu versteuernde Zinsanteil. Knüpft man an die Berechnung in Variante a an, ergibt sich zum Ende des ersten Jahres bei einem Vervielfältiger von 11,810 ein Kapitalwert von 708 600 €. Er ist damit gegenüber dem Beginn des Jahres um 16 260 € gesunken, so dass sich ein als nachträgliche Einkünfte aus Gewerbebetrieb zu versteuernder Zinsanteil von 43 740 € ergibt. Danach verbleibt zum Ende des ersten Jahres noch ein Betrag von 283 740 €, der mit dem Kapitalwert künftiger Rentenleistungen zu verrechnen ist.

217 Nachträgliche Änderungen des Kaufpreises, z. B. der teilweise Ausfall der Kaufpreisforderung, wirken nach dem Urteil des BFH v. 19. 7. 1993 (BStBl II S. 894, 897) auf den Zeitpunkt der Veräußerung zurück, so dass ggf. die ursprünglich durchgeführte Veranlagung nach § 175 Abs. 1 Nr. 2 AO zu ändern ist. Diese Voraussetzungen liegen nach dem Urteil des BFH v. 19. 8. 1999 (BStBl 2000 II S. 179) nicht vor, wenn der Berechtigte einer abgekürzten Leibrente, der sich für die sofortige Besteuerung des Veräußerungsgewinns (vgl. Beispiel 30 Variante a) entschieden hat, vor Ende der Laufzeit der Rente verstirbt.

Bei Veräußerung gegen eine Mindestrente, die umsatz- oder gewinnabhängig zu erhöhen ist, kommt eine Besteuerung nach den im Beispiel 30 Variante a dargestellten Grundsätzen nur bezüglich der Mindestrente in Betracht. Die diese übersteigenden Zahlungen des Erwerbers führen beim Veräußerer zu nach den allgemeinen Grundsätzen zu besteuernden nachträglichen Einkünften aus Gewerbebetrieb (BFH v. 14. 5. 2002, BStBl II S. 532).

218 Als Veräußerungskosten können bei der Ermittlung des Veräußerungsgewinns nur die Aufwendungen berücksichtigt werden, die in einem unmittelbaren sachlichen Zusammenhang mit dem Veräußerungsvorgang entstanden sind, z. B. Notariatskosten, Maklerprovisionen, Verkehrsteuern.

9.5 Gewährung eines Freibetrags auf den Veräußerungsgewinn

219 Nach § 16 Abs. 4 EStG ist der Gewinn aus der Veräußerung eines Betriebs, Teilbetriebs oder Mitunternehmeranteils sowie einer etwaigen Betriebsaufgabe auf Antrag nur insoweit zur ESt heranzuziehen, als er 45 000 € übersteigt. Weitere Voraussetzung ist, dass der Veräußerer entweder das 55. Lebensjahr vollendet hat oder im sozialversicherungsrechtlichen Sinne dauernd berufsunfähig ist. Der Freibetrag ermäßigt sich um den Betrag, um den der Veräußerungsgewinn 136 000 € übersteigt, so dass er bei einem Veräußerungsgewinn von 181 000 € insgesamt entfällt. Der Freibetrag kann nach § 16 Abs. 4 Satz 2 EStG von jedem Stpfl. insgesamt nur einmal beansprucht werden. Auf R 16 Abs. 13 und 14 EStR und H 16 (14) EStH wird hingewiesen.

10. Veräußerung von Anteilen an Kapitalgesellschaften im Privatvermögen

220 Nach § 17 EStG gehört zu den Einkünften aus Gewerbebetrieb auch der Gewinn aus der Veräußerung von im Privatvermögen gehaltenen Anteilen an einer Kapitalgesellschaft, wenn der Veräußerer innerhalb der letzten fünf Jahre an der Kapitalgesellschaft zu mindestens 1 % beteiligt war. Dabei kann es sich auch um eine Beteiligung an einer nach ausländischem Recht errichteten Kapitalgesellschaft handeln (FG Münster v. 27. 11. 2013, EFG 2014 S. 341, rkr.). Unerheblich ist, ob die Anteile entgeltlich oder unentgeltlich erworben wurden. Bei vorhergehendem unentgeltlichem Erwerb ist ausrei-

chend, dass der Rechtsvorgänger innerhalb eines Zeitraumes von fünf Jahren vor der nunmehr zu beurteilenden Veräußerung in entsprechendem Umfang an der Gesellschaft beteiligt war. Steuerpflicht tritt dann unabhängig von dem Umfang der veräußerten Anteile ein. Der Schwellenwert für das Vorliegen einer wesentlichen Beteiligung betrug bis zum 31. 12. 1998 nicht mehr als 25 % und bis zum 31. 12. 2000 nicht mehr als 10 %. Bei der Veräußerung wesentlicher Beteiligungen, die im Zeitpunkt ihrer Anschaffung noch keine wesentliche Beteiligung waren, darf entgegen der Auffassung des BMF im Schreiben v. 20. 12. 2010 (BStBl 2011 I S. 16) ein Veräußerungsgewinn nur dann besteuert werden, wenn die veräußerten Anteile zu einer vom Stpfl. innerhalb der letzten fünf Jahre vor Veräußerung gehaltenen Beteiligung i. S. des § 17 EStG gehörten (BFH v. 11. 12. 2012, BStBl 2013 II S. 372; v. 2. 6. 2016, BFH/NV 2016 S. 1448).

Die Regelung des § 17 EStG genießt gem. § 20 Abs. 8 EStG Vorrang vor § 20 Abs. 2 Satz 1 221
Nr. 1 EStG. Wurden die Anteile gegen Einbringung eines Betriebs, Teilbetriebs, Mitunternehmeranteils oder einer Beteiligung an einer Kapitalgesellschaft in eine Kapitalgesellschaft oder Genossenschaft gegen Gewährung neuer Gesellschaftsrechte unter Verzicht auf die Aufdeckung sämtlicher stiller Reserven erworben, sind bei Anmeldung dieses Vorgangs zum maßgebenden Register vor dem 13. 12. 2006 die Regelungen des § 21 UmwStG a. F., bei später angemeldeten Vorgängen die des § 22 UmwStG (vgl. 6. Kap. Rdn. 298 ff.) zu beachten.

Die verdeckte Einlage von Anteilen an einer Kapitalgesellschaft in eine Kapitalgesell- 222
schaft steht nach § 17 Abs. 1 Satz 2 EStG der Veräußerung der Anteile gleich. Die Einbringung einer wesentlichen Beteiligung in eine Personengesellschaft gegen Gewährung von Gesellschaftsrechten ist ein tauschähnlicher Vorgang und damit ein Veräußerungsgeschäft (BFH v. 15. 10. 1998, BStBl 2000 II S. 230).

Als Veräußerungsgewinn ist nach § 17 Abs. 2 Satz 1 EStG der Unterschiedsbetrag zwi- 223
schen dem Veräußerungspreis und den Anschaffungskosten nach Abzug der Veräußerungskosten zu besteuern. Anschaffungskosten sind gem. § 17 Abs. 2a EStG die Aufwendungen, die geleistet werden, um die Anteile i. S. des § 17 Abs. 1 EStG zu erwerben. Dazu gehören auch die Nebenkosten sowie die nachträglichen Anschaffungskosten. Zu den nachträglichen Anschaffungskosten im vorstehenden Sinne gehören insbesondere offene oder verdeckte Einlagen, Darlehensverluste, soweit die Gewährung des Darlehens oder das Stehenlassen des Darlehens in der Krise der Gesellschaft gesellschaftsrechtlich veranlasst war, und Ausfälle von Bürgschaftsregressforderungen und vergleichbaren Forderungen, soweit die Hingabe oder das Stehenlassen der betreffenden Sicherheit gesellschaftsrechtlich veranlasst war. Eine gesellschaftsrechtliche Veranlassung liegt regelmäßig vor, wenn ein fremder Dritter das Darlehen oder Sicherungsmittel bei sonst gleichen Umständen zurückgefordert oder nicht gewährt hätte. Leistet der Steuerpflichtige über den Nennbetrag seiner Anteile hinaus Einzahlungen in das Kapital der Gesellschaft, sind die Einzahlungen bei der Ermittlung der Anschaffungskosten gleichmäßig auf seine gesamten Anteile einschließlich seiner im Rahmen von Kapitalerhöhungen erhaltenen neuen Anteile aufzuteilen. § 17 Abs. 2a EStG i. d. F. des Art. 2 des Gesetzes zur weiteren steuerlichen Förderung der Elektromobilität und zur Änderung weiterer steuerlicher Vorschriften vom 12. 12. 2019 (BGBl 2019 I S. 2451) ist erstmals für Veräußerungen i. S. von § 17 Abs. 1, 4 oder 5 EStG nach dem 31. 7. 2019 anzu-

wenden. Auf Antrag des Steuerpflichtigen ist § 17 Abs. 2a Satz 1 bis 4 auch für Veräußerungen i. S. von § 17 Abs. 1, 4 oder 5 vor dem 31. 7. 2019 anzuwenden (§ 52 Abs. 25a EStG).

224 Der Veräußerungspreis bestimmt sich nach dem erlangten Gegenwert für die veräußerten Anteile. Werden dafür z. B. börsengängige Aktien gewährt, ist der Kurswert der erlangten Aktien im Zeitpunkt der Veräußerung maßgebend (BFH v. 17. 10. 1974, BStBl 1975 II S. 58). Bei verdeckter Einlage der Anteile in eine Kapitalgesellschaft tritt deren gemeiner Wert an die Stelle des Veräußerungspreises (§ 17 Abs. 2 Satz 2 EStG).

Der Veräußerungsgewinn ist unter Beachtung von § 3 Nr. 40, § 3c Abs. 2 EStG (vgl. Rdn. 24 ff.) zu besteuern, vgl. auch BFH v. 6. 4. 2011 (BStBl 2011 II S. 785) und v. 6. 4. 2011 (BStBl 2012 II S. 8).

225 Nach § 17 Abs. 3 EStG ist für die Veräußerung des gesamten Nennkapitals einer Kapitalgesellschaft ein Freibetrag von 9 060 € zu gewähren, der sich in dem Umfang ermäßigt, in dem der Veräußerungsgewinn den Betrag von 36 100 € übersteigt. Bei einem Veräußerungsgewinn von 45 160 € kommt danach die Gewährung eines Freibetrags nicht mehr in Betracht. Umfasst die veräußerte Beteiligung nur einen Bruchteil des Nennkapitals der Gesellschaft, ermäßigt sich der Freibetrag entsprechend.

226 Veräußerungsgewinne i. S. des § 17 EStG sind keine außerordentlichen Einkünfte i. S. des § 34 Abs. 2 EStG, so dass keine Tarifermäßigungen nach § 34 EStG beansprucht werden können.

227 Verluste aus der Veräußerung von Beteiligungen i. S. des § 17 EStG sind grundsätzlich nach allgemeinen Grundsätzen berücksichtigungsfähig (BFH v. 26. 1. 1999, BStBl II S. 559, m. w. N.). Zur Vermeidung von Missbräuchen wird die Berücksichtigung eines Verlustes durch § 17 Abs. 2 Satz 6 Buchst. a EStG ausgeschlossen, wenn ein nicht wesentlich Beteiligter seine Anteile auf einen wesentlich Beteiligten unentgeltlich übertragen hat. Nach Buchst. b dieser Regelung dürfen Verluste nicht berücksichtigt werden, soweit sie auf entgeltlich erworbene Anteile entfallen, die nicht innerhalb der letzten fünf Jahren zu einer wesentlichen Beteiligung des Stpfl. gehört haben. Ausnahmen gelten bei Erwerb innerhalb des Fünfjahreszeitraumes. Bei Verlusten aus der Veräußerung von Beteiligungen an ausländischen Kapitalgesellschaften und von Beteiligungen an inländischen Kapitalgesellschaften mit Auslandsinteressen sind die sich aus § 2a Abs. 1 EStG ergebenden Beschränkungen von Verlustausgleich und Verlustabzug zu beachten (vgl. 5. Kap. Teil F Rdn. 1986 ff.).

228 Die vorstehend dargestellten Grundsätze gelten nach § 17 Abs. 4 EStG auch bei der Auflösung einer Kapitalgesellschaft, der Herabsetzung und Rückzahlung des Nennkapitals oder der Rückgewähr von nicht in das Nennkapital geleisteten Einlagen der Gesellschafter aus dem steuerlichen Einlagenkonto i. S. des § 27 KStG. Der Veräußerungserlös ist der gemeine Wert des dem Anteilseigener zugeteilten oder zurückgezahlten Vermögens, soweit es sich dabei nicht um Gewinnausschüttungen i. S. des § 20 Abs. 1 Nr. 1 oder 2 EStG (vgl. Rdn. 260 ff.) handelt. Wegen des Zeitpunkts der Realisierung des Veräußerungsgewinns bei Liquidation der Kapitalgesellschaft wird auf die Urteile des BFH v. 3. 6. 1993 (BStBl 1994 II S. 162) und v. 25. 1. 2000 (BStBl II S. 343) hingewiesen.

Das inländische Besteuerungsrecht an einem Veräußerungsgewinn i.S. des § 17 EStG kann u.a. dann ganz oder teilweise entfallen, wenn die Kapitalgesellschaft Sitz oder Ort der Geschäftsleitung in einen anderen Staat verlegt (vgl. 5. Kap. Teil F Rdn. 1932). Deswegen steht dieser Vorgang nunmehr nach § 17 Abs. 5 EStG der Veräußerung der Anteile zum gemeinen Wert gleich. Dies gilt nicht für Anteile an einer Europäischen Gesellschaft und bei der Sitzverlegung einer anderen Kapitalgesellschaft in einen anderen Mitgliedstaat der EU. In diesen Fällen unterliegt der Gewinn aus einer späteren Veräußerung der Anteile ungeachtet der Bestimmungen eines DBA der inländischen Besteuerung. 229

IV. Einkünfte aus selbständiger Arbeit

1. Überblick

Den Einkünften aus Land- und Forstwirtschaft, aus Gewerbetrieb und aus selbständiger Arbeit i.S. des § 18 EStG ist gemeinsam, dass gem. § 2 Abs. 2 EStG der nach §§ 4–7k EStG ermittelte Gewinn zu besteuern ist. Die i.S. des § 18 EStG selbständig Tätigen sind weder nach Handels- noch nach Steuerrecht verpflichtet, Bücher zu führen und regelmäßig Abschlüsse zu machen. Ihnen ist es deswegen unterschiedslos möglich, ihren Gewinn durch Gegenüberstellung der Betriebseinnahmen und der Betriebsausgaben nach § 4 Abs. 3 EStG (vgl. dazu 2. Kap. Rdn. 1701 ff.) zu ermitteln. Dies schließt eine freiwillige Gewinnermittlung nach § 4 Abs. 1 EStG nicht aus. 230

Die selbständige Tätigkeit ist dadurch gekennzeichnet, dass sie selbständig, nachhaltig in Gewinnerzielungsabsicht unter Beteiligung am allgemeinen wirtschaftlichen Verkehr ausgeübt wird. Diese sich aus § 15 Abs. 2 EStG ergebenden Voraussetzungen müssen auch bei Annahme einer gewerblichen Tätigkeit erfüllt sein (vgl. dazu Rdn. 44 ff.). Der wesentliche Unterschied gegenüber der gewerblichen Betätigung besteht darin, dass die in § 18 EStG bezeichneten Tätigkeiten von der einzelnen Person eigenverantwortlich ausgeübt werden. Im Vordergrund steht danach die persönliche Arbeitsleistung der Berufsträgers. Der Gesetzgeber unterscheidet zwischen Einkünften 231

- aus freiberuflicher Tätigkeit (§ 18 Abs. 1 Nr. 1 EStG),
- aus der Tätigkeit als Einnehmer einer staatlichen Lotterie, wenn sie nicht Einkünfte aus Gewerbebetrieb sind (§ 18 Abs. 1 Nr. 2 EStG),
- aus sonstiger selbständiger Arbeit (§ 18 Abs. 1 Nr. 3 EStG) und
- Einkünfte von Beteiligten an sog. Wagniskapital-Gesellschaften, die als Vergütung für Leistungen zur Förderung des Gesellschafts- oder Gemeinschaftszwecks unter den Voraussetzungen des § 18 Abs. 1 Nr. 4 EStG gewährt werden, die gem. § 3 Nr. 40a EStG bis einschl. 2008 zur Hälfte, ab 2009 zu 40 % steuerbefreit sind.

Die Aufzählungen in § 18 Abs. 1 Nr. 1 und 3 EStG sind nicht abschließend. Parlamentsabgeordnete beziehen nach den Wertungen des Gesetzgebers keine Einkünfte aus selbständiger Arbeit i.S. des § 18 EStG, sondern sonstige Einkünfte i.S. des § 22 Nr. 4 EStG. Nach § 18 Abs. 2 EStG werden Einkünfte aus selbständiger Arbeit auch dann bezogen, wenn die in § 18 Abs. 1 EStG bezeichneten Tätigkeiten nur vorübergehend ausgeübt werden. Danach führen Tätigkeiten, die neben einer Haupttätigkeit ausgeübt werden, auch dann zu Einkünften i.S. des § 18 EStG, wenn die Haupttätigkeit im Rahmen einer anderen Einkunftsart ausgeübt wird, z. B. nebenberufliche Lehr- und Prüfungstätigkeit von Arbeitnehmern oder Gewerbetreibenden (BFH v. 14. 3. und 2. 4. 1958, BStBl III S. 255, 293; v. 4. 10. 1984, BStBl 1985 II S. 51; Hinweis auch auf R 19.2 LStR sowie H 19.2 LStH), Aufsichtsrat bei einer Kapitalgesellschaft.

232 Die Abgrenzung der selbständigen Tätigkeit i. S. des § 18 EStG gegenüber gewerblichen Tätigkeiten i. S. des § 15 EStG ist unter verschiedensten Gesichtspunkten bedeutsam. Selbständig Tätige i. S. des § 18 EStG unterliegen nicht der GewSt. Ferner sind sie nicht buchführungspflichtig. Einnahmen aus bestimmten freiberuflichen Tätigkeiten unterliegen nicht der USt (§ 4 Nr. 14, 21 UStG) oder nur einem ermäßigten Steuersatz (§ 12 Abs. 2 Nr. 7 Buchst. c UStG).

233 Der Gesetzgeber geht davon aus, dass die selbständige Tätigkeit von Einzelpersonen ausgeübt wird. In zunehmendem Maße schließen sich jedoch Freiberufler zur gemeinschaftlichen Erzielung von Einkünften in Gesellschaften bürgerlichen Rechts (Sozietäten) oder Partnerschaften i. S. des PartGG (BGBl 1994 I S. 1744) zusammen. Gehen alle Beteiligten einem freien Beruf nach, werden insgesamt Einkünfte i. S. des § 18 EStG bezogen; die Grundsätze des § 15 Abs. 1 Satz 1 Nr. 2 EStG zur Besteuerung von Mitunternehmerschaften (vgl. Rdn. 76 ff.) sind entsprechend anzuwenden. Die Beteiligung von Berufsfremden führt regelmäßig dazu, dass die Gesellschaft insgesamt Einkünfte aus Gewerbetrieb bezieht (BFH v. 9. 10. 1986, BStBl 1987 II S. 124; v. 15. 5. 1997, BFH/NV 1997 S. 751; v. 16. 4. 2009, BFH/NV S. 1264; v. 4. 5. 2009, BFH/NV S. 1429, jeweils m. w. N.; H 15.6 [Gesellschaft] EStH); dies gilt auch, wenn alleiniger Komplementär einer Freiberufler KG eine nicht an Vermögen und Gewinn beteiligte GmbH ist (BFH v. 10. 10. 2012, BStBl 2013 II S. 79).

234 Von den freiberuflichen Mitunternehmerschaften sind die sog. Büro-, Labor- oder Praxisgemeinschaften abzugrenzen, bei denen sich mehrere Freiberufler zur Erledigung von Hilfstätigkeiten für ihre jeweils allein ausgeübte Tätigkeit zusammengeschlossen haben. In diesen Fällen wird keine Mitunternehmerschaft begründet, die angefallenen Aufwendungen sind bei Ermittlung der Einkünfte der einzelnen Beteiligten anteilig als Betriebsausgaben zu berücksichtigen (BFH v. 14. 4. 2005, BStBl II S. 752), vgl. ferner BMF-Schreiben v. 12. 2. 2009 (BStBl I S. 398).

235 Bei der Veräußerung oder Aufgabe eines der selbständigen Arbeit dienenden Betriebes, z. B. einer freiberuflichen Praxis oder eines Anteils daran, sind gem. § 18 Abs. 3 EStG die Vorschriften des § 16 Abs. 1 Satz 1 Nr. 1 und 2, Abs. 1 Satz 2 sowie Abs. 2 bis 4 EStG (vgl. Rdn. 191 ff.) entsprechend anzuwenden.

2. Die einzelnen selbständigen Tätigkeiten

236 Nach § 18 Abs. 1 Nr. 1 EStG gehören zu der **freiberuflichen Tätigkeit** die selbständig ausgeübte wissenschaftliche, künstlerische, schriftstellerische, unterrichtende oder erzieherische Tätigkeit, die selbständige Berufstätigkeit der Ärzte, Zahnärzte, Tierärzte, Rechtsanwälte, Notare, Patentanwälte, Vermessungsingenieure, Ingenieure, Architekten, Handelschemiker, Wirtschaftsprüfer, Steuerberater, beratenden Volks- und Betriebswirte, vereidigten Buchprüfer (vereidigten Bücherrevisoren), Steuerbevollmächtigten, Heilpraktiker, Dentisten, Krankengymnasten, Journalisten, Bildberichterstatter,

Dolmetscher, Übersetzer, Lotsen und ähnlicher Berufe. Wegen des Begriffs der Selbständigkeit wird auf Rdn. 44 hingewiesen.

237 Von einer **wissenschaftlichen Tätigkeit** ist auszugehen, wenn die Lösung einer schwierigen Aufgabe nach streng sachlichen und objektiven Gesichtspunkten anhand einer nachprüfbaren Methodik angegangen wird; ein Hochschulstudium wird nicht zwingend vorausgesetzt (BFH v. 23. 11. 2000, BStBl 2001 II S. 241; v. 8. 10. 2008, BStBl 2009 II S. 238 jeweils m. w. N.). Eine **künstlerische Tätigkeit** liegt vor, wenn die Arbeitsergebnisse nach ihrem Gesamtbild eigenschöpferisch sind und über eine hinreichende Beherrschung der Technik hinaus eine bestimmte künstlerische Gestaltungshöhe erreichen (BFH v. 11. 7. 1991, BStBl 1992 II S. 353). Eine zutreffende Beurteilung wird im Allgemeinen nur nach Einholung entsprechender Gutachten möglich sein (BFH v. 11. 7. 1991, BStBl II S. 889). Demgegenüber liegt eine **schriftstellerische Tätigkeit** bereits dann vor, wenn eigene Gedanken für die Öffentlichkeit bestimmt geschrieben werden, ohne dass dem Werk eine wissenschaftliche oder künstlerische Bedeutung zukommt (BFH v. 14. 5. 1958, BStBl III S. 316). Bei der **unterrichtenden Tätigkeit** handelt es sich um die Vermittlung von Wissen, Fähigkeiten, Fertigkeiten, Handlungsweisen und Einstellungen in organisierter und institutionalisierter Form (BFH v. 11. 6. 1997, BStBl II S. 687). **Erziehung** ist die planmäßige Tätigkeit zur körperlichen, geistigen und sittlichen Formung insbesondere von jungen Menschen zu lebenstüchtigen und mündigen Menschen (BFH v. 11. 6. 1997, a. a. O., m. w. N.).

238 Die Aufzählung der freiberuflichen Tätigkeiten in § 18 Abs. 1 Nr. 1 Satz 2 EStG ist nicht abschließend. Dazu gehören auch die Berufe, die den dort im Einzelnen aufgeführten Berufen, den sog. Katalogberufen, ähnlich sind. Erforderlich ist, dass die Vergleichbarkeit zumindest mit einem der Katalogberufe gegeben ist (BFH v. 16. 10. 1997, BStBl 1998 II S. 139; v. 14. 5. 2014, BStBl 2015 II S. 128; v. 16. 9. 2014, BStBl 2015 II S. 217, jeweils m. w. N.). Dabei ist Voraussetzung, dass der den Beruf Ausübende über entsprechende Kenntnisse wie der Angehörige des ähnlichen Katalogberufs verfügt. Dabei braucht es im Einzelfall nicht darauf anzukommen, ob diese Kenntnisse auch in vergleichbarer Weise erworben wurden (BFH v. 22. 9. 2009, BStBl 2010 II S. 404). Kann die Ähnlichkeit zu einem Katalogberuf nicht festgestellt werden, wird regelmäßig eine gewerbliche Tätigkeit ausgeübt. Eine Übersicht über die umfangreiche Rechtsprechung des BFH zu diesem Problemkreis enthält H 15.6 EStH.

239 Ein Angehöriger eines freien Berufs ist nach § 18 Abs. 1 Nr. 1 Satz 3 EStG auch dann freiberuflich tätig, wenn er sich der Mithilfe fachlich vorgebildeter Arbeitskräfte bedient; Voraussetzung ist, dass er auf Grund eigener Fachkenntnisse leitend und eigenverantwortlich tätig wird. Eine Vertretung im Fall vorübergehender Verhinderung steht der Annahme einer leitenden und eigenverantwortlichen Tätigkeit nicht entgegen (BFH v. 16. 7. 2014 – VIII R 41/12, BStBl 2015 II S. 216, ferner H 15.6 [Mithilfe anderer Personen] EStH). Wird ein von einem Freiberufler als Arbeitnehmer beschäftigter Berufsträger in Teilbereichen eigenverantwortlich und leitend tätig, kann dies u.U. dazu führen, dass der Freiberufler aus seiner eigenen Tätigkeit Einkünfte aus selbständiger Arbeit und hinsichtlich der vom Arbeitnehmer ausgeübten Tätigkeit Einkünfte aus Gewerbebetrieb bezieht (BFH v. 8. 10. 2008, BStBl 2009 II S. 143).

240 Verschiedentlich werden neben der freiberuflichen Tätigkeit gewerbliche Tätigkeiten ausgeübt. In diesen Fällen ist zu prüfen, ob damit insgesamt eine gewerbliche Tätigkeit vorliegt (beachte dazu bei Personenzusammenschlüssen § 15 Abs. 3 Nr. 1 EStG; vgl. Rdn. 65 ff.) oder ob eine Trennung möglich ist, so dass nebeneinander Einkünfte aus selbständiger Arbeit und aus Gewerbebetrieb bezogen werden. Eine Trennung wird immer dann in Betracht kommen, wenn dies nach der Verkehrsanschauung ohne weiteres möglich ist (BFH v. 18. 10. 2006, BStBl 2008 II S. 54). Wegen der Problematik bei Augenärzten im Hinblick auf den Verkauf von Kontaktlinsen, bei Tierärzten hinsichtlich der Veräußerung von Tierarzneien und von Zahnärzten zur Abgabe von Hygiene- und Pflegemitteln wird auf das BMF-Schreiben v. 14. 5. 1997 (BStBl I S. 566) hingewiesen. Hinweise auf die umfangreiche Rechtsprechung des BFH ergeben sich aus H 15.6 [Gemischte Tätigkeit] EStH.

241 Zu den Einkünften aus selbständiger Arbeit gehören nach § 18 Abs. 1 Nr. 2 EStG die Einkünfte der **Einnehmer einer staatlichen Lotterie**, wenn sie nicht Einkünfte aus Gewerbebetrieb sind. Eine staatliche Lotterie liegt dann vor, wenn sie vom Staat unmittelbar betrieben wird, nicht jedoch, wenn Betreiberin eine Gesellschaft des Privatrechts ist, deren Anteile insgesamt vom Staat gehalten werden (BFH v. 24. 10. 1984, BStBl 1985 II S. 223). Der Einnehmer bezieht dann Einkünfte aus Gewerbebetrieb, wenn er im Rahmen seines Betriebes auch für andere Lotterien tätig ist (BFH v. 25. 11. 1954, BStBl 1955 III S. 75) oder sich diese Tätigkeit als Nebengeschäft seines Gewerbebetriebs (Zeitschriften- und/oder Tabakwareneinzelhandel) darstellt (Niedersächsisches FG v. 9. 4. 1984, EFG 1985 S. 78). Danach dürfte § 18 Abs. 1 Nr. 2 EStG keine wesentliche praktische Bedeutung mehr zukommen.

242 Einkünfte aus sonstiger selbständiger Arbeit werden nach der beispielhaften Aufzählung in § 18 Abs. 1 Nr. 3 EStG aus der Tätigkeit als Testamentsvollstrecker, Vermögensverwalter oder Aufsichtsratsmitglied bezogen. Teilweise werden diese Tätigkeiten nicht als Hauptberuf und u. U. nur vorübergehend ausgeübt (vgl. BFH v. 5. 7. 1973, BStBl II S. 730). Die Tätigkeit als Konkurs- und Vergleichsverwalter, Zwangsverwalter (BFH v. 23. 5. 1984, BStBl II S. 823), Hausverwalter (BFH v. 25. 11. 1970, BStBl 1971 II S. 239), Treuhänder, Vormund oder Pfleger kann zum Bezug von Einkünften i. S. des § 18 Abs. 1 Nr. 3 EStG führen. Bisher wurde die Auffassung vertreten, dass dies nur dann der Fall sei, wenn diese Tätigkeit persönlich ohne die Beschäftigung qualifizierter Hilfskräfte ausgeübt werde (BFH v. 11. 8. 1994, BStBl II S. 936; vgl. auch H 15.6 [Sonstige selbständige Arbeit] EStH). Diese Auffassung hat der BFH mit Urteil v. 15. 12. 2010, BStBl 2011 II S. 506) aufgegeben. In entsprechender Anwendung von § 18 Abs. 1 Nr. 1 Sätze 3 und 4 EStG bezieht danach ein Insolvenzverwalter oder Zwangsverwalter auch dann Einkünfte i. S. des § 18 Abs. 1 Nr. 3 EStG, wenn er diese Tätigkeit unter Einsatz vorgebildeter Mitarbeiter leitend und eigenverantwortlich ausübt. Im Übrigen erzielen auch ehrenamtlich tätige Mandatsträger (Kreistagsabgeordnete, Stadt- und Gemeinderäte) mit ihren Aufwandsentschädigungen Einkünfte i. S. des § 18 Abs. 1 Nr. 3 EStG (BFH v. 25. 1. 1996, BStBl II S. 431), Parlamentsmitglieder hingegen Einkünfte i. S. des § 22 Nr. 4 EStG.

243 Eine von dem Grundverständnis des § 18 Abs. 1 EStG abweichende Sonderregelung enthält Nr. 4 dieser Vorschrift. Danach sind Einkünfte von Beteiligten an sog. Wagniskapital-Gesellschaften, die als Vergütung für Leistungen zur Förderung des Gesellschafts-

oder Gemeinschaftszwecks unter den dort genannten Voraussetzungen als Einkünfte aus selbständiger Arbeit zu besteuern. Die Regelung des § 15 Abs. 3 EStG (vgl. Rdn. 49 ff.) ist insoweit nicht anwendbar. Zum Begriff der Wagniskapital-Gesellschaft, auch Venture Capital und Private Equity Fonds, wird auf Tz. 1–5 des BMF-Schreibens v. 16. 12. 2003 (BStBl 2004 I S. 40) hingewiesen. Die auch als carried interest bezeichneten Vergütungen sind gem. § 3 Nr. 40a EStG zu 40 % steuerbefreit.

3. Besonderheiten bei der Gewinnermittlung

Der Einkommensbesteuerung unterliegt der aus den Einkünften aus selbständiger Arbeit erzielte nach §§ 4–7k EStG ermittelte Gewinn (§ 2 Abs. 2 Nr. 1 EStG). Da Buchführungspflicht nicht besteht, werden die Gewinne weitgehend nach § 4 Abs. 3 EStG ermittelt; wegen der Einzelheiten dazu wird auf das 2. Kap. Rdn. 1701 ff. hingewiesen. Wird der Gewinn durch Bestandsvergleich ermittelt, ist ausschließlich nach § 4 Abs. 1 EStG zu verfahren. Die Ausführungen in Kap. 2 zur Ermittlung des gewerblichen Gewinns gelten weitgehend entsprechend. 244

Auch bei der Gewinnermittlung nach § 4 Abs. 3 EStG kann gewillkürtes Betriebsvermögen gebildet werden (BFH v. 2. 10. 2003, BStBl 2004 II S. 985; v. 16. 6. 2004, BFH/NV 2005 S. 173; BMF-Schreiben v. 17. 11. 2004, BStBl 2004 I S. 1064). Vgl. dazu auch R 4.2 Abs. 1 EStR sowie 2. Kap. Rdn. 537 ff. Dies ist bei Wirtschaftsgütern des Anlagevermögens, die zu mindestens 10 % eigenbetrieblich genutzt werden, der Fall. Im Übrigen ist zu beachten, dass z. B. Freiberufler nach der ständigen Rechtsprechung des BFH auch bei Gewinnermittlung nach § 4 Abs. 1 EStG aufgrund der sich aus den einzelnen Berufsbildern ergebenden Besonderheiten nicht immer in dem Umfang gewillkürtes Betriebsvermögen bilden können wie Gewerbetreibende (BFH v. 10. 6. 1998, BFH/NV 1998 S. 1477; ferner Hinweis auf H 18.2 [Betriebsvermögen] und [Geldgeschäfte] EStH). Diese Grundsätze dürften bei einer Gewinnermittlung nach § 4 Abs. 3 EStG entsprechend anwendbar sein. 245

Wird ein Wirtschaftsgut durch eine Nutzungsänderung notwendiges Privatvermögen, liegt eine Entnahme vor (R 4.3 Abs. 3 EStR; vgl. auch 2. Kap. Rdn. 575 ff.), die grundsätzlich gem. § 6 Abs. 1 Nr. 4 EStG mit dem Teilwert zu bewerten ist. 246

Freiberuflichen Praxen wohnt weitgehend eine über den Substanzwert hinausgehende Gewinnaussicht inne, die in dem Vertrauen der Mandanten/Patienten in die Tüchtigkeit und Leistungsfähigkeit des Praxisinhabers begründet ist. Dieses immaterielle Wirtschaftsgut wird allgemein als **Praxiswert** bezeichnet (vgl. BFH v. 24. 2. 1994, BStBl II S. 590). Er ist damit dem Geschäfts- oder Firmenwert eines Gewerbebetriebs lediglich ähnlich, der auf der über den Substanzwert des Unternehmens hinausgehenden Gewinnaussicht losgelöst von der Person des Unternehmers auf besonderen Vorteilen des Unternehmens beruht (vgl. 2. Kap. Rdn. 313). Damit kann die AfA auf einen erworbenen Praxiswert nicht nach § 7 Abs. 1 Satz 3 EStG bemessen werden. Nach dem BMF-Schreiben v. 15. 1. 1995 (BStBl I S. 14) beanstandet es die FinVerw nicht, wenn bei einer Einzelpraxis von einer Nutzungsdauer von drei bis fünf Jahren und bei Sozietäten von einer Nutzungsdauer von sechs bis zehn Jahren ausgegangen wird. Bei Erwerb einer Arztpraxis mit Vertragsarztsitz zum Verkehrswert ist in dem damit abgegoltenen Praxiswert der Vorteil aus der Zulassung als Vertragsarzt untrennbar enthalten (BFH v. 9. 8. 2011, 247

BStBl 2011 II S. 875; FG Köln v. 26. 1. 2012, EFG 2012 S. 1128). Dagegen kann es sich bei der Vertragsarztzulassung um ein selbständiges, nicht der Abnutzung unterliegendes immaterielles Wirtschaftsgut handeln, wenn ein in eine Praxis eintretender Arzt einem ausscheidenden Arzt ein Entgelt für die Vertragsarztzulassung zahlt, ohne dessen Praxis zu übernehmen (BFH v. 21. 2. 2017 – VIII R 56/14, NWB DokID: OAAAG-45104, VIII R 24/16, NWB DokID: JAAAG-45094, VIII R 7/14, NWB DokID: YAAAG-45105).

248 Betriebsausgaben sind auch bei der Ermittlung des Gewinns aus selbständiger Arbeit nur dann und insoweit abziehbar, als ihre betriebliche Veranlassung und ihre Höhe nachgewiesen werden (vgl. 2. Kap. Rdn. 1535 ff.). Aus Vereinfachungsgründen ist es jedoch nach H 18.2 EStH zulässig, die Betriebsausgaben bei Bezug geringerer Einkünfte in folgendem Umfang zu **pauschalieren**,

- bei hauptberuflicher, selbständiger schriftstellerischer oder journalistischer Tätigkeit auf 30 % der Einnahmen aus dieser Tätigkeit, höchstens jedoch auf 2 455 € jährlich,
- bei wissenschaftlicher, künstlerischer oder schriftstellerischer Nebentätigkeit einschl. Vortrags- oder nebenberuflicher Lehr- und Prüfungstätigkeit auf 25 % der Einnahmen aus dieser Tätigkeit, höchstens jedoch auf jährlich 614 € insgesamt für sämtliche derartigen Nebentätigkeiten. Weitere Voraussetzung ist, dass es sich nicht um eine Tätigkeit i. S. des § 3 Nr. 26 EStG (sog. Übungsleitertätigkeit) handelt.

Wegen der Betriebsausgabenpauschale bei Geldleistungen an Kindertagespflegepersonen wird auf das BMF-Schreiben v. 11. 11. 2016 (BStBl 2016 I S. 1236) hingewiesen.

249, 250 *Einstweilen frei*

V. Einkünfte aus Kapitalvermögen

1. Überblick

251 Zu den nach § 2 Abs. 1 EStG der ESt unterliegenden Einkünften gehören auch die Einkünfte aus Kapitalvermögen i. S. des § 20 EStG. Bei Bezug von Einnahmen i. S. von § 20 Abs. 1 Nr. 1 und 2 EStG sind die Regelungen von § 3 Nr. 40, § 3c Abs. 2 EStG (Rdn. 24 ff.) zu beachten.

252 Ab VZ 2009 unterliegen die Einkünfte aus Kapitalvermögen für den Regelfall der Abgeltungsteuer, die unabhängig von der für die übrigen Einkünfte durchzuführenden Veranlagung im Steuerabzugswege erhoben wird. Nicht der Abgeltungsteuer unterliegen die als Betriebseinnahmen vereinnahmten Kapitalerträge (§ 20 Abs. 8 EStG). Bei Bezug der Kapitalerträge im Privatvermögen sind in § 32d Abs. 2 EStG Ausnahmen von der Besteuerung mit der Abgeltungsteuer vorgesehen.

253 Die in § 43 EStG bezeichneten Kapitalerträge unterliegen dem Kapitalertragsteuerabzug. Die Kapitalertragsteuer beträgt nach § 43a Abs. 1 EStG weitgehend 25 %, bei Ausschüttungen von bestimmten Betrieben gewerblicher Art 15 % des jeweiligen Kapitalertrags. Einzelheiten zur Entrichtung der Kapitalertragsteuer und damit zur Person des Abzugsverpflichteten ergeben sich aus § 44 EStG.

Soweit die Kapitalerträge der Abgeltungsteuer unterliegen, wird mit der Kapitalertragsteuer die Abgeltungsteuer erhoben. Bei Einbeziehung der Kapitalerträge in die zu veranlagenden Einkünfte ist die Kapitalertragsteuer auf die Steuerschuld anzurechnen. Handelt es sich bei den Kapitalerträgen um inländische Einkünfte beschränkt Steuerpflichtiger wird mit der Kapitalertragsteuer vorbehaltlich von DBA die ESt (KSt) abgegolten.

Mit der Einführung der Abgeltungsteuer wurde der Kreis der steuerpflichtigen Kapitalerträge erweitert. Einbezogen wurden Einkünfte, die zuvor – wenn überhaupt – als solche aus privaten Veräußerungsgeschäften i. S. des § 23 EStG zu besteuern waren. Die Regelungen von § 3 Nr. 40 EStG, § 3c Abs. 2 EStG sind nicht anwendbar. Der Werbungskostenabzug wird durch § 20 Abs. 9 EStG auf die Berücksichtigung eines Sparer-Pauschbetrages von 801 €, bei zusammen zu veranlagenden Ehegatten/Lebenspartnern von 1 602 € beschränkt. Die ESt beträgt nach § 32d Abs. 1 EStG ggf. unter Einbeziehung der Kirchensteuer 25 %. Für den Regelfall wird damit die Steuer durch die einzubehaltende KapESt abgegolten – Abgeltungsteuer. Steuerpflichtige Kapitalerträge, die nicht der Kapitalertragsteuer unterlegen haben, hat der Stpfl. in seiner Einkommensteuererklärung anzugeben. Für diese Kapitalerträge erhöht sich die tarifliche Einkommensteuer um den nach § 32d Abs. 1 EStG ermittelten Betrag (§ 32d Abs. 3 EStG). Nach § 32d Abs. 6 EStG kann der Stpfl. die Einbeziehung der Einkünfte in die nach allgemeinen Grundsätzen durchzuführende ESt-Veranlagung beantragen, wenn sich für ihn dadurch eine niedrigere Steuerbelastung ergibt. Nach dem Urteil des BFH v. 28. 1. 2015 (BStBl 2015 II S. 393) sind auch in diesem Fall die den Sparer-Pauschbetrag übersteigenden Werbungskosten nicht abziehbar. 254

Zu Einzelfragen zur Abgeltungsteuer hat das BMF mit Schreiben v. 3. 6. 2021 (NWB DokID: JAAAH-80527) ausführlich Stellung genommen.

Im Zusammenhang mit unternehmerischen Aktivitäten können die in § 32d Abs. 2 Nr. 1 EStG vorgesehenen Ausnahmen von der Abgeltungsteuer bedeutsam sein. Im Einzelnen handelt es sich um 255

- Einnahmen aus der Beteiligung an einem Handelsgewerbe als stiller Gesellschafter und aus partiarischen Darlehen i. S. des § 20 Abs. 1 Nr. 4 EStG,
- Erträge aus sonstigen Kapitalforderungen jeder Art, wenn die Rückzahlung des Kapitalvermögens oder ein Entgelt für die Überlassung des Kapitalvermögens zur Nutzung zugesagt oder geleistet worden ist, auch wenn die Höhe der Rückzahlung oder des Entgelts von einem ungewissen Ereignis abhängt, i. S. des § 20 Abs. 1 Nr. 7 EStG, d. h. also insbesondere Zinsen,
- Gewinne aus der Veräußerung oder Abtretung von Forderungen und dgl., soweit es sich dabei um Kapitalerträge i. S. des § 20 Abs. 2 Satz 1 Nr. 4 EStG handelt, sowie
- Gewinne aus der Veräußerung von sonstigen Kapitalforderungen jeder Art i. S. des § 20 Abs. 2 Satz 1 Nr. 7 EStG

  sofern

  - Gläubiger und Schuldner einander nahe stehende Personen sind, soweit die den Kapitalerträgen entsprechenden Aufwendungen beim Schuldner Betriebsausgaben oder Werbungskosten im Zusammenhang mit Einkünften sind, die der inländischen Besteuerung unterliegen und § 20 Abs. 9 Satz 1 Halbsatz 2 EStG keine Anwendung findet (vgl. dazu die BFH-Urteile v. 29. 4. 2014, BStBl 2014 II S. 986, 990, 992 und 995, sowie v. 28. 1. 2015, BStBl 2015 II S. 397),
  - sie von einer Kapitalgesellschaft oder Genossenschaft an einen zu mindestens mit 10 % beteiligten Anteilseigner oder an eine einem zu mindestens mit 10 % beteiligten Anteilseigner nahe stehende Person gezahlt werden. Ab 1. 1. 2021 gilt das nur, soweit die den Kapitalerträgen entsprechenden Aufwendungen beim Schuldner Betriebsausgaben oder Werbungskosten im Zusammenhang mit Einkünften sind, die der inländischen Besteuerung unterliegen und § 20 Abs. 9 Satz 1 Halbsatz 2 EStG keine Anwendung findet,
  - zwischen Gläubiger und Schuldner bestimmte wechselseitige Kapitalüberlassungen vorliegen.

Wegen weiterer Einzelheiten wird auf Rdn. 134 ff. des BMF-Schreibens v. 18. 1. 2016 (BStBl 2016 I S. 85) sowie auf BMF-Schreiben v. 12. 4. 2018 (BStBl 2018 I S. 624) hingewiesen. Im Gegensatz zum BMF vertritt der BFH die Auffassung, dass Angehörige i. S. des § 15 AO grundsätzlich nicht dem Kreis der einander nahe stehenden Personen i. S. des § 32d Abs. 2 Nr. 1 EStG zuzurechnen sind. Voraussetzung sei vielmehr, dass zwischen Gläubiger und Schuldner ein Beherrschungsverhältnis bestehe. Davon könne bei dem Fremdvergleich genügenden Darlehensverträgen zwischen Angehörigen nicht ausgegangen werden; auf die in BStBl 2014 II S. 990, 992 und 995 veröffentlichten Urteile wird hingewiesen. Bei Kapitalerträgen, die danach nicht der Abgeltungsteuer unterliegen, sind die Regelungen über die nur eingeschränkte Verlustberücksichtigung in § 20 Abs. 6 EStG und den durch § 20 Abs. 9 EStG ausgeschlossenen Werbungskostenabzug nicht anwendbar.

256 Durch § 32d Abs. 2 Nr. 3 EStG können Gesellschafter einer Kapitalgesellschaft, die zu mindestens 25 % beteiligt sind, oder zu mindestens 1 % beteiligt und durch eine berufliche Tätigkeit für diese maßgeblichen unternehmerischen Einfluss auf deren wirtschaftliche Tätigkeit nehmen können, auf einmaligen Antrag erreichen, dass bei von dieser Gesellschaft bezogenen Kapitalerträgen i. S. des § 20 Abs. 1 Nr. 1 und 2 EStG (vgl. Rdn. 260 ff.) nicht nach § 32d Abs. 1 EStG verfahren wird; bis einschließlich VZ 2016 konnte ein Antrag bei einer Mindestbeteiligung von 1 % bereits dann gestellt werden, wenn durch eine berufliche Tätigkeit für die Gesellschaft kein maßgeblicher unternehmerischer Einfluss auf deren wirtschaftliche Tätigkeit genommen werden konnte. Der Antrag ist spätestens zusammen mit der ESt-Erklärung für den VZ zu stellen, für den die in Betracht kommenden Einkünfte erstmals in die ESt-Veranlagung einbezogen werden sollen (§ 32d Abs. 2 Nr. 3 Satz 4 EStG; BFH v. 28. 7. 2015, BStBl 2015 II S. 894). Die Einkünfte unterliegen grundsätzlich unter Beachtung von §§ 3 Nr. 40, 3c Abs. 2 EStG der Besteuerung nach allgemeinen Grundsätzen. Etwaige Verluste unterliegen nicht den Beschränkungen des Verlustausgleichs und -abzugs nach § 20 Abs. 6 EStG und des Werbungskostenabzugs nach § 20 Abs. 9 EStG, vgl. Rdn. 145 ff. des BMF-Schreibens v. 18. 1. 2016 (BStBl 2016 I S. 85).

257 Nach § 32d Abs. 2 Nr. 4 EStG werden Bezüge i. S. des § 20 Abs. 1 Nr. 1 Satz 2 und für Einnahmen i. S. des § 20 Abs. 1 Nr. 9 Satz 1 Halbsatz 2 EStG, d. h. verdeckte Gewinnausschüttungen, soweit sie das Einkommen der leistenden Körperschaft gemindert haben, unter bestimmten Voraussetzungen von der Abgeltungsteuer ausgenommen. Es handelt sich um Fälle, in denen die verdeckten Gewinnausschüttungen im Besteuerungsverfahren der Körperschaft aus verfahrensrechtlichen Gründen nicht einkommenserhöhend berücksichtigt werden konnten.

258 *Einstweilen frei*

259 Vom KapESt-Abzug (vgl. Rdn. 253) kann nach § 43 Abs. 2 KStG bei bestimmten Kapitalerträgen, die von Körperschaften i. S. des KStG in einem Betriebsvermögen bezogen werden, dann abgesehen werden, wenn dies der die Erträge auszahlenden Stelle nach amtlich vorgeschriebenen Vordruck erklärt wird. Ferner kann vom Steuerabzug abgesehen werden, wenn die Einnahmen bei den Empfängern zu keiner Steuer führen (§ 44a EStG). Wurde entgegen § 44a EStG der Steuerabzug vorgenommen, kommt ggf.

eine Erstattung der KapESt nach § 44b EStG in Betracht. Soweit der Gläubiger der Kapitalerträge der Abgeltungsteuer nach § 32d Abs. 1 EStG unterliegt, ist damit die ESt abgegolten. In den verbleibenden Fällen ist die KapESt auf die ESt anzurechnen. Voraussetzung dafür ist die Vorlage der von der die Kapitalerträge auszuzahlenden Stelle zu erteilenden Steuerbescheinigung; zur Ausstellung von Steuerbescheinigungen wird auf Rdn. 307a ff. des BMF-Schreibens v. 18. 10. 2016 (BStBl 2016 I S. 85) hingewiesen.

2. Die unterschiedlichen Einnahmen aus Kapitalvermögen

2.1 Gewinnausschüttungen von Kapitalgesellschaften

Nach § 20 Abs. 1 Nr. 1 EStG gehören zu den Einkünften aus Kapitalvermögen Gewinnanteile (Dividenden), Ausbeuten und sonstige Bezüge aus Aktien, Kuxen, Genussrechten, mit denen das Recht am Gewinn und Liquidationserlös einer Kapitalgesellschaft verbunden ist, aus Anteilen an Gesellschaften mit beschränkter Haftung, an Erwerbs- und Wirtschaftsgenossenschaften sowie an bergbautreibenden Vereinigungen, die die Rechte einer juristischen Person haben. Dies gilt auch für Gewinnanteile, die von ausländischen Körperschaften bezogen werden. Es handelt sich dabei nicht nur um die gesellschaftsrechtlich ordnungsgemäß zustande gekommenen Gewinnausschüttungen, sondern, wie aus der Verwendung des Begriffs der sonstigen Bezüge deutlich wird, u. a. auch um verdeckte Gewinnausschüttungen. Dabei ist zu beachten, dass die Besteuerung der verdeckten Gewinnausschüttung als Einnahme i. S. des § 20 Abs. 1 Nr. 1 EStG deren Zufluss (vgl. § 11 EStG) beim Berechtigten voraussetzt. 260

Verdeckte Gewinnausschüttungen werden vielfach erst im Rahmen einer steuerlichen Außenprüfung bei der Kapitalgesellschaft aufgedeckt. Dabei handelt es sich nicht selten um Vergütungen an den Gesellschafter, die bei diesem vollumfänglich besteuert worden sind, z. B. bei einem überhöhten Geschäftsführergehalt als Einkünfte aus nichtselbständiger Arbeit. Bei der Kapitalgesellschaft wird der überhöhte Teil des Gehalts gem. § 8 Abs. 3 KStG nicht zum Abzug als Betriebsausgaben zugelassen. Durch § 32a Abs. 1 KStG wird es zugelassen, im Besteuerungsverfahren des Gesellschafters von einer verdeckten Gewinnausschüttung auch dann auszugehen, wenn bereits ein Steuerbescheid vorliegt, in dem insoweit von anderweitig zu besteuernden Einnahmen, z. B. als Einkünfte aus nichtselbständiger Arbeit ausgegangen wurde. Wird die Beteiligung an der Kapitalgesellschaft in einem Betriebsvermögen gehalten oder ist nach § 32d Abs. 2 Nr. 3 EStG (vgl. Rdn. 256) zu verfahren, sind anstelle der bisher berücksichtigten Einkünfte entsprechende Einnahmen i. S. des § 20 Abs. 1 Nr. 1 EStG unter Beachtung von § 3 Nr. 40 EStG zu berücksichtigen. Liegen diese Voraussetzungen nicht vor, unterliegen die Einnahmen der Abgeltungsteuer, die bisherige Erfassung als anderweitig zu veranlagende Einkünfte entfällt. Verdeckte Gewinnausschüttungen werden vielfach erst nachträglich, z. B. durch eine steuerliche Außenprüfung, festgestellt. Die danach zutreffende Besteuerung sowohl beim Bezieher der Einkünfte als auch bei der Kapitalgesellschaft soll durch § 32a KStG ermöglicht werden. 261

262 Nicht zu den Einnahmen gehören Bezüge von unbeschränkt stpfl. Körperschaften, die aus Einlagen der Gesellschafter bestritten werden. Dabei handelt es sich um die Rückgewähr von Einlagen der Gesellschafter, die auf der Ebene der Kapitalgesellschaft in dem nach § 27 KStG zu führenden steuerlichen Einlagenkonto ausgewiesen wurden und deren Verwendung den Anteilseignern gem. § 27 Abs. 3 KStG zu bescheinigen ist.

263 Genussrechte begründen keine Gesellschaftsrechte, sondern lediglich Gläubigerrechte. Sie können unterschiedlich ausgestattet werden. Sofern sie einen Anspruch auf einen Anteil am Gewinn und am Liquidationserlös begründen, führen sie zu Einnahmen i. S. des § 20 Abs. 1 Nr. 1 EStG. In den verbleibenden Fällen werden Einnahmen i. S. des § 20 Abs. 1 Nr. 7 EStG bezogen.

264 Weiter gehören nach § 20 Abs. 1 Nr. 2 EStG die Bezüge, die auf Grund einer Kapitalherabsetzung oder nach der Auflösung einer in Rdn. 260 genannten unbeschränkt steuerpflichtigen Körperschaft oder Personenvereinigung anfallen, sofern und soweit es sich dabei nicht um die Rückgewähr des Nennkapitals oder anderer Einlagen der Gesellschafter (vgl. Rdn. 262) handelt. Die zutreffende Besteuerung wird bei der ausschüttenden Gesellschaft durch die nach § 28 KStG zu treffenden Maßnahmen sowie ein entsprechendes Bescheinigungsverfahren sichergestellt.

265 Zu besteuern sind nach § 20 Abs. 2 Satz 1 Nr. 2 Satz 1 EStG auch die Einnahmen aus der Veräußerung von Dividendenscheinen und sonstigen Ansprüchen durch den der Inhaber des Stammrechts, wenn die dazugehörigen Aktien oder sonstigen Anteile nicht mitveräußert werden. Ferner gehören dazu die Einnahmen, die bei Erwerb der Aktien mit Dividendenberechtigung kurz vor dem Dividendentermin, jedoch Lieferung der Aktien ohne Dividendenanspruch an Stelle der Dividende von einem anderen als dem Anteilseigner bezogen werden; beachte dazu BMF-Schreiben v. 26. 7. 2013 (BStBl 2013 I S. 939).

266 Von den Bezügen i. S. des § 20 Abs. 1 Nr. 1 und 2 EStG ist gem. § 43 Abs. 1 Satz 1 Nr. 1 i. V. mit § 43a Abs. 1 Satz 1 Nr. 1 EStG die KapESt bis einschl. 2008 von 20 %, ab 2009 von 25 % des Bruttobetrags einzubehalten und abzuführen. Sie ist bis einschl. 2008 regelmäßig, ab 2009 in den Fällen, in denen die Einnahmen in die Veranlagung einbezogen werden, auf die ESt (KSt) anzurechnen. In den verbleibenden Fällen wird ab 2009 mit der KapESt die Abgeltungsteuer erhoben. Von verdeckten Gewinnausschüttungen wird erfahrungsgemäß vielfach keine KapESt einbehalten. Von der nach § 44 Abs. 5 EStG gebotenen Nachforderung der KapESt wird regelmäßig dann abgesehen, wenn die verdeckten Gewinnausschüttungen im Rahmen der Veranlagung des Beziehers zu erfassen sind.

267 Nach § 20 Abs. 1 Nr. 9 und 10 EStG führen Leistungen (Gewinnausschüttungen) von Versicherungsvereinen auf Gegenseitigkeit, sonstigen juristischen Personen des privaten Rechts, nicht rechtsfähigen Vereinen, Anstalten, Stiftungen und anderen Zweckvermögen des privaten Rechts sowie von wirtschaftlichen Geschäftsbetrieben juristischer Personen des öffentlichen Rechts oder von der KSt befreiten Körperschaften, Personenvereinigungen und Vermögensmassen ebenfalls zu Einkünften aus Kapitalvermögen. Diese Leistungen werden regelmäßig nicht von natürlichen Personen bezogen.

Die ausländischen Staaten erheben von den Gewinnausschüttungen der in ihrem Gebiet ansässigen Kapitalgesellschaften regelmäßig eine der KapESt vergleichbare Abzugsteuer. Sie ist nicht nach § 36 Abs. 2 Nr. 2 EStG auf die ESt anrechenbar, sondern lediglich bei der ESt-Veranlagung nach Maßgabe des § 34c EStG (vgl. 5. Kap. Teil F Rdn. 2001 ff.), bei der Abgeltungsteuer des § 32d Abs. 5 EStG berücksichtigungsfähig. 268

Soweit die Einnahmen i. S. von § 20 Abs. 1 Nr. 1 und 2 EStG nicht der Abgeltungsteuer unterliegen, sind die Regelungen von § 3 Nr. 40 EStG und § 3c Abs. 2 EStG (vgl. Rdn. 24 ff.) zu beachten. 269

2.2 Die übrigen Einnahmen aus Kapitalvermögen

Nach § 20 Abs. 1 EStG führen zu Einkünften aus Kapitalvermögen, die bei natürlichen Personen anfallen können, ferner 270

- Einnahmen aus der Beteiligung an einem Handelsgewerbe als stiller Gesellschafter und aus partiarischen Darlehen, sofern der Gesellschafter oder Darlehensgeber nicht als Mitunternehmer anzusehen ist (§ 20 Abs. 1 Nr. 4 EStG),
- Zinsen aus Hypotheken und Grundschulden und Renten aus Rentenschulden (§ 20 Abs. 1 Nr. 5 EStG),
- bei bestimmten Lebensversicherungsverträgen der Unterschiedsbetrag zwischen der Versicherungsleistung und der Summe der auf sie entrichteten Beiträge (§ 20 Abs. 1 Nr. 6 EStG; ergänzt ab 2009, für nach dem 31. 12. 2011 erfolgte Vertragsabschlüsse und für nach dem 31. 12. 2014 eingetretene Versicherungsfälle),
- Erträge aus sonstigen Kapitalforderungen jeder Art, wenn die Rückzahlung des Kapitalvermögens oder ein Entgelt für die Überlassung des Kapitalvermögens zur Nutzung zugesagt oder gewährt worden ist, auch wenn die Höhe des Entgelts von einem ungewissen Ereignis abhängt (§ 20 Abs. 1 Nr. 7 EStG). Dazu gehören auch Erstattungszinsen i. S. des § 233a AO (BFH v. 12. 11. 2013, BStBl 2014 II S. 168; v. 24. 6. 2014, BStBl 2014 II S. 998).
- Diskontbeträge von Wechseln und Anweisungen einschließlich der Schatzwechsel (§ 20 Abs. 1 Nr. 8 EStG),
- Gewinnausschüttungen vergleichbare Einnahmen aus Leistungen von nicht von der KSt befreiten Körperschaften, Personenvereinigungen oder Vermögensmassen i. S. des § 1 Abs. 1 Nr. 3 bis 5 KStG (§ 20 Abs. 1 Nr. 9 EStG),
- Stillhalterprämien, die für die Einräumung von Optionen vereinnahmt werden; schließt der Stillhalter ein Glattstellungsgeschäft ab, mindern sich die Einnahmen aus den Stillhalterprämien um die im Glattstellungsgeschäft gezahlten Prämien (§ 20 Abs. 1 Nr. 11 EStG).

In § 20 Abs. 2 EStG wird dann weiter bestimmt, dass zu den Einkünften aus Kapitalvermögen auch die dort bezeichneten Vermögensmehrungen gehören. Dabei handelt es sich um Erträge, die wirtschaftlich entweder der Vereinnahmung von Gewinnausschüttungen oder eines Entgelts für die Nutzungsüberlassung von Kapital – von Zinsen – gleichstehen, ferner die Gewinne aus der Veräußerung der unterschiedlichsten Kapitalanlagen und aus diesen gleichgestellten Geschäften sowie aus Termingeschäften. Auf Rdn. 9–82 des BMF-Schreibens v. 18. 1. 2016 (BStBl 2016 I S. 85; vgl. Rdn. 254) wird hingewiesen. Bei dem Tausch von Anteilen an ausländischen Kapitalgesellschaften gegen andere Anteile an ausländischen Kapitalgesellschaften ist § 20 Abs. 4a EStG zu beachten (vgl. auch Rdn. 100–117 des BMF-Schreibens v. 18. 1. 2016 (BStBl 2016 I S. 85; vgl. Rdn. 254). Zur Verfahrensweise in den Fällen, in denen von Einkünften aus der Veräuße- 271 rung von Anteilen an einer Kapitalgesellschaft i. S. des § 20 Abs. 2 Nr. 1 EStG, die als Einkünfte i. S. des § 17 EStG zu besteuern sind (Rdn. 220 ff.), wird auf das BMF-Schreiben v. 16. 12. 2014 (BStBl 2015 I S. 24) hingewiesen. Auf das BMF-Schreiben v. 8. 11. 2017 (NWB DokID: QAAAG-63201) in Bezug auf Anwendungsfragen zum Investmentsteuergesetz in der am 1. 1. 2018 geltenden Fassung wird hingewiesen.

272 Zu den Einkünften aus Kapitalvermögen gehören ferner die Einnahmen aus der Beteiligung von Investmentfonds nach Maßgabe des Investmentsteuergesetzes (InvStG). Sie unterliegen grundsätzlich der Abgeltungsteuer. Wegen weiterer Einzelheiten wird auf das BMF-Schreiben v. 18. 8. 2009 (BStBl I S. 931) hingewiesen. Das InvStG ist aus Anlass der Schaffung des Kapitalanlagegesetzbuchs v. 4. 7. 2013 (BGBl 2013 I S. 1981) durch das AIFM-Steuer-Anpassungsgesetz (AIFM-StAnpG) v. 18. 12. 2013 (BGBl 2013 I S. 4318) in wesentlichen Teilbereichen ergänzt und geändert worden. Zur Anwendung der sich danach ergebenden Neufassung des InvStG wird auf das BMF-Schreiben v. 18. 7. 2013 (BStBl 2013 I S. 899) hingewiesen. Auf das BMF-Schreiben v. 8. 11. 2017 (NWB DokID: QAAAG-63201) in Bezug auf Anwendungsfragen zum Investmentsteuergesetz in der am 1. 1. 2018 geltenden Fassung wird hingewiesen.

273–280 *Einstweilen frei*

VI. Einkünfte aus Vermietung und Verpachtung

281 § 21 Abs. 1 EStG enthält eine abschließende Aufzählung der Einkünfte aus Vermietung und Verpachtung. Bei den in § 21 Abs. 1 EStG aufgezählten vier Gruppen handelt es sich um Sachverhaltsgestaltungen, bei denen Vermögensgegenstände Dritten gegen Entgelt zur Nutzung überlassen werden. Im Einzelnen gehören dazu die Einkünfte aus

- Vermietung und Verpachtung von unbeweglichem Vermögen, insbesondere von Grundstücken, Gebäuden, Gebäudeteilen, Schiffen, die in ein Schiffsregister eingetragen sind, Luftfahrzeugen, die in die Luftfahrzeugrolle eingetragen sind, und Rechten, die den Vorschriften des bürgerlichen Rechts über Grundstücke unterliegen (z. B. Erbbaurecht, Mineralgewinnungsrechte; § 21 Abs. 1 Nr. 1 EStG),
- Vermietung und Verpachtung von Sachinbegriffen, insbesondere von beweglichem Betriebsvermögen (§ 21 Abs. 1 Nr. 2 EStG),
- zeitlich begrenzter Überlassung von Rechten, insbesondere von schriftstellerischen, künstlerischen und gewerblichen Urheberrechten, von gewerblichen Erfahrungen und Gerechtigkeiten und Gefällen (§ 21 Abs. 1 Nr. 3 EStG),
- der Veräußerung von Miet- und Pachtzinsforderungen, auch dann, wenn die Einkünfte im Veräußerungspreis von Grundstücken enthalten sind und die Miet- und Pachtzinsen sich auf den Zeitraum beziehen, in dem der Veräußerer noch Besitzer war (§ 21 Abs. 1 Nr. 4 EStG).

282 Der Gesetzgeber knüpft danach zunächst an die bürgerlich-rechtlichen Begriffe der Vermietung und Verpachtung (vgl. §§ 535 ff., 582 ff. BGB) an. Aus § 21 Abs. 1 Nr. 4 EStG wird jedoch deutlich, dass bei der Prüfung der Frage, ob Einkünfte aus Vermietung und Verpachtung vorliegen, auf den wirtschaftlichen Gehalt und nicht auf die formale Bezeichnung der zwischen den Beteiligten getroffenen Vereinbarungen abzustellen ist. Ein typisches Beispiel bietet die steuerliche Beurteilung von Substanzausbeuteverträgen (BFH v. 21. 7. 1993, BStBl 1994 II S. 231; v. 4. 12. 2006, BStBl 2007 II S. 508 m. w. N.).

Von wesentlicher Bedeutung sind die Regelungen zu der Vermietung und Verpachtung von Grundstücken. Bei der Vermietung von Sachinbegriffen handelt es sich nur ausnahmsweise um Sachverhalte, die sich außerhalb eines Betriebsvermögens abspielen. Die in § 21 Abs. 1 Nr. 3 EStG genannten Vergütungen fallen üblicherweise im Betriebsvermögen des Urhebers an und führen dann zu Einkünften aus selbständiger Arbeit oder aus Gewerbebetrieb. Mit der Regelung in § 21 Abs. 1 Nr. 4 EStG soll sichergestellt werden, dass die Erzielung von Einkünften aus Vermietung und Verpachtung nicht durch besondere Gestaltungen bei Veräußerungsgeschäften umgangen werden kann. 283

Für den Regelfall wird sich die für die Überlassung von Wohnungen vereinbarte Miete an der Marktmiete orientieren. Nach § 21 Abs. 2 EStG ist in den Fällen, in denen die Miete für eine zu Wohnzwecken überlassene Wohnung ab 1. 1. 2021 weniger als 50 % (bzw. bis 31. 12. 2020 weniger als 66 %) der ortsüblichen Marktmiete beträgt, die Nutzungsüberlassung in einen entgeltlichen und einen unentgeltlichen Teil aufzuteilen. Beträgt die Miete ab 1. 1. 2021 50 % und mehr, jedoch weniger als 66 % der ortsüblichen Miete, ist eine (Total-)Überschussprognose-Prüfung durchzuführen. In diesem Zusammenhang wird auf das BMF-Schreiben v. 8. 10. 2004, BStBl 2004 I S. 933 verwiesen. 284

Dies hat zur Folge, dass die Aufwendungen auf diese Wohnung auch nur in dem entsprechenden Anteil als Werbungskosten abziehbar sind. Dies gilt unabhängig davon ein, ob der Mieter eine nahe stehende Person oder ein fremder Dritter ist (BFH v. 28. 1. 1997, BStBl II S. 605).

Bei einer auf Dauer angelegten Vermietung von Wohnungen ist grundsätzlich von einer bestehenden Einkunftserzielungsabsicht auszugehen (BFH v. 30. 9. 1997, BStBl 1998 II S. 771; v. 1. 4. 2009, BStBl 2009 II S. 776). Dies gilt ab 2012 auch in den Fällen der verbilligten Vermietung i. S. des § 21 Abs. 2 EStG (Kulosa, in: Schmidt, EStG, 39. Aufl. 2020, § 21 Rdn. 24, m. w. N.). Dies schließt im Einzelfall die Prüfung der Einkunftserzielungsabsicht nicht aus (BFH v. 24. 8. 2004, BFH/NV 2005 S. 50; v. 2. 5. 2014, BFH/NV 2014 S. 1363). Bei Gewerbeimmobilien ist hingegen eine Einzelfallprüfung erforderlich (BFH v. 20. 7. 2010, BStBl 2010 II S. 1038 m. w. N.). Im Zweifel trifft den Steuerpflichtigen die objektive Beweislast für das Vorliegen der Einkunftserzielungsabsicht (BFH v. 30. 11. 2005, BFH/NV 2006 S. 720). 285

Das BMF hat in seinem Schreiben v. 8. 10. 2004 (BStBl 2004 I S. 933) zum Vorliegen der Einkunftserzielungsabsicht Stellung genommen. Die Ausführungen erstrecken sich u. a. auf folgende Sachverhalte: 286

- die langfristige Verpachtung von unbebauten Grundstücken (BFH v. 25. 3. 2003, BStBl 2003 II S. 479; Tz. 5–10, 29 des BMF-Schreibens v. 8. 10. 2004, a. a. O.),
- die nur kurzfristige Vermietung und anschließende Eigennutzung (BFH v. 9. 7. 2002, BStBl 2003 II S. 695; Tz. 36 des BMF-Schreibens v. 8. 10. 2004, a. a. O.),
- die bei der Vermietung von Ferienwohnungen zu beachtenden Besonderheiten (Tz. 16–23, 39, 40 des BMF-Schreibens v. 8. 10. 2004 a. a. O.; ferner BFH v. 24. 8. 2006, BStBl 2007 II S. 256; v. 7. 10. 2008, BFH/NV 2009 S. 22; v. 22. 9. 2009, BFH/NV 2010 S. 36); zu den Fällen, in denen die Wohnung außerhalb der Saison nicht zur Vermietung angeboten wird, vgl. BFH v. 16. 4. 2013 (BStBl 2013 II S. 613 und BFH/NV 2013 S. 1552; jeweils m. w. N.),
- die Einkunftserzielungsabsicht bei leer stehenden Immobilien (Tz. 24–27 des BMF-Schreibens v. 8. 10. 2004, a. a. O.); BFH v. 12. 6. 2013, BStBl 2013 II S. 1013; v. 9. 7. 2013, BStBl 2013 II S. 693).

Wegen der Beurteilung von Mietverträgen zwischen Angehörigen und Partnern einer nichtehelichen Lebensgemeinschaft wird auf R 21.4 EStR sowie insbesondere die in H 21.4 EStH zitierte Rechtsprechung des BFH hingewiesen.

Bei Mietkaufmodellen und bei Bauherrenmodellen mit Rückkaufgarantie kann die Einkunftserzielungsabsicht nach den von der Rechtsprechung des BFH entwickelten Grundsätzen (Urteile v. 14. 9. 1999, BStBl 2000 II S. 67; v. 21. 11. 2000, BStBl 2001 II S. 789; vgl. auch Tz. 32 des BMF-Schreibens v. 8. 10. 2004, a. a. O.) zweifelhaft sein.

287 Der Besteuerung unterliegt gem. § 2 Abs. 2 Nr. 2 EStG der Überschuss der Einnahmen über die Werbungskosten (§ 9 EStG). Dazu gehören die Aufwendungen für das der Einkunftserzielung dienende Grundstück einschl. der Finanzierungskosten, der öffentlichen Abgaben sowie der AfA auf das Gebäude (vgl. 2. Kap. Rdn. 1059 ff.). Wegen der Möglichkeit der Inanspruchnahme einer Sonderabschreibung für Mietwohnungsneubau (§ 7b EStG i.V. mit § 9 Abs. 1 Satz 3 Nr. 7 EStG) wird auf das BMF-Schreiben v. 7. 7. 2020, BStBl 2020 I S. 623 hingewiesen. Wegen der Abgrenzung zwischen den Anschaffungs- oder Herstellungskosten eines Gebäudes und den sofort abziehbaren Erhaltungsaufwendungen wird auf das 2. Kap. Rdn. 835 ff. hingewiesen. Nach § 82b EStDV besteht die Möglichkeit, größeren Erhaltungsaufwand bei Gebäuden über einen Zeitraum von zwei bis fünf Jahren gleichmäßig zu verteilen. Wegen weiterer Einzelheiten zum Werbungskostenabzug wird auf R 21.1 und R 21.2 EStR sowie auf H 21.1 und H 21.2 EStH hingewiesen.

288 Zu den als Werbungskosten abziehbaren Aufwendungen gehören u. a. die Schuldzinsen für Darlehen, die zur Finanzierung der Anschaffungs- oder Herstellungskosten oder von Erhaltungsmaßnahmen aufgenommen worden sind. Dies gilt grundsätzlich auch für Schuldzinsen, soweit die entsprechenden Verbindlichkeiten nach der Veräußerung der Immobilie nicht aus dem Veräußerungserlös getilgt werden konnten. Zu der nach der jüngeren Rechtsprechung des BFH erforderlichen differenzierenden Beurteilung in diesen Fällen hat das BMF durch Schreiben v. 27. 7. 2015 (BStBl 2015 I S. 581) Stellung genommen. Nicht abziehbar sind danach Vorfälligkeitsentschädigungen, die aus Anlass der Ablösung eines Darlehens, z. B. im Hinblick auf die beabsichtigte Veräußerung des Grundstücks, geleistet werden (BFH v. 11. 2. 2014, BStBl 2015 II S. 633).

289 Grundstücksinvestitionen werden teilweise durch zu diesem Zweck errichtete Gesellschaften/Gemeinschaften durchgeführt, durch geschlossene Immobilienfonds oder durch Bauherrengemeinschaften. Das steuerliche Konzept dieser Zusammenschlüsse ist dadurch gekennzeichnet, dass den Beteiligten in der Anfangsphase möglichst hohe steuerlich wirksame Verluste zugerechnet werden, die im Wesentlichen auf Finanzierungskosten und Gebühren für Dienstleistungen im Zusammenhang mit der Durchführung des Projekts an den Initiatorenkreis zurückzuführen sind. Abgesehen davon, dass in Einzelfällen die Einkunftserzielungsabsicht der Beteiligten in Frage stehen kann (vgl. Rdn. 212), ist nicht auszuschließen, dass diese Verluste nach § 15b EStG nur eingeschränkt ausgleichs- und abzugsfähig sind. Zu den im Übrigen bei Ermittlung der Einkünfte dieser Gesellschaften/Gemeinschaften zu beachtenden Besonderheiten wird auf die BMF-Schreiben v. 20. 10. 2003 (BStBl I S. 546) und v. 17. 7. 2007 (BStBl I S. 542) hingewiesen. Soweit derartige Investitionen nunmehr im Rahmen einer Investmentkommanditgesellschaft i. S. von § 18 InvStG erfolgen, dürften Verluste gem. § 21 Satz 2

EStG den Ausgleichs- und Abzugsbeschränkungen nach § 15a EStG (vgl. Rdn. 139 ff.) unterliegen, vgl. dazu das BMF-Schreiben v. 30. 6. 1994 (BStBl 1994 I S. 355), BFH v. 2. 9. 2014 (BStBl 2015 II S. 263, m. w. N.).

Einstweilen frei 290

Entgelte für die Entnahme von Bodenschätzen (z. B. Kies, Sand und andere Mineralien) führen regelmäßig zu Einkünften aus Vermietung und Verpachtung. Dies gilt auch dann, wenn der Grund und Boden formal veräußert wird, nach Abbau der Bodenschätze jedoch dessen Rückübertragung vorgesehen ist (H 21.7 EStH). Bei Abbau der Bodenschätze ist auf deren Anschaffungskosten die AfS nach § 7 Abs. 6 EStG vorzunehmen (vgl. 2. Kap. Rdn. 1088 ff.). 291

Werden Einkünfte aus Vermietung und Verpachtung von mehreren Personen gemeinschaftlich erzielt, ist über die Höhe und die Verteilung der Einkünfte auf die einzelnen Beteiligten in dem durch § 180 Abs. 1 Satz 1 Nr. 2 Buchst. a AO angeordneten gesonderten und einheitlichen Feststellungsverfahren zu entscheiden. Dies ist immer dann der Fall, wenn das zu vermietende Objekt mehreren Personen gemeinschaftlich zusteht, z. B. Grundstücksgemeinschaft, Erbengemeinschaft. Wohnungseigentümergemeinschaften beziehen aus dem einzelnen Wohnungseigentum keine gemeinschaftlichen Einkünfte; dieses steht regelmäßig im Alleineigentum der einzelnen Mitglieder der Gemeinschaft. 292

Einkünfte aus Vermietung und Verpachtung können einem einzelnen Miteigentümer nur dann (anteilig) zugerechnet werden, wenn und soweit er in objektiver und subjektiver Hinsicht den Tatbestand des § 21 Abs. 1 EStG erfüllt (BFH v. 20. 1. 2009, BFH/NV S. 1247; v. 15. 12. 2009, BFH/NV 2010 S. 863, jeweils m. w. N.). Für die nachrangige Entscheidung der anteiligen Zurechnung sind grundsätzlich die zivilrechtlichen Beteiligungsverhältnisse (§§ 743, 748 BGB) maßgebend (BFH v. 30. 6. 1999, BFHE 190 S. 82, auch BFH/NV 2002 S. 1556). Davon abweichende Vereinbarungen sind maßgebend, wenn sie bürgerlich rechtlich wirksam sind und wirtschaftlich vernünftige und grundstücksbezogene Gründe vorliegen (R 21.6 Abs. 1 EStR; BFH v. 31. 3. 1992, BStBl II S. 890; v. 16. 12. 2008, BFH/NV 2009 S. 1118, m. w. N.). 293

Einkünfte aus Vermietung und Verpachtung werden nur dann bezogen, wenn das vermietete, verpachtete Objekt zum Privatvermögen gehört. Bei Zugehörigkeit zu einem Betriebsvermögen werden auch insoweit Einkünfte aus Land- und Forstwirtschaft, Gewerbebetrieb oder selbständiger Arbeit bezogen (§ 21 Abs. 3 EStG). Weiter ist zu beachten, dass bei Hinzutreten weiterer Sachverhaltsmerkmale die Gebrauchsüberlassung von Vermögensgegenständen zu Einkünften aus Gewerbebetrieb führt; wegen Einzelheiten vgl. Rdn. 49 ff. 294

Einstweilen frei 295–300

VII. Verlustabzug

Nach § 10d Abs. 1 Satz 1 EStG können nicht nach § 2 Abs. 3 EStG ausgeglichene negative Einkünfte, bis zu einem Betrag von 5 000 000 € für die Veranlagungszeiträume 2020 und 2021 bzw. 1 000 000 € für die Veranlagungszeiträume bis 2019 sowie ab 2022 301 vom Gesamtbetrag der Einkünfte des unmittelbar vorangegangenen VZ vorrangig vor Sonderausgaben, außergewöhnlichen Belastungen und sonstigen Abzugsbeträgen abgezogen werden (Verlustrücktrag). Bei der Zusammenveranlagung von Ehegatten/Lebenspartnern verdoppelt sich dieser Betrag entsprechend. Für nicht ausgeglichene Verluste der Vorjahre ist ein Verlustrücktrag nur bis zu dieser Höhe zulässig. Nach dem Verlustrücktrag verbleibende Verluste sind nach § 10d Abs. 2 EStG in den folgenden VZ bis zu einem Gesamtbetrag der Einkünfte von 1 Mio. €, in Fällen der Zusammenveranlagung von Ehegatten/Lebenspartnern von 2 Mio. € unbeschränkt, darüber hinaus bis zu 60 % des 1 Mio. € bzw. 2 Mio. € übersteigenden Gesamtbetrags der Einkünfte vorrangig vor Sonderausgaben, außergewöhnlichen Belastungen und sonstigen Abzugsbeträgen abzuziehen (Verlustvortrag). Eine zeitliche Begrenzung ist nicht vorgesehen. Verlustvorträge können danach u.U. nur zeitlich gestreckt genutzt werden. Diese Grundsätze gelten nur für solche negativen Einkünfte, deren Ausgleich und Abzug nicht bereits durch Sonderregelungen (z. B. § 15 Abs. 4, § 15a EStG) weitergehend eingeschränkt ist.

Die Grundkonzeption der sog. Mindestbesteuerung nach § 10d EStG ist rechtmäßig (BFH v. 22. 8. 2012, BStBl 2013 II S. 512). Die Rechtmäßigkeit dieser Regelung ist jedoch vom BVerfG in dem Verfahren 2 BvL 19/14 für die Fälle zu prüfen, in denen sich Verluste tatsächlich steuerlich nicht mehr auswirken können (BFH v. 26. 2. 2014, BStBl 2014 II S. 1016 für den Fall einer insolventen GmbH).

302 Wurde für das Rücktragsjahr die Vergünstigung für den nicht entnommenen Gewinn nach § 34a EStG beansprucht, ist nach § 10d Abs. 1 Satz 2 EStG der Verlustrücktrag auf den Betrag des Gesamtbetrags der Einkünfte beschränkt, der nach Abzug der Begünstigungsbeträge nach § 34a Abs. 3 Satz 1 verbleibt. Diese Beschränkung des Verlustrücktrags kann dadurch vermieden werden, dass der Antrag auf Berücksichtigung der Vergünstigung nach § 34a EStG ganz oder teilweise zurückgenommen wird; vgl. dazu Rdn. 186.

303 Das Finanzamt ist verpflichtet, den Verlustrücktrag von Amts wegen im höchst möglichen Umfange zu berücksichtigen. Eine bereits durchgeführte Veranlagung für den VZ, in den der Rücktrag erfolgt, ist zu ändern. Der Stpfl. kann beantragen, dass kein Rücktrag oder beschränkt auf einen bestimmten Betrag erfolgt (§ 10d Abs. 1 Satz 5 EStG). Dagegen ist der Verlustvortrag jeweils im höchst möglichen Umfang zu berücksichtigen. Insoweit steht dem Stpfl. kein Wahlrecht zu.

304 Zu den bei der Zusammenveranlagung von Ehegatten/Lebenspartnern beim Verlustabzug zu beachtenden Besonderheiten wird auf § 62d EStDV und R 10d Abs. 6 EStR hingewiesen.

305 Der Verlustabzug steht dem Stpfl. zu, der den Verlust erlitten hat. Er kann nicht durch Rechtsgeschäft unter Lebenden übertragen werden und geht auch nicht auf den/die Erben über; etwas Anderes gilt nur für die bis zum Ablauf des 18. 8. 2008 eingetretenen Erbfälle (BMF-Schreiben v. 24. 7. 2008, BStBl 2008 I S. 809; vgl. auch BFH v. 28. 4. 2016, BFH/NV 2016 S. 1173). Wegen weiterer Einzelheiten im Übrigen wird auf R 10d Abs. 9 EStR hingewiesen.

Zur Sicherstellung des Verlustabzugs in nachfolgenden Veranlagungszeiträumen wird in § 10d Abs. 4 EStG die gesonderte Feststellung des verbleibenden Verlustabzugs angeordnet; vgl. dazu R 10d Abs. 7 und 8 EStR. 306

Bei der Inanspruchnahme der Steuerfreiheit nach § 3a EStG für Sanierungserträge (vgl. Rdn. 30) sind u. U. Verlustabzüge nach § 10d EStG zu kürzen. 307

Einstweilen frei 308–310

VIII. Steuerermäßigung bei Einkünften aus Gewerbebetrieb

Durch § 35 EStG wird eine Ermäßigung der ESt vorgesehen, die auf die der GewSt unterliegenden Einkünfte entfällt, die auf das 4-fache (bis 31. 12. 2019: das 3,8-fache) des maßgebenden GewSt-Messbetrags höchstens jedoch die Höhe der tatsächlich festgesetzten GewSt begrenzt ist. Eine Steuerermäßigung kommt danach dann nicht in Betracht, wenn die ESt ohnehin auf 0 € festgesetzt wird oder die begünstigten Einkünfte infolge eines Verlustausgleichs negativ werden. Eine Übertragung nicht wirksam gewordenen Ermäßigungsvolumens in andere Veranlagungszeiträume ist nicht vorgesehen. Verschiedentlich wird die Anwendung des § 35 EStG ausdrücklich ausgeschlossen (vgl. z. B. § 18 Abs. 3 UmwStG). 311

Das BMF hat zu den Regelungen des § 35 EStG mit dem überarbeiteten Schreiben v. 3. 11. 2016 (BStBl 2016 I S. 1187) Stellung genommen, das grundsätzlich auf alle offenen Fälle anzuwenden ist. In Rdn. 34 sind folgende Übergangsregelungen vorgesehen: 312

- Bei Bezug von begünstigten Einkünften aus mehr als einem Betrieb (vgl. Rdn. 314) kann sich nach der nunmehr maßgebenden Auffassung u. U. eine geringere anzurechnende GewSt als nach der bisherigen Verwaltungsauffassung im BMF-Schreiben v. 24. 2. 2009 (BStBl 2009 I S. 440) ergeben. In diesen Fällen ist das Schreiben v. 3. 11. 2016 (a. a. O.) auf Antrag erst ab dem VZ 2016 anzuwenden.
- Unterjährig aus einer Personengesellschaft ausscheidenden Gesellschaftern (vgl. dazu Rdn. 28 des BMF-Schreibens v. 3. 11. 2016, a. a. O.) ist nach Rdn. 30 des BMF-Schreibens v. 24. 2. 2009 (a. a. O.) bis zum VZ 2017 ein Anteil am begünstigten Gewinn noch zuzuweisen, wenn alle zum Ende des gewerbesteuerrechtlichen Erhebungszeitraums noch beteiligten Mitunternehmer dies einheitlich beantragen.

Der als Höchstbetrag maßgebende GewSt-Messbetrag für den dem Veranlagungszeitraum entsprechenden Erhebungszeitraum und dementsprechend auch die Höhe der tatsächlich festgesetzten Gewerbesteuer ist dem jeweiligen Gewerbetreibenden zuzuordnen. Mitunternehmern einschl. den persönlich haftenden Gesellschaftern einer KGaA ist der gegenüber der Mitunternehmerschaft festgesetzte GewSt-Messbetrag sowie die sich danach festgesetzte Gewerbesteuer nach Maßgabe des Gewinnverteilungsschlüssels zuzurechnen (vgl. dazu Rdn. 19 ff. BMF-Schreiben v. 3. 11. 2016, a. a. O.). Die auf die einzelnen Mitunternehmer entfallenden Anteile am GewSt-Messbetrag und an der festgesetzten Gewerbesteuer sind durch das für die Feststellung der Einkünfte der Mitunternehmerschaft zuständige Finanzamt einheitlich und gesondert festzustellen (§ 35 Abs. 2–4 EStG; BMF-Schreiben v. 3. 11. 2016, a. a. O., Rdn. 31 f.). 313

314 Die Steuerermäßigung ist im Übrigen auf die anteilig auf die begünstigten Einkünfte entfallende ESt beschränkt. Sie ist gem. § 35 Abs. 1 Satz 2 EStG nach folgender Formel zu ermitteln:

$$\frac{\text{Summe der positiven gewerblichen Einkünfte}}{\text{Summe aller positiven Einkünfte}} \times \text{geminderte tarifliche Steuer}$$

Bei der Summe der positiven gewerblichen Einkünfte bleiben dabei negative gewerbliche Einkünfte nicht außer Betracht. Dementsprechend sind bei der Ermittlung der Summe aller positiven Einkünfte die positiven Salden der einzelnen Einkunftsarten zu berücksichtigen (BFH v. 23. 6. 2015, BStBl 2016 II S. 871; vgl. auch die Beispiele in Rdn. 17, 18 des BMF-Schreibens v. 3. 11. 2016, a. a. O.).

Grundlage für die Ermittlung der geminderten tariflichen Steuer ist die tarifliche Steuer vermindert um die anzurechnenden ausländischen Steuern nach § 32d Abs. 6 EStG, § 34c Abs. 1 und 6 EStG und § 12 AStG (tarifliche Einkommensteuer i. S. des § 35 Abs. 1 Satz 1 EStG). Die Steuerermäßigungen nach § 34f EStG, § 34g EStG sowie nach § 35a EStG sind erst nach Abzug der Steuerermäßigung nach § 35 EStG zu berücksichtigen.

315 Auf die Ergänzungen im BMF-Schreiben v. 17. 4. 2019 (BStBl 2019 I S. 459) wird hingewiesen. Danach sind ab dem VZ 2020 die neu gefassten Rdn. 9, 25, 26 des BMF-Schreibens v. 3. 11. 2016 (a. a. O.) zu beachten. Auf Antrag des Stpfl. ist das BMF-Schreiben v. 17. 4. 2019 auch schon für Veranlagungszeiträume vor 2020 anzuwenden.

Sind dem Stpfl. als Einzelunternehmer oder Mitunternehmer Einkünfte aus mehreren Gewerbebetrieben oder aus Mitunternehmerschaften mit gewerblichen Einkünften zuzurechnen, sind die jeweiligen Gewerbesteuermessbeträge für jeden Gewerbebetrieb und für jede Mitunternehmerschaft getrennt zu ermitteln, mit dem Faktor 4,0 (bis 31. 12. 2019: 3,8) zu vervielfältigen und auf die tatsächlich zu zahlende Gewerbesteuer zu begrenzen (betriebsbezogene Ermittlung). Die so ermittelten Beträge sind zur Berechnung des Ermäßigungshöchstbetrag zusammenzufassen (Rdn. 9 des BMF-Schreibens v. 17. 4. 2019 (a. a. O.)).

Bei mehrstöckigen Mitunternehmerschaften sind bei der Ermittlung des Ermäßigungshöchstbetrags nach § 35 Abs. 1 Satz 2 EStG die Einkünfte aus der Obergesellschaft (einschließlich der Ergebnisse der Untergesellschaft(en)) als gewerbliche Einkünfte zu berücksichtigen, soweit es sich um gewerbliche Einkünfte i. S. des § 35 EStG handelt. Die gewerblichen Einkünfte i. S. des § 35 Abs. 1 Satz 3 EStG sind im Verfahren der gesonderten und einheitlichen Feststellung (§ 35 Abs. 2 EStG) nachrichtlich mitzuteilen. Neben dem anteiligen Gewerbesteuermessbetrag und der anteiligen tatsächlich zu zahlenden Gewerbesteuer der Obergesellschaft sind den Mitunternehmern der Obergesellschaft zudem die anteilig auf die Obergesellschaft entfallenden Gewerbesteuermessbeträge der Untergesellschaften nach Maßgabe des allgemeinen Gewinnverteilungsschlüssels zuzurechnen (§ 35 Abs. 2 Satz 5 EStG). Dies gilt auch für die Zurechnung eines anteiligen Gewerbesteuermessbetrags einer Untergesellschaft an den mittelbar beteiligten Gesellschafter, wenn sich auf der Ebene der Obergesellschaft ein negativer Gewerbeertrag und damit ein Gewerbesteuermessbetrag von 0 € ergibt (Rdn. 25 des BMF-Schreibens v. 17. 4. 2019 (a. a. O.)).

Die Beschränkung des Steuerermäßigungsbetrags auf die tatsächlich zu zahlende Gewerbesteuer (§ 35 Abs. 1 Satz 5 EStG) (Vergleich zwischen dem mit dem Faktor 4,0 (bis 31. 12. 2019: 3,8) vervielfältigten anteiligen Gewerbesteuermessbetrag und der anteiligen tatsächlich zu zahlenden Gewerbesteuer) ist bei mehrstöckigen Mitunternehmerschaften betriebsbezogen jeweils getrennt für Obergesellschaft und Untergesellschaft(en) zu ermitteln. Der ggf. auf die tatsächlich zu zahlende Gewerbesteuer begrenzte Steuerermäßigungsbetrag nach § 35 Abs. 1 Satz 5 EStG sowie die gewerblichen Einkünfte i. S. des § 35 EStG sind im Verfahren der gesonderten und einheitlichen Feststellung (§ 35 Abs. 2 EStG) stets nachrichtlich mitzuteilen (Rdn. 25 des BMF-Schreibens v. 17. 4. 2019 (a. a. O.)). Auf das Beispiel in Rdn. 26 des BMF-Schreibens v. 17. 4. 2019 (a. a. O.) wird hingewiesen.

Einstweilen frei 316–320

IX. Spenden

Ausgaben zur Förderung mildtätiger, kirchlicher, religiöser, wissenschaftlicher oder gemeinnütziger Zwecke sowie Zuwendungen an politische Parteien sind weder Betriebsausgaben (§ 4 Abs. 4 EStG) noch Werbungskosten (§ 9 EStG). Sie sind nach § 10b EStG jedoch in einem bestimmten Umfang als Sonderausgaben abziehbar. Für die Besteuerung von Körperschaften sind in § 9 KStG entsprechende Regelungen getroffen worden. Wegen der Abgrenzung zwischen Spenden und Sponsoren-Leistungen, die als Betriebsausgaben abzugsfähig sind, wird auf die BMF-Schreiben v. 18. 2. 1998 (BStBl 1998 I S. 212), v. 22. 8. 2005 (BStBl 2005 I S. 845) und v. 11. 7. 2006 (BStBl 2006 I S. 447) sowie das Urteil des BFH v. 2. 2. 2011 (BFH/NV 2011 S. 792) hingewiesen. 321

Einstweilen frei 322

Begünstigt sind Zuwendungen, d. h. Spenden zur Förderung steuerbegünstigter Zwecke i. S. von §§ 52 bis 54 AO (wegen Einzelheiten vgl. die diesbezüglichen Ausführungen im AEAO), 323

- an eine juristische Person des öffentlichen Rechts oder an eine öffentliche Dienststelle, die in einem Mitgliedstaat der EU oder in einem Staat belegen ist, auf den das EWR-Abkommen Anwendung findet, oder
- an eine nach § 5 Abs. 1 Nr. 9 KStG steuerbefreite Körperschaft, Personenvereinigung oder Vermögensmasse oder
- an eine Körperschaft, Personenvereinigung oder Vermögensmasse, die in einem Mitgliedstaat der EU oder in einem Staat belegen ist, auf den das EWR-Abkommen Anwendung findet, und die nach § 5 Abs. 1 Nr. 9 KStG i.V. mit § 5 Abs. 2 Nr. 2 Halbsatz 2 KStG steuerbefreit wäre, wenn sie inländische Einkünfte erzielen würde.

Für nicht im Inland ansässige Zuwendungsempfänger ist weitere Voraussetzung, dass durch diese Staaten Amtshilfe und Unterstützung bei der Beitreibung nach Maßgabe bestimmter EU-Richtlinien geleistet werden. Bei Zuwendungen an eine in einem EU- oder EWR-Staat ansässige Person des öffentlichen Rechts oder öffentliche Dienststelle, die ihre steuerbegünstigten Zwecke nur im Ausland verwirklicht, ist ferner erforderlich, dass natürliche Personen mit Wohnsitz oder gewöhnlichem Aufenthalt im Inland gefördert werden oder dass die Tätigkeit dieses Zuwendungsempfängers neben der Verwirklichung der steuerbegünstigten Zwecke auch zum Ansehen der Bundesrepublik Deutschland beitragen kann.

324 Grundsätzlich gehören zu den begünstigten Zuwendungen auch Mitgliedsbeiträge. Davon sind ausdrücklich ausgeschlossen Mitgliedsbeiträge an Körperschaften, die

- den Sport (§ 52 Abs. 2 Nr. 21 AO),
- kulturelle Betätigungen, die in erster Linie der Freizeitgestaltung dienen,
- die Heimatpflege und Heimatkunde (§ 52 Abs. 2 Nr. 22 AO) oder
- Zwecke i. S. des § 52 Abs. 2 Nr. 23 AO, d. h. Tier- und Pflanzenzucht, Kleingärtnerei, traditionelles Brauchtum einschl. Karneval und Fasching, Soldaten- und Reservistenbetreuung, Amateurfunken, des Modellflugs und Hundesports fördern oder
- deren Zweck nach § 52 Abs. 2 Satz 2 AO für gemeinnützig erklärt worden ist, weil deren Zweck die Allgemeinheit auf materiellem, geistigem oder sittlichem Gebiet entsprechend einem Zweck der vorgenannten Punkte fördert.

Mitgliedsbeiträge an Körperschaften, die Kunst und Kultur gem. § 52 Abs. 2 Nr. 5 AO fördern, sind nur insoweit vom Abzug ausgeschlossen, als dadurch kulturelle Betätigungen gefördert werden, die in erster Linie der Freizeitgestaltung dienen.

Aufwendungen zugunsten einer zur Entgegennahme von Spenden berechtigten Körperschaft, sind nur begünstigt, wenn ein Anspruch auf die Erstattung der Aufwendungen durch Vertrag oder Satzung eingeräumt und auf die Erstattung verzichtet worden ist (§ 10b Abs. 3 Satz 5 EStG). Für nach dem 31. 12. 2014 erteilte Zusagen wird auf das BMF-Schreiben v. 25. 11. 2014 (BStBl 2014 I S. 1584) hingewiesen.

325 Die danach begünstigten Zuwendungen sind nach § 10b Abs. 1 Satz 1 EStG insgesamt bis zu 20 % des Gesamtbetrags der Einkünfte oder bis zu 4 ‰ der Summe der gesamten Umsätze und der im Kalenderjahr aufgewendeten Löhne und Gehälter im Jahr der Verausgabung (vgl. § 11 EStG) als Sonderausgaben abzugsfähig. Abziehbare Zuwendungen, die diese Höchstbeträge überschreiten oder die den um die Beträge nach § 10 Abs. 3 und 4, § 10c und § 10d EStG verminderten Gesamtbetrag der Einkünfte übersteigen, sind im Rahmen der Höchstbeträge in den folgenden Veranlagungszeiträumen als Sonderausgaben abzuziehen. Dieser Spendenvortrag ist in entsprechender Anwendung des § 10d Abs. 4 EStG gesondert festzustellen.

326 Neben den vorstehend bezeichneten Zuwendungen i. S. des § 10b Abs. 1 EStG können nach § 10b Abs. 1a EStG auf Antrag Zuwendungen zur Förderung von nach § 52 bis 54 AO begünstigten Zwecken in den Vermögensstock einer Stiftung im Jahr der Zuwendung und in den folgenden neun Veranlagungszeiträumen bis zum Betrag von 1 Mio. €, bei zusammen zu veranlagenden Ehegatten/Lebenspartnern bis zum Betrag von 2 Mio. € außerhalb der nach § 10b Abs. 1 EStG maßgebenden Höchstbeträge abgezogen werden. Dazu gehören nicht Spenden in das verbrauchbare Vermögen einer Stiftung. Der Höchstbetrag kann innerhalb des 10-Jahres-Zeitraums nur einmal beansprucht werden. Auf das BMF-Schreiben v. 15. 9. 2014 (BStBl 2014 I S. 1278) wird hingewiesen.

327 Mitgliedsbeiträge und Spenden an politische Parteien i. S. des § 2 des Parteiengesetzes sind gem. § 10b Abs. 2 EStG bis zur Höhe von insgesamt 1 650 €, im Fall der Zusammenveranlagung von Ehegatten/Lebenspartnern bis zur Höhe von insgesamt 3 300 € abzugsfähig, sofern kein Steuerabzugsbetrag nach 34g EStG beansprucht wird.

328 Eine Spende kann in der Zuwendung eines Geldbetrages oder eines Sachwertes mit Ausnahme von Nutzungen und Leistungen bestehen (vgl. § 10b Abs. 3 EStG). Aufwen-

dungen zugunsten einer begünstigten Körperschaft, die zum Empfang steuerlich abziehbarer Zuwendungen berechtigt ist, können nur dann als Spenden abgezogen werden, wenn ein unbedingter Anspruch auf die Erstattung der Aufwendungen durch Vertrag oder Satzung eingeräumt und auf die Erstattung verzichtet worden ist.

Wurde ein gespendetes Wirtschaftsgut einem Betriebsvermögen entnommen, darf der bei der Entnahme angesetzte Wert nicht überschritten werden. Dabei handelt es sich nach § 6 Abs. 1 Nr. 4 Sätze 4 und 5 EStG wahlweise um den Buchwert oder den Teilwert (vgl. 2. Kap. Rdn. 944 ff.). Werden Sachspenden aus dem Privatvermögen geleistet, ist der gemeine Wert des zugewendeten Wirtschaftsguts maßgebend, wenn dessen Veräußerung im Zeitpunkt der Zuwendung keinen Besteuerungstatbestand erfüllen würde. Würde die Veräußerung des zugewendeten Wirtschaftsguts hingegen zu einem Besteuerungstatbestand führen, dürfen die fortgeführten Anschaffungs- oder Herstellungskosten nur überschritten werden, soweit eine Gewinnrealisierung stattgefunden hat. Dies kann z. B. bei Zuwendung einer Beteiligung i. S. des § 17 EStG oder eines vor weniger als zehn Jahren im Privatvermögen angeschafften Grundstücks der Fall sein.

Die Hingabe der Spende an einen inländischen Zuwendungsempfänger ist grundsätzlich durch eine nach amtlichem Muster erteilte Bescheinigung des Empfängers nachzuweisen. Erleichterungen werden im Einzelfall für Spenden zur Linderung der Not in Katastrophenfällen zugelassen. Bei Zuwendungen von nicht mehr als 200 € reicht als Nachweis der Zahlungsbeleg aus, sofern er bestimmte Mindestangaben enthält. Wegen der zu verwendenden amtlichen Vordruckmuster wird auf die BMF-Schreiben v. 7. 11. 2013 (BStBl 2013 I S. 1333) und v. 26. 3. 2014 (BStBl 2014 I S. 791) hingewiesen. Zuwendungsempfänger, die dem zuständigen Finanzamt die Nutzung eines Verfahrens zur maschinellen Erstellung von Zuwendungsbestätigungen gem. R 10b.1 Abs. 4 EStR angezeigt haben, können die maschinell erstellten Zuwendungsbestätigungen auf elektronischem Weg in Form schreibgeschützter Dokumente an die Zuwendenden übermitteln (BMF-Schreiben v. 6. 2. 2017, BStBl 2017 I S. 287). 329

Der Stpfl. darf nach § 10b Abs. 4 Satz 1 EStG auf die Richtigkeit der ihm erteilten Bestätigung über Spenden und Mitgliedsbeiträge vertrauen. Dies gilt dann nicht, wenn er die Bestätigung durch unlautere Mittel oder falsche Angaben erwirkt hat oder ihm die Unrichtigkeit der Bestätigung bekannt oder infolge grober Fahrlässigkeit nicht bekannt war. Ist der Spender danach gutgläubig, kommt ein Abzug nach § 10b EStG auch aufgrund einer objektiv unrichtigen Bestätigung in Betracht. Für den dadurch eintretenden steuerlichen Schaden haftet derjenige, der vorsätzlich oder grob fahrlässig eine unrichtige Bestätigung ausstellt oder veranlasst. Wurden die Zuwendungen nicht zu den in der Bestätigung angegebenen steuerbegünstigten Zwecken verwendet, ist vorrangig die Körperschaft als Zuwendungsempfänger in Haftung zu nehmen. Der steuerliche Schaden beträgt 30 % des zugewendeten Betrages. 330

Ist der Empfänger der Zuwendung im Ausland ansässig, hat der Spender als den Abzug begehrender Steuerpflichtiger die Voraussetzungen für die Begünstigung durch geeignete Unterlagen nachzuweisen; vgl. dazu das Urteil des EuGH v. 27. 2. 2009, Rs. C-318/07 Persche (HFR 2009 S. 417), das BMF-Schreiben v. 16. 5. 2011 (BStBl 2011 I S. 559), die Urteile des BFH v. 17. 9. 2013 (BStBl 2014 II S. 440) und v. 21. 1. 2015 (BStBl 2015 II S. 588) sowie das Urteil des FG Köln v. 15. 1. 2013 (EFG 2014 S. 667, rkr.). 331

332–335 *Einstweilen frei*

X. Pauschalierung der Einkommensteuer bei Sachzuwendungen

336 Zuwendungen, die ein Unternehmer aus betrieblichem Anlass oder ein Arbeitnehmer von seinem Arbeitgeber zusätzlich zum Arbeitslohn erhält, sind beim Unternehmer Betriebseinnahmen, beim Arbeitnehmer vorbehaltlich anzuwendender Befreiungsvorschriften Arbeitslohn. Damit unterliegen diese Zuwendungen beim Empfänger der ESt. Diese Belastung des Zuwendungsempfängers wird zumindest teilweise vom Zuwendenden nicht gewollt. Durch § 37b Abs. 1 EStG wird es zugelassen, die ESt einheitlich für alle innerhalb eines Wirtschaftsjahres gewährten

1. betrieblich veranlassten Zuwendungen, die zusätzlich zur ohnehin vereinbarten Leistung oder Gegenleistung erbracht werden, und
2. Geschenke i. S. des § 4 Abs. 5 Satz 1 Nr. 1 EStG,

die nicht in Geld bestehen, mit 30 % zu pauschalieren. Voraussetzung ist, dass die Zuwendung beim Empfänger eine steuerpflichtige Einnahme ist (BFH v. 16. 10. 2013, BStBl 2015 II S. 457). Dies ist bei Zuwendungen an im Ausland ansässige Personen weitgehend nicht der Fall.

Die Möglichkeit der Pauschalierung ist danach auf Sachzuwendungen beschränkt. Die Pauschalierungswahlrechte nach § 37b Abs. 1 Satz 1 EStG und nach § 37b Abs. 2 Satz 1 EStG können unabhängig voneinander ausgeübt werden. Sie sind aber jeweils einheitlich für sämtliche Sachzuwendungen an Nichtarbeitnehmer einerseits und sämtliche Sachzuwendungen an eigene Arbeitnehmer andererseits wahrzunehmen. Die ausgeübten Wahlrechte sind widerruflich (BFH v. 15. 6. 2016, BStBl 2016 II S. 1010).

Bemessungsgrundlage sind die Aufwendungen des Steuerpflichtigen einschließlich USt, bei Zuwendungen an Arbeitnehmer verbundener Unternehmen mindestens der sich nach § 8 Abs. 3 Satz 1 EStG ergebende Wert. Bei Zuwendungen an Arbeitnehmer sind zusätzlich die Regelungen des § 37b Abs. 2 EStG zu beachten.

337 Mit der Pauschalbesteuerung wird die ESt des Zuwendungsempfängers abgegolten. Der Wert der Zuwendung bleibt deswegen bei der Ermittlung der vom Empfänger zu versteuernden Einkünfte außer Ansatz. Der Zuwendungsempfänger ist vom Zuwendenden über die durchgeführte Pauschalierung zu unterrichten. Auf § 37b Abs. 3 EStG wird hingewiesen.

338 Die Pauschalierung ist ausgeschlossen,

1. soweit die Aufwendungen je Empfänger und Wirtschaftsjahr oder
2. wenn die Aufwendungen für die einzelne Zuwendung

den Betrag von 10 000 € übersteigen.

339 Wegen weiterer Einzelheiten werden auf die BMF-Schreiben v. 19. 5. 2015 (BStBl 2015 I S. 468) und v. 28. 6. 2018 (BStBl 2018 I S. 814) hingewiesen. Die Übernahme der pauschalen Einkommensteuer für ein Geschenk unterliegt als weiteres Geschenk dem Abzugsverbot des § 4 Abs. 5 Satz 1 Nr. 1 EStG, soweit bereits der Wert des Geschenks

selbst oder zusammen mit der übernommenen pauschalen Einkommensteuer den Betrag von 35 € übersteigt (BFH v. 30. 3. 2017 – IV R 13/14, DStR 2017 S. 1255).

Einstweilen frei 340–350

XI. Steuerabzug bei Bauleistungen nach §§ 48–48d EStG

1. Überblick

Durch das Gesetz zur Eindämmung illegaler Betätigung im Baugewerbe v. 30. 8. 2001 (BGBl I S. 267) ist mit Wirkung für nach dem 31. 12. 2001 erbrachte Gegenleistungen für Bauleistungen durch §§ 48–48d EStG der Steuerabzug von den Vergütungen für im Inland erbrachte Bauleistungen eingeführt worden. Diese Regelungen wurden durch das Steueränderungsgesetz 2001 v. 20. 12. 2001 (BGBl I S. 3794) ergänzt. Zu Einzelfragen hat der BMF mit Schreiben v. 27. 12. 2002 (BStBl I S. 1399), ergänzt durch das BMF-Schreiben v. 4. 9. 2003 (BStBl I S. 437), ausführlich Stellung genommen. Nach Auffassung des BFH ist es nicht ernstlich zweifelhaft, dass die in §§ 48 ff. EStG getroffenen Regelungen zum Steuerabzug bei Bauleistungen mit dem Europäischen Gemeinschaftsrecht vereinbar sind (Urteil v. 29. 10. 2008, BFH/NV 2009 S. 377). 351

Nach § 48 Abs. 1 EStG sind Unternehmer i. S. des § 2 UStG und juristische Personen des öffentlichen Rechts verpflichtet, als Empfänger von im Inland erbrachten Bauleistungen (Leistungsempfänger) von der dafür zu erbringenden Gegenleistung einschl. USt einen Steuerabzug in Höhe von 15 % für Rechnung des Leistenden vorzunehmen und an das für die Besteuerung des Leistenden zuständige Finanzamt abzuführen (§ 48a Abs. 1 EStG). Keine Abzugsverpflichtung besteht bei bestimmten Bauleistungen für den nichtunternehmerischen Bereich sowie für Vergütungen unterhalb einer bestimmten Freigrenze. 352

Die Verpflichtung zur Durchführung des Steuerabzugsverfahrens besteht unabhängig davon, ob der Leistende eine natürliche Person, eine Personengesellschaft oder eine Körperschaft ist, die ggf. der Besteuerung nach Maßgabe des KStG unterliegt. Es ist weiter unerheblich, ob der Leistende im Inland oder im Ausland ansässig ist (Tz. 24 des BMF-Schreibens v. 27. 12. 2002, a. a. O.). Deswegen ist auch nicht Voraussetzung, dass der Leistende aus den Bausleistungen im Inland zu besteuernde Einkünfte erzielt. Zur Anwendung des § 160 AO in Fällen, in denen der Steuerabzug nach § 48 EStG vorgenommen wurde, wird auf das BFH-Urteil v. 7. 6. 2018, BFH/NV 2018 S. 1156, hingewiesen. 353

Die Bauabzugssteuer ist nach § 48c Abs. 1 EStG auf vom Leistenden ggf. geschuldete Steuern in der nachfolgenden Reihenfolge anzurechnen: 354

- die nach § 41a Abs. 1 EStG einbehaltene und angemeldete LSt,
- die Vorauszahlungen auf die ESt oder KSt,
- die ESt oder KSt des Besteuerungs- oder Veranlagungszeitraums, in dem die Leistung erbracht wurde,
- die vom Leistenden seinerseits nach §§ 48, 48a EStG anzumeldenden und abzuführenden Abzugsbeträge.

Wegen Einzelheiten dazu vgl. Tz. 88–91 des BMF-Schreibens v. 27. 12. 2002 (a. a. O.).

Soweit danach eine Anrechnung nicht in Betracht kommt, ist die Abzugsteuer gem. § 48c Abs. 2 EStG an den Leistenden zu erstatten (vgl. dazu auch Tz. 92 ff. des BMF-Schreibens v. 27. 12. 2002, a. a. O.). Daraus wird deutlich, dass der abzugspflichtige Leistungsempfänger mit der Einbehaltung und Abführung der Abzugsteuer Zahlungen zu Gunsten des Leistenden erbringt. Für die Auszahlung an den Leistenden verbleiben ihm danach lediglich 85 % des Entgelts für die erbrachte Bauleistung.

355 Von der Durchführung des Steuerabzugs darf der Leistungsempfänger nur dann absehen, wenn ihm vom Leistenden eine von dem für ihn zuständigen Finanzamt erteilte Freistellungsbescheinigung vorgelegt wird (§ 48b EStG). Bei im Inland ansässigen Leistenden handelt es sich regelmäßig um das nach §§ 17–20 AO zu bestimmende Finanzamt. Für die im Ausland ansässigen Leistenden sind gem. § 20a Abs. 2 i.V. mit § 21 Abs. 1 AO die in § 1 UStZustV bestimmten Finanzämtern zuständig. Wegen weiterer Einzelheiten wird auf Tz. 99 des BMF-Schreibens v. 27. 12. 2002 (a. a. O.) hingewiesen.

2. Bauleistungen

356 Die Steuerabzugspflicht knüpft in § 48 Abs. 1 EStG an die Erbringung von Bauleistungen im Inland an. Dazu gehören ausdrücklich alle Leistungen, die der Herstellung, Instandsetzung, Instandhaltung, Änderung oder Beseitigung von Bauwerken dienen. Nach den Vorstellungen des Gesetzgebers (BT-Drucks. 14/6071 S. 2) soll im Interesse einer Rechtsvereinheitlichung der Begriff der Bauleistungen dem in § 211 Abs. 1 SGB III und §§ 1, 2 Baubetriebeverordnung entsprechen. Der BMF knüpft in Tz. 5–14 seines Schreibens v. 27. 12. 2002 (a. a. O.) daran an. Danach ist der Begriff der Bauleistung weit zu fassen. Er beschränkt sich nicht auf Werkverträge. Bauleistungen können danach auch im Rahmen von Werklieferungsverträgen erbracht werden. Sie beziehen sich nicht nur auf die Herstellung von Gebäuden, sondern auch von anderen baulichen Anlagen, z. B. Außenanlagen. Bei Gebäuden beschränkt sich die Bauleistung nicht auf die Herstellung des Rohbaus, sie schließt den Innenausbau ein.

357 Nicht zu den Bauleistungen gehören ausschließlich planerische Leistungen und Materiallieferungen, sofern sie nicht durch das die Bauleistung erbringende Unternehmen erfolgen. Danach unterliegt die Erstellung des Bauplans durch einen Architekten nicht der Abzugsteuer. Wird diese Leistung hingegen von einem Generalunternehmer und damit im Zusammenhang mit der Erstellung des Bauwerkes erbracht, unterliegt das Gesamtentgelt dem Steuerabzug. Eine Aufteilung des einheitlichen Entgelts ist nicht zulässig. Bei der Lieferung von Baustoffen ist dementsprechend zwischen den nicht abzugspflichtigen Lieferungen durch einen am Baugeschehen nicht beteiligten Baustoffhändler und der Beistellung durch das ausführende Bauunternehmen, der insgesamt eine abzugspflichtige Leistung erbringt, zu unterscheiden. Mit der Überlassung von Arbeitnehmern wird ebenfalls keine Bauleistung erbracht. Bei reinen Wartungsarbeiten, mit denen keine Instandhaltungsmaßnahmen verbunden sind, liegt ebenfalls keine Bauleistung vor.

3. Leistender

Bauleistungen erbringt nach § 48 Abs. 1 EStG nicht nur derjenige, der die eigentliche Bauleistung erbringt, z. B. der Hochbauunternehmer oder der Installateur. Sie werden auch von demjenigen erbracht, der über eine Leistung abrechnet, ohne sie unmittelbar erbracht zu haben. Danach erbringt ein Generalunternehmer insgesamt eine Bauleistung gegenüber dem Besteller des Bauwerks. Die vom Generalunternehmer beauftragten Unternehmer besorgen Bauleistungen gegenüber dem Generalunternehmer. Von diesen Unternehmern beauftragte Subunternehmer führen ihrerseits Bauleistungen gegenüber diesen Unternehmern aus. 358

BEISPIEL 31: Die A GmbH & Co. KG hat die B GmbH als Generalunternehmer mit der Herstellung einer im Inland belegenen Fertigungshalle einschl. Außenanlagen beauftragt. Die B GmbH beauftragt mit der Durchführung dieser Arbeiten als Stahlbauunternehmen die im Inland ansässige C GmbH, das in den Niederlanden ansässige Hochbau-Unternehmen D BV sowie das inländische Straßenbauunternehmen E GmbH. Die D BV beauftragt mit der Herstellung des Estrichs die ebenfalls in den Niederlanden ansässige X BV, die E GmbH lässt die Pflasterarbeiten durch die in den Niederlanden ansässige Y BV durchführen. 359

Danach werden Bauleistungen auf folgenden Stufen erbracht:

- B GmbH gegenüber der A GmbH & Co. KG hinsichtlich des Gesamtwerks,
- C GmbH, D BV und E GmbH jeweils hinsichtlich der ihnen übertragenen Gewerke gegenüber der B GmbH,
- X BV gegenüber der D BV und Y BV gegenüber der E GmbH jeweils hinsichtlich der ihnen übertragenen Gewerke.

Der Leistende braucht nicht Unternehmer i. S. des § 2 UStG zu sein; erbringt eine Organgesellschaft i. S. des § 2 Abs. 2 Nr. 2 UStG Bauleistungen außerhalb des Organkreises, ist sie dementsprechend Leistende i. S. des § 48 Abs. 1 EStG (Tz. 27 des BMF-Schreibens v. 27. 12. 2002, a. a. O.). 360

4. Leistungsempfänger und zugleich Abzugsverpflichteter

4.1 Der Regelfall

Zur Durchführung des Steuerabzugs werden durch § 48 Abs. 1 Satz 1 EStG nur Leistungsempfänger verpflichtet, denen als Unternehmer i. S. des § 2 UStG oder als juristische Person des öffentlichen Rechts Bauleistungen im Inland erbracht werden. Bei für juristische Personen ausgeführte Bauleistungen greift danach die Steuerabzugspflicht auch dann ein, wenn sie für den nichtunternehmerischen Bereich bestimmt sind, z. B. Ausführung von Hochbauarbeiten für eine Stadtverwaltung oder von Straßenbauarbeiten für die staatliche Straßenbauverwaltung. Leistungsempfänger ist in derartigen Fällen die jeweilige juristische Person des öffentlichen Rechts, d. h. die einzelne Gemeinde, das Land oder die Bundesrepublik. Aus Gründen der Praktikabilität geht die FinVerw jedoch davon aus, dass die Abzugsverpflichtungen in derartigen Fällen von den jeweiligen nachgeordneten Behörden erfüllt werden, die den jeweiligen Auftrag vergeben und dementsprechend auch mit dem Leistenden abrechnen (Tz. 22 des BMF-Schreibens v. 27. 12. 2002, a. a. O.). Die anderen Leistungsempfänger sind hingegen nur dann zur Durchführung des Steuerabzugs verpflichtet, wenn sie – abgesehen von der Ausnahme 361 in § 48 Abs. 1 Satz 2 EStG und der sich aus § 48 Abs. 2 EStG ergebenden Bagatellgrenze – für den unternehmerischen Bereich erbracht werden.

362 Soweit die Abzugspflicht an die Unternehmereigenschaft i. S. des § 2 UStG anknüpft, ist lediglich Voraussetzung, dass steuerbare Umsätze erzielt werden. Deswegen sind auch Kleinunternehmer i. S. des § 19 UStG sowie pauschalversteuernde Land- und Forstwirte i. S. des § 24 UStG für die ihnen erbrachten Bauleistungen zur Durchführung des Steuerabzugs verpflichtet (Tz. 15 des BMF-Schreibens v. 27. 12. 2002, a. a. O.). Weiterhin ist es grundsätzlich unerheblich, ob steuerpflichtige oder steuerbefreite Umsätze erzielt werden. So ist z. B. ein Unternehmer, der ausschließlich Grundbesitz vermietet und dessen Umsätze insgesamt nach § 4 Nr. 12 UStG steuerfrei zu belassen sind, steuerabzugspflichtig. Eine Ausnahme davon sieht § 48 Abs. 1 Satz 2 vor, wonach ein Leistungsempfänger, der nicht mehr als zwei Wohnungen vermietet, hinsichtlich der für diese beiden Wohnungen erbrachten Bauleistungen von der Steuerabzugspflicht freigestellt wird. Wird eine Bauleistung für ein Bauwerk erbracht, das nur teilweise unternehmerischen Zwecken dient, besteht Abzugspflicht nur insoweit, als die Bauleistungen dem unternehmerisch genutzten Teil des Bauwerks zugeordnet werden können; wegen Einzelheiten vgl. Tz. 16 des BMF-Schreibens v. 27. 12. 2002 (a. a. O.) und die dort aufgeführten Beispiele.

363 Da Anknüpfungspunkt für die Steuerabzugspflicht die Unternehmereigenschaft i. S. des § 2 UStG ist, greift sie auch für Bauleistungen, die für nicht in Einkunftserzielungsabsicht betriebene Aktivitäten – sog. Liebhabereibetriebe (vgl. dazu die Nachweise in H 15.3 EStH) – erbracht werden, z. B. einen als Liebhabereibetrieb geltenden Pferdezuchtbetrieb (Tz. 15 des BMF-Schreibens v. 27. 12. 2002, a. a. O.).

364 Eine Verpflichtung zum Steuerabzug besteht auch dann, wenn es dem Leistungsempfänger nicht möglich ist, den Leistenden in der die Anwendung des § 160 Abs. 1 Satz 1 AO ausschließenden Weise zu benennen (vgl. dazu auch AEAO zu § 160 AO). Dies ist aus § 48 Abs. 4 Nr. 1 EStG zu folgern.

4.2 Bauleistungen im Inland

365 Die Abzugsverpflichtung nach § 48 Abs. 1 EStG knüpft ausschließlich an den Empfang von im Inland erbrachten Bauleistungen an. Dies setzt die Errichtung von einem oder die Arbeiten an einem im Inland belegenen Bauwerk voraus. Es ist deswegen nicht erforderlich, dass der Leistungsempfänger im Inland ansässig ist oder ein sonstiger weitergehender Inlandsbezug besteht. Lässt z. B. ein im Ausland ansässiger Grundstückseigentümer im Inland ein Bürogebäude errichten, das anschließend an Dritte vermietet werden soll, bezieht er damit Bauleistungen i. S. des § 48 Abs. 1 EStG für die er grundsätzlich den Steuerabzug durchzuführen hat. Im Fall des Beispiels in Rdn. 359 beziehen auch die ausländischen Unternehmer ihrerseits Bauleistungen von den von ihnen beauftragten Subunternehmern, so dass sie insoweit der Abzugsverpflichtung unterliegen.

366 Die Abzugspflicht des Leistungsempfängers wird ausschließlich durch die ihm gegenüber im Inland erbrachten Bauleistungen begründet. Derartige Leistungen können von natürlichen Personen, juristischen Personen und Personenzusammenschlüssen (Personengesellschaften) ausgeführt werden. Es ist deswegen unerheblich, ob der Leisten-

de im Inland oder im Ausland ansässig ist (Tz. 24 des BMF-Schreibens v. 27. 12. 2002, a. a. O.). Abgesehen von der Ausführung der Bauleistungen im Inland ist ein weitergehender Inlandsbezug nicht erforderlich. Es ist deswegen nicht erforderlich, dass der im Ausland ansässige Leistende die Bauleistung von einer im Inland begründeten Betriebsstätte aus erbringt. Dementsprechend werden in dem oben genannten Beispiel von den in den Niederlanden ansässigen Unternehmen Bauleistungen i. S. des § 48 Abs. 1 EStG auch dann erbracht, wenn sie im Inland keine Betriebsstätte i. S. des § 12 AO und dementsprechend auch nicht i. S. des Art. 2 Abs. 1 Nr. 2 DBA Niederlande unterhalten, die Bauleistungen also von den Niederlanden aus im Inland erbracht werden.

4.3 Ausnahmen von der Abzugspflicht

Nach § 48 Abs. 2 Satz 1 Nr. 1 EStG sind Leistungsempfänger, die ausschließlich steuer- 367
freie Umsätze nach § 4 Nr. 12 Satz 1 UStG ausführen, dann nicht zum Steuerabzug verpflichtet, wenn die Gegenleistung einschl. USt für die von dem einzelnen Leistenden erbrachten Bauleistungen im laufenden Kalenderjahr insgesamt den Betrag von 15 000 € voraussichtlich nicht übersteigen wird. Für die übrigen Leistungsempfänger beträgt die Freigrenze gem. § 48 Abs. 2 Satz 1 Nr. 2 EStG 5 000 €. Der Leistungsempfänger muss danach bereits bei der ersten Zahlung an den Leistenden innerhalb eines Kalenderjahres prüfen, ob die in Betracht kommende Freigrenze voraussichtlich überschritten wird. Ist dies abzusehen, besteht von vornherein die Verpflichtung zum Steuerabzug. Wird die Freigrenze hingegen im Laufe des Jahres aus zunächst nicht absehbaren Umständen überschritten, ist nach Auffassung der FinVerw der Steuerabzug auf der Grundlage der insgesamt erbrachten Gegenleistungen in dem Umfang noch vorzunehmen, als diese Verpflichtung aus der dem Leistenden noch zustehenden Gegenleistung erfüllt werden kann (vgl. Tz. 52, 53 des BMF-Schreibens v. 27. 12. 2002, a. a. O.). Es ist ernstlich zweifelhaft, ob der Empfänger einer Bauleistung auch dann für nicht einbehaltene und abgeführte Abzugsteuer in Anspruch genommen werden kann, wenn und soweit eine Steuerschuld des Leistenden nicht besteht (BFH v. 29. 10. 2008, BFH/NV 2009 S. 377).

5. Erteilung einer Freistellungsbescheinigung

Vom Steuerabzug darf der Leistungsempfänger nach § 48 Abs. 2 Satz 1 EStG ferner ab- 368
sehen, wenn ihm vom Leistenden eine im Zeitpunkt der Gegenleistung gültige Freistellungsbescheinigung i. S. des § 48b Abs. 1 Satz 1 EStG vorlegt; nach Tz. 41 des BMF-Schreibens v. 27. 12. 2002 (a. a. O.) ist die Vorlage einer Fotokopie der Originalbescheinigung ausreichend, sofern sie nicht auftragsbezogen erteilt wurde. Eine derartige Bescheinigung nach amtlichem Muster soll dem Leistenden auf seinen Antrag hin durch das für ihn zuständige Finanzamt (vgl. Abschn. I.) erteilt werden, wenn der zu sichernde Steueranspruch nicht gefährdet erscheint. In dem Antrag hat sich der Antragsteller damit einverstanden zu erklären, dass die entsprechenden Daten gespeichert und durch das Bundesamt für Finanzen weitergegeben werden.

Eine Gefährdung liegt nach Auffassung des Gesetzgebers insbesondere dann vor, wenn 369
der Leistende die ihm durch § 138 AO auferlegten Anzeigepflichten nicht erfüllt, seinen Auskunfts- und Mitwirkungspflichten i. S. des 90 AO nicht nachkommt, ein im Ausland

ansässiger Leistender die diesbezügliche Bescheinigung der ausländischen Steuerbehörde nicht beibringt (Tz. 30–32 des BMF-Schreibens v. 27.12.2002, a.a.O.). Weiter ist nach Auffassung der FinVerw in Tz. 34 des BMF-Schreibens v. 27.12.2002 (a.a.O.) vom Leistenden glaubhaft zu machen, dass mit großer Wahrscheinlichkeit kein zu sichernder Steueranspruch besteht. Dies dürfte bei im Ausland ansässigen Leistenden, die nur kurzfristig im Inland tätig werden, verhältnismäßig einfach möglich sein.

Nach Tz. 33 des BMF-Schreibens v. 27.12.2002 (a.a.O.) soll eine Gefährdung der zu sichernden Steueransprüche bei nachhaltigen Steuerrückständen und oder bei Verstößen gegen steuerliche Erklärungspflichten vorliegen. In Insolvenzverfahren soll ggf. dem Insolvenzverwalter eine Freistellungsbescheinigung für die auf seine Veranlassung hin zu erbringenden Bauleistungen erteilt werden.

370 Nach Tz. 35 des BMF-Schreibens v. 27.12.2002 (a.a.O.) soll das Finanzamt einem im Ausland ansässigen Leistenden eine Freistellungsbescheinigung dann nicht erteilen, wenn nicht ausgeschlossen werden kann, dass sich an dem aus der Erbringung der Bauleistungen zu erwartenden Gewinn ein inländisches Besteuerungsrecht ergibt. Dies ist dann der Fall, wenn diese Bauleistungen durch eine inländische Betriebsstätte des ausländischen Unternehmens erbracht werden und das ggf. in Betracht kommende DBA der inländischen Besteuerung dieser inländischen Einkünfte i.S. des § 49 Abs. 1 Nr. 1 Buchst. a EStG nicht entgegensteht; wegen weiterer Einzelheiten dazu wird auf das BMF-Schreiben v. 24.12.1999 (BStBl I S. 1076 – sog. Betriebsstättenerlass) hingewiesen.

371 Steht hingegen zu erwarten, dass das ausländische Unternehmen aus der Bauleistung keine im Inland zu besteuernden Einkünfte erzielen wird, setzt die Erteilung einer Freistellungsbescheinigung die Vorlage einer Ansässigkeitsbescheinigung der zuständigen ausländischen Steuerbehörden voraus (vgl. § 48b Abs. 1 Nr. 3 EStG). Nach Tz. 32 des BMF-Schreibens v. 27.12.2002 (a.a.O.) wird die Bestätigung der ausländischen Steuerbehörde über die steuerliche Erfassung des Leistenden im Regelfall als ausreichend angesehen. In Zweifelsfällen sollen die Finanzämter jedoch unter Hinweis auf § 90 Abs. 2 AO eine qualifizierte Sitzbescheinigung verlangen, aus der sich ergibt, dass sich auch der Ort der Geschäftsleitung (vgl. BFH v. 16.12.1998, BStBl 1999 II S. 437) im Sitzstaat befindet und in welchem Umfang dort wirtschaftliche Aktivitäten entfaltet werden.

372 Ungeachtet dessen kann sich eine Gefährdung inländischer Steueransprüche dann ergeben, wenn der im Ausland ansässige Unternehmer als inländischer Arbeitgeber i.S. des § 38 Abs. 1 EStG LSt einzubehalten und abzuführen hat. Ferner kann der im Ausland ansässige Leistende seinerseits zur Einbehaltung von Bauabzugsteuer verpflichtet sein, so dass sich insoweit die Frage der Gefährdung eines Steueranspruchs stellen kann; dies wäre dann nicht der Fall, wenn der nachgeschaltete Unternehmer seinerseits eine Freistellungsbescheinigung beibringt.

373 Die zu erteilende Freistellungsbescheinigung ist entsprechend in § 48b Abs. 2 EStG zu befristen, ggf. auch nur für einzelne Bauvorhaben zu erteilen. Sofern Bescheinigungen nicht nur bezogen auf bestimmte Aufträge erteilt werden, sind die Finanzämter nach Tz. 36 des BMF-Schreibens v. 27.12.2002 (a.a.O.) gehalten, diese längstens für einen Zeitraum von drei Jahren auszustellen. Der Leistende kann dann den in Betracht kom-

menden Leistungsempfängern von ihm gefertigte Fotokopien dieser Bescheinigung vorlegen.

Erteilte Freistellungsbescheinigungen können unter den Voraussetzungen der §§ 130, 131 AO widerrufen werden; wegen weiterer Einzelheiten wird auf Tz. 79, 80 des BMF-Schreibens v. 27. 12. 2002 (a. a. O.) sowie die diesbezüglichen Ausführungen im AEAO hingewiesen. Wird der Antrag auf Erteilung eines Freistellungsbescheids abgelehnt, ist gegen den ablehnenden Bescheid als Rechtsbehelf der Einspruch gegeben (Tz. 38 des BMF-Schreibens v. 27. 12. 2002, a. a. O.). 374

6. Durchführung des Steuerabzugsverfahrens

Der Steuerabzug ist gem. § 48 Abs. 1 EStG mit 15 % der Gegenleistung vorzunehmen. 375
Bei der Gegenleistung handelt es sich nach § 48 Abs. 3 EStG um das Entgelt für die Bauleistung zzgl. USt. Angesichts dieser ausdrücklichen Bestimmung gilt dies auch in den Fällen, in denen bei Erbringung der Bauleistungen durch einen ausländischen Leistenden die USt nach § 13b UStG vom Leistungsempfänger geschuldet wird (vgl. Tz. 81 des BMF-Schreibens v. 27. 12. 2002, a. a. O.).

Der Steuerabzug ist von jeder einzelnen Zahlung, unabhängig davon, ob es sich um Vo- 376
rauszahlungen, Abschlagszahlungen, Teilzahlungen oder aber die Schlusszahlung handelt, vorzunehmen. Wird der Anspruch des Leistenden in anderer Weise befriedigt, z. B. durch Verrechnung oder Gewährung von Sachleistungen, entbindet dies nicht von der Verpflichtung zur Durchführung des Steuerabzugs. Für den Fall der Verrechnung ist die Bauabzugssteuer zwar nach der gesamten Gegenleistung zu berechnen, eine Abführung durch den Leistungsempfänger an das Finanzamt kommt nach Tz. 85 des BMF-Schreibens v. 27. 12. 2002 (a. a. O.) jedoch nur dann und insoweit in Betracht, als dies aus dem nach der Verrechnung verbleibenden Forderungssaldo zugunsten des Leistungsempfängers noch möglich ist. Entsprechend dürfte zu verfahren sein, wenn die zu erbringende Gegenleistung in Sachleistungen besteht.

Nach § 48a Abs. 1 EStG ist der Leistungsempfänger verpflichtet, bis zum 10. Tag nach 377
Ablauf des Monats, in dem die jeweilige Gegenleistung erbracht wird, bei dem für den Leistenden zuständigen Finanzamt eine Steueranmeldung, in dem die Abzugssteuer berechnet wird, nach amtlich vorgeschriebenem Vordruck abzugeben und die Abzugssteuer an dieses Finanzamt für Rechnung des Leistenden abzuführen. Wurde innerhalb eines Monats Bauabzugsteuer gegenüber mehreren Leistungsempfängern einbehalten, können diese Abzugsbeträge nicht in einer Steueranmeldung zusammengefasst werden. Vielmehr ist für jeden Leistenden eine besondere Steueranmeldung abzugeben (Tz. 66 des BMF-Schreibens v. 27. 12. 2002, a. a. O.).

Durch § 48a Abs. 2 EStG wird der Leistungsempfänger verpflichtet, über die Abzugs- 378
steuer mit dem Leistenden formlos unter Angabe

- des Namens und der Anschrift des Leistenden,
- des Rechnungsbetrags, des Rechnungsdatums und des Zahlungstags,
- der Höhe des Steuerabzugs und
- des Finanzamts, bei dem der Abzugsbetrag angemeldet worden ist,

abzurechnen. Nach Tz. 71 des BMF-Schreibens v. 27. 12. 2002 (a. a. O.) ist es ausreichend, wenn dem Leistenden eine Durchschrift der Steueranmeldung als Abrechnungsbeleg erteilt wird.

379 Soweit in § 48a Abs. 3 Satz 1 EStG bestimmt wird, dass der Leistungsempfänger für einen nicht oder zu niedrig abgeführten Abzugsbetrag haftet, entspricht dies den auch bei anderen Abzugssteuern getroffenen Regelungen, wie z. B. § 42d EStG für das LSt-Abzugsverfahren. Die Frage der Inanspruchnahme des Leistungsempfängers als Haftungsschuldner wird sich immer dann stellen, wenn ohne Vorliegen einer Freistellungsbescheinigung vom Steuerabzug abgesehen wurde (vgl. Tz. 72, 73 des BMF-Schreibens v. 27. 12. 2002, a. a. O.; BFH v. 29. 10. 2008, BFH/NV 2009 S. 377; FG Münster v. 12. 7. 2012 – 13 K 2592/08, NWB DokID: HAAAE-17017).

380 Sieht der Leistungsempfänger im Hinblick auf eine ihm vorliegende Freistellungsbescheinigung vom Steuerabzug ab, haftet er für die Nichteinbehaltung der Bauabzugsteuer nach § 48a Abs. 3 Satz 2 EStG nur dann nicht, wenn er auf deren Rechtmäßigkeit vertrauen konnte. Dies ist nach Satz 3 dann nicht der Fall, wenn die Freistellungsbescheinigung durch unlautere Mittel oder durch falsche Angaben erwirkt wurde und ihm dies bekannt oder infolge grober Fahrlässigkeit nicht bekannt war. Ist die Bescheinigung erkennbar vom zuständigen Finanzamt mit einem Abdruck des Dienstsiegels versehen worden und die Sicherungsnummer vermerkt, sprechen wesentliche Gesichtspunkte für die Echtheit der Bescheinigung. In Zweifelsfällen besteht die Möglichkeit, sich durch eine Rückfrage beim Bundeszentralamt für Steuern – ggf. als elektronische Abfrage unter der Internet-Adresse **www.bzst.de** – Gewissheit über die Gültigkeit der vorgelegten Freistellungsbescheinigung zu verschaffen. Das Unterlassen einer Internet-Abfrage beim Bundeszentralamt für Steuern oder einer Rückfrage beim zuständigen Finanzamt braucht nicht in jedem Fall grob fahrlässig und damit haftungsbegründend zu sein. Wegen weiterer Einzelheiten wird auf Tz. 72–78 des BMF-Schreibens v. 27. 12. 2002 (a. a. O.) hingewiesen.

7. Auswirkungen auf das Besteuerungsverfahren des Leistungsempfängers

381 Nach der Anmeldung und Abführung der Bauabzugssteuer sind die in § 48c Abs. 1 bezeichneten Steueransprüche nicht mehr gefährdet. Es besteht damit kein Anlass für weitergehende Maßnahmen zu deren Sicherung. Aus diesem Grunde wird in § 48 Abs. 4 EStG ausdrücklich bestimmt, dass

- der Betriebsausgabenabzug nach § 160 Abs. 1 Satz 1 AO (vgl. dazu 2. Kap. Rdn. 1578 ff.) beim Leistungsempfänger nicht deswegen zu versagen ist, weil der Zahlungsempfänger nicht bzw. nicht zutreffend benannt wurde,
- der Leistungsempfänger bezogen auf die ihm erbrachten Leistungen nicht nach § 42d Abs. 6 und 8 EStG als Haftungsschuldner in Anspruch genommen werden darf,
- gegenüber dem Leistungsempfänger die Anordnung des Steuerabzugs nach § 50a Abs. 7 EStG im Hinblick auf die von einem im Ausland ansässigen Leistenden erbrachten Bauleistungen nicht in Betracht kommt.

Entsprechendes gilt nach § 48b Abs. 5 EStG, wenn der Leistungsempfänger auf Grund einer rechtmäßig erteilten Freistellungsbescheinigung vom Steuerabzug abgesehen hat.

Literaturangaben:

Blümich, Einkommensteuergesetz, Körperschaftsteuergesetz, Gewerbesteuergesetz, Loseblattausgabe, Berlin; *Anemüller/Zöller*, Handbuch privater Kapitaleinkünfte, 2. Aufl., Herne 2018; *Kanzler/Kraft/Bäuml/Marx/Hechtner*, Einkommensteuergesetz Kommentar, 5. Aufl., Herne 2020; *Kirchhof/Söhn/Mellinghoff* (Hrsg.), Kommentar zum Einkommensteuergesetz, Loseblattwerk; *Lange/Bilitewski/Götz*, Personengesellschaften im Steuerrecht, 11. Aufl., Herne 2020; *Littmann/Bitz/Pust*, Das Einkommensteuerrecht, Loseblattausgabe, Stuttgart; *Meyer/Theile*, Bilanzierung nach Handels- und Steuerrecht, 30. Aufl., Herne 2019; *Prinz/Kahle* (Hrsg.), Beck'sches Handbuch der Personengesellschaften, 5. Aufl., München 2020; *Myßen/Fischer/Gragert/Wißborn*, Renten, Raten, Dauernde Lasten, 16. Aufl., Herne 2017; *Schmidt*, Einkommensteuergesetz, 40. Aufl., München 2021; *Wollny/Hallerbach/Dönmez/Liebert/Wepler*, Unternehmens- und Praxisübertragungen, 9. Aufl., Herne 2018.

5. Kapitel:

Teil B: Lohnsteuerabzugsverfahren

von
Dipl.-Finanzwirt StB Michael Seifert, Troisdorf

Inhaltsverzeichnis

I. Allgemeines

1. Lohnsteuer als besondere Erhebungsform der Einkommensteuer

601 Die Lohnsteuer ist keine selbständige Steuerart. Sie ist vielmehr eine Erhebungsform der Einkommensteuer, die ausschließlich bei der Erzielung von Einkünften aus nichtselbständiger Tätigkeit zum Tragen kommt. Bei Bezug von Einkünften aus nichtselbständiger Arbeit nach § 19 EStG werden i. d. R. keine Einkommensteuer-Vorauszahlungen (vgl. § 37 EStG) vom Finanzamt festgesetzt, wenngleich dies möglich ist.

Hinweis:

Der Quellensteuerabzug von Lohnsteuer schließt die Festsetzung von Einkommensteuer-Vorauszahlungen nicht aus. Die Festsetzung von Einkommensteuer-Vorauszahlungen ist dann zulässig, wenn im Lohnsteuerabzugsverfahren die voraussichtlich entstehende Einkommensteuer-Schuld unterschritten wird (vgl. auch BFH-Urteil v. 20. 12. 2004 – VI R 182/97, BStBl II 2005 S. 358).

Bei **Arbeitnehmern**, die nach § 2 Abs. 1 Nr. 4 EStG i.V. mit § 19 EStG Einnahmen aus nichtselbständiger Tätigkeit erzielen **(sog. Arbeitslohn)**, wird die Einkommensteuer bei Zufluss von steuerpflichtigem Arbeitslohn durch den zum Lohnsteuerabzug verpflichteten Arbeitgeber einbehalten (= Lohnsteuer). Daneben ist i. d. R. der Arbeitgeber verpflichtet, die einbehaltene Lohnsteuer an das Finanzamt abzuführen.

602 Die Erhebung der Lohnsteuer ist in den §§ 38–42g EStG geregelt, ergänzt durch die Bestimmungen der LStDV und LStR. Die Vorschriften der LStDV haben – von Ausnahmen abgesehen – keine materielle, sondern nur verfahrensrechtliche Bedeutung **(formelles Recht)**.

603 Charakteristisch für das Lohnsteuerabzugsverfahren ist, dass grundsätzlich der **Arbeitgeber** die Lohnsteuer für Rechnung des Arbeitnehmers bei jeder Lohnzahlung vom Arbeitslohn **einzubehalten** hat (§ 38 Abs. 3 Satz 1 EStG); bei juristischen Personen des öffentlichen Rechts hat die öffentliche Kasse, die den Arbeitslohn zahlt, die Pflichten des Arbeitgebers (§ 38 Abs. 3 Satz 2 EStG). Nur in Ausnahmefällen kann ein Dritter diese Arbeitgeber-Pflichten zu erfüllen haben (vgl. § 38 Abs. 3a EStG, § 38 Abs. 3 Satz 3 EStG, § 3 Nr. 65 Satz 4 EStG). Die einbehaltene Lohnsteuer ist nach Maßgabe des § 41a EStG vom Arbeitgeber oder abzugsverpflichteten Dritten dem zuständigen Finanzamt **anzumelden** und an dieses **abzuführen**. Für die Einbehaltung und Abführung der Lohnsteuer haftet der Arbeitgeber (§ 42d Abs. 1 Nr. 1 EStG).

604 **Schuldner** der Lohnsteuer ist unabhängig davon, dass der Arbeitgeber diese einzubehalten und abzuführen hat, der **Arbeitnehmer** (§ 38 Abs. 2 Satz 1 EStG). Dies gilt jedoch nicht in den Fällen der **Lohnsteuerpauschalierung**. Nach § 40 Abs. 3 Satz 2 EStG ist dann der **Arbeitgeber** selbst der Steuerschuldner. Dies gilt auch bei Pauschalierungen gem. §§ 37a bzw. 37b EStG.

605 Die Lohnsteuer entsteht in dem Zeitpunkt, in dem der Arbeitslohn dem Arbeitnehmer **zufließt** (§ 38 Abs. 2 Satz 2 EStG; R 38.2 LStR). Der Zuflusszeitpunkt des Arbeitslohns beim Arbeitnehmer ist nicht nur für die Frage von Bedeutung, wann der Arbeitgeber die Lohnsteuer einzubehalten, anzumelden und abzuführen hat, sondern auch für die Zurechnung des Arbeitslohns zum jeweiligen Veranlagungszeitraum.

Das Lohnsteuerabzugsverfahren ist ausschließlich in den Fällen anzuwenden, in denen Arbeitslohn von einem Arbeitgeber gezahlt wird, der 606
(a) inländischer Arbeitgeber (§ 38 Abs. 1 Satz 1 Nr. 1 EStG) oder
(b) ausländischer Verleiher von Arbeitnehmern (§ 38 Abs. 1 Satz 1 Nr. 2 EStG) ist.

Inländischer Arbeitgeber ist in den Fällen der Arbeitnehmerentsendung auch das in Deutschland ansässige aufnehmende Unternehmen, das den Arbeitslohn für die ihm geleistete Arbeit wirtschaftlich trägt. Voraussetzung hierfür ist nicht, dass das Unternehmen dem Arbeitnehmer den Arbeitslohn im eigenen Namen und für eigene Rechnung auszahlt. 607

Früher bestand in den Fällen einer grenzüberschreitenden Arbeitnehmerüberlassung eine Lohnsteuerabzugsverpflichtung des in Deutschland ansässigen und aufnehmenden Unternehmens nur dann, wenn es die Lohnkosten tatsächlich wirtschaftlich trägt. Insbesondere bei verbundenen Unternehmen bedeutet „wirtschaftlich tragen", dass das ausländische Unternehmen vom inländischen Unternehmen einen finanziellen Ausgleich für die Arbeitnehmerüberlassung beansprucht und erhält.

Vom Gesetzestext waren nicht ausdrücklich die Fälle erfasst, in denen das ausländische verbundene Unternehmen (oft die Muttergesellschaft) auf einen finanziellen Ausgleichsanspruch gegenüber dem inländischen Unternehmer verzichtet, obwohl unter Fremden üblicherweise ein Ausgleich beansprucht worden wäre.

Praxishinweis:
Durch eine Gesetzesergänzung in § 38 Abs. 1 Satz 2 EStG hat sich dies mit Wirkung ab 2020 geändert. Danach wird ein in Deutschland ansässiges aufnehmendes Unternehmen auch dann zum inländischen Arbeitgeber, wenn es den Arbeitslohn nach Fremdvergleichsgrundsätzen hätte tragen müssen.

Der steuerpflichtige Arbeitslohn muss nicht zwingend vom eigenen Arbeitgeber geleistet werden; dem Lohnsteuerabzugsverfahren kann vielmehr auch der **Arbeitslohn von Dritten** unterliegen (siehe § 38 Abs. 1 Satz 3 EStG und R 38.4 LStR nebst hierzu ergangenen Hinweisen, BMF-Schreiben v. 20. 1. 2015, BStBl I 2015 S. 143, sowie zur Anzeigepflicht: § 38 Abs. 4 Satz 3 EStG). 608

2. Steuerabzug vom Arbeitslohn

Die Lohnsteuer wird vom **steuerpflichtigen** Arbeitslohn nach § 38 Abs. 1 Satz 1 EStG erhoben. Arbeitslohn kann dabei in Form von **laufendem** Arbeitslohn (R 39b.5 LStR) oder **sonstigen** Bezügen (R 39b.6 LStR) vorliegen. Zur Abgrenzung von laufendem Arbeitslohn zum sonstigen Bezug vgl. R 39b.2 LStR. 609

Laufender Arbeitslohn ist danach der Arbeitslohn, der dem Arbeitnehmer regelmäßig fortlaufend zufließt, insbesondere:

1. Monatsgehälter,
2. Wochen- und Tagelöhne,
3. Mehrarbeitsvergütung, Zuschläge und Zulagen,
4. geldwerte Vorteile aus der ständigen Überlassung von Dienstwagen zur privaten Nutzung bzw. zur Nutzung für Fahrten zwischen Wohnung und erster Tätigkeitsstätte,
5. Nachzahlungen und Vorauszahlungen, wenn sich diese ausschließlich auf Lohnzahlungszeiträume beziehen, die im Kalenderjahr der Zahlung enden,

6. Arbeitslohn für Lohnzahlungszeiträume des abgelaufenen Kalenderjahres, der innerhalb der ersten drei Wochen des nachfolgenden Jahres zufließt.

Ein **sonstiger Bezug** ist der Arbeitslohn, der nicht als laufender Arbeitslohn gezahlt wird. Zu den sonstigen Bezügen gehören einmalige Arbeitslohnzahlungen, die neben dem laufenden Arbeitslohn erbracht werden.

BEISPIELE: (siehe auch R 39b.2 Abs. 2 LStR)

1. Dreizehntes bzw. vierzehntes Monatsgehalt
2. Einmalige Abfindungen bzw. Entschädigungen
3. Gratifikationen und Tantiemen, die nicht fortlaufend gezahlt werden
4. Jubiläumszuwendungen
5. Urlaubsgelder, die nicht fortlaufend geleistet werden, und Entschädigungen zur Abgeltung nicht genommenen Urlaubs
6. Weihnachtszuwendungen
7. Nachzahlungen und Vorauszahlungen, wenn sich der Gesamtbetrag oder ein Teilbetrag der Nachzahlung oder Vorauszahlung auf Lohnzahlungszeiträume bezieht, die in einem anderen Jahr als dem der Zahlung enden, oder, wenn Arbeitslohn für Lohnzahlungszeiträume des abgelaufenen Kalenderjahres später als drei Wochen nach Ablauf dieses Jahres zufließt
8. Ausgleichszahlungen, für die in der Arbeitsphase erbrachten Vorleistungen aufgrund eines Altersteilzeitdienstverhältnisses im Blockmodell, das vor Ablauf der vereinbarten Zeit beendet wird
9. Zahlungen innerhalb eines Kalenderjahres als viertel- oder halbjährliche Teilbeträge

610 Dem Lohnsteuerabzug unterliegt auch der im Rahmen des Dienstverhältnisses von einem **Dritten** für eine Arbeitsleistung gewährte Arbeitslohn (§ 38 Abs. 1 Satz 3 i.V. mit § 38 Abs. 4 Satz 3 EStG, BMF-Schreiben v. 20. 1. 2015, BStBl I 2015 S. 143; siehe auch Rdn. 608). Geschieht dieser Lohnsteuer-Abzug nicht oder nicht in der korrekten Höhe, kann dies eine Arbeitgeberhaftung nach § 42d EStG auslösen.

611 *Einstweilen frei*

612 Für den jeweiligen Arbeitnehmer ergibt sich auf die in einem Veranlagungszeitraum (= Kalenderjahr) zugeflossenen Einnahmen aus nichtselbständiger Tätigkeit eine Jahreslohnsteuer.

613 Diese Jahreslohnsteuer wird nach § 38a Abs. 2 EStG so bemessen, dass sie der Einkommensteuer entspricht, die der Arbeitnehmer schuldete, wenn er ausschließlich Einkünfte aus nichtselbständiger Tätigkeit erzielen würde.

614 Die Jahreslohnsteuer wird i. d. R. in (monatlichen) Teilbeträgen erhoben. Dabei wird vom **laufenden Arbeitslohn** die Lohnsteuer mit dem auf den Lohnzahlungszeitraum entfallenden Teilbetrag der Jahreslohnsteuer erhoben, die sich bei Umrechnung des laufenden Arbeitslohns auf einen Jahresarbeitslohn ergibt (§ 38a Abs. 3 Satz 1 EStG).

615 Beim Zufluss von **sonstigen Bezügen** (z. B. Weihnachts- oder Urlaubsgeld) wird der Teilbetrag der Jahreslohnsteuer mit dem Betrag erhoben, der zusammen mit der Lohnsteuer für den laufenden Arbeitslohn des Kalenderjahres und für etwa im Kalenderjahr bereits gezahlte sonstige Bezüge die voraussichtliche Jahreslohnsteuer ergibt (§ 38a Abs. 3 Satz 2 EStG). In Fällen der Abrechnung durch Dritte für den Arbeitgeber gilt gem. § 39c Abs. 3 EStG eine Vereinfachungsregelung für die Abrechnung eines sonstigen Be-

zugs. Eine Veranlagungspflicht ergibt sich bei Anwendung von § 39c Abs. 3 EStG aus § 46 Abs. 2 Nr. 5 EStG.

Das Lohnsteuerabzugsverfahren ist prinzipiell so eingerichtet, als wenn der Stpfl. ausschließlich Einkünfte aus § 19 EStG erzielt und bestimmte, in diesem Verfahren zu berücksichtigende, Beträge nicht überschreitet. Vom Grundsatz her soll die einbehaltene Lohnsteuer der endgültigen Einkommensteuer entsprechen. 616

Um dies zu erreichen, bestimmt § 38a Abs. 4 EStG, dass bei der Ermittlung der Lohnsteuer die Besteuerungsgrundlagen des Einzelfalls durch 617

(a) Einreihung in Steuerklassen (§ 38b EStG),

(b) Feststellung von Freibeträgen und Hinzurechnungsbeträgen (§ 39a EStG) sowie

(c) Bereitstellung von elektronischen Lohnsteuerabzugsmerkmalen (§ 39e EStG) oder Ausstellung von entsprechenden Bescheinigungen für den Lohnsteuerabzug (§ 39 Abs. 3 und § 39e Abs. 7 und 8 EStG)

zu berücksichtigen sind.

Die Grundidee des Lohnsteuerabzugsverfahrens lässt sich in der Praxis häufig nicht verwirklichen. Die erhobene Lohnsteuer entspricht regelmäßig nicht der auf die Einkünfte aus nichtselbständiger Arbeit entfallenden Einkommensteuer. 618

BEISPIEL: Ein lediger aktiv tätiger Arbeitnehmer ohne Kinder hat tatsächliche Werbungskosten i. H. von 2 500 €. 619

Der Arbeitnehmer ist nach § 38b Abs. 1 Satz 2 Nr. 1a Doppelbuchst. aa EStG in die Lohnsteuerklasse I einzureihen. Im Lohnsteuerabzugsverfahren wird ohne Antragstellung der Arbeitnehmer-Pauschbetrag des § 9a Satz 1 Nr. 1a EStG berücksichtigt (= 1 000 €). Damit bleiben 1 500 € der tatsächlichen Werbungskosten im Lohnsteuerabzugsverfahren unberücksichtigt.

Einstweilen frei 620

Für die Geltendmachung der tatsächlichen Werbungskosten hat der Arbeitnehmer mehrere Möglichkeiten: 621

(a) Er kann sich die tatsächlichen Werbungskosten nach § 39a Abs. 1 Satz 1 Nr. 1 i.V. mit Abs. 2 EStG als **Freibetrag** bei seinen Lohnsteuerabzugsmerkmalen berücksichtigen lassen. Diesen Freibetrag hat der Arbeitgeber beim Lohnsteuerabzug nach § 39b Abs. 2 Satz 4 EStG zu berücksichtigen. Durch diese Berücksichtigung eines Freibetrags besteht grundsätzlich eine gesetzliche Verpflichtung zur Abgabe einer Einkommensteuer-Erklärung (vgl. § 46 Abs. 2 Nr. 4 EStG). Dies gilt nur dann nicht, wenn der im Kalenderjahr erzielte steuerpflichtige und individuell zu versteuernde Arbeitslohn bei Einzelveranlagung 12 250 € (2021) bzw. bei Zusammenveranlagung 23 350 € (2021) nicht überschreitet.

(b) Er kann auf die Eintragung verzichten und im Rahmen einer **Einkommensteuerveranlagung** die tatsächliche Höhe der Werbungskosten geltend machen. Die einbehaltene Lohnsteuer wird dabei nach § 36 Abs. 3 Satz 1 EStG auf volle € aufgerundet und auf die festgesetzte Einkommensteuer angerechnet (§ 36 Abs. 2 Nr. 2 EStG). Im Ergebnis wird damit die im Lohnsteuerabzugsverfahren zu hoch einbehaltene Lohnsteuer nebst Solidaritätszuschlag und eventueller Kirchensteuer korrigiert. Eine Einkommensteuer-Erstattung wird im Veranlagungsverfahren ausgelöst.

Einstweilen frei 622, 623

Die Lohnsteuer hat damit im Hinblick auf die ESt des Arbeitnehmers nur grundsätzlich **abgeltende Wirkung** (vgl. § 46 Abs. 4 EStG). Ist jedoch kraft Gesetzes (§ 46 Abs. 2 EStG) eine Veranlagung bei Bezug von Einkünften aus nichtselbständiger Tätigkeit durch- 624 zuführen oder wird diese beantragt, wird die einbehaltene Lohnsteuer auf die festgesetzte Einkommensteuer angerechnet (§ 36 Abs. 2 Nr. 2 EStG). Eine Abgeltungswirkung tritt in diesen Fällen nicht ein.

3. Steuerpflichtiger Arbeitslohn

625 Lohnsteuer ist ausschließlich vom steuerpflichtigen Arbeitslohn einzubehalten. Dies gilt unabhängig davon, ob es sich um laufenden Arbeitslohn oder um einen sonstigen Bezug handelt. D. h. Lohnsteuer ist nur dann einzubehalten, wenn es sich

(a) um – steuerbaren – Arbeitslohn handelt und

(b) dieser nicht steuerbefreit ist.

626 **Steuerbarer Arbeitslohn:**

Als steuerbarer Arbeitslohn sind grundsätzlich alle Einnahmen in Geld oder Geldeswert anzusehen, die durch das individuelle Dienstverhältnis veranlasst sind. Die Bezüge oder Leistungen müssen damit „für" das Dienstverhältnis erbracht werden. Dabei kann auch die Zahlung oder die Vorteilsgewährung eines Dritten zu steuerbarem Arbeitslohn führen, sofern eine Leistung im Rahmen des Dienstverhältnisses zum Arbeitgeber erbracht wird und sich als Frucht für die Arbeit zugunsten des Arbeitgebers darstellt (vgl. R 38.4 LStR sowie BMF-Schreiben v. 20. 1. 2015 BStBl I 2015 S. 143).

627 Keine zu Arbeitslohn führenden Einnahmen sind Leistungen des Arbeitgebers, die im ganz überwiegenden betrieblichen Interesse erbracht werden. Auch **Aufmerksamkeiten** in Form von Sachzuwendungen sind kein steuerbarer Arbeitslohn (R 19.6 LStR). Zu den Aufmerksamkeiten zählen insbesondere **Sach**leistungen des Arbeitgebers bis zu einem Wert von 60 € (brutto), die dem Arbeitnehmer oder seinen Angehörigen aus Anlass eines besonderen persönlichen Ereignisses zugewandt werden. Geldzuwendungen sind hingegen stets steuerbarer Arbeitslohn; selbst dann, wenn die Geldzuwendungen gering sind und aus einem persönlichen Anlass heraus ausgegeben werden.

Ob Barlohn oder eine Sachzuwendung vorliegt, entscheidet sich nach § 8 Abs. 1 Satz 2 und 3 EStG (siehe auch BMF-Schreiben v. 13. 4. 2021 – IV C 5 – S 2334/19/10007 :002, BStBl I 2021 S. 624).

BEISPIEL: Aus Anlass eines persönlichen Ereignisses (z. B. Geburtstag) wird dem Arbeitnehmer vom Arbeitgeber in 2021 eine CD im Wert von 60 € (inkl. USt) geschenkt. Ein Lohnsteuerabzug ist von dieser Sachzuwendung nicht vorzunehmen, da sie nicht zu steuerbarem Arbeitslohn führt (R 19.6 Abs. 1 Satz 2 LStR). Nicht steuerbarer Arbeitslohn verbraucht im Übrigen die 44-€-Freigrenze (ab 2022: 50 €) nach § 8 Abs. 2 Satz 11 EStG nicht.

Abwandlung:

Ein Arbeitnehmer feiert am 11. 5. 2021 Geburtstag. Der Arbeitgeber schenkt dem Arbeitnehmer einen Gutschein, der bei einem bestimmten Kaufhaus eingelöst werden kann. Der Geschenkgutschein enthält keine Angaben zur Art und Menge konkret bezeichneter Waren. Der Gutschein mindert in Höhe von 60 € einen Einkauf. Ein Umtausch in Bargeld ist ausgeschlossen. Der Gutschein erfüllt die Voraussetzungen des § 8 Abs. 1 Satz 3 EStG.

Der Gutschein stellt eine Sachzuwendung dar. Da diese aus einem besonderen persönlichen Anlass des Arbeitnehmers ausgegeben wird, liegt kein Arbeitslohn vor.

Kein steuerbarer Arbeitslohn liegt darüber hinaus in folgenden Fällen vor (R 19.3 Abs. 2 LStR und H 19.3 LStH 2021 Stichwort „Beispiele"): 628

- Leistungen zur Verbesserung der Arbeitsbedingungen (Beispiele: Bereitstellung von Aufenthalts- und Erholungsräumen),
- der Wert der unentgeltlich zur beruflichen Nutzung überlassenen Arbeitsmittel,
- übliche Sachleistungen des Arbeitgebers aus Anlass der Diensteinführung, eines Amts- oder Funktionswechsels, eines runden Arbeitnehmerjubiläums oder der Verabschiedung eines Arbeitnehmers i. S. von R 19.3 Abs. 2 Nr. 3 LStR,
- betriebliche Fort- und Weiterbildungsleistungen (siehe auch R 19.7 LStR und BMF-Schreiben v. 13. 4. 2012, BStBl I 2012 S. 531, sowie SenFin Berlin, Kurzinfo v. 16. 1. 2015, DB 2015 S. 218, und BMF v. 4. 7. 2017, BStBl I 2017 S. 882 – Deutschkurse für Flüchtlinge),
- Zinsvorteile aus Arbeitgeberdarlehen sind kein Arbeitslohn, wenn die Summe der noch nicht getilgten Darlehen am Ende des Lohnzahlungszeitraums 2 600 € nicht übersteigt (BMF-Schreiben v. 19. 5. 2015, BStBl I 2015 S. 484).

Abgrenzung steuerfreier/steuerpflichtiger Arbeitslohn: 629

Sofern steuerbarer Arbeitslohn vorliegt, ist zu unterscheiden, ob dieser

(a) steuerfrei oder

(b) steuerpflichtig

ist.

Steuerfreier Arbeitslohn führt dazu, dass der Arbeitgeber Zahlungen und/oder Sachzuwendungen an den Arbeitnehmer leisten kann, ohne dass er zum Einbehalt von Lohnsteuer verpflichtet ist. Das Vorliegen von steuerfreiem Arbeitslohn ist insbesondere in § 3 EStG sowie in § 8 Abs. 2 und 3 EStG geregelt. Als wesentlichste Befreiungsvorschriften sind zu nennen: 630

(a) Beiträge des Arbeitgebers aus dem ersten Dienstverhältnis an einen Pensionsfonds, eine Pensionskasse oder für eine Direktversicherung (im Einzelnen § 3 Nr. 63 EStG und BMF-Schreiben v. 6. 12. 2017, BStBl I 2018 S. 147 sowie Harder-Buschner, NWB 32/2017 S. 2417, und Plenker, DB 2017 S. 1545),

(b) Vergütungen von Reisekosten, Umzugskosten und Mehraufwendungen infolge einer beruflich veranlassten doppelten Haushaltsführung (§ 3 Nr. 13 und Nr. 16 EStG),

(c) Arbeitgeberleistungen zugunsten öffentlicher Verkehrsmittel bzw. öffentlichem Personennahverkehr i. S. des § 3 Nr. 15 EStG (gilt ab 2019),

(d) zusätzlich zum ohnehin geschuldeten Arbeitslohn vom Arbeitgeber gewährte Vorteile für die Überlassung eines betrieblichen Fahrrads, das kein Kraftfahrzeug i. S. des § 6 Abs. 1 Nr. 4 Satz 2 EStG ist (gilt ab 2019),

(e) bestimmte Mahlzeitengestellungen während einer Auswärtstätigkeit oder einer beruflich begründeten doppelten Haushaltsführung (siehe § 8 Abs. 2 Satz 9 EStG),

(f) Rabattfreibetrag nach § 8 Abs. 3 EStG,

(g) monatlicher Freibetrag von 44 € (ab 2022: 50 €) für geringfügige einzeln zu bewertende Sachzuwendungen (§ 8 Abs. 2 Satz 11 EStG),

(h) Sachprämien aus Kundenanbindungsprogrammen bis 1 080 € (§ 3 Nr. 38 EStG),

(i) Vorteile der Arbeitnehmer aus der privaten Nutzung von betrieblichen Datenverarbeitungsgeräten und Telekommunikationsgeräten (§ 3 Nr. 45 EStG),

(j) zusätzlich zum ohnehin geschuldeten Arbeitslohn erbrachte Leistungen des Arbeitgebers zur Verbesserung des allgemeinen Gesundheitszustandes und der betrieblichen Gesundheitsförderung, soweit sie 600 € im Kalenderjahr nicht übersteigen (siehe § 3 Nr. 34 EStG und BMF-Schreiben v. 20. 4. 2021, BStBl I 2021 S. 700),

(k) zusätzlich zum ohnehin geschuldeten Arbeitslohn erbrachte Leistungen des Arbeitgebers zur Unterbringung und Betreuung von nicht schulpflichtigen Kindern der Arbeitnehmer in Kindergärten oder vergleichbaren Einrichtungen (siehe § 3 Nr. 33 EStG),

(l) Familienserviceleistungen i. S. des § 3 Nr. 34a EStG,

(m) Trinkgelder i. S. des § 3 Nr. 50 EStG,

(n) Vorteile des Arbeitnehmers aus der Überlassung bestimmter Vermögensbeteiligungen (§ 3 Nr. 39 EStG),

(o) Corona-Beihilfen i. S. des § 3 Nr. 11a EStG,

(p) Bestimmte Arbeitgeberzuschüsse zum Kurzarbeitergeld nach § 3 Nr. 28a EStG.

631 Liegt steuerpflichtiger Arbeitslohn vor, ist dieser dem jeweils begünstigten Arbeitnehmer zuzurechnen. Von dem Begünstigten ist in Abhängigkeit von seinen individuellen Verhältnissen die Lohnsteuer einzubehalten. Eine Ausnahme hiervon gilt nur, wenn eine Lohnsteuerpauschalierung vorgenommen wird, die an die Stelle einer individuellen Besteuerung tritt (vgl. hierzu im Einzelnen Rdn. 703 ff.).

632 Sofern dem Grunde nach steuerpflichtiger Arbeitslohn vorliegt, stellt sich die Frage, wie dieser zu bewerten ist. Die Bewertung hängt im Wesentlichen davon ab, ob es sich um eine Geld- oder eine Sachzuwendung handelt. Die Bewertung von Einnahmen in Geld ist i. d. R. unproblematisch. Bei Sachzuwendungen existieren mehrere Bewertungsmaßstäbe.

Es ist zu überprüfen, ob

(a) die Sachzuwendung einzeln mit dem **Marktpreis** unter Berücksichtigung der 44 €-Freigrenze (ab 2022: 50 €) zu bewerten ist (§ 8 Abs. 2 Satz 1 und Satz 11 EStG),

(b) für die Sachzuwendung die Erfassungs- und Bewertungsregelungen der **Dienstwagen**gestellung zur Anwendung kommen (§ 8 Abs. 2 Sätze 2 bis 5 EStG),

(c) die Sachzuwendung mit den **amtlichen Sachbezugswerten** (§ 8 Abs. 2 Sätze 6 bis 8 EStG) oder einem **Durchschnittswert** (§ 8 Abs. 2 Satz 10 EStG) zu erfassen und zu bewerten ist oder

(d) eine Ware bzw. Dienstleistung nach § 8 Abs. 3 EStG zugewandt wird, für die der **Rabattfreibetrag** nach § 8 Abs. 3 Satz 2 EStG in Höhe von 1 080 € zur Anwendung kommt.

633 Bei der Bewertung von Sachbezügen ist insbesondere die Bewertung eines geldwerten Vorteils aus einer **Pkw-Gestellung** an einen Arbeitnehmer hervorzuheben (siehe auch BMF-Schreiben v. 4. 4. 2018, BStBl I 2018 S. 592).

Diese Bewertung kann nach folgenden Methoden erfolgen:

1. pauschale Wertermittlungsmethode (sog. 1 %-Regelung) oder
2. individuelle Wertermittlungsmethode (sog. Fahrtenbuch-Regelung).

634 Die Bewertung mit den **amtlichen Sachbezugswerten** kommt dann in Betracht, wenn Mahlzeiten arbeitstäglich an Arbeitnehmer abgegeben werden (Kantinenmahlzeiten, Essenmarkengestellung und arbeitstägliche Essenszuschüsse, siehe R 8.1 Abs. 7 LStR und BMF-Schreiben v. 18. 1. 2019, BStBl I 2019 S. 66). Gleiches gilt für übliche vom Arbeitgeber veranlasste Mahlzeitgestellungen während einer Auswärtstätigkeit oder einer doppelten Haushaltsführung (siehe § 8 Abs. 2 Satz 8 EStG).

Bei Mahlzeitengestellungen während einer Auswärtstätigkeit, die ab dem 1. 1. 2014 durchgeführt wird, gilt die Regelung des § 8 Abs. 2 Satz 8 ff. EStG i. d. F. des Gesetzes zur

Änderung und Vereinfachung der Unternehmensbesteuerung und des steuerlichen Reisekostenrechts (BGBl I 2013 S. 285).

Wird dem Arbeitnehmer während einer beruflichen Tätigkeit außerhalb seiner Wohnung und ersten Tätigkeitsstätte oder im Rahmen einer beruflich begründeten doppelten Haushaltsführung vom Arbeitgeber oder auf dessen Veranlassung von einem Dritten eine übliche Mahlzeit (Wert je Mahlzeit maximal 60 € brutto) zur Verfügung gestellt, ist die jeweilige Mahlzeit mit dem amtlichen Sachbezugswert anzusetzen (§ 8 Abs. 2 Satz 8 EStG).

Eine solche Mahlzeitengestellung kann lohnsteuerfrei (siehe § 8 Abs. 2 Satz 9 EStG) oder lohnsteuerpflichtig sein. Es gelten folgende Grundsätze:

a) Der Wert einer solchen üblichen **Mahlzeit** bleibt **lohnsteuerfrei,** wenn für den jeweiligen Reisetag eine steuerliche Verpflegungspauschale in Betracht kommt. Liegt z. B. eine Auswärtstätigkeit ohne Übernachtung mit einer Abwesenheitsdauer von mehr als 8 Std. vor und wird während dieser Auswärtstätigkeit eine übliche Mahlzeit vom Arbeitgeber gestellt, bleibt der Mahlzeitenwert lohnsteuerfrei (§ 8 Abs. 2 Satz 9 EStG). Um eine Doppelbegünstigung zu verhindern, wird eine Verpflegungspauschale nur noch gekürzt gewährt (§ 9 Abs. 4a Satz 8 EStG). Diese Kürzungsregelungen sind auch beim steuerfreien Reisekostenersatz für den Arbeitgeber zu beachten.

b) Der Wert der Mahlzeit ist mit dem **amtlichen Sachbezugswert steuerpflichtig** abzurechnen, wenn der Preis der jeweiligen Mahlzeit 60 € (brutto) nicht übersteigt (= übliche Mahlzeit) und für den Arbeitnehmer keine Verpflegungspauschale für den Mahlzeitengestellungstag in Betracht kommt. Diese Fallvariante ist dann anzutreffen, wenn z. B. bei einer Auswärtstätigkeit ohne Übernachtung eine Abwesenheitsdauer von 8 Std. oder weniger vorliegt. Der mit dem amtlichen Sachbezugswert zu bewertende geldwerte Vorteil kann entweder individuell über die Lohnabrechnung des begünstigten Mitarbeiters oder auch durch die Anwendung einer neuen Lohnsteuerpauschalierung (§ 40 Abs. 2 Satz 1 Nr. 1a EStG, 25 %) versteuert werden. Durch die Lohnsteuerpauschalierung mit dem festen Prozentsatz wird eine SV-Freiheit ausgelöst, sofern diese zeitnah erfolgt.

BEISPIEL 1: Teilnahme an einer Fortbildungsveranstaltung am 19. 4. 2021 in Hamburg. Abwesenheitsdauer: 12 Std. (inkl. üblichem Mittagessen, d. h. der Bruttowert des Mittagessens beträgt nicht mehr als 60 €). Der Mitarbeiter hat keine Eigenleistung für die Mahlzeit zu erbringen. Der Tagegeldanspruch des Mitarbeiters entspricht dem steuerlichen Reisekostenrecht.

Mahlzeitengestellung

Das vom Arbeitgeber veranlasste Mittagessen während der Auswärtstätigkeit ist mit dem amtlichen Sachbezugswert zu **bewerten** (§ 8 Abs. 2 Satz 8 EStG).

Die Mahlzeitengestellung bleibt aber **steuerfrei,** weil für den Kalendertag der Mahlzeitengestellung eine Verpflegungspauschale nach steuerlichen Grundsätzen in Betracht kommt (§ 8 Abs. 2 Satz 9 EStG).

Verpflegungspauschale

Die Verpflegungspauschale beträgt grundsätzlich 14 €. Wird dem Arbeitnehmer allerdings auf Kosten des Arbeitgebers eine Mahlzeit während der Auswärtstätigkeit gestellt, muss die Verpflegungspauschale gekürzt werden. Die Kürzung orientiert sich an dem Betrag, der in die 24-stündige Verpflegungspauschale des Essensgestellungsorts pauschal einbezogen wurde.

Die Kürzung orientiert sich damit weder am tatsächlichen Essenspreis noch an der Höhe des jeweiligen amtlichen Sachbezugswertes.

Verpflegungspauschale 24 Std. – Inland:	28,00 €
davon entfällt auf das Frühstück ein Wert von 20 %	= 5,60 €
davon entfällt auf das Mittagessen ein Wert von 40 %	= 11,20 €
davon entfällt auf das Abendessen ein Wert von 40 %	= 11,20 €
Konkrete Verpflegungspauschalenabrechnung:	
Tagegeld 19. 4. 2021 (vor Mahlzeitengestellung)	14,00 €
abzüglich pauschale Kürzung für die arbeitgeberseitig gestellte Mahlzeit (Mittagessen)	11,20 €
steuerfrei erstattbare Verpflegungspauschale	= 2,80 €

Sofern der Arbeitgeber nach der betrieblichen Vereinbarung 14 € auszahlt, sind hiervon nur 2,80 € steuerfrei. Die verbleibenden 11,20 € sind steuerpflichtiger Arbeitslohn. Eine individuelle Besteuerung dieser 11,20 € kann durch die Anwendung der Lohnsteuerpauschalierung für überzahlte Tagegelder verhindert werden (siehe § 40 Abs. 2 Satz 1 Nr. 4 EStG). Der Höhe nach stellt die maximale Pauschalierung auf den Tagegeldsatz von 14 € vor Kürzung ab (R 40.2 Abs. 1 Nr. 4 LStR).

Der steuerpflichtige Arbeitslohn von 11,20 € kann pauschal mit 25 % (§ 40 Abs. 2 Satz 1 Nr. 4 EStG; zuzüglich Solidaritätszuschlag und eventuell Kirchenlohnsteuer) lohnversteuert werden; hierdurch wird auch eine Sozialversicherungspflicht verhindert. Dies gilt jedoch nur bei zeitnaher Pauschalierung.

Die amtlichen Sachbezugswerte 2021 sind wie folgt festgesetzt:

Art der Mahlzeit	Monatlicher Wert 2021 (2020)	Kalendertäglicher Wert 2021 (2020)
Frühstück	55 € (2020: 54 €)	1,83 € (2020: 1,80 €)
Mittag- bzw. Abendessen (jeweils)	104 € (2020: 102 €)	3,47 € (2020: 3,40 €)

BEISPIEL 2: Wie Beispiel zuvor, allerdings beträgt die Abwesenheitsdauer am Seminartag (= Reisetag) nur 7 Std.

Mahlzeitengestellung

Die Gestellung der Mahlzeit während der Seminarveranstaltung wird vom Arbeitgeber veranlasst. Sie ist lohnsteuerpflichtig, weil der Mitarbeiter wegen der Abwesenheitszeit von 7 Std. keine Tagegeldpauschale beanspruchen kann.

Das vom Arbeitgeber gestellte Mittagessen ist nicht lohnsteuerfrei, weil die Mindestabwesenheitsdauer von mehr als 8 Std. nicht eingehalten wird (§ 8 Abs. 2 Satz 9 EStG).

Die steuerpflichtige Mahlzeit ist zwingend mit dem amtlichen Sachbezugswert für das Mittagessen (Wert 2021: 3,47 €) zu bewerten; auf die Höhe der tatsächlichen Kosten kommt es nicht an (§ 8 Abs. 2 Satz 8 EStG; bei der Mahlzeit muss es sich wertmäßig um eine „übliche" Mahlzeit (Preis max. 60 €) handeln).

Die Anwendung der 44 €-Freigrenze scheidet aus, weil die Bewertung nicht mit dem Marktpreis erfolgt (§ 8 Abs. 2 Satz 11 EStG). Ein Bewertungswahlrecht, die Mahlzeitenbewertung entweder mit dem amtlichen Sachbezugswert oder dem Marktpreis unter Anwendung der 44 €-Freigrenze vorzunehmen, ist zumindest ab 2014 entfallen (R 8.1 Abs. 2 Satz 1 LStR).

Der steuerpflichtige Sachbezug, der **mit 3,47 € (Wert 2021) bewertet** wird, kann individuell oder durch den Arbeitgeber mit 25 % (zuzüglich Annexsteuern) nach Maßgabe von § 40 Abs. 2 Satz 1 Nr. 1a EStG pauschal versteuert werden. Durch die Anwendung der Lohnsteuerpauschalierung wird eine Sozialversicherungspflicht verhindert. Dies gilt jedoch nur bei zeitnaher Pauschalierung.

635 Als weitere besondere Bewertungsvorschrift ist § 8 Abs. 3 EStG (Gewährung eines **Rabattfreibetrags**) anzusprechen, der insbesondere im Einzelhandel und im Kreditgewerbe oder der Hotelbranche eine große Rolle spielt. Kommt eine Bewertung nach § 8 Abs. 3 EStG in Betracht, kann die Höhe des geldwerten Vorteils im Lohnsteuerabzugsverfahren bzw. spätestens i. R. d. Einkommensteuer-Veranlagung stattdessen auch mit dem Marktpreis nach

§ 8 Abs. 2 Satz 1 EStG bewertet werden (BFH v. 26. 7. 2012 – VI R 30/09, BStBl II 2013 S. 395 sowie VI R 27/11, BStBl II 2013 S. 402; s. a. BMF-Schreiben v. 16. 5. 2013, BStBl I 2013 S. 729). Auch besteht ein Wahlrecht für den einzelnen Sachbezug zwischen dem Ansatz mit dem amtlichen Sachbezugswert oder der Bewertung nach den Regelungen des Rabattfreibetrags nach § 8 Abs. 3 EStG (siehe R 8.1 Abs. 4 Satz 2 LStR).

BEISPIEL 1: Der Mitarbeiter ist in 2021 in einem Hotel tätig. Er hat die Möglichkeit, sich aus der Mittagstageskarte des Arbeitgebers, die auch den Kunden frei zugänglich ist, ein Mittagessen auszuwählen.

Der Mitarbeiter nimmt im Laufe des Jahres 225 Mittagessen zu je 5 € (Endpreis des Arbeitgebers brutto, siehe § 8 Abs. 3 Satz 1 EStG) ein.

Der geldwerte Vorteil aus der Mahlzeitengestellung kann nach § 8 Abs. 3 EStG unter Anwendung des Rabattfreibetrags bewertet und erfasst werden.

Bewertung:

225 Mittagessen x 5 €	1 125,00 €
abzüglich Bewertungsabschlag (4 %)	- 45,00 €
	= 1 080,00 €

Sämtliche Mahlzeitengestellungen bleiben steuerfrei, weil der Rabattfreibetrag i. H. von 1 080 € nicht überschritten wird. Die Bewertung der Mahlzeit mit dem amtlichen Sachbezugswert kann zugunsten der Bewertung unter Berücksichtigung des Rabattfreibetrags abgewählt werden.

Die Anwendung der Rabattfreibetragsregelung setzt allerdings voraus, dass der Arbeitgeber Aufzeichnungen über seinen Endpreis und die vom jeweiligen Arbeitnehmer jeweils gewählte Mahlzeit führt.

BEISPIEL 2: Wie Beispiel 1, allerdings werden dem Mitarbeiter 230 Mittagessen à 5 € gestellt.

225 Mittagessen bleiben unter Anwendung des Rabattfreibetrags steuerfrei (225 Essen x 5 € = 1 125 € x 96 % = 1 080 €).

Damit die 5 weiteren Mahlzeitengestellungen keinen individuell zu versteuernden Arbeitslohn auslösen, kann für die arbeitstäglichen Mahlzeiten eine Lohnsteuerpauschalierung nach Maßgabe von § 40 Abs. 2 Satz 1 Nr. 1 EStG angewandt werden.

Bei Anwendung der Lohnsteuerpauschalierung erfolgt die Mahlzeitenbewertung nicht mit dem Marktpreis, sondern mit dem amtlichen Sachbezugswert.

Pauschalierungshöhe:

5 Mittagessen x 3,47 €	17,35 €
davon 25 % (zuzüglich Solidaritätszuschlag und eventuell Kirchenlohnsteuer)	= 4,34 €

Alternativ könnte sich die Frage stellen, ob für die 5 steuerpflichtigen Mahlzeiten die Anwendung der 44 €-Freigrenze zur Anwendung kommen kann. Dies setzt aber die Mahlzeitenbewertung mit dem Marktpreis nach § 8 Abs. 2 Satz 1 EStG mit dem Marktpreis voraus.

Bislang lässt die Finanzverwaltung eine Abwahl der Bewertung mit dem amtlichen Sachbezugswert zugunsten der Marktpreisbewertung jedoch nicht zu (R 8.1 Abs. 4 Satz 2 LStR).

Die Anwendung der vorgenannten Rechtsgrundsätze setzt aber formell voraus, dass jede einzelne steuerfrei gestellte Mahlzeit gesondert im Lohnkonto aufgezeichnet wird. Zudem muss die einzelne Mahlzeit je Mitarbeiter mit dem jeweiligen Marktpreis bewertet werden. Dies ist arbeitsintensiv.

II. Lohnsteuerklassen und Lohnsteuertabellen

1. Steuerklassen

636 Für die Durchführung des Lohnsteuer-Abzugs werden unbeschränkt einkommensteuerpflichtige Arbeitnehmer in nachfolgend genannte Steuerklassen eingereiht (§ 38b EStG). Diese werden als Lohnsteuerabzugsmerkmale gespeichert und dem Arbeitgeber zum Abruf bereitgestellt. Ausschließlich das Finanzamt ist für die Bildung der Lohnsteuerabzugsmerkmale zuständig, sofern sie noch nicht automatisiert gebildet werden (§ 39 Abs. 1 Satz 2 EStG).

Gem. § 2 Abs. 8 EStG sind die Regelungen zu Ehegatten und Ehen auch auf Lebenspartner und Lebenspartnerschaften anzuwenden. Auch bei Ehen unter gleichgeschlechtigen Personen (BGBl I 2017 S. 2787) kommt eine Zusammenveranlagung zur Anwendung. Die im Folgenden für Ehegatten dargestellten Regelungen gelten somit für Lebenspartner entsprechend.

Steuerklasse I:

In die Steuerklasse I sind Arbeitnehmer einzuordnen, die ledig oder geschieden sind und bei denen kein Entlastungsbetrag für Alleinerziehende zu berücksichtigen ist. Ebenso rechnen hierzu verwitwete Personen, bei denen das Witwen- (oder Gnaden-) splitting i. S. des § 32a Abs. 6 Satz 1 Nr. 1 EStG nicht zur Anwendung kommt, und verheiratete Personen, die die Voraussetzungen des § 26 Abs. 1 Satz 1 EStG nicht erfüllen.

Bei der Lohnsteuerberechnung der Steuerklasse I werden berücksichtigt:

(a) der Arbeitnehmer-Pauschbetrag mit 1 000 €,
(b) der Sonderausgaben-Pauschbetrag mit 36 €,
(c) die Vorsorgepauschale.

Die Steuerklasse I geht von der Anwendung der Grundtabelle (§ 32a Abs. 1 EStG) aus.

In die Steuerklasse I gehören auch Arbeitnehmer, die beschränkt steuerpflichtig sind.

Steuerklasse II:

637 Hierunter fallen die unbeschränkt steuerpflichtigen Personen i. S. der Steuerklasse I, wenn bei ihnen der Entlastungsbetrag für Alleinerziehende gem. § 24b EStG zu gewähren ist.

Die Steuerklasse II geht von der Anwendung der Grundtabelle aus. Zusätzlich zu den bei der Steuerklasse I erfassten Beträgen wird der Entlastungsbetrag für Alleinerziehende – eventuell zeitanteilig – erfasst.

Der Entlastungsbetrag für Alleinerziehende beträgt ab dem VZ 2015 1 908 € p. a. (ab 2022: 4 008 € p. a.). Der Entlastungsgrundbetrag wird in 2020 und 2021 um einen Betrag von 2 100 € erhöht. Dieser Erhöhungsbetrag ist nicht automatisch in der Steuerklasse II eingearbeitet. Hierfür wird ein Freibetrag im LSt-Abzugsverfahren 2020 und 2021 berücksichtigt. Erst ab 2022 ist der Betrag von 4 008 € in die Steuerklasse II eingearbeitet. Durch die automatische Einarbeitung entfällt ab 2022 die Notwendigkeit der Freibetragsberücksichtigung. Zudem wird ab dem VZ 2015 je weiterem Kind ein Erhöhungsbetrag von 240 € p. a. gewährt. Siehe auch BMF-Schreiben v. 23. 10. 2017 (BStBl I

2017 S. 1432). Der Grundentlastungsbetrag wird bei Anwendung der Steuerklasse II in den Programmablaufplan zur Lohnsteuerermittlung eingearbeitet. Ein zusätzlicher Erhöhungsbetrag wird nicht programmgesteuert erfasst; es bedarf der Eintragung eines Freibetrags (siehe Rdn. 621, 666 und 674).

Steuerklasse III:

Diese Steuerklasse gilt für: 638

(a) verheiratete Arbeitnehmer, wenn beide Ehegatten unbeschränkt einkommensteuerpflichtig sind, nicht dauernd getrennt leben und der Ehegatte des Arbeitnehmers keinen oder nur pauschal besteuerten Arbeitslohn bezieht. Bezieht der Ehegatte ebenfalls Einkünfte aus nichtselbständiger Tätigkeit, kommt auf gemeinsamen Antrag eine Einordnung des einen Ehegatten in die Steuerklasse III in Betracht; der andere Ehegatte ist dann zwingend in die Steuerklasse V einzuordnen (vgl. § 38b Abs. 1 Satz 2 Nr. 3a Doppelbuchst. bb EStG).

(b) Arbeitnehmer, die die Voraussetzungen des Splittingtarifes nach § 32a Abs. 6 EStG erfüllen.

Bei der Lohnsteuerberechnung der Steuerklasse III werden berücksichtigt:

(a) der Arbeitnehmer-Pauschbetrag mit 1 000 €,

(b) der Sonderausgaben-Pauschbetrag mit 72 €,

(c) die Vorsorgepauschale.

Zur Ermittlung der Höhe der Lohnsteuer wird von dem Splittingtarif (§ 32a Abs. 5 EStG) ausgegangen.

Steuerklasse IV und V bzw. IV/IV und Faktor:

Steuerklasse IV gilt für verheiratete Arbeitnehmer, wenn beide Ehegatten unbeschränkt einkommensteuerpflichtig sind, nicht dauernd getrennt leben und beide Ehegatten Arbeitslohn beziehen. 639

Steuerklasse V gilt für verheiratete Arbeitnehmer, wenn beide Steuerpflichtige die Voraussetzungen des § 26 Abs. 1 Satz 1 EStG erfüllen und Arbeitslohn beziehen. Voraussetzung ist allerdings, dass der andere berufstätige Ehegatte in die Steuerklasse III eingereiht wird.

Seit 2010 wird eine Vorsorgepauschale im Lohnsteuerabzugsverfahren grundsätzlich in allen Steuerklassen und somit auch in der Steuerklasse V berücksichtigt (siehe hierzu BMF-Schreiben v. 26. 11. 2013, BStBl I 2013 S. 1532).

Beziehen beide Ehegatten Einkünfte aus nichtselbständiger Tätigkeit, stellt der Gesetzgeber in § 38b EStG insbesondere folgende Steuerklassenkombinationen zur Wahl:

Ehemann	Ehefrau
IV	IV
III	V
V	III

Der Bundestag hat am 27. 4. 2017 das Gesetz zur Bekämpfung der Steuerumgehung und zur Änderung weiterer steuerlicher Vorschriften (sog. **Steuerumgehungsbekämpfungsgesetz**) unter Berücksichtigung der Beschlussempfehlungen und des Berichts des Finanzausschusses (BT-Drs. 18/12127 v. 26. 4. 2017) verabschiedet. Der Bundesrat hat diesem Gesetzespaket am 2. 6. 2017 zugestimmt (BGBl I 2017 S. 1682 = BStBl I 2017 S. 865).

Hierin befinden sich auch folgende lohnsteuerrelevanten Gesetzesänderungen:

- Änderung der bisherigen Gesetzesregelung zur automatisierten Einreihung in Steuerklassen bei Eheschließung (neu: IV/IV statt III/– bzw. III/V). Damit wird die im ELStAM-Verfahren seit 2012 geltende Übergangsregelung als Dauerregelung über den Jahreswechsel 2017/2018 hinaus fortgeführt. Eine automatische Einreihung in die Steuerklassenkombination III/– bzw. III/V, die eigentlich ab 2018 gesetzlich vorgesehen war, wird damit nicht vollzogen.
- Einführung eines einseitigen Antrags auf Steuerklassenwechsel von III/V zu IV/IV (§ 38b Abs. 3 Satz 2 und 3 EStG). Der andere Ehegatte wird dann in die Steuerklasse IV eingereiht. Die Anwendung des Faktorverfahrens soll in solchen Fällen ausscheiden.

Seit dem Jahr 2010 können Ehegatten, die beide in der Steuerklasse IV eingeordnet sind, zudem die Steuerklassenkombination IV/IV mit Berücksichtigung eines Faktors wählen (**Faktorverfahren**, siehe § 39f EStG). Dieser Faktor ist von dem Finanzamt auf Antrag beider Ehegatten zu berücksichtigen; der Arbeitgeber hat diesen im Lohnsteuerabzugsverfahren zu beachten. Bei Anwendung des Faktorverfahrens ist ein Arbeitgeber-Lohnsteuerjahresausgleich ausgeschlossen (§ 42b Abs. 1 Satz 3 Nr. 3b EStG). Zudem löst das Faktorverfahren einen Pflichtveranlagungstatbestand aus (§ 46 Abs. 2 Nr. 3a EStG).

Die Eintragung eines Faktors hat seit 2019 eine Geltungsdauer von i. d. R. zwei Jahren (§ 39f Abs. 1 Satz 9–11 EStG).

Mit dem Steuerumgehungsbekämpfungsgesetz (BGBl I 2017 S. 1682 = BStBl I 2017 S. 865) hat der Gesetzgeber festgeschrieben, dass das zweijährige Faktorverfahren ab dem VZ 2019 zur Anwendung kommt. Vormals war der Verfahrensstart von einem BMF-Startschreiben abhängig.

Ziel des Faktorverfahrens soll sein, die als Hemmschwelle für die Aufnahme einer Beschäftigung angesehene hohe Lohnsteuerbelastung in der Steuerklasse V zu verhindern. Die Höhe der Lohnsteuer soll bereits im laufenden Kalenderjahr zwischen den Ehegatten „gerechter" verteilt werden. Die Steuerklassenkombination III/V führt nur dann zu einem zutreffenden Lohnsteuer-Abzug, wenn das Verhältnis der Einnahmen 60:40 beträgt.

Zur Wahl der günstigsten Steuerklasse siehe auch www.bmf-steuerrechner.de oder das für jedes Kalenderjahr neu aufgelegte „Merkblatt zur Steuerklassenwahl bei Ehegatten oder Lebenspartnern, die beide Arbeitnehmer sind" auf der Internetseite des BMF.

640 **Hinweis zum Lohnsteuerklassenwechsel (vgl. auch § 39 Abs. 6 EStG):**

Treten die Voraussetzungen für eine günstigere Lohnsteuerklasse im Laufe eines Jahres ein, so kann der Arbeitnehmer bis zum 30. 11. des laufenden Jahres eine Änderung beantragen. Ehegatten bzw. Lebenspartner, die beide in einem Dienstverhältnis stehen, können im Laufe des Kalenderjahres die vergebenen Lohnsteuerklassen grds. aber nur einmal ändern lassen. Hierdurch sollen Missbräuche infolge dauernder Änderung der Lohnsteuerabzugsmerkmale verhindert und Arbeitgeber von Änderungen entlastet werden. Den Wechsel der Steuerklasse auf den einmaligen Wechsel im Laufe eines Kalenderjahres zu beschränken, ist verfassungsgemäß (BFH-Beschluss v. 5. 3. 2017 – VI S 21/16 (PKH), BFH/NV 2017 S. 904).

641 Nur in Ausnahmefällen wird im Verwaltungswege ein weiterer Steuerklassenwechsel zugelassen (z. B. Arbeitslosigkeit eines Ehegatten oder dauernde Trennung; R 39.2 Abs. 2 Satz 3 LStR 2015).

Steuerklasse VI:

Die Steuerklasse VI gilt bei Arbeitnehmern, die nebeneinander von mehreren Arbeitgebern Arbeitslohn beziehen. Sie ist maßgeblich für die Einbehaltung der Lohnsteuer vom Arbeitslohn aus zweiten und weiteren Dienstverhältnissen. 642

2. Fehlende Lohnsteuerabzugsmerkmale

Solange der Arbeitnehmer dem Arbeitgeber die erforderlichen Angaben zum Abruf der ELStAM oder eine Bescheinigung für den Lohnsteuerabzug schuldhaft nicht vorlegt, hat der Arbeitgeber grds. die Lohnsteuer nach der Steuerklasse VI zu ermitteln (§ 39c EStG; ausführlich R 39c LStR und unter Rdn. 696). Im Rahmen einer Einkommensteuerveranlagung des Arbeitnehmers werden die tatsächlichen Verhältnisse des Arbeitnehmers zugrunde gelegt. Bedeutsam ist diese Regelung jedoch für den Arbeitgeber im Hinblick auf die Arbeitgeberhaftung gem. § 42d EStG. 643

3. Kinderfreibeträge

Infolge der Regelungen zum Familienleistungsausgleich werden Freibeträge für Kinder bei der Erhebung der Lohnsteuer nicht berücksichtigt. Arbeitnehmer erhalten im Regelfall während des Jahres ausschließlich Kindergeld. Beim Steuerabzug vom Arbeitslohn wirken sich Freibeträge für Kinder nicht auf die Lohnsteuer, aber auf die Zuschlagsteuern (Solidaritätszuschlag, Lohnkirchensteuer) aus (§ 51a Abs. 2a EStG). 644

Einstweilen frei 645

III. (Elektronische) Lohnsteuerabzugsmerkmale

1. Allgemeines

Die Lohnsteuerabzugsmerkmale des Arbeitnehmers (z. B. Lohnsteuerklasse) bilden die Grundlage für die Berechnung der Lohnsteuer durch den Arbeitgeber. 646

Das Bundeszentralamt für Steuern stellt die Lohnsteuerabzugsmerkmale der jeweiligen Arbeitnehmer zum unentgeltlichen automatisierten Abruf durch den Arbeitgeber nach amtlich vorgeschriebenem Datensatz bereit (sog. Elektronische Lohnsteuerabzugsmerkmale – ELStAM). Zu diesem Zweck hat der Arbeitgeber den Arbeitnehmer über dessen Identifikationsnummer (§ 139b AO) und Geburtsdatum eindeutig zu identifizieren. Der Arbeitgeber hat den Arbeitnehmer zu Beginn des Dienstverhältnisses anzumelden und die ELStAM abzurufen. Außerdem muss er die ELStAM monatlich anfragen/abrufen oder am Mitteilungsverfahren der Finanzverwaltung teilnehmen. Im Regelfall erfolgt dieser technische Vorgang programmgesteuert. Verfügt der Arbeitnehmer nicht über eine Identifikationsnummer oder können die zutreffenden ELStAM nicht elektronisch bereitgestellt werden, stellt das Finanzamt eine Bescheinigung für den Lohnsteuerabzug mit den Lohnsteuerabzugsmerkmalen aus. Zum ELStAM-Verfahren vgl. auch BMF-Schreiben v. 8. 11. 2018, BStBl I 2018 S. 1137.

Auf Antrag des Arbeitgebers kann das Betriebsstätten-Finanzamt zur Vermeidung unbilliger Härten zulassen, dass dieser nicht am Abrufverfahren teilnimmt (Härtefall-

Arbeitgeber i. S. des § 39e Abs. 7 EStG). Diese Ausnahmegenehmigung gilt immer nur für ein Kalenderjahr.

Der Arbeitgeber weist die Lohnsteuerabzugsmerkmale in der Lohnabrechnung aus (§ 39e Abs. 5 Satz 2 EStG).

2. Örtliche Zuständigkeit innerhalb der Finanzverwaltung

647 Sowohl für die Ausstellung der Bescheinigung für den Lohnsteuerabzug als auch für Änderungen auf dieser Bescheinigung ist grds. das Wohnsitz-Finanzamt des Arbeitnehmers zuständig (§ 19 AO). Entsprechendes gilt auch für die Bildung der Lohnsteuerabzugsmerkmale.

648 Für die Ausstellung von Bescheinigungen für nicht nach § 1 Abs. 1 EStG unbeschränkt steuerpflichtige Arbeitnehmer bleibt hingegen das Betriebsstätten-Finanzamt des Arbeitgebers zuständig (§ 39 Abs. 2 Satz 2 EStG).

3. Arbeitnehmer mit Auslandsbezug und Bescheinigung für den Lohnsteuerabzug

649 Ist ein Arbeitnehmer im Inland nicht meldepflichtig, wird ihm keine Identifikationsnummer erteilt. In den Fällen, in denen keine Einkommensteuerpflicht nach § 1 Abs. 1 EStG besteht, stellt daher weiterhin das Betriebsstätten-Finanzamt Bescheinigungen aus gemäß § 39 Abs. 3 EStG für

- nach § 1 Abs. 2 EStG unbeschränkt Steuerpflichtige,
- nach § 1 Abs. 3 EStG unbeschränkt Steuerpflichtige,
- beschränkt Steuerpflichtige.

Statt der Identifikationsnummer wird in diesen Fällen die sog. eTIN (§ 41b Abs. 2 Sätze 1–2 EStG) verwendet. Auch wenn das Finanzamt bereits die Vergabe einer Identifikationsnummer angestoßen hat (sog. VIFA-Verfahren), ist in diesen Fällen zurzeit dennoch weiter mit den o. g. Bescheinigungen zu arbeiten.

Durch das im Entwurf eines Gesetzes zur weiteren steuerlichen Förderung der Elektromobilität und zur Änderung weiterer steuerlicher Vorschriften sollen künftig auch beschränkt Steuerpflichtige in das ELStAM-Verfahren einbezogen werden.

4. Ergänzung und Änderung von Lohnsteuerabzugsmerkmalen

650 Das Finanzamt ist für die Lohnsteuerabzugsmerkmale zuständig und stellt bei Bedarf die Bescheinigung für den Lohnsteuerabzug entsprechend den Angaben des Antrags des Arbeitnehmers und der nachgewiesenen tatsächlichen Verhältnisse aus. Änderungen hat das Finanzamt auf der Originalbescheinigung einzutragen.

651 Im elektronischen Verfahren übermittelt die Meldebehörde unter Angabe der Identifikationsnummer des Arbeitnehmers die melderechtlichen Daten an das Bundeszentralamt für Steuern (z. B. Ein-/Austritt aus einer Religionsgemeinschaft, Heirat, Scheidung, Geburt eines Kindes). Diese führen automatisiert zu einer Anpassung der ELStAM. Darüber hinaus sind Änderungen aufgrund von Anträgen beim Finanzamt möglich.

Im elektronischen Verfahren werden melderechtliche Änderungen unmittelbar von der Gemeinde an das Bundeszentralamt für Steuern übermittelt. 652

Treten bei einem Arbeitnehmer die Voraussetzungen für eine ungünstigere Steuerklasse oder geringere Zahl der Kinderfreibeträge ein, ist er verpflichtet, dies dem Finanzamt mitzuteilen und die Steuerklasse sowie die Zahl der Kinderfreibeträge umgehend ändern zu lassen. Dies gilt insbesondere, wenn die Voraussetzungen für die Steuerklasse II wegfallen. Die Mitteilungspflicht entfällt nur dann, wenn es sich um einen Sachverhalt handelt, den die Meldebehörde zu übermitteln hat (§ 39 Abs. 5 Satz 1–3 EStG). Andernfalls hat das Finanzamt die Steuerklasse und Zahl der Kinderfreibeträge von Amts wegen zu ändern oder zu wenig erhobene Lohnsteuer vom Arbeitnehmer nachzufordern. 653

Auf Antrag kann auch eine ungünstigere Steuerklasse oder Zahl der Kinderfreibeträge vom Arbeitnehmer gewählt werden (§ 38b Abs. 3 EStG). 654

Ändern sich dagegen im laufenden Kalenderjahr die persönlichen Verhältnisse zugunsten des Arbeitnehmers, kann dieser die Änderung der Lohnsteuerabzugsmerkmale beim Finanzamt beantragen. Die Änderung ist dabei auch mit Wirkung für die Vergangenheit möglich (§ 39 Abs. 6 EStG).

Steuerlich bedingte Änderungen übermittelt das Finanzamt an das Bundeszentralamt für Steuern. Zu den steuerlichen Daten gehört u. a. das Getrenntleben von Ehegatten. Die Erklärung zum dauernden Getrenntleben ist beim Finanzamt einzureichen, welches die Folgerungen zum steuerlichen Familienstand zieht. Die Trennung von Ehegatten ist kein melderechtlicher Tatbestand (melderechtlich wird lediglich die Adressenänderung erfasst). Dem Arbeitgeber werden die aktualisierten ELStAM zum Abruf bereitgestellt. 655

Einstweilen frei 656

IV. Änderung von Lohnsteuerabzugsmerkmalen durch das Finanzamt (§ 39a EStG)

1. Allgemeines

Bei der Ermittlung der vom Arbeitgeber einzubehaltenden Lohnsteuer werden zahlreiche persönliche Merkmale des Arbeitnehmers als Lohnsteuerabzugsmerkmale gebildet und für den Lohnsteuerabzug berücksichtigt. 657

Bei der Berechnung der Lohnsteuer sind – neben den Grundfreibeträgen des Einkommensteuertarifs – in den Programmablaufplan eingearbeitet:

(a) Entlastungsgrundbetrag gem. § 24b EStG,

(b) Arbeitnehmer-Pauschbetrag,

(c) Sonderausgaben-Pauschbetrag,

(d) Vorsorgepauschale (siehe BMF-Schreiben v. 26. 11. 2013, BStBl I 2013 S. 1532).

658 Vom Arbeitgeber werden zudem **ohne separaten Antrag des Arbeitnehmers** berücksichtigt:

(a) Versorgungs-Freibetrag (§ 19 Abs. 2 EStG),
(b) Altersentlastungsbetrag (§ 24a EStG),
(c) Tariffreibetrag.

659 Ein Tätigwerden des Arbeitnehmers, um zu erreichen, dass die vorstehenden Beträge bei der Lohnsteuer vom Arbeitgeber berücksichtigt werden, ist nicht erforderlich. Den individuellen Verhältnissen des Arbeitnehmers wird hiermit allerdings nicht ausreichend Rechnung getragen. Auf **Antrag** können beim Lohnsteuerabzug bestimmte (weitere) Freibeträge bei den elektronischen Lohnsteuerabzugsmerkmalen, die dem Arbeitgeber zur Verfügung gestellt werden, gespeichert werden. Die Bestimmungen in § 39a EStG sollen den Arbeitnehmer insbesondere vor Liquiditätsnachteilen bewahren, da er ohne diese Berücksichtigungsmöglichkeit dem Staat zunächst eine zu hohe Lohnsteuer entrichten und die Überzahlungen erst später im Rahmen einer Einkommensteuer-Veranlagung zurückerhalten würde.

660 Die Berücksichtigung von (weiteren) Freibeträgen erfolgt im **Lohnsteuer-Ermäßigungsverfahren.** Dies erfordert einen Antrag des Arbeitnehmers, der nach **amtlich vorgeschriebenem** Vordruck bis zum **30. 11.** des Kalenderjahres gestellt werden muss (§ 39a Abs. 2 Satz 3 EStG). Die Frist für die Antragsstellung beginnt am 1. 10. des Vorjahres, für das der Freibetrag gelten soll. Der Freibetrag gilt im Lohnsteuer-Ermäßigungsverfahren grundsätzlich ein Jahr. Durch das Amtshilferichtlinie-Umsetzungsgesetz wurde eine Änderung dahingehend verabschiedet, dass seit dem Lohnsteuer-Ermäßigungsverfahren für das Kalenderjahr 2016 die Gültigkeitsfrist von zwei Jahren beantragt werden kann (§ 39a Abs. 1 Satz 3 EStG; BMF-Schreiben v. 21. 5. 2015, BStBl I 2015 S. 488).

Praxishinweis:

Gilt der Freibetrag nur bis Ende 2021, muss dieser vom Arbeitnehmer erneut mit Wirkung ab 2022 beantragt werden. Der Arbeitgeber ist bei der Lohnabrechnung an die per ELStAM übermittelten Werte gebunden.

Nach dem 30. 11. eines laufenden Kalenderjahres kommt eine Berücksichtigung nur noch im Rahmen der Einkommensteuer-Veranlagung in Betracht.

661 Zu unterscheiden ist zwischen **unbeschränkt, beschränkt** und **nicht** als elektronische Lohnsteuerabzugsmerkmale **berücksichtigungsfähigen Aufwendungen**. Die im Lohnsteuer-Ermäßigungsverfahren nicht oder beschränkt berücksichtigungsfähigen Aufwendungen können vom Arbeitnehmer nur im Rahmen des Veranlagungsverfahrens geltend gemacht werden.

2. Mindestbetrag und beschränkt berücksichtigungsfähige Aufwendungen

662 **Mindestgrenze:** In bestimmten Fällen werden Ausgaben nur als Lohnsteuerabzugsmerkmale gebildet, wenn die **Mindestgrenze** nach § 39a Abs. 2 Satz 4 EStG in Höhe von **600 €** überschritten ist. Wird diese Grenze nicht überschritten, ist der Antrag auf Lohnsteuer-Ermäßigung unzulässig. Bei Anträgen von Ehegatten ist die Summe der für beide Ehegatten in Betracht kommenden Aufwendungen und abziehbaren Beträgen zu-

grunde zu legen, ohne dass sich die 600 €-Grenze verdoppelt. Wurde bereits ein Freibetrag beim Lohnsteuerabzug berücksichtigt, so ist bei einer erneuten Änderung dieses Freibetrags (Herauf- oder Heruntersetzung) die Mindestgrenze nicht zu beachten.

Beschränkt berücksichtigungsfähige Aufwendungen: 663

(a) Werbungskosten des Arbeitnehmers (§ 39a Abs. 1 Satz 1 Nr. 1 EStG):

Die Werbungskosten des Arbeitnehmers sind in die Berechnung der 600 €-Grenze einzubeziehen, soweit sie den Arbeitnehmer-Pauschbetrag in Höhe von 1 000 € **übersteigen**. Als Werbungskosten kommt die Summe der **voraussichtlichen** Aufwendungen, z. B. für Wege zwischen Wohnung und erster Tätigkeitsstätte (siehe BMF-Schreiben v. 31. 10. 2013, BStBl I 2013 S. 1376) oder für Auswärtstätigkeiten, in Betracht. Abzugsbeschränkungen, z. B. für das häusliche Arbeitszimmer, sind zu beachten (siehe hierzu BMF-Schreiben v. 6. 10. 2017, BStBl I 2017 S. 1320).

(b) Bestimmte **Sonderausgaben** (§ 39a Abs. 1 Satz 1 Nr. 2 EStG):

- Unterhaltsleistungen an geschiedene oder dauernd getrennt lebende Ehegatten/Lebenspartner (Realsplitting, § 10 Abs. 1a Nr. 1 EStG),
- wiederkehrende Leistungen gem. § 10 Abs. 1a Nr. 2 EStG (zu Übergangsregelungen für vor 2008 vereinbarte Vermögensübertragungen siehe § 52 Abs. 18 EStG),
- Leistungen aufgrund eines schuldrechtlichen Versorgungsausgleichs (§ 10 Abs. 1a Nr. 3 EStG),
- gezahlte Kirchensteuer (§ 10 Abs. 1 Nr. 4 EStG),
- Kinderbetreuungskosten gem. § 10 Abs. 1 Nr. 5 EStG; Höchstbetrag: 2/3 der Aufwendungen bis maximal 4 000 €,
- Berufsausbildungskosten nach § 10 Abs. 1 Nr. 7 EStG bis maximal 6 000 €,
- Schulgeld gem. § 10 Abs. 1 Nr. 9 EStG; Höchstbetrag: 30 % des Entgelts bis maximal 5 000 €,
- Spenden (§ 10b EStG), soweit sie den Sonderausgaben-Pauschbetrag überschreiten; Mitgliedsbeiträge und Spenden an politische Parteien sind als Sonderausgaben auch zu berücksichtigen, soweit eine Steuerermäßigung nach § 34g Satz 1 Nr. 1 EStG in Betracht kommt. Dies gilt nicht für Mitgliedsbeiträge und Spenden an Vereine i. S. des § 34g Satz 1 Nr. 2 EStG. Vgl. R 39a.1 Abs. 2 Nr. 3 LStR.

Bei der Frage, ob die 600 €-Grenze überschritten ist, werden die tatsächlich abgeflossenen Aufwendungen dieser Sonderausgaben einbezogen. Als Freibetrag können die genannten Sonderausgaben jedoch nur gebildet werden, soweit sie den Sonderausgaben-Pauschbetrag von 36 € bzw. bei Verheirateten 72 € übersteigen. 664

Versicherungsbeiträge sind nicht gesondert berücksichtigungsfähig. Sie gelten mit der bei der Lohnsteuerberechnung eingearbeiteten Vorsorgepauschale (siehe Rdn. 675) als abgegolten. 665

Hinweis: 666

Ohne Berücksichtigung der Antragsgrenze kann bei den Sonderausgaben dagegen z. B. ein Verlustabzug gem. § 10d Abs. 2 EStG eingetragen werden. Auch der Erhöhungsbetrag nach § 24b Abs. 2 Satz 2 und 3 EStG wird ohne Antragsgrenze berücksichtigt (§ 39a Abs. 1 Satz 1 Nr. 4a EStG).

(c) **Außergewöhnliche Belastungen** (§ 39a Abs. 1 Satz 1 Nr. 3 EStG) i. S. des 667

- § 33 EStG: Außergewöhnliche Belastungen,
- § 33a EStG: Außergewöhnliche Belastungen in besonderen Fällen,
- § 33b Abs. 6 EStG: Pflegepauschbetrag.

Für die Überprüfung, ob die 600 €-Grenze **(Bildung als Lohnsteuerabzugsmerkmal)** überschritten ist, gilt Folgendes: Bei außergewöhnlichen Belastungen allgemeiner Art (§ 33 EStG) ist von den dem Grunde und der Höhe nach anzuerkennenden Aufwendungen ohne Kürzung um die zumutbare Belastung auszugehen; bei außergewöhnlicher Belastung in besonderen Fällen 668

(§§ 33a und 33b Abs. 6 EStG) sind dagegen nicht die Aufwendungen, sondern die wegen dieser Aufwendungen abziehbaren Beträge maßgebend. Für die **Berechnung des Freibetrags** aufgrund der außergewöhnlichen Belastungen nach § 33 EStG gilt, dass nur die die zumutbare Eigenbelastung übersteigenden Aufwendungen einzubeziehen sind (vgl. hierzu R 39a.1 Abs. 2 Nr. 4 i. V. m. Abs. 4 Satz 2 LStR).

(d) Ebenso zu den beschränkt abziehbaren Beträgen gehört der Entlastungsbetrag für Alleinerziehende bei Verwitweten (§ 39a Abs. 1 Satz 1 Nr. 8 EStG). Eine Einreihung in die Steuerklasse II scheidet im Todesjahr und in dem Tod des Ehegatten folgenden Jahr aus, weil in diesem Veranlagungsjahr der Splittingtarif und damit die Steuerklasse III gewährt wird. In die Steuerklasse III ist der Entlastungsbetrag nach § 24b EStG nicht automatisch eingerechnet, so dass eine Bildung als Lohnsteuerabzugsmerkmal notwendig ist.

669 **Berechnung der 600 €-Grenze:** Die vorstehend genannten Aufwendungen sind als elektronische Lohnsteuerabzugsmerkmale nur feststellbar, wenn die **Summe** dieser Aufwendungen 600 € übersteigt (**erster Schritt: Ermittlung dem Grunde nach**). Nur bei der Berechnung des als Lohnsteuerabzugsmerkmal feststellbaren Freibetrags (**zweiter Schritt: Ermittlung der Höhe nach**) ist z. B. der Sonderausgaben-Pauschbetrag von den Sonderausgaben abzuziehen.

670 Von dem als **Freibetrag zu bildenden Lohnsteuerabzugsmerkmal** ist also die **Mindestgrenze** zu unterscheiden. Die Mindestgrenze stellt nur auf die tatsächliche Höhe der vorstehend genannten Aufwendungen ab. Unerheblich ist, in welcher Höhe diese Aufwendungen im zweiten Schritt zu einem tatsächlichen Freibetrag führen.

671 Ist die Mindestgrenze überschritten, so wird anschließend die Höhe des zu bildenden Jahresfreibetrages (R 39a.1 Abs. 4 LStR) ermittelt. Dabei werden von den tatsächlichen Aufwendungen folgende Abzüge vorgenommen:

(a) Von den Werbungskosten des Arbeitnehmers ist der Arbeitnehmer-Pauschbetrag,

(b) von den tatsächlichen Sonderausgaben ist der Sonderausgaben-Pauschbetrag von 36/72 € und

(c) von den außergewöhnlichen Belastungen i. S. von § 33 EStG ist die (voraussichtliche) zumutbare Eigenbelastung abzuziehen.

Der Jahresfreibetrag wird in einen Monatsfreibetrag und ggf. Wochen-/Tagesfreibetrag umgerechnet (vgl. § 39a Abs. 2 Satz 6 EStG sowie R 39a.1 Abs. 7 LStR nebst Hinweisen hierzu).

3. Unbeschränkt berücksichtigungsfähige Aufwendungen

672 Unbeschränkt – d. h. ohne Berücksichtigung der Antragsgrenze von 600 € – berücksichtigungsfähig sind die Pauschbeträge für Behinderte und Hinterbliebene (§ 39a Abs. 1 Satz 1 Nr. 4 i.V. mit § 33b Abs. 1–5 EStG). Ferner ist die negative Summe aus anderen Einkunftsarten im Rahmen des § 39a Abs. 1 Satz 1 Nr. 5b EStG unbeschränkt berücksichtigungsfähig.

673 Bei negativen Einkünften aus Vermietung und Verpachtung eines Gebäudes besteht diese Möglichkeit über § 37 Abs. 3 EStG jedoch erst in dem auf das Anschaffungs- bzw. Herstellungsjahr folgenden Jahr.

Der Gesetzgeber hat das Gesetz zur steuerlichen Förderung des Mietwohnungsneubaus verabschiedet. In § 7b EStG ist eine neue Sonderabschreibung für den Mietwohnungsneubau aufgenommen. Diese Regelung ist auch für das Lohnsteuerabzugsermäßigungsverfahren bedeutsam.

Die Aufnahme des § 7b EStG in den Regelungsgehalt des § 37 Abs. 3 Satz 10 EStG ermöglicht eine Berücksichtigung negativer Einkünfte aus Vermietung und Verpachtung bei der Festsetzung der Vorauszahlungen abweichend von der Grundsatzregelung in § 37 Abs. 3 Satz 8 und 9 EStG bereits im Jahr der Anschaffung oder Herstellung des Gebäudes. Hierdurch soll ein Anreiz für Investoren geschaffen werden. Entsprechendes gilt für das Lohnsteuer-Ermäßigungsverfahren, für das es auf Grund des Verweises in § 39a Abs. 1 Satz 1 Nr. 5 Buchst. b EStG auf § 37 EStG keiner gesonderten Regelung bedarf.

Ebenfalls unbeschränkt als Freibetrag berücksichtigungsfähig ist ein Verlustvortrag 674
nach § 10d Abs. 2 EStG. Gleiches gilt auch für Auslandskinderfreibeträge (vgl. § 39a Abs. 1 Satz 1 Nr. 6 EStG).

Auch für den ab 2015 zur Anwendung kommenden Erhöhungsbetrag gem. § 24b Abs. 2 Satz 2 EStG gilt die 600 €-Grenze nicht.

Die Steuerermäßigung nach § 35a und § 35c EStG wird mit dem vierfachen Betrag berechnet (§ 39a Abs. 1 Satz 1 Nr. 5c EStG).

4. Nicht berücksichtigungsfähige Aufwendungen

Eine Bildung als Freibetrag bei den Lohnsteuerabzugsmerkmalen ist schlechthin aus- 675
geschlossen für als Sonderausgaben zu qualifizierende Versicherungsbeiträge. Diese Sonderausgaben sind bereits in den „Lohnsteuertabellen" in Höhe der jeweiligen Vorsorgepauschale berücksichtigt. Dass die im Lohnsteuerabzugsverfahren anzusetzende Vorsorgepauschale niedriger sein kann als die tatsächlich geleisteten und bei der Veranlagung zu berücksichtigenden Vorsorgeaufwendungen, muss hingenommen werden (BFH-Urteil v. 7. 6. 1989, BStBl II 1989 S. 976).

Eine Vorsorgepauschale wird seit dem VZ 2010 nur noch im Rahmen des Lohnsteuer- 676
abzugs berücksichtigt (vgl. § 39b Abs. 2 Satz 5 Nr. 3 EStG, siehe hierzu BMF-Schreiben v. 26. 11. 2013, BStBl I 2013 S. 1532). Hierbei ist zu berücksichtigen, dass die im Lohnsteuerabzugsverfahren vormals gewährte Günstigerprüfung (siehe § 39b Abs. 2 Satz 5 Nr. 3 i. V. m. § 10c Abs. 5 EStG i. d. F. bis 2009) nicht mehr anzuwenden ist. Zu einer Anwendung der Günstigerprüfung kommt es damit erst im Veranlagungsverfahren.

Das BMF hat mit Schreiben v. 26. 11. 2013 (BStBl I 2013 S. 1532) seine Auffassung zur Ermittlung der Vorsorgepauschale konkretisiert.

Die beim Lohnsteuerabzug zu berücksichtigende Vorsorgepauschale setzt sich danach aus folgenden Teilbeträgen zusammen:

- Teilbetrag für die Rentenversicherung (vgl. § 39b Abs. 2 Satz 5 Nr. 3 Buchst. a) EStG),
- Teilbetrag für die gesetzliche Kranken- und soziale Pflegeversicherung (vgl. § 39b Abs. 2 Satz 5 Nr. 3 Buchst. b) und c) EStG) und
- Teilbetrag für die private Basiskranken- und Pflege-Pflichtversicherung (vgl. § 39b Abs. 2 Satz 5 Nr. 3 Buchst. d) EStG).

Ob die Voraussetzungen für den Ansatz der einzelnen Teilbeträge vorliegen, ist jeweils gesondert zu prüfen. Die Teilbeträge sind getrennt zu berechnen.

Die im Lohnsteuerabzugsverfahren zu berücksichtigende Vorsorgepauschale umfasst die Beiträge zur Rentenkasse und der Kranken- und Pflegeversicherung (siehe nachfolgende Ausführungen). Damit wirken sich eventuelle Beitragssatzänderungen auch auf die Höhe des Lohnsteuerabzugs aus. Entsprechendes gilt bei Veränderungen der Beitragsbemessungsgrundlage. Nicht gesondert im Lohnsteuerabzugsverfahren erfasst werden die Beiträge zur Arbeitslosenversicherung. Damit wirkt sich der Beitrag zur Arbeitslosenversicherung nicht auf die Lohnsteuerhöhe eines Arbeitnehmers aus.

677 **Teilbetrag Rentenversicherung**

Die Übergangsregelung bis zur vollständigen Absetzbarkeit der Basisvorsorgeaufwendungen wird auch im Lohnsteuerabzugsverfahren bei der Ermittlung des Teilbetrags für die Rentenversicherung als Teil der Vorsorgepauschale berücksichtigt (vgl. § 39b Abs. 4 EStG).

Die jährliche Absetzungserhöhung bis 2025 wirkt sich mindernd auf die Lohnsteuerbelastung aus.

Hinweis:

Altersvorsorgeaufwendungen i. S. des § 10 Abs. 1 Nr. 2 Buchst. b EStG (Einzahlungen zugunsten von Basisrentenverträgen) werden hierbei nicht berücksichtigt; auch scheidet die Bildung eines Freibetrags aus (BFH-Urteil v. 10. 11. 2016 – VI R 55/08, BStBl II 2017 S. 715).

678 **Teilbetrag Kranken- und Pflegeversicherung**

Gesetzliche Kranken- und Pflegeversicherung

Auf Grundlage des Arbeitslohns wird unabhängig von der Berechnung der tatsächlich abzuführenden Krankenversicherungsbeiträge typisierend ein Arbeitnehmeranteil für die Krankenversicherung eines pflichtversicherten Arbeitnehmers berechnet, wenn der Arbeitnehmer in der gesetzlichen Krankenversicherung pflichtversichert oder freiwillig versichert ist (z. B. bei höher verdienenden Arbeitnehmern und freiwillig versicherten Beamten). Auch die soziale Pflegeversicherung wird mit dem entsprechenden Prozentsatz berücksichtigt. Ab 2015 ist auch der neu eingeführte Zusatzbeitragssatz der jeweiligen Krankenkasse zu berücksichtigen. Dieser wird ab 2019 vom Arbeitgeber und Arbeitnehmer je zur Hälfte getragen. Seither ist nur der Arbeitnehmeranteil zu berücksichtigen.

Hinweis:

Ändert sich im jeweiligen Kalenderjahr der Zusatzbeitragssatz der Krankenkasse, schließt dies die Anwendung des Lohnsteuer-Jahresausgleichs durch den Arbeitgeber aus (§ 42b Abs. 1 Satz 3 Nr. 5 EStG).

Bei der gesetzlichen Pflegeversicherung sind länderspezifische Besonderheiten (z. B. erhöhter Arbeitnehmeranteil in Sachsen) sowie der Beitragszuschlag für kinderlose Arbeitnehmer ebenso zu berücksichtigen.

Private Kranken- und Pflegeversicherung

Der Teilbetrag für die private Basiskranken- und Pflege-Pflichtversicherung wird bei Arbeitnehmern berücksichtigt, die nicht in der gesetzlichen Krankenversicherung und der sozialen Pflegeversicherung versichert sind (z. B. privat versicherte Beamte, beherrschende Gesellschafter-Geschäftsführer und höher verdienende Arbeitnehmer, vgl. § 39b Abs. 2 Satz 5 Nr. 3 Buchst. d) EStG).

In den Steuerklassen I bis V können die dem Arbeitgeber mitgeteilten privaten Basiskranken- und Pflege-Pflichtversicherungsbeiträge (auch für Kinder und den nicht erwerbstätigen Ehegatten/Lebenspartner) berücksichtigt werden.

Auf der elektronischen Lohnsteuerbescheinigung sind diese vom Arbeitnehmer mitgeteilten privaten Basiskranken- und Pflegeversicherungspflichtbeiträge zu bescheinigen (vgl. § 41b Abs. 1 Satz 2 Nr. 15 EStG, BMF-Schreiben v. 27. 9. 2017, BStBl I 2017 S. 1339, unter Berücksichtigung der Änderungen durch BMF-Schreiben v. 31. 8. 2018, BStBl I 2018 S. 1009). Folgende Beitragsbescheinigungen des Versicherungsunternehmens hat der Arbeitgeber zu berücksichtigen:

- bis zum 31. 3. des Kalenderjahres vorgelegte Beitragsbescheinigung über die voraussichtlichen Beiträge des Vorjahres,
- Beitragsbescheinigung über die voraussichtlichen Beiträge des laufenden Kalenderjahres,
- Beitragsbescheinigung über die für Zwecke der Einkommensteuer übermittelten Daten der Versicherung für das Vorjahr.

Eine dem Arbeitgeber vorliegende Beitragsbescheinigung ist auch im Rahmen des Lohnsteuerabzugsverfahrens der Folgejahre weiter zu berücksichtigen, wenn keine neue Beitragsbescheinigung vorgelegt wird.

Legt der jeweilige Beschäftigte seinem Arbeitgeber keine der o. g. Bescheinigungen vor und liegt auch für die Vorjahre keine entsprechende Bescheinigung vor, berechnet dieser die Mindestvorsorgepauschale.

In der Zukunft soll dieses Mitteilungsverfahren durch ein elektronisches Verfahren ersetzt werden (vgl. § 39 Abs. 4 Nr. 4 EStG). Die dafür notwendige Datenbank befindet sich derzeit im Aufbau, so dass die Arbeitnehmer bis dahin mit entsprechenden Beitragsbescheinigungen des Versicherungsunternehmens gegenüber dem Arbeitgeber die im Lohnsteuerabzugsverfahren zu berücksichtigenden Kranken- und Pflegeversicherungsbeiträge nachweisen können (siehe hierzu § 52 Abs. 36 EStG und BMF-Schreiben v. 26. 11. 2013, BStBl I 2013 S. 1532, Tz. 6.1 und 6.2).

Mindestvorsorgepauschale 679

Die Mindestvorsorgepauschale (vgl. § 39b Abs. 2 Satz 5 Nr. 3 Satz 2 letzter Halbsatz EStG) in Höhe von 12 % des Arbeitslohns mit einem Höchstbetrag von jährlich 1 900 € (in Steuerklasse III 3 000 €) ist anzusetzen, wenn sie höher ist als die Summe der Teilbeträge

- für die gesetzliche Krankenversicherung und die soziale Pflegeversicherung oder
- die private Basiskranken- und Pflege-Pflichtversicherung.

Die Mindestvorsorgepauschale ist auch dann anzusetzen, wenn für den entsprechenden Arbeitslohn kein Arbeitnehmeranteil zur inländischen gesetzlichen Kranken- und sozialen Pflegeversicherung zu entrichten ist (z. B. bei geringfügig beschäftigten Arbeitnehmern, deren Arbeitslohn nicht unter Verzicht auf die Lohnsteuerabzugsmerkmale nach § 40a EStG pauschaliert wird), und bei Arbeitnehmern, die Beiträge zu einer ausländischen Kranken- und Pflegeversicherung leisten. Die Mindestvorsorgepauschale ist in allen Steuerklassen zu berücksichtigen.

Neben der Mindestvorsorgepauschale wird der Teilbetrag der Vorsorgepauschale für die Rentenversicherung berücksichtigt, wenn eine Pflichtversicherung in der gesetzlichen Rentenversicherung oder wegen der Versicherung in einer berufsständischen Versorgungseinrichtung eine Befreiung von der gesetzlichen Rentenversicherungspflicht vorliegt.

Beratungshinweis:

Bei Arbeitnehmer-Ehegatten mit der Steuerklassenkombination III/V kann es wegen der im Lohnsteuerabzugsverfahren zu berücksichtigenden Mindestvorsorgepauschale von 4 900 € (3 000 € in der Steuerklasse III und 1 900 € in der Steuerklasse V) zur Festsetzung von Einkommensteuer-Vorauszahlungen kommen. Hintergrund hierfür ist, dass bei der Vorauszahlungsberechnung – wie auch bei der späteren Einkommensteuerberechnung – keine Vorsorgepauschale steuermindernd angesetzt werden kann. Hierbei werden vielmehr die tatsächlichen Beiträge berücksichtigt. Dies betrifft einen Großteil der Arbeitnehmer mit geringem Arbeitslohn sowie Arbeitslohn beziehende Studenten und Auszubildende. Durch eine Ergänzung des § 46 Abs. 2 Nr. 3 EStG durch das Steuervereinfachungsgesetz 2011 werden Arbeitnehmer mit geringem Arbeitslohn (11 400 € im Falle der Einzelveranlagung, 21 650 €, wenn die Voraussetzungen für eine Zusammenveranlagung vorliegen) von der Pflicht zur Abgabe einer Einkommensteuererklärung allein wegen einer hohen Mindestvorsorgepauschale befreit.

680 Im Lohnsteuerabzugsverfahren ebenfalls nicht zu berücksichtigen ist die Steuerermäßigung nach § 34g EStG. Durch die Einbeziehung der Mitgliedsbeiträge und Spenden an politische Parteien als Sonderausgaben im Lohnsteuerabzugsverfahren (R 39a.1 Abs. 2 Nr. 3 LStR) soll insoweit ein gewisser Ausgleich geschaffen werden.

5. Hinzurechnungsbeträge

681 Für das zweite oder ein weiteres Dienstverhältnis kann ein Freibetrag nach § 39a Abs. 1 Satz 1 Nr. 7 EStG ermittelt werden, wenn im ersten Dienstverhältnis ein entsprechender Hinzurechnungsbetrag berücksichtigt wird. Mit dieser Regelung wird eine Verteilung des Grundfreibetrags eröffnet.

V. Durchführung des Steuerabzugs (§§ 39b ff. EStG)

1. Allgemeines

682 Der inländische Arbeitgeber (und ausländische Verleiher) ist verpflichtet, die Lohnsteuer für Rechnung des Arbeitnehmers nach § 38 Abs. 3 Satz 1 EStG bei jeder Zahlung vom Arbeitslohn einzubehalten. Die Durchführung des Steuerabzugs richtet sich nach verschiedenen Kriterien. Das Verfahren ist unterschiedlich, je nachdem, ob

(a) elektronische Lohnsteuerabzugsmerkmale des Arbeitnehmers für ein Hauptarbeitsverhältnis vorliegen oder es sich um ein Nebendienstverhältnis handelt,

(b) der Arbeitnehmer unbeschränkt oder beschränkt steuerpflichtig ist,

(c) laufender Arbeitslohn oder sonstige Bezüge besteuert werden,

(d) der steuerpflichtige Arbeitslohn brutto oder netto gezahlt wird,

(e) die Lohnsteuer individuell nach den persönlichen Merkmalen des Mitarbeiters oder pauschal berechnet wird,

(f) der Arbeitnehmer einer steuererhebungsberechtigten Kirche angehört oder nicht.

2. Verpflichtete Arbeitgeber (§ 38 Abs. 1 EStG)

Inländische Arbeitgeber sind zum Lohnsteuerabzug verpflichtet. Dieser Begriff ist so weit gefasst, dass auch ein **„ständiger Vertreter"** eines Arbeitgebers im Inland die Verpflichtung zum Lohnsteuerabzug auslöst, zur lohnsteuerlichen Betriebsstätte siehe R 41.3 Satz 3 LStR. Zum inländischen Arbeitgeber bei Entsendungen von Arbeitnehmern aus dem Ausland vgl. § 38 Abs. 1 Satz 2 EStG. Zudem sind ausländische Verleiher zum Lohnsteuerabzug verpflichtet. Die Pflichten des Arbeitgebers können auch anderen Personen obliegen (§ 38 Abs. 3 und 3a EStG und § 3 Nr. 65 Satz 4 EStG). 683

3. Arbeitslohn

Einzubehalten ist die Lohnsteuer vom Arbeitslohn. Die Einbehaltungspflicht besteht auch, wenn Arbeitslohn im Rahmen des Dienstverhältnisses von einem Dritten gewährt wird, wenn der Arbeitgeber weiß oder erkennen kann, dass derartige Vergütungen erbracht werden (vgl. § 38 Abs. 1 Satz 3 EStG; zum Arbeitslohn von dritter Seite: BMF-Schreiben v. 20. 1. 2015, BStBl I 2015 S. 143). Der Arbeitnehmer hat dem Arbeitgeber die von einem Dritten gewährten Bezüge am Ende des jeweiligen Lohnzahlungszeitraums anzuzeigen (vgl. § 38 Abs. 4 Satz 3 EStG). Wenn der Arbeitnehmer keine Angaben oder eine erkennbar unrichtige Angabe macht, hat der Arbeitgeber dies dem Betriebsstättenfinanzamt anzuzeigen. Bei der Einbehaltung der Lohnsteuer muss unterschieden werden, ob laufender Arbeitslohn oder sonstige Bezüge an den Arbeitnehmer geleistet werden. 684

4. Laufender Arbeitslohn (R 39b.2 Abs. 1 LStR)

Laufender Arbeitslohn ist der Arbeitslohn, der nach dem Arbeitsvertrag oder entsprechenden Regelungen einmalig oder in regelmäßig wiederkehrenden Zeitabständen fortlaufend zu zahlen ist (vgl. auch Rdn. 609). 685

BEISPIEL:

Der Tagelohn oder das Monatsgehalt. Dabei ist gleichgültig, ob die Höhe des Arbeitslohns für aufeinanderfolgende Zeiträume gleich bleibt oder schwankt, z. B. weil die Arbeitsdauer oder die Arbeitsleistung in diesen Zeiträumen unterschiedlich ist.

Der Arbeitgeber hat für die Einbehaltung der Lohnsteuer vom laufenden Arbeitslohn die **Höhe** des laufenden Arbeitslohns und den **Lohnzahlungszeitraum** festzustellen und auf eine Jahreslohnsteuer hochzurechnen (§ 39b Abs. 2 Satz 1 EStG). Zur Ermittlung der Lohnsteuer sind vom hochgerechneten Arbeitslohn abzuziehen: 686

(a) ggf. ein Versorgungs-Freibetrag,

(b) ggf. ein Altersentlastungsbetrag,

(c) ein ggf. als Lohnsteuerabzugsmerkmal mitgeteilter Freibetrag (alternativ der Arbeitnehmer-Pauschbetrag).

Für den so gekürzten Arbeitslohn ist die Lohnsteuer unter Berücksichtigung der Steuerklasse zu berechnen. Es sind für den gesamten Lohnzahlungszeitraum jeweils die Lohnsteuerabzugsmerkmale anzuwenden, die für den Tag gelten, an dem der Lohnzahlungszeitraum endet. 687

688 Leistet der Arbeitgeber lediglich **Abschlagszahlungen** und nimmt er eine Lohnabrechnung erst später vor, kann die Lohnsteuer erst bei Lohnabrechnung und nicht schon bei Zahlung an den Arbeitnehmer einzubehalten sein (§ 39b Abs. 5 EStG).

689 Der Gesetzgeber hat damit den von ihm in § 38 Abs. 3 Satz 1 EStG aufgestellten Grundsatz durchbrochen, wonach Lohnsteuer bei jeder Lohnzahlung einzubehalten ist. Der Lohnabrechnungszeitraum darf in den Fällen der Abschlagszahlungen 5 Wochen nicht übersteigen; auch muss die Lohnabrechnung innerhalb von 3 Wochen nach Ablauf des Lohnabrechnungszeitraums erfolgen. In Einzelfällen kann das Finanzamt die Einbehaltung der Lohnsteuer von den Abschlagszahlungen anordnen, wenn der Steueranspruch nicht gesichert erscheint.

5. Einbehaltung der Lohnsteuer für sonstige Bezüge (§ 39b Abs. 3 EStG; R 39b.2 Abs. 2 LStR)

5.1 Allgemeines

690 Ein sonstiger Bezug ist der Arbeitslohn, der nicht als laufender Arbeitslohn gezahlt wird. Zu den sonstigen Bezügen gehören insbesondere einmalige Arbeitslohn-Zahlungen, die neben dem laufenden Arbeitslohn gezahlt werden (vgl. auch Rdn. 609). Beispiele für sonstige Bezüge enthält R 39b.2 Abs. 2 LStR. Danach gehören 13. und 14. Monatsgehälter, einmalige Abfindungen und Entschädigungen, Gratifikationen und Tantiemen, die nicht fortlaufend gezahlt werden, Jubiläumszuwendungen, Urlaubsgelder, Vergütungen für Erfindungen sowie Weihnachtszuwendungen ebenso zu den sonstigen Bezügen wie Ausgleichszahlungen für die in der Arbeitsphase erbrachten Vorleistungen aufgrund eines vorzeitig beendeten Altersteilzeitverhältnisses im Blockmodell und Zahlungen innerhalb eines Kalenderjahres als viertel- oder halbjährliche Teilbeträge.

691 Für den Zeitpunkt der Besteuerung sonstiger Bezüge kommt es nicht – wie beim laufenden Arbeitslohn – auf den Lohnzahlungszeitraum an. Maßgebend ist allein der Zuflusszeitpunkt i. S. des § 11 EStG. Besondere Bedeutung hat der Zuflusszeitpunkt für die Zuordnung der Einnahmen in das maßgebende Kalenderjahr (= Besteuerungszeitraum) und die anzuwendenden Lohnsteuerabzugsmerkmale (siehe Rdn. 693).

692 Auch eine Nachzahlung (oder Vorauszahlung) von Arbeitslohn wird als sonstiger Bezug angesehen, wenn sich der Gesamtbetrag oder ein Teilbetrag der Nachzahlung (Vorauszahlung) auf Lohnzahlungszeiträume bezieht, die in einem anderen Kalenderjahr als dem der Zahlung enden. Wird eine Nachzahlung für ein abgelaufenes Kalenderjahr geleistet, ist für die Zuordnung zum laufenden Arbeitslohn bzw. zum sonstigen Bezug zu unterscheiden, ob der Arbeitslohn innerhalb der ersten drei Wochen des nachfolgenden Kalenderjahrs zufließt oder nicht (R 39b.2 Abs. 2 Nr. 8 und Abs. 1 Nr. 7 LStR). Erfolgt ein Zufluss innerhalb des 3-Wochen-Zeitraums, handelt es sich um laufenden Arbeitslohn. Fließt der Nachzahlungsbetrag erst später zu, liegt ein sonstiger Bezug vor. Praktische Bedeutung hat diese Unterscheidung für die Frage, in welchem Kalenderjahr der Arbeitslohn erfasst wird. Bei Zuordnung zum laufenden Arbeitslohn erfolgt eine Zuordnung zu dem Lohnzahlungszeitraum, für den die Nachzahlung geleistet wird (R 39b.5

LStR). Der sonstige Bezug wird hingegen nach den Lohnsteuermerkmalen im Zuflusszeitpunkt dem Lohnsteuerabzugsverfahren unterworfen (R 39b.6 LStR).

5.2 Individuelle Steuerberechnung bei sonstigen Bezügen (§ 39b Abs. 3 Sätze 1–8 EStG)

Für die Einbehaltung der Lohnsteuer von einem sonstigen Bezug hat der Arbeitgeber 693 den voraussichtlichen Jahres-Arbeitslohn ohne den sonstigen Bezug festzustellen. Von dem voraussichtlichen laufenden Jahres-Arbeitslohn sind der Versorgungs-Freibetrag und der Altersentlastungsbetrag (soweit die Voraussetzungen erfüllt sind) sowie ein etwaiger als Lohnsteuerabzugsmerkmal mitgeteilter Jahresfreibetrag abzuziehen. Für den so gekürzten Jahres-Arbeitslohn (maßgebender Jahres-Arbeitslohn) ist die Lohnsteuer zu ermitteln. Dabei ist die als Lohnsteuerabzugsmerkmal gebildete Steuerklasse maßgebend. Außerdem ist die Jahres-Lohnsteuer für den maßgebenden Jahres-Arbeitslohn unter Einbeziehung des sonstigen Bezugs zu ermitteln. Dabei ist der sonstige Bezug um den Versorgungs-Freibetrag und den Altersentlastungsbetrag zu kürzen, wenn die Voraussetzungen für den Abzug dieser Beträge jeweils erfüllt sind und soweit sie nicht bei der Feststellung des maßgebenden Jahres-Arbeitslohnes berücksichtigt worden sind. Der Unterschiedsbetrag zwischen den ermittelten Jahres- Lohnsteuer-Beträgen ist die Lohnsteuer, die von dem sonstigen Bezug einzubehalten ist. Es sind die Lohnsteuerabzugsmerkmale anzuwenden, die zum Ende des Kalendermonats des Zuflusses gelten. Zu Beispielsfällen vgl. H 39b.6 LStH 2021 zu R 39b.6 LStR.

5.3 Sonstige Bezüge für mehrere Jahre und Entschädigungen (§ 39b Abs. 3 Satz 9 EStG)

Die Lohnsteuer ist bei einem sonstigen Bezug i. S. des § 34 Abs. 1 und 2 Nr. 2 und 4 694 EStG in der Weise zu ermäßigen, dass der sonstige Bezug mit einem Fünftel anzusetzen und der Unterschiedsbetrag zu verfünffachen ist.

Bedeutsam ist die Bestimmung des § 39b Abs. 3 Satz 9 EStG insbesondere für den steu- 695 erpflichtigen Teil von **Abfindungszahlungen**, die zusammengeballt zufließen (BMF-Schreiben v. 1. 11. 2013, BStBl I 2013 S. 1326), sowie für Jubiläumszahlungen. Bei **Jubiläumszahlungen** ist im Lohnsteuerabzugsverfahren die Zusammenballung von Einkünften i. S. des § 34 EStG zu unterstellen (BMF-Schreiben v. 10. 1. 2000, BStBl I S. 138).

6. Einbehaltung der Lohnsteuer ohne Lohnsteuerabzugsmerkmale (§§ 39b, 39c EStG)

Solange der Arbeitnehmer dem Arbeitgeber zum Zwecke des Abrufs der elektronischen 696 Lohnsteuerabzugsmerkmale (§ 39e Abs. 4 Satz 1 EStG) die ihm zugeteilte Identifikationsnummer sowie den Tag der Geburt schuldhaft nicht mitteilt oder das BZSt die Mitteilung elektronischer Lohnsteuerabzugsmerkmale abgelehnt hat, hat der Arbeitgeber die Lohnsteuer nach der Steuerklasse VI zu ermitteln.

Kann der Arbeitgeber die elektronischen Lohnsteuerabzugsmerkmale wegen

a) technischer Störungen nicht abrufen oder

b) hat der Arbeitnehmer die fehlende Mitteilung der ihm zuzuteilenden Identifikationsnummer nicht zu vertreten,

hat der Arbeitgeber für die Lohnsteuerberechnung die voraussichtlichen Lohnsteuerabzugsmerkmale i. S. des § 38b längstens für die Dauer von drei Kalendermonaten zu Grunde zu legen.

Hat nach Ablauf der drei Kalendermonate der Arbeitnehmer die Identifikationsnummer sowie den Tag der Geburt nicht mitgeteilt, ist rückwirkend die Steuerklasse VI anzuwenden.

Arbeitnehmer ohne Identifikationsnummer haben beim Finanzamt eine Bescheinigung für den Lohnsteuerabzug zu beantragen (siehe Rdn. 698). Andernfalls greift ebenso die Steuerklasse VI (§ 39c Abs. 2 Satz 1 EStG).

697 Sobald dem Arbeitgeber die elektronischen Lohnsteuerabzugsmerkmale oder die Bescheinigung für den LSt-Abzug vorliegen, sind die Lohnsteuerermittlungen für die vorangegangenen Monate zu überprüfen und, falls erforderlich, zu ändern. Die zu wenig oder zu viel einbehaltene Lohnsteuer ist jeweils bei der nächsten Lohnabrechnung auszugleichen.

7. Bescheinigung des Finanzamts

698 Im Inland nicht meldepflichtigen Arbeitnehmern kann eine steuerliche Identifikationsnummer (IdNr.) nicht durch die Meldebehörden zugeteilt werden, da hier die Meldepflicht nicht besteht. In folgenden Fällen erfolgt daher für den Bedarfsfall eine Zuteilung der IdNr. für steuerliche Zwecke durch das Betriebsstättenfinanzamt:

- Im Ausland lebende unbeschränkt einkommensteuerpflichtige Arbeitnehmer nach § 1 Abs. 2 und 3 EStG,
- unbeschränkt einkommensteuerpflichtige Arbeitnehmer aufgrund eines gewöhnlichen Aufenthalts im Inland (§ 39e Abs. 8 EStG),
- beschränkt einkommensteuerpflichtige Arbeitnehmer nach § 1 Abs. 4 EStG (z. B. Erntehelfer).

Eine Teilnahme der Arbeitgeber am ELStAM-Verfahren für diese besonderen Arbeitnehmerfälle ist bisher nicht möglich. Stattdessen stellt das Betriebsstättenfinanzamt des Arbeitgebers (weiterhin) Papierbescheinigungen für den Lohnsteuerabzug aus. Diese Bescheinigung ersetzt die Verpflichtung und Berechtigung des Arbeitgebers zum Abruf der ELStAM.

Seit dem 1. 1. 2020 ist der Abruf der ELStAM für beschränkt einkommensteuerpflichtige Arbeitnehmer nach § 1 Abs. 4 EStG (z. B. Erntehelfer, Grenzpendler) möglich.

Ausnahmen: Nach dem BMF-Schreiben v. 7. 11. 2019 (BStBl I 2019 S. 1087) ist die Teilnahme von Arbeitnehmern, die nach § 1 Abs. 4 EStG beschränkt steuerpflichtig sind und für die ein Freibetrag berücksichtigt wird oder deren Arbeitslohn nach den Regelungen in Doppelbesteuerungsabkommen von der Besteuerung freigestellt oder der Steuerabzug nach den Regelungen in Doppelbesteuerungsabkommen auf Antrag gemindert oder begrenzt wird, *noch nicht* vorgesehen.

In der Papierbescheinigung für den Lohnsteuerabzug ist für diese Arbeitnehmer weiterhin die steuerliche IdNr. des Arbeitnehmers aufzunehmen, um bei Einbindung dieser Personengruppe in das Verfahren ELStAM den elektronischen Abruf der Lohnsteuerabzugsmerkmale zu ermöglichen.

8. Anwendung von Doppelbesteuerungsabkommen/ Auslandstätigkeitserlass

Ist der gezahlte Arbeitslohn nach einem Doppelbesteuerungsabkommen von der Lohn- 699
steuer freizustellen, erteilt das Betriebsstätten-Finanzamt auf Antrag eine entsprechende Bescheinigung. Weitergehend vgl. R 39b.10 LStR und BMF-Schreiben v. 3. 5. 2018, BStBl I 2018 S. 643, und BMF-Schreiben v. 14. 3. 2017, BStBl I 2017 S. 473, und zur Übernahme von Steuerberatungskosten bei Nettovereinbarung BMF-Schreiben v. 22. 4. 2020, BStBl I 2020 S. 483. Entsprechendes gilt auch bei Arbeitslohn, der infolge der Anwendung der Regelungen des Auslandstätigkeitserlasses (BMF-Schreiben v. 31. 10. 1983, BStBl I S. 470) steuerfrei bleibt.

Die Bildung als elektronisches Lohnsteuerabzugsmerkmal (§ 39 Abs. 4 Nr. 5 EStG) wird erst in einer späteren Stufe des Verfahrens verwirklicht (§ 52 Abs. 36 EStG). Bis dahin gilt das Bescheinigungsverfahren weiter.

Der Verzicht auf den Lohnsteuerabzug schließt die Berücksichtigung der steuerfreien Arbeitslohnteile beim Progressionsvorbehalt im Rahmen der Einkommensteuer-Veranlagung nicht aus. Nur im Rahmen der Einkommensteuer-Veranlagung wird ferner der Besteuerungsnachweis im ausländischen Entsendungsstaat geprüft (siehe § 50d Abs. 8 EStG und BMF-Schreiben v. 3. 5. 2018, BStBl I 2018 S. 643). Für das Lohnsteuerabzugsverfahren ist diese nationalstaatliche Rückfallklausel unbeachtlich.

9. Besteuerung bei Nettolohnvereinbarung

Der Arbeitgeber kann sich seinen Arbeitnehmern gegenüber verpflichten, einen be- 700
stimmten Lohn auszuzahlen, von dem keine gesetzlichen Abzüge mehr vorgenommen werden, weil der Arbeitgeber die gesetzlichen Abzüge (Lohnsteuer, Solidaritätszuschlag, Kirchensteuer, Arbeitnehmer-Anteile zur Sozialversicherung) selbst trägt. Nettoarbeitsentgelt ist damit das um die gesetzlichen Abzüge verminderte (Brutto-)Arbeitsentgelt. Ist strittig, ob Brutto- oder Nettolohn vereinbart ist, trifft den Arbeitnehmer die Beweislast (BFH-Urteil v. 16. 8. 1979, BStBl II S. 771). Zu Fragen des Nettolohnbegriffs siehe R 39b.9 LStR und OFD Nordrhein-Westfalen, Verfügung v. 15. 8. 2018, S 2367-2017/0004-St 213, Juris, und zur Übernahme von Steuerberatungskosten bei Nettovereinbarung BMF-Schreiben v. 22. 4. 2020, BStBl I 2020 S. 483.

Der Arbeitgeber hat zum Zweck der Lohnsteuerberechnung aus der für die Steuerklasse 701
des Arbeitnehmers maßgebenden Spalte der Lohnsteuer-Tabelle grds. durch **Abtasten** den Brutto- Arbeitslohn zu ermitteln, der, vermindert um die Lohnsteuer und den Solidaritätszuschlag (ggf. auch um Arbeitnehmer-Anteile zur Sozialversicherung und Kirchensteuer), den Nettolohn ergibt. Die aus dem Brutto-Arbeitslohn berechnete Lohnsteuer, der Solidaritätszuschlag und die Kirchensteuer sind vom Arbeitgeber abzuführen. Der Arbeitnehmer bleibt Schuldner der Steuerabzugsbeträge.

702 Bei sonstigen Bezügen, die netto gezahlt werden, muss die Lohnsteuer durch Abtasten ermittelt werden. Bei der Einkommensteuerveranlagung des Arbeitnehmers ist der Bruttoarbeitslohn als Einnahme i. S. des § 19 EStG anzusetzen. Die vom Arbeitgeber abzuführende Lohnsteuer dürfte regelmäßig anzurechnen sein. Über die Anrechnung entscheidet das Finanzamt durch einen Verwaltungsakt nach § 218 Abs. 2 Satz 1 AO.

VI. Pauschalierung der Lohnsteuer (§§ 40–40b EStG)

1. Allgemeines

703 Die Pauschalierung der Lohnsteuer mit i. d. R. festen Pauschsteuersätzen ist ein alternatives Besteuerungsverfahren, das sich regelmäßig und aus Vereinfachungsgründen von den individuellen Besteuerungsmerkmalen des Einzelfalls löst und den Steuersatz in typisierender, durchschnittlicher Betrachtung bestimmt. Das steuerliche Pauschalierungsverfahren läuft am Arbeitnehmer vorbei, weil der Arbeitgeber Schuldner der pauschalen Lohnsteuer ist und sowohl der pauschal besteuerte Arbeitslohn als auch die pauschale Lohnsteuer bei der Veranlagung zur Einkommensteuer außer Ansatz bleiben (§ 40 Abs. 3 EStG). Der Arbeitgeber hat die pauschale Lohnsteuer, die im Zeitpunkt des Arbeitslohn-Zuflusses beim Arbeitnehmer entsteht (BFH-Urteil v. 6. 5. 1994, BStBl II S. 715), zu übernehmen. Er ist Schuldner der pauschalen Lohnsteuer. Eine Abwälzung der pauschalen Lohnsteuer ist arbeitsrechtlich zulässig. Steuerlich entfalten solche Vereinbarungen aber keine Wirkung (§ 40 Abs. 3 Satz 2 2. Halbsatz EStG; vgl. hierzu BMF-Schreiben v. 10. 1. 2000, BStBl I S. 138).

2. Bemessung der Lohnsteuer nach zu ermittelnden Pauschsteuersätzen bei sonstigen Bezügen (§ 40 Abs. 1 Satz 1 Nr. 1 EStG)

704 Das Finanzamt kann auf Antrag des Arbeitgebers zulassen, dass die Lohnsteuer nach einem zu ermittelnden Pauschsteuersatz pauschal erhoben wird, wenn von dem Arbeitgeber sonstige Bezüge in einer größeren Zahl von Fällen gewährt werden. Die Finanzverwaltung nimmt **„eine größere Zahl"** von Fällen an, wenn sonstige Bezüge gleichzeitig mindestens 20 Arbeitnehmern gewährt werden (R 40.1 Abs. 1 LStR). In Ausnahmefällen kann diese Zahl unterschritten werden; dabei kommt es auf die Verhältnisse des Arbeitgebers und den erzielbaren Vereinfachungseffekt an. Die Pauschalierung nach § 40 Abs. 1 Satz 1 Nr. 1 EStG setzt einen **Antrag** des Arbeitgebers voraus. Der Arbeitgeber muss dem Antrag eine Berechnung beifügen, aus der sich die Höhe des von ihm ermittelten Pauschsteuersatzes ergibt. Zu Beispielen hinsichtlich der Ermittlung des Pauschsteuersatzes vgl. H 40.1 LStH 2021.

705 Bei der Ermittlung dieses Pauschsteuersatzes ist zu berücksichtigen, dass die Übernahme der pauschalen Lohnsteuer nach § 40 Abs. 3 EStG durch den Arbeitgeber für den Arbeitnehmer einen zusätzlichen geldwerten Vorteil darstellt (§ 40 Abs. 1 Satz 2 EStG). Für jede nach den Lohnsteuerklassen zusammengefasste Gruppe ist deshalb ein durchschnittlicher Nettosteuersatz zu bilden (BFH-Urteil v. 11. 3. 1988, BStBl II S. 726).

Weicht das Finanzamt von dem vom Arbeitgeber ermittelten Pauschsteuersatz ab, so gilt der Antrag in der vom Finanzamt modifizierten Form als genehmigt. Der Arbeitgeber hat sodann das Wahlrecht, die Pauschalierung auszuüben oder nicht. 706

Der Arbeitgeber darf sonstige Bezüge **nur bis zu insgesamt 1 000 €** für den einzelnen Arbeitnehmer je Kalenderjahr in die Pauschalierung einbeziehen. Da der pauschaliert besteuerte Arbeitslohn bei der Veranlagung außer Betracht bleibt, soll das für viele steuerliche und außersteuerliche Zwecke (z. B. Vermögensbildung, Wohngeld, Ausbildungsförderung) maßgebende Einkommen nicht in unvertretbarem Umfang zu niedrig ausgewiesen werden. 707

Nicht steuerfreie Reisekostenvergütungen können nach der Verwaltungsauffassung (R 40.2 Abs. 4 Satz 2 LStR) ebenfalls als sonstiger Bezug behandelt werden. Deshalb entfällt die individuelle Besteuerung, wenn für die Vergütungen für Verpflegungsmehraufwendungen nach § 40 Abs. 2 Satz 1 Nr. 4 EStG eine Lohnsteuerpauschalierung mit einem festen Pauschsteuersatz (25 % zzgl. Annexsteuern) durchgeführt wird oder bei Übersteigen der in § 40 Abs. 2 Satz 1 Nr. 4 EStG genannten Beträge, wenn das Betriebsstättenfinanzamt auf Antrag des Arbeitgebers die Pauschalbesteuerung im Rahmen des § 40 Abs. 1 Satz 1 Nr. 1 EStG mit einem individuellen Pauschsteuersatz zulässt. 708

3. Bemessung der Lohnsteuer nach zu ermittelnden Pauschsteuersätzen bei Nachforderung von Lohnsteuer (§ 40 Abs. 1 Satz 1 Nr. 2 EStG)

Ist Lohnsteuer in einer größeren Zahl von Fällen nachzufordern, wie dies regelmäßig im Anschluss an eine Lohnsteuer-Außenprüfung vorkommt, und soll die Lohnsteuer pauschaliert werden, muss zwischen Brutto- und Nettoversteuerung unterschieden werden. Belastet der Arbeitgeber infolge der Haftungsschuld für die zuwenig einbehaltene Lohnsteuer die jeweiligen Arbeitnehmer mit der nachgeforderten Lohnsteuer, muss die Lohnsteuer brutto berechnet werden. Will der Arbeitgeber seine Arbeitnehmer nicht belasten, ist der Vorteil netto aus der Steuerübernahme nach den Verhältnissen der jeweiligen Zuflussjahre der pauschalierten Löhne zu ermitteln. Der Nettosatz ist also nicht für den Zeitpunkt des Nachforderungsbescheids zu bilden, obwohl die gesetzliche Steuerschuldnerschaft des Arbeitgebers zu diesem Zeitpunkt entsteht (BFH-Urteil v. 26. 8. 1988, BStBl 1989 II S. 304). Die 1 000 €-Grenze gilt nicht für Fälle der Nacherhebung durch das Finanzamt. Die Pauschalierung bei Nacherhebung setzt zwingend einen Antrag des Arbeitgebers voraus. 709

4. Bemessung der Lohnsteuer nach festen Pauschsteuersätzen (§ 40 Abs. 2 EStG; R 40.2 LStR)

In den folgenden Fällen kommt nach § 40 Abs. 2 EStG eine Pauschalierung der Lohnsteuer auf den steuerpflichtigen Arbeitslohn nach festen Pauschsteuersätzen in Betracht: 710

(a) unentgeltliche oder verbilligte Abgabe von Mahlzeiten im Betrieb oder entsprechende Barzuschüsse (§ 40 Abs. 2 Nr. 1 EStG; Pauschsteuersatz: 25 %).

(b) die mit dem amtlichen Sachbezugswert anzusetzende steuerpflichtige Mahlzeit, die auf Veranlassung des Arbeitgebers durch einen Dritten an den Arbeitnehmer anlässlich einer Auswärtstätigkeit gestellt wird (§ 40 Abs. 2 Nr. 1a EStG).

(c) Arbeitslohn hinsichtlich des steuerpflichtigen Teils einer Betriebsveranstaltung (§ 40 Abs. 2 Nr. 2 EStG; Pauschsteuersatz: 25 %).

(d) Erholungsbeihilfen bis 156 € für den Arbeitnehmer, bis 104 € für dessen Ehegatten und bis 52 € für jedes Kind im Kalenderjahr, sofern der Arbeitgeber sicherstellt, dass die Beihilfen zu Erholungszwecken verwendet werden (§ 40 Abs. 2 Nr. 3 EStG; Pauschsteuersatz: 25 %).

(e) Vergütungen für Verpflegungsmehraufwendungen, die anlässlich einer Auswärtstätigkeit mit Anspruch auf eine Verpflegungspauschale gezahlt werden (die Vergütungen in diesem Sinne dürfen die am jeweiligen Auswärtstag geltende Verpflegungspauschale vor Mahlzeitenkürzung um nicht mehr als 100 % übersteigen); der Pauschsteuersatz beträgt 25 % (weitergehend: § 40 Abs. 2 Satz 1 Nr. 4 EStG und R 40.2 Abs. 4 LStR).

(f) Durch das Gesetz zur weiteren steuerlichen Förderung der Elektromobilität und zur Änderung weiterer steuerlicher Vorschriften hat der Gesetzgeber § 40 Abs. 2 EStG mit Wirkung ab 2019 neu gestaltet.

Nunmehr ist zwischen einer Pauschalierung mit einem Pauschalierungssatz von 15 % und von 25 % zu unterscheiden.

Kommt eine Pauschalierung mit 15 % zur Anwendung (§ 40 Abs. 2 Satz 2 Nr. 1 EStG), ist der Pauschalierungsbetrag auf der LSt-Bescheinigung wertmäßig aufzuführen (§ 41b Abs. 1 Satz 2 Nr. 7 EStG). Er mindert den Werbungskostenabzug.

Kommt eine Pauschalierung mit 25 % zur Anwendung (§ 40 Abs. 2 Satz 2 Nr. 2 EStG), ist der Pauschalierungsbetrag nicht auf der LSt-Bescheinigung wertmäßig aufzuführen. Er mindert den Werbungskostenabzug nicht (§ 40 Abs. 2 Satz 2 Nr. 2 letzter Halbsatz EStG).

Eine Pauschalierung **mit 15 %** ist in folgenden Fällen möglich:

a) Sachbezüge in Form einer unentgeltlichen oder verbilligten Beförderung eines Arbeitnehmers zwischen Wohnung und erster Tätigkeitsstätte sowie Fahrten nach § 9 Abs. 1 Satz 3 Nr. 4a Satz 3 EStG oder

b) Zuschüsse zu den Aufwendungen des Arbeitnehmers für Fahrten zwischen Wohnung und erster Tätigkeitsstätte oder Fahrten nach § 9 Abs. 1 Satz 3 Nr. 4a Satz 3 EStG, die zusätzlich zum ohnehin geschuldeten Arbeitslohn geleistet werden,

soweit die Bezüge den Betrag nicht übersteigen, den der Arbeitnehmer nach § 9 Abs. 1 Satz 3 Nr. 4 und Abs. 2 EStG als Werbungskosten geltend machen könnte, wenn die Bezüge nicht pauschal besteuert würden.

Ein Pauschsteuersatz von 25 % kann anstelle der Steuerfreiheit nach § 3 Nr. 15 EStG einheitlich für alle dort genannten Bezüge eines Kalenderjahres angewandt werden, auch wenn die Bezüge dem Arbeitnehmer nicht zusätzlich zum ohnehin geschuldeten Arbeitslohn gewährt werden. Zudem können mit 25 % die Freifahrtberechtigungen von Soldaten pauschaliert werden.

(g) wenn der Arbeitgeber dem Arbeitnehmer zusätzlich zum ohnehin geschuldeten Arbeitslohn unentgeltlich oder verbilligt Datenverarbeitungsgeräte übereignet; das gilt auch für Zubehör und Internetzugang. Das Gleiche gilt für Zuschüsse des Arbeitgebers, die zusätzlich zum ohnehin geschuldeten Arbeitslohn zu den Aufwendungen des Arbeitnehmers für die Internetnutzung gezahlt werden (§ 40 Abs. 2 Satz 1 Nr. 5 EStG; Pauschsteuersatz: 25 %).

(h) wenn Arbeitnehmern zusätzlich zum ohnehin geschuldeten Arbeitslohn unentgeltlich oder verbilligt die Ladevorrichtung für Elektrofahrzeuge oder Hybridelektrofahrzeuge i. S. des § 6 Abs. 1 Nr. 4 Satz 2 2. Halbsatz EStG übereignet werden. Das Gleiche gilt für Zuschüsse des Arbeitgebers, die zusätzlich zum ohnehin geschuldeten Arbeitslohn zu den Aufwendungen des Arbeitnehmers für den Erwerb und die Nutzung dieser Ladevorrichtung gezahlt werden. Vgl. hierzu auch BMF-Schreiben v. 29. 9. 2020, BStBl I 2020 S. 972.

(i) wenn dem Arbeitnehmer zusätzlich zum ohnehin geschuldeten Arbeitslohn unentgeltlich oder verbilligt ein betriebliches Fahrrad übereignet wird. Das Fahrrad darf aber kein Kfz i. S. des § 6 Abs. 1 Nr. 4 Satz 2 EStG sein.

Der nach § 40 Abs. 2 EStG pauschal versteuerte Arbeitslohn ist grundsätzlich nicht dem Arbeitsentgelt zuzurechnen (§ 1 Abs. 1 Nr. 3 SvEV), d. h. er löst i. d. R. keine Sozialversicherungspflicht aus.

Einschränkend hierzu bestimmt § 1 Abs. 1 Satz 2 SvEV (Fünftes Gesetz zur Änderung des Vierten Buches Sozialgesetzbuch und anderer Gesetze, BGBl I 2015 S. 583–597, gilt für Zeiträume ab dem 22. 4. 2015), dass die Einnahmen dem Arbeitsentgelt nur dann nicht zuzurechnen sind, soweit diese vom Arbeitgeber oder von einem Dritten mit der Entgeltabrechnung für den jeweiligen Abrechnungszeitraum lohnsteuerfrei belassen oder pauschal besteuert werden.

Zur Anwendung dieser Neuregelung haben die Spitzenorganisationen der Sozialversicherung ein Besprechungsergebnis veröffentlicht (Besprechungsergebnis v. 20. 4. 2016 zur beitragsrechtlichen Behandlung steuerfreier bzw. pauschal besteuerter Entgeltbestandteile). Danach gilt Folgendes:

- Für die Sozialversicherungsfreiheit reicht nicht mehr die Möglichkeit der pauschal besteuerten Behandlung (unabhängig von der tatsächlichen Pauschalierung) aus. Es kommt vielmehr auf die tatsächliche pauschalbesteuerte Behandlung im Rahmen der Lohnabrechnung durch den Arbeitgeber oder den abrechnungsberechtigten Dritten an.
- Wurden bestimmte Entgeltarten zunächst steuerfrei belassen und im Rahmen einer Außenprüfung wird eine nachträgliche Pauschalbesteuerung vorgenommen oder zugelassen, löst dies keine Beitragsfreiheit zur Sozialversicherung mehr aus.

Fraglich war, wie zu verfahren ist, wenn Entgeltbestandteile vom Arbeitgeber unzutreffend als steuerfrei beurteilt werden bzw. wurden und durch diesen beabsichtigt wird, eine zulässige Pauschalbesteuerung nachträglich vorzunehmen, d. h. der Arbeitgeber die Pauschalbesteuerung erst mit Ausstellung der Lohnsteuerbescheinigung vornimmt. Nach den Aussagen des Besprechungsergebnisses der Spitzenorganisationen der Sozialversicherung vom 20. 4. 2016 ist es sozialversicherungsrechtlich unschädlich, wenn der Arbeitgeber die **Entscheidung zur Pauschalbesteuerung** nicht sofort, sondern spätestens bis zur Ausstellung bzw. Übermittlung der Lohnsteuerbescheinigung, also **längstens bis Ende Februar des Folgejahres**, trifft. Damit ist es dem Arbeitgeber auch nach der monatlichen Entgeltabrechnung möglich, die unterbliebene Lohnsteuererhebung zugunsten einer Pauschalbesteuerung nachzuholen.

Praxishinweis:

Die Sozialversicherung spricht von der Entscheidung zur Pauschalbesteuerung; sie geht nicht näher darauf ein, für welchen Monat die Pauschalierungsentscheidung getroffen wird. M. E. bestimmt sich auch im Falle der nachträglichen Lohnsteuerpauschalierung der Pauschalierungszeitpunkt nach den allgemeinen lohnsteuerlichen Kriterien (BFH-Urteil v. 24. 9. 2016 – VI R 69/14, BStBl II 2016 S. 176). Ohnehin ist fraglich, ob die einschränkende Sichtweise der Sozialversicherungsvertreter „gerichtsfest" ist.

BEISPIEL:

Der Arbeitgeber A hat für den Arbeitnehmer B in 2021 die Aufwendungen für Wege zwischen Wohnung und erster Tätigkeitsstätte in Höhe der Entfernungspauschale 2021 „lohnsteuerfrei" gewährt.

Im Rahmen der Ende 2022 durchgeführten Lohnsteuer-Außenprüfung wird diese Leistung nachträglich pauschal lohnversteuert (§ 40 Abs. 2 Satz 2 EStG – Pauschalierungssatz: 15 % zuzüglich Solidaritätszuschlag und eventuell Kirchensteuer).

Für Vorteile ab dem 22. 4. 2015 sind Zuwendungen nach § 40 Abs. 2 EStG nur dann nicht dem Arbeitsentgelt in der SV zuzurechnen, wenn diese für den jeweiligen Abrechnungszeitraum (korrekterweise) lohnsteuerfrei belassen oder pauschal besteuert werden. Die bloße Möglichkeit der Pauschalversteuerung reicht hier nicht mehr aus. Der Arbeitgeber hatte die Möglichkeit, die zunächst unterbliebene Pauschalversteuerung mit sozialversicherungsrechtlicher Wirkung noch bis zum 28. 2. 2022 nachzuholen. Die Pauschalversteuerung erfolgte hier jedoch erst im Rahmen der Lohnsteuer-Außenprüfung. Es liegt trotz der zulässigen Lohnsteuer-Pauschalierung Arbeitsentgelt i. S. des Sozialversicherungsrechts vor.

Praxishinweis:

Die Sozialversicherung nennt in ihrem Besprechungsergebnis eine nachträgliche Pauschalierung bis zum 28. bzw. 29. 2. des Folgejahres. Sie geht nicht darauf ein, ob dieses Enddatum auch gilt, wenn bereits vorab die Lohnsteuerbescheinigung an das Finanzamt übermittelt wurde. Mit weiteren Klarstellungen ist zu rechnen.

5. Pauschalierung bei Teilzeitbeschäftigung (§ 40a EStG; R 40a.1 LStR)

711 Das EStG kennt drei Arten von Teilzeitbeschäftigungen, bei denen eine Pauschalierung mit einem festen Pauschsteuersatz in Betracht kommen kann:

(a) kurzfristige Beschäftigung (Pauschsteuersatz: 25 %),

(b) Beschäftigung in geringem Umfang und gegen geringen Lohn (Pauschsteuersatz: 2 % bzw. 20 %),

(c) Aushilfstätigkeit in der Land- und Forstwirtschaft (Steuersatz 5 %).

Pauschalierungsmöglichkeiten nach § 40a EStG:	**Unterscheidungskriterien**	**Ab 1. 1. 2013** [1]	712
Abs. 1 Kurzfristige Beschäftigung [2)] Die Definition der kurzfristigen Beschäftigung entspricht nicht der des Sozialversicherungsrechts (vgl. hierzu § 8 Abs. 1 Nr. 2 SGB IV). Siehe auch Abs. 4.	Pauschalierungssatz Beschäftigungshöchstdauer Arbeitslohngrenze (durchschnittlich je Arbeitstag):	25 % [3)] 18 zusammenhängende Arbeitstage 120 € [4)]	
Abs. 2 Geringfügige Beschäftigung nach § 8 Abs. 1 Nr. 1 oder § 8a SGB IV, für die pauschale Rentenversicherungsbeiträge zu leisten sind.	Pauschalierungssatz Monatlicher Arbeitslohn darf… nicht überschreiten	2 % [5)] 450 € [6)]	
Abs. 2a Geringfügige Beschäftigungsverhältnisse nach § 8 Abs. 1 Nr. 1 oder § 8a SGB IV, für die keine pauschalen Rentenversicherungsbeiträge zu leisten sind.	Pauschalierungssatz	20 % [7)]	
Abs. 3 Aushilfskräfte in der Land- und Forstwirtschaft. Siehe auch Abs. 4.	Pauschalierungssatz	5 % [8)]	
Abs. 4 Allgemeine Pauschalierungsgrenze (gilt nur für die Lohnsteuerpauschalierung nach Abs. 1 **und** 3).	Höchstarbeitslohn durchschnittlich maximal … je Arbeitsstunde. Eine Pauschalierung ist ausgeschlossen, wenn der Arbeitnehmer von demselben Arbeitgeber aus einer sog. Haupttätigkeit bereits Arbeitslohn bezieht.	15 €	

1) Unter Berücksichtigung des Zweiten Gesetzes für moderne Dienstleistungen am Arbeitsmarkt, BStBl I 2003 S. 3 und zuletzt Gesetz zur Änderung im Bereich der geringfügigen Beschäftigungen v. 5. 12. 2012 (BGBl I 2012 S. 2474); siehe hierzu auch Geringfügigkeits-Richtlinie v. 21. 11. 2018.

2) Eine kurzfristige Beschäftigung im Sinne des Steuerrechts liegt vor, wenn der Arbeitnehmer beim Arbeitgeber gelegentlich, nicht regelmäßig wiederkehrend beschäftigt wird, die Dauer der Beschäftigung 18 zusammenhängende Tage nicht übersteigt und (1) der Arbeitslohn während der Beschäftigungsdauer 120 € durchschnittlich je Arbeitstag nicht übersteigt oder (2) die Beschäftigung zu einem unvorhersehbaren Zeitpunkt sofort erforderlich wird. Außerdem darf u. a. der Stundenlohn von 15 € – § 40a Abs. 4 Nr. 1 EStG – nicht überschritten werden. Die Definition der kurzfristigen Beschäftigung ist insoweit nicht identisch mit der Definition der kurzfristigen Beschäftigung i. S. des § 8 Abs. 1 Nr. 2 SGB IV.

3) Zuzüglich Annexsteuern (Solidaritätszuschlag und eventuell Kirchenlohnsteuer).

4) Unbeachtlich, wenn Beschäftigung zu einem unvorhersehbaren Zeitpunkt erforderlich wird.

5) Annexsteuern (Solidaritätszuschlag/Kirchenlohnsteuer) fallen nicht zusätzlich an.

6) Für laufenden Arbeitslohn, der erstmals für einen nach dem 31.12.2012 endenden Lohnzahlungszeitraum gezahlt wird und für sonstige Bezüge, die nach dem 31.12.2012 zufließen (vormals 400 €).

7) Zuzüglich Annexsteuern (Solidaritätszuschlag und eventuell Kirchenlohnsteuer).

8) Zuzüglich Annexsteuern (Solidaritätszuschlag und eventuell Kirchenlohnsteuer).

Nullzone und Gleitklausel des Solidaritätszuschlaggesetzes kommen bei der pauschalen Lohnsteuer auch in der ab 2021 geltenden Rechtslage nicht zur Anwendung. Der BFH hat mit Urteil v. 1.3.2002 (VI R 171/98, BStBl II 2002 S. 440) entschieden, dass die pauschale Lohnsteuer Bemessungsgrundlage für den Solidaritätszuschlag ist.

Bei geringfügigen Beschäftigungsverhältnissen gelten die bisherigen steuerlichen Regelungen unverändert weiter fort. Eine Lohnsteuerpauschalierung mit 2 % (§ 40a Abs. 2 EStG) bzw. 20 % (§ 40a Abs. 2a EStG) ist jedoch nur dann möglich, wenn eine geringfügig entlohnte Beschäftigung i. S. des § 8 Abs. 1 Nr. 1 oder § 8a SGB IV vorliegt.

Die Beurteilung, ob eine geringfügige Beschäftigung i. S. des § 40a Abs. 2 bzw. Abs. 2a EStG vorliegt, richtet sich nach den sozialversicherungsrechtlichen Regelungen. Zum sozialversicherungspflichtigen Arbeitsentgelt gehören alle Beträge, auf die der Arbeitnehmer einen Anspruch hat. Dies gilt selbst dann, wenn diese nicht ausgezahlt werden. Hierbei sind auch die Regelungen des Mindestlohngesetzes und des Teilzeit- und Befristungsgesetzes zu beachten.

Praxishinweis:

Das BAG hat mit Urteil vom 25.5.2016 (5 AZR 135/16) entschieden, dass Sachbezüge i. d. R. nicht in den Mindestlohn einzubeziehen sind. Das BAG führt aus, dass §§ 1 und 2 MiLoG mit dem Begriff der „Zahlung" und der Nennung eines Eurobetrags in „brutto" eine Entgeltleistung in Geld fordere. Arbeitnehmer haben daher i. d. R. einen Anspruch auf den Mindestlohn i. H. von 9,50 € pro Stunde (ab 1.7.2021: 9,60 €; ab 1.1.2022: 9,82 €; ab 1.7.2022: 10,45 €), auch wenn zusätzliche Sachbezüge vereinbart werden (Besonderheiten gelten bei Saisonarbeitskräften in Bezug auf die Anrechnung von Kost und Logis nach § 107 Abs. 2 GewO).

In bestimmten Fällen ergeben sich nach dem Arbeitnehmer-Entsendegesetz und dem Arbeitnehmerüberlassungsgesetz andere Branchenmindestlöhne.

Zahlt der Arbeitgeber nicht den gesetzlich festgelegten Mindestlohn oder untertariflich, richtet sich der Beitragsanspruch zur Sozialversicherung nach dem rechtmäßig zustehenden höheren Entgeltanspruch. Die Differenz wird als „Phantomlohn" bezeichnet. Nicht ausgezahltes Entgelt ist beitragspflichtig, wenn der Arbeitnehmer einen gesetzlichen oder tarifvertraglichen Anspruch hat. Wird dies bei Betriebsprüfungen der Rentenversicherungsträger festgestellt, können hohe Nachforderungen drohen. Der Phantomlohn kann sich auch bei der versicherungsrechtlichen Beurteilung auswirken. Das ist insbesondere bei geringfügig entlohnten Beschäftigungen möglich, wenn die Entgeltgrenze von 450 € durch den Phantomlohn überschritten wird.

BEISPIEL:

Der Arbeitgeber A beschäftigt eine Mini-Jobberin M, deren monatliche Arbeitszeit 40 Stunden beträgt. M erhält einen monatlichen Barlohn von 150 € und einen Dienstwagen (inländischer Listenpreis: 30 000 €), der auch privat genutzt werden kann. Fahrten zwischen Wohnung und erster Tätigkeitsstätte sind nicht zu berücksichtigen.

Stundenlohnermittlung inklusive Sachbezug:

Barlohn	150,00 €
zuzüglich Sachlohn (Dienstwagen)	+ 300,00 €
Gesamt	450,00 €
Stundenlohn inklusive Sachlohn (450 € : 40 Std.)	11,25 €
Stundenlohn exklusive Sachlohn (150 € : 40 Std.)	3,75 €

Der Arbeitgeber zahlt damit nicht den gesetzlichen Mindestlohn. Der Beitragsanspruch der Sozialversicherung richtet sich nach dem rechtmäßig zustehenden höheren Entgeltanspruch.

9,50 € × 40 Std. =	380,00 €
zuzüglich Dienstwagengestellung	+ 300,00 €
Summe =	680,00 €

Es liegt damit kein geringfügiges Beschäftigungsverhältnis i. S. des Sozialversicherungsrechts vor. Eine Lohnsteuerpauschalierung mit 2 % bzw. mit 20 % nach §§ 40 Abs. 2 bzw. 2a EStG ist ausgeschlossen.

Lohnsteuerlich sind die dem Arbeitnehmer tatsächlich zugeflossenen Arbeitslohnanteile i. H. von 450 € nach den **individuellen Lohnsteuerabzugsmerkmalen** zu versteuern.

Zu beachten ist zudem, dass bei Dienstverhältnissen mit nahestehenden Personen ein solches Dienstverhältnis mit Dienstwagengestellung i. d. R. nicht dem Fremdvergleich standhält und damit – zumindest steuerrechtlich – nicht anerkannt wird (siehe BFH-Urteil v. 10. 10. 2018 – X R 44-45/17, BStBl II 2019 S. 203).

6. Pauschalierung von bestimmten Zukunftssicherungsleistungen (§ 40b EStG; R 40b.1 LStR) und Gruppenunfallversicherung

Durch das Alterseinkünftegesetz (BStBl I 2004 S. 554) hat die Lohnsteuerpauschalierung 713 von Beiträgen an eine **Direktversicherung** entscheidende Änderungen erfahren. Danach sind Beiträge an eine Direktversicherung steuerfrei, wenn sie die Voraussetzungen gem. § 3 Nr. 63 EStG erfüllen. Bei Altversorgungszusagen kann die eventuell zur Anwendung kommende Steuerfreiheit zu Gunsten der Steuerpflicht gem. § 52 Abs. 6 i. V. m. Abs. 52b EStG abgewählt werden. Die Steuerpflicht kann abgegolten werden durch eine individuelle Lohnversteuerung nach den Lohnsteuerabzugsmerkmalen oder nach der bisherigen Lohnsteuerpauschalierung. Diese Lohnsteuerpauschalierung ist in Ausnahmefällen auch bei Zahlungen an eine Pensionskasse, sofern die Beiträge nicht nach § 3 Nr. 63 bzw. Nr. 56 EStG lohnsteuerfrei sind, anwendbar. Ansonsten ist die Lohnsteuerpauschalierung beschränkt auf Zuwendungen zum Aufbau einer nicht kapitalgedeckten betrieblichen Altersversorgung (vgl. § 40 Abs. 1 EStG).

Von den Beiträgen für eine **Unfallversicherung** des Arbeitnehmers kann der Arbeitgeber 714 die Lohnsteuer mit pauschal 20 % der Beiträge erheben, wenn es sich um eine Gruppenunfallversicherung handelt. Pauschalierungsvoraussetzung ist, dass sich der Teilbetrag, der sich bei einer Aufteilung der gesamten Beiträge nach Abzug der Versicherungsteuer durch die Zahl der begünstigten Arbeitnehmer ergibt, 100 € im Kalenderjahr nicht übersteigt.

Die Pauschalierung setzt voraus, dass der Versicherungsbeitrag im Zeitpunkt der Beitragszahlung Arbeitslohn darstellt. Hierbei ist zu unterscheiden, ob der Arbeitgeber oder der Arbeitnehmer einen eigenen unentziehbaren Rechtsanspruch gegenüber der Versicherung im Schadenfall hat.

Steht dem **Arbeitgeber** ein **Rechtsanspruch** zu, liegt im Zeitpunkt der Beitragsleistung kein Arbeitslohn vor (BMF-Schreiben v. 28. 10 2009, BStBl I 2009 S. 1275; zur Besteuerung bei Auskehrung an den Arbeitnehmer vgl. auch BFH-Urteil v. 11. 12. 2008 – VI R 9/05, BStBl II 2009 S. 385).

Steht dem **Arbeitnehmer** ein **Rechtsanspruch** auf Leistung im Schadenfall unmittelbar zu, liegt im Zeitpunkt der Beitragsleistung durch den Arbeitgeber Arbeitslohn vor. Dieser ist hinsichtlich des auf das Reiserisiko entfallenden Beitragsanteils steuerfrei (§ 3 Nr. 16 EStG; zur Berechnung siehe BMF-Schreiben v. 28. 10 2009, BStBl I 2009 S. 1275). Der steuerpflichtige Beitragsanteil kann entweder individuell oder nach Maßgabe von § 40b Abs. 3 EStG pauschal versteuert werden.

7. Pauschalierungen nach § 37a EStG und § 37b EStG

715 Der Gesetzgeber hat in § 37a EStG die Voraussetzungen für die Pauschalierung der Einkommensteuer durch Dritte geschaffen. Diese Regelung steht in unmittelbarem Zusammenhang mit der Steuerbefreiung in § 3 Nr. 38 EStG. Der **steuerpflichtige** Teil der Sachprämien aus bestimmten Kundenanbindungsprogrammen kann durch das prämiengewährende Unternehmen mit einer Pauschalsteuer von 2,25 % abgegolten werden. Rechtsfolge der Pauschalierung ist, dass die steuerpflichtigen Prämien bei der Veranlagung außer Ansatz bleiben und die abgeführte Pauschalsteuer nicht anrechenbar ist.

Seit 2007 besteht ferner die Möglichkeit der Pauschalierung der Einkommensteuer durch Dritte und/oder durch den Arbeitgeber (§ 37b EStG). Von der Pauschalierungsmöglichkeit erfasst werden nur bestimmte, gesetzlich definierte Sachzuwendungen. Barlohn wird von der Pauschalierung nicht umfasst. Die Differenzierung zwischen Barlohn und einer Sachzuwendung erfolgt auch im Hinblick auf die Anwendung von § 37b EStG nach den allgemeinen lohnsteuerlichen Grundsätzen (siehe § 8 Abs. 1 Satz 2 und 3 EStG und BMF-Schreiben v. 13. 4. 2021 – IV C 5 – S 2334/19/10007 :002, NWB DokID: JAAAH-76163). Erfolgt eine solche Pauschalierung der Einkommensteuer durch einen Dritten, hat die Pauschalierung abgeltende Wirkung. Sie muss damit vom eigentlichen Arbeitgeber nicht mehr im Lohnsteuerabzugsverfahren erfasst werden; eine Anzeige an den Arbeitgeber durch den Arbeitnehmer ist dann entbehrlich (vgl. § 38 Abs. 4 Satz 3 EStG).

Mit BMF-Schreiben v. 19. 5. 2015 (BStBl I 2015 S. 468; siehe auch Niermann, DB 2015 S. 1242 und DB 2017 S. 868, unter Berücksichtigung der Änderung durch das BMF-Schreiben v. 28. 6. 2018, BStBl I 2018 S. 814) hat die Finanzverwaltung zur Anwendung von § 37b EStG ausführlich Stellung genommen.

Zur ertragsteuerlichen Behandlung der vom Zuwendenden übernommenen Pauschsteuer nach § 37b Abs. 1 EStG siehe BFH-Urteil v. 30. 3. 2017 (IV R 13/14, BStBl II 2017 S. 892).

VII. Einbehaltung des Solidaritätszuschlags

Der seit 1995 vom Arbeitgeber einzubehaltende Solidaritätszuschlag beträgt seit 1998 5,5 % der Lohnsteuer; doch führen eine Nullzone und eine Gleitklausel zu einer Milderung. 716

Der Gesetzgeber hat den Solidaritätszuschlag ab 2021 nicht gänzlich abgeschafft, aber zurückgeführt (Gesetz zur Rückführung des Solidaritätszuschlags, BGBl I 2019 S. 2115). Die Nullzone wurde mit Wirkung ab 2021 stark erhöht. Durch die Anhebung der Nullzone ergeben sich Folgewirkungen auch auf den Übergangsbereich:

Ende der **Nullzone**	bei Anwendung der ...	
	ESt nach Grundtabelle	ESt nach Splittingtabelle
ab 1. 1. 2002	972 €	1 944 €
ab 1. 1. 2021	16 956 €	33 912 €

Der SolZ wird auch als Ergänzungsabgabe auch zur **pauschalen LSt** erhoben. Die Nullzone und der Übergangsbereich kommen nicht zur Anwendung (BFH-Urteil v. 1. 3. 2002 – VI R 171/98, BStBl II 2002 S. 440).

Im Lohnsteuerabzugsverfahren wird die Nullzone und – bei Vorliegen von laufendem Arbeitslohn – auch der Übergangsbereich berücksichtigt.

VIII. Abführung der Lohnsteuer und sonstige Pflichten des Arbeitgebers (§§ 41–41c EStG; § 4 LStDV; R 41.2 LStR)

1. Allgemeines

Der Arbeitgeber hat grundsätzlich für jeden Arbeitnehmer und jedes Kalenderjahr ein Lohnkonto zu führen und dort die in § 41 EStG und § 4 LStDV näher erläuterten Aufzeichnungen einzutragen. Dazu gehören vor allem Personalien, Religionsgemeinschaft, Freibeträge, Steuerklasse, Freibeträge für Kinder, Löhne. Die Führung eines Sammelkontos ist für pauschalbesteuerten Arbeitslohn zulässig, wenn sich die auf den einzelnen Arbeitnehmer entfallenden Beträge nicht ohne Weiteres ermitteln lassen (§ 4 Abs. 2 Satz 1 Nr. 8 Satz 2 LStDV). Aufgrund der Änderung des **§ 147 Abs. 3 AO** durch das Steueränderungsgesetz 1998 v. 19. 12. 1998 (BStBl I 1999 S. 117) ist die Aufbewahrungsfrist für Buchungsbelege und bestimmte Geschäftsunterlagen und Aufzeichnungen von sechs auf zehn Jahre verlängert worden, sofern nicht in anderen Steuergesetzen kürzere Aufbewahrungsfristen zugelassen sind. Gegenwärtig ist in der Diskussion, diese auf acht Jahre zu reduzieren. Wegen der Sonderregelung in **§ 41 Abs. 1 Satz 9 EStG** hat diese Änderung der AO keine Auswirkungen auf die sechsjährige Aufbewahrungsfrist der Lohnkonten und der dort aufzubewahrenden Belege. Vgl. OFD Hannover, Verfügung v. 18. 2. 2000 – S 2375 – 22 – StH 212/S 2375 – 8 – StO 216. 717

2. Betriebsstätte (§ 41 Abs. 2 EStG)

Lohnsteuerliche Betriebsstätte ist nach § 41 Abs. 2 Satz 1 EStG der Betrieb oder Teil des Betriebs des Arbeitgebers, in dem der für die Durchführung des Lohnsteuerabzugs 718 maßgebende Arbeitslohn ermittelt wird. Wird der maßgebliche Arbeitslohn nicht in dem Betrieb oder einem Teil des Betriebs des Arbeitgebers oder nicht im Inland ermittelt, so gilt als Betriebsstätte der Mittelpunkt der geschäftlichen Leitung des Arbeitgebers im Inland.

IX. Anmeldung und Abführung der Lohnsteuer (§ 41a EStG)

1. Anmeldungs- und Abführungszeitpunkt

719 Der Arbeitgeber hat spätestens am 10. Tag nach Ablauf eines jeden Lohnsteuer-Anmeldungszeitraums

1. dem Finanzamt, in dessen Bezirk sich die Betriebsstätte (§ 41 Abs. 2 EStG) befindet (**Betriebsstättenfinanzamt**), eine Steuererklärung einzureichen, in der er die Summen der im Lohnsteuer-Anmeldungszeitraum einzubehaltenden und zu übernehmenden Lohnsteuer angibt (Lohnsteuer-Anmeldung),
2. die im Lohnsteuer-Anmeldungszeitraum insgesamt einbehaltene und übernommene Lohnsteuer an das Betriebsstättenfinanzamt abzuführen.

Als Lohnsteuer-Anmeldungszeitraum wird gesetzlich bestimmt (siehe § 41a Abs. 2 EStG)

(a) der Monat, wenn die abzuführende Lohnsteuer im vorangegangenen Kalenderjahr **mehr als 5 000 €** betragen hat,

(b) das Vierteljahr, wenn die abzuführende Lohnsteuer im vorangegangenen Kalenderjahr **mehr als 1 080 €**, aber **nicht mehr als 5 000 €** betragen hat,

(c) das Jahr, wenn die abzuführende Lohnsteuer im vorangegangenen Kalenderjahr **nicht mehr als 1 080 €** betragen hat.

Hat die Betriebsstätte nicht während des ganzen vorangegangenen Kalenderjahres bestanden, so ist die für das vorangegangene Kalenderjahr abzuführende Lohnsteuer für die Feststellung des Lohnsteuer-Anmeldungszeitraums auf einen Jahresbetrag umzurechnen.

Wenn die Betriebsstätte in dem vorangegangenen Kalenderjahr noch nicht bestanden hat, ist die auf einen Jahresbetrag umgerechnete, für den ersten vollen Kalendermonat nach der Eröffnung der Betriebsstätte abzuführende Lohnsteuer maßgebend.

Im Übrigen kann ein Arbeitgeber von der Verpflichtung zur Abgabe weiterer Lohnsteuer-Anmeldungen befreit werden, wenn er Arbeitnehmer, für die er Lohnsteuer einzubehalten oder zu übernehmen hat, nicht mehr beschäftigt und das dem Finanzamt mitteilt (§ 41a Abs. 1 Satz 4 EStG).

Zur Anmeldung der einheitlichen Pauschsteuer bei Mini-Jobs vgl. § 40a Abs. 6 EStG.

2. Lohnsteuerbescheinigungen (§ 41b EStG; R 41b LStR)

720 Bei Beendigung eines Dienstverhältnisses oder am Ende des Kalenderjahres hat der Arbeitgeber das Lohnkonto des Arbeitnehmers abzuschließen. Aufgrund der Eintragungen im Lohnkonto muss der Arbeitgeber bestimmte Angaben (vgl. im Einzelnen § 41b Abs. 1 Satz 2 EStG) an die Finanzbehörde als mitteilungspflichtiger Dritter elektronisch übermitteln (elektronische Lohnsteuerbescheinigung). Ist eine Lohnsteuerbeschei-

gung fehlerhaft ausgestellt worden, kann eine Haftung des Arbeitgebers nach § 42d EStG in Betracht kommen (§ 42d Abs. 1 Nr. 3 EStG).

3. Änderung des Lohnsteuerabzugs (§ 41c Abs. 1 EStG)

Der Arbeitgeber ist nach § 41c Abs. 1 EStG berechtigt, bei der jeweils nächstfolgenden Lohnzahlung bisher erhobene Lohnsteuer zu erstatten oder noch nicht erhobene Lohnsteuer nachträglich einzubehalten, 721

1. wenn ihm elektronische Lohnsteuerabzugsmerkmale zum Abruf zur Verfügung gestellt werden oder ihm der Arbeitnehmer eine Bescheinigung für den Lohnsteuerabzug mit Eintragungen vorlegt, die auf einen Zeitpunkt vor Abruf der Lohnsteuerabzugsmerkmale oder vor Vorlage der Bescheinigung für den Lohnsteuerabzug zurückwirken, oder
2. wenn er erkennt, dass er die Lohnsteuer bisher nicht vorschriftsmäßig einbehalten hat; dies gilt auch bei rückwirkender Gesetzesänderung.

Durch das Gesetz zur Sicherung von Beschäftigung und Stabilität in Deutschland (BGBl 2009 I S. 416 = BStBl 2009 I S. 434) ist in den Fällen der Nr. 2 der Arbeitgeber zu einer Änderung des Lohnsteuerabzugs verpflichtet, wenn ihm dies wirtschaftlich zumutbar ist. Hintergrund für diese Rechtsänderung war, dass der Gesetzgeber rückwirkend zum 1. 1. 2009 den Grundfreibetrag, den Eingangssteuersatz sowie den Tarifverlauf veränderte und die damit verbundene Lohnsteuererstattung dem Arbeitnehmer zeitnah durch den Arbeitgeber ausgezahlt werden sollte. Entsprechendes gilt auch in vergleichbaren Fällen, wie z. B. die in 2020 rückwirkend zur Anwendung kommende Steuerfreiheit nach § 3 Nr. 28a EStG.

Die Änderung ist zugunsten oder zuungunsten des Arbeitnehmers zulässig, ohne dass es dabei auf die Höhe der zu erstattenden oder nachträglich einzubehaltenden Steuer ankommt. Die für Fälle der Nachforderung durch das Finanzamt bestehende Vorschrift, dass Beträge bis zu 10 € nicht nachzufordern sind, gilt nicht für die nachträgliche Einbehaltung durch den Arbeitgeber. Der Arbeitgeber ist zur Änderung des Lohnsteuerabzugs nur befugt, soweit die Lohnsteuer von ihm einbehalten worden ist oder einzubehalten war. Die nachträgliche Einbehaltung ist in Höhe des auszuzahlenden Barlohns vorzunehmen. Nur übersteigende Beträge sind dem Finanzamt anzuzeigen (R 41c.1 Abs. 4 Satz 3 LStR). Eine nachträglich einbehaltende Lohnsteuer ist für den Anmeldezeitraum anzugeben und abzuführen, in dem sie einbehalten wurde (R 41c.1 Abs. 6 Satz 5 LStR). 722

In den Fällen des § 41c Abs. 4 EStG hat der Arbeitgeber die Lohnsteuer nicht nachträglich einzubehalten (z. B. Arbeitnehmer bezieht vom Arbeitgeber keinen Arbeitslohn mehr); in diesen Fällen ist der Arbeitgeber aber verpflichtet, dies seinem Betriebsstättenfinanzamt unverzüglich anzuzeigen. Hierdurch wird eine Arbeitgeberhaftung verhindert (§ 42d Abs. 2 EStG).

4. Anzeigepflichten des Arbeitgebers (§§ 38 Abs. 4, 41c Abs. 4 EStG; R 41c.2 LStR)

Sobald der Arbeitgeber erkennt, dass der Lohnsteuer-Abzug in zu geringer Höhe vorgenommen worden ist, hat er dies dem Betriebsstätten-Finanzamt anzuzeigen, wenn er die Lohnsteuer nicht nachträglich einbehalten kann oder von seiner Verpflichtung 723 hierzu keinen Gebrauch macht. Diese Anzeige ersetzt den Lohnsteuer-Abzug. Hierdurch wird eine Arbeitgeberhaftung verhindert (§ 42d Abs. 2 EStG).

X. Lohnsteuer-Jahresausgleich durch den Arbeitgeber (§ 42b EStG; R 42b LStR)

724 Der Arbeitgeber kann für **beschränkt und unbeschränkt steuerpflichtige Arbeitnehmer**, die im Kalenderjahr ständig in einem zu ihm bestehenden Dienstverhältnis standen, nach Ablauf eines Jahres die bei den laufenden Lohnabrechnungen zuviel einbehaltenen Steuerabzugsbeträge unmittelbar wieder erstatten.

In dem Verfahren der elektronischen Lohnsteuerabzugsmerkmale sind dem Arbeitgeber stets nur die Lohnsteuerabzugsmerkmale des aktuellen Dienstverhältnisses bekannt. Der Arbeitgeber kann nicht mehr – wie im vormaligen Papierverfahren – anhand einer weitergegebenen Lohnsteuerkarte die Lohnsteuerabzugsmerkmale erkennen, die ein anderer Arbeitgeber in einem früheren Dienstverhältnis dem Lohnsteuerabzug zu Grunde gelegt hat. Der zuletzt abrechnende Arbeitgeber kann damit die Ausschlussfälle für den Lohnsteuerjahresausgleich nicht mehr feststellen. Daher darf ein Lohnsteuer-Jahresausgleich durch den Arbeitgeber nur dann durchgeführt werden, wenn der Arbeitnehmer das gesamte Kalenderjahr „ständig“ im Dienst desselben Arbeitgebers gestanden hat (§ 42d Abs. 1 Satz 1 EStG).

Der Lohnsteuer-Jahresausgleich durch den Arbeitgeber ist in § 42b EStG geregelt. Er bietet dem Arbeitnehmer den Vorteil, dass die Steuerrückzahlung wesentlich schneller als durch das Finanzamt und vor allem ohne Abgabe einer zeit- und kostenaufwendigen Einkommensteuer-Erklärung durchgeführt werden kann. Das betriebliche Erstattungsverfahren erfasst aber nicht alle Ermäßigungsgründe. Ausgeglichen werden im Wesentlichen zu hohe Steuerabzugsbeträge infolge von Lohnschwankungen oder Eintragungen einer günstigeren Steuerklasse während des Kalenderjahres. Höhere Werbungskosten oder andere steuermindernde Aufwendungen kann der Arbeitnehmer nach Ablauf des Veranlagungszeitraums ausschließlich im Rahmen seiner Einkommensteuer-Veranlagung geltend machen. Der Arbeitgeber ist i. d. R. zur Durchführung des Arbeitgeber-Lohnsteuer-Jahresausgleichs verpflichtet, wenn er am 31. 12. des Ausgleichsjahres **mindestens 10 Arbeitnehmer** beschäftigt. Bei weniger als 10 Arbeitnehmern ist der Arbeitgeber nicht verpflichtet, aber berechtigt, den Lohnsteuerjahresausgleich durchzuführen. Bei bestimmten Arbeitnehmern darf kein Ausgleich durchgeführt werden (§ 42b Abs. 1 Satz 3 EStG). So scheidet z. B. der Arbeitgeber-Lohnsteuer-Jahresausgleich aus, wenn der Arbeitnehmer dies beantragt oder der Mitarbeiter für das Ausgleichsjahr bzw. einen Teil des Ausgleichsjahres nach der Steuerklasse V oder VI zu besteuern war. Ein Lohnsteuer-Jahresausgleich des Arbeitgebers scheidet auch aus, wenn der Mitarbeiter im Ausgleichsjahr steuerfreies Kurzarbeitergeld oder einen steuerfreien Arbeitgeberzuschuss nach § 3 Nr. 28a EStG hierzu erhalten hat.

Zur zeitlichen Durchführung vgl. § 42b Abs. 3 EStG und zur Aufzeichnungspflicht vgl. § 42b Abs. 4 EStG.

Nur im Rahmen des Lohnsteuer-Jahresausgleichs sind nach Ablauf des Kalenderjahres Erstattungen von Lohnsteuer möglich (§ 41c Abs. 3 Satz 3 EStG).

Für im Rahmen des Lohnsteuer-Jahresausgleichs zuviel erstattete Lohnsteuer haftet der Arbeitgeber (§ 42d Abs. 1 Nr. 2 EStG).

Seit 2018 dürfen Arbeitgeber entsprechend der vormals geltenden Verwaltungsregelung bei kurzfristig beschäftigten Arbeitnehmern mit der Steuerklasse VI einen sog. **permanenten Lohnsteuer-Jahresausgleich** durchführen (siehe im Detail § 39b Abs. 2 Satz 13–16 EStG).

XI. Haftung des Arbeitgebers (§ 42d EStG; R 42d.1 und R 42d.2 LStR)

Da der Arbeitnehmer grundsätzlich Schuldner der Lohnsteuer ist, kann der Arbeitgeber 725
als Haftungsschuldner hierfür in Frage kommen. Der Haftungsanspruch kann sich nach § 191 Abs. 1 AO sowohl aus der AO als auch aus anderen Gesetzen ergeben. Eine ausdrücklich in einem Steuergesetz geregelte Haftungsvorschrift ist § 42d EStG. Weitere Einzelheiten enthalten § 42d EStG und R 42d.1 und R 42d.2 LStR. Die Haftung eines Dritten (§ 38 Abs. 3a EStG) regelt R 42d.3 LStR.

XII. Anrufungsauskunft und verbindliche Zusage (§ 42e EStG; § 204 AO; R 42e LStR)

In **§ 42e EStG** sind Regelungen zur **Anrufungsauskunft gesetzlich kodifiziert**. Das Be- 726
triebsstättenfinanzamt hat auf Anfrage eines Beteiligten darüber Auskunft zu geben, ob und inwieweit im einzelnen Fall die Vorschriften über die Lohnsteuer anzuwenden sind (§ 42e Satz 1 EStG). Siehe auch BMF-Schreiben v. 12. 12. 2017 (BStBl I 2017 S. 1656).

Praxishinweis:

Einen Anspruch auf **gebührenfreie Anrufungsauskunft** haben sowohl der Arbeitgeber als auch der Arbeitnehmer (R 42e Abs. 1 Satz 1 LStR). Gleiches gilt auch für einen die Arbeitgeberpflichten erfüllenden Dritten (R 42e Abs. 1 Satz 1 LStR).

Eine **Haftung** des Arbeitgebers (§ 42d EStG) kommt nur dann in Betracht, wenn der Arbeitgeber die Lohnsteuer nicht vorschriftsgemäß vom Arbeitslohn einbehalten hat.

An einem derartigen Fehlverhalten fehlt es, wenn beim Lohnsteuerabzug entsprechend einer Lohnsteueranrufungsauskunft oder in Übereinstimmung mit den Vorgaben der zuständigen Finanzbehörde der Länder oder des Bundes verfahren wird. Entsprechendes gilt auch, wenn ein Dritter die Lohnsteuer für den Arbeitgeber nach Maßgabe von § 38 Abs. 3a EStG einbehält und abführt (BFH v. 20. 3. 2014 – VI R 43/13, BStBl II 2014 S. 592).

Die Anrufungsauskunft ist im Lohnsteuerabzugsverfahren nicht nur zwischen dem Betriebsstättenfinanzamt des Arbeitgebers und dem i. d. R. die Anrufungsauskunft stellenden Arbeitgeber bindend. Erteilt das Betriebsstättenfinanzamt dem Arbeitgeber eine Anrufungsauskunft, ist das Finanzamt **im Rahmen des Lohnsteuerabzugsverfahrens** an den Inhalt dieser Auskunft auch **gegenüber dem Arbeitnehmer gebunden** (BFH v. 17. 10. 2013 – VI R 44/12, BStBl II 2014 S. 892; überholt: BFH v. 22. 5. 2007 – VI B 143/06, BFH/NV 2007 S. 1658).

Praxishinweis:

Eine vom Betriebsstättenfinanzamt erteilte Anrufungsauskunft ist jedoch nur solange bindend, wie sich die auf der Anrufungsauskunft beruhende Rechtslage nicht geändert hat. Die Anrufungsauskunft bindet die Finanzverwaltung ab der Gesetzesänderung nicht mehr (BMF-Schreiben v. 12. 12. 2017, BStBl I 2017 S. 1656 Rz. 13). Einer gesonderten Benachrichtigung durch das Betriebsstättenfinanzamt bedarf es nicht.

Der Arbeitgeber kann für nicht einbehaltene und abgeführte Lohnsteuer in Haftung genommen werden (§ 42d Abs. 1 EStG). Soweit die Haftung des Arbeitgebers reicht, sind Arbeitgeber und Arbeitnehmer Gesamtschuldner (§ 42d Abs. 3 Satz 1 EStG). Der Arbeitnehmer kann im Rahmen der Gesamtschuldnerschaft nur in Anspruch genommen werden, wenn der Arbeitgeber die Lohnsteuer nicht vorschriftsgemäß vom Arbeitslohn einbehalten hat oder er von einer Nichtanmeldung weiß und dies dem Finanzamt nicht mitteilt.

Verfährt der Arbeitgeber nach einer ihm erteilten Anrufungsauskunft, ohne dass die der Anrufungsauskunft zugrundeliegende Gesetzeslage geändert wurde, gilt die Lohnsteuer als vorschriftsgemäß einbehalten und abgeführt. Dies gilt selbst dann, wenn die Anrufungsauskunft unzutreffend erteilt wurde.

Das Finanzamt kann weder den Arbeitgeber in Haftung nehmen noch die Lohnsteuer beim Arbeitnehmer nachfordern. Denn auch das Nachforderungsverfahren ist die Fortsetzung des Lohnsteuerabzugsverfahrens.

Hinweis:

Ob die Anrufungsauskunft nach § 42e EStG als Verwaltungsakt mit Drittwirkung zu beurteilen ist, hat der BFH offen gelassen.

Jedenfalls kann sich der Arbeitgeber auf eine dem Arbeitnehmer erteilte Auskunft berufen und umgekehrt (BFH v. 17. 10. 2013 – VI R 44/12, BStBl II 2014 S. 892).

Eine solche **Bindungswirkung der Anrufungsauskunft** gegenüber dem Arbeitnehmer gilt jedoch **nur im Lohnsteuerabzugsverfahren**. Wird der Arbeitnehmer zur Einkommensteuer veranlagt, kann im Veranlagungsverfahren vom Finanzamt eine andere Rechtsauslegung vertreten werden (BFH v. 17. 10. 2013 – VI R 44/12, BStBl II 2014 S. 892; BFH v. 13. 1. 2011 – VI R 61/09, BStBl II 2011 S. 479). So auch BMF-Schreiben v. 12. 12. 2017 (BStBl I 2017 S. 1656 Rz. 20).

BEISPIEL: Das Betriebsstättenfinanzamt erteilt dem Arbeitgeber die Auskunft, dass ein bestimmter geldwerter Vorteil i. H. von 2 000 € nicht lohnsteuerpflichtig ist.

Im Rahmen einer Lohnsteueraußenprüfung wird die unrichtige Anrufungsauskunft erkannt und eine Kontrollmitteilung an das Wohnsitzfinanzamt des Mitarbeiters übermittelt.

Besteht bei dem Mitarbeiter keine Veranlagungspflicht und gibt er auch nicht freiwillig eine ESt-Erklärung ab, kann bei ihm die Lohnsteuer auf den bislang lohnsteuerfreien geldwerten Vorteil nicht nachgefordert werden (§§ 155 AO ff.).

Wird der Mitarbeiter zur ESt veranlagt, kann im Rahmen der Veranlagung eine andere Auslegung als im Lohnsteuer-Abzugsverfahren vertreten werden.

Nach der BFH-Rechtsprechung handelt es sich sowohl bei Erteilung als auch bei Aufhebung/Rücknahme/Widerruf einer Anrufungsauskunft um einen Verwaltungsakt, gegen den der Arbeitgeber (und der die Arbeitgeberpflichten erfüllende Dritte) und/oder der Arbeitnehmer bei einer negativen Entscheidung des Betriebsstättenfinanzamts Einspruch einlegen kann (BFH v. 30. 4. 2009 – VI R 54/07, BStBl II 2010 S. 996).

Ist der Auskunftsuchende mit dem Inhalt einer Anrufungsauskunft nicht einverstanden, ist er berechtigt, diese im Rahmen einer Verpflichtungsklage im Klagewege auf ihre Richtigkeit überprüfen zu lassen. Das Finanzgericht entscheidet sodann auch über den Inhalt der Auskunft.

Nach den BFH-Urteilen v. 27. 2. 2014 (VI R 23/13, BStBl II 2014 S. 894, VI R 26/12, BFH/NV 2014 S. 1372, VI R 19/12, BFH/NV 2014 S. 1370, alle ergangen zum „Arbeitslohnzufluss bei Gutschrift auf dem Zeitwertkonto") beschränkt sich die sachliche Überprüfung einer Anrufungsauskunft durch das Finanzgericht nur darauf, ob

- der Sachverhalt zutreffend erfasst und
- die gegenwärtige rechtliche Beurteilung des – zutreffend erfassten – zur Prüfung gestellten Sachverhalts in sich schlüssig und nicht evident rechtsfehlerhaft ist.

Hinweis:

Widerspricht die Anrufungsauskunft des Finanzamts weder dem Gesetz noch der bisherigen höchstrichterlichen Rechtsprechung, gilt diese als schlüssig und nicht evident rechtsfehlerhaft. Wird vom Arbeitgeber oder vom Arbeitnehmer eine andere Rechtsauslegung für richtig gehalten, muss dies im Haftungs-, Lohnsteuerfestsetzungs- oder im Veranlagungsverfahren durchgesetzt werden.

BEISPIEL Die A-GmbH bietet ihren Mitarbeitern ein einwöchiges Einführungsseminar zur Vermittlung grundlegender Erkenntnisse über einen gesunden Lebensstil an (sog. Sensibilisierungswoche). Die GmbH macht geltend, das Seminar diene dazu, Beschäftigungsfähigkeit, Leistungsfähigkeit und Motivation der aufgrund der demografischen Entwicklung zunehmend alternden Belegschaft zu erhalten.

Das Finanzamt vertritt mit einer Anrufungsauskunft die Auffassung, dass die Teilnahme an der Sensibilisierungswoche Arbeitslohn auslöse und maximal i. H. von 600 € nach § 3 Nr. 34 EStG steuerfrei bleiben könne.

Die A-GmbH ist weiterhin der Auffassung, dass die gesamten Teilnahmekosten keinen Arbeitslohn auslösen.

Ist diese Auffassung im Rahmen der Anrufungsauskunft durchsetzbar?

Die inhaltliche Prüfung einer Anrufungsauskunft beschränkt sich darauf, ob die gegenwärtige rechtliche Einordnung des zutreffend erfassten zur Prüfung gestellten Sachverhalts in sich schlüssig und nicht evident rechtsfehlerhaft ist.

Nach den angeführten Rechtsgrundsätzen hat der Arbeitgeber im vorliegenden Fall keinen Anspruch auf die Erteilung mit dem begehrten Inhalt. Bei der Sensibilisierungswoche handelt es sich um eine allgemeine Gesundheitsförderungsmaßnahme; sie dient nicht dazu, drohende berufsspezifisch bedingte Gesundheitsbeeinträchtigungen entgegenzuwirken (BFH v. 7. 5. 2014 – VI R 28/13, BFH/NV 2014 S. 1734 und BFH v. 21. 11. 2018 – VI R 10/17, BStBl II 2019 S. 404).

Wird ein solcher geldwerter Vorteil durch den Arbeitgeber nach Maßgabe von § 37b Abs. 2 EStG pauschal zu seinen Lasten versteuert, muss der Arbeitgeber – um seine materiell-rechtliche Auffassung durchzusetzen – eine Änderung der Lohnsteuer-Anmeldung, die den Sachverhalt erfasst, beantragen und eventuell gerichtlich durchsetzen.

Eine von der Finanzverwaltung erteilte Anrufungsauskunft kann mit Wirkung für die 727
Zukunft widerrufen werden. Gegen den Widerruf können Rechtsmittel (Einspruch/Klage) eingelegt werden. Zum Umfang des Prüfungsrechts siehe Rdn. 726. Ein Antrag auf Aussetzung der Vollziehung ist jedoch nicht statthaft, weil es sich um einen nicht vollziehbaren Verwaltungsakt handelt (BFH-Beschluss v. 15. 1. 2015 – VI B 103/14, BStBl II 2015 S. 447).

728 Unabhängig vom Recht auf Anrufungsauskunft kann unter den Voraussetzungen des § 204 AO dem Arbeitgeber im Anschluss an eine Lohnsteueraußenprüfung eine verbindliche Zusage erteilt werden (R 42f Abs. 1 und Abs. 5 LStR). Danach soll die Finanzbehörde – nicht der Prüfer – dem Arbeitgeber verbindlich zusagen, wie ein für die Vergangenheit geprüfter und im Prüfungsbericht dargestellter Sachverhalt in Zukunft lohnsteuerlich behandelt wird, wenn die Kenntnis der künftigen steuerlichen Behandlung für die geschäftlichen Maßnahmen des Arbeitgebers von Bedeutung ist. Es handelt sich also nicht um eine „Kann-Vorschrift".

729 Neben den beiden gesetzlich normierten Auskunfts- und Zusageverfahren kann auch noch eine allgemeine Zusage in Betracht kommen.

Sind für einen Arbeitgeber mehrere Betriebsstättenfinanzämter zuständig, so erteilt das Finanzamt die Auskunft, in dessen Bezirk sich die Geschäftsleitung (§ 10 AO) des Arbeitgebers im Inland befindet. Ist dieses Finanzamt kein Betriebsstättenfinanzamt, so ist das Finanzamt zuständig, in dessen Bezirk sich die Betriebsstätte mit den meisten Arbeitnehmern befindet (§ 42e Satz 3 EStG). Das hiernach zuständige Finanzamt wird seine Auskunft mit den anderen Betriebsstättenfinanzämtern bei bedeutsamen Fällen abstimmen (R 42e Abs. 2 LStR). Zur Anrufungsauskunft bei Konzernunternehmen vgl. R 42e Abs. 3 LStR.

730 *Einstweilen frei*

XIII. Lohnsteuer-Außenprüfung (§ 42f EStG; R 42f LStR)/ Lohnsteuer-Nachschau (§ 42g EStG)

731 Die ordnungsgemäße Einbehaltung und Abführung der Lohnsteuer wird von der Finanzverwaltung durch Lohnsteuer-Außenprüfungen (§ 42f EStG; siehe auch R 42f LStR und BMF-Schreiben v. 24. 10. 2013, BStBl I 2013 S. 1264) überwacht. Der Lohnsteuer-Außenprüfung unterliegen sowohl private als auch öffentlich-rechtliche Arbeitgeber. Die Lohnsteuer-Außenprüfung ist eine Außenprüfung i. S. der AO, auf die die §§ 193 ff. AO anzuwenden sind.

Ab dem Jahr 2010 kann auf Verlangen des Arbeitgebers die Lohnsteuer-Außenprüfung und die Prüfungen durch die Träger der Rentenversicherung (§ 28p SGB IV) zur gleichen Zeit durchgeführt werden (§ 42f Abs. 4 EStG).

Durch das Gesetz zur Änderung der Abgabenordnung und des Einführungsgesetzes zur Abgabenordnung v. 22. 12. 2014 (BGBl I 2014 S. 2415) wurde eine Lohnsteuer-Außenprüfung als neuer Sperrgrund für eine wirksame Selbstanzeige eingeführt (§ 371 Abs. 2 Satz 1 Nr. 1 Buchst. c) AO). Die Änderung ist zum 1. 1. 2015 in Kraft getreten.

Durch das Amtshilferichtlinie-Umsetzungsgesetz hat der Gesetzgeber in § 42g EStG die Rechtsgrundlage für eine Lohnsteuer-Nachschau verabschiedet. Inhaltlich orientiert sich die Lohnsteuer-Nachschau an der Umsatzsteuer-Nachschau. Die Lohnsteuer-Nachschau ist ein besonderes Verfahren zur zeitnahen Aufklärung möglicher steuererheblicher Sachverhalte. Die Lohnsteuer-Nachschau kann ohne vorherige Ankündigung außerhalb einer Lohnsteuer-Außenprüfung durchgeführt werden. Sie soll der Sicherstellung einer ordnungsgemäßen Einbehaltung und Abführung der Lohnsteuer dienen (siehe auch BMF-Schreiben v. 16. 10. 2014, BStBl I 2014 S. 1408).

Durch das Gesetz zur Änderung der Abgabenordnung und des Einführungsgesetzes zur Abgabenordnung v. 22. 12. 2014 (BGBl I 2014 S. 2415) wurde das Erscheinen eines Prüfers zu einer Lohnsteuer-Nachschau in § 371 Abs. 2 Satz 1 Nr. 1 Buchst. e) AO als neuer Sperrgrund für eine wirksame Selbstanzeige eingeführt. Die Änderung ist zum 1. 1. 2015 in Kraft getreten. Führt die Lohnsteuer-Nachschau zu keinem Ergebnis, entfällt der Sperrgrund, sobald die Nachschau beendet ist (z. B. Verlassen des Ladenlokals oder der Geschäftsräume; BR-Drs. 431/14 S. 10). Die Möglichkeit, durch eine Selbstanzeige Straffreiheit zu erlangen, lebt dann wieder auf (Bergan/Jahn, NWB 9/2015 S. 579).

Literaturangaben:

BMF, Amtliche Lohnsteuer-Handausgabe 2021; *Schmidt/Drensek,* EStG-Kommentar, 40. Aufl., München 2021; *Seifert,* in: Korn, EStG-Kommentar, §§ 38–42f EStG, Bonn.

5. Kapitel:

Teil C: Körperschaftsteuer

von
Dipl.-Betriebswirt Dipl.-Finanzwirt
Christoph Raabe, Dinslaken

Inhaltsverzeichnis

I. Darstellung des Körperschaftsteuersystems

801 Die Körperschaftsteuer (KSt) ist die Ertragsteuer („Einkommen"steuer) der nicht natürlichen Personen, deren Rechtsverhältnisse im öffentlichen, bürgerlichen und/oder Handelsrecht geregelt werden. Ihr unterliegen die im KStG (§ 1 Abs. 1 und § 2 KStG) genannten Körperschaften, Personenvereinigungen und Vermögensmassen.

802 Nach dem alten Körperschaftsteuerrecht (bis einschl. 1976) unterlagen die Gewinne der Kapitalgesellschaften und Genossenschaften im Ergebnis einer **Doppel- bzw. Mehrfachbelastung**. Zum einen wurden sie auf der Ebene der Gesellschaft der KSt und im Falle der Ausschüttung von Gewinnen nochmals auf der Ebene des Anteilseigners der Einkommensteuer bzw. KSt unterworfen.

803 Mit der Einführung des **Anrechnungsverfahrens** durch das Körperschaftsteuerreformgesetz v. 31. 8. 1976 (BStBl I S. 445 ff.) wurde diese Doppel- bzw. Mehrfachbelastung beseitigt. Die Körperschaften wurden unverändert selbständig zur KSt herangezogen. Bis heute sind sie Steuerrechtssubjekt (anders als die Personengesellschaften, bei denen die Einkommensbesteuerung bei den Gesellschaftern vorgenommen wird) und Schuldner der KSt. Die Ermittlung der KSt vollzog sich nunmehr bei Kapitalgesellschaften und Genossenschaften in zwei Stufen. Auf der ersten Stufe wurde das zu versteuernde Einkommen der tariflichen KSt von (zuletzt) 40 % unterworfen. Im Falle der Ausschüttung (offen oder verdeckt) wurde auf der zweiten Stufe die Ausschüttungsbelastung von 30 % hergestellt. Dies führte bei Verwendung von tarifbelastetem Eigenkapital zu KSt-Minderungen (Herabschleusen der KSt von 40 auf 30 %) und bei Verwendung von bestimmten steuerfreien Kapitalteilen zu KSt-Erhöhungen (Heraufschleusen der KSt von 0 auf 30 %). Beim Anteilseigner erfolgte dann eine weitere Steuerbelastung mit einer Kapitalertragsteuer von 25 %. Beide Steuern, die KSt von 30 % und die Kapitalertragsteuer waren auf die persönliche Steuerbelastung des Anteilseigners anrechenbar, sodass alle ausgeschütteten Gewinne am Ende nur einmal – nämlich mit dem persönlichen Steuersatz des Anteilseigners – versteuert wurden.

804 Durch das Unternehmenssteuerreformgesetz wurde dieses System ab 2001 grundlegend verändert. Aus dem **Anrechnungsverfahren** wurde eine **Definitivsteuerbelastung.** Danach wurde nun das zu versteuernde Einkommen mit 25 % KSt besteuert (ab Veranlagungszeitraum 2008: 15 %). Unabhängig davon, ob das Eigenkapital ausgeschüttet wird oder nicht, verändert sich die Steuerbelastung nicht mehr (Definitivbelastung). Beim Anteilseigner werden die Ausschüttungen noch einmal besteuert. Um eine zu hohe Belastung zu vermeiden, muss er nur einen Teil des an ihn ausgeschütteten Einkommens versteuern (Teileinkünfteverfahren, vgl. § 3 Nr. 40 EStG). Der Übergang vom vormaligen Anrechnungsverfahren auf das Verfahren der Definitivsteuerbelastung vollzog sich über rund 20 Jahre. Daher wird die Vorgehensweise in der Übergangszeit vom Jahr 2000/2001 bis zum Jahr 2020/2021 in Abschn. VII (ab Rdn. 986) kurz dargestellt. Danach wird auf das neue System eingegangen.

II. Persönliche Steuerpflicht

Ob ein Rechtsgebilde unter die Körperschaften des KStG einzuordnen ist, hängt von seiner Rechtsform ab. Das Steuerrecht orientiert sich hierbei am öffentlichen Recht, bürgerlichen Recht und am Handelsrecht (Gesellschaftsrecht). 805

Das folgende Schaubild gibt einen Überblick über die verschiedenen Rechtsformen. 806

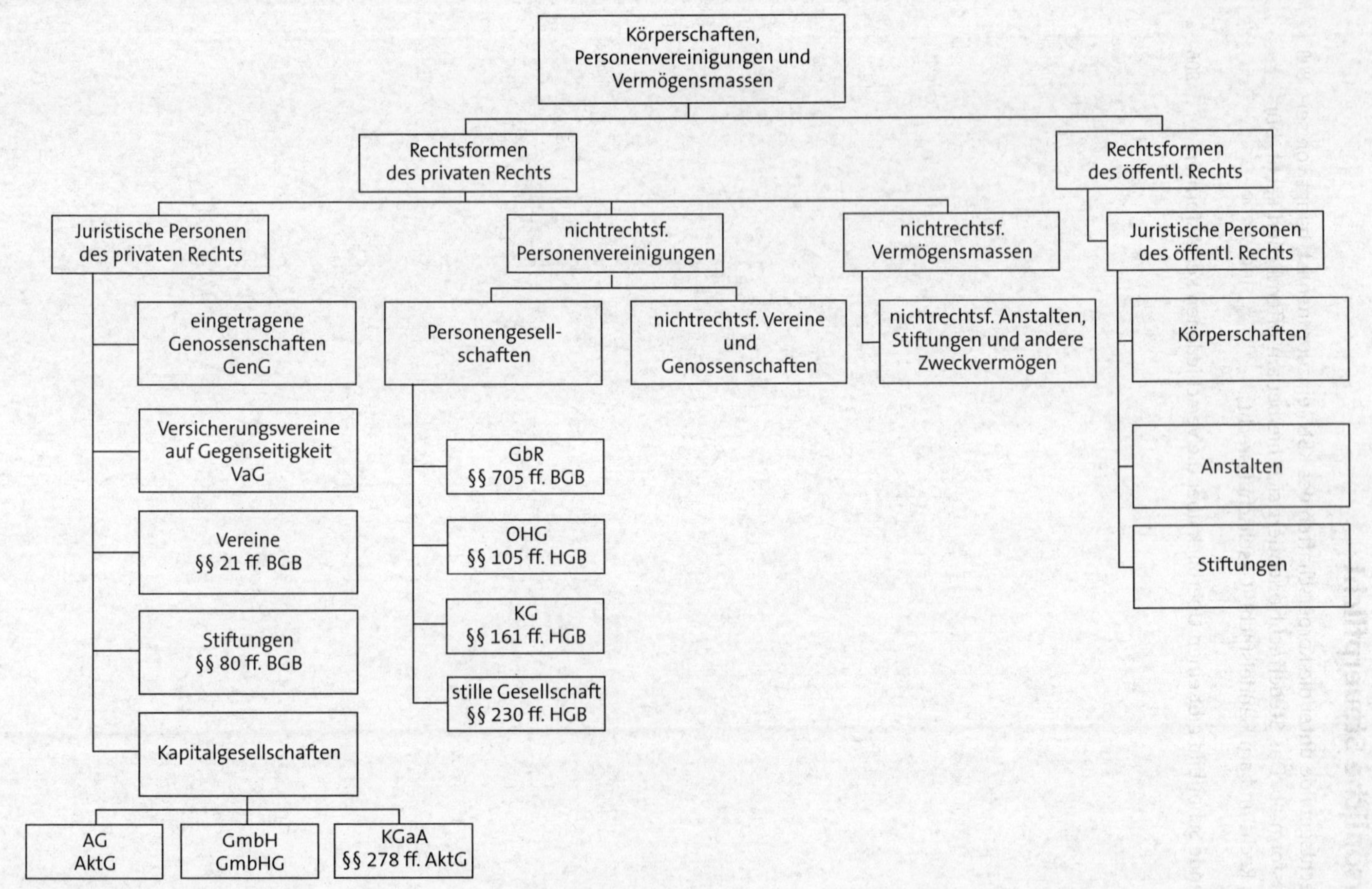
Körperschaften, Personenvereinigungen und Vermögensmassen
Rechtsformen des privaten Rechts
Rechtsformen des öffentl. Rechts
Juristische Personen des privaten Rechts
nichtrechtsf. Personenvereinigungen
nichtrechtsf. Vermögensmassen
Juristische Personen des öffentl. Rechts
eingetragene Genossenschaften GenG
Personengesell-schaften
nichtrechtsf. Vereine und Genossenschaften
nichtrechtsf. Anstalten, Stiftungen und andere Zweckvermögen
Körperschaften
Versicherungsvereine auf Gegenseitigkeit VaG
GbR §§ 705 ff. BGB
Anstalten
Vereine §§ 21 ff. BGB
OHG §§ 105 ff. HGB
Stiftungen
Stiftungen §§ 80 ff. BGB
KG §§ 161 ff. HGB
stille Gesellschaft §§ 230 ff. HGB
Kapitalgesellschaften
AG AktG
GmbH GmbHG
KGaA §§ 278 ff. AktG

1. Abgrenzung zu Personengesellschaften

Der persönlichen Körperschaftsteuerpflicht unterliegen nur die in § 1 Abs. 1 KStG (unbeschränkte KSt-Pflicht) bzw. in § 2 KStG (beschränkte KSt-Pflicht) aufgeführten Rechtssubjekte. Nicht hierzu gehören die Personengesellschaften. Diese sind weder körperschaftsteuer- noch einkommensteuerpflichtig. 807

Vielmehr werden die Einkünfte der Personengesellschaften einheitlich und gesondert festgestellt und unterliegen dann bei den Gesellschaftern der ESt oder KSt (wenn Gesellschafter eine körperschaftsteuerpflichtige Körperschaft ist). Die Abgrenzung der rechtsfähigen Körperschaften i. S. des § 1 Abs. 1 Ziff. 1–4 KStG von den Personengesellschaften ist unproblematisch. Schwieriger ist dagegen die Feststellung der KSt-Pflicht der nichtrechtsfähigen Personenvereinigungen und Vermögensmassen i. S. des § 1 Abs. 1 Nr. 5 KStG.

Je nach Sachlage kann es sich z. B. um 808

- einen nichtrechtsfähigen Verein (§ 54 BGB), der der KSt unterliegt, oder
- eine Personenvereinigung, die nicht der KSt unterliegt,

handeln.

Die Beurteilung der Steuerpflicht dieser Gebilde richtet sich nach § 3 Abs. 1 KStG. Danach tritt die Besteuerung nach dem KStG nur ein, wenn das Einkommen weder nach dem KStG noch nach dem EStG unmittelbar bei einem anderen Stpfl. zu versteuern ist. 809

Für das Vorliegen eines Vereins sprechen z. B. folgende Merkmale: 810

- Auftreten unter einem Gesamtnamen als einheitliches Ganzes,
- Unabhängigkeit von Mitgliederwechsel,
- größere Mitgliederzahl,
- kein Auseinandersetzungsanspruch des Mitglieds bei Ausscheiden.

2. Unbeschränkte Körperschaftsteuerpflicht (§ 1 KStG)

Wie im Einkommensteuerrecht wird auch im Körperschaftsteuerrecht zwischen unbeschränkter und beschränkter Steuerpflicht unterschieden. Der Kreis der unbeschränkt steuerpflichtigen Körperschaften ist in § 1 Abs. 1 KStG abschließend aufgezählt. Man kann sie in folgende drei Gruppen einteilen: 811

- juristische Personen des privaten Rechts (§ 1 Abs. 1 Nr. 1–4 KStG),
- nichtrechtsfähige Personenvereinigungen und Stiftungen (§ 1 Abs. 1 Nr. 5 KStG),
- Betriebe gewerblicher Art von juristischen Personen des öffentlichen Rechts (§ 1 Abs. 1 Nr. 6 KStG).

Dem KStG unterliegende Steuersubjekte

rechtsfähige Steuersubjekte				nichtrechtsfähige Steuersubjekte	
Kapitalgesellschaften	Erwerbs- und Wirtschaftsgenossenschaften	Versicherungsvereine auf Gegenseitigkeit	Sonstige juristische Personen des privaten Rechts	nichtrechtsfähige Vereine, Anstalten, Stiftungen u. a. Zweckvermögen	Betriebe gewerblicher Art von juristischen Personen des öffentlichen Rechts
z. B.: AG GmbH KGaA			z. B.: rechtsfähige Vereine, rechtsfähige Stiftungen	z. B.: nichtrechtsfähige Vereine, nichtrechtsfähige Stiftungen	
§ 1 Abs. 1 Nr. 1 KStG	§ 1 Abs. 1 Nr. 2 KStG	§ 1 Abs. 1 Nr. 3 KStG	§ 1 Abs. 1 Nr. 4 KStG	§ 1 Abs. 1 Nr. 5 KStG	§ 1 Abs. 1 Nr. 6 KStG

812 Die vorgenannten Steuersubjekte sind nach § 1 Abs. 1 Satz 1 KStG unbeschränkt steuerpflichtig, wenn sie

- **ihre Geschäftsleitung** (§ 10 AO: „Mittelpunkt der geschäftlichen Oberleitung", z. B. Büroräume der leitenden Angestellten)
  oder
- ihren **Sitz** (§ 11 AO, lt. Satzung/Vertrag, i. S. des § 5 AktG, § 2 GmbHG, § 6 GenG)

im **Inland** (§ 1 Abs. 3 KStG) haben.

813 Die unbeschränkte Steuerpflicht erstreckt sich auf **sämtliche Einkünfte** (§ 1 Abs. 2 KStG). Das Steuersubjekt kann dabei **alle Einkunftsarten** i. S. des § 2 Abs. 1 Satz 1 EStG mit Ausnahme der Einkünfte aus nichtselbständiger Tätigkeit erzielen. Nach § 8 Abs. 2 KStG sind jedoch bei Stpfl., die nach § 238 HGB buchführungspflichtig sind, alle Einkünfte als Einkünfte aus Gewerbebetrieb zu behandeln. Der Steuerpflicht unterliegen sowohl die **inländischen** als auch die **ausländischen** Einkünfte (Welteinkommensprinzip). Es können sich aber Einschränkungen aus Befreiungsvorschriften, Doppelbesteuerungsabkommen (DBA) oder anderen völkerrechtlichen Verträgen ergeben (§ 2 AO).

814 Die Feststellung, dass ein Rechtsgebilde unter § 1 Abs. 1 Nr. 1 KStG fällt, also unbeschränkt steuerpflichtig ist, reicht allein nicht aus, um eine zutreffende Besteuerung durchzuführen. Das KStG enthält eine Reihe von Regelungen, die rechtsformbezogen sind und somit die genaue Feststellung, unter welche der in § 1 Abs. 1 KStG aufgeführten Körperschaften das Rechtsgebilde einzuordnen ist, erforderlich machen, z. B.:

- Organschaft: Als Organgesellschaften kommen nur Kapitalgesellschaften i. S. des § 1 Abs. 1 Nr. 1 KStG in Betracht (vgl. §§ 14–17 KStG).
- Steuerbefreiungen: Vgl. § 5 KStG.

- Steuervergünstigungen: Genossenschaftliche Rückvergütung i. S. des § 22 KStG bei Erwerbs- und Wirtschaftsgenossenschaften.
- Steuerfreibeträge:
  a) Freibetrag nach § 24 KStG für nicht Gewinn ausschüttende Körperschaften;
  b) Freibetrag nach § 25 KStG für Land- und Forstwirtschaft, Genossenschaften und Vereine.

Die **juristischen Personen des öffentlichen Rechts** (jPöR) unterliegen grundsätzlich nicht der KSt-Pflicht, sofern sie ihre hoheitlichen Aufgaben wahrnehmen. 815

JPöR sind z. B.: 816

- Gebietskörperschaften (Bund, Länder, Gemeinden, Städte, Zweckverbände),
- Universitäten und Studentenwerke,
- Innungen und Kammern (IHK, Kreishandwerkerschaft, Steuerberaterkammer),
- öffentlich-rechtliche Religionsgemeinschaften,
- Versicherungsanstalten (Träger der gesetzlichen Sozialversicherungen),
- öffentlich-rechtliche Rundfunkanstalten,
- sonstige Anstalten und Stiftungen des öffentlichen Rechts.

Soweit sie sich privatwirtschaftlich betätigen, treten sie in Konkurrenz zu anderen Unternehmen und müssen – schon aus Gründen der Wettbewerbsneutralität – der Besteuerung unterliegen. Voraussetzung ist allerdings die Ausgestaltung der Betätigung als **Betrieb gewerblicher Art** (BgA). 817

Betriebe gewerblicher Art von juristischen Personen des öffentlichen Rechts sind nach § 4 KStG alle **Einrichtungen**, die einer **nachhaltigen wirtschaftlichen Tätigkeit** zur **Erzielung von Einnahmen außerhalb der Land- und Forstwirtschaft** dienen und sich innerhalb der Gesamtbetätigung der juristischen Person **wirtschaftlich herausheben**. Gewinnerzielungsabsicht und die Beteiligung am allgemeinen wirtschaftlichen Verkehr sind nicht erforderlich. 818

Steuersubjekt ist stets die juristische Person des öffentlichen Rechts. Hat eine juristische Person des öffentlichen Rechts mehrere Betriebe gewerblicher Art, so ist sie mit jedem einzelnen Betrieb unbeschränkt steuerpflichtig. Die Besteuerung mehrerer Betriebe gewerblicher Art kann nur dann zusammengefasst erfolgen, wenn es sich

- um gleichartige Betriebe,
- um Verkehrs- oder Versorgungsbetriebe oder
- um Betriebe handelt, zwischen denen nach dem Gesamtbild der tatsächlichen Verhältnisse eine enge wechselseitige technisch-wirtschaftliche Verflechtung besteht.

Mit dieser Einschränkung zur Zusammenfassung von verschiedenen Tätigkeiten soll verhindert werden, dass eine jPöR mit ihren unterschiedlichen wirtschaftlichen Tätigkeiten durch Verrechnung von Verlusten aus der Tätigkeit A die Gewinne aus der Tätigkeit B ausgleicht und somit die aus Wettbewerbsgründen erforderliche Besteuerung unterläuft.

Juristische Personen des öffentlichen Rechts können ihre Tätigkeit auch im Rahmen einer privatrechtlichen Rechtsform (GmbH, AG etc.) ausüben. Die Zusammenfassung von BgA in Kapitalgesellschaften wird grundsätzlich anerkannt. Werden jedoch Gewinn-

und Verlustbetriebe zusammengefasst, stellt sich die Frage des Gestaltungsmissbrauchs i. S. des § 42 AO.

3. Beschränkte Körperschaftsteuerpflicht

819 Die beschränkte Steuerpflicht ist in § 2 KStG geregelt. Sie erstreckt sich auf zwei Bereiche, nämlich auf ausländische Subjekte (§ 2 Nr. 1 KStG) und auf die partielle Steuerpflicht von inländischen Körperschaften des öffentlichen Rechts (§ 2 Nr. 2 KStG).

3.1 Ausländische Steuersubjekte (§ 2 Nr. 1 KStG)

820 Ausländische Steuersubjekte unterliegen nach § 2 Nr. 1 KStG der beschränkten KSt-Pflicht, wenn

- es sich um ein Gebilde mit einer den Körperschaften, Personenvereinigungen und Vermögensmassen entsprechenden Rechtsform handelt,
- sich Sitz und Geschäftsleitung im Ausland befinden und
- inländische Einkünfte i. S. von § 8 Abs. 1 KStG i.V. mit § 49 EStG erzielt werden.

821 Die beschränkte KSt-Pflicht nach § 2 Nr. 1 KStG entspricht ihrem Charakter nach der beschränkten ESt-Pflicht nach § 1 Abs. 4 EStG.

3.2 Partielle Steuerpflicht inländischer Körperschaften des öffentlichen Rechts (§ 2 Nr. 2 KStG)

822 Die partielle Steuerpflicht nach § 2 Nr. 2 KStG erfasst alle inländischen jPöR mit ihren Betätigungen außerhalb ihrer Betriebe gewerblicher Art. Die Steuerpflicht erfasst insbesondere steuerabzugspflichtige Beteiligungserträge dieser Körperschaften (z. B. Bund, Länder, Gemeinden) an inländischen Kapitalgesellschaften.

823 Körperschaften des öffentlichen Rechts können folgende Tätigkeiten entfalten:

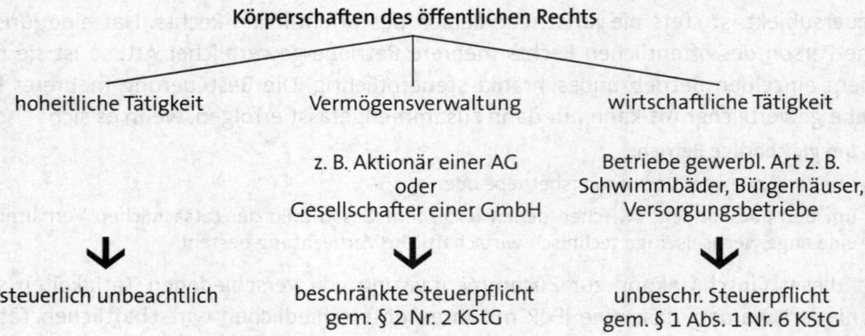

4. Beginn der Körperschaftsteuerpflicht

824 Das KStG enthält für den Beginn der Steuerpflicht keine gesetzliche Regelung. Für den Beginn der Körperschaftsteuerpflicht sind die verschiedenen Gründungsphasen einer Körperschaft bedeutsam (vgl. R 1 Abs. 1 KStR).

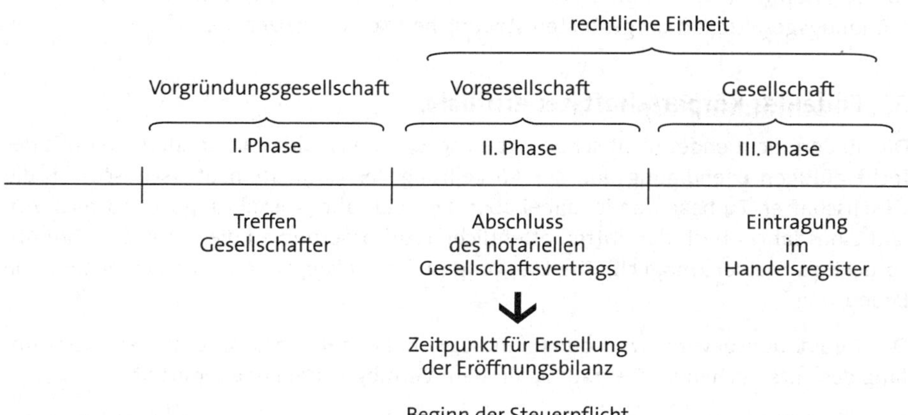

Bei der **Vorgründungsgesellschaft** handelt es sich 825

- um eine eigenständige GbR (§ 705 BGB),
- um eine OHG (§ 105 HGB), wenn ein Grundhandelsgewerbe betrieben wird, oder
- um ein Einzelunternehmen.

Sie besteht bis zum Abschluss des notariellen Gesellschaftsvertrags. Sie ist ein eigenständiges Rechtssubjekt und somit nicht mit der Vorgesellschaft bzw. der eingetragenen Kapitalgesellschaft identisch. Die Vorgründungsgesellschaft unterliegt nicht der Körperschaftsteuerpflicht. Etwaige Einnahmen und Ausgaben sind im Rahmen einer einheitlichen und gesonderten Gewinnfeststellung (bei Mitunternehmerschaft) bzw. beim Einzelunternehmen zu berücksichtigen. Verluste der Vorgründungsgesellschaft können weder bei der Vorgesellschaft noch bei der später entstehenden Kapitalgesellschaft berücksichtigt werden. 826

Die Vorgründungsgesellschaft ist keine Unternehmerin i. S. des § 2 UStG, wenn sie selbst nicht nachhaltig zur Erzielung von Einnahmen im Rahmen von Leistungsaustauschverhältnissen tätig wird. I. d. R. wird sie die Unternehmereigenschaft nicht erfüllen, sodass grundsätzlich kein Vorsteuerabzug für die bereits eingekauften Leistungen möglich ist. Ggf. besteht Gewerbesteuerpflicht, vgl. R 2.5 Abs. 2 ff. GewStR. 827

Die **Vorgesellschaft** entsteht mit Abschluss des notariellen Gesellschaftsvertrags und endet mit Eintragung ins Handelsregister. Als Vorgesellschaft wird also die errichtete, aber noch nicht eingetragene Gesellschaft, d. h. die Kapitalgesellschaft im Gründungsstadium, bezeichnet. Die Gesellschaft firmiert dann z. B. mit dem Namen XY GmbH i. Gr. (= in Gründung). Die Vorgesellschaft bildet mit der späteren Kapitalgesellschaft (**Gesellschaft**) eine rechtliche Einheit, sodass sie steuerrechtlich bereits wie eine Kapitalgesellschaft zu behandeln ist. Daraus folgt, dass mit Beginn der sog. Vorgesellschaft, d. h. mit Abschluss des notariell beurkundeten Gesellschaftsvertrags, die Steuerpflicht und somit auch die Pflicht zur Aufstellung der Eröffnungsbilanz des neuen Steuersubjekts entsteht. 828

Kommt es aus irgendwelchen Gründen nicht zur Eintragung ins Handelsregister (z. B. Eintragungshindernisse werden nicht beseitigt etc.), so entsteht keine juristische Per- 829 son und somit auch keine KSt-Pflicht. In diesen Fällen kommt es zu den bei der Vorgründungsgesellschaft dargestellten steuerlichen Konsequenzen.

5. Ende der Körperschaftsteuerpflicht

830 Die Steuerpflicht endet nicht schon mit Eintritt in die Liquidation, sondern erst mit der rechtsgültigen Beendigung und der Auskehrung des Liquidationsüberschusses an die Gesellschafter. Zu beachten ist dabei aber das Sperrjahr (Auskehrung ist erst nach Ablauf eines Jahres nach der dritten öffentlichen Aufforderung an die Gläubiger, ihre Ansprüche zu melden, möglich). Die Löschung im Handelsregister ist für sich allein ohne Bedeutung.

831 Der Liquidationsgewinn wird durch eine Gegenüberstellung des Vermögens vom Anfang des entsprechenden Zeitraums mit dem Vermögen am Ende ermittelt.

832 Gem. § 11 KStG kann der gesamte Liquidationszeitraum als Besteuerungszeitraum gewählt werden (er soll aber 3 Jahre nicht überschreiten).

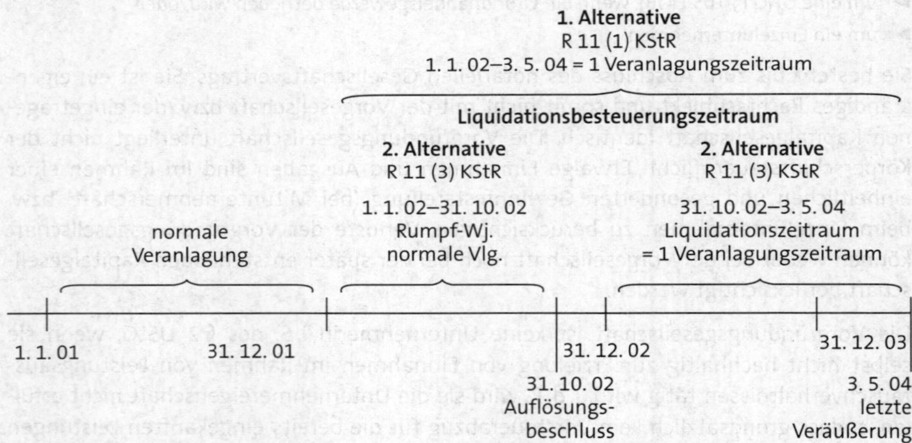

6. Steuerbefreiungen (§ 5 KStG)

6.1 Geltungsbereich

833 Die Steuerbefreiungen des § 5 Abs. 1 KStG gelten nur bei nach § 1 Abs. 1 KStG unbeschränkt steuerpflichtigen Körperschaften. Für beschränkt steuerpflichtige Körperschaften i. S. des § 2 Nr. 1 KStG gelten die Steuerbefreiungen nicht (§ 5 Abs. 2 Nr. 2 KStG). Juristische Personen des öffentlichen Rechts unterliegen grundsätzlich nicht der KSt-Pflicht, sodass es insoweit keiner Steuerbefreiung bedarf (s. Rdn. 811 ff.). Allerdings sind juristische Personen des öffentlichen Rechts mit ihren Betrieben gewerblicher Art unbeschränkt steuerpflichtig und können bei Vorliegen der entsprechenden Tatbestände die Steuerbefreiungen in Anspruch nehmen. § 5 KStG enthält eine abschließende Aufzählung von persönlichen und sachlichen Steuerbefreiungen.

6.2 Persönliche Steuerbefreiungen

Persönliche Steuerbefreiungen liegen immer dann vor, wenn ein Steuerrechtssubjekt i. S. des § 1 Abs. 1 KStG von der KSt befreit ist, ohne Rücksicht darauf, aus welchen Quellen die Vermögensmehrungen fließen. Das heißt, es sind grundsätzlich alle Vermögensmehrungen steuerbefreit (umfassende oder globale Steuerbefreiung), auch solche aus untypischen und mit nicht steuerbefreiten Körperschaften in Konkurrenz tretenden Tätigkeiten. Solche umfassenden Steuerbefreiungen enthalten z. B. § 5 Abs. 1 Nr. 1, 2 und 2a KStG (z. B. Monopolverwaltungen des Bundes, Deutsche Bundesbank). 834

6.3 Sachliche Steuerbefreiungen

Sachliche Steuerbefreiungen sehen nur bei Vermögensmehrungen aus bestimmten begünstigten Tätigkeiten eine Befreiung vor. So ist bei einigen Befreiungstatbeständen (z. B. § 5 Abs. 1 Nr. 5, 7 und 9 KStG) die Steuerbefreiung ausgeschlossen, soweit ein wirtschaftlicher Geschäftsbetrieb unterhalten wird. Andere Regelungen (z. B. § 5 Abs. 1 Nr. 10, 12, 14 KStG) machen die Befreiungen von ganz bestimmten Betätigungen abhängig. Werden Einnahmen aus nichtbegünstigten Tätigkeiten erzielt, führt dies zur partiellen Steuerpflicht bzw. beim Überschreiten bestimmter Grenzen zum Wegfall der Steuerbefreiung. 835

BEISPIEL: Ein eingetragener, als gemeinnützig anerkannter Verein erzielt aus seinem wirtschaftlichen Geschäftsbetrieb (z. B. Vereinsgaststätte) jährliche Einnahmen von über 35 000 €. Der Verein unterliegt mit seinem Gewinn aus dem wirtschaftlichen Geschäftsbetrieb (vgl. § 14 AO) der partiellen KSt-Pflicht, weil die Einnahmen die 35 000 €-Grenze nach § 64 Abs. 3 AO übersteigen. Die Einnahmen aus dem ideellen Bereich (z. B. Zins- oder Mieteinnahmen) sind von der KSt nach § 5 Abs. 1 Nr. 9 KStG steuerbefreit. 836

6.4 Steuerabzugspflichtige Einkünfte

Die Steuerbefreiungen nach § 5 Abs. 1 KStG sind ausgeschlossen für inländische Einkünfte, die dem Steuerabzug unterliegen (§ 5 Abs. 2 Nr. 1 KStG). Die KSt für diese Einkünfte ist durch den Steuerabzug abgegolten. 837

Einstweilen frei 838

6.5 Beginn und Erlöschen der Steuerbefreiung

Zu beachten ist, dass nach § 13 KStG in der Zeit der Steuerbefreiung entstandene stille Reserven unbelastet bleiben und die vor Eintritt in die Steuerbefreiung entstandenen stillen Reserven aufgedeckt werden müssen (s. a. R 13.1 ff. KStR). 839

7. Übungsbeispiele zur Art der persönlichen Steuerpflicht

BEISPIELE: 840

(1) Die Holzschuh-GmbH hat ihren Sitz laut Gesellschaftsvertrag in Duisburg, die Geschäftsleitung befindet sich in Amsterdam (Holland);

(2) XY-Partei;

(3) Industrie- und Handelskammer;

(4) Golfclub Wiesbaden e. V. (durch Bescheid des FA Wiesbaden I wegen Gemeinnützigkeit von der KSt befreit);

(5) Petrol Deutschland GmbH mit Sitz und Geschäftsleitung in Frankfurt a. M.;

(6) Alleingesellschafter der Petrol Deutschland GmbH ist die Petrol Corporation mit Sitz und Geschäftsleitung in New York. Die Gesellschaft bezieht von ihrer deutschen Tochter Gewinnanteile.

841 **Aufgabe:**

Nehmen Sie Stellung zur Art der persönlichen Steuerpflicht!

842 **Lösung:**

zu (1): Die Holzschuh-GmbH ist unbeschränkt steuerpflichtig gem. § 1 Abs. 1 Nr. 1 KStG, weil sie ihren Sitz im Inland hat. Dass sich die Geschäftsleitung im Ausland befindet, ist unerheblich.

zu (2): Die XY-Partei unterliegt als nicht rechtsfähiger Verein der unbeschränkten Steuerpflicht nach § 1 Abs. 1 Nr. 5 KStG. Da es sich um eine Partei i. S. des § 2 Parteiengesetz handelt, ist sie persönlich nach § 5 Abs. 1 Nr. 7 KStG von der KSt befreit. Würde sie einen wirtschaftlichen Geschäftsbetrieb unterhalten, so unterläge sie insoweit der partiellen Steuerpflicht.

zu (3): Die Industrie- und Handelskammer unterliegt als jPöR nicht der unbeschränkten Steuerpflicht nach § 1 Abs. 1 KStG.

zu (4): Der Golfclub Wiesbaden e.V. ist nach § 1 Abs. 1 Nr. 4 KStG unbeschränkt steuerpflichtig. Er ist allerdings nach § 5 Abs. 1 Nr. 9 KStG persönlich von der KSt befreit. Unterhält der Golfclub einen wirtschaftlichen Geschäftsbetrieb, so unterliegt er insoweit der partiellen Steuerpflicht.

zu (5): Die Petrol Deutschland GmbH mit Sitz und Geschäftsleitung im Inland ist nach § 1 Abs. 1 KStG unbeschränkt körperschaftsteuerpflichtig.

zu (6): Da die Petrol Corporation weder Sitz noch Geschäftsleitung im Inland hat, ist sie nicht unbeschränkt steuerpflichtig. Sie unterliegt mit ihren inländischen Einkünften der beschränkten Steuerpflicht nach § 2 Nr. 1 KStG. Allerdings ist die Körperschaftsteuer mit dem Steuerabzug abgegolten.

III. Sachliche Steuerpflicht (§§ 7–22 KStG)

1. Allgemeines

843 Die allgemeinen Grundsätze zur Besteuerung der unter das KStG fallenden Körperschaften sind in § 7 KStG enthalten (Einleitungsvorschrift). Diese Vorschrift regelt die Bemessungsgrundlage (§ 7 Abs. 1 KStG) sowie den Veranlagungs- und Ermittlungszeitraum (§ 7 Abs. 3 und 4 KStG). Sie legt damit die Grundlage für die materiellen Bestimmungen der §§ 8–10 KStG. Die Regelungen des § 7 KStG gelten grundsätzlich für alle unbeschränkt und beschränkt steuerpflichtigen Körperschaften.

844 Die KSt bemisst sich nach dem zu versteuernden Einkommen (§ 7 Abs. 1 KStG). Zu versteuerndes Einkommen ist nach § 7 Abs. 2 KStG das Einkommen i. S. des § 8 Abs. 1 KStG, vermindert um die Freibeträge der §§ 24 und 25 KStG.

845 Die KSt ist eine Jahressteuer (§ 7 Abs. 3 Satz 1 KStG), die nach § 30 Satz 1 Nr. 3 KStG i.V. mit § 25 Abs. 1 EStG nach Ablauf des Kalenderjahres (Veranlagungszeitraum) nach dem Einkommen veranlagt wird, welches die Körperschaft in diesem Veranlagungszeitraum bezogen hat.

846 Die Besteuerungsgrundlagen sind gundsätzlich für ein Kalenderjahr (12 Monate) zu ermitteln (Ermittlungszeitraum, § 7 Abs. 3 KStG).

Besteht die unbeschränkte oder beschränkte Steuerpflicht nicht während des ganzen Kalenderjahres, so tritt der Zeitraum der jeweiligen Steuerpflicht an die Stelle des Kalenderjahres (weniger als 12 Monate z. B. in Gründungs- oder Löschungsfällen). 847

Im Rahmen der Liquidationsbesteuerung wird es häufig zu einem Ermittlungszeitraum von mehr als 12 Monaten kommen. 848

Für nach dem HGB buchführungspflichtige Körperschaften gilt das Wirtschaftsjahr (Wj) als Ermittlungszeitraum (§ 7 Abs. 4 Satz 1 KStG). Weicht das Wj von dem Kalenderjahr ab, so gilt der Gewinn aus Gewerbebetrieb in dem Kalenderjahr als bezogen, in dem das Wj endet (§ 7 Abs. 4 Satz 2 KStG). Bei Umstellung des Wj kann es ebenfalls zu einem kürzeren oder längeren Ermittlungszeitraum als 12 Monaten kommen. 849

2. Ermittlung des zu versteuernden Einkommens

2.1 Ableitung des Einkommensbegriffs aus dem Einkommensteuerrecht

Was als Einkommen gilt und wie das Einkommen zu ermitteln ist, bestimmt sich gem. § 8 Abs. 1 KStG nach den Vorschriften des EStG und des KStG (§§ 8–22 KStG). 850

Durch die Verweisung des § 8 KStG auf die Vorschriften des EStG wird deutlich, dass das KSt-Recht keinen eigenständigen Einkommensbegriff entwickelt hat. Die Verknüpfung mit dem EStG führt zu einer Annäherung (Vereinheitlichung) in der Ertragsbesteuerung der verschiedenen Unternehmensformen und trägt somit zu mehr Wettbewerbsneutralität bei. 851

Die Vorschriften des EStG sind aber nur insoweit anzuwenden, als sie nicht spezielle, nur auf natürliche Personen ausgerichtete Regelungen enthalten bzw. das KStG keine Sonderregelungen vorsieht. R 8.1 Abs. 1 KStR enthält einen Katalog der im Körperschaftsteuerrecht anwendbaren Vorschriften des EStG. Folgende auf die Besteuerung natürlicher Personen zugeschnittene Regelungen sind z. B. nicht anwendbar: 852

- Sonderausgabenabzug,
- Einkünfte aus nichtselbständiger Arbeit (§ 19 EStG),
- Altersentlastungsbetrag (§ 24a EStG),
- tarifliche Freibeträge (§ 32 EStG, z. B. Kinderfreibetrag, Haushaltsfreibetrag),
- außergewöhnliche Belastungen (§§ 33 ff. EStG).

Für den Spendenabzug enthält das KStG eine eigene Vorschrift im § 9 Abs. 1 Nr. 2 KStG. Auch in anderen Fällen gibt es Sonderregelungen. So sind Erbschaften grundsätzlich steuerfrei, da sie nicht im Rahmen einer der sieben Einkunftsarten des EStG erzielt werden. Erbt aber ein Altenheim von einem ehemaligen Bewohner, muss die Altenheim-Betriebs-GmbH als „Erbe“ Erbschaftsteuer zahlen und gleichzeitig die Erbschaft im Rahmen der steuerpflichtigen Betriebseinnahmen erfassen, da sie ja im Rahmen ihrer „betrieblichen Tätigkeit“ erzielt wurden (BFH v. 8. 2. 2017). 853

2.1.1 Einkunftsart

Unbeschränkt Körperschaftsteuerpflichtige, die nicht buchführungspflichtig nach dem HGB sind, können grundsätzlich Bezieher sämtlicher Einkunftsarten i. S. des § 2 Abs. 1 854

EStG, mit Ausnahme der Einkünfte aus nichtselbständiger Arbeit (§ 19 EStG) und sonstiger Einkünfte i. S. des § 22 Nr. 4 und 5 EStG, sein.

855 Bei Stpfl., die nach dem HGB buchführungspflichtig sind, sind alle Einkünfte als Einkünfte aus Gewerbebetrieb zu behandeln (§ 8 Abs. 2 KStG). Dies gilt unabhängig davon, aus welcher Betätigung die Einkünfte stammen. Der Buchführungspflicht nach § 238 HGB unterliegen kraft Rechtsform (Formkaufleute § 6 HGB) die Kapitalgesellschaften (GmbH, AG, KGaA), die eingetragenen Genossenschaften und die Versicherungsvereine auf Gegenseitigkeit. Aber auch andere Körperschaften i. S. des § 1 Abs. 1 KStG können im Einzelfall nach § 238 HGB buchführungspflichtig sein. Die Qualifizierung als Einkünfte aus Gewerbebetrieb hat weiterhin zur Folge, dass Gewerbesteuerpflicht besteht (§ 2 Abs. 2 GewStG).

856 Durch die Ableitung des Einkommensbegriffs aus dem EStG ist klargestellt, dass nur die Vermögenszu- und -abflüsse zu berücksichtigen sind, die sich unter die Einkunftsarten des § 2 Abs. 1 Nr. 1–3, 5–7 EStG einordnen lassen. Einmalige Vermögensanfälle wie Erbschaften, Vermächtnisse und Schenkungen sind demnach grundsätzlich nicht steuerpflichtig.

2.1.2 Einkünfteermittlung

857 Bei den Gewinneinkünften i. S. des § 2 Abs. 2 Nr. 1 EStG (Land- und Forstwirtschaft, Gewerbebetrieb, selbständige Arbeit) ist der Gewinn (§ 4 Abs. 1, § 4 Abs. 3, § 5 Abs. 1 EStG) anzusetzen. Gewinne und Verluste aus der Veräußerung von zum Betriebsvermögen gehörenden Wirtschaftsgütern sind hierbei zu berücksichtigen.

858 Stpfl., die nach dem HGB zur Führung von Büchern verpflichtet sind, haben ihren Gewinn nach § 8 Abs. 2 KStG i.V. mit § 5 Abs. 1 EStG durch Betriebsvermögensvergleich nach den handelsrechtlichen GoB zu ermitteln.

859 Bei den Überschusseinkünften i. S. des § 2 Abs. 2 Nr. 2 EStG (Kapitalvermögen, Vermietung und Verpachtung, sonstige Einkünfte) ist der Überschuss der Einnahmen (§ 8 EStG) über die Werbungskosten (§§ 9, 9a EStG) anzusetzen. Bei den Einkünften aus Kapitalvermögen sind der Werbungskostenpauschbetrag (§ 9a Nr. 2 EStG) und der Sparerfreibetrag (§ 20 Abs. 4 Satz 1 EStG) zu gewähren.

860 Die Art der erzielten Einkünfte und die weitere Besteuerung hängt somit, wie die Übersicht unter Rdn. 864 verdeutlicht, ganz entscheidend von der Art der persönlichen Steuerpflicht ab.

2.1.3 Steuerfreie Einnahmen nach dem EStG und anderen Gesetzen

861 Ein Teil der Steuerbefreiungen des § 3 EStG ist auch im Bereich der KSt anwendbar (vgl. R 8.1 Abs. 1 Nr. 1 KStR).

862 Ferner sind die Freibetragsregelungen des § 14, § 14a, § 16 Abs. 4, § 17 Abs. 3 und § 18 Abs. 3 EStG zu beachten. Diese führen insoweit zu steuerfreien Einnahmen.

863 Die Investitionszulage (eine mittlerweile abgeschaffte Subvention für die neuen Bundesländer) gehört nach § 13 InvZulG 2010 nicht zu den Einkünften i. S. des EStG und somit auch nicht zu körperschaftsteuerpflichtigen Einkünften.

2.1.4 Nichtabzugsfähige Ausgaben nach dem EStG und anderen Gesetzen

Bei der Ermittlung des körperschaftsteuerpflichtigen Einkommens sind die folgenden 864
Abzugsverbote zu beachten:

- § 3c Abs. 1 EStG – Abzugsverbot für Betriebsausgaben und Werbungskosten, die in unmittelbarem wirtschaftlichen Zusammenhang mit steuerfreien Einnahmen stehen; vgl. in diesem Zusammenhang auch § 8b Abs. 5 KStG – 5 % der steuerfreien Schachteldividende sind als nichtabzugsfähige Betriebsausgaben zu erfassen.
- Nichtabzugsfähige Betriebsausgaben i. S. des § 4 Abs. 5 Nr. 1–4 und 7–13 und Abs. 7 EStG z. B. Geschenke, Bewirtungskosten, Geldbußen, Ausgleichszahlungen an außenstehende Gesellschafter bei Organschaft.
- § 4 Abs. 6 EStG – Aufwendungen zur Förderung staatspolitischer Zwecke sind keine Betriebsausgaben.
- Nichtabzugsfähige Zuwendungen an Pensionskassen (§ 4c EStG) und Unterstützungskassen (§ 4d EStG).
- § 160 AO – Abzugsverbot für Aufwendungen bei fehlender Empfängerbenennung (z. B. Schmiergelder).

Körperschaftsteuerpflichtige

unbeschränkt Steuerpflichtige

nach § 1 Abs. 1 Nr. 1–3 KStG
es besteht Buchführungspflicht gem. § 238 HGB; nach § 8 Abs. 2 KStG sind diese Betriebe Gewerbebetriebe kraft Rechtsform; sämtliche Einkünfte werden als Einkünfte aus Gewerbebetrieb behandelt

nach § 1 Abs. 1 Nr. 4–6 KStG
denkbar sind hier sämtliche Einkunftsarten des EStG mit Ausnahme der Einkünfte aus nichtselbständiger Arbeit, also alle Einkünfte nach § 2 Abs. 1 Nr. 1–3 + 5–7 EStG aus L + F (§ 13 EStG) aus Gewerbebetrieb (§ 15 EStG) aus selbständiger Arbeit (§ 18 EStG) aus V + V (§ 21 EStG) aus Kapitalvermögen (§ 20 EStG) aus sonstigen Einkünften (§ 22 EStG)

beschränkt Steuerpflichtige

nach § 2 Nr. 1 KStG
möglich sind die in § 49 EStG genannten Einkunftsarten; dies gilt auch dann, wenn der Stpfl. in einer Rechtsform geführt ist, die z. B. einer inländischen Kapitalgesellschaft entspricht. Hat also eine französische Societé Anonyme (SA) ein Mietgrundstück (und sonst nichts) im Inland, so hat sie Einkünfte aus V+V (sog. „isolierende Betrachtungsmethode“, d. h. Besteuerungsmerkmale im Ausland bleiben außer Betracht).

nach § 2 Nr. 2 KStG
eine Einkommensermittlung sowie eine Veranlagung finden nicht statt, weil mit dem Kapitalertragsteuerabzug die KSt abgegolten ist (§ 32 Abs. 1 KStG)

2.2 Einkommensermittlungsvorschriften des KStG

Wie oben dargestellt, wird bei der Einkommensermittlung von Körperschaften weit- 865
gehend auf die Vorschriften des EStG zurückgegriffen. Diese sind aber für die Besteuerung natürlicher Personen ausgelegt und enthalten keine Aussagen zu speziellen, nur bei Körperschaften vorkommenden Sachverhalten. Deshalb enthält das KStG weitere

Regelungen über die Abziehbarkeit (§ 9 KStG) und Nichtabziehbarkeit (§ 10 KStG) von Ausgaben, die nur bei Körperschaften vorzufinden sind.

2.2.1 Abziehbare Aufwendungen (§ 9 KStG)

866 Nach § 9 Abs. 1 Nr. 1 KStG sind bei Kommanditgesellschaften auf Aktien (KGaA) die Gewinnanteile des persönlich haftenden Gesellschafters (Komplementärs) abziehbar. Hintergrund der Regelung ist, dass der Gesellschafter diese Zahlungen als (i. d. R.) natürliche Person bei seiner Einkommensteuer-Erklärung als gewerbliche Einkünfte angeben muss (vgl. § 15 Abs. 1 Nr. 3 EStG).

Nach § 9 Abs. 1 Nr. 2 KStG sind die Spenden als Betriebsausgaben abzugsfähig. Ähnlich wie § 10b EStG enthält auch § 9 KStG eine Begrenzung des Spendenabzugs. Will man den Spendenhöchstbetrag berechnen, so sind zunächst alle Spenden dem Einkommen der Körperschaft hinzuzurechnen. So erhält man das **Einkommen vor Spendenabzug.**

Die abzugsfähigen Spenden ermittelt man durch folgende Prüfreihenfolge:

(1) Liegen Ausgaben i. S. von an § 9 Abs. 1 Nr. 2 KStG vor?

Es müssen Leistungen ohne Gegenwert sein. Die Wertabgabe muss freiwillig sein. „Zwangsspenden" z. B. in Form von Auflagen aufgrund einer Straftat fallen nicht unter den Spendenbegriff. Bei Sport-, Freizeit- und Heimatvereinen sind keine Mitgliedsbeiträge abzugsfähig.

BEISPIEL: Der Fußballtrainer F. wird aufgrund seines Drogenkonsums zu einer Zwangsspende von 20 000 € an eine Suchthilfestelle der Caritas verpflichtet, die er aus Mitteln seiner GmbH entrichtet. Weiterhin überlässt die GmbH freiwillig dem DRK für einen Hilfstransport in die Ukraine ihren Geländewagen und spendet Greenpeace ein Schlauchboot im Wert von 500 €.

Lösung:

Die Spende an die Caritas ist nicht abzugsfähig, da sie nicht freiwillig ist. Die Spende an das DRK ist nicht abzugsfähig, da sie eine Dienstleistung darstellt. Die Spende an Greenpeace ist abzugsfähig, da neben Geld auch Sachwerte gespendet werden können.

(2) Liegt ein begünstigter Zweck vor?

Begünstigt sind (vgl. §§ 52–54 AO):

a) gemeinnützige Zwecke
(z. B. Förderung von Wissenschaft und Forschung, Bildung und Erziehung, Kunst und Kultur, der Religion, der Völkerverständigung, der Entwicklungshilfe, des Umwelt-, Landschafts- und Denkmalschutzes, des Heimatgedankens, Jugendhilfe, der Altenhilfe, des öffentlichen Gesundheitswesens, die allgemeine Förderung des demokratischen Staatswesens im Geltungsbereich dieses Gesetzes, Tierzucht, der Pflanzenzucht, der Kleingärtnerei, des traditionellen Brauchtums einschließlich des Karnevals, der Fastnacht und des Faschings, der Soldaten- und Reservistenbetreuung, des Amateurfunkens, des Modellflugs und des Hundesports)

b) mildtätige Zwecke

c) kirchliche Zwecke

(3) Wer ist Empfänger der Zuwendung?

Empfänger müssen sein:

- juristische Personen des öffentlichen Rechts oder öffentliche Dienststellen (Universitäten ...)
- Körperschaften des Privatrechts i. S. v. § 5 Abs. 1 Nr. 9 KStG

(4) Ist ein Nachweis vorhanden?

Der Nachweis erfolgt durch ordnungsgemäße Zuwendungsbestätigung des Empfängers oder Überweisungsträger/Einzahlungsbeleg der Bank bei Sonderaktionen, z. B. in Katastrophenfällen, wenn die Einzelspende 300 € nicht übersteigt (vgl. § 50 Abs. 4 Nr. 2 EStDV).

(5) In welcher Höhe sind die Spenden abzugsfähig?

20 % des Einkommens **oder** 4 Promille der Summe von Umsätzen, Löhnen und Gehältern.

Der höhere Betrag, der sich nach Berechnung der beiden Möglichkeiten ergibt, wird dann vom *Einkommen vor Spendenabzug* abgezogen. **Daneben** gibt es die Möglichkeit, im Rahmen der Höchstbeträge die in einem Jahr nicht abziehbaren Spenden auf Folgejahre zu verteilen (eine Art „Spendenvortrag").

BEISPIEL: Die U-GmbH hat ein Einkommen von 420 000 €. Das Einkommen gemindert haben Spenden an das DRK, das eine Verwendung zu mildtätigen Zwecken bescheinigt, von 50 000 € sowie mehrere Spenden zu religiösen Zwecken in Höhe von insgesamt 60 000 €. Die Summe der gesamten Umsätze, Löhne und Gehälter beträgt 10 Mio. €. Die Bescheinigungen sind ordnungsgemäß.

Lösung:

Das Einkommen vor Spendenabzug beträgt: Einkommen 420 000 € zzgl. alle Spenden (80 000 €) = 530 000 €. Abziehbar sind 20 % davon (= 106 000 €). Nicht abziehbar sind 4 000 €. Der Spendenabzug nach Möglichkeit 2 (4 ‰ der Summe der Umsätze, Löhne und Gehälter = 40 000 €) ist hier ungünstiger. Somit beträgt das Einkommen nach Spendenabzug: 530 000 € abzgl. abziehbare Spenden von 106 000 € = 424 000 €.

2.2.2 Nichtabziehbare Aufwendungen (§ 10 KStG)

Das Abzugsverbot des § 10 KStG gilt für folgende Aufwendungen: 867

- § 10 Nr. 1 KStG: Aufwendungen für die Erfüllung von satzungsmäßigen Zwecken. Die Regelung ist missverständlich. Gemeint ist nicht etwa, dass der Betreiber einer Pommesbuden GmbH die Aufwendungen für den Einkauf von Waren nicht als Betriebsausgaben abziehen kann. Diese Aufwendungen wirken sich durchaus im Rahmen der Gewinnermittlung eines wirtschaftlichen Geschäftsbetriebs steuermindernd aus. Im gemeinnützigen Bereich dagegen sind z. B. Aufwendungen, die eine Stiftung im Rahmen ihrer Satzung für die Förderung der Umwelt oder der Kinderrechte tätigt, als Betriebsausgabe im Rahmen ihrer gemeinnützigen Tätigkeit (also in der „ideellen Sphäre") als Betriebsausgabe zu erfassen, ebenso die Aufwendungen, die ein Tennisverein für die Beschaffung eines neuen Netzes tätigt. Allerdings wirken sich diese Aufwendungen gem. § 10 Nr. 1 KStG nicht steuerlich aus! Sie können nicht mit Betriebseinnahmen des nicht gemeinnützigen Bereichs, z. B. bei einem wirtschaftlichen Geschäftsbetrieb verrechnet werden.
- § 10 Nr. 2 KStG: Steuern vom Einkommen und sonstige Personensteuern sowie die USt für Umsätze, die Entnahmen oder verdeckte Gewinnausschüttungen sind, und die Vorsteuerbeträge auf Aufwendungen, für die das Abzugsverbot des § 4 Abs. 5 Nr. 1 bis 4 und 7 oder Abs. 7 EStG gilt, das gilt auch für die auf diese Steuern entfallenden Nebenleistungen.

  Unter das Abzugsverbot fallen z. B.:

  - die Körperschaftsteuer, unabhängig von ihrer Erhebung (Vorauszahlung, anrechenbare KSt oder KapESt, Rückstellung, Abschlusszahlung),
  - die anrechenbare KSt und anrechenbare KapESt (wie Vorauszahlung auf KSt zu sehen),
  - der Solidaritätszuschlag,

- die USt auf unentgeltliche Wertabgaben,
- die ausländischen Steuern vom Einkommen.

Als nichtabziehbare Nebenleistungen kommen z. B. Säumniszuschläge (§ 240 AO), Verspätungszuschläge (152 AO), Zwangsgelder (§ 329 AO), Hinterziehungszinsen (§ 235 AO) und Kosten der Vollstreckung in Betracht.

► § 10 Nr. 3 KStG – Strafen und ähnliche Rechtsnachteile.

Diese Vorschrift ersetzt § 12 Nr. 4 EStG für den Bereich von Körperschaften. Zu beachten ist aber, dass nach deutschem Strafrecht gegenüber juristischen Personen keine Geldstrafen verhängt werden können. Insoweit geht § 10 Nr. 3 KStG ins Leere. Nicht unter das Abzugsverbot fallen die mit den Rechtsnachteilen zusammenhängenden Verfahrenskosten, insbesondere Gerichts- und Anwaltskosten (vgl. R 10.2 Satz 5 KStR).

► § 10 Nr. 4 KStG – Hälfte der Aufsichtsratsvergütungen.

Unter das Abzugsverbot fallen Vergütungen jeder Art, die an Mitglieder des Aufsichtsrats oder eines anderen Kontrollorgans (z. B. Verwaltungsrat, Beirat) oder andere mit der Überwachung der Geschäftsführung beauftragte Personen gewährt werden. Vergütungen i. S. des § 10 Nr. 4 KStG sind alle Leistungen, die Entgelt für die Überwachung sind. Dazu gehören auch Sitzungsgelder, Tagegelder, Reisekosten und sonstige Aufwandsentschädigungen, es sei denn, es handelt sich um die Erstattung tatsächlich nachgewiesener Kosten (vgl. R 10.3 Abs. 1 Satz 3 KStR).

3. Einkommensermittlung bei Kapitalgesellschaften und anderen nach dem HGB zur Buchführung verpflichteten Körperschaften

868 Wie bereits oben ausgeführt, erzielen Körperschaften, die nach dem HGB zur Buchführung verpflichtet sind, Einkünfte aus Gewerbebetrieb (§ 8 Abs. 2 KStG). Ausgangspunkt ist hierbei der nach den handelsrechtlichen GoB ermittelte Handelsbilanz-Gewinn i. S. des § 5 Abs. 1 EStG. Enthält die (Handels-) Bilanz Ansätze oder Beträge, die den steuerlichen Vorschriften nicht entsprechen, so sind diese nach § 60 Abs. 2 Satz 1 EStDV durch Zusätze oder Anmerkungen den steuerlichen Vorschriften anzupassen. Unterschiede können sich insbesondere durch

► unterschiedliche Bilanzierungsge- und -verbote sowie -wahlrechte,

► unterschiedliche Bewertungsvorschriften (§§ 6 ff. EStG und §§ 252 ff. HGB) und

► unterschiedliche Abschreibungsmöglichkeiten

ergeben. Der HB-Gewinn ist bei der Einkommensermittlung um diese Beträge zu korrigieren.

869 Der Stpfl. kann jedoch auch eine den steuerlichen Vorschriften entsprechende Steuerbilanz (StB) erstellen. Ausgangspunkt bildet dann der StB-Gewinn.

870 Im Unterschied zu natürlichen Personen haben Kapitalgesellschaften keinen Privatbereich. Dies hat zur Folge, dass alle Vermögensmehrungen Ertrag (Betriebseinnahmen) und alle Vermögensminderungen Aufwand (Betriebsausgaben) darstellen.

871 Das bedeutet, dass z. B. steuerfreie Einnahmen (Investitionszulage) den Gewinn erhöhen und nichtabzugsfähige Aufwendungen den Gewinn mindern. Wie oben dargestellt, sollen aber gerade diese Vermögensänderungen ohne Einfluss auf die Besteuerungsgrundlage „zu versteuerndes Einkommen" bleiben. Um dies zu erreichen, werden steuerfreie Einnahmen bei der Einkommensermittlung abgezogen und nichtabzugsfähige Aufwendungen bei der Einkommensermittlung hinzugerechnet.

3.1 Rechtsbeziehungen zwischen Kapitalgesellschaften und ihren Gesellschaftern

Das Körperschaftsteuerrecht unterscheidet strikt zwischen dem körperschaftsteuerlichen Subjekt einerseits und den dahinter stehenden Gesellschaftern andererseits. Deswegen werden zivilrechtliche (schuldrechtliche) Verträge zwischen Kapitalgesellschaften und ihren Gesellschaftern steuerlich anerkannt, vorausgesetzt, dass die Vereinbarungen nicht gesellschaftsrechtlich veranlasst sind (z. B. unangemessene Vertragsgestaltung). Die auf einer schuldrechtlichen Vereinbarung beruhenden Zahlungen (z. B. Miete, Gehalt, Zinsen etc.) sind im Gegensatz zur Besteuerung bei Personengesellschaften bzw. Einzelunternehmen grundsätzlich als Betriebsausgaben abzugsfähig. 872

3.2 Verdeckte Gewinnausschüttungen (vGA)

3.2.1 Definition (R 8.5 KStR)

Der Begriff der vGA ist gesetzlich nicht definiert. Allein § 8 Abs. 3 Satz 2 KStG schreibt vor, dass vGA das Einkommen nicht mindern dürfen. Das Rechtsinstitut der vGA wurde ausschließlich durch die Rechtsprechung der Finanzgerichte und des BFH entwickelt. Die Textpassage des R 8.5 Abs. 1 KStR stellt für die Praxis aber eine Art „Legaldefinition" der vGA dar. 873

In seinen Urteilen v. 22. 2. 1989 – I R 44/85 (BStBl 1989 II S. 475) und I R 9/85 (BStBl 1989 II S. 631) hat der BFH die vGA neu definiert. Eine materiell-rechtliche Änderung der Rechtsprechung zur vGA ist hierdurch allerdings nicht eingetreten. Die neue Definition hat vielmehr den Zweck, die verschiedenen Stufen einer vGA in Abhängigkeit von den unterschiedlichen gesetzlichen Voraussetzungen, nämlich der vGA nach § 8 Abs. 3 Satz 2 KStG (Einkommensermittlung) einerseits und der anderen Ausschüttungen andererseits zu differenzieren. 874

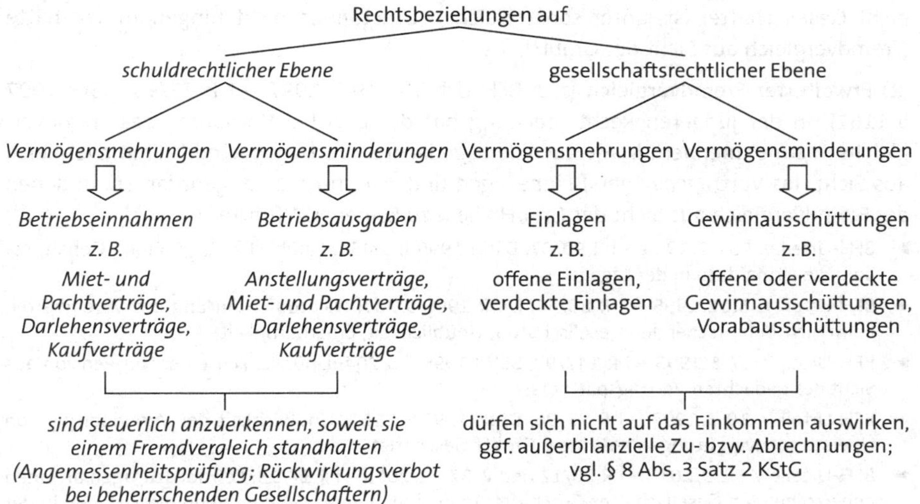

Beiden Vorschriften ist gemeinsam, dass es sich bei der vGA um eine bei einer Kapitalgesellschaft eingetretene Vermögensminderung (verhinderte Vermögensmehrung) 875

handeln muss, die durch das Gesellschaftsverhältnis veranlasst ist und in keinem Zusammenhang mit einer offenen Ausschüttung steht. Die vGA i. S. des § 8 Abs. 3 Satz 2 KStG (Bereich der Einkommensermittlung) setzt zusätzlich voraus, dass sich die Vermögensminderung gleichzeitig auf das Einkommen auswirkt. Eine Ausschüttung ist dagegen unabhängig von einer eingetretenen Einkommensminderung dann anzunehmen, wenn die der Vermögensminderung entsprechenden Mittel bei der Kapitalgesellschaft abfließen bzw. sich die Nichtrealisierung der Vermögensmehrung konkretisiert hat (BFH-Urteil v. 12. 4. 1989 – I R 142-143/85, BStBl 1989 II S. 636; BFH-Urteil v. 18. 12. 1996 – I R 139/94, BStBl 1997 II S. 301).

876 Der Vermögensminderung bei der Kapitalgesellschaft muss kein Zufluss eines Vermögensvorteils beim Gesellschafter entsprechen. Ferner ist eine vGA nicht nur in Höhe des Betrags anzunehmen, der dem Gesellschafter als Vorteil zufließt.

877 Ziel der Besteuerung von vGA ist es, die im Gesellschaftsrecht (GmbHG wie AktG) durchgeführte völlige Trennung zwischen dem selbständigen Rechtssubjekt Gesellschaft und seinen Anteilseignern auch im Steuerrecht zu gewährleisten. Es soll sichergestellt werden, dass auch steuerlich die KapGes im Verhältnis zu den Beteiligten ihre eigenen kaufmännischen Interessen verfolgen kann. Ist der Gewinn der Gesellschaft dadurch geschmälert worden, dass sie ihren Eigeninteressen als selbständiger Kaufmann widersprechende Interessen der Gesellschafter verfolgen musste, wird diese Gewinnschmälerung im Bereich des Steuerrechts durch das Institut der vGA wieder korrigiert.

878 Die Abgrenzung erfolgt durch Vornahme des **Fremdvergleichs**:

(1) Herkömmlicher Fremdvergleich: Eine Veranlassung durch das Gesellschaftsverhältnis liegt dann vor, wenn ein „ordentlicher und gewissenhafter Geschäftsleiter" (= Denkfigur – § 93 Abs. 1 Satz 1 AktG, § 43 Abs. 1 GmbHG, § 34 Abs. 1 Satz 1 GenG) die Vermögensminderung oder verhinderte Vermögensmehrung gegenüber einer Person, die nicht Gesellschafter ist, unter sonst gleichen Umständen nicht hingenommen hätte (Fremdvergleich aus Sicht der GmbH).

(2) Erweiterter Fremdvergleich (z. B. BFH-Urteil v. 19. 3. 1997 – I R 75/96, DStR 1997 S. 1161): In der jüngeren Rechtsprechung hat der BFH bei Vornahme des Fremdvergleichs in zunehmendem Maße auch den „gedachten Vertragspartner" (Fremdvergleich aus Sicht des Vertragspartners) einbezogen und vGA in Fällen angenommen, in denen der Fremdvergleich aus Sicht der GmbH allein zu keiner vGA führte:

- BFH-Urteil v. 13. 12. 1989 – I R 99/87, BStBl 1990 II S. 454: Unüblichkeit, „Zahlung Gehalt, sobald die Firma dazu in der Lage ist";
- BFH-Urteil v. 6. 12. 1995 – I R 88/94, DStR 1996 S. 703: Nichtdurchführung des Vereinbarten beim nichtbeherrschenden Gesellschafter, Unüblichkeit, Ernsthaftigkeit;
- BFH-Urteil v. 17. 5. 1995 – I R 147/93, BStBl 1996 II S. 204: Unüblichkeit einer Nur-Pension aus Sicht des gedachten Vertragspartners;
- BFH-Urteil v. 19. 3. 1997 – I R 75/96, DStR 1997 S. 1161: Unüblichkeit der Vereinbarung von Überstundenvergütungen bei einem GmbH-Geschäftsführer;
- BFH-Urteile v. 11. 9. 2013 – I R 26/12 und v. 27. 11. 2013 – I R 17/13: Pensionszusagen an einen beherrschenden Gesellschafter-Geschäftsführer stellen eine vGA dar, wenn die Zusagen in der voraussichtlich verbleibenden Arbeitszeit des Geschäftsführers nicht mehr erdient werden können. Zwei starke Indizien deuten im Einzelfall darauf hin: Von einer vGA ist regelmäßig auszugehen, wenn der Gesellschafter-Geschäftsführer zum Zeitpunkt der Pensionszusage schon das

60. Lebensjahr vollendet hat. Dies stellt keine Altersdiskriminierung dar, sondern es entspricht der Lebenserfahrung, dass er in diesem Fall bis zum Renteneintritt seine Pensionsansprüche nicht mehr „erarbeiten" kann. Aus dem gleichen Grund stellen Pensionszusagen vGA dar, wenn zwischen Zusage und Eintritt in den Ruhestand nicht noch mindestens 10 Jahre liegen.

Eine vGA setzt nicht voraus, dass die Vermögensminderung oder verhinderte Vermögensmehrung auf einer Rechtshandlung der Organe der Kapitalgesellschaft beruht. Auch tatsächliche Handlungen können den Tatbestand einer vGA erfüllen (BFH-Urteil v. 14. 10. 1992, BStBl 1993 II S. 352).

3.2.2 Stufentheorie nach der neueren BFH-Rechtsprechung

879

1. Stufe	**verdeckte Gewinnausschüttung** § 8 Abs. 3 Satz 2 KStG Vermögensminderung oder verhinderte Vermögensmehrung + gesellschaftsrechtliche Veranlassung + kein Zusammenhang mit offener Gewinnausschüttung + **Einkommensminderung**	⇒ **Einkommenskorrektur bei Kapitalgesellschaft**
2. Stufe	**vGA als Einkünfte aus Kapitalvermögen** (§ 20 Abs. 1 Nr. 1 EStG) Vermögensminderung bei Kapitalgesellschaft + **Zufluss bzw. Realisation beim Gesellschafter**	⇒ **Erfassung als Einkünfte**

BEISPIEL 1: Eine Kapitalgesellschaft (KapGes) zahlt ihrem Gesellschafter (Ges.) in 01 die Lebensversicherungsbeiträge.

In diesem Fall ist die Einkommenserhöhung und die Herstellung der Ausschüttungsbelastung auf der Ebene der KapGes und die Erfassung der vGA als Einkünfte aus Kapitalvermögen bei dem Ges. in 01 durchzuführen.

BEISPIEL 2: Die KapG sagt ihrem beherrschenden Gesellschafter am 31. 12. 01 (Verstoß gegen Rückwirkungsverbot) eine Tantieme zu und bildet in 01 eine entsprechende Tantiemerückstellung. Bei Auszahlung der Tantieme im April 02 wird die Rückstellung aufgelöst und die Tantieme lohnversteuert.

Hier ist die Einkommenskorrektur bei der KapGes in 01 vorzunehmen. Die Erfassung der vGA als Einkünfte aus Kapitalvermögen beim Ges. erfolgt in 02 (Überschusseinkünfte – Zuflussprinzip). Gleichzeitig sind aber die Einnahmen aus nichtselbständiger Arbeit des Jahres 02 in Höhe der als vGA behandelten Tantieme zu mindern, weil es ansonsten zu einer Doppelversteuerung käme.

BEISPIEL 3: Eine KapGes (Errichtung von Häusern) zahlt ihrem beherrschenden Gesellschafter in 01 überhöhte Architektenhonorare. Die Honorare werden im Jahr der Zahlung 01 von der Gesellschaft als Herstellungskosten „Unfertige Bauten" erfasst. Die Häuser werden in 03 veräußert.

Die Einkommenskorrektur ist in 01 vorzunehmen. Beim Gesellschafter liegen in 01 Einkünfte aus Kapitalvermögen vor. Allerdings sind die Einkünfte aus selbständiger Arbeit in Höhe des als vGA behandelten Betrags zu kürzen (vgl. hierzu BFH-Urteil v. 8. 9. 1993 – I R 27/93, BFH/NV 1994 S. 413).

880 Die vorstehenden Beispiele machen deutlich, dass alle Stufen der vGA zeitlich zusammenfallen können, aber nicht müssen. Es ist also jeweils getrennt zu prüfen, ob und wann

- eine Einkommenskorrektur durchzuführen ist und
- Einkünfte beim Gesellschafter zu versteuern (vgl. BFH-Urteil v. 27.10.1992, BStBl 1993 II S. 569) sind.

3.2.3 Arten der vGA

881 Der **Grundfall der vGA** liegt vor, wenn die Kapitalgesellschaft eine unangemessene (überhöhte) Leistung an ihren Ges. erbringt oder eine unangemessen (niedrige) Leistung von ihrem Ges. erhält. Bei der Angemessenheitsprüfung wird auf den **Fremdvergleich** abgestellt. Eine vGA liegt nur in Höhe des unangemessenen Teils vor. Diese vGA ist an jeden Gesellschafter möglich, unabhängig von der Höhe seiner Beteiligung am Stammkapital.

882 Erbringt eine Kapitalgesellschaft eine Leistung an ihren **beherrschenden Gesellschafter,** so kann eine vGA auch dann anzunehmen sein, wenn die KapGes eine Leistung an ihn erbringt, für die es an einer **klaren, im Voraus getroffenen, zivilrechtlich wirksamen** und **tatsächlich durchgeführten** Vereinbarung fehlt **(erweiterte vGA).** Diese vGA ist jedoch nur bei beherrschenden Gesellschaftern (vgl. BFH-Urteil v. 22.2.1989 – I R 9/85, BStBl II S. 631 m.w.N.; BStBl 1990 II S. 795) oder einer Personengruppe von Gesellschaftern mit gleichgerichteten Interessen (vgl. BFH-Urteil v. 12.2.1989 – I R 73/85, BStBl II S. 522), die über mehr als 50 % der Stimmrechtsanteile verfügen, möglich. Hierbei kommt es selbst dann zum Ansatz einer (erweiterten) vGA, wenn die Leistung insgesamt als angemessen zu betrachten ist (vgl. die entsprechenden Textstellen aus den KStR und KStH, insbesondere die Beispiele der KStH 8.5).

883 Durch diese verschärften Anforderungen soll vermieden werden, dass beherrschende Gesellschafter wegen des fehlenden Interessengegensatzes zwischen ihnen und der Gesellschaft, den Gewinn der Gesellschaft mehr oder weniger beliebig festsetzen und ihn so beeinflussen, wie es bei der steuerlichen Gesamtbetrachtung der Einkommen der Gesellschaft und des Gesellschafters jeweils am günstigsten ist (vgl. BFH-Urteil v. 26.4.1989, BStBl 1989 II S. 673).

884 Über die genannten Fälle hinaus hat die Rechtsprechung das Vorliegen von vGA z. B. bejaht bei

- fehlender tatsächlicher Durchführung der vorher abgeschlossenen klaren Vereinbarungen,
- besonderen Vertragsgestaltungen im Rahmen der Erstausstattung,
- Zahlung eigener Gründungskosten durch die Kapitalgesellschaft,
- handelsrechtlich unzulässiger Einlagenrückgewähr,
- untypischer Abhängigkeit der tatsächlichen Gehaltszahlung von der wirtschaftlichen Lage der Kapitalgesellschaft,
- wenn der nach Ablauf des jeweiligen Geschäftsjahres entstehende gesellschaftsrechtliche Gewinnanspruch lediglich der Form nach in einen Gehaltsanspruch gekleidet wird (Nurtantieme).

(Vgl. hierzu BFH-Urteil v. 2.12.1992 – I R 54/91, BStBl 1993 II S. 311, m.w.N.)

3.2.4 Nahe stehende Personen

Beide Arten der vGA sind auch bei Rechtsbeziehungen zwischen der Gesellschaft und nahe stehenden Personen der Gesellschafter denkbar (BFH-Urteil v. 22. 2. 1989, a. a. O.). Der unmittelbaren Zuwendung eines Vermögensvorteils an einen Gesellschafter steht die an einen Dritten gleich, wenn sie durch das Gesellschaftsverhältnis veranlasst ist. Falls der Dritte eine einem Gesellschafter **nahe stehende Person** ist, wertet die Rechtsprechung dies als Indiz für die Veranlassung durch das Gesellschaftsverhältnis. Da das „Nahestehen" lediglich ein Indiz für eine Veranlassung durch das Gesellschaftsverhältnis ist, reicht zur Begründung des „Nahestehens" jede Beziehung zwischen dem Gesellschafter und dem Dritten aus, die den Schluss zulässt, sie habe die Vorteilszuwendung der Kapitalgesellschaft an den Dritten beeinflusst. Derartige Beziehungen können sein: 885

- familienrechtlicher (nicht nur Angehörige i. S. des § 15 AO),
- gesellschaftsrechtlicher (z. B. verbundene Unternehmen, Schwestergesellschaften),
- schuldrechtlicher oder
- rein tatsächlicher Art (z. B. enge persönliche Freundschaften, eheähnliche Lebensgemeinschaften).

(Vgl. hierzu: BFH-Urteil v. 18. 12. 1996 – I R 139/94, BStBl 1997 II S. 301, m. w. N.)

Nach der neuesten BFH-Rechtsprechung (BFH-Urteil v. 18. 12. 1996 – I R 139/94, a. a. O.) setzt eine vGA an eine dem Gesellschafter nahe stehende Person nicht voraus, dass die Zuwendung einen Vorteil für den Gesellschafter selbst zur Frage hat (Änderung der Rechtsprechung!). Die Entscheidung, ob der der nahe stehenden Person zugewandte Vermögensvorteil dem Gesellschafter steuerrechtlich zugerechnet werden kann, hat der BFH offengelassen. 886

Nach Auffassung der Finanzverwaltung (BMF-Schreiben v. 20. 5. 1999, BStBl I S. 514) soll die der nahe stehenden Person zugeflossene vGA steuerrechtlich stets dem Gesellschafter als Einnahme zugerechnet werden, die der Person nahe steht, der die vGA zugeflossen ist. 887

3.2.5 Wert der vGA

Für die Bemessung der vGA ist bei Hingabe von Wirtschaftsgütern von deren gemeinem Wert (BStBl 1975 II S. 306), bei Nutzungsüberlassungen von der erzielbaren Vergütung (BStBl 1977 II S. 569, BStBl 1990 II S. 649) auszugehen. Sowohl der gemeine Wert als auch die erzielbare Vergütung enthalten auch den Gewinn und die USt, die damit als vGA erfasst werden. KSt- und USt-Recht laufen hier auseinander, weil umsatzsteuerlich der Gewinn nicht in die Bemessungsgrundlage bei unentgeltlichen Wertabgaben einbezogen wird (§ 10 Abs. 5 Nr. 1 i.V. mit Abs. 4 UStG). M. E. ist die USt mit dem tatsächlich geschuldeten (niedrigeren) Wert in die vGA einzubeziehen. 888

3.2.6 Rückgewähr von vGA

Eine vGA kann durch (gesellschaftsrechtliche oder schuldrechtliche) Rückgewähransprüche nicht rückgängig gemacht werden. Ein Anspruch auf Rückgewähr von vGA hat steuerrechtlich den Charakter einer Einlageforderung. Das Gleiche gilt, wenn ein Rückforderungsanspruch auf einer gesetzlichen Bestimmung beruht (BMF-Schreiben v. 6. 8. 1981 – IV B 7 – S 2813 – 23/81, BStBl 1981 I S. 599). 889

890 Hat eine GmbH gegen ihren Gesellschafter einen Zahlungsanspruch, der seinen Rechtsgrund nicht in der wirtschaftlichen Rückgängigmachung einer vGA hat, so ist der Anspruch nach den Grundsätzen ordnungsmäßiger Bilanzierung erfolgswirksam zu aktivieren, was die Annahme einer vGA i. S. des § 8 Abs. 3 Satz 2 KStG ausschließt. Nur der Verzicht der GmbH auf diesen Anspruch kann vGA sein (vgl. BFH-Urteil v. 13. 11. 1996 – I R 126/95, DStR 1997 S. 918, mit Abgrenzung zwischen vGA und Verzicht auf Einlageforderung).

Irrtümliche Fehlbuchungen führen nicht zu einer vGA (BFH-Urteil v. 24. 3. 1998 – I R 88/97, BFH/NV 1998 S. 1374).

3.2.7 Kleines Rechtsprechungs-ABC zur verdeckten Gewinnausschüttung

891 **Anstellungsvertrag:**

Angemessenheit: BStBl 1989 II S. 854, 1992 II S. 690; *Pensionszusagen* müssen vor Vollendung des 60. Lebensjahres zugesagt werden und die zu erwartende Restdienstzeit muss mindestens noch 10 Jahre betragen – BFH-Urteil v. 21. 12. 1994, BStBl 1995 II S. 419; *Gewinntantiemen* an Gesellschafter-Geschäftsführer dürfen i. d. R. insgesamt nicht mehr als 50 % des Jahresüberschusses betragen, der Tantiemeanteil am Gesamtgehalt beträgt i. d. R. höchstens 25 % – BFH-Urteil v. 5. 10. 1994, BStBl 1995 II S. 549; *Umsatztantiemen* werden nur in Ausnahmefällen anerkannt – BStBl 1989 II S. 854, BFH/NV 1994 S. 124; *Urlaubs- und Weihnachtsgelder* müssen bei beherrschenden Gesellschaftern wegen des Rückwirkungsverbots vor Leistungserbringung vereinbart werden – BStBl 1992 II S. 434.

Darlehen/Verrechnungskonto:

Die Führung von *Verrechnungskonten* für den Gesellschafter führt grundsätzlich nicht zu vGA; evtl. aber die zinslose oder verbilligte Überlassung eines Kredits – BStBl 1982 II S. 245; die Höhe des *angemessenen Zinssatzes* hängt von der Mittelherkunft ab – BStBl 1990 II S. 649.

Geburtstagsfeier:

Die Übernahme der Kosten einer Geburtstagsfeier des Gesellschafter-Geschäftsführers führt auch dann zu vGA, wenn überwiegend Geschäftsfreunde teilnehmen – BStBl 1992 II S. 359.

Gründungskosten:

Müssen in der Satzung ihrer Art nach benannt und der Höhe nach beziffert werden, ansonsten bei Übernahme durch Gesellschaft vGA – BStBl 1990 II S. 89; BFH-Urteil v. 11. 2. 1997 – I R 42/96, DStRE 1997 S. 595.

Mündliche Vereinbarung:

Anerkannt bei *einfacher Schriftformklausel* – BStBl 1990 II S. 645, nicht anerkannt bei *qualifizierter Schriftformklausel* – BStBl 1991 II S. 933. Bei bisher in Schriftform durchgeführten Änderungsvereinbarungen mündliche Zusage nicht anerkannt: (BFH-Urteil v. 24. 7. 1996, BStBl 1997 II S. 138).

Pensionen:

Die vorzeitige Ablösung einer Pensionszusage gegen einmalige Abfindung stellt eine vGA dar, wenn dies durch den Gesellschafter-Geschäftsführer veranlasst wird und besondere Umstände dafür sprechen, dass dies seine Verursachung im Gesellschaftsverhältnis hat (BFH-Urteil v. 27. 11. 2013, DB 2014 S. 2912).

Privatzahlungen:

Bezahlen Kunden der GmbH ihre Rechnungen auf das Privatkonto des Gesellschafter-Geschäftsführers, liegen in voller Höhe vGA vor. Zahlt er seinerseits an die GmbH gerichtete Rechnungen von seinem Privatkonto, liegen verdeckte Einlagen vor, die die Anschaffungskosten der Beteiligung erhöhen. Nur bei klaren und eindeutigen Vereinbarungen können solche Geldflüsse über das Privatkonto steuerneutral verrechnet werden (vgl. BFH-Urteil v. 21. 10. 2014, NWB DokID: HAAAE-97179)!

Verrechnungspreise:

Übertragung immaterieller Wirtschaftsgüter – BFH/NV 1993 S. 269; *Produkteinführung* – BStBl 1993 II S. 457.

Vorteilsausgleich:

Voraussetzungen – BStBl 1977 II S. 704, 1993 II S. 635.

Einstweilen frei 892–898

3.3 Verdeckte Einlagen

3.3.1 Definition (R 8.9 Abs. 1 KStR, § 8 Abs. 3 Satz 3 KStG)

Eine verdeckte Einlage liegt vor, wenn ein Gesellschafter oder eine ihm nahe stehende Person der KapGes einen **einlagefähigen Vermögensvorteil** zuwendet und diese Zuwendung ihre Ursache im Gesellschaftsverhältnis hat. Der Vermögensvorteil kann in der Vermehrung von Aktiven oder einer Verminderung von Schulden bestehen. Die Veranlassung durch das Gesellschaftsverhältnis ist gegeben, wenn ein Nichtgesellschafter bei Anwendung der Sorgfalt eines ordentlichen Kaufmanns den Vermögensvorteil der Gesellschaft nicht eingeräumt hätte. 899

Die Definition ergibt sich aus dem Beschluss des GrS des BFH v. 26. 10. 1987 (GrS 2/86, BStBl 1988 II S. 348).

Verdeckte Einlagen können nicht nur durch die Zuführung von Wirtschaftsgütern, sondern auch durch den Verzicht auf Forderungen gegenüber der Gesellschaft bewirkt werden (BFH-Beschluss v. 9. 6. 1997 – GrS 1/94, DB 1997 S. 1693).

BEISPIELE: für verdeckte Einlagen: 900

- Forderungsverzicht (BFH-Beschluss v. 9. 6. 1997 – GrS 1/94, DB 1997 S. 1693),
- nachträglicher Verzicht auf Zins- oder Mietforderungen etc. (BStBl 1984 II S. 747),
- unangemessen niedrige Preise für Lieferungen an die KapGes,
- ein nicht entgeltlich erworbener Firmenwert (BStBl 1987 II S. 705),
- Verzicht auf Pensionszusage (Änderung der Rechtsprechung durch BFH-Beschluss v. 9. 6. 1997 – GrS 1/94, DB 1997 S. 1693).

901 Nutzungen und Leistungen (z. B. zinslose oder verbilligte Darlehensgewährung, unentgeltliche oder verbilligte Überlassung von Wirtschaftsgütern, unentgeltliche oder verbilligte Arbeitsleistungen oder sonstige Leistungen) können **nicht Gegenstand einer verdeckten Einlage** sein (BFH-Beschluss v. 26. 10. 1987 – GrS 2/86, BStBl 1988 II S. 348).

3.3.2 Wert der verdeckten Einlage

902 Die Bewertung von verdeckten Einlagen folgt allein steuerrechtlichen Regelungen. Einlagen sind nach § 6 Abs. 1 Nr. 5 EStG bei der Kapitalgesellschaft mit dem Teilwert der zugeführten Wirtschaftsgüter anzusetzen. Das gilt auch, wenn der Gesellschafter eine gegen die Gesellschaft gerichtete Forderung an die Gesellschaft abtritt oder ihr die entsprechende Schuld erlässt. Zahlt z. B. der Gesellschafter-Geschäftsführer einer GmbH betriebliche Kosten von seinem Privatkonto, liegen verdeckte Einlagen vor, die die AK seiner Beteiligung erhöhen. Wenn dann Kunden der GmbH die Forderungen der GmbH durch Überweisung auf das Privatkonto des Gesellschafter-Geschäftsführers begleichen, liegt im Gegenzug eine vGA vor. Nur bei klaren und eindeutigen Vereinbarungen können solche Geldflüsse über das Privatkonto steuerneutral verrechnet werden (vgl. BFH-Urteil vom 21. 10. 2014).

3.3.3 Konsequenzen

903 **Ebene der Gesellschaft:** Die verdeckte Einlage führt bei der Kapitalgesellschaft zu einer Vermögensmehrung, die nach handelsrechtlichen Grundsätzen als Gewinn ausgewiesen werden kann. Verdeckte Einlagen dürfen das Einkommen der Kapitalgesellschaft nicht erhöhen. Haben sie sich gewinnerhöhend ausgewirkt, ist eine entsprechende Abrechnung bei der Einkommensermittlung vorzunehmen. Die Absetzung bei der Einkommensermittlung der Kapitalgesellschaft bewirkt, dass insoweit der Aufwand aus der Gesellschafterleistung gewinnwirksam bleibt.

904 **Ebene des Gesellschafters:** Auf der Ebene des Anteilseigners führen verdeckte Einlagen in Höhe des Wertansatzes bei der Kapitalgesellschaft (Korrespondenzprinzip) zu nachträglichen Anschaffungskosten auf die Beteiligung (BFH-Urteil v. 21. 9. 1989 – IV R 115/88, BStBl 1990 II S. 86). **Verzichtet** der Gesellschafter im Bereich der Überschusseinkünfte auf einen Vergütungsanspruch gegenüber der Kapitalgesellschaft, führt dies bei ihm **zum Zufluss** des noch werthaltigen Teils der Forderung (vgl. BFH-Beschluss v. 9. 6. 1997 – GrS 1/94, DB 1997 S. 1693). Hierdurch soll verhindert werden, dass bei der Gesellschaft eine gewinnmindernde Einlage abgesetzt wird, obwohl beim Gesellschafter infolge der Einlage keine zu versteuernden Einkünfte entstünden.

905
3.4 Unterschiede zwischen verdeckten Gewinnausschüttungen und verdeckten Einlagen

Vorteil durch Zuwendung von	vGA möglich	verdeckte Einlagen möglich
Wirtschaftsgütern/ Verzicht auf Forderungen	ja	ja
Nutzungen	ja	nein
Leistungen	ja	nein

Ab 2007 ist durch § 8 Abs. 3 Satz 4 ff. KStG klargestellt, dass die Wechselwirkungen zwischen der Besteuerung beim Gesellschafter und bei der Gesellschaft beachtet werden müssen. War es bisher so, dass z. B. bei Betriebsprüfungen eine vGA oder eine verdeckte Einlage festgestellt wurden und nur noch der Steuerbescheid z. B. bei der Gesellschaft, nicht aber mehr der Steuerbescheid des Gesellschafters geändert werden konnte (z. B. weil beim Gesellschafter schon Festsetzungsverjährung eingetreten war), so ist dies jetzt anders.

BEISPIEL: Der Gesellschafter hat ein überhöhtes Gehalt erhalten. Der Steuerbescheid der Gesellschaft ist nicht mehr änderbar, der Einkommensteuer-Bescheid des Gesellschafters, in dem das Gehalt als Einkünfte aus nichtselbständiger Arbeit voll erfasst ist, wäre noch änderbar.

Lösung:

Durch Erfassung des überhöhten Teils des Gehalts als vGA beim Gesellschafter würde dieser profitieren: er müsste gem. § 3 Nr. 40 EStG nur 60 % des „Gehalts" versteuern, da Dividenden ja dem Teileinkünfteverfahren unterliegen. Hier unterbleibt aber eine Änderung, da auf Ebene der Gesellschaft keine Änderung mehr durchgeführt werden kann, also die vGA bei der Gesellschaft unversteuert bleibt.

3.5 Zinsschranke (§ 8a KStG)

Während der Geltungsdauer des Anrechnungsverfahrens (vor 2001/2002) unterlagen 906
ausgeschüttete Gewinne/Einkommensteile einer Steuerbelastung von 30 % KSt zzgl. KapESt von 25 % auf den verbleibenden Betrag. Diese hohe Steuerbelastung war ausländischen Anteilseignern deutscher KapGes immer ein Dorn im Auge. Dies galt umso mehr, als sie ja nicht anrechnungsberechtigt waren, d. h. die deutschen Steuern ihnen nicht auf ihre Steuerbelastung im Heimatland angerechnet wurden.

Daher wurden in Deutschland ansässige Tochterunternehmen zunehmend mit Fremdkapital ausgestattet. Statt einer hoch besteuerten Dividende auf das Eigenkapital wurden dann Zinsen für das Fremdkapital ins Ausland gezahlt, die dort nur einem vergleichsweise niedrigen Steuersatz unterlagen.

BEISPIEL: 907

Eine in Dublin (Irland) ansässige Muttergesellschaft stattet ihre Tochterfirma in Deutschland mit

a) Eigenkapital von 1 Mio. € (Dividende: 10 % = 100 000 €) aus;

b) Fremdkapital von 1 Mio. € (Zinszahlungen: 10 % = 100 000 €) aus.

Lösung:

a) Die Dividende unterlag einer Steuerbelastung von etwa 30 % (KSt, Solidaritätszuschlag, GewSt). Nur 70 000 € kamen in Dublin an. Die deutschen Steuern führen zu einer Definitivbelastung und werden dem Anteilseigner in Irland nicht erstattet.

b) Die Zinszahlungen mindern das in Deutschland zu versteuernde Einkommen der Tochterfirma um 100 000 €. Sie fließen ungeschmälert nach Dublin ab, wo sie z. B. einem Steuersatz von 12,5 % unterliegen.

Das Abfließenlassen der Gelder in einen sicheren Steuerhafen (diese Steuergestaltung 908
wird auch „safe haven" genannt) war dem deutschen Fiskus natürlich ein Dorn im Auge. § 8a KStG ist seine Gegenstrategie: Bei übermäßiger Ausstattung inländischer Firmen durch ausländische Kapitalgeber mit Fremdkapital wurde dies in Eigenkapital um-

qualifiziert. Die Schuldzinsen wurden somit in Gewinnzahlungen umqualifiziert (= verdeckte Gewinnausschüttungen/vGA).

Anerkannt wurden als Darlehen:

- das 1,5-fache des Eigenkapitals;
- bei erfolgsabhängigen Zinszahlungen: nichts.

Eine Ausnahme bestand nur bei Mittelaufnahmen zur Finanzierung banküblicher Geschäfte oder wenn die Kapitalgesellschaft das Geld zu gleichen Konditionen auch von fremden Dritten erhalten hätte.

909 Übersteigende Vergütungen waren keine Betriebsausgaben der inländischen Tochterfirma, sondern vGA. Dies galt nur bei ausländischen Anteilseignern, da inländische Anteilseigner die Zinserträge ja wieder hier versteuern. Ab 2004 wurde auf Druck des EuGH der § 8a KStG stark verändert. Da die vorherige Fassung europarechtswidrig war, wurden auch inländische Muttergesellschaften aufs Korn genommen. Auch bei ihnen liegen vGA vor, die das Einkommen der Tochtergesellschaft erhöhen, wenn sie in erheblichem Umfang Fremdmittel an die Tochtergesellschaft vergeben.

910 Mit der ab dem Veranlagungszeitraum 2008 geltenden „Zinsschrankenregelung" des § 4h EStG (für die Personenunternehmen) bzw. § 8a KStG (für die Kapitalgesellschaften) geht der Kampf um die Versteuerung von Gewinnen in Deutschland nun in die nächste Runde (Einzelheiten: vgl. BMF-Schreiben v. 4. 7. 2008).

Zu prüfen ist pro Betrieb:

1. Besteht ein negativer Zinssaldo von mehr als 3 Mio. € (Freigrenze) im jeweiligen Besteuerungszeitraum?

Der Zinssaldo wird bestimmt durch die Verrechnung von Zinsaufwendungen mit Zinserträgen und Abschreibungen (EBITDA, vgl. § 4h Abs. 1 EStG). Zinsaufwendungen sind dabei *alle Vergütungen für die Überlassung von Fremdkapital*, die den Gewinn gemindert haben, auch z. B. die Abschreibung von Disagio/Damnum oder Abzinsungsaufwand aus der Forderungsabschreibung, Bankgebühren (Schätzgebühren) im Rahmen der Kreditvergabe, die Zinsanteile im Kaufleasing usw.

Nicht einbezogen werden Kosten der Überlassung von Sachkapital (Miete, Mietleasing), Gebühren für Kontoführung, Dividenden, Zinsen im Rahmen des § 233a AO, Skonti und Boni im Rahmen von Handelsgeschäften.

Die Freigrenze von 3 Mio. € ist – wie alle anderen Regeln – betriebsbezogen anwendbar. Dabei werden alle Betriebe einer Organschaft zu *einem* Betrieb zusammengefasst. Bei (selbst geringfügigem) Überschreiten der Freigrenze ist der Gesamtbetrag schädlich i. S. v. § 8a KStG. Die Grenze von 3 Mio. € gilt ab VZ 2010 (vorher 1 Mio. €), vgl. § 4h Abs. 2 Satz 1 i. d. F. des Wachstumsbeschleunigungsgesetzes 2010.

Wenn ja:

2. Besteht volle Konzernzugehörigkeit?

Diese wird vorrangig nach IFRS beurteilt. Dabei wird nur auf die Konzernzugehörigkeits„möglichkeit" abgestellt, d. h. sie liegt auch vor, wenn das Unternehmen in Ausübung eines Wahlrechts nicht konsolidiert wurde. Wenn kein IFRS-Abschluss vorliegt, kann die Konzernzugehörigkeit auch nach US-GAAP oder HGB geprüft werden.

Wenn Konzernzugehörigkeit gegeben ist, wird die Eigenkapitalquote des zu beurteilenden Unternehmens mit der durchschnittlichen EK-Quote des Konzerns verglichen. Ist sie gleich hoch oder höher als die des Konzerns, kommt es bei dem zu beurteilenden Unternehmen nicht zu einer Anwendung der Zinsschrankenregelung. Auch ein Unterschreiten von maximal 1 % ist unschädlich. Die EK-Quoten werden weitgehend ebenfalls nach den Bilanzierungsvorschriften der IFRS ermittelt. Bei einem schädlichen Unterschreiten der EK-Quote im Unternehmen ist Punkt 4 zu prüfen.

3. Ist das Unternehmen *nicht* konzernzugehörig i. S.v. Punkt 2 oder hat es als konzernzugehöriges Unternehmen eine „unschädliche" EK-Quote, ist zu prüfen, ob eine schädliche Gesellschafter-Fremdfinanzierung vorliegt. Dies ist der Fall, wenn mehr als 10 % des negativen Zinssaldos an EINEN Gesellschafter gezahlt werden, der mittel- oder unmittelbar zu mehr als 25 % am Unternehmen beteiligt ist. Ist dies nicht der Fall, liegt keine schädliche Fremdfinanzierung i. S.v. § 8a KStG vor.

4. Liegt eine schädliche Gesellschafter-Fremdfinanzierung i. S.v. Punkt 2 oder 3 vor, wird der negative Zinssaldo (siehe Punkt 1) ins Verhältnis zum Gewinn gesetzt. Gewinn im Sinne dieser Regelung ist das steuerliche EBITDA (also das Betriebsergebnis ohne Finanzergebnis, Steuern und Abschreibungen). Der negative Zinssaldo, der 30 % des EBITDA übersteigt, ist nicht abziehbar. Technisch wird er dann behandelt wie ein vortragsfähiger Verlust (vergleichbar mit § 10d EStG), d. h. der nicht abziehbare Betrag kann auf Folgejahre vorgetragen werden und dort verrechnet werden. Allerdings können vorgetragene Zinsaufwendungen im Folgejahr zu einem Überschreiten der Freigrenze führen.

Übersteigende Zinserträge werden dagegen nicht vorgetragen, können also nicht die Zinsaufwendungen folgender Jahre vermindern. Mit dem Wachstumsbeschleunigungsgesetz wurde mit Wirkung ab VZ 2010 aber auch eine Art „Vortrag" für den EBITDA-Betrag eingeführt, sodass nicht ausgenutzte Zinssalden in Folgejahren ausgenutzt werden können. Die Regelung gilt rückwirkend ab VZ 2007 für einen Zeitraum von jeweils 5 Jahren (§ 4h Abs. 1 und Abs. 4 EStG, § 52 Abs. 12d Satz 4 und 5 EStG).

Die genannte Zinsschrankenregelung ist wiederum überaus kompliziert. Problematisch ist auch die z. T. zwingende Anwendung internationaler Rechnungslegungsvorschriften bei Unternehmen, die nach deutschem Recht eigentlich keinen IFRS-Abschluss machen müssen.

3.6 Allgemeines Schachtelprivileg (§ 8b KStG)

Da nach dem neuen Körperschaftsteuerrecht eine Definitivbelastung mit KSt vor- 911
genommen wird, unabhängig davon, ob das erwirtschaftete Einkommen ausgeschüttet wird oder nicht, ist es nur folgerichtig, dass diese Belastung nur einmal eintritt. Schüttet daher eine KapGes Gewinne an ihre Muttergesellschaft aus, werden diese bei der Muttergesellschaft nicht mehr besteuert (§ 8b Abs. 1 KStG). Dies gilt nur für die nach neuem KSt-Recht versteuerten Gewinne. Gewinne, die nach altem Recht (Anrechnungsverfahren) mit 30 % Ausschüttungsbelastung belastet worden waren, unterliegen bei

der Muttergesellschaft der normalen Besteuerung – die von der Tochtergesellschaft gezahlte 30 %ige Steuer kann von der Muttergesellschaft aber auf die eigene Steuerbelastung angerechnet werden. Geblieben ist die Steuerbefreiung für Dividenden ausländischer Tochterunternehmen, die an inländische Mutterunternehmen ausgeschüttet werden. Diese sind auch nach altem Recht schon steuerfrei gewesen.

912 Im Gegenzug zur Steuerbefreiung der Einnahmen sind die damit zusammenhängenden Aufwendungen nach § 3c EStG ebenfalls nicht abzugsfähig. Allerdings wird § 3c EStG hier nicht angewandt, die pauschal 5 % der Dividende als nicht abzugsfähige Betriebsausgabe gelten (vgl. § 8b Abs. 5 KStG). Auf die tatsächliche Höhe der Kosten, die im Zusammenhang mit einer Dividende entstehen, kommt es dann nicht an. Allerdings hatte der BFH in Einzelfällen über einen Veranlassungszusammenhang zu entscheiden. Er hat mit Urteil vom 12. 3. 2014 so formuliert: Rechts- und Beratungskosten im Zusammenhang mit steuerfreien Schachtelerträgen sind zu 95 % nicht abziehbar. Eine Tantiemenzahlung an den im Zuge des Verkaufs der Anteile ausscheidenden Gesellschafter-Geschäftsführer ist aber nur *anlässlich* des Beteiligungsverkaufs angefallen, nicht *wegen* des Beteiligungsverkaufs. Die Tantieme stellt also grundsätzlich eine zu 100 % abziehbare Betriebsausgabe dar. Bei Unüblichkeit sind daneben die Regelungen für die vGA zu prüfen.

913 **§ 8b Abs. 1 KStG** stellt zunächst *sämtliche* Gewinnausschüttungen i. S. des § 20 EStG bei der empfangenden Körperschaft steuerfrei. Dies betrifft die Ausschüttungen in- und ausländischer Tochterfirmen sowie offene und verdeckte Gewinnausschüttungen. Wenn allerdings die vGA bei der ausschüttenden Gesellschaft zu einer Einkommens*minderung* geführt hat, greift die Steuerbefreiung bei der Empfängergesellschaft nicht. So soll eine doppelte Entlastung von der KSt vermieden werden.

§ 8b Abs. 2 KStG stellt auch Veräußerungsgewinne, die inländische Gesellschaften aus dem Verkauf ihrer Beteiligungen erzielen, steuerfrei. Einschränkend gilt auch hier, dass die Steuerbefreiung nur insoweit gilt, als sie nicht auf steuerlich verrechnete Teilwertabschreibungen der Vergangenheit entfällt.

BEISPIEL:

Die A-AG hält eine Beteiligung an der B-AG, deren seinerzeitige Anschaffungskosten 200 000 € betrugen. Aufgrund der zwischenzeitlichen schlechten Wirtschaftslage war die Beteiligung aufwandswirksam in einem der Vorjahre auf 150 000 € abgeschrieben worden. Nun gelingt es der A-AG, die Beteiligung an einen Mitbewerber für 230 000 € zu verkaufen.

Lösung:

Der Gewinn beträgt zunächst (230 000 – 150 000 =) 80 000 €. 50 000 € sind davon steuerpflichtig, da insofern nur eine steuermindernde Teilwertabschreibung der Vorjahre ausgeglichen wurde; 30 000 € sind steuerfrei gem. § 8b Abs. 2 KStG.

Da im Zusammenhang mit einer Dividende oder eines Veräußerungserlöses immer auch Kosten anfallen (z. B. für den Steuerberater, das Einwerben der Käufer der Beteiligung etc.), diese Kosten aber oft schwer den jeweils steuerpflichtigen laufenden bzw. steuerfreien Beteiligungserträgen zugeordnet werden können, hat sich der Gesetzgeber für eine Pauschallösung entschieden: **§ 8b Abs. 3 KStG** legt fest, dass 5 % der Gewinne aus dem Beteiligungsverkauf (in obigem Beispiel: 30 000 x 5 % =) 1 500 € nicht abziehbar sind, d. h. unabhängig von tatsächlichen Aufwendungen im Rahmen der Beteiligung außerbilanziell gewinnerhöhend dem Einkommen hinzugerechnet werden. Während also in der Buchführung insgesamt 80.000 € gewinnerhöhend erfasst werden, werden außerbilanziell auf dem Weg zum zu versteuernden Einkommen (30 000 – 1 500 =) 28 500 € abgezogen.

§ 8b Abs. 5 KStG regelt gleiches (pauschal 5 % steuerlich nicht abzugsfähige Betriebsausgaben) für die Beteiligungserträge in Form von Dividenden zu § 8b Abs. 1 KStG.

§ 8b Abs. 4 KStG schränkt die Steuerfreiheit des § 8b Abs. 1 KStG aufgrund europarechtlicher Vorgaben allerdings wieder ein: bei sog. „Streubesitzbeteiligungen" sind die Dividenden in vollem Umfang steuerpflichtig, § 8b Abs. 1 und 5 KStG gelten insofern *nicht*. Eine Streubesitzbeteiligung liegt vor, wenn die Beteiligung an der ausschüttenden Gesellschaft zu Beginn des Kalenderjahres unmittelbar (d. h. nicht über andere Beteiligungen) weniger als 10 % beträgt. Steuerfrei wird man aber, wenn man die Beteiligung im laufenden Jahr auf mindestens 10 % aufstockt.

3.7 Sanierungsgewinne (§ 8c KStG)

Im **§ 8c Abs. 1 KStG** regelt der Gesetzgeber den Verlustabzug anlässlich der Übernahme 914
von Gesellschaften. Die Regelung soll zunächst dem Grundsatz folgen, dass Verluste aus Vorjahren nur geltend machen kann, wer sie erzielt hat, aber eben keine andere Person. In der ESt ist es grundsätzlich so, dass Verlustvorträge mit dem Tod einer Person untergehen. Die Erben können nicht Verlustvorträge aus § 10d EStG des Erblassers geltend machen. Da es in der KSt um juristische Personen geht, die nicht biologisch sterben, hat man die Regelung auf den Anteilserwerb umgeschrieben. Dem Tod des Menschen vergleichbar ist hier der schädliche Anteilserwerb. Wenn innerhalb von fünf Jahren mehr als 25 % der Anteile der Gesellschaft übertragen werden, geht ein Verlustvortrag anteilig unter (d. h. bei einem Anteilserwerb von 30 % gehen 30 % der Verlustvorträge unter). Bei einem Anteilserwerb von mehr als 50 % geht der gesamte Verlustvortrag unter.

§ 8c Abs. 1a KStG hebt diese Regelung für den Fall der Sanierung des Unternehmens wieder auf. Bei Beibehaltung der bisherigen Betriebsstrukturen (vgl. die Merkmale des § 8c Abs. 1a Satz 3 KStG) über einen Zeitraum von fünf Jahren ist eine „Verlustnutzung" weiterhin möglich. Die Regelungen des § 8c KStG sind wegen beihilferechtlichen Wirkungen aus EU-Sicht aber problematisch, daher entsprechend umstritten und sie unterliegen häufigen Änderungen. Mit dem Gesetz zur Weiterentwicklung der steuerlichen Verlustverrechnung bei Körperschaften hat der Bundestag am 1. 12. 2016 die steuerliche Verlustverrechnung von Kapitalgesellschaften neu geregelt. Allerdings ist auch diese Neuregelung rechtlich umstritten. § 8d KStG soll die schädlichen Wirkungen des § 8c KStG wieder mildern, indem festgelegt wird, dass die Fortführung des Unternehmens in derselben Branche nicht zum Untergang der Verlustvorträge führt.

3.8 Schema für die Ermittlung des zu versteuernden Einkommens

915 **A. Verkürztes Berechnungsschema für nach dem HGB zur Buchführung verpflichtete Kapitalgesellschaften**

I. Ausgangsbetrag		
Steuerbilanzgewinn		..................€
oder Handelsbilanzgewinn	..................€	
Korrekturbetrag zur Anpassung des HB-Ergebnisses an steuerliche Vorschriften (§ 60 Abs. 2 EStDV)	+/–..............€	
	..................€	..................€
II. Hinzurechnungsbeträge		
1. verdeckte Gewinnausschüttungen (§ 8 Abs. 3 KStG)	..................€	
2. nichtabziehbare Steuern (§ 10 Nr. 2 KStG), wie		
a) Körperschaftsteuer	..................€	
b) Solidaritätszuschlag	..................€	
c) Umsatzsteuer auf Entnahmen und vGA	..................€	
3. nichtabziehbare Strafen (§ 10 Nr. 3 KStG)	..................€	
4. Hälfte der Aufsichtsratsvergütung (§ 10 Nr. 4 KStG)	..................€	
5. sonstige nichtabziehbare Betriebsausgaben (z. B. § 4 Abs. 5 EStG; § 160 AO; § 86 Abs. 7 KStG)	..................€	
6. sämtliche Spenden (für Höchstbetragsberechnung)	..................€	+/–..............€
Zwischenergebnis		..................€
III. Kürzungsbeträge		
1. nicht steuerbare Vermögensmehrungen bzw. steuerfreie Betriebseinnahmen/Einkünfte		–..................€
Summe der Einkünfte		..................€
2. abziehbare Spendenhöchstbeträge (§ 9 Abs. 1 Nr. 2 KStG)		–..................€
Gesamtbetrag der Einkünfte		..................€
3. Verlustabzug (§ 10d EStG)		–..................€
Einkommen/Zu versteuerndes Einkommen		..................€

B. Ermittlung der tariflichen bzw. festzusetzenden Körperschaftsteuer (§ 23 KStG)

Berechnungsschema

I. Bemessungsgrundlage zu versteuerndes Einkommen	..................€
II. Anwendung des Regelsteuersatzes 15 % (§ 23 Abs. 1 KStG)	..................€
Tarifliche Körperschaftsteuer	..................€
III. KSt-Änderungen aufgrund der Ausschüttungen nach altem KSt-Recht	
1. Minderung der Körperschaftsteuer	–................€
2. Erhöhung der Körperschaftsteuer	+................€
Festzusetzende Körperschaftsteuer	..................€

C. Ermittlung der verbleibenden Körperschaftsteuer und der zu zahlenden oder der zu erstattenden Körperschaftsteuer

Berechnungsschema

I. Festzusetzende Körperschaftsteuer vgl. B	..................€
II. geleistete KSt-Vorauszahlungen	–................€
Zu zahlende/erstattende Körperschaftsteuer	..................€

3.9 Übungsfall: Körperschaftsteuerliche Einkommensermittlung

Sachverhalt: 916

Die Goldschmuck GmbH (nachfolgend GmbH) wurde in 01 gegründet. Sie hat ihren Sitz in Eisenach und ist seit 01 im dortigen Handelsregister eingetragen.

Gegenstand des Unternehmens ist die Herstellung und der Vertrieb von Goldschmuck.

Die GmbH hat ein Stammkapital von 300 000 €.

Gesellschafter sind

a) Gerd Goldzahn mit 150 000 €,

b) Stephan Silberblick mit 150 000 €.

Geschäftsführer sind die beiden Gesellschafter. Sie sind von der Beschränkung des § 181 BGB befreit.

Die Geschäftsräume stehen im Eigentum der Ehefrau des Silberblick und sind von der GmbH gepachtet.

Die vorläufigen Steuerbilanzen (StB) weisen folgende Jahresüberschüsse aus: 02: 99 980 €, 03: 249 790 €.

(1) Nach dem guten Verlauf des Jahres 02 beschlossen die Gesellschafter-Geschäftsführer im Januar 03 eine Gehaltsnachzahlung für das Vorjahr in Höhe von jeweils 50 000 € pro Person. Die Zahlung und die Verbuchung als Aufwand erfolgte im Januar 03 (keine Rückstellung in 02).

Trotz dieser Nachzahlung sind die Gehälter nicht unangemessen hoch.

(2) Nachdem ein Anbau an die Geschäftsräume zum 1. 7. 02 fertig gestellt war und seitdem genutzt wurde, einigten sich die Geschäftsführer im Dezember 02, eine (angemessene) Mietnachzahlung für die Monate Juli bis November 02 in Höhe von 10 000 € für den neugeschaffenen Raum an Frau Silberblick zu leisten.

(3) Dem Gesellschafter Goldzahn wurde am 1. 1. 03 ein Darlehen in Höhe von 100 000 € für ein Jahr gewährt, der Zinssatz wurde vertraglich auf 4 % festgelegt. Für eine Festgeldanlage bei ihrer Hausbank in gleicher Höhe und mit gleicher Laufzeit erhielt die GmbH 8 % Zinsen.

(4) Aufgrund eines Vorauszahlungsbescheids des Finanzamts vom 30. 9. 02 wurden Körperschaftsteuer-Vorauszahlungen in 02 in Höhe von 40 000 € und in 03 in Höhe von 120 000 € geleistet.

(5) Die Zinsen aus einer Festgeldanlage (8 000 €) wurden in 03 nach Abzug der Kapitalertragsteuer/Zinsabschlag (2 400 €) als Ertrag gebucht (5 600 €). Eine gesonderte Aufwandsbuchung der Steuer ist damit nicht erfolgt. Die Steuerbescheinigung liegt vor.

(6) Die nicht abzugsfähige Vorsteuer auf Geschenke über 35 € wurde als Aufwand gebucht (vgl. hierzu Tz. 1.10).

(7) Die KSt-Vorauszahlung zum 10. 3. 03 wurde zu spät entrichtet, dadurch wurde ein Säumniszuschlag in Höhe von 300 € fällig.

(8) Aufgrund der Körperschaftsteuer-Abschlusszahlung aus der Veranlagung 01 sind in 03 1 000 € Zinsen nach § 233a AO angefallen.

(9) Der Gesellschaftsvertrag sieht vor, dass zur Überwachung der Geschäftsführung ein Beirat berufen wird. Den Mitgliedern des Beirats wurden Vergütungen gezahlt, in 02 19 400 € und in 03 19 700 €.

(10) Die besten Kunden erhielten zu Weihnachten Geschenke, deren Wert im Einzelfall 50 € überstieg. Der Gesamtaufwand (netto) hierfür belief sich in 02 auf 2 000 € und in 03 auf 3 000 € (wegen der Vorsteuer vgl. Tz. 1.6).

(11) Die Gesamtkosten der Kundenbewirtung haben in 02 10 000 € und in 03 15 000 € betragen.

(12) Für die neue Geschäftsausstattung hat die GmbH 03 eine Investitionszulage in Höhe von 10 000 € erhalten.

(13) An ein Forschungsinstitut wurde 02 eine Spende zu wissenschaftlichen Zwecken in Höhe von 50 000 € geleistet. Darüber liegt eine ordnungsmäßige Spendenbescheinigung vor.

(14) Außerdem wurden in 02 6 000 € für gemeinnützige Zwecke gespendet. Die Spendenbelege entsprechen ebenfalls den gesetzlichen Vorschriften.

(15) An einen Sportverein wurde ein Firmen-Lkw leihweise überlassen (Wert der Überlassung: 2 000 €).

(16) Weitere Angaben

Der Umsatz hat betragen:

02: 9 000 000 €,

03: 18 000 000 €.

An Löhnen und Gehältern wurde gezahlt:

02: 1 000 000 €,

03: 2 000 000 €.

In der Gesellschafterversammlung am 25. 2. 04 wurde eine Gewinnausschüttung für 03 in Höhe von 150 000 € beschlossen.

Körperschaftsteuerrückstellungen wurden bisher nicht gebildet.

Es ist davon auszugehen, dass die Gewerbesteuerrückstellungen in zutreffender Höhe gebildet wurden.

Aufgabe: 917

Ermitteln Sie das zu versteuernde Einkommen für die Jahre 02 und 03 unter Angabe der gesetzlichen Grundlagen.

Lösung: 918

(a) Allgemeines

Das körperschaftsteuerliche Einkommen der GmbH ist auf der Grundlage der vorläufigen Steuerbilanz zu ermitteln (§ 8 Abs. 1 KStG; § 238 HGB; § 60 Abs. 2 EStDV; § 5 Abs. 1 EStG).

(1) Die Gehaltsnachzahlung für die Vorjahre ist als verdeckte Gewinnausschüttung (vGA) nach § 8 Abs. 3 KStG dem Einkommen zuzurechnen.

Für die Zahlung liegt keine von vornherein getroffene Vereinbarung vor. Die beiden Gesellschafter sind als beherrschende Personengruppe anzusehen, die in diesem Fall gleichgerichtete Interessen hat (vGA trotz Angemessenheit).

(2) Die Zahlungen an nahe Angehörige der Gesellschafter können zwar vGA sein. Hier ist die Mietnachzahlung jedoch keine vGA, weil sie nicht unangemessen ist und Silberblick nicht beherrschender Gesellschafter ist; gleichgerichtete Interessen der Gesellschafter können hier nicht unterstellt werden.

(3) Der dem Gesellschafter Goldzahn gewährte Zinsvorteil stellt eine verhinderte Vermögensmehrung dar, die durch das Gesellschaftsverhältnis begründet ist. Die vGA darf nach § 8 Abs. 3 KStG das Einkommen nicht mindern. Der Wert des Vorteils ist die erzielbare (8 000 €) abzüglich der tatsächlichen (4 000 €) Vergütung, also 4 000 €.

(4) Die KSt-Vorauszahlungen sind als Steuern vom Einkommen nach § 10 Nr. 2 KStG zuzurechnen.

(5) Richtig wäre zu buchen gewesen: Zinsertrag 8 000 € und Steueraufwand 2 400 €. Die hier vorgenommene saldierte Buchung führt aber zu keinem falschen Gewinn, auch hier hat sich die Kapitalertragsteuer gewinnmindernd ausgewirkt.

Sie ist nach § 10 Nr. 2 KStG als Steuer vom Einkommen nicht abziehbar.

(6) Die Vorsteuer auf Aufwendungen, für die das Abzugsverbot des § 4 Abs. 5 Nr. 1 gilt, fällt ebenfalls unter § 10 Nr. 2 KStG.

(7) Bei dem Säumniszuschlag handelt es sich um die Nebenleistung (§ 3 Abs. 3 AO) zu einer nicht abziehbaren Steuer (KSt), daher Zurechnung nach § 10 Nr. 2 KStG.

(8) Die Zinsen nach § 233a AO sind nach § 10 Nr. 2 KStG nicht abzugsfähig (Hinweis: Bis einschließlich 1998 waren sie von der Zurechnung ausgenommen).

(9) Vergütungen an Aufsichtsräte und andere mit der Überwachung der Geschäftsführung beauftragte Personen sind nach § 10 Nr. 4 KStG zur Hälfte nicht abzugsfähig.

(10) Nach § 8 Abs. 1 KStG ist das Einkommen nach den Vorschriften des EStG und des KStG zu ermitteln, § 4 Abs. 5 Nr. 1 EStG ist anzuwenden. Die Geschenkaufwendungen sind nicht abzugsfähig.

(11) Entsprechend den Ausführungen zu Tz. 1.10 sind die Bewirtungskosten nach § 4 Abs. 5 Nr. 2 EStG nur mit 70 % abzugsfähig. Einkommenszurechnung 30 %.

(12) Die Investitionszulage gehört nach § 12 InvZulG nicht zu den Einkünften im Sinne des EStG.

(13) Die Spende zu wissenschaftlichen Zwecken ist nach § 9 Abs. 1 Nr. 2 KStG im Rahmen der dort genannten Höchstbeträge abzugsfähig. Die Spendenbescheinigung genügt den Vorschriften des § 48 Abs. 3 EStDV.

(14) Die Spenden zu gemeinnützigen Zwecken sind ebenfalls nach § 9 Abs. 1 Nr. 2 KStG im Rahmen der dort genannten Höchstbeträge abzugsfähig. Die Spendenbelege entsprechen den Vorschriften des § 48 EStDV. Höchstbetragsberechnung siehe unten.

(15) Die Spende an den Sportverein ist nicht abzugsfähig, weil es sich um eine Leistung handelt. Abzugsfähig sind nur Geld- und Sachwerte.

Berechnung der nach § 9 Abs. 1 Nr. 2 KStG abziehbaren Spenden

	02/€	03/€
Nach § 9 Abs. 2 Satz 1 KStG gilt als Einkommen im Sinne dieser Vorschrift das Einkommen vor Spendenabzug und Verlustabzug (§ 10d EStG)	211 000	487 500
abziehbar nach § 9 Abs. 1 Nr. 2 Satz 1 KStG 20 % des Einkommens	42 200	97 500
oder 4 ‰ des Umsatzes zuzüglich Lohn- und Gehaltsaufwand	40 000	80 000
geleistete Spenden	56 000	
Spendenvortrag		13 800
Spendenabzug im vorliegenden Fall	42 200	13 800

Für 02 wird die Spende zu gemeinnützigen Zwecken (6 000 €) und die Spende zu wissenschaftlichen Zwecken mit einem Teilbetrag von 42 200 € abgezogen. Es ist die für die Firma günstigste Lösung. Die in 02 nicht abziehbaren Spenden i. H. v. (56 000 € - 42 200 € = 13 800 €) werden im Rahmen des Spendenvortrags in 03 berücksichtigt.

Da nach § 9 Abs. 1 Nr. 2 Satz 4 KStG für den Spendenvortrag § 10d EStG sinngemäß zur Anwendung kommt, besteht kein Wahlrecht zur Höhe des geltend zu machenden Teils der „Großspende". Im Zahlungsjahr und den folgenden Vortragsjahren ist jeweils der

Spendenabzug bis zum Höchstbetrag (§ 10 Abs. 1 Nr. 2 KStG) auszuschöpfen. Da der Höchstbetrag 03 nicht erreicht wird, ist der verbleibende Spendenvortrag in 03 voll abzuziehen.

	(b) Einkommensermittlung	02/€	03/€
	vorläufiger Gewinn	99 980	249 790
+	vGA Gehalt (Tz. 1.1)		100 000
+	vGA Zinsen (Tz. 1.3)		4 000
+	KSt-Vorauszahlungen (Tz. 1.4)	40 000	120 000
+	Kapitalertragsteuer/Zinsabschlag (Tz. 1.5)		2 400
+	Vorsteuer (Tz. 1.6)	320	480
+	Säumniszuschläge (Tz. 1.7)		300
+	Nachzahlungszinsen (Tz. 1.8)		1 000
+	Hälfte Beiratsvergütung (Tz. 1.9)	9 700	9 850
+	nichtabzugsfähige Geschenkaufwendungen (Tz. 1.10)	2 000	3 000
+	nichtabzugsfähige Bewirtungsaufwendungen (Tz. 1.11)	3 000	4 500
–	Investitionszulage (Tz. 1.12)		– 10 000
+	gezahlte Spenden	56 000	2 000
=	Summe der Einkünfte	211 000	487 500
–	abzugsfähige Spenden lt. Berechnung	42 200	13 800
=	Einkommen / zvE	168 800	473 700

IV. Tarif

1. Tarifliche KSt (§ 23 KStG)

Vor dem Jahre 2001 betrug der Körperschaftsteuersatz 40 %. Er galt aber nur für thesaurierte (einbehaltene) Gewinne. Bei Ausschüttungen ermäßigte sich der Steuersatz auf 30 %. Dieses System begünstigte die Ausschüttungen, weshalb viele Unternehmen den Gewinn ausschütteten, um ihn danach wieder einzulegen. So konnten insbesondere kleine Unternehmen, bei denen die Ausschüttung nicht erst umständlich auf Hauptversammlungen beschlossen werden musste, mit einem einfachen Trick den hohen Thesaurierungs-Steuersatz umgehen und trotzdem Liquidität im Unternehmen halten. Einen Überblick über die noch bis zum Jahre 2019 (!) geltenden Übergangsregelungen aufgrund der Besteuerung nach dem „alten System" erhalten Sie ab Rdn. 986. 919

Im Jahre 2000 wurde das System vom „Anrechnungsverfahren" auf eine „Definitivsteuer" umgestellt. Es galt nur noch ein Steuersatz. Und zwar unabhängig davon, ob Gewinne (Einkommen) im Unternehmen verblieb oder als Dividende an die Anteilseigner ausgeschüttet wurde. Auch fand keine „Anrechnung" der Steuer auf die Einkommensteuer des Aktionärs mehr statt (was im alten System noch möglich war: da wurde die Körperschaftsteuer auf die Einkommensteuer angerechnet, vergleichbar mit der Anrechnung von Lohnsteuer auf die Einkommensteuer). 920

Der „definitive“ Steuersatz betrug zunächst 25 %. Bei kalendergleichem Wirtschaftsjahr war er ab 1. 1. 2001 anwendbar. Bei abweichendem Wirtschaftsjahr (z. B. 1. 7. 2000 bis 30. 6. 2001) galt die Neuregelung erst für den Gewinn des Wirtschaftsjahrs 2001/2002, der im Veranlagungszeitraum (VZ) 2002 zu versteuern war. Für den VZ 2003 wurde durch das Flutopfersolidaritätsgesetz (BGBl 2002 I S. 3651) der KSt-Satz auf 26,5 % festgesetzt. Ab 2004 bis einschließlich 2007 galt dann wieder der Steuersatz von 25 %. Ab VZ 2008 beträgt der Steuersatz 15 % (§ 23 Abs. 1 KStG).

Auf die festgesetzte KSt wird mit derzeit 5,5 % der Solidaritätszuschlag berechnet (§ 3 Abs. 1 Nr. 1 SolzG).

2. Freibeträge

921 **Kleinere Körperschaften (§ 24 KStG):** Der Freibetrag i. H. von 5 000 € hat lediglich Bedeutung für unbeschränkt steuerpflichtige Vereine, Stiftungen und Betriebe gewerblicher Art von juristischen Personen des öffentlichen Rechts. Für am Anrechnungsverfahren beteiligte Körperschaften ist der Freibetrag **nicht** zu gewähren.

922 **Freibetrag für land- und forstwirtschaftliche Betätigung (§ 25 KStG):** Land- und Forstwirtschaft betreibenden Genossenschaften und Vereinen wird unter bestimmten Voraussetzungen ein Freibetrag von 15 000 € im Gründungsjahr und den folgenden 9 Veranlagungszeiträumen gewährt.

3. Anrechnung ausländischer Steuern

923 Sofern unbeschränkt steuerpflichtige Körperschaften auch im Ausland tätig sind und dort eine Steuer zahlen, die der deutschen Körperschaftsteuer vergleichbar ist („corporate tax“), kann diese ausländische Steuer auf die deutsche KSt angerechnet werden (§ 26 Abs. 1 KStG).

Bei allen Staaten, mit denen die Bundesrepublik ein Doppelbesteuerungsabkommen (DBA) abgeschlossen hat, werden die ausländischen Einkünfte dagegen von der Besteuerung in Deutschland freigestellt. Da die Bundesrepublik mit fast allen Industriestaaten ein DBA vereinbart hat, kommt es vergleichsweise selten zur Anrechnung ausländischer KSt auf die deutsche KSt.

924–968 *Einstweilen frei*

V. Der Verlustabzug bei Kapitalgesellschaften

969 Bemessungsgrundlage für die Körperschaftsteuer ist das zu versteuernde Einkommen (§ 7 Abs. 1 KStG). Was als Einkommen gilt und wie es zu ermitteln ist, bestimmt sich nach den Vorschriften des KStG **und** des EStG (§ 8 Abs. 1 KStG). Somit gelten grundsätzlich **alle** Regelungen des EStG auch für die KSt (natürlich nur, sofern sie auf juristische Personen anwendbar sind).

Beim Verlustabzug ist das der Fall. § 10d EStG legt fest, dass es zunächst einen Verlustrücktrag zu berücksichtigen gilt. Hat die Körperschaft in einem Jahr ein negatives Einkommen erzielt, kann dies im vorangegangenen Jahr bis zur Höhe von 1 Mio. € berücksichtigt werden (Rechtslage ab 2013, vorher: 511 500 €). Im Rahmen des Konjunkturpakets zur Bewältigung der Folgen der Corona-Pandemie wurde der Betrag für 2020 auf

5 Mio.€ angehoben. Der neue Betrag gilt erstmals für Verluste aus 2020, die in das Jahr 2019 zurückgetragen werden. Der Verlustrücktrag ist freiwillig – und selbstverständlich auch nur insoweit möglich, als im Rücktragsjahr ausreichend positives Einkommen vorhanden ist.

Alle verbleibenden Verluste werden vorgetragen (vgl. § 10d Abs. 2 EStG). Der Verlustvortrag beginnt mit der Verrechnung mit dem Einkommen des Folgejahres nach dem Jahr der Erzielung des Verlustes. Der Verlustvortrag ist (positives Einkommen vorausgesetzt) bis 1 Mio. € unbeschränkt möglich, danach nur i. H. v. 60 % des verbleibenden positiven Betrags. Der Verlustvortrag ist zwingend, d. h. die Körperschaft kann z. B. nicht beantragen, dass die Verrechnung für ein Jahr „ausgelassen" wird, um sich die Verlustvorträge für die Zukunft „aufzusparen". Kommen in einem Jahr Verlustrückträge und -vorträge zusammen, werden zunächst wohl Verlustvorträge berücksichtigt, da sie aus der Vergangenheit vorgetragen wurden. Die „aus der Zukunft" ins Abzugsjahr kommenden Verlustrückträge werden wohl erst an zweiter Stelle berücksichtigt. Das Gesetz äußert sich dazu aber nicht.

BEISPIEL: 970

Die A-GmbH hat in 01 ein positives Einkommen von 1 Mio. € erzielt. In 02 erwirtschaftet sie einen Verlust von 3 Mio. €. In 03 wird ein positives Einkommen von 2 Mio.€ erzielt, in 04 von 2,5 Mio. €. Die GmbH wünscht höchstmöglichen/schnellstmöglichen Verlustabzug.

Lösung:

Der Verlustabzug bestimmt sich nach § 10d EStG i. V. m. § 8 Abs. 1 KStG. Da ein schnellstmöglicher Verlustabzug gewünscht ist, erfolgt zunächst der Verlustrücktrag gem. § 10d Abs. 1 EStG. Er ist freiwillig. Durch seine Inanspruchnahme erhält die GmbH bereits mit dem Steuerbescheid für 02 aus dem Jahre 01 Körperschaftsteuer erstattet.

In 01 betrug das Einkommen 1 Mio. €, die KSt somit 150 000 €. Durch den höchstmöglichen Verlustrücktrag von 1 Mio. € vermindert sich das Einkommen 01 auf 0 €. Die KSt beträgt nun 0 €. Die GmbH erhält eine KSt-Rückerstattung für 01 von 150 000 €.

Danach erfolgt ein Verlustvortrag gem. § 10d Abs. 2 EStG. Er ist zwingend. Die GmbH kann nicht mehr wählen, in welchem Jahr der Verlust mit positivem Einkommen verrechnet wird, sondern es wird im Rahmen der Höchstbeträge der Verlust des Jahres 02 ab 03 verrechnet. Der verbleibende Verlustvortrag beträgt (Verlust insgesamt 3 Mio. € abzgl. Verlustrücktrag 1 Mio. € =) 2 Mio. €. In 03 ist er zunächst i. H. v. 1 Mio. € unbeschränkt abziehbar. Danach verbleibt ein positives Einkommen von (2 Mio. bisher - 1 Mio. Verlustabzug =) 1 Mio. €. Von diesem übersteigenden Betrag sind maximal 60 % als Verlust verrechenbar (= 600 000 €). Der verrechenbare Verlust 02 beträgt somit 1 600 000 €. Bei einem Gesamtverlustvortrag von 2 Mio. € verbleiben als Verlustvortrag für das Jahr 04 somit (2 000 000 - 1 600 000 =) 400 000 €. Dieser Betrag ist unterhalb des Grundbetrags von 1 Mio. €, sodass er in 04 voll verrechnet werden kann.

Über die verrechenbaren Verluste im Rahmen des Verlustrücktrags und -vortrags erhält die GmbH jeweils einen gesonderten Steuerbescheid.

Jenseits des § 10d EStG enthält das KStG allerdings eine Beschränkung des Verlustabzugs. Hintergrund ist, dass durch das Umwandeln der Gesellschaft, z. B. durch Anteilseignerwechsel oder Änderung des Geschäftsmodells, die verlust„nutzende" Gesellschaft u. U. eine andere ist als die verlust„erzielende" Gesellschaft. Ebenso wenig, wie nämlich Verluste, die ein Mensch erzielt hat, vererbbar oder übertragbar auf einen anderen Menschen sind, soll durch eine vergleichbare körperschaftsteuerliche Regelung 971 eine Verlust*übertragung* verhindert werden. Grundlage dafür war bis Ende 2007 die sog. „Mantelkauf"-Regelung des § 8 Abs. 4 KStG a. F.

Durch die Unternehmensteuerreform 2008 wurde ab VZ 2008 das Verlustabzugsverbot im § 8c KStG neu geregelt. Die nun gefundene Regelung ist einfacher anzuwenden als die alte Mantelkauf-Regelung, aber gleichzeitig sehr strikt.

Eine Verrechnung von Verlusten im Rahmen des Verlustvortrags gem. § 10d Abs. 2 EStG (Rdn. 970) ist nur noch möglich, wenn innerhalb von 5 Jahren nicht mehr als 25 % der Anteile an der Gesellschaft übertragen werden. Werden dagegen innerhalb von 5 Jahren mehr als 25 % der Anteile unmittelbar oder mittelbar übertragen, geht der Verlustabzug *insoweit* unter. Bei einer schädlichen Anteilsübertragung von mehr als 50 % geht der Verlustabzug komplett unter. Eine Ausnahme gilt für „Wagniskapitalgesellschaften". Im § 8c Abs. 2 KStG versucht der Gesetzgeber damit die „guten" Investoren von den „bösen" Heuschrecken zu trennen. Auch hier ist absehbar, dass die Neuregelung nur ein Zwischenschritt in dem ewigen Kampf der Steuerverwaltung gegen die „Steuergestalter" ist.

BEISPIEL:

Die B-AG hat aus dem Jahre 01 einen Verlustvortrag von 20 Mio. €. Im Jahre 10 werden 10 % der Anteile verkauft. Im Jahre 13 werden weitere 16 % der Anteile verkauft. Im Jahre 14 werden weitere 25% der Anteile verkauft.

Lösung:

Der Verlustvortrag ist zunächst in jedem Jahr gem. § 10d Abs. 2 EStG zu berechnen. Ab dem Jahr 13 geht ein dann noch vorhandener Verlustvortrag aus dem Jahre 12 zu 26 % unter, d. h. ein Verlust in dieser Höhe ist nie wieder verrechenbar. Ab dem Jahre 14 geht ein eventuell aus dem Jahr 13 verbleibender Verlustabzug komplett unter.

972 Durch das Wachstumsbeschleunigungsgesetz wurde mit Wirkung ab VZ 2010 die Regelung des § 8c KStG wieder etwas entschärft. Zugelassen wurde ein Übergang der Verluste in Höhe der stillen Reserven bei Beteiligungserwerben an Körperschaften. Durch die Neuregelung bleiben die nicht genutzten Verluste in Höhe der stillen Reserven des steuerpflichtigen inländischen Betriebsvermögens der Gesellschaft erhalten, die auf den anteiligen Beteiligungserwerb entfallen (§ 8c Abs. 1 Satz 5 KStG, § 34 Abs. 7b KStG).

Außerdem wurde der Verlustabzug bei konzerninternen Umgliederungen erleichtert (sog. „Konzernklausel" des § 8c Abs. 1 Satz 6 KStG). Auch wurde die zeitliche Beschränkung der sog. „Sanierungsklausel" aufgehoben. Der Hintergrund: Steht ein Unternehmen kurz vor der Pleite, siehe z. B. Karstadt, verzichten Gläubiger auf ihre Forderungen. Im Fall von Karstadt haben seinerzeit die Vermieter der Kaufhausgebäude auf ihre Mietforderungen verzichtet, um die Insolvenz der Warenhauskette zu vermeiden. Wird das Unternehmen somit von Schulden entlastet, entsteht durch deren Ausbuchung ein Gewinn! Im Fall von Karstadt gab es großen Streit mit den Gemeinden, die auf diesen „Sanierungsgewinn" – wie auf jeden anderen Gewinn auch – natürlich Gewerbesteuer erheben wollten. Erst durch den Verzicht auf die Steuerforderungen gelang schließlich die Sanierung des Konzerns. Die Steuerbefreiung auf Sanierungsgewinne bei der KSt war durch das Bürgerentlastungsgesetz befristet worden. Dies wurde nun als Reaktion auf die Wirtschaftskrise geändert. Verlustvorträge im Sanierungsfall bleiben nun unbefristet erhalten (vgl. § 8c Abs. 1a, § 34 Abs. 7c KStG). Allerdings ist die Sanierungsklausel womöglich nicht mit den EU-Beihilferegeln vereinbar. Mit Schreiben v. 30. 4. 2010

(BStBl 2010 I S. 488) wies das BMF die Finanzverwaltung an, bis zur abschließenden Prüfung durch die EU die Sanierungsklausel vorerst nicht anzuwenden. Mit dem am 26. 1. 2011 ausgesprochenen Verbot der Sanierungsklausel hat die EU das Verfahren nun beendet.

VI. Die Organschaft

Die in den Rdn. 969 ff. dargestellte Verlustverrechnung ist im Bereich großer Konzerne natürlich kaum wirksam. Eine unkritische Verlustverrechnung von 511 500 € (Verlustrücktrag) bzw. 1 Mio. € (Verlustvortrag) sind „peanuts", wenn es um Milliardenbeträge geht. Daher ist zunächst in der Praxis – und ab Ende der 60er Jahre des letzten Jahrhunderts auch im KStG geregelt – die Möglichkeit der Organschaft geschaffen worden. 973

Im Rahmen der Organschaft werden mehrere Unternehmen (Mutter- und Tochterunternehmen) als EIN Unternehmen behandelt, sodass eine Verlust- und Gewinnverrechnung ohne Limit möglich ist. Steuerrechtlich werden die Mitgliedsunternehmen der Organschaft behandelt wie Filialbetriebe. Steuererklärungen gibt auch nur die Organmutter ab. Sie gilt als steuerpflichtige Person.

Die Voraussetzungen der Organschaft (im Einzelnen: vgl. §§ 14–19 KStG) sind folgende:

1. Die an einer Organschaft beteiligten Unternehmen müssen in einem Über- und Unterordnungsverhältnis stehen, d. h. der Organträger muss Anteile des Organs halten (§ 14 KStG).
2. Organträger muss ein inländisches gewerbliches Unternehmen sein (§ 14 Abs. 1 Satz 1 KStG). Es gibt keine Organschaft zwischen in verschiedenen Staaten ansässigen Unternehmen („über die Grenzen hinweg"). Bei PersG als Organträger muss die Organschaft zur Gesellschaft selber bestehen (nicht nur zu einzelnen Gesellschaftern) (§ 14 Abs. 1 Nr. 2 KStG).
3. Organ muss eine inländische Kapitalgesellschaft sein (§ 14 Abs. 1 Satz 1 KStG).
4. Organ muss finanziell vom Organträger abhängig sein (d. h. Organträger hält die Mehrheit am Organ, ab 2003: keine „Mehrmütterorganschaft", mittelbare Beteiligungen werden nur berücksichtigt, wenn sie mehrheitlich sind) (§ 14 Abs. 1 Nr. 1 KStG). Die finanzielle Eingliederung muss vom Beginn des Wirtschaftsjahres, für das sie erstmals gelten soll, bestehen.
5. Zwischen Organ und Organträger muss ein *Gewinnabführungsvertrag* bestehen, nach dem der *gesamte* Gewinn/Verlust dem Organträger zusteht (in Höhe seines Beteiligungsanteils) (§ 14 Abs. 1 Satz 1 KStG).

   (Der Gewinnabführungsvertrag muss am Anfang des Wirtschaftsjahres des Organs wirksam werden, ab dem er erstmals gelten soll. Wirksam wird er durch Eintragung im Handelsregister. Berücksichtigt wird er dann in dem Kalenderjahr/Besteuerungsjahr, in dem das Wirtschaftsjahr des Organs endet. Er muss mindestens fünf Jahre gelten und tatsächlich durchgeführt werden (§ 14 Abs. 1 Nr. 3 KStG). In wirtschaftlich sinnvoller Höhe kann das Organ eigene Rücklagen bilden (§ 14 Abs. 1 Nr. 4 KStG). Die Gewinnanteile der Minderheitsgesellschafter muss das Organ als eigenes Einkommen versteuern.)

Folge:

Liegt nach den o. g. Voraussetzungen eine Organschaft vor, wird das Einkommen des Organs (nach allgemeinen Regeln ermittelt) ganz beim Organträger nach dessen steuerlichen Regeln versteuert.

Merke:

- *Verluste aus der Zeit vor der Organschaft, die das Organ noch auszugleichen hat, können während der Organschaft beim Organträger nicht verrechnet werden. Insoweit besteht eine Art „Moratorium" für den Verlustvortrag (§ 15 Satz 1 Nr. 1 KStG).*

► *Ein Verstoß z. B. gegen den Gewinnabführungsvertrag in den ersten fünf Jahren führt grds. zur rückwirkenden Aufhebung der Organschaft für alle Jahre! Ansonsten wird die Organschaft nur für das Jahr nicht mehr anerkannt, in dem erstmals gegen den Gewinnabführungsvertrag verstoßen wird. Ab 2013 können Verstöße gegen den Gewinnabführungsvertrag zum Teil „geheilt" werden, d. h. die negativen Folgen einer Aberkennung der Organschaft treten nicht ein.*

974 **BEISPIEL:**

Jupp Schmitz betreibt in Wanne-Eickel eine **Pommesbude** als Einzelunternehmer. Der handelsrechtliche Gewinn in 01 beträgt 500 000 €. Den Gewinn gemindert haben nicht abzugsfähige BA i. H. v. 40 000 €.

Im BV der Pommesbude befindet sich eine 70 %-Beteiligung an der **Kartoffel-Fix-GmbH**, die Schmitz mit Rohstoff versorgt. Mit seiner Mehrheit an der GmbH hat Schmitz dort einen zivilrechtlich wirksamen Gewinnabführungsvertrag vereinbart (auch vom Finanzamt anerkannt), der auch tatsächlich durchgeführt wird. Die GmbH, die von einem Fremdgeschäftsführer geleitet wird, hat in 01 einen handelsrechtlichen Jahresüberschuss von 300 000 € ausgewiesen. Als Aufwand wurden nicht abzugsfähige BA i. H. v. 30 000 € gebucht, Körperschaftsteuer-Vorauszahlungen i. H. v. 20 000 € sowie Aufsichtsratsvergütungen von 40 000 €.

Beide Unternehmen haben ein kalendergleiches Wirtschaftsjahr. Die aufgrund des Gewinnabführungsvertrags fälligen Zahlungen für 01 wurden in 02 tatsächlich ausgeführt und sämtlich richtig verbucht.

Nehmen Sie unter Angabe der Rechtsgrundlagen Stellung zur KSt (der GmbH) und ESt (des Jupp Schmitz) und ermitteln Sie das zu versteuernde Einkommen beider Steuerpflichtiger.

Lösung:

Zunächst ist das zvE der GmbH zu ermitteln. Es beträgt (Jahresüberschuss 300 000 € zzgl. n. a. BA 30 000 € zzgl. KSt-Vorauszahlungen 20 000 € zzgl. $^1/_2$ der Aufsichtsratsvergütungen 20 000 € =) 370 000 €.

Da Jupp Schmitz als Organmutter (vgl. Checkliste in Rdn. 972) Mehrheitseigner ist, muss er das anteilige Einkommen (370 000 € × 70 % =) 259 000 € bei sich versteuern. Lediglich i. H. des auf die Minderheitsgesellschafter entfallenden Einkommens (370 000 € × 30 % =) 111 000 € hat die GmbH eigenes Einkommen, auf das 15 % KSt = 16 650 € gezahlt wird.

Die 259 000 € dagegen erhöhen die Einkünfte des Gewerbebetriebs i. S. v. § 15 EStG des Jupp Schmitz. Bei ihm ergibt sich folgende Berechnung:

Jahresüberschuss 500 000 € zzgl. n. a. BA 40 000 € zzgl. 259 000 € = 799 000 €

Da die Gewinnabführung von (Jahresüberschuss 300 000 € × 70 % =) 210 000 € aber schon als BE verbucht wurde (vgl. Aufgabenstellung), wäre der Gewinn aus der GmbH insoweit doppelt erfasst. Daher werden die 210 000 € abgezogen, sodass Einkünfte aus Gewerbebetrieb von (799 000 € – 210 000 € =) 589 000 € verbleiben.

975–985 *Einstweilen frei*

VII. Die Gliederung des Eigenkapitals zu steuerlichen Zwecken

1. Allgemeines

Ab 2001 wurde eine Körperschaft mit einem einheitlichen Steuersatz in Höhe von 25 % besteuert, der sowohl für thesaurierte Gewinne, als auch für die ausgeschütteten Erträge gilt. Die so für das Steuersubjekt errechnete Körperschaftsteuerschuld erfährt also keine Änderungen in Form von Körperschaftsteuererhöhungen oder -minderungen im Falle von Ausschüttungen. Dies galt uneingeschränkt für Körperschaften, die nach dem 31. 12. 2000 gegründet wurden. 986

Für sog. „Altgesellschaften", die bereits vor dem 1. 1. 2001 ins Leben gerufen wurden, galt eine Übergangszeit, die am 31. 12. 2015 bzw. 2019 endete, sofern das Wirtschaftsjahr dem Kalenderjahr entsprach. In dieser Übergangszeit lösten Ausschüttungen, die den gesellschaftsrechtlichen Vorschriften entsprachen, die Anrechnung eines sog. Körperschaftsteuerguthabens nach § 37 Abs. 1 KStG aus, wenn für die Ausschüttungen Kapital verwendet wurde, das bis zum 31. 12. 2000 angesammelt worden war und einer Körperschaftsteuerbelastung von 40 % unterlag. Das Guthaben betrug 1/6 des verwendeten belasteten Altkapitals und mindert die tarifliche Steuerschuld der Körperschaft des Jahres, in dem ausgeschüttet wurde. 987

Da die Übergangsfrist für die Anrechnung der „alten" KSt-Guthaben nun abgelaufen ist, wird dieses Verfahren hier nicht mehr dargestellt. Es wird insofern auf die Vorauflagen dieses Buches bzw. auf die einschlägigen Fachpublikationen verwiesen.

2. Das steuerliche Einlagenkonto

Das Eigenkapital einer KapG wird zunächst handelsrechtlich gem. § 266 HGB in verschiedene Bereiche gegliedert: gezeichnetes Kapital, Kapitalrücklagen, Gewinnrücklagen, Gewinn-/Verlustvortrag und Jahresüberschuss. Für steuerliche Zwecke ist diese Gliederung aber nicht ausreichend, da sie unabhängig von der steuerlichen Vorbelastung erfolgt. Sie erfolgt vielmehr nach der Quelle des Eigenkapitals: Kapitalrücklagen werden gebildet aus Einlagen der Anteilseigner, Gewinnrücklagen oder Gewinnvorträge werden aus im Unternehmen erwirtschafteten Gewinnen angesammelt. 988

Aber: wird ein Betrag in die Gewinnrücklage eingestellt, ist nicht ersichtlich, ob dieser vorher mit 40 % KSt (vor dem Jahr 2000) besteuert worden war oder ob er mit 25 %/15 % Definitivsteuer bereits im neuen System belastet war. Würde ein Betrag aus der erstgenannten Rücklage als Dividende an die Anteilseigner ausgeschüttet, so müsste eine KSt-Erstattung von 10 % erfolgen (da die Steuerbelastung bei Gewinnausschüttungen im damaligen System ja nur 30 % betrug). Würden Beträge aus der letztgenannten Gewinnrücklage ausgeschüttet, würde sich keine Änderung der KSt-Belastung ergeben, da die KSt im neuen System ja eine definitive (also endgültige) Belastung ist.

Das steuerliche Einlagenkonto (ehemaliges „EK 04" im alten KSt-System) dient nicht der Besteuerung der Gesellschaft im Regime der KSt. Es dient vielmehr als ergänzende Information für die Besteuerung der Gewinne beim Anteilseigner. Dieses Einlagenkonto hat sich aus Einlagen der Anteilseigner gespeist, die nicht ins Nennkapital (Stammkapital) geleistet wurden. Da ja – wie oben dargestellt – im alten (bis ins Jahr 2000) gültigen KSt-System es einen Unterschied machte, aus welchem „Topf" des Eigenkapitals eine Gewinnausschüttung vorgenommen wurde, musste eine derartige Gliederung vorgenommen werden. Zum Ende des alten Systems wurden diese „Töpfe" zu steuerlichen Zwecken festgestellt und umgegliedert (§§ 36 ff. KStG).

Für nach dem 31. 12. 2000 neu gegründete Gesellschaften betrug der Anfangsbestand des steuerlichen Einlagekontos 0. Sie hatten ja aus dem alten System keine Beträge zu übernehmen.

Über die Höhe des steuerlichen Einlagenkontos gem. § 27 KStG ergeht für das jeweilige Besteuerungsjahr ein Feststellungsbescheid seitens des Finanzamts (§ 27 Abs. 2 Satz 1 KStG), in dem die Höhe dieses Kontos per 31. 12. festgestellt wird – allerdings nur für die Gesellschaft als Ganzes. Welcher Gesellschafter wann eine Einlage geleistet hat, wird nicht festgestellt. Der Feststellungsbescheid ist ein Grundlagenbescheid, dessen Zahlen. Basis für die Fortentwicklung des Einlagenkontos im folgenden Jahr sind (analog § 175 Abs. 1 Nr. 1 AO bzw. vergleichbar mit der Schlussbilanz eines Jahres, deren Zahlen die Anfangsbestände des Folgejahres darstellen). Fehler in der Festsetzung (z. B. die Nichtberücksichtigung einer verdeckten Einlage) werden damit in die Folgejahre fortgeschrieben, es sei denn, eine Berichtigung des fehlerhaften Bescheids ist z. B. über § 129 AO als offenbare Unrichtigkeit möglich. Die Festsetzungsverjährung betreffend der Folgebescheide wird dann gem. § 181 Abs. 5 AO aufgehoben.

Bei beschränkt Steuerpflichtigen i. S. von § 2 Nr. 1 KStG gibt es gem. § 27 Abs. 8 KStG die Möglichkeit der Einlagenrückgewähr für inländische Anteilseigner.

989 **BEISPIEL:** Die A-GmbH wurde 1998 gegründet. Zum Ende des Jahres 2000 betrug ihr bilanziertes gezeichnetes Kapital 50 000 DM. Die Gesellschafter hatten weiter 80. 000 DM in das Unternehmen eingelegt.

Die B-GmbH wurde 2002 gegründet. Das gezeichnete Kapital betrug per 31. 12. 2002 25 000 €. Die Gesellschafter hatten in 2002 weitere Einlagen von 70 000 € getätigt.

Lösung:

Bei beiden Gesellschaften wird das gezeichnete Kapital in der steuerlichen Gliederung außen vor gelassen. Schließlich steht es den Anteilseignern nicht für Ausschüttungen zur Verfügung. Bei der A-GmbH waren die Kapitalrücklagen im alten System EK04. Zum 31. 12. 2000 wurde ein Bestand von nicht ins Nennkapital geleisteten Einlagen gem. § 27 KStG von 70 000 DM festgestellt (§ 39 Abs. 1 KStG). Die B-GmbH startete erst im neuen System, d. h. ihre aus dem alten System gem. § 27 KStG vorgetragenen Einlagen betrugen 0 €. Erst durch Einlagen in 2002 wurde ein Einlagenkonto von 70 000 € begründet.

In beiden Fällen ist es wichtig, dies festzuhalten, da eine Ausschüttung dieser Beträge an die Anteilseigner nicht besteuert wird (vgl. § 20 Abs. 1 Nr. 1 Satz 3 EStG). Es liegt dann eine Einlagenrückgewähr vor und die Anschaffungskosten der Beteiligung werden vermindert.

990 Das steuerliche Einlagenkonto *erhöht* sich durch offene und verdeckte Einlagen sowie Minderabführungen im Rahmen der Organschaft (vororganschaftlich i. S. von § 14 Abs. 3 KStG oder innerhalb der Organschaft i. S. von § 27 Abs. 6 KStG). Erfasst werden sie auf dem steuerlichen Einlagenkonto als Zugang im Jahr des tatsächlichen Zuflusses der Einlage. Die Buchung von lediglich einer Forderung führt noch zu keinem Zufluss.

Allerdings findet bei den Minderabführungen im Rahmen der Organschaft der Zufluss schon mit Ende des Wirtschaftsjahres der Organgesellschaft statt.

Das steuerliche Einlagenkonto *vermindert* sich durch offene und verdeckte Gewinnausschüttungen sowie Mehrabführungen im Rahmen der Organschaft (siehe § 27 Abs. 6 KStG). Allerdings gilt bei Ausschüttungen eine Verwendungsreihenfolge gem. § 27 Abs. 1 Satz 3 KStG: Ausschüttungen werden erst dann mit dem steuerlichen Einlagenkonto verrechnet, wenn sie den auf den Schluss des Vorjahres festgestellten ausschüttbaren Gewinn übersteigen (also letztlich, wenn die Ausschüttungen höher sind als Gewinnrücklagen, Gewinnvortrag und Jahresüberschuss zusammen). Erst dann nämlich müssen die Ausschüttungen aus den Kapitalrücklagen genommen werden, es findet also letztlich eine Einlagenrückgewähr statt. Wird durch Ausschüttungen selbst der Betrag der Einlagen überschritten, ist dies ein veräußerungsähnlicher Vorgang.

Gleiches gilt auch in Liquidationsfällen und bei Auskehrung des Gesellschaftskapitals. So ist immer sichergestellt, dass die Rückzahlung des Gründungs-/Haftungskapitals sowie der Einlagen der Gesellschafter keine Gewinnausschüttung darstellt, also auch keine Belastung mit Kapitalertragsteuer vorgenommen werden muss.

3. Einlagenrückgewähr

Letztlich ist die Einlagenrückgewähr daher kein Vorgang, der erfolgswirksam ist. Wenn 991
die Gesellschafter ihre zuvor geleisteten Einlagen wieder dem Unternehmen entziehen, vermindern sie dabei lediglich die Anschaffungskosten ihrer Beteiligung. Dies ist gewinnneutral. Die Anschaffungskosten der Beteiligung können dabei bis 0 € reduziert werden. Allerdings wird die Feststellung ja für die Gesellschaft *als Ganzes* vorgenommen. Im Regelungsbereich des § 27 KStG ist es unerheblich, welcher Gesellschafter wann welche Einlagen vorgenommen hat.

Steuerliche Folgen können sich beim *einzelnen* Gesellschafter aber durchaus ergeben, wenn nämlich der Betrag der Auskehrung über den Anschaffungskosten seiner Beteiligung liegt. Dies ist z. B. der Fall, wenn ein anderer Gesellschafter (Vorbesitzer der Anteile) Einlagen geleistet hatte, die sodann an alle Gesellschafter ausgekehrt worden waren sowie der derzeitige Anteilseigner die Beteiligung zu einem Wert erworben hat, der nicht mit dem steuerlichen Einlagenkonto übereinstimmt bzw. er auf den Wert seiner Beteiligung im Betriebsvermögen eine Teilwertabschreibung vorgenommen hat.

Ist der *einzelne* Anteilseigner eine natürliche Person, entsteht ihm bei Auskehrungen 992
oberhalb seiner Anschaffungskosten bzw. des Buchwerts seiner Beteiligung ein Veräußerungsgewinn. Dieser unterliegt der Besteuerung im Teileinkünfteverfahren gem. § 3 Nr. 40a EStG bzw. § 3c Abs. 2 EStG, sofern die Beteiligung im Betriebsvermögen gehalten wird. Bezüglich vorher vorgenommener Teilwertabschreibungen ist § 3 Nr. 40a Satz 2 EStG zu beachten.

Befindet sich die Beteiligung im Privatvermögen, liegen Einkünfte i. S. von § 17 Abs. 4 EStG vor. Allerdings kann der Freibetrag gem. § 17 Abs. 3 EStG nicht in Anspruch genommen werden, da ja tatsächlich kein Verkauf der Beteiligung vorliegt. Auch bei Einkünften aus der Veräußerung von Beteiligungen i. S. von § 17 EStG wird das Teileinkünfteverfahren angewendet (§ 3 Nr. 40c EStG, § 3c Abs. 2 EStG). Ist die Beteiligung nicht nach § 17 EStG steuerverstrickt, kommt es unmittelbar zu keiner Besteuerung. Allerdings entstehen insoweit, als die Auskehrung die AK/den BW der Beteiligung übersteigt, negative Anschaffungskosten der Beteiligung. Bei einem späteren Verkauf würden sie den Verkaufsgewinn erhöhen (vgl. BMF-Schreiben vom 18. 1. 2016).

993 Ist der *einzelne* Anteilseigner eine juristische Person, führt die Auskehrung der Einlagen zu Einkünften des § 8b Abs. 2 und 3 KStG. Diese sind im Regelfall (zu 95 %) steuerfrei. Betrachtet wird die Beteiligung immer als Ganzes. Wurde sie zu unterschiedlichen Zeitpunkten und unterschiedlichen Beträgen erworben, findet eine Aufteilung im Verhältnis der jeweiligen Anschaffungskosten/des jeweiligen Buchwerts statt (ebenso wie bei natürlichen Personen, vgl. BFH-Urteil v. 29. 7. 1997).

994 **Übersicht:**

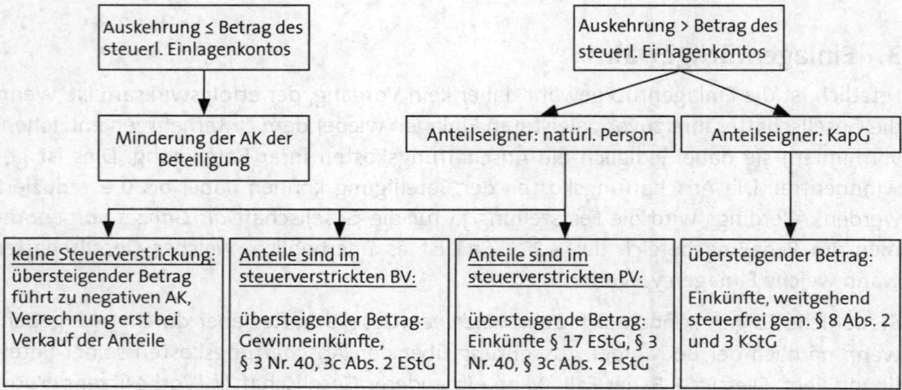

4. Verwendungsreihenfolge für Gewinnausschüttungen

Zunächst einmal ist es unerheblich, aus welchem Grund die Kapitalgesellschaft Vermögenswerte an ihre Gesellschafter ausschüttet. Unterschiedslos werden offene oder verdeckte Gewinnausschüttungen, Einlagenrückgewähr („Rückzahlung von Kapitalrücklagen"), Vorabausschüttungen und Gewinnabführungen innerhalb der Organschaft bis hin zur Auskehrung von Vermögenswerten im Rahmen der Liquidation mit dem Eigenkapital verrechnet. Wichtig ist lediglich, dass ein tatsächlicher Abfluss der Vermögenswerte erfolgt. Nur eine Passivierung einer Verpflichtung zur Gewinnausschüttung reicht nicht aus. Die Summe aller Abflüsse wird sodann mit dem Eigenkapital in der nachfolgend genannten Reihenfolge verrechnet. Alle Abflüsse werden gleichermaßen aus allen Töpfen bedient. Dafür ist es auch unerheblich, wann der jeweilige Abfluss auf Ebene der Gesellschaft als Zufluss beim Gesellschafter ankommt. Dies kann abweichen, man denke nur an eine überhöhte Pensionszusage gegenüber dem Gesellschafter-Geschäftsführer. 995

Die Verwendungsreihenfolge lässt sich wie folgt darstellen:

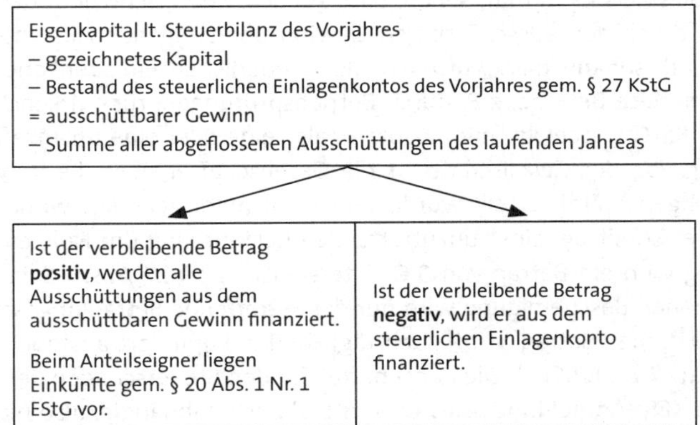

Aus Vereinfachungsgründen ist bei der vorgenannten Verwendungsreihenfolge immer von den Vorjahreswerten auszugehen. Daher können laufende Zugänge zum steuerlichen Einlagenkonto, z. B. unterjährige Einlagen, nicht berücksichtigt werden. Insofern als die Gesellschaft zum Ende des Vorjahres kein positives steuerliches Einlagenkonto hatte, führen Ausschüttungen des laufenden Jahres nicht zur Einlagenrückgewähr, sondern zu steuerpflichtigen Einkünften gem. § 20 Abs. 1 Nr. 1 EStG. Die Gesellschaft erteilt dem Gesellschafter darüber eine Steuerbescheinigung i. S. von § 27 Abs. 3 KStG.

BEISPIEL: Die Donald-GmbH (Wirtschaftsjahr = Kalenderjahr) hat bis zum 31. 12. 20 gem. § 27 KStG einen Endbestand von 60 000 € festgestellt. Das Eigenkapital zu diesem Stichtag beträgt 250 000 €, davon sind 70 000 € gezeichnetes Kapital. In 21 wird eine offene Gewinnausschüttung von 70 000 € beschlossen, die auch in 21 abfließt. Eine Vorabausschüttung von 50 000 € wird beschlossen, wovon aber in 21 nur die Hälfte abfließt. Außerdem wird bei der Einkommensermittlung eine vGA i. H. v. 30 000 € und eine verdeckte Einlage i. H. v. 80 000 € durch die Finanzverwaltung festgestellt. 996

Lösung:

Eigenkapital zum 31.12.20	250 000
- gezeichnetes Kapital	- 70 000
- steuerliches Einlagenkonto zum 31.12.20	- 60 000
= ausschüttbarer Gewinn	120 000
- Summe der abgeflossenen Ausschüttungen (oGA 70 000 + Vorabausschüttungen zu $^1/_2$ von 25 000 + vGA 30 000 = 125 000)	- 125 000
= Entnahme aus dem steuerlichen Einlagenkonto	5 000
Steuerliches Einlagenkonto:	
Stand 31.12.20	60 000
- Verwendung durch den ausschüttbaren Gewinn übersteigende Ausschüttungen	- 5 000
+ verdeckte Einlage	+ 80 000
= Stand 31.12.21	135 000

997 Anhand des Beispiels kann man sehen, dass zunächst der „Schwund" des steuerlichen Eigenkapitals durch den ausschüttbaren Gewinn übersteigende Ausschüttungen aufgezeichnet wird, sodann das „Auffüllen" des steuerlichen Einlagenkontos durch Einlagen. Werden diese Beträge, z. B. durch Betriebsprüfungen, rückwirkend geändert, ist in § 27 Abs. 5 KStG festgelegt, dass insofern, als keine oder eine unzutreffend niedrige Bescheinigung von der Gesellschaft für die Gesellschafter über die Verwendung des steuerlichen Eigenkapitals erteilt wurde, dies nicht mehr geändert wird. Beim Anteilseigner bleibt es somit bei einer unzutreffenden Besteuerung (im Falle einer fehlenden Bescheinigung wird ein Betrag von 0 € unterstellt), vgl. § 27 Abs. 5 Satz 1 bis 3 KStG. Bei einer zu hohen Bescheinigung wird nur der zutreffende Betrag angesetzt, der übersteigende (zu hohe) Betrag wird nachträglich der Kapitalertragsteuer unterworfen (§ 27 Abs. 5 Satz 4 bis 6 KStG). Die KapG haftet für den Steuerschaden der unzutreffend eingereichten KESt-Anmeldung. Dies ist verschuldensunabhängig, also nicht davon abhängig, ob der unzutreffend hohe Betrag versehentlich oder absichtlich gemeldet wurde. Eine Berichtigung gegenüber dem Anteilseigner und dem Finanzamt ist allerdings möglich (§ 27 Abs. 5 Satz 5 KStG).

5. Die steuerliche Behandlung von Gewinnausschüttungen innerhalb des Übergangszeitraums vom Anrechnungsverfahren auf die Definitivbesteuerung (2000 bis 2006)

998 Wie bereits oben dargestellt, wurde die Körperschaftsteuer im Jahre 2000 grundlegend geändert. Im bis dahin geltenden Anrechnungsverfahren wurden thesaurierte Gewinne hoch (mit bis zu 45 %) KSt belastet. Bei Ausschüttungen wurde die Steuerbelastung auf 30 % abgesenkt, sodass die Gesellschaft ein Steuerguthaben von 15 % hatte.

Im neuen System gibt es das nicht. Ein positives zu versteuerndes Einkommen der Gesellschaft wird mit 15 % endgültig belastet – unabhängig davon, ob dieses Einkommen an die Gesellschafter ausgeschüttet oder im Unternehmen thesauriert wird (Definitivsteuer). Da man aber den Unternehmen, die im alten System zu versteuernde Einkommen mit 45 % besteuert hatten, nicht ihre Steuergutschrift von 15 % nehmen wollte, wurden zum Ende des alten Systems diese Steuergutschriften festgestellt und sukzessive in den Folgejahren ab 2000 mit Gewinnausschüttungen verrechnet. Für diese Verrechnung war ein insgesamt 18 Jahre dauernder Zeitraum vorgesehen, in dem diese Verrechnung vorgenommen werden konnte. Dieser Zeitraum endete 2018/2019 – abhängig davon, ob die Gesellschaft ein kalenderjahrgleiches oder abweichendes Wirtschaftsjahr hatte.

Die mit Steuer belasteten Teile des alten Eigenkapitals wurden als Eigenkapital 45 bzw. 30 bezeichnet (EK 30 bzw. EK 45) und sukzessive verbraucht. Aus den nicht mit KSt belasteten Teilen (EK 0), die z. B. aus Einlagen der Gesellschafter resultierten, wurde u. a. das EK 04.

Das EK 04 wurde damals als Anfangsbestand des Einlagekontos i. S. des § 27 KStG erfasst (zur Anwendung der §§ 27, 28 KStG vgl. BMF-Schreiben v. 4. 6. 2003 – IV A 2 – S 2836 – 2/03, StuB 2003 S. 557). Hierbei ist darauf hinzuweisen, dass das Einlagekonto weitestgehend die Funktion des bisherigen EK 04 wahrnimmt, d. h. Ausschüttungen hieraus werden nicht als Einkünfte beim Anteilseigner erfasst. Auf dem Einlagekonto werden offene und verdeckte Einlagen ausgewiesen, die erst dann zur Finanzierung eventueller Ausschüttungen heranzuziehen sind, soweit das übrige Kapital (= für Ausschüttungen verwendbares EK) verbraucht ist.

BEISPIEL: Das Kapital in der Gesellschaft beträgt 150 000 € (Stammkapital 50 000 €). Das Einlagekonto ist in Höhe von 60 000 € festgestellt. Offene Einlagen sind handelsrechtlich nach wie vor in die Kapitalrücklagen i. S. des § 272 Abs. 2 Nr. 4 HGB einzustellen. Verdeckte Einlagen können nicht verbucht werden; sie erhöhen zunächst den Jahresüberschuss als bspw. a. o. Ertrag und werden im Rahmen der Einkommensermittlung außerbilanziell wieder abgerechnet. 999

In 2001 wurden umgerechnet 90 000 € ausgeschüttet. Davon können aus dem Einlagekonto finanziert werden:

Summe der Leistungen der KapG		90 000
Eigenkapital gem. § 266 Abs. 3 Abschnitt A HGB	150 000	
– gezeichnetes Kapital	– 50 000	
– Bestand Einlagekonto zum Ende des Wirtschaftsjahres	– 60 000	
= Unterschiedsbetrag	40 000	– 40 000
übersteigender Betrag		50 000

In Höhe des übersteigenden Betrages von 50 000 € darf das Einlagekonto vermindert werden. Die restlichen 40 000 € mindern die Rücklagen (hier gleich Jahresüberschuss) der Gesellschaft.

Aus dem Körperschaftsteuerguthaben (die „15 %-Differenz" der Steuerlast bei Ausschüttungen gegenüber Thesaurierungen) minderten 1/6 des zum 31. 12. 2000 festgestellten EK 40 im Falle von Ausschüttungen die tarifliche Körperschaftsteuerschuld der ausschüttenden Körperschaft; im Falle der Verwendung von EK 02 erhöhte sich diese Schuld um 3/7 des verwendeten Betrages. Dies galt bis zum Jahr 2018, wenn das Wirtschaftsjahr dem Kalenderjahr entsprach. 1000

Der ursprünglich auf 15 Jahre festgesetzte Übergangszeitraum war durch das Steuervergünstigungsabbaugesetz auf 18 Jahre verlängert worden. Zur Sicherung des KSt-Aufkommens wurde § 37 Abs. 2a KStG (neu) eingefügt, der die Wirkung des KSt-Guthabens (= Anrechnung und Rückerstattung von KSt vom Finanzamt) für den Zeitraum vom 11.4.2003 bis 1.1.2006 aussetzte (vgl. Wesselbaum-Neugebauer, in: StuB 2003 S. 590). Da somit die „alten Anrechnungsguthaben" für drei Jahre (2003 bis 2005) nicht „genutzt" werden können (Moratorium), hatte der Gesetzgeber die Frist entsprechend verlängert.

1001 Anders als im alten Körperschaftsteuerrecht ändert sich die Schuld der ausschüttenden Gesellschaft auch im Falle von oGA nicht mehr in dem Jahr, für das ausgeschüttet wird, sondern die Änderung tritt in dem Jahr ein, in dem die Ausschüttung erfolgt (s. o.). Da verdeckte Gewinnausschüttungen nicht von der Minderung betroffen sind, gilt bezüglich der Körperschaftsteuerminderung für offene Gewinnausschüttungen und Vorabdividenden im Hinblick auf die zeitliche Durchführung der Änderung das Gleiche. Ebenso ist bei Erhöhungen zu verfahren; hier ist die vGA noch mit einzubeziehen.

1002 Damit wurden alle ordnungsgemäß beschlossenen Gewinnausschüttungen gleich behandelt. In 2001 war allerdings eine Körperschaftsteuerminderung noch nicht möglich, da nach § 37 Abs. 1 KStG das Guthaben erst auf den Schluss des auf die letzte Gliederungsrechnung folgenden Jahres festzustellen war, also bei kalenderjahrgleichen Wirtschaftsjahren zum 31.12.2001. Das Guthaben verminderte sich jedoch erst aufgrund von Ausschüttungen, die in den auf die Feststellung folgenden Wirtschaftsjahren erfolgten, also ab 2002. Dies ist auch systemgerecht, da offene Ausschüttungen des Jahres 2001 noch nach dem alten Anrechnungsverfahren besteuert wurden. Eine Diskrepanz ergibt sich jedoch für Vorabausschüttungen des Jahres 2001. Auf diese war weder das Anrechnungsverfahren anwendbar, noch war dafür eine Körperschaftsteuerminderung zu gewähren. Dies konnte im Ergebnis eigentlich nicht gewollt sein.

6. Behandlung der Körperschaftsteueränderungen ab 2007

1003 Bis zum Veranlagungszeitraum 2018 gab es ein Nebeneinander von einer reduzierten Gliederung und dem Steuerguthabenmodell. Dazu kommt, dass mit dem Einlagenkonto i. S. des § 27 KStG ein weiteres Element zu beachten ist, das die bisherige strikte Trennung des bilanziellen und außerbilanziellen Bereichs im Zusammenhang mit der Besteuerung von Kapitalgesellschaften aufhebt.

1004

Steuerguthabenmodell	**Gliederung**	**Gliederung**	**Handelsbilanz**
Körperschaftsteuer-Minderung in Höhe von **1/6 des EK 40** bezogen auf die Ausschüttung	**EK 02** Konsequenz bei Ausschüttung: 3/7 Körperschaftsteuererhöhung beim Gesellschafter KSt keine Einnahme, keine Anrechnung	**Einlagenkonto** (EK 04) Keine Körperschaftsteuererhöhung, keine Einkünfte beim Gesellschafter	Nicht gesondert festzuhaltende **sonstige Rücklagen** = Differenz zwischen Handels- und Steuerbilanz!
Wird gesondert festgestellt	**Wird gesondert festgestellt**	**Wird gesondert festgestellt**	**Wird nicht gesondert festgestellt**
Wird bis zum Veranlagungszeitraum **2018** beibehalten	Wird bis zum Veranlagungszeitraum **2018** beibehalten	Wird **auf Dauer** beibehalten	Wird **auf Dauer** beibehalten

Bezogen auf die Eigenkapitalbestände ergaben sich für die Besteuerung auf der Ebene der Körperschaft und der Ebene der Anteilseigner die folgenden Auswirkungen:

Eigenkapital der Gesellschaft	**Konsequenzen bei Verwendung auf der Ebene der Körperschaft**	**Konsequenzen bei Verwendung auf der Ebene der Anteilseigner**
Körperschaftsteuerguthaben aus EK 40	Minderung der Körperschaftsteuerschuld der Gesellschaft des betreffenden Jahres (Tarifbelastung 25 % – 1/6)	► Bei natürlichen Personen: ab Veranlagungszeitraum 2002 = Teileinkünfteverfahren ► Bei Körperschaften: ab Veranlagungszeitraum 2002 = Steuerfreistellung der Dividendenerträge
Neue steuerpflichtige oder steuerfreie Rücklagen ab 2001 sowie altes EK 30, EK 01 und EK 03	Gewinne ab 2001: Tarifbesteuerung mit 25 %; Alte Rücklagen sind mit inländischer oder ausländischer Steuer belastet	► Bei natürlichen Personen: ab Veranlagungszeitraum 2002 = Teileinkünfteverfahren ► Bei Körperschaften: ab Veranlagungszeitraum 2002 = Steuerfreistellung der Dividendenerträge
Positives EK 02	Körperschaftsteuererhöhung um 3/7 bis zum Veranlagungszeitraum 2018	► Bei natürlichen Personen: ab Veranlagungszeitraum 2002 = Teileinkünfteverfahren ► Bei Körperschaften: ab Veranlagungszeitraum 2002 = Steuerfreistellung der Dividendenerträge
Einlagenkonto (EK 04)	Keine Körperschaftsteuererhöhung	Keine Besteuerung, außer: Anteile befinden sich im BV bzw. es liegt ein Fall des § 17 Abs. 4 EStG vor

Wie oben dargestellt (Rdn. 999 ff.), wurde die Weitergeltung des Anrechnungsverfahrens – und damit die Nutzung des KSt-Guthabens – einfach für ein paar Jahre außer Kraft gesetzt (Moratorium bis 31. 12. 2005, im Gesetz nachlesbar: § 37 Abs. 2a Nr. 1 KStG sagt, dass die Minderung der KSt durch Nutzung des Anrechnungsguthabens für Ausschüttungen in der Zeit vom 12. 4. 2003 bis 31. 12. 2005 absolut 0 € beträgt! 1005

Auch danach war Geduld gefragt (§ 37 Abs. 2a Nr. 2 KStG): Das Guthaben sollte maximal in der Höhe genutzt werden, die sich bei seiner gleichmäßigen Verteilung bis 2019 (bei Firmen mit abweichendem Wirtschaftsjahr: 2020) ergeben würde (immer vorausgesetzt, die Gesellschaft besteht noch so lange; in Umwandlungs- und Liquidationsfällen kann das Guthaben sofort genutzt werden, da die KapG untergeht).

BEISPIEL 1: Die X-GmbH hat ein kalendergleiches Wirtschaftsjahr. Das zum 31. 12. 2005 verbleibende Anrechnungsguthaben beträgt 28 000 €. In 2006 erfolgt eine Gewinnausschüttung von 60 000 €.

Lösung:

Grundsätzlich würde 1/6 davon = 10 000 € die KSt-Minderung durch Nutzung des Guthabens betragen. Gedeckelt wird der Betrag aber durch den Zwang zur gleichmäßigen Verteilung: 28 000 € : 14 Restjahre (2006 bis 2019) = 2 000 €. Somit können von den 28 000 € Guthaben nur 2 000 € genutzt werden.

Nun haben nicht alle Unternehmen in der Zeit von 1977 bis 2000 immer nur brav zum aktuellen KSt-Satz gezahlt. Es gab auch Unternehmen, die z. B. ausländische Einkünfte erzielt hatten, die in Deutschland steuerfrei sind. Oder Unternehmen, bei denen die Eigner/Gesellschafter Einlagen geleistet haben, die ebenfalls steuerfrei sind (ist klar: Wenn jemand aus seinem Privatvermögen – schon versteuerte – Gelder in seine Firma steckt, soll er dieses Geld bei späterer Entnahme ja nicht noch einmal versteuern).

Das Eigenkapital (lt. Bilanz) der KapG war also immer schon eine Mischung aus unterschiedlich hoch zu besteuernden (oder schon besteuerten) Geldern. Es gab auch Fälle, in denen z. B. Tochterfirmen im Ausland 13 % KSt bezahlt hatten, diese Gewinne dann nach Deutschland transferiert wurden und in Deutschland die Steuer „nachentrichtet" werden musste (beim deutschen Steuersatz von 40 % hätte man bei 13 % Vorbelastung im Ausland z. B. noch 27 % in Deutschland nachzahlen müssen). Da es aber keine 27 %ige KSt gab, hat man dann rechnerisch mehrere „Eigenkapital-Töpfe" aufgemacht (EK 40, siehe oben, EK 30 und diverse EK 0). Dann wurde in einer komplizierten Verhältnisrechnung das Geld so auf die Töpfe verteilt, dass exakt 27 % Nachbelastung herauskamen, aber in den Töpfen immer eine Belastung von 40, 30 oder 0 % vorlag.

Als das alte System im Jahre 2000 endete, gab es in den Unternehmen damit folgende „EK-Töpfe":

EK 40	Alle in diesem Topf befindlichen Beträge waren mit 40 % KSt vorbelastet. Bei Ausschüttungen aus diesem Topf gab es eine Rückerstattung von 10 % vom Finanzamt, da der Ausschüttungs-Steuersatz ja nur 30 % betrug (s. o.).
EK 30	Alle in diesem Topf befindlichen Beträge waren mit 30 % KSt vorbelastet. Bei Ausschüttungen aus diesem Topf gab es keine Steueränderung, da ja 30 % schon dem Ausschüttungssteuersatz entsprach.
EK 0x	Alle in diesem Topf befindlichen Beträge waren mit 0 % KSt vorbelastet (also bisher unversteuertes Einkommen). Zum Teil wurden Ausschüttungen aus diesem Topf dann mit 30 % nachbelastet (beim EK02), zum Teil wurden diese Beträge aber selbst im Ausschüttungsfall bewusst steuerfrei gelassen (EK 01, EK 03, EK 04).

Der Zusammenhang mit dem Eigenkapital des Unternehmens war damit so:

Eigenkapital lt. Bilanz (vgl. § 266 HGB) körperschaftsteuerliches Eigenkapital

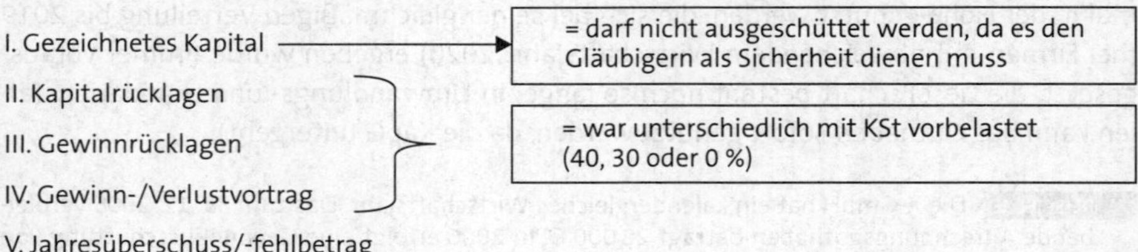

Die in den Kapitalrücklagen befindlichen Beträge sind dabei meist mit 0 % belastetes EK. Hier haben die Gesellschafter Einlagen aus ihrem Privatvermögen geleistet, die im Fall der Ausschüttung (d. h. bei späterer Entnahme aus dem Unternehmen) nicht besteuert werden dürfen.

Damit man diese dann auch erkennen kann, werden sie in einem „steuerlichen Einlagenkonto" festgehalten (§ 27 Abs. 1 KStG).

Werden nun in 2006 Ausschüttungen vorgenommen (wir unterstellen hier aus Vereinfachungsgründen „offene Gewinnausschüttungen" (oGA), d. h. Gewinnausschüttungen, die durch ordnungsgemäße Beschlüsse in Gesellschafterversammlungen entstanden sind), so kommt es zu folgender „Verwendungsreihenfolge":

(Der Begriff „Verwendungsreihenfolge" ist eigentlich falsch, denn es gibt im neuen KStG nur ein Sammelsurium von verschiedenen Bestimmungen. Das war im alten KStG einfacher: dort stand im § 28 KStG a. F. genau drin, in welcher Reihenfolge die EK-Töpfe leergemacht wurden und welche steuerlichen Folgen das ausgelöst hat. Einzelheiten dazu: KSt-Kommentar Dötsch u. a., Kommentierungen zu § 38 n. F. KStG.

Im neuen KStG gibt es drei Paragrafen, die an dieser Stelle relevant sind:

- *§ 27: für die Rückzahlung (steuerfrei) aus dem steuerlichen Einlagenkonto (ehemaliges EK 04)*
- *§ 37: für die Ausschüttungen bei Vorhandensein eines KSt-Guthabens/KSt-Erstattungsanspruch (ehemaliges EK 40)*
- *§ 38: für die Ausschüttungen mit KSt-Erhöhung (ehemaliges EK 02)*

Diese Paragrafen stehen aber in keinem mathematischen Zusammenhang und leider auch im Einzelfall in keinem Zusammenhang mit den tatsächlich in der Bilanz ausgewiesenen Eigenkapitalbeträgen.)

BEISPIEL 2: Die X-GmbH (Wirtschaftsjahr = Kalenderjahr) hat zum 31. 12. 2005 ein Eigenkapital von insgesamt 270 000 €.

I. Gezeichnetes Kapital	25 000 €
II. Kapitalrücklagen	7 000 €
III. Gewinnrücklagen	178 000 €
IV. Gewinnvortrag	0 €
Summe:	210 000 €

In 2006 wird ein zvE von 100 000 € erzielt und eine offene Gewinnausschüttung von 260 000 € beschlossen und durchgeführt.

Die Kapitalrücklagen von 7 000 € sind ehemaliges EK 04 (steuerliches Einlagekonto i. S. v. § 27 KStG).

Die Gewinnrücklagen sind 168 000 € altes EK 40 (Anrechnungsguthaben somit 1/6 davon = 28 000 €, vgl. § 37 Abs. 2 und 2a KStG) sowie 10 000 € altes EK 02 (KSt-Erhöhung wäre bei Ausschüttung 3/7 = 4 285,71 €, vgl. § 38 Abs. 2 KStG).

Lösung:

In 2006 hat die Gesellschaft 100 000 € zvE erzielt, zahlt also 25 % KSt = 25 000 €. Im Jahresüberschuss findet man den Restbetrag von 75 000 €. Das EK lt. Steuerbilanz sieht also zum 31. 12. 2006 so aus:

I. Gezeichnetes Kapital	25 000 €
II. Kapitalrücklagen	7 000 €
III. Gewinnrücklagen	178 000 €
IV. Gewinnvortrag	0 €
V. Jahresüberschuss	75 000 €
Summe:	285 000 €

Für Zwecke der KSt muss zunächst der **„ausschüttbare Gewinn“** ermittelt werden. Dazu gehört nach § 27 (1) 4 KStG weder das **steuerliche Einlagekonto** noch das gezeichnete Kapital. (Beim gezeichneten Kapital ist das nachvollziehbar: es darf nicht ausgeschüttet werden, weil es den Gläubigern der Gesellschaft als Haftungskapital zur Verfügung stehen soll.)

Der ausschüttbare Gewinn beträgt hier:

EK in der Steuerbilanz 31. 12. 2005	210 000 €
– gezeichnetes Kapital	25 000 €
– steuerliches Einlagekonto	7 000 €
= ausschüttbarer Gewinn*	178 000 €
– Teilbetrag EK 02	10 000 €
= verminderter ausschüttbarer Gewinn*	168 000 €

(* Dieser Betrag wird im Gesetz bzw. in Lehrbüchern wahlweise auch „neutrales Vermögen“, „neutrales Eigenkapital“ oder „frei verfügbares Eigenkapital“ genannt; das macht die Sache leider nicht einfacher!)

Die Gewinnausschüttung führt zu folgender Verwendungsreihenfolge der Eigenkapitalbestandteile:

1	An erster Stelle wird der „vermindert ausschüttbare Gewinn“ für die Dividende verbraten (168 000 €). Die KSt-Minderung ist im neuen Recht nicht mehr Bestandteil der Dividende (s. u.). Hier sind es 168 000 € Altkapital (ehemaliges EK 40). **Die KSt vermindert sich um 1/6 = 28 000 €. Die 28 000 € sind das gesamte Anrechnungsguthaben. Ausgezahlt werden aber nur 1/14 davon = 2 000 €. Grund dafür ist die zwingende Verteilung nach Ende des Moratoriums, siehe Beispiel 1.**
2	Danach wird das „neue EK“, d. h. die 75 000 €, die nach neuem Recht ab 2001 verdient werden, ausgeschüttet (100.000 zvE - 25 000 KSt). **Es kommt zu keiner Steueränderung, da 25 % ja schon als „Definitivsteuer“ gezahlt wurden.** Dieser Teil des EK wird als „neutrales Vermögen“ bezeichnet. Hier findet sich nicht nur neues EK wieder, sondern auch Altkapital aus den EK-Töpfen EK 30, EK 01und EK 03.
3	Jetzt sind in den Schritten 1 und 2 schon insgesamt (168 000 € + 75 000 € =) 243 000 € zusammengekratzt worden. Da die Ausschüttung aber 260 000 € beträgt, müssen noch 17 000 € aus anderen Töpfen gesucht werden. Jetzt wird das EK 02 genommen (10 000 €). **Es kommt zur KSt-Erhöhung von 3/7 des Betrags = 4 285,71 €.**
4	Die restlichen 7 000 € werden aus dem steuerlichen Einlagenkonto genommen. **Es kommt zu keiner KSt-Änderung.**

Vier Anmerkungen an dieser Stelle:

1. Die Berechnung der KSt des Jahres 2006 erfolgt jetzt so:

– normale KSt (25 % von 100 000 €)	25 000,00 €
– abzgl. KSt-Minderung	2 000,00 €
– zzgl. KSt-Erhöhung	4 285,71 €
= KSt-Zahlung	27 285,71 €

2. Der dargestellte Fall ist ein Extremfall: Die Gesellschaft schüttet fast alles aus, was sie hat (= das gesamte Eigenkapital von 285 000 € abzgl. 25 000 € nicht ausschüttbares Haftungs-/Stammkapital). In der Praxis wäre das Unternehmen dann fast pleite. Daher schütten die Unternehmen im richtigen Leben wesentlich weniger aus. Ein weiterer Grund für geringere Ausschüttungen ist: sobald EK 02 verwendet wird, erhöht sich die KSt. Anrechnungsguthaben und EK 02 (also die in den Schritten 1 und 3 verwendeten Beträge) gelten aber nur bis zum Jahre 2018. Danach fallen sie einfach weg. Bis dahin werden also alle Unternehmen nur Ausschüttungen bis Schritt 2 vornehmen. Denn wer zahlt schon gerne Steuern …

3. Würde die X-GmbH wirklich das gesamte Eigenkapital von 285 000 € ausschütten, wäre das ein Fall der Liquidation. Und dafür gelten dann wieder etwas andere Regel. Für weitere Details (neben den Liquidationen auch Umwandlungen in PersU, Verschmelzungen, Sitzverlegungen vom/ins Ausland usw.) sei auf die umfangreiche Fachliteratur verwiesen.

4. Ab 2007 wurde das KSt-Recht dann etwas „einfacher“: Das restliche KSt-Anrechnungsguthaben wurde ohne die Notwendigkeit von Ausschüttungen einfach ausgezahlt werden (vgl. Gesetz über steuerliche Begleitmaßnahmen zur Einführung der Europäischen Gesellschaft und zur Änderung weiterer steuerrechtlicher Vorschriften, SEStEG).

Und das geht so: Letztmalig wurde zum 31. 12. 2006 das KSt-Guthaben ermittelt (auch bei Unternehmen mit abweichendem Wirtschaftsjahr). Alle bis dahin vorgenommenen Gewinnausschüttungen wurden nach den o. g. Vorschriften behandelt. Das ermittelte KSt-Guthaben wurde dann ab 2008 in 10 gleichen Jahresbeträgen ausgezahlt (Ausnahme: KSt-Guthaben bis 1 000 € wurden 2008 in einer Summe ausgezahlt) (= bloße, bedingungslose Steuerrückzahlung, vergleichbar mit Kindergeld oder Eigenheimzulage), vgl. § 37 Abs. 5–7 KStG. Auszahlungszeitpunkt war der 30. 9. Am 30. 9. 2017 wird dann die letzte Rate an die KapG bzw. deren Rechtsnachfolgerin ausgezahlt. Ergeben sich z. B. durch Betriebsprüfungen Änderungen im Auszahlungsbetrag, so wird dieser auf die Folgejahre neu verteilt. Wurde bereits zuviel ausgezahlt, ergibt sich ein Rückforderungsanspruch des Finanzamts.

Das KSt-Guthaben musste zum 31. 12. 2006 als Forderung in der Bilanz der KapG aktiviert werden. Die Forderung wurde dann abgezinst und mit ihrem jeweiligen Barwert am Ende des Jahres in den Bilanzen ausgewiesen werden. Da 2007 noch keine Rückzahlung erfolgt (eine Art „de facto Moratorium“), ergab sich in der Bilanz zum 31. 12. 2007 gegenüber 2006 lediglich eine Barwertänderung.

Nach § 37 Abs. 7 KStG gehören die Erträge und Gewinnminderungen durch Buchungen im Zusammenhang mit dem KSt-Guthaben nicht zu den steuerpflichtigen Einkünften. Das ist nur folgerichtig: Aufwendungen für KSt dürfen gem. § 10 Nr. 2 KStG den Gewinn nicht mindern, Erträge z. B. aus KSt-Erstattungen sind nicht steuerpflichtig.

BEISPIEL 3: Die X-AG hat zum 31. 12. 2006 ein KSt-Guthaben von 100 000 €.

Lösung:

Zum 31. 12. 2006 wird das Guthaben als Forderung gegenüber dem Finanzamt ertragswirksam eingebucht. Der Ertrag geht zwar in die GuV und erhöht damit den Jahresüberschuss, muss außerbilanziell bei Ermittlung des zvE aber wieder abgezogen werden.

Abgezinst auf den 31. 12. 2006 ergibt sich bei 5,5 % Zinssatz und fast 11 Jahre Restlaufzeit (bis 30. 9. 2017) ein Betrag von ca. 72 400 €. Zum 31. 12. 2007 wird dann auf ca. 76 400 € aufgezinst. In 2008 erfolgt die erste Zahlung von 10 000 €. Der abgezinste Restbetrag (90 000 €) beträgt dann per 31. 12. 2008 ca. 70 500 €.

7. Option für Personenunternehmen zur Besteuerung als Kapitalgesellschaft

1006 Schon seit vielen Jahren wurde in Politik und Wissenschaft die Möglichkeit diskutiert, Personenunternehmen (PersU) als Kapitalgesellschaften (KapG) zu besteuern. Die Vorteile lägen auf der Hand: anstatt zunächst den steuerlichen Gewinn des PersU zu ermitteln und ihn dann (im Fall der Personengesellschaft) auf mehrere Beteiligte aufzuteilen (vgl. § 15 Abs. 1 Nr. 2 EStG), die dann diese Einkünfte mit ihrem persönlichen ESt-Satz versteuern, würde ein einheitlicher KSt-Satz von derzeit 15 % anfallen. Lediglich Entnahmen würden dann als „Dividenden" beim „Anteilseigner" (Inhaber des PersU) landen und dort zum persönlichen ESt-Satz versteuert werden. Dies würde eine Gleichbehandlung der PersU mit den KapG ermöglichen, in der thesaurierte Gewinne immer derselben Besteuerung unterliegen und PersU nicht mehr – nur aufgrund ihrer Rechtsformwahl – gegenüber KapG mit höheren Steuersätzen belastet wären. Das neue Optionsmodell würde Rechtsform-Neutralität bei der Besteuerung herstellen.

Die Kritik daran war aber auch immer da: vorteilhaft wäre dieses Optionsmodell nur für PersU mit hohen Einkünften der Gesellschafter. Bei diesen wäre die Belastung mit ESt, Soli und KiSt sowie der nicht über § 35 EStG „anrechenbaren" GewSt höher als die der KapG (KSt als „flat tax" mit 15 % sowie GewSt nach Maßgabe der Hebesätze der Gemeinde). Für alle anderen PersU wäre das Modell nicht interessant. Darüber hinaus ist es kompliziert, da ein „tracking" der thesaurierten bzw. ausgeschütteten Gewinne bzw. des eingelegten und entnommenen Eigenkapitals erforderlich wäre, um eine zutreffende Besteuerung zu erreichen. Die zusätzlichen Steuerberatungskosten dürften bei PersU, deren Durchschnitts-Ertragsteuerbelastung nur leicht über den ca. 30 % liegen, die die KapG zahlen, die Steuerermäßigung durch das Optionsmodell wieder ausgleichen. Zudem steht es jedem frei, durch Umwandlung beispielsweise eines Einzelunternehmens in eine UG oder GmbH die „Vorteile" der Besteuerung als KapG wahrzunehmen.

Mit dem KöMoG (Körperschaftsteuer-Modernisierungsgesetz) soll PersU nun diese Option ab 1. 1. 2022 ermöglicht werden. Die vorliegende Beschreibung der Neuerungen erfolgt unter dem Vorbehalt, dass der vom Bundeskabinett am 24. 3. 2021 beschlossene Entwurf auch in dieser oder ähnlicher Form bis ins nächste Jahr als Gesetz Bestand hat.

Der neue § 1a KStG i. d. F. des KöMoG würde dann den Wechsel mittels eines Antrags bei der Finanzverwaltung ermöglichen. Einen Wechsel könnten allerdings nur die Personenhandelsgesellschaften OHG und KG (inkl. GmbH & Co.KG) beantragen, nicht aber Einzelunternehmen, GbR und Investmentfonds. GbR müssten zuvor umfirmieren, um in den Genuss der Antragsmöglichkeit zu kommen. Auch müssten immer alle Gesellschafter durch Beschluss dem Antrag zustimmen, sofern der Gesellschaftsvertrag in diesem speziellen Fall nichts anderes bestimmt. In jedem Fall muss eine $^{3}/_{4}$-Mehrheit vorhanden sein.

Der Antrag muss vor Beginn des Wirtschaftsjahres, für das er erstmals gelten soll, gestellt werden. Er ist unwiderruflich; eine Rückkehr zur Besteuerung als Personengesellschaft (PersG) ist nur für ein nachfolgendes Wirtschaftsjahr zulässig (§ 1a Abs. 4 KStG i. d. F. des KöMoG). Die PersG wird dann als Ganzes wie eine KapG besteuert, im KStG und im GewStG. Somit entfällt z. B. auch die Anrechnung der GewSt gem. § 35 EStG. Gewinne und Verluste sind dann „locked-in": Gewinne werden erst bei Ausschüttung als Dividenden bei den Gesellschaftern versteuert (§ 1a Abs. 3 Nr. 1 KStG i. d. F. des KöMoG, § 20 Abs. 1 Nr. 1 EStG i. d. F. des KöMoG), Verluste können nicht mit positiven Einkünften der Gesellschafter verrechnet werden. Im Privatvermögen gehaltene Anteile werden mit pauschaler Kapitalertragsteuer als Abgeltungssteuer besteuert oder auf Antrag in die Veranlagung mit einbezogen. Im BV gehaltene Anteile werden nach Maßgabe des Teileinkünfteverfahrens gem. § 3 Nr. 40 EStG bzw. § 8b KStG besteuert. Da bereits die Gutschrift von Gewinnanteilen auf einem frei zugänglichen Gesellschafter-Darlehenskonto als Ausschüttung betrachtet wird (§ 1a Abs. 3 Satz 5 KStG i. d. F. des KöMoG), müssen in der Praxis auch die Gesellschaftsverträge und die gelebte „Entnahme-Praxis" in den PersG vor Ausübung der Option überprüft werden.

Auch die Geschäftsbeziehungen zwischen Gesellschafter und Gesellschaft müssen in vielen Fällen auf den Prüfstand. Während bei PersU Entnahmen und Einlagen nur hinsichtlich ihrer Gewinnneutralität beachtet und bewertet werden müssen, hat dies bei KapG stärkere Auswirkungen: über § 8 Abs. 3 KStG muss das Vorliegen verdeckter Gewinnausschüttungen geprüft werden und die Anteile am Unternehmen sind ggf. steuerverstrickt nach § 17 EStG.

Unbestrittene Vorteile bietet das Optionsmodell bei den Verträgen mit Gesellschaftern. Arbeiten diese für die Gesellschaft, geben sie ihr ein Darlehen oder vermieten sie ihr Immobilien, so stellen diese Zahlungen (Arbeitslohn, Zinsen, Miete) an die Gesellschafter auf Ebene der Gesellschaft zwar Betriebsausgaben dar, sie werden aber als Sonder-Betriebseinnahmen bei den Gesellschaftern angesetzt und unterliegen als gewerbliche Einkünfte der GewSt. Bei Ausübung des Optionsmodells liegen aber originäre Einkünfte aus nichtselbständiger Arbeit (§ 19 EStG), Kapitalvermögen (§ 20 EStG) oder Vermietung und Verpachtung (§ 21 EStG) vor. Lukrativ dürfte auf jeden Fall die Möglichkeit sein, gewinnmindernd (Pensionsrückstellungen) bei der zur KSt optierten PersG die Einzahlungen in betriebliche Altersversorgungen zu erfassen.

Gemäß § 1a Abs. 2 KStG i. d. F. des KöMoG gilt die Option als Rechtsformwechsel nach Maßgabe des § 1 Abs. 3 Nr. 3 UmwStG (§§ 1, 20–25 UmwStG). Es muss eine Schlussbilanz für die wechselnde PersG und eine Eröffnungsbilanz auf den Anfang es Wirtschaftsjahres erstellt werden, zu dem der Wechsel stattfinden soll. Dabei können im BV der PersG schlummernde stille Reserven aufgedeckt oder in die „neue KapG" mitgenommen werden. Sehr wohl aufgedeckt werden evtl. vorhandene stille Reserven allerdings bei den künftig im Privatvermögen der Gesellschafter befindlichen Wirtschaftsgütern des Sonder-BV.

Auch eine Rückoption ist jederzeit vor Beginn eines Wirtschaftsjahres wählbar, sodass man das Optionsmodell tatsächlich nur für ein einziges Wirtschaftsjahr wählen kann. Die Rückoption gilt wiederum als Formwechsel gem. § 1 Abs. 1 Nr. 2 UmwStG. Die aufgelaufenen Gewinne der KapG sind dann bei den Gesellschaftern der (künftigen) PersG als Einkünfte aus Kapitalvermögen zu versteuern. Die Rückoption kann auch zwangsweise erfolgen, wenn z. B. eine KG zur GbR umfirmiert oder aus einer OHG der vorletzte Gesellschafter ausscheidet und es zum Anwachsen seines Anteils auf dem einzigen übrigbleibenden Gesellschafter kommt.

Über die Ertragsteuern hinaus entfaltet das Optionsmodell keine Wirkung: § 1 Abs. 2a GrEStG findet bei mehrheitlichem Anteilseignerwechsel weiterhin Anwendung und die Begünstigungen der §§ 5 und 6 GrEStG bleiben bestehen, ebenso die Regelungen des Erbschaftsteuerrechts zur Übertragung von Anteilen an PersU.

8. Anhang: Zusammenfassendes Beispiel zum Übergang vom Anrechnungs- zum Halbeinkünfteverfahren

1007 Die Ruhesanft GmbH aus Winsen an der Luhe (Wirtschaftsjahr = Kalenderjahr) hat zum 31. 12. 2000 folgende Bilanz vorgelegt:

Bilanz 31. 12. 2000 (in DM)

verschiedene Aktiva	10 000 000	gezeichnetes Kapital	2 000 000
		Rücklagen	2 000 000
		Jahresüberschuss	535 000
		Verbindlichkeiten	5 465 000
	10 000 000		10 000 000

Die Rücklagen sind in voller Höhe unbelastetes EK 03.

Die GuV des Jahres 2000 weist folgende Zahlen auf:

1.	Umsatzerlöse	9 960 000
2.	sonstige betriebliche Erträge (Investitionszulage)	40 000
3.	verschiedene betriebl. Aufwendungen	9 015 000
	(darunter Aufsichtsratsvergütungen 70 000)	
4.	Steuern vom Einkommen und Ertrag	
	Körperschaftsteuervorauszahlungen 2000	250 000
	Gewerbesteuerzahlungen 2000	180 000
5.	nicht abzugsfähige Betriebsausgaben gem. § 4 Abs. 5 EStG	20 000
6.	Jahresüberschuss	535 000

Aufgabe:

1. a) Ermitteln Sie das zvE sowie die tarifliche KSt des Jahres 2000. Gehen Sie dabei von einer offenen Gewinnausschüttung in 2001 für 2000 in Höhe von 70 000 DM aus (Bardividende). Führen Sie die Gliederung des vEK zum 31. 12. 2000 durch und erstellen Sie die letztmalige Gliederung nach dem alten System. Wie hoch ist die KSt-Schuld 2000 unter Berücksichtigung der Ausschüttung?

   b) Wie hoch ist die KSt-Belastung bei einer Ausschüttung von 750 000 DM in 2001 für 2000? Wie verändern sich die EK-Töpfe?

2. Gehen Sie nun bei Variante 1a) von einem zvE 2001 in Höhe von 500 000 DM aus. In 2002 wurde für 2001 eine Gewinnausschüttung von 500 000 DM (umgerechnet) beschlossen. Wie verändern sich die Endbestände des vEK? Berechnen Sie die KSt.

Lösung:

zu 1a)

	Jahresüberschuss	535 000
–	InvZul (§ 10 InvZulG)	40 000
+	50 % der Aufsichtsratsvergütung (§ 10 Nr. 4 KStG)	35 000
+	KSt-Vorauszahlungen 2000 (§ 10 Nr. 2 KStG)	250 000
+	nicht abzugsfähige Betriebsausgaben (§ 4 Abs. 5 EStG)	20 000
=	zvE	800 000

× 40 % Steuersatz = 320 000 tarifliche KSt

letztmalige Gliederung des vEK zum 31. 12. 2000

	EK 40	EK 02	EK 03
1. 1. 2000	–	–	2 000 000
+ Zugang zum EK 40			
zvE 800 000			
– KSt 320 000			
= 480 000	480 000		
+ Zugang zum EK 02 Investitionszulage		40 000	
– nicht abzugsf. Aufwendungen (50 % der Aufsichtsratsverg., nicht abzugsfähige Betriebsausgaben)	55 000		
= vEK zum 31. 12. 2000 (insgesamt: 2 465 000*)	425 000	40 000	2 000 000
nachrichtlich: Ausschüttung 70 000 Bardividende, davon 60 000 aus EK 40 sowie 10 000 KSt-Minderung	60 000		
= vEK nach Ausschüttung	365 000	40 000	2 000 000

*) Der Betrag setzt sich zusammen aus EK 03 (2 Mio.) sowie dem neuen Jahresüberschuss (535 000 bisher zzgl. zusätzlicher KSt-Aufwand von 70 000, da bisher nur 250 000 gebucht worden waren, die tarifl. KSt aber 320 000 beträgt)

letzte EK-Gliederung:

EK 40	365 000
(Anrechnungsguthaben 1/6 davon =)	60 833
EK 01 + 03	2 000 000
EK 02	40 000
EK 04	–

Die KSt-Belastung 2000 unter Berücksichtigung der Ausschüttung beträgt (320 000 abzgl. 10 000 KSt-Minderung =) 310 000

zu 1b)

Ausschüttung	750 000
davon aus EK 40	425 000 (Vollausschüttung)
KSt-Minderung 1/6	70 833
davon aus EK 02	28 000
(40 000 abzgl. KSt-Erhöhung von 30 % = 12 000)	
verbleibt Restbetrag	226 167 (zu finanzieren aus EK 03)

Das EK 03 vermindert sich um 323 096, da neben der Ausschüttung von 226 167 die KSt-Erhöhung noch finanziert werden muss, hier: 3/7 von 226 167 = 96 929.

zu 2)

zvE	500 000
abzgl. tarifliche KSt 2002	125 000 (25 %, vgl. § 23 Abs. 1 KStG)
= neues EK	375 000

Ausschüttungsreihenfolge „neu“: (bei gewünschter Ausschüttung von 500 000)

1.	aus „ehemaligem“ EK 40	365 000 (s. o.)
+	KSt-Anrechnungsguthaben	60 833
2.	aus neuem EK der Restbetrag	64 167
=	insgesamt:	500 000

Literaturangaben:

Köllen/Reichert u. a., Lehrbuch Körperschaftsteuer und Gewerbesteuer, Herne 2019; *Albert/Sell*, Körperschaftsteuer, Stuttgart 2020; *Mössner u. a.*, Körperschaftsteuergesetz – Kommentar, Herne 2019.

5. Kapitel:

Teil D: Gewerbesteuer

von
Dipl.-Finanzwirt (FH) Christoph Kleine-Rosenstein,
Fröndenberg

Inhaltsverzeichnis

I. Allgemeines

Die Gewerbesteuer ist eine Steuer i. S. des § 3 AO, da sie eine laufende Geldleistung ist, die nicht eine Gegenleistung für eine besondere Leistung darstellt und von der Gemeinde zur Erzielung von Einkünften allen auferlegt wird, bei denen der Tatbestand zutrifft, an den das Gewerbesteuergesetz die Leistungspflicht knüpft. Die Berechtigung zur Erhebung der Gewerbesteuer steht nach § 1 GewStG nur den Gemeinden zu. Somit obliegt den hebeberechtigten Gemeinden sowohl die Festsetzung als auch die Erhebung der Gewerbesteuer einschließlich Stundung, Niederschlagung und Erlass. 1101

Das Wesen der Gewerbesteuer als **Gemeindesteuer** wird auch dadurch deutlich, dass die Finanzämter lediglich an der Verwaltung mitwirken. Gem. Art. 108 Abs. 2, 4 GG, §§ 184, 185 AO sowie R 1.2 GewStR sind die Finanzämter zuständig für: 1102

- die Feststellung der Gewerbesteuerpflicht,
- für die Ermittlung der Besteuerungsgrundlagen und
- für die Festsetzung, Bekanntgabe und ggf. der Zerlegung des Gewerbesteuermessbetrages.

Der Gewerbesteuermessbescheid ist ein dem Steuerbescheid gleichgestellter Bescheid. Damit gelten für ihn die Vorschriften der AO, insbesondere über den Inhalt und die Bestimmtheit, die Bekanntgabe und Bestandskraft von Steuerbescheiden. Außerdem ist er Grundlagenbescheid für den Gewerbesteuerbescheid der Gemeinden und dem Zerlegungsbescheid. Örtlich zuständig ist das Finanzamt, in dessen Bezirk sich die Geschäftsleitung befindet.

Die Gewerbesteuer rechnet zu den **Realsteuern** (= Sachsteuer), da sie ein Objekt, nämlich den Gewerbebetrieb, besteuert. Sie ist eine direkte Steuer, da Steuerschuldner und wirtschaftlich Belasteter identisch sind. 1103

Jeder einzelne Gewerbebetrieb (Besteuerungsgegenstand) wird besteuert. Hat ein Steuerpflichtiger mehrere Gewerbebetriebe, sind entsprechend viele GewSt-Festsetzungen vorzunehmen. Die Steuerpflicht ruht also auf jedem einzelnen Betrieb. Besteuerungsgrundlage ist die Ertragskraft eines Betriebs, nicht die persönliche Leistungsfähigkeit des Inhabers. Persönliche Umstände des Inhabers (Steuerschuldner) sind unerheblich. Die Gewerbesteuer ist ein Kostenfaktor. Die Gewerbesteuer und die darauf entfallenden Nebenleistungen (Säumniszuschläge, Verspätungszuschläge, Zinsen, Zwangsgelder) gehören bei der Einkommensteuer zu den nicht abzugsfähigen Betriebsausgaben (§ 4 Abs. 5b EStG). Spiegelbildlich beeinflussen Gewerbesteuererstattungen nicht den steuerlichen Gewinn.

II. Der inländische Gewerbebetrieb

1. Definition

Gegenstand der Besteuerung ist der Gewerbebetrieb, der im Inland betrieben wird. 1104

§ 2 GewStG unterscheidet drei jeweils als Steuerobjekt in Betracht kommende Formen des Gewerbebetriebes:

- Gewerbebetrieb **kraft gewerblicher Tätigkeit** (§ 2 Abs. 1 GewStG) z. B. Einzelunternehmen, Personengesellschaften, Betrieb von Körperschaften des öffentlichen Rechts,

- Gewerbebetrieb **kraft Rechtsform** (§ 2 Abs. 2 GewStG) z. B. Kapitalgesellschaften,
- Gewerbebetrieb **kraft wirtschaftlichen Geschäftsbetriebes** (§ 2 Abs. 3 GewStG) z. B. sonstige juristische Personen des privaten Rechts, nichtrechtsfähige Vereine, soweit sie einen steuerpflichtigen wirtschaftlichen Geschäftsbetrieb unterhalten.

Hinsichtlich des Begriffs „Gewerbebetrieb" besteht eine **inhaltliche Übereinstimmung** mit dem Einkommensteuerrecht. Daher sind die Regelungen des § 15 EStG für die Einklassifizierung der jeweiligen Tätigkeit maßgebend. Dabei ist zu beachten, dass die Voraussetzungen für die Gewerbesteuer selbständig zu prüfen sind. Entscheidungen hinsichtlich einer Tätigkeit im Einkommensteuerrecht sind für das Gewerbesteuerrecht nicht bindend bzw. umgekehrt.

1105 Ein Gewerbebetrieb liegt vor, wenn die folgenden fünf Voraussetzungen des § 15 Abs. 2 EStG erfüllt sind:

(1) Selbständigkeit,

(2) Nachhaltigkeit der Betätigung,

(3) Gewinnerzielungsabsicht,

(4) Beteiligung am allgemeinen wirtschaftlichen Verkehr,

(5) keine Land- und Forstwirtschaft, keine selbständige Arbeit i. S. des § 18 EStG und keine Vermögensverwaltung.

Eine natürliche Person kann mehrere Gewerbebetriebe unterhalten, mit der Folge, dass mehrere Gewerbesteuer(mess-)bescheide zu erlassen sind.

1106 Des Weiteren differenziert das Gewerbesteuerrecht zwischen einem stehenden Gewerbebetrieb und einem Reisegewerbebetrieb.

1107 Ein stehender Gewerbebetrieb ist ein Gewerbebetrieb, der kein Reisegewerbebetrieb i. S. des § 35a Abs. 2 GewStG ist (§ 1 GewStDV).

1108 Unter einem Reisegewerbe ist ein Gewerbebetrieb zu verstehen, dessen Inhaber nach den Vorschriften der Gewerbeordnung und den dazugehörigen Ausführungsbestimmungen eine Reisegewerbekarte bedarf (vgl. § 35a Abs. 2 GewStG, R 35a.1 GewStR). Wird im Rahmen eines einheitlichen Gewerbebetriebes sowohl ein stehendes als auch ein Reisegewerbe betrieben, so ist der Betrieb im vollen Umfang als stehendes Gewerbe zu behandeln. Diese Unterscheidung ist bedeutsam für die Frage, welcher Gemeinde das Gewerbesteueraufkommen zusteht.

Da von der Gewerbesteuer nur der inländische Gewerbebetrieb berührt wird, werden ausländische Unternehmen nur erfasst, soweit sie in der Bundesrepublik Deutschland eine Betriebsstätte (§ 12 AO) unterhalten. Betriebsstätte ist jede feste Geschäftseinrichtung oder Anlage, die der Tätigkeit eines Unternehmens dient. Typische Betriebsstätten sind Stätten der Geschäftsleitung, Fabriken, Werkstätten, Warenlager und Verkaufsstellen. Bauausführungen oder Montagen sind bei einer Dauer von mehr als 6 Monaten Betriebsstätten, § 12 Nr. 8 AO.

2. ABC des inländischen Gewerbebetriebs

(1) Abgrenzung zur Land- und Forstwirtschaft und selbständiger Arbeit: 1109

§ 15 Abs. 2 EStG normiert, dass die Land- und Forstwirtschaft aufgrund ihrer anderen Wesensart keinen Gewerbebetrieb darstellt. Land- und Forstwirtschaft ist die planmäßige Nutzung der natürlichen Kräfte des Bodens und die Verwertung der dadurch gewonnenen Erzeugnisse. Ein Betrieb, der dauernd und nachhaltig fremde Erzeugnisse über den betriebsnotwendigen Umfang hinaus zukauft, ist als Gewerbebetrieb zu behandeln (vgl. BFH-Urteil v. 2. 2. 1951, BStBl III S. 65). Als unschädlich wird ein dauernder und nachhaltiger Zukauf von bis zu 30 % des Umsatzes angesehen.

Einkünfte aus **Tierzucht und Tierhaltung** gehören zu den Einkünften aus Land- und Forstwirtschaft, wenn sie im üblichen Rahmen der Landwirtschaft liegen. Zur Bestimmung des üblichen Rahmens sind Grenzen festgelegt (vgl. § 13 EStG).

Bei der selbständigen Arbeit (§ 18 EStG) steht im Gegensatz zur gewerblichen Tätigkeit die geistige Arbeitsleistung des Tätigen im Vordergrund. Die Differenzierung, ob eine Tätigkeit dem gewerblichen oder dem selbständigen Bereich zuzuordnen ist, ist im Einzelfall schwierig. Die umfangreiche Einzelrechtsprechung des BFH ist in den Hinweisen zur R 15.6 EStH niedergelegt. Der BFH hat u. a. folgende, den freien Berufen ähnliche Berufe als Gewerbebetrieb eingeordnet: Anlagenberater, Auktionator, Bauleiter, Bildberichterstatter, EDV-Berater, Finanzberater, Fitness-Studio, Fotograf, Fremdenführer, Fußpfleger, Handelsvertreter, Inkassobüro, Konstrukteur, Parkhaus, ambulanter Pflegedienst, Agentur für Presse- und Öffentlichkeitsarbeit, Reiseleiter, Rundfunkermittler, Versicherungsvertreter, Weinlabor, Zahntechniker.

(2) Arbeitsgemeinschaften: 1110

Wenn sich mehrere selbständige Unternehmen zur Erfüllung von Aufträgen zusammenschließen (sog. Arbeitsgemeinschaften), handelt es sich i. d. R. um Gesellschaften bürgerlichen Rechts, die als Personengesellschaften selbst ein gewerbliches Unternehmen darstellen. Arbeitsgemeinschaften werden in der Praxis häufig für die Durchführung großer Baumaßnahmen gebildet. Als Gewerbebetrieb gilt jedoch nicht die Tätigkeit von Arbeitsgemeinschaften, deren alleiniger Zweck in der Durchführung eines einzigen Werk- oder Werklieferungsvertrags besteht. § 2a GewStG schreibt in diesen Fällen vor, dass die Betriebsstätten der Arbeitsgemeinschaften insoweit als Betriebsstätte der Beteiligten gelten (vgl. R 2a GewStR).

Dagegen unterliegen Gemeinschaften, die einen gemeinsamen Ein- oder Verkauf betreiben, selbständig der Gewerbesteuer. Ob eine Arbeitsgemeinschaft den alleinigen Zweck hat, sich auf die Erfüllung eines einzigen Werk- oder Werklieferungsvertrag zu beschränken, ist durch Auslegung des Gesellschaftsvertrags zu ermitteln.

(3) Beteiligung am allgemeinen wirtschaftlichen Verkehr: 1111

Sie liegt vor, wenn jemand sich nach außen hin erkennbar am wirtschaftlichen Leben nachhaltig beteiligt, d. h. wenn er am Leistungs- oder Güteraustausch teilnimmt. Die Größe des Kundenkreises ist ohne Bedeutung. Entscheidend ist die nach außen hin gerichtete Tätigkeit, mit der die (ggf. auch begrenzte) Allgemeinheit angesprochen wird. Bereits die Tätigkeit für nur einen bestimmten Vertragspartner reicht insoweit aus.

Auch fehlender Wettbewerb steht der Teilnahme am allgemeinen Verkehr nicht entgegen. Im Zweifelsfall ist auf das Gesamtbild der Tätigkeit und auf die Verkehrsauffassung abzustellen (vgl. H 15.4 EStH).

1112 **(4) Betriebe der öffentlichen Hand:**

Unternehmen von Körperschaften des öffentlichen Rechts stellen Gewerbebetriebe dar, wenn sie sowohl die Voraussetzungen eines Betriebs gewerblicher Art i. S. des § 4 KStG als auch die Voraussetzungen des § 15 Abs. 2 EStG erfüllen. Betriebe der öffentlichen Hand, die überwiegend der Ausübung der öffentlichen Gewalt dienen (Hoheitsbetriebe), gehören mit Ausnahme der Versorgungsbetriebe nicht zu den Gewerbebetrieben. Diese Tätigkeitsbereiche, die sich aus dem Gesamtbild der juristischen Person wirtschaftlich herausheben, werden als eigene Steuersubjekte behandelt (vgl. R 2.1 Abs. 6 GewStR).

1113 **(5) Betriebsaufspaltung:**

Im Fall der Betriebsaufspaltung können das Besitz- und Betriebsunternehmen nicht als einheitliches Unternehmen behandelt werden.

Sowohl bei der echten als auch bei der unechten Betriebsaufspaltung beteiligt sich das Besitzunternehmen über das Betriebsunternehmen weiterhin am allgemeinen wirtschaftlichen Verkehr. Durch das Rechtsinstitut der Betriebsaufspaltung wird die Verpachtung des Gewerbebetriebs in eine gewerbliche Tätigkeit umqualifiziert. Somit erzielen sowohl das Besitz- als auch das Betriebsunternehmen Einkünfte aus Gewerbebetrieb. Wird das Betriebsunternehmen von der Gewerbesteuer befreit, so erstreckt sich die Steuerbefreiung auch auf das Besitzunternehmen.

Entsprechend den einkommensteuerrechtlichen Vorgaben ist für die Annahme einer Betriebsaufspaltung die **sachliche** und **personelle Verflechtung** zwischen Besitzunternehmen und Betriebsunternehmen erforderlich, um zur Gewerbesteuerpflicht des Besitzunternehmens zu gelangen. Die sachliche Verflechtung setzt voraus, dass das Besitzunternehmen eine wesentliche Betriebsgrundlage an eine gewerblich tätige Personen- oder Kapitalgesellschaft (Betriebsunternehmen) zur Nutzung überlässt. Dabei zählen zu den wesentlichen Betriebsgrundlagen eines Betriebs vor allem Wirtschaftsgüter des Anlagevermögens, die zur Erreichung des Betriebszwecks erforderlich sind und ein besonderes wirtschaftliches Gewicht für die Betriebsführung beim Betriebsunternehmen haben.

Die personelle Verflechtung liegt vor, wenn eine Person oder mehrere Personen zusammen (= Personengruppe) sowohl beim Besitzunternehmen als auch beim Betriebsunternehmen einen einheitlichen geschäftlichen Betätigungswillen tatsächlich durchsetzen können. Dies setzt jedoch nicht voraus, dass an beiden Unternehmen die gleichen Beteiligungen derselben Personen bestehen. Dagegen ist ein einheitlicher geschäftlicher Betätigungswille bei wechselseitiger Mehrheitsbeteiligung von zwei Personen am Besitz- und Betriebsunternehmen gegeben.

1114 **(6) Betriebsverpachtung:**

Mit dem Beginn der Verpachtung des Betriebs erlischt unabhängig von der ertragsteuerlichen Behandlung die Gewerbesteuerpflicht. Solange der Verpächter die Betriebsaufgabe nicht erklärt hat, gehören die Pachteinnahmen zu den Einkünften aus Gewerbebetrieb. Sie unterliegen jedoch nicht mehr der Gewerbesteuer, da die aktive gewerbliche Tätigkeit eingestellt wurde. Daher muss der Gewinn des Wirtschaftsjahres, in dem die Betriebsverpachtung beginnt, für Zwecke der Gewerbesteuer aufgeteilt werden. Die Zuordnung richtet sich nach allgemeinen bilanzsteuerrechtlichen Regelungen; aus Vereinfachungsgründen kann der Gewinn durch Schätzung auf die Zeiträume vor und nach Pachtbeginn aufgeteilt werden. Dabei kann z. B. der Gewinn des Wirtschaftsjahres im Verhältnis des in der Zeit bis zum Pachtgewinn erzielten Bruttogewinns (Warenrohgewinn) zur Pachteinnahme aufgeteilt werden.

(7) Gewerblicher Grundstückshandel: 1115

Für die Annahme eines gewerblichen Grundstückshandels und damit eines Gewerbebetriebs müssen die allgemeinen Voraussetzungen einer gewerblichen Tätigkeit vorliegen. Die Veräußerungen müssen mit der Absicht erfolgen, sie zu wiederholen und daraus eine Erwerbsquelle zu machen. Das ist dann der Fall, wenn der Rahmen der privaten Vermögensverwaltung überschritten wird. Grundlegende Aussagen der Finanzverwaltung ergeben sich aus den BMF-Schreiben v. 26. 3. 2004 (BStBl I S. 434); ferner enthalten die H 15.7 EStH eine Auflistung von ergangenen BFH-Urteilen, die die o. g. BMF-Schreiben im Detail ergänzen.

(8) Gewinnerzielungsabsicht: 1116

Die zu beurteilende Tätigkeit muss in der Absicht erfolgen, Gewinne zu erwirtschaften, um somit das Betriebsvermögen zu vermehren. Für die Betrachtung, ob ein Gewinnstreben vorliegt, ist der Zeitraum zwischen Betriebsgründung und Betriebsveräußerung, -aufgabe oder -liquidation maßgebend. Entscheidend ist, ob ein **Totalgewinn** erzielt werden kann. Dies muss anhand äußerer Merkmale feststellbar sein. Sog. Anlaufverluste berühren das Vorliegen eines Gewerbebetriebs nicht, wenn die Gewinnerzielungsabsicht während der Verlustphase weiterbesteht.

Eine Gewinnerzielungsabsicht wird bei sog. Liebhabereibetrieben nicht angenommen, da der Steuerpflichtige die Tätigkeit nur aus den im Bereich seiner Lebensführung liegenden persönlichen Gründen und Neigungen ausübt. Ohne Gewinnerzielungsabsicht handelt auch, wer Einnahmen nur erzielt, um seine Selbstkosten zu decken.

(9) Kapitalgesellschaften: 1117

Bei den Kapitalgesellschaften (insbesondere Europäische Gesellschaften, AG, KgaA, GmbH), den Genossenschaften einschließlich Europäischer Genossenschaften sowie den Versicherungs- und Pensionsfondvereinen auf Gegenseitigkeit ist **jede** beliebige Art der Tätigkeit stets und im vollen Umfang gewerblich (§ 2 Abs. 1 GewStG). Entscheidend ist daher lediglich die Rechtsform des Unternehmens.

Wenn die Kapitalgesellschaft mehrere Betriebe unterhält, liegt nur ein Gewerbebetrieb vor (vgl. R 2.4 Abs. 4 GewStR).

(10) Mehrheit von Betrieben in einer Hand: 1118

Betriebe verschiedener Gewerbezweige bilden grundsätzlich mehrere selbständige Gewerbebetriebe. Mehrere Betriebe der gleichen Art sind grundsätzlich zu einem Gewerbebetrieb zusammenzufassen. Betriebe sind als gleichartig anzusehen, wenn sie sachlich, insbesondere wirtschaftlich, finanziell oder organisatorisch innerlich zusammenhängen. Dies gilt vor allem, wenn die einzelnen Betriebe in einer politischen Gemeinde liegen. Ausnahmsweise bilden mehrere Betriebe verschiedener Art einen einheitlichen Gewerbebetrieb, wenn sie sich wirtschaftlich ergänzen. Ob ein Gewerbebetrieb mit mehreren Teilbetrieben oder mehrere Gewerbebetriebe vorliegen, ist nach der Verkehrsauffassung und den Betriebsverhältnissen zu entscheiden. So bilden Gastwirtschaft und Bäckerei wie Fleischerei und Speisewirtschaft einen einheitlichen Gewerbebetrieb. Bei einer engen finanziellen, wirtschaftlichen und organisatorischen Verflechtung (vgl. auch § 2 BewG – wirtschaftliche Einheit) können auch verschiedenartige Tätigkeiten wie Tabakwareneinzelhandel und Lotto-/Toto-Annahmestelle einen einheitlichen Gewerbebetrieb bilden (vgl. R 2.4 Abs. 1 und 2 GewStR).

Anhaltspunkte für die wertende Betrachtung sind u. a. der Kunden- und Lieferantenkreis, die Geschäftsleitung, die Arbeitnehmerschaft, der Ort der gewerblichen Betätigung und die Zusammensetzung und Finanzierung des Aktivvermögens, H 2.4 Abs. 1 GewStH.

Bei Annahme mehrerer selbständiger Gewerbebetriebe sind getrennte Messbetragsfestsetzungen durchzuführen, mit der Folge, dass für jeden einzelnen Gewerbebetrieb der Freibetrag nach § 11 GewStG sowie alle sonstigen Freibeträge gewährt werden. Verluste eines Betriebes können allerdings nicht mit Gewinnen anderer Betriebe verrechnet werden. Liegt dagegen ein einheitlicher Gewerbebetrieb vor, so sind die Ergebnisse der einzelnen Betriebsteile im Rahmen der Messbetragsermittlung verrechenbar.

Mehrere Personengesellschaften können nicht zu einem einheitlichen gewerbesteuerlichen Steuergegenstand zusammengefasst werden, selbst wenn an den verschiedenen Personengesellschaften die gleichen Gesellschafter beteiligt sind, vgl. H 2.4 Abs. 3 (Zusammenfassung) GewStH.

Gemäß § 8 GewStDV gelten mehrere wirtschaftliche Geschäftsbetriebe von sonstigen Personen des privaten Rechts oder nichtrechtsfähigen Vereinen stets als einheitlicher Gewerbebetrieb.

1119 **(11) Nachhaltigkeit:**

Die ausgeübte Tätigkeit ist nachhaltig, wenn sie mit der Intention der Wiederholung erfolgt, um daraus eine ständige Erwerbsquelle zu machen. Eine einmalige Tätigkeit ist bereits nachhaltig, wenn die Absicht der Wiederholung erkennbar war. Kriterien für die Beurteilung der Nachhaltigkeit sind insbesondere:

- mehrjährige Tätigkeit,
- planmäßiges Handeln,
- auf Wiederholung angelegte Tätigkeit,
- die Ausführung mehr als nur eines Umsatzes,
- Beteiligung am Markt,
- Auftreten wie ein Händler,
- Unterhalten eines Geschäftslokals,
- Intensität des Tätigwerdens.

(12) Organschaft: 1120

Ist eine Kapitalgesellschaft Organgesellschaft im Sinne der §§ 14, 17 oder 18 KStG, so gilt sie als Betriebsstätte des Organträgers, vgl. § 2 Abs. 2 Satz 2 GewStG. Daraus ergibt sich, dass die Voraussetzungen der gewerbesteuerlichen Organschaft mit der körperschaftsteuerlichen Organschaft identisch sind. Eine Kapitalgesellschaft ist dann Organgesellschaft eines anderen inländischen Unternehmens, wenn sie finanziell eingegliedert ist (durch unmittelbare und/oder mittelbare Beteiligungen) und ein Ergebnisabführungsvertrag zwischen den Beteiligten besteht. Eine GmbH & Co. KG kann nicht Organgesellschaft sein.

Die Betriebsstättenfiktion bedeutet nicht, dass Organträger und Organgesellschaft als einheitliches Unternehmen anzusehen sind. Der Gewerbeertrag der Organgesellschaft ist getrennt zu ermitteln und dem Organträger zur Berechnung seines Steuermessbetrags zuzurechnen. Der Freibetrag nach § 8 Nr. 1 GewStG ist bei **jeder** Ermittlung jeweils gesondert zu berücksichtigen. Liegen die Voraussetzungen für ein Organschaftsverhältnis nicht während des ganzen Wirtschaftsjahres der Organgesellschaft vor, treten die steuerlichen Wirkungen des § 2 Abs. 2 Satz 2 GewStG für dieses Wirtschaftsjahr nicht ein. Das bedeutet, dass die Organgesellschaft insoweit selbst zur Gewerbesteuer herangezogen wird.

(13) Personengesellschaft: 1121

Erfüllt eine Personengesellschaft (GbR, OHG, KG) die Voraussetzungen des § 15 Abs. 2 i.V. mit Abs. 1 Nr. 1 EStG, so ist ihre Tätigkeit stets und im vollen Umfang als gewerbliche Tätigkeit einzustufen. Das gilt auch für solche Tätigkeitsbereiche, die isoliert betrachtet nicht zu einer gewerblichen Tätigkeit führen (vgl. § 15 Abs. 3 Nr. 1 EStG). Das bedeutet, dass der Umfang der Gewerbesteuerpflicht über die eigentliche gewerbliche Tätigkeit auf daneben ausgeübte Tätigkeiten ausgeweitet wird, die für sich betrachtet nicht die Merkmale eines Gewerbebetriebes erfüllen **(sog. Abfärbetheorie)**. Die originäre gewerbliche Tätigkeit infiziert demnach die Tätigkeit der gesamten Personengesellschaft. Eine Umqualifizierung nach § 15 Abs. 3 Nr. 1 EStG in Einkünfte aus Gewerbebetrieb tritt nicht ein, wenn die originär gewerblichen Nettoumsatzerlöse 3 % der Gesamtnettoumsatzerlöse der Gesellschaft und den Betrag von 24 500 € im Veranlagungszeitraum nicht übersteigen (vgl. BFH v. 27. 8. 2014, BStBl 2015 II S. 996, S. 999 und S. 1002). Außerdem muss beachtet werden, dass die bloße Beteiligung einer vermögensverwaltenden Personengesellschaft an einer gewerblichen Personengesellschaft zu einer schädlichen Abfärbung führt, vgl. § 15 Abs. 3 Nr. 1 2. Alternative EStG. Dies gilt unabhängig von der Höhe der Beteiligung wegen der eingenommenen Mitunternehmerstellung.

Daraus lässt sich ableiten, dass eine Personengesellschaft nur dann eine Tätigkeit, die die Ausübung des freien Berufs i. S. des § 18 EStG darstellt, entfalten kann, wenn sämtliche Gesellschafter die Merkmale des freien Berufs erfüllen. Die Tatbestandsvoraussetzungen können nämlich nicht von der Personengesellschaft selbst, sondern ausschließlich von den natürlichen Personen erfüllt werden. Erfüllt auch nur einer der Gesellschafter die Voraussetzungen nicht (persönliche Berufsqualifikation, berufsbezogene Tätigkeit des Steuerpflichtigen, im eigenen Tätigkeitsbereich leitend und eigenverantwortlich tätig), so erzielen alle Gesellschafter Einkünfte aus Gewerbebetrieb nach § 15 Abs. 1 Nr. 2 i.V. mit § 15 Abs. 3 Nr. 1 EStG. Der Beteiligung eines Berufsfremden gleichgestellt ist auch die mitunternehmerische Beteiligung einer Kapitalgesellschaft.

Die Tätigkeiten einer **gewerblich geprägten Personengesellschaft** (vgl. § 15 Abs. 3 Nr. 2 EStG) bilden stets und im vollen Umfang einen der Gewerbesteuer unterliegenden Gewerbebetrieb. Es bedarf somit keiner Prüfung hinsichtlich der Art der ausgeübten Tätigkeiten, da die Fiktion des § 15 Abs. 3 Nr. 2 EStG auch für das Gebiet der Gewerbesteuer gilt. § 2 Abs. 1 Satz 2 GewStG verweist ausdrücklich auf das „Gewerbliche Unternehmen des ESt-Rechts".

Eine gewerblich geprägte Personengesellschaft i. S. von § 15 Abs. 3 Nr. 2 EStG ist eine Personengesellschaft, die keine Tätigkeit i. S. von § 15 Abs. 1 Nr. 1 EStG ausübt, wenn an ihr ausschließlich eine oder mehrere Kapitalgesellschaften als persönlich haftende Gesellschafter beteiligt und nur diese oder Personen, die nicht Gesellschafter sind, zur Geschäftsführung befugt sind.

Sollte die Personengesellschaft nur teilweise eine gewerbliche Tätigkeit ausüben, fällt sie bereits unter die Regelung des § 15 Abs. 3 Nr. 1 EStG. Auf die gewerbliche Prägung kommt es dann für die Gewerbesteuerpflicht nicht mehr an.

Jede Personengesellschaft bildet für sich einen Gewerbebetrieb, auch wenn bei mehreren Personengesellschaften die gleichen Gesellschafter in gleichen Verhältnissen beteiligt sind (vgl. R 2.4 Abs. 3 GewStR).

Dagegen übt eine Personengesellschaft auch bei unterschiedlichen Tätigkeiten einen einheitlichen Gewerbebetrieb aus.

BEISPIEL 1:

Die A & B OHG betreibt einen Autohandel und ein Kino.

Lösung:

Die OHG unterhält nur einen Gewerbebetrieb, es ist nur ein Gewerbesteuer-Messbetrag festzusetzen.

BEISPIEL 2:

Die A & B OHG betreibt einen Autohandel. Außerdem haben A und B eine weitere Personengesellschaft gegründet, die ein Kino betreibt.

Lösung:

Die OHG und die weitere Personengesellschaft sind getrennt zu beurteilen. Für jede Personengesellschaft ist ein Gewerbesteuermessbetrag festzusetzen.

Betreibt eine Personengesellschaft als Inhaber eines Handelsgewerbes, an dem sich ein anderer atypisch still beteiligt, ein gewerbliches Unternehmen i. S. des § 15 EStG, unterhält sowohl die atypisch stille Gesellschaft, der dieses Unternehmen für die Dauer ihres Bestehens zugeordnet wird, als auch die Personengesellschaft jeweils einen selbständigen Gewerbebetrieb. Der Inhaber des Handelsgewerbes hat für jeden dieser Gewerbebetriebe jeweils eine eigenständige Gewerbesteuererklärung abzugeben.

1122 **(14) Selbständigkeit:**

Die Beurteilung einer Tätigkeit, ob sie selbständig oder unselbständig ist, erfolgt für die Gewerbe-, Einkommen- und Umsatzsteuer nach denselben Rechtsgrundsätzen, ohne jedoch eine gegenseitige Bindungswirkung auszulösen. Die Tätigkeit muss nach dem Gesamtbild der Verhältnisse sowohl subjektiv als auch objektiv selbständig sein. Das ist i. d. R. dann der Fall, wenn die Tätigkeit auf eigene Rechnung (Unternehmerrisiko) und auf eigene Verantwortung (Unternehmerinitiative) ausgeübt wird. Eine natürliche Person kann z. T. selbständig, z. T. unselbständig sein. Weitere Einzelfallentscheidungen sind in der R 15.1 EStR und H 15.1 EStH dargestellt.

(15) Vermögensverwaltung: 1123

Die bloße Verwaltung eigenen Vermögens ist i. d. R. kein Gewerbebetrieb. Sie liegt gem. § 14 Satz 3 AO dann vor, wenn Vermögen genutzt wird, z. B. Kapitalvermögen verzinslich angelegt oder unbewegliches Vermögen vermietet oder verpachtet wird. Die Abgrenzung des Gewerbebetriebs gegenüber der Vermögensverwaltung ist in den R 15.7 EStR und H 15.7 EStH geregelt.

So erfolgt z. B. die Vermietung eines Einkaufszentrums noch im Rahmen der privaten Vermögensverwaltung. Für die Annahme eines Gewerbebetriebs reicht es hier nicht aus, dass der Vermieter neben der bloßen Vermietung der Einkaufsflächen die für den Betrieb des Einkaufszentrums erforderlichen Infrastruktureinrichtungen bereitstellt und werbe- und verkaufsfördernde Maßnahmen für das gesamte Einkaufszentrum durchführt.

BEISPIELE FÜR EINEN GEWERBEBETRIEB:

Vermietung von Ausstellungsräumen, Messeständen, Konzertsälen; Gasthöfe, Fremdenpensionen, Ferienwohnungen mit hotelähnlicher Organisation; Campingplätze, Tennisplätze, Parkhäuser.

(16) Wirtschaftlicher Geschäftsbetrieb: 1124

Als Gewerbebetrieb gilt auch die Tätigkeit der juristischen Personen des privaten Rechts, die nicht im § 2 Abs. 2 GewStG aufgelistet sind, soweit sie einen wirtschaftlichen Geschäftsbetrieb unterhalten, der keine Land- und Forstwirtschaft sein darf (§ 2 Abs. 3 GewStG). Darunter fallen z. B. eingetragene Vereine, rechtsfähige Stiftungen, Anstalten des Privatrechts oder nichtrechtsfähige Vereine. Ein wirtschaftlicher Geschäftsbetrieb ist eine selbständige nachhaltige Tätigkeit, durch die Einnahmen oder andere wirtschaftliche Vorteile erzielt werden und die über den Rahmen einer Vermögensverwaltung hinausgeht. Weder eine Gewinnerzielungsabsicht noch die Teilnahme am allgemeinen Wirtschaftsverkehr wird tatbestandsmäßig gefordert.

III. Steuerpflicht

1. Sachliche und persönliche Steuerpflicht

Bei der Beurteilung der Steuerpflicht sind zwei unterschiedliche Ebenen zu betrachten. 1125
Es wird zwischen der **sachlichen** und der **persönlichen** Steuerpflicht unterschieden. Die sachliche Steuerpflicht (= Begriff Steuerpflicht im Gewerbesteuerrecht) setzt sich mit dem Steuergegenstand auseinander, während die persönliche Steuerpflicht sich des Steuerschuldners annimmt. So müssen zwei Bereiche geprüft werden, nämlich ob ein Gewerbebetrieb vorliegt und wer die Gewerbesteuer schuldet. Die sachliche Steuerpflicht beginnt mit dem Bestehen des Gewerbebetriebs und endet mit dessen Einstellung.

2. ABC der Steuerpflicht

1126 **(1) Atypisch stille Gesellschaft:**

Es handelt sich hierbei um eine Mitunternehmerschaft, wenn der stille Gesellschafter im Liquidationsfall auch an den stillen Reserven des Anlagevermögens beteiligt ist oder er nicht nur unwesentlich Einfluss auf die Geschäftsführung nehmen kann (Mitunternehmerrisiko und Mitunternehmerinitiative).

Diese Mitunternehmerschaft bildet einen Gewerbebetrieb i. S. des § 15 Abs. 3 Nr. 1 EStG (vgl. ABC des inländischen Gewerbebetriebs, Personengesellschaft).

Als Steuerschuldner kommen weder die atypisch stille Gesellschaft selbst noch die an ihr beteiligten Personen in ihrer gesellschaftsrechtlichen Verbundenheit noch der stille Gesellschafter in Betracht. Steuerschuldner gem. § 5 Abs. 1 Satz 1 GewStG ist der **Inhaber des Handelsgeschäfts** (vgl. R 5.1 Abs. 2 GewStR). Der Gewerbesteuermessbescheid und der Gewerbesteuerbescheid für die atypisch stille Gesellschaft richten sich demnach gegen den Inhaber des Handelsgeschäfts und sind diesem als Steuerschuldner bekanntzugeben. Dabei ist zu beachten, dass der Gewinnanteil des atypisch Stillen von vornherein als Bestandteil des gewerblichen Gewinns bei der Bemessung der Gewerbesteuer berücksichtigt wird.

1127 **(2) Einzelunternehmen:**

Die sachliche Steuerpflicht beginnt in dem Zeitpunkt, in dem erstmals alle Voraussetzungen im vollen Umfang für das Bestehen eines Gewerbebetriebs vorliegen. Reine Vorbereitungshandlungen, wie z. B. das Anmieten von Geschäftsräumen, die noch hergerichtet werden müssen oder die Errichtung eines Fabrikgebäudes, in dem die Warenherstellung aufgenommen werden soll, begründen die Gewerbesteuerpflicht noch nicht. Die eigentliche gewerbliche Tätigkeit muss erst aufgenommen worden sein. **Handelsregistereintragungen** haben lediglich deklaratorische Bedeutung. Daraus ergibt sich konsequenterweise, dass die bis zur Aufnahme der werbenden Tätigkeit entstandene Anlaufverluste gewerbesteuerlich unberücksichtigt bleiben.

BEISPIEL:

A will ein Kiosk eröffnen. Zum 1. 2. 01 mietet er entsprechende Räumlichkeiten an, die er bis zum 15. 5. 01 renoviert und entsprechend einrichtet. Werbeanzeigen in der örtlichen Presse schaltet er erstmals am 16. 5. 01 und bestellt die ersten Waren. Am 1. 6. 01 wird der Kiosk eröffnet.

Lösung:

Die Gewerbesteuerpflicht beginnt am 16. 5. 01, da zu diesem Zeitpunkt die werbende Tätigkeit beginnt. Die vor diesem Zeitpunkt entstandenen Verluste sowie anteilige Absetzung für Abnutzungen können gewerbesteuerlich nicht berücksichtigt werden.

Zusammenfassend: Der Beginn der werbenden Tätigkeit ist für den Beginn der sachlichen Steuerpflicht für Personenunternehmen maßgeblich.

Bei **Handelsunternehmen** z. B. durch Eröffnung des Ladenlokals, durch Anbringung eines Firmenschildes, durch Versendung von Angeboten, Preislisten oder durch die Reklame in Zeitungen, denn dadurch werden die Leistungen am allgemeinen Markt angeboten. Die tatsächliche Leistungsbereitschaft und Leistungsmöglichkeit müssen auch zu diesem Zeitpunkt gegeben sein.

Bei **Produktionsunternehmen** z. B. durch die Aufnahme der Produktion und das Anbieten der Produkte oder durch das Anbieten von entsprechenden Werk- oder Werklieferungsverträgen. Zu diesem Zeitpunkt muss das Unternehmen technisch in der Lage sein, mit der Vertragserfüllung beginnen zu können.

Mit der tatsächlichen Einstellung des Betriebs und der damit verbundenen völligen Aufgabe jeder werbenden Tätigkeit erlischt die sachliche Gewerbesteuerpflicht. Reine **Liquidationshandlungen** (wie z. B. das Einfordern von Außenständen oder das Begleichen von Schulden) führen nicht zu einer Fortsetzung des Gewerbebetriebs. Bei Handelsbetrieben endet die werbende Tätigkeit mit dem Zeitpunkt, in dem der Warenverkauf eingestellt wird. Daraus folgt, dass anders als bei der Einkommensbesteuerung im Rahmen der Gewerbesteuer Aufgabe- und Veräußerungsgewinne von Einzelunternehmen und Personengesellschaften steuerlich nicht erfasst werden.

Das bedeutet, dass der Räumungsverkauf im Zusammenhang mit der Geschäftsaufgabe noch zu der werbenden Tätigkeit gehört und damit gewerbesteuerpflichtig ist. Die Liquidation nach dem Räumungsverkauf einschließlich der anschließenden Versilberung des Anlagevermögens zählen nicht mehr zur gewerblichen werbenden Tätigkeit.

BEISPIEL:

Elektroeinzelhändler E will sein Handelsgeschäft aufgeben. Sein letzter Wareneinkauf erfolgt am 15. 10. 01. In der Zeit vom 2.–30. 11. 02 führt E einen Räumungsverkauf durch. Vom 1. 12. 01–28. 2. 02 veräußert E sein Anlagevermögen, außerdem wickelt er sämtliche Forderungen und Schulden ab.

Lösung:

Die Gewerbesteuerpflicht endet am 30. 11. 01 mit Beendigung des Räumungsverkaufes. Die anschließenden Tätigkeiten (Abwicklung/Liquidation) rechnen nicht mehr zur werbenden Tätigkeit, vgl. auch H 2.6 Abs. 1 GewStH.

Eine vorübergehende Unterbrechung der gewerblichen Tätigkeit und damit das Ruhen des Gewerbebetriebs (wie z. B. bei Saisonbetrieben) beendet die sachliche Gewerbesteuerpflicht nicht. Der Betrieb muss für eine gewisse Dauer aufgegeben werden. Grundsätzlich erlischt mit der Verpachtung eines Gewerbebetriebs im Ganzen die Gewerbesteuerpflicht des Verpächters. Etwas anderes gilt in Fällen der Betriebsaufspaltung, weil hier das Besitzunternehmen weiterhin als gewerbliches Unternehmen anzusehen ist.

Steuerschuldner ist derjenige, der das Unternehmerrisiko trägt, d. h. für wessen Rechnung und Risiko die gewerbliche Tätigkeit ausgeführt wird.

(3) Kapitalgesellschaften, Erwerbs- und Wirtschaftsgenossenschaften und Versicherungsvereine auf Gegenseitigkeit: 1128

Mit der Eintragung ins Handelsregister (bei Erwerbs- und Wirtschaftsgenossenschaften mit Eintragung in das Genossenschaftsregister, bei Versicherungsvereinen auf Gegenseitigkeit mit der Erlaubnis der Aufsichtsbehörde) beginnt die sachliche Gewerbesteuerpflicht, da allein die **Rechtsform** für die Begründung des Gewerbebetriebs maßgebend ist. Von diesem Zeitpunkt ab kommt es auf Art und Umfang der Tätigkeit nicht an. Falls jedoch die vor Eintragung ins Handelsregister existierende Gründergesellschaft nach außen hin tätig geworden ist und ihrerseits als Personenzusammenschluss die Grundvoraussetzungen eines Gewerbebetriebs erfüllt, entsteht die Gewerbesteuerpflicht bereits mit Aufnahme der Tätigkeit. Dabei wird die Tätigkeit der Gründergesellschaft und die später durch Eintragung gegründete Kapitalgesellschaft als einheitlicher Steuergegenstand betrachtet (vgl. H 2.5 Abs. 2 GewStH). Von der Gründergesellschaft (auch als Vorgesellschaft bezeichnet) ist die sog. Vorgründungsgesellschaft zu unterscheiden. Eine Vorgründungsgesellschaft umfasst die Tätigkeit vor Abschluss des Gesellschaftsvertrags. Die Vorgründungsgesellschaft wird steuerlich nach den Grundsätzen für Personengesellschaften behandelt. Entfaltet bereits die Vorgründungsgesellschaft eine nach außen gerichtete Tätigkeit, ist sie gesondert gewerbesteuerpflichtig.

Sollte die Rechtsfähigkeit beispielsweise durch Nichteintragung ins Handelsregister nicht erlangt werden, wird die Gründergesellschaft (Vorgesellschaft) steuerlich wie die Vorgründungsgesellschaft behandelt. Sie bildet dann mit dieser eine einheitliche Mitunternehmerschaft, dessen Beginn der Gewerbesteuerpflicht bei entsprechenden nach außen gerichteten Tätigkeiten sich nach den für Personengesellschaften geltenden Grundsätzen richtet.

Die Gewerbesteuerpflicht erlischt mit dem Aufhören jeglicher Tätigkeit überhaupt. Das ist der Zeitpunkt, an dem das Vermögen an die Anteilseigner verteilt wird. Unmaßgeblich ist das Aufhören der gewerblichen Betätigung (vgl. R 2.6 Abs. 10 GewStR).

Daraus ergibt sich, dass bei einer Kapitalgesellschaft ein ggf. anfallender Veräußerungs- oder Liquidationsgewinn der Gewerbesteuer unterliegt.

Da die juristische Person selbst rechtsfähig ist, schuldet sie auch die Gewerbesteuer.

1129 **(4) Insolvenzverfahren:**

Unabhängig von der Rechtsform führt die Eröffnung des Insolvenzverfahrens nicht zum Erlöschen der Gewerbesteuerpflicht (§ 4 Abs. 2 GewStDV). Wickelt jedoch der Insolvenzverwalter den Gewerbebetrieb des Gemeinschuldners lediglich ab, ohne den Betrieb weiter fortzuführen, so endet die Gewerbesteuerpflicht mit der tatsächlichen Einstellung der gewerblichen Tätigkeit.

Das gilt nicht bei Kapitalgesellschaften, die der uneingeschränkten Rechtsformbesteuerung unterliegen. Hier endet die Gewerbesteuerpflicht mit dem Aufhören jeglicher Tätigkeit (vgl. R 2.6 Abs. 4 GewStR).

1130 **(5) Personengesellschaften:**

Die Regelungen für Einzelunternehmen gelten hinsichtlich des Beginns und des Endes auch für Personengesellschaften, und zwar unabhängig von der Rechtsform der Gesellschafter. Die Handelsregistereintragung ist für die Wertung unerheblich. Auch die Handelsregistereintragung einer ausschließlich aus Kapitalgesellschaften bestehenden Personengesellschaft führt deshalb nicht zum Beginn der Gewerbesteuerpflicht.

Auch bei einer gewerblich geprägten Personengesellschaft ist auf die Aufnahme jeglicher mit Einkünfteerzielungsabsicht vorgenommenen Tätigkeit abzustellen. Das ist regelmäßig der Beginn der werbenden Tätigkeit, wie z. B. Werbung in Zeitungen für die betrieblichen Leistungen.

BEISPIEL: ▶ Die A-OHG (Unternehmensgegenstand: Herstellung von Sonnenkollektoren für die Warmwasseraufbereitung) wurde am 7. 4. 02 gegründet und am 28. 5. 02 in das Handelsregister eingetragen. Erste Werklieferverträge wurden am 2. 8. 02 abgeschlossen. Die Entwicklung und Fertigung erster Prototypen begann im April 03. Nach Beseitigung diverser technischer Produktionsproblemen war die OHG ab dem 1. 1. 04 lieferfähig. Die erste Lieferung und Montage erfolgte am 20. 1. 04.

Lösung:

Die sachliche Gewerbesteuerpflicht beginnt mit der Lieferfähigkeit am 1. 1. 04, da sich ab diesem Zeitpunkt die A-OHG mit eigenen gewerblichen Leistungen am allgemeinen wirtschaftlichen Verkehr beteiligen kann. Weder die vorherige Gründung oder die Eintragung in das Handelsregister noch der Abschluss der Lieferverträge begründen die Gewerbesteuerpflicht, insoweit ist der Gewerbebetrieb noch nicht in Gang gesetzt worden.

Steuerschuldner ist die Gesellschaft als solches und nicht die beteiligten Gesellschafter. Die Personengesellschaften besitzen insoweit Teilrechtsfähigkeit.

(6) Sonstige juristische Personen des privaten Rechts und nichtrechtsfähige Vereine: 1131

Mit Aufnahme des wirtschaftlichen Geschäftsbetriebs beginnt die sachliche Gewerbesteuerpflicht. Sie endet mit der tatsächlichen Einstellung.

Erfolgt jedoch der wirtschaftliche Geschäftsbetrieb in der Weise, dass es sich um jährlich wiederkehrende Tätigkeiten handelt (wie z. B. Schützenfeste), so ist ein fortbestehender Gewerbebetrieb anzunehmen (vgl. R 2.5 Abs. 3 GewStR).

Steuerschuldner ist die juristische Person als solche.

(7) Unternehmerwechsel: 1132

Die Gewerbesteuer stellt als Objektsteuer auf den jeweiligen Gewerbebetrieb ab. Somit müsste ein Wechsel in der Person des Unternehmers für die sachliche Steuerpflicht unbeachtlich sein. Diese Annahme schränkt § 2 Abs. 5 GewStG durch gesetzliche Fiktion ein. Daher kommt es zu folgender Regelung:

Ein Gewerbebetrieb, der im Ganzen auf einen anderen Unternehmer übergeht, gilt

- für den bisherigen Unternehmer als eingestellt und
- für den übernehmenden Unternehmer als neu gegründet, wenn er nicht mit einem bereits bestehenden Gewerbebetrieb vereinigt wird.

Diese Rechtsfolge tritt unabhängig davon ein, ob der Betrieb entgeltlich oder unentgeltlich im Wege der Einzel- oder Gesamtrechtsnachfolge übergeht.

Dies ist die personenbezogene Komponente der als Objektsteuer einzuordnenden Gewerbesteuer.

Der Übergangszeitpunkt wird als Zeitpunkt der Einstellung und als Zeitpunkt der Neugründung angesehen. Daran knüpft das Ende bzw. der Beginn der sachlichen Gewerbesteuerpflicht. Der in der Person des neuen Unternehmers fortgeführte Gewerbebetrieb kann die Gewerbeverluste aus der Zeit vor dem Unternehmerwechsel nicht bei Ermittlung seines Gewerbeertrags abziehen.

Wird jedoch nur ein Teil des Gewerbebetriebs veräußert und der restliche Betrieb weiter fortgeführt, so hat dies keine Auswirkung auf den Fortbestand der sachlichen Steuerpflicht des Veräußerers.

Wird der übernommene Teilbetrieb vom Erwerber mit einem bereits bestehenden Betrieb zusammengefasst, begründet der Zusammenschluss keine neue Gewerbesteuerpflicht.

Wird der Teilbetrieb durch den Erwerber als eigenständiger Betrieb fortgeführt, entsteht für ihn die sachliche Gewerbesteuerpflicht neu.

Die Umwandlung einer Personenhandelsgesellschaft (OHG, KG) in eine Kapitalgesellschaft durch Verschmelzung oder Umwandlung stellt einen Unternehmerwechsel i. S. des § 2 Abs. 5 GewStG dar.

Scheiden aus einer Personengesellschaft, die einen Gewerbebetrieb bildet, einzelne Gesellschafter oder alle bis auf einen aus oder treten neue hinzu oder wird ein Einzelunternehmen durch Aufnahme eines oder mehrerer Gesellschafter in eine Personengesellschaft umgewandelt, so geht der Gewerbebetrieb nicht im Ganzen auf einen anderen Unternehmer über, solange ihn mindestens einer der bisherigen Unternehmer unverändert fortführt. Die sachliche Steuerpflicht des Unternehmens besteht unverändert fort.

Daraus folgt, dass ein Unternehmerwechsel i. S. von § 2 Abs. 5 GewStG und somit eine Veränderung in der sachlichen Steuerpflicht in den folgenden Fällen nicht vorliegt:

- Umwandlung einer Einzelfirma in eine Personengesellschaft.
- Einbringung eines Einzelunternehmens durch einen Gesellschafter in eine Personengesellschaft.
- Gesellschafterwechsel bei Personengesellschaften (Ausscheiden von Gesellschaftern oder Hinzutreten von neuen Gesellschaftern), sofern mindestens ein Gesellschafter in der Personengesellschaft verbleibt.
- Eine GmbH & Co. KG wird durch das Ausscheiden des einzigen Kommanditisten in eine GmbH umgewandelt (H 2.7 GewStH (Partieller Unternehmerwechsel bei Personengesellschaften)).
- Einbringung des Betriebs einer Kapitalgesellschaft in eine Personengesellschaft, wenn die Kapitalgesellschaft dadurch Mitunternehmer dieser Personengesellschaft wird.
- Eine Personengesellschaft wandelt sich in eine Personengesellschaft anderer Rechtsform um (z. B. OHG in KG).

Die persönliche Steuerpflicht (= Steuerschuldnerschaft) ist grundsätzlich an die sachliche Steuerpflicht gekoppelt. Ist ein Unternehmerwechsel i. S. von § 2 Abs. 5 GewStG und damit ein Ende der sachlichen Steuerpflicht gegeben, so liegt in jedem Fall auch ein Wechsel der persönlichen Steuerpflicht vor, wenn der Gewerbebetrieb im Ganzen auf einen anderen Unternehmer übergeht. Der bisherige Unternehmer ist bis zum Zeitpunkt des Übergangs Steuerschuldner, während der andere Unternehmer von diesem Zeitpunkt an Steuerschuldner ist, vgl. § 5 Abs. 2 GewStG.

Wird ein Einzelunternehmen durch Aufnahme eines oder mehrerer Gesellschafter in eine Personengesellschaft umgewandelt oder scheiden aus einer Personengesellschaft alle Gesellschafter bis auf einen aus, so hat dies zwar wie oben dargelegt keinen Einfluss auf das Fortbestehen der sachlichen Steuerpflicht, jedoch auf die Steuerschuldnerschaft. Sie beginnt bzw. endet im Zeitpunkt des Rechtsformwechsels. Der Wechsel des Steuerschuldners ist bei der Festsetzung des Gewerbesteuermessbetrags zu berücksichtigen (vgl. R 2.7 und R 10a.3 GewStR).

Tritt der Wechsel der Steuerschuldnerschaft während eines Erhebungszeitraums ein, so sind für diesen Erhebungszeitraum trotz unverändert bestehender sachlicher Steuerpflicht zwei Gewerbesteuermessbetragsfestsetzungen vorzunehmen. Da jedoch die sachliche Steuerpflicht unverändert bleibt, ist ein einheitlicher Messbetrag zu ermitteln, der nur für Zwecke der „Aufteilung der Steuerschuld" auf zwei Steuerschuldner aufgeteilt wird, vgl. R 11.1 Satz 3–7 GewStR.

BEISPIEL 1: Die A-OHG (Gesellschafter sind die Eheleute A und B) überträgt die von ihr betriebene Tankstelle mit Wirkung ab dem 1. 7. 01 unentgeltlich an D (Sohn von A und B). Dieser führt die Tankstelle unverändert weiter.

Lösung:

Es handelt sich um einen Unternehmerwechsel im Sinne von § 2 Abs. 5 GewStG. Die sachliche Steuerpflicht des Gewerbebetriebs Tankstelle der A-OHG endet mit Übertragung am 30. 6. 01. Gemäß § 2 Abs. 5 Satz 2 GewStG entsteht am 1. 7. 01 eine neue sachliche Steuerpflicht. Für den Erhebungszeitraum 01 sind zwei getrennte Gewerbesteuermessbetragsfestsetzungen durchzuführen. Da es sich um zwei selbständige Steuergegenstände handelt, ist jedem der beiden Gewerbebetriebe der Freibetrag nach § 11 Abs. 1 GewStG zu gewähren. Gleichzeitig vollzieht sich zum 1. 7. 01 ein Wechsel der Steuerschuldnerschaft.

BEISPIEL 2: Aus der AB-OHG (Wirtschaftsjahr = Kalenderjahr), scheidet Gesellschafter A mit Ablauf des 31. 7. 01 aus. Gesellschafter B führt das von der AB-OHG betriebene Unternehmen als Einzelunternehmen unverändert fort. Für die Zeit vom 1. 1.–31. 7. 01 wird ein Gewinn von 20 000 €, für die Zeit vom 1. 8.–31. 12. 01 ein Gewinn von 30 000 € errechnet.

Lösung:

Eine Veränderung der sachlichen Steuerpflicht im Sinne von § 2 Abs. 5 GewStG ist nicht gegeben, weil Mitunternehmer B das Unternehmen weiter fortführt. Die persönliche Steuerpflicht der AB-OHG endet jedoch mit Ausscheiden des vorletzten Gesellschafters. Gleichzeitig beginnt die persönliche Steuerpflicht des B. Deshalb müssen für 01 zwei Steuermessbetragsfestsetzungen durchgeführt werden.

- für die AB-OHG

Gewerbeertrag	20 000 €
Freibetrag nach § 11 Abs. 1 Nr. 1 GewStG 7/12 von 24 500 €	14 292 €
verbleibender Betrag	5 708 €
Steuermessbetrag nach dem Gewerbeertrag: 5 700 € × 3,5 %	199,5 €

- für B

Gewerbeertrag	30 000 €
Freibetrag nach § 11 Abs. 1 Nr. 1 GewStG 5/12 von 24 500 €	10 208 €
verbleibender Betrag	19 792 €
Steuermessbetrag nach dem Gewerbeertrag 19 700 € × 3,5 %	689 €

3. Steuerbefreiungen

Die Steuerbefreiungen des GewStG (§ 3 GewStG) stimmen im Wesentlichen mit den 1133
Körperschaftsteuerbefreiungsvorschriften des § 5 KStG überein. Folgende gewerbliche Tätigkeiten sind beispielsweise von der Gewerbesteuer befreit: Staatliche Lotterieunternehmen, Körperschaften, die ausschließlich und unmittelbar gemeinnützigen, mildtätigen oder kirchlichen Zwecken dienen, kleinere Hochsee- und Küstenfischerei, rechtsfähige Pensions-, Sterbe-, Kranken- und Unterstützungskassen, Krankenhäuser, Altenheime, Altenwohnheime, Pflegeheime. Wenn eine Befreiungsvorschrift zur Anwendung kommt, erlischt die sachliche Steuerpflicht. Im Zeitpunkt des Wegfalls der Befreiungsvorschrift beginnt die sachliche Gewerbesteuerpflicht.

IV. Die Festsetzung der Gewerbesteuer

1. Schema für die Festsetzung

1134 **Gewerbesteuer nach dem**

Gewerbeertrag
Gewinn aus Gewerbebetrieb (§ 7 GewStG)
+ Hinzurechnungen (§ 8 GewStG)
– Kürzungen (§ 9 GewStG)
= Maßgebender Gewerbeertrag (§ 6 und § 10 GewStG)
– Verlustabzug (aus Vorjahren) (§ 10a GewStG)
Abrundung auf volle 100 € (§ 11 Abs. 1 GewStG)
– Freibetrag 24 500 € (nur natürliche Personen und Personengesellschaften) (§ 11 Abs. 1 GewStG)
= verbleibender Gewerbeertrag
× Steuermesszahl (§ 11 Abs. 2 GewStG)
= Gewerbesteuermessbetrag (§ 14 GewStG)
× Hebesatz der Gemeinde (§ 16 GewStG)
= Gewerbesteuer

2. Gewerbeertrag

1135 Besteuerungsgrundlage für die Gewerbesteuer ist der Gewerbeertrag (§ 6 GewStG). Ausgangspunkt für die Ermittlung des Gewerbeertrags ist grundsätzlich der Gewinn, der der Einkommensteuer- oder der Körperschaftsteuerveranlagung zugrunde gelegt worden ist. Dabei ist zu beachten, dass der Gewinn aus Gewerbebetrieb für die Gewerbesteuer eigenständig zu ermitteln ist. Eine Bindungswirkung hinsichtlich des ermittelten Gewinns im Rahmen der jeweiligen Ertragsteuerveranlagung für die Gewerbesteuer besteht nicht. Weicht bei einem Gewerbebetrieb das Wirtschaftsjahr vom Kalenderjahr ab, gilt der Gewerbeertrag in dem Erhebungszeitraum bezogen, in dem das Wirtschaftsjahr endet. Insoweit besteht zur Einkommensteuer keine Differenz.

BEISPIEL:

A betreibt einen Schuhgroßhandel. Das Gewerbe wird während des gesamten Kalenderjahrs 2018 betrieben. Das abweichende Wirtschaftsjahr läuft jeweils vom 1. 6.–31. 5. eines Jahres.

Lösung:

Die sachliche Gewerbesteuerpflicht besteht das gesamte Kalenderjahr 2018 und der Erhebungszeitraum 2018 umfasst ebenfalls das Kalenderjahr (§ 14 Satz 2 GewStG). Gemäß § 10 Abs. 2 GewStG gilt der Gewerbeertrag im Erhebungszeitraum 2018 als bezogen. Maßgebender Gewerbeertrag ist der nach dem EStG ermittelte Gewinn des Wirtschaftsjahres (Wj) 2017/2018, vermehrt und vermindert um die in §§ 8 und 9 GewStG bezeichneten Beträge des Wj 2017/2018, der sich für das Wirtschaftsjahr ergibt, das im Erhebungszeitraum endet.

Der Gewerbesteuermessbescheid ist von Amts wegen aufzuheben oder zu ändern, wenn der Einkommen- oder Körperschaftsteuerbescheid oder der Feststellungsbescheid aufgehoben bzw. geändert wird und die Aufhebung oder Änderung den Gewinn aus Gewerbebetrieb berührt, vgl. § 35b GewStG (vereinfachte Berichtigungsmöglichkeit).

Die Berechnung des Gewinns erfolgt unter Anwendung der Regelungen des Einkommensteuer- bzw. des Körperschaftsteuerrechts, es sei denn, die Anwendung ist ausdrücklich auf die Einkommensteuer (bzw. Körperschaftsteuer) beschränkt bzw. ihre Nichtanwendung ergibt sich unmittelbar aus dem Gewerbesteuergesetz oder aus dem Wesen der Gewerbesteuer (vgl. § 7 GewStG). Beim zu versteuernden Einkommen von Körperschaften muss ein eventueller Verlustabzug wieder hinzugerechnet werden, da für die Gewerbesteuer der Verlustabzug eigenständig zu ermitteln ist. 1136

Zum Gewerbeertrag gehören auch der Gewinn aus der Veräußerung oder Aufgabe

- eines Betriebes,
- eines Teilbetriebes einer Mitunternehmerschaft,
- eines Mitunternehmeranteils oder
- eines Anteils eines KGaA-Komplementärs,

soweit er nicht auf eine natürliche Person als unmittelbar beteiligter Mitunternehmer entfällt (§ 7 Satz 2 i.V. mit § 36 Abs. 1 GewStG). Grund der Regelung ist, missbräuchliche Gestaltungen durch vorherige Übertragung von Einzelwirtschaftsgütern auf Kapitalgesellschaften zu verhindern.

§ 3 Nr. 40 EStG und § 3c Abs. 2 EStG (sog. Teileinkünfteverfahren) sind bei der Ermittlung des Gewerbeertrages einer gewerblich tätigen Personengesellschaft anzuwenden, soweit an der Personengesellschaft natürliche Personen unmittelbar oder über eine oder mehrere Personengesellschaften mittelbar beteiligt sind. Bei Mitunternehmerschaften, bei denen Kapitalgesellschaften beteiligt sind, sind insoweit die Regelungen des § 8b KStG (100 % Freistellung der anteilig zuzurechnenden Dividendeneinnahmen und 5 % fingierte nichtabzugsfähige Betriebsausgaben) auf der Ebene der Personengesellschaft zwecks Ermittlung des Gewerbeertrages anzuwenden, vgl. § 7 Satz 4 GewStG.

BEISPIEL: An der A-OHG sind die A-GmbH und A zu je $^1/_2$ beteiligt. Die Steuerbilanz weist einen Jahresüberschuss von 600 000 € aus. Darin enthalten ist eine als Beteiligungserträge erfasste Dividendenzahlung der Z-GmbH i. H.v. 200 000 €. Der von der OHG gehaltene Stammkapitalanteil beträgt 8 %.

Lösung:

Ermittlung des Gewerbeertrages der A-OHG:

	Jahresüberschuss	600 000 €
–	Dividenden, die unter § 3 Nr. 40 EStG fallen 50 % × 200 000 € × 40 %	40 000 €
–	Dividenden, die unter § 8b Abs. 1 KStG fallen 50 % × 200 000 € × 100 %	100 000 €
+	§ 8b Abs. 5 KStG 5 % × 100 000 €	5 000 €
		465 000 €

Nicht zu den gewerbesteuerlichen Einkünften zählen

- Gewinne i. S. des § 16 EStG (Veräußerungs- und Aufgabegewinne),
- Veräußerungen nach § 17 EStG,
- Entschädigungen i. S. des § 24 EStG, wenn diese nicht unmittelbare Erträge des werbenden Betriebs sind, z. B. Ausgleichszahlungen nach § 89b HGB bei Handelsvertretern.

Die Vorschriften der §§ 15 Abs. 4, 15a sowie 15b EStG finden keine Anwendung (R 7.1 Abs. 3 GewStR).

Maßgebend ist gemäß § 10 Abs. 1 GewStG der Gewerbeertrag, der im Erhebungszeitraum bezogen wird. Erhebungszeitraum ist nach § 14 Satz 2 GewStG das Kalenderjahr. Besteht die Gewerbesteuerpflicht nicht während des ganzen Kalenderjahrs, so tritt an die Stelle des Kalenderjahrs der Zeitraum der Steuerpflicht (abgekürzter Erhebungszeitraum).

Bei Unternehmen, die zulässigerweise ein vom Kalenderjahr abweichendes Wirtschaftsjahr haben, gilt der Gewerbeertrag als in dem Erhebungszeitraum bezogen, in dem das abweichende Wirtschaftsjahr endet (§ 10 Abs. 2 GewStG). Der Zeitraum der Gewerbeertragsermittlung stimmt daher immer mit dem Einkommen- bzw. Gewinnermittlungszeitraum überein.

1137 Dem Gewinn aus Gewerbebetrieb sind bestimmte Beträge hinzuzurechnen (§ 8 GewStG) und um bestimmte Beträge zu kürzen (§ 9 GewStG), soweit sie sich erfolgswirksam bei der Ermittlung des Gewinns niedergeschlagen haben. Als Folge der Hinzurechnungen und Kürzungen ist es denkbar, dass sich trotz eines Gewinns ein negativer Gewerbeertrag und umgekehrt trotz eines Verlustes ein positiver Gewerbeertrag ergibt. Sinn und Zweck der Hinzurechnungen und Kürzungen ist, von dem Gewinn lt. EStG (bzw. KStG), unter Außerbetrachtlassung der Beziehungen des jeweiligen Inhabers zum Unternehmen, zu einem objektiven Gewerbeertrag zu gelangen. Durch diese Maßnahmen wird der Objektsteuercharakter der Gewerbesteuer sichtbar.

Erträge, die dadurch anfallen, dass zulasten des Gewinns gebildete Rückstellungen aufgelöst oder entrichtete Beträge erstattet werden, bilden einen Bestandteil des der Ermittlung des Gewerbeertrags nach § 7 GewStG zugrunde zu legenden Gewinns aus Gewerbebetrieb. Zur Vermeidung einer doppelten Besteuerung ist daher bei der Ermittlung des Gewerbeertrags der Gewinn um jene Erträge zu mindern, welche bereits mit Bildung der Rückstellung oder bei ihrer Entrichtung nach § 8 GewStG dem Gewinn aus Gewerbebetrieb hinzugerechnet worden sind. Der Umfang der Minderung richtet sich dabei nach der Höhe der tatsächlichen Hinzurechnung (vgl. R 7.1 Abs. 1 GewStR und H 7.1 „Korrektur nach erfolgter Hinzurechnung" GewStH).

BEISPIEL: A ist Inhaber eines Einzelunternehmens. Der nach den Vorschriften des EStG ermittelte Gewinn beträgt in den Erhebungszeiträumen (EZ) 01 und 02 jeweils 100 000 €. Als BA wurden jeweils Entgelte für Schulden i. H. v. 300 000 € berücksichtigt. Ein Teilbetrag i. H. v. 100 000 € der im EZ 01 gezahlten Entgelte für Schulden wurde im EZ 02 erstattet. Der Erstattungsbetrag ist im EZ 02 als Betriebseinnahme erfasst worden.

Lösung:

In den EZ 01 und 02 ist jeweils ein Hinzurechnungsbetrag nach § 8 Nr. 1 GewStG i. H. v. 50 000 € anzusetzen (Entgelte für Schulden i. H. v. 300 000 € abzgl. des Freibetrags nach § 8 Nr. 1 GewStG i. H. v. 100 000 €; davon 1/4). Die Erstattung im EZ 02 beeinflusst die in den EZ 01 und 02 zu berücksichtigenden Hinzurechnungsbeträge nicht. Zur Vermeidung einer doppelten Besteuerung ist der bei der Ermittlung des Gewerbeertrags nach § 7 GewStG im EZ 02 zugrunde zu legende Gewinn um den auf den Erstattungsbetrag entfallenden Hinzurechnungsbetrag des EZ 01 zu mindern.

Der Minderungsbetrag ist wie folgt zu bestimmen:

Entgelte für Schulden des EZ 01	300 000 €
abzgl. Erstattungsbetrag	100 000 €
abzgl. Freibetrag nach § 8 Nr. 1 GewStG	100 000 €
	100 000 €
Fiktiver Hinzurechnungsbetrag im EZ 01 (100 000 € x 1/4)	25 000 €
Tatsächlicher Hinzurechnungsbetrag im EZ 01	50 000 €
Differenz	25 000 €

Im EZ 02 ist bei der Ermittlung des Gewerbeertrags ein Gewinn i. H. v. 75 000 € zugrunde zu legen (tatsächlicher Gewinn i. H. v. 100 000 € abzüglich des Minderungsbetrags i. H. v. 25 000 €).

Ermittlung des Gewerbeertrags:

	EZ 01	**EZ 02**
Ausgangsgröße i. S. des § 7 GewStG	100 000 €	75 000 €
Hinzurechnung § 8 Nr. 1 GewStG	50 000 €	50 000 €
maßgebender Gewerbeertrag	150 000 €	125 000 €

Die in den §§ 8 und 9 GewStG aufgelisteten Hinzu- und Abrechnungen sind **abschließend** aufgezählt und müssen angewandt werden, wenn sie bei der Ermittlung des Gewinns berücksichtigt worden sind. Dabei muss beachtet werden, dass die Gewinnermittlung des Steuergegenstands (des Unternehmens) i. S. des § 2 Abs. 1 bis 3 GewStG maßgebend ist. Deshalb unterliegen Sondervergütungen eines Mitunternehmers i. S. des § 15 Abs. 1 Satz 1 Nr. 2 EStG weiterhin nicht der Hinzurechnung, denn im Rahmen der additiven Gewinnermittlung bei Personengesellschaften wird der Aufwand im Gesamthandsbereich durch den entsprechender Ertrag im Sonderbereich neutralisiert.

3. ABC der Hinzurechnungen und Kürzungen beim Gewerbeertrag

(1) Aufwendungen für die zeitlich befristete Überlassung von Rechten: 1138

Hinzugerechnet werden Aufwendungen für die zeitlich befristete Überlassung von Rechten (§ 8 Nr. 1 Buchst. f GewStG). Zu diesen Rechten gehören insbesondere Konzessionen, gewerbliche Schutzrechte, Urheberrechte, Lizenzrechte und Namensrechte. Aufwendungen für die zeitlich befristete Überlassung von Software unterliegen regelmäßig der Hinzurechnung, wenn mit der zeitlich befristeten Überlassung das Recht auf Nutzung eingeräumt wird und auf Seiten des Überlassenden eine geschützte Rechtsposition an diesem Recht (z. B. Urheberrecht) besteht. Dem entgegen unterliegen Aufwendungen für die Überlassung ungeschützter Erfindungen, Know-how, Firmenwert, Kundenstamm und sonstiger ungeschützter geistiger Werte nicht der Hinzurechnung.

Eine zeitlich befristete Überlassung liegt auch dann vor, wenn bei Abschluss des Vertrags noch ungewiss ist, ob und wann die Überlassung endet. Eine Überlassung liegt nicht mehr vor, wenn bei wirtschaftlicher Betrachtungsweise ein Übergang des wirtschaftlichen Eigentums anzunehmen ist.

Nicht darunter fallen sog. **Vertriebslizenzen**, die ausschließlich dazu berechtigen, daraus abgeleitete Rechte Dritten zu überlassen. Aufwendungen für die zeitlich befristete Überlassung von Rechten können auch vorliegen, wenn das Recht durch die öffentliche Hand überlassen wird (z. B. Glückspiellizenzen an Spielbanken oder Konzessionen für die Nutzung öffentlicher Verkehrsflächen an Energieversorger). Eine zeitlich befristete Überlassung liegt auch dann vor, wenn bei Abschluss des Vertrages noch **ungewiss** ist, ob und wann die Überlassung endet. Aufwendungen, die nach § 25 des Künstlersozialversicherungsgesetzes Bemessungsgrundlage für die Künstlersozialabgabe sind, sind nicht hinzuzurechnen (§ 8 Nr. 1 Buchst. f Satz 2 GewStG). Die Hinzurechnung der Aufwendungen ist auf den gesetzlich festgelegten **Finanzierungsanteil von 25 %** beschränkt. Der sich daraus ergebene Betrag wird nach Berücksichtigung des Hinzurechnungsfreibetrages zu **25 %** hinzuzurechnen.

1139 **(2) Ausländische Steuer:**

Hinzugerechnet werden gem. § 8 Nr. 12 GewStG ausländische Steuern, die bei der ertragsteuerlichen Einkunftsermittlung nach § 34c EStG berücksichtigt worden sind. Das gilt jedoch nur für die ausländischen Steuern, die auf Gewinne oder Gewinnanteile entfallen, die bei der Ermittlung des Gewerbeertrags außen vor bleiben oder die nach § 9 GewStG gekürzt werden. Wenn diese Gewinne bzw. Gewinnanteile nicht von der Gewerbesteuer erfasst werden, entfällt auch der Grund für eine gewerbesteuerliche Begünstigung der entstandenen ausländischen Steuer.

1140 **(3) Ausschüttungsbedingte Gewinnminderungen:**

Gem. § 8 Nr. 10 GewStG sind Gewinnminderungen hinzuzurechnen, die durch den bilanziellen Ansatz des niedrigeren Teilwerts des Anteils an einer Körperschaft entstanden sind. Der niedrigere Teilwert muss auf eine Gewinnausschüttung der Körperschaft zurückzuführen sein. Weitere Voraussetzung für die Hinzurechnung ist, dass die Gewinnausschüttung, die den niedrigeren Teilwert verursacht hat, aufgrund eines Schachtelprivilegs (vgl. § 9 Nr. 2a, 7, 8 GewStG) selbst nicht der Gewerbesteuer unterliegt. Soweit der niedrigere Teilwert des Anteils an einer Körperschaft nicht durch Ausschüttungen bedingt ist, sondern wegen anderer Umstände (wie z. B. schlechte Ertragslage, Kursschwankungen), darf eine Hinzurechnung nicht vorgenommen werden (vgl. R 8.6 GewStR).

(4) DBA-Befreiungen: 1141

Die Kürzungsvorschrift des § 9 Nr. 8 GewStG beinhaltet einen zusätzlichen Regelungsinhalt zu den zwischenstaatlich abgeschlossenen DBA. Ungeachtet der im DBA vereinbarten Mindestbeteiligung werden die Gewinnanteile an einer ausländischen Gesellschaft, die nach einem DBA von der Gewerbesteuer befreit ist, gekürzt, wenn die Beteiligung mindestens 15 % beträgt und die Gewinnanteile bei der Ermittlung des Gewinns angesetzt worden sind.

(5) Entgelte für Schulden: 1142

Hinzugerechnet werden die Entgelte für Schulden. Dazu gehören regelmäßig Zinsen (fester oder variabler Zinssatz), Vergütungen für partiarische Darlehen, Damnum, Vorfälligkeitsentschädigungen, laufende Bankprovisionen (z. B. Überziehungsprovisionen) und laufende Verwaltungskostenbeiträge, die sich ihrer Höhe nach prozentual an dem Darlehensbetrag bemessen und bezogen auf die gesamte Laufzeit des Darlehens zu zahlen und nicht für besondere Leistungen des Kreditgebers zu erbringen sind. Die bisher streitanfällige Abgrenzung zu Dauerschulden entfällt. Da es auf die Dauerhaftigkeit der Schulden im Rahmen der ab 2008 greifenden Neuregelung nicht mehr ankommt, gilt die Hinzurechnung insbesondere auch für Verbindlichkeiten des **laufenden Geschäftsverkehrs** (vgl. R 8.1 Abs. 1 GewStR und H 8.1 Abs. 1 EStH).

Hinzugerechnet werden (vorbehaltlich des § 8 Nr. 1 Buchst. a Satz 3 GewStG) nur die Beträge, die bei der Ermittlung des Gewinns abgesetzt worden sind. Maßgebend ist die Gewinnermittlung des Steuergegenstands (des Unternehmens) i. S. des § 2 Abs. 1 bis 3 GewStG.

Deshalb unterliegen **Vergütungen für Kapitalüberlassungen eines Mitunternehmers** i. S. des § 15 Abs. 1 Satz 1 Nr. 2 2. Halbsatz EStG weiterhin nicht der Hinzurechnung. Dies gilt auch für Gewinnanteile eines atypisch stillen Gesellschafters.

Auch die neue **Zinsschranke** (§ 4h EStG, § 8a KStG) muss bei der Hinzurechnung beachtet werden. Soweit sie dem Schuldzinsenabzug entgegensteht und nur zu einem Zinsvortrag führt, erfolgt auch insoweit keine gewerbesteuerrechtliche Hinzurechnung.

Der Aufwand, der dem Unternehmen aus einer steuerlich zulässigen **Abschreibung der Forderung** auf den niedrigeren Teilwert entsteht, fällt nicht unter die Hinzurechnung nach § 8 Nr. 1 GewStG. Dies gilt auch dann, wenn das Unternehmen die abgeschriebene Forderung im Folgenden zu diesem abgeschriebenen Wert verkauft.

Bei einem Unternehmen, das einen Kredit aufgenommen und weitergeleitet hat (**durchlaufender Kredit**), liegt ein hinzurechnungspflichtiger Zinsaufwand nach § 8 Nr. 1 Buchst. a GewStG vor. Eine Saldierung von Zinsaufwendungen und Zinserträgen im Zusammenhang mit durchgeleiteten Krediten kommt nicht in Betracht.

Aus der **Abzinsung** und der nachfolgenden **Aufzinsung** von unverzinslichen Verbindlichkeiten nach § 6 Abs. 1 Nr. 3 EStG und von Rückstellungen nach § 6 Abs. 1 Nr. 3a EStG ergeben sich keine Entgelte i. S. des § 8 Nr. 1 GewStG. Sind Zinsen für betriebliche Steuerschulden nach §§ 233 ff. AO bei der Ermittlung des Gewinns abgesetzt worden, unterliegen diese der Hinzurechnung nach § 8 Nr. 1a GewStG.

Als Herstellungskosten **aktivierte Bauzeitzinsen** sind dem Gewinn weder in dem Erhebungszeitraum der Aktivierung noch in den Erhebungszeiträumen, in denen sie sich über Abschreibungen auf den Gewinn auswirken, als Entgelte für Schulden nach § 8 Nr. 1 Buchst. a GewStG hinzuzurechnen.

Den Entgelten für Schulden wirtschaftlich gleich steht der Aufwand, der dem Betrieb dadurch entsteht, dass Forderungen aus Lieferungen und Leistungen vorzeitig erfüllt werden und hierbei ein Abschlag gewährt wird. Geschäftsübliche Skonti und Abschläge aus anderen Gründen (z. B. Treuerabatte und Mengenrabatte) werden von der Hinzurechnungsfiktion nicht erfasst. Dagegen liegt z. B. kein geschäftsüblicher Skonto vor, wenn ein Skonto trotz unüblich langem Zahlungsziel vereinbart wird; in diesen Fällen ist der volle Abschlag in die Hinzurechnung einzubeziehen.

Keine Entgelte für Schulden sind die Geldbeschaffungskosten und nicht als Entgelte einzustufende Verwaltungskosten sowie die Gebühr für die Übernahme einer Ausfallbürgschaft (Avalprovision).

Diskontbeträge, die bei der Veräußerung von Wechsel- und anderen Geldforderungen (echtes Factoring) anfallen, unterliegen der Hinzurechnung (vgl. § 8 Nr. 1 Buchst. a Satz 2 GewStG). Hierunter fallen insbesondere die Abschläge aus dem Verkauf von aktivierten Forderungen. Soweit in den Abschlägen **Wertermittlungskosten** oder vergleichbare Gebühren (z. B. Risikoprämien) enthalten sind, unterliegen sie nicht der Hinzurechnung.

Nach § 8 Nr. 1 Buchst. a Satz 3 GewStG fällt auch der rechnerische Aufwand im Zuge der **Forfaitierung** von Ansprüchen aus schwebenden Verträgen unter die Hinzurechnung. Der hinzuzurechnende Aufwand ergibt sich aus der Differenz zwischen der Summe der zu erwartenden Raten (jeweils zum Nominalwert), die der aus dem Vertrag Verpflichtete über die Laufzeit zu entrichten hat, und des vom Käufer der Ansprüche erhaltenen Erlöses.

BEISPIEL Die A-GmbH überlässt der B-GmbH am 1. 1. 01 ein Grundstück zur Pacht. Der Pachtvertrag ist bis zum 31. 12. 10 befristet. Der jährlich auf den 1. 1. im Voraus zu entrichtende Pachtzins beträgt 100 000 €. Die A-GmbH verkauft sämtliche Mietzinsansprüche aus dem Vertragsverhältnis am 30. 12. 01 an die C-GmbH und tritt sie mit sofortiger Wirkung ab.

a) Das Ausfallrisiko geht auf die C-GmbH über. Der Kaufpreis für die Forderung beträgt 750 000 €. Von dem Differenzbetrag zum Nennwert der Forderung (900 000 € abzgl. 750 000 € = 150 000 €) entfallen nachweislich 1 000 € auf Wertermittlungskosten und 30 000 € auf die Risikoübernahme.

b) Das Ausfallrisiko verbleibt bei der A-GmbH. Der Kaufpreis für die Forderung beträgt 780 000 €. In dem Differenzbetrag zum Nennwert (900 000 € abzgl. 780 000 € = 120 000 €) sind Wertermittlungskosten in Höhe von 10 000 € enthalten.

Lösung zu a):

Es handelt sich um eine echte Forfaitierung. Bei der A-GmbH ist der Forfaitierungserlös mittels eines passiven Rechnungsabgrenzungspostens auf die Jahre 02–10 linear zu verteilen. Ein gewinnmindernder Zinsaufwand in Höhe der Differenz zwischen dem Nennwert der abgetretenen Forderung und dem erzielten Verkaufserlös ist bei der A-GmbH bilanzsteuerrechtlich nicht zu erfassen. Gleichwohl ist der Differenzbetrag abzgl. der Wertermittlungsgebühren und der Risikoprämie in Höhe von 119 000 € (150 000 € abzgl. 1 000 € und abzgl. 30 000 €) nach § 8 Nr. 1a Satz 3 GewStG bei der Ermittlung des Hinzurechnungsbetrags zu erfassen, und zwar linear verteilt auf die Restlaufzeit des schwebenden Vertrags (hier auf die Jahre 02–10).

Lösung zu b):

Bilanzsteuerrechtlich handelt es sich um eine Darlehensaufnahme durch die A-GmbH (Buchungssatz: Bank 780 000 € und aktive RAP 120 000 € an Verbindlichkeiten 900 000 €). Gewerbesteuerlich kommt es zu einer Hinzurechnung nach § 8 Nr. 1a Satz 1 GewStG. Der aus der Auflösung des aktiven RAP resultierende jährliche Aufwand ist bei der Ermittlung des Hinzurechnungsbetrages anzusetzen, soweit er nicht auf die Wertermittlungskosten entfällt.

Wenn nach den oben dargestellten Maßstäben eine Hinzurechnung von Schuldentgelten stattfindet, sind diese nach Berücksichtigung des Hinzurechnungsfreibetrages zu **25 %** hinzuzurechnen.

Zusammenfassend folgende **Übersicht** für die **Hinzurechnung nach § 8 Nr. 1 GewStG**

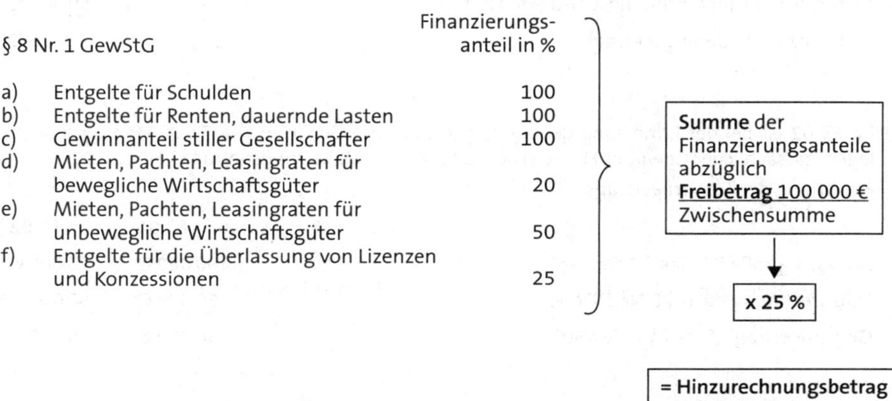

Die von einem gewerblichen Unternehmen an ein Geld- oder Kreditinstitut entrichteten negativen Einlagezinsen werden nicht für die Nutzung von Kapital eines Dritten (Fremdkapital), sondern für die Verwahrung von Eigenkapital entrichtet und erfüllen damit nicht die Voraussetzungen des § 8 Nr. 1a GewStG. Eine Hinzurechnung kommt daher nicht in Betracht.

Werden entrichtete Schuldzinsen in Folgejahren dem Darlehensnehmer wieder zurückerstattet, wird zur Vermeidung einer ungerechtfertigten Besteuerung direkt die Ausgangsgröße Gewinn im Erstattungsjahr gekürzt. Gleiches gilt für eine gewinnerhöhende Auflösung von Rückstellungen, die bei deren Bildung (Aufwand) im vorherigen Erhebungszeitraum wegen § 8 Nr. 1 GewStG hinzugerechnet wurde. Vgl. H 7.1. Abs. 1 „Korrektur nach erfolgter Hinzurechnung" GewStH.

BEISPIEL:

A ist Inhaber eines Einzelunternehmens. Der nach den Vorschriften des Einkommensteuergesetzes ermittelte Gewinn beträgt im Erhebungszeitraum (EZ) 01 und 02 jeweils 100 000 €. Als Betriebsausgaben wurden jeweils Entgelte für Schulden i. H. v. 300 000 € berücksichtigt. Ein Teilbetrag i. H. v. 100 000 € der im EZ 01 gezahlten Entgelte für Schulden wurde im EZ 02 erstattet. Der Erstattungsbetrag ist im EZ 02 als Betriebseinnahme erfasst worden.

Lösung:

In EZ 01 und 02 ist jeweils ein Hinzurechnungsbetrag nach § 8 Nr. 1 GewStG i. H. v. 50 000 € anzusetzen (Entgelte für Schulden i. H. v. 300 000 € abzgl. des Freibetrags nach § 8 Nr. 1 GewStG i. H. v. 100 000 €; davon 1/4). Die Erstattung im EZ 02 beeinflusst die in EZ 01 und 02 zu berücksichtigenden Hinzurechnungsbeträge nicht. Zur Vermeidung einer doppelten Be-

steuerung ist der bei der Ermittlung des Gewerbeertrags nach § 7 GewStG im EZ 02 zugrunde zu legende Gewinn um den auf den Erstattungsbetrag entfallenden Hinzurechnungsbetrag des EZ 01 zu mindern.
Der Minderungsbetrag ist wie folgt zu bestimmen:

Entgelte für Schulden des EZ 01	300 000 €
abzgl. Erstattungsbetrag	100 000 €
abzgl. Freibetrag nach § 8 Nr. 1 GewStG	100 000 €
verbleiben	100 000 €
fiktiver Hinzurechnungsbetrag im EZ 01	25 000 €
tatsächlicher Hinzurechnungsbetrag im EZ 01	50 000 €
Differenz (=Minderungsbetrag)	25 000 €

Im EZ 02 ist bei der Ermittlung des Gewerbeertrags ein Gewinn i. H.v. 75 000 € zugrunde zu legen (tatsächlicher Gewinn i. H.v. 100 000 € abzgl. des Minderungsbetrags i. H.v. 25 000 €).
Ermittlung des Gewerbeertrags:

	EZ 01	**EZ 02**
Ausgangsgröße i. S. des § 7 GewStG	100 000 €	75 000 €
Hinzurechnung nach § 8 Nr. 1 GewStG	50 000 €	50 000 €
Gewerbeertrag i. S. des § 7 GewStG	150 000 €	125 000 €

1143 **(6) Gewinnanteile an inländischen Kapitalgesellschaften:**

(a) Hinzurechnung

Gewinne aus Ausschüttungen einer Kapitalgesellschaft an eine andere Kapitalgesellschaft und die Gewinne aus der Veräußerung von Anteilen an einer Kapitalgesellschaft durch eine Kapitalgesellschaft sind nach § 8b Abs. 1 und 2 KStG grundsätzlich steuerfrei gestellt. Nach § 8b Abs. 4 KStG sind Gewinnausschüttungen, wenn die Beteiligung zu Beginn des Jahres weniger als 10 % betragen hat, von der Anwendung des § 8b Abs. 1 KStG ausgeschlossen. Damit sind diese Dividenden in voller Höhe körperschaftsteuerpflichtig. Gem. § 34 Abs. 7a Satz 2 KStG ist § 8b Abs. 4 KStG erstmals auf Ausschüttungen anzuwenden, die nach dem 28. 2. 2013 zufließen. Die Regelung stellt ausschließlich auf den Zufluss der Ausschüttung ab. Werden diese Schachtelbeteiligungen erst im Laufe des Jahres erworben, gilt nach § 8b Abs. 4 Satz 6 KStG die Beteiligung fiktiv als am Anfang des Jahres erworben. Da die Gewinnausschüttungen im Gewerbeertrag enthalten sind, entfällt insoweit eine Hinzurechnung gem. § 8 Nr. 5 GewStG. Die Beteiligungserträge und Veräußerungsgewinne bei Gewerbebetrieben natürlicher Personen sind nach dem Teileinkünfteverfahren teilweise steuerfrei (vgl. § 3 Nr. 40 EStG und § 3c Abs. 2 EStG). § 8 Nr. 5 GewStG verlangt eine Hinzurechnung des bei der Ermittlung des gewerblichen Gewinns außer Ansatz gebliebenen steuerfreien Teils der Dividenden. Jedoch erfolgt die Hinzurechnung nur für Gewinne, Bezüge und Leistungen, die nicht die Voraussetzungen für eine Kürzung nach § 9 Nr. 2a oder Nr. 7 GewStG erfüllen (vgl. unter (b) Kürzung). Der Hauptanwendungsbereich dieser Hinzurechnungsvorschrift sind

Anteile an Kapitalgesellschaften im In- und Ausland, bei denen die Beteiligung am Nennkapital nicht mehr als 15 % (bis 2007 10 %) ausmacht (sog. Streubesitz).

(b) Kürzung

Gem. § 9 Nr. 2a GewStG wird die Summe des Gewinns und der Hinzurechnung gekürzt um die Gewinne aus Anteilen an einer nicht steuerbefreiten inländischen Kapitalgesellschaft i. S. des § 2 Abs. 2 GewStG, einer Kreditanstalt des öffentlichen Rechts und einer Erwerbs- und Wirtschaftsgenossenschaft, wenn die Beteiligung zu Beginn des Erhebungszeitraums mindestens 15 % (bis 2007 10 %) des Grund- oder Stammkapitals beträgt und die Gewinnanteile bei Ermittlung des Gewinns angesetzt worden sind. Maßgebend für die Beteiligungshöhe ist der Beginn des Kalenderjahrs. Veränderungen, die im Laufe des Jahres eintreten, bleiben unberücksichtigt. Sind die Gesellschafter einer Personengesellschaft an dem Grund- oder Stammkapital einer inländischen Kapitalgesellschaft beteiligt und gehören die Anteile zum notwendigen Betriebsvermögen, so sind bei der Ermittlung der erforderlichen Beteiligungshöhe die Anteile der Gesellschafter zusammenzurechnen. Von der Gewerbesteuer begünstigt sind nur ausgeschüttete Gewinne. In unmittelbarem Zusammenhang mit Gewinnanteilen stehende Aufwendungen mindern den Kürzungsbetrag, soweit entsprechende Beteiligungserträge zu berücksichtigen sind; insoweit findet § 8 Nr. 1 GewStG keine Anwendung. Die nach § 8b Abs. 5 KStG nichtabziehbaren Betriebsausgaben sind keine Gewinne aus Anteilen im Sinne dieser Kürzungsvorschrift. Ein Gewinn aus der Veräußerung einer Beteiligung ist kein ausgeschütteter Gewinn im Sinne dieser Kürzungsvorschrift.

Einen Überblick über die Behandlung von Gewinnanteilen gibt das nachfolgende Schaubild, vgl. Rdn. 1144.

BEISPIEL:

A betreibt ein Handelsgeschäft, dessen Wirtschaftsjahr dem Kalenderjahr entspricht. Zu seinem Betriebsvermögen gehört seit Jahren eine 5 %-Beteiligung an der inländischen B-GmbH. Die B-GmbH hat im laufenden Wirtschaftsjahr 01 eine Gewinnausschüttung i. H. v. 200 000 € an die Anteilseigner getätigt, die A zutreffend in seiner Gewinnermittlung 01 berücksichtigt hat. A hatte den Beteiligungserwerb mit einem Bankfälligkeitsdarlehen (Laufzeit: 10 Jahre) finanziert. Für dieses Darlehen leistete er im laufenden Wirtschaftsjahr Schuldzinsen i. H. v. 6 000 €, die er zutreffend bei der Gewinnermittlung berücksichtigt hat. Darüber hinaus wurden weitere Finanzierungsanteile nach § 8 Nr. 1a GewStG i. H. v. 120 000 € gewinnmindernd berücksichtigt.

Lösung:

Die Beteiligung an der B-GmbH erfüllt für A nicht die Voraussetzungen des § 9 Nr. 2a GewStG, da A zu Beginn des Erhebungszeitraum nicht mit mindestens 15 % an der B-GmbH beteiligt ist. Somit erfolgt die Hinzurechnung gemäß § 8 Nr. 5 GewStG.

Gegenstand der Hinzurechnung ist der steuerfreie Teil der Dividende:

Anteilige Dividende für A	5 % x 200 000 € =	10 000 €
steuerfrei nach § 3 Nr. 40 Satz 1 Buchst. d EStG		4 000 €

Die Hinzurechnung ist zu mindern um die mit dem Gewinnanteil im wirtschaftlichen Zusammenhang stehenden Aufwendungen, soweit sie bei der Ermittlung der Ausgangsgröße nicht abzugsfähig sind.

Finanzierungsaufwendungen		6 000 €
nicht abzugsfähig nach § 3c Abs. 2 Satz 1 EStG		2 400 €
Hinzurechnung nach § 8 Nr. 5 GewStG	4 000 € - 2 400 €	1 600 €

Die Schuldzinsen stellen Entgelte für Schulden dar. Eine Hinzurechnung nach § 8 Nr. 1 Buchst. a GewSt ist durchzuführen, soweit es sich um abzugsfähige Schuldzinsen handelt.

Finanzierungsaufwendungen	6 000 €
nicht abzugsfähig nach § 3c Abs. 2 Satz 1 EStG	- 2 400 €
verbleibt abzugsfähig	3 600 €
davon 100 %	3 600 €
zzgl. weiterer Finanzierungsanteile lt. Sachverhalt	120 000 €
Summe Finanzierungsanteile	123 600 €
Hinzurechnung § 8 Nr. 1 GewStG: 25 % nach Anwendung des Freibetrags von 100 000 €	5 900 €

BEISPIEL:

Der Gewerbetreibende A hält seit Jahren 20 % der Anteile der M-GmbH. Er hat im Jahr 01 vor Abzug von Kapitalertragsteuer eine Ausschüttung i. H. v. 100 000 € erhalten. Im Zusammenhang mit der Beteiligung sind ihm in 01 Aufwendungen i. H. v. 2 000 € entstanden.

Lösung:

Die Dividende ist gem. § 3 Nr. 40 Satz 1 Buchst. d, § 3 Nr. 40 Satz 2 EStG zu 40 % steuerfrei und daher auch nur zu 60 %, also mit 60 000 € im Gewinn gem. § 7 GewStG enthalten. Die Aufwendungen des A haben den Gewinn gem. § 3c Abs. 2 EStG um 1 200 € gemindert. Da die 20 %ige Beteiligung an der M-GmbH bereits zu Beginn des EZ bestanden hat, sind die Voraussetzungen des § 9 Nr. 2a GewStG erfüllt.

Die Summe des Gewinns gem. § 7 GewStG und der Hinzurechnungen gem. § 8 GewStG ist um den im Gewinn enthaltenen Dividendenertrag von 60 000 €, gemindert um die abzugsfähigen Aufwendungen von 1 200 €, insgesamt um 58 800 € zu kürzen.

BEISPIEL:

C betreibt ein Handelsgeschäft, dessen Wirtschaftsjahr dem Kalenderjahr entspricht. Zu seinem Betriebsvermögen gehört seit Jahren die 15 %ige Beteiligung an der inländischen D-GmbH. Die D-GmbH hat im laufenden Wirtschaftsjahr eine Gewinnausschüttung i. H. v. 200 000 € getätigt, die C zutreffend bei der Gewinnermittlung 01 berücksichtigt hat.

C hatte den Beteiligungserwerb mit einem Bankfälligkeitsdarlehen (Laufzeit: 10 Jahre) finanziert. Für dieses Darlehen leistete er im Jahr 01 Schuldzinsen i. H. v. 6 000 €, die er zutreffend bei der Gewinnermittlung berücksichtigt hat.

Lösung:

C erfüllt hinsichtlich der Beteiligung an der D-GmbH die Voraussetzungen des § 9 Nr. 2a GewStG, da er zu Beginn des Erhebungszeitraums mit mindestens 15 % an der D-GmbH beteiligt ist. Gegenstand der Kürzung ist der steuerpflichtige Teil der Dividende.

Dividende für C	15 % x 200 000 € = 30 000 €	
steuerfrei nach § 3 Nr. 40 Satz 1 Buchst. d EStG	12 000 €	
verbleibt steuerpflichtig	18 000 €	18 000 €

Die Kürzung ist zu mindern um die mit dem Gewinnanteil im wirtschaftlichen Zusammenhang stehenden Aufwendungen, soweit sie bei der Ermittlung der Ausgangsgröße abzugsfähig sind.

Finanzierungsaufwendungen	6 000 €	
nicht abzugsfähig nach § 3c Abs. 2 Satz 1 EStG	2 400 €	
verbleibt abzugsfähig	3 600 €	3 600 €
Kürzung nach § 9 Nr. 2a GewStG		14 400 €

(7) Gewinnanteile des stillen Gesellschafters: 1144

Hinzugerechnet werden die Gewinnanteile des stillen Gesellschafters, unabhängig von der gewerbesteuerlichen Behandlung beim Empfänger (§ 8 Nr. 1c GewStG). Der Begriff des stillen Gesellschafters im Sinne dieser Hinzurechnungsvorschrift geht insofern über den handelsrechtlichen Begriff der §§ 335 ff. HGB hinaus, da nicht nur die Beteiligung an einem Handelsgewerbe, sondern die Beteiligung an einem Gewerbe schlechthin genügt (vgl. Abschn. 50 Abs. 1 Satz 1 und 2 GewStR 1998).

BEISPIEL:

B beteiligt sich an dem Gewerbebetrieb des A mit einer Vermögenseinlage von 200 000 € € als stiller Gesellschafter. B ist mit 10 % am Gewinn und Verlust beteiligt. Das Wirtschaftsjahr des bilanzierenden A umfasst den Zeitraum vom 1.1.–31.12. In 01 beträgt der vorläufige Gewinn des A vor Berücksichtigung des Gewinnanteils des B 100 000 €. Gewinnmindernd sind dabei Entgelte für Schulden i. S. v. § 8 Nr. 1 Buchst. a GewStG i. H. v. 115 000 € gebucht worden. Hinzurechnungen nach § 8 Nr. 1 Buchst. b und d bis f GewStG ergeben sich nicht.

In der im Mai 02 erstellten Bilanz zum 31. 12. 01 ist der Gewinnanteil i. H. v. 10 000 € als Verbindlichkeit ausgewiesen (Buchung zulasten des Gewinnes). Der Gewinn i. S. d. § 7 Satz 1 GewStG beträgt damit für 01 90 000 €. Der Gewinnanteil wird dem B vereinbarungsgemäß im Juni 02 ausbezahlt.

Lösung:

Für den Erhebungszeitraum 01 sind dem Gewinn von 90 000 € nach § 8 Nr. 1 GewStG folgende Beträge hinzuzurechnen:

Summe der Entgelte für Schulden gem. § 8 Nr. 1 Buchst. a GewStG	115 000 €
Gewinnanteil stiller Gesellschafter nach § 8 Nr. 1 Buchst. c GewStG	10 000 €
Zwischensumme	125 000 €
abzgl. Freibetrag	100 000 €
Verbleiben	25 000 €
davon 25 %	6 250 €

Abwandlung:

A erzielt in 01 einen vorläufigen Verlust von 100 000 €, der sich durch die Übernahme des anteiligen Verlustes durch den stillen Gesellschafter auf 90 000 € reduziert.

Lösung:

Für den Erhebungszeitraum 01 sind dem Verlust von 90 000 € nach § 8 Nr. 1 GewStG folgende Beträge hinzuzurechnen:

Summe der Entgelte für Schulden gem. § 8 Nr. 1 Buchst. a GewStG	115 000 €
Gewinnanteil stiller Gesellschafter nach § 8 Nr. 1 Buchst. c GewStG	10 000 €
Zwischensumme	105 000 €
abzgl. Freibetrag	100 000 €
Verbleiben	5 000 €
davon 25 %	1 250 €

Dabei ist nur die **typisch stille** Gesellschaft von Bedeutung, denn die Gewinnanteile eines atypisch still Beteiligten sind Gewinnanteile an einer Mitunternehmerschaft, die den Gewinn nicht mindern dürfen. Diese Hinzurechnungsvorschrift greift auch, wenn die typisch stille Beteiligung an einem Mitunternehmeranteil besteht.

Die Abgrenzungsproblematik **partiarisches** Darlehen zur **typischen** und **atypischen stillen** Gesellschaft ergibt sich aus folgender Übersicht:

Partiarisches Darlehen	Typisch stille Gesellschaft	Atypisch stille Gesellschaft
§ 8 Nr. 1a GewStG	§ 8 Nr. 1c GewStG	§ 8 Nr. 8 GewStG § 9 Nr. 2 GewStG
Gewinnbeteiligung (Bei einer Verlustbeteiligung kann ein partiarisches Darlehen nicht angenommen werden.)	Beteiligung am Gewinn oder am Gewinn und Verlust	Beteiligung am Gewinn oder am Gewinn und Verlust
Kein gesetzliches Kontrollrecht	Gesetzliche Einsicht und Kontrollrechte nach HGB	Gesetzliche Einsicht und Kontrollrechte nach HGB; ggf. weitere Mitwirkungsrechte
Anspruch auf Rückzahlung der Darlehenssumme zum Nennwert	Anspruch auf Rückzahlung der Vermögenseinlage zum Nennwert; keine Teilhabe an den stillen Reserven und Lasten des Unternehmens	Anspruch auf Rückzahlung der Vermögenseinlage unter Beteiligung an den stillen Reserven/Lasten und ggf. am Firmenwert
Folge:	**Folge:**	**Folge:**
Die Vergütungen an den partiarischen Darlehensgeber sind wie Schuldzinsenabzüge zu behandeln, 100 % Zurechnung.	Der Anteil des stillen Gesellschafters ist zu 100 % bei der Berechnung der Hinzurechnung zu erfassen.	Der von der Mitunternehmerschaft erzielte Gewerbeertrag unterliegt selbst der Gewerbesteuer.

Ziel der gesamten Hinzurechnungen und Kürzungen ist es, dass der objektive Ertrag des Gewerbebetriebs besteuert wird und zwar unabhängig davon, ob er mit Eigen- oder Fremdkapital ausgestattet worden ist. Daher ist ein Verlust aus Gewerbebetrieb auch um den Verlustanteil des stillen Gesellschafters zu erhöhen, soweit der Verlustanteil des stillen Gesellschafters den Verlust aus Gewerbebetrieb gemindert hat. Besteht zusätzlich ein Arbeitsverhältnis zum stillen Gesellschafter, zählen die Arbeitsentgelte jedoch nicht zu den Gewinnanteilen.

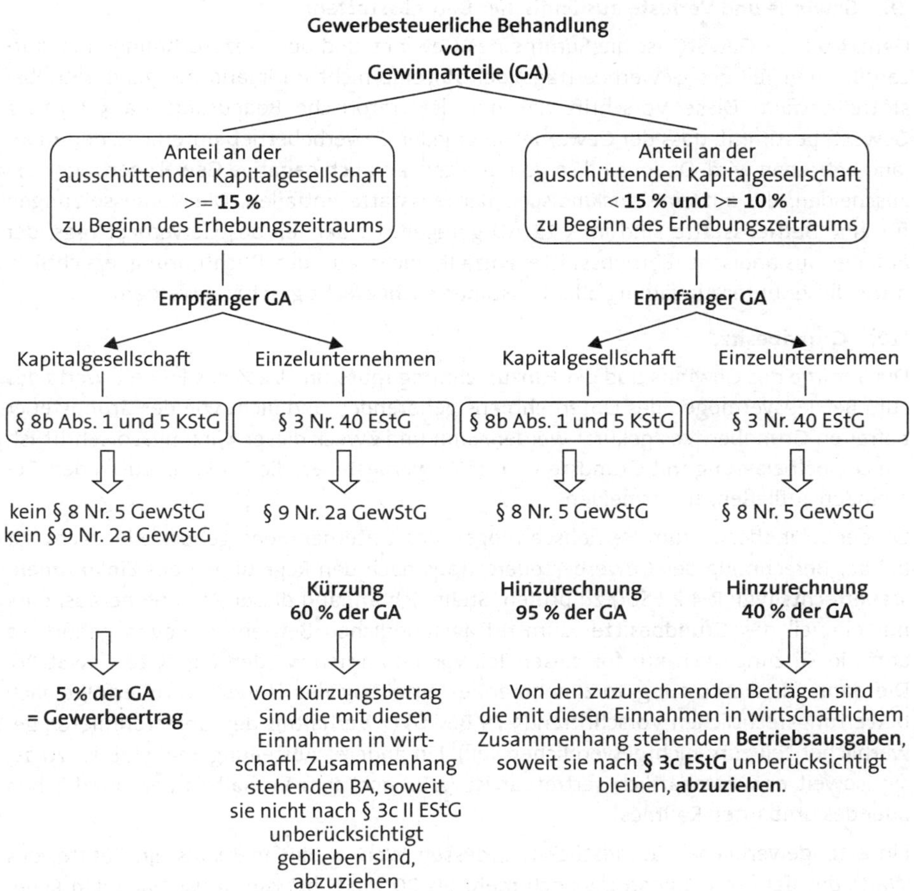

(8) Gewinn- bzw. Verlustanteile an Personengesellschaften: 1145

Nach § 8 Nr. 8 GewStG sind dem Gewinn aus Gewerbebetrieb die Anteile am Verlust einer in- oder ausländischen OHG, KG oder einer anderen Gesellschaft, bei der die Gesellschafter als Mitunternehmer des Gewerbebetriebs anzusehen sind, hinzuzurechnen. Grund dieser Maßnahme ist, dass die Personengesellschaft einen selbständigen Gewerbebetrieb darstellt, für den ein eigenständiger Gewerbesteuermessbetrag festzusetzen ist. Ausländische Gesellschaften müssen einer deutschen Personengesellschaft der Rechtsform nach entsprechen.

Der Anteil am Gewinn einer in- oder ausländischen OHG, KG oder einer anderen Gesellschaft muss gem. § 9 Nr. 2 GewStG aus dem laufenden Gewinn des zu beurteilenden Gewerbebetriebs herausgerechnet werden. § 9 Nr. 2 GewStG ist die entsprechende Parallelvorschrift zu § 8 Nr. 8 GewStG.

Sowohl für die Hinzurechnung als auch für die Kürzung ist die Höhe der Beteiligung ohne Bedeutung.

1146 **(9) Gewinne und Verluste ausländischer Betriebsstätten:**

Gem. § 9 Nr. 3 GewStG ist die Summe des Gewinns und der Hinzurechnungen zu kürzen um den Teil des Gewerbeertrags, der auf eine nicht im Inland belegene Betriebsstätte entfällt. Diese Vorschrift hat nur deklaratorische Bedeutung, da § 2 Abs. 1 GewStG bestimmt, dass der Gewerbesteuer jeder Gewerbebetrieb unterliegt, der im Inland betrieben wird. Daher sind sowohl positive als auch negative Gewerbeerträge auszuscheiden, die auf eine ausländische Betriebsstätte entfallen. Die Voraussetzungen für eine **Betriebsstätte** sind im § 12 AO geregelt. Ist der Teil des Gewerbeertrags, der auf die ausländische Betriebsstätte entfällt, nicht aus der Buchführung ersichtlich, muss dieser unter Abwägung aller Umstände sachgerecht geschätzt werden.

1147 **(10) Grundbesitz:**

Die Summe des Gewinns und der Hinzurechnung muss um 1,2 % des Einheitswerts des zum Betriebsvermögen des Unternehmens gehörenden und nicht von der Grundsteuer befreiten Grundbesitzes gekürzt werden. Sinn und Zweck dieser Kürzungsvorschrift ist, die Doppelbelastung mit Grundsteuer und Gewerbesteuer, die als Realsteuern den Gemeinden zufließen, zu vermeiden.

Ob der Grundbesitz zum Betriebsvermögen des Unternehmens gehört oder nicht, ist bei der Berechnung des Gewerbesteuerertrags nach den Regelungen des **Einkommensteuerrechts** (vgl. R 4.2 EStR) zu prüfen. Stellt sich anhand dieser Prüfung heraus, dass nur ein Teil des Grundbesitzes zum ertragsteuerlichen Betriebsvermögen gehört, so darf die Kürzung auch nur für diesen Teil vorgenommen werden (vgl. § 20 GewStDV). Die dann für die Kürzung vorzunehmende Aufteilung des Einheitswerts erfolgt nach bewertungsrechtlichen Vorschriften (§ 79 BewG) (= Verhältnis der Jahresrohmieten gewerblicher Teil zum nichtgewerblichen Teil). Ein anderer Aufteilungsmaßstab ist zulässig, soweit er wirtschaftlich vertretbar ist (z. B. nach dem Verhältnis der Nutzflächen oder des umbauten Raumes).

Ein eigengewerblicher Grundstücksteil, dessen Wert weder mehr als ein Fünftel des Werts des ganzen Grundstücks noch mehr als 20 500 € beträgt, muss nach den Regelungen des § 8 EStDV i.V. mit R 4.2 EStR nicht aktiviert werden und zählt somit nicht zum Betriebsvermögen, da es von **untergeordnetem Wert** ist. Gleichwohl ist auch hier eine entsprechende Kürzung vorzunehmen.

Die Entscheidung, ob der Grundbesitz zum Betriebsvermögen gehört oder nicht, richtet sich nach den Verhältnissen zu **Beginn** des Erhebungszeitraums (= Kalenderjahr). Veränderungen im Laufe des Kalenderjahrs bleiben unberücksichtigt.

Beginnt jedoch die sachliche Steuerpflicht im laufenden Jahr, kommt für den in diesem Kalenderjahr endenden Erhebungszeitraum noch keine Kürzung nach § 9 Nr. 1 Satz 1 GewStG in Betracht.

Maßgebend für die Kürzung ist der Einheitswert, der auf den letzten Feststellungszeitpunkt (Hauptfeststellungs-, Fortschreibungs- oder Nachfeststellungszeitpunkt) vor dem Ende des Erhebungszeitraums festgestellt worden ist.

Als Bemessungsgrundlage sind bei Grundstücken sowie bei Betriebsgrundstücken i. S. des § 99 Abs. 1 Nr. 1 BewG, die wie Grundvermögen bewertet werden, 140 % des auf den Wertverhältnissen vom 1. 1. 1964 beruhenden Einheitswerts anzusetzen (§ 121a

BewG). Bei Betriebsgrundstücken i.S. des § 99 Abs. 1 Nr. 2 BewG, die wie land- und forstwirtschaftliches Vermögen bewertet werden, sind dagegen nur 100 % des Einheitswerts zugrunde zu legen.

Gehört zum Grundbesitz ein Erbbaurecht, ist der Kürzung nur der im Betriebsvermögen enthaltene Wert des Erbbaurechts und der aufstehenden Gebäude, nicht auch der Wert des Erbbaugrundstücks, zugrunde zu legen.

Der Einheitswertbescheid Grundvermögen ist für die Berechnung der Kürzung und somit für den Gewerbesteuermessbescheid ein Grundlagenbescheid. Er löst die Berichtigungsnorm des § 175 Abs. 1 Nr. 1 AO aus, soweit der maßgebende Einheitswert durch Rechtsbehelfsentscheidung, Änderung der Feststellung oder Fortschreibung korrigiert worden ist (vgl. R 9.1 GewStR).

BEISPIEL:

B betreibt ein Handelsgeschäft (das Wirtschaftsjahr entspricht dem Kalenderjahr) auf einem in seinem Eigentum stehenden bebauten Grundstück. Teile des Grundstücks sind zu fremden Wohnzwecken vermietet. Nach der zuletzt vorgenommenen Einheitswertfeststellung handelt es sich um ein gemischtgenutztes Grundstück (Einheitswert = 80 000 €). Der fremden Wohnzwecken dienende Anteil des Gebäudes/Grund und Bodens wird nicht als gewillkürtes Betriebsvermögen behandelt. Nach dem Verhältnis der Jahresrohmiete betrug der eigenbetriebliche Nutzungsanteil zum 1. 1. 01 30 %. Ab 1. 3. 01 wird das Grundstück zu 40 % eigenbetrieblich genutzt.

Lösung:

Maßgebend für die Kürzung ist der eigenbetriebliche Nutzungsanteil am 1. 1. 01 (§ 20 Abs. 1 GewStDV); die Änderung des Umfangs der betrieblichen Nutzung im laufenden Kalenderjahr, hier ab 1. 3. 01, bleibt für den Erhebungszeitraum 01 unberücksichtigt. Für den fremden Wohnzwecken dienenden Grundstücksteil kommt eine Kürzung nicht in Betracht, weil dieser nicht dem Betriebsvermögen zugerechnet worden ist. Die Kürzung bemisst sich nach dem zuletzt festgestellten EW von 80 000 €.

Dieser ist nach § 121a BewG mit 140 % anzusetzen =	112 000 €
Kürzung gem. § 9 Nr. 1 Satz 1 GewStG:	
1,2 % x 30 % x 112 000 € =	403,20 €

(11) Grundstücksunternehmen: 1148

Eine Sonderregelung hinsichtlich der Kürzung des zum Betriebsvermögen gehörenden Grundbesitzes ist auf Antrag möglich für Unternehmen, die ausschließlich eigenen Grundbesitz oder neben eigenem Grundbesitz eigenes Kapitalvermögen verwalten und nutzen oder daneben Wohnungsbauten betreuen oder Einfamilienhäuser, Zweifamilienhäuser oder Eigentumswohnungen errichten und veräußern (§ 9 Nr. 1 Satz 2 GewStG). Die Kürzung umfasst dann den Teil des Gewerbeertrags des Grundstücksunternehmens, der auf die Verwaltung und Nutzung des eigenen Grundbesitzes entfällt. Der Gewinn aus der Verwaltung und Nutzung des eigenen Grundbesitzes muss – falls erforderlich – gesondert ermittelt werden.

Ein Besitz-Einzelunternehmen, das im Rahmen einer Betriebsaufspaltung Grundbesitz an eine Betriebs-Kapitalgesellschaft verpachtet, kann die erweiterte Kürzung nach § 9 Nr. 1 Satz 2 GewStG auch dann nicht in Anspruch nehmen, wenn die Betriebs-Kapitalgesellschaft vermögensverwaltend tätig ist. Selbst wenn in einem derartigen Fall die Betriebs-Kapitalgesellschaft die Voraussetzungen für die Inanspruchnahme der erweiterten Kürzung erfüllt, kommt eine Anwendung dieser Kürzungsvorschrift auf das Besitz-Einzelunternehmen im Wege einer „Merkmalsübertragung" nicht in Betracht.

1149 **(12) Hinzurechnungsfreibetrag:**

Der Hinzurechnungsfreibetrag i. H. von **100 000 €** (§ 8 Nr. 1 letzter Halbsatz GewStG) gilt für alle hinzuzurechnenden Finanzierungsaufwendungen i. S. des § 8 Nr. 1 GewStG. Die Bemessungsgrundlage für den Freibetrag ist die **Summe** der sich aus § 8 Nr. 1 Buchst. a bis f GewStG ergebenden Finanzierungsanteile. Diese Summe, vermindert um den Freibetrag von 100 000 €, ist Ausgangsgröße für die Anwendung des Faktors von **25 %**. Für die Unternehmen in einem Organkreis wird der Gewerbeertrag weiterhin jeweils gesondert ermittelt. Der Freibetrag nach § 8 Nr. 1 GewStG ist bei jeder Ermittlung jeweils gesondert zu berücksichtigen. Durch das Corona-Steuerhilfegesetz II wurde der Freibetrag auf **200 000 €** im Jahr erhöht. Die Regelung ist seit dem 1. 1. 2020 anzuwenden und zeitlich unbefristet.

Nach § 10 Abs. 2 GewStG ist bei vom Kalenderjahr abweichendem Wirtschaftsjahr der Gewerbeertrag maßgebend, der auf das im Erhebungszeitraum endende Wirtschaftsjahr entfällt. Nach § 7 Satz 1 GewStG ermittelt sich der Gewerbeertrag auf der Grundlage des im Wirtschaftsjahr bezogenen Gewinns unter Berücksichtigung der Hinzurechnungen nach § 8 GewStG. Diese Hinzurechnungen ermitteln sich unter Berücksichtigung des Freibetrags nach § 8 Nr. 1 GewStG.

Enden bei Umstellung des Wirtschaftsjahres im Erhebungszeitraum zwei Wirtschaftsjahre, ist für jedes dieser Wirtschaftsjahre ein Gewinn zu ermitteln, der sich jeweils um Hinzurechnungen des § 8 GewStG erhöht. Der Freibetrag von 100 000 € ist für jedes Wirtschaftsjahr zu gewähren.

Der Gewerbeertrag, der bei einem in der Abwicklung bzw. Insolvenz befindlichen Gewerbebetrieb entstanden ist, ist auf die Jahre des Abwicklungs- bzw. Insolvenzzeitraums zu verteilen (§ 16 GewStDV). Dies hat zur Folge, dass der Freibetrag nur einmal gewährt wird.

BEISPIEL: Der Einzelunternehmer A hat im Jahr 2010 einen Zinsaufwand in Höhe von 140 000 €. Die jährliche Miete für eine Gewerbeimmobilie beträgt 20 000 €, an Leasingraten für den betrieblichen Fuhrpark wurden 15 000 € gezahlt.

In welcher Höhe erfolgt eine Zurechnung zur Gewerbesteuer?

	Gesamt	Hinzurechnung (in %)	Hinzurechnung
Zinsaufwand	140 000 €	100 %	140 000 €
Miet- und Pachtzinsen für bewegliche Wirtschaftsgüter/Leasing	15 000 €	20 %	3 000 €
Miet- und Pachtzinsen für unbewegliche Wirtschaftsgüter	20 000 €	50 %	10 000 €
Summe			153 000 €
abzüglich Freibetrag			100 000 €
Summe nach Freibetrag			53 000 €
Hinzurechnung zum Gewerbeertrag		25 %	13 250 €

Die Betragsgrenze für die Hinzurechnung von 100 000 € ist im Fall einer negativen Summe der hinzuzurechnenden Finanzierungsanteile nicht spiegelbildlich anzuwenden. Lautet daher die Summe der Einzelhinzurechnungsbeträge auf einen Betrag zwischen -1 € und -100 000 €, dann ist ein Viertel dieser Summe dem Gewinn aus Gewerbebetrieb (negativ) hinzuzurechnen.

(13) Miet- und Pachtzinsen: 1150

Von der Hinzurechnungsnorm des § 8 Nr. 1 Buchst. d und e GewStG werden Miet- und Pachtzinsen (inkl. Leasingraten) für **bewegliche** und **unbewegliche** Wirtschaftsgüter des **Anlagevermögens** erfasst. Miete und Pacht setzt eine Nutzungsüberlassung voraus. Wenn nach allgemeinen bilanzsteuerlichen Grundsätzen (vgl. u. a. § 39 Abs. 2 Nr. 1 AO) die Nutzungsüberlassung als Übergang des wirtschaftlichen Eigentums gewertet wird, liegt ein Ratenkauf vor, dass als Anschaffungsgeschäft grds. keine Hinzurechnung auslöst. Soweit für einen Kaufpreis eine Verbindlichkeit zu passivieren ist, ist der in der Rate enthaltene Zinsanteil nach den Grundsätzen des § 8 Nr. 1a GewStG hinzuzurechnen.

Miet- und Pachtzinsen werden dann für die Benutzung von Wirtschaftsgütern des Anlagevermögens gezahlt, wenn die Wirtschaftsgüter für den Fall, dass sie im Eigentum des Mieters oder Pächters stünden, dessen Anlagevermögen zuzurechnen wären. Diese Fiktion muss sich jedoch soweit wie möglich an den betrieblichen Verhältnissen des Steuerpflichtigen orientieren. So unterliegen beispielsweise auch die von einem Bauunternehmer für die einmalige Anmietung von Baumaschinen geleisteten Mietaufwendungen der Hinzurechnung. Dies gilt selbst dann, wenn die Anmietung lediglich stunden- oder tageweise erfolgt. Demnach sind Mietaufwendungen des Unternehmers für die Anmietung von Unterkünften, die unmittelbar der originären Tätigkeit zuzuordnen sind (z. B. Baumontage, Reisedienstleistungen), hinzuzurechnen. Aus Vereinfachungsgründen unterbleibt bei Verträgen über kurzfristige Hotelnutzungen oder bei kurzfristigen Pkw-Mietverträgen eine Hinzurechnung.

Zu den Miet- und Pachtzinsen gehören auch die Aufwendungen des Mieters oder Pächters für die Instandsetzung, Instandhaltung und Versicherung des Miet- oder Pachtgegenstandes, die er über seine gesetzliche Verpflichtung nach bürgerlichem Recht hinaus (§§ 582 ff. BGB) auf Grund vertraglicher Verpflichtungen übernommen hat; nicht hinzuzurechnen sind reine Betriebskosten wie Wasser, Strom, Heizung.

Die Miet- und Pachtzinsen sind **unabhängig** von der gewerbesteuerlichen Behandlung beim **Empfänger** hinzuzurechnen.

Untermietverträge gelten als Miet- und Pachtverträge im Sinne von § 8 Nr. 1 Buchst. d und e GewStG; sie sind nicht als Überlassung von Rechten i. S. des § 8 Nr. 1 Buchst. f GewStG zu beurteilen. Eine Saldierung von Mietaufwendungen und Mieterträgen kommt nicht in Betracht.

Erbbauzinsen sind rechtlich und wirtschaftlich ein Entgelt für die Überlassung des Grundstücks zur Nutzung. Sie sind gewerbesteuerrechtlich wie Miet- und Pachtentgelte zu behandeln. Soweit die Erbbauzinsen für ein unbebautes Grundstück entrichtet werden, sind sie in voller Höhe wie Miet- und Pachtentgelte zu behandeln. Wird ein

Erbbaurecht an einem bebauten Grundstück bestellt, sind die gezahlten Erbbauzinsen in einen Tilgungs- und Zinsanteil für die Übertragung des Bauwerks einerseits und ein Entgelt für die Nutzung des Grund und Bodens andererseits aufzuteilen. Der auf das Bauwerk entfallende Zinsanteil unterliegt zusätzlich der Hinzurechnung nach § 8 Nr. 1a GewStG, soweit die diesbezüglichen Erbbauzinsen nicht als Herstellungskosten des Gebäudes aktiviert wurden.

Die Hinzurechnung wird auf den **Finanzierungsanteil** der Aufwendungen beschränkt. Dieser beträgt bei beweglichen Wirtschaftsgütern **20 %** und bei unbeweglichen Wirtschaftsgütern **50 %** (bis Erhebungszeitraum 2009 65 %). Die so ermittelten Finanzierungsanteile unterliegen nach Berücksichtigung des Hinzurechnungsfreibetrages einer Hinzurechnung von **25 %**. Bei Elektrofahrzeugen und extern aufladbaren Hybridelektrofahrzeugen, die bestimmte Schadstoffausstoß- oder Reichweitenkriterien erfüllen, fließen **10 %** der Miet- und Leasingaufwendungen in die Hinzurechnung ein.

BEISPIEL:

Die A-GmbH wendet für die Überlassung von Betriebsgebäuden in 01 mtl. 51 000 € an den Unternehmer B auf. In dem Gebäude befinden sind mehrere Lastenaufzüge (Betriebsvorrichtungen). Im Wege einer sachgerechten Schätzung können von den 51 000 € mtl. Miete 1 000 € den Lastenaufzügen als Mietentgelt zugerechnet werden. Außerdem sind im Rahmen des Unternehmens der A-GmbH mtl. 35 000 € Schuldzinsen zu leisten.

Lösung:

Für die A-GmbH ergibt sich nach § 8 Nr. 1 GewStG folgende Hinzurechnung:

Summe der Entgelte für Schulden gem. § 8 Nr. 1 Buchst. a GewStG	420.000 €
Mietzahlungen für bewegliches AV nach § 8 Nr. 1 d GewStG	
12 x 1 000 € x 20 %	2.400 €
Mietzahlungen für unbewegliches AV nach § 8 Nr. 1 Buchst. e GewStG	
12 x 50 000 € x 50 %	300.000 €
Zwischensumme	722.400 €
abzgl. Freibetrag	100.000 €
Verbleiben	622.400 €
davon ein $^1/_4$	155.600 €

1151 **(14) Renten und dauernde Lasten:**

Auf einen Zusammenhang der Renten und dauernden Lasten mit der Gründung oder dem Erwerb des Betriebes kommt es im Rahmen der Regelung des § 8 Nr. 1 Buchst. b GewStG nicht mehr an.

Nicht entscheidend ist, wie die Beträge beim **Empfänger** gewerbesteuerlich behandelt werden. Erbbauzinsen gelten nicht als dauernde Last i. S. des § 8 Nr. 1 b GewStG. Erbbauzinsen für die Überlassung unbebauter Grundstücke sind rechtlich und wirtschaftlich ein Entgelt für die Überlassung des Grundstücks zur Nutzung. Sie sind gewerbesteuerrechtlich wie Miet- und Pachtentgelte zu behandeln und unterliegen der Hinzurechnung nach § 8 Nr. 1e GewStG.

Pensionszahlungen auf Grund einer unmittelbar vom Arbeitgeber erteilten Versorgungszusage sind nicht als dauernde Last anzusehen. Das Gleiche gilt für Aufwendungen des Arbeitgebers oder eines nach § 17 Abs. 1 Satz 2 BetrAVG Verpflichteten für Zusagen über eine Direktversicherung, eine Pensionskasse, einen Pensionsfonds oder eine Unterstützungskasse (§ 8 Nr. 1 Buchst. b Satz 2 GewStG).

Renten und dauernde Lasten sind nach Berücksichtigung des Hinzurechnungsfreibetrages zu **25 %** hinzuzurechnen.

(15) Spenden: 1152

Die bei der Ermittlung des körperschaftsteuerlichen zu versteuernden Einkommens abgezogenen Spenden i. S. des § 9 Abs. 1 Nr. 2 KStG (= Ausgaben zur Förderung mildtätiger, kirchlicher, religiöser und wissenschaftlicher Zwecke sowie der als besonders förderungswürdig anerkannten gemeinnützigen Zwecke) werden gem. § 8 Nr. 9 GewStG hinzugerechnet, um für alle gewerblichen Unternehmen eine gemeinsame Ausgangsbasis zu schaffen.

Die Kürzungsvorschrift zu den Spenden führt zu einer Abzugsmöglichkeit der Spenden, die im Wesentlichen dem Umfang des Sonderausgabenabzugs bei natürlichen Personen oder Personengesellschaften bzw. der Einkommensminderung bei Körperschaften entspricht.

Von der Summe aus Gewinn und Hinzurechnungen werden nach § 9 Nr. 5 Satz 1 GewStG Spenden und Mitgliedsbeiträge abgezogen, die aus **betrieblichen Mitteln** an eine inländische juristische Person des öffentlichen Rechts oder an eine inländische öffentliche Dienststelle oder an eine nach § 5 Abs. 1 Nr. 9 KStG steuerbefreite Körperschaft, Personenvereinigung oder Vermögensmasse geleistet worden sind, wenn sie beim Empfänger zur Förderung steuerbegünstigter Zwecke i. S. von §§ 52 bis 54 AO dienen.

Gekürzt wird bis zur Höhe von insgesamt **20 %** des um die Hinzurechnungen nach § 8 Nr. 9 GewStG erhöhten Gewinns aus Gewerbebetrieb oder **4 ‰** der Summe der gesamten Umsätze und der im Wirtschaftsjahr aufgewendeten Löhne und Gehälter. Überschreiten die Zuwendungen diese Höchstsätze, kann die Kürzung nach § 9 Nr. 5 Satz 2 GewStG in den folgenden Erhebungszeiträumen im Rahmen der genannten Höchstbeträge nachgeholt werden.

(16) Vergütungen für Fremdkapital i. S. des § 8a KStG: 1153

§ 8a KStG normiert, dass unter bestimmten Voraussetzungen Vergütungen für Gesellschafter- Fremdfinanzierungen als verdeckte Gewinnausschüttungen gelten. Diese werden bei der Ermittlung des körperschaftsteuerpflichtigen Einkommens gem. § 8 Abs. 3 KStG erhöhend berücksichtigt. Die dem steuerpflichtigen Gewinn hinzugerechneten verdeckten Gewinnausschüttungen erhöhen ebenfalls die Bemessungsgrundlage der Gewerbesteuer.

Einstweilen frei 1154–1159

4. Gewerbeverlust

Der maßgebende Gewerbeertrag (§ 10 GewStG) wird gem. § 10a GewStG um die Fehl- 1160
beträge gekürzt, die sich bei der Ermittlung des maßgebenden Gewerbeertrags für die vorangegangenen Erhebungszeiträume nach den Vorschriften der §§ 7 bis 10 GewStG ergeben haben, soweit die Fehlbeträge nicht bei der Ermittlung des Gewerbeertrags für

die vorangegangenen Erhebungszeiträume berücksichtigt worden sind. Daraus ergibt sich, dass der Gewerbeverlust vom maßgebenden Gewerbeertrag, d. h. nach Berücksichtigung der Hinzurechnungen und Kürzungen abzuziehen ist.

Anders als bei den für die Einkommen- und Körperschaftsteuer geltenden Regelung des § 10d EStG (i.V. mit § 8 Abs. 1 KStG) besteht keine Möglichkeit des Verlustrücktrags.

1161 Der vortragsfähige Gewerbeverlust wird gem. §§ 179 ff. AO mittels **Feststellungsbescheid** von Amts wegen (d. h. ohne besonderen Antrag) gesondert festgestellt. Der festzustellende vortragsfähige Gewerbeverlust berechnet sich aus dem vortragsfähigen Gewerbeverlust des vorangegangenen Erhebungszeitraums abzüglich eines positiven Gewerbeertrags oder zuzüglich eines Gewerbeverlustes des laufenden Erhebungszeitraums.

Diese gesonderte Feststellung erfolgt erstmals zum Schluss des Entstehungsjahres und anschließend – bis zur vollständigen Verrechnung des Verlustes mit positiven Gewerbeerträgen – zum Schluss jeden Abzugsjahres. Der Verlustfeststellungsbescheid ist Grundlagenbescheid für den Verlustfeststellungsbescheid und den Gewerbesteuermessbescheid des folgenden Erhebungszeitraumes. Werden Verlustfeststellungsbescheide geändert, so sind der Gewerbesteuermessbescheid und der Verlustfeststellungsbescheid des folgenden Erhebungszeitraums gemäß § 175 Abs. 1 Nr. 1 AO zu ändern, wenn die Änderung des Verlustfeststellungsbescheides Auswirkungen auf den Messbetrag bzw. den vortragsfähigen Gewerbeverlust des folgenden Erhebungszeitraumes hat. Verlustfeststellungsbescheide können nach § 35b Abs. 1 Satz 1 GewStG geändert werden, wenn der Einkommensteuer-, der Körperschaftsteuer- oder ein Feststellungsbescheid aufgehoben oder geändert wird und die Aufhebung oder Änderung den Gewinn aus Gewerbebetrieb berührt.

Nach § 35b Abs. 2 Satz 2 GewStG ist der Verlustfeststellungsbescheid zu ändern, wenn sich die Besteuerungsgrundlagen ändern, die auch die Feststellung des vortragsfähigen Gewerbeverlustes berühren und deshalb der Gewerbesteuermessbescheid für denselben Erhebungszeitraum zu ändern ist.

Der Verlustfeststellungsbescheid ist nach § 35 b Abs. 2 Satz 3 GewStG auch dann zu ändern, wenn die Änderung des Gewerbesteuermessbescheides wegen fehlender steuerlicher Auswirkung unterbleibt.

1162 Parallelen zu § 10d EStG sind gegeben, jedoch unterscheidet sich der Gewerbeverlust vom Verlustabzug des § 10d EStG in der Weise, dass der Verlust aus Gewerbebetrieb durch die Hinzurechnungen und Kürzungen der §§ 8 und 9 GewStG zusätzlich beeinflusst wird. Ab 2004 werden maximal 1 000 000 € des vertragsfähigen Fehlbetrags ohne Einschränkung verrechnet. Geht der Fehlbetrag über diesen Sockelbetrag von 1 000 000 € hinaus, ist er im gleichen Erhebungszeitraum nur noch bis zu 60 % des 1 000 000 € übersteigenden Gewerbeertrages verrechenbar.

BEISPIEL: Die A-OHG verfügt zum 31.12.01 über einen festgestellten gewerbesteuerlichen Verlustvortrag in Höhe von 5 000 000 € In 02 erwirtschaftet sie einen Gewerbeertrag in Höhe von 3 000 000 €.

Lösung:

Der Verlust kann wie folgt verrechnet werden:

Gewerbeertrag 02		3 000 000 €
Verlustabzug	5 000 000 €	
Abzug Sockelbetrag	1 000 000 €	1 000 000 €
	4 000 000 €	2 000 000 €
60 % × 2 000 000 €	1 200 000 €	1 200 000 €
verbleibender Gewerbeertrag 02		800 000 €
verbleibender Verlustvortrag 02	2 800 000 €	

Die Beschränkung der Verrechnung von vortragsfähigen Gewerbeverlusten durch Einführung einer jährlichen Höchstgrenze mit Wirkung ab 2004 ist mit dem Grundgesetz vereinbar. Das gilt auch, soweit es wegen der Begrenzung zu einem endgültig nicht mehr verrechenbaren Verlust kommt.

Voraussetzung für die Berücksichtigung des Gewerbeverlusts ist die Unternehmens- 1163
und Unternehmeridentität. **Unternehmeridentität** liegt vor, wenn der Gewerbeverlust bei demselben Unternehmer entstanden ist, dessen Gewerbeertrag im Anrechnungsjahr gekürzt werden soll. Die Frage der Unternehmensgleichheit ist nach wirtschaftlichen Gesichtspunkten zu klären. So kommt es darauf an, ob wesentliche Veränderungen im Unternehmen, z. B. im Aufbau, in der geschäftlichen Betätigung, in der Finanzierung oder hinsichtlich der Lieferanten und Abnehmer eingetreten sind. Für den Abzug ist erforderlich, dass das gleiche Steuersubjekt vorliegt. Führt ein Unternehmer mehrere selbständige Betriebe, so ist ein Verlustausgleich untereinander ausgeschlossen (vgl. R 10a. 1–R 10a.3 GewStR).

BEISPIEL Eine KG betrieb in den Kalenderjahren 01 bis 02 einen Supermarkt mit Verlusten. Sie gab deshalb diese Tätigkeit auf und betätigt sich ab 03 mit Gewinn als Immobilienmakler.

Lösung:

Die KG kann ihre aus dem Supermarkt erlittenen Gewerbeverluste wegen fehlender Unternehmensgleichheit nicht bei der Ermittlung der Besteuerungsgrundlagen aus der Tätigkeit als Immobilienmakler verrechnen, da zwischen den verschiedenartigen Tätigkeiten kein sachlicher Zusammenhang besteht. Ein Verlustabzug wäre nur dann zulässig, wenn die Immobilienvermittlung wirtschaftlich, finanziell und organisatorisch die Fortsetzung der früheren Tätigkeit darstellen würde.

Die für den Abzug des Gewerbeverlusts erforderliche **Unternehmeridentität** ist an die 1164
Person des Unternehmers gebunden, die den Verlust erlitten hat.

Deswegen spielt bei der Umwandlung eines Unternehmens die Wahl der neuen Rechts- 1165
form eine wichtige Rolle. Wenn z. B. eine AG in eine KG umgewandelt wird, besteht keine Unternehmergleichheit. Bei formwechselnden Umwandlungen ist die Unternehmergleichheit gegeben.

Wird z. B. eine OHG in eine KG formwechselnd umgewandelt, liegt kein Unternehmerwechsel vor. Die Unternehmeridentität ist gegeben.

Dagegen fehlt es bei der Umwandlung einer Personengesellschaft in eine Kapitalgesellschaft an dem Merkmal der Unternehmeridentität, wenn die aufnehmende Kapitalgesellschaft vor der Umwandlung nicht Mitunternehmer der umgewandelten Personengesellschaft gewesen ist. Sollte eine Beteiligung der Kapitalgesellschaft an der Personengesellschaft vorgelegen haben, kann die Kapitalgesellschaft die auf sie entfallenden Gewerbeverluste abziehen (R 10a.3 Abs. 3 Satz 9 Nr. 5 Satz 4 i. V. mit R 10a.3 Abs. 3 Satz 9 Nr. 4 Satz 2 GewStR).

1166 Wechseln in einer **Mitunternehmerschaft** die Gesellschafter, muss für die Frage der Unternehmeridentität auf die Person des einzelnen Gesellschafters abgestellt werden, da der Träger des Rechts auf Verlustabzug der einzelne Mitunternehmer ist. Dadurch ergibt sich, dass es nicht erforderlich ist, dass die Personen der Mitunternehmer in ihrer Gesamtheit im Erhebungszeitraum der Anrechnung des Verlusts dieselben sind wie im Erhebungszeitraum der Entstehung des Verlusts. Wechseln also nur einzelne Mitunternehmer, so geht dadurch für die verbliebenen Mitunternehmer der Anspruch auf den Gewerbeverlust entsprechend ihrem Beteiligungsverhältnis im Jahr der Entstehung des Verlusts nicht verloren. Daher entfällt beim Ausscheiden eines Gesellschafters aus einer Personengesellschaft der Verlustabzug, soweit der Fehlbetrag anteilig dem ausgeschiedenen Gesellschafter zugerechnet wird. § 10a GewStG normiert, dass der allgemeine Gewinnverteilungsschlüssel Maßstab für die Ermittlung des dem einzelnen Mitunternehmer zuzurechnenden Verlustanteils ist. Vorweggewinnanteile sind nicht zu berücksichtigen. Damit ist auch der Höchstbetrag entsprechend dem Gewinnverteilungsschlüssel im Abzugsjahr anteilig bei den einzelnen Gesellschaftern zu berücksichtigen. Eine strikt mitunternehmerbezogene Ermittlung als Methode zur Ermittlung des anteiligen Verlustbetrages ist demnach unzulässig.

BEISPIEL 1: Die AB-OHG verfügt zum 31. 12. 08 über einen Gewerbeverlust von 200 000 €. Hiervon stammen 50 000 € aus dem Gesamthandsbereich und 150 000 € aus dem Sonderbereich des A (unentgeltliche Überlassung von fremdfinanzierten abnutzbaren Wirtschaftsgütern).

Lösung:

Scheidet nun einer der beiden Gesellschafter zum 31. 12. 08 aus der AB-OHG aus, so gehen **jeweils** 100 000 € Gewerbeverlust unter.

BEISPIEL 2: C erwirbt zum **1. 1. 02** von B einen Anteil an der AB-OHG und ist seitdem zu 50 % an der AB-OHG beteiligt. Die übrigen 50 % hält der Gründungsgesellschafter A. Der **Gewerbeverlust** zum **31. 12. 01** beträgt (vor Berücksichtigung der Anteilsveräußerung) **400 000 €**. Die AB-OHG erzielt in **02** einen **Verlust** von 60 000 € und in 03 einen Gewinn von 100 000 €.

Lösung:

Das Ausscheiden des B führt in 02 zu einem Untergang des anteiligen Gewerbeverlustes (200 000 €), so dass zum **31. 12. 02** nur ein vortragsfähiger Verlust von **260 000 €** festzustellen ist. Dieser Verlust setzt sich nun aus zwei Kategorien zusammen: Zum einen aus jenen 200 000 € des A, die nicht mit zukünftigen positiven Gewerbeerträgen des C verrechnet werden dürfen; zum anderen aus den „Neuverlusten" von 60 000 €, die zu gleichen Teilen auf die Gesellschafter A und C entfallen und ohne Beschränkungen zukünftig nach § 10a GewStG abgezogen werden können.

Dies hat auf die Gewerbeertragsermittlung **03** folgende Auswirkung:

Gewinn	100 000 €
Verlustabzug nach § 10a GewStG:	
uneingeschränkt abziehbarer Teil	- 60 000 €
Verbleibender Gewerbeertrag (Zwischensumme)	40 000 €
Abzug Altverluste A **(höchstens 50 % von 40 000 €)**	**- 20 000 €**
Gewerbeertrag 03	20 000 €
Vortragsfähiger Gewerbeverlust zum **31. 12. 03**	180 000 €

Bei Umwandlung eines Einzelunternehmens in eine Personengesellschaft ist der volle Gewerbeverlust des früheren Einzelunternehmens abziehbar. Der Abzug des Gewerbeverlusts ist jedoch auf den Anteil des maßgebenden Gewerbeertrags der Personengesellschaft beschränkt, der dem früheren Einzelunternehmer entsprechend dem Gewinnverteilungsschlüssel zuzurechnen ist. 1167

Wird umgekehrt eine Personengesellschaft in eine Einzelfirma in der Weise umgewandelt, dass ein Mitunternehmer den Betrieb unverändert fortführt, so ist der Gewerbeverlust insoweit berücksichtigungsfähig, als er den vor und nach der Umwandlung beteiligten Unternehmer tatsächlich belastet. 1168

BEISPIEL: An der Z-OHG sind die Gesellschafter A, B und C zu je einem Drittel beteiligt. Der vortragsfähige Gewerbeverlust der OHG zum 31.12.01 beträgt 900 000 €. Mit Ablauf des 31.12.01 scheiden A und B aus der Personengesellschaft aus. C erzielt in 02 einen Gewerbeertrag von 600 000 €.

Lösung:

Die Unternehmensidentität liegt vor. Die Unternehmeridentität ist nur noch partiell hinsichtlich des verbleibenden Mitunternehmers C gegeben. Soweit die mit Ablauf des 31.12.01 ausgeschiedenen Gesellschafter A und B Träger des Gewerbeverlustes 01 waren, kann der Gewerbeverlustabzug nach § 10a GewStG wegen fehlender Unternehmeridentität nicht von C in Anspruch genommen werden. Dies ist bereits bei der gesonderten Feststellung des vortragfähigen Gewerbeverlustes auf den 31.12.01 zu berücksichtigen. Der Gewerbeverlust 01 i. H. v. 900 000 € ist um den auf die ausgeschiedenen Gesellschafter A und B entfallenden Anteil von 600 000 € zu kürzen. Der vortragsfähige Verlust beträgt 300 000 € und ist gesondert nach § 10a Satz 6 GewStG festzustellen. Bei der Ermittlung des Steuermessbetrags für den Erhebungszeitraum 02 ist von dem Gewerbeertrag i. H. von 600 000 € nach § 10a GewStG der vortragsfähige Verlust i. H. von 300 000 € abzuziehen. Der verbleibende Gewerbeertrag beträgt 300 000 €.

Im Fall des Unternehmerwechsels i. S. des § 2 Abs. 5 GewStG kann der Rechtsnachfolger die Fehlbeträge seines Rechtsvorgängers nicht geltend machen (vgl. § 10a Satz 8 GewStG). Das ist z. B. dann der Fall, wenn ein Einzelunternehmen nach dem Tod des Inhabers von den Erben weitergeführt wird. Die Einbringung eines Einzelunternehmens in eine Kapitalgesellschaft gegen Gewährung neuer Anteile nach den Regeln des § 20 UmwStG stellt einen Unternehmerwechsel i. S. von § 2 Abs. 5 GewStG dar. Die Kapitalgesellschaft kann den vom Einzelunternehmer erwirtschafteten Gewerbeverlust gemäß § 10a Satz 8 GewStG nicht abziehen (R 10a.3 Abs. 3 Satz 9 Nr. 5 Satz 4 GewStR). 1169

Bei Kapitalgesellschaften ist die Voraussetzung der Unternehmensgleichheit nicht zu prüfen, da § 2 Abs. 2 GewStG fingiert, dass die Tätigkeit einer Kapitalgesellschaft stets und in vollem Umfang als Gewerbebetrieb gilt. Dies hat zur Folge, dass eine Kapitalgesellschaft – auch wenn sie Tätigkeiten verschiedenen Inhalts ausübt – nur einen Gewerbebetrieb haben kann. Ein Wechsel der Tätigkeiten führt daher grundsätzlich nicht zu einem Wegfall der Unternehmensidentität.

BEISPIEL: Eine GmbH betreibt eine Pension und einen Getränkegroßhandel. Sie erzielt aus dem Betrieb der Pension laufend hohe Verluste und stellt die Tätigkeit deshalb ein. Den Getränkegroßhandel betreibt sie weiter mit Erfolg.

Lösung:

Gemäß § 2 Abs. 2 GewStG stellt die Tätigkeit einer GmbH stets und in vollem Umfang einen Gewerbebetrieb dar. Die Unternehmensgleichheit liegt vor mit der Konsequenz, dass die GmbH die Gewerbeverluste weiterhin nach § 10a GewStG abziehen kann.

Bei Körperschaften und Mitunternehmerschaften, an denen Körperschaften beteiligt sind, gelten unter den Voraussetzungen des § 10a Satz 10 GewStG die Regelungen des § 8c KStG (Verlustabzug bei Körperschaften) für die Gewerbesteuer entsprechend. **Die Frage danach, ob und in welchem Umfang § 8c KStG Anwendung findet, entscheidet sich dabei zunächst allein nach den Verhältnissen auf Ebene der Körperschaft.** Liegt sodann ein Fall des § 8c KStG auf Ebene der Körperschaft vor, wirkt die Verlustabzugsbeschränkung ausgehend von der Körperschaft unter Berücksichtigung der jeweiligen Beteiligungsverhältnisse in der **Beteiligungskette nach unten fort**.

BEISPIEL: A ist Alleingesellschafter der A-GmbH, die im EZ 01 zu 80 % an der X-OHG (Obergesellschaft) beteiligt ist. Die X-OHG ist ihrerseits zu 60 % an der Y-OHG (Untergesellschaft) beteiligt. Die zum 31. 12. 01 vortragsfähigen Gewerbeverluste betragen für die X-OHG 450 000 € und für die Y-OHG 250 000 €. Im EZ 02 erwirbt B von A 30 % der Anteile an der A-GmbH.

Lösung:

Auf Ebene der A-GmbH erfolgt in EZ 02 ein schädlicher Beteiligungserwerb im Sinne des § 8c KStG. Unter Berücksichtigung der Beteiligungshöhe von 80 % der A-GmbH an der X-OHG folgt, dass vom vortragsfähigen Gewerbeverlust der X-OHG in EZ 02 nunmehr 30 % von 80 % (= 24 % v. 450 000 €) nicht mehr abziehbar sind. Weiterhin ist der vortragsfähige Gewerbeverlust der Y-OHG aufgrund der mittelbaren Beteiligung der A-GmbH an der Y-OHG von 48 % (80 % von 60 %) in EZ 02 ebenfalls zu 30 % (= 14,4 % v. 250 000 €) nicht mehr abziehbar.

Abwandlung:

Wie Ausgangsfall, jedoch erwirbt B von A im EZ 02 60 % der Anteile an der A-GmbH.

Lösung:

Unter Berücksichtigung der Beteiligungshöhe von 80 % der A-GmbH an der X-OHG folgt, dass vom vortragsfähigen Gewerbeverlust der X-OHG in EZ 02 nunmehr der vollständige, auf die A-GmbH entfallende Verlustvortrag in Höhe von 80 % v. 450 000 € nicht mehr abziehbar ist. Die Anwendung des § 8c KStG auf Ebene der Y-OHG führt im EZ 02 dazu, dass der vortragsfähige Gewerbeverlust der Y-OHG aufgrund der mittelbaren Beteiligung der A-GmbH an der Y-OHG von 48 % (80 % von 60 %) im Umfang der mittelbaren Beteiligung (48 % v. 250 000 €) nicht mehr abziehbar ist.

5. Tarif der Gewerbeertragsteuer

1170 Bei der Berechnung der Gewerbesteuer nach dem Gewerbeertrag ist von einem Steuermessbetrag auszugehen. Dieser ist durch Anwendung eines Hundertsatzes (Steuermesszahl) auf den Gewerbeertrag zu ermitteln. Der Gewerbeertrag ist auf volle 100 € nach unten abzurunden.

1171 Für Gewerbebetriebe, die von natürlichen Personen oder Personengesellschaften betrieben werden, muss vor Anwendung der Steuermesszahl ein **Freibetrag** von 24 500 € (höchstens jedoch in Höhe des abgerundeten Gewerbeertrags) abgezogen werden

(§ 11 GewStG). Der Freibetrag ist auch dann in voller Höhe zu gewähren, wenn die Betriebseröffnung oder Betriebsschließung im Laufe des Kalenderjahres erfolgt.

Wird ein Einzelunternehmen durch Aufnahme eines oder mehrerer Gesellschafter in eine Personengesellschaft umgewandelt oder scheiden aus einer Personengesellschaft alle Gesellschafter bis auf einen aus, so hat dies Einfluss auf die Steuerschuldnerschaft. Der Wechsel des Steuerschuldners ist bei der Festsetzung des Gewerbesteuermessbetrags zu berücksichtigen. Deshalb ist der für den Erhebungszeitraum ermittelte Steuermessbetrag dem Einzelunternehmer und der Personengesellschaft anteilig zuzurechnen und getrennt festzusetzen. Jedem der Steuerschuldner wird nur der Teil des Steuermessbetrags zugerechnet, der auf die Dauer seiner persönlichen Steuerpflicht entfällt. Dieses Ergebnis wird dadurch erreicht, dass für jeden der Steuerschuldner eine Steuermessbetragsfestsetzung aufgrund des von ihm erzielten Gewerbeertrags durchgeführt und dabei der Freibetrag von 24 500 € entsprechend der Dauer seiner persönlichen Steuerpflicht aufgeteilt wird. Dabei kann aus Vereinfachungsgründen für jeden angefangenen Monat der Steuerpflicht ein Freibetrag von 2 041 € berücksichtigt werden. 1172

Die Gewerbesteuermesszahl beträgt ab 2008 für alle Rechtsformen einheitlich 3,5 %. Der bisher geltende Staffeltarif für Einzel- und Personenunternehmen ist entfallen. 1173

Einstweilen frei 1174–1177

V. Festsetzung des Gewerbesteuermessbetrags

Der Gewerbesteuermessbetrag wird vom Betriebsfinanzamt (§ 18 Abs. 1 Nr. 2 AO) durch einen Messbescheid gem. § 184 AO festgesetzt. Hierbei handelt es sich um eine Festsetzung einer Besteuerungsgrundlage. 1178

Sollte der Einkommensteuerbescheid, der Körperschaftsteuerbescheid oder ein Feststellungsbescheid geändert oder aufgehoben werden und die Korrektur den Gewinn aus Gewerbebetrieb betreffen, so ist der Gewerbesteuermessbescheid oder der Verlustfeststellungsbescheid von Amts wegen aufzuheben oder zu ändern (§ 35b GewStG). Für die Anwendung der punktuellen Änderungsnorm des § 35b GewStG ist demnach eine unerlässliche Voraussetzung, dass der Einkommensteuer-, Körperschaftsteuer- oder Feststellungsbescheid korrigiert wird. Unerheblich ist jedoch, aus welchen Gründen die Korrektur erfolgt. 1179

VI. Erhebung der Gewerbesteuer

Durch Anwendung des vom Gemeinderat festgesetzten Hebesatzes (Prozentzahl) auf den vom Finanzamt festgesetzten einheitlichen Gewerbesteuermessbetrag wird die zu entrichtende Gewerbesteuer durch die Gemeinde ermittelt und durch den Erlass eines Gewerbesteuerbescheids nach außen gegenüber dem Gewerbetreibenden dokumentiert. Ab 2004 schreibt § 16 Abs. 4 GewStG einen Mindesthebesatz von 200 % vor, der angewandt wird, wenn die Gemeinde nicht einen höheren Hebesatz bestimmt hat. 1180

Die Gewerbesteuer entsteht mit Ablauf des Erhebungszeitraums, für den die Festsetzung vorgenommen wird (§ 18 GewStG). Auf die voraussichtlich entstehende Steuer sind vierteljährliche **Vorauszahlungen** zu entrichten, die am 15. 2., 15. 5., 15. 8. und 1181

15. 11. fällig sind (§ 19 GewStG). Das Vorauszahlungssystem entspricht dem der Einkommen- oder Körperschaftsteuer. Daraus ergibt sich, dass die geleisteten Vorauszahlungen von der festgesetzten Jahressteuer abgerechnet werden. Eine eventuell entstehende Abschlusszahlung ist innerhalb eines Monats nach Bekanntgabe des Gewerbesteuerbescheids zu entrichten. Eine Überzahlung ist zu erstatten.

VII. Zerlegung

1182 Werden im Erhebungszeitraum **mehrere Betriebsstätten** des Gewerbebetriebs in unterschiedlichen Gemeinden unterhalten, so muss der einheitliche Gewerbesteuermessbetrag auf alle beteiligten Gemeinden zerlegt werden (§ 28 GewStG). **Zerlegungsmaßstab** ist i. d. R. das Verhältnis, in dem die Summe der Gesamtarbeitslöhne des Betriebs zu den Arbeitslöhnen steht, die an die bei den Betriebsstätten der einzelnen Gemeinden beschäftigten Arbeitnehmer gezahlt worden sind. Zum Arbeitslohn zählen die Vergütungen i. S. des § 19 Abs. 1 Nr. 1 EStG einschließlich steuerfreier Zuschläge für Sonn-, Feiertags- und Nachtarbeit (§ 31 Abs. 1 GewStG). Nicht zu den Arbeitslöhnen für die Ermittlung des Zerlegungsmaßstabes zählen:

- Löhne und Vergütungen der Auszubildenden (§ 31 Abs. 2 GewStG) und
- einmalige nach dem Gewinn berechnete Vergütungen (Tantiemen, Gratifikationen), soweit sie bei dem einzelnen Arbeitnehmer 50 000 € übersteigen.

Für einen im Betrieb tätigen Unternehmer bzw. Mitunternehmer werden 25 000 € als Vergütung angesetzt und auf die Betriebsstätten verteilt, in denen er tätig ist. Bei der Ermittlung der Verhältniszahlen sind die Arbeitslöhne auf volle 1 000 € abzurunden (§ 29 GewStG). Auf den dann so ermittelten Anteil am einheitlichen Gewerbesteuermessbetrag wendet die hebeberechtigte Gemeinde, in dessen Bereich sich die Betriebsstätte befindet, ihren Hebesatz an.

1183 Führt der nach dem Verhältnis der Arbeitslöhne ermittelte Zerlegungsmaßstab zu einem offenbar unbilligen Ergebnis, dann ist ein abweichender sachgerechter Maßstab zugrunde zu legen, der die tatsächlichen Verhältnisse besser widerspiegelt (vgl. § 33 GewStG). Da diese Spezialregelung nur in Ausnahmefällen anwendbar ist, wird auf die im R 33.1 GewStR erwähnten Einzelfälle hingewiesen.

BEISPIEL:

Die zwei Betriebsstätten eines Gewerbebetriebes liegen in Köln und in Düsseldorf. In Köln werden 402 076 € und in Düsseldorf 201 011 € an Arbeitslöhnen gezahlt.

Lösung:

Unter Beachtung der Rundung auf volle 1 000 € nach § 29 Abs. 3 GewStG entfallen auf Köln 2/3 und auf Düsseldorf 1/3 des Gewerbesteuermessbetrags.

VIII. Passivierungspflicht der Gewerbesteuerrückstellung

1184 Gem. § 249 Abs. 1 Satz 1 HGB ist jeder Kaufmann verpflichtet, Rückstellungen für ungewisse Verbindlichkeiten zu passivieren. Die noch zu leistende Gewerbesteuerabschlusszahlung gehört zu den ungewissen Verbindlichkeiten. Es handelt sich hierbei um eine öffentlich-rechtliche Verpflichtung. Die Verursachung erfolgt vor dem jeweiligen Bilanzstichtag, da die Gewerbesteuer die laufende Ertragskraft und das Vermögen des

Gewerbebetriebs belastet. Mit der Inanspruchnahme ist ernsthaft zu rechnen, da die Einforderung durch die Gemeinde nicht zweifelhaft ist.

Sie muss in der Handelsbilanz aufwandswirksam passiviert werden; ab 2008 entfällt jedoch die Anwendung des Divisors. Ein Erstattungsanspruch ist entsprechend zu aktivieren.

Die Gewerbesteuer ist ab dem Jahr 2008 **keine Betriebsausgabe** mehr. Das gilt auch für die darauf entfallenden **Nebenleistungen** (Säumniszuschläge, Verspätungszuschläge, Zinsen oder Zwangsgelder), § 4 Abs. 5b EStG. Gleiches gilt über den § 8 Abs. 1 KStG auch für die Körperschaftsteuer. Daraus folgt, dass zukünftig **erstattete Gewerbesteuer** steuerlich nicht als Betriebseinnahme zu erfassen ist. Eine Erstattung von Gewerbesteuer, die noch als Betriebsausgabe abgezogen worden war, ist hingegen als Betriebseinnahme zu erfassen.

Mit der Streichung des Gewerbesteuerabzuges als Betriebsausgabe entfällt die wechselseitige Beeinflussung der GewSt und der ESt/KSt und daher die Anwendung der Devisor- oder Fünf-Sechstel- Methode.

Innerhalb der **Steuerbilanz** ist ab 2008 trotz des Wortlautes des § 4 Abs. 5b EStG eine Gewerbesteuerrückstellung zu bilden. Dadurch verursachte Gewinnauswirkungen sind außerbilanziell zu neutralisieren.

Schema zur Berechnung der Gewerbesteuerrückstellung

	Vorläufiger HB-Gewinn; bei Kapitalgesellschaften = vorläufiges Einkommen
+	Gewerbesteuer-Vorauszahlungen
=	Zwischenwert
+	Hinzurechnungen nach § 8 GewStG
-	Kürzungen nach § 9 GewStG
-	Anrechenbare Gewerbeverluste (§ 10a GewStG)
+/-	Gewerbeertrag der Organgesellschaft
=	Zwischenwert
	Abrundung auf volle 100 €
-	Freibetrag (keine Anwendung für Kapitalgesellschaften)
=	vorläufiger Gewerbeertrag
×	3,5 % (= Steuermessbetrag)
×	Hebesatz der Gemeinde
=	GewSt-Jahresschuld
-	geleistete GewSt-Vorauszahlungen
=	Rückstellungsbetrag /Erstattungsbetrag

Einstweilen frei 1185–1196

IX. Anrechnung auf die Einkommensteuer

1197 Zweck der Gewerbesteuer-**Anrechnung** gemäß § 35 EStG ist es, die Benachteiligung gewerblicher Einkünfte gegenüber den anderen Einkunftsarten **auszugleichen** bzw. **abzumildern**, die durch die Zusatzbelastung mit Gewerbesteuer entsteht. Sie wirkt nur auf die tarifliche Einkommensteuer und ist deswegen nicht über § 8 Abs. 1 KStG auf die Körperschaftsteuer anwendbar. Sind dem Steuerpflichtigen als Einzelunternehmer oder als unmittelbarer oder mittelbarer Mitunternehmer Gewinne aus mehreren Gewerbebetrieben zuzurechnen, sind die jeweiligen **Gewerbesteuer-Messbeträge** für jeden Gewerbebetrieb und für jede Mitunternehmerschaft getrennt zu ermitteln, mit dem **Faktor 3,8** zu vervielfältigen und auf die **zu zahlende Gewerbesteuer** zu begrenzen. Durch das Corona-Steuerhilfegesetz II hat der Gesetzgeber den Ermäßigungsfaktor auf 4,0 erhöht. Hierdurch soll eine bessere Anrechnung der Gewerbesteuer ermöglicht werden. Bis zu einem Hebesatz von 420 % können damit im Einzelfall Personenunternehmer vollständig von der Gewerbesteuer entlastet werden. Die Regelung ist seit dem 1. 1. 2020 anzuwenden und ist zeitlich unbefristet.

Ausgangsgröße für die Steuerermäßigung nach § 35 EStG ist die **tarifliche** Einkommensteuer, vermindert um die anzurechnenden ausländischen Steuern nach § 34c Abs. 1 und 6 EStG und § 12 AStG (tarifliche Einkommensteuer i. S. des § 35 Abs. 1 Satz 1 EStG). Die Steuerermäßigungen nach § 34f EStG, § 34g EStG sowie nach § 35a EStG sind erst nach Abzug der Steuerermäßigung nach § 35 EStG zu berücksichtigen.

Die Steuerermäßigung wird durch § 35 Abs. 1 EStG auf die tarifliche Einkommensteuer beschränkt, die **anteilig** auf die **gewerblichen** Einkünfte entfällt.

BEISPIEL:

A (ledig) erzielt in 01 Einkünfte gem. § 15 Abs. 1 Nr. 1 EStG i. H. v. 50 000 € (Betrieb eines Bauunternehmens) und Einkünfte gem. § 21 Abs. 1 Nr. 1 EStG i. H. v. 70 000 € (Vermietung eines MFH). Die tarifliche Einkommensteuer beträgt 38 000 €. Das Finanzamt hat für das Bauunternehmen einen Gewerbesteuermessbetrag i. H. v. 800 € festgesetzt. Die Gemeinde hat die Gewerbesteuer auf Grundlage eines Hebesatzes von 300 % i. H. v. 2 400 € festgesetzt.

Lösung:

Der Ermäßigungsbetrag gem. § 35 Abs. 1 Satz 1 Nr. 1 EStG beträgt 800 € x 3,8 = 3 040 €. Der Ermäßigungshöchstbetrag gem. § 35 Abs. 1 Satz 2 EStG ermittelt sich wie folgt:
50 000 € : (50 000 € + 70 000 €) x 38 000 € = 15 833 €

Der Ermäßigungshöchstbetrag übersteigt den Ermäßigungsbetrag i. H. v. 3 040 €, so dass die Steuerermäßigung insoweit nicht beschränkt wird. § 35 Abs. 1 Satz 5 EStG begrenzt den Ermäßigungsbetrag allerdings auf die zu zahlende Gewerbesteuer i. H. v. 400 €. Die Steuerermäßigung gem. § 35 EStG beträgt somit 2 400 €. Die Einkommensteuer für 01 ist i. H. v. 35 600 € festzusetzen (38 000 € - 2 400 €).

Der anteilige Gewerbesteuer-Messbetrag von **Mitunternehmern** ist gemäß § 35 Abs. 2 Satz 2 EStG nach Maßgabe des **allgemeinen Gewinnverteilungsschlüssels** zu ermitteln; auf die Verteilung im Rahmen der einheitlichen und gesonderten Feststellung der Einkünfte aus Gewerbebetrieb kommt es dabei nicht an.

Wird ein Einzelunternehmen durch Aufnahme eines oder mehrerer Gesellschafter in eine Personengesellschaft umgewandelt, oder scheiden aus einer Personengesellschaft alle Gesellschafter bis auf einen aus, und findet dieser Rechtsformwechsel während des Kalenderjahrs statt, ist der für den Erhebungszeitraum ermittelte einheitliche Steuermessbetrag dem Einzelunternehmer und der Personengesellschaft **anteilig** zuzurechnen und getrennt festzusetzen. Die getrennte Festsetzung des anteiligen Steuermessbetrags ist jeweils für die Anwendung des § 35 EStG maßgeblich.

Literaturangaben:

Lenski/Steinberg, Kommentar zum Gewerbesteuergesetz, Köln.

5. Kapitel:

Teil E: Umsatzsteuer

von
Dipl.-Finanzwirt Ralf Walkenhorst, Werther

Inhaltsverzeichnis

I. Allgemeine Einführung

1. Geschichtliche Entwicklung

1501 Vorläufer des geltenden USt-Systems war eine erstmals 1918 als selbständige Reichssteuer eingeführte **Allphasen-Bruttoumsatzsteuer**, die auf jeder Wirtschaftsstufe ohne Berücksichtigung der Vorumsätze vom vollen Bruttoentgelt erhoben wurde. Die Nachteile dieser Besteuerungsform, die durch ihre kumulative Wirkung innerstaatlich zu Wettbewerbsverzerrungen führte und die im zwischenstaatlichen Verkehr keinen exakten Grenzausgleich zuließ, führten mit Wirkung vom 1. 1. 1968 zu einer Systemreform und zur Einführung einer **Allphasen-Nettoumsatzsteuer mit Vorsteuerabzug**.

1502 Gefördert wurde dieser Wechsel dadurch, dass auch der Rat der EWG sich gleichzeitig für dieses Besteuerungssystem entschieden hatte. Die Angleichung innerhalb der EU war seither verschiedentlich Anlass für Änderungen des UStG.

1503 Erklärtes politisches Ziel ist es, eine weitgehend vereinheitlichte Umsatzbesteuerung im gesamten **EU-Binnenmarkt** zu erreichen. Die ursprünglich hierfür vorgesehene Frist bis zum Ablauf des Jahres 1996 konnte allerdings nicht eingehalten werden. Sie verlängert sich solange, bis die Mitgliedstaaten sich auf eine endgültige Regelung geeinigt haben. Bis zu diesem Zeitpunkt gilt eine durch das USt-Binnenmarktgesetz vom 25. 8. 1992 ab dem 1. 1. 1993 eingeführte und inzwischen in Einzelpunkten mehrfach geänderte Übergangsregelung, die im EU-Binnenmarkt zumindest zum Teil auf den umsatzsteuerlichen Grenzausgleich verzichtet und ihn durch die Besteuerung im Ursprungsland ersetzt. Das Ursprungslandprinzip ist im Bereich des privaten Reiseverkehrs umgesetzt worden. Im Oktober 2017 hat die Europäische Kommission einen Aktionsplan zu einem einheitlichen europäischen Mehrwertsteuersystem vorgelegt. Erste Änderungen sind zum 1. 1. 2020 in Kraft getreten. Weitere Änderungen sind im Rahmen des Jahressteuergesetzes 2020 vom 21. 12. 2020 (BGBl 2020 I S. 3096) erfolgt.

1504 Die USt ist seit dem 1. 1. 1970 eine **Gemeinschaftssteuer** i. S. des Art. 106 GG, die von den Landesfinanzbehörden verwaltet wird und deren Aufkommen dem Bund, den Ländern und seit 1998 auch den Gemeinden nach einem durch Bundesgesetz festgelegten Schlüssel gemeinsam zusteht.

Die nationalstaatliche Rechtslage muss darüber hinaus im Einklang mit dem Gemeinschaftsrecht stehen.

2. Das geltende Umsatzsteuersystem

1505 Die USt ist eine indirekte Steuer. Steuerträger und Steuerschuldner sind nicht identisch. **Steuerträger** ist der durch die Überwälzung im Preis wirtschaftlich mit der Steuer belastete Abnehmer einer Leistung. **Steuerschuldner** ist der leistende Unternehmer (Steuersubjekt). Nur in den Sonderfällen der Einfuhr von Waren aus dem Drittlandsgebiet und des innergemeinschaftlichen Erwerbs können auch Nichtunternehmer Steuersubjekt sein.

1506 Die USt ist zudem eine **Objektsteuer**. Steuerobjekt sind die in § 1 Abs. 1 UStG genannten steuerbaren Umsätze. Die Höhe der Steuerschuld wird nach Merkmalen des Steuerobjekts und grundsätzlich ohne Rücksicht auf die persönlichen Merkmale des Steuersubjekts bemessen.

Kernstück des geltenden USt-Systems ist der **Vorsteuerabzug**. Grundsätzlich können danach alle USt-Beträge, die den in ein Unternehmen einfließenden Leistungen „anhaften", als Vorsteuern abgezogen werden. Erst die Ausgangsleistungen des Unternehmers werden dann wieder mit USt belastet. Das bedeutet im Ergebnis, dass auf jeder Handelsstufe die USt-Zahllast aus der Differenz zwischen Leistungsausgang und Leistungseingang, dem „Mehrwert", erhoben wird und dass erst der Letztverbraucher, der die Leistungen für seinen außerunternehmerischen Bereich empfängt, endgültig mit der USt belastet bleibt. 1507

BEISPIEL: Der Hersteller H liefert eine Ware zum Preis von 1 000 € zzgl. 19 % = 190 € USt an den Großhändler G. H führt die USt in Höhe von 190 € an das FA ab. 1508

G veräußert die Ware zum Preis von 2 000 € zzgl. 19 % USt = 380 € an den Einzelhändler E weiter. G führt 380 € abzgl. 190 € Vorsteuer, also 190 €, an das FA ab.

E verkauft die Ware an den privaten Letztverbraucher V zum Preis von 3 000 € zzgl. 570 € USt. E führt 570 € abzgl. 380 € Vorsteuer, also 190 €, an das FA ab.

V ist nicht zum Vorsteuerabzug berechtigt. Sein Einkauf ist mit 570 € USt belastet. Dieser Steuerbetrag ist von H, G und E jeweils in Teilbeträgen von 190 € an das FA abgeführt worden („fraktionierte Zahlung").

Zu beachten ist hier, dass sich der Vorsteuerabzug nicht nur auf die Wareneinkäufe beschränkt, sondern dass alle Leistungseingänge (z. B. auch von Investitionsgütern, Hilfsmitteln, Betriebsstoffen, Reparaturen oder Rechtsberatungskosten) den Vorsteuerabzug ermöglichen können. Verfahrenstechnisch werden auch die Vorsteuern nicht den einzelnen Umsätzen zugeordnet. Vielmehr werden in den USt-Voranmeldungen und Jahreserklärungen die Steuerbeträge aller Umsätze und alle Vorsteuern des jeweiligen Besteuerungszeitraums zusammengefasst. 1509

II. Der Unternehmer

1. Der Unternehmerbegriff

Nur wer Unternehmer ist, kann steuerbare Umsätze i. S. des § 1 Abs. 1 Nr. 1–5 UStG ausführen, den Vorsteuerabzug nach § 15 UStG in Anspruch nehmen und Rechnungen nach §§ 14 und 14a UStG ausstellen. Unternehmer ist nach der Definition des § 2 Abs. 1 Satz 1 UStG, wer eine gewerbliche oder berufliche Tätigkeit selbständig ausübt. Die Regelung des § 2 Abs. 1 Satz 1 UStG ist richtlinienkonform auslegbar. 1510

Die **Steuerfähigkeit** des UStG reicht somit entsprechend dem Wesen der USt als allgemeiner Verbrauchssteuer bzw. Verkehrssteuer weiter als die Rechtsfähigkeit i. S. des bürgerlichen Rechts. 1511

In Betracht kommen: 1512

- **natürliche Personen**, gleichgültig ob sie geschäftsfähig sind oder ob sie irgendwelchen Verfügungsbeschränkungen unterliegen;
- **juristische Personen** (z. B. GmbH, AG, eingetragener Verein); bei Körperschaften des öffentlichen Rechts beschränkt sich die unternehmerische Tätigkeit auf den in § 2b UStG festgelegten Rahmen;

- **nichtrechtsfähige Personenvereinigungen** (z. B. OHG, KG, Erbengemeinschaft, Gesellschaft bürgerlichen Rechts, nichtrechtsfähiger Verein, Bruchteilsgemeinschaft, Gemeinschaft der Wohnungseigentümer), auch wenn sie nur gegenüber ihren Mitgliedern tätig werden.

1513 Nicht steuerfähig sind dagegen Gesellschaften oder Gemeinschaften, die weder selbst noch durch ihre Vertreter nach außen auftreten (z. B. typische oder atypische stille Gesellschaften, Metaverbindungen, Gemeinschaften zur Gewinnpoolung). Unternehmer können hier allenfalls die einzelnen Beteiligten sein.

1514 **Gewerblich oder beruflich** ist nach § 2 Abs. 1 Satz 3 UStG jede nachhaltige Tätigkeit zur Erzielung von Einnahmen. Als Tätigkeit ist dabei jedes positive oder negative Verhalten, jedes Tun, Dulden oder Unterlassen mit wirtschaftlichem Inhalt anzusehen (z. B. ein Händler verkauft Waren, ein Erfinder vergibt Lizenzen, ein Handwerker verpflichtet sich zur Geschäftsaufgabe). Verbote stehen der Annahme einer gewerblichen oder beruflichen Tätigkeit nicht entgegen. Auch Schwarzarbeit, Berufsausübung trotz Gewerbeverbots oder Hehlerei sind umsatzsteuerrechtlich relevante Tätigkeiten.

1515 Betätigungen, die keine Leistungen im wirtschaftlichen Sinne, sondern nur im Rechtssinne sind, fallen nicht unter die gewerbliche oder berufliche Tätigkeit. Daher führen z. B. das Halten von Gesellschaftsanteilen oder das Unterhalten von Sparkonten allein noch nicht zur Unternehmereigenschaft. Zum Erwerb von Beteiligungen wird auf Abschn. 2.3 Abs. 2 UStAE hingewiesen.

1516 **Nachhaltig** ist jede planmäßige Tätigkeit, die aus mehreren aufeinanderfolgenden gleichartigen Handlungen besteht (z. B. Warenverkäufe in einem Laden) oder durch die ein Dauerrechtsverhältnis begründet wird (z. B. die Vermietung einer Wohnung). Nachhaltig ist auch eine einzelne Handlung, wenn Wiederholungsabsicht besteht. Der BFH (BStBl 1991 II S. 776) stellt in Zweifelsfällen auf das Gesamtbild der Verhältnisse ab, wozu u. a. auch die Beteiligung am Markt und das Auftreten wie ein Händler gehören. Unter Berücksichtigung dieser Auslegungsgrundsätze ist ein Briefmarkensammler, der Sammlungsstücke tauscht oder seine Sammlung durch Käufe und Verkäufe umschichtet, nicht Unternehmer. Dagegen ist eine Arbeitsgemeinschaft im Baugewerbe wegen ihrer typischen gewerblichen Tätigkeit auch Unternehmer, wenn sie nur ein Bauwerk errichtet und keine Wiederholungsabsicht hat. Voraussetzung ist, dass die Arbeitsgemeinschaft selbst die Verträge mit dem Auftraggeber abschließt.

1517 Ist eine nachhaltige Tätigkeit zu bejahen, gehören nicht nur die Grundgeschäfte, sondern auch die Neben- und Hilfsgeschäfte, selbst wenn sie nur einmalig vorkommen, in den Unternehmensbereich hinein.

1518 Die nachhaltige Tätigkeit muss auf die **Erzielung von Einnahmen** gerichtet sein. Eine Gewinnabsicht wird nicht gefordert. Die Einnahmen müssen auch nicht zwingend kostendeckend sein. Erforderlich ist aber ein ernsthaft beabsichtigter Leistungsaustausch.

1519 Das weitere Unternehmermerkmal, die **Selbständigkeit**, ist in § 2 Abs. 2 UStG nur unvollständig negativ abgegrenzt. Natürliche Personen sind nicht selbständig, soweit sie in ein Unternehmen so eingegliedert sind, dass sie den Weisungen des Unternehmers zu folgen verpflichtet sind. Maßgebend ist daher immer das Innenverhältnis zum Auftraggeber. Dabei kommt es auf die persönliche, nicht die wirtschaftliche Abhängigkeit vom Vertragspartner an. Der Unselbständige schuldet seine Arbeitskraft, der Selbständige den Erfolg, das Werk. Merkmale für die Selbständigkeit sind z. B. Unternehmerrisiken wie Kapitaleinsatz oder Mängelhaftung, gleichzeitige Tätigkeiten für mehrere Vertragspartner, Entlohnung für das einzelne Werk, das Fehlen einer geregelten Arbeitszeit und eines Urlaubsanspruchs. In Zweifelsfällen ist auch hier wieder das Gesamtbild der Verhältnisse maßgebend.

Natürliche Personen können gleichzeitig sowohl selbständig als auch unselbständig 1520
sein (z. B. ein angestellter Verlagslektor arbeitet auch als freiberuflicher Schriftsteller).

Juristische Personen sind unselbständig tätig, wenn sie als **Organgesellschaft** finanziell, 1521
wirtschaftlich und organisatorisch in das Unternehmen eines Organträgers eingegliedert sind. Auch Personengesellschaften können unter bestimmten Voraussetzungen als Organgesellschaften angesehen werden. Organträger kann dabei jeder Unternehmer, gleichgültig ob natürliche oder juristische Person oder nichtrechtsfähige Personenvereinigung, sein. Organträger und Organgesellschaft bilden ein gemeinsames Unternehmen, das allerdings nach § 2 Abs. 2 Nr. 2 Satz 2 UStG nur die im Inland gelegenen Unternehmensteile umfasst. Unternehmer und Steuerschuldner ist nur der Organträger.

Nach Einführung des geltenden USt-Systems mit der Möglichkeit des Vorsteuerabzugs hat die umsatzsteuerliche Organschaft an Bedeutung verloren.

Unternehmer im umsatzsteuerlichen Sinne sind auch die sog. **Kleinunternehmer** nach 1522
§ 19 UStG. Bei diesen Unternehmern, die die im Gesetz näher bezeichneten Umsatzgrenzen nicht übertreffen, wird die USt für Lieferungen und sonstige Leistungen nicht erhoben, wenn sie nicht ausdrücklich auf diese Sonderregelung verzichten – z. B. wegen hoher Vorsteuern oder weil sie an andere Unternehmer leisten.

Wer im Inland ein neues Fahrzeug liefert, das bei der Lieferung in das übrige Gemein- 1523
schaftsgebiet gelangt, wird, wenn er nicht Unternehmer i. S. des § 2 UStG ist, für diese Lieferung wie ein Unternehmer behandelt (Fahrzeuglieferer gem. § 2a UStG).

2. Beginn und Ende der Unternehmereigenschaft

Die Unternehmereigenschaft beginnt bereits mit den ersten nach außen erkennbaren 1524
Vorbereitungshandlungen (z. B. Anmietung eines Lokals, Wareneinkäufe, Kundenbesuche, Abgabe eines Angebotes für eine Lieferung oder sonstige Leistung gegen Entgelt; BFH-Urteil v. 18. 11. 1999, BStBl 2000 II S. 241). Der vormaligen Auffassung des BFH, dass die Unternehmereigenschaft rückwirkend wieder entfällt, wenn die Vorbereitungsphase abgebrochen und tatsächlich kein Umsatz getätigt wird, ist der EuGH im Urteil v. 29. 2. 1996 (BStBl 1996 II S. 655) nicht gefolgt. Erforderlich ist aber, dass die ernsthafte Absicht, entgeltliche Leistungen auszuführen, anhand objektiver Merkmale nachgewiesen oder zumindest glaubhaft gemacht wird.

Die Unternehmereigenschaft endet mit dem letzten Tätigwerden. Die abschließende 1525
Veräußerung oder Entnahme des Betriebsvermögens gehört noch in den Rahmen der unternehmerischen Tätigkeit. Die Unternehmereigenschaft geht nicht durch Erbfolge auf einen Gesamtrechtsnachfolger über. Erben sind nur dann selbst wieder Unternehmer, wenn sie ihrerseits sämtliche Voraussetzungen der Unternehmereigenschaft erfüllen. Erben als Gesamtrechtsnachfolger müssen aber ggf. noch den steuerlichen

Pflichten des Erblassers nachkommen (z. B. bereits entstandene USt abführen und Steuererklärungen abgeben), auch ohne Unternehmer geworden zu sein.

3. Das Unternehmen

1526 Sämtliche Betriebe und alle selbständigen beruflichen Tätigkeiten eines Unternehmers bilden zusammen ein Unternehmen (§ 2 Abs. 1 Satz 2 UStG), gleichgültig ob es sich um artverwandte oder völlig artverschiedene Tätigkeiten handelt. Ein Unternehmer hat immer nur ein Unternehmen.

1527 **BEISPIEL:** Ein Unternehmer betreibt in Münster ein Baugeschäft, in München eine Gastwirtschaft und auf Mallorca einen Bootsverleih. Außerdem vermietet er in Dortmund eine Wohnung. Alle diese Tätigkeiten bilden zusammen nur ein Unternehmen.

1528 Umsätze zwischen den einzelnen Betrieben sind als sog. **„Innenumsätze"** umsatzsteuerrechtlich ohne Bedeutung, sofern es sich nicht gleichzeitig um ein Verbringen in einen anderen EU-Mitgliedstaat handelt.

1529 Bei den Umsätzen **im Rahmen des Unternehmens** unterscheidet man üblicherweise zur Abgrenzung gegenüber der nichtunternehmerischen Sphäre zwischen Grundgeschäften einerseits und Neben- und Hilfsgeschäften andererseits. Grundgeschäfte sind die Tätigkeiten des Unternehmers, die den eigentlichen Inhalt seines Unternehmens bilden. Neben- und Hilfsgeschäfte sind nicht Gegenstand des Unternehmens, stehen aber damit in wirtschaftlichem Zusammenhang oder ergeben sich üblicherweise aus dem Betrieb.

1530 **BEISPIEL:** Ein Steuerberater veröffentlicht einen Fachaufsatz = Nebengeschäft.
Ein Handelsvertreter verkauft seinen betrieblichen Pkw = Hilfsgeschäft.

1531 Umsätze in der Privatsphäre des Unternehmers (z. B. der Verkauf eines geerbten Gemäldes) werden in keinem Fall dem Unternehmen zugerechnet und sind nicht steuerbar.

1532 Als Teil der durch das USt-Binnenmarktgesetz eingeführten Übergangsregelung bestimmt § 2a UStG abweichend von den allgemeinen Grundsätzen, dass, wer als Nichtunternehmer oder außerhalb des Rahmens seines Unternehmens im Inland ein neues Fahrzeug liefert, das dabei in das übrige Gemeinschaftsgebiet gelangt, für diese Lieferung als Unternehmer behandelt wird. Hier wird also kein nachhaltiges Tätigwerden verlangt; der Lieferant wird Unternehmer kraft Gesetz und kommt damit in den Genuss des Vorsteuerabzugs.

III. Steuerbare Umsätze

1. Inland – Ausland

1533 Die der USt unterliegenden Umsätze sind in § 1 Abs. 1 UStG im Einzelnen aufgezählt. Allen ist als Tatbestandsmerkmal gemeinsam, dass sie im **Inland** ausgeführt werden müssen. Inland ist nach der Definition des § 1 Abs. 2 Satz 1 UStG das Gebiet der Bundesrepublik Deutschland abzgl. einiger dort näher bezeichneter Gebiete, zu denen u. a. die Insel Helgoland und die Freihäfen gehören. Freihäfen existieren in Bremerhaven und Cuxhaven. Unerheblich ist dagegen, ob der leistende Unternehmer Inländer oder Ausländer ist oder wo er seinen Sitz oder Wohnsitz hat.

Gebiete, die nicht zum Inland gehören, sind Ausland und unterteilen sich in das **übrige** 1534
Gemeinschaftsgebiet (§ 1 Abs. 2a Satz 1 UStG) und das **Drittlandsgebiet** (§ 1 Abs. 2a Satz 3 UStG). Umsätze im Ausland, mit Ausnahme der in § 1 Abs. 3 UStG aufgezählten Sachverhalte, sind nicht steuerbar.

2. Lieferungen und sonstige Leistungen

Eine Leistung i. S. des UStG wird unterteilt in eine Lieferung (§ 3 Abs. 1 UStG) und eine 1535
sonstige Leistung (§ 3 Abs. 9 UStG). Leistungen setzen zunächst ein Tätigwerden i. S. eines Tuns, Duldens oder Unterlassens voraus. Weitere Voraussetzung ist der **Leistungswille**. Tätigkeiten unter illegalem Zwang sind keine Leistungen im umsatzsteuerrechtlichen Sinne. Dagegen ist kraft ausdrücklicher gesetzlicher Regelung der Leistungswille nicht erforderlich, wenn eine Leistung aufgrund gesetzlicher oder behördlicher Anordnung ausgeführt wird oder als ausgeführt gilt. Schließlich müssen die Lieferungen und sonstigen Leistungen auch noch einen selbständigen wirtschaftlichen Gehalt haben, also z. B. nicht nur aus einer Geldzahlung als Entgelt bestehen.

Zur umsatzsteuerrechtlichen Behandlung von Einzweck- und Mehrzweck-Gutscheinen wird auf § 3 Abs. 13 bis 15 UStG hingewiesen.

Seit dem 1. 1. 1994 ist die **Geschäftsveräußerung** durch die Einfügung des Abs. 1a in § 1 1536
UStG ausdrücklich für nicht steuerbar erklärt worden. Eine solche Geschäftsveräußerung liegt vor, wenn ein Unternehmen oder ein in der Gliederung eines Unternehmens gesondert geführter Betrieb im Ganzen entgeltlich oder unentgeltlich übertragen oder in eine Gesellschaft eingebracht wird. Wird über eine Geschäftsveräußerung i. S. des § 1 Abs. 1a UStG eine Rechnung mit gesondertem Steuerausweis erteilt, kommt § 14c Abs. 1 UStG zur Anwendung. Der Erwerbende tritt an die Stelle des Veräußerers. Dies ist insbesondere im Hinblick auf eine eventuell notwendige Berichtigung des Vorsteuerabzugs nach § 15a UStG (vgl. auch § 15a Abs. 10 UStG) bedeutsam.

2.1 Lieferung

Lieferung ist die **Verschaffung der Verfügungsmacht** an einem Gegenstand. Gegen- 1537
stand in diesem Sinne sind alle körperlichen Sachen und Tiere (§§ 90, 90a BGB) und solche nichtkörperlichen Gegenstände, die im Wirtschaftsleben wie Sachen gehandelt werden (z. B. Elektrizität, Wärme, Wasserkraft). Die Verfügungsmacht bedeutet die Fähigkeit, über den Liefergegenstand uneingeschränkt zu verfügen. Sie muss nicht zwingend mit dem Eigentum verbunden sein. So ist z. B. ein Verkauf unter Eigentumsvorbehalt eine Lieferung, nicht aber eine Sicherungsübereignung.

Die **Rückgabe** einer Ware z. B. wegen einer Mängelrüge ist keine erneute Lieferung, sie hebt die erste Lieferung auf. Bei einem „Umtausch“ wird ebenfalls die erste Lieferung rückgängig gemacht und eine zweite vollzogen. Bei einem echten **Tausch** tätigen beide Vertragspartner Lieferungen (§ 3 Abs. 12 Satz 1 UStG). Das gilt auch, wenn einer der Beteiligten eine Zuzahlung leistet (z. B. Kauf eines neuen Kfz unter Inzahlunggabe eines Gebrauchtwagens – sog. Tausch mit Baraufgabe).

2.2 Sonstige Leistung

1538 Leistungen, die keine Lieferungen sind, bezeichnet § 3 Abs. 9 Satz 1 UStG als sonstige Leistungen. Hierunter fallen z. B. Werkleistungen, Vermittlungen, Personen- und Güterbeförderungen, Lizenzgewährungen, Vermietungen, Planungen, Beratungen oder Darlehensgewährungen.

2.3 Grundsatz der Einheitlichkeit einer Leistung

1539 Im Umsatzsteuerrecht gilt der Grundsatz der Einheitlichkeit der Leistung. Dies führt dazu, dass ein einheitlicher wirtschaftlicher Vorgang umsatzsteuerrechtlich nicht in mehrere Leistungen aufgeteilt werden darf. Zusammengehörige Vorgänge können aber nicht bereits deshalb als einheitliche Leistung angesehen werden, weil sie einem einheitlichen wirtschaftlichen Ziel dienen (vgl. auch Abschn. 3.10 Abs. 2 Satz 2 UStAE). Entscheidend ist vielmehr der wirtschaftliche Gehalt der erbrachten Leistungen (BFH-Urteil v. 24. 11. 1994, BStBl 1995 II S. 151). Eine Nebenleistung teilt umsatzsteuerrechtlich das Schicksal der Hauptleistung. Die Bestimmung des Umfangs einer Leistung ist z. B. wegen der Anwendung von Steuerbefreiungsvorschriften oder der Bestimmung des Umsatzsteuersatzes bedeutsam.

BEISPIEL: Den Käufern von Gebrauchtwagen bot ein Kfz-Händler eine Garantie für bestimmte Bauteile an. Durch eine Versicherungs-AG wurde Versicherungsschutz gewährt. Der Händler behandelte die dafür von den Kfz-Käufern gezahlten Beträge als Entgelt für die umsatzsteuerfreie Verschaffung von Versicherungsschutz (vgl. § 4 Nr. 10 Buchst. b UStG). Nach einer Außenprüfung sah die Finanzverwaltung die Verschaffung des Versicherungsschutzes als Nebenleistung der steuerpflichtigen Hauptleistung an (Verschaffung der Verfügungsmacht am Fahrzeug) und unterwarf auch das auf den Versicherungsschutz entfallende Entgelt des Käufers der Umsatzbesteuerung. Der BFH kam im Urteil v. 9. 10. 2002, BStBl 2003 II S. 378, zu dem Ergebnis, dass die Verschaffung von Versicherungsschutz durch einen Gebrauchtwagenverkäufer keine unselbständige Nebenleistung zur Fahrzeuglieferung ist, sondern eine eigenständige, nach § 4 Nr. 10 Buchst. b UStG steuerfreie Leistung.

Besondere Bedeutung kommt insoweit der Abgrenzung zu, ob es sich bei erbrachten Leistungen um eine einheitliche Leistung oder um mehrere getrennt zu beurteilende selbständige Einzelleistungen handelt.

2.4 Ort der Lieferung und der sonstigen Leistung

1540 Die Bestimmungen über den Ort der Lieferung sind an die Systematik der EG-Richtlinie (nunmehr Mehrwertsteuer-Systemrichtlinie) angepasst worden. Als Grundtatbestand wird in § 3 Abs. 6 Satz 1 UStG der Fall angesprochen, dass der Gegenstand der Lieferung durch den Lieferer, den Abnehmer oder einen vom Lieferer oder vom Abnehmer beauftragten Dritten befördert oder versendet wird. Es wird also nicht mehr zwischen dem Versenden oder Befördern durch den Lieferer und dem Abholen durch den Abnehmer unterschieden. In all diesen Fällen der Warenbewegung gilt die Lieferung dort als ausgeführt, wo die Beförderung oder die Versendung an den Abnehmer oder in dessen Auftrag an einen Dritten beginnt.

1541 Wird eine Ware im Zuge der Lieferung nicht befördert oder versendet, bestimmt § 3 Abs. 7 Satz 1 UStG, dass die Lieferung dort ausgeführt wird, wo sich der Gegenstand der Lieferung im Zeitpunkt der Verschaffung der Verfügungsmacht befindet. Das gilt

z. B. bei der Lieferung von Grundstücken, bei einer Werklieferung mit Montage beim Abnehmer oder bei einer Lieferung durch Übergabe eines Konnossements. Der Ort des Vertragsabschlusses oder der Übergabe von Traditionspapieren ist ohne Bedeutung.

Schließen mehrere Unternehmer über denselben Liefergegenstand Umsatzgeschäfte 1542
ab und gelangt dieser Gegenstand bei der Beförderung oder Versendung unmittelbar vom ersten Lieferer an den letzten Abnehmer, ist die Beförderung oder Versendung nur einer der Lieferungen zuzuordnen (§ 3 Abs. 6a Satz 1 UStG). Befördert oder versendet ein Lieferer, ist seine Lieferung als Beförderungs- oder Versendungslieferung anzusehen. Wird der Gegenstand der Lieferung durch den letzten Abnehmer befördert oder versendet, ist die Beförderung oder Versendung der Lieferung an ihn zuzuordnen. Holt ein Abnehmer, der zugleich Lieferer ist, dagegen die Ware ab, ist die Beförderung oder die Versendung an ihn grundsätzlich die Beförderungs- oder Versendungslieferung. Er hat aber auch die Möglichkeit nachzuweisen, dass er den Gegenstand als Lieferer befördert oder versendet hat. Auf § 3 Abs. 6a Sätze 4 bis 7 UStG wird hingewiesen. Lieferungen, die der Beförderungs- oder Versendungslieferung vorangehen, gelten dort als ausgeführt, wo die Beförderung oder Versendung beginnt; Lieferungen, die ihr folgen, dort, wo die Beförderung oder Versendung endet.

BEISPIEL: Der Unternehmer A in Aachen bestellt bei dem Händler K in Köln eine Maschine, die dieser bei dem Hersteller D in Dortmund bestellt. Befördert D die Maschine unmittelbar zu A, tätigt er eine Beförderungslieferung (sog. bewegte Lieferung). Der Ort seiner Lieferung an K liegt in Dortmund. Der Ort der Lieferung des K an A als nachfolgender Lieferung liegt in Aachen. Lässt A die Maschine durch einen Spediteur in Dortmund abholen, ist die Lieferung des K an A die Versendungslieferung. Ort dieser Lieferung ist Dortmund. Die Lieferung des D an K gilt als vorangegangene Lieferung ebenfalls als in Dortmund ausgeführt.

Eine Besonderheit gilt bei der **Beförderung oder Versendung** einer Ware **aus dem Drittlandsgebiet** in das Inland. Hier wird der Ort der Lieferung im Inland angenommen, wenn der Lieferer oder sein Beauftragter Schuldner der Einfuhrumsatzsteuer ist (§ 3 Abs. 8 UStG). 1543

Befördert oder versendet ein Lieferer oder ein von ihm beauftragter Dritter einen Liefer- 1544
gegenstand im sog. innergemeinschaftlichen Versandhandel, bei dem der Erwerber nicht der Erwerbsbesteuerung unterliegt, so gilt die Lieferung als dort ausgeführt, wo die Beförderung oder Versendung endet (§ 3c UStG). Diese Ortsverlagerung im Rahmen der Versandhandelsregelung findet Anwendung, sobald im laufenden Kalenderjahr die **Lieferschwelle** des § 3c Abs. 3 UStG überschritten wird bzw. wenn im Vorjahr die Lieferschwelle überschritten wurde. Auf die Neuregelung des § 3c UStG (Ort der Lieferung beim Fernverkauf) ab dem 1. 7. 2021 wird hingewiesen.

Wird ein Gegenstand, der nicht zum Verzehr an Ort und Stelle bestimmt ist, an Bord 1545
eines Schiffs, in einem Luftfahrzeug oder in einer Eisenbahn während einer Beförderung innerhalb des Gemeinschaftsgebiets geliefert, so gilt der Abgangsort des jeweiligen Beförderungsmittels im Gemeinschaftsgebiet als Ort der Lieferung (§ 3e UStG).

Die Regelungen über die Beförderungs- und Versendungslieferung bestimmen grund- 1546
sätzlich nur den Ort der Lieferung. Für den **Zeitpunkt der Lieferung** gelten die Regeln des Zivilrechts. Entscheidend ist der Zeitpunkt des Gefahrenübergangs, wie er sich aus den §§ 446, 447 BGB ergibt. In den Fällen des § 3 Abs. 6 Satz 1 UStG gilt als der Tag der

Lieferung der Tag des Beginns der Beförderung oder Versendung des Gegenstands der Lieferung (Abschn. 14.5 Abs. 16 Satz 4 Nr. 2 UStAE).

1547 Bei **sonstigen Leistungen** gilt zunächst der Grundsatz, dass die Leistung an dem Ort erbracht wird, von dem aus der Unternehmer sein Unternehmen betreibt (Sitz, Wohnsitz, Ort der Geschäftsleitung). Bestehen mehrere Betriebsstätten, ist die Betriebsstätte maßgebend, von der aus die Leistung erbracht wird. Dieser Grundsatz kommt allerdings nur dann zur Anwendung, wenn der Leistungsempfänger ein Nichtunternehmer ist. Ist der Leistungsempfänger ein Unternehmer und bezieht er die Leistung für sein Unternehmen, dann ist der Leistungsort grundsätzlich dort, wo der Leistungsempfänger sein Unternehmen betreibt. Von diesen grundsätzlichen Regelungen des Ortes der sonstigen Leistung besteht jedoch eine Vielzahl von Ausnahmeregelungen, die in den §§ 3a, 3b und 3e UStG aufgezählt sind. Sonstige Leistungen sind grds. im Zeitpunkt ihrer Vollendung ausgeführt. Bei Teilleistungen (z. B. Mietverhältnissen) sind die einzelnen Leistungsteile, für die eine gesonderte Abrechnung gestellt wird, maßgebend.

1548 Prüfungsreihenfolge für die Bestimmung des Lieferortes und des Ortes der sonstigen Leistung.

Ort der Lieferung

- § 3c UStG: Ort der Lieferung in besonderen Fällen (ab 1. 7. 2021: Ort der Lieferung beim Fernverkauf)
- § 3e UStG: Ort der Lieferung während einer Beförderung an Bord eines Schiffs, in einem Luftfahrzeug oder in einer Eisenbahn
- § 3g UStG: Ort der Lieferung von Gas, Elektrizität, Wärme und Kälte
- § 3 Abs. 8 UStG: Ort der Lieferung in Fällen der Einfuhr aus dem Drittlandsgebiet
- § 3 Abs. 7 UStG: Ort der Lieferung in Fällen ohne Beförderung oder Versendung
- § 3 Abs. 6 UStG: Ort der Lieferung in Fällen der Beförderung oder Versendung

Ort der sonstigen Leistung

Mit der Richtlinie 2008/8/EG v. 12. 2. 2008 wurden die gemeinschaftlichen Regelungen zum Ort der Dienstleistung neu gefasst. Diese Regelungen sind im Rahmen des Jahressteuergesetzes 2009 v. 19. 12. 2008 (BGBl 2008 I S. 2794) in das UStG aufgenommen worden und zwar mit Wirkung ab dem 1. 1. 2010. § 3f UStG ist mit Wirkung ab dem 1. 1. 2020 gestrichen worden. Ab dem 1. 1. 2010 ergibt sich folgende Prüfungsreihenfolge für die Bestimmung des Ortes der sonstigen Leistung:

A. Leistungsempfänger ist Unternehmer, der die Leistung für sein Unternehmen bezieht, oder juristische Person mit USt-Identifikationsnummer
   - § 3b UStG: Leistungsort bei Personenbeförderungen
   - § 3e UStG: Leistungsort bei Restaurationsleistungen an Bord eines Schiffs, in einem Luftfahrzeug oder in einer Eisenbahn
   - § 3a Abs. 8 UStG: Leistungsort bei bestimmten sonstigen Leistungen, die im Drittlandsgebiet genutzt oder ausgenutzt werden
   - § 3a Abs. 6 UStG: Leistungsort bei bestimmten sonstigen Leistungen eines Drittlandsunternehmers (ohne § 3a Abs. 6 Satz 1 Nr. 2 UStG)
   - § 3a Abs. 7 UStG: Leistungsort bei kurzfristigen Vermietungen bestimmter Beförderungsmittel an Drittlandsunternehmer

- § 3a Abs. 3 UStG: Leistungsort bei grundstücksbezogenen Leistungen, kurzfristigen Vermietungen von Beförderungsmitteln, Einräumung der Eintrittsberechtigung zu künstlerischen u. ä. Veranstaltungen, übrigen Restaurationsleistungen
- § 3a Abs. 2 UStG: Grundsatz: Empfängerortprinzip

B. Leistungsempfänger ist Privatperson oder juristische Person ohne USt-Identifikationsnummer

- § 3b UStG: Leistungsort bei Personen- und Güterbeförderungen sowie bei damit im Zusammenhang stehenden Leistungen
- § 3e UStG: Leistungsort bei Restaurationsleistungen an Bord eines Schiffs, in einem Luftfahrzeug oder in einer Eisenbahn
- § 3a Abs. 6 UStG: Leistungsort bei bestimmten sonstigen Leistungen eines Drittlandsunternehmers
- § 3a Abs. 3 UStG: Leistungsort bei grundstücksbezogenen Leistungen, bei Vermietungen von Beförderungsmitteln, bei künstlerischen u. ä. Tätigkeiten, bei übrigen Restaurationsleistungen, bei Arbeiten an beweglichen körperlichen Gegenständen, bei Vermittlungsleistungen
- § 3a Abs. 4 UStG: Leistungsort bei den Kataloglеistungen an Privatpersonen mit Wohnsitz im Drittland
- § 3a Abs. 5 UStG: Leistungsort bei Telekommunikationsleistungen, Rundfunk- und Fernsehdienstleistungen und elektronischen Dienstleistungen. Ab dem 1. 1. 2019 ist im § 3a Abs. 5 UStG eine 10 000 €-Grenze eingeführt worden.
- § 3a Abs. 1 UStG: Grundsatz: Unternehmersitzprinzip

3. Unentgeltliche Wertabgaben

Die vormaligen Eigenverbrauchstatbestände des **Entnahme- sowie Leistungseigenverbrauchs** wurden durch das Steuerentlastungsgesetz 1999/2000/2002 den entgeltlichen Lieferungen bzw. den entgeltlichen sonstigen Leistungen gleichgestellt (§ 3 Abs. 1b und Abs. 9a UStG). 1549

Gleiches gilt für Sachzuwendungen und sonstige Leistungen an das **Personal** für dessen privaten Bedarf. Ausnahmen gelten für Aufmerksamkeiten. 1550

Anstatt der ursprünglichen Besteuerung des **Aufwendungseigenverbrauchs** ist nun die Vorsteuer auf bestimmte nichtabziehbare Betriebsausgaben vom Abzug ausgeschlossen (§ 15 Abs. 1a UStG). 1551

Voraussetzung für die Anwendung der Regelung ist, dass der entnommene oder zugewendete Gegenstand voll oder teilweise zum Vorsteuerabzug berechtigt hat. Steht bereits bei Leistungsbezug die Verwendung für eine unentgeltliche Wertabgabe fest, ist der Vorsteuerabzug zu versagen. 1552

Über die unentgeltlichen Wertabgaben dürfen grundsätzlich keine Rechnungen ausgestellt werden. 1553

Einstweilen frei 1554–1576

4. Unentgeltliche Wertabgabe von Körperschaften und Personenvereinigungen an ihre Mitglieder

1577 Diese Bestimmung hat in der Praxis an Bedeutung verloren, nachdem sich die Auffassung durchgesetzt hat, dass auch die hier genannten Körperschaften und Gemeinschaften Entnahmen für außerunternehmerische Zwecke und damit Eigenverbrauch bzw. unentgeltliche Wertabgaben tätigen können. Die Regelungen des § 3 Abs. 1b und Abs. 9a UStG sind anzuwenden.

5. Einfuhr von Gegenständen im Inland

1578 Die Einfuhr von Gegenständen im Inland oder in den österreichischen Gebieten Jungholz und Mittelberg, die dem deutschen Zollgebiet angeschlossen sind, unterliegt der USt in der Sonderform der Einfuhrumsatzsteuer (EUSt). Dabei ist es gleichgültig, ob die Gegenstände im Zuge einer Lieferung oder durch ein rechtsgeschäftsloses Verbringen die Grenze passieren. Der Steuertatbestand kann sowohl durch Unternehmer als auch durch Nichtunternehmer verwirklicht werden. Die Einfuhr ist auch steuerbar, wenn die Ware nicht unmittelbar aus dem Drittlandsgebiet eingeführt wird, das übrige Gemeinschaftsgebiet aber nur im Wege der Durchfuhr berührt hat, ohne dort zum freien Verkehr abgefertigt zu werden.

1579 Die EUSt ist nach § 21 Abs. 1 UStG eine Verbrauchsteuer i. S. der AO. Sie wird daher von den Zollbehörden erhoben. Steuerschuldner ist, wer den Antrag auf Abfertigung der eingeführten Ware zum freien Verkehr stellt. Steuerbefreiungen sind in § 5 UStG, die Bemessungsgrundlage in § 11 UStG geregelt. Mit Wirkung ab dem 1. 7. 2021 ist im § 21a UStG eine Sonderregelung bei der Einfuhr von Sendungen mit einem Sachwert von höchstens 150 € eingefügt worden.

6. Innergemeinschaftliche Erwerbe

1580 Der innergemeinschaftliche Erwerb von Gegenständen im Inland gegen Entgelt unterliegt der USt nach Maßgabe der §§ 1 Abs. 1 Nr. 5, 1a bis 1c und 3d UStG. Die Regelungen gehören zu den Übergangsbestimmungen bis zu einer weiterreichenden Vereinheitlichung der Umsatzbesteuerung im innergemeinschaftlichen Handel und ersetzen in diesem Bereich die EUSt, die nach dem Wegfall der Zollgrenzen innerhalb der Gemeinschaft nicht mehr erhoben werden konnte.

1581 Verwirklicht werden kann der Steuertatbestand durch Unternehmer, durch juristische Personen, soweit sie außerhalb einer Unternehmenssphäre tätig werden, und im Falle des Erwerbs von neuen Fahrzeugen auch durch alle anderen Erwerber.

1582 Den Grundtatbestand des innergemeinschaftlichen Erwerbs, das Gelangen ins Inland oder in die in § 1 Abs. 3 UStG genannten Gebiete im Zuge einer Lieferung, regelt § 1a Abs. 1 UStG. § 1a Abs. 2 UStG stellt als weiteren Tatbestand das unternehmensinterne Verbringen einer Ware dem innergemeinschaftlichen Erwerb gleich. Auf die Konsignationslagerregelung des § 6b UStG ab dem 1. 1. 2020 wird hingewiesen. § 1b UStG unterwirft schließlich den innergemeinschaftlichen Erwerb neuer Fahrzeuge, die im Gesetz näher definiert werden, der Erwerbsbesteuerung, auch wenn der Erwerber Privatperson ist.

Aus Vereinfachungsgründen greift die Besteuerung nicht, wenn der Lieferer nach den 1583 Bestimmungen des für ihn zuständigen Mitgliedstaats als Kleinunternehmer nicht der Besteuerung unterliegt oder wenn bei bestimmten, in § 1a Abs. 3 UStG genannten Erwerbern eine Bagatellgrenze, die sog. **Erwerbsschwelle**, nicht überschritten wird. Schließlich nimmt § 1c UStG diplomatische Missionen, zwischenstaatliche Einrichtungen und Streitkräfte der Vertragsparteien des Nordatlantikvertrags von der Erwerbsbesteuerung aus, soweit sie die Liefergegenstände nicht für unternehmerische Zwecke verwenden. Alle diese Ausnahmen gelten nicht für den Erwerb der in § 1b UStG genannten neuen Fahrzeuge.

Den **Ort des innergemeinschaftlichen Erwerbs** regelt § 3d UStG. § 4b UStG enthält 1584 **Steuerbefreiungen** für bestimmte Erwerbe. Hervorzuheben ist hier, dass der Erwerb durch einen Unternehmer steuerfrei ist, wenn die Gegenstände zur Ausführung solcher Umsätze verwendet werden, für die der Ausschluss vom Vorsteuerabzug nach § 15 Abs. 3 UStG nicht eintritt (z. B. für steuerfreie innergemeinschaftliche Lieferungen und steuerfreie Ausfuhrlieferungen).

IV. Entgelt und andere Bemessungsgrundlagen

1. Entgelt

Das Entgelt hat zweifache umsatzsteuerliche Bedeutung: Zum einen ist es **Tat-** 1585 **bestandsmerkmal** für die steuerbaren Umsätze nach § 1 Abs. 1 Nr. 1 und 5 UStG, zum anderen ist es die **Bemessungsgrundlage** für diese Umsätze.

Entgelt ist nach der Definition des § 10 Abs. 1 Satz 2 UStG **alles, was den Wert der Ge-** 1586 **genleistung bildet**, die der leistende Unternehmer vom Leistungsempfänger oder von einem anderen als dem Leistungsempfänger für die Leistung erhält oder erhalten soll, jedoch abzügl. der USt. Bemessungsgrundlage für die USt ist also nicht der Wert der Leistung, sondern der der Gegenleistung. Die Angemessenheit ist grundsätzlich nicht zu prüfen. Daher mindern Zahlungsabzüge und -ausfälle ebenso wie spätere Rückzahlungen das Entgelt, während freiwillige Zuzahlungen es erhöhen. Auf die Bezeichnung der Gegenleistung kommt es nicht an. Kostenersatz, sog. „unechte“ Zuschüsse und Schutzgebühren sind Entgelt, wenn sie für eine Leistung erbracht werden.

Entgelt ist auch, was eine unselbständige Nebenleistung abgelten soll (z. B. Kosten der 1587 Verpackung oder der Beförderung). Zahlungen von dritter Seite gehören, wenn es sich nicht um „echte“ Zuschüsse handelt, ebenfalls zum Entgelt.

In aller Regel wird die Gegenleistung in Geld erbracht. Zahlungen in ausländischer 1588 Währung sind umzurechnen. Das Entgelt kann aber auch aus einer Gegenlieferung oder einer sonstigen Leistung bestehen. § 3 Abs. 12 UStG definiert als **Tausch** die Lieferung als Gegenleistung für eine Lieferung und als **tauschähnlichen Umsatz** eine Lieferung oder eine sonstige Leistung als Gegenleistung für eine sonstige Leistung. In diesen Fällen muss jeweils der gemeine Wert der Gegenleistung als Bemessungsgrundlage für die Leistung ermittelt werden. Zur Behandlung von verdeckten Preisnachlässen im Zusammenhang mit sog. Streckengeschäften im Gebrauchtwagenhandel hat das BMF mit Schreiben v. 28. 8. 2020 (BStBl 2020 I S. 928) Stellung genommen; abzustellen ist insoweit auf den subjektiven Wert. Kann der Wert des Entgelts nur geschätzt werden, können die Aufwendungen des leistenden Unternehmers ein Anhaltspunkt für die Bewertung der Gegenleistung sein (BFH-Urteil v. 10. 6. 1999, BStBl 1999 II S. 580).

1589 Weil die **USt** selbst **nicht** zum **Entgelt** gehört, ist erforderlichenfalls der bürgerlichrechtliche Preis für Zwecke der USt durch Herausrechnen der gesetzlichen USt zu mindern.

1590 Beträge, die ein Unternehmer im fremden Namen für fremde Rechnung vereinnahmt und verausgabt (**„durchlaufende Posten"**) gehören nicht zum Entgelt. Die Reihenfolge der Zahlungen ist dabei belanglos.

1591 **BEISPIEL:** Ein Rechtsanwalt entrichtet für seinen Klienten einen Gerichtskostenvorschuss, den dieser ihm später erstattet.

2. Entgeltminderungen

1592 Weil nur das tatsächliche und endgültige Entgelt Bemessungsgrundlage für die USt sein soll, sind alle Entgeltminderungen bei der Berechnung der Steuerschuld zu berücksichtigen. Dabei ist es gleichgültig, ob von vornherein z. B. wegen Zahlungsschwierigkeiten weniger oder gar nichts gezahlt wird oder ob ein bereits entrichtetes Entgelt z. B. wegen Mängelrügen oder als Mengenrabatt oder Jahresbonus z. T. zurückgewährt wird. Tritt die Entgeltminderung nachträglich ein, so sieht § 17 UStG die Berichtigung für den Besteuerungszeitraum vor, in den die Änderung fällt.

1593–1604 *Einstweilen frei*

3. Andere Bemessungsgrundlagen

1605 Bei einer **der Lieferung gleichgestellten Wertabgabe** (§ 3 Abs. 1b UStG) wird die Bemessungsgrundlage grundsätzlich vom Einkaufspreis für den oder einen gleichartigen Gegenstand zuzüglich der Nebenkosten ermittelt. Es wird vom Wert im Zeitpunkt der Entnahme oder Zuwendung ausgegangen.

1606 Bei einer **der sonstigen Leistung gleichgestellten Wertabgabe** (§ 3 Abs. 9a UStG) richtet sich die Bemessungsgrundlage nach den bei der Ausführung der Leistung entstandenen Ausgaben. Es werden grundsätzlich die bei der Einkommensteuer zu Grunde gelegten Kosten herangezogen; die Anschaffungs- und Herstellungskosten werden grundsätzlich anhand des Zeitraums gem. § 15a UStG verteilt. Abziehbare Vorsteuerbeträge sind nicht einzubeziehen. Ausgaben, die nicht zum vollen oder teilweisen Vorsteuerabzug berechtigt haben, gehören nicht zur Bemessungsgrundlage (Ausnahme: § 3 Abs. 9a Nr. 2 UStG).

Auf den nach obigen Grundsätzen ermittelten Wert ist die USt aufzuschlagen.

Bei unentgeltlichen oder verbilligten Leistungen an das **Personal** richtet sich die Bemessungsgrundlage auch nach Abschn. 1.8 UStAE. 1607

Eine bedeutsame Abkehr von dem Grundsatz, dass das Entgelt die Bemessungsgrundlage bildet, enthält § 10 Abs. 5 UStG. Danach sind die oben dargestellten Werte des § 10 Abs. 4 UStG als **Mindestbemessungsgrundlage** anzusetzen, wenn diese bei Lieferungen und sonstigen Leistungen von Körperschaften und Personenvereinigungen an ihre Mitglieder und diesen nahe stehenden Personen, von Einzelunternehmern an ihnen nahe stehende Personen und von allen Unternehmern an ihr Personal oder dessen Angehörige aufgrund des Dienstverhältnisses das tatsächlich vereinbarte und gezahlte Entgelt übersteigen. Durch diese Sonderregelung soll vermieden werden, dass durch ein vereinbartes geringes Entgelt die höheren Bemessungsgrundlagen der unentgeltlichen Wertabgaben umgangen werden. Nach der Entscheidung des EuGH v. 29. 5. 1997 (BStBl 1997 II S. 841; BMF-Schreiben v. 21. 11. 1997, BStBl 1997 I S. 1048) ist für den Ansatz der Mindestbemessungsgrundlage allerdings kein Raum, wenn das vereinbarte und gezahlte Entgelt, wenngleich nicht kostendeckend, doch dem marktüblichen Preis entspricht. Dies ist nunmehr auch in § 10 Abs. 5 UStG aufgenommen worden. 1608

V. Steuerbefreiungen

Steuerbefreiungen für „Eingangsumsätze" sind in § 4b UStG für bestimmte innergemeinschaftliche Erwerbe und in § 5 UStG für bestimmte Einfuhren im Inland geregelt. Für die „Ausgangsumsätze" ergeben sich Steuerbefreiungen aus § 4 UStG sowie für Sonderfälle der Reiseleistungen aus § 25 Abs. 2 UStG und aus den in § 26 Abs. 5 UStG genannten Regelungen im Zusammenhang mit den alliierten Truppen. Ebenso steuerbefreit sind Umsätze mit Anlagegold (§ 25c UStG). Zu beachten sind in diesem Zusammenhang die Aufzeichnungspflichten. 1609

1. Wirkung im Umsatzsteuersystem

Sämtliche Steuerbefreiungen haben in einem USt-System mit Vorsteuerabzug nur eine **eingeschränkte Wirkung**. Innerhalb einer Leistungskette besteht nur eine steuertechnische Wirkung, weil die Steuerbelastung auf der nächsten Handels- oder Leistungsstufe wieder nachgeholt wird, wenn die Steuerbefreiung nicht durchgreift. Die tatsächliche Entlastung ereignet sich erst auf der letzten Stufe, der Leistung an den Endverbraucher. Der Gesetzgeber hätte sich also theoretisch darauf beschränken können, die Steuerfreiheit auf diesen letzten Umsatz zu beschränken. Er hat das nicht getan, um dem leistenden Unternehmer Ermittlungen und Nachweise über den Verwendungszweck beim Abnehmer zu ersparen. 1610

§ 4 UStG enthält **zwei Gruppen von Steuerbefreiungen**: Wie die Steuerbefreiungen nach § 25 Abs. 2 UStG und § 26 Abs. 5 UStG schließen die Befreiungen nach § 4 Nr. 1–7 UStG und in bestimmten Fällen nach § 4 Nr. 8 Buchst. a bis g und Nr. 10 und Nr. 11 UStG den Vorsteuerabzug nicht aus (§ 15 Abs. 3 UStG). Das bedeutet, dass die Befreiungsvorschriften zu einer völligen Steuerentlastung führen. Diese weitgehende Regelung war aus Wettbewerbsgründen erforderlich, weil es sich vornehmlich um Leistungen im grenzüberschreitenden Leistungsverkehr handelt. 1611

1612 Alle übrigen Steuerbefreiungen führen nach § 15 Abs. 2 UStG dazu, dass die ihnen zuzuordnenden Vorsteuern nicht zum Abzug zugelassen werden. Die Steuerfreiheit beschränkt sich somit auf die eigene Wertschöpfung des jeweiligen Unternehmers. Greift die Steuerbefreiung innerhalb einer Leistungskette, ohne bis zum Letztverbraucher durchzustoßen, wirkt sie sich sogar nachteilig aus. Denn die zuvor nicht abziehbare Vorsteuer geht in der Folgestufe in die Kosten des steuerfreien Einkaufs und damit in die Bemessungsgrundlage der USt ein. Im Ergebnis führt das zu einer Steuerbelastung über den nominellen Steuersatz hinaus.

1613 Diese systemwidrige Folge hat den Gesetzgeber bewogen, in § 9 UStG die Möglichkeit eines Verzichts auf Steuerbefreiungen vorzusehen. Diese **„Optionsmöglichkeit"** gilt jedoch nicht für alle den Vorsteuerabzug sperrenden Steuerbefreiungen. Sie beschränkt sich auf „Bankumsätze" nach § 4 Nr. 8 Buchst. a bis g UStG, auf die unter das Grunderwerbsteuergesetz fallenden Umsätze (§ 4 Nr. 9 Buchst. a UStG), auf Grundstücksüberlassungen i. S. des § 4 Nr. 12 UStG, auf Leistungen von Wohnungseigentümergemeinschaften nach § 4 Nr. 13 UStG und auf die „Blindenumsätze" i. S. des § 4 Nr. 19 UStG. Auch für Umsätze mit Anlagegold kann zur Steuerpflicht optiert werden. Voraussetzung für den Verzicht ist, dass die Umsätze an einen anderen Unternehmer für dessen Unternehmen ausgeführt werden. Bei den in § 9 Abs. 2 UStG genannten Umsätzen im Zusammenhang mit Grundstücken ist die Option außerdem davon abhängig, dass der Leistungsempfänger seinerseits das Grundstück ausschließlich für Zwecke nutzt, die den Vorsteuerabzug nicht ausschließen. § 9 Abs. 3 UStG schränkt das Optionsrecht in zeitlicher Hinsicht ein.

2. Steuerfreie Ausfuhrlieferungen

1614 § 6 Abs. 1 UStG i. V. mit § 4 Nr. 1 Buchst. a UStG nennt drei steuerfreie Ausfuhrtatbestände, die drei gemeinsame Voraussetzungen haben:

1615 Der Liefergegenstand muss **in das Drittlandsgebiet ausgeführt** werden. Dabei ist es unschädlich, wenn er vor der Ausfuhr noch durch Beauftragte des Abnehmers bearbeitet oder verarbeitet wird.

1616 Die Ausfuhr muss durch Belege nachgewiesen werden. Einzelheiten dieses **Ausfuhrnachweises** regeln die §§ 8–11 UStDV. Danach muss sich aus den Belegen eindeutig und leicht nachprüfbar ergeben, dass die einzelnen Voraussetzungen einer steuerfreien Ausfuhr erfüllt sind. In Beförderungsfällen, in denen der Lieferer oder ein Abnehmer die grenzüberschreitende Warenbewegung selbst vornimmt, kann der Nachweis i. d. R. durch eine entsprechende Bestätigung einer Zollstelle der Bundesrepublik Deutschland oder eines anderen Mitgliedstaats erfolgen. Es genügt aber z. B. auch ein Nachweis über die Zahlung von Eingangsabgaben im Bestimmungsland. Wird ein Spediteur oder ein anderer selbständiger Unternehmer mit dem Transport beauftragt, genügt ein entsprechender Versendungsbeleg. Für Ausfuhren im Reiseverkehr durch den Abnehmer sieht § 17 UStDV zusätzlich eine Identitätsbestätigung durch die Grenzzollstelle vor. Zum IT-Verfahren „ATLAS-Ausfuhr" hat das BMF mit Schreiben v. 3. 5. 2010, BStBl 2010 I S. 499, Stellung genommen. Auf Abschn. 6.6 UStAE wird hingewiesen.

Sämtliche – auch die nachfolgend genannten – Voraussetzungen der Steuerfreiheit müssen vom Unternehmer in seinen Aufzeichnungen nachgewiesen werden (**buchmäßiger Nachweis** – § 13 UStDV). 1617

In den Ausfuhrfällen, in denen **der liefernde Unternehmer** den Gegenstand in das Drittlandsgebiet mit Ausnahme der in § 1 Abs. 3 UStG genannten Gebiete **befördert oder versendet**, genügen die drei bereits genannten Voraussetzungen für die Inanspruchnahme der Steuerfreiheit. Insbesondere sind die Person des Abnehmers, seine Staatsangehörigkeit, sein Sitz oder Wohnort und seine Unternehmereigenschaft hier ohne Bedeutung. 1618

Wird der Liefergegenstand dagegen von einem **Abnehmer** in das Drittlandsgebiet, wiederum mit Ausnahme der in § 1 Abs. 3 UStG genannten Gebiete, **befördert oder versendet**, ist weitere Voraussetzung, dass es sich um einen **ausländischen Abnehmer** handelt. Dieser muss im Zeitpunkt der Lieferung seinen Wohnort oder Sitz im Ausland – gleichgültig, ob im Drittlandsgebiet oder im übrigen Gemeinschaftsgebiet, aber ausgenommen die Gebiete nach § 1 Abs. 3 UStG – haben. Auf die Staatsangehörigkeit oder die Unternehmereigenschaft kommt es auch hier nicht an. Schließen Zweigniederlassungen die Umsatzgeschäfte im eigenen Namen ab, ist es entscheidend, wo diese ihren Sitz haben. 1619

Wird schließlich der Liefergegenstand vom Unternehmer oder vom Abnehmer **in eines der in § 1 Abs. 3 UStG genannten Gebiete befördert oder versendet**, nennt § 6 Abs. 1 Satz 1 Nr. 3 UStG alternativ zwei zusätzliche Voraussetzungen für die Steuerfreiheit. Ist der Abnehmer ein Unternehmer, der den Gegenstand für sein Unternehmen erworben hat, genügt es für die Steuerfreiheit, wenn der Gegenstand nicht ausschließlich oder zum Teil für eine nach § 4 Nr. 8 bis 27 und 29 UStG steuerfreie Tätigkeit verwendet werden soll. Ist er jedoch nicht Unternehmer oder erwirbt er den Liefergegenstand nicht für sein Unternehmen, kann die Steuerfreiheit nur beansprucht werden, wenn es sich um einen ausländischen Abnehmer im oben dargestellten Sinne handelt und wenn die Ware anschließend in das übrige Drittlandsgebiet gelangt. Die Ware darf das Gebiet i. S. des § 1 Abs. 3 UStG also nur im Wege der Durchfuhr, zur Lagerung oder zur Bearbeitung berühren. 1620

Eine **Einschränkung** der begünstigten Ausfuhrtatbestände enthält § 6 Abs. 3 UStG für Gegenstände, die zur **Ausrüstung oder Versorgung eines Beförderungsmittels** bestimmt sind. 1621

Beförderungsmittel in diesem Sinne sind in erster Linie Kfz aller Art. Zur Ausrüstung bestimmt sind alle Ersatz- und Zubehörteile, die noch nicht im Wege einer Werklieferung mit dem Fahrzeug verbunden worden sind. Der Versorgung dienen z. B. Treibstoffe, Wasch- und Pflegemittel, Farben oder Frostschutzmittel. Die Steuerfreiheit wird in diesen Fällen nur gewährt, wenn der Abnehmer ein ausländischer Unternehmer ist, der das Beförderungsmittel für Zwecke seines Unternehmens verwendet. 1622

Erwirbt ein ausländischer Abnehmer Gegenstände für nichtunternehmerische Zwecke und führt er sie selbst in seinem persönlichen Reisegepäck aus, so wird eine Steuerfreiheit gewährt, wenn diese Gegenstände vor Ablauf des dritten Kalendermonats nach 1623 dem Monat der Lieferung in das Drittlandsgebiet ausgeführt werden. Voraussetzung ist auch, dass der Gesamtwert der Lieferung einschließlich USt 50 € übersteigt.

3. Steuerfreie Lohnveredelungen

1624 Lohnveredelungen an Gegenständen der Ausfuhr sind nach § 4 Nr. 1 Buchst. a UStG i.V. mit § 7 UStG steuerfrei, wenn ein Gegenstand, der zu diesem Zwecke vom Auftraggeber in das Gemeinschaftsgebiet eingeführt oder in diesem Gebiet erworben wurde, im Inland bearbeitet oder verarbeitet und danach in das Drittlandsgebiet ausgeführt wird. Die Art und der Umfang der Bearbeitung und Verarbeitung sind gleichgültig. Von der Vergünstigung sind aber von vornherein Bearbeitungen und Verarbeitungen an Gegenständen ausgenommen, die ausschließlich zu anderen Zwecken eingeführt oder erworben wurden. Wegen dieser zusätzlichen Einschränkung ist die Unterscheidung wichtig, ob es sich bei dem Umsatzgeschäft um eine Werklieferung oder eine Werkleistung handelt. Denn nur Werkleistungen fallen unter die Regelungen des § 7 UStG, während Werklieferungen nach § 6 UStG zu beurteilen sind.

1625 **BEISPIEL:** A mit Wohnsitz in der Schweiz erleidet während einer Urlaubsreise im Inland mit seinem Pkw einen Verkehrsunfall. Er lässt das Fahrzeug im Inland reparieren (Werkleistung). Der Pkw ist nicht zum Zweck der Reparatur eingeführt worden. § 7 UStG greift nicht. Der Umsatz ist steuerpflichtig.

Das Fahrzeug war bereits bei der Einreise beschädigt. A hatte es bei der inländischen Werkstatt zur Reparatur angemeldet. Die Einfuhr geschieht zum Zweck der Bearbeitung und Verarbeitung. Die Reparatur ist steuerfrei, auch wenn A anschließend mit dem Fahrzeug im Inland eine Urlaubsreise unternimmt.

Handelt es sich bei der Reparatur um eine Werklieferung, weil der leistende Unternehmer einen Hauptstoff (z. B. einen neuen Kotflügel) liefert, liegt in beiden Fällen eine steuerfreie Ausfuhrlieferung vor.

1626 Auch § 7 UStG unterscheidet zwischen drei Tatbeständen:

- Der Unternehmer befördert oder versendet den bearbeiteten oder verarbeiteten Gegenstand in das Drittlandsgebiet, ausgenommen die Gebiete nach § 1 Abs. 3 UStG.
- Der Auftraggeber befördert oder versendet den bearbeiteten oder verarbeiteten Gegenstand in das Drittlandsgebiet (d. h. einschließlich der Gebiete nach § 1 Abs. 3 UStG) und er ist ein ausländischer Auftraggeber.
- Der Unternehmer befördert den bearbeiteten oder verarbeiteten Gegenstand in die in § 1 Abs. 3 UStG genannten Gebiete und der Auftraggeber ist entweder ein ausländischer Auftraggeber oder ein Unternehmer, der im Inland oder in den bezeichneten Gebieten ansässig ist und der den bearbeiteten oder verarbeiteten Gegenstand für Zwecke seines Unternehmens verwendet.

1627 Bei allen Fallgestaltungen kann der bearbeitete oder verarbeitete Gegenstand vor der Ausfuhr zusätzlich noch durch weitere Beauftragte des Auftraggebers bearbeitet oder verarbeitet werden.

1628 Die zu den Ausfuhrlieferungen dargestellten Regelungen über den Ausfuhrnachweis und den Buchnachweis gelten für die steuerfreien Lohnveredelungen entsprechend (§ 12 UStDV).

4. Steuerfreie innergemeinschaftliche Lieferungen

Die in § 6a UStG umschriebenen innergemeinschaftlichen Lieferungen sind nach § 4 Nr. 1 Buchst. b UStG steuerfrei. Dies gilt nicht, solange der Unternehmer seiner Pflicht zur Abgabe der Zusammenfassenden Meldung (§ 18a UStG) nicht nachgekommen ist oder soweit er diese im Hinblick auf die jeweilige Lieferung unrichtig oder unvollständig abgegeben hat. § 18a Abs. 10 UStG bleibt unberührt. 1629

Nach der Systematik des Gesetzes ist zunächst immer zu prüfen, ob ein Umsatz überhaupt steuerbar ist. Deshalb scheiden hier Lieferungen im sog. Versandhandel bzw. ab dem 1. 7. 2021 Fernverkäufe, bei denen der Ort der Lieferung nach den Regeln des § 3c UStG im übrigen Gemeinschaftsgebiet liegt, aus der weiteren Betrachtung aus. Andererseits ist aber zu beachten, dass nach § 2a UStG jeder Fahrzeuglieferer, der ein neues Fahrzeug in das übrige Gemeinschaftsgebiet liefert, wie ein Unternehmer behandelt wird und daher einen steuerbaren Umsatz tätigt. Schließlich übernimmt § 6a Abs. 2 UStG noch die Lieferfiktionen des § 3 Abs. 1a UStG. Danach ist das Verbringen eines Gegenstands zur eigenen Verfügung des Unternehmers in das übrige Gemeinschaftsgebiet der Lieferung gleichgestellt, wenn der Gegenstand dort nicht nur zur vorübergehenden Verwendung dient. 1630

Liegt nach alledem eine steuerbare Lieferung vor, wird die Steuerfreiheit gewährt, wenn 1631

- der Liefergegenstand durch den Lieferer oder den Abnehmer in das übrige Gemeinschaftsgebiet befördert oder versendet wird,
- der Abnehmer – unabhängig vom (Wohn-)Sitz – entweder eine juristische Person (die nicht Unternehmer ist oder den Gegenstand nicht für ihr Unternehmen erwirbt) oder ein Unternehmer ist, der in einem anderen Mitgliedstaat für Zwecke der USt erfasst ist und der den Liefergegenstand für sein Unternehmen erworben hat; bei der Lieferung eines neuen Fahrzeugs ist die Person des Abnehmers nicht maßgeblich,
- der Abnehmer mit dem Erwerb in einem anderen Mitgliedstaat den Vorschriften der Umsatzbesteuerung unterliegt,
- der Abnehmer (Unternehmer oder juristische Person) gegenüber dem Unternehmer eine ihm von einem anderen Mitgliedstaat erteilte gültige USt-Identifikationsnummer verwendet hat.

Auch hier ist es wiederum zulässig, dass der Liefergegenstand vor der Beförderung oder Versendung in das übrige Gemeinschaftsgebiet noch durch Beauftragte bearbeitet oder verarbeitet wird. 1632

Die Nachweispflichten des Unternehmers, der die Steuerfreiheit beansprucht, regeln die §§ 17a–d UStDV. Die Bestimmungen sind im Wesentlichen denen für die Ausfuhrlieferung nachgebildet. Zunächst ist danach die Beförderung oder Versendung in das übrige Gemeinschaftsgebiet durch Belege nachzuweisen. Außerdem müssen sämtliche Voraussetzungen buchmäßig nachgewiesen werden. Zum Abnehmernachweis gehört dabei zwingend dessen ausländische USt-Identifikationsnummer; dies ist nunmehr auch eine materiell-rechtliche Voraussetzung für die Steuerbefreiung. Diese Identifikationsnummer, deren Erteilung durch das Bundeszentralamt für Steuern für Deutschland in § 27a UStG geregelt ist, dient dem Datenabgleich zwischen den Finanzverwaltungen der Mitgliedstaaten. Ab dem 1. 1. 2020 besteht im § 17a UStDV eine sog. Gelangensvermutung. 1633

1634 Auf die in § 14a UStG enthaltene Sonderregelung für die Rechnungserteilung in diesen Fällen wird ergänzend hingewiesen. Außerdem ist die Verpflichtung zur Abgabe der Zusammenfassenden Meldung nach § 18a UStG zu beachten.

1635 Eine Vereinfachungsregelung für innergemeinschaftliche Lieferungen gilt bei den **Dreiecksgeschäften** i. S. des ab 1. 1. 1997 geltenden § 25b UStG, dessen Anwendung von fünf Kriterien abhängt:

- Drei Unternehmer bzw. zwei Unternehmer und als letzter Abnehmer eine insoweit nichtunternehmerische juristische Person schließen über denselben Gegenstand Umsatzgeschäfte ab und dieser Gegenstand gelangt unmittelbar vom ersten Lieferer an den letzten Abnehmer.
- Die drei Beteiligten sind in jeweils verschiedenen Mitgliedstaaten für Zwecke der USt erfasst. Dabei verwendet der mittlere in der Reihe gegenüber seinem Lieferer wie gegenüber seinem Abnehmer dieselbe USt-Identifikationsnummer, die ihm zudem nicht von dem Staat erteilt sein darf, in dem die Warenbewegung beginnt oder endet.
- Der Liefergegenstand gelangt tatsächlich aus dem Gebiet eines Mitgliedstaats in das eines anderen, dessen USt-Identifikationsnummer der letzte Abnehmer verwendet.
- Der Liefergegenstand wird durch den ersten Lieferer oder den ersten Abnehmer befördert oder versendet. Der letzte Abnehmer darf die Ware also nicht abholen.
- Der erste Abnehmer erteilt dem letzten Abnehmer eine Rechnung i. S. des § 14a Abs. 7 UStG, in der die USt nicht offen ausgewiesen ist und in der auf das Vorliegen eines innergemeinschaftlichen Dreiecksgeschäfts ausdrücklich hingewiesen wird.

1636 Die Vereinfachung trifft in diesem Fall den mittleren der Beteiligten. Sie besteht darin, dass sein innergemeinschaftlicher Erwerb kraft Gesetzes als besteuert gilt und dass die USt für seine Lieferung nicht von ihm, sondern von seinem Abnehmer geschuldet wird.

BEISPIEL: Der Unternehmer D in Deutschland bestellt bei B in Belgien eine Maschine, die dieser seinerseits bei F in Frankreich bestellt. Vereinbarungsgemäß befördert F die Maschine unmittelbar zu D. Alle drei Beteiligten verwenden die von ihrem Heimatstaat erteilten USt-Identifikationsnummern. F tätigt in Frankreich eine steuerfreie innergemeinschaftliche Lieferung. Der Erwerb und die Lieferung des B wären nach den allgemeinen Regeln über den Ort der Lieferung in Deutschland steuerpflichtig. Er müsste sich in Deutschland für umsatzsteuerliche Zwecke registrieren lassen. Dies wird durch die Vereinfachungsregelung vermieden. Danach gilt nunmehr der Erwerb des B in Deutschland als besteuert. Dies gilt auch für den Erwerb des B in Belgien. D schuldet die USt für die Lieferung des B an ihn, kann sie aber unter den allgemeinen Voraussetzungen sofort wieder als Vorsteuer abziehen.

1637, 1638 *Einstweilen frei*

VI. Steuersätze

1639 Die Steuersätze des § 12 UStG gelten für alle Umsätze i. S. des § 1 Abs. 1 UStG, soweit nicht eine Steuerbefreiung greift oder die – abwählbaren – Sonderbestimmungen für Land- und Forstwirte nach § 24 UStG gelten.

1640 Der **allgemeine Steuersatz** beträgt in der Zeit vom 1. 1. 2007 bis zum 30. 6. 2020 und wieder ab dem 1. 1. 2021 19 % des Entgelts. Aus einem zivilrechtlichen (Brutto-)Preis kann die USt mit 15,97 % herausgerechnet werden. In der Zeit vom 1. 7. 2020 bis zum 31. 12. 2020 war der allgemeine Steuersatz auf 16 % herabgesetzt.

1641 Der **ermäßigte Steuersatz** beträgt in der Zeit vom 1. 7. 1983 bis zum 30. 6. 2020 und wieder ab dem 1. 1. 2021 7 %. Aus Bruttorechnungen kann die Steuer mit 6,54 %

herausgerechnet werden. In der Zeit vom 1. 7. 2020 bis zum 31. 12. 2020 war der ermäßigte Steuersatz auf 5 % herabgesetzt.

§ 12 Abs. 2 UStG nennt **15 Umsatzgruppen**, für die der ermäßigte Steuersatz gilt: 1642

§ 12 Abs. 2 Nr. 1 UStG gewährt die Steuerermäßigung für die Lieferung, die Einfuhr und den innergemeinschaftlichen Erwerb der in der Anlage 2 (mit Ausnahme der in Nr. 49 Buchst. f, Nr. 53 und Nr. 54 bezeichneten Gegenstände) zum Gesetz bezeichneten Gegenstände. Es handelt sich dabei im Wesentlichen – wenn auch mit verschiedenen Einschränkungen – um Tiere, land- und forstwirtschaftliche Erzeugnisse, Lebensmittel, Druckerzeugnisse, Rollstühle und Körperersatzstücke. Maßgebend ist immer die Einordnung nach dem Gemeinsamen Zolltarif.

Hintergrund für die Differenzierung zwischen sog. **Restaurationsumsätzen** (Abgabe von Speisen und Getränken zum sofortigen Verzehr) als sonstige Leistung und der reinen Abgabe von Nahrungsmitteln als Lieferung ist, dass der ermäßigte Steuersatz des § 12 Abs. 2 Nr. 1 UStG nur für Lieferungen, die Einfuhr und den innergemeinschaftlichen Erwerb der in der Anlage 2 zum UStG bezeichneten Gegenstände gilt. Die Anwendung des ermäßigten Steuersatzes scheidet hingegen aus, sofern die ansonsten steuerpflichtige Abgabe von Speisen und Getränken als sonstige Leistung i. S. von § 3 Abs. 9 Satz 1 UStG zu qualifizieren ist. Auf Abschn 3.6. UStAE wird hingewiesen. Die Regelungen zum Verzehr an Ort und Stelle in § 3 Abs. 9 Sätze 4 und 5 UStG a. F. sind im Rahmen des Jahressteuergesetzes 2008 gestrichen worden. Auf die Sonderregelung in der Zeit vom 1. 7. 2020 bis zum 31. 12. 2022 in § 12 Abs. 2 Nr. 15 UStG wird hingewiesen.

Außerdem sind begünstigt: 1643

- die Vermietung der in der Anlage 2 (mit Ausnahme der in Nr. 49 Buchst. f, Nr. 53 und Nr. 54 bezeichneten Gegenstände) zum UStG bezeichneten Gegenstände (Nr. 2). Das gilt z. B. für die entgeltliche Überlassung von Büchern und Rollstühlen;
- die Aufzucht und das Halten von Vieh, die Teilnahme an Tierleistungsprüfungen, Leistungen zur Förderung der Tierzucht und die Anzucht von Pflanzen (Nr. 3 und 4);
- Prothetikleistungen der Zahnärzte sowie die Leistungen aus der Tätigkeit als Zahntechniker (Nr. 6);
- verschiedene Leistungen aus dem Kultursektor (Nr. 7);
- Umsätze gemeinnütziger, mildtätiger oder kirchlicher Einrichtungen (Nr. 8);
- Schwimm- und Heilbäder sowie Kureinrichtungen (Nr. 9);
- große Teile des öffentlichen Personennahverkehrs (Nr. 10);
- kurzfristige Beherbergungsleistungen (Nr. 11);
- die Einfuhr von Briefmarken, Kunstgegenständen und Sammlungsstücken (Nr. 12),
- bestimmte Umsätze mit Kunstgegenständen (Nr. 13),
- bestimmte Umsätze in elektronischer Form (Nr. 14) und
- Restaurant- und Verpflegungsdienstleistungen, mit Ausnahme der Abgabe von Getränken in der Zeit vom 1. 7. 2020 bis zum 31. 12. 2022.

Die Steuerermäßigung berührt den Vorsteuerabzug nicht. Wie bei den Steuerbefreiungen tritt aber auch bei den Steuerermäßigungen der Begünstigungseffekt endgültig nur ein, wenn sie bis auf den Umsatz an den Letztverbraucher durchgreifen. 1644

Bestehen Zweifel, ob die Lieferung oder der innergemeinschaftliche Erwerb unter die Steuerermäßigung nach § 12 Abs. 2 Nr. 1 oder 2 UStG fällt, kann der Lieferer oder der innergemeinschaftliche Erwerber eine unverbindliche Zolltarifauskunft für Umsatzsteuerzwecke einholen (BMF-Schreiben v. 5. 8. 2004, BStBl 2004 I S. 638; vgl. auch BMF-Schreiben v. 23. 10. 2006, BStBl 2006 I S. 622).

VII. Besteuerungsverfahren

1. Erklärungspflichten

1645 Die USt ist eine Veranlagungssteuer, für die der Unternehmer jährlich in einer **Steuererklärung** die Steuerschuld selbst zu errechnen hat (§ 18 Abs. 3 UStG). Daneben sind im Laufe des Jahres bereits **Voranmeldungen** abzugeben (§ 18 Abs. 1 bis 2a UStG). Regelmäßiger Voranmeldungszeitraum ist nach der Neufassung des § 18 UStG ab dem 1. 1. 1996 das Kalendervierteljahr. Beträgt die Steuerschuld für das Vorjahr allerdings mehr als 7 500 €, sind monatliche Voranmeldungen abzugeben. Den Kalendermonat als Voranmeldungszeitraum kann auch ein Unternehmer wählen, bei dem sich für das Vorjahr ein Überschuss zu seinen Gunsten von mehr als 7 500 € ergeben hat. Wer sich in diesem Sinne entscheidet, muss bis zum 10. 2. eine Voranmeldung für den Monat Januar abgeben. Für das laufende Kalenderjahr bleibt er sodann an diese Entscheidung gebunden. Andererseits kann völlig vom Voranmeldungsverfahren befreit werden, wessen Vorjahressteuerschuld 1 000 € nicht übersteigt. Die Voranmeldungen sind bis zum 10. Tag nach Ablauf des einzelnen Zeitraums auf elektronischem Weg einzureichen. In die Voranmeldungen wie in die Jahreserklärung sind die Umsätze aufzunehmen, für die im jeweiligen Zeitraum die USt entstanden ist, sowie die entsprechenden Vorsteuern abzuziehen.

Voraussetzungen:	Voranmeldungszeitraum:
Beträgt die Steuer für das vorangegangene Kalenderjahr mehr als 7 500 €:	Kalendermonat
Existenzgründer: Im Jahr der Aufnahme der beruflichen oder gewerblichen Tätigkeit und im folgenden Kalenderjahr. Diese Regelung ist in der Zeit von 2021 bis 2026 ausgesetzt.	Kalendermonat
Beträgt der Steuerrückerstattungsanspruch des Unternehmens für das vorangegangene Kalenderjahr mehr als 7 500 €:	Kalendermonat kann gewählt werden. Der Unternehmer hat in diesem Fall bis zum 10. 2. des laufenden Kalenderjahres eine Voranmeldung für den ersten Kalendermonat abzugeben.
Beträgt die Steuer für das vorangegangene Kalenderjahr nicht mehr als 1 000 €:	Auf Antrag kann das Finanzamt den Unternehmer von der Abgabe von Voranmeldungen befreien.
Sofern keine der zuvor dargestellten Voraussetzungen erfüllt sind:	Kalendervierteljahr

Wichtig: Im laufenden und folgenden Kalenderjahr war der Voranmeldungszeitraum der Kalendermonat, wenn der Unternehmer seine berufliche oder gewerbliche Tätigkeit aufnahm. Diese Änderung galt seit dem 1. 1. 2002. Zu Einzelfragen hat die Finanzverwaltung mit BMF-Schreiben v. 24. 1. 2003, BStBl 2003 I S. 153, Stellung bezogen. Hinweis auf Abschn. 18.7 UStAE. Dies gilt entsprechend auch bei Vorratsgesellschaften und bei Firmenmänteln. Für Existenzgründer ist diese Regelung für die Besteuerungszeiträume 2021 bis 2026 ausgesetzt und zwar im Rahmen des Dritten Bürokratieentlastungsgesetzes vom 22. 11. 2019, BGBl 2019 I S. 1746.

Regelmäßig ist die Übermittlung einer Umsatzsteuervoranmeldung zum 10. Tag nach Ablauf des jeweiligen Voranmeldungszeitraums nicht realisierbar. Dies gilt insbesondere dann, wenn die Verbuchung durch eine externe Stelle (z. B. Steuerberater) erfüllt wird.

In diesen Fällen verlängert das Finanzamt dem Unternehmer auf Antrag die Abgabe- und Zahlungsfrist um einen Monat (§ 46 UStDV). Diese sog. **Dauerfristverlängerung** wird bei den Unternehmern, die ihre USt-Voranmeldung monatlich einzureichen haben, nur unter der Voraussetzung gewährt, dass eine Sondervorauszahlung auf die Steuer eines jeden Kalenderjahres entrichtet wird. Diese beträgt ein Elftel der Summe der Vorauszahlungen des vorangegangenen Kalenderjahres.

Die geleistete Sondervorauszahlung wird bei der Festsetzung der Vorauszahlung für den letzten Voranmeldungszeitraum des Besteuerungszeitraums angerechnet, für den die Fristverlängerung gilt (§ 48 Abs. 4 UStDV).

Die USt-Voranmeldungen sind nach amtlich vorgeschriebenem Datensatz auf elektronischem Wege an die Finanzverwaltung zu übermitteln (Abschn. 18.1 Abs. 1 UStAE). Hierauf kann das Finanzamt zur Vermeidung von unbilligen Härten auf Antrag verzichten (§ 18 Abs. 1 Satz 2 UStG).

Daneben haben Unternehmer, die innergemeinschaftliche Warenlieferungen, inner- 1646
gemeinschaftliche Warenbewegungen und bestimmte sonstige Leistungen im übrigen Gemeinschaftsgebiet ausführen, nach § 18a UStG dem Bundeszentralamt für Steuern eine **Zusammenfassende Meldung** einzureichen. Diese Meldungen werden allerdings – anders als die USt-Voranmeldungen – nur für Zeiträume mit meldepflichtigen Vorgängen gefordert.

2. Entstehung der Steuerschuld

Hinsichtlich der **Entstehung der Steuerschuld** für Lieferungen und sonstige Leistungen 1647
ist zunächst zu unterscheiden, ob die Versteuerung nach vereinbarten (= Regelfall) oder auf Antrag nach vereinnahmten Entgelten vorgenommen wird.

Bei der Versteuerung nach **vereinbarten Entgelten** entsteht die Steuer mit Ablauf des 1648
Voranmeldungszeitraums, in dem die Leistungen ausgeführt worden sind (§ 13 Abs. 1 Nr. 1 Buchst. a Satz 1 UStG). Das Gesetz knüpft also an die tatsächliche Durchführung, nicht an das Vertragsdatum oder andere Vereinbarungen an. Dies gilt auch für unentgeltliche Wertabgaben (§ 13 Abs. 1 Nr. 2 UStG).

Bei der Versteuerung nach **vereinnahmten Entgelten** kommt es dagegen nicht auf den 1649
Leistungszeitpunkt, sondern auf die Vereinnahmung des Entgelts an (§ 13 Abs. 1 Nr. 1 Buchst. b UStG). Im Regelfall ist das die Bezahlung. Die Vereinnahmung kann aber auch durch eine Aufrechnung oder eine Novation geschehen.

1650 Bei der Versteuerung nach vereinbarten Entgelten ist als Besonderheit die **Anzahlungsbesteuerung**, die Versteuerung der vor der Ausführung der Leistung vereinnahmten Anzahlungen und Vorauszahlungen entsprechend den Grundsätzen der Istversteuerung, zu beachten (§ 13 Abs. 1 Nr. 1 Buchst. a Satz 4 UStG).

1651 In den Fällen des § 14c Abs. 1 UStG und des § 14c Abs. 2 UStG ist die Regelung des § 13 Abs. 1 Nr. 3 UStG zu beachten.

1652 Die Steuer für den **innergemeinschaftlichen Erwerb** entsteht grundsätzlich mit dem Tag der Rechnungsausstellung durch den Lieferer. Voraussetzung ist dabei allerdings, dass der Steuertatbestand bereits erfüllt ist, der Erwerb also schon stattgefunden hat, und es sich nicht um eine Vorausrechnung handelt. Spätestens entsteht die Steuer mit Ablauf des auf den Erwerb folgenden Kalendermonats.

1653 Abweichend von diesen Regelungen entsteht die USt beim **innergemeinschaftlichen Erwerb eines neuen Fahrzeugs** i. S. des § 1b UStG am Tage des Erwerbs (§ 13 Abs. 1 Nr. 7 UStG). In diesen Fahrzeugerwerbsfällen gelten auch nicht die allgemeinen Regeln des Voranmeldungsverfahrens. Vielmehr hat der Steuerschuldner bis zum 10. Tag nach der Entstehung der Steuerschuld eine Steuererklärung nach besonderem Muster abzugeben (Fahrzeugeinzelbesteuerung).

3. Steuerschuldnerschaft des Leistungsempfängers (§ 13b UStG)

1654 § 13b UStG verlagert die Steuerschuldnerschaft für bestimmte Umsätze auf den Leistungsempfänger. Hierunter können fallen:

- Werklieferungen und sonstige Leistungen eines im Ausland ansässigen Unternehmers;
- Lieferungen sicherungsübereigneter Gegenstände durch den Sicherungsgeber an den Sicherungsnehmer außerhalb des Insolvenzverfahrens;
- Umsätze, die unter das Grunderwerbsteuergesetz fallen;
- Bauleistungen, einschließlich Werklieferungen und sonstige Leistungen im Zusammenhang mit Grundstücken, die der Herstellung, Instandsetzung, Instandhaltung, Änderung oder Beseitigung von Bauwerken dienen, mit Ausnahme von Planungs- und Überwachungsleistungen. Als Grundstücke gelten insbesondere auch Sachen, Ausstattungsgegenstände und Maschinen, die auf Dauer in einem Gebäude oder Bauwerk installiert sind und die nicht bewegt werden können, ohne das Gebäude oder Bauwerk zu zerstören oder zu verändern. § 13b Abs. 2 Nr. 1 UStG bleibt unberührt;
- Lieferungen von Gas, Elektrizität, Wärme oder Kälte;
- Übertragung von Treibhausgas-Emissionsrechten;
- Lieferungen der in der Anlage 3 zum UStG bezeichneten Gegenstände;
- Reinigen von Gebäuden und Gebäudeteilen;
- Lieferungen von bestimmtem Gold;
- Lieferung von Mobilfunkgeräten, Tablet-Computern, Spielekonsolen und bestimmten Bauteilen, wenn der Netto-Rechnungsbetrag mindestens 5 000 € beträgt;
- Lieferungen der in der Anlage 4 zum UStG bezeichneten Gegenstände ab 5 000 €;
- sonstige Leistungen auf dem Gebiet der Telekommunikation. § 13b Abs. 2 Nr. 1 UStG bleibt unberührt.

Hinsichtlich der Einzelfragen im Zusammenhang mit dem Wechsel der Steuerschuldnerschaft vgl. Abschn. 13b.1 bis 13b.18 UStAE.

4. Haftung im Umsatzsteuergesetz

§§ 13c und 25e UStG beinhalten Haftungstatbestände; zum zeitlichen Anwendungsbereich vgl. § 27 Abs. 7, 25 und 33 UStG. 1655

VIII. Rechnungserteilung

Die sog. EU-Rechnungsrichtlinie (Richtlinie 2001/115/EG des Rates v. 20. 12. 2001, ABl. EG 2002 Nr. L 15 S. 24) hatte zum Ziel, die bislang sehr unterschiedlichen Regelungen der einzelnen EU-Mitgliedstaaten zur umsatzsteuerlichen Rechnungserteilung und zum Vorsteuerabzug aus Rechnungen zu vereinheitlichen. Die EU-Mitgliedstaaten waren verpflichtet, diese EU-Richtlinie spätestens zum 1. Januar 2004 in nationales Recht umzusetzen. Dieser Verpflichtung ist Deutschland nachgekommen. Durch das Steueränderungsgesetz 2003 (BGBl 2003 I S. 2645, BStBl 2003 I S. 710) wurden die Vorschriften des UStG und der UStDV zur Rechnungserteilung und zum Vorsteuerabzug aus Rechnungen an die Vorgaben der sog. EU-Rechnungsrichtlinie angepasst. An die Stelle der bisherigen §§ 14 und 14a UStG a. F. sind die §§ 14, 14a, 14b und 14c UStG i. d. F. des Steueränderungsgesetzes 2003 getreten. Die zu § 14 UStG ergangenen Durchführungsbestimmungen der §§ 31 bis 34 der UStDV sind ebenfalls neu gefasst worden. Die Vorschriften, wonach Unternehmer und in bestimmten Fällen auch Nichtunternehmer in Rechnungen zu hoch oder zu Unrecht ausgewiesene USt schulden (§ 14 Abs. 2 und 3 UStG a. F.) sind in § 14c UStG zusammengefasst. § 15 Abs. 1 Satz 1 Nr. 1 UStG als die maßgebende Vorschrift für den Vorsteuerabzug aus Rechnungen ist ebenfalls neu gefasst worden. 1656

Weitere Änderungen bei der umsatzsteuerrechtlichen Rechnungserteilung sind eingetreten durch das Haushaltsbegleitgesetz 2004 v. 29. 12. 2003 (BGBl 2003 I S. 3076, berichtigt durch BGBl 2004 I S. 69, BStBl 2004 I S. 120). Hiernach wurde eine Neuregelung bei der Steuerschuldnerschaft des Leistungsempfängers – insbesondere im Zusammenhang mit Bauleistungen bestimmt (vgl. hierzu BMF-Schreiben v. 31. 3. 2004, StuB 2004 S. 425 und Seifert in StuB 2004 S. 439). Eine weitere gesetzliche Änderung ist in diesem Bereich durch das Gesetz zur Intensivierung der Bekämpfung der Schwarzarbeit und damit zusammenhängender Steuerhinterziehung eingetreten (BGBl 2004 I S. 1842).

1. Berechtigung und Verpflichtung zur Ausstellung von Rechnungen

1.1 Grundsätze der Rechnungserteilung

1.1.1 Begriff der Rechnung (§ 14 Abs. 1 UStG)

Nach § 14 Abs. 1 UStG i. V. m. § 31 Abs. 1 UStDV ist eine Rechnung jedes Dokument oder eine Mehrzahl von Dokumenten, mit dem bzw. mit denen über eine Lieferung oder sonstige Leistung abgerechnet wird. Durch den Begriff „Dokument" soll sichergestellt sein, dass eine Rechnung auch auf elektronischem Weg übermittelt werden kann. Die Bezeichnung einer Abrechnung als Quittung ist nach wie vor unerheblich. Rechnungen können entweder konventionell auf Papier oder – falls der Empfänger zustimmt – auf elektronischem Weg übermittelt werden (vgl. hierzu § 14 Abs. 1 Satz 7 i. V. m. Abs. 3 1657

UStG). Hinsichtlich der Vereinfachung der elektronischen Rechnungsstellung zum 1. 7. 2011 wird auf das BMF-Schreiben v. 2. 7. 2012 (BStBl 2012 I S. 726) hingewiesen.

1.1.2 Berechtigung oder Verpflichtung zur Rechnungserteilung (§ 14 Abs. 2 UStG)

1658 § 14 UStG setzt sich mit der Ausstellung von Rechnungen auseinander. Führt ein Unternehmer eine umsatzsteuerbare Lieferung oder eine sonstige Leistung nach § 1 Abs. 1 Nr. 1 UStG aus, gilt Folgendes:

1. Führt der Unternehmer eine steuerpflichtige Werklieferung (§ 3 Abs. 4 Satz 1 UStG) oder eine sonstige Leistung im Zusammenhang mit einem Grundstück aus, ist er verpflichtet, innerhalb von sechs Monaten nach Ausführung der Leistung eine Rechnung auszustellen.
2. Führt ein Unternehmer eine andere als die in Nummer 1 genannte Leistung aus, ist er berechtigt, eine Rechnung auszustellen. Soweit er einen Umsatz an einen anderen Unternehmer für dessen Unternehmen oder eine juristische Person ausführt, ist er verpflichtet, innerhalb von sechs Monaten nach Ausführung der Leistung eine Rechnung auszustellen. Dies gilt nicht, wenn es sich um einen nach § 4 Nr. 8 bis 29 UStG steuerfreien Umsatz handelt.

Ein Unternehmer ist grundsätzlich zur Ausstellung einer Rechnung nach den Regelungen des UStG berechtigt (§ 14 Abs. 2 Satz 1 Nr. 2 Satz 1 UStG). Diese Berechtigung weicht in den zuvor aufgeführten Fällen einer Verpflichtung. Eine Rechnungsausstellungsverpflichtung besteht, wenn der Unternehmer die Leistung an einen anderen Unternehmer für dessen Unternehmen oder an eine juristische Person, soweit sie nicht Unternehmer ist, ausführt (§ 14 Abs. 2 Satz 1 Nr. 2 Satz 2 UStG) und es sich nicht um einen steuerfreien Umsatz nach § 4 Nr. 8 bis 29 UStG handelt. Solche Rechnungen sind innerhalb von 6 Monaten nach Ausführung der Leistung auszustellen.

Durch das Schwarzarbeitsbekämpfungsgesetz (a. a. O.) wurde die Rechnungsausstellungsverpflichtung auch auf die Fälle ausgedehnt, in denen der leistungserbringende Unternehmer eine steuerpflichtige Werklieferung (§ 3 Abs. 4 Satz 1 UStG) oder eine sonstige Leistung im Zusammenhang mit einem Grundstück ausführt. Aus dem Gesetzeswortlaut lässt sich nicht unmittelbar schließen, dass die neue Rechnungsausstellungspflicht „nur" bei Leistungsbeziehungen zwischen einem Unternehmer und einer Privatperson gilt. Bei Leistungen zwischen Unternehmern existiert eine umfassendere Rechnungsausstellungsverpflichtung (nach § 14 Abs. 2 Satz 1 Nr. 2 Satz 2 UStG (vgl. vorherige Ausführungen)), so dass sich die Wirkung der Neuerung auf Werklieferungen und sonstige Leistungen, soweit sie im Zusammenhang mit Grundstücken stehen, gegenüber Privatpersonen beschränkt. Die Rechnungsausstellungspflicht ist innerhalb von 6 Monaten nach Ausführung der Leistung zu erfüllen.

Eine steuerpflichtige Werklieferung oder eine sonstige Leistung im Zusammenhang mit einem Grundstück kann auch durch einen Kleinunternehmer ausgeführt werden. Bei Kleinunternehmern wird die USt zwar nicht erhoben. USt darf damit für Ausgangsumsätze nicht offen ausgewiesen werden. Dennoch soll die Verpflichtung zur Rechnungsausstellung bei Erbringung solcher Leistungen ebenfalls gelten.

Die Verpflichtung zur Ausstellung von Rechnungen besteht auch, wenn es sich um eine zwar steuerbare, aber nach § 4 Nr. 1 bis 7 UStG steuerfreie Leistung handelt. In diesen Fällen darf in der Rechnung keine USt ausgewiesen werden. Bei steuerfreien Umsätzen ist nach § 14 Abs. 4 Satz 1 Nr. 8 UStG ein Hinweis auf die Steuerbefreiung in die Rechnung aufzunehmen.

1.1.3 Rechnungsausstellung durch Dritte

In der Regel wird der Unternehmer über die von ihm erbrachte Lieferung oder sonstige Leistung selbst abrechnen. Eine Rechnung kann aber auch durch einen vom Unternehmer beauftragten Dritten, der im Namen und für Rechnung des Unternehmers abrechnet, ausgestellt werden (vgl. § 14 Abs. 2 Satz 4 UStG). „Dritter" in diesem Sinne kann jedoch nicht der Leistungsempfänger sein. Falls der Leistungsempfänger über die an ihn ausgeführte Lieferung oder sonstige Leistung abrechnet, handelt es sich um eine Gutschrift im umsatzsteuerrechtlichen Sinne (vgl. § 14 Abs. 2 Satz 2 UStG). Bedient sich der leistende Unternehmer zur Rechnungserstellung eines Dritten (z. B. eines Serviceunternehmens), so hat er sicher zu stellen, dass der Dritte die Einhaltung der sich aus § 14 UStG ergebenden formalen Voraussetzungen gewährleistet. Ansonsten ist der Vorsteuerabzug des Rechnungsempfängers gefährdet. 1659

1.2 Abrechnung mit Gutschriften

Eine Gutschrift im umsatzsteuerrechtlichen Sinne unterscheidet sich von einer Rechnung dadurch, dass nicht der Leistende (Lieferer eines Gegenstandes oder Erbringer einer sonstigen Leistung), sondern der die Lieferung oder sonstige Leistung empfangende Unternehmer oder juristische Person (Abnehmer oder Leistungsempfänger) über die Leistung abrechnet. Ab dem 1. 1. 2004 sind die Voraussetzungen, wonach Abrechnungen des Leistungsempfängers als – zum Vorsteuerabzug berechtigende – Gutschriften anerkannt werden, gelockert worden. Es haben sich folgende Änderungen ergeben: 1660

- Ab 1. 1. 2004 können auch juristische Personen, die nicht Unternehmer sind (z. B. Behörden, Vereine, Kirchen), Gutschriften erteilen. Bis zum 31. 12. 2003 war die Abrechnung per Gutschrift nur Unternehmern erlaubt.
- Der Leistungsempfänger kann ab 1. 1. 2004 mit der Ausstellung einer Gutschrift auch einen Dritten (z. B. ein Serviceunternehmen) beauftragen, der im Namen und für Rechnung des Leistungsempfängers abrechnet (§ 14 Abs. 2 Satz 4 UStG). Der leistende Unternehmer kann allerdings nicht „Dritter" in diesem Sinne sein.
- Leistungserbringer und Leistungsempfänger können ab 1. 1. 2004 frei vereinbaren, ob der leistende Unternehmer über die von ihm ausgeführten Lieferungen oder sonstigen Leistungen (Ausgangsumsätze) oder der in § 14 Abs. 2 Satz 2 UStG bezeichnete Leistungsempfänger über die von ihm empfangenen Lieferungen oder sonstigen Leistungen (Eingangsumsätze) abrechnet. Die Vereinbarung hierüber muss vor der Abrechnung getroffen worden sein. Bis 31. 12. 2003 war eine wahlweise Abrechnung nur möglich, wenn keine anderweitige gesetzliche Regelung zur Abrechnungsverpflichtung bestand und jeder der beiden Vertragspartner auf der Grundlage seiner eigenen Geschäftsunterlagen abrechnen konnte.
- Eine Gutschrift kann ab 1. 1. 2004 auch ausgestellt werden, wenn über steuerfreie Umsätze abgerechnet wird oder wenn der leistende Unternehmer Kleinunternehmer i. S. des § 19 Abs. 1 UStG ist. In diesen Fällen darf in der Gutschrift allerdings keine USt ausgewiesen werden. Eine gleichwohl ausgewiesene USt kann ab 1. 1. 2004 dazu führen, dass der Leistende (Empfänger der Gutschrift) unrichtig oder unberechtigt ausgewiesene Steuer nach § 14c Abs. 1 oder 2 UStG schuldet. Der leistende Unternehmer als Empfänger einer Gutschrift ist gut beraten, wenn er einer Gutschrift widerspricht, in der die USt zu hoch oder unberechtigt ausgewiesen ist.

Aus einer wirksam erteilten Gutschrift kann der Leistungsempfänger (Gutschriftsaussteller) unter den weiteren Voraussetzungen des § 15 UStG den Vorsteuerabzug in Anspruch nehmen. Voraussetzung für die Wirksamkeit einer Gutschrift ist, dass die Gutschrift dem leistenden Unternehmer übermittelt worden ist und dieser dem ihm zugeleiteten Dokument nicht widerspricht (§ 14 Abs. 2 Satz 3 UStG). Die Vereinbarung zur Abrechnung mit Gutschriften ist an keine besondere Form gebunden.

Der leistende Unternehmer kann, wenn er selbst abrechnen möchte oder mit dem Inhalt der Gutschrift nicht einverstanden ist, einer von ihm empfangenen Gutschrift widersprechen. Der Widerspruch wirkt, auch für den Vorsteuerabzug des Leistungsempfängers, erst in dem Besteuerungszeitraum, in dem er erklärt wird. Das bedeutet, dass z. B. der Vorsteuerabzug aus einer im Jahr 2020 erteilten Gutschrift erst im Jahr 2021 rückgängig gemacht werden muss, wenn der Gutschriftsempfänger erst in diesem Jahr der Gutschrift wirksam widerspricht.

2. Pflichtangaben in der Rechnung (§ 14 Abs. 4 UStG)

2.1 Allgemeines

1661 Eine Rechnung muss bestimmte Pflichtangaben (Mindestangaben) enthalten, um dem Rechnungsempfänger den Vorsteuerabzug zu ermöglichen. Diese Pflichtangaben ergeben sich insbesondere aus § 14 Abs. 4 UStG, aber auch aus § 14a UStG und den §§ 33 und 34 UStDV.

Umsatzsteuerliche Rechnungen, die keine Kleinbetragsrechnungen darstellen, müssen folgende Angaben enthalten:

1. den vollständigen Namen und die vollständige Anschrift des leistenden Unternehmers und des Leistungsempfängers,
2. die dem leistenden Unternehmer vom Finanzamt erteilte Steuernummer oder die ihm vom Bundeszentralamt für Steuern erteilte USt-Identifikationsnummer,
3. das Ausstellungsdatum,
4. eine fortlaufende Rechnungsnummer, welche zur eindeutigen Identifikation der Rechnung einmalig vergeben wird,
5. die Menge und die handelsübliche Bezeichnung der gelieferten Gegenstände oder den Umfang und die Art der sonstigen Leistungen,
6. den Zeitpunkt der Lieferung oder sonstigen Leistung oder der Vereinnahmung des Entgelts,
7. das nach Steuersätzen und einzelnen Steuerbefreiungen aufgeschlüsselte Entgelt für die Lieferung oder sonstige Leistung sowie jede im Voraus vereinbarte Minderung des Entgelts, soweit sie nicht bereits im Entgelt berücksichtigt ist,
8. den anzuwendenden Steuersatz sowie den auf das Entgelt entfallenden Steuerbetrag oder im Fall einer Steuerbefreiung einen Hinweis darauf, dass für die Lieferung oder sonstige Leistung eine Steuerbefreiung gilt,
9. in den Fällen des § 14b Abs. 1 Satz 5 UStG einen Hinweis auf die Aufbewahrungspflicht und
10. in den Fällen der Ausstellung der Rechnung durch den Leistungsempfänger oder durch einen von ihm beauftragten Dritten die Angabe „Gutschrift“.

2.2 Rechnungen über Kleinbeträge

Gemäß § 33 UStDV sind in Rechnungen, deren Gesamtbetrag 250 € nicht übersteigt (Kleinbetragsrechnungen), abweichend von § 14 Abs. 4 UStG nur folgende Angaben erforderlich: 1662

- der vollständige Name und die vollständige Anschrift des leistenden Unternehmers,
- das Ausstellungsdatum,
- die Menge und die Art der gelieferten Gegenstände oder der Umfang und die Art der sonstigen Leistung und
- das Entgelt und der darauf entfallende Steuerbetrag in einer Summe sowie
- der anzuwendende Steuersatz oder
- im Fall einer Steuerbefreiung ein Hinweis darauf, dass für die Lieferung oder sonstige Leistung eine Steuerbefreiung gilt.

Wird in einer Rechnung über verschiedene Leistungen abgerechnet, die verschiedenen Steuersätzen unterliegen, sind für die verschiedenen Steuersätzen unterliegenden Leistungen die jeweiligen Summen anzugeben.

Wird über Leistungen i. S. der §§ 3c (Ort der Lieferung in besonderen Fällen bzw. Ort der Lieferung beim Fernverkauf), 6a (innergemeinschaftliche Lieferung) oder 13b (Leistungsempfänger als Steuerschuldner) UStG abgerechnet, gilt § 33 UStDV nicht.

2.3 Fahrausweise als Rechnungen

Fahrausweise gelten nach § 34 UStDV als Rechnungen i. S. des § 14 UStG, wenn sie mindestens folgende Angaben enthalten: 1663

- den vollständigen Namen und die vollständige Anschrift des Unternehmers, der die Beförderungsleistung ausführt. § 31 Abs. 2 UStDV ist entsprechend anzuwenden, so dass es genügt, wenn sich aufgrund der Gestaltung des Fahrausweises der Name und die Anschrift des Beförderungsunternehmers eindeutig feststellen lassen,
- das Ausstellungsdatum,
- das Entgelt und den darauf entfallenden Steuerbetrag in einer Summe (sog. Bruttobetrag),
- den allgemeinen Steuersatz von 19 %, wenn die Beförderungsleistung nicht dem ermäßigten Steuersatz von 7 % nach § 12 Abs. 2 Nr. 10 UStG unterliegt und
- im Fall der Anwendung des § 26 Abs. 3 UStG (Nichterhebung der Steuer im grenzüberschreitenden Luftverkehr) einen Hinweis auf die grenzüberschreitende Personenbeförderung im Luftverkehr.

Fahrausweise für eine grenzüberschreitende Beförderung im Personenverkehr und im internationalen Eisenbahn-Personenverkehr gelten nur dann als Rechnung i. S. des § 14 UStG, wenn eine Bescheinigung des Beförderungsunternehmers oder seines Beauftragten darüber vorliegt, welcher Anteil des Beförderungspreises auf das Inland entfällt. In der Bescheinigung ist der Steuersatz anzugeben, der auf den auf das Inland entfallenden Teil der Beförderungsleistung anzuwenden ist. Dasselbe gilt für Belege im Reisegepäckverkehr entsprechend.

2.4 Zusätzliche Pflichten bei der Ausstellung von Rechnungen in besonderen Fällen

1664 § 14a UStG regelt die zusätzlichen Pflichten bei der Ausstellung von Rechnungen in besonderen Fällen. Diese Vorschrift stellt eine Ergänzung der allgemeinen Rechnungsregelungen des § 14 UStG dar.

Zu den besonderen Fällen gehören insbesondere:

- Lieferungen i. S. des § 3c UStG,
- innergemeinschaftliche Lieferungen (§ 6a UStG),
- innergemeinschaftliche Lieferungen neuer Fahrzeuge (§§ 2a, 6a UStG),
- Fälle der Steuerschuldnerschaft des Leistungsempfängers (§ 13b UStG),
- Besteuerung von Reiseleistungen (§ 25 UStG),
- Differenzbesteuerung (§ 25a UStG) und
- innergemeinschaftliche Dreiecksgeschäfte (§ 25b UStG).

1665 *Einstweilen frei*

IX. Vorsteuerabzug

1. Allgemeines

1666 Kernstück des geltenden USt-Systems ist die Regelung über den Vorsteuerabzug in § 15 UStG. Grundsätzlich sollen alle Waren- und Leistungseingänge in das Unternehmen von der darauf ruhenden USt entlastet werden. Daher wird auch bei Vorratskäufen oder Investitionen der **Vorsteuerabzug** unabhängig vom Zeitpunkt oder der Dauer der Verwendung **sofort** gewährt.

1667 Der Zeitpunkt der Zahlung ist nur bei Vorabrechnungen vor der eigentlichen Leistung von Bedeutung. Denn in den Fällen der **Anzahlungsbesteuerung** kann der Vorsteuerabzug analog zur vorgezogenen Besteuerung in Anspruch genommen werden, sobald eine Rechnung vorliegt und die Zahlung geleistet ist (§ 15 Abs. 1 Satz 1 Nr. 1 Satz 3 UStG).

1668 Der **Anspruch** auf den Vorsteuerabzug entsteht dem Grunde und der Höhe nach bereits im Zeitpunkt des Leistungsbezugs. Zu diesem Zeitpunkt muss der Unternehmer über die beabsichtigte Verwendung entscheiden (vgl. Abschn. 15.12 Abs. 1, 2, 5 UStAE). Es handelt sich dabei aber nicht um einen selbständigen Vergütungsanspruch. Die Vorsteuer ist vielmehr ein **Teil der Steuerberechnung**, die dann in der Voranmeldung oder der Jahreserklärung zu einer positiven oder negativen Steuerschuld führt. Sie ist daher nicht selbständig pfändbar oder abtretbar.

1669 **Persönlich zum Vorsteuerabzug berechtigt** ist jeder Unternehmer, gleichgültig ob er im Inland oder Ausland ansässig ist, und unabhängig davon, ob er im Inland steuerbare Leistungen erbringt. Diese Frage ist allenfalls dafür von Bedeutung, ob der Abzug im üblichen Verfahren nach den §§ 16 und 18 UStG vorgenommen wird oder ob die Erstattung im Vergütungsverfahren nach den §§ 59–61a UStDV erfolgt.

1670 **Vom Vorsteuerabzug** ausdrücklich **ausgenommen** sind die Kleinunternehmer i. S. des § 19 UStG. Unternehmer, die die Sonderregelungen für Reiseleistungen nach § 25 UStG oder für die Differenzbesteuerung nach § 25a UStG anwenden, dürfen die Vorsteuern für die empfangenen Vorleistungen bzw. Einkäufe i. S. des § 25a Abs. 2 UStG nicht abziehen.

Im Einzelnen macht § 15 Abs. 1 Satz 1 Nr. 1 UStG den Vorsteuerabzug aus dem Bezug von Lieferungen und sonstigen Leistungen von **fünf Voraussetzungen** abhängig: 1671

- Der Leistungsempfänger muss Unternehmer sein. Maßgebend ist der Zeitpunkt, zu dem die Leistung empfangen wird.
- Die Leistung muss für sein Unternehmen bestimmt sein. Entscheidend ist zunächst die geplante Verwendung. Für gemischt-(unternehmensfremd und unternehmerisch) genutzte Gegenstände ist die Zuordnung zum Privat- oder zum Unternehmensvermögen maßgebend. Bei der Zuordnung zum Unternehmen erfolgt der Ausgleich durch die unentgeltliche Wertabgabe. Bei der Lieferung vertretbarer Sachen muss eine Aufteilung vorgenommen werden. Ab dem 1. 1. 2011 ist bei den gemischt genutzten Grundstücken § 15 Abs. 1b UStG zu beachten.
- Der Leistende muss Unternehmer sein.
- Der Leistende muss eine ordnungsgemäße Rechnung mit offenem Steuerausweis erteilt haben. Zulässige Erleichterungen bei der Rechnungserteilung gelten auch hier (vgl. Kleinbetragsrechnungen oder Fahrausweise).
- Der Leistungsempfänger muss grundsätzlich im Besitz der Originalrechnung sein.

Die **Einfuhrumsatzsteuer** und die Steuer für den **innergemeinschaftlichen Erwerb** sind als Vorsteuern abzugsfähig, wenn die eingeführten oder erworbenen Gegenstände für das Unternehmen bestimmt sind. Bei Leistungen für das Unternehmen sind auch die nach § 13b UStG und § 13a Abs. 1 Nr. 6 UStG geschuldeten Beträge als Vorsteuer abzugsfähig. 1672

In bestimmten Fällen kann die Vorsteuer **pauschaliert** oder nach **Durchschnittssätzen** abgezogen werden. Das ist zunächst allgemein nach § 23 UStG i.V. mit §§ 69 und 70 UStDV für die in der Anlage zur UStDV genannten Unternehmergruppen und sodann nach § 23a UStG für bestimmte Körperschaften und Personenvereinigungen zulässig. Außerdem sind in § 24 UStG für Land- und Forstwirte Vorsteuerpauschalen vorgesehen. 1673

2. Abzugssperren und Aufteilung

Bei einem einheitlichen Gegenstand, der sowohl unternehmerisch als auch nichtunternehmerisch genutzt wird, hat der Unternehmer das Wahlrecht, diesen insgesamt dem Unternehmensvermögen oder dem nichtunternehmerischen Bereich zuzuordnen. Wird der Gegenstand insgesamt dem Unternehmensvermögen zugeordnet (unternehmerische Nutzung mindestens 10 %), kann die Vorsteuer grundsätzlich in voller Höhe abgezogen werden. Die nichtunternehmerische Nutzung wird durch die unentgeltliche Wertabgabe nach § 3 Abs. 9 a UStG erfasst. Ab dem 1. 1. 2011 ist bei Grundstücken § 15 Abs. 1b UStG zu beachten. 1674

Ordnet der Unternehmer nur den unternehmerisch genutzten Teil dem Unternehmen zu, darf er nur die auf diesen Teil entfallende Vorsteuer abziehen. Diese Regelung ist sowohl auf die Anschaffungskosten als auch auf die laufenden Unterhaltskosten anzuwenden.

Der Grundsatz, dass die in das Unternehmen einfließenden Vorsteuern abgezogen werden können, wird durch die Regelungen des § 15 Abs. 1a UStG eingeschränkt. 1675

Danach sind die Vorsteuerbeträge, die auf bestimmte einkommensteuerrechtlich nicht abziehbare Betriebsausgaben entfallen, nicht abziehbar.

Eine weitere Einschränkung des Vorsteuerabzuges kann sich aus § 15 Abs. 2 UStG ergeben.

1676 Leistungsbezüge, die in keine Ausgangsumsätze gegenständlich eingehen, z. B. weil eine Ware untergeht oder weil Pläne nicht realisiert werden, müssen denjenigen Ausgangsumsätzen zugeordnet werden, zu denen sie nach Kostengesichtspunkten gehören.

1677 Das Vorsteuerabzugsverbot tritt nach § 15 Abs. 2 UStG i. V. m. § 15 Abs. 3 UStG nicht ein, wenn die Vorsteuer bestimmten dort genannten steuerfreien Umsätzen zuzuordnen ist, die meist den grenzüberschreitenden Leistungsverkehr betreffen. Auf die Erläuterungen zu den Steuerbefreiungen wird insoweit hingewiesen.

1678 Sind Leistungen sowohl Ausschlussumsätzen als auch Regelumsätzen zuzuordnen, muss im Wege einer wirtschaftlichen Zuordnung eine **Aufteilung** vorgenommen werden (§ 15 Abs. 4 UStG).

1679 § 43 UStDV verzichtet auf eine Aufteilung der nicht eindeutig zuzuordnenden Vorsteuern bei sekundär im Gefolge anderer Umsätze vorkommenden Geldgeschäften.

1680 *Einstweilen frei*

3. Berichtigung wegen Änderung der Verhältnisse

1681 Der Ausschluss vom Vorsteuerabzug nach § 15 Abs. 2 UStG richtet sich ausschließlich nach den Verhältnissen im Zeitpunkt des Leistungsbezugs. Das kann insbesondere bei Wirtschaftsgütern, die für längere Zeit dem Unternehmen dienen, zu unzutreffenden Ergebnissen führen, wenn sich die für den Vorsteuerabzug zunächst maßgebenden Verhältnisse in den Folgejahren ändern. § 15a UStG sieht daher für diese Fälle eine Berichtigung unter Berücksichtigung der Verhältnisse eines längeren Beurteilungszeitraums vor. Die Berichtigung kann sich zugunsten wie zuungunsten des Unternehmers auswirken.

1682 Die **Änderung der Verhältnisse** kann z. B. durch einen anderweitigen Einsatz des Wirtschaftsgutes, durch eine Option nach § 9 UStG oder die Rückkehr zur Steuerfreiheit, aber auch durch eine andere Beurteilung aufgrund einer Gesetzesänderung eintreten. Mit Urteil v. 16. 12. 1993 (BStBl 1994 II S. 485) hat der BFH entschieden, dass § 15a UStG auch anzuwenden ist, wenn in einer unanfechtbaren, nicht mehr änderbaren Steuerfestsetzung der Vorsteuerabzug für ein Wirtschaftsgut zu Unrecht gewährt oder versagt worden ist. Führt die rechtlich zutreffende Würdigung oder eine geänderte Rechtsauffassung zu einem anderen Ergebnis, kann der Abzug in den noch nicht bestandskräftig veranlagten Folgejahren des restlichen Berichtigungszeitraums, in denen eine Änderung der Steuerfestsetzung des Vorsteuerabzugs nach verfahrensrechtlichen Vorschriften nicht mehr möglich war, korrigiert werden. Vgl. auch Abschn. 15a.2 UStAE und Abschn. 15a.4 Abs. 3 UStAE.

1683 Der **Berichtigungszeitraum** beträgt im Regelfall 5 Jahre. Er wird für Grundstücke und grundstücksgleiche Rechte auf 10 Jahre ausgedehnt. Bei Wirtschaftsgütern mit einer kürzeren Verwendungsdauer wird der entsprechend kürzere Zeitraum zugrunde gelegt.

Für nachträgliche Anschaffungs- oder Herstellungskosten gilt ein gesonderter Zeitraum.

Die Berichtigung ist mit dem entsprechenden Vorsteueranteil grundsätzlich für die einzelnen Jahre des Berichtigungszeitraums vorzunehmen, in denen sich eine Änderung der Verhältnisse ergibt. Auf die Vereinfachungsregelungen in den §§ 44 und 45 UStDV wird aber hingewiesen. 1684

BEISPIEL: Der Bauunternehmer B erwirbt im Februar 01 einen Baukran, den er erstmals am 1. 5. 01 auf einer Baustelle für steuerpflichtige Bauleistungen einsetzt. Ab dem 1. 9. 01 bis zum 31. 3. 02 verwendet er den Kran zur Errichtung eines eigenen Mehrfamilienhauses, das er durch steuerfreie Vermietungen nutzen will. Die Verwendung war im Zeitpunkt des Ankaufs bereits so beabsichtigt. Ab dem 1. 4. 02 bis zum Ende des Berichtigungszeitraums dient der Kran wiederum nur zur Ausführung steuerpflichtiger Umsätze. Die beim Erwerb angefallene Vorsteuer beträgt 24 000 €. Der Zeitpunkt des Erwerbs hat für die Anwendung des § 15a UStG keine Bedeutung. Der Berichtigungszeitraum beginnt am 1. 5. 01 und endet damit am 30. 4. 06 (§ 45 UStDV). Im Erstjahr dient der Kran je 4 Monate zur Ausführung steuerpflichtiger und steuerfreier, den Vorsteuerabzug sperrender Umsätze. Die Vorsteuer von 24 000 € kann bei einer Aufteilung nach dem Zeitablauf in Höhe von 12 000 € abgezogen werden. Die restlichen 12 000 € sind nicht abziehbar.

Im Jahre 02 ändert sich das Aufteilungsverhältnis in 9 : 3 Monate. Der auf ein Jahr entfallende Anteil der Gesamtvorsteuer beträgt 4 800 €. Abziehbar wären davon nach den Verhältnissen des Zweitjahres 3 600 € gegenüber 2 400 € nach den Verhältnissen des Erstjahres. Der Unterschiedsbetrag von 1 200 € kann in der Jahreserklärung 02 nachträglich geltend gemacht werden. In den Jahren 03–05 dient der Kran nur der Ausführung steuerpflichtiger Umsätze. Auch das bedeutet eine Änderung der Verhältnisse im Vergleich zum Erstjahr. Die anteilige Jahresvorsteuer von 4 800 € ist nun voll abziehbar. Gegenüber dem ursprünglichen Vorsteuerabzug bedeutet das jeweils eine Änderung um 2 400 €. Dieser Betrag kann jeweils in den Jahreserklärungen abgezogen werden. Auch im Jahr 06 dient der Kran nur der Ausführung steuerpflichtiger Umsätze. Der Berichtigungszeitraum beträgt hier aber nur noch 4 Monate, die anteilige Gesamtvorsteuer somit 1 600 €, von denen noch 800 € geltend gemacht werden können.

Somit wurden im Erstjahr 12 000 € und in den Folgejahren noch in einzelnen Jahresraten 9 200 € abgezogen. Den abziehbaren Vorsteuern von 21 200 € stehen 2 800 € nicht abziehbare Vorsteuern gegenüber. Das entspricht den Einsatzzeiten von 53 Monaten für steuerpflichtige und 7 Monaten für steuerfreie Umsätze.

Geschieht die Änderung der Verhältnisse durch den **Verkauf** oder die **Entnahme** eines Wirtschaftsguts (z. B. ein bislang steuerpflichtigen Zwecken zugeordnetes Grundstück wird steuerfrei veräußert), so ist der Vorsteuerabzug für den gesamten restlichen Berichtigungszeitraum in einer Summe zu korrigieren. Die Berichtigung ist in diesem Fall auch nicht erst in der Jahreserklärung, sondern bereits in der Voranmeldung vorzunehmen.

Die Regelungen zur Berichtigung des Vorsteuerabzugs nach § 15a UStG wurden zum 1. 1. 2005 neu gefasst. Es wurde auch das Umlaufvermögen, die Einbauten in Wirtschaftsgüter sowie die sonstigen Leistungen an Wirtschaftsgütern, und die übrigen sonstigen Leistungen in den Anwendungsbereich des § 15a UStG einbezogen. Auch für die teilunternehmerisch verwendeten Grundstücke i. S. des § 15 Abs. 1b UStG kommt eine Vorsteuerberichtigung gem. § 15a Abs. 6a UStG in Betracht.

4. Vorsteuer-Vergütungsverfahren

Bestimmte ausländische Unternehmer, die im Inland Gegenstände erwerben oder Dienstleistungen in Anspruch nehmen, ohne selbst steuerpflichtige Umsätze auszufüh- 1685 ren, haben einen Anspruch auf Erstattung der in Rechnung gestellten USt. Bei Unternehmern aus Drittstaaten ist zu prüfen, ob das Merkmal der Gegenseitigkeit vorliegt.

Die Erstattung erfolgt auf elektronischen Antrag des Unternehmers beim Bundeszentralamt für Steuern. Der Antrag ist innerhalb von sechs bzw. neun Monaten nach Ablauf des Kalenderjahres zu stellen, in dem der Vergütungsanspruch entstanden ist. Die Einschränkungen des Vorsteuerabzugs (ertragsteuerlich nichtabziehbare Betriebsausgaben) wirken sich auch auf die Vergütung der Vorsteuer aus. Das Vergütungsverfahren ist mit Wirkung ab dem 1. 1. 2010 neu gestaltet worden.

Auch inländische Unternehmer können die USt von dem jeweiligen Staat erstattet erhalten, der die USt vereinnahmt hat.

X. Aufzeichnungspflichten

1. Allgemeines

1686 Die in den §§ 22 UStG und 63–68 UStDV geregelten Aufzeichnungspflichten des Unternehmers sind Teil seiner **Mitwirkungspflicht im Besteuerungsverfahren**. Die Aufzeichnungspflichten treffen grundsätzlich alle Unternehmer, auch die, die lediglich steuerfreie, den Vorsteuerabzug sperrende, Umsätze tätigen.

1687 Die UStDV bietet hierzu aber einige **Erleichterungen**. Land- und Forstwirte, die die Sonderregelung des § 24 UStG anwenden, brauchen nur die Ausgangsumsätze aufzuzeichnen, die dem allgemeinen Steuersatz unterliegen. Diese Regelungen beinhalten allerdings keine Befreiung von ertragsteuerlichen Aufzeichnungspflichten. In beiden Fallgruppen ist zudem ggf. die Aufzeichnungspflicht für unberechtigt ausgewiesene USt und für die innergemeinschaftlichen Erwerbe zu beachten.

1688 Wer seine Vorsteuern nach Durchschnittssätzen ermittelt, ist von der Aufzeichnung der bezogenen Lieferungen und sonstigen Leistungen und der Einfuhren aus dem Drittlandsgebiet befreit.

1689 Der Begriff Aufzeichnung darf dabei nicht mit der Buchführung gleichgesetzt werden, wenngleich die umsatzsteuerrechtlichen Aufzeichnungspflichten in aller Regel innerhalb der kaufmännischen Buchführung erfüllt werden. Es reichen aber auch gesonderte Aufzeichnungen allein für die USt.

1690 In jedem Fall müssen die Aufzeichnungen aber so beschaffen sein, dass ein sachverständiger Dritter in angemessener Zeit einen Überblick über die Umsätze und die abziehbaren Vorsteuern gewinnen und die Grundlagen für die Besteuerung feststellen kann. Die Ordnungsvorschriften des § 146 AO sind zu beachten.

1691 Die **Aufzeichnungen** sind grundsätzlich **im Inland** zu führen. Die Aufbewahrungsfrist beträgt 10 Jahre, für die zugehörigen Belege 6 Jahre. Bei der Aufbewahrung auf Datenträgern sind die allgemeinen GoB zu beachten.

1692 **Fehlende** oder unzureichende **Aufzeichnungen** führen zur Schätzung der Besteuerungsgrundlagen durch das FA. Zudem kann der Verstoß gegen die Aufzeichnungspflichten als Steuerordnungswidrigkeit nach § 379 AO geahndet werden.

2. Ausgangsumsätze

Der Unternehmer hat nach § 22 Abs. 2 Nr. 1–3 und 8 UStG aufzuzeichnen: 1693

- die vereinbarten bzw. im Fall der Istversteuerung die vereinnahmten Entgelte einschließlich der nachträglichen Erhöhungen oder Minderungen für alle von ihm ausgeführten Lieferungen und sonstigen Leistungen,
- die vereinnahmten Entgelte und Teilentgelte für noch nicht ausgeführte Lieferungen und sonstige Leistungen,
- die Bemessungsgrundlagen für unentgeltliche Wertabgaben (§ 3 Abs. 1b und Abs. 9a Nr. 1 UStG),
- die vereinbarten/vereinnahmten Entgelte für Leistungen, in denen die Steuerschuldnerschaft des Leistungsempfängers greift (§ 13b UStG).

Der Unternehmer kann anstelle der Entgelte auch die Bruttogegenleistungen aufzeichnen. Er muss in diesem Fall aber bei der in § 63 Abs. 2 UStDV vorgeschriebenen Addition am Schluss jedes Voranmeldungszeitraums die Aufteilung in Entgelte und Steuern vornehmen. 1694

In den Aufzeichnungen ist jeweils durch eine **Trennung** der Bemessungsgrundlagen ersichtlich zu machen, wie sich diese auf die **verschiedenen Steuersätze** und auf die **steuerfreien Umsätze** verteilen. Bei der Trennung nach Steuersätzen ist eine weitere Unterteilung der ermäßigt besteuerten Umsätze nach den einzelnen Begünstigungsvorschriften nicht erforderlich. Dagegen müssen die steuerfreien Umsätze in sich noch weiter unterteilt werden in solche, die den Vorsteuerabzug sperren, und solche, die ihn nicht berühren (§ 22 Abs. 3 Satz 3 UStG). Soweit für bestimmte Steuerbefreiungen (z. B. für Ausfuhrlieferungen) ein buchmäßiger Nachweis als Voraussetzung gefordert wird, ist eine von den übrigen steuerfreien Umsätzen getrennte Aufzeichnung schon wegen der geforderten leichten Nachprüfbarkeit zu empfehlen. 1695

Nicht steuerbare **Auslandsumsätze** sind wie die steuerfreien Umsätze nach ihrer Auswirkung auf den Vorsteuerabzug zu trennen. Gegen eine gemeinsame Aufzeichnung mit den entsprechenden steuerfreien Umsätzen bestehen zumindest solange keine Bedenken, wie für die steuerfreien Umsätze kein Buchnachweis benötigt wird. 1696

Für die Trennung der Entgelte nach Steuersätzen kann das FA auf Antrag widerruflich vereinfachte Verfahren genehmigen. Einzelheiten hierzu ergeben sich aus Abschn. 22.6 UStAE. 1697

Besonders kenntlich zu machen sind in den Aufzeichnungen darüber hinaus die Umsätze, die wegen einer Option nach § 9 UStG als steuerpflichtig behandelt werden. 1698

Alle Aufzeichnungen der Ausgangsseite sind zweckmäßigerweise auf Erlöskonten vorzunehmen. Gegenbuchungen von Entgeltteilen (z. B. von Auslagenersatz) auf Aufwandkonten beeinträchtigen erheblich die Übersichtlichkeit. Bei Sachleistungen an Arbeitnehmer, für die diese kein besonderes Entgelt aufwenden, empfehlen sich ebenso wie in anderen Fällen, in denen die Mindestbemessungsgrundlage anzusetzen ist, gesonderte Aufzeichnungen außerhalb der normalen Buchführung. 1699

Nicht unter die Aufzeichnungspflicht nach § 22 UStG fallen Einnahmen, die kein umsatzsteuerliches Entgelt sind (z. B. durchlaufende Posten oder echter Schadensersatz). 1700

Die Verbuchung wird jedoch auch hier aus ertragsteuerrechtlichen und handelsrechtlichen Gründen unumgänglich sein.

1701 Zusätzlich regelt § 22 Abs. 2 Nr. 4 UStG noch, dass auch die wegen unrichtigen bzw. unberechtigten Steuerausweises nach § 14c UStG geschuldeten Steuerbeträge aufzuzeichnen sind.

1702 Neue Aufzeichnungspflichten bei Betreiben eines Umsatzsteuerlagers regelt § 22 Abs. 2 Nr. 9 und Abs. 4c UStG. Hinsichtlich der Aufzeichnungspflichten bei Anwendung der Konsignationslagerreglung wird auf § 22 Abs. 4f und 4g UStG hingewiesen.

3. Eingangsumsätze

1703 Aufzuzeichnen sind nach § 22 Abs. 2 Nr. 5–8 UStG:

- die Entgelte für steuerpflichtige Lieferungen und sonstige Leistungen, die an den Unternehmer für sein Unternehmen ausgeführt worden sind,
- die vor Ausführung dieser Umsätze gezahlten Entgelte und Teilentgelte,
- die Bemessungsgrundlagen für die Einfuhr von Gegenständen,
- die Bemessungsgrundlagen für die innergemeinschaftlichen Erwerbe,
- die vereinbarten/vereinnahmten Entgelte für Leistungen, auf die die Steuerschuldnerschaft des Leistungsempfängers anzuwenden ist.

1704 In allen Fällen sind zusätzlich die auf die Bemessungsgrundlagen entfallenden Steuerbeträge aufzuzeichnen. Dabei genügt es, wenn diese Steuern auf einem Konto gesammelt werden. Eine Trennung nach Steuersätzen ist nicht erforderlich. Die Entgelte können auf den jeweiligen Sachkonten verbucht werden. Eine zusätzliche Unterteilung für Umsatzsteuerzwecke ist nicht erforderlich.

1705 § 63 Abs. 5 UStDV lässt auch für die Eingangsumsätze die **Bruttoverbuchung** zu. Dabei ist jedoch zu beachten, dass diese Buchungsweise eine nach Steuersätzen getrennte Aufzeichnung voraussetzt.

1706 Am Ende eines jeden Voranmeldungszeitraums sind die Vorsteuern, die Bemessungsgrundlagen aber nur im Falle der Bruttoverbuchung, aufzurechnen.

1707 Aus der Zielsetzung, dass die Aufzeichnungen zum Nachweis der Vorsteuern dienen, ergibt sich, dass diese **Verpflichtung** aus umsatzsteuerrechtlicher Sicht nur besteht, wenn der Unternehmer ganz oder zumindest teilweise **zum Vorsteuerabzug berechtigt** ist. Von der Aufzeichnung ist auch befreit, wer die abziehbaren Vorsteuern nach den Durchschnittssätzen der §§ 23 und 23a UStG ermittelt. I. d. R. wird aber schon aus ertragsteuerrechtlichen Gründen die Aufzeichnung auch in diesen Fällen unumgänglich sein. Die Befreiung von den Aufzeichnungen auf der Eingangsseite gilt im Übrigen in keinem Fall für die innergemeinschaftlichen Erwerbe.

4. Weitere Aufzeichnungen

1708 § 22 Abs. 4 UStG verlangt für die Fälle der **Vorsteuerkorrektur nach § 15a UStG**, dass in den in Betracht kommenden Berichtigungsjahren die Berechnungsgrundlagen aufzuzeichnen sind. Die Aufzeichnungspflicht beginnt also erst, wenn der Berichtigungsfall eingetreten ist. I.d.R. empfiehlt sich dann eine von der Buchführung getrennte Sonderaufzeichnung.

Nach § 22 Abs. 4a und Abs. 4b UStG sind zudem bestimmte **innergemeinschaftliche** Vorgänge aufzuzeichnen. Diese Regelung betrifft zum einen das Verbringen von Gegenständen vom Inland in das übrige Gemeinschaftsgebiet, wenn dieser Vorgang nicht als fiktive Lieferung i. S. der §§ 3 Abs. 1a und 6a Abs. 2 UStG gilt. Zum anderen geht es um Gegenstände, die der Unternehmer aus dem übrigen Gemeinschaftsgebiet zur Ausführung einer Werkleistung oder einer Begutachtung i. S. des § 3a Abs. 3 Nr. 3 Buchst. c UStG erhält. Nach § 22 Abs. 4c UStG hat der Lagerhalter eines Umsatzsteuerlagers Bestandsaufzeichnungen zu führen. Bei Auslagerung müssen die Daten des Auslagerns festgehalten werden. § 22 Abs. 4d und 4e UStG enthalten Aufzeichnungspflichten im Zusammenhang mit § 13c UStG. § 22 Abs. 4f und 4g UStG befassen sich mit den Aufzeichnungspflichten bei Anwendung der Konsignationslagerregelung. 1709

Unternehmer, die ohne Begründung einer gewerblichen Niederlassung oder außerhalb einer solchen Niederlassung auf Straßen und Plätzen oder von Haus zu Haus Umsätze ausführen oder Gegenstände erwerben, sind nach § 22 Abs. 5 UStG zur **Führung eines Steuerhefts** nach amtlichem Muster verpflichtet. Unter den in § 68 UStDV genannten Voraussetzungen können sie aber von dieser Verpflichtung befreit werden. 1710

Für innergemeinschaftliche Dreiecksgeschäfte ist § 25b Abs. 6 UStG zu beachten. 1711

XI. Fiskalvertretung

Durch das UStÄndG 1997 sind die §§ 22a–e in das UStG eingefügt worden, mit denen Deutschland als letzter EU-Mitgliedstaat den umsatzsteuerlichen Fiskalvertreter eingeführt hat. Nunmehr kann sich ein Unternehmer, der weder im Inland noch in den in § 1 Abs. 3 UStG genannten Gebieten ansässig ist und der im Inland ausschließlich steuerfreie Umsätze tätigt und keine Vorsteuerbeträge abziehen kann, durch einen Fiskalvertreter vertreten lassen. Durch diese Möglichkeit erspart sich der ausländische Unternehmer die Registrierung bei einem deutschen FA. Die Regelung zielt in erster Linie auf den Fall ab, dass ein im Ausland ansässiger Unternehmer Waren aus dem Drittlandsgebiet nach Deutschland einführt und an einen Unternehmer in einen anderen Mitgliedstaat liefert. 1712

Als Fiskalvertreter kommen Angehörige der steuerberatenden Berufe und solche Unternehmer in Betracht, die im Zusammenhang mit der Zollbehandlung Hilfe in Eingangsabgabensachen leisten (z. B. Spediteure). Sie müssen im Inland ansässig sein und dürfen keine Kleinunternehmer i. S. des § 19 UStG sein. 1713

Der Fiskalvertreter hat die umsatzsteuerrechtlichen Pflichten seiner Auftraggeber als seine eigenen zu erfüllen. Er muss unter der ihm hierfür erteilten Steuernummer Steuererklärungen und Zusammenfassende Meldungen abgeben und die Aufzeichnungen i. S. des § 22 UStG sowie den Beleg- und Buchnachweis nach § 6a Abs. 3 UStG führen. Sein Auftraggeber muss in seiner Rechnung einen Hinweis auf die Fiskalvertretung und die USt-Identifikationsnummer des Vertreters aufnehmen.

XII. Umsatzsteuer-Nachschau (§ 27b UStG)

1714 § 27b UStG gilt ab dem 1. 1. 2002. Danach können mit der Umsatzbesteuerung betraute Amtsträger der Finanzbehörde ohne vorherige Ankündigung und außerhalb einer Außenprüfung Grundstücke und Räume von Personen, die eine gewerbliche oder berufliche Tätigkeit selbständig ausüben, während der Geschäfts- und Arbeitszeit betreten, um Sachverhalte festzustellen, die für die Festsetzung und Erhebung der USt erheblich sein können. Zu Einzelfragen vgl. Abschn. 27b.1 UStAE.

XIII. Verprobung

1715 Die übliche Verflechtung der umsatzsteuerrechtlichen Aufzeichnungen mit der allgemeinen kaufmännischen Buchführung macht es nicht immer leicht, die **vollständige Erfassung der umsatzsteuerlich relevanten Werte** für die USt-Erklärungen zu prüfen. Die Verprobung dient dazu, das Zahlenwerk der Buchführung für diesen Zweck zu ordnen und zu „filtern". Dabei geht es nicht so sehr um eine präzise betragsmäßige Abstimmung, sondern mehr um eine Prüfung des Systems.

1716 Auf der „Ausgangsseite" ergeben sich dabei u. a. folgende **Fragen:**

- Sind alle Erlöskonten erfasst worden?
- Wurden steuerbare Leistungen über Aufwandkonten gebucht (z. B. Kostenerstattungen, Aufwandsentschädigungen)?
- Wurden Verkäufe von Wirtschaftsgütern des Anlagevermögens in zutreffender Höhe erfasst oder ist in Höhe des Buchwerts die Gegenbuchung auf dem Anlagekonto vorgenommen worden?
- Sind in Zahlung genommene Gegenstände als Entgelt erfasst worden?
- Sind die steuerbaren Inlandsumsätze und die nicht steuerbaren Auslandsumsätze getrennt worden?
- Sind steuerfreie Umsätze, für die ein Buchnachweis erforderlich ist, gesondert aufgezeichnet worden?
- Ist zwischen steuerfreien und steuerpflichtigen Umsätzen unterschieden worden?
- Sind die nicht steuerbaren und die steuerfreien Erlöse nach ihrer Auswirkung auf den Vorsteuerabzug getrennt worden?
- Sind die Entgelte für steuerpflichtige Umsätze den zutreffenden Steuersätzen zugeordnet worden? Wie ist z. B. beim Verkauf von Speisen zum Verzehr an Ort und Stelle die Abgrenzung zum „Außer-Haus-Verkauf" vorgenommen worden? Liegt dieses Aufteilungsverhältnis nach den Verhältnissen des Betriebs im Rahmen des Möglichen?
- Unter den Erlösen wird vielfach erst der Rechnungsausgang erfasst. Die USt entsteht aber unabhängig von der Rechnungserteilung mit Ablauf des Zeitraums, in dem die Leistung erbracht worden ist. Wie wurden die noch nicht abgerechneten Umsätze erfasst? Sind die vergleichbaren Vorgänge des vorhergehenden Zeitraums noch in den Erlösen enthalten?
- Wie wurde die Bilanzposition „halbfertige Arbeiten" eingebucht? Sind die Veränderungen auf den Erlöskonten enthalten? Handelt es sich um Teilleistungen i. S. des § 13 Abs. 1 Nr. 1 Buchst. a Satz 2 UStG oder müssen diese Beträge aus den Umsätzen ausgeschieden werden, weil die USt noch nicht entstanden ist? Sind entsprechend entgegengesetzte Änderungen für den Anfang des Erklärungszeitraums erforderlich?
- Wie sind vereinnahmte Anzahlungen und Vorauszahlungen behandelt worden? Wurden sie lediglich passiviert? Ist die Anzahlungsbesteuerung beachtet worden?

- Wie wurden unentgeltliche und verbilligte Leistungen behandelt, für die die Mindestbemessungsgrundlage gilt? Bestehen gesonderte Aufzeichnungen? Wurde bei verbilligten Abgaben darauf geachtet, dass die Zahlung nicht zusätzlich als Umsatz gerechnet wurde?
- Sind die unentgeltlichen Wertabgaben berücksichtigt?
- Wie wurden Forderungsausfälle behandelt? Ist eine Korrektur erforderlich, weil die ertragsteuerrechtlich zulässige Bildung eines Delcredere für zweifelhafte Forderungen über dasselbe Konto gebucht worden ist?
- Wie wurden gewährte Rabatte, Boni und Skonti gebucht? Wurden sie als Entgeltminderungen behandelt oder lediglich über ein Aufwandkonto abgewickelt?
- Sind bei innergemeinschaftlichen Erwerben die Vorschriften über die Entstehung der Steuerschuld (insbesondere bei noch nicht vorliegenden Rechnungen) beachtet worden?
- Wurde die Verlagerung der Steuerschuld gem. § 13b UStG beachtet?

Entsprechend ist auf der „Eingangsseite" zu prüfen: 1717

- Wurden alle Vorsteuern sofort auf einem gesonderten Vorsteuer-Sammelkonto erfasst oder musste bei einer „Bruttoverbuchung" auf die zutreffende Zuordnung zu den einzelnen Steuersätzen geachtet werden?
- Wie wurden Einfuhren gebucht? Bei falscher Kodierung der Belege besteht die Gefahr, dass neben der EUSt noch eine rechnerisch aus dem Einkaufspreis ermittelte Vorsteuer zusätzlich abgezogen wird. Gleiches gilt bei innergemeinschaftlichen Erwerben.
- Sind in Anspruch genommene Rabatte, Skonti und Boni vorsteuermindernd behandelt worden?
- Sind geleistete Anzahlungen und Vorauszahlungen nur aktiviert oder auch für den Vorsteuerabzug beachtet worden?
- Wurde die Verlagerung der Steuerschuld nach § 13b UStG beachtet?

Diese Fragen sind insgesamt je nach den Verhältnissen des Einzelfalls noch weiter zu 1718
ergänzen. Bei einer EDV-unterstützten Buchführung ist nach einer gründlichen einleitenden Programmprüfung auch bei jeder Einrichtung von neuen Konten die umsatzsteuerrechtliche Auswirkung zu überdenken.

Literaturangaben:

Hippke, Unentgeltliche Wertabgabe bei gemischt genutzten Grundstücken, in: NWB F. 7, S. 6925; *Huschens*, Umsatzsteueränderungen durch das Jahressteuergesetz 2007, in: NWB F. 7, S. 6807; *Kohlhaas*, Konzertveranstaltungen zukünftig immer umsatzsteuerfrei?, in: DStR 2007, S. 138; *Küffner/Zugmaier*, Geschäftsführerleistungen in der Umsatzsteuer, in: DStR 2007, S. 1241; *Küffner/Zugmaier*, Umsatzsteuer-Richtlinien 2008, in: NWB F. 7, S. 6961; *Lechner/Lemaitre*, Der umsatzsteuerrechtliche Bestandteilsbegriff, in: DStR 2007, S. 962; *Maunz/Zugmaier*, Option zur Umsatzsteuer bei Bankdienstleistungen, in: NWB F. 7, S. 6833; *Monfort*, Nachweispflichten bei grenzüberschreitenden Lieferungen, in: NWB F. 7, S. 7049; *Obermair*, Werkstorprinzip – Umsatzsteuerliche Folgen für Fahrten zwischen Wohnung und Betriebsstätte, in: NWB F. 7, S. 6867; *Rondorf*, Umsatzbesteuerung von Sachzuwendungen an Arbeitnehmer, in: NWB F. 7, S. 7077; *Schmidt*, Vorsteuerabzug bei gemeinschaftlicher Auftragserteilung, in: NWB F. 7, S. 6821; *Sikorski*, Dienstleistungen im Europäischen Binnenmarkt, in: NWB F. 7, S. 6903; *Vosseler*, Umsatzsteuerliche Behandlung von Sale-and-Lease-back Geschäften, in: DStR 2007, S. 188; *Wenzel*, Haftung für Umsatzsteuer in Insolvenzfällen, in: NWB F. 7, S. 6937.

5. Kapitel:

Teil F: Internationales Steuerrecht

von
Dipl.-Kaufmann (FH) Udo Cremer, Aurich

Inhaltsverzeichnis

I. Überblick

1801 Das Bestreben der einzelnen Staaten geht allgemein dahin, die in ihrem Staatsgebiet ansässigen natürlichen und nicht natürlichen Personen mit den von ihnen bezogenen Einkünften insgesamt der Besteuerung zu unterwerfen, unabhängig davon ob diese Einkünfte im Inland oder im Ausland erzielt werden – Welteinkommensprinzip. Einzelne Staaten, z. B. die USA, unterwerfen ihre Staatsangehörigen unabhängig vom Ort der Ansässigkeit dieser umfassenden Besteuerung. Bezieht eine in einem Staat ansässige Person aus einem anderen Staat Einkünfte, erhebt vielfach dieser andere Staat, der Quellenstaat ebenfalls darauf einen Steueranspruch. Entsprechende Probleme ergeben sich bei der Besteuerung von Erbschaften und Schenkungen sowie – wenn auch nicht mehr aus der Sicht Deutschlands – bei der Vermögensbesteuerung. In diesen Fällen droht danach die Besteuerung eines identischen Sachverhaltes durch zwei Staaten, zwei voneinander unabhängige Steuergläubiger – eine Doppelbesteuerung. Es würde sich also eine höhere Steuerbelastung ergeben, als wenn der die Besteuerung auslösende Sachverhalt nur von einem der beiden Staaten besteuert würde. Diese zusätzliche Belastung liegt regelmäßig nicht im Interesse des Ansässigkeitsstaates und zumindest auch nicht des Quellenstaates, wenn er sich aus dem besteuerten Sachverhalt einen wie auch gearteten Vorteil verspricht. Aus diesem Grunde treffen die einzelnen Staaten innerhalb ihres Steuerrechts Maßnahmen zur Beseitigung der Doppelbesteuerung – unilaterale Maßnahmen (z. B. Berücksichtigung ausländischer Steuern, vgl. Rdn. 1996 ff., 2087). Ferner hat eine Vielzahl von Staaten mit anderen Staaten Abkommen zur Vermeidung der Doppelbesteuerung auf dem Gebiet der Steuern vom Einkommen und Vermögen, verschiedentlich auch auf dem Gebiet der Erbschaft- und Schenkungsteuer (DBA) – bilaterale Maßnahmen (vgl. Rdn. 1876 ff.) – geschlossen. Für den Bereich der Besteuerung von Kapitalgesellschaften haben in der jüngeren Zeit in nationales Recht umzusetzende Vorgaben der EU Bedeutung erlangt – multilaterale Maßnahmen (vgl. Rdn. 2088). Schließlich wird das Besteuerungsrecht im Zusammenhang mit Aktivitäten internationaler Institutionen (z. B. der UN, der EU, der NATO) durch multilaterale Vereinbarungen, die Bestandteil des deutschen Rechts geworden sind, geregelt. Eine Übersicht über diese Regelungen, auf die hier nicht weiter eingegangen wird, enthält das BMF-Schreiben v. 15. 1. 2020 (BStBl 2020 I S. 162).

1802 Die Geeignetheit eines Staats als Standort für Unternehmen wird u. a. nach der Höhe der Steuerbelastung beurteilt. Staaten mit einer höheren Steuerlastquote kann danach die Verlagerung von Unternehmen sowie der Wegzug von natürlichen Personen in günstiger besteuernde Staaten drohen. Weiter geht das Bemühen der betroffenen Unternehmen und Konzerne dahin, immaterielle Wirtschaftsgüter in niedrig besteuernde Gebiete auszulagern. In diesen Fällen haben die in höher besteuernden Gebieten aktiv tätigen Mitglieder des Unternehmensverbundes an die Gesellschaft im niedrig besteuernden Gebiet Nutzungsvergütungen zu zahlen, die dort im Regelfall weitgehend thesauriert werden. Nicht selten sind die immateriellen Wirtschaftsgüter von den tätigen Mitgliedern des Unternehmensverbundes zu deren Lasten geschaffen worden. Ferner werden von den in Niedrigsteuerländern ansässigen Mitgliedern Finanzierungsleistungen und andere Dienstleistungen gegen Entgelt erbracht, die die Gewinne der aktiv tätigen Mitglieder des Unternehmensverbundes und damit das Steuersubstrat von deren

Ansässigkeitsstaat mindern. Ferner werden geschäftliche Aktivitäten durch die Zwischenschaltung sog. Briefkastengesellschaften mit Domizil in niedrig besteuernden Staaten verschleiert. Zwischen Mitgliedstaaten der OECD besteht weitgehend Übereinstimmung, dass diese Praktiken grundsätzlich einem fairen Steuerwettbewerb zwischen den einzelnen Staaten entgegenstehen und durch allgemein verbindliche, transparente Regelungen weitestgehend vermieden werden sollten. Wesentlich ist aber, dass dieses Ziel nur durch eine untereinander abgestimmte Gesetzgebung der einzelnen Staaten erreichbar ist. In Deutschland hat diese internationale Entwicklung zu verstärkten Aktivitäten des Gesetzgebers geführt. Hinzuweisen ist z. B. auf das

- Finanzkonten-Informationsaustauschgesetz v. 21. 12. 2015 (BGBl 2015 I S. 2531),
- Gesetz zu der Mehrseitigen Vereinbarung v. 29. 10. 2014 zwischen den zuständigen Behörden über den automatischen Austausch von Informationen über Finanzkonten v. 21. 12. 2015 (BGBl 2015 II S. 1630),
- Gesetz zur Umsetzung der Änderung der EU-Amtshilferichtlinie und von weiteren Maßnahmen gegen Gewinnkürzungen und -verlagerungen v. 20. 12. 2016 (BGBl 2016 I S. 3000),
- Gesetz zur Bekämpfung der Steuerumgehung und zur Änderung weiterer steuerlicher Vorschriften v. 23. 6. 2017 (BGBl 2017 I S. 1682),
- Gesetz gegen schädliche Steuerpraktiken im Zusammenhang mit Rechteüberlassungen v. 27. 6. 2017 (BGBl 2017 I S. 2074).

Mit diesen Regelungen, durch die die Mitwirkungspflichten der Steuerpflichtigen und des Auskunftsverkehrs der FinBeh erweitert und materiell rechtliche Regelungen verschärft wurden, soll die der Besteuerung der zu Lasten der inländischen Besteuerung gebildeten stillen Reserven, bei Funktionsverlagerung die angemessen Beteiligung des im Inland verbleibenden Rechtsträgers an der Wertschöpfung sichergestellt und Missbräuchen durch Gestaltungen, die lediglich steuerlich motiviert sind, entgegen gewirkt werden.

Das deutsche Steuerrecht ist durch das sog. Amtsermittlungsprinzip (vgl. § 88 AO) ge- 1803
prägt. Die Ermittlungsmöglichkeiten der deutschen FinBeh sind grundsätzlich auf das Inland beschränkt. Die danach bei Sachverhalten mit Auslandsberührung bestehenden Defizite sollen dadurch ausgeräumt werden, dass den betroffenen Stpfl. insoweit besondere Mitwirkungspflichten auferlegt werden und die Amtshilfe von ausländischen Behörden in Anspruch genommen werden kann. Grundlage für diese Amtshilfe sind die mit den einzelnen Staaten geschlossenen DBA, besonders auf den Austausch besteuerungsrelevanter Informationen gerichtete zwischenstaatliche Abkommen sowie einschlägige Regelungen der EU. Danach wird Amtshilfe nicht nur zur Sachverhaltsaufklärung, sondern im Verhältnis zu einzelnen Staaten auch zur Beitreibung von Steuern geleistet. Die deutschen FinBeh sind ihrerseits zur Leistung von entsprechender Amtshilfe gegenüber den ausländischen FinBeh verpflichtet.

Die Regelungen, die bei der inländischen Besteuerung von Sachverhalten mit Auslands- 1804
berührung zu beachten sind, hat der Gesetzgeber teilweise in der AO, im Außensteuergesetz und in den Einzelsteuergesetzen getroffen. Darüber hinaus sind die DBA und die multilateralen Verträge zu beachten, die jeweils durch besonderes Gesetz ebenfalls Bestandteil des deutschen Rechts geworden sind. Diese Rechtsnormen werden allgemein als Bestandteil des internationalen Steuerrechts der Bundesrepublik Deutschland verstanden.

1805 Bei den steuerlichen Regelungen zu Sachverhalten mit Auslandsberührung wird regelmäßig unterschieden zwischen Sachverhalten, die vom Inland in das Ausland – Outbound-Aktivitäten – und denen, die vom Ausland in das Inland – Inbound-Aktivitäten – wirken.

1806 Auf die umsatzsteuerlichen Regelungen zu grenzüberschreitenden Leistungsbeziehungen wird hier nicht eingegangen. Dazu wird auf die Ausführungen im 5. Kapitel Teil E hingewiesen.

1807–1810 *Einstweilen frei*

II. Allgemein zu beachtende Regelungen bei Sachverhalten mit Auslandsberührung

1. Einzelregelungen der AO

1811 Nachfolgend wird auf die unterschiedlichsten Einzelregelungen der AO hingewiesen, die bei Sachverhalten mit Auslandsberührung allgemein zu beachten sind. Die Hinweise beschränken sich im Wesentlichen auf Vorschriften, die bei der Besteuerung unternehmerischer Aktivitäten unmittelbar von Bedeutung sind.

1812 In § 2 Abs. 1 AO wird bestimmt, dass Verträge mit anderen Staaten über die Besteuerung, soweit sie unmittelbar anwendbares innerstaatliches Recht geworden sind, den Steuergesetzen vorgehen. Dies gilt insbesondere für die mit einer Vielzahl geschlossenen DBA (vgl. z. B. die Übersicht im BMF-Schreiben v. 15. 1. 2020, BStBl 2020 I S. 162). Dabei ist zu beachten, dass der Gesetzgeber die danach grundsätzlich anwendbaren Einzelregelungen durch spezialgesetzliche Regelungen modifiziert hat, z. B. für den Quellensteuerabzug gegenüber beschränkt Steuerpflichtigen in § 50d EStG (vgl. Rdn. 2049, 2089 f.), die Besteuerung von ausländischen Betriebsstätteneinkünften in § 20 AStG.

1813 Durch § 2 Abs. 2 AO wird das BMF ermächtigt, mit Zustimmung des Bundesrates Rechtsverordnungen zur Umsetzung von Konsultationsvereinbarungen mit ausländischen Finanzbehörden zu erlassen, die zur Auslegung oder Anwendung des jeweiligen DBA geschlossen wurden.

1814 In der Verlagerung von Einkünften und Vermögen in das niedrig besteuernde Ausland wird unter bestimmten Voraussetzungen verschiedentlich ein Rechtsmissbrauch i. S. des § 42 AO gesehen. Ein derartiger Missbrauch liegt nach der nunmehr maßgebenden Fassung des § 42 Abs. 2 AO vor, wenn eine unangemessene rechtliche Gestaltung gewählt wird, die beim Steuerpflichtigen oder einem Dritten im Vergleich zu einer angemessenen Gestaltung zu einem gesetzlich nicht vorgesehenen Steuervorteil führt. Dies gilt jedoch dann nicht, wenn der Steuerpflichtige für die gewählte Gestaltung außersteuerliche Gründe nachweist, die nach dem Gesamtbild der Verhältnisse beachtlich sind. Hinsichtlich der zu ziehenden Folgen ist wie folgt zu unterscheiden:

- Ist der Tatbestand einer Regelung in einem Einzelsteuergesetz erfüllt, die der Verhinderung von Steuerumgehungen dient, so bestimmen sich die Rechtsfolgen nach dieser Vorschrift.

- In den verbleibenden Fällen entsteht der Steueranspruch beim Vorliegen eines Missbrauchs i. S. des § 42 Abs. 2 AO so, wie er bei einer den wirtschaftlichen Vorgängen angemessenen rechtlichen Gestaltung entsteht. Ist z. B. die Zwischenschaltung einer in einem niedrig oder nicht besteuernden Staat ansässigen Gesellschaft in die Geschäftsbeziehungen zu einem Partner danach rechtsmissbräuchlich, wird der Sachverhalt wie bei Bestehen unmittelbarer Geschäftsbeziehungen zu diesem Partner besteuert; die Zwischenschaltung der niedrig oder nicht besteuerten Gesellschaft wird steuerlich ignoriert.

Bei der Zwischenschaltung einer ausländischen Kapitalgesellschaft ohne eigenen Geschäftsbetrieb (sog. Briefkasten- oder auch Basisgesellschaft) wird vielfach geprüft, ob dies rechtsmissbräuchlich i. S. des § 42 AO ist (AEAO Nr. 2.2 zu § 42 AO).

Aus der Regelung, des § 90 Abs. 2 AO, ergibt sich, dass die Steuerpflichtigen bei Sachver- 1815
halten, die sich auf Vorgänge außerhalb des Geltungsbereichs dieses Gesetzes, also das Ausland beziehen, die erforderlichen Beweismittel zu beschaffen und dabei alle für sie bestehenden rechtlichen und tatsächlichen Möglichkeiten auszuschöpfen haben. Ggf. besteht eine Verpflichtung zur Beweisvorsorge. Kommt der Steuerpflichtige dieser Verpflichtung nicht nach, können das Finanzamt und die Finanzgerichtsbarkeit hieraus für ihn nachteilige Schlüsse ziehen (BFH v. 7. 11. 2001 – I R 14/01, BStBl II 2002 S. 861; v. 6. 6. 2006, BFH/NV 2006 S. 1785; v. 18. 2. 2008, BFH/NV 2008 S. 1163 jeweils m. w. N.).

Bestehen objektiv erkennbare Anhaltspunkte für die Annahme, dass der Steuerpflichtige über Geschäftsbeziehungen zu Finanzinstituten in einem Staat oder Gebiet verfügt, mit dem kein Abkommen besteht, nach dem die zuständigen Finanzbehörden zur Auskunftserteilung verpflichtet wären (vgl. Rdn. 1803, 1812) oder der Staat oder das Gebiet keine Auskünfte in einem vergleichbaren Umfang erteilt oder keine Bereitschaft zu einer entsprechenden Auskunftserteilung besteht, hat der Steuerpflichtige nach Aufforderung der Finanzbehörde die Richtigkeit und Vollständigkeit seiner Angaben an Eides statt zu versichern und die Finanzbehörde zu bevollmächtigen, in seinem Namen mögliche Auskunftsansprüche gegenüber den von der Finanzbehörde benannten Kreditinstituten außergerichtlich und gerichtlich geltend zu machen.

Ergänzend wird auf die Regelungen in §§ 16, 17 AStG hingewiesen. Aus § 16 AStG ergeben sich besondere Anforderungen an den Nachweis für den Abzug als Betriebsausgaben, Werbungskosten und Schulden im Zusammenhang mit Geschäftsbeziehungen in das niedrig besteuernde Ausland (vgl. auch Tz. 16 BMF-Schreiben v. 14. 5. 2004, BStBl 2004 I Sondernummer 1). Die Regelungen des § 17 AStG sind für die Zugriffsbesteuerung nach §§ 7–14 AStG und die Beurteilung von Beziehungen zu ausländischen Familienstiftungen i. S. des § 15 AStG bedeutsam.

Nach § 90 Abs. 3 AO sind vom Steuerpflichtigen über die Art und den Inhalt seiner Ge- 1816
schäftsbeziehungen mit nahe stehenden Personen Aufzeichnungen zu erstellen, die sich auch auf die wirtschaftlichen und rechtlichen Grundlagen für eine den Grundsatz des Fremdvergleichs beachtende Vereinbarung von Preisen und anderen Geschäftsbedingungen mit den Nahestehenden erstrecken. Die Aufzeichnungen haben sich auch auf die Geschäftsbeziehungen zu Betriebsstätten zu erstrecken. Bei außergewöhnlichen Geschäftsvorfällen, dazu gehören Umstrukturierungsmaßnahmen sowie Funktions- und Risikoverlagerungen, sind Aufzeichnungen zeitnah zu erstellen. Die Aufzeichnungen haben sich auf die Darstellung der Geschäftsvorfälle, die Sachverhalts-

dokumentation und die Angemessenheitsdokumentation mit Angaben zur Auswahl und Anwendung der verwendeten Verrechnungspreismethoden, den dabei verwendeten Fremdvergleichsdaten und zum Zeitpunkt der Verrechnungspreisbestimmung zu erstrecken. Die Finanzbehörde soll die Vorlage der Aufzeichnungen in der Regel nur für die Durchführung einer Außenprüfung verlangen. Für die Vorlage ist eine verlängerbare Frist von 60 Tagen, bei außergewöhnlichen Geschäftsvorfällen von 30 Tagen vorgesehen. Auf Verlangen der Finanzbehörde sind vorgelegte Aufzeichnungen zu ergänzen. Wegen weiterer Einzelheiten wird auf die Gewinnabgrenzungsaufzeichnungsverordnung hingewiesen (GAufzV, die auch im Verhältnis zu Personengesellschaften und Betriebsstätten zu beachten ist) hingewiesen, mit deren Ergänzung zu rechnen sein dürfte.

Unternehmen, deren Umsatz im vorangegangenen Wirtschaftsjahr mindestens 100 Mio. € betragen hat und die einer multinationalen Unternehmensgruppe angehören, sind ferner verpflichtet, einen Überblick über die Art der weltweiten Geschäftstätigkeit der multinationalen Unternehmensgruppe und über die angewandten Grundsätze der Verrechnungspreisbestimmung zu geben.

Werden die Aufzeichnungen nicht vorlegt, sind vorgelegte Aufzeichnungen im Wesentlichen unverwertbar oder sind die Aufzeichnungen über außergewöhnliche Geschäftsvorfälle nicht zeitnah erstellt worden, ist nach § 162 Abs. 3 AO zu prüfen, ob die diesbezüglichen im Inland steuerpflichtigen Einkünfte höher als die insoweit erklärten Einkünfte sind und ob insoweit eine Schätzung erforderlich wird. Ergibt sich danach ein Mehrbetrag der Einkünfte, ist nach § 162 Abs. 4 AO zusätzlich als steuerliche Nebenleistung ein Zuschlag von mindestens 5 % höchstens jedoch 10 % des positiven Mehrbetrags, mindestens jedoch von 5 000 € festzusetzen. Werden verwertbare Aufzeichnungen verspätet vorgelegt, kann allein aus diesem Anlass ein Zuschlag pro Veranlagungszeitraum von mindestens 100 €, für jeden Tag der Verspätung höchstens jedoch insgesamt von 1 Mio. € festgesetzt werden.

1817 Nach § 117 AO können die deutschen FinBeh Amts- und Rechtshilfe ausländischer FinBeh in Anspruch nehmen. Sie können aber auch ausländischen FinBeh Amts- und Rechtshilfe leisten. Weitere Rechtsgrundlagen dafür sind

- die Regelungen der DBA zum Auskunftsverkehr (vgl. Rdn. 1960),
- die Regelungen der Abkommen über den Auskunftsaustausch in Steuersachen (Rdn. 1965 ff.),
- das Gesetz über die Durchführung der gegenseitigen Amtshilfe in Steuersachen zwischen den Mitgliedstaaten der Europäischen Union (EUAHiG) v. 26. 6. 2013 (BGBl 2013 I S. 1809) i. d. F. von Art. 4 des Gesetzes zur Umsetzung der Änderungen der EU-Amtshilferichtlinie und von weiteren Maßnahmen gegen Gewinnkürzungen und -verlagerungen v. 20. 12. 2016 (BGBl 2016 I S. 3000) mit dem die einschlägigen EU-Regelungen in nationales Recht umgesetzt wurden,
- das Gesetz über die Durchführung der Amtshilfe bei der Beitreibung von Forderungen in Bezug auf bestimmte Steuern, Abgaben und sonstige Maßnahmen zwischen den Mitgliedstaaten der Europäischen Union (EUBeitrG) v. 7. 12. 2011 (BGBl 2011 I S. 2592), zuletzt geändert durch das Amtshilferichtlinie-Umsetzungsgesetz v. 26. 6. 2013 (BGBl 2013 I S. 1809),
- die Verordnung zur Umsetzung der Richtlinie 2003/48/EG des Rates v. 3. 6. 2003 im Bereich der Besteuerung von Zinserträgen v. 26. 1. 2004 (BGBl 2004 I S. 128), zuletzt geändert durch Art. 2 der Dritten Verordnung zur Änderung steuerlicher Verordnungen v. 18. 7. 2016 (BGBl 2016 I S. 1722) – Zinsinformationsverordnung (ZIV),

- im Verhältnis zu den USA ist das sog. FACTA-Abkommen v. 31. 5. 2013 sowie die dazu erlassene Umsetzungsverordnung v. 28. 7. 2014 (BGBl 2014 I S. 1222) zu beachten. Danach sind die Finanzinstitute zur Datenübermittlung verpflichtet und müssen sich beim Bundeszentralamt für Steuern (BZSt) und in den USA beim Internal Revenue Service (IRS) registrieren lassen. Einzelheiten dazu können der Internetseite des BZSt entnommen werden.

Im Übrigen wird auf die BMF-Schreiben v. 23. 1. 2014 (BStBl 2014 I S. 188), v. 25. 5. 2012 (BStBl 2012 I S. 599), v. 1. 2. 2017 (BStBl 2017 I S. 305) und v. 6. 4. 2017 (BStBl 2017 I S. 708) hingewiesen. Zum internationalen Rechtshilfeverkehr in Steuerstrafsachen wird in dem BMF-Schreiben v. 16. 11. 2006 (BStBl 2006 I S. 698) Stellung genommen.

Nach Maßgabe dieser Regelungen erfolgt u. a. der Austausch von Kontrollmaterial zwischen den FinBeh der jeweiligen Staaten. Ferner besteht danach die Möglichkeit, die jeweils andere FinBeh um Auskünfte zu konkreten Sachverhalten zu bitten. Im Regelfall obliegt die Durchführung des Amts- und Rechtshilfeverkehrs mit den ausländischen FinBeh dem Bundeszentralamt für Steuern.

Nach § 138 Abs. 2 AO haben Steuerpflichtige mit Wohnsitz, gewöhnlichem Aufenthalt, 1818
Geschäftsleitung oder Sitz im Geltungsbereich dieses Gesetzes (inländische Steuerpflichtige) dem für ihre Besteuerung zuständigen Finanzamt mitzuteilen:

1. die Gründung und den Erwerb von Betrieben und Betriebstätten im Ausland;
2. den Erwerb, die Aufgabe oder die Veränderung einer Beteiligung an ausländischen Personengesellschaften;
3. den Erwerb oder die Veräußerung von (unmittelbaren und mittelbaren) Beteiligungen an einer Körperschaft, Personenvereinigung oder Vermögensmasse mit Sitz und Geschäftsleitung außerhalb des Geltungsbereichs dieses Gesetzes, wenn
   a) damit eine Beteiligung von mindestens 10 % am Kapital oder am Vermögen der Körperschaft, Personenvereinigung oder Vermögensmasse erreicht wird oder
   b) die Summe der Anschaffungskosten aller Beteiligungen mehr als 150 000 € beträgt. Dies gilt nicht für den Erwerb und die Veräußerung von Beteiligungen von weniger als 1 % am Kapital oder am Vermögen der Körperschaft, Personenvereinigung oder Vermögensmasse, wenn mit der Hauptgattung der Aktien der ausländischen Gesellschaft ein wesentlicher und regelmäßiger Handel an einer Börse in einem Mitgliedstaat der Europäischen Union oder in einem Vertragsstaat des EWR-Abkommens stattfindet, oder an einer Börse, die in einem anderen Staat nach § 193 Abs. 1 Satz 1 Nr. 2 und 4 des Kapitalanlagegesetzbuchs von der Bundesanstalt für Finanzdienstleistungsaufsicht zugelassen ist. Für die Ermittlung der Beteiligungshöhe sind alle gehaltenen Beteiligungen zu berücksichtigen. Nicht mitteilungspflichtige Erwerbe und nicht mitteilungspflichtige Veräußerungen im vorstehenden Sinne sind bei der Ermittlung der Summe der Anschaffungskosten i. S. des Satzes 1 außer Betracht zu lassen;
4. die Tatsache, dass sie allein oder zusammen mit nahestehenden Personen i. S. des § 1 Abs. 2 AStG erstmals unmittelbar oder mittelbar einen beherrschenden oder bestimmenden Einfluss auf die gesellschaftsrechtlichen, finanziellen oder geschäftlichen Angelegenheiten einer Drittstaat-Gesellschaft ausüben können;
5. die Art der wirtschaftlichen Tätigkeit des Betriebs, der Betriebstätte, der Personengesellschaft, Körperschaft, Personenvereinigung, Vermögensmasse oder der Drittstaat-Gesellschaft.

Diese Mitteilungen sind zusammen mit der Einkommensteuer-, Körperschaftsteuer- oder Feststellungserklärung für den Besteuerungszeitraum, in dem der mitzuteilende Sachverhalt verwirklicht wurde, spätestens jedoch bis zum Ablauf von 14 Monaten nach Ablauf dieses Besteuerungszeitraums, nach amtlich vorgeschriebenem Datensatz über die amtlich bestimmten Schnittstellen zu erstatten. Inländische Stpfl., die nicht dazu verpflichtet sind, ihre Einkommensteuer-, Körperschaftsteuer- oder Feststellungserklärung nach amtlich vorgeschriebenem Datensatz über die amtlich bestimmte Schnittstelle abzugeben, haben die Mitteilungen nach amtlich vorgeschriebenem Vordruck zu erstatten, es sei denn, sie geben ihre Einkommensteuer- oder Körperschaftsteuererklärung freiwillig nach amtlich vorgeschriebenem Datensatz über die amtlich bestimmte Schnittstelle ab. Inländische Stpfl., die nicht dazu verpflichtet sind, eine Einkommensteuer-, Körperschaftsteuer- oder Feststellungserklärung abzugeben, haben die Mitteilungen nach amtlich vorgeschriebenem Vordruck bis zum Ablauf von 14 Monaten nach Ablauf des Kalenderjahres zu erstatten, in dem der mitzuteilende Sachverhalt verwirklicht worden ist.

1819 Inländische Konzernobergesellschaften haben gem. § 138a AO nach Ablauf eines Wirtschaftsjahres für dieses Wirtschaftsjahr einen länderbezogenen Bericht dieses Konzerns zu erstellen und dem Bundeszentralamt für Steuern zu übermitteln. Voraussetzung ist, dass der Konzernabschluss mindestens ein Unternehmen mit Sitz und Geschäftsleitung im Ausland (ausländisches Unternehmen) oder eine ausländische Betriebsstätte umfasst und die im Konzernabschluss ausgewiesenen, konsolidierten Umsatzerlöse im vorangegangenen Wirtschaftsjahr mindestens 750 Mio. € betragen haben. Der Inhalt und die Gliederung der länderbezogenen Berichte wird in § 138a Abs. 2 AO vorgegeben.

Befindet sich die Konzernobergesellschaft nicht im Inland, ist der länderbezogene Bericht erforderlichenfalls von einer anderen Konzerngesellschaft zu erstellen. Die Konzerngesellschaften haben in ihren Steuererklärungen anzugeben, von wem der länderbezogene Bericht erstellt wurde.

Der länderbezogene Bericht ist an das Bundeszentralamt für Steuern nach amtlich vorgeschriebenem Datensatz durch Datenfernübertragung spätestens ein Jahr nach Ablauf des Wirtschaftsjahres zu übermitteln, für das der länderbezogene Bericht zu erstellen ist. Er ist erstmalig für das Wirtschaftsjahr zu erstellen, das nach dem 31. 12. 2015 begonnen hat. Diese Berichte werden den zuständigen ausländischen Behörden übersandt. Andererseits erhält das Bundeszentralamt für Steuern von den ausländischen Behörden länderbezogene Berichte, die es an die zuständigen Finanzämter weiterleitet.

1820 Finanzinstitute sind nach § 138b AO verpflichtet, den Finanzbehörden von ihnen hergestellte oder vermittelte Geschäftsbeziehungen inländischer Steuerpflichtiger zu Drittstaaten-Gesellschaften unter bestimmten Voraussetzungen mitzuteilen. Bei Verletzung dieser Mitwirkungspflicht haften die Finanzinstitute für dadurch verursachte Steuerausfälle; ferner droht die Festsetzung von Bußgeldern. Im Übrigen wurde die Vorschrift des § 30a AO zum Schutz der Bankkunden aufgehoben, so dass damit insoweit die Einschränkungen der Ermittlungsbefugnisse der FinBeh entfallen sind.

1821 Die im Interesse der Besteuerung erforderlichen Bücher und Aufzeichnungen sind gem. § 146 Abs. 2 AO grundsätzlich im Inland zu führen und aufzubewahren. Dies gilt nicht, soweit für Betriebstätten im Ausland nach dortigem Recht eine Verpflichtung besteht, Bücher und Aufzeichnungen zu führen, und diese Verpflichtung dort erfüllt wird. Die Ergebnisse der dortigen Buchführung müssen jedoch in die Buchführung des inländischen Unternehmens übernommen werden, soweit sie für die Besteuerung von Bedeutung sind. Dabei sind die erforderlichen Anpassungen an die deutschen steuerrechtlichen Vorschriften vorzunehmen und kenntlich zu machen. Entsprechendes gilt im Verhältnis zu ausländischen Organgesellschaften. Abweichend hat der Steuerpflichtige die Möglichkeit, elektronische Bücher und sonstige erforderliche elektronische Aufzeichnungen oder Teile davon in einem anderen Mitgliedstaat der Europäischen Union zu führen und aufbewahren. Macht der Steuerpflichtige von dieser Befugnis Gebrauch, hat er sicherzustellen, dass der Datenzugriff nach § 146b Abs. 2 Satz 2, § 147 Abs. 6 AO und § 27b Abs. 2 Satz 2 und 3 UStG in vollem Umfang möglich ist.

Steuerpflichtige, die allein oder zusammen mit nahestehenden Personen i. S. des § 1 Abs. 2 AStG erstmals unmittelbar oder mittelbar einen beherrschenden oder bestimmenden Einfluss auf die gesellschaftsrechtlichen, finanziellen oder geschäftlichen Angelegenheiten eine Drittstaaten-Gesellschaft ausüben können, haben die Aufzeichnungen und Unterlagen über diese Beziehung und alle damit verbundenen Einnahmen und Ausgaben gem. § 147a Abs. 2 AO sechs Jahre aufzubewahren.

Abweichend von § 146 Abs. 2 Abs. 2 Satz 1 AO kann die zuständige Finanzbehörde auf 1822 schriftlichen oder elektronischen Antrag des Steuerpflichtigen bewilligen (§ 146 Abs. 2b AO), dass elektronische Bücher und sonstige erforderliche elektronische Aufzeichnungen oder Teile davon in einem Drittstaat geführt und aufbewahrt werden können. Voraussetzung ist, dass

1. der Steuerpflichtige der zuständigen Finanzbehörde den Standort des Datenverarbeitungssystems und bei Beauftragung eines Dritten dessen Namen und Anschrift mitteilt,
2. der Steuerpflichtige seinen sich aus den §§ 90, 93, 97, 140 bis 147 und 200 Abs. 1 und 2 AO ergebenden Pflichten ordnungsgemäß nachgekommen ist,
3. der Datenzugriff nach § 146b Abs. 2 Satz 2, § 147 Abs. 6 AO und § 27b Abs. 2 Satz 2 und 3 UStG in vollem Umfang möglich ist und
4. die Besteuerung hierdurch nicht beeinträchtigt wird.

Einstweilen frei 1823–1825

2. Die Regelungen des Außensteuergesetzes

2.1 Die unterschiedlichen Regelungsbereiche

Mit dem Gesetz über die Besteuerung bei Auslandsbeziehungen, dem Außensteuerge- 1826 setz (AStG) v. 8. 9. 1972 (BGBl 1972 I S. 1713), zuletzt geändert durch Art. 6 des Gesetzes zur Reform der Investmentbesteuerung (Investmentsteuerreformgesetz – InvStRefG) v. 19. 7. 2016 (BGBl 2016 I S. 1730), hat der Gesetzgeber ergänzend zu den Einzelsteuergesetzen Regelungen zur Besteuerung bestimmter grenzüberschreitender Sachverhalte bei im Inland ansässigen und damit unbeschränkt Steuerpflichtigen (vgl. Rdn. 1981 ff., 2076 ff.) getroffen. Ziel dieser Vorschriften ist die Begründung und die Sicherung deutscher Steueransprüche in Fällen der Verlagerung von Einkünften und Vermögen sowie des Wohnsitzwechsels in das niedrig besteuernde Ausland. Die von Anbeginn an umstrittenen Regelungen sind wiederholt geändert worden, u. a. zur Anpassung an europarechtliche Vorgaben.

Die Einzelvorschriften des AStG sind weitgehend recht komplex, so dass deren Umset- 1827 zung in die Praxis recht schwierig ist. Die FinVerw hat durch das BMF-Schreiben v. 14. 5. 2004 (BStBl 2004 I Sondernummer 1) zu diesen Regelungen Stellung genommen.

Zu einzelnen Problemkreisen liegen ergänzende BMF-Schreiben vor, auf die in den nachfolgenden Ausführungen hingewiesen wird.

1828 Das AStG ist wie folgt gegliedert:

- Erster Teil – Internationale Verflechtungen, § 1 AStG Berichtigung von Einkünften,
- Zweiter Teil – Wohnsitzwechsel in niedrig besteuernde Gebiete, §§ 2–5 AStG,
- Dritter Teil – Behandlung einer Beteiligung i. S. des § 17 EStG bei Wohnsitzwechsel ins Ausland, § 6 AStG,
- Vierter Teil – Beteiligung an ausländischen Zwischengesellschaften, §§ 7–14 AStG,
- Fünfter Teil – Familienstiftungen, § 15 AStG,
- Sechster Teil – Ermittlung und Verfahren, §§ 16–18 AStG,
- Siebenter Teil – Schlussvorschriften, §§ 19–22 AStG.

1829, 1830 *Einstweilen frei*

2.2 Berichtigung von Einkünften nach § 1 AStG

1831 Das deutsche Steuerrecht ist dadurch geprägt, dass Rechtsbeziehungen zwischen einander nahe stehenden Personen steuerlich nur dann und insoweit anzuerkennen sind, als sie zwischen fremden Dritten dem Grunde nach vereinbart worden wären und sich Leistung und Gegenleistung wie bei fremden Dritten ausgewogen gegenüberstehen. Von einander nahe stehenden natürlichen Personen wird insbesondere bei Angehörigen i. S. des § 15 AO ausgegangen. Bei Gesellschaften wird bei qualifizierten gesellschaftsrechtlichen Beziehungen regelmäßig von einander nahe stehenden Personen ausgegangen; danach ist z. B. der Gesellschafter einer GmbH eine der GmbH nahe stehende Person, umgekehrt gilt Entsprechendes. Können die Rechtsbeziehungen zwischen nahe stehenden natürlichen Personen mit steuerlicher Wirkung dem Grund oder der Höhe nach nicht anerkannt werden, hat die Berichtigung der Einkünfte auf der Grundlage des § 12 EStG zu erfolgen; bisherige betriebliche Vorgänge werden als Entnahmen bzw. Einlagen behandelt (vgl. 2. Kap. Rdn. 1584 ff.). Bei bestehenden gesellschaftsrechtlichen Beziehungen zu Kapitalgesellschaften führen die Korrekturen zu verdeckten Gewinnausschüttungen bzw. verdeckten Einlagen (vgl. 5. Kap. Teil D Rdn. 873 ff.). Diese Grundsätze gelten auch bei der inländischen Besteuerung grenzüberschreitender Sachverhalte. Nach Auffassung des Gesetzgebers wird dadurch jedoch das inländische Steuersubstrat nicht ausreichend geschützt. Er hat deswegen mit § 1 AStG ergänzende Regelungen getroffen.

1832 In § 1 Abs. 1 Satz 1 AStG wird bestimmt, dass Einkünfte eines Steuerpflichtigen aus einer Geschäftsbeziehung zum Ausland mit einer ihm nahe stehenden Person dann zu berichtigen sind, wenn die Einkünfte daraus dadurch gemindert worden sind, dass sie nicht zu zwischen fremden Dritten üblichen Bedingungen abgewickelt wurde, also der Fremdvergleichsgrundsatz verletzt wurde. Dies gilt auch dann, wenn eine Berichtigung der Einkünfte nicht bereits nach den in Rdn. 1831 dargestellten Grundsätzen in Betracht kommt. Es handelt sich damit um eine das allgemeine Ertragsteuerrecht ergänzende Regelung. Wegen Einzelheiten wird auf das BMF-Schreiben v. 29. 3. 2011 (BStBl 2011 I S. 277) hingewiesen. Die Vorschrift des § 1 Abs. 1 AStG ist europarechtlich umstritten.

Der Begriff der nahe stehenden Person wird in § 1 Abs. 2 AStG bestimmt. Zu den bei der Ermittlung von Verrechnungspreisen nach Maßgabe des Fremdvergleichsgrundsatzes wird in § 1 Abs. 3 AStG Stellung genommen. Nach § 1 Abs. 4 AStG handelt es sich bei den Geschäftsbeziehungen um Geschäftsvorfälle zwischen einem Steuerpflichtigen und einer ihm nahe stehenden Person, die entweder beim Steuerpflichtigen oder bei der nahe stehenden Person Teil einer Tätigkeit ist, die zu Einkünften i. S. von §§ 13, 15, 18 oder 21 EStG führt oder bei dem ausländischen Nahestehenden führen würde, wenn die Tätigkeit im Inland vorgenommen würde. Voraussetzung ist, dass diesen Geschäftsvorfällen keine gesellschaftsvertragliche Vereinbarung zugrunde liegt. Auf das BMF-Schreiben v. 4. 6. 2014 (BStBl 2014 I S. 834) wird hingewiesen. Ferner gehören zu den Geschäftsbeziehungen die Geschäftsvorfälle zwischen einem Unternehmen eines Steuerpflichtigen und seiner in einem anderen Staat gelegenen Betriebsstätte; insoweit werden schuldrechtliche Beziehungen zwischen dem Stammhaus und der Betriebsstätte angenommen.

Aus § 1 Abs. 5 AStG ergeben sich die Grundsätze, nach denen die der Besteuerung zugrunde zu legenden fremdüblichen Preise für Geschäftsvorfälle zwischen Stammhaus und Betriebsstätte zu bestimmen sind. Einzelheiten dazu ergeben sich aus der Betriebsstättengewinnaufteilungsverordnung (BsGaV) v. 13. 10. 2014 (BGBl 2014 I S. 1603).

Wegen der bestehenden besonderen Aufzeichnungspflichten wird auf Rdn. 1816 hingewiesen.

Bei der Definition des Begriffs „nahe stehende Person" in § 1 Abs. 2 AStG ist als Person 1833
nicht nur eine natürliche Person, sondern auch eine juristische Person, z. B. eine Kapitalgesellschaft zu verstehen. Eine in diesem Sinne verstandene Person ist nach dieser Vorschrift einer Person nahe stehend, wenn

- die Person an dem Steuerpflichtigen mindestens zu einem Viertel unmittelbar oder mittelbar beteiligt (wesentlich beteiligt) ist oder auf den Steuerpflichtigen unmittelbar oder mittelbar einen beherrschenden Einfluss ausüben kann oder umgekehrt, der Steuerpflichtige an der Person wesentlich beteiligt ist oder auf diese Person unmittelbar oder mittelbar einen beherrschenden Einfluss ausüben kann oder
- eine dritte Person sowohl an der Person als auch an dem Steuerpflichtigen wesentlich beteiligt ist oder auf beide unmittelbar oder mittelbar einen beherrschenden Einfluss ausüben kann oder
- die Person oder der Steuerpflichtige imstande ist, bei der Vereinbarung der Bedingungen einer Geschäftsbeziehung auf den Steuerpflichtigen oder die Person einen außerhalb dieser Geschäftsbeziehung begründeten Einfluss auszuüben oder wenn einer von ihnen ein eigenes Interesse an der Erzielung der Einkünfte des anderen hat.

Diese Begriffsbestimmung weicht danach in Teilbereiche von den in Rdn. 1831 dargestellten Grundsätzen ab.

Durch § 1 Abs. 3 AStG wird bestimmt, nach welchen Grundsätzen dem Fremdvergleich 1834
genügende Verrechnungspreise zu ermitteln sind. Die Sätze 1 bis 8 dieser Vorschrift enthalten die für Einzeltransaktionen zu beachtenden Grundsätze. Im Verhältnis zu Betriebsstätten ist für nach dem 31. 12. 2014 endende Wirtschaftsjahre die Verordnung zur Anwendung des Fremdvergleichsgrundsatzes auf Betriebsstätten nach § 1 Abs. 5 AStG – Betriebsstättengewinnaufteilungsverordnung (BsGaV) v. 13. 10. 2014 (BGBl 2014 I S. 1603) zu beachten.

Durch § 1 Abs. 3 Sätze 9 bis 12 AStG werden ergänzende Regelungen für die Fälle sog. Funktionsverlagerungen getroffen bei denen die Regelungen der Funktionsverlagerungsverordnung v. 12. 8. 2008 (BGBl 2008 I S. 1680) zusätzlich zu beachten sind. Im Verhältnis zu Betriebsstätten ist für nach dem 31. 12. 2014 endende Wirtschaftsjahre die Verordnung zur Anwendung des Fremdvergleichsgrundsatzes auf Betriebsstätten nach § 1 Abs. 5 AStG – Betriebsstättengewinnaufteilungsverordnung (BsGaV) v. 13. 10. 2014 (BGBl 2014 I S. 1603) anzuwenden. Im Übrigen hat der BMF bereits in der Vergangenheit durch die nachfolgend aufgeführten BMF-Schreiben zu sich ergebenden Fragen Stellung genommen:

- Verwaltungsgrundsätze für die Prüfung der Einkunftsabgrenzung bei international verbundenen Unternehmen v. 23. 2. 1983 (BStBl 1983 I S. 218),
- Grundsätze für die Prüfung der Aufteilung der Einkünfte bei Betriebsstätten international tätiger Unternehmen v. 24. 12. 1999 (BStBl 1999 I S. 1076), geändert durch BMF-Schreiben v. 25. 8. 2009 (BStBl 2009 I S. 888) und v. 26. 9. 2014 (BStBl 2014 I S. 1258), für nach dem 31. 12. 2014 endende Wirtschaftsjahre ist die Betriebsstättengewinnaufteilungsverordnung (BsGaV) v. 13. 10. 2014 (BGBl 2014 I S. 1603) geändert durch Art. 24 Abs. 23 Zweites Gesetz zur Novellierung von Finanzmarktvorschriften auf Grund europäischer Rechtsakte (Zweites Finanzmarktnovellierungsgesetz – 2. FiMaNoG) v. 23. 6. 2017 (BGBl 2017 I S. 1693); Art. 5 Vierte Verordnung zur Änderung steuerlicher Verordnungen v. 12. 7. 2017 (BGBl 2017 I S. 2360) ist zu beachten,
- Grundsätze für die Prüfung der Einkunftsabgrenzung durch Umlageverträge zwischen international verbundenen Unternehmen v. 5. 7. 2018 (BStBl 2018 I S. 743),
- Grundsätze für die Prüfung der Einkunftsabgrenzung zwischen international verbundenen Unternehmen in Fällen der Arbeitnehmerentsendung v. 9. 11. 2001 (BStBl 2001 I S. 796), BMF-Schreiben v. 3. 5. 2018 (BStBl 2018 I S. 643),
- Grundsätze für die Prüfung der Einkunftsabgrenzung zwischen nahe stehenden Personen mit grenzüberschreitenden Geschäftsbeziehungen in Bezug auf Ermittlungs- und Mitwirkungspflichten, Berichtigungen sowie auf Verständigungs- und EU-Schiedsverfahren (Verwaltungsgrundsätze-Verfahren) v. 12. 4. 2005 (BStBl 2005 I S. 570),
- Grundsätze für die Anwendung des Fremdvergleichsgrundsatzes auf die Aufteilung der Einkünfte zwischen einem inländischen Unternehmen und seiner ausländischen Betriebsstätte und auf die Ermittlung der Einkünfte der inländischen Betriebsstätte eines ausländischen Unternehmens nach § 1 Abs. 5 des Außensteuergesetzes und der Betriebsstättengewinnaufteilungsverordnung (Verwaltungsgrundsätze Betriebsstättengewinnaufteilung – VWG BsGa v. 22. 12. 2016 (BStBl 2017 I S. 182), mit denen die Ausführungen in den mehrfach geänderten Grundsätzen für die Prüfung der Aufteilung der Einkünfte bei Betriebsstätten international tätiger Unternehmen v. 24. 12. 1999 (BStBl 1999 I S. 1076) in wesentlichen Teilbereichen geändert wurden.

Ferner wird auf das mit BMF-Schreiben v. 19. 5. 2014 (BStBl 2014 I S. 838) veröffentlichte Glossar „Verrechnungspreise" hingewiesen.

1835 Nach § 1 Abs. 3 Satz 1 AStG ist der Verrechnungspreis vorrangig nach der Preisvergleichsmethode, der Wiederverkaufspreismethode oder der Kostenaufschlagsmethode zu bestimmen. Voraussetzung dafür ist, dass Fremdvergleichswerte ermittelt werden können, die nach Vornahme sachgerechter Anpassungen im Hinblick auf die ausgeübten Funktionen, die eingesetzten Wirtschaftsgüter und die übernommenen Chancen und Risiken für diese Methoden uneingeschränkt vergleichbar sind. Dies setzt eine Funktionsanalyse (vgl. dazu § 4 Nr. 3 GAufzV) voraus.

Diese drei Verrechnungspreismethoden sind international allgemein anerkannt und lassen sich in Anlehnung an Tz. 2.2 des BMF-Schreibens v. 23. 2. 1983 (BStBl 1983 I S. 2189) i.V. mit BMF-Schreiben v. 3. 12. 2020 (BStBl 2020 I S. 1325, Tz. 45 ff.) wie folgt umschreiben. 1836

- **Preisvergleichsmethode auch *„Comparable uncontrolled price method"***
  Der vereinbarte Preis wird mit Preisen verglichen, die bei vergleichbaren Geschäften zwischen Fremden im Markt vereinbart worden sind. Dies kann durch einen äußeren Preisvergleich, d. h. den Vergleich mit Marktpreisen, die anhand von Börsennotierungen, branchenüblichen Preisen oder Abschlüssen unter voneinander unabhängigen Dritten festgestellt werden. Es wird aber auch der innere Preisvergleich, d. h. der Vergleich mit marktentstandenen Preisen, die der Steuerpflichtige oder ein Nahestehender mit Fremden vereinbart hat, für zulässig gehalten. Dabei sollen die verglichenen Geschäfte möglichst gleichartig sein. Ungleichartige Geschäfte können herangezogen werden, wenn der Einfluss der abweichenden Faktoren eliminiert und der bei diesen Geschäften vereinbarte Preis auf einen Preis für das verglichene Geschäft umgerechnet werden kann (indirekter Preisvergleich; z. B. Umrechnung von cif-Preisen in fob-Preise).
- **Wiederverkaufspreismethode auch *„Resale price method"***
  Dabei wird von dem Preis ausgegangen, zu dem eine bei einem Nahestehenden gekaufte Ware an einen fremden Dritten, einen unabhängigen Abnehmer weiterveräußert wird. Von dem aus dem Wiederverkauf erzielten Preis werden marktübliche Abschläge vorgenommen, die der Funktion und dem Risiko des Wiederverkäufers entsprechen. Dabei sind etwaige Bearbeitungen oder sonstige Veränderungen durch den Wiederverkäufer zu berücksichtigen. Wird die Ware bearbeitet oder sonst verändert, so ist dies durch entsprechende Abschläge zu berücksichtigen. Gehen der Lieferung an den fremden Dritten Lieferbeziehungen zwischen mehreren Nahestehenden, innerhalb eines Konzerns, voraus, wird es für zulässig erachtet, von dem vom fremden Dritten erzielten Preis auf den Zugang der Ware in das Inland zurückzurechnen.
- **Kostenaufschlagsmethode auch *„Cost plus method"***
  Dabei wird der Verrechnungspreis auf der Grundlage der dem Liefernden, Leistenden entstehenden Kosten ermittelt, die nach den Kalkulationsmethoden zu ermitteln sind, die auch bei der Preispolitik gegenüber fremden Dritten zugrunde gelegt werden oder – wenn keine Lieferungen oder Leistungen gegenüber fremden Dritten erbracht werden – die betriebswirtschaftlichen Grundsätzen entsprechen. Weiter sind dann betriebs- oder branchenübliche Gewinnzuschläge zu machen. Sind an der Lieferung oder Leistung mehrere Nahestehende beteiligt, ist nach diesen Grundsätzen auf jeder Stufe unter Berücksichtigung der tatsächlich geleisteten Beiträge zu verfahren.

Wurde tatsächlich ein Verrechnungspreis zugrunde gelegt, der außerhalb der sich bei den festgestellten Fremdpreisen ergebenden Bandbreiten bewegt, ist der angemessene Fremdvergleichspreis gem. § 1 Abs. 3 Satz 4 AStG nach dem Median zu bestimmen.

Liegen einer Geschäftsbeziehung keine schuldrechtlichen Vereinbarungen zugrunde, ist 1837
nach § 1 Abs. 4 Satz 2 AStG für den Regelfall davon auszugehen, dass voneinander unabhängige ordentliche und gewissenhafte Geschäftsleiter schuldrechtliche Vereinbarungen getroffen hätten oder bestehende Rechtspositionen geltend machen würden, die der Besteuerung zugrunde zu legen sind. Dies gilt dann nicht, wenn der Steuerpflichtige im Einzelfall etwas anderes glaubhaft macht.

Können keine Fremdvergleichswerte und auch keine eingeschränkt vergleichbaren 1838
Fremdvergleichswerte festgestellt werden, ist vom Steuerpflichtigen gem. § 1 Abs. 3 Satz 5 AStG ein hypothetischer Fremdvergleich durchzuführen. Dabei ist davon auszugehen, dass die voneinander unabhängigen Dritten alle wesentlichen Umstände der Geschäftsbeziehung kennen und nach den Grundsätzen ordentlicher und gewissenhaf-

ter Geschäftsleiter handeln. Für diesen hypothetischen Fremdvergleich ist aufgrund einer Funktionsanalyse und innerbetrieblicher Planrechnungen der Mindestpreis des Leistenden und der Höchstpreis des Leistungsempfängers zu ermitteln. Den Unterschied zwischen Mindest- und Höchstpreis versteht der Gesetzgeber als den Einigungsbereich, der von den jeweiligen Gewinnerwartungen (Gewinnpotenzialen) der beiden Geschäftspartner bestimmt wird. Als Verrechnungspreis ist nach § 1 Abs. 3 Satz 7 AStG der Preis im Einigungsbereich zugrunde zu legen, der dem Fremdvergleichsgrundsatz mit der höchsten Wahrscheinlichkeit entspricht. Dabei wird davon ausgegangen, dass dieser Wert nachgewiesen oder zumindest glaubhaft gemacht werden kann. Ist dies nicht der Fall, ist der Mittelwert des Einigungsbereichs zugrunde zu legen.

1839 Sofern wesentliche immaterielle Wirtschaftsgüter und Vorteile Gegenstand der Geschäftsbeziehung sind und die tatsächliche spätere Gewinnentwicklung erheblich von der Gewinnentwicklung abweicht, die der Verrechnungspreisbestimmung zugrunde lag, ist widerlegbar zu vermuten, dass zum Zeitpunkt des Geschäftsabschlusses Unsicherheiten im Hinblick auf die Preisvereinbarung bestanden und unabhängige Dritte eine sachgerechte Anpassungsregelung vereinbart hätten. Wurde eine derartige Regelung nicht vereinbart und tritt innerhalb der ersten zehn Jahre nach Geschäftsabschluss eine erhebliche Abweichung im vorstehenden Sinne ein, ist aus diesem Grunde nach § 1 Abs. 3 Satz 12 AStG eine Einkunftsberichtigung in Höhe eines einmaligen angemessenen Anpassungsbetrags auf den ursprünglichen Verrechnungspreis für das Wirtschaftsjahr vorzunehmen, das dem Jahr folgt, in dem die Abweichung eingetreten ist.

1840 Eine besondere Gefährdung des deutschen Steuersubstrats sieht der Gesetzgeber in den Fällen der Verlagerung von Aktivitäten in das Ausland, einer sog. Funktionsverlagerung. Nach seiner Auffassung wird bei einer Übertragung dieser Aktivitäten auf einen fremden Dritten dieser bereit sein, ein Entgelt zu zahlen, mit dem nicht nur die übertragenen Einzelwirtschaftsgüter, sondern auch die damit vermittelten Geschäftschancen vergütet werden. Vor diesem Hintergrund wird in § 1 Abs. 3 Satz 9 ff. AStG bestimmt, dass der Steuerpflichtige bei der Verlagerung einer Funktion einschließlich der dazugehörigen Chancen und Risiken und der mit übertragenen oder überlassenen Wirtschaftsgüter und sonstigen Vorteile den Einigungsbereich für die Bestimmung des Verrechnungspreises nach den in Rdn. 1838 dargestellten Grundsätzen auf der Grundlage einer Verlagerung der Funktion als Ganzes (Transferpaket) unter Berücksichtigung funktions- und risikoadäquater Kapitalisierungszinssätze zu bestimmen hat. Die vom Steuerpflichtigen bestimmten Verrechnungspreise für alle betroffenen einzelnen Wirtschaftsgüter und Dienstleistungen nach Vornahme sachgerechter Anpassungen sind danach dann anzuerkennen, wenn glaubhaft gemacht wird,

- dass keine wesentlichen immateriellen Wirtschaftsgüter und Vorteile mit der Funktion übergegangen sind oder zur Nutzung überlassen wurden oder
- dass das Gesamtergebnis der Einzelpreisbestimmungen, gemessen an der Preisbestimmung für das Transferpaket als Ganzes, dem Fremdvergleichsgrundsatz entspricht.

Sind wesentliche immaterielle Wirtschaftsgüter und Vorteile im Rahmen der Funktionsverlagerung übertragen worden und weicht die tatsächliche spätere Gewinnentwicklung erheblich von der Gewinnentwicklung ab, die der Verrechnungspreisbestimmung zugrunde lag, ist ebenfalls nach den in Rdn. 1839 dargestellten Grundsätzen zu verfahren.

Im Interesse einer einheitlichen Rechtsanwendung in Übereinstimmung mit den internationalen Grundsätzen zur Einkunftsabgrenzung bei Anwendung des § 1 Abs. 1 und 3 AStG wurde die Funktionsverlagerungsverordnung (FVerlV) v. 12. 8. 2008 (BGBl 2008 I S. 1680) erlassen. Darin werden folgende Regelungen getroffen: 1841

- Begriffsbestimmungen – § 1 FVerlV,
- Anwendung der Regelungen zum Transferpaket – § 2 FVerlV,
- Wert des Transferpakets – § 3 FVerlV,
- Bestandteile des Transferpakets – § 4 FVerlV,
- Kapitalisierungszinssatz – § 5 FVerlV,
- Kapitalisierungszeitraum – § 6 FVerlV,
- Bestimmung des Einigungsbereichs – § 7 FVerlV,
- Schadenersatz-, Entschädigungs- und Ausgleichsansprüche – § 8 FVerlV,
- Anpassungsregelung des Steuerpflichtigen – § 9 FVerlV,
- Erhebliche Abweichung – § 10 FVerlV,
- Angemessene Anpassung – § 11 FVerlV,
- Schlussvorschriften – §§ 12, 13 FVerlV.

Zu diesen komplexen Problemen hat das BMF mit dem umfangreichen Schreiben v. 13. 10. 2010 (BStBl I S. 774), den Verwaltungsgrundsätzen Funktionsverlagerung, Stellung genommen.

Einstweilen frei 1842–1850

2.3 Die erweiterte beschränkte Steuerpflicht nach §§ 2 und 4 AStG

2.3.1 Überblick

Verlegt eine natürliche Person ihren Wohnsitz vom Inland in das Ausland, wechselt sie damit von der unbeschränkten Steuerpflicht (vgl. 5. Kap. Teil A Rdn. 4) zur beschränkten Steuerpflicht (vgl. 5. Kap. Teil A Rdn. 11). Dies hat zur Folge, dass sie im Inland nur noch mit den inländischen Einkünften i. S. des § 49 EStG (vgl. Rdn. 2026 ff.) besteuern ist. Bei Wegzug in das niedrig besteuernde Ausland kann im Einzelfall erreicht werden, dass die Belastung mit Steuern vom Einkommen insgesamt wesentlich vermindert wird. Diese Rechtsfolge hält der Gesetzgeber bei dem Wegzug von natürlichen Personen, die weiterhin wesentliche wirtschaftliche Interessen im Inland haben, für nicht gerechtfertigt. Deswegen wird in § 2 AStG für diese Fälle angeordnet, dass diese Personen auch nach Wegzug über einen Zeitraum von max. 10 Jahren in einem der unbeschränkten Steuerpflicht angenäherten Umfang besteuert werden. Für die Zeit der Erhebung der Vermögensteuer war insoweit die Regelung des § 3 AStG zu beachten. Ferner unterliegt das von im Ausland ansässigen Erblassern und Schenkern, die den Regelungen des § 2 Abs. 1 Satz 1 AStG unterliegen, nach § 4 AStG das Inlandsvermögen, das nicht zu ausländischen Einkünften führt, der Besteuerung nach Maßgabe des ErbStG. 1851

2.3.2 Die erweitert beschränkte Einkommensteuerpflicht nach § 2 AStG

1852 Der erweitert beschränkten Einkommensteuerpflicht unterliegen nur deutsche Staatsbürger, die in den letzten zehn Jahren vor Beendigung der unbeschränkten Steuerpflicht i. S. des § 1 Abs. 1 Satz 1 EStG mindestens fünf Jahre unbeschränkt einkommensteuerpflichtig waren. Weitere Voraussetzungen sind, dass sie in einem ausländischen Gebiet ansässig sind, in dem sie mit ihrem Einkommen nur einer niedrigen Besteuerung unterliegen oder in keinem ausländischen Gebiet ansässig sind und weiterhin wesentliche wirtschaftliche Interessen im Geltungsbereich dieses Gesetzes haben.

1853 Eine niedrige Besteuerung wird vermutet, wenn bei einer in dem betreffenden Gebiet ansässigen unverheirateten natürlichen Person die Belastung mit Steuern vom Einkommen des ausländischen Staates bei einem steuerpflichtigen Einkommen von 77 000 € um mehr als ein Drittel geringer ist als die ESt-Belastung bei unbeschränkter Steuerpflicht oder wenn der Steuerpflichtige im Ausland einer Verzugsbesteuerung unterliegt. Diese Vermutung kann durch den Nachweis widerlegt werden, dass die vom Einkommen insgesamt zu entrichtenden Steuern mindestens zwei Drittel der ESt betragen, die bei unbeschränkter Steuerpflicht nach § 1 Abs. 1 EStG zu entrichten wäre.

1854 Eine Person verfügt nach § 2 Abs. 3 AStG über wesentliche wirtschaftliche Interessen im Inland, wenn

- sie zu Beginn des Veranlagungszeitraums Unternehmer oder Mitunternehmer eines im Inland belegenen Gewerbebetriebs ist oder, sofern sie Kommanditist ist, mehr als 25 % der Einkünfte i. S. des § 15 Abs. 1 Satz 1 Nr. 2 EStG aus der Gesellschaft auf sie entfallen oder ihr eine Beteiligung an einer inländischen Kapitalgesellschaft i. S. des § 17 Abs. 1 EStG an einer inländischen Kapitalgesellschaft gehört oder
- ihre Einkünfte, die bei unbeschränkter Einkommensteuerpflicht nicht ausländische Einkünfte i. S. des § 34d EStG sind, im Veranlagungszeitraum mehr als 30 % ihrer sämtlichen Einkünfte betragen oder 62 000 € übersteigen oder
- zu Beginn des Veranlagungszeitraums ihr Vermögen, dessen Erträge bei unbeschränkter Einkommensteuerpflicht nicht ausländische Einkünfte i. S. des § 34d EStG wären, mehr als 30 % ihres Gesamtvermögens beträgt oder 154 000 € übersteigt.

Dabei sind Gewerbebetriebe, Beteiligungen, Einkünfte und Vermögen einer ausländischen Gesellschaft, an der der Steuerpflichtige allein oder zusammen mit Inland ansässigen Personen beteiligt ist (vgl. dazu § 5 i.V.m. § 7 AStG), entsprechend seiner Beteiligung zu berücksichtigen.

1855 Der Besteuerung unterliegen alle inländischen Einkünfte i. S. des § 49 EStG sowie die Einkünfte i. S. des § 2 Abs. 1 Satz 1 erster Halbsatz EStG, die bei unbeschränkter Einkommensteuerpflicht nicht ausländische Einkünfte i. S. des § 34d EStG sind. Mit Wirkung ab Veranlagungszeitraum 2009 (§ 21 Abs. 18 AStG) gehören dazu gem. § 2 Abs. 1 Satz 2 AStG über § 34d Nr. 2 Buchst. a EStG hinaus auch die Einkünfte aus Gewerbebetrieb, die weder durch eine ausländische Betriebsstätte noch durch einen in einem ausländischen Staat tätigen ständigen Vertreter erzielt werden; insoweit ist von dem Bezug durch eine fiktiv im Inland unterhaltene Geschäftsleitungsbetriebsstätte auszugehen. Damit wird der Anwendung der Grundsätze des Urteils des BFH v. 19. 12. 2007 (BStBl 2010 II S. 398) die Grundlage entzogen.

Der sich aus § 2 AStG ergebende erweiterte Steueranspruch besteht grundsätzlich bis zum Ablauf von zehn Jahren nach Ende des Jahres, in dem die unbeschränkte Steuerpflicht geendet hat. Er entsteht innerhalb dieses Zeitraums nur für Veranlagungszeiträume, in denen die hiernach insgesamt steuerpflichtigen Einkünfte mehr als 16 500 € betragen. 1856

Wegen weiterer Einzelheiten wird auf Tz. 2 des BMF-Schreibens v. 14. 5. 2004 (BStBl 2004 I Sondernummer 1) hingewiesen. Bei Wegzug in die Schweiz sind die einschränkenden Regelungen des Art. 4 DBA Schweiz zu beachten. 1857

Einstweilen frei 1858–1860

2.3.3 Die erweitert beschränkte Erbschaft- und Schenkungsteuerpflicht nach § 4 AStG

Ist der Erblasser, der Schenker kein Inländer i. S. des § 2 Abs. 1 Nr. 1 ErbStG, unterliegt der Anfall von Vermögen aus Anlass des Erbfalles oder einer Schenkung nach § 2 Abs. 1 Nr. 3 ErbStG nur dann der Besteuerung nach Maßgabe des ErbStG, wenn es sich dabei um Inlandsvermögen i. S. des § 121 BewG handelt. Unterlag der Erblasser oder Schenker zur Zeit der Entstehung der Steuerschuld der erweitert beschränkten Einkommensteuerpflicht nach § 2 Abs. 1 Satz 1 AStG, erstreckt sich die Steuerpflicht nach Maßgabe des ErbStG gem. § 4 Abs. 1 AStG auch auf den Erwerb von Vermögenswerten, deren Erträge bei unbeschränkter Einkommensteuerpflicht nicht ausländische Einkünfte i. S. des § 34d EStG wären. Dabei handelt es sich insbesondere um 1861

- Kapitalforderungen gegen Schuldner im Inland,
- Spareinlagen und Bankguthaben bei Geldinstituten im Inland,
- Aktien und Anteile an Kapitalgesellschaften, Investmentfonds und offenen Immobilienfonds sowie Geschäftsguthaben bei Genossenschaften im Inland,
- Ansprüche auf Renten und andere wiederkehrende Leistungen gegen Schuldner im Inland sowie Nießbrauchs- und Nutzungsrechte an Vermögensgegenständen im Inland,
- Erfindungen und Urheberrechte, die im Inland verwertet werden,
- Versicherungsansprüche gegen Versicherungsunternehmen im Inland,
- bewegliche Wirtschaftsgüter, die sich im Inland befinden.

Diese Besteuerung unterbleibt nach § 4 Abs. 2 AStG, wenn nachgewiesen wird, dass für die in Rdn. 1861 bezeichneten Teile des Erwerbs im Ausland eine der deutschen Erbschaftsteuer entsprechende Steuer zu entrichten ist, die mindestens 30 % der deutschen Erbschaftsteuer beträgt, die bei Anwendung des § 4 Abs. 1 AStG auf diese Teile des Erwerbs entfallen würde. 1862

Wegen weiterer Einzelheiten wird auf Tz. 4 des BMF-Schreibens v. 14. 5. 2004 (BStBl 2004 I Sondernummer 1) hingewiesen. 1863

Einstweilen frei 1864, 1865

2.4 Beteiligungen i. S. des § 17 EStG bei Wohnsitzwechsel ins Ausland – § 6 AStG

Hält ein unbeschränkt Steuerpflichtiger im Zeitpunkt des Wegzugs in das Ausland eine Beteiligung an einer Kapitalgesellschaft i. S. des § 17 EStG (vgl. dazu 5. Kap. Teil A Rdn. 221 ff.), kann ein aus Anlass einer späteren Veräußerung erzielter Gewinn dann 1866 nicht besteuert werden, wenn Deutschland durch ein DBA das Besteuerungsrecht genommen wird. In den verbleibenden Fällen dürfte der bestehende Steueranspruch aus den unterschiedlichsten Gründen nicht oder nur unter erheblichen Schwierigkeiten realisierbar sein. Aus diesem Grunde sah § 6 AStG für den Fall des Wegzugs eines Anteilseigners, der mindestens zehn Jahre nach § 1 Abs. 1 EStG unbeschränkt steuerpflichtig war, in das Ausland die Besteuerung eines Gewinns vor, der sich durch Gegenüberstellung der Anschaffungskosten mit dem gemeinen Wert der Beteiligung im Zeitpunkt des Wegzugs ergab. Die sich dadurch ergebende Steuer konnte über einen Zeitraum von fünf Jahren ratierlich gegen Sicherheitsleistung gestundet werden. Dem Wegzug wurden die in § 6 Abs. 3 AStG bezeichneten vier Tatbestände gleichgestellt

- die Übertragung der Anteile durch ganz oder teilweise unentgeltliches Rechtsgeschäft unter Lebenden oder durch Erwerb von Todes wegen auf nicht unbeschränkt steuerpflichtige Personen oder
- die Begründung eines weiteren Wohnsitzes oder gewöhnlichen Aufenthalts oder die Erfüllung eines anderen ähnlichen Merkmals in einem ausländischen Staat, wenn der Steuerpflichtige aufgrund dessen nach einem DBA als in diesem Staat ansässig anzusehen ist, oder
- die Einlage der Anteile in einen Betrieb oder eine Betriebsstätte des Steuerpflichtigen in einem ausländischen Staat oder
- der Tausch der Anteile gegen Anteile an einer ausländischen Kapitalgesellschaft.

Für den Fall der erneuten Begründung der unbeschränkten Steuerpflicht innerhalb eines verlängerbaren Zeitraums von fünf Jahren nach dem Wegzug wird auf diese Besteuerung verzichtet, sofern die Anteile in der Zwischenzeit nicht veräußert wurden. Wegen weiterer Einzelheiten wird auf Tz. 6 des BMF-Schreibens v. 14. 5. 2004 (BStBl 2004 I Sondernummer 1) hingewiesen.

1867 Veranlasst durch eine Intervention der Kommission der Europäischen Gemeinschaften wurde § 6 AStG durch Art. 7 des Gesetzes über steuerliche Begleitmaßnahmen zur Einführung der Europäischen Gesellschaft und zur Änderung weiterer steuerrechtlicher Vorschriften (SEStEG) v. 7. 12. 2006 (BGBl 2006 I S. 2782, BGBl 2007 I S. 68) in dem Bemühen geändert, ihn den europarechtlichen Vorgaben anzupassen. Auch nach der Neufassung der Vorschrift ist zum Zeitpunkt des Wegzugs der sich durch Gegenüberstellung der Anschaffungskosten mit dem gemeinen Wert der Beteiligung ergebende Gewinn zu besteuern. Entsprechendes gilt bei

- Übertragung der Anteile durch ganz oder teilweise unentgeltliches Rechtsgeschäft unter Lebenden oder durch Erwerb von Todes wegen auf nicht unbeschränkt steuerpflichtige Personen oder
- Begründung eines weiteren Wohnsitzes oder gewöhnlichen Aufenthalts oder die Erfüllung eines anderen ähnlichen Merkmals in einem ausländischen Staat, wenn der Steuerpflichtige aufgrund dessen nach einem DBA als in diesem Staat ansässig anzusehen ist, oder
- bei Einlage der Anteile in einen Betrieb oder eine Betriebsstätte des Steuerpflichtigen in einem ausländischen Staat oder
- bei Ausschluss oder der Beschränkung des Besteuerungsrechts der Bundesrepublik Deutschland hinsichtlich des Gewinns aus der Veräußerung der Anteile aufgrund anderer als der bisher genannten Ereignisse.

Für den Fall der erneuten Begründung der unbeschränkten Steuerpflicht innerhalb eines verlängerbaren Zeitraums von fünf Jahren nach dem Wegzug wird auf die Besteuerung verzichtet, sofern die Anteile in der Zwischenzeit nicht veräußert worden sind und auch kein anderer die Besteuerung auslösender Tatbestand verwirklicht wurde. Für den Regelfall wird eine ratierliche Stundung der Einkommensteuer gegen Sicherheitsleistung über einen Zeitraum von max. fünf Jahren zugestanden.

Ist der Steuerpflichtige Staatsangehöriger eines Mitgliedstaats der Europäischen Union 1868
oder eines anderen Staats, auf den das Abkommen über den Europäischen Wirtschaftsraum in der jeweils geltenden Fassung anwendbar ist (Vertragsstaat des EWR-Abkommens), und unterliegt er nach der Beendigung der unbeschränkten Steuerpflicht in einem dieser Staaten (Zuzugsstaat) einer der deutschen unbeschränkten Einkommensteuerpflicht vergleichbaren Steuerpflicht, so ist die geschuldete Steuer zinslos und ohne Sicherheitsleistung zu stunden. Voraussetzung ist, dass die Amtshilfe und die gegenseitige Unterstützung bei der Beitreibung der geschuldeten Steuer zwischen der Bundesrepublik Deutschland und diesem Staat gewährleistet sind. Diese Voraussetzungen sind im Verhältnis zu sämtlichen EU-Staaten sowie im Verhältnis zu Norwegen gegeben (vgl. BMF-Schreiben v. 19. 1. 2004, BStBl 2004 I S. 66). Entsprechendes gilt, wenn

- bei Erbanfall oder Schenkung der Erwerber der Anteile einer der deutschen unbeschränkten Einkommensteuerpflicht vergleichbaren Steuerpflicht in einem Mitgliedstaat der Europäischen Union oder einem Vertragsstaat des EWR-Abkommens unterliegt oder
- der Steuerpflichtige bei Begründung eines weiteren Wohnsitzes oder gewöhnlichen Aufenthalts einer der deutschen unbeschränkten Einkommensteuerpflicht vergleichbaren Steuerpflicht in einem Mitgliedstaat der Europäischen Union oder einem Vertragsstaat des EWR-Abkommens unterliegt und Staatsangehöriger eines dieser Staaten ist oder
- der Steuerpflichtige die Anteile in einen Betrieb oder eine Betriebsstätte in einem anderen Mitgliedstaat der Europäischen Union oder einem anderen Vertragsstaat des EWR-Abkommens einlegt.

Wegen der Anwendung des § 233a AO bei verspäteter Festsetzung der zu stundenden Wegzugsteuer Hinweis auf FG Düsseldorf v. 27. 9. 2013 – 1 K 3233/11 AO (EFG 2014 S. 108).

Die Stundung ist nach § 6 Abs. 5 Satz 4 AStG zu widerrufen, 1869

- wenn die Voraussetzungen für die Stundung nach § 6 Abs. 5 Satz 1 bis 3 AStG nicht mehr vorliegen;
- soweit der Steuerpflichtige oder sein Rechtsnachfolger i. S. des Satzes 3 Nr. 1 Anteile veräußert oder verdeckt in eine Gesellschaft i. S. des § 17 Abs. 1 Satz 1 EStG einlegt oder einer der Tatbestände des § 17 Abs. 4 EStG erfüllt wird. Für den Fall, das insgesamt ein niedrigerer Veräußerungsgewinn erzielt wird, sieht § 6 Abs. 6 AStG Korrekturmöglichkeiten vor, wenn diese Wertminderung bei der ausländischen Besteuerung nicht berücksichtigt wird;
- soweit Anteile auf eine nicht unbeschränkt steuerpflichtige Person übergehen, die nicht in einem Mitgliedstaat der Europäischen Union oder einem Vertragsstaat des EWR-Abkommens einer der deutschen unbeschränkten Einkommensteuerpflicht vergleichbaren Steuerpflicht unterliegt;
- soweit in Bezug auf die Anteile eine Entnahme oder ein anderer Vorgang verwirklicht wird, der nach inländischem Recht zum Ansatz des Teilwerts oder des gemeinen Werts führt;
- wenn für den Steuerpflichtigen oder seinen Rechtsnachfolger nach unentgeltlicher Übertragung durch Aufgabe des Wohnsitzes oder gewöhnlichen Aufenthalts in einem EU- oder EWR-Staat die der deutschen unbeschränkten Steuerpflicht vergleichbare Steuerpflicht beendet wird, keine Steuerpflicht nach Satz 1 mehr besteht.

Abweichend von § 6 Abs. 5 Satz 4 AStG führt der Austritt des Vereinigten Königreichs Großbritannien und Nordirland aus der Europäischen Union nicht zum Widerruf der

Stundung, wenn allein aufgrund dessen für den Steuerpflichtigen oder seinen Rechtsnachfolger i. S. des § 6 Abs. 5 Satz 3 Nr. 1 AStG die Voraussetzungen für die Stundung nach § 6 Abs. 5 Satz 1 und 3 AStG nicht mehr vorliegen. In diesen Fällen ist § 6 Abs. 5 Satz 4 AStG auf die gestundeten Beträge weiterhin mit der Maßgabe anzuwenden, dass die Stundung über die in § 6 Abs. 5 Satz 4 AStG geregelten Tatbestände hinaus auch zu widerrufen ist,

1. soweit die Anteile aufgrund einer Entnahme oder eines anderen Vorgangs, der nach inländischem Recht nicht zum Ansatz des Teilwerts oder des gemeinen Werts führt, weder einer Betriebsstätte des Steuerpflichtigen im Vereinigten Königreich Großbritannien und Nordirland noch einer Betriebsstätte des Steuerpflichtigen i. S. des § 6 Abs. 5 Satz 3 Nr. 3 AStG zuzuordnen ist;
2. wenn für den Steuerpflichtigen oder für seinen Rechtsnachfolger i. S. des § 6 Abs. 5 Satz 3 Nr. 1 AStG infolge der Aufgabe des Wohnsitzes oder gewöhnlichen Aufenthalts weder eine mit der deutschen unbeschränkten Einkommensteuerpflicht vergleichbare Steuerpflicht im Vereinigten Königreich Großbritannien und Nordirland noch eine Steuerpflicht nach § 6 Abs. 5 Satz 1 AStG besteht.

Die Stpfl. werden durch § 6 Abs. 7 AStG verpflichtet, das Finanzamt über die Sachverhalte zu unterrichten, die zu einem Widerruf der Stundung führen; u. a. ist alljährlich zum 31. 1. nach dem Stand vom vorhergehenden 31. 12. unter Angabe der Anschrift mitzuteilen, ob die Anteile noch weiterhin dem Stpfl. bzw. seinem Rechtsnachfolger gehören. Die Verletzung der Meldepflichten berechtigt das Finanzamt zum Widerruf der Stundung.

1870 Sonderregelungen wurden ferner in § 6 Abs. 5 AStG für bestimmte Umwandlungsvorgänge und den Fall getroffen, dass sich ohne Berücksichtigung des grundsätzlich zu besteuernden Gewinns ein negativer Gesamtbetrag der Einkünfte ergibt

1871 Der BFH hält die gegenwärtig maßgebende Regelung des § 6 AStG zumindest nach summarischer Überprüfung im Verfahren des vorläufigen Rechtsschutzes für rechtmäßig (Beschluss v. 23. 9. 2008, BStBl 2009 II S. 524; vgl. auch BFH v. 25. 8. 2009, DStRE 2009 S. 1470).

1872–1875 *Einstweilen frei*

3. Die Abkommen zur Vermeidung der Doppelbesteuerung

3.1 Allgemeines

1876 Die im Interesse aller Beteiligten stehende Entwicklung und Ausweitung grenzüberschreitender Wirtschaftsbeziehungen wird beeinträchtigt, wenn die diesbezüglichen Aktivitäten von den in Betracht kommenden Staaten gleichermaßen ungemildert besteuert werden. Erhebt z. B. Deutschland einen Besteuerungsanspruch auf den Gesamtgewinn des Unternehmens unter Einschluss des in einer ausländischen Betriebstätte erzielten Gewinns unabhängig von der Besteuerung des Betriebsstättenergebnisses durch den anderen Staat, ergibt sich insoweit eine doppelte Steuerbelastung. Diesem Ergebnis soll u. a. durch zwischenstaatliche Verträge, die Abkommen zur Vermeidung der Doppelbesteuerung auf dem Gebiet der Steuern vom Einkommen und Vermögen entgegengewirkt werden. Inzwischen bestehen derartige Verträge, sog. Doppelbesteuerungsabkommen – DBA – mit einer Vielzahl von Staaten. Diese Verträge werden durch besonderes Gesetz Bestandteil des deutschen Steuerrechts. Mit weiteren Staaten bestehen derartige Abkommen, die sich auf die Besteuerung von Aktivitäten im Bereich der Luftfahrt und der Seeschifffahrt beschränken. Schließlich wurden mit einigen wenigen Staaten DBA auf dem Gebiet der Erbschaft- und Schenkungsteuer abgeschlossen. Das BMF veröffentlicht alljährlich eine Zusammenstellung der in Betracht kommenden DBA (vgl. z. B. BMF-Schreiben v. 15. 1. 2020, BStBl 2020 I S. 162). Die DBA genießen grundsätzlich keinen Vorrang vor den innerstaatlichen Gesetzen (BVerfG v. 15. 12. 2015 – 2 BvL 1/12, DB 2016 S. 453), so dass im Einzelfall vom DBA vorgesehene Erleichterungen nicht beansprucht werden können, ein Treaty Override nicht ausgeschlossen ist. Eine weitergehende Stellungnahme zu dieser Problematik dürfte in dem noch anhängigen Verfahren 2 BvL 21/14 zu erwarten sein.

Die nachfolgenden Ausführungen beschränken sich auf die DBA auf dem Gebiete der Steuern vom Einkommen und Vermögen.

Die DBA beziehen sich regelmäßig auf die Steuern vom Einkommen und Vermögen. Da 1877
in Deutschland gegenwärtig keine Vermögensteuer erhoben wird, haben diese Regelungen aus der Sicht Deutschlands als Steuergläubiger keine Bedeutung. Erhebt der andere Vertragsstaat eine Vermögensteuer, erlangen die diesbezüglichen Regelungen für in Deutschland ansässige Personen, die in dem anderen Vertragsstaat Vermögen halten, Relevanz.

Ergänzende Vereinbarungen zu den Regelungen der DBA werden vielfach in ergänzen- 1878
den Protokollen getroffen. Teilweise wird vereinbart, dass diese Protokolle Bestandteil des in Betracht kommenden DBA sind, die durch den entsprechenden Transformationsakt Bestandteil des jeweiligen nationalen Steuerrechts werden.

Auf der Grundlage des Art. 25 OECD-MA (vgl. Rdn. 1956) werden von der deutschen Fin- 1879
Verw mit den betreffenden ausländischen Finanzbehörden Konsultationsvereinbarungen geschlossen, mit denen Einvernehmen über die Auslegung oder die Anwendung von Einzelregelungen des betreffenden DBA losgelöst von Einzelfällen hergestellt wird. Der BFH sieht darin keine allgemein verbindlichen Regelungen (BFH v. 2. 9. 2009, BStBl 2010 II S. 394, m. w. N.). Durch § 2 Abs. 2 AO soll erreicht werden, dass diese Vereinbarungen allgemein durchsetzbar, mithin auch von der Finanzgerichtsbarkeit als allgemein verbindliche Regelungen zu beachten sind. Das BMF wird ermächtigt, zur Umsetzung dieser Vereinbarungen mit Zustimmung des Bundesrates Rechtsverordnungen zu erlassen; vgl. z. B. Verordnung zur Umsetzung von Konsultationsvereinbarungen zwischen der Bundesrepublik Deutschland und der schweizerischen Eidgenossenschaft (BGBl 2010 I S. 2187). Unstreitig dürfte sich die FinVerw mit dem Erlass derartiger Rechtsverordnungen gegenüber den Steuerpflichtigen binden. Dagegen sollen derartige Verordnungen für die Finanzgerichtsbarkeit nicht bindend sein (vgl. auch BFH v. 10. 6. 2016, BStBl 2016 II S. 326, m. w. N.).

Ungeachtet einer von Vertragsstaaten vorgesehenen Befristung handelt es sich bei den 1880
DBA um kündbare Verträge. Bei Auslaufen eines DBA bemühen sich die Vertragsstaaten für den Regelfall um den Abschluss eines neuen DBA. Verschiedentlich wird aber auch von der Möglichkeit Gebrauch gemacht, Einzelregelungen zu ändern oder zusätzlich in das DBA aufzunehmen. Derartige Änderungsprotokolle werden dann durch den

entsprechenden Transformationsakt ebenfalls Bestandteil des nationalen Steuerrechts beider Vertragsstaaten.

1881 Bei den DBA handelt es sich um zwischenstaatliche Regelungen, die auch im Verhältnis zu den jeweiligen EU-Staaten grundsätzlich zu beachten sind. Inzwischen hat sich jedoch ergeben, dass diese Regelungen in Einzelfällen durch das EU-Recht überlagert werden. Die diesbezüglichen Einzelregelungen ergeben sich jeweils aus den nationalen Steuergesetzen (vgl. z. B. §§ 43b, 50g EStG; Rdn. 2089 ff.).

1882 Die deutschen DBA orientieren sich weitgehend an dem vom Steuerausschuss der OECD (*Organization for Economic Cooperation and Development*, deren Mitglied die Bundesrepublik Deutschland ist) vorgeschlagenen Musterabkommen (OECD-MA), das durch einen Kommentar erläutert wird. Am 21. 11. 2017 hat die OECD ihr neues OECD-MA 2017 veröffentlicht, das erhebliche Änderungen gegenüber der Vorversion enthält. Das Musterabkommen und dementsprechend auch der Kommentar werden in Anpassung an die veränderten Verhältnisse fortgeschrieben. Den Verhandlungen über den Abschluss oder die Revision eines DBA liegt jeweils die zu diesem Zeitpunkt maßgebliche Fassung des OECD-MA zugrunde. Die unterschiedlichen Interessen der einzelnen Staaten führen im Übrigen dazu, dass das tatsächlich vereinbarte DBA in Einzelpunkten vom OECD-MA abweicht. Dies gilt auch für die von der Bundesrepublik Deutschland abgeschlossenen DBA, wie aus der unter dem 6. 5. 2013 vom BMF auf seinen Internetseiten veröffentlichten Verhandlungsgrundlage für Doppelbesteuerungsabkommen im Bereich der Steuern vom Einkommen und Vermögen entnommen werden kann. Dies hat in der Praxis dazu geführt, dass die deutschen DBA in ihrer Struktur der im Zeitpunkt der Verhandlungen maßgebenden Fassung des OECD-MA entsprechen und teilweise davon abweichend Regelungen enthalten, die der besonderen Interessenlage der beiden Vertragsstaaten geschuldet sind. Zur Lösung einer Einzelfrage kann danach jeweils nur das in Betracht kommende DBA herangezogen werden. Dabei kann der Kommentar zum OECD-MA nur dann eine Auslegungshilfe sein, wenn die in Betracht kommende Einzelregelung dem OECD-MA entspricht.

1883–1885 *Einstweilen frei*

3.2 Das OECD-Musterabkommen

3.2.1 Überblick

1886 Das OECD-MA sieht folgende Einzelregelungen vor:

Abschnitt I. Geltungsbereich des Abkommens

Art. 1 Unter das Abkommen fallende Personen

Art. 2 Unter das Abkommen fallende Steuern

Abschnitt II. Begriffsbestimmungen

Art. 3 Allgemeine Begriffsbestimmungen

Art. 4 Ansässige Personen

Art. 5 Betriebstätte

Abschnitt III. Besteuerung des Einkommens

Art. 6 Einkünfte aus unbeweglichem Vermögen

Art. 7 Unternehmensgewinne

Art. 8 Internationale Seeschifffahrt und Luftfahrt

Art. 9 Verbundene Unternehmen

Art. 10 Dividenden

Art. 11 Zinsen

Art. 12 Lizenzgebühren

Art. 13 Gewinne aus der Veräußerung von Vermögen

Art. 14 [aufgehoben; bis 2000 Einkünfte aus selbständiger Arbeit]

Art. 15 Einkünfte aus unselbständiger Arbeit

Art. 16 Aufsichtsrats- und Verwaltungsratsgebühren

Art. 17 Künstler und Sportler

Art. 18 Ruhegehälter

Art. 19 Öffentlicher Dienst

Art. 20 Studenten

Art. 21 Andere Einkünfte

Abschnitt IV. Besteuerung des Vermögens

Art. 22 Vermögen

Abschnitt V. Methoden zur Vermeidung der Doppelbesteuerung

Art. 23 A Befreiungsmethode

Art. 23 B Anrechnungsmethode

Abschnitt VI. Besondere Bestimmungen

Art. 24 Gleichbehandlung

Art. 25 Verständigungsverfahren

Art. 26 Informationsaustausch

Art. 27 Amtshilfe bei der Erhebung von Steuern

Art. 28 Mitglieder diplomatischer Missionen und konsularischer Vertretungen

Art. 29 Ausdehnung des räumlichen Geltungsbereichs

Abschnitt VII. Schlussbestimmungen

Art. 30 Inkrafttreten

Art. 31 Kündigung

Schlussklausel

1887 Die DBA werden durch entsprechende Transformationsakte Bestandteil des Steuerrechts beider Vertragsstaaten. Die einheitliche Auslegung der Einzelregelungen durch beide Vertragsstaaten soll dadurch erreicht werden, dass die darin verwendeten Begriffe grundsätzlich unabhängig vom jeweiligen nationalen Steuerrecht zu bestimmen sind. Dies ergibt sich zunächst aus den Art. 3 bis 5 OECD-MA entsprechenden Regelungen der DBA. Bereits daraus wird deutlich, dass im nationalen Steuerrecht und im DBA gleichermaßen verwendeten Begriffen nicht dieselbe Bedeutung beizulegen ist. Vergleicht man z. B. die Bestimmung des Begriffs der Betriebsstätte in § 12 AO mit der in Art. 5 OECD-MA, besteht zwar Übereinstimmung insoweit, als für den Regelfall eine Betriebsstätte durch eine feste Geschäftseinrichtung begründet wird, die der Tätigkeit eines Unternehmens dient (so § 12 AO), durch die die Geschäftstätigkeit eines Unternehmens ganz oder teilweise ausgeübt wird (so Art. 5 Abs. 1 OECD-MA). In der weiteren Ausformung beider Regelungen werden indessen Unterschiede deutlich. So gelten z. B. feste Geschäftstätigkeiten, die lediglich Hilfstätigkeiten dienen, nach Art. 5 Abs. 4 OECD-MA nicht als Betriebsstätten. Die Zeitdauer von Bauausführungen und Montagen, die zur Begründung einer Betriebsstätte führt, weicht in den DBA vielfach von der Bestimmung in § 12 Satz 2 Nr. 8 AO ab (vgl. dazu z. B. Art. 5 Abs. 3 OECD-MA). Nach den Art. 3 Abs. 2 OECD-MA entsprechenden Regelungen kann für die Auslegung eines im DBA verwendeten Begriffs nur dann auf das nationale Steuerrecht zurückgegriffen werden, wenn dem eine Begriffsbestimmung des DBA nicht entgegensteht und sich aus der Auslegung aus dem Zusammenhang der DBA-Regelungen nichts Gegenteiliges ergibt (Henkel, in: Gosch/Kroppen/Grotherr, DBA-Kommentar, I.4. Rdn. 58 ff.).

1888 Nach der Art. 1 OECD-MA entsprechenden Regelung gilt ein DBA jeweils für Personen, die in einem der beiden Vertragsstaaten oder in beiden Vertragsstaaten ansässig ist. Dabei werden Einkünfte, die von einem, über einen Rechtsträger oder eine Einrichtung bezogen werden, welche unter dem Steuerrecht eines der Vertragsstaaten als steuerlich transparent angesehen werden, als Einkünfte eines Ansässigen eines Vertragsstaats betrachtet, jedoch nur insoweit als sie zum Zweck der Besteuerung durch diesen Vertragsstaat als Einkünfte eines Ansässigen dieses Vertragsstaats behandelt werden. Entsprechend Art. 3 Abs. 1 Buchst. a OECD-MA umfasst der Ausdruck „Person" natürliche Personen, Gesellschaften und alle anderen Personenvereinigungen. Probleme ergeben sich insoweit im Verhältnis zu Personengesellschaften, die für die Einkommensbesteuerung in Deutschland nicht Steuersubjekt sind. Wegen der bei der Qualifikation von im Ausland ansässigen Gesellschaften zu beachtenden Grundsätze wird auf die Urteile des BFH v. 20. 8. 2008 – IR 34/08 (BStBl 2009 II S. 263); v. 20. 8. 2008 (BStBl 2009 II S. 234) und v. 26. 6. 2013 (BFH/NV 2013 S. 2002) sowie die BMF-Schreiben v. 9. 3. 2004 (BStBl 2004 I S. 411) und v. 26. 9. 2014 (BStBl 2014 I S. 1258) hingewiesen.

1889 Der Begriff des Vertragsstaats erstreckt sich regelmäßig auf das völkerrechtliche Staatsgebiet. Einschränkungen oder Erweiterungen können sich aus einer Art. 28 OECD-MA entsprechenden Regelung ergeben.

1890 Die Ansässigkeit einer Person ist nach der Art. 4 OECD-MA entsprechenden Regelung zu bestimmen. Die DBA unterscheiden bei der Zuweisung des Besteuerungsrechts regelmäßig zwischen dem Ansässigkeitsstaat der die Einkünfte beziehenden Person und dem Quellenstaat der Einkünfte. Verfügt z. B. eine natürliche Person in beiden Vertragsstaaten über je einen Wohnsitz, kann nach den Art. 4 OECD-MA entsprechenden Regelungen jeweils nur einer der beiden Staaten Ansässigkeitsstaat i. S. des DBA sein.

Die unter das DBA fallenden Steuern werden in der Art. 2 OECD-MA entsprechenden 1891
Regelung aufgeführt. Dazu gehören die von den jeweiligen Vertragsstaaten erhobenen Steuern vom Einkommen und Vermögen, die ggf. genau bezeichnet werden. Weiter wird aus dieser Regelung deutlich, ob und ggf. welche Steuern der Gebietskörperschaften des jeweiligen Vertragsstaates unter das DBA fallen. Durch die üblicherweise vereinbarte Öffnungsklausel wird vermieden, dass durch Änderungen des Steuerrechts eines der Vertragsstaaten zugleich insoweit eine Änderung des DBA erforderlich wird.

Gegenüber der Vorversion hat der Ausdruck „Betriebsstätte" in Art. 5 OECD-MA eine 1892
wesentliche Erweiterung erfahren. Die in Art. 5 Abs. 4 OECD-MA nicht als Betriebsstätten geltenden Aufzählungen sind nach dem eingefügten Abs. 4.1 nicht auf eine feste Geschäftseinrichtung anzuwenden, die von einem Unternehmen genützt oder unterhalten wird, wenn das gleiche Unternehmen oder ein eng verbundenes Unternehmen am selben Ort oder an einem anderen Ort im selben Vertragsstaat Geschäftstätigkeiten ausübt und entweder dieser Ort oder der andere Ort gemäß den Bestimmungen dieses Artikels eine Betriebsstätte des Unternehmens oder des eng verbundenen Unternehmens begründen oder die Gesamttätigkeit, die sich aus mehreren Tätigkeiten der beiden Unternehmen am selben Ort oder des gleichen Unternehmens oder des eng verbundenen Unternehmens an den beiden Orten ergibt, weder vorbereitender Art ist noch eine Hilfstätigkeit darstellt. Das setzt voraus, dass die von den beiden Unternehmen am selben Ort oder von dem gleichen Unternehmen oder dem eng verbundenen Unternehmen an den beiden Orten ausgeübten Geschäftstätigkeiten einander ergänzende Funktionen darstellen, welche Bestandteil eines zusammenhängenden Geschäftsbetriebs sind.

Ist eine Person gem. Art. 5 Abs. 5 OECD-MA in einem Vertragsstaat für ein Unternehmen tätig und schließt sie hierbei gewöhnlich Verträge ab oder spielt sie gewöhnlich die führende Rolle, die zum Abschluss von Verträgen führt, welche regelmäßig und ohne wesentliche Änderungen durch das Unternehmen abgeschlossen werden, und werden diese Verträge im Namen des Unternehmens abgeschlossen oder dienen sie der Übertragung von Vermögen oder der Einräumung des Nutzungsrechts von Vermögen, das dem Unternehmen gehört oder dessen Nutzungsrechte das Unternehmen besitzt oder beinhalten diese Verträge Dienstleistungen, die von diesem Unternehmen zu erbringen sind, so wird das Unternehmen so behandelt, als habe es in diesem Staat für alle von der Person für das Unternehmen ausgeübten Tätigkeiten eine Betriebsstätte. Das gilt nicht, wenn sich diese Tätigkeiten lediglich auf die in Art. 5 Abs. 4 OECD-MA genannten Tätigkeiten beschränken, die, würden sie durch eine feste Geschäftseinrichtung (mit Ausnahme einer festen Geschäftseinrichtung, auf die Art. 5 Abs. 4.1 OECD-MA anzuwenden wäre) ausgeübt, diese Einrichtung nicht zu einer Betriebsstätte machen würden.

Wenn eine Person, die in einem Vertragsstaat für ein Unternehmen des anderen Vertragsstaats tätig ist, im erstgenannten Staat als unabhängiger Vertreter Geschäftstätigkeiten ausübt und für das Unternehmen im Rahmen ihrer ordentlichen Geschäftstätigkeit handelt, ist Art. 5 Abs. 5 OECD-MA nicht anzuwenden. Ist eine Person jedoch ausschließlich oder nahezu ausschließlich für eine oder mehrere eng verbundene Gesellschaften tätig, so wird diese Person im Hinblick auf derartige Gesellschaften nicht als unabhängiger Vertreter im vorstehenden Sinne betrachtet.

Im Sinne des Art. 5 OECD-MA ist eine Person oder ein Unternehmen mit einem Unternehmen eng verbunden, wenn auf Basis aller maßgeblichen Sachverhalte eine Partei Kontrolle über die andere ausübt oder beide Parteien unter der Kontrolle derselben Personen oder Unternehmen stehen. In jedem Fall gilt eine Person oder ein Unternehmen als eng verbunden mit einem Unternehmen, wenn eine Partei unmittelbar oder mittelbar mehr als 50 % des wirtschaftlichen Eigentums an der anderen besitzt (oder im Fall einer Gesellschaft mehr als 50 % der gesamten Stimmrechte und des Gesamtwerts der Aktien der Gesellschaft oder des wirtschaftlichen Eigentums am Eigenkapital der Gesellschaft); oder wenn eine andere Person oder Gesellschaft unmittelbar oder mittelbar mehr als 50 % des wirtschaftlichen Eigentums an der Person und dem Unternehmen oder den beiden Unternehmen besitzt (oder im Falle einer Gesellschaft mehr als 50 % der gesamten Stimmrechte und des Gesamtwerts der Aktien der Gesellschaft oder des wirtschaftlichen Eigentums am Eigenkapital der Gesellschaft).

1893–1895 *Einstweilen frei*

3.2.2 Zuweisung des Besteuerungsrechts an den Einkünften

3.2.2.1 Allgemeine Grundsätze

1896 In den Art. 6 bis 21 OECD-MA entsprechenden Regelungen wird einem der beiden Vertragstaaten ein Besteuerungsrecht an den dort bezeichneten Einkünften zugebilligt. Die einzelnen Einkünfte werden abstrakt, d. h. losgelöst vom nationalen Steuerrecht der einzelnen Vertragsstaaten umschrieben. Dabei wird zwischen den laufenden Einkünften aus einer Einkunftsquelle (vgl. z. B. Art. 6, 7, 10, 12 OECD-MA) und den Einkünften aus der Veräußerung des der Erzielung dieser Einkünfte dienenden Vermögens in Art. 13 OECD-MA unterschieden. Wird danach z. B. dem Belegenheitsstaat unbeweglichen Vermögens in der Art. 6 OECD-MA entsprechenden Regelung, dem Betriebsstättenstaat für Unternehmensgewinne entsprechend Art. 7 OECD-MA das Besteuerungsrecht an diesen Einkünften zugewiesen, wird damit noch nicht über das Besteuerungsrecht des anderen Vertragsstaates, des Ansässigkeitsstaates des Beziehers der Einkünfte entschieden. Dies erfolgt in den Art. 23A/23B OECD-MA entsprechenden Regelungen zur Ausgleichung der Doppelbesteuerung (vgl. Rdn. 1945 ff.).

1897 Die Regelungen der DBA beschränken sich regelmäßig auf die Zuweisung des Besteuerungsrechts an den in Betracht kommenden Einkünften. Der jeweilige Vertragsstaat führt dann die Besteuerung nach Maßgabe seines nationalen Steuerrechts durch. Die Bundesrepublik Deutschland kann dementsprechend das ihr belassene Besteuerungsrecht nur im Rahmen der Vorschriften des EStG (KStG) ausüben. Durch die DBA werden keine weitergehenden Steueransprüche begründet. Die danach der inländischen Besteuerung unterliegenden ausländischen Einkünfte sind nach den Vorschriften des Einkommensteuergesetzes zu qualifizieren und zu ermitteln (H 2a [Einkünfteermittlung] EStH; BFH v. 16. 3. 1994, BStBl II 1994 S. 799).

Zu den Voraussetzungen, unter denen einer Personen Einkünfte zuzurechnen sind, nehmen die DBA nicht Stellung. Deswegen ist diese Frage regelmäßig nach nationalem Recht zu beantworten (BFH v. 29.10.1997, BStBl II 1998 S. 235; v. 24. 3. 1999, BStBl II 2000 S. 399; v. 4.4.2007, BStBl II 2007 S. 521 jeweils m.w.N.). Henkel (in: Gosch/Kroppen/Grotherr, Teil I Abschn. 4 Rdn. 106/107) folgt dieser Auffassung mit der Einschränkung, dass die Anwendung besonderer nationaler Zurechnungsregelungen sich bei Anwendung des DBA nur dann auswirken könne, wenn dies die Auslegung aus dem Abkommenszusammenhang zulasse. Es entspricht ständiger Rechtsprechung des BFH (vgl. z. B. Urteil v. 31. 5. 2005, BStBl II 2006 S. 118; v. 19.7.2012, BFH/NV 2012 S. 1932), dass die Grundsätze des § 42 AO auch bei Anwendung der DBA zu beachten sind. 1898

Einstweilen frei 1899, 1900

3.2.2.2 Einkünfte aus unbeweglichem Vermögen – Art. 6 OECD-MA

Einkünfte, die eine in einem Vertragsstaat ansässige Person aus unbeweglichem Vermögen (einschließlich der Einkünfte aus land- und forstwirtschaftlichen Betrieben) bezieht, das im anderen Vertragsstaat liegt, können nach der Art. 6 Abs. 1 OECD-MA entsprechenden Regelung im anderen Staat, dem Belegenheitsstaat besteuert werden. Dies gilt nach den Art. 6 Abs. 3 OECD entsprechenden Regelungen für die Einkünfte aus der unmittelbaren Nutzung, der Vermietung oder Verpachtung sowie jeder anderen Art der Nutzung unbeweglichen Vermögens selbst dann, wenn das unbewegliche Vermögen zum Betriebsvermögen eines Unternehmens gehört (Art. 6 Abs. 4 OECD). Nach den Wertungen des deutschen Steuerrechts können die Einkünfte aus unbeweglichem Vermögen als Einkünfte aus Land- und Forstwirtschaft, aus Gewerbebetrieb, aus selbständiger Arbeit oder aus Vermietung und Verpachtung zu besteuern sein. 1901

Der Begriff des unbeweglichen Vermögens ist nach der Art. 6 OECD-MA entsprechenden Regelung nach dem Recht des Belegenheitsstaates zu bestimmen. Das unbewegliche Vermögen umfasst auch das Zubehör zum unbeweglichen Vermögen, das lebende und tote Inventar land- und forstwirtschaftlicher Betriebe, die Rechte, auf die die Vorschriften des Privatrechts über Grundstücke Anwendung finden, die Nutzungsrechte an unbeweglichem Vermögen sowie die Rechte auf veränderliche oder feste Vergütungen für die Ausbeutung oder das Recht auf Ausbeutung von Mineralvorkommen, Quellen und anderen Bodenschätzen. Diese Definition entspricht weitgehend dem deutschen Verständnis. 1902

3.2.2.3 Einkünfte aus Unternehmen – Art. 7–9 OECD-MA

Nach den Art. 7 Abs. 1 OECD-MA entsprechenden Regelungen können Gewinne eines Unternehmens eines Vertragsstaats (vgl. dazu Art. 3 Abs. 1 Buchst. d OECD-MA) grundsätzlich nur in diesem Staat besteuert werden. Dies gilt unabhängig davon, ob es sich um ein Unternehmen natürlicher oder juristischer Personen handelt. Übt das Unternehmen seine Geschäftstätigkeit im anderen Vertragsstaat durch eine dort gelegene Betriebstätte i. S. des Art. 5 OECD-MA aus, können die dieser Betriebsstätte zuzurechnenden Gewinne von dem anderen Staat, dem Betriebsstättenstaat, besteuert werden. Es handelt danach zunächst um eine Regelung für die Fälle, in denen nach deutschem Ver- 1903 ständnis Einkünfte aus Gewerbebetrieb unter Einschaltung einer Betriebsstätte erzielt werden.

1904 In 2010 ist Art. 7 OECD-MA geändert worden. Das Prinzip der Besteuerung der Unternehmensgewinne durch den Betriebsstättenstaat wurde beibehalten. Die Ausführungen zur Abgrenzung des Betriebsstättenergebnisses gegenüber dem im anderen Vertragsstaat unterhaltenen Teil des Unternehmens sind neu formuliert worden, ohne dass sich dadurch grundsätzliche Änderungen ergeben haben. Neu ist die Regelung in Abs. 3 für den Fall, dass der Betriebsstättenstaat das Betriebstättenergebnis entsprechend den zu beachtenden Grundsätzen korrigiert und sich dadurch eine Doppelbesteuerung durch den anderen Vertragsstaat ergibt. Der andere Staat ist – ggf. nach entsprechenden Konsultationen – verpflichtet, seine Steuerfestsetzung entsprechend zu ändern. Die deutschen DBA enthalten gegenwärtig keine entsprechenden Regelungen.

1905 Nach der ab 2000 maßgebenden Fassung des OECD-MA gilt dies auch für die Einkünfte aus selbständiger Tätigkeit, soweit nicht die Regelungen der Art. 16, 17 OECD-MA eingreifen. In den älteren deutschen DBA wird in Anlehnung an die zuvor maßgebende Regelung des Art. 14 OECD-MA bestimmt, dass die Einkünfte, die eine in einem Vertragsstaat ansässige Person aus einem freien Beruf oder aus sonstiger selbständiger Arbeit bezieht, grundsätzlich nur vom Ansässigkeitsstaat besteuert werden können. Ein Besteuerungsrecht für den anderen Vertragsstaat ergibt sich danach regelmäßig nur dann und insoweit, als die Einkünfte einer im anderen Vertragsstaat unterhaltenen festen Einrichtung zugerechnet werden können. Dabei wird davon ausgegangen, dass die feste Geschäftseinrichtung einer Betriebsstätte i. S. des Art. 5 Abs. 1 OECD-MA gleichsteht. Die Aufhebung des Art. 14 OECD-MA hat danach zu keinen substanziellen Änderungen geführt.

1906 Von Art. 7 OECD-MA abweichende Regelungen werden in Art. 8 OECD-MA für Unternehmen getroffen, die Seeschifffahrt oder Luftfahrt betreiben. Für diese Fälle wird das Besteuerungsrecht an den Gewinnen dem Staat zugewiesen, in dem sich der Ort der tatsächlichen Geschäftsleitung des Unternehmens befindet.

1907 Die von Personengesellschaften erzielten Gewinne werden von den einzelnen ausländischen Staaten nach unterschiedlichen Grundsätzen besteuert. Ein Teil der Staaten besteuert die Gesellschafter mit den ihn zuzurechnenden Gewinnanteilen – sog. transparente Besteuerung; § 15 Abs. 1 Satz 1 Nr. 2 EStG entsprechende Regelungen (vgl. dazu 5. Kap. Teil A Rdn. 91 ff.) sind indessen weitgehend unbekannt. In anderen Staaten werden Personengesellschaften wie Kapitalgesellschaften besteuert. Bei den Gesellschaftern werden deswegen die ausgeschütteten Gewinne vergleichbar Dividenden besteuert. Verschiedentlich werden bei bestimmten Typen der Personengesellschaften die Gewinne bei den Gesellschaftern besteuert, während andere Gesellschaftstypen wie Kapitalgesellschaften besteuert werden. Schließlich räumen einzelne Staaten die Möglichkeit ein, unter bestimmten Voraussetzungen zwischen der transparenten Besteuerung und der Besteuerung wie eine Kapitalgesellschaft zu wählen. Angesichts dieser Besteuerungsvielfalt sieht das OECD-MA keine besonderen Regelungen für die Besteuerung von Personengesellschaften vor. Einzelne deutsche DBA enthalten insoweit besondere Regelungen (vgl. z. B. Art. 7 Abs. 7 DBA Österreich, Art. 7 Abs. 7 DBA Schweiz). Unterhält eine Personengesellschaft in einem anderen Staat eine Betriebsstätte, handelt es sich damit aus deutscher Sicht zugleich um eine Betriebsstätte des mitunternehmerschaftlich beteiligten Gesellschafters. Zu den nach Auffassung der FinVerw bei der inländischen Besteuerung von Einkünften aus der Beteiligung an Personengesellschaften zu beachtenden Grundsätzen hat das BMF mit Schreiben v. 26. 9. 2014 (BStBl 2014 I S. 1258) Stellung genommen. Wegen der Frage, ob bei Beteiligung an einer ausländischen Personengesellschaft die Beteiligung an der Kapitalgesellschaft, die Komplementärin dieser Gesellschaft ist, zum Sonderbetriebsvermögen bei der ausländischen Gesellschaft gehört, wird auf das Urteil des FG Münster v. 2. 7. 2014 – 12 K 2707/10 (NWB DokID: JAAAE-73716) hingewiesen. Das FG hat diese Frage bejaht und Gewinnausschüttungen der Kapitalgesellschaft als Teil der Betriebsstätteneinkünfte nach Maßgabe des in Betracht kommenden DBA von der inländischen Besteuerung freigestellt.

Die Besteuerung der Einkünfte aus der Beteiligung an einer Personengesellschaft durch 1908
die einzelnen Staaten erfolgt nach unterschiedlichen Grundsätzen. Dies kann nach Auffassung des deutschen Gesetzgebers dazu führen, dass Vergütungen i. S. des § 15 Abs. 1 Satz 1 Nr. 2 EStG entgegen dem inländischen Verständnis dieser Vorschrift durch die Anwendung der DBA ungerechtfertigt der inländischen Besteuerung entzogen werden. Die dementsprechend gesehenen Besteuerungslücken sollen durch die Regelungen in § 50d Abs. 9 und 10 EStG geschlossen werden. Zu diesem Problemkreis hat das BMF in Abschn. 5 seines Schreibens v. 26. 9. 2014 (BStBl 2014 I S. 1258) Stellung genommen. Ab 1. 1. 2017 dürfen Aufwendungen eines Gesellschafters einer Personengesellschaft gem. § 4i EStG nicht als Sonderbetriebsausgaben abgezogen werden, soweit diese Aufwendungen auch die Steuerbemessungsgrundlage in einem anderen Staat mindern. Dies gilt insoweit nicht, als diese Aufwendungen Erträge desselben Steuerpflichtigen mindern, die bei ihm sowohl der inländischen Besteuerung als auch nachweislich der tatsächlichen Besteuerung in dem anderen Staat unterliegen. Im Übrigen wird auf § 50d Abs. 10 EStG hingewiesen. Dessen Rechtmäßigkeit wird vom BVerfG in dem Verfahren 2 BvL 15/14 aufgrund des Beschlusses des BFH v. 11. 12. 2013 (BFH/NV 2014 S. 614) geprüft.

Die FinVerw hat in der Vergangenheit u. a. die Auffassung vertreten, dass ein im Aus- 1909
land ansässiger Gesellschafter einer i. S. des § 15 Abs. 3 Nr. 2 EStG gewerblich geprägten Personengesellschaft auch dann Einkünfte i. S. der Art. 7 OECD-MA entsprechenden Regelung bezieht, wenn die Gesellschaft nicht gewerblich, sondern vermögensverwaltend tätig ist. Dies hat dazu geführt, dass bei Wohnsitzwechsel in das Ausland der inländischen Besteuerung verstrickte Vermögenswerte in eine GmbH & Co. KG überführt wurden, z. B. eine Beteiligung i. S. des § 17 EStG, um dadurch die Wegzugbesteuerung (vgl. Rdn. 1866 ff.) zu vermeiden. Demgegenüber hat der BFH durch Urteil v. 25. 5. 2011 (BFH/NV 2011 S. 1602) entschieden, dass die Gesellschafter in diesen Fällen keine gewerblichen Einkünfte i. S. der Art. 7 OECD-MA entsprechenden Regelung beziehen. Durch § 50i EStG soll sichergestellt werden, dass die laufenden Einkünfte sowie Gewinne aus der Veräußerung oder der Entnahme der in Betracht kommenden Wirtschaftsgüter weiterhin als inländische Einkünfte aus Gewerbetrieb zu besteuern sind. Dies war zunächst nur für die Einkünfte aus Wirtschaftsgütern vorgesehen, die vor dem 29. 6. 2013 Betriebsvermögen geworden sind.

1910 § 50i Abs. 1 und 2 EStG und § 52 Abs. 48 EStG sind durch Art. 7 des Gesetzes zur Umsetzung der Änderungen der EU-Amtshilferichtlinie und von weiteren Maßnahmen gegen Gewinnkürzungen und -verlagerungen v. 20. 12. 2016 (BGBl 2016 I S. 3000) geändert bzw. neu gefasst worden. Danach ist § 50i Abs. 2 EStG in der Neufassung erstmals für Einbringungen anzuwenden, bei denen der Einbringungsvertrag nach dem 31. 12. 2013 geschlossen worden ist. Die bisherige Fassung des § 50i Abs. 2 EStG ist rückwirkend aufgehoben und damit nicht wirksam geworden (BMF v. 5. 1. 2017, BStBl 2017 I S. 32). § 50i Abs. 2 EStG sieht für Einbringungen i. S. des § 20 UmwStG unter bestimmten Voraussetzungen zwingend die Aufdeckung der stillen Reserven vor.

1911 Für den Fall, dass das Unternehmen eines Vertragsstaates in dem anderen Vertragsstaat eine Betriebsstätte unterhält, wird in der Art. 7 Abs. 2 OECD-MA entsprechenden Regelung regelmäßig bestimmt, dass dieser Betriebstätte die Gewinne zuzurechnen sind, die sie hätte erzielen können, wenn sie eine gleiche oder ähnliche Geschäftstätigkeit unter gleichen oder ähnlichen Bedingungen als selbständiges Unternehmen ausgeübt hätte und im Verkehr mit dem Unternehmen, dessen Betriebstätte sie ist, völlig unabhängig gewesen wäre – dealing at arms length-Prinzip. Ergänzend dazu werden üblicherweise die nachfolgenden Regelungen getroffen.

- Der Betriebstätte sind die für sie entstandenen Aufwendungen, einschließlich der Geschäftsführungs- und allgemeinen Verwaltungskosten, zuzurechnen, gleichgültig, ob sie in dem Betriebsstättenstaat oder anderswo entstanden sind.
- Unter bestimmten Voraussetzungen wird es zugelassen, die einer Betriebstätte zuzurechnenden Gewinne durch Aufteilung der Gesamtgewinne des Unternehmens auf seine einzelnen Teile zu ermitteln.
- Aufgrund des bloßen Einkaufs von Gütern oder Waren für das Unternehmen wird einer Betriebstätte kein Gewinn zugerechnet.
- Die der Betriebstätte zuzurechnenden Gewinne sind für jedes Jahr auf dieselbe Art zu ermitteln, es sei denn, dass ausreichende Gründe für eine abweichende Verfahrensweise bestehen.
- Gehören zu den Gewinnen Einkünfte, die in anderen Artikeln des DBA behandelt werden, werden die Bestimmungen jener Artikel durch die Bestimmungen der Art. 7 OECD-MA entsprechenden Regelung nicht berührt.

1912 Wegen Einzelheiten wird auf die Grundsätze für die Anwendung des Fremdvergleichsgrundsatzes auf die Aufteilung der Einkünfte zwischen einem inländischen Unternehmen und seiner ausländischen Betriebsstätte und auf die Ermittlung der Einkünfte der inländischen Betriebsstätte eines ausländischen Unternehmens nach § 1 Abs. 5 des Außensteuergesetzes und der Betriebsstättengewinnaufteilungsverordnung hingewiesen (Verwaltungsgrundsätze Betriebsstättengewinnaufteilung – VWG BsGa v. 22. 12. 2016, BStBl 2017 I S. 182), mit denen die Ausführungen in den mehrfach geänderten Grundsätzen für die Prüfung der Aufteilung der Einkünfte bei Betriebsstätten international tätiger Unternehmen v. 24. 12. 1999 (BStBl 1999 I S. 1076) in wesentlichen Teilbereichen geändert wurden.

1913 *Einstweilen frei*

1914 Abweichend von den Art. 7 OECD-MA entsprechenden Regelungen können Gewinne eines Unternehmens in einem Vertragsstaat aus dem Betrieb von Seeschiffen oder Luftfahrzeugen im internationalen Verkehr entsprechend Art. 8 OECD-MA nur in diesem

Vertragsstaat besteuert werden. Davon ausgenommen sind Gewinne aus der Beteiligung an einem Pool, einer Betriebsgemeinschaft oder einer internationalen Betriebsagentur.

Schließlich wird regelmäßig in einer Art. 9 OECD-MA entsprechenden Regelung zur Ge- 1915
winnabgrenzung zwischen nahe stehenden Unternehmen Stellung genommen. Für den Fall, dass

- ein Unternehmen eines Vertragsstaats unmittelbar oder mittelbar an der Geschäftsleitung, der Kontrolle oder dem Kapital eines Unternehmens des anderen Vertragsstaats beteiligt ist, oder
- dieselben Personen unmittelbar oder mittelbar an der Geschäftsleitung, der Kontrolle oder dem Kapital eines Unternehmens eines Vertragsstaats und eines Unternehmens des anderen Vertragsstaats beteiligt sind

und die beiden Unternehmen in ihren kaufmännischen oder finanziellen Beziehungen an vereinbarte oder auferlegte Bedingungen gebunden sind, die von denen abweichen, die unabhängige Unternehmen miteinander vereinbaren würden, dürfen die Gewinne, die eines der Unternehmen ohne diese Bedingungen erzielt hätte, wegen dieser Bedingungen aber nicht erzielt hat, den Gewinnen dieses Unternehmens zugerechnet und entsprechend besteuert werden. Danach sind Einkunftskorrekturen immer dann zulässig, wenn und soweit Geschäftsbeziehungen zwischen nahe stehenden Unternehmen nicht unter Beachtung des Grundsatzes des Fremdvergleichs abgewickelt werden. Sind danach die Gewinne eines Unternehmens, z. B. einer inländischen Muttergesellschaft zu berichtigen, sieht die Art. 9 Abs. 2 OECD-MA entsprechende Regelung eine Gegenberichtigung bei der ausländischen Tochtergesellschaft vor.

Auf die bei Einkunftsberichtigungen zwischen nahe stehenden Personen zu beachten- 1916
den Grundsätze wird in Rdn. 1831 ff. hingewiesen.

3.2.2.4 Dividenden – Art. 10 OECD-MA

Bezieht eine in einem Vertragsstaat ansässige Person von einer im anderen Vertrags- 1917
staat ansässigen Gesellschaft Gewinnausschüttungen (Dividenden) wird durch die Art. 10 Abs. 1 OECD-MA entsprechende Regelung regelmäßig dem Ansässigkeitsstaat des Dividendenbeziehers das Besteuerungsrecht zugewiesen. Dem anderen Vertragsstaat (dem Quellenstaat) wird daneben die Berechtigung zur Erhebung einer Quellensteuer eingeräumt. Die Steuer darf aber, wenn der Nutzungsberechtigte der Dividenden eine in dem anderen Vertragsstaat ansässige Person ist, nach Art. 10 Abs. 2 OECD-MA nicht übersteigen:

- 5 % des Bruttobetrages der Dividenden, wenn der Nutzungsberechtigte eine Gesellschaft ist, die über einen Zeitraum von 365 Tagen einschließlich des Tages, an dem die Dividenden gezahlt werden, unmittelbar über mindestens 25 % des Kapitals der die Dividenden zahlenden Gesellschaft verfügt (für Zwecke der Berechnung dieses Zeitraums werden keine Änderungen der Eigentumsverhältnisse in Betracht gezogen, die sich unmittelbar aus einer Unternehmensumgestaltung wie einer Fusion oder einer spaltenden Umgestaltung derjenigen Gesellschaft ergeben würden, welche die Anteile besitzt oder die Dividende zahlt),
- 15 % des Bruttobetrags der Dividenden in allen anderen Fällen.

Dem Schachtelprivileg in den DBA zwischen den EU-Staaten kommt angesichts der weitergehenden Regelungen der sog. Mutter-, Tochterrichtlinie (vgl. Rdn. 2089 f.) nur noch in Ausnahmefällen Bedeutung zu. Im Verhältnis zu den übrigen Staaten weichen die deutschen DBA teilweise hinsichtlich der Höhe des Steuersatzes und/oder der Mindestbeteiligung von Art. 10 Abs. 2 OECD-MA ab.

1918 Die vom Quellenstaat auf Dividenden regelmäßig im Abzugsverfahren erhobenen Quellensteuern überschreiten vielfach den im jeweiligen DBA vorgesehenen Höchstsatz. In diesen Fällen bleibt der Quellenstaat zunächst regelmäßig zur Erhebung der ungemilderten Quellensteuer berechtigt. Der Gläubiger der Dividenden muss dann seinen Ermäßigungsanspruch gegenüber den FinBeh des Quellenstaates geltend machen. Weitere Informationen dazu sowie Muster der insoweit zu verwendenden Vordrucke der ausländischen FinBeh hält das Bundeszentralamt für Steuern im Internet bereit.

1919 Die Definition des Begriffs „Dividende" in Art. 10 Abs. 3 OECD-MA entspricht in ihrem sachlichen Gehalt weitgehend § 20 Abs. 1 Nr. 1 EStG. Die deutschen DBA sehen teilweise Ergänzungen vor.

1920 Unterhält der Dividendengläubiger eine Betriebsstätte in dem Staat, in dem die ausschüttende Gesellschaft ansässig ist, sind die Dividenden dann in die Gewinnermittlung der Betriebsstätte einzubeziehen, wenn die Beteiligung, für die die Dividenden gezahlt werden, tatsächlich zu dieser Betriebstätte gehört – sog. Betriebstättenvorbehalt. Das Besteuerungsrecht richtet sich dann nicht nach der Art. 10 Abs. 1 und 2, sondern nach der Art. 7 OECD-MA (vgl. Rdn. 1903 ff.) entsprechenden Regelung.

1921 Bezieht eine in einem Vertragsstaat ansässige Gesellschaft Gewinne oder Einkünfte aus dem anderen Vertragsstaat, so darf dieser andere Staat weder die von der Gesellschaft gezahlten Dividenden besteuern, es sei denn, diese Dividenden werden an eine im anderen Staat ansässige Person gezahlt oder die Beteiligung, für die die Dividenden gezahlt werden, gehört tatsächlich zu einer im anderen Staat gelegenen Betriebstätte, noch darf dieser andere Staat Gewinne der Gesellschaft einer Steuer für nichtausgeschüttete Gewinne unterwerfen, selbst wenn die gezahlten Dividenden oder die nichtausgeschütteten Gewinne ganz oder teilweise aus im anderen Staat erzielten Gewinnen oder Einkünften bestehen.

3.2.2.5 Zinsen – Art. 11 OECD-MA

1922 Zinsen, die eine Person von einem im anderen Vertragstaat ansässigen Schuldner bezieht, können nach der Art. 11 Abs. 1 OECD-MA entsprechenden Regelung vom Ansässigkeitsstaat besteuert werden. Dem Quellenstaat wird durch Art. 11 Abs. 2 OECD-MA ein Quellensteuereinbehalt von 10 % des Bruttobetrags zugestanden. Durch einige deutsche DBA wird dem Quellenstaat kein Besteuerungsrecht zugestanden. Andere DBA sehen differenzierende Regelungen für die Quellensteuer vor. Die Ausführungen in Rdn. 1918, 1920 gelten entsprechend. Vorstehende Bestimmungen sind nicht anzuwenden, wenn der in einem Vertragsstaat ansässige Nutzungsberechtigte im anderen Vertragsstaat, aus dem die Zinsen stammen, eine Geschäftstätigkeit durch eine dort gelegene Betriebstätte ausübt und die Forderung, für die die Zinsen gezahlt werden, tatsächlich zu dieser Betriebstätte gehört. In diesem Fall ist Art. 7 OECD-MA (vgl. Rdn. 1903 ff.) anzuwenden.

Die Definition des Begriffs „Zinsen" in Art. 11 Abs. 3 OECD-MA entspricht weitgehend dem deutschen Rechtsverständnis. Zuschläge für verspätete Zahlung gelten nicht als Zinsen im Sinne dieses Artikels. Die deutschen DBA sehen teilweise Ergänzungen vor. 1923

3.2.2.6 Lizenzgebühren – Art. 12 OECD-MA

Art. 12 Abs. 1 OECD-MA sieht für Lizenzgebühren, die eine Person aus dem anderen Vertragsstaat bezieht, das ausschließliche Besteuerungsrecht für den Ansässigkeitsstaat vor. Abweichend davon sieht ein Teil der deutschen DBA ein auf einem bestimmten Prozentsatz des Bruttobetrags der Lizenzgebühren beschränktes Besteuerungsrecht des Quellenstaats vor. Die Ausführungen in Rdn. 1918, 1920 gelten entsprechend. 1924

Nach Art. 12 Abs. 2 OECD-MA handelt es sich bei den Lizenzgebühren um Vergütungen jeder Art, die für die Benutzung oder für das Recht auf Benutzung von Urheberrechten an literarischen, künstlerischen oder wissenschaftlichen Werken, einschließlich kinematographischer Filme, von Patenten, Marken, Mustern oder Modellen, Plänen, geheimen Formeln oder Verfahren oder für die Mitteilung gewerblicher, kaufmännischer oder wissenschaftlicher Erfahrungen gezahlt werden. Die deutschen DBA weichen teilweise davon ab. 1925

Durch Art. 12 OECD-MA wird danach der Betriebsausgabenabzug beim inländischen Schuldner nicht beschränkt. Ist ausländischer Gläubiger eine nahestehende Person i. S. des § 1 Abs. 2 AStG (vgl. Rdn. 1832 ff.), bei dem die Lizenzgebühren niedrig besteuert werden, wird der Betriebsausgabenabzug durch § 4j EStG eingeschränkt. 1926

Art. 12 Abs. 1 OECD-MA ist nicht anzuwenden, wenn der in einem Vertragsstaat ansässige Nutzungsberechtigte im anderen Vertragsstaat, aus dem die Lizenzgebühren stammen, eine Geschäftstätigkeit durch eine dort gelegene Betriebsstätte ausübt und die Rechte oder Vermögenswerte, für die die Lizenzgebühren gezahlt werden, tatsächlich zu dieser Betriebsstätte gehören. In diesem Fall ist Art. 7 OECD-MA (vgl. Rdn. 1903 ff.) anzuwenden. 1927

Einstweilen frei 1928–1930

3.2.2.7 Gewinne aus der Veräußerung von Vermögen – Art. 13 OECD-MA

Bei der Besteuerung von Gewinnen aus der Veräußerung von Vermögen, über das eine in einem Vertragsstaat ansässige Person in dem anderen Vertragstaat verfügt, wird in Art. 13 OECD-MA wie folgt differenziert. 1931

- Gewinne aus der Veräußerung unbeweglichen Vermögens i. S. des Art. 6 OECD-MA (vgl. Rdn. 1901) können vom Belegenheitsstaat besteuert werden.
- Gewinne aus der Veräußerung beweglichen Vermögens, das Betriebsvermögen einer Betriebsstätte ist, können vom Betriebsstättenstaat besteuert werden. Dies gilt auch für Gewinne aus der Veräußerung der Betriebsstätte.
- Gewinne, die ein Unternehmen in einem Vertragsstaat, das Seeschiffe oder Luftfahrzeuge im internationalen Verkehr betreibt, aus der Veräußerung dieser Seeschiffe oder Luftfahrzeuge oder von beweglichem Vermögen bezieht, das dem Betrieb dieser Schiffe oder Luftfahrzeuge dient, können nur in diesem Vertragsstaat besteuert werden.
- Gewinne, die eine in einem Vertragsstaat ansässige Person aus der Veräußerung von Anteilen oder vergleichbaren Rechten, wie Beteiligungen an einer Personengesellschaft oder einem Trust, bezieht, können im anderen Vertragsstaat besteuert werden, wenn zu irgendeinem Zeit-

punkt in den 365 Tagen vor der Veräußerung der Wert dieser Anteile oder vergleichbaren Rechten zu mehr als 50 % unmittelbar oder mittelbar auf unbeweglichem Vermögen gemäß der Definition in Art. 6 OECD-MA beruht, das im anderen Vertragsstaat gelegen ist.

- Gewinne aus der Veräußerung des vorstehend nicht genannten Vermögens können nur vom Ansässigkeitsstaat besteuert werden.

1932 Die deutschen DBA folgen weitgehend Art. 13 OECD-MA. Abweichungen ergeben sich verschiedentlich hinsichtlich des Besteuerungsrechts an Gewinnen aus der Veräußerung von qualifizierten Beteiligungen an Kapitalgesellschaften.

3.2.2.8 Einkünfte aus unselbständiger Arbeit – Art. 15, 16, 18 und 19 OECD-MA

1933 Nach dem dem OECD-MA zugrunde liegenden Verständnis gehören zu den Einkünften aus unselbständiger Arbeit

- die Vergütungen für die im privaten Dienst ausgeübte unselbständige Arbeit i. S. des Art. 15 OECD-MA, die im Inland im Regelfall als Einkünfte i. S. des § 19 Abs. 1 Satz 1 Nr. 1 EStG besteuert werden,
- die Aufsichtsrats- und Verwaltungsratsvergütungen i. S. des Art. 16 OECD-MA, die im Inland im Regelfall gem. § 18 Abs. 1 Nr. 3 EStG als Einkünfte aus selbständiger Arbeit besteuert werden,
- die Ruhegehälter i. S. des Art. 18 OECD-MA die im Inland im Regelfall als Einkünfte i. S. des § 19 Abs. 1 Satz 1 Nr. 2 EStG besteuert werden und
- die Vergütungen für die im öffentlichen Dienst ausgeübte unselbständige Arbeit die im Inland im Regelfall als Einkünfte i. S. des § 19 Abs. 1 Satz 1 Nr. 1 EStG besteuert werden sowie die von öffentlichen Kassen gezahlten Ruhegehälter, die im Inland im Regelfall als Einkünfte i. S. des § 19 Abs. 1 Satz 1 Nr. 2 EStG besteuert werden i. S. des Art. 19 OECD-MA.

1934 Vergütungen, die eine in einem Vertragsstaat ansässige Person für eine im anderen Vertragsstaat ausgeübte unselbständige Tätigkeit bezieht, können nach Art. 15 Abs. 1 OECD-MA vom Tätigkeitsstaat besteuert werden. Davon abweichend ergibt sich nach Art. 15 Abs. 2 OECD-MA das Besteuerungsrecht des Ansässigkeitsstaates wenn

- sich der Arbeitnehmer im anderen Staat insgesamt nicht länger als 183 Tage innerhalb eines Zeitraums von zwölf Monaten, der während des betreffenden Steuerjahres beginnt oder endet, aufhält und
- die Vergütungen von einem Arbeitgeber oder für einen Arbeitgeber gezahlt werden, der nicht im anderen Staat ansässig ist, und
- die Vergütungen nicht von einer Betriebstätte getragen werden, die der Arbeitgeber im anderen Staat hat.

Schließlich wird in Art. 15 Abs. 3 OECD zum Besteuerungsrecht an den Einkünften von Arbeitnehmern an Bord von Seeschiffen und Luftfahrzeugen im internationalen Verkehr Stellung genommen. Die deutschen DBA mit verschiedenen Nachbarländern sehen ergänzend Sonderregelungen für Arbeitnehmer vor, die von ihrer Wohnung in einem Staat regelmäßig ihren Arbeitsort im anderen Staat aufsuchen, sog. Grenzgängerregelungen.

1935 Besteht mit dem Tätigkeitsstaat kein DBA, kann der Arbeitnehmer eine steuerliche Entlastung nach dem sog. Auslandstätigkeitserlass (BMF v. 31. 10. 1983, BStBl 1983 I S. 470) erlangen. Zu den sich bei Anwendung der Art. 15 OECD-MA entsprechenden Regelungen der einzelnen DBA ergebenden Fragen hat das BMF mit dem umfangreichen Schreiben v. 3. 5. 2018 (BStBl 2018 I S. 643) Stellung genommen. Zur Ermittlung des steuerfreien und steuerpflichtigen Arbeitslohns nach den DBA sowie nach dem Auslandstätigkeitserlass im LSt-Abzugsverfahren und der Änderung des Auslandstätigkeitserlasses wird auf das BMF-Schreiben v. 14. 3. 2017 (BStBl 207 I S. 473) hingewiesen.

Ein in Deutschland ansässiger Arbeitnehmer kann die ihm nach einem DBA zustehende Freistellung des für eine im anderen Vertragsstaat ausgeübte Tätigkeit bezogenen Arbeitslohns von der inländischen Besteuerung gem. § 50d Abs. 8 EStG nur beanspruchen, wenn der Arbeitslohn vom anderen Vertragstaat nachweislich besteuert wurde; vgl. dazu das BMF-Schreiben v. 21. 7. 2005 (BStBl 2005 I S. 821). § 50d Abs. 8 EStG ist rechtmäßig (BVerfG v. 15. 12. 2015, HFR 2016 S. 405). 1936

Vergütungen, die eine in einem Vertragsstaat ansässige Person für eine Tätigkeit als Aufsichts- oder Verwaltungsrat von einer im anderen Vertragsstaat ansässigen Gesellschaft bezieht, können nach der Art. 16 OECD-MA entsprechenden Regelung vom Ansässigkeitsstaat der Gesellschaft besteuert werden. 1937

Ruhegehälter und ähnliche Vergütungen, die aufgrund einer früheren unselbständigen Arbeit gezahlt werden, können nach der Art. 18 OECD-MA entsprechenden Regelung regelmäßig nur vom Ansässigkeitsstaat besteuert werden. 1938

Vergütungen für eine Tätigkeit im öffentlichen Dienst sowie die entsprechenden Ruhegehälter können entsprechend Art. 19 OECD-MA im Regelfall von dem Staat besteuert werden, in dem die zahlende öffentliche Kasse ansässig ist. Ausnahmeregelungen sind für die Bezieher von Vergütungen vorgesehen, die im anderen Vertragsstaat ansässig sind und dessen Staatsangehörigkeit besitzen sowie für Vergütungen für Dienstleistungen, die im Zusammenhang mit einer Geschäftstätigkeit erbracht wird. 1939

3.2.2.9 Künstler und Sportler – Art. 17 OECD-MA

Einkünfte, die eine in einem Vertragsstaat ansässige Person als Künstler, wie Bühnen-, Film-, Rundfunk- und Fernsehkünstler sowie Musiker, oder als Sportler aus ihrer im anderen Vertragsstaat persönlich ausgeübten Tätigkeit bezieht, können nach der Art. 17 OECD-MA entsprechenden Regelung im anderen Staat besteuert werden. Dies gilt unabhängig davon, ob diese Tätigkeit selbständig oder im Rahmen eines Arbeitsverhältnisses ausgeübt wird. Ein Besteuerungsrecht des Tätigkeitsstaates ergibt sich auch dann, wenn die Vergütungen nicht dem Ausübenden, sondern einem Dritten gezahlt werden. 1940

Die deutschen DBA sehen teilweise Sonderregelungen im Interesse des internationalen Kulturaustausches vor. 1941

3.2.2.10 Studenten – Art. 20 OECD-MA

Durch Art. 20 OECD-MA entsprechende Regelungen soll sichergestellt werden, dass aus dem Ausland geleistete Beiträge zum Unterhalt von ausländischen Studenten, Praktikanten oder Lehrlingen nicht im Aufenthaltsstaat besteuert werden. 1942

3.2.2.11 Andere Einkünfte – Art. 21 OECD-MA

1943 Aus dem anderen Vertragsstaat bezogene Einkünfte, für die in dem in Betracht kommenden DBA keine Regelungen zum Besteuerungsrecht getroffen wurden, können entsprechend Art. 21 Abs. 1 OECD-MA nur im Ansässigkeitsstaat besteuert werden. Eine Ausnahme ist lediglich für die Fälle vorgesehen, in denen ein Zusammenhang mit den Aktivitäten einer im anderen Vertragsstaat unterhaltenen Betriebsstätte besteht.

1944 *Einstweilen frei*

3.2.3 Regelungen zur Vermeidung der Doppelbesteuerung

1945 Wird dem Quellenstaat durch die Art. 6 bis 21 OECD-MA entsprechenden Regelungen ein Besteuerungsrecht zuerkannt ohne dass zugleich dem Ansässigkeitsstaat das Recht zur Besteuerung genommen wird, wird eine Besteuerung durch den Ansässigkeitsstaat nicht ausgeschlossen, so dass eine Doppelbesteuerung droht. Dieser Folge begegnet das OECD-MA durch zwei alternative Vorschläge.

1946 In Art. 23 A OECD-MA – Befreiungsmethode – wird vorgesehen, dass der Ansässigkeitsstaat die Einkünfte von der Besteuerung freizustellen hat, die von dem anderen Vertragsstaat besteuert werden, es sei denn, das Abkommen gestattet die Besteuerung durch den anderen Staat allein aufgrund dessen, dass das Einkommen auch von einer in diesem Staat ansässigen Person bezogen wird. Bei Besteuerung von aus dem anderen Vertragsstaat bezogenen Dividenden (vgl. Rdn. 1917 ff.) und Zinsen (vgl. Rdn. 1922 ff.) wird der Ansässigkeitsstaat zur Anrechnung der vom Quellenstaat zulässigerweise erhobenen Quellensteuern beschränkt auf die anteilig auf diese Einkünfte entfallende Steuer verpflichtet, es sei denn, die Besteuerung durch den anderen Staat ist allein aufgrund dessen gestattet, dass das Einkommen auch von einer in diesem Staat ansässigen Person bezogen wird. Der Ansässigkeitsstaat ist berechtigt, die von der Besteuerung freizustellenden Einkünfte für die Ermittlung des Steuersatzes für die zu besteuernden Einkünfte einzubeziehen – Tarif- oder Progressionsvorbehalt (vgl. Rdn. 2016).

1947 Alternativ wird in Art. 23 B – Anrechnungsmethode – vorgesehen, dass der Ansässigkeitsstaat die von dem anderen Staat besteuerten Einkünfte insoweit der Besteuerung unterwirft, als keine ausdrückliche Verpflichtung zur Freistellung besteht, es sei denn, die Besteuerung durch den anderen Staat ist allein aufgrund dessen gestattet, dass das Einkommen auch von einer in diesem Staat ansässigen Person bezogen wird. Der Ansässigkeitsstaat ist dann weiter zur Anrechnung der vom Quellenstaat zulässigerweise erhobenen Steuern beschränkt auf die anteilig auf diese Einkünfte entfallende Steuer verpflichtet. Weiter ist er berechtigt, die von der Besteuerung freizustellenden Einkünfte für die Ermittlung des Steuersatzes für die zu besteuernden Einkünfte einzubeziehen – Tarif- oder Progressionsvorbehalt (vgl. Rdn. 2016).

1948 Die deutschen DBA sehen teilweise die Befreiungsmethode und im Übrigen die Anrechnungsmethode vor. Für den Regelfall werden in der betreffenden Regelung über die Vermeidung der Doppelbesteuerung die Einkünfte aufgeführt, die von der inländischen Besteuerung freizustellen und für die Anwendung des Progressionsvorbehalts zu berücksichtigen sind. Die danach verbleibenden u.U. einzeln aufgeführten Einkünfte unterliegen der inländischen Besteuerung. Auf die deutsche Steuer sind nur die Steuern des anderen Vertragsstaates anzurechnen, die in Übereinstimmung mit dem DBA erhoben wurden. Die Anrechnung ist auf den Teil der deutschen Steuer beschränkt, die anteilig auf die entsprechenden Einkünfte entfällt.

Nach deutschem Verständnis sollen die DBA eine Doppelbesteuerung durch Quellen- 1949
staat und Ansässigkeitsstaat vermeiden. Sie sollen jedoch nicht zu einem gleichzeitigen Besteuerungsverzicht beider Staaten, zum Entstehen sog. weißer Einkünfte, führen. Eine Anzahl von DBA sieht deswegen in bestimmten Fällen ein deutsches Besteuerungsrecht auch dann vor, wenn der andere Staat sein Besteuerungsrecht nicht oder nicht in vollem Umfang wahrnimmt. Derartige Regelungen können sich aus Subject-to-tax-, Remittance-base- oder Switch-over-Klauseln, ergeben; vgl. dazu BMF-Schreiben v. 20. 6. 2013 (BStBl 2013 I S. 980).

Es entspricht allgemeiner deutscher Vertragspraxis, ausländische Betriebsstättenein- 1950
künfte von der inländischen Besteuerung freizustellen. Bei jüngeren DBA ist dies allerdings nur der Fall, wenn die Einkünfte aus besonders qualifizierten Aktivitäten erzielt wurden – sog. Aktivitätsklausel. Kommt danach die Freistellung von der inländischen Besteuerung nicht in Betracht, unterliegen die Einkünfte unter Anrechnung der Steuern des Betriebsstättenstaates der inländischen Besteuerung. Entsprechendes gilt nach § 20 Abs. 2 AStG, wenn die Betriebsstätteeinkünfte, wären sie von einer deutsch beherrschten Gesellschaft bezogen worden, als Zwischeneinkünfte i. S. von §§ 7 ff. AStG zu qualifizieren wären.

Weiter sehen die deutschen DBA regelmäßig die Freistellung von Schachteldividenden 1951
(vgl. dazu Rdn. 1917) von der inländischen Besteuerung vor. Diese Regelung ist im Hinblick auf § 8b Abs. 5 KStG nicht bedeutungslos geworden.

Vorbehaltlich weitergehender Regelungen des in Betracht kommenden DBA und des 1952
§ 20 Abs. 2 AStG kann ein unbeschränkt Steuerpflichtiger die nach einem DBA vorgesehene Freistellung von der inländischen Besteuerung nach § 50d Abs. 9 EStG nicht beanspruchen, wenn

- der andere Staat die Bestimmungen des Abkommens so anwendet, dass die Einkünfte in diesem Staat von der Besteuerung auszunehmen sind oder nur zu einem durch das Abkommen begrenzten Steuersatz besteuert werden können,

  oder

- die Einkünfte mit Ausnahme von Dividenden in dem anderen Staat nur deshalb nicht steuerpflichtig sind, weil sie von einer Person bezogen werden, die in diesem Staat nicht aufgrund ihres Wohnsitzes, ständigen Aufenthalts, des Ortes ihrer Geschäftsleitung, des Sitzes oder eines ähnlichen Merkmals unbeschränkt steuerpflichtig ist.

Nach den vorstehenden Grundsätzen ist auch dann zu verfahren, wenn die Voraussetzungen für deren Anwendung nur für Teile der nach der DBA-Regelung grundsätzlich freizustellenden Einkünfte vorliegen. § 50d Abs. 9 EStG ist dann nicht anwendbar, wenn gem. § 50d Abs. 8 EStG nachgewiesen wird, dass der Quellenstaat auf das ihm zustehende Besteuerungsrecht verzichtet hat (BFH v. 11. 1. 2012, BFH/NV 2012 S. 862; v. 19. 12. 2013, BFH/NV 2014 S. 623).

Die Rechtmäßigkeit von § 50d Abs. 9 EStG wird durch das BVerfG in dem Verfahren 2 BvL 21/14 aufgrund des Vorlagebeschlusses des BFH v. 20. 8. 2014 (BStBl 2015 II S. 18); beachte im Übrigen BFH v. 18. 11. 2015 (BFH/NV 2016 S. 376).

Durch § 50d Abs. 10 EStG soll Beschränkungen des inländischen Besteuerungsrechts an Vergütungen an Mitunternehmer i. S. des § 15 Abs. 1 Satz 1 Nr. 2 EStG entgegengewirkt werden.

Mit § 50d Abs. 12 EStG wurde eine Sonderregelung für Abfindungen aus Anlass der Beendigung eines Dienstverhältnisses getroffen.

1953 Dem Progressionsvorbehalt kommt bei der Besteuerung nach Maßgabe des KStG angesichts der linearen Tarifgestaltung keine Bedeutung zu.

1954 Grundsätzlich kommt nur eine Anrechnung der in Übereinstimmung mit dem DBA erhobenen und tatsächlich entrichteten ausländischen Steuern auf die deutsche Steuer in Betracht. Vereinzelt wird jedoch vorgesehen, dass Steuern auch dann in einer bestimmten Höhe anzurechnen sind, wenn sie tatsächlich nicht entrichtet wurden – Anrechnung fiktiver Steuern.

1955 *Einstweilen frei*

3.2.4 Weitere Regelungen des OECD-MA

3.2.4.1 Verständigungsverfahren – Art. 25 OECD-MA

1956 Bestehen zwischen dem betroffenen Steuerpflichtigen und der deutschen FinVerw Meinungsverschiedenheiten über die Anwendung von DBA-Regelungen, sind diese im konkreten Besteuerungsverfahren und damit im Rechtsbehelfsverfahren ggf. durch die deutsche Finanzgerichtsbarkeit zu klären. Wird dadurch eine durch widerstreitende Entscheidungen der deutschen FinVerw. einerseits und der FinBeh des anderen Vertragsstaates andererseits eingetretene Doppelbesteuerung nicht ausgeräumt, besteht die Möglichkeit der Klärung durch ein Verständigungsverfahren zwischen den FinBeh der beiden Vertragsstaaten nach Maßgabe der Art. 25 OECD-MA entsprechenden Regelung.

1957 Im Verhältnis zu EU-Staaten kann unter bestimmten Voraussetzungen eine Klärung auch nach Maßgabe des zwischenzeitlich mehrfach ergänzten Übereinkommens v. 23. 7. 1990 Nr. 90/436/EWG über die Beseitigung der Doppelbesteuerung im Falle von Gewinnberichtigungen zwischen verbundenen Unternehmen (BStBl 1993 I S. 818; BStBl 1995 I S. 166) erreicht werden.

1958 Einzelheiten zur Durchführung dieser Verfahren, an dem das Bundeszentralamt für Steuern beteiligt ist, ergeben sich aus den BMF-Schreiben v. 13. 7. 2006 (BStBl 2006 I S. 461) sowie v. 5. 4. 2017 (BStBl 2017 I S. 707). Im Verhältnis zu den USA sind die BMF-Schreiben v. 29. 5. 2008 (BStBl 2008 I S. 639) und v. 16. 1. 2009 (BStBl 2009 I S. 345) zu beachten.

1959 Die Art. 25 OECD-MA entsprechende Regelung kann aber auch dazu genutzt werden, zwischen den beteiligten FinBeh Einvernehmen über die Angemessenheit von Verrechnungspreisen zwischen nahe stehenden Personen vor Durchführung der entsprechenden Transaktionen zu erreichen, sog. *Advance Pricing Agreements* – APAs; vgl. dazu das BMF-Schreiben v. 5. 10. 2006 (BStBl 2006 I S. 594).

Die Art. 25 OECD-MA entsprechende Regelung wird von den Vertragsstaaten auch genutzt, sich über die Auslegung oder die Anwendung von Einzelregelungen des betreffenden DBA losgelöst von Einzelfällen zu verständigen. Die in diesen Fällen getroffenen Konsultationsvereinbarungen sieht der BFH bisher nicht als allgemein verbindliche Regelungen an (z. B. Urteil v. 2. 9. 2009, BStBl 2010 II S. 394, m. w. N.). Durch § 2 Abs. 2 AO ist das BMF ermächtigt, zur Sicherung der Gleichmäßigkeit der Besteuerung und zur Vermeidung einer Doppelbesteuerung oder doppelten Nichtbesteuerung mit Zustimmung des Bundesrates Rechtsverordnungen zur Umsetzung von Konsultationsvereinbarungen zu erlassen (vgl. Rdn. 1879). 1960

3.2.4.2 Informationsaustausch – Art. 26 OECD-MA

In Art. 26 Abs. 1 OECD-MA wird vorgesehen, dass die zuständigen Behörden der Vertragsstaaten die Informationen austauschen, die zur Durchführung DBA oder zur Verwaltung oder Anwendung des innerstaatlichen Rechts betreffend Steuern jeder Art und Bezeichnung, die für Rechnung der Vertragsstaaten oder ihrer Gebietskörperschaften erhoben werden, voraussichtlich erheblich sind, soweit die diesem Recht entsprechende Besteuerung nicht dem DBA widerspricht. Danach ist ein umfassender Informationsaustausch vorgesehen – sog. große Auskunftsklausel. Durch einzelne DBA ist die Beschränkung auf Informationen vorgesehen, die zur Durchführung des DBA erforderlich sind – sog. kleine Auskunftsklausel. Wegen Einzelheiten wird auf Rdn. 1815 hingewiesen. 1961

Einstweilen frei 1962–1964

4. Das OECD-Musterabkommen über den Informationsaustausch in Steuersachen

Die Aufklärung grenzüberschreitender Sachverhalte im Interesse einer zutreffenden Besteuerung ist weitgehend von der Mitwirkung der betroffenen Steuerpflichtigen abhängig. Die Bereitschaft dazu wird erfahrungsgemäß auch davon beeinflusst, ob und in welchem Umfang die zuständigen FinBeh Zugang zu Informationen aus den einzelnen Staaten erlangen können. Deswegen sehen die deutschen DBA entsprechend Art. 26 OECD-MA auch Regelungen über den Informationsaustausch zwischen den FinBeh der beiden Staaten vor. DBA bestehen regelmäßig nicht mit niedrig besteuernden Staaten, im Einzelfall auch im Verhältnis zu bestimmten Gebieten einzelner Staaten, die vom Anwendungsbereich des betreffenden DBA ausgenommen sind. Die OECD schlägt für diese Fälle den Abschluss einer Vereinbarung auf der Grundlage des in 2002 veröffentlichten Tax Information Exchange Agreement (T.I.E.A.) = Musterabkommen über den Informationsaustausch in Steuersachen – MA-InfAust, vor. Deutschland hat auf dieser Grundlage zahlreiche Abkommen geschlossen. Unter Nr. 4 der Anlage zum BMF-Schreiben v. 17. 1. 2018 (BStBl 2018 I S. 239) wird auf die aktuell anwendbaren Abkommen hingewiesen. 1965

1966 Wesentlich ist, dass nach Art. 5 MA-InfAust Informationen nur auf Ersuchen ausgetauscht werden. Derartige Auskunftsersuchen müssen nach Art. 5 Abs. 5 MA-InfAust bestimmte Mindestangaben enthalten und sind in dem dort vorgesehenen Umfang zu begründen. Die zu erteilenden Informationen erstrecken sich u. a. auf Beziehungen zu Banken und anderen Finanzinstituten sowie auf die Beteiligungsverhältnisse an Gesellschaften, Gemeinschaften, Trusts und dgl. Unter bestimmten Voraussetzungen können Vertreter des ersuchenden Staates an Ermittlungen im anderen Staat beteiligt werden (Art. 6 MA-InfAust).

1967 Der ersuchte Staat ist zu keinen Ermittlungen verpflichtet, die für seine Besteuerung nicht erforderlich sind. Handels-, Industrie-, Gewerbe- oder Berufsgeheimnisse sowie das Anwaltsgeheimnis sind zu beachten (Art. 7 MA-InfAust).

1968 Die erlangten Informationen dürfen nur für das Besteuerungsverfahren einschl. eines etwaigen Steuerstrafverfahrens verwendet werden. Sie sind vertraulich zu behandeln; die Verwendung in öffentlichen Gerichtsverfahren wird jedoch nicht ausgeschlossen (Art. 8 MA-InfAust).

1969 Wegen weiterer Einzelheiten vgl. Rdn. 1816 ff.

1970 *Einstweilen frei*

III. Einkommensbesteuerung natürlicher Personen

1. Allgemeine Grundsätze

1971 In § 1 EStG wird zwischen der unbeschränkten und der beschränkten Steuerpflicht unterschieden. Der unbeschränkten Steuerpflicht unterliegen nach § 1 Abs. 1 EStG natürliche Personen, die im Inland einen Wohnsitz (§ 8 AO) oder ihren gewöhnlichen Aufenthalt (§ 9 AO) haben. Zum Inland gehört nach § 1 Abs. 1 Satz 2 EStG das Hoheitsgebiet der Bundesrepublik Deutschland mit dem ihr zustehenden Anteil am Festlandsockel, soweit dort Naturschätze des Meeresgrundes und des Meeresuntergrundes erforscht oder ausgebeutet werden oder dieser der Energieerzeugung unter Nutzung erneuerbarer Energien dient. Die Steuerpflicht erstreckt sich auf sämtliche von der unbeschränkt steuerpflichtigen Person bezogene Einkünfte i. S. des § 2 Abs. 1 EStG, unabhängig davon, ob sie aus dem Inland oder dem Ausland stammen. Ausländische Einkünfte können aufgrund internationaler Verträge, insbesondere der DBA von der inländischen Besteuerung freizustellen sein; dies schließt nicht aus, dass die Anwendbarkeit von DBA-Regelungen unter bestimmten Voraussetzungen ausgeschlossen wird (Rdn. 1876; vgl. z. B. §§ 50d, 50i EStG). Im Übrigen ist das Besteuerungsverfahren dadurch gekennzeichnet, dass die ESt – unter Ausschluss von den der Abgeltungsteuer unterliegenden Einkünften aus Kapitalvermögen – nach dem insgesamt bezogenen zu versteuernden Einkommen zu bemessen ist. Sind beide Ehegatten bzw. Lebenspartner einer Lebensgemeinschaft unbeschränkt steuerpflichtig, können sie nach § 26 EStG zwischen der Zusammenveranlagung und der Einzelveranlagung wählen. Bei Angehörigen von EU- und EWR-Staaten, deren Ehegatte bzw. Lebenspartner in einem dieser Staaten ansässig ist, sind die Regelungen des § 1a EStG zu beachten.

Natürliche Personen, die im Inland weder einen Wohnsitz noch ihren gewöhnlichen Aufenthalt haben, sind gem. § 1 Abs. 4 EStG beschränkt einkommensteuerpflichtig. Sie unterliegen mit den inländischen Einkünften i. S. des § 49 EStG (vgl. Rdn. 2026 ff.) der Einkommensbesteuerung. Dieser Katalog umfasst nicht sämtliche Einkünfte i. S. des § 2 Abs. 1 EStG. Weitergehende Beschränkungen des inländischen Besteuerungsrechts können sich aus internationalen Verträgen, insbesondere den DBA ergeben. Das Besteuerungsverfahren ist dadurch gekennzeichnet, dass bei steuerabzugspflichtigen Einkünften die ESt grundsätzlich mit dem Steuerabzug abgegolten wird. Eine Veranlagung ist grundsätzlich nur für die nicht dem Steuerabzug unterliegenden Einkünfte vorgesehen. Die Berücksichtigung von Sonderausgaben ist weitgehend, von außergewöhnlichen Belastungen insgesamt ausgeschlossen. Regelungen für die Besteuerung von Ehegatten bzw. Lebenspartnern bestehen nicht. 1972

Unter bestimmten Voraussetzungen können nicht im Inland ansässige Personen nach § 1 Abs. 2 oder 3 EStG als unbeschränkt steuerpflichtige Personen besteuert werden (vgl. 5. Kap. Teil A Rdn. 5 f.). 1973

Für die Fälle des Wechsels zwischen unbeschränkter und beschränkter Steuerpflicht infolge Wegzugs in das Ausland sowie des Wechsels zwischen beschränkter und unbeschränkter Steuerpflicht infolge Zuzugs aus dem Ausland wird in § 2 Abs. 7 EStG angeordnet, dass die während der Zeit der beschränkten Steuerpflicht bezogenen inländischen Einkünfte i. S. des § 49 EStG in die für die Zeit der unbeschränkten Steuerpflicht durchzuführende Veranlagung einzubeziehen sind. 1974

Bei Wegzug einer natürlichen Person in das Ausland, die mindestens zehn Jahre unbeschränkt steuerpflichtig war und Beteiligungen an Kapitalgesellschaften hält, ist zu prüfen, ob damit die Regelungen des § 6 AStG (vgl. Rdn. 1866 ff.) eingreifen. 1975

Verzieht eine innerhalb der letzten zehn Jahre mindestens fünf Jahre unbeschränkt steuerpflichtig gewesene Person in niedrig besteuerndes Ausland, ist zu prüfen, ob damit die erweitert beschränkte Steuerpflicht nach § 2 AStG (vgl. Rdn. 1852 ff.) begründet wird. 1976

Beziehen beschränkt Steuerpflichtige aus dem Inland steuerabzugspflichtige Vergütungen, ist zur Vornahme des Steuerabzugs regelmäßig der inländische Vergütungsschuldner verpflichtet. Auf die insoweit zu beachtenden Regelungen wird im nachfolgend unter Rdn. 2041 ff. eingegangen. 1977

Einstweilen frei 1978–1980

2. Besonderheiten bei unbeschränkter Steuerpflicht

2.1 Verlustausgleich und Verlustabzug bei ausländischen Verlusten

2.1.1 Allgemeine Grundsätze

Der Begriff der Einkünfte in § 2 Abs. 1 EStG schließt negative Einkünfte, d. h. Verluste, ein. Dementsprechend handelt es sich bei der Summe der Einkünfte i. S. des § 2 Abs. 3 EStG ggf. um den Saldo von positiven und negativen Einkünften. Es erfolgt also ein Ausgleich der Verluste mit den im selben Veranlagungszeitraum bezogenen positiven Einkünften. Danach nicht ausgeglichene Verluste sind nach § 10d EStG im Wege des 1981

Verlustrücktrags und ggf. des Vortrags berücksichtigungsfähig (vgl. 5. Kap. Teil A Rdn. 301 ff.). Der Gesetzgeber hat es jedoch nicht für vertretbar gehalten, im Ausland erzielte Verluste bei der inländischen Besteuerung uneingeschränkt zu berücksichtigen und hat deswegen in § 2a Abs. 1 und 2 EStG insoweit Einschränkungen vorgesehen (vgl. Rdn. 1986 ff.).

1982 Der BFH hat in der Vergangenheit die Auffassung vertreten, dass in den Fällen, in denen ein DBA die Freistellung von aus dem anderen Vertragsstaat bezogenen Einkünften von der inländischen Besteuerung vorsieht, dies nicht nur für positive, sondern auch für negative Einkünfte gilt (vgl. z. B. BFH v. 22. 8. 2006 – I R 116/04, BStBl 2006 II S. 864). Dies gilt auch für Verluste, die durch die vergebliche Begründung einer Betriebsstätte entstanden sind (BFH v. 26. 2. 2014, BStBl 2014 II S. 703). Danach können derartige Verluste nicht mit den der inländischen Besteuerung unterliegenden Einkünften ausgeglichen und nicht nach § 10d EStG abgezogen werden.

Nach der Entscheidung des EuGH v. 6. 11. 2007 – C-415/06 „Stahlwerk Ergste Westig GmbH" (DB 2007 S. 2747) ist diese Rechtsauffassung im Verhältnis zu Drittstaaten, d. h. Nicht-EU-Staaten, nicht zu beanstanden. Dementsprechend wurde durch das Urteil des BFH v. 11. 3. 2008 (BFH/NV 2008 S. 1161) der Abzug eines in den USA erzielten Betriebsstättenverlustes bei der Ermittlung des Gesamtbetrags der Einkünfte und damit des zu versteuernden Einkommens nicht zugelassen; Art. 23 Abs. 2 Buchst. a Satz 1 DBA USA sieht die Freistellung von aus den USA bezogenen Betriebsstätteneinkünften von der inländischen Besteuerung vor.

1983 In seinem weiteren Urteil v. 15. 5. 2008 – Rs. C-414/06 „Lidl Belgium" (DStR 2008 S. 1030) hat der EuGH entschieden, dass es Deutschland gestattet ist, Betriebsstättenverluste aus einem EU-Staat bei der Ermittlung des Gesamtbetrags der Einkünfte dann nicht zu berücksichtigen, wenn das in Betracht kommende DBA die Freistellung von Betriebsstätteneinkünften von der inländischen Besteuerung vorsieht und diese Verluste bei der Besteuerung der Einkünfte dieser Betriebsstätte im Betriebsstättenstaat für künftige Steuerzeiträume berücksichtigt werden können (vgl. auch BFH v. 17. 7. 2008, BStBl 2009 II S. 630). Die FinVerw wendet dieses Urteil über den entschiedenen Fall hinaus insoweit nicht an, als aus den Aussagen zum phasengleichen Verlustabzug (im Verlustentstehungsjahr) keine Folgerungen zu ziehen sind (BMF-Schreiben v. 13. 7. 2009, BStBl 2009 I S. 835). Nach dem Urteil v. 9. 6. 2010 (BStBl 2010 II S. 1065) kommt ein Verlustabzug ausnahmsweise in Betracht, sofern und soweit der Steuerpflichtige nachweist, dass die Verluste im Quellenstaat steuerlich unter keinen Umständen anderweitig verwertbar sind, es sich um sog. finale Verluste handelt. Dies ist jedoch dann nicht der Fall, wenn der Betriebsstättenstaat nur einen zeitlich begrenzten Vortrag von Verlusten zulässt; in diesem Sinne wohl auch EuGH v. 21. 2. 2013 – C-123/11 (BFH/NV 2013 S. 685). Nach dem weiteren Urteil des BFH v. 9. 6. 2010 (BFH/NV 2010 S. 1744) ist entgegen dem BMF-Schreiben v. 13. 7. 2009 (a. a. O.) der Betriebsstättenverlust bei der inländischen Besteuerung zu berücksichtigen, wenn er im Ausland aus tatsächlichen Gründen nicht mehr berücksichtigt werden kann (z. B. bei Umwandlung der Auslandsbetriebsstätte in eine Kapitalgesellschaft, ihrer entgeltlichen oder unentgeltlichen Übertragung oder ihrer „endgültigen" Aufgabe). Der Abzug hat in dem Veranlagungszeitraum zu erfolgen, in dem der Verlust „final" geworden ist (vgl.

dazu auch BMF-Schreiben v. 13.7.2009, BStBl 2009 I S. 835). Nach dem Urteil des EuGH v. 17.12.2015 (BStBl 2016 II S. 362) ist es mit EU-Recht vereinbar, dass einer gebietsansässigen Gesellschaft im Fall der Veräußerung einer in einem anderen Mitgliedstaat belegenen Betriebsstätte an eine gebietsfremde, zum gleichen Konzern wie die veräußernde Gesellschaft gehörende Gesellschaft die Möglichkeit verwehrt wird, die Verluste der veräußerten Betriebsstätte in die Bemessungsgrundlage der Steuer einzubeziehen, sofern aufgrund eines DBA die ausschließliche Befugnis zur Besteuerung der Ergebnisse dieser Betriebsstätte dem Mitgliedstaat zusteht, in dem sie belegen ist. Ferner wird auf das Urteil des FG Hamburg v. 6.8.2014 (EFG 2014 S. 2084, Rev. Az. BFH I R 17/16) hingewiesen.

Einstweilen frei 1984–1985

2.1.2 Ausgleichs- und Abzugsbeschränkungen nach § 2a EStG

Durch das Jahressteuergesetz 2009 v. 19.12.2008 (BGBl 2008 I S. 2794) wurden auf- 1986
grund europarechtlicher Vorgaben auch mit Wirkung für die Vergangenheit (vgl. § 52 Abs. 2 EStG) die Ausgleichs- und Abzugsbeschränkungen für im Ausland erzielte Verluste in § 2a EStG wesentlich eingeschränkt.

Die Ausgleichs- und Abzugsbeschränkungen für die in § 2a Abs. 1 EStG bezeichneten 1987
negativen Einkünfte mit Auslandsbezug gelten nur dann, sofern sie einen Bezug zu Drittstaaten haben. Drittstaaten sind nach § 2a Abs. 2a EStG Staaten, die nicht Mitgliedstaaten der Europäischen Union sind. Den Mitgliedstaaten der Europäischen Union werden die EWR -Staaten gleichgestellt, sofern zwischen der Bundesrepublik Deutschland und dem anderen Staat aufgrund der Amtshilferichtlinie gem. § 2 Abs. 2 des EU-Amtshilfegesetzes oder einer vergleichbaren zwei- oder mehrseitigen Vereinbarung Auskünfte erteilt werden, die erforderlich sind, um die Besteuerung durchzuführen.

Danach unterliegen bei Drittstaatenbezug den Ausgleichs- und Abzugsbeschränkun- 1988
gen:

- negative Einkünfte aus einer in einem Drittstaat belegenen land- und forstwirtschaftlichen Betriebsstätte (§ 2a Abs. 1 Satz 1 Nr. 1 EStG),
- negative Einkünfte aus einer in einem Drittstaat belegenen gewerblichen Betriebsstätte (§ 2a Abs. 1 Satz 1 Nr. 2 EStG), sofern die Betriebsstätte keiner nach § 2a Abs. 2 Satz 1 EStG begünstigten Tätigkeit nachgeht,
- negative Einkünfte, die dadurch entstehen, dass eine in einem Betriebsvermögen gehaltene Beteiligung an einer Körperschaft, die weder Sitz noch Ort der Geschäftsleitung in einem EU-Staat hat (Drittstaaten-Körperschaft), auf den niedrigeren Teilwert abgeschrieben, veräußert oder entnommen wird (§ 2a Abs. 1 Satz 1 Nr. 3 EStG). Entsprechendes gilt für negative Einkünfte, die bei derartigen Beteiligungen aus Anlass der Auflösung oder Kapitalherabsetzung entstehen. Voraussetzung ist, dass die Körperschaft entweder seit ihrer Gründung oder während der letzten fünf Jahre und in dem in Betracht kommenden Veranlagungszeitraum keiner nach § 2a Abs. 2 Satz 1 EStG begünstigten Tätigkeit nachgeht,
- negative Einkünfte i. S. des § 17 EStG aus einem Anteil an einer Drittstaaten-Kapitalgesellschaft, die seit ihrer Gründung oder während der letzten fünf Jahre und in dem in Betracht kommenden Veranlagungszeitraum keiner nach § 2a Abs. 2 Satz 1 EStG begünstigten Tätigkeit nachgeht (§ 2a Abs. 1 Satz 1 Nr. 4 EStG),

- negative Einkünfte aus der Beteiligung an einem Handelsgewerbe als stiller Gesellschafter und aus partiarischen Darlehn, wenn der Schuldner Wohnsitz, Sitz oder Geschäftsleitung in einem Drittstaat hat (§ 2a Abs. 1 Satz 1 Nr. 5 EStG),
- negative Einkünfte aus der Vermietung und oder der Verpachtung von unbeweglichem Vermögen oder von Sachinbegriffen, wenn diese in einem Drittstaat belegen sind, ferner unter bestimmten Voraussetzungen aus der entgeltlichen Überlassung von Schiffen, sofern der Überlassende nicht nachweist, dass diese ausschließlich oder fast ausschließlich in einem anderen Staat als einem Drittstaat eingesetzt worden sind, sowie aus dem Ansatz des niedrigeren Teilwerts, der Veräußerung oder Entnahme der zu einem Betriebsvermögen gehörenden vorbezeichneten Wirtschaftsgüter (§ 2a Abs. 1 Satz 1 Nr. 6 EStG),
- negative Einkünfte, die dadurch entstehen, dass eine in einem Betriebsvermögen gehaltene Beteiligung an einer Körperschaft mit Sitz oder Ort der Geschäftsleitung in einem anderen Staat als einem Drittstaat auf den niedrigeren Teilwert abgeschrieben, veräußert oder entnommen wird (§ 2a Abs. 1 Satz 1 Nr. 7 EStG), soweit die Wertminderung der Beteiligung auf von der Körperschaft erlittene Verluste i. S. des § 2a Abs. 1 Nr. 1 bis 6 EStG zurückzuführen ist. Entsprechendes gilt für negative Einkünfte, die bei einer Beteiligung an einer derartigen Körperschaft aus Anlass der Auflösung oder Kapitalherabsetzung in Verfolg von Verlusten i. S. des § 2a Abs. 1 Satz 1 Nr. 1 bis 6 EStG entstehen. Bei Zugehörigkeit von Beteiligungen zum Privatvermögen ist unter entsprechenden Voraussetzungen ein nach § 17 EStG zu berücksichtigender Verlust ebenfalls nur beschränkt ausgleichs- und abzugsfähig.

1989 Danach unterliegen negative Einkünfte mit Bezug auf EU-Staaten und die gleichgestellten EWR-Staaten nicht mehr den Ausgleichs- und Abzugsbeschränkungen. Sind für die Vergangenheit bereits nicht ausgeglichene Verluste bestandskräftig festgestellt worden, können diese auch künftig nur von positiven Einkünften derselben Art aus demselben Staat abgezogen werden (§ 52 Abs. 2 EStG).

1990 Bei Bezug von Einkünften i. S. von § 2a Abs. 1 Nr. 2, 3 und 4 EStG aus Drittstaaten greifen die Ausgleichs- und Abzugsbeschränkungen gem. § 2a Abs. 2 EStG dann nicht, wenn die Betriebsstätte bzw. die Körperschaft oder Kapitalgesellschaft einer qualifizierten Tätigkeit nachgeht, die sich auf einen Drittstaat erstreckt. Als begünstigte Tätigkeiten gelten

- die ausschließliche oder fast ausschließlich die Herstellung oder Lieferung von Waren, außer Waffen,
- die Gewinnung von Bodenschätzen sowie
- die Bewirkung gewerblicher Leistungen, soweit diese nicht in der Errichtung oder dem Betrieb von dem Fremdenverkehr dienenden Anlagen, oder in der Vermietung oder der Verpachtung von Wirtschaftsgütern einschließlich der Überlassung von Rechten, Plänen, Mustern, Verfahren, Erfahrungen und Kenntnissen bestehen.

Das unmittelbare Halten einer Beteiligung von mindestens einem Viertel am Nennkapital einer Kapitalgesellschaft, die ausschließlich oder fast ausschließlich die vorgenannten Tätigkeiten zum Gegenstand hat, sowie die mit dem Halten der Beteiligung in Zusammenhang stehende Finanzierung gilt als Bewirkung gewerblicher Leistungen, wenn die Kapitalgesellschaft weder ihre Geschäftsleitung noch ihren Sitz im Inland hat. Weiter ist erforderlich, dass diese Voraussetzungen bei der Körperschaft entweder seit ihrer Gründung oder während der letzten fünf Jahre vor und in dem Veranlagungszeitraum vorgelegen haben, in dem die negativen Einkünfte bezogen wurden.

1991 Soweit danach Verluste nicht ausgeglichen und abgezogen werden können, sind sie zum Schluss eines jeden Veranlagungszeitraums gesondert festzustellen (§ 2a Abs. 1

letzter Satz EStG), wobei § 10d Abs. 4 EStG sinngemäß gilt. Damit soll deren zutreffende Berücksichtigung in nachfolgenden Veranlagungszeiträumen sichergestellt werden.

Einstweilen frei 1992–1995

2.2 Steuerermäßigung bei ausländischen Einkünften, §§ 34c, 34d EStG

2.2.1 Überblick

Die Vorschriften zur Ermäßigung der ESt bei Bezug ausländischer Einkünfte in §§ 34c, 1996
34d EStG sehen folgende Einzelregelungen vor:

- Anrechnung ausländischer Steuern bei Bezug von Einkünften aus einem Staat, mit dem kein DBA besteht – § 34c Abs. 1 EStG,
- Abzug der ausländischen Steuern bei der Ermittlung der Einkünfte statt der Anrechnung nach § 34c Abs. 1 EStG – § 34c Abs. 2 EStG,
- Abzug nicht nach § 34c Abs. 1 EStG anrechenbarer ausländischer Steuern bei der Ermittlung der Einkünfte – § 34c Abs. 3 EStG,
- Ermächtigung zur Pauschalierung der ESt für ausländische Einkünfte – § 34c Abs. 5 EStG,
- entsprechende Anwendung der Regelungen von § 34c Abs. 1–3 EStG bei Bezug von Einkünften aus Staaten, mit denen ein DBA besteht – § 34c Abs. 6 EStG,
- Begriff der ausländischen Einkünfte i. S. von § 34c Abs. 1–5 EStG – § 34d EStG.

Ergänzend dazu sind folgende Regelungen zu beachten:

- Einkünfte aus mehreren ausländischen Staaten – § 68a EStDV,
- Nachweis über die Höhe der ausländischen Einkünfte und Steuern – § 68b EStDV.

Zu Einzelregelungen des § 34c EStG liegen bisher die Urteile des EuGH v. 28. 2. 2013 – C-544/11 (vgl. Rdn. 1998) und v. 28. 2. 2013 – Rs. C-168/11 (vgl. Rdn. 2001) vor.

Bei der Besteuerung der Abgeltungssteuer unterliegenden Einkünfte aus Kapitalver- 1997
mögen gelten die Regelungen des § 32d EStG. Werden der Abgeltungssteuer unterliegende ausländische Einkünfte bezogen, ist nicht nach § 34c EStG zu verfahren. Nach § 32d Abs. 1 Satz 2 EStG vermindert sich die Abgeltungssteuer nach Maßgabe des Abs. 5 dieser Vorschrift um die anrechenbaren ausländischen Steuern. Dort wird dann weiter bestimmt, dass bei unbeschränkt Steuerpflichtigen, die mit ausländischen Kapitalerträgen in dem Staat, aus dem die Kapitalerträge stammen, zu einer der deutschen Einkommensteuer entsprechenden Steuer herangezogen werden, die auf ausländische Kapitalerträge festgesetzte und gezahlte und um einen entstandenen Ermäßigungsanspruch gekürzte ausländische Steuer, jedoch höchstens 25 % ausländische Steuer auf den einzelnen steuerpflichtigen Kapitalertrag, auf die deutsche Steuer anzurechnen sind. Soweit in einem DBA die Anrechnung einer ausländischen Steuer einschließlich einer als gezahlt geltenden Steuer auf die deutsche Steuer, d. h. die Anrechnung fiktiver Steuern, vorgesehen ist, gilt dies entsprechend. In den Fällen, in denen die Kapitalerträge gem. § 32d Abs. 3 und 4 EStG in die Veranlagung einbezogen wurden, sind die ausländischen Steuern nur bis zur Höhe der auf die im jeweiligen Veranlagungszeitraum bezogenen Kapitalerträge entfallenden deutschen Steuer anzurechnen. Damit wird sichergestellt, dass es nicht zu einer Erstattung ausländischer Steuern kommt. Es ist nicht auszuschließen, dass das zu § 34c Abs. 1 EStG ergangene Urteil des EuGH v. 28. 2. 2013 – Rs. C-168/11 (NWB DokID: UAAAE-31649) auch den Anwendungsbereich

des § 32d Abs. 5 EStG berührt. Im Übrigen wird auf Rz. 148 des BMF-Schreibens v. 18. 1. 2016 (BStBl 2016 I S. 85) hingewiesen.

1998 Folgende allgemein verbindlichen Regelungen zur Pauschalierung der ESt auf ausländische Einkünfte sind getroffen worden:

- Verzicht auf die Besteuerung des Arbeitslohnes aus qualifizierten Auslandstätigkeiten durch das BMF-Schreiben v. 31. 10. 1983 (BStBl 1983 I S. 470; sog. Auslandstätigkeitserlass); bei Tätigkeit für einen in einem anderen EU-Staat ansässigen Arbeitgeber beachte EuGH v. 28. 2. 2013 – C-544/11 (NWB DokID: BAAAE-32623); Besteuerung des Arbeitslohns nach den DBA, BMF-Schreiben v. 3. 5. 2018 (BStBl 2018 I S. 643).
- Durch das BMF-Schreiben v. 10. 4. 1984 (BStBl 1984 I S. 252) wird es auf Antrag zugelassen, die ESt auf ausländische Betriebsstätteneinkünfte auf 25 %, höchstens jedoch auf 25 % des zu versteuernden Einkommens festzusetzen. Voraussetzung ist, dass die Betriebsstätte den in Tz. 5 dieses BMF-Schreibens aufgeführten Tätigkeiten nachgeht.

Beiden Regelungen ist gemeinsam, dass sie nur dann anwendbar sind, wenn mit dem betreffenden ausländischen Staat kein DBA besteht. Ihnen kommt angesichts der beträchtlichen Anzahl der Staaten, mit denen ein DBA besteht, nur noch in Einzelfällen Bedeutung zu.

1999, 2000 *Einstweilen frei*

2.2.2 Anrechnung ausländischer Steuern nach § 34c Abs. 1 und 6 EStG

2001 Beziehen unbeschränkt Steuerpflichtige ausländische Einkünfte, kommt nach § 34c Abs. 1 EStG eine Anrechnung der ausländischen Steuern auf die ESt unter folgenden Voraussetzungen in Betracht:

- Mit dem Staat, aus dem die Einkünfte stammen, besteht kein DBA.
- Es handelt sich um ausländische Einkünfte i. S. des § 34d EStG (vgl. Rdn. 2003).
- Die ausländische Steuer entspricht der deutschen ESt (vgl. dazu Anhang 12 zu den EStR; erforderlichenfalls trifft der BMF entsprechende Feststellungen).
- Anrechenbar ist die festgesetzte und gezahlte und um einen entstandenen Ermäßigungsanspruch gekürzte ausländische Steuer auf die in dem betreffenden Veranlagungszeitraum bezogenen ausländischen Einkünfte.
- Höchstbetrag ist der Betrag der deutschen ESt, die auf die Einkünfte aus dem betreffenden Staat entfällt – sog. per-country-limitation. Es ist danach nicht möglich, die Steuern auf Einkünfte aus mehreren ausländischen Staaten zusammenzufassen; vgl. auch § 68a EStDV. Diese Regelung ist mit EU-Recht vereinbar (EuGH v. 28. 2. 2013 – Rs. C-168/11; BFH/NV 2013 S. 889; BFH v. 18. 12. 2013 – I R 71/10, DStR 2014 S. 693).
- Bei ausländischen Einkünften handelt es sich auch dann um Nettobeträge, wenn wie z. B. bei Dividenden, Zinsen oder Lizenzgebühren die ausländischen Steuern vom Bruttobetrag erhoben wurden. Bezogene Einnahmen sind dann um die damit in wirtschaftlichem Zusammenhang stehenden Betriebsausgaben oder Werbungskosten zu kürzen.
- Für den Fall, dass im Ausland positive Einkünfte besteuert wurden, bei der ESt-Veranlagung hingegen ein Verlust zu berücksichtigen ist, wird auf R 34c Abs. 2 EStR hingewiesen.
- Die auf die jeweiligen ausländischen Einkünfte anrechenbare Einkommensteuer ist nach dem Steuersatz zu ermitteln, mit dem die ausländischen Einkünfte im Rahmen des zu versteuernden Einkommens tatsächlich der inländischen Besteuerung unterliegen. Auf das BMF-Schreiben v. 4. 5. 2015 (BStBl 2015 I S. 452) wird hingewiesen.
- Die Anrechnung der ausländischen Steuern, die zu keiner Erstattung ausländischer Steuern führen kann, ist Bestandteil der Ermittlung der festzusetzenden ESt (vgl. R 2 EStR).

Ausländische Steuern, die auf der Abgeltungssteuer unterliegende Einnahmen erhoben wurden, sind nicht nach § 34c EStG, sondern im Rahmen der Erhebung der Abgeltungssteuer zu berücksichtigen (vgl. Rdn. 1997).

Nach § 68b EStDV ist der Nachweis über die Höhe der ausländischen Einkünfte und über die Festsetzung und Zahlung der ausländischen Steuern durch die Vorlage entsprechender Urkunden (z. B. Steuerbescheid, Quittung über die Zahlung) zu führen; ggf. kann eine Übersetzung in die deutsche Sprache verlangt werden. Die in Fremdwährung entrichteten ausländischen Steuern sind auf der Grundlage der von der Europäischen Zentralbank täglich veröffentlichten €-Referenzkurse umzurechnen; aus Vereinfachungsgründen wird die Anwendung der USt-Umrechnungskurse, die monatlich im BStBl Teil I veröffentlicht werden, zugelassen (R 34c Abs. 1 EStR). 2002

Der Umfang der für die Anwendung des § 34c Abs. 1 EStG zu berücksichtigenden ausländischen Einkünfte wird durch § 34d EStG bestimmt. Dazu gehören gem. § 34d Nr. 2 Buchst. a EStG die Einkünfte, die aus einer im Ausland belegenen Betriebsstätte (vgl. § 12 AO) oder durch einen in einem ausländischen Staat tätigen ständigen Vertreter (vgl. § 13 AO) erzielt werden. Dazu gehören aber auch Einkünfte die im Betriebsvermögen angefallen sind, bei isolierter Betrachtung jedoch zu Einkünften aus selbständiger Arbeit, aus Kapitalvermögen, aus Vermietung und Verpachtung sowie den in § 34d Nr. 8 EStG bezeichneten sonstigen Einkünften führen würden, ferner aus der Veräußerung von zum Anlagevermögen gehörenden, im Ausland belegenen Wirtschaftsgüter, aus der Veräußerung von Anteilen an Kapitalgesellschaften, wenn die Gesellschaft die Geschäftsleitung oder ihren Sitz in einem ausländischen Staat hat oder deren Anteilswert zu irgendeinem Zeitpunkt während der 365 Tage vor der Veräußerung unmittelbar oder mittelbar zu mehr als 50 % auf in einem ausländischen Staat belegenen unbeweglichen Vermögen beruhte und die Anteile dem Veräußerer zu diesem Zeitpunkt zuzurechnen waren; für die Ermittlung dieser Quote sind die aktiven Wirtschaftsgüter des Betriebsvermögens mit den Buchwerten, die zu diesem Zeitpunkt anzusetzen gewesen wären, zugrunde zu legen. 2003

Werden die ausländischen Einkünfte aus einem Staat bezogen, mit dem ein DBA besteht, gelten die in Rdn. 2001, 2002 dargestellten Grundsätze gem. § 34c Abs. 6 Satz 2 EStG entsprechend. Ob die aus dem anderen Vertragsstaat bezogenen Einkünfte zur Anrechnung der von diesem Staat erhobenen Steuern berechtigen und in welchem Umfang diese Steuern auf die ESt anrechenbar sind, ist jedoch aus dem in Betracht kommenden DBA zu entnehmen. Sieht ein DBA die Anrechnung fiktiver Steuern vor (vgl. Rdn. 1954), sind diese Beträge gem. § 34c Abs. 6 Satz 2 EStG zu berücksichtigen. Bezieht sich ein DBA nicht auf eine Steuer vom Einkommen dieses Staates, so sind § 34c Abs. 1 und 2 EStG entsprechend anzuwenden. Vom ausländischen Staat zu Unrecht erhobene Steuern sind nicht anrechenbar (BFH v. 2. 3. 2010, BFH/NV 2010 S. 1820). 2004

Einstweilen frei 2005

2.2.3 Abzug anrechenbarer Steuern bei der Ermittlung der Einkünfte nach § 34c Abs. 2 und 6 EStG

2006 Die Anrechnung ausländischer Steuern nach § 34c Abs. 1 oder 6 EStG führt dann zu keiner Steuerermäßigung, wenn der Gesamtbetrag der Einkünfte negativ ist und die ESt dementsprechend auf 0 € festzusetzen ist. Aus diesem Grunde wird es durch § 34c Abs. 2 EStG abweichend von § 12 Nr. 3 EStG zugelassen, die dem Grunde nach anrechenbaren ausländischen Steuern auf Antrag bei der Ermittlung der Einkünfte abzuziehen. Für diesen Fall erhöhen die Steuern den nach § 10d EStG berücksichtigungsfähigen Verlust, so dass damit eine gewisse steuerliche Entlastung erreicht werden kann. Auf nach § 3 Nr. 40 EStG teilweise steuerfrei zu belassende Einkünfte (in einem Betriebsvermögen vereinnahmte Gewinnausschüttungen ausländischer Kapitalgesellschaften) entfallende Steuern sind nur in dem anteilig gekürzten Umfang abziehbar (R 34c Abs. 4 Satz 8 EStR).

2007 Ferner ist bei einem positiven zu versteuernden Einkommen im Einzelfall nicht auszuschließen, dass der Abzug der dem Grunde nach anrechenbaren Steuern von Einkünften zu einer höheren steuerlichen Entlastung als die Anrechnung nach den Grundsätzen des § 34c Abs. 1 EStG führt. Auch in diesem Fall kann sich ein Antrag auf Berücksichtigung der ausländischen Steuern nach § 34c Abs. 2 EStG anbieten.

2008 Bei nach Maßgabe eines DBA anrechenbaren Steuern kann ebenfalls nach § 34c Abs. 2 EStG verfahren werden. Lediglich für nicht erhobene, jedoch anrechenbare Steuern, sog. fiktive Steuern, wird der Abzug nach § 34c Abs. 2 EStG durch § 34c Abs. 6 Satz 2 EStG ausgeschlossen.

2009, 2010 *Einstweilen frei*

2.2.4 Abzug nicht anrechenbarer Steuern bei der Ermittlung der Einkünfte nach § 34c Abs. 3 und 6 EStG

2011 Durch § 34c Abs. 3 EStG wird der Abzug nicht anrechenbarer ausländischer Steuern vom Einkommen bei der Ermittlung der Einkünfte insoweit zugelassen, soweit sie auf der deutschen Besteuerung unterfallende Einkünfte erhoben wurden und keinem Ermäßigungsanspruch mehr unterliegen. Dies gilt bei Vorliegen einer der folgenden Voraussetzungen.

- Die Steuer entspricht nicht der deutschen ESt.
- Die Steuer wird nicht in dem Staat erhoben, aus dem die Einkünfte stammen. Unterhält ein inländisches Unternehmen im Staat A, mit dem kein DBA besteht, eine Betriebsstätte, die ihrerseits Einkünfte aus dem Staat B bezogen hat, die dort besteuert wurden. Die Steuern des Staates A sind bei Vorliegen der weiteren Voraussetzungen nach § 34c Abs. 1 EStG anrechenbar, nicht hingegen die vom Staat B erhobenen Steuern. Insoweit greift die Regelung des § 34c Abs. 3 EStG.
- Es liegen keine ausländischen Einkünfte vor. Dies ist beispielsweise der Fall, wenn eine Maschinenfabrik dem im Staat A, mit dem kein DBA besteht, ansässigen Abnehmer eine Maschine liefert und montiert, die Montagetätigkeit sich über einen Zeitraum von weniger als einem halben Jahr erstreckt und der Staat A den von der Maschinenfabrik aus der Montage erzielten Gewinn besteuert. Die Maschinenfabrik hat im Staat A keine Betriebsstätte i. S. des § 12 AO begründet, so dass der Montagegewinn zu keinen ausländischen Einkünften i. S. des § 34d Nr. 2 Buchst. a EStG geführt hat. Die darauf vom Staat A erhobene Steuer ist nach § 34c Abs. 3 EStG abzugsfähig.

In den Fällen des Bestehens eines DBA kann sich die in § 34c Abs. 3 EStG geregelte Problematik im Regelfall nicht stellen. Nach § 34c Abs. 6 Satz 6 EStG wird eine entsprechende Anwendung des § 34c Abs. 3 EStG für die Fälle vorgesehen, in denen ein DBA-Staat Einkünfte besteuert, die nicht aus diesem Staat stammen. Dies gilt nicht, wenn die Besteuerung ihre Ursache in einer Gestaltung hat, für die wirtschaftliche oder sonst beachtliche Gründe fehlen, oder das DBA dem Staat die Besteuerung dieser Einkünfte gestattet. 2012

Einstweilen frei 2013–2015

2.3 Der Tarif- oder Progressionsvorbehalt

Wird Deutschland als Ansässigkeitsstaat durch ein DBA zur Freistellung der aus dem anderen Staat bezogenen Einkünfte verpflichtet (vgl. Rdn. 1945 ff.), sind diese freizustellenden Einkünfte gem. § 32b Abs. 1 Satz 1 Nr. 3 EStG bei der Bemessung des Steuersatzes für das nach § 32a Abs. 1 EStG zu versteuernde Einkommen zu berücksichtigen – sog. Tarif- oder Progressionsvorbehalt. Durch § 32b EStG ergeben sich keine Auswirkungen auf die Höhe der gem. § 32d EStG zu erhebenden Abgeltungssteuer. 2016

Von der Anwendung des Progressionsvorbehalts werden durch § 32b Abs. 1 Satz 2 EStG bestimmte nach DBA freizustellende Einkünfte i. S. des § 2a Abs. 1 EStG ausgenommen, die nicht aus Drittstaaten (vgl. Rdn. 1987) stammen. Dabei handelt es sich um besonders qualifizierte positive und negative Einkünfte, mithin nicht sämtliche nach Maßgabe eines DBA mit den anderen EU-Staaten oder mit Norwegen und Island freizustellende Einkünfte. Danach sind z. B. Gewinne und Verluste aus der Betriebsstätte eines Maschinenbaubetriebs, nicht hingegen aus einer dem Fremdenverkehr dienenden Betriebsstätte aus einem dieser Staaten von der Anwendung des Progressionsvorbehalts ausgeschlossen. 2017

Durch die Anwendung des Progressionsvorbehalts kann sich eine Steuerschuld auch dann ergeben, wenn das zu versteuernde Einkommen den nach den Tarifvorschriften zu berücksichtigenden Grundfreibetrag unterschreitet (BFH v. 9. 8. 2001, BStBl 2001 II S. 778). Grundsätzlich sind auch Verluste zu berücksichtigen, so dass dadurch der Steuersatz auf Null sinken kann (BFH v. 25. 5. 1970, BStBl 1970 II S. 660). Abweichend davon sind gem. § 32b Abs. 2 Nr. 2 Satz 2 Buchst. c EStG bei Gewinnermittlung nach § 4 Abs. 3 EStG die Anschaffungs- oder Herstellungskosten für Wirtschaftsgüter des Umlaufvermögens bei Zugang zum Betriebsvermögen nach dem 28. 2. 2013 erst im Zeitpunkt des Zuflusses des Veräußerungserlöses oder bei Entnahme im Zeitpunkt der Entnahme als Betriebsausgaben zu berücksichtigen. Handelt es sich um Verluste i. S. des § 2a Abs. 1 EStG, sind die Ausgleichs- und Abzugsbeschränkungen nach dieser Vorschrift auch für die Anwendung des Progressionsvorbehalts zu berücksichtigen (§ 32b Abs. 1 Satz 3 EStG; BFH v. 13. 11. 2002, BStBl 2003 II S. 795). Die Regelungen des § 15b EStG zur Berücksichtigung von Verlusten im Zusammenhang mit Steuerstundungsmodellen sind sinngemäß anzuwenden (§ 32b Abs. 1 Satz 3 EStG). 2018

Wegen weiterer Einzelheiten wird auf das Berechnungsbeispiel in H 32b EStH hingewiesen. Besonderheiten sind zu beachten bei Bezug außerordentlicher Einkünfte, die 2019 nach § 34 EStG begünstigt sind; vgl. dazu § 32b Abs. 2 Nr. 2 Satz 1 EStG sowie BFH v. 17. 1. 2008 (BStBl 2011 II S. 21).

2020 *Einstweilen frei*

3. Besonderheiten bei beschränkter Steuerpflicht

3.1 Allgemeine Grundsätze

2021 In § 1 EStG wird zwischen der unbeschränkten und der beschränkten Steuerpflicht unterschieden. Der beschränkten Steuerpflicht unterliegen nach § 1 Abs. 4 EStG natürliche Personen, die im Inland weder einen Wohnsitz (§ 8 AO) noch ihren gewöhnlichen Aufenthalt (§ 9 AO) haben. Die Steuerpflicht erstreckt sich auf die inländischen Einkünfte i. S. des § 49 EStG. Einschränkungen des sich daraus ergebenden Besteuerungsrechts durch DBA sind zu beachten. Unterliegen die inländischen Einkünfte dem Steuerabzug, wird die ESt für den Regelfall dadurch abgegolten. Nur die übrigen inländischen Einkünfte sind in eine unter Beachtung der Regelungen des § 50 EStG durchzuführende Veranlagung einzubeziehen. Eine Zusammenveranlagung von Ehegatten bzw. Lebenspartnern kommt nicht in Betracht. Sonderausgaben sind in eingeschränktem Umfang abziehbar.

2022 Abweichend davon sind bestimmte natürliche Personen, die im Inland keinen Wohnsitz oder gewöhnlichen Aufenthalt haben, als unbeschränkt steuerpflichtig zu behandeln.

- Arbeitnehmer einer inländischen juristischen Person des öffentlichen Rechts, die dafür Arbeitslohn aus einer inländischen öffentlichen Kasse beziehen, sofern sie in dem Staat, in dem sie ihren Wohnsitz oder ihren gewöhnlichen Aufenthalt haben, lediglich in einem der beschränkten Steuerpflicht ähnlichen Umfang besteuert werden (§ 1 Abs. 2 EStG). Entsprechendes gilt unter bestimmten Voraussetzungen für ihre Familienangehörigen. Es handelt sich um eine Sonderregelung insbesondere für Angehörige des diplomatischen Dienstes und andere in das Ausland entsandte Angehörige des inländischen öffentlichen Dienstes.
- Personen, deren Einkünfte im Regelfall zu mindestens 90 % als inländische Einkünfte i. S. des § 49 EStG der deutschen Besteuerung unterliegen, können bei Vorliegen weiterer Voraussetzungen nach § 1 Abs. 3 EStG auf Antrag als unbeschränkt Steuerpflichtige besteuert werden. Bei Angehörigen eines EU- oder EWR-Staates ist dann weiter die Vorschrift des § 1a EStG zu beachten.

2023 Bei natürlichen Personen, die in den letzten zehn Jahren vor dem Ende ihrer unbeschränkten Steuerpflicht i. S. des § 1 Abs. 1 Satz 1 EStG als Deutscher insgesamt mindestens fünf Jahre unbeschränkt einkommensteuerpflichtig waren, im niedrig besteuernden Ausland ansässig sind und noch über wesentliche wirtschaftliche Interessen im Inland verfügen, ist zu prüfen, ob sie nach § 2 AStG erweitert beschränkt steuerpflichtig sind (vgl. Rdn. 1852 ff.).

2024, 2025 *Einstweilen frei*

3.2 Die inländischen Einkünfte i. S. des § 49 EStG

2026 Der Gesetzgeber bestimmt in § 49 EStG, dass beschränkt Steuerpflichtige i. S. des § 1 Abs. 4 EStG nur mit den darin abschließend aufgeführten inländischen Einkünften der Besteuerung nach Maßgabe des EStG unterliegen. Diese Regelungen knüpfen an § 2 Abs. 1 EStG und damit an §§ 13–23 EStG mit der Maßgabe an, dass

- der Besteuerungsanspruch nach Maßgabe dieser Regelungen auf bestimmte Einzeltatbestände beschränkt wird,
- die betreffenden Einkünfte aus dem Inland (vgl. Rdn. 1971) stammen müssen,
- die danach steuerpflichtigen Einkünfte unabhängig davon der inländischen Besteuerung unterliegen, ob diese Einkünfte, z. B. Kapitalerträge i. S. des § 49 Abs. 1 Nr. 5 EStG von der im Ausland ansässigen Person im Privatvermögen oder in einem ausländischen Betriebsvermögen bezogen werden oder Einkünfte, die unter den Voraussetzungen des § 17 EStG aus der Veräußerung des Anteils an einer Kapitalgesellschaft erzielt werden, unterliegen auch dann der beschränkten Steuerpflicht (§ 49 Abs. 1 Nr. 2 Buchst. e EStG), wenn der Anteil in einem ausländischen Betriebsvermögen gehalten wird – isolierende Betrachtungsweise (§ 49 Abs. 2 EStG; R 49.3 EStR).

Sieht man von diesen Besonderheiten ab, gelten für die Bestimmung der steuerpflichtigen Einkünfte und die Abgrenzung der einzelnen Einkunftsarten zueinander im Übrigen die für die Anwendung von §§ 13–24 EStG maßgebenden Grundsätze.

Besondere Regelungen zur Ermittlung der ausländischen Einkünfte hat der Gesetzgeber 2027
nicht getroffen. Dementsprechend ist in entsprechender Anwendung von § 2 Abs. 2 EStG bei den inländischen Einkünften aus Land- und Forstwirtschaft, Gewerbebetrieb und selbständiger Arbeit der Gewinn (§§ 4–7k EStG), im Übrigen der Überschuss der Einnahmen über die Werbungskosten (§§ 8–9a EStG) zu besteuern. Dieser Grundsatz gilt in den Fällen, in denen die Steuerpflicht mit dem vorgenommenen Steuerabzug nur dann und insoweit, als im Steuerabzugsverfahren Betriebsausgaben oder Werbungskosten mindernd berücksichtigt werden dürfen.

Der Besteuerung als inländische Einkünfte aus Land- und Forstwirtschaft unterliegen 2028
nach § 49 Abs. 1 Nr. 1 EStG die Einkünfte aus einer im Inland betriebenen Land- und Forstwirtschaft.

Zu den inländischen Einkünften aus Gewerbebetrieb (§§ 15 bis 17 EStG) gehören nach 2029
§ 49 Abs. 1 Nr. 2 Buchst. a–g EStG die Einkünfte, die erzielt werden

a) durch eine im Inland unterhaltene Betriebsstätte (§ 12 AO) oder einen im Inland bestellten ständigen Vertreter (§ 13 AO),
b) durch den Betrieb eigener oder gecharterter Seeschiffe oder Luftfahrzeuge aus Beförderungen zwischen inländischen und von inländischen zu ausländischen Häfen unter bestimmten Voraussetzungen (beachte dazu § 49 Abs. 3 und 4 EStG),
c) durch Beförderungen und Beförderungsleistungen i. S. des vorstehenden Buchst. b im Rahmen einer internationalen Betriebsgemeinschaft oder eines Pool-Abkommens,
d) durch im Inland ausgeübte oder verwertete künstlerische, sportliche, artistische, unterhaltende oder ähnliche Darbietungen, soweit sie nicht zu den inländischen Einkünften aus selbständiger oder nichtselbständiger Arbeit gehören,
e) aus der Veräußerung von Anteilen an einer Kapitalgesellschaft unter den Voraussetzungen des § 17 EStG, sofern,
   aa) die Kapitalgesellschaft ihren Sitz oder ihre Geschäftsleitung im Inland hat oder
   bb) bei deren Erwerb aufgrund eines Antrags nach § 13 Abs. 2 oder § 21 Abs. 2 Satz 3 Nr. 2 UmwStG nicht der gemeine Wert der eingebrachten Anteile ange-

setzt worden ist oder auf die für den Fall der Sitzverlegung der Gesellschaft innerhalb der EU § 17 Abs. 5 Satz 2 EStG anzuwenden war, oder

cc) deren Anteilswert zu irgendeinem Zeitpunkt während der 365 Tage vor der Veräußerung unmittelbar oder mittelbar zu mehr als 50 % auf inländischem unbeweglichem Vermögen beruhte und die Anteile dem Veräußerer zu diesem Zeitpunkt zuzurechnen waren; für die Ermittlung dieser Quote sind die aktiven Wirtschaftsgüter des Betriebsvermögens mit den Buchwerten, die zu diesem Zeitpunkt anzusetzen gewesen wären, zugrunde zu legen,

f) außerhalb einer inländischen Betriebsstätte und nicht durch einen inländischen ständigen Vertreter durch die

aa) Vermietung und Verpachtung oder

bb) Veräußerung

von inländischem unbeweglichen Vermögen, von Sachinbegriffen oder Rechten, die im Inland belegen oder in ein inländisches öffentliches Buch oder Register eingetragen sind oder deren Verwertung in einer inländischen Betriebsstätte oder anderen Einrichtung erfolgt. Als Einkünfte aus Gewerbebetrieb gelten auch die Einkünfte aus Tätigkeiten im Sinne dieses Buchstaben, die von einer Körperschaft i. S. des § 2 Nr. 1 KStG erzielt werden, die mit einer Kapitalgesellschaft oder sonstigen juristischen Person i. S. des § 1 Abs. 1 Nr. 1 bis 3 KStG vergleichbar ist. Zu den Einkünften aus der Veräußerung von inländischem unbeweglichem Vermögen im Sinne dieses Buchstabens gehören auch Wertveränderungen von Wirtschaftsgütern, die mit diesem Vermögen in wirtschaftlichem Zusammenhang stehen, oder

g) die aus der Verschaffung der Gelegenheit erzielt werden, einen Berufssportler als solchen im Inland vertraglich zu verpflichten; dies gilt nur, wenn die Gesamteinnahmen 10 000 € übersteigen.

Bei Bezug von Einkünften aus dem Betrieb von Seeschiffen und von Luftfahrzeugen ist § 49 Abs. 3 und 4 EStG zu beachten, wegen Einzelheiten im Übrigen vgl. auch R 49.1 EStR.

2030 Inländische Einkünfte aus selbständiger Arbeit (§ 18 EStG) werden nach § 49 Abs. 1 Nr. 3 EStG bezogen, wenn die Tätigkeit im Inland ausgeübt oder verwertet wird oder worden ist, oder für die im Inland eine feste Einrichtung oder eine Betriebsstätte unterhalten wird; vgl. dazu R 49.2 EStR.

2031 Inländische Einkünfte aus nichtselbständiger Arbeit (§ 19 EStG) werden nach § 49 Abs. 1 Nr. 4 EStG bezogen, wenn

a) die Tätigkeit im Inland ausgeübt oder verwertet wird oder worden ist,

b) sie aus inländischen öffentlichen Kassen einschließlich der Kassen des Bundeseisenbahnvermögens und der Deutschen Bundesbank mit Rücksicht auf ein gegenwärtiges oder früheres Dienstverhältnis gewährt werden, ohne dass ein Zahlungsanspruch gegenüber der inländischen öffentlichen Kasse bestehen muss; dies gilt nicht, wenn das Dienstverhältnis im Tätigkeitsstaat oder einem anderen ausländischen Staat begründet wurde, der Arbeitnehmer keinen inländischen Wohnsitz oder gewöhnlichen Aufenthalt aufgrund des Dienstverhältnisses oder eines vorangegangenen vergleichbaren Dienstverhältnisses aufgegeben hat und mit dem Tätigkeitsstaat kein Abkommen zur Vermeidung der Doppelbesteuerung besteht,

c) sie als Vergütung für eine Tätigkeit als Geschäftsführer, Prokurist oder Vorstandsmitglied einer Gesellschaft mit Geschäftsleitung im Inland bezogen werden,

d) sie als Entschädigung i. S. des § 24 Nr. 1 EStG für die Auflösung eines Dienstverhältnisses gezahlt werden, soweit die für die zuvor ausgeübte Tätigkeit bezogenen Einkünfte der inländischen Besteuerung unterlegen haben,

e) die Tätigkeit an Bord eines im internationalen Luftverkehr eingesetzten Luftfahrzeugs ausgeübt wird, das von einem Unternehmen mit Geschäftsleitung im Inland betrieben wird.

Grundsätzlich ist die Durchführung des LSt-Abzugsverfahren vorgesehen (vgl. Rdn. 2041 ff.). Bei Künstlern, Berufssportlern, Schriftstellern, Journalisten, Bildberichterstattern und Artisten kann stattdessen der Steuerabzug nach § 50a EStG in Betracht kommen (vgl. Rdn. 2051 ff.).

Zu den inländischen Einkünften aus Kapitalvermögen gehören nach § 49 Abs. 1 Nr. 5 EStG insbesondere 2032

- § 20 Abs. 1 Nr. 1, 2, 4, 6 und 9 EStG, wenn
  - der Schuldner Wohnsitz, Geschäftsleitung oder Sitz im Inland hat,
  - in den Fällen des § 20 Abs. 1 Nr. 1 Satz 4 EStG der Emittent der Aktien Geschäftsleitung oder Sitz im Inland hat oder
  - es sich um Fälle des § 44 Abs. 1 Satz 4 Nr. 1 Buchst. a Doppelbuchst. bb EStG handelt;
  - dies gilt auch für Erträge aus Wandelanleihen und Gewinnobligationen,
- bestimmte Zinsen und sonstige Kapitalerträge i. S. von § 20 Abs. 1 Nr. 5 und 7 EStG, wenn das Kapitalvermögen durch inländischen Grundbesitz, durch inländische Rechte, die den Vorschriften des bürgerlichen Rechts über Grundstücke unterliegen, oder durch Schiffe, die in ein inländisches Schiffsregister eingetragen sind, unmittelbar oder mittelbar gesichert ist oder wenn das Kapitalvermögen aus Genussrechten besteht, die nicht in § 20 Abs. 1 Nr. 1 EStG genannt sind,
- Zinsen und entsprechende Kapitalerträgen, i. S. von § 43 Abs. 1 Satz 1 Nr. 7 Buchst. a und Nr. 9 und 10 sowie Satz 2 EStG, wenn sie von einem Schuldner oder von einem inländischen Kreditinstitut oder einem inländischen Finanzdienstleistungsinstitut i. S. des § 43 Abs. 1 Satz 1 Nr. 7 Buchst. b EStG gegen Aushändigung der Zinsscheine oder des Wertpapiers einem anderen als einem ausländischen Kreditinstitut oder einem ausländischen Finanzdienstleistungsinstitut ausgezahlt oder gutgeschrieben werden und die Teilschuldverschreibungen nicht von dem Schuldner, dem inländischen Kreditinstitut oder dem inländischen Finanzdienstleistungsinstitut verwahrt werden – sog. Tafelgeschäfte.

Die in § 21 EStG aufgeführten Einkünfte aus Vermietung und Verpachtung unterliegen gem. § 49 Abs. 1 Nr. 6 EStG als inländische Einkünfte der Besteuerung, wenn das unbewegliche Vermögen, die Sachinbegriffe oder Rechte im Inland belegen oder in ein inländisches öffentliches Buch oder Register eingetragen sind oder in einer inländischen Betriebsstätte oder in einer anderen Einrichtung verwertet werden. Weitere Voraussetzung ist, dass es sich dabei nicht bereits um Einkünfte i. S. der vorhergehenden Regelungen des § 49 Abs. 1 EStG handelt. 2033

2034 Zu den inländischen Einkünften gehören nach § 49 Abs. 1 Nr. 7 EStG sonstige Einkünfte i. S. des § 22 Nr. 1 Satz 3 Buchst. a EStG, die von den inländischen gesetzlichen Rentenversicherungsträgern, den inländischen landwirtschaftlichen Alterskassen, den inländischen berufsständischen Versorgungseinrichtungen, den inländischen Versicherungsunternehmen oder sonstigen inländischen Zahlstellen gewährt werden, ggf. auch von ausländischen Zahlstellen, wenn die Leistungen auf Beiträgen beruhen, die ganz oder teilweise als Sonderausgaben berücksichtigt wurden.

2035 Private Veräußerungsgeschäfte i. S. des § 22 Nr. 2 EStG mit inländischen Grundstücken oder inländischen Rechten, die den Vorschriften des bürgerlichen Rechts über Grundstücke unterliegen, führen zu inländischen Einkünften i. S. des § 49 Abs. 1 Nr. 8 EStG.

2036 Bezüge von Abgeordneten i. S. des § 22 Nr. 4 EStG sind ggf. inländische Einkünfte i. S. des § 49 Abs. 1 Nr. 8a EStG.

2037 Inländische Einkünfte aus Leistungen i. S. des § 22 Nr. 3 EStG liegen nach § 49 Abs. 1 Nr. 9 EStG auch dann vor, wenn sie bei Anwendung dieser Vorschrift einer anderen Einkunftsart zuzurechnen wären, soweit es sich um Einkünfte aus inländischen unterhaltenden Darbietungen, aus der Nutzung beweglicher Sachen im Inland oder aus der Überlassung der Nutzung oder des Rechts auf Nutzung von gewerblichen, technischen, wissenschaftlichen und ähnlichen Erfahrungen, Kenntnissen und Fertigkeiten, zum Beispiel Plänen, Mustern und Verfahren, handelt, die im Inland genutzt werden oder worden sind. Voraussetzung ist, dass es sich nicht bereits um inländische Einkünfte nach Maßgabe der vorhergehenden Regelungen handelt.

2038 Schließlich gehören gem. § 49 Abs. 1 Nr. 10 EStG die sonstigen Einkünfte i. S. des § 22 Nr. 5 Satz 1 EStG, d. h. Leistungen aus Altersvorsorgeverträgen, Pensionsfonds, Pensionskassen und Direktversicherungen zu den inländischen Einkünften, soweit die Leistungen auf Beiträgen, auf die § 3 Nr. 63 EStG angewendet wurde, auf steuerfreien Leistungen nach § 3 Nr. 66 EStG oder steuerfreien Zuwendungen nach § 3 Nr. 56 EStG beruhen.

2039, 2040 *Einstweilen frei*

3.3 Steuerabzugsverfahren

3.3.1 Allgemeines

2041 Steuerabzugsverfahren wurden nicht zuletzt zur Sicherung des Steueraufkommens angeordnet. Dies gilt allgemein, d. h. auch von den diesbezüglichen inländischen Einkünften beschränkt Steuerpflichtiger, für

- den Steuerabzug vom Arbeitslohn nach §§ 38–42g EStG,
- den Steuerabzug vom Kapitalertrag nach §§ 43–45e EStG und
- den Steuerabzug von Bauleistungen nach §§ 48–48d EStG.

Für die in § 50a EStG bezeichneten inländischen Einkünfte beschränkt Steuerpflichtiger wird darüber hinaus der Steuerabzug angeordnet (vgl. Rdn. 2051 ff.).

Zum Steuerabzug wird jeweils der Schuldner der abzugspflichtigen Einnahmen verpflichtet, der die Abzugsteuern in einem besonderen Verfahren bei dem jeweils für ihn zuständigen Finanzamt anzumelden und an dieses abzuführen hat. Kommt er dieser Verpflichtung nicht oder nicht vollständig nach, kann er jeweils unter bestimmten Voraussetzungen als Haftungsschuldner in Anspruch genommen werden. Kann der Gläubiger der abzugspflichtigen Vergütungen die völlige oder teilweise Freistellung von der inländischen Abzugsteuer beanspruchen, ist der inländische Vergütungsschuldner nur unter bestimmten Voraussetzungen berechtigt, vom Steuerabzug absehen. Wurden Steuern einbehalten, kann der Vergütungsgläubiger seinen Anspruch auf Freistellung nur im Erstattungsverfahren geltend machen. 2042

Wegen weiterer Einzelheiten zur Durchführung des LSt-Abzugsverfahrens wird auf die Ausführungen im 5. Kap. Teil B Rdn. 601 ff. hingewiesen. 2043

Einzelheiten zum Steuerabzug bei Bauleistungen nach §§ 48–48d EStG sind im 5. Kap. Teil A Rdn. 351 ff. dargestellt. 2044

Einstweilen frei 2045

3.3.2 Der Steuerabzug vom Kapitalertrag nach §§ 43–45e EStG

Die dem Steuerabzug unterliegenden Kapitalerträge ergeben sich aus der abschließenden Aufzählung in § 43 EStG. Die Höhe der von den Bruttobeträgen einzubehaltenden Steuer wird in § 43a EStG bestimmt. Zur Durchführung des Steuerabzugs ist nach § 44 Abs. 1 EStG grundsätzlich der Schuldner der Kapitalerträge, in einer Vielzahl der Fälle jedoch die die Kapitalerträge auszahlende Stelle verpflichtet. Bei der die Kapitalerträge auszahlenden Stelle handelt es sich regelmäßig um ein inländisches Kreditinstitut oder ein inländisches Finanzdienstleistungsinstitut. Für ein gewerbliches inländisches Unternehmen, das nicht zum Kreditgewerbe gehört, wird danach insbesondere in den nachstehenden Fällen die Pflicht zur Durchführung des Steuerabzugsverfahrens bestehen: 2046

- Es handelt sich um eine inländische Körperschaft, die Gewinnausschüttungen i. S. des § 20 Abs. 1 Nr. 1, 2 oder 9 EStG an die Berechtigten auszahlt, z. B. eine GmbH unmittelbar an ihre Gesellschafter.
- Es handelt sich um ein inländisches Unternehmen, das Gewinnanteile eines stillen Gesellschafters oder Vergütungen für ein partiarisches Darlehen (Vergütungen i. S. des § 20 Abs. 1 Nr. 4 EStG) an die Berechtigten auszahlt.
- Es handelt sich um einen Betrieb gewerblicher Art i. S. des § 4 KStG, der Leistungen i. S. des § 20 Abs. 1 Nr. 10 EStG erbringt.

Die Einbehaltungs- und Abführungspflicht besteht jeweils im Zeitpunkt des Zuflusses (§ 44 Abs. 1 EStG). Dabei sind die Regelungen des § 44 Abs. 2 EStG zu beachten. Danach fließen Gewinnanteile (Dividenden) und andere Kapitalerträge i. S. des § 20 Abs. 1 Nr. 1 EStG, deren Ausschüttung von einer Körperschaft beschlossen wird, dem Gläubiger an dem Tag zu, der im Beschluss als Tag der Auszahlung bestimmt worden ist. Wird dieser Tag nicht besonders bestimmt, gilt als Zeitpunkt des Zufließens der Tag nach der Beschlussfassung. Für Kapitalerträge i. S. des § 20 Abs. 1 Nr. 1 Satz 4 EStG gelten diese Zuflusszeitpunkte entsprechend. Wurde bei Einnahmen aus der Beteiligung an einem Handelsgewerbe als stiller Gesellschafter über den Zeitpunkt der Ausschüttung keine Vereinbarung getroffen, so gilt der Kapitalertrag am Tag nach der Aufstellung der Bi- 2047 lanz oder einer sonstigen Feststellung des Gewinnanteils des stillen Gesellschafters, spätestens jedoch sechs Monate nach Ablauf des Wirtschaftsjahres, für das der Kapitalertrag ausgeschüttet oder gutgeschrieben werden soll, als zugeflossen (§ 44 Abs. 3 EStG). Entsprechendes gilt bei Zinsen aus partiarischen Darlehen.

2048 Die innerhalb eines Kalendermonats einbehaltene Kapitalertragsteuer ist bis zum zehnten des folgenden Monats bei dem für die Besteuerung des Schuldners der Kapitalerträge vom Einkommen zuständigen Finanzamt anzumelden und an dieses Finanzamt abzuführen (§ 44 Abs. 1 EStG).

2049 Kann der beschränkt steuerpflichtige Gläubiger der Kapitalerträge nach Maßgabe eines DBA die völlige oder teilweise Freistellung von der inländischen Besteuerung beanspruchen, ist der inländische Schuldner der Erträge nach § 50d Abs. 1 EStG gleichwohl zum ungemilderten Steuerabzug verpflichtet. Der Gläubiger der Erträge kann seinen Freistellungsanspruch danach nur durch einen Antrag auf Erstattung der abgeführten Steuern durch das Bundeszentralamt für Steuern realisieren. Besonderheiten sind zu beachten bei der Entlastung von Zinsen im Verhältnis zu verbundenen Unternehmen in Mitgliedstaaten der EU gem. § 50g EStG und von Gewinnausschüttungen bei nur vorübergehendem Anteilsbesitz (sog. Cum/Cum-Geschäfte) gem. § 50j EStG. Wegen weiterer Einzelheiten zum Erstattungsverfahren wird auf das BMF-Merkblatt v. 1. 3. 1994 (BStBl 1994 I S. 203) hingewiesen. Weitere Informationen sowie Muster der zu verwendenden Vordrucke werden vom Bundeszentralamt für Steuern auf seiner Internetseite zur Verfügung gestellt. Wegen weiterer Einzelheiten bei Bezug der abzugspflichtigen Einnahmen durch beschränkt steuerpflichtige Körperschaften wird auf Rdn. 2088 ff. hingewiesen.

2050 *Einstweilen frei*

3.3.3 Der Steuerabzug bei beschränkt Steuerpflichtigen nach § 50a EStG

2051 Die Regelungen des § 50a EStG über den Steuerabzug von bestimmten inländischen Einkünften beschränkt Steuerpflichtiger sind europarechtlichen Vorgaben angepasst. Entsprechendes gilt für die zu § 50a EStG erlassenen Regelungen der EStDV

- Begriffsbestimmungen – § 73a EStDV,
- Zeitpunkt des Zufließens i. S. des § 50a Abs. 5 Satz 1 EStG – § 73c EStDV,
- Aufzeichnungen, Aufbewahrungspflichten, Steueraufsicht – § 73d EStDV,
- Einbehaltung, Abführung und Anmeldung der Steuer von Vergütungen i. S. des § 50a Abs. 1 und 7 EStG (§ 50a Abs. 5 EStG) – § 73e EStG,
- Steuerabzug in den Fällen des § 50a Abs. 6 EStG – § 73f EStDV,
- Haftungsbescheid – § 73g EStDV.

2052 Der Steuerabzug ist durchzuführen

- bei Einkünften, die durch im Inland ausgeübte künstlerische, sportliche, artistische, unterhaltende oder ähnliche Darbietungen erzielt werden, einschließlich der Einkünfte aus anderen mit diesen Leistungen zusammenhängenden Leistungen, unabhängig davon, wem die Einkünfte zufließen (§ 49 Abs. 1 Nr. 2 bis 4 und Nr. 9 EStG), es sei denn, es handelt sich um Einkünfte aus nichtselbständiger Arbeit, die bereits dem Steuerabzug vom Arbeitslohn nach § 38 Abs. 1 Satz 1 Nr. 1 EStG unterliegen (§ 50a Abs. 1 Nr. 1 EStG),
- bei Einkünften aus der inländischen Verwertung von Darbietungen i. S. der vorstehenden Regelung (§ 49 Abs. 1 Nr. 2 bis 4 und Nr. 6 EStG; § 50a Abs. 1 Nr. 2 EStG),

- bei Einkünften, die aus Vergütungen für die Überlassung der Nutzung oder des Rechts auf Nutzung von Rechten, insbesondere von Urheberrechten und gewerblichen Schutzrechten, von gewerblichen, technischen, wissenschaftlichen und ähnlichen Erfahrungen, Kenntnissen und Fertigkeiten, zum Beispiel Plänen, Mustern und Verfahren, herrühren sowie ab 2010 bei Einkünften, die aus der Verschaffung der Gelegenheit erzielt werden, einen Berufssportler über einen begrenzten Zeitraum vertraglich zu verpflichten (§ 49 Abs. 1 Nr. 2, 3, 6 und 9 EStG – § 50a Abs. 1 Nr. 3 EStG),
- bei Einkünften, die Mitgliedern des Aufsichtsrats, Verwaltungsrats oder anderen mit der Überwachung der Geschäftsführung von Körperschaften, Personenvereinigungen und Vermögensmassen i. S. des § 1 KStG beauftragten Personen sowie von anderen inländischen Personenvereinigungen des privaten und öffentlichen Rechts, bei denen die Gesellschafter nicht als Unternehmer (Mitunternehmer) anzusehen sind, für die Überwachung der Geschäftsführung gewährt werden (§ 49 Abs. 1 Nr. 3 EStG – § 50a Abs. 1 Nr. 4 EStG).

Der Steuerabzug beträgt bei den Vergütungen i. S. des § 50a Abs. 1 Nr. 4 EStG 30 %, in 2053 den verbleibenden Fällen einheitlich 15 % der gesamten Einnahmen. Von besonders gewährten Reisekosten ist der Steuerabzug nur insoweit vorzunehmen, als bei der Vergütung von Fahrt- und Übernachtungsauslagen die tatsächlichen Aufwendungen, von Verpflegungsmehraufwendungen die Pauschbeträge nach § 4 Abs. 5 Satz 1 Nr. 5 EStG überschritten werden. Bei Einkünften i. S. des § 50a Abs. 1 Nr. 1 EStG wird ein Steuerabzug nicht erhoben, wenn die Einnahmen je Darbietung 250 € nicht übersteigen.

Abweichend davon kann bei Vergütungen i. S. des § 50a Abs. 1 Nr. 1, 2 und 4 EStG bei 2054 Vergütungsgläubigern, die in einem EU-Staat oder einem EWR-Staat ansässig und zugleich Angehöriger eines dieser Staaten sind, gem. § 50a Abs. 3 EStG die Abzugsteuer von den um die nachweislich in unmittelbarem wirtschaftlichen Zusammenhang stehenden Betriebsausgaben oder Werbungskosten gekürzten Einnahmen vorgenommen werden. Voraussetzung ist, dass diese Aufwendungen dem Vergütungsschuldner in einer für das Bundeszentralamt für Steuern nachprüfbaren Form nachgewiesen oder vom Vergütungsschuldner übernommen wurden, vgl. dazu BMF-Schreiben v. 17. 6. 2014 (BStBl 2014 I S. 887). In diesen Fällen unterliegt dem Steuerabzug der Überschuss der Einnahmen über die berücksichtigungsfähigen Aufwendungen. Der Steuersatz beträgt

- 30 %, wenn der Vergütungsgläubiger eine natürliche Person,
- 15 %, wenn der Vergütungsgläubiger eine Körperschaft, Personenvereinigung oder Vermögensmasse ist.

Werden die Vergütungen z. B. für eine Konzertveranstaltung an eine im Ausland ansäs- 2055 sige Agentur gezahlt, die ihrerseits die beschränkt steuerpflichtigen Künstler vergütet, stellt sich die Frage der Durchführung des Steuerabzugs nach § 50a EStG für den inländischen Veranstalter sowie für die ausländische Konzertagentur. Zu der Durchführung des Abzugsverfahrens in derartigen zweistufigen Fällen wird in § 50a Abs. 4 EStG Stellung genommen.

Der Vergütungsgläubiger hat nach § 50a Abs. 5 EStG den Steuerabzug in dem Zeitpunkt 2056 vorzunehmen, in dem die Vergütung dem Gläubiger zufließt. Die innerhalb eines Kalendervierteljahres einbehaltene Steuer ist jeweils bis zum Zehnten des dem Kalendervierteljahr folgenden Monats an das Bundeszentralamt für Steuern abzuführen und diesem zugleich eine Steueranmeldung zu übersenden (vgl. auch § 73e EStDV). Der Schuldner der Vergütung haftet für die Einbehaltung und Abführung der Steuer. Er hat dem Gläubiger auf Verlangen die folgenden Angaben nach amtlich vorgeschriebenem Muster zu bescheinigen

1. den Namen und die Anschrift des Gläubigers,
2. die Art der Tätigkeit und Höhe der Vergütung in €,
3. den Zahlungstag,
4. den Betrag der einbehaltenen und abgeführten Steuer.

2057 Der Vergütungsschuldner ist gem. § 50d Abs. 1 EStG zur Durchführung des Steuerabzugs auch dann verpflichtet, wenn der Gläubiger nach Maßgabe eines DBA die völlige oder teilweise Freistellung vom Steuerabzug beanspruchen kann. Etwas anderes gilt nur dann, wenn dem Vergütungsschuldner

- eine Freistellungsbescheinigung des Bundeszentralamtes für Steuern i. S. des § 50d Abs. 2 EStG vorliegt, vgl. dazu das BMF-Schreiben v. 7. 5. 2002 (BStBl 2002 I S. 521) sowie die Schreiben des Bundesamtes für Finanzen – jetzt Bundeszentralamt für Steuern – v. 9. 10. 2002 (BStBl 2002 I S. 904 und 916) oder
- eine Ermächtigung des Bundeszentralamtes für Steuern zur Durchführung des Kontrollmeldeverfahrens nach § 50d Abs. 5 EStG vorliegt, vgl. dazu das BMF-Schreiben v. 18. 12. 2002 (BStBl 2002 I S. 1386).

Bei der Entlastung vom Steuerabzug bei Zahlungen von Zinsen und Lizenzgebühren im Verhältnis zu verbundenen Unternehmen in Mitgliedstaaten der EU ist § 50g EStG zu beachten. Ergänzend wird auf die vom Bundeszentralamt für Steuern im Internet zur Verfügung gestellten diesbezüglichen Informationen hingewiesen.

2058 Zu Fragen im Zusammenhang mit dem Steuerabzug gemäß § 50a EStG bei Einkünften beschränkt Steuerpflichtiger aus künstlerischen, sportlichen, artistischen, unterhaltenden oder ähnlichen Darbietungen hat das BMF in seinem umfangreichen Schreiben v. 25. 11. 2010 (BStBl 2010 I S. 1350) Stellung genommen.

2059 Für inländische Einkünfte beschränkt Steuerpflichtiger, für die der Gesetzgeber keinen Steuerabzug vorgesehen hat, kann das Finanzamt des Vergütungsgläubigers anordnen, dass der Schuldner der Vergütung für Rechnung des Gläubigers (Steuerschuldner) die Einkommensteuer im Wege des Steuerabzugs einzubehalten und abzuführen hat, wenn dies zur Sicherung des Steueranspruchs zweckmäßig ist. Der Steuerabzug beträgt 25 % der gesamten Einnahmen, bei Körperschaften, Personenvereinigungen oder Vermögensmassen 15 % der gesamten Einnahmen, wenn der Vergütungsgläubiger nicht glaubhaft macht, dass die voraussichtlich geschuldete Steuer niedriger ist. Wegen weiterer Einzelheiten wird auf das BMF-Schreiben v. 2. 8. 2002 (BStBl 2002 I S. 710) hingewiesen.

2060 *Einstweilen frei*

3.4 Weitere Einzelheiten zum Besteuerungsverfahren

2061 Sondervorschriften für die Besteuerung beschränkt Steuerpflichtiger ergeben sich aus § 50 EStG. Das Besteuerungsverfahren ist dadurch gekennzeichnet, dass nach § 50 Abs. 2 EStG die ESt für Einkünfte, die dem Steuerabzug vom Arbeitslohn (Rdn. 2041 ff.) oder vom Kapitalertrag (Rdn. 2046 ff.) oder dem Steuerabzug aufgrund des § 50a EStG (Rdn. 2051 ff.) unterliegen, durch den Steuerabzug grundsätzlich als abgegolten gilt. Davon sind folgende Ausnahmen vorgesehen:

- für Einkünfte eines inländischen Betriebs (§ 50 Abs. 2 Satz 2 Nr. 1 EStG),
- es wird nachträglich festgestellt, dass die Voraussetzungen des § 1 Abs. 2 oder 3 oder des § 1a EStG nicht vorliegen (§ 50 Abs. 2 Satz 2 Nr. 2 EStG),
- während des Veranlagungszeitraums erfolgte ein Wechsel zwischen unbeschränkter und beschränkter Steuerpflicht (§ 50 Abs. 2 Satz 2 Nr. 3 EStG),
- bei Bezug von Einkünften aus nichtselbständiger Arbeit unter bestimmten Voraussetzungen (§ 50 Abs. 2 Satz 2 Nr. 4 EStG),
- auf Antrag bei Bezug von Einkünften i. S. des § 50a Abs. 1 Nr. 1, 2 und 4 EStG (§ 50 Abs. 2 Satz 2 Nr. 5 EStG),
- für Einkünfte aus Kapitalvermögen i. S. des § 49 Abs. 1 Nr. 5 Satz 1 Buchst. a EStG, auf die § 20 Abs. 1 Nr. 6 Satz 2 EStG anzuwenden ist, wenn die Veranlagung zur Einkommensteuer beantragt wird.

Das für die Durchführung der Veranlagung zuständige Finanzamt ist grundsätzlich nach § 19 AO zu bestimmen. Abweichend davon sind Veranlagungen in den Fällen des § 50 Abs. 2 Satz 2 Nr. 5 EStG durch das Bundeszentralamt für Steuern durchzuführen (§ 50 Abs. 2 Satz 8 EStG). Ab 1. 1. 2021 ist in den Fällen des § 50 Abs. 2 Satz 2 Nr. 6 EStG für die Besteuerung des Gläubigers nach dem Einkommen das Finanzamt zuständig, das auch für die Besteuerung des Schuldners nach dem Einkommen zuständig ist; bei mehreren Schuldnern ist das Finanzamt zuständig, das für den Schuldner, dessen Leistung dem Gläubiger im Veranlagungszeitraum zuerst zufloss, zuständig ist. Werden im Rahmen einer Veranlagung Einkünfte aus nichtselbständiger Arbeit i. S. des § 49 Abs. 1 Nr. 4 EStG bei der Ermittlung des zu versteuernden Einkommens berücksichtigt, gilt § 46 Abs. 3 und 5 EStG entsprechend.

2062 Die weiteren wesentlichen Unterschiede gegenüber der Besteuerung unbeschränkt Steuerpflichtiger ergeben sich aus § 50 Abs. 1 EStG. Bei der Ermittlung der inländischen Einkünfte sind Betriebsausgaben und Werbungskosten nur insoweit abziehbar, als sie mit diesen Einkünften in wirtschaftlichem Zusammenhang stehen. Der Abzug von Sonderausgaben wird weitgehend, von außergewöhnlichen Belastungen insgesamt ausgeschlossen. Die ESt ist nach der Grundtabelle des § 32a Abs. 1 EStG zu bemessen. Dabei ist das zu versteuernde Einkommen grundsätzlich um den Grundfreibetrag des § 32a Abs. 1 Satz 2 Nr. 1 EStG zu erhöhen. Lediglich Arbeitnehmern, die inländische Einkünfte aus nichtselbständiger Arbeit i. S. des § 49 Abs. 1 Nr. 4 EStG beziehen, ist der Grundfreibetrag zu gewähren (§ 50 Abs. 1 Satz 2 EStG). Wenn für das um den Grundfreibetrag erhöhte zu versteuernde Einkommen ein besonderer Steuersatz nach § 32b Abs. 2 EStG oder nach § 2 Abs. 5 AStG gilt, ist dieser auf das zu versteuernde Einkommen anzuwenden.

2063 Gehören zu den Einkünften aus Land- und Forstwirtschaft, Gewerbebetrieb oder selbständiger Arbeit, für die im Inland ein Betrieb unterhalten wird, im Ausland besteuerte Einkünfte, sind die Regelungen von § 34c Abs. 1–3 EStG (vgl. Rdn. 2001 ff.) gem. § 50 Abs. 3 EStG entsprechend anzuwenden. Dies gilt nur dann nicht, soweit der beschränkt Steuerpflichtige im Ausland mit diesen Einkünften in einem der unbeschränkten Steuerpflicht ähnlichen Umfang zu einer Steuer vom Einkommen herangezogen wird.

2064, 2065 *Einstweilen frei*

IV. Besteuerung nicht natürlicher Personen

1. Allgemeine Grundsätze

2066 Unbeschränkt körperschaftsteuerpflichtig sind die in § 1 Abs. 1 KStG im Einzelnen aufgeführten Körperschaften, Personenvereinigungen und Vermögensmassen, die ihre Geschäftsleitung (§ 10 AO) oder ihren Sitz (§ 11 AO) im Inland (§ 1 Abs. 3 KStG; vgl. Rdn. 1971) haben. Die Steuerpflicht erstreckt sich nach § 1 Abs. 2 KStG auf sämtliche Einkünfte.

2067 Bei der beschränkten Steuerpflicht wird unterschieden zwischen

- ausländischen Körperschaften, Personenvereinigungen und Vermögensmassen, die den in § 1 Abs. 1 KStG aufgeführten Steuersubjekten vergleichbar sind und weder ihre Geschäftsleitung (§ 10 AO) noch ihren Sitz (§ 11 AO) im Inland haben gem. § 2 Nr. 1 KStG und
- partiell steuerpflichtigen inländischen Körperschaften gem. § 2 Nr. 2 KStG.

Vgl. dazu auch 5. Kap. Teil C Rdn. 819 ff. Die beschränkte Steuerpflicht nach § 2 Nr. 1 KStG ist der nach § 1 Abs. 4 EStG (vgl. Rdn. 2021) vergleichbar und erstreckt sich auf die inländischen Einkünfte i. S. des § 49 EStG (vgl. Rdn. 2026 ff.).

2068 Bei der Besteuerung nach Maßgabe des KStG gelten die Vorschriften des EStG entsprechend, soweit dies der Sache nach möglich ist (§ 8 Abs. 1, § 31 Abs. 1 KStG), vgl. dazu auch 5. Kap. Teil C Rdn. 843 ff. Dies gilt u. a. für den durch § 2a EStG eingeschränkten Verlustausgleich und -abzug (vgl. Rdn. 1986 ff.). Ferner sind u. a. die Regelungen über den Steuerabzug vom Kapitalertrag (vgl. Rdn. 2046 ff.) sowie von Vergütungen an beschränkt Steuerpflichtige nach § 50a EStG (vgl. Rdn. 2051 ff.) auch bei der Besteuerung nach Maßgabe des KStG entsprechend anwendbar.

2069 Aus der Bestimmung des Begriffs der nahe stehenden Person in § 1 Abs. 2 AStG (vgl. Rdn. 1833) wird deutlich, dass die Vorschriften über die Berichtigung von Einkünften nach § 1 AStG bei der Besteuerung nach Maßgabe des KStG ebenfalls anwendbar sind. Dies gilt ferner für die weiteren Vorschriften des AStG, deren sachlicher Geltungsbereich nicht auf natürliche Personen beschränkt ist.

2070 Zu den Personen, auf die die Regelungen eines DBA (vgl. Rdn. 1876 ff.) anzuwenden sind, gehören nach der Art. 3 Abs. 1 OECD-MA entsprechenden Regelung neben den natürlichen Personen auch Gesellschaften, d. h. juristische Personen oder Rechtsträger, die wie juristische Personen besteuert werden. Die Einzelregelungen der DBA beziehen sich regelmäßig auf die Besteuerung vom Einkommen und damit auch auf die Besteuerung nach Maßgabe des KStG.

2071–2075 *Einstweilen frei*

2. Bedeutsame Einzelregelungen des KStG bei unbeschränkter Steuerpflicht

2.1 Verlust oder Beschränkung des Besteuerungsrechts der Bundesrepublik Deutschland – § 12 Abs. 1 KStG

2076 Für den Fall, dass das Besteuerungsrecht der Bundesrepublik Deutschland hinsichtlich des Gewinns aus der Veräußerung oder der Nutzung eines Wirtschaftsguts z. B. durch

Überführung in das Ausland ausgeschlossen oder beschränkt wird, gilt dies gem. § 12 Abs. 1 KStG als Veräußerung oder Überlassung des Wirtschaftsguts zum gemeinen Wert; § 4 Abs. 1 Satz 5, § 4g und § 15 Abs. 1a EStG gelten entsprechend (vgl. 2. Kap. Rdn. 115 ff.).

Einstweilen frei 2077–2080

2.2 Besteuerung ausländischer Einkommensteile

Die deutschen DBA sehen für den Regelfall vor, dass Dividenden, die eine inländische Kapitalgesellschaft von einer im anderen Vertragsstaat ansässigen Gesellschaft aufgrund einer qualifizierten Beteiligung – sog. Schachtelbeteiligung – bezieht, von der inländischen Besteuerung freizustellen sind. Diese Regelungen führen gegenüber § 8b Abs. 1 und 5 KStG zu weitergehenden Steuerentlastungen. Für die Anwendung des in den DBA regelmäßig vorgesehenen Progressionsvorbehalts (vgl. Rdn. 1948) ist angesichts des linearen KSt-Tarifs nach § 23 KStG kein Raum. 2081

Die Regelungen zur Ermäßigung der KSt bei ausländischen Einkünften ergeben sich aus § 26 KStG. Sie beziehen sich neben der Anrechnung ausländischer auch auf die Berücksichtigung anderer Steuermäßigungen bei ausländischen Einkünften. § 26 KStG in der am 31. 12. 2014 geltenden Fassung ist erstmals auf Einkünfte und Einkunftsteile anzuwenden, die nach dem 31. 12. 2013 zufließen. Auf vor dem 1. 1. 2014 zugeflossene Einkünfte und Einkunftsteile ist § 26 Abs. 2 Satz 1 KStG in der am 31. 12. 2014 geltenden Fassung in allen Fällen anzuwenden, in denen die Körperschaftsteuer noch nicht bestandskräftig festgesetzt ist (§ 34 Abs. 9 KStG). 2082

Für unbeschränkt Steuerpflichtige werden § 34c Abs. 1–3 und 5–7 sowie § 50d Abs. 10 EStG grundsätzlich für entsprechend anwendbar erklärt. Bei beschränkt Steuerpflichtigen sind § 50 Abs. 3 sowie § 50d Abs. 10 EStG entsprechend anwendbar. Es sind jedoch Einschränkungen zu beachten: 2083

- Bei Bezug von nach § 8b Abs. 1 KStG zu besteuernden Gewinnausschüttungen können sich Besonderheiten ergeben (§ 26 Abs. 1 Satz 2 KStG).
- Bei der Ermittlung der auf die ausländischen Einkünfte entfallenden KSt bleibt die sich nach §§ 37 und 38 KStG ergebende Steuer außer Betracht (§ 26 Abs. 2 Satz 1 KStG).
- Bei dem Abzug ausländischer Steuern entsprechend § 34c Abs. 2 EStG sind nur die auf die der inländischen Besteuerung entfallenden ausländischen Steuern zu berücksichtigen (§ 26 Abs. 2 Satz 2 KStG).
- Bei der Ermittlung der im Ausland besteuerten Einkünfte sind nicht nur die nach Maßgabe eines DBA, sondern auch die aufgrund einer Verordnung oder Richtlinie der Europäischen Union in einem anderen Mitgliedstaat der Europäischen Union nicht besteuerten ausländischen Einkünfte nicht zu berücksichtigen (§ 26 Abs. 2 Satz 3 KStG).

Einstweilen frei 2084, 2085

3. Besonderheiten bei der Besteuerung beschränkt Steuerpflichtiger

3.1 Auflösung stiller Reserven bei inländischen Betriebsstätten – § 12 Abs. 2 und 3 KStG

Unterhält eine i. S. des § 2 Nr. 1 KStG beschränkt steuerpflichtige Körperschaft, Personenvereinigung oder Vermögensmasse eine inländische Betriebsstätte, sind die stil- 2086 len Reserven in den nachstehend aufgeführten Fällen aufzudecken und der inländischen Besteuerung zu unterwerfen.

- Das Vermögen der beschränkt steuerpflichtigen Körperschaft, Personenvereinigung oder Vermögensmasse wird als Ganzes auf eine andere Körperschaft desselben ausländischen Staates durch einen Vorgang übertragen, der einer Verschmelzung i. S. des § 2 UmwG entspricht. Eine Fortführung der Buchwerte ist auf Antrag nach § 12 Abs. 2 KStG zulässig, soweit das inländische Besteuerungsrecht an den stillen Reserven nicht beeinträchtigt wird, eine Gegenleistung nicht gewährt wird oder in Gesellschaftsrechten besteht und der übernehmende und der übertragende Rechtsträger nicht die Voraussetzungen des § 1 Abs. 2 Satz 1 und 2 UmwStG erfüllen.
- Der ausländische Rechtsträger scheidet durch die Verlegung seiner Geschäftsleitung oder ihres Sitzes aus der unbeschränkten Steuerpflicht in einem EU-Staat oder einem EWR-Staat aus (§ 12 Abs. 3 Satz 1 KStG).
- Der ausländische Rechtsträger gilt nach Verlegung seiner Geschäftsleitung oder seines Sitzes nach Maßgabe eines DBA außerhalb des Hoheitsgebietes eines EU-Staates oder eines EWR-Staates als ansässig (§ 12 Abs. 3 Satz 2 KStG).

Beachte BMF v. 10. 11. 2016 (BStBl 2016 I S. 1252).

3.2 Anrechnung ausländischer Steuern – § 26 Abs. 2 KStG

2087 Abweichend von § 34c Abs. 1 Satz 2 EStG ist die auf die ausländischen Einkünfte entfallende deutsche Körperschaftsteuer in der Weise zu ermitteln, dass die sich bei der Veranlagung des zu versteuernden Einkommens, einschließlich der ausländischen Einkünfte, ohne Anwendung der §§ 37 und 38 KStG ergebende deutsche Körperschaftsteuer im Verhältnis dieser ausländischen Einkünfte zur Summe der Einkünfte aufgeteilt wird.

3.3 Besonderheiten beim Bezug steuerabzugspflichtiger Einnahmen

2088 Nach § 32 Abs. 1 Nr. 2 KStG gilt die KStG für Einkünfte, die dem Steuerabzug unterliegen, durch den Steuerabzug als abgegolten, wenn der Bezieher der Einkünfte beschränkt steuerpflichtig ist und die Einkünfte nicht in einem inländischen gewerblichen oder land- oder forstwirtschaftlichen Betrieb angefallen sind. Dies gilt nach § 32 Abs. 2 KStG u. a. nicht, wenn während des Veranlagungszeitraums ein Wechsel zwischen der unbeschränkten und der beschränkten Steuerpflicht erfolgt oder für Einkünfte, die dem Steuerabzug nach § 50a Abs. 1 Nr. 1, 2 oder 4 EStG unterlegen haben, für die vom Vergütungsgläubiger die Durchführung der KSt-Veranlagung beantragt wird (vgl. auch Rdn. 2061).

2089 Nach § 43b EStG wird die KapESt auf Kapitalerträge i. S. des § 20 Abs. 1 Nr. 1 EStG, d. h. insbesondere auf Gewinnausschüttungen inländischer Kapitalgesellschaften nicht erhoben, wenn diese Erträge einer in einem EU-Staat ansässigen Muttergesellschaft zustehen. Voraussetzung ist, dass die Muttergesellschaft eine Rechtsform hat, die in Anlage 2 zum EStG aufgeführt ist und eine Mindestbeteiligung an der ausschüttenden Gesellschaft gehalten wird. Die ausschüttende inländische Gesellschaft kann vom KapESt-Abzug nur absehen, wenn ihr eine diesbezügliche Freistellungsbescheinigung i. S. des § 50 Abs. 3 EStG des Bundeszentralamtes für Finanzen vorliegt; vgl. dazu Rdn. 2049.

2090 Zinsen und Lizenzgebühren, die ein im Ausland ansässiger Gläubiger aus dem Inland bezieht, unterliegen unter bestimmten Voraussetzungen dem inländischen Steuerabzug vom Kapitalertrag (Rdn. 2046) bzw. nach § 50a EStG (vgl. Rdn. 2051). Dieses Besteuerungsrecht wird teilweise bereits durch DBA eingeschränkt (vgl. Rdn. 1917 ff.). § 50g EStG sieht auf der Grundlage einschlägiger EU-Richtlinien eine völlige Freistellung vom Steuerabzug von Zinsen und Lizenzgebühren dann vor, wenn die Zahlungen an ein verbundenes EU-Unternehmen erfolgen. Bei den begünstigten Unternehmen muss es sich um eine Gesellschaft handeln, deren Rechtsform in den Anlagen 3 und 3a zum EStG aufgeführt ist. Von nahe stehenden Unternehmen ist bei einer unmittelbaren oder mittelbaren Beteiligung von mindestens 25 % auszugehen. Die Regelungen gelten auch im Verhältnis zur Schweiz (§ 50g Abs. 6 Nr. 2 EStG). Vom Steuerabzug darf nur abgesehen werden, wenn dem Vergütungsschuldner eine diesbezügliche Bescheinigung nach § 50d Abs. 2 EStG des Bundeszentralamtes für Steuern vorliegt; vgl. dazu Rdn. 2049.

Kommt ein Freistellung von der inländischen Abzugsteuer nach den vorstehend be- 2091
zeichneten Regelungen nicht in Betracht, sieht jedoch das mit dem Ansässigkeitsstaat des ausländischen Vergütungsgläubigers bestehende DBA die völlige oder teilweise Freistellung von der inländischen Abzugsteuer vor, kann diese Ermäßigung nur nach Maßgabe von § 50d Abs. 1 und 2 EStG realisiert werden (Rdn. 2049, 2057).

Die Freistellung von der KapESt von Gewinnausschüttungen inländischer Kapitalgesell- 2092
schaften bei Bezug durch in anderen EU-Staaten ansässige Körperschaften nach § 43b EStG (Rdn. 2089) kommt regelmäßig nur ab einer (unmittelbaren) Mindestbeteiligung von 10 % zu Beginn des Kalenderjahres in Betracht. Bei einem Beteiligungsumfang von weniger als 10 % sind die entsprechenden Gewinnausschüttungen gem. § 8b Abs. 4 KStG steuerpflichtige Einnahmen, für die Steuerfreiheit nach § 8b Abs. 1 KStG nicht beansprucht werden kann. Damit wird die Erhebung der KapESt und deren Abgeltungswirkung bei Gewinnausschüttungen an im Ausland ansässige Körperschaften gerechtfertigt.

Literaturangaben:

Fuhrmann (Hrsg.), Außensteuergesetz Kommentar, 3. Aufl., Herne 2017; *Gosch/Kroppen/Grotherr/Kraft (Hrsg.),* DBA-Kommentar. Loseblattwerk, Herne; *Niermann,* Grenzüberschreitende Mitarbeiterentsendung, 5. Aufl., Herne 2018; *Wassermeyer/Kaeser/Schwenke (Hrsg.),* Doppelbesteuerung, Loseblattwerk, München.

5. Kapitel:

Teil G: Abgabenordnung

von
Steueramtsrat Dipl.-Finanzwirt (FH) M.A.
Carsten Zimmermann, Dillingen/Saar

Inhaltsverzeichnis

I. Die Steuerarten im Überblick

1. Steuern

1.1 Steuerbegriff

Steuern sind eine Form von **Abgaben**, mit denen sich der Staat die zur Erfüllung seiner Aufgaben notwendigen Finanzmittel besorgt. Neben den Steuern kennt das deutsche Recht noch folgende Abgaben: 2801

- Gebühren (z. B. Abfallbeseitigungsgebühren) als Entgelt für die Inanspruchnahme der öffentlichen Hand,
- Beiträge (z. B. Erschließungsbeiträge) als Entgelt für die Bereitstellung (und damit unabhängig von der Inanspruchnahme) besonderer öffentlicher Einrichtungen und
- Sonderabgaben (z. B. Abwasserabgabe), die einer bestimmten Gruppe von Abgabepflichtigen auferlegt werden und deren Verwendung zugunsten dieser Gruppe zweckgebunden ist (Gruppennützigkeit).

Die **Legaldefinition** der Steuer findet sich nicht im GG, obwohl auch dort der Begriff der Steuer vielfach verwendet wird, sondern in § 3 Abs. 1 AO: Steuern sind Geldleistungen, die nicht eine Gegenleistung für eine besondere Leistung darstellen und von einem öffentlich-rechtlichen Gemeinwesen zur Erzielung von Einnahmen allen auferlegt werden, bei denen der Tatbestand zutrifft, an den das Gesetz die Leistungspflicht knüpft. Damit müssen insgesamt sechs Begriffsmerkmale erfüllt sein, damit eine Abgabe eine Steuer darstellt: 2802

1. **Geldleistung** (also keine Sach- oder Naturalleistung),
2. **hoheitlich auferlegt** (der Rechtsgrund für die Leistung muss in einem Gesetz begründet sein, also keine vertraglichen oder freiwilligen Zahlungen),
3. durch ein **öffentlich-rechtliches Gemeinwesen** (Gebietskörperschaften – Bund, Länder, Gemeinden – und öffentlich-rechtliche Religionsgemeinschaften),
4. **Einnahmeerzielungsabsicht** (diese kann Nebenzweck sein, darf aber nicht völlig zurücktreten, also keine Bußgelder, Zwangsgelder, Geldstrafen o. Ä.),
5. **kein Entgelt für eine besondere Leistung** (als Abgrenzung zur Gebühr und zum Beitrag),
6. **alle, die den Tatbestand erfüllen** (Grundsatz der Tatbestandsmäßigkeit und Gleichmäßigkeit der Besteuerung).

1.2 Zweck und Anwendungsbereich der Abgabenordnung

Die AO enthält die grundlegenden Vorschriften des Besteuerungsverfahrens und als sog. **Mantelgesetz** zahlreiche Bestimmungen, die für die Mehrzahl der Steuern gelten; sie ist sozusagen das „Grundgesetz des deutschen Steuerrechts". Sie hat damit eine 2803

- Entlastungsfunktion in Bezug auf die Einzelsteuergesetze, die – soweit die AO Anwendung findet – auf verfahrensrechtliche Bestimmungen verzichten können, und
- eine Klammerfunktion im Sinne der Rechtsvereinheitlichung.

Nach § 1 Abs. 1 AO müssen für die uneingeschränkte Anwendung der AO folgende Voraussetzungen erfüllt sein: 2804

- Es muss sich um Steuern oder Steuervergütungen handeln.
- Diese müssen durch Bundesrecht oder Recht der EU geregelt sein.
- Sie müssen durch Bundes- oder Landesfinanzbehörden verwaltet werden.

2805 **Vorrang** vor der AO haben völkerrechtliche Vereinbarungen (§ 2 AO), insbesondere also die Doppelbesteuerungsabkommen sowie das unmittelbar geltende EU-Recht (EU-Vertrag, EU-RVO).

Rechtsgrundlagen für das allgemeine Abgabenrecht sind neben der AO insbesondere:

- **Verfassungsrechtliche Bestimmungen**, wie die **Grundrechte** (insbesondere Art. 2 Abs. 1, Art. 3, Art. 6, Art. 12, Art. 14 GG sowie das Rechtsstaatsprinzip, Art. 20 Abs. 3 GG);
- das **Finanzverwaltungsgesetz** (FVG);
- das Bürgerliche Gesetzbuch (BGB), das Strafgesetzbuch (StGB) und die Strafprozessordnung (StPO), die Zivilprozessordnung (ZPO);
- Rechtsverordnungen (StAuskV, MVO, VO zu § 180 AO, BpO, DSGVO);
- BMF-Schreiben und gleichlautende Ländererlasse, insbesondere der Anwendungserlass zur AO (AEAO).

1.3 Steuerarten

2806 Die Steuerarten werden nach den unterschiedlichsten Anknüpfungspunkten in verschiedene Kategorien unterteilt. Die wichtigsten sind folgende:

- **Besitz- und Verkehrsteuern** (Steuern, die an den Besitz oder rechtsgeschäftliche Besitzwechselvorgänge anknüpfen) sowie **Zölle** (Abgaben, die an den Außengrenzen der EU erhoben werden) und **Verbrauchsteuern** (Steuern, die an den Verbrauch von Gütern anknüpfen);
- **direkte** und **indirekte** Steuern (direkte Steuern werden bei demjenigen erhoben, der die Steuer wirtschaftlich trägt; indirekte Steuern werden vom Steuerschuldner auf den sog. Steuerträger im Preis von Waren oder Dienstleistungen abgewälzt);
- **Personen- oder Subjektsteuern** (Steuern, die die persönliche Leistungsfähigkeit des Steuersubjekts erfassen) sowie **Sach- oder Objektsteuern** (Steuern, die an bestimmte objektive Merkmale des Steuerobjekts oder an einen Verkehrsvorgang anknüpfen).

2. Steuerliche Nebenleistungen

2.1 Überblick

2807 Neben Steuern gibt es auch **steuerliche Nebenleistungen**, die zu den Ansprüchen aus dem Steuerschuldverhältnis zählen (vgl. § 37 Abs. 1 AO). § 3 Abs. 4 Nr. 1 bis 9 AO zählt die steuerlichen Nebenleistungen abschließend auf:

1. Verzögerungsgelder nach § 146 Abs. 2b AO,
2. Verspätungszuschläge nach § 152 AO,
3. Zuschläge nach § 162 Abs. 4 und 4a AO,
4. Zinsen nach den §§ 233 bis 237 AO sowie Zinsen nach den Steuergesetzen, auf die die §§ 238 und 239 AO anzuwenden sind, sowie Zinsen, die über die §§ 233 bis 237 AO und die Steuergesetze hinaus nach dem Recht der Europäischen Union auf zu erstattende Steuern zu leisten sind,
5. Säumniszuschläge nach § 240 AO,
6. Zwangsgelder nach § 329 AO,
7. Kosten nach den §§ 89, 89a Abs. 7, 178 und 337 bis 345 AO,
8. Zinsen auf Einfuhr- und Ausfuhrabgaben nach Art. 5 Nr. 20 und 21 des Zollkodex der Union und
9. Verspätungsgelder nach § 22a Abs. 5 EStG.

2.2 Verspätungszuschläge

2.2.1 Allgemeines

Durch das Gesetz zur Modernisierung des Besteuerungsverfahrens v. 18. 7. 2016 (BGBl 2016 I S. 1679) hat der Gesetzgeber die Fristen zur Abgabe der Steuererklärungen in § 149 Abs. 2 und 3 AO neu geregelt. **Nicht beratene** Steuerpflichtige müssen ihre Steuererklärungen bis spätestens sieben Monate (bisher: fünf Monate) nach Ablauf des Kalenderjahres einreichen. **Beratene** Steuerpflichtige haben indes länger Zeit – sie haben die Steuererklärungen bis spätestens bis zum letzten Tag des Monats Februar des zweiten auf den Besteuerungszeitraum folgenden Kalenderjahres abzugeben. 2808

Die Neuregelungen sind am 1. 1. 2017 in Kraft getreten und erstmals anzuwenden für Besteuerungszeiträume, die nach dem 31. 12. 2017 beginnen, und Besteuerungszeitpunkte, die nach dem 31. 12. 2017 liegen (Art. 97 § 10a Abs. 4 Satz 1 EGAO).

Diese neuen gesetzlichen Fristen zur Abgabe der Steuererklärungen werden durch die Neuregelungen zum Verspätungszuschlag (§ 152 AO) flankiert. In bestimmten Konstellationen (vgl. § 152 Abs. 2 AO) wird der Verspätungszuschlag festgesetzt, ohne dass hierfür ein Ermessensspielraum besteht oder dass es einer Ermessensentscheidung bedarf. Dies soll in einer Vielzahl von Fällen zu einer **erheblichen Verringerung des Verwaltungsaufwands** beitragen, der mit den Ermessensentscheidungen über die Festsetzung von Verspätungszuschlägen verbunden ist und stellt zugleich einen Beitrag zu einer **gleichmäßigeren Behandlung aller Erklärungspflichtigen** dar. 2809

Die Neuregelung des Verspätungszuschlags ist ebenfalls am 1. 1. 2017 in Kraft getreten. § 152 AO ist erstmals auf Steuererklärungen anzuwenden, die nach dem 31. 12. 2018 einzureichen sind. Eine Verlängerung der Steuererklärungsfrist ist hierbei nicht zu berücksichtigen (Art. 97 § 8 Abs. 4 Satz 1 und 2 EGAO). Bei der Festsetzung von Verspätungszuschlägen legt die Verwaltung dann folgende gesetzliche Vorgaben zugrunde:

2.2.2 Kann-Regelung (§ 152 Abs. 1 AO)

§ 152 Abs. 1 Satz 1 AO bestimmt analog zum bisherigen Recht, dass ein Verspätungszuschlag festgesetzt werden kann, wenn eine gesetzliche (§ 149 Abs. 2 und 3 AO) oder eine von der Finanzbehörde bestimmte Frist (§ 149 Abs. 1 Satz 2 AO) für die Abgabe einer Steuererklärung nicht eingehalten worden ist, wobei eine eventuelle (ggf. auch rückwirkende) Fristverlängerung (§ 109 AO) zu berücksichtigen ist. Der in § 152 AO verwendete Begriff der „Steuererklärung" umfasst auch Feststellungserklärungen (§ 181 Abs. 1 Satz 1 AO) und Erklärungen zur Festsetzung eines Steuermessbetrags (§ 184 Abs. 1 Satz 3 AO). 2810

Die Regelung in § 152 Abs. 1 Satz 2 AO zum Absehen von der Festsetzung eines Verspätungszuschlags entspricht weitgehend der Rechtslage vor der Anwendung des Gesetzes zur Modernisierung des Besteuerungsverfahrens. Analog zu § 110 Abs. 1 Satz 2 AO (Wiedereinsetzung in den vorigen Stand) wird aber nunmehr auch das Verschulden eines gewillkürten Vertreters in die Vorschrift einbezogen. Wie bisher wird auch das Verschulden eines Erfüllungsgehilfen dem Steuerpflichtigen zugerechnet. Die Entschuldigungsgründe sind vom Steuerpflichtigen glaubhaft zu machen; für die Finanzbehörden besteht insoweit keine Amtsermittlungspflicht.

2.2.3 Muss-Regelung (§ 152 Abs. 2 AO)

2811 Für bedeutsame Anwendungsfälle im Bereich der von den Finanzämtern verwalteten Steuern bestimmt § 152 Abs. 2 AO, unter welchen Voraussetzungen – und zwar **ohne eine Ermessensentscheidung** – ein Verspätungszuschlag **automationsgestützt** festzusetzen ist. Soweit die Voraussetzungen des § 152 Abs. 2 AO nicht gegeben sind, verbleibt es allerdings bei der Möglichkeit, unter den Voraussetzungen des § 152 Abs. 1 AO aufgrund einer Ermessensentscheidung einen Verspätungszuschlag festzusetzen.

Da § 152 Abs. 2 AO eine gegenüber § 152 Abs. 1 AO selbständige Sonderregelung trifft, ist § 152 Abs. 1 Satz 2 AO hier nicht anwendbar. Somit kann in den Fällen des § 152 Abs. 2 AO die Festsetzung eines Verspätungszuschlags nur unterbleiben, wenn die Frist für die Abgabe der Steuererklärung (ggf. rückwirkend) verlängert wurde oder verlängert wird (vgl. § 152 Abs. 3 Satz 1 Nr. 1 AO), wobei die in § 109 Abs. 2 AO angeordneten Einschränkungen der Fristverlängerungsmöglichkeit zu beachten sind.

Es besteht jedoch die Möglichkeit, einen festgesetzten Verspätungszuschlag aus Gründen einer persönlichen oder sachlichen Unbilligkeit nach § 227 AO zu **erlassen** (Erlass). Bei einer Entscheidung über einen Antrag auf eine derartige Billigkeitsmaßnahme wird aber die Grundsatzentscheidung des Gesetzgebers für die Festsetzung und Erhebung eines Verspätungszuschlags zu berücksichtigen sein, ferner, dass eine Billigkeitsmaßnahme nach § 227 AO nicht die in § 109 Abs. 2 AO normierte Einschränkung der Fristverlängerungsmöglichkeit umgehen darf. Wie bisher ist § 163 AO (Abweichende Festsetzung von Steuern aus Billigkeitsgründen) auf den Verspätungszuschlag nicht anwendbar (vgl. § 1 Abs. 3 Satz 2 AO).

2.2.3.1 Grundsätzlich Festsetzung

2812 Ein Verspätungszuschlag ist festzusetzen, wenn eine Steuererklärung, die sich auf ein Kalenderjahr (als Besteuerungszeitraum) oder einen gesetzlich bestimmten Zeitpunkt bezieht (§ 149 Abs. 2 Satz 1 AO), nicht binnen 14 Monaten – und in den Fällen des § 149 Abs. 2 Satz 2 AO (Land- und Forstwirt mit einem vom Kalenderjahr abweichenden Wirtschaftsjahr) nicht binnen 19 Monaten – nach Ablauf des Kalenderjahres bzw. nicht binnen 14 oder 19 Monaten nach dem Besteuerungszeitpunkt abgegeben wurde (§ 152 Abs. 2 Satz 1 Nr. 1 und 2 AO). Dies gilt unabhängig davon, ob ein „Beraterfall" (§ 149 Abs. 3 AO) vorliegt oder der Stpfl. seine Steuererklärung selbst erstellt.

Auf ein Kalenderjahr beziehen sich insbesondere die

- Einkommensteuererklärung,
- Körperschaftsteuererklärung,
- Umsatzsteuererklärung,
- Gewerbesteuererklärung.

Steuererklärungen, die sich auf einen gesetzlich bestimmten Zeitpunkt beziehen, sind z. B. die

- Erbschaftsteuererklärungen,
- Anzeigen nach § 19 GrEStG sowie
- Erklärungen zur Feststellung von Einheitswerten und von Grundbesitzwerten.

Ein Verspätungszuschlag ist auch festzusetzen, wenn eine Steuererklärung, die sich auf ein Kalenderjahr oder auf einen gesetzlich bestimmten Zeitpunkt bezieht, bei einer **Vorabanforderung** (§ 149 Abs. 4 AO) nicht bis zu dem in der Anordnung bestimmten Zeitpunkt abgegeben wurde (§ 152 Abs. 2 Satz 1 Nr. 3 AO).

Hinweis: Die Regelungen gelten grundsätzlich nicht für Steuererklärungen, die gegenüber den Hauptzollämtern abzugeben sind (§ 152 Abs. 13 AO).

2.2.3.2 Ausnahmen

In § 152 Abs. 3 AO werden bestimmte Fallgestaltungen von der Muss-Regelung nach 2813
§ 152 Abs. 2 AO ausgenommen. Es handelt sich um folgende Fälle:

- die Finanzbehörde hat die Frist für die Abgabe der Steuererklärung nach § 109 AO verlängert oder verlängert die Frist rückwirkend (§ 152 Abs. 3 Nr. 1 AO);
- die Steuer wird auf 0 € oder einen negativen Betrag festgesetzt (§ 152 Abs. 3 Nr. 2 AO);
- die festgesetzte Steuer übersteigt nicht die Summe der festgesetzten Vorauszahlungen und der anzurechnenden Steuerabzugsbeträge (§ 152 Abs. 3 Nr. 3 AO). Freiwillig gezahlte Vorauszahlungen sind hierbei unerheblich. Andererseits ist es aus Vereinfachungsgründen auch ohne Bedeutung, ob die festgesetzten Vorauszahlungen tatsächlich entrichtet wurden;
- jährlich abzugebende Lohnsteueranmeldungen, Anmeldungen von Umsatzsteuer-Sondervorauszahlungen nach § 48 Abs. 2 UStDV oder jährlich abzugebende Versicherungsteuer- und Feuerschutzsteueranmeldungen (§ 152 Abs. 3 Nr. 4 AO).

In den Fällen des **§ 152 Abs. 3 Nr. 2 und 3 AO** kann die Finanzbehörde unter den Voraussetzungen des § 152 Abs. 1 AO allerdings nach pflichtgemäßem Ermessen einen Verspätungszuschlag festsetzen. Das ist insbesondere dann ermessensgerecht, wenn der Erklärungspflichtige seine Steuererklärungspflichten in der Vergangenheit wiederholt verletzt hat.

2.2.4 Mehrere Personen nebeneinander erklärungspflichtig

§ 152 Abs. 4 AO enthält ergänzende Regelungen für die Fälle, in denen mehrere Per- 2814
sonen nebeneinander die gleiche Steuer- oder Feststellungserklärung abzugeben haben. Die Finanzbehörde kann in diesen Fällen nach Ermessen entscheiden, ob sie den Verspätungszuschlag gegen eine oder mehrere der erklärungspflichtigen Personen oder gegen alle erklärungspflichtigen Personen festsetzt. Wird der Verspätungszuschlag gegen mehrere oder gegen alle erklärungspflichtigen Personen festgesetzt, sind diese Personen **Gesamtschuldner** des Verspätungszuschlags. In den Fällen des § 180 Abs. 1 Satz 1 Nr. 2 Buchst. a AO ist der Verspätungszuschlag allerdings vorrangig gegen die nach § 181 Abs. 2 Satz 2 Nr. 4 AO erklärungspflichtigen Personen festzusetzen.

2.2.5 Berechnung des Verspätungszuschlags

2815 Die Vorschrift des § 152 Abs. 5 bis 10 AO enthält detaillierte Vorgaben zur Berechnung des Verspätungszuschlags sowohl für die Fälle des § 152 Abs. 1 AO als auch für die Fälle des § 152 Abs. 2 AO.

2.2.5.1 Höhe des festzusetzenden Verspätungszuschlags

2.2.5.1.1 Steuererklärungen

2816 § 152 Abs. 5 Sätze 1 und 2 AO bestimmen die Höhe des – entweder nach Ermessen (§ 152 Abs. 1 AO) oder obligatorisch (§ 152 Abs. 2 AO) – festzusetzenden Verspätungszuschlags.

Der Verspätungszuschlag beträgt danach in den Fällen des § 152 Abs. 5 **Satz 1** AO

- 0,25 % der festgesetzten Steuer,
- mindestens jedoch 10 €

für jeden angefangenen Monat der eingetretenen Verspätung. § 152 Abs. 5 **Satz 1** AO ist in erster Linie bedeutsam für Steuererklärungen (einschließlich der Steueranmeldungen) zu den Verbrauchsteuern sowie für in Besitz- und Verkehrsteuer-Angelegenheiten nur anlassbezogen abzugebende Steuererklärungen, wie z. B. die Kapitalertragsteuer-Anmeldung oder eine Erbschaftsteuererklärung.

In den Fällen des § 152 Abs. 5 **Satz 2** AO beträgt der Verspätungszuschlag

- 0,25 % der um die festgesetzten Vorauszahlungen und die anzurechnenden Steuerabzugsbeträge verminderten festgesetzten Steuer,
- mindestens jedoch 25 €

für jeden angefangenen Monat der eingetretenen Verspätung. Der Mindestverspätungszuschlag i. H. v. 25 € monatlich erfasst demnach (rechnerisch) die Fälle, in den die Abschlusszahlung 10 000 € nicht übersteigt, mithin auch Erstattungsfälle.

§ 152 Abs. 5 **Satz 2** AO betrifft insbesondere die Einkommensteuererklärung, die Körperschaftsteuererklärung und die Umsatzsteuererklärung für das Kalenderjahr, nicht aber Steuererklärungen, die gegenüber den Hauptzollämtern abzugeben sind (vgl. § 152 Abs. 13 Satz 1 AO). Ausnahmen von der Anwendung des § 152 Abs. 5 AO sind in § 152 **Abs. 8** AO aufgeführt (z. B. vierteljährlich oder monatlich abzugebende Steueranmeldungen).

2.2.5.1.2 Feststellungserklärungen

2817 Bei Erklärungen zur gesonderten Feststellung von Besteuerungsgrundlagen gelten die Regelungen in § 152 Abs. 1 bis 3 und Abs. 4 Satz 1 und 2 AO grundsätzlich entsprechend (§ 152 Abs. 6 Satz 1 AO). Der Verspätungszuschlag beträgt für jeden angefangenen Monat der eingetretenen Verspätung einheitlich 25 € (§ 152 Abs. 6 Satz 2 AO). Sofern es sich jedoch um eine Erklärung zu gesondert festzustellenden einkommensteuerpflichtigen oder körperschaftsteuerpflichtigen Einkünften handelt, beträgt der Verspätungszuschlag für jeden angefangenen Monat der eingetretenen Verspätung 0,0625 % der positiven Summe der festgestellten Einkünfte, mindestens jedoch 25 € für jeden angefangenen Monat der eingetretenen Verspätung (§ 152 Abs. 7 AO).

2.2.5.1.3 Messbetrags- und Zerlegungserklärungen

Bei Messbetrags- und Zerlegungserklärungen gelten die Regelungen in § 152 Abs. 1 bis 3 und Abs. 4 Satz 1 und 2 AO ebenfalls entsprechend. Der Verspätungszuschlag beträgt hier jedoch für jeden angefangenen Monat der eingetretenen Verspätung **einheitlich 25 €** (§ 152 Abs. 6 AO); die prozentualen Berechnungsformeln in § 152 Abs. 5 Satz 1 und 2 AO gelten hier – ebenso wie bei § 152 Abs. 7 AO – nicht. 2818

2.2.5.2 Berechnungszeitraum, Höchstbetrag und Festsetzung

Eine Verpflichtung zur Abgabe einer Steuererklärung bleibt zwar auch dann bestehen, wenn die Finanzbehörde die Besteuerungsgrundlagen nach § 162 AO geschätzt hat (§ 149 Abs. 1 Satz 4 AO). Für die Bemessung eines Verspätungszuschlags soll aber nur der Zeitraum **bis zum erstmaligen Erlass** des Steuerbescheids berücksichtigt werden, d. h. für die Berechnung wird auf die Wirksamkeit (Bekanntgabe) des Steuerbescheids abgestellt. Entsprechendes gilt für Verspätungszuschläge in Fällen einer Festsetzung eines Gewerbesteuermessbetrags, einer Zerlegung oder einer gesonderten (und ggf. einheitlichen) Feststellung (§ 152 Abs. 9 AO). 2819

Der festzusetzende Verspätungszuschlag ist zugunsten des Schuldners auf volle € abzurunden. Wie nach bisherigem Recht darf der Verspätungszuschlag zudem 25 000 € nicht übersteigen (§ 152 Abs. 10 AO).

Die Festsetzung des Verspätungszuschlags **soll** regelmäßig mit dem Steuerbescheid, dem Gewerbesteuermessbescheid oder dem Zerlegungsbescheid verbunden werden (§ 152 Abs. 11 Satz 1 Halbsatz 1 AO). Eine Ausnahme von diesem Grundsatz kommt insbesondere dann in Betracht, wenn ein Verspätungszuschlag zu einer nicht zustimmungsbedürftigen Steueranmeldung festgesetzt wird.

Im Hinblick auf die Sonderregelung in § 152 Abs. 4 AO (Ermessensentscheidung bei mehreren Erklärungspflichtigen) wird das Verbindungsgebot für die dortigen Fälle dergestalt gelockert, dass die Festsetzung des Verspätungszuschlags mit dem Feststellungsbescheid verbunden werden **kann** (§ 152 Abs. 11 Satz 1 Halbsatz 2 AO).

In den Fällen des **Absatzes 2** kann die Festsetzung des Verspätungszuschlags **ausschließlich** automationsgestützt erfolgen (§ 152 Abs. 11 Satz 2 AO).

2.2.6 Aufhebung und Korrektur

Wird die Festsetzung der Steuer oder des Gewerbesteuermessbetrags oder der Zerlegungsbescheid oder die gesonderte Feststellung von Besteuerungsgrundlagen aufgehoben, so ist auch die Festsetzung eines Verspätungszuschlags aufzuheben (§ 152 Abs. 12 Satz 1 AO). 2820

Spätere Korrekturen der Steuerfestsetzung, der Feststellung von Besteuerungsgrundlagen oder der Anrechnung von Vorauszahlungen oder Steuerabzugsbeträgen sollen sich grundsätzlich auch auf die Bemessung des Verspätungszuschlags auswirken. Wird die Festsetzung der Steuer, die Anrechnung von Vorauszahlungen oder Steuerabzugsbeträgen auf die festgesetzte Steuer oder in den Fällen des § 152 Abs. 7 AO die gesonderte Feststellung einkommensteuerpflichtiger oder körperschaftsteuerpflichtiger Einkünfte geändert, zurückgenommen, widerrufen oder nach § 129 AO berichtigt, so ist ein festgesetzter Verspätungszuschlag entsprechend zu ermäßigen oder zu erhöhen (§ 152 Abs. 12 Satz 2 AO).

Bei den zuvor genannten Korrekturen der Steuerfestsetzung, der Feststellung von Besteuerungsgrundlagen oder der Anrechnung von Vorauszahlungen oder Steuerabzugsbeträgen ist eine Anpassung des Verspätungszuschlags aber nicht geboten, wenn der monatliche Festbetrag von 25 € nach § 152 Abs. 6 Satz 2 AO anzusetzen ist oder bisher die Mindestbeträge nach § 152 Abs. 5 Satz 1 oder Satz 2 AO (10 € bzw. 25 € für jeden angefangenen Monat der Verspätung) oder nach § 152 Abs. 7 AO (25 € für jeden angefangenen Monat der Verspätung) festgesetzt wurden und nach den gesetzlichen Vorgaben auch nach der Korrektur festzusetzen wären (§ 152 Abs. 12 Satz 2 letzter Halbsatz AO).

Ein Verlustrücktrag nach § 10d Abs. 1 EStG oder ein rückwirkendes Ereignis i. S. d. § 175 Abs. 1 Satz 1 Nr. 2 oder Abs. 2 AO sind hierbei nicht zu berücksichtigen (§ 152 Abs. 12 Satz 3 AO).

2.3 Säumniszuschläge

2821 **Säumniszuschläge** sind das Druckmittel der Finanzbehörde, wenn die Steuern **nicht rechtzeitig bei Fälligkeit gezahlt** werden. Sie sind auch eine Gegenleistung für das Hinausschieben der Zahlung und ein Ausgleich für den angefallenen Verwaltungsaufwand. Sofern – wie bei der Lohn- oder Umsatzsteuer als Fälligkeitssteuern – die Steuer ohne Rücksicht auf die erforderliche Steuerfestsetzung oder Steueranmeldung fällig wird, tritt die Säumnis nicht ein, bevor die Steuer festgesetzt oder die Steueranmeldung abgegeben worden ist. Der Säumniszuschlag wird vom Finanzamt nicht festgesetzt, sondern er **entsteht kraft Gesetzes bei Tatbestandsverwirklichung** (§ 240 Abs. 1 Satz 1 AO). Die Folge hiervon ist: Es ergeht kein besonderer Verwaltungsakt, sondern der Säumniszuschlag wird errechnet und dem Stpfl. durch Kontoauszug oder Steuerabrechnung bekanntgegeben. Gegen den Kontoauszug kann man wegen dessen fehlender Verwaltungsaktqualität keinen Einspruch einlegen; die Überprüfung des Säumniszuschlags erfolgt in einem **Abrechnungsbescheid** (§ 218 Abs. 2 AO); hiergegen ist allerdings der Einspruch gegeben. Der Säumniszuschlag beträgt für jeden **angefangenen** Monat der Säumnis **1 % des rückständigen Steuerbetrags**, also 12 % pro Jahr. Bis zu einer **Schonfrist von 3 Tagen** nach Fälligkeit fällt kein Säumniszuschlag an, was aber nicht gilt, wenn Steuern durch Scheck bei der Finanzkasse bezahlt werden (§ 240 Abs. 3 AO). In der Finanzamtspraxis kommt es häufig vor, dass Säumniszuschläge aus **sachlichen Billigkeitsgründen – ganz oder zur Hälfte – erlassen** werden, wobei folgende Gründe maßgebend sind (vgl. AEAO Nr. 5 zu § 240 AO):

- plötzliche Erkrankung des Stpfl., wenn er selbst dadurch an der pünktlichen Steuerzahlung gehindert war und es dem Stpfl. seit seiner Erkrankung bis zum Ablauf der Zahlungsfrist nicht möglich war, einen Vertreter mit der Zahlung zu beauftragen;
- ein bisher pünktlicher Steuerzahler, dem ein offenbares Versehen unterlaufen ist. Wer seine Steuern aber laufend unter Ausnutzung der Schonfrist zahlt, ist nach Auffassung der Finanzbehörde kein pünktlicher Steuerzahler mehr;

- einem Stpfl. war die rechtzeitige Zahlung der Steuern wegen Zahlungsunfähigkeit und Überschuldung nicht mehr möglich. Zu erlassen ist regelmäßig die Hälfte der verwirkten Säumniszuschläge;
- bei einem Stpfl. ist die wirtschaftliche Leistungsfähigkeit durch eine bei Vollstreckungsaufschub bewilligte Ratenzahlung bis an die äußerste Grenze ausgeschöpft worden. Zu erlassen ist regelmäßig die Hälfte der verwirkten Säumniszuschläge;
- die Hauptschuld ist erlassen worden (§ 227 AO) oder die Voraussetzungen für eine zinslose Stundung (§ 222 AO) liegen vor. Lagen nur die Voraussetzungen für eine verzinsliche Stundung der Hauptforderung vor, ist die Hälfte der verwirkten Säumniszuschläge zu erlassen;
- die angefochtene Steuerfestsetzung wird später aufgeboben oder zugunsten des Stpfl. geändert und dieser hat alle **außergerichtlichen und gerichtlichen** Möglichkeiten ausgeschöpft, um die Aussetzung der Vollziehung zu erreichen, diese aber – obwohl möglich und geboten – abgelehnt worden ist. Der Stpfl. ist so zu stellen, als hätte er den gebotenen einstweiligen Rechtsschutz erlangt, weshalb die betroffenen Säumniszuschläge insoweit in voller Höhe zu erlassen sind;
- in sonstigen Fällen sachlicher Unbilligkeit.

Die Möglichkeit eines weitergehenden Erlasses aus **persönlichen** Billigkeitsgründen bleibt unberührt.

2.4 Zinsen

Das Finanzamt darf Ansprüche aus dem Steuerschuldverhältnis nur **verzinsen**, soweit in der AO ein besonderer **Zinstatbestand** vorgesehen ist (vgl. §§ 233 ff. AO). Diese Tatbestände sind im Einzelnen: 2822

- Verzinsung von Steuernachforderungen und -erstattungen (sog. „Vollverzinsung", § 233a AO),
- Stundungszinsen (§ 234 AO),
- Hinterziehungszinsen (§ 235 AO),
- Prozesszinsen auf Erstattungsbeträge (§ 236 AO),
- Aussetzungszinsen (§ 237 AO).

Die Zinsen betragen für jeden **vollen** Monat **0,5 % des jeweiligen Steuerbetrags** (§ 238 Abs. 1 Satz 1 AO), sind also für den Steuerzahler mit 6 % pro Jahr wesentlich günstiger als Säumniszuschläge. Zinsen werden durch besonderen Zinsbescheid festgesetzt. Dieser kann mittels Einspruch angefochten werden, wenn der Steuerzahler der Meinung ist, dass die Zinsfestsetzung fehlerhaft ist. 2823

Hinweis: (redaktioneller Hinweis nach Drucklegung: siehe dazu Entscheidung des BVerfG v. 18. 8. 2021) Derzeit wird von Stpfl. aufgrund der aktuellen Niedrigzinsphase und der anhaltenden Null-Zins-Politik der Europäischen Zentralbank (EZB) vermehrt eingewandt, es bestünden **verfassungsrechtliche Zweifel** an der Höhe des Zinssatzes nach § 238 Abs. 1 Satz 1 AO. Auch nach Auffassung des BFH (in einem Aussetzungsverfahren nach § 69 FGO) begegnet die Zinshöhe nach § 238 Abs. 1 Satz 1 AO durch ihre realitätsferne Bemessung im Hinblick auf den allgemeinen Gleichheitssatz und das Übermaßverbot für **Verzinsungszeiträume ab November 2012** schwerwiegenden verfassungsrechtlichen Zweifeln. Der gesetzlich festgelegte Zinssatz überschreite angesichts einer zu dieser Zeit bereits eingetretenen strukturellen und nachhaltigen Verfestigung des niedrigen Marktzinsniveaus den angemessenen Rahmen der wirtschaftlichen Realität in erheblichem Maße. Die Frage der Verfassungsmäßigkeit des Zinssatzes für Verzinsungszeiträume nach 2009 ist auch bereits Gegenstand zweier Beschwerdeverfahren vor dem BVerfG (1 BvR 2237/14 und 1 BvR 2422/17). Aufgrund der Verfahren vor dem BVerfG ergehen Zinsfestsetzungen derzeit zur Vermeidung von Massenrechtsbehelfsverfahren vorläufig nach § 165 Abs. 1 Satz 2 AO.

2.5 Zwangsgelder

2824 **Zwangsgelder** kommen in der Praxis seltener vor. Sie sind nach §§ 328 ff. AO möglich, wenn der Stpfl. der Erfüllung einer **Handlung, Duldung oder Unterlassung** nicht nachkommt. So kann etwa bei Nichtabgabe einer Steuererklärung oder Nichterteilung einer geforderten Auskunft ein Zwangsgeld – nach vorheriger schriftlicher Androhung – in Höhe bis zu **25 000 €** festgesetzt werden (§ 329 AO). Wird die Verpflichtung nach Festsetzung des Zwangsgelds erfüllt, so ist der Vollzug einzustellen, d. h. der Stpfl. braucht das Zwangsgeld nicht zu zahlen (§ 335 AO). Auch Zwangsgeldfestsetzungen sind als belastende Verwaltungsakte mit dem Einspruch anfechtbar.

2.6 Kosten

2825 **Kosten** fallen insbesondere im Vollstreckungsbereich an (vgl. § 337 AO). Dazu zählen **Gebühren und Auslagen**, etwa die Pfändungsgebühr, die bei Tätigwerden des Vollziehungsbeamten festgesetzt wird. An Auslagen kann die Finanzverwaltung die Kosten für Postzustellungsurkunden, Fotokopien oder Abschriften fordern. Ansonsten ist das Besteuerungsverfahren kostenfrei. Auch durch Einlegung eines Einspruchs fallen keine Kosten an, selbst wenn der Steuerbürger im Ergebnis mit seinem Rechtsbehelf keinen Erfolg hatte.

Hinweis: Nach § 89 Abs. 3 AO hat das Finanzamt für die Bearbeitung von Anträgen auf Erteilung einer **verbindlichen Auskunft Gebühren** festzusetzen. Beträgt der Gegenstandswert allerdings weniger als 10 000 €, wird keine Gebühr erhoben (§ 89 Abs. 5 Satz 3 AO).

II. Ablauf des Besteuerungsverfahrens und Datenschutz-Grundverordnung (DSGVO)

1. Ablauf des Besteuerungsverfahrens

Das Besteuerungsverfahren gliedert sich in folgende Abschnitte:

2826 **Ermittlungsverfahren (§§ 134 ff., 149 ff. AO):** Der Steueranspruch ist zunächst seinem Grunde und seiner Höhe nach zu ermitteln. Dieses Verfahrensstadium beginnt i. d. R. mit der Abgabe der Steuererklärung oder mit sonstigen Erkenntnissen (etwa Kontrollmitteilungen), die das Finanzamt über den Steuerbürger hat. Zuständig ist dazu im Finanzamt der Veranlagungsbereich für die einzelnen Steuerarten, die Lohnsteuerstelle oder die Umsatzsteuervoranmeldungsstelle.

2827 **Festsetzungsverfahren (§§ 155 ff. AO):** Sind die Ermittlungen abgeschlossen, wird der Anspruch aus dem Steuerschuldverhältnis festgesetzt. Die Bekanntgabe eines Steuerbescheids steht in aller Regel am Ende dieses Besteuerungsabschnitts. Zuständig ist wiederum die Veranlagungsdienststelle im Finanzamt. In gesetzlich bestimmten Fällen ist dem Festsetzungsverfahren ein **Feststellungsverfahren (§§ 179 ff. AO)** vorgeschaltet.

Erhebungsverfahren (§§ 218 ff. AO): Auf die Festsetzung der Steuer folgt ihre Erhebung, die zum Erlöschen des Steueranspruchs führen soll. Im Erhebungsverfahren ist von besonderer Bedeutung, wann die Fälligkeit des Steueranspruchs eingetreten ist (z. B. für die Frage der Entstehung von Säumniszuschlägen) und wann er insbesondere durch Zahlung, Aufrechnung, Erlass oder Verjährung erloschen ist (§ 47 AO). Auch das Stundungsverfahren (§ 222 AO) ist Teil des Erhebungsverfahrens. Im Finanzamt sind dazu funktionell die Stundungs- und Erlassstelle sowie die Finanzkasse zuständig. 2828

Vollstreckungsverfahren (§§ 249 ff. AO): Die AO sieht eine zwangsweise Erhebung des Steueranspruchs vor, wenn der Stpfl. nicht freiwillig leistet. Voraussetzung der Vollstreckung ist die Nichtzahlung bei Fälligkeit und i. d. R. das Verstreichen einer Wochenschonfrist (§ 254 Abs. 1 Satz 1 AO). Die Finanzbehörde kann die Steuern selbständig vollstrecken, ohne die Hilfe der Gerichte in Anspruch zu nehmen. Möglich ist die Vollstreckung wegen Geldforderungen 2829

- in bewegliche Sachen (Forderungspfändungen, Pfändung von Sachen),
- in Grundstücke (Immobiliarvollstreckung durch Eintragung einer Sicherungshypothek, Zwangsverwaltung, Zwangsversteigerung) oder
- durch Anmeldung der Steuerforderung im Insolvenzverfahren.

Im Zusammenhang mit dem Vollstreckungsverfahren kann auch ein **Haftungsverfahren** eingeleitet werden, etwa wenn eine GmbH in Insolvenz gefallen ist, und der Geschäftsführer wegen vorsätzlicher oder grob fahrlässiger Verletzung seiner steuerlichen Pflichten als Vertreter für die Steuerschulden persönlich in Haftung genommen wird (§§ 34, 69, 191 AO).

Neben zivilrechtlichen Haftungstatbeständen und Haftung nach Einzelsteuergesetzen (z. B. § 10b Abs. 4 EStG, § 42d EStG, § 44 Abs. 5 EStG, § 48a Abs. 3 EStG, § 50a Abs. 5 EStG, §§ 13c, 25d und 25e UStG) sind in der Praxis folgende **Haftungstatbestände** relevant:

- Haftung des Vertreters und Verfügungsberechtigten (§ 69 AO),
- Haftung des Steuerhinterziehers (§ 71 AO),
- Haftung bei Organschaft (§ 73 AO),
- Haftung des Betriebsübernehmers (§ 75 AO),
- Haftung des Erben für Erblasserschulden (§ 45 AO).

Einspruchsverfahren (§§ 347 ff. AO): Verwaltungsakte aller vorgenannten Verfahrensabschnitte können mit dem Einspruch angefochten werden mit dem Ziel ihrer nochmaligen Überprüfung auf ihre Rechtmäßigkeit. Das Einspruchsverfahren ist ein verlängertes Verwaltungsverfahren, gleichzeitig regelmäßig ein notwendiges Vorverfahren für den Finanzgerichtsprozess. Im Finanzamt ist eine eigene Stelle – die Rechtsbehelfsstelle – für die Erledigung der Einsprüche zuständig (siehe Rdn. 2931 ff.), sofern bzw. soweit die Erststelle, d. h. die Stelle, die den Verwaltungsakt erlassen hat, dem Einspruch zuvor nicht abhilft. 2830

Außenprüfungsverfahren (§§ 193 ff. AO): Der Außenprüfung obliegt eine besondere Kontrolle im Besteuerungsverfahren, die insbesondere die Gewinneinkunftsarten (Einkünfte aus Land- und Forstwirtschaft, aus Gewerbebetrieb sowie aus selbständiger Ar- 2831 beit) betrifft (§ 193 Abs. 1 AO). Punktuelle Ermittlungen können durch die sog. betriebsnahe Veranlagung vorgenommen werden. Zuständig für die Außenprüfung sind besondere Stellen im Finanzamt: Groß- und Konzern-Betriebsprüfung, Bezirksbetriebsprüfungsstelle, Amtsbetriebsprüfung (siehe Rdn. 2944 ff.). Zur Prüfung der Ordnungsmäßigkeit der Aufzeichnungen und Buchungen von Kasseneinnahmen und -ausgaben können zudem die damit betrauten Amtsträger der Finanzbehörde ohne vorherige Ankündigung und außerhalb einer Außenprüfung eine Kassennachschau durchführen (§ 146b AO). Bei der Umsatzbesteuerung gibt es außerdem die Umsatzsteuernachschau (§ 26b UStG). Zur zeitnahen Aufklärung steuerlicher Sachverhalte bei der Lohnsteuer kann das Finanzamt ferner eine Lohnsteuer-Nachschau durchführen (§ 42g EStG).

2832 **Steuerstraf- und Steuerordnungswidrigkeitenverfahren (§§ 369 ff. AO):** In diesem Verfahren geht es um die Verfolgung von Steuerdelikten, wie Steuerhinterziehung (§ 370 AO), die steuerunehrliche Steuerbürger betreffen. Die Ermittlungen dazu werden von der Steuerfahndung, Bußgeld- und Strafsachenstelle oder in gewichtigen Fällen auch von der Staatsanwaltschaft vorgenommen. Bei Steuerstraftaten können Geld- oder Freiheitsstrafen, bei Steuerordnungswidrigkeiten Geldbußen festgesetzt werden. Einschlägig sind neben den Verfahrensregeln der §§ 385 ff. AO insbesondere auch die Vorschriften des StGB und der StPO (siehe 2962 ff.).

2833 **Gemeinsame Verfahrensregeln:** Für alle diese Abschnitte gelten die **allgemeinen Verfahrensregelungen** der §§ 78 ff. AO, soweit keine besonderen Bestimmungen für das jeweilige Verfahren existieren:

- Vorschriften über Beteiligte (§ 78 AO),
- Handlungsfähigkeit (§ 79 AO),
- Bevollmächtigte und Beistände (§§ 80, 80a AO),
- Bestellung eines Vertreters von Amts wegen (§ 81 AO),
- Ausschließung und Ablehnung von Amtsträgern (§§ 82 bis 84 AO),
- Besteuerungsgrundsätze (§§ 85 bis 91 AO),
- Beweismittel (§§ 92 bis 100 AO),
- Auskunfts- und Vorlageverweigerungsrechte (§§ 101 bis 106 AO),
- Fristen und Termine (§§ 108 bis 110 AO).

2834 **Mitwirkungspflichten und Beweiserhebungsbefugnisse:** Da im Rahmen des **Ermittlungsverfahrens** überwiegend Tatsachen zu ermitteln sind, die in der Sphäre des Stpfl. liegen, legt die AO diesem weitgehende, erzwingbare **Mitwirkungspflichten** auf. Darüber hinaus regelt das Gesetz auch, unter welchen Bedingungen **Dritte** zur Auskunft und Mitwirkung verpflichtet sind. Im Einzelnen enthält die AO hierzu insbesondere folgende Bestimmungen:

- Mitwirkungspflicht der Beteiligten (§ 90 AO),
- erhöhte Mitwirkungspflicht bei Auslandsbeziehungen (§ 90 Abs. 2 und 3 AO; siehe dazu auch das Gesetz zur Abwehr von Steuervermeidung und unfairem Steuerwettbewerb und zur Änderung weiterer Gesetze v. 25. 6. 2021, BGBl 2021 I S. 2056, mit Wirkung ab 1. 1. 2022),
- Auskunftspflicht der Beteiligten und anderer Personen (§ 93 AO),
- Datenübermittlung durch Dritte (§ 93c AO),
- eidliche Vernehmung von Nichtbeteiligten (§ 94 AO),
- Pflicht zur Abgabe einer eidesstattlichen Versicherung durch Beteiligte (§ 95 AO),

- Hinzuziehung von Sachverständigen (§ 96 AO),
- Pflicht zur Vorlage von Urkunden (§ 97 AO),
- Augenscheineinnahme (§ 98 AO),
- Betreten von Grundstücken (§ 99 AO),
- Pflicht zur Vorlage von Wertsachen (§ 100 AO),
- Auskunfts- und Vorlageverweigerungsrechte (§§ 101 ff. AO),
- Buchführungs- und Aufzeichnungspflichten (§§ 140 ff. AO),
- Anzeige- und Mitwirkungspflichtenpflichten (§§ 137, 138 ff.),
- Steuererklärungspflicht (§§ 149 ff. AO),
- Steuererklärungsberichtigungspflicht (§ 153 AO).

Diese Pflichten sind in aller Regel mit den Mitteln des **Verwaltungszwangs** (§§ 328 ff. 2835
AO) durchsetzbar. Bestimmte Personen haben **Mitwirkungs- und Zeugnisverweigerungsrechte** (§§ 101, 102 AO): Angehörige, Geistliche, Parlamentarier, Verteidiger, Rechtsanwälte, Patentanwälte, Notare, Steuerberater, Steuerbevollmächtigte, vereidigte Buchprüfer, Wirtschaftsprüfer sowie die bei ihnen Beschäftigten, Ärzte, Zahnärzte, Apotheker, Hebammen, Psychotherapeuten, Angehörige der Presse, des Rundfunks und Fernsehens, soweit es sich um Erkenntnisse des redaktionellen Teils ihrer Tätigkeit handelt.

Ein **Bankgeheimnis** als echtes Berufsgeheimnis, das Kundendaten absolut gegenüber 2836
fiskalischen Ermittlungen abschottet, gibt es nicht. **Kontrollmitteilungen über legitimationsgeprüfte Konten und Depots und flächendeckende Anfragen** nach Kundendaten sind – ebenso wie eine allgemeine Rasterfahndung – grundsätzlich verboten. Einzelauskünfte sind aber zulässig, soweit zuvor der Stpfl. befragt wurde, keine Auskunft gegeben hat oder eine Auskunftserteilung nicht zu erwarten ist. Im Steuerstrafverfahren ist dieser besondere Vertrauensschutz der Bankdaten aufgehoben; dies gilt insbesondere bei den Ermittlungen der Steuerfahndung. Außerdem kann die Finanzbehörde nach **§ 93 Abs. 7 AO** im Einzelfall bei den Kreditinstituten über das Bundeszentralamt für Steuern (BZSt) folgende **Bestandsdaten zu Konten- und Depotverbindungen abrufen** (sog. Kontenabfrage):

- Nummer eines Kontos oder Depots,
- Tag der Errichtung und der Tag der Auflösung des Kontos oder Depots,
- Name, sowie bei natürlichen Personen der Tag der Geburt, des Inhabers und eines Verfügungsberechtigten,
- Name und Anschrift eines abweichend wirtschaftlich Berechtigten.

Hinweis: Kontenbewegungen und Kontenstände können aber auf diesem Weg vom Finanzamt nicht ermittelt werden. Dazu bedarf es eines Einzelauskunfts- oder Vorlageersuchens an die Bank (wegen Einzelheiten vgl. AEAO zu § 93 Nr. 2 ff.).

In der Praxis bedeutungsvoll sind **Kontenabrufe** im Steuerstrafverfahren durch die Steuerfahndung bzw. durch die Vollstreckungsstelle des Finanzamts bei Steuerrückständen des Steuerpflichtigen.

Die **Steuerfestsetzung** erfolgt regelmäßig durch **Steuerbescheid** (§ 155 AO), der grund- 2837
sätzlich schriftlich oder elektronisch zu ergehen hat (§ 157 Abs. 1 Satz 1 AO). In den Bestimmungen über das **Erhebungsverfahren** sind die wesentlichen **Erlöschensgründe** sowie **Billigkeitsmaßnahmen** (Stundung, Erlass) geregelt.

2. Datenschutz-Grundverordnung (DSGVO)

2838 Seit dem 25. 5. 2018 gilt die Verordnung (EU) 2016/679 des Europäischen Parlaments und des Rates v. 27. 4. 2016 zum Schutz natürlicher Personen bei der Verarbeitung personenbezogener Daten, zum freien Datenverkehr und zur Aufhebung der Richtlinie 95/46/EG (Datenschutz-Grundverordnung – DSGVO) – Amtsblatt der Europäischen Union v. 4. 5. 2016 – L 119/1. Die DSGVO enthält Vorschriften zum Schutz natürlicher Personen bei der Verarbeitung personenbezogener Daten und zum freien Verkehr solcher Daten (Art. 1 Abs. 1 DSGVO). Der Schutzbereich umfasst gem. Art. 1 Abs. 2 DSGVO die Grundrechte und Grundfreiheiten natürlicher Personen und insbesondere deren Recht auf Schutz personenbezogener Daten.

2839 Als EU-Verordnung gilt die DSGVO in allen ihren Teilen verbindlich und unmittelbar in jedem Mitgliedstaat. Einer Umsetzung in nationales Recht bedarf es nicht. Die Regelungen der VO gehen nationalen Rechtsvorschriften vor. Dies ist in § 2a Abs. 3 AO nochmals ausdrücklich als Hinweis aufgenommen worden (Anwendungsvorrang). Die Regelungen der DSGVO dürfen im nationalen Recht grundsätzlich nicht wiederholt werden (Wiederholungsverbot).

2840 Die Regelungen der DSGVO sind auch im Verwaltungsverfahren in Steuersachen nach der AO unmittelbar anzuwenden. Sie gelten damit insbesondere für

- Bundesfinanzbehörden, soweit sie bundesgesetzlich geregelte Steuern verwalten (§ 1 Abs. 1 Satz 1 AO) oder den grenzüberschreitenden Warenverkehr überwachen (§ 2a Abs. 2 AO),
- Landesfinanzbehörden, soweit sie bundesgesetzlich geregelte Steuern verwalten (§ 1 Abs. 1 Satz 1 AO), und
- Gemeinden, soweit sie Realsteuern verwalten (§ 1 Abs. 2 Nr. 1 AO).

2841 Zum Verwaltungsverfahren in Steuersachen nach der AO gehören insbesondere die

- Ermittlung der Stpfl. und der steuerrelevanten Sachverhalte (ggf. auch im Rahmen einer Außenprüfung, Lohnsteuer-Außenprüfung, Umsatzsteuer-Sonderprüfung, Lohnsteuer-Nachschau, Umsatzsteuer-Nachschau oder Kassennachschau),
- die Festsetzung und Erhebung von Steuern, Steuervergütungen und steuerlichen Nebenleistungen einschließlich der Vollstreckung dieser Ansprüche,
- die Inanspruchnahme von Haftungsschuldnern sowie
- das außergerichtliche Rechtsbehelfsverfahren.

2842 Ihrem Charakter als Grundverordnung folgend enthält die DSGVO konkrete, an die Mitgliedstaaten gerichtete Regelungsaufträge sowie mehrere Öffnungsklauseln für den nationalen Gesetzgeber. Durch das Datenschutz-Anpassungs- und -Umsetzungsgesetz EU v. 30. 6. 2017 (BGBl 2017 I S. 2097) und das Gesetz zur Änderung des Bundesversorgungsgesetzes und anderer Vorschriften v. 17. 7. 2017 wurde u. a. die AO mit Wirkung ab dem 25. 5. 2018 (BGBl 2017 I S. 2541) an die DSGVO angepasst.

Dementsprechend enthalten die AO (und die Steuergesetze) ergänzende bereichsspezifische Regelungen zur Rechtmäßigkeit der Verarbeitung und Weiterverarbeitung personenbezogener Daten durch Finanzbehörden sowie andere öffentliche oder nichtöffentliche Stellen (vgl. § 2a Abs. 1 Satz 1 AO), z. B. §§ 29b, 29c AO. Außerdem enthält die AO Beschränkungen der Rechte der Betroffenen nach Kapitel III der DSGVO, z. B. § 32c AO.

§ 2a AO erweitert in Absatz 5 den geschützten Personenkreis, dessen personenbezogenen Daten verarbeitet werden. Die datenschutzrechtlichen Vorschriften gelten hiernach nicht nur für personenbezogene Daten lebender natürlicher Personen, sondern auch für Informationen, die sich auf identifizierte oder identifizierbare 2843

- verstorbene natürliche Personen oder
- Körperschaften, rechtsfähige oder nicht rechtsfähige Personenvereinigungen oder Vermögensmassen

beziehen. Absatz 4 der Vorschrift schränkt die Anwendung der DSGVO ein. Hiernach gilt die DSGVO nicht im Steuerstraf- und -bußgeldverfahren laut AO. Insoweit gelten die Vorschriften des Ersten und des Dritten Teils des Bundesdatenschutzgesetzes (BDSG), soweit gesetzlich nichts anderes bestimmt ist (§ 2a Abs. 4 AO).

Wegen weiterer Einzelheiten zum Datenschutz im Steuerverwaltungsverfahren ab dem 25. 5. 2018 vgl. BMF-Schreiben zum Datenschutz im Steuerverwaltungsverfahren v. 13. 1. 2020, BStBl 2020 I S. 143, mit Änderungen durch BMF-Schreiben v. 17. 6. 2021, BStBl 2021 I S. 809. 2844

III. Die Steuererklärung

1. Bedeutung der Steuererklärung für das Besteuerungsverfahren

Die Steuererklärung ist ein **„Eckpfeiler"** des Steuerermittlungsverfahrens der AO: In der Abgabe einer Steuererklärung konkretisiert sich die **primäre Mitwirkungspflicht** der am Besteuerungsverfahren beteiligten Stpfl. Diese müssen die für die Besteuerung erheblichen Tatsachen vollständig und wahrheitsgemäß offenlegen und die ihnen bekannten Beweismittel angeben (§ 90 Abs. 1 Satz 2 AO). 2845

Grundsätzlich gilt für die Finanzbehörde der **Amtsermittlungsgrundsatz**, d. h. sie ermittelt den Besteuerungssachverhalt in Erfüllung ihres gesetzlichen Auftrags, die Steuern nach Maßgabe der Gesetze gleichmäßig festzusetzen und zu erheben, von Amts wegen, wobei sie an das Vorbringen und die Beweisanträge des Stpfl. nicht gebunden ist (§§ 85, 88 AO). Die Finanzverwaltung kann also im Grundsatz Art und Umfang der steuerlichen Ermittlungen – je nach den Umständen des Einzelfalls – frei bestimmen. Allerdings ist diese Sachverhaltsermittlung ohne Mitwirkung des Stpfl. in Form seiner Steuererklärung in der Praxis nicht zu bewältigen, soweit es um steuerliche Daten geht, die nicht aufgrund gesetzlicher Vorschriften von einem Dritten (mitteilungspflichtige Stelle) an Finanzbehörden elektronisch zu übermitteln sind (vgl. § 93c AO). Mit dem von der AO konzipierten Steuerermittlungsverfahren – Mischung aus „freiwilliger" Steuererklärung (soweit wie möglich) und Steuerkontrolle (soweit wie nötig) – ist auch der Eigenverantwortlichkeit des Steuerbürgers Rechnung getragen. 2846

2. Verpflichtung zur Abgabe einer Steuererklärung

2.1 Grundsatz

Verpflichtet zur Abgabe einer Steuererklärung ist der **Steuererklärungspflichtige**, der selbst **„Steuerpflichtiger"** nach § 33 Abs. 1 AO ist. Da die Begründung dieser Erklärungs- 2847 pflicht eine für den Bürger belastende Maßnahme darstellt, bedarf diese der gesetzlichen Grundlage. Generalnorm für die Begründung der Steuererklärungspflicht ist § 149 Abs. 1 AO; dort ist der Kreis der Steuererklärungspflichtigen bestimmt. Zu nennen sind **zwei Arten** der Pflichtbegründung: Zum einen kann die Steuererklärungspflicht kraft **gesetzlicher** Bestimmung in den Einzelsteuergesetzen entstehen (§ 149 Abs. 1 Satz 1 AO), zum anderen aufgrund eines **Verwaltungsakts**, mit dem der Stpfl. besonders zur Abgabe der Steuererklärung aufgefordert wird (§ 149 Abs. 1 Satz 2 AO).

2.2 Gesetzliche Steuererklärungspflichten

2848 Steuergesetze i. S. von § 149 Abs. 1 Satz 1 AO sind alle **Rechtsnormen**, die in einem förmlichen Gesetzgebungsverfahren zustande gekommen und im Bundesgesetzblatt verkündet worden sind; auch Rechtsverordnungen, die nach Art. 80 Abs. 1 GG auf eine gesetzliche Ermächtigungsgrundlage zurückzuführen sind, können die Rechtsgrundlage für die Steuererklärungspflicht begründen.

Als **wichtigste Fälle** sind zu nennen:

- für die Einkommensteuererklärung: § 25 Abs. 3 EStG, § 56 EStDV,
- für die Erklärung zur gesonderten Feststellung von Besteuerungsgrundlagen: § 181 Abs. 2 AO,
- für die Lohnsteueranmeldung: § 41a EStG,
- für die Kapitalertragsteuererklärung: § 45a EStG,
- für die Körperschaftsteuererklärung: § 31 KStG i.V. mit § 25 Abs. 3 Satz 1 EStG,
- für die Gewerbesteuererklärung: §§ 14a Satz 1, 35c Abs. 1 Nr. 1 Buchst. e GewStG i.V. mit § 25 GewStDV,
- für die Umsatzsteuererklärung: § 18 UStG, §§ 18a, 18b, 18c, 18h, 18i bis 18k UStG,
- für die Erbschaftsteuererklärung: § 31 ErbStG,
- für die Grunderwerbsteuererklärung: §§ 18, 19 GrEStG,
- für die Erklärung zur gesonderten Feststellung der Einheitswerte: §§ 28, 127, 153 BewG,
- für die Kfz-Steuererklärung: § 15 Abs. 1 KraftStG i.V. mit § 3 KraftStDV.

Praxishinweis: Vordrucke sind im Formular-Managementsystem (www.formulare-bfinv.de) der Bundesfinanzverwaltung zum Download verfügbar.

2.3 Steuererklärungspflicht kraft finanzbehördlicher Aufforderung

2849 Nach dem reinen Gesetzeswortlaut ist die in § 149 Abs. 1 Satz 2 AO eröffnete Möglichkeit, den Stpfl. durch Verwaltungsakt besonders zur Erklärungsabgabe aufzufordern, eine **zweite Möglichkeit**, die Erklärungspflicht zu begründen. Die Möglichkeit, über § 149 Abs. 1 Satz 2 AO die Steuererklärung anzufordern, ist dort sinnvoll, wo der Stpfl. seine gesetzliche Verpflichtung zur Steuerdeklaration nicht kennt oder der Meinung ist, dass die gesetzlichen Voraussetzungen der Erklärungspflicht nicht bestehen.

2850 Die besondere Aufforderung durch die Finanzbehörde muss als Verwaltungsakt **ermessensgerecht** (§ 5 AO) erfolgen, d. h. das Verlangen nach der Steuererklärungsabgabe muss notwendig, verhältnismäßig, erfüllbar und zumutbar sein. Anders ausgedrückt: Das Finanzamt darf nicht „ins Blaue hinein", sozusagen „wahllos" alle potentiellen Stpfl. zur Erklärung auffordern. Vielmehr müssen nach finanzbehördlicher Einschätzung zumindest **abstrakte Anhaltspunkte** dafür vorliegen, dass ein steuergesetzlicher Tatbestand verwirklicht worden ist, eine Steuerschuld entstanden sein kann oder die **Möglichkeit** einer Steuerschuld und einer gesetzlichen Steuererklärungspflicht besteht. Ob letztlich eine Steuer festgesetzt oder zu zahlen ist, muss erst aufgrund der abgegebenen Erklärung geprüft werden.

2.4 Abgabe von Steuererklärungen durch juristische Personen

Da die Steuererklärung eine **Verfahrenshandlung** ist, muss der zur Steuererklärung Verpflichtete **handlungsfähig** sein. Ist eine **juristische Person** – etwa ein e.V., eine AG, GmbH oder eG – Stpfl., muss sie durch ihre **gesetzlichen Vertreter** oder „Organe" (Vorstand/Geschäftsführer) handeln (§ 79 Abs. 1 Nr. 3 AO). Diese haben entsprechend § 34 Abs. 1 AO deren steuerliche Pflichten – damit auch die Steuererklärungspflicht – zu erfüllen. Bei schuldhafter Pflichtverletzung können sie insbesondere in **Haftung** genommen werden, soweit Ansprüche aus dem Steuerschuldverhältnis nicht oder nicht rechtzeitig festgesetzt werden (§§ 69, 191 AO). 2851

3. Frist zur Abgabe einer Steuererklärung

3.1 Grundsatz

Auch bezüglich der Steuererklärungsfrist ist zu differenzieren zwischen einer evtl. bestehenden **Spezialregelung** in den Einzelsteuergesetzen und Steuererklärungen, die sich auf ein **Kalenderjahr** oder einen gesetzlich bestimmten Zeitpunkt beziehen: Bezieht sich die Steuererklärung auf ein Kalenderjahr, wie dies insbesondere bei den Veranlagungsteuern ESt, KSt oder GewSt der Fall ist, endet die Erklärungsfrist mit dem Ablauf des **siebten Monats** nach Ende des Besteuerungszeitraums. 2852

BEISPIEL: Die Einkommensteuererklärung für den Veranlagungszeitraum 2018 wäre demnach bis spätestens 31. 7. 2019 abzugeben. 2853

Sonderregeln über Erklärungsfristen existieren z. B. für die monatliche Anmeldung der Umsatz- oder Lohnsteuer, die von Unternehmern bzw. Arbeitgebern spätestens bis zum 10. des dem Anmeldezeitraum folgenden Monats abzugeben sind (§ 18 Abs. 1 Satz 1 UStG; § 41a Abs. 1 Satz 1 EStG). 2854

Covid-19-Pandemie-bedingte Ausnahmen für die Veranlagungszeiträume 2019 und 2020 bleiben hier unbeachtet, können aber grob wie folgt umschrieben werden: Verlängerung der Frist für 2019 für beratene Fälle um sechs Monate und für 2020 in beratenen und nicht-beratenen Fällen um drei Monate (siehe dazu ausführlich Baum, Verlängerung der Steuererklärungsfristen und der zinsfreien Karenzzeiten für 2020, NWB DokID: PAAAH-82025, BMF-Schreiben v. 15. 4. 2021 und v. 20. 7. 2021 - IV A 3 -S 0261/20/10001 :014 sowie sog. FAQ „Corona" (Steuern) auf der Internetseite des BMF).

3.2 Behördliche und gesetzliche Fristverlängerung

Grundsätzlich sind die Steuererklärungsfristen als **gesetzliche** Fristen – im Gegensatz zu behördlichen Fristen – **nicht verlängerbar**; stattdessen gibt es bei gesetzlichen Fristen bei entschuldbarer Fristversäumung die Möglichkeit der sog. Wiedereinsetzung in den vorigen Stand (vgl. § 110 Abs. 1 AO). 2855

2856 § 109 Abs. 1 AO bestimmt für die Steuererklärungsfrist allerdings, dass auch diese von der Finanzbehörde verlängert werden kann. Diese Verlängerungsmöglichkeit entspringt nämlich einem Bedürfnis der Praxis: Sie dient der „Entzerrung" des Veranlagungsgeschäfts bei den Finanzämtern, indem durch die angestrebte Verteilung der eingehenden Steuererklärungen über das ganze Jahr ein Bearbeitungsstau vermieden wird. Unter den Voraussetzungen des § 109 Abs. 4 AO kann dies ggf. auch vollautomatisch erfolgen.

2857 Bei einer **freiwilligen Einkommensteuererklärung**, der sog. **„Antragsveranlagung"**, muss der Antrag innerhalb der allgemeinen Verjährungsfrist von 4 Jahren (§ 169 Abs. 2 Satz 1 Nr. 2 AO) gestellt werden, d. h. die Einkommensteuererklärung muss innerhalb von 4 Jahren nach Ablauf des Besteuerungszeitraums abgegeben werden.

2858 Die Vorschrift des § 149 Abs. 3 AO verlängert die Steuererklärungsfrist für die Abgabe bestimmter gesetzlich vorgeschriebener Steuererklärungen, sofern Personen, Gesellschaften, Verbände, Vereinigungen, Behörden oder Körperschaften i. S. der §§ 3 und 4 StBerG mit deren Erstellung beauftragt sind. Die von der Regelung erfassten Steuererklärungen können – vorbehaltlich einer „Vorabanforderung" (§ 149 Abs. 4 AO) oder einer „Kontingentierung" (§ 149 Abs. 6 AO) – nach der Grundregel (ohne Ausnahmen für LuF-Betriebe) bis zum letzten Tag des Monats Februar des Zweitfolgejahres abgegeben werden. Die Aufzählung der Steuererklärungen in § 149 Abs. 3 AO ist abschließend. Für andere Steuererklärungen verbleibt es auch bei einer Vertretung durch einen Angehörigen der steuerberatenden Berufe bei den in den Steuergesetzen bestimmten Steuererklärungsfristen sowie bei der Möglichkeit einer Fristverlängerung nach § 109 Abs. 1 AO im Einzelfall.

2859 Die bisherige individuelle Fristverlängerung zur Abgabe der Steuererklärung ist in Beraterfällen durch § 109 Abs. 2 AO erheblich eingeschränkt worden. Eine Fristverlängerung ist in den Fällen des § 149 Abs. 3 und 4 AO nur noch möglich, falls der Stpfl. **ohne Verschulden** verhindert ist oder war, die Steuererklärungsfrist einzuhalten (§ 109 Abs. 2 Satz 1 und 2 AO). Dabei ist ein Verschulden des Steuerberaters dem Stpfl. zuzurechnen (§ 109 Abs. 2 Satz 3 AO). Eine unverschuldete Verhinderung an der Fristwahrung kann beispielsweise vorliegen bei Erkrankung oder verzögerter Postbeförderung.

4. Form und Inhalt der Steuererklärung

4.1 Regelfall

2860 § 150 Abs. 1 bis 4 AO enthält für den Regelfall folgende **Form- und Inhaltsvoraussetzungen** für Steuererklärungen:

- Die Steuererklärung muss nach **amtlich vorgeschriebenen Vordruck** abgegeben werden, wenn
  - keine elektronische Steuererklärung vorgeschrieben ist,
  - nicht freiwillig eine gesetzlich oder amtlich zugelassene elektronische Steuererklärung abgegeben wird,
  - keine mündliche oder konkludente Steuererklärung zugelassen ist und
  - eine Aufnahme der Steuererklärung an Amtsstelle nach § 151 AO nicht in Betracht kommt.
- Die Angaben in den Steuererklärungen sind **wahrheitsgemäß** nach bestem Wissen und Gewissen zu machen.

- Die Steuererklärung ist **eigenhändig zu unterschreiben**, wenn die Einzelsteuergesetze dies vorsehen. Die Unterzeichnung durch einen Bevollmächtigten ist nur in Ausnahmefällen möglich.
- Der Steuererklärung müssen diejenigen **Unterlagen beigefügt** werden, die nach den (Einzel-)Steuergesetzen vorzulegen sind.

Die Übermittlung der Steuerdaten nach amtlichem Vordruck ist **zwingender Bestandteil** der Steuererklärung. In der Sache ist der Steuererklärungsvordruck nichts anderes als ein auf einen bestimmten Steuerfall bezogener Fragenkatalog, der für den einzelnen Stpfl. durch die Finanzbehörde für rechtsverbindlich erklärt wird. Insoweit hat der Steuererklärungsvordruck die Aufgabe, das unübersichtliche materielle Steuerrecht der einzelnen Steuergesetze in formelles Recht – nämlich in Fragen an den Stpfl. bzgl. seines konkreten Besteuerungsfalls – umzusetzen. Damit weiß der Stpfl., was die Finanzbehörde von ihm wissen will, um das Besteuerungsverfahren möglichst effektiv durchzuführen. Steuererklärungen können auch wirksam per **Telefax** an das Finanzamt übermittelt werden (BFH v. 8. 10. 2014 – VI R 82/13, BStBl 2015 II S. 359). 2861

Aus Sicht der Behörde hat der **amtliche** Vordruck auch eine verwaltungsökonomische Aufgabe: durch maschinelle Beleglesung und Erfassung der Daten in standardisierter Form im sog. Scan-Verfahren soll eine rasche Bearbeitung des Steuerfalls ermöglicht werden. Auch der Stpfl. hat bei wahrheitsgemäßem und vollständigem Ausfüllen des Vordrucks „Vorteile“: nur das, was im Formular gefragt wird, ist Gegenstand seiner Mitwirkungs- und Erklärungspflicht. Er kann darauf vertrauen, dass Fragen, die darüber hinaus reichen, nicht Gegenstand der finanzbehördlichen Ermittlungen sind. 2862

Die Vorschrift des § 155 Abs. 4 Satz 1 AO gestattet es den Finanzbehörden, Festsetzungen von Steuern sowie damit verbundene Anrechnungen von Steuerabzugsbeträgen und Abrechnungen von Vorauszahlungen auf der Grundlage der Angaben des Stpfl. (insbesondere in seiner aktuellen Steuererklärung) und der ihnen vorliegenden Informationen (z. B. Daten aus früheren Steuererklärungen, Daten i. S. des § 88a AO oder Daten i. S. des § 93c AO, Daten über einbehaltene Steuerabzugsbeträge und geleistete Vorauszahlungen) **ausschließlich automationsgestützt**, also ohne Prüfung durch Amtsträger, vorzunehmen oder zu ändern, soweit kein Anlass dazu besteht, den Einzelfall durch Amtsträger zu bearbeiten. Können Steuererklärungen, die nach amtlich vorgeschriebenem Vordruck abgegeben oder nach amtlich vorgeschriebenen Datensatz übermittelt werden, zu einer solchen ausschließlich automationsgestützten Steuerfestsetzung führen, ist es dem Stpfl. nach § 150 Abs. 7 Satz 1 AO zu ermöglichen, Angaben, die nach seiner Auffassung Anlass für eine Bearbeitung durch Amtsträger sind, in einem dafür vorgesehenen Abschnitt oder Datenfeld der Steuererklärung zu machen (sog. **„Freitextfeld“**). Daten, die von mitteilungspflichtigen Stellen nach Maßgabe des § 93c AO an die Finanzverwaltung übermittelt wurden, gelten nach § 150 Abs. 7 Satz 2 AO zudem als Angaben des Stpfl., soweit er nicht in einem dafür vorgesehenen Abschnitt oder Datenfeld der Steuererklärung abweichende Angaben macht. In den Papiervordrucken ab dem VZ 2019 werden die Bereiche, in denen die Steuerbürger grundsätzlich keine Angaben mehr machen müssen, mit einer dunkleren grünen Farbe hinterlegt und am Zeilenende mit dem ELSTER-Logo gekennzeichnet. Bei elektronischen Einkommensteuererklärungen können die nach Maßgabe des § 93c AO übermittelten Daten nach durchgeführtem Belegabruf vom ELSTER-Anwender in die Steuererklärung übernommen werden (sog. vorausgefüllte Steuererklärung – VASt). 2863

4.2 Beispiel Einkommensteuererklärung

2864 Das Einkommensteuererklärungsformular besteht aus einem **Mantelbogen**, der primär Fragen zur Person enthält, und **Anlagen**, die Fragen zur Sache stellen, sowie einem **Erläuterungsbogen**, der eine Form der Unterstützung und Beratung des Stpfl. darstellt. Es gibt derzeit (Veranlagungseitraum 2020) folgende bundeseinheitliche Anlagen:

- Anlage Außergewöhnliche Belastungen: Außergewöhnliche Belastungen, Behinderten-Pauschbetrag, Hinterbliebenen-Pauschbetrag, Pflege-Pauschbetrag,
- Anlage Sonderausgaben: Angaben zu Sonderausgaben wie Kirchensteuer, Zuwendungen (Spenden und Mitgliedsbeiträge), Berufsausbildungskosten und weitere Aufwendungen,
- Anlage Haushaltsnahe Aufwendungen: Haushaltsnahe Beschäftigungsverhältnisse, Dienstleistungen und Handwerkerleistungen,
- Anlage Energetische Maßnahmen: Steuerermäßigung für energetische Maßnahmen bei zu eigenen Wohnzwecken genutzten Gebäuden,
- Anlage Sonstiges: Sonstige Angaben und Anträge,
- Anlage WA-ESt: Weitere Angaben und Anträge in Fällen mit Auslandsbezug,
- Anlage AUS: Ausländische Einkünfte,
- Anlage AV: Altersvorsorgebeiträge als Sonderausgaben nach § 10a EStG („Riester-Rente"),
- Anlage FW: Förderung des Wohneigentums,
- Anlage G: Einkünfte aus Gewerbebetrieb,
- Anlage KAP: Einkünfte aus Kapitalvermögen,
- Anlage KAP-BET: Einkünfte aus Kapitalvermögen/Anrechnung von Steuern lt. gesonderter und einheitlicher Feststellung (Beteiligungen),
- Anlage KAP-INV: Investmenterträge, die nicht dem inländischen Steuerabzug unterlegen haben,
- Anlage Kinder: Freibeträge für Kinder bzw. Entlastungsbetrag für Alleinerziehende,
- Anlage L: Einkünfte aus Land- und Forstwirtschaft,
- Anlage 13a: Gewinnermittlung nach Durchschnittssätzen,
- Anlage AV13a: Anlageverzeichnis zur Anlage 13a,
- Anlage N: Einkünfte aus nichtselbständiger Arbeit,
- Anlage N-AUS: Ausländische Einkünfte aus nichtselbständiger Arbeit,
- Anlage N-Gre: Grenzgänger,
- Anlage R: Renten und andere Leistungen,
- Anlage R-AUS: Renten und andere Leistungen aus ausländischen Versicherungen, ausländischen Rentenverträgen und ausländischen betrieblichen Versorgungseinrichtungen,
- Anlage R-AV/bAV: Leistungen aus inländischen Altersvorsorgeverträgen/inländischen betrieblichen Altersversorgungen,
- Anlage S: Einkünfte aus selbständiger Arbeit,
- Anlage SO: Sonstige Einkünfte,
- Anlage U: Unterhaltsleistungen an den geschiedenen oder dauernd getrennt lebende Ehegatten,
- Anlage Unterhalt: Unterhaltsleistungen an bedürftige Personen,
- Anlage V: Einkünfte aus Vermietung und Verpachtung,
- Anlage Vorsorgeaufwand: Angabe zu Vorsorgeaufwendungen,
- Anlage 34a: Begünstigung des nicht entnommenen Gewinns (§ 34a EStG),
- Anlage 34b: Einkünfte aus außerordentlichen Holznutzungen nach § 34b EStG,

- Anlage Coronahilfen: Angaben zu Corona-Soforthilfen, Überbrückungshilfen und vergleichbare Zuschüsse,
- Anlage Zinsschranke,
- Anlage EÜR: Einnahmenüberschussrechnung nach § 4 Abs. 3 EStG,
- Anlage AVEÜR: Anlageverzeichnis/Ausweis des Umlaufvermögens zur Anlage EÜR,
- Anlage SZEÜR: Ermittlung der nicht abziehbaren Schuldzinsen für Einzelunternehmen,
- Anlage LuFEÜR: Angaben in speziellen Fällen bei Weinbaubetrieben und forstwirtschaftlichen Holznutzungen,
- Anlage ER: Ergänzungsrechnung zur Anlage EÜR bei Personengesellschaften,
- Anlage SE: Sonderberechnung zur Anlage EÜR bei Personengesellschaften,
- Anlage AVSE: Anlageverzeichnis zur Anlage SE bei Personengesellschaften.

4.3 Vollständige und wahrheitsgemäße Angaben

Der Stpfl. muss seine Angaben in der Steuererklärung **vollständig und wahrheitsgemäß** 2865 nach bestem Wissen und Gewissen machen. Insoweit wiederholt § 150 Abs. 2 AO diese allgemeine Verpflichtung, die schon bei jeder steuerlichen Mitwirkungspflicht nach § 90 Abs. 1 AO besteht. Die Pflicht, vollständige Angaben wahrheitsgemäß zu machen, bezieht sich grundsätzlich auf Tatsachen, nicht auf Rechtsauffassungen. Gemäß seinen individuellen Fähigkeiten muss der Erklärungspflichtige sich anstrengen, der Finanzbehörde die möglichst richtigen Steuerdaten zu liefern. Begeht der Stpfl. Fehler, indem er unrichtige Angaben macht, kann er insoweit steuerliche Nachteile haben, als ein grobes Verschulden eine Änderung des Steuerbescheids zu seinen **Gunsten** ausschließt (§ 173 Abs. 1 Nr. 2 AO).

5. Elektronische Übermittlungen von Steuererklärungsdaten – „ELSTER"

5.1 Grundsatz der Datenübermittlung

Daten der Steuererklärung **können** elektronisch übermittelt werden; in gesetzlich vor- 2866 geschriebenen Fällen **müssen** Stpfl. die Daten elektronisch übermitteln. In **§ 87a AO** ist eine Rechtsgrundlage geschaffen für die **elektronische Kommunikation** zwischen Finanzamt und Steuerbürger.

Die grundsätzlich erforderliche qualifizierte **elektronische Signatur** ist entbehrlich, wenn ein anderes sicheres Verfahren angewandt wird (§ 87a Abs. 6 AO).

5.2 Vorteile des ELSTER-Verfahrens

Es hat folgende **Vorteile** gegenüber der Papier-Steuererklärung: 2867

- Es erfolgt eine Überprüfung der erklärten Daten auf formale Fehler, außerdem die Berechnung der voraussichtlichen Steuer.
- Sichere Übermittlung der Steuerdaten und Vermeidung von Übertragungsfehlern durch das Finanzamt.
- Weniger Rückfragen und aktuellere Bearbeitung durch Finanzamt.

Praxishinweis zur Belegvorlage:

Die ELSTER-Steuererklärung war lange nicht völlig „papierlos". Folgende Belege zur Einkommensteuererklärung mussten bzw. sollten – aufgrund behördlicher oder gesetzlicher Vorgaben – beigefügt werden:

- Unterlagen über die Gewinnermittlung,
- Steuerbescheinigung über anrechenbare Körperschaftsteuer und Kapitalertragsteuer/Zinsabschlag,
- Bescheinigung über anrechenbare ausländische Steuern,
- Nachweis der außergewöhnlichen Belastungen,
- Zuwendungsnachweis (Spendenbescheinigung),
- Nachweis der Behinderung,
- Nachweis der Unterhaltsbedürftigkeit,
- Nachweis der haushaltsnahen Dienstleistung (Rechnung des Dienstleisters und Beleg des Kreditinstituts – Kontoauszug über die Zahlung auf das Konto des Erbringers der Dienstleistung).

Voraussetzung für den Abzug von Kinderbetreuungskosten ist, dass für die Aufwendungen eine Rechnung vorliegt und die Zahlung auf das Konto des Erbringers der Leistung erfolgt ist (§ 10 Abs. 1 Nr. 5 Satz 4 EStG). Die Unterlagen hierzu sind bis zur Bestandskraft des Steuerbescheids aufzubewahren und **auf Verlangen** dem Finanzamt vorzulegen. Ebenso brauchen Belege über Arbeitsmittel oder Nachweise über Beiträge an Berufsverbände, Bestätigungen zu Lebens- oder Haftpflichtversicherungen und der von dem Arbeitgeber ausgehändigte Ausdruck der elektronischen Lohnsteuerbescheinigung grundsätzlich nicht eingereicht zu werden. Diese Unterlagen sind allerdings bis zur Bestandskraft des Steuerbescheids aufzubewahren. Sie müssen dem Finanzamt **auf Verlangen** vorgelegt werden. Wenn außergewöhnliche oder erstmalige Umstände die Höhe der Steuer beeinflussen, wird eine sofortige Belegeinreichung empfohlen. Dies ist beispielsweise bei beruflich bedingten Umzugsaufwendungen, der Begründung einer doppelten Haushaltsführung oder der Einreichung eines häuslichen Arbeitszimmers der Fall.

Hinweis: Downloads und weitere Hinweise findet man unter www.elsteronline.de.

2868 Durch das Gesetz zur Modernisierung des Besteuerungsverfahrens v. 18. 7. 2016 (BGBl 2016 I S. 1679) wurden bislang vorgesehene **Belegvorlagepflichten** weitestgehend in **Belegvorhaltepflichten** mit risikoorientierter Anforderung durch die Finanzverwaltung umgewandelt. Die Stpfl. müssen daher weniger Belege mit der Steuererklärung einreichen; die Belege müssen nur vorgehalten und erst auf Anforderung der Finanzverwaltung im Einzelfall vorgelegt werden. Dies vermindert den Aufwand bei Erstellung der Steuererklärung bei den Stpfl. und erleichtert auch die automationsgestützte Verarbeitung der Steuererklärung durch die Finanzverwaltung. Halten Stpfl. eine Vorlage von Belegen zu ihrer Steuererklärung für sachgerecht oder erforderlich, können sie diese auch weiterhin elektronisch oder auf dem herkömmlichen Postweg an die Finanzverwaltung übermitteln.

Die Belegvorhaltepflicht betrifft besonders folgende Fälle:

- Um Zuwendungen (Spenden und Mitgliedsbeiträge) steuerlich geltend machen zu können, wurde in der Vergangenheit – zusätzlich zu den Anforderungen des § 10b EStG – nach § 50 EStDV verlangt, dass vom Stpfl. eine Zuwendungsbestätigung vorgelegt wird. In bestimmten

Fällen genügte auch ein vereinfachter Nachweis (Buchungsbestätigung etc.). Um die Belegvorlagepflichten für die Stpfl. zu reduzieren, wird die Gewährung des Zuwendungsabzugs tatbestandlich von der Vorlage der Zuwendungsbestätigungen bzw. des vereinfachten Nachweises beim Finanzamt gelöst. Der Stpfl. muss für den Zuwendungsabzug die entsprechenden Unterlagen aufbewahren; er muss sie aber nicht mehr zusammen mit der Steuererklärung einreichen (vgl. § 50 Abs. 8 EStDV).

- Für die Geltendmachung des Behinderten-Pauschbetrags (§ 33b Abs. 1 bis 3 EStG) musste der Stpfl. entsprechende Nachweise (im Regelfall Schwerbehindertenausweis) zusammen mit seiner Steuererklärung oder seinem Antrag auf Bildung von Lohnsteuerabzugsmerkmalen der Finanzbehörde vorzulegen. Der Stpfl. musste in jedem Jahr die Behinderung erneut nachweisen, obwohl die Nachweise i. d. R. eine mehrjährige Gültigkeit besitzen. Zur Erleichterung der Nachweispflichten ist die Vorlage der Unterlagen nur noch in Ausnahmefällen erforderlich. Wird der Behinderten-Pauschbetrag allerdings erstmalig geltend gemacht oder ändern sich die Verhältnisse (insbesondere der Grad der Behinderung), kann auf einen Nachweis auch in Zukunft nicht verzichtet werden. In allen anderen Fällen genügt es, wenn der Stpfl. gültige Unterlagen besitzt und er diese auf Verlangen der Finanzbehörde vorlegt (§ 65 Abs. 3 EStDV).
- Soweit die durch Steuerabzug erhobene Einkommensteuer auf die bei der Veranlagung erfassten Einkünfte entfällt, wird auf die Vorlage der Steuerbescheinigungen im Original als zwingende materielle Anrechnungsvoraussetzung verzichtet, wenn der Stpfl. einen Antrag nach § 32d Abs. 4 oder 6 EStG stellt. Fordert das Finanzamt zur Prüfung der Steueranrechnungsbeträge die Steuerbescheinigungen jedoch an, erfolgt eine Anrechnung der Kapitalertragsteuer nur nach Vorlage der Bescheinigungen (§ 36 Abs. 2 Nr. 2 Satz 3 EStG). Für steuerabzugspflichtige Einkünfte i. S. des § 3 Nr. 40 EStG und Bezüge i. S. des § 8b Abs. 1, 2 und Abs. 6 Satz 2 KStG gilt die bisherige Vorlageverpflichtung als materielle Anrechnungsvoraussetzung hingegen unverändert fort.

Praxishinweis: Die Finanzverwaltung ist dabei, das Projekt „NACHDIGAL" länderweise einzuführen. Es hat das Ziel, das datenschutzsichere **Nach**reichen von **dig**italen **An**lagen (zur Steuererklärung) technisch zu ermöglichen. Gleichfalls ist mit dem Projekt der datenschutzsichere Versand sonstiger Nachrichten nebst Anhängen an die Finanzverwaltung angegangen worden. Für diese Serviceangebote sind jeweils Formulare konzipiert, die über „Mein ELSTER" zum Finanzamt gelangen. Auch die weiteren, am Markt bestehenden Softwareanbieter für Steuererklärungsprogramme sollen die Formulare über die ERiC-Schnittstelle in ihr Angebot integrieren können.

5.3 Weitere Details zu elektronischen Steuererklärungen

5.3.1 Verfahrensrechtliche Rahmenbedingungen bei der elektronischen Steuererklärungspflicht

Steuererklärungen (mit Ausnahme der Lohnsteueranmeldung, der Kapitalertragsteuer- 2869
anmeldung und der Umsatzsteuervoranmeldung) sind nach § 150 Abs. 1 AO grundsätzlich nach amtlich vorgeschriebenem (Papier-)Vordruck abzugeben. § 150 Abs. 6 AO a. F. i.V. mit der im Jahr 2016 durch das Gesetz zur Modernisierung des Besteuerungsverfahrens aufgehobenen Steuerdaten-Übermittlungsverordnung (StDÜV) ließen aber bereits unter bestimmten Bedingungen auch die freiwillige elektronische Übermittlung der Steuererklärung zu. Entsprechende Regelungen finden sich nunmehr in der AO selbst.

Allerdings hat der Gesetzgeber bereits durch das Steuerbürokratieabbaugesetz bestimmt, dass – beginnend ab **dem Veranlagungszeitraum 2011** – die **Körperschaftsteuer-** und die **Gewerbesteuererklärung** sowie unter bestimmten Voraussetzungen auch die **Einkommensteuererklärung** nach amtlich vorgeschriebenem Datensatz durch Datenfernübertragung zu übermitteln sind. Darüber hinaus sind ab dem gleichen Zeitraum auch Bilanzen, Gewinn- und Verlustrechnungen und Einnahmen-Überschussrechnungen in gleicher Weise elektronisch abzugeben. Nach Aufhebung der StDÜV bestimmt nunmehr § 87a Abs. 6 Satz 1 AO, dass bei der elektronischen Übermittlung von amtlich vorgeschriebenen Datensätzen an Finanzbehörden – mithin auch für elektronisch übermittelte Steuererklärungen und Steueranmeldungen – ein sicheres Verfahren zu verwenden ist, das den Datenübermittler authentifiziert und die Vertraulichkeit und Integrität des Datensatzes gewährleistet.

5.3.2 Verzicht auf qualifizierte elektronische Signatur nach dem Signaturgesetz

2870 Abweichend von dem Grundprinzip der qualifizierten elektronischen Signatur nach dem Signaturgesetz (vgl. § 87a Abs. 3 AO) setzt die Finanzverwaltung das demgegenüber vereinfachte ELSTER-Authentifizierungsverfahren ein, da sich dieses Verfahren – auch nach Auffassung der Finanzgerichtsbarkeit – als hinreichend sicher erwiesen hat. Der Stpfl. muss sich zunächst im ELSTER-Online-Portal (EOP) registrieren (**Authentifizierungsverfahren**). Das EOP erzeugt im Rahmen der Registrierung ein elektronisches Zertifikat, das für alle ELSTER-Anwendungen genutzt werden kann. Das Zertifikat ist ein elektronisches Schlüsselpaar und ermöglicht die sichere Übermittlung papierloser Steuererklärungen. Die Finanzverwaltung kann damit feststellen, von wem eingehende Steuererklärungen stammen. Bei Verwendung dieses Zertifikats wird also auf die Unterschrift verzichtet.

5.3.3 Härtefallregelung

2871 Der Gesetzgeber hat mit § 150 Abs. 8 AO eine gesetzliche Regelung getroffen, die in besonderer Weise dem Verhältnismäßigkeitsgrundsatz und der Rechtssicherheit Rechnung tragen soll. Sehen die Steuergesetze vor, dass zur **Vermeidung unbilliger Härten** auf eine elektronische Übermittlung der Steuererklärung verzichtet werden kann, ist einem solchen Antrag nach § 150 Abs. 8 Satz 1 AO zu entsprechen, wenn eine Erklärungsabgabe nach amtlich vorgeschriebenem Datensatz durch Datenfernübertragung für den Steuerpflichtigen wirtschaftlich oder persönlich unzumutbar ist (siehe dazu auch BFH v. 16. 6. 2020 – VIII R 29/17, BStBl 2021 II S. 288 ff.). Eine derartige Unzumutbarkeit ist nach § 150 Abs. 8 Satz 2 AO insbesondere dann gegeben,

- wenn die Schaffung der technischen Möglichkeiten für eine Datenfernübertragung des amtlich vorgeschriebenen Datensatzes nur mit einem nicht unerheblichen finanziellen Aufwand möglich wäre oder
- der Steuerpflichtige nach seinen individuellen Kenntnissen und Fähigkeiten nicht oder nur eingeschränkt in der Lage ist, die Möglichkeiten der Datenfernübertragung zu nutzen.

Liegen diese Voraussetzungen vor, haben die Finanzbehörden **keinen Ermessensspielraum,** die Ausnahmegenehmigung ist zu gewähren. Diese Regelung ist nach den Vorstellungen des Gesetzgebers insbesondere auf Kleinbetriebe zugeschnitten. Nach dem Willen des Gesetzgebers ist zudem bereits die Abgabe einer papiergebundenen Steuererklärung als Antrag auf Erteilung einer Ausnahmegenehmigung anzuerkennen. In diesem Fall soll die Finanzbehörde nur dann Sachverhaltsermittlungen anstellen, wenn das Vorliegen eines Härtefalls nicht als glaubhaft angesehen werden kann.

Praxishinweis: Gesetzliche Verpflichtung zur elektronischen Übermittlung von Steuererklärungsdaten im Überblick

Ab dem Veranlagungszeitraum 2011 sind Unternehmen und bestimmte andere Personengruppen grundsätzlich verpflichtet, ihre **Jahressteuererklärungen** auf elektronischem Weg an das Finanzamt zu übermitteln. Die Grundlagen hierfür wurden durch das Gesetz zur Modernisierung und Entbürokratisierung des Steuerverfahrens (Steuerbürokratieabbaugesetz, BGBl 2008 I S. 2850) und das Jahressteuergesetz 2010 (JStG 2010, BGBl 2010 I S. 1768) geschaffen. Die Abgabe einer elektronischen Bilanz hat erst für Wirtschaftsjahre zu erfolgen, die nach dem 31. 12. 2011 beginnen (vgl. dazu auch BMF-Schreiben v. 9. 7. 2021 - IV C 6 -S 2133-b/21/10001 :002).

Derzeit **müssen** folgende **Erklärungen** elektronisch abgegeben werden (bzgl. der Auskunftspflicht nach § 138 Abs. 1b AO bei Betriebseröffnung oder Aufnahme einer freiberuflichen Tätigkeit (Fragebogen zur steuerlichen Erfassung) wird auf das jeweilige BMF-Anwendungsschreiben zum Zeitpunkt der erstmaligen Anwendung verwiesen: IV A 5 - O 1561/19/10003 :005).

Einkommensteuererklärungen

Ab dem Veranlagungszeitraum 2011 sind **Personen, die Gewinneinkünfte erzielen**, zur elektronischen Übermittlung verpflichtet. Dies gilt auch für die **Anlage EÜR**, wenn der Gewinn nach § 4 Abs. 3 EStG ermittelt wird.

Gewinneinkünfte sind Einkünfte aus

- Land- und Forstwirtschaft (§§ 13, 13a, 14, 14a EStG),
- Gewerbebetrieb (§§ 15, 15a, 15b, 16, 17 EStG) und
- selbständiger Arbeit (§ 18 EStG).

Ausgenommen von der Erklärungspflicht durch Datenfernübermittlung sind die Veranlagungsfälle nach § 46 Abs. 2 Nr. 2 bis 8 EStG, in denen geringfügige Gewinneinkünfte erklärt werden. Hier bleibt es bei der Möglichkeit der freiwilligen elektronischen Erklärungsabgabe. Auch wenn ein Steuerpflichtiger Gewinneinkünfte von mehr als 410 € erzielt, ist er nicht zur Übermittlung der Einkommensteuererklärung in elektronischer Form verpflichtet, wenn zusätzlich die Voraussetzungen eines der Veranlagungstatbestände nach § 46 Abs. 2 Nr. 2 bis 8 EStG erfüllt sind (BFH v. 28. 10. 2020 – X R 36/19, BFH/NV 2021 S. 560-563).

Andere Jahressteuererklärungen

Die gesetzliche Verpflichtung zur elektronischen Übermittlung besteht auch für:

- **Umsatzsteuererklärungen** für Besteuerungszeiträume, die nach dem 31. 12. 2010 enden,
- **Körperschaftsteuererklärungen** ab dem Veranlagungszeitraum 2011,
- **Erklärungen zur gesonderten Feststellung von Besteuerungsgrundlagen** ab dem Feststellungszeitraum 2011,
- **Gewerbesteuererklärungen** und **Erklärungen für die Zerlegung des Gewerbesteuermessbetrags** ab dem Erhebungszeitraum 2011 und
- **Feststellungserklärungen** für nach dem 31. 12. 2010 beginnende Feststellungszeiträume.

6. Service-Angebot der Finanzverwaltung: „Vorausgefüllte Steuererklärung"

2872 Stpfl. können seit Anfang 2014 zur Erleichterung der Erstellung der Einkommensteuererklärungen eine Vielzahl der zu ihrer Person bei der Finanzverwaltung gespeicherten Daten einsehen und abrufen. Unter dem Stichwort „Vorausgefüllte Steuererklärung" (VaSt) werden insbesondere solche Daten zum Abruf bereitgestellt, die von Dritten an die Finanzverwaltung übermittelt worden sind. Stpfl. erhalten dabei allerdings keine, anders als der Name möglicherweise suggeriert, „vorausgefüllte Einkommensteuererklärung", die zu ergänzen, zu unterschreiben und anschließend einzureichen wäre.

Derzeit stehen u. a. folgende Daten zur Verfügung:

- die vom Arbeitgeber übermittelten Lohnsteuerdaten,
- Lohnersatzleistungen,
- Mitteilungen über den Bezug von Rentenleistungen,
- Beiträge zu Kranken- und Pflegeversicherungen,
- Vorsorgeaufwendungen (z. B. Riester- und Rürup-Verträge),
- Beiträge für Vermögenswirksame Leistungen (VWL/VL).

Diese Belegdaten können eingesehen und in die Einkommensteuererklärung übernommen werden. Ungeachtet dessen hat der Stpfl. jedoch die Verpflichtung, seine Einkommensteuererklärung auf Vollständigkeit und Richtigkeit zu prüfen.

Hinweis: Wegen der Neufassung des § 150 Abs. 7 AO durch das Gesetz zur Modernisierung des Besteuerungsverfahrens und des Verzichts der Angabe von elektronischen Daten in der Steuererklärung siehe Rdn. 2863.

Praxishinweis: Als weiterer „Service" der Finanzverwaltung steht der sog. „Steuerlotse" Personen mit Renten- und Pensionseinkünften unter www.steuerlotse-rente.de zur Verfügung und kann ab dem Veranlagungsjahr 2020 genutzt werden.

7. Steueranmeldung als besondere Form der Steuererklärung

2873 Eine **Steueranmeldung** ist eine Steuererklärung, in der der Stpfl. die Steuern selbst berechnen muss (§ 150 Abs. 1 Satz 3 AO). Deshalb nennt man sie auch **„Selbstberechnungserklärung"**. Die Steueranmeldung besteht insofern aus **zwei Teilen**: der **Erklärung der Besteuerungsgrundlagen** und der **Berechnung der Steuer**. Der Stpfl. erfüllt damit Aufgaben des Steuerermittlungsverfahrens und des Steuerfestsetzungsverfahrens in einem Arbeitsgang. Zweck der Steueranmeldungen ist es, in Massenverfahren bei fiskalisch ergiebigen Steuerarten ohne großen Verwaltungsaufwand die Besteuerungsgrundlagen unter gleichzeitiger Berechnung der Steuer durch den Stpfl. in Erfahrung zu bringen, um rasch das Steuererhebungsverfahren durchführen zu können.

2874 Steueranmeldungen sind nur in **gesetzlich besonders vorgeschriebenen Fällen** abzugeben (§ 150 Abs. 1 Satz 3 AO). Bei einer Steueranmeldung ist eine ausdrückliche **Steuerfestsetzung** durch einen Bescheid der Finanzbehörde nur erforderlich, wenn die Festsetzung zu einer abweichenden Steuer führt oder der Steuer- oder Haftungsschuldner die Steueranmeldung nicht abgibt (§ 167 Abs. 1 AO). Steueranmeldungen gelten auch dann als rechtzeitig abgegeben, wenn sie fristgerecht bei der zuständigen **Kasse** eingehen (§ 167 Abs. 2 Satz 1 AO). Eine Steueranmeldung steht einer **Steuerfestsetzung unter Vorbehalt der Nachprüfung** gleich (§ 168 Satz 1 AO). Führt die Steueranmeldung zu einer Herabsetzung der bisher zu entrichtenden Steuer oder zu einer Steuervergütung, so gilt dies aber erst, wenn die Finanzbehörde **zustimmt.** Die Zustimmung bedarf keiner Form (§ 168 Satz 2 und 3 AO). Solange der Vorbehalt wirksam ist, insbesondere die vierjährige Festsetzungsfrist noch nicht abgelaufen ist, kann die Steueranmeldung jederzeit geändert oder aufgehoben werden (§ 164 Abs. 2, 4 AO). Steueranmeldungen stehen (im Erhebungsverfahren) **Steuerbescheiden** gleich (§ 218 Abs. 1 Satz 2 AO): Sie sind **Grundlage der Steuererhebung und -vollstreckung**, ohne dass es zuvor eines **besonderen Leistungsgebots** bedarf (§ 254 Abs. 1 Satz 4 AO). Sie können überdies mit dem **Einspruch** angefochten werden.

Wichtigste **Fälle**, in denen eine Steueranmeldung vorgeschrieben ist:

- Umsatzsteuerjahreserklärung (§ 18 Abs. 3 UStG),
- Umsatzsteuervoranmeldung (monatlich oder vierteljährlich – § 18 Abs. 1, 2 UStG),
- Lohnsteueranmeldung (§ 41a Abs. 1 EStG),
- Kapitalertragsteueranmeldung (§ 45a Abs. 1 EStG).

8. Folgen der Nichtabgabe oder der nicht fristgerechten Abgabe der Steuererklärung

Kommt ein Stpfl. seiner Erklärungspflicht nicht nach, kann das für ihn insbesondere folgende **steuerliche** und **strafrechtliche Folgen** haben: 2875

- I. d. R. wird die Finanzbehörde zunächst den Stpfl. an seine Verpflichtung **erinnern** und die ausstehende Steuererklärung unter erneuter Fristsetzung **anmahnen**.
- Das Finanzamt kann nach erfolgloser Mahnung das **Zwangsermittlungsverfahren** einleiten (§§ 328 ff. AO) und als „Beugemittel" ein **Zwangsgeld** bis zu 25 000 € schriftlich **androhen** (§ 332 AO); falls die erneut gesetzte Frist verstrichen ist, kann ein Zwangsgeld in der angedrohten Höhe **festgesetzt** werden (§ 333 AO). Nach Erhebung bzw. Vollstreckung des Zwangsgelds kann das Verfahren **wiederholt** werden, bis der Stpfl. seiner Abgabeverpflichtung nachgekommen ist. Im Steuerveranlagungsverfahren hat dieses Verwaltungszwangsverfahren allerdings keine große praktische Bedeutung, weil es zu zeitaufwendig ist und der Stpfl. gegen jeden dieser Verwaltungsakte (Androhung und/oder Festsetzung) Einspruch (§ 347 AO) einlegen kann. Überdies ist der Vollzug des Zwangsgelds einzustellen, wenn der Stpfl. die Verpflichtung, wegen deren Nichtbefolgung das Zwangsgeld festgesetzt worden ist, nach Festsetzung des Zwangsgelds erfüllt (§ 335 AO). Außerdem sind Zwangsmittel gegen den Stpfl. unzulässig, wenn er dadurch gezwungen würde, sich selbst wegen einer von ihm begangenen Steuerstraftat oder Steuerordnungswidrigkeit zu belasten (§ 393 Abs. 1 Satz 2 AO).
- Das Finanzamt hat die Besteuerungsgrundlagen bei Nichtabgabe der Steuererklärung zu **schätzen**, wenn es sie – nicht anderweitig – ermitteln oder berechnen kann. Die Schätzung der Besteuerungsgrundlagen ist bei Nichtabgabe oder nicht fristgerechter Abgabe von Steuererklärungen der **Regelfall** (§ 162 Abs. 1, 2 AO). Die Finanzbehörde hat bei der Schätzung einen Spielraum (Schätzungsrahmen). Sie darf jedoch keine „Strafschätzung" vornehmen, sondern muss alle Umstände – auch die für den Stpfl. günstigen – berücksichtigen, die für den konkreten Besteuerungsfall von Bedeutung sind. Im Rahmen des Schätzungsverfahrens können auch andere Beweise (etwa Auskunfts- und Vorlageersuchen, Aktenbeiziehung, vgl. § 92 AO) erhoben werden. Unsicherheiten wegen der Nichtmitwirkung des Stpfl. gehen zu dessen Lasten, was durch einen Unsicherheitszuschlag seinen Ausdruck in der Steuerfestsetzung findet. Ausnahmsweise kann eine fehlerhafte Schätzung die Nichtigkeit des auf ihr beruhenden Verwaltungsakts zur Folge haben, wenn sich das Finanzamt nicht an den wahrscheinlichen Besteue-

rungsgrundlagen orientiert, sondern **bewusst** zum Nachteil des Stpfl. geschätzt hat (sog. „Mondschätzungen").

- Bei **schuldhafter Nichtabgabe** oder **verspäteter Abgabe** der Steuererklärung kann bzw. muss in bestimmten Fällen ein **Verspätungszuschlag** gegen den Erklärungspflichtigen festgesetzt werden (§ 152 Abs. 1 und 2 AO). Im Fall der Ermessensausübung nach § 152 Abs. 1 AO hat das Finanzamt die Dauer der Fristüberschreitung, die Höhe der sich aus der Steuerfestsetzung ergebenden Steuernachzahlung, den vom Stpfl. erzielten Zinsvorteil, den Grad des Verschuldens und dessen wirtschaftliche Leistungsfähigkeit zu würdigen (§ 152 Abs. 2 Satz 2 AO **a. F.**). Siehe zum Verspätungszuschlag auch Rdn. 2809 ff.
- Wenn **vorsätzlich** keine Steuererklärung abgegeben wird und dadurch **Steuern verkürzt** werden, begeht der Stpfl. eine **Steuerhinterziehung** (§ 370 AO). Diese kann als Steuervergehen mit einer Freiheitsstrafe bis zu 5 Jahren oder mit Geldstrafe geahndet werden (§ 370 Abs. 1 AO). Bei **leichtfertiger Steuerverkürzung** sieht § 378 Abs. 2 AO die Möglichkeit der Ahndung der Tat als Ordnungswidrigkeit vor (Geldbuße bis zu 50 000 €).

IV. Steuerveranlagung: Bearbeitungsgrundsätze und Steuerkontrolle

1. Besteuerungsgrundsätze und Besteuerungsrealität

2876 Die Steuerverwaltung ist **Massenverwaltung**. Ist die Verwaltung aus personellen und/oder tatsächlichen Gründen nicht mehr in der Lage, eine gesetzmäßige und gleichmäßige Besteuerung zu gewährleisten, wird der verfassungsrechtlich verankerte Auftrag des § 85 AO missachtet. Diese Praxis ist (wird) **verfassungswidrig** (illegal), wenn und soweit eine zumindest „verfassungsnähere" Besteuerungspraxis mit rechtlich und tatsächlich möglichen sowie erforderlichen, verhältnismäßigen und zumutbaren Mitteln erreichbar wäre, aber „zu wenig passiert" (vgl. *Söhn*, in: Hübschmann/Hepp/Spitaler, AO/FGO, 261. Erg.-Lfg., § 85 AO, Rz. 44).

Aus der Gesetzmäßigkeit der Besteuerung ist abzuleiten, dass die Finanzverwaltung nicht befugt ist, das **Legalitätsprinzip** mit Rücksicht auf die Personalkapazität durch Verwaltungsvorschriften in ein **Opportunitätsprinzip** umzufunktionieren. Unzulässig ist nicht nur die Besteuerung außerhalb des Gesetzes, sondern auch die Nichtbesteuerung trotz gesetzlicher Anordnung. Der Staat, der die Verbindlichkeit einer Steuernorm festlegt, muss auch die Normbefolgung garantieren (*Seer*, in: Tipke/Kruse, AO/FGO, 164. Erg.-Lfg., § 85 AO, Tz. 8 und 9).

2877 Die moderne Informationstechnologie hat in den letzten Jahrzehnten fast alle Lebensbereiche erfasst. Dabei ist sie nicht nur ein unterstützendes Hilfsmittel, das bestehende Abläufe schneller und leichter macht, sondern sie verändert Bewusstsein und Alltag moderner Gesellschaften erheblich. Technische Entwicklungen, wie das Internet und die elektronische Kommunikation, haben bereits seit Jahren Eingang in das Besteuerungsverfahren gefunden. So haben sich Art und Weise, wie Steuern erklärt, festgesetzt und realisiert werden, seit der Jahrtausendwende stetig weiterentwickelt und dürfen auch künftig nicht im Status Quo verharren.

Ein gut funktionierender, rechtmäßiger und gleichmäßiger Steuervollzug lässt sich nur mit einem rechtlich und technisch weiterentwickelten Besteuerungsverfahren erreichen, das den veränderten Lebenssachverhalten gerecht wird. Um diesen erforderlichen

Wandel zu gestalten, wurden durch das **Gesetz zur Modernisierung des Besteuerungsverfahrens** v. 22.7.2016 (BGBl 2016 I S. 1679) Verfahrensmodernisierungen vorgenommen, die die Automation, die Organisation und die personellen Ressourcen der Finanzverwaltung betreffen. Das Gesetz nimmt Veränderungen des Besteuerungsverfahrens in folgenden Handlungsbereichen vor:

- Steigerung von Wirtschaftlichkeit und Effizienz durch einen verstärkten Einsatz der Informationstechnologie und einen zielgenaueren Ressourceneinsatz;
- Vereinfachte und erleichterte Handhabbarkeit des Besteuerungsverfahrens durch mehr Serviceorientierung und nutzerfreundlichere Prozesse;
- Neugestaltung der rechtlichen Grundlagen, insbesondere der **Abgabenordnung**, im Hinblick auf die sich jetzt und in Zukunft stellenden Herausforderungen.

Die mit Gesetz zur Modernisierung des Besteuerungsverfahrens erfolgten Änderungen der Abgabenordnung sind ein ganz wesentliches Kernelement der Modernisierung des Besteuerungsverfahrens. Die Gleichmäßigkeit und Gesetzmäßigkeit der Besteuerung werden (somit) auch für die Zukunft sichergestellt sein (so BT-Drucks. 18/7457, S. 47).

2. § 88 AO als rechtliche Vorgabe

Der Gesetzesauftrag einer gesetzmäßigen und gleichheitsmäßigen Besteuerung wird vom rechtlichen Rahmen her in § 88 AO für die Finanzamtspraxis wie folgt ausgestaltet: 2878

- Trotz des **Legalitätsprinzips** können bei den Entscheidungen der Finanzbehörden über Art und Umfang der Ermittlungen im Einzelfall **Wirtschaftlichkeits- und Zweckmäßigkeitsgesichtspunkte** berücksichtigt werden (§ 88 Abs. 2 Satz 2 AO).
- Es spielt für das Verständnis und die Erfüllung des Untersuchungsgrundsatzes eine Rolle, dass die Aufklärung einen **nicht mehr vertretbaren Zeitaufwand** erfordert; voraussichtlicher Arbeitsaufwand und steuerlicher Ertrag müssen ins **Verhältnis** gesetzt werden (§ 88 Abs. 2 Satz 1 AO).
- In die Entscheidung über Art und Umfang der Ermittlungen können allgemeine Erfahrungen der Finanzbehörden, z. B. aus vergleichbaren Lebenssachverhalten, einbezogen werden (§ 88 Abs. 2 Satz 2 AO).
- Die Finanzämter dürfen berücksichtigen, in welchem Maße sie durch ein **finanzgerichtliches Verfahren** belastet werden, sofern sie bei vorhandenen Zweifeln zum Nachteil des Steuerzahlers entscheiden. Steuerstreitigkeiten wegen Bagatellsachen, die das Veranlagungsverfahren behindern, sollen möglichst vermieden werden (AEAO zu § 88 Nr. 3).
- Das Institut der **„tatsächlichen Verständigung"** (= „Einigung" mit dem **Stpfl.) soll verstärkt eingesetzt** werden, wenn dies in Fällen erschwerter **Sachverhaltsfeststellungen** – insbesondere in Schätzungsfällen – der Effektivität der Besteuerung und dem Rechtsfrieden dient (AEAO zu § 88 Nr. 4).
- Der Steuerbürger bekommt einen **„Vertrauensvorschuss"**: Für den **Regelfall sollen die Finanzämter** davon ausgehen, dass die **Angaben des Steuerzahlers in seiner Steuererklärung vollständig und richtig** sind. Sie können diesen Angaben Glauben schenken, wenn nicht greifbare Umstände vorliegen, die darauf hindeuten, dass seine Angaben falsch oder unvollständig sind. Die Aufklärungspflicht wird nur verletzt, wenn die Finanzbehörde Tatsachen oder Beweismittel außer Acht lässt und offenkundigen Zweifelsfragen nicht nachgeht, die sich ihr den Umständen nach **ohne weiteres aufdrängen** mussten (AEAO zu § 88 Nr. 6).

- Damit die Finanzbehörden sich auf die Bearbeitung tatsächlich prüfungsbedürftiger Fälle konzentrieren können, wurde durch das Gesetz zur Modernisierung des Besteuerungsverfahrens in § 88 Abs. 5 AO der Einsatz von **Risikomanagementsystemen (RMS)** im Besteuerungsverfahren verankert.

3. Bisherige Verwaltungspraxis versus elektronische Risikomanagementsysteme

2879 Die bisherige Steuervollzugspraxis verfolgte schwerpunktmäßig zwei Ziele: Zum einen wurde bei Bearbeitung der Steuerfälle auf das **Wesentliche** abgestellt, wobei sich der Aufwand bei der Bearbeitung an der steuerlichen Bedeutung des Einzelfalls ausrichtete. Die Anforderungen an die Sachaufklärung in den Finanzämtern wurden durch diese Regelung für die Masse der Besteuerungsfälle gezielt herabgesetzt. Damit konnten die Finanzämter sich mehr Zeit für eine **gründliche Überprüfung fiskalisch bedeutender oder besonders missbrauchsträchtiger Sachverhalte** verschaffen. Strukturelle Vollzugsdefizite sollte die Steuerverwaltung aber vermeiden.

Musste bislang der **Bearbeiter** im Finanzamt entscheiden, welche Sachverhalte im Einzelfall bedeutsam und einer gründlichen (Über-)Prüfung zu unterziehen sind, ist es Ziel der **Risikomanagementsysteme,** diese Entscheidung durch den „Kollegen Computer" zu treffen und die Notwendigkeit weiterer Sachverhaltsaufklärung und Prüfungen für eine gleichmäßige und gesetzmäßige Besteuerung zu ermitteln und zu beurteilen.

2880 Ein Risikomanagement (RMS) besteht aus der systematischen Erfassung und Bewertung von Risikopotenzialen sowie der Steuerung von Reaktionen in Abhängigkeit von den festgestellten Risikopotenzialen. Ziel des RMS kann es allerdings nicht sein, jedes abstrakt denkbare Risiko auszuschalten. RMS hat vielmehr zum Ziel,

- Steuerverkürzungen zu verhindern und damit präventiv zu wirken;
- gezielt Betrugsfälle aufzudecken, zumindest aber die Chancen ihrer Aufdeckung deutlich zu erhöhen;
- die individuelle Fallbearbeitung durch Amtsträger durch eine risikoorientierte Steuerung der Bearbeitung zu optimieren;
- die Bearbeitungsqualität durch Standardisierung der Arbeitsabläufe bei umfassender Automationsunterstützung nachhaltig zu verbessern;
- qualitativ hochwertige Rechtsanwendung durch bundeseinheitlich abgestimmte Vorgaben gleichmäßig zu gestalten. Diese Vorgaben können auch regionale Besonderheiten berücksichtigen.

Das RMS hilft dabei, mit den vorhandenen Ressourcen das bestmögliche Ergebnis im Spannungsverhältnis zwischen gesetzmäßiger und gleichmäßiger Besteuerung einerseits und zeitnahem und wirtschaftlichem Verwaltungshandeln andererseits zu erreichen. In § 88 Abs. 5 Satz 3 Nr. 1 bis 4 AO werden hierfür gesetzliche Mindestanforderungen definiert.

Hinweis: Der Einsatz von RMS ist nicht auf die eigentliche Steuerfestsetzung beschränkt. Es kann z. B. auch im Rahmen der Außenprüfung bei der Auswahl der zu prüfenden Stpfl. und bei der Auswertung von Kontrollmaterial eingesetzt werden.

2881 Wird ein Steuerfall im Rahmen eines RMS zur Bearbeitung durch Amtsträger ausgesteuert, sind die nach den konkreten Umständen des Einzelfalls gebotenen Ermittlungen und Prüfungen durchzuführen. Dies kann je nach Sachlage eine **punktuelle** oder auch eine **umfassende** Ermittlung und Überprüfung sein. Im Fall einer **Zufallsauswahl** dient die Überprüfung unter anderem (auch) dazu, die Wirkung der Aussteuerungsmechanismen zu überprüfen (Evaluation).

Um zu verhindern, dass Stpfl. ihr Erklärungsverhalten am RMS ausrichten, dürfen Einzelheiten des RMS nicht veröffentlicht werden, soweit dadurch die Gleichmäßigkeit und die Gesetzmäßigkeit der Besteuerung gefährdet werden könnte. Für die Weitergabe dieser Informationen an Gerichte, Rechnungsprüfungsbehörden und Parlamente gelten die gleichen Grundsätze wie bei Daten, die nach § 30 AO dem Steuergeheimnis unterliegen.

Die Veranlagungsstelle prüft die Steuererklärungen, führt die erforderlichen Ermittlungen durch und bearbeitet die Steuerfälle **punktuell** oder **umfassend** nach Möglichkeit abschließend **in einem Arbeitsgang.** Dem Grundsatz, dass auf Maßnahmen zur Sachaufklärung bzw. Auseinandersetzungen mit den Steuerzahlern verzichtet werden kann, wenn der **erwartete Aufwand das voraussichtliche Ergebnis bei wirtschaftlicher Betrachtung nicht rechtfertigen** würde, wird überwiegend bereits durch das RMS bei der Aussteuerung der Steuerfälle zur punktuellen oder umfassenden Prüfung von Sachverhalten durch den Einsatz von sog. „Risikofiltern" Rechnung getragen.

Die Auswahlkriterien der Finanzverwaltung stellen sich – verkürzt – wie folgt dar: 2882

- Die Steuerfälle werden in folgende Risikoklassen eingeteilt:

Risikoklassen	Fallart
BP	Betriebsprüfungsfall
1	Fall mit hohem Risiko
2	Fall mit mittlerem Risiko
3	Fall mit geringem oder keinem Risiko

- Der Risikofilter filtert Sachverhalte zur Prüfung heraus (**objektive Risikokomponente**), wie
  - erstmalige Sachverhalte,
  - absolute und relative Veränderungen zum Vorjahr,
  - Vergleich mit Kennzahlen,
  - Abgleich mit festsetzungsnahen Daten etc.
- Der Sachbearbeiter unterstützt die Einstufung in eine Risikoklasse durch ein Datenblatt mit Angaben zum steuerlichen Verhalten des Stpfl. (**subjektive Risikokomponente**).

Bei Steuerzahlern, die der regelmäßigen Betriebsprüfung unterliegen oder bei denen 2883 eine **Außenprüfung** bevorsteht, wird die Steuer regelmäßig unter dem **Vorbehalt der Nachprüfung** festgesetzt. Nach erfolgter Prüfung ist der Vorbehalt der Nachprüfung auch dann aufzuheben, wenn die Überprüfung nicht zur Änderung der Festsetzung geführt hat (§ 164 Abs. 3 Satz 3 AO). Wird der Fall nicht geprüft, ist der Vorbehalt der Nachprüfung aufzuheben, wenn für einen darauffolgenden Besteuerungszeitraum eine Feststellung/Festsetzung durchgeführt wird.

4. Welche Steuerfelder prüfen die Finanzämter vordringlich?

Die einzelnen Landesfinanzverwaltungen haben aus allgemeinen Prüfungsfeststellun- 2884 gen bestimmte Prüffelder festgelegt, aus deren Kreis die Finanzämter einzelne Schwerpunkte setzen können.

BEISPIELE FÜR EINE STÄRKERE STEUERKONTROLLE:

4.1 Bereich Einkommensteuer

2885
- Gründung von Personengesellschaften und Änderung der Beteiligungsverhältnisse bei Personengesellschaften einschließlich der Einräumung von Unterbeteiligungen;
- Steuerfreie Sanierungsgewinne;
- Grundstücksspekulationsgeschäfte (Auswertung von Veräußerungsmitteilungen), Vermögensverwaltung/Abgrenzung gewerblicher Grundstückshandel;
- Unterstützung von Angehörigen im Ausland;
- hohe Werbungskosten bei den Einkünften aus Vermietung und Verpachtung;
- außerordentliche Einkünfte nach § 34 EStG;
- hohe Aufwendungen infolge Reisetätigkeit;
- Pflegepauschbetrag;
- erstmalige Betriebsverpachtung im Ganzen;
- Anwendung des Umwandlungssteuergesetzes;
- Begründung einer Betriebsaufspaltung sowie Änderung der tatsächlichen Verhältnisse bei bestehender Betriebsaufspaltung;
- Fälle des Außensteuergesetzes;
- Fälle des § 24 Nr. 1 EStG;
- Fälle der Anwendung des § 34c EStG;
- Spendenrück- und -vortrag;
- Begründung und Beendigung einer doppelten Haushaltsführung;
- Arbeitszimmer;
- Gewinnerzielungsabsicht – Liebhaberei.

4.2 Bereich Umsatzsteuer

2886
- Unternehmereigenschaft bei neugegründeten Unternehmen (Scheinunternehmer);
- erstmalige Inanspruchnahme von Steuervergünstigungen, z. B. Steuerbefreiung, ermäßigter Steuersatz;
- Wechsel der Besteuerungsform;
- erstmalige Inanspruchnahme von Vorsteuern, z. B. wegen Errichtung von Gebäuden/Erwerb von Grundstücken (Prüfung der Option nach § 9 UStG);
- erhebliche Abweichungen zwischen vorangemeldeter und endgültiger Vorsteuer;
- Umkehr der Steuerschuldnerschaft (Reverse-Charge-Verfahren) nach § 13b UStG.

4.3 Bereich Körperschaftsteuer

2887
- Gründung von Kapitalgesellschaften, Personenvereinigungen oder Vermögensmassen;
- grundlegende Strukturänderungen der Kapitalgesellschaft, z. B. Verschmelzung, Spaltung, Betriebsaufspaltung, Organschaft, typische und atypische stille Gesellschaft, sonstige Unternehmensverträge;
- Überprüfung von erstmaligen Verträgen der Kapitalgesellschaft mit Gesellschaftern und diesen nahestehenden Personen.

5. Welche Belege und Unterlagen müssen – ggf. auf Verlangen des Finanzamts – vorgelegt werden?

(1) **Gewinneinkünfte:** Gewinnermittlungen müssen im Grundsatz in elektronischer Form vorliegen. 2888

(2) **Überschusseinkünfte:** Durch das Gesetz zur Modernisierung des Besteuerungsverfahrens v. 18. 7. 2016 (BGBl 2016 I S. 1679) wurden bislang bestehende **Belegvorlagepflichten** weitestgehend in **Belegvorhaltepflichten** mit risikoorientierter Anforderung durch die Finanzverwaltung umgewandelt. Die Stpfl. müssen daher weniger Belege mit der Steuererklärung einreichen; die Belege müssen nur vorgehalten und erst auf Anforderung der Finanzverwaltung im Einzelfall vorgelegt werden. Dies vermindert den Aufwand der Steuererklärung bei den Stpf. und erleichtert auch die automationsgestützte Verarbeitung der Steuererklärung durch die Finanzverwaltung. Halten Stpfl. eine Vorlage von Belegen zu ihrer Steuererklärung für sachgerecht oder erforderlich, können sie diese auch weiterhin elektronisch oder auf dem herkömmlichen Postweg an die Finanzverwaltung übermitteln (vgl. auch die nachfolgenden Hinweise zu den Prüffeldern und Risikobereichen der Finanzämter in Nordrhein-Westfalen). Wegen weiterer Einzelheiten zu den Belegvorlage- und Belegvorhaltepflichten vgl. unter Rdn. 2868.

Hinweis: Die Finanzverwaltung des Landes Nordrhein-Westfalen veröffentlicht regelmäßig jährlich eine Liste der Prüffelder. Aus dieser Liste geht hervor, welche Prüffelder bzw. Risikobereiche welchen Steuerarten bei den einzelnen Finanzämtern zugeordnet sind. Es wurden für das Kalenderjahr 2021 insbesondere folgende Prüffelder bzw. Risikobereiche festgelegt: 2889

Gewinneinkünfte

- Verlustverrechnungsbeschränkung nach § 15a EStG;
- wesentliche Beteiligung (§ 17 EStG);
- Liebhaberei bei Gewinneinkünften §§ 15, 18 UStG;
- Photovoltaikanlagen Verlustfälle und Großanlagen;
- Erbauseinandersetzung (§ 13 EStG);
- Begünstigung nicht entnommener Gewinne nach § 34a EStG.

Überschusseinkünfte

- erstmalige doppelte Haushaltsführung;
- häusliches Arbeitszimmer;
- Einkünfte aus Kapitalvermögen;
- Anzeigepflichten bei Lebensversicherungen (§ 29 EStDV);
- Vermietung und Verpachtung im Erstjahr;
- hohe Erhaltungsaufwendungen bei den Einkünften aus Vermietung und Verpachtung;
- Auswärtstätigkeit.

Sonderausgaben und außergewöhnliche Belastungen

- Beiträge zur Altersvorsorge/zu berufsständischen Versorgungswerken;
- Kirchensteuer aus Abgeltungsteuer und deren Abzug als Sonderausgabe;
- Unterstützungsleistungen im Ausland.

Körperschaft- und Umsatzsteuer

- Verlustabzug bei Körperschaften (§ 8c KStG);
- Überprüfung und Pflege des Gesellschafterbestands von Kapitalgesellschaften;
- Berichtigung des Vorsteuerabzugs nach § 15a UStG;
- Tätigkeitsvergütungen GmbH & Co. KG.

V. Buchführungs- und Aufzeichnungspflichten

1. Einleitung

2890 Die Pflicht, Bücher zu führen und Aufzeichnungen über Geschäftsvorfälle zu machen, ergibt sich aus verschiedenen Bestimmungen des Handels-, Gesellschafts- und Genossenschaftsrechts, des Steuerrechts sowie zahlreicher spezialgesetzlicher Bestimmungen.

2. Abgrenzung der Buchführungspflichten

2.1 Steuerliche Buchführungspflicht

2891 Nach § 140 AO müssen Personen, die nach anderen als den Steuergesetzen Bücher zu führen und Aufzeichnungen sowie regelmäßige Abschlüsse zu machen haben, diese Pflicht auch für die Besteuerung erfüllen (**abgeleitete Buchführungspflicht**). Soweit sich aus handels-, gesellschafts- und genossenschaftsrechtlichen Regelungen eine zivilrechtliche Verpflichtung zur Buchführung ergibt, erklärt § 140 AO diese auch zur steuerlichen Pflicht. Das hat zur Folge, dass diese Pflicht allein zu steuerlichen Zwecken mit den Mitteln des Steuerrechts erzwungen werden kann.

Daneben regelt § 141 AO für bestimmte Stpfl. besondere Buchführungspflichten, die mit dem Überschreiten bestimmter Grenzen beim Umsatz oder Gewinn sowie beim Wirtschaftswert selbstbewirtschafteter land- und forstwirtschaftlicher Flächen entstehen.

2.2 Allgemeine Buchführungspflicht nach zivilrechtlichen Bestimmungen

2892 **Rechtsgrundlagen:** Durch das **Bilanzrichtlinien-Gesetz** von 1985 wurden die bis zu diesem Zeitpunkt in mehreren Gesetzen verstreuten Bestimmungen über die Führung von Handelsbüchern für Einzelkaufleute, Personenhandelsgesellschaften (OHG, KG), Kapitalgesellschaften (AG, GmbH, KGaA) und Genossenschaften im Dritten Buch des HGB in den §§ 238 ff. HGB zusammengefasst:

- §§ 238 bis 241a HGB enthalten die grundlegenden Bestimmungen über die Pflicht des Kaufmanns, Bücher zu führen und in diesen seine Handelsgeschäfte und die Lage seines Vermögens nach den Grundsätzen ordnungsgemäßer Buchführung (GoB) ersichtlich zu machen.
- §§ 242 bis 261 HGB regeln die Eröffnungsbilanz, den Jahresabschluss, die Aufbewahrung und Vorlage.
- §§ 264 bis 335c HGB enthalten ergänzende Bestimmungen für Kapitalgesellschaften:
  - §§ 264 bis 289f HGB: allgemeine Regelungen;
  - §§ 290 bis 315e HGB: Konzernabschluss und Konzernlagebericht;
  - §§ 316 bis 324a HGB: Prüfung;

- §§ 325 bis 329 HGB: Offenlegung, Veröffentlichung und Vervielfältigung, Prüfung durch Registergericht;
- § 330 HGB: Verordnungsermächtigung für Formblätter und andere Vorschriften;
- §§ 331 bis 335c HGB: Ordnungsgelder, Straf- und Bußgeldvorschriften.

► §§ 336 bis 339 HGB regeln Besonderheiten für eingetragene Genossenschaften.

Damit hat der Gesetzgeber gleichzeitig die sog. **„Grundsätze ordnungsgemäßer Buchführung (GoB)"**, die sich im Laufe der Zeit als **Gewohnheitsrecht** mit rechtsverbindlichem Charakter entwickelt und ihren Niederschlag als unbestimmten Rechtsbegriff in § 38 HGB (alt) gefunden hatten, in weitem Umfang gesetzlich normiert.

Zu führende Bücher: In der kaufmännischen Praxis, basierend auf den GoB, haben sich als **Handelsbücher** die sog. Grund-, Haupt- und Nebenbücher als Erfassungsinstrumente für Geschäftsvorfälle durchgesetzt.

Zur Buchführung verpflichtete Personen: Nach § 238 Abs. 1 Satz 1 HGB ist „jeder Kaufmann" zur Buchführung verpflichtet. Die **Kaufmannseigenschaft** bestimmt somit zivilrechtlich den personellen Umfang der Buchführungspflicht. Sie ist daher auch für ihren Beginn und ihre Beendigung maßgebend.

Seit 1998 ist durch die **Reform des Handelsrechts** der **Kaufmannsbegriff** in § 1 HGB vereinfacht worden. Zur Aktualisierung und Vereinfachung des Kaufmannsbegriffs ist der Katalog der Grundhandelsgewerbe in § 1 Abs. 2 HGB a. F. gestrichen worden. Dieser Katalog war nicht mehr zeitgemäß und schloss wesentliche Teile des Geschäftsverkehrs unangemessen von der Kaufmannseigenschaft aus. Die Neuregelung führt zu einer erwünschten **Flexibilität des Kaufmannsbegriffs.** Die bisherigen Tatbestände des „Musskaufmanns" (§ 1 HGB a. F.) und des „Sollkaufmanns" (§ 2 HGB a. F.) wurden in § 1 HGB zu einem **einheitlichen Tatbestand** zusammengefasst, der grundsätzlich alle Gewerbetreibende ohne Differenzierung nach der Branche zusammenfasst. **Handelsgewerbe** ist nach § 1 Abs. 2 HGB jeder Gewerbebetrieb, es sei denn, dass das Unternehmen nach Art oder Umfang einen in kaufmännischer Weise eingerichteten Geschäftsbetrieb nicht erfordert. Der Betrieb eines Gewerbes erfordert eine Tätigkeit, die 2893

► selbständig ausgeübt wird,
► auf Dauer angelegt ist,
► planmäßig betrieben wird,
► auf dem Markt erkennbar nach außen hervortritt,
► nicht gesetz- oder sittenwidrig ist und
► mit Gewinnerzielungsabsicht betrieben wird.

2894 Alle **Kleingewerbetreibende** unterliegen nicht dem Handelsrecht und brauchen deshalb keine Bücher zu führen. Abgrenzungsmerkmal zwischen den Vollkaufleuten und Nicht-Kaufleuten ist wie bisher die Frage, ob ihr Unternehmen nach Art und Umfang einen in kaufmännischer Weise eingerichteten Geschäftsbetrieb erfordert (vgl. § 1 Abs. 2 HGB). Kleingewerbetreibende können sich jedoch nach § 2 HGB in das Handelsregister eintragen lassen. Mit der Eintragung der Firma im Handelsregister wird das bisherige kleingewerbliche Unternehmen nach § 2 Satz 1 HGB zum Handelsgewerbe i. S. des § 1 Abs. 1 HGB. Die Buchführungspflicht entsteht daher (erst), sobald sie ihre Kaufmannseigenschaft durch Registereintragung erworben haben. § 105 Abs. 2 HGB enthält eine Parallelregelung für den fakultativen Zugang zur Gründung einer OHG oder KG für solche Kleinbetriebe. Die „Flucht" in die im Einzelfall nachteilige GmbH kann damit vermieden werden.

Für land- und forstwirtschaftliche Berufe sowie für **Freie Berufe** änderte sich im Hinblick auf die Kaufmannseigenschaft gegenüber der bisherigen Regelung nichts: Sie sind durch den hergebrachten Gewerbebegriff von vornherein aus dem Anwendungsbereich des Handelsrechts ausgeschlossen – nämlich die Betriebe der Land- und Forstwirtschaft durch die explizite Regelung in **§ 3 Abs. 1 HGB** und die Freien Berufe kraft Definition in den jeweiligen Berufsgesetzen als **Nicht-Gewerbebetrieb** (vgl. z. B. § 32 Abs. 2 StBerG).

2895 Als **Formkaufmann** (§ 6 HGB) bezeichnet man diejenigen **Gesellschaften**, die kraft Rechtsform Kaufmannseigenschaft haben, sowie die eingetragene **Genossenschaft**:

- Die **Personenhandelsgesellschaften** OHG und KG sind gem. §§ 105 Abs. 1, 161 Abs. 1 HGB Kaufleute. Ist der Zweck der Gesellschaft auf eine andersartige Betätigung oder den Betrieb eines minderkaufmännischen Gewerbes gerichtet, handelt es sich um eine **Gesellschaft bürgerlichen Rechts** (sog. BGB -Gesellschaft), wenn die Firma nicht im Handelsregister eingetragen ist.
- Die **Kapitalgesellschaften** AG, GmbH und KGaA sind gem. §§ 3, 278 Abs. 3 AktG, § 13 Abs. 3 GmbHG Kaufleute. Dies gilt auch für die haftungsbeschränkte Unternehmergesellschaft (UG) nach § 5a GmbHG, die keine eigenständige Rechtsform, sondern nur eine Variante der klassischen GmbH ist. Die Buchführungspflicht beginnt mit Abschluss des Gesellschaftsvertrags. Der Umfang der Pflicht zur Erstellung eines Jahresabschlusses, der Veröffentlichungspflicht und der Prüfungspflicht hängt von der Größe der Gesellschaft ab – § 267 HGB teilt diese Kapitalgesellschaften in verschiedene Größenklassen ein.
- Die eingetragene **Genossenschaft** (eG) ist gem. § 17 Abs. 2 GenG Vollkaufmann. Genossenschaften sind Personenvereinigungen von nicht geschlossener Mitgliederzahl mit dem Zweck der Förderung der Mitglieder mittels gemeinschaftlichem Geschäftsbetrieb (§ 1 GenG). Die eG entsteht mit Eintragung ins Genossenschaftsregister. Die Buchführungspflicht beginnt bereits mit Aufnahme des Geschäftsbetriebs.

2.3 Besondere Buchführungspflicht bei Überschreiten bestimmter Grenzen

2896 Um für alle Stpfl. die Besteuerung möglichst zutreffend und damit gerecht durchzuführen, bestimmt § 141 AO, dass bei Überschreiten bestimmter **Größengrenzen** auch ohne Kaufmannseigenschaft Bücher zu führen sind. Die Grenzen, ab deren Überschreiten eine Buchführungspflicht einsetzt, sind:

	bei Land- und Forstwirten	**bei Gewerbetreibenden**
► **Gesamtumsatz** i. S. des § 19 Abs. 3 Satz 1 UStG von mehr als (zur Anwendungsregelung siehe BMF-Schreiben v. 5. 7. 2021 - IV A 4 - S 0310/19/10001 :004).	600 000 €	600 000 €
► selbstbewirtschaftete land- und forstwirtschaftliche Flächen mit einem **Wirtschaftswert** (§ 46 BewG)	25 000 €	
► **Gewinn** aus Gewerbebetrieb bzw. Land- und Forstwirtschaft im Wirtschafts- bzw. Kalenderjahr	60 000 €	60 000 €

Die Buchführungspflicht nach § 141 AO **beginnt** mit dem Anfang des Wirtschaftsjahrs, das auf die Bekanntgabe der Mitteilung folgt, durch die die Finanzbehörde auf den Beginn der Verpflichtung hingewiesen hat (§ 141 Abs. 2 Satz 1 AO). Ein solcher Hinweis, der ein besonderer Verwaltungsakt ist, kann gesondert erfolgen, aber auch in einem Steuerbescheid oder Feststellungsbescheid enthalten sein. Die Buchführungspflicht **endet** mit Ablauf des Wirtschaftsjahrs, das auf das Wirtschaftsjahr folgt, in dem die Finanzbehörde feststellt, dass die Voraussetzungen für diese Verpflichtung nicht mehr vorliegen (§ 141 Abs. 2 Satz 2 AO).

3. Sonstige Aufzeichnungspflichten

Bei den sonstigen außersteuerlichen Aufzeichnungspflichten handelt es sich um Pflich- 2897
ten, die bestimmten Betrieben und den Angehörigen bestimmter Berufsgruppen aus den unterschiedlichsten Gründen auferlegt sind. Werden bei derartigen Aufzeichnungen Erkenntnisse und Daten festgehalten, die auch für die Besteuerung nutzbar gemacht werden können, sind diese Pflichten wie die allgemeine Buchführungspflicht auch als steuerliche Pflichten zu erfüllen (§ 140 AO).

Die sonstigen steuerlichen Aufzeichnungspflichten erlangen praktische Bedeutung in aller Regel nur bei den **nichtbuchführungspflichtigen Stpfl.** Ansonsten werden sie meist im Rahmen der Buchführung „mit erledigt". Hier sind insbesondere zu nennen:

Abgabenordnung:

- Ergänzende Aufzeichnungen für Land- und Forstwirte in einem Anbauverzeichnis (§ 142 AO);
- gesonderte Aufzeichnung des Wareneingangs bei Gewerbetreibenden (§ 143 Abs. 1 AO). Der notwendige Inhalt der Aufzeichnungen ergibt sich aus § 143 Abs. 2, 3 AO;
- gesonderte Aufzeichnung des Warenausgangs bei Gewerbetreibenden, die nach Art ihres Geschäftsbetriebs Waren regelmäßig an andere gewerbliche Unternehmen zur Weiterveräußerung oder zum Verbrauch als Hilfsstoffe liefern. Der notwendige Inhalt der Aufzeichnungen ergibt sich aus § 144 Abs. 2 bis 4 AO. Die gesonderten Aufzeichnungspflichten beim Warenausgang gelten nach § 144 Abs. 5 AO auch für Land- und Forstwirte, die nach § 141 AO buchführungspflichtig sind;
- Aufbewahrung von Aufzeichnungen und Unterlagen bei Steuerpflichtigen, bei denen die Summe der positiven Überschusseinkünfte mehr als 500 000 € beträgt (sog. „Einkommensmillionäre"), § 147a AO.

Einkommensteuerrecht:

- Bestimmte Betriebsausgaben i. S. des § 4 Abs. 5 EStG nach § 4 Abs. 7 EStG;
- geringwertige Wirtschaftsgüter nach § 6 Abs. 2 Satz 4 EStG;
- Wirtschaftsgüter, für die erhöhte Abnutzungen oder Sonderabschreibungen in Anspruch genommen werden nach § 7a Abs. 8 EStG;
- Lohnkonto am Ort der Betriebsstätte für jeden Arbeitnehmer und jedes Kalenderjahr durch Arbeitgeber nach § 41 EStG und § 4 LStDV.

Umsatzsteuerrecht:

- Aufzeichnungspflichten nach § 22 Abs. 1 bis 4g UStG; §§ 63 bis 67 UStDV ergänzen diese Regelungen, indem sie dem Unternehmer einige Erleichterungen gewähren. Bestimmte Unternehmer müssen ein Steuerheft führen (§ 22 Abs. 5 UStG) bzw. sind unter den Voraussetzungen des § 68 UStDV von der Führung des Steuerhefts befreit;
- Aufzeichnungspflicht für bestimmte Steuerbefreiungen nach § 4 Nr. 1 bis 5 UStG.

4. Inhalt und Umfang der Buchführungspflicht

2898 Die Führung der **Handelsbücher** muss kaufmännisch ausgestaltet sein, ist aber nicht an ein bestimmtes System gebunden. Entscheidend ist, dass die Eintragungen in die Handelsbücher vollständig, richtig, zeitgerecht und geordnet erfolgen und mit Hilfe einer körperlichen Bestandsaufnahme die Aufstellung einer Vermögensübersicht (Inventar und Bilanz) möglich ist.

Die **Jahresabschlüsse** sind aufgrund jährlicher Bestandsaufnahme zu erstellen (§§ 242, 243 i.V. mit § 239 HGB) und vom Kaufmann zu unterzeichnen (§ 245 HGB). Eine **GuV** ist in jedem Falle zu erstellen. Besonderheiten gelten für Land- und Forstwirte.

Für die **Art und Weise der Buchführung** und Aufzeichnungen enthalten die §§ 243 ff. HGB einige grundlegende Regelungen:

- Verwendung einer lebenden Sprache (§ 239 Abs. 1 Satz 1 HGB) und Aufstellung des Jahresabschlusses in Deutsch und in € (§ 244 HGB);
- eindeutiges Festlegen von verwendeten Abkürzungen, Ziffern, Buchstaben oder Symbolen (§ 239 Abs. 1 Satz 2 HGB);
- Vollständigkeit, Richtigkeit, Zeitgerechtheit und Geordnetheit der Aufzeichnungen (§ 239 Abs. 2 HGB);
- keine Veränderung ursprünglicher Eintragungen und Aufzeichnungen, ohne dass der vorherige Inhalt feststellbar bleibt (§ 239 Abs. 3 Satz 1 HGB);
- die Bücher und die sonst erforderlichen Aufzeichnungen können auch in der geordneten Ablage von Belegen bestehen oder auf Datenträgern geführt werden, soweit diese Formen der Buchführung einschließlich des dabei angewandten Verfahrens den Grundsätzen ordnungsmäßiger Buchführung entsprechen (§ 239 Abs. 4 Satz 1 HGB; vgl. hierzu auch die Grundsätze zur ordnungsmäßigen Führung und Aufbewahrung von Büchern, Aufzeichnungen und Unterlagen in elektronischer Form sowie zum Datenzugriff – GoBD, BMF-Schreiben v. 28. 11. 2019, BStBl 2019 I S. 1269).

Weitere **Klarstellungen** finden sich in den §§ 145 ff. AO. Danach muss die Buchführung insbesondere so beschaffen sein, dass sie einem **sachverständigen Dritten innerhalb angemessener Zeit einen Überblick über die Geschäftsvorfälle und über die Vermögenslage des Unternehmens vermitteln kann.**

5. Aufbewahrungsfristen

2899 Als Annex zur Buchführungs- und Aufzeichnungspflicht gelten sowohl zivil- als auch steuerrechtlich bestimmte **Aufbewahrungsfristen** (§ 257 HGB, § 147 AO).

Nachfolgend sind einige Aufbewahrungsfristen von Geschäftsunterlagen im Steuerrecht und Handelsrecht aufgeführt:

Aufzubewahrende Unterlagen	Aufbewahrung	
	nach Handelsrecht	nach Steuerrecht
► **Arbeitsanweisungen** zu Handelsbüchern, Inventaren, Eröffnungsbilanzen, Jahresabschlüssen, Einzelabschlüssen nach § 325 Abs. 2a HGB, Lageberichten, Konzernabschlüssen und -lageberichten sowie die vorher genannten Unterlagen selbst (siehe Organisationsunterlagen)	Pflicht für Kaufmann: 10 Jahre Beginn: Schluss des jeweiligen Kalenderjahres, in dem die letzte Eintragung gemacht bzw. Bilanz oder Abschluss festgestellt, der Einzelabschluss oder Konzernabschluss aufgestellt worden ist (§ 257 Abs. 1, 4 und 5 HGB)	Pflicht für alle Buchführungs- und Aufzeichnungspflichtigen: 10 Jahre, falls nach (anderen) Steuergesetzen nicht kürzere Fristen zugelassen sind Kein Ablauf, solange Unterlagen für Steuer Bedeutung haben, für die die Festsetzungsfrist noch nicht abgelaufen ist (§ 147 Abs. 1-5 AO)
► **Aufzeichnungen**	Pflicht für alle Aufzeichnungspflichtigen: 10 Jahre	10 Jahre, ansonsten wie bei Arbeitsanweisungen
► **Aufzeichnungen und Unterlagen** (§ 147a Satz 1 AO)		Pflicht für Stpfl., bei denen die Summe der positiven Summe nach § 2 Abs. 1 Nr. 4-7 EStG mehr als 500 000 € beträgt: 6 Jahre
► **Anhang** zum Jahresabschluss (§ 264 Abs. 1 HGB)	Pflicht für Kapitalgesellschaft: 10 Jahre, ansonsten wie bei Jahresabschluss	Wie bei Arbeitsanweisungen
► **Außenprüfung** Unterlagen		Kein Fristablauf, soweit von Bedeutung
► **Anträge des Steuerpflichtigen** Unterlagen		Kein Fristablauf, soweit von Bedeutung
► **Buchungsbelege** Dokumente über die einzeln zu erfassenden Vorgänge des Kaufmannes als Grundlagen für Buchführung nach § 238 Abs. 1 HGB, Bilanz sowie GuV-Rechnung, Ein- und Ausgangsrechnungen, Quittungen, Kontoauszüge u. Ä.	Pflicht für Kaufmann: 10 Jahre	Pflicht für alle Buchführungs- u. Aufzeichnungspflichtigen: 10 Jahre; Pflicht zur Einrichtung einer zertifizierten technischen Sicherung bei elektronischen Aufzeichnungen ansonsten wie bei Arbeitsanweisungen
► **Bilanz**	Pflicht: 10 Jahre, ansonsten wie bei Jahresabschluss	Pflicht: 10 Jahre, ansonsten wie bei Arbeitsanweisungen
► **Bußgeldrechtliche Ermittlungen** soweit anhängig, Unterlagen		Kein Fristablauf, soweit von Bedeutung

Aufzubewahrende Unterlagen	Aufbewahrung	
	nach Handelsrecht	**nach Steuerrecht**
► **Elektronische und digitale Datenträger** (§ 146 Abs. 5 AO) – von Handelsbüchern, Inventaren, Lageberichten, Konzernlageberichten einschl. der zum Verständnis erforderlichen Arbeitsanweisungen oder Organisationsunterlagen, jedoch nicht von Jahresabschlüssen u. Eröffnungsbilanzen;	Pflicht für Kaufmann: 10 Jahre Beginn: Schluss des Kalenderjahres, in dem die letzte Eintragung gemacht worden oder der Beleg entstanden ist (§ 257 Abs. 1, 3-5 HGB)	Pflicht für alle Buchführungs- und Aufzeichnungspflichtigen: 10 Jahre, falls nach (anderen) Steuergesetzen nicht kürzere Fristen zugelassen sind Beginn: Schluss des jeweiligen Kalenderjahres, in dem die letzte Eintragung gemacht oder der Beleg entstanden ist. Kein Ablauf, solange Unterlagen für Steuer Bedeutung haben, für die die Festsetzungsfrist noch nicht abgelaufen ist (§ 147 AO)
– von Handelsbriefen	6 Jahre Beginn jeweils wie zuvor	6 Jahre, ansonsten jeweils wie zuvor
– von Buchungsbelegen	10 Jahre Beginn jeweils wie zuvor	10 Jahre, ansonsten jeweils wie zuvor
► **Eröffnungsbilanz**	Pflicht für Kaufmann: 10 Jahre Beginn: Schluss d. Kalenderjahres der Feststellung (§ 257 Abs. 1, 4 und 5 HGB)	10 Jahre, ansonsten wie bei Arbeitsanweisungen
► **Handelsbücher** (Grund-, Haupt- und Nebenbücher - gebunden, Karteien, Listen, Schriftstücke einer Offene-Posten-Buchführung (§§ 238 ff. HGB)	Pflicht für Kaufmann: 10 Jahre Beginn: Schluss des Kalenderjahres der letzten Eintragungen (§ 257 HGB)	Pflicht für alle Buchführungs- und Aufzeichnungspflichtigen: 10 Jahre, ansonsten wie bei Arbeitsanweisungen
► **Kassenbücher** und Kassenblätter	Wie bei Handelsbücher Pflicht: 10 Jahre	Wie bei Arbeitsanweisungen Pflicht: 10 Jahre
► **Kontenpläne** und Kontenplanänderungen	Wie bei Jahresabschluss Pflicht: 10 Jahre	Wie bei Arbeitsanweisungen Pflicht: 10 Jahre
► **Konzernabschluss** (§ 290 HGB)	Pflicht für Kapitalgesellschaft: 10 Jahre Beginn: Schluss des Kalenderjahres der Aufstellung (§ 257 Abs. 1, 4 und 5 HGB)	10 Jahre, ansonsten wie bei Arbeitsanweisungen
► **Konzernlagebericht** (§ 290 HGB)	Wie bei Konzernabschluss	10 Jahre, ansonsten wie bei Arbeitsanweisungen

Aufzubewahrende Unterlagen	Aufbewahrung	
	nach Handelsrecht	nach Steuerrecht
► **Lagebericht** Darstellung des Geschäftsverlaufs und der Lage der Kapitalgesellschaft (§ 289 HGB)	Pflicht für Kapitalgesellschaft: 10 Jahre Beginn: Schluss des Kalenderjahres der Aufstellung (§ 257 Abs. 1, 4 und 5 HGB)	10 Jahre, ansonsten wie bei Arbeitsanweisungen
► **Organisationsunterlagen** zu Handelsbüchern, Inventaren, Eröffnungsbilanzen, Jahresabschlüssen, Einzelabschlüssen nach § 325 Abs. 2a HGB, Lageberichten, Konzernabschlüssen, Konzernlageberichten (Kontenpläne und ihre Änderungen, Programm u. Systemdokumentationen wie Ablaufdiagramme, Blockdiagramme u. Ä.)	Pflicht für Kaufmann: 10 Jahre Beginn: Schluss des betreffenden Kalenderjahres (§ 257 Abs. 1, 4 und 5 HGB), des Weiteren wie bei Arbeitsanweisungen	10 Jahre, ansonsten wie bei Arbeitsanweisungen
► **Prozessakten**	Wie Buchungsbelege Pflicht: 10 Jahre	Wie bei Arbeitsanweisungen Pflicht: 10 Jahre (nach Abschluss)
► **Prüfungsberichte** des Abschlussprüfers	Wie Jahresabschluss Pflicht: 10 Jahre	Wie bei Arbeitsanweisungen Pflicht: 10 Jahre
► **Rechnungen**	Wie Buchungsbelege	10 Jahre Beginn: Schluss des Kalenderjahres, in dem die Rechnung ausgestellt worden ist (§ 14b Abs. 1 Satz 1 UStG)
► **Schreiben** im Rahmen eines Unternehmens		
– soweit sie Handelsgeschäfte betreffen	Wie Handelsbriefe	Wie Handelsbriefe
– soweit sie keine Handelsgeschäfte betreffen	Keine Pflicht	Nur Pflicht, soweit Geschäftsbriefe i. S. v. § 147 Abs. 1 Nr. 2, 3 AO
► **Steuererklärungen, Steuerbescheide**	Wie Buchungsbelege Pflicht: 10 Jahre	Wie bei Arbeitsanweisungen Pflicht: 10 Jahre
► **Steuerstrafrechtliche Ermittlungen** soweit anhängig, Unterlagen		Kein Fristablauf, soweit von Bedeutung
► **Rechtsbehelfsverfahren** schwebendes oder auf Grund Außenprüfung zu erwartendes, Unterlagen		Kein Fristablauf, soweit von Bedeutung

Aufzubewahrende Unterlagen	Aufbewahrung	
	nach Handelsrecht	nach Steuerrecht
► **Unterlagen** von Bedeutung für Besteuerung, etwa nach § 147a AO		Pflicht: 6 Jahre, ansonsten wie bei Arbeitsanweisungen
► **Verträge** (soweit handels-/steuerrechtlich von Bedeutung)	Wie Buchungsbelege Pflicht: 10 Jahre	Wie bei Arbeitsanweisungen Pflicht: 10 Jahre (nach Vertragsende)
► **Vorläufige Steuerfestsetzung** Unterlagen (§ 165 AO)		Kein Fristablauf, soweit von Bedeutung

Die Aufbewahrungsfrist **beginnt** jeweils i. d. R. mit dem Schluss des Kalenderjahres, in dem die letzte Eintragung in Geschäftsbücher gemacht, das Inventar aufgestellt, die Bilanz festgestellt, ein Handels- und Geschäftsbrief empfangen oder abgesandt oder der Buchungsbeleg entstanden ist, die Aufzeichnungen vorgenommen und die sonstigen Unterlagen entstanden sind. Bei Verträgen beginnt die Aufbewahrungspflicht mit dem Ende des Jahres, in dem der Vertrag endet. Entsprechendes gilt für einseitige Willenserklärungen. Die Aufbewahrungsfrist **endet** i. d. R. mit Ablauf des Kalenderjahres, das sich aus Beginn und Dauer der Frist errechnen lässt.

Sind Unterlagen nach § 147 Abs. 1 AO mit Hilfe eines **Datenverarbeitungssystems** erstellt worden, hat die Finanzbehörde im Rahmen einer Außenprüfung das Recht, Einsicht in die gespeicherten Daten zu nehmen und das Datenverarbeitungssystem zur Prüfung dieser Unterlagen zu nutzen. Sofern noch nicht mit einer Außenprüfung begonnen wurde, ist es im Fall eines Wechsels des Datenverarbeitungssystems oder im Fall der Auslagerung von aufzeichnungs- und aufbewahrungspflichtigen Daten aus dem Produktivsystem in ein anderes Datenverarbeitungssystem ausreichend, wenn der Steuerpflichtige nach Ablauf des fünften Kalenderjahres, das auf die Umstellung oder Auslagerung folgt, diese Daten ausschließlich auf einem maschinell lesbaren und maschinell auswertbaren Datenträger vorhält (§ 147 Abs. 6 Satz 6 AO).

Nach Ablauf der Fristen brauchen Unterlagen nur noch aufbewahrt zu werden, wenn sie für eine **begonnene Außenprüfung,** für eine **vorläufige Steuerfestsetzung,** für anhängige **steuerstraf- oder bußgeldrechtliche Ermittlungen,** für ein schwebendes oder aufgrund einer Außenprüfung zu erwartendes **Rechtsbehelfsverfahren** oder zur Begründung von Anträgen des Steuerzahlers bedeutsam sind.

Eine **Erleichterung** ist gem. § 257 Abs. 3 HGB gegeben. Danach können alle Unterlagen mit Ausnahme der Eröffnungsbilanzen und Abschlüsse auch als Wiedergabe auf einem **Bildträger** oder anderen **Datenträgern** aufbewahrt werden, wenn dies den GoBD entspricht und sichergestellt ist, dass die Wiedergabe oder die Daten

- ► mit den empfangenen Handelsbriefen und den Buchungsbelegen bildlich und mit den anderen Unterlagen inhaltlich übereinstimmen, wenn sie lesbar gemacht werden,
- ► während der Dauer der Aufbewahrungsfrist verfügbar sind und jederzeit innerhalb angemessener Frist lesbar gemacht werden können.

Eine vergleichbare Regelung findet sich auch in § 147 Abs. 2 AO.

Hinweis: Nach § 148 AO können die Finanzbehörden Erleichterungen für die durch § 147 AO festgelegten steuerlichen Aufbewahrungsfristen erteilen. Nach § 146 Abs. 2a und 2b AO besteht die Möglichkeit, unter bestimmten Voraussetzungen die elektronische Buchführung in das Ausland zu verlagern.

6. Gesetz zum Schutz vor Manipulationen an digitalen Grundaufzeichnungen

Aufzeichnungen auf Papier oder mittels elektronischer Aufzeichnungssysteme müssen unveränderbar bzw. jede Änderung muss für einen sachverständigen Dritten nachvollziehbar sein. Technische Manipulationen von digitalen Grundaufzeichnungen – wie Kassendaten – waren in der Vergangenheit im Rahmen von Maßnahmen der Außenprüfung immer schwerer oder nur mit hohem Aufwand feststellbar. Die Veränderungen hinsichtlich steuerrelevanter Geschäftsvorfälle, die in der überwiegenden Mehrzahl der Fälle nachträglich, d. h. nach Dateneingabe, vorgenommen wurden, waren insbesondere: 2900

- nicht dokumentierte Stornierungen,
- nicht dokumentierte Änderungen mittels elektronischer Programme oder
- Einsatz von Manipulationssoftware (z. B. Phantomware, Zapper).

In der Vergangenheit bestanden keine gesetzlichen Vorgaben zur Gewährleistung der Integrität, Authentizität und Vollständigkeit von digitalen Grundaufzeichnungen. Die technischen Manipulationen von digitalen Grundaufzeichnungen und die damit einhergehenden Steuerverkürzungen, die insbesondere bei bargeldintensiven Betrieben aufgetreten getreten sind, sollen durch das Gesetz zum Schutz vor Manipulationen an digitalen Grundaufzeichnungen v. 22. 12. 2016 (BGBl 2016 I S. 3152) eingedämmt werden (siehe auch sog. FAQ (Kassengesetz) auf der Internetseite des BMF). Hierzu sieht das Gesetz insbesondere Maßnahmen vor: 2901

- eine zertifizierte technische Sicherheitseinrichtung in einem elektronischen Aufzeichnungssystem;
- die Einführung einer Kassennachschau;
- die Sanktionierung von Verstößen.

Darüber hinaus verankert das Gesetz zum Schutz vor Manipulationen an digitalen Grundaufzeichnungen ausdrücklich eine Einzelaufzeichnungspflicht in der AO. In § 146 Abs. 1 Satz 1 AO wird bestimmt, dass die Buchungen und die sonst erforderlichen Aufzeichnungen **einzeln, vollständig, richtig, zeitgerecht und geordnet** vorzunehmen sind. Kasseneinnahmen und Kassenausgaben sind täglich festzuhalten. Die Pflicht zur Einzelaufzeichnung besteht allerdings aus Zumutbarkeitsgründen bei Verkauf von Waren an eine **Vielzahl von nicht bekannten Personen gegen Barzahlung** nicht, es sei denn, der Stpfl. verwendet ein elektronisches Aufzeichnungssystem i. S. des § 146a AO (§ 146 Abs. 1 Satz 2 und 3 AO). Diese Erleichterung betrifft daher insbesondere sog. „offene Ladenkassen".

6.1 Zertifizierte technische Sicherheitseinrichtung

Durch das Gesetz zum Schutz vor Manipulationen an digitalen Grundaufzeichnungen 2902
ist auch § 146a AO eingeführt worden, wonach für Kalenderjahre ab dem 1. 1. 2020 im

Grundsatz die Pflicht besteht, dass jedes eingesetzte elektronische Aufzeichnungssystem i. S. des § 146a Abs. 1 Satz 1 AO i.V. mit § 1 Satz 1 KassenSichV (siehe unten) sowie die damit zu führenden digitalen Aufzeichnungen durch eine **zertifizierte technische Sicherheitseinrichtung (TSE)** zu schützen sind.

Das Zertifizierungsverfahren ist ein technisches Konzept zur Sicherstellung der Unveränderbarkeit von digitalen Grundaufzeichnungen. Es ist eine technologieoffene und herstellerunabhängige Lösung. Das Zertifizierungsverfahren schreibt eine zertifizierte technische Sicherheitseinrichtung vor, die aus einem **Sicherheitsmodul**, einem **Speichermedium** und einer **digitalen Schnittstelle** besteht (§ 146a Abs. 1 Satz 3 AO). Dies kann durch eine Neuanschaffung oder Umrüstung erfolgen.

Die technischen Einzelheiten an das Sicherheitsmodul, das Speichermedium und die einheitliche digitale Schnittstelle werden durch das Bundesamt für Sicherheit in der Informationstechnik (BSI) im Benehmen mit dem Bundesministerium für Finanzen in Technischen Richtlinien und Schutzprofilen festgelegt und auf der Internetseite des Bundesamtes für Sicherheit in der Informationstechnik veröffentlicht (vgl. hierzu zuletzt BMF-Schreiben v. 31. 1. 2020, BStBl I 2020 S. 207, und BMF-Schreiben v. 26. 7. 2021 - IV A 4 -S 0316-a/19/10012 :002). Die technische Sicherheitseinrichtung wird zudem vom BSI zertifiziert (vgl. § 146a Abs. 3 Satz 2 AO). Durch das Sicherheitsmodul wird jede digitale Aufzeichnung (z. B. Geschäftsvorfall oder Trainingsbuchung) protokolliert.

In der Verordnung zur Bestimmung der technischen Anforderungen an elektronische Aufzeichnungs- und Sicherungssysteme im Geschäftsverkehr (**Kassensicherungs-Verordnung – KassenSichV**) v. 26. 9. 2017 (BGBl 2017 I S. 3515, mit Änderungen durch die Verordnung zur Änderung der KassenSichV v. 21. 5. 2021, BR-Drucks. 438/21). Mit Änderung durch die Übergangsregelung per BMF-Schreiben v. 3. 5. 2021 – IV A 4 – S 0319/21/10001 :001, hat das Bundesministerium für Finanzen im Einvernehmen mit dem Bundesministerium des Innern und dem Bundesministerium für Wirtschaft und Energie festgelegt, welche elektronischen Aufzeichnungssysteme durch eine zertifizierte technische Sicherheitseinrichtung zu schützen sind und wie eine Protokollierung der digitalen Aufzeichnungen sowie deren Speicherung erfolgen müssen.

Die digitalen Grundaufzeichnungen sind **einzeln, vollständig, richtig, zeitgerecht, geordnet und unveränderbar** aufzuzeichnen (Einzelaufzeichnungspflicht) und müssen auf einem Speichermedium gesichert und verfügbar gehalten werden (§ 146a Abs. 1 Satz 1 und 4 AO, § 3 KassenSichV). Diese Anforderungen sollen ermöglichen, dass künftig bei digitalen Grundaufzeichnungen die direkte Nachprüfung der einzelnen Geschäftsvorfälle progressiv und retrograd erfolgen kann.

In § 146a Abs. 2 AO i.V. mit § 6 KassenSichV werden die **Belegausgabepflicht** und die Anforderungen an den Beleg ab 1. 1. 2020 geregelt. Nach § 146a Abs. 2 Satz 1 AO hat derjenige, der aufzeichnungspflichtige Geschäftsvorfälle i. S. des § 146a Abs. 1 Satz 1 AO erfasst, dem an diesem Geschäftsvorfall Beteiligten in unmittelbarem zeitlichem Zusammenhang mit dem Geschäftsvorfall – unbeschadet anderer gesetzlicher Vorschriften – einen Beleg über den Geschäftsvorfall auszustellen und dem an diesem Geschäftsvorfall Beteiligten zur Verfügung zu stellen. Der Beleg, der mindestens die in § 6 Satz 1 KassenSichV festgelegten Angaben enthalten muss, kann in Papierform oder mit

Zustimmung des Belegempfängers elektronisch zur Verfügung gestellt werden (§ 6 Satz 3 KassenSichV). Es besteht für den am Geschäftsvorfall Beteiligten allerdings keine Pflicht zur Mitnahme des Belegs. Aus Gründen der Zumutbarkeit und Praktikabilität sieht § 146a Abs. 2 Satz 2 AO unter den Voraussetzungen des § 148 AO (Bewilligung von Erleichterungen) die Möglichkeit einer Befreiung von der Belegausgabepflicht bei Verkauf von Waren an eine Vielzahl von nicht bekannten Personen vor. Die Entscheidung über eine Befreiung von der Belegausgabepflicht trifft die Finanzbehörde nach **pflichtgemäßen Ermessen** (§ 5 AO). Die Befreiung kann widerrufen werden, insbesondere, wenn Anhaltspunkte für Missbrauch vorliegen.

Für die Finanzverwaltung ist es hilfreich, Kenntnis über die Art und Anzahl der im jeweiligen Unternehmen eingesetzten elektronischen Aufzeichnungssysteme und der zertifizierten technischen Sicherheitseinrichtungen zu haben. Damit diese Informationen der Finanzverwaltung schon bei der **risikoorientierten Fallauswahl** für Außenprüfungen und bei der Prüfungsvorbereitung zur Verfügung stehen, hat derjenige, der elektronische Aufzeichnungssysteme i. S. des § 146a Abs. 1 AO nutzt, **innerhalb eines Monats** nach Anschaffung oder Außerbetriebnahme des elektronischen Aufzeichnungssystems nach amtlichen Vordruck die Art der zertifizierten technischen Sicherheitseinrichtung, die Anzahl der verwendeten elektronischen Aufzeichnungssysteme sowie deren Seriennummern und die Daten der Anschaffung bzw. Außerbetriebnahme mitzuteilen (vgl. § 146a Abs. 4 AO).

6.2 Kassennachschau

Die Kassennachschau nach § 146b AO ist ein besonderes Verfahren zur zeitnahen Prüfung der Ordnungsmäßigkeit der Kassenaufzeichnungen und der ordnungsgemäßen Übernahme der Kassenaufzeichnungen in die Buchführung. Da sie keine Außenprüfung i. S. des § 193 AO ist, gelten die Vorschriften über die Außenprüfung nicht. Die Kassen-Nachschau wird **nicht angekündigt** (vgl. zur Kassennachschau insgesamt auch BMF-Schreiben v. 29. 5. 2018, BStBl 2018 I S. 699). 2903

Hinweis: Die Kassennachschau gilt nicht nur im Fall elektronischer Kassenaufzeichnungssysteme, sondern auch bei einer **offenen Ladenkasse.**

In § 146b Abs. 1 AO ist geregelt, dass durch eine **unangekündigte** Kassennachschau während der üblichen Geschäfts- und Arbeitszeiten des Stpfl. Amtsträger Grundstücke und Räume von Stpfl. betreten können, die eine gewerbliche oder berufliche Tätigkeit ausüben, um vor Ort die Ordnungsmäßigkeit der Kassenaufzeichnungen sowie der Kassenbuchführung zu prüfen (**Kassennachschau**). Der Kassennachschau unterliegt dabei nach § 146b Abs. 1 Satz 2 AO auch die Prüfung des ordnungsgemäßen Einsatzes des elektronischen Aufzeichnungssystems nach § 146a Abs. 1 AO. Es ist ohne Bedeutung, ob die Grundstücke oder Räume sowie die elektronischen Aufzeichnungssysteme im zivilrechtlichen oder wirtschaftlichen Eigentum der gewerblich oder beruflich tätigen Stpfl. stehen. Bei den Grundstücken und Räumen muss es sich grundsätzlich um **Geschäftsräume** des Stpfl. handeln. Abweichend davon dürfen nach § 146b Abs. 1 Satz 3 AO **Wohnräume** gegen den Willen des Inhabers nur zur **Verhütung dringender Gefahren für die öffentliche Sicherheit und Ordnung** betreten werden. Das Grundrecht der Unverletzlichkeit der Wohnung (Art. 13 GG) wird insoweit eingeschränkt (§ 146b Abs. 1 Satz 4 AO).

Sobald der Amtsträger der Öffentlichkeit nicht zugängliche Geschäftsräume betreten will oder den Stpfl. auffordert, Aufzeichnungen, Bücher oder die für die Kassenführung erheblichen sonstigen Organisationsunterlagen vorzulegen oder Einsichtnahme in die digitalen Daten oder deren Übermittlung über die einheitliche digitale Schnittstelle verlangt oder den Stpfl. auffordert, Auskünfte zu erteilen, hat er sich **auszuweisen**. Eine Beobachtung der Kassen und ihrer Handhabung in Geschäftsräumen, die der **Öffentlichkeit zugänglich** sind, ist ohne Pflicht zur Vorlage eines Ausweises zulässig. Dies gilt z. B. auch für **Testkäufe**.

Stpfl. sind nach § 146b Abs. 2 AO zur **Mitwirkung** im Rahmen der Kassennachschau verpflichtet. Nachdem der Amtsträger sich ausgewiesen hat, hat der Stpfl. auf Verlangen des Amtsträgers für einen vom Amtsträger bestimmten Zeitraum Einsichtnahme in seine (digitalen) Kassenaufzeichnungen und -buchungen zu gewähren, die Kassenaufzeichnungen und -buchungen über die digitale Schnittstelle zur Verfügung zu stellen oder diesem die Kassenbuchungen auf einem maschinell auswertbaren Datenträger nach den Vorgaben der digitalen Schnittstelle zur Verfügung zu stellen. Auf Anforderung des Amtsträgers sind das Zertifikat und Systembeschreibungen zum verwendeten Kassensystem, d. h. Bedienungsanleitungen, Programmieranleitungen und alle weiteren Anweisungen zur Programmierung, vorzulegen. Darüber hinaus sind Auskünfte zu erteilen. Werden **offene Ladenkassen** verwendet, kann der Amtsträger zur Prüfung der ordnungsgemäßen Kassenaufzeichnungen einen sog. „Kassensturz" verlangen sowie sich die Aufzeichnungen der Vortage vorlegen lassen.

Hinweis: Sofern ein Anlass zu Beanstandungen der Kassenaufzeichnungen, -buchungen oder der zertifizierten technischen Sicherheitseinrichtung besteht, kann der Amtsträger nach § 146b Abs. 3 AO ohne vorherige Prüfungsanordnung zur Außenprüfung übergehen. Der Stpfl. ist hierauf schriftlich hinzuweisen.

6.3 Sanktionierung von Verstößen

2904 Um den gesetzlichen Verpflichtungen des § 146a AO Rechnung zu tragen, hat der Gesetzgeber den Steuergefährdungstatbestand des § 379 AO entsprechend ergänzt. Die Ordnungswidrigkeit nach § 379 Abs. 1 Satz 1 Nr. 3 bis 6 AO kann mit einer Geldbuße bis zu 25 000 € geahndet werden (§ 379 Abs. 6 AO).

Nach der Ergänzung des § 379 AO handelt u. a. ordnungswidrig, wer vorsätzlich oder leichtfertig entgegen

- § 146a Abs. 1 Satz 1 AO ein dort genanntes System nicht oder nicht richtig verwendet, d. h. ein System, dass nicht jeden aufzeichnungspflichtigen Geschäftsvorfall und anderen Vorgang einzeln, vollständig, richtig, zeitgerecht und geordnet aufzeichnet (§ 379 Abs. 1 Satz 1 Nr. 4 AO),
- § 146a Abs. 1 Satz 2 AO ein dort genanntes System nicht oder nicht richtig schützt, d. h. es fehlt eine zertifizierte technische Sicherheitseinrichtung für das elektronische Aufzeichnungssystem bzw. die Sicherheitseinrichtung ist unzulänglich (§ 379 Abs. 1 Satz 1 Nr. 5 AO),
- § 146a Abs. 1 Satz 5 AO gewerbsmäßig ein dort genanntes System oder eine dort genannte Software bewirbt oder in den Verkehr bringt (§ 379 Abs. 1 Satz 1 Nr. 6 AO),

und dadurch ermöglicht, Steuern zu verkürzen oder nicht gerechtfertigte Steuervorteile zu erlangen.

Die Handlung ist gewerbsmäßig, wenn wiederholt Manipulationssoftware, technisch unzureichende elektronische Aufzeichnungssysteme i. S. der KassenSichV oder technische Sicherheitseinrichtungen beworben oder in den Verkehr gebracht werden, um sich eine nicht nur vorübergehende Einnahmequelle zu verschaffen.

6.4 Anwendung der Neuregelungen

In Art. 97 § 30 Abs. 3 EGAO ist festgelegt, dass wenn sich ein Unternehmer im Hinblick 2905
auf das zur Aufbewahrung digitaler Unterlagen bei Bargeschäften ergangene BMF-Schreiben v. 26. 11. 2010, BStBl 2010 I S. 1342, eine Registrierkasse nach dem 25. 11. 2010 und vor dem 1. 1. 2020 angeschafft haben sollte, die zwar den Anforderungen des BMF-Schreibens genügt, jedoch nicht den neuen gesetzlichen Anforderungen nach § 146a AO, diese Registrierkassen längstens bis zum 31. 12. 2022 weiter verwendet werden dürfen, sofern es nicht möglich ist, diese Registrierkasse mit einer technischen Sicherheitseinrichtung aufzurüsten.

Darüber hinaus bestehen bzw. bestanden sowohl durch (abgestimmte) BMF-Schreiben, als auch (unilateral) durch Ländererlasse geregelte „Nichtbeanstandungsregelungen" (vgl. z. B. BMF-Schreiben v. 18. 8. 2020, BStBl I 2020 S. 656).

7. Fragen und Feststellungen im Rahmen der Überprüfung der Ordnungsmäßigkeit der Kassenführung (bei einer unangekündigten Kassennachschau bzw. der Betriebsprüfung)

Auf folgende Fragen und Feststellungen im Rahmen der Überprüfung der Ordnungs- 2906
mäßigkeit der Kassenführung muss sich das geprüfte Unternehmen einrichten (die Angaben werden vom Betriebsprüfer in einer **Checkliste** festgehalten):

(1) Allgemeines

- ► Welche Art der Kasse wurde benutzt?
  - EDV-Registrierkasse,
  - mechanische Registrierkasse,
  - offene Ladenkasse?
- ► Wie viele Kassen wurden benutzt bzw. waren vorhanden?
- ► Welchen Fabrikats mit Typenbezeichnung sind die eingesetzten EDV-Kassen?
- ► Wer ist Auskunftsperson?

(2) Organisation und Kontrolle

- ► Welche Personen haben die Kasse geführt?
- ► Wer fertigte den täglichen Kassenabschluss?
- ► Wer fertigte die Kassenberichte bzw. Belege zum Kassenbuch?
- ► Inwieweit hatte der Stpfl. oder eine ihm nahestehende Person Einfluss auf die Kassenführung?

(3) Kassenbuch

- ► Wurde ein Kassenbuch – ggf. in Form aneinander gereihter Kassenberichte – geführt?
- ► Wurde das Kassenbuch täglich geführt?
- ► In welchem Turnus wurden Kassen-Soll und -Ist überprüft?
- ► Wenn Differenzen auftraten, wie wurden diese im Kassenbuch erfasst?
- ► Wurden die Einnahmen aus unbaren Geschäftsvorfällen (Schecks, Kreditkarten) zutreffend (gesondert) erfasst?

(4) Belegführung

- ► Welche Belege sind vorhanden?
  - – Registrierkassenstreifen,
  - – Tagesendsummenbons,
  - – Kassenberichte,
  - – sonstige Verkaufsbelege,
  - – Aufzeichnungen über Tageseinnahmen ohne Belege,
  - – Belege über Barausgaben?
- ► Wenn die Tageskasseneinnahmen über Kassenberichte ermittelt wurden: Wurden tägliche Kassenstandsaufnahmen durchgeführt?
- ► Ist der Kassenbericht logisch aufgebaut?
- ► Werden die täglichen Bareinnahmen aus dem ausgezählten Kassenendbestand bei Geschäftsabschluss rückgerechnet?

(5) Allgemeine Prüfungsfeststellungen

- ► Werden Kassenfehlbeträge festgestellt?
- ► Werden Kassenverluste – z. B. Geldverluste durch Diebstahl/Unterschlagung – festgestellt?
- ► Werden außergewöhnlich hohe Kassenbestände ausgewiesen?
- ► Was ist das Ergebnis eines evtl. durchzuführenden Kassensturzes?
- ► Werden Bareinlagen ungeklärter Herkunft in nicht unerheblicher Höhe festgestellt?
- ► Wurden Bareinlagen zur Vermeidung von Kassenfehlbeträgen gebucht?
- ► Wurden Barentnahmen laufend gebucht?
- ► Wurden Barentnahmen nachträglich zur Vermeidung von Kassenfehlbeträgen abgeändert?
- ► Wurden sonstige Unregelmäßigkeiten – z. B. Radierungen, Rechenfehler, nicht zeitgerechte Aufzeichnungen – festgestellt?

(6) EDV-Registrierkassen

- Sind Arbeitsanweisungen und Organisationsunterlagen zur EDV-Registrierkasse – dazu zählen etwa Bedienungsanleitungen, Programmabrufe, Anweisungen zum Ausdruck oder zum Unterdrücken gewisser Daten oder Speicher – vorhanden?
- Zum internen Kontrollsystem:
  - Bestand (wie in Kaufhauskonzernen) ein ausreichend sicheres internes Kontrollsystem, bei dem der einzelne Bediener/Anwender die Programmierung nicht manipulierend ändern konnte?
  - Ist aufgrund der getroffenen Feststellungen im Betrieb davon auszugehen, dass das interne Kontrollsystem für die Art und Größe des Betriebs ausreichend sicher war?
- Zur Programmierung:
  - Inwieweit wurde von vorhandenen betriebsspezifisch wählbaren Programmiermöglichkeiten Gebrauch gemacht?
  - Von wem wurden die Programmierungen vorgenommen (Anwender, Händler)?
  - Wurden über die einzelnen Programmierungen bzw. Änderungen Protokolle erstellt und aufbewahrt?
  - Sind Trainings- oder Schulungsspeicher im Wege der Programmierung eingerichtet worden?
  - War der Ausdruck von Proforma-Rechnungen möglich? Wenn ja, sind Rechnungsdurchschläge aufbewahrt worden?
- Mit wie vielen Speichern einschließlich Schulungs- oder Trainingsspeicher ist die EDV-Registrierkasse ausgestattet?
- Sind alle vorhandenen Speicher in den Registrierkassenstreifen oder Tagesendsummenbons (Finanzberichte) erfasst worden?
- Wenn nur Tagesendsummenbons und keine Registrierkassenstreifen aufbewahrt wurden:
  - Weisen die Tagesendsummenbons die Zahlungswege (bar, Scheck, Kredit) aus?
  - Weisen diese die Anzahl der durchgeführten Nullstellungen (Z-Abfragen) aus?
  - Sind die Nummern der Z-Abfragen fortlaufend festgehalten?
  - Wurde der Ausdruck programmgesteuert unterdrückt?
  - Liegen bezüglich der Stornobuchungen usw. Aufzeichnungen oder Belege (z. B. falsch verbuchte Originalbelege) vor?
- Bezüglich der GT-Speicher:
  - Weisen die Tagesendsummenbons (Finanzberichte) den GT-Speicher aus?
  - Wenn ja, sind für einen repräsentativen Zeitraum die Bruttoeinnahmen mit den Veränderungen im GT-Speicher summarisch abzugleichen?
- Sonstige Auswertungen:
  - Liegen neben den Tagesendsummenbonus weitere Auswertungen wie z. B. Warengruppen- oder Kellnerberichte vor?

8. Rechtsfolgen der Verletzung von Buchführungs- und Aufzeichnungspflichten

2907 Die Buchführungs- und Aufzeichnungspflichten können durch **formelle und materielle Mängel** verletzt sein. Als wichtigste **formelle Mängel** sind zu nennen:

- Fehlen von Handelsbüchern oder Büchern,
- Fehlen von Belegen,
- keine zeitnahe Buchung laufender Geschäftsvorfälle,
- verspätete Aufstellung des Jahresabschlusses,
- Nichteinhaltung von Aufbewahrungsfristen,
- keine Führung von Personenkonten (Geschäftsfreundebuch),
- nicht vorschriftsmäßige Aufzeichnung von Warenein- und -ausgang,
- keine Durchführung der Inventur.

Als **materielle Mängel** sind zu nennen:

- fehlende oder falsche Bilanzierung oder fehlerhafter Wertansatz,
- fehlende oder falsche Buchungen.

2908 Das **Handelsrecht** sieht u. a. folgende **Sanktionen** bei der Verletzung von Buchführungs- und Aufzeichnungspflichten vor:

- Freiheitsstrafe bis zu 3 Jahren oder Geldstrafe, wenn Verhältnisse der Kapitalgesellschaft in der Eröffnungsbilanz, im Jahresabschluss oder im Lagebericht unrichtig wiedergegeben oder verschleiert werden (§ 331 Nr. 1 HGB);
- Bußgeld bis zu 50 000 €, wenn die Kapitalgesellschaft bei der Aufstellung oder Feststellung des Jahresabschlusses gegen bestimmte Vorschriften verstößt (§ 334 Abs. 3 HGB);
- Ordnungsgeld, wenn die Kapitalgesellschaft die Pflicht zur Offenlegung des Jahresabschlusses und des Lageberichts nicht erfüllt (§ 335 HGB).

Das **Steuerrecht** kennt folgende Rechtsfolgen:

- Erzwingung der Buchführung und Aufzeichnung mit Zwangsmitteln (§§ 328 ff. AO);
- Schätzung der Besteuerungsgrundlagen und Festsetzung eines Zuschlags (§ 162 AO);
- Geldbuße bis zu 25 000 € bei einer Steuergefährdung (§ 379 AO);
- Geldbuße bis zu 50 000 € bei einer leichtfertigen Steuerverkürzung (§ 378 AO);
- Freiheitsstrafe oder Geldstrafe bei einer Steuerhinterziehung (§ 370 AO).

2909 Die vorsätzliche Verletzung von Buchführungs- und Aufzeichnungspflichten kann – beim Unternehmenszusammenbruch – auch zu einer Bestrafung des Verantwortlichen wegen eines **Insolvenzdelikts** führen.

VI. Der Steuerbescheid

1. Inhalt

2910 Der Steuerbescheid muss als **Mindestinhalt** folgende Angaben enthalten (§§ 119, 157 AO):

- erlassende Behörde,
- Besteuerungszeitraum/-zeitpunkt,
- Steuerbetrag,
- Steuerart,
- Steuerschuldner.

Fehlen diese Angaben, ist der Steuerbescheid **nichtig** (§ 125 AO; mit weiteren Gründen). Ein Steuerbescheid muss **schriftlich oder elektronisch** ergehen (§ 157 Abs. 1 Satz 1 AO als Ausnahmeregelung zur Vorschrift des § 119 Abs. 2 Satz 1 AO, wonach Verwaltungsakte formfrei erlassen werden können). Bei elektronischen Dokumenten ist eine qualifizierte Signatur nach dem Signaturgesetz obligatorisch (siehe § 119 Abs. 3 Satz 3 und § 87a Abs. 4 AO).

Weiterhin **soll** u. a. der Steuerbescheid folgende Angaben enthalten:

- **Begründung** (§ 121 AO); bei Fehlen kann dieser Mangel durch Nachholung geheilt werden (§ 126 Abs. 1 Nr. 2 AO);
- **Rechtsbehelfsbelehrung**; fehlt diese, ist der Bescheid zwar wirksam, die Einspruchsfrist von einem Monat beginnt aber nicht zu laufen (§ 356 AO);
- **Unterschrift** (§ 119 Abs. 3 Satz 2 Halbsatz 1 AO); bei Fehlen ist der Steuerbescheid rechtswidrig – bei formularmäßigen und mit EDV erstellten Steuerbescheiden kann die Unterschrift allerdings entfallen (§ 119 Abs. 3 Satz 2 Halbsatz 2 AO).

2. Steuerfestsetzung unter Vorbehalt der Nachprüfung und vorläufige Steuerfestsetzung

2.1 Steuerfestsetzung unter Vorbehalt der Nachprüfung

Nach § 164 AO kann eine **Steuerfestsetzung unter dem Vorbehalt der Nachprüfung** 2911 (= Nebenbestimmung, § 120 Abs. 1 AO) ergehen, wenn der Steuerfall noch nicht abschließend geprüft und die Festsetzungsfrist noch nicht abgelaufen ist. Eine Begründung für die Vorbehaltsfestsetzung ist nicht erforderlich. In der Praxis wird von dieser Nebenbestimmung vor allem in den Steuerfällen Gebrauch gemacht, bei denen für die entsprechenden Veranlagungszeiträume eine **Außenprüfung** vorgesehen ist (**behördlich** angeordneter Vorbehalt der Nachprüfung).

Praxishinweis: Steuerschätzungsbescheide erlässt das Finanzamt im Regelfall unter dem Vorbehalt der Nachprüfung (vgl. AEAO zu § 162 Nr. 4). Man sollte sich jedoch nicht hierauf verlassen, sondern ggf. innerhalb der Rechtsbehelfsfrist Einspruch einlegen. Das gilt insbesondere dann, wenn die Aussetzung der Vollziehung nach § 361 AO beantragt wird. Steueranmeldungen stehen aufgrund von § 168 Satz 1 AO stets unter dem Vorbehalt der Nachprüfung. Vorauszahlungsfestsetzungen (etwa die Festsetzung der Einkommensteuervorauszahlungen) ergehen nach § 164 Abs. 1 Satz 2 AO ebenfalls stets unter dem Vorbehalt der Nachprüfung (**gesetzlicher** Vorbehalt der Nachprüfung).

Durch die Vorbehaltsfestsetzung bleibt der **Steuerfall vollumfänglich offen**, d. h. die 2912 Steuerfestsetzung kann jederzeit – von Amts wegen oder auf Antrag des Stpfl. – innerhalb der Steuerfestsetzungsfrist geändert oder aufgehoben werden.

Wenn der Stpfl. die Aufhebung oder Änderung der Steuerfestsetzung beantragt, kann die Entscheidung hierüber bis zur abschließenden Prüfung des Steuerfalls – innerhalb einer angemessenen Frist – hinausgeschoben werden (§ 164 Abs. 2 Satz 3 AO). Der Nachprüfungsvorbehalt erstreckt sich auf die **gesamte Steuerfestsetzung**. Der Steuerbescheid kann uneingeschränkt sowohl zugunsten als auch zuungunsten des Stpfl. korrigiert (berichtigt bzw. geändert) werden, auch wenn die Einspruchsfrist abgelaufen ist, er also bereits unanfechtbar bzw. formell bestandskräftig ist. Das Finanzamt kann den Nachprüfungsvorbehalt jederzeit aufheben; diese Aufhebung ist wiederum ein Verwaltungsakt und steht einer Steuerfestsetzung ohne Vorbehalt der Nachprüfung gleich (§ 164 Abs. 3 Satz 1 und 2 AO). Der Vorbehalt der Nachprüfung entfällt kraft Gesetzes, wenn die **Steuerfestsetzungsfrist** – diese beträgt nach § 169 Abs. 2 Satz 1 Nr. 2 AO vier Jahre – abgelaufen ist. Die verlängerte Festsetzungsfrist aufgrund leichtfertiger Steuerverkürzung bzw. Steuerhinterziehung auf 5 bzw. 10 Jahre hat keine Auswirkungen auf den Wegfall des Vorbehalts der Nachprüfung (vgl. § 164 Abs. 4 Satz 2 AO). Danach wird der Steuerbescheid materiell bestandskräftig.

2.2 Vorläufige Steuerfestsetzung

2913 § 165 AO (= Nebenbestimmung, § 120 Abs. 1 AO) gestattet es der Finanzbehörde, einen Steuerbescheid in einem oder mehreren **bestimmten Punkt(en)** offen zu halten, wenn eine Unsicherheit über die Entstehung der Steuer besteht (§ 165 Abs. 1 Satz 1 und 2 AO). Dabei sind der **Grund und der Umfang** der Vorläufigkeit anzugeben (§ 165 Abs. 1 Satz 3 AO). Unter diesen Voraussetzungen kann die Steuerfestsetzung auch gegen oder ohne Sicherheitsleistung ausgesetzt werden, d. h., dass derzeit eine Steuerfestsetzung nicht erfolgt (§ 165 Abs. 1 Satz 4 AO).

BEISPIEL:

- Es steht noch nicht fest, ob der Stpfl. Erbe geworden ist, da wegen der Erbfolge vor den Zivilgerichten ein Rechtsstreit unter den möglichen Erben anhängig ist (vgl. § 165 Abs. 1 Satz 1 AO).
- Es ist ungewiss ist, ob und wann Verträge mit anderen Staaten über die Besteuerung, die sich zugunsten des Stpfl. auswirken, für die Steuerfestsetzung wirksam werden (vgl. § 165 Abs. 1 Satz 2 Nr. 1 AO).
- Das BVerfG hat die Unvereinbarkeit eines Steuergesetzes mit dem GG festgestellt und den Gesetzgeber zu einer Neuregelung verpflichtet (§ 165 Abs. 1 Satz 2 Nr. 2 AO).
- Es kann sich aufgrund einer Entscheidung des EuGH ein Bedarf für eine gesetzliche Neuregelung ergeben (vgl. § 165 Abs. 1 Satz 2 Nr. 2a AO).
- Die Vereinbarkeit des konkreten Steuergesetzes mit höherrangigem Recht ist Gegenstand eines Verfahrens beim EuGH, dem BVerfG oder dem BFH (§ 165 Abs. 1 Satz 2 Nr. 3 AO).
- Die Auslegung eines Steuergesetzes ist Gegenstand eines Verfahrens beim BFH (§ 165 Abs. 1 Satz 2 Nr. 4 AO).

2914 Aktuelle Beispiele von Vorläufigkeitstatbeständen:

- Höhe der kindbezogenen Freibeträge nach § 32 Abs. 6 Satz 1 und 2 EStG;
- Abzug einer zumutbaren Belastung (§ 33 Abs. 3 EStG) bei der Berücksichtigung von Aufwendungen für Krankheit oder Pflege als außergewöhnliche Belastung;
- Festsetzungen des Solidaritätszuschlags für die Veranlagungszeiträume ab 2005 hinsichtlich der Verfassungsmäßigkeit des SolZG 1995;
- Besteuerung von Leibrenten und anderen Leistungen aus der Basisversorgung nach § 22 Nr. 1 Satz 3 Buchst. a Doppelbuchst. aa EStG.

2915 Bei einer vorläufigen Steuerfestsetzung wird nicht der gesamte Inhalt des Steuerbescheids in einen „Schwebezustand“ versetzt, sondern nur der bestimmte Umfang, auf den sich die Vorläufigkeit bezieht. Diesen Punkt nennt das Finanzamt in den Erläuterungen zum Steuerbescheid. Fällt das ungewisse Ereignis weg, wird der Steuerbescheid endgültig (materielle Bestandskraft). Die Festsetzungsfrist endet wegen der Ablaufhemmung in § 171 Abs. 8 AO nicht vor Ablauf eines bzw. zwei Jahren, nachdem die Ungewissheit beseitigt ist und die Finanzbehörde hiervon Kenntnis erlangt hat.

Praxishinweis: Vorläufige Steuerfestsetzungen brauchen nicht mit dem Einspruch angefochten werden, um den Fall im Umfang der Vorläufigkeit offen zu lassen, es sei denn, es wird insoweit die Aussetzung der Vollziehung (§ 361 AO) begehrt.

3. Grundlagen- und Folgebescheide

3.1 Bedeutung

Die Besteuerungsgrundlagen bilden regelmäßig die für den Steuerbescheid notwendige Begründung. Sie sind daher i. d. R. kein eigenständiger Verwaltungsakt, sondern nur ein mit Rechtsbehelfen nicht selbständig anfechtbarer **Teil des Steuerbescheids** (vgl. § 157 Abs. 2 AO). Dies hat zur Folge, dass der Stpfl. gegen Fehler, die bei der Ermittlung der Besteuerungsgrundlagen erfolgt sind, nur vorgehen kann, wenn sie sich auch auf den Regelungsinhalt – die Höhe der Steuer – ausgewirkt haben. Davon gibt es jedoch aus Zweckmäßigkeitsgründen Ausnahmen: Einzelne Besteuerungsgrundlagen werden **verselbständigt**, wenn diese z. B. gleichzeitig für mehrere Steuerbescheide maßgebend und bindend sind. 2916

BEISPIEL: Der Bescheid über die (einheitlich und) gesonderte Feststellung der Einkünfte nach § 180 Abs. 1 Satz 1 Nr. 2 Buchst. a AO umfasst die von den Feststellungsbeteiligten gemeinschaftlich erzielten Einkünfte.

Es wäre unwirtschaftlich, wenn – ggf. mehrere – Finanzämter die auf die jeweiligen Beteiligten entfallenden Besteuerungsgrundlagen separat ermitteln müssten. Zudem wird durch das Feststellungsverfahren sichergestellt, dass die einzelnen an den Einkünften Beteiligten **nicht verschieden** behandelt werden. Daher hat der Gesetzgeber in § 179 Abs. 1 AO festgelegt, dass diese Besteuerungsgrundlagen unter bestimmten Voraussetzungen „gesondert" – d. h. in eigenen **„Grundlagenbescheiden", Feststellungsbescheide** genannt – festgestellt werden müssen. Die Grundlagenbescheide haben Bindungswirkung für **Folgebescheide**, namentlich

- andere Feststellungsbescheide,
- Steuerbescheide,
- Steuermessbescheide und
- Steueranmeldungen,

soweit die in den Feststellungsbescheiden getroffenen Feststellungen für die Folgebescheide von Bedeutung sind (§ 182 Abs. 1 AO).

3.2 Anwendungsfälle

2917 **Grundlagenbescheide** sind gem. § 171 Abs. 10 AO:

- Feststellungsbescheide,
- Steuermessbescheide,
- andere, für die Festsetzung einer Steuer bindende Verwaltungsakte (z. B. Bescheinigungen nach § 4 Nr. 20 Buchst. a UStG).

Ist der Gegenstand der Feststellung mehreren Personen zuzurechnen, ergeht der gesonderte Bescheid **„einheitlich"** gegenüber diesen Personen (§ 179 Abs. 2 Satz 2 AO). Dieser einheitliche und gesonderte Feststellungsbescheid enthält u. a. den bzw. die gesamten maßgebenden Wert(e) der Besteuerungsgrundlagen und seine Verteilung auf die Beteiligten. Auf die Feststellungsbescheide finden die Vorschriften über die Durchführung der Besteuerung entsprechend Anwendung (§ 181 Abs. 1 AO). Für die Bekanntgabe einheitlicher und gesonderter Feststellungsbescheide enthält § 183 AO eine Spezialregelung.

Steuermessbescheide setzen keine Steuerschuld, sondern nur einen Steuermessbetrag gegenüber einem Stpfl. fest. Steuermessbescheide sind Grundlagenbescheide für die Realsteuerbescheide, also die Gewerbesteuer- und Grundsteuer-Bescheide. Die Steuermessbescheide werden von den Finanzämtern erlassen und anschließend den beteiligten **Gemeinden** mitgeteilt (§ 184 Abs. 3 AO). Die Gemeinden berechnen dann die jeweilige Steuer, indem sie den Messbetrag, der sich aus dem Steuermessbescheid ergibt, mit dem für die Gemeinde gültigen **Hebesatz** (Prozentsatz) multiplizieren. Aufgrund des bekanntgegebenen GewSt- oder GrSt-Bescheids muss dann der Stpfl. die Steuer an die Gemeinde zahlen; diese ist auch für die evtl. Stundung oder Vollstreckung funktionell zuständig. Mitteilungen an die Gemeinden zu den Steuermessbeträgen erfolgen erstmals für Steuermessbeträge, die für Realsteuern des Jahres 2025 maßgeblich sind, durch die Bereitstellung zum Abruf (§ 184 Abs 3 Satz 3 AO i.V. mit Art. 97 § 35 EGAO).

VII. Verwaltungsakte im Besteuerungsverfahren

1. Begriff des Verwaltungsakts

2918 **Verwaltungsakt** ist jede Verfügung, Entscheidung oder andere hoheitliche Maßnahme, die eine Behörde zur Regelung eines Einzelfalls auf dem Gebiet des öffentlichen Rechts trifft und die auf eine unmittelbare Rechtswirkung nach außen gerichtet ist (§ 118 Satz 1 AO).

Der Verwaltungsakt ist die **typische Handlungsform für die Verwaltung**. Er hat im öffentlichen Recht die gleiche Bedeutung wie der Vertrag im Zivilrecht. Die AO unterscheidet die Verwaltungsakte in:

Steuerbescheide	gleichgestellte Bescheide	Nur-Steuerverwaltungsakte
► Steuerfestsetzungen (auch Vorauszahlungen) und deren Änderung	► Vergütungsbescheide	► Auskunftsersuchen
► Freistellungsbescheide	► Feststellungsbescheide	► Aufforderung zur Führung von Büchern
► Ablehnung von Anträgen auf Steuerfestsetzung	► Messbescheide	► Prüfungsanordnungen
	► Zerlegungsbescheide	► Haftungsbescheide
	► Zinsbescheide	► Stundungsbescheide
	► Zuteilungsbescheide	► Duldungsbescheide
		► Erlassbescheide
		► Zwangsgeldandrohung und -festsetzung
		► Festsetzung Verspätungszuschlag
		► Leistungsgebot
		► Abrechnungsbescheid
		► Fristverlängerungen
		► Gewährung von Buchführungserleichterungen
		► Anrechnung und Abrechnung von Vorauszahlungen
		► Pfändungsverfügungen

In der Praxis werden regelmäßig mehrere, voneinander unabhängige Verwaltungsakte äußerlich auf einem Blatt Papier **zusammengefasst.**

Allein Steuerverwaltungsakte, die eine unmittelbare Rechtswirkung nach außen entfalten, sind mit dem **Einspruch** anfechtbar; sie können zudem **vollstreckt** werden. Hierin unterscheiden sie sich von dem schlichten Verwaltungshandeln, das einen Verwaltungsakt vorbereitet.

BEISPIEL:

- Gewährung der Wiedereinsetzung in den vorigen Stand,
- Erteilung einer unverbindlichen Auskunft,
- Bekanntgabe eines Prüfungsberichts,
- Aufforderung zur Benennung von Gläubigern und Zahlungsempfängern (§ 160 AO),
- Aufforderung, den Einspruch innerhalb der Präklusionsfrist (§ 364b AO) zu begründen,
- Erteilung und Verwendung der steuerlichen Identifikationsnummer (§ 139b AO).

2. Rechtmäßigkeitsvoraussetzungen

2.1 Bestimmtheit

2919 Ein Steuerverwaltungsakt muss, damit er Regelungswirkung entfaltet, nach § 119 Abs. 1 AO **inhaltlich hinreichend bestimmt** sein. Deshalb muss er angeben,

- wer von ihm betroffen ist (Inhaltsadressat),
- wem er bekannt gegeben werden soll (Bekanntgabeadressat),
- welcher Person er zu übermitteln ist (Empfänger),
- was gewollt ist (Ausspruch).

Zweifel an der hinreichenden Bestimmtheit können u. U. durch Auslegung ausgeräumt werden. Ein Verwaltungsakt, dem Inhaltsadressat und/oder Ausspruch – auch nach (versuchter) Auslegung – nicht hinreichend sicher entnommen werden können, ist im Allgemeinen **nichtig**. Die einzelnen Nichtigkeitsgründe zählt § 125 AO auf. Ein nichtiger Verwaltungsakt ist unwirksam (§ 124 Abs. 3 AO); er muss neu erlassen und bekanntgegeben werden.

2.2 Form, Nebenbestimmungen, Begründung

2920 Grundsätzlich können Verwaltungsakte schriftlich, elektronisch, mündlich oder in anderer Form ergehen. Hingegen müssen z. B. Steuerbescheide, Einspruchsentscheidungen oder Prüfungsanordnungen zu ihrer Wirksamkeit – auch aus Beweis- und Rechtssicherheitsgründen – stets **schriftlich oder elektronisch** ergehen.

Ein Verwaltungsakt kann nach § 120 AO mit **Nebenbestimmungen** versehen werden.

BEISPIELE:

- Befristung bei Freistellung von einer Steuer (§ 120 Abs. 2 Nr. 1 AO),
- Bedingung bei Gewährung eines Steuervorteils (§ 120 Abs. 2 Nr. 2 AO),
- Vorbehalt des Widerrufs bei Stundungen (§ 120 Abs. 2 Nr. 3 AO),
- Auflage bei einem Vollstreckungsaufschub (§ 120 Abs. 2 Nr. 4 AO).

Fälle gesetzlicher Nebenbestimmungen sind der Vorbehalt der Nachprüfung oder der Vorläufigkeitsvermerk bei Steuerfestsetzungen (§§ 164, 165 AO). Ein schriftlicher, elektronischer sowie ein schriftlich oder elektronisch bestätigter Verwaltungsakt ist auch zu **begründen**, soweit dies zu seinem Verständnis erforderlich ist, damit der Stpfl. nachprüfen kann, ob die Verwaltung von einem zutreffenden Sachverhalt ausgegangen ist und das Recht richtig angewandt hat (§ 121 Abs. 1 AO). Dies gilt insbesondere für Ermessensentscheidungen (etwa Stundungs- oder Erlassablehnung). Wenn und soweit ein Verwaltungsakt (ausnahmsweise) keiner Begründung bedarf, ist in § 121 Abs. 2 Nr. 1 bis 4 AO geregelt.

2.3 Bekanntgabe

2921 Wichtig ist auch die **richtige Bekanntgabe** eines Bescheids, denn ein Verwaltungsakt wird gegenüber demjenigen, für den er bestimmt ist oder der von ihm betroffen wird, in dem Zeitpunkt **wirksam**, in dem er ihm bekanntgegeben wird (§ 124 Abs. 1 Satz 1 AO).

Ein Verwaltungsakt ist daher demjenigen bekanntzugeben, für den er bestimmt ist oder der von ihm betroffen ist (§ 122 Abs. 1 Satz 1 AO). Das muss allerdings nicht immer der Inhaltsadressat sein. So ist bei einem Minderjährigen der Bekanntgabe-Adressat die Eltern, für juristische Personen deren gesetzliche Vertreter. Der Verwaltungsakt **kann** auch dem Steuerberater (Bevollmächtigten) als Empfänger bekannt gegeben werden (§ 122 Abs. 1 Satz 3 AO). Er **soll** dem Bevollmächtigten bekannt gegeben werden, wenn der Finanzbehörde eine schriftliche oder eine nach amtlich vorgeschriebenem Datensatz elektronisch übermittelte Empfangsvollmacht vorliegt, solange dem Bevollmächtigten nicht eine Zurückweisung nach§ 80 Abs. 7 AO bekannt gegeben worden ist (§ 122 Abs. 1 Satz 4 AO).

Wegen Einzelheiten zur Bekanntgabe vgl. **AEAO zu § 122 AO**.

Der **Bekanntgabezeitpunkt** ist von entscheidender Bedeutung für den Lauf der Einspruchsfrist (§ 355 Abs. 1 Satz 1 AO). Zeitlich wird ein Verwaltungsakt dann wirksam, wenn er bekanntgegeben wird (§ 124 Abs. 1 Satz 1 AO). Dieser Zeitpunkt ist nicht identisch mit dem Entstehungszeitpunkt (= Zeitpunkt der Ausfertigung eines Steuerbescheids durch das Finanzamt).

Bei Bekanntgabe durch einfachen Brief im Inland wird der Bekanntgabezeitpunkt von § 122 Abs. 2 Nr. 1 AO **fingiert**: der Bescheid gilt am dritten Tag nach Aufgabe zur Post als bekanntgegeben. Behauptet der Stpfl. aufgrund substantiierter Einwendungen, dass der Bescheid erst zu einem späteren Zeitpunkt bekanntgegeben wurde, trägt die Behörde die Beweislast für den Zugang des Bescheids am durch § 122 Abs. 2 Nr. 1 AO fingierten Tag. Bestreitet der Betroffene, den Bescheid überhaupt erhalten zu haben, muss ihn die Behörde neu bekanntgeben, wenn sie nicht etwa aufgrund förmlicher Bekanntgabe (mittels Postzustellungsurkunde – PZU) den Zugang beweisen kann. Die Einspruchsfrist läuft erst nach erfolgter wirksamer Bekanntgabe.

BEISPIEL FÜR FRISTBERECHNUNG: 2922

Aufgabe des Steuerbescheids zur Post:	10. 1. 01
Bekanntgabezeitpunkt:	13. 1. 01
Beginn der Einspruchsfrist:	14. 1. 01
Dauer:	1 Monat
Ende der Einspruchsfrist:	13. 2. 01 (Sonntag)
Verlängerung auf nächsten Werktag (§ 108 Abs. 3 AO):	14. 2. 01

Folge: Ein erst am 15. 2. 01 eingehender Einspruch ist verfristet. Bei einer Fristversäumnis ist auf Antrag evtl. Wiedereinsetzung in den vorigen Stand nach § 110 AO zu gewähren.

§ 122a AO enthält Regelungen zur **elektronischen** Bekanntgabe von Steuerverwal- 2923
tungsakten, also insbesondere von Steuerbescheiden, durch **Bereitstellung zum Online-Datenabruf**. Diese Form der Bekanntgabe setzt die **Zustimmung** des Beteiligten (Stpfl.) oder der von ihm bevollmächtigten Person voraus (§ 122a Abs. 1 AO). Das Verfahren funktioniert folgendermaßen:

- Zunächst muss sich der Stpfl. oder sein Bekanntgabe-Bevollmächtigter über das ElsterOnline-Portal (EOP) oder entsprechende Steuersoftware authentifiziert anmelden und dort die Teilnahme am Datenabruf-Bekanntgabe-Verfahren als zum Datenabruf befugte Person erklären.
- Die zum Datenabruf befugte Person wird dann per E-Mail eine Benachrichtigung erhalten, sobald ein Verwaltungsakt zum Datenabruf im EOP oder über geeignete Software bereitgestellt

wurde. Die elektronische Benachrichtigung an die abrufberechtigte Person über die Bereitstellung der Daten zum Abruf bedarf keiner Verschlüsselung (§ 87a Abs. 1 Satz 5 AO).

- ► Der Verwaltungsakt gilt am dritten Tag **nach Versand der Benachrichtigung** als bekannt gegeben (§ 122a Abs. 4 Satz 1 AO). Er wird dann zu diesem Zeitpunkt für alle Beteiligten rechtlich wirksam. Das bedeutet insbesondere, dass ab diesem Zeitpunkt die einmonatige Einspruchsfrist (§ 355 Abs. 1 Satz 1 AO) und ggf. die einmonatige Zahlungsfrist beginnen.
- ► Bestreitet die abrufberechtigte Person den Zugang der elektronischen Benachrichtigung, trägt die Finanzbehörde – wie im Fall der Bekanntgabe mit der Post – die Beweislast für deren Zugang (§ 122a Abs. 4 Satz 2 AO). Gelingt ihr dieser Nachweis nicht, werden die Daten aber tatsächlich von der abrufberechtigten Person abgerufen, gilt der Steuerbescheid nach § 122a Abs. 4 Satz 3 AO an dem Tag als bekannt gegeben, in dem dieser Datenabruf tatsächlich durchgeführt wurde. Zum Nachweis muss der erstmalige Abruf des elektronischen Verwaltungsakts bei der Finanzverwaltung protokolliert werden.
- ► Trägt die abrufberechtigte Person substantiiert und unwiderlegbar vor, die Benachrichtigung erst nach dem gesetzlich fingierten Bekanntgabetag erhalten zu haben und wurden daraufhin die Daten von der abrufberechtigten Person verspätet abgerufen, gilt der Steuerbescheid nach § 122a Abs. 4 Satz 4 AO an dem Tag als bekannt gegeben, an dem dieser Datenabruf tatsächlich erfolgt ist.
- ► Gelingt der Finanzbehörde der Nachweis des vom Adressaten bestrittenen Zugangs der Benachrichtigung nicht und wurden die Daten auch von keiner dazu berechtigten Person abgerufen, ist der Verwaltungsakt nicht wirksam bekannt gegeben worden. In diesem Fall ist die Bekanntgabe – ggf. in anderer Art und Weise (etwa per Brief) – zu „wiederholen".

2924 Bestimmte Verwaltungsakte **müssen** förmlich bekanntgegeben werden. Dies nennt man **Zustellung**, die sich nach den Vorschriften des Verwaltungszustellungsgesetzes (VwZG) richtet.

BEISPIELE FÜR ZUZUSTELLENDE VERWALTUNGSAKTE:

- ► Pfändungs- und Einziehungsverfügung (§§ 309 Abs. 2 Satz 1, 314 Abs. 1 Satz 2 AO),
- ► Arrestverfügung (§§ 324 Abs. 2 Satz 1, 326 Abs. 4 AO),
- ► Ladung zur Abgabe der Vermögensauskunft (§ 284 Abs. 6 Satz 1 AO).

Es steht im **Ermessen** des Finanzamts, andere Verwaltungsakte (aus Beweissicherungsgründen) zuzustellen (z. B. Haftungsbescheid, Einspruchsentscheidung).

3. Korrektur fehlerhafter Verwaltungsakte

3.1 Grundsatz

2925 Auch ein inhaltlich oder formell **fehlerhafter (= rechtswidriger) Verwaltungsakt ist grundsätzlich wirksam**. Nur der nichtige, d. h. an einem besonders schweren Fehler leidende Verwaltungsakt entfaltet keine Rechtswirkungen – er muss damit auch nicht befolgt werden. Nichtigkeitsgründe (aufgezählt in § 125 Abs. 2 AO) sind in der Praxis eher selten. Die fehlerhafte Bekanntgabe ist aber ein Nichtigkeitsgrund. Bestimmte Fehler – wie etwa unterlassene Anhörung oder fehlende oder nicht ausreichende Begründung – können **geheilt** werden (§ 126 AO). Ansonsten muss der Steuerbürger – hält er den Verwaltungsakt für rechtswidrig – selbst tätig werden, indem er

- ► gegen den Verwaltungsakt **Einspruch** einlegt oder
- ► einen **Antrag auf Berichtigung, Änderung oder Aufhebung** (Korrektur) stellt.

In beiden Fällen müssen bestimmte Voraussetzungen eingehalten werden, die sich aus den jeweils einschlägigen Normen der AO ergeben.

3.2 Die Korrekturtatbestände im Überblick

Die **Korrekturtatbestände** der AO sind jeweils nur auf bestimmte Gruppen von Verwaltungsakten anwendbar, was folgende Übersicht deutlich macht: 2926

Art des Verwaltungsakts		einschlägige Korrekturvorschrift
► alle Verwaltungsakte		§ 129 AO
► Steuerfestsetzungen und gleichgestellte Bescheide	bestandskräftige Festsetzungen (ohne Nebenbestimmung)	§§ 172 ff. AO
	Vorbehaltsfestsetzungen	§ 164 Abs. 2 AO
	Vorläufige Festsetzungen	§ 165 Abs. 2 AO
► andere Verwaltungsakte	rechtswidrige	§ 130 AO
	rechtmäßige	§ 131 AO

Inhaltlich sind folgende Korrekturtatbestände für **Steuerbescheide** von besonderer Bedeutung:

- Berichtigung wegen offenbarer Unrichtigkeiten (§ 129 AO),
- Aufhebung und Änderung von Vorbehaltsfestsetzungen (§ 164 Abs. 2 AO),
- Aufhebung und Änderung von vorläufigen Steuerfestsetzungen (§ 165 Abs. 2 AO),
- Aufhebung und Änderung von Steuerbescheiden (§ 172 AO),
- Korrektur von Steuerbescheiden wegen neuer Tatsachen und Beweismittel (§ 173 AO),
- Schreib- oder Rechenfehler bei Erstellung einer Steuererklärung (§ 173a AO),
- Korrektur von widerstreitenden Steuerfestsetzungen (§ 174 AO),
- Korrektur von Folgebescheiden und Änderungen bei rückwirkenden Ereignissen (§ 175 AO),
- Änderung von Steuerbescheiden bei Datenübermittlung durch Dritte (§ 175b AO),
- Vertrauensschutz bei Korrekturen von Steuerbescheiden (§ 176 AO),
- Reichweite der Korrektur bei Mitberichtigung von Rechtsfehlern (§ 177 AO).

3.3 Bestandskräftige Steuerbescheide

Die Vorbehalts- und vorläufigen Steuerfestsetzungen nach §§ 164, 165 AO sind auf Änderung angelegt, da (insoweit) der Steuerfall offengelassen wurde. Die anderen – endgültigen – Steuerbescheide können (unter Beachtung der Verjährungsregelungen) insbesondere nur geändert werden, 2927

- wenn innerhalb der **Einspruchsfrist** von einem Monat ein Antrag auf schlichte Änderung gestellt wird – Änderung **zugunsten** – oder ansonsten der Stpfl. der Änderung **zustimmt** – Änderung **zuungunsten** – (§ 172 Abs. 1 Nr. 2 Buchst. a AO);
- wenn Tatsachen oder Beweismittel vorliegen, die nachträglich bekannt wurden, soweit die Änderung **zuungunsten** eines Stpfl. erfolgen soll (§ 173 Abs. 1 Nr. 1 AO);
- wenn neue Tatsachen oder Beweismittel vorliegen, die sich **steuermindernd** auswirken, wenn den Stpfl. kein grobes Verschulden daran trifft, dass die Tatsachen oder Beweismittel erst nachträglich bekannt wurden. Dies gilt nicht, wenn die Tatsachen oder Beweismittel im unmittelbaren oder mittelbaren Zusammenhang mit Tatsachen oder Beweismitteln stehen, die sich steuererhöhend auswirken (§ 173 Abs. 1 Nr. 2 AO);

- soweit dem Stpfl. bei Erstellung seiner Steuererklärung **Schreib- oder Rechenfehler** unterlaufen sind und er deshalb der Finanzbehörde bestimmte, nach den Verhältnissen zum Zeitpunkt des Erlasses des Steuerbescheids rechtserhebliche Tatsachen unzutreffend mitgeteilt hat (§ 173a AO);
- wenn es sich um die Änderung eines Grundlagenbescheids handelt. In diesem Fall wird der Folgebescheid wegen der Bindungswirkung nach § 182 AO „automatisch", d. h. **von Amtswegen** geändert (§ 175 AO);
- soweit von der mitteilungspflichtigen Stelle an die Finanzbehörden übermittelte Daten i. S. des § 93c AO bei der Steuerfestsetzung nicht oder nicht zutreffend berücksichtigt wurden (§ 175b Abs. 1 AO) – dies gilt allerdings nicht, wenn nachträglich übermittelte Daten i. S. des § 93c Abs. 1 oder 3 AO nicht rechtserheblich sind;
- wenn es sich um Rechtsfehler handelt, die im Rahmen der Änderung des Bescheids nach § 177 AO mit korrigiert werden können, allerdings nur soweit die Änderung reicht.

2928 **BEISPIEL FÜR KORREKTUR NACH § 173 ABS. 1 NR. 1 AO:** Der Stpfl. gibt in seiner Einkommensteuererklärung erhaltene Provisionszahlungen nicht an. Aufgrund einer Kontrollmitteilung erfährt das Finanzamt nachträglich von diesen Zahlungen. Obwohl die Steuerfestsetzung nach Ablauf der Rechtsbehelfsfrist bestandskräftig ist, ist die Steuerfestsetzung wegen neuer Tatsachen zu ändern.

2929 **BEISPIEL FÜR KORREKTUR NACH § 173 ABS. 1 NR. 2 AO:** Der Stpfl. vergisst in seiner Einkommensteuererklärung bestimmte Kosten geltend zu machen. Gegen den bekanntgegebenen Steuerbescheid unternimmt er innerhalb der einmonatigen Rechtsbehelfsfrist nichts. Später fällt ihm auf, dass er bestimmte Sonderausgaben hätte steuermindernd geltend machen können. Die Korrektur des Steuerbescheids ist nicht mehr möglich, weil den Stpfl. ein grobes Verschulden am Bekanntwerden der neuen Tatsachen trifft. Der Stpfl. hätte nämlich bei sorgfältiger Lektüre der Anleitungen zum Ausfüllen der Steuererklärung auf diese absetzbaren Kosten aufmerksam werden können.

BEISPIELE FÜR GROBES VERSCHULDEN:

- unrichtige oder fehlende Buchführung unter Berufung auf die Kompliziertheit des Steuerrechts,
- Nichtabgabe einer Steuererklärung trotz besonderer Aufforderung oder
- Nichtbeantwortung einer klar gestellten Frage bzw. Nichtausfüllen einer Zeile im Steuererklärungs-Vordruck.

Wegen weiterer Einzelheiten zur Frage des groben Verschuldens vgl. AEAO zu § 173 Nr. 5.2930.

2930 **BEISPIEL FÜR KORREKTUR NACH § 173 ABS. 1 NR. 2 AO BEI ELEKTRONISCHER STEUERERKLÄRUNG:** Der Stpfl. fertigt seine Einkommensteuererklärung elektronisch und hat schlicht vergessen, selbst ermittelte Besteuerungsgrundlagen in die entsprechende Anlage zur Einkommensteuererklärung zu übertragen. Fehler und Nachlässigkeiten, die üblicherweise vorkommen und mit denen immer gerechnet werden muss, stellen nach der Rechtsprechung keine grobe Fahrlässigkeit dar; insbesondere bei **unbewussten** – mechanischen – Fehlern, die selbst bei sorgfältiger Arbeit nicht zu vermeiden sind, kann grobe Fahrlässigkeit – nicht stets, aber im Einzelfall – ausgeschlossen sein. Der Begriff des Verschuldens i. S. von § 173 Abs. 1 Nr. 2 AO ist bei elektronisch gefertigten Steuererklärungen in gleicher Weise auszulegen wie bei schriftlich gefertigten Erklärungen. Allerdings sind Besonderheiten der elektronischen Steuererklärung hinsichtlich ihrer Übersichtlichkeit bei der Beurteilung des individuellen Verschuldens ebenso zu berücksichtigen wie der Umstand, dass am Computerbildschirm ein Überblick über die ausfüllbaren Felder der elektronischen Steuererklärung mitunter schwieriger zu erlangen ist, als in einer Steuererklärung in Papierform (vgl. BFH v. 10. 2. 2015 – IX R 18/14, BStBl 2017 II S. 7). Wegen der Möglichkeit, **Schreib- und Rechenfehler**, die dem Stpfl. bei der Erstellung der elektronischen Steuererklärung unterlaufen sind, zu korrigieren, vgl. § 173a AO.

VIII. Das Einspruchsverfahren

1. Die Rechtsbehelfe im Überblick 2931

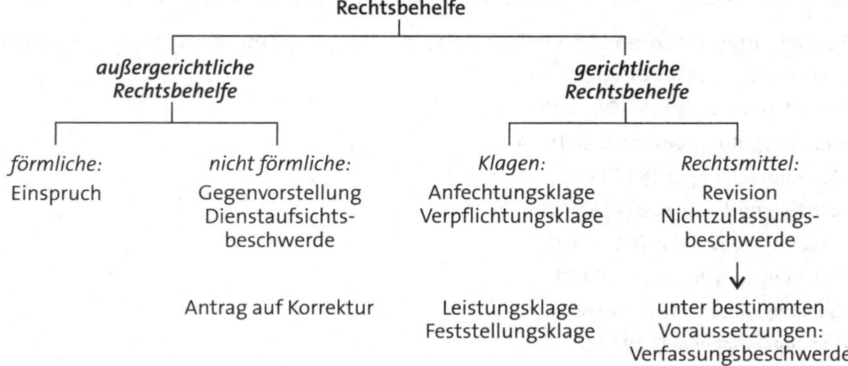

2. Die Bedeutung des Einspruchsverfahrens

Der **Einspruch** ist der Standardrechtsbehelf des Steuerbürgers, um sich gegen einen **rechtswidrigen (fehlerhaften) Verwaltungsakt** zu wehren. Er kommt in der jährlichen Besteuerungspraxis millionenfach vor und hat im Steuerrecht eine viel größere Bedeutung als etwa der Widerspruch im allgemeinen Verwaltungsverfahren oder gar eine Klage vor den Zivilgerichten, mit denen der Bürger seine Rechte durchsetzen will. Auf Einsprüche hin wird in der Finanzamtspraxis ein Großteil der Fehler sowohl des Stpfl. (z. B. Vergessen der Geltendmachung steuermindernder Besteuerungsgrundlagen) als auch des Finanzamts im Massenbesteuerungsverfahren „ausgebügelt". Das Einspruchsverfahren ist quasi ein **verlängertes Verwaltungsverfahren**, in dem das Finanzamt die Bescheide nochmals voll überprüft (Gesamtprüfung nach § 367 Abs. 2 AO), bevor es möglicherweise zu einem Finanzgerichtsstreit kommt. Dies dient der Selbstkontrolle der Finanzverwaltung und auch der Entlastung der Finanzgerichte (**„Filterwirkung"**). Die Durchführung dieses **Vorverfahrens** ist grundsätzlich Zulässigkeitsvoraussetzung jeder Finanzgerichtsklage (vgl. § 44 FGO). 2932

2.1 Anfechtbare Verwaltungsakte im Überblick

Folgende Verwaltungsakte des **Ermittlungsverfahrens** können beispielsweise mit dem Einspruch angefochten werden: 2933

- Erteilung und Ablehnung der Erteilung einer verbindlichen Auskunft (§ 89 Abs. 2 AO),
- Auskunftsersuchen (§ 93 Abs. 1 AO),
- Festsetzung einer Auskunftsgebühr (§ 89 Abs. 3 AO),
- Vorlageersuchen (§ 97 AO),
- Ablehnung der Akteneinsicht und Ablehnung des Begehrens der Überlassung von Fotokopien und Akten,
- Aufforderung zur Abgabe einer Steuererklärung (§ 149 Abs. 1 Satz 2 AO),
- Aufforderung, Bücher zu führen (§§ 140 ff. AO),

- Aufforderung zur Datenüberlassung (§ 147 Abs. 6 AO),
- Ablehnung einer Fristverlängerung (§ 109 Abs. 1 und 2, § 149 Abs. 2 bis 4 AO),
- Anordnung einer Außenprüfung (§ 196 AO),
- Aufforderung, Bücher und Aufzeichnungen vorzulegen (§ 200 Abs. 1 Satz 2 AO).

2934 Im **Festsetzungsverfahren** können beispielsweise folgende, mit dem Einspruch anfechtbare Verwaltungsakte ergehen:

- Steuerbescheide (§ 155 AO),
- Steuervergütungsbescheide (§ 155 AO),
- Steueranmeldungen (§ 168 AO),
- Feststellungsbescheide (§ 181 AO),
- Steuermessbescheide (§ 184 AO),
- Zerlegungsbescheide (§ 188 AO),
- Zuteilungsbescheide (§ 190 AO),
- Haftungsbescheide (§ 191 AO).

Der Einspruch ist auch gegeben, wenn ein Verwaltungsakt aufgehoben, geändert, zurückgenommen oder widerrufen oder ein Antrag auf Erlass eines Verwaltungsakts abgelehnt wird (AEAO zu § 347 Nr. 2).

2935 Folgende Verwaltungsakte des **Erhebungsverfahrens** können beispielsweise mit dem Einspruch angefochten werden:

- Abrechnungsbescheide (§ 218 Abs. 2 AO),
- Zins- und Kostenfestsetzungsbescheide (§§ 239, 178, 337 ff. AO),
- Ablehnung eines Erlasses (§ 227 AO) oder einer Stundung (§ 222 AO).

2936 Folgende Verwaltungsakte des **Vollstreckungsverfahrens** können beispielsweise mit dem Einspruch angefochten werden:

- Aufteilungsbescheide (§ 268 AO),
- Androhung und Festsetzung von Zwangsgeldern (§§ 328 ff. AO),
- Pfändungsverfügungen (§ 309 AO),
- Einziehungsverfügungen (§ 314 AO),
- Ablehnung des Antrags auf Vollstreckungsaufschub (§§ 257 f. AO),
- Anordnung der Abgabe der Vermögensauskunft (§ 284 Abs. 1 AO),
- Ablehnung des Antrags auf Erteilung einer Unbedenklichkeitsbescheinigung (§ 22 GrEStG).

2.2 Ausschluss des Einspruchs

2937 Der Einspruch ist nach § 348 AO **nicht statthaft**

- gegen Einspruchsentscheidungen (§ 348 Nr. 1 AO),
- bei Nichtentscheidung über einen Einspruch (§ 348 Nr. 2 AO),
- gegen Verwaltungsakte der obersten Finanzbehörden des Bundes und der Länder, außer wenn ein Gesetz das Einspruchsverfahren vorschreibt (§ 348 Nr. 3 AO),
- gegen Entscheidungen in Angelegenheiten des 2. und 6. Abschnitts des 2. Teils des Steuerberatungsgesetzes (§ 348 Nr. 4 AO),
- in Fällen des § 172 Abs. 3 AO (§ 348 Nr. 6 AO).

Der Einspruch ist zudem nach h. M. nicht statthaft bei folgenden Maßnahmen der Verwaltung, da sie im Einzelfall (nur) als reine **Vorbereitungshandlungen** für den Erlass eines Verwaltungsakts betrachtet werden:

- Erläuterungen, Hinweise, Ratschläge, Vorschläge,
- Rechtsauskünfte,
- Aufrechnungserklärung des Finanzamts,
- Erteilung einer Steueridentifikationsnummer,
- Mahnung,
- Antrag auf Eröffnung des Insolvenzverfahrens,
- Kontrollmitteilungen,
- Aufforderung zur Benennung von Zahlungsempfängern,
- Ankündigung von Vollstreckungsmaßnahmen,
- Androhung der Pfandverwertung,
- Niederschlagung,
- Außenprüfungsberichte.

Ein Einspruch hat Aussicht auf Erfolg, wenn er **zulässig** und **begründet** ist.

3. Zulässigkeitsvoraussetzungen des Einspruchs

Folgende Checkliste für die **Zulässigkeitsprüfung** ist regelmäßig zu beachten (vgl. § 358 Satz 1 AO): 2938

- Ist der Finanzrechtsweg gegeben (§ 347 AO)?
- Ist der Einspruch gegen den konkreten Verwaltungsakt statthaft (§ 348 AO)?
- Sind die **Form** und der Inhalt des Einspruchs gewahrt (§ 357 AO)?
- Ist die **Einspruchsfrist** – ein Monat nach Bekanntgabe des Verwaltungsakts – eingehalten (§ 355 AO)?
- Ist eine Beschwer schlüssig geltend gemacht (§ 350 AO)?
- Ist der Einspruchsführer handlungsfähig und ggf. ordnungsgemäß vertreten (§§ 365, 79, 80 AO)?
- Ist der Einspruch durch Verzicht „verbraucht" (§ 354 AO)?

Fehlt es nur an einer (oder gar mehreren) der Zulässigkeitsvoraussetzungen, wird der Einspruch als **unzulässig verworfen** (§ 358 Satz 2 AO). Zu einer Überprüfung des angefochtenen Verwaltungsakts in der Sache kommt es nicht mehr. Nach Ablauf der Einspruchsfrist wird der Verwaltungsakt **formell bestandskräftig**.

Praxishinweise: Einsprüche können auch über das ELSTER-Portal elektronisch eingelegt werden. Wird in der Rechtsbehelfsbelehrung nicht auf die Möglichkeit der elektronischen Einreichung des Einspruchs hingewiesen, ist die Rechtsbehelfsbelehrung nach der Rechtsprechung des BFH unrichtig i. S. von § 356 Abs. 2 AO, so dass die Einspruchsfrist dann ein Jahr beträgt (vgl. BFH v. 28. 4. 2020 – VI R 41/17, BStBl 2020 II S. 531).

4. Begründetheit des Einspruchs

2939 Bejaht das Finanzamt die von Amts wegen zu prüfende Zulässigkeit des Einspruchs, überprüft es die Rechtmäßigkeit des angegriffenen Verwaltungsakts im gesamten Umfang („**Gesamtüberprüfung**", § 367 Abs. 2 Satz 1 AO). Dies bedeutet, dass – regelmäßig auch in Abhängigkeit vom Vorbringen des Stpfl. – überprüft wird, ob

- die Verfahrensvorschriften der AO eingehalten sind,
- materiell-rechtlich das Einzelsteuergesetz zutreffend angewandt worden ist,
- bei Ermessensverwaltungsakten das Ermessen (§ 5 AO) recht- und zweckmäßig ausgeübt wurde.

Wegen der Gesamtüberprüfung des angefochtenen Verwaltungsakts kann die Entscheidung im Einspruchsverfahren auch zu einer sog. **Verböserung** führen, d. h. der Verwaltungsakt kann zum **Nachteil** des Stpfl. geändert werden. Dies ist grundsätzlich nur zulässig, wenn der Stpfl. zuvor auf die beabsichtigte nachteilige Entscheidung ausdrücklich unter Angaben von Gründen **hingewiesen** wurde (§ 367 Abs. 2 Satz 2 AO). Durch Rücknahme des Einspruchs kann dieser eine für ihn nachteilige Entscheidung vermeiden, indem er dem Einspruchsverfahren durch eine schriftliche oder elektronische Einspruchsrücknahme (§ 362 AO) den Boden entzieht. Dann bleibt es bei der ursprünglichen Regelung (soweit kein anderer Korrekturtatbestand eingreift).

BEISPIEL: Der Steuerbürger legt gegen seinen Einkommensteuerbescheid Einspruch ein und macht nachträglich weitere Werbungskosten geltend. Der Rechtsbehelfsstelle fällt bei der Gesamtüberprüfung des Bescheids auf, dass der Veranlagungsstelle ein Rechtsfehler **zugunsten** des Einspruchsführers unterlaufen ist; dieser wirkt sich mit einer höheren Steuer aus als die nachträglichen Werbungskosten. Nach Hinweis auf die Verböserungsmöglichkeit kann bzw. wird der Stpfl. den Einspruch zurücknehmen, um die Steuerfestsetzung in der ursprünglichen Höhe beizubehalten und eine für ihn nachteilige höhere Steuerfestsetzung zu vermeiden.

Das Finanzamt schließt das Einspruchsverfahren mit einer dem Stpfl. bekanntzugebenden **Einspruchsentscheidung** (Einspruchsbescheid) ab, wenn es dem Einspruch nicht abhilft. Bei **Teilabhilfe** ergeht ein Einspruchsbescheid mit neuer Steuerfestsetzung.

Seit 2007 kann das Finanzamt auch eine **Teil-Einspruchsentscheidung** (§ 367 Abs. 2a AO) erlassen. Der Erlass einer Teil-Einspruchsentscheidung steht im Ermessen der Finanzbehörde, muss aber **sachdienlich** sein. Dies ist der Fall, wenn ein Teil des Einspruchs entscheidungsreif ist, während über einen anderen Teil des Einspruchs zunächst nicht entschieden werden kann, weil z. B. die Voraussetzungen für eine Verfahrensruhe nach § 363 Abs. 2 AO vorliegen oder hinsichtlich des nicht entscheidungsreifen Teil des Einspruchs noch Ermittlungen zur Sach- und Rechtslage erforderlich sind. Der noch offene Teil wird in den Fällen des § 367 Abs. 2b AO später nach Ergehen der entsprechenden Gerichtsentscheidung durch Allgemeinverfügung, die im Bundessteuerblatt I und auf den Internetseiten des BMF veröffentlich wird, erledigt, falls dem noch offenen Einspruchspunkt nicht abgeholfen werden kann.

Eine Teil-Einspruchsentscheidung ist auch dann sachdienlich, wenn sie dem Interesse der Finanzverwaltung an einer zeitnahen Entscheidung über den entscheidungsreifen Teil eines Einspruchs dient, der ersichtlich nur zu dem Zweck eingelegt wurde, die Steuerfestsetzung nicht bestandskräftig werden zu lassen (wegen weiterer Einzelheiten vgl. AEAO zu § 367 Nr. 6).

5. Aussetzung der Vollziehung (AdV)

Der Einspruch selbst **hemmt** die Vollziehung des angegriffenen Verwaltungsakts **nicht** 2940
(§ 361 Abs. 1 Satz 1 AO). Wenn dem so wäre, würde es dies dem Steuerbürger zu einfach machen, denn ansonsten könnte er sich allein durch Einspruchseinlegung zunächst seiner Steuerzahlungspflicht entledigen. Für den Fiskus würde dies unzumutbare Haushaltsrisiken bewirken. Deshalb muss der Einspruchsführer neben dem Einspruch i. d. R. einen **weiteren Antrag** stellen und die **AdV** begehren. Da die AdV die Vollziehung des Steuerbescheids nur vorläufig verhindern soll, darf sie nicht dazu führen, dass das mit dem Einspruch angestrebte Ergebnis vorweggenommen und „zementiert" wird.

Folgende Voraussetzungen sind für die AdV erforderlich:

- Anfechtung des Verwaltungsakts mittels **Einspruch**,
- **Vollziehbarkeit** des angefochtenen Verwaltungsakts,
- Vorliegen eines **Aussetzungsgrunds**.

Die Finanzbehörde soll nach § 367 Abs. 2 Satz 2 AO bzw. § 69 Abs. 2 Satz 2 AO **auf Antrag** AdV gewähren, wenn

- entweder **ernstliche Zweifel** an der Rechtmäßigkeit des Verwaltungsakts bestehen oder
- wenn die Vollziehung für den Betroffenen eine **unbillige**, nicht durch überwiegende öffentliche Interessen gebotene **Härte** zur Folge hätte.

Hinweis: Die Finanzverwaltung kann auch **ohne Antrag** die Vollziehung aussetzen (§ 361 Abs. 2 Satz 1 AO bzw. § 69 Abs. 2 Satz 1 FGO). Von dieser Möglichkeit ist insbesondere Gebrauch zu machen, wenn der Rechtsbehelf offensichtlich begründet ist, der Abhilfebescheid aber voraussichtlich nicht mehr vor Fälligkeit der angeforderten Steuer ergehen kann (vgl. AEAO zu § 361 Nr. 2.1).

Die Entscheidung über einen Antrag auf AdV ist eine **Ermessensentscheidung** (vgl. § 5 2941
AO). Die Finanzämter handeln in diesem „summarischen" Verfahren dabei eher großzügig. Würde die Gewährung der AdV eine Gefährdung des Steueranspruchs bewirken, kann dieses fiskalische Risiko durch **Sicherheitsleistung** des Stpfl. abgewendet werden. Die Entscheidung über den Aussetzungsantrag, bei der die Begründetheit des Einspruchs nur in einem begrenzten Umfang zu überprüfen ist (sog. „summarisches Verfahren"), ist für das Finanzamt als Teil des **vorläufigen Rechtsschutzes eine Eilsache** (wegen der Einzelheiten vgl. AEAO zu § 361). Der Antrag auf AdV „stoppt" zunächst das weitere Erhebungsverfahren. Gegen die Ablehnung der AdV kann entweder Einspruch eingelegt oder beim Finanzgericht ein **Antrag nach § 69 Abs. 3 FGO** gestellt werden.

Soweit ein Einspruch oder eine Anfechtungsklage insbesondere gegen einen Steuerbescheid oder gegen eine Einspruchsentscheidung **endgültig** keinen Erfolg gehabt hat, ist der geschuldete Betrag, hinsichtlich dessen die Vollziehung des angefochtenen Verwaltungsakts ausgesetzt wurde, nach Maßgabe des § 237 AO **zu verzinsen** (vgl. § 239 Abs. 1 Satz 1 AO).

IX. Das Finanzgerichtsverfahren

1. Klage vor dem Finanzgericht

2942 Trotz der großen Filterfunktion des Einspruchsverfahrens sind **Klagen vor den Finanzgerichten** recht häufig. Der Steuerbürger muss sich dabei nicht zwingend von einem Steuerberater oder Rechtsanwalt vertreten lassen. Bestimmte Mindesterfordernisse einer Klage – die strenger sind, als die eines Einspruchs – sind jedoch zu beachten:

- Zulässigkeit des **Finanzrechtswegs** – § 33 FGO, § 32i AO: Es muss sich (regelmäßig) um eine Steuerstreitigkeit handeln, wobei § 32i Abs. 2 Satz 2 AO klarstellt, dass die Zuständigkeit auch für Auskunfts- und Informationszugangsansprüche gilt, bei denen der Umfang nach § 32e AO – betrifft das Verhältnis zu anderen Auskunfts- und Informationsansprüchen – begrenzt ist.
- Wahl der richtigen **Klageart** (§§ 40, 41, 46 FGO). In Betracht kommen:
  - Anfechtungsklage als Hauptklageart, die gerichtet ist auf die Aufhebung oder Änderung eines Steuerverwaltungsakts;
  - Verpflichtungsklage, gerichtet auf den Erlass eines abgelehnten oder unterlassenen Verwaltungsakts (Beispiel: Steuerstundung oder -erlass);
  - Untätigkeitsklage, wenn über einen außergerichtlichen Rechtsbehelf (Einspruch) binnen angemessener Frist sachlich nicht entschieden ist;
  - allgemeine Leistungsklage, mit der eine abgelehnte oder nicht im Erlass eines Verwaltungsakts bestehende Leistung angestrebt wird (Erteilung von Akteneinsicht, Unbedenklichkeitsbescheinigung nach § 22 GrEStG);
  - Feststellungsklage, mit der die Feststellung des Bestehens oder Nichtbestehens eines Verwaltungsakts begehrt werden kann (Beispiel: Feststellung der Nichtigkeit eines Verwaltungsakts).
- Richtige **Form der Klageerhebung**: Die Klage muss beim Finanzgericht schriftlich oder zu Protokoll erklärt werden (§ 64 Abs. 1 FGO). Sie **muss** den Kläger, den Beklagten und den Gegenstand des Klagebegehrens, bei Anfechtungsklagen auch den angefochtenen Verwaltungsakt und die Einspruchsentscheidung bezeichnen. Sie soll außerdem einen bestimmten Antrag enthalten sowie die zur Begründung dienenden Tatsachen und Beweismittel angeben. Ihr soll zudem eine Abschrift des angefochtenen Verwaltungsakts und der Einspruchsentscheidung beigefügt werden (§ 65 Abs. 1 FGO).

  Praxishinweis: Die Klageerhebung kann gem. § 52a FGO auch durch Übermittlung der Klage als elektronisches Dokument an das Gericht erfolgen. Die Klageerhebung durch Einreichung elektronischer Dokumente nach § 52a FGO tritt als spezialgesetzliche Form der Klageerhebung als gleichwertige Alternative neben die schriftliche Klageerhebung nach § 64 Abs. 1 FGO. Das elektronische Dokument muss nach § 52a Abs. 3 FGO mit einer qualifizierten elektronischen Signatur der verantwortenden Person versehen sein oder von der verantwortenden Person signiert und auf einem sicheren Übermittlungsweg eingereicht werden.
- **Frist** zur Klageerhebung: Die Frist zur Erhebung der Anfechtungs- und Verpflichtungsklage beträgt **einen Monat** (§ 47 Abs. 1 FGO). Sie beginnt mit der Bekanntgabe der Einspruchsentscheidung; bei einer Sprungklage (§ 47 FGO) und in Fällen, in denen ein Einspruchsverfahren nicht gegeben ist, beginnt die Klagefrist mit der Bekanntgabe des Verwaltungsakts. Die Frist ist nach § 47 Abs. 2 Satz 1 FGO gewahrt, wenn die Klage bei der zuständigen Finanzbehörde innerhalb der Frist angebracht oder zu Protokoll gegeben wird. Zur Wiedereinsetzung bei Fristversäumnis vgl. § 56 Abs. 1 FGO.
- **Klagebefugnis:** Anfechtungs-, Verpflichtungs- und Leistungsklagen können nur dann eingelegt werden, wenn der Kläger geltend macht, durch den Verwaltungsakt oder die Ablehnung oder Unterlassung eines Verwaltungsakts in seinen Rechten verletzt zu sein (§ 40 Abs. 2 FGO). Bei der Feststellungsklage muss der Kläger ein **berechtigtes Interesse** darlegen (§ 41 Abs. 1 FGO).

Praxishinweis: Im FG-Verfahren wird bereits mit Erhebung der Klage eine **Verfahrensgebühr** fällig (§ 6 Abs. 1 Nr. 5 GKG). Das FG erforscht gem. § 76 Abs. 1 Satz 1 FGO den Sachverhalt grundsätzlich von Amts wegen.

2. Zugang zum Bundesfinanzhof als Revisionsinstanz

Der Zugang zum **BFH als Revisionsinstanz** mit Sitz in München ist oftmals schwierig. Es gibt – im Gegensatz zu anderen Gerichtszweigen – im Finanzgerichtsprozess keine zweite Tatsacheninstanz, d. h. die FGO sieht keine Berufungen gegen FG-Entscheidungen vor. Überdies müssen sich die Beteiligten vor dem BFH durch Prozessbevollmächtigte, d. h. insbesondere durch Rechtsanwälte, Steuerberater oder Wirtschaftsprüfer, vertreten lassen (§ 62 Abs. 4 Satz 1 bis 3 i. V. mit Abs. 2 Satz 1 FGO). 2943

Die Beteiligten des Rechtsstreits können Revision beim BFH nur einlegen, wenn entweder das FG die Revision zugelassen hat oder auf Beschwerde gegen die Nichtzulassung (§ 116 FGO), wenn der BFH sie zugelassen hat. Nach § 115 Abs. 2 Nr. 1 bis 3 FGO ist die Revision nur zuzulassen, wenn

- die Rechtssache grundsätzliche Bedeutung hat,
- die Fortbildung des Rechts oder die Sicherung einer einheitlichen Rechtsprechung eine Entscheidung des BFH erfordert oder
- ein Verfahrensmangel geltend gemacht wird und vorliegt, auf dem die Entscheidung beruhen kann.

X. Die Außenprüfung

1. Die Aufgabe der Steuerkontrolle bei der Betriebsprüfung

Aufgabe (Zweck) der Außenprüfung ist die Ermittlung und Beurteilung der steuerlich bedeutsamen Sachverhalte, um die Gleichmäßigkeit der Besteuerung sicherzustellen (§§ 85, 199 Abs. 1 AO). Diese Aufgabe kann der Betriebsprüfungsdienst – unter der Prämisse, dass eine lückenlose Steuerkontrolle nicht möglich ist – nur bewältigen, wenn die Steuerprüfer ihr Augenmerk in erster Linie auf solche Besteuerungssachverhalte richten, die mit einem „gewissen Risiko" behaftet sind. 2944

Eine intensivere Form der Steuerkontrolle findet beim Stpfl. „vor Ort" dabei durch die vielfältigen **Arten von steuerlichen Prüfungen** statt: 2945

- betriebsnahe Veranlagung (bnV), die punktuelle Einzelüberprüfungen vornimmt (§§ 88, 90, 93, 97 AO);
- abgekürzte Außenprüfung, insbesondere bei Kleinstbetrieben und Stpfl., die keine betrieblichen Einkünfte haben (§ 203 AO);
- Außenprüfungen (Betriebsprüfungen) bei Stpfl., die einen gewerblichen oder land- und forstwirtschaftlichen Betrieb unterhalten, die freiberuflich tätig sind oder bei Stpfl. i. S. des § 147a AO (§ 193 Abs. 1 AO). Dabei hat die Verwaltung die der Außenprüfung unterliegenden Stpfl. wie folgt in Größenklassen eingeteilt (vgl. § 3 Betriebsprüfungsordnung – BpO):
  - Kleinstbetriebe (Kst),
  - Kleinbetriebe (K),
  - Mittelbetriebe (M),
  - Großbetriebe (G);

- Außenprüfungen bei anderen als den in § 193 Abs. 1 AO bezeichneten Stpfl. unter den Voraussetzungen des § 193 Abs. 2 AO;
- Sonderformen der Außenprüfung wie
  - Umsatzsteuersonderprüfung (spezialisierte Außenprüfung nach § 193 AO) beim Unternehmer,
  - Lohnsteueraußenprüfung beim Arbeitgeber (§ 42f EStG),
  - Prüfungen nach § 50b EStG,
  - Prüfung der Versicherungsteuer bei Versicherungsunternehmen (§ 10 Abs. 2 und 3 VersStG),
  - Umsatzsteuer-Nachschau (§ 27b UStG),
  - Lohnsteuer-Nachschau (§ 42g EStG);
- Steuerfahndungsprüfungen zur
  - Erforschung von Steuerstraftaten und Steuerordnungswidrigkeiten (§ 208 Abs. 1 Nr. 1 AO),
  - Ermittlung der Besteuerungsgrundlagen (§ 208 Abs. 1 Nr. 2 AO),
  - Aufdeckung und Ermittlung unbekannter Steuerfälle (§ 208 Abs. 1 Nr. 3 AO).

  Hinweis: Durch § 208a AO wurde die Rechtsgrundlage für eine Steuerfahndung beim BZSt für Teilbereiche bei der Gemeinschaftsteuer sowie die Versicherung- und Feuerschutzsteuer geschaffen.

2. Die Prüfungsfälle

2946 Die Verwaltung ist in einem frühen Stadium bemüht, die Effektivität der Prüfung schon bei der **Fallauswahl** zu steigern. Von der rechtlichen Seite her lässt § 193 AO potentiell keinen Steuerfall aus, was folgende Aufstellung zeigt:

- Uneingeschränkte Prüfungsmöglichkeit besteht nach § 193 Abs. 1 AO bei Stpfl., die
  - einen gewerblichen Betrieb oder
  - einen land- und forstwirtschaftlichen Betrieb unterhalten oder
  - freiberuflich tätig sind oder
  - bei sog. Einkunftsmillionären i. S. d. § 147a AO.

Für eine Prüfung braucht kein besonderer Anlass zu bestehen. Diese Art der Steuerkontrolle ist sogar zulässig zur Beantwortung der Frage, ob der Stpfl. überhaupt einen gewerblichen Betrieb unterhält. Ausgeschlossen sind nur Überprüfungen ins Blaue hinein, wenn kein konkreter Anhaltspunkt einer Steuerpflicht besteht.

- Eine eingeschränkte Prüfungsmöglichkeit ist nach § 193 Abs. 2 AO gegeben bei anderen als den in § 193 Abs. 1 AO bezeichneten Stpfl.,
  - soweit sie die Verpflichtung dieser Stpfl. betrifft, für Rechnung eines anderen Steuern zu entrichten (z. B. § 7 VersStG) oder Steuern einzubehalten und abzuführen (Lohnsteuer, Kapitalertragsteuer, Steuerabzug nach § 50a EStG) – § 193 Abs. 2 Nr. 1 AO;
  - wenn ein besonderer Anlass besteht, d. h. wenn die steuererheblichen Verhältnisse der Aufklärung bedürfen und die Prüfung an Amtsstelle nach Art und Umfang des Sachverhalts unzweckmäßig ist – § 193 Abs. 2 Nr. 2 AO. Es genügt dabei, dass das Finanzamt unter besonderer Berücksichtigung seiner Erfahrungen bei den gegebenen Umständen, Handlungen oder Zuständen den Fall durch eine Außenprüfung für aufklärungsbedürftig hält;
  - wenn ein Stpfl. seinen Mitwirkungspflichten nach § 90 Abs. 2 Satz 3 AO nicht nachkommt – § 193 Abs. 2 Nr. 3 AO bzw. ab 1. 1. 2022 (Änderung durch sog. Steueroasen-Abwehrgesetz v. 25. 6. 2021, BGBl 2021 I 2056): wenn ein Stpfl. seinen Mitwirkungspflichten nach § 12 des Gesetzes zur Abwehr von Steuervermeidung und unfairem Steuerwettbewerb nicht nachkommt – § 193 Abs. 2 Nr. 3 AO.

Entscheidende Weichen werden schon bei der **Fallauswahl** gestellt. Die Steuerverwaltung ist bestrebt, möglichst alle prüfungsbedürftigen Stpfl. – allerdings nur diese – innerhalb der Verjährungsfrist zu prüfen. Obwohl bei Großbetrieben und Konzernen eine lückenlose Prüfung (Anschlussprüfung) nach § 4 Abs. 2 BpO vorgesehen ist, gebietet es die knappe Prüfungskapazität und der auch im Rahmen des Außenprüfungsrechts geltende Grundsatz der Verhältnismäßigkeit der Mittel, die Prüfungsbedürftigkeit weg von einem Prüfungsschematismus kritisch in jedem Einzelfall festzustellen. Zu unterscheiden ist zwischen einer **gezielten Fallauswahl** (aufgrund der Festlegung von zentralen Prüffeldern, Erkenntnissen aus aktuellen Betriebsprüfungen oder besonderer Anlässe) und **Zufallsprüfungen**. In diesem Zusammenhang spielt auch das RMS in der Finanzverwaltung (vgl. unter Rdn. 2879 ff.) eine nicht unbedeutende Rolle. 2947

Unter dem Grundsatz der Gleichmäßigkeit der Besteuerung wird ein Teil der Fälle nach dem **Zufallsprinzip** ausgewählt. Die **Unvorhersehbarkeit einer Steuerkontrolle** gehört seit jeher zu der prophylaktischen Wirkung der steuerlichen Betriebsprüfung. Die Generalprävention der der Außenprüfung unterliegenden Stpfl. nach § 193 Abs. 1 AO ist ein auch von der Rechtsprechung im Rahmen der bei der Fallauswahl zu treffenden Ermessensentscheidung anerkanntes Auswahlkriterium. Bei der Ausgestaltung des Auswahlverfahrens ist die Finanzbehörde grundsätzlich frei – allerdings muss es sich wirklich um ein Zufallsverfahren handeln, das sich auf alle in Frage kommenden Stpfl. erstreckt. Auch diese Routineprüfung braucht nicht begründet zu werden. Selbst einen Anspruch auf eine „Prüfungspause" gibt es nicht.

3. Maßnahmen vor der Durchführung der Prüfung

Durch folgende Maßnahmen versucht die Finanzbehörde, den effektiven Einsatz ihres Außenprüfungsdiensts zu steigern: 2948

- Branchenmäßiger Einsatz von Betriebsprüfern, um gewonnene Erkenntnisse aus gleichgelagerten Prüfungen bestimmter Berufsgruppen und Gewerbezweige und bestimmte steuerliche Fachkenntnisse zu nutzen (**Beispiele:** Betriebsprüfer, die die Gastronomie, Bäcker, Metzger, Wirte, Banken oder Versicherungsunternehmen prüfen; Fachprüfer für Auslandsbeziehungen);
- Mehrmalige Prüfung durch denselben Prüfer: die Kenntnis des Stpfl. und seiner betrieblichen/beruflichen Verhältnisse aus einer Vorprüfung erleichtert den Prüfungseinstieg und das Finden der neuralgischen steuerlichen Punkte. Ein wiederholter Einsatz bis zu dreimal wird von der Finanzbehörde als unbedenklich gehalten (Ziel: Vermeidung einer gewissen steuerlichen „Betriebsblindheit" oder zu enger Kontakt mit dem Stpfl. – Stichwort: Korruption);
- Einsatz von Prüferteams: diese können etwa bei der Prüfung großer Unternehmenszusammenschlüsse gebildet werden, wenn dadurch eine nicht unerhebliche Abkürzung der Prüfungsdauer zu erwarten ist. Die Betreuung und „Überwachung" zu vieler Prüfer kann aber auch für den Unternehmer und seinen Berater zu einem Kapazitätsproblem werden;
- Unterstützung durch die Außenprüfer des Bundeszentralamts für Steuern („Bundes-Betriebsprüfung" nach § 19 FVG). Deren Teilnahme erfolgt in Abstimmung mit den Ländern insbesondere bei Konzernbetriebsprüfungen (vgl. § 13 BpO) oder besonders schwierigen Prüfungsfeldern, soweit länderübergreifende Verhältnisse Prüfungsgegenstand sind. Eine immer größere Bedeutung erlangen Auslandsbeziehungen: hier sind die gesammelten Erkenntnisse der Informationszentrale Auslandsbeziehungen (IZA) – etwa im Bereich Briefkastenfirmen und Domizilgesellschaften, Lizenzkartei, Steueroasendokumentation, internationale Rechts- und Amtshilfe – oft von entscheidender Bedeutung, um den Besteuerungssachverhalt ermitteln und die schwierigen Außensteuerrechtsfragen sachgerecht entscheiden zu können.

Vor der **Bekanntgabe** der schriftlichen oder elektronischen Prüfungsanordnung ist es notwendig, dass der Außenprüfer in Abstimmung mit dem Finanzamt die tatsächliche Prüfungsbedürftigkeit noch einmal überprüft. **Betriebseinstellung** oder bereits **erhebliche Steuerrückstände** sind Tatsachen, die eine Abstandnahme von Prüfungshandlungen durchaus sachgerecht erscheinen lassen: Der Stpfl. wird in diesen Fällen vom Prüfungsgeschäftsplan genommen. Ansonsten beginnt die konkrete Prüfungsvorbereitung mit **Aktenstudien**, die die Grundlage für den die Prüfungsschwerpunkte festlegenden **Vorbereitungsbogen** bilden. In diesem Stadium ist auch darüber zu entscheiden, ob Sonderprüfungen, wie sie der Umsatzsteuersonderprüfer oder Lohnsteueraußenprüfer vornimmt, **zeitgleich** stattfinden sollen.

2949 § 7 BpO bestimmt, dass die Betriebsprüfung auf das Wesentliche abzustellen und ihre Dauer auf das notwendige Maß zu beschränken ist. Sie hat sich in erster Linie auf solche Sachverhalte zu erstrecken, die zu **endgültigen Steuerausfällen oder Steuererstattungen** oder **-vergütungen** oder zu nicht unbedeutenden **Gewinnverlagerungen** führen können. Der darin zum Ausdruck kommende Rationalisierungsgedanke führt in der tatsächlichen Prüfungspraxis in der weitaus überwiegenden Anzahl der Fälle zu einer mehr oder weniger nur **stichprobenweisen Prüfung** – Schwerpunktprüfung genannt. Beim tatsächlichen Prüfungsgeschehen haben sich in langjähriger Prüfungspraxis folgende **Prüfungsschwerpunkte** (Prüfungsfelder) herausgebildet:

- Vollständigkeit der Betriebseinnahmen,
- ungeklärter Vermögenszuwachs,
- Abgrenzung Betriebsvermögen/Privatvermögen, Betriebseinnahmen/Einlagen, Betriebsausgaben/Entnahmen,
- Verträge zwischen nahestehenden Personen,
- Auslandsbeziehungen,
- Investitionsabzugsbeträge und Sonderabschreibungen,
- Gesellschaftsverhältnisse (z. B. Änderung der Beteiligungsverhältnisse, Wechsel der Unternehmensform, Betriebsaufspaltung, Verträge mit Gesellschaftern),
- Betriebserwerb, -umwandlung, -verpachtung, -aufgabe,
- Anpassung der Firmensteuerbilanz an die letzte Betriebsprüfungs-Steuerbilanz,
- Grundstückskäufe und -verkäufe, Nutzungsänderungen bei Grundstücken,
- Finanzanlagen, Beteiligungen, Wertpapiere,
- Prüfung wesentlicher nichtbetrieblicher Einkünfte,
- Umsatzsteuer (wie z. B. Differenzen vorangemeldeter/erklärter Umsätze, Vorsteuerabzug, Berichtigung des Vorsteuerabzugs nach § 15a UStG, Ausfuhrlieferungen, innergemeinschaftliche Lieferungen, innergemeinschaftlicher Erwerb, Leistungsempfänger als Steuerschuldner),
- Wertberichtigungen.

4. Ablauf einer Außenprüfung

2950 **Rechtsgrundlage** einer steuerlichen Außenprüfung sind die §§ 193 ff. AO sowie die BpO, die im Jahr 2000 neugefasst worden ist (BStBl 2000 I S. 368, zuletzt geändert durch Art. 1 der Allgemeinen Verwaltungsvorschrift zur Änderung der Betriebsprüfungsordnung v. 20. 7. 2011, BStBl 2011 I S. 710; siehe auch *Beyer*, Außenprüfung: Ein Leitfaden, NWB DokID: FAAAE-82166; *von Wedelstädt*, Betriebsprüfung, NWB DokID: PAAAB-04785).

Den **Ablauf einer Außenprüfung** kann man in folgenden **5 Stufen** darstellen:

4.1 Die Prüfungsvorbereitung

Das Besteuerungsverfahren wird üblicherweise durch **Abgabe der Steuererklärungen** und Durchführung der Steuerveranlagungen in den letzten **drei Jahren** vor Prüfungsbeginn in Gang gesetzt sein. Die Steuerfestsetzung kann unter Vorbehalt der Nachprüfung (§ 164 AO) oder endgültig erfolgt sein (vgl. insbesondere AEAO zu § 193 Nr. 1). Evtl. Korrekturen der Steuerbescheide erfolgen nach der Außenprüfung regelmäßig auf der Grundlage von § 164 Abs. 2 AO oder § 173 Abs. 1 AO. 2951

Mit der **Aufstellung des jährlichen Prüfungsgeschäftsplans** in der Betriebsprüfungsstelle erfolgt die grundsätzliche Aufnahme eines Steuerfalls als Bedarfs- oder Zufallsprüfung. Es erfolgt im Rahmen einer Ermessensentscheidung die grundsätzliche Zuordnung des Steuerfalls gem. den Zulässigkeitskriterien des § 193 AO:

- Stpfl., die einen gewerblichen oder land- oder forstwirtschaftlichen Betrieb unterhalten bzw. freiberuflich tätig sind oder Stpfl. i. S. des § 147a AO – sog. Einkunftsmillionäre (§ 193 Abs. 1 AO);
- Stpfl., die verpflichtet sind, für Rechnung eines anderen Steuern zu entrichten oder Steuern einzubehalten oder abzuführen (§ 193 Abs. 2 Nr. 1 AO);
- Stpfl., bei denen die steuererheblichen Verhältnisse der Aufklärung bedürfen und eine Prüfung an Amtsstelle nach Art und Umfang des zu prüfenden Sachverhalts nicht zweckmäßig ist (§ 193 Abs. 2 Nr. 2 AO);
- Stpfl., die ihren Mitwirkungspflichten nach § 90 Abs. 2 Satz 3 AO nicht nachkommen (§ 193 Abs. 2 Nr. 3 AO).

4.2 Der Beginn der Prüfung

Mit der **schriftlichen oder elektronischen Bekanntgabe** der Prüfungsanordnung (§ 196 AO) beginnt die rechtliche Außenwirkung der Prüfung. Durch die Benennung der zu prüfenden Steuerarten, der Besteuerungszeiträume, der Besteuerungssachverhalte bzw. mitzuprüfender Verhältnisse anderer Personen, des Prüfungsorts, des Namens des Prüfers sowie des voraussichtlichen Prüfungsbeginns in einem schriftlichen Bescheid wird dem Stpfl. das **„Prüfungsprogramm"** dargelegt (vgl. hierzu auch AEAO zu § 196 Nr. 1 und zu § 197 Nr. 10). Die Angaben in der Prüfungsanordnung sind auch bedeutsam für eine ggf. in Betracht kommende Hemmung der Festsetzungsfrist nach § 171 Abs. 4 AO. Die Prüfungsanordnung, die Festlegung des Prüfungsbeginns (§ 197 Abs. 1 Satz 1 AO) und die Festlegung des Prüfungsorts sind – obwohl ggf. in einem Schreiben zusammengefasst – selbständige mit dem Einspruch (§ 348 AO i. U.) anfechtbare Verwaltungsakte und können auch nach § 361 Abs. 2 AO bzw. § 69 Abs. 2, 3 FGO von der Vollziehung ausgesetzt werden. 2952

4.3 Durchführung der Prüfung

Mit dem **Erscheinen des Prüfers** – in erster Linie in den Geschäftsräumen – beginnen die eigentlichen Prüfungshandlungen. Dieser muss sich gegenüber dem Stpfl. ausweisen. Der Prüfungsbeginn muss unter Angabe von Datum und Uhrzeit vermerkt werden (§ 198 AO). 2953

Die Durchführung der Prüfung erfolgt in Form bestimmter **Prüfungshandlungen** wie etwa

- einer Betriebsbesichtigung,
- der Durchsicht und Kontrolle von Büchern, Aufzeichnungen und Belegen,

- der Vornahme einer Kassenprüfung, Geldverkehrsrechnung, eines Vermögensvergleichs, der Verprobung (Nachkalkulation) der Umsätze und Gewinne,

um die tatsächlichen und rechtlichen Verhältnisse, die für die Steuerpflicht und für die Bemessung der Steuer maßgebend sind (Besteuerungsgrundlagen), zugunsten wie zuungunsten des Stpfl. zu ermitteln (§ 199 Abs. 1 AO).

2954 Der Stpfl. muss den Prüfer bei der Durchführung der Außenprüfung unterstützen, indem er insbesondere folgende **Mitwirkungspflichten** erfüllt (§ 200 AO):

- er muss Auskünfte erteilen;
- er ist verpflichtet, Aufzeichnungen, Bücher, Geschäftspapiere und andere Urkunden zur Einsicht und Prüfung vorzulegen;
- falls notwendig, sind Erläuterungen zum Verständnis der Aufzeichnungen zu machen;
- auch andere Betriebsangehörige sind als Dritte (subsidiär) zur Auskunft verpflichtet, wenn der Stpfl. oder die von ihm benannten Personen nicht in der Lage sind, Auskünfte zu erteilen oder diese Auskünfte zur Klärung des Sachverhalts unzureichend oder nicht erfolgversprechend sind;
- das Betreten und Besichtigen der Geschäftsräume – hilfsweise der Wohnung – durch den Betriebsprüfer zur üblichen Geschäftszeit müssen geduldet werden;
- bereits das StSenkG 2000 enthielt die Einführung eines **Zugriffsrechts** der **Außenprüfungsdienste** (Betriebsprüfung, Umsatzsteuer-Sonderprüfung und Lohnsteuer-Außenprüfung) auf die **elektronische Buchführung** der Unternehmen. Kernstück der Gesetzesänderung war die Einführung des **Datenzugriffs in § 147 Abs. 6 AO**. Diese Vorschrift und die damit einhergehenden geänderten Bestimmungen der AO sind ab dem **1. 1. 2002** anzuwenden. Durch das Gesetz zum Schutz vor Manipulationen an digitalen Grundaufzeichnungen v. 22. 12. 2016 (BGBl 2016 I S. 3152) wurde § 147 Abs. 6 AO dahingehend ergänzt, dass auch Dritte, die gegenüber dem Stpfl. eine Dienstleistung zur Erfüllung der ordnungsmäßigen Buchführung bzw. zur Erstellung ordnungsmäßiger Aufzeichnungen erbringen, der Finanzbehörde im Rahmen einer Außenprüfung Zugriff auf die aufzeichnungspflichtigen Daten des Stpfl. gewähren oder der Finanzbehörde die für den Stpfl. gespeicherten Unterlagen und Aufzeichnungen auf einem maschinell verwertbaren Datenträger zur Verfügung stellen müssen. Der Datenzugriff nach § 147 Abs. 6 AO steht der Finanzbehörde nur im Rahmen **steuerlicher Außenprüfungen** zu. Ein **„Online-Zugriff"** auf die Unternehmensdaten ist **nicht** gestattet.

Die **Grundsätze zum Datenzugriff** des Außenprüfers und zur Prüfbarkeit digitaler Unterlagen sind im BMF-Schreiben v. 28. 11. 2019, BStBl 2019 I S. 1269, geregelt.

Durch die Regelungen zum Datenzugriff wird der **sachliche Umfang** der Außenprüfung (§ 194 AO) **nicht erweitert.** Gegenstand der Prüfung sind also weiterhin nur die nach §§ 147 Abs. 1, 147a AO **aufbewahrungspflichtigen Unterlagen.** Da die EDV eines Steuerpflichtigen oftmals Datenbestände enthält, die für die Betriebsprüfung ohne Relevanz sind, z. B. Personalakten, sollte der Unternehmer **Zugriffsschutzprogramme** installieren, die den Zugriff des Prüfers auf die für seine Tätigkeit notwendigen Informationsbereiche beschränkt. Ferner sollte eine Software installiert werden, die **automatisch protokolliert,** auf welche Daten der Prüfer elektronisch zugegriffen hat. Denn bei einer Außenprüfung sollte der Steuerpflichtige stets wissen, **was geprüft** wurde und welche **Verknüpfungen** im Rahmen der Prüfung hergestellt wurden.

2955 Der Stpfl. hat einen Anspruch auf **rechtliches Gehör** während der gesamten Prüfungszeit. Zu diesem Zweck soll eine umfassende Unterrichtung des Stpfl. im Laufe der Betriebsprüfung über die festgestellten Sachverhalte und die möglichen steuerlichen Auswirkungen erfolgen, wenn dadurch Zweck und Ablauf der Prüfung nicht beeinträchtigt werden (§ 199 Abs. 2 AO). Überraschungsentscheidungen werden damit vermieden, Streitpunkte können so möglichst frühzeitig aufgeklärt oder vermieden werden. Das Prüfungsklima wird damit verbessert.

Es kann zu einer **Einleitung des Steuerstraf- oder Steuerordnungswidrigkeitenverfahrens** bei Aufdeckung von **Steuerdelikten** (§ 369 AO) kommen, wenn ein diesbezüglicher strafrechtlicher Anfangsverdacht durch zureichende tatsächliche Feststellungen des Prüfers entsteht. Die Bekanntgabe der Einleitung des Strafverfahrens (§ 397 AO) unter Bezeichnung der konkreten Straftat oder Ordnungswidrigkeit (Steuerart, Jahr, Zeitraum) sowie eine Belehrung über die Nichterzwingbarkeit der weiteren steuerlichen Mitwirkungspflichten (§ 393 Abs. 1 Satz 2 bis 4 AO) hat zum Schutz des Stpfl. zu erfolgen, wenn unter Berufung auf dessen Mitwirkungspflichten die Prüfung fortgesetzt werden soll (§ 397 Abs. 2 und 3 AO). 2956

Es kann in Fällen **schwerer Steuervergehen** zum **Abbruch der Prüfung** und gleichzeitiger Unterrichtung der **Steuerfahndung** und/oder Strafsachen- und Bußgeldstelle kommen, wenn der Stpfl. an der weiteren Prüfung nicht mehr mitwirkt oder zu befürchten ist, dass Beweismittel zur Aufklärung der Steuerstraftat beiseite geschafft, vernichtet oder vorenthalten werden. Die Fortsetzung der (strafrechtlichen und steuerlichen) Prüfung erfolgt dann häufig im Wege der Durchsuchung der Geschäfts-, Betriebs-, Wohnräume und Beschlagnahme von Beweismitteln durch die Steuerfahndung, die weitreichendere Ermittlungsbefugnisse hat (vgl. §§ 208, 404 AO). Bankermittlungen (Konten, Depots, Schließfächer) sind damit regelmäßig auch verbunden.

4.4 Abschluss der Prüfung

Die Prüfung findet ihren (vorläufigen) Abschluss, wenn der Prüfer – in Absprache mit seinem Sachgebietsleiter – die wesentlichen Feststellungen getroffen hat, um einen vorläufigen Prüfungsbericht zu erstellen. Dieser wird üblicherweise als „Diskussionsgrundlage" zur Vorbereitung der Schlussbesprechung dem Stpfl., seinem Berater und ggf. dem Festsetzungs-FA bekanntgegeben. 2957

Die Schlussbesprechung (§ 201 AO) ist der formelle Abschluss der Prüfung. Der Stpfl. hat einen Rechtsanspruch auf Durchführung derselben, sofern die Prüfungsfeststellungen zu einer Änderung der Besteuerungsgrundlagen führen; er kann auch darauf verzichten. Die Schlussbesprechung als wichtiger „Eckstein" einer jeden Prüfung verfolgt folgende **Zwecke**:

- abschließende Unterrichtung des Stpfl. über die Prüfungsfeststellungen,
- Möglichkeit der Erörterung und Diskussion über Sachverhalts- und Rechtsprobleme, und dadurch
- ggf. Herbeiführen einer bindenden tatsächlichen Verständigung („Einigung"), wenn ein zuständiger Beamter des Festsetzungs-FA beteiligt ist, es sich um Fälle erschwerter Sachverhaltsfeststellung (Schätzungen) handelt, ansonsten weiterer unverhältnismäßiger Arbeits- und Prüfungsaufwand zu erwarten ist sowie ein möglicher Finanzrechtsstreit vermieden werden kann. Damit ist letztlich der Effektivität der Besteuerung und allgemein dem Rechtsfrieden gedient (vgl. hierzu BMF-Schreiben v. 30. 7. 2008, BStBl 2008 I S. 831, i.V. mit BMF-Schreiben v. 15. 4. 2019, BStBl 2019 I S. 447).

Praxishinweis: Der Zeitpunkt der Schlussbesprechung hat im Einzelfall auch Bedeutung für das Ende der aufgrund der Außenprüfung gehemmten Festsetzungsrist (§ 171 Abs. 4 Satz 3 AO).

In bestimmten Fällen ist der Hinweis notwendig, dass aufgrund der Prüfungsfeststellungen, die zu Mehrsteuern geführt haben, möglicherweise ein **Straf- oder Bußgeldverfahren** durch die Strafsachenstelle durchgeführt werden muss (§ 201 Abs. 2 AO); der Hinweis dient dazu, strafrechtliche Überraschungsentscheidungen zu vermeiden.

Der Stpfl. kann im Anschluss an eine Außenprüfung einen **Antrag auf Erteilung einer verbindlichen Zusage** stellen, wie ein für die Vergangenheit geprüfter und im Prüfungsbericht dargestellter Sachverhalt in Zukunft steuerrechtlich behandelt wird, wenn die Kenntnis der zukünftigen steuerrechtlichen Behandlung für die geschäftlichen Maßnahmen des Stpfl. von Bedeutung ist (§ 204 AO). Die Ablehnung des Antrags ist mit dem Einspruch anfechtbar.

Im Anschluss an die Schlussbesprechung erfolgt die Erstellung des (endgültigen) schriftlichen **Prüfungsberichts**, in dem die für die Besteuerung erheblichen Prüfungsfeststellungen in tatsächlicher und rechtlicher Hinsicht sowie die Änderungen der Besteuerungsgrundlagen dargestellt sind. Auf Antrag wird der Bericht vor der Auswertung dem Stpfl. übersandt, damit dieser die Möglichkeit hat, in angemessener Zeit dazu Stellung zu nehmen. Der Prüfungsbericht als solcher ist kein Verwaltungsakt, damit auch nicht anfechtbar.

4.5 Auswertung der Prüfungsfeststellungen

2958 Das (interne) Besteuerungsverfahren wird fortgesetzt durch Übersendung des **Prüfungsberichts** an das Festsetzungs-FA. Die Prüfungsfeststellungen gehen evtl. auch an die Strafsachen- und Bußgeldstelle des FA, wenn erhebliche Steuerverkürzungen festgestellt oder das Straf- oder Ordnungswidrigkeitenverfahren aufgrund des zuvor gemachten strafrechtlichen Vorbehalts fortgeführt werden soll.

Dann erfolgt die Auswertung des Berichts durch den Innendienst (Sachbearbeiter) des Festsetzungs-FA. Bei evtl. abweichender Auswertung soll die Betriebsprüfung vorher mit der Möglichkeit der nochmaligen Stellungnahme gehört werden. Evtl. Einwendungen oder neue Beweismittel oder Rechtsauffassungen des Stpfl. können bei der Entscheidung des FA berücksichtigt werden. Sofern eine **wirksame tatsächliche Verständigung** vorliegt, ist das FA – ebenso wie der Stpfl. – daran gebunden. Auch im FG-Prozess sind diesbezügliche Einwendungen grundsätzlich ausgeschlossen.

Mit der Erstellung und **Bekanntgabe der geänderten Steuerbescheide**, falls geboten unter Aufhebung des Vorbehalts der Nachprüfung (§ 164 Abs. 1 Satz 1, Abs. 3 Satz 3 AO), endet im Regelfall das Festsetzungsverfahren. Mit den Steuerbescheiden kann eine verbindliche Zusage erteilt werden. Die Unanfechtbarkeit der Bescheide (formelle Bestandskraft) tritt nach Ablauf der Einspruchsfrist von einem Monat (§ 355 Abs. 1 Satz 1 AO) ein.

2959 Zum Schutz der Stpfl. tritt nach durchgeführter Außenprüfung eine **erhöhte Bestandskraft** von Steuerbescheiden ein. Nachträglich bekanntgewordene Tatsachen oder Beweismittel, die zu einer höheren Steuer führen, kann das FA nicht mehr berücksichtigen, es sei denn, es liegen eine Steuerhinterziehung (§ 370 AO) oder leichtfertige Steuerverkürzung (§ 378 AO) vor (sog. „Änderungssperre", § 173 Abs. 2 Satz 1 AO). Die Änderungssperre bezieht sich allerdings nur auf Änderungen i. S. v. § 173 Abs. 1 AO, nicht aber auf solche, die aufgrund anderer Vorschriften erfolgen (vgl. AEAO zu § 173 Nr. 8.1).

4.6 Kontrollmitteilungen

Die **Datensammlung der Finanzverwaltung** stützt sich auch auf ein weitverzweigtes **Kontrollmitteilungssystem**; sogar eine Vorratsdatensammlung ist rechtlich erlaubt (§ 88a AO). Kontrollmitteilungen sind keine den Steuerbürger unmittelbar belastenden Verwaltungsakte, sondern eine Form der Datensammlung in den Bereichen, in denen es aufgrund von Erfahrungen zu bestimmten Steuerverkürzungen kommen kann. Ausreichend ist die potentielle Möglichkeit einer steuerlichen Relevanz der Information, die zwischen verschiedenen Behörden oder Dienststellen ausgetauscht wird. 2960

Der Außenprüfer kann anlässlich seiner Prüfung bei einem Stpfl. Verhältnisse dritter Personen feststellen und in Form einer Kontrollmitteilung an das andere Finanzamt versenden, soweit dies für die Besteuerung der anderen Person von Bedeutung ist oder die Feststellung eine unerlaubte Hilfeleistung in Steuersachen betrifft (§ 194 Abs. 3 AO, § 9 BpO). Die Fertigung von Kontrollmitteilungen ist dann geboten, wenn

- nach den Umständen des konkreten Falls,
- nach der Lebenserfahrung,
- nach dem Wissen um branchen- oder betriebsspezifische Besonderheiten,

die Möglichkeit gegeben ist, dass die steuerlichen Verhältnisse eines Dritten nicht, nicht vollständig bzw. ohne das Kontrollmaterial nicht richtig ermittelt werden können.

Typische Fallgruppen oder Anlässe sind: 2961

- Abfindungen, Einmalzahlungen, Zuschüsse;
- Vermutung von fingierten Vorgängen (Scheinfirmen, Scheingeschäfte);
- Vorgänge über Hilfsgeschäfte bzw. solche Geschäfte, die nicht branchentypisch für ein Unternehmen sind;
- Leistungen von erkennbar oder vermutet kurzlebigen Betrieben;
- Provisionen und ähnliche Vergütungen;
- Rechnungen mit ungewöhnlichem Erscheinungsbild;
- Schmiergeldzahlungen und andere Leistungsvergütungen;
- Gewährung von Vorteilen jeglicher Art, z. B. Boni und Rabatte;
- fragwürdige Zahlungsaufforderungen, ungewöhnliche Zahlungs- und Abwicklungsmodalitäten (Barzahlungen, Auslandsüberweisungen);
- Geldschenkungen, Übertragung von Bank- und Sparguthaben sowie Wertpapieren;
- unentgeltliche Einräumung bzw. Übertragung einer Beteiligung;
- Verzicht auf Darlehens- und andere Forderungen;
- Umfang der Warenverkäufe an gewerbliche Abnehmer.

XI. Das Steuerstrafverfahren

1. Die Steuerstraftaten

1.1 Überblick

2962 Das Steuerstrafrecht als Neben-Strafrecht ist nicht im StGB, sondern wegen der Sachnähe zum Steuerrecht im **8. Teil der AO** geregelt. § 369 AO zählt folgende **Steuerstraftaten** auf:

- Taten, die nach den (Einzel-)**Steuergesetzen** strafbar sind (§ 369 Abs. 1 Nr. 1 AO), wozu primär die **Steuerhinterziehung** (§ 370 AO) in allen Erscheinungsformen, also einschließlich der Hinterziehungsfälle des gewerbsmäßigen, gewaltsamen oder bandenmäßigen Schmuggels (§§ 369 Abs. 1 Nr. 2, 373 AO) gehört,
- Bannbruch (§§ 369 Abs. 1 Nr. 2, 372 AO),
- Wertzeichenfälschung und deren Verbreitung, soweit die Tat Steuerzeichen betrifft (§ 369 Abs. 1 Nr. 3 AO),
- Begünstigung einer Person, die eine der vorher genannten Taten begangen hat (§ 369 Abs. 1 Nr. 4 AO).

Es wird davon ausgegangen, dass Steuerhinterziehung **weit verbreitet** ist. Ursachen dafür sind:

- eine hohe Steuerbelastung (Steuerwiderstand),
- die Kompliziertheit des Steuerrechts,
- zu wenig Steuerkontrolle im Vorfeld,
- zu wenig Prüfungskapazitäten bei Betriebsprüfung, Steuerfahndung, Staatsanwaltschaft,
- ein geringes Unrechtsbewusstsein beim Steuerbürger,
- zu wenig Ausgabendisziplin beim Steuerstaat auf der anderen Seite („Wer Steuermoral fordert, ist Ausgabenmoral schuldig").

Über das konkrete Ausmaß der Steuerverkürzung als Teil der Wirtschaftskriminalität gibt es keine genauen Erkenntnisse – der Steuerschaden dürfte **jährlich aber über 50 Mrd. €** betragen. Für die Verfolgung der Steuerhinterziehung sind die Steuerfahndung, die Bußgeld- und Strafsachenstellen und bei schwerer Steuerkriminalität die Staatsanwaltschaften und Strafgerichte zuständig. Die Bedeutung des Steuerstrafrechts hat in letzter Zeit sowohl rechtlich als auch tatsächlich zugenommen, so dass sich der Praktiker damit beschäftigen muss. Stellvertretend und exemplarisch seien an dieser Stelle aus der Vergangenheit folgende „Brennpunkte" genannt:

- Steuerfahndungsaktivitäten bei Banken wegen des anonymisierten Geldverkehrs in Steueroasen,
- Steuer-CD-Ankäufe von Informanten ausländischer Banken,
- Prominenten-Steuerhinterziehungsfälle,
- Whistleblower (Hinweise auf Steuerbetrug durch Briefkastenfirmen in Steueroasen, „Panama Papers"),
- „Cum-Ex"-Skandal, Geschäfte mit ADR's,
- USt-Karussell-Betrug sowie
- Kassenmanipulationen.

1.2 Der Steuerhinterziehungstatbestand

Steuerhinterziehung ist eine Straftat, die mit Freiheitsstrafe bis zu 5 Jahren (§ 370 Abs. 1 AO) – in schweren Fällen von 6 Monaten bis zu 10 Jahren (§ 370 Abs. 3 AO) – oder mit Geldstrafe bestraft werden kann. Der Versuch ist strafbar (§ 370 Abs. 2 AO). Das Delikt ist wie folgt aufgebaut: 2963

Objektiver Tatbestand:

Tathandlung (§ 370 Abs. 1 AO):	Taterfolg (§ 370 Abs. 4 AO):
► Nr. 1: unrichtige oder unvollständige Angaben über steuerlich erhebliche Tatsachen gegenüber Finanzbehörden oder anderen Behörden	► Steuerverkürzung, indem Steuern nicht, nicht in voller Höhe oder nicht rechtzeitig festgesetzt werden ► Erlangung nicht gerechtfertigter Steuervorteile oder Steuervergütungen für sich oder einen anderen
► Nr. 2: pflichtwidriges in Unkenntnis lassen der Finanzbehörden über steuererhebliche Tatsachen	
► Nr. 3: pflichtwidrige Unterlassung der Verwendung von Steuerzeichen oder Steuerstempeln	

Subjektiver Tatbestand:

Vorsatz, d. h. Wissen und Wollen der Begehung der Merkmale des Steuerhinterziehungstatbestands.

BEISPIEL:

- Der Stpfl. erklärt in seiner ESt-Erklärung **bewusst** die erzielten Einnahmen nicht vollständig.
- Der Stpfl. macht **wider besseres Wissen** Werbungskosten oder Sonderausgaben geltend, die nicht angefallen sind.
- Die Vertragsparteien lassen beim Grundstückskauf beim Notar **bewusst** einen zu niedrigen Kaufpreis beurkunden: Grunderwerbsteuerhinterziehung in mittelbarer Täterschaft.
- Der Geschäftspartner stellt falsche Belege aus, damit der Stpfl. tatsächlich nicht angefallene steuermindernde Ausgaben beim Finanzamt geltend machen kann. Der Stpfl. ist Täter einer Steuerhinterziehung, der Geschäftspartner macht sich wegen Beihilfe dazu strafbar.

Die Steuerhinterziehung **verjährt als Vergehen** grundsätzlich **5 Jahre** nach Tatvollendung, während die **Steuerfestsetzungsfrist** bei Steuerhinterziehung **10 Jahre** beträgt (§ 169 Abs. 2 Satz 2 AO). Durch Änderung des § 376 AO im Jahressteuergesetz 2020 (JStG 2020) v. 21. 12. 2020, BGBl 2020 I S. 3096, ist die Verfolgungsverjährung in Fällen besonders schwerer Hinterziehung in den in § 370 Abs. 3 Satz 2 Nr. 1 bis 6 AO genannten Fällen auf 15 Jahre angehoben worden. Hinzuweisen ist auch darauf, dass durch das JStG 2020 Änderungen im StGB erfolgt sind, die eine erweiterte Abschöpfung bei Steuerhinterziehung ermöglichen sollen (§ 73e StGB). Mit einer Ergänzung durch das Zweite Corona-Steuerhilfegesetz v. 29. 6. 2020, BGBl 2020 I S. 1512, ist gesetzlich klargestellt worden, dass auch bei der Steuerhinterziehung in besonders schweren Fällen und der dort vorgesehenen Verjährungsfrist die Ruhensregelung des § 78b Abs. 4 StGB anwendbar ist. Außerdem ist die absolute Verjährungsfrist für Fälle des § 370 Abs. 3 Satz 2 Nr. 1 bis 6 AO auf das Zweieinhalbfache der gesetzlichen Verjährungsfrist verlängert worden.

1.3 Die Selbstanzeige

2964 Jeder Steuerbürger, der **bewusst** steuerunehrlich war, kann sich von einer Bestrafung „losketten", indem er die falschen steuerlichen Angaben berichtigt und die anfallenden Steuern nachzahlt. Es sind folgende **Voraussetzungen** zu erfüllen, damit der persönliche Strafaufhebungsgrund der Selbstanzeige (§ 371 AO) greift:

1. Positive Voraussetzungen

- Der Stpfl. muss zu allen Steuerstraftaten einer Steuerart in vollem Umfang die unrichtigen Angaben berichtigen, die unvollständigen Angaben ergänzen oder die unterlassenen Angaben nachholen. Die Angaben müssen zu allen nicht verjährten Steuerstraftaten einer Steuerart, mindestens aber zu allen Steuerstraftaten einer Steuerart der letzten 10 Kalenderjahre erfolgen **(Nachdeklarationspflicht gem. § 371 Abs. 1 AO).**
- Der Stpfl. muss als der an der Tat Beteiligter bei bereits eingetretenen Steuerverkürzungen oder bereits erlangten Steuervorteilen die aus der Tat zu seinen Gunsten hinterzogenen Steuern, die Hinterziehungszinsen nach § 235 AO und die Zinsen nach § 233a AO, soweit sie auf Hinterziehungszinsen nach § 235 Abs. 4 AO angerechnet werden, innerhalb der ihm bestimmten angemessenen Frist entrichten **(Nachzahlungs- bzw. Schadenswiedergutmachungspflicht gem. § 371 Abs. 3 AO).**

2. Negative Voraussetzungen („Sperrgründe")

Bei einer der zur Selbstanzeige gebrachten nicht verjährten Steuerstraftaten tritt Steuerfreiheit allerdings nicht ein, wenn vor der Berichtigung, Ergänzung oder Nachholung der Angaben bereits folgende Umstände eingetreten sind:

- Bekanntgabe einer Prüfungsanordnung nach § 196 AO an den an der Tat Beteiligten, seinen Vertreter, den Begünstigten i. S. d. § 370 Abs. 1 AO oder dessen Vertreter, wobei die Sperrwirkung auf den sachlichen und zeitlichen Umfang der angekündigten Außenprüfung beschränkt ist (§ 371 Abs. 2 Nr. 1 Buchst. a AO);
- Bekanntgabe der Einleitung des Straf- oder Bußgeldverfahrens an den an der Tat Beteiligten oder seinen Vertreter (§ 371 Abs. 2 Nr. 1 Buchst. b AO);
- Erscheinen eines Amtsträgers der Finanzbehörde zur – auf den sachlichen und zeitlichen Umfang der Außenprüfung beschränkten – steuerlichen Prüfung oder eines Amtsträgers zur Ermittlung einer Steuerstraftat oder Steuerordnungswidrigkeit (§ 371 Abs. 2 Nr. 1 Buchst. c und d AO);
- Erscheinen eines Amtsträgers der Finanzbehörde zu einer Umsatzsteuer-Nachschau (§ 27b UStG), einer Lohnsteuer-Nachschau (§ 42g EStG) oder einer Nachschau nach anderen steuerrechtlichen Vorschriften, wobei sich der Prüfer auszuweisen hat (§ 371 Abs. 2 Nr. 1 Buchst. e AO);
- Entdeckung der Steuerstraftat im Zeitpunkt der Berichtigung, Ergänzung oder Nachholung und Wissen des Täters von der Entdeckung oder „damit rechnen müssen" bei verständiger Würdigung der Sachlage (§ 371 Abs. 2 Nr. 2 AO);
- Übersteigen des Steuerverkürzungsbetrags bzw. des nicht gerechtfertigten Steuervorteils von 25 000 € je Tat (§ 371 Abs. 2 Nr. 3 AO);
- Vorliegen eines besonders schweren Falles von Steuerhinterziehung nach § 370 Abs. 3 Satz 2 Nr. 2 bis 6 AO (§ 371 Abs. 2 Nr. 4 AO);

- eine Sonderregelung enthält § 371 Abs. 2a AO für Umsatzsteuervoranmeldungen und Lohnsteueranmeldungen, bei denen eine Teil-Selbstanzeige durch Abgabe der entsprechenden Jahreserklärungen möglich ist.

3. Absehen von Strafverfolgung bei Zahlung eines Strafzuschlags

Bei **schwerer Steuerhinterziehung** bzw. dem Erlangen **ungerechtfertigter Steuervorteile von mehr als 25 000 € je Straftat** tritt Straffreiheit nicht mehr ein. Stattdessen gewährt § 398a AO ein Absehen von der Strafverfolgung (als **sog. Strafverfolgungshindernis**), wenn – neben den aus der Tat zugunsten des Stpfl. hinterzogenen Steuern, Hinterziehungszinsen nach § 235 AO und Zinsen nach § 233a AO, soweit sie auf Hinterziehungszinsen nach § 235 Abs. 4 AO angerechnet werden – **zusätzlich** ein Geldbetrag in folgender Höhe zugunsten der Staatskasse gezahlt wird (vgl. § 398a Abs. 1 AO):

- 10 % der hinterzogenen Steuer bis zu einem Hinterziehungsbetrag von 100 000 € einschließlich,
- 15 % der hinterzogenen Steuer bis zu einem Hinterziehungsbetrag von 1 Mio. € einschließlich und
- 20 % der hinterzogenen Steuer, wenn der Hinterziehungsbetrag 1 Mio. € übersteigt.

Praxishinweis: Zahlt der Stpfl. nicht oder stellt sich nach Abschluss des Steuerstrafverfahrens im Rahmen einer Selbstanzeige heraus, dass die Angaben unrichtig oder unvollständig waren, kann die Wiederaufnahme des bereits abgeschlossenen Verfahrens erfolgen. Im Übrigen gilt die Empfehlung, dass ein Steuerberater für seinen Mandanten nicht selbst die Selbstanzeige erstellen und erstatten sollte, um das Mandat für die Zukunft nicht zu gefährden. Es sollte grundsätzlich ein im Steuerstrafrecht erfahrener Rechtsverteidiger mit der Selbstanzeige-Beratung betraut werden, um nicht in die Fallstricke der mittlerweile juristisch hochkomplexen Steuerstrafrechtsmaterie zu geraten.

2. Die Steuerordnungswidrigkeiten

Steuerordnungswidrigkeiten kann die Finanzbehörde – zuständig ist die Bußgeld- und Strafsachenstelle – mit Bußgeld (im Grundsatz) bis zu 50 000 € ahnden (§ 378 Abs. 2 AO), wobei die Verfolgungsverjährung fünf Jahre beträgt (§ 384 AO). Steuerordnungswidrigkeiten sind nach §§ 377 ff. AO insbesondere: 2965

- Leichtfertige Steuerverkürzung (§ 378 Abs. 1 AO);
- Steuergefährdung durch
  - Ausstellung von Belegen, die in tatsächlicher Hinsicht unrichtig sind (§ 379 Abs. 1 Satz 1 Nr. 1 AO),
  - in den Verkehr bringen von Belegen gegen Entgelt (§ 379 Abs. 1 Satz 1 Nr. 2 AO),
  - unrichtige Verbuchung buchführungs- oder aufzeichnungspflichtiger Geschäftsvorfälle (§ 379 Abs. 1 Satz 1 Nr. 3 AO),
  - Verstöße gegen die sich aus § 146a Abs. 1 Sätze 1, 2 oder 5 AO ergebenden Verpflichtungen (§ 379 Abs. 1 Satz 1 Nr. 4 bis 6 AO),

  wenn dadurch ermöglicht wird, Steuern zu verkürzen oder nicht gerechtfertigte Steuervorteile zu erlangen;
- Nichterfüllung der Aufzeichnungsplicht des Warenausgangs i. S. des § 144 AO (§ 379 Abs. 2 Nr. 1a AO);
- Nichterfüllung der Anzeige- bzw. Mitteilungsverpflichtungen nach §§ 138, a, b, d, f, g, h, k AO (§§ 379 Abs. 2 Nr. 1, Buchst. c bis g AO);

- Verletzung der Kontenwahrheitspflicht nach § 154 Abs. 1 bis 2c AO (§ 379 Abs. 2 Nr. 2 AO);
- Gefährdung von Abzugsteuern (Lohnsteuer, Kapitalertragsteuer), vgl. § 380 AO;
- Verbrauchsteuergefährdung (§ 381 AO);
- Gefährdung von Einfuhr- und Ausfuhrabgaben (§ 382 AO);
- unzulässiger Erwerb von Steuererstattungs- und Vergütungsansprüchen (§ 383 AO);
- Pflichtverletzung bei der Übermittlung von Vollmachtdaten (§ 383b AO).

3. Das Steuerstrafverfahren im Überblick

2966 Den typischen **Ablauf eines Steuerstrafverfahrens** kann man in folgenden Stufen darstellen:

- Aufgriff eines Steuerfalls durch das Finanzamt, die Betriebsprüfung oder die Steuerfahndung (Anzeige, Kontrollmitteilung, Nichtabgabe von Steuererklärungen, fehlerhafte Buchführung, Auslandskonto, etc.);
- Einleitung des Strafverfahrens;
- Durchführung einer Durchsuchung beim Verdächtigen und Dritten (Geschäftspartner, Banken) mit dem Ziel, Sachbeweise sicherzustellen, und Beschlagnahme dieser Beweismittel;
- Auswertung des Beweismaterials an Amtsstelle;
- Zeugenvernehmungen;
- abschließende Besprechung mit dem Beschuldigten und seinem Berater – Möglichkeit einer tatsächlichen Verständigung über die Steuerverkürzungshöhe bei Schätzungen;
- steuerlicher und strafrechtlicher Bericht durch die Steuerfahndung;
- steuerliche Auswertung durch das Finanzamt – Bekanntgabe von Steuerbescheiden;
- strafrechtliche Auswertung durch die Strafsachenstelle – evtl. Abgabe des Falls an die Staatsanwaltschaft;
- Einstellung der Steuerstraftat mangels Beweisen oder wegen Geringfügigkeit;
- Einstellung bei geringer Steuerverkürzung gegen eine Geldauflage;
- Beantragung und Erlass eines Strafbefehls beim Strafrichter;
- Anklageerhebung beim Strafgericht;
- Verurteilung zu Geld- oder Freiheitsstrafe oder Freispruch;
- Steuernachzahlung und Hinterziehungszinsen.

4. Steuerliche Folgen einer Steuerstraftat

2967 Die Begehung einer Steuerhinterziehung hat u. a. folgende **Auswirkungen** im Steuerverfahrensrecht:

- Das Steuergeheimnis wird durchbrochen, steuerliche Daten dürfen wegen – allgemeinen – Straftaten nach Einleitung des Strafverfahrens und Mitteilung an den Beschuldigten den Strafverfolgungsbehörden mitgeteilt werden (§ 30 Abs. 4 Nr. 4 Buchst. a AO);
- Der Steuerhinterzieher haftet ggf. für die verkürzten Steuern (§ 71 AO);
- Die steuerliche Festsetzungsfrist verlängert sich auf 10 Jahre (§ 169 Abs. 2 Satz 2 AO);
- Ein Steuerbescheid kann auch nach einer Außenprüfung wegen neuer Tatsachen oder Beweismittel nach § 173 Abs. 1 AO geändert werden (§ 173 Abs. 2 AO);
- Hinterziehungszinsen müssen für hinterzogene Steuern gezahlt werden (§ 235 AO).

6. Kapitel:

Rechtsformwahl, Unternehmenszusammenschlüsse, Umwandlungsfragen

von
Dipl.-Kaufmann (FH) Udo Cremer, Aurich

Inhaltsverzeichnis

A. Die unterschiedlichen Rechtsformen

Bei den im Handelsrecht und im Steuerrecht getroffenen Regelungen zur unternehmerischen Betätigung knüpft der Gesetzgeber regelmäßig zunächst an die von natürlichen Einzelpersonen entfalteten Aktivitäten an. Deutlich wird dies aus dem Ersten Abschnitt des Ersten Buchs des HGB, wenn dort allgemein vom Kaufmann die Rede ist. Die Definition des steuerlichen Gewinns in § 4 Abs. 1 EStG stellt auf die Verhältnisse des Einzelunternehmers ab, wie der Wortwahl des Gesetzgebers zu entnehmen ist (vgl. 2. Kap. Rdn. 103 ff.). 1

Den einzelnen natürlichen Personen steht es frei, ihre unternehmerische Betätigung auch in anderer Weise zu organisieren. Dies ist möglich durch Beteiligung an einer Personengesellschaft oder an einer Kapitalgesellschaft. Personengesellschaften sind die OHG (§§ 105–160 HGB), die KG (§§ 161–177a HGB) und auch die Gesellschaft bürgerlichen Rechts, die GbR (705–740 BGB), ferner für den Bereich der freien Berufe die Partnerschaft nach Maßgabe des Partnerschaftsgesetzes. Als Kapitalgesellschaften kommen in Betracht die AG i. S. des AktG, die GmbH sowie die Unternehmensgesellschaft (haftungsbeschränkt) i. S. des GmbHG, die Societas Europaea (SE), die Europäische Gesellschaft i. S. des SE AG vom 22. 12. 2004 (BGBl 2004 I S. 3675) und unter bestimmten Voraussetzungen die REIT-AG i. S. des REITG vom 28. 5. 2007 (BGBl 2007 I S. 914). Als selbständige Träger von Vermögen, die auch erwerbswirtschaftlich tätig sein können, kommen auch Stiftungen in Betracht. Die Errichtung inländischer privater Stiftungen erfolgt nach Maßgabe des Rechts des in Betracht kommenden Bundeslandes. Weiter besteht die Möglichkeit, insbesondere in einem anderen EU-Staat eine Kapitalgesellschaft zu errichten, die dann vom Inland ausgeführt wird, wie dies in jüngerer Zeit z. B. mit Gesellschaften praktiziert wird, die als *private limited company by shares* (Ltd.) mit statuarischem Sitz in Großbritannien errichtet werden. 2

Ein bestehendes Gesellschaftsverhältnis kann durch ein **Treuhandverhältnis** verdeckt werden. Für die Besteuerung ist ein derartiges Treuhandverhältnis insoweit unbeachtlich, als nach § 39 Abs. 2 Nr. 1 Satz 2 AO die Wirtschaftsgüter und damit auch die Einkünfte nicht dem Treuhänder, sondern letztendlich dem Treugeber zuzurechnen sind. Dies erfordert eine Offenlegung der Treuhandverhältnisse im Besteuerungsverfahren. Danach sind steuerliche Motive für die Begründung von Treuhandverhältnissen regelmäßig auszuschließen. 3

Den Gesellschaftern von Personengesellschaften steht es unter Beachtung der gesetzlichen Rahmenbedingungen frei, ihre Rechtsverhältnisse in besonderer Weise auszugestalten. Dabei ist zu berücksichtigen, dass sich auch Kapitalgesellschaften an Personengesellschaften beteiligen, andererseits Personengesellschaften Beteiligungen an Kapitalgesellschaften halten können. Im Laufe der Zeit haben sich folgende Gesellschaftstypen herausgebildet: 4

- Ein stilles Gesellschaftsverhältnis i. S. von §§ 230 ff. HGB kann derart ausgestaltet werden, dass dem Gesellschafter eine Beteiligung an den stillen Reserven einschl. des Geschäftswerts zusteht. In diesen Fällen ist von einer **atypisch stillen Beteiligung** die Rede. Der stille Gesellschafter tritt regelmäßig nach außen nicht in Erscheinung. Steuerlich handelt es sich um eine Mitunternehmerschaft i. S. des § 15 Abs. 1 Satz 1 Nr. 2 EStG (vgl. 5. Kap. Teil A Rdn. 60 ff.). Liegt hingegen ein typisch stilles Gesellschaftsverhältnis vor, bezieht der Gesellschafter Einkünfte aus Kapitalvermögen i. S. des § 20 Abs. 1 Nr. 4 EStG (vgl. auch 5. Kap. Teil A Rdn. 270 ff.).

- Das Unternehmen, an dem die typische oder atypische stille Beteiligung begründet wird, braucht kein von natürlichen Personen betriebenes Unternehmen zu sein. Es kann sich auch um das Unternehmen einer Kapitalgesellschaft handeln. Verschiedentlich beteiligen sich die Gesellschafter einer GmbH in dieser Weise an deren Unternehmen – **GmbH & Still**.
- Es wird allgemein als zulässig erachtet, die Stellung des Komplementärs bei einer KG i. S. von §§ 161 bis 177a HGB einer Kapitalgesellschaft zu übertragen, deren Gesellschafter zugleich die Kommanditisten dieser KG sind. Weitgehend wird diese Aufgabe einer ausschließlich zu diesem Zweck gegründeten GmbH, sog. Komplementär-GmbH, übertragen, die nur mit dem Mindeststammkapital ausgestattet wird und keine Einlage in die KG zu leisten hat. Die Errichtung einer derartigen **GmbH & Co. KG** ist auch einem Einzelunternehmer möglich. Nach § 1 GmbHG kann eine GmbH durch eine einzelne Person errichtet werden. Diese Einmann-GmbH kann dann als Komplementärin mit dem bisherigen Einzelunternehmer als Kommanditisten die KG bilden. Zivilrechtlich wird diese Gesellschaftsform wegen der damit verbundenen Haftungsbeschränkungen gewählt. Steuerlich ergeben sich gegenüber einer reinen Personengesellschaft keine erheblichen Nachteile; als problematisch kann sich der eingeschränkte Verlustabzug nach § 15a EStG erweisen (5. Kap. Teil A Rdn. 139 ff.). Als Gewinnanteile sind der Komplementär-GmbH regelmäßig eine Haftungsvergütung sowie der Ersatz ihrer Auslagen für die Geschäftsführung zuzubilligen. Die Geschäftsführervergütungen sind im Ergebnis von den geschäftsführenden Gesellschaftern zu versteuern.
- Die **Unternehmergesellschaft (haftungsbeschränkt)** – auch UG (haftungsbeschränkt) – i. S. des § 5a GmbHG, die mit einem Mindestkapital von 1 € errichtet werden kann, steht nunmehr ebenfalls für die Übernahme der Funktion des Komplementärs zur Verfügung. Für eine weitestgehende Haftungsbeschränkung des Komplementärs braucht deswegen nicht mehr auf die private **limited company by shares** (Ltd.), die nach britischem Recht im Ergebnis mit keinem Mindestkapital ausgestattet werden muss, zur Errichtung einer Ltd. & Co. KG zurückgegriffen zu werden.
- Die **Unterbeteiligung** an einer Beteiligung **an einer Personengesellschaft** ist eine Innengesellschaft, entfaltet also regelmäßig keine Außenwirkung. Insbesondere werden keine unmittelbaren Rechtsbeziehungen zwischen der Personengesellschaft und dem Unterbeteiligten begründet (BFH-Urteil v. 4. 4. 1968, BStBl 1968 II S. 669; v. 27. 1. 1994, BStBl 1994 II S. 635). Unterbeteiligungsverhältnisse können als Mitunternehmerschaft i. S. des § 15 Abs. 1 Satz 1 Nr. 2 EStG oder aber als stille Gesellschaft ausgestaltet sein (vgl. 5. Kap. Teil A Rdn. 79 ff.).
- Die **Gesellschaft bürgerlichen Rechts** (§§ 705 bis 740 BGB; **GbR**) ist dann eine Mitunternehmerschaft (vgl. 5. Kap. Teil A Rdn. 79 ff.), wenn sich die Gesellschafter zum gemeinschaftlichen Betrieb eines Gewerbes zusammengeschlossen haben. Dies ist bei sog. Gelegenheitsgesellschaften, z. B. Interessengemeinschaften, Schutzgemeinschaften, Konsortien, Metaverbindungen und Pools dann nicht der Fall, wenn ihr Zweck nicht auf eine gemeinschaftliche Einkunftserzielung gerichtet ist bzw. es an der Gewinnerzielungsabsicht mangelt; davon ist z. B. auszugehen, wenn sich mehrere Ärzte jeweils für ihre eigene Erwerbstätigkeit zur gemeinschaftlichen Nutzung bestimmter medizinischer Geräte zusammenschließen. Bei **Arbeitsgemeinschaften** liegt eine Mitunternehmerschaft regelmäßig dann nicht vor, wenn sich deren Tätigkeit auf die Erfüllung eines Werkvertrags oder Werklieferungsvertrags beschränkt (§ 180 Abs. 4 AO).

5 Auf die weiteren Möglichkeiten der gewerblichen Betätigung insbesondere durch andere juristische Personen des privaten Rechts (z. B. Erwerbs- und Wirtschaftsgenossenschaften i. S. des GenG, Versicherungsverein a. G.) soll hier nicht weiter eingegangen werden.

B. Unternehmenszusammenschlüsse

I. Mehrheit von Kapitalgesellschaften

Abgesehen von den Zusammenschlüssen in der Form der GbR, die nicht auf die Ausübung einer gemeinschaftlichen Erwerbstätigkeit gerichtet sind, sind die unter Rdn. 1 ff. bezeichneten Unternehmensformen jeweils auf die Ausübung einer Erwerbstätigkeit ausgerichtet. Dies schließt nicht aus, dass die einzelne Person ihren unternehmerischen Interessen innerhalb verschiedener Unternehmen mit u. U. unterschiedlichen Rechtsformen nachgeht. Es hängt von den Interessen des Unternehmers sowie den rechtlichen und wirtschaftlichen Gegebenheiten ab, ob und in welcher Weise diese unterschiedlichen unternehmerischen Aktivitäten gebündelt und koordiniert werden. 6

Eine hierarchische Struktur lässt sich verhältnismäßig einfach mit in der Rechtsform von Kapitalgesellschaften geführten Unternehmen erreichen, indem die Beteiligungen einem einheitlich geführten Unternehmen, das als Personenunternehmen (Einzelunternehmen, Personengesellschaft) oder aber auch als Kapitalgesellschaft geführt werden kann, zugeordnet werden (Holding). 7

BEISPIEL 1: A ist als Einzelunternehmer Möbelhersteller. Er spricht mit den einzelnen Produkten unterschiedliche Kundenkreise an. 8

a) Die Produktion erfolgt weiterhin einheitlich im Einzelunternehmen. Der Vertrieb wird verschiedenen, jeweils in der Rechtsform der GmbH betriebenen Vertriebsgesellschaften (Tochtergesellschaften) übertragen. Das Gesamtunternehmen wird nach wie vor von dem Einzelunternehmen gesteuert.

b) Die unterschiedlichen Produkte werden an unterschiedlichen Orten von verschiedenen Zweigbetrieben hergestellt. A entschließt sich dazu, die einzelnen Produktionsstätten in der Rechtsform von Kapitalgesellschaften (Tochtergesellschaften) zu verselbständigen. Die wesentlichen Betriebsgrundlagen werden nunmehr von dem Einzelunternehmen an die Betriebsgesellschaften verpachtet. Das Gesamtunternehmen wird im Ergebnis weiterhin vom Einzelunternehmen aus gesteuert.

Eine weitere Strukturierung lässt sich dann dadurch erreichen, dass die Tochtergesellschaften einen Teil ihrer Aktivitäten auf von ihnen gegründete Kapitalgesellschaften übertragen, im Beispiel 1 Variante b die einzelnen Produktionsgesellschaften den Vertrieb in von ihnen gegründete Kapitalgesellschaften ausgliedern. 9

Die sich aus der gesellschaftsrechtlichen Verbundenheit ergebenden Abhängigkeiten können durch den Abschluss von Unternehmensverträgen der in §§ 291 bis 307 AktG bezeichneten Art verstärkt werden; der GmbH steht es frei, entsprechende Verträge zu schließen. Danach kann sich eine Kapitalgesellschaft verpflichten, ihre Leitung einem anderen Unternehmen zu unterstellen (Beherrschungsvertrag) oder ihren ganzen Gewinn an ein anderes Unternehmen abzuführen (Gewinnabführungsvertrag); Voraussetzung ist regelmäßig eine qualifizierte Mehrheit an der Kapitalgesellschaft. Das andere Unternehmen hat sich im Beherrschungs- oder Gewinnabführungsvertrag zur Übernahme der Jahresfehlbeträge der Kapitalgesellschaft zu verpflichten (vgl. § 302 AktG). Den Unternehmensverträgen werden u. a. auch Teilgewinnabführungsverträge sowie Betriebspachtverträge oder Betriebsüberlassungsverträge (§ 292 AktG) zugerechnet. Wesentlich ist, dass derartige Unternehmensverträge, bei denen die Rechte der Gläubi- 10 ger und der Minderheitsgesellschafter sicherzustellen sind, der Zustimmung der Hauptversammlung (Gesellschafterversammlung) bedürfen und erst mit der Eintragung in das Handelsregister wirksam werden (vgl. §§ 293, 294 AktG).

11 Bei Unternehmenszusammenschlüssen, deren Mutterunternehmen eine Kapitalgesellschaft ist, handelt es sich um **Konzerne**, die unter den Voraussetzungen des § 290 HGB zur Aufstellung eines Konzernabschlusses verpflichtet sind; wegen Einzelheiten dazu vgl. 3. Kap.

12 Im Beispiel 1 kann sich – bei Überschreiten der maßgebenden Größenmerkmale – die Verpflichtung zur Offenlegung des Jahresabschlusses des **Einzelunternehmens** aus **§ 1 Publizitätsgesetz**, des **Konzernabschlusses aus § 11 Publizitätsgesetz** ergeben.

13 *Einstweilen frei*

II. Mehrheit von Personengesellschaften

14 Die Ausgliederung einzelner unternehmerischer Aktivitäten lässt sich auch dadurch erreichen, dass sie auf gesondert errichtete Personengesellschaften übertragen werden.

15 **BEISPIEL 2:** Abwandlung des Beispiels 1 dahingehend, dass A nebeneinander mehrere Personengesellschaften in der Rechtsform der GmbH & Co. KG errichtet, bei denen jeweils eine von ihm als Alleingesellschafter errichtete GmbH Komplementär und er selbst Kommanditist ist.

16 In einem derartigen Fall wird ungeachtet der sich aus dem unterschiedlichen Gewicht des einzelnen Unternehmens ergebenden Abhängigkeiten keine hierarchisch gegliederte Unternehmensstruktur geschaffen. Die rechtliche Eingliederung einer Gesellschaft in eine andere Gesellschaft ist angesichts der formalen Gleichrangigkeit nicht möglich.

17 Eine gewisse hierarchische Struktur lässt sich dadurch erreichen, dass einer Personengesellschaft die Funktion des Komplementärs bei anderen Personengesellschaften übertragen wird.

18 **BEISPIEL 3:** A gründet als Kommanditist gemeinsam mit der von ihm allein errichteten A-GmbH als Komplementärin die A-GmbH & Co. KG, deren Aufgabe darin besteht, weiteren KG als Komplementärin und damit als geschäftsführende Gesellschafterin beizutreten, bei denen A ebenfalls Kommanditist ist. Es besteht aber auch die Möglichkeit, dass sie weiteren KG jeweils als Kommanditistin beitritt, deren Komplementärin jeweils eine von A beherrschte GmbH ist.

19 Verschiedentlich ist festzustellen, dass Personengesellschaften ausschließlich von Kapitalgesellschaften errichtet werden. Derartige Gestaltungen sind anzutreffen zum Zweck des Betreibens eines gemeinschaftlichen Unternehmens durch im Übrigen konkurrierende Unternehmensgruppen, z. B. zur Gewinnung von gleichermaßen benötigten Rohstoffen. Sie sind aber auch innerhalb eines Konzerns anzutreffen.

20 *Einstweilen frei*

C. Motive für die Rechtsformwahl

I. Allgemeine Erwägungen

Die Wahl der Rechtsform eines Unternehmens sowie von Unternehmen innerhalb eines Unternehmensverbunds wird erfahrungsgemäß von einer Vielzahl von Faktoren bestimmt, wenn auch nicht selten einem dieser Faktoren von den Beteiligten letztlich die entscheidende Bedeutung beigemessen wird. Dabei ist verschiedentlich zunächst darüber zu entscheiden, ob bestimmte Aktivitäten aus einem vorhandenen Organismus ausgegliedert oder neue Aktivitäten von einem vorhandenen oder einem neu zu errichtenden Organismus übernommen werden sollen. Soll die entsprechende Aufgabe einer neuen unternehmerischen Einheit übertragen werden, stellt sich die Frage nach der Rechtsform. Diese Entscheidung ist erfahrungsgemäß durch die bereits vorhandenen Strukturen vorgeprägt. Nachfolgend werden einige Gesichtspunkte aufgeführt, die für derartige Entscheidungen maßgebend sind. Auf steuerlich bedeutsame Faktoren wird unter Rdn. 22 ff. eingegangen. 21

- Jede unternehmerische Tätigkeit beinhaltet nicht unbeträchtliche Risiken. Deswegen wird eine möglichst weitgehende Beschränkung der **Haftungsrisiken** angestrebt. Dabei sollten jedoch die persönlichen Einwirkungsmöglichkeiten des jeweiligen Unternehmers weitgehend unberührt bleiben. Aus diesem Grund wird insbesondere im Bereich der mittelständischen Wirtschaft die Rechtsform der GmbH und der GmbH & Co. KG bevorzugt.
- In einem Unternehmensverbund werden nicht selten aus Haftungsgründen **Einzelrisiken**, z. B. Einführung neuer Produkte, auf als Kapitalgesellschaften geführte Tochterunternehmen übertragen.
- Größere Produktionsunternehmen bedienen vielfach mit weitgehend identischen Produkten unterschiedliche Märkte, z. B. Facheinzelhandel und Selbstbedienungsläden. Die Versorgung dieser **unterschiedlichen Vertriebswege** wird gesondert geführten Unternehmen innerhalb des Firmenverbunds übertragen.
- Erstrecken sich die unternehmerischen Aktivitäten auf unterschiedliche Bereiche, z. B. Herstellung unterschiedlicher Produkte mit unterschiedlicher Fertigungstiefe für verschiedene, voneinander unabhängige Märkte, werden sich diese unterschiedlichen Aktivitäten insbesondere ab einer gewissen Größenordnung des Unternehmens nur dann erfolgreich gestalten lassen, wenn eine Ausgliederung in selbständige Unternehmenseinheiten erfolgt. Zu diesem Bereich gehören vielfach auch Finanzierungsleistungen innerhalb und außerhalb des Konzerns sowie sonstige Dienstleistungen.
- Die Beteiligungen an ausländischen Tochtergesellschaften werden im Allgemeinen u. a. auch aus steuerlichen Gründen auch dann einer inländischen Kapitalgesellschaft zugeordnet, wenn das Unternehmen im Übrigen als Personengesellschaft geführt wird.
- Verschiedentlich werden Betriebsabteilungen auch aus **arbeitsrechtlichen Gründen** aus dem bisherigen Unternehmen ausgegliedert.
- Kapitalgesellschaften sind nach Maßgabe der handelsrechtlichen Rechnungslegungsvorschriften entsprechend ihrer Größenordnung in unterschiedlichem Umfang zur **Offenlegung** ihrer Jahresabschlüsse verpflichtet (§§ 325 ff. HGB). Dies gilt nach §§ 264a–264c HGB auch für Personenhandelsgesellschaften, bei denen nicht wenigstens ein persönlich haftender Gesellschafter eine natürliche Person oder eine Personengesellschaft mit einer natürlichen Person als persönlich haftendem Gesellschafter ist, so dass eine Umgehung der Offenlegungspflicht durch die Wahl der Rechtsform der „klassischen" GmbH & Co. KG nicht möglich ist.
- Die Umsetzung unternehmerischer Ideen erfordert den Einsatz von Kapital. Soweit dies nicht von der Einzelperson bereitgestellt werden kann oder soll und der Einsatz von Fremdkapital nicht in Betracht kommt, muss das erforderliche **Eigenkapital** von zu gewinnenden Partnern

bereitgestellt werden. Bei kleineren Unternehmen wird dies durch die Gewinnung von Gesellschaftern einer Personengesellschaft oder einer GmbH erreicht. Etablierte und ertragsstarke Unternehmen wählen dagegen die Rechtsform der AG, zumal sich durch entsprechend unterschiedlich ausgestaltete Aktien die Einflussmöglichkeiten der bisherigen Unternehmer weitgehend erhalten lassen.

- Die Bündelung sämtlicher unternehmerischer Interessen in nur einem Unternehmen kann sich dann als problematisch gestalten, wenn aus allgemeinen unternehmerischen Zielsetzungen einzelne unternehmerische Einheiten verhältnismäßig kurzfristig aus dem Unternehmensverbund ausgegliedert werden sollen. Unter diesen Gesichtspunkten kann es sinnvoll sein, die unternehmerischen Aktivitäten von vornherein auf mehrere selbständig lebensfähige Unternehmen zu konzentrieren.
- Die Sicherung des **Fortbestands** eines Unternehmens, einer Unternehmensgruppe **über die Gründergeneration hinaus** erfordert regelmäßig individuelle Maßnahmen. Wesentlich ist, dass die Fortführung des Unternehmens nach unternehmerischen Gesichtspunkten gewährleistet und der Abzug des für eine erfolgreiche Betätigung erforderlichen Eigenkapitals ausgeschlossen wird. Dies wird regelmäßig zu Beschränkungen auf Seiten der Rechtsnachfolger des Unternehmers führen, die nicht bereit oder nicht in der Lage sind, unternehmerische Verantwortung zu übernehmen.
- Lassen sich unternehmerische Ziele nicht allein verwirklichen, wird ein **Zusammenschluss** von **Personen bzw. Unternehmen mit gleichgerichteten Interessen** angestrebt. Dabei hängt es nicht zuletzt von dem einzelnen Ziel ab, ob nur eine verhältnismäßig lockere Bindung oder eine dauerhafte Verbindung angestrebt wird. Der Zusammenschluss mehrerer Bauunternehmen zur Durchführung nur eines Bauvorhabens zu einer **Arbeitsgemeinschaft** ist eine derartige lockere Verbindung. Wollen hingegen mehrere Bauunternehmer einer Region gemeinschaftlich ein Betonwerk betreiben, wird sich eine **auf gewisse Dauer angelegte Gesellschaftsform**, d. h. eine Personen- oder Kapitalgesellschaft anbieten.

II. Steuerliche Gesichtspunkte

1. Unterschiedliche Besteuerung von Personenunternehmen und Kapitalgesellschaften

1.1 Besteuerung nach dem Einkommen- und Körperschaftsteuergesetz

22 Die Wahl der Unternehmensform wird u. a. durch die steuerlichen Auswirkungen bestimmt. Die Bemühungen des Gesetzgebers gehen dahin, die steuerliche Belastung unternehmerischer Aktivitäten derart auszugestalten, dass es im Ergebnis keinen Unterschied macht, ob sie durch natürliche Personen unmittelbar, d. h. als Einzelunternehmer bzw. Mitunternehmer einer Personengesellschaft oder durch eine Kapitalgesellschaft ausgeübt werden. Dieses Ziel soll nach den Vorstellungen des Gesetzgebers mit dem Unternehmensteuerreformgesetz 2008 v. 14. 8. 2007 (BGBl 2007 I S. 1912) weitgehend erreicht worden sein. Danach verbleibt es dabei, dass die Einkünfte eines gewerblichen Einzelunternehmers, eines Mitunternehmers einer gewerblichen Personengesellschaft unmittelbar bei der natürlichen Person besteuert werden, die gewerblichen Gewinne im Übrigen der GewSt unterliegen, die jedoch bis zu einer gewissen Höhe auf die ESt angerechnet wird. Kapitalgesellschaften sind mit den von ihnen erzielten Einkünften weiterhin zur KSt und zur GewSt heranzuziehen. Eine Besteuerung beim Gesellschafter erfolgt erst dann und insoweit, als die Kapitalgesellschaft ihre Gewinne ausschüttet.

Die Besteuerung der Einkünfte aus Gewerbebetrieb einer natürlichen Person ist dadurch gekennzeichnet, dass die Gewinne nach den allgemeinen Tarifvorschriften zu besteuern sind und die GewSt in dem sich aus § 35 EStG ergebenden Umfang (vgl. 5. Kap. Teil A Rdn. 311 ff.) auf die ESt anzurechnen ist. Sofern und soweit die erwirtschafteten Gewinne dem Betrieb belassen werden, besteht die Möglichkeit einer ermäßigten Besteuerung der nicht entnommenen Gewinne nach § 34a EStG mit der Maßgabe, dass bei späterer Entnahme eine Nachversteuerung durchzuführen ist (vgl. 5. Kap. Teil A Rdn. 171 ff.). Eine spürbare steuerliche Entlastung tritt jedoch erst bei höheren Einkommen ein. Im Übrigen ist zu berücksichtigen, dass bei Bezug aus mehreren Einkunftsquellen vorbehaltlich der sich aus § 2a Abs. 1, § 15 Abs. 4, § 15a, § 15b und § 23 Abs. 3 EStG ergebenden Einschränkungen der Verlustausgleich und der Verlustabzug zulässig ist. 23

BEISPIEL 4: A hat in 2021 folgende Einkünfte bezogen, die keinen Beschränkungen beim Verlustausgleich und Verlustabzug unterliegen. 24

Einkünfte aus Gewerbebetrieb:	
Einzelunternehmen	500 000 €
A GmbH & Co. KG	./. 200 000 €
B GmbH & Co. KG	./. 250 000 €
C GmbH & Co. KG	./. 100 000 €
Einkünfte aus Vermietung und Verpachtung	100 000 €
Gesamtbetrag der Einkünfte	50 000 €

Die gewerblichen Beteiligungsverluste führen danach im Ergebnis dazu, dass der Gewinn aus dem Einzelunternehmen nicht mit ESt belastet wird und die im Privatvermögen bezogenen Einkünfte entlastet werden. Allerdings kommt eine Anrechnung von GewSt nach § 35 EStG bei dieser Konstellation grundsätzlich nicht in Betracht.

Im Privatvermögen bezogene Einkünfte aus Kapitalvermögen unterliegen grundsätzlich der Abgeltungsteuer und stehen deswegen für den Ausgleich mit Verlusten aus anderen Einkunftsarten nicht zur Verfügung; vgl. dazu 5. Kap. Teil A Rdn. 251 ff. 25

Kapitalgesellschaften unterliegen mit ihrem Einkommen der KSt in Höhe von 15 % zzgl. SolZ und GewSt. Dabei ist im Regelfall zu berücksichtigen, dass von anderen Kapitalgesellschaften vereinnahmte Gewinnausschüttungen aus Beteiligungen von unmittelbar mindestens 10 % zu Jahresbeginn, unabhängig davon, ob sie aus dem Inland oder Ausland stammen, nach § 8b KStG im Ergebnis zu 95 % von der KSt freizustellen sind (§ 8b Abs. 1, 4 und 5 KStG). Entsprechendes gilt für Gewinne aus der Veräußerung von Beteiligungen an in- und ausländischen Kapitalgesellschaften (§ 8b Abs. 2 KStG), unabhängig von der Beteiligungshöhe. Ein Verlustausgleich zwischen verschiedenen Kapitalgesellschaften ist auch bei bestehender Identität der Gesellschafter für sich allein nicht möglich. Dies ist nur in den Fällen der Organschaft mit Ergebnisabführungsvertrag (§§ 14–19 KStG) erreichbar. 26

BEISPIEL 5: Wandelt man das Beispiel 4 dahingehend ab, dass es sich bei den drei Personengesellschaften jeweils um eine von A beherrschte GmbH handelt, deren Ergebnisse den Verlustanteilen des A im Beispiel 4 entsprechen, ergibt sich für A folgender Gesamtbetrag der Einkünfte: 27

Einkünfte aus Gewerbebetrieb Einzelunternehmen	500 000 €
Einkünfte aus Vermietung und Verpachtung	100 000 €
Gesamtbetrag der Einkünfte	600 000 €

Die Verluste der drei GmbHs können für den VZ 2021 nicht steuerwirksam berücksichtigt werden. Sie sind bei der jeweiligen Gesellschaft nach § 8 Abs. 1 KStG i. V. m. § 10d EStG nur im Rahmen des Verlustrücktrags und des Verlustvortrags berücksichtigungsfähig.

Etwas anderes würde nur dann gelten, wenn zwischen dem Einzelunternehmen als Organträger und den GmbH als Organgesellschaften Organschaftsverhältnisse nach §§ 14–19 KStG begründet worden wären und das Einzelunternehmen aufgrund der bestehenden Gewinnabführungsverträge die Verluste der GmbH zu übernehmen hätte.

28 Ausschüttungen von Kapitalgesellschaften unterliegen bei den Gesellschaftern der Besteuerung. Bezieht eine Kapitalgesellschaft Gewinnausschüttungen von einer inländischen oder einer ausländischen Kapitalgesellschaft, werden diese für den Regelfall ab einer unmittelbaren Mindestbeteiligung von 10 % nach § 8b KStG im Ergebnis zu 95 % von der Besteuerung freigestellt. Dabei ist zu beachten, dass Bezüge von einer in einem anderen EU-Staat ansässigen Tochtergesellschaft unbelastet von Quellensteuern des anderen Staates vereinnahmt werden können. Ist die Tochtergesellschaft in einem Staat außerhalb der EU ansässig, mit dem ein DBA besteht, sieht das DBA ab einer bestimmten Mindestbeteiligung für den Regelfall die teilweise oder völlige Freistellung vom Quellensteuerabzug vor. Soweit es danach bei einer Belastung mit ausländischen Quellensteuern verbleibt, ist deren Anrechnung auf die KSt gem. § 26 KStG ausgeschlossen.

29 Die sich aus § 3 Nr. 40, § 3c Abs. 2 EStG ergebende Steuerbefreiung von 40 % kann nur dann beansprucht werden, wenn die diese Einnahmen begründenden Beteiligungen in einem Betriebsvermögen gehalten werden (vgl. 5. Kap. Teil A Rdn. 25). In den verbleibenden Fällen wird die ESt durch die einzubehaltende Abgeltungsteuer abgegolten. Bei Bezug von Gewinnausschüttungen von ausländischen Kapitalgesellschaften ist zu beachten, dass diese regelmäßig nur gekürzt um eine Quellensteuer des ausländischen Staates vereinnahmt werden können. Besteht mit dem Quellenstaat ein DBA muss im Regelfall mit einer Quellensteuer von 15 % gerechnet werden. Werden die Dividenden in einem Betriebsvermögen vereinnahmt, sind die ausländischen Quellensteuern im Rahmen der ESt-Veranlagung gem. § 34c EStG zu berücksichtigen. Bei Vereinnahmung im Privatvermögen sind ausländische Quellensteuern nach § 32d Abs. 5 EStG bis zu einem bestimmten Höchstbetrag auf die Abgeltungsteuer anzurechnen.

30 Gewinne aus der Veräußerung von Beteiligungen an in- und ausländischen Kapitalgesellschaften werden bei Körperschaften gem. § 8b KStG für den Regelfall im Ergebnis nur zu 5 % besteuert. Natürliche Personen erzielen aus der Veräußerung derartiger Beteiligungen gem. § 20 Abs. 2 Satz 1 Nr. 1 EStG Einkünfte aus Kapitalvermögen, die grundsätzlich der Abgeltungsteuer unterliegen. Bei Zugehörigkeit der Beteiligung zu einem Betriebsvermögen sowie in den Fällen des § 17 EStG unterliegen sie hingegen nach § 3 Nr. 40, § 3c Abs. 2 EStG zu 60 % der Besteuerung.

1.2 Besteuerung nach dem Gewerbesteuergesetz

31 Nach § 2 Abs. 1 GewStG unterliegt jeder Gewerbebetrieb für sich der GewSt. In den Beispielen 4 und 5 bestehen danach jeweils vier selbständig zur GewSt zu veranlagende

Betriebe. Verluste können jeweils nur bei dem einzelnen Betrieb nach § 10a GewStG vorgetragen werden. Ein Verlustausgleich zwischen einzelnen Betrieben ist auch bei Personenidentität der Betriebsinhaber ausgeschlossen.

Kapitalgesellschaften unterliegen gem. § 2 Abs. 2 Satz 1 GewStG mit ihren sämtlichen Einkünften der GewSt. Ist eine Kapitalgesellschaft nach §§ 14–19 KStG Organgesellschaft eines anderen Gewerbebetriebs – eines Organträgers – gilt sie als Betriebstätte des Organträgers und unterliegt damit nicht selbständig der GewSt. Sofern im Beispiel 5 zwischen dem Einzelunternehmen als Organträger und den drei GmbH jeweils als Organgesellschaft ein Organschaftsverhältnis i. S. von §§ 14–19 KStG begründet worden wäre, wären die Verluste der drei GmbH mit dem Gewinn des Einzelunternehmens ausgleichsfähig. 32

2. Sonstige steuerliche Erwägungen

Der Übergang von Vermögen auf die nachfolgende Generation kann Erbschaft- oder Schenkungsteuer auslösen, so dass Überlegungen zur Vermeidung, zumindest aber zur Minimierung derartiger Steuerbelastungen bei der Planung der Unternehmensstruktur nicht außer Betracht gelassen werden. Bereits allein im Interesse der Minimierung der erbschaftsteuerlichen Belastung kann es durchaus angezeigt sein, Kinder bereits zu einem verhältnismäßig frühen Zeitpunkt am unternehmerischen Vermögen zu beteiligen. 33

- Nach § 14 ErbStG sind innerhalb eines Zeitraums von zehn Jahren von einer Person anfallende Vermögensvorteile für Zwecke der Besteuerung nach dem ErbStG zusammen zu rechnen. Liegt zwischen zwei Schenkungen eines Elternteils an ein Kind ein Zeitraum von mehr als zehn Jahren, sind danach diese beiden Schenkungen völlig getrennt voneinander zu beurteilen, dies gilt sowohl für die Gewährung des persönlichen Freibetrags als auch die Anwendung der Tarifvorschriften im Übrigen.
- Weiter ist zu beachten, dass den Kindern die Einkünfte aus dem geschenkten Vermögen zuzurechnen sind und damit eine Entlastung bei dem progressiv gestalteten ESt-Tarif erreicht werden kann. Sofern und soweit die Einkünfte in Vermögenswerte transformiert werden, fallen sie bereits bei dem potenziellen Erben an. Würden sie jedoch zunächst beim Schenker anfallen, würden auch diese Vermögenswerte beim späteren Übergang auf den Erben der ErbSt unterliegen.

BEISPIEL 6: A wandelt sein Einzelunternehmen in eine GmbH & Co. KG um, an der neben ihm sein Sohn AS schenkweise als Kommanditist zu 10 % beteiligt wird. Dies hat zur Folge, dass diese Gewinnanteile bereits dem Sohn zuzurechnen und von diesem zu versteuern sind. Werden diese Gewinnanteile weitgehend dem Unternehmen belassen, wird zudem erreicht, dass insoweit bereits beim Sohn Betriebsvermögen gebildet wird. 34

Die Besteuerung des unentgeltlichen Übergangs von Betriebsvermögen und von qualifizierten Beteiligungen an Kapitalgesellschaften nach dem Erbschaftsteuer- und Schenkungsteuergesetz ist durch das Gesetz v. 4. 11. 2016 (BGBl 2016 I S. 2464) an die vom BVerfG mit Urteil v. 17. 12. 2014 (BStBl 2015 II S. 50) gestellten Anforderungen angepasst worden. 35

Die Regelungen des Sechsten Abschnitts des Zweiten Teils des BewG (§§ 157–203 BewG) zur Bewertung von dem aus Anlass von Schenkungen oder Erbfällen übergehenden Vermögen sind durch das Urteil des BVerfG v. 17. 12. 2014 (a. a. O.) nicht berührt worden; geändert wurde durch das Gesetz v. 4. 11. 2016 (a. a. O.) lediglich der nach 36

§ 203 BewG bei der Ermittlung des Ertragswerts im vereinfachten Verfahren anzuwendende Kapitalisierungsfaktor. Danach sind auch der Grundbesitz (einschließlich land- und forstwirtschaftlicher Grundstücke), nicht notierte Anteile an Kapitalgesellschaften sowie gewerbliches oder freiberufliches Betriebsvermögen mit dem Verkehrswert, dem gemeinen Wert, zu berücksichtigen. Wesentlich ist, dass nicht nur für nicht notierte Anteile an Kapitalgesellschaften, deren gemeiner Wert sich nicht aus zeitnahen Verkäufen ableiten lässt, sondern auch der gemeine Wert von gewerblichem und freiberuflichem Betriebsvermögen unter Berücksichtigung der Ertragsaussichten oder einer anderen anerkannten, auch im gewöhnlichen Geschäftsverkehr für nichtsteuerliche Zwecke üblichen Methode zu ermitteln ist. Dabei ist die Methode anzuwenden, die ein Erwerber der Bemessung des Kaufpreises zugrunde legen würde. Es ist also grundsätzlich nach den allgemein üblichen Grundsätzen zur Ermittlung des Unternehmenswerts zu verfahren. Stattdessen kann gem. § 199 BewG das vereinfachte Ertragswertverfahren i. S. des § 200 BewG angewendet werden. Auf die Erläuterungen in den Richtlinien zu den einschlägigen Vorschriften des BewG wird hingewiesen.

37 Das BVerfG hält es in seinem Urteil v. 17. 12. 2014 (a. a. O.) grundsätzlich für zulässig, den Übergang von Betriebsvermögen dann zu begünstigen, wenn der Betrieb im bisherigen Umfang über einen Mindestzeitraum fortgeführt wird. Daran wird durch das Gesetz v. 4. 11. 2016 (a. a. O.) festgehalten. Es gilt für Erwerbe, für die die Steuer nach dem 30. 6. 2016 entsteht. Dem Grunde nach wird eine Entlastung nur zugestanden, sofern und soweit der Betrieb, die Personengesellschaft, die Kapitalgesellschaft nicht vermögensverwaltend tätig ist, sondern weiterhin mindestens über einen bestimmten Zeitraum einer Erwerbstätigkeit nachgeht, die dem Erwerber zuzurechnen ist. Das danach nicht begünstigte Vermögen wird als Verwaltungsvermögen (§ 13b Abs. 4 ErbStG) umschrieben. Es ist nur in beschränktem Umfang verschonungswürdig.

Die weitestgehende Entlastung tritt bei einem Übergang von nicht mehr als 26 Mio. € begünstigtem Vermögen ein. Verbleibt ein begünstigtes Vermögen von nicht mehr als 150 000 €, ist es insgesamt von der Besteuerung freizustellen. Überschreitet das begünstigte Vermögen diesen Betrag, vermindert sich dieser Abzugsbetrag gleitend in der Weise, dass er ab einem übergegangenen Vermögen von 450 000 € insgesamt entfällt. Der Abzugsbetrag kann innerhalb von zehn Jahren für von derselben Person anfallende Erwerbe begünstigten Vermögens nur einmal berücksichtigt werden. Erwirbt eine Person innerhalb von zehn Jahren mehrmals begünstigtes Vermögen und wird dadurch die Grenze von 26 Mio. € überschritten, liegt ein sog. Großerwerb vor (§ 13c Abs. 2 ErbStG).

Der Umfang des begünstigten Vermögens ergibt sich aus § 13b ErbStG. Dazu gehört nicht das Vermögen, das nach den Wertungen des Gesetzgebers nicht den unternehmerischen Aktivitäten dient, das sog. Verwaltungsvermögen. Dabei handelt es sich im Regelfall insbesondere um an fremde Dritte überlassene Grundstücke und Grundstücksteile, Beteiligungen an Kapitalgesellschaften von nicht mehr als 25 %, Wertpapiere und vergleichbare Forderungen, nicht dem Hauptzweck des Gewerbebetriebs dienende Kunstgegenstände, Edelmetalle und Edelsteine. Bei Personengesellschaften sind Beteiligungen an einer Kapitalgesellschaft zusammenzurechnen, wenn sich die Gesellschafter verpflichtet haben, über die Anteile nur einheitlich zu verfügen oder sie ausschließlich auf andere derselben Verpflichtung unterliegende Anteilseigner zu übertragen und das Stimmrecht gegenüber nicht gebundenen Gesellschaftern nur einheitlich auszuüben.

Bei Erwerb einer Beteiligung an einer Personengesellschaft oder an einer Kapitalgesell- 38
schaft kann ein Abschlag vom begünstigten Vermögen von bis zu 30 % beansprucht werden, sofern nach Gesellschaftsvertrag oder Satzung eine Begrenzung der Entnahmen bzw. der Gewinnausschüttungen vorgesehen ist, die erlangten Anteile nur auf Angehörige i. S. des § 15 AO übertragen werden dürfen und für den Fall des Ausscheidens aus der Gesellschaft nur eine Abfindung unter dem gemeinen Wert der Beteiligung vorsehen. Diese Voraussetzungen müssen bereits zwei Jahre vor der Entstehung der Steuer vorliegen und 20 Jahre nach diesem Zeitpunkt eingehalten werden.

Bei 26 Mio. € nicht überschreitenden Erwerben begünstigten Vermögens kommt ein 39
Verschonungsabschlag von 85 % nach § 13a Abs. 1 ErbStG im Regelfall in Betracht, wenn die Lohnsumme innerhalb von fünf Jahren nach Erwerb 400 % der vom Gesetz definierten Ausgangslohnsumme nicht unterschreitet. Die Mindestlohnsumme ermäßigt sich bei nicht mehr als fünf Beschäftigten auf 0 €, bei mehr als fünf aber nicht mehr als zehn Beschäftigten auf 250 %, bei mehr als zehn aber nicht mehr als 15 Beschäftigten auf 300 % der Ausgangslohnsumme. Unterschreitet die tatsächliche Lohnsumme innerhalb der fünfjährigen Lohnsummenfrist die maßgebende Mindestlohnsumme, vermindert sich der Verschonungsabschlag mit Wirkung für die Vergangenheit entsprechend. Im Übrigen wird vorausgesetzt, dass der Erwerber über einen Zeitraum von fünf Jahren (Behaltefrist), das übergegangene begünstigte Vermögen in begünstigter Weise fortführt. Soweit diese Voraussetzung, z. B. durch Veräußerung oder Entnahme, entfällt, ohne dass eine begünstigte Reinvestition erfolgt, sind Verschonungsabschlag und Abzugsbetrag mit Wirkung für die Vergangenheit zu versagen.

Unter den Voraussetzungen des § 13a Abs. 10 ErbStG kann ein Verschonungsabschlag von 100 % beansprucht werden.

Überschreitet der Erwerb des begünstigten Vermögens 26 Mio. €, bei einem sog. Groß- 40
erwerb vermindert sich auf Antrag des Erwerbers der Verschonungsabschlag nach § 13c Abs. 1 ErbStG jeweils um einen Prozentpunkt für jede vollen 750 000 €, die den Wert des begünstigten Vermögens von 26 Mio. € übersteigt. Ab einem Wert von 90 Mio. € wird ein Verschonungsabschlag nicht mehr gewährt. Soweit der Erwerber persönlich nicht in der Lage ist, die auf das begünstigte Vermögen entfallende Steuer zu entrichten, kann diese gem. § 28a ErbStG erlassen werden.

Die auf den Erwerb von Todes wegen von begünstigtem Vermögen entfallende Steuer kann gem. § 28 Abs. 1 ErbStG auf Antrag über einen Zeitraum von bis zu sieben Jahren gestundet werden.

Gewerbebetriebe und Beteiligungen an Kapitalgesellschaften sind nach denselben 41
Grundsätzen zu bewerten. Bei der Übertragung von Vermögen auf die nachfolgende Generation ist jedoch weiterhin zu beachten, dass die Freibeträge für Kinder sowohl im Verhältnis zur Mutter als auch zum Vater ungeschmälert zu berücksichtigen sind und dementsprechend auch die Verschonungsregelungen bei der Übertragung von Betriebsvermögen im Verhältnis zu jeder Übertragung getrennt zu beurteilen sind.

42 **BEISPIEL 7:** Kommanditisten der A GmbH & Co. KG sind A zu 80 % und seine Ehefrau EA zu 20 %. Es wird erwogen, die KG zur Vorbereitung der Regelung der Unternehmensnachfolge in eine GmbH umzuwandeln. In diesem Zusammenhang ist beabsichtigt, dass A und EA jeweils 20 % ihrer Beteiligung auf ihren Sohn SA übertragen.

a) Nach Umwandlung in die GmbH überträgt A einen GmbH-Anteil von 16 %, EA einen GmbH-Anteil von 4 % auf SA. Bei der Übertragung von Anteilen von Kapitalgesellschaften kann ein Verschonungsabschlag nur beansprucht werden, wenn der Schenker am Nennkapital der Gesellschaft zu mehr als 25 % beteiligt ist (§ 13b Abs. 1 Nr. 3 ErbStG). Haben A und EA keinen Stimmrechtsbindungsvertrag geschlossen, handelt es sich bei der Übertragung von EA auf SA um keine nach §§ 13a, 13b ErbStG begünstigte Übertragung.

b) Schenken A und EA hingegen SA jeweils 20 % ihres Kommanditanteils, wird in beiden Fällen begünstigtes Vermögen i. S. des § 13b Abs. 1 Nr. 2 ErbStG übertragen. Die Verschonungsregelungen i. S. der §§ 13a, 13b ErbStG sind für beide Übertragungen gesondert zu prüfen. Entsprechendes gilt für die Berücksichtigung des Abzugsbetrages von 150 000 €.

43 *Einstweilen frei*

44 Die Unternehmensstrukturen sollten möglichst so beschaffen sein, dass Regelungen zur vorweggenommenen Erbfolge oder aber auch beabsichtigte Erbregelungen insbesondere nicht durch an sich vermeidbare ertragsteuerliche Folgen belastet werden. Probleme können sich z. B. ergeben in Fällen der Betriebsaufspaltung (5. Kap. Teil A Rdn. 51 ff.) sowie des Sonderbetriebsvermögens bei Personengesellschaften (5. Kap. Teil A Rdn. 108 ff.).

45 **BEISPIEL 8:**

a) A hat sein bisheriges Einzelunternehmen derart aufgespalten, dass die unternehmerischen Aktivitäten von der von ihm als Alleingesellschafter gegründeten A-GmbH fortgeführt werden, an die die Betriebsgrundstücke als wesentliche Betriebsgrundlagen verpachtet sind. Es liegt damit eine Betriebsaufspaltung vor. Zum notwendigen Betriebsvermögen des Besitzunternehmens gehört mithin auch die Beteiligung an der A-GmbH. A beabsichtigt, seine Rechtsnachfolge dahingehend zu regeln, dass seiner Tochter der Grundbesitz, seinem Sohn die Anteile an der GmbH übertragen werden sollen. Die Durchführung dieser Maßnahme würde zur Beendigung der Betriebsaufspaltung und damit zu einer Betriebsaufgabe führen. Die bisher angesammelten stillen Reserven wären zu versteuern (vgl. BFH-Urteil v. 17. 4. 2002, BStBl 2002 II S. 527 m. w. N.).

b) B ist Kommanditist der X-GmbH & Co. KG, der er ein Grundstück verpachtet hat. Dieses Grundstück ist demzufolge notwendiges Sonderbetriebsvermögen. B möchte sich aus dem aktiven Erwerbsleben zurückziehen. Er beabsichtigt deswegen, die Beteiligung auf seinen Sohn zu übertragen, während das Grundstück von ihm weiterhin an die KG verpachtet werden soll. Mit dem Ausscheiden des B als Mitunternehmer ist das Grundstück nicht mehr Sonderbetriebsvermögen. Aus diesem Anlass muss es entnommen werden. Die Entnahme ist gem. § 6 Abs. 1 Nr. 5 EStG mit dem Teilwert zu bewerten und führt deswegen im Regelfall zur Aufdeckung nicht unbeträchtlicher stiller Reserven, die der Regelbesteuerung unterliegen.

46 Bei Planungen zur Unternehmensnachfolge im Familienkreise sollten die bei Eintritt eines Erbfalles eintretenden ertragsteuerlichen Folgen nicht außer Betracht gelassen werden, die im BMF-Schreiben v. 14. 3. 2006 (BStBl 2006 I S. 253) ergänzt durch BMF-Schreiben v. 27. 12. 2018 (BStBl 2019 I S. 11) dargestellt werden. Zu Fragen im Zusammenhang mit der Übertragung eines Betriebs, Teilbetriebs oder Mitunternehmeranteils aus Anlass von vorweggenommenen Erbfolgeregelungen hat das BMF mit Schreiben v. 13. 1. 1993 (BStBl 1993 I S. 80), geändert durch das BMF-Schreiben v. 26. 2. 2007 (BStBl

2007 I S. 269), Stellung genommen. Zu den Rechtsfolgen bei Übertragungen unter Einräumung wiederkehrender Bezüge wird auf das BMF-Schreiben v. 11. 3. 2010 (BStBl 2010 I S. 227) hingewiesen.

Einstweilen frei 47–50

D. Veränderungen der Rechtsform

I. Das Umwandlungsgesetz

1. Rechtsentwicklung

Die Veränderung der Rechtsform eines Unternehmens führt dazu, dass das Unternehmen von einer anderen Rechtsperson, einem anderen Rechtsträger fortgeführt wird. 51

Dabei kann es sich um einen Rechtsträger mit eingeschränkter oder uneingeschränkter Rechtspersönlichkeit handeln. Die Veränderung der Rechtsform führt damit zwangsläufig zu Veränderungen der Beziehungen

- der Träger, der Gesellschafter des Unternehmens untereinander,
- zwischen Gesellschaft und Gesellschaftern,
- zwischen dem Unternehmen und der Außenwelt, z. B. gegenüber Gläubigern und Schuldnern und öffentlich-rechtlichen Körperschaften.

Die handelsrechtlichen Regelungen zu Veränderungen der Unternehmensform ergeben sich aus dem Umwandlungsgesetz v. 28. 10. 1994 (BGBl 1994 I S. 3210), zuletzt geändert durch Art. 22 des Gesetzes v. 24. 4. 2015 (BGBl 2015 I S. 642). Die zwischenzeitlichen Änderungen und Ergänzungen haben die grundsätzlichen Regelungen der ursprünglichen Fassung weitgehend nicht berührt. Ist eine Europäische Gesellschaft an dem Umwandlungsvorgang beteiligt, sind die Vorschriften der Verordnung (EG) Nr. 2157/2001 des Rates v. 8. 10. 2001 über das Statut der Europäischen Gesellschaft (SE) (ABl. EG Nr. L 294 S. 1) und des Gesetzes zur Umsetzung dieser Verordnung v. 22. 12. 2004 (BGBl 2004 I S. 3675) zu beachten. 52

2. Überblick über die Regelungen des Umwandlungsgesetzes

2.1 Allgemeines

Der Gesetzgeber bezeichnet als Rechtssubjekt nicht die Gesellschaft oder das Unternehmen, sondern allgemein den Rechtsträger. Dabei kann es sich um ein Einzelunternehmen, eine Personengesellschaft, eine Kapitalgesellschaft oder eine andere Körperschaft und dgl. handeln. Als Umwandlungen gelten 53

- die Verschmelzung (§§ 2 bis 122 UmwG),
- die Spaltung (§§ 123 bis 173 UmwG),
- die Vermögensübertragung (§§ 174 bis 189 UmwG) und
- der Formwechsel (§§ 190 bis 304 UmwG).

54 Eine **Vermögensübertragung** ist nur von Kapitalgesellschaften auf die öffentliche Hand oder zwischen Versicherungsunternehmen in den Rechtsformen von AG, Versicherungsverein a. G. oder des öffentlich-rechtlichen Versicherungsunternehmens möglich.

2.2 Die Verschmelzung

55 Unter einer **Verschmelzung** (zu Verschmelzungsbilanzen vgl. Rdn. 52 ff.) wird die Übertragung des gesamten Vermögens eines Rechtsträgers auf einen anderen Rechtsträger durch Gesamtrechtsnachfolge verstanden. Der übertragende Rechtsträger wird ohne Abwicklung aufgelöst. Seine Gesellschafter erhalten für die untergehenden Anteile Beteiligungen an dem übernehmenden Rechtsträger, der bereits bestehen (§§ 4 bis 35 UmwG) oder aber mit der Verschmelzung gegründet (§§ 36 bis 38 UmwG) werden kann. An einer Verschmelzung können nach § 3 UmwG als übertragende, übernehmende oder neue Rechtsträger beteiligt sein:

- Personenhandelsgesellschaften (OHG, KG) und Partnerschaftsgesellschaften,
- Kapitalgesellschaften (GmbH einschl. UG, AG, KGaA),
- eingetragene Genossenschaften,
- eingetragene Vereine (§ 21 BGB),
- genossenschaftliche Prüfungsverbände und
- Versicherungsvereine a. G.

56 Als übertragender Rechtsträger kommt ferner ein wirtschaftlicher Verein (§ 22 BGB), als übernehmender Rechtsträger kommen auch Einzelpersonen, die als Alleingesellschafter von Kapitalgesellschaften deren Vermögen übernehmen, in Betracht.

57 Grundsätzlich sind Verschmelzungen auf jeden anderen vorbezeichneten Rechtsträger möglich. Danach wird z. B. die Verschmelzung einer Kapitalgesellschaft auf eine Personengesellschaft, deren alleiniger persönlich haftender Gesellschafter eine Kapitalgesellschaft ist, z. B. eine GmbH & Co. KG nicht ausgeschlossen. Einschränkungen sind zu beachten bei genossenschaftlichen Prüfungsverbänden (§ 105 UmwG) und bei Versicherungsvereinen a. G. (§ 109 UmwG).

58 Besondere Regelungen zum Schutz der Gläubiger/der an der Verschmelzung beteiligten Rechtsträger ergeben sich aus § 22 UmwG. Die Inhaber von Rechten an einem übertragenden Rechtsträger, z. B. in der Form von Wandelschuldverschreibungen, Gewinnschuldverschreibungen und Genussrechten, werden durch § 23 UmwG geschützt. Zur Schadensersatzpflicht der Mitglieder des Vertretungsorgans und ggf. des Aufsichtsrats eines übertragenden Rechtsträgers wird auf §§ 25, 26 UmwG hingewiesen.

2.3 Die Spaltung

59 Bei der Spaltung von Unternehmen ist zu unterscheiden zwischen

- der Aufspaltung,
- der Abspaltung und
- der Ausgliederung von Vermögensteilen

zur Aufnahme durch einen bereits bestehenden Rechtsträger oder zur Gründung eines neuen Rechtsträgers.

Die Aufteilung des Vermögens eines Rechtsträgers unter Auflösung ohne Abwicklung auf mindestens zwei Rechtsträger, die bereits bestehen oder aus diesem Anlass entstehen, ist eine **Aufspaltung** (§ 123 Abs. 1 UmwG). Die Gesellschafter des übertragenden Rechtsträgers erhalten Anteile an den übernehmenden Rechtsträgern. Bei einer **Abspaltung** überträgt ein bestehen bleibender Rechtsträger Teile seines Vermögens auf mindestens einen bereits bestehenden oder aus diesem Anlass entstehenden Rechtsträger (§ 123 Abs. 2 UmwG). Anteile am übernehmenden Rechtsträger erhalten Gesellschafter des übertragenden Rechtsträgers. Wird Vermögen auf einen bereits bestehenden oder neu zu errichtenden Rechtsträger übertragen, dessen Anteile vom übertragenden Rechtsträger gehalten werden, liegt eine **Ausgliederung** vor (§ 123 Abs. 3 UmwG). Allen Fällen ist gemeinsam, dass das Vermögen im Wege der Sonderrechtsnachfolge, die einer teilweisen Gesamtrechtsnachfolge entspricht, auf den anderen Rechtsträger übergeht. 60

An einer Spaltung können nach § 124 Abs. 1 i.V. mit § 3 Abs. 1 UmwG als übertragende oder übernehmende Rechtsträger beteiligt sein: 61

- Personenhandelsgesellschaften (OHG, KG) und Partnerschaftsgesellschaften,
- Kapitalgesellschaften (GmbH einschl. UG, AG, KGaA),
- eingetragene Genossenschaften,
- eingetragene Vereine (§ 21 BGB),
- genossenschaftliche Prüfungsverbände und
- Versicherungsvereine a. G.

Als übertragender Rechtsträger kommen ferner wirtschaftliche Vereine (§ 22 BGB) in Betracht. An einer Ausgliederung können als übertragende Rechtsträger ferner Einzelkaufleute, Stiftungen sowie Gebietskörperschaften oder Zusammenschlüsse von Gebietskörperschaften, die nicht Gebietskörperschaften sind, beteiligt sein. 62

Durch § 125 UmwG werden für die Spaltung die Regelungen des Zweiten Buchs des UmwG zur Verschmelzung (§§ 2 bis 122 UmwG) weitgehend für entsprechend anwendbar erklärt. Besondere Vorschriften zum Schutz der Gläubiger und der Inhaber von Sonderrechten ergeben sich aus §§ 133, 134 UmwG. 63

2.4 Der Formwechsel

Bei einem **Formwechsel** wechselt ein Rechtsträger seine Rechtsform. Zivilrechtlich erfolgt kein Vermögensübergang. Dementsprechend ist im Gegensatz zu den übrigen Umwandlungen nur ein Rechtsträger beteiligt, der nach dem Formwechsel in anderer Rechtsform fortbesteht. Nach § 191 Abs. 1 UmwG können ihre Rechtsform wechseln: 64

- Personenhandelsgesellschaften (OHG, KG) und Partnerschaftsgesellschaften,
- Kapitalgesellschaften (GmbH einschl. UG, AG, KGaA),
- eingetragene Genossenschaften,
- rechtsfähige Vereine (§ 21 BGB),
- Versicherungsvereine a. G.,
- Körperschaften und Anstalten des öffentlichen Rechts.

65 Diese Rechtsträger können als neue Rechtsform grundsätzlich wählen:

- die Gesellschaft bürgerlichen Rechts,
- die Personenhandelsgesellschaft (OHG, KG) und Partnerschaftsgesellschaften,
- die Kapitalgesellschaft (GmbH, AG, KGaA) oder
- die eingetragene Genossenschaft

(§ 191 Abs. 2 UmwG). Darüber hinaus haben die formwechselnden Rechtsträger weitere rechtsformspezifische Einschränkungen zu beachten. So können

- Personenhandelsgesellschaften nach § 214 UmwG nur in Kapitalgesellschaften und eingetragene Genossenschaften,
- Partnerschaftsgesellschaften nach § 225a UmwG nur in Kapitalgesellschaften und eingetragene Genossenschaften,
- Kapitalgesellschaften nach § 226 UmwG nur in Gesellschaften bürgerlichen Rechts, Personenhandelsgesellschaften, Partnerschaftsgesellschaften, andere Kapitalgesellschaften oder eingetragene Genossenschaften

wechseln; wegen weiterer Einschränkungen vgl. §§ 258, 272, 291 und 301 UmwG.

66 Danach ist ein Formwechsel zwischen Personengesellschaften und Kapitalgesellschaften und umgekehrt möglich.

3. Die Durchführung von Umwandlungen

3.1 Allgemeine Grundsätze dargestellt am Fall der Verschmelzung

67 Sämtliche Umwandlungen haben nach den Vorstellungen des Gesetzgebers nach einheitlichen Grundsätzen zu erfolgen, die sich verallgemeinernd wie folgt zusammenfassen lassen. Dabei werden die für die Durchführung einer Verschmelzung erforderlichen Schritte dargestellt. Diesen Regelungen kommt allgemeine Bedeutung zu; sie werden – soweit sachlich gerechtfertigt – bei den übrigen Umwandlungsfällen für entsprechend anwendbar erklärt.

68 Die Vorschriften über die Verschmelzung ergeben sich aus §§ 2 bis 122m UmwG. In den Allgemeinen Vorschriften der §§ 2 bis 38 UmwG werden die bei Verschmelzungen allgemein zu beachtenden Regelungen getroffen. Dabei wird zwischen der Verschmelzung durch Aufnahme (§§ 4 bis 35 UmwG) und der Verschmelzung durch Neugründung unterschieden (§§ 36 bis 38 UmwG). Die rechtsformspezifischen Besonderheiten ergeben sich aus den besonderen Vorschriften in §§ 39 bis 122m UmwG.

- Der Umwandlung ist eine **Umwandlungsbilanz** (vgl. auch Rdn. 113 ff.) des übertragenden Rechtsträgers zugrunde zu legen, die auf einen Stichtag aufgestellt ist, der höchstens acht Monate vor dem Tag der Anmeldung zur Eintragung in das Handelsregister liegt (§ 17 Abs. 2 UmwG). Für diese Bilanz gelten die Vorschriften über die Jahresbilanz und deren Prüfung entsprechend, so dass für den übertragenden Rechtsträger aus Anlass der Umwandlung keine besonderen Bilanzierungs- und Bewertungsvorschriften gelten. Es ist danach zulässig und dementsprechend weitgehend üblich, die Schlussbilanz des letzten Geschäftsjahres des übertragenden Rechtsträgers der Umwandlung zugrunde zu legen.
- Zwischen übertragendem und übernehmendem Rechtsträger ist ein **Umwandlungsvertrag** zu schließen. In diesem Vertrag sind die Einzelheiten der vorgesehenen Umwandlung festzulegen. Dies sind bei einer Verschmelzung nach § 5 UmwG insbesondere
  - die Vereinbarung über den Übergang des Vermögens des übertragenden Rechtsträgers als Ganzes gegen Gewährung von Anteilen am übernehmenden Rechtsträger,

- das Umtauschverhältnis der Anteile, die Höhe etwaiger Zuzahlungen sowie Einzelheiten zur Übertragung dieser Anteile,
- der Stichtag der Übertragung,
- die Regelung der Rechte und Pflichten der Gesellschafter beim übernehmenden Rechtsträger, z. B. bei Personengesellschaften, die Stellung eines voll haftenden oder nur beschränkt haftenden Gesellschafters, bei GmbH der Nennbetrag der von den einzelnen Gesellschaftern zu übernehmenden Geschäftsanteile, Sonderausstattungen bestimmter Geschäftsanteile,
- Auswirkungen auf die Arbeitnehmer und deren Vertretungen.

Werden sämtliche Anteile des übertragenden Rechtsträgers vom übernehmenden Rechtsträger gehalten, sind bestimmte Angaben entbehrlich. Der Verschmelzungsvertrag oder dessen Entwurf ist den Betriebsräten der beteiligten Rechtsträger spätestens einen Monat vor der Beschlussfassung darüber zuzuleiten.

Der Verschmelzungsvertrag muss notariell beurkundet werden (§ 6 UmwG). Dabei ist zu beachten, dass bei einer Verschmelzung durch Neugründung der Gesellschaftsvertrag oder die Satzung des übernehmenden Rechtsträgers zu errichten ist. Bei der Verschmelzung auf einen bereits bestehenden Rechtsträger wird regelmäßig die Änderung des bisherigen Gesellschaftsvertrags/der bisherigen Satzung erforderlich werden.

Die Gesellschafter sind über den Inhalt des Verschmelzungsvertrags vorher zu unterrichten, bei Personengesellschaften, Partnerschaftsgesellschaften und GmbH mit der Einladung zur Gesellschafterversammlung (§§ 42, 45c, 47 UmwG), bei AG durch Einreichung zum Handelsregister und Auslage in den Geschäftsräumen (§§ 61, 63 UmwG).

- ► Über die Bedingungen, zu denen die Umwandlung erfolgt, ist ein **Umwandlungsbericht** zu erstellen, auf dessen Aufstellung jedoch unter bestimmten Voraussetzungen verzichtet werden kann (vgl. § 8 Abs. 3 UmwG). Ein ggf. aufgestellter Verschmelzungsbericht ist den Gesellschaftern zusammen mit dem Verschmelzungsvertrag bekanntzugeben.
- ► Bei der Umwandlung von Unternehmen bestimmter Rechtsformen ist eine **Umwandlungsprüfung** erforderlich. Bei AG ist z. B. nach § 60 Abs. 1 UmwG ein Verschmelzungsbericht erforderlich, sofern nicht sämtliche Anteile in einer Hand liegen (§ 9 Abs. 2 UmwG) oder alle Beteiligten notariell darauf verzichten (§ 8 Abs. 3 UmwG). Bei Personengesellschaften (§ 44 UmwG) und GmbH (§ 48 UmwG) ist eine Verschmelzungsprüfung nur auf Antrag eines Gesellschafters erforderlich. Wird z. B. durch eine Verschmelzung der aufnehmende Rechtsträger gegründet, sind nach § 36 Abs. 2 UmwG die für dessen Rechtsform geltenden Gründungsvorschriften zu beachten. Dies kann im Einzelfall die Aufstellung eines Sachgründungsberichts und eine Gründungsprüfung erforderlich machen; wegen der Ausnahmen davon vgl. für die GmbH § 58 UmwG, für die AG § 75 UmwG.
- ► Die Umwandlung ist durch die Gesellschafter vom übertragenden und übernehmenden Rechtsträger mit jeweils qualifizierter Mehrheit zu beschließen – **Umwandlungsbeschluss**. Für Verschmelzungen wird für den Regelfall eine Mehrheit von mindestens 75 % verlangt (§ 43 Abs. 2 UmwG für Personengesellschaften, § 50 Abs. 1 UmwG für GmbH, § 65 UmwG für AG). Dagegen ist bei Partnerschaftsgesellschaften die Zustimmung sämtlicher Partner erforderlich (§ 45d UmwG). In § 13 Abs. 1 UmwG wird für Verschmelzungen eine Gesellschafterversammlung vorgesehen. Der Beschluss muss notariell beurkundet werden (§ 13 Abs. 3 UmwG). Entsprechendes gilt für die Zustimmungserklärungen der bei der Versammlung nicht anwesenden Gesellschafter. Verschiedentlich sind weitere rechtsformspezifische Besonderheiten zu beachten.

- Alle beteiligten Rechtsträger haben die Umwandlung zur Eintragung an ihrem Sitz in das in Betracht kommende Register, im Regelfall das **Handelsregister** anzumelden. Der **Anmeldung** sind bei einer Verschmelzung beizufügen der Verschmelzungsvertrag, ein etwaiger Verschmelzungsbericht, erforderliche Zustimmungserklärungen, der Verschmelzungsbeschluss, ein etwaiger Prüfungsbericht, ggf. erforderliche Verzichtserklärungen, der Nachweis über die Zuleitung des Verschmelzungsvertrags an den Betriebsrat und die Bilanz des übertragenden Rechtsträgers, die auf einen nicht weiter als acht Monate zurückliegenden Stichtag aufgestellt sein muss (vgl. § 17 Abs. 2 UmwG). Bei der Anmeldung muss versichert werden, dass gegen den Verschmelzungsbeschluss keine Klage erhoben wurde (§ 16 Abs. 2 UmwG). Besonderheiten sind zu beachten, wenn mit der Verschmelzung eine Kapitalerhöhung beim aufnehmenden Rechtsträger verbunden ist (vgl. z. B. §§ 53, 66, 67, 69 UmwG).
- Die Umwandlung ist in die für die übertragenden und die übernehmenden Rechtsträger an ihrem Sitz geführten Register einzutragen. Dies hat nach § 19 Abs. 1 UmwG zunächst in das Register des übertragenden Rechtsträgers und anschließend in das Register des übernehmenden Rechtsträgers zu erfolgen. Mit der **Eintragung** der Verschmelzung in das **Handelsregister** am Sitz des übernehmenden Rechtsträgers
  - geht das Vermögen des übertragenden Rechtsträgers einschl. der Verbindlichkeiten auf den übernehmenden Rechtsträger über,
  - erlischt der übertragende Rechtsträger ohne besondere Löschung,
  - werden die Anteilsinhaber des übertragenden Rechtsträgers grundsätzlich Anteilsinhaber des übernehmenden Rechtsträgers; Ausnahmen gelten dann, wenn der Anteilsinhaber des übertragenden Rechtsträgers der übernehmende Rechtsträger ist oder der übertragende Rechtsträger eigene Anteile gehalten hat,
  - werden Mängel der notariellen Beurkundung des Verschmelzungsvertrags und ggf. erforderlicher Zustimmungs- oder Verzichtserklärungen einzelner Anteilsinhaber geheilt (vgl. § 20 UmwG).
- Die **Bekanntmachung der Eintragung** hat entsprechend den zu § 10 HGB getroffenen Regelungen zu erfolgen (§ 19 Abs. 3 UmwG).

3.2 Besonderheiten bei Spaltungen

69 Nach §§ 125, 135 UmwG sind die für die Verschmelzung geltenden Vorschriften der §§ 2 bis 122 UmwG weitgehend auch in den Fällen der Spaltung anzuwenden. Folgende Besonderheiten sind zu beachten:

- Der dem Verschmelzungsvertrag (§ 5 UmwG) entsprechende **Spaltungs- und Übernahmevertrag** (§ 126 UmwG) ist Voraussetzung für eine Spaltung durch Aufnahme. In den Fällen der Spaltung zur Neugründung tritt an dessen Stelle der inhaltsgleiche **Spaltungsplan**. Gegenüber dem Verschmelzungsvertrag sind zusätzlich Angaben über die auf den übernehmenden Rechtsträger übergehenden Vermögensgegenstände und Verbindlichkeiten (§ 126 Abs. 1 Nr. 9 UmwG) sowie die Aufteilung der Gesellschafts- oder Mitgliedschaftsrechte an dem übernehmenden Rechtsträger (§ 126 Abs. 1 Nr. 10 UmwG) erforderlich.
- Eine **Spaltungsprüfung** ist bei Ausgliederungen nach § 125 Satz 2 UmwG nicht erforderlich.
- In den Fällen der nicht verhältniswahrenden Spaltung ist die **Zustimmung zum Spaltungs- und Übernahmevertrag** sämtlicher Gesellschafter und nicht nur einer qualifizierten Mehrheit erforderlich (§ 128 UmwG). Weitere Besonderheiten bei AG ergeben sich aus §§ 141, 143 UmwG.
- Bei einem Einzelkaufmann darf eine Ausgliederung nur dann in das **Handelsregister** eingetragen werden, wenn die Verbindlichkeiten das Vermögen nicht übersteigen (§§ 152, 154 UmwG). Besonderheiten sind zu beachten bei der AG (vgl. §§ 145, 146 UmwG) und bei der GmbH (§§ 139, 140 UmwG).
- Die Wirkungen der Eintragung in das Handelsregister entsprechen nach § 131 UmwG denen in den Fällen der Verschmelzung (§ 19 UmwG). Zusätzlich ist zu beachten, dass die zeitliche Be-

grenzung der Haftung des Einzelunternehmers für in Fällen der Ausgliederung auf den neuen Rechtsträger übergegangene Verbindlichkeiten mit der Bekanntmachung der Eintragung der Ausgliederung in das Handelsregister beginnt (§ 157 Abs. 2 UmwG).

3.3 Besonderheiten beim Formwechsel

Auch für den Formwechsel sind Verfahrensregelungen getroffen worden, die in wesentlichen Teilbereichen denen für die Fälle der Verschmelzung zu beachtenden Vorschriften entsprechen. Dabei ist zu beachten, dass bei einem Formwechsel nach §§ 190 bis 304 UmwG der bisherige Rechtsträger in einer anderen Rechtsform fortbesteht. Zivilrechtlich erfolgt kein Vermögensübergang. Deswegen braucht keine Umwandlungsbilanz aufgestellt zu werden; wegen der bei der Besteuerung zu beachtenden Besonderheiten vgl. Rdn. 120 ff. und 242. Ferner ist ein Umwandlungsvertrag nicht erforderlich. Dagegen ist nach § 192 UmwG ein **Umwandlungsbericht** zu erstellen, in dem der Formwechsel und die künftige Beteiligung der Anteilsinhaber zu erläutern und zu begründen ist. Er muss einen Entwurf des Umwandlungsbeschlusses enthalten. Ein Umwandlungsbericht ist nach § 192 Abs. 2 UmwG nicht erforderlich, wenn nur ein Gesellschafter vorhanden ist bzw. wenn alle Anteilsinhaber darauf in einer notariell beurkundeten Erklärung verzichten. Ferner braucht er von einer Personenhandelsgesellschaft nicht aufgestellt zu werden, wenn sämtliche Gesellschafter zur Geschäftsführung berechtigt sind (§ 215 UmwG). 70

Eine Umwandlungsprüfung ist ebenfalls nicht vorgesehen. Nach § 197 UmwG sind jedoch grundsätzlich die für die Rechtsform geltenden Gründungsvorschriften anzuwenden. Dies gilt nicht für die Regelungen über die erforderliche Mindestanzahl von Gründern und die Bildung des ersten Aufsichtsrats. Aus § 220 Abs. 2 UmwG ist ersichtlich, dass bei Kapitalgesellschaften der Gründungs- bzw. Sachgründungsbericht um zusätzliche Angaben zu erweitern ist. Bei AG und KGaA ist die Gründungsprüfung nach § 220 Abs. 3 UmwG unverzichtbar. 71

Der **Umwandlungsbeschluss** ist in einer Versammlung der Anteilsinhaber zu fassen (§ 193 Abs. 1 UmwG). Bei dem Rechtsformwechsel einer Personengesellschaft in eine Kapitalgesellschaft ist nach § 217 Abs. 1 UmwG die Zustimmung sämtlicher Gesellschafter erforderlich. Der Gesellschaftsvertrag kann abweichend davon eine Mehrheit von mindestens 75 % der Stimmen der Gesellschafter bestimmen. Ist die Abtretung von Anteilen des formwechselnden Rechtsträgers von der Genehmigung einzelner Gesellschafter abhängig, ist deren Zustimmung zum Umwandlungsbeschluss ebenfalls erforderlich (§ 193 Abs. 2 UmwG). Die Regelungen zum Inhalt des Umwandlungsvertrags in § 194 UmwG entsprechen weitgehend denen in § 4 UmwG zum Verschmelzungsvertrag (vgl. Rdn. 55). Entsprechendes gilt für die sich aus § 218 und § 234 UmwG ergebenden rechtsformspezifischen Besonderheiten. 72

Der Formwechsel ist grundsätzlich zur **Eintragung in das Handelsregister** sowohl des formwechselnden als auch des neuen Rechtsträgers anzumelden (§ 198 UmwG). Besonderheiten sind zu beachten, wenn nicht beide Rechtsträger gleichermaßen in das Handelsregister einzutragen sind (§ 235 Abs. 1 UmwG). 73

Die Eintragung in das Handelsregister bewirkt, dass der formwechselnde Rechtsträger in der neuen Form mit denselben Anteilseignern fortbesteht (§ 202 UmwG). 74

4. Bilanzierung durch den übernehmenden Rechtsträger

75 Da der Formwechsel zu keiner Vermögensübertragung führt, ist handelsrechtlich die Buchführung des formwechselnden Rechtsträgers weiterzuführen. Die Frage der Übernahme und damit der Einbuchung von Vermögensgegenständen und Verbindlichkeiten durch den in anderer Rechtsform fortbestehenden Rechtsträger stellt sich aus Anlass des Rechtsformwechsels nicht. Damit sind insoweit besondere handelsrechtliche Bilanzierungs- und Bewertungsvorschriften nicht erforderlich.

76 **BEISPIEL 9:** Die A-GmbH, deren Geschäftsjahr dem Kalenderjahr entspricht, beschließt am 10. 3. 2021 die formwechselnde Umwandlung auf die A-AG. Die Eintragung in das Handelsregister erfolgt am 10. 9. 2021. Mit diesem Zeitpunkt wird der Formwechsel vollzogen. Die A-GmbH besteht als A-AG fort, die damit die Bücher der A-GmbH fortzuführen hat. Zum 31. 12. 2020 war eine Schlussbilanz noch für die A-GmbH aufzustellen. Dem Formwechsel ist keine Bilanz zugrunde zu legen. Die Bilanz zum 31. 12. 2021 ist für die A-AG aufzustellen. Für den Ansatz und die Bewertung der Vermögensgegenstände und Schulden sind die Grundsätze maßgebend, die auch dann anzuwenden gewesen wären, wenn der Formwechsel nicht stattgefunden hätte. Abgesehen von der Darstellung des Eigenkapitals, bei der die Sonderregelungen des AktG (§§ 150 ff. AktG) zu beachten sind, entspricht diese Bilanz der Bilanz, die von der A-GmbH auf den 31. 12. 2021 aufzustellen gewesen wäre, wenn der Formwechsel nicht stattgefunden hätte.

77 Dagegen geht sowohl bei der Verschmelzung als auch bei der Spaltung Vermögen des übertragenden Rechtsträgers auf den übernehmenden Rechtsträger über. Die der Verschmelzung/Spaltung zugrunde zulegende Bilanz (Schlussbilanz) des übertragenden Rechtsträgers ist nach § 17 Abs. 2 UmwStG entsprechend den für die Jahresbilanz geltenden Vorschriften aufzustellen. Es gelten damit die Bilanzierungs- und Bewertungsgrundsätze, die auch anzuwenden wären, wenn die Verschmelzung oder Spaltung nicht beschlossen worden wäre, so dass aus diesem Anlass keine Besonderheiten zu beachten sind.

78 In den Fällen der Übertragung von Vermögen durch Verschmelzung oder Spaltung werden durch den übernehmenden Rechtsträger als Gegenleistung für das erlangte Vermögen Gesellschaftsrechte gewährt.

79 **BEISPIEL 10:**

a) Die X-GmbH, Gesellschafter A und B, wird mit der Y-GmbH, bisheriger Alleingesellschafter C, verschmolzen. A und B werden Anteile an der Y-GmbH gewährt.

b) Die X-GmbH, Gesellschafter A und B, wird mit der aus diesem Anlass errichteten A & B-OHG verschmolzen. A und B erhalten aus diesem Anlass Beteiligungen als persönlich haftende Gesellschafter der A & B-OHG.

c) Die X-GmbH, Gesellschafter A und B, wird auf die A-GmbH, Alleingesellschafter A, und die B-GmbH, Alleingesellschafter B, aufgespalten, die aus diesem Anlass entstehen.

80 Die aufnehmenden Gesellschaften schaffen danach die übernommenen Vermögensgegenstände gegen die Gewährung der Gesellschaftsrechte entgeltlich an. Dabei entspricht der Wert der Anteile dem Wert des übernommenen Vermögens nach Abzug der Verbindlichkeiten. Die übernommenen Vermögensgegenstände werden dementsprechend jeweils mit dem ihnen beizulegenden Wert angeschafft, so dass die beim übertragenden Rechtsträger gebildeten stillen Reserven vom übernehmenden Rechtsträger aufzudecken sind.

BEISPIEL 11: Fortsetzung des Beispiels 10 Variante c: Die wesentlichen Vermögenswerte der X-GmbH bestehen in zwei Grundstücken, denen jeweils ein Wert von 2 Mio. € beizulegen ist. In der Schlussbilanz der X-GmbH werden die Grundstücke mit 1 Mio. € und 1,5 Mio. € ausgewiesen. Die Verbindlichkeiten betragen insgesamt 1 Mio. €. Weitere Vermögensgegenstände und Verbindlichkeiten sollen nicht vorhanden sein. Die Spaltung erfolgt derart, dass auf die A-GmbH und die B-GmbH jeweils eines der Grundstücke übertragen wird und von jeder der beiden Gesellschaften Verbindlichkeiten in Höhe von 500 000 € übernommen werden. Auf jede der beiden Gesellschaften ist danach ein Reinvermögen von 1,5 Mio. € übertragen worden. Dementsprechend kommt den A und B als jeweiligem Alleingesellschafter zu gewährenden Anteilen an der A-GmbH bzw. der B-GmbH jeweils ein Wert von 1,5 Mio. € zu. Unter Berücksichtigung der übernommenen Verbindlichkeiten hat jede der beiden Gesellschaften Anschaffungskosten für das jeweilige Grundstück i. H. von 2 Mio. € aufgewendet. 81

In § 24 UmwG wird für die Verschmelzungsfälle bestimmt, dass der übernehmende Rechtsträger als Anschaffungskosten i. S. des § 253 Abs. 1 HGB auch die in der Schlussbilanz des übertragenden Rechtsträgers angesetzten Werte ausweisen kann. Diese Regelung gilt nach § 125 UmwG für Spaltungen entsprechend. Den übernehmenden Rechtsträgern wird damit ein Wahlrecht eingeräumt zwischen der Fortführung der Buchwerte der übertragenden Gesellschaft und dem Ausweis des den einzelnen Vermögensgegenständen jeweils beizulegenden Werts. 82

BEISPIEL 12: Fortführung des Beispiels 11: Auf die A-GmbH geht das von der X-GmbH mit 1 Mio. € bilanzierte Grundstück, auf die B-GmbH das mit 1,5 Mio. € bilanzierte Grundstück über. Nach § 125 i.V. mit § 24 UmwG kann die A-GmbH wählen, als Anschaffungskosten für dieses Grundstück 1 Mio. oder 2 Mio. € anzusetzen, während die B-GmbH zwischen dem Ansatz mit 1,5 Mio. oder 2 Mio. € wählen kann. 83

Einstweilen frei 84–90

II. Das Umwandlungssteuergesetz

1. Überblick

Die ertragsteuerlichen Folgen von Veränderungen der Unternehmensform – Verschmelzungen, Spaltungen, Formwechsel – wurden durch Umwandlungssteuergesetze geregelt, die im Laufe der Zeit nicht nur in Einzelheiten, sondern auch in ihrer Grundkonzeption mehrfach geändert wurden. Die vom BFH zu Einzelvorschriften entwickelten Grundsätze können deswegen nicht ungeprüft für die Anwendung der aktuellen Fassung des UmwStG herangezogen werden. 91

Mit dem Gesetz über steuerliche Begleitmaßnahmen zur Einführung der Europäischen Gesellschaft und zur Änderung weiterer steuerrechtlicher Vorschriften – SEStEG – v. 7. 12. 2006 (BGBl 2006 I S. 2782) wurden die Vorschriften zur Umstrukturierung von Unternehmen den jüngsten gesellschaftsrechtlichen und steuerlichen Entwicklungen sowie den Vorgaben des Europarechts angepasst. Dem Gesetzgeber kam es darauf an, unter Beachtung der europarechtlichen Vorgaben deutsche Besteuerungsrechte zu sichern und nicht erwünschten Gestaltungen entgegen zu wirken (vgl. z. B. BR-Drucks. 542/06 S. 37). Deswegen wurden die Regelungen zur Verlagerung von stillen Reserven – die Entstrickungsvorschriften des EStG (§ 4 Abs. 1 Satz 3 EStG; vgl. dazu 2. Kap. Rdn. 115 ff.) und des KStG (§ 12 Abs. 1 KStG) fortentwickelt und aufeinander abgestimmt. Dementsprechend war auch das UmwStG entsprechend zu ändern und zu ergänzen.

92–93 *Einstweilen frei*

94 Das Umwandlungssteuerrecht wurde unter Berücksichtigung der europarechtlichen Vorgaben auf grenzüberschreitende Vorgänge mit Beteiligung von Rechtsträgern aus Mitgliedstaaten der Europäischen Union und des Europäischen Wirtschaftsraums geöffnet (vgl. § 1 UmwStG). Die Besteuerung stiller Reserven der der deutschen Besteuerung unterliegenden übertragenden Rechtsträger wird dadurch sichergestellt, dass die Wirtschaftsgüter in deren steuerlichen Schlussbilanz mit dem gemeinen Wert anzusetzen sind. Auf Antrag können die übertragenen Wirtschaftsgüter mit dem Buchwert oder einem Zwischenwert angesetzt werden, sofern die stillen Reserven betrieblich verstrickt bleiben und das inländische Besteuerungsrecht erhalten bleibt. Der übernehmende Rechtsträger hat die Wirtschaftsgüter mit dem in der steuerlichen Schlussbilanz der übertragenden Körperschaft enthaltenen Wert anzusetzen.

95 Bei Umwandlungsvorgängen, an denen lediglich der inländischen Besteuerung unterliegende Rechtsträger beteiligt sind, wird es zugelassen, auf die Aufdeckung der stillen Reserven insgesamt oder teilweise zu verzichten. Die bisherigen Sonderregelungen zur Besteuerung einbringungsgeborener Anteile (§ 21 UmwStG, § 8b Abs. 4 KStG, § 3 Nr. 40 Satz 3 und 4 EStG) und die Missbrauchsklausel (§ 26 Abs. 2 Satz 1 und 2 UmwStG) wurden durch eine Regelung ersetzt, die bei Veräußerung der Anteile innerhalb einer Frist von sieben Jahren eine nachträgliche Besteuerung des Einbringungsvorgangs vorsieht. Das UmwStG i. d. F. des Art. 6 des SEStEG (a. a. O.) ist nach § 27 Abs. 1 UmwStG auf Umwandlungen und Einbringungen anwendbar, bei denen die Anmeldung zur Eintragung in das maßgebende öffentliche Register nach dem 12. 12. 2006 erfolgt ist (vgl. dazu auch Tz. S. 01, BMF-Schreiben v. 11. 11. 2011, BStBl 2011 I S. 1314). Sofern keine Eintragung in ein öffentliches Register vorausgesetzt wird, dass das wirtschaftliche Eigentum nach dem 12. 12. 2006 übergegangen ist.

96 Das UmwStG i. d. F. des SEStEG v. 7. 12. 2006 (BGBl 2006 I S. 2782) wurde in der Folgezeit wiederholt geändert und ergänzt, zuletzt durch Art. 6 Steueränderungsgesetz 2015 v. 2. 11. 2015 (BGBl 2015 I S. 1834).

97 Danach ist das UmwStG wie folgt gegliedert

- Erster Teil – Allgemeine Vorschriften (§§ 1, 2 UmwStG),
- Zweiter Teil – Vermögensübergang bei Verschmelzung auf eine Personengesellschaft oder auf eine natürliche Person und Formwechsel einer Kapitalgesellschaft in eine Personengesellschaft (§§ 3–9 UmwStG),
- Dritter Teil – Verschmelzung oder Vermögensübertragung (Vollübertragung) auf eine andere Körperschaft (§§ 11–13 UmwStG),
- Vierter Teil – Aufspaltung, Abspaltung und Vermögensübertragung (Teilübertragung) (§§ 15, 16 UmwStG),
- Fünfter Teil – Gewerbesteuer (§ 18, 19 UmwStG),
- Sechster Teil – Einbringung von Unternehmensteilen in eine Kapitalgesellschaft oder Genossenschaft und Anteilstausch (§§ 20–23 UmwStG),
- Siebter Teil – Einbringung eines Betriebs, Teilbetriebs oder Mitunternehmeranteils in eine Personengesellschaft (§ 24 UmwStG),

- Achter Teil – Formwechsel einer Personengesellschaft in eine Kapitalgesellschaft oder Genossenschaft (§ 25 UmwStG),
- Neunter Teil – entfallen,
- Zehnter Teil – Anwendungs-, Übergangsvorschrift und Ermächtigung (§§ 27, 28 UmwStG).

Das BMF hat mit Schreiben v. 11. 11. 2011 (BStBl 2011 I S. 1314 – UmwStErl) zur Anwendung des UmwStG recht umfänglich Stellung genommen. Es sieht in Tz. 00.01 UmwStErl Übergangsregelungen zu Regelungen vor, die von der Auffassung des BMF im Schreiben v. 25. 3. 1998 (BStBl 1998 I S. 268) abweichen. Sie beziehen sich lediglich auf Fälle, in denen der Umwandlungsbeschluss bis zum 31. 12. 2011 erfolgt ist. In Tz. 00.02–00.04 UmwStErl wird unter Bezugnahme auf die Rechtsprechung des BFH darauf hingewiesen, dass es sich bei Umwandlungen und Einbringungen ertragsteuerlich sowohl auf der Ebene des übertragenden als auch der Ebene des übernehmenden Rechtsträgers um Veräußerungs- und Anschaffungsvorgänge handelt. Dies gilt abweichend von der Wertung durch das UmwG auch für die Fälle des Formwechsels von einer Kapitalgesellschaft in eine Personengesellschaft und umgekehrt. 98

2. Allgemeine Regelungen

2.1 Der Anwendungsbereich der Einzelregelungen des UmwStG

Das UmwStG regelt die ertragsteuerlichen Folgen der danach in Betracht kommenden Änderungen der Unternehmensform. Sein Anwendungsbereich beschränkt sich auf die Besteuerung nach Maßgabe des EStG, des KStG und des GewStG der betroffenen Rechtsträger und ggf. auch deren Gesellschafter (Tz. 01.02 UmwStErl). Es erstreckt sich danach nicht auf den Anwendungsbereich anderer Steuergesetze, z. B. UStG, GrEStG, ErbStG (Tz. 01.01 UmwStErl). 99

In § 1 Abs. 1–4 UmwStG wird der Anwendungsbereich der nachfolgenden Einzelregelungen bestimmt. Dabei werden die Regelungen im Zweiten bis Fünften Teil des UmwStG zur Umwandlung einer Körperschaft in eine Personengesellschaft, ein Einzelunternehmen (§§ 3–9 UmwStG), zur Verschmelzung oder Vermögensübertragung auf eine andere Körperschaft, zur Spaltung (§§ 15, 16 UmwStG) und die zu diesen drei Gruppen in §§ 18, 19 UmwStG zu den bei der GewSt eintretenden Rechtsfolgen zusammengefasst. Danach sind diese Vorschriften nur dann anwendbar, wenn 100

- eine Verschmelzung, Aufspaltung und Abspaltung i. S. der §§ 2, 123 Abs. 1 und 2 UmwG von Körperschaften oder vergleichbare ausländische Vorgänge sowie des Artikels 17 der Verordnung (EG) Nr. 2157/2001 und des Artikels 19 der Verordnung (EG) Nr. 1435/2003,
- ein Formwechsel einer Kapitalgesellschaft in eine Personengesellschaft i. S. des § 190 Abs. 1 UmwG oder vergleichbare ausländische Vorgänge,
- eine Umwandlung i. S. des § 1 Abs. 2 UmwG, soweit sie einer Umwandlung i. S. des § 1 Abs. 1 UmwG entspricht, oder
- eine Vermögensübertragung i. S. des § 174 UmwG

vorliegt und es sich dabei nicht um eine Ausgliederung i. S. des § 123 Abs. 3 UmwG handelt.

Bei diesen Vorgängen sind ausschließlich inländische Rechtsträger beteiligt – inländische Umwandlungen, vgl. dazu Tz. 01.03 ff. UmwStErl. Bei dem Wechsel einer UG in eine GmbH handelt es sich nach § 5a Abs. 5 GmbHG um einen Firmenwechsel und nicht um einen Formwechsel.

101 Ein vergleichbarer ausländischer Vorgang liegt dann vor, wenn er hinsichtlich der beteiligten Rechtsträger und der Rechtsfolgen des Vorgangs den Regelungen des UmwG vergleichbar ist, sofern die an dem jeweiligen Vorgang beteiligten Rechtsträger nach den Rechtsvorschriften eines Mitgliedstaats der EU oder eines EWR-Staates errichtet worden sind sowie Sitz und Ort der Geschäftsleitung im Hoheitsgebiet eines dieser Staaten haben. Ist übernehmender Rechtsträger eine natürliche Person, muss sie ihren Wohnsitz oder gewöhnlichen Aufenthalt innerhalb des Hoheitsgebiets eines Mitgliedstaats der EU oder eines EWR-Staates haben und nicht nach Maßgabe eines DBA in einem Drittstaat als ansässig gelten.

Eine Europäische Gesellschaft i. S. der Verordnung (EG) Nr. 2157/2001 und eine Europäische Genossenschaft i. S. der Verordnung (EG) Nr. 1435/2003 gelten als eine nach den Rechtsvorschriften des Staates ihres Sitzes gegründete Gesellschaft.

Wegen Einzelheiten vgl. Tz. 01.20 ff. und 01.49 ff. UmwStErl.

102 Die Regelungen des Sechsten bis Achten Teils des UmwStG zur Einbringung von Unternehmensteilen in eine Kapitalgesellschaft oder Genossenschaft und Anteilstausch (§§ 20–23 UmwStG), eines Betriebs, Teilbetriebs oder Mitunternehmeranteils in eine Personengesellschaft (§ 24 UmwStG) sowie zum Formwechsel einer Personengesellschaft in eine Kapitalgesellschaft oder Genossenschaft (§ 25 UmwStG) sind nach § 1 Abs. 3 UmwStG anwendbar auf

- die Verschmelzung, Aufspaltung und Abspaltung i. S. von §§ 2 und 123 Abs. 1 und 2 UmwG von Personenhandelsgesellschaften und Partnerschaftsgesellschaften oder vergleichbare ausländische Vorgänge;
- die Ausgliederung von Vermögensteilen i. S. von § 123 Abs. 3 UmwG oder vergleichbare ausländische Vorgänge;
- den Formwechsel einer Personengesellschaft in eine Kapitalgesellschaft oder Genossenschaft i. S. von § 190 Abs. 1 UmwG oder vergleichbare ausländische Vorgänge;
- die Einbringung von Betriebsvermögen durch Einzelrechtsnachfolge in eine Kapitalgesellschaft, eine Genossenschaft oder Personengesellschaft sowie
- den Austausch von Anteilen.

Auf Tz. 01.43 ff. und 01.53 ff. UmwStErl wird hingewiesen.

103–110 *Einstweilen frei*

2.2 Allgemeine Begriffsbestimmungen

111 Die in einzelnen Vorschriften zitierte EU-Richtlinie 2009/133/EG sowie die Verordnungen (EG) Nr. 2157/2001, (EG) Nr. 1435/2003 sind vorbehaltlich abweichender ausdrücklicher Bestimmung gem. § 1 Abs. 5 UmwStG in der zum steuerlichen Übertragungsstichtag jeweils geltenden Fassung anzuwenden.

112 Unter Buchwert ist für die Anwendung des UmwStG nach § 1 Abs. 5 Nr. 4 UmwStG der Wert zu verstehen, der sich nach den steuerrechtlichen Vorschriften über die Gewinnermittlung in einer für den steuerlichen Übertragungsstichtag aufzustellenden Steuerbilanz ergibt oder ergäbe. Dies gilt unabhängig davon, ob tatsächlich eine Bilanz auf-

zustellen war. Nach Tz. 01.57 UmwStErl werden steuerliche Wahlrechte durch die im UmwStG vorgegebene Bewertungsobergrenze, den gemeinen Wert, eingeschränkt. Im Einzelfall kann der gemeine Wert unter dem Buchwert liegen.

2.3 Steuerliche Rückwirkung

Die Besteuerung knüpft grundsätzlich an das Zivilrecht an. Danach könnten Einkünfte 113 und Vermögen des übertragenden Rechtsträgers dem übernehmenden Rechtsträger erst ab dem Zeitpunkt der Wirksamkeit der Verschmelzung zugerechnet werden. Aus praktischen Gründen wird jedoch in § 2 UmwStG eine Rückwirkung auf den Stichtag der Bilanz zugelassen, die dem Vermögensübergang zugrunde liegt. Dabei handelt es sich um die Bilanz, die nach § 17 Abs. 2 UmwG der Anmeldung zur Eintragung in das Handelsregister beizufügen ist (vgl. Rdn. 67 ff.). Damit ist eine steuerliche Rückwirkung grundsätzlich nur auf einen Zeitpunkt möglich, der höchstens acht Monate vor dem Tag der Anmeldung zur Eintragung in das Handelsregister liegt. Bei dieser Bilanz kann es sich um die Bilanz zum Schluss eines Wirtschaftsjahres handeln.

Die in § 2 Abs. 1 UmwStG vorgesehene Rückwirkung bezieht sich auf die Besteuerung 114 vom Einkommen und nach Maßgabe des GewStG des übertragenden Rechtsträgers und des übernehmenden Rechtsträgers, nicht hingegen von ausscheidenden und abgefundenen Anteilseignern (Tz. 02.17 ff. UmwStErl). Unerheblich ist, dass der übertragende Rechtsträger bis zur Eintragung des Umwandlungsvorgangs in das Handelsregister zivilrechtlich fortbesteht. Bei der Verschmelzung einer Kapitalgesellschaft auf eine Personengesellschaft bedeutet dies, dass die KSt-Pflicht der Kapitalgesellschaft mit dem Stichtag der dem Vermögensübergang zugrunde liegenden Bilanz endet. Vermögen und Einkünfte sind ab diesem Stichtag der übernehmenden Personengesellschaft auch dann zuzurechnen, wenn sie zivilrechtlich erst zu einem späteren Zeitpunkt errichtet wurde und/oder die Anteile an der untergehenden Kapitalgesellschaft erst zu einem späteren Zeitpunkt erworben wurden. Dementsprechend beziehen die Gesellschafter der übernehmenden Personengesellschaft ab diesem Zeitpunkt Einkünfte aus Gewerbebetrieb. Die Rechtsbeziehungen zwischen Gesellschaft und Gesellschafter sind deswegen bereits unter Beachtung des § 15 Abs. 1 Satz 1 Nr. 2 EStG zu qualifizieren (vgl. 5. Kap. Teil A Rdn. 76 ff.), so dass z. B. gezahlte Gehälter oder Zinsen nicht mehr Betriebsausgaben, sondern vorweg zuzurechnende Gewinnanteile sind (Tz. 02.04, 02.36 UmwStErl). Zur Behandlung von vor dem Umwandlungsstichtag beschlossenen Gewinnausschüttungen wird auf Tz. 02.25 ff. UmwStErl hingewiesen.

Die vorstehenden Grundsätze gelten nach § 2 Abs. 3 UmwStG bei Umwandlungsfällen 115 mit Auslandsberührung dann nicht, soweit der Vorgang aufgrund einer abweichenden Beurteilung im Ausland der Besteuerung entzogen würde (Tz. 02.38 UmwStErl). Die Vorschrift soll die Nichtbesteuerung von Einkünften aufgrund abweichender Rückwirkungsregelungen vermeiden, die sich insbesondere bei unterschiedlichen Rückwirkungszeiträumen oder unterschiedlicher Ausgestaltung der Rückwirkungsregelungen ergeben können. Für sich ausschließlich auf das Inland erstreckende Umwandlungen haben sich danach gegenüber der bisher maßgebenden Rechtslage insoweit keine Änderungen ergeben, als unter bestimmten Voraussetzungen auf die Aufdeckung stiller Reserven verzichtet werden kann.

116 Die Regelung des § 2 UmwStG bezieht sich nicht auf die Besteuerung nach Maßgabe anderer Steuergesetze, z. B. des UStG, des GrEStG, des ErbStG. Die Vorschriften des UmwStG sind insoweit insgesamt nicht anwendbar (Tz. 01.01 UmwStErl).

117 Verfügt der übertragende Rechtsträger, z. B. eine GmbH, zum maßgebenden Umwandlungsstichtag über vortragsfähige Verluste i. S. von § 10d EStG, § 10a GewStG, können diese vom übernehmenden Rechtsträger regelmäßig nicht genutzt werden, wie sich dies aus § 4 Abs. 2, § 12 Abs. 3 und § 18 Abs. 1 UmwStG (vgl. auch Rdn. 147, 173 und 201) ergibt. Eine Nutzung dieser Verluste ist danach nur noch auf der Ebene des übertragenden Rechtsträgers möglich, indem in der Übertragungsbilanz stille Reserven aufgedeckt werden. Durch § 2 Abs. 4 UmwStG soll verhindert werden, dass aufgrund der steuerlichen Rückwirkung nach § 2 Abs. 1 und 2 UmwStG gestalterisch eine Verlustnutzung (einschließlich des Erhalts eines Zinsvortrags oder eines EBITDA-Vortrags) erreicht wird. Eine Verlustnutzung ist nur dann und insoweit möglich, als diese auch ohne die steuerliche Rückwirkung möglich gewesen wäre (Tz. 02.39 UmwStErl).

Diese Beschränkungen bei der Verlustnutzung gelten nach Tz. 02.40 UmwStErl auch für Verluste des übertragenden Rechtsträgers im Rückwirkungszeitraum. Danach kann z. B. auch ein laufender Verlust des übertragenden Rechtsträgers im Rückwirkungszeitraum nicht mit den positiven Einkünften des übernehmenden Rechtsträgers ausgeglichen werden.

Durch § 2 Abs. 4 Satz 3 UmwStG i. d. F des AmtshilfeRLUmsG v. 26. 6. 2013 (BGBl 2013 I S. 1809) wird der Ausgleich oder die Verrechnung von positiven Einkünften des übertragenden Rechtsträgers im Rückwirkungszeitraum mit verrechenbaren Verlusten, verbleibenden Verlustvorträgen, nicht ausgeglichenen negativen Einkünften und einem Zinsvortrag nach § 4h Abs. 1 Satz 5 EStG des übernehmenden Rechtsträgers ausgeschlossen. Dies gilt auch, wenn der übernehmende Rechtsträger eine Organgesellschaft ist (vgl. dazu §§ 14 ff. KStG). Ist übernehmender Rechtsträger eine Personengesellschaft, gelten die Beschränkungen des § 2 Abs. 4 Satz 3 UmwStG auch für einen Ausgleich oder eine Verrechnung bei den Gesellschaftern entsprechend. Dagegen greifen diese Beschränkungen nicht, wenn übertragender Rechtsträger und übernehmender Rechtsträger vor Ablauf des steuerlichen Übertragungsstichtags verbundene Unternehmen i. S. des § 271 Abs. 2 HGB waren.

118 Auf die in § 27 Abs. 9, 10 und 12 UmwStG getroffenen Regelungen zum Inkrafttreten der unterschiedlichen Fassungen des § 2 Abs. 4 UmwStG wird hingewiesen. Zu Einzelfragen zur Anwendung des § 2 Abs. 4 UmwStG hat das FinMin Brandenburg mit Erlass v. 28. 5. 2014 (DB 2014 S. 2135) Stellung genommen.

3. Vermögensübergang auf eine Personengesellschaft oder auf eine natürliche Person

3.1 Allgemeines

119 In dem Zweiten Teil des UmwStG wird in §§ 3 bis 8 UmwStG zum Vermögensübergang von einer Körperschaft auf eine Personengesellschaft oder eine natürliche Person Stellung genommen. Dabei handelt es sich um Verschmelzungen i. S. des § 2 UmwG (vgl.

auch Rdn. 55 ff.). Weiter werden diese Regelungen durch § 9 UmwStG für den Fall des Formwechsels einer Kapitalgesellschaft in eine Personengesellschaft für entsprechend anwendbar erklärt. Auf die in § 3 Abs. 1 UmwStG vorgesehene Aufdeckung sämtlicher stiller Reserven kann nach Abs. 2 dieser Vorschrift auf Antrag u. a. dann verzichtet werden, wenn deren spätere inländische Besteuerung vollumfänglich gesichert ist. Diese Frage stellt sich nicht nur, wenn an dem Vorgang nicht im Inland ansässige Rechtsträger beteiligt sind. Beschränken sich die Aktivitäten einer GmbH z. B. auf vermögensverwaltende Tätigkeiten, die bei natürlichen Personen zu aus dem Inland bezogenen Einkünften aus Vermietung und Verpachtung führen würden, bezieht sie gem. § 8 Abs. 2 KStG gleichwohl Einkünfte aus Gewerbebetrieb. Daraus folgt aber nicht, dass die Fortsetzung der Tätigkeit der Kapitalgesellschaft nach dem Vermögensübergang bei der Personengesellschaft oder der Einzelperson ebenfalls zu Einkünften aus Gewerbebetrieb führt.

BEISPIEL 13: ▸ Der X GmbH, Gesellschafter A und B, sind nach Einstellung ihrer gewerblichen Tätigkeiten noch einige Mietwohngrundstücke verblieben. A und B beschließen deren Verschmelzung auf eine von ihnen aus diesem Anlass zu errichtende OHG. Die Aktivitäten sind derart beschaffen, dass die OHG keine Einkünfte aus Gewerbebetrieb, sondern Einkünfte aus Vermietung und Verpachtung bezieht (vgl. dazu 5. Kap. Teil A Rdn. 49 ff.). Das Betriebsvermögen der X GmbH wird damit in das Privatvermögen von A und B überführt. 120

Die im Betriebsvermögen der X GmbH gebildeten stillen Reserven können danach bei den Gesellschaftern der OHG nicht besteuert werden. Deswegen ist ein Antrag auf Fortführung der Buchwerte der X GmbH nach § 3 Abs. 2 UmwStG nicht zulässig. 121

Der übernehmende Rechtsträger hat nach § 4 Abs. 1 UmwStG die auf ihn übergegangenen Wirtschaftsgüter mit dem in der steuerlichen Schlussbilanz der übertragenden Körperschaft enthaltenen Wert i. S. des **§ 3 UmwStG** zu übernehmen. Auf die Verpflichtung des übertragenden Rechtsträger zur Aufstellung einer Schlussbilanz wird in Tz. 03.01 ff. UmwStErl hingewiesen. Grundsätzlich handelt es sich dabei um eine eigenständige Bilanz, auf die § 5b EStG entsprechend anzuwenden ist. Wegen weiterer Einzelheiten vgl. Rdn. 125 ff. 122

Der übertragende Rechtsträger verliert mit Ablauf des steuerlichen Übertragungsstichtages (vgl. Rdn. 111) seine steuerliche Rechtsfähigkeit. Verrechenbare Verluste, verbleibende Verlustvorträge oder vom übertragenden Rechtsträger nicht ausgeglichene negative Einkünfte gehen – wie bisher – nicht auf den übernehmenden Rechtsträger über (§ 4 Abs. 2 Satz 2 UmwStG); Entsprechendes gilt für den Zinsvortrag i. S. des § 4h Abs. 1 Satz 5 EStG und einem EBITDA-Vortrag nach § 4h Abs. 1 Satz 3 EStG sowie einen noch nicht abgezogenen Gewerbeverlust i. S. des § 10a GewStG (§ 18 Abs. 1 Satz 2 UmwStG). Damit liegt steuerlich insoweit keine Gesamtrechtsnachfolge vor. 123

Die Regelung des § 10 UmwStG zur Körperschaftsteuererhöhung ist aufgrund der zwischenzeitlichen Änderungen des § 38 KStG für den Regelfall ab 1. 1. 2007 gegenstandslos und deswegen gestrichen worden; beachte jedoch § 27 Abs. 6 UmwStG. 124

3.2 Steuerliche Folgen bei der übertragenden Körperschaft

Wird die Körperschaft auf eine Personengesellschaft, eine natürliche Person verschmolzen, sind die übergehenden Wirtschaftsgüter, einschließlich der nicht entgeltlich er- 125 worbenen und selbst geschaffenen immateriellen Wirtschaftsgüter, in der steuerlichen Schlussbilanz der übertragenden Körperschaft nach § 3 Abs. 1 UmwStG mit dem gemeinen Wert anzusetzen. Abweichend davon gilt für Pensionsrückstellungen § 6a EStG; vgl. dazu Tz. 03.04 ff. UmwStErl. Maßgebend ist der gemeine Wert des Betriebs in seiner Gesamtheit. Sofern er nicht aus Verkäufen abgeleitet werden kann, ist er anhand eines allgemein anerkannten ertragswert- oder zahlungsstromorientierten Verfahrens zu ermitteln, welches ein gedachter Erwerber des Betriebs der übertragenden Körperschaft bei der Bemessung des Kaufpreises zugrunde legen würde (vgl. § 109 Abs. 1 Satz 2 i.V.m. § 11 Abs. 2 BewG); dabei ist § 6a EStG zu beachten. Auf die Ausführungen in RB 11.2 ff. und RB 199.1 ff. ErbStR wird hingewiesen, die nach dem BMF-Schreiben v. 22. 9. 2001 (BStBl I 2011 S. 859) für ertragsteuerliche Zwecke entsprechend angewendet werden sollen. Der danach ermittelte gemeine Wert des Betriebs in seiner Gesamtheit ist entsprechend § 6 Abs. 1 Nr. 7 EStG im Verhältnis der Teilwerte der übergehenden Wirtschaftsgüter auf die einzelnen Wirtschaftsgüter zu verteilen. Auf Tz. 03.07–03.09 UmwStErl wird hingewiesen.

In Tz. 03.06 UmwStErl wird ausdrücklich darauf hingewiesen, dass die Ansatzverbote des § 5 EStG, z. B. für Rückstellungen wegen drohender Verluste gem. § 5 Abs. 4a EStG, nicht gelten.

126 Nach § 3 Abs. 2 UmwStG können die übergehenden Wirtschaftsgüter abweichend von dem vorstehend dargestellten Grundsätzen auf Antrag einheitlich mit dem Buchwert oder einem höheren Wert, höchstens jedoch mit dem gemeinen Wert – einem Zwischenwert – angesetzt werden, soweit

1. sie Betriebsvermögen der übernehmenden Personengesellschaft oder natürlichen Person werden und die spätere inländische Besteuerung der stillen Reserven sichergestellt ist (Tz. 03.14 ff. UmwStErl),
2. das Recht der Bundesrepublik Deutschland hinsichtlich der Besteuerung des Gewinns aus der Veräußerung der übertragenen Wirtschaftsgüter bei den Gesellschaftern der übernehmenden Personengesellschaft oder bei der natürlichen Person nicht ausgeschlossen oder beschränkt wird (Tz. 03.18 ff. UmwStErl) und
3. eine Gegenleistung nicht gewährt wird oder in Gesellschaftsrechten besteht (Tz. 03.21 ff. UmwStErl).

Gehören zum Betriebsvermögen der übertragenden Gesellschaft im Ausland belegene Vermögenswerte, bei denen anfallende Veräußerungsgewinne nicht der deutschen Besteuerung unterliegen, steht dies der Fortführung der Buchwerte nicht entgegen. Da kein Besteuerungsrecht besteht, kann es infolge des Verschmelzungsvorgangs auch nicht eingeschränkt werden (vgl. BT-Drucks. 16/2710 S. 39). Dies ist denkbar, wenn nach Maßgabe eines DBA die Besteuerung des Veräußerungsgewinns von im anderen Staat belegenem unbeweglichen Vermögen oder von Betriebsstättenvermögen ausgeschlossen ist.

127 Bei Übergang auf eine Personengesellschaft ist das Vorliegen dieser Voraussetzungen im Verhältnis zu jedem Gesellschafter gesondert zu prüfen. Geht man davon aus, dass allen Gesellschaftern lediglich Gesellschaftsrechte an der übernehmenden Personenge-

sellschaft eingeräumt werden, ist hingegen im Einzelfall nicht auszuschließen, dass die Voraussetzungen nach § 3 Abs. 2 Nr. 1 und 2 UmwStG nicht von allen Gesellschaftern der übernehmenden Personengesellschaft gleichermaßen erfüllt werden. So kann z. B. das künftige inländische Besteuerungsrecht im Verhältnis zu im Ausland ansässigen Gesellschaftern hinsichtlich einzelner Wirtschaftsgüter beeinträchtigt sein. Deswegen ist nicht auszuschließen, dass bei Beteiligung im Ausland ansässiger Gesellschafter die stillen Reserven für im Ausland belegene Wirtschaftsgüter insoweit in vollem Umfang aufzudecken sind, als sie den ausländischen Gesellschaftern zuzurechnen sind. Dagegen besteht im Verhältnis zu den im Inland ansässigen Gesellschaftern das Wahlrecht zum völligen oder teilweisen Verzicht auf die Aufdeckung der stillen Reserven. Vgl. dazu Tz. 04.24 und 03.19 UmwStErl.

128 Die Aufdeckung der stillen Reserven ist obligatorisch, wenn das Vermögen der Kapitalgesellschaft in das Privatvermögen der übernehmenden Rechtsträger übergeht. Dies ist z. B. der Fall, wenn das Vermögen ausschließlich in Grundbesitz besteht, der in einer Weise verwaltet wird, dass die übernehmende Personengesellschaft auch unter Beachtung des § 15 Abs. 3 EStG Einkünfte aus Vermietung und Verpachtung bezieht (vgl. Tz. 03.14 ff. UmwStErl).

129 Der Antrag auf Fortführung der Buchwerte oder nur teilweise Aufdeckung der stillen Reserven ist spätestens bis zur erstmaligen Abgabe der steuerlichen Schlussbilanz bei dem für die Besteuerung der übertragenden Körperschaft zuständigen Finanzamt zu stellen, vgl. Tz. 03.27 ff. sowie S. 02 UmwStErl, ferner Hinweis auf BayLfSt v. 11. 11. 2014 (DB 2014 S. 2681). Wird ausdrücklich erklärt, dass die Steuerbilanz zugleich die steuerliche Schlussbilanz ist, wird darin – vorbehaltlich abweichender Erklärungen – ein konkludenter Antrag auf Fortführung der Buchwerte gesehen.

130 In § 3 Abs. 3 UmwStG ist eine Sonderregelung u. a für den Fall getroffen worden, dass die übertragende Körperschaft auf eine Personengesellschaft ausländischen Rechts übertragen wird, sofern die übertragenen Wirtschaftsgüter einer in einem anderen EU-Staat belegenen Betriebsstätte zuzurechnen sind (Tz. 03.31 f. UmwStErl).

131 Bei § 3 UmwStG handelt es sich um eine eigenständige steuerliche Bilanzierungsvorschrift (Tz. 03.04 UmwStErl). Ansatz und Bewertung haben danach ungeachtet handelsrechtlicher Vorschriften zu erfolgen.

132 Unbeschränkt stpfl. Kapitalgesellschaften, deren Vermögen auf im Inland ansässige natürliche Personen übergeht, können danach aus Anlass der Verschmelzung auf die Aufdeckung der stillen Reserven insgesamt verzichten. Die Frage der Aufdeckung stiller Reserven wird sich dann stellen, wenn die übertragende Körperschaft noch über nach § 10d EStG und/oder nach § 10a GewStG berücksichtigungsfähige Verluste verfügt, die sich beim übernehmenden Rechtsträger steuerlich nicht mehr auswirken können (vgl. Rdn. 147). Diese Möglichkeit ist ab 29. 11. 2008 durch § 2 Abs. 4 UmwStG eingeschränkt worden (vgl. Rdn. 117 f.). Entschließt sich die übertragende Körperschaft zur teilweisen Aufdeckung stiller Reserven, stellt sich die Frage, ob es im Belieben der Kapitalgesellschaft steht, bei welchen Wirtschaftsgütern stille Reserven aufgedeckt werden sollen, oder ob dies bei sämtlichen Wirtschaftsgütern gleichmäßig zu erfolgen hat.

133 **BEISPIEL 14:** Die X GmbH soll auf der Grundlage der Bilanz zum 31.12.2021 auf die X OHG verschmolzen werden. Es stellt sich heraus, dass der sich nach den allgemeinen steuerlichen Gewinnermittlungsgrundsätzen für 2021 ergebende Gewinn dazu führen wird, dass ein Verlustvortrag nach § 10d EStG in Höhe von 200 000 € nicht genutzt werden kann. Es ist deswegen vorgesehen, in der Übertragungsbilanz stille Reserven in dieser Höhe aufzudecken. Dies könnte dadurch erreicht werden, dass die in Maschinen und Fahrzeugen in dieser Höhe ruhenden stillen Reserven aufgedeckt werden. Die stillen Reserven einschließlich des originären Firmenwerts betragen insgesamt 1 000 000 €.

134 Nach § 3 Abs. 2 Satz 1 UmwStG sind die Wirtschaftsgüter einheitlich mit dem Buchwert oder einem höheren Wert anzusetzen. Daraus folgt, dass bei teilweiser Aufdeckung von stillen Reserven, dem Ansatz von Zwischenwerten, dies bei allen in Betracht kommenden Wirtschaftsgütern anteilig zu erfolgen hat (Tz. 03.25 f. UmwStErl). Danach wären im Beispiel 14 bei sämtlichen Wirtschaftsgütern einschließlich des originären Firmenwerts jeweils 20 % der stillen Reserven aufzudecken.

135 Hat sich die übertragende Körperschaft zur Fortführung der Buchwerte entschieden, bedeutet dies, dass auch steuerfreie Rücklagen (z. B. nach § 6b EStG, R 6.6 EStR) nicht aufzulösen sind. Danach unterscheidet sich die Schlussbilanz in keiner Weise von der Bilanz, die sich bei Fortführung der Körperschaft ergeben haben würde. Die KSt-Veranlagung ist nach allgemeinen Grundsätzen durchzuführen, so dass sich gegenüber dem Fall der Fortführung der übertragenden Körperschaft auch insoweit grundsätzlich keine Abweichungen ergeben. Wurden stille Reserven ganz oder teilweise aufgedeckt, unterliegt der sich danach ergebende Gewinn ebenfalls der Besteuerung nach allgemeinen Grundsätzen. Dies gilt nach § 18 Abs. 1 UmwStG auch für die GewSt.

136–140 *Einstweilen frei*

3.3 Steuerliche Folgen beim übernehmenden Rechtsträger

3.3.1 Bilanzierung des übernommenen Vermögens

141 Der übernehmende Rechtsträger hat die auf ihn übergegangenen Wirtschaftsgüter nach § 4 Abs. 1 Satz 1 UmwStG mit dem in der steuerlichen Schlussbilanz der übertragenden Körperschaft enthaltenen Wert zu übernehmen. Dies gilt auch für die Forderungen und Verbindlichkeiten zwischen übertragender Körperschaft und übernehmendem Unternehmen (beachte dazu jedoch § 6 UmwStG; Rdn. 113 ff.) sowie sog. steuerfreie Rücklagen (Rdn. 135). Eine abweichende Bilanzierung ist nicht gestattet. Die Bilanzierung der übertragenden Körperschaft entscheidet damit zugleich über die Bilanzierung bei dem übernehmenden Rechtsträger sowie über die Entstehung eines Übernahmegewinnes oder Übernahmeverlustes (vgl. Rdn. 151 ff.). Auf Tz. 04.01 ff. UmwStErl wird hingewiesen.

142 Weiter wird dann in § 4 Abs. 1 Satz 2 UmwStG bestimmt, dass die Anteile an der übertragenden Körperschaft bei dem übernehmenden Rechtsträger zum steuerlichen Übertragungsstichtag mit dem Buchwert, erhöht um Abschreibungen, die in früheren Jahren steuerwirksam vorgenommen worden sind, sowie um Abzüge nach § 6b EStG und ähnliche Abzüge, höchstens mit dem gemeinen Wert, anzusetzen sind. Hat danach eine Zuschreibung zum bisherigen Buchwert zu erfolgen, ergibt sich ein Gewinn, der in

dem sich aus § 8b Abs. 2 Satz 4 und 5 KStG bzw. § 3 Nr. 40 Satz 1 Buchst. a Satz 2 und 3 EStG ergebenden Umfang der Besteuerung unterliegt. Vgl. auch Tz. 04.05 ff. UmwStErl.

Der übernehmende Rechtsträger tritt nach § 4 Abs. 2 Satz 1 UmwStG grundsätzlich in die Rechte und Pflichten der übertragenden Körperschaft ein. Dies ist der Fall hinsichtlich der 143

- Fortführung der AfA,
- Vornahme von Sonderabschreibungen und erhöhten Absetzungen,
- Inanspruchnahme von steuerlichen Bewertungsfreiheiten oder eines Bewertungsabschlages,
- Fortführung von den steuerlichen Gewinn mindernden Rücklagen,
- Fortführung eines niedrigeren Buchwertes nach einer Teilwertabschreibung i. S. des § 6 Abs. 1 Nr. 1 Satz 2 und Nr. 2 Satz 2 EStG und der daraus folgenden Verpflichtung zu einer etwaigen späteren Wertaufholung,
- Bemessung der Dauer der Zugehörigkeit eines Wirtschaftsgutes zum Betriebsvermögen desselben Steuerpflichtigen.

Dabei wird davon ausgegangen, dass die übertragende Körperschaft auf die Aufdeckung stiller Reserven verzichtete; für den Fall der Aufdeckung stiller Reserven wird in § 4 Abs. 3 UmwStG bestimmt, dass die AfA in den Fällen des § 7 Abs. 4 Satz 1 und Abs. 5 EStG nach der bisherigen Bemessungsgrundlage, in allen anderen Fällen nach dem Buchwert, jeweils vermehrt um den Unterschiedsbetrag zwischen dem Buchwert der einzelnen Wirtschaftsgüter und dem Wert, mit dem die Körperschaft die Wirtschaftsgüter in der steuerlichen Schlussbilanz angesetzt hat, zu bemessen ist. 144

Nach Tz. 04.16 UmwStErl sind in der Schlussbilanz des übertragenden Rechtsträgers entgegen § 5 EStG angesetzte Wirtschaftsgüter (vgl. Rdn. 125) in der Steuerbilanz des übertragenden Rechtsträgers auszuweisen und in der Folgezeit erfolgswirksam den Regelungen des § 5 EStG anzupassen. Zum Ausweis schuldrechtlicher Verpflichtungen wird auf das BMF-Schreiben v. 24. 6. 2011 (BStBl 2011 I S. 627) hingewiesen, das im Widerspruch zu der Rechtsprechung des BFH (Urteile v. 16. 12. 2009, BStBl 2011 II S. 566; v. 14. 12. 2011 – I R 72/10, BFH/NV 2012 S. 635) steht. Für nach dem 28. 11. 2013 endende Wirtschaftsjahre ist bei der Bilanzierung übernommener Verpflichtungen, die beim ursprünglich Verpflichteten Ansatzverboten, Ansatzbeschränkungen oder Bewertungsvorbehalten unterlegen haben, nach § 5 Abs. 7 EStG zu verfahren. 145

Wegen weiterer Einzelfragen wird auf Tz. 04.09–04.11 sowie 04.14, 04.15 (beachte dazu BFH v. 16. 4. 2014, BStBl 2015 II S. 303) und 04.17 UmwStErl hingewiesen. 146

Nach § 4 Abs. 2 Satz 2 UmwStG gehen verrechenbare Verluste, verbleibende Verlustvorträge oder vom übertragenden Rechtsträger nicht ausgeglichene negative Einkünfte sowie ein Zinsvortrag i. S. des § 4h Abs. 1 Satz 5 EStG und ein EBITDA-Vortrag nach § 4h Abs. 1 Satz 3 EStG (vgl. dazu 2. Kap. Rdn. 1570 ff.) nicht auf den übernehmenden Rechtsträger über. Abgesehen von den Verlustvorträgen i. S. von § 10d EStG, 10a GewStG, handelt es sich dabei insbesondere um verrechenbare Verluste i. S. des § 15a EStG, bisher nicht abgezogene Verluste aus bestimmten Einkunftsquellen, z. B. aus den in § 2a Abs. 1 EStG bezeichneten ausländischen Einkünften, aus den in § 15 Abs. 4 EStG genannten Aktivitäten (vgl. 5. Kap. Teil A Rdn. 131 ff.). 147

148 Hat der übertragende Rechtsträger Verluste einer im Ausland belegenen Betriebsstätte, deren Einkünfte von der inländischen Besteuerung freizustellen sind, bei der Ermittlung seines zu versteuernden Einkommens gem. § 2a Abs. 3 EStG a. F. bzw. § 2 Abs. 1 AuslInvG abgezogen, geht die noch bestehende Nachversteuerungspflicht nach Tz. 04.12 UmwStErl auf den übernehmenden Rechtsträger über.

149 Wird eine Unterstützungskasse i. S. des § 4d EStG auf ihr Trägerunternehmen verschmolzen, sind die Regelungen des § 4 Abs. 2 Satz 4 ff. UmwStG zu beachten. Dadurch soll vermieden werden, dass Aufwendungen für die betriebliche Altersversorgung steuerlich im Ergebnis doppelt berücksichtigt werden (vgl. Tz. 04.13 ff. UmwStErl).

150 *Einstweilen frei*

3.3.2 Übernahmegewinn und Übernahmeverlust im Regelfall

151 Mit der Verschmelzung gehen die Anteile an der übertragenden Körperschaft unter. An ihre Stelle tritt in Bilanz und Buchführung des übernehmenden Rechtsträgers das übertragene Vermögen. Dieser Vorgang vollzieht sich für den Regelfall nicht erfolgsneutral, weil sich der Buchwert der Anteile und der maßgebende Wert des übernommenen Vermögens nicht entsprechen werden.

BEISPIEL 15:

Die X GmbH, Stammkapital 200 000 € wird auf der Grundlage der Bilanz zum 31. 12. 2021 unter Fortführung der bisher maßgebenden Buchwerte auf die X GmbH & Co. KG verschmolzen, die sämtliche Anteile an der X GmbH seit Gründung mit den Anschaffungskosten von 200 000 € bilanziert hat. Zum 31. 12. 2021 ergibt sich bei der X GmbH folgender Vermögensstand:

a)

Stammkapital	200 000 €
Rücklagen einschl. Gewinnvortrag	300 000 €
Gewinn 2021	50 000 €
zu übertragendes Vermögen	550 000 €

b)

Stammkapital	200 000 €
Rücklagen einschl. Gewinnvortrag	50 000 €
Verlust 2021	100 000 €
zu übertragendes Vermögen	150 000 €

Bei der Sachverhaltsvariante a) tritt an die Stelle des bisherigen Beteiligungswertes von 200 0000 € das übernommene Vermögen von 550 000 €, so dass damit eine Vermögensmehrung von 350 000 € ausgewiesen wird.

Dagegen ergibt sich bei der Sachverhaltsvariante b) daraus eine Vermögensminderung von 50 000 €.

152 Nach § 4 Abs. 4 Satz 1 UmwStG handelt es sich bei dem Unterschiedsbetrag zwischen dem Wert des übernommenen Vermögens und dem Buchwert der Anteile an der übertragenden Körperschaft nach Berücksichtigung der Kosten für den Vermögensübergang – der Umwandlungskosten (vgl. Tz. 04.34 f. UmwStErl) – um das Übernahmeergebnis, den Übernahmegewinn oder den Übernahmeverlust. Aus dem Beispiel 15 wird deutlich, dass diese Rechtsfolge auch dann eintritt, wenn die übertragende Körperschaft kei-

nerlei stille Reserven aufgedeckt hat. Zu der Ermittlung des Übernahmeergebnisses wird in Tz. 04.27–04.33 UmwStErl mit Beispielen Stellung genommen

Wegen der Ermittlung des Übernahmegewinns/Übernahmeverlustes in den Fällen, in denen nicht sämtliche Anteile an der übertragenden zum Betriebsvermögen des übernehmenden Rechtsträgers gehören, wird auf Rdn. 157 hingewiesen. 153

Gehören zum Betriebsvermögen der übertragenden Gesellschaft Wirtschaftsgüter, bei denen ein anfallender Veräußerungsgewinn nicht der deutschen Besteuerung unterliegt, sind diese nach § 4 Abs. 4 Satz 2 UmwStG für die Ermittlung des Übernahmegewinns/Übernahmeverlusts mit dem gemeinen Wert anzusetzen, obwohl die übertragende Körperschaft auf eine Aufdeckung der stillen Reserven verzichtet hat (vgl. Rdn. 126). Auf diese Weise soll sichergestellt werden, dass diese stillen Reserven, die bei einer Veräußerung der Anteile an der Körperschaft den Kaufpreis der Anteile beeinflusst und damit der Besteuerung unterlegen haben würden, nicht der deutschen Besteuerung entzogen werden (vgl. Tz. 03.18 ff. UmwStErl). 154

Die offenen Rücklagen der übertragenden Körperschaft sind den Gesellschaftern nach § 7 UmwStG als Einnahmen i. S. des § 20 Abs. 1 Nr. 1 EStG zuzurechnen (Tz. 07.01 ff. UmwStErl). Sie mindern deswegen einen Übernahmegewinn, erhöhen einen Übernahmeverlust (§ 4 Abs. 5 Satz 2 UmwStG). Der übernehmende Rechtsträger ist zur Einbehaltung und Abführung von Kapitalertragsteuer verpflichtet. 155

Besonderheiten sind nach § 4 Abs. 5 Satz 1 UmwStG dann zu beachten, wenn bei Erwerb der Anteile an der übernehmenden Körperschaft nach § 50c EStG zu verfahren war (vgl. auch Tz. 04.37 UmwStErl). 156

3.3.3 Übernahmegewinn oder Übernahmeverlust in Sonderfällen

Gehören die Anteile an der übertragenden Körperschaft zum Übertragungsstichtag nicht zum Betriebsvermögen des übernehmenden Rechtsträgers, sind folgende Sonderregelungen zu beachten. 157

- Schafft der übernehmende Rechtsträger Anteile an der übertragenden Körperschaft erst nach dem steuerlichen Übertragungsstichtag an, wirkt diese Anschaffung nach § 5 Abs. 1 UmwStG auf diesen Stichtag zurück. Entsprechendes gilt, wenn ein Anteilseigner abgefunden wird. Nicht selten wird erst dadurch die Verschmelzung ermöglicht.
- Werden Beteiligungen an der übertragenden Körperschaft an dem Übertragungsstichtag im Privatvermögen gehalten, gelten sie nach § 5 Abs. 2 UmwStG zu diesem Zeitpunkt als mit den Anschaffungskosten in das Betriebsvermögen des übernehmenden Rechtsträgers eingelegt, sofern es sich um eine Beteiligung i. S. des § 17 EStG (vgl. 5. Kap. Teil A Rdn. 221 ff.) handelt.
- Hat der Gesellschafter des übernehmenden Rechtsträgers die Anteile an der übertragenden Körperschaft zum steuerlichen Übertragungsstichtag in einem anderen Betriebsvermögen gehalten, gelten sie nach § 5 Abs. 3 UmwStG als zu diesem Zeitpunkt in das Betriebsvermögen des übernehmenden Rechtsträgers überführt. Dies hat zum Buchwert, ggf. erhöht um Abschreibungen sowie um Abzüge nach § 6b EStG und ähnliche Abzüge, die in früheren Jahren steuerwirksam vorgenommen worden sind, höchstens jedoch mit dem gemeinen Wert zu erfolgen. Sich dadurch im Betriebsvermögen des Gesellschafters ergebende Gewinne unterliegen unter Beachtung von § 8b Abs. 2 Satz 4 und 5 KStG bzw. § 3 Nr. 40 Satz 1 Buchst. a Satz 2 und 3 EStG der Besteuerung.

158 § 5 UmwStG enthält eine abschließende Regelung für die Überführung der Anteile am übertragenden Rechtsträger in das Betriebsvermögen des übernehmenden Rechtsträgers. Eine nicht wesentliche Beteiligung i. S. des § 17 EStG an der übertragenden Körperschaft, die im Privatvermögen des Gesellschafters der aufnehmenden Personengesellschaft gehalten wird, wird danach nicht in das Betriebsvermögen überführt. Daraus folgt, dass sich bezogen auf diesen Anteil kein Übernahmegewinn oder -verlust ergeben kann.

159 Wegen weiterer Einzelheiten wird auf Tz. 05.01 ff. UmwStErl hingewiesen.

160 *Einstweilen frei*

3.3.4 Besteuerung des Übernahmegewinns, Berücksichtigung des Übernahmeverlustes

161 Ein etwaiger Übernahmegewinn unterliegt der Besteuerung. Wirtschaftlich betrachtet ist der Übernahmegewinn dem Gewinn aus der Veräußerung der Anteile vergleichbar. Deswegen sind bei dessen Besteuerung gem. § 4 Abs. 7 UmwStG folgende Besonderheiten zu beachten.

- Ist übernehmender Rechtsträger eine natürliche Person, ist § 3c Nr. 40 Satz 1 und 2 sowie § 3c EStG entsprechend anzuwenden. Entsprechendes gilt, wenn übernehmender Rechtsträger eine Personengesellschaft ist, soweit der Übernahmegewinn natürlichen Personen zuzurechnen ist.
- Sind an der übernehmenden Personengesellschaft Körperschaften, Personenvereinigungen oder Vermögensmassen i. S. des KStG beteiligt, ist hinsichtlich des diesen zuzurechnenden Übernahmegewinns nach § 8b KStG zu verfahren.

162 Eine entsprechend differenzierende Regelung ist nach § 4 Abs. 6 UmwStG auch bei der Berücksichtigung von Übernahmeverlusten zu beachten.

- Ist übernehmender Rechtsträger eine natürliche Person, ist der Übernahmeverlust im Regelfall (beachte jedoch Rdn. 117) zu 60 %, höchstens jedoch i. H. von 60 % der nach § 7 UmwStG als ausgeschüttet geltenden Rücklagen (vgl. Rdn. 117 f.) berücksichtigungsfähig. Der darüber hinausgehende Übernahmeverlust ist nicht ausgleichs- und abzugsfähig. Entsprechendes gilt, wenn übernehmender Rechtsträger eine Personengesellschaft ist, soweit der Übernahmegewinn natürlichen Personen zuzurechnen ist. Dies ist auch dann rechtmäßig, wenn der Übernahmeverlust vollständig außer Ansatz bleibt, weil keine Bezüge i. S. des § 7 UmwStG angefallen sind (BFH v. 22. 10. 2015, BStBl 2016 II S. 919). Eine Sonderregelung gilt für Kreditinstitute und Finanzunternehmen.
- Sind an der übernehmenden Personengesellschaft Körperschaften, Personenvereinigungen oder Vermögensmassen i. S. des KStG beteiligt, ist hinsichtlich des diesen zuzurechnenden Übernahmeverlustes nach § 8b KStG zu verfahren. Er ist deswegen im Regelfall nicht berücksichtigungsfähig. Besonderheiten sind bei den Kreditinstituten, auf die § 8b Abs. 7 KStG, und bei den Versicherungsunternehmen, auf die § 8b Abs. 8 KStG anwendbar ist, zu beachten.

163 Abweichend davon ist der Veräußerungsverlust steuerlich insgesamt nicht berücksichtigungsfähig, wenn bei Veräußerung der Anteile ein Veräußerungsverlust nach § 17 Abs. 2 Satz 6 EStG nicht zu berücksichtigen wäre, oder soweit die Anteile innerhalb der letzten fünf Jahre vor dem steuerlichen Übertragungsstichtag entgeltlich angeschafft worden sind. In diesen Fällen ist auch der Ausgleich mit nach § 7 UmwStG als ausgeschüttet geltenden Rücklagen ausgeschlossen. Diese Regelung soll Missbräuchen entgegenwirken.

Zur Berücksichtigung eines Übernahmeverlustes und der Besteuerung eines Übernahmegewinns wird im Übrigen auf Tz. 04.40–04.45 UmwStErl hingewiesen. 164

Wegen der bei der Besteuerung des Gewerbeertrags zu beachtenden Regelungen wird auf Rdn. 173 f. hingewiesen. 165

3.3.5 Gewinnerhöhung durch die Vereinigung von Forderungen und Verbindlichkeiten

Zwischen der übertragenden Körperschaft und dem übernehmenden Rechtsträger bestehende Forderungen und Verbindlichkeiten sind in der der Verschmelzung zugrunde gelegten Bilanz auszuweisen. Sie gehen anschließend mit der Vereinigung von Gläubiger und Schuldner – durch Konfusion – unter. Die Vereinigung von Forderungen und Verbindlichkeiten ist erfolgsneutral, wenn beide Unternehmen mit identischen Beträgen bilanziert haben, wie dies z. B. bei Darlehen regelmäßig der Fall sein wird. Wurde hingegen nicht deckungsgleich bilanziert, ergibt sich ein Gewinn. Dieser Gewinn ist nicht Teil des Übernahmegewinns oder des Übernahmeverlusts (Tz. 06.02 UmwStErl). 166

BEISPIEL 16: Die X GmbH wird auf die X GmbH & Co. KG auf der Grundlage der Bilanz zum 31. 12. 2021 verschmolzen. Sie hat zu diesem Zeitpunkt gegen die X GmbH & Co. KG Forderungen aus Lieferungen in Höhe von 500 000 €, für die zum 31. 12. 2021 zulässigerweise eine Wertberichtigung von 15 000 € gebildet wurde. Weiter war wegen bestehender Gewährleistungsverpflichtungen gegenüber der X GmbH & Co. KG eine Rückstellung von 45 000 € gebildet worden. 167

Infolge der Verschmelzung entfällt mit dem Vermögensübergang am 1. 1. 2022 die Verbindlichkeit der X GmbH & Co. KG von 500 000 €, die von der X GmbH lediglich mit 485 000 € als Forderung bilanziert wird, so dass sich dadurch ein Gewinn von 15 000 € ergibt. Weiter ist die Rückstellung von 45 000 € aufzulösen. Danach ergibt sich bei der X GmbH & Co. KG infolge der Vermögensübernahme von der X KG ein Konfusionsgewinn von 60 000 €.

Dieser Konfusionsgewinn kann von dem übernehmenden Rechtsträger in eine den steuerlichen Gewinn mindernde Rücklage eingestellt werden (§ 6 Abs. 1 und 2 UmwStG), die in den auf ihre Bildung folgenden drei Wirtschaftsjahren mit jeweils mindestens je einem Drittel aufzulösen ist. Wegen der Besonderheiten bei Versorgungszusagen an Gesellschafter der übertragenden Kapitalgesellschaft wird auf Tz. 06.04 ff. UmwStErl hingewiesen. Nach dem Urteil des FG Baden-Württemberg v. 21. 6. 2016 (EFG 2016 S. 1; Rev. Az. BFH X R 23/16) entsteht ein Konfusionsgewinn bei der Verschmelzung einer GmbH auf eine natürliche Person auch durch den Untergang einer von der natürlichen Person im Privatvermögen gehaltenen Forderung gegenüber der GmbH. 168

Wird der übergegangene Betrieb innerhalb von fünf Jahren nach dem steuerlichen Übertragungsstichtag in eine Kapitalgesellschaft eingebracht oder ohne triftigen Grund veräußert oder aufgegeben, entfällt die Vergünstigung des § 6 UmwStG rückwirkend (§ 6 Abs. 3 UmwStG); wegen Einzelheiten dazu vgl. Tz. 06.09 ff. UmwStErl. 169

3.3.6 Weitere Steuerfolgen für die Anteilseigner

Wird eine Kapitalgesellschaft liquidiert, beziehen die Gesellschafter insoweit nach § 20 Abs. 1 Nr. 2 EStG zu besteuernde Einnahmen, als ihnen über die geleisteten Einlagen hinaus Zahlungen aus dem Gesellschaftsvermögen zugewandt werden. Der Gesetz- 170 geber hält es für geboten, diese Rechtsfolge auch bei der Verschmelzung einer Kapitalgesellschaft auf ihre Gesellschafter eintreten zu lassen. Deswegen wird in § 7 UmwStG bestimmt, dass dem Anteilseigner der Teil des in der Steuerbilanz ausgewiesenen Eigenkapitals abzüglich des Bestands des steuerlichen Einlagekontos i. S. des § 27 KStG, der sich nach Anwendung des § 29 Abs. 1 KStG ergibt, in dem Verhältnis der Anteile zum Nennkapital der übertragenden Körperschaft als Einnahmen aus Kapitalvermögen i. S. des § 20 Abs. 1 Nr. 1 EStG zuzurechnen ist. Im Ergebnis wird damit die Ausschüttung der Rücklagen fingiert, deren Ausschüttung an die Gesellschafter bei Fortbestehen der Gesellschaft zu Einnahmen i. S. des § 20 Abs. 1 Nr. 1 EStG führen würde. Wegen weiterer Einzelheiten wird auf Tz. 07.01 ff. UmwStErl hingewiesen, zur Behandlung außerhalb der Bilanz zu berücksichtigender steuerlicher Korrekturposten vgl. Schleswig-Holsteinisches FG v. 29. 1. 2014 – 2 K 219/12 (NWB DokID: QAAAE-60038, rkr.).

171 Diese Rechtsfolge tritt unabhängig vom Umfang der Beteiligung ein. Die Bezüge unterliegen gem. § 43 Abs. 1 Satz 1 Nr. 1 EStG dem KapESt-Abzug (Tz. 07.08 UmwStErl). Die einbehaltene Steuer ist auf die ESt (KSt) der Gesellschafter anzurechnen. Um eine Mehrfachbesteuerung zu vermeiden, ist ein etwaiger Übernahmegewinn entsprechend zu kürzen, ein etwaiger Übernahmeverlust entsprechend zu erhöhen (§ 4 Abs. 5 Satz 2 UmwStG). Daraus wird deutlich, dass der Besteuerung der als ausgeschüttet geltenden Rücklagen der Vorrang gebührt. Diese Besteuerungsfolgen ergeben sich damit auch für die Gesellschafter, für die sich im Hinblick auf den geringen Umfang der Beteiligung, d. h. unterhalb der Grenze des § 17 EStG, kein Übernahmegewinn oder -verlust ergibt.

3.3.7 Vermögensübergang auf eine Personengesellschaft ohne Betriebsvermögen

172 Das Vermögen der übertragenden Körperschaft ist in der Übertragungsbilanz mit dem gemeinen Wert anzusetzen, wenn es in das Privatvermögen der Gesellschafter überführt wird (vgl. Beispiel 13). Die steuerlichen Folgen bei den Gesellschaftern ergeben sich aus § 8 UmwStG. Danach sind die vorstehend erörterten Regelungen von §§ 4, 5 und 7 UmwStG entsprechend anzuwenden, vgl. auch Tz. 08.01 ff. UmwStErl.

3.3.8 Besonderheiten bei der Gewerbesteuer

173 Nach § 18 Abs. 1 UmwStG gelten bei einem Vermögensübergang auf eine Personengesellschaft oder auf eine natürliche Person die §§ 3–9 UmwStG auch für die Ermittlung des Gewerbeertrags. Gem. § 10a GewStG vortragsfähige Verluste der übertragenden Körperschaft gehen nicht auf die Personengesellschaft, das Einzelunternehmen über. Ein Übernahmegewinn oder Übernahmeverlust (Rdn. 117 ff.) ist nach § 18 Abs. 2 UmwStG bei der Ermittlung des Gewerbeertrags nicht zu berücksichtigen; dies ist rechtmäßig (BFH v. 5. 11. 2015, BStBl 2016 II S. 420). Wurden Anteile i. S. des § 17 EStG an der übertragenden Körperschaft gem. § 5 Abs. 2 UmwStG in das Betriebsvermögen des aufnehmenden Unternehmens überführt, sind die anteiligen offenen Rücklagen der übertragenden Körperschaft i. S. des § 7 UmwStG nicht in die Ermittlung des Gewerbeertrags einzubeziehen. Auf Tz. 18.01–18.04 UmwStErl wird hingewiesen.

174 Wird der Betrieb der Personengesellschaft oder der natürlichen Person innerhalb von fünf Jahren nach der Umwandlung aufgegeben oder veräußert, unterliegt ein Aufgabe-

oder Veräußerungsgewinn gem. § 18 Abs. 3 UmwStG der GewSt. Dies gilt gem. § 27 Abs. 7 UmwStG bei Umwandlungen, bei denen die Anmeldung zur Eintragung in das maßgebende öffentliche Register nach dem 31. 12. 2007 erfolgte, auch soweit dieser Gewinn auf das Betriebsvermögen entfällt, das bereits vor der Umwandlung im Betrieb der übernehmenden Personengesellschaft oder der natürlichen Person vorhanden war. Entsprechendes gilt bei der Veräußerung oder der Aufgabe eines Teilbetriebs oder eines Anteils an der Personengesellschaft. Der auf diese Aufgabe- oder Veräußerungsgewinne entfallende Teil des GewSt-Messbetrags ist bei der Ermäßigung der ESt nach § 35 EStG (vgl. 5. Kap. Teil A Rdn. 311 ff.) nicht berücksichtigungsfähig. Wegen weiterer Einzelheiten im Übrigen vgl. Tz. 18.05 ff. UmwStErl.

4. Formwechsel in eine Personenhandelsgesellschaft

Bei dem Formwechsel von der Kapitalgesellschaft in eine Gesellschaft bürgerlichen Rechts oder eine Personenhandelsgesellschaft (§§ 226 bis 237 UmwG) handelt es sich zivilrechtlich um eine identitätswahrende Umwandlung. Dementsprechend wird auf die Aufstellung einer Übertragungsbilanz durch die Kapitalgesellschaft und einer Eröffnungsbilanz durch die Personengesellschaft verzichtet. 175

Steuerlich unterscheidet sich der Formwechsel von der Verschmelzung insoweit nicht, als das Vermögen von einer Kapitalgesellschaft auf eine Personengesellschaft übergeht und damit ein Steuersubjekt i. S. des KStG untergeht. Aus diesem Grunde sind nach § 9 UmwStG die Regelungen der §§ 3 bis 8 UmwStG entsprechend anwendbar (vgl. Rdn. 119 ff.). Dies gilt auch für die Regelungen des § 18 UmwStG zur GewSt (vgl. Rdn. 173 f.). 176

Der Wechsel von der Kapitalgesellschaft zur Personengesellschaft setzt eine eindeutige Abgrenzung der Besteuerungsgrundlagen voraus. Aus diesem Grunde wird für den Zeitpunkt, in dem der Formwechsel wirksam wird, durch § 9 Satz 2 UmwStG die Aufstellung einer steuerlichen Übertragungsbilanz durch die Kapitalgesellschaft sowie einer Eröffnungsbilanz durch die Personengesellschaft gefordert. Dies würde Bilanzen auf den Zeitpunkt der Eintragung des Formwechsels in das Handelsregister voraussetzen; nach § 202 UmwG wird der Formwechsel mit dieser Eintragung wirksam. Zur Vermeidung praktischer Schwierigkeiten wird es in § 9 Satz 3 UmwStG zugelassen, dass die Bilanzen auf einen Stichtag aufgestellt werden können, der höchstens acht Monate vor der Anmeldung des Formwechsels zur Eintragung in das Handelsregister liegt (Übertragungsstichtag). Dieser Stichtag ist dann als Umwandlungsstichtag maßgebend, so dass eine entsprechende Rückwirkung eintritt (vgl. Rdn. 113 ff.). Danach kann die Übertragungsbilanz der Kapitalgesellschaft auch auf den Schluss eines Wirtschaftsjahres aufgestellt werden. Wegen weiterer Einzelheiten wird auf Tz. 09.01 f. UmwStErl hingewiesen. § 9 Satz 3 UmwStG ist mit der Maßgabe anzuwenden, dass an die Stelle des Zeitraums von acht Monaten ein Zeitraum von zwölf Monaten tritt, wenn die Anmeldung zur Eintragung oder der Abschluss des Einbringungsvertrags im Jahr 2020 erfolgt (§ 27 Abs. 15 UmwStG). § 27 Abs. 15 Satz 1 UmwStG gilt entsprechend für Anmeldungen zur Eintragung und Einbringungsvertragsabschlüsse, die im Jahr 2021 erfolgen (vgl. hierzu „Verordnung zu § 27 Abs. 15 UmwStG" v. 18. 12. 2020, BGBl 2020 I S. 3042). 177

Einstweilen frei 178–180

5. Verschmelzung auf eine andere Körperschaft

5.1 Überblick

181 Eine Verschmelzung nach §§ 2 bis 122 UmwG (vgl. Rdn. 55 ff.) ist möglich auf Rechtsträger,

- die Gesellschafter der übertragenden Körperschaft sind,
- deren Gesellschafter zugleich Gesellschafter der übertragenden Körperschaft sind,
- die durch die Verschmelzung errichtet werden, deren Gesellschafter die Gesellschafter der übertragenden Rechtsträger werden.

Zu den Besonderheiten bei der Vereinigung öffentlich-rechtlicher Kreditinstitute und Versicherungsunternehmen wird auf Tz. 11.16 UmwStErl hingewiesen.

182 **BEISPIEL 17:**

a) Die A GmbH hält sämtliche Anteile an der X GmbH. Auf der Grundlage der Bilanz zum 31.12.2021 wird die Verschmelzung auf die A GmbH beschlossen. Das Vermögen der X GmbH geht mit der Verschmelzung auf die A GmbH über. Die Stellung der Gesellschafter der A GmbH wird dadurch nicht berührt. Ihnen gegenüber ist aus diesem Anlass keine Gegenleistung zu erbringen.

b) A ist alleiniger Gesellschafter der A GmbH, X hält allein die Anteile an der X GmbH. Auf der Grundlage der Bilanz zum 31.12.2021 wird die X GmbH auf die A GmbH verschmolzen. Das Vermögen der X GmbH geht mit der Verschmelzung auf die A GmbH über. X erhält dafür neue Anteile an der A GmbH.

c) Sachverhalt wie Variante b) mit der Maßgabe, dass die A GmbH und die X GmbH auf der Grundlage ihrer Bilanzen zum 31.12.2021 auf die neu zu errichtende Z GmbH verschmolzen werden. Das Vermögen beider Gesellschaften geht auf die Z GmbH über. A und X erhalten dafür Anteile an der Z GmbH.

d) A ist alleiniger Gesellschafter der X GmbH, die ihrerseits sämtliche Anteile an der Y GmbH hält. Die X GmbH wird auf die Y GmbH verschmolzen (sog. down-stream-merger). A erhält aus diesem Anlass für die untergehenden Anteile an der X GmbH deren Anteile an der Y GmbH.

183 Die steuerlichen Rechtsfolgen dieser Vermögensübertragungen von einer Körperschaft auf eine andere Körperschaft ergeben sich aus §§ 1, 2, 11 bis 13, 19 UmwStG. Danach ist Folgendes zu beachten:

- Die Regelungen gelten nicht nur für die Verschmelzung inländischer Körperschaften, sondern auch für grenzüberschreitende Verschmelzungen, wenn an dem Vorgang Körperschaften mit Sitz in einem anderen EU-Staat oder in einem EWR-Staat beteiligt sind (vgl. § 1 UmwStG, Rdn. 99 ff.).
- Der übertragende Rechtsträger hat grundsätzlich sämtliche stillen Reserven aufzudecken (beachte jedoch FG Düsseldorf v. 22. 4. 2016 – 6 K 1947/14 K, G, Rev. Az. BFH I R 31/16).
- Lediglich auf Antrag kann auf die Aufdeckung der stillen Reserven ganz oder teilweise verzichtet werden.

184 Nach § 2 UmwStG wirkt die Verschmelzung auf den Stichtag der Bilanz zurück, die dem Vermögensübergang zugrunde liegt (vgl. Rdn. 113 ff.).

5.2 Rechtsfolgen bei der übertragenden Körperschaft

185 Geht das Vermögen einer Körperschaft bei einer Verschmelzung oder Vermögensübertragung (Vollübertragung) auf eine andere Körperschaft über, sind die übergehenden

Wirtschaftsgüter, einschließlich der nicht entgeltlich erworbenen oder selbst geschaffenen immateriellen Wirtschaftsgüter, in der steuerlichen Schlussbilanz der übertragenden Körperschaft nach § 11 Abs. 1 UmwStG mit dem gemeinen Wert anzusetzen. Für die Bewertung von Pensionsrückstellungen gilt § 6a EStG. Diese Regelung entspricht damit § 3 Abs. 1 UmwStG für den Fall der Verschmelzung einer Körperschaft auf ein Einzelunternehmen, eine Personengesellschaft (Tz. 11.04 UmwStErl; vgl. auch Rdn. 125).

186 Die Verpflichtung zur Aufdeckung sämtlicher stiller Reserven gilt bei Beteiligung eines ausländischen Rechtsträgers an dem Vorgang auch dann, wenn der betreffende ausländische Staat das übergehende Vermögen mit einem darunter liegenden Wert berücksichtigt (BT-Drucks. 16/2710 S. 40). Die Regelung des § 11 Abs. 1 UmwStG soll sicherstellen, dass die zu Lasten der inländischen Besteuerung gebildeten stillen Reserven der inländischen Besteuerung unterliegen.

187 Durch § 11 Abs. 2 Satz 1 UmwStG wird es zugelassen, dass die übergehenden Wirtschaftsgüter auf Antrag einheitlich mit dem Buchwert oder einem höheren Wert, höchstens jedoch mit dem gemeinen Wert angesetzt werden, soweit

1. sicherstellt ist, dass die verbleibenden stillen Reserven bei der übernehmenden Körperschaft der KSt unterliegen,
2. das Recht der Bundesrepublik Deutschland hinsichtlich der Besteuerung des Gewinns aus der Veräußerung der übertragenen Wirtschaftsgüter bei der übernehmenden Körperschaft nicht ausgeschlossen oder beschränkt wird und
3. eine Gegenleistung nicht gewährt wird oder in Gesellschaftsrechten besteht.

Der Ansatz zu Buch- oder Zwischenwerten ist in Fällen der Vermögensübertragung nach §§ 174 ff. UmwG grundsätzlich ausgeschlossen (Tz. 11.14 f. UmwStErl).

188 Die Besteuerung der stillen Reserven ist dann sichergestellt, wenn sie bei ihrer Realisierung gleichermaßen der Besteuerung nach Maßgabe des KStG unterliegen, wie dies ohne die zwischenzeitlich erfolgte Verschmelzung der Fall gewesen wäre. Nicht sichergestellt ist die Besteuerung der bei der übertragenden Körperschaft gebildeten stillen Reserven dann, wenn die übernehmende Körperschaft nicht insgesamt Einkünfte aus Gewerbebetrieb bezieht (vgl. § 8 Abs. 2 KStG) oder nach § 5 KStG persönlich steuerbefreit ist. Das inländische Besteuerungsrecht an den stillen Reserven ist dann beeinträchtigt, wenn Veräußerungsgewinne aus den übertragenen Wirtschaftsgütern nach Maßgabe eines DBA von der inländischen Besteuerung freizustellen sind oder wenn diese Veräußerungsgewinne sowohl im Inland als auch im Ausland der Besteuerung unterliegen und die im Ausland erhobenen Steuern auf die KSt anzurechnen sind; dabei ist es unerheblich, ob dies nach Maßgabe eines DBA oder aber nach § 26 Abs. 1 KStG zu erfolgen hat. Vgl. Tz. 11.07 ff., S. 06 UmwStErl.

189 Eine Gegenleistung wird dann nicht gewährt, wenn das Vermögen auf den Gesellschafter übertragen wird (vgl. Tz. 11.10 UmwStErl). Danach ist im Beispiel 17 Sachverhaltsvariante a) die X GmbH berechtigt, bei Vorliegen der weiteren Voraussetzungen in der Übertragungsbilanz auf die Aufdeckung stiller Reserven zu verzichten. In den Sachverhaltsvarianten b) – d) des Beispiels 17 besteht die Gegenleistung in der Gewährung

von Gesellschaftsrechten. Bei Vorliegen der weiteren Voraussetzungen kann deswegen auch in diesen Fällen auf die Aufdeckung stiller Reserven ganz oder teilweise verzichtet werden. Dagegen wären die stillen Reserven insgesamt aufzudecken, wenn neben den Gesellschaftsrechten eine weitere Gegenleistung gewährt wird.

190 Der Antrag auf den völligen oder teilweisen Verzicht der Aufdeckung der stillen Reserven ist entsprechend § 3 Abs. 2 Satz 2 UmwStG (vgl. § 11 Abs. 3 UmwStG) von der übertragenden Körperschaft bei dem für sie zuständigen Finanzamt zu stellen. Die Sonderregelung des § 3 Abs. 3 UmwStG für den Fall, dass die übertragende Körperschaft in einem anderen EU-Staat eine Betriebsstätte unterhält (vgl. Rdn. 130), ist ebenfalls entsprechend anwendbar (§ 11 Abs. 3 UmwStG), vgl. auch Tz. 11.12 UmwStErl. Die Ausübung dieses Wahlrechts hat keine Folgen auf die Besteuerung der Gesellschafter nach § 13 UmwStG (vgl. Rdn. 213).

191 Bei der Verschmelzung von inländischen Körperschaften besteht danach die Möglichkeit, aus diesem Anlass ganz oder teilweise auf die Aufdeckung der stillen Reserven zu verzichten. In ihrem sachlichen Gehalt entsprechen die Regelungen des § 11 Abs. 2 Satz 1 UmwStG, § 3 Abs. 2 UmwStG (vgl. dazu Rdn. 125 ff.).

192 Für den Fall, dass eine Muttergesellschaft auf ihre Tochtergesellschaft verschmolzen wird – sog. down-stream-merger (vgl. Beispiel 17 Buchst. d) – wird in § 11 Abs. 2 UmwStG bestimmt, dass die übertragende Körperschaft die Anteile an der übernehmenden Körperschaft mindestens mit dem Buchwert anzusetzen hat, der um etwaige, in früheren Jahren steuerwirksam vorgenommene Abschreibungen, Abzüge nach § 6b EStG und ähnliche Abzüge zu erhöhen ist; höchstens ist jedoch der gemeine Wert anzusetzen. Auf einen sich daraus ergebenden Gewinn ist § 8b Abs. 2 Satz 4 und 5 KStG anzuwenden. Wegen weiterer Einzelheiten wird auf Tz. 11.17 ff. UmwStErl hingewiesen.

193 Verfügt die übertragende inländische Körperschaft nach dem Stand vom steuerlichen Übertragungsstichtag noch über Verlustvorträge i. S. von § 10d EStG, § 10a GewStG, gehen diese nicht auf die übernehmende Körperschaft über (vgl. Rdn. 201). Diese Potenziale zur Verlustnutzung durch die Aufdeckung stiller Reserven bei der übertragenden Körperschaft können nach § 2 Abs. 4 UmwStG nur in eingeschränktem Maße genutzt werden (vgl. Rdn. 117 f.).

194 Steht der übertragenden Körperschaft ein KSt-Guthaben i. S. des 37 KStG zu, geht dieses auf den übernehmenden Rechtsträger über.

195 Die Grundsätze des § 11 UmwStG sind gem. § 19 Abs. 1 UmwStG bei der Ermittlung des Gewerbeertrages nach Maßgabe des GewStG entsprechend anzuwenden (Tz. 19.01 UmwStErl).

5.3 Rechtsfolgen bei der übernehmenden Körperschaft

196 Die übernehmende Körperschaft hat die auf sie übergegangenen Wirtschaftsgüter mit den Werten der steuerlichen Schlussbilanz der übertragenden Körperschaft einzubuchen (§ 12 Abs. 1 Satz 1 UmwStG – absolute Buchwertverknüpfung). Ein davon abweichender Ansatz ist nicht zulässig. Dies gilt auch für die Forderungen und Verbindlich-

keiten zwischen übertragender und übernehmender Körperschaft, die aus Anlass der Verschmelzung untergehen. Auf Tz. 12.01 f. UmwStErl wird hingewiesen (vgl. Rdn. 141).

Für den Fall, dass die aufnehmende Körperschaft an der übertragenden Körperschaft beteiligt war (vgl. Beispiel 17 Sachverhaltsvarianten a) und d)), wird mit dem Verweis auf § 4 Abs. 1 Sätze 2 und 3 UmwStG angeordnet, dass diese Anteile zum steuerlichen Übertragungsstichtag mit dem Buchwert, erhöht um in früheren Jahren steuerwirksam vorgenommene Abschreibungen sowie um Abzüge nach § 6b EStG und ähnliche Abzüge, höchstens mit dem gemeinen Wert, anzusetzen sind. Auf einen sich daraus ergebenden Gewinn ist § 8b Abs. 2 Satz 4 und 5 KStG anzuwenden. Hinweis auf Tz. 12.03 UmwStErl (vgl. auch Rdn. 142). 197

Demzufolge kann sich auch nur in diesen Fällen nach Berücksichtigung der Kosten für den Vermögensübergang ein Übernahmegewinn oder -verlust ergeben. Sofern die übernehmende Körperschaft Anteile an der übertragenden Körperschaft erst nach dem steuerlichen Übertragungsstichtag erworben hat, sind ihr diese Anteile in entsprechender Anwendung des § 5 Abs. 1 UmwStG bereits zu diesem Zeitpunkt zuzurechnen (vgl. Rdn. 157). 198

Nach § 12 Abs. 2 UmwStG bleibt der Übernahmegewinn oder -verlust außer Ansatz. Der Gesetzgeber geht davon aus, dass der Fall der Verschmelzung der Veräußerung der Anteile an der aufnehmenden Körperschaft wirtschaftlich vergleichbar ist. Deswegen sieht er die entsprechende Anwendung des § 8b KStG vor. Dies hat zur Folge, dass 5 % des Übernahmegewinns gem. § 8b Abs. 3 KStG als nichtabziehbare Betriebsausgaben gelten und damit im Ergebnis der Besteuerung unterliegen (vgl. Dötsch/Pung, in: DB 2006, S. 2704, 2713). Eine Steuerpflicht des Übernahmegewinns kann sich im Übrigen dann ergeben, wenn die Anteile an der übertragenden Körperschaft als neue Anteile aus Anlass einer Einbringung i. S. des § 20 UmwStG a. F. unter Verzicht auf die Aufdeckung sämtlicher stiller Reserven erworben wurden, es sich also um sog. einbringungsgeborene Anteile handelt. Für einen derartigen Fall wären die Regelungen des § 8b Abs. 4 KStG zu beachten. Auf Tz. 12.05–12.07 UmwStErl wird hingewiesen. 199

Nach § 12 Abs. 3 UmwStG tritt die übernehmende Körperschaft unter Bezugnahme auf § 4 Abs. 2 und 3 UmwStG in die steuerliche Rechtsstellung der übertragenden Körperschaft ein. Dies ist der Fall hinsichtlich der 200

- Fortführung der AfA, bei Aufdeckung stiller Reserven unter Berücksichtigung der aufgestockten Buchwerte,
- Vornahme von Sonderabschreibungen und erhöhten Absetzungen,
- Inanspruchnahme von steuerlichen Bewertungsfreiheiten oder eines Bewertungsabschlages,
- Fortführung von den steuerlichen Gewinn mindernden Rücklagen,
- Fortführung eines niedrigeren Buchwertes nach einer Teilwertabschreibung i. S. des § 6 Abs. 1 Nr. 1 Satz 2 und Nr. 2 Satz 2 EStG und der daraus folgenden Verpflichtung zu einer etwaigen späteren Wertaufholung,
- Bemessung der Dauer der Zugehörigkeit eines Wirtschaftsgutes zum Betriebsvermögen desselben Steuerpflichtigen.

Vgl. dazu Tz. 12.04 unter Bezugnahme auf Tz. 04.09–04.17 UmwStErl.

Entsprechend § 4 Abs. 2 Satz 2 UmwStG gehen verrechenbare Verluste, verbleibende Verlustvorträge oder vom übertragenden Rechtsträger nicht ausgeglichene negative 201

Einkünfte nicht auf den übernehmenden Rechtsträger über. Abgesehen von den Verlustvorträgen i. S. von § 10d EStG, 10a GewStG, handelt es sich dabei insbesondere um verrechenbare Verluste i. S. des § 15a EStG, bisher nicht abgezogene Verluste aus bestimmten Einkunftsquellen, z. B. aus den in § 2a Abs. 1 EStG bezeichneten ausländischen Einkünften, aus den in § 15 Abs. 4 EStG genannten Aktivitäten (vgl. 5. Kap. Teil A Rdn. 131 ff.). Bei Übernahme einer Unterstützungskasse i. S. des § 4d EStG sind die Regelungen des § 4 Abs. 2 Sätze 4 und 5 UmwStG zu beachten.

202 Der Untergang der Verlustvorträge i. S. von § 10d EStG, § 10a GewStG der übertragenden Körperschaft bedeutet eine Verschärfung gegenüber der bisherigen Rechtslage. Der sich dadurch ergebende steuerliche Nachteil ist im Ergebnis nur dann und insoweit vermeidbar, als die übertragende Körperschaft über stille Reserven verfügt, die in der Übertragungsbilanz aufgedeckt werden. Diese Möglichkeit ist jedoch ab 29. 11. 2008 durch § 2 Abs. 4 UmwStG eingeschränkt worden (vgl. Rdn. 117).

203 Wegen weiterer Einzelheiten zur entsprechenden Anwendung von § 4 Abs. 2 und 3 UmwStG wird auf Rdn. 143 ff. hingewiesen.

204 Soweit zwischen übertragender und übernehmender Körperschaft Schuldverhältnisse bestanden haben, können sich durch die Vereinigung von Forderungen und Verbindlichkeiten Gewinne ergeben, die gem. § 12 Abs. 4 i. V. m. § 6 UmwStG in eine den steuerlichen Gewinn mindernde Rücklage eingestellt werden können, die in den folgenden drei Wirtschaftsjahren mit mindestens je einem Drittel aufzulösen ist (vgl. Rdn. 166 ff.).

205 In § 12 Abs. 5 UmwStG wurden Regelungen für den Fall getroffen, dass das Vermögen der übertragenden Körperschaft in den nicht steuerpflichtigen oder in den steuerbefreiten Teil der übernehmenden Körperschaft übergeht.

206–210 *Einstweilen frei*

5.4 Rechtsfolgen bei den Gesellschaftern der übertragenden Körperschaft

211 Die Rechtsfolgen der Verschmelzung von Körperschaften bei den Gesellschaftern der übertragenden Körperschaft ergeben sich dann aus § 13 UmwStG, wenn

- die Anteile im Betriebsvermögen gehalten werden,
- es sich um Anteile i. S. des § 17 EStG oder
- es sich um einbringungsgeborene Anteile i. S. des § 21 Abs. 1 UmwStG 1995 handelt.

In den verbleibenden Fällen ist § 20 Abs. 4a Satz 1 und 2 EStG anwendbar. In den Fällen der Aufwärtsverschmelzung (Beispiel 17, Variante a)) ist § 13 UmwStG nicht anwendbar, soweit die übernehmende Körperschaft an der übertragenden Körperschaft beteiligt ist; zur Anwendung des § 13 UmwStG bei der Abwärtsverschmelzung wird in Tz. 13.01 UmwStErl auf dessen Tz. 11.19 hingewiesen. Zu beachten ist weiter, dass

- § 13 UmwStG nur insoweit anwendbar ist, als dem Anteilseigner der übertragenden Körperschaft keine Gegenleistung oder eine in Gesellschaftsrechten bestehende Gegenleistung gewährt wird, wegen Einzelheiten vgl. Tz. 13.02 UmwStErl,
- § 13 UmwStG nicht anwendbar ist, soweit es aufgrund der Umwandlung zu einer Wertverschiebung zwischen den Anteilen der beteiligten Anteilseigner kommt. Insoweit handelt es sich um eine Vorteilszuwendung zwischen den Anteilseignern, für deren steuerliche Beurteilung die allgemeinen Grundsätze gelten, vgl. dazu Tz. 13.03 UmwStErl.

Wegen der Neufassung von Tz. 13.04 UmwStErl zur Verschmelzung einer nicht unbeschränkt steuerpflichtigen Körperschaft nach ausländischem Recht wird auf das BMF-Schreiben v. 10. 11. 2016 (BStBl 2016 I S. 1252) hingewiesen.

In § 13 Abs. 1 UmwStG wird bestimmt, dass die Anteile an der übertragenden Körperschaft als zum gemeinen Wert veräußert und die an ihre Stelle tretenden Anteile an der übernehmenden Körperschaft als mit diesem Wert angeschafft gelten. Ist Gesellschafter eine Körperschaft, sind die Regelungen des § 8b KStG anzuwenden. Bei natürlichen Personen ist nach § 3 Nr. 40, § 3c Abs. 2 EStG zu verfahren, sofern die Anteile zu einem Betriebsvermögen gehören oder es sich um im Privatvermögen gehaltene Anteile i. S. des § 17 EStG handelt. Die Veräußerungs- und Anschaffungsfiktion zum gemeinen Wert gilt unabhängig davon, ob im Rahmen der Umwandlung neue Anteile an der übernehmenden Körperschaft ausgegeben werden, vgl. im Übrigen Tz. 13.05 f. UmwStErl. 212

Abweichend davon können nach § 13 Abs. 2 UmwStG auf Antrag die Anteile an der übernehmenden Körperschaft mit dem Buchwert, bei Zugehörigkeit der Anteile zum Privatvermögen mit den Anschaffungskosten der Anteile an der übertragenden Körperschaft angesetzt werden, sofern eine der beiden nachstehenden Voraussetzungen erfüllt ist. 213

1. Das Recht der Bundesrepublik Deutschland an der Besteuerung des Gewinns aus der Veräußerung der Anteile an der übernehmenden Körperschaft ist weder ausgeschlossen noch beschränkt. Das inländische Besteuerungsrecht ist dann beeinträchtigt, wenn der Veräußerungsgewinn nach Maßgabe eines DBA von der inländischen Besteuerung freizustellen ist oder wenn er sowohl im Inland als auch im Ausland der Besteuerung unterliegt und die im Ausland erhobenen Steuern auf die ESt anzurechnen sind; dabei ist es unerheblich, ob dies nach Maßgabe eines DBA oder aber nach § 34c Abs. 1 EStG Abs. 1 KStG zu erfolgen hat.
2. Es liegt eine Verschmelzung i. S. des Artikels 8 der Richtlinie 2009/133 EG (bis 30. 7. 2014: Artikel 1 der Richtlinie 90/434/EWG) vor. In diesem Fall ist der Gewinn aus einer späteren Veräußerung der erworbenen Anteile ungeachtet der Bestimmungen eines DBA in der gleichen Art und Weise zu besteuern, wie die Veräußerung der Anteile an der übertragenden Körperschaft zu besteuern wäre. § 15 Abs. 1a Satz 2 EStG (5. Kap. Teil A Rdn. 38) ist entsprechend anzuwenden.

Der Ansatz mit einem Zwischenwert kommt nicht in Betracht. Das Wahlrecht kann unabhängig von der Ausübung des Bewertungswahlrechts nach § 11 UmwStG durch die übertragende Körperschaft ausgeübt werden.

Die aus Anlass der Verschmelzung erhaltenen Anteile an der übernehmenden Körperschaft treten nach § 13 Abs. 2 Satz 2 UmwStG steuerlich an die Stelle der Anteile an der übertragenden Körperschaft. Dies hat die unterschiedlichsten Folgen. Gehörten die Anteile an der übertragenden Körperschaft z. B. zum Betriebsvermögen, gilt dies auch für die Anteile an der übernehmenden Gesellschaft. Für die weitere Bilanzierung bleiben die für die ursprüngliche Beteiligung aufgewendeten Anschaffungskosten maßgebend. Wurde darauf eine Teilwertabschreibung vorgenommen, kommt eine etwaige Wertaufholung nach § 6 Abs. 1 Nr. 2 EStG bis zur Höhe der aufgewendeten Anschaffungskosten 214 in Betracht, beachte jedoch das zu § 13 UmwStG 2002 ergangene Urteil des BFH v. 11. 7. 2012 (I R 47/11, NWB DokID: RAAAE-22620). Handelte es sich hingegen um eine (wesentliche) Beteiligung i. S. des § 17 EStG an der übertragenden Körperschaft, gilt dies für die Anteile an der übernehmenden Körperschaft selbst dann, wenn die Voraussetzungen dafür aufgrund des Beteiligungsumfangs an sich nicht vorliegen würden.

215 Wegen weiterer Einzelheiten wird auf Tz. 13.07–13.11 UmwStErl hingewiesen.

216–220 *Einstweilen frei*

6. Aufspaltung, Abspaltung und Vermögensübertragung

6.1 Aufspaltung, Abspaltung und Teilübertragung auf eine andere Körperschaft

6.1.1 Überblick

221 Geht das Vermögen einer Körperschaft durch Aufspaltung oder Abspaltung oder durch Teilübertragung auf andere Körperschaften über, gelten nach § 15 Abs. 1 Satz 1 UmwStG grundsätzlich die Regelungen der §§ 11–13 UmwStG zur Verschmelzung von Körperschaften entsprechend (vgl. Rdn. 181 ff.). Für die Fälle der Aufspaltung oder der Abspaltung auf eine Personengesellschaft sind abweichend davon die Regelungen des § 16 UmwStG zu beachten (vgl. Rdn. 246 ff.). Danach sind grundsätzlich sämtliche stillen Reserven aufzudecken (vgl. Rdn. 125). Auf deren Aufdeckung kann nach § 15 Abs. 1 Satz 2 UmwStG bei Vorliegen der übrigen Voraussetzungen nur dann verzichtet werden, wenn auf die Übernehmerinnen ein Teilbetrieb übertragen wird und im Falle der Abspaltung oder Teilübertragung bei der übertragenden Körperschaft ein Teilbetrieb verbleibt. Als Teilbetrieb gilt nach § 15 Abs. 1 Satz 3 UmwStG auch ein Mitunternehmeranteil der zum steuerlichen Übertragungsstichtag vorgelegen hat) oder die zum steuerlichen Übertragungsstichtag vorgelegene Beteiligung an einer Kapitalgesellschaft, die das gesamte Nennkapital der Gesellschaft umfasst. Zu den Rechtsfolgen in den Fällen, in denen das übertragene Vermögen keinen Teilbetrieb umfasst oder bei dem übertragenden Rechtsträger kein Teilbetrieb verbleibt, wird auf Tz. 15.12 f. UmwStErl hingewiesen.

222 Bei einer Aufspaltung geht das Vermögen der übertragenden Körperschaft auf mindestens zwei Körperschaften über. Die übertragende Körperschaft erlischt. Es treten die Rechtsfolgen ein, die sich auch bei einer übertragenden Körperschaft in Fällen der Verschmelzung ergeben (vgl. Rdn. 185 ff.). Soweit entsprechend Rdn. 187 ff. stille Reserven nur anteilig aufgedeckt werden sollen, hat dies bei der übertragenden Körperschaft zu erfolgen. Entsprechend den in Rdn. 132 dargestellten Grundsätzen wird dies gleichmäßig bei allen in Betracht kommenden Wirtschaftsgütern zu erfolgen haben. Erfolgt die Aufspaltung z. B. auf zwei Kapitalgesellschaften, ist es nicht zulässig, bei dem auf die eine Kapitalgesellschaft zu übertragenden Vermögen stille Reserven aufzudecken, während bei dem auf die andere Gesellschaft übergehenden Vermögen darauf insgesamt verzichtet wird.

223 Steht der übertragenden Körperschaft ein KSt-Guthaben i. S. des § 37 KStG zu, geht dieses anteilig auf die übernehmenden Rechtsträger über.

Die Abspaltung führt zum Fortbestand der übertragenden Körperschaft. Bei der Übertragung eines Teils des Vermögens handelt sich um einen laufenden Geschäftsvorfall des im Übrigen fortbestehenden Unternehmens. Die Frage der Aufdeckung der stillen Reserven stellt sich danach nur hinsichtlich des auf die andere Körperschaft zu übertragenden Vermögens. Auf das der übertragenden Körperschaft verbleibende Vermögen sind weiterhin die allgemeinen steuerlichen Bewertungsvorschriften anzuwenden. Ein der übertragenden Gesellschaft zustehender Verlustvortrag i. S. des § 10d EStG geht gem. § 15 Abs. 3 UmwStG anteilig unter. Entsprechendes gilt für einen Zinsvortrag i. S. des § 4h Abs. 1 Satz 5 EStG und ein EBITDA-Vortrag nach § 4h Abs. 1 Satz 3 EStG (vgl. dazu 2. Kap. Rdn. 1570 ff.). Der Anteil bestimmt sich nach dem Verhältnis des übertragenen Vermögens zum Gesamtvermögen vor Abspaltung auf der Grundlage des gemeinen Wertes, zum Aufteilungsmaßstab vgl. auch Tz. 15.41 ff. UmwStErl. Dies gilt auch dann, wenn auf die Aufdeckung der stillen Reserven ganz oder teilweise verzichtet wird. Auf die insoweit einschränkenden Regelungen des § 2 Abs. 4 UmwStG (vgl. Rdn. 117) wird hingewiesen. 224

6.1.2 Übertragung von Teilbetrieben, Mitunternehmeranteilen

Nach § 123 Abs. 1 und 2 UmwG liegt eine Auf- oder Abspaltung bereits dann vor, wenn Teile des Vermögens des übertragenden Rechtsträgers in ihrer Gesamtheit auf den (die) anderen Rechtsträger übergehen. Diese Voraussetzungen können bereits bei der Übertragung nur eines Wirtschaftsgutes vorliegen. Zur Vermeidung der steuerlichen Begünstigung von Einzelveräußerungen ist nach § 15 Abs. 1 Satz 2 UmwStG ein völliger oder teilweiser Verzicht auf die Aufdeckung stiller Reserven auf Antrag nur dann zulässig ist, wenn auf die übernehmenden Körperschaften jeweils ein Teilbetrieb übertragen wird. Bei einer Abspaltung muss auch bei der übertragenden Körperschaft ein Teilbetrieb verbleiben. 225

Den Begriff des Teilbetriebs hat der Gesetzgeber nicht definiert. Nach Tz. 15.02 UmwStErl umfasst ein Teilbetrieb entsprechend Richtlinie 2009/133/EG die Gesamtheit der in einem Unternehmensteil einer Gesellschaft vorhandenen aktiven und passiven Wirtschaftsgüter, die in organisatorischer Hinsicht einen selbständigen Betrieb, d. h. eine aus eigenen Mitteln funktionsfähige Einheit, darstellen. Dazu gehören alle funktional wesentlichen Betriebsgrundlagen sowie diesem Teilbetrieb nach wirtschaftlichen Zusammenhängen zuordenbaren Wirtschaftsgüter. Maßgebend ist die funktionale Beurteilung aus der Perspektive des übertragenden Rechtsträgers (EuGH-Urteil v. 15. 1. 2002 – C-43/00, EuGHE I S. 379, NWB DokID: UAAAB-72813; BFH-Urteil v. 7. 4. 2010, BStBl 2011 II S. 467). 226

BEISPIEL 18: (in Anlehnung an Tz. 15.02 UmwStErl) 227

Aus der X-GmbH, Herstellerin von Lebensmitteln, soll ein wertvolles, aber nicht zu den funktional wesentlichen Betriebsgrundlagen gehörendes Betriebsgrundstück „abgesondert" werden. Es ist geplant, den Produktionsbetrieb auf die zu gründende Y GmbH abzuspalten. Der X GmbH sollen danach das Grundstück und eine 100 %-Beteiligung an der Z-GmbH sowie eine Beteiligung an der A GmbH & Co. KG verbleiben. Das Grundstück steht in keinen funktionalen Beziehungen zu diesen Beteiligungen.

Nach Auffassung des BMF ist das Grundstück keinem der X GmbH verbliebenen Teilbetriebe zuzuordnen, so dass eine steuerneutrale Abspaltung ausgeschlossen ist.

228 Der Teilbetrieb muss am steuerlichen Übertragungsstichtag bestehen. Das Vorliegen eines sog. Teilbetriebs im Aufbau, der bis zur zivilrechtlichen Wirksamkeit des Umwandlungsvorgangs geschaffen wird, ist nicht ausreichend (Tz. 15.03 UmwStErl).

229 *Einstweilen frei*

230 Erforderlich ist die Übertragung sämtlicher wesentlicher Betriebsgrundlagen des Teilbetriebs. Die Zurückbehaltung einer wesentlichen Betriebsgrundlage unter anschließender Nutzungsüberlassung an den übernehmenden Rechtsträger wird für nicht zulässig gehalten (Tz. 15.07 UmwStErl). Dies soll auch dann gelten, wenn z. B. ein Gebäude von mehreren Teilbetrieben genutzt wird. In einem derartigen Fall wird die Aufteilung des Eigentums an dem Grundstück gefordert (Tz. 15.08 UmwStErl).

Wirtschaftsgüter, die weder zu den funktional wesentlichen Betriebsgrundlagen noch zu den nach wirtschaftlichen Zusammenhängen zuordenbaren Wirtschaftsgütern eines Teilbetriebs gehören, können jedem der Teilbetriebe zugeordnet werden. Dies kann bis zum Zeitpunkt des Spaltungsbeschlusses erfolgen (Tz. 15.09, 15.11 UmwStErl).

231 Als Teilbetrieb gelten gem. § 15 Abs. 1 Satz 3 UmwStG auch ein Mitunternehmeranteil sowie der Teil eines Mitunternehmeranteils. Der Begriff des Mitunternehmeranteils ist aus § 15 Abs. 1 Satz 1 Nr. 2 EStG abzuleiten (vgl. 5. Kap. Teil A Rdn. 79). Er umfasst auch das Sonderbetriebsvermögen (Tz. 15.04 UmwStErl).

232 Nach § 15 Abs. 1 Satz 3 UmwStG gilt auch die Beteiligung an einer Kapitalgesellschaft, die das gesamte Nennkapital umfasst – 100 %-Beteiligung, die zum steuerlichen Übertragungsstichtag vorgelegen haben muss, als Teilbetrieb. Sie stellt jedoch keinen eigenständigen Teilbetrieb dar, wenn sie einem Teilbetrieb als funktional wesentliche Betriebsgrundlage zuzurechnen ist (Tz. 15.05 f. UmwStErl).

6.1.3 Missbrauchsfälle

233 Nach den Vorstellungen des Gesetzgebers zu missbräuchlichen Gestaltungen zur Vermeidung des Untergangs von Möglichkeiten zur Verlustnutzung soll durch § 2 Abs. 4 UmwStG (vgl. Rdn. 117 f.) entgegengewirkt werden. Weiter ist zu beachten, dass die Spaltung eines Rechtsträgers lediglich die Fortsetzung des bisherigen unternehmerischen Engagements in anderer Rechtsform ermöglichen soll. Deswegen sollen Veränderungen in der Zusammensetzung des über den übertragenden Rechtsträgers unternehmerisch tätigen Personenkreises infolge einer Spaltung nicht durch einen Verzicht auf die Aufdeckung stiller Reserven steuerlich begünstigt werden. Das Wahlrecht zum völligen oder teilweisen Verzicht auf die Aufdeckung der stillen Reserven bei Übertragung eines Teilbetriebs, eines Mitunternehmeranteils oder einer sämtliche Anteile umfassenden Beteiligung an einer Kapitalgesellschaft durch § 15 Abs. 2 UmwStG wird für bestimmte Fälle ausgeschlossen oder an zusätzliche Voraussetzungen geknüpft.

234 Durch § 15 Abs. 2 Satz 1 UmwStG wird die erfolgsneutrale Spaltung ausgeschlossen, wenn Mitunternehmeranteile oder Beteiligungen innerhalb von drei Jahren vor dem steuerlichen Übertragungsstichtag durch Übertragung von Wirtschaftsgütern, die kein Teilbetrieb sind, erworben oder aufgestockt worden sind (vgl. auch Tz. 15.17 UmwStErl).

BEISPIEL 19: Von der A GmbH soll mit steuerlicher Wirkung zum 31. 12. 2021 ein Teilbetrieb abgespalten werden. Bei der A GmbH soll die Beteiligung an der inländischen X GmbH & Co. KG verbleiben. In 2019 war diese Beteiligung durch die Einbringung von nicht zu den wesentlichen Betriebsgrundlagen gehörenden Grundstücken aufgestockt worden.

Wegen weiterer Einzelheiten vgl. Tz. 15.16 ff. UmwStErl.

Ferner kann nach § 15 Abs. 2 Satz 2 UmwStG auf die Aufdeckung stiller Reserven dann nicht verzichtet werden, wenn durch die Spaltung die Veräußerung an außenstehende Personen vollzogen wird. Das Gleiche gilt, wenn durch die Spaltung die Voraussetzungen für eine Veräußerung geschaffen werden. Davon ist auszugehen, wenn innerhalb von fünf Jahren nach dem steuerlichen Übertragungsstichtag Anteile an einer an der Spaltung beteiligten Körperschaft, die mehr als 20 % der vor Wirksamwerden der Spaltung an der Körperschaft bestehenden Anteile ausmachen, veräußert werden. Wegen weiterer Einzelheiten wird auf Tz. 15.22 ff. UmwStErl hingewiesen. 235

Zur Vermeidung von Umgehungen dieser Regelung wird in § 15 Abs. 2 Satz 5 UmwStG zusätzlich bestimmt, dass bei der Trennung von Gesellschafterstämmen auf die Aufdeckung der stillen Reserven insgesamt nur dann verzichtet werden kann, wenn die Beteiligungen an der übertragenden Körperschaft mindestens fünf Jahre vor dem steuerlichen Übertragungsstichtag bestanden haben. Eine Trennung der Gesellschafterstämme liegt dann vor, wenn im Fall der Aufspaltung an den übernehmenden Körperschaften und im Fall der Abspaltung an der übernehmenden und an der übertragenden Körperschaft nicht mehr alle Anteilsinhaber der übertragenden Körperschaft beteiligt sind. 236

Wird auf die Aufdeckung stiller Reserven verzichtet und entfallen die Voraussetzungen dafür erst durch eine spätere Veräußerung der infolge der Spaltung erlangten Anteile, wirkt dies nach § 175 Abs. 2 AO zurück. Bereits durchgeführte Veranlagungen sind gem. § 175 Abs. 1 Satz 1 Nr. 2 AO zu ändern (vgl. Tz. 15.34 ff. UmwStErl sowie AEAO zu § 175 AO). 237

BEISPIEL 20: Die X GmbH (Gesellschafter am 31. 12. 2021 A 50 %, B 40 %, C 10 %) wird auf der Grundlage der Bilanz zum 31. 12. 2021 auf die A GmbH (Alleingesellschafter A), die B GmbH (Alleingesellschafter B) und die C GmbH (Alleingesellschafter C) derart aufgespalten, dass auf jede der drei Gesellschaften Vermögenswerte übergehen, die jeweils für sich allein ein Teilbetrieb sind. 238

a) Die X GmbH wurde in 2006 errichtet. A, B und C veräußern nach Spaltung die ihnen zugeteilten Anteile innerhalb der nächsten fünf Jahre nicht. Die Spaltung kann erfolgsneutral erfolgen.

b) Abweichend von der Variante a) veräußert C seine Anteile an der C GmbH Ende 2023. C war an der X GmbH zu weniger als 20 % beteiligt. Die Veräußerung steht der erfolgsneutralen Spaltung nicht entgegen.

c) Abweichend von der Variante a) veräußert A im Jahre 2023 50 % seiner Beteiligung an der A GmbH. Dies entspricht einer Beteiligung von 25 % an der X GmbH (50 % von 50 %). Gem. § 15 Abs. 2 Satz 4 UmwStG entfallen damit rückwirkend die Voraussetzungen für eine erfolgsneutrale Spaltung der X GmbH insgesamt, d. h. auch im Verhältnis zur B GmbH und zur C GmbH. Bereits erlassene Steuerbescheide sind nach § 175 Abs. 1 Nr. 2 AO zu ändern.

d) Die X GmbH ist in 2017 errichtet worden. Die Beteiligungen an ihr haben danach weniger als fünf Jahre bestanden. Eine erfolgsneutrale Spaltung wird durch § 15 Abs. 2 Satz 5 UmwStG ausgeschlossen.

239 Die Vorschriften des § 15 UmwStG gelten gem. § 19 Abs. 1 UmwStG für die Besteuerung nach dem GewStG entsprechend. Für den Fall der Abspaltung mindert sich der nach § 10a GewStG abzugsfähige Verlust gem. § 19 Abs. 2 i. V. m. § 15 Abs. 3 UmwStG in dem Umfang, in dem er anteilig dem übertragenen Vermögen zuzurechnen ist (vgl. Rdn. 224).

240 *Einstweilen frei*

6.1.4 Rechtsfolgen bei der übernehmenden Körperschaft

241 Die Rechtsfolgen für die übernehmende Körperschaft ergeben sich aus § 15 Abs. 1 i. V. m. § 12 UmwStG. Sie ist danach an die sich aus der steuerlichen Übertragungsbilanz der übertragenden Körperschaft ergebenden Buchwerte des übernommenen Vermögens gebunden. Dabei tritt sie weitgehend in die Rechtsnachfolge der übertragenden Körperschaft ein. Sich infolge der Spaltung aus der Vereinigung von Forderungen und Verbindlichkeiten ergebende Konfusionsgewinne können in eine den steuerlichen Gewinn mindernde Rücklage eingestellt werden, die für den Regelfall in jedem der auf ihre Bildung folgenden Wirtschaftsjahr mit mindestens je einem Drittel aufzulösen ist. Wegen der Einzelheiten vgl. Rdn. 197 ff.

242 Verrechenbare Verluste, verbleibende Verlustvorträge, Zinsvorträge i. S. des § 4h Abs. 1 Satz 5 EStG, EBITDA-Vorträge nach § 4h Abs. 1 Satz 3 EStG oder vom übertragenden Rechtsträger nicht ausgeglichene negative Einkünfte gehen gem. § 15 Abs. 1 i. V. m. § 12 Abs. 3 und § 4 Abs. 2 UmwStG, hinsichtlich der GewStG gem. § 19 Abs. 1 GewStG, nicht auf die übernehmende Körperschaft über.

6.1.5 Rechtsfolgen bei den Gesellschaftern der übertragenden Körperschaft

243 Bei einer Spaltung werden – wie bei einer Verschmelzung – Anteile an der übertragenden Körperschaft gegen Anteile an der übernehmenden Körperschaft hingegeben.

244 **BEISPIEL 21:** An der A GmbH sind B und C zu je 50 % beteiligt.

a) Die A GmbH wird in die X GmbH und die Y GmbH aufgespalten. Jeweils alleinige Gesellschafter werden bei der X GmbH B und bei der Y GmbH C. B und C erlangen die Anteile an diesen Gesellschaften für ihre jeweils untergehende Beteiligung an der A GmbH.

b) Aus der A GmbH wird die Z GmbH abgespalten, deren Anteile allein C zustehen, der damit aus der A GmbH ausscheidet. C erlangt diese Anteile gegen Aufgabe der Beteiligung an der A GmbH.

245 Gemäß § 15 Abs. 1 UmwStG sind die Regelungen des § 13 UmwStG entsprechend anzuwenden (vgl. Rdn. 211 ff.).

6.2 Auf- oder Abspaltung auf eine Personengesellschaft

246 Überträgt eine Körperschaft im Rahmen einer Auf- oder Abspaltung ihr Vermögen ganz oder teilweise auf eine Personengesellschaft, handelt es sich um einen Sachverhalt, der einer Vermögensübertragung von einer Körperschaft auf eine Personengesellschaft i. S. der §§ 3 bis 10 UmwStG entspricht. Der wesentliche Unterschied besteht darin, dass nicht das gesamte Vermögen auf die Personengesellschaft übergeht. Deswegen werden durch § 16 Satz 1 UmwStG die Vorschriften der §§ 3 bis 8, 10 und 15 UmwStG nur

insoweit für entsprechend anwendbar erklärt, als das Vermögen der übertragenden Körperschaft auf eine Personengesellschaft übergeht. Damit wird nicht ausgeschlossen, dass ein Spaltungsvorgang teilweise nach § 15 UmwStG, im Übrigen nach § 16 UmwStG zu beurteilen ist.

BEISPIEL 22: Die X GmbH (Gesellschafter A, B und C) wird auf der Grundlage der Bilanz zum 31. 12. 2019 in die A GmbH (alleiniger Gesellschafter A) und die B & C OHG (Mitunternehmer B und C) aufgespalten. Hinsichtlich der Spaltung auf die A GmbH ergeben sich die Rechtsfolgen aus § 15 UmwStG, während für die Beurteilung der Vermögensübertragung auf die B & C OHG § 16 UmwStG heranzuziehen ist. 247

Auch für die Spaltung auf eine Personengesellschaft müssen die Voraussetzungen des § 15 Abs. 1 UmwStG erfüllt sein. Es ist danach erforderlich, dass ein Teilbetrieb (vgl. Rdn. 226 ff.) auf die Personengesellschaft übergeht. Unter dieser Voraussetzung sind dann die Vorschriften der §§ 3 bis 8 und 10 UmwStG anwendbar, vgl. Rdn. 119 ff. Wegen weiterer Einzelheiten wird auf Tz. 16.01 ff. UmwStErl hingewiesen. 248

Einstweilen frei 249, 250

7. Einbringung von Unternehmensteilen in eine Kapitalgesellschaft oder Genossenschaft und Anteilstausch

7.1 Überblick

Die Regelungen zur Einbringung von Unternehmensteilen und von Anteilen an einer Kapitalgesellschaft oder an einer Genossenschaft in eine Kapitalgesellschaft oder eine Genossenschaft sind wie folgt strukturiert 251

- § 20 UmwStG – Einbringung von Unternehmensteilen in eine Kapitalgesellschaft oder Genossenschaft,
- § 21 UmwStG – Bewertung der Anteile beim Anteilstausch,
- § 22 UmwStG – Besteuerung des Anteilseigners,
- § 23 UmwStG – Auswirkungen bei der übernehmenden Gesellschaft.

Zu unterscheiden ist danach zwischen der Einbringung von Betriebsvermögen – der Sacheinlage – i. S. des § 20 UmwStG (Tz. E 20.03–20.05 UmwStErl) und der Einlage von Anteilen an Kapitalgesellschaften oder Genossenschaften – dem Anteilstausch – i. S. des § 21 UmwStG (Tz. E 20.06–20.08 UmwStErl) gegen Gewährung neuer Anteile (Tz. E 20.09–20.011 UmwStErl).

Entsprechend der Grundkonzeption des UmwStG wird grundsätzlich die Aufdeckung sämtlicher stiller Reserven vorgesehen. In den Fällen, in denen das deutsche Besteuerungsrecht an den stillen Reserven auch nach Einbringung nicht beeinträchtigt wird, ist es auf Antrag möglich, auf die Aufdeckung der stillen Reserven ganz oder teilweise zu verzichten. Abweichend davon ist die Aufdeckung der stillen Reserven in den Fällen des § 50i Abs. 2 EStG (vgl. 5. Kap. Teil F Rdn. 1910) zwingend. 252

Die Besteuerungsfolgen für den Einbringenden ergeben sich für den Regelfall aus § 20 Abs. 3–5 bzw. § 21 Abs. 2 und 3 UmwStG. Wurde auf die Aufdeckung der stillen Reserven ganz oder teilweise verzichtet, ist § 22 UmwStG zu beachten. Danach ist bei Veräußerung der durch die Einbringung erlangten Anteile – der einbringungsgeborenen 253

Anteile – innerhalb von sieben Jahren ein Einbringungsgewinn in abgestuftem Umfange zu versteuern (vgl. Rdn. 302 ff.). Bei dem übernehmenden Rechtsträger kommt eine entsprechende Aufstockung der Buchwerte in Betracht. Der Veräußerung sind verschiedene Sachverhalte gleichgestellt, durch die das inländische Besteuerungsrecht an den einbringungsgeborenen Anteilen beeinträchtigt wird.

Veräußert der übernehmende Rechtsträger innerhalb von sieben Jahren eingebrachte Anteile an Kapitalgesellschaften oder Genossenschaften, führt dies ebenfalls zur Besteuerung eines Einbringungsgewinnes (Rdn. 312 ff.).

254 Sieht man von § 23 Abs. 5 UmwStG ab, wonach auf die übernehmende Gesellschaft keine Verlustvorträge i. S. des § 10a GewStG des Einbringenden übergehen, wurden weitergehende Regelungen zur GewSt nicht getroffen.

7.2 Einbringung von Unternehmensteilen nach § 20 UmwStG

7.2.1 Der begünstigte Einbringungsvorgang

255 Die Regelungen des § 20 UmwStG beziehen sich nach dessen Absatz 1 auf die Einbringung eines Betriebs, eines Teilbetriebs oder eines Mitunternehmeranteils in eine Kapitalgesellschaft oder eine Genossenschaft als übernehmende Gesellschaft gegen Gewährung von neuen Gesellschaftsrechten. Dieser Vorgang wird auch als Sacheinlage bezeichnet. Diese Regelungen gelten auch für Einbringungen von in EU- und EWR-Staaten ansässigen Rechtsträgern in eine in einem EU- oder einem EWR -Staat ansässige Kapitalgesellschaft oder Genossenschaft.

256 Die Einbringung von bisher der inländischen Besteuerung unterliegenden Unternehmensteilen in eine in einem anderen EU- oder EWR-Staat ansässige Gesellschaft kann dazu führen, dass dadurch das inländische Besteuerungsrecht an den bis dahin gebildeten stillen Reserven beeinträchtigt wird. Deswegen wird in § 20 Abs. 2 Satz 1 UmwStG für den Regelfall vorgesehen, dass die übernehmende Gesellschaft das eingebrachte Betriebsvermögen mit dem gemeinen Wert anzusetzen hat; Pensionsrückstellungen sind abweichend davon mit dem nach § 6a EStG maßgebenden Wert anzusetzen. Danach sind sämtliche stillen Reserven einschl. der vom Einbringenden selbst geschaffenen immateriellen Wirtschaftsgüter aufzudecken.

257 Abweichend davon wird es durch § 20 Abs. 2 Satz 2 UmwStG zugelassen, auf Antrag auf die Aufdeckung der stillen Reserven ganz oder teilweise zu verzichten. Voraussetzung ist, dass die nachfolgend aufgeführten Voraussetzungen insgesamt erfüllt sind.

1. Es muss sichergestellt sein, dass das eingebrachte Betriebsvermögen später bei der übernehmenden Körperschaft der Besteuerung mit KSt unterliegt.
2. Die Passivposten des eingebrachten Betriebsvermögens dürfen die Aktivposten nicht übersteigen; dabei ist das Eigenkapital nicht zu berücksichtigen.
3. Das Recht der Bundesrepublik Deutschland hinsichtlich der Besteuerung des Gewinns aus der Veräußerung des eingebrachten Betriebsvermögens bei der übernehmenden Gesellschaft darf nicht ausgeschlossen oder beschränkt sein. Dies ist z. B. der Fall, wenn diese Gewinne nach Maßgabe eines DBA von der inländischen Be-

steuerung freizustellen sind, oder diese Gewinne im Ausland der Besteuerung unterliegen und die ausländische Steuer nach § 26 KStG ggf. i. V. m. einem DBA auf die KSt anzurechnen ist. Besonderheiten ergeben sich ferner bei Organschaften i. S. von §§ 14, 17 KStG. Auf Tz. 20.19, S. 06 UmwStErl wird hingewiesen.

4. Werden neben den neuen Gesellschaftsanteilen sonstige Gegenleistungen gewährt, darf deren gemeine Wert nicht mehr als 25 % des Buchwerts des eingebrachten Betriebsvermögens oder 500 000 €, höchstens jedoch den Buchwert des eingebrachten Betriebsvermögens, nicht übersteigen. Dies gilt erstmals bei Einbringungen, wenn in den Fällen der Gesamtrechtsnachfolge der Umwandlungsbeschluss nach dem 31. 12. 2014 erfolgte oder in den anderen Fällen der Einbringungsvertrag nach dem 31. 12. 2014 geschlossen wurde (§ 27 Abs. 14 UmwStG).

Danach ist es bei der Einbringung eines inländischen Einzelunternehmens oder der Beteiligung an einer inländischen Personengesellschaft nach wie vor möglich, auf die Aufdeckung der stillen Reserven ganz oder teilweise zu verzichten. Der dafür erforderliche Antrag ist nach § 20 Abs. 2 Satz 3 UmwStG spätestens bis zur erstmaligen Abgabe der steuerlichen Schlussbilanz bei dem für die Besteuerung der übernehmenden Gesellschaft zuständigen Finanzamt zu stellen. Eine später abweichende Ausübung des Wahlrechts ist nicht möglich. Zu Einzelheiten wird in Tz. 20.21 ff. UmwStErl Stellung genommen (ferner BayLfSt v. 11. 11. 2014, DB 2014 S. 2681). 258

Die Möglichkeit des Verzichts auf die völlige oder teilweise Aufdeckung stiller Reserven besteht unabhängig von der Verfahrensweise in der Handelsbilanz (vgl. Tz. 20.20 UmwStErl). 259

Bei der nur teilweisen Aufdeckung der stillen Reserven hat dies bei sämtlichen Wirtschaftsgütern in gleichmäßigem Umfang zu erfolgen (Tz. 20.18 UmwStErl). 260

Der Antrag auf Buch- oder Zwischenwertansatz ist gem. § 20 Abs. 2 Satz 3 UmwStG von der übernehmenden Gesellschaft spätestens bis zur erstmaligen Abgabe ihrer steuerlichen Schlussbilanz, in der das übernommene Betriebsvermögen erstmals anzusetzen ist, bei dem für sie örtlich zuständigen Finanzamt zu stellen (Tz. 20.21 ff. UmwStErl; BFH v. 30. 9. 2015, BFH/NV 2016 S. 959; v. 15. 6. 2016, BStBl 2017 II S. 75). Sind mehrere Gesellschafter an dem Einbringungsvorgang beteiligt, sind die Voraussetzungen für den Verzicht auf die Aufdeckung stiller Reserven im Verhältnis zu jedem Gesellschafter gesondert zu überprüfen. Dementsprechend ist das Antragsrecht auch für jeden Gesellschafter gesondert auszuüben. 261

BEISPIEL 23: Der Einzelunternehmer A errichtet mit B und C, den einzigen Gesellschaftern der Z OHG, die X GmbH. A bringt sein Einzelunternehmen, B und C bringen jeweils ihre Beteiligung an der Z OHG und damit einen Mitunternehmeranteil in die X GmbH ein. Die Aktivitäten beider Unternehmen beschränkten sich auf das Inland. A, B und C steht es frei, sich jeweils unabhängig voneinander für oder gegen eine Aufdeckung stiller Reserven zu entscheiden. 262

Einstweilen frei 263

Die Einbringung eines Betriebs i. S. von § 20 UmwStG setzt voraus, dass sämtliche Wirtschaftsgüter, die zu den funktional wesentlichen Betriebsgrundlagen des Betriebs gehören, auf die übernehmende Gesellschaft übertragen werden. Dabei ist auf die Verhältnisse zum steuerlichen Übertragungsstichtag abzustellen. Ein Teilbetrieb umfasst 264 die Gesamtheit der in einem Unternehmensteil einer Gesellschaft vorhandenen aktiven und passiven Wirtschaftsgüter, die in organisatorischer Hinsicht einen selbständigen Betrieb, d. h. eine aus eigenen Mitteln funktionsfähige Einheit, darstellen (vgl. Rdn. 226). Werden nicht zu den wesentlichen Betriebsgrundlagen gehörende Wirtschaftsgüter zurückbehalten, gelten sie als entnommen, sofern sie nicht in einem Betriebsvermögen des Einbringenden verbleiben. Wegen weiterer Einzelheiten wird auf Tz. 20.05 ff. UmwStErl hingewiesen.

265 Der Begriff des Mitunternehmeranteils ist aus § 15 Abs. 1 Satz 1 Nr. 2 EStG abzuleiten (vgl. 5. Kap. Teil A Rdn. 79). Er umfasst danach auch das Sonderbetriebsvermögen. Die Regelungen des § 20 UmwStG sind auch bei Einbringung eines Teils eines Mitunternehmeranteils anwendbar. Wegen weiterer Einzelheiten vgl. Tz. 20.10 ff. UmwStErl.

Bei einbringenden Mitunternehmern erteilten Versorgungszusagen sind Tz. 20.28 ff. UmwStErl zu beachten.

7.2.2 Zeitpunkt der Einbringung

266 Zivilrechtlich erfolgt die Einbringung zu dem im Einbringungsvertrag vorgesehenen Zeitpunkt bzw. dem Zeitpunkt der Eintragung in das Handelsregister (Tz. 20.13 UmwStErl). Nach § 20 Abs. 5 Satz 1 UmwStG kann jedoch das Einkommen und das Vermögen des Einbringenden und der übernehmenden Kapitalgesellschaft auf Antrag so ermittelt werden, als ob das eingebrachte Betriebsvermögen mit Ablauf des steuerlichen Übertragungsstichtags übergegangen wäre. Handelt es sich bei dem zu beurteilenden Einbringungsvorgang um eine Verschmelzung i. S. des § 2 UmwG (Rdn. 55 ff.) oder eine Spaltung i. S. des § 123 UmwG (Rdn. 59 ff.), ist dies der Stichtag der Bilanz des übertragenden Rechtsträgers, die der rechtzeitigen Anmeldung der Verschmelzung oder Spaltung beim Handelsregister beigefügt wurde (§ 20 Abs. 6 Sätze 1 und 2 UmwStG). Nach § 17 Abs. 2 UmwG darf dieser Stichtag höchstens acht Monate vor der Anmeldung liegen. In den übrigen Fällen darf die Einbringung auf einen Tag zurückbezogen werden, der höchstens acht Monate vor dem Tag des Abschlusses des Einbringungsvertrages liegt und höchstens acht Monate vor dem Zeitpunkt liegt, an dem das eingebrachte Betriebsvermögen auf die Kapitalgesellschaft übergeht (§ 20 Abs. 6 Satz 3 UmwStG). Damit ist eine Rückwirkung über einen Zeitraum von bis zu acht Monaten zulässig (Tz. 20.14 UmwStErl). § 20 Abs. 6 Satz 1 und 3 UmwStG ist mit der Maßgabe anzuwenden, dass an die Stelle des Zeitraums von acht Monaten ein Zeitraum von zwölf Monaten tritt, wenn die Anmeldung zur Eintragung oder der Abschluss des Einbringungsvertrags im Jahr 2020 erfolgt (§ 27 Abs. 15 UmwStG). § 27 Abs. 15 Satz 1 UmwStG gilt entsprechend für Anmeldungen zur Eintragung und Einbringungsvertragsabschlüsse, die im Jahr 2021 erfolgen (vgl. hierzu „Verordnung zu § 27 Abs. 15 UmwStG" v. 18. 12. 2020, BGBl 2020 I S. 3042).

267 Die Rückwirkung wird für die Ermittlung des Einkommens und des Gewerbeertrages durch § 20 Abs. 5 Satz 2 UmwStG ausgeschlossen für nach dem steuerlichen Übertragungsstichtag erfolgende Entnahmen und Einlagen. Insoweit sind nach § 20 Abs. 5 Satz 3 UmwStG die nach § 20 Abs. 3 UmwStG maßgebenden Anschaffungskosten der Anteile an der übernehmenden Kapitalgesellschaft zu korrigieren, vgl. auch Tz. 20.16 UmwStErl.

BEISPIEL 24: A bringt auf der Grundlage der Bilanz zum 31. 12. 2021 sein Einzelunternehmen zu Buchwerten in die aus diesem Anlass errichtete A GmbH ein. Nach dieser Bilanz ergeben sich Anschaffungskosten für die Anteile an der A GmbH in Höhe von 500 000 €. Bis zur handelsrechtlichen Wirksamkeit des Vermögensübergangs wurden noch 100 000 € Entnahmen sowie 50 000 € Einlagen gebucht. Danach ergeben sich für A folgende Anschaffungskosten für die Anteile an der A GmbH: 268

Wert lt. Bilanz zum 31. 12. 2021 500 000 €	
./. Entnahmen	100 000 €
+ Einlagen	50 000 €
Nach § 20 Abs. 5 Satz 3 UmwStG maßgebende Anschaffungskosten	450 000 €

Durch den Verweis in § 20 Abs. 6 Satz 4 UmwStG auf § 2 Abs. 3 UmwStG wird eine Rückwirkung bei grenzüberschreitenden Einbringungen unter bestimmten Voraussetzungen ausgeschlossen (vgl. auch Rdn. 115). Die Regelung des § 2 Abs. 4 UmwStG (vgl. Rdn. 117 f.) zu missbräuchlichen Gestaltungen zur Vermeidung des Untergangs von Möglichkeiten zur Verlustnutzung ist ebenfalls entsprechend anwendbar. 269

7.2.3 Rechtsfolgen beim einbringenden Gesellschafter zum Zeitpunkt der Einbringung

Der Wert, mit dem die übernehmende Gesellschaft das eingebrachte Betriebsvermögen ansetzt, gilt nach § 20 Abs. 3 Satz 1 UmwStG für den Einbringenden als Veräußerungspreis und zugleich als Anschaffungskosten für die erlangten neuen Anteile. Daraus wird zunächst deutlich, dass mit der Bilanzierung durch die übernehmende Gesellschaft auch darüber entschieden wird, ob und ggf. in welchem Umfang aus Anlass der Einbringung ein Veräußerungsgewinn zu versteuern ist und in welchem Umfang die Besteuerung stiller Reserven aus Anlass der Einbringung aufgeschoben bzw. vermieden wird. 270

Einwendungen des Einbringenden gegen den Ansatz des eingebrachten Betriebsvermögens und damit die Höhe des in seinem Besteuerungsverfahren zu berücksichtigenden Veräußerungspreises sind nur im Wege der Drittanfechtung gegen den KSt-Bescheid der übernehmenden Körperschaft für das Einbringungsjahr möglich (BFH-Urteil v. 8. 6. 2011, BStBl 2012 II S. 421).

Betrachtet man die Fälle, in denen ein inländischer Betrieb von einem Inländer in eine inländische Kapitalgesellschaft eingebracht wird, ergeben sich drei Möglichkeiten: 271

a) Die übernehmende Gesellschaft führt die Buchwerte des eingebrachten Betriebes fort.
b) Die übernehmende Gesellschaft deckt die stillen Reserven des eingebrachten Betriebes zum Teil auf.
c) Die übernehmende Gesellschaft deckt sämtliche stillen Reserven des eingebrachten Betriebes auf.

Bei der Sachverhaltsvariante a) ergibt sich zum Zeitpunkt der Einbringung kein zu besteuernder Gewinn. Veräußert der Einbringende innerhalb von sieben Jahren nach Einbringung oder wird innerhalb dieses Zeitraums das inländische Besteuerungsrecht am Veräußerungsgewinn dieser Anteile beeinträchtigt, kann nach § 22 UmwStG (vgl. 272

Rdn. 298 ff.) nachträglich ein Einbringungsgewinn zu besteuern sein. Steuernachforderungen können sich auch dann ergeben, wenn der übernehmende Rechtsträger innerhalb des Siebenjahreszeitraums eingebrachte Beteiligungen an Körperschaften veräußert.

273 In der Sachverhaltsvariante c) führt die Gegenüberstellung der Buchwerte des eingebrachten Vermögens mit dessen gemeinen Wert zu einem Gewinn, der auch im Fall der Veräußerung erzielt worden wäre. Deswegen sieht § 20 Abs. 4 UmwStG die Anwendung des § 16 Abs. 4 EStG (vgl. 5. Kap. Teil A Rdn. 219) für den Fall vor, dass der Einbringende eine natürliche Person ist und nicht lediglich der Teil eines Mitunternehmeranteils eingebracht wurde. Die Tarifermäßigung nach § 34 Abs. 1 und 3 EStG (vgl. 5. Kap. Teil A Rdn. 212) kann von einer einbringenden natürlichen Person nur beansprucht werden, soweit der Veräußerungsgewinn nicht nach § 3 Nr. 40 Satz 1 i. V. m. § 3c Abs. 2 EStG teilweise steuerbefreit ist. Auf Tz. 20.25 ff. UmwStErl wird hingewiesen.

274 Der sich bei der Sachverhaltsvariante b) ergebende Gewinn entspricht keinem nach § 16 EStG begünstigten Veräußerungsgewinn. Er unterliegt deswegen der Besteuerung nach allgemeinen Grundsätzen. Im Übrigen sind die in Rdn. 272 erörterten Regelungen zu beachten.

275 Bezüglich der aus Anlass der Einbringung erlangten Anteile sind folgende Besonderheiten zu beachten:

- Wurde Betriebsvermögen eingebracht, das nicht der inländischen Besteuerung unterliegt und aufgrund der Einbringung auch nicht der deutschen Steuerhoheit zugeführt wird, z. B. Vermögen einer ausländischen Betriebsstätte, das aufgrund des maßgebenden DBA nicht im Inland besteuert werden darf, gilt nach § 20 Abs. 3 Satz 2 UmwStG insoweit der gemeine Wert des Betriebsvermögens im Zeitpunkt der Einbringung als Anschaffungskosten der Anteile (Tz. 20.34 UmwStErl).
- Wurden dem Einbringenden neben den neuen Anteilen auch andere Wirtschaftsgüter gewährt, z. B. Zuzahlungen geleistet, ist deren gemeiner Wert bei der Bemessung der Anschaffungskosten der Anteile nach § 20 Abs. 3 Satz 3 UmwStG abzuziehen.
- Umfasst das eingebrachte Betriebsvermögen auch einbringungsgeborene Anteile i. S. von § 21 Abs. 1 UmwStG a. F. gelten die erhaltenen neuen Anteile gem. § 20 Abs. 3 Satz 4 UmwStG insoweit auch als einbringungsgeboren i. S. von § 21 Abs. 1 UmwStG a. F. (Tz. 20.38 ff. UmwStErl).

276 Bei grenzüberschreitenden Einbringungen können die nachfolgend aufgeführten Sonderregelungen bedeutsam sein.

- Gehört zum eingebrachten Betriebsvermögen eine in einem anderen EU-Staat belegene Betriebsstätte und führt der Einbringungsvorgang zu einer Beschränkung des deutschen Besteuerungsrechts an den Betriebsstätteneinkünften ist § 20 Abs. 7 UmwStG zu beachten.
- Erfolgt die Einbringung durch eine in einem EU-Staat ansässige Gesellschaft, die im Ansässigkeitsstaat wie eine Kapitalgesellschaft besteuert wird, nach den Wertungen des deutschen Steuerrechts jedoch eine Personengesellschaft, eine Mitunternehmerschaft ist, sind die Regelungen des § 20 Abs. 8 UmwStG zu berücksichtigen.

Auf Tz. 20.35 ff. UmwStErl wird hingewiesen.

7.2.4 Weitere Rechtsfolgen bei der übernehmenden Körperschaft

Für die weitere Besteuerung der übernehmenden Körperschaft sind zunächst folgende Gesichtspunkte zu beachten: 277

- Die Ausübung des Wahlrechts übernehmenden Gesellschaft zum Verzicht auf die völlige oder teilweise Aufdeckung der stillen Reserven kann unabhängig von der Verfahrensweise in der Handelsbilanz erfolgen (vgl. Tz. 20.20 UmwStErl).
- Bei der nur teilweisen Aufdeckung der stillen Reserven hat dies bei sämtlichen Wirtschaftsgütern in gleichmäßigem Umfang zu erfolgen (Tz. 20.18 UmwStErl mit einer Übergangsregelung für Einbringungen vor dem 1. 1. 2012 in Tz. S. 03 UmwStErl).
- Besteht die Gegenleistung neben neuen Anteilen in der Gewährung anderer Wirtschaftsgüter, deren gemeiner Wert den Buchwert des eingebrachten Betriebsvermögens übersteigt, ist das eingebrachte Betriebsvermögen gem. § 20 Abs. 2 Satz 4 UmwStG mindestens mit dem gemeinen Wert dieser anderen Wirtschaftsgüter anzusetzen. Damit kann der Ansatz von Zwischenwerten erforderlich werden (Tz. 20.19 UmwStErl).

Fallen aus Anlass der Einbringung Kosten an, die – wie z. B. die Grunderwerbsteuer – in wirtschaftlichem Zusammenhang mit einzelnen Wirtschaftsgütern stehen, ist zu prüfen, ob es sich dabei um Anschaffungskosten dieser Wirtschaftsgüter handelt (Tz. 23.01 UmwStErl unter Hinweis auf das BFH-Urteil v. 20. 4. 2011, BStBl II 2011 S. 761). 278

Einstweilen frei 279

Verzichtet die übernehmende Gesellschaft ganz oder teilweise auf die Aufdeckung der stillen Reserven, 280

- tritt sie in die steuerliche Rechtsstellung des übertragenden Rechtsträgers ein,
- ist die Dauer der Zugehörigkeit eines Wirtschaftsguts zum Betriebsvermögen des übertragenden Rechtsträgers der übernehmenden Gesellschaft anzurechnen

(§ 23 Abs. 1 UmwStG). Wegen der Einzelheiten wird auf Tz. 23.05 f. UmwStErl hingewiesen.

Bei einer teilweisen Aufdeckung der stillen Reserven ist die AfA gem. § 23 Abs. 3 UmwStG von der erhöhten Bemessungsgrundlage nach den Regelungen zu bemessen, die bereits vom Rechtsvorgänger angewandt wurden. 281

Hat die übernehmende Gesellschaft das eingebrachte Betriebsvermögen mit dem gemeinen Wert angesetzt, ist zu unterscheiden, ob die Übernahme im Wege der Gesamtrechtsnachfolge i. S. des UmwG oder der Einzelrechtsnachfolge erfolgte. In den Fällen der Einzelrechtsnachfolge gelten die eingebrachten Wirtschaftsgüter nach § 23 Abs. 4 UmwStG als im Zeitpunkt der Einbringung als angeschafft. Für die aufnehmende Gesellschaft besteht keine wie auch immer geartete Bindung an die Bewertung durch den einbringenden Rechtsträger. Liegt hingegen Gesamtrechtsnachfolge i. S. des UmwG vor, ist entsprechend § 23 Abs. 3 UmwStG zu verfahren. 282

Bei Gewinnerhöhungen durch die Vereinigung von Forderungen und Schulden ist § 6 Abs. 1 und 3 UmwStG gem. § 23 Abs. 6 UmwStG entsprechend anwendbar (Tz. 23.04 UmwStErl). 283

Der Übergang eines Gewerbeverlustes i. S. des § 10a GewStG vom übertragenden Rechtsträger auf die übernehmende Gesellschaft ist durch § 23 Abs. 5 UmwStG ausgeschlossen. Entsprechendes gilt für einen Zinsvortrag i. S. des § 4h Abs. 1 Satz 5 EStG 284 und einen EBITDA-Vortrag i. S. des § 4h Abs. 1 Satz 3 EStG (2. Kap. Rdn. 1570 ff.) nach § 20 Abs. 9 UmwStG. Vgl. auch Tz. 23.02 f. UmwStErl.

285 Besonderheiten ergeben sich nach § 23 Abs. 2 UmwStG dann, wenn der Einbringende innerhalb von sieben Jahren nach Einbringung unter Verzicht auf die Aufdeckung sämtlicher stiller Reserven erworbene neue Anteile veräußert oder gem. § 22 Abs. 1 Satz 6 UmwStG ein Veräußerungsgewinn aus diesen Anteilen zu versteuern ist (vgl. Rdn. 302 ff.). In diesen Fällen kann die übernehmende Gesellschaft auf Antrag den versteuerten Einbringungsgewinn im Wirtschaftsjahr der Veräußerung der Anteile oder des Eintritts des gleichgestellten Ereignisses als Erhöhungsbetrag ansetzen, vgl. dazu Tz. 23.07 ff. UmwStErl. Voraussetzung dafür ist, dass der Einbringende die auf den Einbringungsgewinn entfallende Steuer entrichtet hat und dies durch Vorlage einer Bescheinigung des zuständigen Finanzamts i. S. von § 22 Abs. 5 UmwStG nachgewiesen wurde (Tz. 23.12 f., 22.38 UmwStErl).

286 Aufzustocken ist der Buchwert der aus Anlass der Einbringung übernommenen Wirtschaftsgüter. Dies ist nur bei den Wirtschaftsgütern möglich, die auch noch im maßgebenden Wirtschaftsjahr zum Betriebsvermögen der übernehmenden Gesellschaft gehören. Der Erhöhungsbetrag ist erfolgsneutral einzubuchen. Soweit der Erhöhungsbetrag auf im maßgebenden Wirtschaftsjahr nicht mehr zum Betriebsvermögen gehörende Wirtschaftsgüter entfällt, mindert er den Gewinn dieses Wirtschaftsjahres, sofern diese Wirtschaftsgüter zuvor zum gemeinen Wert veräußert wurden.

287 **BEISPIEL 25:** A hat auf der Grundlage der Bilanz zum 31. 12. 2017 sein Einzelunternehmen unter Verzicht auf die Aufdeckung sämtlicher stiller Reserven gegen Gewährung neuer Anteile in die A GmbH eingebracht. Am 4. 7. 2021 veräußert er 25 % seiner Anteile. Aus diesem Anlass wird nach den in Rdn. 302 ff. dargestellten Grundsätzen ein Einbringungsgewinn I von 350 000 € besteuert. Die darauf entfallende Steuer wird nachweislich entrichtet. Die der Ermittlung des Einbringungsgewinns I zugrunde liegenden stillen Reserven per 31. 12. 2017 entfallen zu 70 % auf Wirtschaftsgüter, die auch im Zeitpunkt der Veräußerung noch zum Betriebsvermögen der A GmbH gehörten, 20 % entfallen auf ein Grundstück, dass inzwischen an einen fremden Dritten veräußert wurde, die verbleibenden 10 % betreffen Wirtschaftsgüter, die inzwischen entschädigungslos untergegangen sind. Auf Antrag der A GmbH ist danach wie folgt zu verfahren.

- Die Buchwerte der von A übernommenen Wirtschaftsgüter sind anteilig erfolgsneutral um 70 % von 350 000 € = 245 000 zu erhöhen. Bei abnutzbaren Anlagegütern erhöht sich damit insoweit die AfA-Bemessungsgrundlage.
- 20 % des Einbringungsgewinns I entfallen auf das bereits zuvor zum gemeinen Wert veräußerte Grundstück. Deswegen ist für 2021 in Höhe von 70 000 € ein zusätzlicher Aufwand zu berücksichtigen.
- Die verbleibenden 10 % des Einbringungsgewinns I entfallen auf zwischenzeitlich entschädigungslos untergegangene Wirtschaftsgüter. Der Betrag von 35 000 € wird damit steuerlich nicht wirksam.

288 Veräußert die übernehmende Gesellschaft aus Anlass eines Anteilstausches oder einer Sacheinlage unter Verzicht auf die Aufdeckung sämtlicher stiller Reserven erworbene Anteile innerhalb von sieben Jahren nach dem Einbringungsstichtag, ist bei dem Einbringenden unter den Voraussetzungen des § 22 Abs. 2 UmwStG ein Einbringungsgewinn II zu versteuern (vgl. Rdn. 312 ff.). Der Einbringungsgewinn II erhöht bei Nachweis der Entrichtung der darauf entfallenden Steuern auf Antrag die Anschaffungskos-

ten der Anteile, so dass sich damit der Veräußerungsgewinn für diese Anteile bei der übernehmenden Gesellschaft und damit die Höhe der nach § 8b Abs. 3 KStG nicht abziehbaren Betriebsausgaben mindert. Wegen Einzelheiten wird auf Tz. 23.11 ff. UmwStErl hingewiesen.

7.3 Einbringung von Anteilen an einer Kapitalgesellschaft oder Genossenschaft

7.3.1 Überblick

Die Regelungen in § 21 UmwStG zur Einbringung von Anteilen an einer Kapitalgesellschaft oder einer Genossenschaft in eine Kapitalgesellschaft oder Genossenschaft gegen Gewährung neuer Anteile an der übernehmenden Gesellschaft, dem Anteilstausch, knüpfen an § 20 UmwStG an (vgl. Rdn. 255 ff.). Es handelt sich um eine Sonderregelung für Anteile, die nicht zusammen mit einem Betriebsvermögen eingebracht werden; bei Einbringungen als Wirtschaftsgüter eines Betriebsvermögens ist nach § 20 UmwStG zu verfahren (Tz. 21.01 UmwStErl). Anwendbar ist § 21 UmwStG auf Anteile, die in einem Betriebsvermögen gehalten werden, zum Privatvermögen gehörende Anteile i. S. des § 17 EStG und einbringungsgeborene Anteile i. S. des § 21 Abs. 1 UmwStG 1995 (Tz. 21.02 UmwStErl). Für alle übrigen Anteile gilt § 20 Abs. 4a Satz 1 und 2 EStG. Für den Regelfall wird die Übernahme der eingebrachten Anteile zum gemeinen Wert i. S. des § 11 Abs. 2 BewG vorgesehen, wobei der in der Handelsbilanz ausgewiesene Wert für die Steuerbilanz unbeachtlich ist (Tz. 21.07 f. UmwStErl, vgl. auch Rdn. 125). Die steuerlichen Rechtsfolgen treten im Zeitpunkt des Übergangs des wirtschaftlichen Eigentums der eingebrachten Anteile ein. Eine steuerliche Rückwirkung kommt nicht in Betracht (Tz. 21.17 UmwStErl). 289

Der übernehmende Rechtsträger kann die Anteile bei Einbringung aus einem Betriebsvermögen mit dem bisherigen Buchwert, bei Einbringung aus dem Privatvermögen mit den Anschaffungskosten des Einbringenden oder einem höheren, den gemeinen Wert nicht übersteigenden Wert – einem Zwischenwert – ansetzen, wenn 290

- die übernehmende Gesellschaft bisher noch nicht über eine Beteiligung verfügt und auf sie eine Mehrheitsbeteiligung übertragen wird,
- die übernehmende Gesellschaft bereits über eine Beteiligung verfügt, die jedoch erst durch die eingebrachten Anteile auf eine Mehrheitsbeteiligung aufgestockt wird,
- die übernehmende Gesellschaft eine Mehrheitsbeteiligung dadurch erlangt, dass ihr von mehreren Gesellschaftern Beteiligungen übertragen werden, die insgesamt zu einer Mehrheitsbeteiligung führen.

Der Ansatz mit dem gemeinen Wert ist zwingend, wenn eine Mehrheitsbeteiligung nicht erreicht wird (Tz. 21.09 UmwStErl).

Erhält der Einbringende neben den neuen Gesellschaftsanteilen auch andere Wirtschaftsgüter, deren gemeiner Wert den Buchwert der eingebrachten Anteile übersteigt, z. B. Zuzahlungen, hat die übernehmende Gesellschaft die eingebrachten Anteile gem. § 21 Abs. 1 Satz 4 UmwStG mindestens mit dem gemeinen Wert der anderen Wirtschaftsgüter anzusetzen (Tz. 21.10 UmwStErl). 291

Der Ansatz der eingebrachten Anteile mit dem Buchwert bzw. den bisherigen Anschaffungskosten ist unabhängig von der Verfahrensweise in der Handelsbilanz zulässig (Tz. 21.11 UmwStErl). Dieser Ansatz setzt einen unwiderruflichen Antrag voraus, der 292 spätestens bis zur erstmaligen Abgabe der Steuererklärung bei dem für die Besteuerung der übernehmenden Gesellschaft zuständigen Finanzamt zu stellen ist (Tz. 21.12 UmwStErl).

7.3.2 Rechtsfolgen beim einbringenden Anteilseigner

293 Der Wert, mit dem die übernehmende Gesellschaft die eingebrachten Anteile ansetzt, gilt nach § 21 Abs. 2 Satz 1 UmwStG für den Einbringenden als Veräußerungspreis und zugleich als Anschaffungskosten für die erlangten neuen Anteile. Daraus wird zunächst deutlich, dass mit der Bilanzierung durch die übernehmende Gesellschaft auch darüber entschieden wird, ob und ggf. in welchem Umfang aus Anlass der Einbringung ein Veräußerungsgewinn aus der Einbringung der Anteile zu versteuern ist und in welchem Umfang die Besteuerung stiller Reserven aus Anlass der Einbringung aufgeschoben bzw. vermieden wird (Tz. 21.13 UmwStErl).

294 Abweichend von diesem Grundsatz ist nach § 21 Abs. 2 Satz 2 UmwStG in den nachfolgend aufgeführten Fällen der gemeine Wert als Veräußerungspreis der eingebrachten Anteile und als Anschaffungskosten der dafür erlangten neuen Anteile anzusetzen.

- Die Anteile werden in eine ausländische Gesellschaft eingebracht. Der Gewinn aus der Veräußerung der eingebrachten Anteile unterliegt deswegen nicht mehr der deutschen Besteuerung.
- Der Gewinn aus der Veräußerung der eingebrachten Anteile unterliegt sowohl im Inland als auch im Ausland der Besteuerung. Auf die deutsche Steuer ist die ausländische Steuer anzurechnen.
- Der Gewinn aus der Veräußerung der aus Anlass der Einbringung erworbenen Anteile unterliegt nicht der deutschen Besteuerung.
- Der Gewinn aus der Veräußerung der aus Anlass der Einbringung erworbenen Anteile unterliegt sowohl der deutschen als auch der ausländischen Besteuerung. Die ausländische Steuer ist auf die deutsche Steuer anzurechnen.

Auf Tz. 21.14 UmwStErl wird hingewiesen.

295 Bei der Einbringung sog. mehrheitsvermittelnder Anteile (vgl. Rdn. 288) gilt nach § 21 Abs. 2 Satz 3 UmwStG in den Fällen der Rdn. 290 auf Antrag der Buchwert bzw. die Anschaffungskosten oder ein höherer Wert, höchstens der gemeine Wert, als Veräußerungspreis der eingebrachten Anteile und als Anschaffungskosten der erhaltenen Anteile, wenn

1. das Recht der Bundesrepublik Deutschland hinsichtlich der Besteuerung des Gewinns aus der Veräußerung der erhaltenen Anteile nicht ausgeschlossen oder beschränkt ist oder
2. der Gewinn aus dem Anteilstausch aufgrund Artikel 8 der Richtlinie 2009/133/EG (bis 30. 7. 2014: Artikel 8 der Richtlinie 90/434/EWG), der sog. Fusionsrichtlinie, nicht besteuert werden darf; in diesem Fall ist der Gewinn aus einer späteren Veräußerung der erhaltenen Anteile ungeachtet der Bestimmungen eines DBA in der gleichen Art und Weise zu besteuern, wie die Veräußerung der Anteile an der erworbenen Gesellschaft zu besteuern gewesen wäre; § 15 Abs. 1a Satz 2 EStG (vgl. 5. Kap. Teil A Rdn. 38) ist entsprechend anzuwenden.

Dieser Antrag ist spätestens bis zur erstmaligen Abgabe der Steuererklärung bei dem für die Besteuerung des Einbringenden zuständigen Finanzamt zu stellen. § 20 Abs. 3

Satz 3 und 4 UmwStG gilt entsprechend. Auf die Erläuterungen in Tz. 21.15 UmwStErl wird hingewiesen.

Ferner sind folgende Besonderheiten zu beachten, 296

- Wurden dem Einbringenden neben den neuen Anteilen auch andere Wirtschaftsgüter gewährt, z. B. Zuzahlungen geleistet, ist das eingebrachte Betriebsvermögen mindestens mit dem gemeinen Wert der sonstigen Gegenleistungen anzusetzen, wenn dieser den Buchwert bzw. den Zwischenwert des eingebrachten Betriebsvermögens übersteigt, sofern die Einbringung bei Gesamtrechtsnachfolge der Umwandlungsbeschluss nach dem 31. 12. 2014 erfolgte oder in den anderen Fällen der Einbringungsvertrag nach dem 31. 12. 2014 geschlossen wurde (§ 27 Abs. 14 UmwStG).
- Umfasst das eingebrachte Betriebsvermögen auch einbringungsgeborene Anteile i. S. von § 21 Abs. 1 UmwStG a. F. gelten die erhaltenen neuen Anteile gem. § 21 Abs. 2 Satz 6 i. V. m. § 20 Abs. 3 Satz 4 UmwStG UmwStG insoweit auch als einbringungsgeboren i. S. von § 21 Abs. 1 UmwStG a. F.
- Werden neben den neuen Gesellschaftsanteilen sonstige Gegenleistungen gewährt, darf deren gemeiner Wert nicht mehr als 25 % des Buchwerts des eingebrachten Betriebsvermögens oder 500 000 €, höchstens jedoch den Buchwert des eingebrachten Betriebsvermögens, nicht übersteigen. Dies gilt erstmals bei Einbringungen, wenn in den Fällen der Gesamtrechtsnachfolge der Umwandlungsbeschluss nach dem 31. 12. 2014 erfolgte oder in den anderen Fällen der Einbringungsvertrag nach dem 31. 12. 2014 geschlossen wurde (§ 27 Abs. 14 UmwStG).

Aus einem Anteilstausch erzielte Gewinne unterliegen nach den allgemein zu beachtenden Grundsätzen der Besteuerung (Tz. 21.16 UmwStErl). 297

7.4 Weitere Besteuerung des Anteilseigners bei Verzicht auf die Aufdeckung sämtlicher stiller Reserven

7.4.1 Allgemeine Grundsätze

Die Aufdeckung der stillen Reserven aus Anlass der Einbringung von Betriebsvermögen oder mehrheitsvermittelnden Anteilen in eine Kapitalgesellschaft gegen Gewährung neuer Gesellschaftsrechte schafft bei dem Einbringenden keine Liquidität. Damit werden keine Mittel zur Begleichung von Steuern auf einen Einbringungs- oder Veräußerungsgewinn verfügbar gemacht. Aus diesem Grunde verzichtete der Gesetzgeber unter bestimmten Voraussetzungen auf eine Besteuerung aus Anlass der Einbringung. Die aus diesem Anlass erlangten neuen Anteile an der übernehmenden Kapitalgesellschaft wurden fiktiv weiterhin als Betriebsvermögen i. S. des § 16 EStG behandelt. Im Falle der Veräußerung dieser Anteile wurde deswegen ein Veräußerungsgewinn i. S. des § 16 EStG besteuert. Ferner wurde eine Besteuerung dieses Veräußerungsgewinns bei Eintritt bestimmter Voraussetzungen, u. a. auch auf Antrag des Einbringenden vorgesehen. Der Gesetzgeber hat für die Fälle der Einbringung unter dem gemeinen Wert Regelungen zur Sicherung der Besteuerung der danach nicht aufgedeckten stillen Reserven getroffen. Dabei sind besondere Anzeigepflichten zu beachten. 298

Einstweilen frei 299

Die weitere steuerliche Behandlung von Anteilen, die aus Anlass einer Einbringung erlangt wurden, bei der die Anmeldung zur Eintragung in das für die Wirksamkeit des jeweiligen Vorgangs maßgebende öffentliche Register nach dem 12. 12. 2006 erfolgt ist, ergibt sich aus § 22 UmwStG. 300

301 In § 22 UmwStG wird unterschieden zwischen Sacheinlagen i. S. des § 20 Abs. 1 UmwStG und dem Anteilstausch i. S. des § 21 Abs. 1 UmwStG. In den Fällen der Sacheinlage ergeben sich weitergehende steuerliche Folgen für den Einbringenden

- bei Veräußerung der einbringungsgeborenen Anteile durch den Gesellschafter aus § 22 Abs. 1 UmwStG und
- bei Veräußerung von mit dem Betriebsvermögen eingebrachten Anteilen an Kapitalgesellschaften durch den übernehmenden Rechtsträger aus § 22 Abs. 2 UmwStG.

Werden nach einem Anteilstausch die eingebrachten Anteile durch die übernehmende Gesellschaft veräußert, können sich für den Einbringenden steuerliche Folgen aus § 22 Abs. 2 UmwStG ergeben.

7.4.2 Die Besteuerung eines Veräußerungsgewinns nach einer Sacheinlage

302 Werden Anteile, die aus Anlass einer Sacheinlage i. S. des § 20 Abs. 1 UmwStG unter Verzicht auf die Aufdeckung sämtlicher stiller Reserven erworben wurden, innerhalb eines Zeitraums von sieben Jahren nach dem Einbringungszeitpunkt veräußert, ist der Gewinn aus der Einbringung, der Einbringungsgewinn I, rückwirkend im Wirtschaftsjahr der Einbringung als Gewinn des Einbringenden i. S. von § 16 EStG zu versteuern. § 16 Abs. 4 und § 34 EStG sind auf den Einbringungsgewinn I nicht anzuwenden.

303 Einbringungsgewinn I ist wie folgt zu ermitteln:

Gemeiner Wert des eingebrachten Betriebsvermögens
./. Kosten für den Vermögensübergang
./. von der übernehmenden Gesellschaft angesetzter Wert des eingebrachten Betriebsvermögens
= Ausgangswert

Dieser Ausgangswert ist um jeweils ein Siebtel für jedes seit dem Einbringungszeitpunkt abgelaufene Zeitjahr zu vermindern. Daraus folgt, dass bei der Veräußerung von einbringungsgeborenen Anteilen nach Ablauf von sieben Jahren nach dem Einbringungszeitpunkt die Besteuerung eines Veräußerungsgewinns nach § 22 Abs. 1 UmwStG nicht mehr in Betracht kommt; es gelten dann die allgemeinen Vorschriften zur Besteuerung von Gewinnen aus der Veräußerung von Anteilen an Kapitalgesellschaften. Wegen weiterer Einzelheiten wird auf Tz. 22.02 ff. UmwStErl hingewiesen.

304 **BEISPIEL 26:** A und B, die einzigen Gesellschafter der X OHG, haben ihre Anteile unter Verzicht auf die Aufdeckung der stillen Reserven auf der Grundlage der Bilanz zum 31. 12. 2014 in die X GmbH eingebracht. A veräußert die Anteile am 1. 7. 2018. B verstirbt am 5. 7. 2020. Seine Erben veräußern die Anteile in 2022.

A hat die Anteile nach Ablauf von 3 Zeitjahren veräußert. Der nach Rdn. 303 ermittelte Ausgangswert ist um 3/7 zu kürzen, so dass sich ein Einbringungsgewinn I in Höhe von 4/7 dieses Ausgangswerts ergibt.

Der Übergang der Anteile des B auf die Erben vor Ablauf des Siebenjahreszeitraums ist keine Veräußerung. Die Erben treten als Rechtsnachfolger des B in dessen Stellung als Einbringender ein (§ 22 Abs. 6 UmwStG). Die Veräußerung der Anteile erfolgt außerhalb des Siebenjahreszeitraums, so dass sich die Frage der Besteuerung eines Einbringungsgewinns I nach § 22 Abs. 1 UmwStG nicht stellt. Zu prüfen ist, ob nach allgemeinen Grundsätzen ein Veräußerungsgewinn zu besteuern ist.

Die Veräußerung der Anteile durch A im Beispiel 26 im Jahre 2018 führt dazu, dass seine ESt-Veranlagung 2014 gem. § 175 Abs. 1 Satz 1 Nr. 2 AO dahingehend zu ändern ist, dass zusätzlich der Einbringungsgewinn I zu versteuern ist. An diesem Ergebnis würde sich auch dann nichts ändern, wenn A in Abwandlung von Beispiel 26 Anfang 2018 verstorben wäre und die Anteile dann durch seine Erben veräußert worden wären. 305

Daraus wird deutlich, dass die Durchführung der Besteuerung nach § 22 UmwStG angesichts des Erfordernisses der nachträglichen Ermittlung des gemeinen Werts des eingebrachten Betriebsvermögens mit beträchtlichen Schwierigkeiten verbunden sein dürfte. 306

Die Besteuerung des Einbringungsgewinns I führt dazu, dass sich die bisherigen Anschaffungskosten der Anteile entsprechend erhöhen. Dies wirkt sich auf die Höhe des Gewinns aus der Veräußerung der Anteile aus (vgl. auch Tz. 22.10 UmwStErl). 307

BEISPIEL 27: Fortsetzung des Beispiels 26 mit der Maßgabe, dass A die Anteile für 500 000 € veräußert. Seine Anschaffungskosten der Anteile aufgrund der zu Buchwerten erfolgenden Einbringung betrugen 100 000 €. Die stillen Reserven des von A eingebrachte Betriebsvermögen betrugen zum 31. 12. 2014 350 000 €. Kosten der Einbringung bleiben aus Vereinfachungsgründen unberücksichtigt. 308

Die stillen Reserven von 350 000 € entsprechen danach dem Ausgangswert in Rdn. 303. Der Einbringungsgewinn I beträgt gem. Beispiel 26 4/7 von 350 000 € = 200 000 €. A sind danach Anschaffungskosten auf die veräußerten Anteile von insgesamt 300 000 € entstanden, so dass er aus der Veräußerung der Anteile in 2018 einen Gewinn von 200 000 € erzielt, der nach den insoweit anzuwendenden Vorschriften der Besteuerung unterliegt.

Die Regelung des § 22 Abs. 1 UmwStG führt danach dazu, dass bezogen auf den Zeitpunkt der Einbringung nachträglich ein Einbringungsgewinn und bezogen auf den Zeitpunkt der Veräußerung der einbringungsgeborenen Anteile ein Veräußerungsgewinn zu besteuern ist. Im Beispiel 27 führt der Einbringungsgewinn zu einem Veräußerungsgewinn i. S. des § 16 EStG. Der Veräußerungsgewinn aus den Anteilen unterliegt bei A unter Beachtung von § 3 Nr. 40, § 3c Abs. 2 EStG (vgl. 5. Kap. Teil A Rdn. 24 ff.) der Besteuerung; dabei kann offen bleiben, ob die Anteile zu einem Betriebsvermögen gehörten oder es sich im Privatvermögen gehaltene Anteile i. S. des § 17 EStG (5. Kap. Teil A Rdn. 220 ff.) handelte. Würde es sich bei A hingegen um eine Körperschaft handeln, wäre nach § 8b KStG zu verfahren. 309

Danach ist im Einzelfall auszuschließen, dass sich bei Anwendung dieser Grundsätze ein Veräußerungsgewinn aus Anlass der Einbringung, jedoch aus der Veräußerung der Anteile ein Verlust ergibt. Wandelt man das Beispiel 27 dahingehend ab, dass A seine Anteile für 200 000 € veräußert, ist unverändert ein Veräußerungsgewinn i. S. des § 16 EStG von 200 000 € zu versteuern. Infolge der Erhöhung der Anschaffungskosten der Anteile auf 300 000 € ergibt sich aus der Veräußerung der Anteile hingegen ein Verlust von 100 000 €. 310

Nach § 22 Abs. 1 Satz 6 UmwStG ist ein Einbringungsgewinn I auch dann zu versteuern, wenn innerhalb des Zeitraums von sieben Jahren nach Einbringung einer der nachfolgend aufgeführten Sachverhalte verwirklicht wird. 311

- Der Einbringende überträgt die erhaltenen Anteile unmittelbar oder mittelbar unentgeltlich auf eine Kapitalgesellschaft oder eine Genossenschaft.
- Der Einbringende überträgt die erhaltenen Anteile entgeltlich, es sei denn er weist nach, dass die Übertragung durch einen Vorgang i. S. des § 20 Abs. 1 oder § 21 Abs. 1 UmwStG oder auf Grund vergleichbarer ausländischer Vorgänge zu Buchwerten erfolgte und keine sonstigen Gegenleistungen erbracht wurden, die die Grenze in § 20 Abs. 2 Satz 2 Nr. 4 UmwStG (vgl. Rdn. 257) oder die Grenze in § 21 Abs. 1 Satz 2 Nr. 2 UmwStG (vgl. Rdn. 296) übersteigen.
- Die Kapitalgesellschaft, an der die Anteile bestehen, wird aufgelöst und abgewickelt. Entsprechendes gilt für den Fall der Kapitalherabsetzung unter Rückzahlung an die Anteilseigner oder der Ausschüttung von Beträgen aus dem steuerlichen Einlagekonto i. S. des § 27 KStG.
- Der Einbringende hat die erhaltenen Anteile durch einen Vorgang i. S. des § 21 Abs. 1 oder einen Vorgang i. S. des § 20 Abs. 1 UmwStG oder auf Grund vergleichbarer ausländischer Vorgänge zum Buchwert in eine Kapitalgesellschaft oder eine Genossenschaft eingebracht, die diese Anteile anschließend unmittelbar oder mittelbar veräußert oder unmittelbar oder mittelbar unentgeltlich übertragen hat, es sei denn, es wird nachgewiesen, dass diese Anteile zu Buchwerten übertragen wurden und keine sonstigen Gegenleistungen erbracht wurden, die die Grenze in § 20 Abs. 2 Satz 2 Nr. 4 UmwStG (vgl. Rdn. 257) oder die Grenze in § 21 Abs. 1 Satz 2 Nr. 2 UmwStG (vgl. Rdn. 296) übersteigen (Ketteneinbringung).
- Der Einbringende bringt die erhaltenen Anteile in eine Kapitalgesellschaft oder eine Genossenschaft durch einen Vorgang i. S. des § 20 Abs. 1 oder einen Vorgang i. S. des § 21 Abs. 1 UmwStG oder auf Grund vergleichbarer ausländischer Vorgänge zu Buchwerten ein. Die aus dieser Einbringung erhaltenen Anteile werden anschließend unmittelbar oder mittelbar veräußert oder unmittelbar oder mittelbar unentgeltlich übertragen, es sei denn der Einbringende weist nach, dass die Einbringung zu Buchwerten erfolgte und keine sonstigen Gegenleistungen erbracht wurden, die die Grenze in § 20 Abs. 2 Satz 2 Nr. 4 UmwStG (vgl. Rdn. 257) oder die Grenze in § 21 Abs. 1 Satz 2 Nr. 2 UmwStG (vgl. Rdn. 296) übersteigen.
- Für den Einbringenden oder die übernehmende Gesellschaft werden im Falle einer Ketteneinbringung die Voraussetzungen i. S. von § 1 Abs. 4 UmwStG nicht mehr erfüllt.

Wegen weiterer Einzelheiten wird auf Tz. 22.18 ff. UmwStErl hingewiesen.

7.4.3 Veräußerung von eingebrachten Anteilen durch die übernehmende Gesellschaft

312 Veräußert die übernehmende Gesellschaft Anteile an einer Kapitalgesellschaft, Genossenschaft, die auf sie im Rahmen einer Sacheinlage i. S. des § 20 Abs. 1 UmwStG (Rdn. 255 ff.) oder eines Anteilstausches i. S. des § 21 Abs. 1 UmwStG (Rdn. 289 ff.) unter Verzicht auf die Aufdeckung sämtlicher stiller Reserven übertragen worden sind, innerhalb eines Zeitraums von sieben Jahren nach dem Einbringungszeitpunkt, ist nach § 22 Abs. 2 UmwStG zu prüfen, ob bei dem Einbringenden ein Einbringungsgewinn II zu versteuern ist. Dies ist der Fall, wenn der Einbringende eine natürliche Person oder eine nicht nach § 8b Abs. 2 KStG begünstigte Körperschaft ist (vgl. dazu insbesondere § 8b Abs. 7 und 8 KStG). Ein Einbringungsgewinn II ergibt sich danach auch dann, wenn bei einer Sacheinlage zum eingebrachten Betriebsvermögen Anteile an Kapitalgesellschaften, Genossenschaften gehörten. Ein Einbringungsgewinn II ist auch aus Anlass der Übertragung von Anteilen unter den in Rdn. 311 dargestellten Voraussetzungen zu besteuern. Die Besteuerung eines Einbringungsgewinns II kommt dann nicht in Betracht, soweit der Einbringende die aus Anlass der Einbringung erworbenen Anteile zuvor veräußert hat. Entsprechendes gilt, wenn die stillen Reserven bereits nach § 6 AStG (5. Kap. Teil F Rdn. 1866 ff.) besteuert wurden und die Steuer nicht gestundet wurde.

Der Einbringungsgewinn II ist in entsprechender Anwendung des § 22 Abs. 1 UmwStG auf den Zeitpunkt der Einbringung wie folgt zu ermitteln: 313

Gemeiner Wert der eingebrachten Anteile
./. Kosten für den Vermögensübergang
./. von der übernehmenden Gesellschaft angesetzter Wert der eingebrachten Beteiligung
= Ausgangswert

Dieser Ausgangswert ist um jeweils ein Siebtel für jedes seit dem Einbringungszeitpunkt abgelaufene Zeitjahr zu vermindern. Daraus folgt, dass die Veräußerung von eingebrachten Anteilen durch die übernehmende Gesellschaft nach Ablauf von sieben Jahren nach dem Einbringungszeitpunkt nicht mehr zu der Besteuerung eines Einbringungsgewinns II bei dem Einbringenden führt.

Die Besteuerung des Einbringungsgewinns II hat auf den Zeitpunkt der Einbringung zu erfolgen. Eine für den Einbringenden für diesen Veranlagungszeitraum bereits durchgeführte Veranlagung ist nach § 175 Abs. 1 Satz 1 Nr. 2 AO zu ändern. Die Gewährung eines Freibetrags nach § 16 Abs. 4 EStG und die Gewährung der Tarifvergünstigung nach § 34 EStG sind ausgeschlossen. Der Einbringungsgewinn II gehört bei Anteilen im Betriebsvermögen zum Gewerbeertrag. § 6b EStG findet auf den Einbringungsgewinn II keine Anwendung. 314

Der besteuerte Einbringungsgewinn II erhöht die Anschaffungskosten der veräußerten Anteile. 315

Wegen weiterer Einzelheiten wird auf Tz. 22.12 ff. UmwStErl verwiesen.

7.4.4 Anzeigepflichten

Durch § 22 Abs. 3 UmwStG wird der Einbringende verpflichtet, in den dem Einbringungszeitpunkt folgenden sieben Jahren jährlich spätestens bis zum 31. 5. den Nachweis darüber zu erbringen, wem mit Ablauf des Tages, der dem maßgebenden Einbringungszeitpunkt entspricht, in dem Fall 316

- einer Sacheinlage i. S. des § 20 UmwStG (Rdn. 255 ff.) die erhaltenen Anteile und die auf diesen Anteilen beruhenden Anteile,
- eines Anteilstausches i. S. des § 21 UmwStG (Rdn. 289 ff.) die eingebrachten Anteile und die auf diesen Anteilen beruhenden Anteile

zuzurechnen sind. Wird der Nachweis nicht erbracht, gelten die in Betracht kommenden Anteile an dem Tag, der dem Einbringungszeitpunkt folgt oder der in den Folgejahren diesem Kalendertag entspricht, als veräußert, so dass auf diesen Zeitpunkt ein Einbringungsgewinn I oder II zu besteuern ist. Bei Einbringung auf der Grundlage der Bilanz zum 1. 3. 2017 war danach erstmalig ein Nachweis zum 31. 5. 2018 nach dem Stand vom 1. 3. 2018, daran anschließend bis zum 31. 5. 2019 nach dem Stand vom 1. 3. 2019 zu erbringen. Wegen weiterer Einzelheiten wird auf Tz. 22.28 ff. UmwStErl hingewiesen.

Einstweilen frei 317–330

8. Einbringung eines Betriebes, Teilbetriebes oder Mitunternehmeranteils in eine Personengesellschaft

8.1 Überblick

331 In § 24 UmwStG werden die Rechtsfolgen bei der Einbringung eines Betriebes, Teilbetriebes oder Mitunternehmeranteiles in eine Personengesellschaft geregelt, sofern der Einbringende damit Mitunternehmer wird, ihm also Gesellschaftsrechte gewährt werden (Tz. 24.07 ff. UmwStErl). In § 24 Abs. 2 Satz 1 UmwStG wird bestimmt, dass die Personengesellschaft das eingebrachte Betriebsvermögen in ihrer Bilanz einschließlich der Ergänzungsbilanzen für ihre Gesellschafter mit dem gemeinen Wert anzusetzen hat; für die Bewertung von Pensionsrückstellungen gilt § 6a EStG.

332 Durch § 24 Abs. 2 Satz 2 UmwStG wird es jedoch zugelassen, dass das übernommene Betriebsvermögen auf Antrag mit dem Buchwert oder einem höheren Wert, höchstens jedoch mit dem gemeinen Wert angesetzt werden darf (vgl. Tz. 24.03–24.05, 24.13 ff. UmwStErl). Voraussetzung ist, dass das Recht der Bundesrepublik Deutschland hinsichtlich der Besteuerung des eingebrachten Betriebsvermögens nicht ausgeschlossen oder beschränkt wird. Dieser Antrag ist spätestens bis zur erstmaligen Abgabe der steuerlichen Schlussbilanz bei dem für die Besteuerung der übernehmenden Personengesellschaft zuständigen Finanzamt zu stellen (vgl. dazu BFH v. 30. 9. 2015, BFH/NV 2016 S. 959). Danach ist es möglich, die Einbringung eines inländischen Betriebes, Teilbetriebes oder Mitunternehmeranteils in eine inländische Personengesellschaft erfolgsneutral zu gestalten.

333 Wegen der Bestimmung der Begriffe Teilbetrieb und Mitunternehmeranteil wird auf Tz. 24.02, 20.05–20.08, 20.10 UmwStErl hingewiesen (vgl. auch Rdn. 225 ff.).

334 Das UmwG enthält lediglich Regelungen zur Einbringung eines in das Handelsregister eingetragenen Einzelunternehmens in eine bestehende Personenhandelsgesellschaft (vgl. §§ 123–137, 152–157 UmwG) sowie zur Verschmelzung von Personenhandelsgesellschaften (vgl. §§ 2–45 UmwG). Der Regelungsbereich des § 24 UmwStG geht jedoch darüber hinaus. Der Gesetzgeber versteht unter einer Personengesellschaft jegliche Mitunternehmerschaft i. S. des § 15 Abs. 1 Satz 1 Nr. 2 EStG (5. Kap. Teil A Rdn. 79 ff.). Die Regelungen des § 24 UmwStG sind im Wesentlichen anwendbar bei

- der Aufnahme eines Gesellschafters in ein bisheriges Einzelunternehmen gegen Einlage von Geld oder anderen Wirtschaftsgütern,
- der Einbringung eines Einzelunternehmens in eine neu gegründete Personengesellschaft,
- der Einbringung eines Einzelunternehmens in eine bestehende Personengesellschaft,
- dem Zusammenschluss von mehreren Einzelunternehmen zu einer Personengesellschaft,
- dem Eintritt eines weiteren Gesellschafters in eine bestehende Personengesellschaft gegen Einlage von Geld oder anderen Wirtschaftsgütern,
- der Verschmelzung von mindestens zwei Personengesellschaften,
- der Aufstockung einer bereits bestehenden mitunternehmerschaftlichen Beteiligung.

Voraussetzung ist, dass der Erwerb der Gesellschaftsrechte auf einem Konto gebucht wird, auf dem nach den gesellschaftsvertraglichen Vereinbarungen auch Verluste gebucht werden – dem sog. Kapitalkonto I (BFH v. 29. 7. 2015, BStBl 2016 II S. 593). Das BMF hat seine davon abweichende Auffassung in Tz. 24.07 des UmwStErl mit Schreiben

v. 26. 7. 2016 (BStBl 2016 I S. 684) aufgegeben und für Übertragungen und Einbringungen bis zum 31. 12. 2016 eine Übergangsregelung getroffen.

Nicht in den Anwendungsbereich des § 24 UmwStG fallen die Aufnahme neuer Gesellschafter gegen Zuzahlung an die Altgesellschafter (BFH v. 17. 9. 2014, BStBl 2015 II S. 717), die formwechselnde Umwandlung einer Personengesellschaft in eine andere Personengesellschaft, z. B. einer KG in eine OHG, der Eintritt einer GmbH ohne vermögensmäßige Beteiligung in eine Personengesellschaft, z. B. als Komplementärin einer GmbH & Co. KG. In diesen Fällen wird kein Vermögen übertragen. Auf Tz. 24.01, 01.47 f. UmwStErl wird hingewiesen. Die schenkweise Aufnahme eines Gesellschafters in ein Einzelunternehmen ist nicht nach § 24 UmwStG, sondern nach § 6 Abs. 3 EStG zu beurteilen.

Die Regelungen des § 24 UmwStG gelten für Gewerbebetriebe, land- und forstwirtschaftliche Betriebe sowie Gesellschaften (Gemeinschaften), die einer selbständigen Tätigkeit i. S. des § 18 EStG nachgehen, gleichermaßen. 335

§ 24 UmwStG enthält keine Regelungen für die Fälle des Gesellschafterwechsels, gleichgültig ob der bisherige Gesellschafter seinen Gesellschaftsanteil an einen fremden Dritten, der damit Gesellschafter wird, oder an bisherige Gesellschafter überträgt. In diesen Fällen ist zu prüfen, ob eine nach § 16 EStG zu beurteilende entgeltliche Veräußerung eines Mitunternehmeranteiles vorliegt (vgl. 5. Kap. Teil A Rdn. 201 ff.). Nach dem Urteil des BFH v. 18. 3. 1999 (BStBl 1999 II S. 604) liegt kein Anwendungsfall des § 24 UmwStG bei einer Änderung der Beteiligungsverhältnisse in einer Personengesellschaft vor, wenn der Gesellschafter, dessen Beteiligungsquote sich erhöht, keine Leistung erbringt, die zu einer Aufdeckung stiller Reserven des Gesellschaftsvermögens führt (vgl. auch BFH-Urteil v. 20. 9. 2007, BStBl 2008 II S. 265). 336

Eine steuerliche Rückwirkung wird in § 24 Abs. 4 UmwStG für die Fälle vorgesehen, in denen die Einbringung im Wege der Gesamtrechtsnachfolge erfolgt. In diesen Fällen gelten § 20 Abs. 5 und 6 UmwStG (vgl. Rdn. 266 ff.) entsprechend. In den verbleibenden Fällen müssen die erforderlichen Vereinbarungen bereits vor dem Zeitpunkt vorliegen, zu dem die steuerlichen Wirkungen eintreten sollen (vgl. auch Tz. 24.06 UmwStErl). 337

Die Frage des Übergangs von nach § 10d EStG noch nicht abgezogenen Verlusten stellt sich nicht, da mit der Einbringung des Betriebsvermögens in die Personengesellschaft das bisherige Steuersubjekt nicht untergeht. Ein Zinsvortrag nach § 4h Abs. 1 Satz 5 EStG und ein EBITDA-Vortrag nach § 4h Abs. 1 Satz 3 EStG des eingebrachten Betriebs gehen nicht auf die übernehmende Personengesellschaft über (§ 24 Abs. 6, § 20 Abs. 9 UmwStG). 338

Besondere Regelungen zur GewSt wurden nicht getroffen. 339

8.2 Die Rechtsfolgen bei der Personengesellschaft

Für den Fall, dass sämtliche stillen Reserven aufgedeckt werden, gelten die eingebrachten Wirtschaftsgüter gem. § 24 Abs. 4 i. V. m. § 23 Abs. 4 UmwStG als im Zeitpunkt der Einbringung von der Personengesellschaft angeschafft, wenn die Einbringung des Betriebsvermögens im Wege der Einzelrechtsnachfolge erfolgte; erfolgt die Einbringung des Betriebsvermögens im Wege der Gesamtrechtsnachfolge nach den Vorschriften 340 des UmwG (vgl. dazu Rdn. 334), gilt § 23 Abs. 3 UmwStG entsprechend. Wegen weiterer Einzelheiten vgl. die Hinweise in Tz. 24.03 UmwStErl sowie die Ausführungen in Rdn. 277 ff.

341 Verzichtet die übernehmende Personengesellschaft ganz oder teilweise auf die Aufdeckung der stillen Reserven, sind gem. § 24 Abs. 4 die Vorschriften von § 23 Abs. 1, 3 und 6 UmwStG entsprechend anzuwenden, vgl. dazu die Hinweise in Tz. 24.03 UmwStErl (ferner BayLfSt v. 11. 11. 2014, DB 2014 S. 2681) sowie die Ausführungen in Rdn. 277 ff.

342 Werden von einer natürlichen Person Anteile an einer Kapitalgesellschaft unter Verzicht auf die Aufdeckung der gesamten stillen Reserven in eine Personengesellschaft eingebracht, unterliegt ein aus einer späteren Veräußerung erzielter Gewinn nur dann und insoweit der Besteuerung, als er anteilig auf natürliche Personen entfällt. Ist der Gewinn anteilig Körperschaften zuzurechnen, ist insoweit eine Besteuerung unter den Voraussetzungen des § 8b Abs. 2 KStG ausgeschlossen. Zur Vermeidung dieser Rechtsfolge wird in § 24 Abs. 5 UmwStG die entsprechende Anwendung des § 22 UmwStG vorgesehen (vgl. dazu Tz. 24.18 ff. UmwStErl sowie Rdn. 298). Bei Anwendung dieser Regelung ist zu beachten, dass ab 1. 3. 2013 die Steuerfreiheit von Veräußerungsgewinnen von Beteiligungen i. S. des § 8b Abs. 1 KStG auf Beteiligungen von mindestens 10 % beschränkt worden ist (zu beachten ist § 27 Abs. 11 UmwStG).

343 *Einstweilen frei*

8.3 Die Rechtsfolgen bei den einbringenden Gesellschaftern

344 Der Wert mit dem das eingebrachte Betriebsvermögen in der Bilanz der Personengesellschaft einschl. der Ergänzungsbilanzen für ihre Gesellschafter angesetzt wird, gilt nach § 24 Abs. 3 Satz 1 UmwStG für den Einbringenden als Veräußerungserlös. Danach kann sich ein Veräußerungsgewinn dann ergeben, wenn kein Antrag auf den völligen oder teilweisen Verzicht auf die Aufdeckung stiller Reserven gestellt wird (vgl. Rdn. 331). Kein Veräußerungsgewinn ist zu versteuern, wenn die Fortführung der Buchwerte beantragt wird. Wesentlich ist dabei, dass der gebotenen Aufdeckung stiller Reserven in der Bilanz der Personengesellschaft durch die Führung von Ergänzungsbilanzen entgegengewirkt werden kann. Die Frage der Führung einer Ergänzungsbilanz kann sich dabei sowohl für den Einbringenden als auch für den anderen Mitgesellschafter stellen (vgl. Tz. 24.13 ff. UmwStErl).

345 **BEISPIEL 28:** (in Anlehnung an Tz. 24.14 UmwStErl)

A bringt sein Einzelunternehmen, dessen Eigenkapital 100 000 € beträgt, und das stille Reserven von 200 000 € hat, in die mit B gegründete A & B OHG ein, an der beide mit je 50 % beteiligt werden. B leistet eine Bareinlage von 300 000 €.

Die A & B OHG soll die Buchwerte des A fortführen. Danach ergibt sich folgende Eröffnungsbilanz:

Aktiva			**Passiva**
Betriebsvermögen A	100 000 €	Kapital A	200 000 €
Bareinlage B	300 000 €	Kapital B	200 000 €
	400 000 €		400 000 €

B hat für seinen Anteil 300 000 € aufgewendet. Dieser Mehrbetrag von 100 000 € ist das Entgelt für die ihm nunmehr anteilig zustehenden stillen Reserven von 100 000 €. Für ihn ist dementsprechend eine Ergänzungsbilanz mit einem Mehrkapital von 100 000 € zu führen, dem auf der Aktivseite die anteiligen stillen Reserven gegenüberzustellen sind, wegen der Weiterführung dieser Ergänzungsbilanz vgl. 5. Kap. Teil A Rdn. 111 ff.

Für A wird hingegen in der Bilanz der A & B OHG gegenüber der Schlussbilanz seines Einzelunternehmens ein Mehrkapital von 100 000 € ausgewiesen. Danach hätte er an sich einen Veräußerungsgewinn von 100 000 € erzielt. Zur Vermeidung dieses Veräußerungsgewinns wird für ihn eine Ergänzungsbilanz mit einem Minderkapital von 100 000 € geführt, in der ein entsprechender Minderwert der Aktiva auszuweisen ist, wegen der Weiterführung dieser Ergänzungsbilanz vgl. 5. Kap. Teil A Rdn. 111 ff.

Danach sind bei der Ermittlung des Gewinnanteils des B zusätzliche Abschreibungen auf den Mehrwert der Aktiva zu berücksichtigen. Demgegenüber ergeben sich für A durch die Auflösung des Minderwerts der Aktiva entsprechende zusätzliche Erträge. Damit wird das steuerliche Ergebnis der A & B OHG durch die beiden Ergänzungsbilanzen nicht berührt. Deren Ergebnisse berühren lediglich die Verteilung der Gewinne/Verluste auf die beiden Gesellschafter.

Auf den durch die Einbringung entstehenden Veräußerungsgewinn sind § 16 Abs. 4 346
und § 34 Abs. 1 und 3 EStG nur anwendbar, wenn das eingebrachte Betriebsvermögen mit seinem gemeinen Wert angesetzt wird und es sich nicht um die Einbringung eines Teils eines Mitunternehmeranteils handelt. Dies gilt nicht, soweit der Einbringende an der Personengesellschaft beteiligt ist; durch § 24 Abs. 3 Satz 3 UmwStG wird § 16 Abs. 2 Satz 3 EStG (vgl. 5. Kap. Teil A Rdn. 191 ff.) für entsprechend anwendbar erklärt. Im Übrigen wird die Anwendung von § 34 Abs. 1 und 3 EStG insoweit ausgeschlossen, soweit der Veräußerungsgewinn nach § 3 Nr. 40 Satz 1 Buchst. b i. V. m. § 3c Abs. 2 EStG teilweise steuerbefreit ist. Auf Tz. 24.15 ff. UmwStErl wird hingewiesen.

9. Formwechsel einer Personenhandelsgesellschaft

Nach §§ 190 ff. UmwG (vgl. Rdn. 70 ff.) kann eine Personenhandelsgesellschaft (OHG, 347
KG) durch Formwechsel die Rechtsform einer Kapitalgesellschaft erhalten. Steuerlich tritt damit eine Änderung in der Person des Rechtsträgers ein. Es handelt sich damit um Sachverhalte, die zumindest steuerlich der Einbringung eines Betriebs, Teilbetriebs oder eines Mitunternehmeranteils in eine unbeschränkt stpfl. Kapitalgesellschaft gegen Gewährung von Gesellschaftsrechten vergleichbar ist. Aus diesem Grunde werden durch § 25 UmwStG die Regelungen des Achten Teils des UmwStG (§§ 20 bis 23 UmwStG) für entsprechend anwendbar erklärt. Der Regelungsbereich dieser Vorschrift erstreckt sich nunmehr auch auf die Fälle des Formwechsels einer Personengesellschaft in eine Kapitalgesellschaft auf Grund ausländischer Rechtsvorschriften, wenn der Vorgang mit einem Formwechsel nach § 190 UmwG vergleichbar ist. Auf Tz. 25.01 UmwStErl sowie die Ausführungen unter Rdn. 251 wird hingewiesen.

Dem Formwechsel braucht nach §§ 190 ff. UmwG keine Bilanz zugrunde gelegt zu wer- 348
den. Angesichts des Wechsels des steuerlichen Rechtssubjekts ist jedoch eine Abgrenzung zwischen Personenhandelsgesellschaft und Kapitalgesellschaft erforderlich. Aus diesem Grunde hat die übertragende Gesellschaft auf den steuerlichen Übertragungsstichtag eine Steuerbilanz aufzustellen (§ 25 Satz 2 i. V. m. § 9 Satz 2 und 3 UmwStG).

Literaturangaben:

Eisgruber (Hrsg.) Umwandlungssteuergesetz Kommentar, 2. Aufl., Herne 2018; *Klein/Müller/Lieber*, Änderung der Unternehmensform, 11. Aufl., Herne 2017; *Lange/Bilitewski/Götz*, Personengesellschaften im Steuerrecht, 11. Aufl., Herne 2020; *Müller/Hoffmann* (Hrsg.), Beck'sches Handbuch der Personengesellschaften, 5. Aufl., München 2020; *Schmitt/Hörtnagel*, Umwandlungsgesetz/Umwandlungssteuergesetz, 9. Aufl., München 2020; *Widmann/Mayer*, Umwandlungsrecht, Loseblattwerk, Köln.

7. Kapitel:

Praxis der Unternehmensführung und -steuerung
Teil A: Die Kosten- und Leistungsrechnung als Controllinginstrument

von
Akad. Direktor a. D. Dr. Harald Wedell, Göttingen,
Professor a. D. der Pfeiffer University, Charlotte/USA

Inhaltsverzeichnis

I. Grundlagen und Grundbegriffe der Kosten- und Leistungsrechnung und des Controllings

1. Das Rechnungswesen als Informationssystem des Unternehmens

1.1 Informationsinteressen im Unternehmen

1 Die Tätigkeiten in Wirtschaftsbetrieben erfolgen zielbestimmt. Sie sind vorrangig auf das Erreichen eines Geldziels ausgerichtet. Hierzu dienen Herstellung, Bereitstellung und Verkauf von Gütern. Bei allen diesen Tätigkeiten gibt es verschiedene Möglichkeiten zur Zielerreichung. Im Rahmen dieser Alternativen sind Entscheidungen zu treffen, die auf der Grundlage von Informationen gefällt werden sollen, welche das jeweilige Entscheidungsfeld über **entscheidungsrelevante Daten** abbilden.

2 Die Bandbreite der Entscheidungsfelder reicht von Fragen zur rechtlichen Gestaltung des Unternehmens (Rechtsform), über die Festlegung des Leistungsprogramms (Produktarten und -mengen) bis zu Auswahl, Einsatz und Finanzierung der benötigten Produktionsmittel (Mitarbeiter, Anlagen, Waren, Stoffe, Finanzmittel).

3 Allgemein gesagt liegt der **Aufgabenbereich des Rechnungswesens** in der Vermittlung von Informationen über die wirtschaftliche Lage eines Unternehmens. Genauer ausgedrückt: Das betriebswirtschaftliche (betriebliche) Rechnungswesen ist ein Tätigkeitsbereich zur ziffernmäßigen Erfassung betrieblicher Strukturen und Prozesse mit Plan- und Istwerten und zur Aufbereitung des Datenmaterials nach zweckgerichteten Gesichtspunkten für spezielle Informationsbedürfnisse.

4 Unterschiedliche Interessenlagen bei den Personen, die unmittelbar oder mittelbar am Leistungsprozess beteiligt sind, führen zu einer Aufgliederung der Arbeitsfelder im betriebswirtschaftlichen Rechnungswesen:

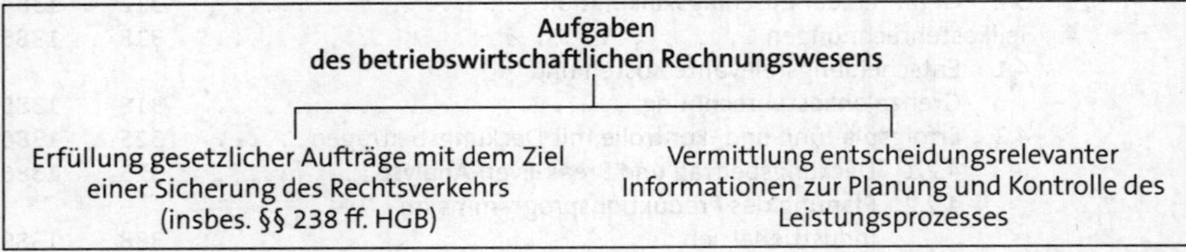

1.2 Externes und internes Rechnungswesen

5 Die unterschiedlichen Aufgaben führen zur Differenzierung der Tätigkeitsbereiche in externes und internes Rechnungswesen. Daten des externen Rechnungswesens dienen zur Sicherung von Rechtsansprüchen und sind deshalb auf der Grundlage von Rechtsvorschriften zu ermitteln. Im Mittelpunkt des Jahresabschlusses von Unternehmen stehen hier die Vorschriften zur Rechnungslegung des HGB sowie steuerrechtliche Vorschriften und Anforderungen, die sich aus dem Insolvenzrecht ergeben.

6 Das interne Rechnungswesen vermittelt Daten zur Planung und Kontrolle des Leistungsprozesses. Es handelt sich hier um die Selbstinformation der Entscheidungsträger. Aufgrund der unterschiedlichen Folgen von Informationen (Ausschüttungsinteressen,

Steuerbelastung, Entlohnungsforderungen) können dieselben Informationsziele von denjenigen, die mit der Datenermittlung befasst sind, unterschiedlich interpretiert werden: Ein in der internen Datenerfassung ermittelter **erwirtschafteter Gewinn** wird in der externen Rechnung anders bemessen zu einem **belastbaren (ausschüttbaren) Gewinn**.

Die unterschiedlichen Aufgabenstellungen haben zu einer aufgabenbezogenen organisatorischen Gliederung des Rechnungswesens mit speziellen Bezeichnungen geführt. Solche Fachausdrücke dienen zur Unterscheidung von Sachverhalten, die – wie im Bereich des Rechnungswesens deutlich erkennbar – grundsätzlich ähnlich gestaltet, aber in Details wesensverschieden sind (vgl. Wedell/Dilling, S. 230 f.): 7

Aufgabenbezogene organisatorische Gliederung des betriebswirtschaftlichen Rechnungswesens			
Rechnungszweig	Finanzplanung und -kontrolle	Finanzbuchführung	Kosten- und Leistungsrechnung
Rechnungsziel	Sicherung des finanziellen Gleichgewichts	Einblick in die Vermögens- und Erfolgslage	Leistungskontrolle und Betriebsdisposition

In dem üblichen organisatorischen System des Rechnungswesens in Unternehmen ist die Kosten- und Leistungsrechnung der Arbeitsbereich zur Vermittlung von Daten für interne Planungs- und Kontrollzwecke. Im amerikanischen Schrifttum ist der anschauliche Ausdruck **Management Accounting** eingeführt. Es hat die Aufgabe, „to supply management with quantitative information as a basis for decisions" (Garrison, S. 2). Deutlich wird der Entscheidungsbezug aus der folgenden Aufgabendefinition: „... information to managers – that is to those who are inside an organization and who are charged with directing and controlling its operations" (Holzer/Norreklit, S. 699). 8

1.3 Planung, Kontrolle, Controlling

Die Aufgabenbeschreibung der Kosten- und Leistungsrechnung hat den Aspekt der Entscheidungsrelevanz hervorgehoben. Damit wird dieser Rechnungszweig zu einem **Informationsinstrument der Leitungsebenen** in Unternehmen. Im Prozess von Planung, Organisation und Kontrolle der Handlungsabläufe kommt sachgerechten Informationen eine immer größere Bedeutung zu. Dabei stellt die **Kontrolle** den Sollwerten der Planung die Istwerte abgeschlossener Tätigkeiten gegenüber und ermittelt die Abweichungsursachen (vgl. Schweitzer, S. 60 ff.). 9

Aufgrund einer scheinbaren sprachlichen Verwandtschaft wird Kontrolle häufig mit **Controlling** gleichgesetzt. Ein Blick auf den sprachlichen Ursprung (to control = regeln, steuern, führen) zeigt aber, dass Controlling offenbar über Kontrolle hinausgeht. Wie weit das im konkreten Fall geht, hängt vom Leitungssystem eines Unternehmens ab. Wo verschärfte Wettbewerbsbedingungen effiziente wirtschaftliche Steuerungsprozesse erfordern, kommt es leicht zu einer qualitativen und quantitativen Überlastung der Entscheidungsträger in den verschiedenen Funktionsbereichen. Zur Überwindung dieses Engpasses bei der **ziel- und entscheidungsorientierten Informationsversorgung** soll das Controlling beitragen (vgl. Horváth/Reichmann, S. XI). 10

11 Statt Controlling mit Kontrolle (i. S. von Rückschau) gleichzusetzen, käme eher ein Vergleich mit der „Betriebsstatistik und Kennzahlenrechnung" in Betracht. Deren Auftrag ist – nach den Richtlinien zur Organisation der Buchführung von 1937 – die „Überwachung der Betriebsgebarung (Wirtschaftlichkeitsrechnung)" (Glade, S. 52). Sie beinhaltet damit die Verarbeitung von Unternehmensdaten aus dem Blickwinkel der Unternehmensleitung.

12 Die Fachliteratur zeigt eine Vielfalt sehr gegensätzlicher Auffassungen zum Controlling-Auftrag. Zur Meinungsvielfalt vgl. insbes. die Darstellungen bei Küpper, 1991 b, S. 87 ff. und Horváth, S. 712 ff. Grundsätzlich kann aber festgestellt werden: Controlling ist als eigenständiger Tätigkeitsbereich in solchen Unternehmen anzutreffen, die eine **systematische Planung und Kontrolle** des Leistungsprozesses verfolgen. Controller stellen Informationen zur rechten Zeit am rechten Ort zur Verfügung, d. h. das Controlling erfüllt Servicefunktionen im Sinne einer **Beratungsinstanz**, ohne selbst Entscheidungen zu treffen. Der wesentliche Auftrag besteht darin, durch ausgewählte Informationen über Entscheidungsfelder zu einer **Koordination** der verschiedenen Leitungsebenen des Unternehmens beizutragen. Anders umschrieben: Im Mittelpunkt steht die „Koordination des Führungs-Gesamtsystems", … um die „Effizienz und Effektivität der Führung ebenso zu erhöhen wie die Anpassungsfähigkeit und Flexibilität des Unternehmens" (J. Weber, S. 42 f.; vgl. ebenso Bramsemann, S. 46).

13 Einen Schwerpunkt der benötigten Informationen erhält das Controlling aus der Kosten- und Leistungsrechnung. Schneider geht so weit, „Controlling zu beschränken auf eine durch Rechnungswesen gestützte Koordinations- und Kontrollhilfe" (Schneider, Bd. 2, S. 331). Damit wird das interne Rechnungswesen zu einem wichtigen Teilgebiet im Gesamtsystem der Informationswirtschaft des Unternehmens. Anforderungen und Anregungen aus dem Controlling machen die Kosten- und Leistungsrechnung zu einem flexiblen Instrument der Datenvermittlung von mengen- und wertmäßig abbildbaren Vorgängen im Prozess der Leistungserstellung und -verwertung.

1.4 Entscheidungsrelevanz interner Informationen

14 Ein Teilbereich betrieblicher Tätigkeiten zur Datenerfassung und -verarbeitung wird allgemein mit dem Begriff „Kostenrechnung" umschrieben. Im üblichen Sprachgebrauch sind Kosten „negative Kalkulationselemente" (Kosiol, 1953, S. 14). Dieser Erklärung folgend wurde früher die Kostenrechnung zumeist nur in dem Sinn verstanden, dass dort die Ermittlung von Stückkosten erfolgt, die in irgendeiner Form zur Bildung von Angebotspreisen oder deren Kontrolle beitragen sollen. Sieht man historisch den Händler im Mittelpunkt der Wettbewerbswirtschaft, dann trifft diese Vorstellung vom Aufgabenbereich der Kostenrechnung sicher zu: Es galt vor allem, die Spanne zwischen Einkaufs- und Verkaufspreis festzulegen und zu kontrollieren, d. h. interne Rechnungen waren vor allem stückbezogen ausgerichtet: „Wesenseigene Aufgabengebiete der Kostenrechnung (sind) die Wirtschaftlichkeitskontrolle und die Ermittlung der Stückkosten", weil „preispolitische Überlegungen von den Stückkosten ausgehen" (Heinen, S. 58).

15 In dem Maße, wie der Betriebsablauf arbeitsteilig gegliedert wird und auch Entscheidungsalternativen im Hinblick auf das Leistungsprogramm entstehen, wachsen die Ansprüche an die Daten des Rechnungswesens. Es gibt also umfangreichere Aufgaben-

stellungen in der Kostenrechnung als nur die Hilfestellung bei der Ermittlung von Angebotspreisen. Der Begriff „Kostenrechnung" wird als Oberbegriff für die Vielfalt aller vorrangig auf die Verbrauchsseite des Leistungsprozesses bezogenen Rechnungen benutzt. Im Verbund mit dem positiven Gegenpol des Gütereinsatzes, den Leistungen, steht die **Kosten- und Leistungsrechnung** im Mittelpunkt bei der Lösung von Entscheidungsproblemen.

Letztlich entscheidet sich am Absatzmarkt, wie erfolgreich die betriebliche Tätigkeit ist. 16
Diese Erfolgslage ist das Ergebnis von Planung, Entscheidung und Durchführung betrieblicher Handlungen in den verschiedenen, arbeitsteilig gebildeten Leistungsstellen im Betrieb. Die Führungsorgane in Betrieben haben die Aufgabe, Maßnahmen und Entscheidungen zum Erreichen der Betriebsziele zu treffen und die durchgeführten Handlungen unter dem Gesichtspunkt der Zielerreichung zu kontrollieren. Für die Planung und Kontrolle des Leistungsprozesses müssen **entscheidungsrelevante Informationen** bereitgestellt werden.

Wenn aus dem Vergleich entscheidungsrelevanter Kosten Folgerungen gezogen wer- 17
den sollen, ist ein **identisches Bezugsobjekt** erforderlich. Man kann eine bestimmte Leistung, beispielsweise eine Produktionsmenge des Gutes x_1, mit unterschiedlichem Güterverbrauch, also unterschiedlichen Kosten, produzieren. Der Kostenvergleich gibt dann eine zutreffende Entscheidungshilfe. Entscheidungen betreffen aber auch unterschiedliche Leistungen mit unterschiedlichen Kosten. Für den Entscheidungsnutzen ist sicherzustellen, dass Ursache und Wirkung gegenübergestellt werden.

Dieses **Identitätsprinzip** der Kosten- und Leistungsrechnung gilt es zu beachten.

1.5 Entscheidungsrelevante Kosten und Leistungen

1.5.1 Entscheidungsfelder

Die Kosten- und Leistungsrechnung ist ein Teilgebiet des sog. internen Rechnungs- 18
wesens. Wird sie als Teil des Management-Informationssystems verstanden, dann sollen mit ihren Daten Entscheidungen zur Gestaltung des Leistungsprozesses vorbereitet werden. Gestalten heißt Entscheiden, heißt Auswählen aus dem Kreis möglicher Handlungsalternativen. Entscheidungsrelevante Kosten sind dann „die zwischen alternativen Handlungsmöglichkeiten sich ändernden Kosten" (Schneider, S. 2521). Somit ergeben sich folgende Entscheidungsfelder, die dann Gegenstände von Entscheidungsrechnungen sind: Welche Güterarten sollen in welcher Menge wann an welchem Ort zu welchen Preisen angeboten und abgesetzt werden?

Aus dieser allgemeinen Beschreibung ergibt sich die Aufgabe einer Unterstützung von 19
Personen, die über die zweckmäßige Gestaltung des Leistungsprozesses zu entscheiden haben. Abhängig von der Gliederung des Betriebs in Verantwortungsbereiche und den grundsätzlichen Möglichkeiten zur Leistungsbewirkung stehen beispielsweise im Industriebetrieb folgende Entscheidungsfelder – und damit **Controllingaufträge** – im Mittelpunkt (nach Wilkens, S. 333 f.):

Entscheidungsfelder im Industriebetrieb:

- Leistungsprogramm
- Art und Menge der Einsatzfaktoren

- Eigenfertigung oder Fremdbezug
- Fertigungsverfahren
- Maschinenbelegung
- Losgrößen
- Verkaufspreise

20 Die voranstehende Gliederung der Entscheidungsfelder führt im Detail zu differenzierten Arbeitsaufträgen. Jeder Handlungsbereich eines Unternehmens hat mit den dort entstehenden Wertgrößen Einfluss auf das Gesamtergebnis. Daher sollten für jeden Handlungsbereich Planungs- und Kontrollrechnungen entwickelt werden. Diese aktivitätsbezogenen Rechnungsbereiche könnten mit ihren **Aktivitätskosten** wie folgt gegliedert werden (vgl. Holzer/Norreklit, S. 699 ff.):

Kategorien für Activity Costs (Aktivitätskosten):

(1) Betriebsbereitschaft: Betriebsführung, Instandhaltung von Gebäuden, Heizung, Beleuchtung;
(2) Produktionsbereitschaft: Fertigungstechnik entwickeln, Produktgestaltung, Produktentwicklung;
(3) Losgrößenaktivitäten: Umrüstung von Fertigungsanlagen, Beschaffung von Material, Transport;
(4) Produktaktivitäten: direkter Personaleinsatz, direkter Materialverbrauch, direkter Maschineneinsatz.

21 In anderen Wirtschaftszweigen erfahren die Entscheidungsfelder des Industriebetriebs Abwandlungen – entsprechend werden an die Kosten- und Leistungsrechnung veränderte Anforderungen gestellt. Es gibt also nicht *die* Kostenrechnung, sondern eine aufgabenbezogene Ausrichtung, die nach Besonderheiten des Wirtschaftszweigs, der Struktur des Leistungsprogramms, den Verhältnissen am Beschaffungs- und Absatzmarkt und nicht zuletzt auch nach den individuellen strategischen Zielen der entscheidenden Personen auszurichten ist.

1.5.2 Der Kostenbegriff in der Fachliteratur

22 Werden Empfehlungen zur Gestaltung des Rechnungswesens und zur Ermittlung von Daten aus der Fachliteratur übernommen, ist genau auf den Standpunkt des jeweiligen Autors zum Begriff „Kosten" zu achten. Die Bandbreite von traditionellen Begriffsinterpretationen kann wie folgt veranschaulicht werden:

Kosten wurden bzw. werden erklärt als

- „zweckgerechter, angemessener und zeitrichtiger Aufwand" (Seischab, S. 22);
- „Summe der für die eingesetzten Produktionsmittel entrichteten Entgelte" (Koch, S. 21);
- „Güterverbrauch, der bestimmte Leistungen (Produkte) hervorgerufen hat" (Kosiol, 1972, S. 23);
- „periodenechter betrieblich bedingter Güterverbrauch für die Leistungserstellung" (Schönfeld, S. 10);
- „bewerteter Verbrauch und Gebrauch für die Herstellung und den Absatz betrieblicher Erzeugnisse und für die Aufrechterhaltung der hierfür erforderlichen Betriebsbereitschaft" (Lücke, S. 82).

23 Die wesentlichen Unterschiede ergeben sich im Hinblick auf die Eingrenzung des Erfassungsbereichs, den Zeitbezug, die Bindung an den Leistungsprozess und Aussagen zur

Wertkomponente. Interpretationen wie die von Lücke sind für die vielfältigen Einsatzzwecke der Kosten- und Leistungsrechnung am sinnvollsten. In der aktuellen Literatur sind die Elemente dieser Begriffserklärung vorherrschend. In Verbindung mit dem positiven Gegenpol der Kosten, den Leistungen, kann folgende umfassende Beschreibung gegeben werden:

Die Kosten- und Leistungsrechnung erfasst als Kosten den leistungszweckbezogenen und zweckgerichtet bewerteten Verbrauch von Gütern und Diensten im Rahmen des Betriebsablaufs und zur Sicherstellung der Betriebsbereitschaft und stellt diese dem zeitraumentsprechenden positiven Ergebnis des zweckgerichteten Werteschaffens, den Leistungen, gegenüber. 24

1.5.3 Gesichtspunkte zur Kostenerfassung

Unabhängig vom methodischen Ansatz sowie der Tiefen- und Breitengliederung des Abrechnungssystems gelten folgende Grundsätze: 25

Gesichtspunkte zur Kostenerfassung:

- Leistungsbezug
- Zeitbezug
- Vollständigkeit
- Mengengenauigkeit
- Wertgenauigkeit

(1) Leistungsbezug: Erfasst werden nur solche Verbrauchsvorgänge, die notwendigen Mitteleinsatz für den jeweiligen Leistungsumfang darstellen. Nicht jeder Werteverbrauch im Betrieb führt zu Kosten. Es muss eine „real-kausale Prozeßbezogenheit" (Kosiol, 1972, S. 30) vorliegen; anders ausgedrückt: Es ist nur derjenige Güterverbrauch zu erfassen, der auch leistungswirksam geworden ist. Gedanklicher Ausgangspunkt ist die Absicht, eine Leistung zu bewirken – nicht nur das Vorliegen eines Güterverbrauchs, der irgendwie als Kosten abzurechnen ist. 'Kosten' der Unterbeschäftigung sind nicht zu Leistung geworden, stellen also auch keine entscheidungsrelevanten Kosten dar. Neben **leistungswirksamen Verbrauchsvorgängen** gehen nur die wirklich notwendigen Maßnahmen zur Aufrechterhaltung der **Betriebsbereitschaft** in die Kostenrechnung ein. Amortisationsdenken und Kostenrechnung sind verschiedene Dinge. 26

(2) Zeitbezug: Die Ergebnisse der Kosten- und Leistungsrechnung sollen Maßstäbe zur Beurteilung von Handlungsalternativen sein. Dabei muss zeitlich Gleiches mit Gleichem verglichen werden. **Abgrenzungsprobleme** treten dabei in größerem Umfang auf als in der Finanzbuchführung. Dies vor allem, weil die Datenerfassung und -auswertung nicht nur – wie im Jahresabschluss – in größeren Zeitabständen erfolgt, sondern viel kurzfristiger ausgelegt ist. Je nach Notwendigkeit reaktionsschneller Betriebslenkung handelt es sich um eine **kurzfristige Erfolgsrechnung** mit Quartals- und Monatsdaten, zuweilen aber auch noch kürzeren Erfassungszeiträumen. Sollen die Ergebnisse kurzfristiger Erfassungszeiträume vergleichbar sein, sind zunächst **vergleichbare Beschäftigungszeiträume** auszuwählen. Diese sind mit dem Wochenrhythmus und einem rechnerischen 4-Wochen-Monat besser gegeben als mit einer Orientierung an ungleichen Kalenderabschnitten. 27

28 **(3) Vollständigkeit:** Die einem Bezugsobjekt für einen Kontrollzeitraum zuzurechnenden Kosten sind grundsätzlich vollständig zu erfassen. Was notwendig ist, um eine zusätzliche Leistung zu bewirken und durch diesen Einsatz zu einem in Geldwert messbaren Verzicht auf eine andere Verwendung führt, zählt grundsätzlich zu den Kosten dieser Leistung. Dieser Grundsatz führt zwangsläufig zur Trennung der Kostenrechnung von Daten der Finanzbuchführung, indem vom rechtlichen Anschaffungswertdenken abgewichen wird. Beispiele hierfür sind insbesondere Kostenansätze für den Arbeitseinsatz von Eigentümern oder für die Nutzung des Eigenkapitals in Verfolgung des **Opportunitätsdenkens**: Kosten entstehen hier ohne Grundlage eines Rechtsvorgangs in Höhe des entgangenen Nutzens durch die Verwendung der Leistungsfaktoren dispositive Arbeit und Kapital im Betrieb statt in anderer möglicher Verwendung, die zu Einnahmen führen würde.

Der Anspruch auf Vollständigkeit ist aber nicht immer gleichzusetzen mit der Erfassung und Zurechnung aller physisch notwendigen Leistungsbeiträge. Wenn Entscheidungen im Rahmen einer gegebenen Betriebsausstattung zu treffen sind, kann eine Eingrenzung der Kostenrechnung auf die durch Entscheidungen veränderbaren (Teil-)Kosten erfolgen. Hier werden im Hinblick auf die **Länge des Planungszeitraumes** Unterscheidungen getroffen. Langfristig sind alle Kosten entscheidungsrelevant, d. h. durch Entscheidungen veränderbar. Wenn aufgrund insbesondere rechtlicher Rahmenbedingungen keine kurzfristigen Handlungsmöglichkeiten bestehen (z. B. Kündigungsschutz), sind derart festliegende 'Kosten' für aktuelle Entscheidungen auch nicht mehr relevant.

Dasselbe gilt, wenn Kosten für Leistungsteilbereiche ermittelt werden sollen. Auch dabei gilt der **relative Vollständigkeitsanspruch** insofern, dass er alle jeweils entscheidungsvariablen Verbrauchsvorgänge genau erfasst. Für solche Entscheidungen sind letztlich solche Kosten relevant, die zu einer Ja-Nein-Entscheidung führen. Vollständig erfasst sind Kosten und Leistungen, wenn sie alle Beträge umfassen, die bei einem Fortfall des Bezugsobjekts auch fortfallen würden.

29 **(4) Mengengenauigkeit:** Jeder Gütereinsatz ist zunächst ein mengenmäßiger Verbrauch, der in der jeweiligen Maßeinheit ausgedrückt wird (m, kg, Std. ...). Bei der Verbrauchsermittlung spielen die erfolgstaktischen Gesichtspunkte handels- und steuerrechtlicher Rechnungen keine Rolle. Die Kostenrechnung kennt deshalb beispielsweise auch grundsätzlich keine zeitbezogene degressive Abschreibung, sondern eine am Leistungsbeitrag der Anlagen orientierte Abschreibung. Daneben gibt es hier **kein Amortisationsdenken**, das jeden Güterverbrauch auch zu Kosten werden lässt. Wenn z. B. Produktionsanlagen für die gegenwärtige Produktionsmenge und die Sicherung der Betriebsbereitschaft nicht benötigt werden, gehen deren (zeitbezogene) Abschreibungsanteile auch nicht in die Kostenrechnung ein. Güterverbrauch durch Fehlplanung, der für die Finanzbuchführung relevant bleibt, wird von notwendigem Mitteleinsatz getrennt, der als Kosten verrechnet wird.

30 **(5) Wertgenauigkeit:** Erst aus der Bewertung von Verbrauchsmengen entstehen Kosten. Je nach Rechnungszweck kommen **unterschiedliche Wertansätze** in Betracht. Vermengungen unterschiedlicher Bewertungskonzeptionen sind zu vermeiden.

Unternehmensentscheidungen gestalten die Wirtschaftsabläufe in der Zukunft. Für sie sind dann auch historische Werte grundsätzlich ohne Belang. Wenn der Nutzenentgang durch einen Güterverbrauch im Planungszeitraum die Richtschnur zur sog. Kostenbewertung darstellt, treten Anschaffungswerte in den Hintergrund.

Die entscheidungsorientierte Kostenrechnung arbeitet grundsätzlich **mit Werten des Planungs- oder Kontrollzeitraums**. Das ergibt sich allein aus dem **Identitätsprinzip** der Kosten- und Leistungsrechnung: Wenn aus dem Vergleich von Kosten und Leistungen Rückschlüsse auf die Vorteilhaftigkeit von Maßnahmen und Handlungen gezogen werden sollen, müssen die Vergleichsobjekte dieselben Zeitbezüge und Wertgrundlagen aufweisen (sog. matching principle). Heutigen Umsatzerlösen müssen Kostenwerte der Gegenwart gegenübergestellt werden; anders ausgedrückt: Kosten sind gegenwärtiger Verzicht auf eine andere Güterverwendung, die einen aktuellen Wert besitzt, der dem erwarteten oder realisierten betrieblichen Leistungsbeitrag gegenüberzustellen ist.

Für besondere Aufgaben der Kosten- und Leistungsrechnung gibt es auch andere, entsprechend **zweckgerechte Kostenwerte**. Das zeigt der Blick auf einen Arbeitsbereich des Bilanzbuchhalters, für den die Kostenrechnung regelmäßig eine **Hilfsfunktion** zu übernehmen hat. Dabei geht es um die Bewertung von selbst erstellten Vermögensgegenständen nach den Regeln des Handels- oder Steuerrechts. Für die **Herstellungskosten** ist im Jahresabschluss eine Beschränkung auf solche Kosten vorgeschrieben, die dem Anschaffungswertprinzip der externen Rechnungslegung entsprechen (vgl. Kap. 2 dieses Handbuchs). 31

1.5.4 Leistungsarten

Aus der vorangehenden Erklärung der Kosten lassen sich wesentliche Interpretationsmöglichkeiten für deren begrifflichen Gegenpol ableiten: die Leistungen. Weil Kosten und Leistungen letztlich zu einem Ergebnis aufgerechnet werden (Gewinn/Verlust), müssen die Ermittlungsgrundlagen positiver und negativer Rechenkomponenten übereinstimmen. 32

In einigen Lehrbüchern wird der Begriff „Leistung" abgelehnt. Sie wählen als Begriffepaar „Kosten- und Erlösrechnung" mit folgender Begründung: „Leistungsbegriffe sind rein mengenmäßige Begriffe" (Schweitzer/Küpper, S. 21). Sicherlich trifft das aus der Sichtweise des Ingenieurs oder Physikers zu. Über diese enge Begriffsverwendung ist „Leistung" aber längst hinausgewachsen (siehe z. B. die volkswirtschaftliche wertmäßige „Leistungsbilanz", eine erhaltene Versicherungs„leistung" oder ganz allgemein die „Leistungsfähigkeit"). Von solchen eingeführten Begriffen ist nur abzuweichen, wenn sie irreführend sind und ein anderer Begriff den Sachverhalt besser erklärt. Wie sieht das bei dem von einigen Autoren gewählten Ersatzbegriff für „Leistung" aus? 33

„In allen Fällen ..., in denen die Güterentstehungen mit Preisen bewertet werden, wird von Erlösen gesprochen (Stückerlösen, Periodenerlösen, Umsatzerlösen usw.)" (Schweitzer/Küpper, S. 21). Das gilt zweifellos, wenn an **Marktleistungen** des Betriebes gedacht wird, also Güter und Dienste *verkauft* wurden. Hier sind dann Erlöse im Rechtssinn gemeint, die z. B. nach § 275 HGB **Umsatzerlöse** heißen, in Kurzform aber überwiegend „Erlöse" genannt werden. Dort kommt es auch zu Erlösschmälerungen, wie Rabatten, 34

Skonti und Boni. Letztlich bezieht auch der traditionelle Kontenrahmen für die Industrie den Begriff Erlöse nur auf Verkaufsvorgänge. Also sind **Erlöse** die am Markt realisierten Ergebnisse des Leistungsprozesses.

35 Dem Verkauf geht die Herstellung marktfähiger Produkte als Güterentstehung voraus. Sie vollzieht sich in den Verrichtungsstufen der **Wertschöpfungskette.** Den von anderen Unternehmen bezogenen **Vorleistungen** werden Werte durch Be- oder Verarbeitung und Bereitstellung hinzugefügt. Jeder betriebliche Leistungsteilbereich erbringt also Teilleistungen, die im Hinblick auf Input-Output-Relationen geplant und kontrolliert werden. Leistungen sind demnach umfassender definiert als Erlöse, weil neben Erlösen auch innerbetriebliche Leistungen sowie marktfähige, noch nicht abgesetzte Leistungen erfasst werden. **Leistungen** sind Ergebnisse zweckgerichteten Werteschaffens in den verschiedenen Verrichtungsebenen betrieblicher Aufgabenerfüllung.

36 Leistungen sind auf den Bereich Objekt der Planung und Kontrolle von Leistungsprozessen abzustimmen. Es erfolgt der Übergang von der Unternehmensrechnung zur Betriebsergebnisrechnung. Die rechtlich auf das Unternehmen bezogenen Erträge sind nach betrieblichem Zweckbezug, Zeitbezug und Wertansatz zu überprüfen: Zweckfremde und periodenfremde sowie wertunangemessene Erfolgsteile werden ausgesondert.

37 Der jeweilige **Betriebszweck** bestimmt also, ob Ertragsteile auch als Leistung anzusehen sind oder nicht. Zinserträge einer Bank sind Zweckleistung, Zinserträge einer Automobilfabrik dagegen betriebszweckfremd. Das heißt nun aber nicht, dass die Zinserträge gänzlich aus einer Erfolgsanalyse ausgeschlossen werden; das heißt nur, dass sie bei der Beurteilung des Auftrags „Fahrzeuge herstellen und verkaufen" zweckfremd sind. Sind die Erfolgswirkungen finanzieller Dispositionen zu untersuchen, entsteht gleichsam ein neuer „Betrieb" als organisatorisch abgegrenzte Leistungseinheit. Hier bekommen Zinserträge das Merkmal des Zweckbezuges.

38 Dieselben Aussagen ließen sich für das Beispiel „Wohnungswirtschaft" treffen. Bei einem Wohnungsunternehmen stellen die Mieterträge **Zweckleistung** dar; bei den Mieterträgen aus Mitarbeiterwohnungen eines Industriebetriebes sind sie vom **Kerngeschäft** abzugrenzen. Nur für die spezielle Analyse der Abteilung „soziale Dienste" sind sie als Zweckleistung vorzusehen und den dort zugerechneten zweckbezogenen Kosten gegenüberzustellen.

39 Mit der Aussonderung betriebszweckfremder und periodenfremder Erträge ist die **Grundleistung** bestimmt. Der Leistungsumfang ist damit aber noch nicht abschließend festgelegt. Leistungen können über den von Handels- und Steuerrecht gesetzten Rahmen hinausgehen. So werden im HGB-Jahresabschluss von Unternehmen zumeist *selbst erstellte* immaterielle Werte nicht als Vermögensgegenstände aktiviert. Für eine Wertsetzung fehlt die Bestätigungsfunktion des Marktes in Form eines Kaufvertrages. Diese Sichtweise folgt dem Grundsatz der Willkürfreiheit der Rechnungslegung (anders: Konzernabschluss nach IFRS).

Aus dem Blickwinkel innerbetrieblicher Leistungskontrolle kann die HGB-Regelung für selbst erstellte immaterielle Werte zu einer verzerrten Erfolgsmessung führen. Aus wirtschaftlicher Sicht besteht kein Unterschied darin, ob ein mehrjährig nutzbares Leistungsvolumen von Dritten eingekauft oder im Betrieb selbst hergestellt wurde. Wirtschaftlich betrachtet liegt hier zunächst ein Werteschaffen vor, das eine Betriebsergebnisrechnung als Leistung berücksichtigen muss. Entsprechend der Wortwahl im Kostenbereich handelt es sich hier um **Zusatzleistungen**.

Der Informationsauftrag der Kosten- und Leistungsrechnung ist nicht auf die betriebs- 40
zweck- oder produktbezogene Ergebnisanalyse beschränkt. Er umfasst alle Vorgänge des Abwägens von Relationen des Mitteleinsatzes und der Leistungsbewirkung. Hierzu zählen dann auch Planung und Kontrolle der **Eigenleistungen**. Im rechtlichen Sinn zählen hierzu insbesondere selbst hergestellte, aktivierte Gegenstände des abnutzbaren Sachanlagevermögens, also Gebäude, Einrichtungen, Maschinen, Werkzeuge sowie Großreparaturen bei solchen Gegenständen. Wenn für diese Maßnahmen zur Sicherung der mehrjährigen Betriebsbereitschaft Kosten anfallen, können sie nicht als Gesamtbetrag den Erlösen gegenübergestellt werden, sondern nur in *dem* Umfang, der periodenbezogener Gütereinsatz gewesen ist. Das geschieht zweckmäßig durch die Übernahme von Eigenleistungen in die interne Abrechnung und deren „Verbrauch" in folgenden Nutzungszeiträumen.

Bei der Erfassung und Bewertung von Leistungen kommt es somit neben Grundleistun- 41
gen und Zusatzleistungen ggf. zu **Andersleistungen**. Das ist auch der Fall, wenn bei Eigenleistungen und Bestandserhöhungen im Vergleich zur rechtlichen Bemessung des Aktivierungsumfangs das Mengen- und Wertgerüst der Herstellungskosten verändert wird (Voll-und Teilkostenansatz).

Vergleichbar mit der Abgrenzung der Kosten von Aufwendungen (vgl. Rdn. 62) lässt 42
sich folgende Übersicht darstellen:

Ertrag und Leistung:

<table>
<tr><td colspan="3">**Ertrag**</td><td></td><td></td></tr>
<tr><td rowspan="4">**Betriebs-zweck-fremder Ertrag**</td><td colspan="2">**Betrieblicher Zweckertrag**</td><td></td><td></td></tr>
<tr><td>außerordentlich</td><td>ordentlich</td><td></td><td></td></tr>
<tr><td rowspan="2">nicht leistungs-wirksamer Zweckertrag</td><td>leistungswirk-samer Zweckertrag</td><td>Anders-leistungen</td><td>Zusatz-leistungen</td></tr>
<tr><td>**Grundleistung**</td><td colspan="2">**Kalkulatorische Leistungen**</td></tr>
<tr><td colspan="2">**Neutraler Ertrag**</td><td colspan="3">**Leistung**</td></tr>
</table>

2. Begriffliche Abgrenzungen in der Kosten- und Leistungsrechnung

Die unter aufgabenbezogenen Gesichtspunkten eingeführte Gliederung des Rech- 43
nungswesens führt zur unterschiedlichen Erfassung von Bestands- und Bewegungsgrößen, die jeweils wieder mit speziellen Bezeichnungen versehen sind. Die Einordnung von Kosten und Leistungen in dieses umfassende Informationssystem soll zunächst mit einer Übersicht veranschaulicht werden:

Bestands- und Bewegungsgrößen in den Zweigen des betriebswirtschaftlichen Rechnungswesens			
Rechnungszweig	Finanzplanung und -kontrolle	Finanzbuchführung	Kosten- und Leistungsrechnung
Rechnungsziel	Sicherung des finanziellen Gleichgewichts	Einblick in die Vermögens- und Erfolgslage	Leistungskontrolle und Betriebsdisposition
Bestandsgrößen	Forderungen, Schulden; *liquide Mittel*	Vermögen und Kapital	betriebsnotwendiges Vermögen und Kapital
Bewegungsgrößen	Ausgaben und Einnahmen *Auszahlungen und Einzahlungen*	Aufwendungen und Erträge	Kosten und Leistungen

2.1 Vergleichsmaßstäbe für Kosten und Leistungen

2.1.1 Ausgaben und Einnahmen

44 Ausgaben und Einnahmen umschreiben Veränderungen des Nettogeldvermögens eines Unternehmens (in der Literatur oft mit „Geldvermögen" gleichgesetzt):

Nettogeldvermögen = Liquide Mittel + Forderungen – Schulden

Ausgaben verringern, Einnahmen erhöhen das Nettogeldvermögen. Die Begriffe werden als Bewegungsgrößen innerhalb eines Betrachtungszeitraums erklärt und sind i. d. R. an die Abwicklung von Rechtsvorgängen (Verträge) gebunden.

45 Kosten und Leistungen sind nicht mit den (periodischen) Strömungsgrößen des Finanzbereichs gleichzusetzen. Abweichungen ergeben sich aus dem **Blickwinkel der Ausgaben** einmal, indem beschaffte Produktionsmittel, z. B. Maschinen oder Vorräte, nicht in dem Beschaffungszeitraum, in dem die Ausgabe anfällt, verbraucht werden. Auf der anderen Seite werden auch langfristig nicht alle Vermögensgegenstände, deren Erwerb zu Ausgaben führt, im Leistungsprozess verbraucht (z. B. Grundstücke, Finanzanlagen, Wertpapiere).

46 Aus dem **Blickwinkel der Kosten** gibt es ausgabegleiche Beträge der Periode (z. B. Personalkosten, beschaffte und verbrauchte Rohstoffe, ...), Nachverrechnungen früherer Ausgaben (insbes. Abschreibungen auf Anlagen) und Vorverrechnungen späterer Ausgaben (z. B. Periodisierung von Wartungskosten, die erst nach durchgeführter Wartung zu Ausgaben führen). Es gibt aber auch Kosten, die überhaupt nicht zu Ausgaben führen, wie bereits angeführte Beispiele gezeigt haben: Unternehmerlohn, Eigenkapitalzinsen und Eigenmiete, die sog. **Zusatzkosten**. Diese Begriffsbildung geht auf Schmalenbach, 1925, zurück; H. K. Weber spricht, an sich sprachlich zutreffender, von **„Nur-Kosten"** (H. K. Weber 1991, S. 34).

47 Aus dem **Blickwinkel der Einnahmen** liegen betragsgleiche periodische Leistungen vor, soweit das Ergebnis der betrieblichen Tätigkeit auch vermarktet wurde. Verträge mit Kunden wurden zumindest einseitig erfüllt. Der Anspruch auf die Gegenleistung des Kunden ist die Einnahme. Viele Einnahmen sind aber auf periodenfremde Leistungen

zurückzuführen (z. B. Verkauf von Gegenständen, die in zurückliegenden Perioden hergestellt wurden). Andere Einnahmen stehen gar nicht mit Leistungen im Zusammenhang (z. B. Verkauf von Gegenständen des Anlagevermögens, von Wertpapieren).

Aus dem **Blickwinkel der Leistungen** gibt es einnahmegleiche Leistungen, soweit das 48 Ergebnis der Betriebstätigkeit in demselben Zeitraum verkauft werden konnte. Betriebe einiger Wirtschaftszweige erbringen ihre Leistungen grundsätzlich nur nahezu zeitgleich mit der Einnahme: Handels- und Handwerksbetriebe können ihre Leistung nur im Zusammenhang mit einem Rechtsgeschäft (Kauf- oder Werkvertrag) erbringen. Dagegen liegt bei der Güterproduktion auf Lager und späterem Verkauf eine Zeitspanne zwischen Leistung und Einnahme. Es kann aber auch vorkommen, dass ein zunächst als Leistung angesehenes Produktionsergebnis nicht am Markt absetzbar ist – damit auch nicht zu einer Einnahme führt.

2.1.2 Auszahlungen und Einzahlungen

Auszahlungen und Einzahlungen sind die liquiditätswirksamen Äquivalente für reali- 49 sierte Ausgaben und Einnahmen:

Zeitliche Zusammenhänge zwischen Ausgabe und Auszahlung, Einnahme und Einzahlung

Ausgaben der Periode	
Auszahlung jetzt	Auszahlung später

Einnahme der Periode	
Einzahlung jetzt	Einzahlung später oder nie

Man kann davon ausgehen, dass ausgabegleiche Kosten auch zu entsprechenden Ab- 50 nahmen bei den Finanzmitteln des Unternehmens führen – wenn die vertraglichen Verpflichtungen gegenüber Arbeitnehmern, Kreditgebern, Lieferanten und Staat eingehalten werden. Durch Ausschluss des Insolvenzgrunds Zahlungsunfähigkeit wird erst die Voraussetzung für eine dauerhafte Unternehmenstätigkeit geschaffen. Insofern ist an die Ausführungen im vorangehenden Abschnitt zu den Zusammenhängen zwischen Ausgaben und Kosten unmittelbar anzuknüpfen und die Verbindung zum zeitlichen Bezug zwischen Ausgaben und Auszahlungen herzustellen.

Die Zusammenhänge zwischen Einnahme und Einzahlung sind – abhängig vom **Zah- 51 lungsverhalten** der Kunden – dagegen (leider) nicht so einfach darzustellen. So führt eine vertraglich bewirkte Leistung trotz des Anspruchs auf die vereinbarte finanzielle Gegenleistung nicht immer auch zum Geldzufluss. Forderungsausfälle und niedrige Insolvenzquoten für Gemeinschuldner sind Beleg für die Probleme bei der liquiditätswirksamen Realisierung von Einnahmen.

2.1.3 Aufwendungen und Erträge

Aufwendungen sind an Ausgaben gemessener Verbrauch von Gütern und Diensten 52 während einer Periode. Erträge sind rechtlich realisierbarer Wertzuwachs. Diese Erfolgsvorgänge im Rahmen der handelsrechtlichen Rechnungslegung betreffen die Abrechnung der rechtlichen, finanziellen und organisatorischen Einheit Unternehmen. Das

Anschaffungswertprinzip der externen Rechnungslegung gemäß HGB schafft hier die Verbindung von Finanzbereich (Ausgabe, Einnahme) und Finanzbuchführung (Aufwand, Ertrag).

53 Abweichungen zwischen Kosten und Aufwendungen bzw. Leistungen und Erträgen ergeben sich im Hinblick auf Entstehungsgrund, Zeitbezug und Wertgrundlage.

54 **Entstehungsgrund:** Kosten und Leistungen betreffen Vorgänge im eigentlichen Leistungsbereich eines Unternehmens, für dessen Beschreibung sich im Rechnungswesen der Ausdruck 'Betrieb' durchgesetzt hat:

Abgrenzung von Betrieb und Unternehmen im Rechnungswesen:

- Der **Betrieb** ist ein organisatorisch abgegrenzter Bereich zur Erfüllung eines sich wiederholenden Arbeitsauftrags.
- Das **Unternehmen** ist die Rechtseinheit (Einzelfirma, OHG, KG, GmbH, AG, ...). Ein Unternehmen kann mehrere Betriebe umfassen.

55 Die Betriebsabrechnung ist damit der Arbeitsbereich, in dem Kosten und Leistungen erfasst, gegliedert, Kontrollgrößen zugerechnet und zu dem periodischen **Betriebsergebnis** aufgerechnet werden. Die Unternehmensrechnung arbeitet mit Aufwendungen und Erträgen und ermittelt die periodische Veränderung des Eigenkapitals als **Unternehmensergebnis** in den Formen Gewinn oder Verlust. Die gegensätzlichen Inhalte der abzurechnenden Erfolgsbeiträge lassen sich – am Beispiel der Verbrauchsseite – wie folgt darstellen:

Erfassung von Verbrauchsvorgängen im Rechnungswesen	
Unternehmensrechnung (Finanzbuchführung)	**Betriebsabrechnung** (Kosten- und Leistungsrechnung)
Aufwand An Ausgaben gemessener Verbrauch von Gütern und Diensten während eines Zeitraums	**Kosten** Leistungszweckbezogener und zweckgerichtet bewerteter Verbrauch von Gütern und Diensten im Rahmen des Betriebsablaufs und zur Sicherstellung der Betriebsbereitschaft

56 Aus der Sicht der Betriebsabrechnung sind viele Aufwendungen und Erträge nicht leistungszweckbedingt – man nennt sie **betriebsfremd**, genauer betriebszweckfremd. Hierzu zählen alle Erfolgsvorgänge, die nicht zum Leistungsauftrag gehören – wobei es im konkreten Fall unterschiedliche Zuordnungen geben kann: Hauserträge sind für einen Industriebetrieb leistungszweckfremd, für ein Wohnungsunternehmen dagegen Zweckertrag und entsprechend Leistung. Hausaufwendungen sind dem Grund nach betriebsbedingt, wenn ausschließlich betriebliche Gebäudenutzung vorliegt.

57 **Zeitbezug:** Aufwendungen und Erträge werden nach den Grundsätzen zur Erfolgsperiodisierung verrechnet (Realisationsprinzip, Imparitätsprinzip; vgl. 2. Kap. E. II. dieses Handbuchs). Dabei kommt es zu objektiv angebrachten und subjektiv für notwendig erachteten Verschiebungen im Periodenbezug von Abrechnung und tatsächlichem Eintritt der Abrechnungsgründe. Auch lassen die handels- und steuerrechtlichen Bewertungsvorschriften Spielraum für Wertsetzungen, die in ihrer Anwendung nicht immer nur dem möglichst sicheren Einblick in die Erfolgslage dienen müssen. So stellen z. B. überhöhte Abschreibungen ein Instrument zur **Ausschüttungs- und Steuerpolitik** des

Unternehmens dar; für eine zeitraumgerechte Erfassung des leistungszweckbedingten Verbrauchs von Anlagegütern sind sie aber ungeeignet. Über die Lebensdauer einer Anlage kommt es somit zu zeitlich unterschiedlichen Periodisierungen von Entwertungsbeträgen als Aufwendungen oder Kosten.

Auch auf der Leistungsseite sind genaue zeitliche Zurechnungen erforderlich, um Glei- 58
ches mit Gleichem zu vergleichen und damit das **Identitätsprinzip** der Kosten- und Leistungsrechnung einzuhalten. Praktiken der Ertragsverlagerung in spätere Abrechnungszeiträume, um dadurch Steuervorteile zu erlangen, stehen im Widerspruch zu der verursachungsgerechten Abrechnung des Leistungsprozesses. Unter diesem Aspekt ist auch eine Bewertung der auf Lager produzierten Bestände mit der Wertuntergrenze gem. HGB kritisch zu beurteilen, weil damit z. B. Leistungsbeiträge von Maschinen, die zu leistungsbedingten Abschreibungskosten geführt haben, nicht verursachungsgerecht in den Vermögensgegenständen als Anteil des Leistungswerts erscheinen (vgl. 1. Kap. Rdn. 801 dieses Handbuchs).

Aus der Sicht der Kostenrechnung handelt es sich bei nicht zeitraumgerechten Wert- 59
ansätzen der Unternehmensrechnung um **außerordentliche Aufwendungen und Erträge**. Damit führt derselbe Verbrauchsgrund in der Betriebsabrechnung dann zu **Anderskosten**, die anders erfasste Leistungsbewirkung entsprechend zu **Andersleistungen**.

Wertgrundlage: Aufwendungen und Erträge sind in ihrem Umfang an Rechtsvorgängen 60
zu bemessen: Als Aufwand kann lt. HGB letztlich nur verrechnet werden, was auch zu Ausgaben geführt hat; Erträge sind an einen realisierbaren Rechtsanspruch gebunden. Von diesen Wertgrundlagen löst sich die Kosten- und Leistungsrechnung. Zum einen erfasst sie auch Vorgänge, die wirtschaftlichen und nicht rechtlich belegten Wertverzehr darstellen (Beispiele: **Zusatzkosten** als Unternehmerlohn, Eigenkapitalzins, Eigenmiete) und sieht selbsterstellte immaterielle Werte als Leistungen an (selbst entwickeltes Patent, EDV-Programm), die den Charakter von **Zusatzleistungen** haben. Zum anderen kommt es zu Abweichungen, indem sich die interne Rechnung vom historischen Anschaffungswert löst und zeitnahe, i. d. R. höhere Güterpreise, sog. **Wiederbeschaffungskosten**, verarbeitet. Hier zeigen sich Konvergenzen zur Rechnungslegung nach IFRS bzw. US-GAAP (vgl. 3. Kapitel, Rdn. 801 ff.).

Zusammenfassung: 61

Im Alltag der Rechnungsführung ist es üblich, die Abgrenzung von Aufwendungen und Kosten sowie Erträgen und Leistungen grundsätzlich nach Empfehlungen vorzunehmen, wie sie in den Musterkontenrahmen für verschiedene Wirtschaftszweige enthalten sind. Dabei werden für die Betriebsabrechnung einige, oben erläuterte Erfolgsbeiträge nicht berücksichtigt; sie werden abgegrenzt und in ihrer Gesamtwirkung als **Neutrales Ergebnis** ausgewiesen. Diese Gliederung zeigt – anhand der Verbrauchsseite – folgende Übersicht:

62 **Aufwand und Kosten im Einkreissystem:**

<table>
<tr><th colspan="3">Aufwand</th><th></th><th></th></tr>
<tr><td rowspan="3">Betriebszweck-fremder Aufwand</td><td colspan="2">Betrieblicher Zweckaufwand</td><td></td><td></td></tr>
<tr><td>außerordentlich</td><td>ordentlich</td><td></td><td></td></tr>
<tr><td>nicht kostenwirksamer Zweckaufwand</td><td>kostenwirksamer Zweckaufwand</td><td>Anderskosten</td><td>Zusatzkosten</td></tr>
<tr><td></td><td></td><td>Grundkosten</td><td colspan="2">Kalkulatorische Kosten</td></tr>
<tr><td colspan="2">Neutraler Aufwand</td><td colspan="3">Kosten</td></tr>
</table>

63 Die Übersicht zeigt – im Vergleich zum Aufwand – aufwandsgleiche, aufwandsverschiedene und aufwandslose Kosten.

64 Die praktische Abwicklung kann in einer Nebenrechnung vorgenommen werden oder innerhalb des sog. **Einkreissystems** zur Abrechnung von Unternehmen und Betrieb erfolgen. Dabei werden Zusatzkosten und Zusatzleistungen so verbucht, dass sie nur das Betriebsergebnis, nicht aber das Unternehmensergebnis verändern. Aus der Addition von Betriebsergebnis und neutralem Ergebnis entsteht dann das – rechtlich relevante – Unternehmensergebnis.

65 (Vgl. zur begrifflichen Trennung und praktischen Abwicklung der Erfolgsermittlung in Betriebs- und Finanzbuchführung insbes. Schmalenbach, 1963, S. 9 ff.; Kosiol, 1972, S. 81 ff.; Heinen, S. 106 ff.; Eisele, S. 447 ff.; Kloock/Sieben/Schildbach, S. 33 ff.; Wedell, 2003, S. 126 ff.; sowie Kap. 1 dieses Handbuchs.)

2.2 Gliederung der Kosten

2.2.1 Plankosten, Sollkosten, Istkosten, Standardkosten

66 Das interne Rechnungswesen erarbeitet Entscheidungsgrundlagen für die Planung des Leistungsprozesses in einem Zeitraum. Die im Rahmen einer vorhandenen Betriebsausstattung für eine bestimmte, geplante Produktionsmenge erwarteten Gesamtkosten werden als **Plankosten** bezeichnet. Ihre Grundlage ist ein geplanter Verbrauch mit geplanten Preisen der Produktionsmittel.

67 **Istkosten** erfassen das Handlungsergebnis einer Periode auf der Grundlage der tatsächlich produzierten Menge (Istmenge) mit angefallenem Istverbrauch und Istpreisen der Produktionsmittel. Es liegt in der Natur der Sache, dass Planwerte häufig nicht mit Istwerten übereinstimmen. Abweichungen zwischen Istkosten und Plankosten sind in einer **Abweichungsanalyse** näher zu ergründen und bei neuen Planungen zu berücksichtigen.

68 Bei gegebener Betriebsausstattung sind Abweichungen zwischen Istkosten und Plankosten im wesentlichen in Mehr- oder Minderproduktion, Verbrauchsabweichungen und Preisänderungen der Produktionsmittel begründet (vgl. ausführlich Abschnitt V.). Um eine **Abweichungsanalyse** auf vergleichbaren Produktionsmengen aufzubauen, ist deshalb zunächst eine Umrechnung von Plankosten der geplanten Menge in Plankosten der hergestellten Menge vorzunehmen. Für diese Plankosten der Istmenge ist der

Ausdruck **Sollkosten** üblich. Sie sagen aus, was auf der Grundlage geplanten Mengenverbrauchs und geplanter Preise für die tatsächlich produzierte Menge an Gesamtkosten hätte anfallen sollen.

Zwischen Istkosten und Sollkosten bestehende Abweichungen sind vor allem in Ver- 69 brauchs- und Preisänderungen begründet. Während **Preisänderungen** externe Einflüsse darstellen, sind **Verbrauchsänderungen** auf interne Ursachen zurückzuführen. Hier liegt der Schwerpunkt der Abweichungsanalyse.

Die Trennung interner von externen Abweichungsursachen erfolgt, indem entweder 70 das gesamte Ausmaß der Preisänderungen anhand von Belegen erfasst wird oder einfacher, indem die „Istkosten" nicht mit tatsächlichen Preisen, sondern mit Planpreisen bewertet werden. Um über längere Zeit Vergleichsgrundlagen zur Kostenentwicklung zu haben, werden Planpreise so lange festgeschrieben, bis wesentliche Preisverschiebungen zwischen den Produktionsfaktoren aufgetreten sind (Festpreise). Ein solches Vorgehen wird auch als **Standardkostenrechnung** bezeichnet (vgl. Schweitzer/Küpper, S. 238 ff.).

2.2.2 Fixe Kosten, variable Kosten, Gesamtkosten

Die Beobachtung des Änderungsverhaltens von Kosten bei unterschiedlicher Betriebs- 71 auslastung gibt Hinweise zur Planung des Leistungsprogramms. Für eine Entscheidung, die Produktionsmenge auszudehnen, ist die Kenntnis des **Reagibilitätsgrades** der Kosten, ihres **Änderungsverhaltens**, insofern von Bedeutung, als dass durch den zusätzlichen Umsatzerlös mindestens der Kostenzuwachs erwirtschaftet werden muss, damit die Entscheidung für eine Mehrproduktion zu keiner Verschlechterung der Erfolgslage führt.

Kosten, die sich bei gegebener Betriebsausstattung innerhalb eines Zeitraums bei Än- 72 derungen der Produktionsmenge unveränderlich zeigen, werden als **fixe Kosten** (Fixkosten, K_f) oder genauer, als kapazitätsfixe Periodenkosten bezeichnet. Beispiele hierfür sind Mieten, zeitbezogene Abschreibungen, zeitbezogen bemessene Personalkosten innerhalb einer Kündigungsfrist. Sie stellen zusammen den sog. **Fixkostenblock** dar.

Veränderungen der Leistungskapazität für eine Planperiode führen auch zu Verände- 73 rungen bei den Fixkosten. Diese Änderungen treten häufig als Beschäftigungsveränderungen auf; beispielsweise wird vom 1-Schicht-Betrieb zum 2- oder 3-Schichten-Betrieb übergegangen. In diesem Fall treten mit dem Übergang von einer auf die nächste Beschäftigungsschicht Erhöhungen der Fixkosten auf, die dann für das jeweilige Beschäftigungsintervall wieder konstant bleiben.

Beispiele hierfür sind zusätzliche zeitbezogene Personalkosten und zeitbezogene Mehr- 74 abschreibungen. Diese Variante der Fixkosten wird als **intervallfixe Kosten** bezeichnet, zuweilen auch als sprungfixe Kosten (Coenenberg, S. 54), obwohl die Kosten gerade im Kapazitätssprung nicht fixer Natur sind.

Fixe und intervallfixe Kosten:

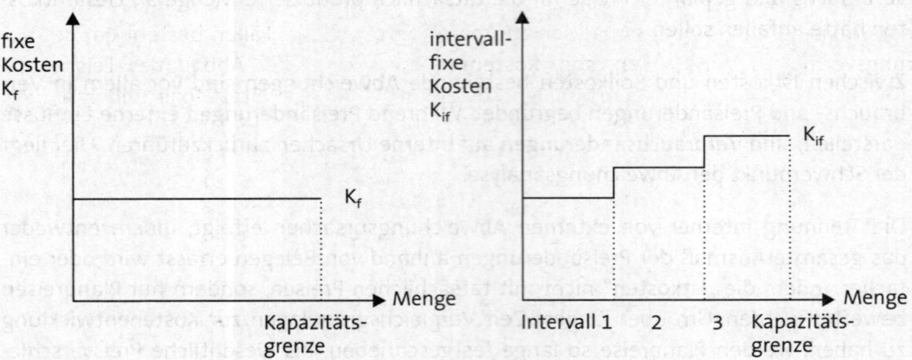

75 **Variable (Gesamt-)Kosten** (K_v) verändern sich abhängig von Herstellungs- und Absatzmenge, d. h. mit mehr oder weniger Einheiten des betrieblichen Leistungsprogramms. Variabel sind der Materialverbrauch, leistungsbezogene Abschreibungen und Personalkosten für ausführende, objektbezogene Arbeit, wie sie in den Fertigungslöhnen vorliegen – variable Einsatzmöglichkeit der Mitarbeiter unterstellt.

76 Die Summe aus fixen und variablen Kosten für eine Leistungsmenge ergibt die **Gesamtkosten** (K) dieser Menge. In den folgenden Übersichten wird – als theoretischer Fall – ein gleichbleibender Kostenzuwachs je Mengeneinheit unterstellt.

Fixe Kosten, variable Kosten, Gesamtkosten:

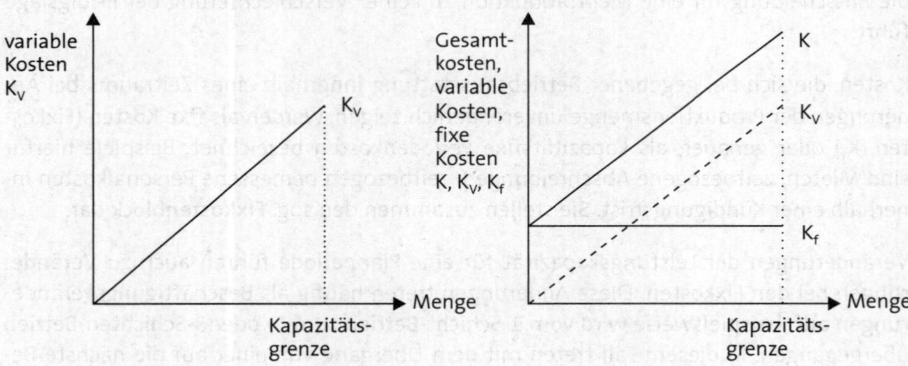

77 In einer umfassenderen Interpretation werden die Begriffe fixe und variable Kosten nicht nur produktmengenbezogen eingesetzt. Statt dieser **Kosteneinflussgröße** kann auch eine Produktgruppe, eine Abteilung oder Kostenstelle insbesondere für Ja-Nein-Entscheidungen analysiert werden: Kosten, die bei Erweiterung des Betriebs um eine Abteilung zusätzlich anfallen, sind dann **abteilungsvariable Kosten**. Sie treten neben solche Kosten, die unabhängig von der Anzahl an Abteilungen anfallen. In einem System verschiedener Kosteneinflussgrößen kommt es so zu einer **Fixkostenstufung** (vgl. Schweitzer/Küpper, S. 489).

Die einfachen Annahmen der Kostentheorie, die ein identisches Änderungsverhalten bei zu- oder abnehmender Menge der betrachteten **Bezugsgröße** unterstellen, sind in der Praxis durch genauere Analysen zu überprüfen. In vielen Fällen besteht ein **Beharrungsvermögen** von Kosten, sog. **Kostenremanenz**, was bei Abbau des Leistungsumfangs nicht zu dem proportionalen Kostenrückgang führt. Statt fixer und variabler Kosten handelt es sich bei steigender Stückzahl deshalb genauer um **vorhandene und entstehende Kosten,** bei sinkender Stückzahl um **verbleibende und wegfallende Kosten** (vgl. Hasenack, S. 65 f.). 78

2.2.3 Durchschnittskosten, Grenzkosten

Für produktbezogene Entscheidungen sind entsprechend stückbezogene Kosten von Interesse. Sie können einmal als Durchschnittswert ermittelt werden: 79

$$\frac{\textbf{Durchschnittskosten}}{\textbf{Stückkosten, k}} = \frac{\text{Gesamtkosten der Leistung im Zeitraum}}{\text{hervorgebrachte Leistungsmenge}}$$

Für diese gesamten Durchschnittskosten je Stück sind auch die Ausdrücke totale Durchschnittskosten, Stück-Vollkosten und Selbstkosten gebräuchlich. 80

Aufgrund des unterschiedlichen Änderungsverhaltens der fixen und variablen Kosten sind Einblicke in stückbezogene Auswirkungen dieser Kostensituationen von Interesse. Man erhält andere stückbezogene Durchschnittskosten: 81

$$\frac{\textbf{Fixkostenanteil}}{\textbf{je Stück, } k_f} = \frac{\text{Fixkosten des Leistungszeitraums}}{\text{hervorgebrachte Leistungsmenge}}$$

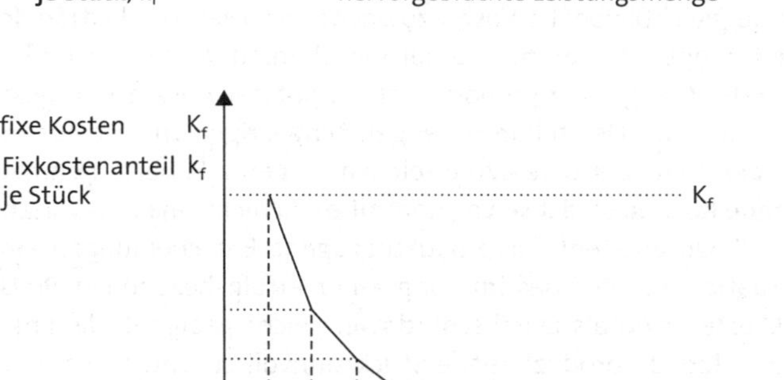

Bei steigender Beschäftigung führt die Aufteilung der Fixkosten auf immer mehr Einheiten zu einer Verringerung der Fixkosten je Stück. Dieser – für beschäftigungspolitische Entscheidungen wichtige Gesichtspunkt – ist die sog. **Größendegression**, genauer, die Degression der Stückkosten aufgrund steigender Kapazitätsauslastung und damit besserer Ausnutzung des Fixkostenblocks. 82

83 Die Zurechnung der leistungsabhängigen, variablen Kosten eines Zeitraums auf die Leistungseinheiten dieses Zeitraums führt zu den variablen Stückkosten:

$$\textbf{Variable Stückkosten, } k_v = \frac{\text{variable Gesamtkosten der Leistungsmenge}}{\text{Leistungsmenge}}$$

84 Diese Teile der Stückkosten sind ein **Durchschnittswert**. Nur wenn jedes Stück wirklich denselben Mehrverbrauch verursacht hat, sind die variablen Stückkosten konstant und gelten für alle möglichen Leistungsmengen. In diesem theoretischen Fall stimmen variable Stückkosten mit den **Grenzkosten** (K') überein, die als Kostenzuwachs für die letzte zusätzlich erbrachte Leistungseinheit angefallen sind.

Grenzkosten und variable Stückkosten:

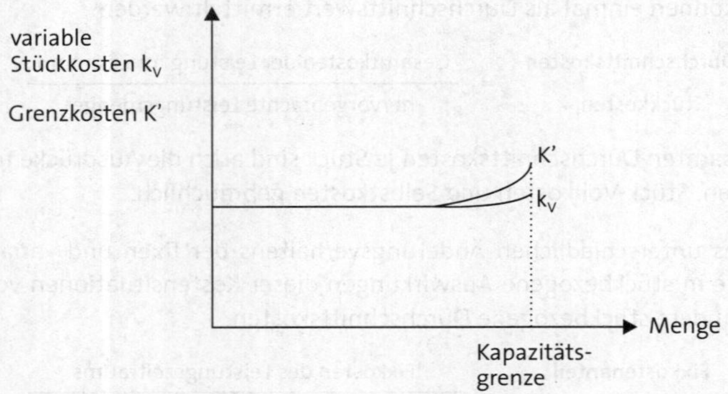

85 In der Praxis sind gleichbleibende Kostenzuwächse bei Mehrproduktion der Ausnahmefall. Auf der Fertigungsseite nehmen zumeist Nacharbeit, Ausschuss und Leistungszulagen mit steigender Menge überproportional zu. Auf der Absatzseite gestaltet sich die Vermarktung steigender Herstellungsmengen schwieriger und ist nur mit stückbezogen zunehmenden Verkaufskosten zu erreichen. Liegen z. B. bei zunehmender Ausbringung **ansteigende Kostenzuwächse** vor, kommt es zu nicht-linearen variablen Stückkosten und in der Folge entsteht für produktbezogene Entscheidungen eine wesentlich veränderte Situation bei der Bestimmung einer erfolgsbezogenen **Preisuntergrenze**: Variable Stückkosten sind als Durchschnittswert nicht geeignet, die Entscheidung für oder gegen das letzte zu produzierende Stück sinnvoll zu unterstützen. Für diese Entscheidung können nur solche Kosten herangezogen werden, die als Folge der Entscheidung auch als Mehrverbrauch entstehen. Das sind aber nicht die variablen Stückkosten als Durchschnittswert aller Stücke, sondern die **Grenzkosten**.

2.2.4 Nutzkosten, Leerkosten

86 Die Erklärung der fixen Kosten hat besonders hervorgehoben, dass es sich um kapazitätsfixe Periodenkosten handelt, mit denen eine Leistungsbereitschaft sichergestellt wird. Somit handelt es sich um „Kosten der Betriebsbereitschaft" (Schmidt, S. 1523), um Kapazitätskosten bzw. – noch anschaulicher – um **Bereitschaftskosten** (Riebel, S. 284).

Die vom Fixkostenblock zur Verfügung gestellte Leistungskapazität wird nicht immer tatsächlich in Anspruch genommen. In dem Maße, wie die Kapazität ausgenutzt wird, werden Teile der Fixkosten zu **Nutzkosten**; umgekehrt dargestellt verbleiben **Leerkosten** als nicht ausgenutzte Anteile der Fixkosten. Leerkosten können nur dann als „Kosten" berücksichtigt werden, soweit die **Unteilbarkeit** maschineller Anlagen den Interessen an einer Senkung der Bereitschaftskosten auf das notwendige Maß entgegensteht. 87

Nutzkosten und Leerkosten:

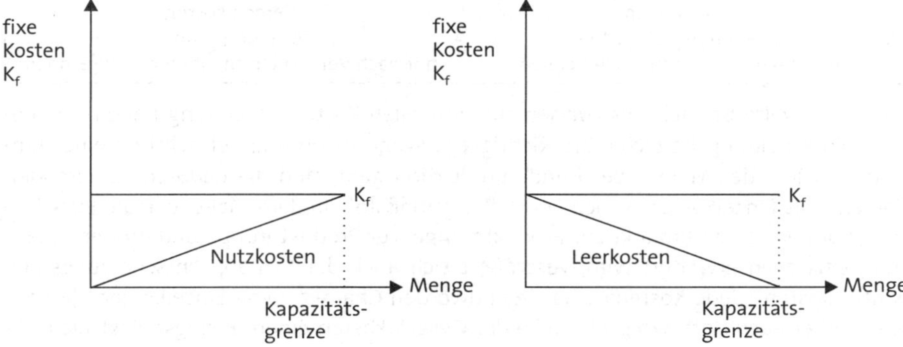

2.2.5 Einzelkosten, Gemeinkosten; direkte und indirekte Kosten

Die in einem Zeitraum für eine Leistungsmenge angefallenen Kosten sind Objekten der Planung und Kontrolle des Leistungsprozesses zuzurechnen. Diese Objekte sind zunächst die hervorgebrachten Produkte, Erzeugnisse bzw. marktfähigen Leistungseinheiten, die allgemein als **Kostenträger** bezeichnet werden. Aber auch größere Entscheidungsfelder (Verkaufsabteilungen, Kostenstellen) sind im Hinblick auf die dort angefallenen Kosten zu erfassen. 88

Die Zurechnung von Kosten soll **verursachungsgerecht** sein. Bei jedem Bezugsobjekt der Kostenzurechnung ist deshalb der Ursache-Wirkungs-Zusammenhang in dem Sinne zu beachten, dass nur das als Kosten verrechnet wird, was auch für die Leistungsbeiträge des Bezugsobjekts als Güterverbrauch angefallen ist. Dieser Grundsatz kann nun unterschiedlich in die Rechnungspraxis übernommen werden. Streng genommen kämen nur die variablen Kosten für eine Zurechnung auf diejenigen Bezugsobjekte in Betracht, mit deren Mengenänderung sie selbst verändert werden. Nur diese Kosten lassen sich verursachungsgerecht direkt einer Bezugsgröße zurechnen; es handelt sich um **direkte Kosten** bzw. **Einzelkosten** der jeweiligen Bezugsgröße. 89

Ein Blick in Kostenstrukturen der Praxis macht deutlich, dass eine Kostenzurechnung nach dem streng interpretierten Verursachungsprinzip große Teile der Gesamtkosten von einer Stückzurechnung ausschließt. Sie fallen ursächlich für mehrere Stücke der Bezugsobjekte gemeinsam an. Verlässt man die mehr physikalisch ausgerichtete Denkweise des Verursachungsprinzips und geht zu einer wirtschaftlichen Betrachtung über, dann ist festzustellen, dass z. B. die Kosten eines Stücks den in ihm enthaltenen Leis- 90 tungsbeiträgen von Produktionsfaktoren entsprechen müßten. Hierzu zählen auch Teile der nicht stückbezogen veränderlichen Kosten wie Gehälter, zeitbezogene Abschreibungen, Raumkosten usw. Sie müssten den Stücken nach Verbrauchsannahmen zugerechnet werden. Dieser Ansatz führt zu den **indirekten Kosten** der Bezugsobjekte bzw. zu Anteilen der Bezugsobjekte an **Gemeinkosten**, für deren Zurechnung möglichst verursachungsnahe **Verteilungsschlüssel** zu suchen sind.

<table>
<tr><td colspan="2">Kosten
leistungszweckbezogener Verbrauch</td></tr>
<tr><td>Einzelkosten
Abrechnungseinheiten
verursachungsgerecht zuzurechnen</td><td>Gemeinkosten
Abrechnungseinheiten
nur nach Verbrauchsannahmen zuzurechnen</td></tr>
</table>

91 Enge und weite Betrachtungsweisen zur sinnvollen Kostenzurechnung haben für spezielle Entscheidungsbereiche ihre Richtigkeit: Wenn es um die Betrachtung eines einzelnen Stücks der Mehr- oder Minderproduktion geht, sind die dadurch variierenden Kosten – als Einzelkosten – auch Beurteilungsmaßstab. In dem Maße, wie die Blickrichtung vom einzelnen Produkt zur Produktmenge, zur Produktgruppe und größeren Leistungsbereichen erweitert wird, vergrößert sich auch der Umfang entscheidungsrelevanter Kosten: „Jede Kostenart hat irgendwo den Charakter von Einzelkosten" (Riebel, S. 12). Aber auch dort, wo große Teile der Gesamtkosten einem Bezugsobjekt nicht direkt zurechenbar sind, können geeignete Verteilungsschlüssel zu verursachungsnaher Gemeinkostenzurechnung führen.

92 Eine Anmerkung ist noch zu den Grenzen der Rechenbarkeit zu machen. Sicherlich wird das Ziel verfolgt, variable Kosten auch als Einzelkosten zu verrechnen. So kann man z. B. den Leimverbrauch für einen hergestellten Holzstuhl oder den Lackverbrauch für jedes Auto sicherlich mit großem Arbeitseinsatz stückgenau ermitteln. Der **Informationsnutzen** dieser arbeitsintensiven Kostenzurechnung steht aber in einem Missverhältnis zu den **Informationskosten**. Auch für die Kostenrechnung gilt das Wirtschaftlichkeitsprinzip mit der Folge, dass nur dort, wo es um relativ werterhebliche Verbrauchsvorgänge geht, bei denen variable Kosten erkennbar sind, auch die Erfassung als Einzelkosten angebracht ist. In anderen Fällen reicht für variable Kosten die Zurechnung nach Verbrauchsannahmen (insbes. Durchschnittswerten) aus. Es entstehen **unechte Gemeinkosten.**

Kostenveränderung und Kostenzurechnung:

<table>
<tr><td colspan="2">Entwicklung der Kosten bei Mengenänderung der Bezugsgröße</td></tr>
<tr><td>zu- oder abnehmend
variable Kosten</td><td>gleichbleibend
fixe Kosten</td></tr>
</table>

<table>
<tr><td rowspan="2">Einzelkosten
(direkte Kosten)</td><td>unechte</td><td>echte</td></tr>
<tr><td colspan="2">Gemeinkosten
(indirekte Kosten)</td></tr>
<tr><td colspan="3">Zurechnung auf Leistungseinheiten (Stellen, Stücke)</td></tr>
</table>

Die Übersicht zeigt:

- Einzelkosten sind immer variable Kosten.
- Gemeinkosten sind nicht nur fixe Kosten, sondern auch solche variablen Kosten, bei denen eine Zurechnung des Mehrverbrauchs je Einheit nicht möglich ist oder aus Vereinfachungsgründen unterbleibt.

2.2.6 Pagatorische und kalkulatorische Kosten

Werden Kosten auf der Grundlage von Anschaffungsvorgängen, die zu Ausgaben führen, abgerechnet, handelt es sich um **pagatorische Kosten** (von ital.: pagare = zahlen). Pagatorische Kosten sind beschaffungsorientiert und beruhen wertmäßig auf **Zahlungsvorgängen** aus einem Vertragsverhältnis. 93

Neben die rechtliche Orientierung bei der Erfassung von Verbrauchsvorgängen, z. B. bei der Bemessung von Herstellungskosten für Vermögensgegenstände, tritt die wirtschaftliche Betrachtungsweise. Sie löst sich vom Anschaffungswertprinzip und verwendet für entscheidungsrelevante Informationen den **wertbezogenen Kostenbegriff**, d. h. Kosten, deren Wert je nach Rechnungszweck unterschiedlich angesetzt werden kann. Zur Abgrenzung vom pagatorischen Kostenbegriff wird, ausgehend vom Gedanken an die Kalkulation als einem internen Rechnungsauftrag, allgemein von **kalkulatorischen Kosten** gesprochen. Der Unterschied zu den pagatorischen Kosten liegt einerseits im **Umfang** der erfassten Verbrauchsvorgänge, andererseits im **Mengenansatz** der Kostengüter und dem zumeist aktuell ermittelten **Wertansatz**, der über oder auch unter dem Anschaffungswert liegen kann. Es kommt im Vergleich zu den pagatorischen Vorgängen zu Zusatzkosten oder Anderskosten. (Vgl. zu den sehr differenzierten Literaturauffassungen insbes. Adam, S. 18 ff.; Kilger, 1987, S. 23 ff.; zur rechtlichen Abgrenzung Adler/Düring/Schmaltz, § 255 HGB Rdn. 134 ff.) 94

2.2.7 Vollkosten, Teilkosten

Die Zurechnung der Gesamtkosten eines Leistungszeitraums auf Objekte der Planung und Kontrolle (Abteilungen, Kostenstellen, Produktarten) kann in unterschiedlichem Umfang erfolgen. Am Beispiel der Kostenermittlung für Produktarten erläutert, erhält jedes Stück einen Anteil an den Gesamtkosten als Einzel- und Gemeinkosten unter Anwendung spezieller **Kalkulationsverfahren** zugerechnet. Die Zurechnung aller angefallenen Kosten auf diese Kostenträger führt dazu, dass die Summe zugerechneter Kosten wieder mit den Gesamtkosten übereinstimmt. Für **interne Planungs- und Kontrollzwecke**, beispielsweise als Unterstützung langfristiger preispolitischer Maßnahmen, werden so die **Vollkosten** der Produkte ermittelt, die in der Kalkulation inhaltsgleich als **Selbstkosten** bezeichnet werden. Werden nur Teile der Gesamtkosten zugerechnet, handelt es sich um **Teilkosten** (Teilkostenrechnungen). 95

Der Begriff Vollkosten wird auch in einem anderen, engeren Zusammenhang verwendet. Hier geht es um die Ermittlung der Herstellungskosten nach handels- und steuerrechtlichen Vorschriften für Zwecke der **externen Rechnungslegung**. Bewertungsvorschriften eröffnen einen Spielraum zum Wertansatz, dessen Obergrenze als **Vollkostenansatz** bezeichnet wird (vgl. IDW, Rdn. 228 ff.). Abweichungen zu den oben erläuterten Vollkosten der Selbstkostenrechnung ergeben sich einmal im Hinblick auf nicht aktivie- 96 rungsfähige Kosten (insbes. Vertriebskosten), andererseits aufgrund unterschiedlicher Wertinterpretationen der Kosten: Der pagatorische, ausgabenorientierte rechtliche Kostenbegriff des externen Rechnungswesens steht im Gegensatz zu dem wertmäßigen Kosteninhalt für wirtschaftliche Planungs- und Kontrollzwecke.

97 Wenn Rechtsvorschriften einen Ermessensspielraum bei den Herstellungskosten einräumen, sind Wertansätze, die unterhalb der Vollkosten als Obergrenze liegen, allgemein als **Teilkosten** zu bezeichnen (vgl. ausführlich Wöhe, 1987, S. 422 ff.). Im Bereich der internen Abrechnung werden aber Teilkosten zumeist mit den **Einzelkosten** gleichgesetzt. Hier schließt der Begriff die Zurechnung von (Teilen der) Gemeinkosten aus. Damit ergibt sich als begrifflicher Zusammenhang: Nur variable Kosten können als Einzelkosten zugerechnet werden; beschränkt sich die Zurechnung der Gesamtkosten auf die Einzelkosten, handelt es sich um Teilkosten des Bezugsobjekts (Abteilung, Kostenstelle, Produktart). Verbreitete Anwendung findet die Teilkostenrechnung im Rahmen der **Deckungsbeitragsrechnung**, bei der entscheidungsrelevante Erlöse den durch die Entscheidung entstehenden Kosten gegenübergestellt werden.

2.2.8 Primäre Kosten, sekundäre Kosten

98 Die Kostenerfassung und -zurechnung vollzieht sich in mehreren Rechenschritten. Die Abrechnungsstufen lassen sich aus folgenden Fragen ableiten:

- Welche Kosten sind angefallen?
- Wo sind die Kosten angefallen?
- Wofür sind die Kosten angefallen?

99 Die **erstmalige Erfassung** des Verbrauchs führt zu den sog. **primären Kosten**, also zu Personalkosten, Materialkosten usw., die in der Betriebsergebnisrechnung mit den Leistungen aufgerechnet werden. Die Kostenarten werden für speziellere Planung und Kontrolle zumeist anschließend innerbetrieblich auf Funktionsbereiche, Kostenstellen und Kostenträger weiterverrechnet. Bei diesen **innerbetrieblichen Zurechnungen** entstehen sekundäre Kosten. Nach dieser allgemeinen Begriffserklärung sind bereits die Kostenpositionen in einer Erfolgsrechnung nach dem Umsatzkostenverfahren als sekundäre Kosten zu bezeichnen, weil sie aus einer Kostenzurechnung auf die Funktionsbereiche Herstellung, Verwaltung, Vertrieb und ggf. Forschung und Entwicklung entstehen (vgl. Coenenberg, S. 109).

100 In einer engeren Begriffsinterpretation sind **sekundäre Kosten** Werte für innerbetriebliche Leistungen (so u. a. Kilger, 1987, S. 15, Schweitzer/Küpper, S. 497, Hummel/Männel, S. 132). Solche Leistungen werden beispielsweise von Hilfsstellen für andere Hilfsstellen und Hauptstellen erbracht: Unterhält ein Betrieb einen eigenen Fuhrpark, dessen Fahrleistungen von anderen Betriebsteilen (Materialbereich, Fertigung, Verwaltung, Vertrieb) in Anspruch genommen werden, findet eine **innerbetriebliche Leistungsverrechnung** statt. Hierzu werden aus den gesamten primären Kosten die Anteile des Fuhrparks ermittelt und dann über Kilometersätze als sekundäre Kosten den innerbetrieblichen Leistungsempfängern angelastet.

II. Betriebsergebnisrechnung (Kosten- und Leistungsartenrechnung)

1. Gliederung der Kostenarten

Die umfassende Aufgabe des Internen Rechnungswesens besteht in der Ermittlung des Betriebsergebnisses für einen Zeitraum. 101

Der Arbeitsablauf beginnt mit Ermittlung und Kontrolle der sog. **Kostenarten**. Dabei handelt es sich um eine branchentypische und betriebsindividuelle Gliederung von Verbrauchsvorgängen nach Unterschieden im Leistungsbeitrag. Als Organisationsmuster dienen die je nach Geschäftszweig verschieden aufgebauten **Kontenrahmen**. Jeder Betrieb baut sich sein Abrechnungssystem, seinen **Kontenplan**, nach individuellen Ansprüchen auf, die sich aus dem Informationsbedarf für Planung und Kontrolle des Leistungsprozesses ergeben.

Neben der detaillierten Erfassung aller Verbrauchsvorgänge erfolgt zur Leistungskontrolle häufig eine **Verdichtung der detaillierten Kostengliederung**. Sie kann so weit gehen, dass jeder Produktionsfaktor nur noch mit seinen gesamten **Faktorkosten** ausgewiesen wird und Dienstleistungen anderer Unternehmen sowie Ausgaben für die Allgemeinheit gesondert erfasst werden: 102

Verdichtung von Kostenarten zu Faktorkosten:

- Arbeitskosten
- Materialkosten
- Anlagenkosten
- Kapitalkosten
- Fremdleistungskosten
- Steuern, Gebühren, Beiträge

Aussagefähiger sind Verdichtungen der Kostenarten unter dem Gesichtspunkt von Arbeitsabläufen und den dabei angefallenen Kosten. Als zusätzliches Gliederungsmerkmal kann die Zurechenbarkeit auf Kostenträger gewählt werden. So ist für den Bereich von Handelsbetrieben traditionell folgende Gliederung eingeführt (Kosiol, 1953, S. 19 ff.): 103

Traditionelle Verdichtung von Kostenarten im Handelsbetrieb:

- Warenkosten
- Direkte Handlungskosten
  - Kosten der Beschaffung
  - Kosten der Lagerung
  - Kosten des Warenabsatzes
  - Kosten des Inkassos
- Indirekte Handlungskosten
  - Sachkosten
  - Kosten der Sachausstattung
  - Kosten der Sachbenutzung

- Kosten der Sacherhaltung
- Arbeitskosten
- Fremdleistungskosten
- Kapitalkosten

104 Neuere Ansätze zur Kostenverrechnung gehen den Umweg einer Zuordnung von **Kostenarten** auf Bereiche unter einheitlicher personeller Verantwortung (Kostenstellen), dann über dort ablaufende **Aktivitäten** und **Prozesse** hin zur differenzierten Form der Kostenzurechnung auf **Kostenträger** (Cooper/Kaplan, S. 100; vgl. Rdn. 186 ff.).

105 Mit der Entwicklung von EDV-Datenbanksystemen erscheint eine Umsetzung theoretischer Informationsziele in praktikable Abrechnungssysteme machbar: Ausgangspunkt ist die Aufstellung einer differenzierten Kostenartenrechnung, die am ersten Verbrauchsort neben dem Kostenwert auch den **Kostenauslöser** (sog. **cost driver**) genau benennt. Vergleichbar der **„Grundrechnung"** von Riebel (S. 39) wird eine detaillierte Kostenartenrechnung aufgebaut, die differenziert ausgewertet werden kann. In einfachster Form skizziert kommt der unten abgebildete Aufbau in Betracht. Hierzu folgende Erläuterungen:

106 Produkteinzelkosten werden unmittelbar den Produkten zugerechnet. Produktgemeinkosten werden zunächst nach dem Grund ihres primären Verbrauchs abgerechnet. Das kann die Leistungsbereitschaft einer Kostenstelle oder die Durchführung bestimmter Arbeitsvorgänge (Prozesse) sein. Teile der Stellenkosten werden dann über (stellenübergreifende) Prozesse abgerechnet. Gesamte Prozesskosten werden den Produkten nach Inanspruchnahme, verbleibende Stellenkosten nach Verbrauchsannahmen über Mengen- und Wertschlüssel zugerechnet.

Kostenerfassung und -zuordnung nach differenzierten Bezugsgrößen:

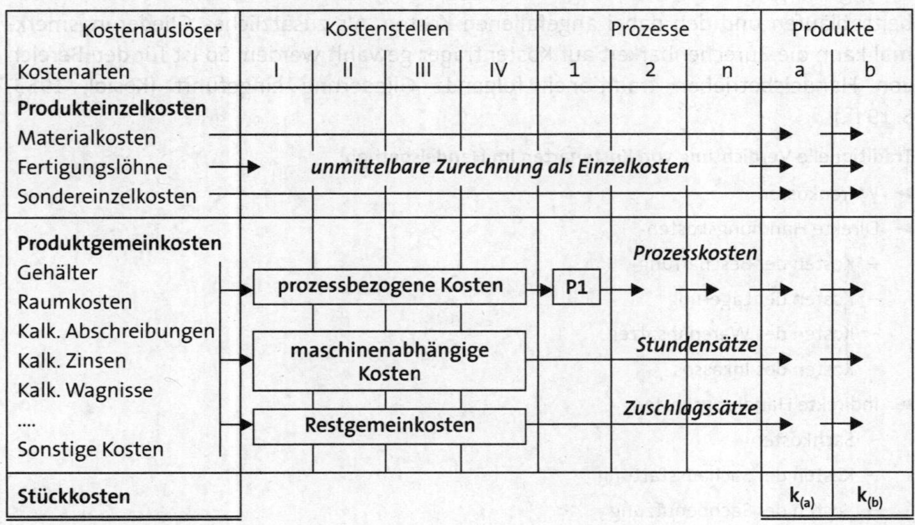

Wird die obige **Kostenzerlegung** auch unter dem Gesichtspunkt pagatorischer und kalkulatorischer Kostenanteile vorgenommen, können neben den internen Kosteninformationen auch externe Rechnungsaufträge, wie die Ermittlung von Herstellungskosten nach Voll- und Teilkostenkonzeptionen, erfüllt werden (vgl. zur praktischen Umsetzung Ziegler, S. 304 ff.). 107

2. Rechtliche und wirtschaftliche Betrachtung des Güterverbrauchs

Die meisten Kostenarten werden bereits auf der Grundlage von Belegen in der Finanz- 108
buchführung als Aufwand erfasst. Fraglich ist aber eine pauschale Übernahme von Aufwendungen in die Kostenrechnung als aufwandsgleiche Kosten (**Grundkosten**), weil bilanz-, ausschüttungs- und steuerpolitische Einflüsse häufig zu nicht verursachungsgerechten Wertsetzungen führen.

Es ist üblich, den nach Belastungsgesichtspunkten gestalteten rechtlichen Jahres- 109
abschluss durch ein sog. **betriebswirtschaftliches Ergebnis** (intern) zu ergänzen. Aufbauend auf Anschaffungswerten oder zeitbezogen unterschiedlich interpretierten Wiederbeschaffungswerten wird der 'richtige' Erfolg ermittelt. Weil hier die Folgen aktueller Ablaufplanung sichtbar werden, findet auch zunehmend der Ausdruck **operatives Ergebnis** Anwendung.

Aus wirtschaftlicher Sicht zählen zum Leistungsergebnis nicht nur Beträge, die auf- 110
grund von Verträgen an andere Betriebe bzw. Personen gezahlt wurden – wie es bei Löhnen und Gehältern, Mieten, Fremdkapitalzinsen, Werbekosten und dem Material- bzw. Wareneinsatz der Fall ist. Ausgangspunkt ist hier der Nutzenentgang, der durch die Verwendung von materiellen und immateriellen Gütern im Leistungsprozess entsteht. Die Kostenrechnung folgt mit diesem sog. **Opportunitätsprinzip** dem wirtschaftlichen Werteverzehr, der bereits 1955 von Lohmann (S. 29) erklärt wurde als „diejenigen Opfer, die der Unternehmer ökonomisch vermeiden kann, indem er auf die Produktion oder gerade diese Verwendung beispielsweise des Rohstoffes oder der Maschine verzichtet".

Wenn z. B. in einem Betrieb der Inhaber selbst tätig ist, entsteht hieraus rechtlich keine 111
Verpflichtung zur Gehaltszahlung, weil der Inhaber mit sich selbst keinen rechtsgültigen Vertrag abschließen kann. Wirtschaftlich gesehen hat aber der Inhaber mit seinem Arbeitseinsatz zum Erfolg beigetragen und auf ein Gehalt als Angestellter verzichtet, wofür ein sog. **kalkulatorisches Entgelt**, der **'Unternehmerlohn'**, angesetzt werden sollte. Im Vergleich zur Aufwandsrechnung handelt es sich um „fiktive Aufwendungen für Dienste der Eigentümer" (H. K. Weber, 1991, S. 35).

Neben dem Arbeitseinsatz der Eigentümer ist in einer wirtschaftlich ausgerichteten 112
Rechnung auch der Einsatz von Vermögensteilen und Kapital vollständig zu erfassen. In Anwendung des oben erklärten Opportunitätsprinzips müssen für alle notwendigen Einsatzgüter die Kosten angesetzt werden, die als Nutzenentgang aufgetreten sind, weil diese Güter in diesem Betrieb und nicht in der sonst möglichen besten Verwendung eingesetzt wurden.

Die rechtliche Beschränkung auf zahlungswirksame (pagatorische) Vorgänge muss da- 113
mit auch bei der Abrechnung von **Gebäude- und Kapitaleinsatz** verlassen werden: Wird

im eigenen Gebäude gearbeitet, entsteht keine Mietzahlung. Für den Einsatz des Eigenkapitals fallen keine Zinszahlungen an. Für beide Fälle gilt aber, dass bei Erfolgsanalysen dem Betrieb Kosten in einer Höhe angelastet werden müssen, die als Nutzenentgang für den Einsatz der Güter aus dem Eigentum des Unternehmers entstanden sind.

114 Wird unter Einschluss von Zusatzkosten ein Betriebsergebnis analysiert, kann zum Vergleich nicht ein handels- oder steuerrechtliches Ergebnis herangezogen werden. Ein rechtlicher Gewinn umfasst auch die aus wirtschaftlicher Sicht nicht Gewinn darstellenden Kostenansätze für Eigentümerarbeit und Kapitaleinsatz. Entsprechend kann man auch mit dem kalkulatorischen Betriebsergebnis nicht sinnvoll eine Kapitalrentabilität ermitteln, weil der zugrundegelegte **Betriebsgewinn nicht Kapitalergebnis** ist, sondern eine **Risikoprämie** nach Abgeltung aller Produktionsfaktoren, einschließlich des gesamten notwendigen Kapitaleinsatzes.

3. Einzelanalyse von Erfassungsproblemen bei ausgewählten Kostenarten

3.1 Arbeitskosten

3.1.1 Personalkosten

115 Die Erfassung von Arbeitskosten beginnt mit der personalbezogenen Abgrenzung des Betriebsbereichs vom Unternehmen: Nicht alle beschäftigten Mitarbeiter sind auch ausschließlich für Betriebszwecke eingesetzt. Wenn beispielsweise ein Arbeitsbereich für Beteiligungsaktivitäten zuständig ist, können die dort anfallenden Arbeitsentgelte nicht als Personalkosten eines Leistungsbereichs verrechnet werden, der mit Herstellung und Absatz von Gütern befasst ist. Die betriebsfremden Beträge bleiben natürlich Anteile der gesamten **Personalaufwendungen**, die das Unternehmensergebnis belasten, werden aber nicht **Personalkosten** des betrieblichen Bereichs.

116 Es muss überraschen, dass die Praxis der Kontrolle von Personalkosten nur eine relativ geringe Aufmerksamkeit schenkt. Im allgemeinen wird unterstellt, dass die in einer Periode gezahlten Löhne und Gehälter auch Kosten sind. Gerade aber in diesem Bereich können erhebliche **Leerkosten** verborgen sein, also Ausgaben, denen keine Leistung gegenübersteht. Sie sind sofort und nicht erst nach Abbau der Personalausgaben aus der Kostenaufstellung herauszuhalten.

117 Ein sinnvoller Ansatz zur Überprüfung des Leistungsbezugs von Mitarbeitern kann im **Zero-Base-Budgeting** liegen. Dabei geht es – einfach ausgedrückt – darum, einen bestimmten Leistungsbereich (gedanklich) neu aufzubauen und nur die notwendigen menschlichen und sachlichen Produktionsmittel zu erfassen. Dabei werden ausführende und verwaltende Tätigkeiten überprüft. Häufig ist zu erkennen, dass die sog. technische Revolution im Büro bislang mehr als Arbeitserleichterung und weniger als Senkung von Personalkosten verstanden wurde.

118 Soweit der Personaleinsatz als leistungszweckbedingt angesehen wird, liegen mit den Daten der Lohn- bzw. Gehaltsabrechnung die Mengen- und Wertkomponenten für diesen Teil der Arbeitskosten vor. Zu den **Personalkosten** zählen alle Beträge, die für ange-

stellte Mitarbeiter eines Leistungsbereichs in einem Zeitraum als negativer Erfolgsbeitrag anfallen. Hierzu gehören nicht nur die **Arbeitsentgelte** i. e. S., sondern auch die **Personalnebenkosten:**

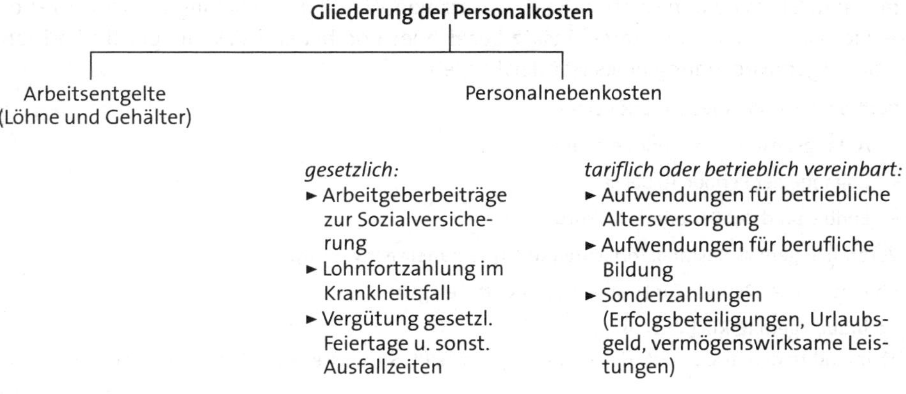

3.1.2 Kalkulatorischer Unternehmerlohn

Am Beispiel der **kalkulatorischen** und nicht **pagatorischen** (rechtsverbindlich zahlungswirksamen) Arbeitskosten für Eigentümer, dem sog. **Unternehmerlohn**, wird der Unterschied zwischen rechtlicher und wirtschaftlicher Ergebnisrechnung am deutlichsten. Nicht vertragliche Gehaltsansprüche, sondern für angemessen gehaltene Schätzwerte für einen bestimmten Leistungsbeitrag werden erfasst. Dieser Kostenansatz wird in der Literatur mit dem Ausdruck **Opportunitätskosten** bezeichnet. Sie umfassen den entgangenen Erfolg, indem man einen Leistungsfaktor im Betrieb einsetzt und damit anderen nutzbringenden Verwendungsformen entzieht. 119

Als gedankliche Grundlage für den Wertansatz des Unternehmerlohns kommen der **Alternativnutzen** (das entgangene Gehalt) oder auch das **Alternativopfer** (die vermiedene Gehaltszahlung für einen Geschäftsführer) in Betracht. 120

In der Praxis hat man sich lange an **Normvorstellungen** orientiert, wie sie mit der sog. Seifenformel existieren, die früher für Kalkulationen bei öffentlichen Aufträgen galt: 121

$$\text{Unternehmerlohn} = 18\sqrt{\text{Jahresumsatz}}$$

Diese Formel gilt als überholt. Auch in neueren Kalkulationsrichtlinien wird jetzt von Angemessenheit beim Wertansatz für den Unternehmerlohn gesprochen – was immer das im konkreten Fall sein mag. Aus Untersuchungen des Einzelhandelsverbands geht hervor, dass im Durchschnitt 4 % bis 5 % des Umsatzes als Unternehmerlohn angesetzt werden. Auch dieser Richtwert versagt, wenn an die umsatzstarken Großbetriebsformen von Handel und Industrie gedacht wird. Die Höhe von Opportunitätskosten bleibt Ermessenssache. Wunschdenken über alternative Einkommen der Eigentümer führt aber nicht zu verursachungsgerechten Kostenwerten. 122

3.2 Material- und Warenkosten

123 Materialkosten umfassen im Industriebetrieb den **Verbrauch an Roh-, Hilfs- und Betriebsstoffen**, die zu Erzeugnissen weiterverarbeitet werden; Warenkosten betreffen im Handelsbetrieb den wertmäßigen Einsatz von Waren zur Erzielung der Umsatzerlöse. Sie werden auch als **Wareneinsatz** bezeichnet und bilden i. d. R. die größte Position in der Ergebnisrechnung eines Handelsbetriebs.

124 **Verbrauch gemäß Inventurauswertung:**

Anfangsbestand der Periode lt. Inventur
\+ Zugänge der Periode lt. Belegen
– Endbestand der Periode lt. Inventur

125 **Verbrauch gemäß Bestandsfortschreibung (permanente Inventur):**

Abgänge in der Periode für Leistungszwecke lt. Belegen

126 **Verbrauch gemäß Rückrechnung:**

(1) im Industriebetrieb: Materialverbrauch je Stück (lt. Stückliste) × Produktionsmenge

(2) im Handelsbetrieb: $\dfrac{\text{Umsatzerlöse der Periode}}{1 + \text{Kalkulationsaufschlag}/100}$

127 Die Beurteilung der Erfassungsmethoden soll zunächst am Beispiel des Handelsbetriebs erfolgen. Allein die **Inventurauswertung** liefert genaue Daten für den gesamten Wertverbrauch am Warenlager. Hier werden Istbestände zu Periodenbeginn mit Istbeständen am Periodenende verglichen. Unter der Annahme, dass die periodischen Warenzugänge auch tatsächlich das Lager bzw. den Verkaufsraum erreicht haben, werden alle betrieblichen Warenbewegungen erfasst. Aber gerade hier können schon Fehlerquellen liegen: Werden beim Warenzugang die Angaben im Lieferschein bestätigt, gilt das als gegenständlicher Warenzugang – ungeachtet der hier schon liegenden vermeidbaren und unvermeidbaren Fehlerquellen.

128 Im Wareneinsatz gemäß Inventurauswertung sind auch alle Mengen- und Wertvorgänge von Gütern enthalten, die (noch) gar nicht verkauft wurden: **Wertminderungen** der noch vorhandenen Warenbestände werden so praktisch den Waren angelastet, die schon verkauft werden konnten. In diesem Zusammenhang wird deutlich, dass Warenkosten dann eigentlich nicht als **Umsatz zu Einstandspreisen** umschrieben werden dürfen, wie es häufig geschieht.

129 Der Wareneinsatz gemäß Inventurauswertung umfasst auch die beträchtlichen Verluste, die dem Betrieb durch Unterschlagung und Diebstahl entstehen. Bei diesem Verfahren ist es nicht möglich, genaue Informationen über den Umfang dieser Kosten zu erhalten.

130 Die **Bestandsfortschreibung** bietet die Möglichkeit, die wirklich im Warenumsatz angefallenen Warenkosten zu ermitteln. Sie setzt dafür aber umfangreichen Personaleinsatz und bei vielen tausend verschiedenen Artikeln i. d. R. technische Hilfsmittel wie Scannererfassung und elektronische Datenverarbeitung voraus. Im Gegensatz zur Inventurmethode kann hier jederzeit durch Programmabruf eine Kostenermittlung vorgenommen werden. Im Vergleich zur Inventurmethode handelt es sich aber um eine unvoll-

ständige Kostenerfassung: Als Lagerabgänge werden nur die bewusst registrierten Mengenbewegungen aufgenommen; vernachlässigt werden die unvermeidbaren oder auch strafbaren Tatbestände von Verderben und Schwund (Unterschlagung, Diebstahl).

Bei Anwendung der Bestandsfortschreibung muss aus rechtlichen Gründen jährlich – 131 zu einem beliebigen Zeitpunkt – eine Inventurerfassung durchgeführt werden. Erst dann bietet sich die Möglichkeit, beide Informationen (Wareneinsatz und tatsächliche umsatzbezogene Warenkosten) zu ermitteln und danach etwaige Schwächen im Organisationsgefüge aufzudecken.

Die **Rückrechnung** im Handelsbetrieb unterstellt Kenntnis darüber, wieviel bei der 132 Preissetzung durchschnittlich auf den Einkaufswert der Waren aufgeschlagen wurde. Dann kann vom Umsatzerlös ausgehend überschlägig auf den dafür benötigten Wareneinsatz geschlossen werden. Ein anderer Ansatz zur Rückrechnung geht von einer früher erzielten oder gegenwärtig erwarteten Handelsspanne aus. Vom Umsatzerlös wird dieser unterstellte Wertauftrieb abgezogen. Die Rückrechnung kann nur als **Überschlagsverfahren** angesehen werden. In Bezug auf die Vollständigkeit der Warenkosten gelten dieselben Einschränkungen wie bei der Bestandsfortschreibung.

Für den **Industriebetrieb** gelten grundsätzlich dieselben Aussagen zu den Verfahren der 133 Kostenermittlung im Materialbereich. Nur die Inventurauswertung zeigt wirklich genau, was tatsächlich verbraucht wurde. Diese Information kommt aber in zu großen zeitlichen Abständen. Für kurzfristige Erfolgsanalysen muss auf die Bestandsfortschreibung oder die Rückrechnung abgestellt werden. Die Bestandsfortschreibung wird anhand der **Materialentnahmescheine** vorgenommen – was unterstellt, dass alle Entnahmen belegt sind und die entnommenen Materialien auch nur für betriebliche Zwecke verbraucht wurden. Die Rückrechnung des Materialverbrauchs auf der Grundlage hergestellter Stücke gibt dann im Vergleich mit dem Ergebnis der Bestandsfortschreibung erste Hinweise auf Materialfehlleitungen.

In der Fachliteratur werden Materialkosten teilweise auf die gesamten Kosten des Ma- 134 terialbereichs ausgedehnt und umfassen dann auch Kosten der Beschaffung, Lagerung und des innerbetrieblichen Transports (vgl. Schönfeld, S. 39 f.). Da es sich hierbei um eigenständige Teilbereiche zur Planung und Kontrolle des Leistungsprozesses handelt, die zur bedarfssynchronen Materialbereitstellung (**just in time**) führen sollen, erscheint eine deutliche Abgrenzung der **Logistikkosten** von den Materialkosten i. e. S. angebracht.

3.3 Anlagenkosten (kalkulatorische Abschreibungen)

3.3.1 Bilanzielle und kalkulatorische Abschreibungen

Mit der Zunahme des Mechanisierungs- bzw. Automatisierungsgrads von Leistungspro- 135 zessen hat der Wertumfang des abnutzbaren Anlagevermögens zugenommen. Damit gewachsen sind die Probleme einer verursachungsgerechten Bemessung der Abschreibungen. Aus rechtlicher Sicht handelt es sich bei den **bilanziellen Abschreibungen** um eine planmäßige Verteilung des Anschaffungswerts auf die Nutzungsjahre (§ 253

Abs. 2 HGB), wobei der Spielraum zur Periodisierung der Entwertungsanteile recht groß ist. Nicht zuletzt lassen steuerrechtliche Einflüsse die Abschreibungsbeträge der Aufwandsrechnung als für Betriebsdispositionen untauglich erscheinen (degressive Abschreibung, Sonderabschreibungen).

136 Bei der Bemessung **kalkulatorischer Abschreibungen** ist dem zeitlichen Identitätsprinzip von Kosten und Leistungen zu folgen: Der Einsatz von Maschinen vollzieht sich gedanklich als Verbrauch von Maschinenanteilen, der in dieser Periode auch zu Leistungen geführt hat. Das ist zunächst eine Mengenbetrachtung, die den Nutzenentgang der Anlage erfasst. Mit der Leistungsbewirkung hat die Anlage einen Anteil ihres gesamten Nutzungsvorrats verloren. Die Bewertung dieses Anteils vollzieht sich dann nach Wertkonzeptionen, die für den jeweiligen Rechnungszweck gelten, wobei für die Beurteilung des Anlagennutzens vorrangig eine **aktuelle Wertgrundlage** heranzuziehen ist. Im allgemeinen verarbeitet die interne Abrechnung die Wiederbeschaffungspreise des Abrechnungszeitraums, in dem die Maschinennutzung zu entsprechenden Leistungswerten geführt hat.

3.3.2 Ermittlung der Nutzungszeit

137 Abschreibungskosten dürfen nur den Verbrauchsanteil einer Anlage umfassen, der leistungszweckbedingt angefallen ist. Hierzu ist zunächst eine genaue Bestimmung der zu erwartenden Nutzungszeit und des Entwertungsverlaufs erforderlich. Beide Bestandteile von Abschreibungsplänen in der Kostenrechnung lösen sich von Normvorstellungen in Abschreibungstabellen der Finanzverwaltung (sog. AfA-Tabellen).

138 Bei der Festlegung von Nutzungsdauer bzw. zu erwartender Gesamtleistung wird i. d. R. wegen der marktbezogenen Risiken und des raschen technischen Fortschritts nicht von der technischen Nutzbarkeit, sondern von der wirtschaftlichen Verwertbarkeit der Anlagendienste ausgegangen.

139 **BEISPIEL:** Ein Betrieb hat eine maschinelle Anlage eingesetzt. Im Rahmen der Finanzbuchführung kann diese Anlage innerhalb von 5 Jahren abgeschrieben werden. Aufgrund von Erfahrungen wird jedoch davon ausgegangen, dass die Anlage 8 Jahre ohne größere Störungen betrieblich einsetzbar ist. Im Zeitraum t_4 wird bei einer Überprüfung der Nutzungsdauer jedoch festgestellt, dass die Anlage tatsächlich nur insgesamt 6 Jahre nutzbar sein wird.

140 Im Beispiel kommt es zum **Auseinanderfallen bilanzieller und kalkulatorischer Abschreibungen**. Die bilanzielle Abschreibung führt zur aktivischen Verminderung des Vermögensgegenstands. Die Aufwandsbuchung wird als 'bilanzielle Abschreibung' (neutraler Aufwand) vorgenommen. Die kalkulatorische Abschreibung führt mit einer Erfolgsbuchung zur Belastung des Betriebs mit **Anderskosten**. Sofern Kosten im Einkreissystem erfasst werden, erfolgt die Haben-Gegenbuchung im neutralen Bereich. Im Gesamtergebnis des Unternehmens wird damit nur die bilanzielle Abschreibung erfolgsbestimmend – was rechtlich verlangt wird (vgl. 2. Kap. E. VIII. dieses Handbuchs).

141 Die Annahmen zur Nutzungsdauer werden regelmäßig überprüft. Treten Planänderungen ein, führen sie sofort zu Änderungen in den Bemessungsgrundlagen kalkulatorischer Rechnungen; es werden **immer die aktuellen Informationen** zur Festlegung von

Kostenbeträgen herangezogen. Im Ergebnis werden aktuelle Leistungswerte (Umsatzerlöse) mit den aktuellen Werten der Einsatzfaktoren verglichen. Im Beispiel würde in den Zeiträumen t_1 bis t_3 – bei unterstellter gleichmäßiger Auslastung – die Anlage kalkulatorisch jeweils mit 1/8, ab t_4 dagegen mit 1/6 entwertet.

Es ist irrelevant, ob früher zuviel oder zuwenig abgeschrieben wurde. Fehlplanungen früherer Jahre berühren nicht den Kostenansatz dieser Periode. Es gibt also keine Nachholabschreibungen in der Kalkulation, wenn früher die Nutzungszeit länger angesetzt wurde als sie nun tatsächlich ist. Solche **Planungsrisiken** werden über den **Ansatz kalkulatorischer Wagnisse** erfasst, nicht über die Abschreibungen (vgl. Rdn. 162 ff.). 142

3.3.3 Zeit- und leistungsbezogene Abschreibung

Nach den Grundsätzen zur Aufstellung betriebswirtschaftlicher Ergebnisrechnungen kommen allein zeitbezogene Abschreibungen nicht in Betracht. Werden Kosten als leistungsbezogener Verbrauch erklärt, dann sind auch Entwertungsanteile an abnutzbaren Anlagen vorrangig als Verbrauch eines Leistungsvorrats anzusehen. Dem entspricht eher eine leistungsbezogene Abschreibung: 143

$$\text{leistungsbezogene Abschreibung der Periode} = \frac{\text{abzuschreibender Betrag}}{\text{Gesamtleistung}} \times \text{Leistung in der Periode}$$

Theorie und Praxis haben neben dem technisch orientierten leistungsbezogenen Verschleiß auch andere, wirtschaftliche Entwertungsursachen in Abschreibungsmethoden aufgenommen. Je nach technischer Beschaffenheit der Anlage (Universal- oder Spezialanlage), Risiken des technischen Fortschritts und Gefahren der Verwertung von Maschinenleistungen (Bedarfswandlung) sind Gewichtungen von eher zeitbezogenen und eher leistungsbezogenen Entwertungsursachen vorzunehmen. Damit kommt es zu **Kombinationsformen zeit- und leistungsbezogener Abschreibungen**. 144

Die Vielfalt an Möglichkeiten zur Bemessung von kalkulatorischen Abschreibungen soll mit folgendem Beispiel erklärt werden: 145

BEISPIEL: Der abzuschreibende Wert einer Anlage beträgt 100 000 €. Nach Herstellerangaben kann mit störungsfreiem Betrieb bis zu 1 000 000 Arbeitsgängen gerechnet werden. Die wirtschaftlich verwertbare Nutzungszeit wird mit 5 Jahren angenommen. Innerhalb dieser Zeit wird der Betrieb höchstens 800 000 Arbeitsgänge in Anspruch genommen haben.

Geplant sind zunächst folgende Produktionsmengen: t_1 = 150 000 Stück, t_2 = 300 000 Stück

Möglichkeiten zur Bemessung kalkulatorischer Abschreibungen:

(1) Lineare Abschreibung:

$$t_1, t_2 = \frac{100\,000}{5} = 20\,000\text{ €}$$

(2) Leistungsbezogene Abschreibung:

$$t_1 = \frac{100\,000 \times 150\,000}{1\,000\,000} = 15\,000\text{ €}$$

$$t_2 = \frac{100\,000 \times 300\,000}{1\,000\,000} = 30\,000\text{ €}$$

(3) Normalisierte Leistungsabschreibung:

$$t_1 = \frac{100\,000 \times 150\,000}{800\,000} = 18\,750\,€$$

$$t_2 = \frac{100\,000 \times 300\,000}{800\,000} = 37\,500\,€$$

(4) Gleichgewichtige Zeit- und Leistungsabschreibung:

$$t_1 = \frac{50\,000}{5} + \frac{50\,000 \times 150\,000}{1\,000\,000} = 17\,500\,€$$

$$t_2 = \frac{50\,000}{5} + \frac{50\,000 \times 300\,000}{1\,000\,000} = 25\,000\,€$$

3.4 Abschreibung bei steigenden Wiederbeschaffungspreisen

146 Aus den Zielsetzungen betriebswirtschaftlicher Ergebnisrechnungen ergeben sich auch Folgerungen für den **Wertansatz** der Kostengüter. Der betriebswirtschaftliche Gewinn soll insbesondere zeigen, was dem Betrieb entzogen werden kann, ohne dessen Leistungsfähigkeit zu beeinträchtigen. In Zeiten schwankender Preise (für Anlagen) entstehen Probleme beim Wertansatz für Abschreibungen. Wird auch bei steigenden Preisen auf der Grundlage des früheren Anschaffungswerts abgeschrieben, reichen am Ende der Nutzungszeit die Abschreibungsgegenwerte allein nicht für einen adäquaten Ersatz der verbrauchten Anlage aus. Die Möglichkeiten einer Abschreibungsbemessung, die dem Grundsatz **reproduktiver Betriebserhaltung** folgt, sollen am Beispiel diskutiert werden:

147 BEISPIEL: In einem Betrieb ist eine Anlage mit 5-jähriger Nutzungszeit installiert, deren Wiederbeschaffungspreis jährlich um 4 % steigt:

Anschaffungswert		100 000,00 €
Wiederbeschaffungspreis am Jahresende	t_1	104 000,00 €
	t_2	108 160,00 €
	t_3	112 486,40 €
	t_4	116 985,86 €
	t_5	121 665,29 €

148 Zur Bemessung kalkulatorischer Abschreibungen in Zeiten steigender Preise gibt es die heftigsten Diskussionen in der Fachliteratur. Die Spannweite zur Bewertungsgrundlage reicht vom Anschaffungswert über den aktuellen Wiederbeschaffungspreis bis hin zum Wiederbeschaffungspreis des Ersatztags. Während viele Autoren **unterschiedliche Wertansätze** je nach Rechnungszweck als richtig ansehen (so Heinen, S. 53), gibt es auch entschiedene Gegner des Wiederbeschaffungspreises als Wertmaßstab (Schneider, 1984, S. 2528).

149 Die einfachste Antwort zur Streitfrage Anschaffungs- oder Wiederbeschaffungswert könnte mit Bezug auf das **Opportunitätsprinzip** gefunden werden. Danach ist der aktuelle Leistungsbeitrag einer Maschine das wert, was man heute als Erlös erzielen könnte, wenn man diesen Leistungsbeitrag (isoliert) verkaufen würde. Der Marktpreis für einen bestimmten physischen Leistungsbeitrag kann nicht vom historischen Anschaffungs-

wert der Anlage abhängen, sondern von der aktuellen Preissituation auf dem entsprechenden Gütermarkt. Zu demselben Wert führt der Gedanke, den zu bewertenden Leistungsbeitrag der Anlage im Zeitpunkt der Bewertung als Ersatz verbrauchter Anlagenkapazität einkaufen zu müssen.

Auch aus dem Identitätsprinzip der Kosten- und Leistungsrechnung heraus sind gegen- 150
wärtige Erlöse den gegenwärtigen Kosten gegenüberzustellen. Damit scheidet der historische Anschaffungswert ebenso aus wie der zukünftige, unsichere Wiederbeschaffungspreis des Ersatztags. Relevant sind die Wertverhältnisse des Abrechnungszeitraums, genau also die Ersatzkostenwerte bei der Anlagennutzung. Werden längere Leistungsintervalle abgerechnet, gilt der **Wiederbeschaffungspreis am Rechnungstag**. Die Grundlagen zu dieser Kostenkonzeption wurden im Wesentlichen von Fritz Schmidt erarbeitet, der bereits 1929 forderte, dass für die Kalkulation „der Tagesbeschaffungswert unbedingt verwandt werden muß" (Schmidt, S. 1484).

FORTSETZUNG DES BEISPIELS: Bei 5-jähriger Nutzungszeit und zeitbezogener Abschreibung erge- 151
ben sich unter Anwendung des Tageswertprinzips folgende Abschreibungen:

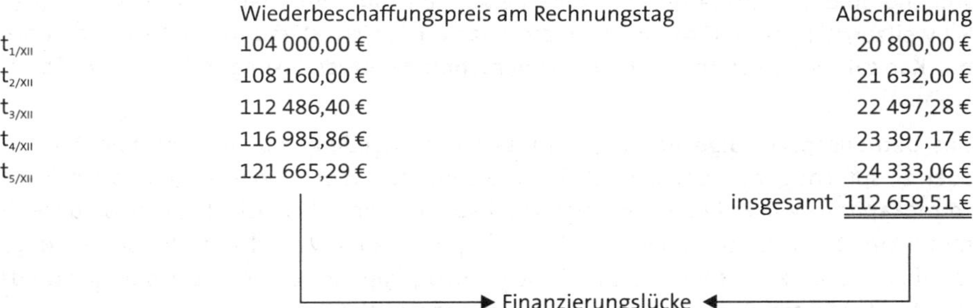

	Wiederbeschaffungspreis am Rechnungstag	Abschreibung
$t_{1/XII}$	104 000,00 €	20 800,00 €
$t_{2/XII}$	108 160,00 €	21 632,00 €
$t_{3/XII}$	112 486,40 €	22 497,28 €
$t_{4/XII}$	116 985,86 €	23 397,17 €
$t_{5/XII}$	121 665,29 €	24 333,06 €
	insgesamt	112 659,51 €

Das Tageswertprinzip allein führt noch nicht zur reproduktiven Betriebserhaltung. 152
Denn dabei verbleibt – wie im obigen Beispiel ersichtlich – eine **Finanzierungslücke** im Ersatzzeitpunkt. Eingeschlossen in das **Bewertungskonzept** ist aber zusätzlich ein **Investitionsprinzip**: Verdiente Abschreibungsgegenwerte sind bis zum Ersatzzeitpunkt zinsbringend anzulegen. Diese Verwendung der Abschreibungsgegenwerte soll so erfolgen, dass die Wertentwicklung auf dem betreffenden Gütermarkt erreicht wird. Dieses Konzept zur Werterhaltung führt zur Bemessung der Abschreibungen auf der Grundlage des Wiederbeschaffungswerts am Rechnungstag.

3.5 Kapitalkosten (kalkulatorische Zinsen)

Der Einsatz von Produktionsmitteln erfordert die Bereitstellung finanzieller Mittel. Sie 153
können aus eigenen Quellen der Eigentümer stammen oder am Kapitalmarkt geliehen worden sein. Fremdkapital verursacht im Allgemeinen rechtlich verpflichtend periodische Zinszahlungen – Eigenkapital dagegen nicht.

Soll die Kostenrechnung alle Verbrauchsvorgänge erfassen, die notwendig sind, um 154
eine bestimmte Leistung zu erbringen, muss auch der Kapitaldienst entgolten werden. Er besteht in der **Finanzierungsleistung** des Gesamtkapitals und der **Haftungsleistung**

des Eigenkapitals. Verfolgt man auch hier das Opportunitätsprinzip, ist neben Kosten des Fremdkapitals auch der entgangene Nutzen des eingesetzten Eigenkapitals als Kostenbetrag zu übernehmen. Das nach Abzug von Kapitalkosten verbleibende positive Betriebsergebnis ist ein **Übergewinn,** d. h. ein Erfolg, der über den Alternativnutzen des eingesetzten Kapitals hinausgeht. In der wertorientierten Unternehmensführung (Shareholder Value-Konzept) ist letztlich dieser hinzugefügte Wert (value added) der Maßstab zur Beurteilung der Erfolgslage.

155 Es gibt sehr unterschiedliche Ansätze zur Ermittlung von Kapitalkosten. „In der traditionellen Kosten- und Leistungsrechnung werden die durchschnittlich gebundenen betriebsnotwendigen Vermögensgegenstände unter Berücksichtigung des Abzugskapitals mit einem kalkulatorischen Zinssatz bewertet" (Küpper, 1991 a, S. 11; vgl. auch Lücke, S. 3 ff.). Ausgangspunkt ist also die Auflistung aller Vermögensgegenstände, die zur Leistungserstellung notwendig sind. Anschließend sind diese betriebsnotwendigen Vermögensgegenstände zu bewerten. Als Wertansatz kommen bilanzielle oder kalkulatorische Restwerte in Betracht. Dem Auftrag, die **aktuelle Kapitalbindung** zu erfassen, entspricht am ehesten der Ansatz zu Anschaffungswerten, vermindert um bisher vorgenommene kalkulatorische Abschreibungen auf Anschaffungswertbasis (vgl. Schweitzer/Küpper, S. 154). Im Interesse relativer Gleichbelastung der Geschäftsjahre mit Kapitalkosten kommt auch eine **Durchschnittswertverzinsung** in Frage (vgl. Ebert, S. 53).

156 Das **betriebsnotwendige Vermögen** muss nicht unbedingt nur aus eigenen Mitteln oder zinspflichtigem Fremdkapital finanziert worden sein. Zuweilen gibt es zinsloses Fremdkapital – wie es bei Anzahlungen von Kunden der Fall ist. Nicht zinslos sind Lieferantenkredite, wenn bei vorzeitiger Bezahlung ein Skontovorteil zugestanden wird. Es ist üblich, zinsfreies Fremdkapital als sog. **Abzugskapital** aus der Berechnungsgrundlage für das intern zinspflichtige **betriebsnotwendige Kapital** auszusondern:

	betriebsnotwendiges Vermögen
–	Abzugskapital (zinsloses Fremdkapital)
=	betriebsnotwendiges Kapital

157 Das betriebsnotwendige Kapital kennt keine Unterscheidung in Eigen- und Fremdkapital. Es wird mit dem kalkulatorischen **Zinssatz** verzinst. Dessen Höhe könnte dem Alternativnutzen des Kapitaleinsatzes entsprechen. Vorgeschlagen wird deshalb der „landesübliche oder branchenübliche Zins" (Schweitzer/Küpper, S. 154), konkret beispielsweise die „Konditionen der optimalen Alternativanlage" (Wöhe, 1986, S. 1153).

158 Andere Vorstellungen orientieren sich am Alternativopfer: Was hätte man als Zinsbelastung zu erwarten, wenn das gesamte betriebsnotwendige Kapital fremdfinanziert würde? Bei diesem Ansatz reicht die Spannweite der Vorschläge von „den Konditionen der günstigsten Fremdkapitalbeschaffungsmöglichkeit" (Wöhe, 1986, S. 1153) über den Zinssatz „für langfristige, risikofreie Kredite" (Ebert, S. 54) bis hin zum „Zinssatz der jeweils teuersten Komponente des insgesamt aufgenommenen Fremdkapitals" (Hummel/Männel, S. 177).

159 In Konzeptionen der sog. wertorientierten Unternehmensführung wird der **Kapitalkostensatz** als gewogener Zins WACC angewendet (WACC = Weighted Average Capital

Costs, vgl. Copeland u. a., S. 261 ff.): Der Anteil fremdfinanzierten Vermögens wird zum Fremdkapitalsatz, der Anteil eigenfinanzierten Vermögens mit der unternehmensbezogenen kapitalmarktorientierten Eigentümerforderung angesetzt (vgl. u. a. die Konzeption zum **EVA, Economic Value Added**, US-trademark von Stern Stewart & Co.).

Zu dem Problemkreis Kapitalkosten gibt es in der Fachliteratur viel Methodenunsicherheit. Die Rechnungspraxis wählt häufig einfache Lösungswege. Hierzu zählt die **Praktikermethode**, nach der neben dem tatsächlich gezahlten Betrag für Fremdkapitalzinsen ein „Eigenkapitalzins" in die Kostenrechnung übernommen wird. Dieser Rechnungsablauf wird beispielsweise vom Hauptverband des Einzelhandels empfohlen (vgl. HDE, S. 82). Den Grundsätzen der Kostenrechnung genügt diese Kostenermittlung wenigstens teilweise, wenn Zinsen nur für wirklich betriebliche Kapitalbeträge übernommen werden. Der Mangel des Ansatzes zeitraumfremder Zinshöhen beim Fremdkapital verbleibt jedoch. 160

Kritische Ergänzung: 161

Sieht man die Kapitalkosten im Zusammenhang aller Kostenarten, fällt die Gefahr einer **Doppelerfassung** von Kostenteilen auf, die in den meisten Literaturquellen hingenommen wird: Preissteigerungen der sachlichen Produktionsmittel (Anlagen, Stoffe) werden allgemein bereits bei deren Verbrauchserfassung nach dem Tageswertkonzept berücksichtigt. Erfasst der Unternehmer aber die Preissteigerung bereits bei Abschreibungs- und Materialkosten, dann ist ein Kostenansatz für das 'Inflationsrisiko' bei der Bemessung von Kapitalkosten nicht mehr möglich. Andernfalls wird die Geldentwertung doppelt berücksichtigt. Für den Zinssatz darf dann auch nicht ein **Marktzins** herangezogen werden, weil darin ein Anteil für die Geldentwertung eingeschlossen ist, sondern nur der **Realzins** der entgangenen Kapitalanlage. (Vgl. ausführlich Schneider, 1994, S. 356 ff., Wedell, 1993, S. 329 ff.)

3.6 Wagniskosten

In der Praxis der Kostenverrechnung ist es üblich, Risiken in verschiedenen Handlungsbereichen des Betriebs zu einer gemeinsamen Kostengröße zu verarbeiten, den kalkulierten bzw. kalkulatorischen Wagnissen. Die Literatur nennt überwiegend folgende **Wagnisarten**: 162

- Anlagenwagnis
- Beständewagnis
- Produktionskostenwagnis
- Entwicklungswagnis
- Vertriebswagnis
- Gewährleistungswagnis

Nur für das allgemeine Unternehmerwagnis wird ein Kostenansatz ausgeschlossen, weil dessen Deckung mit der Gewinngröße erfolgen soll (vgl. z. B. Schönfeld, S. 52 f., Haberstock, 1987, S. 113). 163

Für alle Wagnisarten soll aufgrund von Informationen über deren Ausmaß in der Vergangenheit ein zusammenfassender Schätzwert für das Planungsrisiko in die Kostenrechnung übernommen werden. Er hat den Charakter von Anderskosten, weil die Fi- 164 nanzbuchführung jede Vermögensminderung einzeln erfasst. Gedanklich handelt es sich bei Wagniskosten gleichsam um eine **Prämie der Selbstversicherung** gegen solche Kostenrisiken im Leistungsprozess, die dem Planungszeitraum zuzurechnen, in ihrem tatsächlichen Ausmaß aber erst in der Zukunft festzustellen sind.

165 Gegen diese Gepflogenheiten der Praxis, die auch in Kalkulationsrichtlinien ihre Rechtfertigung finden (vgl. LSP, Nr. 49), lassen sich erhebliche Einwände vortragen, die beispielhaft erläutert werden sollen (vgl. Altenburger, S. 732 f.): Unter dem **Anlagenwagnis** werden vielfältige materielle Auswirkungen erfasst, die bei einem (zeitweiligen) Ausfall der Anlage auftreten können. Hierzu zählen zunächst die Reparaturkosten, die für die Anlage selbst entstehen, aber auch die Ausschusskosten durch Fehlproduktion, Personalkosten in der Wartezeit bis zur Wiederinbetriebnahme usw. Bei genauer Betrachtung entstehen Wagniskosten also als „unsichere Teile der übrigen primären Kostenarten" (Altenburger, S. 733). Würde man dagegen diese primären Kosten unter Einschluss der Risiken aus den Wagnisbereichen ermitteln, wäre ein Ansatz von Wagniskosten überflüssig.

166 Bleibt man bei der eingeführten Praxis im Ansatz von Wagniskosten, ist dafür zu sorgen, dass nicht eine Doppelerfassung derselben Risiken erfolgt, nämlich einmal als 'großzügige' Bemessung primärer Kostenarten, andererseits als Zusammenfassung von Risikoanteilen verschiedener Kostengrößen zu den kalkulatorischen Wagnissen.

4. Abgrenzung der Leistungsarten

167 In internen Ergebnisrechnungen sind den periodischen Kosten die realisierten Leistungen gegenüberzustellen. Nach dem Grundsatz der gegenseitigen Prozessbezogenheit sind beide Rechengrößen „verursachungsgerecht" zu ermitteln. Leistungen haben Kosten verursacht (nicht umgekehrt!). Also ist die Festlegung des Leistungsbereichs der Ausgangspunkt für die Gestaltung einer Abrechnung.

168 Der umfassendste Abrechnungsbereich ist der „Betrieb", d. h. das Kerngeschäft eines Unternehmens, in dem sich wiederholende Arbeitsabläufe erfolgen (Herstellung bzw. Einkauf von Gütern und deren Absatz). Für diesen Gesamtverantwortungsbereich stellen realisierte Marktleistungen (**Umsatzerlöse**) und etwaige **Bestandserhöhungen** den Schwerpunkt der Leistungsbewirkung dar. Ergänzt werden diese um „aktivierte Eigenleistungen" und Zusatzleistungen, die sich aus der Abweichung zwischen rechtlicher und wirtschaftlicher Betrachtung positiver Erfolgswirkungen ergeben (vgl. Rdn. 32 ff.).

169 Am deutlichsten wird diese traditionelle Rechtsinterpretation zum Begriff des Vermögensgegenstandes, wenn an die Spielfilmindustrie gedacht wird. Ein Spielfilm, der nicht selten Produktionsausgaben in Millionenhöhe verursacht hat, ist nur das wert, was gegenständlich, konkret von ihm zu sehen ist. Das ist das belichtete und vertonte Filmmaterial. Die bloße Chance, mit dem Film in der Zukunft Erträge zu erzielen, rechtfertigt lt. HGB grundsätzlich keine Aktivierung etwa in Höhe erwarteter Einspielerfolge. Somit sind die Produktionsausgaben im Herstellungsjahr in voller Höhe Aufwand. Den Einspielergebnissen folgender Jahre stehen dann geringe Aufwendungen gegenüber.

170 Ein anderes praxisnahes Beispiel für einen solchen Sachverhalt ist die **Entwicklung** eines EDV-Programms zur Planung, Steuerung oder Kontrolle von Betriebsabläufen. Die

oft beträchtlichen Personalkosten zur Programmierung und Erprobung führen im HGB-Jahresabschluss nicht zu einem Vermögensgegenstand. Nur beim entgeltlichen Erwerb eines Programms von einem EDV-Anbieter kommt eine Aktivierung des Anschaffungswerts in Betracht. Entsprechendes gilt auch für Ausgaben zur Entwicklung neuer Produkte. Nach IFRS sind Kosten eigener Entwicklungen unter bestimmten Voraussetzungen zu aktivieren – gemäß HGB besteht ein Wahlrecht. Eine HGB-basierte Betriebsergebnisrechnung hat deshalb ggf. **Zusatzleistungen** zu erfassen.

Zusatzleistungen umfassen nicht nur selbst erstellte immaterielle Gegenstände, son- 171
dern auch geschaffene wirtschaftliche **Nutzungspotenziale**, die keinen eigenständigen Marktwert haben. Angenommen, ein Unternehmen führt ein neues Produkt mit Werbeausgaben von 3 000 000 € in den Markt ein. Unter der Annahme, dass die Verwertbarkeit des Produkts mehrere Jahre andauern wird, müsste der Wert des „Werbefeldzugs" kalkulatorisch wie ein abnutzbarer Vermögensgegenstand behandelt werden. Andernfalls wird das Jahr, in dem die Absatzmöglichkeiten geschaffen wurden, beim Produkterfolg zu stark belastet, spätere Jahre hingegen zu wenig. Das widerspricht dem **Identitätsprinzip**.

Für den **Wertansatz** von Leistungen gelten grundsätzlich dieselben Regeln wie für die 172
Kostenbewertung. Erfolgt die Kostenerfassung nach dem Tageswertprinzip, gilt dies auch für die Leistungsseite. Bei den bereits abgesetzten Leistungen, den Erlösen, ergeben sich dabei keine Ermittlungsschwierigkeiten. Leistungswert ist der vertraglich vereinbarte **Umsatzerlös** (Tageswert des Verkaufstags).

Besondere Fragen wirft die Bewertung der **Bestandserhöhungen** auf. Das Handelsrecht 173
räumt – unterschiedlich in HGB und IFRS – Wahlmöglichkeiten beim Wertansatz von Lagerbeständen ein (Voll- oder Teilkosten). Erfolgsausweis- oder Gewinnausschüttungsinteressen sind Kriterien zur Anwendung der verschiedenen Bewertungsmethoden.

Bilanztaktische Erwägungen haben nicht in die interne Rechnungsführung einzuflie- 174
ßen. In einer Betriebsergebnisrechnung sollten Leistungswerte verrechnet werden, die zum Ausdruck bringen, welche Wertteile ursächlich die hervorgebrachten Leistungen geschaffen haben. Zur Bestimmung dieser Wertteile ist auf den Grundsatz zurückzugehen, der im Rahmen der Kostenbetrachtung aufgestellt wurde. Bei gegenseitiger Prozessbezogenheit zwischen Kosten und Leistung kann z. B. nicht einerseits die Anlagenabschreibung als Kostenfaktor auftreten und andererseits dieser Beitrag zum Werteschaffen vollständig ausgeklammert werden. Leistungsbezogene Kostenteile zählen zum Leistungswert, im Beispiel auch die leistungsbezogenen Abschreibungsanteile.

Für die Bewertung der **Zusatzleistungen** fehlt eine eindeutige Bezugsgröße. Hier kön- 175
nen nur Schätzwerte herangezogen werden. Im Beispiel „EDV-Programm" kämen die Projektkosten in Betracht. Nach dem entwickelten **Alternativkonzept** wäre es besser, einen Wert anzusetzen, der beim Verkauf des Programms erzielt werden könnte. Richtschnur kann auch die „vermiedene Ausgabe" sein, weil man das EDV-System selbst entwickelte und nicht eingekauft hat.

Damit stellt sich die Abgrenzung der Leistungsarten doppelseitig dar: Sofern in den 176
Kosten Anteile enthalten sind, die wirtschaftliche Leistungspotenziale der Zukunft geschaffen haben, ist deren Wertumfang auch als Leistung auszuweisen. Dieser Gesichts-

punkt ist im **Behavioral Controlling** besonders vor dem Hintergrund der praxisüblichen kurzen Verweildauer von Managern bedeutsam (sog. **Job Rotation**). Wenn die Manager nur an kurzzeitigen Erfolgen gemessen werden, führt ein „Aktivierungsverbot" für immaterielle Leistungen ggf. zur Unterlassung von Zukunftsinvestitionen, weil deren positive Erfolgswirkungen erst dem Nachfolger im Verantwortungsbereich zugerechnet werden. Im Vergleich zum rechtlichen Jahresabschluss sind also genauere wirtschaftliche Leistungsabgrenzungen vorzunehmen.

5. Ergebnisanalyse mit Kennzahlen

5.1 Rentabilitäten

177 Mit dem Betriebsergebnis als Gewinn oder Verlust ist der wertmäßige Erfolg innerhalb eines Zeitraums bestimmt. Er wird herangezogen, um Planrealisierungen zu überprüfen und Veränderungen der Ergebnisse gegenüber früheren Perioden zu beurteilen (**Zeitvergleich**). Soweit entsprechende Informationen verfügbar sind, werden die Erfolge mit denen branchengleicher Betriebe verglichen (**Betriebsvergleich**) – beispielsweise auch im Hinblick auf die Daten des Branchenbesten (**Benchmarking**).

178 Nun kann ein bestimmter Betriebserfolg mit hohem oder niedrigem Kapitaleinsatz, hohem oder niedrigem Faktorverbrauch und auch über hohe oder niedrige Produkterlöse erzielt werden. Deshalb ist zur Beurteilung der Erfolgslage eine Relativierung von Gewinn oder Verlust sinnvoll. Dazu sollte der Bezug zu den Quellen seiner Entstehung gewählt werden. Die Analyse absoluter Werte wird durch die Kennzahlenanalyse ergänzt.

179 **Erfolgskennzahlen** sind verdichtete Informationen über Ergiebigkeiten der Unternehmenstätigkeit und von Leistungsteilbereichen. Dabei werden Erfolgsbeiträge aus speziellem Blickwinkel geordnet oder zusammengefasst und zu den Grundlagen ihrer Entstehung in Beziehung gesetzt.

180 Die Praxis beurteilt allgemein die Ergiebigkeit des Leistungsprozesses im Hinblick auf den relativen Anteil einer Kostenart an der Gesamtleistung. Die Gesamtleistung (volkswirtschaftlich: der Bruttoproduktionswert) umfasst Umsatzerlöse +/– Bestandsveränderungen + Eigenleistungen.

$$\textbf{Kostenanteil an der Gesamtleistung (\%)} = \frac{\text{Betrag einer Kostenart} \times 100}{\text{Gesamtleistung}}$$

181 **Zeit- und Betriebsvergleich der Kostenstruktur:**

	Betrieb, Abteilung		Vergleich	Differenz
	Betrag	Kostenanteil %	%	%
Personalkosten				
Materialkosten				
Anlagenkosten				
.....				
.....				
Sonstige Kosten				

Als Vergleichswerte dienen Daten der Vorperiode, Planzahlen für die abgeschlossene Periode oder Ergebnisse anderer Betriebe bzw. Abteilungen. 182

Im **Handelsbetrieb** steht die Erfolgsfähigkeit der Ware mit dem erzielten Wertauftrieb im Vordergrund von Analysen der Leistungsfaktoren. Der **Warenerfolg** ist die Differenz zwischen dem realisierten Umsatzerlös und dem entsprechenden Wareneinsatz. Die Praxis verwendet hierfür den Ausdruck **Rohertrag** bzw. **Rohgewinn**. Damit soll ausgedrückt werden, dass von diesem Betrag noch Kosten für Personaleinsatz, Raumnutzung, Werbung usw. abzuziehen sind, ehe von Gewinn (oder auch Verlust) gesprochen werden kann. 183

Um die Warenerfolge verschiedener Perioden und/oder Betriebe vergleichbar zu machen, ist der Bezug zu Umsatzerlösen (nach Abzug der Rücksendungen von Kunden) angebracht. Wieviel Prozent vom vereinbarten Umsatzerlös wurden tatsächlich als Warenerfolg erzielt? Für diese Kennziffer ist der Ausdruck **Handelsspanne** üblich: 184

$$\textbf{realisierte Handelsspanne}\ (\%) = \frac{(\text{Umsatzerlöse} - \text{Wareneinsatz}) \times 100}{\text{Umsatzerlöse}}$$

$$= \frac{\text{Rohertrag} \times 100}{\text{Umsatzerlöse}}$$

Die Handelsspanne ist als **Bruttoerfolgsspanne** Ausdruck für die Fähigkeit eines Handelsbetriebes, durch die eigenen Verkaufsanstrengungen den Wert bezogener Waren zu erhöhen. Sie dient zunächst dazu, die Handlungskosten (insbes. Personalkosten, Raumkosten) zu decken. Damit kann die Handelsspanne nur mittelbar zur Beurteilung der Erfolgslage herangezogen werden. 185

Bei der Beurteilung des Betriebserfolgs (Gewinn, Verlust) steht – wie bei der Analyse von Daten des externen Rechnungswesens – zunächst die Kontrolle der **Kapitalergiebigkeit** im Vordergrund. Da Entscheidungen zur Kapitalausstattung regelmäßig nicht in der Verantwortung der Betriebsleitung liegen, sondern Dispositionen der Unternehmensleitung sind, reduziert sich eine Analyse der Kapitalergiebigkeit auf die Rentabilität des Betriebskapitals. Sie ist ***grundsätzlich*** wie folgt zu ermitteln: 186

$$\textbf{Rentabilität des Betriebskapitals}\ (\%) = \frac{\text{Betriebsergebnis} \times 100}{\text{durchschnittliches Betriebskapital}}$$

Die Rentabilität des Betriebskapitals weist eine wesentliche Abweichung gegenüber Rentabilitätskennzahlen auf, die auf Daten der Finanzbuchführung aufbauen. Sie betrifft die Behandlung von Zinsaufwendungen bzw. Kapitalkosten: Die Finanzbuchführung weist Zinsaufwendungen dem neutralen Ergebnis zu – vor allem, weil nicht feststeht, ob es sich wirklich nur um betriebszweckbedingten Kapitaleinsatz handelt. Ein Betriebserfolg der Finanzbuchführung wird somit nicht durch Zinsen geschmälert. Er ist eine Vergütung für den gesamten Kapitaleinsatz und das unternehmerische Risiko (**EBIT**, Earnings Before Interest and Taxes). 187

Die Betriebsergebnisrechnung des internen Rechnungswesens erfasst dagegen kalkulatorische Zinsen als Kosten. Der vergleichsweise niedrigere Betriebserfolg ist eine **Risikoprämie**, die als „Übergewinn" über den Opportunitätsnutzen der betrieblichen Kapital- 188 verwendung hinausgeht. In dieser Weise folgen auch Analysen des externen Rechnungswesens nach dem EVA-Konzept altbekannten Praktiken des internen Rechnungswesens (EVA = Economic Value Added, trademark Stern Stewart & Co.)

189 Soll die Rentabilität des Betriebskapitals als **vollständige Kapitalrentabilität** ausgewiesen werden, sind dem ermittelten Betriebsergebnis die ergebnismindernden Kapitalkosten wieder hinzuzurechnen. Ausgangspunkt ist dann, wie bei der Analyse eines Betriebsergebnisses aus Daten der Finanzbuchführung, ein Betriebsergebnis vor Abzug der Kapitalkosten:

$$\textbf{vollständige Rentabilität des Betriebskapitals}\ (\%) = \frac{\text{Betriebsergebnis vor Kapitalkosten} \times 100}{\text{durchschnittliches Betriebskapital}}$$

190 Zum Ansatz des Betriebskapitals gibt es in der Praxis unterschiedliche Vorschläge und Verfahrensweisen. Einerseits kann die Kapitalergiebigkeit des gesamten noch eingesetzten Betriebskapitals gemessen werden. Das führt zum Ansatz der Anschaffungswerte der Vermögensgegenstände, vermindert um die kalkulatorischen, bereits zurückgeflossenen Abschreibungen (sog. **restgebundenes Kapital**).

191 Andererseits kann auch von Interesse sein, welche Verzinsung das vom Unternehmen selbst für betriebliche Zwecke bereitzustellende Kapital erfahren hat. In diesem Fall ist zinslos überlassenes Fremdkapital vom restgebundenen Kapital abzuziehen. Hierzu zählen Anzahlungen von Kunden und auch Verbindlichkeiten, soweit keine Vertragsbestandteile enthalten sind, die zu zinsähnlichen Wirkungen führen. Besteht keine Möglichkeit zum Skontoabzug, handelt es sich um zinsfreies Fremdkapital.

192 Eine noch engere Interpretation zur Rentabilität des Betriebskapitals wählen filialisierte Handelsbetriebe mit der Verzinsung des durchschnittlich im Warenbestand gebundenen Kapitals. Eine solche **Rentabilität des warengebundenen Kapitals** erfasst die Erfolgswirkung von Entscheidungen der Filialleiter, die sich im Hinblick auf den Kapitaleinsatz nicht auf die Ladenausstattung beziehen, sondern im Wesentlichen auf Warendispositionen beschränkt sind.

193 Die Praxis zerlegt die Rentabilität des Betriebskapitals, um **Erfolgsquellen** näher zu ergründen. Erfolgsfaktoren sind einerseits die Produkte (Artikel, Erzeugnisse) mit ihrer Erfolgsfähigkeit im Umsatzprozess. Andererseits ist es der dafür eingesetzte Kapitalbetrag.

Der Umsatzerfolg wird mit der Relation zwischen Betriebserfolg und Umsatzerlösen erfasst:

$$\textbf{Umsatzrentabilität}\ (\%) = \frac{\text{Betriebsergebnis vor Kapitalkosten} \times 100}{\text{Umsatzerlöse}}$$

194 Aus der Umsatzrentabilität lässt sich in Kenntnis des Kapitaleinsatzes, der zur Bewirkung der Umsatzleistung erforderlich war, wieder auf die vollständige Rentabilität des Betriebskapitals schließen:

Rentabilität des Betriebskapitals = Umsatzrentabilität × Kapitalumschlag

In Wissenschaft und Praxis sind vielfältige Interpretationen dieser Kennzahl zu finden. 195
Sie beziehen sich insbesondere auf die Abgrenzung des eingesetzten Kapitals (z. B. **ROCE**, Return on Capital Employed).

Die Firma DU PONT hat den Zusammenhang zwischen Umsatzrentabilität und Kapital- 196
umschlag erstmals mit der betriebsbezogenen Zerlegung des **ROI** (**Return on Investment**) vorgestellt.

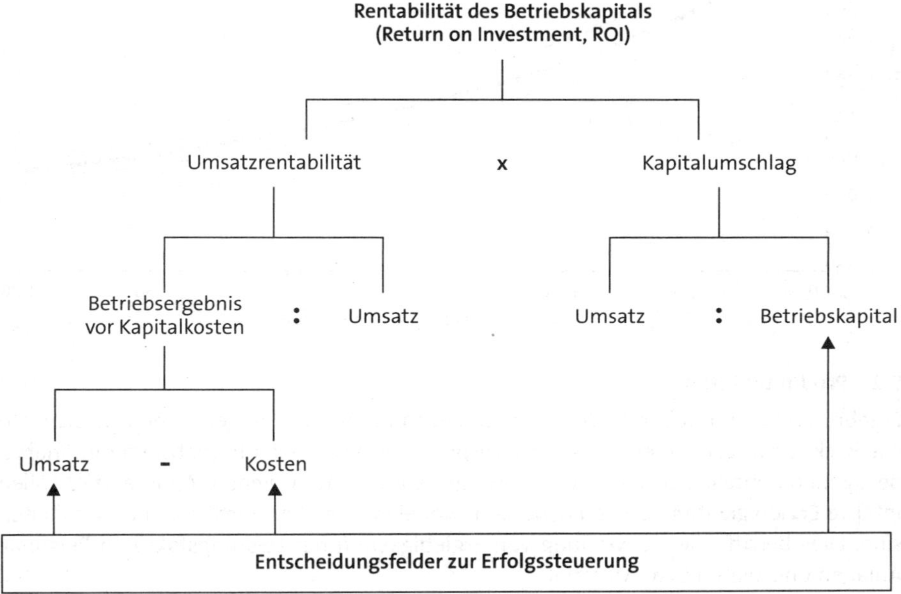

Bei Gütern mit niedriger Umsatzrentabilität führt ein hoher Kapitalumschlag zu einer 197
angemessenen Kapitalrentabilität – und umgekehrt. Die angestrebte Rentabilität kann durch Maßnahmen und Handlungen erhöht werden, die auf folgende Unterziele ausgerichtet sind:

- Erhöhung des Umsatzes,
- Verringerung der Kosten zur Erzielung der Umsatzleistung,
- Verringerung des Kapitaleinsatzes.

In der Controllingpraxis hat sich das ROI-Konzept über Jahrzehnte bewährt. Insbeson- 198
dere bei der vergleichenden Betrachtung der operativen Ergebnisse von Konzernbetrieben (z. B. der Automobilindustrie) lassen sich die Unterschiede in der Erfolgslage transparent machen. Bezogen auf eine angestrebte Kapitalrentabilität (z. B. 10 %) werden Betriebe (A, B, C) mit Unterschieden bei Umsatzrentabilität und Kapitalumschlag optisch aussagefähig positioniert (s. Übersicht auf der nächsten Seite).

199 **Der Zusammenhang zwischen Umsatzrentabilität und Kapitalumschlag**
(Beispiel: Zielrentabilität des Betriebskapitals = 10 %)

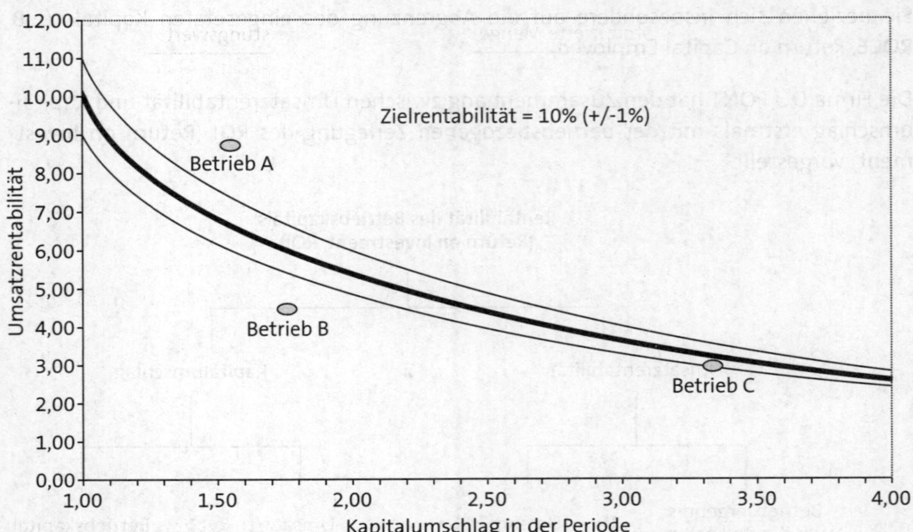

5.2 Produktivitäten

200 Ergebnisanalysen mit Daten des internen Rechnungswesens haben zwei unterschiedliche Blickrichtungen: Einerseits soll die Dispositionsleistung der Betriebsleiter im marktbezogenen Umfeld beurteilt werden, wozu Rentabilitäten dienen. Andererseits sollen **interne Ergiebigkeiten** gemessen werden, wobei externe Preiseinflüsse auszuschließen sind. Dies betrifft die Entwicklung von Ergiebigkeiten der Leistungsfaktoren Personal, Anlagen und Waren bzw. Material.

201 Interne Ergiebigkeiten unter Ausschluss marktbezogener Einflüsse werden über **Produktivitätskennzahlen** abgebildet. Sie stellen vorrangig die technische Effizienz dar.

$$\textbf{Produktivität}\text{ (allgemein)} = \frac{\text{output}}{\text{input}} = \frac{\text{Produktionsergebnis}}{\text{Faktorverbrauch}}$$

202 Produktivitäten sind generell mengenmäßige Ergiebigkeiten, wie sie sinnvoll in der Landwirtschaft als Flächenergiebigkeiten eines bestimmten Produkts, z. B. einer Getreidesorte, unter Einsatz von Saatgut, Düngemitteln, Arbeitszeit und technischem Gerät ermittelt werden. Im Industriebetrieb hat man es aber nicht mit jeweils nur einer Faktorqualität zu tun. Sobald verschiedene Materialien unter Einsatz von Mitarbeitern und Anlagen für unterschiedliche Produktarten verbraucht werden, sind die Güterarten über einen Bewertungsvorgang „gleichnamig", d. h. rechenbar zu machen:

$$\textbf{Materialproduktivität} = \frac{\text{produzierte Menge}}{\text{Materialverbrauch}} \quad \text{oder} \quad \frac{\text{Leistungswert}}{\text{Materialkosten}}$$

$$\textbf{Arbeitsproduktivität} = \frac{\text{produzierte Menge}}{\text{Arbeitseinsatz}} \quad \text{oder} \quad \frac{\text{Leistungswert}}{\text{Personalkosten}}$$

$$\textbf{Anlagenproduktivität} = \frac{\text{produzierte Menge}}{\text{Anlagenverbrauch}} \quad \text{oder} \quad \frac{\text{Leistungswert}}{\text{Abschreibungen}}$$

Sollen mit Produktivitäten **interne Ergiebigkeiten** gemessen werden, müssen **externe Einflüsse ausgeschaltet** werden. Dieses sind vor allem Änderungen der Beschaffungspreise von Einsatzfaktoren. Steigende Preise der Kostengüter führen bei Verbrauch derselben Menge zur Abbildung einer abnehmenden Produktivität, einer schlechteren Nutzung der Einsatzfaktoren im Vergleich zu Vorgabe- oder Vergleichswerten. Über die Bewertung der Kostengüter mit **Festpreisen**, die über mehrere Zeiträume hinweg konstant bleiben, lässt sich dagegen das Rechnungsziel erreichen, eine primär an Mengenrelationen ausgerichtete interne Ergiebigkeitskontrolle durchzuführen. 203

III. Bereichsrechnungen

1. Aufgabe der Erfolgsspaltung

Mit der **Betriebsergebnisrechnung** wird der **Gesamtverantwortungsbereich** der obersten Leitungsorgane erfasst. Für einen kleineren, überschaubaren Betrieb wird ein hinreichender Einblick in die Erfolgsquellen vermittelt. Dies gilt unter der Voraussetzung, dass die Verantwortung für die wichtigsten Teilbereiche des Leistungsprozesses (insbesondere die Personalplanung, die Sortimentsbildung und Preisstellung) bei der Unternehmensleitung liegt, die hier im Allgemeinen durch Eigentümer-Geschäftsführer vertreten wird. Dann wird mit den Daten des Gesamtbetriebs auch der Gesamtverantwortungsbereich der Unternehmensleitung abgebildet. 204

Verlässt ein Betrieb den überschaubaren Rahmen der traditionellen Einzelfirma, verlieren die Daten für den Gesamtbetrieb einen Großteil ihrer Lenkungsfunktion. Die Erfüllung der Gesamtaufgabe wird in Untergliederungen des Gesamtverantwortungsbereichs geleistet. Nach dem Prinzip der **Arbeitsteilung** und qualitativen Spezialisierung werden für gleichartige Verrichtungen jeweils besondere Organisationseinheiten eingerichtet. In **Bereichen**, **Abteilungen** oder ähnlich bezeichneten Verantwortungsbereichen werden unter der personellen Verantwortung der jeweiligen Leiter unterschiedliche Arbeitsausschnitte des gesamten Leistungsprozesses geplant und durchgeführt. Diese **Gliederung** kann nach produktbezogenen, funktionalen, räumlichen, sachlichen und personellen Gesichtspunkten erfolgen. 205

Die Bereichs- bzw. Abteilungsleiter erhalten **Zielvorgaben** für ihre Tätigkeit im Rahmen des betrieblichen Gesamtziels. Innerhalb dieser Zielvorgaben können sie Maßnahmen treffen und Handlungen durchführen. Die den Abteilungsleitern übertragene **Verantwortlichkeit zieht Kontrolle nach sich**. Das interne Rechnungswesen hat die Aufgabe, Daten zur Messung der Ergiebigkeit des Leistungsprozesses in den gebildeten Tätigkeitsfeldern bereitzustellen. Es bekommt dadurch die Funktion einer **Verhaltenssteuerung** der Entscheidungsträger. 206

2. Bereichsergebnisrechnung

2.1 Profit Center

207 Das Idealbild zur Abrechnung von betrieblichen Teilbereichen besteht darin, die einzelne Abteilung als selbständig abrechenbaren Teilbetrieb zu verstehen, dem Kosten und Leistungen zugerechnet werden. Fällt der jeweilige Leiter so weitreichende Entscheidungen, dass letztlich *er* über den Beitrag seiner Abteilung zum Gesamterfolg des Betriebs entscheidet, wird von einem **Profit Center** gesprochen. Der Betriebserfolg ergibt sich dann aus der Summe der Abteilungserfolge. Diese Erfolgsspaltung erscheint am einfachsten im Handelsbetrieb möglich zu sein:

Erfolgsspaltung im arbeitsteilig gegliederten Handelsbetrieb:

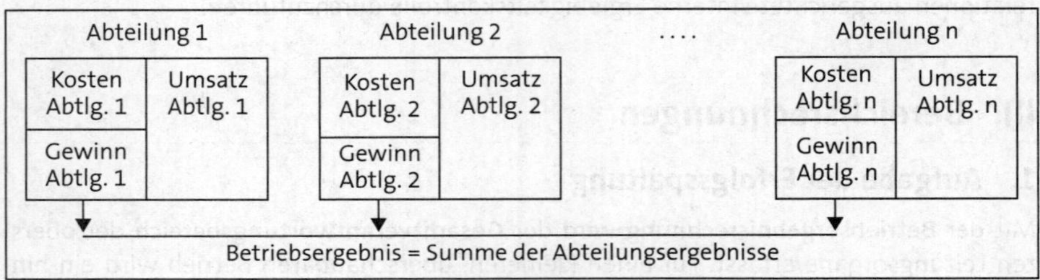

2.2 Zurechnung von Kosten und Leistungen

208 Mit der Aufteilung von Kosten und Leistungen auf einzelne Betriebsabteilungen soll die Erfolgsfähigkeit der Abteilungen abgebildet werden. Im Handelsbetrieb wird damit die Marktstärke der Produkte und die Wirksamkeit der Verkaufsanstrengungen durch das Abteilungspersonal gemessen. Es ist jedoch fraglich, ob sich aus den in der Praxis (nach obigem Muster) gewonnenen Kontrollgrößen wirklich zutreffende Rückschlüsse auf die Erfolgsfähigkeit eines der Abrechnungsbereiche ziehen lassen.

209 Die Vorbehalte gegen die Aussagefähigkeit von Abteilungsergebnisrechnungen betreffen weniger die Seite der Umsatzerlöse: Moderne EDV-Abrechnungssysteme machen eine genaue Zuordnung der Umsatzerlöse auf Abteilungen möglich.

210 In ihrer Tragweite größere Probleme bereitet die Zuordnung von Kosten auf Abteilungen. Soll die Dispositionsleistung der Abteilung gemessen werden, dürften ihr nur solche Kosten zugerechnet werden, die von ihr selbst verursacht wurden. Hierzu zählt im engsten Sinn nur der **Wareneinsatz**. Ist das Abteilungspersonal ausschließlich in dieser Abteilung tätig und hat der Abteilungsleiter die Möglichkeit, auf die Zahl und Auswahl der ihm zugeordneten Mitarbeiter Einfluss zu nehmen, können auch die **Kosten des Abteilungspersonals** zu den **Einzelkosten der Abteilung** gerechnet werden. Weil diese Kosten den Abrechnungseinheiten nach tatsächlichem Verbrauch direkt zugerechnet werden, spricht man auch von **direkten Kosten**.

211 Die Leistungsbereitschaft der Abteilungen wird nicht nur durch Faktoren herbeigeführt, die sich als Einzelkosten abrechnen lassen. Die Bereitstellung der Lager- und Verkaufs-

flächen, Werbung, Auslieferung, Erledigung von Verwaltungsarbeiten usw. sind erforderlich – aber im Umfang der dadurch anfallenden Kosten nicht von der einzelnen Abteilung selbst ursächlich bestimmt. Weil aber alle diese Kosten anfallen, um die Arbeitsfähigkeit vieler Abteilungen (gemeinsam) zu erhalten, müssen nach traditioneller Auffassung zur Betriebsabrechnung die Abteilungen **Gemeinkostenanteile** tragen. Diese **indirekte Kostenzuordnung** erfolgt über sog. **Verteilungsschlüssel**:

Zurechnung von Gemeinkosten:

$$\text{Anteil einer Abteilung an einer Gemeinkostenart} = \frac{\text{Gemeinkosten}}{\Sigma\ \text{Schlüsselgröße}} \times \text{Schlüsselanteil der Abteilung}$$

$$\text{z. B.} = \frac{\text{Gemeinkosten}}{\text{Gesamtumsatz}} \times \text{Umsatz der Abteilung}$$

Zurechnungsmöglichkeiten für Gemeinkosten: 212

Verteilung / Schlüssel	nach Mengengrößen	nach Wertgrößen
Bestandsgrößen	Zahl der Mitarbeiter Zahl der Kunden Zahl der Lieferanten Zahl der Produktarten Raumgrößen (qm, cbm) Zahl der Heizkörper Zahl der Fahrzeuge ...	Anlagevermögen Umlaufvermögen Forderungsbestand Warenbestand ...
Bewegungsgrößen	Arbeitsstunden Verkaufsvorgänge Bestellvorgänge Absatzmenge Verbrauchseinheiten Fahrkilometer Arbeitsgänge ...	Personalkosten Umsatzerlöse Wareneinsatz ...

Die zu wählenden Verteilungsschlüssel sollen so weit wie möglich dem Grundsatz der 213
Kostenverursachung entsprechen. Dort, wo ein Ursache-Kosten-Zusammenhang feststellbar ist, sollte durch geeignete Messverfahren der Anteil der Abteilungen an der jeweiligen Kostenart bestimmt werden. Grenzen findet die Verfeinerung von Zurechnungsverfahren dort, wo die **Informationskosten** stärker steigen als der **Informationsvorteil** aus dem gewählten Abrechnungsweg.

2.3 Leistungskontrolle nach Verantwortlichkeit

2.3.1 Probleme der Gemeinkostenzurechnung

Die Probleme bei der Zurechnung von Gemeinkosten wachsen mit der Unternehmens- 214
größe und den sich daraus ergebenden Organisationsstrukturen. Ehemals in den Abtei-

lungen ausgeführte Arbeiten werden von **Zentralabteilungen** wahrgenommen (z. B. Zentraleinkauf). Damit verringern sich Verhandlungskompetenz und Einzelkosten in den Abteilungen. Zugleich verlagern sich Kosten in den 'Überbau' (amerikanisch: **overhead costs**). Bei einem offensichtlichen Missverhältnis zwischen der direkten Kostenverursachung und der Kostenzurechnung sollte vom Ziel einer vollständigen Erfolgsspaltung Abschied genommen und ein nach Verantwortlichkeiten abgestuftes Abrechnungssystem entwickelt werden.

2.3.2 Von der Vollkostenrechnung zur Teilkostenrechnung

215 Verfahren der Kosten(zu)rechnung können unterschieden werden im Hinblick auf den Umfang an Kosten, der einer Abrechnungseinheit (hier: Abteilung) zugerechnet wird. Sollen alle im Betrieb entstandenen Kosten auch 'irgendwie' den Abteilungen zugerechnet werden, kann von einer **Vollkostenrechnung** gesprochen werden. Die dabei entstehenden Zurechnungsprobleme wurden bereits angesprochen.

216 Die Ergebnisse von Vollkostenrechnungen sind trotz dieser Mängel aber nicht unbrauchbar. Bei Anwendung derselben Verteilungsschlüssel lassen sich im Zeitvergleich nutzbare Aussagen zur Erfolgsveränderung treffen. Dann treten die absoluten Beträge hinter die **Analyse von Kostenänderungen** zurück. Aber auch hier muss grundsätzlich davor gewarnt werden, aus dem Vergleich von Falschem mit Falschem richtige Entscheidungshilfen des Controlling zu erwarten.

217 Ein Weg zur Verbesserung der Vollkostenrechnungen kann darin liegen, Zurechnungsverfahren zu entwickeln, die so weit wie möglich die Kostenverursachung berücksichtigen. Das Ergebnis wird aber immer unbefriedigend bleiben, weil für viele Kosten ein Ursache-Kosten-Zusammenhang nicht festgestellt werden kann. Das gilt nicht nur für Kosten der allgemeinen Verwaltung. Selbst Werbekosten lassen sich nur ungenügend in ihrer Wirkung messen – und entsprechend den Verkaufsabteilungen zurechnen.

218 Dort, wo das **Zurechnungsproblem für Gemeinkosten** letztlich nicht für alle Beteiligten zufriedenstellend gelöst werden kann, sollte man auf die Zurechnung ganz verzichten. Kosten werden nur dort erfasst und kontrolliert, wo sie durch die Entscheidungen von Personen entstehen. So gesehen entstehen in den Verkaufsabteilungen direkt nur die Kosten für den Wareneinsatz und das Abteilungspersonal. Alle anderen Handlungskosten werden in der Regel in ihrem Umfang von anderen Entscheidungsträgern bestimmt oder doch zumindest mitbestimmt. Deshalb ist es nur folgerichtig, im **Controlling von Leistungsteilbereichen** den Abteilungserfolg nicht mit Anteilen fremdbestimmter Kosten zu belasten, sondern zunächst einen Erfolg auszuweisen, der allein aus den Entscheidungen in der Verkaufsabteilung entsteht.

219 **Der Deckungsbeitrag als Abteilungserfolg:**

	Umsatzerlöse der Abteilung
–	Einzelkosten der Abteilung
=	Deckungsbeitrag der Abteilung

220 Mit dem Ausdruck **Deckungsbeitrag** wird anschaulich umschrieben, dass diese Größe **noch nicht Gewinn** ist, sondern zunächst ein Betrag, den die einzelne Abteilung zur De-

ckung solcher Kosten beisteuert, die für die Leistungsbereitschaft mehrerer Abteilungen angefallen sind. Erst wenn die Summe der Deckungsbeiträge aller Abteilungen größer ist als diese restlichen Betriebskosten, wird im Betrieb Gewinn erwirtschaftet. Damit entstehen Stufen bei der Ermittlung des Betriebserfolgs:

Stufen der Erfolgsentstehung im Handelsbetrieb: 221

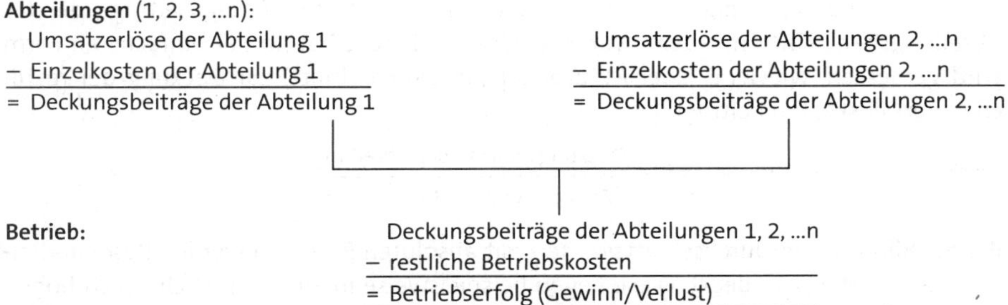

Im Gegensatz zur Ermittlung von Abteilungsergebnissen nach dem Vollkostenkonzept 222
handelt es sich hier um **Teilkostenkonzeptionen**. Den Abteilungen werden nur solche Teile der Gesamtkosten zugerechnet, die durch Abteilungsentscheidungen beeinflusst werden können. Daraus ist zu folgern, dass die Abteilungen auch zunächst einmal mindestens ihre Einzelkosten für Wareneinsatz und Abteilungspersonal decken müssen. Das sollte in der Praxis auch regelmäßig der Fall sein. Normalfall sind also Abteilungsrechnungen, in denen es keinen negativen Deckungsbeitrag gibt – für den es sonst zur sprachlichen Klarheit auch einen anderen Begriff geben müsste.

2.3.3 Ergebnisanalysen mit Deckungsbeiträgen

(1) Abteilungsergebnis: Ist der Deckungsbeitrag einer Abteilung Null, deckt diese Abtei- 223
lung nur ihre direkt zurechenbaren eigenen Kosten. Sie hat aber auch Güter bereitgestellt bekommen, um ihre Arbeit verrichten zu können (Verkaufsfläche, Lager, Verwaltungsarbeiten, Werbung, ...). Hierfür sind im Betrieb weitere Kosten angefallen. Wird kein positiver Deckungsbeitrag in den Abteilungen erzielt, entsteht ein Betriebsverlust in Höhe dieser restlichen Betriebskosten. Somit kann man einen bestimmten Deckungsbeitrag auch erklären als den Betrag, um den sich die betriebliche Erfolgslage durch die Tätigkeiten eines Bereichs verbessert. An die Stelle des Gewinnziels tritt nunmehr das Bestreben, die Deckungsbeitragssumme aller Abteilungen zu maximieren. Ebenso, wie ein Gewinn nur im Vergleich zu den Grundlagen seiner Entstehung richtig beurteilt und verglichen werden kann, sind auch die Deckungsbeiträge von Abteilungen zu relativieren. Sie werden zu den Faktoren ihrer Entstehung in Beziehung gesetzt. Diese Faktoren sind der Warenverkauf, der Einsatz von Personal, Raum, Werbung, Lieferservice usw. Die umfassendste Kennzahl bildet die Fähigkeit einer Abteilung ab, mit ihrer Verkaufsleistung Deckungsbeiträge zu erwirtschaften. Wenn dieses Verhältnis als Prozentwert ausgedrückt wird, handelt es sich um die Deckungsquote einer Abteilung. Sie sagt aus, wieviel Prozent vom Umsatz zur Deckung solcher Kosten zur Verfügung gestellt werden, die nicht dieser Abteilung direkt zugerechnet wurden:

$$\text{Deckungsquote der Abteilung \%} = \frac{\text{Deckungsbeitrag der Abteilung} \times 100}{\text{Umsatzerlöse der Abteilung}}$$

224 **(2) Mitarbeiterergebnis:** Neben die Analyse der Erfolgswirkung von Waren tritt die Beurteilung des Personaleinsatzes. Zuweilen wird hierzu der Umsatz je Mitarbeiter herangezogen. Aus Umsatz kann aber noch nicht auf eine positive Erfolgswirkung geschlossen werden. Aussagefähiger ist die Untersuchung tatsächlicher Erfolgsbeiträge, die das Abteilungspersonal – mit dem Warenverkauf – erbracht hat. In der einfachsten Form wird gemessen, wieviel € jeder Mitarbeiter (im Durchschnitt) zur Deckung der restlichen Betriebskosten beiträgt:

$$\text{Deckungsbeitrag je Mitarbeiter €} = \frac{\text{Deckungsbeitrag der Abteilung}}{\text{Zahl der Vollzeit-Mitarbeiter}}$$

225 Bei der Bildung von Durchschnittswerten mit absoluten Beträgen werden Besonderheiten des Einzelfalls verdeckt. Diese liegen beispielsweise in einer unterschiedlich hohen Vergütung der Mitarbeiter, die durch Abweichungen bei den erforderlichen Fachkenntnissen entstehen kann. Zum Vergleich der Personalleistung verschiedener Abteilungen ist deshalb die Relativierung des Deckungsbeitrags der Abteilung mit den Personalkosten angebracht:

$$\text{Deckungsquote der Personalkosten \%} = \frac{\text{Deckungsbeitrag der Abteilung} \times 100}{\text{Personalkosten der Abteilung}}$$

226 **(3) Flächenergebnis:** Die **Verkaufsfläche** stellt im Handelsbetrieb einen wesentlichen Kosten- und Leistungsfaktor dar. Im Allgemeinen ist sie durch bauliche Gegebenheiten nicht kurzfristig veränderbar. Deshalb sind hier – im Gegensatz etwa zum Personalbestand – keine Leistungsanpassungen möglich. Allenfalls können relativ kurzfristig Veränderungen in der Raumzuweisung an Verkaufsabteilungen erfolgen. Hierfür müssen Entscheidungsgrundlagen vorliegen. Die Verkaufsfläche begrenzt die Möglichkeiten zur Produktpräsentation. Deshalb muss kontrolliert werden, wie erfolgreich die Verkaufsabteilungen den **Engpass Verkaufsfläche** nutzen. Aus den oben schon angesprochenen Gründen bestehen Vorbehalte gegen eine Kennziffer 'Umsatz je Quadratmeter'. Eine aussagefähigere Kontrollgröße ist der Deckungsbeitrag je Quadratmeter Verkaufsfläche:

$$\text{Deckungsbeitrag je m}^2\text{ Verkaufsfläche €} = \frac{\text{Deckungsbeitrag der Abteilung}}{\text{m}^2\text{ Verkaufsfläche}}$$

3. Kostenstellenrechnung

3.1 Probleme der Erfolgsspaltung

227 Die Aussagen, die im vorangegangenen Abschnitt für Bereichsergebnisrechnungen in Handelsbetrieben getroffen wurden, sind nur dann auf andere Wirtschaftszweige übertragbar, wenn auch dort die Abrechnungsbereiche einen direkten Marktbezug aufweisen. Nur dann können Bereichserlöse direkt zugeordnet werden. Diese Voraussetzung liegt in der Regel in Industriebetrieben nicht vor. Ursache hierfür ist der andersgeartete Leistungsprozess. Im Handelsbetrieb erbringen die Abteilungen jeweils marktfähige

Leistungen. Im Industriebetrieb dagegen erbringt nur der Gesamtbetrieb eine solche absatzfähige Leistung, das jeweilige Fertigerzeugnis. Dieses Produkt entsteht aus den abgestimmten Leistungsprozessen vieler Teilbereiche. Zur Planung und Steuerung sind Informationen über wertmäßige Relationen des Leistungsprozesses erforderlich. Wenn aber das Leistungsergebnis aller Arbeitsbereiche letztlich nur über die Vermarktung der Gesamtleistung durch eine Verkaufsabteilung sichtbar wird, fehlt eine Messgröße zur verursachungsgerechten Erfassung des Leistungsbeitrags jedes Abrechnungsbereichs: Im Industriebetrieb ist eine aussagefähige Aufteilung des Gesamterlöses in Erlösanteile von Abrechnungsbereichen sinnvoll nicht durchführbar (vgl. ausführlich H. K. Weber, 1978, S. 191).

3.2 Bildung von Kostenstellen

Die bereichsbezogene Erfolgsrechnung steht im Industriebetrieb vor dem Problem einer willkürfreien Zuordnung von Kosten und Leistungen auf die gebildeten Abrechnungsbereiche. Vom Betriebszweck her gesehen erbringen diese Bereiche keine selbständig verwertbaren Leistungen. Deshalb beschränken sich Bereichsanalysen im Industriebetrieb zumeist auf die Kostenseite. Die Bereichsrechnung der sog. **cost center** wird eingeengt auf die **Kostenstellenrechnung**. 228

Gliederungskriterien für Kostenstellen: 229

- funktionale Gesichtspunkte
- personelle Aufgabenzuordnung
- örtliche und räumliche Aufgabenerfüllung

Allgemein üblich ist die Gliederung nach den Funktionsbereichen **Beschaffung, Fertigung, Verwaltung** und **Vertrieb**, die insbesondere im Fertigungsbereich weitere Untergliederungen erfährt, die bis hin zur **Platzkostenrechnung** reichen können. 230

Der Rechnungsablauf zur Ermittlung der **Stellenkosten** kann mit der bereits dargestellten Ermittlung von Bereichskosten im Handelsbetrieb verglichen werden. Nach der Art der Kostenzurechnung werden unterschieden: 231

- **Stelleneinzelkosten**, die auf der Grundlage von Messeinrichtungen recht genau bestimmbar sind (lt. Lohn- und Gehaltslisten, Anlagenkartei, Belege, Stromzähler, Wasseruhr, ...). Sie sind den Abrechnungsbereichen verursachungsgerecht zuzurechnen.
- **Stellengemeinkosten**, die als Anteil eines für mehrere Kostenstellen angefallenen Gesamtbetrags nach möglichst verursachungsgerechten Verbrauchsannahmen verrechnet werden. Zur Wahl der Verteilungsschlüssel vgl. die Ausführungen unter Rdn. 161.

Zum Begriffsverständnis eine Anmerkung: Die Bezeichnungen Einzelkosten und Gemeinkosten sind begrifflich immer auf das jeweilige Abrechnungsobjekt bezogen. So sind Stelleneinzelkosten häufig Stückgemeinkosten: beispielsweise lassen sich Gehälter des Stellenpersonals nicht verursachungsgerecht den Stücken zuordnen. 232

3.3 Betriebsabrechnungsbogen und innerbetriebliche Leistungsverrechnung

Als Abrechnungsmuster zur Kostenstellenrechnung dient im Allgemeinen der **Betriebsabrechnungsbogen** (BAB). Wenngleich er häufig nur als Vorstufe der Stückkalkulation benutzt wird, indem er zur Abrechnung von Stückgemeinkosten dient, wird er hier zu- 233 nächst verstanden als selbständige Kostenstellen-Gesamtrechnung. Rechnungszweck ist die Überwachung der gesamten wertmäßigen Ergebnisse in Leistungsteilbereichen.

234 Im Industriebetrieb werden nicht nur Kostenstellen gebildet, die mit Herstellung und Verkauf marktfähiger Produkte befasst sind (sog. **Hauptkostenstellen**). Daneben gibt es auch Betriebsteile, deren Aufgabe die Sicherstellung der Leistungsbereitschaft anderer Kostenstellen ist. Hierzu zählen z. B. Fuhrpark, Kantine, Reparatur, Kraftwerk. Da es für deren Leistungsbeiträge zumeist die Möglichkeit des Fremdbezugs gibt, ist hier – neben dem Soll-Ist-Kostenvergleich – auch ein Vergleich mit den Preisforderungen der Fremdanbieter angebracht (**make or buy**). Diese Stellen werden zur Abgrenzung von den Hauptkostenstellen allgemein als **Hilfskostenstellen** bezeichnet. Leisten diese Stellen an (fast) alle anderen Betriebsteile, wird auch von **allgemeinen Kostenstellen** gesprochen. Es ist auch üblich, sie als **Vorkostenstellen** für die Leistungsbereitschaft von **Endkostenstellen** anzusehen. Hier soll dem einfachsten Ausdruck **Hilfsstellen** der Vorzug gegeben werden.

235 Für die Abrechnung von Hilfs- und Hauptstellen ist der Betriebsabrechnungsbogen zu erweitern um

- Spalten für die Aufnahme auch der Kosten von Hilfsstellen. Im ersten Abrechnungsschritt werden die Beträge aus der Betriebsergebnisrechnung an die Stelle des ursprünglichen Verbrauchs gebracht (sog. **primäre Kostenverteilung**). Hilfs- und Hauptstellen erhalten Kostenanteile direkt als Stelleneinzelkosten und indirekt als Stellengemeinkosten zugerechnet.
- Zeilen für die Umlage der Hilfsstellenkosten auf Stellen, die Hilfsstellenleistungen in Anspruch genommen haben. Hierbei handelt es sich dann um die sog. **sekundäre Kostenverteilung** oder innerbetriebliche Leistungsverrechnung, die wegen der stattfindenden Rechenabläufe eigentlich innerbetriebliche Kostenverrechnung heißen müsste (vgl. H. K. Weber, 1991, S. 84).

Kostenverteilung im Betriebsabrechnungsbogen (BAB)					
Kostenstellen / **Kostenarten**	Hilfsstelle (h)	Hauptstelle Material	Fertigung	Verwaltung	Vertrieb
Primäre Verteilung					
Materialkosten $K_{(1)}$ →	$k_{(1)}$ →	$k_{(1)}$ →	→	→	$k_{(1)}$
Personalkosten $K_{(2)}$ →	$k_{(2)}$ →	$k_{(2)}$ →	→	→	$k_{(2)}$
.... $K_{(n)}$ →	$k_{(n)}$ →	$k_{(n)}$ →	→	→	$k_{(n)}$
Sekundäre Verteilung	$\Sigma = K_{(h)}$ →	verteilt nach Verbrauch in Hauptstellen			
Hauptstellenkosten		K_{Ma}	K_{Fe}	K_{Vw}	K_{Vt}

236 Die **Verteilung der Hilfsstellenkosten** kann nach verschiedenen Verfahren erfolgen:

- **Block-** oder **Anbauverfahren:** Die Hilfsstellenkosten werden in einem Arbeitsschritt (nur) auf die Hauptkostenstellen verteilt. Ein Leistungsbezug zu anderen Hilfsstellen besteht nicht oder wird nicht berücksichtigt.
- **Treppen-** oder **Stufenleiterverfahren:** Die Berücksichtigung der Leistungsbeziehungen zwischen Hilfsstellen erfolgt in der Weise, dass Leistungen empfangende Hilfsstellen im Abrechnungsgang nachgeordnet werden und entsprechend Hilfsstellenkosten angelastet bekommen – selbst aber an vorgelagerte Hilfsstellen keine Kosten übertragen können (sog. Einbahnstraßensystem).

- **Stellenausgleichsverfahren** (Gleichungsverfahren, math. Verfahren): Tauschen Hilfsstellen Leistungen aus, müssen auch die entsprechenden Kosten zugerechnet werden. Da der Kostenbetrag einer Hilfsstellenleistung nur unter Berücksichtigung von Kosten der anderen Hilfsstelle ermittelt werden kann, ist der Aufbau eines Gleichungssystems erforderlich. In **einem** Abrechnungsgang werden dann die Kosten jeder Einheit von Hilfsstellenleistungen ermittelt, beispielsweise von den Hilfsstellen h_a und h_b:

$$\text{Kosten je Leistungseinheit } h_a = \frac{\text{Kosten } h_a \text{ aus primärer Verteilung} + \text{Kosten durch Leistungsempfang von der Hilfsstelle b}}{\text{Gesamtzahl Leistungseinheiten der Hilfsstelle } h_a}$$

Abhängig von der Anzahl der Hilfsstellen ergibt sich die Zahl von Gleichungen, mit denen die Stückkosten der jeweiligen Hilfsstellenleistungen ermittelt werden. Im Zeichen verbreiteter elektronischer Abrechnungssysteme sollten die mathematischen Probleme nicht mehr als Grund für die Wahl des einfacheren aber ungenaueren Treppenverfahrens genannt werden können. 237

(Zu Einzelproblemen der Kostenstellenrechnung vgl. insbes. Eisele, S. 523; Zimmermann, S. 77 ff.)

IV. Kostenträgerrechnung

1. Aufgaben und Grundprobleme der Stückkostenrechnung

Der Ursprung aller Interessen an Kosteninformationen liegt in der Vermittlung von Stückkostenbeträgen. Die Praxis sah „in der Stückkostenrechnung im Wesentlichen eine Selbstkostenrechnung" (Schmalenbach, 1931, S. 74) als Entscheidungshilfe bei der Preisstellung. 238

Frühzeitig wurden aber auch umfangreichere **Aufgabenstellungen für Stückkostenrechnungen** genannt, die noch heute als Rahmen für eine Gliederung des **Kostenträger-Controllings** herangezogen werden können (vgl. F. Schmidt, S. 1477 f.): 239

- Entscheidungshilfe zur Preisbildung
- Stückerfolge in Vor- und Nachkalkulation
- Interne Verrechnungspreise für Leistungen zwischen Kostenstellen
- Kostenvergleich bei unterschiedlichen Fertigungsverfahren
- Kostenvergleich für die Alternative Fremdbezug (make or buy)
- Aktivierungsbeträge für selbst erstellte Vermögensgegenstände

Diese – sicherlich unvollständig aufgeführte – Vielfalt an Aufgabenstellungen zeigt, dass es nicht *die* Stückkosten gibt, sondern dass hier je nach Rechnungszweck ein **unterschiedlicher Ermittlungsumfang** vorliegt. Er wird einerseits bestimmt durch rechtliche Zwänge bei der Ermittlung von Bilanzwerten (HGB: Pagatorische Kosten) oder den frei zu gestaltenden Kosteninformationen für interne Zwecke. Andererseits ist der Kostenumfang je nach Rechnungszweck unterschiedlich groß mit Voll- oder Teilkostenbeträgen. 240

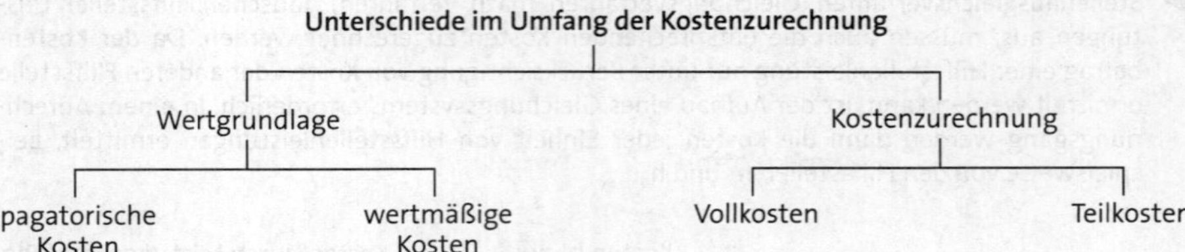

241 Die Stückzurechnung von Kosten ist unproblematisch, wenn es sich um ein homogenes Gut handelt, das in beliebigen Stückzahlen hergestellt wird. Dann sind recht genaue Unterscheidungen zwischen **Bereitschaftskosten** und stückzahlabhängigen **Leistungskosten** möglich, die für unterschiedliche Entscheidungen auch stückbezogen unterschiedlich berücksichtigt werden können.

242 Mit dem Übergang auf ein differenziertes Leistungsprogramm gestaltet sich auch die Stückzurechnung von Gesamtkosten schwieriger. Nur für die wirklich **stückvariablen Kosten** kann bei entsprechendem Einsatz an Informationstechnologie auch der genaue Betrag der **Einzelkosten** ermittelt werden. Dieser Anteil an den Gesamtkosten ist aber immer kleiner geworden: Veränderungen in der Vergütung von Mitarbeitern (Rückgang stückbezogener Leistungsentlohnung), Ersatz menschlicher Arbeit durch Maschinen, Anwachsen der indirekten Leistungsbereiche (overhead) führen zu einer Erhöhung des relativen Anteils der Gemeinkosten an den Gesamtkosten. Indem der Stückbezug der Kostenverursachung immer kleiner wird, wächst das **Problem der Gemeinkostenzurechnung** auf Stücke. Daraus kann man als Folgerung ableiten,

- auf die Zurechnung von Gemeinkosten zu verzichten, vor allem dort, wo es sich um Fixkosten handelt, die in ihrer Höhe für eine Planperiode festliegen und deshalb nicht mehr entscheidungsrelevant sind,
- zu berücksichtigen, dass für Entscheidungsalternativen Unterschiede in der Beanspruchung des Fixkostenblocks vorhanden sind (z. B. unterschiedliche Bearbeitungszeiten auf Maschinen), die bei der Sortimentsplanung von Bedeutung sind oder
- letztlich doch eine vollständige Stückzurechnung vorzunehmen, um in der mittel- bis langfristigen Betrachtung Stückerfolge planen und kontrollieren zu können.

243 Um je nach Informationsauftrag, d. h. für spezielle Entscheidungen, auch auf die Entscheidung abgestimmte Kosteninformationen zu liefern, werden unterschiedliche Rechnungssysteme, sog. **Kalkulationsverfahren**, eingesetzt. Die im folgenden vorzustellenden Kalkulationsverfahren sollen in ihrer betragsmäßigen Auswirkung an einem durchgehenden, einfachen Beispiel veranschaulicht werden. Dessen Ausgangsdaten sind wie folgt festgelegt:

BEISPIEL: In einem Unternehmen werden für eine abgeschlossene Periode Gesamtkosten in Höhe von 1 800 000 € ermittelt. Abhängig vom Leistungsumfang sind unterschiedliche Verfahren der Stückkostenrechnung anzuwenden.

2. Vollkostenkalkulationen im Industriebetrieb

2.1 Divisionskalkulationen

2.1.1 Einstufige Divisionskalkulation

Handelt es sich um die **Massenfertigung** nur einer Produktart, die zudem in der Periode vollständig verkauft werden konnte, ergeben sich die Stückselbstkosten der Produktart x als Ergebnis eines einzelnen Divisionsvorgangs: 244

Einstufige Divisionskalkulation:

$$\text{Stückkosten der Produktart x} = \frac{\text{Gesamtkosten im Kontrollzeitraum}}{\text{hergestellte und abgesetzte Stücke x}}$$

BEISPIEL: Herstellung und Absatz von 2 000 Stücken x; Gesamtkosten 1 800 000 €;

$$\text{Stückkosten der Produktart x} = \frac{1\,800\,000}{2\,000} = \underline{\underline{900\ €}}$$

Der Aussagewert dieser Kosteninformation ist begrenzt. So kann beispielsweise nicht gesagt werden, dass sich die Gesamtkosten in Höhe des Stückkostenbetrages ändern, wenn ein Stück mehr oder weniger produziert und abgesetzt wird. Für eine solche Aussage müsste Kenntnis über das Änderungsverhalten der Gesamtkosten bestehen, die ja nur zu einem Teil von der Ausbringungsmenge abhängen. Auch kann nicht gesagt werden, dass jedes Stück zu diesen Stückkosten geführt hat, weil mit jeder Mengenänderung auch der Fixkostenanteil je Stück verändert wird (vgl. Rdn. 71 ff.). Die ermittelten Stückkosten stellen einen **Durchschnittswert** dar, der nur für die der Berechnung zugrundeliegende Menge gilt. 245

2.1.2 Mehrstufige Divisionskalkulationen

(1) Bereichsdivisionskalkulation: Werden in einer Periode von den hergestellten Stücken nicht alle verkauft, ist für die Stückkostenermittlung eine Aufteilung der Gesamtkosten auf die Bereiche Herstellung und Vertrieb erforderlich. Die **Herstellungskosten** umfassen Material-, Fertigungs- und Verwaltungskosten. Die **Vertriebskosten** müssen nur den verkauften Stücken zugerechnet werden, denn für die Lagerproduktion haben die Verkaufsbemühungen noch nicht zum Erfolg geführt: 246

Bereichsdivisionskalkulation:

$$\text{Stückkosten der verkauften Produkte} = \frac{\text{Gesamtkosten Herstellung}}{\text{hergestellte Stücke x}} + \frac{\text{Vertriebskosten}}{\text{abgesetzte Stücke x}}$$

BEISPIEL: Von 2 000 produzierten Stücken konnten nur 1 800 verkauft werden. Von den Gesamtkosten (1 800 000 €) entfallen 180 000 € auf den Vertriebsbereich.

$$\text{Stückkosten der verkauften Produkte x} = \frac{1\,620\,000}{2\,000} + \frac{180\,000}{1\,800}$$

$$= 810 + 100 = \underline{\underline{910\ €}}$$

247 Die Trennung von Herstellungs- und Vertriebsbereich ist nicht nur für die Stückkostenermittlung von Belang. Vielmehr wird sie auch für die Bilanzrechnung von Bedeutung, wenn es um die **Ermittlung von Aktivierungsbeträgen** für selbst erstellte Vermögensgegenstände geht. Hierfür hat die Kostenrechnung eine Hilfsfunktion zu übernehmen. Da Vertriebskosten von einer Aktivierung ausgeschlossen sind, bilden volle Herstellungskosten die Wertobergrenze gem. § 255 Abs. 2 HGB. Die Übernahme von Herstellungskosten der Kostenrechnung für Zwecke der externen Rechnungslegung kommt allerdings nur in Betracht, sofern ausschließlich pagatorische Werte verarbeitet wurden (vgl. ausführlich 1. Kap. D. II. 2 und 2. Kap. F. III. 4.3 dieses Handbuchs). In der Praxis bedeutet dies, für interne und externe Zwecke den Ermittlungsauftrag 'Herstellungskosten' unterschiedlich ausführen zu müssen; einerseits für die Finanzbuchführung auf der Grundlage pagatorischer Werte, anderseits für interne Informationszwecke unter Verwendung des wertbezogenen Kostenbegriffs.

248 **(2) Stufendivisionskalkulation:** Im mehrstufigen Produktionsprozess treten zeitweilig unterschiedliche Bearbeitungsmengen in den einzelnen Stufen auf: Ein Bereich arbeitet 'auf Vorrat'; es entsteht ein Zwischenlager der halbfertigen Produkte. Treten im Rechnungszeitpunkt unterschiedliche Bearbeitungsmengen in den Fertigungsstufen I, II, …, n auf, sind für jede Fertigungsstufe isoliert die Stufenkosten $K_I, K_{II}, \ldots, K_n$ zu ermitteln, die bei einfachster Abrechnung auch Anteile an den Verwaltungskosten enthalten. Die **Stufenkosten** sind anschließend auf die jeweiligen Stücke $x_I, x_{II}, \ldots, x_n$ aufzuteilen. Die Stückkosten der Herstellung ergeben sich dann aus der Summe der Stufen-Stückkosten $k_I, k_{II}, \ldots, k_n$. Sie sind für verkaufte Stücke um die Anteile an den Vertriebskosten zu ergänzen. Dasselbe Verfahren ist anzuwenden, wenn Produktarten der Serienfertigung unterschiedliche Ausstattungen aufweisen (Fahrzeuge, Fernsehgeräte, Computer, …). Dann sind die Stückkosten der Grundstufe um die Stückkosten der Veredelungsstufen zu ergänzen.

249 **Stufendivisionskalkulation:**

$$\text{Stückkosten verkaufter Produkte x} = \frac{K_I}{x_I} + \frac{K_{II}}{x_{II}} + \ldots \frac{K_n}{x_n} + \frac{\text{Vertriebskosten}}{\text{abgesetzte Stücke x}}$$

BEISPIEL: In der Fertigungsstufe I wurden 2 100 x bearbeitet, in der Fertigungsstufe II wurden 2 000 x zur Marktreife geführt. Verkauft wurden nur 1 800 Stücke. Von den Gesamtkosten (1 800 000 €) entfallen 1 218 000 € auf die Fertigungsstufe I, 402 000 € auf die Fertigungsstufe II und 180 000 € auf den Vertriebsbereich.

$$\text{Stückkosten der verkauften Produkte x} = \frac{1\,218\,000}{2\,100} + \frac{402\,000}{2\,000} + \frac{180\,000}{1\,800}$$

$$= 580 + 201 + 100 = \underline{\underline{881\,€}}$$

2.2 Äquivalenzziffernkalkulation

250 Eine Sonderstellung in der Literatur zur Kostenrechnung nehmen seit Jahren bestimmte Produkte der **Sortenfertigung** ein. Dabei handelt es sich um artgleiche Produkte, die in unterschiedlichen Ausführungen eines Grundtyps hergestellt werden. Zu nennen sind lange, kurze, dicke, dünne Schrauben; breite, schmale, große, kleine Autoreifen etc.

Es gibt Vorstellungen, insbesondere die unterschiedlichen physischen Produkteigenschaften für eine Kostenzurechnung heranzuziehen, also z. B. lange Schrauben gegenüber kurzen Schrauben mit einem Mehrkostenbetrag zu belasten, der sich an der Schraubenlänge orientiert.

Die unterschiedliche Kostenbelastung artgleicher Produkte wird durch **Faktoren der** 251
Kostengewichtung, sog. Äquivalenzziffern, ausgedrückt. Eine Äquivalenzziffer von „2" sagt aus, dass die so klassifizierte Produktart doppelt so viele Kostenanteile tragen muss wie die Basissorte, die mit der Gewichtung „1" gekennzeichnet ist. Über die Äquivalenzziffern werden Mengen verschiedener Sorten rechentechnisch in die Menge der Basissorte umgewandelt, für die dann wieder die einstufige Divisionskalkulation angewendet wird.

BEISPIEL: Zwei Produktarten x_1 und x_2 wurden mit unterschiedlich viel Verbrauch des identi- 252
schen Materials hergestellt, und zwar 1 775 x_1 und 225 x_2. Der Mehrverbrauch beläuft sich bei x_2 auf 50 %. Der Materialverbrauch soll als Maßstab zur Verteilung der Gesamtkosten von 1 800 000 € herangezogen werden.

(Zum Vergleich: Wären allein 2 000 Stücke x_1 hergestellt worden, beliefen sich die Stückkosten auf 900 €; vgl. Rdn. 191)

Äquivalenzziffernkalkulation:

Produktart	Menge (x)	Äquivalenzziffer (Ä)	Rechnungseinheiten (R = Ä × x)	Kosten je r ($k_{(r)} = K/\sum R$)	Stückkosten jeder Sorte ($k_{(x)} = k_{(r)} \times Ä$)
x_1	1 775	1,0	1 775	$\frac{1\,800\,000}{2\,112{,}5}$ = 852,07	852,07
x_2	225	1,5	337,5		1 278,11
	2 000		2 112,5		

Die Gleichsetzung von Mehrverbrauch beim Material mit stückbezogenem Mehrver- 253
brauch für Fertigung, Verwaltung und Vertrieb ist kaum vertretbar. Auch Vorstellungen, mit Kostenrelationen der Produktarten, die einmal irgendwie ermittelt wurden, in der Zukunft weiterhin Stückkosten zu ermitteln, bergen Gefahren in sich. Bei Veränderungen von Produktionsmengen bleiben diese Kostenrelationen in Wirklichkeit selten konstant. Grundsätzlich wird eine Stückkostenermittlung auf der Grundlage von Verursachungsbereichen (Kostenstellen) bessere Ergebnisse für die Stückrechnung bringen als die Anwendung starrer Verhältnisgrößen zur Kostenzurechnung.

2.3 Kalkulation bei Kuppelproduktion

Einen Sonderfall der Stückkostenrechnung stellen sog. **Kuppelprodukte** dar. Dabei han- 254
delt es sich um unterschiedlich verwertbare Güter, die zwangsläufig in einem gemeinsamen Produktionsprozess anfallen. Beispiele hierfür sind die Erdölverarbeitung (Schweröl, Heizöl, Benzin, …), Getreideverwertung (Mehl, Kleie), Holzverwertung (Bretter, Sägespäne), Saatgutherstellung (Samen, Früchte), …

255 Wenn verschiedene Güter untrennbar in einem gemeinsamen Produktionsprozess entstehen, kann nicht von Kostenverursachung für nur eine Produktart gesprochen werden. Folglich kann es auch keine 'richtige' Kostenzurechnung geben. Wenn aber trotzdem Stückkosten ermittelt werden sollen, muss der Produktionsverbund rechentechnisch aufgelöst werden. Hierfür kommen folgende Ansätze in Betracht:

- **Trennung in Haupt- und Nebenprodukte:** Bei sehr unterschiedlichen Erlösen der Güter wird nur für das erlösstarke Produkt ein Stückkostenwert nach der **Restwertmethode** ermittelt.

$$\text{Stückkosten des Hauptprodukts} = \frac{\text{Gesamtkosten} - \text{Erlöse Nebenprodukte}}{\text{Menge des Hauptprodukts}}$$

256 - **Kostengewichtung mit Mengen- oder Wertschlüsseln:** Weisen die Güterarten Verwendungszwecke auf, die über eine Maßeinheit einheitlich abgebildet werden können, bietet sich die Verwendungsrelation als Maßstab zur Kostenverteilung an. Als Beispiel könnten die Erdölprodukte genannt werden, die sich über Heizwerte (Kalorien) rechentechnisch zu einer Sorte umformen ließen – womit hier das Verfahren der Äquivalenzziffernrechnung als Ansatz zur **Verteilungsmethode** dient. Vorgeschlagen wird auch, die erzielbaren Marktpreise zur Kostengewichtung zu benutzen (**Marktpreismethode**). Hierbei werden aber deutlich Gesichtspunkte der Tragfähigkeit mit denen der Verursachung vermengt – was aus dem Blickwinkel der Kostenrechnung nicht sein sollte. Gegen die Anwendung der Marktpreismethode wurden frühzeitig Einwände vorgebracht: Sie ist „ein Denkfehler und ist nicht viel höher denn als rechnerische Spielerei zu werten, die in keiner Weise geeignet ist, die schweren preispolitischen Probleme weiterzubringen" (Hasenack, 1934, S. 59).

2.4 Zuschlagskalkulationen

2.4.1 Summarische Zuschlagskalkulation

257 Divisionskalkulationen sind dann nicht mehr sinnvoll anzuwenden, wenn in einem Betrieb verschiedenartige Güter hergestellt werden, die beim Einsatz von Personal, Material und Anlagen unterschiedliche Leistungsbeiträge beanspruchen. Die Anforderung an die Kostenträgerrechnung kann einfach formuliert werden: Mit steigender Produktvielfalt ist eine differenzierte Selbstkostenrechnung erforderlich. Die Kostendifferenzierung trennt direkt zurechenbare Stückkosten (Einzelkosten) von Stückgemeinkosten, die über Verteilungsschlüssel in den Stückbezug umgerechnet werden.

258 Im Industriebetrieb werden traditionell der Materialverbrauch und die objektbezogenen Arbeitskosten, die Fertigungslöhne, als direkt zurechenbare Stückkosten herangezogen. Ein zu kalkulierendes Erzeugnis erhält zunächst diese stückbezogen ermittelten Kosten zugerechnet. Die Belastung des Stücks mit Gemeinkostenanteilen erfolgt in derselben Kostenrelation, wie gesamte Stückeinzelkosten zu den gesamten Stückgemeinkosten im Kontrollzeitraum stehen.

Grundidee der Zuschlagskalkulation (Industriebetrieb): 259

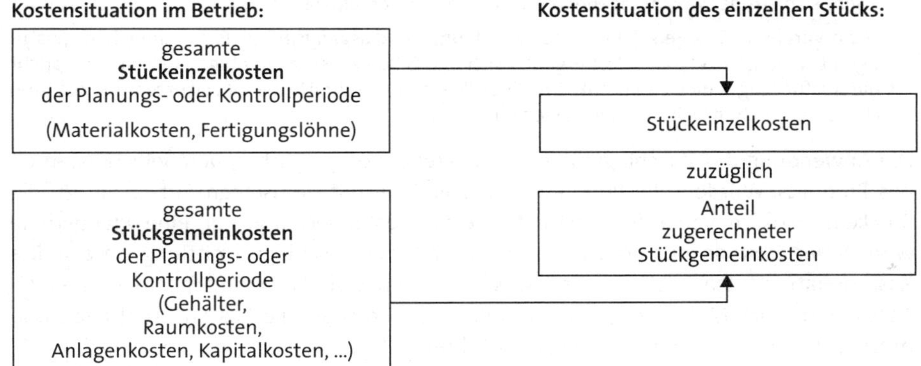

Rechentechnisch wird die Kostenproportion des Betriebs auf das einzelne Stück übertragen, indem die Relation 'Einzelkosten zu Gemeinkosten' über einen Prozentsatz ausgedrückt wird, der als **Zuschlagssatz zur Kostendeckung** bezeichnet werden kann. Weil hier Einzelkosten und Gemeinkosten jeweils nur in einer Summe zu einem Zuschlagssatz verarbeitet werden, handelt es sich um eine **summarische Zuschlagskalkulation**, die zu den Selbstkosten des einzelnen Stücks führt: 260

$$\text{Zuschlagssatz zur Kostendeckung \%} = \frac{\text{gesamte Stückgemeinkosten der Periode} \times 100}{\text{gesamte Stückeinzelkosten der Periode}}$$

BEISPIEL: In einem Industriebetrieb sollen die Selbstkosten für eine Produktart ermittelt werden, für die eine Ausführung mit zwei verschiedenen Materialsorten in Betracht kommt. Als Stückeinzelkosten wurden ermittelt: 261

	Ausführung 1	Ausführung 2
Fertigungsmaterial	200 €	300 €
Fertigungslöhne	100 €	100 €
insgesamt	300 €	400 €

Für den Gesamtbetrieb wurden in der Vorperiode 1 800 000 € Gesamtkosten ermittelt. Sie verteilen sich auf:

gesamte Stückeinzelkosten	
Fertigungsmaterial	400 000 €
Fertigungslöhne	200 000 €
insgesamt	600 000 €
gesamte Stückgemeinkosten	1 200 000 €

$$\text{Ermittlung des Zuschlagssatzes zur Kostendeckung} = \frac{1\,200\,000 \times 100}{600\,000} = 200\,\%$$

Ermittlung der Stückselbstkosten		Ausführung 1	Ausführung 2
Stückeinzelkosten		300	400
+ Stückgemeinkosten	200 %	600	800
= Selbstkosten		900	1 200

Ein Vergleich der Selbstkostenbeträge zeigt eine Differenz von 300 €, die nur mit 100 € als tatsächlicher Mehrverbrauch beim Material begründet ist. Der größere Anteil der Mehrkosten ergibt sich aus der wertbezogenen Zurechnung von Gemeinkosten.

(Zum Vergleich: Das Beispiel ist eine Fortsetzung des Ausgangsbeispiels zur einfachen, einstufigen Divisionskalkulation. Dort ergaben sich 900 € Stückkosten. Im obigen Beispiel entspricht die Ausführung 1 diesem Produkt im Hinblick auf durchschnittliche Einzelkosten und entsprechend durchschnittliche Gemeinkostenzurechnung.)

262 Die Anwendung des Zuschlagssatzes zur Kostendeckung führt zu den **Selbstkosten** eines Produkts. Würden alle Produkte in der Periode mit demselben Aufschlag auf die Stückeinzelkosten verkauft, entstünde Gesamtkostendeckung. Für eine Planperiode wird dieser Zustand nur erreicht, wenn die bei der Zuschlagsermittlung unterstellte Kostenrelation tatsächlich eintritt – was in der Praxis als Ausnahmefall anzusehen ist: Bereits ein Stück Mehr- oder Minderproduktion verändert die Kostenverhältnisse und müsste zu einem anderen Zuschlagssatz führen.

263 Für die Bildung eines kostenorientierten Verkaufspreises wird der Zuschlagssatz zur Kostendeckung ergänzt um eine Prozentgröße für den erhofften Gewinn. Man erhält den **Kalkulationsaufschlag**, der zum Angebotspreis (netto) führt bzw. für eine Preisstellung auf der Grundlage von Vollkosten als Entscheidungshilfe dient.

264 **Kalkulationsaufschlag:**

	Zuschlagssatz zur Kostendeckung %
+	Gewinnzuschlag %
=	Kalkulationsaufschlag %

2.4.2 Differenzierende Zuschlagskalkulation

265 Bei offensichtlich erkennbaren Unterschieden in der Beanspruchung von Leistungsbereichen durch einen Kostenträger sollten diese Unterschiede auch in der Selbstkostenrechnung zum Ausdruck kommen.

266 Das zuvor angeführte Beispiel kann zur Veranschaulichung des Sachverhalts dienen: Offensichtlich lassen sich Stücke in verschiedenen Materialqualitäten ausführen – wie es bei der Herstellung eines Möbelstücks der Fall ist. Die unterschiedlichen Materialsorten (Eiche, Kirsche, ...) haben unterschiedliche Preise. Die Bearbeitung der Materialien ist aber (relativ) gleich. Entsprechend dürften auch die Gemeinkosten des Fertigungsbereichs nicht abhängig vom Preis der Materialsorten zugerechnet werden.

267 Diese Forderung führt zur **differenzierenden Zuschlagskalkulation**, die wegen des aufgegliederten Abrechnungsweges auch **mehrstufige Zuschlagskalkulation** genannt wird. Dabei wird jeder Verursachungsbereich, der zu einem Unterschied in der Inanspruchnahme durch die Kostenträger führen kann, im Wege einer Kostenstellenrechnung isoliert erfasst und seine Kostenstruktur auf einen Auftrag übertragen.

268 Als Grundmuster eingeführt ist die Differenzierung der Selbstkostenzurechnung nach dem Standardaufbau eines **Betriebsabrechnungsbogens**, der letztlich einmal für diesen Kalkulationszweck entwickelt wurde (vgl. Rdn. 235).

Die **Selbstkosten eines Stücks** setzen sich zusammen aus 269

- **Stückeinzelkosten:** Kosten für direkten Materialverbrauch, ausführende Arbeit und Sondereinzelkosten (spezielle Entwicklungskosten, Fertigungsvorrichtungen, z. B. Gussformen) und
- **Stückgemeinkosten:** zusammengesetzt aus Anteilen von Material-, Fertigungs-, Verwaltungs- und Vertriebsbereich.

Für jeden Verursachungsbereich (Materialbereich, Fertigung, Verwaltung und Vertrieb) 270
sind die stückbezogen als Einzel- oder Gemeinkosten zuzurechnenden Teile der Gesamtkosten einer Periode zu ermitteln und als Kostenrelation abzubilden. Das Ergebnis sind Zuschlagssätze für die Gemeinkosten von Kosten-Verursachungsstellen auf der Grundlage der jeweiligen Einzelkosten.

Für den **Materialbereich** sind mit den stückbezogenen Materialkosten und für den **Fer-** 271
tigungsbereich mit den Fertigungslöhnen relativ aussagefähige gesamte Stückeinzelkosten zu ermitteln und den verbleibenden Stellenkosten, das sind die gesamten Stückgemeinkosten, gegenüberzustellen. Derselbe Rechenablauf ist aber nicht für die Bereiche **Verwaltung** und **Vertrieb** möglich. Hier lassen sich keine sinnvollen Beziehungen zwischen stückbezogener Kostenverursachung und anteiliger Zurechnung der Gemeinkosten feststellen. Die Praxis behilft sich dann mit einer gedanklichen Konstruktion für 'Einzelkosten' und erklärt die Gesamtkosten des Material- und Fertigungsbereichs, die sog. **Herstellkosten**, als Variable für das Entstehen von Verwaltungs- und Vertriebskosten:

BEISPIEL: 272

Kostenstellenrechnung: *(Beträge in T€)*					
Kostenstellen / Kostenarten	T€ insgesamt	Kostenstellen: Material	Fertigung	Verwaltung	Vertrieb
Stückeinzelkosten	600	400	200		
Stückgemeinkosten	1 200	80	820	120	180
Herstellkosten		1 500			

Die Kostenstruktur des Betriebs führt zu folgenden Zuschlagssätzen:

$$\text{Zuschlagssatz für Materialgemeinkosten} = \frac{\text{Materialgemeinkosten} \times 100}{\text{Materialeinzelkosten}} = \frac{80 \times 100}{400} = \underline{\underline{20\,\%}}$$

$$\text{Zuschlagssatz für Fertigungsgemeinkosten} = \frac{\text{Fertigungsgemeinkosten} \times 100}{\text{Fertigungseinzelkosten}} = \frac{820 \times 100}{200} = \underline{\underline{410\,\%}}$$

$$\text{Zuschlagssatz für Verwaltungsgemeinkosten} = \frac{\text{Verwaltungsgemeinkosten} \times 100}{\text{Herstellkosten}} = \frac{120 \times 100}{1\,500} = \underline{\underline{8\,\%}}$$

$$\text{Zuschlagssatz für Vertriebsgemeinkosten} = \frac{\text{Vertriebsgemeinkosten} \times 100}{\text{Herstellkosten}} = \frac{180 \times 100}{1\,500} = \underline{\underline{12\,\%}}$$

Stückkalkulation für folgende Produkte:

	Ausführung 1	Ausführung 2
Materialeinzelkosten	200 €	300 €
Fertigungslöhne	100 €	100 €
insgesamt	300 €	400 €

273 **Selbstkostenermittlung:**

Kostenteile	%	€ (1)	€ (2)
Materialeinzelkosten		200,00	300,00
+ Materialgemeinkosten	20 %	40,00	60,00
= Materialkosten (k_{Ma})		240,00	360,00
Fertigungslohn		100,00	100,00
+ Fertigungsgemeinkosten	410 %	410,00	410,00
+ Sondereinzelkosten der Fertigung		0,00	0,00
= Fertigungskosten (k_{Fe})		510,00	510,00
Herstellkosten (HK = $k_{Ma} + k_{Fe}$)		750,00	870,00
+ Verwaltungsgemeinkosten	8 %	60,00	69,60
+ Vertriebsgemeinkosten	12 %	90,00	104,40
+ Sondereinzelkosten des Vertriebs		0,00	0,00
= **Selbstkosten**		900,00	1 044,00

274 Der Vergleich mit der summarischen Zuschlagskalkulation zeigt zunächst, dass für ein Produkt (= Variante 1), dessen Einzelkosten den Kosten im Beispiel „Einproduktbetrieb" entsprechen, dieselben Selbstkosten ermittelt werden (müssen). Der Vorteil differenzierter Kostenzurechnung wird dann sichtbar, wenn bei Einzelkosten Abweichungen vom Durchschnitt aller Produkte vorliegen. Im Beispiel wird die Variante 2 statt mit 1 200 € nur mit 1 044 € Selbstkosten belastet.

2.5 Differenzierte Bezugsgrößenkalkulation

2.5.1 Zuschlagskalkulation mit Maschinenstundensatz

275 Die Zurechnung von Gemeinkosten ist das Zentralproblem der Kostenträgerrechnung, für das es über Jahrzehnte immer neue Lösungsvorschläge gegeben hat – die allerdings oftmals nur alte Ansätze versehen mit neuen Begriffen darstellen. Letztlich geht es um die Wahl der **Bezugsgröße**, die bei der **Zurechnung von Gemeinkosten** an die Stelle des jeweiligen Stücks als direktem Kostenverursacher tritt. Dies ist stückbezogen dasselbe Problem, das bei der Stellenabrechnung als Auswahl 'verursachungsgerechter' Verteilungsschlüssel vorliegt.

276 Für die Zurechnung von Gemeinkosten sind Bezugsgrößen zu wählen, die möglichst nahe an einem Stück-Kosten-Bezug liegen. Für unterschiedliche Gemeinkostenarten gibt es deshalb auch verschiedene Bezugsgrößen, weshalb Kilger von einer „Bezugsgrößenkalkulation" spricht (Kilger, 1974, S. 581).

Die **Bezugsgrößendifferenzierung** unterscheidet – für den Fertigungsbereich – zwischen folgenden Kriterien (vgl. Kilger, 1987, S. 336 ff.): 277

- **kostenträgerbedingt** (insbes. aufgrund unterschiedlicher Produktgestaltung),
- **technologiebedingt** (aufgrund produktspezifischer technischer Fertigungsanforderungen) und
- **entscheidungsbedingt** (bei Entscheidungen über unterschiedliche mögliche Fertigungsabläufe, die zu demselben Produkt führen).

Mit der zunehmenden Mechanisierung der industriellen Fertigung sind die Gemeinkosten des Fertigungsbereichs stark gewachsen. Zudem hat der arbeitssparende technische Fortschritt zu einer relativen Verminderung der Fertigungslöhne geführt. Die sich daraus ergebenden Zuschlagssätze für Fertigungsgemeinkosten erreichen schnell mehrere hundert Prozent. Kleinere Schätzungsfehler bei der Ermittlung auftragsabhängiger Einzelkosten werden damit über den Zuschlagssatz vervielfacht und führen zu wenig aussagefähigen Stückkosteninformationen. 278

Wenn die Bearbeitung durch Menschen teilweise durch die Arbeit von Maschinen abgelöst wurde, ist es auch nur folgerichtig, als Bezugsgröße zur Verteilung von Fertigungsgemeinkosten neben den Fertigungslöhnen auch die Kosten der Maschinenstunden heranzuziehen. Dieser Ansatz führt zur **Kalkulation mit Maschinenstundensätzen**. Der Fertigungsbereich wird in kleinere Arbeitseinheiten zerlegt, die ihre Kostenrelation nach zeitlicher Inanspruchnahme (sog. Durchlaufzeit) auf das zu kalkulierende Produkt übertragen. Die nicht über Maschinenstundensätze abzurechnenden Fertigungsgemeinkosten verbleiben als **Fertigungsrestgemeinkosten**. Sie werden weiterhin auf Grundlage der Fertigungslöhne zugeschlagen. 279

Ausgangspunkt der Maschinenstundensatzrechnung: 280

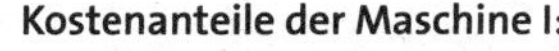

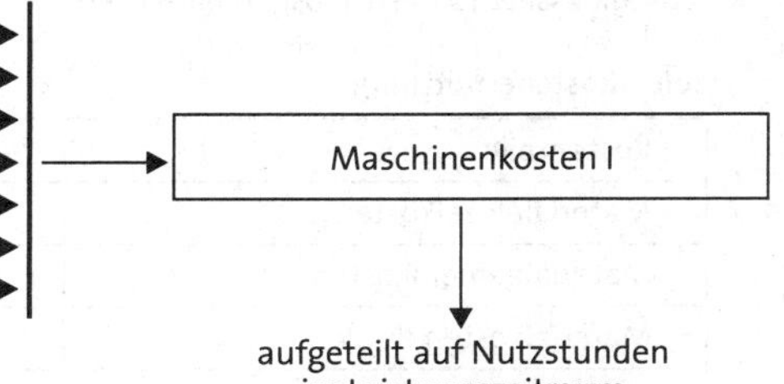

BEISPIEL: In einem Industriebetrieb sind Selbstkosten für folgende Produkte zu ermitteln: 281

	Ausführung 1	Ausführung 2
Materialeinzelkosten	200 €	300 €
Fertigungslöhne	100 €	100 €
Bearbeitungszeit auf Maschine I	0,75 Std.	1,0 Std.

Kostenrelationen sind aus folgender Kostenstellenrechnung zu übernehmen:

Kostenstellenrechnung: *(Beträge in T€)*					
Kostenstellen	T€	Kostenstellen			
Kostenarten	insgesamt	Material	Fertigung	Verwaltung	Vertrieb
Stückeinzelkosten	600	400	200		
Stückgemeinkosten	1 200	80	820	120	180
Herstellkosten		1 500			

In den Fertigungsgemeinkosten enthalten sind die Kosten für die Maschine I in Höhe von 180 000 €. Somit verbleiben als Fertigungsrestgemeinkosten 640 000 €.

Insgesamt wurden 1 500 Maschinenstunden (Nutzstunden) geleistet.

282

$$\text{Maschinenstundensatz} = \frac{\text{Maschinenkosten der Periode}}{\text{Nutzstunden der Periode}} = \frac{180\,000}{1\,500} = \underline{\underline{120\,€}}$$

Zuschlagssätze für wertbezogene Zurechnung von Gemeinkosten (zur Ermittlung vgl. Rdn. 270 ff.):

$$\text{Zuschlagssatz für Materialgemeinkosten} = \frac{80 \times 100}{400} = \underline{\underline{20\,\%}}$$

$$\text{Zuschlagssatz für Fertigungsrestgemeinkosten} = \frac{640 \times 100}{200} = \underline{\underline{320\,\%}}$$

$$\text{Zuschlagssatz für Verwaltungsgemeinkosten} = \frac{120 \times 100}{1\,500} = \underline{\underline{8\,\%}}$$

$$\text{Zuschlagssatz für Vertriebsgemeinkosten} = \frac{180 \times 100}{1\,500} = \underline{\underline{12\,\%}}$$

283 **Selbstkostenermittlung:**

Kostenteile	%, €	€ (1)	€ (2)
Materialeinzelkosten		200,00	300,00
+ Materialgemeinkosten	20 %	40,00	60,00
= Materialkosten (k_{Ma})		240,00	360,00
Maschinenkosten	120 €/Std.	90,00	120,00
Fertigungslohn		100,00	100,00
+ Fertigungsrestgemeinkosten	320 %	320,00	320,00
+ Sondereinzelkosten der Fertigung		0,00	0,00
= Fertigungskosten (k_{Fe})		510,00	540,00
Herstellkosten (HK = $k_{Ma} + k_{Fe}$)		750,00	900,00
+ Verwaltungsgemeinkosten	8 %	60,00	72,00
+ Vertriebsgemeinkosten	12 %	90,00	108,00
+ Sondereinzelkosten des Vertriebs		0,00	0,00
= **Selbstkosten**		900,00	1 080,00

Im Vergleich zur differenzierenden Zuschlagskalkulation wird die Ausführung 2 jetzt 36 € teurer. Ursache sind die wegen längerer Bearbeitungszeit um 30 € höheren Kosten der Maschinennutzung und die sich als Folge daraus ergebende um 6 € höhere Belastung mit Verwaltungs- und Vertriebsgemeinkosten. Die Ausführung 1 weist weiterhin Selbstkosten von 900 € auf – wie es schon bei anderen vorgestellten Kalkulationsverfahren zu diesem Beispiel der Fall war: Als Produktart, die bei allen Verbrauchsvorgängen Durchschnittswerte aufweist, entspricht sie letztlich der Kostenstruktur bei homogener Massenfertigung. 284

Erst bei Abweichungen in den direkt zugerechneten Kostenarten zeigen sich die Vorteile der differenzierenden Kostenzurechnung nach unterschiedlichen Verbrauchsarten (zum Aufbau von Zuschlagskalkulationen vgl. insbes. H. K. Weber, 1991, S. 59 ff.; Eisele, S. 568 ff.; Hummel/Männel, S. 283 ff.) 285

2.5.2 Kalkulation mit Prozesskosten

In den letzten Jahren sind zahlreiche Ansätze zur Neuorientierung der Kostenrechnung vorgestellt worden. Im Mittelpunkt steht dabei die sog. **Prozesskostenrechnung**. „Die Grundidee besteht darin, daß in einem Unternehmen zusätzliche nichttraditionelle Kostenträger bzw. Kalkulationsobjekte definiert werden, die die herkömmlichen Auswertungsdimensionen ... namentlich um innerbetriebliche Aspekte ergänzen." (Witt, S. 422). So neu ist dieser Ansatz nun wiederum auch nicht – wie kritische Stellungnahmen zeigen (vgl. Franz, S. 109 ff.; Küpper, 1991, S. 388 ff.; Lücke, 1994, S. 191 ff.). Innerbetriebliche Leistungsprozesse, die nicht unmittelbar mit dem Endprodukt zu tun haben, werden schon traditionell kontrolliert. Die Hilfsstellenabrechnung im Industriebetrieb zeigt dies deutlich. Neu ist aber, sich intensiv darum zu kümmern, die bislang als nicht-beeinflussbare Kostenverursacher angesehenen Leistungsbereiche genauer im Hinblick auf die Kosten ihrer Leistungsbeiträge zu untersuchen (vgl. die Übersichtsdarstellungen von Glaser, S. 275 ff.). 286

Als Beispiel kann die **Qualitätssicherung** dienen. Ihr wurde unter dem Gesichtspunkt der Kostenkontrolle und -zurechnung relativ wenig Bedeutung beigemessen: Eine produktionsbegleitende Abteilung 'Inspektion' erfüllte Kontrollaufgaben und belastete mit ihren Kosten das Betriebsergebnis und anteilig die Selbstkosten der Produkte. Wenig beachtet wurde, dass auch die Kosten der Qualitätssicherung eine messbare Leistungsseite haben: die Reklamationen – besser – die ausbleibenden Reklamationen. Dabei ist gerade die Abwicklung eines Reklamationsvorgangs sehr kostenintensiv. Es kann sinnvoll sein, die unterschiedlichen Arbeiten in verschiedenen Kostenstellen zur Erledigung einer Reklamation als **Vorgangskosten** zu erfassen und sie innerbetrieblich zur Kontrolle von Leistungsbereichen heranzuziehen. 287

Die Prozesskostenrechnung will Gemeinkosten besser kontrollierbar machen, weil hier größere Potentiale zur Kostensenkung gesehen werden als in dem Bereich der stückvariablen, direkten Kosten. Ein solcher Bereich ist beispielsweise auch die Abwicklung von Kundenaufträgen außerhalb des Fertigungsprozesses. Die dabei entstehenden Kosten gehen üblicherweise in die Verwaltungs- und Vertriebskosten ein und werden den Stücken abhängig von den Herstellkosten zugerechnet. Nun ist es aber zweifelsfrei so, dass die **Kosten der Auftragsabwicklung** unabhängig sind vom Wert der verkauften Gü- 288 ter. In der Praxis ergibt sich ein groteskes Bild: Kleinaufträge werden mit geringen Auftragskosten belastet, Großaufträge dagegen mit unangemessen hohen Kostenanteilen. Bei genauer Betrachtung ist der **Kostenauslöser** (sog. cost driver) aber nicht der Herstell**wert**, sondern der Bearbeitungs**vorgang** als physische Dienstleistung. Hier könnte es nützlich sein, über Stückkosten der Auftragsabwicklung nicht nur die Effizienz der Verkaufsabteilung zu kontrollieren, sondern auch zu einer angemessenen Preisgestaltung bei den Produkten zu kommen (vgl. zur Problematik von Kleinaufträgen Ziegler, S. 304 ff.).

289 Wie lässt sich die prozess- bzw. aktivitätsbezogene Kostenrechnung in das traditionelle Konzept der Kostenrechnung integrieren? Ausgangspunkt ist weiterhin die genaue Erfassung des mengen- und wertmäßigen Verbrauchs an Kostengütern – die sog. Kostenartenrechnung. Ihr Differenzierungsgrad muss nun aber nicht nur unter dem Gesichtspunkt der Stellen- und Stückzurechnung erfolgen, sondern auch die Kostenzuordnung auf Prozesse bzw. Vorgänge vorbereiten (vgl. Rdn. 105 ff.). Es geht also nicht um ein organisatorisches Entweder-Oder, sondern um ein Sowohl-Als-Auch: Mehr Informationen über andersgeartete Entscheidungsfelder zur Kostenbeeinflussung sollen neben die bisherigen Daten der Kostenarten-, Kostenstellen- und Kostenträgerrechnung treten. Parallel zur Entwicklung von EDV-Abrechnungssystemen sind hier Verbesserungen bei Kosteninformationen möglich.

290 **BEISPIEL:** Ausgangspunkt der Produktkalkulation ist folgende Kostenstellenrechnung:

Kostenstellenrechnung:
(Beträge in T€)

Kostenstellen / Kostenarten	T€ insgesamt	Material	Kostenstellen Fertigung	Verwaltung	Vertrieb
Stückeinzelkosten	600	400	200		
Stückgemeinkosten	1 200	80	820	120	180
Herstellkosten		1 500			

In den Fertigungsgemeinkosten enthalten sind die Kosten für Maschine I mit 180 000 €. Es wurden 1 500 Maschinenstunden (Nutzstunden) geleistet.

In den Verwaltungskosten sind 45 000 € und in den Vertriebskosten 60 000 € enthalten, die für die Auftragsabwicklung anfallen. Im Kontrollzeitraum wurden 2 000 Aufträge bearbeitet.

$$\text{Maschinenstundensatz} = \frac{\text{Maschinenkosten der Periode}}{\text{Nutzstunden der Periode}} = \frac{180\,000}{1\,500} = \underline{\underline{120\,€}}$$

$$\text{Auftragskostensatz} = \frac{\text{Prozesskosten der Auftragsbearbeitung}}{\text{Anzahl der Aufträge}} = \frac{105\,000}{2\,000} = \underline{\underline{52{,}50\,€}}$$

Zuschlagssätze für wertbezogene Zurechnung von Gemeinkosten:

$$\text{Zuschlagssatz für Materialgemeinkosten} = \frac{80 \times 100}{400} = \underline{\underline{20\,\%}}$$

$$\text{Zuschlagssatz für Fertigungsrestgemeinkosten} = \frac{640 \times 100}{200} = \underline{\underline{320\,\%}}$$

$$\text{Zuschlagssatz für Verwaltungsrestgemeinkosten} = \frac{75 \times 100}{1\,500} = \underline{\underline{5\,\%}}$$

$$\text{Zuschlagssatz für Vertriebsrestgemeinkosten} = \frac{120 \times 100}{1\,500} = \underline{\underline{8\,\%}}$$

Stückkalkulation für folgende Produkte:

	Ausführung 1	**Ausführung 2**
Materialeinzelkosten	200 €	300 €
Fertigungslöhne	100 €	100 €
Bearbeitungszeit auf Maschine I	0,75 Std.	1,0 Std.

Selbstkostenermittlung: 291

Kostenteile	%, €	€ (1)	€ (2)
Materialeinzelkosten		200,00	300,00
+ Materialgemeinkosten	20 %	40,00	60,00
= Materialkosten		240,00	360,00
Maschinenkosten	120 €/Std.	90,00	120,00
+ Fertigungslohn		100,00	100,00
+ Fertigungsrestgemeinkosten	320 %	320,00	320,00
+ Sondereinzelkosten der Fertigung		0,00	0,00
= Fertigungskosten		510,00	540,00
Herstellkosten		750,00	900,00
+ Verwaltungsrestgemeinkosten	5 %	37,50	45,00
+ Vertriebsrestgemeinkosten	8 %	60,00	72,00
+ Sondereinzelkosten des Vertriebs		0,00	0,00
+ Auftragsbearbeitungskosten	52,50 €/x	52,50	52,50
= **Selbstkosten**		900,00	1 069,50

Im Vergleich zur Zuschlagskalkulation mit Maschinenstundensatz verbilligt sich die Ausführung 2 um 10,50 €, weil die Gemeinkosten für Verwaltung und Vertrieb nicht mehr allein wertbezogen, sondern auch prozessbezogen zugerechnet werden. 292

Neben dem Einsatz der Prozesskostenrechnung zur Stückkostenrechnung bietet dieser neu belebte Ansatz der Kostenrechnung weitere Vorteile. Nicht nur Abteilungen, die Marktleistungen erbringen, werden mit ihren Erfolgen erfasst, sondern auch solche Abteilungen, die intern Dienstleistungen für andere Bereiche erbringen – beispielsweise Einkaufsabteilung, zentrale EDV-Abrechnung, Personalentwicklung, Auftragsbearbeitung, Mahnwesen. Es eignen sich „repetitive Tätigkeiten" von indirekten Leistungsbereichen, „die einen gewissen Kostenträger- ... -bezug aufweisen" und „die weitgehend schematisiert und mit geringem Entscheidungsspielraum ablaufen, sich häufig innerhalb einer Abrechnungsperiode wiederholen ..." (Lorson, S. 277, mit Verweis auf Coenenberg/Fischer, S. 25). 293

294 Prozesskostenwerte dienen neben der Stückkostenkalkulation als Vergleichsmaßstab für die Preise von Fremdanbietern. Hier liegen Ansatzpunkte zur Entscheidung **make or buy**; häufig kommt es dann zur Auslagerung von Leistungsteilbereichen (sog. **outsourcing**). Fremdanbieter als Spezialisten können hier Kostenvorteile bieten und zudem werden aus betrieblichen überwiegend fixen Gemeinkosten nun variable Kosten für in Anspruch genommene Fremdleistungen. (Vgl. zum Einsatz der Prozesskostenrechnung in der strategischen Planung Coenenberg, S. 199 f.)

295 Aber auch innerbetrieblich ergeben sich Vorteile: Beispielsweise 'kaufen' die Betriebsabteilungen von den Serviceabteilungen Dienstleistungen zu einem Preis, den sie schon bei ihren Planungen kennen und nicht erst bei der Kostenverteilung erfahren. Die Betriebs- bzw. Abteilungsleiter können dann beispielsweise die Kosten für einen Beschaffungsvorgang neben den eigentlichen Waren- bzw. Materialkosten in ihre Planungen einbeziehen und so in ihrem Entscheidungsbereich über die **Planung optimaler Bestellmengen** Kostenvorteile erzielen.

2.6 Zielkostenrechnung (Target Costing)

296 Die traditionellen Vollkostensysteme sind produktionsorientiert, d. h., sie begleiten den Leistungsprozess mit den dabei anfallenden Kosten. Eine andere Ausrichtung kennzeichnet die **Zielkostenrechnung** (target costing). Sie geht von den realisierbaren Erlösen für betriebliche Leistungen aus und wandelt sie in Kostenvorgaben für die verschiedenen Leistungsteilbereiche um. Ausgehend von der Erkenntnis, dass Kosten im Stadium der Planung neuer Produkte und Produktionsverfahren stärker beeinflussbar sind als später im Produktionsablauf, sollen bereits im Planungsstadium die später kostenwirksam werdenden Vorgänge genauer beachtet werden. Die Frage lautet nicht „Was kostet ein Stück?", sondern „Was darf ein Stück kosten?". Zielvorgaben für nicht zu überschreitende Kosten bestimmen dann neben den technischen Entwicklungszielen die Arbeit von Konstrukteuren und Entwicklern (vgl. Franz, S. 131; Seidenschwarz, S. 6 ff.; Hieber/Rentschler, S. 149 ff.).

297 Damit tritt eine Schnittstelle zwischen Prozesskosten und Zielkosten auf: Ein Produkt setzt sich aus verschiedenen Bauteilen zusammen, die in unterschiedlicher Ausführung und in unterschiedlicher Fertigungsqualität hergestellt werden können. Ausgehend von einem realisierbaren Erlös für das Fertigprodukt werden die vertretbaren Kostenanteile für die Produktkomponenten in unterschiedlichen Qualitäten ermittelt – und als Zielvorgaben an die Entwickler und Fertigungsingenieure weitergegeben.

298 Die Ansätze zur Prozess- und Zielkostenrechnung sind nicht als Ablösung der bisher eingeführten Verfahren der Kostenträgerrechnung zu verstehen. In vielen Fällen wird eine Kombinationsform unterschiedlichster Zurechnungskriterien sinnvoll sein, um eine marktfähige Gesamtleistung, einen Kostenträger, kostengünstig hervorzubringen.

3. Besonderheiten der Vollkostenkalkulation im Handelsbetrieb

3.1 Kalkulationsaufschlag und Handelsspanne

Grundfragen der Kostenzurechnung auf Stücke, die sog. Kostenträger, sind in allen Wirtschaftszweigen gleich. Die Gewichtung der Einzelfragen hängt jedoch insbesondere vom Umfang unterschiedlicher Produktarten ab, die das Leistungsprogramm darstellen. Aus dieser Sicht sind Handelsbetriebe extreme Vielproduktbetriebe, deren Angebotsumfang zumeist mehrere tausend verschiedene Produktarten umfasst. 299

Der Umfang des Warenverkaufs wird im Wesentlichen bestimmt von Sortimentsgestaltung und Preisstellung. Die Aufnahme von Produktarten in das Warensortiment ist abhängig von deren **Erfolgsfähigkeit**. Sie wird bestimmt von Bezugspreis, Handlungskosten und Verkaufspreis. 300

- **Bezugspreise** sind abhängig von der Verhandlungsposition des Händlers, die wiederum insbesondere von der nachgefragten Menge bestimmt wird.
- **Handlungskosten** umfassen vor allem Betriebsbereitschaftskosten, die mit ihren größten Posten (Personal- und Raumkosten) zumeist für eine Planperiode festliegen. Bei dem überwiegenden Teil dieser Kosten handelt es sich um sog. fixe Kosten.
- **Verkaufspreise** bilden sich letztlich durch Ausgleich von Angebot und Nachfrage. Zunächst muss der Händler aber eine **Preisvorstellung** entwickeln, mit der er die Ware auszeichnet. Je nach Konkurrenzlage wird dieser Angebotspreis dann vom Markt angenommen oder abgelehnt. Woher bekommt der Händler Grundlagen zur Bildung von Angebotspreisen?

Bei den eingeführten Gütern des täglichen Bedarfs liegen als Entscheidungsgrundlagen häufig unverbindliche Preisempfehlungen des Herstellers und i. d. R. Angebotspreise konkurrierender Betriebe vor. Die einfachste Entscheidung wäre dann, mit dem eigenen Angebotspreis unter dem der Konkurrenz zu bleiben und so einen hohen Warenumsatz zu erzielen. Ob der erzielte Umsatz dann auch die Kosten deckt, bleibt offen. Besser wird es sein, sich zunächst Vorstellungen über die erwartete Erfolgswirkung des gesamten Warenumsatzes zu machen und daraus **Deckungsnotwendigkeiten** über die Produktpreise abzuleiten. Dies führt zu dem eingeführten Verfahren der Kalkulation in Handelsbetrieben, der **Zuschlagskalkulation**. Dabei werden dem Bezugspreis einer Ware Anteile der Handlungskosten und erwartete Gewinnbeträge zugeschlagen, um zum kalkulierten Netto-Verkaufspreis zu gelangen. 301

Ausgangspunkt der **Zuschlagskalkulation** ist der Bezugspreis der Ware. Dabei handelt es sich um **Stückeinzelkosten**, die ursächlich genau ermittelt werden können. Dem Bezugspreis werden Beträge zugeschlagen, die als anteiliger Ersatz für die gesamten Handlungskosten (Raumkosten, Personalkosten, Abschreibungen, Werbekosten, ...) anzusehen sind. Diese anteiligen Handlungskosten sind **Stückgemeinkosten**. Die Summe aller kalkulierten Warenkosten soll zur Kostendeckung des Betriebs führen. Damit wird das einzelne Stück im Gesamtangebot zum verkleinerten Abbild der Kostenstruktur des Betriebs. 302

303 **Grundidee der Zuschlagskalkulation** (Handelsbetrieb):

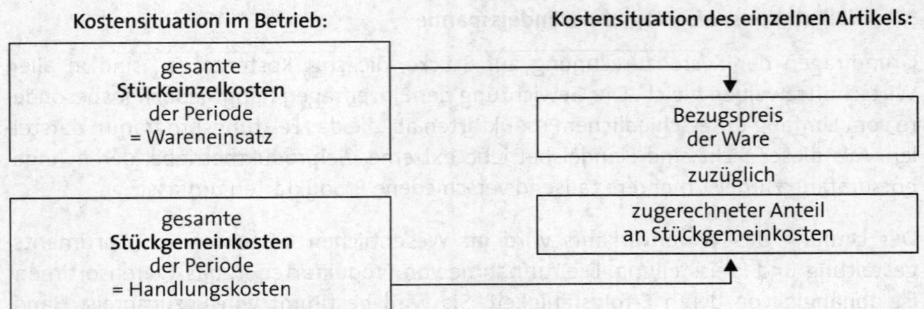

304 Aus den als Zukunfts- oder Vergangenheitswerte ermittelten Kosten wird der Anteil der Handlungskosten am Wareneinsatz ermittelt, um damit einen Prozentwert zu erhalten, der als **Zuschlagssatz zur Kostendeckung** erforderlich ist (bzw. gewesen wäre), um kostendeckend zu arbeiten:

$$\text{Zuschlagssatz zur Kostendeckung \%} = \frac{\text{Handlungskosten} \times 100}{\text{Wareneinsatz}}$$

305 Die Anwendung des Zuschlagssatzes zur Kostendeckung führt zu den **Selbstkosten** eines Artikels. Für die Bildung eines kostenorientierten Verkaufspreises wird der Zuschlagssatz zur Kostendeckung ergänzt um eine Prozentgröße für den erhofften Gewinn.

306 **Kalkulationsaufschlag:**

	Zuschlagssatz zur Kostendeckung %
+	Gewinnzuschlag %
=	Kalkulationsaufschlag %

307 Einmal – unrealistisch – angenommen, es sollte für einzelne Produktarten eine Angebotspreisbildung über den Kalkulationsaufschlag erfolgen; dann müssten auch die besonderen Vertragsbestandteile auf Beschaffungs- und Absatzseite erfasst werden. **Rabatte**, **Boni** und **Skonti** führen zu differenzierten Rechengängen. Auch Kostenbeteiligungen von Lieferanten insbes. an Werbemaßnahmen des Handelsbetriebs (**Werbekostenzuschüsse**) sind bei der Stückkalkulation zu berücksichtigen. Dass auf die ermittelten, angestrebten Verkaufspreise noch der jeweils gültige Umsatzsteuersatz aufgeschlagen werden muss, sei hier nur der Vollständigkeit halber erwähnt. Die folgende Übersicht zeigt diese weiteren Einflussgrößen bei der Kalkulation in Handelsbetrieben:

Kalkulation im Handelsbetrieb: 308

(1) Bezugspreis-Ermittlung (Rückwärtskalkulation):

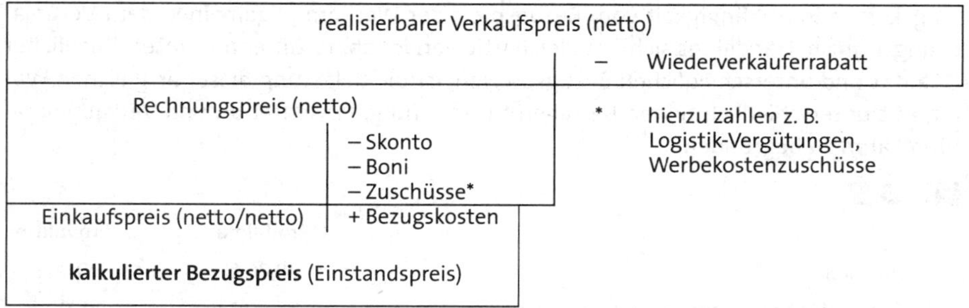

(2) Verkaufspreis-Kalkulation (Vorwärtskalkulation):

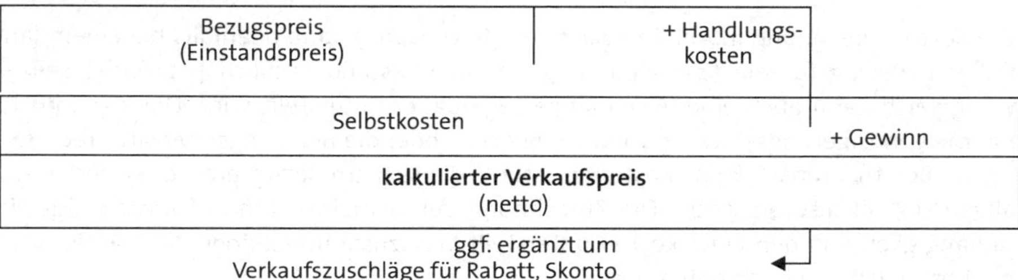

Ausgehend vom realisierten Netto-Verkaufspreis eines Artikels läßt sich aus der Gegenüberstellung mit dem Einstandspreis dieser Ware der **Wertauftrieb** ermitteln, der durch die Leistung des Handelsbetriebs erzielt werden konnte. Für diesen Wertauftrieb sind verschiedene Bezeichnungen geläufig: Rohgewinn, Rohertrag oder auch Warenerfolg. Um Rohgewinne verschiedener Produktarten vergleichbar zu machen, ist die Kennzahl **Handelsspanne** gebräuchlich: 309

$$\text{realisierte Handelsspanne \%} = \frac{\text{Rohgewinn im Kontrollzeitraum} \times 100}{\text{Umsatzerlöse im Kontrollzeitraum}}$$

Aus diesem Blickwinkel einer angestrebten Handelsspanne stellt der Kalkulationsaufschlag eine **Spannenvorgabe** dar; zuweilen wird er deshalb auch **„Rohgewinnaufschlagsatz"** genannt (Falterbaum/Beckmann, S. 150). 310

Nicht nur im Wege der oben behandelten **Vorwärtskalkulation** werden die Verhältnisse zwischen Einzelkosten und Gemeinkosten stückbezogen ausgewertet. Auch die **Rückwärtskalkulation** verarbeitet die deckungsnotwendigen Kosten und den erwarteten Gewinnanteil stückbezogen, indem ein realisierbarer Marktpreis in die Preisobergrenze am Beschaffungsmarkt umgerechnet wird. In der neueren Sprache der Kostenrechnung handelt es sich um eine **Zielkalkulation**, die dem Einkäufer das Verhandlungsziel beim Einkauf von Waren vorgibt. 311

3.2 Gefahren der Zuschlagskalkulation

312 Die Bildung von Angebotspreisen nach dem Verfahren der Zuschlagskalkulation birgt erhebliche **Gefahren** in sich. Zunächst einmal widerspricht die Zurechnung von Handlungskosten in Abhängigkeit vom Bezugspreis der Ware im allgemeinen dem Verursachungsprinzip. Handelt es sich um gleichartig verwendbare Güter mit unterschiedlicher Qualität und unterschiedlichen Bezugspreisen, ist die Belastung dieser artgleichen Waren mit unterschiedlich hohen Beträgen für Lagerung, Präsentation und Verkaufsberatung kaum zu begründen:

BEISPIEL:

	Produkt a	Produkt b
Bezugspreis	30,00 €	90,00 €
+ Aufschlag für Handlungskosten (z. B. 50 %)	15,00 €	45,00 €
= Selbstkosten	45,00 €	135,00 €

313 Die Kostenzurechnung in Abhängigkeit vom Bezugspreis kann allenfalls bei einem (anteiligen) Betrag für die Kapitalbindung im Lagerbestand sachlich begründet sein – wenngleich dann auch eine gleich lange Lagerdauer unterstellt wird. Die Inanspruchnahme von Lagerungs- bzw. Präsentationsfläche oder die Beratungsintensität rechtfertigen auch theoretisch keine Kostenbelastung, die sich am Bezugspreis orientiert. Ganz allgemein gilt also als Kritik: Die Zurechnung der Gemeinkosten auf Kostenträger in Abhängigkeit von den Einzelkosten unterstellt Wertzusammenhänge, die häufig nicht der Kostenverursachung entsprechen.

314 Das traditionelle Verfahren der Zuschlagskalkulation folgt nicht dem **Verursachungsprinzip**, sondern entspricht dem verbreiteten Denken nach **Tragfähigkeit**. Ein teuer eingekaufter Artikel kann auch mehr Gemeinkosten tragen; oder anders ausgedrückt: Der Kunde akzeptiert den großen Preisunterschied, weil er über den Zusammenhang zwischen Warenwert und Belastung mit Handlungskosten keine Kenntnis besitzt. Aber eine andere Wettbewerbsstrategie eines Konkurrenten kann hier schnell zu Absatzeinbrüchen führen. Um dieses zu vermeiden, verlässt der Handelsbetrieb häufig seine Grundlinie der Warenkalkulation und bietet einige Produkte 'unter Preis' an, womit nicht der Verkauf unter Einstandspreis zu verstehen ist, sondern ein Verzicht auf Deckung anteiliger Handlungskosten. Höher angesetzte Preise bei anderen Artikeln sollen diesen Abschlag ausgleichen (sog. **kalkulatorischer Ausgleich**).

315 Die Risiken einer undifferenzierten Zuschlagskalkulation können gemildert werden, wenn innerhalb des Gesamtsortiments **getrennte Zuschlagssätze für Warengruppen** gebildet werden (sog. **Abteilungskalkulation**). Darin sollten dann die erkennbaren Unterschiede in der Kostenverursachung bzw. die notwendigen Unterscheidungen bei der Kostenzurechnung erfasst werden. Allerdings hängt die Höhe der Zuschlagssätze in Abteilungskalkulationen im Wesentlichen wieder von den gewählten Verteilungsschlüsseln bei der Aufteilung von Betriebsgemeinkosten in Kosten der Verkaufsabteilungen ab (vgl. Rdn. 211 f.).

316 Ein Nutzen der Zuschlagskalkulation soll trotz der oben vorgetragenen Kritikpunkte nicht unerwähnt bleiben: Dort, wo es für relativ individuelle Güter keine vergleichbar

heranzuziehenden Marktpreise gibt, muss es eine **Orientierung zur Preisstellung** geben. Das ist aber nicht der im Handel typische Fall. Hier liegen im allgemeinen Informationen über realisierbare Verkaufspreise vor. Die Aufgabe der Zuschlagskalkulation liegt nun darin, überschlägig zu zeigen, ob die realisierbaren Preise höher liegen als die im Betrieb anfallenden deckungsnotwendigen Kosten. Die Kostenrechnung als Controllinginstrument liefert mit ihrem Vollkostenansatz Entscheidungshilfen, insbesondere **Spannen-Sollwerte**, die als Erfolgsziel für Produktgruppen, Abteilungen oder Filialen zum geplanten Unternehmenserfolg führen sollen. Sie liefert in Konkurrenzsituationen jedoch keine realistischen Preisvorgaben für einzelne Produktarten. (Zu Fragen der Kalkulation in Handelsbetrieben vgl. insbes. die Gesamtdarstellungen von Barth und Berekoven.)

Die aufgeführten Kritikpunkte zur Zuschlagskalkulation in Handelsbetrieben treten in ähnlicher Weise im Industriebetrieb auf (vgl. Rdn. 244 ff.). Der dort gefundene Weg einer Abkehr von wertbezogener Gemeinkostenzurechnung zu **Prozesskosten** ist im Handelsbetrieb in anderer Form auch gangbar: Insbesondere bei den Kosten der Abwicklung des Einkaufs sind sich wiederholende Vorgänge zu erkennen, die zu einer Kostenverrechnung nach Einkaufsvorgängen und nicht nach Einkaufswerten führen könnten. 317

4. Teilkostenrechnungen

4.1 Entscheidungsrelevante Kosten und Grenzplankostenrechnung

Werden den Leistungseinheiten einer Periode nur Teile der Gesamtkosten zugerechnet, 318 handelt es sich um **Teilkostenrechnungen**. Sie haben ihren Ursprung vor allem in der Kritik an den Zurechnungsverfahren für Gemeinkosten in den Vollkostenkalkulationen bzw. in den Folgerungen, die sich aus diesen Zurechnungen ergeben können.

Betriebliche Entscheidungen sind strategischer und operativer Natur. Liegt aufgrund 319 strategischer Entscheidungen die Betriebsstruktur mit der Leistungsbereitschaft innerhalb eines kapazitätsmäßig begrenzten Rahmens fest, steht die Frage nach der erfolgsgünstigsten Auswahl von Aufträgen bzw. Produkten oder Artikeln im Mittelpunkt der **operativen Planung**. Die Frage lautet nun nicht mehr, wie hoch sind Anteile an den Gesamtkosten einer Leistungseinheit, sondern, wie verändert sich die Erfolgslage, wenn die Betriebsleistung um eine bestimmte Einheit vergrößert wird – oder innerhalb begrenzter Gesamtkapazität eine Leistungsart durch eine andere ersetzt wird. Vor diesem Hintergrund sind **entscheidungsrelevante Kosten** als Folgen der Entscheidung zu ermitteln und nicht Zuordnungen von Kosten aus früheren Entscheidungen vorzunehmen, die im Wesentlichen die Betriebsbereitschaft betreffen.

Durch Entscheidungen innerhalb der Betriebsbereitschaft veränderbare Kosten sind va- 320 riable Kosten, die den Stücken als direkte Kosten, als Einzelkosten, zuzurechnen sind. Betrifft die Entscheidung ein einzelnes, zusätzlich zu produzierendes Stück, handelt es sich bei dem Kostenzuwachs um die **Grenzkosten**. Für die Analyse der Kostenzuwächse wurde die **Grenzkostenrechnung** entwickelt, die in der Praxis allerdings wegen des zukunftsorientierten Entscheidungsbezugs überwiegend nur als **Grenzplankostenrechnung** angewendet wird.

321 Nach einer Entscheidung auf der Grundlage von Plankosten folgt der Handlungsvollzug – und am Ende ein Vergleich der tatsächlich angefallenen Kosten (Istkosten) mit den Planwerten. Da jede Planung unter Unsicherheit erfolgt, treten häufig Kostenabweichungen auf, die in ihren Entstehungsursachen zu analysieren sind (**Abweichungsanalyse**, vgl. auch Rdn. 66 ff.). Hier liegt ein wesentlicher Arbeitsschwerpunkt des **rechnungswesengestützten Controllings**.

322 Abweichungsursachen können zunächst geänderte Produktionsmengen sein. Damit der Kostenvergleich auf vergleichbaren Mengen aufbaut, sind die Kosten der geplanten Menge in Plankosten der Istmenge umzurechnen. Diese auf der Grundlage von Planverbrauch und Planpreisen ermittelten Kosten der Istmenge werden **Sollkosten** genannt.

323 Als Abweichungen zwischen Istkosten und Sollkosten kommen extern verursachte **Preisabweichungen** und – die für Kontrollgesichtspunkte wesentlicheren – intern begründeten **Verbrauchsabweichungen** in Betracht. Für deren Entstehen werden als Gründe insbesondere genannt:

- **Mengenabweichungen** durch Mehr- oder Minderverbrauch bei Material oder Bearbeitungszeiten;
- **Qualitätsabweichungen** bei bezogenem Material oder hergestellten Gütern;
- **Verfahrensabweichungen** bei Änderung der Fertigungstechnik;
- **Intensitätsabweichungen** durch veränderte Durchlaufzeiten.

(Vgl. Kilger, 1987, S. 813; Haberstock, 1986, S. 306 ff.; Witt, S. 85 ff.; zur praktischen Umsetzung vgl. insbes. Kilger, 1987, S. 200 ff.)

324 Würden die betrachteten Leistungseinheiten zu denselben Preisen verkauft, wäre mit der Ermittlung von Kostenunterschieden der Informationsauftrag von Teilkostenrechnungen erfüllt. Das ist aber der Ausnahmefall. Regelfall sind Entscheidungen mit Unterschieden auf Kosten- und Erlösseite. Hier verlässt das Teilkostenkonzept den engeren Bereich der Kostenrechnung und wird zum Instrument der **Erfolgsplanung und -kontrolle**.

4.2 Erfolgsplanung und -kontrolle mit Deckungsbeiträgen

4.2.1 Deckungsbeitrag und Break-Even-Analyse

325 Betriebliche Entscheidungen werden vorwiegend unter dem Gesichtspunkt ihrer Erfolgswirkung getroffen. Maßnahmen und Handlungen führen zur Veränderung der Erfolgssituation bei den marktfähigen Leistungen, den Kostenträgern. Stückbezogene Rechnungen sollen die Vorteilhaftigkeit der Entscheidungsalternativen zeigen.

326 Ein möglicher Ansatz zur Ermittlung von Stückerfolgen liegt in der Auswertung von Daten der Selbstkostenrechnung: Mit der Differenz zwischen erzieltem oder erzielbarem Verkaufspreis und den Stückselbstkosten eines Artikels wird ein 'Stückerfolg' bestimmt. Welchen Lenkungsnutzen hat diese Rechengröße – wenn unter dem Lenkungsnutzen Hinweise für die Sortiments- und Preisgestaltung verstanden werden? Die Frage lautet genauer: Ändert sich der Betriebserfolg als Differenz zwischen Umsatzerlösen und Gesamtkosten wirklich um die Differenz zwischen Verkaufspreis und Stückselbstkosten, wenn ein Stück mehr verkauft wird?

Wenn ein Stück mehr verkauft wird, ändert sich der Gesamterlös in Höhe des erzielten Verkaufspreises. Die Gesamtkosten verändern sich aber nicht in Höhe der ermittelten Stückselbstkosten. Das liegt daran, dass dem einzelnen Stück nicht nur seine direkten Kosten als **Stückeinzelkosten** zugerechnet werden, sondern jedes Stück auch noch indirekte Kosten zugerechnet bekommt. Die so verteilten **Gemeinkosten** sind in ihrem größten Umfang **Fixkosten**, d. h. sie ändern sich nicht, wenn in dem Zeitraum mehr oder weniger Stücke hergestellt und verkauft werden (Personalkosten, Raumkosten, zeitbezogene Abschreibungen, ...). Deshalb ändert sich der Betriebserfolg nicht nur mit dem Betrag, der zwischen Verkaufspreis und Stückselbstkosten liegt, sondern um einen höheren Betrag, nämlich in Höhe der Differenz zwischen dem Stückerlös (Preis) und den Grenzkosten, die als direkte Stückkosten zuzurechnen sind. Diese Erfolgsgröße wird **Stückbeitrag** (Riebel, S. 243) oder **Deckungsbeitrag je Stück** genannt: 327

erzielbarer Stückerlös
– direkte Stückkosten
= Deckungsbeitrag je Stück (Stückbeitrag)

Mit dem Ausdruck **Deckungsbeitrag** ist bereits gesagt, dass es sich dabei (noch) nicht um Gewinn handelt. Vielmehr ist es ein Betrag, der zunächst zur Deckung solcher Kosten heranzuziehen ist, die nicht als direkte Stückkosten erfasst wurden. Statt Stückgewinn handelt es sich also um eine **Erfolgsverbesserung** des Betriebs durch das betrachtete produzierte und verkaufte Stück. 328

Ein negativer Deckungsbeitrag verschlechtert die Erfolgslage gegenüber der Entscheidung, auf das letzte Stück zu verzichten – womit die direkten Stückkosten auch als **kurzfristige erfolgswirtschaftliche Preisuntergrenze** bezeichnet werden können. In Krisensituationen wird es andere, an Insolvenzvermeidung orientierte **finanzwirtschaftliche Preisuntergrenzen** geben, für die nicht kosten- sondern zahlungsrelevante Größen bestimmend sind. (Zu Preisuntergrenzen vgl. insbes. Coenenberg, S. 306 ff., Witt, S. 140 ff., Wedell, 1993, S. 443 ff.) 329

Der Betrieb erreicht erst die **Gewinnzone**, wenn die Summe der Stück-Deckungsbeiträge genau so groß ist wie diejenigen Kosten, die wegen ihres nicht entscheidungsrelevanten Charakters aus der Deckungsbeitragsanalyse ausgeschlossen wurden. Das sind die **Betriebsbereitschaftskosten** mit überwiegendem Fixkostencharakter, die für stückbezogene Entscheidungen nicht relevant sind. Sie stellen gleichsam den Periodenverlust dar, ehe mit Produktion und Absatz des ersten Stückes begonnen wird. Mit wachsender Deckungsbeitragssumme verringert sich dieser **Anfangsverlust**. 330

Von Interesse ist nun diejenige Gütermenge, bei deren Produktion und Verkauf eine Deckung der Gesamtkosten erreicht wird. Für diese **Menge zur Gesamtkostendeckung** sind als Bezeichnungen auch gebräuchlich **toter Punkt** (Schär, S. 134) und – inzwischen auch deutschsprachig geläufig – **Break-Even-Punkt** (ausführlich Schweitzer/Troßmann, S. 7 ff.). In Anlehnung an den amerikanischen Wortinhalt brechen sich hier zwei ansteigende Kurven, nämlich die Gesamterlös- und Gesamtkostenkurve. Hier liegt zugleich der Schnittpunkt von Deckungsbeitragssumme und Bereitschaftskosten (Fixkosten). Bei Fortgang der Kurvenverläufe überschreitet der Betrieb diese **Gewinnschwelle** und erreicht die **Gewinnzone**. 331

$$\text{Break-Even-Punkt (Kostendeckungsmenge)} = \frac{\text{Bereitschaftskosten der Periode}}{\text{Deckungsbeitrag je Stück}}$$

332 **BEISPIEL:** Für die Produktart x_1 liegen folgende Daten vor:

	Stückerlös (Preis)	1 050 €
–	direkte Stückkosten	300 €
=	Deckungsbeitrag je Stück	750 €

Die Bereitschaftskosten betragen in der Planperiode 1 200 000 €

$$\text{Break-Even-Punkt (Kostendeckungsmenge)} = \frac{1\,200\,000}{750} = \underline{\underline{1\,600 \text{ Stück}}}$$

333 Die Kostendeckungsmenge bekommt für die Planung erst in Verbindung mit der Leistungskapazität des Betriebs ihre eigentliche Bedeutung. Voraussetzung zum Erreichen der Gewinnzone ist eine Leistungskapazität, die größer ist als die Kostendeckungsmenge. Je näher die Kostendeckungsmenge an der Kapazitätsgrenze liegt, um so notwendiger ist die 'Vollbeschäftigung' zur Vermeidung der Verlustsituation.

$$\text{Kostendeckende Mindestauslastung \%} = \frac{\text{Kostendeckungsmenge} \times 100}{\text{Periodenkapazität}}$$

334 **FORTSETZUNG DES BEISPIELS:** Mit der vorhandenen Betriebsausstattung ist eine Produktion von 2 000 Stück/Periode möglich.

$$\text{kostendeckende Mindestauslastung \%} = \frac{1\,600 \times 100}{2\,000} = \underline{\underline{80\,\%}}$$

335 **Break-Even-Analyse:**

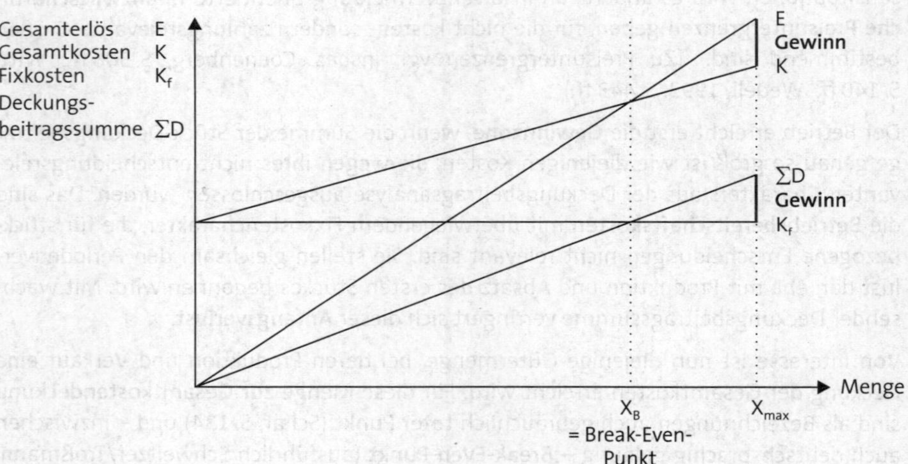

336 Ziel von Maßnahmen zur Verbesserung der Erfolgslage wird es sein, den Break-Even-Punkt nach vorn zu einer niedrigeren Kostendeckungsmenge zu verlagern und (damit) den Kapazitätsbereich zu erweitern, der die Gewinnzone darstellt. Als Handlungsmöglichkeiten bieten sich an:

- **Preiserhöhung** der Produkte und dadurch steilerer Anstieg der Kurven von Gesamterlös bzw. Deckungsbeitragssumme;
- **Kostensenkung** bei den **direkten Stückkosten** mit der Folge eines flacheren Anstiegs der Gesamtkostenkurve bzw. steilerem Anstieg der Kurve der Deckungsbeitragssumme oder
- **Kostensenkung** bei den **Bereitschaftskosten** (fixen Kosten) als Parallelverschiebung der Fixkostenkurve nach unten.

Kostenvermeidende Aktivitäten (insbes. sog. **Lean-Konzepte**) kennzeichnen aktuelle Bestrebungen zur Verbesserung der Erfolgslage. Dabei steht die **Senkung des Fixkostenblocks** im Vordergrund der Interessen, weil dadurch nicht nur eine Erfolgsverbesserung zu erreichen ist, sondern zugleich die deckungsnotwendige Mindestauslastung verringert wird – was die Anpassungsfähigkeit des Unternehmens an veränderte Gegebenheiten auf Beschaffungs- und Absatzmarkt erhöht. 337

4.2.2 Planung des Produktionsprogramms im Industriebetrieb

Die Grundlagen zur Break-Even-Analyse mit Deckungsbeiträgen führen unmittelbar zu den Entscheidungsregeln für die Planung des Leistungsprogramms. Wo Entscheidungen für eine Planperiode zu treffen sind, dürfen nur solche Rechengrößen als Entscheidungshilfe herangezogen werden, die auch durch Entscheidungen veränderbar sind. Damit sind für aktuelle Sortimentsentscheidungen alle Kosten ohne Belang, die ihren Ursprung in Entscheidungen der Vergangenheit haben und für die Planperiode nicht mehr veränderbar sind (**irrelevant costs**) oder auch langfristig festliegen (**sunk costs**). 338

Entscheidungsrelevant sind nur wirklich variable Erfolgsbeiträge, nicht solche, die über Verursachungsannahmen in eine rechentechnische Veränderbarkeit gepresst werden. Damit sind für kurzfristige Planungszwecke alle Ansätze wenig brauchbar, die nach vollständiger Kostenzurechnung streben, wie es für die traditionelle Zuschlagskalkulation kennzeichnend ist. Diese Vollkostenrechnungen gewinnen erst dann an Bedeutung, wenn der Planungszeitraum länger wird und damit auch der Umfang veränderbarer Kosten wächst. **Auf ganz lange Sicht sind alle Kosten entscheidungsrelevant**, auch Kosten der Betriebsbereitschaft. Der Entscheidungsrahmen erstreckt sich dann auch bis hin zur Entscheidung über die Betriebsschließung. 339

Für aktuelle Entscheidungsprobleme bleibt der Blickwinkel auf die zeitraumbezogen veränderbaren Größen eingeengt. Die Differenz zwischen dem entscheidungsrelevanten Stückerlös und den entscheidungsrelevanten Kosten ist der **Deckungsbeitrag je Stück**. Er ordnet grundsätzlich verschiedene Produktarten nach ihrer **Erfolgsfähigkeit**, wobei mit dem Wort grundsätzlich gesagt ist, dass es auch Ausnahmen von dieser Entscheidungsregel gibt, die in diesem Abschnitt später erklärt werden. 340

BEISPIEL: In einem Industriebetrieb ergeben sich unter Einschluss der realisierbaren Stückerlöse für die Produktarten x_1 und x_2 folgende Stückbeiträge: 341

	Produktart x_1	Produktart x_2
Stückerlös (Preis)	1 050 €	1 190 €
– direkte Stückkosten	300 €	400 €
= Stückbeitrag	750 €	790 €

Die Bereitschaftskosten betragen in der Periode 1 200 000 €.

342 Der allgemeine Ratschlag des Deckungsbeitragskonzepts lautet, Produktarten mit höheren Stückbeiträgen zu Lasten von Produktarten mit niedrigeren Stückbeiträgen in der Planung des Produktionsprogramms zu bevorzugen. Eine Bestätigung findet diese Empfehlung auch durch die Rangfolge der Break-Even-Punkte.

343 **BEISPIEL:**

	Produktart x_1	Produktart x_2
Break-Even-Punkt =	$\frac{1\,200\,000}{750}$	$\frac{1\,200\,000}{790}$
=	1 600 Stück	1 519 Stück

Die Produktart x_2 weist den höheren Stückbeitrag auf und führt deshalb auch mit weniger hergestellten und abgesetzten Stücken zur Gesamtkostendeckung.

344 Oben wird von einer beliebigen Inanspruchnahme des 'Fixkostenapparats' durch die Produktarten ausgegangen. Regelfall in der Praxis sind aber nicht freie Leistungskapazitäten im Fertigungsbereich, sondern **Engpässe** – vornehmlich im Bereich verfügbarer **Maschinenstunden.** Weisen dann die Produktarten unterschiedliche Bearbeitungszeiten auf, tritt zusätzlich zur Vorteilhaftigkeitsprüfung der Produktarten über Stückbeiträge die unterschiedliche Erfolgswirksamkeit genutzter Maschinenstunden (oder anderer Engpässe). Die verfügbaren Maschinenstunden sind bestmöglich zu nutzen! Die Rangfolge der Produktarten richtet sich nun nach dem **Deckungsbeitrag einer Engpasseinheit.** Hierzu wird der Stückbeitrag von Produktarten z. B. zu der jeweils beanspruchten Bearbeitungszeit in Beziehung gesetzt. Man erhält als Vorteilhaftigkeitskriterium den Deckungsbeitrag der Engpasseinheit Maschinenstunde (sog. **relativer Deckungsbeitrag**; vgl. u. a. Coenenberg, S. 278; inhaltsgleich: **spezifischer Deckungsbeitrag**, Riebel, S. 192).

345

$$\text{relativer Deckungsbeitrag (allgemein)} = \frac{\text{Stückbeitrag}}{\text{beanspruchte Engpasseinheiten}}$$

$$\text{Deckungsbeitrag je Maschinenstunde} = \frac{\text{Stückbeitrag}}{\text{Bearbeitungszeit (Std.)}}$$

346 Die Produktart mit dem höchsten Deckungsbeitrag je Engpasseinheit (Maschinenstunde) ist bei der Gestaltung des Produktionsprogramms zunächst zu berücksichtigen. Erst wenn die Absatzmöglichkeiten für diese Produktart erschöpft sind und noch freie Maschinenkapazität vorhanden ist, wird die Restkapazität in der Reihenfolge der relativen Deckungsbeiträge anderer Produktarten ausgenutzt.

347 **BEISPIEL:**

		Produktart x_1	Produktart x_2
verfügbare Maschinenstunden	=	1 500/Periode	
Stückbeitrag		750 €	790 €
Bearbeitungszeit je Stück		0,75 Std.	1,0 Std.
Deckungsbeitrag je Maschinenstunde	=	750/0,75	790/1,0
		= 1 000 €	= 790 €

Während ein Vergleich der Stückbeiträge die Produktart x_2 vorteilhafter erscheinen lässt, führt der relative Deckungsbeitrag zu einem anderen Ergebnis. Die Leistungskapazität von 1 500 Maschinenstunden wird deshalb zunächst mit der größtmöglichen Absatzmenge von x_1 auszulasten sein.

4.2.3 Sortimentsplanung im Handelsbetrieb

4.2.3.1 Spannenkonzept – Deckungsbeitragskonzept

Der Handelsbetrieb ist ein extremer Vielproduktbetrieb, in dem eine befriedigende Ermittlung von Stück-Vollkosten unmöglich ist. Als **Behelfslösung** wird gleichwohl traditionell die **Zuschlagskalkulation** verwendet, die als Sollgröße eine zu realisierende **Handelsspanne** vorgibt. 348

Ergebnisse von Vollkostenkalkulationen sind dann nicht mehr sinnvoll zu verwenden, wenn es um die Ja-Nein-Entscheidung zur Aufnahme neuer Produkte in das Sortiment geht. Grund hierfür ist der ungeeignete Denkansatz des sog. Spannenkonzepts. Mit ihm werden letztlich nicht **Produkte** kalkuliert, sondern **Geldeinheiten**, die im Einkaufspreis von Produkten unterschiedlich häufig vertreten sind. So kommt es, dass konkurrierende Güter, die in unterschiedlichen Ausführungen angeboten werden, mit dem Spannenkonzept unzutreffend beurteilt werden. 349

BEISPIEL: In einem Handelsbetrieb sind zwei Produktarten auf ihre Erfolgsfähigkeit nach dem Spannenkonzept zu beurteilen: 350

	Artikel a	Artikel b
realisierbarer Umsatzerlös, netto	45 €	125 €
– Bezugspreis	30 €	90 €
= Rohgewinn/Stück	15 €	35 €
Handelsspanne = $\frac{\text{Rohgewinn} \times 100}{\text{Umsatzerlös}}$	$\frac{15 \times 100}{45}$ = 33,3 %	$\frac{35 \times 100}{125}$ = 28,0 %

Artikel a weist die höhere Handelsspanne auf und ist nach dem Spannenkonzept bei der Sortimentsplanung zu bevorzugen.

Nach dem Spannenkonzept ist ein Artikel mit hoher Handelsspanne erfolgsstärker als ein Artikel mit niedrigerer Spanne – ungeachtet des Unterschieds im erzielbaren absoluten Geldbetrag des Rohgewinns. Die Frage nach der Erfolgsstärke von Produkten im Rahmen von Entscheidungen zur Sortimentsgestaltung muss aber nicht lauten „Wieviel Prozent Rohgewinn erziele ich?" sondern, „Wieviel Geld verbleibt je Stück als Rohgewinn?". Dann verschiebt sich die Betrachtung hin zur entscheidungsrelevanten Differenz zwischen realisierbarem Umsatzerlös und direkten Stückkosten – also zum Denken in Deckungsbeiträgen der Produktarten. 351

UMFORMULIERUNG DES BEISPIELS: 352

	Artikel a	Artikel b
realisierbarer Umsatzerlös, netto	45 €	125 €
– Bezugspreis	30 €	90 €
= Deckungsbeitrag je Stück	15 €	35 €

Artikel b weist einen wesentlich höheren Deckungsbeitrag auf und wäre bei der Sortimentsgestaltung Artikel a vorzuziehen.

353 Die in der Praxis von Handelsbetrieben verwendeten Verfahren zur Deckungsbeitragsrechnung beschränken sich bei der **Erfassung der direkten Stückkosten** überwiegend auf den Bezugspreis der Ware. Alle zusätzlich entstehenden Handlungskosten werden als Abteilungs- oder Betriebskosten erfasst, weil

- ein ursächlicher Zusammenhang zwischen dem Verkauf eines Stücks und der Höhe von Abteilungs- bzw. Betriebskosten nicht erkennbar ist oder
- die Erfassungskosten für eine genauere Bestimmung der direkten Stückkosten im Vergleich zu dem dadurch entstehenden Informationsnutzen als zu hoch erscheinen.

354 Der erste Aspekt ist im Zuge der Vergrößerung von Organisationseinheiten des Handels nicht mehr vertretbar. Insbesondere bei den Filialbetrieben mit Warenanlieferung aus einem Zentrallager lassen sich bei den Vorgängen der physischen Warenbewegung produktbezogene Unterschiede feststellen, die im **Produktcontrolling** zu einer genaueren Kostenanalyse führen sollten:

355 **Produktmerkmale:**

- Größe
- Gewicht
- Stapelbarkeit
- Lagerungs- und Transportansprüche

356 **physische Warenbewegungen:**

- Warenannahme
- Einlagern
- Auslagern
- Kommissionieren
- Transport
- Auszeichnen
- Platzieren
- Entsorgen der Verpackung
- Kassieren
- Leergutabwicklung

357 Abhängig von der Größe eines Artikels, seinem Gewicht, seiner Stapelbarkeit in genormte Behälter, seinen Ansprüchen an besondere Transportmittel usw. entstehen bei den Warenbewegungen durchaus feststellbare Unterschiede in der Belastung von Arbeitskräften und -geräten. Diese Unterschiede sollten auch stückbezogen untersucht werden, weil es möglich sein kann, dass dadurch andere Beurteilungen der Erfolgskraft von Produktarten entstehen.

358 Das oben genannte zweite Argument gegen genauere Ermittlungen der direkten Stückkosten (zu hohe Informationskosten) ist mit dem Fortschritt der Datenverarbeitung zu entkräften. Seit es möglich ist, große Datenmengen in kurzer Zeit kostengünstig zu erfassen (Scanner-Technik) und zu verarbeiten, können umfangreichere Kostenanalysen für den Vielproduktbereich des Handels auch Erfolgsvorteile bringen.

359 Initiativen zur Verfeinerung der Produkterfolgskontrolle sind in der Bundesrepublik bekannt geworden unter dem Schlagwort **'DPR' (Direkte-Produkt-Rentabilität)**. Dabei ist die gewählte Begriffsgebung unglücklich: Unter Rentabilität wird im allgemeinen die Relation einer Erfolgsgröße (z. B. Gewinn) zu einer anderen Größe (Kapital, Umsatz) verstanden. Das ist bei 'DPR' aber nicht der Fall; es geht hier nur um die Verbesserung der bisher bekannten Stückerfolgsrechnung mit Teilkosten. Es ist also eine **„modifizierte Deckungsbeitragsrechnung“** (vgl. ISB, S. 6):

Umsatzerlös je Stück
– Bezugspreis je Stück
– weitere, eindeutig stückbezogene Kosten
= modifizierter Deckungsbeitrag je Stück (Stückbeitrag)

Vergleicht man die modifizierten Stückbeiträge nicht absolut, sondern relativ, ergibt sich eine Änderung gegenüber dem zunächst vorgestellten Stückbeitrag auf der Grundlage vom Bezugspreis der Ware. Statt der artikelbezogenen **Handelsspanne** wäre der (nach Abzug weiterer stückbezogener Kosten) jetzt niedrigere Deckungsbeitrag als **Deckungsspanne** zu bezeichnen. Weil manche Autoren diesen Ausdruck aber inhaltsgleich für den Deckungsbeitrag je Stück verwenden (z. B. Hummel/Männel, S. 40), erscheint die **Deckungsquote** ein geeigneterer Begriff zu sein. 360

$$\text{Deckungsquote der Produktart \%} = \frac{\text{modifizierter Deckungsbeitrag je Stück} \times 100}{\text{Umsatzerlös je Stück}}$$

Die ermittelten Stückbeiträge bilden die Grundlage für Sortimentsentscheidungen. Güter, die den höchsten **Stückbeitrag** erzielen werden, verdrängen erfolgsschwächere Produktarten. Diese Aussage gilt zunächst für artgleiche Produkte, die in Marktkonkurrenz stehen, und bei denen dieselbe Absatzmenge in einem Zeitraum erwartet werden kann. Diese Annahmen sind unrealistisch! 361

Verschiedenartige Produkte werden in ungleichen Mengen verkauft. Vergleichsweise niedrigere Stückbeiträge von Produktarten können durch höheren Mengenabsatz ausgeglichen werden. Entscheidungsrelevant ist also nicht die unterschiedliche Höhe der Stückbeiträge, sondern die **Summe der Stückbeiträge** von Produktarten in einem Zeitraum. 362

Die Rangfolge der Produktarten nach ihrer Erfolgsfähigkeit lässt sich übersichtlich in einem Schema abbilden, das die Positionierung jedes Artikels zeigt (vgl. Behrends, S. 204 ff.; Ruhland/Kess, S. 7): 363

Produkt-Erfolgs-Matrix:

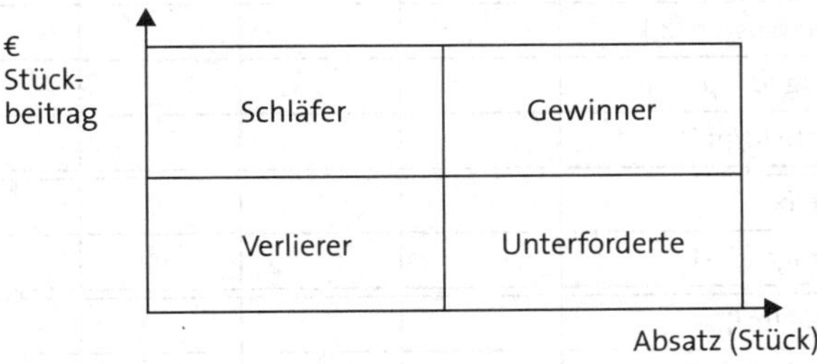

Eine andere Möglichkeit zur Klassifizierung von Produktarten ist eine **ABC-Analyse**, die Artikelgruppen mit hohem Anteil am Gesamtdeckungsbeitrag (A) von solchen mit mittlerem (B) oder niedrigem (C) trennt. (Vgl. allgemein zur ABC-Analyse Nieschlag/Dichtl/Hörschgen, S. 209.) 364

4.2.3.2 Engpassbezogene Sortimentsplanung

365 Die Grundregel für Sortimentsentscheidungen, 'Rangfolge nach der Summe von Stückbeiträgen in der Periode', muss ergänzt werden, wenn Begrenzungen bei anderen Leistungsfaktoren des Handels bestehen. Solche Begrenzungen, sog. **Engpässe**, verursacht vor allem die Lager- und Verkaufsfläche. Bei gegebener Raumkapazität muss versucht werden, die einzelne Engpasseinheit bestmöglich zu nutzen; das ist hier ein qm (m^2) oder cbm (m^3).

366 Auch artgleiche Güter können aufgrund ihrer äußeren Merkmale, speziell durch die von Herstellern gewählten Verpackungsformen, zu ungleichem Anspruch an Lager- und Verkaufsfläche führen. Um den Engpass Raum bestmöglich zu nutzen, wird der Stückbeitrag relativiert, d. h. in Beziehung zu dem beanspruchten Raumbedarf gesetzt. Das Ergebnis ist der **Deckungsbeitrag der Engpasseinheit** (m^2 oder m^3) für die jeweilige Produktart.

$$\text{Deckungsbeitrag je Einheit Fläche oder Raum} = \frac{\text{Deckungsbeitrag je Stück (Stückbeitrag)}}{\text{beanspruchte Fläche oder Raum}}$$

367 Da sich verschiedene Güterarten auch unterschiedlich schnell umschlagen, müssen die Ergebnisse vom Stück- und Raumbezug noch um den **Zeitbezug** erweitert werden, indem der Stückbeitrag mit dem erwarteten Gesamtabsatz multipliziert wird:

$$\text{Deckungsbeitrag je Einheit Fläche oder Raum in der Periode} = \frac{\text{Deckungsbeitrag je Stück} \times \text{erwarteter Absatz}}{\text{beanspruchte Fläche oder Raum}}$$

368 **Erfolgsstärke von Produkten und Produktgruppen:**

(1) Stück-Analyse

(2) Stück-Mengen-Analyse

(3) Flächen-Analyse

(4) Mitarbeiter-Analyse

		Produktgruppe I Produktarten			Produktgruppe II Produktarten	
		Ia	Ib	Iz	IIa	IIz
1	Verkaufspreis (p)					
	– direkte Stückkosten (k_v)					
	= Stückbeitrag ($d = p - k_v$)					
	Deckungsquote (d/p) %					
2	Absatzmenge (x)					
	$\sum$ Stückbeiträge ($d \cdot x$)					
3	Verkaufsfläche (m^2)					
	Deckungsbeitrag je m^2					
4	DB der Produktgruppe					
	Mitarbeiter Produktgruppe					
	DB je Mitarbeiter					

Nicht nur der verfügbare Verkaufs- und Lagerraum kann als **Engpass** angesehen werden. Auch die **Arbeitszeit des eingesetzten Personals** ist zunächst für die Planperiode begrenzt und sollte bestmöglich genutzt werden. Dieser Gesichtspunkt ist besonders bei solchen Produktarten wichtig, die eine relativ umfangreiche Beratungsleistung durch das Verkaufspersonal erfordern. Allerdings sind artikelbezogene Deckungsbeiträge von Mitarbeitern praktisch nicht zu ermitteln. Sinnvoller erscheint es, von der Produktart auf die Produktgruppe überzugehen und die Beratungsintensität in einer umfassenderen Kennzahl abzubilden, die bereits in anderer Form bei den Abteilungsergebnissen vorgestellt wurde (vgl. Rdn. 224): 369

$$\text{Deckungsbeitrag je Mitarbeiter (Produktgruppe)} = \frac{\text{Deckungsbeitrag der Produktgruppe}}{\text{Zahl der Vollzeit-Mitarbeiter}}$$

Höhere Stückbeiträge beratungsintensiver Warengruppen können in der Vergleichsbetrachtung mit anderen Waren genauer im Hinblick auf sortimentspolitische Entscheidungen ausgewertet werden. Da mittelfristig von den Handlungskosten vor allem die Personalkosten veränderbar sind, können die Daten mitarbeiterbezogener Deckungsbeiträge Hilfen für Änderungen im Personaleinsatz geben. 370

Keine der oben vorgestellten Kontrollgrößen ist allein entscheidungsrelevant. Erst aus dem **Zusammenwirken der verschiedenen Beurteilungsmaßstäbe** und unter Beachtung der marktbezogenen Notwendigkeiten der Sortimentsgestaltung können Entscheidungen zur Produktauswahl getroffen werden. Als Hilfe bieten sich Übersichten über die Erfolgsstärke von Produktarten aus der Sicht unterschiedlicher Beurteilungsmaßstäbe an – wie sie auf der vorigen Seite abgebildet ist. 371

4.3 Mehrstufige Deckungsbeitragsrechnung

Mit der Zerlegung von Erfolgsbeiträgen auf Stücke, Prozesse, Abteilungen, Betriebsteile u. a. werden in Voll- und Teilkostenkonzeptionen unterschiedliche Informationsziele verfolgt. Liegen derart differenzierte Daten über Kosten- und Erlössituationen vor, lässt sich die Erfolgslage eines Betriebs transparenter darstellen als mit der summarischen Gegenüberstellung von Kosten und Leistungen. 372

Grundaufbau mehrstufiger Ergebnisrechnungen: 373

Umsatzerlöse	Umsatzerlöse
– variable Kosten der Produktarten	– Einzelkosten der Produktarten
= Deckungsbeiträge der Produktarten	= Deckungsbeiträge der Produktarten
– Betriebsfixkosten	– Gemeinkosten der Produktarten
= Betriebserfolg	= Betriebserfolg

Werden alle variablen Kosten auch als Einzelkosten zugerechnet, decken sich beide Rechenkonzeptionen. Das wird in der Praxis allerdings selten der Fall sein, weil nicht alle erkennbaren Kostenveränderungen auch den Bezugsgrößen direkt als Einzelkosten zugerechnet werden. 374

375 In der Literatur sind für diese **mehrstufige Ergebnisrechnung** unterschiedlich gegliederte Abrechnungsmuster vorzufinden unter den Bezeichnungen **Direct Costing**, differenzierte oder **mehrstufige Deckungsbeitragsrechnung**, **Fixkostendeckungsrechnung** u. a. (vgl. Riebel, S. 46 ff.; Schweitzer/Küpper, S. 338; Reichmann, S. 98 ff.; H. K. Weber, 1991, S. 200 ff.; Witt, S. 47 ff.; Darstellung mit praktischen Beispielen bei Eisele, S. 532 ff.).

376 Für weitergehende Informationszwecke ist eine Zerlegung der nicht stückbezogen erfassten Kosten vorzunehmen. Ausgangspunkt der differenzierter abgestuften Erfolgsermittlung ist beispielsweise die Situation in einem Handelsbetrieb, der verschiedene Produktarten in verschiedenen Verkaufsabteilungen anbietet:

377 **Mehrstufige Deckungsbeitragsrechnung:**

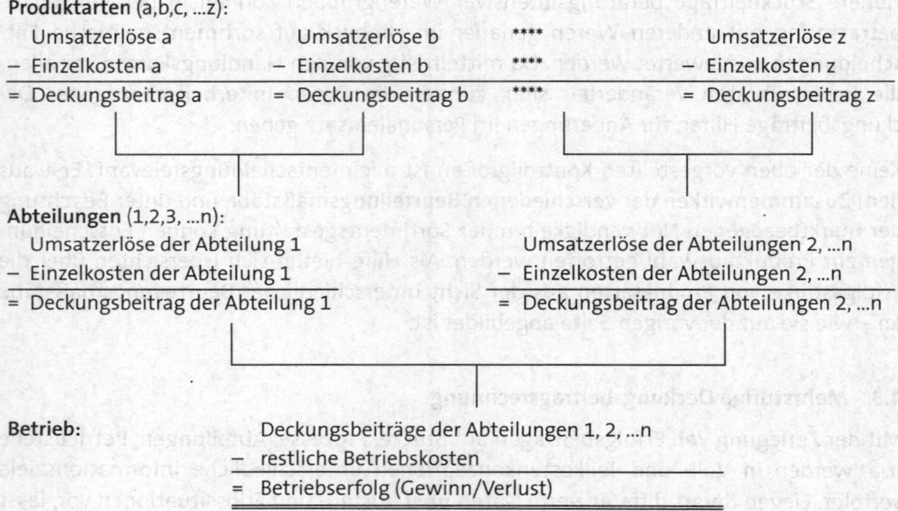

378 Oben wird der Ansatz deutlich, die Erfolgswirkungen der Entscheidungen von Personen abzubilden, womit Abteilungsleiter nur solche Kosten und Leistungen verantworten müssen, die aus ihren Entscheidungen erwachsen. Wie weit dabei die **Kostendifferenzierung nach Verantwortung** gehen kann, soll an einem Beispiel gezeigt werden.

379 **BEISPIEL:** Angenommen, ein Handelsbetrieb unterhält einen Fuhrpark zur Warenauslieferung. Diese Leistung wird sicherlich von den Fachabteilungen unterschiedlich stark in Anspruch genommen (Möbel, Bekleidung, Haushaltswaren, Lebensmittel, ... mit unterschiedlichen Notwendigkeiten eines Lieferservices). Die Fuhrparkkosten setzen sich zusammen aus **Bereitschaftskosten** (zeitbezogene Abschreibung, Kfz-Steuer, Versicherung, ...) und **Leistungskosten** (Treibstoff, Wartung, ...). Hinzu kommen Personalkosten, deren Zuordnung als 'fix' oder 'variabel' von der Einsatzmöglichkeit der Mitarbeiter abhängt. Die Ja-Nein- Entscheidung über einen Fuhrpark wird sicherlich nicht von Leitern der Fachabteilungen getroffen. Deshalb müssten die Bereitschaftskosten zu den restlichen Betriebskosten gezählt werden. Der Umfang variabler Kosten des Fuhrparks hängt dagegen von den Verhandlungen mit Kunden ab, weshalb diese Leistungskosten auch den Abteilungen nach beanspruchten Fahrleistungen zugerechnet werden könnten.

Das **Abrechnungsmuster** für eine Betriebs- und Bereichsergebnisrechnung sollte **nach der Entscheidungskompetenz** von Betriebs- und Abteilungsleitern für bestimmte Kostenarten aufgebaut sein. Nach den produktbezogenen Deckungsbeiträgen werden die Deckungsbeiträge von Abteilungen in mehreren Abstufungen ermittelt: Personalkosten, Fuhrparkkosten, ggf. Werbekosten und andere, in ihrer Höhe auch durch Entscheidungen in den Abteilungen beeinflusste Kostenarten führen zu Zwischenergebnissen als eigenständige Kontrollgrößen. Diese Denkweise führt in allen Wirtschaftszweigen grundsätzlich zu demselben Aufbau der mehrstufigen Ergebnisrechnung: 380

Mehrstufige Deckungsbeitragsrechnung: 381

Abrechnungsebene Betrieb bzw. Filiale:

	Bruttoerlöse der Produktarten
–	Umsatzsteuer
=	Nettoerlöse der Produktarten
–	Erlösschmälerungen (Rabatte, Skonti)
=	Netto-Nettoerlöse der Produktarten
–	direkte Kosten der Produktarten
=	Deckungsbeiträge der Produktarten
–	direkte Kosten der Produktgruppen
=	Deckungsbeiträge der Produktgruppen
–	direkte Kosten der Abteilungen
=	Deckungsbeiträge I der Abteilungen
–	Leistungskosten der indirekten Bereiche
=	Deckungsbeiträge II der Abteilungen
–	restliche Betriebskosten
=	Betriebserfolg (Gewinn/Verlust)

Abrechnungsebene operativer Unternehmensbereich:

	Summe der Betriebserfolge
–	Bereitschaftskosten der Zentralbereiche
=	Operatives Unternehmensergebnis

Jedes Unternehmen wird für seine Struktur ein zweckmäßiges Verfahren zur Erfolgsplanung und -kontrolle von Leistungsbereichen entwickeln müssen. Dafür gibt es keine Ideallösung, sondern nur Anregungen, die in die spezifische Unternehmenssituation zu übertragen sind. (Zum Aufbau mehrstufiger Ergebnisrechnungen vgl. insbes. Schweitzer/Küpper, S. 339 ff.) 382

V. Erfolgsplanung, Erfolgskontrolle und Abweichungsanalyse

1. Sachliche und personelle Perspektiven der Abweichungsanalyse

383 Die Kosten- und Leistungsrechnung soll Daten zur Planung und Kontrolle des Leistungsprozesses in Betrieben bereitstellen. Zum einen liefert sie Unterlagen, mit denen im Voraus die Vorteilhaftigkeit von geplanten Maßnahmen überprüft werden kann. Zum anderen soll sie nach Abschluss eines durchgeführten Vorhabens darüber informieren,

- ob Vorgabewerte eingehalten werden konnten bzw. in welchem Umfang es zu Planabweichungen gekommen ist und
- worin die Ursachen für Planabweichungen bestehen.

Die Erfüllung dieser Controllingaufgabe bereitet in jedem Wirtschaftszweig ihre speziellen Probleme. Im Folgenden soll sie am anschaulichsten Beispiel eines Industriebetriebes erläutert werden. Analysen für andere Wirtschaftszweige lassen sich davon relativ einfach ableiten.

384 Die Planung von Leistungsprozessen beginnt mit der Bestimmung von realisierbaren Absatzmengen der Güterarten und den erzielbaren Umsatzerlösen. Hier liegt eine aufgabenbezogene Schnittstelle von „Marketing" und „Controlling". Wenn der Planungshorizont sehr weit gefasst wird, führen die Marktinformationen zu Rückwirkungen bis zur Produktgestaltung und den darüber zu beeinflussenden Kosten: Am Markt realisierbare Produktpreise führen – nach Abzug erwarteter Gewinnmargen – zu Kostenvorgaben (**Zielkostenmanagement, Target Costing**).

385 Der Absatzplanung folgt die Ermittlung der für die geplante Produktionsmenge voraussichtlich anfallenden Gesamtkosten (**Plankosten**). „Die Plankosten sind gewissermaßen befohlene Kosten." (Schmalenbach, Kostenrechnung, S. 22). Im englischen Sprachraum wird hierfür der anschauliche Begriff „allowable costs" verwendet. Plankosten sind somit Kostenvorgaben für einen bestimmten Leistungsumfang innerhalb eines Zeitraumes auf der Grundlage geplanten mengenmäßigen Faktorverbrauchs und geplanter Faktorpreise.

386 Solche Planwerte beruhen auf Annahmen und Schätzungen. Sie bergen grundsätzlich Unsicherheiten in sich. Ursachen hierfür sind interne und externe **Einflussfaktoren**:

- Eine erwartete Ergiebigkeit der Produktionsfaktoren kann über- oder unterschritten werden: Es kommt zu Abweichungen beim **Verbrauch** von Arbeit, Anlagen, Material und Kapital.
- Die den Planungen zugrunde liegenden **Preise** für Produktionsfaktoren können Änderungen erfahren: Wenn beispielsweise der Einkaufspreis für Fertigungsmaterial steigt, wird selbst beim Einhalten des geplanten (mengenmäßigen) Verbrauchs eine Kostenabweichung auftreten.
- Nicht zuletzt kann es aufgrund von technischen oder absatzpolitischen Einflüssen zu einer veränderten Leistungs- bzw. **Herstellungsmenge** kommen. Selbst bei Preiskonstanz und eingehaltenem Planverbrauch treten Kostenabweichungen auf. Ihr Ausmaß hängt vom Änderungsverhalten der Kostenarten ab (sog. Reagibilitätsgrad). Für fixe und auch variable Kosten besteht aufgrund von Verträgen bzw. Kündigungsfristen ein unterschiedliches Beharrungsvermögen (Kostenremanenz).

387 Die zuvor erläuterten Ursachen für Abweichungen zwischen geplanten Kosten (**Plankosten**) und realisierten Kosten (**Istkosten**) treten zumeist nicht isoliert auf. Es kommt

zur Verstärkung der Gesamtabweichung oder zum Ausgleich gegenläufiger Kostenänderungen. Werden beispielsweise weniger Stücke hergestellt als geplant, sinken die Gesamtkosten um anteilige beschäftigungsabhängige Kosten. Wegen der geringeren Abnahmemenge von Rohstoffen können aber beim Einkauf Mengenrabatte entfallen, was zu einer Kostensteigerung beim Material führt. Andererseits ist es in diesem Fall auch denkbar, dass bei geringerer Kapazitätsauslastung die Ausschussquote abnimmt und somit ein Minderverbrauch beim Material eintritt. Alle denkbaren Fallgestaltungen zu Kosteneinflussgrößen bestätigen den hohen Bedeutungsgrad einer Rechnung, deren Aufgabe es ist,

1. den Umfang der gesamten **Kostenabweichung** zu ermitteln und
2. im Wege einer **Abweichungsanalyse** die Ursachen der Kostenabweichung aufzudecken.

Neben die oben beschriebene sachbezogene Perspektive der Abweichungsanalyse tritt 388 eine personenbezogene. Einerseits werden Gütermengen in Kosten- und Leistungswerten erfasst und ausgewertet. Andererseits sind Kosten und Leistungen auch immer die Folgen von Entscheidungen der verantwortlichen Mitarbeiter im Betrieb. Insbesondere vor dem Hintergrund einer „Ergebnisbeteiligung" der Mitarbeiter bekommt die Abweichungsanalyse eine besondere Controllingfunktion: Die Daten sollen Handlungsergebnisse von Mitarbeitern transparent machen und – im Umkehrschluss – die Mitarbeiter zu zielgerichteten Entscheidungen anhalten. Der sachbezogene Aspekt des Controllings wird somit um eine **verhaltenssteuernde Komponente** ergänzt (**Bahavioral Controlling**). Mit der hier entstehenden „persönlichen Betroffenheit" von Mitarbeitern erreicht das Controlling eine Grenzlinie zwischen Wirtschafts- und Verhaltenswissenschaften.

Um negative Rückwirkungen der Controllingdaten auf Handlungsweisen der Mitarbei- 389 ter zu begrenzen, ist auf eine verursachungsgerechte Datenermittlung und -zurechnung abzustellen. Anders ausgedrückt: Bei Mitarbeitern ist sicherlich die Einsicht vorhanden, dass die ihnen für einen Verantwortungsbereich übertragene Entscheidungskompetenz eine Kontrolle der (mit Kosten und Leistungen) verbundenen Handlungsergebnisse nach sich zieht. Andererseits hat der Mitarbeiter aber auch einen Anspruch darauf, dass seine Handlungen nur mit Daten erfasst und beurteilt werden, auf deren Entstehung und betragsmäßiges Ausmaß er selbst Einfluss nehmen konnte.

2. Erlös-, Preis- und Verbrauchsabweichungen

Der Ablauf einer Abweichungsanalyse beginnt mit der Erfassung von geplanten und 390 realisierten **Leistungen**. Im Wesentlichen konzentriert sich die Betrachtung auf **Umsatzerlöse**. Sie werden bestimmt von Absatzmengen und Verkaufspreisen. Im theoretischen Fall, dass ein Betrieb nur eine spezielle Produktart herstellt und verkauft, sind Erlösabweichungen relativ einfach über Mengen- und Preisabweichungen zu begründen. Die Ursachen dieser Abweichungen sind dagegen nicht so einfach darzustellen.

So sind Absatzrückgänge als Folge vorgenommener Preiserhöhungen nicht allein dem 391 Verantwortungsbereich der Verkaufsabteilung zuzuweisen, wenn die Preiserhöhung aufgrund gestiegener Herstellungskosten erfolgte. Eine Rückkopplung mit den Ursachen der Kostensteigerung ist also unerlässlich. Im normalen „Mehrproduktfall" ist eine differenzierte Analyse der Erlösabweichungen erforderlich, die über die bloße Feststellung von Mengen- und Preisabweichungen hinausgeht. So stehen hier fertigungs- oder absatzbezogene Verbundeffekte zwischen den Güterarten oft einer klaren Abgrenzung der Abweichungsursachen und – damit – den Verantwortlichkeiten entgegen.

392 Für die Abweichungsanalyse der **Kosten** sind – im positiven wie im negativen Sinn – zu ermitteln:

- Kostenabweichungen aufgrund veränderter Kapazitätsauslastung,
- Verbrauchsabweichungen bei der tatsächlichen Leistungsmenge und
- Preisabweichungen beim Faktorverbrauch für die tatsächliche Leistungsmenge.

393 Im Mittelpunkt der **Abweichungsanalyse** für Kosten stehen die Preis- und Verbrauchsabweichung bei der tatsächlichen Leistungsmenge. Die **Preisabweichung** lässt erkennen, in welchem Umfang **externe Einflüsse** zu Planabweichungen führten (veränderte Wiederbeschaffungspreise bei Material und Anlagen, tarifliche Anpassungen der Mitarbeitervergütungen). Zwar kann die Betriebs- bzw. Bereichsleitung diesen Faktoren in der Regel relativ wenig entgegenwirken. Trotzdem liegt hier der Ansatzpunkt zur längerfristigen Kontrolle der Erfolgsaussichten des Betriebes, indem das Verhältnis zwischen gestiegenen Faktorpreisen und den Möglichkeiten von eigenen Preiserhöhungen am Absatzmarkt überprüft wird.

394 Bedeutsamer ist die Ermittlung der **Verbrauchsabweichung**. Hier werden die **internen Einflüsse** auf die Kostenentwicklung herausgefiltert. Mit diesen Daten werden Änderungen in der Ergiebigkeit der Produktionsfaktoren deutlich gemacht und damit Ansatzpunkte für eine gezielte Leistungskontrolle gegeben.

BEISPIEL: KOSTENKONTROLLE

395 Ein Industriebetrieb plante für einen Leistungszeitraum die Fertigung von 7 000 Einheiten seines Erzeugnisses x. Für diese Planbeschäftigung wurden als Plankosten ermittelt:

1. kapazitätsfixe Periodenkosten 560 000,-
2. stückvariable Kosten 180,-/x, und zwar
   Materialkosten (Verbrauch = 3 kg/x, Einkaufspreis = 35,-/kg) = 105,-/x,
   Fertigungslohn 75,-/x.

Für 7 000 x ergaben sich demnach Plankosten von 1 820 000,-.

Am Ende des Leistungszeitraums werden für eine Gesamtleistung von 7 000 x jedoch Gesamtkosten in Höhe von 1 876 000,- ermittelt.

Als einführendes Beispiel ist ein Fall gewählt, bei dem die Istmenge mit der Planmenge übereinstimmt. Trotzdem ist es zu einer Kostenabweichung gekommen:

396 **Kostenabweichung der Istmenge:**

	im Beispiel
Istkosten der Istmenge	1 876 000,-
– Plankosten der Istmenge	– 1 820 000,-
= Kostenabweichung der Istmenge	= 56 000,-

397 Welche Ursachen kann diese Kostenabweichung haben? Man könnte zunächst der Meinung sein, dass die Abweichungsanalyse sich nur auf die „variablen Kosten“ zu bezie-

hen habe, wie sie im Beispiel mit dem Materialverbrauch und den Kosten für ausführende Arbeit vorliegen. Dann würde sich eine nähere Betrachtung der Fixkosten erübrigen, weil es sich dabei um nicht veränderbare Kosten handele. Diese Annahme ist jedoch unzutreffend.

Die Definition der fixen Kosten stellt nur darauf ab, dass solche Kostenarten keine Abweichung durch Auslastungsänderungen der Kapazität erfahren. Nur dieser Gesichtspunkt wird mit „fix" umschrieben. Aufgrund anderer Einflüsse können sich diese Kostenarten gleichwohl ändern. Ein praxisnahes Beispiel für diese Aussage sind die zeitbezogen anfallenden Arbeitskosten (Gehälter). Diese ändern sich zwar nicht bei unterschiedlichen Auslastungen der Leistungskapazität; wohl aber ist es der Normalfall, dass sie sich in einem Leistungszeitraum aufgrund von Tarifanpassungen ändern. 398

Auch bei den zeitbezogenen Abschreibungen kann es zu Abweichungen zwischen Plan- und Istkosten kommen, wenn der Anlagenverbrauch nach dem Tageswertprinzip ermittelt wird und es zu Preisänderungen bei diesen Gegenständen kommt. Das Ausmaß solcher – extern begründeten – Kostenveränderungen kann auch bei sorgfältiger Kostenplanung nicht vorausgesehen werden. Deshalb sind auch „fixe" Kosten genauer im Hinblick auf mögliche Preisabweichungen zu betrachten. 399

Auf die Ermittlung von **Preisabweichungen** kann nur verzichtet werden, wenn Istkosten und Plankosten auf der Grundlage von unveränderten Faktorpreisen ermittelt wurden (Ansatz von **Festpreisen**). In diesem Fall werden externe Kosteneinflüsse durch veränderte Marktpreise ausgeschaltet – können aber auch nicht in ihrem tatsächlichen Ausmaß beurteilt werden. 400

Informationen über Preisabweichungen sind relativ einfach aus dem Datenmaterial des Rechnungswesens, der Personalwirtschaft oder der Einkaufsabteilung zu ermitteln: 401

ERGÄNZUNG ZUM BEISPIEL „KOSTENKONTROLLE":

Eine Überprüfung der Faktorpreise führt zu dem Ergebnis, dass der Preis des Fertigungsmaterials zur Periodenmitte um 2,-/kg gestiegen ist. Die Produktionskapazität wurde im Leistungszeitraum gleichmäßig ausgelastet.

Der Gesamtumfang preisbedingter Kostenabweichungen bei Planverbrauch kann festgestellt werden, indem man die Gesamtkosten des planmäßigen Mengenverbrauchs (3 kg/x) miteinander vergleicht, bewertet einmal mit Istpreisen und einmal mit Planpreisen:

Preisabweichung bei Planverbrauch: 402

	im Beispiel	
Planverbrauch der Istmenge zu Istpreisen	10 500 kg × 35,- 10 500 kg × 37,-	756 000,-
– Planverbrauch der Istmenge zu Planpreisen	21 000 kg × 35,-	– 735 000,-
= Preisabweichung bei Planverbrauch		= 21 000,-

Die Aussage zur Preisabweichung bei Planverbrauch gilt unter der Annahme gleichmäßiger Produktion. Dann wird die Preiserhöhung zur Jahresmitte nach dem Grundsatz der Bewertung des Materialverbrauchs zum Tagespreis des Verbrauchstages – unabhängig vom tatsächlichen Einkaufspreis – für die Produktionsmenge aus der zweiten Jahreshälfte kostenwirksam. 403

404 Die Preisabweichung bei Planverbrauch (21 000,-) erfasst erst einen Teil der gesamten Kostenabweichung (56 000,-). Zu analysieren ist die verbleibende Kostensteigerung (35 000,-). Es könnte angenommen werden, dass es sich dabei ausschließlich um **verbrauchsbedingte Mehrkosten** handelt, weil ja **preisbedingte Mehrkosten** schon erfasst wurden. Das ist jedoch nicht der Fall: Der Mehrverbrauch nach Preiserhöhung (zur Jahresmitte) enthält auch Preisabweichungen. Bei der Verbrauchsabweichung zu Istpreisen (35 000,-) handelt es sich somit um eine **gemischte Abweichung.**

405 Rechnungsziel zur Kontrolle interner Ergiebigkeiten des Faktoreinsatzes ist die **Verbrauchsabweichung zu Planpreisen**. Hierzu müssen Anteile der Preisänderungen, die auf die Verbrauchsänderungen entfallen, ermittelt und der Kontrollgröße „Preisabweichungen" zugewiesen werden. Kilger nennt den Einfluss von Preisänderungen auf die Istkosten des Mehrverbrauchs **Preisabweichung zweiten Grades** (Kilger, Plankostenrechnung, S. 170). Die Preisabweichung bei Planverbrauch wäre dann eine „Preisabweichung ersten Grades".

406 **Preis- und Verbrauchsabweichung:**

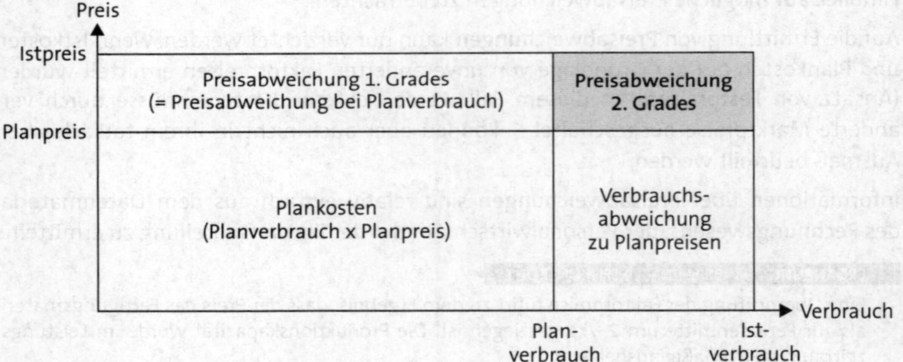

407 Von der Verbrauchsabweichung zu Istpreisen ist die Preisabweichung zweiten Grades abzuziehen, um die für interne Kontrollmaßnahmen benötigte „Verbrauchsabweichung zu Planpreisen" zu erhalten. Dies kann auf zwei Wegen erfolgen:

- Entweder ermöglichen genaue Aufzeichnungen über Zeitpunkt und Umfang des Verbrauchs (z. B. Materialentnahmescheine) in Abstimmung mit den jeweils gültigen Preisen eine Ermittlung des Preisanteils in der Verbrauchsabweichung zu Istpreisen oder
- es müssen Annahmen über Verbrauchsvorgänge getroffen werden.

408 Unter den im Beispiel gesetzten Annahmen (gleichmäßige Auslastung, gleichmäßiger Mehrverbrauch, Kenntnis von Zeitpunkt und Ausmaß der Preiserhöhung) lassen sich beide Abweichungsursachen in „reiner" Form ermitteln:

reine Verbrauchsabweichung 409
(Verbrauchsabweichung zu Planpreisen):

		im Beispiel
	Verbrauchsabweichung zu Istpreisen	35 000,-
+/–	Preisabweichung durch Mehr-/Minderverbrauch $^1/_2$ Δkg × 35 + $^1/_2$ Δkg × 37 = 35 000; Δkg = 972,22 kg, $^1/_2$ Mehrverbrauch × Δp/kg = 486,11 × 2,- € = 972,22 €	– 972,22
=	reine Verbrauchsabweichung	= 34 027,78

reine Preisabweichung 410
(Preisabweichung bei Istverbrauch):

		im Beispiel
	Preisabweichung bei Planverbrauch	21 000,-
+/–	Preisabweichung durch Mehr-/Minderverbrauch	+ 972,22
=	reine Preisabweichung	= 21 972,22

In der Praxis werden gleichmäßige Leistungs- und Verbrauchsabläufe nicht vorliegen, 411 weil z. B. zu verschiedenen Jahreszeiten auch unterschiedliche Arbeitsqualitäten festzustellen sind (Karnevals-, Vor- und Nachurlaubszeiten ...). Dann setzt eine aussagefähige Abweichungsanalyse genauere Datenerfassungen „vor Ort" voraus und verursacht damit auch zusätzliche Informationskosten.

Ergänzung: Über die **Kostenverantwortlichkeit** der Preisabweichung zweiten Grades 412 sind die Meinungen in der Praxis geteilt. Zweifellos ist es eine Preisabweichung, die durch den Einkauf teureren Materials entstanden ist. Dann liegt es nahe, hierfür den Einkäufer verantwortlich zu machen, weil er es nicht verstanden hat, die Preissteigerung abzuwehren. Es ist in der Controllingpraxis aber auch nicht ungewöhnlich, diese Preisabweichung aufgrund des Mehrverbrauchs der Fertigungsstelle anzulasten. Bei planmäßigem Materialverbrauch hätte es diese Kostenabweichung nicht gegeben!

Zusammengefasst lassen sich die Ermittlungsschritte und Daten der Abweichungsanalyse für den Fall, dass die geplante Produktionsmenge auch tatsächlich hergestellt wurde, wie folgt darstellen:

413 **Aufbau einer Abweichungsanalyse:**

		im Beispiel
	Istkosten der Istmenge	1 876 000,-
–	Plankosten der Istmenge	- 1 820 000,-
=	Kostenabweichung der Istmenge	= 56 000,-
+/–	Preisabweichung bei Planverbrauch	- 21 000,-
=	Verbrauchsabweichung zu Istpreisen	= 35 000,-
+/–	Preisabweichung durch Mehr-/Minderverbrauch	- 972,22
=	**reine Verbrauchsabweichung**	= **34 027,78**
=	**reine Preisabweichung**	**21 972,22**

3. Abweichungsanalyse bei veränderter Produktionsmenge

414 Im einführenden Beispiel zur Abweichungsanalyse wurde unterstellt, dass die für eine Periode geplante Produktionsmenge auch tatsächlich hergestellt wurde. In der Praxis besteht aber häufig ein Unterschied zwischen Planmenge und Istmenge.

BEISPIEL: Abweichungsanalyse bei Veränderung der Produktionsmenge

Ein Industriebetrieb plante für eine Periode die Produktion von 7 000 Stück und ermittelte hierfür Plankosten von 1 820 000,-. Tatsächlich wurden dann nur 5 600 Stück produziert. Die Istkosten hierfür betragen 1 612 800,-.

415 Die Abweichungsanalyse verlangt als Bezugsgrundlage einen **einheitlichen Mengenbezug**. Die Istkosten der Istmenge können nur mit den Plankosten derselben Menge verglichen werden. Weicht die Istmenge von der geplanten Menge ab, müssen die Plankosten an die veränderte Menge angepasst werden.

416 Der einfachste Weg für eine Umrechnung von Kosten einer Planmenge in diejenigen der Istmenge besteht darin, die Plankosten entsprechend der relativen Beschäftigungsabnahme umzurechnen. Dabei wird ein proportionaler Zusammenhang zwischen Ausbringung und Kostenhöhe unterstellt. Hintergrund dieses Vorgehens ist der Ansatz der **starren Plankostenrechnung**, bei der Plankosten für eine bestimmte geplante Produktionsmenge ermittelt und daraus dann Plan-Stückkosten abgeleitet werden.

417 Die starre Plankostenrechnung ermittelt Plankosten der tatsächlichen Beschäftigungslage über einen **Planverrechnungssatz** (Plan-Stückkosten).

$$\textbf{Planverrechnungssatz}\text{ (Plan-Stückkosten)} = \frac{\text{Plankosten der Planmenge}}{\text{Planmenge}}$$

$$\textit{im Beispiel} = \frac{1\,820\,000}{7\,000} = \underline{\underline{260,-}}$$

Mit diesem **Planverrechnungssatz** (auch: Plankalkulationssatz) werden Leistungen zwischen Betriebsteilen innerhalb einer Periode abgerechnet. Hier dient der Planverrechnungssatz als **Verrechnungspreis**. Im Beispiel ergeben sich verrechnete Plankosten für die tatsächlich produzierte Menge in Höhe von (5 600 × 260,- =) 1 456 000,-. 418

Es liegt jetzt nahe, die verrechneten Plankosten der Istmenge mit den Istkosten derselben Menge zu vergleichen:

Kostenabweichung der Istmenge (starre Plankostenrechnung): 419

	im Beispiel
Istkosten der Istmenge	1 612 800,-
– verrechnete Plankosten der Istmenge	– 1 456 000,-
= Kostenabweichung der Istmenge	= 156 800,-

Welche Rückschlüsse lassen sich aus dieser Kostendifferenz ziehen? Handelt es sich wirklich um Mehrverbrauch an Material und Arbeit oder um gestiegene Faktorpreise, die zu einer Kostensteigerung gegenüber dem Vorgabewert geführt haben? Oder ist nicht zunächst ein „Denkfehler" bei der Umrechnung der Plankosten auf die Istmenge für das Ausmaß der Kostendifferenz bestimmend? 420

Die Umrechnung von Kosten der Planmenge auf Kosten der Istmenge erfolgt hier unter der Annahme, dass sich alle Kostenarten gegenüber der Kapazitätsauslastung veränderlich zeigen. Es werden also voll variable Kosten unterstellt. Diese Voraussetzung liegt in der Praxis jedoch nicht vor. Ein Teil der Kosten bleibt innerhalb eines Zeitraums für eine Leistungskapazität unverändert (Fixkosten). Bei einer Abweichung der Istmenge von der Planmenge dürften solche Kostenarten nicht proportional zur Mengenabweichung verändert werden. 421

Damit ist der Aussagewert der starren Plankostenrechnung festgelegt: Sie liefert nur verwendbare Grundlagen für eine Kostenkontrolle, wenn die Abweichung von der Planmenge sehr gering ist *und* der Anteil fixer Kosten an den Gesamtkosten sehr niedrig ist. In allen anderen Fällen ist die Umrechnung der Plankosten auf die tatsächliche Produktionsmenge wirklichkeitsfremd. Wenn in der Praxis die Auslastungsschwankungen überschaubar sind, erfolgen betriebsinterne Lieferungen mit dem Planverrechnungssatz. Die vereinfachende Fixkostenproportionalisierung wird in der **Nachkalkulation** korrigiert. 422

Für eine aussagefähige Kostenkontrolle sollten die tatsächlichen Kostenveränderungen zur Rechengrundlage gemacht werden. Dabei werden dann auch die Fehler der starren Plankostenrechnung erkannt. Hierfür wurden Verfahren entwickelt, mit denen sich realistische Plankosten für unterschiedliche Produktionsmengen ermitteln lassen. Dies ist die gedankliche Grundlage der **flexiblen Plankostenrechnung**. Dabei ist es in der Literatur üblich, den Ausdruck „Plankosten" nur für die Kosten der geplanten Menge zu benutzen. Die Plankosten der tatsächlich produzierten Menge werden als Sollkosten bezeichnet; genauer: **Sollkosten** sind Plankosten der Istmenge unter der Annahme des geplanten mengenmäßigen Verbrauchs je Einheit und geplanter Faktorpreise. 423

424 Zur Ermittlung der Sollkosten ist eine genaue Betrachtung jeder Kostenart im Hinblick auf ihr Verhalten bei Beschäftigungsänderungen notwendig. Damit wird wiederum die Auflösung der Gesamtkosten in fixe und variable Teile relevant.

425 An die obige Aussage könnte unmittelbar als Folge angeschlossen werden, dass Kosten, die sich bei Mengenvariation nicht ändern (Fixkosten), auch aus einer Abweichungsanalyse herauszuhalten sind. Dies ist der Ansatz der **Grenzplankostenrechnung**. Diesem Vorschlag kann nur gefolgt werden, wenn bei der Bewertung der Kostengüter **Festpreise** herangezogen wurden. Nur dann können bei „fixen Kosten“ keine Kostenabweichungen aufgrund von Preisänderungen auftreten. Da sich in der Praxis aber auch bei „fixen Kosten“ unvorhersehbare Auswirkungen von Tarifanpassungen (Gehälter) bzw. vertraglichen Preisgleitklauseln (Mieten) ergeben, sind auch Preisänderungen der „fixen Kosten“ controllingrelevant. Nach dem Informationsauftrag der Kostenrechnung sind sowohl die Gesamtkosten des Betriebes bzw. seiner Kostenstellen als auch die Stückkosten nach Voll- und Teilkostenkonzeption zu ermitteln. Es wird für eine umfassende Erfolgskontrolle deshalb nicht ausreichen, nur die variablen Kosten zu betrachten.

426 **Plankosten, Sollkosten, verrechnete Plankosten und Istkosten im System der starren und flexiblen Plankostenrechnung:**

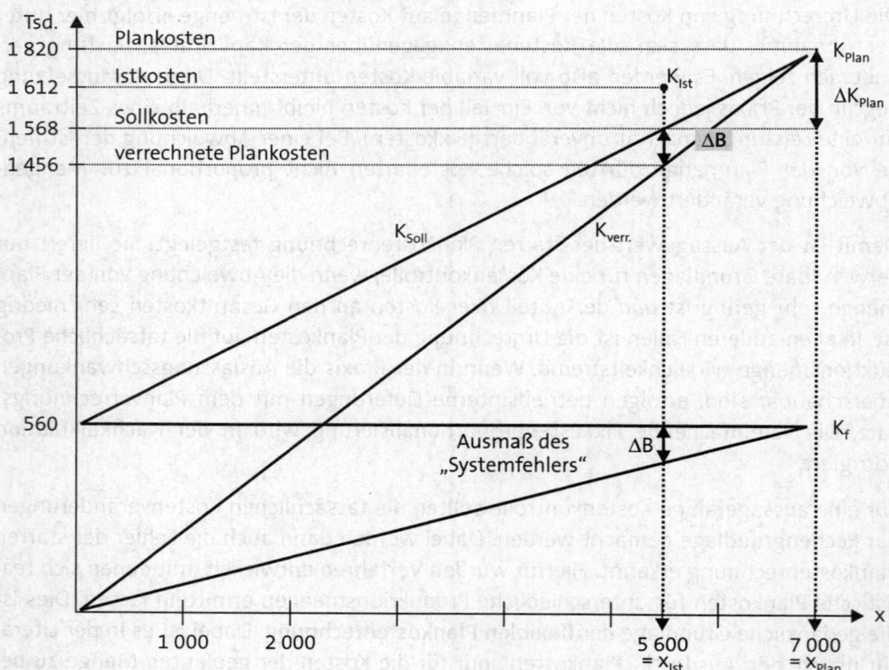

427 Die Differenz zwischen Plankosten und Sollkosten (ΔK_{Plan}) ist eine Kostenabweichung, die aufgrund der veränderten Produktionsmenge plangemäß entsteht bzw. entstehen soll. Als Bezeichnung hierfür bietet sich der Ausdruck „Beschäftigungsabweichung“ an, der nun aber leider in der Literatur für das wertmäßige Ausmaß des „Systemfehlers“ in

der starren Plankostenrechnung verwendet wird (ΔB). Der Einfachheit halber soll hier von einer **Plankostenabweichung** gesprochen werden, um damit eine plangemäße Kostenabweichung aufgrund veränderter Kapazitätsauslastung zu umschreiben. Der Ausdruck **Losgrößenabweichung** könnte den tatsächlichen Auslöser für diese Kostenabweichung vielleicht besser treffen.

Plankostenabweichung (Losgrößenabweichung): 428

	Plankosten der Istbeschäftigung	(Sollkosten)
–	Plankosten der Planbeschäftigung	(Plankosten)
=	Plankostenabweichung	(Losgrößenabweichung)

Nachdem im **System der flexiblen Plankostenrechnung** die Plankosten der Istmenge (Sollkosten) ermittelt wurden, können – wie unter Abschnitt V.2. erklärt – die für Kontrollzwecke bedeutsamen Abweichungen zwischen Istkosten und Sollkosten ermittelt werden: Preisabweichung und Verbrauchsabweichung. Die Ergebnisse der Abweichungsanalyse fließen in die strategische und operative Planung der künftigen Betriebsabläufe ein. 429

Die dargestellten Verfahren zur Kostenplanung und -kontrolle sind auf die personellen Verantwortlichkeiten abzustimmen. Mit der „**Delegation von Verantwortung**" ist im arbeitsteiligen Management auch eine Trennung der Kostenverantwortlichkeiten erforderlich. Hier lassen sich Überschneidungen von Zuständigkeiten häufig nicht konfliktfrei vermeiden. Der Grundsatz „Verantwortlichkeit zieht Kontrolle nach sich" stößt deshalb in seiner Umsetzung an Grenzen. Die Verzahnung von betrieblichen Prozessen steht häufig einer verursachungsgerechten Zuweisung von personellen Kostenverantwortlichkeiten entgegen.

Literaturangaben:

Gesamtdarstellungen: *Coenenberg/Fischer/Günther,* Kostenrechnung und Kostenanalyse, 9. Aufl., Stuttgart 2016; *Horváth/Gleich/Seiter,* Controlling, 14. Aufl., München 2019; *Seal/Rohde/Garrison/Noreen,* Management Accounting, 6. Aufl., Maidenhead 2018; *Schweitzer/Küpper/Friedl/Hofmann/Pedell,* Systeme der Kosten- und Erlösrechnung, 11. Aufl., München 2016; *Weber/Schäffer,* Einführung in das Controlling, 16. Aufl., Stuttgart 2020; *Wedell/Dilling,* Grundlagen des Rechnungswesens, 16. Aufl., Herne 2018.

Textverweise: *Adam*, Entscheidungsorientierte Kostenbewertung, Wiesbaden 1970; *Adler/Düring/Schmaltz,* Rechnungslegung und Prüfung der Unternehmen, 5. Aufl., Stuttgart 1987 (6. Aufl. 2000); *Altenburger*, Kostenartenrechnung und Unsicherheit, in: ZfB, 65. Jg. (1995), S. 729–739; *Barth*, Kosten- und Leistungsrechnung im Handel, 2. Aufl., Wiesbaden 1985 (3. Aufl. 1989); *Berekoven*, Erfolgreiches Einzelhandelsmarketing, München 1990 (2. Aufl. 1995); *Behrends*, Direkte Produkt-Rentabilität, Möglichkeiten und Grenzen der Nutzung des DPR-Modells in der Praxis, in: Der Markenartikel 5/1989 S. 204–212; *Bramsemann*, Handbuch Controlling, Methoden und Techniken, 2. Aufl., München/Wien 1990 (3. Aufl. 1993); *Coenenberg*, Kostenrechnung und Kostenanalyse, Landsberg am Lech 1992 (9. Aufl. 2016); *Coenenberg/Fischer*, Prozesskostenrechnung – Strategische Neuorientierung in der Kostenrechnung, in: Die Betriebswirtschaft 1991 S. 21–38; *Cooper/Kaplan*, Measure Costs Right, Make the Right Decisions, in: Harvard Business Review 1988 S. 96–103; *Copeland/Koller/Murrin*, Unternehmenswert, Methoden und Strategien für eine wertorientierte Unternehmensführung, 3. Aufl., Frankfurt/New York 2002; *Ebert*, Kosten- und Leistungsrechnung, 5. Aufl., Wiesbaden 1989 (11. Aufl. 2012); *Eisele*, Technik des betrieblichen Rechnungswesens. Buchführung, Kostenrechnung, Sonderbilanzen, 4. Aufl., München 1990 (9. Aufl. 2018); *Falterbaum/Beckmann*, Buchführung und Bilanz unter besonderer Berücksichtigung des Bilanzsteuerrechts und der steuerrechtlichen Gewinnermittlung, 13. Aufl., Achim bei Bremen 1989 (22. Aufl. 2015); *Franz*, Moderne Methoden der Kostenbeeinflussung, in: Krp 1992 S. 127–134; *Garrison*, Managerial Accounting, 6. Aufl., Homewood, Il. 1991 (16. Aufl. 2018); *Glade*, Rechnungslegung und Prüfung nach dem Bilanzrichtlinien-Gesetz, Herne/Berlin 1986 (2. Aufl. 1995); *Glaser*, Prozeßkostenrechnung – Darstellung und Kritik, in: ZfbF 1992 S. 275–288; *Haberstock*, Kostenrechnung I, 8. Aufl., Hamburg 1987 (13. Aufl. 2008); *Haberstock*, Kostenrechnung II, (Grenz-)Plankostenrechnung, 7. Aufl., Hamburg 1986 (10. Aufl. 2010); *Hasenack*, Das Rechnungswesen der Unternehmung, Leipzig 1934; *Heinen*, Betriebswirtschaftliche Kostenlehre, Band I, Grundlagen, Wiesbaden 1959; *HDE = Hauptverband des Deutschen Einzelhandels (Hrsg.)*, 44. Arbeitsbericht 1991, Köln 1992; *Hieber/Rentschler*, Plädoyer für eine zweckorientierte Kostenrechnung, in: Krp 1992 S. 149–155; *Holzer/Norreklit*, Stand des Management Accounting in den Vereinigten Staaten, in: Die Wirtschaftsprüfung 22/1991 S. 699–706; *Horváth*, Controlling, 4. Aufl., München 1991 (14. Aufl. 2019); *Horváth/Reichmann (Hrsg.)*, Vahlens Großes Controllinglexikon, München 1993 (2. Aufl. 2002); *Hummel/Männel*, Kostenrechnung, Bd. I, Grundlagen, Aufbau und Anwendung, 4. Aufl., Wiesbaden 1986 (Nachdruck 1999); *Institut der Wirtschaftsprüfer e. V. (Hrsg.)*, WP-Handbuch: Wirtschaftsprüfung und Rechnungslegung, Düsseldorf 1992 (17. Aufl. 2020); *ISB-Verlag (Hrsg.)*, DPR ’88, Direkte Produkt-Rentabilität, Wichtiger Baustein im Gesamtkonzept des Marketing, Köln 1988; *Kilger*, Flexible Plankostenrechnung, 6. Aufl., Opladen 1974 (13. Aufl. 2012); *Kilger*, Einführung in die Kostenrechnung, 3. Aufl., Wiesbaden 1987 (Nachdruck 1992); *Kloock/Sieben/Schildbach*, Kosten- und Leistungsrechnung, 4. Aufl., Düsseldorf 1987 (10. Aufl. 2008); *Koch*, Betriebliche Planung, Wiesbaden 1961; *Kosiol*, Warenkalkulation, Stuttgart 1953; *Kosiol*, Kostenrechnung, Wiesbaden 1964; *Kosiol*, Kostenrechnung und Kalkulation, 2. Aufl., Berlin/New York 1972; *Küpper*, in: Mayer/Weber (Hrsg.), Handbuch Controlling, Stuttgart 1990; *Küpper*, Bestands- und zahlungsstromorientierte Berechnung von Zinsen in der Kosten- und Leistungsrechnung, in: ZfB 1991 S. 3–20; *Küpper*, in: Scheer (Hrsg.), Rechnungswesen und EDV, 12. Saarbrücker Arbeitstagung, Heidelberg 1991; *Lohmann*, Einführung in die Betriebswirtschaftslehre, Tübingen 1955; *LSP (Verordnung über die Preise bei öffentlichen Aufträgen)*, Bundesanzeiger Nr. 244 v. 18. 12. 1953; *Lorson*, Prozesskostenrechnung versus Grenzplankostenrechnung, in: Krp 1992 S. 7–12; *Lorson*, Straffes Kostenmanagement und neue Technologien, Herne/Berlin 1993; *Lücke*, Die kalkulatorischen Zinsen im betrieblichen Rechnungswesen, in: ZfB, 35. Jg. (1965), Ergänzungsheft, S. 3 ff.; *Lücke*, Produktions- und Kostentheorie, Würzburg, Wien 1969; *Lücke*, Einheitskalkulation, Einflussgrößenrechnung und Prozesskostenrechnung, in: Zeitschrift für Planung (1994) S. 191–208; *Nieschlag/Dichtl/Hörschgen*, Marketing, 11. Aufl., Berlin 1980 (19. Aufl. 2002); *Reichmann*, Controlling mit Kennzahlen, München 1985 (9. Aufl. 2017); *Riebel*, Einzelkosten- und Deckungsbeitragsrechnung, 5. Aufl., Wiesbaden 1985 (7. Aufl. 1994); *Ruhland/Kess*, Die Schnittstelle von Handel und Industrie neu definieren, in: Blick durch die Wirtschaft, Nr. 71/1990, S. 7; *Schär*, Allgemeine Handelsbetriebslehre, Leipzig 1911; *Schmidt*, Kalkulation und Preispolitik, Berlin 1929; *Schmalenbach*, Grundlagen der Selbstkostenrechnung und Preispolitik, 2. Aufl., Leipzig 1925; *Schmalenbach*, Dynamische Bilanz, 5. Aufl., Leipzig 1931; *Schmalenbach*, Kostenrechnung und Preispolitik, 8. Aufl., bearb. v. Bauer, Köln/Opladen 1963; *Schneider*, Entscheidungsrelevante fixe Kosten, Abschreibungen und Zinsen zur Substanzerhaltung, in: DB 1984 S. 2521 ff.; *Schneider*, Betriebswirtschaftslehre, Band 2, Rechnungswesen, München 1994 (2. Aufl. 1996); *Schönfeld*, Kostenrechnung I, 6. Aufl., Stuttgart 1972; *Schweitzer/Troßmann*, Break-even-Analysen, Grundmodell, Varianten, Erweiterungen, Stuttgart 1986; *Schweitzer*, Planung und Kontrolle, in: Bea/Dichtl/Schweitzer (Hrsg.), Allgemeine Betriebswirtschaftslehre, Bd. 2, Führung, 4. Aufl., Stuttgart/New York 1989, S. 9–72; *Schweitzer/Küpper*, Systeme der Kosten- und Erlösrechnung, 5. Aufl., Landsberg am Lech 1991 (11. Aufl. 2016); *Seidenschwarz*, Target costing, marktorientiertes Zielkostenmanagement, München 1993 (2. Aufl. 2009); *Seischab*, Kalkulation und Preispolitik, Leipzig 1944; *Siegwart/Raas*, Anpassung der Kosten- und Leistungsrechnung an moderne Fertigungstechnologien, in: Krp, Sonderheft 1/1995, S. 11–17; *Weber*, Betriebswirtschaftliches Rechnungswesen, 2. Aufl., München 1978; *Weber*, Betriebswirtschaftliches Rechungswesen, Band 2, Kosten- und Leistungsrechnung, 3. Aufl., München 1991 (4. Aufl., zus. m. *Rogler*, 2006); *Weber*, Einführung in das Controlling, 2. Aufl., Stuttgart 1990 (15. Aufl. 2016); *Weber*, Logistik-Controlling, 3. Aufl., Stuttgart 1993 (6. Aufl. 2010); *Wedell*, Grundlagen des betriebswirtschaftlichen Rechnungswesens, 6. Aufl., Herne/Berlin 1993; *Wedell*, Computergestützte Erfolgsanalyse, Herne/Berlin 1990; *Wedell/Dilling*, Grundlagen des Rechnungswesens, 16. Aufl., Herne 2018; *Wilkens*, in: Woll (Hrsg.), Wirtschaftslexikon, 2. Aufl., München 1987, S. 333 ff.; *Witt*, Deckungsbeitragsmanagement, München 1991; *Wöhe*, Einführung in die Allgemeine Betriebswirtschaftslehre, 16. Aufl., München 1986 (27. Aufl. 2020); *Wöhe*, Bilanzierung und Bilanzpolitik, 7. Aufl., München 1987 (9. Aufl. 1997); *Ziegler*, Prozessorientierte Kostenrechnung im Hause Siemens, in: BFuP 1992 S. 304–318; *Zimmermann*, Grundzüge der Kostenrechnung, 5. Aufl., München 1993 (8. Aufl. 2001).

7. Kapitel:

Teil B: Finanzwirtschaftliches Management

von
Dipl.-Kaufmann Dipl.-Volkswirt Dipl.-Ingenieur
Prof. Dr. Selden Peter Schröder, Solingen

Inhaltsverzeichnis

I. Zahlungsverkehr

1. Inländischer Zahlungsverkehr

1.1 Zahlungsmittel und Zahlungsformen

1.1.1 Zahlungsmittel

Zahlungsmittel können in vier unterschiedlichen Arten vorkommen: 501

- Bargeld
- Buchgeld
- Elektronisches Geld
- Geldersatzmittel

1.1.1.1 Bargeld

Das Bargeld besteht aus Münzen und Banknoten. Es ist gesetzliches Zahlungsmittel, 502
das heißt durch die Hingabe von Bargeld wird eine Zahlungsverpflichtung erfüllt. Dies gilt für Banknoten unbegrenzt, für Münzen besteht nur – außer für die Deutsche Bundesbank und die Bundeskassen – ein begrenzter Annahmezwang bis zu 50 Münzen je Zahlung (EU-Verordnung Nr. 974/98 des Rates Artikel 11).

Seit dem 1. 1. 2002 besteht das Bargeld aus Euro-Banknoten zu 500, 200, 100, 50, 20, 10 und 5 €. Banknoten zu 500 € werden ab dem Jahr 2019 nicht mehr von den Zentralbanken ausgegeben, bleiben jedoch weiterhin gesetzliches Zahlungsmittel. Euro-Münzen existieren zu 2 und 1 € und in Cent-Münzen zu 50, 20, 10, 5, 2 und 1 Cent. Weitere Nennwerte treten als Sondermünzen auf.

1.1.1.2 Buchgeld

Das Buchgeld, auch Giralgeld genannt, ist das als Guthaben oder Kreditrahmen zur Ver- 503
fügung stehende Geld auf Giro- oder Kontokorrentkonten. Nicht als Buchgeld gelten Spar- oder Termineinlagen, die jedoch als potenzielles Buchgeld bezeichnet werden können, da sie mit ihrer Fälligkeit zu Buchgeld werden können. Das Buchgeld ist kein gesetzliches Zahlungsmittel, wird vom Gläubiger aber grundsätzlich an Erfüllungs statt angenommen. Dies bedeutet, dass eine Zahlungsverpflichtung erlischt, wenn der Gläubiger die Gutschrift als Erfüllung annimmt. Buchgeld kann jederzeit durch Auszahlung in Bargeld umgetauscht werden.

1.1.1.3 Elektronisches Geld

Elektronisches Geld kommt als Karten- oder als Netzgeld vor. Als Kartengeld werden 504
auf Geldkarten umgebuchte Beträge bezeichnet, die für den Zahlungsverkehr zur Verfügung stehen oder im Voraus erworbene Wertkarten, die ein Guthaben (z. B. für Telekommunikationsdienstleistungen) darstellen. Als Netzgeld werden im Voraus bezahlte Beträge, die dann als elektronische Zahlungseinheiten im Internet verwendet werden können, bezeichnet.

1.1.1.4 Geldersatzmittel

505 Geldersatzmittel (Geldsurrogate) sind die Hilfszahlungsmittel Scheck oder Wechsel, die vom Gläubiger einer Forderung erfüllungshalber angenommen werden. Dies bedeutet, dass die Zahlungsverpflichtung erst erloschen ist, wenn der Scheck oder Wechsel eingelöst wurde. Erfolgt die Einlösung nicht, kann der Gläubiger eine Erfüllung in Bargeld fordern. Der Einsatz von Wechseln hat an Bedeutung verloren (eingeschränkte elektronische Verarbeitungsfähigkeit, Konditionen).

1.1.2 Zahlungsformen

1.1.2.1 Barzahlung

506 Die Barzahlung erfolgt durch Einigung und Übergabe von Banknoten und/oder Münzen.

1.1.2.2 Halbbare Zahlung

507 Bei der halbbaren Zahlung erfolgt die Zahlung entweder über ein Bankkonto des Gläubigers oder des Schuldners. Bei der Erfüllung einer Zahlungsverpflichtung mittels Zahlschein zahlt der Schuldner Bargeld auf das Konto des Gläubigers ein. Bei der Erfüllung einer Zahlungsverpflichtung durch einen Barscheck lässt sich der Gläubiger den Scheckbetrag in bar auszahlen und dieser wird dem Bankkonto des Schuldners belastet.

1.1.2.3 Bargeldlose Zahlung

508 Bei der bargeldlosen Zahlung erfolgt die Zahlung sowohl beim Schuldner als auch beim Gläubiger über ein Bankkonto. Dies kann durch

- Überweisung,
- Lastschrift,
- Verrechnungsscheck,
- Wechsel,
- Bank- oder Kreditkarten oder
- Elektronisches Geld erfolgen.

1.2 Bargeldloser Zahlungsverkehr

509 Der bargeldlose Zahlungsverkehr wird heute fast ausschließlich im automatisierten Verfahren durchgeführt. Dazu ist es erforderlich, dass die Abwicklung der Zahlungsvorgänge standardisiert ist.

1.2.1 Überweisung

510 Die Überweisung ist die buchmäßige Übertragung einer bestimmten Geldsumme vom Bankkonto des Zahlungspflichtigen, der den Auftrag erteilt, auf das Bankkonto des Zahlungsempfängers. Regelmäßig wiederkehrende Überweisungen können als Dauerauftrag eingerichtet werden.

Im August 2014 löste die SEPA-Überweisung das bisherige nationale Verfahren ab. Die SEPA-Überweisung ist sowohl für inländische als auch für grenzüberschreitende Zahlungen geeignet.

Exkurs SEPA:

Ziel der EU ist die Schaffung eines einheitlichen Euro-Zahlungsverkehrsraumes (SEPA = 511
Single Euro Payments Area). Dazu werden in einem ersten Schritt einheitliche EU-Zahlungsverkehrsinstrumente, wie die SEPA-Überweisung, eingeführt. Diese Zahlungsverkehrsinstrumente sollen innerhalb der beteiligten Staaten nach einheitlichen Regeln funktionieren und so schnell und kostengünstig durchgeführt werden können. Die Regeln werden im EPC (*European Payment Council*) mit Sitz in Brüssel aufgestellt. Mitglieder des EPC sind Bankenverbände und große Kreditinstitute aus den 28 EU-Staaten, Norwegen, Liechtenstein, Island, Monaco, San Marino und der Schweiz.

Wichtig ist, dass bei diesem System statt der Kontonummer und Bankleitzahl die IBAN (*International Bank Account Number*/Internationale Kontonummer) und der BIC (*Bank Identifier Code*/Internationale Bankleitzahl) verwendet werden, um den Zahlungsempfänger eindeutig zu identifizieren.

Die IBAN kann aus bis zu 34 alphanumerischen Zeichen bestehen, wobei die beiden 512
ersten immer das Länderkennzeichen und die nächsten beiden eine Prüfnummer beinhalten, die sich aus den restlichen Ziffern der IBAN errechnet. Die anderen Ziffern entfallen auf die Darstellung der Bankleitzahl und Kontonummer (in Deutschland 8 Ziffern für die Bankleitzahl und 10 Ziffern für die Kontonummer = 22 Ziffern).

Der BIC besteht aus 11 alphanumerischen Zeichen (werden die drei letzten Zeichen 513
nicht benötigt, werden sie durch XXX aufgefüllt). Es handelt sich um einen standardisierten Bankcode, der weltweit jedes teilnehmende Kreditinstitut identifiziert (z. B. Deutsche Bank Frankfurt = DEUTDEFFXXX). Der BIC ersetzt nicht die nationalen Bankleitzahlen.

1.2.2 Lastschrift

Die Lastschrift ist die buchmäßige Übertragung einer bestimmten Geldsumme vom 514
Bankkonto des Zahlungspflichtigen auf das Bankkonto des Zahlungsempfängers, der den Auftrag erteilt. Die Lastschrift kann durch einen Abbuchungsauftrag oder eine Einzugsermächtigung autorisiert sein. Durch die Einzugsermächtigung erlaubt der Zahlungspflichtige dem Zahlungsempfänger widerruflich einen fälligen Betrag einmalig oder regelmäßig von seinem Bankkonto einzuziehen. Diese Lastschriften können durch unverzüglichen Widerspruch des Zahlungspflichtigen zurückgebucht werden. Der Abbuchungsauftrag wird durch den Zahlungspflichtigen seinem Kreditinstitut gegenüber widerruflich erklärt. Er enthält die Aufforderung an die Bank, von einem bestimmten Zahlungsempfänger vorgelegte Lastschriften einzulösen. Diesen Lastschriften kann der Zahlungspflichtige dann nicht mehr widersprechen.

Lastschriften werden vom Kreditinstitut des Zahlungspflichtigen (Zahlstelle) zu Lasten seines Kontos eingelöst, soweit die Angaben des Zahlungspflichtigen stimmen und sein Bankkonto entsprechende Deckung (Guthaben oder Kreditrahmen) aufweist. Ist eine dieser Bedingungen nicht gegeben, gibt die Zahlstelle die Lastschrift spätestens am nächsten Geschäftstag nach dem Eingang zurück. Teileinlösungen werden nicht vorgenommen.

Im August 2014 löste die SEPA-Lastschrift (*SEPA Direct Debit*, SDD) das bisherige nationale Verfahren ab. Seither gibt es für Geschäftskunden die Möglichkeit der SEPA-Firmenlastschrift (*SEPA Business to Business Direct Debit*, SDD B2B) und ggü. Privatkunden die SEPA-Basis-Lastschrift (*SEPA Core Direct Debit*, SDD Core). Beide Verfahren sind für inländische und grenzüberschreitende Zahlungen geeignet.

1.2.3 Scheck

515 Ein Scheck ist eine unbedingte Anweisung des Ausstellers (Zahlungspflichtiger) eine bestimmte Geldsumme zu Lasten seines Kontos zu zahlen. Bestimmungen zum Scheck, vor allem die folgenden gesetzlichen Bestandteile, sind im Scheckgesetz geregelt:

- die Bezeichnung als Scheck im Text der Urkunde, und zwar in der Sprache, in der sie ausgestellt ist,
- die unbedingte Anweisung, eine bestimmte Geldsumme zu zahlen,
- den Namen dessen, der zahlen soll (Bezogener),
- die Angabe des Zahlungsorts,
- die Angabe des Tages und des Orts der Ausstellung,
- die Unterschrift des Ausstellers.

Der Scheck ist eine streng förmliche Urkunde. Fehlt ein gesetzlicher Bestandteil (außer Zahlungsort und Ausstellungsort), so liegt kein Scheck vor (wesentliche Bestandteile). Die Angaben zum Ausstellungstag und -ort müssen nicht stimmen, aber möglichen Daten und Orten entsprechen. Kreditinstitute akzeptieren nur Schecks, die auf ihren eigenen Formularen ausgestellt werden. Diese Formulare enthalten zusätzlich sogenannte kaufmännische Bestandteile:

- Wiederholung der Schecksumme in Ziffern,
- Zahlungsempfänger,
- Überbringerklausel, durch die der Scheck zum Inhaberpapier wird,
- Verwendungszweck,
- Schecknummer,
- Kontonummer des Ausstellers,
- Bankleitzahl des bezogenen Kreditinstitutes (Bank des Ausstellers).

516 Schecks können nach

- der Art der Einlösung und
- der Art der Übertragung der Scheckrechte

unterschieden werden.

Nach der Einlösung ist zwischen Barschecks, bei denen die Auszahlung der Schecksumme bar erfolgen kann, und Verrechnungsschecks, bei denen die Schecksumme auf ein Bankkonto gutgeschrieben werden muss, zu differenzieren.

Die Übertragung der Scheckrechte erfolgt beim Scheck nach den gesetzlichen Regelungen durch Einigung, Indossament und Übergabe (Orderpapier). Durch eine Überbringerklausel kann aus dem Scheck ein Inhaberpapier werden, dessen Rechte durch Einigung und Übergabe weitergegeben werden können.

Eine Einlösungsgarantie für einen Scheck kann nur von der Deutschen Bundesbank für 517
auf sie gezogene Schecks erteilt werden (bestätigter Bundesbank-Scheck).

Da Schecks keine Kreditmittel sein sollen, kann ein Scheck vom Inhaber sofort vorgelegt werden. Dies gilt auch, wenn der Ausstellungstag vordatiert ist. Innerhalb der Vorlegungsfrist muss der Scheck vorgelegt werden, um nicht die scheckrechtlichen Rückgriffsansprüche gegen den Aussteller und eventuelle Indossanten zu verlieren. Diese Frist beträgt für im Inland ausgestellte Schecks 8 Tage. Für im Ausland ausgestellte Schecks verlängert sich die Frist auf 20 (EU) oder 70 (Drittländer) Tage.

Schecks können vom Aussteller widerrufen (gesperrt) werden und dürfen vom bezogenen Kreditinstitut dann nicht eingelöst werden, wenn ihnen der Widerruf rechtzeitig zugeht. Innerhalb der Vorlegungsfrist ist das Kreditinstitut ansonsten zur Einlösung verpflichtet, soweit das Konto des Ausstellers ausreichende Deckung aufweist. Nach Ablauf der Vorlegungsfrist ist die Einlösung des Schecks für das Kreditinstitut optional (in der Praxis erfolgt üblicherweise eine Einlösung).

Ein Barscheck wird durch Auszahlung des bezogenen Kreditinstitutes eingelöst. Ein Verrechnungsscheck wird dem Konto des Scheckeinreichers unter Vorbehalt gutgeschrieben. Wird die Gutschrift nicht bis zum übernächsten Banktag rückgängig gemacht, gilt der Scheck als eingelöst.

Das bezogene Kreditinstitut kann die Einlösung verweigern, wenn

- das Konto des Ausstellers keine ausreichende Deckung aufweist (Teileinlösungen werden nicht vorgenommen) oder
- die Vorlegungsfrist abgelaufen ist.

Das bezogene Kreditinstitut muss die Einlösung verweigern, wenn

- ein rechtzeitiger Widerruf vorliegt,
- die Unterschrift des Ausstellers nicht mit der Unterschriftenprobe übereinstimmt oder
- ein erkennbarer Fall von nicht berechtigter Einlösung vorliegt.

Wird ein Scheck nicht eingelöst, so ergeben sich gesetzliche Informationspflichten und Rückgriffsansprüche.

Exkurs Indossament:

Ein Indossament ist ein Vermerk auf der Rückseite einer Urkunde (z. B. Scheck oder 518
Wechsel), mit dem der Ausfertiger des Vermerkes (Indossant) seine Rechte aus der Urkunde auf einen anderen (Indossatar) überträgt. Neben der Übertragung der Rechte (Transportfunktion) erfüllt das Indossament eine Garantiefunktion: Der Indossant übernimmt die Haftung für die Bezahlung. Außerdem besteht eine Legitimationsfunktion, da durch ein Indossament die Berechtigung des Inhabers nachgewiesen werden kann. Das Indossament kann als

- Vollindossament („Für mich an die Order der XYZ-Bank" [Unterschrift]) oder als
- Blankoindossament (nur Unterschrift)

ausgefertigt sein. Zusätzlich existieren Sonderformen:

- Inkassoindossament, der Indossatar wird nicht Eigentümer, sondern nur zum Einzug ermächtigt,
- Pfandindossament, der Indossatar wird nicht Eigentümer, sondern erhält nur ein Pfandrecht,
- Angstindossament, der Indossant schließt durch das Indossament seine Haftung aus.

1.2.4 Wechsel

519 Ein Wechsel ist eine unbedingte Anweisung des Ausstellers an den Bezogenen (Zahlungspflichtiger) eine bestimmte Geldsumme an einem bestimmten Zeitpunkt an den Wechselnehmer zu zahlen (gezogener Wechsel oder Tratte). Der Bezogene kann den Wechsel annehmen, dann tritt neben die Zahlungsanweisung ein unbedingtes Zahlungsversprechen (ein akzeptierter Wechsel oder Akzept). Sind Aussteller und Bezogener identisch, spricht man von einem eigenen Wechsel oder Solawechsel.

Auch der Wechsel ist ein streng förmliches Wertpapier mit gesetzlichen Bestandteilen, die im Wechselgesetz festgelegt sind:

- die Bezeichnung als Wechsel im Text der Urkunde, und zwar in der Sprache, in der sie ausgestellt ist,
- die unbedingte Anweisung, eine bestimmte Geldsumme zu zahlen,
- den Namen dessen, der zahlen soll (Bezogener),
- die Angabe der Verfallzeit,
  - auf Sicht (Vorlage) -> Sichtwechsel
  - auf eine bestimmte Zeit nach Sicht (Vorlage) -> Nachsichtwechsel
  - auf eine bestimmte Zeit nach der Ausstellung -> Datowechsel
  - auf einen bestimmten Tag -> Tagwechsel
- die Angabe des Zahlungsorts,
- den Namen dessen, an den oder an dessen Order gezahlt werden soll,
- die Angabe des Tages und des Orts der Ausstellung,
- die Unterschrift des Ausstellers.

Fehlt ein gesetzlicher Bestandteil – außer Zahlungsort und Ausstellungsort –, so liegt kein Wechsel vor (wesentliche Bestandteile). Ein Wechsel ohne Angabe der Verfallzeit gilt als Sichtwechsel, das bedeutet, dass der Wechsel fällig ist, sobald er vorgelegt wird.

Im Geschäftsverkehr werden Wechsel nur auf einem Einheitsformular ausgestellt, das noch um folgende kaufmännische Bestandteile ergänzt ist:

- Die Nummer des Zahlungsortes am oberen Rand des Wechsels,
- die Wiederholung des Zahlungsortes am oberen Rand des Wechsels,
- die Wiederholung des Verfalltags am oberen Rand des Wechsels,
- die Wiederholung der Wechselsumme in Ziffern,
- die Anschrift des Ausstellers,
- der Zahlstellenvermerk, wenn der Wechsel bei einer Bank zahlbar ist und
- ein Zusatz für die Anzahl der Ausfertigung, „erste Ausfertigung", „zweite Ausfertigung" usw.

520 Die Übertragung der Wechselrechte erfolgt beim Wechsel nach den gesetzlichen Regelungen durch Einigung, Indossament und Übergabe (Orderpapier).

Der Wechsel ist am Zahltag oder an einem der beiden folgenden Werktage dem Bezogenen zur Zahlung vorzulegen. Zahlt der Bezogene, so erhält er vom Wechselberechtigten den quittierten Wechsel ausgehändigt. Eine Teileinlösung ist möglich: Der Teilbetrag ist zu quittieren, der Wechselberechtigte behält den Wechsel jedoch. Zahlt der Bezogene nicht oder nicht vollständig, so hat der Wechselberechtigte diese Verweigerung durch eine öffentliche Urkunde (Protest mangels Zahlung) feststellen zu lassen. Durch den Wechselprotest wird förmlich festgestellt, dass der Wechsel zur richtigen Zeit am richtigen Ort vorgelegt und nicht bezahlt wurde.

Wird ein Wechsel nicht eingelöst, so ergeben sich gesetzliche Informationspflichten und Rückgriffsansprüche.

1.2.5 Kartengestützte Zahlungen

1.2.5.1 Bankkarten

Bankkarten können zur bargeldlosen Zahlung an automatisierten Kassen im Electronic- 521
Cash-System eingesetzt werden. Zahlungspflichtige können unter Verwendung ihrer Bankkarte und einer PIN (Persönliche Identifikationsnummer = Geheimzahl) Waren und Dienstleistungen am Ort des Verkaufs bezahlen. Deshalb wird das Verfahren auch als POS-System (*Point of Sale*) bezeichnet. Die Zahlung kann durch Online- oder Offline-Autorisierung erfolgen.

Bei der Online-Autorisierung gibt der Zahlungspflichtige seine PIN ein und veranlasst dadurch automatisch eine Prüfung

- der eingegebenen PIN,
- der Echtheit der Bankkarte,
- einer eventuellen Kartensperre und
- der Einhaltung des Verfügungsrahmens des Zahlungspflichtigen.

Verlaufen alle Prüfungen positiv, meldet das Gerät „Zahlung erfolgt". Die Einziehung des Zahlungsbetrages erfolgt dann durch eine Lastschrift, der nicht widersprochen werden kann und die von der Bank des Zahlungspflichtigen eingelöst werden muss.

Voraussetzung für die Offline-Autorisierung (*Electronic-Cash-Offline* oder *Electronic-Cash-Chip*) ist, dass die Bankkarte mit einem Chip ausgestattet ist. Bei diesem Verfahren wird ein bestimmter Verfügungsbetrag für einen bestimmten Zeitraum (z. B. 500 €/Tag) auf dem Chip vermerkt. Verfügungen innerhalb des Rahmens werden dann ohne weitere Autorisierung durchgeführt. Ist der Rahmen ausgeschöpft, kommt es zu einer Online-Autorisierung, bei der der Rahmen neu gewährt wird. Auch hier ist die Einziehung des Betrages per Lastschrift garantiert.

Beim elektronischen Lastschriftverfahren erfolgt ebenfalls keine Autorisierung durch die Bank. Der Zahlungspflichtige autorisiert den Zahlungsempfänger nur, einmalig den Rechnungsbetrag von seinem Konto einzuziehen. Eine Einlösungsgarantie durch die Bank besteht bei diesem Verfahren nicht, sodass die Bank die Lastschrift mangels Deckung zurückgeben kann.

Werden Bankkarten mit einem Chip oder reine Geldkarten als elektronische Geldbörse verwendet, so handelt es sich dabei um elektronisches Geld.

Eine Bankkarte kann unter Verwendung der PIN auch zur Beschaffung von Bargeld an Geldautomaten eingesetzt werden.

Auch bei den Bankkarten soll durch die SEPA-Kartenzahlungen eine größere internationale Verwendbarkeit möglich werden.

1.2.5.2 Kreditkarten

522 Kreditkarten dienen hauptsächlich der bargeldlosen Bezahlung von Waren oder Dienstleistungen. Der Zahlungspflichtige legt seine Kreditkarte bei einem Akzeptanzunternehmen zur Zahlung vor, dort werden über ein Terminal die Karte und der Verfügungsrahmen des Karteninhabers geprüft. Nach positiver Prüfung wird eine Autorisierungsnummer vergeben und ein Kontrollbeleg ausgedruckt, der vom Karteninhaber zu unterschreiben ist. Durch die Autorisierungsnummer ist die Zahlung für das Akzeptanzunternehmen garantiert. Die Kartenumsätze des Karteninhabers werden üblicherweise einen Monat lang gesammelt. Der Karteninhaber erhält im Folgemonat eine Abrechnung und die Summe der Abrechnung wird seinem Bankkonto belastet. Für den Zeitraum von der Bezahlung bis zur Abbuchung wird dem Karteninhaber ein zinsloser Kredit gewährt.

Eine Kreditkarte kann auch, wenn eine PIN ausgegeben wurde, zur Beschaffung von Bargeld an Geldautomaten eingesetzt werden. Zusätzlich werden meistens unterschiedliche Versicherungsleistungen mit der Karte angeboten (z. B. Unfallversicherungsschutz).

2. Auslandszahlungsverkehr

2.1 Nichtdokumentäre Zahlungen

523 Unter den nichtdokumentären Zahlungen (reine Zahlungen = *clean payment*) werden die grenzüberschreitenden Zahlungen in € oder Fremdwährung zusammengefasst, die ein im Inland Ansässiger leistet oder erhält und bei denen keine Dokumente ausgetauscht werden (siehe auch SEPA, vgl. Rdn. 511). Die Zahlungsverkehrsinstrumente sind Überweisung und Scheck. Für den Zahlungsempfänger können somit

- Zahlungseingänge aufgrund einer Überweisung,
- Gutschriften aufgrund Scheckeinzug (Scheckinkasso) oder
- Gutschriften aufgrund Scheckankauf

vorkommen. Bei Beträgen in € erfolgt die Gutschrift auf dem €-Konto. Bei Fremdwährungsbeträgen kann der Betrag einem entsprechenden Fremdwährungskonto gutgeschrieben werden oder er wird bei Überweisungseingängen zum Briefkurs und bei Scheckankäufen zum Sichtkurs (Scheckankaufskurs) umgerechnet.

Ein Zahlungspflichtiger kann

- die EU-Standardüberweisung nutzen,
- den Zahlungsauftrag im Außenwirtschaftsverkehr verwenden,
- den internationalen Zahlungsauftrag einsetzen oder
- einen Scheck ausstellen oder ausstellen lassen.

Beträge in € werden dem €-Bankkonto des Zahlungspflichtigen belastet. Beträge in Fremdwährung können einem entsprechendem Fremdwährungskonto belastet oder in € zum Devisengeldkurs umgerechnet werden.

2.1.1 EU-Standardüberweisung

Die EU-Standardüberweisung konnte bis zum 5. 12. 2011 im europäischen Wirtschaftsraum (EU sowie Norwegen, Liechtenstein, Island) bis zu einem Betrag von 50 000 € eingesetzt werden. Dieses Verfahren ist durch die SEPA-Überweisung abgelöst worden (siehe Rdn. 510 f.). 524

2.1.2 Zahlungsauftrag im Außenwirtschaftsverkehr

Der Zahlungsauftrag im Außenwirtschaftsverkehr kann weltweit in allen Währungen ohne Betragsbegrenzung eingesetzt werden. 525

2.1.3 Internationaler Zahlungsauftrag

Ein internationaler Zahlungsauftrag (*International Payment Instruction* = IPI) ist ein Standardbeleg für den automatisierten Zahlungsverkehr in allen Währungen. Der Auftrag wird vom Zahlungsempfänger ausgefüllt und üblicherweise mit der Rechnung versandt. Der Zahlungspflichtige kann diesen Beleg bei jedem Kreditinstitut innerhalb der EWR-Staaten einreichen und so die Zahlung zu seinen Lasten ausführen. Auch eine Verwendung im Inland ist möglich. 526

2.1.4 Scheckziehung

Auch im Auslandzahlungsverkehr können Schecks verwendet werden. Entweder kann der Zahlungspflichtige einen Scheck auf seine Bank ziehen und selbst versenden (Kunde-auf-Bank-Ziehung) oder einen Scheck durch seine Bank auf eine Korrespondenzbank ziehen lassen und diesen dann per Post versenden (Bank-auf-Bank-Ziehung -> Banken-Orderscheck). Beim zweiten Verfahren können die ggf. langen Postlaufzeiten durch einen SWIFT-Auftrag von der Bank des Zahlungspflichtigen an eine Korrespondenzbank im Land des Zahlungsempfängers, durch den diese zur Ausstellung und zum Versand des Schecks beauftragt wird, verkürzt werden (SWIFT to Cheque-Verfahren). 527

Exkurs: Internationale Nachrichten- und Zahlungssysteme:

SWIFT (*Society for Worldwide Interbank Financial Telecommunication*) ist eine 1973 gegründete Gesellschaft, die ein Datennetz zum Nachrichtenaustausch betreibt. Für den Datenaustausch sind zahlreiche Nachrichtentypen (*Message Types* = MT) definiert, welche sukzessiv durch Nachrichtentypen im sog. XML-Format ersetzt werden. Über dieses Netz können z. B. neben Nachrichten zum Zahlungsverkehr auch solche zu Wertpapiertransfers übermittelt werden; es ist jedoch kein Verrechnungssystem. Über SWIFT werden keine Konten geführt und/oder abgerechnet. 528

TARGET (*Trans-European Automated Real-time Gross Settlement Express Transfer System*) ist das Zahlungssystem der Zentralbanken des Eurosystems für die Abwicklung von Zahlungen in Echtzeit. Seit 2007 läuft das System in einer zweiten Version mit einem harmonisierten Leistungsangebot für alle Teilnehmer (TARGET2). Über TARGET2 können Überweisungen und Lastschriften mit unterschiedlichen Prioritäten ausgeführt und abgerechnet werden.

2.2 Dokumentäre Zahlungen

2.2.1 Dokumenteninkasso

529 Ein Dokumenteninkasso ist eine Zahlungsabwicklungsform unter Mitwirkung von Kreditinstituten, die durch Dokumente abgesichert wird. Der Zahlungspflichtige erhält die Dokumente nur, wenn er den Gegenwert zahlt (Dokumente gegen Zahlung) oder in dessen Höhe einen Wechsel akzeptiert (Dokumente gegen Akzept).

Der Ablauf ist üblicherweise folgendermaßen:

- Der Exporteur (Auftraggeber) versendet die Ware und erhält dafür die entsprechenden Dokumente (z. B. Konnossement = Transportdokument des Seefrachtverkehrs).
- Der Exporteur erteilt seinem Kreditinstitut (Einreicherbank) einen genauen Auftrag, wie der Dokumenteneinzug zu erfolgen hat und übergibt die Dokumente an die Bank.
- Die Einreicherbank gibt die Dokumente über eventuell zwischengeschaltete Inkassobanken an das Kreditinstitut des Bezogenen (Vorlegende Bank) weiter.
- Der Bezogene prüft die Dokumente, begleicht den Gegenwert und erhält die Dokumente endgültig zur Verfügung gestellt.
- Der Zahlungsfluss geht über die Vorlegende Bank und eventuell zwischengeschaltete Banken an die Einreicherbank, die dem Auftraggeber den Betrag gutschreibt.
- Der Importeur kann mit den Dokumenten über die Ware verfügen.

Das Dokumenteninkasso erfolgt auf der Grundlage der Einheitlichen Richtlinien für Inkasso (ERI 522) der Internationalen Handelskammer Paris.

2.2.1.1 D/P-Inkasso

530 Beim D/P-Inkasso (*Documents against Payment-Inkasso* = Dokumente gegen Zahlung) werden die Dokumente dem Importeur nur ausgehändigt, wenn er die Zahlung des Gegenwertes leistet. Hier ist die Kreditwürdigkeit des Importeurs für den Exporteur irrelevant, da eine Zug-um-Zug-Abwicklung gegen Zahlung erfolgt. Für den Importeur besteht das Risiko, die Ware bezahlen zu müssen, bevor sie begutachtet und geprüft werden konnte.

2.2.1.2 D/A-Inkasso

531 Das D/A-Inkasso (*Documents against Acceptance-Inkasso* = Dokumente gegen Akzept) sieht vor, dass der Importeur für die Dokumente eine auf ihn gezogene Tratte akzeptieren muss. Hier gewährt der Exporteur dem Importeur einen Kredit über die Wechsellaufzeit und muss deshalb die Kreditwürdigkeit des Importeurs prüfen. Der Importeur kann die Ware vor der Zahlung prüfen und weiterverarbeiten oder -verkaufen, sodass ggf. bereits vor der Fälligkeit des Wechsels Verkaufserlöse zur Finanzierung erzielt werden können.

2.2.2 Dokumentenakkreditiv

Durch ein Dokumentenakkreditiv verpflichtet sich ein Kreditinstitut im Auftrag seines Kunden bei rechtzeitiger Vorlage vollständiger und korrekter Dokumente zur vereinbarten Leistung gegenüber einem Begünstigten. 532

Der Ablauf ist üblicherweise folgendermaßen:

- Der Importeur (Auftraggeber) beauftragt mit genauen Anweisungen sein Kreditinstitut (Eröffnende Bank) zur Eröffnung eines Akkreditivs zu Gunsten des Exporteurs.
- Die Eröffnende Bank informiert die Bank des Exporteurs (Avisierende Bank, Zahlstelle) und diese avisiert das Akkreditiv dem Exporteur (Begünstigter).
- Der Exporteur versendet die Ware und erhält dafür die entsprechenden Dokumente (z. B. Konnossement = Transportdokument des Seefrachtverkehrs).
- Der Exporteur übergibt die Dokumente an seine Bank und erhält nach der Prüfung der Unterlagen die vereinbarte Leistung (z. B. Zahlung).
- Die Zahlstelle gibt die Dokumente an das Kreditinstitut des Importeurs (Eröffnende Bank) weiter.
- Die Eröffnende Bank prüft die Dokumente und verrechnet dann die Leistung mit der Zahlstelle.
- Die Eröffnende Bank belastet den Auftraggeber des Akkreditivs (Importeur) mit der erbrachten Leistung und übergibt ihm die Dokumente.
- Der Importeur kann mit den Dokumenten über die Ware verfügen.

Dokumentenakkreditive erfolgen auf der Grundlage der Einheitlichen Richtlinien und Gebräuche für Dokumenten-Akkreditive (ERA 600) der Internationalen Handelskammer Paris.

Arten des Akkreditivs:

- Nach der Art der Verpflichtung
  - Unwiderruflich unbestätigtes Akkreditiv: Nur die Bank des Importeurs gibt ein Zahlungsversprechen ab.
  - Unwiderruflich bestätigtes Akkreditiv: Neben der Bank des Importeurs gibt mindestens ein weiteres Kreditinstitut ein Zahlungsversprechen ab.
- Nach der Art der Leistung
  - Zahlungsakkreditiv: Die Eröffnende Bank ist verpflichtet bei Vorlage der Dokumente sofort (Sichtakkreditiv) oder zu einem bestimmten späteren Zeitpunkt (*Deferred-Payment*-Akkreditiv) zu zahlen.
  - Akzeptierungsakkreditiv: Die eröffnende Bank ist verpflichtet eine vom Begünstigten auf sie gezogene Tratte zu akzeptieren. Diese Verpflichtung kann auch für Rechnung und im Auftrag der eröffnenden Bank durch die Bank des Exporteurs, die dann Remboursbank genannt wird, erfüllt werden.

3. Besondere rechtliche Aspekte des Zahlungsverkehrs

3.1 Geldwäschegesetz (Gesetz über das Aufspüren von Gewinnen aus schweren Straftaten)

Nach dem Geldwäschegesetz sind zahlreiche Unternehmen (Verpflichtete), wie Kredit- 533
institute, Finanzdienstleistungsinstitute, Finanzunternehmen, Versicherungsunternehmen oder Kapitalanlagegesellschaften, wenn sie bestimmte Geschäfte ausüben, ver-

pflichtet, Informationen über die Identität des Geschäftspartners einzuholen. Identifizieren im Sinne des Gesetzes beschreibt

- die Feststellung der Identität durch Erheben von Angaben (bei einer natürlichen Person: Name, Geburtsort, Geburtsdatum, Staatsangehörigkeit und Anschrift; bei einer juristischen Person oder einer Personengesellschaft: Firma, Name oder Bezeichnung, Rechtsform, Registernummer soweit vorhanden, Anschrift des Sitzes oder der Hauptniederlassung und Namen der Mitglieder des Vertretungsorgans oder der gesetzlichen Vertreter) und
- die Überprüfung der Identität.

Außerdem hat der Verpflichtete Informationen über den Zweck und die angestrebte Art der Geschäftsbeziehung einzuholen, soweit sich diese im Einzelfall nicht bereits zweifelsfrei aus der Geschäftsbeziehung ergeben. Des Weiteren ist abzuklären, ob der Vertragspartner für einen wirtschaftlich Berechtigten handelt, und, soweit dies der Fall ist, muss dessen Identifizierung erfolgen. Die Verpflichteten haben im Rahmen der kontinuierlichen Überwachung sicherzustellen, dass die jeweiligen Dokumente, Daten oder Informationen in angemessenem zeitlichen Abstand aktualisiert werden. Diese sogenannten Sorgfaltspflichten sind z. B.

- bei der Begründung einer Geschäftsbeziehung,
- im Falle der Durchführung einer außerhalb einer bestehenden Geschäftsbeziehung anfallenden Transaktion im Wert von 15 000 € oder mehr oder
- im Falle der Feststellung von Tatsachen, die darauf schließen lassen, dass eine Transaktion einer Tat nach § 261 des Strafgesetzbuches oder der Terrorismusfinanzierung dient, gedient hat oder im Falle ihrer Durchführung dienen würde,

durchzuführen.

Unter bestimmten Voraussetzungen sind diese Sorgfaltspflichten vereinfacht oder verstärkt. Die im Rahmen der Sorgfaltspflichten erhobenen Daten oder eingeholten Informationen sind aufzuzeichnen und nach dem Geldwäschegesetz mindestens fünf Jahre, beginnend mit dem Schluss des Kalenderjahres, in dem die Geschäftsbeziehung endet, zu verwahren. Die Verpflichteten haben angemessene interne Sicherungsmaßnahmen dagegen zu treffen, dass sie zur Geldwäsche oder zur Terrorismusfinanzierung missbraucht werden können (z. B. Bestellung eines Geldwäschebeauftragten).

Weiterhin hat ein Verpflichteter unabhängig von der Höhe der Transaktion bei Feststellung von Tatsachen, die darauf schließen lassen, dass eine Tat nach § 261 des Strafgesetzbuches oder eine Terrorismusfinanzierung begangen oder versucht wurde oder wird, diese anzuzeigen. Eine angetragene Transaktion darf frühestens durchgeführt werden, wenn dem Verpflichteten die Zustimmung der Staatsanwaltschaft übermittelt wurde oder wenn der zweite Werktag nach dem Abgangstag der Anzeige verstrichen ist, ohne dass die Durchführung der Transaktion strafprozessual untersagt worden ist.

Zur Verstärkung der Wirksamkeit des Geldwäschegesetzes wurde im Jahr 2017 von der deutschen Bundesregierung ein „Transparenzregister" eingerichtet, in welchem Unternehmen anhand der verfügbaren Daten möglicher Geschäftspartner Auskünfte zu diesen einholen können. Zudem wurde eine zentrale Meldestelle für Verdachtsmeldungen, Verletzungen des GWG betreffend, eingerichtet. Die Änderungen des Geldwäschegesetzes in den Jahren 2017 und 2020 umfassen zusätzlich eine Verschärfung der Identifizierungspflicht für Güterhändler: Die Identifizierungspflicht gilt hier für Bargeschäfte bereits ab 10 000 € bzw. 2 000 € (bei Edelmetallen).

3.2 Meldevorschriften für den Außenwirtschaftsverkehr

In der nach § 11 des Außenwirtschaftsgesetzes (AWG) legitimierten Außenwirtschafts- 534
verordnung ist eine Reihe von Tatbeständen definiert, die eine Meldepflicht an die Deutsche Bundesbank auslösen. Grundsätzlich sind alle Zahlungen über 12 500 €, die Gebietsansässige von Gebietsfremden erhalten oder an diese leisten zu melden. Ausnahmen gelten für Zahlungen aufgrund von Im- bzw. Exporten oder Kreditgeschäften. Kreditinstitute haben zusätzlich z. B.

- Zahlungen für die Veräußerung oder den Erwerb von Wertpapieren und Finanzderivaten, die das Geldinstitut für eigene oder fremde Rechnung an Gebietsfremde verkauft oder von Gebietsfremden kauft, sowie Zahlungen, die das Geldinstitut im Zusammenhang mit der Einlösung inländischer Wertpapiere an Gebietsfremde leistet oder von diesen erhält,
- Zins- und Dividendenzahlungen auf inländische Wertpapiere, die sie an Gebietsfremde leisten oder von diesen erhalten und
- eingehende und ausgehende Zahlungen für Zinsen und zinsähnliche Erträge und Aufwendungen (ausgenommen Wertpapierzinsen), die sie für eigene Rechnung von Gebietsfremden entgegennehmen oder an Gebietsfremde leisten,

zu melden.

Die aus den Meldepflichten erstellten Statistiken dienen der Deutschen Bundesbank und anderen Stellen (z. B. Bundesregierung) als Information über die Entwicklung des Außenwirtschaftsverkehrs.

II. Investitionen

Unter Investitionen werden Auszahlungen verstanden (Mittelverwendung), die mit 535
dem Ziel erfolgen, in der Zukunft höhere Einzahlungen zu generieren; das heißt neben dem Rückfluss des eingesetzten Kapitals soll auch eine Erzielung eines Mehrwerts (Gewinn) aus der Investition erfolgen. Der Investitionsbereich ist eng mit dem Finanzierungsbereich verbunden, da jede Investition einen Kapitalbedarf erzeugt.

Investitionsentscheidungen sind mit Erwartungen (Zielsetzungen) verbunden. Die Erwartungen können sich erfüllen (Realisation) oder auch nicht. Das bedeutet, dass die Entscheidungen mit Unsicherheiten behaftet sind (= Risiko). Im Rahmen der Investitionsrechnung wird, unter der Annahme des Eintritts der Erwartungen, die geplante Investition auf ihre Vorteilhaftigkeit hin überprüft.

1. Investitionsarten

Investitionen sollen hier nach 536

- dem Investitionsobjekt und
- der Investitionswirkung bzw. dem Investitionszweck

unterschieden werden.

1.1 Investitionen nach dem Investitionsobjekt

537 Bei Investitionen kann zwischen immateriellen, Sach- und Finanzinvestitionen unterschieden werden.

1.1.1 Immaterielle Investitionen

538 Eine immaterielle Investition stellt z. B. die Anschaffung oder die Herstellung von gewerblichen Schutzrechten, wie Patenten, Lizenzen oder ähnlichen Rechten, dar. Dabei ist es nicht von Relevanz, ob es zulässig ist, angeschaffte oder hergestellte Vermögensgegenstände zu bilanzieren. Auch Aufwendungen für die Aus- und Fortbildung des Personals, die nicht den Charakter von Vermögensgegenständen besitzen, stellen Investitionen dar. Häufig sind bei diesen Investitionen die Auszahlungen messbar. Die entsprechenden Einzahlungen sind dagegen nur schwer oder gar nicht erfassbar.

1.1.2 Sachinvestitionen

539 Unter den Sachinvestitionen werden üblicherweise die Investitionen in Betriebsmittel, wie Gebäude oder Maschinen, und Werkstoffe (Roh-, Hilfs- und Betriebsstoffe) zusammengefasst.

Bei Sachinvestitionen sind die Auszahlungen regelmäßig messbar. Die Erfassung der Einzahlungen ist, je nach Investitionsgut bzw. dessen Einsatz, unterschiedlich schwierig. Wird z. B. eine Fertigungsmaschine in einem einstufigen Produktionsprozess eingesetzt, so können die Einzahlungen gut zugeordnet werden. Umso komplexer der Produktionsprozess wird, umso schwieriger wird die Zuordnung der Einzahlungen. Wird eine Sachinvestition nicht in der Produktion, sondern z. B. in der Verwaltung eingesetzt, können die Einzahlungen nur noch indirekt erfasst werden.

1.1.3 Finanzinvestitionen

540 Zu den Finanzinvestitionen zählen der Erwerb von Forderungs- und Beteiligungsrechten. Forderungsrechte sind z. B. Bankguthaben, vergebene Darlehen oder Anleihen. Beteiligungsrechte sind z. B. Aktien oder GmbH-Anteile. Der Umfang kann von geringen Anteilen ohne große Einflussmöglichkeit bis zur Übernahme eines ganzen Unternehmens (Kauf der Mehrheit der oder aller Anteile) reichen. In letzterem Fall sind häufig strategische Motive, wie die Sicherung von Bezugs- oder Absatzwegen, der Erwerb von Forschungs- und Entwicklungskapazitäten oder die Diversifikation der Angebotspalette ausschlaggebend. Finanzinvestitionen haben den Vorteil, dass neben den Auszahlungen auch die Einzahlungen meist genau erfasst werden können. Bei den Forderungsrechten stehen sogar meist alle Zahlungsströme im Voraus fest.

1.2 Investitionen nach der Investitionswirkung

541 Investitionen können nach ihrer Wirkung in

- Nettoinvestitionen und
- Reinvestitionen (Ersatzinvestitionen im weiteren Sinne)

unterschieden werden. Zusammen ergeben sie die Bruttoinvestitionen.

1.2.1 Nettoinvestitionen

Nettoinvestitionen fallen zuerst zum Unternehmensbeginn (Gründungsinvestitionen, Erstinvestitionen, Anfangsinvestitionen) und später bei Unternehmenserweiterungen (Erweiterungsinvestitionen) an. Gründungsinvestitionen kann es also nur bei der Errichtung eines Unternehmens geben. Erweiterungsinvestitionen dienen der Vergrößerung des Leistungspotenzials, z. B. durch den Erwerb einer zusätzlichen Maschine. 542

1.2.2 Reinvestitionen

Durch Reinvestitionen sollen die Produktionsfaktoren, die durch Ge- oder Verbrauch gemindert werden, wieder ergänzt werden. 543

- Bei den Ersatzinvestitionen im engeren Sinne erfolgt ein Austausch eines Betriebsmittels durch ein gleichartiges neues Investitionsobjekt. Die Kapazität und Produktionsart des Unternehmens wird durch diese Investition nicht verändert.
- Bei Rationalisierungsinvestitionen werden vorhandene Betriebsmittel durch neuere verbesserte Investitionen ersetzt. Die Verbesserung kann in einer höheren Leistungsfähigkeit (z. B. Produktverbesserung oder auch Kapazitätsausweitung) oder in geringerem Kostenverbrauch (z. B. Ausschussminderung, Senkung des Stromverbrauchs) bestehen.
- Unter Umstellungsinvestitionen werden Investitionen verstanden, die dazu dienen, eine Verschiebung des mengenmäßigen Ausstoßes zwischen unterschiedlichen Produkten eines Unternehmens zu ermöglichen. Erfolgt mit der Investition eine Umstellung auf neue Produkte, so spricht man von Diversifizierungsinvestitionen.

2. Investitionsplanung

Die Investitionsplanung ist ein Prozess, der in verschiedenen Phasen abläuft. Zu Beginn steht ein Investitionsbedarf, der konkret zu formulieren ist (Anregungsphase). Daran anschließend erfolgt eine Untersuchungsphase, in der Investitionsalternativen gefunden und geprüft werden. In der Bewertungsphase werden die durchführbaren Investitionsoptionen nach monetären und nicht monetären Größen beurteilt. Sie dient der Vorbereitung der die Investitionsplanung abschließenden Entscheidungsphase. 544

Nach der Entscheidung für eine Investition erfolgt ihre Durchführung. Der gesamte Prozess der Investitionsplanung und -durchführung wird durch Kontrollfunktionen begleitet. Hier wird geprüft, inwieweit die angestrebten Ziele auch tatsächlich erreicht werden. Ergeben sich Abweichungen, z. B. durch Planungsfehler, müssen die Ursachen geklärt und Maßnahmen ergriffen werden, die die Abweichung beseitigen.

2.1 Anregungsphase

Diese Phase beginnt mit der Identifikation des Investitionsbedarfs. Dieser kann sich aus dem Unternehmen oder aus externen Bedingungen ergeben. Interne Anregungen können grundsätzlich aus allen Bereichen des Unternehmens stammen. 545

BEISPIELE:

- Der Bereich Forschung und Entwicklung kann nach der Entwicklung eines neuen Bauteiles eine Umstellungsinvestition auf dieses Bauteil anregen.
- Die Fertigung kann bei einer hohen Reparaturanfälligkeit einer Maschine eine Ersatzinvestition anregen.

- ► Der Marketingbereich kann aufgrund von festgestellten Absatzverschiebungen bei den Produkten ebenfalls Umstellungsinvestitionen anregen.
- ► Das Controlling kann bei erhöhtem maschinenbedingtem Betriebsmittelverbrauch eine Rationalisierungsinvestition anregen.

Externe Investitionsanregungen können z. B. durch Gesetzesänderungen oder Marktpartner erfolgen.

Ein Investitionswunsch ist nicht zwingend betriebsnotwendig, kann aber die Erreichung betrieblicher Ziele fördern, z. B. durch den Bau von Sportanlagen.

Zur Anregungsphase gehört auch die der Feststellung eines Investitionsbedarfes folgende genaue Beschreibung der Investition. In dieser Beschreibung ist das Investitionsvorhaben ausführlich darzustellen und zu begründen. Zusätzlich müssen Erläuterungen zur Dringlichkeit erfolgen, z. B. ob es sich um eine für die Betriebsbereitschaft notwendige Investition handelt und ob diese zu einem bestimmten Termin erfolgt sein muss.

2.2 Untersuchungsphase

546 Nachdem das Investitionsvorhaben beschrieben worden ist, sind verschiedene Investitionsoptionen zu ermitteln. Beispielsweise können bei einer Standardmaschine die Optionen in der Form unterschiedlicher Angebote verschiedener Hersteller vorliegen. Bei komplexen Investitionsvorhaben, z. B. der Neueröffnung einer Betriebsstätte, sind die Investitionsoptionen ggf. unter Einschaltung von Beratern zu ermitteln.

Zuerst werden die Investitionsoptionen daraufhin untersucht, welchen Beitrag sie zur Erreichung der gesamtunternehmerischen Zielsetzungen leisten können.

Danach erfolgt für jede Option eine Untersuchung auf die tatsächliche, wirtschaftliche, technische und rechtliche Durchführbarkeit. Bei der wirtschaftlichen Betrachtung ist z. B. eine grobe Kostenschätzung vorzunehmen, um zu prüfen, ob und wie der benötigte Kapitalbedarf gedeckt werden kann. Im rechtlichen Bereich sind bei Maschinen und maschinellen Anlagen häufig Umweltbestimmungen oder Regelungen des Arbeitsschutzes zu prüfen, die erfüllt werden müssen. Aus tatsächlichen Gründen kann eine Option undurchführbar sein, wenn z. B. ein mögliches Lieferdatum des Lieferanten nach dem notwendigen Einsatztermin der Investition liegt.

Bei der Durchführbarkeit von Investitionen sind auch die Auswirkungen der Abhängigkeiten (Interdependenzen) zu berücksichtigen. Sollte es z. B. durch Erweiterungsinvestitionen im Produktionsbereich notwendig werden, die Lagerhaltung für Vorräte zu erweitern, so muss im Rahmen der Prüfung der Durchführbarkeit untersucht werden, ob und wie dies realisiert werden kann. Auch können positive oder negative Abhängigkeiten zu anderen Investitionsprojekten bestehen:

- ► Ein Investitionsprojekt ist nur dann durchführbar, wenn eine andere Investition ebenfalls erfolgt, z. B. eine zusätzliche Maschine kann nur aufgestellt werden, wenn eine neue Produktionshalle zur Verfügung steht.
- ► Die Durchführung eines Investitionsprojektes schließt die Durchführung eines anderen Projektes aus, z. B. wenn nur finanzielle Mittel für eine Maschine zur Verfügung stehen.

Die Investitionsoptionen, die als nicht durchführbar eingestuft werden, werden ausgeschlossen und nicht weiter betrachtet.

2.3 Bewertungsphase

Zu Beginn der Bewertungsphase sind Bewertungskriterien und, sofern diese quantitativen Charakter besitzen, entscheidungsrelevante Grenzwerte festzulegen. Die Investitionsalternativen, die in der Untersuchungsphase nicht ausgeschlossen wurden, werden in monetärer Hinsicht durch die Investitionsrechnung und zusätzlich durch nicht monetäre Beurteilungsmaßstäbe, wie Garantie, Kundendienst oder Umweltfreundlichkeit, beurteilt. Dabei werden die einzelnen Beurteilungskriterien regelmäßig unter Berücksichtigung einer Gewichtung zusammengefasst (Scoring-Modell). 547

2.4 Entscheidungsphase

Liegen alle Daten aus der Bewertungsphase vor, kann über die Investition entschieden werden. Aus rein rationaler Sicht müsste sich ein Unternehmen immer für die Investitionsalternative entscheiden, die in der Bewertungsphase die höchste Beurteilung erhalten hat. In der Praxis werden demgegenüber auch bewusst Entscheidungen für schlechter bewertete Optionen getroffen, weil noch andere Kriterien in die Entscheidung einbezogen werden, die formal nicht bewertbar sind. Dies kann z. B. die Bevorzugung eines nationalen Standortes oder die Zusammenarbeit mit einem bewährten Lieferanten sein. 548

Mit der Entscheidung für eine Investition erfolgt üblicherweise die Genehmigung der Beschaffung. Da dies finanzielle Verpflichtungen auslöst, ist vor der Durchführung der Investition eine Abstimmung mit der Finanzabteilung notwendig, damit die benötigten Mittel zeitgerecht zur Verfügung gestellt werden können.

3. Investitionsrechnung

Im Rahmen der Investitionsrechnung sollen durch die Erfassung der monetären Auswirkungen Vorteilhaftigkeitsbetrachtungen vorgenommen werden. Dabei ist zu beachten, dass Planungsdaten für die Zukunft oft nicht genau bestimmbar sind, also geschätzt werden müssen. 549

Es werden zwei Gruppen von Investitionsrechnungsverfahren unterschieden:

- die statischen Investitionsrechnungsverfahren,
- die dynamischen Investitionsrechnungsverfahren.

3.1 Statische Investitionsrechnungsverfahren

Die statischen Verfahren zeichnen sich durch eine weitgehende Abstraktion vom realen Geschehen aus. Durch diese Entfernung des Rechenmodells von der Realität wird die Anwendbarkeit der Verfahren erleichtert. Statische Verfahren arbeiten mit den Größen Kosten, Erlöse, Aufwendungen und Erträge. Die Zahlungsströme (Aus- und Einzahlungen) bleiben unberücksichtigt. Bei der Untersuchung der Investitionsoptionen erfolgt keine Berücksichtigung aller Perioden. Vielmehr wird auf eine repräsentative Periode abgestellt. Dabei spielt der zeitliche Anfall der Rechenelemente, ob zu Beginn, am Ende oder innerhalb der Periode, keine Rolle. Die im Folgenden aufgeführten Verfahren schließen einander nicht aus, vielmehr können mehrere Verfahren (z. B. Kostenvergleichs- und Gewinnvergleichsrechnung) nebeneinander durchgeführt werden. 550

3.1.1 Kostenvergleichsrechnung

551 Die Kostenvergleichsrechnung kann die Gesamtkosten einer repräsentativen oder durchschnittlichen Periode oder die Kosten je Leistungseinheit vergleichen. Ist der voraussichtliche Output zweier Maschinen gleich, so reicht ein Vergleich der Gesamtkosten, es kann aber auch ein Vergleich je Leistungseinheit erfolgen. Weicht der unterstellte Output der Maschinen voneinander ab, so ist eine Gegenüberstellung der Kosten je Leistungseinheit notwendig.

Die Berechnung erfolgt durch eine einfache Addition der fixen und variablen Kosten. Dabei kommen ggf. auch kalkulatorische Kosten zum Ansatz. Nach der Kostenvergleichsrechnung ist die Investition vorteilhafter, die die niedrigeren Kosten ausweist.

BEISPIEL:

Jahreswerte	Maschine A	Maschine B
Output	100 000 Stück	100 000 Stück
Fixe Kosten	100 000 €	200 000 €
Variable Kosten	250 000 €	100 000 €
Gesamtkosten	350 000 €	300 000 €
Differenz		– 50 000 €

In diesem Beispiel ist Maschine B nach der Kostenvergleichsrechnung vorteilhafter.

Ein großer Mangel dieser Rechnung ist, dass nur auf die Kosten, nicht auch auf die Erlöse abgestellt wird. Eine Alternative mit höheren Kosten kann günstiger sein, wenn die Gesamterlöse aus den Produkten dieser Anlage höher sind als bei einer anderen Anlage. Auch die Höhe des eingesetzten Kapitals wird nicht berücksichtigt. Weiterhin wird nicht unterschieden, in welchem Verhältnis die Fixkosten zu den variablen Kosten stehen. Dies kann aber entscheidend sein, wenn sich der Output der Investitionen verändert.

BEISPIEL: Wenn bei dem obigen Beispiel unterstellt wird, dass 100 000 Einheiten Output zugrunde gelegt sind, wie ist dann die Vorteilhaftigkeit bei 60 000 Einheiten?

Jahreswerte	Maschine A	Maschine B
Output	60 000 Stück	60 000 Stück
Fixe Kosten	100 000 €	200 000 €
Variable Kosten	150 000 €	60 000 €
Gesamtkosten	250 000 €	260 000 €
Differenz	– 10 000 €	

Jetzt ist Maschine A nach der Kostenvergleichsrechnung vorteilhafter.

3.1.2 Gewinnvergleichsrechnung

552 Mit diesem Rechenverfahren wird durch die Einbeziehung der Erlöse angestrebt, einen Nachteil des Kostenvergleichsverfahrens auszugleichen. Als Entscheidungskriterium

wird der Gewinn (G) für eine repräsentative oder durchschnittliche Periode zugrunde gelegt. Dieser wird ermittelt als der Saldo der Erlöse (E) und der Kosten (K).

$G = E - K$

Nach der Gewinnvergleichsrechnung ist eine Einzelinvestition vorteilhaft, wenn der Gewinn größer oder gleich Null ist oder bei alternativen Investitionen diejenige, die den größeren Gewinn ausweist.

Die Gewinnvergleichsrechnung kann den Gewinn einer Periode oder den Gewinn je Leistungseinheit vergleichen. Ist der voraussichtliche Output zweier Maschinen unterschiedlich, so muss ein Vergleich des Gewinns pro Periode durchgeführt werden. Ist der unterstellte Output der Maschinen gleich, so kann eine Gegenüberstellung des Gewinns je Periode oder je Leistungseinheit erfolgen.

BEISPIEL:

Jahreswerte	Maschine A	Maschine B
Erlöse	400 000 €	360 000 €
Fixe Kosten	100 000 €	200 000 €
Variable Kosten	250 000 €	100 000 €
Gesamtkosten	350 000 €	300 000 €
Gewinn	50 000 €	60 000 €
Differenz		10 000 €

In diesem Beispiel ist Maschine B nach der Gewinnvergleichsrechnung vorteilhafter.

Auch dieses Verfahren ist nicht ohne Probleme. So ist es z. B. bei Kuppelproduktionen nicht möglich, die Erlöse den Maschinen eindeutig zuzurechnen. Auch die Höhe des eingesetzten Kapitals wird nicht berücksichtigt. Weiterhin wird auch hier nicht unterschieden, in welchem Verhältnis die Fixkosten zu den variablen Kosten stehen. Dies kann aber entscheidend sein, wenn sich der Output der Investitionen verändert.

3.1.3 Rentabilitätsvergleichsrechnung

Bei der Rentabilitätsvergleichsrechnung wird neben dem Gewinn (G) für eine repräsentative oder durchschnittliche Periode auch der erforderliche Kapitaleinsatz berücksichtigt. Dies geschieht dadurch, dass der Gewinn um Kalkulatorische Zinsen (Z_{kalk}) erhöht wird und dann zur Berechnung der Rentabilität (r) ins Verhältnis zum durchschnittlich gebundenen Kapital (K) gesetzt wird. 553

$G_{korr} = G + Z_{kalk}$

$$r = \frac{G_{korr}}{K} \times 100$$

Voraussetzung für dieses Verfahren ist, dass die betrachteten Investitionen annähernd gleiche Anschaffungskosten und Nutzungsdauern haben, da ansonsten mit zusätzlichen fiktiven Investitionen gerechnet werden müsste, um diese Differenzen auszugleichen.

Nach der Rentabilitätsvergleichsrechnung ist eine Einzelinvestition vorteilhaft, wenn deren Rentabilität größer oder gleich einer im Unternehmen festgelegten Mindestverzinsung ist oder bei alternativen Investitionen diejenige, die die höhere Rentabilität ausweist.

BEISPIEL: (Zinssatz i = 5 %, keine Restwerte):

Jahreswerte	Maschine A	Maschine B
Erlöse	400 000 €	360 000 €
Fixe Kosten	100 000 €	200 000 €
Variable Kosten	250 000 €	100 000 €
Gesamtkosten	350 000 €	300 000 €
Gewinn	50 000 €	60 000 €
Kalkulatorische Zinsen	8 500 €	9 000 €
Korrigierter Gewinn	58 500 €	69 000 €
Durch. gebundenes Kapital	170 000 €	180 000 €

Maschine A:

$$r = \frac{58\,500}{170\,000} \times 100 = 34{,}4\,\%$$

Maschine B:

$$r = \frac{69\,000}{180\,000} \times 100 = 38{,}3\,\%$$

In diesem Beispiel ist Maschine B nach der Rentabilitätsvergleichsrechnung vorteilhafter.

Die Probleme der Rentabilitätsvergleichsrechnung liegen in der Schwierigkeit der Zuordnung der Erlöse zur Investition. Zusätzlich wird auch hier nicht unterschieden, in welchem Verhältnis die Fixkosten zu den variablen Kosten stehen. Dies kann aber entscheidend sein, wenn sich der Output der Investitionen verändert.

3.1.4 Amortisationsvergleichsrechnung

554 Bei der Amortisationsvergleichsrechnung (auch als *Pay-off*-Methode oder *Pay-back*-Methode bezeichnet) wird die Vorteilhaftigkeit einer Investition anhand ihrer Amortisationszeit gemessen. Die Amortisationszeit (t) ergibt sich, indem der um einen eventuellen Restwert (RW) verminderte Kapitaleinsatz (K) durch den durchschnittlichen Rückfluss, der sich, da Ein- und Auszahlungen nicht betrachtet werden, aus dem Gewinn (G) zuzüglich der Abschreibungen (Ab) für eine repräsentative oder durchschnittliche Periode errechnet.

$$t = \frac{K - RW}{G + Ab}$$

Nach der Amortisationsvergleichsrechnung ist eine Einzelinvestition vorteilhaft, wenn deren Amortisationszeit kleiner oder gleich einer im Unternehmen festgelegten vertretbaren Amortisationszeit ist oder bei alternativen Investitionen diejenige, die die kürzere Amortisationszeit ausweist.

BEISPIEL:

Jahreswerte	Maschine A	Maschine B
Erlöse	400 000 €	360 000 €
Fixe Kosten	100 000 €	200 000 €
Variable Kosten	250 000 €	100 000 €
Gesamtkosten	350 000 €	300 000 €
Gewinn	50 000 €	60 000 €
Abschreibungen	34 000 €	34 000 €
Kapitaleinsatz	400 000 €	400 000 €
Restwert	60 000 €	40 000 €

Maschine A:

$$r = \frac{400\,000 - 60\,000}{50\,000 + 34\,000} = 4{,}05 \text{ Jahre}$$

Maschine B:

$$r = \frac{400\,000 - 40\,000}{60\,000 + 34\,000} = 3{,}83 \text{ Jahre}$$

In diesem Beispiel ist Maschine B nach der Amortisationsvergleichsrechnung vorteilhafter.

Die Probleme der Amortisationsvergleichsrechnung liegen in der Schwierigkeit der Zuordnung der Erlöse zur Investition. Auch der Kapitaleinsatz für die Investition wird nicht unter Rentabilitätsgesichtspunkten berücksichtigt. Zusätzlich wird auch hier nicht unterschieden, in welchem Verhältnis die Fixkosten zu den variablen Kosten stehen. Dies kann aber entscheidend sein, wenn sich der Output der Investitionen verändert. Eine Investition mit einer längeren Nutzungsdauer kann strategisch sinnvoller und risikoärmer sein, hat aber meistens auch eine längere Amortisationszeit. Dies wird jedoch bei der Amortisationsvergleichsrechnung nicht berücksichtigt, die aufgrund der tendenziell kürzeren Amortisationszeiten die kurzfristigen Investitionen bevorzugt.

3.2 Dynamische Investitionsrechnungsverfahren

Die statischen Investitionsrechnungen haben, wie dargestellt wurde, u. a. den Nachteil, 555
dass sie die Zahlungsströme (Zahlungsmittelebene) unberücksichtigt lassen, und dass insbesondere der zeitliche Anfall der Rechenelemente dadurch außer Acht gelassen wird, dass die Analyse nur für eine meistens durchschnittliche oder repräsentative Periode erfolgt. Diese Nachteile sollen mit den dynamischen Rechenverfahren dadurch ausgeglichen werden, dass die Zahlungsströme (Zahlungsreihen) in die Rechnung einflie-

ßen und der Planungszeitraum in Teilabschnitte (Perioden) unterteilt wird. Dabei haben drei Grundbegriffe besondere Bedeutung:

- der Zeitwert, den Auszahlungen oder Einzahlungen zu dem Zeitpunkt haben, zu dem sie erfolgen,
- der durch die Abzinsung ermittelte Barwert, den zukünftige Auszahlungen oder Einzahlungen zu einem bestimmten früheren Zeitpunkt haben und
- der durch Aufzinsung ermittelte Endwert, den Auszahlungen oder Einzahlungen zu einem bestimmten späteren Zeitpunkt haben.

Da der Barwert und der Endwert durch Ab- bzw. Aufzinsung berechnet werden, spielt der verwendete Zinssatz eine wichtige Rolle. Dieser kann nicht allgemein vorgegeben werden, sondern ist ein unternehmensindividueller, meist aus einer Mischkalkulation verschiedener Soll- und Habenzinssätze resultierender Kalkulationszinssatz i.

3.2.1 Grundlagen Finanzmathematik

3.2.1.1 Abzinsungsfaktor

556 Der Barwert einer einmaligen Zahlung kann unter Berücksichtigung von Zins und Zinseszins durch den Abzinsungsfaktor ermittelt werden.

$$\text{Abzinsungsfaktor} = \frac{1}{(1+i)^n}$$

Dabei gibt n die Laufzeit an. Der Barwert (K_0) einer zukünftigen Zahlung zu einem bestimmten Zeitpunkt ermittelt sich durch Multiplikation des Zeitwertes der Zahlung (K_n) mit dem Abzinsungsfaktor. Dies zeigt die nachstehende Abbildung (der Betrachtungszeitpunkt ist 0, der zu berechnende Wert ist grau):

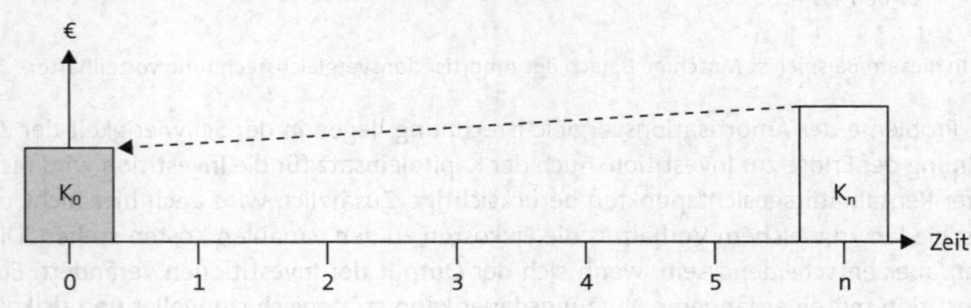

$$K_0 = K_n \times \frac{1}{(1+i)^n}$$

BEISPIEL: Der Barwert einer in vier Jahren fälligen Zahlung in Höhe von 10 000 € soll zum heutigen Zeitpunkt ermittelt werden. Der Kalkulationszinssatz beträgt 6 %.

$K_n = 10\,000$ €, n = 4 Jahre, i = 6 %

$$K_0 = 10\,000 \times \frac{1}{(1+0{,}06)^4} = 10\,000 \times 0{,}792094 = 7\,920{,}94\text{ €}$$

3.2.1.2 Barwertfaktor

(auch Diskontierungssummenfaktor, Rentenbarwertfaktor, Abzinsungssummenfaktor) 557

Der Barwert einer gleichmäßigen Zahlungsreihe kann unter Berücksichtigung von Zins und Zinseszins durch den Barwertfaktor ermittelt werden.

$$\text{Barwertfaktor} = \frac{(1+i)^n - 1}{i \times (1+i)^n}$$

Dabei gibt n die Laufzeit an. Der Barwert (K_0) einer zukünftigen gleichmäßigen Zahlungsreihe zu bestimmten Zeitpunkten ermittelt sich durch Multiplikation des Zeitwertes einer Zahlung (g) der zukünftigen gleichmäßigen Zahlungsreihe mit dem Barwertfaktor. Dies zeigt die nachstehende Abbildung (der Betrachtungszeitpunkt ist 0, der zu berechnende Wert ist grau):

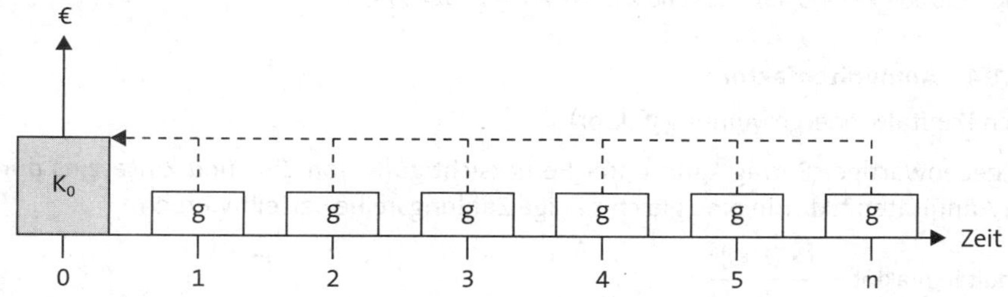

$$K_0 = g \times \frac{(1+i)^n - 1}{i \times (1+i)^n}$$

BEISPIEL: Der Barwert einer vier Jahre dauernden und im Jahr 1 beginnenden jährlichen Zahlungsreihe in Höhe von 2 500 € soll zum heutigen Zeitpunkt ermittelt werden. Der Kalkulationszinssatz beträgt 6 %.

g = 2 500 €, n = 4 Jahre, i = 6 %

$$K_0 = 2\,500 \times \frac{(1+0{,}06)^4 - 1}{0{,}06 \times (1+0{,}06)^4} = 2\,500 \times 3{,}465106 = 8\,662{,}77\,€$$

3.2.1.3 Aufzinsungsfaktor

Der Endwert einer einmaligen Zahlung kann unter Berücksichtigung von Zins und Zinseszins durch den Aufzinsungsfaktor ermittelt werden. 558

$\text{Aufzinsungsfaktor} = (1+i)^n$

Dabei gibt n die Laufzeit an. Der Endwert (K_n) zu einem bestimmten zukünftigen Zeitpunkt einer Zahlung ermittelt sich durch Multiplikation des Zeitwertes der Zahlung (K_0) mit dem Aufzinsungsfaktor. Dies zeigt die nachstehende Abbildung (der Betrachtungszeitpunkt ist 0, der zu berechnende Wert ist grau):

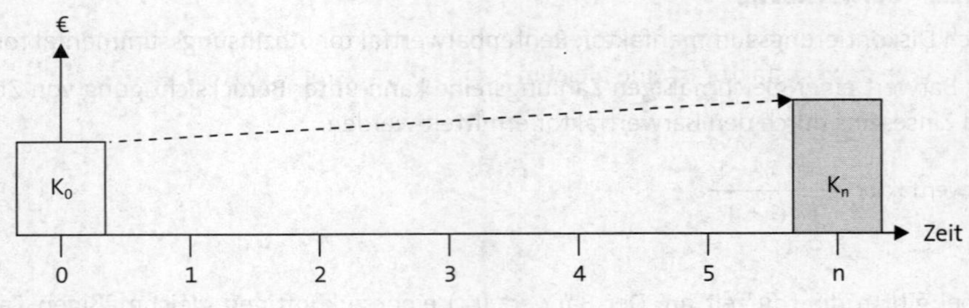

$K_n = K_0 \times (1 + i)^n$

BEISPIEL: Der Endwert einer heute getätigten Anlage in Höhe von 10 000 € soll zum Fälligkeitszeitpunkt in vier Jahren ermittelt werden. Der Kalkulationszinssatz beträgt 6 %.

K_0 = 10 000 €, n = 4 Jahre, i = 6 %

$K_n = 10\,000 \times (1 + 0{,}06)^4 = 10\,000 \times 1{,}262477 = 12\,624{,}77$ €

3.2.1.4 Annuitätenfaktor

559 (auch Kapitalwiedergewinnungsfaktor)

Ein gegenwärtiger Betrag kann unter Berücksichtigung von Zins und Zinseszins durch den Annuitätenfaktor in eine gleichmäßige Zahlungsreihe verteilt werden.

$$\text{Annuitätenfaktor} = \frac{i \times (1 + i)^n}{(1 + i)^n - 1}$$

Dabei gibt n die Laufzeit an. Der Wert einer Zahlung (g) einer zukünftigen gleichmäßigen Zahlungsreihe ermittelt sich durch Multiplikation des Zeitwertes eines/des gegenwärtigen Betrages (K_0) mit dem Annuitätenfaktor. Dies zeigt die nachstehende Abbildung (der Betrachtungszeitpunkt ist 0, die zu berechnenden Werte sind grau):

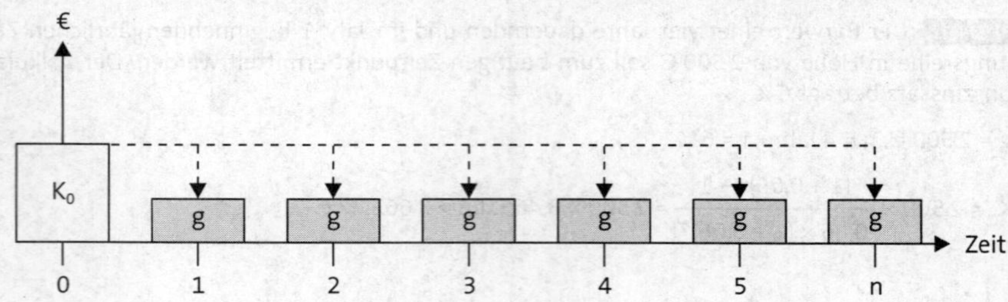

$$g = K_0 \times \frac{i \times (1 + i)^n}{(1 + i)^n - 1}$$

BEISPIEL: Der Betrag einer Zahlung einer vier Jahre dauernden und im Jahr 1 beginnenden jährlichen Zahlungsreihe soll aus einem jetzt fälligen Betrag in Höhe von 10 000 € ermittelt werden. Der Kalkulationszinssatz beträgt 6 %.

K_0 = 10 000 €, n = 4 Jahre, i = 6 %

$$g = 10\,000 \times \frac{0{,}06 \times (1 + 0{,}06)^4}{(1 + 0{,}06)^4 - 1} = 10\,000 \times 0{,}288591 = 2\,885{,}91 \text{ €}$$

3.2.1.5 Restwertverteilungsfaktor

Ein zukünftiger Betrag kann unter Berücksichtigung von Zins und Zinseszins durch den Restwertverteilungsfaktor in eine gleichmäßige Zahlungsreihe verteilt werden. 560

$$\text{Restwertverteilungsfaktor} = \frac{i}{(1+i)^n - 1}$$

Dabei gibt n die Laufzeit an. Der Barwert einer Zahlung (g) einer zukünftigen gleichmäßigen Zahlungsreihe ermittelt sich durch Multiplikation des Zeitwertes (K_n) einer zukünftigen Zahlung mit dem Restwertverteilungsfaktor. Dies zeigt die nachstehende Abbildung (der Betrachtungszeitpunkt ist 0, die zu berechnenden Werte sind grau):

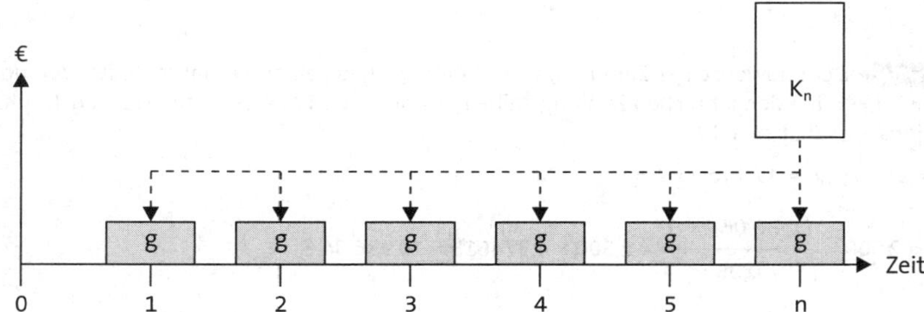

$$g = K_n \times \frac{i}{(1+i)^n - 1}$$

BEISPIEL: Der Betrag einer Zahlung einer vier Jahre dauernden und im Jahr 1 beginnenden jährlichen Zahlungsreihe soll aus einem in vier Jahren fälligen Betrag in Höhe von 10 000 € ermittelt werden. Der Kalkulationszinssatz beträgt 6 %.

K_n = 10 000 €, n = 4 Jahre, i = 6 %

$$g = 10\,000 \times \frac{0{,}06}{(1+0{,}06)^4 - 1} = 10\,000 \times 0{,}228591 = 2\,285{,}91\,€$$

3.2.1.6 Endwertfaktor

(auch Aufzinsungssummenfaktor) 561

Der Endwert einer gleichmäßigen Zahlungsreihe kann unter Berücksichtigung von Zins und Zinseszins durch den Endwertfaktor ermittelt werden.

$$\text{Endwertfaktor} = \frac{(1+i)^n - 1}{i}$$

Dabei gibt n die Laufzeit an. Der Endwert (K_n) zu einem bestimmten zukünftigen Zeitpunkt einer Zahlung ermittelt sich durch Multiplikation des Zeitwertes einer Zahlung (g) der zukünftigen gleichmäßigen Zahlungsreihe mit dem Endwertfaktor. Dies zeigt die nachstehende Abbildung (der Betrachtungszeitpunkt ist 0; der zu berechnende Wert ist grau):

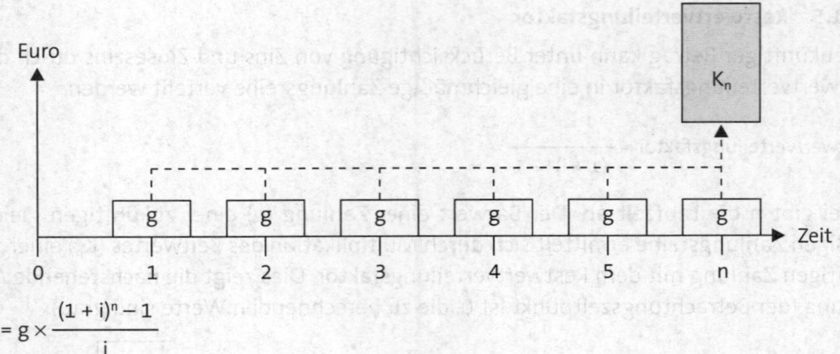

$$K_n = g \times \frac{(1+i)^n - 1}{i}$$

BEISPIEL: Der Endwert einer Zahlung in vier Jahren soll aus einer vier Jahre dauernden und im Jahr 1 beginnenden jährlichen Zahlungsreihe in Höhe von 2 500 € ermittelt werden. Der Kalkulationszinssatz beträgt 6 %.

g = 2 500 €, n = 4 Jahre, i = 6 %

$$K_n = 2\,500 \times \frac{(1+0{,}06)^4 - 1}{0{,}06} = 2\,500 \times 4{,}374615 = 10\,936{,}54\text{ €}$$

3.2.2 Kapitalwertmethode

562 Bei der Kapitalwertmethode wird die Vorteilhaftigkeit einer Investition anhand des Kapitalwertes gemessen. Der Kapitalwert (K_0) ist die Summe der Barwerte aller Einzahlungen (K_{0E}) abzüglich der Summe der Barwerte aller Auszahlungen (K_{0A}) bzw. die Summe der Barwerte der Einzahlungsüberschüsse einer Investition.

$$K_0 = (E_1 \times \frac{1}{(1+i)^1} + E_2 \times \frac{1}{(1+i)^2} + \ldots + E_n \times \frac{1}{(1+i)^n}) - (A_1 \times \frac{1}{(1+i)^1} +$$

$$A_2 \times \frac{1}{(1+i)^2} + \ldots + A_n \times \frac{1}{(1+i)^n})$$

oder

$$K_0 = (E_1 - A_1) \times \frac{1}{(1+i)^1} + (E_2 - A_2) \times \frac{1}{(1+i)^2} + \ldots + (E_n - A_n) \times \frac{1}{(1+i)^n}$$

oder

$$K_0 = \sum_{t=1}^{n} (E_t - A_t) \times (1+i)^{-t}$$

Nach der Kapitalwertmethode ist eine Einzelinvestition vorteilhaft, wenn deren Kapitalwert größer oder gleich Null ist oder bei alternativen Investitionen diejenige, die den höheren Kapitalwert ausweist.

BEISPIEL: Eine zum Zeitpunkt 0 getätigte Investition in Höhe von 50 000 € wird im Zeitpunkt 3 einen Rückfluss von 55 000 € bringen. Der Kalkulationszinssatz beträgt 5 %.

Die Investition ist zum Zeitpunkt 0 getätigt, damit ist der Zeitwert der Zahlung auch der Barwert. Der Barwert der Einzahlung in drei Jahren muss auf den Zeitpunkt 0 berechnet werden.

K_n = 55 000 €, n = 3 Jahre, i = 5 %

$$K_{0E} = 55\,000 \times \frac{1}{(1 + 0{,}05)^3} = 55\,000 \times 0{,}863838 = 47\,511{,}09\,€$$

$K_0 = K_{0E} - K_{0A}$ = 47 511,09 – 50 000 = – 2 488,91 €

Der Kapitalwert der Investition ist negativ, sie sollte nicht durchgeführt werden.

Zwei Investitionen für Maschinen sollen verglichen werden.

Bei der ersten Maschine fällt die Anfangsauszahlung im Zeitpunkt 0 in Höhe von 100 000 € an. Im zehnten Jahr erfolgt noch eine Auszahlung in Höhe von 10 000 € für die Demontage. Ansonsten erfolgen zehn Jahre lang nur regelmäßige Auszahlungen in Höhe 3 000 € und regelmäßige Einzahlungen von 20 000 €.

Die zweite Maschine verursacht Auszahlungen von 20 000 € im Zeitpunkt 0 und danach zehn Jahre regelmäßig in Höhe von 12 000 €. Einzahlungen fallen wie bei Maschine 1 10 Jahre lang in Höhe von 20 000 € jährlich an.

Der Kalkulationszinssatz beträgt 5 %.

Für einen Vergleich sind die Kapitalwerte der beiden Maschinen zu ermitteln.

Maschine 1:

Die Anfangsauszahlung ergibt einen Barwert von – 100 000 €.

Die Auszahlung im zehnten Jahr ist auf den Zeitpunkt 0 abzuzinsen.

K_n = 10 000 €, n = 10 Jahre, i = 5 %

$$K_{0E} = 10\,000 \times \frac{1}{(1 + 0{,}05)^{10}} = 10\,000 \times 0{,}613913 = 6\,139{,}13\,€$$

Die Auszahlung im zehnten Jahr ergibt einen Barwert von – 6 139,13 €.

Die regelmäßigen Ein- und Auszahlungen ergeben einen positiven Wert von 17 000 € und können mit dem Barwertfaktor auf den Zeitpunkt 0 abgezinst werden.

g = 17 000 €, n = 10 Jahre, i = 5 %

$$K_0 = 17\,000 \times \frac{(1 + 0{,}05)^{10} - 1}{0{,}05 \times (1 + 0{,}05)^{10}} = 17\,000 \times 7{,}721735 = 131\,269{,}50\,€$$

Aus den jährlichen Überschüssen ergibt sich ein Barwert von 131 269,50 €.

K_0 = – 100 000 – 6 139,16 + 131 269,50 = 25 130,34 €

Für Maschine 1 ergibt sich ein positiver Kapitalwert in Höhe von 25 130,34 €.

Maschine 2:

Die Anfangsauszahlung ergibt einen Barwert von – 20 000 €.

Die regelmäßigen Ein- und Auszahlungen ergeben einen positiven Wert von 8 000 € und können mit dem Barwertfaktor auf den Zeitpunkt 0 abgezinst werden.

$g = 8\,000\,€,\ n = 10\ \text{Jahre},\ i = 5\,\%$

$$K_0 = 8\,000 \times \frac{(1 + 0{,}05)^{10} - 1}{0{,}05 \times (1 + 0{,}05)^{10}} = 8\,000 \times 7{,}721735 = 61\,773{,}88\,€$$

Aus den jährlichen Überschüssen ergibt sich ein Barwert von 61 773,88 €.

$K_0 = -\,20\,000 + 61\,773{,}88 = 41\,773{,}88\,€$

Für Maschine 2 ergibt sich ein positiver Kapitalwert in Höhe von 41 773,88 €.

Maschine 2 ist nach der Kapitalwertmethode vorteilhaft, obwohl nach den absoluten Zahlen beide Investitionen Auszahlungen von 140 000 € und Einzahlungen von 200 000 € auslösen.

Die Nachteile der Kapitalwertmethode liegen zum einen in der Schwierigkeit der Zuordnung der Auszahlungen und Einzahlungen zur Investition und zum anderen in der Prognose ihrer Höhe.

3.2.3 Annuitätenmethode

563 Die Annuitätenmethode ergibt sich aus der Kapitalwertmethode. Bei der Kapitalwertmethode wird ein Vergleich der gesamten Investitionszahlungen zum Zeitpunkt 0 durchgeführt. Bei der Annuitätenmethode werden die auf eine Periode bezogenen gesamten Investitionszahlungen berechnet.

Liegen die Kapitalwerte (K_0) einer Investition vor, so können diese mit dem Annuitätenfaktor in eine gleichbleibende Zahlung (g) je Jahr umgerechnet werden.

$$g = K_0 \times \text{Annuitätenfaktor} = K_0 \times \frac{i \times (1 + i)^n}{(1 + i)^n - 1}$$

Liegen die Kapitalwerte nicht vor, sind die Annuitäten nach den finanzmathematischen Regeln zu ermitteln. Bei der Annuitätenmethode wird die Vorteilhaftigkeit einer Investition anhand der Annuität gemessen.

Es werden bei der Annuitätenmethode alle mit einer Investition verbundenen Einzahlungen und Auszahlungen mit einem einheitlichen Kalkulationszinssatz auf jährlich gleiche Zahlungen (Annuitäten) umgerechnet.

Nach der Annuitätenmethode ist eine Einzelinvestition vorteilhaft, wenn deren Annuität größer oder gleich Null ist oder bei alternativen Investitionen diejenige, die die höhere Annuität ausweist. Das Optimierungsergebnis ist mit dem der Kapitalwertmethode identisch.

BEISPIEL: (WIE KAPITALWERTMETHODE)

Eine zum Zeitpunkt 0 getätigte Investition in Höhe von 50 000 € wird im Zeitpunkt 3 einen Rückfluss von 55 000 € bringen. Der Kalkulationszinssatz beträgt 5 %.

Die Investition ist zum Zeitpunkt 0 getätigt, damit ist der Zeitwert der Zahlung auch der Barwert. Dieser kann mit dem Annuitätenfaktor in eine Annuität umgerechnet werden.

$K_0 = 50\,000\,€,\ n = 3\ \text{Jahre},\ i = 5\,\%$

$$g = 50\,000 \times \frac{0{,}05 \times (1 + 0{,}05)^3}{(1 + 0{,}05)^3 - 1} = 50\,000 \times 0{,}367209 = 18\,360{,}45\,€$$

Die Annuität aus der Anfangsauszahlung beträgt – 18 360,45 €.

Die Einzahlung erfolgt zum Zeitpunkt 3, damit kann die Zahlung mit dem Restwertverteilungsfaktor in eine Annuität umgerechnet werden.

K_n = 55 000 €, n = 3 Jahre, i = 5 %

$$g = 55\,000 \times \frac{0{,}05}{(1 + 0{,}05)^3 - 1} = 55\,000 \times 0{,}317209 = 17\,446{,}50\,€$$

Die Annuität aus der Schlusseinzahlung beträgt 17 446,50 €.

$$g = -18\,360{,}45 + 17\,446{,}50 = -913{,}95\,€$$

Die Annuität der Investition ist negativ, sie sollte nicht durchgeführt werden.

Zwei Investitionen für Maschinen sollen verglichen werden.

Bei der ersten Maschine fällt die Anfangsauszahlung im Zeitpunkt 0 in Höhe von 100 000 € an. Im zehnten Jahr erfolgt noch eine Auszahlung in Höhe von 10 000 € für die Demontage. Ansonsten erfolgen zehn Jahre lang nur regelmäßige Auszahlungen in Höhe 3 000 € und regelmäßige Einzahlungen von 20 000 €.

Die zweite Maschine verursacht Auszahlungen von 20 000 € im Zeitpunkt 0 und danach zehn Jahre regelmäßig in Höhe von 12 000 €. An Einzahlungen fallen wie bei Maschine 1 über einen Zeitraum von 10 Jahren 20 000 € jährlich an.
Der Kalkulationszinssatz beträgt 5 %.

Für einen Vergleich sind die Annuitäten der beiden Maschinen zu ermitteln. Dafür gibt es unterschiedliche Möglichkeiten der Berechnung, die aber alle zum gleichen Ergebnis führen müssen. Hier wird nur ein Weg dargestellt.

Maschine 1:

Die Anfangsauszahlung ist zum Zeitpunkt 0 getätigt, damit ist der Zeitwert der Zahlung auch der Barwert. Dieser kann mit dem Annuitätenfaktor in eine Annuität umgerechnet werden.

K_0 = 100 000 €, n = 10 Jahre, i = 5 %

$$g = 100\,000 \times \frac{0{,}05 \times (1 + 0{,}05)^{10}}{(1 + 0{,}05)^{10} - 1} = 100\,000 \times 0{,}129505 = 12\,950{,}50\,€$$

Die Annuität aus der Anfangsauszahlung beträgt – 12 950,50 €.

Die Schlussauszahlung erfolgt zum Zeitpunkt 10, damit kann die Zahlung mit dem Restwertverteilungsfaktor in eine Annuität umgerechnet werden.

K_n = 10 000 €, n = 10 Jahre, i = 5 %

$$g = 10\,000 \times \frac{0{,}05}{(1 + 0{,}05)^{10} - 1} = 10\,000 \times 0{,}079505 = 795{,}05\,€$$

Die Annuität aus der Schlussauszahlung beträgt – 795,05 €.

Die regelmäßigen Ein- und Auszahlungen ergeben eine Annuität von 17 000 € und brauchen nicht umgerechnet zu werden.

$$g = -12\,950{,}50 - 795{,}05 + 17\,000 = 3\,254{,}45\,€$$

Für Maschine 1 ergibt sich eine positive Annuität in Höhe von 3 254,45 €.

Maschine 2:

Die Anfangsauszahlung ist zum Zeitpunkt 0 getätigt, damit ist der Zeitwert der Zahlung auch der Barwert. Dieser kann mit dem Annuitätenfaktor in eine Annuität umgerechnet werden.

$K_0 = 20\,000$ €, n = 10 Jahre, i = 5 %

$$g = 20\,000 \times \frac{0{,}05 \times (1+0{,}05)^{10}}{(1+0{,}05)^{10}-1} = 20\,000 \times 0{,}129505 = 2\,590{,}10\text{ €}$$

Die Annuität aus der Anfangsauszahlung beträgt – 2 590,10 €.

Die regelmäßigen Ein- und Auszahlungen ergeben eine Annuität von 8 000 € und brauchen nicht umgerechnet zu werden.

$g = -2\,590{,}10 + 8\,000 = 5\,409{,}90$ €

Für Maschine 2 ergibt sich eine positive Annuität in Höhe von 5 409,90 €.

Maschine 2 ist nach der Annuitätenmethode vorteilhaft.

Die Nachteile der Annuitätenmethode gleichen denen der Kapitalwertmethode. Sie liegen zum einen in der Schwierigkeit der Zuordnung der Auszahlungen und Einzahlungen zur Investition und zum anderen in der Ungewissheit über deren zukünftige Höhe.

3.2.4 Interne Zinsfußmethode

564 Als internen Zinsfuß bezeichnet man den Zinssatz, bei der der Kapitalwert der Aus- und Einzahlungen einer Investition Null beträgt.

Nach der internen Zinsfußmethode ist eine Einzelinvestition vorteilhaft, wenn deren interner Zinsfuß größer oder gleich einer im Unternehmen festgelegten Mindestverzinsung ist oder bei alternativen Investitionen diejenige, die den höheren internen Zinsfuß ausweist.

III. Finanzierung

565 Finanzierung ist die Gestaltung betrieblicher Zahlungsflüsse, also die Einflussnahme auf Höhe und Zeitpunkt zukünftiger Ein- und Auszahlungen. Dabei sollen zum einen die jederzeitige Zahlungsbereitschaft des Unternehmens und zum anderen bei der Bereitstellung finanzieller Mittel (Mittelbeschaffung) für z. B. die Materialbeschaffung und für Investitionen eine Fristenkongruenz gewährleistet werden.

1. Finanzierungsregeln

566 In der Praxis werden gerade von Banken immer wieder Finanzierungsregeln als grobe Richtlinien für die Kapitalstruktur verwendet. Diese pauschalen Kennzahlen berücksichtigen jedoch nicht, dass die Zahlungsfähigkeit nicht nur von der Bilanzstruktur, sondern z. B. auch von der Zahlungsfähigkeit der Kunden des Unternehmens abhängt. Auch die Bilanzstruktur selbst ist nicht immer aussagekräftig. So muss z. B. ein Mindestbestand an Waren dauerhaft vorhanden sein und wird aus diesem Grunde im Umlaufvermögen

ausgewiesen. Auch können Wirtschaftsgüter eingesetzt werden, die nicht in der Bilanz ausgewiesen sind (z. B. beim Leasing). Derartige Finanzierungsregeln sind deshalb als Praktikeransatz zu verstehen, der im Einzelfall kritisch zu würdigen ist.

Auf der Passivseite der Bilanz werden vertikale Finanzierungsregeln angewandt, die das Verhältnis von Eigenkapital zu Fremdkapital prüfen.

- 1:1-Regel: Fremdkapital / Eigenkapital ≤ 1. Dies wird von Banken als erstrebenswertes Verhältnis angesehen.
- 2:1-Regel: Fremdkapital / Eigenkapital ≤ 2. Diese Bilanzstruktur wäre aus Bankensicht als solide zu beurteilen.
- 3:1-Regel: Fremdkapital / Eigenkapital ≤ 3. Diese Unternehmen haben nach Bankenbeurteilung ein noch zulässiges Verhältnis von Eigen- zu Fremdkapital.

Die horizontalen Finanzierungsregeln stellen Verhältnisse zwischen der Aktiv- und der Passivseite dar.

- Bei der goldenen Bilanzregel wird zwischen einer engen Auslegung (Anlagevermögen / Eigenkapital ≤ 1) und einer weiten Auslegung ((Anlagevermögen / (Eigenkapital + langfristiges Fremdkapital) ≤ 1) unterschieden.
- Die goldenen Finanzierungsregeln geben ein Verhältnis von kurzfristigem Vermögen / kurzfristigen Kapital von ≥ 1 und von langfristigem Vermögen / langfristiges Kapital von ≤ 1 vor.

2. Finanzierungsarten

2.1 Innenfinanzierung

Innenfinanzierung erfolgt dadurch, dass aus dem Umsatz ein Zahlungsmittelüberschuss dadurch entsteht, dass dem Zahlungsmittelzufluss ein niedriger oder gar kein Zahlungsmittelabfluss gegenüber steht. Dies kann durch die Selbstfinanzierung, die Erhöhung von Rückstellungen, durch die Abschreibungsgegenwerte oder andere Vermögensumschichtungen erfolgen. 567

2.1.1 Selbstfinanzierung

Bei der Selbstfinanzierung handelt es sich um nicht entnommene (oder nicht ausgeschüttete) Gewinne, die zur Stärkung der Eigenkapitalbasis (eigenkapitalerhöhend) im Unternehmen belassen werden. Es wird zwischen offener und stiller Selbstfinanzierung unterschieden. 568

2.1.1.1 Offene Selbstfinanzierung

Die offene Selbstfinanzierung geschieht je nach Unternehmensform in unterschiedlicher Weise. Bei Einzelunternehmungen und Personengesellschaften erfolgt diese Selbstfinanzierung dadurch, dass der Unternehmer bzw. die Gesellschafter die dem jeweiligen Kapitalkonto gutgeschriebenen Gewinne nicht entnehmen, sondern im Unternehmen belassen. 569

In den Jahresabschlüssen der Kapitalgesellschaften sind einbehaltene Gewinne in die Gewinnrücklagen (§ 272 Abs. 3 HGB) einzustellen oder als Gewinnvortrag auszuweisen. Dies kann sowohl durch gesetzliche oder satzungsmäßige Vorgaben als auch durch freie Beschlüsse erfolgen.

Bei der GmbH stellen die Gesellschafter den Jahresabschluss fest und beschließen über die Verwendung des Ergebnisses (§ 46 Nr. 1 GmbHG). Sie können, wenn der Gesellschaftsvertrag nichts anderes bestimmt, Beträge in Gewinnrücklagen einstellen oder als Gewinn vortragen (§ 29 Abs. 2 GmbHG). Eine gesetzliche Regelung besteht nicht.

Bei einer Unternehmergesellschaft (haftungsbeschränkt) ist zusätzlich eine gesetzliche Rücklage zu bilden, in die ein Viertel des um einen Verlustvortrag aus dem Vorjahr geminderten Jahresüberschusses einzustellen ist (§ 5a Abs. 3 Satz 1 GmbHG). Dies gilt solange, bis die Gesellschaft das Mindestkapital von 25 000 € durch Kapitalerhöhung erreicht hat (§ 5a Abs. 5 GmbHG).

Auch bei der Aktiengesellschaft ist eine gesetzliche Rücklage vorgesehen. In diese ist nach § 150 Abs. 2 AktG der zwanzigste Teil des um einen Verlustvortrag aus dem Vorjahr geminderten Jahresüberschusses einzustellen, bis die gesetzliche Rücklage und die Kapitalrücklagen nach § 272 Abs. 2 Nr. 1 bis 3 HGB zusammen den zehnten oder den in der Satzung bestimmten höheren Teil des Grundkapitals erreichen. § 58 AktG regelt, welche Anteile des Gewinns in die Gewinnrücklagen eingestellt werden dürfen. Dies ist abhängig von den Satzungsbestimmungen und der Frage, wer den Jahresabschluss feststellt.

Bei einer Genossenschaft kann nach § 20 GenG die Satzung bestimmen, dass der Gewinn nicht an die Genossen verteilt, sondern der gesetzlichen Rücklage (§ 7 Nr. 2 GenG) und anderen Ergebnisrücklagen zugeschrieben wird.

2.1.1.2 Stille Selbstfinanzierung

570 Die stille Selbstfinanzierung entsteht durch die Bildung stiller Reserven, d. h. dadurch, dass eigentlich entstandener Gewinn durch Unterbewertung von Aktivposten, Überbewertung von Passivposten oder Nichtaktivierung von aktivierungsfähigen Vermögensgegenständen (= Ausnutzung von Bilanzierungs- und Bewertungswahlrechten bzw. Ermessensspielräumen) nicht ausgewiesen und damit auch nicht ausschüttungsfähig wird. Ist die Reservebildung auch steuerlich zulässig, verstärkt die Reduktion der ertragsteuerlichen Belastung den Selbstfinanzierungsvorgang.

2.1.2 Innenfinanzierung aus der Bildung von Rückstellungen

571 Nach § 249 HGB sind Rückstellungen u. a. zu bilden für ungewisse Verbindlichkeiten oder drohende Verluste aus schwebenden Geschäften. Die Bildung oder Erhöhung von Rückstellungen bedeutet die Erfassung von Aufwand in einer bestimmten Periode während die dazugehörige Auszahlung erst in einer späteren Periode erfolgt. Dadurch entsteht ein Finanzierungseffekt vom Zeitpunkt der Aufwandsbuchung bis zur Inanspruchnahme oder Auflösung der Rückstellung. Dieser Zeitraum kann bei langfristigen Rückstellungen (z. B. Pensionsrückstellungen) viele Jahre betragen. Soweit die Rückstellungsbildung steuerlich anerkannt wird, entsteht zusätzlich durch die gewinnmindernde Wirkung ein Finanzierungseffekt durch die Verringerung der Ertragssteuerzahlungen in der Periode der Bildung.

2.1.3 Innenfinanzierung aus Abschreibungsgegenwerten

Mit der Anschaffung eines Vermögensgegenstands (Wirtschaftsgutes) ist eine Auszahlung verbunden. Die Anschaffung erfolgt, um die betrieblichen Leistungen erstellen zu können. Mit der Leistungserstellung verbraucht sich das Wirtschaftsgut; es hat nur eine begrenzte technische und/oder wirtschaftliche Lebensdauer. Soll die Leistungsfähigkeit des Unternehmens nach dem Ende seiner Einsatz- oder Nutzungsmöglichkeit erhalten bleiben, muss ein Ersatzwirtschaftsgut beschafft werden. Das führt zu einer neuen Auszahlung. Das Steuerungsmittel, den Werteverzehr des Wirtschaftsguts darzustellen, bilden die Abschreibungen. Sie verteilen die Anschaffungsausgaben über die (voraussichtliche) Nutzungsdauer (= periodisierte Anschaffungsausgaben). 572

Abschreibungen sind zunächst einmal Kalkulationsbestandteil. Als solcher kommt ihnen bei der Preisermittlung eine wichtige Rolle zu. Gelingt es, den so berechneten Preis am Markt durchzusetzen, fließen die Abschreibungsbestandteile im Verhältnis der verkauften Leistungen in das Unternehmen zurück (= „verdiente Abschreibungen"). Diesen Einzahlungen stehen keine unmittelbaren Auszahlungen gegenüber, sodass sie als Finanzmittel für Investitionen oder Schuldentilgungen zur Verfügung stehen.

Verdiente Abschreibungen haben also einen Liquidisierungseffekt, der sich als Vermögensumschichtung auswirkt: Der Bilanzansatz des Wirtschaftsguts verringert sich um die Abschreibungen, die Bankguthaben nehmen entsprechend zu. Dieser Effekt ist zeitlich begrenzt, da er neutralisiert wird, wenn nach dem Verbrauch des Wirtschaftsguts ein Ersatzwirtschaftsgut beschafft werden muss.

2.1.4 Innenfinanzierung aus anderen Vermögensumschichtungen

Neben den Abschreibungsgegenwerten können Vermögensumschichtungen auch durch Desinvestitionen oder Rationalisierungen erfolgen. 573

Als Desinvestition bezeichnet man einen Vorgang, durch den entweder ganze Unternehmenseinheiten oder nur einzelne Wirtschaftsgüter des Anlage- oder Umlaufvermögens in Zahlungsmittel umgewandelt werden. Auch hier entsteht der Effekt, dass den Einzahlungen keine unmittelbaren Auszahlungen gegenüberstehen, sodass sie als Finanzmittel für Investitionen oder Schuldentilgungen zur Verfügung stehen. Es kann in diesen Fällen zu Auszahlungen für Steuern kommen, wenn mit der Vermögensumschichtung Erträge erzielt werden (Erlös > Restbuchwert).

Man spricht von strategischen Desinvestitionen, wenn sie das Ziel haben, durch stärkere Konzentration auf die Kerngeschäftsfelder den Unternehmenswert zu erhöhen, der sich dann bei Aktiengesellschaften in einem steigenden Börsenkurs niederschlagen soll. Dies kann bei einem Automobilhersteller z. B. durch die Veräußerung der Unternehmenseinheit Flugzeugbau und mit den erzielten Erlösen Finanzierung des Ausbaus der Einheit Automobilbau geschehen.

Hinsichtlich des Anlagevermögens werden bevorzugt nicht betriebsnotwendige Wirtschaftsgüter veräußert. Müssen auch betriebsnotwendige Wirtschaftsgüter veräußert werden, so werden diese häufig nachfolgend wieder zurückgemietet, um die Betriebsbereitschaft nicht zu gefährden (*Sale-and-Lease-back*-Verfahren). Eine Desinvestition im Umlaufvermögen stellt das sog. Factoring dar (siehe Rdn. 602).

Rationalisierungen bringen einen Finanzierungseffekt, wenn nach der Umsetzung der Maßnahme die Bindung der Finanzmittel niedriger ist als vorher. Werden z. B. durch eine Umstellung auf das *Just-in-Time*-Verfahren die Lagerbestände reduziert, können die bisher im Lagerbestand gebundenen Mittel anderweitig eingesetzt werden. Kann in diesem Zusammenhang eine Lagerhalle verkauft werden, stellt dies eine Desinvestition dar.

2.2 Außenfinanzierung

574 Während die Innenfinanzierung aus dem Leistungsbereich des Unternehmens entsteht, wird bei der Außenfinanzierung dem Unternehmen Kapital von außen zugeführt (externe Finanzierung). Bei der Außenfinanzierung unterscheidet man zwischen Beteiligungsfinanzierung und Fremdfinanzierung.

2.2.1 Beteiligungsfinanzierung

575 Die Beteiligungsfinanzierung (das Beteiligungskapital) ist externe Eigenfinanzierung (im Gegensatz zur Selbstfinanzierung als interner Eigenfinanzierung). Beteiligungsfinanzierer (z. B. Aktionäre) sind (Mit-)Eigentümer. Sie stellen ihren Anteil am Beteiligungskapital (Quotenanteil) grundsätzlich unbefristet zur Verfügung, sie haften begrenzt (z. B. Aktionäre) oder unbegrenzt (z. B. persönlich haftende Gesellschafter bei der OHG), sie haben einen Erfolgsanspruch (Gewinnbeteiligungsanspruch) und üben direkt (z. B. OHG) oder indirekt (z. B. als Aktionäre) die Leitungsmacht aus.

Die Art des Beteiligungskapitals ist abhängig von der Rechtsform des Unternehmens. Es ist zu unterscheiden zwischen personenbezogenen Unternehmensformen und Kapitalgesellschaften. Zu den personenbezogenen Unternehmen zählen:

- der Einzelkaufmann (§§ 1–3 HGB),
- die offene Handelsgesellschaft – OHG (§§ 105–160 HGB),
- die Kommanditgesellschaft – KG (§§ 161–177a HGB) sowie
- die stille Gesellschaft (§§ 230–236 HGB).

Außerhalb des HGB gibt es noch die Gesellschaft bürgerlichen Rechts – BGB-Gesellschaft (§§ 705–740 BGB) sowie die Stiftung privaten Rechts (§§ 80–88 BGB), die keine Handelsgesellschaften sind und nachfolgend auch nicht behandelt werden.

Bei den Kapitalgesellschaften sind zu unterscheiden:

- die Gesellschaft mit beschränkter Haftung – GmbH (GmbH-Gesetz),
- die Aktiengesellschaft – AG (Aktiengesetz),
- die Genossenschaft (Genossenschaftsgesetz) sowie
- die Kommanditgesellschaft auf Aktien – KGaA (§§ 278–290 AktG).

Die folgende Darstellung soll die Grundstrukturen der unterschiedlichen Beteiligungsformen aufzeigen und gleichzeitig den Einfluss auf die Verschuldungsmöglichkeiten darstellen.

2.2.1.1 Einzelkaufmann

576 Der Einzelkaufmann ist alleiniger Inhaber; er übt die Geschäftsführung des Unternehmens aus und haftet mit seinem gesamten Vermögen. Das Unternehmen des Einzel-

kaufmanns scheidet per Definition für eine Beteiligungsfinanzierung aus (Sonderfall: stille Gesellschaft).

Die Möglichkeiten der Fremdfinanzierung werden – abgesehen von anderen Bestimmungsfaktoren der Kreditwürdigkeit – durch die Höhe des Privat- und Geschäftsvermögens des Einzelkaufmanns begrenzt.

2.2.1.2 Offene Handelsgesellschaft

Sämtliche Gesellschafter haften unmittelbar, gesamtschuldnerisch und unbegrenzt. 577
Zur Führung der Geschäfte sind alle Gesellschafter berechtigt und verpflichtet (§§ 114–116 HGB), sofern der Gesellschaftsvertrag nichts anderes bestimmt.

Eine Beteiligungsfinanzierung ist durch die Aufnahme neuer Gesellschafter, die ins Handelsregister einzutragen sind, jederzeit möglich. Dabei haftet nach § 130 Abs. 1 HGB derjenige, der in eine bestehende OHG eintritt, gleich den bisherigen Gesellschaftern für die vor seinem Eintritt begründeten Verbindlichkeiten der Gesellschaft, ohne Unterschied, ob die Firma eine Änderung erleidet oder nicht.

Wie beim Einzelunternehmen wird die Verschuldungsfähigkeit wesentlich durch die Höhe des Privat- und Geschäftskapitals der Gesellschafter bestimmt.

2.2.1.3 Kommanditgesellschaft

Die Besonderheit dieser Gesellschaft ist nach § 161 Abs. 1 HGB, dass mindestens ein 578
Gesellschafter – wie bei der OHG – unbegrenzt haftet (persönlich haftender Gesellschafter, Komplementär), während bei mindestens einem anderen Gesellschafter die Haftung gegenüber den Gesellschaftsgläubigern auf den Betrag einer bestimmten Vermögenseinlage (Kommanditeinlage) beschränkt ist (Kommanditist). Die unmittelbare Haftung des Kommanditisten endet grundsätzlich mit der Leistung der Kommanditeinlage (§ 171 Abs. 1 HGB). Die beschränkte Haftung der Kommanditisten – grundsätzlich nur bis zur Höhe der gezeichneten und im Handelsregister eingetragenen Kommanditeinlage – begrenzt deren unternehmerisches Risiko. Die Geschäftsführung liegt ausschließlich bei den Komplementären; die Kommanditisten haben keine Geschäftsführungsbefugnis (§ 164 HGB).

Eine Beteiligungsfinanzierung ist durch die Aufnahme neuer Gesellschafter sowohl als Komplementäre als auch als Kommanditisten, die ins Handelsregister einzutragen sind, jederzeit möglich. Bei den Kommanditisten ist zusätzlich auch der Betrag der Kommanditeinlage einzutragen. Dabei haften neue Komplementäre, die in eine bestehende KG eintreten, nach § 161 Abs. 2 i. V. m. § 130 Abs. 1 HGB, gleich den bisherigen Komplementären für die vor ihrem Eintritt begründeten Verbindlichkeiten der Gesellschaft, ohne Unterschied, ob die Firma eine Änderung erleidet oder nicht. Für den Kommanditisten gilt dies analog nach § 173 HGB, jedoch auf die Höhe seiner Einlage begrenzt.

Bei der Beurteilung der Verschuldungsfähigkeit kommt es für die Gläubiger (Kreditgeber) also darauf an festzustellen, über welche Vermögensteile die Komplementäre verfügen und wie hoch die eingezahlten und nicht durch Verluste aufgezehrten Anteile der Kommanditisten sind. Sofern Anteile noch nicht eingezahlt sind, ist zu prüfen, ob die Kommanditisten in der Lage sind, ihre Einzahlungsverpflichtungen zu erfüllen.

579 Eine Sonderstellung nimmt die GmbH & Co. KG ein. Sie ist rechtlich eine Kommanditgesellschaft, bei der der meist einzige Komplementär eine Kapitalgesellschaft (GmbH) ist, sodass im Ergebnis keine Person unbeschränkt haftet. Sie wird deshalb häufig als „kapitalistische KG" bezeichnet.

Die vollständige Haftungsbegrenzung kann ein wesentlicher Zweck der GmbH & Co. KG sein; oft ist aber damit beabsichtigt, die Geschäftsführung von einer natürlichen Person und deren Schicksal (z. B. plötzlicher Todesfall) unabhängig zu machen. Da die Geschäftsführung bei der GmbH liegt (vertreten durch deren Geschäftsführer), lassen sich so gerade bei Familiengesellschaften die Nachfolgeprobleme in der Unternehmensleitung leichter lösen.

Die GmbH & Co. KG ist heute eine in allen Wirtschaftsbereichen häufig anzutreffende Gesellschaftsform. Sie gibt es abgewandelt auch als AG & Co. KG sowie als Stiftung & Co. KG.

2.2.1.4 Stille Gesellschaft

580 Die stille Gesellschaft ist eine Innengesellschaft. Die Einlage des Stillen geht in das Vermögen des Inhabers des Handelsgeschäfts über. Der Kapitalgeber tritt nach außen nicht in Erscheinung; er wird nicht im Handelsregister eingetragen, hat keine Geschäftsführungs- und Vertretungsbefugnis. Eine stille Gesellschaft kann mit einem Einzelkaufmann, einer Personenhandelsgesellschaft, einer Kapitalgesellschaft oder einer Genossenschaft begründet werden, dabei kann jedes dieser Unternehmen sowohl Geschäftsinhaber als auch stiller Gesellschafter sein. Der stille Gesellschafter nimmt, falls nichts anderes bestimmt ist, angemessen am Gewinn und Verlust teil (§ 231 Abs. 1 HGB). Der Gesellschaftsvertrag kann seine Beteiligung am Verlust ausschließen, nicht jedoch seine Beteiligung am Gewinn (§ 231 Abs. 2 HGB).

Es sind zu unterscheiden:

- Bei der typischen stillen Gesellschaft ist der Stille nicht am Wertzuwachs des Unternehmensvermögens beteiligt. Bei Kündigung oder Auflösung der Gesellschaft (vgl. §§ 234, 235 HGB) hat er kein Anrecht auf Beteiligung an den stillen Reserven; er erhält lediglich den Nominalbetrag seiner Einzahlung zurück, ferner die bis zu seinem Ausscheiden auf ihn entfallenden Gewinnanteile.
- Bei der atypischen stillen Gesellschaft nimmt der stille Gesellschafter bei der Auseinandersetzung auch an den stillen Reserven teil.

2.2.1.5 Gesellschaft mit beschränkter Haftung

581 Eine GmbH kann von einem oder mehreren Gesellschaftern gegründet werden. Das in Stammeinlagen aufgeteilte Stammkapital muss mindestens 25 000 € betragen (§ 5 Abs. 1 GmbHG). Die einzelnen Stammeinlagen können unterschiedlich hoch sein (§ 5 Abs. 3 GmbHG). Bei der Errichtung der Gesellschaft darf ein Gesellschafter mehrere Stammeinlagen übernehmen (§ 5 Abs. 2 GmbHG). Der Gesamtbetrag der Stammeinlagen muss mit dem Stammkapital übereinstimmen (§ 5 Abs. 3 Satz 2 GmbHG). Die Haftung der Gesellschafter ist auf ihre Stammeinlage begrenzt, es sei denn, dass eine Nachschusspflicht nach §§ 26 ff. GmbHG vereinbart ist.

Seit dem 1. 11. 2008 kann eine Unternehmergesellschaft mit einem Stammkapital von unter 25 000 € gegründet werden, für die bis auf wenige Regelungen die Vorschriften über die GmbH gelten (§ 5a GmbHG).

Die Geschäftsführung der GmbH kann grundsätzlich von jeder natürlichen Person ausgeübt werden (Geschäftsführer), diese muss nicht Gesellschafter der GmbH sein. Der Gewinn wird i. d. R. im Verhältnis der Geschäftsanteile verteilt. Vertraglich kann eine andere Gewinnverteilung vereinbart werden.

Eine Veränderung der Beteiligungsfinanzierung kann bei der GmbH durch eine Erhöhung des Stammkapitals erfolgen, wobei entweder bereits vorhandene oder neu hinzukommende Gesellschafter die Stammeinlagen übernehmen (§ 55 GmbHG). Neben einer ordentlichen Kapitalerhöhung gibt es auch noch die Möglichkeiten eine Erhöhung über ein genehmigtes Kapital (§ 55a GmbHG) oder aus Gesellschaftsmitteln (§§ 57c ff. GmbHG) vorzunehmen (s. Rdn. 584). Die Änderung des Stammkapitals ist im Handelsregister einzutragen (§ 57 GmbHG). Die Kapitalaufstockung geschieht nicht über den Kapitalmarkt, da die GmbH nicht emissionsfähig ist. Das grenzt den Anlegerkreis (Gesellschafterkreis) ein und erschwert u. U. die Kapitalbeschaffung und damit die Eigenkapitalfinanzierung des Unternehmens. Zudem sind die GmbH-Gesellschafteranteile wenig fungibel (§§ 15 f. GmbHG), da es keinen transparenten Markt für Stammeinlagen gibt.

Bei der Beurteilung der Verschuldungsfähigkeit kommt es für die Gläubiger (Kreditgeber) in erster Linie auf die Höhe des Eigenkapitals und einer eventuellen Nachschusspflicht an, da nur diese Beträge für die Verbindlichkeiten Schuldendeckungspotenzial darstellen. Falls die Kapitalausstattung einer GmbH nicht sehr hoch ist, wird regelmäßig bei der Kreditaufnahme durch das Unternehmen von den Kreditgebern die Stellung privater Sicherheiten durch die Gesellschafter und/oder Geschäftsführer zur Bedingung gemacht, sodass es auch hier auf deren Vermögenslage ankommt. Dadurch wird die Haftungsbegrenzung der GmbH im Bereich der Kreditfinanzierung überschrieben.

2.2.1.6 Aktiengesellschaft

Eine AG kann von einem oder mehreren Gesellschaftern gegründet werden. Das in Ak- 582
tien aufgeteilte Grundkapital muss mindestens 50 000 € betragen (§ 7 AktG). Die Aktien können Nennbetragsaktien oder Stückaktien sein (§ 8 Abs. 1 AktG). Nennbetragsaktien müssen auf mindestens 1 € lauten (§ 8 Abs. 2 Satz 1 AktG). Stückaktien sind im gleichen Umfang am Grundkapital der Gesellschaft beteiligt, der Anteil einer Stückaktie ergibt sich mithin durch die Division des Grundkapitals durch die Anzahl der Stückaktien. Der Anteil der Stückaktien am Grundkapital darf 1 € nicht unterschreiten (§ 8 Abs. 3 Satz 2 und 3 AktG).

Die Geschäftsführung der Aktiengesellschaft kann grundsätzlich von jeder natürlichen Person ausgeübt werden (Vorstand), diese muss nicht Aktionär der Aktiengesellschaft sein. Der Gewinn wird i. d. R. im Verhältnis der Anteile am Grundkapital verteilt. Vertraglich kann eine andere Gewinnverteilung vereinbart werden.

Die Aktiengesellschaft ist die typische Rechtsform von Großunternehmen; sie wird aber mehr und mehr auch von mittelständischen Unternehmen gewählt, um leichteren Zugang zu den Wegen der Eigenkapitalbeschaffung zu erlangen.

Bei der Beurteilung der Verschuldungsfähigkeit kommt es für die Gläubiger (Kreditgeber) in erster Linie auf die Höhe des Eigenkapitals an, da nur diese Beträge für die Verbindlichkeiten der Gesellschaft haften. Überwiegend kommt es bei Aktiengesellschaften nicht zur Stellung von privaten Sicherheiten durch die Gesellschafter und/oder Vorstände.

2.2.1.6.1 Aktienarten

583 Aktien können unterteilt werden:

- nach der Aufteilung des Grundkapitals: Nennbetragsaktien, Stückaktien
- nach der Übertragung: Inhaberaktien, Namensaktien (Sonderfall vinkulierte Namensaktien)
- nach den Aktionärsrechten: Stammaktien, Vorzugsaktien

Bei der Inhaberaktie erfolgt die Eigentumsübertragung von einer Person auf eine andere durch Einigung und Übergabe, somit kann grundsätzlich jeder Inhaber der Aktien die Rechte aus der Aktie geltend machen, da ihm gegenüber vermutet werden kann, dass er der Eigentümer ist (§ 1006 BGB). Die Inhaber der Aktien sind der Aktiengesellschaft üblicherweise nicht bekannt, da eine Information bei Käufen und Verkäufen nicht erfolgt (Ausnahme §§ 20 ff. AktG). Die Namensaktie ist dagegen auf den Namen des Aktionärs ausgestellt. Zusätzlich ist dieser im Aktienregister mit seinen persönlichen Daten eingetragen (§ 67 AktG). Da es sich bei der Namensaktie um ein Orderpapier handelt, erfolgt die Eigentumsübertragung durch Einigung, Indossament und Übergabe (§ 68 Abs. 1 AktG). Um die Gesellschaftsrechte wahrnehmen zu können, ist eine Änderung des Aktienregisters notwendig, da im Verhältnis zur Gesellschaft nur als Aktionär gilt, wer als solcher im Aktienregister eingetragen ist (§ 67 Abs. 2 AktG). Die Satzung der Gesellschaft kann bestimmen, dass die Übertragung der Aktie an die Zustimmung der Gesellschaft gebunden ist. Ist in der Satzung nichts Näheres geregelt, erteilt die Zustimmung der Vorstand (§ 68 Abs. 2 AktG). Man bezeichnet derartig ausgestattete Papiere als „vinkulierte Namensaktien".

Stammaktien verbriefen alle gesetzlichen und satzungsmäßigen Aktionärsrechte. Dazu gehören das Dividendenrecht, das Bezugsrecht junger Aktien, das Teilnahmerecht an der Hauptversammlung inklusive des Auskunfts- und Stimmrechts sowie ein Anteilsrecht am Liquidationserlös bei der Auflösung der Gesellschaft. Aktien, die nach § 11 AktG bei der Verteilung des Gewinns und des Gesellschaftsvermögens bevorzugt behandelt werden, werden Vorzugsaktien genannt. Der Vorteil kann entweder in einem höheren Anteil und/oder in einer höheren Priorität liegen, sodass eventuell Vorzugsaktionäre eine Dividende erhalten, während die Stammaktionäre leer ausgehen. Bei den stimmrechtslosen Vorzugsaktien werden diese im Gegenzug zu ihrem Vorteil ohne Stimmrecht ausgegeben.

Die Ausgabe von Aktien (= Emission) erfolgt erstmalig bei der Gründung. In diesem Fall sind alle Aktien von den Gründern zu übernehmen (§ 29 AktG). Nachfolgend kann es, durch Ausgabe neuer, sogenannter junger Aktien, zu Erhöhungen des Grundkapitals kommen.

2.2.1.6.2 Kapitalerhöhungen

Im Aktiengesetz sind vier Arten von Kapitalerhöhungen vorgesehen: 584

- Kapitalerhöhungen gegen Einlagen (§§ 182–191 AktG),
- Bedingte Kapitalerhöhung (§§ 192–201 AktG),
- Genehmigtes Kapital (§§ 202–206 AktG),
- Kapitalerhöhung aus Gesellschaftsmitteln (§§ 207–220 AktG).

Bei der Kapitalerhöhung gegen Einlagen fließen der Aktiengesellschaft sofort neue Mittel zu, die bis zur Höhe des Nennbetrages in das Grundkapital und für den übersteigenden Teil (Agio) in die Kapitalrücklage zu buchen sind (§ 272 Abs. 2 Nr. 1 HGB). Den bisherigen Aktionären steht ein gesetzliches Bezugsrecht auf die jungen Aktien zu, das aber durch Beschluss der Hauptversammlung ausgeschlossen werden kann. Bei einer bedingten Kapitalerhöhung soll die Erhöhung des Grundkapitals nur so weit durchgeführt werden, wie von einem Umtausch- und Bezugsrecht z. B. aus der Ausgabe von Wandelschuldverschreibungen Gebrauch gemacht wird. Der Umfang der Kapitalerhöhung steht erst nach Ablauf der Umtausch- bzw. Bezugsrechte fest, weil erst dann klar ist, in welcher Höhe z. B. Wandelschuldverschreibungen in Aktien getauscht wurden. Die Altaktionäre haben kein Bezugsrecht auf neue Aktien, aber meistens auf die ausgegebenen Wandelschuldverschreibungen (s. Rdn. 591). Bei einem genehmigten Kapital wird der Vorstand ermächtigt, innerhalb der nächsten fünf Jahre eine Kapitalerhöhung gegen Einlagen durchzuführen. Der Vorstand bestimmt auch über den Inhalt der Aktienrechte und die Bedingungen der Aktienausgabe sowie das Bezugsrecht der Altaktionäre, soweit der Ermächtigungsbeschluss keine Bestimmungen enthält. Ansonsten gelten die Vorschriften über die Kapitalerhöhung gegen Einlagen sinngemäß. Bei einer Kapitalerhöhung aus Gesellschaftsmitteln erfolgt zwar auch eine Erhöhung des Grundkapitals, aber diese geschieht nur durch eine Umwandlung von Kapital- und/oder Gewinnrücklagen, sodass das Eigenkapital bei dieser Form der Kapitalerhöhung nicht steigt. Der Aktiengesellschaft fließen auch keine neuen Mittel zu. Die jungen Aktien stehen zwingend den Altaktionären zu.

Ein Vorteil der Beteiligung in Aktien gegenüber den anderen Gesellschaftsformen ist, insbesondere bei börsennotierten Papieren, die hohe Fungibilität.

2.2.1.7 Genossenschaft

Eine Genossenschaft kann von mindestens drei Mitgliedern gegründet werden. Ein Mindestkapital ist nicht vorgeschrieben. Jedes Mitglied muss sich mit mindestens einem Geschäftsanteil beteiligen. Die Haftung der Mitglieder ist auf ihre Geschäftsanteile begrenzt, es sei denn, dass eine Nachschusspflicht vereinbart ist. 585

Die Geschäftsführung der Genossenschaft erfolgt durch den Vorstand, in den grundsätzlich jede natürliche Person, die Mitglied der Genossenschaft ist, gewählt werden kann. Der Gewinn wird i. d. R. im Verhältnis der Geschäftsguthaben verteilt. Vertraglich kann eine andere Gewinnverteilung vereinbart werden.

Eine Veränderung der Beteiligungsfinanzierung kann bei der Genossenschaft durch die Ausgabe neuer Anteile oder die Erhöhung bestehender Anteile erfolgen. Genossenschaftsanteile sind nicht emissionsfähig, sodass die Ausgabe nicht über den Kapitalmarkt erfolgt.

Bei der Beurteilung der Verschuldungsfähigkeit kommt es für die Gläubiger vorrangig auf die Höhe des Eigenkapitals an, da in dieser Höhe Schuldendeckungspotenzial gegeben ist. Darüber hinaus sind ggf. bestehende Nachschusspflichten relevant.

2.2.1.8 Kommanditgesellschaft auf Aktien

586 Bei der KGaA haftet mindestens ein Gesellschafter den Gesellschaftsgläubigern gegenüber unbeschränkt (persönlich haftender Gesellschafter, Komplementär). Die übrigen Gesellschafter, die an dem in Aktien zerlegten Grundkapital beteiligt sind, haften nicht persönlich für die Verbindlichkeiten der Gesellschaft (Kommanditaktionäre). Für die Komplementäre untereinander sowie gegenüber den Kommanditaktionären und Dritten gelten die Vorschriften über die Kommanditgesellschaft. Ansonsten gelten viele aktienrechtliche Regelungen. Allerdings ist zu beachten, dass die Stellung der Kommanditaktionäre im Verhältnis zu den Aktionären einer Aktiengesellschaft deutlich abgeschwächt ist.

Eine Beteiligungsfinanzierung ist durch die Aufnahme neuer Gesellschafter sowohl als Komplementäre als auch als Kommanditaktionäre jederzeit möglich. Dabei haften neue Komplementäre, die in eine bestehende KG eintreten, nach § 278 Abs. 2 AktG i. V. m. § 161 Abs. 2 und § 130 Abs. 1 HGB, gleich den bisherigen Komplementären für die vor ihrem Eintritt begründeten Verbindlichkeiten der Gesellschaft, ohne Unterschied, ob die Firma eine Änderung erleidet oder nicht.

Bei der Beurteilung der Verschuldungsfähigkeit kommt es für die Gläubiger (Kreditgeber) also darauf an, festzustellen, über welches Vermögen der Komplementär verfügt bzw. die Komplementäre verfügen und wie hoch das Eigenkapital der Gesellschaft ist. Sofern Anteile noch nicht eingezahlt sind, ist zu prüfen, ob die Kommanditaktionäre in der Lage sind, ihre Einzahlungsverpflichtungen zu erfüllen.

2.2.2 Fremdfinanzierung

587 Bei der Fremdfinanzierung entsteht ein Anspruch eines Gläubigers gegen das Unternehmen, der abgesehen von der Kreditleihe, zu einem späteren Zeitpunkt zu tilgen ist. Das Fremdkapital steht dem Unternehmen somit nur zeitlich befristet zur Verfügung. Für die Geld- oder Kreditleihe (Zurverfügungstellung von Kreditwürdigkeit) ist dem Gläubiger unabhängig vom Unternehmenserfolg eine Vergütung (Zins oder Gebühr) zu zahlen. Die Fremdkapitalgeber haben formell keinen Einfluss auf die Geschäftsführung. Durch Bedingungen bei der Darlehensvergabe können jedoch tatsächliche Einwirkungen von Banken auf die Geschäftspolitik entstehen. Aus der Gläubigerstellung entsteht keine gesellschaftsrechtliche Haftung. Im Insolvenzfall besteht ein Anspruch auf einen Anteil an der Insolvenzmasse.

In der Regel bietet die Aufnahme von Fremdkapital den Vorteil einer leichteren Anpassung an den wechselnden und ggf. nur kurzfristigen Kapitalbedarf. Auch die Bedingungen können flexibel vereinbart werden. Der Kapitaldienst ist unabhängig von der Unternehmensentwicklung zu erbringen. Neben der Prüfung der Kreditfähigkeit und -würdigkeit sind meistens auch noch Sicherheiten zu stellen (s. Rdn. 615 ff.).

Durch die Aufnahme von Fremdkapital kann eine Steigerung der Eigenkapitalrentabilität erfolgen (Leverage-Effekt), solange die Kosten für zusätzliches Fremdkapital unter der Rendite des neuen Investitionsobjektes liegen. Dabei ist zu beachten, dass die Kosten für das Fremdkapital mit jedem weiteren Fremdmitteleinsatz tendenziell steigen und im Gegenzug die Renditen weiterer Investitionen tendenziell sinken werden.

Die Fremdfinanzierung kann nach unterschiedlichen Kriterien eingeteilt werden, z. B. nach der Verwendung (z. B. Investitionskredit, Betriebsmittelkredit), nach den Sicherheiten (Blankokredite, Personalkredite, Realkredite), nach dem Kreditgeber (z. B. Kreditinstitute, Kapitalsammelstellen, Lieferanten, Kunden) oder nach der Mittelbereitstellung (Geldleihe, Kreditleihe). Hier soll eine Einteilung der Fremdfinanzierung nach der Fristigkeit erfolgen:

- Langfristige Fremdfinanzierung
  - Darlehen
  - Schuldscheindarlehen
  - Anleihen
  - Asset Backed Securities
  - Leasing
- Kurzfristige Fremdfinanzierung
  - Lieferantenkredit
  - Kundenanzahlungen
  - Kontokorrentkredit
  - Wechselkredit
  - Lombardkredit
  - Avalkredit
  - Akzeptkredit
  - Factoring
  - Commercial Papers
  - Euronotes

2.2.2.1 Langfristige Fremdfinanzierung

2.2.2.1.1 Darlehen

Bei einem Darlehen stellt der Darlehensgeber (Gläubiger) dem Darlehensnehmer 588
(Schuldner) einen fest vereinbarten Betrag für eine bestimmte Laufzeit zur Verfügung. Der Zinssatz kann für einen Teil oder die gesamte Laufzeit fest vereinbart oder variabel sein. Neben dem nominalen Zinssatz kann auch noch ein Damnum (Abschlag) vereinbart werden, sodass der Schuldner nicht 100 %, sondern z. B. nur 95 % der Darlehenssumme ausbezahlt bekommt, aber 100 % zurückzahlen muss. Nach der Art der Tilgung eines Darlehens lassen sich drei Arten unterscheiden:

- Annuitätendarlehen,
- Festdarlehen,
- Tilgungsdarlehen (Abzahlungsdarlehen).

Das Annuitätendarlehen ist dadurch gekennzeichnet, dass die periodische (z. B. monatliche) Rate bestehend aus einem Zins- und einem Tilgungsanteil über die Laufzeit des Darlehens oder ggf. über die kürzere Zinsbindungsfrist immer gleich bleibt. Dabei wird der Tilgungsanteil laufend größer, während der Zinsanteil abnimmt. Bei einem Festdarlehen besteht die periodische Rate nur aus den gleichbleibenden Zinsen. Die Tilgung des Darlehens erfolgt am Ende der Laufzeit in einer Summe. Das Tilgungsdarlehen ist gekennzeichnet durch einen immer gleichbleibenden Tilgungsanteil und einen sich stetig verringernden Zinsanteil, sodass die periodische Rate laufend niedriger wird.

Als Darlehensgeber kommen hauptsächlich Kreditinstitute (einschließlich Realkreditinstitute, Bausparkassen, Kreditinstitute mit Sonderaufgaben, wie die Kreditanstalt für Wiederaufbau), Versicherungen, private Personen und Unternehmen in Betracht.

Vor der Kreditvergabe erfolgt eine eingehende Kreditwürdigkeitsprüfung. Als Sicherheiten dienen Grundpfandrechte, z. B. Grundschuld/Hypothek, und andere Sicherheiten wie Sicherungsübereignungen und Abtretungen.

Neben den Zinsen fallen meist noch Kosten für die Bestellung der Sicherheiten an, z. B. Bewertungskosten für die Immobilie, Notarkosten für die Bestellung von Grundschulden und Grundbuchamtsgebühren für die Eintragung des Grundpfandrechtes.

2.2.2.1.2 Schuldscheindarlehen

589 Bei einem Schuldscheindarlehen stellt der Darlehensgeber (meist Kreditinstitute oder Kapitalsammelstellen, wie Lebensversicherungen, Pensionskassen oder Sozialversicherungsträger) dem Darlehensnehmer (bonitätsstarke Großunternehmen) einen fest vereinbarten Großbetrag (mindestens 1 Mio. €, meist höher) für eine bestimmte Laufzeit (mindestens 1 Jahr, höchstens 15 Jahre, gewöhnlich 3 bis 5 Jahre) zur Verfügung. Die Tilgung erfolgt üblicherweise am Ende der Laufzeit in einer Summe. Der Zinssatz ist für die gesamte Laufzeit fest vereinbart.

Schuldscheindarlehen können direkt vom Gläubiger an den Schuldner oder indirekt durch die Einschaltung eines Vermittlers (Makler oder Kreditinstitut) ausgegeben werden. Wird ein Schuldscheindarlehen mit der Laufzeit ausgegeben, mit der es beim Schuldner benötigt wird, so spricht man von einem fristenkongruenten Schuldscheindarlehen. Sind beim Schuldner für die benötigte Laufzeit mehrere aufeinander folgende Schuldscheindarlehen notwendig, so bezeichnet man dies als revolvierendes Schuldscheindarlehen. Das Revolvingsystem wird unterschieden in

- ein direktes Revolvingsystem, bei dem der Darlehensnehmer das Risiko der Anschlussfinanzierung trägt und
- ein indirektes Revolvingsystem, bei dem ein Kreditvermittler (meist ein Kreditinstitut) das Risiko der Anschlussfinanzierung trägt.

Die Ausstellung eines Schuldscheines ist nicht notwendig. Wird dieser ausgestellt, handelt es sich jedoch nicht um ein Wertpapier, sondern nur um eine Beweisurkunde. Eine Übertragung des Schuldscheindarlehens erfolgt durch Abtretung der Forderung, nicht durch die Übergabe des Schuldscheines.

Als Sicherheiten dienen fast ausnahmslos erstrangige Grundpfandrechte. Durch diese Besicherung und die gute Bonität des Schuldners ist bei Schuldscheindarlehen die Deckungsstockfähigkeit gegeben, aufgrund derer Versicherungen gebundenes Vermögen anlegen dürfen.

Neben den Zinsen fallen noch Kosten für die Bestellung der Sicherheiten an. Zusätzlich können noch Kosten für die treuhänderische Verwaltung der Sicherheiten und die Darlehensvermittlung entstehen.

2.2.2.1.3 Anleihen

Anleihen (Schuldverschreibungen, Obligationen) sind langfristige, meist festverzinsliche Darlehen, die von Unternehmen oder dem Staat (Emittent) bei einer Vielzahl von Gläubigern in vielen Teilbeträgen aufgenommen werden. Der Gläubiger einer Anleihe hat im Normalfall einen Anspruch auf Zinsen und auf Rückzahlung des Nennwertes. 590

Die Ausgabe von Anleihen (Emission) erfolgt meist als Inhaberschuldverschreibung, manchmal aber auch als Namensschuldverschreibung. Die Ausgabe kann über die Börse oder direkt an Gläubiger zum Ausgabekurs erfolgen. Der Ausgabekurs kann

- dem Nennwert entsprechen (pari),
- unter dem Nennwert liegen (unter pari),
- über dem Nennwert liegen (über pari).

Die Laufzeit von Anleihen kann bis zu 30 Jahren betragen. Bei Industrieobligationen (Anleihen, die von der gewerblichen Wirtschaft – Industrie, Handel, Dienstleister – ausgegeben werden) liegt die Laufzeit gewöhnlich zwischen 10 und 25 Jahren. Die Anleihe kann während der Laufzeit unkündbar sein oder vom Schuldner in der Regel nach Ablauf einer Kündigungssperrfrist gekündigt werden. Eine Kündigung durch den Gläubiger ist nicht möglich.

Die Tilgung kann in einer Summe am Ende der Laufzeit (gesamtfällige Anleihe) oder bei Tilgungsanleihen auch nach Ablauf einer tilgungsfreien Zeit über die Laufzeit verteilt erfolgen. Dies geschieht entweder durch Auslosung von Anleiheteilen, die getilgt werden sollen oder durch den Rückkauf von Anleiheanteilen über die Börse.

Um Anleihen einem großen Anlegerkreis anbieten zu können, ist die Stückelung entsprechend niedrig. Sie beträgt meist zwischen 100 und 10 000 €.

Die Verzinsung einer Anleihe kann für die gesamte Laufzeit festgelegt sein, wobei der Zinssatz während der Laufzeit unterschiedlich hoch sein kann (Gleitzinsanleihen). Anleihen können auch mit veränderlichen Zinssätzen ausgegeben werden (*Floating-Rate-Notes*). Die Verzinsung passt sich dann während der Laufzeit an die Marktbedingungen an. Es ist auch möglich, Anleihen ohne laufende Verzinsung (*Null-Kupon-Anleihen*) auszugeben. In diesem Fall erfolgen während der Laufzeit keine Zinszahlungen, sondern die Verzinsung erfolgt erst durch die Rückzahlung der deutlich unter pari ausgegeben Anleihe zum Nennwert.

Die Ausgabe von Anleihen erfolgt meistens ohne Stellung von Sicherheiten oder höchstens gegen Abgabe von Negativerklärungen (Negativklauseln).

Neben den Zinsen fallen auch noch Kosten für die Emission (z. B. Veröffentlichungs- und Druckkosten, Börseneinführung), die laufende Betreuung (z. B. Bearbeitung der Zinsscheine) und die Kurspflege an.

591 Anleihen mit Sonderrechten sind

- Wandelanleihen,
- Optionsanleihen oder
- Gewinnschuldverschreibungen.

Wandelanleihen (Wandelschuldverschreibungen, Wandelobligationen) sind Schuldverschreibungen einer Aktiengesellschaft, bei denen dem Gläubiger ein Wandlungsrecht derart eingeräumt wird, dass er die Schuldverschreibung in eine bestimmte Anzahl von Aktien der ausgebenden Gesellschaft (Wandlungsverhältnis) innerhalb einer bestimmten Frist (Wandlungs- oder Umtauschfrist) tauschen kann. Für die Wandlung kann im Voraus zusätzlich eine Zuzahlung durch die Aktiengesellschaft festgelegt werden. Bis zur Wandlung hat der Gläubiger Anspruch auf Zinszahlung, wobei die Zinsen meist niedriger sind als bei einer einfachen Anleihe. Ab der Wandlung erlischt das Forderungsrecht und der Gläubiger wird zum Miteigentümer (Aktionär) der Gesellschaft. Nimmt der Gläubiger keine Wandlung vor, bleibt das Forderungsrecht bestehen und die Wandelanleihe wird bei Fälligkeit zurückgezahlt.

Optionsanleihen sind Schuldverschreibungen einer Aktiengesellschaft, bei denen dem Gläubiger neben dem Anspruch auf Verzinsung und Rückzahlung des Nennwerts ein Optionsrecht auf den Bezug von Aktien der ausgebenden Gesellschaft zusteht (Bezugsrecht). Dieses Optionsrecht ist in einem Optionsschein verbrieft, der auch von der Anleihe getrennt und selbständig gehandelt werden kann. Bei der Ausgabe der Optionsanleihe ist das Optionsverhältnis, die Optionsfrist und der Bezugspreis festzulegen. Der Gläubiger der Anleihe wird bei Ausübung der Option zusätzlich Miteigentümer (Aktionär) der Aktiengesellschaft. Die Forderungsrechte aus der Anleihe bleiben von der Optionsausübung unberührt.

Gewinnschuldverschreibungen (Gewinnobligationen) verbriefen statt oder neben einer niedrigen Festverzinsung auch eine Beteiligung am Gewinn der ausgebenden Gesellschaft.

2.2.2.1.4 Asset Backed Securities

592 *Asset Backed Securities* (ABS) sind durch Vermögenswerte (*Assets*) unterlegte (*Backed*) Wertpapiere (*Securities*). Üblicherweise wird dazu von einem Kreditinstitut (*Orginator*) eine Zweckgesellschaft (*Special Purpose Vehicle* – SPV) gegründet. Diese Gesellschaft erwirbt vom Kreditinstitut einen Forderungspool (z. B. aus Autofinanzierungen). Handelt es sich bei den Forderungen um nachrangige private Hypothekenforderungen, so spricht man auch von *Mortgage Backed Securities* (MBS). Der Forderungskauf wird von der Gesellschaft durch die Ausgabe von Schuldverschreibungen (ABS-Anleihe) finanziert. Die Zins- und Tilgungsleistungen, die für die Anleihe zu erbringen sind, erhält die Zweckgesellschaft aus den Zins- und Tilgungszahlungen der ursprünglichen Darlehensschuldner. Dieser gesamte Vorgang der Finanzierung durch neu geschaffene Wertpapiere wird *Securitization* genannt.

Für das Kreditinstitut entsteht der Vorteil, dass zum einen vorzeitige Liquiditätsrückflüsse erfolgen und zum anderen das Risiko der Kreditvergabe aus seiner Bilanz verschwindet und auf die Käufer der ausgegebenen Anleihe verteilt wird. Ein Nachteil kann dann entstehen, wenn das Kreditinstitut die Kreditwürdigkeitsprüfung des Schuldners weniger streng handhabt, da die Forderung samt Ausfallrisiko weiterverkauft wird.

Neben Kreditinstituten steht dieses Finanzierungsmodell auch anderen Unternehmen zur Verfügung, die über ein ausreichend großes Forderungsvolumen verfügen, sodass eine Umwandlung in Schuldverschreibungen sinnvoll ist.

Als Sicherheit dienen grundsätzlich nur die ursprünglichen Vermögenswerte, also die Forderungen.

2.2.2.1.5 Leasing

Leasing ist ein befristetes miet- oder pachtähnliches Verhältnis zwischen dem Leasing- 593
geber, der das vereinbarte Wirtschaftsgut zur Verfügung stellt, und dem Leasingnehmer, der die Leasingraten zahlt. Ist der Leasinggeber auch der Hersteller des Wirtschaftsgutes, so spricht man von direktem Leasing. Ist eine Leasinggesellschaft zwischengeschaltet, wird dies als indirektes Leasing bezeichnet.

Das *Operate-Leasing* ist ein kurzfristig kündbarer Mietvertrag über Universalgüter, bei dem der Leasinggeber das Investitionsrisiko trägt, da er am Ende der Mietzeit eine Anschlussvermietung oder einen Verkauf des Wirtschaftsgutes erreichen muss. Die Bilanzierung erfolgt beim Leasinggeber.

Das Finanzierungsleasing (*Financial-Leasing*) ist ein mittel- bis langfristiger Vertrag, bei dem in der Regel eine unkündbare Grundmietzeit vereinbart wird. Die Bilanzierung des Leasinggutes ist steuerlich durch sogenannte Leasingerlasse geregelt.

Vollamortisationsverträge (*Full-pay-out-Leasing*) sind stets Finanzierungsleasingverträge. Der Leasingnehmer hat in der fest vereinbarten, unkündbaren Grundmietzeit den gesamten Amortisationsaufwand – neben der Verzinsung – aufzubringen. Ihm kann zum Ende der Grundmietzeit eine Mietverlängerungs- oder Kaufoption eingeräumt werden. Ein automatischer Übergang des Leasingguts auf den Leasingnehmer am Ende der Grundmietzeit ist ausgeschlossen.

Teilamortisationsverträge (*Non-full-pay-out-Leasing*) sind solche Leasingverträge, bei denen der Leasingnehmer in der Grundmietzeit nur einen von vornherein festgelegten bestimmten Prozentsatz der Anschaffungs- oder Herstellungskosten des Wirtschaftsguts amortisiert, das eingesetzte Kapital aber voll zu verzinsen hat. Wie beim Vollamortisationsvertrag trägt auch hier der Leasingnehmer das volle wirtschaftliche Risiko für das Objekt. Der Teilamortisationsvertrag ist deshalb ebenfalls dem Finanzierungsleasing zuzurechnen. Der Teilamortisationsvertrag hat mehrere Varianten und wird heute überwiegend angewandt. Die bekannteste Form ist der kündbare Vertrag. Hier wird der Vertrag über eine Mindestlaufzeit (mindestens 40 % der betriebsgewöhnlichen Nutzungsdauer) abgeschlossen, während das Ende offen ist. Der Leasingnehmer kann den Vertrag i. d. R. mit einer Frist von 6 Monaten kündigen. Er schuldet aber auch in diesem Fall die volle Amortisation. Auf eine Abschlusszahlung kann bis zu 90 % eines erzielten Verkaufspreises angerechnet werden. Wenn der Verkaufserlös höher ist als der zu zahlende Betrag, erhält der Leasinggeber den vollen Verkaufserlös. Weitere Vertragsarten sind der Teilamortisationsvertrag mit Andienungsrecht (der Leasingnehmer muss im Falle der Andienung des Leasinggutes dieses zum Restwert kaufen) oder mit Aufteilung des Mehrerlöses (der Leasinggeber erhält vom Mehrerlös aus dem Verkauf des Leasinggutes mindestens 25 %, bei einem Mindererlös besteht eine 100 %ige Nachschusspflicht des Leasingnehmers).

Falls der Leasingnehmer das Leasinggut nicht aktiviert, tritt insoweit eine Bilanzverkürzung ein, als ein betrieblich genutztes Wirtschaftsgut im Jahresabschluss nicht sichtbar wird. Ebenso fehlen auf der Passivseite die entsprechenden finanziellen Verpflichtungen, da die Leasingraten nur als laufender Aufwand erfasst werden.

Vorteilhaft am Leasing sind die volle steuerliche Berücksichtigung der Leasingraten (wenn der Leasinggeber bilanziert) und der Verzicht auf die Stellung von zusätzlichen Sicherheiten. Der Vorteil einer Kreditfinanzierung wäre die höhere Flexibilität im Umgang mit dem Wirtschaftsgut (z. B. ein möglicher Verkauf bei Überkapazität durch Absatzrückgang). Die Kalkulationssicherheit der festen Leasingraten kann auch bei einer Kreditfinanzierung durch Festzinsvereinbarungen erreicht werden. Der Kreditrahmen wird ebenfalls in beiden Fällen tangiert, da auch Leasingverpflichtungen bei der Vergabe neuer Kredite berücksichtigt werden.

Als Sicherheit für den Leasingvertrag dient generell nur das Leasinggut.

In den Leasingraten sind neben dem Tilgungsanteil und den Zinsen auch Kosten für den Verwaltungsaufwand sowie kalkulatorische Wagnisse und Gewinne des Leasinggebers enthalten.

Ein Sonderfall des Leasings ist das *Sale-and-Lease-back*-Verfahren, bei dem der Leasingnehmer ein Wirtschaftsgut, dessen Eigentümer er ist und das er üblicherweise bereits nutzt, an den Leasinggeber verkauft, um es dann wieder von diesem zu mieten. Durch den Verkauf wird kurzfristig Liquidität freigesetzt, die für andere unternehmerische Aufgaben genutzt werden kann.

2.2.2.2 Kurzfristige Fremdfinanzierung

2.2.2.2.1 Lieferantenkredit

594 Ein Lieferantenkredit entsteht, wenn ein Lieferant seinem Kunden ein Zahlungsziel einräumt. Es handelt sich dabei um ein preispolitisches Instrument des Verkäufers, das dazu dienen soll, den Absatz zu steigern. Die Tilgung des Lieferantenkredites erfolgt durch die Bezahlung der Lieferantenrechnung.

Lieferantenkredite werden meist formlos und unbesichert vergeben. Als Sicherheiten kommen aber Eigentumsvorbehalte (meist durch Allgemeine Geschäftsbedingungen geregelt) und die Wechselziehung auf den Kunden vor.

Der Lieferantenkredit ist scheinbar kostenlos. Dies stimmt aber nur in dem Umfang, in dem durch die Ausnutzung des Zahlungszieles nicht auf Skontoziehung verzichtet wird. In diesem Fall berechnet sich der Zinssatz nach folgender Formel:

$$r = \frac{\text{Skontosatz}}{100\,\% - \text{Skontosatz}} \times \frac{360}{\text{Zahlungsziel} - \text{Skontofrist}}$$

Bei einer üblichen Klausel „Zahlbar innerhalb von 30 Tagen netto oder innerhalb von 10 Tagen abzüglich 3 % Skonto" ergibt sich danach ein Zinssatz von

$$r = \frac{3\,\%}{100\,\% - 3\,\%} \times \frac{360}{30 - 10} = \frac{0{,}03}{0{,}97} \times \frac{360}{20} = 55{,}7\,\%\ \text{p. a.}$$

In solchen Fällen ist der Lieferantenkredit die teuerste Finanzierungsform, sodass hier sogar ein Kontokorrentkredit zur Finanzierung der Skontoausnutzung günstiger ist. Bei Lieferantenkrediten sind die Zahlungsbedingungen im Einzelfall genau zu prüfen.

Exkurs Eigentumsvorbehalt:

Beim einfachen Eigentumsvorbehalt wird vereinbart, dass der Lieferant solange das Eigentum an den gelieferten Waren behält, bis diese vollständig bezahlt sind. Zahlt der Käufer die Ware nicht vollständig, kann der Verkäufer als Eigentümer die Herausgabe der Ware verlangen und erneut veräußern. Dieser Eigentumsvorbehalt schützt den Lieferanten aber nicht, wenn die Ware weiterverkauft oder weiterverarbeitet wird. 595

Beim verlängerten Eigentumsvorbehalt lässt sich der Lieferant im Voraus die Forderungen seines Kunden aus dem Weiterverkauf der Ware abtreten. Wird die Ware weiterverkauft, hat der Lieferant zwar keinen Herausgabeanspruch auf die Ware mehr, aber ihm steht der entsprechende Verkaufserlös zu.

Der erweiterte Eigentumsvorbehalt schützt den Lieferanten vor dem Verlust des Eigentumsvorbehalts durch den Weiterverkauf bzw. die Weiterverarbeitung, da ihm jetzt die Forderung aus dem Weiterverkauf oder das Eigentum an der produzierten Sache zusteht.

2.2.2.2.2 Kundenanzahlungen

Kundenanzahlungen werden häufig bei größeren Herstellungsaufträgen (z. B. Hausbau, Schiffbau), aber gelegentlich auch bei Verkaufsaufträgen vereinbart. Im letzteren Fall hat die Anzahlung nicht so sehr Finanzierungsfunktion, sondern eher Sicherungsfunktion gegen Annahmeverzug und/oder Forderungsausfälle. Bei Herstellungsaufträgen dient die Vereinbarung überwiegend der Finanzierung der während des Herstellungsprozesses anfallenden Kosten. Die Kundenanzahlungen ersparen dem Hersteller die Finanzierung der Kosten über Bankkredite. Die Durchsetzbarkeit von Kundenanzahlungen am Markt hängt zum einen von der Marktüblichkeit und zum anderen von der Marktmacht des Herstellers ab. Die Tilgung der Kundenanzahlung erfolgt durch die Rechnungsstellung der erbrachten Leistung. 596

Die Besicherung der Kundenanzahlungen erfolgt im Regelfall über Bankbürgschaften (Avalkredit, s. Rdn. 601).

Bei Kundenanzahlungen werden üblicherweise keine Zinszahlungen vereinbart. Je früher die Kundenzahlungen erfolgen und je höher sie sind, umso niedriger wird deshalb der Verkaufspreis des Produktes sein können, da die sonst anfallenden Finanzierungskosten nicht oder nur geringer entstehen. Als Kosten sind allerdings die Avalprovisionen für die Bankbürgschaft zu berücksichtigen.

2.2.2.2.3 Kontokorrentkredit

597 Ein Kontokorrentkredit gibt einem Unternehmen die Möglichkeit, sein Bankkonto bis zu einer vereinbarten Höhe (Kreditlinie) zu belasten. Ein Kontokorrentkredit wird häufig für eine bestimmte Zeit gewährt und dann prolongiert. Bei guter Bonität kann auch eine Zusage bis auf weiteres (unbefristet) erfolgen. Teilweise ist auch eine Inanspruchnahme des Kontos über die Kreditlinie hinaus möglich. Dieser Teil wird dann als Überziehungskredit bezeichnet. Der Kontokorrentkredit wird durch laufende Zahlungseingänge auf dem Bankkonto zurückgeführt und durch Zahlungsausgänge wieder in Anspruch genommen.

Die ständige Ausschöpfung der Kreditlinie lässt zwei Schlüsse zu: Entweder wurde das Kreditlimit zu niedrig angesetzt, dann empfehlen sich Nachverhandlungen mit der Bank oder die Liquiditätslage des Unternehmens hat sich (z. B. durch Verluste, falsche Finanzierung von Investitionen) verschlechtert. Ist das der Fall, sollte eine Umschuldung zumindest eines Teilbetrages in ein Darlehen geprüft werden.

Der Kontokorrentkredit kann ohne Sicherheiten (blanko) gewährt werden. Es können aber auch alle banküblichen Sicherheiten vereinbart werden.

Neben den Gebühren für die Kontoführung und dem Auslagenersatz (z. B. Porto für die Zusendung der Auszüge) fallen bei der Inanspruchnahme des Kontokorrentkredites

- Sollzinsen für den in Anspruch genommenen Kredit,
- ggf. Kreditprovisionen für die Bereitstellung des Kredites und
- ggf. Überziehungszinsen zuzüglich zu den Sollzinsen bei einem Überziehungskredit an.

Die Berechnung der Kosten erfolgt meistens monatlich oder vierteljährlich, um eine aus Banksicht möglichst kurzfristige Kapitalisierung der Zinsen und Gebühren zu erreichen.

2.2.2.2.4 Wechselkredit (Diskontkredit)

598 Bei einem Wechselkredit räumt die Bank einem Kunden die Möglichkeit ein, bis zu einer vereinbarten Grenze Wechsel vor Fälligkeit an die Bank zu verkaufen. Der Ankauf des Wechsels durch die Bank erfolgt zum Barwert am Ankaufstag. Die Differenz zwischen dem Barwert und dem Nennwert des Wechsels wird als Diskont (Zins) bezeichnet. Dieser wird nach der Euro-Zinsmethode berechnet, bei der die Tage kalendergenau und das Jahr mit 360 Tagen angesetzt werden. Die Tilgung des Wechselkredits erfolgt durch die Bezahlung des Wechsels durch den Bezogenen (nicht durch den Kreditnehmer der Bank, der üblicherweise der Wechselnehmer ist) am Fälligkeitstag.

Ein akzeptierter Wechsel, der der Finanzierung einer Warenlieferung oder Dienstleistung dient und eine Höchstlaufzeit von drei Monaten hat, wird als Handelswechsel bezeichnet. Dieser kann vom ankaufenden Kreditinstitut als refinanzierungsfähige Sicherheit für Offenmarktgeschäfte genutzt werden.

Als Sicherheit für den Wechselkredit dient im Regelfall nur der Wechsel. Der Diskont stellt die beim Wechselkredit anfallenden Kosten dar. Der Einsatz von Wechseln und damit von Wechselkrediten hat an Bedeutung verloren (eingeschränkte elektronische Verarbeitungsfähigkeit, Konditionen).

2.2.2.2.5 Lombardkredit

Ein Lombardkredit ist ein Darlehen, das von einem Kreditinstitut gegen Verpfändung 599
von beweglichen Sachen oder Rechten gewährt wird. Dieses Darlehen wird mit einem festen Betrag für einen fest vereinbarten Zeitraum gewährt. Die Tilgung des Lombardkredites erfolgt zum Fälligkeitstermin durch das Unternehmen in einer Summe.

Als Sicherheiten sind Verpfändungen von Wertpapieren, Forderungen, Waren oder Edelmetallen möglich, wobei überwiegend Wertpapiere verwendet werden.

Neben den Zinsen fallen Kosten für die Bestellung der Sicherheiten an, z. B. Bewertungskosten für Waren oder Edelmetalle. Zusätzlich können Kosten für die Verwahrung und Verwaltung der Sicherheiten entstehen.

2.2.2.2.6 Akzeptkredit

Beim Akzeptkredit erhält das Unternehmen vom Kreditinstitut kein Geld. Die Bank 600
stellt vielmehr als Bezogener eines Wechsels ihre (gute) Bonität zur Verfügung (Kreditleihe statt Geldleihe). Bei Fälligkeit des Wechsels muss das Unternehmen (Aussteller des Wechsels) den Wechselbetrag leisten, damit der Wechsel zu seinen Lasten eingelöst werden kann.

Beim Akzeptkredit fallen die Akzeptprovision und Bearbeitungsgebühren an.

2.2.2.2.7 Avalkredit

Auch bei dem Avalkredit handelt es sich nicht um eine Geld-, sondern um eine Kredit- 601
leihe, bei der das Kreditinstitut seine eigene Kreditwürdigkeit zur Verfügung stellt. Das Kreditinstitut übernimmt im Rahmen einer Bürgschaft oder einer Garantie die Haftung für Verbindlichkeiten des Unternehmens. Dadurch wird beim Kreditinstitut eine Eventualverbindlichkeit begründet, die nur dann zu einer echten Verbindlichkeit wird, wenn das Unternehmen seine Verpflichtungen nicht erfüllt.

Avalkredite kommen in unterschiedlichen Bereichen vor, z. B.:

- als Gewährleistungsbürgschaft zur Absicherung von Gewährleistungsansprüchen eines Kunden gegen das liefernde Unternehmen,
- als Mietbürgschaft anstelle einer zu hinterlegenden Mietkaution oder
- als Anzahlungsgarantie zur Absicherung von geleisteten Anzahlungen eines Kunden.

Das Unternehmen hat durch einen Avalkredit den Vorteil, dass es keine liquiden Mittel zur Sicherung verwenden muss. Auch das Kreditinstitut muss grundsätzlich keine liquiden Mittel einsetzen.

Für Avalkredite können alle bankküblichen Sicherheiten vereinbart werden. Häufig erfolgt aber auch eine Blanko-Gewährung.

Kosten fallen beim Avalkredit in Form von Avalprovisionen an.

2.2.2.2.8 Factoring

602 Beim *Factoring* kauft ein spezialisiertes Finanzierungsinstitut (Factor) vom Verkäufer (Klient) noch nicht fällige Forderungen aus Warengeschäften oder Dienstleistungen gegen Entgelt (Factoringgebühr) an. Zudem bietet es zugleich ein zumeist umfassendes Dienstleistungsangebot an. Dieses Angebot umfasst beim echten Factoring neben den Dienstleistungen für die Debitorenbuchhaltung, das Rechnungsinkasso, die Statistik und das Mahnwesen auch die sogenannte Delkrederefunktion, mit der das Risiko einer möglichen Zahlungsunfähigkeit des Kunden des Klienten übernommen wird. Wird diese Delkrederefunktion nicht übernommen, spricht man vom unechten Factoring, bei dem das Ausfallrisiko der Forderung beim Klienten bleibt.

Der Factor kauft grundsätzlich alle Forderungen des Klienten oder eine vorher fest definierte Gruppe von Forderungen (z. B. gegenüber allen Kunden von A–P) an. Dabei handelt es sich regelmäßig um Forderungen gegen Abnehmer, die keine Endverbraucher sind und die mehrfach, möglichst regelmäßig, beim Klienten kaufen.

Beim offenen Factoring informiert der Klient seinen Kunden über den Forderungsverkauf und weist ihn an, den Rechnungsbetrag an den Factor zu zahlen. Durch die Abtretungsanzeige kann der Kunde mit schuldbefreiender Wirkung nur noch an den Factor zahlen. Beim stillen Factoring erfährt der Kunde des Klienten nichts von der Abtretung der Forderung. Er zahlt an den Klienten, der den Zahlungsbetrag dann an den Factor weiterleitet.

Als Sicherheiten dienen grundsätzlich nur die verkauften Forderungen.

Neben den Zinsen fallen Kosten für die Dienstleistungen und ggf. für die Risikoübernahme an.

2.2.2.2.9 Commercial Papers

603 *Commercial Papers* sind kurzfristige, unbesicherte Inhaberschuldverschreibungen, die von Unternehmen mit überdurchschnittlicher Bonität über Kreditinstitute direkt bei Investoren (z. B. Versicherungen) platziert werden. Das Platzierungsrisiko verbleibt allerdings beim Unternehmen. Zwischen dem Unternehmen und dem Kreditinstitut besteht eine Rahmenvereinbarung über die Gesamthöhe bis zu der Commercial Papers vom Unternehmen ausgegeben werden dürfen. Die Laufzeit der einzelnen Emission beträgt zwischen einigen Tagen und 2 Jahren. Die Tilgung erfolgt in einer Summe am Ende der Laufzeit. Die Zinszahlung erfolgt nicht laufend, sondern durch Abzinsung bei der Ausgabe und Rückzahlung am Ende der Laufzeit zum Nennwert (analog Null-Kupon-Anleihe).

Es erfolgt keine Besicherung.

2.2.2.2.10 Euronotes

Euronotes sind Wertpapiere, die den Commercial Papers weitgehend gleichen. Der Unterschied besteht darin, dass bei den Euronotes das Kreditinstitut das Platzierungsrisiko gegen eine gesonderte Gebühr übernimmt. Damit sind Euronotes ein etwas teureres, aber vom Volumen her sichereres Finanzierungsinstrument. 604

3. Finanzmärkte

Der Finanzmarkt wird nach der Fristigkeit der gehandelten Forderungen in den Geldmarkt und den Kapitalmarkt unterteilt. Der Geldmarkt ist der Finanzmarktbereich, bei dem Kreditinstitute und Großunternehmen kurzfristig Geld anlegen und aufnehmen können. Hier werden neben Tages- und Termingeldern auch Geldmarktpapiere, wie Commercial Papers gehandelt. Der Kapitalmarkt ist der Bereich für mittel- und langfristige Forderungen (z. B. Anleihen, Schuldscheindarlehen). 605

Am Devisenmarkt werden hauptsächlich Guthaben bei Kreditinstituten in ausländischer Währung gehandelt. Aufgabe des Devisenhandels ist es, die benötigten Mittel ausländischer Währung zur richtigen Zeit am richtigen Ort möglichst kostengünstig bereitzustellen und überschüssige Mittel zu möglichst günstigen Kursen zu verkaufen. Der Devisenmarkt war früher hauptsächlich ein weltweiter Telefonmarkt, der bargeldlos ablief. Der Handel, insbesondere zwischen Banken, hat sich jedoch weitgehend auf automatische Handelssysteme verlagert. Im Gegensatz dazu werden Sorten (Münzen und Noten in ausländischer Währung) gegen Barzahlung oder Kontobelastung getauscht.

Nach dem Zeitpunkt der Erfüllung können Kassa- und Terminmärkte unterschieden werden. Bei den Kassamärkten erfolgt die Erfüllung des Geschäftes immer sofort (in der Regel innerhalb von zwei Banktagen). Bei den Terminmärkten erfolgt die Erfüllung zu einem späteren Zeitpunkt, wobei zwischen bedingten und unbedingten Termingeschäften zu unterscheiden ist. Bei den unbedingten Termingeschäften (z. B. Futures) erfolgt zwingend eine Erfüllung, d. h. der Käufer und der Verkäufer müssen ihren Abnahme- bzw. Lieferpflichten nachkommen. Bei bedingten Termingeschäften (z. B. Optionen) hat der Käufer ein Wahlrecht, ob er sein Recht ausüben oder verfallen lassen will, während der Verkäufer seine Abnahme- oder Lieferpflicht erfüllen muss, wenn der Käufer seine Option ausübt.

4. Außenhandelsfinanzierung

Außenhandelsfinanzierungen können in kurzfristige 606

- Importkredite,
- Exportkredite,
- Exportfactoring,

und

- AKA-Kredite,
- KfW-Kredite,
- Forfaitierung

unterschieden werden.

4.1 Kurzfristige Außenhandelsfinanzierung

4.1.1 Importkredite

607 Importkredite können durch den Verzicht eines Kreditinstitutes auf die sofortige Hinterlegung des Akkreditivbetrages bei Ausstellung eines Sichtakkreditivs entstehen. Der Importeur muss die Deckungssumme erst bereitstellen, wenn die Dokumente avisiert werden. Das Kreditinstitut finanziert hier die Akkreditiveröffnung.

Ein weiterer Fall ist die Bevorschussung eines Imports in der Weise, dass der Importeur vom Kreditinstitut einen Kredit zur Bezahlung der importierten Waren erhält, der durch den Weiterverkauf getilgt werden soll (Importvorschuss).

Ein dritter Fall ist der Rembourskredit, der auf der Grundlage eines Akzeptierungsakkreditivs gewährt wird. Die Eröffnende Bank (Bank des Importeurs) beauftragt die Bank des Exporteurs (Remboursbank) für ihre Rechnung die Tratte des Exporteurs bei vereinbarungsgemäßer Vorlage der Dokumente zu akzeptieren. Der Importeur hat rechtzeitig vor Fälligkeit des Wechsels die entsprechende Deckung bei der Remboursbank zur Verfügung zu stellen.

4.1.2 Exportkredite

608 Exportkredite entstehen hauptsächlich durch den Ankauf oder die Bevorschussung von Exportdokumenten. Sie haben den Zweck, dem Exporteur bereits vor der Zahlung des Importeurs Liquidität zu verschaffen.

Die Bank des Exporteurs kann Exportdokumente in folgenden Fällen ankaufen:

- Ist ein D/P-Inkasso vereinbart, so kann die Bank die Dokumente ankaufen.
- Bei einem D/A-Inkasso kann die Bank den Wechsel vor Fälligkeit ankaufen.
- Im Falle eines Akkreditivs besteht, wenn die Dokumente genau den Akkreditivbestimmungen entsprechen, ebenfalls die Möglichkeit des Ankaufs der Dokumente.

Alternativ kann die Bank die Dokumente auch nur bevorschussen. Üblicherweise erhält dann der Exporteur nur einen geringeren Betrag als beim Ankauf. Dies ist sowohl bei einem D/P-Inkasso als auch bei einem Akkreditiv möglich.

4.1.3 Exportfactoring

609 Der Ankauf von kurzfristigen Forderungen aus dem Exportgeschäft wird als Exportfactoring bezeichnet. Im Vergleich zum inländischen Factoring spielt beim Exportfactoring der Kundenkreis eine noch größere Rolle, da neben das übliche Ausfallrisiko länderspezifische Risiken treten können.

4.2 Langfristige Außenhandelsfinanzierung

4.2.1 AKA-Kredite

610 Die AKA-Ausfuhrkreditgesellschaft mbH ist ein privates Gemeinschaftsinstitut der deutschen Banken zur Unterstützung von Unternehmen bei der optimalen Finanzierung von Exportgeschäften. Hauptsächlich werden die nachfolgenden Produkte angeboten:

An ausländische Importeure, Endabnehmer oder deren Bank können Bestellerkredite gewährt werden. Die AKA-Bestellerkredite können sowohl in € als auch in anderen gängigen Fremdwährungen zur Verfügung gestellt werden. Der Höchstbetrag des Bestellerkredites entspricht in der Regel dem um die An- und Zwischenzahlungen verminderten Auftragswert. Die Deckung des Bundes oder eines anderen Exportkreditversicherers (*Export Credit Agency*, ggf. auch eines privaten Kreditversicherers) wird im Allgemeinen vorausgesetzt. Die Laufzeit bei gedeckten Krediten ist in der Regel vorgegeben durch den vom Kreditversicherer gezogenen zeitlichen Rahmen.

Bei Bestellerkrediten sind die Auszahlungsvoraussetzungen, bezogen auf den jeweiligen Einzelfall, im Kreditvertrag spezifiziert. Üblicherweise zählen dazu insbesondere die ggf. vereinbarten ausländischen Sicherheiten (z. B. Bank- oder Staatsgarantien), Rechtsgutachten eines im Kreditnehmerland ansässigen Anwalts, mit denen die Rechtsbeständigkeit der aus dem Kreditvertrag resultierenden Forderungen und dafür ggf. bestellter Sicherheiten nachzuweisen ist, die Bestätigung über das Inkrafttreten des Exportvertrages sowie das Bestehen der Exportkreditversicherung. Die Auszahlung erfolgt in aller Regel an den Exporteur, der gegenüber der AKA bestimmte Verpflichtungen in einer Exporteurgarantie übernimmt (z. B. Zahlung der Entgelte für die Kreditversicherung).

Die Verzinsung ist variabel und kann entweder auf der Basis des EURIBOR (*Euro Interbank Offered Rate*) oder des LIBOR (*London Interbank Offered Rate*) erfolgen. Beides sind Referenzzinssätze für den Handel von Geldanlagen mit bestimmten Laufzeiten unter Banken.

Bestellerkredite können auch in Form von AKA-CIRR-Krediten erfolgen. Der CIRR (*Commercial Interest Reference Rate*) ist ein in der Euro-Zone einheitlicher Referenzzinssatz der von der OECD als Mindestzinssatz für staatlich geförderte Finanzierungen von Investitionsgüterexporten und damit verbundenen Leistungen in Entwicklungsländer vorgegeben wird. Nach den nationalen Fördervoraussetzungen gelten folgende Bedingungen:

- Subventionierter Festzinssatzkredit
- mit Hermes-Deckung
- für mittel- und langfristige Finanzierungen
- von deutschen Lieferungen und Leistungen
- in ausgewählte Länder.

An Exporteure können Liefererantenkredite gewährt werden, soweit ein Bestellerkredit nicht in Frage kommt. Die Gewährung ist als Einzelkredit oder als Globalkredit, in dem mehrere kleinere Exportgeschäfte zusammengefasst werden, möglich. Die Kredite dienen der Finanzierung von Aufwendungen während der Produktionszeit und auch zur Gewährung eines Zahlungszieles, wobei grundsätzlich ein Eigenanteil vom Exporteur vorausgesetzt wird. Die Laufzeit ist nicht zwingend vorgegeben, sondern wird nach dem Finanzierungszweck vereinbart. Zur Sicherung sind die Forderungen aus dem Exportgeschäft abzutreten. Die Verzinsung kann als Festzinssatz oder variabel auf Basis des EURIBOR erfolgen.

Ein weiteres Instrument der Exportfinanzierung ist der Ankauf von bundesgedeckten Exportforderungen aus Lieferantenkrediten. Der Ankauf erfolgt abzüglich eines Diskonts. Zur Sicherung sind die Forderungen aus dem Exportgeschäft abzutreten.

4.2.2 KfW-Kredite

611 Die KfW (Kreditanstalt für Wiederaufbau) ist eine Anstalt des öffentlichen Rechts, die zu 80 % vom Bund und zu 20 % von den Ländern getragen wird.

Im Tochterunternehmen KfW IPEX-Bank GmbH sind alle Geschäftsaktivitäten der KfW Bankengruppe zusammengeführt, die dem Wettbewerb im Finanzdienstleistungssektor unterliegen. Dies betrifft auch den Bereich der Exportkredite. Die KfW IPEX-Bank GmbH stellt langfristige, liefergebundene Finanzkredite mit und ohne ECA-Deckung (*Export Credit Agencies* = Exportkreditversicherer). Dabei sind die Kredite mit ECA-Deckung der Regelfall.

Von der KfW IPEX-Bank GmbH werden auch die Forfaitierungen (s. Rdn. 612) angeboten.

Zusätzlich können über die KfW IPEX-Bank GmbH Kreditgewährungen aus Mitteln des KfW/ERP Exportfonds erfolgen. Diese werden grundsätzlich in Form von liefergebundenen Finanzkrediten, die an die jeweiligen Besteller direkt (Bestellerkredite) oder an eine Bank im Bestellerland ausgereicht werden (Bank-zu-Bank-Kredite), gewährt. Die Auszahlung erfolgt an den deutschen Exporteur. Da es sich um CIRR-Kredite handelt, gelten auch hier die deutschen Fördervoraussetzungen (siehe AKA-Kredite, Rdn. 610).

4.2.3 Forfaitierung

612 Forfaitierung ist der Ankauf von Forderungen aus Exportgeschäften von einer Bank (Forfaiteur) unter Verzicht auf Regress gegen den Verkäufer (Exporteur, Forfaitist) bei Zahlungsausfall des Schuldners.

Aus Sicherheitsgründen soll es sich bei den Forderungen möglichst um abstrakte, also vom Exportgeschäft losgelöste Forderungen handeln. Um die Abstraktion zu erreichen, wird die Forfaitierung auf der Grundlage von Wechseln durchgeführt. Da der Exporteur üblicherweise Wechselaussteller wäre, würde er aber für die Einlösung des Wechsels haften. Diese Haftung soll bei der Forfaitierung gerade vermieden werden. Deshalb wird für diese Kreditgeschäfte ein vom Importeur ausgestellter Solawechsel verwendet, bei dem der Exporteur Wechselnehmer ist. Jede Haftung des Exporteurs für die Wecheleinlösung wird dadurch ausgeschlossen, dass der Exporteur den Wechsel durch ein Angstindossament (s. Rdn. 518) an die Bank verkauft.

Als Sicherheit dient neben dem Wechsel üblicherweise eine Bankbürgschaft oder Bankgarantie für die Zahlungsverpflichtung des Importeurs.

4.3 Kreditsicherheiten im Außenhandel

4.3.1 Bankgarantie

Mit einem Garantievertrag verpflichtet sich ein Dritter (der Garant) für einen bestimmten Erfolg einzustehen oder einen Schaden zu übernehmen. Im Auslandsgeschäft werden Garantien in Form von Avalkrediten als 613

- Anzahlungsgarantien,
- Lieferungs- und Leistungsgarantien oder
- Bietungsgarantien

zur Verfügung gestellt.

Mit den Anzahlungsgarantien werden Anzahlungen von ausländischen Importeuren dagegen abgesichert, dass der deutsche Exporteur nicht vertragsgemäß liefert oder leistet.

Bei einer Lieferungs- und Leistungsgarantie verpflichtet sich die Bank, dafür einzustehen, dass ihr Kunde die vereinbarte Lieferung oder Leistung ordnungsgemäß erbringt. Für einen Importeur kann z. B. eine Zahlungsgarantie für seine Zahlungsverpflichtung übernommen werden. Für einen Exporteur kann z. B. eine Gewährleistungsgarantie übernommen werden, die die Gewährleistungsansprüche des Importeurs absichern soll.

Die Bietungsgarantie wird im Rahmen von internationalen Ausschreibungen verwendet, um die auszuschreibende Stelle dagegen abzusichern, dass das bietende Unternehmen den Auftrag auch gemäß der Ausschreibung bei Zuschlagserteilung annimmt.

4.3.2 Hermesdeckungen

Als Hermesdeckungen werden Exportkreditgarantien für Exportgeschäfte gegen den Zahlungsausfall aus wirtschaftlichen oder politischen Gründen bezeichnet. Diese werden von einem privaten Konsortium unter Federführung der Euler Hermes Kreditversicherungs-AG im Auftrag und für Rechnung der Bundesrepublik Deutschland bearbeitet. 614

Ziel der Exportgarantien ist es, dass auch in schwierigen Zeiten die Käufer- und Länderrisiken aus Exportgeschäften für die deutschen Exporteure und Kreditinstitute abgesichert werden. Dies dient der Bereitschaft auch riskante Märkte zu erschließen und diese Beziehungen auch in Krisenzeiten aufrechtzuerhalten.

Die Hermesdeckungen können z. B. für

- Fabrikationsrisiken,
- Lieferantenkreditdeckung,
- Projektfinanzierungen und
- Finanzkreditdeckung

zur Verfügung gestellt werden.

Die Deckung für Fabrikationsrisiken sichert den Exporteur z. B. einer Spezialanlage dagegen ab, dass aufgrund von während der Produktionsphase eintretenden politischen oder wirtschaftlichen Veränderungen die Fertigstellung der Anlage nicht mehr erfolgen kann und die bisherigen Leistungen wertlos werden.

Die Lieferantenkreditdeckung dient der Absicherung von deutschen Exportunternehmen gegen den Forderungsausfall bei Warenlieferungen oder Dienstleistungen im Ausland. Die Absicherung kann kurzfristig, dann aber grundsätzlich nicht innerhalb der EU bzw. in OECD-Kernländern, oder mittel- bis langfristig (über 24 Monate) erfolgen.

Bei der Absicherung von Projektfinanzierungen geht es darum, dass Projekte gefördert werden, die so angelegt sind, dass sie sich aus ihren Erträgen selbst finanzieren können.

Bei der Deckung von Finanzkrediten soll das Ausfallrisiko von Banken aus der Darlehensgewährung an ausländische Importeure, die die Lieferung von deutschen Exporteuren mit diesem Darlehen finanziert haben (Bestellerkredit), abgesichert werden.

IV. Kreditmöglichkeiten und deren Besicherung

615 Kredite werden von Kreditinstituten nur an Personen und Unternehmen vergeben, die sowohl kreditfähig als auch kreditwürdig sind.

1. Kreditfähigkeit

616 Die Kreditfähigkeit ist die Fähigkeit, rechtswirksam Kreditverträge abschließen zu können. Die Kreditfähigkeit ist bei natürlichen Personen gegeben, wenn sie voll geschäftsfähig sind. Bei beschränkt geschäftsfähigen Personen ist neben der Zustimmung der gesetzlichen Vertreter auch noch die Genehmigung des Vormundschaftsgerichts notwendig. Juristische Personen des privaten Rechts (z. B. AG, GmbH oder Genossenschaft) sowie Personenhandelsgesellschaften (OHG, KG) sind ebenfalls kreditfähig. Bei diesen ist über das Handelsregister und die Satzung zu ermitteln, wer für die Gesellschaft handeln darf.

2. Kreditwürdigkeit

617 Die Prüfung der Kreditwürdigkeit bezieht sich auf die Fragestellung, ob der Kreditnehmer nach seinen persönlichen und wirtschaftlichen Verhältnissen voraussichtlich in der Lage sein wird, die vertragsgemäßen Leistungen zur Erfüllung des Kreditvertrages zu erbringen.

Im Rahmen der persönlichen Kreditwürdigkeit werden die Zahlungsmoral, die Zuverlässigkeit und die Qualifikation des Kreditnachfragers geprüft. Bei der wirtschaftlichen Kreditwürdigkeit werden bei privaten Haushalten die Einkommens- und Vermögensverhältnisse und bei Unternehmen die Ertrags- und Liquiditätslage sowie die Vermögens- und Kapitalstruktur geprüft. Dies kann durch Selbstauskünfte, Gehaltsnachweise, Fremdauskünfte (z. B. Bankbestätigungen), Steuerbescheide und Jahresabschlüsse geschehen. Die Auswertung und Zusammenfassung der Unterlagen und sonstigen Information über den Kreditnachfrager erfolgt in einem Rating, das zum Ziel hat, die Bonität (Kreditwürdigkeit) eines Schuldners zu bewerten.

Das Rating kann – stark vereinfachend – als eine Analyse bezeichnet werden, die die Sicherheit von Kreditgewährungen beurteilen soll; der Ratingprozess soll die Ausfallwahrscheinlichkeit – das Risiko – aus der Sicht des Kreditgebers ermitteln. Das Rating bedient sich der Jahresabschlussanalyse, berücksichtigt jedoch zusätzliche Informationen. Diese umfassen neben dem Finanzbereich z. B. auch die Managementfunktionen, die Unternehmensstrategie, das Marketing und die Unternehmensorganisation.

3. Kreditabwicklung

Nach den Prüfungen der Kreditfähigkeit und Kreditwürdigkeit trifft das Kreditinstitut 618
die Kreditentscheidung. Bei einer positiven Entscheidung wird ein Kreditvertrag ausgefertigt, der durch die Gegenzeichnung des Kreditnehmers rechtsverbindlich wird. Ist eine Besicherung vereinbart, wird ein zusätzlicher Sicherungsvertrag abgeschlossen. Nach der Vertragsunterzeichnung wird der Kreditbetrag vom Kreditinstitut zur Verfügung gestellt.

Während des laufenden Kreditvertrages hat sich das Kreditinstitut kontinuierlich über die Risiken aus dem Kreditgeschäft zu informieren, also z. B. die Kreditwürdigkeit des Kreditnehmers zu prüfen, die Einhaltung der Vertragsbedingungen zu kontrollieren und den Wert der Sicherheiten zu überwachen. Außerdem muss sich das Kreditinstitut über die Entwicklung des Unternehmens, der Branche und deren Märkte informieren. Diese Risikoüberwachung dient der Minimierung des Kreditausfallrisikos, d. h. des Risikos, dass der Kredit vom Kreditnehmer nicht zurückbezahlt werden kann.

Das Kreditverhältnis kann durch Kündigung oder Zeitablauf (z. B. beim Kontokorrentkredit) oder durch Rückzahlung (z. B. bei einem Darlehen) beendet werden. Nach Beendigung des Kreditverhältnisses sind die gestellten Sicherheiten wieder freizugeben.

4. Kreditsicherheiten

Kreditsicherheiten dienen dem Schutz des Gläubigers vor Forderungsausfällen. In den 619
Fällen, in denen der Schuldner die Darlehensraten nicht mehr zahlen kann oder will, kann der Gläubiger die Sicherheiten verwerten und dadurch versuchen, den Ausfall zu minimieren.

Kreditsicherheiten können danach unterteilt werden, ob sie vom Bestand einer Forderung abhängig sind. Die akzessorischen Sicherheiten

- Bürgschaft,
- Pfandrecht an beweglichen Sachen oder Rechten und
- Hypothek

sind vom Bestand einer Forderung an den Kreditnehmer abhängig. Die Sicherheit ist somit erst mit der Kreditauszahlung vorhanden und erlischt in dem Umfang, in dem die Forderung, z. B. durch Tilgung, nicht mehr besteht. Die nicht akzessorischen Sicherheiten

- Garantie,
- Sicherungsübereignung von beweglichen Sachen,

- Sicherungsabtretung von Rechten und
- Grundschuld

sind abstrakt, d. h. nicht vom Bestand einer Forderung abhängig. Die Sicherheit kann auch schon vor der Auszahlung des Darlehens entstehen und erlischt nicht, auch nicht anteilig, durch Darlehenstilgungen.

Eine andere Unterteilung ist die in Personen- und Sachsicherheiten. Bei den Personensicherheiten (Bürgschaft, Garantie) besteht ein schuldrechtlicher Anspruch gegen eine weitere Person. Der Wert der Sicherheit hängt damit von den finanziellen Verhältnissen des Sicherungsgebers ab. Bei den Sachsicherheiten entsteht ein dingliches Verwertungsrecht an Rechten, beweglichen Sachen oder Grundstücken. Der Wert der Sicherheit ergibt sich aus dem erzielbaren Verwertungserlös.

4.1 Bürgschaft

620 Durch einen Bürgschaftsvertrag verpflichtet sich ein Dritter (der Bürge) dem Gläubiger gegenüber für die Erfüllung der Verbindlichkeiten des Schuldners einzustehen. Der Vertrag ist grundsätzlich schriftlich zu schließen. Ein Kaufmann kann sich im Rahmen seines Handelsgeschäftes auch mündlich verbürgen, aus Beweisgründen wird aber in der Regel auch hier die Schriftform gewählt. Gesetzlich ist vorgesehen, dass der Bürge vom Gläubiger verlangen kann, zuerst gegen den Hauptschuldner auf Zahlung zu klagen (Einrede der Vorauszahlung). Erst danach kann der Bürge in Anspruch genommen werden. In der Praxis ist in den Bürgschaftsverträgen meistens ein Verzicht auf diese Einrede vorgesehen, sodass der Bürge sofort zur Zahlung verpflichtet ist, wenn der Hauptschuldner nicht mehr zahlt (selbstschuldnerische Bürgschaft).

Weitere besondere Arten der Bürgschaft sind die

- Ausfallbürgschaft, bei der der Gläubiger nachweisen muss, dass er nach durchgeführter Zwangsvollstreckung in das gesamte Vermögen des Hauptschuldners immer noch einen Verlust erlitten hat,
- modifizierte Ausfallbürgschaft, bei der vertraglich festgelegt wird, ab wann ein Ausfall als eingetreten gelten soll (z. B. zwei Monate nach Fälligstellung des Kredites),
- Teilbürgschaft, bei der sich mehrere Bürgen jeweils nur für einen festgelegten Teil der Schuld verbürgen,
- Mitbürgschaft, bei der mehrere Bürgen gemeinschaftlich für die gesamte Schuld haften,
- Höchstbetragsbürgschaft, bei der ein Bürge nur bis zu einem festgelegten Maximalbetrag haftet.

Wird ein Bürge vom Gläubiger der Hauptschuld in Anspruch genommen und befriedigt er ihn, so geht die Forderung auf den Bürgen über. Der Bürge kann jetzt aus der übergegangenen Forderung Rückerstattung vom Hauptschuldner verlangen.

4.2 Garantie

621 Mit einem Garantievertrag verpflichtet sich ein Dritter (der Garant) für einen bestimmten Erfolg einzustehen oder einen Schaden zu übernehmen. Der Vertrag kann formfrei abgeschlossen werden, aus Beweisgründen wird aber in der Regel die Schriftform gewählt. Durch den Garantievertrag wird eine selbständige Verpflichtung begründet, die vom Bestehen einer Hauptschuld unabhängig ist.

4.3 Pfandrecht an beweglichen Sachen oder Rechten

Eine bewegliche Sache oder ein Recht kann zur Sicherung einer Forderung in der Weise belastet werden, dass der Pfandgläubiger berechtigt ist, Befriedigung aus der Sache oder dem Recht zu suchen (Pfandrecht). 622

Die Bestellung des Pfandrechts erfolgt bei beweglichen Sachen durch Einigung über die Entstehung des Pfandrechts zwischen dem Verpfänder (Eigentümer) und dem Pfandgläubiger und Übergabe der Sache vom Eigentümer an den Pfandgläubiger. Der Verpfänder kann, muss aber nicht der Schuldner des Pfandgläubigers, sondern kann auch ein Dritter sein. In einigen Sonderfällen kann die Übergabe an den Pfandgläubiger auch ersetzt werden oder wegfallen:

- Ist der Pfandgläubiger schon Besitzer der Sache, so entfällt die Übergabe.
- Ist ein Dritter Besitzer der Sache, kann der Herausgabeanspruch des Eigentümers an den Pfandgläubiger abgetreten und die Abtretung dem Dritten gegenüber angezeigt werden.
- Anstelle der Übergabe der Sache genügt die Einräumung des Mitbesitzes an den Pfandgläubiger, wenn sich die Sache unter seinem Mitverschluss befindet.

Die Befriedigung des Pfandgläubigers aus dem Pfand erfolgt durch Verkauf. Er ist zum Verkauf berechtigt, sobald die Forderung ganz oder zum Teil fällig ist und der Verkauf angedroht wurde. Der Verkauf erfolgt nach gesetzlich geregelten Bedingungen (freihändiger Verkauf, wenn das Pfand einen Börsen- oder Marktpreis hat, sonst öffentliche Versteigerung).

Bei Rechten erfolgt die Bestellung des Pfandrechts ebenfalls durch eine Einigung über die Entstehung des Pfandrechts zwischen dem Verpfänder (Eigentümer) und dem Pfandgläubiger. Zusätzlich sind aber je nach Recht weitere Bedingungen zu erfüllen:

- Bei Forderungen ist die Verpfändung dem Schuldner anzuzeigen.
- Bei Orderpapieren ist eine Übergabe des indossierten Papiers erforderlich.
- Bei Inhaberpapieren reicht die Übergabe aus (analog der beweglichen Sachen).

Die Befriedigung des Pfandgläubigers kann durch Einziehung der Forderung oder des Wertpapiers, eventuell nach vorheriger Kündigung, erfolgen. Hat das Wertpapier einen Börsen- oder Marktpreis, so ist auch ein freihändiger Verkauf möglich. Auch hier ist jeweils eine vorherige Androhung notwendig.

Ist der Verpfänder nicht der persönliche Schuldner, so geht, soweit er den Pfandgläubiger befriedigt, die Forderung gegen den Schuldner vom Pfandgläubiger auf ihn über. Der Verpfänder kann jetzt aus der übergegangenen Forderung Rückerstattung vom Schuldner verlangen.

4.4 Sicherungsübereignung von beweglichen Sachen

Eine bewegliche Sache kann zur Sicherung an den Gläubiger einer Forderung übereignet werden. Das Bestehen der Forderung ist allerdings nicht Voraussetzung für die Sicherungsübereignung. Genauso wenig erlischt sie – auch nicht anteilig – durch Tilgung der Forderung. 623

Eine Sicherungsübereignung entsteht durch die Einigung über die Eigentumsübertragung zwischen dem Sicherungsgeber (Eigentümer) und dem Gläubiger sowie der Vereinbarung eines Besitzkonstituts, kraft dessen der Gläubiger neuer Eigentümer der Sache wird, der bisherige Eigentümer aber die Sache aufgrund Leihe oder Verwahrung als unmittelbarer Besitzer in seiner Verfügungsgewalt behält. Durch diese Konstruktion wird der wesentliche Nachteil der Verpfändung, die Übergabe der Sache an den Pfandgläubiger, behoben.

Der übereignende Eigentümer kann, muss aber nicht gleichzeitig der Schuldner sein.

Da keine Übergabe erfolgt, ist es notwendig, in der Einigung den Sicherungsgegenstand so genau zu beschreiben, dass ein Dritter aufgrund der Beschreibung die Sache identifizieren kann. Werden mehrere Sachen zusammen übereignet (z. B. Warenlager), können diese Sachen zusätzlich durch ihren Lagerplatz beschrieben werden (Raumsicherungsvertrag).

Obwohl der Gläubiger rechtlicher Eigentümer der Sache geworden ist, darf er sie nicht willkürlich verwerten. Es handelt sich vielmehr um ein treuhänderisches Eigentum, das den Gläubiger verpflichtet, erst über die Sache zu verfügen, wenn der Schuldner seinen Verpflichtungen aus dem Kreditgeschäft nicht nachkommt. Die Befriedigung erfolgt grundsätzlich durch die Herausgabe der Sache vom Schuldner und den freihändigen Verkauf durch den Gläubiger. Ist die besicherte Forderung getilgt, ist der Gläubiger verpflichtet, die Sache zurück zu übereignen.

Die Sicherungsübereignung hat für den Gläubiger, abgesehen von eventuellen Verkaufsschwierigkeiten, die auch beim Pfandrecht bestehen, u. a. folgende Risiken:

- Die Sache kann unter Eigentumsvorbehalt eines Lieferanten stehen.
- Die Sache kann wesentlicher Bestandteil eines Grundstücks sein.
- Die Sache kann einem vorrangigen Vermieter- oder Verpächterpfandrecht unterliegen.
- Die Sache kann von einem Dritten gutgläubig erworben werden.
- Die Sache kann vorher einem anderen Gläubiger übereignet worden sein.

4.5 Sicherungsabtretung von Rechten

624 Ein Recht kann zur Sicherung an den Gläubiger einer Forderung abgetreten werden. Das Bestehen der Forderung ist allerdings nicht Voraussetzung für die Sicherungsabtretung. Genauso wenig erlischt sie – auch nicht anteilig – durch Tilgung der Forderung.

Grundsätzlich können alle Rechte abgetreten werden, solange es sich nicht um höchstpersönliche Ansprüche handelt oder das Recht unpfändbar ist. Der häufigste Fall der Sicherungsabtretung ist die Abtretung von Geldforderungen, die hier behandelt werden soll.

Der abtretende Gläubiger kann, muss aber nicht gleichzeitig der Schuldner des Zessionars sein.

Die Abtretung entsteht durch die Einigung zwischen dem Sicherungsgeber (Zedent, bisheriger Gläubiger des abgetretenen Rechts) und dem Sicherungsnehmer (Zessionar, neuer Gläubiger des abgetretenen Rechts). Für den Übergang der Forderung ist es nicht erforderlich, dass der Schuldner der abgetretenen Forderung informiert wird. Solange dies nicht geschieht (stille Zession), kann er mit schuldbefreiender Wirkung an den bisherigen Gläubiger zahlen. Wird ihm die Abtretung angezeigt (offene Zession), kann die schuldbefreiende Zahlung nur noch an den neuen Gläubiger erfolgen.

Obwohl der Zessionar rechtlicher Eigentümer der Forderung geworden ist, darf er nicht willkürlich darüber verfügen. Es handelt sich vielmehr um ein treuhänderisches Eigentum, das den Zessionar verpflichtet, erst über die Forderung zu verfügen, wenn der Schuldner seinen Verpflichtungen aus dem Kreditgeschäft nicht nachkommt. Die Befriedigung erfolgt grundsätzlich durch den Einzug der Forderung. Ist die besicherte Forderung getilgt, ist der Zessionar verpflichtet, die abgetretene Forderung zurückzuübertragen.

Neben der Abtretung von einzelnen Forderungen besteht auch die Möglichkeit, Rahmenvereinbarungen über Forderungsabtretungen zu schließen:

- Bei der Mantelzession tritt der Zedent Forderungen gegen mehrere Drittschuldner in einem bestimmten Umfang an den Zessionar ab und verpflichtet sich, laufend weitere Forderungen abzutreten, um eine festgelegte Höhe der Sicherheit zu gewährleisten. Dies geschieht durch die Übergabe von Rechnungskopien oder -listen. Mit der Übergabe der Kopien bzw. Listen ist die Abtretung erfolgt (konstitutive Wirkung der Übergabe).
- Bei der Globalzession tritt der Zedent Forderungen gegen mehrere bestimmte Drittschuldner an den Zessionar ab. Jede neue Forderung des Zedenten gegenüber diesen Drittschuldnern wird automatisch im Moment ihres Entstehens an den Zessionar abgetreten. Die Übergabe von Rechnungslisten hat nur deklaratorische Wirkung.

Die Sicherungsabtretung hat für den Zessionar, abgesehen von eventuellen Inkassoschwierigkeiten, die auch beim Pfandrecht bestehen, u. a. folgende Risiken:

- Die Forderung kann unter verlängertem Eigentumsvorbehalt eines Lieferanten stehen.
- Die Abtretung der Forderung war ausgeschlossen.
- Die Forderung kann vorher einem anderen Gläubiger abgetreten worden sein.
- Die Forderung besteht gar nicht, da keine Lieferung erfolgt ist oder keine Leistung erbracht wurde.
- Der Schuldner der Forderung verweigert die Zahlung z. B. wegen Aufrechnung, Verjährung, Minderung oder Anfechtung.

4.6 Grundpfandrechte

Grundpfandrechte entstehen durch die Verpfändung von unbeweglichen Sachen. Diese 625
Belastungen von Grundstücken oder grundstücksgleichen Rechten (Wohnungseigentum, Erbbaurecht) werden in der Abteilung III des Grundbuches eingetragen, unabhängig davon, ob zusätzlich das Grundpfandrecht verbrieft wird. Erfolgt nur eine Eintragung im Grundbuch, handelt es sich um eine Buchhypothek bzw. Buchgrundschuld. Dies ist in der Praxis die Regel. Gesetzlich ist allerdings als Normalfall die zusätzliche Ausstellung eines Hypotheken- bzw. Grundschuldbriefes vorgesehen.

Ein Grundpfandrecht entsteht durch die Einigung zwischen dem Grundstückseigentümer und dem Grundpfandrechtgläubiger sowie der Eintragung ins Grundbuch. Ist ein Briefgrundpfandrecht vereinbart, ist ferner die Übergabe des Briefes an den Grundpfandrechtsgläubiger notwendig.

An einem Grundstück können mehrere Grundpfandrechte vereinbart werden. Die Reihenfolge der Rechte (Rang) ergibt sich dann aus der Reihenfolge der Eintragung der Rechte, es sei denn, dass vertraglich eine Abweichung (z. B. Rangrücktritt) vereinbart wurde.

Ein Grundpfandrecht gibt dem Grundpfandrechtsgläubiger die Möglichkeit, durch eine Zwangsvollstreckung (Zwangsversteigerung oder Zwangsverwaltung) des Grundstücks eine Befriedigung seiner Forderung zu erreichen, wenn der Schuldner seinen Verpflichtungen nicht nachkommt und ein entsprechender vollstreckbarer Titel vorliegt. Kreditinstitute verlangen grundsätzlich die Vereinbarung einer Zwangsvollstreckungsklausel bei der Bestellung eines Grundpfandrechtes, um nicht erst durch einen langwierigen Gerichtsprozess zu einem vollstreckbaren Titel zu gelangen. Jeder Grundpfandrechtsgläubiger kann unabhängig von seinem Rang die Zwangsvollstreckung beantragen. Die Befriedigung erfolgt aber in der Reihenfolge des Ranges.

Ist die besicherte Forderung getilgt, hat der Grundstückseigentümer ein Recht auf Freigabe des Grundpfandrechts. Dies geschieht durch Aushändigung einer Löschungsbewilligung (zur Löschung des Grundpfandrechtes) oder einer löschungsfähigen Quittung (zur Löschung oder Umschreibung des Grundpfandrechtes) und ggf. der Übergabe des Briefes.

Der Eigentümer des Grundstücks kann, muss aber nicht gleichzeitig der Schuldner sein.

4.6.1 Hypothek

626 Durch eine Hypothek wird ein Grundstück in der Weise belastet, dass an den Hypothekengläubiger ein bestimmter Geldbetrag aus dem Grundstück wegen einer Forderung zu zahlen ist. Für das Entstehen einer Hypothek ist aufgrund der Akzessorität noch zusätzlich das Bestehen einer Forderung des Hypothekengläubigers erforderlich. In dem Umfang, in dem die Forderung getilgt wird, erlischt auch die Hypothek und wird ohne Änderung des Grundbuches zur Eigentümergrundschuld, d. h. die Rechte aus der Grundbucheintragung stehen im Umfang der Tilgung dem Grundstückseigentümer zu.

4.6.2 Grundschuld

627 Die Grundschuld führt zu einer Belastung eines Grundstücks in der Art, dass an den Grundschuldgläubiger ein bestimmter Geldbetrag aus dem Grundstück zu zahlen ist. Das Bestehen einer Forderung ist nicht Voraussetzung für die Grundschuld. Genauso wenig erlischt sie bzw. wird zur Eigentümergrundschuld – auch nicht anteilig – durch Tilgung der besicherten Forderung.

Es handelt sich bei der Grundschuld um eine treuhänderische Sicherheit, d. h. der Grundschuldgläubiger darf die Sicherheit erst verwerten, wenn der Schuldner seinen Verpflichtungen aus dem Kreditgeschäft nicht nachkommt.

4.7 Sonstige Klauseln

4.7.1 Ausschließlichkeitserklärung

628 Mit der Ausschließlichkeitserklärung verpflichtet sich ein Schuldner Konten nur bei der kreditgebenden Bank zu unterhalten.

4.7.2 Negativerklärung (Negativklausel)

Die Negativerklärung kann in unterschiedlichen Formen vorkommen. Der Kreditnehmer kann sich verpflichten, ohne Einverständnis der kreditgebenden Bank 629

- bei Dritten keine Kredite aufzunehmen,
- Dritten keine Sicherheiten zur Verfügung zu stellen oder
- Grundstücke nicht zu belasten oder zu veräußern.

V. Finanz- und Liquiditätsplanung

1. Unternehmensplanung

Die Führung eines Unternehmens ohne zielgerichtetes Handeln entspricht nicht den Grundsätzen der Betriebswirtschaftslehre und wird in den meisten Fällen scheitern. Es ist somit Aufgabe der Unternehmensleitung, Unternehmensziele festzulegen, an denen das unternehmerische Handeln gemessen werden kann. 630

Um die festgelegten Ziele nicht zufällig, sondern bewusst erreichen zu können, ist es erforderlich, die notwendigen zukünftigen Handlungen gedanklich vorzubereiten. Dies ist die Aufgabe der Planung. Sie fungiert damit als Zwischenschritt von den Unternehmenszielen zu zielgerichteten Handlungen.

Die Unternehmensplanung müsste aus dem Gesichtspunkt der Optimierung für das gesamte Unternehmen gleichzeitig erfolgen (Simultanplanung). Da dies durch die hohe Zahl der Entscheidungsalternativen in den einzelnen Bereichen praktisch nicht durchführbar ist, erfolgt die Planung zuerst in Teilplänen (Partialplanung). Diese Teilpläne werden dann – ggf. in mehreren Schritten – solange aufeinander abgestimmt, bis sich im Ergebnis eine endgültige Gesamtplanung mit koordinierten Teilplänen ergibt.

Der Zusammenhang zwischen dem Gesamtplan des Unternehmens und den Teilplänen der unteren Planungsebenen kann in drei unterschiedlichen Weisen gegeben sein:

- Für die Teilpläne der unteren Planungsebenen liegt schon ein Rahmen der Unternehmensleitung oder höheren Planungsebenen verbindlich vor (top-down oder retrograde Planung).
- Der Gesamtplan der höheren Planungsebenen und schließlich des Unternehmens ergibt sich aus den Teilplänen der unteren Planungsebenen (bottom-up oder progressive Planung).
- Die Planung erfolgt in einem wechselseitigen Prozess zwischen den Planungsebenen, der mit einer unverbindlichen Vorgabe der Unternehmensleitung beginnt (top-down/bottom-up Planung oder Gegenstromverfahren).

Nach den Zeiträumen, für die eine Planung erfolgt, wird zwischen

- strategischer Planung,
- taktischer Planung und
- operativer Planung

unterschieden.

1.1 Strategische Planung

Die strategische Planung ist langfristig (über fünf Jahre oder länger) ausgerichtet und soll einen groben, aber in sich schlüssigen Rahmen für die taktische Planung vorgeben. 631

Da die strategische Planung Zeiträume in der weiteren Zukunft betrachtet, unterliegt sie einem hohen Risiko der Fehleinschätzung aufgrund der hohen Unsicherheit der zugrunde gelegten Daten. Aus diesem Grunde soll die strategische Planung regelmäßig keine quantitativen Daten wie Umsatz oder Gewinn liefern, sondern qualitative Ausführungen zur Unternehmensentwicklung treffen. Dabei sollten sowohl Aussagen zur Entwicklung des Unternehmens als auch zur voraussichtlichen Marktentwicklung erfolgen. Da es bei der strategischen Planung nicht um die Erstellung von Handlungsvorgaben für einzelne Bereiche des Unternehmens geht, sondern um die Schaffung von Planungsvorgaben, ist diese Aufgabe bei der Unternehmensleitung angesiedelt.

1.2 Taktische Planung

632 Die taktische Planung betrachtet einen mittelfristigen Zeitraum (meist zwei bis fünf Jahre) und konkretisiert die Planungsvorgaben der strategischen Planung. Für die einzelnen Bereiche (z. B. Produktionsplanung, Absatzplanung, Personalplanung) des Unternehmens werden abgestimmte mittelfristige Teilpläne erstellt. Aufgrund der Zukunftsbetrachtung ist die Planungsunsicherheit zwar noch relativ hoch, trotzdem werden in der taktischen Planung nicht nur qualitative sondern insbesondere quantitative Daten festgelegt. Die taktische Planung fällt üblicherweise in den Aufgabenbereich des mittleren Managements.

1.3 Operative Planung

633 Die operative Planung ist kurzfristig, für bis zu einem Jahr, teilweise aber auch nur einen Monat oder eine Stunde, ausgelegt. Aufgrund dieses kurzen Betrachtungszeitraumes und der damit niedrigen Unsicherheit der zugrunde gelegten Daten können von den zuständigen Personen, meist aus der unteren Führungsebene des Unternehmens, relativ genaue Planwerte abgeliefert werden.

Die operative Planung übernimmt regelmäßig Daten (z. B. die Produktionskapazität) von der taktischen Planung und erstellt auf dieser Basis eine detaillierte Feinplanung.

2. Finanz- und Liquiditätsplanung

634 Finanzplanung bedeutet, dass ein Unternehmen, ausgehend von seinen Geldbeständen, die Einzahlungen und Auszahlungen erfasst, um auf diesem Wege den Kapitalbedarf oder Überschuss an Geldbeständen darstellen zu können. Wichtig dabei ist, dass die Finanzplanung nicht auf die Kosten und Leistungen aus der Kostenrechnung oder die Aufwendungen und Erträge aus der Gewinn- und Verlustrechnung zurückgreifen kann, da diese Werte keinerlei Aussage darüber treffen, ob es zu einem Geldfluss kommt oder nicht. So werden z. B. in der Kostenrechnung und in der Gewinn- und Verlustrechnung Abschreibungen erfasst. Diese sind aber nicht zahlungswirksam und spielen somit für die Finanzplanung keine Rolle. Dagegen wird die den Abschreibungen zugrunde liegende Investition sowohl in der Kostenrechnung als auch in der Gewinn- und Verlustrechnung nicht dargestellt, spielt aber eine entscheidende Rolle bei der Finanzplanung.

Auch die Ausgaben und Einnahmen sind in der Finanzplanung nicht entscheidend, da z. B. ein Kreditverkauf zwar eine Einnahme darstellt, aber noch keine liquiden Mittel zugeführt hat. Es kommt also auf die Auszahlungen und Einzahlungen an. Die Motivation der Finanzplanung beruht darauf, dass die Auszahlungen und Einzahlungen in einer Periode nicht automatisch ausgeglichen sind.

Unter Berücksichtigung der in der Finanzplanung erfassten Daten soll für jede Planungsperiode eine Illiquidität oder Überliquidität vermieden werden. Das oberste Ziel der Finanz- und Liquiditätsplanung ist also die Sicherung der jederzeitigen Zahlungsbereitschaft, ohne zu große, niedrig oder gar unverzinsliche Liquiditätsreserven vorzuhalten. Optimal wäre am Ende jeder Betrachtungsperiode ein Zahlungsmittelbestand von Null. Da dies praktisch aber nicht erreichbar ist, ohne das Unternehmen aufgrund einer falschen Zukunftseinschätzung der Gefahr der Zahlungsunfähigkeit auszusetzen, ist ein Mindestbestand an liquiden Mitteln vorzusehen. Die Höhe des Mindestbestandes muss unternehmensindividuell aufgrund der Höhe der Ein- und Auszahlungen und der möglichen Planungsgenauigkeit festgelegt werden. Durch eine vorausschauende Gestaltung der Zahlungsströme können die Planungsgenauigkeit erhöht und der Mindestbestand niedriger gehalten werden.

Bei der Finanzplanung sind einige Grundsätze zu beachten, um zu aussagefähigen Zahlen zu kommen:

- Vollständigkeit, alle Ein- und Auszahlungen sind einzeln zu erfassen und dürfen nicht verrechnet werden.
- Termingenauigkeit, die Ein- und Auszahlungen müssen den richtigen Perioden zugeordnet werden (bei einer Wochenbetrachtung der richtigen Woche, bei einer Jahresbetrachtung dem richtigen Jahr).
- Betragsgenauigkeit, die Ein- und Auszahlungen sind möglichst exakt zu erfassen (im Zweifel sind Auszahlungen eher zu hoch und Einzahlungen eher zu niedrig anzusetzen).

Bekanntgewordene Änderungen (z. B. Insolvenz eines Schuldners) sind umgehend in einen aktualisierten Finanzplan einzuarbeiten. Damit dies geschehen kann, ist sicherzustellen, dass die entsprechenden Informationen an die Finanzabteilung gelangen. So sind z. B. veränderte Zahlungsbedingungen von Kunden oder Lieferanten ebenso wichtig für die Finanzplanung wie Änderungen der Beschaffungspläne.

Aber auch ohne besondere Anlässe sind Finanzplanungen regelmäßig zu überprüfen und fortzuschreiben. Nur wenn die Planungen eine hohe Aktualität haben, können sie als Kontrollinstrument für die Liquiditätsüberwachung dienen.

Hierfür ist auch ein ständiger Soll-Ist-Abgleich für abgelaufene Perioden durchzuführen. Dabei ist es wesentlich, die Ursachen für eventuelle Abweichungen zu analysieren und Vorsorge zu treffen, dass ggf. Schwächen beseitigt werden, um auf diese Weise eine laufende Verbesserung der Planung zu erreichen.

Die Finanzplanung sollte nicht nur für eine bestimmte Periode, sondern sowohl kurz-, als auch mittel- und langfristig erfolgen.

2.1 Kurzfristige Finanzplanung

635 Die kleinste Periode umfasst üblicherweise der Liquiditätsstatus. Er wird meist für eine Woche, längstens für einen Monat geplant und täglich mit den Ist-Zahlen abgeglichen. Dazu werden die Kontostände der einzelnen Bankkonten tabellarisch tageweise erfasst und um Kassenbestände und vorhandene Kreditlinien ergänzt.

Salden Bankkonten in T€	4. 5.		5. 5.			
	Ist	Plan	Ist	Plan	Ist	Plan
Bank 1 Konto 123456	48	50		45		
Bank 1 Konto 123457	21	20		20		
Bank 2 Konto 987654	34	35		30		
Summe Bankkonten	103	105		95		
Kassenbestände	4	5		5		
Summe Liquide Mittel	107	110		100		
Freie Kreditlinien	40	40		40		
Verfügbare Mittel	147	150		140		

Hierbei handelt es sich um ein rollierendes System, bei dem z. B. bei einer Wochenplanung nicht am Anfang des Jahres alle Wochen geplant werden, sondern laufend erfolgt am Ende einer Woche die Planung einer weiteren Woche.

Der Liquiditätsstatus zeigt den Bestand an verfügbaren Mittel taggenau an. Die Daten sind aus Zahlungsverkehrprogrammen oder der Buchhaltung leicht ermittelbar.

Aufgrund der übersichtlichen Daten können die Finanzmittel jetzt

- bei Bedarf (z. B. Konto bei Bank 2 im Soll) zwischen den Banken transferiert werden,
- die für den Zahlungsverkehr nicht benötigten Mittel zinsgünstig angelegt oder zur Kredittilgung verwendet werden und
- die Zahlungsströme über die Konten geleitet werden, auf denen Guthaben zur Verfügung stehen.

Diese Aktivitäten werden als *Cash Management* bezeichnet. Werden in einem Konzern in die Liquiditätsbündelung auch die Konten von Tochtergesellschaften einbezogen, so spricht man von *Cash Pooling*.

Die Finanzplanung im engeren Sinn kann auch kurzfristig als Wochenplanung oder mittelfristig als Monats- oder Quartalsplanung erfolgen. Die Vorgehensweise ist bei allen Varianten gleich und wird deshalb nur einmal bei den mittelfristigen Finanzplänen dargestellt.

2.2 Mittelfristige Finanzplanung

636 In der Finanzplanung im engeren Sinn werden die Ein- und Auszahlungen der betrachteten Periode tabellarisch zusammengefasst. Hierbei sind die o. g. Grundsätze der Finanzplanung zu beachten. Eine Planungstabelle könnte vereinfacht folgendermaßen aussehen (Ausschnitt):

Angaben in T€	Jan		Feb		Mär		2. Quart.		...	
	Ist	Plan	Ist	Plan	Ist	Plan	Ist	Plan	Ist	Plan
Liquide Mittel Anfang										
Einzahlungen aus Umsätzen aus Finanzanlagen aus Kreditaufnahmen ...										
Summe Einzahlungen Auszahlungen für Wareneinkauf für Personal für Mieten ...										
Summe Auszahlungen Liquide Mittel Ende										
Über-/Unterdeckung										

Aus der Über- bzw. Unterdeckung kann entnommen werden, ob Liquiditätsreserven bestehen oder ob im Falle einer Unterdeckung ein Kreditbedarf gegeben ist. Ergibt die Finanzplanung einen Kreditbedarf, so ist, wenn sich die Einzahlungen nicht erhöhen oder die Ausgaben nicht senken lassen (z. B. durch die Verschiebung einer Investition), rechtzeitig für eine Mittelbereitstellung zu sorgen, damit die Zahlungsfähigkeit erhalten bleibt.

In dieser Planungstabelle wird üblicherweise ein Jahr in der Form dargestellt, dass das laufende Quartal in Monaten geplant ist und dann noch drei Quartale vorerst nur mit Quartalsdaten folgen. Auch hierbei handelt es sich meist um ein rollierendes System, bei dem in diesem Beispiel als nächstes das zweite Quartal in einer Feinplanung in Monaten und zusätzlich das erste Quartal des nächsten Jahres geplant wird. Diese rollierende Feinplanung ist immer mit der langfristigen Planung abzustimmen. Ergeben sich aufgrund der Feinplanung Änderungsbedarfe, so ist auch die Jahres- oder Mehr-Jahresplanung anzupassen.

2.3 Langfristige Finanzplanung

Bei der langfristigen Finanzplanung handelt es sich meist um eine mehrjährige Planung 637
auf der Basis von Jahresdaten. Da hier eine Betrachtung in die weitere Zukunft erfolgt, unterliegt die langfristige Planung einer großen Unsicherheit in Bezug auf die Planungsgenauigkeit. Aus diesem Grunde kann es sich bei der langfristigen Planung auch nur um eine Grobplanung handeln, die sich im Schwerpunkt mit den finanziellen Auswirkungen der Investitionsvorhaben beschäftigt. Sie wird deshalb auch Kapitalbedarfsplan genannt und kann vereinfacht folgendermaßen aussehen:

Jahreswerte in T€	Jahr 01		Jahr 02		Jahr 03		Jahr 04		…	
	Ist	Plan	Ist	Plan	Ist	Plan	Ist	Plan	Ist	Plan
Kurzfr. Investitionen										
Mittelfr. Investitionen										
Langfr. Investitionen										
Summe Investitionen										
Liquide Mittel										
Kapitalbedarf										

VI. Finanzmanagement

1. Grundlagen

638 Die Aufgaben der Kapitalbeschaffung und Kapitalverwendung sind im Finanzmanagement einer Unternehmung institutionalisiert. Dem Finanzmanagement obliegt es, alle Aufgaben zu bewältigen, die mit der Planung, Realisation und Kontrolle von Finanzströmen verbunden sind. Dazu bedarf es einer Organisationsstruktur, die primär von der Größe des Unternehmens, ferner durch die Rechtsform und die Branche bestimmt wird.

In Unternehmen liegt die generelle Führungsverantwortung beim Vorstand oder der Geschäftsführung. Sie legt über die Richtlinienkompetenz für die Finanzwirtschaft (Finanzbereich) im Rahmen der Leitungsverantwortung die Grundsätze der Finanzpolitik fest.

Das eigentliche Finanzmanagement erfolgt dann auf der nachfolgenden Ebene mit der Durchführung der von der Unternehmensleitung vorgegebenen Finanzpolitik.

In diesen Bereich fallen

- die Finanzplanung (z. B. mittelfristige Finanzplanung),
- die Kapitalbeschaffung (z. B. für Investitionen),
- die Kapitalanlagen (z. B. bei Liquiditätsüberschüssen),
- das Kreditmanagement (z. B. Mahn- und Inkassoaufgaben) und
- die Kontaktpflege mit Finanzpartnern (z. B. Banken).

Bei der Erfüllung aller Aufgaben ist die Erhaltung der jederzeitigen Zahlungsbereitschaft das oberste Ziel. Neben diesem Oberziel gibt es für das Finanzmanagement noch weitere Ziele, die auch erreicht werden sollen, soweit sie das Oberziel nicht gefährden:

- Gewinnmaximierung durch möglichst ertragreiche Anlage von Liquiditätsüberschüssen und kostenminimierte Kapitalbeschaffungen.
- Finanzwirtschaftlich optimale Gestaltung der Bilanz durch Einsatz der entsprechenden Finanzierungsmittel.
- Sichere, kostenbewusste und pünktliche Durchführung des Zahlungsverkehrs.
- Vermeidung von Forderungsausfällen durch ein aktives Forderungsmanagement.

Diese Ziele sind aber nicht alle komplementär. Vor allem das Ziel der jederzeitigen Zahlungsbereitschaft mit einem Mindestbestand an liquiden Mitteln ist zielkonträr zur Gewinnmaximierung. Die Gewinnmaximierung bedeutet in der Finanzwirtschaft zum einen eine möglichst hohe Ertragserzielung bei der Anlage nicht benötigter Mittel und zum anderen eine Kostenminimierung bei der Kapitalbeschaffung. Je niedriger also die Liquiditätsreserve ist, umso mehr Mittel stehen zur Investition bzw. Tilgung von Verbindlichkeiten zur Verfügung. Das vorrangige Ziel der Sicherung der Zahlungsbereitschaft erfordert aber das Vorhalten einer Liquiditätsreserve, um das Insolvenzrisiko Zahlungsunfähigkeit zu vermeiden.

2. Risikomanagement

Weitere Risiken neben dem Insolvenzrisiko sind im Bereich des Finanzmanagements 639
hauptsächlich

- das Ausfallrisiko von Forderungen,
- das Zinsänderungsrisiko,
- das Besicherungsrisiko und
- bei internationaler Tätigkeit das Währungsrisiko.

Aufgabe des Finanzmanagement ist es, diese Risiken zu analysieren und Strategien zur Risikovermeidung zu finden.

2.1 Ausfallrisiko

Das Ausfallrisiko von Forderungen kann schon im Vorwege durch die Festlegung der 640
Zahlungsbedingungen begrenzt werden. Allerdings ist hier zu berücksichtigen, was am Markt durchsetzbar ist. Das Ausfallrisiko ist vermieden, wenn Lieferungen nur gegen Vorkasse erfolgen.

In den meisten Fällen wird aber die Zahlung durch den Kunden erst nach der Lieferung oder nach Teillieferungen erfolgen. Somit tritt das leistende Unternehmen in Vorleistung und das Risiko des Forderungsausfalls ist gegeben.

Als nächstes ist zu prüfen, inwieweit Sicherheiten für die Kundenforderungen am Markt durchsetzbar sind. In vielen Fällen werden Eigentumsvorbehalte vereinbart, um vor der Zahlung nicht das Eigentum an der gelieferten Ware zu verlieren. Im Exportgeschäft sind Absicherungen der Forderungen durch Banken oder Hermesdeckungen möglich.

Sind die Kundenforderungen entstanden, ist es Aufgabe des Finanzmanagements, für ein zeitnahes Forderungsmanagement zu sorgen. Dies umfasst zum einen die Erfassung der Forderungen und die Analyse des Zahlungsverhaltens der Kunden sowie zum anderen ein schnelles Eingreifen, wenn es zu Zahlungsverzögerungen kommt. Hier ist ein aktives Forderungsmanagement mit zeitnahen Mahn- und Inkassotätigkeiten notwendig. Im Rahmen des Factorings kann das Forderungsmanagement auch ausgelagert werden.

2.2 Zinsänderungsrisiko

641 Das Zinsänderungsrisiko betrifft weniger den Anlagebereich als vielmehr den Finanzierungsbereich. Im Rahmen des Zinsmanagements muss ein Unternehmen ständig versuchen, seine Finanzierungsalternativen so zu nutzen, dass das Ziel der Gewinnmaximierung in Form der Kostenminimierung erfüllt werden kann.

Eine Strategie zur Vermeidung von Zinsänderungsrisiken sind Festzinsvereinbarungen, mit dem sich ein Unternehmen einen festen Zinssatz für eine längere Laufzeit oder sogar die Gesamtlaufzeit einer Finanzierung sichert. Diese Sicherheit erhöht aber zum einen grundsätzlich die Kosten der Verbindlichkeit, da ein Festzinssatz im Vergleich zu einem variablen Zinssatz zum Zeitpunkt der Kreditaufnahme meist höher ist. Zum anderen hat das Unternehmen jetzt auch nicht mehr die Möglichkeit, von allgemeinen Zinssenkungen zu profitieren. Bei variablen Zinssätzen kann zwar von Zinssenkungen profitiert werden, dafür ist aber das Risiko der Zinssteigerung und damit der Kostenerhöhung gegeben.

Gegen diese Risiken können Absicherungen durch diverse Finanzprodukte getroffen werden. Nachfolgend sollen zwei kurz dargestellt werden.

2.2.1 Zins-Swap

642 Bei einem Zins-Swap werden die Zinszahlungen zwischen zwei Partnern mit dem Ziel getauscht (*swap* = Tausch), aus einer Festzinsvereinbarung eine variable Verzinsung oder aus einer variablen Verzinsung eine feste Verzinsung zu machen.

Ein Unternehmen, das ein Darlehen mit einer Festzinsvereinbarung hat und zukünftig Zinssenkungen erwartet, wird versuchen, über einen Zins-Swap eine variable Verzinsung zu erreichen, um von den erwarteten Zinssenkungen zu profitieren.

Ein Unternehmen mit einer variabel verzinslichen Verbindlichkeit wird einen Zins-Swap einsetzen, um sich bei erwarteten Zinssteigerungen vor Kostensteigerungen zu schützen, indem es die variable Verzinsung gegen eine feste tauscht.

Bei einem Zins-Swap werden nicht die zugrundeliegenden Kapitalien ausgetauscht, sondern für einen bestimmten Zeitraum nur die unterschiedlich gestalteten Zinszahlungen für das Kapital. Zins-Swaps können sowohl für Geldanlagen als auch für Darlehen verwendet werden.

Ob ein Zins-Swap wirtschaftlich erfolgreich war, lässt sich nur rückblickend feststellen. Er ist grundsätzlich nur dann erfolgreich, wenn die Erwartungen über die Zinsentwicklung tendenziell eingetreten sind.

2.2.1.1 Tausch einer variablen Verzinsung gegen eine feste Verzinsung bei einer Finanzierung

643 Ein Unternehmen, das eine Verbindlichkeit mit einer variablen Verzinsung aufgenommen hat, rechnet mit steigenden Zinsen. Würde das Unternehmen nicht tätig, würden – soweit die Prognose stimmt – die Zinsen und damit die Finanzierungskosten steigen. Dieses Unternehmen kann jetzt unabhängig vom Grundfinanzierungsgeschäft einen

Zins-Swap abschließen, indem es sich verpflichtet, einen festen Zinssatz zu zahlen und dafür eine variable Verzinsung zu erhalten.

Da das Unternehmen einen variablen Zins an den Gläubiger der Verbindlichkeit zahlen muss und einen variablen Zins aus dem Zins-Swap erhält, gleichen sich diese Positionen grundsätzlich aus. Es verbleibt die Verpflichtung aus dem Zins-Swap, eine feste Verzinsung zu zahlen. Dies kann grafisch so dargestellt werden:

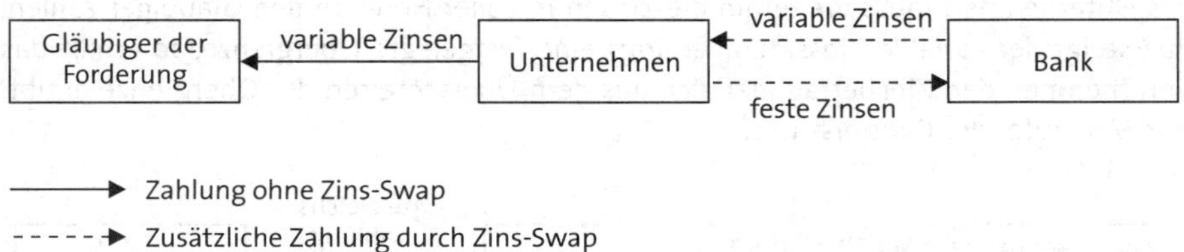

→ Zahlung ohne Zins-Swap

- - - - → Zusätzliche Zahlung durch Zins-Swap

Durch den Zins-Swap ist es dem Unternehmen gelungen, aus der variablen Verzinsung eine feste Verzinsung zu machen und sich so über die Laufzeit des Zins-Swaps gegen die angenommene Zinssteigerung abzusichern.

Steigen die Zinsen tatsächlich, hat das Unternehmen in Höhe der ersparten Zinsen eine Kostensenkung erreicht. Sinken dagegen die Zinsen, kann das Unternehmen von dieser Zinssenkung nicht profitieren und zahlt zu hohe Zinsen.

2.2.1.2 Tausch einer festen Verzinsung gegen eine variable Verzinsung bei einer Finanzierung

Ein Unternehmen, das eine Verbindlichkeit mit einer festen Verzinsung aufgenommen 644
hat, rechnet mit sinkenden Zinsen. Würde das Unternehmen nicht tätig, würden – soweit die Prognose stimmt – die Zinsen sinken und das Unternehmen zu hohe Finanzierungskosten zahlen. Dieses Unternehmen kann jetzt unabhängig vom Grundfinanzierungsgeschäft einen Zins-Swap abschließen, in dem es sich verpflichtet, einen variablen Zinssatz zu zahlen und dafür eine feste Verzinsung zu erhalten.

Da das Unternehmen einen festen Zins an den Gläubiger der Verbindlichkeit zahlen muss und einen festen Zins aus dem Zins-Swap erhält, gleichen sich diese Positionen grundsätzlich aus. Es verbleibt die Verpflichtung aus dem Zins-Swap, eine variable Verzinsung zu zahlen.

Durch den Zins-Swap ist es dem Unternehmen gelungen, aus der festen Verzinsung eine variable Verzinsung zu machen und so über die Laufzeit des Zins-Swaps von Zinssenkungen zu profitieren.

Sinken die Zinsen tatsächlich, hat das Unternehmen in Höhe der ersparten Zinsen eine Kostenminimierung erreicht. Steigen dagegen die Zinsen, hat das Unternehmen höhere Finanzierungskosten als im Rahmen der Festzinsvereinbarung angefallen wären.

2.2.2 Cap

645 Durch den Kauf eines Caps kann der Käufer bei einer variabel verzinslichen Verbindlichkeit die Sicherheit einer Zinsobergrenze erreichen. Der Vertragspartner des Caps verpflichtet sich für die festgelegte Laufzeit des Caps, eine über die Zinsobergrenze hinausgehende Zinszahlungspflicht des Käufers zu übernehmen (Ausgleichspflicht). Dafür muss der Käufer des Caps eine einmalige Prämie an den Verkäufer zahlen.

Das Unternehmen muss weiterhin die Zinsen in voller Höhe an den Gläubiger zahlen. Übersteigt der variable Zinssatz allerdings eine festgelegte Obergrenze, so erhält das Unternehmen den Zinsbetrag, der sich aus dem Überschreiten der Obergrenze ergibt, vom Verkäufer des Caps erstattet.

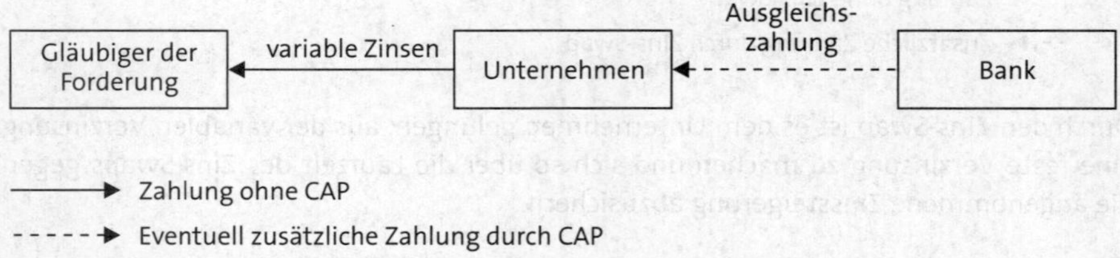

Bei einem Cap werden die Vorteile einer variabel verzinslichen Verbindlichkeit (Partizipation an Zinssenkungen) mit den Vorteilen einer fest verzinslichen Verbindlichkeit (Sicherheit einer maximalen Zinsbelastung) kombiniert. Für Anlageprodukte kann entgegengesetzt der Vorteil der variablen Verzinsung (Partizipation an Zinssteigerungen) mit den Vorteilen einer festen Verzinsung (Sicherheit eines Mindest-Zinsertrages) durch Einsatz eines Floors erreicht werden.

Ein Cap ist also ein Zinssicherungsinstrument, das bei der Erwartung steigender Zinsen eingesetzt werden kann. Steigen die Zinsen tatsächlich über die Zinsobergrenze, ist der Cap wirtschaftlich ein Erfolg gewesen, wenn die geleisteten Ausgleichszahlungen des Verkäufers höher waren als die gezahlte Prämie. Sinken entgegen der Erwartung die Zinssätze, erfolgt keine Ausgleichzahlung und in Höhe der Prämie sind zusätzliche Kosten entstanden. Ob ein Cap wirtschaftlich erfolgreich war, lässt sich also erst rückblickend feststellen.

2.3 Besicherungsrisiko

646 Das Besicherungsrisiko kann ein Unternehmen dann treffen, wenn der Wert der für eine Verbindlichkeit gestellten Sicherheiten sinkt und der Gläubiger neue, zusätzliche Sicherheiten fordert. Dies kann z. B. geschehen, wenn eine Verbindlichkeit durch die Abtretung von Wertpapieren gesichert ist und der Kurs der verpfändeten Wertpapiere sinkt. Jetzt besteht für das Unternehmen die Verpflichtung, meist kurzfristig auf diese ungeplante Entwicklung zu reagieren. Kann das Unternehmen keine weiteren Sicherheiten zur Verfügung stellen, ist eventuell die Finanzierung gefährdet, weil z. B. eine Bank bei verschlechterter Sicherheitenstellung das Darlehen kündigen kann.

2.4 Währungsrisiko

Bei international tätigen Unternehmen besteht das Risiko, dass sich die Devisenkurse für Währungen, in denen Zahlungen zu leisten sind, erhöhen, sodass die Kosten steigen oder dass die Kurse für Währungen, in denen Zahlungseingänge erfolgen, sinken, sodass die Erlöse abnehmen. 647

Auch im Währungsbereich können Absicherungen gegen diese Risiken durch diverse Finanzprodukte getroffen werden. Nachfolgend sollen zwei Varianten kurz dargestellt werden.

2.4.1 Devisentermingeschäfte

Mit Devisentermingeschäften werden Devisen nicht sofort gehandelt (Kassageschäfte). Der Vertragspartner verpflichtet sich vielmehr, die Devisen zu einem späteren Zeitpunkt anzukaufen oder zu verkaufen. Ein Unternehmen kann sich durch ein Devisentermingeschäft gegen Wechselkursrisiken in der Weise absichern, dass der zukünftig benötigte Betrag in Fremdwährung schon jetzt für einen späteren Termin gekauft wird oder dass der zukünftig eingehende Betrag in Fremdwährung schon jetzt für einen späteren Termin verkauft wird. 648

2.4.1.1 Kauf auf Termin

Ein Importeur benötigt zur Zahlung einer Bestellung in drei Monaten einen Betrag in US-Dollar. Um nicht dem Risiko steigender Kurse ausgesetzt zu sein, kauft der Importeur die US-Dollar schon jetzt als Termingeschäft. Das bedeutet, dass er die US-Dollar nicht sofort erhält und auch nicht sofort bezahlen muss. Die Zahlung des Devisengeschäftes und die Lieferung der US-Dollar erfolgen erst zum Termin zu dem Kurs, der im Termingeschäft vereinbart wurde. Auf diese Weise erhält der Importeur eine Absicherung gegen steigende Kurse, kann aber auch nicht von fallenden Kursen profitieren. 649

2.4.1.2 Verkauf auf Termin

Beim Verkauf auf Termin erfolgt die Lieferung der Fremdwährung durch den Kunden (z. B. Exporteur) erst zu einem späteren Zeitpunkt. Der entsprechende Ankauf durch die Bank erfolgt zu dem Kurs, der beim Termingeschäft vereinbart wurde. In diesem Fall sichert sich der Exporteur gegen fallende Kurse ab, kann aber auch nicht von steigenden Kursen profitieren. 650

2.4.2 Devisenoptionsgeschäfte

Bei einem Devisenoptionsgeschäft erwirbt der Käufer der Option das Recht, einen festgelegten Währungsbetrag zu einem festgelegten Preis (Basispreis) an einem festgelegten Verfalltag zu kaufen oder zu verkaufen. Für dieses Recht muss er, unabhängig davon ob er die Option ausübt oder nicht, eine Optionsprämie zahlen. 651

2.4.2.1 Kauf einer Kaufoption

652 Der Käufer einer Kaufoption erwirbt das Recht, die festgelegte Fremdwährung zu kaufen (*Call-Option*). Für dieses Recht zahlt er die Optionsprämie. Zum Verfalltag der Option kann er jetzt frei entscheiden, ob er die Option ausübt oder nicht. Ist der Kurs der Fremdwährung über den Basispreis gestiegen, wird er die Option ausüben und sich auf diesem Weg die benötigte Menge Fremdwährung beschaffen. Ist der Kurs allerdings unter den Basispreis gesunken, wird er die Option verfallen lassen und sich die benötigte Fremdwährung in einem Kassageschäft beschaffen.

2.4.2.2 Kauf einer Verkaufsoption

653 Der Käufer einer Verkaufsoption erwirbt das Recht, die festgelegte Fremdwährung zu verkaufen (*Put-Option*). Für dieses Recht zahlt er die Optionsprämie. Zum Verfalltag der Option kann er jetzt frei entscheiden, ob er die Option ausübt oder nicht. Ist der Kurs der Fremdwährung unter den Basispreis gesunken, wird er die Option ausüben und auf diesem Weg die vorhandene Menge Fremdwährung verkaufen. Ist der Kurs allerdings über den Basispreis gestiegen, wird er die Option verfallen lassen und die vorhandene Fremdwährung in einem Kassageschäft verkaufen.

3. Analyse der Finanzierung

654 Hierzu sind Ausführungen unter III.1. Finanzierungsregeln (s. Rdn. 566) und umfassend im 4. Kap. Teil A „Jahresabschlussanalyse" zu finden, sodass hier auf eine Wiederholung verzichtet wird.

Literaturangaben:

Becker/Peppmeier, Investition und Finanzierung, 8. Aufl., Wiesbaden 2018; *Bitz/Ewert/Terstege*, Investition: Multimediale Einführung in finanzmathematische Entscheidungskonzepte, 3. Aufl., Heidelberg 2018; *Bitz/Schneeloch/Wittstock/Patek*, Der Jahresabschluss: Nationale und international Rechtsvorschriften, Analyse und Politik, 6. Aufl., München 2014; *Däumler/Grabe*, Betriebliche Finanzwirtschaft, 10. Aufl., Herne 2013; *Eilenberger*, Bankbetriebswirtschaftslehre, 8. Aufl., München 2012; *Grill/Perczynski/Int-Veen/Menz/Pastor*, Wirtschaftslehre des Kreditwesens, 54. Aufl., Köln 2020; *Hutzschenreuter*, Allgemeine Betriebswirtschaftslehre, 6. Auf., Wiesbaden 2015; *Krüger*, Jahresabschlusspolitik: Analyse, Beurteilung und zielgerichteter Einsatz von Aktionsparametern im Einzelabschluss nach HGB, Norderstedt 2015; *Kruschwitz*, Investitionsrechnung, 15. Aufl., München 2019; *Olfert*, Finanzierung, 17. Aufl., Herne 2017; *Olfert*, Investition, 14. Aufl., Herne 2019; *Olfert*, Kompakt-Training Finanzierung, 9. Aufl., Herne 2017; *Olfert*, Kompakt-Training Investition, 8. Aufl., Herne 2021; *Perridon/Steiner/Rathgeber*, Finanzwirtschaft der Unternehmung, 17. Aufl., München 2017; *Poggensee*, Investitionsrechnung, 3. Aufl., Wiesbaden 2015; *Wöhe/Döring/Brösel*, Einführung in die Allgemeine Betriebswirtschaftslehre, 27. Aufl., München 2020; *Wöhe/Bilstein/Ernst/Häcker*, Grundzüge der Unternehmensfinanzierung, 11. Aufl., München 2013.

7. Kapitel:

Teil C: Risikomanagement

von

Dr. Hans J. Nicolini, Köln

Inhaltsverzeichnis

I. Grundlagen des Risikomanagements

1. Notwendigkeit eines Risikomanagements

701 Jede unternehmerische Tätigkeit ist mit Risiken verbunden, durch die Zielsetzung und Zielerreichung beeinflusst werden. Änderungen von soziologischen, politischen, demografischen und ökologischen Rahmenbedingungen, aber auch betriebswirtschaftliche Trends, haben Einfluss auf die Unternehmensrisiken. Die Fähigkeit, sie bei unternehmerischen Entscheidungen zu berücksichtigen, ist ein zentraler Erfolgsfaktor.

Die Folgen von Managemententscheidungen erfolgen immer unter Unsicherheit und können deshalb nicht zuverlässig prognostiziert werden, aber eine systematische und zielbezogene Informationssammlung ist unbedingt erforderlich. Das macht die Einführung eines Risikomanagements notwendig, weil nur dadurch die dauerhafte Existenz eines Unternehmens gesichert werden kann.

1.1 Risikodefinition

702 Traditionell („im engeren Sinne") stellt ein Risiko einen möglichen Nachteil durch Abweichung von einer Zielgröße dar, der zu einem Verlust führt. Eine Betrachtung möglicher positiver Abweichungen als „Chancen" findet dabei nicht statt.

BEISPIEL: § 91 Abs. 2 AktG: „... damit den Fortbestand der Gesellschaft gefährdende Entwicklungen früh erkannt werden."

Aus betriebswirtschaftlicher Perspektive stellt ein Risiko die mögliche Differenz zwischen einem Zielwert und dem tatsächlich erreichten Zustand dar. Nach dieser Auffassung („im weiteren Sinne") umfasst ein Risiko die Möglichkeit einer negativen oder positiven Abweichung von einem geplanten Unternehmensziel, die durch ein Ereignis oder durch eine Entscheidung verursacht wird. Die positive Abweichung von dem Erwartungswert wird auch als „Chance" bezeichnet. Die Auswirkungen unternehmerischer Entscheidungen stehen im Mittelpunkt der Betrachtung.

703 Das setzt selbstverständlich voraus, dass es eine Zielvorstellung gibt, die eine Referenz für das Ergebnis darstellt.

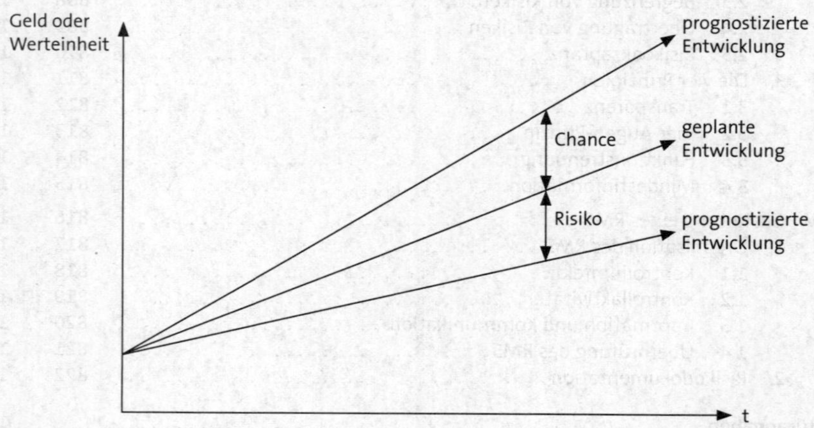

Allen Definitionen ist gemeinsam, dass die angestrebte Zielerreichung vor dem Hintergrund der Ungewissheit über den möglichen Zielerreichungsgrad beurteilt wird.

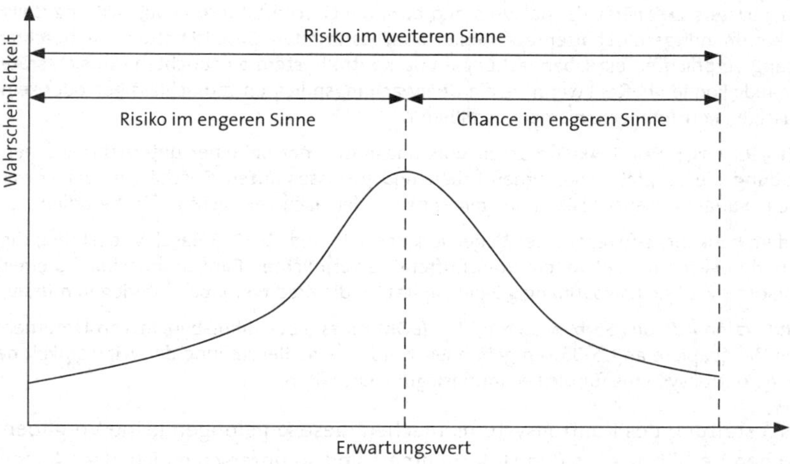

Die Bedeutung des Risikobegriffs ist dabei nicht einheitlich: 704

- **Statische Risikobegriffe** beschreiben ein Risiko als Schwankung einer Variablen um einen Erwartungswert, die sich statistisch messen lässt.
- **Verlustbezogene Risikobegriffe** betonen die Auswirkungen des Risikos insbesondere als Gefahr für Vermögensverluste, Kapitalverluste und Kostenerhöhungen.
- **Entscheidungsorientierte Risikobegriffe** beziehen sich auf die Vorbereitung unternehmerischer Entscheidungen. Sie gehen davon aus, dass Unternehmensrisiken entstehen, weil Entscheider die Wirkungszusammenhänge zwischen den Entscheidungen und der Entwicklung der Umwelt nicht gut genug verstehen.

1.2 Gesetzliche Anforderungen

Die Einführung eines Risikomanagements erfolgt nicht allein aufgrund betriebswirtschaftlicher Überlegungen der Unternehmensleitung, unterschiedliche gesetzliche Vorschriften erfordern die Einrichtung eines Überwachungs- und Kontrollsystems. 705

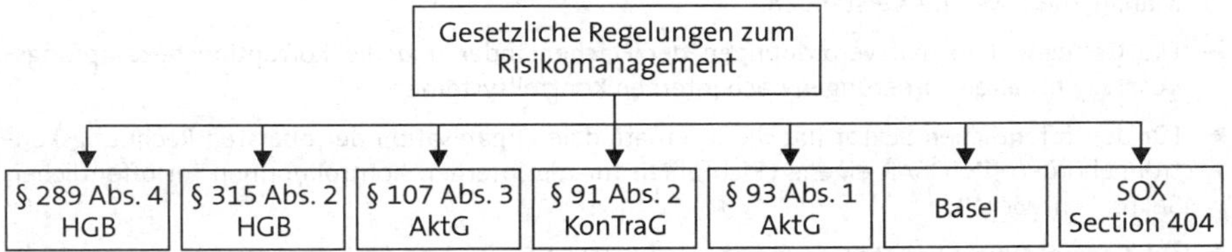

- § 289 Abs. 4 HGB verpflichtet kapitalmarktorientierte Unternehmen, die Elemente eines Kontroll- und Risikomanagements, die sich auf die Rechnungslegung beziehen, im Lagebericht darzustellen.
- Nach § 315 Abs. 2 HGB soll der Konzernlagebericht auf die Risikomanagementziele und -methoden sowie Preisänderungs-, Ausfall- und Liquiditätsrisiken sowie auf die Risiken aus Zahlungsstromschwankungen eingehen.

- § 107 Abs. 3 AktG verpflichtet den Aufsichtsrat, das interne Kontroll- und Risikomanagementsystems und die interne Revision zu überwachen.
- Nach § 91 Abs. 2 KonTraG ist der Vorstand bzw. die Geschäftsführung von Aktiengesellschaften, Kommanditgesellschaften auf Aktien und bestimmten Gesellschaften mit beschränkter Haftung verpflichtet, ein Überwachungs- und Kontrollsystem einzurichten. Aufsichtsräte und Vorstände können haften, wenn sie die Überwachungspflichten vernachlässigen oder keine zuverlässigen Kontrollmechanismen installieren.
- Nach § 93 Abs. 1 Satz 2 AktG müssen Vorstandsmitglieder bei einer unternehmerischen Entscheidung die Sorgfalt eines ordentlichen und gewissenhaften Geschäftsleiters anwenden. Ohne ein angemessenes Risikomanagement kann der Nachweis nicht geführt werden.
- Mit dem bankaufsichtsrechtlichen Regelwerk Basel III (und ab 2023 Basel IV) bestehen für Banken und Versicherungen weitere Vorschriften. Sie verpflichten Banken mittelbar zu einer Risikovorsorge, weil sie risikoabhängig Eigenkapital für die Kreditvergabe hinterlegen müssen.
- Nach Section 404 des Sarbanes-Oxley Act (SOX) muss jeder Jahresbericht von Unternehmen, deren Wertpapiere an US-Börsen gehandelt werden, eine Beurteilung der Wirksamkeit des internen Kontrollsystems für die Rechnungslegung enthalten.

Zur Ausgestaltung des Kontrollsystems machen diese Regelungen keine Vorgaben. Die spezifischen Verhältnisse in den Unternehmen sind so unterschiedlich, dass Anpassungen an die unternehmens- und branchenspezifischen Risiken möglich sein müssen.

1.3 Andere Regelungen

706
- Nach IDW PS 261 „Feststellung und Beurteilung von Fehlerrisiken …" muss sich der Abschlussprüfer auch einen Überblick über den Umgang des Managements mit Geschäftsrisiken verschaffen. Die Prüfung des internen Kontrollsystems erstreckt sich allerdings nur auf die Rechnungslegung, den Fortbestand des Unternehmens und den Schutz des Vermögens.
- Der deutsche Corporate Governance Kodex (DCGK) fordert, dass der Vorstand börsennotierter Gesellschaften ein angemessenes Risikomanagement verfolgen und den Aufsichtsrat regelmäßig, umfassend und zeitnah informieren muss.
- MaRisk sind verpflichtende Verwaltungsanweisungen zu Mindestanforderungen, die von der BaFin für die Ausgestaltung des Risikomanagements in deutschen Kreditinstituten veröffentlicht wurden. Sie konkretisieren die §§ 25a f. KWG.
- ISO 31000 ist eine – sehr allgemein gehaltene – internationale Norm zur vorbeugenden Risikoabwehr. Risikomanagement wird als Führungsaufgabe definiert und als Teil eines bestehenden Managementsystems verstanden.
- Die Gemeindehaushaltsverordnungen der Flächenländer und die Korruptionsbekämpfungsgesetze enthalten Forderungen nach internen Kontrollsystemen.
- Für den öffentlichen Sektor hat die Internationale Organisation der obersten Rechnungskontrollbehörden (INTOSAI) eigene „Richtlinien für die internen Kontrollnormen im öffentlichen Sektor" entwickelt.
- Die Control Objectives for Information and Related Technology (CobiT) sind ein internationaler Standard, der sich vor allem auf die Informationstechnologie und die Führungs- und Kontrollaufgaben bezieht.

2. Risikomanagement

2.1 Ziele des Risikomanagements

Das Risikomanagement eines Unternehmens soll Unsicherheiten beseitigen und die 707
Nutzung von Chancen ermöglichen. Es befasst sich mit der Identifikation, der Bewertung, der Aggregation und der Bewältigung von Risiken, die als mögliche Ursachen von Planabweichungen interpretiert werden können.

Es umfasst dazu sämtliche Methoden und Maßnahmen zum Erkennen, Analysieren, Bewerten und Kontrollieren bzw. Überwachen von risikorelevanten Fakten und Entwicklungen für ein Unternehmen. Es legt die Kriterien fest, nach denen die Risiken bewertet werden, aber auch die Verantwortlichkeiten und die Bereitstellung von Ressourcen zur Risikoabwehr. Durch ein wirksames und systematisches Risikomanagement wird deutlich, welche Geschäftsprozesse hochkritisch, kritisch und weniger kritisch sind.

Oberstes Ziel dabei ist der bewusste und effiziente Umgang mit bekannten und auch bisher unbekannten Risiken, damit die Gesamtheit aller vorhandenen Risiken die Risikotragfähigkeit des Unternehmens nicht übersteigt und keine existenzgefährdende Situation entstehen kann. Darüber hinaus dient das Risikomanagement der Steigerung des Unternehmenswertes, denn durch das bewusste und kontrollierte Eingehen von Risiken kann die Position des Unternehmens verbessert werden.

Ein Risiko-Management-System (RMS) stellt die Zuverlässigkeit, Stabilität und Ord- 708
nungsmäßigkeit des gesamten betrieblichen Geschehens sicher. Die konkreten Ziele sind u. A.:

- Die Erreichung geschäftspolitischer Ziele unterstützen.
- Die Zuverlässigkeit der Geschäftsprozesse sichern.
- Die Einhaltung von Gesetzen und Vorschriften sichern (Compliance).
- Das Unternehmensvermögen bewahren.
- Den Abgang von Wissensträgern verhindern.
- Fehler und Unregelmäßigkeiten aufdecken, vermindern und verhindern.
- Die Zuverlässigkeit und Vollständigkeit der Buchführung sicherstellen.
- Eine zuverlässige Berichterstattung sicherstellen.
- Datenverlust durch Störung oder Ausfall der Technik vermeiden.

Als Nebeneffekt ergibt sich durch die Identifizierung von Schwachstellen eine Optimierung der Prozessabläufe.

2.2 Risikomanagementsystem

Das Risikomanagement ist integrativer unternehmensweiter Bestandteil des gesamten 709
Managementsystems. Zur Sicherung der Unternehmensziele dient ein Katalog von Prozessen zur Identifikation, Analyse und Bewertung von Risiken und entsprechenden Gegensteuerungsmaßnahmen zur Wahrung der Unternehmensziele. Im Mittelpunkt stehen eine möglichst frühzeitige Erkennung von Risiken, Maßnahmen zur Risikobewältigung und die Verringerung des allgemeinen Unternehmensrisikos.

Das RMS umfasst also die Gesamtheit aller Maßnahmen zur Erkennung, Analyse, Bewertung, Kommunikation, Überwachung und Steuerung der unternehmerischen Risiken. Seine Entwicklung, Einführung, Kontrolle und die ggf. notwendigen Anpassungen werden von der Unternehmensleitung verantwortet.

2.3 Internes Kontrollsystem

710 Die vom Management eingeführten Grundsätze, Verfahren und Regelungen werden als Internes Kontrollsystem (IKS) bezeichnet. Es ist integraler Bestandteil des unternehmensweiten RMS und regelt seine tatsächliche organisatorische Umsetzung. Ziel ist die Vermeidung vor Verlusten durch Schäden oder Misswirtschaft und die Einhaltung von gesetzlichen Vorschriften.

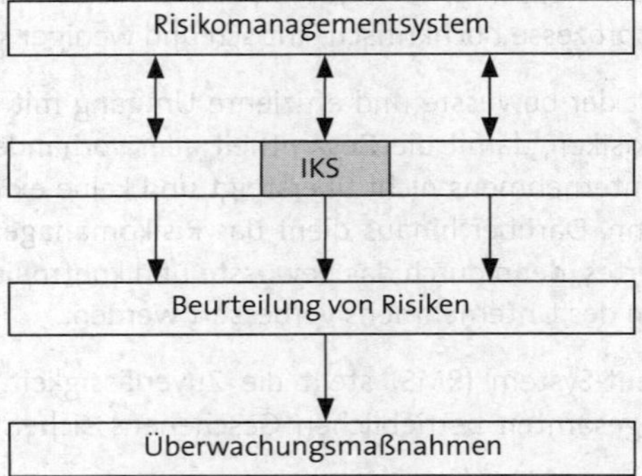

711 Mit einem IKS sollen existenzgefährdende Entwicklungen innerhalb eines Unternehmens und aus seinem Umfeld frühzeitig erkannt werden. Durch Kontrollen soll der Unternehmensleitung ermöglicht werden, bei erwarteten möglichen Schäden rechtzeitig Gegenmaßnahmen einzuleiten, um den ordnungsgemäßen Ablauf aller betrieblichen Prozesse sicherzustellen. Es umfasst prozessintegrierte Kontrollmaßnahmen und prozessunabhängige Überwachungsmaßnahmen. Sie können einzelnen Schritten vorgelagert, arbeitsbegleitend oder nachgelagert sein.

Die Inhalte von RMS und IKS decken sich teilweise mit dem Compliance-Management-System (CM).

3. Risikomanagementprozess

712 Der Risikomanagementprozess bezieht sich auf alle Maßnahmen, die präventiv getroffen werden, um Risiken zu vermeiden, zu beherrschen, zu verringern oder – bei deren Eintritt – angemessen reagieren zu können.

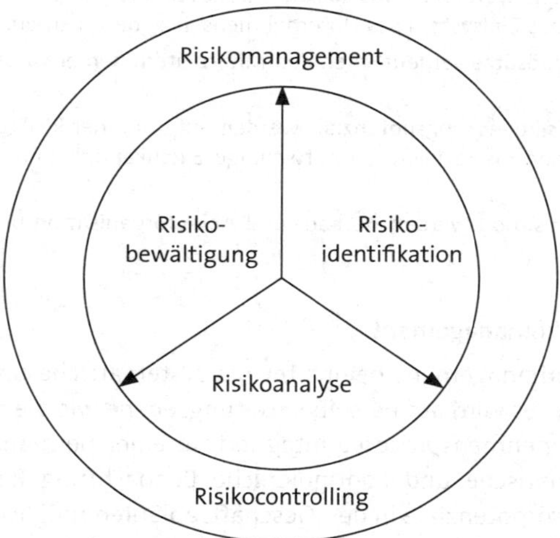

3.1 Strategisches Risikomanagement

Das strategische Risikomanagement wird aus dem Unternehmensmanagement abgeleitet. Es bezieht sich auf alle Risiken, die die Existenz des Unternehmens gefährden können. 713

Dazu werden diese Risiken bewusst in den Managementprozess einbezogen und der Rahmen für die operativen Maßnahmen zur Beherrschung der Unternehmensrisiken festgelegt. Erforderlich ist also die Formulierung einer Risikostrategie, mit der zukünftige Chancen und Risiken antizipiert werden. Das strategischen Risikomanagement umfasst entsprechend

- die Steuerung der strategischen Risiken,
- Entscheidungen über die Umsetzung der Maßnahmen und
- die Kontrolle der eingesetzten Instrumente.

714

- Die **Risikokultur** bezieht sich auf das Risikoverständnis und das Risikobewusstsein im Unternehmen. Sie zeigt die Risikoneigung der Führungskräfte und beeinflusst das risikoangemessene Verhalten der Mitarbeiter.
- Die **Risikostrategie** legt die Rahmenbedingungen, die Organisation und die eigentlichen Prozessphasen fest. Sie regelt, welche Faktoren den langfristigen Erfolg bedrohen und legt fest, welche Risiken das Unternehmen selbst tragen soll und welche Instrumente der Risikoabsicherung eingesetzt werden.

- Aus der Risikostrategie werden die **Risikoziele** entwickelt, die neben den Erfolgs- und Wertzielen gleichwertig in das Zielsystem des Unternehmens integriert werden.
- **Risikopolitische Grundsätze** verdeutlichen den Mitarbeitern den erwarteten Umgang mit Risiken.
- Zur Deckung des **Risikodeckungspotenzials** werden aufgrund der Risikostrategie und in Übereinstimmung mit den Risikozielen die notwendige Eigenkapital- und Liquiditätsausstattung festgelegt.
- Mit der **Risikoorganisation** werden Aufbau- und Ablauforganisation des Risikomanagements bestimmt.

3.2 Operatives Risikomanagement

715 Das operative Risikomanagement beinhaltet die systematische und laufende Analyse der Geschäftsabläufe. Es wird auf derselben Leitungsebene wie die operativen Entscheidungen in die Unternehmensprozesse integriert. In einer permanenten Risikoanalyse sollen durch systematische und kontinuierliche Beobachtung Risikoursachen, Schadensursachen und Störpotenziale in den Geschäftsabläufen möglichst vollständig identifiziert werden. Zu den Aufgaben des operativen Risikomanagements zählen die

- Identifikation von Risiken,
- Bewertung von Risiken,
- Steuerung von Risiken,
- Überwachung der Risiken,
- Berichterstattung über die Risiken.

Damit werden Mitarbeiter der entsprechenden Ebenen bzw. Geschäftsbereiche betraut. Sie sind für die Durchführung der festgelegten Maßnahmen und Prozesse zuständig.

3.3 Organisation des Risikomanagements

716 Um Risiken und ihre Folgen in den Unternehmen zu minimieren, ist die Einbindung des RMS in die Aufbauorganisation erforderlich. Es soll als zentrale Instanz direkt bei der Leitung des Unternehmens bzw. der Leitung von Geschäftseinheiten angesiedelt sein. Prozesse für die Identifikation, Bewertung und Bewältigung von Risiken müssen definiert werden, den Mitarbeitern soll ein Risikobewusstsein vermittelt werden.

Ein Risikomanager ist für die gesamte strategische Umsetzung des Risikomanagements verantwortlich. Er definiert die Grundlagen bezüglich der Organisation und der Prozessphasen. Dazu muss er direkt an die Unternehmensleitung berichten können. Wesentliche Aufgaben sind:

- Konzipierung und Weiterentwicklung des Risikomanagementsystems,
- Benennung und Informationsversorgung der Verantwortlichen,
- Bereitstellung von Ressourcen zur Risikoabwehr,
- Verzahnung mit der Unternehmensplanung,
- Festlegung von Kriterien, nach denen die Risiken eingestuft und bewertet werden,
- Einsatz der Methoden zur Risikoidentifikation,
- Bestimmung von Gegenmaßnahmen,
- Erfassung und Auswertung von Informationen,
- Berichterstattung und Dokumentation.

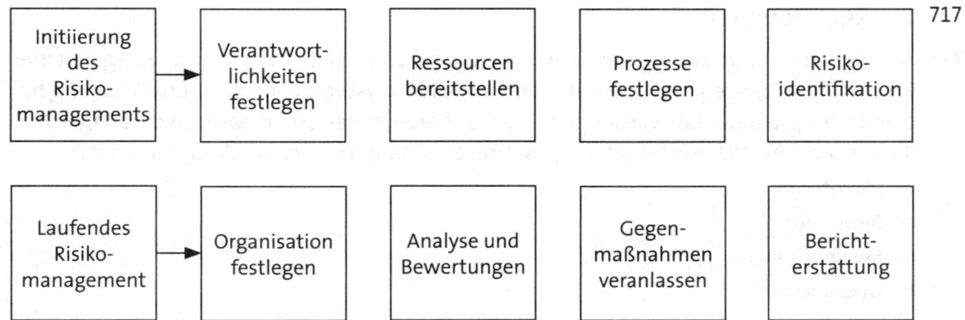

717

Die konkrete Organisation des RMS wird für jedes Unternehmen entsprechend den jeweiligen Anforderungen individuell entwickelt werden müssen, weil die Voraussetzungen und Ziele ebenso unterschiedlich sind wie die Risiken.

II. Risikoidentifikation

Die Risikoidentifikation stellt den ersten Teil eines Risikomanagementprozesses dar. 718
Alle potenziellen Risikoursachen, Schadensursachen und Störpotenziale sollen systematisch erkannt werden. Das methodische Hauptproblem liegt in der vollständigen und frühzeitigen Erfassung der Risiken.

1. Risikoarten

Risiken können nach unterschiedlichen Kriterien kategorisiert werden: 719

- Bei **symmetrischen** Risiken steht dem möglichen Verlust auch eine Chance gegenüber, bei **asymmetrischen** Risiken besteht keine Chance.

  BEISPIELE: Die Risiken bei Schwankungen des Aktienkurses stellen ein symmetrisches Risiko dar, weil sich die Aktienkurse noch oben und unten verändern können. Das Risiko, dass eine Anlage durch Brand zerstört wird, ist asymmetrisch, aus dem Ereignis ergibt sich keine Chance.

- **Strategische** Risiken entstehen durch langfristige Entscheidungen der Unternehmensleitung, **operative** Risiken betreffen kurzfristig Teile des betrieblichen Prozesses der Leistungserstellung.

  BEISPIELE: Die Errichtung einer Produktionsstätte im Ausland beinhaltetet ein strategisches Risiko. Ein Produktionsausfall durch eine defekte Maschine stellt dagegen ein operatives Risiko dar.

- Bei **quantifizierbaren** Risiken kann das Ausmaß des möglichen Schadens bewertet werden, die Auswirkungen von **nicht-quantifizierbaren** Risiken können nicht direkt gemessen werden.

- Nach der Art der Schädigung wird zwischen **Personenrisiken** und **Sachrisiken** unterschieden.

  BEISPIELE: Ein Forderungsausfall oder ein Maschinenschaden sind Sachrisiken. Die Gefahr eines Unfalls stellt ein Personenrisiko dar.

2. Risikoquellen

720 Kontrollaktivitäten zur frühzeitigen Erkennung von Risiken existieren in irgendeiner Form in praktisch jedem Unternehmen. Um jedoch systematisch die Früherkennung bestandsgefährdender Entwicklungen zu garantieren, muss durch das Risikomanagement die Gesamtheit aller systematisch gestalteten organisatorischen Maßnahmen zur

- Identifikation,
- Bewertung,
- Steuerung und
- Überwachung

von Risiken erfasst werden. Dabei müssen alle Unternehmensbereiche berücksichtigt werden, interne und externe Risiken können sich im gesamten Leistungsprozess einstellen.

721 - **Leistungswirtschaftliche** Risiken ergeben sich aus dem Prozess der betrieblichen Leistungserstellung und bei der Verwertung auf den Märkten.

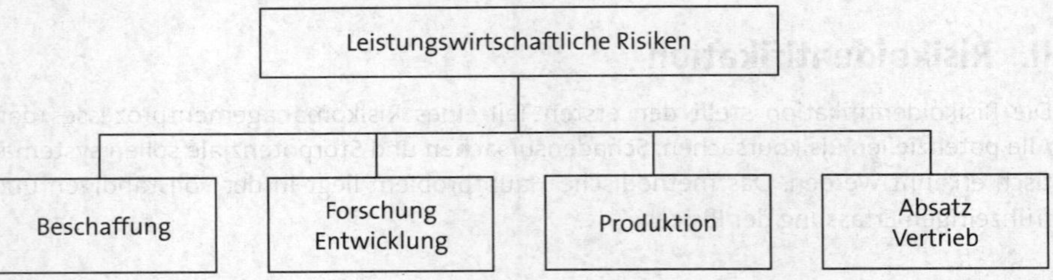

BEISPIELE: Das Beschaffungsrisiko und die Abhängigkeit von Kunden stellen leistungswirtschaftliche Risiken dar.

- **Finanzwirtschaftliche** Risiken betreffen die Liquiditäts- bzw. die Kaptalbeschaffung, deren Risiko in der Unsicherheit zukünftiger Zahlungsströme besteht.

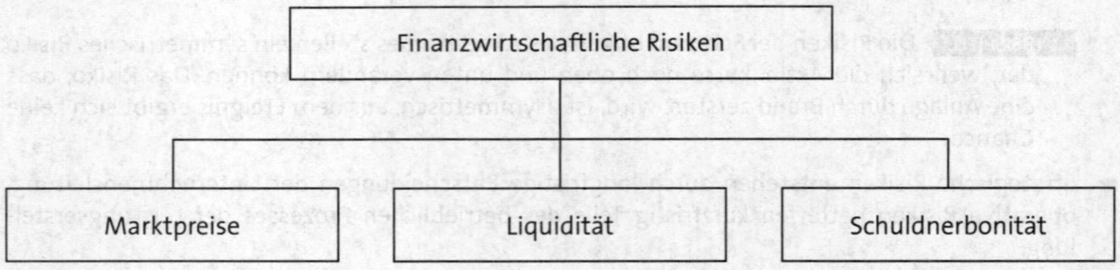

- Das **Marktpreisrisiko** bezieht sich auf die mögliche negative Entwicklung der Marktpreise für die Produkte bzw. Dienstleistungen des Unternehmens.
- Das **Liquiditätsrisiko** ergibt sich aus dem Finanzierungsspielraum des Unternehmens. Die Unsicherheit über die Zahlungsmoral, -fähigkeit und -möglichkeit der Kunden drückt sich im **Schuldnerbonitätsrisiko** aus.
- Risiken aus der Organisation, dem Führungsstil und der Unternehmenskultur resultieren aus der **Unternehmensführung**.
- **Ökologische Risiken** wie Unwetter, Überschwemmungen und Zerstörungen durch Blitzschlag können die Produktion direkt beeinflussen und besonders auf die Lieferketten negativ einwirken.

2.1 Rechtliche Risiken

Rechtsrisiken betreffen alle Unternehmen unabhängig von ihrer Größe und der Branche. Sie können allerdings je nach der Art der Geschäftstätigkeit sehr unterschiedlich sein. 722

2.1.1 Vertragsrisiken

Jedes Unternehmen hat zahlreiche Verträge der unterschiedlichsten Art abgeschlossen. 723
Rechtlichen Risiken ergeben sich, wenn ein Vertrag nicht die vorgesehenen Wirkungen erzielt, z. B.:

- Ein Vertrag kann, selbst wenn beide Vertragspartner zugestimmt haben, ungültig sein.
- Bei Vertragsabschluss durch einen Stellvertreter können rechtliche Schwierigkeiten auftreten. Grundsätzlich ist dazu eine Vollmacht erforderlich.
- Schlecht gewählte Formulierungen können zu unterschiedlichen Interpretationen und daraus folgenden Rechtsstreitigkeiten führen.
- Wenn kritische Regelungen übersehen werden, kann ein Irrtum bei der Willenserklärung durch einen Vertragspartner vorliegen. Bei einem Rechtsstreit muss dann festgestellt werden, worauf die strittige Willenserklärung gerichtet war.

  Ein systematisches Vorgehen zur Kontrolle und Überwachung von möglichen Vertragsrisiken sollte fester Bestandteil eines RMS sein. Dazu ist eine eigene Rechtsabteilung oder externe professionelle Unterstützung notwendig.

2.1.2 Rechtsstreitigkeiten

Ein Rechtsstreit ist eine Auseinandersetzung in einer rechtlichen Angelegenheit zwi- 724
schen zwei Personen oder Organisationen mit entgegenstehenden Interessen. In einem gerichtlichen Verfahren wird die Angelegenheit überprüft und i. d. R. durch ein unabhängiges Gericht entschieden. Die Partei, die den Rechtsstreit verliert, muss sämtliche Anwalts- und Gerichtskosten übernehmen – auch die der Prozessgegner.

2.1.3 Strafen

Durch vertragliche Vereinbarungen oder gerichtliche Entscheidungen kann die Ver- 725
pflichtung zur Zahlung von Bußgeldern oder Geldstrafen entstehen.

2.1.4 Schadenersatz

Ansprüche auf Ersatz eines Schadens können aufgrund von privatrechtlichen Verträgen 726
oder gesetzlichen Regelungen bestehen.

Bei einem Kaufvertrag kann ein Kunde Ansprüche geltend machen aus:

- **Gewährleistung:** Gesetzliche Haftung des Verkäufers.
- **Garantieleistungen:** Freiwillige Haftung des Herstellers oder Verkäufers.
- **Produkthaftung:** Verschuldensunabhängige gesetzliche Haftung des Herstellers für Schäden, die durch seine fehlerhafte Ware entstanden sind.

2.1.5 Unfälle

727 Arbeitsunfälle stellen ein erhebliches Rechtsrisiko dar. Berufsgenossenschaften und Staatsanwaltschaft prüfen, ob auf Seiten des Unternehmens die notwendigen Sicherheitsvorkehrungen getroffen worden sind. Durch lückenlose Dokumentation alle Aktivitäten zum Schutz der Arbeitnehmer lässt sich das Risiko eines Schadenersatzes verringern.

2.1.6 Steuerrisiken

728 Aufgrund der Komplexität des Steuerrechts ist es schwierig, alle steuerlichen Aspekte vollständig richtig zu beurteilen.

2.1.7 Weitere Rechtsrisiken

729 Andere Risiken, die durch die Unternehmen nicht beeinflusst werden können, sind z. B.

- gewaltsame Auseinandersetzungen,
- Behinderung des Warenverkehrs durch Zölle und nichttarifäre Einschränkungen,
- Einschränkung des Zahlungsverkehrs durch Konvertierungs-, Transfer- und Zahlungsverbote,
- Regelungen des Urheberrechtes,
- Beschränkung des Technologietransfers,
- Regelungen des Verwaltungs- und Verfahrensrechts,
- Arbeits- und sozialrechtliche Bestimmungen.

2.2 Prozessrisiken

730 Prozessrisiken ergeben sich durch Fehler in den Ablaufprozessen, die i. d. R. durch Organisationsmängel verursacht sind. Die Ablauforganisation ist dann unzweckmäßig gestaltet oder wird nicht angemessen umgesetzt. Typische Prozessrisiken entstehen durch

- lange Entscheidungswege mit langsamen Entscheidungen,
- unzureichende betriebswirtschaftliche und technische Kenntnisse,
- unklare Aufgabenstellungen,
- unvollständige und unklare Beschreibungen der Abläufe,
- unklare Verantwortlichkeiten,
- ungeeignetes Personal ohne notwendige Fachkenntnisse,
- unzulässige Nutzung der IT-Technik,
- unzureichende Kontrollen,
- technische Risiken wie Maschinenausfall oder Technologiewandel,
- Produktionsrisiken durch fehlerhaftes Material oder den Ausfall von Spezialisten,
- sehr hohe Komplexität.

2.2.1 Externe Risiken

731 Externe Risiken entstehen durch unvorhergesehene Änderungen der unternehmerischen Rahmenbedingungen (z. B. durch Umwelteinflüsse, Gesetzesänderungen), interne Risiken ergeben sich dagegen aus dem leistungswirtschaftlichen oder finanzwirtschaftlichen Prozess im Unternehmen selbst.

BEISPIELE: Marktentwicklungen, Gesetzesänderungen und Naturkatastrophen stellen externe Risiken dar. Produktions- und Absatzrisiken sind interne Risiken.

2.2.2 Beschaffungsrisiken

Insbesondere durch die abnehmende Fertigungstiefe und mit der Tendenz zur Konzentration auf das Kerngeschäft steigen die Risiken der Supply Chain bezüglich Termin, Menge, Qualität und Kosten. 732

Wichtige Risikoursachen sind z. B.

- Ausfall von Lieferanten,
- Preiserhöhungen,
- Abnahmeverpflichtungen,
- schwer prognostizierbare Produktlebenszyklen,
- zunehmende Produktdifferenzierung,
- mangelnde Kontrolle der Lagerbestände,
- ungenaue oder fehlerhafte Bedarfsermittlung.

Ziel des Risikomanagements ist dabei, sowohl die notwendige Versorgungssicherheit als auch die Einhaltung der Kostenziele sicherzustellen.

2.2.3 Herstellungsrisiko

Produktionsrisiken können bei der Entwicklung, im Produktionsprozess selbst und auch 733
bei Transporten auftreten. Wichtige Beispiele sind:

- Investitionsrisiko durch Anschaffung ungeeigneter Anlagen,
- Überalterung, mangelnde Wartung oder unvorhersehbare Störungen,
- fehlende Mitarbeiter,
- fehlerhafte Nutzung,
- ungeeignete Produktionsplanung,
- ungeeignete Fertigungsorganisation.

Die Verantwortung für die Risikovermeidung liegt gemeinsam beim Einkauf, bei der Produktionsvorbereitung und bei der Produktionsleitung.

2.2.4 Vertrieb und Absatz

Die Vertriebs- und Absatzrisiken können auf unterschiedliche Weise auftreten: 734

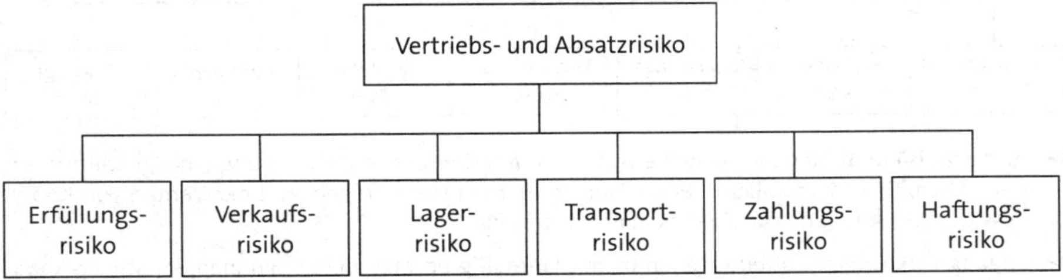

- **Erfüllungsrisiko:** Von Kunden nachgefragte Produkte können nicht oder nicht in der gewünschten Menge bereitgestellt werden.
- **Verkaufsrisiko:** Für bereits produzierte Produkte kann kein Käufer gefunden werden.
- **Lagerrisiko:** Bei einer Lagerung verderben Produkte, werden beschädigt oder gehen verloren.
- **Transportrisiko:** Bei der Lieferung an Kunden können Produkte beschädigt werden oder verloren gehen.

- **Zahlungsrisiko:** Die Kunden kommen ihren Zahlungsverpflichtungen nicht oder nicht vollständig nach.
- **Haftungsrisiko:** Auch nach Abnahme der Produkte durch den Kunden können Gewährleistungs-, Garantie-, Schadenersatz- und Verpflichtungen aus der Produkthaftung entstehen.

2.3 Finanzelle Risiken

735 Finanzrisiken haben ihren Ursprung in einer nicht ausreichend vorausschauenden Liquiditäts- und Finanzplanung. Sie sind von entscheidender Bedeutung für die Entwicklung von Kredit- und Zinsrisiken aus dem laufenden Geschäftsbetrieb.

Risiken bei der Finanzierung entstehen z. B. durch Zinserhöhungen, Änderungen von Wechselkursen und Problemen bei der Refinanzierung.

Liquiditätsprobleme entstehen durch Zahlungsunfähigkeit oder -willigkeit von Kunden, im internationalen Handel auch durch Transfer- und Konvertierungsrisiken. Diese Wagniskosten müssen bei der Preiskalkulation berücksichtigt werden.

2.4 Personalrisiken

736 Unter Risikoaspekten spielen die Mitarbeiter insofern eine besondere Rolle, als sie – anders als andere Produktionsfaktoren – selbst über ihren Verbleib im Unternehmen und über die Intensität entscheiden, mit der sie sich im Produktionsprozess engagieren.

2.4.1 Risikofelder

737 Der zunehmende Fachkräftemangel, die demografische Entwicklung und die Arbeitsbedingungen stellen für viele Unternehmen eine steigende Herausforderung dar. Folgende Typen von Personalrisiken lassen sich identifizieren:

- **Austrittsrisiko:** Auf eigene Initiative verlassen Mitarbeiter das Unternehmen, die gehalten werden sollen. Das ist vor allem bei Leistungsträgern kritisch. Folgen sind der Verlust von Knowhow und der Aufwand für die Personalbeschaffung.
- **Engpassrisiko:** Wenn offene Stellen nicht planmäßig besetzt werden können, entstehen Kapazitätsengpässe. Folgen sind Produktionsausfälle bzw. Mehrarbeit für andere Mitarbeiter.
- **Anpassungsrisiko:** Wenn sich Mitarbeiter nicht ausreichend an Veränderungen im Unternehmen anpassen können, sinkt die Produktivität durch Defizite in der Qualifikationsstruktur.
- **Motivationsrisiko:** Bei fehlender Motivation stellen die Mitarbeiter ihr Können und ihr Wissen nicht wie erwartet zur Verfügung, bei Übermotivation gefährden sie ihre Gesundheit. In beiden Fällen kommt es zu einer geringeren Leistung.

- **Loyalitätsrisiko:** Mitarbeiter können ihrem Arbeitgeber durch Verletzung ihrer arbeitsvertraglichen Pflichten bewusst schaden.
- **Gesundheitsrisiko:** Durch psychische oder physische Überforderungen sind Mitarbeiter nur eingeschränkt leistungsfähig.
- **Führungsrisiko:** Aufgrund von Führungsdefiziten bei Vorgesetzten kann das Unternehmen nicht zielgerichtet und erfolgreich geleitet werden.

2.4.2 Fraud-Risiken

Die Gefahr von gesetzwidrigen Handlungen wie Betrug, List, Täuschung und Unterschlagung wird zusammenfassend als Fraud-Risiko bezeichnet. Dadurch sollen – von Einzelpersonen oder Gruppen – rechtswidrig oder ungerechtfertigt Geld, Vermögensteile oder Dienstleistungen erlangt oder Vorteile gesichert werden. Dieses Verhalten wird als kriminell bezeichnet, wenn es strafrechtlich relevant ist. 738

- **Täuschungen** sind bewusst falsche Angaben oder Fälschungen und Manipulationen.
- **Unrichtigkeiten** ergeben sich aus unbeabsichtigt falschen Angaben. Sie entstehen z. B. durch Rechenfehler oder die falsche Einschätzung eines Sachverhalts.
- **Vermögensschäden** entstehen durch die widerrechtliche Aneignung von Vermögensteilen (z. B. Diebstahl) oder durch die Erhöhung von Verpflichtungen (z. B. durch Akzeptanz von Rechnungen ohne Gegenleistung).

2.5 Datenrisiken

Die Entwicklung der Informations- und Kommunikationstechniken führt zu verstärkten Risiken bei der Daten- und Systemsicherheit. Bei einem weltweiten Austausch von Daten zwischen vernetzten Speichern sind wirksame Zugriffsbeschränkungen notwendig, um einerseits die Daten vor Diebstahl und Manipulation zu schützen und gleichzeitig den Zugriff durch die Berechtigten zu sichern. 739

2.5.1 Datenverlust

Aufgrund von zahlreichen unterschiedlichen Einzelfaktoren können Daten verloren gehen und stehen anschließend nicht mehr zur Verfügung. Gründe für einen Datenverlust können z. B. sein: 740

- Wegen eines technischen Defekts kann auf einen Rechner nicht mehr zugegriffen werden.
- Durch fehlerhafte Software oder fehlerhafte Konfiguration können auch bei routinemäßigem Betrieb Daten verloren gehen.
- Durch äußere Einwirkungen wie Brand, mechanische Beschädigungen oder Überspannung können Daten zerstört werden.
- Durch Bedienungsfehler können Daten versehentlich überschrieben oder gelöscht werden.
- Absichtlich können Daten durch Diebstahl oder Sabotage verloren gehen.

2.5.2 Datensicherung

Viele der Ursachen für Datenverluste lassen sich durch technisch-organisatorische Maßnahmen vermeiden. Das Risiko kann durch Redundanz von Datenträgern und Speichersystemen und durch den Einsatz von leistungsfähigen Back-up-Systemen minimiert werden. Der Einsatz dieser technischen Mittel darf jedoch nicht zu einem falschen Gefühl der Sicherheit führen. 741

Deshalb sind eindeutige Sicherheitsrichtlinien, Firewalls, sichere Übertragungswege, Gerätesicherungen und Regelungen zur Nutzugseinschränkung unverzichtbar. Vor allem aber ist eine permanente und effektive Sensibilisierung der Mitarbeiter für diese – in vielen Fällen durchaus existenziellen – Risiken erforderlich.

742 Grundsätzlich stehen drei unterschiedliche Verfahren zur Datensicherung zur Verfügung:

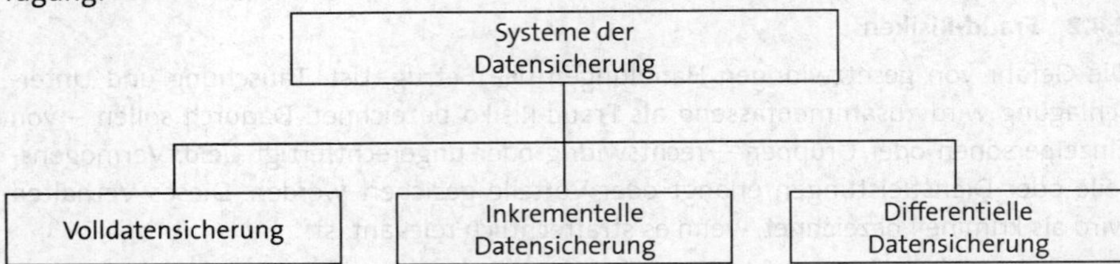

- ► Bei der **Volldatensicherung** werden alle zu sichernden Dateien auf einem – meistens externen – Datenträger gespeichert. Die Daten stehen dann vollständig zur Verfügung, die Sicherung nimmt aber vergleichsweise viel Zeit in Anspruch und es wird viel Speicherplatz benötigt.
- ► Bei einer **inkrementellen Datensicherung** werden – nach einer Volldatensicherung – nur die Daten gesichert, die sich seit der letzten inkrementellen Sicherung verändert haben. Dafür wird deutlich weniger Zeit und auch weniger Speicherplatz benötigt.
- ► Bei einer **differentiellen Datensicherung** werden jeweils alle Daten gespeichert, die sich seit der letzten Volldatensicherung verändert haben.

Selbstverständlich ist jede Datensicherung nur dann sinnvoll, wenn sie regelmäßig durchgeführt wird. Die Daten müssen an einem sicheren Ort aufbewahrt und regelmäßig auf Vollständigkeit, Wiederherstellbarkeit und Korrektheit überprüft werden. Zu jedem Zeitpunkt muss ein Zugriff auf alle aktuellen Daten möglich sein.

2.5.3 GoBD

743 Die Grundsätze zur ordnungsmäßigen Führung und Aufbewahrung von Büchern, Aufzeichnungen und Unterlagen in elektronischer Form sowie zum Datenzugriff (GoBD) verpflichten dazu, Kontrollen einzurichten, auszuüben und zu protokollieren. Dieser Teil des IKS umfasst:

- ► Kontrollen der Zugangs- und Zugriffsberechtigungen,
- ► Funktionstrennung,
- ► Erfassungs- und Verarbeitungskontrollen,
- ► Maßnahmen zur Vermeidung von beabsichtigten und unbeabsichtigten Manipulationen von Programmen, Daten und Dokumenten.

Die konkrete Ausgestaltung hängt von der Komplexität der Geschäftstätigkeit, der Organisationsstruktur und den genutzten IT-Systemen ab. Gegebenenfalls sind anlassbezogene Kontrollen durchzuführen, um die Sicherheit und Ordnungsmäßigkeit der buchführungs- und aufzeichnungspflichtigen Daten und Unterlagen sicherzustellen.

2.6 Externe Risiken

744 Externe Risiken gefährden das Erreichen der Unternehmensziele, sind aber für ein Unternehmen nicht oder nur in sehr geringem Umfang zu beeinflussen.

2.6.1 Politische Risiken

Politische Risiken treten vor allem (ab nicht nur) im Außenwirtschaftsverkehr auf. Sie entstehen aufgrund von allgemeinen-, verwaltungs- und wirtschaftspolitischen Maßnahmen oder durch soziale Umstände. Beispiele sind Krieg und Bürgerkrieg, Boykott, Embargo, innere Unruhen, mangelnde Rechtssicherheit. 745

Auch ökonomische Maßnahmen wie Zölle, Kontingente und Subventionen, Veränderungen von Produktstandards und Steuern stellen politische Risiken dar.

2.6.2 Rechtliche Risiken

Externe rechtliche Risiken ergeben sich aus einem Rechtsstreit zwischen den betroffenen Parteien. Besonders häufig entstehen sie bei Auseinandersetzungen 746

- im Straßenverkehr,
- zum Arbeitsverhältnis,
- im Zusammenhang mit Immobilien,
- um Forderungen auf Schadenersatz.

2.6.3 Umweltrisiken

Risiken aus der natürlichen Umwelt ergeben sich z. B. durch 747

- Naturkatastrophen,
- Klimawandel,
- Luft- und Wasserverschmutzung.

2.6.4 Technologische Risiken

Aus der Beschaffung und dem Einsatz neuer Technologien ergeben sich technologische Risiken, z. B.: 748

- Bei der Entwicklung bzw. dem Einsatz neuer Technologien stehen die erforderlichen Ressourcen nicht zur Verfügung.
- Neue komplexe Technologien führen zu Qualitätsproblemen.
- Neue komplexe Technologien führen zu Produktionsproblemen.
- Mit der neuen Technologie ergeben sich neue Wettbewerber.
- Bestehende Produkte müssen ersetzt und vom Markt genommen werden.
- Änderungen von Standards und Vorschriften erfordern neue Regelungen.

3. Risikoindikatoren

Die frühzeitige Identifikation der Risiken ist grundlegend für den gesamten Risikomanagementprozess, denn nur bekannte Risiken können bewertet und gesteuert werden. Die zukünftigen, potenziellen und theoretisch denkbaren Risiken aus allen Funktionsbereichen müssen frühzeitig erkannt und kontinuierlich, strukturiert und möglichst vollständig erfasst werden. Dazu steht eine große Vielfalt unterschiedlicher Methoden zur Verfügung. Ihre Auswahl richtet sich nach den verfügbaren Daten und nach dem spezifischen Risikoprofil des Unternehmens. 749

3.1 Frühwarnindikatoren

750 Ein Risikofrüherkennungssystem ist für eine erfolgreiche Unternehmensführung unentbehrlich, um durch rechtzeitige Reaktionen Gefahren abzuwenden oder zu reduzieren. Je eher Risiken identifiziert werden, desto wirkungsvoller können notwendige Gegenmaßnahmen ergriffen werden, weil ausreichend Zeit bleibt, Strategien zur Abwendung des Risikos bzw. zur Reduzierung der Risikoauswirkung einzuleiten.

Durch Auswahl geeigneter Früherkennungsindikatoren lassen sich latente Risiken systematisch ermitteln und überwachen.

3.2 Fraud-Indikatoren

751 Fraud-Indikatoren sollen identifizieren, in welchen Bereichen erhöhte Risiken durch gesetzeswidrige Handlungen wie Betrug, List, Täuschung und Unterschlagung bestehen. Sie können von Einzelpersonen oder Gruppen begangen werden, um Geld, Vermögensteile oder Dienstleistungen zu erlangen oder um sich Vorteile zu sichern. Fraud-Indikatoren können Hinweise zu Handlungen geben, die von der Internen Revision weiterverfolgt werden müssen.

752 Durch **Fraud Prevention** soll die Wahrscheinlichkeit von gesetzwidrigen Handlungen und den daraus resultierenden Folgeschäden minimiert werden.

BEISPIELE:

- Einführung ethischer Kodizes
- Interne Vorschriften
- Präventivkontrollen
- Arbeitsorganisatorische Regelungen

753 **Fraud Auditing** soll dolose Handlungen aufklären, um Unternehmenseinheiten, Geschäftsbereiche, Geschäftsvorfälle und Unternehmensprozesse mit besonderen Risiken zu erkennen. Die Wirksamkeit interner Kontrollen wird mithilfe von strukturierten Prüfungen gesichert.

754 **Fraud Detection** umfasst die Identifizierung von betrügerischen Handlungen im Unternehmen. Dazu werden mit dem sog. „Fraud Triangle" Indikatoren gebildet. Danach müssen für dolose Handlungen drei Bedingungen gleichzeitig erfüllt sein:

1. Es muss ein Motiv vorhanden sein. Meistens soll ein Nutzen erreicht werden, möglich ist aber auch ein Druck, die Tat zu begehen.
2. Der Täter muss charakterlich bereit sein, wissentlich und in betrügerischer Absicht die Tat zu begehen bzw. zu rechtfertigen. Durch äußeren Druck kann ggf. der vorhandene innere Widerstand überwunden werden.
3. Die Möglichkeit muss gegeben sein, überhaupt Fraud zu begehen. Sie wird gefördert durch fehlende oder ineffektive Kontrollen oder die Möglichkeit, die Kontrollen zu überwinden.

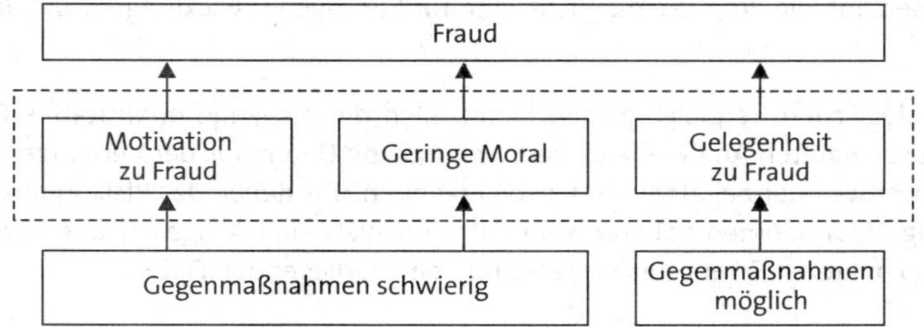

Ob die Bedingungen im Einzelfall gegeben sind, ist nicht direkt messbar; es lassen sich jedoch Indikatoren finden, die mit dem Fraud-Risiko korrelieren. Ihre Beurteilung erfolgt in fünf Schritten: 755

1. Ermittlung der relevanten Fraud-Risikofaktoren
2. Identifikation möglicher Fraud-Delikte
3. Zuordnung bestehender Kontrollen und Identifikation von Kontrolllücken
4. Test der Präventions- und Aufdeckungskontrollen
5. Dokumentation der Fraud-Risiko-Beurteilung

Die Zahl und die Qualität der Fraud-Indikatoren sind in den Unternehmen sehr unterschiedlich, einige sind aber auch unternehmensübergreifend von Relevanz: 756

- In komplexen Organisationen bestehen unklare Entscheidungs- und Weisungsstränge.
- Durch eine Vielzahl von Produkten, Kunden, Lieferanten usw. werden Einzelentscheidungen unübersichtlich.
- Einzelne Geschäfte werden nicht routinemäßig bearbeitet.
- Teilprozesse haben eine große Bedeutung für die gesamte Produktion.
- Es besteht eine geringe soziale Kontrolle bei einer großen Zahl von Mitarbeitern.
- Der Erfolg ist von einem oder wenigen Produkten abhängig.
- Einzelne Organisationseinheiten werden von einer oder wenigen Personen ohne wirksame Kontrolle geleitet.
- Mitarbeiter werden erfolgsabhängig entlohnt.
- Betriebliche Kennzahlen weichen ohne Erklärung wesentlich von den branchenüblichen ab.
- Die Funktionstrennung und die unabhängigen Kontrollen im Unternehmen sind unzureichend.
- Es fehlen wirksame Sicherungen im Bereich der elektronischen Datenverarbeitung.
- Dokumentationen fehlen oder erscheinen unzureichend.

Ein wichtiger Baustein eines wirksamen Anti-Fraud-Managements ist die systematische Dokumentation der aufgedeckten Fälle. Aus den Erfahrungen ergeben sich auch Hinweise für die Optimierung von Kontrollen in anderen Bereichen.

3.3 Kennzahlenbasierte Indikatoren

Kennzahlen verdichten Unternehmensinformationen zu quantitativen Größen. Sie dienen als Basis für die Unternehmenssteuerung, weil sie objektive und nachprüfbare Vergleiche ermöglichen. Sie bauen auf den Informationen aus dem betrieblichen Rech- 757 nungswesen auf, die Prognosemöglichkeiten für künftige Entwicklungen sind daher begrenzt.

Im chronologischen Vergleich zeigen Kennzahlen die bisherige quantitative Entwicklung in ausgewählten Analysebereichen. Anhand von Daten aus der Vergangenheit lassen sich positive oder negative Tendenzen erkennen, aus denen das Risikomanagement notwendige Maßnahmen ableiten kann. Ihre Auswahl und Ausgestaltung richtet sich nach dem konkreten Erkenntnisinteresse und den vorliegenden Daten.

3.3.1 Kennzahlen

758 Zur Risikobeurteilung gehören selbstverständlich die globalen Unternehmensindikatoren wie Umsatzentwicklung, Betriebsergebnis, Cashflow usw. Durch signifikante Veränderung eines Indikators wird ein Signal gegeben, über Maßnahmen zu diskutieren und sie ggf. einzuleiten.

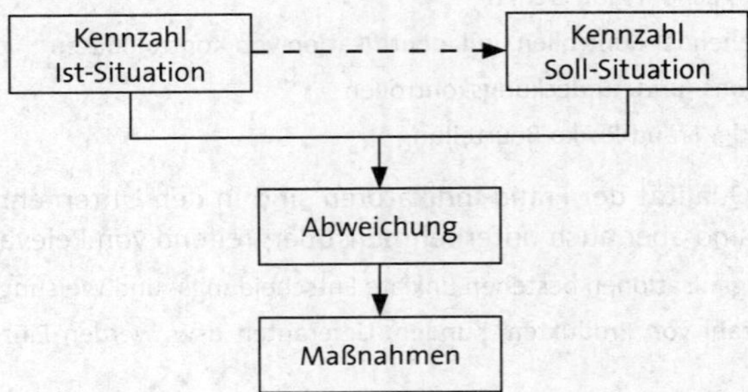

759 Spezifische Kennzahlen für einzelne Risikobereiche ermöglichen zusätzlich eine detailliertere Analyse. Wie die Kennzahlen genau gestaltet werden, ist abhängig vom Erkenntnisinteresse und von den Daten, die zur Verfügung stehen. Es gibt keine empirisch haltbaren Vorgaben, auf deren Grundlage bestimmte Kennzahlen ein Urteil über die künftige wirtschaftliche Lage ermöglichen würden. Die Tabelle zeigt beispielhaft hilfreiche Kennzahlen:

Prozessrisiken	
Risikoabweichung	$\frac{\text{Ist-Ergebnis}}{\text{wahrscheinliches Ergebnis}} \cdot 100$
Risikoidentifikation	$\frac{\text{identifizierte Risiken}}{\text{alle eingetretenen Risiken}} \cdot 100$
Beschaffungsrisiken	
Beschaffungspreise	Preisindex wichtiger Rohstoffe
Lieferantenstruktur	$\frac{\text{Zahl der A-Lieferanten}}{\text{Gesamtzahl der Lieferanten}} \cdot 100$

Produktionsrisiken	
Versorgungssicherheit	$\frac{\text{Ausfälle Gas/Wasser/Strom}}{\text{Jahr}}$
Ausschussquote	$\frac{\text{Ausschuss}}{\text{gesamte Produktion}} \cdot 100$
Absatzrisiken	
Abhängigkeit von Kunden	$\frac{\text{Aufträge von A-Kunden}}{\text{Gesamte Zahl der Aufträge}} \cdot 100$
Angebotserfolgsquote	$\frac{\text{Gesamte Zahl der Aufträge}}{\text{Zahl der abgegebenen Angebote}} \cdot 100$
Auftragseingang	$\frac{\text{Auftragseingänge pro Monat}}{\text{Umsatz pro Monat}}$
Auftragsreichweite	$\frac{\text{Auftragsbestand}}{\text{Umsatz des Vorjahres}} \cdot 365$
Wettbewerbsintensität	Zahl der (neuen) Wettbewerber
Risiken des Anlagevermögens	
Höhere Gewalt	$\frac{\text{Anzahl Brände, Blitzeinschläge, Hochwasser}}{\text{Jahr/Standort}}$
Investitionsquote	$\frac{\text{Nettoinvestitionen}}{\text{historische AK/HK}} \cdot 100$
Wachstumsquote	$\frac{\text{Nettoinvestitionen}}{\text{Abschreibungen}} \cdot 100$
Personalrisiken	
Fluktuationsrate	$\frac{\text{Personalabgänge}}{\text{Zahl der Mitarbeiter}} \cdot 100$
Ausfallquote	$\frac{\text{Ausfallzeit in Stunden}}{\text{Soll-Stunden}} \cdot 100$
Finanzierungsrisiken	
Freie Kreditlinie	$\frac{\text{freie Kreditlinie}}{\text{maximale Kreditlinie}} \cdot 100$
Fremdkapitalquote	$\frac{\text{Fremdkapital}}{\text{Gesamtkapital}} \cdot 100$
Zahlungsrisiken	
Bonität der Kunden	Durchschnittliche Bonität der Kunden
Debitorenlaufzeit in Tagen	$\frac{\text{durchschnittliche Forderungen}}{\text{Umsatzerlöse + USt}} \cdot 360$
Ausfallquote	$\frac{\text{uneinbringliche Forderungen}}{\text{gesamte Forderungen}} \cdot 100$

Technische Risiken	
Stillstandquote	$\frac{\text{Stillstandzeiten in Stunden}}{\text{Soll-Stunden}} \cdot 100$
Verfügbarkeit einer Anlage	$\frac{\text{Ist-Stückzahl}}{\text{Soll-Stückzahl}} \cdot 100$
Fraud-Risiken	
Kriminelle Handlungen	$\frac{\text{Betrugsfälle/Einbrüche/Plagiate}}{\text{Jahr}}$

Die spezifischen Kennzahlen werden aufgrund von Erfahrungswerten ausgewählt und zu einem Gesamtbild zusammengefügt. Die Vorgehensweise bei ihrer Ermittlung und Gewichtung ist mit dem Verfahren bei der Bilanzanalyse identisch. Die gewählten Indikatoren werden in das System der internen Berichterstattung eingebunden, um zu einem Gesamturteil kommen zu können.

3.3.2 Kennzahlensysteme

760 In Kennzahlensystemen werden mehrere Kennzahlen logisch geordnet und so miteinander verknüpft, dass ein Ursache-/Wirkungszusammenhang erkennbar wird. Dadurch wird die Gesamtsituation eines Unternehmens deutlicher erkennbar. Die konkrete Ausgestaltung orientiert sich an den unternehmensspezifischen Anforderungen.

3.3.2.1 Du Pont-Kennzahlensystem

761 Bei dem Du Pont-Kennzahlensystem werden zur Ermittlung des Return on Investment (RoI) die Umsatzrentabilität und der Kapitalumschlag in ihren Bestandteilen jeweils so weit aufgespalten, dass eine Analyse der Haupteinflussfaktoren auf den Return on Investment möglich wird.

BEISPIELE:

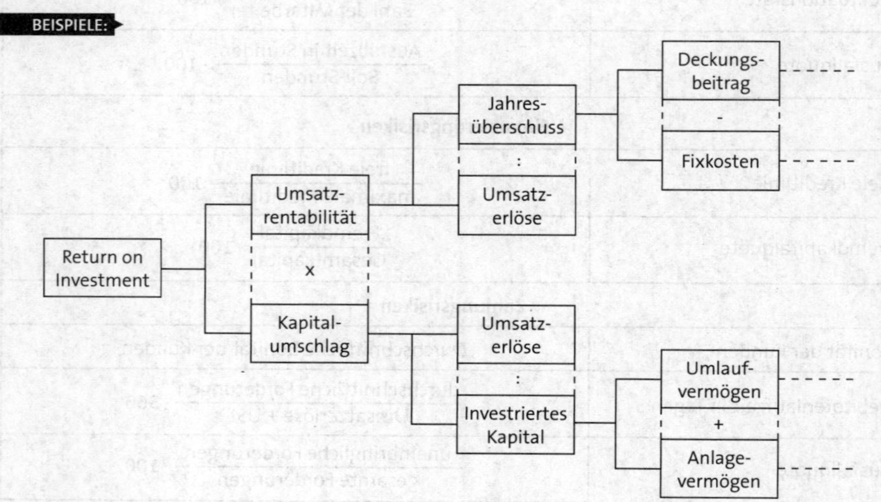

3.3.2.2 ZVEI -Kennzahlensystem

Eine Weiterentwicklung des Du Pont-Systems stellt das ZVEI-Kennzahlensystem dar. Im Anschluss an eine Wachstumsanalyse werden – ausgehend von der zentralen Kennzahl „Eigenkapitalrentabilität" – insgesamt etwa 200 Kennzahlen zur Ertragskraft und zu den Unternehmensrisiken miteinander verknüpft. 762

3.3.2.3 Balanced Scorecard

Mit der Balanced Scorecard werden zur Steuerung des Unternehmens- und Risikomanagements die vier Perspektiven Finanzen, Kunde, Innovation und Prozesse zu einer ganzheitlichen Sicht integriert und in ihrem Zusammenwirken betrachtet. Sie zeigen, wie der Erfolg der Unternehmensstrategie, gemessen in finanziellen Ergebnissen, von den unternehmensinternen Voraussetzungen abhängt. Die Inhalte der Perspektiven werden im Unternehmen jeweils individuell festgelegt. 763

764

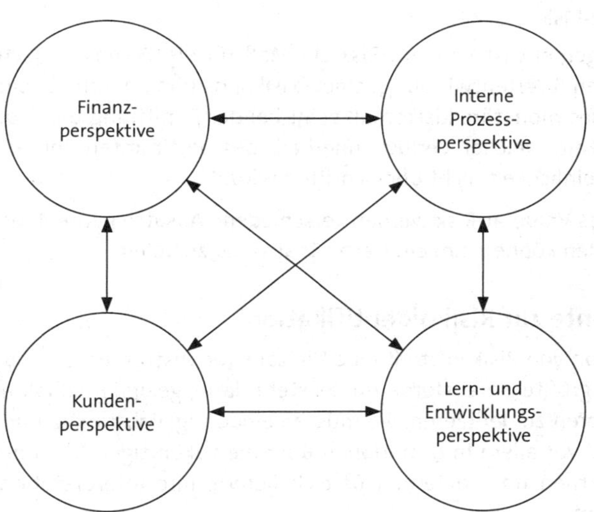

- Die Ziele der **Finanzperspektive** beziehen sich auf die Existenzsicherung des Unternehmens. Sie soll zeigen, ob die eingeschlagenen Strategien erfolgreich sind.
- Die **Kundenperspektive** betrachtet den Zusatznutzen der Kunden und soll gewährleisten, dass die angestrebten Ziele erreicht werden.
- Die interne **Prozessperspektive** bezieht sich auf die einzelnen Schritte in der Wertschöpfungskette des Unternehmens. Die Teilprozesse sollen über Messgrößen möglichst wirtschaftlich gesteuert werden.
- Durch Berücksichtigung der **Lern- und Entwicklungsperspektive** soll sichergestellt werden, dass die vorhandenen Kompetenzen und das vorhandene Wissen der Mitarbeiter ausreichen, um die strategischen Unternehmensziele zu erreichen.

Bereich	Inhalt	Typische Kennzahlen
Finanzperspektive	Klassische finanzielle Kennzahlen	Umsatz, Auftragseingang, Rentabilität, Forderungen
Kundenperspektive	Kundeneinstellungen, Kundenbeurteilungen	Kundenzufriedenheitsindex, Kundenneugewinnungsrate, Kundenrentabilität
Interne Prozessperspektive	Beschreibung der internen Abläufe in Bezug auf Zeit, Qualität und Kosten	Durchlaufzeiten, Lieferzeiten, Erreichbarkeit der Servicemitarbeiter, Prozessinnovationen
Lern- und Entwicklungsperspektive	Offenheit gegenüber zukünftigen Entwicklungen, Reaktionen auf Neuerungen, Vorbereitung der Mitarbeiter auf neue Herausforderungen	Mitarbeiterzufriedenheit, Mitarbeiterqualifizierung

3.3.3 Value-at-Risk

765 Im Risikomanagement ist Value-at-Risk ein Maß für die Wahrscheinlichkeit der maximalen negativen Wertentwicklung einer Risikoposition innerhalb eines definierten Zeitraums. Dieses monetäre Risikomaß zeigt bei der Ermittlung und Überwachung der Risikotragfähigkeit, welcher Verlust innerhalb des bestimmten Zeitraums mit genau dieser Wahrscheinlichkeit nicht überschritten wird.

Zur Messung des Value-at-Risk werden verschiedene Ansätze genutzt, deren Ergebnisse aggregiert werden können, um ein Gesamtrisiko festzustellen.

4. Instrumente zur Risikoidentifikation

766 Zur Identifikation von Risiken steht eine Vielzahl von Instrumenten und Methoden zur Verfügung. Die größte Herausforderung besteht darin, geeignete qualitative und quantitative Indikatoren zu definieren. Sie müssen eindeutig, vollständig und frühzeitig verfügbar sein und vor allem Informationen über die zukünftigen Veränderungen im unternehmensinternen und -externen Bereich liefern. Ihre Interpretation erfolgt durch das Management.

767 Die Instrumente können nach unterschiedlichen – nicht immer ganz trennscharfen – Kriterien kategorisiert werden können, z. B.:

Identifikation bekannter Risiken	Identifikation bisher unbekannter Risiken	
Kollektionsmethoden	Analytische Methoden	Kreativitätsmethoden
Dokumentenanalyse	Fehlermöglichkeiten-Einflussanalyse	Brainstorming
Besichtigungen	Morphologische Analysen	Brainwriting
Befragungen	Baumanalyse	Delphi-Methode
Checklisten	Ishikawa-Diagramm	Szenarioanalyse
SWOT-Analyse	Bow-Tie-Analyse	

4.1 Kollektionsmethoden

Kollektionsmethoden eignen sich zur Identifikation von Risiken, die offensichtlich oder bereits bekannt sind. 768

4.1.1 Dokumentenanalysen

Mit erfassten und gespeicherten Dokumenten lassen sich Risiken feststellen, die in der Vergangenheit bereits aufgetreten sind. Mithilfe von Statistiken, Protokollen, Organisationsplänen, Funktionsdiagrammen, Abweichungen bei Kennzahlen und weiteren Unterlagen, die schriftlich oder elektronisch vorliegen, können Auffälligkeiten festgestellt und interpretiert werden. Die Analyse erfolgt dabei i. d. R. ohne Einbindung der Betroffenen. Sie liefert Anhaltspunkte zur Vorbereitung, Ergänzung oder zur weiteren Vertiefung von Maßnahmen zur Risikoidentifikation. 769

4.1.2 Besichtigungen und Begehungen

Visuell erfassbare Risiken können durch regelmäßige Inspektionen erkannt und qualitativ bestimmt werden. Sie können besonders bei technischen Risiken (z. B. Verschleiß, Korrosion, Materialermüdung) sinnvoll eingesetzt werden, um vor Ort präventive oder ergänzende Informationen zu gewinnen. In der Regel ist eine Unterstützung durch weitere Instrumente erforderlich. 770

4.1.3 Befragungen

Die Befragung von Experten kann vor allem externe Risiken deutlich machen. Voraussetzung ist dabei eine zielgerichtete Vorbereitung, insbesondere die Erstellung eines geeigneten Fragenkatalogs, mit dem die relevanten Risikoquellen analysiert werden können. 771

Interne Risiken können durch Mitarbeiterbefragungen erkannt und bewertet werden. Dabei kann eine große Anzahl von Personen eingebunden werden, die unmittelbar mit Risiken konfrontiert sind und die ein Interesse daran haben, diese Risiken zu vermeiden oder zu verringern.

4.1.4 Checklisten

Mit Risikochecklisten können Einzelrisiken, risikoauslösende Faktoren und gefährdete Objekte präventiv untersucht werden. Sie enthalten entweder einen themenbezogenen Fragenkatalog mit einer Sammlung von Fragen zu einem definierten Thema oder eine Prüfliste zu konkreten Kriterien. Sie basieren meist auf Erfahrungen mit bereits in der Vergangenheit festgestellten Risiken und Expertisen. Checklisten müssen an die unternehmensspezifischen Gegebenheiten individuell angepasst und deshalb regelmäßig überprüft und optimiert werden. 772

Mit standardisierten Fragebögen ist eine systematische und einheitliche präventive Erfassung von bekannten Risiken unterschiedlichster Art möglich.

4.1.5 SWOT-Analyse

773 Die SWOT-Analyse untersucht, ob sich die spezifischen Stärken und Schwächen des Unternehmens so in der Unternehmensstrategie wiederfinden, dass angemessen auf Veränderungen der Unternehmensumwelt reagiert werden kann. Sie ist ein weit verbreitetes Instrument der Analyse der eigenen Aktivitäten im Wettbewerb, das sowohl zur strategischen Unternehmensplanung als auch in einzelnen Unternehmensbereichen eingesetzt wird.

Interne Einflussfaktoren		Externe Einflussfaktoren	
S	W	O	T
Strengths	Weaknesses	Opportunities	Threats
Stärken Stabilität	Schwächen	Gelegenheiten Chancen	Bedrohungen Gefahren

774 Als **interne Einflussfaktoren** werden die Fähigkeiten und Ressourcen verstanden, über die das Unternehmen selbst verfügen kann. Anhand der entscheidenden Erfolgsfaktoren werden sie auf ihre Relevanz hin überprüft. SW-Faktoren können auf sehr unterschiedlichen Gebieten identifiziert werden, z. B.:

- Wissen und Können der Mitarbeiter
- Finanzielle Situation
- Aufbau- und Ablauforganisation
- Forschung und Entwicklung
- Kunden
- Lieferanten
- Unternehmenskultur

775 Diese internen Faktoren sind von internen Entscheidungen abhängig und deshalb beeinflussbar. Auf **externe Einflussfaktoren** hat das Unternehmen keinen direkten Einfluss. Sie ergeben sich aus den Trends und Veränderungen der unternehmerischen Umgebung, z. B.:

- Kundenverhalten
- Wertvorstellungen
- Konjunkturelle Situation
- Technische Veränderungen
- Gesetzliche Vorschriften
- Poltische Rahmenbedingungen
- Umwelteinflüsse

Als Chancen dürfen dabei nur die Faktoren Berücksichtigung finden, die aufgrund der vorhandenen oder strategischen Ressourcen auch tatsächlich genutzt und zudem in die Unternehmenspolitik integriert werden können. Risiken stellen dagegen die Bereiche dar, in denen das Unternehmen nicht gut aufgestellt erscheint und in denen deshalb dringend Maßnahmen zur Gegensteuerung ergriffen werden müssen.

776 Für das Management besteht die Herausforderung darin, die wesentlichen Veränderungen der Unternehmensumwelt zu identifizieren und ihre möglichen Auswirkungen abzuschätzen. Nur dann kann festgestellt werden, ob und wie mit den vorhandenen

Ressourcen auf die erwarteten externen Veränderungen reagiert werden kann. Aus der Analyse muss eine ganzheitliche Strategie für die weitere Entwicklung des Unternehmens abgeleitet werden.

BEISPIEL: Ein Steuerberater schätzt seine Situation so ein:

Interne Einflussfaktoren		Externe Einflussfaktoren	
S	W	O	T
Stärken	Schwächen	Chancen	Bedrohungen
Stabiler Mandantenstamm,starke örtliche Vernetzung	Keine Fachkenntnisse zu IFRS und US-GAAP	Neues Gewerbegebiet in der Nähe	Erweiterung der Befugnisse von Bilanzbuchhaltern

Die SWOT-Analyse kann nicht darstellen, welche Maßnahmen ggf. zu ergreifen sind, sondern es lassen sich lediglich Hinweise ablesen, ob und an welchen Stellen Reaktionen erforderlich sind.

Eine SWOT-Matrix zeigt die weiter ausbaufähigen Chancen und deckt auch die Risiken auf. 777

Umfeld / Unternehmen	Chancen	Bedrohungen
Stärken	Ausbauen	Absichern
Schwächen	Aufholen	Vermeiden

Die Auswahl der notwendigen Maßnahmen richtet sich nach der Einschätzung der eigenen Stärken und Schwächen durch die Entscheidungsträger.

4.2 Analytische Methoden

Analytische Suchmethoden werden zur Ermittlung noch unbekannter, zukünftiger Risikopotenziale genutzt. 778

4.2.1 Fehler-Möglichkeits- und Einflussanalyse

Die Failure Mode and Effects Analysis (FMEA) soll möglichst frühzeitig kritische Punkte bei der Entwicklung neuer Produkte identifizieren. Sie ist eine systematische, halbquantitative Methode zur Risikoanalyse. 779

Die FMEA folgt dem Grundgedanken der vorsorgenden Risikovermeidung durch frühzeitige Identifikation potenzieller Risiken. Aus der Wahrscheinlichkeit des Auftretens eines Risikos (A), der Bedeutung der Folgen (B) und der Chance ihrer Entdeckung (E) wird eine Risikoprioritätszahl (RPZ)

$$A \times B \times E = RPZ$$

ermittelt, mit deren Hilfe auf einer Skala die Bedeutung eines Problems festgestellt werden kann.

Die Fehler-Möglichkeiten-Analyse ist universell auf alle Prozesse anwendbar und hat sich in vielen Branchen etabliert.

4.2.2 PEST-Analyse

780 Die PEST- bzw. PESTLE-Analyse geht davon aus, dass Einflüsse aus der Unternehmensumwelt erheblich auf die Entwicklung eines Unternehmens einwirken, aber umgekehrt nur sehr wenig oder gar nicht beeinflusst werden können. Eine Analyse der aktuellen und zukünftigen Umweltbedingungen deckt die Chancen und Risiken auf, die Einfluss auf die Unternehmensstrategie haben müssen.

Untersucht werden ausschließlich Einflussgrößen, die aus der externen Unternehmensumgebung wirken und die tatsächlich einen signifikanten Einfluss auf die Unternehmensrisiken haben. Interne Faktoren werden ausgeklammert. Identifiziert werden sollen Einflüsse, die für die strategische Positionierung eines Unternehmens relevant sein können.

Dazu wird die Unternehmensumwelt in klar abgrenzbare Bereiche unterteilt, die bei einer Analyse die potenziellen Chancen und Risiken verdeutlichen.

		Beispiele
political	politische	Stabilität des politischen Systems
economical	wirtschaftliche	Wirtschaftswachstum, Inflation
social	soziokulturelle	Bildungswesen, Bevölkerungsstruktur
technological	technische	Zukunftstechnologien, Schlüsseltechnologien
legal	rechtliche	Rechtliche Normen und ihre Anwendung
ecological	ökologische	Standort, Emissionen, natürliche Ressourcen

Um wirklich aussagekräftige Ergebnisse zu erhalten, wird diese Analyse lediglich Ausgangspunkt für weiterführende Untersuchungen der Unternehmensumgebung sein können.

4.2.3 Fehlerbaumanalyse

781 Mit der Fehlerbaumanalyse wird untersucht, welche Risiken bei einem Fehlerereignis auftreten. Deduktiv wird bei einem möglichen Fehler anhand von kritischen Pfaden „rückwärts“ das mögliche Schadensausmaß für ein Risiko ermittelt.

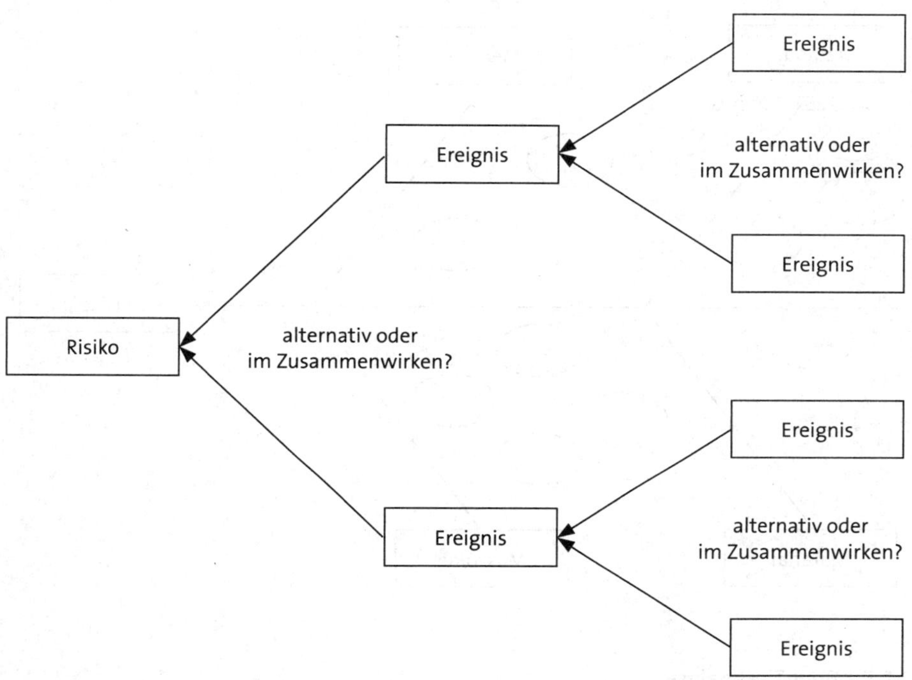

Die Ereignisse werden unter Berücksichtigung der Eintrittswahrscheinlichkeiten durch logische Verknüpfungen miteinander verbunden. Bei konsequenter Durchführung wird das Risiko bei allen Kombinationsmöglichkeiten erkennbar, die zu einem unerwünschten Ereignis führen können. Allerdings muss für jedes Risiko ein eigener Fehlerbaum konstruiert werden.

4.2.4 Ishikawa-Diagramm

Das Ishikawa-Diagramm (auch Ursache-Wirkungs-Diagramm oder Fischgrät-Diagramm) ermöglicht eine strukturierte Vorgehensweise zur systematischen Analyse der Ursachen eines Risikos. Dazu wird die Grobstruktur eines Flussdiagramms in Form eines Fischgrätmusters entwickelt. Das Risiko wird am „Kopfende" genannt und die vier Hauptarme werden beschriftet mit den Begriffen „Mensch", „Maschine", „Methode" und „Material". Dann werden mögliche Ursachen des Risikos diesen Kategorien zugeordnet. Durch diese Form der Vorstrukturierung wird deutlich, dass ein Risiko mehrere Ursachen haben kann und die Lösung dann alle Einflussfaktoren berücksichtigen muss. 782

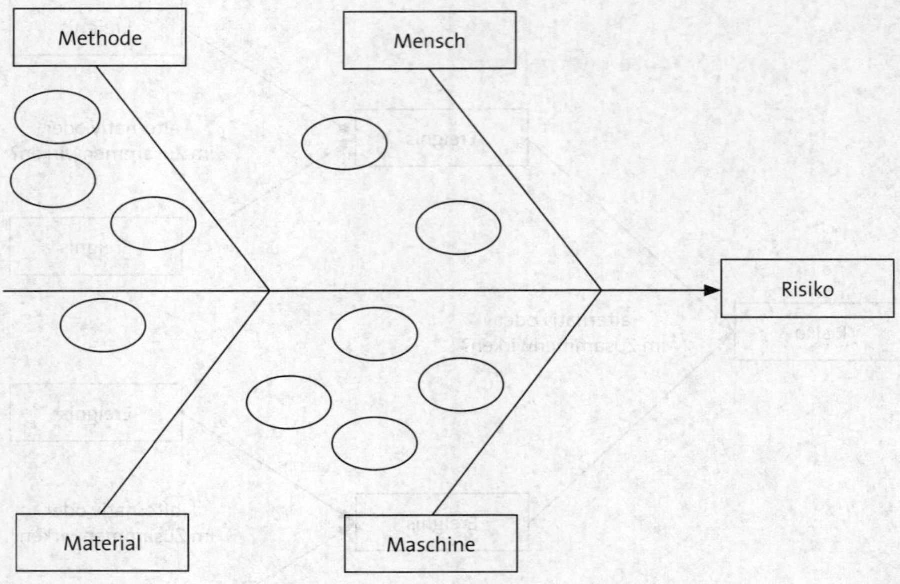

4.2.5 Bow-Tie-Analyse

783 Mit der Bow-Tie-Analyse werden Risikosituationen dokumentiert und bewertet. In einem Diagramm werden die Ursachen und die Folgen eines Ereignisses („Top-Event") dargestellt, das von erheblicher Bedeutung ist. Zu jedem Schadensereignis muss eine separate Bow-Tie-Analyse erstellt werden.

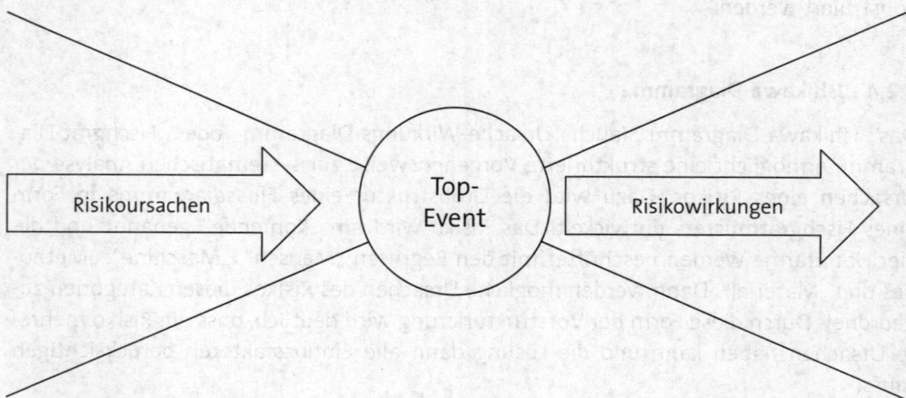

Auf der linken Seite der Grafik werden mithilfe einer Fehlerbaumanalyse oder eines Ishikawa-Diagramms die Risiken erfasst, die Einfluss auf das Top-Ereignis haben.

Auf der rechten Seite werden die möglichen Wirkungen angegeben, die entstehen, wenn das Top-Ereignis eintritt.

Ergänzend können auch die ursachen- und wirkungsbezogenen Maßnahmen abgebildet werden.

4.2.6 Morphologische Analyse

Mit der Morphologischen Analyse sollen alle denkbaren Lösungen zu einem Risiko möglichst vollständig und systematisch erfasst werden. Dazu werden die jeweiligen Einflussfaktoren und ihre Ausprägungen so kombiniert, dass die möglichen Lösungsalternativen erkennbar werden. 784

1. In einem ersten Schritt wird das Risiko definiert, zu dem eine Lösung entwickelt werden soll.
2. Danach werden die Einflussfaktoren bestimmt, von denen die Lösung bestimmt wird.
3. Die möglichen Ausprägungen dieser Einflussfaktoren werden ermittelt und grafisch dargestellt.
4. Durch Kombination aller Möglichkeiten ergeben sich die alternativen Lösungsmöglichkeiten zu dem definierten Problem.
5. Im letzten Schritt wird aus der Vielzahl der möglichen Lösungen die vielversprechendste ausgewählt.

4.3 Kreativitätsmethoden

Bei der Nutzung von Kreativitätstechniken zur Risikoidentifizierung wird vorhandenes Wissen in neuer Weise kombiniert. In kreativen Prozessen, die durch divergentes Denken charakterisiert sind, sollen neue oder originelle Lösungen zur Risikominimierung entwickelt werden. So sollen neue Wege gefunden und Gedankenblockaden umgangen werden, um potenzielle zukünftige Szenarien zu antizipieren. 785

4.3.1 Brainstorming

Beim Brainstorming sammeln mehrere Personen in freier Assoziation Ideen zu einer vorgegebenen Problemstellung. Zur Risikoidentifikation werden ohne Diskussion, Erläuterung oder Kommentar Anregungen und Gedanken zusammentragen. Sie werden lediglich zur Kenntnis genommen, Kritik und Zustimmung sind nicht erlaubt. Im vorgesehenen Zeitraum soll eine möglichst große Menge an Ideen gesammelt werden. 786

Durch das Brainstorming werden noch keine fertigen Lösungen entwickelt. Erst nach dem eigentlichen Prozess der Ideenfindung werden die Beiträge ausgewertet und auf ihre Verwertbarkeit hin geprüft. Das Ergebnis ist stets durch die Gruppe erarbeitet.

In der unternehmerischen Praxis besteht die Gruppe meistens aus fünf bis sieben Teilnehmern, die spontan und frei ihre Vorstellungen zu möglichen Risiken entwickeln.

4.3.2 Brainwriting

Beim Brainwriting handelt es sich um eine Abwandlung des Brainstormings. Es gelten dieselben Regeln, der wesentliche Unterschied besteht darin, dass die Ideen ohne Zeitdruck gesammelt und schriftlich festgehalten werden. 787

Wie beim Brainstorming wird darauf geachtet, dass die Produktion neuer Ideen durch keinerlei äußere Einflüsse gehemmt wird, aber alle Faktoren gestärkt werden, die die Kombination der Ideen fördern können. Die Teilnehmer sollen sich während des Schreibprozesses gegenseitig unterstützen und inspirieren, damit die Vorschläge insgesamt zu einem optimalen Ergebnis führen können.

4.3.3 Mind Mapping

788 Die Mind-Mapping-Methode ermöglicht, Gedanken zu den unternehmerischen Risiken zunächst ungeordnet zu sammeln. Das Konzept beinhaltet, dass Informationen nicht mehr geradlinig in Listen oder als Fließtext zusammengestellt werden, sondern in einer Art Landkarte. Es handelt sich also um eine visuelle Darstellung von miteinander verbundenen Ideen.

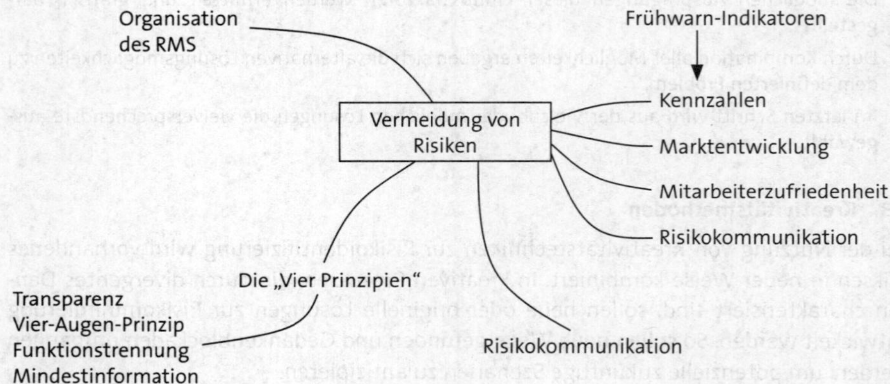

Umstrukturierungen und Kategorisierungen können während des gesamten Prozesses vorgenommen werden. Es besteht dann die Chance, dass die entscheidende Idee gerade bei der Zusammenführung der verschiedenen Aspekte entsteht.

4.3.4 6-3-5-Methode

789 Die Anwendung dieser Technik empfiehlt sich, wenn zur Vermeidung von exakt formulierten Risiken mehrere Lösungsansätze gefunden werden sollen. Sie liefert in kurzer Zeit eine große Zahl schriftlich fixierter Lösungsvorschläge.

Der erste von sechs Teilnehmern trägt in ein Formular innerhalb von fünf Minuten drei Lösungsvorschläge zu einem exakt definierten Problem ein.

	Lösungsvorschlag 1	Lösungsvorschlag 2	Lösungsvorschlag 3
Runde 1			
Runde 2			
Runde 3			
Runde 4			
Runde 5			
Runde 6			

Das Blatt wandert im Uhrzeigersinn zu dem nächsten Teilnehmer, der die Vorschläge aufnimmt und sie weiterentwickelt, indem er drei neue Ideen einträgt. Auch diese gehen im Uhrzeigersinn und im gleiche Zeitrhythmus weiter, bis sich alle beteiligt haben.

Ein heterogener Teilnehmerkreis wirkt sich meistens kreativitätsfördernd aus. Als wertvoller Nebeneffekt ergibt sich oftmals die Förderung von Teamgeist durch die Auseinandersetzung mit den Ideen der Vorgänger.

4.3.5 Szenario-Technik

Ein Szenario ist die Beschreibung einer möglichen zukünftigen Situation unter alternativen Rahmenbedingungen. Mit einer Szenarioanalyse werden aus einer großen repräsentativen Zahl von Vergangenheitsdaten mithilfe von Prognosen mögliche zukünftige Entwicklungen bestimmt. Sie kann potenziell mögliche Zukunftssituationen simulieren und damit zur Vorbereitung und Unterstützung von Entscheidungen zum Risikomanagement beitragen. 790

Mit der Szenarioanalyse wird keine bestimmte zukünftige Situation prognostiziert, sondern mehrere unterschiedliche Entwicklungsmöglichkeiten beschrieben, die Konsequenzen für die unternehmerischen Risiken haben können.

Ausgehend von einem Ist-Zustand können die möglichen Entwicklungen mit einem Szenario-Trichter dargestellt werden. Die Unsicherheit von Vorhersagen wird durch die Annahme von Störereignissen berücksichtigt.

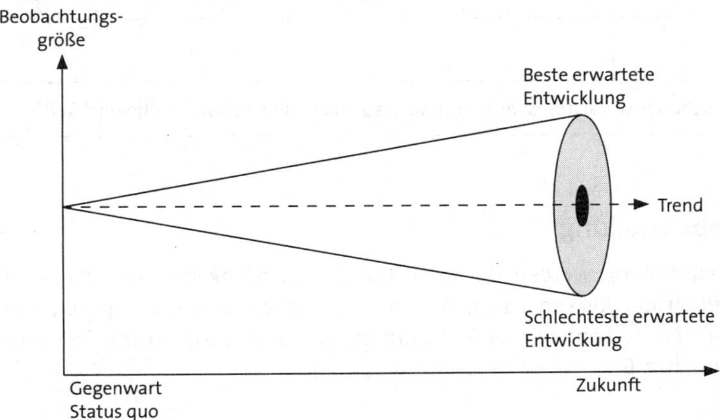

4.3.6 Delphi-Methode

791 Bei der Delphi-Methode werden in einem mehrstufigen Prozess die Meinungen geeigneter Experten eingeholt und ausgewertet. Sie erhalten dann die Rückmeldung, ob es gravierende Unterschiede in den Einschätzungen gibt und können ihre eigene Stellungnahme revidieren. Dieses Verfahren wird mehrfach wiederholt. Die Meinungen der Experten werden dabei präzisiert, bis sie sich zu einer Gruppenprognose entwickeln lassen.

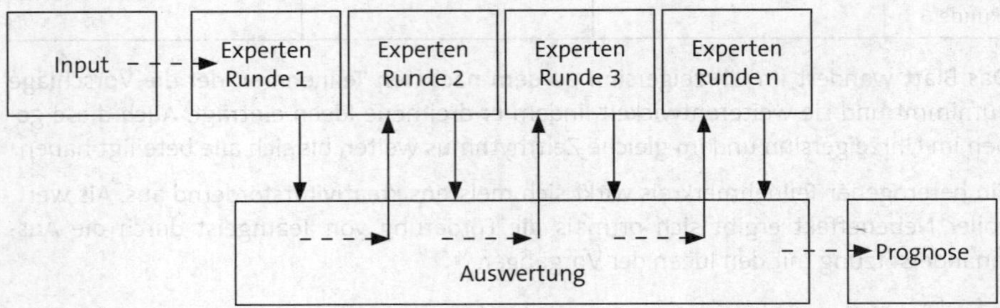

III. Risikobewertung

792 Im Anschluss an die Identifikation der Risiken erfolgt ihre Bewertung. Die Bedeutung der Risiken ist abhängig von der Eintrittswahrscheinlichkeit und der möglichen Schadenshöhe. Der Erwartungswert für ein Risiko ergibt sich aus der Multiplikation der beiden Werte. Das rechnerische Ergebnis ist ein Mittelwert, gegen den die tatsächlichen Ergebnisse bei einer großen Zahl von Fällen konvergieren.

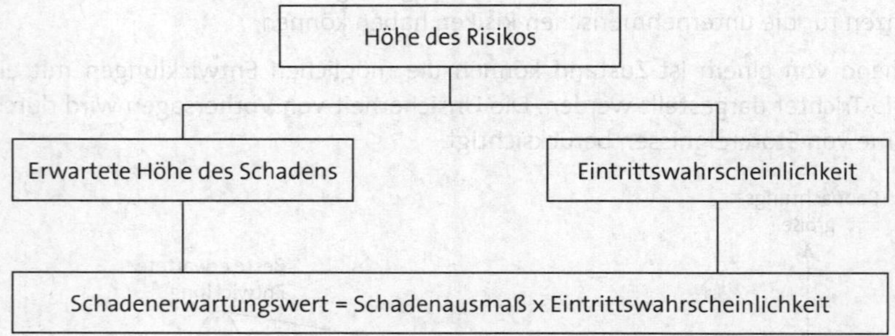

1. Risikobeurteilung

793 Zur Risikobeurteilung werden die Eintrittswahrscheinlichkeiten und die vermutliche Schadenshöhen der Risiken von Experten eingeschätzt, um sie insgesamt bewerten und aggregieren zu können. Zur Kategorisierung können Skalen mit Relevanzklassen genutzt werden, z. B.:

Eintrittswahrscheinlichkeit	
1 häufig	innerhalb eines Jahres
2 möglich	innerhalb von drei Jahren
3 selten	innerhalb von acht Jahren
4 unwahrscheinlich	kann nicht ausgeschlossen werden

Ausmaß des Schadens	
1 Katastrophe	Existenzgefährdung
2 Hohes Risiko	Strategie muss kurzfristig geändert werden
3 Mittleres Risiko	Strategie muss mittelfristig geändert werden
4 Geringes Risiko	Operative Maßnahmen erforderlich
5 Bagatellrisiko	Keine Auswirkungen

Die Einschätzung der Relevanz spiegelt die Bedeutung eines Risikos für das Unternehmen. Sie ist abhängig von

- dem Erwartungswert (mittlere Belastung),
- dem realistisch maximalen Wert,
- der Wirkungsdauer des Schadens.

Systematisch wird zwischen qualitativen und quantitativen Instrumenten zur Risikobewertung unterschieden. 794

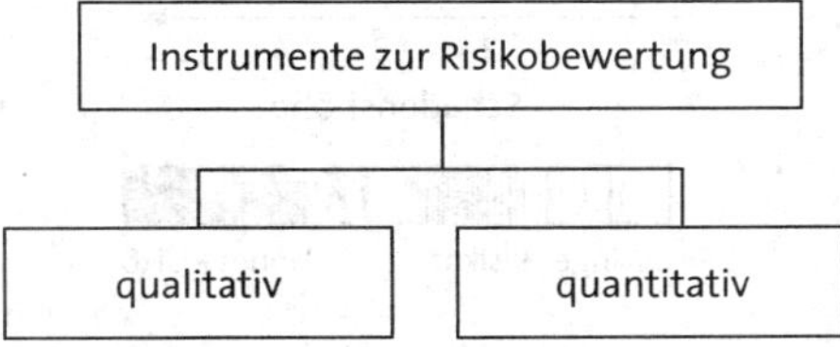

Zur Bewertung stehen der „Top-down“- oder der „Bottom-up“-Ansatz zur Verfügung, wobei aber auch Kombinationen möglich sind.

- Bei der **Top-down-Methode** stehen die Wirkungen der Risiken auf Erträge, Aufwand und letztlich das Ergebnis im Mittelpunkt der Betrachtungen. Sie ermöglicht eine schnelle Erfassung der strategischen Risiken.
- Die **Bottom-up-Methode** setzt bei den Risikoursachen an, verfolgt die Wirkungsketten und analysiert auf diese Weise mögliche Folgen für das Gesamtunternehmen. Bei diesem aufwendigeren Verfahren besteht allerdings die Gefahr, dass nicht alle Risiken erfasst werden oder Beziehungen zwischen verschiedenen Risiken nicht erkannt werden.

795

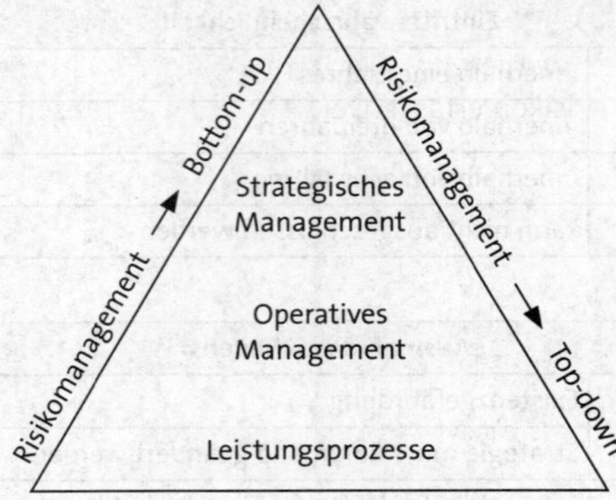

Mit einer Risikomatrix können Gefährdungen systematisch klassifiziert werden. Sie zeigt die Relevanz der unternehmerischen Risiken in Abhängigkeit von ihrer Eintrittswahrscheinlichkeit und der Schadenshöhe:

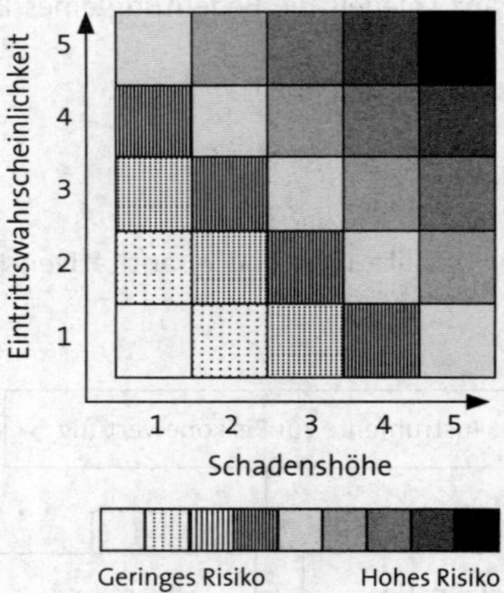

- **Geringes Risiko:** Kein Handlungsbedarf, keine Risikoreduzierung notwendig
- **Mittleres Risiko:** Handlungsbedarf, Risikoreduzierung notwendig
- **Hohes Risiko:** Dringender Handlungsbedarf, Risikoreduzierung zwingend notwendig

Allerdings werden Risiken mit einer solchen Matrix nur isoliert betrachtet, mögliche Interdependenzen können nicht erfasst werden. Tatsächlich können sich Risiken aber

- gegenseitig aufheben (kompensatorischer Effekt) oder
- gegenseitig verstärken (kumulativer Effekt).

Die Einschätzung der Risikofaktoren bildet die Grundlage für das Risikomanagement.

2. Aggregation von Risiken

Mit der Risikoaggregation werden das Gesamtrisiko eines Unternehmens und die relative Bedeutung der Einzelrisiken erfasst. Deren Interdependenzen sind dabei zu berücksichtigen. 796

Die Zusammenfassung aller ermittelten Risiken ist erforderlich, weil sie in ihrer Gesamtheit die Risikotragfähigkeit eines Unternehmens belasten, die wiederum von der Eigenkapitalausstattung und der Liquiditätslage abhängig ist. Dabei sind insbesondere Kombinationseffekte von Einzelrisiken zu untersuchen. Erst die Beurteilung des gesamten Risikoumfangs ermöglicht die Einschätzung, ob das Unternehmen die ermittelten Risiken tatsächlich dauerhaft tragen kann oder ob der Fortbestand des Unternehmens gefährdet ist. Dabei ist das Gesamtrisiko nicht identisch mit der Addition der Einzelrisiken, denn es erscheint unrealistisch, dass alle denkbaren Risiken eines Unternehmens gleichzeitig eintreten.

3. Risikoinventar

Zum Abschluss der Risikoidentifikation werden die identifizierten Risiken in ein Risikoinventar übernommen. Darin werden alle erfassten Risiken systematisch (z. B. nach Funktionsbereichen geordnet) dargestellt. Mehrfacherfassungen, Interdependenzen und Überschneidungen können dabei festgestellt werden. 797

Die Zusammenfassung der Eintrittswahrscheinlichkeiten, der mögliche Schaden und die Wirksamkeit von Gegenmaßnahmen ermöglichen ein frühzeitiges Erkennen bestandsgefährdender Risiken. Die Entscheidungsträger erhalten dadurch einen komprimierten Überblick über die Risikosituation des Unternehmens, sodass rechtzeitig Gegenmaßnahmen eingeleitet werden können, um die Eintrittswahrscheinlichkeit oder die Schadenshöhe zu mindern.

Die systematische Zusammenstellung der bewerteten Risiken kann in einer Risiko-Kontroll-Matrix erfolgen. Sie enthält in einfacher Form die identifizierten Risiken und bietet eine Übersicht für die Analyse und Beurteilung der eingeführten Kontrollmaßnahmen. Für einzelne Teilprozesse können ggf. eigene Risiko-Kontroll-Matrizen erstellt werden. 798

- Die Verantwortlichen erhalten dadurch einen vollständigen Überblick über die erkannten Risiken.
- Für alle wichtigen Risiken sind die festgelegten Kontrollmaßnahmen ersichtlich.
- Durch regelmäßige Auswertungen können Verbesserungsmöglichkeiten erkannt werden. Dadurch wird eine schrittweise Optimierung möglich.

Die Risiko-Kontroll-Matrix ist zentraler Bestandteil der unternehmensspezifischen Dokumentation und ermöglicht, die Maßnahmen zur Risikovermeidung nachzuweisen. Der Aufbau einer Risiko-Kontroll-Matrix richtet sich nach der Komplexität der Organisation und dem Umfang der relevanten Risiken. Je nach Erkenntnisinteresse werden den Unternehmensprozessen zugeordnet: 799

- Bezeichnung des Teilprozesses
- Benennung des Risikos
- Kontrollziel
- Art der Kontrolle

- Häufigkeit der Kontrolle
- Beurteilung
- Maßnahme zur Vermeidung des Risikos
- Verbesserungsmöglichkeiten

BEISPIEL:

Teilprozess	Risikoanalyse		Maßnahmen	verantwortlich	präventiv/detektivisch	Beurteilung
	Risikofaktoren	Rating				
Wareneingang	falsche Menge	hoch	Bestellung und Lieferdokumente vergleichen	Wareneingangskontrolle	d	ok
Zahlung	Skonti werden nicht ausgenutzt	niedrig	Systemmeldung zwei Tage vor Fälligkeit	Kasse	p	ok
Zeiterfassung	falsche Angaben	mittel	Plausibilitätsprüfung	Vorgesetzter	d	systematisieren
...						

800 Die Quantifizierung erfolgt anhand des möglichen Schadensausmaßes und der Eintrittswahrscheinlichkeit. Bei den möglichen Verlusten werden unterschieden:

- **Erwartete Verluste:** Die typischen, aus den allgemeinen Gefahren der Geschäftstätigkeit resultierenden durchschnittlichen Verluste können bereits bei der Planung berücksichtigt und im Rechnungswesen abgebildet werden.
- **Statistische Verluste:** Die Abweichung des effektiven Verlustes vom erwarteten Verlust wird für einen bestimmten Zeithorizont geschätzt.
- **Stressverluste:** Über extreme Ereignisse stehen i. d. R. nicht genügend Daten zur Verfügung. Sie können daher nur mit theoretischen Zufallsverteilungen oder durch Simulation von potenziellen Stressszenarien analysiert werden.

4. Risikotragfähigkeit

801 Als Risikotragfähigkeit wird das maximale Risikoausmaß bezeichnet, das ein Unternehmen zulassen kann, ohne seinen Fortbestand zu gefährden. Das Gesamtrisiko wird dem Deckungspotenzial gegenübergestellt., also den zur Risikodeckung verfügbaren finanziellen Mitteln. Das sind im Wesentlichen das Eigenkapital und die Liquiditätsreserven.

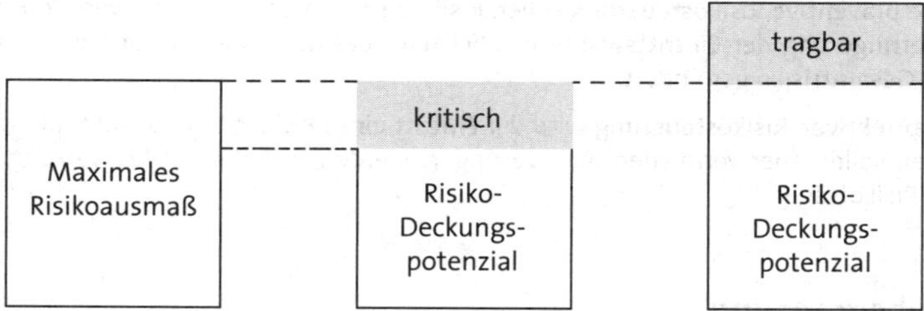

Die ermittelte Risikotragfähigkeit zeigt, ob die gesamten Risiken des Unternehmens getragen werden können und damit der Fortbestand des Unternehmens gewährleistet werden kann. Das entspricht dem maximal möglichen Verlust, der gerade noch abgedeckt werden kann.

IV. Bewältigung von Risiken

Auch umfangreiche Maßnahmen zur Risikobegrenzung können mögliche Risikoquellen nicht vollständig beseitigen. Mögliche Gründe sind z. B.: 802

- **Menschliche Fehlleistungen:** Nachlässigkeit, Beurteilungsfehler
- **Seltene Geschäftsvorfälle:** Ein RMS kann nicht routinemäßige Aktivitäten nur bedingt erfassen.
- **Umgehung:** Das Management oder andere Mitarbeiter können die festgelegten Regelungen bewusst ignorieren.
- **Fehlende Kontrollen:** Verantwortliche vernachlässigen ihre Überwachungspflichten.

Eine hundertprozentige Sicherheit wird i. d. R. – mit Ausnahme von besonders sensiblen Bereichen – nicht angestrebt. Es wird immer eine Abwägung geben zwischen den Kosten zur Risikominimierung und für Kontrollmaßnahmen und den erwarteten Nachteilen durch die verbleibenden Risiken. Auf mögliche Maßnahmen wird verzichtet, wenn ihre Kosten höher eingeschätzt werden als der erwartete Nutzen.

1. Risikosteuerung

Durch die Risikosteuerung soll die Risikolage des Unternehmens insgesamt positiv verändert werden. Es soll eine – mit der Risikostrategie bestimmte – Balance zwischen den Chancen und Risiken erreicht werden. Dabei sind zwei grundsätzlich unterschiedliche Ansätze möglich: 803

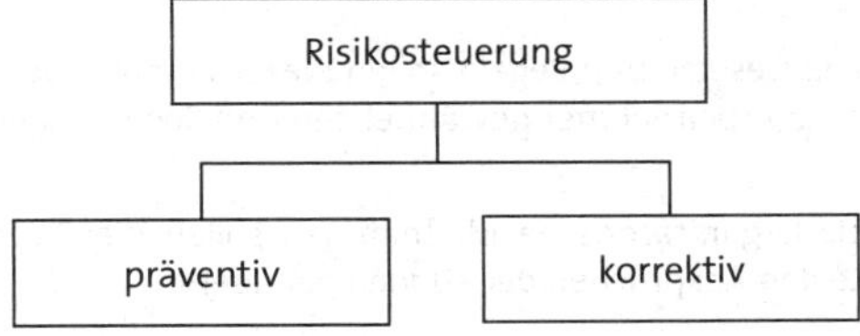

- Durch die **präventive Risikosteuerung** sollen Risikoursachen beseitigt oder vermindert werden. Durch Verringerung der Eintrittswahrscheinlichkeit oder der Schadenshöhe einzelner Risiken wird das Gesamtrisiko gemindert.
- Bei der **korrektiven Risikosteuerung** wird der Eintritt eines Risikos bewusst akzeptiert. Die Auswirkungen sollen aber vermieden oder verringert werden, z. B. durch Überwälzung auf einen anderen Risikoträger.

2. Risikobegrenzung

804 Zur Absicherung der Risiken steht dem Unternehmen ein Bündel von Maßnahmen zur Verfügung, grundsätzlich kann sie stufenweise erfolgen:

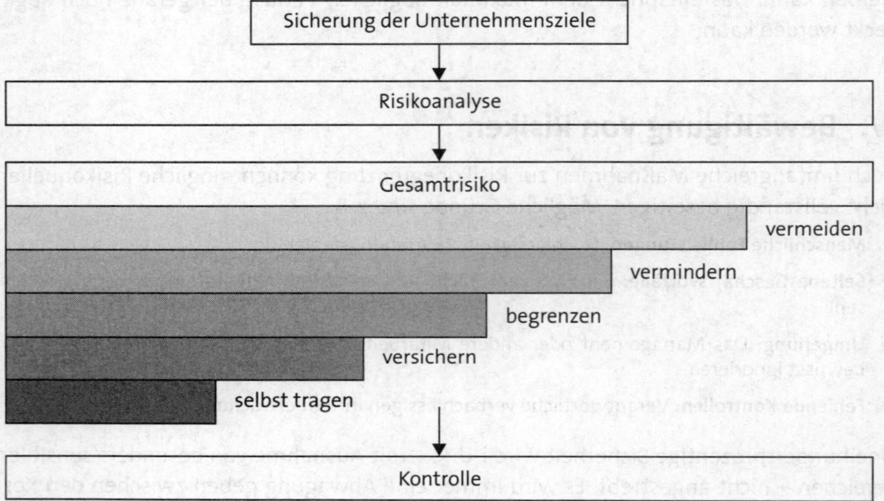

2.1 Vermeidung von Risiken

805 Risiken werden vollständig ausgeschaltet, wenn Aktivitäten, die Risiken verursachen, nicht durchgeführt werden. Die Eintrittswahrscheinlichkeit oder die Schadenshöhe werden dadurch auf null reduziert. Das Risiko wird also vollständig vermieden, aber mögliche Chancen können eventuell nicht genutzt werden.

BEISPIELE: Fakturierung bei Exporten ausschließlich in Euro, Verzicht auf toxische Stoffe

806 In jedem Unternehmen werden klassische Instrumente zur Vermeidung von Risiken eingesetzt, z. B.:

- **Unfallschutz:** Zahlreiche Gesetze und Regeln sollen die Gesundheit der Beschäftigten fördern, den Arbeitsschutz für die Arbeitnehmer gewährleisten und Rechtssicherheit für die Unternehmen schaffen.
- **Qualitätsmanagement:** Organisatorische Maßnahmen sollen die Prozessqualität so verbessern, dass die Produkte den Ansprüchen der Kunden genügen.

- **Marktforschung:** Durch die systematische Sammlung und Analyse von Marktdaten können Entscheidungshilfen für andere Unternehmensbereiche bereitgestellt werden.
- **Controlling:** Durch die Verbesserung der Koordination von Planung, Kontrolle und Informationsversorgung im unternehmerischen Führungssystem wird die Steuerungsfähigkeit in Organisationen verbessert.
- **Ethische Unternehmensführung:** Ethische Führung, die sich an den Werten der Gesellschaft oder des Unternehmens orientiert, motiviert Mitarbeiter und führt zu besseren Arbeitsergebnissen, weil sie unfaires Verhalten und Rücksichtslosigkeit nicht zulässt. Sie macht Verhalten glaubhaft und überprüfbar.

2.2 Verminderung von Risiken

Risiken sollen so verringert werden, dass die Eintrittswahrscheinlichkeit oder die Schadenshöhe auf ein akzeptables Maß reduziert werden. Ergänzende Sicherheitsmaßnahmen können einer Gefährdung entgegenwirken. 807

BEISPIELE: Lagerung von brennbaren Materialien, Vorgaben der Berufsgenossenschaften einhalten, Mitarbeiterschulung, Schaffung von technischen Redundanzen

2.3 Begrenzung von Risiken

Die Höhe eines möglichen Schadens soll auf einen festgelegten Umfang eingeschränkt werden, indem die Rahmenbedingungen modifiziert werden. 808

BEISPIELE: Abschluss eines Cap bzw. Floor

2.4 Übertragung von Risiken

Beim Risikotransfer werden die finanziellen Folgen bestimmter Risiken – meistens gegen Zahlung einer Prämie – auf einen Dritten übertragen. 809

BEISPIELE: Versicherungen, Outsourcing, Nutzung von Factoring, Optimierung von Verträgen

2.5 Risikoakzeptanz

Risiken, die nicht versicherbar sind (z. B. das allgemeine unternehmerische Risiko) oder bei denen Nutzen und Aufwand in keinem akzeptablen Verhältnis stehen (z. B. Bagatellrisiken), müssen selbst getragen werden. Sie müssen dann kontinuierlich beobachtet werden, um bei negativen Entwicklungen wirksam handeln zu können. 810

3. Die vier Prinzipien

811 Eine effektive Risikobegrenzung beruht auf vier Prinzipien:

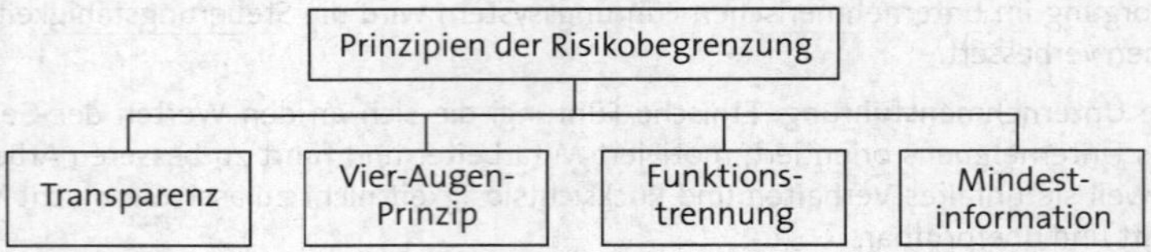

3.1 Transparenz

812 Alle wesentlichen Geschäftsprozesse sollen so klar und nachprüfbar beschrieben werden, dass beurteilt werden kann, ob jeweils nach den vorgeschriebenen Prinzipien gearbeitet wurde und welche Abweichungen von der angestrebten Soll-Situation bestehen. Damit wird auch die Erwartungshaltung der Unternehmensleitung erkennbar.

3.2 Vier-Augen-Prinzip

813 Kein wichtiger Vorgang darf allein von einer einzelnen Person durchgeführt werden, sondern muss von einer zweiten Person geprüft werden (Gegenkontrolle). In manchen Bereichen ist nur so ein Schutz vor Vermögensverlusten möglich.

3.3 Funktionstrennung

814 Wenn ein Geschäftsvorgang aus verschiedenen Teilaktivitäten besteht, sollen diese nicht von derselben Person durchgeführt werden. Vollziehende, verbuchende und verwaltende Aufgaben dürfen z. B. nicht in einer Hand liegen. Wenn mehrere Personen an einem Vorgang beteiligt sind, werden Ungereimtheiten eher auffallen.

3.4 Mindestinformation

815 Mitarbeitern bzw. Gruppen von Mitarbeitern dürfen nur die Informationen zur Verfügung stehen, die für die Durchführung der zugewiesenen Aufgaben benötigt werden. Jeder soll nur Zugang zu den für ihn notwendigen Daten haben. Das betrifft vor allem die Sicherungsmaßnahmen bei IT-Systemen. Offene Netzwerke bergen erhebliche Risiken, deshalb sollen die Zugriffsrechte systemseitig begrenzt werden.

V. Gestaltung eines RMS

816 An einem Risikomanagementsystem sind in den Unternehmen unterschiedliche Organisationseinheiten beteiligt.

- Die **interne Kontrolle** bezieht sich prozessbezogen auf die technischen Einrichtungen und die organisatorischen Regeln.
- Die **interne Revision** dient der permanenten prozessunabhängigen Überprüfung der Strukturen und Aktivitäten, um ggf. eine Anpassung an die externen Bedingungen anzuregen.
- Eine **externe Revision** kann Hinweise geben und Verbesserungsvorschläge machen.

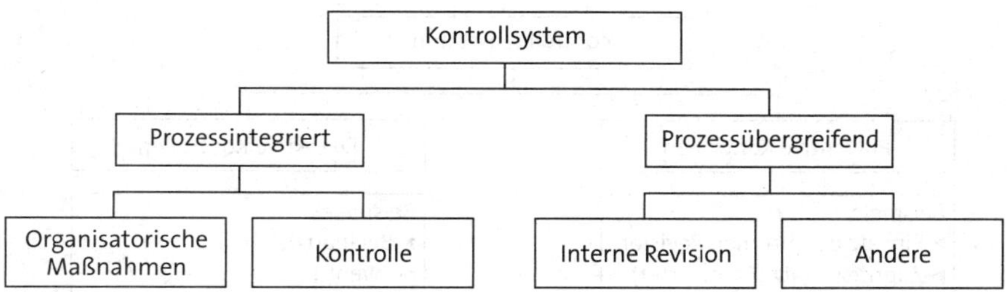

1. Organisation des RMS

Damit Risiken rechtzeitig erkannt werden können, ist eine zielgerichtete Organisation des Risikomanagementsystems erforderlich. Von der Risikofreudigkeit des Unternehmens hängt ab, welche Risiken durch Kontrollen vermieden werden sollen und welche in Kauf genommen werden können. Für die Risiken, die minimiert werden sollen, müssen Kontrollmaßnahmen und Kontrollziele festgelegt werden. 817

1.1 Kontrollumfeld

Das Kontrollumfeld wird durch das Leitbild des Unternehmens definiert. Funktionsbezogene Richtlinien bilden den Rahmen, in dem das Risikomanagement betrieben wird und beeinflussen die Sensibilität der Mitarbeiter. Das Kontrollumfeld wird beeinflusst durch 818

- den Führungsstil,
- die Verhaltensregeln,
- das Delegationsverhalten,
- Leistungsvorgaben,
- die Rolle der Aufsichtsorgane.

1.2 Kontrollaktivitäten

Der Erfolg der Maßnahmen, die zur Risikominimierung ergriffen worden sind, muss durch Kontrollen sichergestellt werden. Mithilfe eines verbindlichen Regelwerks müssen die Vorgaben des Managements umgesetzt werden. 819

Die Kontrollaktivitäten sollen möglichst direkt in die Geschäftsprozesse integriert werden, weil ihre Wirksamkeit dann am höchsten ist. Kontrollmaßnahmen können – automatisch oder manuell – vorbeugend zur Fehlerverhinderung oder zur Identifizierung von bereits eingetretenen Fehlern organisiert sein. Abhängig von der Komplexität und dem Risiko werden sie in unterschiedlichen Abständen wiederholt.

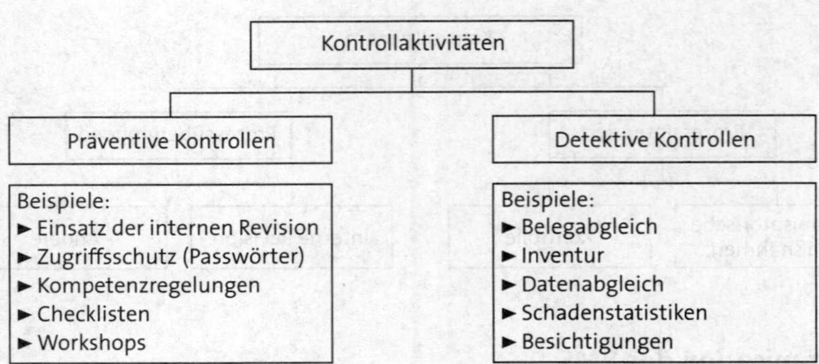

Die Kontrollaktivitäten dürfen nicht isoliert eingesetzt werden, weil sie sich gegenseitig beeinflussen. Die Effizienz des Risikomanagements ist vom ausgewogenen Einsatz der gewählten Instrumente abhängig.

1.3 Information und Kommunikation

820 Die regelmäßige Berichterstattung bildet die Grundlage für die Risikosteuerung, sie hat eine zentrale Bedeutung für die Funktionsfähigkeit des Risikomanagementprozesses. Sie muss so rechtzeitig erfolgen, dass noch geeignete Maßnahmen geeignete Maßnahmen zur Risikosteuerung ergriffen werden können. Die Informations- und Kommunikationswege müssen so gestaltet werden, dass den Mitarbeitern einerseits alle für sie relevanten Informationen übersichtlich, zuverlässig, zeitgerecht und in geeigneter Form zur Verfügung stehen, andererseits aber der Zugriff auf ihren Verantwortungsbereich beschränkt wird.

Nur die Kommunikation von Risiken ermöglicht, rechtzeitig Gegenmaßnahmen zu ergreifen. Der angemessenen Kommunikation zwischen den Hierarchieebenen kommt dabei eine besondere Bedeutung zu. Weil sich Prozesse kurzfristig verändern können, müssen auch die Möglichkeiten der Anpassung des internen Kommunikationssystems vorgesehen werden.

1.4 Überprüfung des RMS

821 Das gesamte Kontrollsystem muss selbst laufend auf seine Wirksamkeit hin überprüft werden, damit Steuerung und Kontrolle der unternehmerischen Risiken ggf. angepasst werden können. Neue Risikosituationen können dazu führen, dass die vereinbarten Maßnahmen nicht mehr oder nicht mehr wirkungsvoll greifen. Ein Überwachungssystem stellt deshalb einen wichtigen Erfolgsfaktor für ein effektives RMS dar. Notwendig sind

- organisatorische Vorkehrungen, um eine kontinuierliche Beobachtung der Prozesse zu gewährleisten.
- das Engagement der Vorgesetzten, die durch Stichproben und Überprüfungen die tatsächliche Durchführung der Kontrollen sicherstellen müssen.

Die Unternehmensleitung verantwortet durch Festlegung der Verantwortlichkeiten, dass – z. B. durch ein Reporting über die Kontrollergebnisse – die Funktionsfähigkeit des Risikomanagements jederzeit gesichert ist.

2. Risikodokumentation

Das Risikomanagement kann nur wirksam eingesetzt werden, wenn es in geeigneter 822
Weise dokumentiert wird. Es muss für interne und externe Adressaten nachvollziehbar zusammengefasst werden. Die vollständige Dokumentation dient der Unterstützung der Prozesse und der Messung und Sicherung der Zielerreichung.

Erforderlich ist eine lückenlose Darstellung der Kontrollinstrumente, Hinweise auf die Verantwortlichen, Informationen zur Durchführung und zu den Ergebnissen der Kontrollen. Als Grundlage dienen die kontinuierlichen Aufzeichnungen im Rahmen des Risikomanagements, insbesondere das Risikoinventar.

Der Umfang der Dokumentation richtet sich nach ihren Adressaten und der Größe und Komplexität des Unternehmens. Wenn die Dokumentation hauptsächlich der Außendarstellung dient, sind die Transparenz und die Organisation der Dokumentation von Bedeutung, für die interne Nutzung können mehr Details genutzt werden.

Die wesentlichen Aspekte werden in einem **Risikomanagement-Handbuch** festgehal- 823
ten. Es hat drei wesentliche Funktionen:

- **Rechenschaftsfunktion:** Nachweis des pflichtgemäßen Verhaltens der Unternehmensführung, insbesondere in Bezug auf die gesetzlichen Anforderungen.
- **Sicherungsfunktion:** Voraussetzung für eine personenunabhängige Funktionsfähigkeit.
- **Prüfbarkeitsfunktion:** Grundlage für die Prüfung durch den Aufsichtsrat und die gesetzlich geforderte jährliche Begutachtung durch die Wirtschaftsprüfer.

Daraus ergeben sich die typischen Inhalte:

1. Gründe für die Einrichtung des Risikomanagements
2. Zielsetzung des Risikomanagements
3. Grundlagen des Risikomanagements
   a) Definitionen
   b) Risikopolitische Grundsätze
4. Organisation des Risikomanagements
   a) Technische Ausstattung
   b) Kompetenzvergaben
   c) Aufgabenverteilungspläne

5. Prozesse des Risikomanagements
   a) Risikoidentifikation
   b) Risikobewertung
   c) Risikosteuerung
   d) Risikokommunikation
   e) Risikoüberwachung

Das Risikohandbuch muss regelmäßig überarbeitet und aktualisiert werden.

Literaturangaben:

Bungartz, Handbuch Interne Kontrollsysteme (IKS) – Steuerung und Überwachung von Unternehmen, Berlin 2010; *Erichsen*, Frühwarnindikatoren, in: bilanz + buchhaltung 7-8/2014; *Filipuk*, Transparenz der Risikoberichterstattung, Wiesbaden 2008; *Horváth/Gleich*, Controlling als Teil des Risikomanagements, in: Dörner/Horváth/Kagermann (Hrsg.), Praxis des Risikomanagements, Stuttgart 2000, S. 99 ff.; *Romeike/Finke* (Hrsg.), Erfolgsfaktor Risiko-Management – Chance für Industrie und Handel, Methoden, Beispiele, Checklisten, 3. Aufl., Wiesbaden 2013; *Rosenkranz/Missler-Behr*, Unternehmensrisiken erkennen und managen: Einführung in die quantitative Planung, Berlin 2005; *Sorger*, Entscheidungsorientiertes Risikomanagement in der Industrieunternehmung, Frankfurt/M. 2008; www.risknet.de; www.risknews.de.

8. Kapitel:

Recht

von

RA und Fachanwalt für IT- und Sozialrecht
Dr. Oliver C. Storr, LL.M., München

Inhaltsverzeichnis

A. Privatrecht und öffentliches Recht

Die deutsche Rechtsordnung unterscheidet üblicherweise Privatrecht und öffentliches Recht. Das **Privatrecht**, auch Zivilrecht oder bürgerliches Recht genannt, ordnet die Beziehungen der einzelnen Staatsbürger untereinander nach dem Grundsatz der Gleichberechtigung. Das wesentliche Unterscheidungsmerkmal zu den anderen Rechtsgebieten ist also, dass sich die Beteiligten gleichberechtigt gegenüberstehen. Unter dem Begriff „Privatrecht" werden das Bürgerliche Recht, das Handels- und Wirtschaftsrecht sowie ein Teil des Arbeitsrechts zusammengefasst. Das Privatrecht schafft nur wenige zwingende Vorschriften, da das Recht hier davon ausgeht, dass die mündigen Bürger ihre Angelegenheiten selbständig erledigen können, beeinhaltet jedoch ergänzende Regelungen, die allerdings auch anders ausgestaltet werden können. So ist es jedem Bürger freigestellt, ob und mit wem er einen Kaufvertrag abschließen möchte und welchen Inhalt dieser haben soll. Es herrscht Vertragsfreiheit. Deshalb spricht man beim Privatrecht auch von dispositivem, also **nachgiebigem Recht** (ius dispositivum). 1

Das **öffentliche Recht** regelt dagegen das Verhältnis des Staats zu seinen Staatsbürgern und die Beziehungen staatlicher Stellen, z. B. Länder und Gemeinden, zueinander. Hierbei geht es um den Ausgleich des privaten mit dem gemeinen Wohl. Insbesondere vor Inkrafttreten des Grundgesetzes hat man den Bürger in einem Über- und Unterordnungsverhältnis zum Staat gesehen, eine Vorstellung, die heute immer weniger Anhänger findet. Richtig ist aber, dass der Staat einseitig Recht setzen kann, das für alle Bürger verbindlich ist. Deshalb unterliegt z. B. derjenige, der ein Gewerbe betreibt, staatlicher Gewerbeaufsicht (§ 14 GewO). Öffentliches Recht umfasst das Völker-, Staats- und Verfassungs-, Verwaltungs-, Straf-, Prozess-, Steuer- und Sozialrecht sowie einen Teil des Arbeitsrechts. Es ist i. d. R. ius cogens, also **zwingendes Recht.**

B. Bürgerliches Gesetzbuch

2 Das Bürgerliche Recht ist vom Gedanken der **Vertragsfreiheit** geprägt. Das bedeutet, dass es den gleichberechtigten Vertragsparteien unbenommen bleibt, ihre Rechtsbeziehungen untereinander nach freier Übereinkunft zu regeln. Aber dennoch gibt es eine **Reihe** von **bindenden Vorschriften,** die im Interesse eines geordneten Zusammenlebens notwendig sind. So denke man an die Rechtsbeziehungen zwischen Eltern und Kindern oder an das Erbrecht oder an die Frage, wer am Rechtsverkehr teilnehmen kann. Diese Vorschriften finden sich im BGB, das in fünf Bücher unterteilt ist.

3 Während das zweite bis fünfte Buch spezielle Rechtsgebiete behandeln, sind im ersten Buch, dem Allgemeinen Teil, rechtliche Grundbegriffe enthalten, die für das gesamte Bürgerliche Gesetzbuch Gültigkeit haben:

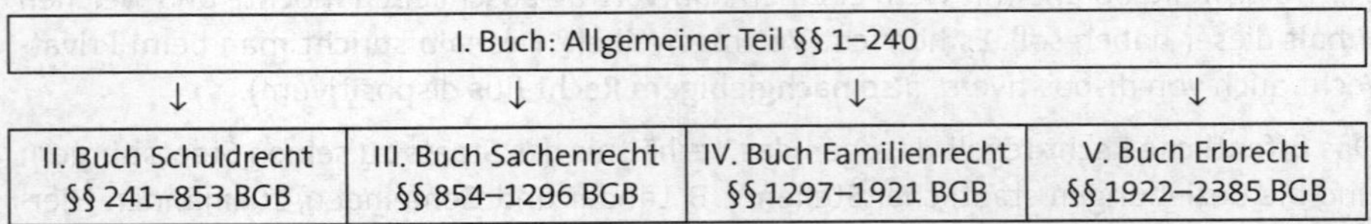

I. Allgemeiner Teil des BGB

1. Rechtssubjekte, Rechtsfähigkeit

4 Um am rechtsgeschäftlichen Verkehr teilnehmen zu können, muss man rechtsfähig sein, das heißt, die Fähigkeit haben, Träger von Rechten und Pflichten zu sein. Nach bürgerlichem Recht sind nur **natürliche Personen** (Menschen) und **juristische Personen** (AG, GmbH, e.V. usw.) mit dieser Fähigkeit ausgestattet. Beispielsweise kann eine Katze nicht wirksam als Erbe eingesetzt werden, da ein Tier keine Rechtsfähigkeit besitzt, folglich auch nicht Träger von Rechten und Pflichten werden kann. Die natürlichen und juristischen Personen bezeichnet man auch als **Rechtssubjekte**. Bei den juristischen Personen handelt es sich dabei um eine rechtstechnische Hilfskonstruktion, um größeren Personenmehrheiten oder auch Vermögensmassen die Teilnahme am Rechtsverkehr zu ermöglichen. Gäbe es diese nicht, müssten z. B. bei einem Fußballverein alle Mitglieder den Mietvertrag über den Sportplatz unterschreiben. Die **Rechtsfähigkeit** wird bei natürlichen Personen durch Vollendung der Geburt (§ 1 BGB), bei juristischen durch Eintragung ins Vereins-, Handels- oder Genossenschaftsregister (je nach Gesellschaftsform) **erworben.** Die Rechtsfähigkeit **endet** bei Menschen mit dem Tode, bei juristischen Personen mit Auflösung, Liquidation etc.

2. Natürliche Personen, Rechts-, Geschäfts- und Deliktsfähigkeit

Die Rechtsfähigkeit bei natürlichen Personen kann in Geschäftsfähigkeit und Delikts- 5
fähigkeit unterteilt werden. **Geschäftsfähigkeit** ist die Fähigkeit, Rechtsgeschäfte, z. B. einen Kaufvertrag, wirksam vornehmen zu können. Anders als bei der Rechtsfähigkeit ist die Geschäftsfähigkeit nicht bei allen natürlichen Personen vorhanden. Weil das Abschätzen von Folgen einer Rechtshandlung Verantwortlichkeit voraussetzt, übt das Recht hier eine Schutzfunktion aus und gliedert die Geschäftsfähigkeit nach Urteilsvermögen und Alter in geschäftsunfähig, beschränkt und unbeschränkt geschäftsfähig. Deliktsfähigkeit ist die Fähigkeit, für eigene Handlungen verantwortlich (i. S. von haftbar) gemacht zu werden. Genau wie bei der Geschäftsfähigkeit gibt es drei Stufen, nämlich deliktsunfähig, beschränkt und unbeschränkt deliktsfähig.

Folgendes Schema zeigt Rechts-, Geschäfts- und Deliktsfähigkeit, ihre Stufen und die 6
Normen:

Rechtsfähigkeit

↓

Fähigkeit, Träger von Rechten und Pflichten zu sein.
Sie steht jeder natürlichen oder juristischen Person zu.
Person = rechtstechnischer Begriff i. S. von Subjekt von Rechten und Pflichten

Beginn:	**Ende:**
Bei natürlichen Personen: mit Vollendung der Geburt. Bei juristischen Personen: durch Registereintragung: Idealverein (§ 21 BGB), AG (§§ 23–53 AktG), GmbH (§§ 1–12 GmbHG) etc. oder durch Konzession: wirtschaftlicher Verein (§ 22 BGB), Stiftung (§ 80 BGB) etc.	Bei natürlichen Personen: mit dem Tode, Bei juristischen Personen: Auflösung, Liquidation etc.

↓

Sondervorschriften für die **Leibesfrucht** (sog. nasciturus): Bei vorgeburtlicher Schädigung: § 823 BGB, Unterhaltsansprüche: §§ 844 Abs. 2 BGB, Erbanspruch: §§ 1923 Abs. 2 BGB; Pflegerbestellung: § 1912 BGB

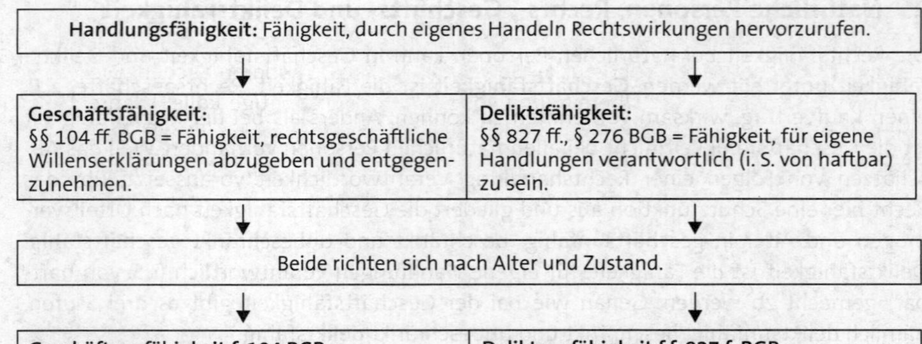

Geschäftsunfähigkeit § 104 BGB ► bis zur Vollendung des 7. Lebensjahres ► bei krankhafter Störung der Geistestätigkeit, die eine freie Willensbildung ausschließt Rechtsfolge: keine Möglichkeit, beim Zustandekommen von Rechtsgeschäften mitzuwirken (§ 105 BGB), lediglich Botenfunktion möglich, Ausnahme bei erfüllten Geschäften des täglichen Lebens eines volljährigen Geschäftsunfähigen (§ 105a BGB)	**Deliktsunfähigkeit §§ 827 f. BGB:** ► bis zur Vollendung des 7. Lebensjahres ► bei krankhafter Störung der Geistestätigkeit, die eine freie Willensbildung ausschließt ► Minderjährige zwischen dem 7. und 10. Lebensjahr für Schäden, die sie bei einem Unfall mit einem Kraftfahrzeug, einer Schienenbahn oder einer Schwebebahn einem anderen zugefügt haben, wenn sie die Verletzung nicht vorsätzlich herbeigeführt haben. Rechtsfolge: keine Schadensersatzpflicht
Beschränkte Geschäftsfähigkeit §§ 106, 1903 BGB: ► Minderjährige ab Vollendung des 7. Lebensjahres ► partiell der Wirkung nach: Betreute, falls und soweit ein Einwilligungsvorbehalt angeordnet ist Rechtsfolge: eingeschränkte Teilnahme am Rechtsverkehr. Einwilligung des gesetzlichen Vertreters bzw. Betreuers zu rechtlich nachteiligen Willenserklärungen und zu Vertragsabschlüssen erforderlich (§§ 107 ff., 1903 BGB), bei Betreuten indes nur, soweit ein Einwilligungsvorbehalt angeordnet ist	**Beschränkte Deliktsfähigkeit** § 828 Abs. 2 BGB: ► Minderjährige ab Vollendung des 7. Lebensjahres bei fehlender Einsichtsfähigkeit ► Taubstumme Rechtsfolge: keine Schadensersatzpflicht
Unbeschränkte Geschäftsfähigkeit § 104 BGB reversibel (Umkehrschluss) ► ab Vollendung des 18. Lebensjahres (§ 2 BGB) ► keine krankhafte Störung der Geistestätigkeit ► kein Betreuter mit angeordnetem Einwilligungsvorbehalt Rechtsfolge: Rechtsgeschäfte können wirksam abgeschlossen werden.	**Unbeschränkte Deliktsfähigkeit** § 828 BGB reversibel ► ab Vollendung des 18. Lebensjahres (§ 2 BGB) ► keine krankhafte Störung der Geistestätigkeit Rechtsfolge: Schadensersatzpflicht

3. Rechtsobjekte

7 Als Rechtsobjekte bezeichnet man körperliche Gegenstände wie **Sachen** und unkörperliche Gegenstände wie **Rechte** oder **Forderungen**. Sachen sind Gegenstände, die körperlich beherrschbar oder sinnlich wahrnehmbar sind. Tiere sind keine Sachen, auf sie sind

jedoch die für Sachen geltenden Vorschriften entsprechend anzuwenden (§ 90a BGB). Außerdem unterscheidet man zwischen beweglichen und unbeweglichen Sachen. Unbewegliche Sachen sind Grundstücke, bewegliche sind alle anderen Sachen. Diese Differenzierung spielt bei der Übereignung von Sachen eine wichtige Rolle: Während bei beweglichen Sachen die Übereignung durch Einigung und Übergabe (§§ 854 Abs. 1, 929 BGB) erfolgt, geschieht das bei unbeweglichen durch Auflassung und Eintragung ins Grundbuch (§§ 873, 925 BGB).

4. Willenserklärungen

Eine Willenserklärung ist die Äußerung eines auf die Herbeiführung einer Rechtsfolge 8
gerichteten Willens. Zwei Merkmale kennzeichnen das Vorliegen einer Willenserklärung: Jemand muss einen Willensentschluss gefasst haben (**subjektiver Willensentschluss**) und diesen Willen nach außen erklärt haben (**objektive Kundgabe** des Willensentschlusses).

Zum subjektiven Tatbestand der Willenserklärung gehören: der **Handlungswille**, das ist der Wille, eine Äußerung abzugeben, das **Erklärungsbewusstsein,** das ist das Bewusstsein, überhaupt eine rechtsgeschäftliche Erklärung abzugeben und der **Geschäftswille**, also die auf ein bestimmtes Rechtsgeschäft gerichtete Absicht.

Das Kundtun nach außen, also die **Erklärung** des **Willens,** kann auf verschiedene Art 9
und Weise erfolgen. Alle üblichen Verständigungsformen wie z. B. Schrift, Sprache, schlüssiges Handeln, sogar Schweigen oder Nichtstun können zum Ausdruck des Willens benutzt werden.

5. Rechtsgeschäfte

Unter Rechtsgeschäften werden eine oder mehrere **Willenserklärungen,** an die die 10
Rechtsordnung den Eintritt einer **gewünschten Rechtswirkung** knüpft, verstanden. Man unterscheidet zwischen einseitigen und mehrseitigen Rechtsgeschäften.

Einseitige Rechtsgeschäfte sind beispielsweise Kündigung, Errichtung eines Testaments 11
oder Anfechtung. **Zwei-** und **mehrseitige Rechtsgeschäfte** sind beispielsweise der Kaufvertrag (§ 433 BGB), die Verlobung (§ 1297 BGB) oder ein Gesellschaftsvertrag (§ 705 BGB). Zwei- und mehrseitige Rechtsgeschäfte nennt man **Verträge.** Ein Vertrag kommt durch zwei entsprechende und übereinstimmende Willenserklärungen zustande: **Angebot** und **Annahme**.

Bei den einseitigen Rechtsgeschäften wird ferner unterschieden, ob die Willenserklä- 12
rung empfangsbedürftig ist, d. h. dem Adressaten zugehen muss, um wirksam zu sein. Ein **nichtempfangsbedürftiges einseitiges** Rechtsgeschäft ist beispielsweise das Testament. Ein **empfangsbedürftiges einseitiges Rechtsgeschäft** ist z. B. die Kündigung: Das Arbeitsverhältnis ist ohne Annahme der Kündigung allein nach deren Empfang beendet.

6. Gültigkeit von Rechtsgeschäften

13 Damit ein Rechtsgeschäft gültig ist, müssen folgende **Tatbestandsmerkmale** erfüllt sein:

- Der Handelnde muss geschäftsfähig sein, ansonsten ist das Rechtsgeschäft schwebend unwirksam (bei beschränkter Geschäftsfähigkeit) oder nichtig, d. h. nicht gültig (bei Geschäftsunfähigkeit),
- die Willenserklärung(en) muss/müssen frei von Mängeln sein, also: erlaubter Inhalt und Wahrung von Formvorschriften,
- bei zwei- und mehrseitigen Rechtsgeschäften müssen die abgegebenen Willenserklärungen übereinstimmen.

7. Nichtigkeit

14 Nichtig sind

- Rechtsgeschäfte von Geschäftsunfähigen (§ 105 BGB),
- Scheingeschäfte (§ 117 Abs. 1 BGB), z. B. Grundstückserwerb mit falsch beurkundetem Kaufpreis (vgl. auch § 117 Abs. 2 BGB),
- Scherzerklärungen (§ 118 BGB),
- Geschäfte ohne Wahrung gesetzlich bestimmter Formvorschriften,
- gegen ein gesetzliches Verbot verstoßende Rechtsgeschäfte, z. B. Arbeitsvertrag bei Beschäftigungsverbot,
- sittenwidrige Geschäfte (§ 138 BGB).

8. Anfechtbarkeit

15 Rechtsgeschäfte, die Willensmängel aufweisen, sind anfechtbar: Wer bei der Abgabe einer Willenserklärung über deren **Inhalt** im Irrtum war oder eine **Erklärung** dieses Inhalts überhaupt nicht abgeben wollte, kann die Erklärung anfechten, wenn anzunehmen ist, dass er sie bei Kenntnis der Sachlage und bei verständiger Würdigung des Falles nicht abgegeben haben würde. Als Irrtum über den Inhalt der Erklärung gilt auch der Irrtum über solche **Eigenschaften** der Person oder der Sache, die im Verkehr als wesentlich angesehen werden. Eine Willenserklärung, welche durch die zur Übermittlung verwendete Person oder Anstalt **unrichtig übermittelt** worden ist, kann unter der gleichen Voraussetzung angefochten werden wie eine irrtümlich abgegebene Willenserklärung. Die Anfechtung muss in den Fällen der §§ 119, 120 BGB ohne schuldhaftes Zögern (**unverzüglich**) erfolgen, nachdem der Anfechtungsberechtigte von dem Anfechtungsgrund Kenntnis erlangt hat. Die einem Abwesenden gegenüber erfolgte Anfechtung gilt als rechtzeitig erfolgt, wenn die Anfechtungserklärung unverzüglich abgesendet worden ist.

16 Ist eine Willenserklärung nichtig oder angefochten, so hat der Erklärende, wenn die Erklärung einem anderen gegenüber abzugeben war, diesem den **Schaden** zu **ersetzen,** den der andere dadurch erleidet, dass er auf die Gültigkeit der Erklärung vertraut, jedoch nicht über den Betrag des Interesses hinaus, welches der andere an der Gültigkeit der Erklärung hat (negatives Interesse). Die Schadensersatzpflicht tritt nicht ein, wenn der Geschädigte die Nichtigkeit oder die Anfechtbarkeit kannte oder infolge von **Fahrlässigkeit** nicht kannte (daher: kennen musste, § 122 Abs. 2 BGB).

Wer zur Abgabe einer Willenserklärung durch **arglistige Täuschung** oder **widerrechtlich durch Drohung** bestimmt worden ist, kann die Erklärung anfechten (§ 123 BGB). Die Anfechtung kann in diesem Falle nur binnen Jahresfrist erfolgen. Die Frist beginnt im Falle der arglistigen Täuschung mit dem Zeitpunkt, in welchem der Anfechtungsberechtigte die Täuschung entdeckt, im Falle der Drohung mit dem Zeitpunkt, in welchem die Zwangslage aufhört (§ 124 BGB).

9. Stellvertretung

Um ein Rechtsgeschäft abzuschließen, braucht man nicht unbedingt selbst eine Wil- 17
lenserklärung abgeben, sondern kann eine andere Person als **Boten oder Stellvertreter** bevollmächtigen, soweit es sich nicht um ein Geschäft höchstpersönlichen Charakters wie z. B. Eheschließung oder Testamentserrichtung handelt.

Ein **Bote** ist Überbringer und/oder Empfänger einer fremden Willenserklärung. Boten 18
müssen nicht geschäftsfähig sein. Hingegen gibt ein **Stellvertreter** eine eigene Willenserklärung mit Wirkung für den Vertretenen ab (§ 164 BGB). Nach dem BGB gibt es zwei Arten der Vertretung: zum einen die gesetzliche Vertretung (z. B. Eltern vertreten ihr minderjähriges Kind, Betreuer vertritt Pflegebedürftigen), zum anderen die rechtsgeschäftliche Vertretung aufgrund einer erteilten Vollmacht (§ 164 BGB).

Erklärt der Stellvertreter nach außen, dass er für jemanden anderen handelt, liegt ein 19
Fall **direkter Stellvertretung** vor. Bei Rechtsgeschäften mit direkter Stellvertretung entstehen für den Vertreter weder Rechte noch Pflichten. Daher muss er nicht voll geschäftsfähig sein, darf aber auch nicht geschäftsunfähig sein, da durch seinen Willen der Inhalt des Geschäfts bestimmt wird.

Von **indirekter Stellvertretung** spricht man, wenn der Vertreter sein Vertretungsver- 20
hältnis nach außen nicht aufzeigt. Dann muss er seine Willenserklärung gegen sich gelten lassen; er wird selbst berechtigt oder verpflichtet. Folglich muss er voll geschäftsfähig sein. Voraussetzungen für eine wirksame Stellvertretung sind die Zulässigkeit der Vertretung und das Innehaben der Vertretungsmacht aufgrund von Rechtsgeschäft (**Vollmacht**) oder Gesetz.

Eine Vollmacht entsteht bzw. erlischt durch einseitige, empfangsbedürftige Willens- 21
erklärung, die i. d. R. formfrei ist, gegenüber dem zu Bevollmächtigenden oder der Person, gegenüber der die Vertretung stattfinden soll. Arten von Vollmachten sind: **Spezialvollmacht** (für ein bestimmtes Rechtsgeschäft), **Artvollmacht** (für mehrere der Gattung nach gleiche Rechtsgeschäfte) und **Generalvollmacht** (für alle Rechtsgeschäfte).

Schließt jemand ein Rechtsgeschäft im Namen eines anderen **ohne Vollmacht** ab oder 22
übertritt er die Grenzen der Vollmacht, ist das Rechtsgeschäft nichtig (einseitiges Rechtsgeschäft) oder schwebend unwirksam (zweiseitiges Rechtsgeschäft). Der Vertretene kann das schwebend unwirksame Rechtsgeschäft im Nachhinein genehmigen (§ 179 Abs. 1 BGB), ansonsten ist der Vertreter dem Vertragspartner nach dessen Wahl zum Schadensersatz oder zur Erfüllung verpflichtet.

Hat der Vertreter den **Mangel** der **Vertretungsmacht nicht gekannt**, so ist er nur zum Ersatz des Schadens verpflichtet, den der andere dadurch erleidet, dass er auf die Wirksamkeit der Vollmacht vertraut (z. B. entgangener Gewinn), jedoch nicht über den Betrag des Interesses hinaus, das der andere an der Wirksamkeit hat (§ 179 Abs. 2 BGB; z. B. kein Ersatz für entgangenen Gewinn, der durch Ablehnung eines Rechtsgeschäfts mit höherem Gebot hätte entstehen können). Wusste der andere von dem Mangel der Vertretungsmacht oder musste er ihn kennen, haftet der Vertreter nicht.

10. Schriftform, elektronische Form, Textform

23 **Grundsätzlich** gibt es keine Formvorschriften für Willenserklärungen. Nur in Ausnahmefällen sind vom Gesetz Formvorschriften für die Abgabe einer Willenserklärung vorgeschrieben (z. B. notarielle Beurkundung bei der Übereignung von Grundstücken, § 311b Abs. 1 BGB). Ist durch Gesetz die **schriftliche Form** vorgeschrieben, so muss die Urkunde von dem Aussteller eigenhändig durch Namensunterschrift oder mittels notariell beglaubigten Handzeichens unterzeichnet werden. Soll die gesetzlich vorgeschriebene schriftliche Form durch die **elektronische Form** ersetzt werden, so muss der Aussteller der Erklärung dieser seinen Namen hinzufügen und das elektronische Dokument mit einer **qualifizierten elektronischen Signatur** nach dem Signaturgesetz versehen. Bei einem Vertrag müssen die Parteien jeweils ein gleich lautendes Dokument elektronisch signieren (§ 126a BGB). Ist durch Gesetz **Textform** vorgeschrieben (§ 126b BGB), so muss eine lesbare Erklärung, in der die Person des Erklärenden genannt ist, auf einem dauerhaften Datenträger abgegeben werden, wobei ein dauerhafter Datenträger jedes Medium ist, das es dem Empfänger ermöglicht, eine auf dem Datenträger befindliche, an ihn persönlich gerichtete Erklärung so aufzubewahren oder zu speichern, dass sie ihm während eines für ihren Zweck angemessenen Zeitraums zugänglich ist, und geeignet ist, die Erklärung unverändert wiederzugeben.

11. Verjährung

24 Das Recht, von einem anderen ein Tun oder ein Unterlassen zu verlangen (ein **Anspruch**), unterliegt der Verjährung. **Die regelmäßige Verjährungsfrist** beträgt **drei** Jahre (§ 195 BGB).

In **dreißig Jahren** verjähren nach § 197 BGB:

- Herausgabeansprüche aus Eigentum und anderen dinglichen Rechten,
- rechtskräftig festgestellte Ansprüche,
- Ansprüche aus vollstreckbaren Vergleichen oder vollstreckbaren Urkunden,
- Ansprüche, die durch die im Insolvenzverfahren erfolgte Feststellung vollstreckbar geworden sind,
- Ansprüche auf Erstattung der Kosten der Zwangsvollstreckung,
- Schadensersatzansprüche, die auf der Verletzung des Lebens, des Körpers, der Gesundheit oder der Freiheit beruhen, ohne Rücksicht auf ihre Entstehung und die Kenntnis oder grob fahrlässige Unkenntnis (§ 199 Abs. 2 BGB),
- sonstige Schadensersatzansprüche ohne Rücksicht auf ihre Entstehung und die Kenntnis oder grob fahrlässige Unkenntnis von der Begehung der Handlung, der Pflichtverletzung oder dem sonstigen, den Schaden auslösenden Ereignis (§ 199 Abs. 3 Satz 1 Nr. 2 BGB),

- Ansprüche, die auf einem Erbfall beruhen oder deren Geltendmachung die Kenntnis einer Verfügung von Todes wegen voraussetzt, ohne Rücksicht auf die Kenntnis oder grob fahrlässige Unkenntnis (§199 Abs. 3a BGB).

In **zehn** Jahren verjähren:

- Ansprüche auf Übertragung des Eigentums an einem Grundstück, auf Begründung, Übertragung oder Aufhebung eines Rechts an einem Grundstück oder auf Änderung des Inhalts eines solchen Rechts sowie die Ansprüche auf die Gegenleistung (§ 196 BGB),
- sonstige Schadensersatzansprüche ohne Rücksicht auf die Kenntnis oder grob fahrlässige Unkenntnis von ihrer Entstehung an (§ 199 Abs. 3 Satz 1 Nr. 1 BGB).

Die regelmäßige Verjährungsfrist beginnt mit dem Schluss des Jahres, in dem der An- 25
spruch entstanden ist und der Gläubiger von den den Anspruch begründenden Umständen und der Person des Schuldners Kenntnis erlangt oder ohne grobe Fahrlässigkeit erlangen müsste (§ 199 Abs. 1 BGB). Die Verjährungsfrist von Ansprüchen, die **nicht** der **regelmäßigen Verjährungsfrist** unterliegen, beginnt mit der Entstehung des Anspruchs, soweit nicht ein anderer Verjährungsbeginn bestimmt ist. Ansprüche, die keine Schadensersatzansprüche sind, verjähren ohne Rücksicht auf Kenntnis oder grob fahrlässige Unkenntnis nach zehn Jahren (§ 199 Abs. 4 BGB).

Der Zeitraum, während dessen die Verjährung **gehemmt** ist (§ 203 ff. BGB), wird in die 26
Verjährungsfrist nicht eingerechnet. Die Verjährung ist gehemmt, solange der Schuldner auf Grund einer Vereinbarung mit dem Gläubiger vorübergehend zur Verweigerung der Leistung berechtigt ist. Die Verjährung ist ferner gehemmt, solange der Gläubiger innerhalb der letzten sechs Monate der Verjährungsfrist durch höhere Gewalt an der Rechtsverfolgung gehindert ist. Schweben zwischen dem Schuldner und dem Gläubiger Verhandlungen über den Anspruch oder die den Anspruch begründenden Umstände, so ist die Verjährung gehemmt, bis der eine oder der andere Teil die Fortsetzung der Verhandlungen verweigert. In § 204 BGB sind weitere Fälle geregelt, die zur Hemmung der Verjährung führen.

Die Verjährung beginnt erneut, wenn der Schuldner dem Gläubiger gegenüber den Anspruch durch Abschlagszahlung, Zinszahlung, Sicherheitsleistung oder in anderer Weise anerkennt oder eine gerichtliche oder behördliche Vollstreckungshandlung vorgenommen oder beantragt wird (§ 212 BGB).

12. Fristen, Termine

Ist für den **Anfang** einer Frist ein Ereignis oder ein in den Lauf eines Tages fallender Zeit- 27
punkt maßgebend, so wird bei der Berechnung der Frist der Tag nicht mitgerechnet, in welchen das Ereignis oder der Zeitpunkt fällt. Ist der Beginn eines Tages der für den Anfang einer Frist maßgebende Zeitpunkt, so wird dieser Tag bei der Berechnung der Frist mitgerechnet.

Das Gleiche gilt von dem Tag der Geburt bei der Berechnung des Lebensalters. Eine nach Tagen bestimmte Frist **endet** mit dem Ablauf des letzten Tages der Frist. Eine Frist, die nach Wochen, nach Monaten oder nach einem mehrere Monate umfassenden Zeitraum – Jahr, halbes Jahr, Vierteljahr – bestimmt ist, endet je nach Beginn mit dem Ablauf desjenigen Tages der letzten Woche oder des letzten Monats, welcher durch seine Benennung oder seine Zahl dem Tag entspricht, in den das Ereignis oder der Zeitpunkt fällt, das/der für den Beginn maßgebend ist, oder mit dem Ablauf desjenigen Tages der letzten Woche oder des letzten Monats, welcher dem Tag vorhergeht, der durch seine Benennung oder seine Zahl dem Anfangstage der Frist entspricht. Fehlt bei einer **nach Monaten bestimmten Frist** in dem letzten Monat der für ihren Ablauf maßgebende Tag, so endigt die Frist mit dem Ablauf des letzten Tages dieses Monats (§§ 186 ff. BGB).

28 Unter einem halben Jahr wird eine Frist von sechs Monaten, unter einem Vierteljahr eine Frist von drei Monaten, unter einem halben Monat eine Frist von fünfzehn Tagen verstanden. Ist ein Zeitraum nach **Monaten** oder nach **Jahren** in dem Sinne bestimmt, dass er **nicht zusammenhängend** zu verlaufen braucht, so wird der Monat zu dreißig, das Jahr zu dreihundertfünfundsechzig Tagen gerechnet.

13. Verträge

29 Wer einem anderen die Schließung eines Vertrags anträgt, ist an den **Antrag gebunden,** es sei denn, dass er die Gebundenheit ausgeschlossen hat (§ 145 BGB). Der Antrag erlischt, wenn er dem Antragenden gegenüber abgelehnt oder wenn er nicht rechtzeitig angenommen wird.

30 Der einem **Anwesenden** gemachte Antrag kann nur sofort angenommen werden. Dies gilt auch von einem mittels Fernsprechers oder einer sonstigen technischen Einrichtung von Person zu Person gemachten Antrag. Der einem **Abwesenden gemachte Antrag** kann nur bis zu dem Zeitpunkt angenommen werden, in welchem der Antragende den Eingang der Antwort unter regelmäßigen Umständen erwarten darf (§ 147 BGB). Hat der Antragende für die Annahme des Antrags eine **Frist bestimmt,** so kann die Annahme nur innerhalb der Frist erfolgen (§ 148 BGB). Die **verspätete Annahme** eines Antrags gilt als neuer Antrag (§ 150 Abs. 1 BGB). Solange nicht die Parteien sich über alle Punkte eines Vertrags geeinigt haben, über die nach der Erklärung auch nur einer Partei eine Vereinbarung getroffen werden soll (**Teileinigung**), ist im Zweifel der Vertrag nicht geschlossen. Die Verständigung über einzelne Punkte ist auch dann nicht bindend, wenn eine Aufzeichnung stattgefunden hat (§ 154 BGB). Verträge sind so **auszulegen**, wie Treu und Glauben mit Rücksicht auf die Verkehrssitte es erfordern (§ 157 BGB).

II. Recht der Schuldverhältnisse

1. Verpflichtung zur Leistung

31 Kraft des Schuldverhältnisses ist der **Gläubiger** berechtigt, vom **Schuldner** eine Leistung zu fordern. Die Leistung kann auch in einem Unterlassen bestehen (§ 241 Abs. 1 BGB). Der Schuldner ist verpflichtet, die Leistung so zu bewirken, wie **Treu und Glauben** mit Rücksicht auf die Verkehrssitte es erfordern (§ 242 BGB). Wer eine nur der Gattung nach bestimmte Sache (**Gattungsschuld**) schuldet, hat eine Sache von mittlerer Art und Güte zu leisten (§ 243 Abs. 1 BGB). Ist eine in einer anderen Währung als € ausgedrückte Geldschuld im Inland zu zahlen, so kann die Zahlung in € erfolgen, es sei denn, dass eine Zahlung in der anderen Währung ausdrücklich vereinbart ist (§ 244 Abs. 1 BGB). Ist eine Schuld nach Gesetz oder Rechtsgeschäft zu verzinsen, so sind vier vom Hundert

für das Jahr zu entrichten, sofern nicht ein anderes bestimmt ist (**gesetzlicher Zinsfuß**, § 246 BGB; bei beidseitigem Handelsgeschäft: fünf von Hundert, § 352 Abs. 1 HGB). Eine im Voraus getroffene Vereinbarung, dass fällige Zinsen wieder Zinsen tragen sollen (**Zinseszinsen**), ist nichtig. Dies gilt nicht für Sparkassen, Kreditanstalten und Inhaber von Bankgeschäften (§ 248 BGB).

Wer zum **Schadensersatz** verpflichtet ist, hat den Zustand herzustellen, der bestehen 32
würde, wenn der zum Ersatz verpflichtende Umstand nicht eingetreten wäre (**Naturalrestitution**). Ist wegen Verletzung einer Person oder wegen Beschädigung einer Sache Schadensersatz zu leisten, so kann der Gläubiger statt der Herstellung den dazu erforderlichen Geldbetrag verlangen (§ 249 BGB). Soweit die Herstellung nicht möglich oder zur Entschädigung des Gläubigers nicht genügend ist, hat der Ersatzpflichtige den Gläubiger **in Geld** zu entschädigen. Der zu **ersetzende Schaden** umfasst auch den entgangenen Gewinn (§ 252 BGB). Als entgangen gilt der Gewinn, welcher nach dem gewöhnlichen Lauf der Dinge oder nach den besonderen Umständen, insbesondere nach den getroffenen Anstalten und Vorkehrungen, mit Wahrscheinlichkeit erwartet werden konnte. Wegen eines Schadens, der nicht Vermögensschaden ist, kann grundsätzlich keine Entschädigung in Geld gefordert werden. Eine billige Entschädigung in Geld kann wegen eines immateriellen Schadens bei einer Verletzung des Körpers, der Gesundheit, der Freiheit oder der sexuellen Selbstbestimmung verlangt werden (§ 253 BGB).

2. Leistungsort, Leistungszeit

Ist ein Ort für die Leistung weder bestimmt noch aus den Umständen, insbesondere 33
aus der Natur des Schuldverhältnisses, zu entnehmen, so hat die Leistung an dem Ort zu erfolgen, an welchem der **Schuldner** zur Zeit der Entstehung des Schuldverhältnisses seinen **Wohnsitz** (§ 7 Abs. 1 BGB) hatte. Ist die Verbindlichkeit im Gewerbebetrieb des Schuldners entstanden, so tritt, wenn der Schuldner seine gewerbliche Niederlassung an einem anderen Ort hatte, der Ort der Niederlassung an die Stelle des Wohnsitzes (§ 269 BGB).

Geld hat der Schuldner im Zweifel auf seine Gefahr und seine Kosten dem Gläubiger an 34
dessen Wohnsitz (bzw. Niederlassungsort) zu übermitteln (**Bringschuld**). Auch hier gilt: Ist die Forderung im Gewerbebetrieb des Gläubigers entstanden, so tritt, wenn der Gläubiger seine gewerbliche Niederlassung an einem anderen Orte hat, der Ort der Niederlassung an die Stelle des Wohnsitzes (§ 270 BGB).

Ist eine **Zeit für die Leistung** bestimmt, so ist im Zweifel anzunehmen, dass der Gläubiger die Leistung nicht vor dieser Zeit verlangen, der Schuldner sie aber vorher bewirken kann. Ist eine Zeit weder bestimmt noch aus den Umständen zu entnehmen, so kann der Gläubiger die Leistung sofort verlangen, der Schuldner sie sofort bewirken (§ 271 BGB).

3. Zurückbehaltungsrecht

Hat der Schuldner aus demselben rechtlichen Verhältnis, auf dem seine Verpflichtung 35
beruht, einen fälligen **Anspruch gegen** den **Gläubiger**, so kann er, sofern sich nicht aus dem Schuldverhältnis ein anderes ergibt, die geschuldete Leistung verweigern, bis die

ihm gebührende Leistung bewirkt wird (§ 273 BGB). Das Gleiche gilt, wenn jemand zur Herausgabe eines Gegenstands verpflichtet ist und ihm ein fälliger Anspruch wegen **Verwendungen** (d. h. willentliche Vermögensaufwendungen, die der Sache zugutekommen sollen, indem sie sie verbessern, erhalten oder wiederherstellen) auf den Gegenstand oder wegen eines ihm durch diesen verursachten Schadens zusteht, es sei denn, dass er den Gegenstand durch eine vorsätzlich begangene unerlaubte Handlung erlangt hat. Gegenüber der Klage des Gläubigers hat die Geltendmachung des Zurückbehaltungsrechts nur die Wirkung, dass der Schuldner zur Leistung gegen Empfang der ihm gebührenden Leistung (**Erfüllung Zug um Zug**) zu verurteilen ist. Aufgrund einer solchen Verurteilung kann der Gläubiger seinen Anspruch ohne Bewirkung der ihm obliegenden Leistung im Wege der Zwangsvollstreckung verfolgen, wenn der Schuldner im Verzug der Annahme ist (§ 274 Abs. 2 BGB).

4. Leistungsstörungen

36 Der Anspruch auf Leistung ist ausgeschlossen, soweit diese für den Schuldner oder für jedermann **unmöglich** ist (§ 275 Abs. 1 BGB). Der Schuldner kann die Leistung verweigern, soweit diese einen Aufwand erfordert, der unter Beachtung des Inhalts des Schuldverhältnisses und der Gebote von Treu und Glauben in einem **groben Missverhältnis** zu dem Leistungsinteresse des Gläubigers steht. Bei der Bestimmung der dem Schuldner zuzumutenden Anstrengungen ist auch zu berücksichtigen, ob der Schuldner das Leistungshindernis zu vertreten hat. Der Schuldner kann die Leistung ferner verweigern, wenn er die Leistung persönlich zu erbringen hat und sie ihm unter Abwägung des seiner Leistung entgegenstehenden Hindernisses mit dem Leistungsinteresse des Gläubigers **nicht zugemutet** werden kann. Dann bestimmen sich die Rechte des Gläubigers nach den §§ 280, 283 bis 285, 311a und 326 BGB.

37 Der Schuldner hat **Vorsatz** und **Fahrlässigkeit** zu vertreten (§ 276 BGB), wenn eine strengere oder mildere Haftung weder bestimmt noch aus dem sonstigen Inhalt des Schuldverhältnisses, insbesondere aus der Übernahme einer Garantie oder eines Beschaffungsrisikos, zu entnehmen ist. Hierbei gelten auch die Haftungsprivilegien für beschränkt Deliktsfähige und Deliktsunfähige entsprechend (§§ 827, 828 BGB). Fahrlässig handelt, wer die im Verkehr erforderliche Sorgfalt außer Acht lässt. Die Haftung wegen Vorsatzes kann dem Schuldner nicht im Voraus erlassen werden. Der Schuldner hat ein Verschulden seines gesetzlichen Vertreters und der Person, deren er sich zur Erfüllung seiner Verbindlichkeit bedient, in gleichem Umfang zu vertreten wie eigenes Verschulden (**Verschulden** des **Erfüllungsgehilfen**, § 278 BGB).

38 Verletzt der Schuldner eine Pflicht aus dem Schuldverhältnis, so kann der Gläubiger **Ersatz** des hierdurch entstehenden **Schadens** verlangen, wenn der Schuldner die Pflichtverletzung zu vertreten hat (§ 280 BGB). Soweit der Schuldner die fällige Leistung nicht oder nicht wie geschuldet erbringt, kann der Gläubiger unter den gleichen Voraussetzungen **Schadensersatz statt der Leistung** verlangen, wenn er dem Schuldner erfolglos eine angemessene Frist zur Leistung oder Nacherfüllung bestimmt hat. Hat der Schuldner eine Teilleistung bewirkt, so kann der Gläubiger Schadensersatz statt der ganzen Leistung nur verlangen, wenn er an der Teilleistung kein Interesse hat. Hat der Schuldner die Leistung nicht wie geschuldet bewirkt, so kann der Gläubiger Schadensersatz

statt der ganzen Leistung nicht verlangen, wenn die Pflichtverletzung unerheblich ist. Die **Fristsetzung** ist **entbehrlich,** wenn der Schuldner die Leistung ernsthaft und endgültig verweigert oder wenn besondere Umstände vorliegen, die unter Abwägung der beiderseitigen Interessen die sofortige Geltendmachung des Schadensersatzanspruchs rechtfertigen. Kommt nach der Art der Pflichtverletzung eine Fristsetzung nicht in Betracht, so tritt an deren Stelle eine Abmahnung. Der Anspruch auf die Leistung ist ausgeschlossen, sobald der Gläubiger statt der Leistung Schadensersatz verlangt hat. Verlangt der Gläubiger aber Schadensersatz statt der ganzen Leistung, so ist der Schuldner zur Rückforderung des Geleisteten berechtigt (§ 281 BGB).

Erlangt der Schuldner infolge der Unmöglichkeit der Leistung, auf Grund dessen er die Leistung nach § 275 Abs. 1 bis 3 BGB nicht zu erbringen braucht, für den geschuldeten Gegenstand einen Ersatz oder einen Ersatzanspruch, so kann der Gläubiger **Herausgabe des als Ersatz Empfangenen** (**Surrogat**) oder **Abtretung** des **Ersatzanspruchs** verlangen. Kann der Gläubiger statt der Leistung Schadensersatz verlangen, so mindert sich dieser um den Wert des erlangten Ersatzes oder Ersatzanspruchs (§ 285 BGB).

Leistet der **Schuldner** auf eine Mahnung des Gläubigers nicht, die nach dem Eintritt der 39
Fälligkeit erfolgt, so kommt er durch die Mahnung in Verzug. Der Mahnung stehen die Erhebung der Klage auf die Leistung sowie die Zustellung eines Mahnbescheids im Mahnverfahren gleich. Der **Mahnung** bedarf es **nicht**,

- wenn für die Leistung eine Zeit nach dem Kalender bestimmt ist,
- der Leistung ein Ereignis vorauszugehen hat und eine angemessene Zeit für die Leistung in der Weise bestimmt ist, dass sie sich von dem Ereignis an nach dem Kalender berechnen lässt,
- der Schuldner die Leistung ernsthaft und endgültig verweigert oder
- aus besonderen Gründen unter Abwägung der beiderseitigen Interessen der sofortige Eintritt des Verzugs gerechtfertigt ist.

Der Schuldner einer **Entgeltforderung** kommt spätestens in Verzug, wenn er nicht innerhalb von 30 Tagen nach Fälligkeit und Zugang einer Rechnung oder gleichwertigen Zahlungsaufstellung leistet; dies gilt gegenüber einem Schuldner, der **Verbraucher** (§ 13 BGB) ist, nur, wenn auf diese Folgen in der Rechnung oder Zahlungsaufstellung besonders hingewiesen worden ist. Wenn der Zeitpunkt des Zugangs der Rechnung oder Zahlungsaufstellung unsicher ist, kommt der Schuldner, der nicht Verbraucher ist, spätestens 30 Tage nach Fälligkeit und Empfang der Gegenleistung in Verzug. Der Schuldner kommt nicht in Verzug, solange die Leistung infolge eines Umstands unterbleibt, den er nicht zu vertreten hat (§ 286 BGB). Während des Verzugs hat der Schuldner **jede Fahrlässigkeit** zu vertreten (§ 287 Satz 1 BGB).

Ist der Schuldner im Verzug, **haftet** er wegen der Leistung auch für Zufall, es sei denn, dass der Schaden auch bei rechtzeitiger Leistung eingetreten sein würde (§ 287 Satz 2 BGB). Während des Verzuges ist eine Geldschuld zu verzinsen. Der **Verzugszinssatz** beträgt für das Jahr fünf Prozentpunkte über dem Basiszinssatz (§§ 288, 247 BGB, derzeit [Stand: 1. 1. 2021]: -0,88 %). Bei Rechtsgeschäften, an denen ein Verbraucher nicht beteiligt ist, beträgt der Zinssatz für Entgeltforderungen neun Prozentpunkte über dem Basiszinssatz (§ 288 Abs. 2 BGB). Der Gläubiger kann auch aus einem anderen Rechtsgrund höhere Zinsen verlangen. Die Geltendmachung eines weiteren Schadens ist nicht ausgeschlossen (§ 288 BGB).

Der **Gläubiger** kommt in Verzug, wenn er die ihm angebotene Leistung nicht annimmt (**Annahmeverzug,** § 293 BGB). Ein **wörtliches Angebot** des Schuldners genügt, wenn der Gläubiger ihm erklärt hat, dass er die Leistung nicht annehmen werde, oder wenn zur Bewirkung der Leistung eine Handlung des Gläubigers erforderlich ist, insbesondere wenn der Gläubiger die geschuldete Sache abzuholen hat. Dem Angebot der Leistung steht die Aufforderung an den Gläubiger gleich, die erforderliche Handlung vorzunehmen (§ 295 BGB). Ist für die von dem Gläubiger vorzunehmende Handlung eine **Zeit nach dem Kalender bestimmt**, so bedarf es des Angebots nur, wenn der Gläubiger die Handlung rechtzeitig vornimmt. Das Gleiche gilt, wenn der Handlung ein Ereignis vorauszugehen hat und eine angemessene Zeit für die Handlung in der Weise bestimmt ist, dass sie sich von dem Ereignis an nach dem Kalender berechnen lässt (§ 296 BGB). Während des Verzuges des Gläubigers hat der **Schuldner** nur **Vorsatz** und **grobe Fahrlässigkeit** zu vertreten. Wird eine nur **der Gattung nach bestimmte Sache** geschuldet, so geht die Gefahr mit dem Zeitpunkt auf den Gläubiger über, in welchem er dadurch in Verzug kommt, dass er die angebotene Sache nicht annimmt (§ 300 BGB).

III. Schuldverhältnisse aus Verträgen

1. Allgemeine Regeln

40 Zur Begründung eines Schuldverhältnisses durch Rechtsgeschäft sowie zur Änderung des Inhalts eines Schuldverhältnisses ist ein Vertrag zwischen den Beteiligten erforderlich. Ein Schuldverhältnis kann aber nicht nur durch Vertrag, sondern **auch** durch die **Aufnahme** von **Vertragsverhandlungen** sowie durch die **Anbahnung** eines **Vertrags**, bei welcher der eine Teil im Hinblick auf eine etwaige rechtsgeschäftliche Beziehung dem anderen Teil die Möglichkeit zur Einwirkung auf seine Rechte, Rechtsgüter und Interessen gewährt oder ihm diese anvertraut, oder durch ähnliche geschäftliche Kontakte entstehen. Ein Schuldverhältnis kann selbst zu Personen entstehen, die **nicht selbst Vertragspartei** werden sollen, etwa wenn der Dritte in besonderem Maße Vertrauen für sich in Anspruch nimmt und dadurch die Vertragsverhandlungen oder den Vertragsschluss erheblich beeinflusst (§ 311 BGB).

Allein die Tatsache, dass eine Leistung unmöglich oder deren Erbringung für den Schuldner nach Treu und Glauben unzumutbar ist, und dies bei Vertragsschluss bereits erkennbar war, bedeutet nicht, dass der Vertrag unwirksam wäre. Der Gläubiger kann dann nach seiner Wahl Schadensersatz statt der Leistung oder Ersatz seiner Aufwendungen in dem in § 284 BGB bestimmten Umfang verlangen. Dies gilt nur dann nicht, wenn der Schuldner das Leistungshindernis bei Vertragsschluss nicht kannte und seine Unkenntnis auch nicht zu vertreten hat (§ 311a BGB, s. auch Rdn. 36).

41 Wer aus einem gegenseitigen Vertrag verpflichtet ist, kann die ihm obliegende Leistung bis zur Bewirkung der Gegenleistung verweigern, es sei denn, dass er vorzuleisten verpflichtet ist (**Einrede des nicht erfüllten Vertrags,** § 320 BGB). Wer aus einem gegenseitigen Vertrag vorzuleisten verpflichtet ist, kann die ihm obliegende Leistung verweigern, wenn nach Abschluss des Vertrags erkennbar wird, dass sein Anspruch auf die Gegenleistung durch mangelnde Leistungsfähigkeit des anderen Teils gefährdet wird. Das Leistungsverweigerungsrecht entfällt, wenn die Gegenleistung bewirkt oder Si-

cherheit für sie geleistet wird (**Unsicherheitseinrede,** § 321 BGB). Der Vorleistungspflichtige kann eine angemessene Frist bestimmen, in welcher der andere Teil Zug um Zug gegen die Leistung nach seiner Wahl die Gegenleistung zu bewirken oder Sicherheit zu leisten hat. Nach erfolglosem Ablauf der Frist kann der Vorleistungspflichtige vom Vertrag zurücktreten.

Erbringt der Schuldner bei einem gegenseitigen Vertrag eine **fällige Leistung** nicht oder **nicht vertragsgemäß,** so kann der Gläubiger **Schadensersatz** verlangen oder vom **Vertrag zurücktreten** (§ 323 BGB). Grundsätzlich muss er dem Schuldner aber zuvor erfolglos eine angemessene Frist zur Leistung oder Nacherfüllung bestimmt haben. Der Gläubiger kann bereits vor dem Eintritt der Fälligkeit der Leistung zurücktreten, wenn offensichtlich ist, dass die Voraussetzungen des Rücktritts eintreten werden. Hat der Schuldner eine Teilleistung bewirkt, so kann der Gläubiger vom ganzen Vertrag nur zurücktreten, wenn er an der Teilleistung kein Interesse hat. Hat der Schuldner die Leistung nicht vertragsgemäß bewirkt, so kann der Gläubiger vom Vertrag nicht zurücktreten, wenn die Pflichtverletzung unerheblich ist. Der Rücktritt ist aber ausgeschlossen, wenn der Gläubiger für den Umstand, der ihn zum Rücktritt berechtigen würde, allein oder weit überwiegend verantwortlich ist oder wenn der vom Schuldner nicht zu vertretende Umstand zu einer Zeit eintritt, zu welcher der Gläubiger im Verzug der Annahme ist. Braucht der Schuldner nicht zu leisten, weil die Leistung unmöglich ist, entfällt der Anspruch auf die Gegenleistung. Ist hierfür der Gläubiger allein oder weit überwiegend verantwortlich oder tritt dieser vom Schuldner nicht zu vertretende Umstand zu einer Zeit ein, zu welcher der Gläubiger im Verzug der Annahme ist, so behält der Schuldner den Anspruch auf die Gegenleistung. Er muss sich jedoch dasjenige anrechnen lassen, was er infolge der Befreiung von der Leistung erspart oder durch anderweitige Verwendung seiner Arbeitskraft erwirbt oder zu erwerben böswillig unterlässt (§ 326 Abs. 2 Satz 2 BGB). 42

2. Besondere Verbraucherschutzbestimmungen

2.1 Recht der Allgemeinen Geschäftsbedingungen

Das BGB enthält besondere Schutzrechte für den Fall, dass eine Vertragspartei **Allgemeine Geschäftsbedingungen** (AGB) verwendet (§§ 305 ff. BGB). AGB sind alle für eine Vielzahl von Verträgen vorformulierten Vertragsbedingungen, die der Verwender der anderen Vertragspartei bei Abschluss eines Vertrags stellt. Gleichgültig ist, ob die Bestimmungen einen äußerlich gesonderten Bestandteil des Vertrags bilden oder in die Vertragsurkunde selbst aufgenommen werden, welchen Umfang sie haben, in welcher Schriftart sie verfasst sind und welche Form der Vertrag hat. AGB liegen nicht vor, soweit die Vertragsbedingungen zwischen den Vertragsparteien im Einzelnen ausgehandelt sind. Sie werden nur dann **Bestandteil** eines **Vertrags,** wenn der Verwender bei Vertragsschluss die andere Vertragspartei ausdrücklich oder, wenn ein ausdrücklicher Hinweis wegen der Art des Vertragsschlusses nur unter unverhältnismäßigen Schwierigkeiten möglich ist, durch deutlich sichtbaren Aushang am Orte des Vertragsschlusses auf sie hinweist und der anderen Vertragspartei die Möglichkeit verschafft, in zumutbarer Weise, die auch eine für den Verwender erkennbare körperliche Behinderung der 43 anderen Vertragspartei angemessen berücksichtigt, von ihrem Inhalt Kenntnis zu nehmen, und wenn die andere Vertragspartei mit ihrer Geltung einverstanden ist (§ 305 Abs. 2 BGB). Grundsätzlich gilt, dass **individuelle Vertragsabreden** Vorrang vor AGB haben (§ 305b BGB). Nicht Vertragsbestandteil werden solche Bestimmungen in AGB, die nach den Umständen, insbesondere nach dem äußeren Erscheinungsbild des Vertrags, so ungewöhnlich sind, dass der Vertragspartner des Verwenders mit ihnen nicht zu rechnen braucht (**sog. überraschende Klauseln**). Dabei gilt, dass Zweifel bei der Auslegung von AGB zu Lasten des Verwenders gehen (§ 305c BGB). Bestimmungen in AGB sind unwirksam, wenn sie den Vertragspartner des Verwenders entgegen den Geboten von Treu und Glauben unangemessen benachteiligen. Eine **unangemessene Benachteiligung** kann sich auch daraus ergeben, dass die Bestimmung nicht klar und verständlich ist (sog. **Transparenzgebot**, § 307 Abs. 1 Satz 2 BGB). Eine unangemessene Benachteiligung ist im Zweifel anzunehmen, wenn eine Bestimmung mit wesentlichen Grundgedanken der gesetzlichen Regelung, von der abgewichen wird, nicht zu vereinbaren ist oder wesentliche Rechte oder Pflichten, die sich aus der Natur des Vertrags ergeben, so einschränkt, dass die Erreichung des Vertragszwecks gefährdet ist (§ 307 BGB). §§ 308 und 309 BGB enthalten eine differenzierte Aufzählung unzulässiger AGB-Klauseln.

2.2 Außerhalb von Geschäftsräumen geschlossene Verträge, insbesondere Haustürgeschäfte

44 Der Begriff des **Haustürgeschäfts** ist im Gesetz seit dem 13. 6. 2014 nicht mehr vorhanden, wird aber gleichwohl in der Jurisprudenz verwendet. In § 312b BGB findet sich seitdem die Bezeichnung „Außerhalb von Geschäftsräumen geschlossene Verträge“, die letztendlich dasselbe beschreibt. Es handelt sich dabei um einen Vertrag zwischen einem Unternehmer und einem Verbraucher, der eine entgeltliche Leistung zum Gegenstand hat und zu dessen Abschluss der Verbraucher bestimmt worden ist durch mündliche Verhandlungen an seinem Arbeitsplatz, im Bereich einer Privatwohnung, anlässlich einer vom Unternehmer oder von einem Dritten zumindest auch im Interesse des Unternehmers durchgeführten Freizeitveranstaltung, im Anschluss an ein überraschendes Ansprechen in Verkehrsmitteln oder im Bereich öffentlich zugänglicher Verkehrsflächen.

Das Haustürgeschäft (das nach wie vor aber der Hauptanwendungsfall sein wird) geht im weiter gefassten Bereich der außerhalb von Geschäftsräumen geschlossenen Verträge auf.

Außerhalb von Geschäftsräumen geschlossene Verträge sind Verträge, die bei gleichzeitiger körperlicher Anwesenheit des Verbrauchers und des Unternehmers an einem Ort geschlossen werden, der kein Geschäftsraum des Unternehmers ist, und für die der Verbraucher unter den vorgenannten Umständen ein Angebot abgegeben hat. Sowie Verträge, die in den Geschäftsräumen des Unternehmers oder durch Fernkommunikationsmittel geschlossen werden, bei denen der Verbraucher jedoch unmittelbar zuvor außerhalb der Geschäftsräume des Unternehmers bei gleichzeitiger körperlicher Anwesenheit des Verbrauchers und des Unternehmers persönlich und individuell angesprochen wurde. Oder Verträge, die auf einem Ausflug geschlossen werden, der von dem Unternehmer selbst oder mit seiner Hilfe organisiert wurde, um beim Verbraucher für den Verkauf von Waren oder die Erbringung von Dienstleistungen zu werben und mit ihm entsprechende Verträge abzuschließen.

Dabei stehen dem Unternehmer Personen gleich, die in seinem Namen oder Auftrag handeln.

Geschäftsräume sind Gewerberäume, in denen der Unternehmer seine Tätigkeit dauerhaft oder für gewöhnlich ausübt.

Bei außerhalb von Geschäftsräumen geschlossenen Verträgen ist der Unternehmer verpflichtet, den Verbraucher nach Maßgabe des Art. 246a EGBGB zu informieren (§ 312d Abs. 1 BGB). Die wichtigsten dieser umfassenden Informationspflichten, die der Transparenz dienen, sind die Information über die wesentlichen Eigenschaften der Waren oder Dienstleistungen, die Identität des Unternehmers, die Anschrift des Ortes, an dem er niedergelassen ist, seine Telefonnummer und eventuell Telefaxnummer und E-Mail-Adresse sowie gegebenenfalls die Anschrift und die Identität des Unternehmers, in dessen Auftrag er handelt.

Ferner der Gesamtpreis der Waren oder Dienstleistungen einschließlich aller Steuern und Abgaben (im Falle eines unbefristeten Vertrages oder eines Abonnement-Vertrages der Gesamtpreis), die Zahlungs-, Liefer- und Leistungsbedingungen, das Bestehen von gesetzlichen Mängelhaftungsrechten sowie möglicherweise bestehende einschlägige Verhaltenskodizes.

Spätestens bei Vertragsschluss ist der Verbraucher auch umfassend über ein bestehendes Widerrufsrecht zu informieren. Dieses besteht nach Maßgabe der §§ 312g Abs. 1, 355, 356 BGB.

Außerdem hat der Unternehmer bei außerhalb von Geschäftsräumen geschlossenen Verträgen dem Verbraucher alsbald eine Abschrift eines Vertragsdokuments zur Verfügung zu stellen, das von den Vertragsschließenden so unterzeichnet wurde, dass die Identität erkennbar ist. Oder er hat eine Bestätigung des Vertrages, in der der Vertragsinhalt wiedergegeben ist, auf Papier zur Verfügung zu stellen.

2.3 Fernabsatzverträge

Ein **Widerrufsrecht** besteht auch bei **Fernabsatzverträgen** (§ 312g ff. BGB). Das sind Ver- 45
träge über die Lieferung von Waren oder über die Erbringung von Dienstleistungen, die zwischen einem Unternehmer und einem Verbraucher unter ausschließlicher Verwendung von Fernkommunikationsmitteln abgeschlossen werden, es sei denn, dass der Vertragsschluss nicht im Rahmen eines für den Fernabsatz organisierten Vertriebs- oder Dienstleistungssystems erfolgt. Fernkommunikationsmittel sind hierbei Kommunikationsmittel, die zur Anbahnung oder zum Abschluss eines Vertrags zwischen einem Verbraucher und einem Unternehmer ohne gleichzeitige körperliche Anwesenheit der Vertragsparteien eingesetzt werden können, insbesondere Briefe, Kataloge, Telefonanrufe, Telekopien, E-Mails sowie Rundfunk, Tele- und Mediendienste.

Bei Fernabsatzverträgen hat der Unternehmer Informationspflichten zu erfüllen. Zudem steht dem Verbraucher ein Widerrufsrecht zu, mit Ausnahme folgender Verträge:

- notariell beurkundete Verträge über Finanzdienstleistungen, die außerhalb von Geschäftsräumen geschlossen werden, oder die keine Verträge über Finanzdienstleistungen sind; für Verträge, für die das Gesetz die notarielle Beurkundung des Vertrages oder einer Vertragserklärung nicht vorschreibt, gilt dies nur, wenn der Notar darüber belehrt, dass die Informationspflichten und das Widerrufsrecht entfallen;
- Verträge über die Begründung, den Erwerb oder die Übertragung von Eigentum oder anderen Rechten an Grundstücken;
- Verbraucherbauverträge i. S. des § 650i Abs. 1 BGB, daher Verträge durch die ein Unternehmer von einem Verbraucher zum Bau eines neuen Gebäudes oder zu erheblichen Umbaumaßnahmen an einem bestehenden Gebäude verpflichtet wird;
- Verträge über die Beförderung von Personen;
- Verträge über Teilzeit-Wohnrechte, langfristige Urlaubsprodukte, Vermittlungen und Tauschsysteme;
- Behandlungsverträge i. S. des § 630a BGB, daher medizinische Behandlungen bei Patienten;
- Verträge über die Lieferung von Lebensmitteln, Getränken oder sonstigen Haushaltsgegenständen des täglichen Bedarfs, die am Wohnsitz, am Aufenthaltsort oder am Arbeitsplatz eines Verbrauchers von einem Unternehmer im Rahmen häufiger und regelmäßiger Fahrten geliefert werden;
- Verträge, die unter Verwendung von Warenautomaten und automatisierten Geschäftsräumen geschlossen werden;
- Verträge, die mit Betreibern von Telekommunikationsmitteln mithilfe öffentlicher Münz- und Kartentelefone zu deren Nutzung geschlossen werden;
- Verträge zur Nutzung einer einzelnen von einem Verbraucher hergestellten Telefon-, Internet- oder Telefaxverbindung;
- außerhalb von Geschäftsräumen geschlossene Verträge, bei denen die Leistung bei Abschluss der Verhandlungen sofort erbracht und bezahlt wird sowie das vom Verbraucher zu zahlende Entgelt 40 € nicht überschreitet;
- Verträge über den Verkauf beweglicher Sachen aufgrund von Zwangsvollstreckungsmaßnahmen oder anderen gerichtlichen Maßnahmen.

Der Unternehmer hat den Verbraucher über die Vertragsbestimmungen, AGB und das Widerrufsrecht in Textform zu unterrichten. Die wesentlichen Informationspflichten wurden unter Rdn. 44 dargestellt. Der Widerruf eines Vertrages kann innerhalb von 14 Tagen erklärt werden und die Widerrufsfrist beginnt grundsätzlich mit Vertragsschluss, nicht aber vor Erfüllung der Informationspflichten des Unternehmers. Das Widerrufsrecht erlischt spätestens nach zwölf Monaten und 14 Tagen. Zur Fristwahrung genügt die rechtzeitige Absendung des Widerrufs (§ 355 Abs. 1 BGB).

Aus der Widerrufserklärung muss der Entschluss des Verbrauchers zum Widerruf des Vertrages eindeutig hervorgehen. Begründet werden muss der Widerruf indes nicht.

Das Widerrufsrecht erlischt bei einem Vertrag zur Erbringung von Dienstleistungen, wenn der Unternehmer die Dienstleistung vollständig erbracht und mit der Ausführung der Dienstleistung erst begonnen hat, nachdem der Verbraucher dazu seine ausdrückliche Zustimmung gegeben und gleichzeitig seine Kenntnis davon bestätigt hat, dass er sein Widerrufsrecht bei vollständiger Vertragserfüllung durch den Unternehmer verliert.

Bei einem Vertrag über die Erbringung von Finanzdienstleistungen erlischt das Widerrufsrecht auch dann, wenn der Vertrag von beiden Seiten auf ausdrücklichen Wunsch des Verbrauchers vollständig erfüllt ist, bevor der Verbraucher sein Widerrufsrecht ausübt.
Bei einem Vertrag über die Lieferung von nicht auf einem körperlichen Datenträger befindlichen digitalen Inhalten erlischt das Widerrufsrecht, wenn der Unternehmer mit der Ausführung des Vertrages begonnen hat, nachdem der Verbraucher ausdrücklich zugestimmt hat, dass der Unternehmer mit der Ausführung des Vertrages vor Ablauf der Widerrufsfrist beginnt und seine Kenntnis davon bestätigt hat, dass er durch seine Zustimmung mit Beginn der Ausführung des Vertrages sein Widerrufsrecht verliert.

Nach Ausübung des Widerrufsrechts sind empfangene Leistungen unverzüglich einander zurückzugewähren.

Der Unternehmer muss grundsätzlich auch etwaige Zahlungen für die Lieferung zurückgewähren. Der Verbraucher hat gegebenenfalls Wertersatz für Wertverlust zu leisten.

IV. Erlöschen der Schuldverhältnisse

1. Erfüllung

Das Schuldverhältnis erlischt, wenn die geschuldete Leistung an den Gläubiger bewirkt 46
wird (§ 362 BGB). Hat der Gläubiger eine ihm als Erfüllung angebotene Leistung als Erfüllung angenommen, so trifft ihn die Beweislast, wenn er die Leistung deshalb nicht als Erfüllung gelten lassen will, weil sie eine andere als die geschuldete Leistung oder weil sie unvollständig gewesen sei (§ 363 BGB). Das Schuldverhältnis erlischt auch, wenn der Gläubiger eine andere als die geschuldete Leistung **an Erfüllungs statt** annimmt. Übernimmt der Schuldner zum Zwecke der Befriedigung des Gläubigers diesem gegenüber eine neue Verbindlichkeit, so ist nicht anzunehmen, dass er die Verbindlichkeit an Erfüllungs statt übernimmt (§ 364 BGB).

Ist der Schuldner dem Gläubiger aus **mehreren Schuldverhältnissen zu gleichartigen** 47
Leistungen verpflichtet und reicht das von ihm Geleistete nicht zur Tilgung sämtlicher Schulden aus, so wird diejenige **Schuld getilgt,** welche er bei der Leistung bestimmt. Trifft der Schuldner keine Bestimmung, so wird zunächst die fällige Schuld, unter mehreren fälligen Schulden diejenige, welche dem Gläubiger geringere Sicherheit bietet, unter mehreren gleich sicheren die dem Schuldner lästigere, unter mehreren gleich lästigen die ältere Schuld und bei gleichem Alter jede Schuld verhältnismäßig getilgt (§ 366 BGB). Hat der Schuldner außer der Hauptleistung Zinsen und Kosten zu entrichten, so wird eine zur Tilgung der ganzen Schuld nicht ausreichende Leistung zunächst auf die Kosten, dann auf die Zinsen und zuletzt auf die Hauptleistung angerechnet. Bestimmt der Schuldner eine andere Anrechnung, so kann der Gläubiger die Annahme der Leistung ablehnen (§ 367 BGB). Der Gläubiger hat gegen Empfang der Leistung auf Verlangen ein schriftliches Empfangsbekenntnis (**Quittung**) zu erteilen. Ist über die Forderung ein Schuldschein ausgestellt worden, so kann der Schuldner neben der Quittung eine **Rückgabe** des **Schuldscheins** verlangen (§§ 368, 370 BGB).

2. Hinterlegung

48 Geld, Wertpapiere und sonstige Urkunden sowie Kostbarkeiten kann der Schuldner bei einer dazu bestimmten öffentlichen Stelle für den Gläubiger hinterlegen, wenn der **Gläubiger** im **Verzug der Annahme** ist. Das Gleiche gilt, wenn der Schuldner aus einem anderen in der Person des Gläubigers liegenden Grund oder infolge einer nicht auf Fahrlässigkeit beruhenden **Ungewissheit über** die **Person des Gläubigers** seine Verbindlichkeit nicht oder nicht mit Sicherheit erfüllen kann (§ 372 BGB). Ist die Rücknahme der hinterlegten Sache ausgeschlossen, so wird der Schuldner durch die Hinterlegung von seiner Verbindlichkeit in gleicher Weise befreit, wie wenn er zur Zeit der Hinterlegung an den Gläubiger geleistet hätte (§ 378 BGB).

3. Aufrechnung

49 Schulden zwei Personen einander Leistungen, die ihrem Gegenstand nach gleichartig sind, so kann jeder Teil seine Forderung gegen die Forderung des anderen Teils aufrechnen, sobald er die ihm gebührende Leistung fordern und die ihm obliegende Leistung bewirken kann (§ 387 BGB). Die Aufrechnung erfolgt durch **Erklärung** gegenüber dem anderen Teil. Die Erklärung ist unwirksam, wenn sie unter einer Bedingung oder einer Zeitbestimmung abgegeben wird (§ 388 BGB). Die Aufrechnung **bewirkt,** dass die Forderungen, soweit sie sich decken, als in dem Zeitpunkt erloschen gelten, in welchem sie zur Aufrechnung geeignet einander gegenübergetreten sind (§ 389 BGB).

4. Erlass

50 Das Schuldverhältnis erlischt, wenn der Gläubiger dem Schuldner durch Vertrag die Schuld erlässt (§ 397 BGB).

5. Übertragung der Forderung

51 Eine Forderung kann von dem Gläubiger **durch Vertrag** mit einem anderen auf diesen übertragen werden (Abtretung, § 398 BGB). Mit dem Abschluss des Vertrags tritt der neue Gläubiger an die Stelle des bisherigen Gläubigers. Mit der abgetretenen Forderung gehen die Hypotheken, Schiffshypotheken oder Pfandrechte, die für sie bestehen, sowie die Rechte aus einer für sie bestellten Bürgschaft auf den neuen Gläubiger über (§ 401 Abs. 1 BGB). Der **bisherige Gläubiger** ist verpflichtet, dem neuen Gläubiger die zur Geltendmachung der Forderung nötige **Auskunft** zu erteilen und ihm die zum Beweis der Forderung dienenden Urkunden, soweit sie sich in seinem Besitz befinden, auszuliefern (§ 402 BGB).

52 Der Schuldner kann dem neuen Gläubiger die **Einwendungen** entgegensetzen, die zur Zeit der Abtretung der Forderung gegen den bisherigen Gläubiger begründet waren (§ 404 BGB). Der Schuldner kann eine ihm gegen den bisherigen Gläubiger zustehende Forderung auch dem neuen Gläubiger gegenüber **aufrechnen,** es sei denn, dass er bei dem Erwerb der Forderung von der Abtretung Kenntnis hatte oder dass die Forderung erst nach der Erlangung der Kenntnis und später als die abgetretene Forderung fällig geworden ist (§ 406 BGB).

Der **neue Gläubiger** muss eine **Leistung,** die der Schuldner nach der Abtretung an den bisherigen Gläubiger bewirkt, sowie jedes Rechtsgeschäft, das nach der Abtretung zwischen dem Schuldner und dem bisherigen Gläubiger in Ansehung der Forderung vorgenommen wird, **gegen sich gelten lassen,** es sei denn, dass der Schuldner die Abtretung bei der Leistung oder der Vornahme des Rechtsgeschäfts kennt (§ 407 Abs. 1 BGB). Zeigt der Gläubiger dem Schuldner an, dass er die Forderung abgetreten habe, so muss er dem Schuldner gegenüber die angezeigte Abtretung gegen sich gelten lassen, auch wenn sie nicht erfolgt oder nicht wirksam ist. Der Anzeige steht es gleich, wenn der Gläubiger eine Urkunde über die Abtretung dem in der Urkunde bezeichneten neuen Gläubiger ausgestellt hat und dieser sie dem Schuldner vorlegt (§ 409 Abs. 1 BGB). 53

6. Schuldübernahme

Eine Schuld kann von einem Dritten durch **Vertrag mit** dem **Gläubiger** in der Weise übernommen werden, dass der Dritte an die Stelle des bisherigen Schuldners tritt (§ 414 BGB). Wird die Schuldübernahme **von** dem **Dritten mit** dem **Schuldner** vereinbart, so hängt ihre Wirksamkeit von der Genehmigung des Gläubigers ab. Die **Genehmigung** kann erst erfolgen, wenn der Schuldner oder der Dritte dem Gläubiger die Schuldübernahme mitgeteilt hat. Bis zur Genehmigung können die Parteien den Vertrag ändern oder aufheben. Wird die Genehmigung verweigert, so gilt die Schuldübernahme als nicht erfolgt. Fordert der Schuldner oder der Dritte den Gläubiger unter Bestimmung einer Frist zur Erklärung über die Genehmigung auf, so kann die Genehmigung nur bis zum Ablauf der Frist erklärt werden; wird sie nicht erklärt, so gilt sie als verweigert (§ 415 BGB). 54

Der Übernehmer kann dem Gläubiger die **Einwendungen** entgegensetzen, welche sich aus dem Rechtsverhältnis zwischen dem Gläubiger und dem bisherigen Schuldner ergeben. Eine dem bisherigen Schuldner zustehende Forderung kann er nicht aufrechnen (§ 417 Abs. 1 BGB). 55

V. Mehrheit von Schuldnern und Gläubigern

Schulden mehrere eine **teilbare Leistung** oder haben mehrere eine teilbare Leistung zu fordern, so ist im Zweifel jeder Schuldner nur zu einem gleichen Anteil verpflichtet, jeder Gläubiger nur zu einem gleichen Anteil berechtigt (§ 420 BGB). Schulden mehrere eine Leistung in der Weise, dass jeder die ganze Leistung zu bewirken verpflichtet, der Gläubiger aber die Leistung nur einmal zu fordern berechtigt ist (**Gesamtschuldner**), so kann der Gläubiger die Leistung nach seinem Belieben von jedem der Schuldner **ganz** oder zu einem Teil fordern. Bis zur Bewirkung der ganzen Leistung bleiben sämtliche Schuldner verpflichtet (§ 421 BGB). Die **Erfüllung** durch einen Gesamtschuldner wirkt auch für die übrigen Schuldner. Das Gleiche gilt von der Leistung an Erfüllungs statt, der Hinterlegung und der Aufrechnung (§ 422 BGB). 56

Die Gesamtschuldner sind im Verhältnis zueinander zu gleichen Anteilen verpflichtet, soweit nicht ein anderes bestimmt ist (**Ausgleichspflicht**). Kann von einem Gesamtschuldner der auf ihn entfallende Beitrag nicht erlangt werden, so ist der Ausfall von den übrigen zur Ausgleichung verpflichteten Schuldnern zu tragen. Soweit ein Gesamt- 57 schuldner den Gläubiger befriedigt und von den übrigen Schuldnern Ausgleichung verlangen kann, geht die Forderung des Gläubigers gegen die übrigen Schuldner auf ihn über. Der Übergang kann nicht zum Nachteile des Gläubigers geltend gemacht werden (§ 426 BGB).

58 Sind mehrere eine Leistung in der Weise zu fordern berechtigt, dass jeder die ganze Leistung fordern kann, der Schuldner aber die Leistung nur einmal zu bewirken verpflichtet ist (**Gesamtgläubiger**), so kann der Schuldner nach seinem Belieben an jeden der Gläubiger leisten (§ 428 BGB).

59, 60 *Einstweilen frei*

C. Einzelne Schuldverhältnisse

I. Kauf

1. Allgemeine Vorschriften

61 Durch den Kaufvertrag wird der Verkäufer einer Sache verpflichtet, dem Käufer die **Sache** zu **übergeben** und das **Eigentum** an der Sache zu **verschaffen** (§ 433 BGB). Der Verkäufer hat dem Käufer die Sache frei von Sach- und Rechtsmängeln zu verschaffen. Der Käufer ist verpflichtet, dem Verkäufer den vereinbarten Kaufpreis zu zahlen und die gekaufte Sache abzunehmen.

62 Die Sache ist frei von **Sachmängeln,** wenn sie bei Gefahrübergang die vereinbarte Beschaffenheit hat. Soweit die Beschaffenheit nicht vereinbart ist, ist die Sache frei von Sachmängeln, wenn sie sich für die nach dem Vertrag vorausgesetzte Verwendung eignet, sonst wenn sie sich für die gewöhnliche Verwendung eignet und eine Beschaffenheit aufweist, die bei Sachen der gleichen Art üblich ist und die der Käufer nach der Art der Sache erwarten kann. Zu der Beschaffenheit gehören auch Eigenschaften, die der Käufer nach den öffentlichen Äußerungen des Verkäufers, des Herstellers oder seines Gehilfen insbesondere in der Werbung oder bei der Kennzeichnung über bestimmte Eigenschaften der Sache erwarten kann, es sei denn, dass der Verkäufer die Äußerung nicht kannte und auch nicht kennen musste, dass sie im Zeitpunkt des Vertragsschlusses in gleichwertiger Weise berichtigt war oder dass sie die Kaufentscheidung nicht beeinflussen konnte. Ein Sachmangel ist ferner dann gegeben, wenn die vereinbarte Montage durch den Verkäufer oder dessen Erfüllungsgehilfen unsachgemäß durchgeführt worden ist. Ein Sachmangel liegt bei einer zur Montage bestimmten Sache außerdem vor, wenn die Montageanleitung mangelhaft ist, es sei denn, die Sache ist fehlerfrei montiert worden. Schließlich steht es einem Sachmangel gleich, wenn der Verkäufer eine andere Sache oder eine zu geringe Menge liefert (§ 434 BGB).

63 Frei von **Rechtsmängeln** ist eine Sache, wenn Dritte in Bezug auf die Sache keine oder nur die im Kaufvertrag übernommenen Rechte gegen den Käufer geltend machen können (§ 435 BGB).

64 **Mit** der **Übergabe** der verkauften Sache geht die **Gefahr** des **zufälligen Untergangs** und der zufälligen **Verschlechterung** auf den Käufer über. Von der Übergabe an gebühren

dem Käufer die Nutzungen und trägt er die Lasten der Sache. Der Übergabe steht es gleich, wenn der Käufer im Verzug der Annahme ist (§ 446 BGB). **Versendet** der Verkäufer auf Verlangen des Käufers die verkaufte Sache nach einem anderen Ort als dem Erfüllungsort, so geht die Gefahr auf den Käufer über, sobald der Verkäufer die Sache dem Spediteur, dem Frachtführer oder der sonst zur Ausführung der Versendung bestimmten Person oder Anstalt ausgeliefert hat. Hat der Käufer eine besondere Anweisung über die Art der Versendung erteilt und weicht der Verkäufer ohne dringenden Grund von der Anweisung ab, so ist der Verkäufer dem Käufer für den daraus entstehenden Schaden verantwortlich (§ 447 BGB).

2. Gewährleistung wegen Mängel der Sache

Ist die Sache mangelhaft, kann der Käufer Nacherfüllung verlangen, vom Vertrag **zurücktreten** oder den Kaufpreis mindern und **Schadensersatz** oder **Ersatz vergeblicher Aufwendungen** verlangen (§ 437 BGB). Als **Nacherfüllung** kann der Käufer insbesondere nach seiner Wahl die Beseitigung des Mangels oder die Lieferung einer mangelfreien Sache verlangen. Dann hat der Verkäufer die zum Zwecke der Nacherfüllung erforderlichen Aufwendungen, insbesondere Transport-, Wege-, Arbeits- und Materialkosten zu tragen. Der Verkäufer kann die vom Käufer gewählte Art der Nacherfüllung verweigern, wenn ihm die Erfüllung nach Treu und Glauben nicht zumutbar ist oder nur mit unverhältnismäßigen Kosten möglich ist. Dabei sind insbesondere der Wert der Sache in mangelfreiem Zustand, die Bedeutung des Mangels und die Frage zu berücksichtigen, ob auf die andere Art der Nacherfüllung ohne erhebliche Nachteile für den Käufer zurückgegriffen werden könnte. Der Anspruch des Käufers beschränkt sich in diesem Fall auf die andere Art der Nacherfüllung. 65

Liefert der Verkäufer zum Zwecke der Nacherfüllung eine mangelfreie Sache, so kann er vom Käufer freilich Rückgewähr der mangelhaften Sache verlangen (§ 439 BGB). Der Käufer kann statt zurückzutreten den **Kaufpreis** durch Erklärung gegenüber dem Verkäufer **mindern.** Bei der Minderung ist der Kaufpreis in dem Verhältnis herabzusetzen, in welchem zur Zeit des Vertragsschlusses der Wert der Sache in mangelfreiem Zustand zu dem wirklichen Wert gestanden haben würde. Die Minderung ist, soweit erforderlich, durch Schätzung zu ermitteln (§ 441 BGB). 66

Die Rechte des Käufers wegen eines Mangels sind aber ausgeschlossen, wenn er **bei Vertragsschluss den Mangel kennt**. Ist dem Käufer ein Mangel infolge grober Fahrlässigkeit unbekannt geblieben, kann der Käufer Rechte wegen dieses Mangels nur geltend machen, wenn der Verkäufer den Mangel arglistig verschwiegen oder eine Garantie für die Beschaffenheit der Sache übernommen hat (§ 442 BGB). Übernimmt der Verkäufer oder ein Dritter eine **Garantie** für die Beschaffenheit der Sache oder dafür, dass die Sache für eine bestimmte Dauer eine bestimmte Beschaffenheit behält (Haltbarkeitsgarantie), so stehen dem Käufer im Garantiefall unbeschadet der gesetzlichen Ansprüche die Rechte aus der Garantie zu den in der Garantieerklärung und der einschlägigen Werbung angegebenen Bedingungen gegenüber demjenigen zu, der die Garantie eingeräumt hat (§ 443 BGB). 67

3. Besondere Arten des Kaufs

68 Bei einem **Kauf auf Probe** oder auf Besichtigung steht die Billigung des gekauften Gegenstandes im Belieben des Käufers. Der Kauf ist im Zweifel unter der aufschiebenden Bedingung der Billigung geschlossen (§ 454 BGB).

69 Beim **Wiederkauf** behält sich der Verkäufer in dem Kaufvertrag das Recht des Wiederkaufs vor (§ 456 BGB). Der Wiederkauf kommt dadurch zustande, dass der Verkäufer gegenüber dem Käufer erklärt, dass er das Wiederkaufsrecht ausübt.

70 Wer Inhaber eines **Vorkaufsrechts** ist (§ 463 BGB) kann dieses ausüben, sobald der Verpflichtete mit einem Dritten einen Kaufvertrag über den Gegenstand geschlossen hat. Mit der Ausübung des Vorkaufsrechts kommt der Kauf zwischen dem Berechtigten und dem Verpflichteten mit den Bestimmungen zustande, welche der Verpflichtete mit dem Dritten vereinbart hat (§ 464 BGB). Besondere Bestimmungen gelten ferner für den **Verbrauchsgüterkauf** (§ 474 BGB), wenn also ein Verbraucher von einem Unternehmer eine bewegliche Sache kauft. Im Rahmen des Verbraucherschutzes soll für derartige Verträge Erleichterungen für den Verbraucher gelten. So regelt beispielsweise § 476 BGB bei Verbrauchsgüterkauf eine Beweislastumkehr zu Gunsten des Verbrauchers. Zeigt sich ein Sachmangel innerhalb von sechs Monaten seit Gefahrübergang, so wird zu Gunsten des Verbrauchers – aber für den Unternehmer widerleglich – vermutet, dass der Mangel schon im Zeitpunkt des Gefahrübergangs vorhanden war, es sei denn die Vermutung ist mit der Art des Mangels oder der Sache nicht vereinbar.

II. Tausch

71 Auf den Tausch finden die Vorschriften über den Kauf entsprechende Anwendung (§ 480 BGB).

III. Schenkung

72 Eine Zuwendung, durch die jemand aus seinem Vermögen einen anderen bereichert, ist Schenkung, wenn beide Teile darüber einig sind, dass die Zuwendung unentgeltlich erfolgt (§ 516 Abs. 1 BGB). Zur Gültigkeit eines **Vertrags,** durch den eine Leistung schenkweise versprochen wird, ist die **notarielle Beurkundung** des Versprechens erforderlich. Das Gleiche gilt, wenn ein Schuldversprechen oder ein Schuldanerkenntnis der in den §§ 780, 781 BGB bezeichneten Art schenkweise erteilt wird, von dem Versprechen oder der Anerkennungserklärung (§ 518 BGB). Der Schenker ist berechtigt, die Erfüllung eines schenkweise erteilten Versprechens zu verweigern, soweit er bei Berücksichtigung seiner sonstigen Verpflichtungen außerstande ist, das Versprechen zu erfüllen, ohne dass sein angemessener Unterhalt oder die Erfüllung der ihm kraft Gesetzes obliegenden Unterhaltspflichten gefährdet wird (§ 519 BGB, **Einrede des Notbedarfs**).

Unterbleibt die Vollziehung einer mit der **Schenkung verbundenen Auflage,** so kann der Schenker die Herausgabe des Geschenks unter den für das Rücktrittsrecht bei gegenseitigen Verträgen bestimmten Voraussetzungen nach den Vorschriften über die Herausgabe einer ungerechtfertigten Bereicherung insoweit fordern, als das Geschenk zur Vollziehung der Auflage hätte verwendet werden müssen (§ 527 BGB).

Soweit der Schenker nach der Vollziehung der Schenkung außerstande ist, seinen angemessenen Unterhalt zu bestreiten und die ihm seinen Verwandten, seinem Ehegatten oder seinem früheren Ehegatten gegenüber gesetzlich obliegende Unterhaltspflicht zu erfüllen, kann er von dem Beschenkten die Herausgabe des Geschenks nach den Vorschriften über die Herausgabe einer ungerechtfertigten Bereicherung fordern (**Rückforderung wegen Verarmung**, § 528 BGB). Der Beschenkte kann die Herausgabe durch Zahlung des für den Unterhalt erforderlichen Betrags abwenden. Eine Schenkung kann **widerrufen** werden, wenn sich der Beschenkte durch eine schwere Verfehlung gegen den Schenker oder einen nahen Angehörigen des Schenkers **groben Undanks** schuldig macht (§ 530 BGB). 73

IV. Miete

Durch den Mietvertrag wird der **Vermieter** verpflichtet, dem Mieter den Gebrauch der vermieteten Sache während der Mietzeit zu gewähren. Der **Mieter** ist **verpflichtet**, dem Vermieter den vereinbarten Mietzins zu entrichten (§ 535 BGB). 74

Der Vermieter hat die vermietete Sache dem Mieter in einem zu dem vertragsmäßigen Gebrauch geeigneten Zustand zu überlassen und sie während der Mietzeit in diesem Zustand zu erhalten. Ist die vermietete Sache zur Zeit der Überlassung an den Mieter mit einem Mangel behaftet, der ihre Tauglichkeit zu dem vertragsmäßigen Gebrauch aufhebt oder mindert, oder entsteht im Laufe der Miete ein solcher Fehler, so ist der Mieter für die Zeit, für die die Tauglichkeit aufgehoben ist, von der **Entrichtung des Mietzinses befreit.** Für die Zeit, für die die Tauglichkeit gemindert ist, ist er nur zur Entrichtung eines Teils des Mietzinses verpflichtet. 75

Eine unerhebliche Minderung der Tauglichkeit bleibt dabei außer Betracht (§ 536 BGB). Entsprechendes gilt, wenn dem Mieter der vertragsmäßige Gebrauch der gemieteten Sache ganz oder zum Teil nicht rechtzeitig gewährt oder wieder entzogen wird. Der Mieter kann auch **Schadensersatz** wegen des Mangels verlangen (§ 536a BGB).

Ein Mietverhältnis, das auf bestimmte Zeit eingegangen ist, endet grundsätzlich mit dem Ablauf dieser Zeit. Ist die Mietzeit nicht bestimmt, so kann jede Vertragspartei das Mietverhältnis nach den gesetzlichen Vorschriften **kündigen** (§ 542 BGB). Außerdem kann jede Vertragspartei das Mietverhältnis aus wichtigem Grund **außerordentlich fristlos** kündigen. Ein **wichtiger Grund** liegt vor, wenn dem Kündigenden unter Berücksichtigung aller Umstände des Einzelfalls, insbesondere eines Verschuldens der Vertragsparteien, und unter Abwägung der beiderseitigen Interessen die Fortsetzung des Mietverhältnisses bis zum Ablauf der Kündigungsfrist oder bis zur sonstigen Beendigung des Mietverhältnisses nicht zugemutet werden kann, z. B. wenn dem Mieter der vertragsgemäße Gebrauch der Mietsache ganz oder zum Teil nicht rechtzeitig gewährt oder wieder entzogen wird, der Mieter die Rechte des Vermieters in erheblichem Maße verletzt oder die Mietsache durch Vernachlässigung der ihm obliegenden Sorgfalt erheblich gefährdet. Ein außerordentlicher Kündigungsgrund liegt auch vor, wenn der Mieter für zwei aufeinander folgende Termine oder in einem Zeitraum, der sich über mehr als zwei Termine erstreckt, mit der Entrichtung der Miete, eines nicht unerheblichen Teils der Miete oder einem Betrag in entsprechender Höhe in Verzug ist. Allerdings 76 muss die andere Vertragspartei vorher **grundsätzlich** eine **angemessene Frist** setzen und die Frist muss abgelaufen sein oder sie muss erfolglos **abgemahnt** haben. Eine Frist oder Abmahnung ist nur dann nicht erforderlich, wenn sie offensichtlich keinen Erfolg verspricht, die sofortige Kündigung aus besonderen Gründen unter Abwägung der beiderseitigen Interessen gerechtfertigt ist oder der Mieter mit der Entrichtung der Miete in Verzug ist (§ 543 BGB).

77 **Für Wohnraum** gelten besondere Vorschriften (§ 549 BGB). Beispielsweise kann der Mieter vom Vermieter verlangen, einen Teil des Wohnraums einem **Dritten** zum Gebrauch zu **überlassen,** solange in der Person des Dritten kein wichtiger Grund vorliegt, der Wohnraum übermäßig belegt würde oder dem Vermieter die Überlassung aus sonstigen Gründen nicht zugemutet werden kann. Ist dem Vermieter die Überlassung nur bei einer angemessenen Erhöhung der Miete zuzumuten, so kann er die Erlaubnis davon abhängig machen, dass der Mieter sich mit einer solchen Erhöhung einverstanden erklärt (§ 553 BGB). Der Mieter hat Maßnahmen zu dulden, die zur **Erhaltung** der Mietsache erforderlich sind. Ferner hat er Maßnahmen zur **Verbesserung** der **Mietsache,** zur Einsparung von Energie oder Wasser oder zur Schaffung neuen Wohnraums zu dulden (§ 554 BGB). Die Kündigung bedarf der Schriftform (§ 568 Abs. 1 BGB).

78 Der **Vermieter** kann einen Mietvertrag über Wohnraum nur ordentlich **kündigen,** wenn er ein **berechtigtes Interesse** an der Beendigung des Mietverhältnisses hat (§ 573 BGB). Ein berechtigtes Interesse liegt insbesondere vor, wenn der Mieter seine vertraglichen Pflichten schuldhaft nicht unerheblich verletzt hat, der Vermieter die Räume als Wohnung für sich, seine Familienangehörigen oder Angehörige seines Haushalts benötigt oder der Vermieter durch die Fortsetzung des Mietverhältnisses an einer angemessenen wirtschaftlichen Verwertung des Grundstücks gehindert und dadurch erhebliche Nachteile erleiden würde. Ein berechtigtes Interesse liegt nicht vor, wenn der Vermieter nur die Möglichkeit nutzen möchte, durch eine anderweitige Vermietung als Wohnraum eine höhere Miete zu erzielen. Der Vermieter muss nur dann kein berechtigtes Interesse anführen, wenn er ein Mietverhältnis über eine Wohnung in einem von ihm selbst bewohnten Gebäude mit nicht mehr als zwei Wohnungen beendigen möchte (§ 573a BGB). Die ordentliche Kündigung ist spätestens am dritten Werktag eines Kalendermonats zum Ablauf des übernächsten Monats zulässig. Die **Kündigungsfrist** für den Vermieter verlängert sich nach fünf und acht Jahren seit der Überlassung des Wohnraums um jeweils drei Monate (§ 573c BGB).

79 Der Mieter kann der **Kündigung** des Vermieters **widersprechen** und von ihm die Fortsetzung des Mietverhältnisses verlangen, wenn die Beendigung des Mietverhältnisses für den Mieter, seine Familie oder einen anderen Angehörigen seines Haushalts eine **Härte** bedeuten würde, die auch unter Würdigung der berechtigten Interessen des Vermieters nicht zu rechtfertigen ist. Dies gilt nicht, wenn ein Grund vorliegt, der den Vermieter zur außerordentlichen fristlosen Kündigung berechtigt. Eine Härte liegt z. B. vor, wenn angemessener Ersatzwohnraum zu zumutbaren Bedingungen nicht beschafft werden kann (§ 574 BGB). Der Mieter kann dann verlangen, dass das Mietverhältnis so lange fortgesetzt wird, wie dies unter Berücksichtigung aller Umstände angemessen ist. Ist dem Vermieter nicht zuzumuten, das Mietverhältnis zu den bisherigen Vertragsbedin-

gungen fortzusetzen, so kann der Mieter nur verlangen, dass es unter einer **angemessenen Änderung der Bedingungen** fortgesetzt wird (§ 574a BGB).

V. Pacht

Durch den Pachtvertrag wird der Verpächter verpflichtet, dem Pächter den **Gebrauch** 80
des verpachteten Gegenstands **und** den **Genuss** der **Früchte,** soweit sie nach den Regeln einer ordnungsmäßigen Wirtschaft als Ertrag anzusehen sind, während der Pachtzeit zu gewähren. Der Pächter ist verpflichtet, dem Verpächter den vereinbarten Pachtzins zu entrichten (§§ 581 ff. BGB). Auf die Pacht sind die Vorschriften über die Miete entsprechend anzuwenden.

VI. Leihe

Durch den Leihvertrag wird der Verleiher einer Sache verpflichtet, dem Entleiher den 81
Gebrauch der Sache unentgeltlich zu gestatten (§ 598 BGB). Der Entleiher darf von der geliehenen Sache keinen anderen als den vertragsmäßigen Gebrauch machen. Er ist ohne die Erlaubnis des Verleihers nicht berechtigt, den Gebrauch der Sache einem Dritten zu überlassen (§ 603 BGB). Der Entleiher ist verpflichtet, die geliehene Sache nach Ablauf der für die Leihe bestimmten Zeit **zurückzugeben.** Ist eine Zeit nicht bestimmt, so ist die Sache zurückzugeben, nachdem der Entleiher den sich aus dem Zwecke der Leihe ergebenden Gebrauch gemacht hat. Der Verleiher kann die Sache schon vorher zurückfordern, wenn so viel Zeit verstrichen ist, dass der Entleiher den Gebrauch hätte machen können (§ 604 BGB).

VII. Sachdarlehen

Durch den Sachdarlehensvertrag wird der Darlehensgeber verpflichtet, dem Darlehens- 82
nehmer eine vereinbarte **vertretbare Sache,** die nicht Geld ist, zu **überlassen.** Der Darlehensnehmer ist zur Zahlung eines Darlehensentgelts und bei Fälligkeit zur Rückerstattung von Sachen gleicher Art, Güte und Menge verpflichtet (§ 607 BGB). Ist für die Rückerstattung eines Sachdarlehens eine Zeit nicht bestimmt, so hängt die Fälligkeit davon ab, dass der Gläubiger oder der Schuldner kündigt (§ 608 BGB). Ein Entgelt hat der Darlehensnehmer spätestens bei Rückerstattung der überlassenen Sache zu bezahlen (§ 609 BGB).

VIII. Dienst- und Arbeitsvertrag

Durch den Dienstvertrag wird derjenige, welcher Dienste zusagt, zur Leistung der ver- 83
sprochenen Dienste, der andere Teil zur Gewährung der vereinbarten Vergütung verpflichtet (§ 611 BGB). Der Arbeitsvertrag ist ein Unterfall des Dienstvertrags. Zur Abgrenzung von Werkverträgen und auch Arbeitnehmerüberlassungsverträgen wurde mit Wirkung ab 1.4.2017 die Vorschrift des § 611a BGB eingefügt. Durch den Arbeitsvertrag wird danach der Arbeitnehmer im Dienste eines anderen zur Leistung weisungsgebundener, fremdbestimmter Arbeit in persönlicher Abhängigkeit verpflichtet. Das Weisungsrecht kann dabei Inhalt, Durchführung, Zeit und Ort der Tätigkeit betref-

fen. Weisungsgebunden ist, wer nicht im Wesentlichen frei seine Tätigkeit gestalten und seine Arbeitszeit bestimmen kann. Inwieweit persönliche Abhängigkeit besteht, hängt auch von der Eigenart der jeweilig ausgeübten Tätigkeit ab. Für die Feststellung, ob ein Arbeitsvertrag vorliegt, ist aber eine Gesamtbetrachtung aller Umstände vorzunehmen. Der Arbeitgeber darf einen Arbeitnehmer bei einer Vereinbarung oder einer Maßnahme, insbesondere bei der Begründung des Arbeitsverhältnisses, beim beruflichen Aufstieg, bei einer Weisung oder einer Kündigung, **nicht wegen** seines **Geschlechts benachteiligen**. Eine unterschiedliche Behandlung wegen des Geschlechts ist jedoch zulässig, soweit eine Vereinbarung oder eine Maßnahme die Art der vom Arbeitnehmer auszuübenden Tätigkeit zum Gegenstand hat und ein bestimmtes Geschlecht unverzichtbare Voraussetzung für diese Tätigkeit ist. Wenn im Streitfall der Arbeitnehmer Tatsachen glaubhaft macht, die eine Benachteiligung wegen des Geschlechts vermuten lassen, trägt der Arbeitgeber die Beweislast dafür, dass nicht auf das Geschlecht bezogene, sachliche Gründe eine unterschiedliche Behandlung rechtfertigen oder das Geschlecht unverzichtbare Voraussetzung für die auszuübende Tätigkeit ist.

84 Geht ein **Betrieb** oder ein **Betriebsteil durch Rechtsgeschäft** auf einen **anderen Inhaber über**, so tritt dieser in die Rechte und Pflichten aus den im Zeitpunkt des Übergangs bestehenden Arbeitsverhältnissen ein. Sind diese Rechte und Pflichten durch Rechtsnormen eines Tarifvertrags oder durch eine Betriebsvereinbarung geregelt, so werden sie Inhalt des Arbeitsverhältnisses zwischen dem neuen Inhaber und dem Arbeitnehmer und dürfen nicht vor Ablauf eines Jahres nach dem Zeitpunkt des Übergangs zum Nachteil des Arbeitnehmers geändert werden. Dies gilt nicht, wenn die Rechte und Pflichten bei dem neuen Inhaber durch Rechtsnormen eines anderen Tarifvertrags oder durch eine andere Betriebsvereinbarung geregelt werden. Vor Ablauf der Frist können die Rechte und Pflichten geändert werden, wenn der Tarifvertrag oder die Betriebsvereinbarung nicht mehr gilt oder bei fehlender beiderseitiger Tarifgebundenheit im Geltungsbereich eines anderen Tarifvertrags dessen Anwendung zwischen dem neuen Inhaber und dem Arbeitnehmer vereinbart wird (§ 613a Abs. 1 BGB).

85 **Das Dienstverhältnis** endigt mit dem Ablauf der Zeit, für die es eingegangen ist. Ist die Dauer des Dienstverhältnisses weder bestimmt noch aus der Beschaffenheit oder dem Zweck der Dienste zu entnehmen, so kann jeder Teil das Dienstverhältnis nach Maßgabe der §§ 621, 622 BGB kündigen (§ 620 BGB). Danach gilt: Bei einem Dienstverhältnis, das **kein Arbeitsverhältnis** ist, ist die **Kündigung** zulässig,

- ► wenn die Vergütung nach Tagen bemessen ist, an jedem Tag für den Ablauf des folgenden Tages;
- ► wenn die Vergütung nach Wochen bemessen ist, spätestens am ersten Werktag einer Woche für den Ablauf des folgenden Sonnabends;
- ► wenn die Vergütung nach Monaten bemessen ist, spätestens am Fünfzehnten eines Monats für den Schluss des Kalendermonats;
- ► wenn die Vergütung nach Vierteljahren oder längeren Zeitabschnitten bemessen ist, unter Einhaltung einer Kündigungsfrist von sechs Wochen für den Schluss eines Kalendervierteljahres;
- ► wenn die Vergütung nicht nach Zeitabschnitten bemessen ist, jederzeit; bei einem die Erwerbstätigkeit des Verpflichteten vollständig oder hauptsächlich in Anspruch nehmenden Dienstverhältnis ist jedoch eine Kündigungsfrist von zwei Wochen einzuhalten.

Das **Arbeitsverhältnis** eines **Arbeiters** oder eines **Angestellten** (Arbeitnehmers) kann mit einer Frist von vier Wochen zum Fünfzehnten oder zum Ende eines Kalendermonats **gekündigt** werden. 86

Für eine Kündigung durch den Arbeitgeber beträgt die Kündigungsfrist, wenn das Arbeitsverhältnis in dem Betrieb oder Unternehmen

- zwei Jahre bestanden hat, einen Monat zum Ende eines Kalendermonats,
- fünf Jahre bestanden hat, zwei Monate zum Ende eines Kalendermonats,
- acht Jahre bestanden hat, drei Monate zum Ende eines Kalendermonats,
- zehn Jahre bestanden hat, vier Monate zum Ende eines Kalendermonats,
- zwölf Jahre bestanden hat, fünf Monate zum Ende eines Kalendermonats,
- fünfzehn Jahre bestanden hat, sechs Monate zum Ende eines Kalendermonats,
- zwanzig Jahre bestanden hat, sieben Monate zum Ende eines Kalendermonats.

Während einer vereinbarten Probezeit, längstens für die Dauer von sechs Monaten, 87 kann das Arbeitsverhältnis mit einer Frist von zwei Wochen gekündigt werden. Abweichende Regelungen können durch Tarifvertrag vereinbart werden. Im Geltungsbereich eines solchen Tarifvertrages gelten die abweichenden tarifvertraglichen Bestimmungen zwischen nichttarifgebundenen Arbeitgebern und Arbeitnehmern, wenn ihre Anwendung zwischen ihnen vereinbart ist. **Einzelvertraglich** kann eine **kürzere Kündigungsfrist** nur vereinbart werden (§ 622 Abs. 5 BGB), wenn

- ein Arbeitnehmer zur vorübergehenden Aushilfe eingestellt ist; dies gilt nicht, wenn das Arbeitsverhältnis über die Zeit von drei Monaten hinaus fortgesetzt wird;
- der Arbeitgeber i. d. R. nicht mehr als zwanzig Arbeitnehmer ausschließlich der zu ihrer Berufsbildung Beschäftigten beschäftigt und die Kündigungsfrist vier Wochen nicht unterschreitet. Bei der Feststellung der Zahl der beschäftigten Arbeitnehmer sind teilzeitbeschäftigte Arbeitnehmer mit einer regelmäßigen wöchentlichen Arbeitszeit von nicht mehr als zwanzig Stunden mit 0,5 und nicht mehr als dreißig Stunden mit 0,75 zu berücksichtigen.

Eine einzelvertragliche Vereinbarung **längerer** als der genannten **Kündigungsfristen** ist 88 zulässig. Für die Kündigung des Arbeitsverhältnisses durch den Arbeitnehmer darf keine längere Frist vereinbart werden als für die Kündigung durch den Arbeitgeber.

Das Dienstverhältnis kann von jedem Vertragsteil aus **wichtigem Grund** ohne Einhal- 89 tung einer Kündigungsfrist **gekündigt** werden, wenn Tatsachen vorliegen, aufgrund derer dem Kündigenden unter Berücksichtigung aller Umstände des Einzelfalles und unter Abwägung der Interessen beider Vertragsteile die Fortsetzung des Dienstverhältnisses bis zum Ablauf der Kündigungsfrist oder bis zu der vereinbarten Beendigung des Dienstverhältnisses nicht zugemutet werden kann. Die Kündigung kann nur innerhalb von zwei Wochen erfolgen. Die Frist beginnt mit dem Zeitpunkt, in dem der Kündigungsberechtigte von den für die Kündigung maßgebenden Tatsachen Kenntnis erlangt. Der Kündigende muss dem anderen Teil auf Verlangen den Kündigungsgrund unverzüglich schriftlich mitteilen (§ 626 BGB).

IX. Werkvertrag

Durch den Werkvertrag (§§ 631 ff. BGB) wird der Unternehmer zur **Herstellung** des **ver-** 90 **sprochenen Werks,** der Besteller zur Entrichtung der vereinbarten Vergütung verpflichtet. Gegenstand des Werkvertrags kann sowohl die Herstellung oder Veränderung einer

Sache als auch ein anderer durch Arbeit oder Dienstleistung herbeizuführender Erfolg sein. Entscheidender **Unterschied** zum **Dienst-** oder **Arbeitsvertrag** ist, dass beim Werkvertrag nur das Ergebnis also der Leistungserfolg zählt, nicht der Herstellungsprozess, während beim Arbeitsvertrag der Arbeitgeber auf die Art und Weise der Herstellung Einfluss nehmen kann.

91 Ist die Höhe der **Vergütung nicht bestimmt,** so ist bei dem Bestehen einer Taxe die taxmäßige Vergütung, in Ermangelung einer Taxe die übliche Vergütung als vereinbart anzusehen. Ein Kostenanschlag ist im Zweifel nicht zu vergüten (§ 632 BGB).

Der Unternehmer kann von dem Besteller eine **Abschlagszahlung** in Höhe des Wertes der von ihm erbrachten und nach dem Vertrag geschuldeten Leistungen verlangen. Dies gilt auch für erforderliche Stoffe oder Bauteile, die eigens angefertigt oder angeliefert sind. Der Anspruch besteht nur, wenn dem Besteller Eigentum an den Teilen des Werkes, an den Stoffen oder Bauteilen übertragen oder Sicherheit hierfür geleistet wird (§ 632a BGB).

Der Besteller ist verpflichtet, das vertragsmäßig hergestellte Werk abzunehmen, wodurch die **Fälligkeit** des **Werklohnanspruchs** eintritt. Die **Abnahme** kann nur wegen wesentlicher Mängel verweigert werden. Als abgenommen gilt ein Werk auch, wenn der Unternehmer dem Besteller nach Fertigstellung des Werks eine angemessene Frist zur Abnahme gesetzt hat und der Besteller die Abnahme nicht innerhalb dieser Frist unter Angabe mindestens eines Mangels verweigert hat. Bei einem Besteller, der Verbraucher ist, gilt dies nur, wenn der Unternehmer ihn zusammen mit der Aufforderung zur Abnahme auf die Folgen einer nicht erklärten oder ohne Angabe von Mängeln verweigerten Abnahme hingewiesen hat, wobei dieser Hinweis zumindest in Textform erfolgt sein muss (§ 640 BGB). Kann der Besteller die Beseitigung eines Mangels verlangen, so kann er nach der Abnahme die **Zahlung** eines angemessenen Teils der Vergütung **verweigern,** regelmäßig in Höhe des Zweifachen der für die Beseitigung des Mangels erforderlichen Kosten (§ 641 Abs. 3 BGB).

92 Der Unternehmer hat dem Besteller das Werk **frei von Sach-** und **Rechtsmängeln** zu verschaffen (§ 633 BGB). Das Werk ist frei von Sachmängeln, wenn es die vereinbarte Beschaffenheit hat. Soweit die Beschaffenheit nicht vereinbart ist, ist das Werk frei von Sachmängeln, wenn es sich für die nach dem Vertrag vorausgesetzte, sonst für die gewöhnliche Verwendung eignet und eine Beschaffenheit aufweist, die bei Werken der gleichen Art üblich ist und die der Besteller nach der Art des Werkes erwarten kann. Einem Sachmangel steht es gleich, wenn der Unternehmer ein anderes als das bestellte Werk oder das Werk in zu geringer Menge herstellt. Von Rechtsmängeln ist ein Werk frei, wenn Dritte in Bezug auf das Werk keine oder nur die im Vertrag übernommenen Rechte gegen den Besteller geltend machen können.

Ist das **Werk mangelhaft**, kann der Besteller folgende Rechte geltend machen (§ 634 BGB):

- Er kann Nacherfüllung verlangen,
- den Mangel selbst beseitigen und Ersatz der erforderlichen Aufwendungen verlangen,
- vom Vertrag zurücktreten oder die Vergütung mindern und
- Schadensersatz oder Ersatz vergeblicher Aufwendungen verlangen.

Verlangt der Besteller **Nacherfüllung,** so kann der Unternehmer nach seiner Wahl den Mangel beseitigen oder ein neues Werk herstellen. Jedenfalls muss der Unternehmer die zum Zwecke der Nacherfüllung erforderlichen Aufwendungen, insbesondere Transport-, Wege-, Arbeits- und Materialkosten tragen. Der Unternehmer kann die Nacherfüllung **verweigern,** wenn ihm die Leistung unzumutbar ist, z. B. weil sie nur mit unverhältnismäßigen Kosten möglich ist (§ 635 BGB).

Der Besteller kann den **Mangel selbst beseitigen** und **Ersatz** der erforderlichen **Aufwendungen** verlangen, wenn er dem Unternehmer zuvor eine angemessene Frist zur Nacherfüllung gesetzt hat und der Unternehmer die Nacherfüllung nicht zu Recht verweigert. Einer Frist bedarf es dann nicht, wenn die Nacherfüllung fehlgeschlagen oder dem Besteller unzumutbar ist (§ 637 BGB). **Mindert** der Besteller den **Kaufpreis,** ist die Vergütung in dem Verhältnis herabzusetzen, in welchem zur Zeit des Vertragsschlusses der Wert des Werkes in mangelfreiem Zustand zu dem wirklichen Wert gestanden haben würde (§ 638 BGB). Zu beachten ist, dass auf einen Vertrag, der die Lieferung **herzustellender** oder zu **erzeugender beweglicher Sachen** zum Gegenstand hat, die Vorschriften über den Kauf (§§ 433 ff. BGB) Anwendung finden (§ 651 BGB).

X. Reisevertrag (Pauschalreisevertrag)

Durch den Pauschalreisevertrag wird der Unternehmer (Reiseveranstalter) verpflichtet, 93
dem Reisenden eine Pauschalreise zu verschaffen. Der Reisende ist verpflichtet, dem Reiseveranstalter den vereinbarten Reisepreis zu zahlen.

Eine Pauschalreise ist dabei eine Gesamtheit von mindestens zwei verschiedenen Arten von Reiseleistungen für den Zweck derselben Reise.

Eine Pauschalreise liegt aber auch dann vor, wenn die von dem Vertrag umfassten Reiseleistungen auf Wunsch des Reisenden oder entsprechend seiner Auswahl zusammengestellt wurden oder der Reiseveranstalter dem Reisenden in dem Vertrag das Recht einräumt, die Auswahl der Reiseleistungen aus seinem Angebot nach Vertragsschluss zu treffen (§ 651a BGB). Zu den Rechten des Reisenden bei Mängeln der Reise vgl. die §§ 651i Abs. 3 BGB.

XI. Mäklervertrag

Wer für den Nachweis der **Gelegenheit** zum **Abschluss** eines **Vertrags** oder für die Ver- 94
mittlung eines Vertrags einen Mäklerlohn verspricht, ist zur Entrichtung des Lohns nur verpflichtet, wenn der Vertrag infolge des Nachweises oder infolge der Vermittlung des Mäklers zustande kommt. Wird der Vertrag unter einer aufschiebenden Bedingung geschlossen, so kann der Mäklerlohn erst verlangt werden, wenn die Bedingung eintritt. Aufwendungen sind dem Mäkler nur zu ersetzen, wenn es vereinbart ist. Dies gilt auch dann, wenn ein Vertrag nicht zustande kommt (§ 652 BGB). Der Anspruch auf den Mäklerlohn und den Ersatz von Aufwendungen ist ausgeschlossen, wenn der Mäkler dem Inhalt des Vertrags zuwider auch für den anderen Teil tätig gewesen ist (§ 654 BGB).

XII. Auftrag und Geschäftsbesorgung

Durch die Annahme eines Auftrags verpflichtet sich der Beauftragte, ein ihm von dem 95
Auftraggeber **übertragenes Geschäft** für diesen **unentgeltlich** zu **besorgen** (§ 662 BGB).

Der Beauftragte darf die Ausführung des Auftrags nicht einem Dritten übertragen. Ist die Übertragung gestattet, so hat er nur ein ihm bei der Übertragung zur Last fallendes Verschulden zu vertreten. Für das Verschulden eines Gehilfen ist er nach § 278 BGB verantwortlich (§ 664 Abs. 1 BGB).

Auf einen **Dienstvertrag** oder einen **Werkvertrag,** der eine **Geschäftsbesorgung** zum Gegenstand hat, finden grundsätzlich die Vorschriften über den Auftrag Anwendung. Dabei gilt: Wer einem anderen einen Rat oder eine Empfehlung erteilt, ist zum Ersatz des aus der Befolgung des Rats oder der Empfehlung entstehenden Schadens nicht verpflichtet (§ 675 BGB).

XIII. Darlehensvermittlungsvertrag

96 Ein Darlehensvermittlungsvertrag ist ein Vertrag, nach dem es ein Unternehmer unternimmt, einem **Verbraucher** gegen Entgelt einen Verbraucherdarlehensvertrag zu vermitteln oder ihm die Gelegenheit zum Abschluss eines Verbraucherdarlehensvertrags nachzuweisen oder auf andere Weise beim Abschluss eines Verbraucherdarlehensvertrag behilflich zu sein (§ 655a BGB). Der Darlehensvermittlungsvertrag bedarf der **schriftlichen Form.** In dem Vertrag ist vorbehaltlich sonstiger Informationspflichten insbesondere die Vergütung des Darlehensvermittlers in einem Prozentsatz des Darlehens anzugeben; hat der Darlehensvermittler auch mit dem Unternehmer eine Vergütung vereinbart, so ist auch diese anzugeben. Der Vertrag darf nicht mit dem Antrag auf Hingabe des Darlehens verbunden werden. Der Darlehensvermittler hat dem Verbraucher den Vertragsinhalt in Textform (§ 126b BGB) mitzuteilen (§ 655b BGB). Der Verbraucher ist zur Zahlung der **Vergütung** nur verpflichtet, wenn infolge der Vermittlung oder des Nachweises des Darlehensvermittlers das Darlehen an den Verbraucher geleistet wird und ein Widerruf des Verbrauchers nicht mehr möglich ist (§ 655c BGB).

XIV. Zahlungsdienste

97 Die Paragrafen 675c f. BGB beinhalten Sonderregelungen für Zahlungsdienste. Die Erbringung von Zahlungsdiensten stellt einen Geschäftsbesorgungsvertrag dar, so dass die §§ 663, 665 bis 670 und 672 bis 674 entsprechend anzuwenden sind.

Die Vorschriften über Zahlungsdienste sind auch auf Verträge über die Ausgabe und Nutzung von **E-Geld** anzuwenden.

Der Begriff **Zahlungsdienst** umfasst sämtliche Dienstleistungen eines Dritten, die die Ausführung einer Zahlung zwischen dem Zahler und dem Zahlungsempfänger unterstützen, gleich ob die Zahlung in bar durch Buch- oder elektronisches Geld (E-Geld) erfolgen soll.
Durch einen **Einzelzahlungsvertrag** wird der Zahlungsdienstleister verpflichtet, für die Person, die einen Zahlungsdienst als Zahler, Zahlungsempfänger oder in beiden Eigenschaften in Anspruch nimmt (Zahlungsdienstnutzer), einen Zahlungsvorgang auszuführen.

98 Durch einen **Zahlungsdiensterahmenvertrag** wird der Zahlungsdienstleister verpflichtet, für den Zahlungsdienstnutzer einzelne und aufeinander folgende Zahlungsvorgänge auszuführen sowie ggf. für den Zahlungsdienstnutzer ein auf dessen Namen oder

die Namen mehrerer Zahlungsdienstnutzer lautendes Zahlungskonto zu führen. Ein Zahlungsdiensterahmenvertrag kann auch Bestandteil eines sonstigen Vertrags sein oder mit einem anderen Vertrag zusammenhängen.

Der Zahlungsdienstnutzer ist verpflichtet, dem Zahlungsdienstleister das für die Erbringung eines Zahlungsdienstes vereinbarte Entgelt zu entrichten.

Der Zahlungsdienstnutzer kann einen Zahlungsdiensterahmenvertrag, auch wenn dieser für einen bestimmten Zeitraum geschlossen ist, jederzeit ohne Einhaltung einer Kündigungsfrist kündigen, wenn nicht eine Kündigungsfrist vereinbart wurde. Die Vereinbarung einer Kündigungsfrist ist dabei unwirksam, wenn diese mehr als einen Monat betragen soll.

Der Zahlungsdienstleister kann den Zahlungsdiensterahmenvertrag nur kündigen, wenn der Vertrag auf unbestimmte Zeit geschlossen und das Kündigungsrecht vereinbart wurde. Die Kündigungsfrist darf dabei zwei Monate nicht unterschreiten.

Ein Zahlungsvorgang ist gegenüber dem Zahler nur wirksam, wenn er diesem zugestimmt hat. Die Zustimmung ist grundsätzlich in Form der vorherigen Einwilligung zu erteilen. Zahler und Zahlungsdienstleister können aber auch vereinbaren, dass eine Zustimmung in Form der nachträglichen Genehmigung erfolgen kann.

Solange der Zahlungsauftrag widerruflich ist, kann der Zahler auch seine Zustimmung widerrufen.

Wurde ein Zahlungsvorgang ohne Zustimmung des Zahlers ausgeführt, hat der Zahlungsdienstleister des Zahlers gegen diesen keinen Anspruch auf Erstattung seiner Aufwendungen und ist verpflichtet, dem Zahler den Zahlungsbetrag unverzüglich zu erstatten bzw. bei erfolgter Belastung das Konto des Zahlers auszugleichen, § 675u BGB (Haftung des Zahlungsdienstleisters).

Kam es aufgrund der Nutzung eines verlorengegangenen, gestohlenen oder sonst abhanden gekommenen Zahlungsauthentifizierungsinstruments zu einem solchen Zahlungsvorgang, kann der Zahlungsdienstleister des Zahlers von diesem den Ersatz des hierdurch entstandenen Schadens bis zu einem Betrag von 50 € verlangen.

Der Zahler hat seinem Zahlungsdienstleister den gesamten Schaden zu ersetzen, der kausal durch einen nicht autorisierten Zahlungsvorgang entstanden ist, wenn der Zahler ihn in betrügerischer Absicht ermöglicht hat oder durch vorsätzliche oder grob fahrlässige Verletzung von vereinbarten Vertragspflichten oder durch vorsätzliches oder grob fahrlässiges Unterlassen des Schutzes personalisierter Sicherheitsmerkmale eines Zahlungsauthentifizierungsinstruments vor unbefugtem Zugriff herbeigeführt hat.

XV. Bürgschaft

Durch den Bürgschaftsvertrag verpflichtet sich der Bürge gegenüber dem Gläubiger eines Dritten, für die Erfüllung der **Verbindlichkeit des Dritten einzustehen** (§ 765 BGB). 99
Zur Gültigkeit des Bürgschaftsvertrags ist eine **schriftliche** Erteilung der Bürgschaftserklärung erforderlich. Soweit der Bürge die Hauptverbindlichkeit erfüllt, wird der Mangel der Form geheilt (§ 766 BGB). Für die **Verpflichtung des Bürgen** ist der jeweilige Bestand der Hauptverbindlichkeit maßgebend. Dies gilt insbesondere auch, wenn die

Hauptverbindlichkeit durch Verschulden oder Verzug des Hauptschuldners geändert wird. Durch ein Rechtsgeschäft, das der Hauptschuldner nach der Übernahme der Bürgschaft vornimmt, wird die Verpflichtung des Bürgen nicht erweitert. Der Bürge haftet für die dem Gläubiger von dem Hauptschuldner zu ersetzenden Kosten der Kündigung und der Rechtsverfolgung (§ 767 BGB). Der Bürge kann die dem Hauptschuldner zustehenden Einreden geltend machen. Stirbt der Hauptschuldner, so kann sich der Bürge nicht darauf berufen, dass der Erbe für die Verbindlichkeit nur beschränkt haftet (§ 768 BGB).

100 Der Bürge kann die Befriedigung des Gläubigers verweigern, solange nicht der Gläubiger eine Zwangsvollstreckung gegen den Hauptschuldner ohne Erfolg versucht hat (§ 771 BGB, **Einrede der Vorausklage**). Die Einrede der Vorausklage ist **ausgeschlossen** (§ 773 BGB),

- wenn der Bürge auf die Einrede verzichtet, insbesondere wenn er sich als Selbstschuldner verbürgt hat;
- wenn die Rechtsverfolgung gegen den Hauptschuldner infolge einer nach der Übernahme der Bürgschaft eingetretenen Änderung des Wohnsitzes, der gewerblichen Niederlassung oder des Aufenthaltsorts des Hauptschuldners wesentlich erschwert ist;
- wenn über das Vermögen des Hauptschuldners das Insolvenzverfahren eröffnet ist;
- wenn anzunehmen ist, dass die Zwangsvollstreckung in das Vermögen des Hauptschuldners nicht zur Befriedigung des Gläubigers führen wird.

101 Soweit der Bürge den **Gläubiger befriedigt**, geht die Forderung des Gläubigers gegen den Hauptschuldner auf ihn über. Der Übergang kann nicht zum Nachteil des Gläubigers geltend gemacht werden. Einwendungen des Hauptschuldners aus einem zwischen ihm und dem Bürgen bestehenden Rechtsverhältnisse bleiben unberührt (§ 774 Abs. 1 BGB).

XVI. Vergleich

102 Ein Vertrag, durch den der **Streit** oder die **Ungewissheit** der Parteien **über** ein **Rechtsverhältnis** im Wege gegenseitigen Nachgebens beseitigt wird (Vergleich), ist unwirksam, wenn der nach dem Inhalt des Vertrags als feststehend zugrunde gelegte Sachverhalt der Wirklichkeit nicht entspricht und der Streit oder die Ungewissheit bei Kenntnis der Sachlage nicht entstanden sein würde. Der Ungewissheit über ein Rechtsverhältnis steht es gleich, wenn die Verwirklichung eines Anspruchs unsicher ist (§ 779 BGB).

XVII. Schuldversprechen, Schuldanerkenntnis

103 Zur Gültigkeit eines Vertrags, durch den eine Leistung in der Weise versprochen wird, dass das Versprechen die **Verpflichtung selbständig begründen** soll (Schuldversprechen), ist, soweit nicht eine andere Form vorgeschrieben ist, eine schriftliche Erteilung des Versprechens erforderlich (§ 780 BGB). Zur Gültigkeit eines Vertrags, durch den das **Bestehen** eines **Schuldverhältnisses anerkannt** wird (Schuldanerkenntnis), ist eine schriftliche Erteilung der Anerkennungserklärung erforderlich. Ist für die Begründung des Schuldverhältnisses, dessen Bestehen anerkannt wird, eine andere Form vorgeschrieben, so bedarf der Anerkennungsvertrag dieser Form (§ 781 BGB). Wird ein

Schuldversprechen oder ein Schuldanerkenntnis aufgrund einer Abrechnung oder im Wege des Vergleichs erteilt, so gilt das Schriftlichkeitserfordernis nicht (§ 782 BGB).

XVIII. Anweisung

Händigt jemand eine **Urkunde,** in der er einen **anderen anweist,** Geld, Wertpapiere oder andere vertretbare Sachen an einen Dritten zu leisten, dem **Dritten aus,** so ist dieser ermächtigt, die Leistung bei dem Angewiesenen im eigenen Namen zu erheben; der Angewiesene ist ermächtigt, für Rechnung des Anweisenden an den Anweisungsempfänger zu leisten (§ 783 BGB). Nimmt der Angewiesene die Anweisung an, so ist er dem Anweisungsempfänger gegenüber zur Leistung verpflichtet; er kann ihm nur solche Einwendungen entgegensetzen, welche die Gültigkeit der Annahme betreffen oder sich aus dem Inhalt der Anweisung oder dem Inhalt der Annahme ergeben oder dem Angewiesenen unmittelbar gegen den Anweisungsempfänger zustehen. Die Annahme erfolgt durch einen schriftlichen Vermerk auf der Anweisung. Ist der Vermerk auf die Anweisung vor der Aushändigung an den Anweisungsempfänger gesetzt worden, so wird die Annahme diesem gegenüber erst mit der Aushändigung wirksam (§ 784 BGB). 104

XIX. Schuldverschreibung auf den Inhaber

Hat jemand eine **Urkunde** ausgestellt, in der er dem Inhaber der Urkunde eine **Leistung verspricht** (Schuldverschreibung auf den Inhaber), so kann der Inhaber von ihm die Leistung nach Maßgabe des Versprechens verlangen, es sei denn, dass er zur Verfügung über die Urkunde nicht berechtigt ist. Der Aussteller wird jedoch auch durch die Leistung an einen nicht zur Verfügung berechtigten Inhaber befreit. Die Gültigkeit der Unterzeichnung kann durch eine in die Urkunde aufgenommene Bestimmung von der Beobachtung einer besonderen Form abhängig gemacht werden. Zur Unterzeichnung genügt eine im Wege der mechanischen Vervielfältigung hergestellte Namensunterschrift (§ 793 BGB). 105

Der Aussteller kann dem Inhaber der Schuldverschreibung nur solche **Einwendungen** entgegensetzen, welche die Gültigkeit der Ausstellung betreffen oder sich aus der Urkunde ergeben oder dem Aussteller unmittelbar gegen den Inhaber zustehen (§ 796 BGB). Der Aussteller ist nur gegen Aushändigung der Schuldverschreibung zur Leistung verpflichtet. Mit der Aushändigung erwirbt er das Eigentum an der Urkunde, auch wenn der Inhaber zur Verfügung über sie nicht berechtigt ist (§ 797 BGB). 106

XX. Vorlegung von Sachen

Nach den wenig bekannten §§ 809 ff. BGB kann, wer gegen den Besitzer einer Sache einen Anspruch in Ansehung der Sache hat oder sich **Gewissheit** verschaffen will, **ob** ihm ein solcher **Anspruch zusteht,** wenn die Besichtigung der Sache aus diesem Grund für ihn von Interesse ist, verlangen, dass der Besitzer ihm die Sache zur Besichtigung vorlegt oder die Besichtigung gestattet. Genauso kann, wer ein rechtliches Interesse daran hat, eine in fremdem Besitz befindliche **Urkunde** einzusehen, von dem Besitzer die Gestattung der Einsicht verlangen, wenn die Urkunde in seinem Interesse errichtet oder in der Urkunde ein zwischen ihm und einem anderen bestehendes Rechtsverhält- 107 nis beurkundet ist oder wenn die Urkunde Verhandlungen über ein Rechtsgeschäft enthält, die zwischen ihm und einem anderen oder zwischen einem von beiden und einem gemeinschaftlichen Vermittler gepflogen worden sind (§ 810 BGB). Die Vorlegung hat an dem Ort zu erfolgen, an welchem sich die vorzulegende Sache befindet. Jeder Teil kann die Vorlegung an einem anderen Ort verlangen, wenn ein wichtiger Grund vorliegt (§ 811 BGB).

XXI. Ungerechtfertigte Bereicherung

108 Wer durch die Leistung eines anderen oder in sonstiger Weise auf dessen Kosten etwas **ohne rechtlichen Grund erlangt,** ist ihm zur **Herausgabe** verpflichtet. Diese Verpflichtung besteht auch dann, wenn der rechtliche Grund später wegfällt oder der mit einer Leistung nach dem Inhalt des Rechtsgeschäfts bezweckte Erfolg nicht eintritt (§ 812 BGB). Wendet der Empfänger das Erlangte **unentgeltlich** einem **Dritten** zu, so ist, soweit infolgedessen die Verpflichtung des Empfängers zur Herausgabe der Bereicherung ausgeschlossen ist, der Dritte zur Herausgabe verpflichtet, wie wenn er die Zuwendung von dem Gläubiger ohne rechtlichen Grund erhalten hätte (§ 822 BGB).

XXII. Unerlaubte Handlungen

109 Wer vorsätzlich oder fahrlässig das **Leben**, den **Körper**, die **Gesundheit**, die **Freiheit**, das **Eigentum oder** ein **sonstiges Recht** eines anderen widerrechtlich verletzt, ist dem anderen zum Ersatz des daraus entstehenden Schadens verpflichtet. Die gleiche Verpflichtung trifft denjenigen, welcher gegen ein den Schutz eines anderen bezweckendes Gesetz verstößt (§ 823 BGB).

110 Ebenso ist zum **Schadensersatz** verpflichtet, wer der Wahrheit zuwider eine Tatsache behauptet oder verbreitet, die geeignet ist, den **Kredit** eines anderen zu **gefährden** oder sonstige Nachteile für dessen Erwerb oder Fortkommen herbeizuführen (§ 824 BGB). Das gilt auch dann, wenn er die Unwahrheit zwar nicht kennt, aber kennen musste.

111 Wer einen anderen zu einer Verrichtung bestellt, ist zum Ersatz des Schadens verpflichtet, den der **Verrichtungsgehilfe** in Ausführung der Verrichtung einem Dritten widerrechtlich zufügt. Der **Geschäftsherr** kann sich aber **exkulpieren**: Die Ersatzpflicht tritt nicht ein, wenn er bei der Auswahl der bestellten Person und, sofern er Vorrichtungen oder Gerätschaften zu beschaffen oder die Ausführung der Verrichtung zu leiten hat, bei der Beschaffung oder der Leitung die im Verkehr erforderliche Sorgfalt beobachtet hat oder wenn der Schaden auch bei Anwendung dieser Sorgfalt entstanden wäre (§ 831 BGB).

112 Schadensersatzpflichtig macht sich ferner, wer kraft Gesetzes zur Führung der **Aufsicht über** eine **Person** verpflichtet ist, die wegen Minderjährigkeit oder wegen ihres geistigen oder körperlichen Zustands der Beaufsichtigung bedarf, wenn diese Person einem Dritten einen Schaden widerrechtlich zufügt. Die Ersatzpflicht tritt nicht ein, wenn er seiner Aufsichtspflicht genügt oder wenn der Schaden auch bei gehöriger Aufsichtsführung entstanden sein würde (§ 832 BGB). Wird **durch** ein **Tier** ein Mensch **getötet** oder der Körper oder die Gesundheit eines Menschen verletzt oder eine Sache beschädigt, so ist derjenige, welcher das Tier hält, verpflichtet, dem Verletzten den daraus entstehen-

den Schaden zu ersetzen. Die Ersatzpflicht tritt nicht ein, wenn der Schaden durch ein Haustier verursacht wird, das dem Beruf, der Erwerbstätigkeit oder dem Unterhalt des Tierhalters zu dienen bestimmt ist, und entweder der Tierhalter bei der Beaufsichtigung des Tieres die im Verkehr erforderliche Sorgfalt beobachtet hat oder wenn der Schaden auch bei Anwendung dieser Sorgfalt entstanden wäre (§ 833 BGB).

Wird durch den **Einsturz** eines **Gebäudes** oder eines anderen mit einem Grundstück verbundenen Werks oder durch die Ablösung von Teilen des Gebäudes oder des Werks ein Mensch getötet, der Körper oder die Gesundheit eines Menschen verletzt oder eine Sache beschädigt, so ist der Besitzer des Grundstücks, sofern der Einsturz oder die Ablösung die Folge fehlerhafter Errichtung oder mangelhafter Unterhaltung ist, verpflichtet, dem Verletzten den daraus entstehenden Schaden zu ersetzen. Auch hier tritt die Ersatzpflicht nicht ein, wenn der Besitzer zum Zweck der Abwendung der Gefahr die im Verkehr erforderliche Sorgfalt beachtet hat (§ 836 BGB). 113

Grundlegend für **staatliches Unrecht** ist § 839 BGB: Verletzt ein **Beamter** vorsätzlich oder fahrlässig die ihm einem Dritten gegenüber obliegende Amtspflicht, so hat die Anstellungskörperschaft dem Dritten den daraus entstehenden Schaden zu ersetzen (§ 839 BGB i.V.m. Art. 34 GG). Fällt dem Beamten nur Fahrlässigkeit zur Last, kann die Anstellungskörperschaft nur dann in Anspruch genommen werden, wenn der Verletzte nicht auf andere Weise Ersatz zu erlangen vermag (Subsidiarität der Amtshaftung). 114

Sind für den aus einer unerlaubten Handlung entstehenden Schaden mehrere nebeneinander verantwortlich, so haften sie als **Gesamtschuldner** (§§ 421, 426 BGB). 115

Einstweilen frei 116–118

D. Sachenrecht

Das Sachenrecht ist vom Schuldrecht streng zu unterscheiden. Es regelt die dinglichen Herrschaftsrechte über Sachen und ist in einem eigenen Buch des BGB geregelt. Grundlegend ist die Differenzierung zwischen dem schuldrechtlichen Verpflichtungsgeschäft und dem sachenrechtlichen Erfüllungsgeschäft (**Trennungsprinzip**). Mängel des Verpflichtungsgeschäftes erfassen wegen dieser Trennung das Erfüllungsgeschäft i. d. R. nicht (**Abstraktionsprinzip**). Der Käufer einer Sache hat beispielsweise nach § 433 Abs. 1 BGB das Recht, diese vom Verkäufer übereignet zu bekommen. Diese schuldrechtliche Verpflichtung und vor allem die Folgen bei Nichterfüllung sind im Schuldrecht geregelt und oben dargestellt. Sie können vertraglich geändert werden. Ob und wann der Käufer aber Eigentum erworben hat, ist eine sachenrechtliche Frage, die vertraglicher Regelung entzogen und ausschließlich im BGB geregelt ist. 119

Käufer und Verkäufer haben also i. d. R. zwei Rechtsverhältnisse, nämlich das vertragliche Verpflichtungsgeschäft, das auf Verschaffung des Eigentums gerichtet ist, und das dingliche Erfüllungsgeschäft, das diese Übereignung **vollzieht.** 120

I. Besitz

121 Wichtig ist die Unterscheidung von Besitz und Eigentum. Der Besitz einer Sache wird durch die **Erlangung** der **tatsächlichen Gewalt** über die Sache erworben (§§ 854 ff. BGB). Mit dem Eigentum hat dies nichts zu tun. Der Mieter ist Besitzer, Eigentümer ist dagegen i. d. R. der Vermieter. Der Besitz wird dadurch beendigt, dass der Besitzer die tatsächliche Gewalt über die Sache aufgibt oder in anderer Weise verliert. Wer dem Besitzer ohne dessen Willen den Besitz entzieht oder ihn im Besitz stört, handelt, sofern nicht das Gesetz die Entziehung oder die Störung gestattet, rechtswidrig (verbotene Eigenmacht). Der Besitzer darf sich verbotener Eigenmacht mit Gewalt erwehren, z. B. einem auf frischer Tat betroffenen oder verfolgten Täter die bewegliche Sache mit Gewalt wieder abnehmen.

II. Eigentum an Sachen

122 Der Eigentümer einer Sache kann, soweit nicht das Gesetz oder Rechte Dritter entgegenstehen, **mit** der **Sache nach Belieben verfahren** und andere von jeder Einwirkung ausschließen (§§ 903 ff. BGB).

123 Zur **Übertragung** des **Eigentums** an einer **beweglichen Sache** ist erforderlich, dass der Eigentümer die Sache dem Erwerber **übergibt** und beide darüber einig sind, dass das Eigentum übergehen soll. Ist der Erwerber im Besitz der Sache, so genügt die Einigung über den Übergang des Eigentums (§§ 929 ff. BGB).

124 Der Eigentümer kann von dem Besitzer die **Herausgabe** der Sache verlangen (§§ 985 ff. BGB). Der Besitzer kann die Herausgabe der Sache verweigern, wenn er oder der mittelbare Besitzer, von dem er sein Recht zum Besitz ableitet, dem Eigentümer gegenüber zum Besitz berechtigt ist (z. B. der Mieter aufgrund des Mietvertrags).

Eine **Übereignung** kann auch durch einen **nichtberechtigten Nicht-Eigentümer** erfolgen. Denn nach § 932 BGB wird der Erwerber einer nach § 929 BGB erfolgten Veräußerung auch dann Eigentümer, wenn die Sache nicht dem Veräußerer gehört, es sei denn, dass er zu der Zeit, zu der er nach diesen Vorschriften das Eigentum erwerben würde, nicht in gutem Glauben ist. Hieran wird die Bedeutung des Besitzes deutlich: Denn nach § 1006 BGB wird zugunsten des Besitzers einer beweglichen Sache vermutet, dass er Eigentümer der Sache sei. Dies gilt jedoch nicht einem früheren Besitzer gegenüber, dem die Sache gestohlen worden, verloren gegangen oder sonst abhanden gekommen ist, es sei denn, dass es sich um Geld oder Inhaberpapiere handelt.

III. Allgemeine Vorschriften über Rechte an Grundstücken

125 Für Grundstücke gelten Besonderheiten: Zur **Übertragung** des **Eigentums** an einem Grundstück, zur Belastung eines Grundstücks mit einem Recht sowie zur Übertragung oder Belastung eines solchen Rechts ist die Einigung des Berechtigten und des anderen Teils über den Eintritt der Rechtsänderung und die Eintragung der Rechtsänderung in das Grundbuch erforderlich (§§ 873 ff. BGB).

126 Die zur Übertragung des Eigentums an einem Grundstück erforderliche Einigung des Veräußerers und des Erwerbers (**Auflassung**) muss bei gleichzeitiger Anwesenheit bei-

der Teile vor einer zuständigen Stelle erklärt werden (§§ 925 ff. BGB). Zur Entgegennahme der Auflassung ist, unbeschadet der Zuständigkeit weiterer Stellen, jeder Notar zuständig. Eine Auflassung kann auch in einem gerichtlichen Vergleich erklärt werden.

IV. Dienstbarkeiten

Ein Grundstück kann zugunsten des jeweiligen Eigentümers eines anderen Grundstücks in der Weise belastet werden, dass dieser das Grundstück in einzelnen Beziehungen benutzen darf, dass auf dem Grundstück gewisse Handlungen nicht vorgenommen werden dürfen oder dass die Ausübung eines Rechts ausgeschlossen ist, das sich aus dem Eigentum an dem belasteten Grundstück dem anderen Grundstück gegenüber ergibt (z. B. das Verbot, eine andere Biermarke zu verkaufen als die der Brauerei, die Eigentümer des Grundstücks ist; **Grunddienstbarkeit**, §§ 1018 ff. BGB). 127

Eine Sache oder ein Grundstück können in der Weise belastet werden, dass derjenige, zu dessen Gunsten die Belastung erfolgt, berechtigt ist, die Nutzungen der Sache oder des Grundstücks zu ziehen (**Nießbrauch**, §§ 1030 ff. BGB). Der Nießbrauch kann durch den Ausschluss einzelner Nutzungen beschränkt werden. Der Nießbraucher ist zum **Besitz** berechtigt. Er hat bei der Ausübung des Nutzungsrechts die bisherige wirtschaftliche Bestimmung der Sache aufrechtzuerhalten und nach den Regeln einer ordnungsmäßigen Wirtschaft zu verfahren. 128

Der Nießbraucher ist nicht berechtigt, die Sache umzugestalten oder wesentlich zu verändern. Der Nießbraucher eines Grundstücks darf neue Anlagen zur Gewinnung von Steinen, Kies, Sand, Lehm, Ton, Mergel, Torf und sonstigen Bodenbestandteilen errichten, sofern nicht die wirtschaftliche Bestimmung des Grundstücks dadurch wesentlich verändert wird. 129

Ein Grundstück kann in der Weise belastet werden, dass derjenige, zu dessen Gunsten die Belastung erfolgt, berechtigt ist, das Grundstück in einzelnen Beziehungen zu benutzen, oder dass ihm eine sonstige Befugnis zusteht, die den Inhalt einer Grunddienstbarkeit bilden kann (**beschränkte persönliche Dienstbarkeit,** §§ 1090 ff. BGB). Als beschränkte persönliche Dienstbarkeit kann auch das Recht bestellt werden, ein **Gebäude** oder einen Teil eines Gebäudes unter Ausschluss des Eigentümers als Wohnung zu benutzen. 130

Ein Grundstück kann auch in der Weise belastet werden, dass derjenige, zu dessen Gunsten die Belastung erfolgt, dem Eigentümer gegenüber zum **Vorkauf** berechtigt ist (§§ 1094 ff. BGB). 131

Des Weiteren kann es in der Weise belastet werden, dass an denjenigen, zu dessen Gunsten die Belastung erfolgt, **wiederkehrende Leistungen** aus dem Grundstück zu entrichten sind (**Reallast,** §§ 1105 ff. BGB). Der Eigentümer haftet für die während der Dauer seines Eigentums fällig werdenden Leistungen auch persönlich, soweit nicht ein anderes bestimmt ist. 132

V. Hypothek, Grundschuld, Rentenschuld

133 Ein Grundstück kann in der Weise belastet werden, dass an denjenigen, zu dessen Gunsten die Belastung erfolgt, eine bestimmte Geldsumme zur Befriedigung wegen einer ihm zustehenden Forderung aus dem Grundstück zu zahlen ist (**Hypothek**, §§ 1113 ff. BGB). Bei der notwendigen Eintragung der Hypothek müssen der Gläubiger, der Geldbetrag der Forderung und, wenn die Forderung verzinslich ist, der Zinssatz, wenn andere Nebenleistungen zu entrichten sind, ihr Geldbetrag im Grundbuch angegeben werden; im Übrigen kann zur Bezeichnung der Forderung auf die Eintragungsbewilligung Bezug genommen werden. Über die Hypothek wird ein Hypothekenbrief erteilt. Die Erteilung des Briefes kann aber auch ausgeschlossen werden.

134 Ein Grundstück kann ferner in der Weise belastet werden, dass an denjenigen, zu dessen Gunsten die Belastung erfolgt, eine bestimmte Geldsumme aus dem Grundstück zu zahlen ist, **ohne** dass dies an eine **persönliche Forderung** gebunden ist (**Grundschuld**, §§ 1191 ff. BGB). Die Grundschuld ist eine abstrakte Grundstücksbelastung, die von ihrer wirtschaftlichen Grundlage und ihrem wirtschaftlichem Zweck losgelöst ist. Auf die Grundschuld finden die Vorschriften über die Hypothek entsprechende Anwendung, soweit sich nicht daraus ein anderes ergibt, dass die Grundschuld eine Forderung nicht voraussetzt.

135 Eine Grundschuld kann in der Weise bestellt werden, dass in regelmäßig wiederkehrenden Terminen eine bestimmte Geldsumme aus dem Grundstück zu zahlen ist (**Rentenschuld**).

VI. Rangverhältnis im Grundbuch, guter Glaube und Vormerkung

136 Weil an einem Grundstück **mehrere Rechte** bestehen können, ist das Rangverhältnis der Rechte zueinander wichtig. Das Rangverhältnis bestimmt sich, wenn Rechte in derselben Abteilung des Grundbuchs eingetragen sind, nach der Reihenfolge der Eintragungen. Sind die Rechte in verschiedenen Abteilungen eingetragen, so hat das unter Angabe eines früheren Tages eingetragene Recht den Vorrang; Rechte, die unter Angabe desselben Tages eingetragen sind, haben gleichen Rang. Eine abweichende Bestimmung des Rangverhältnisses bedarf der Eintragung in das Grundbuch (§ 879 BGB).

137 Welche Bedeutung die Eintragung ins Grundbuch hat wird an seiner Wirkung für den Geschäftsverkehr deutlich: Ist im Grundbuch für jemanden ein Recht eingetragen, so wird vermutet, dass ihm das Recht zusteht. Ist im Grundbuch ein eingetragenes Recht gelöscht, so wird vermutet, dass das Recht nicht besteht. Zugunsten desjenigen, der ein Recht an einem Grundstück oder ein Recht an einem solchen Recht durch Rechtsgeschäft erwirbt, gilt der Inhalt des Grundbuchs als richtig, es sei denn, dass ein Widerspruch gegen die Richtigkeit eingetragen oder die Unrichtigkeit dem Erwerber bekannt ist (**öffentlicher Glaube** des **Grundbuchs**, § 892 BGB). Auch wenn das Grundbuch falsch ist, gilt es als richtig. Der vermeintlich Verpflichtete kann sich nur dagegen schützen, dass er einen Widerspruch eintragen lässt (§ 899 BGB).

Von besonderer Bedeutung zur Rangsicherung ist die **Vormerkung** (§ 883 ff. BGB): Um einen Anspruch auf Einräumung oder Aufhebung eines Rechts an einem Grundstück oder an einem das Grundstück belastenden Recht oder auf Änderung des Inhalts oder des Ranges eines solchen Rechts zu sichern, kann eine Vormerkung in das Grundbuch eingetragen werden. Die Eintragung einer Vormerkung ist auch zur Sicherung eines künftigen oder eines bedingten Anspruchs zulässig. Eine Verfügung, die nach der Eintragung der Vormerkung über das Grundstück oder das Recht getroffen wird, ist insoweit unwirksam, als sie den Anspruch vereiteln oder beeinträchtigen würde. 138

VII. Pfandrecht an beweglichen Sachen

Eine bewegliche Sache kann zur **Sicherung** einer **Forderung** in der Weise belastet werden, dass der Gläubiger berechtigt ist, Befriedigung aus der Sache zu suchen (Pfandrecht, §§ 1204 ff. BGB). Zur Bestellung des Pfandrechts ist erforderlich, dass der Eigentümer die Sache dem Gläubiger übergibt und beide einig sind, dass dem Gläubiger das Pfandrecht zustehen soll. Ist der Gläubiger im Besitz der Sache, so genügt die Einigung über die Entstehung des Pfandrechts. 139

Anstelle der Übergabe der Sache genügt die Einräumung des Mitbesitzes, wenn sich die Sache unter dem Mitverschluss des Gläubigers befindet oder, falls sie im Besitz eines Dritten ist, die Herausgabe nur an den Eigentümer und den Gläubiger gemeinschaftlich erfolgen kann. 140

Einstweilen frei 141–143

E. Grundzüge aus dem Handels- und Gesellschaftsrecht

I. Allgemeines

Aus den alten Städte- und Zunftordnungen ging ein Sonderrecht für den Kaufmannsstand hervor, das für bestimmte Personen, nämlich die Kaufleute, und für bestimmte wirtschaftliche Handlungen gilt. Die Teilnahme der Kaufleute am Rechtsverkehr richtet sich zwar grundsätzlich nach dem BGB, jedoch gibt es für **Handelsgeschäfte,** also Rechtsgeschäfte der Kaufleute, Sonderregelungen, die sich oftmals aus dem Handelsbrauchtum entwickelten (vgl. § 346 HGB) und teilweise schärfer sind als die des BGB. Das betrifft z. B. den Grundsatz, dass unter Kaufleuten Schweigen als Annahme gilt. Andererseits gelten die Verbraucherschutzgesetze nicht zwischen Kaufleuten, wie z. B. das besondere Recht der Haustür- oder der Fernabsatzgeschäfte. Das Handelsrecht ist also ein Sonderrecht der Kaufleute. Es regelt nur wenige sachliche Fragen, deren anderweitige Regelung sich aus den Besonderheiten des Handelsstands ergibt. 144

Wer Kaufmann ist, bestimmen die §§ 1–7 HGB. Die **Kaufmannseigenschaft** ist maßgebend für die Anwendung des Handelsrechts und knüpft an die Person und das Gewerbe (im Sinne des Unternehmens) an. Kaufmann ist danach jede natürliche oder juristische Person bzw. Personenvereinigung (Handelsgesellschaft), die ein Handelsgewerbe betreibt (§ 1 HGB). Handelsgewerbe ist jeder Gewerbebetrieb, es sei denn, 145 dass das Unternehmen nach Art und Umfang einen in kaufmännischer Weise eingerichteten Gewerbebetrieb nicht erfordert. Unter **Gewerbe** versteht man jede auf Gewinnerzielung und auf eine gewisse Dauer angelegte, selbständige wirtschaftliche Tätigkeit. Kein Gewerbe sind indes die freien Berufe, z. B. Rechtsanwalt, Wirtschaftsprüfer oder Steuerberater.

II. Arten von Kaufleuten

146 Vom **Kaufmann** i. S. des § 1 Abs. 1 HGB zu unterscheiden ist der **Kannkaufmann:** Wer ein gewerbliches Unternehmen betreibt, das kein Handelsgewerbe ist, kann seine Firma gleichwohl ins Handelsregister eintragen lassen. Dann gilt er als Kaufmann (§§ 2 und 5 HGB).

147 Bestimmte Normen des HGB sind allerdings – unabhängig von der Kaufmannseigenschaft – für **Kleingewerbetreibende** anwendbar; so etwa die Regeln über Handelsvertretung, Kommission und Spedition für die betroffenen Unternehmer. Erforderlich ist aber, dass gerade die betreffende Tätigkeit gewerbsmäßig betrieben wird.

III. Handelsregister

148 Mit Ausnahme des nicht eingetragenen Kleingewerbebetriebes, der BGB-Gesellschaft (GbR) und der Partnerschaft müssen **Unternehmen aller Rechtsformen** in das Handelsregister eingetragen werden. Es wird bei den Gerichten (seit 1. 1. 2007) elektronisch geführt und dient der Rechtssicherheit im Handelsverkehr, da hier alle tatsächlichen und rechtlichen Verhältnisse vollständig und zuverlässig nachgewiesen werden (§§ 8 ff. HGB). Das Handelsregister wird in zwei Abteilungen geführt: Abteilung A für eingetragene Kaufleute (e. K. oder e. Kfm. bzw. e. Kfr.) und Personengesellschaften (OHG, KG) und Abteilung B für Kapitalgesellschaften (GmbH, AG).

149 Alle Rechtsverhältnisse einer Firma werden über einen **Notar** beim Handelsregister angemeldet, vom Registergericht geprüft, in das Handelsregister übernommen und in der Tagespresse veröffentlicht.

150 Das Handelsregister gibt **Auskunft** über alle **rechtserheblichen Tatsachen,** die für einen Geschäftspartner des Kaufmanns wichtig sein können. Hierzu gehören z. B.: die Firma, der Name des Inhabers bzw. der persönlich haftenden Gesellschafter einer Personengesellschaft, die Haftung des Kommanditisten, das Stammkapital der GmbH, die Erteilung und Entziehung der Prokura, die Eröffnung des Insolvenzverfahrens bzw. die Löschung der Firma. Das Handelsregister ist **öffentlich** und bietet deshalb allen Interessierten die Möglichkeit, die eingereichten Schriftstücke einzusehen. Es können auch Abschriften gegen entsprechende Gebühr angefordert werden. Das Handelsregister genießt – ähnlich wie das Grundbuch – öffentlichen Glauben, d. h. es schützt in bestimmtem Umfang den gutgläubigen Rechtsverkehr in seinem Vertrauen auf die Richtigkeit der Eintragungen und Bekanntmachungen (§ 15 HGB).

IV. Handelsfirma

151 Die Firma ist der Name des Kaufmanns, unter welchem er seine Geschäfte betreibt und seine Unterschrift abgibt. Er kann unter seiner Firma klagen und verklagt werden. Es

gelten die Grundsätze der Firmenwahrheit und Firmenklarheit: Die Firma muss zur Kennzeichnung des Kaufmanns geeignet sein und Unterscheidungskraft besitzen (§ 18 HGB). Sie muss beim **Einzelkaufmann** den Zusatz „eingetragener Kaufmann (-frau)", eventuell in Abkürzung (e. K.; e. Kfm.; e. Kfr.), enthalten (§ 19 HGB), bei einer **OHG** die Bezeichnung „Offene Handelsgesellschaft", bei einer **KG** die Bezeichnung „Kommanditgesellschaft" oder jeweils eine entsprechend darauf hinweisende Abkürzung. Soweit bei einer OHG oder KG keine natürliche Person haftet, muss sich dies aus der Firmenbezeichnung ergeben. Auf allen Geschäftsbriefen des Kaufmanns, die an einen bestimmten Empfänger gerichtet werden, müssen ferner seine Firma, der Ort seiner Handelsniederlassung, das Registergericht und die Nummer, unter der die Firma in das Handelsregister eingetragen ist, angegeben werden.

Wird eine **Firma** durch Verkauf, Schenkung oder Erbschaft veräußert, so kann der neue 152
Inhaber die Firma unter ihrem bisherigen Namen mit oder ohne Nachfolgezusatz fortführen, wenn der bisherige Inhaber einverstanden ist (§ 22 HGB). Wer eine Firma fortführt, haftet allerdings neben dem alten Inhaber auch für alle Verbindlichkeiten des alten Inhabers, es sei denn, ein Haftungsausschluss wurde vereinbart und in das Handelsregister eingetragen (§§ 22–26 HGB).

V. Prokura und Handlungsvollmacht

1. Prokura

Die Prokura ist eine Vertretungsmacht, die nur durch den Inhaber eines Handels- 153
geschäfts oder dessen Vertreter erteilt werden kann. Sie muss persönlich und ausdrücklich erteilt werden. Die Erteilung der Prokura muss in das **Handelsregister** eingetragen werden (§ 53 HGB). Der Prokurist zeichnet Geschäftsbriefe einem Zusatz z. B. „ppa" (§ 51 HGB).

Die Prokura **ermächtigt** zu allen Arten von gerichtlichen und außergerichtlichen Ge- 154
schäften und Rechtshandlungen, die der Betrieb eines Handelsgewerbes mit sich bringt (§ 49 Abs. 1 HGB). Sie kann jederzeit widerrufen werden (§ 52 Abs. 1 HGB); sie **endet** ferner mit Ausscheiden des Prokuristen aus dem Unternehmen, mit der Geschäftsauflösung oder durch Tod des Prokuristen, nicht jedoch durch den Tod des Geschäftsinhabers (§ 52 Abs. 3 HGB). Das Erlöschen der Prokura muss in das Handelsregister eingetragen werden. Unterbleibt die Löschungseintragung, gilt der ehemalige Prokurist gegenüber gutgläubigen Geschäftspartnern noch als bevollmächtigt (§ 15 HGB).

Der Prokurist darf **alle Geschäfte** vornehmen, die zum Betrieb eines Handelsgewerbes 155
gehören, also auch außergewöhnliche Geschäfte. Nicht zum Betrieb eines Handelsgewerbes gehören Grundlagengeschäfte, wie z. B. Verkauf des Unternehmens, Konkursanmeldung und Firmenänderung. Sie darf der Prokurist also nicht vornehmen ebenso wenig wie – dies ist dem Kaufmann höchstpersönlich vorbehalten – die Erteilung einer Prokura (§ 48 HGB) und die Unterzeichnung von Bilanzen (§ 245 HGB) sowie die Veräußerung und Belastung von Grundstücken, sofern die Prokura hierauf nicht ausdrücklich erweitert wurde (§ 49 Abs. 2 HGB). Man unterscheidet zwischen der Einzelprokura, der Gesamtprokura, die zwei oder mehrere Personen zur Vertretung ermächtigt, die

dann nur gemeinsam handeln können, und der Filialprokura, die sich nur auf Geschäfte einer Zweigniederlassung erstreckt.

2. Handlungsbevollmächtigte

156 Handlungsbevollmächtigter ist (§§ 54 ff. HGB), wer ohne Erteilung der Prokura zum Betrieb eines Handelsgewerbes oder zur Vornahme einer bestimmten zu einem Handelsgewerbe gehörigen Art von Geschäften oder zur Vornahme einzelner zu einem Handelsgewerbe gehöriger Geschäfte ermächtigt ist (Handlungsvollmacht). Die Vollmacht erstreckt sich in diesem Fall auf alle **Geschäfte** und **Rechtshandlungen,** die der Betrieb eines derartigen Handelsgewerbes oder die Vornahme derartiger Geschäfte **gewöhnlich** mit sich bringt. Die Handlungsvollmacht kann auf eine bestimmte Art von Geschäften oder einzelne Geschäfte beschränkt werden (§ 54 HGB). Der Handlungsbevollmächtigte darf ohne besondere Ermächtigung keine Grundstücke veräußern oder belasten, keine Wechselverbindlichkeiten eingehen, keine Darlehen und Kredite aufnehmen und keine Prozesse führen. Wer in einem Laden oder in einem offenen Warenlager angestellt ist, gilt als ermächtigt zu Verkäufen und Empfangnahmen, die in einem derartigen Laden oder Warenlager gewöhnlich geschehen. Der Handlungsbevollmächtigte zeichnet die Firma mit einem auf das Vertretungsverhältnis hinweisenden Zusatz („i.V." oder „i. A.", § 57 HGB).

3. Handlungsgehilfen

157 Wer in einem Handelsgewerbe zur Leistung **kaufmännischer Dienste gegen Entgelt angestellt** ist, ist ein Handlungsgehilfe (§§ 59 ff. HGB) und hat, soweit nicht besondere Vereinbarungen über die Art und den Umfang seiner Dienstleistungen oder über die ihm zukommende Vergütung getroffen sind, die dem Ortsgebrauch entsprechenden Dienste zu leisten und kann dafür eine – im Zweifel die dem Ortsgebrauch entsprechende – Vergütung beanspruchen. In Ermangelung eines Ortsgebrauchs gelten die den Umständen nach angemessenen Leistungen als vereinbart. Der Handlungsgehilfe darf ohne Einwilligung des Geschäftsherrn (Prinzipals) weder ein Handelsgewerbe betreiben noch in dem Handelszweige des Prinzipals für eigene oder fremde Rechnung Geschäfte machen (**Wettbewerbsverbot**). Für die Zeit nach Beendigung des Dienstverhältnisses bedarf eine solche Vereinbarung der Schriftform und der Aushändigung einer vom Prinzipal unterzeichneten, die vereinbarten Bestimmungen enthaltenden Urkunde an den Gehilfen. Das Wettbewerbsverbot ist nur verbindlich, wenn sich der Prinzipal verpflichtet, für die Dauer des Verbots eine **Entschädigung** zu zahlen, die für jedes Jahr des Verbots mindestens die Hälfte der von dem Handlungsgehilfen zuletzt bezogenen vertragsmäßigen Leistungen erreicht. Das Wettbewerbsverbot ist insoweit **unverbindlich,** als es nicht zum Schutz eines berechtigten geschäftlichen Interesses des Prinzipals dient. Es ist ferner unverbindlich, soweit es unter Berücksichtigung der gewährten Entschädigung nach Ort, Zeit oder Gegenstand eine unbillige Erschwerung des Fortkommens des Gehilfen enthält. Das Verbot kann nicht auf einen Zeitraum von mehr als zwei Jahren von der Beendigung des Dienstverhältnisses an erstreckt werden.

4. Handelsvertreter

Handelsvertreter ist (§§ 84 ff. HGB), wer als **selbständiger Gewerbetreibender** ständig damit betraut ist, für einen anderen Unternehmer **Geschäfte** zu **vermitteln** oder in dessen Namen **abzuschließen.** Der selbständige Handelsvertreter ist Kaufmann. Er kann im Wesentlichen frei seine Tätigkeit gestalten und seine Arbeitszeit bestimmen. Ist er das nicht, gilt er als Angestellter (Reisender). 158

Der Handelsvertreter hat sich um die Vermittlung oder den Abschluss von Geschäften zu bemühen; er hat hierbei das **Interesse** des **Unternehmers** wahrzunehmen. Er hat seine Pflichten mit der Sorgfalt eines ordentlichen Kaufmanns wahrzunehmen und dem Unternehmer die erforderlichen Nachrichten zu geben, namentlich ihm von jeder Geschäftsvermittlung und von jedem Geschäftsabschluss unverzüglich Mitteilung zu machen. Der Handelsvertreter unterliegt der Sorgfaltspflicht, der Befolgungspflicht, die sich auf die Weisungen des Geschäftsherrn bezieht. Er hat dem Unternehmer gegenüber Anspruch auf **Provision,** die monatlich abgerechnet werden muss. Verpflichtet sich ein Handelsvertreter, für die Erfüllung der Verbindlichkeit aus einem Geschäft einzustehen, so kann er eine besondere Vergütung (Delkredereprovision) beanspruchen. 159

5. Handelsmakler

Handelsmakler ist (§§ 93 ff. HGB), wer **gewerbsmäßig für andere Personen,** ohne von ihnen aufgrund eines Vertragsverhältnisses ständig damit betraut zu sein, die **Vermittlung** von **Verträgen** über Anschaffung oder Veräußerung von Waren oder Wertpapieren, über Versicherungen, Güterbeförderungen, Schiffsmiete oder sonstige Gegenstände des Handelsverkehrs übernimmt. Kein Handelsmakler ist, wer andere Geschäfte vermittelt, insbesondere Immobilien. Der Handelsmakler muss selbständig sein. Er hat einen Anspruch auf **Maklerlohn,** falls nichts anderes vereinbart ist, von jeder Partei die Hälfte. Er ist verpflichtet, ein **Tagebuch** zu führen und in dieses alle abgeschlossenen Geschäfte täglich einzutragen. Die Vorschriften der §§ 239 und 257 HGB über die Einrichtung und Aufbewahrung der Handelsbücher finden auf das Tagebuch des Handelsmaklers Anwendung. 160

VI. Gesellschaftsrecht

1. Überblick

Der Betrieb eines Unternehmens bedarf oft des Zusammenwirkens mehrerer Personen, um alle Aufgaben sachgerecht erfüllen zu können. Die Rechtsordnung stellt hierfür verschiedene **Gesellschaftsformen** zur Verfügung, die je nach dem verfolgten konkreten Zweck benutzt werden können. **Zweck** kann dabei sein, mehreren Personen die gemeinsame Ausübung eines Berufs oder Gewerbes zu ermöglichen (Personengesellschaften: GbR, OHG, KG) oder aber die Beschaffung von Kapital zu ermöglichen (stille Gesellschaft oder Kapitalgesellschaften: GmbH, AG, KGaA). Steht die Erreichung eines gemeinsamen Erfolgs im Vordergrund, wie z. B. der Bau von Wohnungen für die Beteiligten oder die gemeinsame Vermarktung von Produkten wie Wein oder landwirtschaftliche Erzeugnisse, bietet sich die eingetragene Genossenschaft an (e. G.). Seit 1. 7. 1995 161 können sich Angehörige freier Berufe (Ärzte, vereidigte Buchprüfer, Steuerberater, Rechtsanwälte, Architekten usw.) zur gemeinsamen Berufsausübung – auch „branchengemischt" – in Partnerschaften zusammenschließen.

162 Für die Darstellung von Rechtsgrundlage, Rechtsform, Beteiligten, Organen bzw. Geschäftsführung, Haftung, Gewinn- und Verlustverteilung sowie des erforderlichen Kapitals dient zunächst folgende **Übersicht:**

Name	Rechtsgrundlage (§§)	Rechtsform	Beteiligte Personen	Organe bzw. Geschäftsführung	Haftung	Gewinn- u. Verlustverteilung	Kapital
GbR = Gesellschaft bürgerlichen Rechts	705–740 BGB	Keine juristische Person, kein Kaufmann	Gesellschafter	Vertraglich zu vereinbaren, sonst alle gemeinsam	Alle in vollem Umfang	Nach Köpfen, wenn nichts anderes vereinbart	Nach Vereinbarung
OHG = Offene Handelsgesellschaft	105–160 HGB; 705–740 BGB	Keine juristische Person, aber Kaufmann	Gesellschafter	Alle, falls vertraglich nichts anderes vereinbart	Alle auch mit Privatvermögen	Nach Köpfen, wenn nichts anderes vereinbart	Nach Vereinbarung
KG = Kommanditgesellschaft	161–177a HGB	Keine juristische Person, aber Kaufmann	Komplementäre und Kommanditisten	Komplementäre	Komplementäre voll, auch mit Privatvermögen, Kommanditisten nur mit Haftsumme; das ist i. d. R. die Einlage	Nach Vertrag, sonst nach Köpfen, Kommanditisten nehmen am Verlust nur in Höhe der Einlage teil	Nach Vereinbarung
GmbH & Co. KG	161–177a HGB	Keine juristische Person, aber Kaufmann	Komplementäre und Kommanditisten	Komplementäre	Komplementäre (GmbH) voll; die Gesellschafter der GmbH aber nur beschränkt mit ihrem Einlagekapital; Kommanditisten nur mit Haftsumme	Nach Vertrag, sonst nach Köpfen, Kommanditisten nehmen am Verlust nur in Höhe der Einlage teil	Nach Vereinbarung
Stille Gesellschaft	230–236 HGB	Keine juristische Person, aber Kaufmann	Tätiger und stiller Gesellschafter, tritt nach außen nicht in Erscheinung	Inhaber	Inhaber, stiller Gesellschafter nur mit Beteiligung	Nach Vertrag	Nach Vereinbarung

Name	Rechtsgrundlage (§§)	Rechtsform	Beteiligte Personen	Organe bzw. Geschäftsführung	Haftung	Gewinn- u. Verlustverteilung	Kapital
GmbH = Gesellschaft mit beschränkter Haftung	GmbHG	Juristische Person	Gesellschafter	Geschäftsführer, Gesellschafterversammlung, evtl. Aufsichtsrat	Nur mit Eigenkapital, Gesellschafter mit nicht bezahlter Stammeinlage	Nach Vertrag	Mindestens 25 000 €
UG (Unternehmergesellschaft) = „Mini GmbH"	GmbHG, insbes.: § 5a GmbHG	Juristische Person	Gesellschafter	Geschäftsführer, Gesellschafterversammlung, evtl. Aufsichtsrat	Nur mit Eigenkapital, Gesellschafter mit nicht bezahlter Stammeinlage	Nach Vertrag	Mindestens 1 €
AG = Aktiengesellschaft	AktG	Juristische Person	Aktionäre (Gesellschafter)	Vorstand, Hauptversammlung, Aufsichtsrat	Aktionäre mit Einlage	Nach Beschluss der Hauptversammlung	Mindestens 50 000 €
KGaA = Kommanditgesellschaft auf Aktien	278 ff. AktG	Juristische Person	Persönlich haftender Gesellschafter und Kommanditaktionäre	Persönlich haftender Gesellschafter, Aufsichtsrat, Hauptversammlung	Persönlich haftender Gesellschafter voll, Kommanditaktionäre mit Einlage	Nach Beschluss der Hauptversammlung	Mindestens 50 000 €
e. G. = Eingetragene Genossenschaft	GenG	Juristische Person	Genossen	Vorstand, Aufsichtsrat, Generalversammlung	In Satzung bestimmt	Nach Satzung	Nach Satzung
Partnerschaft	PartGG	Keine juristische Person	Angehörige freier Berufe	Alle, falls vertraglich nichts anderes vereinbart	Alle auch mit Privatvermögen	Nach Köpfen, wenn nichts anderes vereinbart	Nach Vereinbarung

2. Gesellschaft bürgerlichen Rechts (GbR)

Die GbR (§§ 705 ff. BGB) ist eine Gesellschaftsform, die zu jedem gesetzlich zulässigen 163
Zweck gegründet werden kann. Sie muss keine Firma führen und braucht nicht in das Handelsregister eingetragen zu werden. Sobald die GbR ein vollkaufmännisches Gewerbe betreibt, wandelt sie sich kraft Gesetzes in eine Offene Handelsgesellschaft um. Im **Gesellschaftsvertrag** werden die Einzelheiten der Durchführung festgelegt. Wurde nichts besonderes vereinbart, so können alle Gesellschafter gemeinsam handeln. Einer oder mehrere der Gesellschafter können zu Geschäftsführern bestellt werden. Die übri-

gen Gesellschafter sind damit von der Geschäftsführung ausgeschlossen; sie haben jedoch ein Nachprüfungsrecht.

164 Für die **Verbindlichkeiten** der Gesellschaft haften alle Gesellschafter. Forderungen können gegen jeden Gesellschafter persönlich geltend gemacht werden. Zwar ist die GbR keine juristische Person, dennoch ist sie nach der jüngsten Rechtsprechung des BGH rechtsfähig, soweit es sich bei ihr um eine Außengesellschaft handelt.

165 Gewinn und Verlust der GbR werden nach Köpfen verteilt, wenn nichts anderes vereinbart ist.

166 Die Gesellschaft **endet** durch Kündigung, Tod eines Gesellschafters, Zeitablauf oder Erreichung des Gesellschaftszwecks.

3. Offene Handelsgesellschaft (OHG)

167 Eine Gesellschaft, deren Zweck auf den Betrieb eines Handelsgewerbes unter gemeinschaftlicher Firma gerichtet ist, ist eine OHG (§§ 105 ff. HGB), wenn bei **keinem** der **Gesellschafter** die **Haftung** gegenüber den Gesellschaftsgläubigern **beschränkt** ist.

168 Auf die OHG finden, soweit nicht im HGB anderes vorgeschrieben ist, die **Vorschriften** des **BGB** über die Gesellschaft Anwendung. Die Gesellschaft ist bei dem Gericht, in dessen Bezirk sie ihren Sitz hat, zur Eintragung in das Handelsregister anzumelden.

169 Das Rechtsverhältnis der Gesellschafter untereinander richtet sich zunächst nach dem Gesellschaftsvertrag und erst zweitrangig nach dem HGB bzw. BGB.

170 Ein Gesellschafter darf ohne Einwilligung der anderen Gesellschafter weder in dem Handelszweig der Gesellschaft Geschäfte machen noch an einer anderen gleichartigen Handelsgesellschaft als persönlich haftender Gesellschafter teilnehmen. Zur **Führung** der **Geschäfte** der Gesellschaft sind alle Gesellschafter berechtigt und verpflichtet. Ist im Gesellschaftsvertrag die Geschäftsführung einem Gesellschafter oder mehreren Gesellschaftern übertragen, so sind die übrigen Gesellschafter von der Geschäftsführung ausgeschlossen. Ein Gesellschafter kann, auch wenn er von der Geschäftsführung ausgeschlossen ist, sich von den Angelegenheiten der Gesellschaft persönlich unterrichten, die **Handelsbücher** und die Papiere der Gesellschaft **einsehen** und sich aus ihnen eine Bilanz und einen Jahresabschluss anfertigen (§ 118 HGB).

171 Am Schluss jedes Geschäftsjahrs wird aufgrund der **Bilanz** der Gewinn oder der Verlust des Jahres ermittelt und für jeden Gesellschafter sein Anteil daran berechnet. Der einem Gesellschafter zukommende Gewinn wird dem Kapitalanteil des Gesellschafters zugeschrieben; der auf einen Gesellschafter entfallende Verlust sowie das während des Geschäftsjahrs auf den Kapitalanteil entnommene Geld wird davon abgeschrieben (§ 120 HGB).

172 Von dem **Jahresgewinn** gebührt jedem Gesellschafter zunächst ein Anteil von 4 % seines Kapitalanteils. Reicht der Jahresgewinn hierzu nicht aus, so bestimmen sich die Anteile nach einem entsprechend niedrigeren Satz. Derjenige Teil des Jahresgewinns, welcher diese Gewinnanteile übersteigt, sowie der Verlust eines Geschäftsjahrs wird auf die Gesellschafter nach Köpfen verteilt.

173 Die Wirksamkeit der OHG tritt im Verhältnis zu Dritten mit dem Zeitpunkt ein, in welchem die Gesellschaft in das Handelsregister eingetragen wird. Die OHG kann unter

ihrer **Firma** Rechte erwerben und Verbindlichkeiten eingehen, Eigentum und andere dingliche Rechte an Grundstücken erwerben, vor Gericht klagen und verklagt werden.

Die **Gesellschafter haften** für die Verbindlichkeiten der Gesellschaft den Gläubigern als Gesamtschuldner persönlich. Eine entgegenstehende Vereinbarung ist Dritten gegenüber unwirksam. 174

Die OHG wird **aufgelöst:** 175

- durch den Ablauf der Zeit, für welche sie eingegangen ist,
- durch Beschluss der Gesellschafter,
- durch die Eröffnung des Insolvenzverfahrens über das Vermögen der Gesellschaft,
- durch gerichtliche Entscheidung.

Eine offene Handelsgesellschaft, bei der kein persönlich haftender Gesellschafter eine natürliche Person ist, wird ferner aufgelöst mit der Rechtskraft des Beschlusses, durch den die Eröffnung des **Insolvenzverfahrens** mangels Masse abgelehnt worden ist oder durch die **Löschung** wegen **Vermögenslosigkeit** nach § 394 FamFG. Dies gilt nicht, wenn zu den persönlich haftenden Gesellschaftern eine andere offene Handelsgesellschaft oder Kommanditgesellschaft gehört, bei der ein persönlich haftender Gesellschafter eine natürliche Person ist.

4. Kommanditgesellschaft (KG)

Eine Gesellschaft, deren Zweck auf den Betrieb eines Handelsgewerbes unter gemeinschaftlicher Firma gerichtet ist, ist eine KG, wenn bei einem oder bei einigen von den Gesellschaftern die Haftung gegenüber den Gesellschaftsgläubigern auf den Betrag einer bestimmten Vermögenseinlage beschränkt ist (**Kommanditisten**), während bei dem anderen Teil der Gesellschafter eine Beschränkung der Haftung nicht stattfindet (persönlich haftende Gesellschafter, **Komplementäre,** §§ 161 ff. HGB). 176

Auf die KG finden die für die **OHG** geltenden Vorschriften Anwendung mit im Wesentlichen folgenden **Abweichungen:** 177

§ 162 HGB: Die **Anmeldung** der Gesellschaft hat außer den für die OHG vorgesehenen Angaben die Bezeichnung der Kommanditisten und den Betrag der Einlage eines jeden von ihnen zu enthalten. Bei der Bekanntmachung der Eintragung ist nur die Zahl der Kommanditisten anzugeben. Der Name, der Stand und der Wohnort der Kommanditisten sowie der Betrag ihrer Einlagen werden nicht bekanntgemacht.

§ 164 HGB: Die Kommanditisten sind von der **Führung** der **Geschäfte** der Gesellschaft ausgeschlossen. Sie können einer Handlung der persönlich haftenden Gesellschafter nicht widersprechen, es sei denn, dass die Handlung über den gewöhnlichen Betrieb des Handelsgewerbes der Gesellschaft hinausgeht.

§ 165 HGB: Die §§ 112 und 113 HGB über das **Wettbewerbsverbot** der OHG-Gesellschafter finden auf die Kommanditisten keine Anwendung.

§ 166 HGB: Der Kommanditist ist berechtigt, die abschriftliche Mitteilung des **Jahresabschlusses** zu verlangen und dessen Richtigkeit unter Einsicht der Bücher und Papiere zu prüfen. Die in § 118 HGB dem von der Geschäftsführung ausgeschlossenen Gesellschafter eingeräumten Kontroll- und Einsichtsrechte stehen dem Kommanditisten nicht zu.

§ 167 HGB: Die Vorschriften des § 120 HGB über die Berechnung des **Gewinns** oder **Verlustes** gelten auch für den Kommanditisten. Jedoch wird der einem Kommanditisten zukommende Gewinn seinem Kapitalanteil nur so lange zugeschrieben, als dieser den Betrag der bedungenen Einlage nicht erreicht. An dem Verlust nimmt der Kommanditist nur bis zum Betrag seines Kapitalanteils und seiner noch rückständigen Einlage teil.

§ 169 HGB: Der Kommanditist hat nur **Anspruch** auf **Auszahlung** des ihm zukommenden **Gewinns.** Er kann auch die Auszahlung des Gewinns nicht fordern, solange sein Kapitalanteil durch Verlust unter den auf die bedungene Einlage geleisteten Betrag herabgemindert ist oder durch die Auszahlung unter diesen Betrag herabgemindert werden würde. Der Kommanditist ist aber nicht verpflichtet, den bezogenen Gewinn wegen späterer Verluste zurückzuzahlen.

§ 170 HGB: Der Kommanditist ist zur **Vertretung** der **Gesellschaft** nicht ermächtigt.

§ 171 HGB: Der Kommanditist **haftet** den Gläubigern der Gesellschaft bis zur Höhe seiner Einlage unmittelbar. Die Haftung ist ausgeschlossen, soweit die Einlage geleistet ist.

§ 176 HGB: Hat die Gesellschaft ihre Geschäfte begonnen, bevor sie in das Handelsregister des Gerichts, in dessen Bezirke sie ihren Sitz hat, eingetragen ist, so **haftet** jeder Kommanditist, der dem Geschäftsbeginn zugestimmt hat, für die bis zur Eintragung begründeten Verbindlichkeiten der Gesellschaft gleich einem persönlich haftenden Gesellschafter, es sei denn, dass seine Beteiligung als Kommanditist dem Gläubiger bekannt war.

§ 177 HGB: Der **Tod** eines Kommanditisten hat die Auflösung der Gesellschaft nicht zur Folge. Wurde nichts Abweichendes vertraglich vereinbart, wird die Gesellschaft mit den/m Erben fortgesetzt.

178 Bei der Sonderform, der **GmbH & Co. KG**, ist die GmbH Komplementär, also persönlich haftender Gesellschafter der KG. Die Gesellschaft ist eine Kommanditgesellschaft.

5. Stille Gesellschaft

179 Wer sich als stiller Gesellschafter (§§ 230 ff. HGB) an dem **Handelsgewerbe,** das ein **anderer betreibt,** mit einer **Vermögenseinlage beteiligt,** hat die Einlage so zu leisten, dass sie in das Vermögen des Inhabers des Handelsgeschäfts übergeht. Der Inhaber wird aus den in dem Betrieb geschlossenen Geschäften allein berechtigt und verpflichtet. Der Anteil des stillen Gesellschafters am Gewinn und Verlust wird im Gesellschaftsvertrag bestimmt, sonst gilt ein den Umständen nach angemessener Anteil als vereinbart. Im Gesellschaftsvertrag kann bestimmt werden, dass der stille Gesellschafter nicht am **Verlust** beteiligt sein soll; seine Beteiligung am Gewinn kann nicht ausgeschlossen werden. Der stille Gesellschafter nimmt an dem Verlust nur bis zum Betrag seiner eingezahlten oder rückständigen Einlage teil. Er ist nicht verpflichtet, den bezogenen Gewinn wegen späterer Verluste zurückzuzahlen; jedoch wird, solange seine Einlage durch Verlust vermindert ist, der jährliche Gewinn zur Deckung des Verlustes verwendet.

180 Durch den **Tod** des stillen Gesellschafters wird die Gesellschaft nicht aufgelöst. Nach der Auflösung der Gesellschaft hat sich der Inhaber des Handelsgeschäfts mit dem stillen Gesellschafter auseinander zu setzen und dessen Guthaben in Geld zu berichtigen. Die zur Zeit der Auflösung schwebenden Geschäfte werden von dem Inhaber des Handelsgeschäfts abgewickelt. Der stille Gesellschafter nimmt an dem Gewinn und Verlust, der sich aus diesen Geschäften ergibt, teil.

6. Gesellschaft mit beschränkter Haftung (GmbH)

181 Die GmbH ist eine Gesellschaft mit eigener Rechtspersönlichkeit, bei der die **Gesellschaft** als solche mit ihrem **Vermögen unbeschränkt** haftet, während die **Gesellschafter** lediglich mit ihren **Einlagen haften.** Die Gründung der GmbH erfordert den Abschluss

eines Gesellschaftsvertrags, der der notariellen Form bedarf und von sämtlichen Gesellschaftern zu unterzeichnen ist (§ 2 GmbHG). Der **Gesellschaftsvertrag** muss

- die Firma und den Sitz der Gesellschaft,
- den Gegenstand des Unternehmens,
- den Betrag des Stammkapitals und
- den Betrag der von jedem Gesellschafter zu leistenden Einlage (Stammeinlage)

enthalten. Die **Firma** einer GmbH muss auch bei Firmennamensfortführung den Zusatz „GmbH" enthalten (§ 4 GmbHG). Die GmbH entsteht als solche erst mit der Eintragung in das Handelsregister (§ 11 GmbHG). Bis zum Abschluss des notariellen Vertrages spricht man von einer sog. **Vorgründungsgesellschaft,** die eine GbR oder eine OHG ist. Ab dem notariellen Vertragsabschluss, aber vor der Eintragung handelt es sich um eine Vorgesellschaft, die eine Gesellschaft eigener Art ist, auf die die GmbH-Regeln entsprechende Anwendung finden. Das **Mindestkapital** der GmbH beträgt 25 000 € (§ 5 GmbHG).

Der Geschäftsanteil jedes Gesellschafters bestimmt sich nach dem Betrag der von ihm 182
übernommenen **Stammeinlage** (§ 14 GmbHG). Ein Gesellschafter kann bei Errichtung der Gesellschaft mehrere Stammeinlagen übernehmen (§ 5 Abs. 2 GmbHG). Im Gesellschaftsvertrag kann jedoch bestimmt werden, dass die Gesellschafter über den Betrag der Stammeinlage hinaus die Anforderung von weiteren Einzahlungen, sog. Nachschüssen, beschließen können (§ 26 Abs. 1 GmbHG). Die **Geschäftsanteile** der GmbH sind grundsätzlich veräußerlich und vererblich (§ 15 GmbH). Zur Abtretung von Geschäftsanteilen bedarf es eines formpflichtigen Vertrags.

Die **Organe** der GmbH sind: 183

- der oder die Geschäftsführer,
- die Gesellschafterversammlung,
- der Aufsichtsrat, falls dieser im Gesellschaftsvertrag vorgesehen ist oder durch die Mitbestimmungsgesetze gefordert wird.

Die Gesellschaft muss einen **Geschäftsführer** haben, er ist ihr gesetzlicher Vertreter 184
und seine Vertretungsmacht ist nach außen hin unbeschränkbar. Die Gesellschafter fassen ihre Beschlüsse in der Gesellschafterversammlung mit Stimmenmehrheit. Die Gesellschafter können dem Geschäftsführer Weisungen erteilen.

Die GmbH wird **aufgelöst** (§ 60 GmbHG) 185

- durch Ablauf der im Gesellschaftsvertrag bestimmten Zeit;
- durch Beschluss der Gesellschafter (3/4-Mehrheit);
- durch gerichtliches Urteil oder durch Entscheidung des Verwaltungsgerichts oder der Verwaltungsbehörde in den Fällen der §§ 61 und 62 GmbHG;
- durch die Eröffnung des Insolvenzverfahrens;
- mit der Rechtskraft des Beschlusses, durch den die Eröffnung des Insolvenzverfahrens mangels Masse abgelehnt worden ist;
- mit der Rechtskraft einer Verfügung des Registergerichts i. S. d. § 399 FamFG;
- durch die Löschung der Gesellschaft wegen Vermögenslosigkeit nach § 394 FamFG.

Weitere Auflösungsgründe können im Gesellschaftsvertrag festgelegt werden.

7. Die Unternehmergesellschaft/Mini GmbH

186 Um Existenzgründern, die keine persönliche Haftung eingehen wollen, aber nicht über ausreichendes Startkapital verfügen, die GmbH-Gründung zu erleichtern, und als Antwort auf die ausufernde Gründung von englischen Limiteds (LTDs) hat der Gesetzgeber mit Wirkung von November 2008 die Unternehmergesellschaft eingeführt. Bei ihr handelt es sich um einen Unterfall der GmbH – jedoch reicht ein Startkapital von 1 € zur Gründung aus. Die Firma muss den Zusatz Unternehmergesellschaft (haftungsbeschränkt) oder UG (haftungsbeschränkt) tragen. Das Stammkapital darf nicht mit Sacheinlagen erhöht werden. In der Jahresbilanz ist eine gesetzliche Rücklage zu bilden, in die ein Viertel des um einen Verlustvortrag aus dem Vorjahr geminderten Jahresüberschusses einzustellen ist. Diese Rücklage darf nur für Kapitalerhöhung aus Gesellschaftsmitteln, zum Ausgleich eines Jahresfehlbetrags, soweit er nicht durch einen Gewinnvortrag aus dem Vorjahr gedeckt ist und/oder zum Ausgleich eines Verlustvortrags aus dem Vorjahr, soweit er nicht durch einen Jahresüberschuss gedeckt ist, verwandt werden. Bei drohender Zahlungsunfähigkeit muss die Versammlung der Gesellschafter unverzüglich einberufen werden. Diese Sonderregelungen gelten nicht mehr, wenn das Stammkapital mindestens 25 000 € beträgt. Die Gesellschaft kann dann in eine GmbH umfirmiert werden oder auch weiter als Unternehmergesellschaft auftreten.

8. Aktiengesellschaft (AG)

187 Die AG ist eine Gesellschaft mit eigener Rechtspersönlichkeit. Ihre **Gesellschafter haften** nicht persönlich, sondern **nur mit** ihren **Einlagen** auf das Grundkapital von mindestens 50 000 €, das in Aktien zu je mindestens 1 € verteilt ist. Für die Verbindlichkeiten der Gesellschaft haftet nur diese selbst mit ihrem Gesellschaftsvermögen. Die **Gründung** der AG erfolgt in verschiedenen Schritten (§§ 23 ff. AktG):

- Errichtung einer Satzung,
- Bestellung der Organe der AG (Aufsichtsrat und Vorstand),
- Einforderung der Einlagen,
- Bestellung der Abschlussprüfer,
- Abfassung des Gründungsberichts und Gründungsprüfung,
- Anmeldung zum Handelsregister durch die Gründer und sämtliche Aufsichtsrats- und Vorstandsmitglieder.

188 **Organe** der Aktiengesellschaft sind (§§ 76 ff. AktG):

- Der **Vorstand:** Dieser ist gesetzlicher Vertreter der AG, er hat die Gesellschaft unter eigener Verantwortlichkeit zu leiten. Die Vorstandsmitglieder werden durch den Aufsichtsrat auf höchstens fünf Jahre bestellt. Besteht der Vorstand aus mehreren Personen, so sind diese, wenn die Satzung nichts anderes bestimmt, gesamtvertretungsberechtigt.
- Der **Aufsichtsrat:** Er ist ein Überwachungsorgan. Aufsichtsratsmitglieder können nicht zugleich Vorstandsmitglieder sein.
- Die **Hauptversammlung:** Sie besteht aus den Aktionären und ist das letzte und sozusagen oberste Organ der AG. Sie ist besonders zuständig für Satzungsänderungen, Kapitalerhöhungen und -herabsetzungen, Auflösung und Umwandlung der AG. Sie wählt den Aufsichtsrat und beschließt über die Gewinnverteilung.

9. Kommanditgesellschaft auf Aktien (KGaA)

Die KGaA ist eine Gesellschaft mit eigener Rechtspersönlichkeit, bei der **mindestens ein Gesellschafter** den Gesellschaftsgläubigern gegenüber **unbeschränkt haftet;** die übrigen sind mit Einlagen auf das in Aktien zerlegte Grundkapital beteiligt. Geschäftsführung und Vertretung obliegen den persönlich haftenden Gesellschaftern (§§ 278 ff. HGB). 189

VII. Handelsgeschäfte

1. Überblick

Unter Kaufleuten ist in Ansehung der Bedeutung und Wirkung von Handlungen und Unterlassungen auf die im Handelsverkehr geltenden Gewohnheiten und Gebräuche Rücksicht zu nehmen (§ 346 HGB). Dies ist die wichtigste Aussage über Handelsgeschäfte, für die demnach aus der **Verkehrsübung** erwachsende besondere Regeln gelten. Sie können branchenüblich oder ortsüblich sein. 190

Handelsgeschäfte sind alle Geschäfte eines Kaufmanns, die **zum Betrieb** seines **Handelsgewerbes** gehören (§ 343 Abs. 1 HGB). Zweiseitige Handelsgeschäfte sind Geschäfte zwischen Kaufleuten; einseitige Handelsgeschäfte sind für eine der beteiligten Parteien ein Handelsgeschäft. 191

Für Handelsgeschäfte gelten insbesondere folgende handelsrechtlichen Sonderregelungen: 192

HGB	Sonderregel
§ 346	Unter Kaufleuten ist in Ansehung der Bedeutung und Wirkung von Handlungen und Unterlassungen auf die im Handelsverkehr geltenden **Gewohnheiten** und **Gebräuche** Rücksicht zu nehmen.
§ 347	Wer aus einem Geschäft, das auf seiner Seite ein Handelsgeschäft ist, einem anderen zur **Sorgfalt** verpflichtet ist, hat für die Sorgfalt eines ordentlichen Kaufmanns einzustehen. Unberührt bleiben die Vorschriften des BGB, nach welchen der Schuldner in bestimmten Fällen nur grobe Fahrlässigkeit zu vertreten oder nur für diejenige Sorgfalt einzustehen hat, welche er in eigenen Angelegenheiten anzuwenden pflegt.
§ 348	Eine **Vertragsstrafe,** die von einem Kaufmann im Betriebe seines Handelsgewerbes versprochen ist, kann nicht aufgrund der Vorschriften des § 343 BGB herabgesetzt werden.
§ 349	Dem **Bürgen** steht, wenn die Bürgschaft für ihn ein Handelsgeschäft ist, die Einrede der Vorausklage nicht zu. Das Gleiche gilt unter der bezeichneten Voraussetzung für denjenigen, welcher aus einem Kreditauftrag als Bürge haftet.
§ 350	Auf eine Bürgschaft, ein Schuldversprechen oder ein Schuldanerkenntnis finden, sofern die Bürgschaft auf der Seite des Bürgen, das Versprechen oder das Anerkenntnis auf der Seite des Schuldners ein Handelsgeschäft ist, die **Formvorschriften** der §§ 766 Satz 1 und 2, 780 und 781 Satz 1 und 2 BGB keine Anwendung.
§ 352	Die **Höhe** der **gesetzlichen Zinsen,** mit Einschluss der Verzugszinsen, ist bei beiderseitigen Handelsgeschäften 5 v. H. für das Jahr. Das Gleiche gilt, wenn für eine Schuld aus einem solchen Handelsgeschäft Zinsen ohne Bestimmung des Zinsfußes versprochen sind. Ist in diesem Gesetzbuche die Verpflichtung zur Zahlung von Zinsen ohne Bestimmung der Höhe ausgesprochen, so sind darunter Zinsen zu fünf vom Hundert für das Jahr zu verstehen.

HGB	Sonderregel
§ 353	Kaufleute untereinander sind berechtigt, für ihre Forderungen aus beiderseitigen Handelsgeschäften vom **Tage** der **Fälligkeit** an **Zinsen** zu fordern. Zinsen von Zinsen (Zinseszinsen) können aufgrund dieser Vorschrift nicht gefordert werden.
§ 354	Wer in Ausübung seines Handelsgewerbes einem anderen Geschäfte besorgt oder Dienste leistet, kann dafür auch ohne Verabredung **Provision** und, wenn es sich um Aufbewahrung handelt, Lagergeld nach den an dem Ort üblichen Sätzen fordern. Für Darlehen, Vorschüsse, Auslagen und andere Verwendungen kann er vom Tag der Leistung an Zinsen berechnen.
§ 354a	Ist die **Abtretung** einer **Geldforderung** durch Vereinbarung mit dem Schuldner gemäß § 399 BGB ausgeschlossen und ist das Rechtsgeschäft, das diese Forderung begründet hat, für beide Teile ein Handelsgeschäft oder ist der Schuldner eine juristische Person des öffentlichen Rechts oder ein öffentlich-rechtliches Sondervermögen, so ist die Abtretung gleichwohl wirksam. Der Schuldner kann jedoch mit befreiender Wirkung an den bisherigen Gläubiger leisten. Abweichende Vereinbarungen sind unwirksam.
§ 355	Steht jemand mit einem Kaufmann derart in Geschäftsverbindung, dass die aus der Verbindung entspringenden beiderseitigen Ansprüche und Leistungen nebst Zinsen in Rechnung gestellt und in regelmäßigen Zeitabschnitten durch Verrechnung und Feststellung des für den einen oder anderen Teil sich ergebenden Überschuss ausgeglichen werden (**laufende Rechnung, Kontokorrent**), so kann derjenige, welchem bei dem Rechnungsabschluss ein Überschuss gebührt, von dem Tag des Abschlusses an **Zinsen** von dem Überschusse verlangen, auch soweit in der Rechnung Zinsen enthalten sind. Der Rechnungsabschluss geschieht jährlich einmal, sofern nicht ein anderes bestimmt ist. Die laufende Rechnung kann im Zweifel auch während der Dauer einer Rechnungsperiode jederzeit mit der Wirkung **gekündigt** werden, dass derjenige, welchem nach der Rechnung ein Überschuss gebührt, dessen Zahlung beanspruchen kann.
§ 356	Wird eine **Forderung,** die durch Pfand, Bürgschaft oder in anderer Weise **gesichert** ist, in die laufende Rechnung aufgenommen, so wird der Gläubiger durch die Anerkennung des Rechnungsabschlusses nicht gehindert, aus der Sicherheit insoweit Befriedigung zu suchen, als sein Guthaben aus der laufenden Rechnung und die Forderung sich decken. Entsprechendes gilt, wenn ein Dritter für eine in die laufende Rechnung aufgenommene Forderung als Gesamtschuldner haftet.
§ 357	Hat der Gläubiger eines Beteiligten die **Pfändung** und **Überweisung** des **Anspruchs** auf dasjenige erwirkt, was seinem Schuldner als Überschuss aus der laufenden Rechnung zukommt, so können dem Gläubiger gegenüber Schuldposten, die nach der Pfändung durch neue Geschäfte entstehen, nicht in Rechnung gestellt werden. Geschäfte, die aufgrund eines schon vor der Pfändung bestehenden Rechts oder einer schon vor diesem Zeitpunkt bestehenden Verpflichtung des Drittschuldners vorgenommen werden, gelten nicht als neue Geschäfte.
§ 358	Bei Handelsgeschäften kann die **Leistung** nur während der **gewöhnlichen Geschäftszeit** bewirkt und gefordert werden.
§ 359	Ist als **Zeit** der **Leistung** das Frühjahr oder der Herbst oder ein in ähnlicher Weise bestimmter Zeitpunkt vereinbart, so entscheidet im Zweifel der Handelsgebrauch des Orts der Leistung. Ist eine Frist von acht Tagen vereinbart, so sind hierunter im Zweifel volle acht Tage zu verstehen.
§ 360	Wird eine nur der **Gattung** nach bestimmte Ware geschuldet, so ist Handelsgut mittlerer Art und Güte zu leisten.

HGB	Sonderregel
§ 361	**Maß, Gewicht, Währung, Zeitrechnung** und **Entfernungen,** die an dem Ort gelten, wo der Vertrag erfüllt werden soll, sind im Zweifel als die vertragsmäßigen zu betrachten.
§ 362	Geht einem Kaufmanne, dessen Gewerbebetrieb die Besorgung von Geschäften für andere mit sich bringt, ein **Antrag** über die **Besorgung** solcher **Geschäfte** von jemandem zu, mit dem er in Geschäftsverbindung steht, so ist er verpflichtet, unverzüglich zu **antworten.** Sein Schweigen gilt als Annahme des Antrags. Das Gleiche gilt, wenn einem Kaufmann ein Antrag über die Besorgung von Geschäften von jemandem zugeht, dem gegenüber er sich zur Besorgung solcher Geschäfte erboten hat. Auch wenn der Kaufmann den Antrag ablehnt, hat er die mitgesendeten Waren auf Kosten des Antragstellers, soweit er für diese Kosten gedeckt ist und soweit es ohne Nachteil für ihn geschehen kann, einstweilen vor Schaden zu bewahren.
§§ 363 bis §§ 365	**Anweisungen,** die auf einen Kaufmann über die Leistung von Geld, Wertpapieren oder anderen vertretbaren Sachen ausgestellt sind, ohne dass darin die Leistung von einer Gegenleistung abhängig gemacht ist, können durch **Indossament** übertragen werden, wenn sie „an Order" lauten. Dasselbe gilt für **Verpflichtungsscheine,** die von einem Kaufmann über Gegenstände der bezeichneten Art an Order ausgestellt sind, ohne dass darin die Leistung von einer Gegenleistung abhängig gemacht ist. Ferner können **Konnossemente** der Verfrachter, Ladescheine der Frachtführer, Lagerscheine sowie Transportversicherungspolice durch Indossament übertragen werden, wenn sie an Order lauten.
§ 366	**Veräußert** oder **verpfändet** ein Kaufmann im Betrieb seines Handelsgewerbes eine ihm **nicht gehörige bewegliche Sache,** so finden die Vorschriften des BGB zugunsten derjenigen, welche Rechte von einem Nichtberechtigten herleiten, auch dann Anwendung, wenn der **gute Glaube** des Erwerbers die Befugnis des Veräußerers oder Verpfänders, über die Sache für den Eigentümer zu verfügen, betrifft. Ist die Sache mit dem Rechte eines Dritten belastet, so finden die Vorschriften des BGB zugunsten derjenigen, welche Rechte von einem Nichtberechtigten herleiten, auch dann Anwendung, wenn der gute Glaube die Befugnis des Veräußerers oder Verpfänders, ohne Vorbehalt des Rechts über die Sache zu verfügen, betrifft. Das gesetzliche Pfandrecht des Kommissionärs, des Frachtführers oder Verfrachters, des Spediteurs und des Lagerhalters steht hinsichtlich des Schutzes des guten Glaubens einem durch Vertrag erworbenen Pfandrecht gleich. Dies gilt jedoch nicht für das gesetzliche Pfandrecht an Gut, das nicht Gegenstand des Vertrages ist, aus dem die durch das Pfandrecht zu sichernde Forderung herrührt.
§ 367	Wird ein **Inhaberpapier,** das dem Eigentümer **gestohlen** worden, verlorengegangen oder sonst **abhanden gekommen** ist, an einen Kaufmann, der Bankier- oder Geldwechslergeschäfte betreibt, veräußert oder verpfändet, so gilt dessen **guter Glaube** als ausgeschlossen, wenn zur Zeit der Veräußerung oder Verpfändung der Verlust des Papiers im Bundesanzeiger bekanntgemacht und seit dem Ablauf des Jahres, in dem die Veröffentlichung erfolgt ist, nicht mehr als ein Jahr verstrichen war. Inhaberpapieren stehen „an Order" lautende Anleiheschuldverschreibungen sowie Namensaktien, Zwischenscheine gleich, falls sie mit einem Blankoindossament versehen sind. Der gute Glaube des Erwerbers wird durch die Veröffentlichung im Bundesanzeiger nicht ausgeschlossen, wenn der Erwerber die Veröffentlichung infolge besonderer Umstände nicht kannte und seine Unkenntnis nicht auf grober Fahrlässigkeit beruht. Das gilt nicht für Zins-, Renten- und Gewinnanteilscheine, die nicht später als in dem nächsten auf die Veräußerung oder Verpfändung folgenden Einlösungstermin fällig werden, auf unverzinsliche Inhaberpapiere, die auf Sicht zahlbar sind, und auf Banknoten.

HGB	Sonderregel
§ 368	Bei dem **Verkauf** eines **Pfands** tritt, wenn die Verpfändung auf der Seite des Pfandgläubigers und des Verpfänders ein Handelsgeschäft ist, an die Stelle der in § 1234 BGB bestimmten Frist von einem Monat eine solche von einer Woche. Dies gilt auch für das gesetzliche Pfandrecht des Frachtführers oder Verfrachters, des Spediteurs und des Lagerhalters entsprechend. Auf das Pfandrecht des Spediteurs, des Verfrachters und des Frachtführers auch dann, wenn nur auf ihrer Seite der Vertrag ein Handelsgeschäft ist.
§ 369	Ein Kaufmann hat wegen der fälligen Forderungen, welche ihm gegen einen anderen Kaufmann aus den zwischen ihnen geschlossenen beiderseitigen Handelsgeschäften zustehen, ein **Zurückbehaltungsrecht** an den beweglichen Sachen und Wertpapieren des Schuldners, welche mit dessen Willen aufgrund von Handelsgeschäften in seinen Besitz gelangt sind, sofern er sie noch im Besitz hat, insbesondere mittels Konnossements, Ladescheins oder Lagerscheins darüber verfügen kann. Das Zurückbehaltungsrecht ist auch dann begründet, wenn das Eigentum an dem Gegenstand von dem Schuldner auf den Gläubiger übergegangen oder von einem Dritten für den Schuldner auf den Gläubiger übertragen, aber auf den Schuldner zurückzuübertragen ist. Einem Dritten gegenüber besteht das Zurückbehaltungsrecht insoweit, als einem Dritten die Einwendungen gegen den Anspruch des Schuldners auf Herausgabe des Gegenstandes entgegengesetzt werden können. Das Zurückbehaltungsrecht ist ausgeschlossen, wenn die Zurückhaltung des Gegenstandes der von dem Schuldner vor oder bei der Übergabe erteilten Anweisung oder von dem dem Gläubiger übernommenen Verpflichtung, in einer bestimmten Weise mit dem Gegenstande zu verfahren, widerstreitet. Der Schuldner kann die Ausübung des Zurückbehaltungsrechts durch **Sicherheitsleistung** abwenden. Die Sicherheitsleistung durch Bürgen ist ausgeschlossen.
§ 371	Der Gläubiger ist **kraft** des **Zurückbehaltungsrechts** befugt, sich aus dem zurückbehaltenen Gegenstand **für** seine **Forderung** zu **befriedigen.** Steht einem Dritten ein Recht an dem Gegenstand zu, gegen welches das Zurückbehaltungsrecht nach § 369 Abs. 2 BGB geltend gemacht werden kann, so hat der Gläubiger in Ansehung der Befriedigung aus dem Gegenstand den Vorrang. Die Befriedigung erfolgt nach den für das Pfandrecht geltenden Vorschriften des Bürgerlichen Gesetzbuchs. An die Stelle der in § 1234 BGB bestimmten Frist von einem Monat tritt eine solche von einer Woche. Sofern die Befriedigung nicht im Wege der Zwangsvollstreckung stattfindet, ist sie erst zulässig, nachdem der Gläubiger einen vollstreckbaren Titel für sein Recht auf Befriedigung gegen den Eigentümer oder, wenn der Gegenstand ihm selbst gehört, gegen den Schuldner erlangt hat; in dem letzteren Falle finden die den Eigentümer betreffenden Vorschriften des Bürgerlichen Gesetzbuchs über die Befriedigung auf den Schuldner entsprechende Anwendung. In Ermangelung des vollstreckbaren Titels ist der Verkauf des Gegenstands nicht rechtmäßig. Die **Klage** auf **Gestattung** der **Befriedigung** kann bei dem Gericht, in dessen Bezirke der Gläubiger seinen allgemeinen Gerichtsstand oder den Gerichtsstand der Niederlassung hat, erhoben werden.

HGB	Sonderregel
§ 372	In **Ansehung** der **Befriedigung** aus dem zurückbehaltenen Gegenstand gilt zugunsten des Gläubigers der **Schuldner,** sofern er bei dem Besitzerwerbe des Gläubigers der Eigentümer des Gegenstands war, auch weiter als **Eigentümer,** sofern nicht der Gläubiger weiß, dass der Schuldner nicht mehr Eigentümer ist. Erwirbt ein Dritter nach dem Besitzerwerbe des Gläubigers von dem Schuldner das Eigentum, so muss er ein rechtskräftiges Urteil, das in einem zwischen dem Gläubiger und dem Schuldner wegen Gestattung der Befriedigung geführten Rechtsstreits ergangen ist, gegen sich gelten lassen, sofern nicht der Gläubiger bei dem Eintritte der Rechtshängigkeit gewusst hat, dass der Schuldner nicht mehr Eigentümer war.

2. Handelskauf (§§ 373 bis 382 HGB)

Für den Handelskauf gelten neben den BGB-Vorschriften folgende Sonderregelungen: 193

HGB	Sonderregel
§ 373	Ist der Käufer mit der Annahme der Ware im **Verzug,** so kann der Verkäufer die Ware auf Gefahr und Kosten des Käufers in einem öffentlichen Lagerhaus oder sonst in sicherer Weise hinterlegen. Er ist ferner befugt, nach vorgängiger Androhung die Ware öffentlich versteigern zu lassen. Er kann, wenn die Ware einen Börsen- oder Marktpreis hat, nach vorgängiger Androhung den Verkauf auch aus freier Hand durch einen zu solchen Verkäufen öffentlich ermächtigten Handelsmakler oder durch eine zur öffentlichen Versteigerung befugte Person zum laufenden Preis bewirken. Ist die Ware dem Verderb ausgesetzt und **Gefahr im Verzug,** so bedarf es der vorgängigen Androhung nicht. Dasselbe gilt, wenn die Androhung aus anderen Gründen untunlich ist. Der Selbsthilfeverkauf erfolgt für Rechnung des säumigen Käufers. Der Verkäufer und der Käufer können bei der öffentlichen Versteigerung mitbieten. Im Falle der öffentlichen Versteigerung hat der Verkäufer den Käufer von der Zeit und dem Ort der Versteigerung vorher zu benachrichtigen. Von dem vollzogenen Verkauf hat er bei jeder Art des Verkaufs dem Käufer unverzüglich Nachricht zu geben. Im Falle der **Unterlassung** ist er zum **Schadensersatz** verpflichtet. Die Benachrichtigungen dürfen unterbleiben, wenn sie untunlich sind.
§ 374	Durch die Vorschriften des § 373 werden die Befugnisse nicht berührt, welche dem Verkäufer nach dem **Bürgerlichen Gesetzbuch** zustehen, wenn der Käufer im Verzug der Annahme ist.
§ 375	Ist bei dem Kauf einer beweglichen Sache dem Käufer die nähere **Bestimmung** über **Form, Maß** oder **ähnliche Verhältnisse vorbehalten,** so ist der Käufer verpflichtet, die vorbehaltene Bestimmung zu treffen. Ist der Käufer mit der Erfüllung dieser Verpflichtung im Verzug, so kann der Verkäufer die Bestimmung statt des Käufers vornehmen oder gem. den §§ 280, 281 des Bürgerlichen Gesetzbuchs Schadensersatz statt der Leistung verlangen oder gemäß § 323 des Bürgerlichen Gesetzbuchs vom Vertrag zurücktreten. Im ersten Fall hat der Verkäufer die von ihm getroffene Bestimmung dem Käufer mitzuteilen und ihm zugleich eine angemessene Frist zur Vornahme einer anderweitigen Bestimmung zu setzen. Wird eine solche innerhalb der Frist von dem Käufer nicht vorgenommen, so ist die von dem Verkäufer getroffene Bestimmung maßgebend.

HGB	Sonderregel
§ 376	Ist bedungen, dass die **Leistung** des einen Teils genau zu einer **fest bestimmten Zeit** oder innerhalb einer **fest bestimmten Frist** bewirkt werden soll, so kann der andere Teil, wenn die Leistung nicht zu der bestimmten Zeit oder nicht innerhalb der bestimmten Frist erfolgt, von dem **Vertrag zurücktreten** oder, falls der Schuldner im Verzug ist, statt der Erfüllung **Schadensersatz** wegen Nichterfüllung verlangen. **Erfüllung** kann er nur beanspruchen, wenn er sofort nach dem Ablauf der Zeit oder der Frist dem Gegner anzeigt, dass er auf Erfüllung bestehe. Wird Schadensersatz wegen Nichterfüllung verlangt und hat die Ware einen Börsen- oder Marktpreis, so kann der Unterschied des Kaufpreises und des Börsen- oder Marktpreises zur Zeit und am Ort der geschuldeten Leistung gefordert werden. Das Ergebnis eines anderweitig vorgenommenen Verkaufs oder Kaufs kann, falls die Ware einen Börsen- oder Marktpreis hat, dem Ersatzanspruch nur zugrunde gelegt werden, wenn der Verkauf oder Kauf sofort nach dem Ablauf der bedungenen Leistungszeit oder Leistungsfrist bewirkt ist. Der Verkauf oder Kauf muss, wenn er nicht in öffentlicher Versteigerung geschieht, durch einen zu solchen Verkäufen oder Käufen öffentlich ermächtigten Handelsmakler oder eine zur öffentlichen Versteigerung befugte Person zum laufenden Preis erfolgen. Auf den Verkauf mittels öffentlicher Versteigerung findet die Vorschrift des § 373 Abs. 4 Anwendung. Von dem Verkauf oder Kauf hat der Gläubiger den Schuldner unverzüglich zu benachrichtigen; im Fall der Unterlassung ist er zum Schadensersatz verpflichtet.
§ 377	Ist der Kauf für beide Teile ein Handelsgeschäft, so hat der Käufer die **Ware** unverzüglich nach der Ablieferung durch den Verkäufer, soweit dies nach ordnungsmäßigem Geschäftsgang tunlich ist, zu **untersuchen** und, wenn sich ein **Mangel** zeigt, dem Verkäufer unverzüglich **Anzeige** zu machen (sog. Untersuchungs- und Rügepflicht **des Kaufmanns**). Unterlässt der Käufer die Anzeige, so gilt die Ware als genehmigt, es sei denn, dass es sich um einen Mangel handelt, der bei der Untersuchung nicht erkennbar war. Zeigt sich später ein solcher Mangel, so muss die Anzeige unverzüglich nach der Entdeckung gemacht werden, anderenfalls gilt die Ware auch in Ansehung dieses Mangels als genehmigt. Zur Erhaltung der Rechte des Käufers genügt die rechtzeitige Absendung der Anzeige. Hat der Verkäufer den Mangel arglistig verschwiegen, so kann er sich auf diese Vorschriften nicht berufen.
§ 379	Ist der Kauf für beide Teile ein Handelsgeschäft, so ist der Käufer, wenn er die ihm von einem anderen Ort übersendete **Ware beanstandet,** verpflichtet, für ihre **einstweilige Aufbewahrung** zu sorgen. Er kann die Ware, wenn sie dem Verderb ausgesetzt und Gefahr im Verzug ist, unter Beobachtung der Vorschriften des § 373, verkaufen lassen.
§ 380	Ist der **Kaufpreis** nach dem **Gewicht** der **Ware** zu berechnen, so kommt das Gewicht der Verpackung (Taragewicht) in Abzug, wenn nicht aus dem Vertrag oder dem Handelsgebrauch des Orts, an welchem der Verkäufer zu erfüllen hat, sich ein anderes ergibt. Ob und in welcher Höhe das Taragewicht nach einem bestimmten Ansatz oder Verhältnisse statt nach genauer Ausmittelung abzuziehen ist, sowie, ob und wieviel als Gutgewicht zugunsten des Käufers zu berechnen ist oder als Vergütung für schadhafte oder unbrauchbare Teile (Refaktie) gefordert werden kann, bestimmt sich nach dem Vertrag oder dem Handelsgebrauch des Orts, an welchem der Verkäufer zu erfüllen hat.

3. Kommissionsgeschäft

Kommissionär ist, wer es **gewerbsmäßig** übernimmt, **Waren** oder **Wertpapiere für Rechnung eines anderen** (des Kommittenten) in **eigenem Namen** zu kaufen oder zu verkaufen (§§ 383 ff. HGB). Der Kommissionär ist verpflichtet, das übernommene Geschäft mit der Sorgfalt eines ordentlichen Kaufmanns auszuführen; er hat hierbei das Interesse des Kommittenten wahrzunehmen und dessen Weisungen zu befolgen, sonst macht er sich schadenersatzpflichtig. Befindet sich das **Gut,** welches dem Kommissionär zugesendet ist, bei der Ablieferung in einem **beschädigten** oder **mangelhaften Zustand,** der äußerlich erkennbar ist, so hat der Kommissionär die Rechte gegen den Frachtführer oder Schiffer zu wahren, für den Beweis des Zustands zu sorgen und dem Kommittenten unverzüglich Nachricht zu geben; im Fall der Unterlassung ist er zum Schadensersatz verpflichtet. Ist das Gut dem Verderb ausgesetzt oder treten später Veränderungen an dem Gut ein, die dessen Entwertung befürchten lassen, und ist keine Zeit vorhanden, die Verfügung des Kommittenten einzuholen, oder ist der Kommittent in der Erteilung der Verfügung säumig, so kann der Kommissionär den Verkauf des Guts nach Maßgabe der Vorschriften des § 373 HGB bewirken. Der Kommissionär ist für den **Verlust** und die **Beschädigung** des in seiner **Verwahrung befindlichen Guts** verantwortlich, es sei denn, dass der Verlust oder die Beschädigung auf Umständen beruht, die durch die Sorgfalt eines ordentlichen Kaufmanns nicht abgewendet werden konnten. 194

Ist eine **Einkaufskommission** erteilt, die für beide Teile ein Handelsgeschäft ist, so finden in Bezug auf die Verpflichtung des Kommittenten, das Gut zu untersuchen und dem Kommissionär von den entdeckten Mängeln Anzeige zu machen, sowie in Bezug auf die Sorge für die Aufbewahrung des beanstandeten Gutes und auf den Verkauf bei drohendem Verderb die für den Käufer geltenden Vorschriften der §§ 377 bis 379 HGB entsprechende Anwendung. 195

Der Kommissionär hat für die **Erfüllung** der **Verbindlichkeit** des Dritten, mit dem er das Geschäft für Rechnung des Kommittenten abschließt, einzustehen, wenn dies von ihm übernommen oder am Ort seiner Niederlassung Handelsgebrauch ist. Der Kommissionär, der für den Dritten einzustehen hat, ist dem Kommittenten für die Erfüllung im Zeitpunkt des Verfalls unmittelbar insoweit verhaftet, als die Erfüllung aus dem Vertragsverhältnis gefordert werden kann. Er kann eine besondere Vergütung (Delkredereprovision) beanspruchen. 196

Der Kommissionär kann die **Provision** fordern, wenn das Geschäft zur Ausführung gekommen ist. Ist das Geschäft nicht zur Ausführung gekommen, so hat er gleichwohl den Anspruch auf die Auslieferungsprovision, sofern eine solche ortsgebräuchlich ist. Er kann die Provision auch dann verlangen, wenn die Ausführung des von ihm abgeschlossenen Geschäfts nur aus einem in der Person des Kommittenten liegenden Grund unterblieben ist. 197

Die Kommission zum Einkauf oder zum Verkauf von **Waren,** die einen **Börsen-** oder **Marktpreis** haben, sowie von Wertpapieren, bei denen ein Börsen- oder Marktpreis amtlich festgestellt wird, kann, wenn der Kommittent nicht ein anderes bestimmt hat, von dem Kommissionär dadurch ausgeführt werden, dass er das Gut, welches er ein- 198 kaufen soll, selbst als Verkäufer liefert oder das Gut, welches er verkaufen soll, selbst als Käufer übernimmt.

4. Frachtvertrag

199 Durch den Frachtvertrag (§§ 407 bis 452d HGB) wird der Frachtführer verpflichtet, das **Gut** zum Bestimmungsort zu **befördern** und dort an den Empfänger **abzuliefern.** Der Absender wird verpflichtet, die vereinbarte Fracht zu zahlen. Für die Verkehrsträger Straße, Schiene, Binnenschifffahrt und Luftfahrt gelten einheitliche Regelungen.

200 **Ein Frachtbrief** ist nicht zwingend vorgeschrieben. Der Frachtführer kann aber die Ausstellung eines Frachtbriefs mit folgenden Angaben verlangen (§ 408 HGB):

- Ort und Tag der Ausstellung;
- Name und Anschrift des Absenders;
- Name und Anschrift des Frachtführers;
- Stelle und Tag der Übernahme des Gutes sowie die für die Ablieferung vorgesehene Stelle;
- Name und Anschrift des Empfängers und eine etwaige Meldeadresse;
- die übliche Bezeichnung der Art des Gutes und die Art der Verpackung, bei gefährlichen Gütern ihre nach den Gefahrgutvorschriften vorgesehene, sonst ihre allgemein anerkannte Bezeichnung;
- Anzahl, Zeichen und Nummern der Frachtstücke;
- das Rohgewicht oder die anders angegebene Menge des Gutes;
- die vereinbarte Fracht und die bis zur Ablieferung anfallenden Kosten sowie einen Vermerk über die Frachtzahlung;
- den Betrag einer bei der Ablieferung des Gutes einzuziehenden Nachnahme;
- Weisungen für die Zoll- und sonstige amtliche Behandlung des Gutes;
- eine Vereinbarung über die Beförderung in offenem, nicht mit Planen gedecktem Fahrzeug oder auf Deck.

In den Frachtbrief können weitere Angaben eingetragen werden, die die Parteien für zweckmäßig halten.

Der Frachtbrief wird in **drei Originalausfertigungen** ausgestellt, die vom Absender unterzeichnet werden. Der Absender kann verlangen, dass auch der Frachtführer den Frachtbrief unterzeichnet. Nachbildungen der eigenhändigen Unterschriften durch Druck oder Stempel genügen. Eine Ausfertigung ist für den Absender bestimmt, eine begleitet das Gut, eine behält der Frachtführer. Das Fehlen, die Mangelhaftigkeit oder etwa der Verlust des Frachtbriefes haben für die Gültigkeit des Frachtvertrages oder dessen Bestand keinerlei Auswirkungen. Wird aber ein Frachtbrief ausgestellt, hat er **Beweisfunktionen.** Ein von beiden Parteien des Frachtvertrages unterzeichneter Frachtbrief dient bis zum Beweis des Gegenteils als Nachweis für den Abschluss oder den Inhalt des Frachtvertrages sowie für die Übernahme des Gutes durch den Frachtführer. Weiter dient der Frachtbrief, sofern er nicht einen begründeten Vorbehalt enthält, als Nachweis für den äußerlich guten Zustand des Gutes bei dessen Übernahme durch den Frachtführer sowie für die Richtigkeit der Angaben im Frachtbrief über die Anzahl der Frachtstücke und ihre Zeichen und Nummern.

201 Neben den Hauptpflichten der am **Frachtvertrag** beteiligten Personen enthält der Vertrag auch **Nebenpflichten** wie die Pflicht des Absenders zur Ausstellung eines Fracht-

briefes auf Verlangen des Frachtführers und über die Verpackungs- und Verladepflicht. Danach ist der Absender verpflichtet, den Frachtführer über gefährliche Eigenschaften des zu befördernden Gutes sowie über zu ergreifende Vorsichtsmaßnahmen zu unterrichten (§ 410 HGB). Er ist zur Verpackung und Kennzeichnung des Gutes verpflichtet (§ 411 HGB), zur Verladung und Entladung (§ 412 HGB) sowie dazu, dem Frachtführer die nötigen Begleitpapiere zur Verfügung zu stellen und Auskünfte zu erteilen (§ 413 Abs. 1 HGB). Die Verpflichtung zur Betriebssicherheit der Verladung obliegt dagegen dem Frachtführer (§ 412 HGB). Auch hat der Frachtführer dem Absender für das Ver- und Entladen eine angemessene Zeit zur Verfügung zu stellen. Wird diese angemessene Zeit überschritten, hat der Frachtführer einen Anspruch auf eine angemessene Vergütung, das sog. **Standgeld** (§ 412 Abs. 3 HGB).

In § 414 HGB sind Bestimmungen zur verschuldensunabhängigen **Haftung** des **Absenders** in besonderen Fällen vorgesehen. Hier sind insbesondere Haftungsfragen in Fällen der ungenügenden Verpackung oder Kennzeichnung sowie der Unterlassung der Mitteilung über die Gefährlichkeit des Gutes enthalten. Der Absender hat ein jederzeitiges **Kündigungsrecht** (§ 415 HGB). Dadurch soll dem Auftraggeber größtmögliche Dispositionsfreiheit eingeräumt werden. Verlädt der Absender das Gut nicht innerhalb der Ladezeit, oder stellt er, wenn er zur Verladung nicht verpflichtet ist, das Gut nicht innerhalb der Ladezeit zur Verfügung, so kann ihm der Frachtführer eine angemessene Frist setzen, innerhalb derer das Gut verladen oder zur Verfügung gestellt werden soll. Wird bis zum Ablauf der gesetzten Frist keine Ladung verladen oder zur Verfügung gestellt, so kann der Frachtführer den Vertrag kündigen und die Ansprüche nach § 415 Abs. 2 HGB geltend machen. 202

Der **Frachtführer** ist **haftbar** für Verluste und Beschädigungen innerhalb seiner Obhutzeit sowie für Lieferfristüberschreitung. Die Haftung ist begrenzt, soweit der Schaden durch ein unabwendbares Ereignis ausgelöst worden ist oder sofern Haftungsausschlussgründe vorhanden sind. Danach ist der Frachtführer von seiner Haftung **befreit**, soweit der Verlust, die Beschädigung oder die Überschreitung der Lieferfrist auf eine der folgenden Gefahren zurückzuführen ist: 203

- vereinbarte oder der Übung entsprechende Verwendung von offenen, nicht mit Planen gedeckten Fahrzeugen oder Verladung auf Deck;
- ungenügende Verpackung durch den Absender;
- Behandeln, Verladen oder Entladen des Gutes durch den Absender oder den Empfänger;
- natürliche Beschaffenheit des Gutes, die besonders leicht zu Schäden, insbesondere durch Bruch, Rost, inneren Verderb, Austrocknen, Auslaufen, normalen Schwund, führt;
- ungenügende Kennzeichnung der Frachtstücke durch den Absender;
- bei der Beförderung lebender Tiere.

Nimmt der **Empfänger** das **Gut vorbehaltlos an**, so führt dies nicht zu einem Anspruchsverlust, wohl aber zur Verschlechterung der Beweislage für den Empfänger bzw. den Absender. Grundsätzlich gilt, dass äußerlich erkennbare Beschädigungen und Verluste des Gutes unverzüglich anzuzeigen sind, während bei äußerlich nicht erkennbaren Verlusten und Beschädigungen eine Frist von sieben Tagen nach Ablieferung läuft. Erfolgt die Schadensanzeige nicht rechtzeitig, so wird vermutet, dass das Gut in vertragsgemäßem Zustand abgeliefert worden ist. Es ist dann Sache des Empfängers oder Absenders nachzuweisen, dass entgegen dieser Annahme doch eine Beschädigung des Gutes vorhanden war, und zwar zum Zeitpunkt der Ablieferung.

204 Der **Frachtführer** kann ein **Pfandrecht** für sog. inkonnexe Forderungen geltend machen. Dies bedeutet, dass er Pfandrechte nicht nur bezüglich der Forderungen aus dem konkreten Frachtvertrag beanspruchen kann, sondern auch für Forderungen, die aus zeitlich zurückliegenden Frachtverträgen resultieren.

5. Speditionsgeschäft

205 Ein Speditionsvertrag (§§ 453 bis 466 HGB) ist ein Vertrag, durch den sich der Spediteur verpflichtet, die **Versendung** des Gutes entweder für Rechnung des Versenders oder für eigene Rechnung zu **besorgen.** Der Speditionsvertrag ist damit ein spezieller Geschäftsbesorgungsvertrag.

206 § 454 HGB konkretisiert den Begriff der Besorgung der Versendung. **Hauptaufgabe** ist die **Organisation** der **Beförderung.** Dies beinhaltet die Bestimmung des Beförderungsmittels und des Beförderungsweges, die Auswahl ausführender Unternehmer, den Abschluss der für die Versendung erforderlichen Fracht-, Lager- und Speditionsverträge, die Erteilung von Informationen und Weisungen an die ausführenden Unternehmer sowie schließlich die Sicherung von Schadenersatzansprüchen des Versenders. Daneben bestehen **Nebenpflichten,** die zwar nicht zum Kernbereich speditioneller Tätigkeit gehören, deren Erfüllung aber von den Parteien vereinbart werden kann, wie der Einsatz und Tausch von Paletten und Containern oder ähnlichen Behältnissen, die Verwiegung des Gutes, die Beschaffung von Begleitpapieren oder die Einziehung von Nachnahmen. Soweit diese Tätigkeiten Beförderungsbezug aufweisen, unterliegen sie den speditionsrechtlichen Vorschriften. **Leistungen,** die vom Spediteur ohne **Beförderungsbezug** erbracht werden, unterliegen dagegen nicht dem Speditionsrecht, sondern in der Regel dem allgemeinen **Werkvertragsrecht** des BGB. Gemeint sind solche Tätigkeiten, die Speditionsunternehmen heute häufig für Handel und Industrie unternehmen, die aber mit Beförderungsleistungen im Prinzip nichts zu tun haben, wie etwa die Preisauszeichnung von Waren oder Montage-Arbeiten.

207 Der **Spediteur haftet** für den Schaden, der durch Verlust oder Beschädigung des in seiner Obhut befindlichen Gutes entsteht (§ 461 HGB). Damit ist ein Verschulden des Spediteurs nicht notwendig, um seine Haftung zu begründen (Obhuthaftung). Viele Speditionen organisieren nicht nur den Transport, sondern führen ihn, zumindest teilweise, auch selbst aus. Hier spricht man von **Selbsteintritt.** Beauftragt der Versender den Spediteur mit der Versendung des Gutes, das mit Gütern anderer Versender gemeinsam oder zumindest auf einem Teil der Strecke transportiert wird, so handelt es sich um eine **Sammelladungsspedition.** Schließlich gibt es eine Fixkosten-Spedition, wenn sich Versender und Spediteur unabhängig vom Aufwand über die Höhe der Vergütung für Organisation und Durchführung des Transports geeinigt haben. Für alle drei Arten gilt die Obhuthaftung.

Bei Frachtverträgen, in denen die Beförderung mit verschiedenartigen Beförderungsmitteln bis zum Empfänger vereinbart ist und für deren unterschiedliche Teilstrecken auch verschiedene Rechtsvorschriften gelten würden (**internationale Transporte**), gilt deutsches Recht (§§ 452 ff. HGB), wenn sich eine Teilstrecke in Deutschland befindet, soweit nicht zwingende internationale Vorschriften zum Tragen kommen, die durch das deutsche Transportrecht nicht abbedungen werden können. Für die **Haftung** gilt aber das Recht des Staates, auf dessen Teilstrecke der jeweils festgestellte Schaden eingetreten ist. Den Beweis dafür hat stets derjenige zu erbringen, der den Anspruch stellt. Ist der Schadensort dagegen unbekannt, so finden die Vorschriften des allgemeinen Frachtrechts Anwendung.

6. Lagergeschäft

Durch den Lagervertrag (§§ 467 bis 475h HGB) wird der Lagerhalter verpflichtet, das 208
Gut zu **lagern** und **aufzubewahren.** Der Einlagerer wird verpflichtet, die vereinbarte Vergütung zu zahlen. Der Einlagerer ist verpflichtet, dem Lagerhalter, wenn gefährliches Gut eingelagert werden soll, rechtzeitig in Textform (§ 126b BGB) die genaue Art der Gefahr und, soweit erforderlich, zu ergreifende Vorsichtsmaßnahmen mitzuteilen. Er hat ferner das Gut, soweit erforderlich, zu verpacken, zu kennzeichnen und Urkunden zur Verfügung zu stellen sowie alle Auskünfte zu erteilen, die der Lagerhalter zur Erfüllung seiner Pflicht benötigt. Ist der **Einlagerer** ein **Verbraucher,** so ist abweichend davon der Lagerhalter verpflichtet, das Gut, soweit erforderlich, zu verpacken und zu kennzeichnen und der Einlagerer lediglich verpflichtet, den Lagerhalter über die von dem Gut ausgehende Gefahr allgemein zu unterrichten. Der **Einlagerer** hat, auch wenn ihn kein Verschulden trifft, dem Lagerhalter **Schäden** und **Aufwendungen** zu **ersetzen,** die verursacht werden durch ungenügende Verpackung oder Kennzeichnung, durch Unterlassen der Mitteilung über die Gefährlichkeit des Gutes oder durch Fehlen, Unvollständigkeit oder Unrichtigkeit der Urkunden oder Auskünfte. Der Lagerhalter ist berechtigt, **vertretbare Sachen** mit anderen Sachen gleicher Art und Güte zu **vermischen,** wenn die beteiligten Einlagerer ausdrücklich einverstanden sind. Ist dies der Fall, so steht vom Zeitpunkt der Einlagerung ab den Eigentümern der eingelagerten Sachen Miteigentum nach Bruchteilen zu. Der Lagerhalter kann jedem Einlagerer den ihm gebührenden Anteil ausliefern, ohne dass er hierzu der Genehmigung der übrigen Beteiligten bedarf (§ 469 HGB).

Der **Lagerhalter haftet** für den Schaden, der durch Verlust oder Beschädigung des Gutes in der Zeit von der Übernahme zur Lagerung bis zur Auslieferung entsteht, es sei denn, dass der Schaden durch die Sorgfalt eines ordentlichen Kaufmanns nicht abgewendet werden konnte. Dies gilt auch dann, wenn der Lagerhalter das Gut bei einem Dritten einlagert (§ 475 HGB). Der Lagerhalter hat wegen aller durch den Lagervertrag begründeten Forderungen sowie wegen unbestrittener Forderungen aus anderen mit dem Einlagerer abgeschlossenen Lager-, Fracht- und Speditionsverträgen ein **Pfandrecht** an dem Gut. Das Pfandrecht erstreckt sich auch auf die Forderung aus einer Versicherung sowie auf die Begleitpapiere.

Einstweilen frei 209, 210

F. Gewerberecht

211 In Deutschland herrscht **Gewerbefreiheit** (§ 1 GewO). Mit diesem Grundsatz ist das mittelalterliche strenge Zunftwesen aufgelöst worden.

212 Das Gewerberecht hat im Wesentlichen **ordnungspolitische Funktionen.** Es ist niedergelegt in der Gewerbeordnung, zahlreichen Spezialgesetzen wie Gaststättengesetz, Handwerksordnung, Ladenschlussgesetz, Preisangabenverordnung, Immissionsschutzgesetz, Kreislaufwirtschafts- und Abfallgesetz, Gerätesicherheitsgesetz, Arbeitsstättenverordnung, und einer Reihe von Landesvorschriften. Wie aus den Namen der Gesetze schon ersichtlich, hat es hauptsächlich die Aufgabe, den Verbraucher, die Mitarbeiter des Betriebs und die Umwelt zu schützen. Von allgemeiner Bedeutung sind folgende Problembereiche:

I. Anzeige- und Genehmigungspflicht

213 Nach § 14 GewO muss jeder, der den selbständigen Betrieb eines stehenden Gewerbes oder den Betrieb einer Zweigniederlassung oder einer unselbständigen Zweigstelle anfängt, dies der für den betreffenden Ort zuständigen **Behörde** gleichzeitig **anzeigen.** Das Gleiche gilt, wenn

- der Betrieb verlegt wird,
- der Gegenstand des Gewerbes gewechselt oder auf Waren oder Leistungen ausgedehnt wird, die bei Gewerbebetrieben der angemeldeten Art nicht geschäftsüblich sind, oder
- der Betrieb aufgegeben wird.

214 Wer die **Aufstellung** von **Automaten** (Waren-, Leistungs- und Unterhaltungsautomaten jeder Art) als selbständiges Gewerbe betreibt, muss die Anzeige bei der zuständigen Behörde seiner **Hauptniederlassung** erstatten. Die bis Mitte 2009 gültige Regelung, nachdem in diesem Falle eine Anmeldung bei allen Behörden, in deren Zuständigkeitsbereich Automaten aufgestellt werden, eine Anzeige erfolgen musste, wurde durch das Dritte Mittelstandsentlastungsgesetz zum Zwecke des Bürokratieabbaus gestrichen. Die Behörde bescheinigt innerhalb dreier Tage den Empfang der Anzeige (§ 15 Abs. 1 GewO).

215 Eine Gewerbeaufnahme kann auch **erlaubnispflichtig** sein (z. B. Versteigerergewerbe, Makler; §§ 34b, 34c GewO). Wird ein Gewerbe, zu dessen Ausübung eine Erlaubnis, Genehmigung, Konzession oder Bewilligung (Zulassung) erforderlich ist, ohne diese Zulassung betrieben, so kann die Fortsetzung des Betriebs von der zuständigen Behörde verhindert werden. Das Gleiche gilt, wenn ein Gewerbe von einer ausländischen juristischen Person begonnen wird, deren Rechtsfähigkeit im Inland nicht anerkannt wird.

II. Gewerbeaufsicht und Arbeitsschutz

216 Die Gewerbeaufsicht wird über alle Gewerbebetriebe i. d. R. von den **Gewerbeaufsichtsämtern** ausgeübt. Das sind die Gemeinden und Landkreise. Die Einhaltung der Arbeitsschutzbestimmungen, z. B. die Einhaltung von Ruhezeiten an Sonn- und Feiertagen, die Einhaltung der Betriebssicherheit von Maschinen und Geräten u. Ä., wird von **besonderen Behörden** überwacht (§ 139b GewO).

III. Gewerbeuntersagung

Die Ausübung eines Gewerbes ist von der zuständigen Behörde ganz oder teilweise zu untersagen, wenn Tatsachen vorliegen, welche die **Unzuverlässigkeit** des Gewerbetreibenden oder einer mit der Leitung des Gewerbebetriebs beauftragten Person in Bezug auf dieses Gewerbe dartun, sofern die Untersagung zum Schutz der Allgemeinheit oder der im Betrieb Beschäftigten erforderlich ist (§ 35 Abs. 1 GewO). Die Untersagung kann auch auf die Tätigkeit als Vertretungsberechtigter eines Gewerbetreibenden oder als mit der Leitung eines Gewerbebetriebs beauftragte Person sowie auf einzelne andere oder auf alle Gewerbe erstreckt werden, soweit die festgestellten Tatsachen die Annahme rechtfertigen, dass der Gewerbetreibende auch für diese Tätigkeiten oder Gewerbe unzuverlässig ist. Um eine Umgehung durch Strohmänner zu verhindern und gegen die eigentlichen Gewerbetreibenden vorgehen zu können, bestimmt § 35 Abs. 7a GewO, dass die Untersagung auch gegen Vertretungsberechtigte oder mit der Leitung des Gewerbebetriebes beauftragte Personen ausgesprochen werden kann. Dem Gewerbetreibenden kann auf seinen Antrag von der zuständigen Behörde im Untersagungsverfahren gestattet werden, den Gewerbebetrieb durch einen **Stellvertreter** (§ 45 GewO) fortzuführen, der die Gewähr für eine ordnungsgemäße Führung des Gewerbebetriebs bietet. 217

Im **Untersagungsverfahren** hat der Gewerbetreibende der zuständigen Behörde oder deren Beauftragten auf Verlangen jede für die Durchführung des Verfahrens erforderliche **mündliche** oder **schriftliche Auskunft** über seinen Gewerbebetrieb innerhalb der gesetzten Frist und unentgeltlich zu erteilen. Die Beauftragten sind befugt, zum Zwecke der **Überwachung** Grundstücke und Geschäftsräume des Betroffenen während der üblichen Geschäftszeit zu betreten, dort Prüfungen und Besichtigungen vorzunehmen, sich die geschäftlichen Unterlagen vorlegen zu lassen und in diese Einsicht zu nehmen. Zur Verhütung dringender Gefahren für die öffentliche Sicherheit oder Ordnung können die Grundstücke und Geschäftsräume tagsüber auch außerhalb der genannten Zeit sowie tagsüber auch dann betreten werden, wenn sie zugleich Wohnzwecken des Betroffenen dienen. Der Gewerbetreibende kann die **Auskunft** auf solche Fragen **verweigern**, deren Beantwortung ihn selbst oder einem Angehörigen der Gefahr strafgerichtlicher Verfolgung oder eines Verfahrens nach dem Gesetz über Ordnungswidrigkeiten aussetzen würde. Vor der Untersagung sollen, soweit besondere staatliche Aufsichtsbehörden bestehen, die Aufsichtsbehörden, ferner die zuständige Industrie- und Handelskammer oder Handwerkskammer und, soweit es sich um eine Genossenschaft handelt, auch der Prüfungsverband gehört werden, dem die Genossenschaft angehört. Die Anhörung der vorgenannten Stellen kann unterbleiben, wenn Gefahr im Verzug ist; in diesem Fall sind diese Stellen zu unterrichten. Dem Gewerbetreibenden ist von der zuständigen Behörde aufgrund eines an die Behörde zu richtenden schriftlichen Antrags die persönliche **Ausübung** des **Gewerbes wieder** zu **gestatten**, wenn Tatsachen die Annahme rechtfertigen, dass eine Unzuverlässigkeit nicht mehr vorliegt. Vor Ablauf eines Jahres nach Durchführung der Untersagungsverfügung kann die Wiederaufnahme nur gestattet werden, wenn hierfür besondere Gründe vorliegen. 218

IV. Bestellung von Sachverständigen

219 Personen, die als Sachverständige gewerbsmäßig tätig sind oder tätig werden wollen, können durch die von den Landesregierungen bestimmten Stellen nach deren Ermessen für bestimmte Sachgebiete öffentlich bestellt werden (§ 36 GewO), wenn sie **besondere Sachkunde nachweisen** und **keine Bedenken** gegen ihre Eignung bestehen; sie sind darauf zu vereidigen, dass sie ihre Aufgaben gewissenhaft erfüllen und die von ihnen angeforderten Gutachten gewissenhaft und unparteiisch erstatten werden. Das Gleiche gilt für Personen, die auf den Gebieten der Wirtschaft einschließlich des Bergwesens, der Hochsee- und Küstenfischerei sowie der Land- und Forstwirtschaft einschließlich des Garten- und Weinbaus als Sachverständige tätig sind oder tätig werden wollen, ohne Gewerbetreibende zu sein.

220–222 *Einstweilen frei*

G. Wechsel- und Scheckrecht

223 Wechsel und Schecks sind **Urkunden,** die **Rechte für** den **Besitzer verbriefen.** Sie dienen im Handelsverkehr als Zahlungsmittel bzw. zur Kreditierung. Daraus ergeben sich auch die wesentlichen Unterschiede.

I. Wechsel

1. Wechsel als Kreditinstrument

224 Der Wechsel dient vor allem als kurzfristiges Kreditpapier. Seine Bedeutung als Zahlungsmittel folgt der Kreditfunktion. Der Waren- oder Handelswechsel mit einer Laufzeit von drei Monaten wird zur **Kreditierung** von **Warenlieferungen** verwendet. Der Lieferant kann den Wechsel behalten, er hat dann bei Fälligkeit neben seiner Kaufpreisforderung einen im Wechselprozess leicht durchsetzbaren Wechselanspruch. Er kann den Wechsel aber auch z. B. zur Erfüllung seiner eigenen Kaufpreisschuld einem Lieferanten oder sonstigem Dritten in Zahlung geben oder auch bei einer Bank Diskontkredit nehmen. In letzterem Fall zahlt die diskontierende Bank dem Einreicher die Wechselsumme als Kaufpreis, jedoch unter Abzug des Zwischenzinses bis zum Fälligkeitstag.

225 Neben diesem „Handelswechsel“ gibt es reine **„Finanzwechsel“**, die ohne Verknüpfung mit einem Handelsgeschäft nur der Geldbeschaffung dienen. Von Wechselreiterei spricht man, wenn Personen gegenseitige Wechsel austauschen.

2. Rechtliche Darstellung

226 Der Wechsel ist eine Urkunde, in der sich der Aussteller zur Zahlung einer bestimmten Geldsumme verpflichtet. Gewöhnlich verpflichtet er sich nicht selbst zu zahlen, sondern in Form einer Anweisung an einen Dritten. Zu diesem Zweck „zieht“ er den Wechsel auf den Bezogenen und weist ihn im Wechsel an, die Wechselsumme an den namentlich benannten Wechselnehmer (Remittenden) oder dessen Order zu zahlen, d. h. an denjenigen, den der erstgenannte Berechtigte als den nachfolgend Berechtigten be-

nennt. Es liegt ein gezogener Wechsel (Tratte) vor, im Gegensatz zum eigenen Wechsel, der nur ein Zahlungsversprechen des Ausstellers enthält (Art. 75 ff. WG).

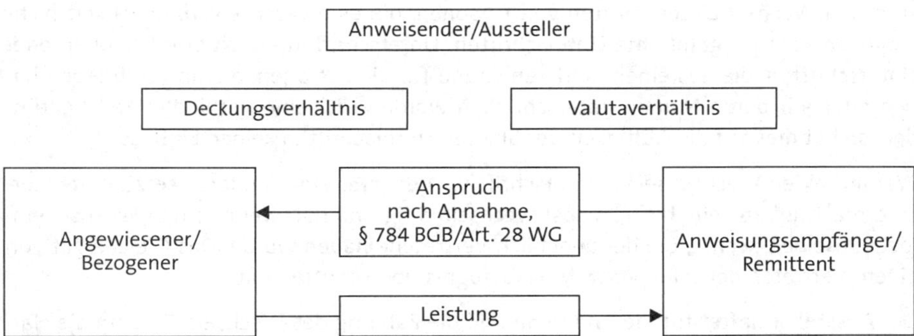

Der Wechsel ist ein gesetzliches Orderpapier. Ein gezogener Wechsel liegt nur vor, wenn die **Urkunde** die in Art. 1 WG bezeichneten **Bestandteile** enthält:

- die Bezeichnung als Wechsel im Text der Urkunde, und zwar in der Sprache, in der sie ausgestellt ist,
- die unbedingte Anweisung, eine bestimmte Geldsumme zu zahlen,
- den Namen dessen, der zahlen soll (Bezogener),
- die Angabe der Verfallzeit,
- die Angabe des Zahlungsorts,
- den Namen dessen, an den oder an dessen Order gezahlt werden soll,
- die Angabe des Tages und des Orts der Ausstellung,
- die Unterschrift des Ausstellers.

Eine Urkunde, der einer der vorstehend bezeichneten Bestandteile fehlt, gilt nicht als 227
gezogener Wechsel, mit folgenden **Ausnahmen:**

Ein Wechsel ohne Angabe der Verfallzeit gilt als **Sichtwechsel**. Mangels einer besonde- 228
ren Angabe gilt der bei dem Namen des Bezogenen angegebene Ort als Zahlungsort und zugleich als Wohnort des Bezogenen. Ein Wechsel ohne Angabe des Ausstellungsorts gilt als ausgestellt an dem Ort, der bei dem Namen des Ausstellers angegeben ist.

Der Wechsel kann **an** die **eigene Order** des Ausstellers lauten, der Aussteller setzt sich 229
als Remittent ein („Gegen diesen Wechsel zahlen Sie an mich"). Der Aussteller kann sich selbst als Bezogenen einsetzen. Dann spricht man von einem **trassiert eigenen Wechsel**. Beide Formen können auch kombiniert werden. Dann handelt es sich um einen trassiert eigenen Wechsel an eigene Order. Wie bereits angesprochen, ist der trassiert eigene Wechsel vom eigenen Wechsel (Solawechsel) zu unterscheiden. Hier gibt es keinen Bezogenen, der Aussteller gibt lediglich ein Zahlungsversprechen an den Wechselnehmer ab. Die Bedeutung des Solawechsels ist gering, da sich dieselben Wirkungen auch durch den trassiert eigenen Wechsel erzielen lassen.

Der Wechsel kann bei einem Dritten, am Wohnort des Bezogenen oder an einem ande- 230
ren Ort, zahlbar gestellt werden. In einem Wechsel, der auf Sicht oder auf eine bestimmte Zeit nach Sicht lautet, kann der Aussteller bestimmen, dass die **Wechselsum-**

me zu **verzinsen** ist. Bei jedem anderen Wechsel gilt der Zinsvermerk als nicht geschrieben.

231 Trägt ein Wechsel Unterschriften von Personen, die eine Wechselverbindlichkeit nicht eingehen können, **gefälschte Unterschriften**, Unterschriften erdichteter Personen oder Unterschriften, die aus einem anderen Grund für die Personen, die unterschrieben haben oder mit deren Namen unterschrieben worden ist, keine Verbindlichkeit begründen, so hat dies auf die Gültigkeit der übrigen Unterschriften keinen Einfluss.

232 Wer auf einen Wechsel seine Unterschrift als **Vertreter** eines anderen setzt, ohne hierzu ermächtigt zu sein, haftet selbst wechselmäßig und hat, wenn er den Wechsel einlöst, dieselben Rechte, die der angeblich Vertretene haben würde. Das Gleiche gilt von einem Vertreter, der seine Vertretungsbefugnis überschritten hat.

233 Der **Aussteller haftet** für die **Annahme** und die **Zahlung** des Wechsels. Er kann die Haftung für die Annahme ausschließen; jeder Vermerk, durch den er die Haftung für die Zahlung ausschließt, gilt als nicht geschrieben.

234 **Die Annahmeerklärung** wird auf den Wechsel gesetzt. Sie wird durch das Wort „angenommen" oder ein gleichbedeutendes Wort ausgedrückt; sie ist vom Bezogenen zu unterschreiben. Die bloße Unterschrift des Bezogenen auf der Vorderseite des Wechsels gilt als Annahme. Lautet der Wechsel auf eine bestimmte Zeit nach Sicht oder ist er infolge eines besonderen Vermerks innerhalb einer bestimmten Frist zur Annahme vorzulegen, so muss die Annahmeerklärung den Tag bezeichnen, an dem sie erfolgt ist, sofern nicht der Inhaber die Angabe des Tages der Vorlegung verlangt. Ist kein Tag angegeben, so muss der Inhaber, um seine Rückgriffsrechte gegen die Indossanten und den Aussteller zu wahren, diese Unterlassung rechtzeitig durch einen Protest feststellen lassen. Durch die Annahme wird der **Bezogene verpflichtet**, den Wechsel bei Verfall zu bezahlen (Art. 28 WG).

235 Vom formal ungültigen Wechsel ist der **Blankowechsel** zu unterscheiden. Es ist ein bei Begebung unvollständiger Wechsel, zu dessen Vervollständigung der Geber den Nehmer ermächtigt hat (Art. 10 WG).

236 Das **Wechselrecht** wird **durch** Übereignung und einen Vermerk auf der Rückseite – das **Indossament** – **übertragen**. Die Rechtsstellung des Erwerbers wird vor allem dadurch verstärkt, dass die Geltendmachung von **Einwendungen** beschränkt ist. Der Wechselschuldner kann dem Inhaber grundsätzlich keine Einwendungen entgegensetzen, die sich auf seine unmittelbaren Beziehungen zum Aussteller oder zu einem früheren Inhaber gründen (Art. 17 WG). Bei einer wechselmäßigen Übertragung des Wechsels durch Indossament haftet auch der Indossant jedem künftigen rechtmäßigen Wechselinhaber, jedoch nur im Rückgriff nach Protest (Art. 15, 43, 44 WG).

3. Geltendmachung

237 Der Inhaber eines Wechsels, der an einem bestimmten Tag oder nach einer bestimmten Zeit nach Ausstellung oder Sicht zahlbar ist, hat den Wechsel am Zahlungstag oder an einem der beiden folgenden Werktage **zur Zahlung** vorzulegen. Die Einlieferung in eine Abrechnungsstelle steht der Vorlegung zur Zahlung gleich. Der Bezogene kann

vom Inhaber gegen Zahlung die Aushändigung des quittierten Wechsels verlangen. Der Inhaber darf eine **Teilzahlung** nicht zurückweisen. Im Fall der Teilzahlung kann der Bezogene verlangen, dass sie auf dem Wechsel vermerkt und ihm eine Quittung erteilt wird. Doch ist der Inhaber des Wechsels nicht verpflichtet, die Zahlung vor Verfall anzunehmen. Zahlt der Bezogene vor Verfall, handelt er auf eigene Gefahr. Nur wer bei Verfall zahlt, wird von seiner Verbindlichkeit befreit, soweit ihm nicht Arglist oder grobe Fahrlässigkeit zur Last fällt. Er ist verpflichtet, die Ordnungsmäßigkeit der Reihe der Indossamente, aber nicht die Unterschriften der Indossanten zu prüfen. Eine Prolongation kann nur durch Ausstellung eines neuen Wechsels (Prolongationswechsel) vorgenommen werden.

Der Inhaber kann gegen die Indossanten, den Aussteller und die anderen Wechselverpflichteten **Rückgriff** nehmen, wenn der Wechsel **notleidend** ist. Das ist nach Art. 43 WG der Fall, wenn 238

- bei Verfall der Wechsel nicht bezahlt worden ist,
- vor Verfall die Annahme ganz oder teilweise verweigert worden ist,
- vor Verfall über das Vermögen des Bezogenen, gleichviel ob er den Wechsel angenommen hat oder nicht, das Insolvenzverfahren eröffnet worden ist oder wenn der Bezogene auch nur seine Zahlungen eingestellt hat oder wenn eine Zwangsvollstreckung in sein Vermögen fruchtlos verlaufen ist,
- vor Verfall über das Vermögen des Ausstellers eines Wechsels, dessen Vorlegung zur Annahme untersagt ist, das Insolvenzverfahren eröffnet worden ist.

Der Inhaber eines Wechsels kann bei allen früheren Indossanten und beim Aussteller für die Wechselsumme, Zinsen und Kosten Rückgriff nehmen. Ebenso kann dies jeder in Anspruch genommene Schuldner wiederum bei seinen Vorgängern (Art. 43, 48, 49 WG). Grundsätzlich muss der Inhaber **bei Nichtzahlung** fristgerecht **Protest** erheben, um seine Ansprüche gegen die Rückgriffsschuldner (Aussteller, Indossanten, Wechselbürgen) zu erhalten (Art. 44 WG). Wird nicht ordnungsgemäß Protest erhoben, so verliert der Inhaber seine Rechte gegen die Wechselverpflichteten, mit Ausnahme des Akzeptanten, der auch ohne Protest haftet. Protest mangels Annahme oder mangels Zahlung bedeutet die Feststellung der Verweigerung der Annahme oder der Zahlung durch eine öffentliche Urkunde. Der Protest mangels Annahme muss innerhalb der **Frist** erhoben werden, die für die Vorlegung zur Annahme gilt. Ist der Wechsel am letzten Tag der Frist zum ersten Male vorgelegt worden, so kann der Protest noch am folgenden Tag erhoben werden. Der Protest mangels Zahlung muss bei einem Wechsel, der an einem bestimmten Tag oder nach einer bestimmten Zeit nach Ausstellung oder Sicht zahlbar ist, an einem der beiden auf den Zahlungstag folgenden Werktage erhoben werden. Bei einem Sichtwechsel muss der Protest mangels Zahlung in den gleichen Fristen erhoben werden, wie sie für den Protest mangels Annahme vorgesehen sind. Ein Protest ist nicht erforderlich bei Protesterlass (Art. 46 WG). 239

Ist über das Vermögen des Bezogenen, gleichgültig ob er den Wechsel angenommen hat oder nicht, oder über das Vermögen des Ausstellers eines Wechsels, dessen Vorlegung zur Annahme untersagt ist, das **Insolvenzverfahren** eröffnet worden, so genügt es zur Ausübung des Rückgriffsrechts, dass der gerichtliche Beschluss über die Eröffnung des Insolvenzverfahrens vorgelegt wird. 240

241 Zu einem vollstreckbaren Titel kann der Wechselinhaber schnell gelangen, wenn er im **Wechselprozess** (§§ 592 ff. ZPO) klagt. Er braucht dann seinen Anspruch nur durch Urkunden, d. h. vor allem Vorlage des Wechsels, nachzuweisen, während der Schuldner seine Einwendungen nur durch Urkunden oder beantragte Parteivernehmung beweisen kann.

II. Scheck

242 Während der Wechsel i. d. R. ein Kreditmittel ist, dient der Scheck ausschließlich als **Zahlungsmittel**. Er enthält eine Zahlungsanweisung des Kunden an seine Bank. Der Scheckinhaber hat keinen Rechtsanspruch gegen die bezogene Bank. Nur der Scheckkunde kann aufgrund des Scheckvertrags von seiner Bank die Einlösung eines von ihm ausgestellten Schecks verlangen, wenn er ein entsprechendes Guthaben hat.

243 Ein Scheck liegt nur vor, wenn die Urkunde die in Art. 1 ScheckG bezeichneten **Bestandteile** enthält:

- die Bezeichnung als Scheck im Text der Urkunde, und zwar in der Sprache, in der sie ausgestellt ist,
- die unbedingte Anweisung, eine bestimmte Geldsumme zu zahlen,
- den Namen dessen, der zahlen soll (Bezogener),
- die Angabe des Zahlungsorts,
- die Angabe des Tages und des Orts der Ausstellung,
- die Unterschrift des Ausstellers.

244 Eine Urkunde, in der einer der bezeichneten Bestandteile fehlt, gilt nicht als Scheck mit folgenden **Ausnahmen**: Mangels einer besonderen Angabe gilt der bei dem Namen des Bezogenen angegebene Ort als Zahlungsort. Sind mehrere Orte bei dem Namen des Bezogenen angegeben, so ist der Scheck an dem an erster Stelle angegebenen Ort zahlbar.

245 Fehlt eine solche und jede andere Angabe, so ist der Scheck an dem Ort zahlbar, an dem der Bezogene seine Hauptniederlassung hat.

246 Ein Scheck ohne Angabe des Ausstellungsorts gilt als ausgestellt an dem Ort, der bei dem Namen des Ausstellers angegeben ist.

247 Fehlt ein zwingendes Formerfordernis, so kann keine Scheckverpflichtung entstehen (Art. 2 Abs. 1 ScheckG). Vom formal ungültigen Scheck ist der **Blankoscheck** zu unterscheiden, zu dessen Vervollständigung der Geber den Nehmer ermächtigt hat (Art. 13 ScheckG). Der Scheck ist ebenso wie der Wechsel ein gesetzliches Orderpapier, jedoch kann er im Unterschied zum Wechsel an eine namentlich bestimmte Person mit dem Zusatz „oder Überbringer" zahlbar gestellt werden und gilt dann als Inhaberpapier (Art. 5 Abs. 2 ScheckG). Ein **Verrechnungsscheck** kann nur einem Bankkonto gutgeschrieben werden, ein **Barscheck** ist bar auszahlbar.

248 Die **Übertragung** des Inhaberschecks geschieht wie bei Inhaberpapieren durch Übereignung der Urkunde. Ist der Scheck einem früheren Inhaber irgendwie abhanden gekommen, so kann er gutgläubig erworben werden (Art. 21 ScheckG).

249 Die Geltendmachung von Einwendungen ist ebenso wie beim Wechsel beschränkt (Art. 22 ScheckG). Die Übertragung des Schecks muss nicht, kann aber durch **Indos-**

sament erfolgen (Art. 11 ff. ScheckG). Wird der Scheck indossiert, so haftet der Indossant (Art. 20 ScheckG) im Rückgriff.

Der Scheck ist **bei Sicht zahlbar** (Art. 28 ScheckG). Der Bezogene kann vom Inhaber ge- 250
gen Zahlung die Aushändigung des quittierten Schecks verlangen. Wird der Scheck bei Vorlegung von der bezogenen Bank nicht eingelöst, so hat der Inhaber Rückgriffsansprüche gegen den Aussteller, die Indossanten oder Scheckbürgen, wenn die Zahlungsverweigerung durch Protest oder eine schriftliche, datierte Erklärung der bezogenen Bank auf dem Scheck (Art. 40 ScheckG) festgestellt worden ist. Die **Vorlegungsfrist** beträgt im Inland acht Tage (Art. 29 ScheckG); bei Versäumung verliert der Inhaber den Rückgriff gegen den Aussteller und die Indossanten. Die Geltendmachung eines Rückgriffsanspruchs erfolgt wie beim Wechsel.

Der Aussteller kann den Scheck **widerrufen,** wenn er nicht innerhalb der Vorlegungs- 251
frist vorgelegt wird. Ferner kann der Aussteller den Scheck sperren lassen.

Einstweilen frei 252–254

H. Titulierung und Zwangsvollstreckung

Trotz aller Umsicht und Bonitätsprüfung bei der Auswahl seiner Kunden kann der Kauf- 255
mann in die Verlegenheit kommen, dass ein Abnehmer nicht bezahlt. Umgekehrt wird es sich nicht vermeiden lassen, sich mit Mängelrügen der Kunden oder gegenüber Vorlieferanten auseinander setzen zu müssen. Auch sonstige Rechtsstreitigkeiten lassen sich im Kaufmannsalltag nicht vermeiden. Für die Forderungsbeitreibung stellen sich Inkassobüros zur Verfügung, die aber im Grunde nur mit immer höher werdenden Kosten Eindruck auf den Schuldner machen können. Deshalb kommt dem Mahnverfahren eine besondere Bedeutung zu. Zur wirksamen Beitreibung eines Außenstands im Wege der Zwangsvollstreckung ist zunächst die Schaffung eines sog. Titels oder die **Titulierung** der **Forderung** erforderlich. Diese kann nur durch staatliche Gerichte erfolgen, und zwar auf zweierlei Weise.

I. Mahn- und Klagewesen

1. Gerichtliches Mahnverfahren

Das Mahnverfahren (§§ 688 bis 703d ZPO) soll dem Gläubiger auf möglichst **einfache** 256
und **schnelle Art** gegen den Schuldner einen **Titel verschaffen,** und zwar ohne mühsamen Prozess mit mündlicher Verhandlung. Es eignet sich insbesondere für **einfache Fälle,** in denen nicht damit gerechnet werden muss, dass der Schuldner Einwendungen gegen den Bestand der Forderung erheben wird.

Zulässig ist das Mahnverfahren wegen eines Anspruchs, welcher die Zahlung einer be- 257
stimmten Geldsumme in € zum Gegenstand hat. Das Mahnverfahren ist **unzulässig** für Ansprüche eines Unternehmers aus bestimmten Verbraucherschutzdarlehensverträgen, wenn der effektive oder anfängliche effektive Jahreszins den bei Vertragsschluss geltenden Basiszinssatz um mehr als zwölf Prozentpunkte übersteigt, wenn die

Geltendmachung des Anspruchs von einer noch nicht erbrachten Gegenleistung abhängig ist oder wenn die Zustellung des Mahnbescheids durch öffentliche Bekanntmachung erfolgen müsste. Wenn der Mahnbescheid im Ausland zugestellt werden müsste, ist das Anerkennungs- und Vollstreckungsausführungsgesetz zu berücksichtigen, soweit nicht die Vorschriften über das Europäische Mahnverfahren spezieller sind.

258 Das Mahnverfahren beginnt mit dem **Antrag** beim zuständigen Amtsgericht, einen Mahnbescheid zu erlassen (§ 689 ZPO). Örtlich zuständig ist grundsätzlich das Amtsgericht am Sitz des Gläubigers. Auf Grund der Ermächtigung des § 689 Abs. 3 ZPO ist i. d. R. aber ein zentrales Mahngericht zuständig (in Bayern: AG Coburg).

259 Der Antrag muss auf den Erlass eines Mahnbescheids gerichtet sein und enthalten:

- die Bezeichnung der Parteien, ihrer gesetzlichen Vertreter und der Prozessbevollmächtigten,
- die Bezeichnung des Gerichts, bei dem der Antrag gestellt wird,
- die Bezeichnung des Anspruchs unter bestimmter Angabe der verlangten Leistung; Haupt- und Nebenforderungen sind gesondert und einzeln zu bezeichnen, Ansprüche aus bestimmten Verbraucherschutzdarlehensverträgen auch unter Angabe des Datums des Vertragsabschlusses und des effektiven oder anfänglichen effektiven Jahreszins,
- die Erklärung, dass der Anspruch nicht von einer Gegenleistung abhängt oder dass die Gegenleistung erbracht ist,
- die Bezeichnung des Gerichts, das für ein streitiges Verfahren zuständig ist (§ 690 ZPO).

260 Der Antrag bedarf grundsätzlich der **handschriftlichen Unterzeichnung**. Er kann in einer nur maschinell lesbaren Form übermittelt werden, wenn diese dem Gericht für eine maschinelle Bearbeitung geeignet erscheint; der handschriftlichen Unterzeichnung bedarf es nicht, wenn in anderer Weise gewährleistet ist, dass der Antrag nicht ohne den Willen des Antragstellers übermittelt wird. Stellt ein Rechtsanwalt oder eine registrierte Person i. S. von § 10 Abs. 1 Satz 1 Nr. 1 des Rechtdienstleistungsgesetzes (z. B. registriertes Inkassounternehmen) den Antrag, muss dieser maschinell lesbar übermittelt werden. Üblicherweise wird der Mahnantrag online auf einem Formular ausgefüllt und per Post unterschrieben bzw. mit einer qualifizierten elektronischen Signatur signiert online übersandt. Anwälte können den Antrag mittels bea (besonderes elektronisches Anwaltspostfach) versenden.

261 Das Gericht erlässt den **Mahnbescheid** (§ 692 ZPO), wenn alle Voraussetzungen erfüllt sind (§ 690 ZPO), und stellt diesen dem Schuldner von Amts wegen zu (§ 693 ZPO). Der Mahnbescheid enthält:

- die Bezeichnung der Parteien, ihrer gesetzlichen Vertreter und der Prozessbevollmächtigten, die Bezeichnung des Gerichts, bei dem der Antrag gestellt wird, die Bezeichnung des Anspruchs unter bestimmter Angabe der verlangten Leistung, aufgegliedert in Haupt- und Nebenforderungen, die Erklärung, dass der Anspruch von keiner Gegenleistung abhängt oder eine solche bereits erbracht ist und die Angabe des Gerichts, an das im Falle des Widerspruchs zur Durchführung des streitigen Verfahrens verwiesen werden soll;
- den Hinweis, dass das Gericht nicht geprüft hat, ob dem Antragsteller der geltend gemachte Anspruch zusteht;
- die Aufforderung, innerhalb von zwei Wochen seit der Zustellung des Mahnbescheids, soweit der geltend gemachte Anspruch als begründet angesehen wird, die behauptete Schuld nebst den geforderten Zinsen und der dem Betrage nach bezeichneten Kosten zu begleichen oder dem Gericht mitzuteilen, ob und in welchem Umfang dem geltend gemachten Anspruch widersprochen wird;

- den Hinweis, dass ein dem Mahnbescheid entsprechender Vollstreckungsbescheid ergehen kann, aus dem der Antragsteller die Zwangsvollstreckung betreiben kann, falls der Antragsgegner nicht bis zum Fristablauf Widerspruch erhoben hat;
- für den Fall, dass Vordrucke eingeführt sind, den Hinweis, dass der Widerspruch mit einem Vordruck der beigefügten Art erhoben werden soll, der auch bei jedem Amtsgericht erhältlich ist und ausgefüllt werden kann;
- für den Fall des Widerspruchs die Ankündigung, an welches Gericht die Sache abgegeben wird, mit dem Hinweis, dass diesem Gericht die Prüfung seiner Zuständigkeit vorbehalten bleibt.

Der Antragsgegner kann gegen den Mahnbescheid innerhalb von zwei Wochen nach 262
dessen Zustellung **Widerspruch** (§ 694 ZPO) einlegen. Erhebt der Antragsgegner keinen Widerspruch, so ergeht durch das Gericht auf Antrag des Antragstellers ein **Vollstreckungsbescheid**, der dem Antragsgegner von Amts wegen zugestellt wird (§ 699 Abs. 4 Satz 1 ZPO). Dieser Vollstreckungsbescheid ist der Titel, mit dem der Gläubiger die Zwangsvollstreckung betreiben kann.

Gegen den Vollstreckungsbescheid kann der Schuldner **Einspruch** einlegen (§ 700 Abs. 3 263
ZPO). Sowohl bei Erhebung des Widerspruchs als auch des Einspruchs geht das Mahnverfahren in das ordentliche Verfahren über, in dem nach mündlicher Verhandlung ein Urteil ergeht (§§ 696 ff. ZPO). Die Einleitung des Mahnverfahrens unterbricht den Lauf der Verjährung.

2. Urkunden-, Wechsel- und Scheckmahnverfahren

Besitzt der Gläubiger zum Nachweis seiner Forderung eine Urkunde, einen Scheck oder 264
einen Wechsel, so kann er seinen Antrag auf den Erlass eines Urkunden-, Wechsel- oder Scheckmahnbescheids richten. Es gelten folgende **Besonderheiten** (§ 703a ZPO):

- Die Bezeichnung als Urkunden-, Wechsel oder Scheckmahnbescheid hat die Wirkung, dass die Streitsache, wenn rechtzeitig Widerspruch erhoben wird, im Urkunden-, Wechsel- oder Scheckprozess anhängig wird,
- die Urkunden sollen in dem Antrag auf Erlass des Mahnbescheids und in dem Mahnbescheid bezeichnet werden; ist die Sache an das Streitgericht abzugeben, so müssen die Urkunden in Urschrift oder in Abschrift der Anspruchsbegründung beigefügt werden,
- im Mahnverfahren ist nicht zu prüfen, ob die gewählte Prozessart statthaft ist,
- beschränkt sich der Widerspruch auf den Antrag, dem Beklagten die Ausführung seiner Rechte vorzubehalten, so ist der Vollstreckungsbescheid unter diesem Vorbehalt zu erlassen.

Das Urkunden- oder Wechsel- bzw. Scheckmahnverfahren ist ein **schnelles Verfahren.** 265
Während die Ladungsfrist i. d. R mindestens 3 Tage beträgt, kann diese im Wechselprozess auf 24 Stunden verkürzt sein, falls die Ladung am Ort des Prozessgerichts zuzustellen ist.

3. Klageweg

Nach Widerspruch (im Mahnverfahren) oder Einspruch (gegen den Vollstreckungs- 266
bescheid) geht das Verfahren in das sog. **streitige Verfahren** über. Dieses kann auch sofort durch **Klageerhebung** eingeleitet werden. Das Verfahren wird vor den ordentlichen Gerichten durchgeführt. In diesem Verfahren, auch Erkenntnisverfahren genannt, prüft das erkennende Gericht, ob der Klagepartei der geltend gemachte Anspruch zusteht.

267 Wenn der Wert der geltend gemachten Forderung 5 000 € nicht übersteigt (§ 23 Nr. 1 GVG), ist das **Amtsgericht** zuständig, sonst das **Landgericht** – bei diesem die Kammer für Handelssachen, wenn ein Anspruch gegen einen Kaufmann geltend gemacht wird und dieser in das Handelsregister oder Genossenschaftsregister eingetragen ist oder auf Grund einer gesetzlichen Sonderregelung für juristische Personen des öffentlichen Rechts nicht eingetragen zu werden braucht.

268 Diese Zuständigkeit hat nicht nur Folgen für den Anwaltszwang, der nur am Landgericht und höheren Gerichten herrscht, sondern auch für die Frage evtl. Rechtsmittel. Gegen amtsgerichtliche Urteile gibt es nur die Berufung zum Landgericht, während gegen Urteile des Landgerichts sich an die Berufung zum Oberlandesgericht noch eine **Revision** zum Bundesgerichtshof anschließen kann. Das Verfahren ist vor beiden Eingangsgerichten stark formalisiert, insbesondere muss der Parteivortrag innerhalb enger Fristen streng substantiiert und unter Beweis gestellt werden, so dass es auf jeden Fall ratsam ist, spätestens beim Übergang in das streitige Verfahren einen Anwalt einzuschalten. Das Ende des Verfahrens besteht in einem Urteil oder einem Vergleich; beides sind Vollstreckungstitel, die der Gläubiger zur Zwangsvollstreckung benötigt.

II. Zwangsvollstreckung

269 Im Erkenntnisverfahren wird der Anspruch des Klägers festgestellt. Im Zwangsvollstreckungsverfahren wird der festgestellte **Anspruch** mit staatlicher Gewalt **verwirklicht**.

1. Organe der Zwangsvollstreckung

270 Der **Gerichtsvollzieher** ist zuständig für die Vollstreckung in das bewegliche Vermögen der Schuldner (§ 753 ZPO).

271 Das **Vollstreckungsgericht** ist das Amtsgericht. Örtlich zuständig ist das Amtsgericht, in dessen Bezirk die Zwangsvollstreckung stattfinden soll oder stattgefunden hat. Es entscheidet beispielsweise über Einwendungen gegen die Art und Weise der Zwangsvollstreckung und über Pfändung von Forderungen und bei der Zwangsvollstreckung in das unbewegliche Vermögen, nämlich die Zwangsverwaltung und Zwangsversteigerung von Grundstücken des Schuldners sowie über die Anordnung und Abnahme der eidesstattlichen Versicherung.

272 Das erstinstanzliche Gericht ist als **Prozessgericht** zuständig für die Klage auf Erteilung der Vollstreckungsklausel, für die Klage wegen Unzulässigkeit der Vollstreckungsklausel, für die Zwangsvollstreckung zur Erwirkung von Handlungen, Duldungen und Unterlassungen und für die Vollstreckungsgegenklage.

2. Voraussetzungen der Zwangsvollstreckung

273 Voraussetzungen für die Zwangsvollstreckung sind:

- der **Titel**,
- die **Klausel**,
- die **Zustellung**.

Vollstreckungstitel sind u. a.: 274

- **Endurteile,** welche rechtskräftig oder für vorläufig vollstreckbar erklärt sind (bei vorläufig vollstreckbaren Urteilen kann die obsiegende Partei schon vor Eintritt der Rechtskraft Zwangsvollstreckungsmaßnahmen ergreifen, obwohl das Ersturteil noch mit einem Rechtsmittel abgeändert werden könnte),
- **Prozessvergleiche,**
- **Vollstreckungsbescheide,**
- **Kostenfestsetzungsbeschlüsse,**
- **vollstreckbare Urkunden,** d. h. Urkunden, die von einem Gericht oder Notar aufgenommen worden sind und in denen sich der Schuldner der sofortigen Zwangsvollstreckung unterwirft,
- **Arrestbefehle** und
- **einstweilige Verfügungen.**

Der Titel muss ferner mit der **Vollstreckungsklausel** versehen sein (§ 724 ZPO). Diese 275 wird unter den Schluss der Ausfertigung des Schuldtitels gesetzt und lautet: „Vorstehende Ausfertigung wird dem (Bezeichnung der Partei) zum Zwecke der Zwangsvollstreckung erteilt“. Zweck der Vollstreckungsklausel ist es, den Vollstreckungsorganen die Prüfung der Vollstreckungsfähigkeit des Schuldtitels abzunehmen, insbesondere Doppelvollstreckungen zu verhindern, denn bei Bezahlung muss der Titel an den Schuldner ausgehändigt bzw. bei Teilzahlungen diese auf dem Titel vermerkt werden.

Die **Zustellung** des Titels erfolgt durch den damit zu beauftragenden Gerichtsvollzieher 276 und wird i. d. R. mit dem ersten Vollstreckungsauftrag verbunden. Der Auftrag an den Gerichtsvollzieher kann ferner verbunden werden mit dem Auftrag, eine gütliche Einigung mit dem Schuldner herbeizuführen, daher regelmäßig einer Zahlungsvereinbarung in maximal 12 Monatsraten, § 802b ZPO. Ein Einverständnis des Gläubigers mit einer solchen Zahlungsvereinbarung wird vermutet, wenn der Gläubiger im Antrag nicht ausdrücklich widerspricht. Ferner kann der Gerichtsvollzieher beauftragt werden, vor der Pfändung oder auch später die Adresse des Schuldners zu ermitteln und Vermögensauskünfte über den Schuldner einzuholen. Die Art der Auskünfte ist in § 802l ZPO festgelegt. Insbesondere kann der Gerichtsvollzieher mit dem Antrag beauftragt werden, Auskünfte in die von einem landesweit zentralen Vollstreckungsgericht geführten elektronischen Vermögensverzeichnisses einzuholen. Diese 2013 neu eingeführte **Vermögensauskunft** gilt zwei Jahre und löst die frühere drei Jahre gültige **Versicherung an Eides statt** ab.

3. Zwangsvollstreckung in das bewegliche Vermögen

Die Zwangsvollstreckung in das bewegliche Vermögen erfolgt durch **Pfändung** und 277 **Verwertung** des gepfändeten Gegenstands zugunsten des Gläubigers (§§ 803 ff. ZPO). Die Pfändung in das Vermögen des Schuldners darf nur soweit gehen, als sie zur Befriedigung des Gläubigers neben den Kosten der Zwangsvollstreckung nötig ist. Eine weitergehende Pfändung, also Überpfändung, ist unzulässig.

Hausrat soll **nicht gepfändet** werden, insbesondere wenn zu erwarten ist, dass durch 278 die Verwertung nur ein geringer Erlös zu erwarten ist. Gegenstände, die für den Lebensunterhalt oder die berufliche oder gewerbliche Tätigkeit des Schuldners notwendig sind, dürfen nicht gepfändet werden, auch nicht Hilfsmittel zur Behebung körperlicher Gebrechen.

279 Der Gerichtsvollzieher verwertet die gepfändeten Sachen durch **öffentliche Versteigerung**. Zwischen dem Pfändungstag und dem Versteigerungstermin muss eine Woche verstreichen, um dem Schuldner Gelegenheit zur freiwilligen Zahlung zu geben.

4. Zwangsvollstreckung in Forderungen und andere Vermögensrechte

280 Die Zwangsvollstreckung in Geldforderungen erfolgt durch **Pfändungs- und Überweisungsbeschluss** (§§ 828 ff. ZPO). Soll eine Geldforderung gepfändet werden, verbietet das Gericht dem Drittschuldner, an den Schuldner zu zahlen. Zugleich erlässt das Gericht an den Schuldner das Gebot, sich jeder Verfügung über die Forderung, insbesondere ihrer Einziehung, zu enthalten. Die Zustellung des Pfändungsbeschlusses erfolgt über den Gerichtsvollzieher nach Beauftragung durch den Gläubiger.

281 Schon vor der eigentlichen Pfändung kann der Gläubiger aufgrund eines vollstreckbaren Titels durch den Gerichtsvollzieher dem Drittschuldner und dem Schuldner eine Benachrichtigung zustellen lassen, aus welcher sich ergibt, dass die eigentliche Pfändung bevorsteht (**Vorpfändung**, § 845 ZPO). Mit der vorläufigen Benachrichtigung ist gleichzeitig die Aufforderung an den Drittschuldner verbunden, nicht an den Schuldner zu zahlen, sowie die Aufforderung an den Schuldner, sich jeder Verfügung über die Forderung zu enthalten. Voraussetzung ist, dass der Gläubiger im Besitz eines vollstreckbaren Titels ist.

282 Bei der Pfändung von **Arbeitseinkommen** ist dem Schuldner der Anteil seines Arbeitseinkommens zu belassen, der sich aus der Pfändungstabelle ergibt (§ 850c ZPO).

283 **Unpfändbar** sind Urlaubsvergütungen und Aufwandsentschädigungen, soweit sie den üblichen Rahmen nicht übersteigen. Auch Erziehungsgelder, Studienbeihilfen und Blindenzulagen sind unpfändbar.

284 Mit der Pfändung ist die Geldforderung dem Gläubiger nach seiner Wahl zur **Einziehung** oder an Zahlung statt zu überweisen (§ 835 ZPO); damit wird dieser Gläubiger der gepfändeten Forderung und ist nach deren Einziehung insoweit befriedigt.

5. Zwangsvollstreckung in das unbewegliche Vermögen

285 Die Zwangsvollstreckung erfolgt in **Grundstücke, grundstücksgleiche Rechte** (z. B. Erbbaurechte) und alle Gegenstände, auf die sich die **Hypothek** erstreckt. Die Zwangsvollstreckung erfolgt durch Eintragung einer Sicherungshypothek, Zwangsversteigerung oder Zwangsverwaltung (§§ 864 ff. ZPO).

6. Vermögensauskunft und Haft

286 Hat die Pfändung in das bewegliche Vermögen des Schuldners nicht zu einer vollständigen Befriedigung des Gläubigers geführt, kann er sich durch die Vermögensauskunft einen **Überblick** über das **Schuldnervermögen** verschaffen (§§ 802 ff. ZPO).

287 **Voraussetzungen** für das Verfahren zur Abnahme der Vermögensauskunft sind allein der Antrag des Gläubigers an den Gerichtsvollzieher und die Nichtabgabe einer Ver-

mögensauskunft innerhalb der letzten zwei Jahre. Im Gegensatz zur früheren Versicherung an Eides statt muss kein erfolgloser Vollstreckungsversuch stattgefunden haben.

Das Verfahren zur Abnahme der Vermögensauskunft beginnt mit dem **Antrag** des Gläubigers an den örtlich zuständigen Gerichtsvollzieher. Dieser setzt dem Schuldner für die Begleichung der Forderung eine **Frist von zwei Wochen**. Zugleich bestimmt er für den Fall, dass die Forderung nach Fristablauf nicht vollständig beglichen ist, einen Termin zur Abgabe der Vermögensauskunft alsbald nach Fristablauf und lädt den Schuldner zu diesem Termin in seine Geschäftsräume. Der Schuldner hat die zur Abgabe der Vermögensauskunft erforderlichen Unterlagen im Termin beizubringen. 288

Hiervon abweichend kann der Gerichtsvollzieher auch bestimmen, dass die Abgabe der Vermögensauskunft in der Wohnung des Schuldners stattfindet. Der Schuldner kann dem binnen einer Woche gegenüber dem Gerichtsvollzieher widersprechen. Tut er dies nicht oder nicht rechtzeitig, gilt der Termin als pflichtwidrig versäumt, wenn der Schuldner in diesem Termin aus von ihm zu vertretenen Gründen die Vermögensauskunft nicht erteilt.

Der Gerichtsvollzieher belehrt den Schuldner mit der Terminsladung über die zu erteilenden Auskünfte zu Vermögensgegenständen und Forderungen sowie die Angaben zu entgeltlichen Veräußerungen des Schuldners an eine nahe stehende Person, die dieser in den letzten zwei Jahren vorgenommen hat, und unentgeltlichen Leistungen des Schuldners, die dieser in den letzten vier Jahren vorgenommen hat, sofern sie sich nicht auf gebräuchliche Gelegenheitsgeschenke geringen Wertes gerichtet waren.

Ferner belehrt der Gerichtsvollzieher den Schuldner über seine Rechte und Pflichten, über die Folgen einer unentschuldigten Terminsäumnis oder einer Verletzung seiner Auskunftspflichten (insbesondere die Strafbarkeit der falschen Abgabe einer **Versicherung an Eides statt**) sowie über die Möglichkeit der Einholung von Auskünften Dritter und der Eintragung in das Schuldnerverzeichnis bei Abgabe der Vermögensauskunft.

Zahlungsaufforderungen, Ladungen, Bestimmungen und Belehrungen sind dem Schuldner auch dann zuzustellen, wenn dieser einen Prozessbevollmächtigten bestellt hat. Dem Gläubiger ist die Terminsbestimmung nur mitzuteilen.

Der Gerichtsvollzieher errichtet sodann eine Aufstellung mit den vom Schuldner erlangten Auskünften als elektronisches Dokument (Vermögensverzeichnis), liest sie dem Schuldner vor Abgabe der Versicherung an Eides statt vor oder gibt sie dem Schuldner zur Durchsicht auf einem Bildschirm wieder.

Auf Verlangen des Schuldners erteilt der Gerichtsvollzieher dem Schuldner einen Ausdruck. Das so erstellte Vermögensverzeichnis überträgt der Gerichtsvollzieher elektronisch an das landesweit zentrale Vollstreckungsgericht (in Bayern: Vollstreckungsgericht Hof), wo es hinterlegt wird, und leitet dem Gläubiger einen mit dem Inhalt des Vermögensverzeichnis übereinstimmenden Ausdruck zu.

Erscheint der **Schuldner nicht** oder verweigert er die Abgabe der Vermögensauskunft, 289
so hat das Gericht auf Antrag des Gläubigers die **Haft** zur Abgabe der Vermögensauskunft anzuordnen. Der Gläubiger kann diesen Haftbefehl durch den Gerichtsvollzieher vollstrecken. Der Schuldner kann dann jederzeit beim Amtsgericht des Haftorts bean-

tragen, ihm die Vermögensauskunft abzunehmen. Nach der Abgabe wird er aus der Haft entlassen. Die Haft darf die Dauer von sechs Monaten nicht übersteigen. Eine nochmalige Verhaftung innerhalb von drei Jahren seit der Entlassung ist nur möglich, wenn glaubhaft gemacht wird, dass der Schuldner Vermögen erworben hat.

III. Insolvenzordnung

1. Insolvenzverfahren

290 Das Insolvenzverfahren dient dazu, die **Gläubiger** eines Schuldners **gemeinschaftlich** zu **befriedigen,** indem das Vermögen des Schuldners verwertet und der Erlös verteilt oder in einem Insolvenzplan eine abweichende Regelung insbesondere zum Erhalt des Unternehmens getroffen wird. Dem redlichen Schuldner wird Gelegenheit gegeben, sich von seinen restlichen Verbindlichkeiten zu befreien.

291 Ein Insolvenzverfahren kann über das Vermögen jeder natürlichen und jeder juristischen Person **eröffnet** werden. Der nicht rechtsfähige Verein steht insoweit einer juristischen Person gleich. Ein Insolvenzverfahren kann ferner eröffnet werden (§ 11 InsO):

292
- über das Vermögen einer Gesellschaft ohne Rechtspersönlichkeit, einer OHG, KG, GbR o. Ä.,
- über einen Nachlass, über das Gesamtgut einer fortgesetzten Gütergemeinschaft oder über das Gesamtgut einer Gütergemeinschaft, das von den Ehegatten gemeinschaftlich verwaltet wird.

293 Nach Auflösung einer juristischen Person oder einer Gesellschaft ohne Rechtspersönlichkeit ist die Eröffnung des Insolvenzverfahrens zulässig, solange die Verteilung des Vermögens nicht vollzogen ist.

2. Insolvenzmasse

294 Das Insolvenzverfahren erfasst das gesamte Vermögen, das dem Schuldner zur Zeit der Eröffnung des Verfahrens gehört und das er während des Verfahrens erlangt. Gegenstände, die nicht der Zwangsvollstreckung unterliegen, gehören nicht zur Insolvenzmasse. Zur Insolvenzmasse **gehören** jedoch (§ 36 Abs. 2 InsO):

- die Geschäftsbücher des Schuldners; gesetzliche Pflichten zur Aufbewahrung von Unterlagen bleiben unberührt;
- die Sachen, die nach § 811 Nr. 4 und 9 ZPO nicht der Zwangsvollstreckung unterliegen.

Sachen, die zum gewöhnlichen Hausrat gehören und im Haushalt des Schuldners gebraucht werden, gehören nicht zur Insolvenzmasse, wenn ohne Weiteres ersichtlich ist, dass durch ihre Verwertung nur ein Erlös erzielt werden würde, der zu dem Wert außer allem Verhältnis steht.

3. Insolvenzgläubiger

295 Die Insolvenzmasse dient zur Befriedigung der persönlichen Gläubiger, die einen zur Zeit der Eröffnung des Insolvenzverfahrens begründeten Vermögensanspruch gegen den Schuldner haben.

296 Im Rang nach den übrigen Forderungen der Insolvenzgläubiger werden in folgender **Rangfolge**, bei gleichem Rang nach dem Verhältnis ihrer Beträge, berichtigt (§ 39 InsO):

- die seit der Eröffnung des Insolvenzverfahrens laufenden Zinsen und Säumniszuschläge auf Forderungen der Insolvenzgläubiger;
- die Kosten, die den einzelnen Insolvenzgläubigern durch ihre Teilnahme am Verfahren erwachsen;
- Geldstrafen, Geldbuße, Ordnungsgelder und Zwangsgelder sowie solche Nebenfolgen einer Straftat oder Ordnungswidrigkeit, die zu einer Geldzahlung verpflichten;
- Forderungen auf eine unentgeltliche Leistung des Schuldners;
- Forderungen auf Rückgewähr des kapitalersetzenden Darlehens eines Gesellschafters oder gleichgestellte Forderungen.

4. Aussonderung

Wer aufgrund eines **dinglichen** oder **ähnlichen Rechts** geltend machen kann, dass ein Gegenstand nicht zur Insolvenzmasse gehört, ist kein Insolvenzgläubiger. Sein Anspruch auf Aussonderung des Gegenstands bestimmt sich nach den Gesetzen, die außerhalb des Insolvenzverfahrens gelten (§ 47 InsO). 297

Ist ein Gegenstand, dessen Aussonderung hätte verlangt werden können, vor der Eröffnung des Insolvenzverfahrens vom Schuldner oder nach der Eröffnung vom Insolvenzverwalter **unberechtigt veräußert** worden, so kann der Aussonderungsberechtigte die Abtretung des Rechts auf die Gegenleistung verlangen, soweit diese noch aussteht. Er kann die Gegenleistung aus der Insolvenzmasse verlangen, soweit sie in der Masse unterscheidbar vorhanden ist (Ersatzaussonderung, § 48 InsO). 298

5. Abgesonderte Befriedigung aus unbeweglichen Gegenständen

Gläubiger, denen ein Recht auf Befriedigung aus Gegenständen zusteht, die der Zwangsvollstreckung in das unbewegliche Vermögen unterliegen (unbewegliche Gegenstände), sind zur abgesonderten Befriedigung berechtigt (§ 49 InsO). 299

Gläubiger, die an einem Gegenstand der Insolvenzmasse ein rechtsgeschäftliches **Pfandrecht**, ein durch Pfändung erlangtes Pfandrecht oder ein gesetzliches Pfandrecht haben, sind für Hauptforderung, Zinsen und Kosten zur abgesonderten Befriedigung aus dem Pfandgegenstand berechtigt. Das gesetzliche Pfandrecht des Vermieters oder Verpächters kann im Insolvenzverfahren wegen des Miet- oder Pachtzinses für eine frühere Zeit als die letzten zwölf Monate vor der Eröffnung des Verfahrens sowie wegen der Entschädigung, die infolge einer Kündigung des Insolvenzverwalters zu zahlen ist, nicht geltend gemacht werden. Das Pfandrecht des Verpächters eines landwirtschaftlichen Grundstücks unterliegt wegen des Pachtzinses nicht dieser Beschränkung (§ 50 InsO). 300

Sonstige Absonderungsberechtigte sind (§ 51 InsO): 301

- Gläubiger, denen der Schuldner zur Sicherung eines Anspruchs eine bewegliche Sache übereignet oder ein Recht übertragen hat;
- Gläubiger, denen ein Zurückbehaltungsrecht an einer Sache zusteht, weil sie etwas zum Nutzen der Sache verwendet haben, soweit ihre Forderung aus der Verwendung den noch vorhandenen Vorteil nicht übersteigt;

- Gläubiger, denen nach dem Handelsgesetzbuch ein Zurückbehaltungsrecht zusteht;
- Bund, Länder, Gemeinden und Gemeindeverbände, soweit ihnen zoll- und steuerpflichtige Sachen nach gesetzlichen Vorschriften als Sicherheit für öffentliche Abgaben dienen.

6. Insolvenzplan

302 Insolvenzverwalter und/oder Schuldner können einen Insolvenzplan vorlegen (§§ 217 ff. InsO). In dessen gestaltenden Teil können **Vorschläge** über die **Befriedigung der Gläubiger** gemacht werden, insbesondere über Gruppen von Gläubigern, denen eine bevorzugte Behandlung zuteilwerden soll. Durch diese Gruppenbildung soll es ermöglicht werden, in die Rechte absonderungsberechtigter Gläubiger einzugreifen. Es ist anzugeben, um welchen Bruchteil Forderungen gekürzt werden, welche als erlassen gelten sollen. Über den Insolvenzplan wird nach Zulassung durch das Gericht **abgestimmt nach Gläubigergruppen**.

303 Tritt der Schuldner nach oder bei Eröffnung des Insolvenzverfahrens seine Einkünfte für sechs Jahre nach Eröffnung des Insolvenzverfahrens an einen Treuhänder der Gläubiger ab, kann das Gericht beschließen, dass er danach von den verbleibenden Restschulden befreit ist. Wird die **Restschuldbefreiung** erteilt, so wirkt sie gegen alle **Insolvenzgläubiger**. Dies gilt auch für Gläubiger, die ihre Forderungen nicht angemeldet haben. Die Rechte der Insolvenzgläubiger gegen Mitschuldner und Bürgen des Schuldners sowie die Rechte dieser Gläubiger aus einer zu ihrer Sicherung eingetragenen Vormerkung oder aus einem Recht, das im Insolvenzverfahren zur abgesonderten Befriedigung berechtigt, werden durch die Restschuldbefreiung nicht berührt. Der Schuldner wird jedoch gegenüber dem **Mitschuldner**, dem **Bürgen** oder **anderen Rückgriffsberechtigten** in gleicher Weise befreit wie gegenüber den Insolvenzgläubigern. Wird ein Gläubiger befriedigt, obwohl er aufgrund der Restschuldbefreiung keine Befriedigung zu beanspruchen hat, so begründet dies keine Pflicht zur Rückgewähr des Erlangten.

304 Von der Erteilung der Restschuldbefreiung werden **nicht berührt**:

- Verbindlichkeiten des Schuldners aus einer vorsätzlich begangenen unerlaubten Handlung, sofern der Gläubiger die entsprechende Forderung unter Angabe dieses Rechtsgrundes angemeldet hatte;
- Geldstrafen, Geldbußen, Ordnungsgelder und Zwangsgelder sowie solche Nebenfolgen einer Straftat oder Ordnungswidrigkeit, die zu einer Geldzahlung verpflichten;
- Verbindlichkeiten aus zinslosen Darlehen, die dem Schuldner zur Begleichung der Kosten des Insolvenzverfahrens gewährt wurden.

305 Auf Antrag eines Insolvenzgläubigers **widerruft** das Insolvenzgericht die Erteilung der **Restschuldbefreiung**, wenn sich nachträglich herausstellt, dass der Schuldner eine seiner Obliegenheiten vorsätzlich verletzt und dadurch die Befriedigung der Insolvenzgläubiger erheblich beeinträchtigt hat.

7. Verbraucherinsolvenzverfahren

306 Ist der Schuldner eine **natürliche Person,** die **keine selbständige wirtschaftliche Tätigkeit** ausübt oder ausgeübt hat, kann ein Verbraucherinsolvenzverfahren durchgeführt werden. Das gilt auch dann, wenn der Schuldner eine selbständige wirtschaftliche Tätigkeit ausgeübt hat, seine Vermögensverhältnisse überschaubar sind und gegen ihn

keine Forderungen aus Arbeitsverhältnissen bestehen (§ 304 InsO). Überschaubar sind die Vermögensverhältnisse, wenn der Schuldner weniger als 20 Gläubiger hat. Das Verbraucherinsolvenzverfahren führt die Möglichkeit der Unterbreitung eines **Schuldenbereinigungsplans** ein (§§ 305 ff. InsO). Mit dem Antrag auf Eröffnung des Insolvenzverfahrens oder unverzüglich nach diesem **Antrag** hat der Schuldner **vorzulegen**:

- eine Bescheinigung, die von einer geeigneten Person oder Stelle ausgestellt ist und aus der sich ergibt, dass eine **außergerichtliche Einigung** mit den Gläubigern über die Schuldenbereinigung auf der Grundlage eines Plans innerhalb der letzten sechs Monate vor dem Eröffnungsantrag **erfolglos versucht** worden ist; der Plan ist beizufügen und die wesentlichen Gründe für sein Scheitern sind darzulegen;
- den Antrag auf Erteilung von **Restschuldbefreiung** oder die Erklärung, dass Restschuldbefreiung nicht beantragt werden soll;
- ein Verzeichnis des vorhandenen Vermögens und des Einkommens (**Vermögensverzeichnis**), eine Zusammenfassung des wesentlichen Inhalts dieses Verzeichnisses (Vermögensübersicht), ein Verzeichnis der Gläubiger und ein Verzeichnis der gegen ihn gerichteten Forderungen; den Verzeichnissen und der Vermögensübersicht ist die Erklärung beizufügen, dass die enthaltenen Angaben richtig und vollständig sind;
- einen **Schuldenbereinigungsplan**; dieser kann alle Regelungen enthalten, die unter Berücksichtigung der Gläubigerinteressen sowie der Vermögens-, Einkommens- und Familienverhältnisse des Schuldners geeignet sind, zu einer angemessenen Schuldenbereinigung zu führen; in den Plan ist aufzunehmen, ob und inwieweit Bürgschaften, Pfandrechte und andere Sicherheiten der Gläubiger vom Plan berührt werden sollen.

Hat kein Gläubiger Einwendungen gegen den Schuldenbereinigungsplan erhoben, so gilt der Schuldenbereinigungsplan als **angenommen**; das Insolvenzgericht stellt dies durch Beschluss fest. Der Schuldenbereinigungsplan hat die Wirkung eines Vergleichs i. S. des § 794 Abs. 1 Nr. 1 ZPO. Den Gläubigern und dem Schuldner ist eine Ausfertigung des Schuldenbereinigungsplans und des Beschlusses zuzustellen (§ 308 InsO). 307

Hat dem Schuldenbereinigungsplan mehr als die Hälfte der benannten Gläubiger zugestimmt und beträgt die Summe der Ansprüche der zustimmenden Gläubiger mehr als die Hälfte der Summe der Ansprüche der benannten Gläubiger, so **ersetzt** das Insolvenzgericht auf Antrag eines Gläubigers oder des Schuldners die **Einwendungen** eines Gläubigers gegen den Schuldenbereinigungsplan **durch** eine **Zustimmung**. 308

Dies gilt nicht, wenn

- der Gläubiger, der Einwendungen erhoben hat, im Verhältnis zu den übrigen Gläubigern nicht angemessen beteiligt wird oder
- dieser Gläubiger durch den Schuldenbereinigungsplan voraussichtlich wirtschaftlich schlechter gestellt wird, als er bei Durchführung des Verfahrens über die Anträge auf Eröffnung des Insolvenzverfahrens und Erteilung von Restschuldbefreiung stünde; hierbei ist im Zweifel zugrunde zu legen, dass die Einkommens-, Vermögens- und Familienverhältnisse des Schuldners zum Zeitpunkt des Antrags während der gesamten Dauer des Verfahrens maßgeblich bleiben.

Einstweilen frei 309–312

I. Internetrecht

I. Einführung/Begriff

313 Neben den klassischen Rechtsgebieten hat sich mit dem Siegeszug des Internets das sog. Internetrecht herausgebildet. Dabei handelt es sich an und für sich nicht um ein eigenes Rechtsgebiet, das typischerweise abgrenzbar wäre. Unter dem Begriff „Internetrecht" werden vielmehr typische Rechtsfragen mit Bezug zum Internet, die unterschiedlichste Rechtsgebiete tangieren, zusammengefasst.

II. Domainrecht

314 Den im Internet miteinander verbundenen Rechner werden sog. IP-Adressen zugeordnet, über die sie erreichbar sind. Die IP-Adresse ist eine Zahlenkombination, die wenig nutzerfreundlich ist. Daher wird üblicherweise ein Name, der sog. Domainname, einer IP-Adresse zugeordnet, über die die Rechner dann aufrufbar sind.

Je nach Art des Namens kommt diesem enormer wirtschaftlicher Wert bis in den Bereich der zweistelligen Millionenbeträge zu. Die Domain „vodka.com" erzielte 2006 drei Millionen US-$, die Domain „business.com" im Jahre 2000 eine Summe von 7,5 Millionen US-$, denselben Preis erzielte der Veräußerer von „diamond.com" und „kredit.de" wechselte für knapp 900 000 € den Nutzer.

Das Domainrecht ist inhaltlich insbesondere Namensrecht, Markenrecht aber auch Wettbewerbsrecht.

1. Domainname

315 Der Domainname ist der Verbund von Top-Level-Domain und Second-Level-Domain. Bei der Domain „nwb.de" ist beispielsweise die Endung „.de" die Top-Level-Domain, „nwb" stellt die „Second-Level-Domain" dar.

Die Liste der Top-Level-Domains wird ständig erweitert. Differenziert wird zwischen geografischen und generischen Top-Level-Domains.

1.1 Generische Top-Level Domains (gTLD)

316 Generische oder auch beschreibende Top-Level-Domains (generic Top-Level-Domain – gTLD) sind beispielsweise

- „.biz" (business) für die kommerzielle Verwendung,
- „.com" (commercial) für Unternehmen,
- „.gov" (government) für Regierungsorgane der Vereinigten Staaten,
- „.edu" (education) für Bildungseinrichtungen der Vereinigten Staaten,
- „.info" (information) für Informationsanbieter,
- „.org" (organizastion) für nichtkommerzielle Organisationen.

1.2 Geografische Top-Level-Domains (ccTLD)

317 Geografische oder auch länderspezifische Top-Level-Domains (country code Top-Level-Domain – ccTLD) sind beispielsweise

- „.at" für Österreich,
- „.ch" für die Schweiz,

- „.de" für Deutschland,
- „.eu" für Europäische Union,
- „.uk" für das Vereinigte Königreich,
- „.us" für die Vereinigten Staaten.

1.3 Zweckentfremdete generisch genutzte Top-Level-Domains

Zum Teil werden originär länderbezogene Top-Level-Domains als generische benutzt. 318

So haben sich z. B. folgende Nutzungen etabliert:

- „.ag" für Aktiengesellschaften (originäre TLD für Antigua und Barbuda),
- „.fm" für Radiosender (originäre TLD für Fördierte Staaten von Mikronesien),
- „.tv" für TV-Sender (originäre TLD für Tuvalu).

2. ICANN und DENIC

Für die Vergabe und Verwaltung der Domains ist grundsätzlich die **ICANN** – Internet Corporation for Assigned Names and Numbers zuständig. Es handelt sich um eine privatrechtlich organisierte Non-Profit-Organisation. 319

Für die Vergabe und Verwaltung mit bzw. unter der Top-Level-Domain „.de" ist das Deutsche Information Network Center (**DENIC**) zuständig. Die DENIC ist eine eingetragene Genossenschaft.

Über die DENIC können Domains registriert und, wenn der Domainname schon vergeben ist, der Nutzer der Domain ausfindig gemacht werden.

3. Vergabe durch die DENIC – „First come, first served"

Die DENIC überprüft nicht, ob die Domain dem Nutzer rechtmäßig zusteht. 320

Für die Vergabe von Domainnamen gilt bei der DENIC alleine das **Prioritätsprinzip** oder auch „First come, first served".

Ungeachtet dessen ist es der DENIC nach ihren Domainrichtlinien nicht verwehrt, bei offensichtlichen Rechtsverletzungen der Registrierung nicht nachzukommen.

Mit der Eintragung steht es dem Nutzer frei, den Domainnamen zu nutzen oder nicht.

4. Dispute-Eintrag

Für Konfliktfälle stellt die DENIC den sog. Dispute-Eintrag zur Verfügung. Durch diesen soll verhindert werden, dass wenn ein berechtigter Anspruch auf einen Domainnamen geltend gemacht wird, der derzeitige Nutzer die Domain auf einen (möglicherweise schwer oder gar nicht greifbaren) Dritten überträgt. Mit dem Dispute-Eintrag muss der Anspruchsteller geltend machen, weshalb er den Domainnamen für sich beansprucht (üblicherweise Ansprüche aus Namens- und/oder Markenrecht). Der Nutzer ist dann zwar nicht von der Nutzung ausgeschlossen, die DENIC blockiert jedoch für einen Zeitraum von regelmäßig einem Jahr die Domain insoweit, dass eine Übertragung auf einen neuen Nutzer außer dem Anspruchsteller nicht möglich ist. 321

Führt die anschließende gerichtliche Auseinandersetzung zu Verpflichtung der Freigabe des Domainnamens oder verzichtet der jetzige Nutzer auf die Nutzung, wird der Dispute-Eintragsteller zum neuen Domainnutzer.

Kann der Anspruchsteller einen Anspruch auf Freigabe nicht durchsetzen, macht er sich unter Umständen gegenüber dem Nutzer schadensersatzpflichtig, bspw. wenn dieser eine gewinnbringende Übertragung auf einen Dritten in Folge des Dispute-Eintrags nicht durchführen konnte.

5. Rechtsverhältnis zur DENIC

322 Obgleich der Nutzer nach dem Registrierungsvertrag der DENIC als Domaininhaber bezeichnet und im allgemeinen Sprachgebrauch auch oft vom Eigentümer einer Domain gesprochen wird, wird kein Eigentum etwa an dem Namen oder der Internetadresse erworben. Der Nutzer erhält das Nutzungs- und andere Nebenrechte an dem Domainnamen (BVerfG v. 24. 11. 2004 – 1 BvR 1306/02). Die Übertragung des Domainnamens auf einen Dritten geschieht in Form der Schuldübernahme nach § 415 BGB.

6. Pfändung einer Domain

323 Seit der Entscheidung des Bundesgerichtshofs v. 5. 7. 2005 – VII ZB 5/05 ist klargestellt, dass eine Pfändung einer Domain nach § 857 I ZPO möglich ist. Es handelt sich dann um eine Pfändung in die gesamten schuldrechtlichen Ansprüche gegenüber der Vergabestelle (daher bei .de-Domains gegenüber der DENIC), die dem Domainnutzer gegenüber der Vergabestelle aus der Domainregistrierung schuldrechtlich zustehen.

Ein erwirkter Pfändungs- und Überweisungsbeschluss ist der Vergabestelle als Drittschuldnerin zuzustellen.

Eine Verwertung des Domainnamens zur Eigen- oder Fremdnutzung erfolgt durch Überweisung an Zahlungs statt, wobei in der Praxis regelmäßig das Problem der Wertermittlung steht, welches üblicherweise durch ein Sachverständigengutachten zu lösen ist.

7. Domainstreitigkeiten

324 Streitigkeiten über die Nutzungsberechtigung einer Domain entstehen regelmäßig dort, wo ein Dritter Rechte an dem verwendeten Domainnamen aus Namens- oder Kennzeichenrechten geltend macht. Im Folgenden werden nicht abschließend Namens- und Kennzeichenrechte dargestellt, die nicht nur für sich verletzt werden sondern auch zu Kollisionen führen können.

7.1 Namensrecht

325 Das Namensrecht natürlicher Personen steht unter dem Grundrechtsschutz als allgemeines Persönlichkeitsrecht. Dem Namen kommt eine Identifikations- und Abgrenzungsfunktion im Sinne eines Abwehranspruchs gegenüber Dritten zu. Kodifiziert ist das Namensrecht in § 12 BGB. Es entsteht mit der Zuteilung des Namens. Durchgesetzt wird der Abwehranspruch durch ein Unterlassungsverlangen, § 1004 BGB. Ein unbe-

rechtigter Namensgebrauch führt zu einer Zuordnungsverwirrung, die beseitigt werden kann, wenn schutzwürdige Belange des Namensberechtigten verletzt sind. Dies ist regelmäßig allein aufgrund der unberechtigten Nutzung anzunehmen.

7.2 Firma

Nach § 17 HGB ist die Firma eines Kaufmanns der Name, unter dem er seine Geschäfte betreibt und die Unterschrift abgibt. 326

Die Firma hat eine besondere Namenskennzeichnungsfunktion und ebenfalls Abgrenzungsfunktion. Der Schutz der Firma nach HGB beginnt mit Eintragung in das Handelsregister.

7.3 Schutz nach Markengesetz

Nach dem Markengesetz kommen mehrere Schutznormen in Betracht, die dem Markeninhaber ein ausschließliches Recht gewähren: 327

Als **Marke** können nach § 3 MarkenG alle Zeichen, insbesondere Wörter einschließlich Personennamen, Abbildungen, Buchstaben, Zahlen, Hörzeichen, dreidimensionale Gestaltungen einschließlich der Form einer Ware oder ihrer Verpackung sowie sonstige Aufmachungen einschließlich Farben und Farbzusammenstellungen geschützt werden, die geeignet sind, Waren oder Dienstleistungen eines Unternehmens von denjenigen anderer Unternehmen zu unterscheiden, sofern die Zeichen nicht ausschließlich aus einer Form bestehen, die durch die Art der Ware selbst bedingt ist, die zur Erreichung einer technischen Wirkung erforderlich ist oder die der Ware einen wesentlichen Wert verleiht.

Die Abgrenzung, ob Schutzfähigkeit im Einzelnen besteht, kann in der Praxis schwierig werden, was sich nicht selten in jahrelangen Rechtsstreitigkeiten zeigt. Der Schutz beginnt regelmäßig mit Eintragung im Markenregister beim Patentamt, aber auch durch Benutzung des Zeichens im geschäftlichen Verkehr, soweit das Zeichen als Marke bereits Verkehrsgeltung erworben hat, oder bei notorischer Bekanntheit des Zeichens.

Unternehmenskennzeichen und Werktitel sind als **geschäftliche Bezeichnungen** nach § 5 MarkenG geschützt. 328

Unternehmenskennzeichen sind Zeichen, die im geschäftlichen Verkehr als Name, als Firma oder als besondere Bezeichnung eines Geschäftsbetriebs oder eines Unternehmens benutzt werden.

Werktitel sind die Namen oder besonderen Bezeichnungen von Druckschriften, Filmwerken, Tonwerken, Bühnenwerken oder sonstigen vergleichbaren Werken. Der Schutz beginnt mit Nutzung.

Geografische Herkunftsangaben sind die Namen von Orten, Gegenden, Gebieten oder Ländern sowie sonstige Angaben oder Zeichen, die im geschäftlichen Verkehr zur Kennzeichnung der geografischen Herkunft von Waren oder Dienstleistungen benutzt werden, sofern es sich nicht um Gattungsbezeichnungen handelt. Derartige geografische Herkunftsangaben sind nach § 126 MarkenG geschützt. Der Schutz entsteht bereits mit Benutzung.

329 Ohne Zustimmung des Markeninhabers ist es Dritten untersagt,

- ein mit der Marke identisches Zeichen für Waren oder Dienstleistungen zu benutzen (**Markenanmaßung**);
- ein Zeichen zu benutzen, wenn wegen der Identität oder Ähnlichkeit des Zeichens mit der Marke und der Identität oder Ähnlichkeit der durch die Marke und das Zeichen erfassten Waren oder Dienstleistungen für das Publikum die Gefahr von Verwechslungen besteht, einschließlich der Gefahr, dass das Zeichen mit der Marke gedanklich in Verbindung gebracht wird (**Verwechslungsgefahr**);
- ein mit der Marke identisches oder ein ähnliches Zeichen für Waren oder Dienstleistungen zu benutzen, die nicht denen ähnlich sind, für die die Marke Schutz genießt, wenn es sich bei der Marke um eine im Inland bekannte Marke handelt und die Benutzung des Zeichens die Unterscheidungskraft oder die Wertschätzung der bekannten Marke ohne rechtfertigenden Grund in unlauterer Weise ausnutzt oder beeinträchtigt (**unlautere Ausnutzung**).

7.4 Prüfung bei Domainstreitigkeiten, Kollisionen

330 Das Domainrecht wird immer mehr von einer umfassenden Kasuistik geprägt, die im Einzelfall nicht nachvollziehbar sein kann.

Dennoch gilt als Grundregel, dass Markenrechte in ihrer Anwendbarkeit dem Namensrecht zunächst vorgehen, sofern Markenrechte nicht bestehen aber auch Namensrecht gelten kann. Dies bedeutet jedoch nicht, dass das Namensrecht als Auffangtatbestand genutzt werden kann.

In der Praxis geht es in den meisten Fällen um die dargestellten Gruppen, unbefugte Namensnutzung, Verwechslungsgefahr und unlautere Ausnutzung von Kennzeichen.

331 Der einfachste Fall liegt freilich vor, wenn der Domainnutzer das Kennzeichen oder den Namen unberechtigt nutzt. Sind sowohl der Anspruchsteller als auch der Domainnutzer zur Namensnutzung berechtigt, gilt grundsätzlich das Prioritätsprinzip. Streitet Müller gegen Müller oder Huber gegen Huber, hat derjenige zunächst Vorrang, der zuerst die Domain mit dem Namen registriert hat. Das Prioritätsprinzip wird aber durch eine Interessenabwägung wieder durchbrochen, bei der die Schutzwürdigkeit der Interessen von Anspruchsteller und Domainnutzer gegenüber gestellt werden.

Der bemerkenswerteste Fall einer solchen Durchbrechung ist sicherlich die Entscheidung des BGH v. 22.11.2001 – I ZR 138/99, mit der Herr Andreas Shell die Domain shell.de an den bekannten Mineralölkonzern abgeben musste, da nach Ansicht des Gerichts aufgrund der überragenden Verkehrsgeltung von „shell" der Internetnutzer unter dieser Domain gerade diesen Namensinhaber erwarten würden. Nach Ansicht des BGH würde der Prioritätsgrundsatz in diesen Fällen nicht gelten. Die Entscheidung ist nicht unumstritten.

332 Weitere Domainstreitigkeiten kommen aus dem Bereich des Wettbewerbsrechts und lassen sich unter dem Stichwort Mitbewerberbeeinträchtigung durch Ausschluss oder Vorenthalten zusammenfassen. Ersteres liegt nach mehreren Gerichtsentscheidungen bei der Verwendung von Gattungsnamen (z. B. „rechtsanwaelte.de") vor, da der Internetnutzer üblicherweise durch Direkteingabe suchen würde und durch Nutzung solcher Gattungsbegriffe Mitbewerber gezielt ausgeschlossen wären bzw. der Eindruck entstünde, es gäbe keine. Dieser Ansicht wird man heute nicht mehr folgen können.

Ein rechtswidriges Vorenthalten liegt aber immer dann vor, wenn die Registrierung einer Domain ohne Nutzung (daher ohne Inhalte) zu dem Zweck erfolgt, Mitbewerbern die Nutzung des Domainnamens zu vereiteln. Eine solche Absicht wird jedoch in den wenigsten Fällen nachweisbar sein.

Einstweilen frei 333–340

III. Anforderungen an Webseiten/Content-Providing

1. Anbieterkennzeichnung

Nach § 5 TMG (Telemediengesetz) haben Diensteanbieter für geschäftsmäßige, i. d. R. gegen Entgelt angebotene Telemedien folgende Informationen leicht erkennbar, unmittelbar erreichbar und ständig verfügbar zu halten: 341

- den Namen und die Anschrift, unter der sie niedergelassen sind, bei juristischen Personen zusätzlich die Rechtsform, den Vertretungsberechtigten und, sofern Angaben über das Kapital der Gesellschaft gemacht werden, das Stamm- oder Grundkapital sowie, wenn nicht alle in Geld zu leistenden Einlagen eingezahlt sind, der Gesamtbetrag der ausstehenden Einlagen;
- Angaben, die eine schnelle elektronische Kontaktaufnahme und unmittelbare Kommunikation mit ihnen ermöglichen, einschließlich der Adresse der elektronischen Post;
- soweit der Dienst im Rahmen einer Tätigkeit angeboten oder erbracht wird, die der behördlichen Zulassung bedarf, Angaben zur zuständigen Aufsichtsbehörde;
- das Handelsregister, Vereinsregister, Partnerschaftsregister oder Genossenschaftsregister, in das sie eingetragen sind, und die entsprechende Registernummer;
- soweit der Dienst in Ausübung eines Berufs i. S. von Art. 1 Buchst. d der Richtlinie 89/48/EWG des Rates v. 21. 12. 1988 über eine allgemeine Regelung zur Anerkennung der Hochschuldiplome, die eine mindestens dreijährige Berufsausbildung abschließen (ABl. EG Nr. L 19 S. 16), oder i. S. von Art. 1 Buchst. f der Richtlinie 92/51/EWG des Rates v. 18. 6. 1992 über eine zweite allgemeine Regelung zur Anerkennung beruflicher Befähigungsnachweise in Ergänzung zur Richtlinie 89/48/EWG (ABl. EG Nr. L 209 S. 25, 1995 Nr. L 17 S. 20), zuletzt geändert durch die Richtlinie 97/38/EG der Kommission v. 20. 6. 1997 (ABl. EG Nr. L 184 S. 31), angeboten oder erbracht wird, Angaben über die Kammer, welcher die Diensteanbieter angehören, die gesetzliche Berufsbezeichnung und den Staat, in dem die Berufsbezeichnung verliehen worden ist, die Bezeichnung der berufsrechtlichen Regelungen und dazu, wie diese zugänglich sind;
- in Fällen, in denen sie eine Umsatzsteueridentifikationsnummer nach § 27a des Umsatzsteuergesetzes oder eine Wirtschafts-Identifikationsnummer nach § 139c der Abgabenordnung besitzen, die Angabe dieser Nummer;
- bei Aktiengesellschaften, Kommanditgesellschaften auf Aktien und Gesellschaften mit beschränkter Haftung, die sich in Abwicklung oder Liquidation befinden, die Angabe hierüber.

Die Norm sichert durch die Informationspflichten Anbietertransparenz und dient neben dem Verbraucherschutz auch dem Schutz der Mitbwerber. 342

Die Pflicht, die genannten Informationen zur Verfügung zu stellen, gilt nur für Diensteanbieter, die geschäftsmäßige Telemedien anbieten. Der Begriff der Geschäftsmäßigkeit wird weit ausgelegt. So genügt es regelmäßig, dass ein Informationsangebot sich durch Bannerwerbung oder Affiliate-Programme finanziert, ohne dass es auf eine Gewinnerzielungsabsicht ankommt.

Anders als der frühere § 6 TDG (Teledienstegesetz), der durch § 5 TMG abgelöst wurde, ist jedoch erforderlich, dass es sich um **in der Regel gegen Entgelt angebotene Telemedien** handelt.

Demnach müssen Anbieter rein privater Webseiten den Informationspflichten des § 5 TMG nicht nachkommen.

Die Informationen müssen leicht **erkennbar**, **unmittelbar erreichbar** und **ständig verfügbar** gehalten werden.

1.1 Leichte Erkennbarkeit

343 Leichte Erkennbarkeit liegt vor, wenn die Informationen bereits auf der Eingangsseite oder aber durch einen üblichen Begriff wie „Impressum" oder „Kontakt" gekennzeichnet sind (BGH v. 20. 7. 2006 – I ZR 228/03).

Selbiges gilt für andere übliche Menüpunkte wie „Info" oder „rechtliche Informationen".

1.2 Unmittelbare Erreichbarkeit

344 Unmittelbare Erreichbarkeit der Informationen liegt vor, wenn dem Nutzer der Zugang ohne Erschwernisse möglich ist. Der Nutzer soll nicht auf die Informationen verzichten, weil er sie nur mit Mühen auffinden kann. Es findet sich regelmäßig eine Kollision mit der freien Gestaltbarkeit der Seiten. Dem Anbieter muss es nämlich andererseits unbenommen bleiben, die Gestaltung weitestgehend frei vorzunehmen.

Es besteht Einigkeit, dass dem Nutzer ein Scrollen grundsätzlich zumutbar ist, um die Informationen zu erlangen. Andererseits liegt leichte Erreichbarkeit bei einem geforderten Scrollen über vier Bildschirmseiten bei einer üblichen Auflösung von 1024 x 768 Bildpunkten nach Ansicht des OLG München (Urteil v. 12. 2. 2004) nicht mehr vor. Mit dem schnellen Fortschritt der Technik, die uns immer größere Bildschirmauflösungen bringt, und der starken Zunahme neuer internettauglicher Endgeräte mit kleiner Darstellung (z. B. Smartphones) erscheint ein Festhalten an der Bildschirmauflösung als Abgrenzungskriterium nicht mehr sachgerecht.

Die Informationen sind unmittelbar erreichbar, wenn es maximal zwei Klicks bedarf, diese zu erhalten.

1.3 Ständige Verfügbarkeit

345 Ständige Verfügbarkeit wird nicht durch Wartungsarbeiten der Website ausgeschlossen. Ständige Verfügbarkeit liegt vor, wenn die Informationen rund um die Uhr abrufbar gehalten werden.

Strittig ist, ob ständige Verfügbarkeit gewährleistet ist, wenn das Impressum als Grafikdatei eingebunden wird. Viele Webmaster bedienen sich der Methode, die Pflichtangaben als Bilddatei einzubinden, um zum einen dem Email-Spam-Robots zu entgehen, zum anderen bei massenhafter Webseitenerstellung (z. B. auch für Domain-Parking) Zeit zu sparen oder auch als Suchmaschinenoptimierungsmaßnahme doppelte Inhalte zu vermeiden.

Jedoch können Bilddateien teilweise von Internethandys nur unzureichend dargestellt werden und es besteht die Möglichkeit, bei allen Browsern die Anzeige von Bilddateien zu blockieren. Richtig dürfte sein, die Darstellung der Informationen als Bild zuzulassen. § 5 TMG fordert keine Darstellung in der einen oder anderen Form. Die Darstellung von Bildern ist in Browsern voreingestellt und im Internet üblich.

1.4 Sanktionierung

Wer vorsätzlich oder fahrlässig entgegen § 5 Abs. 1 TMG eine Information nicht, nicht richtig oder nicht vollständig verfügbar hält, begeht eine Ordnungswidrigkeit, die mit einer Geldbuße von bis zu 50 000 € geahndet werden kann, vgl. § 16 Abs. 3 TMG. 346

Ferner können Mitbewerber den Anbieter abmahnen und zur Abgabe einer strafbewehrten Unterlassungserklärung auffordern, da § 5 TMG eine marktverhaltensregelnde Norm i. S. des § 4 Nr. 11 UWG darstellt. Abmahnbarkeit liegt nicht vor, wenn es sich um einen Bagatellfall handelt. Dies wurde bisher ausschließlich bei Fehlen der Umsatzsteueridentifikationsnummer angenommen.

2. Urheberrecht

Im Bereich des Internetrechts kommt dem Urheberrecht besondere Bedeutung zu. Kein 347
anderes Medium als das Internet eignet sich besser zur Anzeige und weiten Verbreitung von Bildern, Präsentationen, Videos, Musik und natürlich Texten. Mittels „Copy & Paste" sind diese Inhalte leicht kopiert und eine Urheberrechtsverletzung wird begangen.

Das Urheberrecht an Werken ist ein originäres und absolutes Recht und nicht übertragbar. Der Urheber kann allein einzelne Nutzungsrechte an seinem Werk auf Dritte übertragen.

2.1 Werkbegriff

Zentraler Begriff des Urheberrechts ist der sog. Werkbegriff. Geschützt sind Werke der 348
Literatur, Wissenschaft und Kunst, soweit es sich um persönliche, geistige Schöpfungen handelt.

Zu den geschützten Werken der Literatur, Wissenschaft und Kunst gehören insbeson- 349
dere (aber nicht ausschließlich):

- Sprachwerke, wie Schriftwerke, Reden und Computerprogramme;
- Werke der Musik;
- Pantominische Werke einschl. der Werke der Tanzkunst;
- Werke der bildenden Künste einschl. der Werke der Baukunst und der angewandten Kunst und Entwürfe solcher Werke;
- Lichtbildwerke einschl. der Werke, die ähnlich wie Lichtbildwerke geschaffen werden;
- Filmwerke einschl. der Werke, die ähnlich wie Filmwerke geschaffen werden;
- Darstellung wissenschaftlicher oder technischer Art, wie Zeichnungen, Pläne, Karten, Skizzen, Tabellen und plastische Darstellungen.

Diese Werke stellen persönliche, geistige Schöpfungen dar, wenn ihnen eine gewisse 350
Schöpfungshöhe zukommt.

Wenn das Werk eine Verkörperung menschlich subjektiver und individueller Kreativität aufweist, ist diese Schöpfungshöhe erfüllt.

Unter dem Begriff der „**kleinen Münze**" wird die Minimalanforderung an die Schöpfungshöhe verstanden.

Demnach genießen auch einfache Werke Urheberrechtsschutz, soweit es sich nicht um Durchschnittsgestaltungen, Alltägliches oder gar Banales handelt.

Geschützt sind daher schon wenige Textzeilen.

351 Webseiten als Ganzes fallen unter den Schutz des Urheberrechts, wenn es sich um eine individuelle Zusammenstellung von Texten, Grafiken und/oder Links handelt.

Üblicherweise gliedert sich die Gestaltung einer Webseite in den **html-Code** (dem regelmäßig kein Urheberrechtsschutz zukommt) und der **css-Datei** (in der die individuellen Gestaltungselemente festgelegt sind). Letzterer kommt Urheberrechtsschutz zu.

Datenbankwerke sind bei Erreichen der Schöpfungshöhe nach § 4 UrhG geschützt. Computerprogramme (beispielsweise ein verwendetes Content-Management-System – CMS) stehen unter dem Schutz des § 69a UrhG.

2.2 Rechte des Urhebers

352 Dem Urheber stehen Urheberpersönlichkeitsrechte und Verwertungsrechte zu.

2.2.1 Urheberpersönlichkeitsrechte

353 Diese sind:

- Das **Veröffentlichungsrecht** nach § 12 UrhG. Der Urheber hat das Recht zu bestimmen, ob und wie sein Werk zu veröffentlichen ist. Dem Urheber ist es vorbehalten, den Inhalt seines Werkes öffentlich mitzuteilen oder zu beschreiben, solange weder das Werk noch der wesentliche Inhalt oder eine Beschreibung des Werkes mit seiner Zustimmung veröffentlicht ist.
- Das **Recht auf Anerkennung der Urheberschaft**, vgl. § 13 UrhG. Der Urheber hat das Recht auf Anerkennung seiner Urheberschaft am Werk. Er kann bestimmen, ob das Werk mit einer Urheberbezeichnung zu versehen ist und welche Bezeichnung zu verwenden ist.
- Recht zum **Schutz gegen Entstellung**, vgl. § 14 UrhG. Der Urheber hat das Recht, eine Entstellung oder eine andere Beeinträchtigung seines Werkes zu verbieten, die geeignet ist, seine berechtigten geistigen oder persönlichen Interessen am Werk zu gefährden.

2.2.2 Verwertungsrechte

354 In der Praxis wichtiger sind die Verwertungsrechte des Urhebers. Diese sind:

- Das **Vervielfältigungsrecht**, vgl. § 16 UrhG. Das Vervielfältigungsrecht ist das Recht, Vervielfältigungsstücke des Werkes herzustellen, gleich ob vorübergehend oder dauerhaft, in welchem Verfahren und in welcher Zahl.
- Das **Verbreitungsrecht**, vgl. § 17 UrhG. Das Verbreitungsrecht ist das Recht, das Original oder Vervielfältigungsstücke in Verkehr zu bringen oder der Öffentlichkeit anzubieten.
- Das **Ausstellungsrecht**, vgl. § 18 UrhG. Das Recht, das Original oder Vervielfältigungsstück eines unveröffentlichten Werkes der bildenden Künste oder eines unveröffentlichten Lichtbildwerkes öffentlich zur Schau zu stellen, wird Ausstellungsrecht genannt.

Daneben kommen noch **andere Verwertungsrechte** in unverkörperter Form in Betracht wie beispielsweise das Vortrags-, Aufführungs- und Vorführungsrecht (§ 19 UrhG), das Recht der öffentlichen Zugänglichmachung (§ 19a UrhG), das Senderecht (§ 20 UrhG) sowie das Recht zur Wiedergabe durch Bild- oder Tonträger sowie von Funksendung und von öffentlicher Zugänglichmachung (§§ 21, 22 UrhG) Die Wiedergabe ist öffentlich, wenn sie für eine Mehrzahl von Mitgliedern der Öffentlichkeit bestimmt ist. 355

2.3 Beginn und Ende des Urheberrechts

Urheberrechtsschutz beginnt mit Umsetzung einer Idee. Die Idee als geistiges Eigentum an sich unterfällt aber nicht dem Urheberrechtsschutz. Erst die Umsetzung/Verkörperung der Idee führt zum Urheberrechtsschutz. Ein weiterer Akt wie die Eintragung, Registrierung oder Anmeldung ist für den Beginn des Urheberrechtsschutzes nicht erforderlich. 356

Da die Schaffung eines Werkes regelmäßig ein einsamer Vorgang ist, besteht in der Praxis häufig das Problem des Nachweises der Urheberschaft. Oftmals wird dann auf § 10 UrhG zurückgegriffen, der die widerlegbare Vermutung der Urheber- oder Rechtsinhaberschaft für denjenigen annimmt, der auf Vervielfältigungsstücken eines erschienenen Werkes oder auf dem Original eines Werkes der bildenden Künste in der üblichen Weise als Urheber bezeichnet ist. Dies gilt auch für eine Bezeichnung, die als Deckname oder Künstlername des Urhebers bekannt ist. Nach der herrschenden Rechtssprechung soll diese Vermutung jedoch nicht für veröffentlichte Webseiten gelten.

Urheberrechtsschutz endet 70 Jahre nach dem Tode des Urhebers, vgl. § 64 UrhG. Steht das Urheberrecht mehreren Miturhebern zu, so erlischt es 70 Jahre nach dem Tod des längst lebenden Miturhebers. 357

2.4 Ansprüche des Urhebers bei Urheberrechtsverletzungen

2.4.1 Unterlassungsanspruch

Der Urheber kann den Rechtsverletzer nach § 97 Abs. 1 UrhG auf Unterlassung verklagen. Der Unterlassungsanspruch steht ihm **verschuldensunabhängig** zu. Der Anspruch auf Unterlassung besteht regelmäßig bei Wiederholungsgefahr, aber auch wenn eine Zuwiderhandlung erstmalig droht. Die Wiederholungsgefahr wird durch die Erstbegehung vermutet und kann dann nur durch die Abgabe einer ausreichend strafbewehrten Unterlassungserklärung ausgeräumt werden. 358

2.4.2 Schadensersatzanspruch

Dem Urheber steht gegen den Verletzer ein Schadensersatzanspruch nach § 97 Abs. 2 UrhG zu, wenn die Urheberrechtsverletzung vorsätzlich oder fahrlässig vorgenommen wurde. Da eine Wiederherstellung im Sinne der Naturalrestitution ohne die schädigende Urheberrechtsverletzung rückwirkend nicht möglich ist, ist der Schadensersatzanspruch auf Geld gerichtet. Die Höhe des Schadensersatzes wird zumeinst in Rahmen der **Lizenzanalogie** ermittelt. 359

Demzufolge wird gefragt, was der Schädiger für den Nutzungszeitraum der Urheberrechtsverletzung hätte zahlen müssen, wenn er die Nutzung beim Urheber lizenziert hätte. Hat der Urheber oder Nutzungsberechtigte keine Preistabelle für die Lizenzierung erstellt, wird auf die üblichen Nutzungsgebühren für entsprechende urheberrechtlich geschützte Werke abgestellt.

2.4.3 Anspruch auf Vernichtung, Rückruf und Überlassung

360 Der Urheber oder Nutzungsberechtigte kann vom Urheberrechtsverletzer auf Vernichtung der in seinem Besitz oder Eigentum befindlichen rechtswidrig hergestellt, verbreiteten oder zur rechtswidrigen Verbreitung bestimmter Vervielfältigungsstücke in Anspruch genommen werden. In gleicher Weise kann der Urheberrechtsverletzer auf Rückruf von rechtswidrig hergestellten, verbreiteten oder zur rechtswidrigen Verbreitung bestimmten Vervielfältigungsstücken oder auf deren entgültiges Entfernen aus den Vertriebswegen in Anspruch genommen werden.

Anstatt der Vernichtung kann der Urheber oder Nutzungsberechtigte vom Verletzer die Überlassung der Vervielfältigungsstücke, die im Eigentum des Verletzers stehen, verlangen. In diesem Fall hat er jedoch eine angemessene Vergütung, die die Herstellungskosten nicht übersteigen darf, zu gewähren (§ 98 UrhG).

2.4.4 Auskunftsanspruch

361 Dem Urheber oder Nutzungsberechtigten stehen gegen den Verletzer Auskunftsansprüche zu. Gewöhnlich weiß der Urheber oder Nutzungsberechtigte nicht, in welchem Umfang (zeitlich, räumlich und wirtschaftlich) die Urheberrechtsverletzung begangen wurde.

Ohne diese Angaben ist es dem Urheber oder Nutzungsberechtigten nahezu unmöglich, die Höhe des Schadens zu beziffern. Aus diesem Grund wird vor einer Schadensersatzklage grundsätzlich der Auskunftsanspruch geltend gemacht.

2.5 Abmahnung

362 Vor Einleitung eines gerichtlichen Verfahrens soll der Verletzte dem Verletzer Gelegenheit geben, den Streit durch Abgabe einer mit einer angemessenen Vertragsstrafe bewehrten Unterlassungserklärung beizulegen und ihn insoweit abmahnen, vgl. § 97a UrhG.

Der Verletzte bei einer berechtigten Abmahnung den Ersatz der erforderlichen Abmahnkosten vom Verletzer verlangen. Dies sind regelmäßig die Kosten für die Einschaltung eines Rechtsanwalts. In einfach gelagerten Fällen mit einer nur unerheblichen Rechtsverletzung außerhalb des geschäftlichen Verkehrs ist der Ersatz der erforderlichen Aufwendung für die Inanspruchnahme anwaltlicher Dienstleistung gedeckelt. Der Ersatz der erforderlichen Aufwendungen für die Inanspruchnahme anwaltlicher Dienstleistungen kann dann nur aus einem Gegenstandswert von 1 000 € verlangt werden, was Anwaltsgebühren i. H. von 159,94 € inkl. 19 % USt entspricht.

2.6 Strafrechtliche Sanktion

Neben diesen zivilrechtlichen Ansprüchen des Urhebers oder Nutzungsberechtigten 363
kann eine Urheberrechtsverletzung auch **strafrechtliche Folgen** haben. Nach § 106 UrhG wird ein Verletzer, der ohne Einwilligung des Berechtigten ein Werk oder eine Bearbeitung oder Umgestaltung eines Werkes vervielfältigt, verbreitet oder öffentlich wiedergibt, mit Freiheitsstrafe bis zu drei Jahren oder mit Geldstrafe bestraft.

Mit gleichem Strafmaß wird bestraft, wer auf dem Original eines Werkes der bildenden Künste die Urheberbezeichnung ohne Einwilligung des Urhebers anbringt oder ein derartig bezeichnetes Original verbreitet oder auf einem Vervielfältigungsstück, einer Bearbeitung oder Umgestaltung eines Werkes der bildenden Künste die Urheberbezeichnung auf eine Art anbringt, die dem Vervielfältigungsstück, der Bearbeitung oder Umgestaltung den Anschein eines Originals gibt oder eine solche Bearbeitung oder Umgestaltung verbreitet.

2.7 Grenzen des Urheberrechts und Privilegierungen

Ein selbständiges Werk, das in **freier Benutzung** des Werkes eines anderen geschaffen 364
worden ist, darf ohne Zustimmung des Urhebers des benutzten Werkes veröffentlicht und verwertet werden, vgl. § 24 UrhG. Dies ist immer dann der Fall, wenn ein Werk so erheblich geändert wurde, dass im Ergebnis ein neues Werk entsteht.

Zulässig ist auch die Vervielfältigung, Verbreitung und öffentliche Wiedergabe eines Teils eines veröffentlichten Werkes in Form des Zitats, sofern die Nutzung in ihrem Umfang durch den besonderen Zweck gerechtfertigt ist (sog. **Zitierprivileg**, § 51 UrhG). Insbesondere ist eine solche Zitierung in einem selbständigen wissenschaftlichem Werk zu Erläuterung des Inhalts zulässig. Die Grenzen des Zitierrechts sind fließend.

Privilegierungen bestehen ferner bezüglich Zeitungsartikeln und Rundfunkkommentaren (§ 49 UrhG), die Verwendung für den religiösen Gebrauch (§ 46 UrhG) und für die Rechtspflege und die öffentliche Sicherheit (§ 45 UrhG), für nicht gewerbliche Nutzung zugunsten Menschen mit Behinderungen (§ 45a UrhG).

Schließlich ist es nach § 53 UrhG gestattet eine sog. **Privatkopie** für den privaten oder sonstigen eigenen Gebrauch zu erstellen.

3. Links und Frames

3.1 Links

Unter einem **Link** versteht man einen Verweis auf eine fremde Domain. Soll durch An- 365
klicken des Links die fremde Seite geöffnet werden, handelt es sich um einen **Hyperlink**.

Ein **Deep-Link** ist ein Link, der nicht nur auf den Domainnamen, sondern eine spezielle Unterseite verweist.

Anbieter können sich bei normalen Links nicht gegen die Verlinkung durch Dritte wehren. Links sind nach Ansicht der Gerichte grundsätzlich erwünscht.

Auch Deep-Links in Form von Hyper-Links sind als Teil des Internets hinzunehmen, auch wenn hinter dem Deep-Link ein urheberrechtlich geschütztes Werk steht. Der Anbieter selbst ermöglicht mit Einstellen der Daten die Verlinkung auch mittels Deep-Link und kann sich insoweit nicht auf eine Verletzung von Urheberrechten berufen. Sofern ein Anbieter eine derartige Verlinkung nicht wünscht, muss er entsprechende technische Schutzmaßnahmen vornehmen, die das verhindern.

Eine Ausnahme gilt nur dann, wenn durch die Verlinkung über die Urheberschaft getäuscht wird und insoweit ein Verstoß gegen § 13 UrhG vorliegt. Dies ist aber nur in Ausnahmefällen denkbar.

3.2 Frames

366 Von einem Frame (engl. Rahmen) spricht man bei Einbindung einer Webseite (oder einen Teil davon) in eine andere. Hier besteht grundsätzlich die Gefahr eines Verstoßes gegen § 13 UrhG, weil die Urheberschaft des eingebundenen Frames dem Betrachter im Verborgenen liegt, und es kommt eine Haftung des Seitenbetreibers und Domaininhabers als Gesamtschuldner in Betracht, da es sich um einen Fall des öffentlichen Zugänglichmachens handelt. Eine Haftung für den Inhalt der fremden Inhalte wie für eigene kann ggf. daneben aufgrund des zu Eigen Machens der Inhalte entstehen.

Eine solche Haftung kann durch entsprechende Kenntlichmachung im Layout und eines Hinweises auf die Urheberschaft ausgeschlossen sein.

4. Disclaimer

367 Um sich von einer Haftung freizustellen nutzen zahlreiche Diensteanbieter sog. **Disclaimer**. Ihr Nutzen ist umstritten, dürfte aber nach richtiger Auffassung gleich Null sein.

Auf Internetseiten findet sich oftmals der direkte Verweis auf eine ältere Entscheidung des Landgerichts Hamburg (LG Hamburg v. 12. 5. 1988, Az. 312 O 85/98), die dann auch noch inhaltlich dergestalt falsch wiedergegeben wird, dass man sich durch eine allgemeine Freizeichnung von einer Haftung für verlinkte Seiten freizeichnen könnte. Dem ist nicht so. Auch das Landgericht Hamburg hat in der genannten Entscheidung klargestellt, dass „das Verbreiten einer von einem Dritten über einen anderen aufgestellten herabsetzenden Tatsachenbehauptung dann eine Persönlichkeitsrechtsverletzung darstellen, wenn derjenige, der die Behauptung wiedergibt, sich nicht ausreichend von ihr distanziert. Eine solche ausreichende Distanzierung hat der Beklagte jedenfalls nicht dadurch vorgenommen, dass er auf die eigene Verantwortung des jeweiligen Autors verweist. Dies ist keine Distanzierung, sondern vielmehr eine nicht verantwortete Weitergabe und damit eine eigene Verbreitung."

Es ist auch per se widersprüchlich, Links auf fremde Seiten zu setzen, sich aber andererseits davon zu distanzieren.

Einen Sinn würde dieses Vorgehen nur machen, um einer ständigen Überwachung der Änderungen auf den verlinkten Seiten zu entgehen. Für diesen Fall hilft aber auch ein Disclaimer nach überwiegender Ansicht nicht.

5. Forenhaftung

Gästebücher und Diskussionsforen sind beliebte und oft anzutreffende Dienste im Internet. Nicht selten kommt es bei diesen Diensten zu Rechtsverletzungen, sei es das Nutzer untereinander beleidigen, Dritte verunglimpfen oder urheberrechtlich geschütztes oder sonst rechtsverletzendes Material einstellen. 368

Klar ist, dass der tatsächliche Verfasser eines Beitrags oder der Begeher einer Rechtsverletzung unmittelbar haftet. Schwieriger ist die Frage, inwieweit der Forenbetreiber belangt werde kann. Dies war lange in Rechtssprechung und Literatur umstritten und wurde in Bezug auf das Erfordernis allgemeiner oder präventiver Überwachungspflichten des Forumbetreibers diskutiert. Ferner wurde diskutiert, den Forumbetreiber als Störer in Anspruch zu nehmen, da er durch das Bereitstellen des Forums eine Gefahr geschaffen habe und für diese einstehen müsse.

§ 10 TMG stellt klar, dass Diensteanbieter für fremde Informationen, die sie für einen Nutzer speichern, nicht verantwortlich sind, sofern

- sie keine Kenntnis von der rechtswidrigen Handlung oder der Information haben und ihn im Falle von Schadensersatzansprüchen auch keine Tatsachen oder Umstände bekannt sind, aus den die rechtswidrige Handlung oder die Information offensichtlich wird, oder
- sie unverzüglich tätig geworden sind, um die Information zu entfernen oder den Zugang zu ihr zu sperren, sobald sie diese Kenntnis erlangt haben.

Insoweit wurde klargestellt, dass **keine präventiven Prüfpflichten** für Forenbetreiber bestehen und sie haftungsfrei werden, wenn sie auf erstes Anfordern unverzüglich tätig werden und ein rechtskonformen Zustand wieder herstellen. 369

Umgekehrt kann ein Unterlassungsanspruch gegen den Forenbetreiber bestehen, wenn diesem eine erfolgte Rechtsverletzung bekannt ist und er sich weigert, einen als unzulässig erkannten Beitrag zu entfernen (vgl. Entscheidung des BGH v. 27. 3. 2007 – VI ZR 101/06).

Ferner kommt eine Haftung des Forumbetreibers in Betracht, wenn er sein Forum oder einzelne Forenthemen so gestaltet, dass es mit hinreichender Wahrscheinlichkeit zur Rechtsverletzungen kommen wird oder soll.

Einstweilen frei 370–380

IV. E-Commerce und Verbraucherschutz

Hinsichtlich des sog. E-Commerce (daher: Verträge im elektronischen Geschäftsverkehr) und besonderer Verbraucherschutzvorschriften im b2c / business-to-consumer Bereich wird auf die Ausführungen in den Rdn. 8 f., 40 ff. und 61 ff. verwiesen. 381

Einstweilen frei 382–385

V. Datenschutzrecht

1. Schutzgut

Der Datenschutz spielt gerade im Internet eine immer wichtigere Rolle. Grund hierfür ist die enorme Zunahme von Daten und Datenverarbeitungsanlagen. 386

Der Begriff Datenschutzrecht ist missverständlich. Geschützt sind nicht die Daten. Schutzgut sind vielmehr die Persönlichkeitsrechte und insbesondere das **Recht auf informationelle Selbstbestimmung**.

Zweck des Datenschutzrechtes ist es daher, den Einzelnen davor zu schützen, dass er durch den Umgang mit seinen personenbezogenen Daten in seinem Persönlichkeitsrecht beeinträchtigt wird.

2. Daten, personenbezogene Daten, besonders schützenswerte personenbezogene Daten

387 Eine Definition für den Begriff des Datums findet sich weder in der Datenschutz-Grundverordnung (DSGVO) noch im Bundesdatenschutzgesetz (BDSG). Gemeint sind alle kontextfreien Angaben in Form von Zeichen oder Signalen.

Personenbezogene Daten sind nach Art. 4 Nr. 1 DSGVO alle Informationen, die sich auf eine identifizierte oder identifizierbare natürliche Person (im Folgenden „betroffene Person") beziehen; als identifizierbar wird eine natürliche Person angesehen, die direkt oder indirekt, insbesondere mittels Zuordnung zu einer Kennung wie einem Namen, zu einer Kennnummer, zu Standortdaten, zu einer Online-Kennung oder zu einem oder mehreren besonderen Merkmalen, die Ausdruck der physischen, physiologischen, genetischen, psychischen, wirtschaftlichen, kulturellen oder sozialen Identität dieser natürlichen Person sind, identifiziert werden kann.

Danach wird zunächst keine Unterscheidung zwischen besonders sensiblen oder trivialen Daten getroffen. Geschützt sind Namen und Anschrift genauso wie Daten über die Gesundheit oder Alter.

388 Ein besonderes Schutzniveau gilt aber für **besondere Kategorien personenbezogener Daten**.

Art. 9 Abs. 1 DSGVO schreibt im Grundsatz fest, dass die Verarbeitung personenbezogener Daten, aus denen die rassische und ethnische Herkunft, politische Meinungen, religiöse oder weltanschauliche Überzeugungen oder die Gewerkschaftszugehörigkeit hervorgehen, sowie die Verarbeitung von genetischen Daten, biometrischen Daten zur eindeutigen Identifizierung einer natürlichen Person, Gesundheitsdaten oder Daten zum Sexualleben oder der sexuellen Orientierung einer natürlichen Person untersagt ist.

- „Genetische Daten" sind dabei gemäß Art. 4 Nr. 13 DSGVO personenbezogene Daten zu den ererbten oder erworbenen genetischen Eigenschaften einer natürlichen Person, die eindeutige Informationen über die Physiologie oder die Gesundheit dieser natürlichen Person liefern und insbesondere aus der Analyse einer biologischen Probe der betreffenden natürlichen Person gewonnen wurden.
- „Biometrische Daten" sind gemäß Art. 4 Nr. 14 DSGVO mit speziellen technischen Verfahren gewonnene personenbezogene Daten zu den physischen, physiologischen oder verhaltenstypischen Merkmalen einer natürlichen Person, die die eindeutige Identifizierung dieser natürlichen Person ermöglichen oder bestätigen, wie Gesichtsbilder oder daktyloskopische Daten.
- „Gesundheitsdaten" sind nach Art. 4 Nr. 15 DSGVO personenbezogene Daten, die sich auf die körperliche oder geistige Gesundheit einer natürlichen Person, einschließlich der Erbringung von Gesundheitsdienstleistungen, beziehen und aus denen Informationen über deren Gesundheitszustand hervorgehen.

3. Anwendungsbereich der DSGVO

Die Datenschutz-Grundverordnung gilt in sachlicher Hinsicht grundsätzlich für die ganz oder teilweise automatisierte Verarbeitung personenbezogener Daten sowie für die nichtautomatisierte Verarbeitung personenbezogener Daten, die in einem Dateisystem gespeichert sind oder gespeichert werden sollen. 389

Darüber hinaus hat der deutsche Gesetzgeber den Anwendungsbereich der Verordnung auf weitere Verarbeitungen personenbezogener Daten im Bereich des Beschäftigtendatenschutzes (§ 26 Bundesdatenschutzgesetz – BDSG) erweitert. Denn beim Beschäftigtendatenschutz sind die Regelungen der Datenschutzgrundverordnung auch auf nichtautomatisierte Verarbeitungen außerhalb von Dateisystemen anzuwenden.

Die Datenschutzgrundverordnung findet aber keine Anwendung bei Tätigkeiten, die nicht in den Anwendungsbereich des Unionsrechts fallen, bei Datenverarbeitungen der Mitgliedstaaten im Rahmen der gemeinsamen Außen- und Sicherheitspolitik, bei Datenverarbeitungen im Rahmen ausschließlich persönlicher oder familiärer Tätigkeiten natürlicher Personen und im Rahmen behördlicher Kriminalitätsbekämpfung.

In räumlicher Hinsicht gilt die Datenschutz-Grundverordnung bei Verarbeitung personenbezogener Daten, soweit diese im Rahmen der Tätigkeiten einer Niederlassung eines Verantwortlichen oder eines Auftragsverarbeiters in der Union erfolgt, unabhängig davon, ob die Verarbeitung in der Union stattfindet, und auf die Verarbeitung personenbezogener Daten von betroffenen Personen, die sich in der Union befinden, durch einen nicht in der Union niedergelassenen Verantwortlichen oder Auftragsverarbeiter, wenn die Datenverarbeitung im Zusammenhang damit steht betroffenen Personen in der Union Waren oder Dienstleistungen anzubieten, unabhängig davon, ob von diesen betroffenen Personen eine Zahlung zu leisten ist, oder wenn die Datenverarbeitung im Zusammenhang damit steht das Verhalten betroffener Personen zu beobachten, soweit ihr Verhalten in der Union erfolgt. 390

Als Verordnung gilt die DSGVO unmittelbar in den Mitgliedstaaten der EU (seit 25. 5. 2018). Die DSGVO ermöglicht den nationalen Gesetzgebern durch sog. Öffnungsklauseln einzelne Belange selbst zu regeln, wovon die Bundesrepublik Deutschland beispielsweise beim Beschäftigtendatenschutz, § 26 BDSG, Gebrauch gemacht hat.

4. Grundsätze der Verarbeitung personenbezogenen Daten

Der Anwendungsbereich der DSGVO ist eröffnet, wenn es um eine Verarbeitung personenbezogener Daten geht. 391

Hierfür sind in Art. 5 DSGVO Grundsätze der Verarbeitung festgeschrieben, für deren Einhaltung der für die Verarbeitung Verantwortliche einstehen und ggfs. Rechenschaft ablegen muss. Diese Grundsätze sind im Einzelnen:

- **Grundsatz der Rechtmäßigkeit, Verarbeitung nach Treu und Glauben, Transparenz:** Personenbezogene Daten müssen auf rechtmäßige Weise, nach Treu und Glauben und in einer für die betroffene Person nachvollziehbaren Weise verarbeitet werden. Dies entspricht dem schon bisher im BDSG geltenden Verbot mit Erlaubnisvorbehalt;

- **Grundsatz der Zweckbindung:** Personenbezogene Daten müssen für festgelegte, eindeutige und legitime Zwecke erhoben werden und dürfen nicht in einer mit diesen Zwecken nicht zu vereinbarenden Weise weiterverarbeitet werden;
- **Grundsatz der Datenminimierung:** Personenbezogene Daten müssen dem Zweck angemessen und erheblich sowie auf das für die Zwecke der Verarbeitung notwendige Maß beschränkt sein;
- **Grundsatz der Datenrichtigkeit:** Personenbezogene Daten müssen sachlich richtig und erforderlichenfalls auf dem neuesten Stand sein; hierfür sind alle angemessenen Maßnahmen zu treffen, damit personenbezogene Daten, die im Hinblick auf die Zwecke ihrer Verarbeitung unrichtig sind, unverzüglich gelöscht oder berichtigt werden;
- **Grundsatz der Speicherbegrenzung:** Personenbezogene Daten müssen in einer Form gespeichert werden, die die Identifizierung der betroffenen Personen nur so lange ermöglicht, wie es für die Zwecke, für die sie verarbeitet werden, erforderlich ist;
- **Grundsatz der Integrität und Vertraulichkeit:** Personenbezogene Daten müssen in einer Weise verarbeitet werden, die eine angemessene Sicherheit der personenbezogenen Daten gewährleistet, einschließlich Schutz vor unbefugter oder unrechtmäßiger Verarbeitung und vor unbeabsichtigtem Verlust, unbeabsichtigter Zerstörung oder unbeabsichtigter Schädigung durch geeignete technische und organisatorische Maßnahmen.

5. Rechtmäßigkeit der Datenverarbeitung

392 Die Verarbeitung personenbezogener Daten ist nur in folgenden in Art. 6 Abs. 1 DSGVO genannten Fällen zulässig:

- Die betroffene Person hat ihre Einwilligung zu der Verarbeitung der sie betreffenden personenbezogenen Daten für einen oder mehrere bestimmte Zwecke gegeben;
- Die Verarbeitung ist für die Erfüllung eines Vertrags, dessen Vertragspartei die betroffene Person ist, oder zur Durchführung vorvertraglicher Maßnahmen erforderlich, die auf Anfrage der betroffenen Person erfolgen;
- Die Verarbeitung ist zur Erfüllung einer rechtlichen Verpflichtung erforderlich, der der Verantwortliche unterliegt;
- Die Verarbeitung ist erforderlich, um lebenswichtige Interessen der betroffenen Person oder einer anderen natürlichen Person zu schützen;
- Die Verarbeitung ist für die Wahrnehmung einer Aufgabe erforderlich, die im öffentlichen Interesse liegt oder in Ausübung öffentlicher Gewalt erfolgt, die dem Verantwortlichen übertragen wurde;
- Die Verarbeitung ist zur Wahrung der berechtigten Interessen des Verantwortlichen oder eines Dritten erforderlich, sofern nicht die Interessen oder Grundrechte und Grundfreiheiten der betroffenen Person, die den Schutz personenbezogener Daten erfordern, überwiegen, insbesondere dann, wenn es sich bei der betroffenen Person um ein Kind handelt.

5.1 Verarbeitung auf Grund einer Einwilligung, Art. 6 Abs. 1 Buchst. a, Art. 7 DSGVO

393 Beruht die Verarbeitung auf einer Einwilligung, muss der für die Verarbeitung der personenbezogenen Daten Verantwortliche nachweisen können, dass die betroffene Person in die Verarbeitung ihrer personenbezogenen Daten freiwillig eingewilligt hat, daher die Einwilligung auf der freien Entscheidung des Betroffenen beruht.

Die Einwilligung ist jederzeit widerruflich. Durch den Widerruf der Einwilligung wird die Rechtmäßigkeit der aufgrund der Einwilligung bis zum Widerruf erfolgten Verarbeitung jedoch nicht berührt. Die betroffene, einwilligende Person ist vor Abgabe der Einwilligung hierauf hinzuweisen. Der Widerruf einer erteilten Einwilligung muss außerdem genauso einfach möglich sein wie die Erteilung der Einwilligung.

Bei einer schriftlichen Einwilligung, die zu Beweiszwecken empfohlen ist, hat das Ersuchen um Einwilligung in verständlicher und leicht zugänglicher Form in einer klaren und einfachen Sprache so erfolgen (siehe Grundsatz der Transparenz). Andernfalls riskiert der um Einwilligung ersuchende, dass Teile der Einwilligung oder die ganze Einwilligung nicht verbindlich sind. Vor dem Inkrafttreten der DSGVO (25. 5. 2018) erteilte Einwilligungen bleiben wirksam.

Bei der Beurteilung, ob die Einwilligung freiwillig erteilt wurde, muss dem Umstand in größtmöglichem Umfang Rechnung getragen werden, ob unter anderem die Erfüllung eines Vertrags, einschließlich der Erbringung einer Dienstleistung, von der Einwilligung zu einer Verarbeitung von personenbezogenen Daten abhängig ist, die für die Erfüllung des Vertrags nicht erforderlich sind. Damit ist das sog. Koppelungsverbot beschrieben. Die Einwilligung darf nicht davon abhängig gemacht werden, dass eine bestimmte vertragliche Leistung erbracht wird. Ein Verstoß gegen dieses Koppelungsverbot würde beispielsweise die Teilnahme an einem Gewinnspiel nur bei Erteilung einer Einwilligung zum Empfang eines Newsletters darstellen.

Soll die Einwilligung zusammen mit anderen Erklärungen schriftlich erteilt werden, ist sie besonders hervorzuheben.

Die Einwilligungserklärung unterliegt der AGB-Inhaltskontrolle.

5.2 Verarbeitung zur Vertragserfüllung oder vorvertraglicher Maßnahmen, Art. 6 Abs. 1 Buchst. b DSGVO

Nach Art. 6 Abs. 1 Buchst. b DSGVO ist die Verarbeitung personenbezogener Daten 394
rechtmäßig, wenn sie zur Erfüllung eines Vertrags oder zur Durchführung vorvertraglicher Maßnahmen erforderlich ist. Dabei besteht Einigkeit, dass der Begriff der Erfüllung weit auszulegen ist. Schon die Eingehung vertraglicher Verpflichtungen und die damit einhergehende Verarbeitung personenbezogener Daten ist umfasst, ebenfalls die Verarbeitung personenbezogener Daten zur Wahrung von Neben- und Rücksichtnahmepflichten.

Die Verarbeitung der personenbezogenen Daten muss aber zur Vertragserfüllung erforderlich sein.

Der Begriff der vorvertraglichen Maßnahmen ist hingegen eng auszulegen. Nicht jede einseitig vorgenommene vorvertragliche Maßnahme ist legitimiert. Typischerweise handelt es sich um Maßnahmen zur Anbahnung eines Vertrages, wie z. B. Vertragsverhandlungen, die auf Anfrage des Betroffenen erfolgen.

Die Mehrzahl der Verarbeitungsfälle personenbezogener Daten erfolgt auf Grund der Rechtsgrundlage des Art. 6 Abs. 1 Buchst. b DSGVO. Zur Abwicklung eines Rechtsgeschäfts ist es eben erforderlich personenbezogene Daten wie Name und Anschrift des Vertragspartners zu kennen. Ein Verkäufer etwa muss wissen, mit wem er einen Vertrag abschließt und wohin er die Ware liefern soll.

5.3 Verarbeitung zur Erfüllung einer rechtlichen Verpflichtung, Art. 6 Abs. 1 Buchst. c DSGVO

395 Gemäß Art. 6 Abs. 1 Buchst. c DSGVO ist die Verarbeitung personenbezogener Daten rechtmäßig, wenn sie zur Erfüllung einer rechtlichen Verpflichtung erfolgt.

Hierbei ist keine rechtliche Verpflichtung aus einem Schuldverhältnis gemeint, denn sonst wäre Art. 6 Abs. 1 Buchst. b DSGVO überflüssig. Mit rechtlichen Verpflichtungen ist vielmehr eine Verpflichtung auf Grund einer Rechtsnorm der Union oder eines Mitgliedsstaates gemeint, beispielsweise die Übertragung von personenbezogenen Daten an eine Staatsbehörde.

5.4 Verarbeitung zum Schutz lebenswichtiger Interessen, Art. 6 Abs. 1 Buchst. d DSGVO

396 In Notlagen hat der Schutz der personenbezogenen Daten hinter dem Schutz lebenswichtiger Interessen zurückzutreten. Dies ist in Art. 6 Abs. 1 Buchst. d DSGVO festgeschrieben.

Die lebenswichtigen Interessen können bei der von der Verarbeitung der personenbezogenen Daten betroffenen natürlichen Person oder einer anderen natürlichen Person vorliegen.

Lebenswichtig ist ein Interesse dann, wenn ein Bezug zur Gesundheit oder körperlichen Integrität besteht. Es ist nicht erforderlich, dass der Betroffene oder die andere Person in Lebensgefahr ist.

5.5 Verarbeitung einer Aufgabe im öffentlichen Interesse oder in Ausübung hoheitlicher Gewalt, Art. 6 Abs. 1 Buchst. e DSGVO

397 Nach Art. 6 Abs. 1 Buchst. e DSGVO ist eine Verarbeitung personenbezogener Daten rechtmäßig, wenn die Verarbeitung für die Wahrnehmung einer Aufgabe erforderlich ist, die im öffentlichen Interesse liegt oder in Ausübung öffentlicher Gewalt erfolgt.

Somit sind staatliche Stellen befugt personenbezogene Daten zu verarbeiten, wenn dies erforderlich ist, um besondere Staatenziele zu schützen.

5.6 Verarbeitung bei überwiegenden berechtigten Interessen des Verantwortlichen oder eines Dritten, Art. 6 Abs. 1 Buchst. f DSGVO

398 Nach Art. 6 Abs. 1 Buchst. f DSGVO ist eine Verarbeitung personenbezogener Daten rechtmäßig, wenn die Verarbeitung zur Wahrung der berechtigten Interessen des Verantwortlichen oder eines Dritten erforderlich ist, sofern nicht die Interessen oder Grundrechte und Grundfreiheiten der betroffenen Person, die den Schutz personenbezogener Daten erfordern, überwiegen, insbesondere dann, wenn es sich bei der betroffenen Person um ein Kind handelt.

Es hat somit eine Interessenabwägung der Interessen der personenbezogene Daten verarbeitenden Stelle mit denjenigen der betroffenen Person zu erfolgen. Dies ist unter Zugrundelegung des Zwecks der Verarbeitung zu beurteilen. Besonderem Schutz unterliegen Kinder, daher natürliche Personen bis zur Vollendung des dreizehnten Lebensjahres, was bei der Abwägung und Feststellung des berechtigten Interesses besonders zu berücksichtigen ist.

Ein Beispiel für die Verarbeitung personenbezogener Daten zur Wahrung der berechtigten Interessen des Verantwortlichen ist die kurzzeitige Übertragung einer IP-Adresse zur Auswertung und Verbesserung der eigenen Homepage, wenn eine baldmöglichste Anonymisierung der IP-Adresse erfolgt (Gebot der Datensparsamkeit).

6. Auftragsverarbeitung, Art. 28 DSGVO

In der Praxis spielt die in Art. 28 DSGVO geregelte Auftragsverarbeitung eine wichtige Rolle. In Unternehmen erfolgt eine rein interne Verarbeitung personenbezogener Daten in aller Regel nicht. Vielmehr werden einzelne Verarbeitungsprozesse ausgelagert oder durch Subunternehmer erbracht. Bei der Auftragsverarbeitung muss der Auftraggeber Herr der Daten bleiben, woraus sich besondere Anforderungen ergeben: 399

Der Auftrag ist schriftlich zu erteilen, wobei im Einzelnen festzulegen sind:

- der Gegenstand und die Dauer des Auftrags,
- der Umfang, die Art und der Zweck der vorgesehenen Erhebung, Verarbeitung oder Nutzung von Daten, die Art der Daten und der Kreis der Betroffenen,
- die Verarbeitung nur auf dokumentierte Weisung des Auftraggebers hin,
- die Gewährleistung des Auftragsverarbeiters, die zur Verarbeitung der personenbezogenen Daten befugten Personen zur Vertraulichkeit zu verpflichten,
- die Gewährleistung eines Datensicherheitsniveaus durch den Auftragsverarbeiter durch zu treffenden technischen und organisatorischen Maßnahmen,
- die Berichtigung, Löschung und Sperrung von Daten,
- die bestehenden Pflichten des Auftragnehmers, insbesondere die von ihm vorzunehmenden Kontrollen,
- die etwaige Berechtigung zur Begründung von Unterauftragsverhältnissen und deren Modalitäten,
- die Unterstützung des Verantwortlichen bei der Beantwortung von Anträgen nach Art. 12 bis 22 DSGVO, daher insbesondere bei Auskunftsersuchen nach Art. 15 DSGVO,
- die Kontrollrechte des Auftraggebers und die entsprechenden Duldungs- und Mitwirkungspflichten des Auftragnehmers,
- der Umfang der Weisungsbefugnisse, die sich der Auftraggeber gegenüber dem Auftragnehmer vorbehält,
- Regelungen zum Umgang mit den personenbezogenen Daten nach Abschluss der Erbringung der Verarbeitungsleistungen, daher beispielsweise die Rückgabe überlassener Datenträger und die Löschung beim Auftragnehmer gespeicherter Daten nach Beendigung des Auftrags.

Der Auftraggeber hat sich vor Beginn der Datenverarbeitung und sodann regelmäßig von der Einhaltung der beim Auftragnehmer getroffenen technischen und organisatorischen Maßnahmen zu überzeugen. Das Ergebnis ist zu dokumentieren.

7. Beschäftigtendatenschutz, § 26 BDSG

In der DSGVO selbst ist keine eigene Regelung zum Beschäftigtendatenschutz enthalten. Die DSGVO enthält jedoch eine Öffnungsklausel, nach der die nationalen Gesetzgeber eigene Regelungen zur Verarbeitung von Beschäftigtendaten erlassen können. 400

Die Bundesrepublik Deutschland hat hiervon Gebrauch gemacht. Im Bundesdatenschutzgesetz ist der Beschäftigtendatenschutz in § 26 BDSG geregelt. Danach dürfen personenbezogene Daten von Beschäftigten für Zwecke des Beschäftigungsverhältnisses verarbeitet werden, wenn dies für die Entscheidung über die Begründung eines Beschäftigungsverhältnisses oder nach Begründung des Beschäftigungsverhältnisses für dessen Durchführung oder Beendigung oder zur Ausübung oder Erfüllung der sich aus einem Gesetz oder einem Tarifvertrag, einer Betriebs- oder Dienstvereinbarung (Kollektivvereinbarung) ergebenden Rechte und Pflichten der Interessenvertretung der Beschäftigten erforderlich ist.

Der Begriff des „Beschäftigten" ist im Sinne des Datenschutzrechts sehr weit definiert. Dazu gehören auch etwa Bewerberinnen und Bewerber für ein Beschäftigungsverhältnis und Personen, deren Beschäftigungsverhältnis beendet ist.

Die Verarbeitung kann aber auch auf Grund einer freiwillig erteilten Einwilligung erfolgen.

Für die Beurteilung der Freiwilligkeit der Einwilligung ist insbesondere auf die im Beschäftigungsverhältnis bestehende Abhängigkeit der beschäftigten Person sowie die Umstände, unter denen die Einwilligung erteilt worden ist, abzustellen. Freiwilligkeit kann vorliegen, wenn für die beschäftigte Person ein rechtlicher oder wirtschaftlicher Vorteil erreicht wird oder Arbeitgeber und beschäftigte Person gleichgelagerte Interessen verfolgen.

Zur Aufdeckung von Straftaten dürfen personenbezogene Daten von Beschäftigten nur dann verarbeitet werden, wenn zu dokumentierende tatsächliche Anhaltspunkte den Verdacht begründen, dass die betroffene Person im Beschäftigungsverhältnis eine Straftat begangen hat, die Verarbeitung zur Aufdeckung erforderlich ist und das schutzwürdige Interesse der oder des Beschäftigten an dem Ausschluss der Verarbeitung nicht überwiegt, insbesondere Art und Ausmaß im Hinblick auf den Anlass nicht unverhältnismäßig sind.

Gefordert wird daher, dass eine Verarbeitung von personenbezogenen Daten der Beschäftigten nur dann in Betracht kommt, wenn kein milderes, weniger eingreifendes, Mittel zur Aufdeckung einer Straftat vorhanden ist. Hauptanwendungsfall dieser Bestimmung ist die Videoüberwachung im Kassenbereich.

8. Betroffenenrechte und Sanktionen

8.1 Betroffenenrechte

401 Dem Betroffenen steht grundsätzlich ein Auskunftsanspruch, ein Anspruch auf Berichtigung, Löschung und Sperrung und auch ein Anspruch auf Benachrichtigung zu. Art 12 bis 23 DSGVO listen die Betroffenenrechte explizit auf.

In Art. 17 DSGVO ist das sog. Recht auf Vergessenwerden festgeschrieben: Danach hat eine betroffene Person das Recht, von dem Verantwortlichen zu verlangen, dass die ihn betreffenden personenbezogene Daten unverzüglich gelöscht werden.

Ist ein Betroffener der Ansicht, dass eine öffentliche Stelle seine Rechte im Umgang mit personenbezogenen Daten verletzt, besteht die Möglichkeit, dies dem jeweiligen Landesbeauftragten bzw. Bundesbeauftragten für Datenschutz mitzuteilen.

Soweit eine Datenschutzverletzung vorliegt kann der Betroffene zivilrechtliche Ansprüche auf Schadensersatz aus Deliktsrecht geltend machen.

8.2 Sanktionen

Außerdem ist bei bestimmten Verletzungen des Datenschutzes die Verfolgung als Ordnungswidrigkeit vorgesehen. Je nach Art und Umfang der Verletzung können empfindliche Geldbußen verhängt werden. 402

Diese Bußgelder betragen nach Art. 83 DSGVO Beträge von bis zu 20 Mio. € oder bis zu 4 % des gesamten weltweit erzielten Jahresumsatzes im vorangegangenen Geschäftsjahr und zwar je nachdem, welcher Wert der höhere ist.

Daneben kommen strafrechtliche Sanktionen in Betracht, wenn bestimmte Datenschutzverletzungen vorsätzlich gegen Entgelt oder in der Absicht, sich oder einen anderen zu bereichern oder einen anderen zu schädigen, begangen werden.

9. Der Datenschutzbeauftragte, Art. 37 DSGVO, § 38 BDSG

Ein Datenschutzbeauftragter ist zu bestellen, wenn im Falle der Datenverarbeitung regelmäßig mindestens 20 Personen ständig mit der automatisierten Verarbeitung personenbezogener Daten betraut sind. 403

Handelt es sich bei dem Unternehmen um ein Marketingunternehmen, Adresshandelsunternehmen, eine Auskunftei und dergleichen, ist ein Datenschutzbeauftragter auch ohne eine Mindestanzahl von mit der Verarbeitung personenbezogener Daten betrauten Personen stets erforderlich, weil hier von einem gesteigerten Gefährdungspotenzial bezogen auf die personenbezogenen Daten auszugehen ist.

Die Beauftragung hat schriftlich zu erfolgen und ist i. d. R. mit einer Änderung des Arbeitsvertrages verbunden. Es kann aber auch ein externer Datenschutzbeauftragter bestellt werden.

Auf Grund der faktischen Unkündbarkeit eines internen Datenschutzbeauftragten (§ 38 Abs. 2 BDSG i.V. mit § 6 Abs. 4 BDSG (nur aus wichtigem Grund) werden von Unternehmen zunehmend externe Datenschutzbeauftragte verpflichtet.

9.1 Aufgaben des Datenschutzbeauftragten

Art. 39 DSGVO regelt den Aufgabenbereich des Datenschutzbeauftragten. Dem Datenschutzbeauftragten obliegen demnach zumindest folgende Aufgaben: 404

- Unterrichtung und Beratung des Verantwortlichen oder des Auftragsverarbeiters und der Beschäftigten, die Verarbeitungen durchführen, hinsichtlich ihrer Pflichten nach dieser Verordnung sowie nach sonstigen Datenschutzvorschriften der Union bzw. der Mitgliedstaaten;
- Überwachung der Einhaltung dieser Verordnung, anderer Datenschutzvorschriften der Union bzw. der Mitgliedstaaten sowie der Strategien des Verantwortlichen oder des Auftragsverarbeiters für den Schutz personenbezogener Daten einschließlich der Zuweisung von Zuständigkeiten, der Sensibilisierung und Schulung der an den Verarbeitungsvorgängen beteiligten Mitarbeiter und der diesbezüglichen Überprüfungen;

- Beratung – auf Anfrage – im Zusammenhang mit der Datenschutz-Folgenabschätzung und Überwachung ihrer Durchführung gemäß Art. 35 DSGVO;
- Zusammenarbeit mit der Aufsichtsbehörde;
- Tätigkeit als Anlaufstelle für die Aufsichtsbehörde in mit der Verarbeitung zusammenhängenden Fragen, einschließlich der vorherigen Konsultation gemäß Art. 36 DSGVO, und gegebenenfalls Beratung zu allen sonstigen Fragen.

Der Datenschutzbeauftragte trägt bei der Erfüllung seiner Aufgaben dem mit den Verarbeitungsvorgängen verbundenen Risiko gebührend Rechnung, wobei er die Art, den Umfang, die Umstände und die Zwecke der Verarbeitung berücksichtigt. Hierbei ist eine Abwägung durch den Datenschutzbeauftragten vorzunehmen.

Der Datenschutzbeauftragte kann aber selbst eine Umsetzung der datenschutzrechtlichen Normen weder vornehmen noch sicherstellen. Seine Aufgabe besteht vielmehr darin, den Stand des Datenschutzniveaus im Betrieb festzustellen, zu analysieren und der Geschäftsleitung, Vorschläge zur Besserung des Datenschutzniveaus zu unterbreiten.

Hierzu kommt dem Datenschutzbeauftragten eine umfangreiche Kontrollkompetenz im gesamten Unternehmen zu. Dies gilt insbesondere für die Abteilungen, in denen typischerweise personenbezogene Daten regelmäßig verarbeitet werden oder dies zu erwarten ist, wie beispielsweise Personalabteilung, Buchhaltung und Vertrieb. Einzelne Prüfbereiche können beispielsweise sein die Bewerkstelligung von Datensicherungsmaßnahmen, die Auftragsverarbeitung, Einhaltung des Beschäftigtendatenschutzes (§ 26 BDSG), der Einsatz von Datenverarbeitungsprogrammen etc.

9.2 Fachkunde und Zuverlässigkeit des Datenschutzbeauftragten

405 Zum Datenschutzbeauftragten darf nur bestellt werden, wer die zur Erfüllung seiner Aufgaben erforderliche Fachkunde und Zuverlässigkeit besitzt. Das Maß der erforderlichen Fachkunde bestimmt sich nach dem Umfang der Datenverarbeitung der verantwortlichen Stelle und dem Schutzbedarf der personenbezogenen Daten, die die verantwortliche Stelle erhebt oder verwendet. Zur erforderlichen Fachkunde und Zuverlässigkeit gehören auch Kenntnisse der Betriebsabläufe und spezifisches Fachwissen, das durch Kurse beispielsweise von IHK, TÜV oder anderen Anbietern erworben werden kann.

Die ständige Fachkunde wird durch die Berechtigung zur Teilnahme an Fort- und Weiterbildungsveranstaltungen auf Kosten des Arbeitgebers sichergestellt.

Im Rahmen der Zuverlässigkeit ist nicht nur auf die Person an sich abzustellen, sondern auch zu berücksichtigen, ob seine Stellung im Betrieb nicht zu einer Interessenkollision führt. Nach Ansicht des Bundesarbeitsgerichts soll grundsätzlich auch ein Betriebsratsmitglied oder ein Mitglied einer Personalvertretung zum Datenschutzbeauftragten bestellt werden können. Wegen denkbarer Interessenkollisionen ist aber davon abzuraten.

Wer eine Person ohne die erforderliche Zuverlässigkeit oder Fachkunde bestellt, ist so zu behandeln als hätte er keinen Datenschutzbeauftragten bestellt. Dann begeht er eine Ordnungswidrigkeit.

9.3 Position des Datenschutzbeauftragten und Benachteiligungsverbot

Der Datenschutzbeauftragte ist dem Leiter der verantwortlichen Stelle unmittelbar zu unterstellen, er erhält daher ein Vortragsrecht und ein Zugangsrecht. Eine Besserstellung im Sinne eines Aufsteigens in der Hierarchie des Unternehmens ist damit nicht verbunden. Es soll allein sichergestellt werden, dass der Datenschutzbeauftragte datenschutzrelevante Sachverhalte schnell vortragen kann. Damit der Datenschutzbeauftragte überhaupt als Anlaufstelle für Betroffene in Betracht kommt, muss er Verschwiegenheit über die Identität von Betroffenen wahren, § 6 Abs. 5 Satz 2, Abs. 6 BDSG. Der Betroffene kann ihn von dieser Verpflichtung aber auch befreien. 406

Der Datenschutzbeauftragte ist bei der Erfüllung seiner Aufgaben zu unterstützen. Wie diese Unterstützung im Detail aussieht, hängt zum einen von der Unternehmensgröße, zum anderen von dem Umfang der Verarbeitung personenbezogener Daten ab. Grundsätzlich ist dem Datenschutzbeauftragten, soweit dies zur Erfüllung seiner Aufgaben notwendig ist, Hilfspersonal, Einrichtungen und Geräte, Räume und Mittel zur Verfügung zu stellen. Der Umfang der Unterstützung folgt somit aus den betrieblichen Besonderheiten.

Es versteht sich fast von selbst, dass ein Datenschutzbeauftragter seine Aufgaben nur erfüllen kann, wenn er wegen seiner Tätigkeit nicht benachteiligt wird. Nicht selten kommt es in der Praxis vor, dass die Fragen und Vorschläge des Datenschutzbeauftragten einem Arbeitgeber lästig werden. Benachteiligungen wie z. B. der Entzug des Weihnachtsgeldes oder anderer Gratifikationen können auch dann keinen Bestand haben, wenn keine betriebliche Übung besteht, aber dennoch bei Mitarbeitern in vergleichbaren Positionen entsprechende Gratifikationen ausbezahlt werden. Das Benachteiligungsverbot ist in Art 38 Abs. 3 Satz 2 DSGVO festgeschrieben.

9.4 Widerruf der Bestellung zum Datenschutzbeauftragten und Kündigung desselben

Die Bestellung zum Datenschutzbeauftragten kann nur aus wichtigem Grund, oder wenn die Aufsichtsbehörde dies (berechtigt) verlangt, widerrufen werden. 407

Da mit der Bestellung eines internen Datenschutzbeauftragten regelmäßig eine Änderung des Arbeitsvertrages einhergeht (der Datenschutzbeauftragte benötigt [zu entlohnende] Zeit und Befugnisse für die Ausübung dieses Amtes), erfolgt mit dem Widerruf der Bestellung üblicherweise auch eine Änderungskündigung des Arbeitsvertrages. Auch diese Kündigung bedarf eines wichtigen Grundes.

Außerdem genießt der Datenschutzbeauftragte nach Abberufung eines nachwirkenden Kündigungsschutzes (§ 6 Abs. 4 Satz 3 BDSG). Allein die Absicht, in Zukunft einen externen Datenschutzbeauftragten zu bestellen, stellt jedenfalls keinen solchen wichtigen Grund dar.

Auf Grund dieser Vorschriften wird von einer faktischen Unkündbarkeit des Datenschutzbeauftragten oder auch dem Datenschutzbeauftragten auf Lebenszeit gesprochen.

9. Kapitel:

System der sozialen Sicherung und Sozialversicherung

von

RA und Fachanwalt für IT- und Sozialrecht
Dr. Oliver C. Storr, LL.M., München

Inhaltsverzeichnis

A. System der sozialen Sicherung

1 Unter dieser Bezeichnung kann man alle Sozialleistungsträger, die Aufgaben des Sozialgesetzbuches erfüllen und soziale Rechte verwirklichen, in Gruppen zusammenfassen, geordnet nach typischen Merkmalen wie Leistungsarten, -voraussetzungen und -zugang sowie nach ihrer Art und Finanzierung. Es kann wie folgt dargestellt werden:

Versicherung	Versorgung	Fürsorge
Kranken-, Unfall-, Renten-, Arbeitslosenversicherung, Soziale Pflegeversicherung	Kriegsopfer, Impfschaden, Opfer von Gewalttaten, Wehr- und Zivildienstschäden	Grundsicherung als: Sozialhilfe, Arbeitslosengeld II
Typische Leistungsmerkmale		
► Mitgliedschaft ► Beitragszahlung ► Leistung ► im Versicherungsfall ► ohne Bedarfsprüfung	► beitragsunabhängig ► aus Steuermitteln ► für Sonderopfer oder Dienste	► Pauschaliert, individuelle Ergänzungen möglich ► aus Steuern ► Bedarfsprüfung
► Fest umrissene Tatbestände, festgelegte Leistungen, Bedarfsunabhängigkeit ► Kausal bestimmt durch Versicherungsfall ► Final durch Versicherungsleistung		► Leistungen bedingt und bestimmt durch Bedarf ► Kausalität egal ► Finalität maßgeblich
Ergänzung durch soziale Ausgleichs- und Vorsorgeleistung, wie Kindergeld, Elterngeld, Bildungs- und Arbeitsförderung, Wohngeld und ähnliches		

2 Im Sozialgesetzbuch ist in SGB I das System der sozialen Sicherung in §§ 3–10 programmatisch in sozialen Rechten, deren Leistungen in §§ 18–29 als Informationsvorschriften mit Leistungskatalog und Angabe der jeweils in Frage kommenden Leistungsträger dargestellt. Sie dienen der Information und zur Auslegung des Gesetzes sowie für die Ausfüllung von Ermessensspielräumen, nicht als subjektive Rechte und Anspruchsgrundlagen. Diese finden sich in den besonderen Teilen des Sozialgesetzbuchs.

Bis zu ihrer Einordnung in dieses Gesetzbuch gelten insbesondere die nachfolgenden Gesetze mit den zu ihrer Ergänzung und Änderung erlassenen Gesetzen als dessen besondere Teile:

- ► das Bundesausbildungsförderungsgesetz,
- ► die Reichsversicherungsordnung,
- ► das Gesetz über die Alterssicherung der Landwirte,
- ► das Zweite Gesetz über die Krankenversicherung der Landwirte,
- ► das Bundesversorgungsgesetz, auch soweit andere Gesetze die entsprechende Anwendung der Leistungsvorschriften des Bundesversorgungsgesetzes vorsehen,
- ► das Gesetz über das Verwaltungsverfahren der Kriegsopferversorgung,
- ► das Bundeskindergeldgesetz,
- ► das Wohngeldgesetz,
- ► das Adoptionsvermittlungsgesetz,

- das Unterhaltsvorschussgesetz,
- der Erste, Zweite und Dritte Abschnitt des Bundeselterngeld- und Elternzeitgesetzes,
- das Altersteilzeitgesetz,
- der Fünfte Abschnitt des Schwangerschaftskonfliktgesetzes.

B. System Versicherung

I. Überblick über die Sozialversicherung

Die Sozialversicherung ist als erste Säule ein wesentlicher Teil des Systems der sozialen Sicherung und gewährt soziale Rechte nach dem SGB I. § 4 SGB I gewährt **programmatisch** jedermann ein Zugangsrecht zur Sozialversicherung und definiert als **Leitlinien** ein Recht auf die notwendigen Maßnahmen zum Schutz, zur Erhaltung, zur Besserung und zur Wiederherstellung der Gesundheit und der Leistungsfähigkeit sowie auf wirtschaftliche Sicherung auch der Hinterbliebenen – bei Krankheit, Mutterschaft, Minderung der Erwerbsfähigkeit und Alter. 3

1. Leistungen

Zur **Information** über den Leistungsinhalt und -umfang führen §§ 19 bis 23, 28 SGB I katalogartig aus, dass folgende **Leistungen** vorgesehen sind: 4

- In der gesetzlichen **Krankenversicherung**: Leistungen zur Förderung der Gesundheit, zur Verhütung und Früherkennung von Krankheiten; bei Krankheit Krankenbehandlung, insbesondere ärztliche und zahnärztliche Behandlung, Versorgung mit Arznei-, Verband-, Heil- und Hilfsmitteln, häusliche Krankenpflege und Haushaltshilfe, Krankenhausbehandlung; medizinische und ergänzende Leistungen zur Rehabilitation, Betriebshilfe für Landwirte; Krankengeld; bei Schwangerschaft und Mutterschaft ärztliche Betreuung, Hebammenhilfe, stationäre Entbindung, häusliche Pflege, Haushaltshilfe, Betriebshilfe für Landwirte, Mutterschaftsgeld; Hilfe zur Familienplanung und Leistungen bei durch Krankheit erforderlicher Sterilisation und bei nicht rechtswidrigem Schwangerschaftsabbruch.
- In der gesetzlichen **Unfallversicherung**: Maßnahmen zur Verhütung von Arbeitsunfällen, Berufskrankheiten und arbeitsbedingten Gesundheitsgefahren und zur ersten Hilfe sowie Maßnahmen zur Früherkennung von Berufskrankheiten und arbeitsbedingten Gesundheitsgefahren; Heilbehandlung, Leistungen zur Teilhabe am Arbeitsleben und andere Leistungen zur Erhaltung, Besserung und Wiederherstellung der Erwerbsfähigkeit sowie zur Erleichterung der Verletzungsfolgen einschließlich wirtschaftlicher Hilfen; Renten wegen Minderung der Erwerbsfähigkeit; Renten an Hinterbliebene, Sterbegeld und Beihilfen; Rentenabfindungen; Haushaltshilfe; Betriebshilfe für Landwirte.
- In der gesetzlichen **Rentenversicherung**: Heilbehandlung, Leistungen zur Teilhabe am Arbeitsleben und andere Leistungen zur Erhaltung, Besserung und Wiederherstellung der Erwerbsfähigkeit einschließlich wirtschaftlicher Hilfen, Renten wegen Alters, Renten wegen verminderter Erwerbsfähigkeit und Knappschaftsausgleichsleistung, Renten wegen Todes, Witwen- und Witwerrentenabfindungen sowie Beitragserstattungen, Zuschüsse zu den Aufwendungen für die Krankenversicherung, Leistungen für Kindererziehung; in der Altershilfe für Landwirte zusätzlich Betriebs- und Haushaltshilfe oder sonstige Leistungen zur Aufrechterhaltung des Unternehmens der Landwirtschaft.

- In der sozialen **Pflegeversicherung**: Pflegesachleistung, Pflegegeld für selbst beschaffte Pflegehilfen, häusliche Pflege bei Verhinderung der Pflegeperson, Pflegehilfsmittel und technische Hilfen, teilstationäre Pflege und Kurzzeitpflege, Leistungen für Pflegepersonen, wie soziale Sicherung und Pflegekurse sowie vollstationäre Pflege.
- Leistungen der **Arbeitslosenversicherung** bestehen als Entgeltersatzleistungen in Form von Arbeitslosengeld, Teilarbeitslosengeld, Unterhaltsgeld, Übergangsgeld, Kurzarbeitergeld, Saisonkurzarbeitergeld und Insolvenzgeld.
- Leistungen der **Grundsicherung** für Arbeitssuchende und im Alter: Arbeitslosengeld II bzw. Sozialhilfe (nach SGB II und SGB XII).
- Das soziale Entschädigungsrecht, SGB XIV, tritt erst ab 1. 1. 2024 in Kraft und wird deshalb hier noch nicht behandelt.

2. Rechtsansprüche

5 Wegen der konkreten **Rechtsansprüche** und deren Voraussetzungen verweisen die Vorschriften auf das SGB II (Grundsicherung für Arbeitssuchende), III (Arbeitslosenversicherung), V (Krankenversicherung) und VI (Rentenversicherung), das SGB VII (Unfallversicherung), IX (Rehabilitation und Teilhabe von Menschen mit Behinderungen) und die Gesetze über eine Altershilfe bzw. die Krankenversicherung der Landwirte sowie das Sozialgesetzbuch XI (soziale Pflegeversicherung) sowie XII (Sozialhilfe).

6 Weitere Leistungen der **Arbeitsförderung** sind im SGB III geregelt und umfassen für Arbeitnehmer folgende Leistungen:

- Förderung aus dem Vermittlungsbudget (Leistungen für die berufliche Eingliederung ggf. als Pauschalen);
- Maßnahmen zur Aktivierung und beruflichen Eingliederung (Heranführung an den Ausbildungs- und Arbeitsmarkt, Feststellung, Verringerung oder Beseitigung von Vermittlungshemmnissen, Vermittlung in eine versicherungspflichtige Beschäftigung, Heranführung an eine selbständige Tätigkeit oder Stabilisierung einer Beschäftigungsaufnahme);
- Förderung der Aufnahme einer selbständigen Tätigkeit durch Gewährung eines Gründungszuschusses;
- Förderung der Berufsausbildung (durch Berufsausbildungsbeihilfe, berufsvorbereitende Bildungsmaßnahmen, Vorbereitung auf einen Hauptschulabschluss oder gleichwertigen Schulabschluss);
- Förderung der beruflichen Weiterbildung;
- Förderung der Teilhabe behinderter Menschen am Arbeitsleben;
- Ausbildungsgeld;
- Teilnahmekosten;
- Entgeltersatzleistungen in Form von Arbeitslosengeld, Teilarbeitslosengeld, Übergangsgeld, Kurzarbeitergeld und Insolvenzgeld;
- Transfermaßnahmen, insbesondere im Anschluss an die Beendigung eines Berufsausbildungsverhältnisses zur Vermeidung der Arbeitslosigkeit durch Maßnahmen zur Eingliederung in den Arbeitsmarkt.

7 Arbeitgeber erhalten folgende Leistungen:

- Eingliederungszuschüsse;
- Zuschüsse zur Ausbildungsvergütung schwerbehinderter Menschen;
- Zuschüsse zur Einstiegsqualifizierung;
- Förderung der beruflichen Weiterbildung;

- Arbeitshilfen für behinderte Menschen;
- Kostenerstattung für befristete Probebeschäftigung behinderter Menschen.

Leistungen zur Rehabilitation und Teilhabe behinderter Menschen sind nach dem SGB IX Leistungen zur medizinischen Rehabilitation, insbesondere Frühförderung behinderter und von Behinderung bedrohter Kinder, ärztliche und zahnärztliche Behandlung, Arznei- und Verbandmittel sowie Heilmittel einschließlich physikalischer, Sprach- und Beschäftigungstherapie, Körperersatzstücke, orthopädische und andere Hilfsmittel, Belastungserprobung und Arbeitstherapie; Leistungen zur Teilhabe am Arbeitsleben, insbesondere Hilfen zum Erhalten oder Erlangen eines Arbeitsplatzes, Berufsvorbereitung, berufliche Anpassung, Ausbildung und Weiterbildung, sonstige Hilfen zur Förderung der Teilhabe am Arbeitsleben; Leistungen zur Teilhabe am Leben in der Gemeinschaft, insbesondere Hilfen zur Entwicklung der geistigen und körperlichen Fähigkeiten vor Beginn der Schulpflicht, zur angemessenen Schulbildung, zur heilpädagogischen Förderung, zum Erwerb praktischer Kenntnisse und Fähigkeiten, zur Ausübung einer angemessenen Tätigkeit, soweit Leistungen zur Teilhabe am Arbeitsleben nicht möglich sind, zur Förderung der Verständigung mit der Umwelt, zur Freizeitgestaltung und sonstigen Teilhabe am gesellschaftlichen Leben; unterhaltssichernde und andere ergänzende Leistungen, insbesondere Krankengeld, Versorgungskrankengeld, Verletztengeld, Übergangsgeld, Ausbildungsgeld oder Unterhaltsbeihilfe, Beiträge zur gesetzlichen Kranken-, Unfall-, Renten- und Pflegeversicherung sowie zur Bundesagentur für Arbeit, Reisekosten, Haushalts- oder Betriebshilfe und Kinderbetreuungskosten, Rehabilitationssport und Funktionstraining; besondere Leistungen und sonstige Hilfen zur Teilhabe schwerbehinderter Menschen am Leben in der Gesellschaft, insbesondere am Arbeitsleben. 8

3. Leistungsträger

Als zuständige **Leistungsträger** benennen das SGB I 9

- im **Bereich der Krankenversicherung** die Orts-, Betriebs- und Innungskrankenkassen, die landwirtschaftlichen Krankenkassen, die Deutsche Rentenversicherung Knappschaft-Bahn-See und die Ersatzkassen;
- im **Bereich der Unfallversicherung** die gewerblichen und landwirtschaftlichen Berufsgenossenschaften, Gemeindeunfallversicherungsverbände, Feuerwehr-Unfallkassen, die Unfallkasse Post und Telekom, die Unfallkassen der Länder und Gemeinden, die gemeinsamen Unfallkassen für den Landes- und kommunalen Bereich und die Unfallversicherung Bund und Bahn;
- im **Bereich der Rentenversicherung** die Regionalträger, die Deutsche Rentenversicherung Bund und die Deutsche Rentenversicherung Knappschaft-Bahn-See, in der knappschaftlichen Rentenversicherung die Deutsche Rentenversicherung Knappschaft-Bahn-See, in der Alterssicherung der Landwirte die landwirtschaftlichen Alterskassen;
- im **Bereich der Arbeitslosenversicherung** die Agenturen für Arbeit und die sonstigen Dienststellen der Bundesagentur für Arbeit;
- im **Bereich der sozialen Pflegeversicherung** die bei den Krankenkassen errichteten Pflegekassen;
- für **Leistungen zur Rehabilitation und Teilhabe** behinderter Menschen neben den bisher genannten Leistungsträgern die Integrationsämter;

- für die **Grundsicherung für Arbeitssuchende** die Agenturen für Arbeit und die sonstigen Dienststellen der Bundesagentur für Arbeit, sowie die kreisfreien Städte und Kreise, soweit durch Landesrecht nicht andere Träger bestimmt sind.

II. Versorgung und Fürsorge

10 Die Bereiche **Versorgung und Fürsorge** stellen Sondersysteme für bestimmte Mangellagen dar, die in dieser Darstellung nicht näher zu erläutern sind.

C. Sozialgesetzbuch IV – Gemeinsame Vorschriften für die Sozialversicherung

I. Geltungsbereich und Umfang der Versicherung

1. Geltungsbereich

11 Das Gesetz gilt für die Kranken-, Unfall- und Rentenversicherung sowie die soziale Pflegeversicherung, für das **Recht der Arbeitsförderung** (mit Ausnahme der Vorschriften über die Behördenverfassung und die Zusammensetzung, Wahl und Verfahren der Selbstverwaltungsorgane, Versichertenältesten und Vertrauenspersonen), die Vorschriften über den Sozialversicherungsausweis und die besonderen Meldungen auch für die **Sozialhilfe** (§ 1 SGB IV).

2. Versicherungsumfang

12 Die Sozialversicherung ist eine gesetzliche Zwangsversicherung (**Versicherungspflicht**); die Zugehörigkeit zu ihr kann aber auch durch eigene Entscheidung (**Versicherungsberechtigung**) begründet werden. Neben dieser allgemeinen Feststellung benennt § 2 den Personenkreis, der als Versicherte in Betracht kommt (Personen, die gegen Arbeitsentgelt oder zu ihrer Berufsausbildung beschäftigt sind, Behinderte, die in geschützten Einrichtungen beschäftigt werden und Landwirte), ohne konkret festzulegen, wer im Einzelfall versicherungspflichtig oder -berechtigt (und damit beitragspflichtig) ist. Dies ist vielmehr auch künftig an Hand der besonderen gesetzlichen Vorschriften für die einzelnen Versicherungszweige zu klären (SGB III; SGB V; SGB VI; SGB VII; SGB XI).

3. Territorialitätsprinzip

13 Für Versicherungspflicht und Versicherungsberechtigung knüpft § 3 SGB IV an das Territorialitätsprinzip an und unterscheidet zwei Fallgruppen: Ist die Mitgliedschaft in der Sozialversicherung von der Ausübung einer **Beschäftigung** oder **selbständigen Tätigkeit** abhängig, so ist maßgebend, ob die Bezugstätigkeit **im Inland ausgeübt** wird; andernfalls (also hauptsächlich bei der freiwilligen Versicherung, aber auch Fälle der Zwangsversicherung sind denkbar – etwa die Krankenversicherung der Rentner) wird auf den Wohnsitz oder gewöhnlichen Aufenthalt im Staatsgebiet abgestellt.

4. Ausstrahlung und Einstrahlung

Im Falle der Abhängigkeit der Versicherung von einer Beschäftigung genügt im Hinblick auf die internationalen Marktverflechtungen das bloße Territorialitätsprinzip nicht mehr den wirtschaftlichen, sozialen und arbeitsrechtlichen Rahmenbedingungen: Es wird daher durch die in den §§ 4 und 5 SGB IV erstmals kodifizierten, vorher jedoch von der Rechtsprechung entwickelten und angewandten Regeln der Aus- und Einstrahlung ergänzt und modifiziert. Der Schutz der deutschen Sozialversicherungsgesetzgebung gilt danach auch für Beschäftigte, die sich für den **Arbeitgeber mit Sitz im Inland** ins Ausland begeben, um dort für diesen im Rahmen eines inländischen Beschäftigungsverhältnisses zeitlich begrenzt eine Beschäftigung auszuüben (Ausstrahlung). 14

Umgekehrt gelten die deutschen Sozialversicherungsgesetze nicht für **ausländische Beschäftigte mit zeitlich begrenzter Inlandstätigkeit** (Einstrahlung). Maßgebend ist also die Entsendung im Rahmen eines Beschäftigungsverhältnisses, die infolge ihrer Eigenart oder vertraglich im Voraus zeitlich begrenzt ist. Eine Entsendung liegt vor, wenn der Auslandsaufenthalt auf Weisung des inländischen Arbeitgebers erfolgt, um dort für diesen zu arbeiten (typischer Fall: **Montagearbeiten** im Rahmen eines Werkvertrags des Unternehmers für einen gebietsfremden Auftraggeber). Das Beschäftigungsverhältnis zur entsendenden Inlandsfirma muss dabei – wenn auch in gelockerter Form – bestehen bleiben, was immer dann angenommen wird, wenn das Arbeitsentgelt des Entsandten in der **Lohnbuchhaltung des heimischen Arbeitgebers** in der gleichen Weise ausgewiesen und behandelt wird wie für die anderen Beschäftigten. 15

Für die **zeitliche Begrenzung** gilt, dass diese sich entweder aus der Eigenart der Beschäftigung ergeben muss, wie bei der Entsendung zur Errichtung eines Bauwerks, oder aus dem Arbeitsvertrag, wobei die Möglichkeit einer einmaligen **Vertragsverlängerung** (etwa um zwei Jahre) unschädlich ist, ein fester Beendigungszeitpunkt indes verlangt wird (nicht ausreichend wäre die Beendigung wegen Erreichens der Altersgrenze). Diese Voraussetzungen können auch dann gegeben sein, wenn die Arbeitsleistung bei einer **ausländischen Tochtergesellschaft** erfolgt und ein Beschäftigungsverhältnis mit der inländischen Muttergesellschaft vorliegt. Letzteres ist jedoch nicht mehr gegeben, wenn der Schwerpunkt der rechtlichen und tatsächlichen Gestaltung des Beschäftigungsverhältnisses bei der Tochtergesellschaft liegt (Werksbeurlaubung, pauschale Personalkostenerstattung, wirtschaftliche Beherrschung u. Ä.). Abweichende Regelungen in den einzelnen Versicherungszweigen und durch über- und zwischenstaatliches Recht lässt § 6 SGB IV zu. Die Regelungen der Aus- und Einstrahlung gelten auch für das Verhältnis der alten und neuen Bundesländer, solange unterschiedliche Bezugsgrößen in der Sozialversicherung bestehen. 16

II. Beschäftigung und selbständige Tätigkeit

1. Beschäftigungsverhältnis

Wesentliche Voraussetzung für die Versicherungspflicht ist die Beschäftigung. § 7 Abs. 1 Satz 1 SGB IV bestimmt, dass eine solche jedenfalls dann vorliegt, wenn **nichtselbständige Arbeit** ausgeübt wird, insbesondere in einem Arbeitsverhältnis. Durch 17 letzteren Hinweis wird klargestellt, dass die Qualität eines Arbeitsverhältnisses indes nicht nötig ist, auch fehlerhafte **rein faktische Arbeitsverhältnisse** begründen ein Beschäftigungsverhältnis. Maßgebend ist die „funktionsgerechte dienende Teilhabe am Arbeitsprozess" (BSGE 20 S. 6), wobei die Weisungsbefugnis des Arbeitgebers u. U. völlig fehlen kann (Tennislehrer eines Clubs). Ist für Zeiten einer Freistellung von der Arbeitsleistung Arbeitsentgelt fällig, das mit einer vor oder nach diesen Zeiten erbrachten Arbeitsleistung erzielt wird (**Wertguthaben**), besteht während der Freistellung eine Beschäftigung gegen Arbeitsentgelt, wenn die Freistellung auf Grund einer schriftlichen Vereinbarung erfolgt und die Höhe des für die Zeit der Freistellung sowie des für die vorausgegangenen zwölf Kalendermonate monatlich fälligen Arbeitsentgelts nicht unangemessen voneinander abweichen und diese Arbeitsentgelte 450 € übersteigen.

Beginnt ein Beschäftigungsverhältnis mit einer Zeit der Freistellung, gilt dies mit der Maßgabe, dass die Höhe des für die Zeit der Freistellung und des für die Zeit der Arbeitsleistung, mit der das Arbeitsentgelt später erzielt werden soll, monatlich fälligen Arbeitsentgelts nicht unangemessen voneinander abweichen darf und diese Arbeitsentgelte 450 € übersteigen müssen. Eine Beschäftigung gegen Arbeitsentgelt besteht während der Zeit der Freistellung auch, wenn die Arbeitsleistung, mit der das Arbeitsentgelt später erzielt werden soll, wegen einer im Zeitpunkt der Vereinbarung nicht vorhersehbaren vorzeitigen Beendigung des Beschäftigungsverhältnisses nicht mehr erbracht werden kann. Als Beschäftigung gilt auch der Erwerb beruflicher Kenntnisse, Fertigkeiten oder Erfahrungen im Rahmen betrieblicher Berufsbildung.

Die Möglichkeit eines Arbeitnehmers zur Vereinbarung flexibler Arbeitszeiten gilt nicht als eine die Kündigung des Arbeitsverhältnisses durch den Arbeitgeber begründende Tatsache i. S. des § 1 Abs. 2 Satz 1 des Kündigungsschutzgesetzes. Eine Beschäftigung gegen Arbeitsentgelt gilt als fortbestehend, solange das Beschäftigungsverhältnis ohne Anspruch auf Arbeitsentgelt fortdauert, jedoch nicht länger als einen Monat, es sei denn, dass Krankengeld, Verletztengeld, Versorgungskrankengeld, Übergangsgeld oder Mutterschaftsgeld oder nach gesetzlichen Vorschriften Erziehungsgeld oder Elterngeld bezogen oder Elternzeit in Anspruch genommen oder Wehrdienst oder Zivildienst geleistet wird.

Ein Beschäftigungsverhältnis wird bei Personen vermutet, die erwerbsmäßig tätig sind, wenn mindestens drei der folgenden fünf Merkmale vorliegen:

1. Es wird kein versicherungspflichtiger Arbeitnehmer, dessen Arbeitsentgelt aus diesem Beschäftigungsverhältnis regelmäßig im Monat 450 € übersteigt, regelmäßig beschäftigt.
2. Der Betroffene ist auf Dauer und im Wesentlichen nur für einen Auftraggeber tätig.
3. Der Auftraggeber oder ein vergleichbarer Auftraggeber lässt entsprechende Tätigkeiten regelmäßig durch von ihm beschäftigte Arbeitnehmer verrichten.
4. Die Tätigkeit lässt typische Merkmale unternehmerischen Handelns nicht erkennen.
5. Die Tätigkeit entspricht dem äußeren Erscheinungsbild nach der Tätigkeit, die der Betroffene für denselben Auftraggeber zuvor aufgrund eines Beschäftigungsverhältnisses ausgeübt hatte. Dies gilt nicht für Handelsvertreter, die im Wesentlichen ihre Tätigkeit frei gestalten und über ihre Arbeitszeit bestimmen können. Die Auftraggeber gelten als Arbeitgeber.

Geringfügig Beschäftigte, die gemäß § 5 Abs. 2 Nr. 2 des Sechsten Buches nicht versicherungsfrei in der gesetzlichen Rentenversicherung sind, gelten nicht als versicherungspflichtige Arbeitnehmer i. S. des SGB IV.

Der **Begriff der selbständigen Tätigkeit** ist im Gesetz nicht definiert. Die Rechtsprechung stellt auf das **eigene Unternehmerrisiko** (i. S. der Ungewissheit des Erfolgs eines eigenen wirtschaftlichen Einsatzes; vgl. BSGE 35 S. 20), die wesentlich **frei gestaltete Tätigkeit** und Arbeitszeit (BSGE 38 S. 53) sowie die **steuerliche Behandlung** ab. 18

Personen, die in Unternehmen arbeiten, an denen **sie selbst finanziell beteiligt** sind, haben oftmals eine Doppelstellung. Einerseits nehmen sie **Unternehmerfunktionen** wahr und andererseits verrichten sie als **Arbeitnehmer** gegen Bezahlung fremdbestimmte Arbeit. Gleiches gilt für **Organmitglieder** wie beispielsweise **Geschäftsführer einer GmbH oder Mitglieder des Vorstands einer AG**, wenn sie am Kapital des Unternehmens nicht beteiligt sind. Ob sie **versicherungspflichtig** sind, hängt immer von den tatsächlichen Verhältnissen ab. Besondere Bedeutung hat in diesem Zusammenhang das Unternehmerrisiko als wesentliches Merkmal einer selbständigen und damit nicht versicherungspflichtigen Tätigkeit. 19

Ein versicherungspflichtiges Beschäftigungsverhältnis des Gesellschafters oder Organmitglieds wird nicht schon dadurch ausgeschlossen, dass der Dienstleistende an der Gesellschaft, für die er arbeitet, kapitalmäßig beteiligt ist. **Versicherungspflicht** in der Sozialversicherung liegt allerdings dann nicht vor, wenn der mitarbeitende Gesellschafter 20

- persönlich unbeschränkt für die Verbindlichkeiten der Gesellschaft haftet oder
- nur nach dem Gesellschaftsvertrag zur Mitarbeit berechtigt und verpflichtet ist oder
- die Geschicke der Gesellschaft maßgebend beeinflussen, insbesondere Beschlüsse zu Ungunsten seines Mitarbeitsverhältnisses verhindern kann oder
- für seine Mitarbeit nur einen höheren Gewinnanteil oder eine vom Gewinn und Verlust der Gesellschaft abhängige Vergütung erhält.

Daraus folgt:

Die Mitarbeit eines **BGB-Gesellschafters** im Geschäftsbetrieb vollzieht sich nicht im Rahmen eines versicherungspflichtigen Beschäftigungsverhältnisses, wenn er persönlich unbeschränkt für die Verbindlichkeiten der Gesellschaft haftet. Bei der Beurteilung dieser Haftungsprinzipien kommt es ausschließlich auf das Außenverhältnis an. Die Gesellschafter einer offenen Handelsgesellschaft (**OHG**) haften persönlich und unbeschränkt für alle Verbindlichkeiten der Gesellschaft, sodass sie nicht der Sozialversicherungspflicht unterliegen. Bei einer Kommanditgesellschaft (**KG**) haften die Komplementäre für die Gesellschaftsschulden uneingeschränkt auch mit ihrem Privatvermögen und unterliegen demzufolge ebenfalls nicht der Sozialversicherungspflicht. Gleiches gilt für den **geschäftsführenden Komplementär**. Hingegen unterliegen Kommanditisten der Sozialversicherungspflicht, wenn sie weder aufgrund ihrer Kapitalbeteiligung noch nach den ihnen im Gesellschaftsvertrag eingeräumten Befugnissen maßgeblichen Einfluss in der Kommanditgesellschaft besitzen. Die versicherungsrechtliche Beurteilung der Gesellschafter bei der **GmbH & Co. KG** ist grundsätzlich nach den allgemein für die Kommanditgesellschaft geltenden sozialversicherungsrechtlichen Grundsätzen vorzunehmen.

Auch der Gesellschafter einer Gesellschaft mit beschränkter Haftung (**GmbH**) unterliegt grundsätzlich nicht der Sozialversicherungspflicht, sofern er aufgrund seines Kapitalanteils maßgeblichen Einfluss auf die GmbH nehmen kann oder beherrschend im Unternehmen tätig ist. Etwas anderes gilt für den **Geschäftsführer einer GmbH**. Dieser steht nach der ständigen Rechtsprechung des BSG in einem abhängigen und damit sozialversicherungspflichtigen Beschäftigungsverhältnis, wenn er

- funktionsgerecht dienend am Arbeitsprozess der GmbH teilnimmt,
- für seine Geschäftsführertätigkeit ein entsprechendes Arbeitsentgelt erhält und
- keinen maßgeblichen Einfluss auf die Geschicke der GmbH Kraft seines Anteils am Stammkapital geltend machen kann.

Eine gleiche Beurteilung gilt für die Gesellschafter bzw. Geschäftsführer einer Vorgründungs-GmbH.

Aktionäre einer AG üben regelmäßig keinen maßgeblichen Einfluss auf die Geschicke einer Aktiengesellschaft aus und unterliegen deshalb der Sozialversicherungspflicht. Besitzt allerdings ein Aktionär mindestens 50 % der Aktien, so kann er – sofern sein Stimmrecht nicht durch die Satzung der AG beschränkt ist – die Geschicke der Gesellschaft maßgeblich beeinflussen und ist deshalb als nicht versicherungspflichtig anzusehen. **Vorstandsmitglieder einer AG** stehen in einem Beschäftigungsverhältnis i. S. des § 7 Abs. 1 SGB IV. Sie unterliegen zwar grundsätzlich der Versicherungspflicht in der Kranken- und Pflegeversicherung, aber aufgrund der ausdrücklichen Regelung in § 1 Satz 4 SGB VI nicht der Rentenversicherungspflicht in der Tätigkeit als Vorstandsmitglied einer AG. Vorstandsmitglieder von Aktiengesellschaften sind in dieser Tätigkeit auch nicht versicherungspflichtig zur Arbeitslosenversicherung. Bei allen Beschäftigungen außerhalb des Konzerns, dem die fragliche AG gegebenenfalls angehört, besteht Versicherungspflicht in der Arbeitslosenversicherung. Das gilt seit 1. 1. 2004 auch in der Rentenversicherung für alle nach dem 6. 11. 2003 bestellten AG-Vorstände. Soweit die Vorstandstätigkeit bereits am 6. 11. 2003 ausgeübt wurde und keine missbräuchliche Umgehung der Versicherungspflicht vorliegt, besteht nach § 229 Abs. 1a SGB VI weiterhin keine Rentenversicherungspflicht in Beschäftigungen außerhalb des Konzerns, dem die AG angehört.

Mitglieder einer **Genossenschaft** unterliegen der Sozialversicherungspflicht. Die **Vorstandsmitglieder** von Genossenschaften, die neben ihrer Funktion als Organmitglied die Geschäfte der Genossenschaft führen und hierbei an Weisungen der Generalversammlung gebunden sind sowie einer umfassenden Beaufsichtigung durch den Aufsichtsrat unterliegen und für ihre Geschäftsführertätigkeit eine monatlich gleichbleibende Vergütung erhalten, stehen ebenfalls in einem abhängigen Beschäftigungsverhältnis zur Genossenschaft und sind sozialversicherungspflichtig.

Mitglieder eingetragener **rechtsfähiger Vereine**, die in ihrem Verein mitarbeiten, können abhängig Beschäftigte des Vereins sein. Bei Vorstandsmitgliedern eines eingetragenen rechtsfähigen oder eines nicht rechtsfähigen Vereins ist im Einzellfall unter anderem zu prüfen, ob maßgeblicher Einfluss auf die Vereinsführung ausgeübt werden kann. Ist dies nicht der Fall, so kann ein abhängiges und damit versicherungsrechtlich relevantes Beschäftigungsverhältnis bestehen. Dies gilt, sofern die Vorstandsmitglieder eines rechtsfähigen Vereins für den Verein neben ihrer Organstellung eine dem allgemeinen Erwerbsleben zugängliche Verwaltungsfunktion ausüben und für ihre Beschäftigung eine entsprechende Vergütung erhalten.

Die englische **Limited** („*Private Company limited by shares*") ist genau wie die deutsche GmbH eine juristische Person, die erst durch ihre Organe handlungsfähig wird. Sie hat drei Organe – die Direktoren (*directors*), den Schriftführer (*company secretary*) und die Gesamtheit der Gesellschafter (*members*). Mitarbeitende Gesellschafter einer englischen Limited sind sozialversicherungsrechtlich grundsätzlich analog den Gesellschafter-Geschäftsführern, mitarbeitenden Gesellschaftern und Fremdgeschäftsführern einer GmbH zu beurteilen. Dabei sind Schriftführer und Direktoren, die nicht gleichzeitig Gesellschafter der englischen Limited sind, entsprechend den Fremdgeschäftsführern einer GmbH abhängig Beschäftigte der Gesellschaft.

Die Mitarbeit von **Ehegatten** kann

- auf gesellschaftlicher Grundlage,
- auf familienrechtlicher Basis,
- in Gleichstellung mit dem Betriebsinhaber (z. B. als Mitunternehmer) oder
- im Rahmen eines abhängigen Beschäftigungsverhältnisses gegen Arbeitsentgelt oder zur Berufsausbildung

ausgestaltet sein. Nur ein echtes Beschäftigungsverhältnis gegen Arbeitsentgelt oder zur Berufsausbildung unter Ehegatten begründet Versicherungspflicht in der Kranken-, Pflege-, Renten- und Arbeitslosenversicherung. Deshalb ist im Einzelfall sorgfältig und streng zu prüfen, ob ein abhängiges und damit sozialversicherungspflichtiges Beschäftigungsverhältnis vorliegt. Die Ehegatten tragen die Beweislast, wenn sie sich auf ein versicherungspflichtiges Beschäftigungsverhältnis berufen. Im Einzelnen müssen für das Vorliegen eines sozialversicherungspflichtigen Beschäftigungsverhältnisses folgende Voraussetzungen erfüllt sein:

- Der Ehegatte ist im Betrieb als Arbeitnehmer eingegliedert und die Beschäftigung wird tatsächlich ausgeübt,
- ein der Arbeitsleistung angemessenes Arbeitsentgelt ist nicht nur vertraglich vereinbart, sondern wird auch regelmäßig gezahlt,
- das Arbeitsentgelt wird als Betriebsausgabe gebucht,
- von dem Arbeitsentgelt wird Lohnsteuer gezahlt und
- der Ehegatte wird anstelle einer fremden Arbeitskraft beschäftigt.

2. Geringfügige Beschäftigung

Versicherungsfrei sind in vielen Versicherungsbereichen (z. B. in der Rentenversicherung 21
auf Antrag hin, in der Pflegeversicherung, in der Arbeitslosenversicherung und in der Krankenversicherung) geringfügig Beschäftigte mit in den einzelnen Versicherungszweigen unterschiedlichen Ausnahmen etwa für Auszubildende, Behinderte, Teilnehmer am freiwilligen sozialen Jahr oder für Rehabilitanden auch im Bereich der stufenweisen Wiedereingliederung in das Erwerbsleben nach § 74 SGB V.

Was als geringfügige Beschäftigung gilt, bestimmt § 8 SGB IV. Eine geringfügige Beschäftigung liegt danach vor, wenn die Beschäftigung regelmäßig weniger als fünfzehn Stunden in der Woche ausgeübt wird und das Arbeitsentgelt regelmäßig im Monat 450 € nicht übersteigt oder die Beschäftigung innerhalb eines Jahres seit ihrem Beginn auf längstens drei Monate oder 70 Arbeitstage nach ihrer Eigenart begrenzt zu sein pflegt oder im Voraus vertraglich begrenzt ist, es sei denn, dass die Beschäftigung berufsmäßig ausgeübt wird und ihr Entgelt 450 € im Monat übersteigt. Mehrere derartige Beschäftigungsverhältnisse sowie 450 €-Beschäftigungen und nicht geringfügige Beschäftigungen werden zusammengerechnet.

Im Recht der **Arbeitsförderung** werden nach § 27 Abs. 2 SGB III indes abweichend von § 8 Abs. 2 Satz 1 SGB IV geringfügige Beschäftigungen und nicht geringfügige Beschäftigungen nicht zusammengerechnet. In der gesetzlichen **Krankenversicherung** erfolgt eine Zusammenrechnung geringfügiger Beschäftigungen mit einer nicht geringfügigen Beschäftigung nur, wenn diese Versicherungspflicht begründet (§ 7 Abs. 1 Satz 2 SGB V). Gleiches gilt für die **Rentenversicherung** (§ 5 Abs. 2 SGB VI).

Ferner fügt die Rentenversicherung den Begriff der **arbeitnehmerähnlichen Selbständigen** ein. Das sind Personen, die im Zusammenhang mit ihrer selbständigen Tätigkeit regelmäßig keinen versicherungspflichtigen Arbeitnehmer beschäftigen, dessen Arbeitsentgelt aus diesem Beschäftigungsverhältnis regelmäßig 450 € im Monat übersteigt und die auf Dauer und im Wesentlichen nur für einen Auftraggeber tätig sind (§ 2 Nr. 9 SGB VI). Diese sind rentenversicherungspflichtig und haben selbst Beiträge zur Rentenversicherung zu erbringen.

Nach § 7a SGB IV können die Beteiligten schriftlich eine **Entscheidung beantragen**, ob eine Beschäftigung vorliegt (sog. **Statusfeststellungsverfahren**), es sei denn, die Einzugsstelle oder ein anderer Versicherungsträger hatte im Zeitpunkt der Antragstellung bereits ein Verfahren zur Feststellung einer Beschäftigung eingeleitet. Die Einzugsstelle hat einen solchen Antrag zu stellen, wenn sich aus der Meldung des Arbeitgebers (§ 28a SGB IV) ergibt, dass der Beschäftigte Angehöriger des Arbeitgebers oder geschäftsführender Gesellschafter einer Gesellschaft mit beschränkter Haftung ist. Über den Antrag entscheidet abweichend von § 28h Abs. 2 SGB IV die Deutsche Rentenversicherung Bund auf Grund einer Gesamtwürdigung aller Umstände des Einzelfalles, ob eine Beschäftigung vorliegt.

3. Beschäftigungsort

22 Der Beschäftigungsort ist für die **Frage der Mitgliedschaft** von Bedeutung, aber auch für die Feststellung der für den Beitragseinzug örtlich zuständigen Krankenkasse. Nach §§ 9 und 10 SGB IV gilt die Grundregel, dass Beschäftigungsort der Ort ist, an dem die **Arbeitsstätte des Versicherten** liegt. Bei Entsendungen wird ein solcher insoweit fingiert, als es auf den Ort ankommt, von welchem aus die Entsendung erfolgt. Dies gilt außer im Falle der Ausstrahlung auch für Entwicklungshelfer. Für Selbständige maßgebend ist der Tätigkeitsort (§ 11 SGB IV).

4. Heimarbeiter

23 In § 12 SGB IV werden die Begriffe **Hausgewerbetreibender, Heimarbeiter** und **Zwischenmeister** definiert. Der Unterschied besteht im Grad der Unabhängigkeit; sozialversicherungsrechtlich ist er insofern von Bedeutung, als beim Zwischenmeister, der Arbeit weiterdelegiert, wegen seiner Selbständigkeit Versicherungspflicht nur in Betracht kommt, wenn er gleichzeitig als Hausgewerbetreibender oder Heimarbeiter tätig wird.

III. Arbeitsentgelt und sonstiges Einkommen

Arbeitsentgelt (§ 14 SGB IV) sind alle **Einnahmen aus einer Beschäftigung**, über die der Versicherte verfügen kann, die ihm also zugeflossen sind. Die Rechtsprechung zu § 14 SGB IV geht weiterhin von der **Zuflusstheorie** aus. Dennoch sind die Sozialversicherungsbeiträge nach dem geschuldeten und nicht nur nach dem tatsächlich ausgezahlten Lohn oder Gehalt zu berechnen. Das trifft insbesondere für solche Fälle zu, in denen der Arbeitgeber geschuldetes und vom Arbeitnehmer auch gefordertes Arbeitsentgelt bei Fälligkeit nicht gezahlt hat oder auch den Mindestlohn nicht zahlte. 24

Das Arbeitseinkommen als sozialversicherungsrechtlicher Maßstab bei Selbständigen lehnt sich in § 15 SGB IV an das Steuerrecht an. Steuerfreie Aufwandsentschädigungen gelten nicht als Arbeitsentgelt. In den Fällen der **Scheinselbständigkeit** gilt bei einer Beschäftigung, die nach dem Einkommensteuerrecht als selbständige Tätigkeit bewertet wird, als Arbeitsentgelt ein Einkommen in Höhe der Bezugsgröße, bei Nachweis eines niedrigeren oder höheren Einkommens jedoch dieses Einkommen. § 165 Abs. 1 Sätze 2 bis 10 des Sechsten Buches SGB gelten entsprechend.

Nach einer Vorschrift über die **Umrechnung ausländischer Währungen,** die nach dem Referenzkurs der Europäischen Zentralbank erfolgen soll, wird in § 18 SGB IV der Begriff der **Bezugsgröße** eingefügt, der für die Beitragsberechnung und als Basis für die Berechnung anderer Grenzwerte in der Sozialversicherung bedeutsam ist. Die Bezugsgröße wird jährlich im Verordnungswege neu festgesetzt.

Um die Beiträge für die Sozialversicherung zumindest teilweise zu begrenzen, hat der Gesetzgeber für die verschiedenen Versicherungszweige **Beitragsbemessungsgrenzen** eingeführt. Die Beitragsbemessungsgrenze der gesetzlichen **Rentenversicherung** verändert sich nach § 159 SGB VI jährlich zum 1. 1. in dem Verhältnis, in dem die Bruttolohn- und Gehaltssumme je durchschnittlich beschäftigtem Arbeitnehmer im vergangenen Jahr zur entsprechenden Bruttolohn- und Gehaltssumme im vorvergangenen Kalenderjahr steht. Die veränderten Beträge werden nur für das Kalenderjahr, für das die Beitragsbemessungsgrenze bestimmt wird, auf das nächsthöhere Vielfache von 600 aufgerundet. Für das Beitrittsgebiet wird nach § 275a SGB VI eine besondere Beitragsbemessungsgrenze nach ähnlichen Kriterien ermittelt. Auch diese Beitragsbemessungsgrenze wird für das jeweilige Jahr auf das nächsthöhere Vielfache von 600 aufgerundet. Die Beitragsbemessungsgrenze der Rentenversicherung gilt auch für die Berechnung der Beiträge zur Arbeitsförderung. Die Beitragsbemessungsgrenze der **Kranken- und Pflegeversicherung** ist auf 75 % der Beitragsbemessungsgrenze der Rentenversicherung festgesetzt worden.

IV. Einkommen beim Zusammentreffen mit Renten wegen Todes

Dieser Titel wurde durch das Hinterbliebenenrenten- und Erziehungszeitengeld vom 11. 7. 1985 eingefügt. Er regelt, welches Einkommen beim Bezug von Witwen- oder Witwerrente oder Hinterbliebenenrente an frühere Ehegatten angerechnet wird und wie es ermittelt wird. Angerechnet wird danach **Erwerbseinkommen** (das ist Arbeitsentgelt, Arbeitseinkommen und vergleichbares Einkommen) und **Erwerbsersatzein-** 25

kommen (das sind Leistungen aufgrund öffentlich-rechtlicher Vorschriften, die Erwerbseinkommen ersetzen sollen, wie Krankengeld, Renten, Altersgelder, Ruhegehälter u. Ä.; vgl. § 18a SGB IV). Das zu berücksichtigende Einkommen wird für Monatszeiträume ermittelt (§ 18b SGB IV) und ist vom Berechtigten nachzuweisen, der dazu in § 18c SGB IV einen Anspruch auf entsprechende Bescheinigungen erhält. Änderungen werden erst ab der folgenden Rentenanpassung berücksichtigt, bei Einkommensverringerungen um mindestens 10 % auf Antrag des Berechtigten sofort (§ 18d SGB IV). Auch hierfür gilt eine besondere Bescheinigungspflicht nach § 18c SGB IV.

V. Gesamtsozialversicherungsbeitrag, Sozialversicherungsausweis, Meldepflichten und Leistungen

1. Beiträge

26 Die Mittel der Sozialversicherung werden durch Beiträge der Versicherten, der Arbeitgeber und Dritter sowie durch staatliche Zuschüsse aufgebracht (§ 20 Abs. 1 SGB IV); durch sie sind die laufenden Ausgaben zu decken und die gesetzlich vorgeschriebenen Rücklagen zu bilden (§ 21 SGB IV). Der Arbeitgeber hat den Gesamtsozialversicherungsbeitrag aus allen Sozialversicherungszweigen an die Krankenkassen (§ 28h SGB IV) als Einzugsstellen zu zahlen (§ 28e SGB IV). Seinen Anspruch auf den Arbeitnehmeranteil (der sich aus den Einzelgesetzen ergibt) kann er durch sofortigen Lohnabzug geltend machen. Spätestens in den drei nächstfolgenden Abrechnungszeiträumen muss ein nicht sofortiger Lohnabzug vom Arbeitgeber nachgeholt werden. Danach kann der Arbeitgeber den Lohnabzug nur vornehmen, wenn der Abzug ohne sein Verschulden unterblieben ist (§ 28g SGB IV). Da die Fürsorgepflicht des Arbeitgebers auch den korrekten Lohnabzug umfasst, sind solche Fälle in der Praxis selten.

27 **Beitragsansprüche** entstehen ohne Willensbeteiligung **kraft Gesetzes** beim Vorliegen der festgelegten Voraussetzungen (§ 22 SGB IV); ein Bescheid oder Aufruf ist also nicht nötig. Davon zu unterscheiden ist die Fälligkeit, das ist der Zeitpunkt, an dem die Beiträge gezahlt werden müssen. Nach § 23 SGB IV, der hierfür bestimmte Mindestanforderungen bestimmt, regelt sich die Fälligkeit nach der Satzung der Krankenkasse und den Entscheidungen des Spitzenverbandes Bund der Krankenkassen. Bei flexiblen Arbeitszeitregelungen sieht § 23b SGB IV vor, dass für Zeiten der tatsächlichen Arbeitsleistung und der Freistellung das in dem jeweiligen Zeitraum fällige Arbeitsentgelt als Arbeitsentgelt i. S. des § 23 Abs. 1 SGB IV maßgebend ist. Bei einmalig bezahltem Arbeitsentgelt gilt das in dem nach § 23a Abs. 3 und 4 SGB IV maßgebenden Zeitraum jeweils erzielte Arbeitsentgelt bis zu einem Betrag in Höhe der Beitragsbemessungsgrenze als bisher gezahltes beitragspflichtiges Arbeitsentgelt; in Zeiten einer Freistellung von der Arbeitsleistung tritt an die Stelle des erzielten Arbeitsentgelts das fällige Arbeitsentgelt. Das gilt nicht, soweit das Wertguthaben nicht gemäß einer Vereinbarung nach § 7 Abs. 1a SGB IV verwendet wird, insbesondere nicht laufend für eine Zeit der Freistellung gezahlt wird oder wegen vorzeitiger Beendigung des Beschäftigungsverhältnisses in einer Zeit der Freistellung von der Arbeitsleistung nicht mehr gezahlt werden kann; in diesen Fällen gilt als beitragspflichtiges Arbeitsentgelt der positive Betrag, der sich ergibt, wenn die Summe der ab dem Abrechnungsmonat der ersten

Gutschrift auf einem Wertguthaben für die Zeit der Arbeitsleistung maßgebenden Beträge der jeweiligen Beitragsbemessungsgrenze um die Summe der in dieser Zeit der Arbeitsleistung abgerechneten beitragspflichtigen Arbeitsentgelte gemindert wird, höchstens der Betrag des Wertguthabens im Zeitpunkt der nicht zweckentsprechenden Verwendung des Arbeitsentgelts. Für nicht rechtzeitig abgeführte Beiträge sieht § 24 SGB IV **Säumniszuschläge** vor, gestaffelt nach der Dauer der Säumnis.

Beitragsansprüche **verjähren vier Jahre** nach Ablauf des Kalenderjahres, in dem sie fällig wurden (§ 25 SGB IV), vorsätzlich vorenthaltene Beiträge jedoch erst nach dreißig Jahren. Zu Unrecht entrichtete Beiträge werden **erstattet,** wenn nicht Leistungen hieraus erbracht wurden. Der **Erstattungsanspruch erlischt** ebenfalls **nach vier Jahren** (§ 26 SGB IV). Er ist zu verzinsen (§ 27 SGB IV) und kann unter den Voraussetzungen des § 28 SGB IV mit Ansprüchen anderer Leistungsträger oder mit Zustimmung des Betroffenen verrechnet werden. Die **Beitragstragungspflicht** (i. d. R. Arbeitgeber und -nehmer je zur Hälfte, bei geringer Verdienenden der Arbeitgeber alleine) ist in den Spezialgesetzen geregelt (§§ 346 ff. SGB III; § 249 SGB V; §§ 168 ff. SGB VI; § 58 SGB XI). 28

2. Sozialversicherungsausweis und Meldepflichten

Der Sozialversicherungsausweis wird vom zuständigen Rentenversicherungsträger ausgestellt und enthält lediglich die Versicherungsnummer sowie Namen und Vornamen (§ 18h SGB IV). Bei Beginn einer Beschäftigung haben Beschäftigte den Sozialversicherungsausweis dem Arbeitgeber vorzulegen. Kann der Beschäftigte dies zu dem Zeitpunkt des Beschäftigungsbeginns nicht, hat er dies unverzüglich nachzuholen. Der Verlust oder das Wiederauffinden des Sozialversicherungsausweises ist der zuständigen Einzugsstelle unverzüglich anzuzeigen. 29

Eine Person darf nur einen auf ihren Namen ausgestellten Sozialversicherungsausweis besitzen. Unbrauchbare und/oder weitere Sozialversicherungsausweise sind an die zuständige Einzugsstelle zurückzugeben.

Bei Beginn und Ende sowie bei bestimmten (in § 28a SGB IV aufgezählten) Änderungen eines Beschäftigungsverhältnisses treffen den Arbeitgeber **Meldepflichten**, die zusätzlich für jeden Beschäftigten jährlich zu erfüllen sind. Neben persönlichen Daten des Arbeitnehmers werden versicherungsrechtlich relevante Angaben zu seiner Tätigkeit verlangt. Dazu gehören korrespondierende Aufzeichnungs- und Aufbewahrungspflichten (§ 28f SGB IV) sowie Auskunfts- und Vorlagepflichten für den Beschäftigten (§ 28o SGB IV). Die Einzugsstellen überwachen die Erfüllung der Melde- und Zahlungspflichten (§ 28h SGB IV). 30

Einstweilen frei 31

Prüfungen erfolgen nach §§ 28p und 28q SGB IV durch die Rentenversicherungsträger nach vorheriger Anmeldung. Die Berufsgenossenschaften können die Erfüllung der Beitragspflichten und die richtige Einordnung der Beschäftigten in die Gefahrtarife nach § 166 SGB VII selbst durchführen und sind an die Entscheidungen des Rentenversicherungsträgers nicht gebunden. 32

3. Leistungen

33 Die allgemeinen Leistungsgrundsätze wie Rechtsanspruch, **Entstehung** und Fälligkeit, Verzinsung und Verjährung sind in den §§ 38 bis 59 SGB I geregelt. Die besonderen Leistungsvoraussetzungen finden sich in den entsprechenden Einzelgesetzen (SGB III, SGB V, SGB VI, SGB VII, SGB XI usw.).

VI. Träger der Sozialversicherung

34 In den §§ 29 bis 90 SGB IV befasst sich das Gesetz mit der **Selbstverwaltung** der Sozialversicherungsträger, der Zusammensetzung, der Wahl und dem Verfahren der Selbstverwaltungsorgane, dem Haushalts- und Rechnungswesen, dem Vermögen und der Staatsaufsicht. Von einer Darstellung des Regelungsinhalts wird wegen der fehlenden Praxisrelevanz für den hier angesprochenen Leserkreis Abstand genommen.

VII. Versicherungsbehörden

35 Als Versicherungsbehörden sieht § 91 SGB IV die **Versicherungsämter** und das **Bundesversicherungsamt** vor, wobei die Länder weitere Versicherungsbehörden errichten und/oder einzelne Aufgaben anderen Behörden übertragen können. Versicherungsämter sind die unteren Verwaltungsbehörden (Gemeinden, Landkreise). Ihre Aufgabe besteht in der **Auskunftserteilung** und in der Erfüllung der durch besondere Gesetze zuzuweisenden Aufgaben (§ 93 SGB IV). Ferner haben sie **Anträge auf Versicherungsleistungen** entgegenzunehmen und auf Verlangen der Leistungsträger den Sachverhalt aufzuklären und Beweismittel beizufügen. **Zuständig** ist das Versicherungsamt, in dessen Bezirk der Leistungsberechtigte seinen Wohnsitz, gewöhnlichen Aufenthaltsort, Beschäftigungsort oder Tätigkeitsort hat oder zuletzt hatte. Das Bundesversicherungsamt mit Sitz in Berlin ist eine selbständige Bundesoberbehörde mit Mitwirkungs- und Aufsichtsfunktion (§ 94 SGB IV). Es untersteht dem Bundesministerium für Arbeit und Sozialordnung, für den Bereich der gesetzlichen Krankenversicherung und sozialen Pflegeversicherung dem Bundesministerium für Gesundheit. Es ist, soweit es die Aufsicht nach dem Sozialgesetzbuch ausübt, nur an allgemeine Weisungen des zuständigen Bundesministeriums gebunden. Für das Recht der Arbeitsförderung finden sich entsprechende Vorschriften in den §§ 367 ff. SGB III.

D. Die gesetzliche Krankenversicherung

I. Solidargemeinschaft

36 Die gesetzliche Krankenversicherung ist ein Zweig der Sozialversicherung. Sie stellt eine Solidargemeinschaft der Versicherten dar mit dem sozialen Recht nach § 21 SGB I, die Gesundheit der Versicherten zu erhalten, wiederherzustellen oder ihren Gesundheitszustand zu bessern und sie bei Arbeitsunfähigkeit und Mutterschaft wirtschaftlich zu sichern. Der Solidargedanke kommt dadurch zum Ausdruck, dass die Versicherten Anspruch auf gleiche Leistungen haben, zur Finanzierung indes nicht wie bei der privaten Versicherung durch Beiträge, die am Individualrisiko gemessen werden, sondern nur nach ihrer Leistungsfähigkeit beitragen, wobei i. d. R. von einem einheitlichen Beitragssatz aus ihrem Arbeitseinkommen ausgegangen wird (Ausnahmen insbesondere

bei freiwilligen Mitgliedern). Dieser Grundsatz wird allerdings mit dem Erreichen der nach oben gezogenen Beitragsbemessungsgrenze aufgegeben. Andererseits sind die Mitglieder der Familienversicherung solche ohne Beitragszahlung. Ergänzt wird der Solidargedanke mit dem Gedanken der Eigenverantwortung durch Inanspruchnahme von Vorsorgemaßnahmen, gesundheitsbewusster Lebensführung und durch Zuzahlungen zu bestimmten Leistungen beim Zahnersatz, bei Fahrtkosten, Arznei- und Heilmitteln sowie dem Gedanken der Wirtschaftlichkeit, der u. a. durch die Bestimmung von Festbeträgen bei Arznei-, Verband- und Hilfsmitteln zum Tragen kommt.

Die Krankenversicherung ist gesetzlich geregelt im Fünften Buch des Sozialgesetz- 37
buchs, für bestimmte Personengruppen im Zweiten Gesetz über die Krankenversicherung der Landwirte, Künstler fallen nach dem Künstlersozialversicherungsgesetz unter das SGB V.

II. Der versicherte Personenkreis

Der versicherte Personenkreis (§ 2 SGB IV) in der gesetzlichen Krankenversicherung glie- 38
dert sich in Pflichtversicherte, freiwillig Versicherte und Familienversicherte.

Pflichtversichert sind nach § 5 SGB V: nicht nur geringfügig beschäftigte Arbeitnehmer 39
bis zur Versicherungspflichtgrenze von 75 % der Beitragsbemessungsgrenze, Auszubildende, Personen in der Zeit, für die sie Arbeitslosengeld oder Unterhaltsgeld nach dem Dritten Buch beziehen oder nur deshalb nicht beziehen, weil der Anspruch ab Beginn des zweiten Monats bis zur zwölften Woche einer Sperrzeit (§ 144 des Dritten Buches) oder ab Beginn des zweiten Monats wegen einer Urlaubsabgeltung (§ 143 Abs. 2 des Dritten Buches) ruht; dies gilt auch, wenn die Entscheidung, die zum Bezug der Leistung geführt hat, rückwirkend aufgehoben oder die Leistung zurückgefordert oder zurückgezahlt worden ist; Personen in der Zeit, für die sie Arbeitslosengeld II nach dem Zweiten Buch beziehen, soweit sie nicht familienversichert sind, es sei denn, dass diese Leistung nur darlehensweise gewährt wird oder nur Leistungen nach § 24 Abs. 3 Satz 1 des Zweiten Buches bezogen werden; dies gilt auch, wenn die Entscheidung, die zum Bezug der Leistung geführt hat, rückwirkend aufgehoben oder die Leistung zurückgefordert oder zurückgezahlt worden ist, Landwirte und ihre mitarbeitenden Familienangehörigen und Altenteiler, Künstler und Publizisten, Personen, die in Einrichtungen der Jugendhilfe für eine Erwerbstätigkeit befähigt werden sollen, Teilnehmer an Leistungen zur Teilhabe am Arbeitsleben sowie an Abklärungen der beruflichen Eignung oder Arbeitserprobung, es sei denn, die Maßnahmen werden nach den Vorschriften des Bundesversorgungsgesetzes erbracht, behinderte Menschen, die in anerkannten Werkstätten für behinderte Menschen oder in nach dem Blindenwarenvertriebsgesetz anerkannten Blindenwerkstätten oder für diese Einrichtungen in Heimarbeit tätig sind sowie behinderte Menschen, die in Anstalten, Heimen oder gleichartigen Einrichtungen in gewisser Regelmäßigkeit eine Leistung erbringen, die einem Fünftel der Leistung eines voll erwerbsfähigen Beschäftigten in gleichartiger Beschäftigung entspricht; hierzu zählen auch Dienstleistungen für den Träger der Einrichtung, Studenten unterhalb zeitlicher Obergrenzen, Praktikanten und rentenberechtigte Rentenantragsteller mit bestimmten Vorversicherungszeiten. Personen, die keinen anderweitigen Anspruch auf Absicherung im Krankheitsfall haben und zuletzt gesetzlich krankenversichert waren

oder bisher nicht gesetzlich oder privat krankenversichert waren, es sei denn, dass sie zu den in Abs. 5 oder den in § 6 Abs. 1 oder 2 genannten Personen gehören oder bei Ausübung ihrer beruflichen Tätigkeit im Inland gehört hätten, sind seit 1. 4. 2007 ebenfalls versicherungspflichtig.

Wer versicherungspflichtig wird und bei einem privaten Krankenversicherungsunternehmen versichert ist, kann den Versicherungsvertrag mit Wirkung vom Eintritt der Versicherungspflicht an kündigen, jedoch nur innerhalb einer kurzen Frist von drei Monaten ab Eintritt der Versicherungspflicht (§ 205 Abs. 2 VVG). Dies gilt auch, wenn eine Familienmitversicherung eintritt.

40 **Freiwillig versichern** (Versicherungsberechtigung) können sich nur mehr Personen mit einer früheren Beziehung zur Krankenversicherung (bei Ausscheiden aus der Versicherung oder Erlöschen der Familienversicherung, sowie versicherungsfreie Berufsanfänger oder bei Rückkehr aus dem Ausland und bestimmte Schwerbehinderte). Der Beitritt ist innerhalb bestimmter Fristen anzuzeigen (§ 9 SGB V).

41 **Familienversichert** sind der Ehegatte, der Lebenspartner und die Kinder von Mitgliedern, wenn diese Familienangehörigen ihren Wohnsitz oder gewöhnlichen Aufenthalt im Inland haben, nicht pflicht- und nicht freiwillig versichert sind, nicht versicherungsfrei oder nicht von der Versicherungspflicht befreit sind; nicht hauptberuflich selbständig erwerbstätig sind und kein Gesamteinkommen haben, das regelmäßig im Monat ein Siebtel der monatlichen Bezugsgröße nach § 18 des Vierten Buches überschreitet; Kinder sind versichert bis zur Vollendung des achtzehnten Lebensjahres, bis zur Vollendung des dreiundzwanzigsten Lebensjahres, wenn sie nicht erwerbstätig sind, bis zur Vollendung des fünfundzwanzigsten Lebensjahres, wenn sie sich in Schul- oder Berufsausbildung befinden oder ein freiwilliges soziales oder ein freiwilliges ökologisches Jahr leisten; wird die Schul- oder Berufsausbildung durch Erfüllung einer gesetzlichen Dienstpflicht des Kindes unterbrochen oder verzögert, besteht die Versicherung auch für einen der Dauer dieses Dienstes entsprechenden Zeitraum über das fünfundzwanzigste Lebensjahr hinaus; ohne Altersgrenze, wenn sie wegen körperlicher, geistiger oder seelischer Behinderung außer Stande sind, sich selbst zu unterhalten; Voraussetzung ist, dass die Behinderung schon im Kindesalter vorhanden war. Kinder sind nicht versichert, wenn der mit den Kindern verwandte Ehegatte oder Lebenspartner des Mitglieds nicht Mitglied einer Krankenkasse ist und sein Gesamteinkommen regelmäßig im Monat ein Zwölftel der Jahresarbeitsentgeltgrenze übersteigt und regelmäßig höher als das Gesamteinkommen des Mitglieds ist.

III. Leistungen und Leistungsträger

42 Die in § 21 SGB I zur Information katalogartig dargestellten **Leistungen** werden in **§ 11 SGB V** zusammengefasst in Leistungen

- bei Schwangerschaft und Mutterschaft,
- zur Verhütung von Krankheiten und von deren Verschlimmerung,
- zur Empfängnisverhütung, bei Sterilisation und bei Schwangerschaftsabbruch,
- zur Früherkennung von Krankheiten,

- zur Behandlung einer Krankheit,
- des Persönlichen Budgets nach § 29 des Neunten Buches.

Versicherte haben auch Anspruch auf Leistungen zur **medizinischen Rehabilitation** sowie auf **unterhaltssichernde** und andere **ergänzende Leistungen**, die notwendig sind, um eine Behinderung oder Pflegebedürftigkeit abzuwenden, zu beseitigen, zu mindern, auszugleichen, ihre Verschlimmerung zu verhüten oder ihre Folgen zu mildern. Leistungen der aktivierenden Pflege nach Eintritt von Pflegebedürftigkeit werden von den Pflegekassen erbracht.

Ferner zahlen die Krankenkassen als Lohnersatzleistung (§ 44 SGB V) **Krankengeld** bei Arbeitsunfähigkeit oder bei stationärer Behandlung in einem Krankenhaus sowie während einer stationären Rehabilitationsmaßnahme der Krankenversicherung. Weiter wird Krankengeld bei Erkrankung des Kindes gezahlt (§ 45 SGB V).

Die **Leistungen** müssen **ausreichend**, **zweckmäßig** und **wirtschaftlich** sein. Ärztliche 43
oder zahnärztliche Leistungen dürfen nur von Ärzten, Psychotherapeuten oder Zahnärzten erbracht werden. Andere Personen dürfen zu Lasten der gesetzlichen Krankenversicherung Hilfeleistungen nur erbringen, wenn sie von jenen angeordnet und verantwortet werden. Die Leistungen erfolgen als Dienst- oder Sachleistungen, zu deren Verschaffung die Krankenversicherungsträger i. d. R. Verträge mit den Leistungserbringern abschließen. Der **Leistungsanspruch ruht** (§ 16 SGB V) bei Auslandsaufenthalten (außer aufgrund einer Beschäftigung gem. § 17 SGB V), bei Wehr- und Zivildienstleistenden, bei Anspruch auf dienstrechtliche Heilfürsorge und bei Ansprüchen nach dem Strafvollzugsgesetz oder vergleichbaren Ansprüchen nach anderen Rechtsvorschriften.

Die Mittel für die Krankenversicherung werden durch **Beiträge** und sonstige Einnah- 44
men aufgebracht. Die Beiträge sind für jeden Kalendertag der Mitgliedschaft zu zahlen. Die Beiträge werden nach den beitragspflichtigen Einnahmen der Mitglieder bemessen. Für die Berechnung ist die Woche zu sieben, der Monat zu dreißig und das Jahr zu dreihundertsechzig Tagen anzusetzen.

Beitragspflichtige Einnahmen sind bis zu einem Betrag von einem Dreihundertsechzigstel der Jahresarbeitsentgeltgrenze nach § 6 Abs. 7 SGB V für den Kalendertag zu berücksichtigen (Beitragsbemessungsgrenze § 223 SGB V). Einnahmen, die diesen Betrag übersteigen, bleiben außer Ansatz. Beitragsfrei ist ein Mitglied für die Dauer des Anspruchs auf Krankengeld oder Mutterschaftsgeld oder des Bezugs von Erziehungsgeld oder Elterngeld sowie bestimmte Rentenantragsteller (§§ 224 ff. SGB V).

Die **Mitgliedschaft** versicherungspflichtig Beschäftigter **beginnt** mit dem Tag des Eintritts in das Beschäftigungsverhältnis oder anderer Eintrittsgründe (§ 186 ff. SGB V) und **endet** mit dem Tode oder beim Überschreiten der Jahresarbeitsverdienstgrenze, wenn das Mitglied innerhalb von zwei Wochen nach Hinweis der Krankenkasse über seine Austrittsmöglichkeit seinen Austritt erklärt. Erklärt das Mitglied trotz Hinweise seinen Austritt nicht, wird die Mitgliedschaft als freiwillige weitergeführt.

Versicherungspflichtige (§ 5) und Versicherungsberechtigte (§ 9) können nach § 173 SGB V die Krankenkasse, deren Mitglied sie sein wollen, **wählen**.

Sie haben die Wahl zwischen

1. der Ortskrankenkasse des Beschäftigungs- oder Wohnorts,
2. jeder Ersatzkasse, deren Zuständigkeit sich nach der Satzung auf den Beschäftigungs- oder Wohnort erstreckt,
3. die Betriebs- oder Innungskrankenkasse, wenn sie in dem Betrieb beschäftigt sind, für den die Betriebs- oder die Innungskrankenkasse besteht,
4. die Betriebs- oder Innungskrankenkasse, wenn die Satzung der Betriebs- oder Innungskrankenkasse dies vorsieht,
5. die Krankenkasse, bei der vor Beginn der Versicherungspflicht oder Versicherungsberechtigung zuletzt eine Mitgliedschaft oder eine Versicherung nach § 10 bestanden hat,
6. die Krankenkasse, bei der der Ehegatte versichert ist.

E. Die gesetzliche Unfallversicherung

I. Grundgedanke

45 Die gesetzliche Unfallversicherung als Zweig der Sozialversicherung verwirklicht das soziale Recht der Versicherten, nach Eintritt von Arbeitsunfällen oder Berufskrankheiten die Gesundheit und die Leistungsfähigkeit der Versicherten mit allen geeigneten Mitteln wiederherzustellen (**Rehabilitation**) und sie oder ihre Hinterbliebenen durch Geldleistungen zu entschädigen (**Entschädigung**). Außerdem ist Aufgabe der Unfallversicherung mit allen geeigneten Mitteln Arbeitsunfälle und Berufskrankheiten sowie arbeitsbedingte Gesundheitsgefahren zu verhüten (**Prävention**), vgl. § 1 SGB VII.

46 Gleichzeitig dient sie der Sicherung des Betriebsfriedens durch Begrenzung der Haftung und damit möglicher Rechtsstreitigkeiten bei Unfällen zwischen dem Geschädigten und dem Schadensverursacher (Unternehmer und Betriebsangehörigen) auf Vorsatz und Unfälle bei der Teilnahme am allgemeinen Verkehr in §§ 104 ff. SGB VII.

47 Die Unfallversicherung ist gesetzlich geregelt im Siebten Buch Sozialgesetzbuch. Finanziert wird sie durch Beiträge der Unternehmer, für bestimmte, vom Arbeitsleben unabhängige Bereiche durch Bund, Länder und Gemeinden.

II. Die Mitglieder

48 Die Mitglieder (§ 2 SGB IV) in der gesetzlichen Unfallversicherung gliedern sich in Versicherte kraft Gesetzes oder Satzung und freiwillig Versicherte. Versichert ist dabei immer eine bestimmte Tätigkeit.

49 **Kraft Gesetzes** sind nach § 2 SGB VII namentlich versichert:

- Tätigkeiten der Arbeitnehmer, insbesondere in einem Arbeitsverhältnis,
- bestimmte selbständige Tätigkeiten,
- der Besuch von Kindergärten, Schulen und Hochschulen,
- Tätigkeiten beim Bau eines Familienheims,
- Tätigkeiten bei der Teilnahme an beruflichen Rehabilitationsmaßnahmen,
- gleichartige Tätigkeiten im Wege der Nachbarschaftshilfe,

- Tätigkeiten im öffentlichen Interesse wie Hilfeleistung bei Unglücksfällen und gemeiner Gefahr, Verfolgung Straftatverdächtigter, Blutspenden, ehrenamtliche Tätigkeiten für öffentliche Stellen, als Zeuge usw.

Nach § 2 Abs. 2 SGB VII sind auch die sog. **Wie-Beschäftigten** kraft Gesetzes versichert. Das sind die Personen, die wie Beschäftigte tätig werden, obgleich kein Beschäftigungsverhältnis vorliegt. Durch diese Regelung wird der Schutz der gesetzlichen Unfallversicherung zu Lasten der Beitragspflichtigen unüberschaubar ausgeweitet.

Kraft Satzung sind gem. § 3 SGB VII Unternehmer und deren Ehegatten, soweit sie nicht 50 schon kraft Gesetzes versichert sind, sowie Besucher und Organmitglieder von Unternehmen versichert.

Freiwillig versichern (Versicherungsberechtigung) können sich Unternehmer und ihre 51 Ehegatten, soweit sie nicht schon nach vorstehenden Ausführungen versichert sind (§ 6 SGB VII).

III. Versicherungsfall

Die Versicherung leistet Entschädigung bei Gesundheitsschäden (für Sachschäden nur 52 begrenzt nach § 13 SGB VII) durch Arbeits- und Wegeunfälle sowie Berufskrankheiten und zur Unfallverhütung im Zusammenhang mit einer versicherten Tätigkeit. Ausgenommen sind also Unfälle, die sich zwar anlässlich einer versicherten Tätigkeit ereignen, diese aber im persönlichen privaten Interesse des Handelnden liegen (sog. **eigenwirtschaftliche Tätigkeit**: Esseneinnahme während einer Arbeitspause, Saunabesuch bei Dienstreise, Abgrenzung oft rein kasuistisch). **Unfall** ist ein plötzliches, zeitlich begrenztes Ereignis, das die Gesundheit schädigt (sog. **Finalität**). Die versicherte Tätigkeit muss wesentliche Ursache (im Sinne eines engen Zusammenhangs) des Unfalls und dieser wiederum des eingetretenen Schadens sein. Verbotswidriges Handeln schließt die Annahme eines Unfalls nicht aus (§ 7 Abs. 2 SGB VII).

Beim **Wegeunfall** kommt der Weg von und zur Arbeit dazu. Dieser muss zur Unter- 53 scheidung vom nicht versicherten Um- und **Abweg** sowie Unterbrechungen in engem zeitlichen und inneren Zusammenhang mit der versicherten Tätigkeit stehen. Der Zusammenhang wird bei **Fahrgemeinschaften** und bei Wegen zur Unterbringung von Kindern nach § 8 Abs. 2 Nr. 2 SGB VII unterstellt.

Die **Berufskrankheit** unterscheidet sich vom Arbeitsunfall dadurch, dass sie auf länge- 54 ren berufsspezifischen schädigenden Einwirkungen beruht, denen der Verletzte infolge der versicherten Tätigkeit ausgesetzt war und ist i. d. R. in der Berufskrankheitenverordnung aufgeführt.

IV. Leistungen und Leistungsträger

Die in § 22 SGB I zur Information katalogartig aufgeführten **Leistungen** werden in 55 §§ 26 ff. SGB VII wie folgt dargestellt:

- Heilbehandlung einschließlich Leistungen zur medizinischen Rehabilitation;
- Leistungen zur Teilhabe am Arbeitsleben und am Leben in der Gemeinschaft;
- ergänzende Leistungen;

- Leistungen bei Pflegebedürftigkeit;
- Geldleistungen während der Heilbehandlung und der Leistungen zur Teilhabe am Arbeitsleben;
- sie können einen Anspruch auf Ausführung der Leistungen durch ein Persönliches Budget nach § 29 des Neunten Buches haben;
- Renten an Versicherte;
- Leistungen an Hinterbliebene;
- Rentenabfindungen.

56 Zuständige **Leistungsträger** sind in Form rechtsfähiger Körperschaften des öffentlichen Rechts mit Selbstverwaltungsrecht die gewerblichen und landwirtschaftlichen Berufsgenossenschaften, die Unfallversicherung Bund und Bahn, die Eisenbahn-Unfallkasse, die Unfallkasse Post und Telekom, die Unfallkassen der Länder, die Gemeindeunfallversicherungsverbände und Unfallkassen der Gemeinden, die Feuerwehr-Unfallkassen, die gemeinsamen Unfallkassen für den Landes- und den kommunalen Bereich.

F. Die gesetzliche Rentenversicherung

I. Generationenvertrag

57 Die gesetzliche Rentenversicherung als Zweig der Sozialversicherung verwirklicht das soziale Recht der in ihr Versicherten nach § 4 SGB I, ihre Leistungsfähigkeit zu erhalten, wiederherzustellen oder zu bessern und sie und ihre Hinterbliebenen bei Minderung der Erwerbsfähigkeit und im Alter wirtschaftlich zu sichern.

58 Die Rentenversicherung ist gesetzlich geregelt im Sechsten Buch des Sozialgesetzbuchs, für bestimmte Personengruppen im Gesetz über eine Altershilfe für Landwirte oder im Künstlersozialversicherungsgesetz, das aber nicht Bestandteil des Sozialgesetzbuchs ist. Finanziert wird die Rentenversicherung durch Beiträge der Versicherten und einen Bundeszuschuss. Die Rentenleistungen werden jährlich angepasst. Die **Finanzierung** erfolgt jedoch nicht durch Ansammlung und spätere Ausschüttung der Beiträge, sondern durch den **Generationenvertrag**, der Rentner und Versicherte in der Form verbindet, dass die Rentenleistungen aus den Beiträgen der jeweils aktiven Generation bezahlt werden (sog. kleiner Generationenvertrag, verwirklicht im **Umlageverfahren**; dieser berücksichtigt jedoch nicht mehr ausreichend, dass nach dem großen Generationenvertrag die Berufstätigen nicht nur die Renten, sondern auch die Lasten der Versorgung der Heranwachsenden tragen, ohne dass dies durch Sozialleistungen und/oder durch Beteiligung kinderloser Versicherter, die die gleichen Beiträge bezahlen, genügend kompensiert wird).

59 Die Rentenreform 1992 hat einen **Selbstregulierungsmechanismus** zwischen Beitragssatz, Bundeszuschuss und Rentenanpassung eingeführt, der Vorgaben für den wegen der Finanzierung durch den Generationenvertrag jährlich notwendigen Ausgleich zwischen Einnahmen und Ausgaben festlegt. Danach wird der Beitragssatz jährlich im Voraus so festgelegt, dass Beitragseinnahmen und Bundeszuschuss die voraussichtlichen Ausgaben decken und eine ausreichende Schwankungsreserve für nicht vorhersehbare Finanzierungslücken vorhanden ist, und der Bundeszuschuss jährlich so fortgeschrie-

ben, dass er sich entsprechend der Veränderung der Bruttolöhne und der Änderung der Beitragssätze verändert und die Renten jährlich zum 1.7. so angepasst werden, wie sich die Bruttolöhne und die Belastungen der Arbeitnehmer und Rentner durch Steuern und Sozialbeiträge verändert haben.

Nach den Änderungen des SGB VI durch das Gesetz zur Neuregelung der geringfügigen Beschäftigungsverhältnisse v. 24. 3. 1999 (BGBl I S. 338) sowie durch das Gesetz zur Förderung der Selbständigkeit v. 20. 12. 1999 (BGBl I S. 2) wurde eine Modernisierung der gesetzlichen Rentenversicherung in Angriff genommen. Gegenstand der Strukturreform der Alterssicherung ist insbesondere die Erweiterung des versicherten Personenkreises, die Reform der Berufs- und Erwerbsunfähigkeitsrenten sowie Vorsorgemaßnahmen für den demographischen Wandel. Zur Erreichung dieser Ziele wurden das Gesetz zur Reform der Renten wegen verminderter Erwerbsfähigkeit v. 20. 12. 2000 (BGBl I S. 1827), das Altersvermögensergänzungsgesetz v. 21. 3. 2001 (BGBl I S. 403) sowie das Altersvermögensgesetz v. 26. 6. 2001 (BGBl I S. 1310) verabschiedet. Es ist aber sicher, dass damit die SGB VI-Änderungen nicht enden, denn insbesondere die schon absehbaren Änderungen im gesellschaftspolitischen Bereich werden erneute Reformen des Rentenrechts erforderlich machen.

II. Solidargedanke und Rentenformel

Der **Solidargedanke** wird neben dem Generationenvertrag auch dadurch verwirklicht, 60
dass bei gleichartigem Beitrag (bis zu einer Höchstgrenze) Leistungen auch an Angehörige erfolgen und generell unter Berücksichtigung beitragsfreier Zeiten bemessen werden. Dies erfolgt in Form von Anrechnungszeiten vor allem für Ausbildungszeiten und Zeiten der Arbeitsunterbrechung durch Arbeitslosigkeit, Rehabilitation, Schwangerschaft u. a., Kindererziehungszeiten und Zurechnungszeiten, die Frühinvaliden eine ausreichende Versorgung ermöglichen sollen und in Einzelfällen noch von Ersatzzeiten wegen Kriegsdienst. Dabei erfolgt die Anrechnung und Bewertung der beitragsfreien Zeiten nach einer Gesamtleistungsbewertung in der Weise, dass der gesamte Beitragswert in Form von Entgeltpunkten durch die gesamte Versicherungsdauer unter Abzug von Anrechnungszeiten geteilt wird, so dass er dem durchschnittlichen Beitragswert entspricht, wenn keine Lücken im Versicherungsverlauf vorhanden sind. Lücken können sich dabei nur durch das Fehlen versicherungsrelevanter Zeiten (das sind neben Beitragszeiten Kindererziehungszeiten und Berücksichtigungszeiten wegen Kindererziehung und häuslicher Pflege) ergeben.

Diese **Gesamtleistungsbewertung** findet in die Rentenberechnung Eingang, indem den 61
Entgeltpunkten für die beitragsfreien Zeiten die Entgeltpunkte für Beitragszeiten (berechnet am Durchschnittseinkommen) hinzugerechnet und unter Berücksichtigung eines am Alter des Versicherten bei Rentenbeginn orientierten Zugangsfaktors mit dem Rentenartfaktor, der das Sicherungsziel der Rente berücksichtigt, und dem aktuellen Rentenwert, der jährlich festgelegt wird, multipliziert werden. Das Ergebnis ist der monatliche Rentenbetrag. Demnach lautet die Rentenformel:

Monatsrente § 64	=	persönliche Entgeltpunkte §§ 66, 70–78	×	Rentenartfaktor § 67	×	aktueller Rentenwert §§ 68, 69

Dabei ist der aktuelle Rentenwert zuletzt in der Weise geändert worden, dass ein sog. **Nachhaltigkeitsfaktor** eingeführt wurde. Dieser Nachhaltigkeitsfaktor wird ermittelt, indem der um die Veränderung des Rentnerquotienten im vergangenen Kalenderjahr gegenüber dem vorvergangenen Kalenderjahr verminderte Wert 1 mit einem Parameter Alpha vervielfältigt und um den Wert 1 erhöht wird. Der Rentnerquotient wird ermittelt, indem die Anzahl der Äquivalenzrentner durch die Anzahl der Äquivalenzbeitragszahler dividiert wird. Dabei wird die Zahl der Äquivalenzrentner ermittelt, indem das aus den Rechnungsergebnissen auf 1 000,00 € genau bestimmte Gesamtvolumen der Renten abzüglich erstatteter Aufwendungen durch eine Regelaltersrente desselben Kalenderjahres aus der allgemeinen Rentenversicherung mit 45 Entgeltpunkten dividiert wird. Die Anzahl der Äquivalenzbeitragszahler wird ermittelt, indem das aus den Rechnungsergebnissen auf 1 000,00 € genau bestimmte Gesamtvolumen aller Beiträge durch den auf das Durchschnittsentgelt entfallenden Beitrag der allgemeinen Rentenversicherung desselben Kalenderjahres dividiert wird. Der Parameter Alpha beträgt 0,25. Der neue Rentenwert wird nach folgender Formel berechnet:

$$AR_t = AR_{t-1} \times \frac{BE_{t-1}}{BE_{t-2}} \times \frac{100 - AVA_{2010} - RVB_{t-1}}{100 - AVA_{2010} - RVB_{t-2}} \times \left(\left(-1 \frac{RQ_{t-1}}{RQ_{t-2}}\right) \times \alpha + 1\right)$$

Dabei sind:

AR_t = zu bestimmender aktueller Rentenwert ab dem 1. Juli,

AR_{t-1} = bisheriger aktueller Rentenwert,

BE_{t-1} = Bruttolohn- und -gehaltssumme je durchschnittlich beschäftigten Arbeitnehmer im vorvergangenen Kalenderjahr,

BE_{t-2} = Bruttolohn- und -gehaltssumme je durchschnittlich beschäftigten Arbeitnehmer im vergangenen Kalenderjahr unter Berücksichtigung der Veränderung der beitragspflichtigen Bruttolohn- und -gehaltssumme je durchschnittlich beschäftigten Arbeitnehmer ohne Beamte einschließlich der Bezieher von Arbeitslosengeld,

AVA_{2010} = Altersvorsorgeanteil für das Jahr 2010 in Höhe von 4 vom Hundert,

RVB_{t-1} = durchschnittlicher Beitragssatz in der Rentenversicherung der Arbeiter und Angestellten im vergangenen Kalenderjahr,

RVB_{t-2} = durchschnittlicher Beitragssatz in der Rentenversicherung der Arbeiter und Angestellten im vorvergangenen Kalenderjahr,

RQ_{t-1} = Rentenquotient im vergangenen Kalenderjahr,

RQ_{t-2} = Rentenquotient im vorvergangenen Kalenderjahr.

III. Versicherte

62 Der **versicherte Personenkreis** (§ 2 SGB IV) in der gesetzlichen Rentenversicherung setzt sich zusammen aus Beschäftigten, selbständig Tätigen, freiwillig Versicherten und sonstigen Versicherten.

63 **Pflichtversichert** sind Beschäftigte nach § 1 SGB VI: Arbeitnehmer und Auszubildende; Personen, die in Einrichtungen der Jugendhilfe oder in Berufsbildungswerken oder ähnlichen Einrichtungen für Behinderte für eine Erwerbstätigkeit befähigt werden sollen; Behinderte, die in anerkannten Werkstätten für Behinderte oder Blindenwerkstätten oder gleichartigen Einrichtungen beschäftigt werden oder als Heimarbeiter für solche tätig sind; Mitglieder geistlicher Genossenschaften u. ä. während ihres Dienstes für die

Gemeinschaft und während außerschulischer Ausbildung; nach § 2 selbständig Tätige bestimmter Berufsgruppen (z. B. Lehrer und Erzieher, Pflegepersonen, Hebammen, Künstler und Publizisten, Hausgewerbetreibende und Handwerker, Gewerbetreibende, die in die Handwerksrolle eingetragen sind und in ihrer Person die für die Eintragung in die Handwerksrolle erforderlichen Voraussetzungen erfüllen, wobei Handwerksbetriebe i. S. der §§ 2 und 3 der Handwerksordnung sowie Betriebsfortführungen auf Grund von § 4 der Handwerksordnung außer Betracht bleiben; ist eine Personengesellschaft in die Handwerksrolle eingetragen, gilt als Gewerbetreibender, wer als Gesellschafter in seiner Person die Voraussetzungen für die Eintragung in die Handwerksrolle erfüllt, Personen, die im Zusammenhang mit ihrer selbständigen Tätigkeit regelmäßig keinen versicherungspflichtigen Arbeitnehmer beschäftigen und auf Dauer und im Wesentlichen nur für einen Auftraggeber tätig sind; bei Gesellschaftern gelten als Auftraggeber die Auftraggeber der Gesellschaft); sonstige Personengruppen nach §§ 3 und 4 SGB VI, u. a. Personen mit Kindererziehungszeiten, Wehr- und Zivildienstleistende, Bezieher von Lohnersatzleistungen wie Kranken-, Verletzten-, Übergangs-, Arbeitslosen- und Vorruhestandsgeld für diese Zeiten. Entwicklungshelfer und Deutsche, die vorübergehend im Ausland beschäftigt werden, sowie Selbständige werden auf Antrag pflichtversichert. **Versicherungsfrei** sind nach §§ 5 und 6 SGB VI kraft Gesetzes oder auf Antrag Personen mit anderer gesetzlich oder kirchenrechtlich geregelter Versorgung (z. B. Beamte, Angestellte mit berufsständischer Versorgung, Ordensleute), geringfügig Beschäftigte und Studierende sowie Bezieher von Vollrente wegen Alters.

Freiwillig versichern (Versicherungsberechtigung) können sich alle nicht Pflichtver- 64
sicherten. Versichert sind ebenfalls Geschiedene, bei denen ein Versorgungsausgleich durchgeführt wurde und Nachversicherte ursprünglich versicherungsfreie Personen, die aus dem versicherungsfreien Status ohne Versorgungsansprüche ausscheiden.

IV. Leistungen

Die in § 22 SGB I zur Information katalogartig dargestellten **Leistungen** werden im 65
zweiten Kapitel des SGB VI wie folgt dargestellt:

1. Leistungen zur Teilhabe

Die Rentenversicherung erbringt Leistungen zur medizinischen Rehabilitation, Leistun- 66
gen zur Teilhabe am Arbeitsleben sowie ergänzende Leistungen, um den Auswirkungen einer Krankheit oder einer körperlichen, geistigen oder seelischen Behinderung auf die Erwerbsfähigkeit der Versicherten entgegenzuwirken oder sie zu überwinden und dadurch **Beeinträchtigungen der Erwerbsfähigkeit** der Versicherten oder ihr vorzeitiges Ausscheiden aus dem Erwerbsleben zu **verhindern** oder sie möglichst dauerhaft in das Erwerbsleben wiedereinzugliedern.

Die Leistungen zur Teilhabe haben **Vorrang vor Rentenleistungen**, die bei erfolgreichen Leistungen zur Teilhabe nicht oder voraussichtlich erst zu einem späteren Zeitpunkt zu erbringen sind.

Den **Umfang** der Leistungen Art, Dauer, Beginn und Durchführung dieser Leistungen sowie die Rehabilitationseinrichtung bestimmt im Einzelfall der Träger der Rentenversicherung unter Beachtung der Grundsätze der Wirtschaftlichkeit und Sparsamkeit nach pflichtgemäßem **Ermessen**. Der Träger der Rentenversicherung erbringt keine Leistungen zur medizinischen Rehabilitation in der Phase akuter Behandlungsbedürftigkeit einer Krankheit, es sei denn, die Behandlungsbedürftigkeit tritt während der Ausführung von Leistungen zur medizinischen Rehabilitation ein, sowie keine Leistungen zur medizinischen Rehabilitation an Stelle einer sonst erforderlichen Krankenhausbehandlung und keine Leistungen zur medizinischen Rehabilitation, die nicht dem allgemein anerkannten Stand medizinischer Erkenntnisse entsprechen.

Die Einzelheiten über den Leistungsinhalt der Rehabilitation finden sich in den §§ 26 bis 31 SGB IX, über die Leistungen zur Teilhabe am Arbeitsleben den in den §§ 33 bis 38 des Neunten Buches sowie für das Eingangsverfahren und den Berufsbildungsbereich der Werkstätten für behinderte Menschen in § 40 des Neunten Buches.

Ferner wird bei Teilnahme an Maßnahmen als Lohnersatz **Übergangsgeld** geleistet.

Ergänzt werden die Leistungen durch Ersatz von **Reisekosten**, **Haushaltshilfe**, **Beitragszuschüsse** u. Ä.

2. Renten

67 Renten werden geleistet wegen Alters, wegen verminderter Erwerbsfähigkeit oder wegen Todes.

Rente wegen Alters wird geleistet als

- Regelaltersrente,
- Altersrente für langjährig Versicherte,
- Altersrente für schwerbehinderte Menschen,
- Altersrente für langjährig unter Tage beschäftigte Bergleute,
- Altersrente für besonders langjährig Versicherte

sowie für vor dem 1. 1. 1952 geborene als

- Altersrente wegen Arbeitslosigkeit oder nach Altersteilzeitarbeit,
- Altersrente für Frauen.

Rente wegen verminderter Erwerbsfähigkeit wird geleistet als

- Rente wegen teilweiser Erwerbsminderung,
- Rente wegen voller Erwerbsminderung,
- Rente für Bergleute

sowie vor dem 2. 1. 1961 geborene Versicherte und Personen, die am 31. 12. 2000 Anspruch hierauf hatten als

- Rente wegen Berufsunfähigkeit,
- Rente wegen Erwerbsunfähigkeit.

Rente wegen Todes wird geleistet als

- kleine Witwenrente oder Witwerrente,
- große Witwenrente oder Witwerrente,
- Erziehungsrente,
- Waisenrente.

Als **weitere Bestandsrenten** Knappschaftsausgleichsleistung, Rente wegen teilweiser Erwerbsminderung bei Berufsunfähigkeit und Witwenrente und Witwerrente an vor dem 1. 7. 1977 geschiedene Ehegatten.

3. Zusatzleistungen

- Zuschuss zur Krankenversicherung, 68
- Zuschuss zur Pflegeversicherung,
- Rentenabfindung bei Wiederheirat von Witwen und Witwern.

V. Die einzelnen Versicherungsfälle

1. Versicherungsfall Alter

Die **allgemeinen Voraussetzungen** sind in § 34 SGB VI bestimmt; für die jeweiligen **persönlichen** und **versicherungsrechtlichen Voraussetzungen** und die **Wartezeiten** gelten: 69

- die **Regelaltersrente** nach § 35 SGB VI wird geleistet, wenn der Versicherte die Regelaltersgrenze erreicht hat und die allgemeine Wartezeit (fünf Jahre, § 50 SGB VI) erfüllt ist. Die Regelaltersgrenze wird mit Vollendung des 67. Lebensjahres erreicht. Versicherte, die vor dem 1. 1. 1964 geboren sind, haben Anspruch auf Regelaltersrente, wenn sie die Regelaltersgrenze erreicht und die allgemeine Wartezeit erfüllt haben. Die Regelaltersgrenze wird frühestens mit Vollendung des 65. Lebensjahres erreicht. Versicherte, die vor dem 1. 1. 1947 geboren sind, erreichen die Regelaltersgrenze mit Vollendung des 65. Lebensjahres. Für Versicherte, die nach dem 31. Dezember 1946 geboren sind, wird die Regelaltersgrenze wie folgt angehoben:

Versicherte Geburtsjahr	Anhebung um Monate	auf Alter	
		Jahr	Monat
1947	1	65	1
1948	2	65	2
1949	3	65	3
1950	4	65	4
1951	5	65	5
1952	6	65	6
1953	7	65	7
1954	8	65	8
1955	9	65	9
1956	10	65	10
1957	11	65	11
1958	12	66	0
1959	14	66	2
1960	16	66	4
1961	18	66	6
1962	20	66	8
1963	22	66	10.

- die **Altersrente für langjährig Versicherte** nach § 36 SGB VI nach Vollendung des 67. Lebensjahres und Erfüllung der Wartezeit von 35 Jahren. Die vorzeitige Inanspruchnahme dieser Altersrente ist nach Vollendung des 63. Lebensjahres möglich.
- die **Altersrente für schwerbehinderte Menschen** nach § 37 SGB VI nach Vollendung 65. Lebensjahres, wenn der Versicherte bei Beginn der Altersrente als schwerbehinderter Mensch nach § 2 Abs. 2 des Neunten Buches anerkannt ist und die Wartezeit von 35 Jahren erfüllt hat. Die vorzeitige Inanspruchnahme einer solchen Altersrente nach Vollendung des 63. Lebensjahres ist mit Abschlägen nach § 77 SGB VI möglich. (für vor dem 1. 1. 1951 Geborene gelten Sonderregelungen nach § 236a SGB VI).
- **Altersrente für besonders langjährig Versicherte** nach § 38 erhalten Versicherte, wenn sie das 65. Lebensjahr vollendet und die Wartezeit von 45 Jahren erfüllt haben.
- die **Altersrente für Bergleute** nach § 40 SGB VI nach Vollendung des 62. Lebensjahres und einer Wartezeit von 25 Jahren, wenn sie langjährig unter Tage (§ 61 SGB VI) gearbeitet haben.
- **Altersrente wegen Arbeitslosigkeit** oder nach Altersteilzeitarbeit gem. § 237 SGB VI erhalten Versicherte, wenn sie vor dem 1. 1. 1952 geboren sind, das 60. Lebensjahr vollendet haben und entweder bei Beginn der Rente arbeitslos sind und nach Vollendung eines Lebensalters von 58 Jahren und 6 Monaten insgesamt 52 Wochen arbeitslos waren oder Anpassungsgeld für entlassene Arbeitnehmer des Bergbaus bezogen haben. Dies gilt auch für Versicherte, welche die Arbeitszeit aufgrund von Altersteilzeitarbeit i. S. von § 2 und § 3 Abs. 1 Nr. 1 des Altersteilzeitgesetzes für mindestens 24 Kalendermonate vermindert haben sowie in den letzten zehn Jahren vor Beginn der Rente acht Jahre Pflichtbeiträge für eine versicherte Beschäftigung oder Tätigkeit gezahlt haben, wobei sich der Zeitraum von zehn Jahren um Anrechnungszeiten und Zeiten des Bezugs einer Rente aus eigener Versicherung, die nicht auch Pflichtbeitragszeiten aufgrund einer versicherten Beschäftigung oder Tätigkeit sind, verlängert, und die Wartezeit von 15 Jahren erfüllt haben. Anspruch auf Altersrente wegen Arbeitslosigkeit besteht auch für Versicherte, die während der Arbeitslosigkeit von 52 Wochen nur deshalb der Arbeitsvermittlung nicht zur Verfügung standen, weil sie nicht bereit waren, jede zumutbare Beschäftigung anzunehmen oder an zumutbaren beruflichen Bildungsmaßnahmen teilzunehmen. Die Altersgrenze von 60 Jahren wird bei Altersrenten wegen Arbeitslosigkeit oder nach Altersteilzeitarbeit für Versicherte, die nach dem 31. 12. 1936 geboren sind, stufenweise angehoben. Die vorzeitige Inanspruchnahme einer solchen Altersrente ist möglich.
- **Versicherte Frauen** haben nach § 237a SGB VI Anspruch auf Altersrente, wenn sie vor dem 1. 1. 1952 geboren sind, das 60. Lebensjahr vollendet haben, nach Vollendung des 40. Lebensjahres mehr als zehn Jahre Pflichtbeiträge für eine versicherte Beschäftigung oder Tätigkeit gezahlt und die Wartezeit von 15 Jahren erfüllt haben. Die Altersgrenze von 60 Jahren wird bei Altersrenten für Frauen für Versicherte, die nach dem 31. 12. 1939 geboren sind, stufenweise angehoben. Die vorzeitige Inanspruchnahme einer solchen Altersrente ist möglich.
- Versicherte, die vor dem 1. 1. 1948 geboren sind, haben Anspruch auf eine Altersrente, wenn sie das 63. Lebensjahr vollendet und die Wartezeit von 35 Jahren erfüllt haben. Die Altersgrenze von 63 Jahren wird für Versicherte, die nach dem 31. 12. 1936 geboren sind, angehoben. Die vorzeitige Inanspruchnahme der Altersrente ist möglich. Die Anhebung der Altersgrenze und die Möglichkeit der vorzeitigen Inanspruchnahme der Altersrente bestimmen sich nach Anlage 21 des SGB VI. Die Altersgrenze von 63 Jahren wird für Versicherte, die **vor dem 1. 1. 1942 geboren sind und 45 Jahre mit Pflichtbeiträgen** für eine versicherte Beschäftigung oder Tätigkeit haben oder bis zum 14. 2. 1941 geboren sind und am 14. 2. 1996 Vorruhestandsgeld oder Überbrückungsgeld der Seemannskasse bezogen haben, ebenfalls stufenweise angehoben.

70 Anspruch auf eine Rente wegen Alters besteht vor Erreichen der Regelaltersgrenze nur, wenn die **Hinzuverdienstgrenze** nicht überschritten wird. Die Hinzuverdienstgrenze beträgt bei einer Rente wegen Alters als Vollrente ein Siebtel der monatlichen Bezugsgröße, bei einer Rente wegen Alters als Teilrente von einem Drittel der Vollrente das 0,25-fache, der Hälfte der Vollrente das 0,19-fache, zwei Dritteln der Vollrente das

0,13-fache der monatlichen Bezugsgröße, vervielfältigt mit der Summe der Entgeltpunkte (§ 66 Abs. 1 Nr. 1 bis 3) der letzten drei Kalenderjahre vor Beginn der ersten Rente wegen Alters, mindestens jedoch mit 1,5 Entgeltpunkten.

Altersrenten können von den Versicherten als **Vollrente** in voller Höhe oder als **Teilrente** zu einem Drittel, der Hälfte oder zwei Drittel in Anspruch genommen werden (§ 42 SGB VI). Die Beantragung der Altersrente stellt keinen **Kündigungsgrund** dar (§ 41 Abs. 4) und kann nicht zur **sozialen Rechtfertigung** einer Kündigung aus betrieblichen Gründen genutzt werden. Bei Inanspruchnahme einer Teilrente hat der Arbeitgeber auf Verlangen des Versicherten mit diesem zu erörtern, ob die Aufrechterhaltung des Beschäftigungsverhältnisses mit einer eingeschränkten Arbeitsleistung möglich ist. Zu entsprechenden Vorschlägen hat er Stellung zu nehmen. 71

2. Versicherungsfall verminderte Erwerbstätigkeit

Die **allgemeinen Voraussetzungen** sind in § 43 SGB VI bestimmt; für die jeweiligen **persönlichen** und **versicherungsrechtlichen Voraussetzungen** und die **Wartezeiten** gelten: 72

- **Rente wegen teilweiser Erwerbsminderung** erhalten Versicherte bis zum Erreichen der Regelaltersgrenze, wenn sie teilweise erwerbsgemindert sind, in den letzten fünf Jahren vor Eintritt der Erwerbsminderung drei Jahre Pflichtbeiträge für eine versicherte Beschäftigung oder Tätigkeit haben und vor Eintritt der Erwerbsminderung die allgemeine Wartezeit erfüllt haben. Teilweise erwerbsgemindert sind Versicherte, die wegen Krankheit oder Behinderung auf nicht absehbare Zeit außer Stande sind, unter den üblichen Bedingungen des allgemeinen Arbeitsmarktes **mindestens sechs Stunden** täglich erwerbstätig zu sein. Dabei gibt es keinerlei Berufsschutz, d. h. ein angestellter Oberarzt ist nicht teilweise erwerbsgemindert, wenn er keinerlei ärztliche Tätigkeit mehr ausüben kann, wohl aber etwa sechs Stunden als Aktenausträger arbeiten kann. Maßgebend ist also lediglich die zeitliche Leistungsfähigkeit auf dem allgemeinen Arbeitsmarkt, nicht mehr wie früher bei der Berufsunfähigkeitsrente die erreichte berufliche Stellung (abstrakte Betrachtungsweise, § 43 I SGB VI).
- **Rente wegen voller Erwerbsminderung** (§ 43 II SGB VI) erhalten Versicherte, die wegen Krankheit oder Behinderung auf nicht absehbare Zeit außer Stande sind, unter den üblichen Bedingungen des allgemeinen Arbeitsmarktes mindestens drei Stunden täglich erwerbstätig zu sein. Voll erwerbsgemindert sind auch behinderte Menschen nach § 1 Satz 1 Nr. 2 SGB VI, die wegen Art oder Schwere der Behinderung nicht auf dem allgemeinen Arbeitsmarkt tätig sein können, und Versicherte, die bereits vor Erfüllung der allgemeinen Wartezeit voll erwerbsgemindert waren, in der Zeit einer nicht erfolgreichen Eingliederung in den allgemeinen Arbeitsmarkt. Im Übrigen gelten dieselben Voraussetzungen wie bei der teilweisen Erwerbsminderung.
- **Rente wegen Berufsunfähigkeit und Erwerbsunfähigkeit** erhalten nur noch Versicherte, die darauf am 31. 12. 2000 einen Anspruch hatten, bis zum Erreichen der Regelaltersgrenze.
- **Eine modifizierte Berufsunfähigkeitsrente** gibt es nach § 240 SGB VI für Versicherte, die vor dem 2. 1. 1961 geboren und berufsunfähig sind. Als berufsunfähig gelten dabei Versicherte, deren Erwerbsfähigkeit wegen Krankheit oder Behinderung im Vergleich zur Erwerbsfähigkeit von körperlich, geistig und seelisch gesunden Versicherten mit ähnlicher Ausbildung und gleichwertigen Kenntnissen und Fähigkeiten auf weniger als sechs Stunden gesunken ist. Der Kreis der Tätigkeiten, nach denen die Erwerbsfähigkeit von Versicherten zu beurteilen ist, umfasst alle Tätigkeiten, die ihren Kräften und Fähigkeiten entsprechen und ihnen unter Berücksichtigung der Dauer und des Umfangs ihrer Ausbildung sowie **ihres bisherigen Berufs** und der besonderen Anforderungen ihrer bisherigen Berufstätigkeit zugemutet werden können. Zumutbar ist stets eine Tätigkeit, für die die Versicherten durch Leistungen zur Teilhabe am Arbeitsleben mit Erfolg ausgebildet oder umgeschult worden sind. Berufsunfähig ist nicht, wer eine zumutbare Tätigkeit mindestens sechs Stunden täglich ausüben kann. Ein danach Berufs-

unfähiger erhält bei Erfüllung der sonstigen Voraussetzungen Rente wegen teilweiser Erwerbsminderung bis zum Erreichen der Regelaltersgrenze.

73 Sonderregelungen gelten für Bergleute nach § 45 SGB VI.

74 Eine Rente wegen verminderter Erwerbsfähigkeit sowie alte Bestandsrenten wegen Berufs- oder Erwerbsunfähigkeit werden nur geleistet, wenn die **Hinzuverdienstgrenze** nicht überschritten wird. Diese ergibt sich aus §§ 96a, 313 SGB VI. Die Rentenhöhe wird nach der Rentenformel berechnet. Der Rentenartfaktor beträgt nach § 67 SGB VI bei **Renten wegen teilweiser Erwerbsminderung** 0,5, **bei Renten wegen voller Erwerbsminderung** 1,0.

75–79 *Einstweilen frei*

3. Versicherungsfall Tod

80 Die **allgemeinen Voraussetzungen** sind in § 34 SGB VI bestimmt; für die jeweiligen **persönlichen** und **versicherungsrechtlichen Voraussetzungen** und die **Wartezeiten** gelten:

► die **Witwen- und Witwerrente** nach § 46 SGB VI wird geleistet, wenn der hinterbliebene Ehegatte eines Versicherten nicht wieder geheiratet hat und die allgemeine Wartezeit (fünf Jahre, § 50 SGB VI) durch den verstorbenen Ehegatten erfüllt ist oder dieser zur Zeit des Todes Rente bezog, als
  - kleine Witwenrente nach dem Tod des Versicherten,
  - große Witwenrente nach dem Tod des Versicherten und Erziehung eines eigenen oder eines Kindes des Verstorbenen oder bei Berufs- oder Erwerbsunfähigkeit bzw. Erwerbsminderung oder Vollendung des 47. Lebensjahres. Es gilt ein erweiterter Kinderbegriff (Abs. 2 Satz 2). Wird eine neue Ehe wieder aufgelöst oder für nichtig erklärt, entsteht der Anspruch bei Vorliegen der übrigen Voraussetzungen (Abs. 3, **Witwen- oder Witwerrente nach dem vorletzten Ehegatten**);

► die **Erziehungsrente** nach § 47 SGB VI bis zum Erreichen der Regelaltersgrenze bei
  - Scheidung, Aufhebung oder Nichtigerklärung der Ehe nach dem 30. 6. 1977,
  - Tod des geschiedenen Ehegatten,
  - Erziehung eines eigenen oder eines Kindes des geschiedenen Ehegatten,
  - fehlender Wiederverheiratung,
  - Erfüllung einer Wartezeit von 5 Jahren aus eigener Versicherung vor dem Tode des früheren Ehegatten (keine vorzeitige Wartezeiterfüllung möglich);

► die **Waisenrente** nach § 48 SGB VI als
  - Halbwaisenrente beim Tod des/der Versicherten,
  - Vollwaisenrente beim Tod auch des anderen Elternteils bei Erfüllung der allgemeinen Wartezeit von 5 Jahren durch den verstorbenen Elternteil; erweiterter Kinderbegriff, Abs. 3; der Anspruch besteht bis zur Vollendung des 18. (in Ausbildungsfällen 27. und u.U. darüber) Lebensjahres;

► die **Rente wegen Todes bei Verschollenheit**, nach § 49 die jeweilige Hinterbliebenenrente mit der Maßgabe, dass der verschollene Versicherte als verstorben gilt und der Träger der Rentenversicherung berechtigt ist, den maßgeblichen Todeszeitpunkt festzustellen.

81 Die **Rentenhöhe** wird nach der **Rentenformel** berechnet. Der **Rentenartfaktor** beträgt nach § 67 SGB VI:

► bei kleiner Witwen- und Witwerrente bis zum Ende des dritten Kalendermonats nach Ablauf des Monats, in dem der Ehegatte verstorben ist 1,0, anschließend 0,25;

- bei großer Witwen- und Witwerrente bis zum Ende des dritten Kalendermonats nach Ablauf des Monats, in dem der Ehegatte verstorben ist 1,0, anschließend 0,55,
  - bei Erziehungsrente 1,0,
  - bei Halbwaisenrente 0,1,
  - bei Vollwaisenrente 0,2.

Besondere Vorschriften gelten für das Zusammentreffen mehrerer Renten in §§ 89 ff. 82
SGB VI, für die Aufteilung bei mehreren Berechtigten in § 91 SGB VI und für die Einkommensanrechnung in §§ 97 SGB VI, 18a ff. SGB IV.

VI. Leistungsträger

Die Aufgaben der gesetzlichen Rentenversicherung (allgemeine Rentenversicherung 83
und knappschaftliche Rentenversicherung) werden von Regionalträgern und Bundesträgern wahrgenommen. Der Name der Regionalträger der gesetzlichen Rentenversicherung besteht aus der Bezeichnung „Deutsche Rentenversicherung" und einem Zusatz für ihre jeweilige regionale Zuständigkeit. Bundesträger sind die Deutsche Rentenversicherung Bund und die Deutsche Rentenversicherung Knappschaft-Bahn-See. Die Deutsche Rentenversicherung Bund nimmt auch die Grundsatz- und Querschnittsaufgaben und die gemeinsamen Angelegenheiten der Träger der Rentenversicherung wahr.

G. Die Arbeitslosenversicherung und ALG II

Die Arbeitslosenversicherung ist ein soziales Recht nach SGB I und Bestandteil der 84
Sozialversicherung, seit 1997 als SGB III in das SGB eingegliedert. Ihre Entgeltersatzleistungen sind:

- Arbeitslosengeld bei Arbeitslosigkeit und bei beruflicher Weiterbildung,
- Teilarbeitslosengeld bei Teilarbeitslosigkeit,
- Übergangsgeld bei Teilnahme an Leistungen zur Teilhabe am Arbeitsleben,
- Kurzarbeitergeld für Arbeitnehmer, die infolge eines Arbeitsausfalles einen Entgeltausfall haben,
- Insolvenzgeld für Arbeitnehmer, die wegen Zahlungsunfähigkeit des Arbeitgebers kein Arbeitsentgelt erhalten.

I. Arbeitslosengeld

Anspruch auf Arbeitslosengeld haben Arbeitnehmer, die 85

- arbeitslos sind oder bei beruflicher Weiterbildung,
- sich beim der Agentur für Arbeit arbeitslos gemeldet und
- die Anwartschaftszeit erfüllt haben.

Arbeitnehmer, die das für die Regelaltersrente im Sinne des Sechsten Buches erforderliche Lebensjahr vollendet haben, haben vom Beginn des folgenden Monats an keinen Anspruch auf Arbeitslosengeld.

Arbeitslos ist ein Arbeitnehmer, der vorübergehend nicht in einem Beschäftigungsver- 86
hältnis steht (Beschäftigungslosigkeit) und eine versicherungspflichtige, mindestens

15 Stunden wöchentlich umfassende Beschäftigung sucht (Beschäftigungssuche). Die Ausübung einer weniger als 15 Stunden wöchentlich umfassenden Beschäftigung schließt Beschäftigungslosigkeit nicht aus; gelegentliche Abweichungen von geringer Dauer bleiben unberücksichtigt. Mehrere Beschäftigungen werden zusammengerechnet.

87 Eine selbständige Tätigkeit und eine Tätigkeit als mithelfender Familienangehöriger stehen einer Beschäftigung gleich. Die Fortführung einer höchstens 15 Stunden wöchentlich umfassenden selbständigen Tätigkeit oder Tätigkeit als mithelfender Familienangehöriger ausgeübt wird, schließt Beschäftigungslosigkeit nicht aus.

88 Eine Beschäftigung sucht, wer alle Möglichkeiten nutzt und nutzen will, um seine Beschäftigungslosigkeit zu beenden und den Vermittlungsbemühungen der Agentur für Arbeit zur Verfügung steht (**Verfügbarkeit**). Verfügbar ist, wer arbeitsfähig und seiner Arbeitsfähigkeit entsprechend arbeitsbereit ist. Arbeitsfähig ist ein Arbeitsloser, der eine versicherungspflichtige, mindestens 15 Stunden wöchentlich umfassende Beschäftigung unter den üblichen Bedingungen des für ihn in Betracht kommenden Arbeitsmarktes aufnehmen und ausüben, an Maßnahmen zur beruflichen Eingliederung in das Erwerbsleben teilnehmen und Vorschlägen der Agentur für Arbeit zur beruflichen Eingliederung zeit- und ortsnah Folge leisten kann und darf.

89 Arbeitsbereit und arbeitsfähig ist der Arbeitslose auch dann, wenn er bereit oder in der Lage ist, unter den üblichen Bedingungen des für ihn in Betracht kommenden Arbeitsmarktes nur zumutbare Beschäftigungen aufzunehmen und auszuüben, versicherungspflichtige, mindestens 15 Stunden wöchentlich umfassende Beschäftigungen mit bestimmter Dauer, Lage und Verteilung der Arbeitszeit aufzunehmen und auszuüben, wenn dies wegen der Betreuung und Erziehung eines aufsichtsbedürftigen Kindes oder Pflege eines pflegebedürftigen Angehörigen erforderlich ist, versicherungspflichtige, mindestens 15 Stunden wöchentlich umfassende Teilzeitbeschäftigungen aufzunehmen und auszuüben, wenn er die Anwartschaftszeit durch eine Teilzeitbeschäftigung erfüllt hat und das Arbeitslosengeld nach einer Teilzeitbeschäftigung bemessen worden ist, oder Heimarbeit auszuüben, wenn er die Anwartschaftszeit durch eine Beschäftigung als Heimarbeiter erfüllt hat.

90 **Zumutbare Beschäftigungen** sind alle der Arbeitsfähigkeit eines Arbeitslosen entsprechenden Beschäftigungen, soweit allgemeine oder personenbezogene Gründe der Zumutbarkeit einer Beschäftigung nicht entgegenstehen. Aus **allgemeinen Gründen** ist eine Beschäftigung einem Arbeitslosen insbesondere nicht zumutbar, wenn die Beschäftigung gegen gesetzliche, tarifliche oder in Betriebsvereinbarungen festgelegte Bestimmungen über Arbeitsbedingungen oder gegen Bestimmungen des Arbeitsschutzes verstößt. Aus **personenbezogenen Gründen** ist eine Beschäftigung einem Arbeitslosen insbesondere nicht zumutbar, wenn das daraus erzielbare Arbeitsentgelt erheblich niedriger ist als das der Bemessung des Arbeitslosengeldes zugrunde liegende Arbeitsentgelt. In den ersten drei Monaten der Arbeitslosigkeit ist eine Minderung um mehr als 20 % und in den folgenden drei Monaten um mehr als 30 % dieses Arbeitsentgelts nicht zumutbar. Vom siebten Monat der Arbeitslosigkeit an ist dem Arbeitslosen eine Beschäftigung nur dann nicht zumutbar, wenn das daraus erzielbare Nettoein-

kommen unter Berücksichtigung der mit der Beschäftigung zusammenhängenden Aufwendungen niedriger ist als das Arbeitslosengeld.

Aus **personenbezogenen Gründen** ist einem Arbeitslosen eine Beschäftigung auch 91
nicht zumutbar, wenn die täglichen Pendelzeiten zwischen seiner Wohnung und der Arbeitsstätte im Vergleich zur Arbeitszeit unverhältnismäßig lang sind. Als unverhältnismäßig lang sind im Regelfall Pendelzeiten von insgesamt mehr als zweieinhalb Stunden bei einer Arbeitszeit von mehr als sechs Stunden und Pendelzeiten von mehr als zwei Stunden bei einer Arbeitszeit von sechs Stunden und weniger anzusehen. Sind in einer Region unter vergleichbaren Arbeitnehmern längere Pendelzeiten üblich, bilden diese den Maßstab. Eine Beschäftigung ist aber nicht schon deshalb unzumutbar, weil sie befristet ist, vorübergehend eine getrennte Haushaltsführung erfordert oder nicht zum Kreis der Beschäftigungen gehört, für die der Arbeitnehmer ausgebildet ist oder die er bisher ausgeübt hat.

Der Arbeitslose hat sich ferner persönlich bei der zuständigen Agentur für Arbeit ar- 92
beitslos zu melden. Eine Meldung ist auch zulässig, wenn die Arbeitslosigkeit noch nicht eingetreten, der Eintritt der Arbeitslosigkeit aber innerhalb der nächsten zwei Monate zu erwarten ist.

- Die **Anwartschaftszeit** hat erfüllt, wer in der Rahmenfrist von zwei Jahren mindestens zwölf 93
Monate in einem Versicherungspflichtverhältnis gestanden hat. Zeiten, die vor dem Tag liegen, an dem der Anspruch auf Arbeitslosengeld wegen des Eintritts einer Sperrzeit erloschen ist, dienen nicht zur Erfüllung der Anwartschaftszeit.

Das Arbeitslosengeld beträgt 94

- für Arbeitslose, die mindestens ein Kind i. S. des § 32 Abs. 1, 3 bis 5 EStG haben, sowie für Arbeitslose, deren Ehegatte mindestens ein Kind i. S. des § 32 Abs. 1, 4 und 5 EStG hat, wenn beide Ehegatten unbeschränkt einkommensteuerpflichtig sind und nicht dauernd getrennt leben, 67 % (erhöhter Leistungssatz),
- für die übrigen Arbeitslosen 60 % (allgemeiner Leistungssatz)

des pauschalierten Nettoentgelts (Leistungsentgelt), das sich aus dem Bruttoentgelt ergibt, das der Arbeitslose im Bemessungszeitraum erzielt hat (Bemessungsentgelt).

Arbeitslosengeld wird für Kalendertage berechnet, wobei ein voller Monat immer mit 95
30 Kalendertagen anzusetzen ist. Arbeitslosengeld wird als Entgeltersatzleistung ausbezahlt. Wie lange Arbeitslosengeld ausbezahlt wird, richtet sich nach der Dauer der Versicherungspflichtverhältnisse und dem Lebensalter, das der Anspruchsteller bei Entstehung des Arbeitslosengeldes vollendet hat. Die Leistungsdauer ist somit beschäftigungszeit- und altersabhängig.

Der Anspruch **ruht** insbesondere bei Verhängung einer **Sperrzeit** (§ 159 SGB III), daher wenn der Anspruchsteller sich – ohne einen wichtigen Grund dafür zu haben – versicherungswidrig verhalten hat.

Versicherungswidriges Verhalten liegt insbesondere vor,

- wenn ein Beschäftigungsverhältnis gelöst oder durch ein arbeitsvertragswidriges Verhalten Anlass für die Lösung des Beschäftigungsverhältnisses gegeben und dadurch vorsätzlich oder grob fahrlässig die Arbeitslosigkeit herbeigeführt wurde (**Sperrzeit bei Arbeitsaufgabe**). Dies sind die Fälle der Eigenkündigung, des Aufhebungsvertrages und der verhaltensbedingten Kündigung durch den Arbeitgeber, denn der Anspruchsberechtigte soll nicht durch eigenes Verhalten die Arbeitslosigkeit herbeiführen und mit der Auszahlung von Arbeitslosengeld zu Lasten der Solidargemeinschaft „belohnt" werden.

- wenn eine von der Agentur für Arbeit angebotene Beschäftigung nicht angenommen oder nicht angetreten wird oder die Anbahnung eines solchen Beschäftigungsverhältnisses, insbesondere das Zustandekommen eines Vorstellungsgespräches, durch das Verhalten des Anspruchstellers verhindert wird (**Sperrzeit bei Arbeitsablehnung**).
- wenn der Agentur für Arbeit die von ihr geforderten Eigenbemühungen nicht nachgewiesen werden (**Sperrzeit bei unzureichenden Eigenbemühungen**).
- wenn der Anspruchsteller sich weigert, an einer Maßnahme zur Aktivierung und beruflichen Eingliederung oder an einer Maßnahme zur beruflichen Aus- oder Weiterbildung oder einer Maßnahme zur Teilhabe am Arbeitsleben teilzunehmen (**Sperrzeit bei Ablehnung einer beruflichen Eingliederungsmaßnahme**).
- wenn der Anspruchsteller die Teilnahme an einer der zuvor genannten Maßnahmen abbricht oder durch maßnahmewidriges Verhalten den Ausschluss aus einer dieser Maßnahmen herbeiführt (**Sperrzeit bei Abbruch einer beruflichen Eingliederungsmaßnahme**).
- wenn der Anspruchsteller einer Aufforderung der Agentur für Arbeit, sich zu melden oder zu einem ärztlichen oder psychologischen Untersuchungstermin zu erscheinen, nicht nachkommt oder nicht nachgekommen ist (**Sperrzeit bei Meldeversäumnis**).
- wenn der Anspruchsteller sich verspätet arbeitsuchend meldet (**Sperrzeit bei verspäteter Arbeitsuchendmeldung**).

Die Dauer der Sperrzeiten folgt dem Grund der Verhängung und ist in § 159 Abs. 3–6 SGB III geregelt. Mehrere Sperrzeiten bei Verwirklichung mehrerer Tatbestände werden zusammengerechnet, § 159 Abs. 2 SGB III.

Der Anspruch auf Arbeitslosengeld ruht auch bei Arbeitskämpfen (§ 160 SGB III) und bei Bezug bestimmter anderer Sozialleistungen nämlich Lohnersatzleistungen wegen Krankheit oder Krankengeld, Verletztengeld und Mutterschaftsgeld (§ 156 SGB III), für die Zeit, in der der Anspruchsberechtigte Entgelt beansprucht oder zu beanspruchen hat oder eine Urlaubsabgeltung wegen Beendigung des Arbeitsverhältnisses beansprucht oder zu beanspruchen hat für die Zeit des abgegoltenen Urlaubs (§ 157 SGB III) und bei Erhalt einer Abfindung oder einer anderen Entlassungsentschädigung (§ 158 SGB III).

Ruhen bedeutet, dass Arbeitslosengeld für die Dauer des Ruhens nicht ausbezahlt wird. Dies bedeutet nicht zwangsläufig, dass es zu einer Kürzung kommt, denn die Anspruchsdauer wird grundsätzlich nicht um die Zeit des Ruhens verkürzt.

Nur im Falle der Verhängung einer Sperrzeit mindert sich auch die Anspruchsdauer um die Zeit des Ruhens, § 148 Abs. 1 Nr. 3 SGB III. Da die Leistung jedoch zeitweise nicht ausbezahlt wird, findet regelmäßig eine faktische Minderung statt, denn nur selten beanspruchen Anspruchsteller die Leistung für den gesamten Zeitraum.

Der Arbeitslosengeldempfänger ist krankenversichert (§ 5 SGB V).

Die Zeit, in der eine Meldung wegen Arbeitslosigkeit bei einer deutschen Agentur für Arbeit als Arbeitsuchende vorliegt, wird als Anrechnungszeit bei der gesetzlichen Rentenversicherung berücksichtigt (§ 58 Abs. 1 Nr. 3 SGB VI).

96 Arbeitslosengeld wird als **Teilarbeitslosengeld** nach § 162 SGB III geleistet an einen Arbeitnehmer, der teilarbeitslos ist, sich teilarbeitslos gemeldet und die Anwartschaftszeit für Teilarbeitslosengeld erfüllt hat. Teilarbeitslos ist, wer eine versicherungspflichti-

ge Beschäftigung verloren hat, die er neben einer weiteren versicherungspflichtigen Beschäftigung ausgeübt hat, und eine versicherungspflichtige Beschäftigung sucht. Die Anwartschaftszeit für das Teilarbeitslosengeld hat erfüllt, wer in der Teilarbeitslosengeld-Rahmenfrist von zwei Jahren neben der weiterhin ausgeübten versicherungspflichtigen Beschäftigung mindestens zwölf Monate eine weitere versicherungspflichtige Beschäftigung ausgeübt hat. Für die Teilarbeitslosengeld-Rahmenfrist gelten die Regelungen zum Arbeitslosengeld über die Rahmenfrist entsprechend. Die Dauer des Anspruchs auf Teilarbeitslosengeld beträgt sechs Monate. Für die Zuordnung der Leistungsgruppe ist die Lohnsteuerklasse maßgebend, die auf der Lohnsteuerkarte für das Beschäftigungsverhältnis, das den Anspruch auf Teilarbeitslosengeld begründet, zuletzt eingetragen war. Der Anspruch auf Teilarbeitslosengeld erlischt, wenn der Arbeitnehmer nach der Entstehung des Anspruchs eine Beschäftigung, selbständige Tätigkeit oder Tätigkeit als mithelfender Familienangehöriger für mehr als zwei Wochen oder mit einer Arbeitszeit von mehr als fünf Stunden wöchentlich aufnimmt, wenn die Voraussetzungen für einen Anspruch auf Arbeitslosengeld erfüllt sind oder spätestens nach Ablauf eines Jahres seit Entstehung des Anspruchs.

II. Arbeitslosengeld II

Die frühere Arbeitslosenhilfe, die sich an das Arbeitslosengeld anschloss, wurde ab 1. 1. 2005 durch das Arbeitslosengeld II (ALG II) komplett ersetzt. Systematisch handelt es sich nicht um eine Versicherungsleistung. Die Platzierung im SGB II war nicht der Wichtigkeit des Arbeitslosengeldes II geschuldet, sondern die Verortung erfolgte allein pragmatisch aus Platzgründen. 97

Die Leistungen des SGB II sind im Wesentlichen Grundsicherungsleistungen und dem Existenzminimum verpflichtet. Die Leistungsempfänger sind erwerbsfähige Hilfebedürftige (nicht erwerbsfähige erhalten entweder Leistungen nach SGB VI, bei Hilfebedürftigkeit Sozialleistungen nach dem SGB XII – das Pendant zum SGB II).

Leistungen erhalten nach dessen § 7 Personen, zwischen dem 15. Lebensjahr wenn sie die Altersgrenze nach § 7a SGB II noch nicht erreicht haben. Personen, die vor dem 1. 1. 1947 geboren sind, erreichen die Altersgrenze mit Vollendung des 65. Lebensjahres. Für Personen, die nach dem 31. 12. 1946 geboren sind, wird die Altersgrenze stufenweise angehoben. Ferner müssen sie erwerbsfähig und hilfebedürftig sein und ihren gewöhnlichen Aufenthalt in der Bundesrepublik Deutschland haben (erwerbsfähige Hilfebedürftige). Ausländer, die ihren gewöhnlichen Aufenthalt in der Bundesrepublik Deutschland haben, erhalten Leistungen, wenn die Voraussetzungen nach § 8 Abs. 2 SGB II vorliegen.

Leistungen erhalten aber nun auch Personen, die mit erwerbsfähigen Hilfebedürftigen in einer Bedarfsgemeinschaft leben, wenn dadurch die Hilfebedürftigkeit der Angehörigen der Bedarfsgemeinschaft beendet oder verringert oder Hemmnisse bei der Eingliederung der erwerbsfähigen Hilfebedürftigen beseitigt oder vermindert werden.

98 Zur Bedarfsgemeinschaft gehören

- die erwerbsfähigen Leistungsberechtigten,
- die im Haushalt lebenden Eltern oder der im Haushalt lebende Elternteil eines unverheirateten erwerbsfähigen Kindes, welches das 25. Lebensjahr noch nicht vollendet hat, und die im Haushalt lebende Partnerin oder der im Haushalt lebende Partner dieses Elternteils,
- als Partnerin oder Partner der erwerbsfähigen Leistungsberechtigten
  a) die nicht dauernd getrennt lebende Ehegattin oder der Ehegatte,
  b) die nicht dauernd getrennt lebende Lebenspartnerin oder der Lebenspartner,
  c) eine Person, die mit dem erwerbsfähigen Hilfebedürftigen in einem gemeinsamen Haushalt so zusammenlebt, dass nach verständiger Würdigung der wechselseitige Wille anzunehmen ist, Verantwortung füreinander zu tragen und füreinander einzustehen (ein solcher wechselseitiger Wille, Verantwortung füreinander zu tragen und füreinander einzustehen, wird dabei widerleglich vermutet, wenn Partner länger als ein Jahr zusammenleben, mit einem gemeinsamen Kind zusammenleben, Kinder oder Angehörige im Haushalt versorgen oder befugt sind, über Einkommen oder Vermögen des anderen zu verfügen);
- die dem Haushalt angehörenden unverheirateten Kinder der zuvor genannten Personen, wenn sie das 25. Lebensjahr noch nicht vollendet haben, soweit sie die Leistungen zur Sicherung ihres Lebensunterhalts nicht aus eigenem Einkommen oder Vermögen beschaffen können.

Leistungen nach diesem Buch erhält nicht, wer für länger als sechs Monate in einer stationären Einrichtung untergebracht ist oder Rente wegen Alters bezieht.

Hilfebedürftig ist, wer seinen Lebensunterhalt, seine Eingliederung in Arbeit und den Lebensunterhalt der mit ihm in einer Bedarfsgemeinschaft lebenden Personen nicht oder nicht ausreichend aus eigenen Kräften und Mitteln, vor allem nicht

- durch Aufnahme einer zumutbaren Arbeit,
- aus dem zu berücksichtigenden Einkommen oder Vermögen

sichern kann und die erforderliche Hilfe nicht von anderen, insbesondere von Angehörigen oder von Trägern anderer Sozialleistungen erhält.

Bei Personen, die in einer Bedarfsgemeinschaft leben, ist auch das Einkommen und Vermögen des Partners zu berücksichtigen.

Erwerbsfähige Hilfebedürftige erhalten als Arbeitslosengeld II

- pauschalierte Grundleistungen zur Sicherung des Lebensunterhalts nach der entsprechenden Regelbedarfsstufe (z. B. Regelbedarfsstufe 1 für Alleinstehende, Alleinerziehende oder Volljährige mit minderjährigem Partner; Grundbetrag i. H. von 446 €, Stand: 1. 1. 2021) zzgl. der angemessenen Kosten für Unterkunft und Heizung;
- Mehrbedarfe, die nicht durch den Regelbedarf abgedeckt sind;
- Mehrbedarfe für Bildung und Teilhabe sowie
- im Einzelfall ein vom Regelbedarf zur Sicherung des Lebensunterhalts umfasster und nach den Umständen unabweisbarer und nachgewiesener Bedarf nicht gedeckt werden kann, diesen Bedarf als Sach- oder als Geldleistung als Darlehen.

Grundsätzlich werden Leistungen als Geldleistung auf ein deutsches Konto ausbezahlt, § 42 SGB II. Soweit und solange sich Leistungsberechtigte, insbesondere bei Drogen- oder Alkoholabhängigkeit sowie im Falle unwirtschaftlichen Verhaltens, als ungeeignet erweisen, mit den Leistungen für den Regelbedarf ihren Bedarf zu decken, kann die Leistung bis zur Höhe des Regelbedarfs für den Lebensunterhalt teilweise oder in voller

Höhe als Sachleistungen erbracht werden. Dies wird regelmäßig durch Lebensmittelgutscheine erfolgen.

Das zu berücksichtigende Einkommen und Vermögen mindert die Geldleistungen der Agentur für Arbeit; soweit Einkommen und Vermögen darüber hinaus zu berücksichtigen ist, mindert es die Geldleistungen der kommunalen Träger.

Bei minderjährigen unverheirateten Kindern, die mit ihren Eltern oder einem Elternteil in einer Bedarfsgemeinschaft leben und die die Leistungen zur Sicherung ihres Lebensunterhalts nicht aus ihrem eigenen Einkommen oder Vermögen beschaffen können, sind auch das Einkommen und Vermögen der Eltern oder des Elternteils zu berücksichtigen. Ist in einer Bedarfsgemeinschaft nicht der gesamte Bedarf aus eigenen Kräften und Mitteln gedeckt, gilt jede Person der Bedarfsgemeinschaft im Verhältnis des eigenen Bedarfs zum Gesamtbedarf als hilfebedürftig.

Hilfebedürftig ist auch derjenige, dem der sofortige Verbrauch oder die sofortige Verwertung von zu berücksichtigendem Vermögen nicht möglich ist oder für den dies eine besondere Härte bedeuten würde; in diesem Falle sind die Leistungen als Darlehen zu erbringen.

Leben Hilfebedürftige in Haushaltsgemeinschaft mit Verwandten oder Verschwägerten, so wird vermutet, dass sie von ihnen Leistungen erhalten, soweit dies nach deren Einkommen und Vermögen erwartet werden kann.

Dem erwerbsfähigen Hilfebedürftigen ist **jede Arbeit zumutbar**, es sei denn, dass er zu 99
der bestimmten Arbeit körperlich, geistig oder seelisch nicht in der Lage ist, die Ausübung der Arbeit ihm die künftige Ausübung seiner bisherigen überwiegenden Arbeit wesentlich erschweren würde, weil die bisherige Tätigkeit besondere körperliche Anforderungen stellt, die Ausübung der Arbeit die Erziehung seines Kindes oder des Kindes seines Partners gefährden würde; die Erziehung eines Kindes, das das dritte Lebensjahr vollendet hat, ist in der Regel nicht gefährdet, soweit seine Betreuung in einer Tageseinrichtung oder in Tagespflege im Sinne der Vorschriften des Achten Buches oder auf sonstige Weise sichergestellt ist; die Agentur für Arbeit soll in Zusammenarbeit mit dem örtlichen Träger der Sozialhilfe darauf hinwirken, dass Erziehenden vorrangig ein Platz zur Tagesbetreuung des Kindes angeboten wird, die Ausübung der Arbeit mit der Pflege eines Angehörigen nicht vereinbar wäre und die Pflege nicht auf andere Weise sichergestellt werden kann, der Ausübung der Arbeit ein sonstiger wichtiger Grund entgegensteht.

Eine Arbeit **ist nicht allein deshalb unzumutbar**, weil sie nicht einer früheren beruflichen Tätigkeit des erwerbsfähigen Hilfebedürftigen entspricht, für die er ausgebildet ist oder die er ausgeübt hat, sie im Hinblick auf die Ausbildung des erwerbsfähigen Hilfebedürftigen als geringerwertig anzusehen ist, der Beschäftigungsort vom Wohnort des erwerbsfähigen Hilfebedürftigen weiter entfernt ist als ein früherer Beschäftigungs- oder Ausbildungsort, die Arbeitsbedingungen ungünstiger sind als bei den bisherigen Beschäftigungen des erwerbsfähigen Hilfebedürftigen.

Als Einkommen zu berücksichtigen sind Einnahmen in Geld oder Geldeswert mit Aus- 100
nahme der Leistungen nach diesem Buch, der Grundrente nach dem Bundesversorgungsgesetz und nach den Gesetzen, die eine entsprechende Anwendung des Bundes-

versorgungsgesetzes vorsehen und der Renten oder Beihilfen, die nach dem Bundesentschädigungsgesetz für Schaden an Leben sowie an Körper oder Gesundheit erbracht werden, bis zur Höhe der vergleichbaren Grundrente nach dem Bundesversorgungsgesetz.

Als Vermögen sind alle verwertbaren Vermögensgegenstände zu berücksichtigen.

Als Vermögen sind nicht zu berücksichtigen

- angemessener Hausrat,
- ein angemessenes Kraftfahrzeug für jeden in der Bedarfsgemeinschaft lebenden erwerbsfähigen Hilfebedürftigen,
- vom Inhaber als für die Altersvorsorge bestimmt bezeichnete Vermögensgegenstände in angemessenem Umfang, wenn der erwerbsfähige Hilfebedürftige oder sein Partner von der Versicherungspflicht in der gesetzlichen Rentenversicherung befreit ist,
- ein selbst genutztes Hausgrundstück von angemessener Größe oder eine entsprechende Eigentumswohnung,
- Vermögen, solange es nachweislich zur baldigen Beschaffung oder Erhaltung eines Hausgrundstücks von angemessener Größe bestimmt ist, soweit dieses zu Wohnzwecken behinderter oder pflegebedürftiger Menschen dient oder dienen soll und dieser Zweck durch den Einsatz oder die Verwertung des Vermögens gefährdet würde,
- Sachen und Rechte, soweit ihre Verwertung offensichtlich unwirtschaftlich ist oder für den Betroffenen eine besondere Härte bedeuten würde.

Für die Angemessenheit sind die Lebensumstände während des Bezugs der Leistungen zur Grundsicherung für Arbeitsuchende maßgebend.

H. Die soziale Pflegeversicherung

101 Die soziale Pflegeversicherung ist ein neuerer Zweig der Sozialversicherung (eingeführt zum 1. 1. 1995). Sie stellt eine Solidargemeinschaft der Versicherten dar mit dem sozialen Recht nach § 4 SGB I, die Leistungsfähigkeit der Versicherten wiederherzustellen oder zu bessern und sie bei Pflegebedürftigkeit wirtschaftlich zu sichern. Der Solidargedanke kommt wie in der Krankenversicherung zum Ausdruck. Die Pflegeversicherung ist gesetzlich geregelt im Elften Buch des Sozialgesetzbuchs.

I. Der versicherte Personenkreis

102 In die gesetzliche Pflegeversicherung sind kraft Gesetzes (§ 1 Abs. 2 SGB XI) alle einbezogen, die in der gesetzlichen Krankenversicherung versichert sind. Wer gegen Krankheit bei einem privaten Krankenversicherungsunternehmen versichert ist, **muss** eine private Pflegeversicherung **abschließen.**

II. Pflegebedürftigkeit

103 **Pflegebedürftig** im Sinne der gesetzlichen Pflegeversicherung sind Personen, die gesundheitlich bedingte Beeinträchtigungen der Selbständigkeit oder der Fähigkeiten aufweisen und deshalb der Hilfe durch andere bedürfen. Dabei muss es sich um Personen handeln, die körperliche, kognitive oder psychische Beeinträchtigungen oder ge-

sundheitlich bedingte Belastungen oder Anforderungen nicht selbständig kompensieren oder bewältigen können. Die Pflegebedürftigkeit muss auf Dauer, voraussichtlich für mindestens sechs Monate bestehen und eine (näher in § 15 SGB XI geregelte) Schwere aufweisen.

Bis Ende 2016 erfolgte die Einordnung in eine von drei Pflegestufen defizitorientiert. 104
Seit 1. 1 .2017 ist ein neues Begutachtungsassessment eingeführt worden (§ 15 SGB XI), das eine Einstufung nach dem verbliebenem Restleistungsvermögen vorsieht.

Einstweilen frei 105

Für die Gewährung von Leistungen nach dem Recht der gesetzlichen Pflegeversiche- 106
rung sind pflegebedürftige Personen nunmehr einem von fünf Pflegegraden zuzuordnen. Hierzu erfolgt eine Gewichtung nach sechs einzelnen Modulen:

- Modul 1: Mobilität,
- Modul 2: kognitive und kommunikative Fähigkeiten,
- Modul 3: Verhaltensweisen und psychische Problemlagen,
- Modul 4: Selbstversorgung,
- Modul 5: Bewältigung von und des selbständigen Umgangs mit krankheits- oder therapiebedingten Anforderungen und Belastungen,
- Modul 6: Gestaltung des Alltagslebens und sozialer Kontakte.

Für jedes Modul werden Punkte vergeben. Nach Addition der Punkte ist dann der Pflegegrad zu ermitteln, § 15 Abs. 3 SGB XI:

- Pflegegrad 1 (geringe Beeinträchtigungen der Selbständigkeit oder der Fähigkeiten) bei 12,5 bis < 27 Punkte,
- Pflegegrad 2 (erhebliche Beeinträchtigungen der Selbständigkeit oder der Fähigkeiten) bei 27 bis < 47,5 Punkte,
- Pflegegrad 3 (schwere Beeinträchtigungen der Selbständigkeit oder der Fähigkeiten) bei 47,5 bis < 70 Punkte,
- Pflegegrad 4 (schwerste Beeinträchtigungen der Selbständigkeit oder der Fähigkeiten) bei 70 bis < 90 Punkte,
- Pflegegrad 5 (schwerste Beeinträchtigungen der Selbständigkeit oder der Fähigkeiten mit besonderen Anforderungen an die pflegerische Versorgung) bei 90 bis 100 Punkte.

Zur Feststellung der Pflegegrade beauftragen die Pflegekassen den **medizinischen Dienst de Krankenkassen (MDK)** oder einen anderen Gutachter mit der Erstellung eines Gutachtens. Im letzteren Fall oder wenn vier Wochen nach Antragstellung keine Begutachtung durch den MDK erfolgte, ist die Pflegekasse verpflichtet, dem Antragsteller mindestens drei unabhängige Gutachter zur Auswahl zu benennen und hat jeweils auf die Qualifikation der benannten Gutachter hinzuweisen. Der Antragsteller kann einen dieser unabhängigen Gutachter auswählen.

Dem Anspruchsteller soll mit dem Bescheid zur Einstufung auch das Gutachten übermittelt werden. Ist dies nicht der Fall, kann der Anspruchsteller die Übermittlung zu einem späteren Zeitpunkt verlangen.

Bei **Kindern** ist für die Zuordnung der zusätzliche Hilfebedarf gegenüber einem gesun- 107
den gleichaltrigen Kind maßgebend (§§ 15 Abs. 6 und 7 SGB XI).

III. Leistungen und Leistungsträger

108 Die in § 21a SGB I zur Information katalogartig dargestellten **Leistungen sollen den Pflegebedürftigen helfen, trotz ihres Hilfebedarfs ein möglichst selbständiges und selbstbestimmtes Leben zu führen**, das der Würde des Menschen entspricht. Die Hilfen sind darauf auszurichten, die körperlichen, geistigen und seelischen Kräfte der Pflegebedürftigen wiederzugewinnen oder zu erhalten. Die Pflegebedürftigen können zwischen Einrichtungen und Diensten verschiedener Träger wählen. Ihren Wünschen zur Gestaltung der Hilfe soll, soweit sie angemessen sind, im Rahmen des Leistungsrechts entsprochen werden. Auf die religiösen Bedürfnisse der Pflegebedürftigen ist Rücksicht zu nehmen. Auf ihren Wunsch hin sollen sie stationäre Leistungen in einer Einrichtung erhalten, in der sie durch Geistliche ihres Bekenntnisses betreut werden können. Die **Leistungen** werden in §§ 36–43a SGB XI wie folgt zusammengefasst:

- **Pflegesachleistung**, bei der Pflegebedürftige, die in ihrem Haushalt oder einem anderen Haushalt, in dem sie aufgenommen sind, gepflegt werden, Grundpflege und hauswirtschaftliche Versorgung erhalten (häusliche Pflegehilfe). Häusliche Pflegehilfe wird durch geeignete Pflegekräfte erbracht, die entweder von der Pflegekasse oder bei ambulanten Pflegeeinrichtungen, mit denen die Pflegekasse einen Versorgungsvertrag abgeschlossen hat, angestellt sind. Auch durch Einzelpersonen, mit denen die Pflegekasse einen Vertrag nach § 77 Abs. 1 SGB XI abgeschlossen hat, kann häusliche Pflegehilfe als Sachleistung erbracht werden;
- **Häusliche Pflege bei Verhinderung der Pflegeperson**;
- **Pflegehilfsmittel und technische Hilfen**, die zur Erleichterung der Pflege oder zur Linderung der Beschwerden des Pflegebedürftigen beitragen oder ihm eine selbständigere Lebensführung ermöglichen, soweit die Hilfsmittel nicht wegen Krankheit oder Behinderung von der Krankenversicherung oder anderen zuständigen Leistungsträgern zu leisten sind;
- **Teilstationäre Pflege** in Einrichtungen der Tages- oder Nachtpflege, wenn häusliche Pflege nicht in ausreichendem Umfang sichergestellt werden kann. Die teilstationäre Pflege umfasst auch die notwendige Beförderung des Pflegebedürftigen von der Wohnung zur Einrichtung der Tagespflege oder der Nachtpflege und zurück;
- **Kurzzeitpflege**, wenn die häusliche Pflege zeitweise nicht, noch nicht oder nicht im erforderlichen Umfang erbracht werden kann und auch teilstationäre Pflege nicht ausreicht, besteht Anspruch auf Pflege in einer vollstationären Einrichtung für eine Übergangszeit im Anschluss an eine stationäre Behandlung des Pflegebedürftigen oder in sonstigen Krisensituationen, in denen vorübergehend häusliche oder teilstationäre Pflege nicht möglich oder nicht ausreichend ist;
- **Vollstationäre Pflege**; Pflegebedürftige haben Anspruch auf Pflege in vollstationären Einrichtungen, wenn häusliche oder teilstationäre Pflege nicht möglich ist oder wegen der Besonderheit des einzelnen Falls nicht in Betracht kommt;
- **Sozialleistungen für Pflegepersonen**; zur Verbesserung der sozialen Sicherung der Pflegepersonen i. S. des § 19 SGB XI entrichtet die soziale Pflegeversicherung oder das private Versicherungsunternehmen, bei dem eine private Pflege-Pflichtversicherung abgeschlossen worden ist, Beiträge an den zuständigen Träger der gesetzlichen Rentenversicherung, wenn die Pflegeperson regelmäßig nicht mehr als dreißig Stunden wöchentlich erwerbstätig ist. Näheres regeln die §§ 3, 137, 166 und 170 des Sechsten Buchs. Während der pflegerischen Tätigkeit sind die Pflegepersonen nach Maßgabe der §§ 2, 4, 105, 106, 129, 185 des SGB VI in den Versicherungsschutz der gesetzlichen Unfallversicherung einbezogen. Pflegepersonen, die nach der Pflegetätigkeit in das Erwerbsleben zurückkehren wollen, können bei beruflicher Weiterbildung nach dem SGB III gefördert werden;
- **Pflegekurse für Angehörige und ehrenamtliche Pflegepersonen** und
- **Beratungsgutscheine**, § 7b SGB XI.

Zuständige **Leistungsträger** sind in Form rechtsfähiger Körperschaften des öffentlichen Rechts mit Selbstverwaltungsrecht die Pflegekassen. 109

I. Sozialgesetzbuch IX

Durch das Sozialgesetzbuch IX – Rehabilitation und Teilhabe von Menschen mit Behinderungen – v. 19. 6. 2001 (BGBl I S. 1046 f.) wurde das Recht zur Eingliederung behinderter Menschen zusammengefasst, allerdings nur das Bundesrecht; alle landesrechtlichen Vorschriften sind nicht berücksichtigt, dasselbe gilt für alle kommunalrechtlichen Vorschriften. 110

Das SGB IX befasst sich nur mit den Regelungen, die gezielt auf die Rehabilitation und Eingliederung behinderter und von Behinderung bedrohter Menschen in die Gesellschaft ausgerichtet sind. Behinderte und von Behinderung bedrohte Menschen können selbstverständlich darüber hinaus die gleichen Sozialleistungen und sonstigen Hilfen wie andere Bürger in Anspruch nehmen; soweit dies geschieht, ist die volle Eingliederung behinderter Menschen in das Sozialleistungsrecht bereits vollzogen, und die einschlägigen Leistungen brauchen nicht Gegenstand dieses Sozialgesetzbuches zu sein. 111

Nicht einbezogen sind ferner Vorschriften, die sich in anderweitigen größeren Sachzusammenhängen als spezielle Regelungen für behinderte Menschen darstellen. Dies gilt beispielsweise für steuerliche Vergünstigungen in den verschiedenen Steuergesetzen, berufsrechtliche Sonderregelungen in den Gesetzen über die Berufsausbildung oder die Ausbildungsförderung oder Sonderregelungen im Wohngeldrecht.

Die Einordnung des Rehabilitationsrechts konzentriert sich somit auf die Vorschriften, die für die einzelnen Rehabilitationsträger gelten und entweder Rehabilitationsleistungen oder das Rehabilitationsverfahren zum Inhalt haben. Hierzu gehört auch die Eingliederungshilfe der Sozial- und Jugendhilfe, da sie in der Sache auch Rehabilitationsträger sind.

I. Teilhabe an der Gesellschaft

Im Mittelpunkt des Gesetzes steht die Ermöglichung eines selbstbestimmten Lebens für Behinderte und von Behinderung bedrohte Menschen. 112

Durch die Zusammenfassung der Rechtsvorschriften zur Rehabilitation und Eingliederung behinderter Menschen, die für mehrere Sozialleistungsbereiche einheitlich gelten, sowie des Schwerbehindertenrechts entsprechend den Ordnungsprinzipien des Sozialgesetzbuches wird das Neunte Buch Sozialgesetzbuch in ähnlicher Weise bereichsübergreifend wirksam wie bereits bisher die Regelungen des Ersten, des Vierten und des Zehnten Buches Sozialgesetzbuch. Im Neunten Buch sind somit alle Regelungen zusammengefasst, die für die in § 6 SGB IX genannten Rehabilitationsträger einheitlich gelten.

II. Einbeziehung der Träger der Sozialhilfe und der Träger der Jugendhilfe

113 Unter Berücksichtigung der grundsätzlichen Unterschiede der Leistungen der Sozialhilfe und der Leistungen der übrigen Leistungsträger werden neben den Trägern der öffentlichen Jugendhilfe die Träger der Sozialhilfe in den Kreis der Rehabilitationsträger einbezogen. Damit wird zugleich klargestellt, dass zu einer vollen Teilhabe am Leben in der Gesellschaft neben medizinischen und beruflichen Leistungen zur Rehabilitation in vielen Fällen weitere Leistungen gehören. Insbesondere die Einbeziehung dieser Träger in die für alle Rehabilitationsträger geltenden Verfahrens- und Abstimmungsvorschriften ermöglicht eine enge Zusammenarbeit im Interesse der behinderten Menschen, die zu ihrer Teilhabe am Leben in der Gesellschaft Leistungen und sonstige Hilfen mehrerer Träger benötigen.

III. Leistungen zur Teilhabe

114 Die Leistungen zur Teilhabe umfassen nach § 4 SGB IX die notwendigen Sozialleistungen, um unabhängig von der Ursache der Behinderung

- die Behinderung abzuwenden, zu beseitigen, zu mindern, ihre Verschlimmerung zu verhüten oder ihre Folgen zu mildern,
- Einschränkungen der Erwerbsfähigkeit oder Pflegebedürftigkeit zu vermeiden, zu überwinden, zu mindern oder eine Verschlimmerung zu verhüten sowie den vorzeitigen Bezug anderer Sozialleistungen zu vermeiden oder laufende Sozialleistungen zu mindern,
- die Teilhabe am Arbeitsleben entsprechend den Neigungen und Fähigkeiten dauerhaft zu sichern oder
- die persönliche Entwicklung ganzheitlich zu fördern und die Teilhabe am Leben in der Gesellschaft sowie eine möglichst selbständige und selbstbestimmte Lebensführung zu ermöglichen oder zu erleichtern.

Sie werden nach Maßgabe des SGB IX und der für die zuständigen Leistungsträger geltenden besonderen Vorschriften neben anderen Sozialleistungen erbracht. Die Leistungsträger erbringen die Leistungen im Rahmen der für sie geltenden Rechtsvorschriften nach Lage des Einzelfalls so vollständig, umfassend und in gleicher Qualität, dass Leistungen eines anderen Trägers möglichst nicht erforderlich werden.

115 Leistungen für behinderte oder von Behinderung bedrohte Kinder werden so geplant und gestaltet, dass nach Möglichkeit Kinder nicht von ihrem sozialen Umfeld getrennt und gemeinsam mit nicht behinderten Kindern betreut werden können. Dabei werden behinderte Kinder alters- und entwicklungsentsprechend an der Planung und Ausgestaltung der einzelnen Hilfen beteiligt und ihre Sorgeberechtigten intensiv in Planung und Gestaltung der Hilfen einbezogen.

IV. Rehabilitationsträger

116 Träger der Leistungen zur Teilhabe (Rehabilitationsträger) können nach § 6 SGB IX sein

- die gesetzlichen Krankenkassen für Leistungen nach § 5 Nr. 1 und 3,
- die Bundesagentur für Arbeit für Leistungen nach § 5 Nr. 2 und 3,

- die Träger der gesetzlichen Unfallversicherung für Leistungen nach § 5 Nr. 1 bis 3 und 5, für Kinder während des Besuchs von Tageseinrichtungen, Schüler während des Schulbesuchs und Studierende während der Aus- und Fortbildung an Hochschulen und somit kraft Gesetzes die für diese Versicherten zuständigen Unfallversicherungsträger für Leistungen nach § 5 Nr. 1 bis 5,
- die Träger der gesetzlichen Rentenversicherung für Leistungen nach § 5 Nr. 1 bis 3, die Träger der Alterssicherung der Landwirte für Leistungen nach § 5 Nr. 1 und 3,
- die Träger der Kriegsopferversorgung und die Träger der Kriegsopferfürsorge im Rahmen des Rechts der sozialen Entschädigung bei Gesundheitsschäden für Leistungen nach § 5 Nr. 1 bis 5,
- die Träger der öffentlichen Jugendhilfe für Leistungen nach § 5 Nr. 1, 2, 4 und 5,
- die Träger der Eingliederungshilfe für Leistungen nach § 5 Nr. 1, 2, 4 und 5.

Die Rehabilitationsträger nehmen ihre Aufgaben selbständig und eigenverantwortlich wahr.

V. Wunsch- und Wahlrecht der Leistungsberechtigten, Persönliches Budget

Um die Eigenverantwortlichkeit der Betroffenen zu stärken und ihnen bei der Ausführung der Leistungen möglichst weitgehenden Raum zu eigenverantwortlicher Gestaltung ihrer Lebensumstände zu belassen, erhalten die Betroffenen erweiterte Wunsch- und Wahlrechte (§ 8 SGB IX). So ist bei der Entscheidung über die Leistungen berechtigten Wünschen der Betroffenen zu entsprechen. Dazu gehört auch, dass die Leistungsberechtigten eine eigentliche Sachleistung, wenn sie nicht in einer Rehabilitationseinrichtung ausgeführt werden muss, in Form der Geldleistung wählen können, wenn die Geldleistung in der Wirksamkeit der Sachleistung entspricht und zumindest gleich wirtschaftlich ist. 117

VI. Rasche Zuständigkeitsklärung

Streitigkeiten über die Zuständigkeitsfrage einschließlich der vorläufigen Leistungserbringung bei ungeklärter Zuständigkeit oder bei Eilbedürftigkeit sollen nicht mehr zu Lasten der behinderten Menschen bzw. der Schnelligkeit und Qualität der Leistungserbringung gehen. § 14 SGB IX regelt daher die Zuständigkeitsklärung. Nach Beantragung von Leistungen zur Teilhabe, stellt der angegangene Rehabilitationsträger innerhalb von zwei Wochen nach Eingang des Antrages fest, ob er nach dem für ihn geltenden Leistungsgesetz für die Leistung zuständig ist. Stellt er bei der Prüfung fest, dass er für die Leistung nicht zuständig ist, leitet er den Antrag unverzüglich dem nach seiner Auffassung zuständigen Rehabilitationsträger zu. 118

Leitet er den Antrag nicht weiter, hat er den Rehabilitationsbedarf unverzüglich festzustellen. Erbringt ein unzuständiger Rehabilitationsträger Leistungen, erstattet der zuständige Rehabilitationsträger dem Träger, der die Leistung erbracht hat, dessen Aufwendungen nach den für diesen geltenden Rechtsvorschriften.

VII. Koordination der Leistungen und Kooperation der Leistungsträger

119 Ein Hauptanliegen ist es, die Koordination der Leistungen und die Kooperation der Leistungsträger durch wirksame Instrumente sicherzustellen. Dies wird u. a. durch die Einordnung des gesamten einschlägigen Rechts entsprechend den Einordnungsgrundsätzen des Sozialgesetzbuches erleichtert und verbessert.

VIII. Besondere Bedürfnisse und Probleme behinderter Frauen und Kinder

120 Geschlechtstypische Belastungssituationen für behinderte und von Behinderung bedrohter Frauen werden abgefangen, indem ihre besonderen Bedürfnisse und Probleme Berücksichtigung finden; Entsprechendes gilt auch für die besonderen Bedürfnisse und Probleme behinderter und von Behinderung bedrohter Kinder.

IX. Trägerübergreifende Qualitätssicherung

121 Um ein effizientes und effektives gemeinsames Handeln der Rehabilitationsträger zu gewährleisten und um die erforderlichen Leistungen in der gebotenen Qualität sicherzustellen, vereinbaren die Rehabilitationsträger gemeinsame Empfehlungen zur Sicherung und Weiterentwicklung der Qualität der Leistungen sowie für die Durchführung vergleichender Qualitätsanalysen als Grundlage für ein effektives Qualitätsmanagement.

X. Vorrang von Leistungen zur Teilhabe, psychologische und pädagogische Hilfen, stufenweise Wiedereingliederung

122 In § 9 des SGB IX wird klargestellt, dass nicht nur bei Renten- und Pflegeleistungen, sondern bei allen Sozialleistungen wegen einer Behinderung alle Möglichkeiten zu positiven Entwicklungsprozessen zu nutzen sind. Dass die Leistungen zur medizinischen Rehabilitation und zur Teilhabe am Arbeitsleben auch psychologische und pädagogische Hilfen umfassen, soweit diese Leistungen im Einzelfall zum Erreichen oder zur Sicherung des Erfolgs der Leistungen zur Teilhabe erforderlich sind, ist zu gewährleisten.

XI. Ambulant vor stationär

123 Eine Flexibilisierung der Rehabilitation gewinnt immer stärker an Bedeutung. Deshalb wird – unter Berücksichtigung der persönlichen Umstände und der Wirksamkeit der Leistungen – ausdrücklich geregelt, dass ambulante und teilstationäre Leistungen grundsätzlich zu bevorzugen sind.

XII. Arbeitsassistenz

Als Hilfe zur Erlangung eines Arbeitsplatzes wird für schwerbehinderte Menschen ergänzend zu dem – mit dem Gesetz zur Bekämpfung der Arbeitslosigkeit Schwerbehinderter gegenüber der Hauptfürsorgestelle und finanziert aus Mitteln der Ausgleichsabgabe eingeführten – Anspruch auf eine notwendige Arbeitsassistenz nach §§ 49 Abs. 8 Satz 1 Nr. 3, 185 Abs. 5 SGB IX auch ein entsprechender Anspruch gegenüber den Rehabilitationsträgern begründet. Die Regelung stellt sicher, dass schwerbehinderte Menschen die notwendigen Leistungen, die ihnen die Teilnahme am Arbeitsleben ermöglichen, im erforderlichen Umfang erhalten. Sie führt zu einer angemessenen Verteilung der hierdurch entstehenden Kosten zwischen Rehabilitationsträgern und Hauptfürsorgestellen, den heutigen **Integrationsämtern** (in Bayern und NRW „Inklusionsämter" genannt). 124

XIII. Gebärdensprache

Für die Integration der Gehörlosen ist es von großer Bedeutung, in beiden Sprachen – der Lautsprache und der Gebärdensprache – je nach den Erfordernissen der konkreten Situation, kommunizieren zu können. Für den Sozialbereich wird es den hörbehinderten Menschen ermöglicht, im Verkehr mit öffentlichen Einrichtungen die Gebärdensprache zu verwenden. Dies gilt nicht nur im Verfahren der Sozialverwaltung, sondern auch bei der Ausführung aller Sozialleistungen. 125

XIV. Einbeziehung des Schwerbehindertenrechts

Das Schwerbehindertengesetz, das nach § 68 des Ersten Buches Sozialgesetzbuch bis zu seiner Einordnung in das Sozialgesetzbuch als dessen besonderer Teil galt und ebenfalls auf die Eingliederung behinderter Menschen „in Arbeit, Beruf und Gesellschaft" abzielte, ist als Teil 3 des Neunten Buches Sozialgesetzbuch eingeordnet. Die Regelungen entsprachen im Wesentlichen inhaltsgleich dem bisherigen Schwerbehindertengesetz in der Ausgestaltung durch das Gesetz zur Bekämpfung der Arbeitslosigkeit Schwerbehinderter v. 29. 9. 2000 (BGBl I S. 1394), enthielten jedoch neben den sprachlichen Anpassungen auch einige notwendige Änderungen, von denen insbesondere das Verbot der Benachteiligung schwerbehinderter Menschen im Arbeits- oder sonstigen Beschäftigungsverhältnis sowie eine Entschädigungspflicht bei Verstoß gegen dieses Verbot hervorzuheben waren. Hierdurch sollte dem Benachteiligungsverbot des Artikels 3 Abs. 3 Satz 2 des Grundgesetzes weiter Rechnung getragen werden. Mit Wirkung vom 1. 1. 2020 wurde das SGB IX dann entsprechend den Vorgaben des Bundesteilhabegesetzes weitreichend reformiert. Vordringlich wird nun auf das Recht auf Teilhabe am Arbeitsleben von Menschen mit Behinderungen abgestellt. 126

Das SGB IX ist dabei in drei Teile aufgegliedert:

In Teil 1 finden sich Regelungen für Menschen mit Behinderungen und von Behinderung bedrohte Menschen, in Teil 2 besondere Leistungen zur selbstbestimmten Lebensführung für Menschen mit Behinderungen (daher: das **Eingliederungshilferecht**) und in Teil 3 die besondere Regelungen zur Teilhabe schwerbehinderter Menschen (das sog. **Schwerbehindertenrecht**).

Dieser 3. Teil ist in folgende Kapitel aufgeteilt:

- Kapitel 1 „Geschützter **Personenkreis**“ enthält die grundlegenden Regelungen über den Geltungsbereich sowie die Feststellung von Behinderung oder Schwerbehinderung und des Verfahrens über die Gleichstellung behinderter mit schwerbehinderten Menschen.
- Kapitel 2 „**Beschäftigungspflicht** der Arbeitgeber“ enthält die Regelungen über die Pflichtquoten und die ihrer Ermittlung zugrundeliegenden Arbeitsplätze, die Anrechnung beschäftigter schwerbehinderter Menschen sowie die Ausgleichsabgabe.
- Kapitel 3 „**Sonstige Pflichten** der **Arbeitgeber**, Rechte der schwerbehinderten Menschen“ regelt das Zusammenwirken von Arbeitgebern, Bundesanstalt für Arbeit und Hauptfürsorgestellen sowie die Verpflichtungen der privaten und öffentlichen Arbeitgeber und die Rechte schwerbehinderter Menschen bei der Teilhabe am Arbeitsleben.
- Kapitel 4 **„Kündigungsschutz“** regelt die besonderen Modalitäten bei der Beendigung des Arbeitsverhältnisses eines schwerbehinderten Menschen.
- Kapitel 5 „Betriebs-, Personal-, Richter-, Staatsanwalts- und Präsidialrat, **Schwerbehindertenvertretung**, Beauftragter des Arbeitgebers“ enthält die Regelungen über die institutionelle Berücksichtigung der Interessen schwerbehinderter Menschen in Betrieben und Dienststellen.
- Kapitel 6 „Durchführung der besonderen Regelungen zur **Teilhabe** schwerbehinderter Menschen“ enthält die Vorschriften über die Zusammenarbeit und das Verfahren der Bundesanstalt für Arbeit, der Hauptfürsorgestellen sowie der bei ihnen gebildeten Gremien.
- Kapitel 7 **„Integrationsfachdienste“** enthält die Regelungen über die Dienste, die bei der Vermittlung besonders betroffener schwerbehinderter Menschen auf Arbeitsplätze des allgemeinen Arbeitsmarktes tätig werden.
- Kapitel 8 „**Beendigung** der **Anwendung** der besonderen Regelungen zur Teilhabe schwerbehinderter und gleichgestellter behinderter Menschen“ enthält die Voraussetzungen, unter denen die besonderen Regelungen für schwerbehinderte Menschen nicht mehr angewendet werden.
- Kapitel 9 **„Widerspruchsverfahren“** regelt die Besonderheiten der Entscheidungen der Widerspruchsausschüsse.
- Kapitel 10 **„Sonstige Vorschriften“** enthält die besonderen Regelungen, die insbesondere in Bezug auf Urlaub, Mehr- und Heimarbeit schwerbehinderter Menschen gelten.
- Kapitel 11 **„Inklusionsbetriebe“** enthält die Regelungen über Betriebe und andere Arbeitseinheiten, in denen besonders betroffenen schwerbehinderten Menschen die Teilhabe am allgemeinen Arbeitsmarkt ermöglicht werden soll.
- Kapitel 12 **„Werkstätten für behinderte Menschen“** enthält die Regelungen für die im Berufsbildungsbereich und Arbeitsbereich der Werkstätten tätigen schwerbehinderten Menschen sowie deren Mitwirkung und die Berücksichtigung der den Werkstätten erteilten Aufträge bei der Ausgleichsabgabe.
- Kapitel 13 **„Unentgeltliche Beförderung schwerbehinderter Menschen im öffentlichen Personenverkehr“** regelt diesen Nachteilsausgleich sowie die Erstattung der hierdurch entstehenden Kosten.
- Kapitel 14 **„Straf-, Bußgeld- und Schlussvorschriften“** enthält die Regelungen für Sanktionen bei Verstößen gegen Verpflichtungen in Zusammenhang mit der Durchführung der besonderen Regelungen für schwerbehinderte Menschen.

10. Kapitel:

Berufswesen und -recht

von
Bärbel Ettig,
Geprüfte Bilanzbuchhalterin IHK,
Staatlich geprüfte Betriebswirtin,
Kreischa und
Dr. Diana Ettig,
Rechtsanwältin,
Fachanwältin für Urheber- und Medienrecht,
Frankfurt/Main

Inhaltsverzeichnis

A. Ausbildung und Berufsfelder des Bilanzbuchhalters

1 Nach wie vor hat die Weiterbildung zum geprüften Bilanzbuchhalter einen hohen Stellenwert, verbunden mit einer großen Anerkennung in der Wirtschaft. Überall dort, wo aussagekräftige Buchhaltungszahlen und Kostenmanagement erforderlich sind, werden Bilanzbuchhalter beschäftigt. Schätzungen gehen davon aus, dass es in Deutschland ca. 100 000 Bilanzbuchhalter und Bilanzbuchhalterinnen gibt. Wie die Industrie- und Handelskammern mitteilen, haben früher überwiegend Männer an dieser Weiterbildungsprüfung teilgenommen. Dieser Trend hat sich in den vergangenen Jahren gewandelt. Inzwischen sind ca. 40 % der Berufsträger weiblichen Geschlechts.

Der Abschluss wird nach dem Deutschen Qualifikationsrahmen und dem Europäischen Qualifikationsrahmen mit dem Niveau 6 eingeordnet. Dies bedeutet, dass der Abschluss gleichrangig ist mit dem eines Bachelors. Die am 18. 12. 2020 neu erlassene Prüfungsordnung trägt dem Rechnung.

2 Die Voraussetzungen zur Zulassung zur Bilanzbuchhalter-Prüfung sowie die Gliederung der Prüfung sind in der „Verordnung über die Prüfung zum anerkannten Fortbildungsabschluss Geprüfter Bilanzbuchhalter und Geprüfte Bilanzbuchhalterin-Bachelor Professional in Bilanzbuchhaltung“ vom Bundesministerium für Bildung und Forschung v. 18. 12. 2020 (BGBl I S. 3070–3078; vgl. *Anlage 1*) festgelegt. Diese Verordnung trat am 24. 12. 2020 in Kraft und hat die alte Verordnung v. 26. 10. 2015 (BGBl I S. 1819) abgelöst.

Übergangsschriften sind in § 15 der Verordnung geregelt.

Zur Prüfung ist zuzulassen, wer eine kaufmännische Ausbildung oder verwaltende Berufsausbildung mit einer Berufsausbildungsdauer von mindestens drei Jahren **oder** einen Abschluss als Fachwirt/Fachwirtin, Fachkaufmann/Fachkauffrau, Staatl. Geprüfter Betriebswirt/Betriebswirtin, einen wirtschaftswissenschaftlichen Diplom- oder Bachelorabschluss einer staatlichen oder staatlich anerkannten Hochschule oder Berufsakademie und danach mindestens ein Jahr Berufserfahrungen **oder** eine mindestens fünfjährige Berufspraxis nachweisen kann.

3 Die Prüfung gliedert sich in sieben Handlungsbereiche:

1. Geschäftsvorfälle erfassen und nach Rechnungslegungsvorschriften zu Abschlüssen führen
2. Jahresabschluss aufbereiten und auswerten
3. betriebliche Sachverhalte steuerlich darstellen
4. Finanzmanagement des Unternehmens wahrnehmen, gestalten und überwachen
5. Kosten- und Leistungsrechnung zielorientiert anwenden
6. ein internes Kontrollsystem sicherstellen
7. Kommunikation, Führung und Zusammenarbeit mit internen und externen Partnern sicherstellen

Die schriftliche Prüfung besteht aus drei Aufgabenstellungen mit einer Bearbeitungszeit von jeweils 240 Minuten. Die schriftliche Prüfung gilt als bestanden, wenn nach Zusammenrechnung aller drei Aufgabenstellungen ein durchschnittlicher Punktestand „ausreichend” ergibt.

Die mündliche Prüfung besteht aus einer Präsentation (15 Minuten) und einem Fachgespräch (30 Minuten) bezogen auf alle Prüfungsfächer. Voraussetzung für die Zulassung ist das Bestehen der schriftlichen Prüfung. Bei der mündlichen Prüfung wird das Fachgespräch doppelt gegenüber der Präsentation gewertet. Der durchschnittliche Punktestand muss auch hier mindestens „ausreichend" sein.

Nach Bildung des arithmetischen Mittels von schriftlicher und mündlicher Prüfung muss zum Bestehen ebenfalls ein „ausreichendes" Ergebnis vorzuweisen sein.

Gemäß § 14 der Verordnung kann eine Zusatzqualifikation als „Bilanzbuchhalter International" erworben werden. Hierbei muss eine schriftliche Prüfung mit zwei Aufgabenstellungen (Bearbeitungszeit jeweils 240 Minuten) abgelegt werden. Über das Bestehen der Prüfung erhält der Teilnehmer ein Zeugnis. 4

Gemäß der Prüfungsverordnung müssen die Prüfungsteilnehmer in den einzelnen Handlungsbereichen u. a. nachweisen, dass sie in der Lage sind, verschiedene Sachverhalte zu erkennen und rechtskonform zu bearbeiten, Maßnahmen zur Risikominderung aufzuzeigen und in diesem Zusammenhang Mitarbeiter und Mitarbeiterinnen zu führen. 5

Die in der freien Wirtschaft hoch angesehene Prüfung berechtigt und befähigt die Bilanzbuchhalter in Betrieben beliebiger Größenordnung verantwortlich das Rechnungswesen zu leiten. Hierzu gehören alle Tätigkeiten von der Belegerfassung bis hin zur Erstellung von Bilanzen inkl. Anhang und Steuererklärungen sowie die Vertretung des Betriebs gegenüber dem FA und Steuerprüfern. 6

Auf der Grundlage der Verordnung wurde der vom DIHK herausgegebene Rahmenplan für die Weiterbildung zum „Geprüften Bilanzbuchhalter/Geprüfte Bilanzbuchhalterin – Bachelor Professional in Bilanzbuchhaltung" durch Arbeitgeber- und Arbeitnehmersachverständige erarbeitet. Dieser Rahmenplan enthält Empfehlungen zur Vorbereitung auf diese Prüfung und kann unter www.dihk-verlag.de käuflich erworben werden. 7

Einstweilen frei 8, 9

Die Erstellung der bundeseinheitlichen Prüfungsaufgaben der Industrie- und Handelskammern erfolgt für alle 79 Industrie- und Handelskammern durch die Weiterbildungs-GmbH des DIHK. 10

Die Prüfungsordnung (*Anlage 1*) wurde von den zuständigen Gremien überarbeitet. Dabei wurden verschiedene Anforderungen an das Berufsbild konkretisiert und erweitert. 11

Die Verdienstmöglichkeiten für Bilanzbuchhalter sind relativ gut (vgl. Gehaltsanalyse 2016 des BVBC). So liegt das jährliche Durchschnittseinkommen eines Bilanzbuchhalters zwischen 42 000 € und 66 000 €. Hierbei gibt es deutliche Unterschiede innerhalb der Branchen und der Standorte. Danach werden die höchsten Gehälter in der Konsum- und Investitionsgüterindustrie erzielt. Beim Standort sind Baden-Württemberg, Hessen und Nordrhein-Westfalen führend. 12

Die aktuelle Gehaltsanalyse des BVBC 2019/2020 kann unter https://www.bvbc.de/gehaltsanalyse eingesehen werden.

13 Der größte Teil der Bilanzbuchhalter ist in der Industrie, der Wirtschaft oder bei Steuerberatern beschäftigt. In den vergangenen Jahren war aber auch ein verstärkter Trend zur selbständigen Berufsausübung von Bilanzbuchhaltern festzustellen.

14–100 *Einstweilen frei*

B. Die selbständige Berufsausübung des Bilanzbuchhalters

101 Im Rahmen einer selbständigen Berufsausübung können Bilanzbuchhalter nur einen kleinen Teil der gem. Abschn. A erworbenen und geprüften Kenntnisse anwenden.

102 **Eine Rechtsgrundlage**, die eigens für die selbständige Berufsausübung von Bilanzbuchhaltern erstellt wurde, gibt es nicht. Da der Umfang der Arbeiten, die von einem selbständig tätigen Bilanzbuchhalter angeboten und erledigt werden dürfen, durch das Steuerberatungsgesetz (StBerG) stark eingeschränkt ist, kann der selbständig tätige Bilanzbuchhalter seine fachliche Qualifikation nicht vollständig einsetzen. In § 6 Nr. 4 Steuerberatungsgesetz v. 16. 8. 1961 (BGBl I S. 1301) in der Fassung der Bekanntmachung v. 4. 11. 1975 (BGBl I S. 2735), zuletzt geändert durch das 8. Änderungsgesetz zum Steuerberatungsgesetz, sind die Ausnahmen vom Verbot der unbefugten Hilfeleistung in Steuersachen geregelt.

Demnach dürfen

- das Buchen laufender Geschäftsvorfälle,
- die laufende Lohnabrechnung,
- das Fertigen der Lohnsteuer-Anmeldung

von Personen erledigt werden, die

- über eine Abschlussprüfung in einem kaufmännischen Ausbildungsberuf oder über eine gleichwertige Vorbildung verfügen und
- mindestens 3 Jahre ausreichende Berufserfahrung haben.

103 Ausreichende Berufserfahrung wird als gegeben angesehen, wenn nach der Gehilfenprüfung eine praktische Tätigkeit auf dem Gebiet des Buchhaltungswesens von mindestens drei Jahren bei mindestens 16 Wochenstunden nachgewiesen werden kann.

104 Sofern selbständige Bilanzbuchhalter und Bilanzbuchhalterinnen den **Schwerpunkt** ihrer Selbständigkeit auf Unternehmensberatung legen, unterliegen sie keinerlei Zulassungsvoraussetzungen. Die beratende Tätigkeit im volks- und betriebswirtschaftlichen Bereich unterliegt keinen gesetzlichen Einschränkungen.

I. Berufsgrundsätze

105 Der Bundesverband der Bilanzbuchhalter und Controller e.V. (BVBC) als auch der Bundesverband professioneller Buchhalter und Bilanzbuchhalter e.V. (bpbb) haben besondere **Berufsgrundsätze** erarbeitet, die bestimmte Ansprüche an die selbständige Berufsausübung von Buchhaltern und Bilanzbuchhaltern formulieren. Die Mitglieder des je-

weiligen Verbandes unterwerfen sich zur Qualitätssicherung freiwillig diesen Anforderungen. Siehe dazu *Anlage 3*.

II. Kurzüberblicke zum Arbeitsgebiet und zu den rechtlichen Voraussetzungen

Das Arbeitsgebiet eines selbständig tätigen Bilanzbuchhalters ist in Abschn. IV ausführlich dargestellt. Dieser Kurzüberblick soll zum besseren Verständnis der rechtlichen Situation dienen. Die Hilfeleistung in steuerlichen Angelegenheiten ist in Deutschland aufgrund des StBerG, zur Zeit gültig in der Fassung der Bekanntmachung v. 4. 11. 1975 (BGBl I S. 2735), zuletzt geändert durch das 8. StBerÄndG, nur den wirtschafts-, rechts- und steuerberatenden Berufen erlaubt. Gem. § 1 Abs. 2 umfasst die **Hilfeleistung in Steuersachen** auch „die Hilfeleistung bei der Führung von Büchern und Aufzeichnungen sowie bei der Aufstellung von Abschlüssen, die für die Besteuerung von Bedeutung sind". Diese Regelung begründet das **Buchführungsprivileg** der steuer-, rechts- und wirtschaftsberatenden Berufe. 106

Im Rahmen der Verfügung der OFD Köln zum Thema „unbefugte Hilfeleistung in Steuersachen" v. 2. 4. 1990 sind die Tätigkeiten dargestellt, die den steuerberatenden Berufen in jedem Fall vorbehalten bleiben. Die OFD verweist in diesem Zusammenhang auf das BFH-Urteil v. 12. 1. 1988 (BStBl II S. 380). Aus dieser Aufstellung geht eindeutig hervor, dass insbesondere folgende Tätigkeiten **nicht** von anderen Personen als den Angehörigen der steuer-, rechts- und wirtschaftsberatenden Berufe erledigt werden dürfen: 107

- Einrichtung der Finanzbuchhaltung,
- Vornahme der vorbereitenden Abschlussbuchungen,
- Aufstellung des Jahresabschlusses,
- Anfertigung der USt-Voranmeldung und anderer Steuererklärungen.

Auf dem Gebiet der **klassischen Buchhaltung** sind den selbständig tätigen Bilanzbuchhaltern erlaubt: 108

- das Buchen und Kontieren der laufenden Geschäftsvorfälle,
- die laufende Lohnabrechnung,
- das Fertigen der LSt-Anmeldung.

Der selbständig tätige Bilanzbuchhalter muss vor allen Dingen **zwei Gesetze** beachten: 109

- **Steuerberatungsgesetz:** Im Rahmen der selbständigen Berufsausübung sind die Urteile des BVerfG v. 18. 6. 1980 (BVerfGE 54 S. 301) und v. 27. 1. 1982 (BVerfGE 59 S. 302) sowie das Steuerberatungsgesetz (StBerG) die wichtigsten gesetzlichen Grundlagen für selbständig tätige Bilanzbuchhalter.
- **Gesetz gegen den unlauteren Wettbewerb:** Im Hinblick auf Werbung muss vor allen Dingen das Gesetz gegen den unlauteren Wettbewerb (UWG) beachtet werden.

Eine Fülle von Ergänzungsvorschriften und Einzelurteilen vervollständigen den rechtlichen Rahmen. 110

III. Rechtlicher Rahmen

Die Berufsausübung der selbständig tätigen Bilanzbuchhalter ist durch das StBerG geregelt. Es schränkt die selbständige Berufsausübung von Bilanzbuchhaltern stark ein. Vor 1980 gab es fast keine Möglichkeit, im Bereich der Buchführungshilfe selbständig 111 tätig zu sein. In zwei grundsätzlichen Urteilen 1980 und 1982 hat das BVerfG entschieden, dass nicht alle Teile der Buchhaltungsarbeiten ausschließlich den steuer-, rechts- und wirtschaftsberatenden Berufen vorbehalten sind. Durch die **Einschränkungen des StBerG** für selbständige Bilanzbuchhalter gewinnt auch das UWG (Gesetz gegen den unlauteren Wettbewerb) an Bedeutung. Dabei geht es im Wesentlichen immer um die Regelung der §§ 3 und 5 UWG:

§ 3 Verbot unlauterer geschäftlicher Handlungen

(1) Unlautere geschäftliche Handlungen sind unzulässig.

(2) Geschäftliche Handlungen, die sich an Verbraucher richten oder diese erreichen, sind unlauter, wenn sie nicht der unternehmerischen Sorgfalt entsprechen und dazu geeignet sind, das wirtschaftliche Verhalten des Verbrauchers wesentlich zu beeinflussen.

(3) Die im Anhang dieses Gesetzes aufgeführten geschäftlichen Handlungen gegenüber Verbrauchern sind stets unzulässig.

(4) Bei der Beurteilung von geschäftlichen Handlungen gegenüber Verbrauchern ist auf den durchschnittlichen Verbraucher oder, wenn sich die geschäftliche Handlung an eine bestimmte Gruppe von Verbrauchern wendet, auf ein durchschnittliches Mitglied dieser Gruppe abzustellen. Geschäftliche Handlungen, die für den Unternehmer vorhersehbar das wirtschaftliche Verhalten nur einer eindeutig identifizierbaren Gruppe von Verbrauchern wesentlich beeinflussen, die auf Grund von geistigen oder körperlichen Beeinträchtigungen, Alter oder Leichtgläubigkeit im Hinblick auf diese geschäftlichen Handlungen oder die diesen zugrunde liegenden Waren oder Dienstleistungen besonders schutzbedürftig sind, sind aus der Sicht eines durchschnittlichen Mitglieds dieser Gruppe zu beurteilen.

§ 5 Irreführende geschäftliche Handlungen

(1) Unlauter handelt, wer eine irreführende geschäftliche Handlung vornimmt. Eine geschäftliche Handlung ist irreführend, wenn sie unwahre Angaben enthält oder sonstige zur Täuschung geeignete Angaben über folgende Umstände enthält:

1. die wesentlichen Merkmale der Ware oder Dienstleistung wie Verfügbarkeit, Art, Ausführung, Vorteile, Risiken, Zusammensetzung, Zubehör, Verfahren oder Zeitpunkt der Herstellung, Lieferung oder Erbringung, Zwecktauglichkeit, Verwendungsmöglichkeit, Menge, Beschaffenheit, Kundendienst und Beschwerdeverfahren, geographische oder betriebliche Herkunft, von der Verwendung zu erwartende Ergebnisse oder die Ergebnisse oder wesentlichen Bestandteile von Tests der Waren oder Dienstleistungen;
2. den Anlass des Verkaufs wie das Vorhandensein eines besonderen Preisvorteils, den Preis oder die Art und Weise, in der er berechnet wird, oder die Bedingungen, unter denen die Ware geliefert oder die Dienstleistung erbracht wird;
3. die Person, Eigenschaften oder Rechte des Unternehmers wie Identität, Vermögen einschließlich der Rechte des geistigen Eigentums, den Umfang von Verpflichtungen, Befähigung, Status, Zulassung, Mitgliedschaften oder Beziehungen, Auszeichnungen oder Ehrungen, Beweggründe für die geschäftliche Handlung oder die Art des Vertriebs;
4. Aussagen oder Symbole, die im Zusammenhang mit direktem oder indirektem Sponsoring stehen oder sich auf eine Zulassung des Unternehmers oder der Waren oder Dienstleistungen beziehen;
5. die Notwendigkeit einer Leistung, eines Ersatzteils, eines Austauschs oder einer Reparatur;
6. die Einhaltung eines Verhaltenskodexes, auf den sich der Unternehmer verbindlich verpflichtet hat, wenn er auf diese Bindung hinweist, oder
7. Rechte des Verbrauchers, insbesondere solche auf Grund von Garantieversprechen oder Gewährleistungsrechte bei Leistungsstörungen.

(2) Eine geschäftliche Handlung ist auch irreführend, wenn sie im Zusammenhang mit der Vermarktung von Waren oder Dienstleistungen einschließlich vergleichender Werbung eine Ver-

wechslungsgefahr mit einer anderen Ware oder Dienstleistung oder mit der Marke oder einem anderen Kennzeichen eines Mitbewerbers hervorruft.

(3) Angaben im Sinne von Absatz 1 Satz 2 sind auch Angaben im Rahmen vergleichender Werbung sowie bildliche Darstellungen und sonstige Veranstaltungen, die darauf zielen und geeignet sind, solche Angaben zu ersetzen.

(4) Es wird vermutet, dass es irreführend ist, mit der Herabsetzung eines Preises zu werben, sofern der Preis nur für eine unangemessen kurze Zeit gefordert worden ist. Ist streitig, ob und in welchem Zeitraum der Preis gefordert worden ist, so trifft die Beweislast denjenigen, der mit der Preisherabsetzung geworben hat.

1. Steuerberatungsgesetz

Im StBerG ist abschließend geklärt, welche Personengruppen zur geschäftsmäßigen 112
Hilfeleistung in Steuersachen befugt sind. Die Bilanzbuchhalter wurden bei dieser Regelung allen anderen kaufmännischen Berufen gleichgestellt, ihre besondere Qualifikation wurde nicht berücksichtigt. Betrachtet man den Qualifikationsstandard und das hohe Prüfungsniveau von Bilanzbuchhaltern, so erscheint dies nicht gerechtfertigt.

1.1 Derzeitige Möglichkeiten für selbständig tätige Bilanzbuchhalter

Aufgrund der Klage eines selbständigen Buchhalters wurden durch zwei grundlegende 113
Urteile des BVerfG v. 18. 6. 1980 (BVerfGE 54 S. 301) und v. 27. 1. 1982 (BVerfGE 59 S. 302) Teile der Buchführungsarbeiten aus dem **Buchführungsprivileg** herausgenommen.

1.1.1 Lohnbuchhaltung

Die Bearbeitung der laufenden Lohnbuchhaltung ist somit auch selbständig tätigen Bi- 114
lanzbuchhaltern erlaubt. Gem. dem gleichlautenden Erlass der obersten Finanzbehörden der Länder v. 1. 7. 1982 zum Thema „Buchführungsprivileg für steuerberatende Berufe“ gehört hierzu die „Feststellung des Bruttolohns und des Lohnzahlungszeitraums, die Ermittlung des Lohnsteuerbetrags unter der Berücksichtigung anteiliger Freibeträge und der in der Lohnsteuerkarte vermerkten persönlichen Daten, die Eintragung des Arbeitslohns und der Lohnsteuer im Lohnkonto sowie die Anfertigung der Lohnsteuer-Anmeldung“.

Die Einrichtung der Lohnbuchhaltung und die Erstellung von Lohnsteuerbescheinigungen sind dem selbständigen Bilanzbuchhalter demnach nicht gestattet.

Verwiesen werden muss an dieser Stelle jedoch auf das Urteil des FG München v. 27. 3. 2018 – 1 HK O 11493/17. Danach würde es sich bei der Einrichtung eines Lohnkontos seit dem 1. 1. 2013 aufgrund des automatischen Datenaustauschs nach dem ELSTAM-Verfahren um keine steuerliche Hilfeleistung und damit um keine Vorbehaltsaufgaben der Steuerberater mehr handeln.

1.1.2 Finanzbuchhaltung

Die Finanzbuchhaltung wird – zurückgehend auf die beiden o. g. Entscheidungen des 115
BVerfG – in drei Bereiche eingeteilt:

116 **a) Einrichtung der Buchführung:** Was genau unter dem „Einrichten der Buchführung" zu verstehen ist, ist weder im HGB noch in einem Steuergesetz genau definiert. Aus der Rechtsprechung heraus hat sich die Ansicht durchgesetzt, dass es sich im Wesentlichen um die Einrichtung eines Kontenplans oder die Anpassung eines Kontenplans auf die individuellen Belange des Betriebs handelt. Diese Tätigkeit ist den steuerberatenden Berufen vorbehalten, soweit steuerlich relevante Fragen berührt werden. In dieser Hinsicht liegt die Frage nahe, ob jeder Anbieter von Fibu-Software gegen das StBerG verstößt, da Kontenpläne i. d. R. im Lieferumfang der Buchhaltungsprogramme enthalten sind und häufig sogar vom Software-Anbieter individuell angepasst werden. Oft ist eine individuelle Anpassung des Kontenplans im Rahmen von Kostenrechnung und Controlling zwingend erforderlich. Steuerliche Belange sind hier nur von untergeordneter Bedeutung. Insofern ist diese Einschränkung durch das StBerG unverständlich und behindert die Arbeit in den für selbständig tätige Bilanzbuchhalter zulässigen Bereichen des betrieblichen Rechnungswesens.

117 **b) Erstellung der laufenden Buchführung:** Die laufende Buchführung umfasst das Kontieren und Erfassen der laufenden Geschäftsvorfälle. § 6 Nr. 4 StBerG erlaubt: „Das Buchen laufender Geschäftsvorfälle, die laufende Lohnabrechnung und das Fertigen der Lohnsteuer-Anmeldung, soweit diese Tätigkeiten verantwortlich durch Personen erbracht werden, die nach Bestehen der Abschlussprüfung in einem kaufmännischen Ausbildungsberuf oder nach Erwerb einer gleichwertigen Vorbildung mindestens 3 Jahre auf dem Gebiet des Buchhaltungswesens in einem Umfang von mindestens 16 Wochenstunden praktisch tätig gewesen sind." Abschlussarbeiten zählen nicht zur laufenden Buchführung. Ungeklärt ist bislang die Frage, wie die abschlussorientierte Bearbeitung der laufenden Buchhaltung zu bewerten ist. Muss der Bilanzbuchhalter, der die laufende Buchhaltung bearbeitet, die Kfz-Steuer voll in den Aufwand buchen oder darf er ggf. auch unterjährig den entsprechenden Teil für das nächste Wirtschaftsjahr in den RAP einstellen. Gehört die Auflösung einer Rückstellung bei Eingang der Eingangsrechnung zu den Abschlussarbeiten oder darf der selbständig tätige Bilanzbuchhalter diese Tätigkeiten ausführen? Nach Ansicht der selbständig tätigen Bilanzbuchhalter gehören diese Tätigkeiten zur laufenden Buchführung und sind Merkmal einer korrekt und sorgfältig bearbeiteten Buchhaltung. Zu beachten ist hier das Urteil des Finanzgerichts Sachsen – 2 K 580/14 v. 23. 7. 2014. Das Finanzamt vertrat die Meinung, dass die Übermittlung der Daten der Umsatzsteuervoranmeldung als unerlaubte Hilfeleistung in Steuersachen zu werten ist. In der Urteilsbegründung wird dann darauf eingegangen, dass bereits bei der Datenerfassung eine steuerliche Wertung vorgenommen wird und dies ebenfalls zu den Vorbehaltsaufgaben der Steuerberater zählt. Das würde bedeuten, dass der selbständige Bilanzbuchhalter auch keine Verbuchung der laufenden Geschäftsvorfälle vornehmen kann. Die Verbuchung entspricht wohl nicht dem § 6 (4) StBerG, wird aber hier in diesem Sinne dargestellt. Auf die weitere Rechtsprechung darf man gespannt bleiben.

118 **c) Abschlussarbeiten:** Der Bereich der Abschlussarbeiten ist den selbständig tätigen Bilanzbuchhaltern verwehrt, obwohl es sich hierbei um die Tätigkeiten handelt, für die ein Bilanzbuchhalter ausgebildet wurde und die angestellte Bilanzbuchhalter als Tagesgeschäft ansehen. Auch die Erstellung der Handelsbilanz zählt zu den verbotenen Ab-

schlussarbeiten, sofern daraus die Steuerbilanz abgeleitet wird. Durch das BilMoG wurde die formelle Maßgeblichkeit zwar abgeschafft, jedoch verweist das BMF-Schreiben v. 12.3.2010 auf die Maßgeblichkeit der handelsrechtlichen Grundsätze ordnungsgemäßer Buchführung für die steuerliche Gewinnermittlung. Eine Ausnahme vom Tätigkeitsverbot für selbständig tätige Bilanzbuchhalter gilt gem. § 6 Nr. 3 StBerG nur für die „Durchführung mechanischer Arbeitsgänge". Das betrifft allenfalls vorbereitende Arbeiten im Zusammenhang mit dem Jahresabschluss, also Arbeiten „ohne Geistesarbeit", wie z. B. die Erstellung einer Saldenliste.

1.1.3 Umsatzsteuer-Voranmeldung

Die Freigabe der Lohnsteuer-Anmeldung nach § 6 Nr. 4 StBerG könnte nahelegen, dass 119
auch die Erstellung und Abgabe der USt-Voranmeldung dem Bereich der laufenden Buchhaltung zuzuordnen und daher auch Bilanzbuchhaltern erlaubt sei. Hier ist die Rechtsprechung anderer Auffassung. Ausgehend von einer Entscheidung des BFH v. 1.3.1983 (Der Steuerberater 1983 S. 196) und eines Urteils des BFH v. 12.1.1988 (BStBl II S. 380) wurde die USt-Voranmeldung dem Bereich der Steuererklärungen zugeordnet, für den das Verbot der Hilfeleistung in Steuersachen gilt. Der BFH hat mit Urteil v. 7.6.2017 – II R 22/15, veröffentlicht am 19.7.2017, diese Rechtslage nochmals bestätigt.

1.2 Kooperation mit Steuerberatern

Die Zusammenarbeit von Steuerberatern und Bilanzbuchhaltern hat eine wechselvolle 120
Geschichte. Von der Sache her ist eine solche Zusammenarbeit sicherlich als sinnvoll anzusehen – ergänzen sich doch die Aufgabengebiete und Qualifikationen von Geprüften Bilanzbuchhaltern und Steuerberatern auf das Beste. Steuerberatern wird durch eine Zusammenarbeit die Möglichkeit geboten, auf qualifizierte Dienstleister zurückzugreifen, um Aufträge korrekt und pünktlich zu bearbeiten. Geprüften Bilanzbuchhaltern bietet sich die Möglichkeit, freie Kapazitäten zu verkaufen und gleichzeitig nah an Steuerthemen zu arbeiten. Inhaltlich ist ihnen diese Arbeit aufgrund der Regelungen des § 6 Nr. 4 StBerG sonst verwehrt und es besteht die Gefahr, das gesammelte Fachwissen mit der Zeit zu verlieren.

Die Bundessteuerberaterkammer (BStBK) lehnt eine Zusammenarbeit zwischen Steuer- 121
beratern und „Kontierern" ab. Die Steuerberaterkammern sprechen übrigens grundsätzlich von „Kontierern", wenn sie die Angehörigen des Berufsstandes der selbständig tätigen Buchhalter und Bilanzbuchhalter meinen. Nach Auffassung dieser Kammern handelt es sich bei dem Begriff „Kontierer" um die einzig zutreffende Berufsbezeichnung. Eine Unterscheidung zwischen Buchhaltern und Bilanzbuchhaltern machen die Kammern dabei nicht. Im Geschäftsleben hat sich diese Bezeichnung auch nicht durchgesetzt.

Bereits 1982 hat die BStBK in ihren „Grundsätzen über das Verhältnis von Steuerberatern und Steuerbevollmächtigten zu Kontierern" (vgl. *Anlage 5*) ein Sozietätsverbot, ein Verbot für Bürogemeinschaften und ein Verbot für die Anstellung von Kontierern festgelegt. Eine rechtliche Bindung der Steuerberater an diese Grundsätze gibt es nicht, jedoch versuchen die meisten Steuerberater, Ärger mit der eigenen Berufskammer zu vermeiden.

Die Regelung wurde so eng ausgelegt, dass freie Mitarbeiter nicht befugt waren, Hilfeleistungen in Steuersachen zu erbringen. Einem Rechtsreferendar, der als freier Mitarbeiter beim Steuerberater tätig gewesen war, wurden diese Zeiten nicht angerechnet, als er die Zulassung zur Steuerberaterprüfung beantragt hat. Die Begründung lautete, dass er als freier Mitarbeiter lediglich im Rahmen des § 6.3 und 4 StBerG hätte tätig sein dürfen. Der Betroffene hat gegen diesen Bescheid geklagt und als letzte Instanz hat 1995 der Bundesfinanzhof entschieden, dass auch ein freier Mitarbeiter beim Steuerberater in vollem Umfang Hilfeleistung in Steuersachen erbringen darf. Das Bundesfinanzministerium (BMF) hat zu diesem Urteil im Juni 1996 einen Nichtanwendungserlass veröffentlicht. Gleichzeitig hat die BStBK im Juni 1997 eine Berufsordnung erlassen, in der in § 7 geregelt wurde, dass Steuerberater nur solche Personen als freie Mitarbeiter beschäftigen dürfen, die selber ebenfalls Steuerberater sind. Nachdem der BGH im August 1997 seine Auffassung von 1995 erneut bestätigt hat, musste das BMF seinen Nichtanwendungserlass zurücknehmen. Die BStBK hat ihre Satzung zunächst allerdings nicht angepasst, so dass eine freie Mitarbeiterschaft von Geprüften Bilanzbuchhaltern bei Steuerberatern immer noch nicht möglich war. Erst nach Einschaltung des Bundeskartellamtes durch den Bundesverband der Bilanzbuchhalter und Controller e.V. wurde die Satzung der Steuerberater im Dezember 2004 an das geltende Recht angepasst. Seit diesem Zeitpunkt erfreut sich die Zusammenarbeit zwischen Steuerberatern und Geprüften Bilanzbuchhaltern zunehmender Beliebtheit. Zwei aktuelle Urteile zu § 7 BOStB a. F. zeigen, dass die Kooperation mit Bilanzbuchhaltern durch Steuerberater seitens der Steuerberaterkammern noch immer kritisch gesehen wird (OVG Nordrhein-Westfalen v. 5. 11. 2009, AZ 4A2698/04, DStRE 2010 S. 519; OLG Nürnberg v. 26. 5. 2009, AZ. 3U178/09, DStRE 2009 S. 263).

Letztendlich wurde die BOStB mit Fassung v. 8. 9. 2010 (DStR 2010 S. 2659) geändert. Demnach dürfen nun nach § 17 BOStB n. F. (*Anlage 6*) Mitarbeiter beschäftigt werden, soweit diese weisungsgebunden unter der fachlichen Aufsicht und beruflichen Verantwortung des Steuerberaters tätig werden.

Auf eine gefestigte und einheitliche Rechtssprechung kann hier leider nicht verwiesen werden.

1.2.1 Formen der Zusammenarbeit von Geprüften Bilanzbuchhaltern und Steuerberatern

122 Formal gesehen muss die Zusammenarbeit immer so gestaltet werden, dass der selbständige Bilanzbuchhalter als freier Mitarbeiter für den Steuerberater tätig wird. Eine Beschäftigung eines Steuerberaters als freier Mitarbeiter eines selbständigen Bilanzbuchhalters ist nach geltendem Recht nicht möglich. Hintergrund ist die Tatsache, dass immer der Steuerberater fachlich für die geleistete Arbeit die Aufsicht führt und letztlich auch haften muss. Ein Vertragsverhältnis etwa, in dem ein Bilanzbuchhalter einen Steuerberater als freien Mitarbeiter beschäftigt, ist nicht zulässig. Dennoch eröffnet diese Regelung Möglichkeiten, die sowohl dem Steuerberater wie auch dem selbständigen Bilanzbuchhalter und letztlich auch den Mandanten zum Vorteil gereichen. Entscheidend ist in allen Fällen, dass ein selbständiger Bilanzbuchhalter, der als freier Mit-

arbeiter für einen Steuerberater tätig wird, nicht an die Grenzen des § 6 Nr. 4 StBerG gebunden ist.

1.2.1.1 Betreuung von Mandanten des Steuerberaters

Es ist geübte Praxis, dass Kunden von selbständigen Bilanzbuchhaltern zusätzlich einen 123
zweiten Dienstleister, nämlich einen Steuerberater, beauftragen, der sich mit den Abschlussarbeiten und den Steuererklärungen befasst. In diesem Fall lässt der Steuerberater seine eigenen Mandanten durch einen selbständigen Bilanzbuchhalter betreuen. Es ist dabei sowohl denkbar, dass der Bilanzbuchhalter nur die laufende Buchhaltung oder nur die Jahresabschlussarbeiten und Steuererklärungen oder beide Aufgaben erledigt. Entscheidend ist, dass der Steuerberater die fachliche Aufsicht führt. Ob er dabei seinem Kunden gegenüber offen legt, dass der Bilanzbuchhalter „nur" freier Mitarbeiter ist, bleibt dem Steuerberater überlassen. Der Vorteil für den Steuerberater liegt auf der Hand: Er kann personelle Engpässe in seiner Kanzlei abfangen, ohne auf Qualität in der Leistung verzichten zu müssen. Es gibt auch Steuerberater, die bewusst darauf verzichten, einen eigenen Personalstamm aufzubauen. Sie überlassen die laufende Buchhaltung und Teile der Abschlussarbeiten und Steuererklärungen den freien Mitarbeitern und befassen sich selber nur mit anspruchsvollen steuerlichen Fragestellungen.

Ein Vertragsverhältnis gibt es bei dieser Form der Zusammenarbeit zwischen dem Steu- 124
erberater und dem selbständigen Bilanzbuchhalter und ein zweites Vertragsverhältnis zwischen dem Mandanten und dem Steuerberater. Ein Vertragsverhältnis zwischen dem selbständigen Bilanzbuchhalter und dem Mandanten kommt nicht zustande.

1.2.1.2 Betreuung von Kunden des selbständigen Bilanzbuchhalters

Es ist geübte Praxis, dass Kunden von selbständigen Bilanzbuchhaltern zusätzlich einen 125
zweiten Dienstleister, nämlich einen Steuerberater, beauftragen, der sich mit den Abschlussarbeiten und den Steuererklärungen befasst. Bei der Bearbeitung von Jahresabschluss und Steuererklärungen, aber auch bei der Betreuung von Steuerprüfungen hat dies häufig zu zeitraubenden und unnötigen Rückfragen geführt. Es ist denkbar, dass der Steuerberater, der mit der Betreuung von Jahresabschluss und Steuererklärungen beauftragt ist, den selbständigen Bilanzbuchhalter, der die laufende Buchhaltung bearbeitet hat, als freien Mitarbeiter beschäftigt. In seiner Eigenschaft als freier Mitarbeiter des Steuerberaters darf der selbständige Bilanzbuchhalter dann alle anfallenden Arbeiten erledigen. Alle Beteiligten profitieren von dieser Form der Zusammenarbeit. Der Kunde hat namentlich nur einen Ansprechpartner, der sein Unternehmen in allen Einzelheiten kennt und betreut. Der Steuerberater hat den Auftrag für einen Jahresabschluss, und der selbständige Bilanzbuchhalter hat die Möglichkeit, die komplette Buchhaltung inkl. Jahresabschluss und Steuererklärungen zu bearbeiten.

Bei dieser Form der Zusammenarbeit ist die Vertragsgestaltung von grundlegender Be- 126
deutung. Es gibt drei Verträge. Der erste Vertrag beinhaltet die laufende Buchhaltung und wird zwischen dem selbständigen Bilanzbuchhalter und dem Kunden abgeschlossen. Der zweite Vertrag beinhaltet die Arbeiten zum Jahresabschluss einschließlich Steuererklärungen. Dieser Vertrag kommt zwischen dem Kunden und dem Steuerbera-

ter zustande. Der dritte Vertrag schließlich ist der Vertrag, in dem die freie Mitarbeit des selbständigen Bilanzbuchhalters beim Steuerberater geregelt wird.

1.2.2 Vertragsgestaltung zwischen Geprüften Bilanzbuchhaltern und Steuerberatern

127 Unabhängig davon wie die Zusammenarbeit von Steuerberatern mit selbständigen Bilanzbuchhaltern gestaltet wird, sollten unbedingt schriftliche Verträge abgeschlossen werden. Die Vertragsgestaltung darf keinen Zweifel daran aufkommen lassen, dass es sich um ein freies Mitarbeiterverhältnis handelt und nicht um eine sozialversicherungspflichtige Beschäftigung. Auf die fachliche Weisungsgebundenheit des selbständigen Bilanzbuchhalters kann aufgrund des § 17 der Berufsordnung der Steuerberater nicht verzichtet werden. Daher ist es umso wichtiger, dass andere Kriterien beachtet werden, die zur Abgrenzung von freier Mitarbeit und sozialversicherungspflichtiger Mitarbeit herangezogen werden. Hier ist z. B. die freie Zeiteinteilung zu nennen. Auch darf der selbständige Bilanzbuchhalter nicht in die Büroorganisation des Steuerberaters eingebunden sein. Ebenfalls sollten im Rahmen eines solchen Vertrages die Vergütung sowie Vereinbarungen zum gegenseitigen Mandantenschutz geregelt werden.

1.3 Dienstleistungsfreiheit und Niederlassungsfreiheit in der EU

128 Die restriktiven Regelungen der Befugnisse selbständiger Bilanzbuchhalter sind aus fachlicher Sicht nur schwer nachzuvollziehen. Noch befremdlicher wird die Situation, wenn man berücksichtigt, dass es in den meisten anderen Ländern innerhalb der Europäischen Union entweder gar keine oder wesentlich freiere Regelungen zum Thema Steuerberatung und Buchführungshilfe gibt. Als Beispiel sei hier Österreich genannt. Dort ist es selbständigen Buchhaltern erlaubt, die komplette Buchführung zu erledigen und unter bestimmten Voraussetzungen auch Abschlüsse zu erstellen.

129 Aufgrund dieser Tatsache werden immer wieder Überlegungen angestellt, ob die strengen deutschen Regelungen aufgrund von vorrangigem EU-Recht überhaupt zulässig sind. In diesem Zusammenhang müssen sowohl die Dienstleistungs- wie auch die Niederlassungsfreiheit untersucht werden.

1.3.1 Dienstleistungsfreiheit, Artikel 59 AEUV

130 Im Art. 56 AEUV (Vertrag über die Arbeitsweise der Europäischen Union) ist der freie Dienstleistungsverkehr innerhalb der EU geregelt. Freier Verkehr von Dienstleistungen bedeutet, dass Dienstleistungen über die innereuropäischen Grenzen hinweg erbracht werden dürfen. Wer im Rahmen des Art. 56 AEUV tätig wird, für den gelten die rechtlichen Rahmenbedingungen, die in seinem Heimatland Gültigkeit haben. Erstellt beispielsweise ein österreichischer Bilanzbuchhalter einmalig für einen in Deutschland ansässigen Kunden eine Steuererklärung, so handelt er im Rahmen der Dienstleistungsfreiheit und darf somit all die Leistungen erbringen, die er nach österreichischem Recht zu erbringen befugt ist. Unternehmer, die im Rahmen der Dienstleistungsfreiheit tätig werden, bringen ihre Rechte aus dem Heimatland mit.

Die Dienstleistungsfreiheit hat allerdings dort ihre Grenzen, wo nicht mehr von einmaligen oder kurzzeitigen Dienstleistungen die Rede ist, sondern von Leistungen, die über eine gewisse Dauer oder regelmäßig erbracht werden. 131

1.3.2 Niederlassungsfreiheit, Artikel 52 AEUV

Im Art. 49 AEUV ist geregelt, dass Bürger der Mitgliedstaaten der Europäischen Union berechtigt sind, sich beruflich überall im Gebiet der EU niederzulassen. Dabei bedeutet Niederlassung entgegen der allgemein verbreiteten Meinung nicht unbedingt, dass man im Niederlassungsstaat tatsächlich ansässig sein muss, also etwa Büroräume besitzen oder gar dort wohnen muss. Eine berufliche Niederlassung liegt auch dann vor, wenn eine grenzüberschreitende Leistung erbracht wird, die auf Dauer angelegt ist. Vereinbart also ein österreichischer Bilanzbuchhalter mit einem deutschen Kunden die regelmäßige Betreuung seiner Buchhaltung und seiner Jahresabschlussarbeiten, so ist er mit dieser Dienstleistung in Deutschland niedergelassen. Wer im Rahmen der Niederlassungsfreiheit in einem europäischen Staat tätig wird, bewegt sich damit automatisch im Rechtsrahmen des Niederlassungsstaates. Für den österreichischen Bilanzbuchhalter bedeutet dies, dass er seinen Dauerkunden nur im Rahmen der in Deutschland gültigen Regelungen betreuen darf. Umgekehrt könnte ein deutscher Bilanzbuchhalter einen Kunden in Österreich dauerhaft betreuen und würde dadurch eine Niederlassung in Österreich begründen und im Rahmen der dort gültigen Regelungen arbeiten. 132

1.3.3 Lissabon-Strategie

Aus der obigen Darstellung der Dienstleistungs- und der Niederlassungsfreiheit innerhalb der EU ist ersichtlich, dass eine grenzüberschreitende Ausübung der beruflichen Tätigkeit keine wirkliche Lösung für die berufsrechtlichen Probleme der Bilanzbuchhalter ist. Dennoch wäre es an der Bundesregierung, aufgrund von EG-Recht die strengen Regelungen zu lockern. Hintergrund ist die so genannte **Lissabon-Strategie** der EU. Beim Lissaboner Frühjahrsgipfel der EU im März 2000 haben die Staats- und Regierungschefs diese wirtschafts- und sozialpolitische Agenda beschlossen. Ziel ist es, die EU bis zum Jahr 2010 zum wettbewerbsfähigsten und dynamischsten wissensbasierten Wirtschaftsraum der Welt zu machen. Die Regelungen für dieses Vorhaben finden sich in den Art. 101 und 102 AEUV wieder: 133

Artikel 101 AEUV

(1) Mit dem Binnenmarkt unvereinbar und verboten sind alle Vereinbarungen zwischen Unternehmen, Beschlüsse von Unternehmensvereinigungen und aufeinander abgestimmte Verhaltensweisen, welche den Handel zwischen Mitgliedstaaten zu beeinträchtigen geeignet sind und eine Verhinderung, Einschränkung oder Verfälschung des Wettbewerbs innerhalb des Binnenmarkts bezwecken oder bewirken, insbesondere

a) die unmittelbare oder mittelbare Festsetzung der An- oder Verkaufspreise oder sonstiger Geschäftsbedingungen;

b) die Einschränkung oder Kontrolle der Erzeugung, des Absatzes, der technischen Entwicklung oder der Investitionen;

c) die Aufteilung der Märkte oder Versorgungsquellen;

d) die Anwendung unterschiedlicher Bedingungen bei gleichwertigen Leistungen gegenüber Handelspartnern, wodurch diese im Wettbewerb benachteiligt werden;

e) die an den Abschluss von Verträgen geknüpfte Bedingung, dass die Vertragspartner zusätzliche Leistungen annehmen, die weder sachlich noch nach Handelsbrauch in Beziehung zum Vertragsgegenstand stehen.

(2) Die nach diesem Artikel verbotenen Vereinbarungen oder Beschlüsse sind nichtig.

(3) Die Bestimmungen des Absatzes 1 können für nicht anwendbar erklärt werden auf

- Vereinbarungen oder Gruppen von Vereinbarungen zwischen Unternehmen,
- Beschlüsse oder Gruppen von Beschlüssen von Unternehmensvereinigungen,
- aufeinander abgestimmte Verhaltensweisen oder Gruppen von solchen,

die unter angemessener Beteiligung der Verbraucher an dem entstehenden Gewinn zur Verbesserung der Warenerzeugung oder -verteilung oder zur Förderung des technischen oder wirtschaftlichen Fortschritts beitragen, ohne dass den beteiligten Unternehmen

a) Beschränkungen auferlegt werden, die für die Verwirklichung dieser Ziele nicht unerlässlich sind, oder

b) Möglichkeiten eröffnet werden, für einen wesentlichen Teil der betreffenden Waren den Wettbewerb auszuschalten.

Artikel 102 AEUV

134 Mit dem Binnenmarkt unvereinbar und verboten ist die missbräuchliche Ausnutzung einer beherrschenden Stellung auf dem Binnenmarkt oder auf einem wesentlichen Teil desselben durch ein oder mehrere Unternehmen, soweit dies dazu führen kann, den Handel zwischen Mitgliedstaaten zu beeinträchtigen.

Dieser Missbrauch kann insbesondere in Folgendem bestehen:

a) der unmittelbaren oder mittelbaren Erzwingung von unangemessenen Einkaufs- oder Verkaufspreisen oder sonstigen Geschäftsbedingungen;

b) der Einschränkung der Erzeugung, des Absatzes oder der technischen Entwicklung zum Schaden der Verbraucher;

c) der Anwendung unterschiedlicher Bedingungen bei gleichwertigen Leistungen gegenüber Handelspartnern, wodurch diese im Wettbewerb benachteiligt werden;

d) der an den Abschluss von Verträgen geknüpften Bedingung, dass die Vertragspartner zusätzliche Leistungen annehmen, die weder sachlich noch nach Handelsbrauch in Beziehung zum Vertragsgegenstand stehen.

135 Über diese Regelungen ist die Bundesregierung quasi verpflichtet, wachstumshemmende Regelungen wie die des Steuerberatungsgesetzes abzuschaffen, auch wenn nur staaten-interne Vorgänge betroffen sind.

Wie wichtig die Liberalisierung sämtlicher Märkte und die Beseitigung unnötiger Reglementierung für die Stärkung des Wettbewerbs ist, wurde durch eine von der EU-Kommission in Auftrag gegebene Untersuchung unterstrichen. Aufgrund einer vertieften Analyse der verschiedenen Märkte für freiberufliche Dienstleistungen kommt die Kommission zu dem Schluss, dass Verbraucher und einmalige Nutzer einen gewissen, maßgeschneiderten Regelungsschutz benötigen. Hingegen brauchen die Hauptnutzer freiberuflicher Dienstleistungen – Unternehmen und öffentlicher Sektor – keinen bzw. nur einen sehr begrenzten Regelungsschutz (vgl. Mitteilung der EU-Kommission an den Rat, das europäische Parlament, den europäischen Wirtschafts- und Sozialausschuss und den Ausschuss der Regionen (KOM(2005) 405 endgültig) v. 5. 9. 2005).

Das bislang häufig vorgebrachte Argument, ein Abbau der Vorbehaltsaufgaben der Steuerberater führe zu „Qualitätsverlusten in der Buchhaltung und verhindere die Bemühungen um Qualitätssicherung und Verbraucherschutz" wird aufgrund der Untersuchungsergebnisse der EU-Kommission ad absurdum geführt.

Obwohl eine Ausweitung der Befugnisse selbständiger Bilanzbuchhalter aus EU-Sicht geboten ist, hat sich die Bundesregierung bislang nicht zu einem solchen Schritt entschließen können.

Die EU-Kommission hat am 19. 7. 2018 ein Aufforderungsschreiben zur Umsetzung der EU-Vorschriften über die Anerkennung von Berufsqualifikationen beschlossen. Es wurde damit u. a. gegen Deutschland ein Vertragsverletzungsverfahren eingeleitet, da die Vorschriften nicht in nationales Recht umgesetzt wurden. Gegenstand ist auch die Prüfung der Verhältnismäßigkeit regulatorischer Hindernisse. Es bleibt abzuwarten, wie die EU-Kommission weiter verfährt.

2. Gesetz gegen den unlauteren Wettbewerb (UWG)

Bedingt durch die Einschränkungen des Tätigkeitsgebiets für selbständig tätige Bilanzbuchhalter durch das StBerG gewinnt auch das Gesetz gegen den unlauteren Wettbewerb (UWG) an Bedeutung. 136

§ 3 UWG enthält das Verbot der irreführenden Werbung. Irreführende Werbung ist auch die sog. Überschusswerbung. Als Überschusswerbung bezeichnet man z. B. Werbung, in der der Anbieter dem potentiellen Kunden mehr Leistung verspricht, als er in Wirklichkeit erbringen darf oder kann. Um festzustellen, ob eine Werbung irreführend ist oder nicht, werden häufig die „angesprochenen Verkehrskreise" herangezogen. Eine Werbung gilt bereits als irreführend, wenn 10 % der angesprochenen Verkehrskreise die Werbung falsch verstehen.

Bereits mehrfach wurde durch Gerichte und/oder durch Meinungsumfragen festgestellt, dass Begriffe wie „Buchführungshilfe, Buchhaltung, Bilanzbuchhalter, Buchführungshelfer" und ähnliche als irreführend anzusehen sind. Die Beworbenen könnten glauben, dass unter diesen Begriffen die komplette Dienstleistung im Bereich der Buchhaltung, also auch Abschlüsse und Steuererklärungen, angeboten würden.

In juristischen Kreisen wird die Anwendbarkeit des UWG auf die Berufsgruppe der selbständigen Bilanzbuchhalter durchaus kontrovers diskutiert. Hintergrund ist die Tatsache, dass das UWG die Verbraucher vor den Folgen nicht wahrheitsgemäßer Werbung schützen soll. Potentielle Kunden von selbständigen Bilanzbuchhaltern sind aber nie Endverbraucher, sondern immer andere Selbständige, also Gewerbetreibende oder andere Unternehmer. Insofern gibt es Ansichten, die die Anwendung des UWG im Hinblick auf die Führung der Berufsbezeichnung von selbständigen Bilanzbuchhaltern als zweifelhaft ansehen. Zwar dient das UWG in gewissem Maße auch dem Schutz der Mitbewerber vor unlauterer Werbung, jedoch kann diese Regelung im Falle von selbständigen Bilanzbuchhaltern nicht zum Tragen kommen. Mitbewerber müssen nur dann geschützt werden, wenn die Gefahr besteht, dass ihnen durch die unlautere Werbung von Anderen Aufträge verloren gehen. Dies kann aber aufgrund der Einschränkung der Befugnisse von selbständigen Bilanzbuchhaltern nicht sein, denn selbst 137 wenn ein potentieller Kunde aufgrund der Berufsbezeichnung einen Auftrag für den Jahresabschluss erteilen wollte, so würde der Bilanzbuchhalter ihn aufgrund von § 6 Nr. 4 StBerG ohnehin nicht annehmen können.

138 Dennoch haben diese Regelungen schon häufig dazu geführt, dass selbständig tätige Bilanzbuchhalter, die für ihre Dienstleistung geworben haben, abgemahnt worden sind. Eine Abmahnung ist eine Aufforderung, eine bestimmte Aussage zukünftig zu unterlassen. Beigefügt ist immer eine Unterlassungserklärung, mit der der Werbende unter Androhung einer Vertragsstrafe versichern soll, dass er die abgemahnte Werbeaussage in Zukunft nicht mehr treffen wird. Eine Kostenrechnung über die Kosten der Abmahnung, die der Werbende im Falle einer begründeten Abmahnung zu tragen hätte, liegt i. d. R. ebenfalls bei. Diese Kosten betragen typischerweise zwischen 125 € und 450 €. Ob der geltend gemachte Anspruch begründet ist oder nicht, hängt von vielen Faktoren ab, die nur im Einzelfall rechtlich geprüft werden können. Zudem gibt es selbst im Fall einer begründeten Abmahnung häufig noch Gestaltungsmöglichkeiten, beispielsweise durch eine Abwandlung der Unterlassungserklärung. Darüber hinaus hat der Gesetzgeber 2020 die Anforderungen an eine Abmahnung verschärft, so dass es durchaus sein kann, dass ein Anspruch auf Ersatz der Abmahnkosten ausgeschlossen ist. Vor diesem Hintergrund sollte im Fall einer Abmahnung stets die Konsultation eines Rechtsanwalts in Erwägung gezogen werden.

139 Selbständig tätige Bilanzbuchhalter sind per Gesetz Gewerbetreibende. Als Gewerbetreibende haben sie grundsätzlich das Recht, für ihre Leistung zu werben. Allerdings gibt es kaum Wortlaute, Bezeichnungen oder Begriffe, die nicht als unzulässige Überschusswerbung eingestuft werden. Eine abschließende Aufzählung der Begriffe, die bereits abgemahnt wurden und unzulässige Werbung darstellen, ist nicht möglich. Deshalb seien hier nur beispielhaft Werbeaussagen genannt, deren Verwendung problematisch ist.

- **Buchführungshelfer:** Obwohl dieser Begriff ursprünglich durch die Urteile des BVerfG aus den Jahren 1980 und 1982 geprägt wurde, hat sowohl das OLG Karlsruhe am 7. 3. 1985 (Der Steuerberater 1986 S. 211) und vor allem das OLG Braunschweig in seiner Entscheidung v. 16. 6. 1992 (NJW-RR 1992 S. 1517) festgestellt, dass eine Werbung mit diesem Begriff irreführend sei.
- **Lohn- und Bilanzbuchhalter:** In seinem Urteil v. 13. 12. 1990 hat der BGH (NJW-RR 1991 S. 751) in einer ausführlich begründeten Entscheidung festgestellt, dass die Werbung mit dem Begriff „Lohn- und Bilanzbuchhalter" irreführend i. S. des § 3 UWG sei. Dies gilt auch dann, wenn der Werbende die Bilanzbuchhalter-Prüfung vor einer IHK abgelegt hat. In der Begründung ist immer von der Irreführung durch die „blickfangmäßige Verwendung" des Begriffs „Lohn- und Bilanzbuchhalter" die Rede.
- **Buchhaltung, Buchführung, Büro für Buchhaltungen, Bearbeitung von Buchhaltungsrückständen:** Alle Begriffe, die auch nur im entferntesten darauf schließen lassen, dass die angebotene Dienstleistung mehr als nur die Kontierung und Erfassung der laufenden Geschäftsvorfälle beinhaltet, waren bereits häufig Gegenstand von Abmahnungen oder Prozessen. Erfahrungsgemäß sieht die Rechtsprechung in diesen Begriffen regelmäßig einen Verstoß gegen § 3 UWG.
- **Rechnungswesen:** In seinem Urteil v. 25. 11. 1998 hat das OLG Karlsruhe die Firmenbezeichnung „Büro für das Rechnungswesen" als irreführend angesehen, weil nach Ansicht der Richter ein potentieller Kunde den Eindruck gewinnen könnte, ein „Büro für das Rechnungswesen" biete auch Hilfeleistungen in Steuersachen an.

► **Lohnbuchhaltung, Finanzbuchführung:** Das LG München stufte die Verwendung dieser Begriffe nicht als irreführend ein. Die zu beantwortende Frage sei, ob die angesprochenen Verkehrskreise sich darunter eine Hilfeleistung in Steuersachen vorstellen könnten (Urteil v. 27. 3. 2018 – 1 HK O 11493/17).

Insgesamt wird von den selbständig tätigen Bilanzbuchhaltern festgestellt, dass der Begriff der Irreführung immer enger ausgelegt wird. Der Berufsverband der Bilanzbuchhalter, der BVBC e.V., hat daher seit vielen Jahren – neben einer Erweiterung der Befugnisse für die selbständigen Bilanzbuchhalter – gefordert, dass im Bereich der Werbung akzeptable Regelungen geschaffen werden.

Ein Teilerfolg konnte hier im Rahmen des 7. und 8. Änderungsgesetzes zum Steuerberatergesetz erzielt werden. Der Gesetzgeber hat im 8. StBerÄndG einen neuen Abs. 4 in den § 8 des StBerG eingefügt (vgl. *Anlage 8*). Danach dürfen die in § 6 Nr. 4 bezeichneten Personen auf ihre Befugnisse zur Hilfeleistung in Steuersachen hinweisen und sich als „Buchhalter" bezeichnen. Selbständige Bilanzbuchhalter, die eine Prüfung zum „Geprüfter Bilanzbuchhalter/Geprüfte Bilanzbuchhalterin bzw. Bachelor Professional in Bilanzbuchaltung" abgelegt haben, dürfen zudem auch mit dieser Berufsbezeichnung werben. Die alte Vorschrift, die dazu zwang, die gesamten angebotenen Tätigkeiten aufzulisten, ist weggefallen. Dafür wurde die Formulierung „Die genannten Personen dürfen dabei nicht gegen das Gesetz gegen den unlauteren Wettbewerb verstoßen." aufgenommen. Fraglich ist hierbei jedoch, wann der selbständige Bilanzbuchhalter gegen das Gesetz verstößt. Abzuwarten ist, wie die Gerichte diese Formulierung auslegen werden. Zuletzt hatte der BGH in einem Urteil v. 25. 6. 2015 die Bezeichnung „Mobiler Buchhaltungsservice i. S. des § 6 StBerG" für unzulässig erachtet, da der Hinweis auf § 6 StBerG nicht ausreiche, um die Gefahr einer Irreführung auszuräumen. Gleichzeitig stellt der BGH jedoch klar, dass es auch bei Verwendung des Begriffs „Buchhalter" nicht erforderlich sei, alle von ihnen angebotenen Tätigkeiten nach § 6 Nr. 3 und 4 StBerG im Einzelnen aufzuführen. Die Gefahr einer Irreführung des angesprochenen Verkehrs müsste dann aber auf andere Weise ausgeräumt werden. Zu empfehlen wäre weiterhin die Nennung aller angebotenen Tätigkeiten.

Schließlich kommt es auch vor, dass selbständige Bilanzbuchhalter eine Werbeanzeige entwerfen, die zunächst den Regeln des § 8 Abs. 4 StBerG entspricht. Im Laufe von verschiedenen grafischen und inhaltlichen Verbesserungen der Anzeige kommt es dann zu Änderungen, die die Werbeaussage als Ganzes im Prinzip nicht verändern. Allerdings werden die Regelungen des § 8 Abs. 4 StBerG dann nicht mehr 100 %ig eingehalten und somit ist die gesamte Anzeige angreifbar.

Besondere Aufmerksamkeit im Hinblick auf den § 8 Abs. 4 StBerG ist auch der Werbung 140
im Internet zu widmen. Ein Hinweis auf den tatsächlichen Leistungsumfang, der sich nur auf der Startseite einer Internet-Präsenz befindet, ist nicht ausreichend. Mögliche Interessenten, die durch Verlinkungen oder durch Suchmaschinen nicht auf die Startseite, sondern auf eine Unterseite geführt werden, würden an den Hinweisen gem. § 8 Abs. 4 StBerG gewissermaßen vorbeigeleitet. Daher sollten Internetauftritte nach Möglichkeit so gestaltet werden, dass im Rand- oder Fußzeilenbereich jeder Seite die notwendigen Hinweise enthalten sind.

Zusammenfassend lässt sich nach der Erfahrung mit der Neuregelung sagen, dass der Gesetzgeber hiermit sicherlich einen Schritt in die richtige Richtung getan hat. Aufgrund der großen Verwirrungen in diesem Bereich wäre es aber dringend notwendig, eine verbesserte und eindeutigere Regelung zu schaffen. Selbständige Bilanzbuchhalter sollten versuchen, von den Möglichkeiten des § 8 Abs. 4 StBerG so viel Gebrauch wie möglich zu machen, um den Bekanntheitsgrad ihres Berufsstandes zu steigern.

Kritisch ist die Situation aber für die Berufsangehörigen, die bereits vor der Neuregelung gegenüber einer Steuerberaterkammer eine strafbewehrte Unterlassungserklärung abgegeben hatten. Diese Vereinbarungen werden nicht automatisch außer Kraft gesetzt und Betroffene, die nun die Möglichkeiten des § 8 Abs. 4 StBerG nutzen möchten, müssen sehr vorsichtig sein. Wenn sie eine Anzeige schalten, die nicht in allen Punkten den Anforderungen der aktuellen Rechtslage gerecht wird, wird unter Umständen ohne weitere Vorwarnung die vereinbarte Vertragsstrafe fällig. Betroffene sollten sich in Zweifelsfällen mit der Steuerberaterkammer in Verbindung setzen.

3. Bestrebungen und Aktivitäten der Bilanzbuchhalter

141 Die berufspolitische Interessenvertretung der Bilanzbuchhalter wird durch verschiedene Verbände wahrgenommen: Zu nennen wären hier beispielsweise der Bundesverband der Bilanzbuchhalter und Controller e.V. (BVBC e.V.) mit Sitz in Bonn, der Bundesverband selbständiger Buchhalter und Bilanzbuchhalter e.V. (b.b.h. e.V.) mit Sitz in Pleiskirchen und der Bundesverband professioneller Buchhalter und Bilanzbuchhalter e.V. (bpbb e.V.) in Dresden. Seit Jahren bemühen sich die Verbände, die rechtliche Situation für die Selbständigen zu verbessern. Regelmäßig werden Eingaben zu geplanten Änderungen des StBerG gemacht. Die Forderungen der Bilanzbuchhalter, gelerntes und durch eine qualifizierte Prüfung nachgewiesenes Wissen auch als selbständige Unternehmer anwenden zu dürfen, sind dem Gesetzgeber hinlänglich bekannt gemacht worden. Als erster Erfolg ist die Ergänzung des § 8 StBerG um den Abs. 4 (vgl. Rdn. 139) zu sehen.

142 Neben den politischen Kontakten ist der BVBC auch Sprachrohr der Bilanzbuchhalter gegenüber dem DIHK als Dachorganisation der Industrie- und Handelskammern, die Bilanzbuchhalter nicht nur ausbilden und die Prüfungen abnehmen, sondern darüber hinaus auch als Interessensvertretung der Gewerbetreibenden wichtiger Ansprechpartner der selbständigen Bilanzbuchhalter ist.

143 So hat sich der DIHK in seiner Stellungnahme zum Referentenentwurf zur geplanten 8. Änderung des StBerG erneut für eine Erweiterung der Befugnisse geprüfter Bilanzbuchhalter ausgesprochen und sowohl die Freigabe der Einrichtung der Buchhaltung wie auch der Erstellung der UStVA für selbständige Bilanzbuchhalter gefordert. Auch vertritt der DIHK die Auffassung, dass die Regelungen im Bereich der Werbung einer weiteren Verbesserung bedürfen. Derzeit sind die Bemühungen des DIHK und der Verbände ins Stocken geraten. Im Gegenteil: Die Steuerberaterkammern haben ihre Aktivitäten verstärkt, so dass es im Zusammenhang mit dem „Gesetz zur Anpassung des nationalen Steuerrechts an den Beitritt Kroatiens zur EU und zur Änderung weiterer steuerlicher Vorschriften" (sog. „Kroatiengesetz" vom 30. 7. 2014) zu einem neuen § 10a StBerG gekommen ist, wonach die Finanzämter nun an die Steuerberaterkammern Mitteilung über den Ausgang eines Bußgeldverfahrens wegen unbefugter Hilfeleistung in Steuersachen vorzunehmen haben.

Ein weiterer bedeutender Schwerpunkt der Arbeit der Verbände liegt in der Beratung und Betreuung von Bilanzbuchhaltern, die sich selbständig machen wollen. Neben regelmäßig angebotenen Seminaren zu diesem Thema wird umfangreiche spezifische Fachliteratur angeboten. 144

IV. Die Dienstleistungen des selbständig tätigen Bilanzbuchhalters

Die zuvor dargestellten Probleme der selbständigen Berufsausübung lassen vermuten, 145
dass nur wenige Bilanzbuchhalter den Schritt in die Selbständigkeit gehen. Dennoch wird die Zahl der selbständig tätigen Bilanzbuchhalter in Deutschland auf ca. 25 000 geschätzt. I. d. R. werden kleine bis mittelgroße Firmen mit einem Umsatz von max. 2–5 Mio. € und 3 bis über 60 Mitarbeiter betreut. Bei größeren Firmen arbeitet der selbständig tätige Bilanzbuchhalter meist nicht allein, sondern mit den Angestellten des Mandanten zusammen. Die Erfahrung vieler selbständig tätiger Bilanzbuchhalter zeigt, dass sie beginnend mit den typischen Buchhaltungsarbeiten nach und nach zum Allround-Dienstleister ihrer Mandanten werden. Die Tätigkeitsgebiete lassen sich grob wie folgt einteilen, wobei nur die am häufigsten vorkommenden Dienstleistungen dargestellt werden.

1. Klassische Buchhaltung

Wie bereits weiter oben dargestellt, sind die erlaubten Tätigkeiten im Rahmen der 146
Buchhaltung für selbständig tätige Bilanzbuchhalter durch das StBerG eingeschränkt. Dennoch gibt es für die Bilanzbuchhalter ein weites Tätigkeitsfeld. Immer mehr kleine und mittelgroße Betriebe verfügen über eine eigene EDV und ein eigenes Buchhaltungsprogramm. Diese Tatsache ermöglicht es dem selbständigen Bilanzbuchhalter, bei ihren Mandanten vor Ort zu arbeiten. Die Vorteile liegen auf der Hand:

- das Verschicken der Belege entfällt;
- der Mandant hat alle Unterlagen und alle Daten jederzeit aktuell vorliegen;
- Daten aus anderen Programmen (z. B. Fakturadaten) können EDV-technisch übernommen werden und müssen nicht manuell gebucht werden.

1.1 Erfassung und Auswertung

Im Bereich der Kontierung und Erfassung unterliegen die selbständig tätigen Bilanz- 147
buchhalter keinerlei Einschränkung. Diese Tätigkeiten werden seitens des Gesetzgebers und der Rechtsprechung als rein mechanische Tätigkeit ohne jede direkte steuerliche Auswirkung gesehen. Im Bereich der Auswertungen stellt sich die Situation schwieriger dar. Hier muss streng darauf geachtet werden, dass keine Auswertungen zu steuerlichen Zwecken erstellt werden dürfen. Selbst der Ausdruck der Zahlen für die USt-Voranmeldung (auch zum Zweck der Weitergabe an den Mandanten) ist verboten. Betriebswirtschaftliche Auswertungen jedoch, wie sie für eine entsprechende qualifizierte Beratung nötig sind, dürfen erstellt werden.

1.2 Zahlungsverkehr

148 Zahlungsverkehr ist für viele Kleinunternehmer eine aufwendige und ungeliebte Arbeit. Hier kann der Bilanzbuchhalter seinen Mandanten durch Übernahme solcher kaufmännischen Tätigkeiten entlasten. Es steht dem Bilanzbuchhalter frei, den Zahlungsverkehr manuell zu erstellen, eine entsprechende Software einzusetzen oder ein evtl. vorhandenes Modul „Zahlungsverkehr" aus der Buchhaltungs-Software zu nutzen. Die Nutzen des Mandanten liegen in der Zeitersparnis, der optimalen Nutzung von Zahlungszielen und Skonti sowie in günstigeren Bankgebühren.

1.3 Pflege der Offenen Posten

149 Die sorgfältige Bearbeitung und Kontrolle der Offenen Posten sowohl im Kreditoren- wie auch im Debitorenbereich sind unverzichtbarer Bestandteil einer ordentlichen Buchhaltung und eines sinnvollen Forderungs- und Verbindlichkeitenmanagements. Eine regelmäßige Bearbeitung der Forderungen und Verbindlichkeiten inkl. Ausdruck und Verschickung von Zahlungserinnerungen wird in der Praxis oft von selbständig tätigen Bilanzbuchhaltern erledigt. Auch hier spart der Mandant vor allen Dingen Zeit, aber u.U. auch Geld, da ausstehende Forderungen rechtzeitig gemahnt und einer Verjährung von Forderungen somit entgegengewirkt werden kann.

Der Mandant muss sich nicht mehr um Kleindifferenzen u. Ä. kümmern.

1.4 Lohnabrechnung

150 Im Bereich der Lohnabrechnungen sind die selbständig tätigen Bilanzbuchhalter durch das Verbot der Erstellung von Lohnkonten und der Lohnsteuerbescheinigungen stark eingeschränkt. Alle Arbeiten im Zusammenhang mit Krankenkassen, Berufsgenossenschaft und auch die Abgabe der Lohnsteuer-Anmeldung sind erlaubt. In diesem Bereich ist auch eine Spezialisierung, z. B. auf Baulöhne, denkbar. Eine rechtliche Beratung i. S. von Gestaltung von Arbeitsverträgen würde in den Bereich der unzulässigen Rechtsberatung fallen. Reine Verwaltungsarbeit wie das Schreiben von Arbeitsverträgen nach dem Wunsch des Mandanten, die Anlage von Personalakten, das Ausfüllen von Erstattungsanträgen an die Krankenkasse, die Vornahme von Unfallmeldungen an die Berufsgenossenschaft usw. sind zulässige Tätigkeiten.

2. Betriebswirtschaftliche Beratung

151 Die im Bereich der betriebswirtschaftlichen Beratung angebotenen Tätigkeiten sind für die Arbeit des selbständig tätigen Bilanzbuchhalters von großer Bedeutung. Er kann seine in diesem Bereich erworbenen Kenntnisse ohne Einschränkungen anwenden. Eine qualifizierte betriebswirtschaftliche Beratung von einem Dienstleister, der das Unternehmen gut kennt, wird von den Mandanten der selbständig tätigen Bilanzbuchhalter oft als Zusatzleistung in Anspruch genommen.

152 Der Bilanzbuchhalter muss die Schwachstellen im Betrieb des Mandanten erkennen und an diesen Stellen helfend eingreifen. Ohne den Anspruch auf eine abschließende Aufzählung seien hier einige Aufgaben erwähnt, die im weitesten Sinne zur betriebswirtschaftlichen Beratung zählen:

Bilanzanalyse: Immer noch ist die Bilanzanalyse für viele Unternehmer zwar als Notwendigkeit bekannt, an der Durchführung jedoch scheitert es dann. Bilanzanalysen erstellen können viele Fachleute, dazu gibt es auch entsprechende Software. Bilanzanalysen dem Unternehmer jedoch nahezubringen, sie zu erläutern und notwendige Konsequenzen aufzuzeigen, dazu gehört mehr. Aufgrund ihrer praktischen Erfahrung und ihrer Ausbildung können Bilanzbuchhalter diese Leistung erbringen. 153

Unternehmensplanung: Viele kleine und mittelständische Unternehmer wissen genau, wohin sie mit ihren Unternehmen in der Zukunft gehen wollen. Meistens haben sie aber Schwierigkeiten, diese Ziele zu Papier zu bringen, die geplanten Zahlen auch gegenüber Banken oder anderen Geldgebern zu verdeutlichen und das gesteckte Ziel als realistisch und erreichbar darzustellen. Mit Hilfestellung des Bilanzbuchhalters kann sowohl inhaltlich wie auch darstellungstechnisch die Verständlichkeit erhöht werden. 154

Liquiditätsplanung: Liquiditätsplanungen gewinnen in Zeiten knapper finanzieller Mittel immer stärker an Bedeutung und werden auch von Kreditinstituten immer häufiger verlangt. Die Erstellung von Liquiditätsplanungen gehören fast immer zum Leistungsangebot eines selbständig tätigen Bilanzbuchhalters. Die Mandanten werden regelmäßig auf drohende Liquiditätsengpässe aufmerksam gemacht oder auf die Möglichkeit hingewiesen, zur Zeit nicht benötigte Gelder anzulegen. 155

Bewegungsbilanzen: Bewegungsbilanzen werden häufig auch für kleinere und mittlere Unternehmen von den Banken gewünscht. Zu schwierigen Bankverhandlungen werden vollständige und gut aufbereitete Unterlagen benötigt. Der Bilanzbuchhalter, der mit der Erledigung der laufenden Buchführung beauftragt ist, kann schnelle Auskünfte zum Status der Buchhaltung und des Betriebs geben, damit ein gutes Gesprächsklima schaffen und zeitaufwendige Nachfragen vermeiden. 156

Kostenrechnung: Steigende Kosten zwingen heute selbst die kleinsten Betriebe, sich eine EDV-gestützte Kostenrechnung aufzubauen oder manuell aus den Zahlen der Buchhaltung heraus zumindest für Teilbereiche des Betriebes an Kosten und Kalkulation zu arbeiten. Der Aufbau eines vollständigen Kostenrechnungskonzepts gehört für einen Bilanzbuchhalter zu den interessantesten Aufgaben. Hier ist eine genaue Kenntnis des Betriebes und der einzelnen Abläufe erforderlich. Die Kostenrechnung eröffnet dem Bilanzbuchhalter die Möglichkeit, Kalkulation und Preisgestaltung zu überarbeiten und dem Mandanten so die Chancen und Risiken des Unternehmens bis hin zu einzelnen Artikeln oder Dienstleistungen darzustellen. 157

Controlling: Bilanzbuchhalter, die sich im Bereich des Controllings betätigen wollen, müssen häufig erst Aufklärungsarbeit leisten. Nicht jeder Unternehmer weiß, dass „Controlling“ nicht einfach gleichzusetzen ist mit „Kontrollieren“. Immer mehr Unternehmen setzen auf Controlling. Im Gesundheitswesen beispielsweise, in anerkannten Pflegeeinrichtungen und Krankenhäusern wird Controlling zurzeit verstärkt eingeführt. Hier kann es für Bilanzbuchhalter auch interessant sein, sich nicht um Mandanten auf Dauer zu bewerben, sondern in einer solchen Einrichtung ein Controlling aufzubauen, Angestellte der Einrichtung darin zu schulen und sich dann wieder zurückzuziehen. 158

3. Sonderleistungen

159 **Projektarbeiten:** Projektarbeiten sind Aufträge, die auf ein bestimmtes Ziel gerichtet, zeitlich begrenzt und i. d. R. einmalig sind. Die Liste der möglichen Tätigkeiten ist sehr lang. Denkbar sind z. B. die Betreuung der EDV-Einführung beim Mandanten, der Aufbau eines Artikelstamms, die Überarbeitung und Organisation sämtlicher Abläufe im Büro des Mandanten usw. Auch große Firmen kommen für Projektaufträge als Kunden in Frage.

160 **Interimsmanagement:** Immer häufiger bieten selbständige Bilanzbuchhalter ihre Leistungen als Interimsmanager an. Je nach fachlicher Spezialisierung sind dabei Einsätze nach einem Wechsel in der (Finanz)Führungsspitze von Unternehmen, aber auch beispielsweise im Rahmen der Umstellung des Rechnungswesens auf internationale Rechnungslegung oder bei der Umstellung der öffentlichen Haushalte von Kameralistik auf doppelte Buchführung denkbar.

V. Organisation des Gewerbes

1. Unternehmensform

161 Die genaue Kenntnis der verschiedenen Unternehmensformen, vor allem die haftungsrechtlichen Fragen und die steuerlichen Merkmale, sind Bilanzbuchhaltern i. d. R. hinlänglich bekannt. Deshalb wird an dieser Stelle auf eine ausführliche Erläuterung verzichtet.

Die Erfahrung zeigt, dass die meisten selbständigen Bilanzbuchhalter ihre selbständige Existenz zunächst in Form eines Einzelunternehmens beginnen und damit die klassischen Einzelkämpfer sind. Besteht das Unternehmen bereits seit einigen Jahren, so wird häufig eine Kooperation mit anderen Berufsträgern angestrebt, um auch für den Fall von Krankheit oder Urlaub eine kontinuierliche Betreuung der Kunden sicherzustellen. In solchen Fällen kommt es dann auch zur Gründung von GmbHs. Aufgrund der relativ hohen Rechtsformkosten lohnt sich dies aber nur bei Unternehmen, die hauptberuflich betrieben werden und einen großen Kundenstamm und gute Umsatzzahlen vorweisen können. Interessanter kann die Gründung einer Bürogemeinschaft mit einem Berufskollegen sein. Auch hier können Regelungen für Krankheit oder Urlaub getroffen werden, ohne dass gleich ein gemeinsames Unternehmen gegründet werden muss.

162 Eine Sonderform ist der Anschluss an ein Franchise-Unternehmen. Dieses gibt dem Franchisenehmer weitgehende Vorgaben, wie er sein Unternehmen zu führen hat. Im Gegenzug erhält er z. B. vorgefertigte Prospekte oder vorformulierte Werbeanschreiben und kann sich somit auf sein Kerngeschäft konzentrieren. Eine solche Lösung kann sinnvoll sein, es ist jedoch angeraten, eine detaillierte Kosten-/Nutzenanalyse zu erstellen.

163 Zunehmend an Bedeutung gewinnen in den letzten Jahren die Rechenzentren. Diese hatten durch die Verfügbarkeit preiswerter Inhouselösungen nahezu an Bedeutung verloren. Durch das Angebot an ASP-Lösungen stellen sie heute jedoch eine durchaus überlegenswerte Alternative dar (vgl. Rdn. 169).

2. Werbung/Akquisition

Anzeigenwerbung ist sicher die beliebteste Form der Werbung – für selbständig tätige Bilanzbuchhalter aber sehr problematisch (vgl. Rdn. 136 ff.). Wer zum Zwecke der Mandantengewinnung Anzeigen schalten möchte, hat die o. g. Einschränkungen zu beachten, die das Gesetz auferlegt. Die Erfahrung zeigt, dass Zeitungsanzeigen häufig nur bedingt zum gewünschten Erfolg führen. Die meisten selbständig tätigen Bilanzbuchhalter haben ihren ersten Mandanten über andere Wege gewonnen. Es bieten sich auch folgende Wege an: 164

- **Arbeit in einem Lohnsteuerhilfe-Verein:** Wer die Voraussetzungen erfüllt, kann eine Geschäftsstelle eines Lohnsteuerhilfe-Vereins leiten. Lohnsteuerhilfe-Vereine dürfen im Wesentlichen nur ESt-Erklärungen für Arbeitnehmer, Rentner und Unterhaltsempfänger bearbeiten. Erfahrungsgemäß bekommt man über diesen Weg aber auch viele Kontakte zu Selbständigen oder zu Personen, die vom Lohnsteuer-Verein betreut werden und den Weg in die Selbständigkeit gehen. Diesen Personen darf man die Bearbeitung der Buchhaltung im zulässigen Rahmen anbieten. Im Gegensatz zu einer Zeitungsanzeige bietet das persönliche Gespräch eine bessere Möglichkeit, den Umfang der erlaubten Arbeiten genau zu beschreiben. Der Abschluss und sämtliche Steuererklärungen müssen auf jeden Fall von einem Steuerberater oder vom Unternehmer selber gemacht werden.
- **Bekanntenkreis:** Wer sich als Bilanzbuchhalter selbständig machen will, sollte keine Scheu haben, seine Existenzgründung Freunden und Bekannten mitzuteilen. Auch hier sollte man ausführlich erläutern, welche Arbeiten angeboten werden.
- **Existenzgründungsberatung der IHK:** Auch wer es nicht für unbedingt nötig hält, die Möglichkeit einer Existenzgründungsberatung bei der örtlichen IHK sollte in Anspruch genommen werden. Wenn IHK-Mitarbeiter von der Dienstleistung eines selbständig tätigen Bilanzbuchhalters überzeugt sind, könnten sie die Ratsuchenden auch auf die Dienstleistungen von selbständig tätigen Bilanzbuchhaltern hinweisen.
- **Lokale Geldinstitute:** Als selbständig tätiger Bilanzbuchhalter sollte man es nicht versäumen, seine Dienstleistung auch den Banken vorzustellen. Banken wissen i. d. R., welche Betriebe Schwierigkeiten im Bereich der laufenden Buchhaltung haben. Banken haben gleichzeitig ein großes Interesse an einer ordentlich geführten Buchhaltung. Wer die Banken von der Qualität seiner Arbeit überzeugen kann, der wird von dort aus auch oft empfohlen.
- **Rechtsanwälte, Notare:** Diese Berufsgruppen haben häufig Kontakt mit Existenzgründern und werden oft nach der Übernahme der Buchhaltung gefragt. Rechtsanwälte arbeiten gelegentlich auch auf diesem Gebiet. Auch hier können selbständig tätige Bilanzbuchhalter die laufende Buchhaltung übernehmen.

Begleitend dazu empfiehlt sich auch das Vorhalten einer Internetseite, heutzutage das Aushängeschild eines Unternehmens und damit auch des selbständig tätigen Bilanzbuchhalters. Auch mit verhältnismäßig geringem Kostenaufwand lassen sich ansprechende Internetseiten erstellen, auf denen man seinen potentiellen Mandanten sowohl sein Dienstleistungsangebot präsentieren als auch mittels eines Fotos einen persönlichen Eindruck vermitteln kann. Wichtig dabei ist jedoch, neben den berufsrechtlichen Vorgaben (vgl. Rdn. 136 ff. und insbesondere Rdn. 140) auch die weiteren rechtlichen Vorgaben – wie insbesondere des Wettbewerbsrechts, des Urheberrechts sowie des Datenschutzrechts – zu beachten. Gerade nach Inkrafttreten der DSGVO lauern hier viele Stolperfallen, die aber mit der richtigen Beratung gut umgangen werden können. Zudem sollte aus diesem Grund auch sorgfältig überlegt werden, ob und wenn ja auf welchen sozialen Netzwerken man sein Angebot zusätzlich noch präsentiert. Im Zweifel ist auch hier weniger mehr – d. h. eine sorgfältig geprüfte und gut gepflegte Internetseite ist meist mehr wert als zahlreiche weniger aktuelle Profile in den sozialen Medien.

165 Die Standortfrage spielt für selbständig tätige Bilanzbuchhalter kaum eine Rolle. In städtischen Ballungsgebieten ist das Potential an Mandanten sicher größer. Gerade in ländlichen Gebieten hat die Erfahrung aber gezeigt, dass es einfacher ist, Mandanten zu gewinnen. Hier ist der persönliche Kontakt i. d. R. schon vorhanden oder leichter herzustellen.

3. Betriebs- und Geschäftsausstattung/EDV

166 Unabhängig davon, ob ein selbständiger Bilanzbuchhalter seine Dienstleistungen von seinem eigenen Büro aus erbringt oder aber ob er sich auf einen „Vor-Ort-Service" beim Kunden spezialisiert hat: Ein kleines Büro mit einer gewissen Grundeinrichtung benötigt er auf jeden Fall. Büromöbel, Telefon, Faxgerät, Computer und Drucker gehören zur notwendigen Ausstattung. Wer häufig Kunden in seinen Geschäftsräumen empfängt, der braucht darüber hinaus eventuell Platz und Einrichtung für eine Besprechungsecke und muss insgesamt etwas mehr auf den repräsentativen Charakter der Einrichtung achten.

167 Ein entscheidender Faktor ist die anzuschaffende Software. Bei der allgemeinen Büro- und Verwaltungssoftware haben sich auf dem Markt längst Standards herausgebildet. Schwieriger ist es, die passende fachbezogene Software zu finden. Der Markt ist groß und nicht ganz einfach überschaubar. Buchhaltungs- und Lohnbuchhaltungssoftware gibt schon für einen Preis von etwa 200 €. Nach oben hin gibt es kaum eine Grenze. Selbstverständlich verbergen sich hinter den unterschiedlichen Preisen auch unterschiedliche Leistungen und es ist eine der schwierigsten Herausforderungen in der Gründungsphase, sich für die richtige Software zu entscheiden.

168 Um für sich die richtige Entscheidung zu treffen, ist es sinnvoll, zunächst einmal alle Anforderungen aufzuschreiben, die man an ein Programm hat. Dabei sollten nicht nur die allgemeinen Rahmenbedingungen, wie z. B. die Modularität, Update-Konzepte oder Mandantenfähigkeit berücksichtigt werden. Ebenso sollte man weiche Entscheidungskriterien heranziehen, etwa die Frage, wie die Erfassungsmaske aufgebaut ist oder ob verschiedene Programmteile parallel bearbeitet werden können (z. B. Stammdaten und Buchungserfassung). Zeitaufwendig aber Erfolg versprechend ist die Vorgehensweise, sich über Wochen oder gar Monate während der Arbeit alle Punkte aufzuschreiben, die am aktuell genutzten Programm besonders gut oder schlecht gefallen. Anhand einer solchen Liste kann man für ein neu anzuschaffendes Programm eine Art Rating-Liste anlegen. Auch wenn es viel Zeit kostet, sollte man auf einer Demo-Version der Programme, die in die engere Wahl kommen, einfach mal einen Zeitraum von ein paar Wochen buchen und auswerten oder etwa die Lohnabrechnungen für mehrere Monate durchführen.

169 Zunehmend an Bedeutung gewinnen in den letzten Jahren wieder die schon tot geglaubten Rechenzentren. Sie bieten ihre Dienste in Form von ASP-Lösungen (*Application Service Providing*) an. Dabei wird die zu nutzende Software über das Internet zur Verfügung gestellt und ist von jedem beliebigen Rechner mit Internet-Anschluss nutzbar.

Um Themen wie Update-Installation oder Datensicherung muss der Nutzer sich nicht mehr kümmern, diese Aufgaben übernimmt der Service-Provider. Interessant kann diese Möglichkeit für selbständige Bilanzbuchhalter insbesondere dann sein, wenn sie ihre Dienstleistungen vor Ort beim Kunden erbringen. Der Kunde muss keine eigene Software haben, sondern lediglich einen internetfähigen Rechner. Der Bilanzbuchhalter kann jederzeit auf die Daten aller seiner Kunden zugreifen, und somit immer Rede und Antwort stehen, wenn er vom Kunden angerufen wird. Verschiedentlich werden auch Lösungen angeboten, in denen der Kunde eine Unterlizenz hat. Er kann damit eingeschränkt auf die Daten zugreifen. Eingeschränkt insofern, dass er nur seine Daten sehen kann und nicht die Daten der anderen Kunden des selbständigen Bilanzbuchhalters. Eingeschränkt aber auch, da er nur einen Lese- und Auswertungszugriff hat, aber keine Daten erfassen kann. Diese Lösung ist auch für die Kunden komfortabel, da sie jederzeit Zugriff auf die eigenen Daten haben. Auch die Problematik der Erstellung der Umsatzsteuer-Voranmeldung kann so gelöst werden, denn die Kunden können die UST-VA über ihren eingeschränkten Datenzugriff per Elster an die Finanzverwaltung übertragen.

Eine gute und kompakte Möglichkeit, sich einen Marktüberblick zu verschaffen, mit vielen Anbietern ins Gespräch zu kommen und sich verschiedenste Programme vorführen zu lassen, bietet sich auf der seit dem Jahr 2006 einmal jährlich stattfindenden Fachmesse für Rechnungswesen und Controlling, der REWECO (www.reweco.de oder www.bvbc.de).

4. Startkapital/Finanzierung

Auch wenn es sich bei der selbständigen Tätigkeit als Bilanzbuchhalter mehr oder weniger um eine reine Dienstleistung handelt, so sind doch in gewissem Umfang Investitionen notwendig. Wie hoch diese Investitionen sind, hängt zum einen davon ab, wie das Unternehmenskonzept des selbständigen Bilanzbuchhalters im Einzelnen aussieht, zum anderen kommt es darauf an, in welchem Umfang notwendige Betriebs- und Geschäftsausstattungen bereits vorhanden sind. Unbedingt zu berücksichtigen ist auch der Finanzbedarf für eine Erstausstattung mit Briefpapier und Büromaterial und die Kosten der ersten Werbemaßnahmen. 170

Ein Startkapital von ca. 10 000 € gilt auf jeden Fall als ausreichend. Finanzierungen aus öffentlichen Mitteln sind in dieser Größenordnung eher selten, in Frage kommen kann aber das Startgeld der KfW Mittelstandsbank (www.kfw-mittelstandsbank.de). Beantragt werden muss das Startgeld über die Hausbank. 171

Eine Beratung bei der örtlichen Industrie- und Handelskammer ist sinnvoll, denn häufig gibt es regionale Förderprogramme oder Förderprogramme, die sich an spezielle Bevölkerungsgruppen richten. Solche Förderprogramme sind oft auf bestimmte Beträge oder Zeiträume begrenzt und werden gar nicht allen Interessenten bekannt gemacht.

5. Versicherungen

- **Vermögenschaden-Haftpflicht:** Diese Versicherung schützt vor Schäden, die dem Kunden durch fehlerhafte Arbeit des selbständig tätigen Bilanzbuchhalters entstehen. Selbstverständ- 172 lich setzt ein Bilanzbuchhalter alles daran, Fehler zu vermeiden, eine Garantie für vollkommen fehlerfreie Arbeit gibt es aber nicht. Daher sollte jeder Bilanzbuchhalter aus Gründen der Vorsicht und aus Gründen der Seriosität eine solche Versicherung abschließen. Es ist unbedingt erforderlich, mit der Versicherungsgesellschaft genau abzuklären, welche Tätigkeiten ausgeführt werden. Die jährliche Prämie für eine Versicherungssumme von 100 000 € beträgt ungefähr 300 €.

173 ► **Berufsgenossenschaft:** Wer Mitarbeiter beschäftigt – auch wenn es sich um sozialversicherungsfreie Beschäftigungsverhältnisse handelt – ist verpflichtet, Beiträge an die Berufsgenossenschaft abzuführen. Der Selbständige kann sich dort auch auf freiwilliger Basis gegen die Folgen von Unfällen, die ihm während der beruflichen Tätigkeit zustoßen, versichern. Die Beiträge zur Berufsgenossenschaft sind Betriebsausgaben. Die zuständige Berufsgenossenschaft für selbständig tätige Bilanzbuchhalter ist die Verwaltungs-Berufsgenossenschaft, Hauptverwaltung, Massaquoipassage 1, 22305 Hamburg, Tel. 040/5146-2940, www.vbg.de.

174 ► **Sonstige betriebliche Versicherungen:** Hier seien nur kurz Versicherungen erwähnt, deren Abschluss freiwilliger Natur ist:

- Bürohaftpflichtversicherung,
- Elektronikversicherung,
- Feuer-, Einbruch-, Diebstahlversicherung,
- Betriebsunterbrechungsversicherung.

175 ► **Private Versicherungen:** Als Selbständiger unterliegt man keiner sozialen Pflichtversicherung. Kranken- und Rentenversicherung beruhen auf freiwilliger Mitgliedschaft. Einen Anspruch auf Lohnfortzahlung im Krankheitsfall gibt es für Selbständige nicht. Deshalb ist es wichtig, gut zu überlegen, welches „Versicherungspaket" individuell geeignet ist. I. d. R. ist es nicht immer nötig, alle Versicherungen, die sinnvoll erscheinen, auf einmal abzuschließen. Einige Versicherungen können auch mit kleinen Beträgen begonnen und später aufgestockt werden. Hier seien die wichtigsten Versicherungen aufgezählt, die für den privaten Bereich in Frage kommen:

- Pflegeversicherung,
- Krankentagegeld- oder Krankenhaustagegeldversicherung,
- Kapital-Lebensversicherung oder Risiko-Lebensversicherung,
- Unfallversicherung,
- Rechtschutzversicherung.

Sinnvoll ist es i. d. R., gemeinsam mit einem freien Versicherungsmakler ein individuelles Versicherungskonzept zu entwickeln. Auch wenn nicht alle Versicherungen sofort zu Beginn der selbständigen Tätigkeit abgeschlossen werden, so ist doch zumindest der Kapitalbedarf klar umrissen und kann in die Planung des Kapitalbedarfs und in die Kalkulation einfließen. Eine wichtige Neuerung gab es zum 1. 2. 2006. Seit diesem Zeitpunkt gibt es für Existenzgründer unter bestimmten Voraussetzungen die Möglichkeit, sich in der Arbeitslosenversicherung freiwillig weiterzuversichern. Basis hierfür ist der § 28a Sozialgesetzbuch III. Der Beitrag richtet sich nach dem Beitragssatz und der Bezugsgröße. Im Jahr 2021 liegt der monatliche Beitrag in den alten Bundesländern bei 78,96 €, in den neuen Bundesländern bei 74,76 €. Für Existenzgründer gilt in den ersten zwei Jahren der halbe Beitrag.

6. Kalkulation/Gebühren

176 Selbständig tätige Bilanzbuchhalter sind in ihrer Honorargestaltung insofern völlig frei, als dass sie nicht durch Gebührenordnungen o. Ä. reglementiert werden. Diese Freiheit wird durch zwei wichtige Faktoren eingeschränkt:

(1) Die Kundenakzeptanz: Selbstverständlich müssen die kalkulierten und gewünschten Preise auch gegenüber den Kunden durchsetzbar sein. I. d. R. ist es sinnvoll, ein Gebührengerüst aufzubauen und dieses auf den jeweiligen Mandanten anzupassen. Zum Beispiel kann man für einen Mandanten, der die Unterlagen vollständig und ordentlich sortiert anliefert, preiswerter arbeiten als für andere.

(2) Die Konkurrenz der selbständig tätigen Bilanzbuchhalter besteht nicht nur aus eigenen Kollegen, sondern auch aus Steuerberatern, WP, Anwälten, Buchführungshelfer usw. Der Bundesverband der Bilanzbuchhalter und Controller e.V. (BVBC) hat deshalb eine Gebührentabelle erarbeitet, die als Orientierungshilfe für den selbständigen Bilanzbuchhalter gegenüber dem Mandanten dienen soll.

6.1 Abrechnungsmodus

Da es keine festgelegte Gebührentabelle gibt, hat der selbständig tätige Bilanzbuchhal- 177
ter die Wahl: Er kann auf Stundenbasis, nach monatlichen Pauschalen oder nach einer differenzierten Gebührentabelle abrechnen. Erfahrungsgemäß ist es sinnvoll, bei einem neuen Mandanten zunächst einige Monate auf Stundenbasis abzurechnen. Mit vertieften Kenntnissen ist es eher möglich, einen Pauschalpreis oder eine Abrechnung nach Gebührentabelle zu vereinbaren. Die Abrechnung nach Stunden ist dann sinnvoll, wenn man bei den Mandanten vor Ort arbeitet. Der Mandant kann sehen, wie viele Stunden ihm der selbständig tätige Bilanzbuchhalter zur Verfügung steht und kann schwankende Stundenzahlen nachvollziehen. Es ist anzuraten, einen Stundennachweis unter Angabe von Tag und Uhrzeit zu führen. Gegebenenfalls sollte dieser vom Mandanten gegengezeichnet werden. Sofern die Arbeiten im eigenen Büro des Bilanzbuchhalters erledigt werden, ist diese Nachvollziehbarkeit nicht mehr gegeben. In solchen Fällen bietet sich eine Abrechnung nach monatlichen Pauschalen oder nach Anzahl von Belegen, Buchungszeilen oder Ähnlichem an. Auch hier bieten die Verbände verschiedene Gebührentabellen an, welche für die Preisverhandlungen mit den Mandanten genutzt werden können. Eine Bindung daran besteht nicht. Tendenziell werden auch verschiedene Preispakete angeboten. Dabei kann der Mandant zwischen verschiedenen Bestandteilen wählen. Vorteilhaft ist dabei, dass die umfangreichen Arbeiten aufgezeigt werden.

6.2 Kalkulation

Bei der Erstellung eines Kalkulationsschemas zur Ermittlung des durchschnittlichen 178
Stundensatzes müssen zumindest die folgenden Faktoren berücksichtigt werden:

- Personalkosten,
- Miete für Büro,
- Energiekosten,
- Werbekosten,
- Betriebsbedarf,
- Instandhaltung,
- Wartungskosten für Hard- und Software,
- Versicherungen und Beiträge,
- Reisekosten,

- Telefonkosten,
- Weiterbildung,
- sonstige Kosten,
- Zinsaufwand für betriebliche Darlehen,
- Abschreibungen,
- kalkuliertes Gehalt (inkl. Arbeitgeberanteile zur Sozialversicherung) des Unternehmers.

179 Bei der Ermittlung des Stundensatzes muss berücksichtigt werden, dass selbständig tätige Bilanzbuchhalter i. d. R. nur ca. 70 % ihrer Arbeitszeit wirklich bezahlt bekommen. Der Rest der Zeit muss für die eigene Verwaltung, für Akquisition, Weiterbildung etc. zur Verfügung stehen.

Ebenfalls sollten Urlaubs- und Krankheitszeiten als unproduktive Kosten berücksichtigt werden.

7. Vertragsgestaltung

180 Um die rechtliche Sicherheit zu erhöhen, sollte mit dem Mandanten unbedingt ein schriftlicher Vertrag abgeschlossen werden.

7.1 Vertragsinhalt

181 Ein Mandantenvertrag sollte auf jeden Fall eine umfassende und genaue Beschreibung der Tätigkeiten enthalten, die für den Mandanten ausgeführt werden können und dürfen. Zur besseren Abgrenzung sollte der Vertrag auch eine Negativ-Liste enthalten, also eine Angabe der Tätigkeiten, die nicht Gegenstand der Arbeit von selbständig tätigen Bilanzbuchhaltern sein werden. So sind die Grenzen der angebotenen Dienstleistung schriftlich festgelegt und es wird auch verhindert, dass es zu Anfragen zur Übernahme unerlaubter Tätigkeiten kommt, die von einem selbständig tätigen Bilanzbuchhalter zwangsläufig abgelehnt werden müssen.

182 In der Phase des Aufbaus einer selbständigen Existenz kommt es häufig vor, dass zunächst nur für einen einzigen Auftraggeber gearbeitet wird. In bestimmten Fällen wird dann von den Sozialversicherungsträgern unterstellt, dass es sich in Wirklichkeit um eine Scheinselbständigkeit handelt, die lediglich zur Umgehung der Sozialversicherungspflicht als selbständige Tätigkeit dargestellt wird. Der Gesetzgeber hat zu diesem Thema grundsätzliche Abgrenzungskriterien entwickelt. Rechtssicherheit kann durch ein Statusfeststellungsverfahren bei der Deutschen Rentenversicherung (DRV) erlangt werden. Bezüglich der Krankenversicherung wird für selbständig tätige Bilanzbuchhalter in der Regel immer die Versicherungsfreiheit anerkannt. Die Versicherungspflicht in der Rentenversicherung muss im Einzelfall geklärt werden. Eines der wesentlichen Merkmale für die Abgrenzung zwischen abhängiger Beschäftigung und selbständiger Tätigkeit ist die Weisungsfreiheit. Deshalb muss in einem Vertrag die Frage der Weisungsfreiheit geregelt werden. Selbständige Auftragnehmer sind nicht weisungsgebunden und können in fachlicher Hinsicht frei entscheiden. Es ist dann zwischen einer freiwillig gesetzliche Krankenversicherung oder einer privaten Krankenversicherung zu wählen.

Wegen der Vertragsgestaltung zwischen selbständigen Bilanzbuchhaltern, die als Subunternehmer für Steuerberater tätig werden, vgl. Rdn. 122 ff.

Auch die Zeiten, in denen die beauftragte Arbeit erledigt werden kann, sollten vertraglich geregelt sein. Diese Regelung eröffnet später die Möglichkeit, Zuschläge abzurechnen, wenn der Mandant die Dienstleistungen des Bilanzbuchhalters außerhalb der aufgeführten Geschäftszeiten in Anspruch nehmen möchte. Es hat sich auch als sinnvoll erwiesen, einen ungefähren monatlichen Zeitbedarf festzuhalten. 183

Die Höhe und Form der Vergütung kann als fester Vertragsbestandteil aufgenommen werden oder als Hinweis auf die Gebührentabelle. Auch die Übernahme von eventuell anfallenden Reisekosten sollte vertraglich festgelegt werden. 184

7.2 Datenschutz

Weiterhin ist auch vor dem Hintergrund des Datenschutzes eine Reihe von Regelungen notwendig. Dies betrifft zum einen die Verarbeitung von personenbezogenen Daten des Mandanten selbst (z. B. der Name des Mandanten oder bei Unternehmen des Ansprechpartners, Kontaktdaten wie (E-Mail)-Adressen oder Telefonnummern) und zum anderen die in der Lohn- und Finanzbuchhaltung enthaltenen Daten (z. B. personenbezogene Daten von Beschäftigten, Lieferanten und Kunden des Mandanten). 185

Hinsichtlich der personenbezogenen Daten des Mandanten selbst genügt i. d. R. eine bloße Information über den Umfang der Datenverarbeitung, soweit die Verarbeitung nicht über das für die Vertragserfüllung Notwendige hinausgeht. So muss der Mandant gem. Art. 13 DSGVO insbesondere darüber informiert werden, welche personenbezogenen Daten durch wen und zu welchem Zweck verarbeitet werden, auf welcher Rechtsgrundlage die Datenverarbeitung erfolgt (i. d. R. Art. 6 Abs. 1 Satz 1 Buchst. b DSGVO) und ob eine Datenübertragung an Dritte stattfindet. Bei der Datenübertragung an Dritte sind auch Dienstleister wie z. B. der IT-Service mit Wartungszugriff, aber auch der Cloud-Provider oder die Buchhaltungssoftware zu berücksichtigen. Besondere Anforderungen gelten, wenn einer dieser Dienstleister seinen Sitz außerhalb des Europäischen Wirtschaftsraums hat, da der Mandant in diesem Fall sowohl über die Übermittlung ins Drittland selbst als auch über die dafür erforderlichen Garantien für die Sicherstellung eines angemessenen Datenschutzniveaus zu informieren wäre. Die genannten Informationspflichten können entweder direkt im Vertrag oder auch durch ein gesondertes Informationsblatt erfüllt werden.

Mit Blick auf die Verarbeitung personenbezogener Daten in der Lohn- und Finanzbuchhaltung ist noch nicht abschließend geklärt, welche vertraglichen Regelungen erforderlich sind. Konkret stellt sich die Frage, ob selbstständig tätige Bilanzbuchhalter Auftragsverarbeiter sind und daher mit ihren Mandanten eine entsprechende Vereinbarung schließen müssen. In der Praxis ist es leider nicht immer leicht festzustellen, ob eine bestimmte vertragliche Tätigkeit als Auftragsverarbeitung einzustufen ist oder nicht. Die Datenschutzbehörden haben daher im Januar 2018 ein sog. Kurzpapier zur Auftragsverarbeitung veröffentlicht, in dem verschiedene Beispiele zur Abgrenzung genannt werden. Als Beispiel für die klassische Auftragsverarbeitung wird dort neben Cloud-Computing oder der Beauftragung von Call-Centern auch „DV-technische Arbei- 186 ten für die Lohn- und Gehaltsabrechnung oder die Finanzbuchhaltung durch Rechenzentren" genannt. Nun passt diese Umschreibung keineswegs genau auf die Lohn- und Finanzbuchhaltung durch selbständig tätige Bilanzbuchhalter. Viele verstehen den Passus jedoch so, dass davon auch das klassische Outsourcing von Lohn- und Finanzbuchhaltung erfasst ist. Interessanterweise werden in demselben Papier Steuerberater explizit von der Verpflichtung zum Abschluss einer Vereinbarung zur Auftragsverarbeitung ausgenommen. Hintergrund dessen ist jedoch, dass Steuerberater, wie Anwälte und Ärzte, Berufsgeheimnisträger sind, deren Schweigepflicht auch unter strafrechtlichen Sanktionen steht.

Die Frage, ob Steuerberater, Buchhalter und Bilanzbuchhalter bei der Erstellung der Lohn- und Finanzbuchhaltung als Auftragsverarbeiter tätig werden, wurde daraufhin weiter kontrovers diskutiert. Selbst die deutschen Datenschutzbehörden waren sich länderübergreifend nicht einig. Das Bayerische Landesamt für Datenschutzaufsicht lehnte eine Einordnung von Steuerberatern als Auftragsverarbeiter grundsätzlich ab, da die berufsrechtliche Weisungsunabhängigkeit und Eigenverantwortlichkeit mit dem Grundgedanken der weisungsgebundenen Auftragsverarbeitung nicht vereinbar seien. Nach Auffassung der Landesbeauftragten für Datenschutz und Informationsfreiheit Nordrhein-Westfalen, des Landesbeauftragten für Datenschutz und Informationsfreiheit Baden-Württemberg sowie des Hessischen Beauftragten für Datenschutz und Informationsfreiheit sei hingegen nicht nach Berufsgruppen (Steuerberater einerseits und selbständige Buchhaltern andererseits) abzugrenzen, sondern zwischen einzelnen Tätigkeiten zu differenzieren: Bei Aufgaben ohne eigene Entscheidungskompetenz (z. B. Lohn- und Gehaltsabrechnung) liege eine Auftragsverarbeitung vor, bei weisungsunabhängigen Aufgaben (Erstellung Jahresabschluss, inhaltliche Beratung) erfolge die Datenverarbeitung hingegen in eigener Verantwortung.

Aufgrund dieser Kontroverse sah sich offenbar schließlich der Gesetzgeber gezwungen für Klarheit zu sorgen und stellte in § 11 Abs. 2 StBerG klar, dass Steuerberater stets als eigenständige Verantwortliche i. S. des Art. 4 Nr. 7 DSGVO anzusehen sein.

§ 11 Abs. 2 StBerG

Die Verarbeitung personenbezogener Daten durch Personen und Gesellschaften nach § 3 erfolgt unter Beachtung der für sie geltenden Berufspflichten weisungsfrei. Die Personen und Gesellschaften nach § 3 sind bei Verarbeitung sämtlicher personenbezogener Daten ihrer Mandanten Verantwortliche gem. Art. 4 Nr. 7 der Datenschutz-Grundverordnung (EU) 2016/679. Besondere Kategorien personenbezogener Daten gem. Art. 9 Abs. 1 der Verordnung (EU) 2016/679 dürfen gem. Art. 9 Abs. 2 Buchst. g der Datenschutz-Grundverordnung (EU) 2016/679 in diesem Rahmen verarbeitet werden.

Die Gesetzesänderung gilt ausweislich ihrer Begründung auch für das „Buchen laufender Geschäftsvorfälle", „laufende Lohnabrechnungen" und „Fertigen der Lohnsteuer-Anmeldungen", da die Leistung des mit der Lohnbuchführung beauftragten Steuerberaters auch die eigenverantwortliche Prüfung und Anwendung der gesetzlichen Bestimmungen umfasse.

Diese Begründung wirft jedoch die Frage auf, warum dies nur für Steuerberater und nicht auch für selbständige Buchhalter und Bilanzbuchhalter geltend soll. Auch diese werden i. d. R. nur mit der „ordnungsgemäßen Lohnbuchhaltung" beauftragt und erhalten inhaltlich ebenso wenig Weisungen wie der Steuerberater. Dies zeigt, dass es sich hier eigentlich nicht um eine Frage des Berufsrechts handelt. Demgemäß könnte man zu dem Ergebnis kommen, dass nicht nur Steuerberater bei der Lohn- und Finanzbuchhaltung nicht als Auftragsverarbeiter anzusehen sind, sondern auch Buchhalter und Bilanzbuchhalter. Diese Auffassung lässt sich zudem auch durch den aktuellen Entwurf des Europäischen Datenschutzausschusses (EDSA) stützen, in welchem sich dieser mit einem umfangreichen Beispiel zum Thema „Accountans" äußert:

BEISPIEL: Buchprüfer

„Arbeitgeber A beauftragt die Wirtschaftsprüfungsgesellschaft (im Original: „Accounting firm") C mit der Prüfung seiner Buchhaltung und übermittelt daher Daten über Finanztransaktionen (einschließlich personenbezogener Daten) an C. Die Wirtschaftsprüfungsgesellschaft C verarbeitet diese Daten ohne detaillierte Anweisungen von A. Die Wirtschaftsprüfungsgesellschaft C beschließt selbst – in Übereinstimmung mit den gesetzlichen Bestimmungen, die die Aufgaben der von C durchgeführten Prüfungstätigkeiten regeln –, dass die von ihr erhobenen Daten nur zum Zweck der Prüfung von A verarbeitet werden, und sie bestimmt, welche Daten sie benötigt, welche Personenkategorien erfasst werden müssen, wie lange die Daten aufbewahrt werden sollen und welche technischen Mittel zu verwenden sind. Unter diesen Umständen ist die Wirtschaftsprüfungsgesellschaft C als eigener für die Verarbeitung Verantwortlicher anzusehen, wenn sie ihre Prüfungsdienste für A erbringt. Diese Beurteilung kann jedoch je nach dem Grad der Weisungen von A unterschiedlich ausfallen. In einer Konstellation, in der das Gesetz keine spezifischen Verpflichtungen für die Wirtschaftsprüfungsgesellschaft vorsieht und das Kundenunternehmen sehr detaillierte Anweisungen für die Verarbeitung erteilt, würde die Wirtschaftsprüfungsgesellschaft tatsächlich als Auftragsverarbeiter handeln. Es könnte unterschieden werden zwischen einer Konstellation, in der die Verarbeitung – in Übereinstimmung mit den Gesetzen, die diesen Beruf regeln – als Teil der Kerntätigkeit der Wirtschaftsprüfungsgesellschaft erfolgt, und einer Konstellation, in der die Verarbeitung eine begrenztere, untergeordnete Aufgabe ist, die als Teil der Tätigkeit des Kundenunternehmens durchgeführt wird."

Diese Ausführungen sprechen dafür, nicht nur Steuerberater, sondern auch selbständige Buchhalter und Bilanzbuchhalter als eigenständige Verantwortliche und damit nicht als Auftragsverarbeiter zu betrachten. Damit wäre auch die vom Gesetzgeber mit § 11 Abs. 2 StBerG geschaffene Ungleichbehandlung verschiedener Berufsgruppen, die die gleiche Tätigkeit ausführen, obsolet.

Vor dem Hintergrund dieser bestehenden Unklarheiten ist dringend zu empfehlen, sich bereits bei Übernahme des Mandats mit dem Mandanten und ggf. dessen Datenschutzbeauftragtem abzustimmen, wie das Verhältnis zwischen Auftraggeber und Auftragnehmer vorliegend datenschutzrechtlich einzuordnen ist. Kommt man zu dem Ergebnis, dass keine Auftragsverarbeitung gegeben ist, muss konsequenter Weise auch keine entsprechende Vereinbarung i. S. von Art. 28 DSGVO abgeschlossen werden. Allerdings wird zu Recht darauf hingewiesen, dass je nach konkreter Gestaltung des Auftrags eine gemeinsame Verantwortlichkeit i. S. von Art. 26 DSGVO gegeben sein könnte, was wiederum die Verpflichtung zum Abschluss einer entsprechenden Vereinbarung nach sich ziehen würde. Diese Konstellation kommt insbesondere dann in Betracht, wenn Auftraggeber und Auftragnehmer gemeinsam über die Mittel der konkreten Datenverarbeitung entscheiden, wobei der EuGH von einem weiten Verständnis einer solchen Kooperation ausgeht. Aus der Verneinung einer Auftragsverarbeitung folgt weiter, dass damit auch die Privilegierungen des Auftragsverarbeiters entfallen und der Auftragnehmer als eigenständiger Verantwortlicher ebenfalls für die Erfüllung aller damit verbundenen Verpflichtungen verantwortlich ist. Dies setzt zunächst das Vorliegen einer entsprechenden Rechtsgrundlage für die Verarbeitung der personenbezogenen Daten voraus, die i. d. R. beim Auftragnehmer in der Erfüllung der vertraglich vereinbarten Leistungen gem. Art. 6 Abs. 1 Satz 1 Buchstb. b DSGVO liegen dürfte. Allerdings benötigt auch der Auftraggeber eine Rechtsgrundlage für die Übermittlung der personenbezogenen Daten an den Auftragnehmer, wobei insbesondere das berechtigte Interesse an der ordnungsgemäßen Durchführung der gesetzlich vorgeschriebenen Lohn- und Finanzbuchhaltung durch eine Fachperson in Betracht kommt.

Die Verneinung der Auftragsverarbeitung ist mithin nicht nur mit Vorteilen verbunden. Für selbständige Bilanzbuchhalter kann es daher sinnvoll sein, bis zu einer weiteren rechtlichen Klärung weiterhin eine in vielerlei Hinsicht auch privilegierte Auftragsverarbeitung zu vereinbaren.

Besonders häufig knüpft sich daran die Frage an, wer denn nun wem eine solche Vereinbarung zur Verfügung stellen muss und ob der selbständig tätige Bilanzbuchhalter einfach warten kann, bis seine Mandanten auf ihn zukommen. Mit der DSGVO ist jedoch leider auch eine Verschärfung der Haftung der Auftragsverarbeiter in Kraft getreten, wonach Auftragnehmer und Auftraggeber gegenüber dem Betroffenen als Gesamtschuldner haften. Gibt es mithin keine Vereinbarung nach Art. 28 DSGVO ist die Auftragsverarbeitung rechtswidrig und auch der Auftragnehmer haftet dafür gegenüber dem Betroffenen. Es liegt daher im beiderseitigen Interesse, eine entsprechende Vereinbarung zu schließen. Dabei ist zu berücksichtigen, dass es bei der Vereinbarung zur Auftragsverarbeitung durchaus einen gewissen Spielraum gibt. Man kann diese „auftragnehmerfreundlich" oder „auftraggeberfreundlich" gestalten. Ganz besonders deutlich wird dies bei den Haftungsklauseln, die in der Praxis sehr stark voneinander abweichen. Darüber hinaus haben jedoch auch die deutschen Datenschutzbehörden eine entsprechende Vorlage entwickelt, die verhältnismäßig neutral gefasst ist und auf deren Internetseiten heruntergeladen werden kann.

187 Schließlich sei noch darauf hingewiesen, dass der selbständig tätige Bilanzbuchhalter, wie alle Unternehmen gem. Art. 30 DSGVO, zum Führen eines Verzeichnisses der Verarbeitungstätigkeiten verpflichtet ist. Auch dafür gibt es entsprechende Vorlagen auf den Internetseiten der Datenschutzbehörden.

8. Anmeldung des Betriebs

188 Selbständige Bilanzbuchhalter gelten als Gewerbetreibende. Dieser Umstand ist nicht immer nachvollziehbar, denn es gibt auch Argumente, die für eine Qualifizierung der Bilanzbuchhalter als Freiberufler sprechen würden. Die meisten selbständigen Bilanzbuchhalter sind in erheblichem Umfang im Bereich der betriebswirtschaftlichen Beratung tätig, und es besteht kein Zweifel daran, dass beispielsweise beratende Volks- oder Betriebswirte zu den Berufen zählen, die gem. § 18 EStG zu den freien Berufen gehören. Im Bereich der Buchführungshilfe kommt die Tätigkeit der selbständig tätigen Bilanzbuchhalter der Tätigkeit der Steuerberater und -bevollmächtigten gleich – diese zählen ebenfalls unstrittig zu den freien Berufen. Dennoch werden selbständige Bilanz-

buchhalter in Deutschland zu den Gewerbetreibenden gezählt. Daraus resultiert für die Betroffenen z. B. das Recht, frei für ihre Tätigkeit zu werben. Die Einschränkungen aufgrund des UWG müssen beachtet werden.

Als Gewerbetreibenden haben selbständige Bilanzbuchhalter die Verpflichtung, das Gewerbe bei der zuständigen Gemeindeverwaltung anzumelden. Das Gewerbeamt informiert das Finanzamt und die zuständige Industrie- und Handelskammer. 189

Selbständige Bilanzbuchhalter sind Pflichtmitglieder in den Industrie- und Handelskammern. Somit sind diese mit dem Berufsstand der selbständigen Bilanzbuchhalter auf vielfältige Art und Weise verbunden: 190

- Bilanzbuchhalter werden von den IHK ausgebildet;
- die IHK nehmen die anerkannten Bilanzbuchhalterprüfungen ab;
- selbständig tätige Bilanzbuchhalter sind Mitglieder und Beitragszahler der IHK;
- die von Bilanzbuchhaltern angebotene Dienstleistung wird von den übrigen IHK-Mitgliedern nachgefragt.

Diese engen Verbindungen sollten selbständige Bilanzbuchhalter sich zu Nutze machen und sich in den Organen der Industrie- und Handelskammern engagieren. Dort können die für selbständig Tätige so wichtigen Kontakte geknüpft und der Berufsstand und seine Leistungen repräsentiert werden. 191

Einstweilen frei 192

9. Kontakte, Informationsmöglichkeiten

Die IHK führen Existenzgründungsberatungen durch. Hier werden Informationen über finanzielle Förderungsmöglichkeiten und organisatorische Notwendigkeiten gegeben. 193

Der BVBC e.V. und der bpbb e.V. stellen eine Vielzahl von benötigten Informationen zur Gründung und zur Ausgestaltung einer selbständigen Existenz als Bilanzbuchhalter zur Verfügung. Darüber hinaus besitzen beide Verbände verschiedene Rahmenabkommen, die die Arbeit erleichtern.

Einstweilen frei 194–300

Literaturangaben:

Nobbe, Das Berufsbild des Bilanzbuchhalters, in: BBK F. 3 S. 1187; *Endriss*, Rahmenstoffplan für Bilanzbuchhalter, in: BBK F. 3 S. 1209; *Nicolini*, Entwurf einer neuen Prüfungsordnung für Bilanzbuchhalter, in: BBK 2015 S. 65.

301 Anlage 1: Verordnung über die Prüfung zum anerkannten Fortbildungsabschluss Geprüfter Bilanzbuchhalter und Geprüfte Bilanzbuchhalterin-Bachelor Professional in Bilanzbuchhaltung (Bilanzbuchhalter-Bachelor Professional in Bilanzbuchhaltung-Fortbildungsprüfungsverordnung – BibuBAProFPrV)

Vom 18. Dezember 2020 (BGBl. I S. 3070)

Das Bundesministerium für Bildung und Forschung verordnet jeweils nach Anhörung des Hauptausschusses des Bundesinstituts für Berufsbildung auf Grund

- des § 53 Absatz 1 in Verbindung mit Absatz 2 und mit den §§ 53a und 53c sowie des § 53e Absatz 1 in Verbindung mit Absatz 2 des Berufsbildungsgesetzes in der Fassung der Bekanntmachung vom 4. Mai 2020 (BGBl. I S. 920) im Einvernehmen mit dem Bundesministerium für Wirtschaft und Energie und
- des § 30 Absatz 5 des Berufsbildungsgesetzes in der Fassung der Bekanntmachung vom 4. Mai 2020 (BGBl. I S. 920):

§ 1 Gegenstand

Die Verordnung regelt

1. die Prüfung zum anerkannten Fortbildungsabschluss Geprüfter Bilanzbuchhalter-Bachelor Professional in Bilanzbuchhaltung oder Geprüfte Bilanzbuchhalterin-Bachelor Professional in Bilanzbuchhaltung und
2. ergänzend zu dem Fortbildungsabschluss nach Nummer 1 die Prüfung zu dem anerkannten Anpassungsfortbildungsabschluss „Geprüfter Bilanzbuchhalter International oder Geprüfte Bilanzbuchhalterin International"

§ 2 Ziel der Prüfung zum Erwerb des Fortbildungsabschlusses und dessen Bezeichnung

(1) Mit der erfolgreich abgelegten Prüfung zum anerkannten Fortbildungsabschluss Geprüfter Bilanzbuchhalter-Bachelor Professional in Bilanzbuchhaltung und Geprüfte Bilanzbuchhalterin-Bachelor Professional in Bilanzbuchhaltung wird die auf einen beruflichen Aufstieg abzielende Erweiterung der beruflichen Handlungsfähigkeit auf der zweiten beruflichen Fortbildungsstufe der höherqualifizierenden Berufsbildung nachgewiesen.

(2) Die Prüfung wird von der zuständigen Stelle durchgeführt.

(3) Durch die Prüfung ist festzustellen, ob die zu prüfende Person in der Lage ist, Fach- und Führungsfunktionen zu übernehmen, in denen zu verantwortende Leitungsprozesse von Organisationen eigenständig gesteuert werden, eigenständig ausgeführt werden und dafür Mitarbeiter und Mitarbeiterinnen geführt werden. Die zu prüfende Person soll in der Lage sein, eigenständig und verantwortlich die Aufgaben des kaufmännischen Rechnungswesens für Unternehmen und Institutionen unterschiedlicher Art,

Größe und Rechtsform zu organisieren und durchzuführen. Zu diesen Aufgaben gehören:

1. Jahresabschlüsse nach nationalem Recht erstellen und dabei Rechtsformen von Unternehmen und Institutionen beachten,
2. Steuerrecht in den wesentlichen betrieblich relevanten Steuerarten anwenden,
3. die wesentlichen Regelungen der International Financial Reporting Standards und der International Accounting Standards mit den entsprechenden nationalen Rechtsnormen vergleichen,
4. Kosten- und Leistungsrechnung zielorientiert anwenden,
5. das Zahlenwerk für Planungs- und Kontrollentscheidungen auswerten und interpretieren,
6. ein internes Kontrollsystem in der Organisation und im Finanz- und Rechnungswesen sicherstellen,
7. finanzwirtschaftliche Vorgänge planen und abwickeln,
8. Mitarbeiter und Mitarbeiterinnen führen sowie deren berufliche Entwicklung fördern, Nachwuchskräfte ausbilden, Teamarbeit und Projektmanagement umsetzen sowie
9. Berufsausbildung organisieren und durchführen.

(4) Für den Erwerb der in Absatz 3 bezeichneten Fertigkeiten, Kenntnisse und Fähigkeiten bedarf es in der Regel eines Lernumfangs von insgesamt mindestens 1 200 Stunden. Der Lerninhalt bestimmt sich nach den Anforderungen der in § 4 Absatz 2 in Verbindung mit § 7 genannten Handlungsbereiche.

(5) Die erfolgreich abgelegte Prüfung führt zum anerkannten Fortbildungsabschluss Bachelor Professional in Bilanzbuchhaltung. Der Abschlussbezeichnung wird die weitere Abschlussbezeichnung „Geprüfter Bilanzbuchhalter" oder „Geprüfte Bilanzbuchhalterin" vorangestellt.

§ 3 Voraussetzung für die Zulassung zur Prüfung

(1) Zur Prüfung ist zuzulassen, wer die Anforderungen des § 53c des Berufsbildungsgesetzes erfüllt und Folgendes nachweist:

1. eine erfolgreich abgelegte Abschlussprüfung in einem anerkannten kaufmännischen oder verwaltenden Ausbildungsberuf mit einer Berufsausbildungsdauer von drei Jahren,
2. einen der folgenden Abschlüsse:
   a) einen anerkannten Fortbildungsabschluss nach einer Regelung auf Grund des Berufsbildungsgesetzes als Fachwirt oder Fachwirtin oder als Fachkaufmann oder Fachkauffrau,
   b) einen Abschluss als Staatlich geprüfter Betriebswirt oder als Staatlich geprüfte Betriebswirtin oder

c) einen wirtschaftswissenschaftlichen Diplom- oder Bachelorabschluss einer staatlichen oder staatlich anerkannten Hochschule oder einer Berufsakademie oder eines akkreditierten betriebswirtschaftlichen Ausbildungsganges einer Berufsakademie oder

3. eine mindestens fünfjährige Berufspraxis.

Die Berufspraxis nach Absatz 1 Satz 1 Nummer 2 Buchstabe c und Nummer 3 muss inhaltlich wesentliche Bezüge zu den in § 2 Absatz 3 genannten Aufgaben haben und dabei überwiegend im betrieblichen Finanz- und Rechnungswesen erworben worden sein.

(2) Abweichend von Absatz 1 ist zur Prüfung auch zuzulassen, wer durch Vorlage von Zeugnissen oder auf andere Weise glaubhaft macht, Fertigkeiten, Kenntnisse und Fähigkeiten erworben zu haben, die der beruflichen Handlungsfähigkeit vergleichbar sind und die Zulassung zur Prüfung rechtfertigen.

§ 4 Gliederung und Handlungsbereiche der Prüfung

(1) Die Prüfung besteht aus einem schriftlichen Teil und einem mündlichen Teil.

(2) Die Prüfung erstreckt sich auf die folgenden Handlungsbereiche:

1. Geschäftsvorfälle erfassen und nach Rechnungslegungsvorschriften zu Abschlüssen führen,
2. Jahresabschlüsse aufbereiten und auswerten,
3. betriebliche Sachverhalte steuerlich darstellen,
4. Finanzmanagement des Unternehmens wahrnehmen, gestalten und überwachen,
5. Kosten- und Leistungsrechnung zielorientiert anwenden,
6. ein internes Kontrollsystem sicherstellen,
7. Kommunikation, Führung und Zusammenarbeit mit internen und externen Partnern sicherstellen.

§ 5 Schriftliche Prüfung

(1) Die schriftliche Prüfung wird auf der Grundlage einer Beschreibung einer betrieblichen Situation durchgeführt.

(2) Die Prüfung besteht aus drei unter Aufsicht zu bearbeitenden Aufgabenstellungen.

(3) Die Bearbeitungszeit beträgt für jede Aufgabenstellung 240 Minuten.

(4) Die drei Aufgabenstellungen müssen aus der Beschreibung der betrieblichen Situation abgeleitet und aufeinander abgestimmt sein sowie der zu prüfenden Person eigenständige Lösungen ermöglichen. Die Aufgabenstellungen sind so zu gestalten, dass jeweils ein anderer Handlungsbereich nach § 4 Absatz 2 Nummer 1, 2 und 3 einen Schwerpunkt bildet und die übrigen Handlungsbereiche nach § 4 Absatz 2 insgesamt mindestens einmal in den drei Aufgabenstellungen situationsbezogen thematisiert werden.

§ 6 Mündliche Prüfung

(1) Zur mündlichen Prüfung wird nur zugelassen, wer die schriftliche Prüfung bestanden hat.

(2) Die mündliche Prüfung ist innerhalb von zwei Jahren nach Bekanntgabe des Bestehens der schriftlichen Prüfung durchzuführen. Bei Überschreiten der Frist ist die schriftliche Prüfung erneut abzulegen.

(3) In der mündlichen Prüfung soll die zu prüfende Person nachweisen, dass sie in der Lage ist, angemessen und sachgerecht zu kommunizieren und Fachinhalte zu präsentieren.

(4) Die mündliche Prüfung besteht aus einer Präsentation und einem sich unmittelbar anschließenden Fachgespräch.

(5) In der Präsentation soll die zu prüfende Person nachweisen, dass sie in der Lage ist, ein komplexes Problem der betrieblichen Praxis zu erfassen, darzustellen, zu beurteilen und zu lösen. Die zu prüfende Person wählt selbst ein Thema für die Präsentation; das Thema muss aus dem Handlungsbereich „Jahresabschlüsse aufbereiten und auswerten" stammen. Sie hat das Thema mit einer Kurzbeschreibung des Problems und einer inhaltlichen Gliederung dem Prüfungsausschuss zum Termin der dritten schriftlichen Prüfungsleistung einzureichen. Die Präsentation soll nicht länger als 15 Minuten dauern.

(6) Im Fachgespräch soll die zu prüfende Person, ausgehend von der Präsentation, nachweisen, dass sie in der Lage ist, Probleme der betrieblichen Praxis zu analysieren und Lösungsmöglichkeiten unter Beachtung der maßgebenden Einflussfaktoren zu bewerten. Im Fachgespräch sind neben dem Handlungsbereich „Jahresabschlüsse aufbereiten und auswerten" andere Handlungsbereiche einzubeziehen. Das Fachgespräch soll nicht länger als 30 Minuten dauern.

§ 7 Handlungsbereiche

(1) Im Handlungsbereich „Geschäftsvorfälle erfassen und nach Rechnungslegungsvorschriften zu Abschlüssen führen" soll die zu prüfende Person nachweisen, dass sie in der Lage ist, nach deutschem Recht eine ordnungsgemäße Buchführung durchzuführen, den Jahresabschluss zu erstellen und die wesentlichen Regelungen des internationalen Bilanzrechts nach den International Financial Reporting Standards darzustellen. In diesem Handlungsbereich können folgende Qualifikationsinhalte geprüft werden:

1. Geschäftsvorfälle vollständig, richtig, zeitgerecht und geordnet nach nationalen handels- und steuerrechtlichen Rechnungslegungsvorschriften erfassen und daraus Buchungen ableiten,
2. die Buchführung so organisieren, dass sie einem sachverständigen Dritten innerhalb angemessener Zeit einen Überblick über die Geschäftsvorfälle und die Lage des Unternehmens vermitteln kann,
3. Bilanzierung dem Grunde und der Höhe nach von Vermögensgegenständen, Schulden, Eigenkapital und Rechnungsabgrenzungsposten nach nationalen handels- und steuerrechtlichen Rechnungslegungsvorschriften durchführen,

4. die wesentlichen Bilanzierungs- und Bewertungsunterschiede zwischen nationalem und internationalem Recht gegenüberstellen; das umfasst den jeweiligen Geltungsbereich sowie die Unterschiede zwischen den Zielen und Grundprinzipien in der Erst- und Folgebewertung von Sachanlagen, immateriellen Vermögenswerten und Finanzinstrumenten, in der Bewertung von Vorräten, in der Behandlung von Fertigungsaufträgen, latenten Steuern, Eigenkapital, Rückstellungen und Verbindlichkeiten,

5. Aufwendungen und Erträge in der Gewinn- und Verlustrechnung nach nationalen handels- und steuerrechtlichen Rechnungslegungsvorschriften sowie die Ergebnisauswirkungen der Bewertungsmaßnahmen darstellen,

6. Bestandteile des Jahresabschlusses, Inhalte und Aussagen der Bilanz, der Gewinn- und Verlustrechnung, der Kapitalflussrechnung, des Eigenkapitalspiegels und des Anhanges beherrschen und den Lagebericht erstellen sowie hierzu die Regelungen nach den International Financial Reporting Standards und den International Accounting Standards zuordnen und den Segmentbericht im Überblick erläutern,

7. Grundzüge der Konzernrechnungslegung nach nationalen und internationalen Rechnungslegungsvorschriften erkennen und die Buchungen für die Kapitalkonsolidierung nach nationalem Bilanzrecht durchführen und

8. bilanzielle Auswirkungen unterschiedlicher Gesellschaftsformen im Handels- und Steuerrecht berücksichtigen.

(2) Im Handlungsbereich „Jahresabschlüsse aufbereiten und auswerten" soll die zu prüfende Person nachweisen, dass sie in der Lage ist, die Zusammenhänge in der Rechnungslegung zu erkennen sowie Jahresabschlüsse für unternehmerische Zwecke zu analysieren und zu interpretieren. In diesem Handlungsbereich können folgende Qualifikationsinhalte geprüft werden:

1. Jahresabschlüsse aufbereiten,

2. Jahresabschlüsse mit Hilfe von Kennzahlen und Cashflow-Rechnungen analysieren und interpretieren,

3. zeitliche und betriebliche Vergleiche von Jahresabschlüssen durchführen und die Einhaltung von Plan- und Normwerten überprüfen und

4. Bedeutung von Ratings erkennen und Maßnahmen zur Verbesserung für das Unternehmen vorschlagen.

(3) Im Handlungsbereich „Betriebliche Sachverhalte steuerlich darstellen" soll die zu prüfende Person nachweisen, dass sie in der Lage ist, betriebliche Sachverhalte steuerlich zu bearbeiten. In diesem Handlungsbereich können folgende Qualifikationsinhalte geprüft werden:

1. steuerliches Ergebnis aus dem handelsrechtlichen Ergebnis ableiten,

2. Datensätze für das Verfahren zur elektronischen Übermittlung von Jahresabschlüssen nach dem Einkommensteuergesetz ableiten,

3. den zu versteuernden Gewinn nach den einzelnen Gewinnermittlungsarten bestimmen,
4. das körperschaftsteuerlich zu versteuernde Einkommen, die festzusetzende Körperschaftsteuer sowie die Abschlusszahlung und Erstattung der Körperschaftsteuer berechnen,
5. Regelungen des Körperschaftsteuerrechts und des Einkommensteuerrechts in Abhängigkeit von der Rechtsform eines Unternehmens erläutern,
6. die gewerbesteuerliche Bemessungsgrundlage entwickeln und für die Gewerbesteuererklärung aufbereiten sowie die Gewerbesteuer und die Gewerbesteuerrückstellung berechnen,
7. Geschäftsvorfälle auf ihre umsatzsteuerliche Relevanz und auf ihre Vorsteuer prüfen sowie die Umsatzsteuervoranmeldungen und Umsatzsteuererklärungen vorbereiten,
8. Vorschriften zum Verfahrensrecht anwenden und notwendige Anträge stellen,
9. grundlegende nationale und binationale Verfahren zur Vermeidung einer Doppelbesteuerung im Ertragsteuerrecht gegenüberstellen sowie Verfahren zur Vermeidung einer Doppelbesteuerung im Ertragsteuerrecht beschreiben und
10. Lohnsteuer, Grunderwerbsteuer und Grundsteuer in das betriebliche Geschehen einordnen.

(4) Im Handlungsbereich „Finanzmanagement des Unternehmens wahrnehmen, gestalten und überwachen“ soll die zu prüfende Person nachweisen, dass sie in der Lage ist, die Methoden und Instrumente der Finanzierung und der Investitionsrechnungen anzuwenden. Dabei soll sie zeigen, dass sie die Bedeutung der betrieblichen Finanzwirtschaft als Erfolgsfaktor der Unternehmensführung in nationalen und internationalen Märkten erkennt. Des Weiteren soll sie Planungsrechnungen im Rahmen der Finanz- und Investitionsplanung erstellen und einsetzen. In diesem Handlungsbereich können folgende Qualifikationsinhalte geprüft werden:

1. Ziele, Aufgaben und Instrumente des Finanzmanagements beschreiben und deren Einhaltung anhand ausgewählter Kennzahlen und Finanzierungsregeln beurteilen,
2. Finanz- und Liquiditätsplanungen erstellen und Finanzkontrollen zur Sicherung der Zahlungsbereitschaft durchführen,
3. Finanzierungsarten beherrschen sowie die Möglichkeiten und Methoden zur Kapitalbeschaffung unter Berücksichtigung der Rechtsform des Unternehmens auswählen und einsetzen,
4. Investitionsbedarf feststellen und die optimale Investition mit Hilfe von Investitionsrechnungen ermitteln,
5. Kreditrisiken erkennen sowie Instrumente zur Risikobegrenzung bewerten und einsetzen,
6. Kredit- und Kreditsicherungsmöglichkeiten unter Einbeziehung einer Kreditwürdigkeitsprüfung und einer Tilgungsfähigkeitsberechnung darstellen sowie Kreditkonditionen verhandeln und

7. die Formen des in- und ausländischen Zahlungsverkehrs auswählen und geschäftsvorgangsbezogen festlegen.

(5) Im Handlungsbereich „Kosten- und Leistungsrechnung zielorientiert anwenden“ soll die zu prüfende Person nachweisen, dass sie in der Lage ist, die Kosten- und Leistungsrechnung zur Steuerung betrieblicher Prozesse, zur Vorbereitung unternehmerischer Entscheidungen sowie zu Bilanzierungszwecken einzusetzen. Dabei soll sie besonders den Zusammenhang zwischen Buchführung, Bilanzierung, Kosten- und Leistungsrechnung und Controlling darstellen. In diesem Handlungsbereich können folgende Qualifikationsinhalte geprüft werden:

1. Methoden und Instrumente zur Erfassung von Kosten und Leistungen auswählen und anwenden,
2. Verfahren zur Verrechnung der Kosten auf betriebliche Funktionsbereiche und auf Leistungen auswählen und anwenden,
3. Methoden der kurzfristigen Erfolgsrechnung für betriebliche Analyse- und Steuerungszwecke auswählen und anwenden,
4. Verfahren der Kosten- und Leistungsrechnung zur Lösung unterschiedlicher Problemstellungen und zur Entscheidungsvorbereitung zielorientiert anwenden und
5. Grundzüge des Kostencontrollings und des Kostenmanagements für die Zusammenarbeit im betrieblichen Controlling erläutern.

(6) Im Handlungsbereich „Ein internes Kontrollsystem sicherstellen“ soll die zu prüfende Person nachweisen, dass sie in der Lage ist, Risiken in der Unternehmung zu identifizieren, zu bewerten und Maßnahmen zur Risikominderung aufzuzeigen. In diesem Handlungsbereich können folgende Qualifikationsinhalte geprüft werden:

1. Arten von Risiken identifizieren und dokumentieren,
2. ein internes Kontrollsystem aufbauen,
3. Methoden zur Beurteilung von Risiken einsetzen und
4. Maßnahmen zur Vermeidung von Risiken ableiten.

(7) Im Handlungsbereich „Kommunikation, Führung und Zusammenarbeit mit internen und externen Partnern sicherstellen“ soll die zu prüfende Person nachweisen, dass sie in der Lage ist, zielorientiert mit Mitarbeitern und Mitarbeiterinnen, Auszubildenden, Geschäftspartnern sowie Kunden zu kommunizieren und zu kooperieren, Methoden der Kommunikation und des Konfliktmanagements situationsgerecht einzusetzen, ethische Grundsätze zu berücksichtigen und Mitarbeiter und Mitarbeiterinnen, Auszubildende und Projektgruppen unter Beachtung der rechtlichen und betrieblichen Rahmenbedingungen und der Unternehmensziele zu führen und zu motivieren. In diesem Handlungsbereich können folgende Qualifikationsinhalte geprüft werden:

1. mit internen und externen Partnern situationsgerecht kommunizieren sowie Präsentationstechniken zielgerichtet einsetzen,
2. Kriterien für die Personalauswahl festlegen und begründen sowie bei der Personalrekrutierung mitwirken,

3. den Personaleinsatz planen und steuern,
4. Führungsmethoden situationsgerecht anwenden,
5. Berufsausbildung planen und durchführen,
6. die berufliche Entwicklung und Weiterbildung von Mitarbeitern und Mitarbeiterinnen fördern und
7. den Arbeits- und Gesundheitsschutz gestalten.

§ 8 Befreiung von einzelnen Prüfungsbestandteilen

Wird die zu prüfende Person nach § 56 Absatz 2 des Berufsbildungsgesetzes von der Ablegung einzelner Prüfungsbestandteile befreit, bleiben diese Prüfungsbestandteile für die Anwendung der §§ 9 und 10 außer Betracht. Für die übrigen Prüfungsbestandteile erhöhen sich die Anteile nach § 9 Absatz 2 Satz 2 oder Absatz 3 Satz 2 oder § 10 Absatz 3 entsprechend ihrem Verhältnis zueinander. Allein diese Prüfungsbestandteile sind den Entscheidungen des Prüfungsausschusses zugrunde zu legen.

§ 9 Bewerten der Prüfungsleistungen

(1) Jede Prüfungsleistung ist nach Maßgabe der Anlage 1 mit Punkten zu bewerten.

(2) In der schriftlichen Prüfung sind die drei Aufgabenstellungen nach § 5 Absatz 2 einzeln zu bewerten. Sind in den drei Aufgabenstellungen jeweils mindestens 50 Punkte erreicht worden, wird aus den einzelnen Bewertungen als Bewertung der schriftlichen Prüfung das arithmetische Mittel berechnet.

(3) In der mündlichen Prüfung sind zu bewerten:

1. die Präsentation nach § 6 Absatz 5 und
2. das Fachgespräch nach § 6 Absatz 6.

Aus den beiden Bewertungen wird als Bewertung der mündlichen Prüfung das gewichtete arithmetische Mittel berechnet. Dabei werden gewichtet:

1. die Bewertung der Präsentation mit einem Drittel und
2. die Bewertung des Fachgesprächs mit zwei Dritteln.

§ 10 Bestehen der Prüfung, Gesamtnote

(1) Die Prüfung ist bestanden, wenn in jeder der drei Aufgabenstellungen der schriftlichen Prüfung und in der nicht gerundeten Bewertung der mündlichen Prüfung jeweils mindestens 50 Punkte erreicht worden sind.

(2) Ist die Prüfung bestanden, werden die folgenden Bewertungen jeweils kaufmännisch auf eine ganze Zahl gerundet:

1. die Bewertung für die schriftliche Prüfung und
2. die Bewertung für die mündliche Prüfung.

(3) Für die Bildung einer Gesamtnote ist als Gesamtpunktzahl aus der Bewertung für die schriftliche Prüfung und der Bewertung für die mündliche Prüfung das arithmetische Mittel zu berechnen. Die Gesamtpunktzahl ist kaufmännisch auf eine ganze Zahl

zu runden. Der gerundeten Gesamtpunktzahl wird nach Anlage 1 die Note als Dezimalzahl und die Note in Worten zugeordnet. Die zugeordnete Note ist die Gesamtnote.

§ 11 Zeugnisse

(1) Wer die Prüfung nach § 10 Absatz 1 bestanden hat, erhält von der zuständigen Stelle zwei Zeugnisse nach Maßgabe der Anlage 2 Teil A und B.

(2) Auf dem Zeugnis mit den Inhalten nach Anlage 2 Teil B sind die Noten als Dezimalzahlen mit einer Nachkommastelle und die Gesamtnote als Dezimalzahl mit einer Nachkommastelle und in Worten anzugeben. Jede Befreiung nach § 8 ist mit Ort, Datum und der Bezeichnung des Prüfungsgremiums der anderen vergleichbaren Prüfung anzugeben.

(3) Die Zeugnisse können zusätzliche nicht amtliche Bemerkungen zur Information (Bemerkungen) enthalten, insbesondere

1. über den erworbenen Abschluss oder
2. auf Antrag der geprüften Person über während oder anlässlich der Fortbildung erworbene besondere oder zusätzliche Fertigkeiten, Kenntnisse und Fähigkeiten.

§ 12 Wiederholung der Prüfung

(1) Ist die schriftliche oder die mündliche Prüfung nicht bestanden, kann sie jeweils zweimal wiederholt werden.

(2) Die zu prüfende Person hat die Wiederholungsprüfung bei der zuständigen Stelle zu beantragen.

(3) Wer die Wiederholung der mündlichen Prüfung innerhalb von zwei Jahren, gerechnet vom Tag der nicht bestandenen Prüfung an, beantragt, ist von der schriftlichen Prüfung zu befreien, wenn die in der vorangegangenen schriftlichen Prüfung erbrachte Leistung mit mindestens „ausreichend" bewertet worden ist.

(4) Auf Antrag kann im Fall der Wiederholung einer nicht bestandenen Prüfung auch eine bereits bestandene Prüfung wiederholt werden. In diesem Fall gilt nur das Ergebnis der letzten Prüfung.

§ 13 Ausbildereignung

Wer die Prüfung nach dieser Verordnung bestanden hat, ist vom schriftlichen Teil der Prüfung der Ausbilder-Eignungsverordnung befreit.

§ 14 Anpassungsfortbildungsabschluss „Geprüfter Bilanzbuchhalter International oder Geprüfte Bilanzbuchhalterin International"

(1) Auf Antrag bei der zuständigen Stelle kann eine Prüfung zu dem Anpassungsfortbildungsabschluss „Geprüfter Bilanzbuchhalter International oder Geprüfte Bilanzbuchhalterin International" abgelegt werden. Voraussetzung für die Zulassung zur Prüfung ist, dass der Antragsteller oder die Antragstellerin bereits

1. die Prüfung zum Bilanzbuchhalter oder zur Bilanzbuchhalterin auf Grund einer Regelung einer zuständigen Stelle erfolgreich abgelegt hat,
2. den anerkannten Fortbildungsabschluss Geprüfter Bilanzbuchhalter-Bachelor Professional in Bilanzbuchhaltung oder Geprüfte Bilanzbuchhalterin-Bachelor Professional in Bilanzbuchhaltung oder einen gleichwertigen Abschluss erworben hat oder
3. einen wirtschaftswissenschaftlichen Abschluss an einer Hochschule erworben hat.

(2) Die Prüfung wird als schriftliche Prüfung auf der Grundlage einer Beschreibung einer betrieblichen Situation durchgeführt.

(3) Sie besteht aus zwei unter Aufsicht zu bearbeitenden Aufgabenstellungen.

(4) Die Bearbeitungszeit beträgt für jede Aufgabenstellung 240 Minuten.

(5) Die beiden Aufgabenstellungen müssen aus der Beschreibung der betrieblichen Situation abgeleitet und aufeinander abgestimmt sein sowie eigenständige Lösungen ermöglichen.

(6) In der Prüfung hat die zu prüfende Person nachzuweisen, dass sie in der Lage ist,

1. die Bilanzierung und Bewertung nach den in der Europäischen Union geltenden International Financial Reporting Standards und International Accounting Standards durchzuführen,
2. alle weiteren erforderlichen Teile eines Abschlusses nach den jeweils geltenden Standards zu erstellen, unter Verwendung der englischsprachigen Fachbegriffe darzustellen und die Abschlüsse nach den anerkannten Methoden zu analysieren und
3. außensteuerliche Sachverhalte sowie Sachverhalte der internationalen Finanzierung und des internationalen Zahlungsverkehrs zu bearbeiten.

In diesem Rahmen können folgende Qualifikationsinhalte geprüft werden:

1. Bilanzen erstellen,
2. unterschiedliche Verfahren zur Ermittlung des Gesamtergebnisses anwenden,
3. Ergebnis je Aktie ermitteln,
4. Eigenkapitalveränderungsrechnung aufstellen,
5. Kapitalflussrechnung erstellen,
6. Anhang erstellen,
7. Lagebericht erstellen,
8. Segmente auswählen und den Segmentbericht erstellen,
9. im Rahmen der Konzernrechnungslegung notwendige Konsolidierungen durchführen und einen Konzernabschluss erstellen,
10. internationale Abschlüsse im Hinblick auf die Vermögens-, Finanz- und Ertragslage des Unternehmens analysieren und interpretieren sowie Zwischenberichterstattung durchführen,

11. Finanzierungsmöglichkeiten der Unternehmen im Außenhandel ermitteln und Finanzierungsarten auf internationalen Märkten auswählen und anwenden,
12. Methoden zur Vermeidung einer Doppelbesteuerung im Ertragsteuerrecht unter Beachtung des Außensteuerrechts darstellen,
13. umsatzsteuerliche Vorschriften bei grenzüberschreitendem Waren- und Dienstleistungsverkehr beachten.

(7) Jede Prüfungsleistung ist mit Punkten nach Maßgabe der Anlage 1 zu bewerten; die Prüfung ist bestanden, wenn in jeder Prüfungsleistung jeweils mindestens 50 Punkte erreicht worden sind.

(8) Die Prüfung kann zweimal wiederholt werden. Die zu prüfende Person hat die Wiederholungsprüfung bei der zuständigen Stelle zu beantragen.

(9) Die erfolgreich abgelegte Prüfung führt zum anerkannten Anpassungsfortbildungsabschluss „Geprüfter Bilanzbuchhalter International oder Geprüfte Bilanzbuchhalterin International".

(10) Ist die Prüfung bestanden worden, stellt die zuständige Stelle Zeugnisse in entsprechender Anwendung des § 11 in Verbindung mit der Anlage 2 aus.

§ 15 Übergangsvorschriften

(1) Nach der Bilanzbuchhalterprüfungsverordnung vom 26. Oktober 2015 (BGBl. I S. 1819), die durch Artikel 76 der Verordnung vom 9. Dezember 2019 (BGBl. I S. 2153) geändert worden ist, begonnene Prüfungsverfahren sind nach den Vorschriften der vorstehend bezeichneten Verordnung zu Ende zu führen. Die zuständige Stelle hat auf Antrag der zu prüfenden Person eine erforderliche Wiederholungsprüfung nach dieser Verordnung durchzuführen. § 12 Absatz 3 findet in diesem Fall Anwendung, wenn in jeder der drei Aufgabenstellungen der schriftlichen Prüfung mindestens 50 Punkte erreicht worden sind.

(2) Bei einer Anmeldung zur Prüfung ab dem 1. Januar 2020 hat die zuständige Stelle auf Antrag der zu prüfenden Person die Prüfung nach dieser Verordnung durchzuführen. Nach der in Absatz 1 Satz 1 bezeichneten Bilanzbuchhalterprüfungsverordnung erfolgreich abgelegte Prüfungsbestandteile sind auf die nach dieser Verordnung erforderlichen Prüfungsbestandteile anzurechnen. Die schriftliche Prüfung wird dabei nur angerechnet, wenn in jeder der drei Aufgabenstellungen der schriftlichen Prüfung mindestens 50 Punkte erreicht worden sind.

§ 16 Inkrafttreten, Außerkrafttreten

Diese Verordnung tritt am Tag nach der Verkündung in Kraft. Gleichzeitig tritt die Bilanzbuchhalterprüfungsverordnung vom 26. Oktober 2015 (BGBl. I S. 1819), die durch Artikel 76 der Verordnung vom 9. Dezember 2019 (BGBl. I S. 2153) geändert worden ist, außer Kraft.

Anlage 2: Buchführungshilfe (Gleichlautende Erlasse der obersten Finanzbehörden der Länder vom 1. 7. 1982) 302

Buchführungsprivileg für steuerberatende Berufe:

Beschlüsse des Bundesverfassungsgerichts vom 18. 6. 1980 – 1 BvR 697/77 (BStBl II S. 706) – und vom 27. 1. 1982 – 1 BvR 807/80 (BStBl II S. 281) –

Nach den vorbezeichneten Beschlüssen des Bundesverfassungsgerichts ist § 5 Satz 1 in Verbindung mit § 1 Abs. 2 Nr. 2, §§ 2 bis 4, § 6 Nr. 3 StBerG mit Art. 12 Abs. 1 GG unvereinbar, soweit das geschäftsmäßige Kontieren von Belegen und die Erledigung der laufenden Lohnbuchhaltung Personen untersagt wird, die eine kaufmännische Gehilfenprüfung bestanden haben. Ferner ist das Verbot der Werbung für Hilfeleistung in Steuersachen (§ 8 StBerG) mit Art. 12 Abs. 1 in Verbindung mit Art. 3 Abs. 1 GG unvereinbar, soweit es die Tätigkeit des Kontierens und die Erledigung der laufenden Lohnbuchhaltung erfasst. Die Entscheidung hat Gesetzeskraft (§ 31 Abs. 2 BVerfGG). Sie bindet Gerichte und Behörden (§ 31 Abs. 1 BVerfGG).

Im Einzelnen bedeutet dies:

1. Personen mit kaufmännischer Gehilfenprüfung und ausreichender Berufserfahrung sind befugt, im Rahmen einer selbstständigen Tätigkeit

1.1 laufende Geschäftsvorfälle zu verbuchen und die zugrunde liegenden Belege mit dem Buchungssatz zu versehen (kontieren),

1.2 die laufende Lohnbuchhaltung zu übernehmen (Feststellung des Bruttolohns und des Lohnzahlungszeitraumes, Ermitteln des Lohnsteuerbetrags unter Berücksichtigung anteiliger Freibeträge und der in der Lohnsteuerkarte vermerkten persönlichen Daten, Eintragung des Arbeitslohns und der Lohnsteuer im Lohnkonto, sowie Anfertigung der Lohnsteuer-Anmeldung).

2. Die Befugnis zur Ausübung von Tätigkeiten im Sinne der Nummer 1 berechtigt nicht zu weiterer geschäftsmäßiger Hilfeleistung in Steuersachen wie z. B. die Einrichtung der Buchführung und der Lohnkonten, die Erstellung des auf die betrieblichen Belange abgestellten Kontenplans, die zum Jahresende oder bei Beendigung des Dienstverhältnisses notwendigen Abschlussarbeiten der Lohnbuchhaltung oder die Aufstellung des Jahresabschlusses (Ermittlung des Gewinns durch Überschussrechnung – § 4 Abs. 3 EStG – oder Vermögensvergleich (Bilanz) – § 4 Abs. 1, § 5 EStG) einschließlich der vorbereitenden Abschlussbuchungen.

3. Anhängige Untersagungsverfahren gemäß § 7 StBerG in Fällen der Nummer 1 sind einzustellen. Bereits erlassene Verwaltungsakte, die auf Untersagung einer Tätigkeit im Sinne der Nummer 1 gerichtet sind, können zurückgenommen werden, auch wenn sie bereits unanfechtbar geworden sind (§ 164a StBerG; § 130 Abs. 1 AO). Eine Vollstreckung wegen solcher Verwaltungsakte (§ 159 StBerG) ist unzulässig (§§ 95 Abs. 3 Satz 3, 79 Abs. 2 Satz 2 BVerfGG).

4. Personen, die Buchführungshilfe oder Hilfe bei der laufenden Lohnbuchhaltung im Sinne der Nummer 1 leisten, handeln nicht ordnungswidrig nach § 160 Abs. 1 Nr. 1 StBerG. Bereits eingeleitete Bußgeldverfahren sind daher einzustellen. Noch nicht

rechtskräftige Bußgeldentscheidungen kann der Betroffene mit den vorgesehenen Rechtsbehelfen anfechten. Gegen rechtskräftige Bußgeldbescheide ist Wiederaufnahme des Verfahrens zulässig (vgl. §§ 95 Abs. 3 Satz 3, 79 Abs. 1 BVerfGG, die für Bußgeldentscheidungen entsprechend gelten). Auf § 85 Abs. 4 OWiG wird hingewiesen.

5. Das Kontieren und die Hilfe bei der laufenden Lohnbuchhaltung sind weiterhin als Hilfeleistung in Steuersachen anzusehen.

Nach dem Beschluss des Bundesverfassungsgerichts vom 27. 1. 1982 ist jedoch das Werbeverbot des § 8 Abs. 1 StBerG auf diese Tätigkeiten nicht anzuwenden, soweit sie durch Personen ausgeübt werden, die aufgrund der o. a. Entscheidungen des Bundesverfassungsgerichts hierzu befugt sind.

Die Angehörigen dieses Personenkreises dürfen vielmehr die ihnen erlaubten Routinearbeiten (vgl. Nummer 1) durch Anzeigen dritten Personen anbieten. Dabei ist jedoch darauf zu achten, dass die Werbung nicht über den zulässigen Rahmen hinaus ausgedehnt wird (sogenannte „Überschusswerbung“).

Soweit die betreffenden Personen zulässige Werbung betreiben, handeln sie nicht ordnungswidrig nach § 160 Abs. 1 Nr. 2 StBerG. Nummer 4 Sätze 2 bis 5 gilt entsprechend.

Das Bundesverfassungsgericht hat festgestellt, dass der Gesetzgeber Regelungen treffen kann, nach denen nur solche Personen die Verbuchung der täglichen Geschäftsvorfälle und die Hilfe bei der laufenden Lohnbuchhaltung selbstständig übernehmen dürfen, die über eine ausreichende Ausbildung und berufliche Erfahrung verfügen.

Bei etwaigen Anträgen auf Zulassung als „Buchführungshelfer“ oder entsprechenden Anfragen ist darauf hinzuweisen, dass die Voraussetzungen für die Ausübung der bloßen Buchführungshilfe und der Hilfe bei der laufenden Lohnbuchhaltung gesetzlich noch nicht geregelt sind, solche Tätigkeiten aber nicht beanstandet werden, wenn sie sich innerhalb der vom Bundesverfassungsgericht in seinen Entscheidungen vom 18. 6. 1980 und vom 27. 1. 1982 gezogenen Grenzen halten. Dabei ist davon auszugehen, dass eine ausreichende Berufserfahrung gegeben ist, wenn nach der Gehilfenprüfung eine hauptberufliche Tätigkeit auf dem Gebiet des Buchführungswesens bzw. der Lohnbuchhaltung von mindestens drei Jahren ausgeübt worden ist.

Außerdem bitte ich, bis zu einer gesetzlichen Neuregelung die Auffassung zu vertreten, dass Gehilfen in steuer- und wirtschaftsberatenden Berufen sowie Personen mit Bilanzbuchhalterprüfung den Kaufmannsgehilfen gleichgestellt sind.

Ich bitte, die Finanzämter zu unterrichten. Sollten Zweifelsfragen auftreten, bitte ich, mir diese mit Ihrer Stellungnahme vorzulegen.

Dieser Erlass ergeht im Einvernehmen mit den obersten Finanzbehörden der anderen Länder. Er tritt an die Stelle des Erlasses vom 15. 1. 1981 (BStBl I S. 3).

Anlage 3: Berufsgrundsätze für selbstständig tätige Mitglieder des BVBC e.V. 303

Präambel

Diese Berufsgrundsätze bestimmen das Verhalten der selbstständig tätigen Mitglieder des BVBC e.V., nachfolgend Berufsangehörige/r genannt, in ihren Beziehungen zu Kunden, Interessenten, anderen Berufsangehörigen, dem BVBC und der Öffentlichkeit. Die Berufsgrundsätze erheben keinen Anspruch auf vollständige Regelung, sondern sind als Rahmen zu verstehen, innerhalb dessen die Berufsangehörigen ihre Tätigkeit eigenverantwortlich ausüben.

Der BVBC erwartet, dass sich alle selbstständig tätigen Mitarbeiter zur Einhaltung dieser Berufsgrundsätze verpflichten.

Die Berufsangehörigen sind berechtigt, das Logo des BVBC zu führen.

A. ALLGEMEINE BERUFSPFLICHTEN

1. Grundsatz

Der Berufsangehörige/r hat seine Tätigkeit kompetent, gewissenhaft und verschwiegen auszuüben. Er hat die ihm anvertrauten Interessen seiner Auftraggeber sachlich zu vertreten. Inner- und außerhalb der Tätigkeit hat er sich der Achtung und des Vertrauens, welche die Stellung erfordert, würdig zu erweisen. Er darf sich keiner unlauteren Mittel bedienen. Der Berufsangehörige/r hat seinen Mitarbeitern die Berufsgrundsätze in geeigneter Form bekannt zu geben und dazu anzuhalten, alles zu unterlassen, was ihm selbst aufgrund dieser Berufsgrundsätze untersagt ist.

2. Fachliche Kompetenz

Der Berufsangehörige übernimmt nur Aufträge, für deren Erfüllung die erforderlichen Fähigkeiten, Fertigkeiten und personelle/sachliche Mittel bereitgestellt werden können.

Schriftstellerische Tätigkeiten, andere Veröffentlichungen und Vortragstätigkeiten müssen sachlich und dem Berufsstand angemessen sein.

Die Berufsangehörigen verpflichten sich, sich in ihren Kompetenzen ständig weiterzubilden. Innerhalb von zwei Jahren soll dies mindestens einem Umfang von 30 Lerneinheiten entsprechen.

3. Seriosität

Berufsangehörige bieten ihre Leistungen mit realistischen Leistungs- und Kostenschätzungen an und halten vereinbarte Termine ein.

Wenn Berufsangehörige ihren Kunden Lieferanten oder andere Unternehmen empfehlen, hat dies ausschließlich nach objektiven Anforderungen des Kunden im Einzelfall zu erfolgen. Vereinbarungen von Provisionen, Aufwandsentschädigungen oder dergleichen sind in solchen Fällen zu unterlassen. Davon ausgenommen sind Materialien oder Dienstleistungen, für die der Berufsangehörige selbst als Vertriebspartner tätig ist und dies seinem Kunden auch bekannt gemacht hat.

4. Vertraulichkeit/Datenschutz

Die Berufsangehörigen behandeln alle Daten und Informationen ihrer Auftraggeber strikt vertraulich, insbesondere werden auftragsbezogene Informationen und Daten nicht unbefugt an Dritte weitergegeben.

Die Berufsangehörigen verpflichten sich, ihren Geschäftsbetrieb stets so zu organisieren, dass ein Höchstmaß an Datensicherheit und Datenschutz in Bezug auf unberechtigte Zugriffe, Verlust und Missbrauch gewährleistet ist.

Berufsangehörige werden Angaben der Auftraggeber entsprechend den gesetzlichen Bestimmungen nur dann in Projekt- oder Referenzlisten aufführen, wenn der Auftraggeber dem zugestimmt hat.

B. VERHÄLTNIS ZUM AUFTRAGGEBER

1. Auftragsannahme

Die Berufsangehörigen entscheiden eigenverantwortlich über die Annahme oder Ablehnung eines Auftrags und akzeptieren in Ausübung ihrer Tätigkeit keine Einschränkung ihrer unternehmerischen Unabhängigkeit durch Dritte.

Aufträge sind abzulehnen, wenn der Berufsangehörige für eine ungesetzliche oder sittenwidrige Handlung in Anspruch genommen werden soll. Dies gilt ebenso für Aufträge, bei denen die Einhaltung der Berufsgrundsätze oder die Einhaltung qualitativer Mindeststandards gefährdet sind.

2. Angemessenes Verhalten

Berufsangehörige verhalten sich ihrem Berufsstand entsprechend stets seriös. Den Wettbewerb mit unfairen oder ungesetzlichen Handlungen zu beeinflussen, wie z. B. Erbringung unentgeltlicher Vorleistungen über die Erarbeitung/Abgabe von Angeboten hinaus oder die ungekennzeichnete Nutzung von Urheberrechten, Konzepten oder Veröffentlichungen Anderer, ist zu unterlassen.

Berufsangehörige empfehlen nur solche Kollegen, deren sachlich/fachliche Eignung sie einschätzen können.

3. Verschwiegenheitspflicht

Die Pflicht zur Verschwiegenheit erstreckt sich auf alle dem Berufsangehörigen im Rahmen seiner Tätigkeit für den Mandanten bekannt gewordenen Vorgänge, Daten und Informationen. Die Pflicht zur Verschwiegenheit besteht auch über die Beendigung des Auftragsverhältnisses hinaus und auch dem gegenüber, dem die betreffenden Tatsachen von anderer Seite mitgeteilt wurden. Grundsätzlich ist der Berufsangehörige an die Vorschriften des Bundesdatenschutzgesetzes gebunden. Die Mitarbeiter sind zur Verschwiegenheit zu verpflichten.

4. Akten und Unterlagen

Nach Beendigung des Auftrags sind die Unterlagen des Auftraggebers an diesen unverzüglich herauszugeben, spätestens jedoch nach Aufforderung durch den Auftraggeber. Ein gesetzliches oder vertragliches Zurückbehaltungsrecht bleibt hiervon unberührt.

5. Beendigung des Auftrags

Bei Kündigung eines Auftrags sind in jedem Fall diejenigen Handlungen vorzunehmen, die für den Berufsangehörigen noch zumutbar sind und keinen Aufschub dulden.

6. Vermögensschaden-Haftpflicht-Versicherung

Für die Berufsangehörigen ist der Abschluss einer Vermögensschaden-Haftpflicht-Versicherung obligatorisch. Dabei ist unter pflichtgemäßer Abwägung aller sich aus der Tätigkeit ergebender Risiken und Umständen in eigener Verantwortung zu entscheiden, welche Versicherungssumme angemessen ist. Der BVBC empfiehlt eine Versicherungssumme von mindestens € 100.000 für den einzelnen Schadensfall.

7. Fremdvermögen

Der Berufsangehörige hat besondere Sorgfaltspflichten bei ihm anvertrauten fremden Vermögenswerten walten zu lassen. Die fremden Vermögenswerte sind stets von seinem Vermögen getrennt zu halten. Befinden sich fremde Vermögen in Gewahrsam des Berufsangehörigen, so sind sie wirksam vor dem Zugriff Dritter zu sichern und angemessen zu versichern.

8. Vergütung

Der Berufsangehörige präzisiert sein Angebot so, dass der Auftraggeber weiß, welche sonstigen Kosten neben dem Honorar in Rechnung gestellt werden. Es besteht keine Verpflichtung zur Anwendung einer bestimmten Honorarordnung.

C. VERHALTEN GEGENÜBER BERUFSANGEHÖRIGEN

1. Kollegiales Verhalten

Der Berufsangehörige hat sich kollegial und kooperativ zu verhalten und auf die Interessen der anderen Berufsangehörigen die gebotene Rücksicht zu nehmen.

Wenn ein Berufsangehöriger einen Verstoß eines anderen Berufsangehörigen gegen diese Berufsgrundsätze feststellt, so soll er ihn im direkten Gespräch darauf hinweisen. Dabei ist stets Vertraulichkeit zu wahren.

Bei Streitigkeiten unter den Berufsangehörigen sind die Beteiligten verpflichtet, eine gütliche außergerichtliche Einigung zu versuchen und erforderlichenfalls eine Vermittlung durch den Verband beantragen.

2. Auftragsschutz

Jede Maßnahme, die geeignet ist, einen Berufsangehörigen aus einem bestehenden Auftrag zu verdrängen, verstößt gegen diese Berufsgrundsätze. Dies gilt auch dann, wenn durch Ausnutzung eines Dritten die Verdrängung umgesetzt oder eingeleitet wird.

Der Berufsangehörige hat sich vor Annahme eines Auftrags über bestehende Auftragsverhältnisse zu unterrichten. Ein Auftrag in derselben Sache darf erst angenommen werden, wenn das bisherige Auftragsverhältnis gekündigt ist oder nicht mehr besteht, es sei denn, der Auftraggeber wünscht die Tätigkeit mehrerer Berufsangehöriger nebeneinander. Bei einem Widerstreit zwischen kollegialer Rücksichtnahme und den Interessen des Auftraggebers gebührt den Interessen des Auftraggebers der Vorrang.

3. Kooperation/Arbeitsgemeinschaften

Zur Erfüllung umfangreicherer oder komplexer Aufträge sind die Berufsangehörigen jederzeit berechtigt, zusammen zu arbeiten. Dies hat in rechtlich verbindlicher Form, nicht aber zwingend in gesellschaftsrechtlicher Ausprägung, zu geschehen. Die Zusammenarbeit zwischen Berufsangehörigen kann auch mittels Unter-Auftragsverhältnissen vereinbart werden, dabei hat der Unterauftragnehmer dieselben Sorgfalts- und Qualifikationspflichten zu beachten, wie sie gegenüber dem (Haupt-) Kunden gelten.

Bei diesen gemeinsamen Aufträgen sind alle Beteiligten in angemessener Form zu informieren, über den Auftragsverlauf auf dem Laufenden zu halten und aktiv zu beteiligen.

4. Werbung

Der Berufsangehörige verpflichtet sich zu seriösem Verhalten in der Werbung und in der Akquisition und präsentiert seine Qualifikation einzig im Hinblick auf seine Fähigkeiten und seine Erfahrungen. Er ist zur Beachtung der Vorschriften des UWG verpflichtet.

5. Zusammenschluss mit Angehörigen anderer Berufe

Es bestehen keine Bedenken, das der Berufsangehörige mit Angehörigen des rechts- oder steuerberatenden Berufsstandes oder anderen freiberufliche Tätigen eine Sozietät oder eine Bürogemeinschaft eingeht. Dabei ist darauf zu achten, dass deren Tätigkeiten mit dem Berufsstand des Berufsangehörigen vereinbar sind und in der Organisation die Berufsgrundsätze anerkannt werden und deren Einhaltung gewährleistet werden kann. Auf die Einhaltung der Datenschutz- und Datensicherheitsstandards ist besonders Augenmerk zu legen.

D. VERHÄLTNIS GEGENÜBER DEM BVBC E.V.

1. Allgemeine Pflichten

Der Berufsangehörige ist verpflichtet, die von den Organen des Verbandes im Rahmen der satzungsgemäßen Befugnisse getroffenen Regelungen zu befolgen.

2. Anzeigepflichten

Dem Verband sind unaufgefordert mitzuteilen:

a) Eröffnung eines selbstständigen Geschäftsbetriebes

b) Verlegung des Betriebes und/oder des Wohnsitzes

c) Gründung, Änderung oder Beendigung einer Sozietät oder Bürogemeinschaft

d) die Bestellung in ein öffentlich-rechtliches Amt

e) der Erwerb oder Wegfall einer Berufsqualifikation

Hamburg, 2011

Anlage 4: Berufsgrundsätze und Standesregeln für Mitglieder des Bundesverbandes professioneller Buchhalter und Bilanzbuchhalter e.V. 304

Der bpbb e.V. wurde mit dem Ziel gegründet, professionelle Buchhalter und Bilanzbuchhalter in Deutschland mit deren Interessen auf fachlicher und politischer Ebene zu unterstützen. Jedes Mitglied ist aufgefordert, die Qualität des gewünschten Leistungsstandards durch verantwortungsbewusstes Verhalten auf allen Ebenen dieses Berufsstandes einzuhalten und bestmöglichst mitzugestalten.

Die hier aufgeführten Leitsätze dienen ausschließlich der Sicherung eines gehobenen Qualitätsstandardes auf der persönlichen und leistungsbezogenen Ebene, sowie der öffentlichen Anerkennung des Berufsstandes.

1. **Fachliche Kompetenz und Sorgfalt**
   Auftragsbezogene Leistungen werden stets mit der dafür erforderlichen Fachkompetenz, Sorgfalt und Gewissenhaftigkeit sowie unter Beachtung der nachstehend angeführten Berufsgrundsätze ausgeführt.

2. **Eigenverantwortung, Integrität und Seriosität**
   Auftragsbezogene Leistungen werden eigenverantwortlich und objektiv angeboten und ausgeführt. Dabei werden die dafür relevanten standesrechtlichen Gesetze und Regeln gem. § 6 Nrn. 3 + 4 StBerG in hohem Maße beachtet.

3. **Vertraulichkeit und Verschwiegenheit**
   Nicht öffentliche Informationen, Geschäfts- und Betriebsgeheimnisse der Auftraggeber unterliegen der absoluten Verschwiegenheit unter Einhaltung der rechtlichen Bestimmungen der Datenschutzgrundverordnung (DSGVO).

4. **Lauterer Wettbewerb**
   Marketing- und Werbemaßnahmen sind grundsätzlich auf eine inhaltlich sachliche, nachprüfbare Darstellung unter Einhaltung der rechtlichen Bestimmungen der Datenschutzgrundverordnung (DSGVO) zu prüfen und zu veröffentlichen.

5. **Fachliche Qualifikation und Weiterbildung**
   Vorhandenes Know-How wird unter anderem durch eine kontinuierliche Erweiterung im Rahmen von Veranstaltungen des bpbb e.V., dessen nationaler und internationaler Partnerorganisationen sowie einem fortdauernden Informationsaustausch vermittelt.

6. **Beteiligung an Kooperationen und Netzwerken**
   Die Entwicklung einer persönlichen Netzwerkkompetenz aufgrund vorhandener Berufserfahrungen, sowie fachübergreifende Innovationen durch die Beteiligung an Kooperationen und Netzwerken zeichnet die Mitglieder des bpbb e.V. aus.

7. **Verhalten in der Öffentlichkeit**
   Mitglieder des bpbb e.V. tragen durch ihr Verhalten in der Öffentlichkeit sowohl in geschäftlichen Situationen als auch zu den grundsätzlichen Anliegen des bpbb e.V., insbesondere im Hinblick auf eine notwendige Erweiterung der Berufsrechte, maßgeblich bei.

305 Anlage 5: Grundsätze über das Verhältnis von Steuerberatern und Steuerbevollmächtigten zu Kontierern (Stellungnahme der Bundessteuerberaterkammer)

Nach den Beschlüssen des BVerfG v. 18. 6. 1980 – 1 BvR 697/77 (BStBl II S. 706), und v. 27. 1. 1982 – 1 BvR 807/80 (BStBl II S. 281) ist § 5 Satz 1 i.V. mit § 1 Abs. 2 Nr. 2, §§ 2–4, § 6 Nr. 3 StBerG mit Art. 12 Abs. 1 GG unvereinbar, soweit das geschäftsmäßige Kontieren von Belegen und die Erledigung der laufenden Lohnbuchhaltung Personen untersagt wird, die eine kaufmännische Gehilfenprüfung bestanden haben. Ferner ist das Verbot der Werbung für Hilfeleistung in Steuersachen (§ 8 StBerG) mit Art. 12 Abs. 1 i.V. mit Art. 3 Abs. 1 GG unvereinbar, soweit es die Tätigkeit des Kontierens und die Erledigung der laufenden Lohnbuchhaltung erfasst. Diese Entscheidungen öffnen für Personen mit kaufmännischer Gehilfenprüfung und ausreichender Berufserfahrung (Kontierer) bestimmte Betätigungs- und Werbemöglichkeiten. Es erscheint daher erforderlich, folgende Hinweise zu geben:

1. Kontierer dürfen

a) laufende Geschäftsvorfälle verbuchen und die zugrundeliegenden Belege mit dem Buchungssatz versehen (kontieren),

b) die laufende Lohnbuchhaltung übernehmen (Feststellung des Bruttolohns und des Lohnzahlungszeitraums, Ermitteln des Lohnsteuerbetrags unter Berücksichtigung anteiliger Freibeträge und der in der Lohnsteuerkarte vermerkten persönlichen Daten, Eintragung des Arbeitslohns und der Lohnsteuer im Lohnkonto, Anfertigung der Lohnsteuer-Anmeldung). Die Befugnis zur Ausübung dieser Tätigkeiten berechtigt nicht zu weiterer geschäftsmäßiger Hilfeleistung in Steuersachen, wie z. B.

- der Einrichtung der Buchführung und der Lohnkonten,
- der Erstellung des auf betrieblichen Belangen abgestellten Kontenplans,
- der Erstellung von USt-Voranmeldungen,
- der zum Jahresende oder bei Beendigung des Dienstverhältnisses notwendigen Abschlussarbeiten der Lohnbuchhaltung,
- der Aufstellung des Jahresabschlusses (Ermittlung des Gewinns durch Überschussrechnung (§ 4 Abs. 3 EStG) oder Vermögensvergleich (Bilanz) (§ 4 Abs. 1, § 5 EStG)) einschließlich der vorbereitenden Abschlussbuchungen,
- die Anfertigung der Jahressteuererklärungen.

2. Das in § 8 Abs. 1 StBerG enthaltene Werbeverbot gilt nicht für Kontierer, soweit sie die ihnen erlaubten Tätigkeiten anbieten. Sie haben jedoch darauf zu achten, dass die Werbung nicht über den zulässigen Rahmen hinaus ausgedehnt wird (sog. „Überschusswerbung"). Kontierer dürfen keine Leistungen anbieten, zu denen sie nicht befugt sind; das gilt insbesondere für Angebote auf Übernahme sämtlicher Buchführungsarbeiten. Ein solches Angebot wäre irreführend, weil hierunter insbesondere auch die Einrichtung der Buchführung, die Erstellung des Kontenplans und die vorbereitenden Abschlussbuchungen verstanden werden.

3. Kontierer üben ihre Tätigkeit gewerblich auf einem eng begrenzten Gebiet aus. Für ihre Tätigkeit ist ihnen eine Werbemöglichkeit eingeräumt. Es kommt hinzu, dass Kontierer nicht die allgemeinen und besonderen Berufspflichten zu beachten haben, denen

StB und Steuerbevollmächtigte unterliegen. Sie sind insbesondere nicht gesetzlich zum Abschluss einer Berufshaftpflichtversicherung verpflichtet, unterliegen keiner gesetzlichen Verschwiegenheitspflicht und haben kein Aussageverweigerungsrecht.

Aus diesen unterschiedlichen Rechten und Pflichten ergibt sich, dass einer Zusammenarbeit von StB und Steuerbevollmächtigten mit Kontierern enge Grenzen gesetzt sind. Das ergibt sich insbesondere aus der Pflicht, den Beruf unabhängig und eigenverantwortlich auszuüben (§ 57 Abs. 1 StBerG).

Es sind demnach insbesondere folgende Formen ständiger Zusammenarbeit unzulässig:

a) Sozietäten von StB und Steuerbevollmächtigten mit Kontierern sind berufswidrig (Nr. 30 RichtlStB). Das Sozietätsverbot gewährleistet insbesondere die Unabhängigkeit und Eigenverantwortlichkeit der StB und Steuerbevollmächtigten; sie wären bei einem Zusammenschluss mit berufsfremden, keiner standesrechtlichen Aufsicht unterliegenden Personen gefährdet.

b) Aus denselben Gründen sind Bürogemeinschaften oder andere Formen ständiger Zusammenarbeit, z. B. die gemeinschaftliche Benutzung einer EDV-Anlage, unzulässig (Nr. 30 RichtlStB).

c) StB und Steuerbevollmächtigte dürfen Kontierer grundsätzlich nicht im Anstellungsverhältnis beschäftigen.

Die Unabhängigkeit des StB oder Steuerbevollmächtigten ist gefährdet, wenn in seiner Kanzlei ein Kontierer tätig ist, der Kunden im eigenen Namen betreut, weil Kontierer im Gegensatz zu nach § 58 StBerG angestellten StB und Steuerbevollmächtigten keine besonderen Berufspflichten haben und keiner Berufsaufsicht unterstehen (Nr. 43 Abs. 1 RichtlStB). Die Abhängigkeit wird insbesondere offenkundig, wenn ein StB oder Steuerbevollmächtigter, der sich von einem Kontierer Abschlussmandate hat zuführen lassen, sich aus wirtschaftlichen Gründen gehindert sehen könnte, das Arbeitsverhältnis mit dem Kontierer zu beenden, weil er sonst den Verlust der Mandate befürchten müsste.

Es liegt auch zumindest der Anschein berufswidriger Werbung (Nr. 33 RichtlStB) und der Werbung durch Dritte (Nr. 39 RichtlStB) vor, wenn der StB oder Steuerbevollmächtigte die Abschlüsse und Steuererklärungen für Auftraggeber erstellt, bei denen ein bei ihm angestellter Kontierer die Kontierungsarbeiten vorgenommen hat. Eine derartige Zusammenarbeit mit der Gefahr für das Ansehen des Berufs wäre für den Auftraggeber offenkundig. Würden die Abschlüsse und Steuererklärungen jedoch bei einem anderen StB oder Steuerbevollmächtigten erstellt, so würden die vertraglichen Beziehungen zwischen dem Arbeitgeber und dem Kontierer, die vom beiderseitigen Vertrauen mit dem Ziel der Förderung der Interessen der Mandanten des Arbeitgebers getragen sein müßten, zwangsläufig belastet werden.

d) Ein StB oder Steuerbevollmächtigter darf die ihm übertragenen Arbeiten nicht durch einen selbstständig tätigen Kontierer durchführen lassen.

Eine derartige Auslagerung von Arbeiten aus der Kanzlei würde gegen die Berufspflichten der Eigenverantwortlichkeit (Nr. 4 RichtlStB) und der Verschwiegenheit (Nr. 17 RichtlStB) verstoßen. Außerdem besteht die Gefahr der Abhängigkeit (Nr. 2 RichtlStB).

Ein Auftraggeber, der einen StB oder Steuerbevollmächtigten mit der Erledigung seiner gesamten Steuerangelegenheiten betraut, geht davon aus, dass auch die Kontierung unter der Aufsicht des Berufsangehörigen erledigt wird.

Aus der Unzulässigkeit der vorstehend genannten Arten ständiger Zusammenarbeit ergibt sich von selbst, dass hierauf gerichtete öffentliche Angebote berufswidrig sind. Derartige Anzeigen dürfen weder in der Tages- noch in der Fachpresse erscheinen (Nr. 34 RichtlStB).

4. Wird ein StB oder Steuerbevollmächtigter für einen Auftraggeber tätig, der einem Kontierer Arbeiten im zulässigen Umfang übertragen hat, so ist Voraussetzung, dass jeweils unmittelbare Auftragsverhältnisse bestehen. Die Annahme von Aufträgen von einem Kontierer zur Hilfeleistung bei der Erledigung von Steuersachen Dritter ist unzulässig, weil dies eine Mitwirkung bei unbefugter Hilfeleistung in Steuersachen (Nr. 9 RichtlStB) wäre und die Gefahr der Werbung durch Dritte (Nr. 39 RichtlStB) besteht.

5. Es ist berufswidrig, eine Werbung durch Dritte zu veranlassen oder zu dulden (Nr. 39 RichtlStB). Angebote an Kontierer zur Erlangung von Aufträgen sind eine unzulässige Werbung (Nr. 33 RichtlStB) und insbesondere in der Form von Anzeigen berufswidrig (Nr. 34 RichtlStB).

6. Bei der Erstellung von Abschlüssen aufgrund von Vorarbeiten von Kontierern bestehen besondere Sorgfaltspflichten. Nach der Entscheidung des BVerfG v. 18. 6. 1980 müssen Kontierer die „Grenzen ihrer Beurteilungsfähigkeit" erkennen und bei Zweifelsfragen Weisungen des Auftraggebers oder dessen steuerlichen Beraters einholen. Es kann nicht davon ausgegangen werden, dass dies immer geschieht, wenn es erforderlich ist. Ein StB oder Steuerbevollmächtigter muss sich daher einen entsprechenden Prüfungsauftrag erteilen lassen oder in seinem Abschluss- und Prüfungsvermerk zum Ausdruck bringen, dass ihm nur ein eingeschränkter Auftrag erteilt worden ist.

Diese Grundsätze gelten sinngemäß für Steuerberatungsgesellschaften (§ 72 StBerG; Nr. 52 Abs. 3 RichtlStB).

Anlage 6: Satzung über die Rechte und Pflichten bei der Ausübung der Berufe der Steuerberater und der Steuerbevollmächtigten (Berufsordnung) – BOStB – 306

in der Fassung vom 8. September 2010 (DStR 2010, S. 2659)

(Auszüge der für selbstständig tätige Bilanzbuchhalter wesentlichen Teile)

§ 2 Unabhängigkeit

(1) Steuerberater haben ihre persönliche und wirtschaftliche Unabhängigkeit gegenüber jedermann zu wahren.

(2) Steuerberater dürfen keine Bindungen eingehen, die ihre berufliche Entscheidungsfreiheit gefährden können.

(3) Die Unabhängigkeit ist insbesondere nicht gewährleistet bei

1. Annahme von Vorteilen jeder Art von Dritten,
2. Vereinbarung und Annahme von Provisionen,
3. Übernahme von Mandantenrisiken.

§ 12 Verbot der Mitwirkung bei unbefugter Hilfeleistung in Steuersachen

(1) Steuerberatern ist untersagt, bei unbefugter Hilfeleistung in Steuersachen mitzuwirken.

(2) Ihnen ist insbesondere untersagt,

1. mit einem Lohnsteuerhilfeverein Vereinbarungen über eine Mandatsteilung in der Weise zu treffen, dass sie jene Steuerrechtshilfe leisten, die über die Beschränkungen des § 4 Nr. 11 StBerG hinausgeht,
2. durch ihre Mitwirkung einer Person im Sinne des § 6 Nr. 4 StBerG Tätigkeiten zu ermöglichen, die über den erlaubten Rahmen hinausgehen.

(3) Die in Absatz 2 genannten Verbote gelten auch für den Fall einer Bürogemeinschaft eines Steuerberaters mit einem Lohnsteuerhilfeverein.

§ 17 Beschäftigung von Mitarbeitern

Die Beschäftigung von Mitarbeitern, die nicht Personen im Sinne des § 56 Abs. 1 StBerG sind, ist zulässig, soweit diese weisungsgebunden unter der fachlichen Aufsicht und beruflichen Verantwortung des Steuerberaters tätig werden.

307 Anlage 7: Vorbildungsvoraussetzungen für die Zulassung zur Steuerberaterprüfung; Freie Mitarbeiter bei Steuerberatern und Steuerberatungsgesellschaften

BMF-Schreiben v. 27. 6. 1996 (IV A 4 – S 0947 – 26/96)

Der Bundesfinanzhof hat in seinem Urteil vom 1. Oktober 1995 – VII R 38/95 – (BStBl II 1996 S. 488) die Tätigkeit eines Rechtsreferendars als freier Mtarbeiter bei einem Steuerberater nicht als unbefugte Hilfeleistung in Steuersachen angesehen. Sie konnte deshalb in dem entschiedenen Fall auf die für die Zulassung der Steuerberaterprüfung erforderliche berufspraktische Tätigkeit angerechnet werden.

Nach Auffassung der für Fragen des Steuerberatungsrechts zuständigen Vertreter der obersten Finanzbehörden des Bundes und der Länder steht diese Entscheidung des BFH im Widerspruch zur bisherigen Praxis und zur Rechtsprechung des Bundesfinanzhofs. Bisher konnten nur Personen freie Mitarbeiter eines Steuerberaters oder einer Steuerberatungsgesellschaft sein, die selbst zur unbeschränkten Hilfeleistung in Steuersachen befugt waren. Andere Personen, wie Referendare oder Fachgehilfen, durften lediglich als Angestellte bei einem Steuerberater oder einer Steuerberatungsgesellschaft tätig sein. Die neuere Auffassung des BFH verstößt gegen diese Grundsätze.

Wenn, wie in dem vom BFH entschiedenen Fall eines Referendars, der „freie Mitarbeiter" in Wahrheit Angestellter ist, müssen die zuständigen Behörden gemäß § 116 AO wegen des Verdachts der Steuerhinterziehung durch den Arbeitgeber Anzeige erstatten. Denn sollte es sich tatsächlich um ein Arbeitsverhältnis handeln, wäre Lohnsteuer abzuführen. Beauftragt ein Steuerberater tatsächlich einen freien Mitarbeiter mit der Hilfeleistung in Steuersachen, der dazu nicht befugt ist, so liegt darin eine nach § 10 StBerG mitteilungspflichtige Verletzung von Berufspflichten.

BMF-Schreiben v. 4. 3. 1998 (IV A 3 – S 0850 – 4/98)

Der Bundesfinanzhof hat in seinem Urteil vom 12. August 1997 – VII R 32/97 – (BStBl II 1998 S. 166) erneut entschieden, daß die Tätigkeit eines Rechtsreferendars als freier Mitarbeiter bei einem Steuerberater keine unbefugte Hilfeleistung in Steuersachen darstellt und deshalb auf die für die Zulassung zur Steuerberaterprüfung erforderliche berufspraktische Tätigkeit angerechnet werden kann.

Die im Bezugsschreiben vertretene gegenteilige Auffassung kann deshalb nach Ansicht der für das Steuerberatungsrecht zuständigen Vertreter der obersten Finanzbehörden des Bundes und der Länder nicht mehr aufrechterhalten werden. Die Beauftragung eines freien Mitarbeiters kann folglich auch nicht länger als eine nach § 10 StBerG i. V. m. § 7 BerufsO mitteilungspflichtige Verletzung von Berufspflichten angesehen werden; entsprechende Abmahnungen wären rechtswidrig.

Anlage 8: Wesentliche Paragrafen des Steuerberatungsgesetzes 308

§ 3 Befugnis zu unbeschränkter Hilfeleistung in Steuersachen

Zur geschäftsmäßigen Hilfeleistung in Steuersachen sind befugt:

1. ...
2. ...
3. ...
4. (weggefallen)

§ 3a Befugnis zu vorübergehender und gelegentlicher Hilfeleistung in Steuersachen

(1) Personen, die in einem anderen Mitgliedstaat der Europäischen Union oder in einem anderen Vertragsstaat des Abkommens über den Europäischen Wirtschaftsraum oder in der Schweiz beruflich niedergelassen sind und dort befugt geschäftsmäßig Hilfe in Steuersachen nach dem Recht des Niederlassungsstaates leisten, sind zur vorübergehenden und gelegentlichen geschäftsmäßigen Hilfeleistung in Steuersachen im Anwendungsbereich dieses Gesetzes befugt. Die vorübergehende und gelegentliche geschäftsmäßige Hilfeleistung in Steuersachen kann vom Staat der Niederlassung aus erfolgen. Der Umfang der Befugnis zur Hilfeleistung in Steuersachen im Inland richtet sich nach dem Umfang dieser Befugnis im Niederlassungsstaat. Bei ihrer Tätigkeit im Inland unterliegen sie denselben Berufsregeln wie die in § 3 genannten Personen. Wenn weder der Beruf noch die Ausbildung zu diesem Beruf im Staat der Niederlassung reglementiert ist, gilt die Befugnis zur geschäftsmäßigen Hilfeleistung in Steuersachen im Inland nur, wenn die Person den Beruf in einem oder in mehreren Mitgliedstaaten oder Vertragsstaaten oder der Schweiz während der vorhergehenden zehn Jahre mindestens ein Jahr lang ausgeübt hat. Ob die geschäftsmäßige Hilfeleistung in Steuersachen vorübergehend und gelegentlich erfolgt, ist insbesondere anhand ihrer Dauer, Häufigkeit, regelmäßiger Wiederkehr und Kontinuität zu beurteilen.

§ 6 Ausnahmen vom Verbot der unbefugten Hilfeleistung in Steuersachen

Das Verbot des § 5 gilt nicht für

1. ...
2. ...
3. die Durchführung mechanischer Arbeitsgänge bei der Führung von Büchern und Aufzeichnungen, die für die Besteuerung von Bedeutung sind; hierzu gehören nicht das Kontieren von Belegen und das Erteilen von Buchungsanweisungen.
4. das Buchen laufender Geschäftsvorfälle, die laufende Lohnabrechnung und das Fertigen der Lohnsteueranmeldungen, soweit diese Tätigkeiten verantwortlich durch Personen erbracht werden, die nach Bestehen der Abschlussprüfung in einem kaufmännischen Ausbildungsberuf oder nach Erwerb einer gleichwertigen Vorbildung mindestens drei Jahre auf dem Gebiet des Buchhaltungswesens in einem Umfang von mindestens 16 Wochenstunden praktisch tätig gewesen sind.

§ 8 Werbung

(4) Die in § 6 Nr. 4 bezeichneten Personen dürfen auf ihre Befugnis zu Hilfeleistung in Steuersachen hinweisen und sich als Buchhalter bezeichnen. Personen, die den anerkannten Abschluss „Geprüfter Bilanzbuchhalter/Geprüfte Bilanzbuchhalterin" oder „Steuerfachwirt/Steuerfachwirtin" erworben haben, dürfen unter dieser Bezeichnung werben. Die genannten Personen dürfen dabei nicht gegen das Gesetz gegen den unlauteren Wettbewerb verstoßen.

11. Kapitel:

Personalführung

von
Dr. Hans J. Nicolini, Köln

Inhaltsverzeichnis

A. Situationsgerechtes Kommunizieren

I. Kommunikation

1 Kommunikation ist der soziale Prozess der Verständigung zwischen dem Produzenten einer Information (z. B. Sprecher oder Schreiber) und einem Rezipienten (z. B. Hörer oder Leser). Informationen werden über spezifische Kommunikationskanäle durch sprachliche und nichtsprachliche Signale übertragen. Dabei können auch technische Einrichtungen benutzt werden.

Merke: Kommunikation ist die Übertragung von verbalen und nonverbalen Reizen von einem Sender zu einem Empfänger.

2 Vier Aspekte haben Einfluss auf die Verständigung:

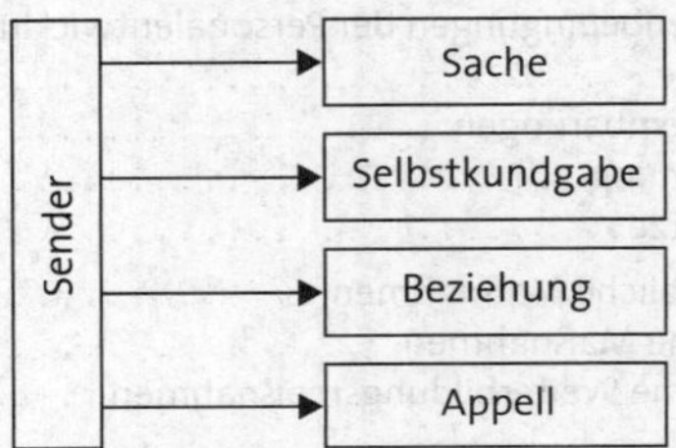

Ebene	Inhalt	Fragestellung	Beispiel
Sachebene	Im Vordergrund stehen Daten und Fakten. Die Informationen müssen klar und verständlich sein.	Was ist wahr, was ist wichtig?	In der Suppe schwimmt ein Haar.
Selbstkundgabe	Die Nachricht enthält Hinweise auf die Einstellung zu den Sachaspekten.	Was geht in ihm vor?	Ich bin verärgert!
Beziehungsebene	Formulierung, Tonfall, Mimik und Körpersprache drücken Wertschätzung, Wohlwollen oder Gleichgültigkeit aus.	Wie fühle ich mich behandelt?	Ich bin dir nicht wichtig.
Appellseite	Die Nachricht enthält Wünsche, Ratschläge und Anweisungen.	Was soll ich machen?	Pass gefälligst besser auf!

3 Das gesprochene Wort wird als verbale Kommunikation bezeichnet. Nonverbale Kommunikation findet statt durch Gestik, Mimik, Körperhaltung, Bewegung und andere Zeichen. Die übermittelten Informationen müssen dabei nicht notwendig übereinstimmen.

1. Im Team und zwischen Abteilungen

1.1 Organisation im Unternehmen

Eine zielgerichtete Kommunikation soll innerhalb von Unternehmen zu einem bestimmten Verhalten, Denken oder Handeln veranlassen. In Unternehmen gibt es dazu zahlreiche typische Kommunikationssituationen, z. B. 4

- Besprechungen,
- Präsentationen,
- Konfliktgespräche,
- Diskussionen,
- Beratungen sowie
- spontane und informelle Unterhaltungen.

Die Kommunikationswege werden durch die Organisationsstruktur und insbesondere durch die Aufbauorganisation bestimmt. Die notwendige Kommunikation wird durch die Weisungs- und Berichtsstränge festgelegt, daneben existieren aber vielfältige informelle Gelegenheiten, bei denen Informationen ausgetauscht werden. 5

In Organisationen wird zwischen vertikaler und horizontaler Kommunikation unterschieden: 6

- Die **vertikale** Kommunikation findet zwischen den Hierarchieebenen statt, z. B. zwischen Vorgesetzten und Mitarbeitern.
- Die **horizontale** Kommunikation findet auf einer Hierarchieebene statt, z. B. zwischen Kollegen und in Arbeitsgruppen.

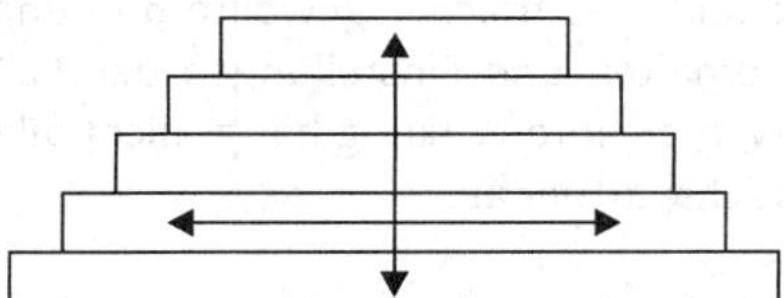

1.2 Motivation

Neben der Vermittlung relevanter Informationen werden durch gezielte Kommunikation auch Engagement und Leistungsbereitschaft gefördert. 7

Die soziale Einflussnahme auf die Entscheidung zwischen verschiedenen Handlungsalternativen wird als **Motivation** bezeichnet. In Unternehmen ist Motivation die Begründung für ein Handeln, das sich an den Unternehmenszielen orientiert. 8

Anreize für das Verhalten der Mitarbeiter können in einer Handlung selbst (Primärmotivation) oder in der Belohnung für ein bestimmtes Ergebnis (Sekundärmotivation) bestehen. 9

- **Intrinsische Motivation** ergibt sich aus den Grundbedürfnissen des Menschen sowie Interesse und Freude an einer Tätigkeit. Handeln und Auffassung stimmen überein. Externe Anstöße wie Belohnungen, Bestrafungen, Versprechen oder Drohungen sind nicht notwendig. Der Mitarbeiter identifiziert sich mit der Aufgabe und erlebt sich dabei als selbstbestimmt.

BEISPIEL: Neugier, Spontanität, politisches Gestaltungsinteresse

- **Extrinsische Motivation** entsteht durch ein Handlungsergebnis, insbesondere durch positive Bekräftigungen. Sie tritt in der Regel nicht spontan auf und führt zu gezielten Handlungen, um Lob und Anerkennung zu erreichen bzw. Kritik und Sanktionen zu vermeiden.

BEISPIELE: Noten, Beurteilungen, Gehaltserhöhungen

1.3 Feedbackkultur

10 Gezielte Rückmeldungen zum Verhalten helfen, im Unternehmen die Kommunikation zu verbessern, weil Missverständnisse in der Zusammenarbeit vermieden werden können. Arbeitsklima und Leistungsfähigkeit werden dadurch verbessert.

11 Eine Feedbackkultur darf dabei nicht nur zwischen zwei Personen entstehen, sondern erforderlich sind auch Rückmeldungen aus den jeweiligen relevanten Gruppen. Dazu sollen zeitnah sowohl die Dinge angesprochen werden, die zu Konflikten geführt haben oder führen können, als auch diejenigen, die als zufriedenstellend erlebt werden.

12 Typische Feedbackkulturen entwickeln sich, wenn sich die Beteiligten vertrauen und akzeptieren können. Dazu können z. B. genutzt werden:

- Regelmäßige Mitarbeitergespräche,
- Umfragen bei den Mitarbeitern,
- Beurteilung von Führungskräften,
- *Coaching,*
- das *Open-Door-Prinzip*, bei dem die Mitarbeiter jederzeit mit ihren Vorgesetzen sprechen können.

1.4 Kommunikationsverhalten

13 Durch das eigene Kommunikationsverhalten werden bei den Gesprächspartnern – keineswegs immer bewusst und absichtlich – gewollte und ungewollte Reaktionen hervorgerufen. Weil dabei Verhalten und Einstellungen deutlich werden, kann und soll Kommunikation gelernt werden. Ihre Wirkung hängt nicht allein, aber doch wesentlich vom Verhältnis der Gesprächspartner ab.

14 Die Übersicht zeigt wichtige Elemente, durch die Kommunikation beeinflusst wird:

	Beispiele	Erläuterung
Wortwahl	„Ich will Sie nicht überreden, …“ Einfachheit Ungewöhnliche Fremdwörter	Bringt Emotionen oder Sachlichkeit zum Ausdruck. Nimmt Partner ernst, keine Überheblichkeit. Sollen Überlegenheit zeigen.
Füllwörter	„also“, „hm“, „„… und so etwas …“	Überbrückt peinliche Stille.
Modewörter	„krass“, „cool“ etc.	Scheinbar jugendliche Anbiederung.
Betonung	Große Lautstärke	Soll Aussagen unterstützen.
Tempo		Täuscht eigene Wichtigkeit vor.
Man-Aussagen	„Das weiß man doch!“	Keine eigene Meinung, Anspruch auf Wahrheit.
Ich-Botschaften	„Ich wünsche mir …“	Zeigt Interesse ohne Anklage, Authentizität.
Verdeckte Appelle	„Ich an Ihrer Stelle …“	Manipulation.

Neue Techniken (Handy, SMS, E-Mail, soziale Netzwerke) haben das Kommunikations- 15
verhalten nachhaltig verändert. Das führt verstärkt zu einer asynchronen Kommunikation, bei der die Gesprächspartner entweder nicht gleichzeitig oder an verschiedenen Orten agieren. Das Gespräch bleibt aber auch weiterhin die bevorzugte Kommunikationsform.

1.5 Moderation

Die Moderation dient der Themenbearbeitung und Problemlösung in Gruppen, um die 16
gestellten Ziele möglichst optimal erreichen zu können. Sie stellt die Balance her zwischen den Bedürfnissen der Teilnehmenden, den Gruppenbedürfnissen sowie den inhaltlichen Zielen und trägt dadurch entscheidend zur Arbeitsfähigkeit eines Teams bei.

Durch eine Moderation werden Besprechungen, Diskussionen, Workshops u. Ä. struktu- 17
riert und visualisiert. Unter der Leitung eines Moderators, der selbst nur steuert und keinen inhaltlichen Einfluss nimmt, soll eine Meinungsbildung ermöglicht bzw. erleichtert werden.

Die Moderation folgt immer einem bestimmten „Fahrplan", dem Moderationszyklus: 18

1.	Einstieg	► Eröffnung ► Klärung des Ablaufs
2.	Themen sammeln	► Festlegung der Fragestellungen ► Sammlung von Themen, Ideen und anderen Beiträgen
3.	Thema auswählen	► Festlegung der Reihenfolge der zu bearbeitenden Themen ► Anlegen eines Themenspeichers
4.	Thema bearbeiten	► Inhaltliche Bearbeitung der ausgewählten Themen
5.	Maßnahmen planen	► Festlegung von konkreten Maßnahmen zur Umsetzung der Lösungsvorschläge ► Ein Maßnahmenplan regelt die erforderlichen Schritte und die Verantwortlichkeiten
6.	Abschluss	► Reflexion und Zusammenfassung

Je nach Ziel- und Zusammensetzung der Gruppe können die einzelnen Moderationsabschnitte dabei sehr unterschiedlich ablaufen.

2. Mit externen Partnern

Die effektive Zusammenarbeit mit externen Partnern hat sich zu einem wesentlichen 19
Faktor für den Unternehmenserfolg entwickelt. Ihre Aufgabe besteht in der ausgewogenen Steuerung der angemessenen Kommunikation mit Kunden, Lieferanten, Eigentümern, Presse, Meinungsbildnern u. a. in der Branche bzw. am Standort. Die wechselseitige Information und Kommunikation muss dabei kontinuierlich gepflegt werden.

2.1 Organisation im Unternehmen

20 Die Bedeutung der Kommunikation mit externen Partnern erfordert eine angemessene Einbindung in die Aufbauorganisation und die Optimierung der internen Abläufe. Je nach Aufgabenstellung sind unterschiedliche Maßnahmen erforderlich, z. B.:

- ***Investors Relations***: Die Kontaktpflege zu Aktionären, Investoren, Analysten und der Fachöffentlichkeit soll das zunehmende Bedürfnis der aktuellen oder potenziellen Aktionäre nach Informationen erfüllen. Diese Aufgabe wird in der Regel von einer eigenen IR-Abteilung oder von einer spezialisierten Agentur übernommen.
- **Reklamationsmanagement**: Der planvolle Umgang mit Reklamationen von Kunden aufgrund mangelnder Leistung hat das Ziel, trotz negativer Erfahrungen die Kundenzufriedenheit zu erhalten. Voraussetzungen sind eine offene Fehlerkultur und kundenorientierte Reaktionen.
- **Beschwerdemanagement**: Das Beschwerdemanagement soll bei unzufriedenen Kunden die Zufriedenheit wiederherstellen, auch wenn kein Rechtsanspruch besteht. Es dient der Stabilisierung der Kundenbeziehungen und der Qualitätssicherung. Die für den dauerhaften Markterfolg notwendigen Bestandskunden sollen gehalten und gleichzeitig ein möglicher Imageschaden vermieden werden.
- **Lieferantenmanagement**: Durch die systematische und umfassende Pflege der Lieferantenbeziehungen sollen niedrige Beschaffungskosten, hohe Beschaffungseffizienz und eine langfristige Liefersicherheit erreicht werden.

2.2 Mitarbeitermotivation über Handlungsspielräume

21 Um die externe Kommunikation effektiv gestalten zu können, müssen sich die betroffenen Mitarbeiter angemessen verhalten können. Wenn sie die Beziehungen zu Lieferanten, Kunden und anderen *Stakeholdern* im Interesse aller Beteiligten gestalten sollen, müssen ihnen angemessene Entscheidungskompetenzen eingeräumt werden. Definierte Handlungsspielräume ermöglichen selbstständiges Arbeiten und die Übernahme von Verantwortung.

22 Die dadurch erlebte Wertschätzung verbessert die Zufriedenheit und steigert die Motivation und Leistungsbereitschaft der Mitarbeiter. Eingeschränkte Handlungsspielräume signalisieren nach außen eine begrenzte Zuständigkeit. Die intrinsische Motivation, die durch verantwortungsvolle Tätigkeiten, persönliche Entwicklungsmöglichkeiten und die Identifikation mit einem erstrebenswerten Ziel gefördert wird, nimmt ab.

23 Die Handlungsspielräume werden von der Unternehmenspolitik bestimmt und ergeben sich aus dem Leitbild. Sie sollen einerseits groß genug sein, um adäquat auf externe Anforderungen reagieren zu können, dürfen aber andererseits die Mitarbeiter nicht überfordern.

3. Interkulturelle Anforderungen

24 Sichere und erfolgreiche Kommunikation findet nur statt, wenn die Gesprächspartner das Mitgeteilte in gleicher Weise verstehen. Weil das aber immer auch vom sozialen und kulturellen Umfeld abhängt, ist bei Kontakten zu Partnern aus anderen Kulturkreisen Einfühlungsvermögen bei Äußerungen und Verhaltensweisen erforderlich. Unterschiedliche Ansichten von Personen mit unterschiedlichem kulturellen Hintergrund müssen nachempfunden und eigene Werte und Normen relativiert werden. Die Wahr-

scheinlichkeit von Missverständnissen steigt, je größer die Unterschiede zwischen wahrgenommenem und erwartetem Verhalten sind.

Bei Unkenntnis von divergierenden Bedeutungszuschreibungen und Interpretationen kann ein interkultureller Kommunikationsprozess nicht stattfinden. 25

Typische Verhaltensweisen und Normen werden als Stereotype bezeichnet. 26

3.1 Kulturstandards

Kulturkreise lassen sich prinzipiell danach unterscheiden, ob sie eher gruppen- oder eher statusorientiert sind. 27

- **Gruppenorientierung**: In kollektivistischen Kulturkreisen besteht eine starke Orientierung durch die Zugehörigkeit zu einer Gruppe, z. B. der Familie, einem Unternehmen oder einer ethnischen Gruppe. Die Loyalität zur Gruppe ist hoch, durch starke moralische Beziehungen entstehen gegenseitige Verpflichtungen.
- **Statusorientierung**: In individualistisch orientierten Kulturen streben die Mitglieder ihre eigene Selbstentfaltung an. Statussymbole und Hierarchieunterschiede werden hervorgehoben, individuelle Laufbahnen, Selbstständigkeit und Eigeninitiative spielen eine stärkere Rolle.

BEISPIELE: 28

starker Individualismus	◄────►	**starker Kollektivismus**
USA, Großbritannien, Schweden	Frankreich, Norwegen, Deutschland, Finnland	Japan, Mexiko, Thailand, Indonesien

3.2 Umgang mit Zeit

Die unterschiedliche Art, wie mit Zeit umgegangen wird, kann bei der Kommunikation zwischen Angehörigen unterschiedlicher Kulturkreise zu erheblichen Irritationen führen. 29

In Kulturen, die entspannt mit Zeit umgehen, werden Termine und andere Zeitvereinbarungen eher als Orientierung angesehen und als flexibel verstanden. Auch kurzfristige und spontane Änderungen werden problemlos akzeptiert. Oft werden dann Dinge gleichzeitig bearbeitet. 30

In eher zeitpunktorientierten Kulturen wird dagegen Wert gelegt auf die Einhaltung vereinbarter Termine. Änderungen gelten als unhöflich und sind erklärungsbedürftig. Aufgaben werden dann planmäßig abgearbeitet. 31

Die Kommunikation zwischen verschiedenen Zeitzonen – und damit auch oft zwischen verschiedenen Kulturkreisen – stellt nur scheinbar eine rein organisatorische Herausforderung dar. Tatsächlich ergeben sich durch das Internet und andere schnelle und zuverlässige Kommunikationsmöglichkeiten auch Chancen in Form einer weltweit möglichen Aufgabenverteilung und -bearbeitung. 32

3.3 Sprachbarrieren

Erfolgreiche Kommunikation ist nur möglich, wenn der „Empfänger" die Botschaft so versteht, wie der „Sender" sie gemeint hat. Wenn unterschiedliche Sprachen gespro- 33 chen werden, ergeben sich bei der Übertragung fast unvermeidlich semantische Probleme. Darüber hinaus wird die Verständigung auch durch die kulturellen Unterschiede, Sitten, Gebräuche und unterschiedliche Wahrnehmungsmuster beeinflusst, z. B.:

- **Gesprächsbeginn**: Wer das Gespräch beginnt und ob Rituale (z. B. Smalltalk, Drink) vorgeschaltet werden, ist stark kulturabhängig.
- **Gesprächsverlauf**: Ob man die Gesprächspartner ausreden lässt oder ihnen ins Wort fallen kann, wird unterschiedlich gewertet.
- **Kritik**: Während es vielfach üblich ist, Konflikte zu thematisieren, wird dies z. B. im arabischen Raum und in Asien vermieden, um den Gesprächspartner vor einem Gesichtsverlust zu bewahren.
- **Kontext**: Bei niedriger Kontextkultur sind die äußeren Umstände und auch die Position des Gesprächspartners unerheblich. Bei hoher Kontextkultur wird erst dann über Inhalte gesprochen, wenn sich die Partner als zuverlässig kennengelernt haben.
- **Paraverbale Kommunikation**: Die Sprechweise beeinflusst durch Artikulation, Lautstärke, Tempo und Pausen die Bedeutung und den Inhalt von Botschaften.

34 Voraussetzungen für eine erfolgreiche Kommunikation zwischen verschiedenen Kulturkreisen sind die Kenntnis ihrer Besonderheiten und die Bereitschaft, eigene Verhaltensweisen zu reflektieren und anzupassen. Wenn die eigenen Wertvorstellungen als überlegen angesehen werden und das gewohnte Verhalten nicht in Frage gestellt wird, sind Spannungen fast unvermeidlich. Die daraus resultierenden Missverständnisse führen zu Unsicherheiten, Irritationen und oft auch zu unbeabsichtigten Beleidigungen, die eine erfolgreiche Kommunikation nicht mehr ermöglichen.

3.4 Sitten und Gebräuche unterschiedlicher Kulturen

35 Sitten sind Verhaltensweisen, die in einem Kulturkreis gesellschaftlich gefordert und erwartet werden. Gebräuche sind dagegen Gewohnheiten von Einzelnen oder von sozialen Gruppen.

- **Gestik**: Bestimmte Bewegungen können unterschiedliche Bedeutungen haben. Zustimmung wird z. B. meistens durch Kopfnicken ausgedrückt, in manchen Kulturen aber auch durch Kopfschütteln.

  BEISPIEL: In Teilen von Asien ist es ein grober Verstoß gegen die guten Sitten, mit ausgestrecktem Finger auf Personen zu zeigen.

- **Abstand**: Dieselbe körperliche Nähe wird in einigen Kulturkreisen als Distanzierung, in anderen als aufdringlich empfunden.
- **Augenkontakt**: In vielen Kulturen ist es selbstverständlich, dem Partner in die Augen zu sehen, in manchen Ländern gilt das als dreist.
- **Berührung**: Umarmungen und andere Bekundungen von Zuneigung gelten in manchen Ländern als unschicklich und bringen Außenstehende in Verlegenheit.

  BEISPIEL: Die Begrüßung mit einem Händedruck ist vielfach selbstverständlich, gilt aber in manchen Ländern bereits als Übergriff.

- **Alkohol**: Während in manchen Kulturen der Genuss von alkoholischen Getränken ein Zeichen von Gastfreundschaft ist, muss er in anderen – zumindest in der Öffentlichkeit – vermieden werden.
- **Bekleidung**: Besonders von Frauen wird in manchen Kulturkreisen Zurückhaltung erwartet.

  BEISPIEL: Zu viel Haut in der Öffentlichkeit kann als Zeichen von mangelndem Anstand gewertet werden.

4. Konflikt- und Stresssituationen

Bei einem **Konflikt** stoßen zu einem bestimmten Zeitpunkt mindestens zwei verschiedene Interessen, Ziele, Ansichten, Gefühle oder Wahrnehmungen aufeinander, die zugleich gegensätzlich und unvereinbar sind. 36

In Organisationen entsteht dadurch ein Handlungs- und Lösungsdruck. Konfliktmanagement soll eine weitere Eskalation und die Ausbreitung eines bestehenden Konflikts verhindern. 37

Einstweilen frei 38

4.1 Konfliktursachen

Um mit Konflikten konstruktiv umgehen zu können, müssen der Anlass und die Konfliktart bekannt sein. Sie sind allerdings nicht in jedem Falle unabhängig voneinander, sondern sie können sich auch gegenseitig bedingen und verstärken. 39

- Bei einem **Verteilungskonflikt** versuchen die beteiligten Parteien, sich auf Kosten der anderen einen größeren Anteil an begrenzten Ressourcen zu sichern.

BEISPIEL: Der Bilanzbuchhalter B verlangt ein höheres Gehalt. Das Unternehmen stimmt dem nicht zu.

Verteilungskonflikte werden typisch durch Entscheidung des Vorgesetzten oder durch „Aufgabe" eines der Beteiligten gelöst.

- Ein **Zielkonflikt** entsteht, wenn von einzelnen Personen oder Gruppen unterschiedliche Ziele angestrebt werden, die sich widersprechen.

BEISPIEL: Mitarbeiter sollen ganz im Sinne der Unternehmensleitung innovativ und kreativ arbeiten, gleichzeitig aber sollen alle eingefahrenen Abläufe nicht verändert werden.
Wenn Ziele so konträr formuliert werden, dass ein Kompromiss unmöglich erscheint, wird der Konflikt nicht lösbar sein.

- Ein **Rollenkonflikt** entsteht, wenn die übertragenen Aufgaben und Zuständigkeiten mit den Kompetenzen nicht übereinstimmen.

BEISPIEL: Eine Kollegin wird befördert, aber von ihren bisherigen Kollegen wegen mangelnder Fachkenntnisse als Vorgesetzte nicht akzeptiert.

- Bei einem **Wahrnehmungskonflikt** wird ein Sachverhalt durch unterschiedliche Charaktere, Erfahrungen, Kenntnisse, Interessen oder emotionale Verbindungen unterschiedlich beurteilt. Dieser Konflikt kann durch offene Kommunikation erkannt und gelöst werden.
- Ein **Beziehungskonflikt** ist nicht sachlich zu begründen, seine Ursache liegt in den beteiligten Personen, die sich mehr oder weniger sympathisch sind und Zustimmung oder Ablehnung provozieren. Beziehungskonflikte entstehen, wenn eine Partei die andere bewusst herabsetzt.

BEISPIEL: Eine Mitarbeiterin wird von einem Kollegen bewusst denunziert. Sie lässt sich das nicht gefallen und „schlägt zurück".

Zur Lösung eines Beziehungskonflikts müssen die Parteien bereit sein, ihre negativen Gefühle offen zu legen und auf Vermeidungsstrategien zu verzichten.

- Die **Verletzung von tatsächlichem oder ideellem Territorium** wird als Konflikt erlebt.

BEISPIEL: Ein Mitarbeiter der Verkaufsabteilung für Neuwagen kümmert sich um den Verkauf von Gebrauchtfahrzeugen, für den gewöhnlich ein Kollege zuständig ist.

4.2 Umgang mit Konflikten

40 Wenn die Entstehung von Konflikten nicht vermieden werden konnte, stehen Konzeptionen und Methoden zur Verfügung, die von den Beteiligten selbst oder von Dritten angewandt werden können, um eine Konfliktlösung zu erreichen:

- ► **Entscheidung**: Verzicht durch Ausschluss einer Alternative.
- ► **Priorität**: Unterordnung der einen unter die andere Alternative.
- ► **Einigung**: Echter Kompromiss durch Verzicht auf die volle Realisierung der jeweiligen eigenen Vorstellungen.
- ► **Synthese**: Scheinbar widersprüchliche Alternativen werden in einer Lösung zusammengeführt.
- ► **Hinnahme**: Die Betroffenen finden sich mit der Situation ab.
- ► **Annahme**: Die Konfliktsituation wird als Chance und Aufgabe angesehen.
- ► **Abwendung**: Der Konflikt wird verdrängt.
- ► **Umrichtung**: Fokussierung auf ein Ersatzobjekt.

41 Sinnvoll ist vielfach die Unterstützung durch einen **Konfliktmoderator.** Er soll aus einer neutralen Position heraus die Kommunikation lenken und eine gemeinsame Lösung initiieren. Dabei soll er

- ► die Konfliktsituation analysieren und den beteiligten Parteien verdeutlichen.
- ► die Rahmenbedingungen für die gemeinsame Aussprache festlegen.
- ► bei der Aussprache das Gespräch unparteiisch lenken.
- ► die Vereinbarungen verbindlich formulieren.

42 Die wichtigste Methode zur Vermeidung oder Minimierung von Konflikten ist ein frühzeitiges beratendes Gespräch, um eine Leistungs- oder Verhaltensänderung zu erreichen. Unter Führungsaspekten stehen drei grundsätzliche Strategien zur Verfügung:

- ► Bei den organisatorischen Strategien werden vorwegnehmende, zukunftsorientierte und koordinierende Maßnahmen getroffen.

  BEISPIELE: Klare Abgrenzung von Aufgabengebieten, Entflechtung von Nutzungsbereichen

- ► Bei den persuasiven Strategien steht der Appell an die Vernunft im Vordergrund.

  BEISPIELE: Information und Aufklärung, Vereinbarungen mit den Betroffenen

- ► Bei den Normenstrategien werden verbindliche Regelungen getroffen.

  BEISPIELE: Verbote und Gebote

4.3 Konfliktbewältigung

43 Die Bearbeitung eines Konflikts ist nur sinnvoll, wenn beide Parteien ein Interesse an einer Lösung haben. Andernfalls können alle Anstrengungen unterbleiben und das Fortbestehen des Konflikts muss akzeptiert werden. Die Abbildung zeigt, dass sich je nach Art des Konflikts verschiedene Lösungsansätze ergeben.

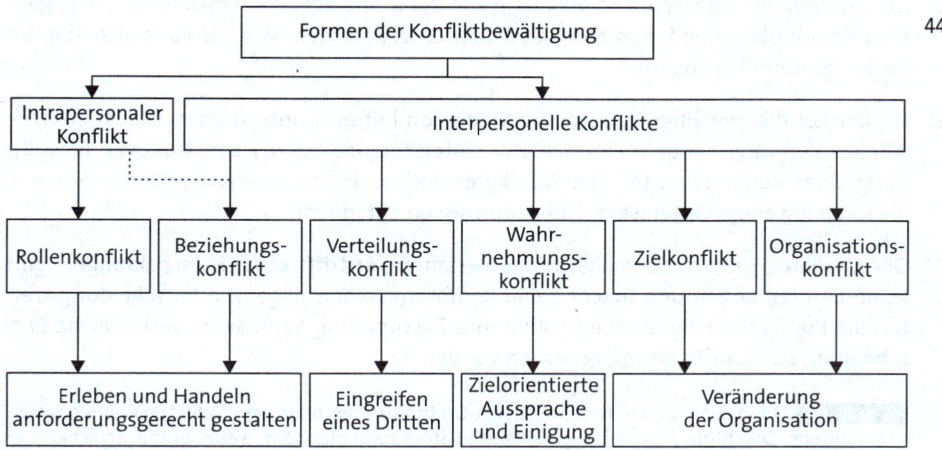 44

Der Erfolg der möglichen Lösungsansätze hängt dann von der Kooperationsbereitschaft der Konfliktparteien ab: 45

	Geringer Wille zur Mitarbeit	Großer Wille zur Mitarbeit
Hohes Durchsetzungsvermögen	**Zwang** Die Position wird gegen den Widerstand und auf Kosten anderer durchgesetzt. **Gewinner-Verlierer-Strategie**	**Zusammenarbeit** Beide Seiten machen Zugeständnisse und erarbeiten ein gemeinsames Ergebnis. **Gewinner-Gewinner-Strategie**
Geringes Durchsetzungsvermögen	**Vermeidung** Der Konflikt wird nicht ausgetragen und besteht weiter. **Verlierer-Verlierer-Strategie**	**Nachgeben** Der Konflikt wird gelöst, aber einer muss seine Position aufgeben. **Konflikt schwelt weiter**

Beim **Zwang** wird angestrebt, sich auf Kosten des Konfliktpartners durchzusetzen. Eigene Interessen und Ziele stehen eindeutig im Vordergrund. Bei dieser Strategie gibt es einen Gewinner und einen Verlierer. 46

Vermeidung ist eindeutig eine Verlierer-Verlierer-Strategie. Der Konflikt wird ignoriert in der Hoffnung, dass sich das Problem von alleine löst. Eigene Interessen werden verleugnet und die des Konfliktpartners werden nicht wahrgenommen. 47

Zusammenarbeit ist eine Gewinner-Gewinner-Strategie. Beide Parteien bemühen sich um eine symmetrische Lösung. Sie müssen bereit sein, die Ziele des jeweils anderen zu berücksichtigen und sich von einem Teil der eigenen Vorstellungen zu lösen. Diese Methode verlangt ein hohes Maß an Einfühlungsvermögen und die Bereitschaft zu konstruktiver Auseinandersetzung. 48

Nachgeben hat zur Folge, dass die eigenen Interessen und Ziele in den Hintergrund treten und sich der Konfliktgegner durchsetzen kann. Das birgt die Gefahr, dass der Konflikt nur vordergründig gelöst ist und versteckt weiter schwelt. 49

50 Die Auswahl der Strategien ist abhängig von der grundlegenden Einstellung, die gegenüber dem Problem und dem Konfliktpartner eingenommen wird, sie kann sich aber im Laufe des Konflikts ändern.

51 Bei der Konfliktbewältigung kann die **Mediation** hilfreich unterstützen. Sie ist ein freiwilliges Verfahren, in dem ein Mediator Unterstützung bei der konstruktiven Bewältigung eines Konflikts leistet. Die Beteiligten sollen eine Vereinbarung treffen können, die ihren jeweiligen Interessen und Bedürfnissen entspricht.

52 Der Mediator leitet dabei lediglich das Verfahren, er trifft keine Entscheidungen, gibt keine Empfehlungen und macht keine Kompromissvorschläge. Die Entscheidung treffen die Konfliktbeteiligten allein, ohne ihre Zustimmung kann keine verbindliche Entscheidung zur Konfliktlösung getroffen werden.

BEISPIEL: Die beiden Geschäftsführer der A-GmbH streiten über die Produktpolitik des Unternehmens. Durch die Einschaltung eines Mediators zeigt sich, dass keine grundsätzlichen Gegensätze bestehen und eine weitere erfolgreiche Zusammenarbeit möglich ist.

4.4 Stress

53 Als **Stress** wird die körperliche oder psychische Belastung bezeichnet, die durch äußere Reize hervorgerufen wird, die als Bedrohung oder Herausforderung erlebt werden, weil sie die Fähigkeit zur Bewältigung strapazieren oder überfordern. Es handelt sich um eine unspezifische körperliche oder geistige natürliche Anpassungsreaktion des Körpers auf ein Übermaß an Anforderungen aller Art. Nicht die Belastung selbst ist problematisch, sondern die Reaktion des Körpers darauf. Stress wird wahrgenommen, wenn zwischen Anforderungen und den Möglichkeiten zu ihrer Bewältigung eine Diskrepanz besteht. Er kann durch spezifische körperliche und seelische Reize (Stressoren) entstehen, z. B. durch Wärme, Kälte, Lärm, Überforderung im Beruf, Verlust eines geliebten Menschen u. v. a. m.

54 Kurzfristiger Stress stellt in der Regel kein Problem dar, er wird aber zu einem Gesundheitsrisiko, wenn er über einen längeren Zeitraum anhält. In Unternehmen führt Stress zu

- geringerer Leistung,
- erhöhter Unfallgefahr,
- schlechterem Betriebsklima,
- höheren Fehlzeiten und
- höherer Fluktuation.

Beispiele für Stressoren			55
Physische Stressoren	**Psychische Stressoren**	**Soziale Stressoren**	
Lärm, Hitze, Kälte	Versagensängste	Konflikte	
Hunger	Überforderung	Einsamkeit	
Verletzungen, Infektionen	Fremdbestimmung	Verlust nahestehender Personen	
schwere Arbeit	Zeitmangel	Mobbing	
Reizüberflutung	mangelnde Kontrolle	Konkurrenzkampf	
Termindruck	Leistungsdruck		
Druck durch Vorgesetzte	negative Denkmuster		
Informationsflut	Unterforderung		

4.4.1 Stressursachen

Bei den Stressursachen kann zwischen objektiven und subjektiven Stressfaktoren unterschieden werden: 56

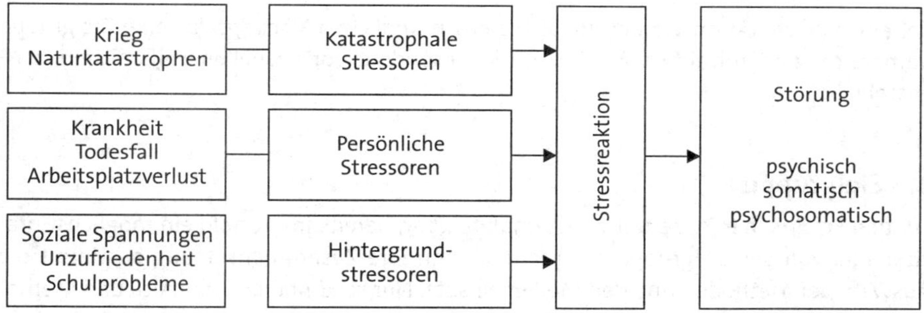

4.4.2 Stressvermeidung

Stress ist individuell sehr unterschiedlich und kann bei jedem Menschen durch etwas anderes ausgelöst werden. Es kommt nicht darauf an, welche Stressoren wirken, sondern wie damit umgegangen wird. Zur Vermeidung und Verarbeitung von Stress und vor allem seinen Folgen können verschiedene Strategien verfolgt werden: 57

Stressverursacher vermeiden	Problemlösungen systematisieren
	Berührungen mit Stressoren vermeiden
	Zeitmanagement konsequent anwenden
	Aufgaben delegieren
Bewertungen verändern	Probleme als Herausforderung verstehen
	Erfahrung auf vergleichbare Situationen anwenden
	Stressauslösende Denkmuster verändern

Erregung vermindern	Entspannungstechniken/Sport
	Gesunde Ernährung
	Soziale Kontakte pflegen
Stressreaktionen bearbeiten	Sprechen über Gefühle/Selbsthilfegruppen
	Informationskontrolle sichern
	Entscheidungskontrolle verbessern
	Gegenmaßnahmen entwickeln
	Verhaltenskontrolle
Inadäquate Stressbewältigung	Alkohol, Drogen
	Gewalt
	Rückzug

II. Präsentation

58 Bei einer Präsentation werden Inhalte eines mündlichen Vortrags für eine Zielgruppe aufbereitet und mithilfe von Medien, insbesondere von visuellen Hilfsmitteln, dargestellt.

1. Zielgruppe

59 Für den Erfolg einer Präsentation ist unabdingbar, bereits im Vorfeld ein möglichst präzises Bild von der Zielgruppe zu erhalten, denn ihre Zusammensetzung bestimmt die Auswahl der Methoden und den Medieneinsatz. Nur so können Lerninhalte und Methoden überzeugend aufeinander abgestimmt werden. Fachlich muss darauf geachtet werden, dass die Teilnehmer weder unter- noch überfordert werden. Eine heterogene Gruppe führt unumgänglich zu Schwierigkeiten, weil entweder einige nicht mehr teilnehmen wollen oder andere nicht (mehr) teilnehmen können.

60 Vielfach haben Vortragende allerdings keinen oder nur einen sehr eingeschränkten Einfluss auf die Zusammensetzung der Zuhörer. So entscheiden z. B. Unternehmen, welche Mitarbeiter eine Fortbildung besuchen, in Lehrgängen entscheiden nur formale Voraussetzungen über die Teilnahmeberechtigung und die Teilnehmer schätzen sich nicht selten falsch ein.

2. Vorbereitung

61 Der Ablauf und die Methoden einer Präsentation müssen sorgfältig geplant werden. Das schafft die notwendige Sicherheit und ermöglicht einen reibungslosen Ablauf. Die notwendige Flexibilität muss dabei gewährleistet bleiben.

- **Organisatorische Vorbereitung**: Vor der Präsentation müssen die Rahmenbedingungen geprüft werden.
  - Wo wird die Veranstaltung stattfinden? Ist der Raum groß genug? Wie sind Stühle und Tische gestellt?
  - Sind die erforderlichen Medien vorhanden?
  - Wie viele Personen werden erwartet?
  - Wie lange soll die Präsentation dauern? Ist anschließend eine Diskussion vorgesehen?

  Bei dieser Vorbereitung ist eine Checkliste hilfreich. Sie zeigt, welche Maßnahmen noch getroffen werden müssen.
- **Inhaltliche Vorbereitung**: Die inhaltliche Vorbereitung umfasst die detaillierte Planung unter Berücksichtigung der Zielgruppe und der organisatorischen Bedingungen.
  - Wer sind die Teilnehmer? Wie viele Personen, mit welchem Vorwissen und mit welchen Funktionen?
  - Was interessiert die Zuhörer? Welche Erwartungen haben die Teilnehmer? Der Stoff wird gesammelt, ausgewählt und komprimiert.
  - Was soll mit der Präsentation erreicht werden?
  - Welcher Titel macht neugierig?
  - Wie lauten die Kernbotschaften? Welche Reihenfolge ist sinnvoll?
- **Methodische Vorbereitung**: Die Methode einer Präsentation wird entscheidend von der Zielgruppe bestimmt.
  - Welche Erfahrungen haben die Zuhörer mit dem vorgesehenen Thema? Welches Vorwissen ist vorhanden?
  - Ist die Zielgruppe homogen?
  - Von welchen Erwartungen muss ausgegangen werden?
  - Ist Konfliktpotenzial erkennbar?

  Je mehr über die Zielgruppe bekannt ist, desto besser können ihre Bedürfnisse berücksichtigt werden.
- **Persönliche Vorbereitung**: Die Präsentation wird nur bei einer souveränen Gestaltung erfolgreich sein. Alle Risiken sollen möglichst ausgeschlossen werden.
  - Ist die Anreise geregelt? Müssen Übernachtungen vorgesehen werden?
  - Ist ein schriftlicher Ablaufplan erforderlich?
  - Sind zu jedem Gliederungspunkt angemessene Methoden gewählt?
  - Muss noch Arbeitsmaterial (Handouts, Folien, Flipcharts) angefertigt werden?

  Eine Checkliste gibt denjenigen Sicherheit, die bisher mit Präsentationen wenig Erfahrung gesammelt haben.

3. Auftreten

Unabhängig von der fachlichen Kompetenz und einer ausgefeilten Präsentation ist die persönliche Erscheinung wesentlich für den Erfolg einer Präsentation. Ein souveräner Auftritt erhöht die Akzeptanz und hat insgesamt einen positiven Einfluss. 62

Die eigene Körpersprache lässt sich allerdings nur schwer manipulieren und das Ergebnis wirkt dann oft unecht. Die Beachtung einiger weniger Grundregeln ist aber hilfreich: 63

- Durch einen ruhigen und sicheren Stand wird die Sicherheit erhöht. Nervosität wird weniger erkennbar und der Vortrag erscheint kompetenter.
- Der Kontakt zum Publikum soll durch Stimme, Körpersprache und vor allem Blickkontakt gesichert werden. Auf Unruhe, Fragen, Zurufe u. Ä. muss reagiert werden („Störungen haben Vorrang").
- Die Sprache soll laut und deutlich, dabei dynamisch und nicht zu schnell sein.
- Texte dürfen niemals abgelesen werden, Stichwörter können auf einem Spickzettel oder auf Karteikarten notiert werden.
- Das gesprochene Wort soll durch Gesten unterstützt werden, sie dürfen aber nicht einstudiert wirken.
- Verschränkte Arme erscheinen als Barriere, das wirkt überheblich und arrogant. Auch Hände in den Hüften wirken aggressiv und provozieren unbewussten Widerstand.
- Eine scheinbar besonders lässige Haltung vermittelt den Eindruck von Distanz und mangelndem Engagement.

4. Medien

64 Bei einer Präsentation unterstützen Grafiken, Bilder u. Ä. das gesprochene Wort. Durch Medieneinsatz wird die Vortragsstruktur einfacher erkennbar und Inhalte werden besser behalten, weil mehrere Sinneskanäle angesprochen werden. Wichtige Präsentationsmedien sind Beamer, Overheadprojektor (OHP), Flipchart, Dokumentenkamera und Pinnwand.

65 Die Auswahl der geeigneten Medien ist abhängig von

- der Teilnehmerzahl,
- der Raumgröße,
- der vorhandenen Technik und
- dem didaktischen Konzept.

4.1 Flipchart

66 Ein Flipchart besteht aus einem Trägerelement, das gut sichtbar aufgestellt werden kann und auf dem ein großformatiger Papierblock befestigt ist. Darauf können Informationen festgehalten werden, die für längere Zeit sichtbar sein sollen. Das gilt z. B. für die Gliederung, aber auch für wichtige Schaubilder, Übersichten und Diagramme.

Vortragende können mit beliebigem Schreibgerät (z B. dicken Filzstiften) auf den Papierblock schreiben und ihn wie eine Tafel einsetzen. Es gibt aber keine Möglichkeit zum Löschen, die Blätter werden umgeschlagen und die Aufzeichnungen sind dann insgesamt nicht mehr sichtbar.

Eine Präsentation mit dem Flipchart wirkt vergleichsweise altmodisch und kann die Aufmerksamkeit der Teilnehmer nur für kurze Zeit binden.

4.2 Tageslichtprojektor

67 Mit einem Tageslichtprojektor (oder Overheadprojektor) können transparente Folien mit deckender Schrift und Grafik vergrößert auf eine Leinwand projiziert werden. Die Hervorhebung einzelner Elemente ist auf einfache Weise möglich und die Betrachter können die Informationen schnell und zweifelsfrei erkennen.

Die Erstellung der Folien muss allerdings sehr sorgfältig erfolgen. Für die Akzeptanz ist ihre leichte Lesbarkeit entscheidend. Folien dürfen kein Selbstzweck sein, ihre Gestaltung soll dazu beitragen, die Entwicklung des Themas zu unterstützen.

Der Einsatz von Tageslichtprojektoren wird mehr und mehr durch Beamer und Präsentationssoftware ersetzt, die zusätzliche Gestaltungsmöglichkeiten bieten.

4.3 Beamer

Ein Beamer wird meistens direkt an den Ausgang der Grafikkarte eines Computers an- 68
geschlossen. Dadurch kann ein vergrößertes Bild von Fotos, Videos oder Grafiken in fast beliebiger Größe und für viele sichtbar projiziert werden. In Kombination mit einem Laptop ergibt ein Beamer ein flexibles und mobiles System zur Visualisierung.

Der Vorteil gegenüber einem Overheadprojektor kann darin gesehen werden, dass Animationen und Fernbedienung möglich sind. In vielen Vortragsräumen ist bereits ein Beamer fest installiert.

Präsentationen mit einem Beamer müssen aufwendig vorbereitet werden. Der souveräne Einsatz erfordert bei der Folienerstellung die Beherrschung der eingesetzten Software und bei der Präsentation Erfahrung beim Aufrufen der Präsentationselemente.

4.4 Pinnwand

Eine Pinnwand besteht aus einem großen Träger, auf dem Stoff, Kork o. Ä. aufgezogen 69
ist, damit z. B. Kärtchen, Fotos oder Zeitungsausschnitte angeheftet werden können. Sie wird ähnlich eingesetzt wie das Flipchart, allerdings kann sie flexibler genutzt werden, weil die angepinnten Materialien ausgetauscht und sortiert (geclustert) werden können.

Die Pinnwand eignet sich für die Arbeit in kleinen Gruppen.

4.5 Dokumentenkamera

Mit einer Dokumentenkamera (auch Visualizer) werden Schriftstücke und andere Ge- 70
genstände von einer Kamera aufgenommen. Die Bilder können dann (je nach Ausstattung direkt oder mithilfe eines Laptops) projiziert werden.

Gegenüber einem Overheadprojektor bietet eine Dokumentenkamera – teilweise abhängig von der Ausstattung – zahlreiche Vorteile:

- Inhalte aus Büchern (z. B. Gesetzestexte) und Zeitschriften, Bilder, Fotos und andere Quellen können für alle Teilnehmer direkt sichtbar gemacht werden.
- Vorhandene Materialien (OHP-Folien, Arbeitsblätter u. Ä.) können weiter eingesetzt werden.
- Eine Zoomfunktion erlaubt ein beliebiges Verkleinern oder Vergrößern.
- Die gezeigten Objekte können auf Stick, Speicherkarte oder in der Cloud gespeichert werden.
- Es gibt keine Geräusch- und Wärmeentwicklung.

4.6 Hilfsmittel

71 Der Medieneinsatz kann je nach Art der Präsentation durch weitere Hilfsmittel unterstützt werden:

- Zeigestock,
- Laserpointer,
- Overlays,
- Handouts,
- Toneinspielungen,
- Videos.

5. Visualisierung

72 Ein Vortrag ohne visuelle Hilfsmittel ist vergleichsweise ineffektiv, weil Worte wesentlich schwerer zu merken sind als Bilder. Durch eine gute Visualisierung können Inhalte optisch betont und herausgestellt werden. Der gesprochene Vortrag soll dabei nicht ersetzt, sondern ergänzt werden. Durch eine Visualisierung wird

- die Aufmerksamkeit der Teilnehmer verstärkt.
- der „Rote Faden" deutlicher.
- die Information leichter und schneller erfassbar gemacht.
- die Prägnanz erhöht.
- das Behalten unterstützt.

Im Prinzip sind der Kreativität bei der Visualisierung keine Grenzen gesetzt. Die Grundregeln der visuellen Wahrnehmung und des Designs sollten aber beachtet werden, um eine optimale Darstellung zu erreichen.

- **Der rote Faden**
  - Am Beginn einer Präsentation steht immer eine Gliederung und am Ende eine Zusammenfassung. Wenn vom Thema her möglich, endet die Präsentation mit einem Ausblick.
  - Besonders bei längeren Präsentationen sollte die Gliederungsübersicht an geeigneter Stelle wiederholt werden.
  - Die grafische Gestaltung der Folien soll dazu beitragen, den Zuhörern einen „Weg zu weisen".
- **Foliengestaltung**

  Bei der Gestaltung der Folien ist vor allem darauf zu achten, dass sie eine unterstützende Funktion haben, sie dürfen nicht selbst Gegenstand der Präsentation werden. Der Vortragende muss im Mittelpunkt stehen. Folien sollten sich deshalb niemals vollständig selbst erklären, sie dürfen den Sprecher nicht entbehrlich machen.
  - Alle Folien sollen dasselbe Grundlayout haben (Hoch- oder Querformat, Farben, Logo). Andernfalls entstehen Irritationen durch das veränderte Schema und die ständige Notwendigkeit, sich auf die andere Gestaltung einzustellen.
  - Der Aufbau der Folien sollte einheitlich standardisiert sein.
- **Text, Bilder und Cliparts**

  Folien dürfen nicht überfrachtet wirken. Oft ist weniger mehr. Der Folieninhalt muss mit einem Blick erfasst werden können, aber die Folie darf nicht selbsterklärend sein. Sie soll nicht mehr als zehn Zeilen umfassen, mit mehr Schrift wirkt sie unweigerlich überfrachtet und provoziert bei den Zuhörern – oft unbewusst – Unmut und daraus folgend Widerstand.

► **Farben**

Farben sollten sparsam eingesetzt werden, sie übernehmen bei einer Präsentation unterschiedliche Funktionen:

- Sie **schmücken**: Die Zuhörer empfinden die Farben als positiv stimulierend, sie ziehen die Aufmerksamkeit auf sich. Farbige Dinge erscheinen interessanter und bleiben deshalb auch besser in Erinnerung.
- Sie **ordnen**: Wenn gleichartige Aussagen oder gleichartige Elemente regelmäßig in der gleichen Farbe erscheinen, übernehmen sie durch die Wiedererkennung eine Gliederungsfunktion.
- Sie **setzen Akzente**: Farbige Elemente heben sich ab, wirken akzentuiert und die Aussage wird unterstützt.

► **Symbole**

Grafische Symbole und Bilder lockern die Darstellung auf, gliedern und verdeutlichen.

- Die Präsentation darf durch grafische Überfrachtung nicht unübersichtlich und verspielt wirken. Die zusätzliche Visualisierung muss sich dem Präsentationsziel unterordnen.
- Zeichen müssen „passen". Ein beliebiges Zeichen ohne Bezug zum Inhalt lenkt nur ab, dann ist weniger mehr.
- Die Folien dürfen nicht überladen werden. Freiflächen auf den Folien sind für die Betrachter auch „Erholungsräume".
- Die Zeichen müssen eindeutig und leicht verständlich sein. Wenn sie erklärt werden müssen, stören sie.

Einstweilen frei 73–81

B. Personalauswahl

Mitarbeiter sind aus betrieblicher Sicht einerseits Leistungsträger (und durch die Entgeltzahlung auch ein Kostenfaktor), andererseits aber auch Individuen mit eigenen Zielen, Bedürfnissen und Motiven. Diese „sozialen" Faktoren haben eine zunehmende Bedeutung; deshalb ist anzustreben, dass sich die wirtschaftlichen und sozialen Ziele ergänzen und möglichst Synergieeffekte entstehen. 82

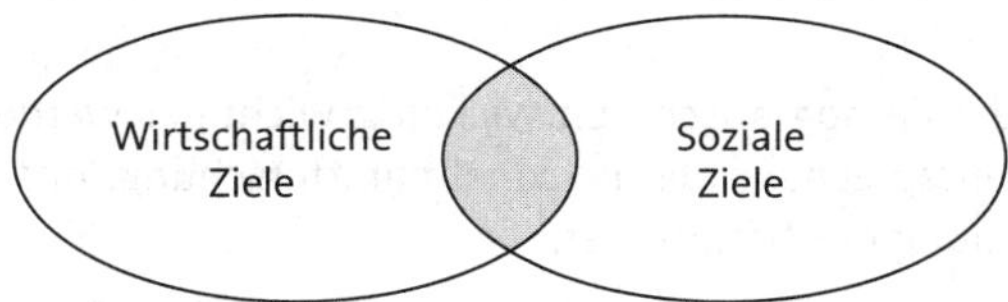

Personalpolitische Grundsätze legen fest, wie die Personalpolitik im Unternehmen umgesetzt werden soll. Dazu gehören z. B. 83

► Führungsleitlinien,

► Auswahlrichtlinien,

► Richtlinien zur Förderung der Mitarbeiter,

► Richtlinien zur Personalentwicklung und

► Richtlinien zur Mitarbeiterbeurteilung.

I. Personalmanagement

84 Die früher rein verwaltende Personalarbeit hat sich zu einem aktiv agierenden Personalmanagement entwickelt, das die Entscheidungen der Unternehmensleitung unterstützt. Durch die Personalpolitik werden z. B. die Lohnpolitik, die betriebliche Sozialpolitik und die berufliche Förderung bestimmt.

85

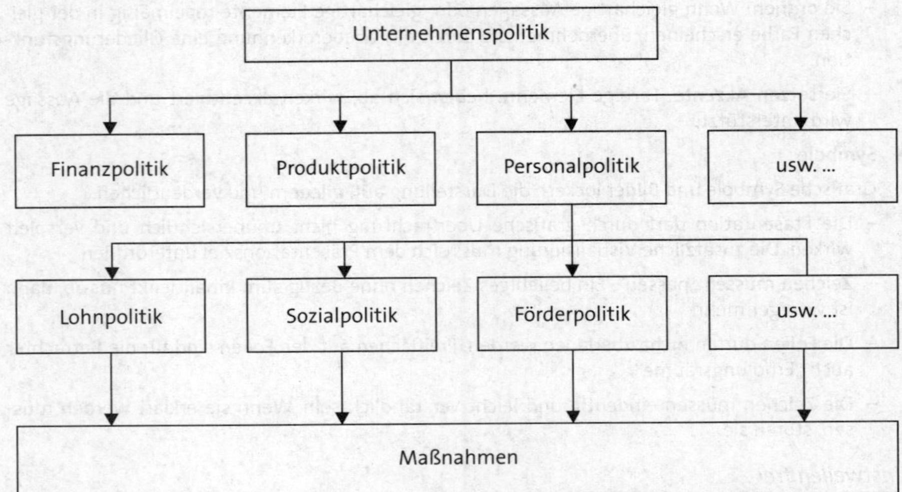

1. Personalmarketing

86 Durch Personalmarketing sollen die Voraussetzungen dafür geschaffen werden, dass ein Unternehmen langfristig über qualifizierte und motivierte Mitarbeiter verfügen kann. Es richtet sich an vorhandene und potenzielle Mitarbeiter. Durch operative Marketingmaßnahmen soll das Unternehmen als attraktiver Arbeitgeber bekannt gemacht werden. Daraus ergeben sich zwei zentrale Aufgaben:

- **Unterstützung der Personalbeschaffung:** Potenzielle Mitarbeiter interessieren sich für Unternehmen, die als attraktiver Arbeitgeber bekannt sind.
- **Bindung der Mitarbeiter:** Überzeugte und zufriedene Mitarbeiter verlassen seltener das Unternehmen.

87 Zu diesen – durch die demografische Entwicklung wichtiger werdenden – Aufgabenbereichen gehören entsprechend die Personalmarktforschung, das Anwerben von Talenten und die Betreuung der Mitarbeiter.

2. Personalführung

88 Personalführung bezeichnet den zielgerichteten sozialen Einfluss auf die Mitarbeiter und ist ein Teil der Unternehmensführung. Wichtige Teilbereiche sind

- Personalplanung,
- Personalentwicklung,
- Personalkommunikation und
- Zusammenarbeit mit dem Betriebs- bzw. Personalrat.

Beteiligte sind immer ein Vorgesetzter und mindestens ein unterstellter Mitarbeiter, der durch Information, Anweisung, Koordination, Überwachung oder Instruktion angeleitet wird. Das setzt fachliche Qualifikation, soziale Kompetenz und menschliche Verantwortung voraus. Die Art der Führung drückt sich im Führungsstil aus. 89

3. Personalbindung

Besonders bei Arbeitskräften mit Schlüsselkompetenzen, die auf dem Arbeitsmarkt nur schwer zu gewinnen sind, erschwert Fluktuation die Behauptung im Wettbewerb. Werden leistungsbewusste qualifizierte Mitarbeiter durch positive Anreize möglichst lange an das Unternehmen gebunden, werden das Arbeitsklima positiv beeinflusst, das Arbeitgeberimage verbessert und nicht zuletzt die Trennungskosten gesenkt. Bei den Formen der Mitarbeiterbindung werden unterschieden: 90

- **Emotionale Bindung**: Die Mitarbeiter identifizieren sich mit den Zielen, Werten und Normen des Unternehmens oder fühlen sich mit den Kollegen verbunden. Die Bindung wird durch ein angenehmes Arbeitsklima und eine gelebte Unternehmenskultur gefördert.
- **Kalkulative Bindung**: Die Mitarbeiter wägen die Vor- und Nachteile ihres Arbeitsplatzes gegenüber anderen ab und prüfen, welche stärker mit ihren Interessen und Zielen übereinstimmen. Diese Bindung kann durch eine attraktive Entlohnung und Aufstiegsmöglichkeiten gefördert werden.
- **Normative Bindung**: Die Mitarbeiter spüren eine moralische Verpflichtung dem Unternehmen oder den Produkten gegenüber.
- **Qualifikationsorientierte Bindung**: Die Bindung entsteht durch Entwicklungschancen, Weiterbildungsangebote und Arbeitsinhalte. Diese Bindung muss besonders gefördert werden, weil sie stark motivierten Mitarbeitern besonders wichtig ist.

In Unternehmen, die auf Mitarbeiterbindung Wert legen, spüren die Mitarbeiter, dass sie wichtig sind und wertgeschätzt werden. 91

4. Fachkräftesicherung

Die Gewinnung und dauerhafte Bindung von Fachkräften stellt für viele Unternehmen einen Erfolgsfaktor dar, weil sie Innovation und Wettbewerbsfähigkeit sichern. Schon wegen der demografischen Entwicklung, die absehbar zu einem deutlichen Rückgang des Erwerbstätigenpotenzials führen wird, muss dieses Problem sowohl durch Veränderung der relevanten Rahmenbedingungen als auch durch Veränderungen der Personalführung in den Unternehmen gelöst werden. 92

93

Allgemeine Maßnahmen	**Maßnahmen von Unternehmen**
Erhöhung der Frauenerwerbsquote	Konzepte zur Work Life Balance entwickeln
Zuwanderung erhöhen	Flexible Arbeitszeitmodelle anbieten
Willkommenskultur etablieren	Vereinbarkeit von Beruf und Familie fördern
Verlängerung der Lebensarbeitszeit	Freizeitangebote machen
Wiedereinstieg erleichtern	Erhöhung der Frauenquote
Anerkennung von ausländischen Abschlüssen	Qualifizierte Ausbildungen anbieten
Verringerung der Zahl der Schulabbrecher	Aktive Laufbahnplanung vorsehen

II. Personalbedarf

94 Der Personalbedarf ergibt sich aus der Gesamtheit der Arbeitskräfte, die zur Erfüllung aller Aufgaben in einem Unternehmen jetzt und in Zukunft erforderlich sind. Um den Personalbedarf planen zu können, müssen sowohl der aktuelle Personalbestand als auch der zukünftige Personalbedarf analysiert werden. Dabei sind Änderungen der Sortimentspolitik, der Kapazität, der Arbeitszeit usw. zu berücksichtigen.

1. Personalbestandsanalyse

95 Zur Feststellung der aktuellen Situation muss der Personalbestand nach unternehmensrelevanten Kriterien analysiert werden, z. B.

- Alter,
- Qualifikation,
- Arbeitszeitmodell.

Dadurch lässt sich der Handlungsbedarf ermitteln.

2. Personalbedarfsanalyse

96 Mit der Personalbedarfsanalyse wird abgeschätzt, wie hoch der quantitative und qualitative örtliche und zeitliche Personalbedarf in absehbarer Zukunft sein wird. Dazu wird die Ist-Situation mit der Soll-Situation verglichen:

Ist-Situation		**Soll-Situation**
Aktuelle Zahl der Mitarbeiter	⟷	Benötigte Arbeitsstunden
Vorhandene Qualifikationen	⟷	Benötigte Qualifikationen

97 Die quantitative Ermittlung erfolgt prinzipiell anhand der folgenden Tabelle:

	Vorhandene Stellen
+	neue Stellen
-	entfallende Stellen
=	**Bruttopersonalbedarf**
	Aktuell besetzte Stellen
+	feststehende Zugänge
-	feststehende Abgänge
-	wahrscheinliche Abgänge
=	**fortgeschriebener Personalbestand**
	Bruttopersonalbedarf
-	fortgeschriebener Personalbestand
=	**Nettopersonalbedarf**

Unterschieden wird zwischen 98

- **Neubedarf** (Erweiterungsbedarf): Zusätzliche Stellen werden geschaffen (z. B. wegen einer Kapazitätserhöhung).
- **Mehrbedarf**: Neue Stellen müssen besetzt werden, ohne dass sich der Output ändert (z. B. durch Arbeitszeitverkürzung, gesetzliche Auflagen).
- **Ersatzbedarf**: Für ausscheidende Mitarbeiter (z. B. aufgrund von Kündigung, Pensionierung) erfolgen Neueinstellungen.
- **Nachholbedarf**: Besetzung von Stellen, die bereits vorhanden, aber noch nicht besetzt sind.
- **Reservebedarf**: Personalreserve für erkennbare Ausfälle (z. B. Urlaub, Krankheit).
- **Zusatzbedarf**: Kurzfristig notwendige zusätzliche Mitarbeiter (z. B. Saisonarbeitskräfte).
- **Minderbedarf**: Anpassung bei Rückgang des Personalbedarfs (z. B. durch Rationalisierungsmaßnahmen, Produktionseinschränkungen).

Zur Bestimmung des Brutto- und Nettopersonalbedarfs stehen verschiedene Methoden zur Verfügung: 99

Methoden	Grundlagen	Beispiele anhand eine Supermarkts
Schätzverfahren	Erfahrungswerte	Kasse, Fleischtheke, Leergutannahme und Lager müssen ständig besetzt sein
Globale Bedarfsprognose	Ableitung aus belastbaren Größen aus der Vergangenheit	Umsatz, Zahl der Kunden, Fläche
Kennzahlenmethode	Verhältniszahlen, die sich in der Vergangenheit stabil gezeigt haben	Eine Kassiererin kann pro Stunde 150 Kassiervorgänge bewältigen
Arbeitswissenschaftliche Verfahren	Der Zeitbedarf pro Arbeitseinheit wird ermittelt	Ein Bedienvorgang an der Fleischtheke dauert durchschnittlich 85 Sekunden

Bei der qualitativen Personalplanung müssen Wissen und Kompetenzen der zukünftigen Mitarbeiter einbezogen werden. Sie berücksichtigt 100

- **Fachkompetenz**: Erforderlich sind aufgabenbezogene Fachkenntnisse, aber gegebenenfalls auch Kenntnisse der örtlichen Situation, Kenntnisse der Unternehmensstrukturen, der Kunden und Lieferanten usw.
- **Methodenkompetenz**: Wissen und Können müssen auf die jeweiligen betrieblichen Abläufe angewandt werden können.
- **Sozialkompetenz**: Die effektive Zusammenarbeit mit anderen verlangt Kommunikations- und Teamfähigkeit, ggf. auch Führungsfähigkeit und auch interkulturelle Kompetenzen.
- Bereitschaft zur **Fort- und Weiterbildung**.

Informationen dazu können durch die Auswertung von Stellenbeschreibungen erlangt werden.

3. Stellenplan

Alle notwendigen Stellen eines Unternehmens werden in einem Stellenplan erfasst. Dieser Plan hat einen Soll-Charakter. Da Stellen personenunabhängig sind, werden auch nicht besetzte Stellen aufgeführt. 101

102 Der Stellenbesetzungsplan enthält dagegen nur die tatsächlich besetzten Stellen. Angegeben sind der Name des Stelleninhabers und meistens weitere Informationen wie z.B. Eintrittsjahr, Gehaltsgruppe, Geburtsjahr und Vollmachten. Eine Differenz zwischen Stellenplan und Stellenbesetzungsplan zeigt einen Personalunter- oder -überhang.

4. Mitwirkungsrechte des Betriebsrats

103 Bei der Personalplanung besteht für den Betriebsrat kein echtes (erzwingbares) Mitbestimmungsrecht. Er wirkt lediglich durch Unterrichtung, Beratung und Vorschläge mit.

- ► Nach § 92 Abs. 1 BetrVG ist der Betriebsrat über die Personalplanung, den Personalbedarf sowie über Maßnahmen der Berufsbildung umfassend zu unterrichten. Über die erforderlichen Maßnahmen und zur Vermeidung von Härten muss eine Beratung stattfinden.
- ► Nach § 92 Abs. 2 BetrVG kann der Betriebsrat zur Personalplanung Vorschläge machen.

III. Anforderungsprofile erstellen

1. Stellenbeschreibung

104 Eine Stellenbeschreibung ist eine verbindliche, systematische, personenneutrale und schriftliche Beschreibung einer Arbeitsstelle. Sie enthält Angaben über die Aufgaben, Kompetenzen sowie Über- und Unterordnungen von anderen Stellen:

Einordnung der Stelle in der Organisation	► Bezeichnung der Stelle ► Über- und Unterordnungen ► Stellvertretung ► Verantwortlichkeiten ► Vollmachten
Kommunikationsbeziehungen	► Mitarbeit in Ausschüssen ► Mitwirkung in Verbänden
Aufgaben	► Zielsetzung der Stelle ► Beschreibung der Tätigkeiten ► Kompetenzen und Pflichten ► Führungsaufgaben ► Fachaufgaben
Leistungsanforderungen	► Ausbildung ► Weiterbildung ► Abschlüsse ► Notwendige Fachkenntnisse ► Personale Kompetenz

Die Stellenbeschreibung ist die wesentliche Grundlage für die Personalbeschaffung.

2. Kennzahlen

105 Wie andere Kennzahlen auch sind Personalkennzahlen nur aussagefähig, wenn sie in einem chronologischen Vergleich oder Branchenvergleich interpretiert werden können. Dann können sie die Wirkungen der Personalarbeit zeigen und verdichtete Informationen zur Entscheidungsvorbereitung bereitstellen.

BEISPIELE: 106

$$\varnothing \text{ Personalaufwand je MA} = \frac{\text{gebuchte Personalaufwendungen}}{\text{Anzahl der Mitarbeiter}}$$

$$\varnothing \text{ Personalbeschaffungskosten je MA} = \frac{\sum \text{Personalbeschaffungskosten}}{\text{Anzahl der Einstellungen}}$$

$$\text{Fluktuationsquote} = \frac{\text{ersetzte Personalabgänge}}{\varnothing \text{ Personalbestand}} \cdot 100$$

$$\text{Krankenstandsquote in \%} = \frac{\sum \text{Krankheitstage}}{\sum \text{Soll-Arbeitstage}} \cdot 100$$

$$\text{Durchschnittsalter der MA in Jahren} = \frac{\sum \text{Lebensalter aller Mitarbeiter}}{\text{Anzahl der Mitarbeiter}}$$

$$\text{Frauenquote} = \frac{\text{Zahl der Mitarbeiterinnen}}{\text{Anzahl der Mitarbeiter und Mitarbeiterinnen}} \cdot 100$$

IV. Personalbeschaffung

Die Personalbeschaffung setzt den mit der Personalbedarfsplanung ermittelten Personalbedarf quantitativ, qualitativ, zeitlich und örtlich um. Vor einer Stellenbesetzung wird geprüft, ob interne oder externe Beschaffungswege den größeren Erfolg versprechen. 107

1. Interne Personalbeschaffung

Bei der **internen Personalbeschaffung** erfolgt die Stellenbesetzung mit Mitarbeitern, die bereits im Unternehmen tätig sind. Methoden der internen Personalbeschaffung sind z. B.: 108

- **Innerbetriebliche Stellenausschreibung**: Beschäftigte werden auf offene Stellen hingewiesen und aufgefordert, sich zu bewerben.
- **Versetzung**: Mitarbeiter übernehmen bei entsprechender Qualifikation Tätigkeiten in einem anderen Arbeitsbereich.
- **Personalentwicklung**: Mitarbeitern werden zusätzlichen Qualifikationen und Kompetenzen übertragen.

109

Vorteile	Nachteile
► schnell und kostengünstig	► wenig Auswahlmöglichkeiten
► geringes Auswahlrisiko	► Gefahr der Betriebsblindheit
► Motivation der Mitarbeiter	► geringe Akzeptanz durch Kollegen
► einfache Eingliederung	► bisheriger Arbeitsplatz wird frei
► Gehaltsniveau ist bekannt	► Gefahr des „Fortlobens“

2. Externe Personalbeschaffung

110 Bei der externen Personalbeschaffung erfolgt die Mitarbeitersuche auf dem Arbeitsmarkt außerhalb des Unternehmens:

- ► **Anzeigen**: In Zeitungen und Zeitschriften können Arbeitsangebote gemacht werden. Fachorgane versprechen verstärktes Interesse.
- ► **Stellengesuche**: Bewerber schalten Anzeigen in verschiedenen Medien, die gezielt ausgewertet werden können.
- ► **Internet**: Auf einschlägigen Plattformen können Arbeitsangebote eingestellt und Arbeitsgesuche ausgewertet werden.
- ► **Arbeitsvermittlung**: Die Agentur für Arbeit und private Vermittler bringen Arbeitsuchende und Arbeitgeber zusammen.
- ► **Personalberatung**: Spezialisten (*Headhunter*) werden beauftragt, gezielt nach geeigneten Bewerbern zu suchen.
- ► **Messen**: Fachmessen ermöglichen eine gezielte Ansprache von potenziellen Mitarbeitern aus der Branche.
- ► **Job- und Ausbildungsmessen**: Ausbildungs- und Arbeitssuchenden können im direkten Kontakt Arbeitsangebote gemacht werden.
- ► **Hochschulen**: Durch Kontakte zu Universitäten und Fachhochschulen können Unternehmen insbesondere Hinweise auf *High Potentials* erhalten.
- ► **Arbeitnehmerüberlassung**: Mit Zeitarbeit und Personalleasing können befristete Arbeitsspitzen abgefangen werden.

111

Vorteile	Nachteile
► größere Auswahlmöglichkeit	► hohes Auswahlrisiko
► neue Ideen und Impulse können eingebracht werden	► kostenintensiv
► geringe Akzeptanzprobleme	► Unternehmensstrukturen sind nicht bekannt
► kein Schulungsbedarf, Kompetenzen sind vorhanden	► hohe Gehaltsforderungen möglich
► andere Arbeitsplätze werden nicht frei	► bisheriger Stellvertreter kann sich übergangen fühlen
► Anforderungen können genau erfüllt werden	► Betriebsrat kann interne Ausschreibung verlangen

V. Personalauswahl

112 Bei der Personalauswahl sollen neue Mitarbeiter gefunden werden, die einerseits die geforderte Leistung erbringen können und die andererseits möglichst konfliktfrei in das Unternehmen eingegliedert werden können.

1. Instrumente der Personalauswahl

1.1 Bewerbungsunterlagen

113 Am wichtigsten sind bei einer Bewerbung die schriftlichen Bewerbungsunterlagen. Sie sollen das Interesse der Personalverantwortlichen wecken und müssen von den persön-

lichen und fachlichen Eignungen des Bewerbers überzeugen. Üblicherweise vorgelegt werden

- Bewerbungsanschreiben,
- Lebenslauf,
- Bewerbungsfoto (darf aber nicht verlangt werden),
- Zeugniskopien,
- Nachweise über Weiterbildungen und besondere Qualifikationen,
- zusätzlich im konkreten Fall weitere Unterlagen wie Referenzen, Arbeitsproben, polizeiliches Führungszeugnis usw.

Der potenzielle Arbeitgeber muss im Zusammenhang mit den vorliegenden Bewer- 114
bungsunterlagen Rechts- und Sorgfaltspflichten beachten:

- Die Unterlagen müssen sorgfältig und sicher aufbewahrt werden.
- Unbefugte Mitarbeiter dürfen keinen Einblick erhalten.
- Die Unterlagen dürfen ohne Zustimmung weder kopiert noch gespeichert werden.
- Eine Rücksendung muss unverzüglich und in ordnungsgemäßem Zustand erfolgen.

1.2 Bewerbergespräch

Nach einer Vorauswahl aufgrund der Analyse der Bewerbungsunterlagen entscheidet 115
in der Regel der Fachvorgesetzte, welche Bewerber zu einem persönlichen Gespräch eingeladen werden. Der Eindruck aus den Bewerbungsunterlagen soll bestätigt oder ergänzt werden:

- Fehlende Daten und Informationen können erfragt werden.
- Widersprüche können ausgeräumt werden.
- Vom Erscheinungsbild entsteht ein erster Eindruck.
- Erwartungen und Zielvorstellungen können abgeglichen werden.
- Der Bewerber erhält weitergehende Informationen zum Arbeitsplatz.

Teilnehmer an dem Gespräch sind auf Unternehmensseite im Regelfall ein Mitarbeiter 116
der Personalabteilung und der unmittelbare Vorgesetzte. Sind wichtige Leitungspositionen zu besetzen, können ein Vertreter der Geschäftsleitung und ein externer Berater hinzukommen.

Zunächst wird nochmals die fachliche Eignung des Bewerbers geprüft. Wichtiger ist 117
aber, seine Persönlichkeit kennenzulernen. Erst im direkten Kontakt können seine Einstellungen, Motive und Verhaltensweisen sowie die Interessen, Erwartungen, Ziele und Wünsche festgestellt werden. Vorstellungsgespräche können z. B. nach folgendem Muster ablaufen:

1. Begrüßung, Begründung des Interesses am Bewerber, Versicherung der Vertraulichkeit, Erläuterung des geplanten Vorgehens
2. Vorstellung der Gesprächspartner und knappe Informationen über die Abteilung oder den Bereich, in dem die Stelle zu besetzen ist
3. Erläuterung des Lebenslaufs durch den Bewerber und Erklärung, warum er sich auf die ausgeschriebene Stelle beworben hat

4. Erläuterungen zum Unternehmen, Verdeutlichung der Anforderungen der Stelle, um herauszufinden, ob der Bewerber die Aufgaben erfüllen kann
5. Besprechung der persönlichen und familiären Situation, um z. B. beurteilen zu können, ob der Bewerber irgendwelchen Zwängen (z. B. fehlende Mobilität) unterliegt
6. Klärung offener Fragen zu Gehalt, Sozialleistungen, Arbeitszeiten, Nebentätigkeiten usw.
7. Dank für das Gespräch, Zusage einer baldigen Benachrichtigung, Verabschiedung

118 Der Bewerber darf nicht nach allem gefragt werden, was für das Unternehmen von Interesse ist, auf zulässigen Fragen muss er aber wahrheitsgemäß antworten. Falsche Antworten gelten als arglistige Täuschung und der Arbeitsvertrag kann fristlos gekündigt werden. Bei unzulässigen Fragen hat der Bewerber das Recht, die Unwahrheit zu sagen. Andererseits muss er – sofern er dies bereits absehen kann – z. B. selbst darauf aufmerksam machen, wenn

- er zum Zeitpunkt des vorgesehenen Eintrittstermins krank oder in Kur sein wird.
- eine Schwangerschaft vorliegt und die vereinbarte Arbeitsleistung nicht erbracht werden kann.
- er durch eine Behinderung die vereinbarte Arbeitsleistung nicht erbringen kann.
- er zum Zeitpunkt des vorgesehenen Eintrittstermins einem Wettbewerbsverbot unterliegt.

119 Zur Unterstützung der Entscheidung über die Einstellung können weitere Auswahlinstrumente wie Arbeitsproben, Referenzen, Schriftanalysen, ärztliche Eignungsuntersuchungen und Tests herangezogen werden.

1.3 Testverfahren

120 Das Bewerbergespräch kann durch Testverfahren erweitert werden, um spezifische bzw. zusätzliche Informationen zu Motivation, Leistungsvermögen, Leistungsbereitschaft sowie Kompetenzen und Potenzial von Bewerbern zu erhalten. Zu diesen Verfahren zählen – je nach zu besetzender Stelle unterschiedlich – Assessment-Center, psychologischen Testverfahren, Fragebögen, Interviews, Dokumentenanalysen und Arbeitsproben.

121 Ein teures, aber informatives Testverfahren ist das Assessment-Center, mit dem Sozialkompetenz, systematisches Denken und Handeln, Aktivität und Ausdrucksmöglichkeiten festgestellt werden sollen.

Dazu werden in der Regel zwischen acht und zwölf Bewerber eingeladen, die ein meist ein- oder zweitägiges Prüfverfahren durchlaufen. Sie werden mit Situationen und Problemen konfrontiert, die sie allein oder in Gruppenarbeit bewältigen müssen. Weil die Kandidaten dabei unter Zeitdruck stehen, können sich die Beobachter ein Bild davon machen, wie die potenziellen Mitarbeiter unter Stress agieren. Gerade die Arbeit in Gruppen verdeutlicht neben der Problemlösungs- und Entscheidungsfähigkeit insbesondere das Führungs- und Sozialverhalten der Bewerber.

Elemente in einem Assessment-Center können z. B. sein: 122

- Postkorbübung zum Zeit- und Selbstmanagement, bei der Bewerber unter Zeitdruck die Eingangspost einer Führungskraft bearbeiten und dabei wichtige und unwichtige Vorgänge unterscheiden müssen
- Anfertigen eines Referats zu einem vorgegebenen Thema
- Gruppendiskussionen mit Einigungszwang, oft zu einem in der Öffentlichkeit kontrovers geführten Thema
- Rollenspiel, z. B. ein Beurteilungsgespräch mit einem permanent unpünktlichen Mitarbeiter
- Einzelinterviews
- Einzelpräsentationen
- Gruppenaufgaben, z. B. Bau einer Brücke aus Karton

Auch das gesellige Verhalten in den Pausen und am Abend wird beobachtet.

2. Auswahlentscheidung

Am Ende des Auswahlprozesses entscheiden in der Regel der zukünftige Vorgesetzte und ein Vertreter der Personalabteilung, welcher der Bewerber für diese Stelle am besten geeignet erscheint. Der Vorgesetzte achtet dabei vor allem die fachlichen und sozialen Kompetenzen des Bewerbers, die arbeitsrechtlichen und personalpolitischen Gesichtspunkte werden von der Fachabteilung bewertet. 123

Der Bewerber erhält – falls erforderlich, nach Zustimmung des Betriebsrats (vgl. § 99 BetrVG) – die Zusage. Die abgelehnten Interessenten sollten unverzüglich informiert werden, ihre Bewerbungsunterlagen erhalten sie zurück.

3. Arbeitsvertrag

Ein Arbeitsverhältnis wird durch Abschluss eines Arbeitsvertrags begründet. Dabei handelt es sich um einen Dienstvertrag gem. § 611 ff. BGB. Eine eigene Regelung für den Arbeitsvertrag gibt es nicht. Der Arbeitnehmer verpflichtet sich zur persönlichen Leistung der versprochenen Dienste. Er ist in die Arbeitsorganisation eingegliedert und unterliegt den Weisungen des Arbeitgebers bezüglich Arbeitsinhalt, Art der Durchführung sowie Zeit und Ort der Tätigkeit. Der Arbeitgeber verpflichtet sich, den Arbeitnehmer zu beschäftigen und die dafür vereinbarte Vergütung zu zahlen. 124

Bei der Gestaltung des Arbeitsvertrags sind die Beteiligten weitgehend frei:

- Ein Arbeitsvertrag ist formfrei, kann also schriftlich, mündlich oder stillschweigend geschlossen werden. Das Nachweisgesetz (NachwG) bestimmt aber, dass der Arbeitgeber die wesentlichen Bedingungen schriftlich niederlegen, unterzeichnen und aushändigen muss. Bei einer Befristung des Arbeitsvertrags ist die Schriftform im Teilzeit- und Befristungsgesetz (§ 14 Abs. 4 TzBfG) vorgeschrieben.
- Die inhaltliche Ausgestaltung unterliegt keinen Vorgaben, lediglich der gesetzliche Mindeststandard darf nicht unterschritten werden. Arbeitsentgelt, Urlaubsregelungen, Arbeitszeit und Arbeitsort können grundsätzliche frei ausgehandelt werden. Allerdings bestehen zahlreiche Einschränkungen durch Gesetze, Tarifverträge und Richterrecht.

4. Beendigung des Arbeitsverhältnisses

125 In der Regel wird über die Beendigung des Arbeitsverhältnisses im Arbeitsvertrag keine Aussage getroffen. Die Beendigung kann erfolgen durch:

4.1 Befristung

126 Bei einem befristeten Arbeitsvertrag wird i. d. R. die Vertragsdauer bereits im Voraus festgelegt. Ein Arbeitsvertrag darf befristet abgeschlossen werden, wenn ein sachlicher Grund vorliegt. Nur bis zu einer Dauer von maximal zwei Jahren sowie für Arbeitnehmer über 58 Jahren ist auch ein befristeter Arbeitsvertrag ohne Angabe einer sachlichen Begründung möglich. Ein Arbeitsvertrag, der kürzer als zwei Jahre befristetet ist, darf bis zu einer Höchstdauer von zwei Jahren maximal dreimal verlängert werden. Die befristeten Arbeitsverhältnisse sind geregelt im Teilzeit- und Befristungsgesetz (TzBfG).

4.2 Aufhebungsvertrag

127 Mit einem Aufhebungsvertrag wird ein Arbeitsverhältnis einvernehmlich beendet. Eine solche Vereinbarung kann jederzeit vorgenommen werden und umgehend oder zu einem bestimmten Zeitpunkt in der Zukunft in Kraft treten.

Häufig wird ein Aufhebungsvertrag abgeschlossen, um eine Kündigung zu umgehen, denn bei einem Aufhebungsvertrag gelten keine Kündigungsfristen und keine Mitbestimmungsrechte.

Oft ist ein Aufhebungsvertrag mit der Zahlung einer **Abfindung** verbunden. Ob und in welcher Höhe eine Abfindung an den Arbeitnehmer gezahlt wird, hängt ab von den Umständen des Einzelfalls.

4.3 Kündigung

128 Im Gegensatz zum Aufhebungsvertrag ist die Kündigung eine einseitige empfangsbedürftige Willenserklärung des Arbeitgebers oder des Arbeitnehmers. Sie muss vom anderen Vertragspartner nicht angenommen werden, um wirksam zu sein. Der ordnungsgemäße und rechtzeitige Zugang der Kündigung reicht aus, um das Arbeitsverhältnis zu beenden.

Eine Kündigung ist zwingend schriftlich vorzunehmen und wird rechtswirksam mit dem Zugang beim Kündigungsempfänger.

Der Arbeitsvertrag hat für die meisten Arbeitnehmer existenzielle Bedeutung, da der Verlust des Arbeitsplatzes meist mit schwerwiegenden wirtschaftlichen und sozialen Folgen verbunden ist.

Deshalb schützen verschiedene Gesetze die Arbeitnehmer vor der Willkür des Arbeitgebers. Die wichtigsten Gesetze mit allgemeingültigen Regeln sind:

- das Bürgerliche Gesetzbuch,
- das Kündigungsschutzgesetz bei mehr als zehn Arbeitnehmern,
- das Betriebsverfassungsgesetz,
- das Teilzeit- und Befristungsgesetz.

Darüber hinaus betreffen zahlreiche Bestimmungen zum Kündigungsschutz besondere Mitarbeitergruppen, z. B.:

- **Mutterschutzgesetz:** Die Kündigung ist während der Schwangerschaft und bis zum Ablauf von vier Monaten nach der Entbindung unzulässig.
- **Bundeserziehungsgeldgesetz:** Der Arbeitgeber darf das Arbeitsverhältnis acht Wochen vor Beginn der Elternzeit und während der Elternzeit nicht kündigen.
- **Schwerbehindertengesetz:** Die Kündigung eines schwerbehinderten Menschen durch den Arbeitgeber bedarf der vorherigen Zustimmung des Integrationsamtes. Die Kündigungsfrist beträgt mindestens vier Wochen.
- Mitglieder des **Betriebsrats** und der Jugend- und Auszubildendenvertretung. Ihre Kündigung ist unzulässig von der Kandidatur zum Betriebsrat bis 1 Jahr nach Beendigung der Amtszeit. Möglich ist aber weiterhin eine außerordentliche Kündigung.

Eine Kündigung muss grundsätzlich nicht begründet werden. Es muss aber ein sozial gerechtfertigter Grund vorliegen. Andernfalls ist die Kündigung unwirksam (§ 1 KSchG).

Die Kündigungsfristen für eine ordentliche Kündigung sind festgelegt in § 622 BGB. Sie bestimmen den Zeitraum zwischen dem Zugang der Kündigung und ihrem Wirksamwerden.

4.3.1 Ordentliche Kündigung

Die möglichen **Anlässe** für eine ordentliche Kündigung zeigt die nachfolgende Übersicht: 129

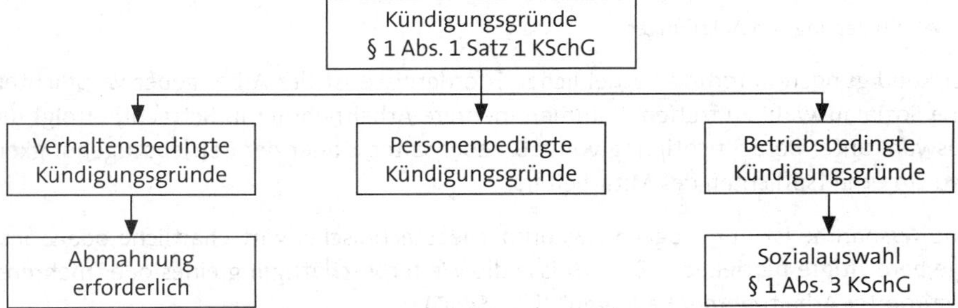

4.3.2 Verhaltensbedingte Kündigung

Verhaltensbedingte Gründe liegen vor, wenn der Arbeitnehmer gegen seine arbeitsvertraglichen Pflichten verstoßen hat. 130

BEISPIELE:

- Wiederholte Unpünktlichkeit oder unentschuldigtes Fehlen
- Beleidigungen von unterstellten Mitarbeitern, Kollegen oder Vorgesetzten
- Bewusst nachlässige Ausführung von Arbeiten
- Verstöße gegen die Gehorsams- und Verschwiegenheitspflicht

Da der Arbeitnehmer sein Verhalten selbst ändern kann, muss der Kündigung in aller Regel eine Abmahnung voraus gehen. Das bemängelte Verhalten muss konkret benannt werden und der Arbeitnehmer muss aufgefordert werden, sein Verhalten zu ändern. Ihm muss deutlich vermittelt werden, dass bei wiederholtem Fehlverhalten die Kündigung droht.

4.3.3 Personenbedingte Kündigung

131 Eine personenbedingte Kündigung kann erfolgen, wenn aus Gründen, die in der Person des Arbeitnehmers liegen, der Arbeitsvertrag künftig nicht mehr erfüllt werden kann. Darunter fallen fehlende Befähigung und Krankheit.

BEISPIELE:

- Der Lagerarbeiter L kann wegen einer Rückenkrankheit nicht mehr heben.
- Die Sekretärin S kann die neue Software nicht bedienen, auch Schulungen führen nicht zum Erfolg.

4.3.4 Betriebsbedingte Kündigung

132 Aus betriebsbedingten Gründen kann gekündigt werden, wenn der Arbeitsplatz wegfällt und wenn es im Unternehmen keine andere Beschäftigungsmöglichkeit gibt.

BEISPIELE:

- Absatzprobleme bzw. Auftragsmangel
- Rationalisierungsmaßnahmen
- Um- oder Einstellung der Produktion
- Stilllegung von Abteilungen

Bei Kündigungen aufgrund betrieblicher Erfordernisse ist der Arbeitgeber verpflichtet, eine Sozialauswahl zu treffen. Kommen mehrere Arbeitnehmer in Betracht, erfolgt die Auswahl unter Berücksichtigung von z. B. Lebensalter, Dauer der Betriebszugehörigkeit und Unterhaltspflichten des Mitarbeiters.

Eine Ausnahme ist nur möglich, „wenn betriebstechnische, wirtschaftliche oder sonstige berechtigte betriebliche Bedürfnisse die Weiterbeschäftigung eines oder mehrerer bestimmter Arbeitnehmer bedingen" (§ 1 KSchG).

4.3.5 Außerordentliche Kündigung

133 Arbeitgeber und Arbeitnehmer können ohne Einhaltung einer Kündigungsfrist kündigen, wenn ein besonders schweres Fehlverhalten vorliegt und deshalb eine weitere Beschäftigung nicht zumutbar erscheint.

„Das Dienstverhältnis kann von jedem Vertragspartner aus wichtigem Grund ohne Einhaltung einer Kündigungsfrist gekündigt werden, wenn Tatsachen vorliegen, aufgrund derer dem Kündigenden unter Berücksichtigung aller Umstände des Einzelfalls und unter Abwägung der Interessen beider Vertragsteile die Fortsetzung des Dienstverhältnisses bis zum Ablauf der Kündigungsfrist oder bis zu der vereinbarten Beendigung des Dienstverhältnisses nicht zugemutet werden kann." (§ 626 Abs. 1 BGB).

BEISPIELE:

Arbeitnehmer	Arbeitgeber
Vorlage gefälschter Zeugnisse	Unzumutbare Tätigkeiten werden verlangt
Diebstahl, Unterschlagung, Betrug	Leib und Leben sind durch die Ausführung der Arbeit bedroht
Grobe Beleidigungen oder Tätlichkeiten gegenüber dem Arbeitgeber	Grobe Beleidigungen oder Tätlichkeiten gegenüber dem Arbeitnehmer
Unberechtigte Arbeitsverweigerung	Lohnzahlung wird verweigert

Eine außerordentliche Kündigung muss innerhalb von zwei Wochen erfolgen.

4.3.6 Änderungskündigung

Das Ziel einer Änderungskündigung ist, einen Mitarbeiter zwar im Unternehmen zu halten, allerdings verbunden mit einer Änderung der Ausgestaltung des Arbeitsvertrags, z. B. bezogen auf seine Aufgabe oder auf die Höhe des Entgelts. Die Änderungskündigung ist eine normale, ordentliche Kündigung, bei der die gesetzlichen Regelungen gelten. Der Unterschied besteht darin, dass dem Arbeitnehmer gleichzeitig mit der Kündigung ein neues Vertragsangebot unterbreitet wird. 134

Einstweilen frei 135

C. Planen und Steuern des Personaleinsatzes

Die Eingliederung der Beschäftigten in den Arbeitsprozess wird als Personaleinsatz bezeichnet. Die Anforderungen des Unternehmens und die Interessen der Beschäftigten sollen dabei möglichst in Übereinstimmung gebracht werden. 136

I. Operative Personaleinsatzplanung

Die Personaleinsatzplanung regelt die Zuordnung der Beschäftigten zu bestimmten Tätigkeitsbereichen und zu den gegebenen Arbeitsplätzen in quantitativer, qualitativer, örtlicher und zeitlicher Hinsicht. 137

Die operative Personaleinsatzplanung befasst sich mit der konkreten Festlegung der Aufgaben und Arbeitszeiten der verfügbaren Mitarbeiter: 138

- Zusammenstellung von Teams
- Sicherung der notwendigen quantitativen Arbeitsleistung
- Bereitstellung von Reservekapazitäten für Ausfallzeiten, z. B. Krankheit, Urlaub
- Berücksichtigung von persönlichen Interessen, z. B. bei den Arbeitszeiten
- Berücksichtigung von gesetzlichen Vorschriften und betrieblichen Vereinbarungen

1. Schichtpläne

Im Schichtbetrieb arbeiten Arbeitnehmer zeitlich versetzt nacheinander auf derselben Arbeitsstelle. Dadurch kann auch außerhalb der üblichen Tagesarbeitszeit länger gearbeitet werden. Schichtpläne beschreiben, wie die Mitarbeiter während der erweiterten Betriebszeit eingesetzt werden sollen. Dabei sind die Vorgaben des Arbeitszeitgesetzes und Vereinbarungen mit dem Betriebsrat zu beachten. 139

140 Die Pläne können einen festen oder einen flexiblen Rhythmus vorsehen:

	Fester Rhythmus	Flexibler Rhythmus
Vorteile	Gerechte Arbeitsverteilung	Gerechte Verteilung schwierig
Nachteile	Mitarbeiterwünsche schwer realisierbar	Mitarbeiterwünsche realisierbar
Beispiele	Callcenter, Abschleppdienste	Pflegedienste, Hotels

141 Beide Verfahren können auch kombiniert werden. Eine feste Regelung gilt dann lediglich für die unbedingt notwendige Besetzung, weitere Mitarbeiter werden ergänzend ohne festen Zyklus eingeplant.

2. Vertretungspläne

142 Durch Vertretungspläne wird festgelegt, wer bei Abwesenheit eines Mitarbeiters dessen Arbeit übernimmt. Die Vertretung wird in den Stellenbeschreibungen festgelegt, damit eine kompetente Erledigung der Arbeit auch kurzfristig problemlos möglich ist.

3. Schutzgesetze

143 Die Vorschriften zum Schutz der Arbeitnehmer finden sich in unterschiedlichen Gesetzen, ein zusammenfassendes Arbeitsgesetzbuch gibt es nicht.

3.1 Arbeitsschutzgesetz

144 Das Arbeitsschutzgesetz regelt die **allgemeinen Arbeitsbedingungen**, insbesondere präventive Maßnahmen, um Gefahren vorzubeugen. Nach § 5 Abs. 3 ArbSchG kann sich eine Gefährdung insbesondere ergeben durch

- die Gestaltung und die Einrichtung der Arbeitsstätte und des Arbeitsplatzes.
- physikalische, chemische und biologische Einwirkungen.
- die Gestaltung, die Auswahl und den Einsatz von Arbeitsmitteln, insbesondere von Arbeitsstoffen, Maschinen, Geräten und Anlagen sowie den Umgang damit.
- die Gestaltung von Arbeits- und Fertigungsverfahren, Arbeitsabläufen und Arbeitszeit sowie deren Zusammenwirken.
- unzureichende Qualifikation und Unterweisung der Beschäftigten.

3.2 Jugendarbeitsschutz

145 Das Jugendarbeitsschutzgesetz soll arbeitende Kinder und Jugendliche vor Überlastung schützen.

- **Kinderarbeit** ist grundsätzlich verboten. Leichte und geeignete Arbeiten sind für Kinder ab 13 Jahren ausnahmsweise zugelassen, wenn sie auf zwei Stunden täglich bzw. zehn Stunden wöchentlich begrenzt werden.
- Das **Mindestalter** für eine Beschäftigung beträgt grundsätzlich 15 Jahre. Ausnahmen existieren z. B. für Arbeiten in der Landwirtschaft und als Zeitungsausträger.
- Die **Arbeitszeit** darf nur zwischen 6 und 20 Uhr liegen. Begrenzte Ausnahmen gibt es z. B. für Bäckereien und kulturelle Veranstaltungen.
- **Sonntagsarbeit** ist nur in wenigen festgelegten Bereichen (z. B. in Krankenhäusern und im Schaustellergewerbe) zulässig.

- Die Unterrichtszeit in der **Berufsschule** wird auf die Arbeitszeit angerechnet.
- **Akkordarbeiten** und gefährliche Arbeiten sind – bei engen Ausnahmen im Rahmen der Berufsausbildung – verboten.
- Die **Wochenarbeitszeit** ist auf 40 Stunden bei einer Fünf-Tage-Woche beschränkt, **Mehrarbeit** ist verboten.
- Der **Mindesturlaub** beträgt – je nach Alter – 25 bis 30 Werktage.

3.3 Mutterschutzgesetz

Mütter, werdende Mütter und ihre Kinder sollen vor Gefährdungen, Überforderung und Gesundheitsschädigung am Arbeitsplatz geschützt werden. 146

- Werdende Mütter dürfen sechs Wochen vor und Mütter acht Wochen nach der Geburt nicht beschäftigt werden.
- Akkord-, Fließband-, Mehr-, Sonntags- und Nachtarbeit sind für werdende Mütter verboten.
- Während der Schwangerschaft und vier Monate nach der Entbindung ist eine Arbeitgeberkündigung (bis auf wenige Ausnahmen) unzulässig.
- Zum Ausgleich von finanziellen Nachteilen wird ein Mutterschaftsgeld gezahlt.
- Auch über die Zeit des Mutterschutzes hinaus kann Elterngeld und gegebenenfalls Betreuungsgeld beantragt werden.

3.4 Schwerbehindertengesetz

Im SGB IX sind „Besondere Regelungen zur Teilhabe schwerbehinderter Menschen (Schwerbehindertenrecht)“ im Arbeitsleben festgelegt. 147

- **Beschäftigungspflicht**: In Unternehmen mit mindestens 20 Arbeitsplätzen müssen auf mindestens 5 % der Arbeitsplätze schwerbehinderte Menschen beschäftigt werden.
- Schwerbehinderte in einem bestehenden Arbeitsverhältnis haben Anspruch auf eine **behinderungsgerechte Beschäftigung** (§ 81 Abs. 4 SGB IX).
- **Kündigungsschutz**: Schwerbehinderten Personen kann nur mit Zustimmung des Integrationsamtes gekündigt werden.
- **Zusatzurlaub**: Schwerbehinderte erhalten zusätzlichen bezahlten Urlaub von einer Arbeitswoche im Kalenderjahr (§ 125 SGB IX).
- **Diskriminierungsverbot**: Wenn eine Benachteiligung eines schwerbehinderten Menschen vermutet werden kann, wird die Beweislast zulasten des Arbeitgebers umgekehrt.

3.5 Arbeitszeitgesetz

Durch die Gestaltung der Arbeitszeit sollen die Sicherheit und der Gesundheitsschutz für die Arbeitnehmer gewährleistet werden. 148

- Die werktägliche Arbeitszeit darf an Werktagen acht Stunden nicht überschreiten (§ 3 ArbZG).
- Eine Verlängerung auf bis zu zehn Stunden ist nur möglich, wenn eine durchschnittliche Arbeitszeit von acht Stunden werktäglich innerhalb von sechs Kalendermonaten oder innerhalb von 24 Wochen nicht überschritten wird.
- An Sonn- und Feiertagen dürfen Arbeitnehmer grundsätzlich nicht beschäftigt werden (§ 9 ArbZG). Die – zahlreichen – Ausnahmen sind in § 10 ArbZG geregelt.
- Die Arbeit muss durch – im Voraus feststehende – Ruhepausen unterbrochen werden.
- Nach Beendigung der täglichen Arbeitszeit müssen Arbeitnehmer eine ununterbrochene Ruhezeit von mindestens elf Stunden haben.

Von diesen grundsätzlichen Regelungen gibt es allerdings zahlreiche Ausnahmen.

3.6 Urlaubsgesetz

149 Jeder Arbeitnehmer hat Anspruch auf bezahlten Erholungsurlaub (§ 1 BurlG). Der Mindesturlaub beträgt bei einer 6-Tage-Woche 24 Werktage, bei einer 5-Tage-Woche 20 Arbeitstage im Kalenderjahr.

150 Das Urlaubsentgelt richtet sich nach dem durchschnittlichen Arbeitsverdienst der letzten 13 Wochen vor Beginn des Urlaubs.

4. Tarifrechtliche Vorschriften

151 Neben den Schutzgesetzen sind gegebenenfalls tarifrechtliche Vorschriften zu beachten.

152 Tarifverträge sind Kollektivverträge, die zwischen einzelnen Arbeitgebern oder Arbeitgeberverbänden und Gewerkschaften geschlossen werden, um die Beziehungen zwischen Arbeitgebern und Arbeitnehmern zu regeln. Für den Arbeitgeber stellen sie verbindliche Mindeststandards dar, für die Arbeitnehmer haben sie entsprechend eine Schutzfunktion.

153 Tarifverträge enthalten z. B. Bestimmungen zu

- ► Arbeitsentgelt,
- ► Arbeitszeit,
- ► Urlaubsanspruch,
- ► Abschluss von Arbeitsverhältnissen,
- ► Fortbildung,
- ► Kündigung von Arbeitsverhältnissen,
- ► Friedens- und Einwirkungspflichten sowie
- ► Laufzeit.

II. Personalbetreuung und -verwaltung

154 Die Aufgaben der Personalwirtschaft beziehen sich auf drei wesentliche Bereiche:

- ► **Verwaltung:** Erfassung der persönlichen Daten, Führen von Personalakten, Erstellung von Formularen
- ► **Kontinuierliche Erfassungen:** Zahl der Mitarbeiter, Krankenstand, Fluktuation
- ► **Meldepflichten:** Lohnsteueranmeldung, Meldungen an Sozialversicherungsträger

1. Personalinformationssysteme

155 Mit computergestützten Personalinformationssystemen werden die persönlichen Daten der Mitarbeiter erfasst, gespeichert, gepflegt, analysiert und aufbereitet. Dazu gehören z. B.

- ► Verwaltung der Stammdaten der Mitarbeiter,
- ► Bearbeitung tatsächlicher Zu- und Abgänge (Fluktuation),
- ► Personalplanung,
- ► Personalberichterstattung,
- ► Arbeitszeiterfassung,
- ► Mitarbeiterbeurteilung,

- Aus- und Weiterbildungsmaßnahmen,
- Lohn- und Gehaltsabrechnung.

2. Berichtssysteme

Kennzeichnend für ein Berichtssystem ist die periodisch wiederkehrende Aufbereitung von Daten, die zu Planungs- und Kontrollzwecken genutzt werden. Unterschieden werden: 156

- **Routineberichterstattung**: Die Daten werden regelmäßig zu festgelegten Zeitpunkten zusammengestellt.
- **Bedarfsberichterstattung**: Die Berichte werden auf besondere Anforderung hin verfasst.
- **Ausnahmeberichterstattung**: Die Berichte werden in besonderen Fällen erstellt, z. B. bei wesentlichen Abweichungen.

Für die Erstellung der Berichte gelten folgende Grundsätze: 157

- **Konzentration**: Die Berichte sollen sich auf die wichtigsten Werte konzentrieren, die den Erfolg oder die Probleme der Personalarbeit am besten abbilden.
- **Pyramide**: Die Struktur der Berichte muss die notwendigen Informationen für alle Teilbereiche des Unternehmens erkennbar und verwertbar enthalten.
- **Verantwortlichkeit**: Abweichungen müssen soweit erklärbar sein, dass sie den verantwortlichen Führungskräften zugeordnet werden können.

3. Datenschutz

Der Datenschutz soll in der vernetzten Informationsgesellschaft staatliche Überwachungsmaßnahmen und die private Sammlung von persönlichen Daten einschränken. Nach der Rechtsprechung des Bundesverfassungsgerichts ist der Datenschutz ein Grundrecht. Jeder kann grundsätzlich **selbst entscheiden**, wem er welche persönlichen Daten überlässt (informationelle Selbstbestimmung). 158

Das deutsche Datenschutzrecht ist extrem unübersichtlich, die Regelungen finden sich in zahlreichen Gesetzen und Vorschriften, z. B.

- Das **Bundesdatenschutzgesetz** (BDSG) ergänzt, konkretisiert und modifiziert die Datenschutzgrundverordnung (DSGVO).
- Bei den Sicherheitsbehörden richtet sich der Datenschutz für die Fahndung nach Straftätern nach der **Strafprozessordnung** (StPO), bei der Gefahrenabwehr nach den Polizeigesetzen der Länder, bei den Nachrichtendiensten nach den Nachrichtendienstgesetzen.
- Der Datenschutz im Internet ist im **Telemediengesetz (TMG)** geregelt.
- Der Datenschutz für Beschäftigte ist in Art. 88 DSGVO genannt, die Umsetzung ist aber den Mitgliedstaaten überlassen. Damit wird er z. B. durch Richterrecht und Betriebsvereinbarungen geprägt.
- Die Zulässigkeit von Direktmarketing richtet sich nach BDSG und § 7 UWG (Unzumutbare Belästigungen).
- Das Geldwäschegesetz (GwG) enthält Regelungen zur Erhebung von – auch personenbezogenen – Daten bei Geschäftsbeziehungen und Transaktionen.
- Die Verschwiegenheitspflicht von medizinischem Personal ist im Strafgesetzbuch geregelt.
- Das Sozialgesetzbuch V enthält Bestimmungen zum Umgang mit Gesundheitsdaten bei Versicherungen.

Die speziellen Gesetze haben Vorrang vor den allgemeinen Regelungen des BDSG, müssen aber mit der höherrangigen DSGVO vereinbar sein.

3.1 Datenschutz-Grundverordnung

159 Seit Mai 2018 gilt die europäische Datenschutz-Grundverordnung (DSGVO) **unmittelbar in allen Mitgliedstaaten der Europäischen Union**. Die Mitgliedstaaten dürfen die Standards weder abschwächen noch verstärken.

Die DSGVO verfolgt folgende wesentliche **Grundsätze**:

- Personenbezogene Daten dürfen nur erhoben, verarbeitet und gespeichert werden, wenn der Betroffene ausdrücklich seine Einwilligung erteilt hat.
- Es dürfen nur Daten gespeichert und verarbeitet werden, die tatsächlich gebraucht werden.
- Die Daten dürfen nur für den Zweck genutzt werden, zu dem sie erhoben wurden.
- Personenbezogene Daten müssen auf rechtmäßige Weise, nach Treu und Glauben und in einer für die betroffene Person nachvollziehbaren Weise verarbeitet werden.
- Betroffene müssen auf ihre Daten zugreifen können. Auf ihren Wunsch müssen ihre Daten umgehend gelöscht werden.
- Personenbezogene Daten müssen sicher aufbewahrt und gelöscht werden, wenn sie nicht mehr benötigt werden.

Zentraler Begriff der Verordnung sind die „personenbezogenen Daten". Das sind alle Informationen, die sich auf eine identifizierte oder identifizierbare natürliche Person beziehen. Identifizierbar wird eine Person durch Zuordnung einer Kennung, z. B. durch

- Name,
- Kennnummer,
- Standortdaten,
- Online-Kennung,
- ein oder mehrere besonderen Merkmale, die Ausdruck der physischen, physiologischen, genetischen, psychischen, wirtschaftlichen, kulturellen oder sozialen Identität dieser natürlichen Person sind.

Systematisch stellt die DSGVO ein „Verbot mit **Erlaubnisvorbehalt**" dar: Für eine rechtmäßige Datenverarbeitung ist immer eine Erlaubnis erforderlich, anders wäre sie rechtswidrig. An die Einwilligung werden hohe Anforderungen gestellt:

- Die datenschutzrechtliche Einwilligung muss **freiwillig** erteilt werden. Dabei besteht ein ausdrückliches „Kopplungsverbot": Die Leistung darf nicht von einer Einwilligung abhängig gemacht werden, die sich nicht auf Datenverarbeitungen bezieht, die zur Leistungserbringung nicht erforderlich sind.
- Auch bei sozialen und wirtschaftlichen **Abhängigkeitsverhältnissen**, wie sie z. B. zwischen Arbeitgeber und Arbeitnehmer bestehen, kann eine Einwilligung ausgeschlossen sein.
- Für die Einwilligung von **Minderjährigen** gelten besondere Pflichten, z. B. eine Überprüfung des Alters.

Unternehmen müssen jederzeit den Nachweis erbringen können, dass sie bei der Verarbeitung von personenbezogenen Daten die Anforderungen und die Grundsätze der DSGVO einhalten. Das ist eine Beweislastumkehr, denn nicht die Aufsichtsbehörde muss beweisen, dass ein Verstoß vorliegt, sondern das Unternehmen muss beweisen, dass kein Verstoß vorliegt.

3.2 Bundesdatenschutzgesetz

Der deutsche Gesetzgeber hat ergänzend zur europäischen Datenschutz-Grundverordnung eine Neufassung des Bundesdatenschutzgesetzes (BDSG) verabschiedet, in dem auch spezifische nationale Regelungen enthalten sind. 160

Das BDSG regelt u. a.

- welche Daten zu welchem Zweck gespeichert werden dürfen;
- welche Einschränkungen öffentliche und private Stellen bei der Datenverarbeitung beachten müssen;
- welche Sicherheitsvorkehrungen getroffen müssen, damit die Daten geschützt sind;
- dass jeder Betroffene das Recht auf Auskunft über die gespeicherten Daten hat;
- welche Strafen und Bußgelder bei einem Verstoß gegen diese Regeln verhängt werden können.

Das BDSG gilt für öffentliche und auch nichtöffentliche Stellen, also auch für Unternehmen.

4. Mitbestimmungsrechte

Bei Personalfragen hat der Betriebsrat unterschiedlich starke Mitwirkungsrechte, die im Betriebsverfassungsgesetz geregelt sind: 161

Informationsrecht	Einstellung von leitenden Angestellten	§ 105 BetrVG
Anhörungsrecht	Vor jeder Kündigung	§ 102 BetrVG
Zustimmungsverweigerungsrecht	Personelle Einzelmaßnahmen bei Einstellungen und Versetzungen	§ 99 BetrVG
Mitbestimmungsrecht	Richtlinien zur Personalauswahl bei Einstellungen und Kündigungen	§ 95 BetrVG
	Soziale Angelegenheiten: ► Fragen der Ordnung des Betriebs ► Beginn und Ende der täglichen Arbeitszeit ► Auszahlung der Arbeitsentgelte ► Allgemeine Urlaubsgrundsätze ► Einsatz von Überwachungseinrichtungen ► Verhütung von Arbeitsunfällen ► Verhütung von Berufskrankheiten ► Sozialeinrichtungen ► Akkord- und Prämiensätze ► Betriebliche Vorschlagswesen	§ 87 BetrVG
	Personalfragebogen und Beurteilungsgrundsätze	§ 94 BetrVG
	Menschengerechte Gestaltung der Arbeit	§ 91 BetrVG
	Betriebliche Berufsbildung	§ 97 BetrVG
	Betriebliche Bildungsmaßnahmen	§ 98 BetrVG
	Sozialplan	§ 112 BetrVG

Einstweilen frei 162–170

D. Situationsgerechte Führungsmethoden

171 Personalführung hat zum Ziel, die Mitarbeiter entsprechend ihren Fähigkeiten und Wünschen einzusetzen. Sie sollen sich mit ihrer Aufgabe identifizieren können, die aus den Unternehmenszielen abgeleitet wird. Die Orientierung an den Arbeitsinhalten folgt einem Regelkreis:

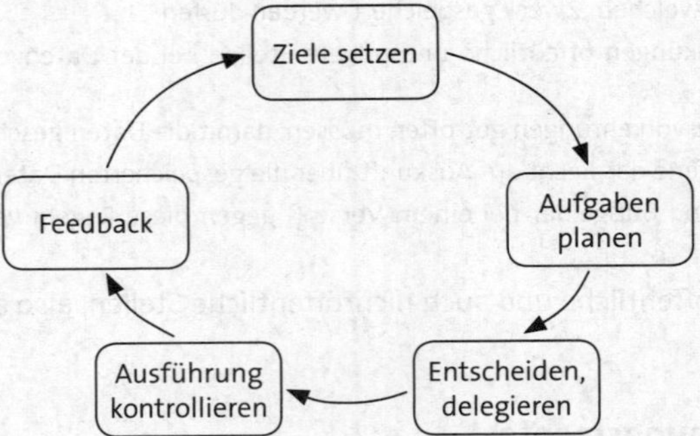

172 Weder in einem Unternehmen noch durch eine Person lässt sich in allen Situationen derselbe Führungsstil finden. Er wird im Einzelfall abhängig sein von der Persönlichkeit des Vorgesetzten, den Persönlichkeiten der Mitarbeiter und nicht zuletzt dem Entscheidungsgegenstand.

173 *Einstweilen frei*

I. Führungsverhalten

1. Aufgaben-, Mitarbeiter- und Mitwirkungsorientierung

174 Führungskräfte können sich bei ihren Entscheidungen unterschiedlich stark an der notwendigen Erledigung von Aufgaben und an den Bedürfnissen der Mitarbeiter orientieren.

175 Bei der **Aufgabenorientierung** stehen klare Ziele, die Organisation der Arbeitsaufgaben, die Regelung von Verantwortlichkeiten, die Kontrolle aller Arbeitsschritte und die Planung zukünftiger Maßnahmen im Vordergrund. Die Führungskraft sieht ihre hauptsächliche Aufgabe darin, die Erreichung der vorgegebenen Unternehmensziele sicher-

stellen. Die Mitarbeiter werden dabei als Aufgabenträger gesehen, es besteht der Anspruch auf eine hohe Leistung.

Bei **Mitarbeiterorientierung** richten sich die Führungskräfte verstärkt nach den Bedürfnissen und Erwartungen der Mitarbeiter. Sie schaffen die Voraussetzungen für ihre Zufriedenheit, indem sie Mitarbeiter in die Entscheidungsprozesse einbeziehen und sie bei der Erreichung ihrer persönlichen und beruflichen Ziele unterstützen. Vorgesetzte fördern die Motivation der Mitarbeiter und bemühen sich, gute menschliche Beziehungen aufzubauen. Tendenziell wird eine hohe Arbeitszufriedenheit angestrebt. 176

Die unterschiedliche Berücksichtigung der beiden Aspekte führt zu sog. ein- oder mehrdimensionalen idealtypischen Führungsstilen: 177

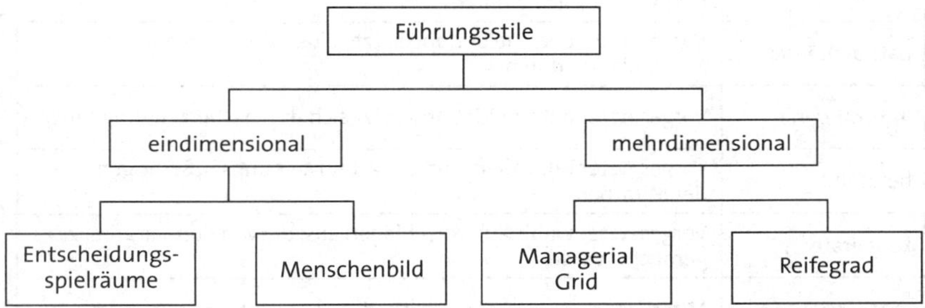

2. Eindimensionale Führungsstile

2.1 Entscheidungsspielräume

Führungsstile können nach dem Umfang der Teilnahme der Vorgesetzten und der Mitarbeiter an Entscheidungsprozessen unterschieden werden. 178

Willensbildung bei Mitarbeitern

Willensbildung beim Vorgesetzten

autoritär · patriarchalisch · informierend · beratend · kooperativ · partizipativ · demokratisch

autoritär	Vorgesetzter entscheidet allein, setzt seine Vorstellungen notfalls mit Zwang durch
patriarchalisch	Vorgesetzter entscheidet und setzt seine Interessen mit Manipulation durch
informierend	Vorgesetzter entscheidet und setzt sich durch Überzeugung durch
beratend	Vorgesetzter informiert und erwartet Meinungsäußerungen der Mitarbeiter
kooperativ	Vorgesetzter wählt aus Vorschlägen aus, die von den Mitarbeitern gemacht werden
partizipativ	Mitarbeiter entscheiden selbständig im vereinbarten Rahmen
demokratisch	Mitarbeiter entscheiden autonom, Vorgesetzter fungiert lediglich als Koordinator

179 Die Unterschiede lassen sich durch Gegenüberstellung des autoritären und partizipativen Führungsstils verdeutlichen:

	Autoritärer Führungsstil	**Partizipativer Führungsstil**
Mitarbeiter	► Geringe Eigeninitiative, stark sicherheitsorientiert	► Hohe Leistungsmotivation, Aufgeschlossenheit und Initiative
Situation	► Schnelle Entscheidungen erforderlich ► Verhältnisse mit geringer Komplexität	► Kreative Entscheidung erforderlich ► Verhältnisse mit hoher Komplexität
Aufgabe	► Wenig Eigeninitiative, aber hohe Zuverlässigkeit erforderlich ► Routineaufgaben	► Eigeninitiative und unkonventionelles Vorgehen erforderlich ► Lösung innovativer Probleme
Organisationsstruktur	► Strenge Hierarchie	► Flache Hierarchie
Vorteile	► Schnelle Entscheidungen ► Eindeutige Rollenverteilung ► Leichte Koordination	► Einbeziehung des Fachkenntnisse der Mitarbeiter ► Nutzung des Kreativitätspotenzials

2.2 Unterschiedliche Menschenbilder

McGregor erklärt Führungsstile mit extrem idealtypischen Menschenbildern, die das natürliche Verhältnis von Menschen zu ihrer Arbeit darstellen sollen. Die Übersicht zeigt die Typologie: 180

Typologie		
Theorie X	Theorie Y	Theorie Z
Einstellung		
Menschen haben grundsätzlich eine Abneigung gegen Arbeit	Menschen sind ehrgeizig und bereit, Leistung zu erbringen	Menschen streben danach, am Management mitzuwirken
Auswirkungen		
► wenig Ehrgeiz ► Leistung nur bei Kontrolle und Sanktionen	► Streben nach Selbstverwirklichung und Selbstkontrolle ► Kreative Initiativen ► Eigenverantwortung ► Identifikation	► Teamarbeit ► Übernahme von Verantwortung

3. Mehrdimensionale Führungsstile

3.1 Managerial Grid

Die beiden Führungsdimensionen „aufgabenorientiert" und „mitarbeiterorientiert" sind von *Blake/Mouton* zusammengeführt worden. Die Abbildung zeigt das sog. Verhaltensgitter (*Managerial Grid*), mit dem sich theoretisch 81 verschiedene Führungsstile beschreiben lassen. 181

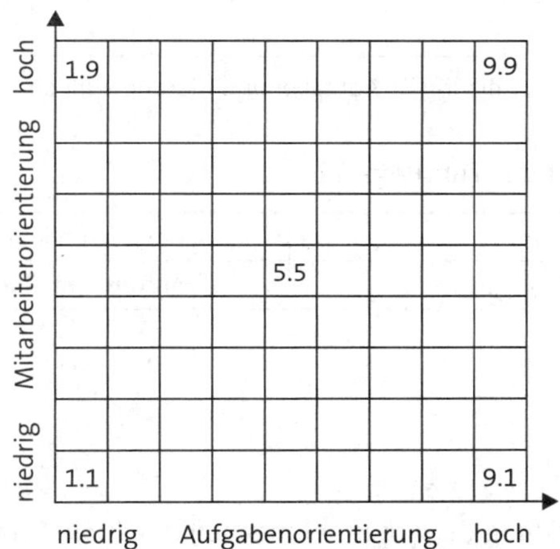

BEISPIELE:

(1.1) Sehr geringe Einflussnahme des Vorgesetzten. Die Mitarbeiter bleiben sich weitgehend selbst überlassen.

(1.9) Die Bedürfnisse der Mitarbeiter stehen in Vordergrund. Pflege der zwischenmenschlichen Beziehungen, auch auf Kosten der Ergebniserzielung.

(5.5) Mittelweg zwischen Sach- und Mitarbeiterorientierung.

(9.1) Hohe Aufgabenorientierung, die Interessen der Mitarbeiter finden keine Berücksichtigung.

(9.9) Sach- und mitarbeiterorientierte Führung. Gemeinsame Orientierung an übergeordneten Zielen, Delegation von Aufgaben, gemeinsame Entscheidungsfindung.

3.2 Reifegradmodell

182 *Hersey/Blanchard* schlagen vor, den Führungsstil am „Reifegrad" zu messen. Er beschreibt die Fähigkeit und Motivation zur Realisierung der übertragenen Aufgabe, also Fachwissen, Fertigkeiten und Erfahrung.

183 Bei geringen Fähigkeiten und geringer Motivation soll der Führungsstil anweisend sein. Wenn sich die Kompetenzen des Mitarbeiters erhöhen, sollen ihm mehr Verantwortung und mehr Entscheidungskompetenz eingeräumt werden, der Führungsstil soll entsprechend anpasst werden. Die Entwicklung der Führungsstile in Abhängigkeit vom Reifegrad eines Mitarbeiters kann dann als Kurve dargestellt werden:

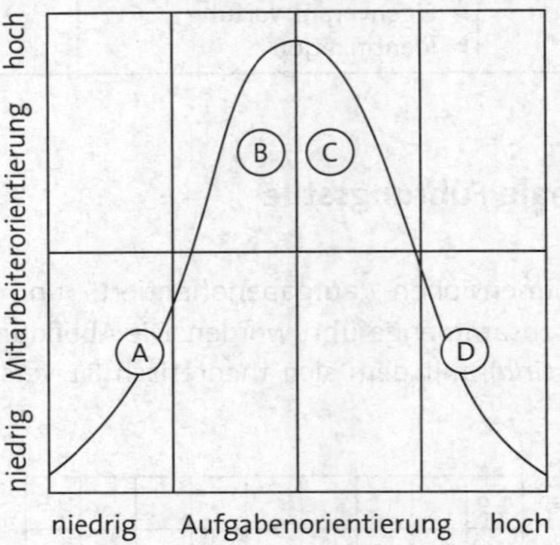

Der Reifegrad bestimmt den Führungsstil:

A	Delegationsstil	C	Integrierender Führungsstil
B	Partizipativer Führungsstil	D	Autoritärer Führungsstil

4. Förderbedarf

184 Die individuelle Entwicklung der Arbeitnehmer soll durch die Personalförderung unterstützt werden. Sie ist Teil der Personalentwicklung und bezieht sich besonders auf die Veränderungen an den Arbeitsplätzen und bei den Arbeitsinhalten. Ausgangspunkt ist ein Fördergespräch, in dem

- die Erwartungen des Mitarbeiters festgestellt,
- die Förderungsmöglichkeiten erläutert und
- Förderungsmaßnahmen vereinbart werden.

Wichtige Maßnahmen der Personalförderung sind z. B.: 185

- *Coaching*: Personenzentrierter Prozess zur persönlichen und fachlichen Unterstützung bei der Lösung von beruflichen Problemstellungen.
- *Mentoring*: Anleitung und Beratung durch eine erfahrene Person, die ihr fachliches Wissen und ihre Erfahrungen weitergibt, um die persönliche und berufliche Entwicklung eines Mitarbeiters zu unterstützen.
- **Fort- und Weiterbildung**: In Schulungsmaßnahmen können die Mitarbeiter ihr Wissen und Können erweitern und vervollständigen.
- **Laufbahnplanung**: Aufzeigen der möglichen Positionen in der beruflichen Entwicklung.

5. Führen von Gruppen

Jeder Mitarbeiter ist Mitglied in mehreren Gruppen, er steht sowohl beruflich als auch privat in Kontakt zu anderen Personen. Eine Gruppe besteht aus mindestens drei Personen, die in einer unmittelbaren dauerhaften Beziehung zueinander stehen und die sich auch ihrer Gruppenzugehörigkeit bewusst sind. 186

Eine Gruppe ist nicht nur die Summe ihrer Teilnehmer, sondern sie entwickelt eine eigene interne Dynamik und verfügt über eigene externe Beziehungen. 187

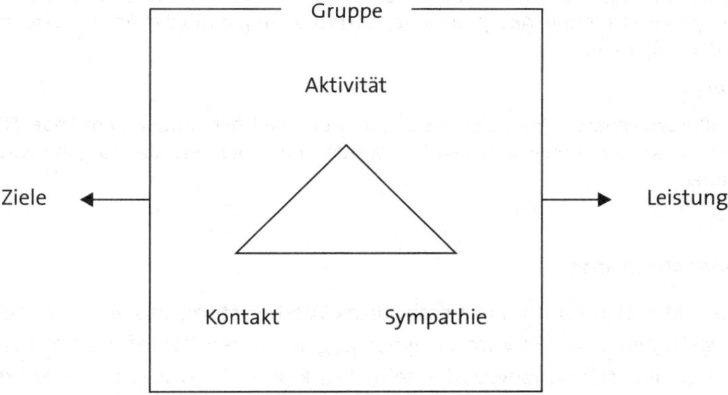

Formelle Gruppen sind bewusst geplant, sie ergeben sich aus dem organisatorischen Aufbau eines Unternehmens. 188

BEISPIELE: Abteilungen, Stäbe

Informelle Gruppen entstehen durch gemeinsame Sympathien, Wünsche und Interessen. 189

BEISPIELE: Rauchercliquen, Kegelfreunde, Ausbildungsgruppe

In einem Unternehmen sind informelle Gruppen problematisch, wenn sie entstehen, damit Mitarbeiter ihre Aufgaben besser wahrnehmen können. Notwendige Informationen liegen dann offenbar nicht oder nicht rechtzeitig vor und müssen deshalb außerhalb der vorgesehenen Informationsstränge „besorgt“ werden. Dann ist die Organisationsstruktur zu hinterfragen.

5.1 Gruppenbildung

190 Gruppen bilden sich grundsätzlich in fünf Schritten:

- ***Forming***

  In der Orientierungs- und Findungsphase machen sich die Gruppenmitglieder miteinander bekannt. Ähnlichkeiten und Unterschiede werden deutlich, Sympathien oder Antipathien werden entwickelt. Die Beziehungen der Teammitglieder untereinander sind aber noch unklar.

- ***Storming***

  Die Gruppenmitglieder suchen Gleichgesinnte und bilden Koalitionen, um ihre Rollen zu sichern. Erste Hierarchien bilden sich. Durch Spannungen zwischen den Mitgliedern ist diese Phase äußerst konfliktträchtig. Die Gruppenleistung ist gering. Hier entscheidet sich, ob sich die Gruppe überhaupt konstituieren kann oder schon jetzt scheitert.

- ***Norming***

  Die Gruppenmitglieder entwickeln – nicht selten durch stillschweigende Übereinkunft – Regeln und Standards, die für die weitere Arbeit maßgeblich sein sollen. Sie haben sich kennengelernt, die Rollen sind verteilt, es wird verstärkt kooperiert. Es herrscht eine Harmonie, die gegenseitige Akzeptanz ermöglicht eine erfolgreiche Arbeit.

- ***Performing***

  Das Ergebnis der vorherigen Phase ermöglicht eine reibungslose Zusammenarbeit. Die Gruppenmitglieder handeln geschlossen und konzentrieren sich auf ihre zielorientierte Arbeit. Die gegenseitige Anerkennung, Akzeptanz und Wertschätzung ermöglichen eine erfolgreiche Bearbeitung der Aufgaben.

- ***Adjourning***

  In der Auflösungsphase nähert sich die Zusammenarbeit der Gruppe dem Ende. Die wichtigsten Erkenntnisse der gemeinsamen Arbeit werden dokumentiert, die Aufgabe wird angemessen beendet.

5.1 Gruppenstrukturen

191 In Gruppen bildet sich häufig ein bestimmtes Wertesystem, das von der Mehrzahl der Mitglieder getragen wird. Es wird zu einer gegenseitigen Beeinflussung kommen, bei der jeder – bewusst oder unbewusst – seine Stärken und Schwächen einbringen wird.

Als **„Rolle“** bezeichnet man die tatsächlichen oder gedachten Anforderungen, die an Gruppenmitglieder gestellt werden oder die sie tatsächlich erfüllen. Rollen können formal oder informell bestimmt sein. In formalen Organisationen wie Unternehmen werden sie oft vertraglich vereinbart.

Gruppenmitglieder übernehmen verschiedene **Funktionen**: 192

Koordinator	Er delegiert und fördert die Entscheidungsfindung durch seine Persönlichkeit und seine Leitungskompetenz.
Shaper	Sie fordern konsequent die Arbeit an den Sachzielen und üben dadurch eine Kontrollfunktion aus.
Plants	Sie sind aufgeschlossen gegenüber Neuerungen und bringen „frischen Wind" in die Gruppe.
Monitor-*Evaluator*	Sie sind kritisch, aber fair gegenüber den Ansichten anderer.
Implementor	Er legt Wert auf eine strukturierte Arbeitsweise, um praktikable Lösungen erarbeiten zu können.
Teamworker	Sie wirken vordergründig zurückhaltend, unterstützen aber andere.
Resource Investigator	Er stellt die notwendigen externen Kontakte her.
Completer	Sie achten auf eine gute Zusammenarbeit und auf eine angemessene Aufgabenverteilung.

Neben der Funktion beschreibt der **Status** die Rangordnung in einer Gruppe, also ihre 193
sozial bewertete Stellung. Die Gruppenmitglieder nehmen verschiedene Positionen ein:

Gruppenführer	Er legt die Gruppenziele fest und koordiniert den Zusammenhalt der Gruppe.
Mitläufer	Sie orientieren sich an der Mehrheit oder am Gruppenleiter.
Arbeiter	Sie leisten den größten Teil der Arbeit.
Spezialisten	Sie bringen ihre Fachkenntnisse ein, ohne die das Gruppenergebnis nicht in gleicher Qualität zur Verfügung stehen würde.
Opponent	Er versucht, dem Gruppenführer seine Position streitig zu machen.
Sündenbock	Er wird verantwortlich gemacht, wenn die Gruppe ein Ziel nicht erreichen konnte.

Der Status der Gruppenmitglieder definiert sich über die Summe der Tätigkeiten, die zur Erreichung des Gruppenziels beitragen.

5.2 Gruppenverhalten

5.2.1 Einflussfaktoren

In einer Gruppe verhalten sich Menschen anders als alleine. Ihr Handeln wird dann 194
durch die Strukturen der Gruppe beeinflusst:

- **Gruppengröße**: Die Größe einer Gruppe hat wesentlichen Einfluss auf das individuelle Verhalten ihrer Mitglieder und den Meinungsbildungsprozess.
- **Gruppenstruktur**: Die Mitglieder einer Gruppe übernehmen unterschiedliche Aufgaben und leisten einen – als positiv identifizierten – unterschiedlichen Beitrag zum Gruppenerfolg.
- **Zusammensetzung**: Je ähnlicher sich die Gruppenmitglieder sind, desto größer ist der Zusammenhalt der Gruppe, weil gemeinsame Werte und Normen leichter gefunden werden können. Dann steigt auch die Bereitschaft, Ressourcen zu teilen und positives Verhalten zu belohnen.

- **Räumliche Positionierung**: Gruppenmitglieder, die sich an einem herausgehobenen Ort im Raum (z. B. am Kopfende eines Tisches) befinden, können ihre Anliegen besser durchsetzen.
- **Kommunikationsstruktur**: Gruppenmitglieder in einer zentralen Kommunikationssituation sind einflussreicher als Mitglieder in einer peripheren Situation.

195 Die Muster, nach denen sich Menschen In einer Gruppe verhalten, werden als **Gruppendynamik** bezeichnet. Sie zeigen das Zusammenwirken und die Beziehungen von Mitgliedern einer Gruppe, wie sich die Einzelpersonen verhalten, wie sich die Gruppe formiert, wie sie funktioniert und auch, wie sie sich wieder auflöst.

5.2.2 Meinungsbildungsprozess

196 Die Wahrscheinlichkeit, die Mitglieder zu gruppenkonformem Verhalten zu bewegen, hängt von der Häufigkeit der Kommunikation ab. Abweichende Meinungen werden besonders häufig diskutiert, wenn

- die Einschätzungen dieser abweichenden Meinungen unterschiedlich sind.
- das Thema für die Existenz der Gruppe wichtig ist.
- der Zusammenhalt der Gruppe hoch ist.

197 Entschlossene Minderheiten können aber die Gruppenmeinung entscheidend verändern.

5.2.3 Leistungen der Gruppe

198 Die Leistung einer Gruppe kann in der Addition ihrer Kräfte, dem Fehlerausgleich und in der Setzung von Normen bestehen.

- Typus des **Hebens und Tragens** (Kräfte-Addition): Die Gruppenleistung entspricht nicht der Summe der Einzelleistungen ihrer Mitglieder. Sie ist niedriger, weil die Koordination aller Kräfte zu Reibungsverlusten führt.
- Typus des **Suchens und Beurteilens** (Fehlerausgleich): Das Urteil der Gruppe ist genauer als die einzelnen Urteile ihrer Mitglieder. Die Bildung von Mittelwerten führt statistisch zu einem Fehlerausgleich.
- Typus des **Bestimmens** (Setzung von Normen): In der Gruppe übernehmen die Mitglieder Normen und Rollen, sind sich dessen aber nur selten bewusst. Die Festlegung von faktischen Normen durch die Gruppe entlastet den Einzelnen, der sich nach den Gruppennormen, -erwartungen und den Rollenvorgaben richten kann.

II. Führungsaufgaben, -techniken und -instrumente

1. Führungsaufgaben

199 Führungsaufgaben sind ein Teilbereich der Managementaufgaben. Dazu gehören:

- Aufgaben planen,
- Ziele festlegen und vereinbaren,
- Entscheidungen treffen,
- Aufgaben und Verantwortung delegieren,
- Prozesse gestalten und kontrollieren,
- Förderung der Mitarbeiter durch Anerkennung und Motivation.

2. Führungstechniken

Zur Gestaltung und Realisierung von Führung werden Führungstechniken eingesetzt. Von den zahlreichen theoretischen Konzepten sind vor allem folgende Ansätze bedeutend: 200

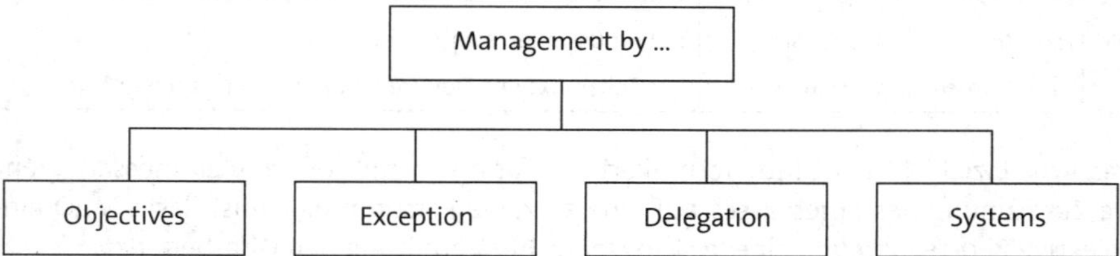

2.1 *Management by Objectives* (MbO)

Beim *Management by Objectives* (Führung durch Zielvereinbarung) findet die Führung durch eine gemeinsame Zielvereinbarung zwischen Vorgesetztem und Mitarbeiter statt. Der Aufgabenbereich des Mitarbeiters, seine Kompetenzen und seine Verantwortung werden gemeinsam anhand des angestrebten Ergebnisses festgelegt. Er kann dann – innerhalb eines festgelegten Rahmens – selbst entscheiden, auf welchem Wege das gesetzte Ziel erreicht werden soll. 201

202

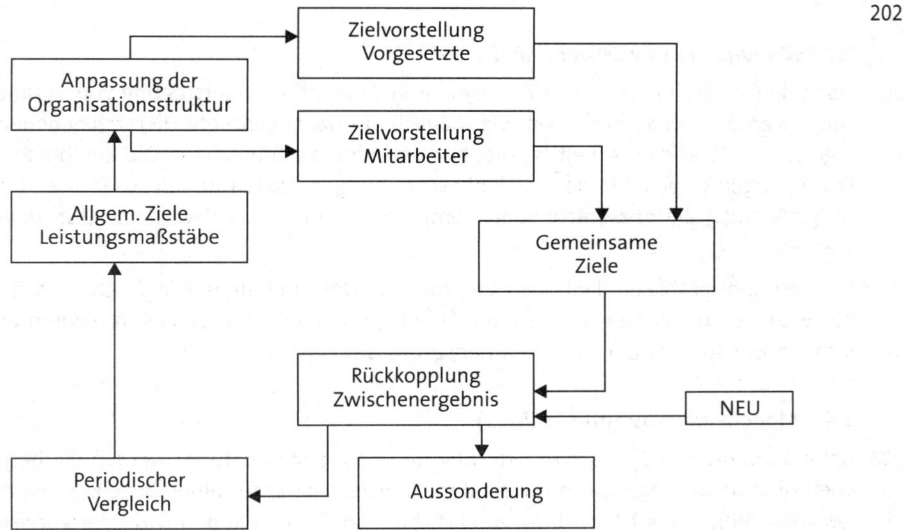

Die Vereinbarung besteht aus der eigentlichen Zielformulierung und der Festlegung der Schritte, die zur Zielerreichung erforderlich sind. Nach Ablauf des vorgesehenen Zeitraums kann dann festgestellt werden, ob das Ziel erreicht worden ist. 203

204 Dabei müssen die vereinbarten Leistungs- und Verhaltensziele **SMART** sein:

S	*specific*	spezifisch	Ziele müssen präzise formuliert sein.
M	*measurable*	messbar	Ziele müssen nach klaren Kriterien überprüfbar sein.
A	*achievable*	angemessen	Ziele müssen herausfordernd und akzeptabel sein.
R	*realistic*	realistisch	Ziele müssen erreichbar sein.
T	*time framed*	terminiert	Der Zeitpunkt der Zielerreichung muss festgelegt sein.

205 Das Arbeitsziel ist quantitativ formuliert und lässt sich mit Kennzahlen messen. Wenn die Zurechnung des Ergebnisses auf eine einzelne Person möglich ist, lässt MbO eine objektive Beurteilung und eine leistungsgerechte Vergütung der Mitarbeiter zu.

2.2 *Management by Exception* (MbE)

206 Die Mitarbeiter können bei *Management by Exception* (Intervention in Ausnahmefällen) innerhalb eines festgelegten Rahmens selbstständig Entscheidungen treffen. Nur in Ausnahmefällen, in denen der Entscheidungsspielraum überschritten würde, entscheidet der Vorgesetzte.

Die operationalen Ziele müssen festgelegt und die Zuständigkeiten müssen klar geregelt sein. Erforderlich ist beim MbE zudem ein entsprechendes Informations-, Kontroll- und Berichtsystem.

2.3 *Management by Delegation* (MbD)

207 Nach den Vorstellungen des *Management by Delegation* (Übertragung von Verantwortung) werden Aufgaben so weit wie möglich auf nachgeordnete Hierarchieebenen verlagert. Selbstständige Arbeit ist möglich und wird auch erwartet. Die entsprechenden Festlegungen erfolgen in den Stellenbeschreibungen. Dazu müssen zusammen mit der Aufgabe auch die entsprechenden Kompetenzen und Verantwortlichkeiten delegiert werden.

Ein Vorteil des MbD ist die hohe Akzeptanz der Unternehmensziele durch die Mitarbeiter, weil sie bei der Gestaltung ihrer Arbeit große Freiheiten genießen. Zudem erhöht sich die Transparenz der Unternehmensprozesse.

2.4 *Management by Systems* (MbS)

208 Beim *Management by Systems* (Führung durch Systemsteuerung) werden die betrieblichen Abläufe als Regelkreise verstanden. Kennzeichnend für einen Regelkreis ist die Eigensteuerung und Rückmeldung von Ergebnissen. Bei Problemen wirkt der Vorgesetzte als Regler darauf ein.

3. Führungsinstrumente

209 Führungsinstrumente sollen die Leistungsmotivation der Mitarbeiter fördern. Direkte Führungsinstrumente wirken unmittelbar auf das Verhalten der Mitarbeiter ein, indirekte beziehen sich auf die Gestaltung der Arbeitsumgebung:

Führungsinstrumente	
direkte	indirekte
Lob und Anerkennung, Kritik	Personalauswahl
Vereinbarung von Zielen	Zusammensetzung der Arbeitsgruppen
Karriereplanung	Personalentwicklung
Übertragung von Aufgaben	Konkurrenz in der Arbeitsgruppe
Einbeziehung bei Entscheidungen	Kontroll- und Anreizsysteme
Übertragung von Verantwortung	Regeln und Normen
Eigene Entscheidungsspielräume	Gestaltung der Arbeitsumgebung

3.1 Motivationstheorien

Motivation ist die soziale Einflussnahme auf die Entscheidung zwischen verschiedenen Handlungsalternativen auf der Basis von Wünschen, Einstellungen, Werthaltungen und Bedürfnissen. Sie ist notwendige Voraussetzung für ein bestimmtes Verhalten, in Organisationen also für konkretes, zielgerichtetes Handeln. 210

Motivationstheorien sollen erklären, warum Menschen sich in bestimmter Weise verhalten und Leistungen erbringen. In der Managementlehre gibt es eine Vielzahl von Konzepten, die sich jeweils auf unterschiedliche Elemente im Motivationsprozess beziehen: 211

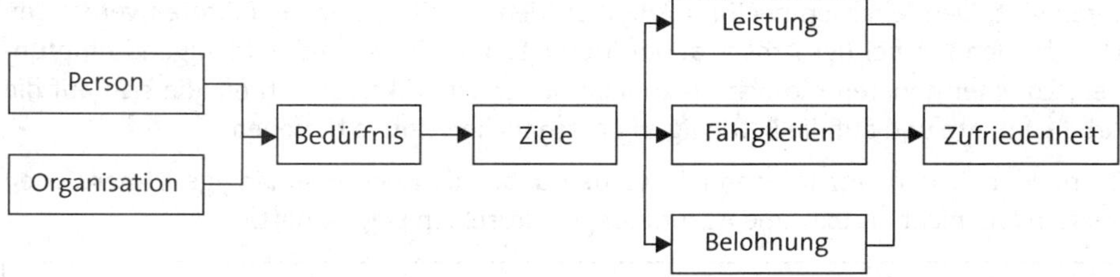

Die Anreize für menschliches Verhalten können in einer Handlung selbst (Primärmotivation) oder in der erwarteten Belohnung bzw. Sanktionierung des Handlungsergebnisses (Sekundärmotivation) bestehen. 212

Durch **Motivationsförderung** soll die Bereitschaft der Mitarbeiter gefördert werden, sich mit ihrer individuellen Berufs- und Arbeitssituation auseinanderzusetzen und ihre Ziele aus eigener Initiative dauerhaft zu verfolgen. Die Zielerreichung muss bewusst wahrgenommen und im Gedächtnis gespeichert werden. 213

Allgemeine Voraussetzungen zur Motivationsförderung sind z. B.: 214

- Das Ziel muss anspruchsvoll, aber realistisch formuliert sein.
- Der Mitarbeiter muss Vertrauen in sein eigenes Handeln bekommen.
- Ursache und Wirkung von Handlungen müssen einen erkennbaren Zusammenhang haben.
- Der Mitarbeiter trägt die Verantwortung für sein Handeln.
- Anerkennung durch Lob oder Belohnung
- Erfolgserlebnisse

3.2 Bedürfnistheorien

3.2.1 *Maslow*

215 Nach *Abraham Maslow* bauen menschliche Bedürfnisse wie die Stufen bei einer Pyramide aufeinander auf. Erst wenn die Bedürfnisse der unteren Stufen befriedigt sind, besteht die Motivation, die höheren Stufen erreichen zu wollen.

Stufe	Beispiele
Transzendenz	Suche nach Gott
Selbstverwirklichung	Individualität
Individualbedürfnisse	Status, Erfolge, Anerkennung, Wohlstand
Sozialbedürfnisse	Familie, Freundschaften, Kommunikation
Sicherheit	Schutz vor Gefahren, festes Einkommen
Existenzbedürfnisse	Nahrung, Wohnraum, Kleidung, Sexualität, Schlaf

216 Die Theorie ist in mehreren Varianten weiterentwickelt worden. Kritik an der Bedürfnishierarchie nach *Maslow* bezieht sich vor allem auf das Menschenbild in einer von Statusdenken und Individualismus geprägten Gesellschaft.

3.2.2 *Herzberg*

217 *Frederick Herzberg* schließt aus den Ergebnissen empirischer Studien, dass es zwei Faktoren gibt, die Menschen bei ihrer Arbeit zufriedenstellen: **Hygienefaktoren** vermeiden Unzufriedenheit bei der Arbeit, durch **Motivatoren** wird sie als befriedigend empfunden. Zu einer höheren Motivation können nur solche Faktoren führen, die sich auf die Arbeitsinhalte und auf die Befriedigung persönlicher Motive beziehen.

218 Zufriedenheit und Unzufriedenheit werden dabei als zwei unabhängige Dimensionen verstanden, nicht als extreme Ausprägungen derselben Eigenschaft.

Hygienefaktoren	Motivatoren
Eine ausreichende Berücksichtigung dieser Einflussfaktoren vermeidet Unzufriedenheit, führt aber nicht zu Zufriedenheit. Hygienefaktoren werden oft gar nicht wahrgenommen, weil sie als selbstverständlich empfunden werden. Sie machen weder glücklich noch unglücklich.	Durch Motivatoren wird die Arbeit selbst als zufriedenstellend empfunden. Sie begründen die Motivation zur Arbeitsleistung aus dem Arbeitsinhalt. Ihr Fehlen führt aber nicht notwendig zu Unzufriedenheit.
Beispiele	
► Entlohnung und Gehalt ► Beziehungen zu Mitarbeitern und Vorgesetzten ► Führungsstil ► Arbeitsbedingungen ► Sicherheit der Arbeitsstelle	► Leistung und Erfolg ► Anerkennung ► Arbeitsinhalte ► Verantwortung ► Aufstieg und Beförderung ► Wachstum

3.2.3 *McCelland*

David Clarence McClelland unterscheidet drei dominante Bedürfnisse, deren subjektive Bedeutung vom kulturellen Hintergrund abhängt: 219

- **Leistungsmotivation**: Menschen mit hoher Leistungsmotivation streben nach Erfolg. Sie wählen Ziele, die anspruchsvoll, aber erreichbar sind und bevorzugen Tätigkeiten mit hoher Eigenverantwortung und persönlichem Einfluss auf das Arbeitsergebnis.
- **Machtmotivation**: Personen mit hoher Machtmotivation streben Status und Prestige an. Sie wollen Einfluss auf andere gewinnen und eine möglichst hohe Hierarchieebene erreichen. Die Arbeitsleistung tritt dabei in den Hintergrund.
- **Zugehörigkeit**: Menschen mit hoher Anschlussmotivation bevorzugen kooperative Arbeitsbeziehungen und wünschen sich ein gutes Betriebsklima. Sie suchen enge soziale Bindungen.

Diese Motivstruktur kann vor allem helfen, geeignete Bewerber für bestimmte Tätigkeiten auszuwählen.

3.3 Erwartungstheorie

Nach *Victor Harald Vroom* muss zur Motivation eine eindeutige Beziehung zwischen der eigenen Leistung und ihrem Ergebnis bestehen. Die Einschätzung ergibt sich dabei aus früheren Erfahrungen. 220

BEISPIEL: Ein höheres Gehalt wird nur dann zu höherer Motivation führen, wenn eine eindeutige Beziehung zwischen Leistung und Entgelt besteht.

3.4 Zielsetzungstheorie

Edwin Locke und *Gary Latham* beziehen sich bei ihrer Zielsetzungstheorie (*goal-setting-theory*) auf die extrinsische Arbeitsmotivation. Bewusstes Verhalten soll danach einen konkreten Zweck erfüllen und ist von individuellen Zielen abhängig. 221

Deshalb haben Persönlichkeitsmerkmale den wesentlichen Einfluss auf die Arbeitsleistung. Ziele sind in diesem Sinne gewünschte zukünftige Zustände, die durch eigene Aktivitäten erreicht werden sollen. Die Motivation hängt also unmittelbar von der Art der Ziele ab, unterschiedliche Handlungsweisen beruhen auf verschiedenen Zielsetzungen.

Die Entschlossenheit, ein Ziel auch gegen Widerstände zu verfolgen, wird Zielbindung (***Commitment***) genannt. Je höher das *Commitment* ist, desto besser wird die Leistung sein. Sie kann zusätzlich erhöht werden, wenn Rückmeldungen über das Ausmaß der Zielerreichung vorliegen. 222

3.5 Reaktionstheorie

Nach *Jack W. Brehm* versuchen die Mitarbeiter ihr Umfeld so zu beeinflussen, dass für sie persönlich eine möglichst hohe individuelle Bedürfnisbefriedigung erreicht wird. Alle Motivationsanstrengungen bleiben folglich wirkungslos, wenn kein Zusammenhang (Reaktion) zwischen der Arbeitsleistung und den eigenen Zielen hergestellt werden kann. Konsequent sollen die Freiheiten der Mitarbeiter möglichst wenig eingeschränkt werden. 223

224

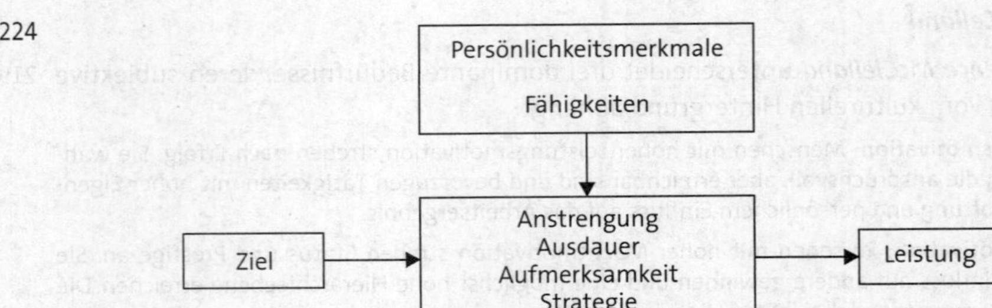

3.6 Gleichheitstheorie

225 *Jean Stacy Adams* geht mit der Gleichheitstheorie (*Equity-Theory*) davon aus, dass Mitarbeiter sich permanent mit ihren Kollegen vergleichen. Sie stellen die eigenen Leistungen den erhaltenen Gegenleistungen (z. B. Gehalt, Sozialleistungen, Status) gegenüber und vergleichen sie mit anderen Mitarbeitern.

226 Eine absolute Gleichbehandlung ist aus Sicht der Mitarbeiter nicht erforderlich, eine faire Behandlung wird auch unter Berücksichtigung individueller Besonderheiten als gerecht empfunden. Andererseits werden Mitarbeiter ihre Leistung anpassen, wenn sie nach ihrer subjektiven Wahrnehmung dauerhaft Ungleichheiten erfahren. Sie werden ihre Leistung verringern, bis eine Situation eintritt, die sie als gerecht empfinden.

4. Mitarbeitergespräch

227 Regelmäßige Gespräche in einem formellen Rahmen zwischen Vorgesetzten und Mitarbeitern unter vier Augen ermöglichen eine erfolgreiche Zusammenarbeit, weil sie den Mitarbeitern Klarheit über ihre Aufgaben, Verantwortlichkeiten und Ziele geben.

228 Mitarbeitergespräche sollen einen offenen Dialog darstellen, in dem sich die Gesprächspartner über den Stand der Zusammenarbeit in fachlicher und zwischenmenschlicher Hinsicht austauschen. Sie verständigen sich über die Stärken und Schwächen der Zusammenarbeit, die Arbeitsbedingungen und die Perspektiven für die weitere Zusammenarbeit. Das Mitarbeitergespräch sollte dazu genutzt werden, die Zufriedenheit und Motivation der Mitarbeiter zu erhöhen.

229 *Einstweilen frei*

230 Es ist sinnvoll, die Gespräche strukturiert zu führen, d. h. Leitfäden oder Checklisten zur Gesprächsführung zu nutzen. Am Ende steht die Vereinbarung für den kommenden Zeitraum.

Solche Mitarbeitergespräche sind sehr wirkungsvoll, weil sie das gegenseitige Verständnis verbessern und Entwicklungspotenziale aufzeigen. Ein respektvoller und konstruktiver Austausch trägt dazu bei, Konflikte zu entschärfen und neue Strategien zu entwickeln.

Das Mitarbeitergespräch ist zentrales Element eines Beurteilungssystems.

5. Mitarbeiterumfrage

Die Mitarbeiterumfrage ist ein Instrument partizipativer Unternehmensführung, mit dem vorwiegend quantitative Daten erhoben werden. Sie lässt Schwachstellen erkennen, die die Leistungsfähigkeit beeinträchtigen. Mitarbeiter können darüber besonders gut Auskunft geben, weil sie von bestehenden Problemen betroffen sind und über Wissen zu ihren Ursachen und möglichen Lösungen verfügen. 231

Eine methodisch gut durchgeführte Mitarbeiterbefragung kann verschiedene Funktionen übernehmen: 232

- **Frühwarnsystem**: Eine Mitarbeiterbefragung zeigt die Zufriedenheit der Mitarbeiter. Wenn sie regelmäßig durchgeführt wird, kann entstehende Unzufriedenheit frühzeitig aufgedeckt werden. Chancen und Probleme der Personalarbeit lassen sich dann rechtzeitig identifizieren.
- **Grundlage für Personalentscheidungen**: Die Befragungsergebnisse zeigen, ob die Personalarbeit von den Mitarbeitern positiv eingeschätzt wird. Ein chronologischer Vergleich oder ein Branchenvergleich liefern zusätzliche Erkenntnisse.
- **Vertrauensbildung**: Die Mitarbeiter erleben, dass ihre Meinung gefragt ist und dass sie – im vorgegebenen Rahmen – die Unternehmensprozesse beeinflussen können. Ein sensibler und vertrauensvoller Umgang mit den Daten zeigt ihnen, dass sie ernst genommen werden.
- **Verbesserung der internen Kommunikation**: Die Mitarbeiter können ein Feedback zu unternehmenspolitischen Fragestellungen geben. Das führt einerseits zu einem unmittelbaren Informationsgewinn und andererseits zu der Erkenntnis, dass auf die eigene Arbeitssituation Einfluss genommen werden kann.

6. Weiterbildung

Durch Weiterbildung wird bereits vorhandenes berufliches Wissen und Können vertieft oder erweitert. Viele Tätigkeiten verlangen durch technische Weiterentwicklung, zunehmende Spezialisierung und steigende Kundenanforderungen permanente Anpassungen an steigende Herausforderungen. 233

Arbeitgeber erwarten von ihren Mitarbeitern eine kontinuierliche Qualifizierung, um die Innovationskraft und Produktivität des Unternehmens erhalten zu können. Wettbewerbsvorteile und damit der Geschäftserfolg sollen so gesichert und gestärkt werden. 234

Die **Arbeitnehmer** erwarten Unterstützung bei ihrer beruflichen Entwicklung, wobei zunehmend Wert gelegt wird auf die Vereinbarkeit von Beruf und Familie. Besonders bei gut qualifizierten Mitarbeitern entsteht Frustration, wenn die Aufstiegs- und Weiterbildungsmöglichkeiten als wenig attraktiv empfunden werden. Die Teilnahme an Maßnahmen der beruflichen Weiterbildung eröffnet bessere Karrierechancen und einen sicheren Arbeitsplatz. Das motiviert die Beschäftigten und bindet sie an das Unternehmen. 235

Maßnahmen, die neue Kompetenzen zur Bewältigung der steigenden Anforderungen vermitteln, werden als **Anpassungsfortbildung** bezeichnet. Arbeitgeber können damit erreichen, dass die notwendigen beruflichen Kompetenzen ihrer Mitarbeiter den aktuellen Anforderungen genügen. 236

237 Die Maßnahmen zur Verbesserung von Qualifikationen für eine berufliche Karriere werden als **Aufstiegsfortbildung** bezeichnet. Arbeitgeber können sich dadurch potenzielle Führungskräfte sichern, Arbeitnehmern eröffnen sich interessante Perspektiven.

7. Coaching

238 *Coaching* ist die lösungs- und zielorientierte unterstützende Beratung und Begleitung von Personen zur Förderung der Selbstreflexion im privaten und beruflichen Umfeld. Auf freiwilliger Basis werden individuell insbesondere Führungskräfte bei der Realisierung eines Anliegens begleitet. Ziele sind die Verbesserung der persönlichen und beruflichen Lern- und Leistungsfähigkeit sowie die Klärung von Haltungen und Verhaltensweisen, um eine emotionale Entlastung zu erreichen.

239 Zur Problembewältigung werden z. B. Psychodrama, Gestalttherapie, Neurolinguistische Programmierung (NLP), Themenzentrierte Interaktion (TZI), systemische Therapie, Rollenspiel und Videoanalyse eingesetzt.

240–249 *Einstweilen frei*

E. Planung und Durchführung der Berufsausbildung

250 Die wichtigsten Regeln zur Berufsausbildung enthalten das **Berufsbildungsgesetz** und die **Handwerksordnung**. Für manche Berufe gibt es besondere gesetzliche Regelungen.

251 Zuständig für die Berufsbildung ist die „zuständige Stelle", das sind in der Regel die für den Auszubildenden zuständigen Kammern (z. B. Industrie- und Handelskammer, Handwerkskammer, Landwirtschaftskammer, Ärztekammer).

Die Berufsausbildung erfolgt im **Dualen System**, d. h. an zwei Lernorten:

- ► Die Berufsschule soll die Allgemeinbildung fördern und mit einer breit angelegten beruflichen Grundbildung das jeweilige fachtheoretische Wissen sichern. Sie vermittelt die erforderlichen theoretischen Qualifikationen und Kompetenzen.
- ► Die fachpraktischen Kenntnisse werden am Arbeitsplatz in den Unternehmen oder in überbetrieblichen Ausbildungsstätten erworben. Die betriebliche Ausbildung ist in den jeweiligen Ausbildungsordnungen geregelt.

Beide Institutionen arbeiten zusammen, um eine möglichst optimale Qualifikation der Auszubildenden zu sichern. Die Ausbildung schließt mit einer Abschlussprüfung ab.

I. Anforderungen an Ausbilder und Ausbildungsbetrieb

1. Berufsbildungsgesetz (BBiG)

252 Das BBiG enthält die wesentlichen Rechtsvorschriften für die Ausbildung und Fortbildung sowie für die Gestaltung des Prüfungswesens. Es legt die Pflichten des Ausbildenden und der Auszubildenden fest, beschreibt die Berechtigung zum Einstellen und Ausbilden, regelt die Anerkennung von Ausbildungsberufen und die Vergütung der Auszubildenden.

Die Überwachung der Ausbildung und die Durchführung der Prüfungen erfolgt durch die „zuständige Stelle". 253

2. Ausbildereignungsverordnung (AEVO)

Die AEVO regelt, unter welchen Voraussetzungen eine Person als Ausbilder im Sinne des Berufsbildungsgesetzes anerkannt werden kann. Ausbilden darf nur, wer persönlich und fachlich dazu geeignet ist. 254

Die berufs- und arbeitspädagogische Eignung bezieht sich auf die Kompetenz zum selbstständigen Planen, Durchführen und Kontrollieren der Berufsausbildung in den Handlungsfeldern

- Ausbildungsvoraussetzungen prüfen und Ausbildung planen,
- Ausbildung vorbereiten und bei der Einstellung von Auszubildenden mitwirken,
- Ausbildung durchführen und
- Ausbildung abschließen.

Die Qualifikationen müssen in einer **Prüfung** nachgewiesen werden. Bei zahlreichen Fortbildungsabschlüssen gehört die Ausbildereignung bereits zum Qualifikationsprofil. Befreiungsklauseln ermöglichen, dass bisher erfolgreiche Ausbilder auch weiterhin keine Prüfung ablegen müssen. 255

3. Ausbildungsordnung

Eine einheitliche und geordnete Ausbildung wird durch Ausbildungsordnungen sichergestellt, die für ca. 350 anerkannte Ausbildungsberufe bestehen. Der Inhalt des Ausbildungsplans ist verbindlich, methodisch und organisatorisch hat der Ausbildungsbetrieb jedoch weitgehende Gestaltungsfreiheit. Der individuelle betriebliche Ausbildungsplan ist Bestandteil des Berufsausbildungsvertrags. 256

4. Schutzgesetze

Die Qualität der Ausbildung und der Schutz der Auszubildenden werden in weiteren Gesetzen geregelt: 257

- Das **Jugendarbeitsschutzgesetz** enthält Vorschriften zur Arbeitszeit, zum Mindesturlaub, zu ärztlichen Untersuchungen und zur persönlichen Eignung der Ausbilder.
- Das **Betriebsverfassungsgesetz** regelt die Rechte des Betriebsrats und der Jugend- und Auszubildendenvertretung.
- Das **Mutterschutzgesetz** stellt werdende und junge Mütter unter besonderen Schutz.
- Das **Bürgerliche Gesetzbuch** bestimmt, dass die Verträge eingehalten werden müssen und regelt Schadensersatzansprüche bei Nichterfüllung.

5. Ausbildungsbetrieb

Das Berufsbildungsgesetz regelt, welche Betriebe für die Ausbildung geeignet sind. Auszubildende dürfen nur eingestellt und ausgebildet werden, wenn 258

- die Ausbildungsstätte nach Art und Einrichtung für die Berufsausbildung geeignet ist.
- die Zahl der Auszubildenden in einem angemessenen Verhältnis zur Zahl der Ausbildungsplätze oder zur Zahl der beschäftigten Fachkräfte steht.

► die erforderlichen beruflichen Fertigkeiten, Kenntnisse und Fähigkeiten, die nicht im vollen Umfang vermittelt werden können, durch Ausbildungsmaßnahmen außerhalb der Ausbildungsstätte vermittelt werden.

II. Beteiligte und Mitwirkende an der Ausbildung

259 An der Berufsausbildung sind hauptsächlich vier Personengruppen beteiligt:

1. Ausbildende (§ 10 BBiG),
2. Ausbilder (§ 28 Abs. 2 BBiG),
3. Ausbildungsbeauftragte (§ 28 Abs. 3 BBiG),
4. Auszubildende.

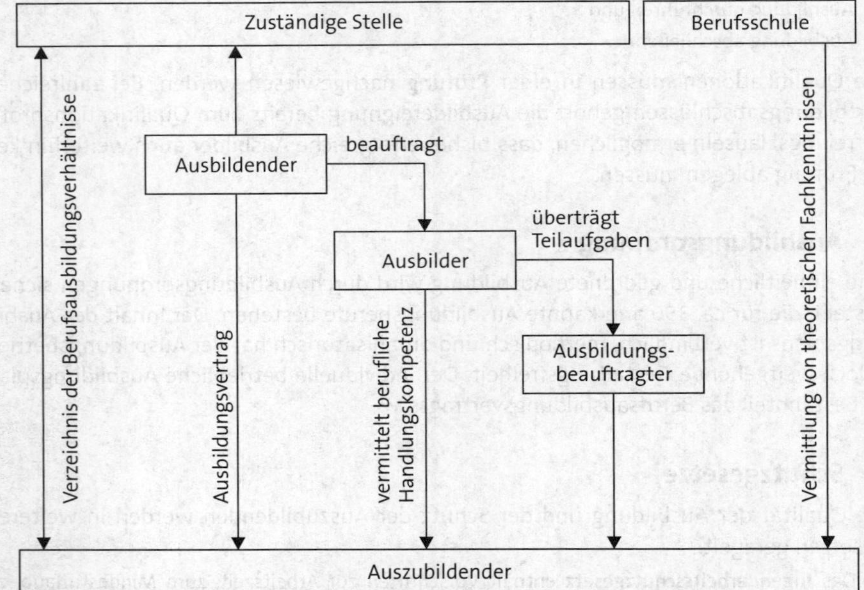

1. Ausbildende

260 Ausbildende sind die Arbeitgeber, die in ihrem Betrieb Auszubildende einstellen. Sie schließen einen Berufsausbildungsvertrag und tragen die Verantwortung dafür, dass die Auszubildenden die beruflichen Handlungsfähigkeiten erlangen, die zum Erreichen des Ausbildungsziels erforderlich sind. Ausbildende können die Ausbildung selbst durchführen oder einen Ausbilder damit beauftragen.

2. Ausbilder

261 Der Ausbilder übernimmt im Auftrag des Ausbildenden die Planung, Durchführung und Kontrolle der Berufsausbildung. Er vermittelt unmittelbar, verantwortlich und in we-

sentlichem Umfang die Ausbildungsinhalte. Nach dem Berufsbildungsgesetz darf nur ausbilden, wer persönlich und fachlich dazu geeignet ist.

Fachlich geeignet ist, wer 262

- die erforderlichen beruflichen Fertigkeiten, Kenntnisse und Fähigkeiten besitzt.
- die Abschlussprüfung in einer dem Ausbildungsberuf entsprechenden Fachrichtung bestanden hat.
- eine angemessene Berufspraxis nachweisen kann.
- über berufs- und arbeitspädagogische Kenntnisse verfügt.

Die berufs- und arbeitspädagogische Eignung muss durch eine Prüfung nach der Aus- 263
bildereignungsverordnung (§ 4 AEVO) nachgewiesen werden.

Für die persönliche Eignung enthält das Berufsbildungsgesetz keine positive Begriffs- 264
bestimmung. Damit ist die persönliche Eignung gegeben, wenn keine besonderen Gründe entgegenstehen. Nach § 29 BBiG ist aber festgelegt, dass persönlich nicht geeignet ist, wer

- Kinder und Jugendliche nicht beschäftigen darf oder
- wiederholt oder schwer gegen das BBiG oder die dazu erlassenen Vorschriften und Bestimmungen verstoßen hat.

Die zuständige Stelle überwacht die persönliche und fachliche Eignung der Ausbilder. 265
Falls Mängel nicht beseitigt werden, kann die Einstellung von Auszubildenden untersagt werden.

3. Ausbildungsbeauftragte

Der Ausbilder kann einzelne Ausbildungsaufträge oder die Übernahme ganzer Ausbil- 266
dungsbereiche delegieren. Dadurch können die Auszubildenden verschiedene Arbeitsplätze und Abteilungen kennenlernen. Die Ausbildungsbeauftragten vermitteln ihre Kenntnisse, Fertigkeiten und Fähigkeiten und tragen damit zum Gelingen der Ausbildung bei, sind aber nicht für die Ausbildung verantwortlich.

4. Auszubildende

Auszubildende sind Personen, die auf der Grundlage eines Berufsausbildungsvertrags 267
in einem geordneten Ausbildungsgang eine betriebliche Berufsausbildung in einem anerkannten Ausbildungsberuf absolvieren.

5. Kooperationen

Wenn Betriebe nicht alle Inhalte der Ausbildungsordnung vermitteln können, ist die 268
Zusammenarbeit mit anderen Betrieben möglich:

- **Ausbildung im Verbund**: Der Ausbildungsvertrag kann vorsehen, dass bestimmte Inhalte, die im Ausbildungsbetrieb nicht erlernt werden können, in einem anderen Betrieb vermittelt werden.
- **Überbetriebliche Ausbildung**: Zu Ausbildungsinhalten, die vom Ausbildungsbetrieb wegen fehlender Voraussetzungen nicht vermittelt werden können, bieten überbetriebliche Einrichtungen meist mehrwöchige Lehrgänge an. Träger sind meistens Kammern oder Innungen.

269 Die **außerbetriebliche Ausbildung** wird durch staatliche Programme finanziert und in Berufsbildungseinrichtungen durchgeführt. Sie soll vor allem benachteiligten Jugendlichen ohne betrieblichen Ausbildungsvertrag eine Berufsausbildung ermöglichen.

III. Betriebliche Ausbildungsabläufe

270 Die sachliche und zeitliche Gliederung der Berufsausbildung wird als **betrieblicher Ausbildungsplan** bezeichnet. Er wird aus dem Ausbildungsrahmenplan entwickelt, der Bestandteil jeder Ausbildungsordnung ist. Er bietet aber nur eine Orientierung für die konkrete sachliche und zeitliche Gliederung des Ausbildungsverhältnisses, damit sie an die betrieblichen und individuellen Gegebenheiten angepasst werden kann.

271 Der Berufsausbildungsvertrag muss Angaben zur sachlichen und zeitlichen Gliederung der Ausbildung enthalten. Sie muss dem tatsächlichen Ausbildungsablauf entsprechen, die Beschreibung eines fiktiven oder idealtypischen Ablaufs ist nicht erlaubt.

1. Zeitliche Gliederung

272 Für die zeitliche Gliederung der Ausbildung gelten folgende Regelungen:

- Es sollen überschaubare Abschnitte vorgesehen werden, die auf die Ausbildungsjahre zu verteilen sind. Sie sollen sich an der Reihenfolge der Prüfungen orientieren.
- Die Dauer der Ausbildungsabschnitte kann an die Fähigkeiten des Auszubildenden und die Besonderheiten der Ausbildungsstätte angepasst werden, wenn das Ausbildungsziel nicht beeinträchtigt wird.
- Abhängig von den betrieblichen Gegebenheiten können auch flexible Regelungen getroffen werden, wenn zeitliche Richtwerte vorgegeben sind.
- Nur in begründeten Ausnahmefällen kann von dem Ausbildungsplan abgewichen werden.

Die Ausbildungsorte, Abteilungen und Werkstätten sollen jeweils genannt werden.

2. Sachliche Gliederung

273 Für die sachliche Gliederung der Ausbildung gelten folgende Regelungen:

- Die sachliche Gliederung muss die Vermittlung aller im Ausbildungsrahmenplan aufgeführten Fertigkeiten und Kenntnisse vorsehen. Sie muss die Anforderungen in den Zwischen- und Abschlussprüfungen berücksichtigen.
- Die sachliche Gliederung soll dem Grundsatz folgen, dass eine Spezialisierung erst nach Vermittlung der Grundkenntnisse erfolgt.
- Es sollen Ausbildungseinheiten gebildet werden, die bestimmten betrieblichen Funktionen oder Abteilungen zugeordnet werden können.
- Bei größeren Ausbildungseinheiten sollen sachlich gerechtfertigte Unterabschnitte gebildet werden.
- Betriebliche und gegebenenfalls außerbetriebliche Maßnahmen müssen sinnvoll abgestimmt sein und aufeinander aufbauen.

IV. Ausbildung

In der Berufsausbildung werden in einer bestimmten Zeit systematisch und organisiert beruﬂiche Fertigkeiten, Kenntnisse und Fähigkeiten in einem geordneten Ausbildungsgang so vermittelt, dass sie in Prüfungssituationen verlässlich reproduziert werden können. Zur Vermittlung dieser Qualifikationen werden unterschiedliche Lehrmethoden eingesetzt. 274

1. Ausbildungsmethoden

Die praktischen Kenntnisse werden durch Unterweisung und durch die Reflexion des eigenen methodischen Handelns erworben. 275

1.1 Vier-Stufen-Methode

Die Arbeitsunterweisung erfolgt bei dieser Methode prinzipiell in vier Stufen: 276

1. **Vorbereitung**: Die Tätigkeit wird den Auszubildenden vorgestellt und ihr Interesse geweckt. Die notwendigen Unterlagen und das Material werden bereitgestellt.
2. **Vorführung**: Der Arbeitsvorgang wird den Auszubildenden gezeigt, erklärt und gegebenenfalls wiederholt.
3. **Ausführung**: Der Arbeitsvorgang wird unter Aufsicht des Ausbilders wiederholt. Die Auszubildenden erklären dabei ihre Arbeit, damit eventuelle Verständnisprobleme deutlich werden.
4. **Abschluss**: Der Arbeitsvorgang wird so lange geübt, bis er einwandfrei beherrscht wird. Der Ausbilder kontrolliert und gibt notwendige Hilfestellungen.

Diese handlungsorientierte Methode ist geeignet, wenn einfach strukturierte Aufgaben erlernt werden sollen.

1.2 Projektmethode

Von einem Projektteam wird in einer vorgegebenen Zeit eine komplexe Aufgabe vollständig bearbeitet. Die Vorgehensweise wird dabei von den Auszubildenden bestimmt, die Auswertung erfolgt gemeinsam mit dem Ausbilder. 277

1.3 Leittextmethode

Ein schriftlicher Leittext unterstützt die Auszubildenden im Selbstlernen, indem er durch Fragen und Aufgaben führt. Die Geschwindigkeit können die Lernenden selbst bestimmen. Diese Methode ist besonders zur Förderung von Schlüsselqualifikationen geeignet. 278

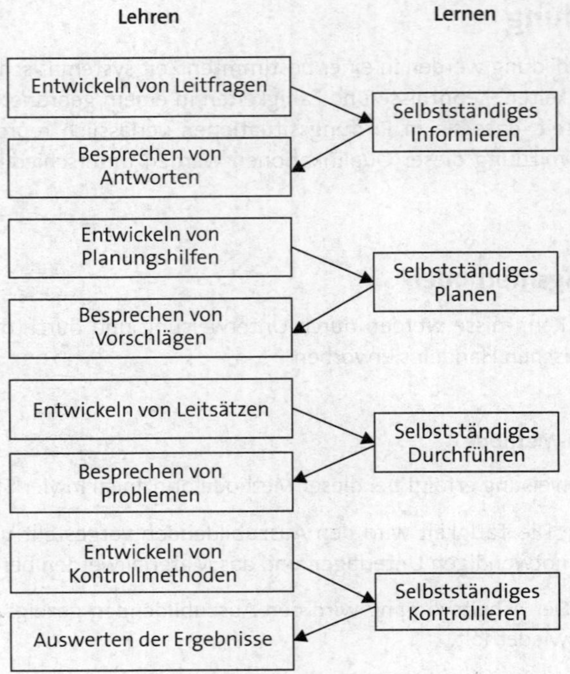

1.4 Lernauftrag

279 Die Auszubildenden erhalten Aufträge zur Bearbeitung, die ihrem Wissens- und Kenntnisstand entsprechen und die Lernziele unterstützen.

1.5 Rollenspiel

280 In einer fiktiven Situation übernehmen die Auszubildenden verschiedene Rollen, um sich in die Denkweise von Kunden, Lieferanten, Vorgesetzten usw. einfühlen und um das eigene Verhalten entsprechend anpassen zu können. Das kann mehrfach mit unterschiedlichen Rollen geübt werden. Gemeinsam mit dem Ausbilder wird das Rollenspiel anschließend ausgewertet.

1.6 Planspiel

281 Eine praxisnahe betriebliche Situation wird simuliert, in der von den Auszubildenden eine unternehmerische Entscheidung zu treffen ist. Bei Änderung der vorgegebenen Parameter wird erkennbar, wie die Entscheidung gegebenenfalls angepasst werden muss.

1.7 Kurzvortrag

282 Für eine zeitsparende Information eignet sich eine komprimierte Darstellung zur Einführung in ein neues Thema oder eine neue Aufgabe. Bei Unterstützung durch Medieneinsatz wird von einer Präsentation gesprochen.

1.8 Gruppenarbeit

Sozialkompetenz und Teamfähigkeit können gefördert werden, wenn Auszubildende gemeinsam an Lernaufträgen arbeiten. Sie können sich dabei gegenseitig ergänzen und Schwächere können von den Stärkeren unterstützt werden. 283

1.9 Lehrgespräch

Ausbilder und Auszubildender bereiten in einem Gespräch eine Unterweisen nach oder ein neues Thema vor. Durch anregende offene Fragen wird das aktive Mitarbeiten gefördert. So lassen sich z. B. Fachbegriffe besprechen oder Zusammenhänge erläutern. 284

Einstweilen frei 285

2. Berichtsheft

In den jeweiligen Ausbildungsordnungen ist die Verpflichtung zum Führen eines Ausbildungsnachweises (Berichtsheft) geregelt. Alle Tätigkeiten müssen regelmäßig (schriftlich oder elektronisch) aufgezeichnet werden, um eine systematische und geordnete Ausbildung nachzuweisen. Der Ausbilder ist verpflichtet, die Auszubildenden dazu anzuhalten und den Ausbildungsnachweis regelmäßig durchzusehen. Er ist vom Auszubildenden, dem Ausbilder, dem Betriebsrat und (bei Minderjährigen) den Erziehungsberechtigten monatlich zu unterschreiben. 286

Der schriftliche Ausbildungsnachweis 287

- soll Auszubildende und Ausbildende zur Reflexion über die Inhalte und den Verlauf der Ausbildung anhalten.
- soll den zeitlichen und sachlichen Ablauf der Ausbildung im Betrieb und in der Berufsschule dokumentieren.
- soll die zuständigen Stellen in einfacher Form nachvollziehbar und nachweisbar über den Ausbildungsverlauf informieren.
- ist Bedingung für die Zulassung zur Abschlussprüfung.

Die Ausbildenden können vom Auszubildenden zusätzlich die Anfertigung weitergehender Nachweise (z. B. Fachberichte) verlangen. 288

V. Prüfungsvorbereitung und -teilnahme

In den anerkannten Ausbildungsberufen müssen nach § 37 BBiG Abschlussprüfungen durchgeführt werden. Sie werden nach § 39 BBiG von einem Prüfungsausschuss der „zuständigen Stelle" durchgeführt. Ablauf und Inhalte bestimmen die jeweiligen Ausbildungs- und Prüfungsordnungen. 289

Die beste Vorbereitung ist eine flexible, an den Vorgaben der Ausbildungsordnung orientierte Gestaltung der Ausbildung. Theoretische und praktische Anteile sollen dabei eng verzahnt sein. Es muss sichergestellt sein, dass alle vorgesehenen Lerninhalte vermittelt werden. 290

Die Ausbildenden sind angehalten, Prüfungsängste durch spezielle Lerntechniken und Übungen zur Simulation einer Prüfungssituation abzubauen. 291

292 Die praktische Prüfung wird durch den Prüfungsausschuss in den Betrieben abgenommen.

1. Anmeldung

293 Die Anmeldung zur Prüfung erfolgt in der Regel durch den Ausbildungsbetrieb, der die Auszubildenden bei der örtlichen Kammer zu einem Prüfungstermin anmeldet und auch die Prüfungsgebühren zahlt.

2. Freistellung

294 Auszubildende müssen für die Teilnahme an Prüfungen freigestellt werden. Jugendliche sind zusätzlich an dem Arbeitstag unmittelbar vor der schriftlichen Abschlussprüfung freizustellen. Die Zeit der Freistellung gehört zur Arbeitszeit, deshalb ist dem Auszubildenden die Ausbildungsvergütung fortzuzahlen.

3. Abschluss und Verlängerung der Ausbildung

295 Bei bestandener Prüfung endet die Berufsausbildung an dem Tag, an dem der Prüfungsausschuss die Ergebnisse bekannt gibt. Der erfolgreiche Abschluss der Berufsausbildung wird mit einem Abschlusszeugnis bestätigt.

296 Wenn die Prüfung nicht bestanden ist, teilt die zuständige Stelle mit, ob eine Nachprüfung möglich ist. Dann müssen nur die entsprechenden Fächer wiederholt werden.

297 Wenn keine Nachprüfung möglich ist, kann die Abschlussprüfung zweimal wiederholt werden (§ 37 BBiG). Die Berufsausbildung kann dann zweimal, aber maximal um ein Jahr verlängert werden.

298–307 *Einstweilen frei*

F. Fort- und Weiterbildung

308 Eine wichtige Teilfunktion des Personalmanagements ist die Deckung des Personalbedarfs durch Qualifizierung der vorhandenen Mitarbeiter. Dadurch wird gleichzeitig ein Beitrag zur Motivation, zur Entwicklung der Unternehmenskultur und zur Erreichung der sozialen Ziele des Unternehmens geleistet.

309 *Einstweilen frei*

310 Personalentwicklung agiert notwendig im Spannungsfeld zwischen Unternehmenszielen und Mitarbeiterzielen und soll dabei beiden Interessen gerecht werden.

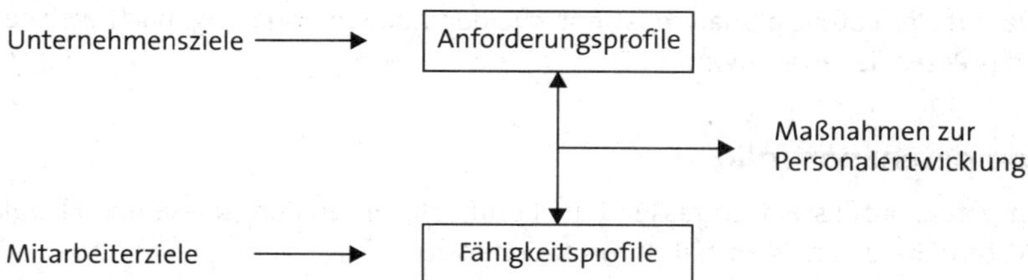

Die Mitarbeiter verfolgen eigene Interessen, die mit den Unternehmenszielen nicht übereinstimmen müssen. Zu den persönlichen Zielen der Mitarbeiter gehören neben der Erhöhung des Einkommens verstärkt auch Karriereziele, die Verbesserung der Mobilität auf dem Arbeitsmarkt und der Wunsch, Arbeit und Privatleben in ein ausgewogenes Verhältnis zu bringen. Die Interessenlage der Mitarbeiter ist aber nicht einheitlich. Sie hängt ab von der persönlichen und beruflichen Situation. 311

Es ist Aufgabe der Personalentwicklung, zwischen den Interessen des Unternehmens und der Mitarbeiter eine Annäherung und möglichst eine Übereinstimmung herzustellen. 312

I. Personalentwicklungsplanung

Durch Personalentwicklung sollen die **berufliche Handlungskompetenz** und die Qualifikation der Mitarbeiter systematisch gefördert und verbessert werden. Sie ist Teil der Unternehmensstrategie und wird deshalb aus den Unternehmenszielen abgeleitet. Es handelt sich oft um langfristig angelegte Maßnahmen, um die Kompetenzen der Mitarbeiter an die aktuellen und künftigen Anforderungen des Unternehmens anzupassen. 313

Der Maßnahmenplanung geht eine Bedarfsanalyse voraus. Die geforderten Qualifikationen werden den bereits vorhandenen gegenübergestellt und auf diese Weise wird der Schulungs- und Entwicklungsbedarf ermittelt. 314

1. Potenzialanalysen

Um das Karrierepotenzial eines Mitarbeiters zu ermitteln, kann ein Potenzialprofil erstellt und dann mit den betrieblichen Anforderungen verglichen werden. Die Potenzialanalyse ist die strukturierte Untersuchung dieser Fähigkeiten. Eventuell diagnostizierte Defizite können durch gezielte Maßnahmen beseitigt und erkannte Stärken gefördert werden. 315

Zum Potenzial der Mitarbeiter gehören u. a.: 316

- **Methodenkompetenz**: Probleme erkennen und geeignete Lösungsvorschläge erarbeiten.
- **Sozialkompetenz**: Beziehungen mit anderen Mitarbeitern und externen Partnern angemessen gestalten.
- **Fachkompetenz**: Fachliches Wissen und Können anwenden.
- **Reflexionskompetenz**: Eigenes Handeln kritisch bewerten.
- **Veränderungskompetenz**: Bereitschaft zu lebenslangem Lernen.

317 Die Qualität der Potenzialanalyse ist entscheidend davon abhängig, nach welchen Kriterien das Potenzial erfasst wird.

2. Kompetenzportfolio

318 Ein Kompetenzprofil stellt umfassend die berufsrelevanten Kenntnisse und Fähigkeiten eines Mitarbeiters dar. Es enthält Informationen zu

- Aus- und Fortbildung,
- beruflichem Werdegang,
- bisherigen Aufgaben und
- sozialen Kompetenzen.

319 Durch eine geeignete Skalierung kann das Kompetenzprofil einen genaueren Einblick in das berufliche Können geben als klassische Unterlagen. Potenzielle Leistungsträger können erkannt und Schulungsbedarfe können identifiziert werden.

3. Rechtliche Rahmenbedingungen der Personalentwicklung

3.1 Tarifverträge

320 Tarifverträge gehören zu den Rahmenbedingungen für die Personalentwicklung. Sie werden zwischen Gewerkschaften und Arbeitgeberverbänden oder einzelnen Arbeitgebern abgeschlossen und regeln die Rechte und Pflichten von Arbeitnehmern und Arbeitgebern, z. B.

- Lohn und Gehalt,
- Eingruppierungen,
- Zahlung von Zulagen und Zuschlägen,
- Dauer der Wochenarbeitszeit,
- Höchstdauer der täglichen Arbeitszeit,
- Urlaubsanspruch,
- Anspruch auf Fortzahlung des Entgelts bei Krankheit,
- Modalitäten bei der Einführung von Kurzarbeit.

3.2 Betriebsvereinbarungen

321 Betriebsvereinbarungen werden zwischen der Geschäftsleitung eines Unternehmens und dem Betriebsrat geschlossen. Sie legen verbindliche Normen für alle Arbeitnehmer eines Betriebes fest. Wichtige Inhalte sind z. B.

- genaue Arbeitszeit,
- soziale Angelegenheiten,
- Arbeits- und Gesundheitsschutz,
- Vermögensbildung,
- allgemeine Beurteilungsgrundsätze,
- organisatorische Angelegenheiten,
- personelle Auswahlrichtlinien,
- Durchführung betrieblicher Bildungsmaßnahmen.

Zur Personalentwicklung gibt es zahlreiche Beispiele für Qualifizierungsvereinbarungen auf betrieblicher Ebene. 322

3.3 Mitbestimmung

Das Betriebsverfassungsgesetz sieht auch im Personalbereich Mitwirkungsmöglichkeiten des Betriebsrats vor: 323

- § 92 BetrVG bestimmt, dass der Arbeitgeber über die Personalplanung umfassend unterrichten muss.
- Nach § 92a BetrVG kann der Betriebsrat dem Arbeitgeber Vorschläge zur Sicherung und Förderung der Beschäftigung machen.
- Nach § 93 BetrVG kann der Betriebsrat verlangen, dass freie Arbeitsplätze vor ihrer Besetzung innerhalb des Betriebs ausgeschrieben werden.
- § 94 BetrVG regelt, dass der Betriebsrat Personalfragebögen zustimmen muss.
- Gemäß § 95 BetrVG bedürfen Richtlinien über die personelle Auswahl bei Einstellungen, Versetzungen, Umgruppierungen und Kündigungen der Zustimmung des Betriebsrats.
- Ein Mitbestimmungsrecht bei der Auswahl von Bewerbern hat der Betriebsrat zwar nicht, er kann aber einer Einstellung innerhalb einer Woche schriftlich die Zustimmung verweigern.
- Die §§ 102 ff. BetrVG regeln die Mitbestimmung bei Kündigungen.

3.4 Schutzgesetze

Bei der Personalentwicklung sind zahlreiche Schutzgesetze zu beachten, z. B. 324

- Arbeitszeitgesetz,
- Bundesurlaubsgesetz,
- Arbeitsplatzschutzgesetz,
- Arbeitnehmerüberlassungsgesetz,
- Entgeltfortzahlungsgesetz,
- Jugendarbeitsschutzgesetz,
- Mutterschutzgesetz,
- Berufsbildungsgesetz,
- Handwerksordnung,
- Gewerbeordnung,
- Allgemeines Gleichbehandlungsgesetz.

II. Personelle und betriebliche Maßnahmen

1. Laufbahnbezogene Maßnahmen

Die laufbahnbezogene Personalentwicklung soll den erwarteten Personalbedarf durch Qualifizierung der vorhandenen Mitarbeiter decken. Individuelle Maßnahmen sollen gleichzeitig die Motivation fördern und zur Erreichung der wirtschaftlichen und sozialen Ziele des Unternehmens beitragen. 325

► ***Training into the Job***: Hinführung zu einer neuen Tätigkeit, meistens durch Ausbildung, aber auch durch gezielte Einarbeitung und Trainee-Programme.

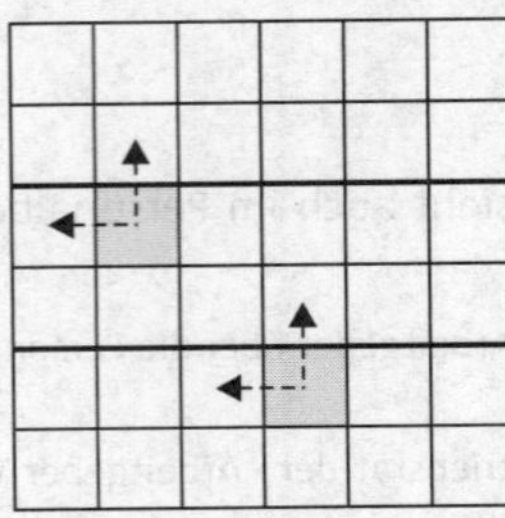

► ***Training on the Job***: Übernahme zusätzlicher qualifikationsfördernder Aufgaben. Das kann durch direkte Unterweisung am Arbeitsplatz geschehen, aber auch durch Formulierung entsprechender Aufgaben, Projektarbeit und den Einsatz als Stellvertreter.

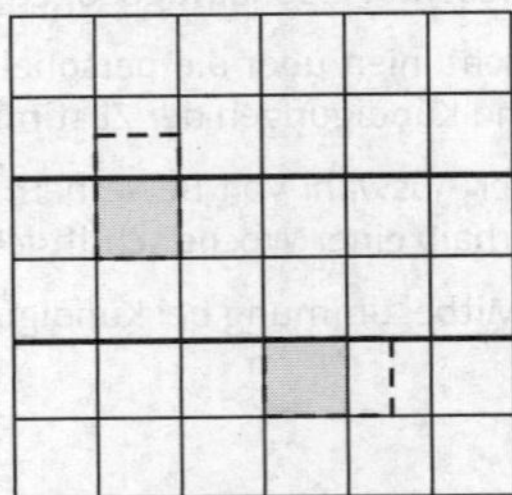

BEISPIELE:

Job Rotation: Arbeitsplatzwechsel zur Vertiefung von Fachkenntnissen.

Job Enlargement: Quantitative Erweiterung des Arbeitsbereichs durch Übernahme neuer Aufgaben.

Job Enrichment: Übernahme anspruchsvollerer Aufgaben.

► ***Training along the Job***: Dazu gehören Laufbahnpläne und Karrierepläne, in der Regel verbunden mit systematischem Wechsel des Arbeitsplatzes.

► ***Training near the Job***: Arbeitsplatznahes Training wie Lernwerkstatt, Qualitätszirkel, Gremienarbeit, Projektarbeit.

► ***Training off the Job***: Weiterbildung im engeren Sinne, also in einem bisher nicht bekannten Arbeitsbereich abseits des Arbeitsplatzes.

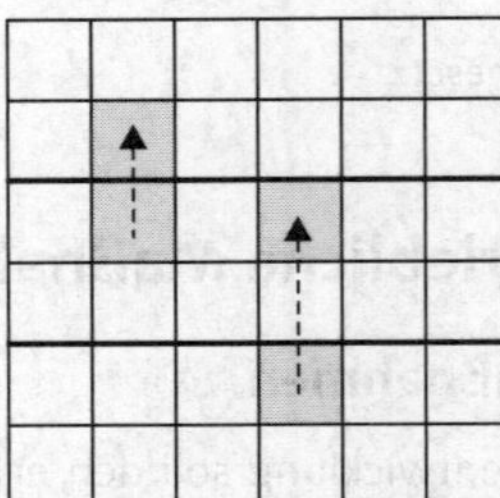

2. Interne und externe Weiterbildungsmaßnahmen

Zur Durchführung der Maßnahmen gibt es zahlreiche Angebote. Unter Kostengesichtspunkten wird zunächst entschieden, ob eine **interne** Schulung sinnvoll ist oder ob ein **externes** Angebot berücksichtigt werden soll. Interne Maßnahmen werden in dem Unternehmen selbst durchgeführt, externe finden außerhalb statt, z. B. in Tagungshotels. 326

327

Externe Weiterbildungsmaßnahmen	
Vorteile	**Nachteile**
Intensiver überbetrieblicher Erfahrungsaustausch möglich	Höhere Kosten durch Unterkunfts-, Verpflegungs- und Fahrtkosten
Ungestörte Lernatmosphäre	TN sind auch in Notfällen nicht erreichbar
Höherer Freizeitwert	Zeitintensiv
Interne Weiterbildungsmaßnahmen	
Vorteile	**Nachteile**
Berücksichtigung spezieller betrieblicher Bedürfnisse möglich	Mögliche Störungen wegen Erreichbarkeit
Bei entsprechender TN-Zahl geringere Kosten	Höherer Planungsaufwand
Zeiteffektiver	Räume und Ausstattung müssen zur Verfügung stehen
Förderung der innerbetrieblichen Kommunikation	Keinerlei Freizeitwert

3. Beurteilung

In regelmäßigen Abständen muss durch Vorgesetzte die Leistung, das Verhalten und die Persönlichkeit der Mitarbeiter bewertet werden. Dadurch soll das Potenzial für weitere Aufgaben beschrieben und nutzbar gemacht werden. Der Mitarbeiter erfährt die Einschätzung seiner Situation im Unternehmen, was Einfluss auf seine Leistungsmotivation haben wird. Die Beurteilung dient also auch der Qualitätssicherung und -verbesserung. 328

Wichtigste Ziele der Mitarbeiterbeurteilung sind die Erhöhung der Motivation der einzelnen Mitarbeiter und die Steigerung der Produktivität. Dazu muss sie systematisch und professionell durchgeführt werden. Eine ausführliche Mitarbeiterbeurteilung erfordert fest definierte Leistungsstandards. Die Aufstellung allgemeiner Beurteilungsgrundsätze bedarf nach § 94 Abs. 2 BetrVG der Zustimmung des Betriebsrats. 329

In einem persönlichen Gespräch kann nach Möglichkeiten zur weiteren Verbesserung gesucht werden. Abgeleitet aus den Unternehmenszielen werden dann die Ziele für die einzelnen Mitarbeiter vereinbart. Die Beurteilung bezieht sich in der Regel auf drei Bereiche: 330

1. Die Erreichung der vereinbarten Leistungsziele wird systematisch überprüft und kontrolliert.
2. Das Gesamtbild der Leistung und des Verhaltens der Mitarbeiter wird dargestellt.
3. Gezielte Maßnahmen hinsichtlich neuer Ziele werden vereinbart. Dazu zählt auch die Fort- und Weiterbildung.

331 Bei der merkmalsorientierten Beurteilung werden standardisierte Verfahren eingesetzt, bei denen die Mitarbeiter mithilfe einer mehrstufigen Skala bewertet werden. Zur Erreichung zuvor festgelegter Ziele werden zielorientierte Verfahren genutzt. Tatsächlich wird oft eine merkmalsorientierte Bewertung mit einer Zielfeststellung und ergänzenden offenen Beschreibungen kombiniert. Alle Verfahren müssen so transparent wie möglich sein. Dazu gehört, dass sie gut vorbereitet werden und gut verständlich sein müssen.

Die Bedeutung der Beurteilungen erfordert eine möglichst vorurteilsfreie Vorgehensweise. Aufgrund der notwendigen subjektiven Einschätzungen sind jedoch zahlreiche Beurteilungsfehler möglich:

- **Halo-Effekt (Heiligenschein-Effekt):** Ein besonders herausragendes Merkmal wird auf die übrigen Eigenschaften übertragen.
- **Recency-Effekt (Nikolaus-Effekt):** Die Bewertung beruht auf einem Ereignis, das erst kürzlich stattgefunden hat und deshalb noch gut in Erinnerung ist.
- **Primacy-Effekt (First-Impression-Effekt):** Der erste Eindruck überlagert alle späteren Erkenntnisse.
- **Kleber-Effekt:** Wenn jemand lange nicht befördert worden ist („an seinem Stuhl klebt"), wird das seine Gründe haben, die Beurteilung fällt tendenziell schlechter aus.
- **Hierarchie-Effekt:** Wenn ein Mitarbeiter eine höhere Hierarchiestufe erreicht hat, wird auch das seinen Grund haben. Er wird tendenziell besser beurteilt.
- **Tendenz zur Mitte:** Um unangenehmen Situationen vorzubeugen, wird auf besonders gute oder besonders schlechte Bewertungen verzichtet.
- **Nähe-Effekt:** Mitarbeiter, mit denen eine enge Arbeitsbeziehung oder räumliche Nähe besteht, werden eher positiv bewertet, um unangenehme Situationen zu vermeiden.

332 Man unterscheidet zwischen regelmäßigen Mitarbeiterbewertungen und einer Beurteilung nach Abschluss des Arbeitsverhältnisses. Diese Beurteilung wird Zeugnis genannt.

III. Erfolgskontrolle und Anpassung

333 Das Hauptziel der Erfolgskontrolle von Bildungsmaßnahmen besteht darin, eine geplante und als wünschenswert erachtete Wirkung mit hinreichender Genauigkeit auf eine bestimmte Maßnahme beziehen zu können. Der Nutzen von Trainings und anderen Weiterbildungsmaßnahmen soll mithilfe von messbaren Daten erfasst werden. Gerade bei Trainings, deren Erfolg von einer Vielzahl von sehr unterschiedlichen persönlichen, organisatorischen und methodischen Faktoren abhängt, ist aber die Identifikation der Erfolgsfaktoren und noch mehr die Messung ihrer Veränderung ein erhebliches Problem.

1. Bewertung durch Teilnehmer

Die Bewertung der Schulungsergebnisse durch die Teilnehmer ist eine naheliegende, einfache und deshalb weit verbreitete Methode des Bildungscontrollings. Sie beruht auf der Annahme, dass die Teilnehmer in der Lage seien, ihren Lernerfolg zu quantifizieren und zusätzlich ihren subjektiven Eindruck zu der Veranstaltung nachvollziehbar zu formulieren. 334

Die Teilnehmer haben meist eine genaue Vorstellung von dem erzielten Lernerfolg. Für den externen Beobachter ergibt sich aber die Frage, inwieweit die Angaben interpersonell vergleichbar sind und ob die Bewertungsangaben mit den Bewertungskriterien des Auftraggebers korrespondieren. Die Angaben müssen also durch andere Verfahren ergänzt und abgesichert werden.

2. *Benchmarking*

Mit *Benchmarking* können Trainer und Moderatoren den Lernprozess und die Durchführung des Angebots vergleichen. So können Methoden und Verfahren identifiziert werden, die zu guten und besten Ergebnissen führen. Im Vergleich entsteht ein innovatives Potenzial zur Entwicklung eigener Lösungen. Für Seminarleiter und Moderatoren bieten sich vier Verfahren an, um Verbesserungspotenziale aufzudecken: 335

1. Beim internen Benchmarking werden gleichartige Lehrgänge mit demselben Moderator verglichen.
2. Beim wettbewerbsorientierten Benchmarking erfolgt ein Vergleich von Ergebnissen verschiedener Trainer und eventuell verschiedener Anbieter.
3. Beim funktionalen Benchmarking wird versucht, Anregungen aus anderen Bereichen zu berücksichtigen, etwa aus der Personalführung oder der Organisationsentwicklung.
4. Beim generischen Benchmarking handelt es sich um einen gattungsbezogenen Vergleich. In Bezug auf geeignete Benchmarking-Partner gibt es keine Branchen-, Funktions- oder Wettbewerbsgrenzen.

Die Beurteilung, warum ein Angebot als „besser" eingestuft wird als ein anderes, ist aber ausgesprochen schwierig. Eine reine Kopie des identifizierten „besten" Angebots muss in anderen Zusammenhängen nicht notwendig ebenfalls herausragend bewertet werden, denn dazu sind die Einflussfaktoren zu unterschiedlich und zu komplex. 336

3. *Return on Investment*

Jede Trainingsmaßnahme kann als Investition interpretiert werden und ihre Vorteilhaftigkeit ist dann entsprechend zu beurteilen. Dazu wird systematisch der quantitative Zuwachs an Wissen und Können als Voraussetzung für den notwendigen Transfer erfasst. Die vorgeschlagene Formel 337

$$\text{RoI} = \frac{\text{Nutzen - Kosten}}{\text{Kosten}} \cdot 100$$

kann aber nicht wirklich überzeugen, weil die Feststellung des Nutzens mit der erforderlichen Genauigkeit kaum möglich ist. Wenn aber Elemente einer Berechnungsoperation problematisch sind, kann das Ergebnis nicht eindeutig sein.

338 Die Kosten lassen sich dagegen vergleichsweise einfach und genau ermitteln. Hier kann eine exakte quantitative Größe eingesetzt werden.

339 Der so ermittelte RoI ermöglicht keine absoluten, aber doch relative Aussagen: Solange bei der Nutzenermittlung dieselbe Methode angewandt wird, ist – trotz aller Unzulänglichkeiten – aus der Formel ablesbar, ob eine Maßnahme einen in diesem Sinne höheren oder niedrigeren Nutzen als andere gestiftet hat.

4. *Learning Scorecard*

340 Die *Learning Scorecard* basiert auf dem Konzept der *Balanced Scorecard* von *Robert S. Kaplan* und *David P. Norton*, die finanzielle und nicht-finanzielle Erfolgsfaktoren – u. a. auch die Lern- und Entwicklungsperspektive – zusammenführt. Die *Learning Scorecard* passt die Grundüberlegungen an die spezifischen Anforderungen des Bildungsmanagements an. Sie trägt dazu bei, den Maßnahmen der Fort- und Weiterbildung einen angemessenen Stellenwert zu geben und sie als strategische Investitionen zu verstehen, denen ein Erfolgswert beizumessen ist, der sie auch betriebswirtschaftlich rechtfertigt.

341 Bei der Lern- und Entwicklungsperspektive geht es darum, das Lernen und Wachsen der Organisation zu fördern, die Mitarbeiterpotenziale zu erkennen und als wichtigen Erfolgsfaktor zu sehen.

342 Damit lässt sich das Bildungsmanagement in schlüssiger Form integrieren und kalkulieren. Zusätzlich liefert die *Learning Scorecard* ein ausgezeichnetes *Controlling-Tool* zur Sicherstellung der Nachhaltigkeit der Bildungsmaßnahmen.

5. Kontrollgruppen

343 Bei dieser Methode werden zwei Gruppen miteinander verglichen: Die eine Gruppe wird geschult, die andere nicht. Dabei ist darauf zu achten, dass die Gruppen möglichst ähnlich zusammengesetzt sind und alle Einflüsse, die durch Erfahrung, Vorkenntnisse, Alter, Geschlecht, soziale Herkunft u. Ä. entstehen, möglichst gering gehalten werden. Wenn diese Bedingungen erfüllt sind, ergeben sich sehr genaue Daten. Kontrollgruppen stellen einen methodisch überzeugenden Weg zur Ermittlung von Lernergebnissen dar.

Dieses zunächst methodisch sauber scheinende Verfahren hat aber ebenfalls erhebliche Nachteile:

- Die Durchführung ist aufwendig. Es müssen doppelt so viele Personen einbezogen wie geschult werden. Vorbereitung und Auswertung erfordern viel Zeit und Expertenwissen.
- Es bleibt zweifelhaft, ob durch dieses Verfahren wirklich ermittelt werden kann, was ermittelt werden soll. Gerade beim Lernen sind Personen auch dann nicht vollständig vergleichbar, wenn die genannten Verzerrungsmöglichkeiten eliminiert werden können.

6. Hospitation

Hospitation ist die persönliche Teilnahme an einer Lehrveranstaltung durch einen Dritten, oft eine „Person des Vertrauens“, um ein möglichst ungefiltertes *Feedback* über die Veranstaltung und insbesondere über die methodische Durchführung zu erhalten. Auf diese Weise können die Selbsteinschätzung und die Bewertung durch die Teilnehmer um eine neutrale Fremdeinschätzung ergänzt werden. 344

Zielgerichtet und fachlich korrekt durchgeführt, bietet die Hospitation eine zwar subjektive, aber gegebenenfalls gerade deshalb überzeugende Reflexionsmöglichkeit. Wirtschaftliche Aspekte eines klassischen Controllinginstruments bleiben dabei allerdings unberücksichtigt.

Einstweilen frei 345–354

G. Gestalten des Arbeits- und Gesundheitsschutzes

Arbeitgeber sind verpflichtet, Maßnahmen zur Verhütung von Arbeitsunfällen, Berufskrankheiten und arbeitsbedingten Gesundheitsgefahren zu ergreifen. Die Gründe, Arbeitsschutz zu einem vorrangigen Ziel im Betrieb zu machen, sind vielfältig: 355

- Aus ethischen Gründen müssen selbstverständlich Leben und Gesundheit geschützt werden.
- Arbeitsunfälle und Erkrankungen erhöhen die Personalkosten.
- Arbeitsunfälle stören den Betriebsablauf.
- Bei Arbeitsausfall müssen Überstunden oder Vertretungen organisiert werden. Die Qualität der Arbeit kann dadurch gefährdet werden.
- Arbeitsschutz sichert einen Wettbewerbsvorteil durch ein besseres Image.

Die grundlegenden Regelungen für den betrieblichen Arbeits- und Gesundheitsschutz enthält das Arbeitsschutzgesetz (ArbSchG), auf das weitere Gesetze und Verordnungen aufbauen, z. B. 356

- Arbeitssicherheitsgesetz (ASiG),
- Bildschirmarbeitsverordnung (BildscharbV),
- Gefahrstoffverordnung (GefStoffV),
- Betriebssicherheitsverordnung (BetrSichV),
- Biostoffverordnung (BioStoffV),
- Lärm- und Vibrations-Arbeitsschutzverordnung (LärmVibrationsArbschV),
- Lastenhandhabungsverordnung (LasthandhabV),
- Jugendarbeitsschutzgesetz (JugArbSchG),
- Mutterschutzrichtlinienverordnung (MuSchRiV),
- Vorschriften der Berufsgenossenschaften,
- Technisches Regelwerk zu den Verordnungen zum Arbeitsschutz.

Das Arbeitsschutzgesetz folgt einem präventiven und ganzheitlichen Ansatz. Der Arbeitgeber soll nicht bei Unfällen reagieren, sondern die Ursachen von Gefährdungen sollen beseitigt oder abgeschwächt werden. Eine kontinuierliche Verbesserung soll unter Mitwirkung der Beschäftigten erfolgen. 357

358 In Deutschland wird der Arbeitsschutz in einem dualen System überwacht:

1. durch die Aufsichtsbehörden, die im Bund und in den Bundesländern unterschiedlich organisiert sind;
2. durch die Träger der gesetzlichen Unfallversicherung, das sind insbesondere die gewerblichen Berufsgenossenschaften und die Unfallkassen.

I. Arbeitsschutz im Betrieb

359 Zur Umsetzung des Arbeitsschutzes bestehen weite Spielräume, da im Gesetz nur Grundsätze genannt werden. Das betriebliche Arbeitsschutzmanagement bezieht sich danach auf

- die Sicherung eines gesunden Arbeitsplatzes,
- eine ergonomische Gestaltung des Arbeitsplatzes,
- die persönliche Schutzausrüstung und Schutzkleidung,
- sichere Arbeitsplatzeinrichtungen und
- die Sicherheitsorganisation im Betrieb.

360 Jeder Vorgesetzte ist in seinem Zuständigkeitsbereich auch für den Arbeitsschutz verantwortlich.

1. Gefährdungsanalyse

361 Um Schutzmaßnahmen ergreifen zu können, müssen Gefährdungsrisiken erkannt und besonders gefährdete Bereiche identifiziert werden. Eine Gefährdungsanalyse umfasst die systematische Ermittlung und Bewertung von Gefährdungen, denen die Beschäftigten bei ihrer beruflichen Tätigkeit ausgesetzt sind. Zu berücksichtigen sind dabei nach § 5 ArbSchG

- die Gestaltung und Einrichtung der Arbeitsstätte und des Arbeitsplatzes
- physikalische, chemische und biologische Einwirkungen
- die Gestaltung, Auswahl und Einsatz von Arbeitsmitteln
- die Gestaltung von Arbeits- und Fertigungsverfahren, Arbeitsabläufen und Arbeitszeit
- die unzureichende Qualifikation und Unterweisung der Beschäftigten

362 Sicherheitsvorschriften sind für die Arbeitnehmer zwingendes Recht aus dem Arbeitsverhältnis.

363 Das Arbeitssicherheitsgesetz schreibt vor, dass jeder Arbeitgeber – unabhängig von der Zahl der Arbeitnehmer – Fachkräfte für Arbeitssicherheit und einen Betriebsarzt zu bestellen oder zu verpflichten hat (§§ 2 und 5 ASiG).

2. Betriebsärzte

364 Betriebsärzte übernehmen die arbeitsmedizinische Betreuung der Mitarbeiter. Sie führen die Vorsorgeuntersuchungen durch und beraten in allen Fragen des Gesundheitsschutzes. Mit diesen Aufgaben kann auch ein externer Arbeitsmedizinischer Dienst beauftragt werden. Vorschriften der Berufsgenossenschaften legen die Mindestzahl der Einsatzstunden fest.

3. Fachkraft für Arbeitssicherheit (SiFa)

Sicherheitsfachkräfte unterstützen den Arbeitgeber bei der Durchführung der Arbeitsschutzmaßnahmen. Sie müssen über fundierte sicherheitstechnische Fachkenntnisse verfügen. Dazu können speziell ausgebildete Fachkräfte für Arbeitssicherheit oder überbetriebliche sicherheitstechnische Dienste in Anspruch genommen werden. Vorschriften der Berufsgenossenschaften legen die notwendige Zahl der Einsatzstunden fest. 365

4. Sicherheitsbeauftragte

Sicherheitsbeauftragte unterstützen und beraten ihre Vorgesetzten im Arbeits- und Gesundheitsschutz. Sie stellen sicher, dass Schutzvorrichtungen und -ausrüstungen vorhanden sind und machen ihre Kollegen auf gefährliches Verhalten aufmerksam. Sie sind in ihrem Arbeitsbereich ehrenamtlich tätig und haben keine Weisungsbefugnis. Bei mehr als 20 Beschäftigten muss mindestens ein Sicherheitsbeauftragter bestellt werden. 366

5. Arbeitsschutzausschuss

Betriebe mit mehr als 20 Beschäftigten müssen einen Arbeitsschutzausschuss einrichten. Er berät mindestens viermal im Jahr Anliegen des Arbeitsschutzes und der Unfallverhütung. Mitglieder sind 367

- der Arbeitgeber oder ein von ihm Beauftragter,
- zwei Betriebsratsmitglieder,
- die Betriebsärzte,
- die Fachkräfte für Arbeitssicherheit und
- die Sicherheitsbeauftragten.

II. Gesundheitsschutz im Betrieb

Der betriebliche **Gesundheitsschutz** beschäftigt sich mit den langfristigen gesundheitlichen Folgen, die sich durch die Arbeit ergeben können. Durch präventive Maßnahmen sollen Berufskrankheiten und andere Gesundheitsstörungen vermieden werden. 368

Dabei wird der klassische passive Gesundheitsschutz, der sich auf die Verringerung und Vermeidung von Risiken bezieht, zunehmend ergänzt durch eine aktive Gesundheitsvorsorge, die sich mit der Stärkung der individuellen Gesundheitskompetenz beschäftigt. 369

Als **Verhältnisprävention** wird die gezielte Veränderung der technischen, organisatorischen und sozialen Arbeitsumgebung zur Sicherung der physischen und psychischen Gesundheit der Mitarbeiter bezeichnet. Durch die vorbeugende gesundheitsgerechte Gestaltung der Arbeitsstätte, der Arbeitsplätze und der Arbeitsmittel können Gefahren für die Gesundheit verringert oder beseitigt werden. 370

BEISPIELE: Ergonomische Gestaltung der Arbeitsumgebung, ergonomische Gestaltung der Arbeitsmittel, Abbau belastender Arbeitsbedingungen, Verringerung von Stress am Arbeitsplatz, Verbesserung des Kooperationsklimas, größere Selbstständigkeit in den eingeräumten Handlungsspielräumen

371 Durch die **Verhaltensprävention** soll Einfluss auf das individuelle Gesundheitsverhalten der Mitarbeiter genommen werden. Durch Information und Maßnahmen zur Stärkung der Persönlichkeit sollen die Mitarbeiter motiviert werden, Risiken zu vermeiden. Dazu gehören Anweisungen zum Verhalten am Arbeitsplatz ebenso wie allgemeine Vorschläge für eine gesunde Lebensweise.

BEISPIELE: Rückenschule, Trainings für richtiges Sitzen, richtiges Verhalten im Straßenverkehr, Raucherentwöhnungsangebote, Anti-Stress-Programme

1. Betriebliches Gesundheitsmanagement

372 Es ist Aufgabe des Gesundheitsmanagements, die Ansätze der Verhaltens- und Verhältnisprävention parallel zu verfolgen und die Balance zwischen den Arbeitsbedingungen und einer individuellen Prävention sicherzustellen, um Arbeit, Organisation und Verhalten am Arbeitsplatz gesundheitsförderlich zu gestalten.

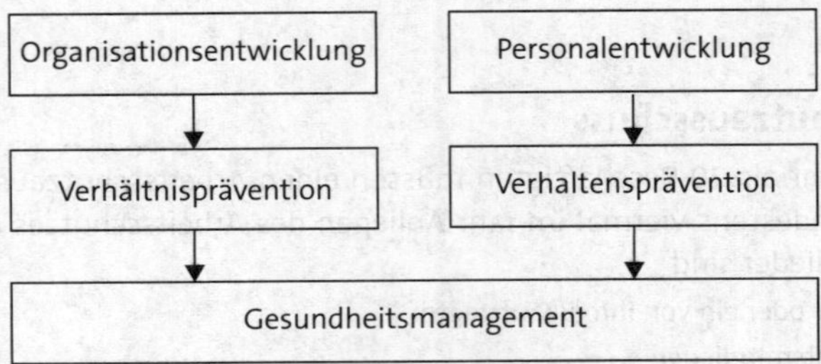

373 Durch ein integriertes Vorgehen können die Maßnahmen zur Verhaltens- und Verhältnisprävention sinnvoll und bedarfsgerecht abgestimmt werden.

Beispiele zur Verhaltens- und Verhältnisprävention			
Bewegung		Ernährung	
Verhaltensprävention	Verhältnisprävention	Verhaltensprävention	Verhältnisprävention
Rückenschule Wirbelsäulengymnastik	ergonomische Bildschirmarbeitsplätze Hilfsmittel zum Heben von Lasten	Ernährungskurse Kochkurse	Gesundes Kantinenessen Obst am Arbeitsplatz

374 Ein erfolgreiches Gesundheitsmanagement setzt einen mitarbeiterorientierten Führungsstil voraus, der neben dem ganzheitlichen Arbeitsschutz auch die Gesundheitsförderung, Maßnahmen zur Vereinbarkeit von Beruf und Privatleben sowie eine altersgerechte Arbeitsgestaltung ermöglicht.

2. Zusammenarbeit mit Krankenkassen und Berufsgenossenschaften

375 Prävention und betriebliche Gesundheitsförderung sind eine gemeinsame Aufgabe von Berufsgenossenschaften und Krankenkassen. Der Gesetzgeber hat eine enge Abstimmung zwischen den Trägern der Unfall- und der Krankenversicherung festgelegt.

2.1 Berufsgenossenschaften

Die Berufsgenossenschaften sind damit beauftragt, mit allen geeigneten Mitteln Arbeitsunfälle und Berufskrankheiten sowie arbeitsbedingte Gesundheitsgefahren zu verhüten. Sie unterstützen Unternehmen insbesondere in allen Fragen des betrieblichen Arbeitsschutzes. Die Prävention basiert auf der Gefährdungsbeurteilung und schließt sicherheitstechnische, arbeitsmedizinische und gesundheitsfördernde Maßnahmen ein. 376

Die Berufsgenossenschaften beraten Arbeitgeber und Beschäftigte, wie branchenspezifische Risiken und arbeitsbedingte Gesundheitsgefahren vermieden bzw. verringert werden können (z. B. psychische oder physische Belastungen, Sucht, Gewalt am Arbeitsplatz). Die Maßnahmen werden von ihnen überwacht. 377

Sie werden dabei von den Krankenkassen unterstützt (§ 20b SGB V).

BEISPIELE: Seminare und Fortbildungen für Beschäftigte, Ausbildung von Fachkräften für Sicherheit und Gesundheit, Entwicklung von Check- und Prüflisten, Betriebsärztliche Betreuung, Bereitstellung von Informationsmaterial, Handlungs- und Praxishilfen, Betreuung und Begleitung bei Maßnahmen der betrieblichen Gesundheitsförderung

2.2 Krankenkassen

Krankenkassen unterstützen und begleiten Unternehmen bei der betrieblichen Gesundheitsförderung. Sie arbeiten dabei mit dem zuständigen Unfallversicherungsträger zusammen (§ 20b SGB V). Sie bieten Unternehmen maßgeschneiderte Vorschläge zur Gesundheitsförderung im Betrieb. Außerdem können sie ergänzende Maßnahmen der betrieblichen Gesundheitsförderung durchführen. 378

BEISPIELE: Unterstützung der Unternehmen durch Analysen und Empfehlungen, Gemeinsame Programme zur integrierten Versorgung, Abstimmung von Reha- und Wiedereingliederungsplänen, Informationen über *Best Practices*, Durchführung von Erfolgskontrollen, Informationen zu Finanzierungsmöglichkeiten, Durchführung von innerbetrieblichem Marketing für das Gesundheitsmanagement

3. Unterweisungen und Dokumentation

Arbeitgeber sind verpflichtet, im Interesse der Transparenz der betrieblichen Arbeitsschutzpolitik das Ergebnis der Gefährdungsbeurteilung schriftlich zu dokumentieren (§ 6 Abs. 1 ArbSchG). Außerdem müssen die festgelegten Schutzmaßnahmen belegt werden. Aus der Dokumentation müssen die Ergebnisse der Überprüfung, d. h. die Wirksamkeit der Maßnahmen, ersichtlich sein. Zu beachten sind dabei spezielle Anforderungen anderer Arbeitsschutzvorschriften (z. B. der Gefahrstoffverordnung). 379

Durch die Dokumentation 380

- wird der Nachweis der Pflichtenerfüllung gegenüber den Behörden und der Berufsgenossenschaft geführt.
- kann bei Unfällen nachgewiesen werden, dass Gefährdungsbeurteilungen durchgeführt worden sind und welche Schutzmaßnahmen getroffen worden sind.
- werden nicht nur die Maßnahmen, sondern auch Verantwortliche und Termine erkennbar.

- können die Beschäftigten auf bestehende Gefährdungen aufmerksam gemacht und gezielt unterwiesen werden.
- wird eine Grundlage geschaffen für die Arbeit der Betriebsärzte, der Fachkräfte für Arbeitssicherheit, der Sicherheitsbeauftragten und des Arbeitsschutzausschusses.

381–390 *Einstweilen frei*

Literaturangaben:

Broszinsky-Schwabe, Interkulturelle Kommunikation – Missverständnisse – Verständigung, Wiesbaden 2011; *Burisch*, Das Burnout-Syndrom, 3. Aufl., Heidelberg 2006; *Dehnbostel*, Berufliche Weiterbildung – Grundlagen aus arbeitnehmerorientierter Sicht, Berlin 2008; *Nicolini/Quilling*, Erfolgreiche Seminargestaltung, 2. Aufl., Wiesbaden 2009; *Schulz von Thun*, Miteinander reden, Band 1–3, Reinbek 2011; *Thomas*, Interkulturelle Kompetenz. Grundlagen, Probleme und Konzepte, 2. Aufl., Stuttgart 2003; *Vester*, Phänomen Stress, München 2000.

12. Kapitel:

Glossar zum Rechnungswesen Deutsch-Englisch

von

Dipl.-Betriebswirt Jochen Langenbeck, Bochum

Inhaltsverzeichnis

1. Einführung

Die internationalen wirtschaftlichen Verflechtungen führen dazu, dass auch von den Mitarbeitern im Rechnungswesen immer öfter Fremdsprachenkenntnisse verlangt werden. Die in englischer Sprache verfassten amerikanischen und europäischen Rechnungslegungsstandards US-GAAP und IAS/IFRS haben dazu geführt, dass die englische Sprache bei der internationalen Verständigung dominiert. 1

Sowie es in der Buchhaltung in Österreich, Deutschland und der deutschsprachigen Schweiz trotz einheitlich deutscher Sprache unterschiedliche Fachbegriffe geben kann, unterscheiden sich das amerikanische Englisch, das britische Englisch und das neu entstandene internationale Englisch (u. a. das IASB-Englisch) wie die folgende Tabelle zeigt.

Deutsch	Britisch	Amerikanisch	IASB-Englisch
Vorräte	Stock	Inventory	Inventory
Aktien	Shares	Stocks	Shares
Eigene Anteile	Own shares	Treasury stock	Treasury shares
Forderungen	Debtors	Receivables	Receivables
Verbindlichkeiten	Creditors	Payables	Payables
Finanzierungsleasing	Finance lease	Capital lease	Finance lease
Umsatz	Turnover	Sales *oder* revenue	Sales *oder* revenue
Anschaffung	Acquisition	Purchase	Acquisition
Anlagevermögen	Fixed assets	Nun-current assets	Non-current assets
GuV-Rechnung	Profit and loss account	Income statement	Income statement

Während die Begriffe in der Schriftform der US-GAAP und der IAS/IFRS noch wie in der Tabelle verwendet werden, erfolgt in der Praxis eine Angleichung in unterschiedlichen Richtungen (z. B. amerikanisches Unternehmen in Großbritannien, deutsches Unternehmen in den USA). Hinzu kommen weitere Synonyme, die schon vor Einführung der internationalen Rechnungslegung in der Fachsprache gebräuchlich waren. Auch hier zeigt sich, dass Sprache lebt.

Dieses Glossar kann ein Fachwörterbuch nicht ersetzen*). Bei der Zusammenstellung wurde darauf geachtet, dass die gebräuchlisten Begriffe aufgenommen wurden. Um den Suchvorgang abzukürzen, aber auch um die kurzfristige Vorbereitung auf Gespräche zu Teilgebieten des Rechnungswesens zu ermöglichen, wurde die Darbietung der Begriffe nach Möglichkeit systematisch aufgeteilt. Bei der Bilanz, der Gewinn- und Verlustrechnung und dem konsolidierten Abschluss nach IAS/IFRS bietet sich für die schnelle Auffindung der Begriffe im Zusammenhang die Darstellung in Form des Jahresabschlusses an.

*) Das Praxiswörterbuch „Business Accounting" Englisch-Deutsch, Deutsch-Englisch, 2. Auflage, erschienen im NWB Verlag in Kooperation mit dem Langenscheidt Fachverlag, München, beinhaltet rund 10 000 topaktuelle aus der Praxis entnommene Fachbegriffe mit rund 15 000 Übersetzungen zu Buchhaltung und Bilanzierung, Konzernrechnungslegung, Organisation des Rechnungswesens, Sonderbilanzen, Steuern, Nebenbuchhaltungen, Kosten- und Leistungsrechnung, Statistik, Planungsrechnung u. a. sowie einen umfangreichen Anhang. Zum Personalwesen empfiehlt der Autor das Fachwörterbuch „Kompakt Personalwesen Englisch" aus dem Langenscheidt Verlag mit 14 000 Fachbegriffen und 25 000 Übersetzungen.

2 ## 2. Abkürzungen und Zeichen

(AE) = amerikanisches Englisch

(BE) = britisches Englisch

colloq. = umgangssprachlich

e. g. = (exempli gratia) for instance = z. B.

f = Femininum

i. e. = (id est) that is = d. h.

infm = informell

m = Maskulinum

n = Neutrum

pl = Plural

s. = siehe

v = Verb

[ ] = eckige Klammern enthalten Alternativen
practice [custom] = practice *oder* custom

( ) = runde Klammern enthalten Ergänzungen
completeness (principle) = completeness *oder* completeness principle

( ) = kursive Klammen enthalten Erklärungen
showing *(of balance sheet items)*

3 ## 3. Organisation *f* des Rechnungswesens

Anlagenbuchhaltung *f* fixed assets accounting [ledger], fixed-assets detail ledger, plant register

Bereiche *mpl* **des Rechnungswesens** fields of business accounting

Betriebsbuchhaltung *f* cost accounting, factory accounting, industrial accountancy, internal accountancy, management accounting, operational accouting

Bilanzierung *f* balancing of accounts, preparation of financial statements, *(BE)* preparation of accounts

Bilanzierungshandbuch *n* accounting manual

Buchführung *f* bookkeeping, accounting

Buchhaltung *f* accounting, accountancy, bookkeeping, general accounting, *(BE)* accounts department, accounts

Debitorenbuchhaltung *f* accounts receivable accountancy, sales ledger

Debitorenkontokorrent *n* accounts receivable accounting, sales accounting

externe Revision *f* external audit, independent audit

externes Rechnungswesen *n* financial accounting

Fakturierung *f* sales invoicing, *(BE)* invoicing, *(AE)* billing, *(BE)* invoicing department, *(AE)* billing department

Fernbuchführung *f* remote accounting

Filialbuchführung *f* branch accounting, retail branch accounting

Filiale *f* branch

Finanzbuchhaltung *f* s. Geschäftsbuchhaltung

Geschäftsbuchhaltung *f* financial accounting, general accounting, administrative accounting

Hauptbuchhaltung *f* general ledger accountancy

internes Rechnungswesen *n* s. Betriebsbuchhaltung

Kassenbuch *n* cash book

– Handkasse *f*, **Portokasse** *f* petty cash

Kontokorrent *n* accounts receivable and accounts payable ledger, current accounts

Kontokorrentbuchhaltung *f* s. Kontokorrent

Kosten- und Leistungsrechnung *f* cost accounting and results accounts

Kostenartenrechnung *f* cost type accounting

Kostenstellenrechnung *f (BE)* cost centre accounting, *(AE)* cost center accounting

Kostenträgerrechnung *f* job order costing

Kostenträgerstückrechnung *f* cost unit accounting, unit costing

Kostenträgerzeitrechnung *f* cost unit period accounting, cost unit statement

Kreditorenbuchhaltung *f* accounts payable accounting [accountancy]

Kreditorenkontokorrent *n* accounts payable ledger, purchase ledger

Lagerbuch *n (BE)* stock ledger, stores ledger

Lagerbuchhaltung *f* inventory accounting, *(BE)* stock accounting

Lagerkartei *f* inventory file, inventory records, stock file

Lohnabrechnung *f* payroll accounts department, payroll accounting, payroll accountancy

Lohn- und Gehaltsabrechnung *f* s. Lohnabrechnung

Lohn- und Gehaltsbuchhaltung *f* s. Lohnabrechnung

Nebenbuchhaltung *f* subsidiary book of accounts

Organisation *f* **des Rechnungswesens** accounting organization

Personalbuchhaltung *f* payroll accounting

Planungsrechnung *f* budgeting, budgetary accounting

Rechnungswesen *n* accountancy, accounting, accounting system

– internes Rechnungswesen *n* management accounting

– Rechnungswesen *n* **der Unternehmung** business accounting

Rechnungsprüfung und Kontierung *f* check and record of incoming invoices, checking purchase invoices and allocating to accounts, invoice certification and recording

Revision *f* accounting control, audit

Stabsabteilung *f* **Steuern** staff unit taxation, service department tax matters

Statistik *f* statistics

Unternehmensplanung *f* corporate planning, business planning, managerial planning

Wechselbuch *n* bill book, bill copying book, discount ledger

Wechselkopierbuch *n* s. Wechselbuch

4 4. Anlagenbuchhaltung *f*

Abbruchkosten *fpl* cost of demolition, cost of dismantling, removal expenses

Abladekosten *pl* unloading charges

Abnutzung *f* use, wear and tear

– **abnutzbares Wirtschaftsgut** *n s.* abnutzbarer Vermögensgegenstand *(***Vermögensgegenstand** *im Handelsrecht/in commercial law,* **Wirtschaftsgut** *im Steuerrecht/ in fiscal law)*

Abschreibungen *fpl* depreciation *(auf materielle WG/tangibles)*; amortisation, amortization *(auf immaterielle WG/ intangibles)*

– **aufgelaufene Abschreibungen** accumulated depreciation

– **abgeschrieben** depreciated

Abwertung *f* devaluation, write-down

– **abwerten** *v* devalue

– **Abwertungsverlust** *m* impairment loss

Aktivierung *f* capitalisation

Anbau *m* addition to a building

Anlagen *fpl* **im Bau** assets in course of construction, (fixed) assets under construction, plant under contruction, *(BE)* construction in progress, *(AE)* construction in process

Anlagenabgang *m* asset disposal, asset retirement, disposal, fixed-asset disposal

Anlagenbuchhaltung *f* fixed-assets ledger, fixed-assets detail ledger, plant register

Anlagengitter *n*, **Anlagenspiegel** *m* fixed-assets analysis, fixed-assets movement schedule, statement of changes in fixed assets

Anlagenkartei *f* fixed-assets (card) file, plant data file

Anlagenkonto *n* fixed-assets account, investment account

Anlagenzugang *m* addition, addition of [to] fixed assets, addition in plant and equipment, (fixed) assets addition

Anlagevermögen *n* fixed assets, capital assets, long-term assets, non-current assets, permanent investments

– **abnutzbares Anlagevermögen** *n* finite-lived fixed assets

– **nicht abnutzbares Anlagevermögen** *n* infinite-lived fixed assets, nonwasting fixed assets

Ansatz *m* recognition

Anschaffung *f* acquisition, purchase

– **Anschaffungsdatum** *n* date of acquisition *(Anlagevermögen/fixed assets)*, date of purchase *(Vorräte/inventories)*

– **Anschaffungsjahr** *n* year of acquisition

Anschaffungskosten *pl (§ 255 Abs. 1 HGB)* initial cost, original cost, cost, acquisition cost, cost of acquisition, cost of investment, historical cost *(Anlagevermögen/fixed assets)*; purchase cost, cost of purchase, cost, cost price *(Vorräte/inventories)*

– **fortgeführte [fortgeschriebene] Anschaffungskosten** *pl* amortised cost, *(AE)* amortized cost, depreciated cost

– **nachträgliche Anschaffungskosten** *pl* subsequent acquisition cost

– **Anschaffungskostenminderung** *f* acquisition cost reduction, purchase price reduction

– **Anschaffungsnebenkosten** *fpl* incidental acquisition cost, incidentals *(direkt zuzuordnende Kosten, um den Vermögensgegenstand lauffähig zu machen/directly attributable costs incurred to bring the asset to working condition)*

Anschaffungspreis *m* purchase price

- **Anschaffungspreisminderung** *fpl* purchase price reduction

Anschaffungs- oder Herstellungskosten *fpl* cost, cost of asset, historical cost, original cost, purchase and production cost

- **zum Anschaffungs- oder Herstellungskostenwert** *m* at cost
- **zu Anschaffungs- oder Herstellungskosten** at cost
- **Anschaffungs- oder Herstellungskosten zum 1. Januar 2007** at cost January 1, 2007

Anschaffungswert *m* acquisition value, cost value, historical cost

Anschlusswert *m* connected load

aufwerten *v* revaluate

ausgeschiedenes Wirtschaftsgut *n* retired asset

außergewöhnlicher Verschleiß *m* extraordinary wear and tear

Ausstattung *f* equipment, fittings

Baujahr *n* year of construction, vintage

Bauten *mpl* **auf fremden Grundstücken** buildings on third party land, buildings on non-owned land

bebaute Grundstücke *npl* built-up land, developed land, land built on, *(AE)* improved properties

Bestandteil *m* component, part

Betriebsanlagen *fpl* factory facilities, plant facilities

Betriebsausstattung *f* machinery and equipment, plant and equipment, tools and equipment

Betriebsgebäude *n* factory building, plant building

Betriebsgrundstücke *npl* company premises; business real property *(im Steuerrecht/in tax law)*

Betriebs- und Geschäftsausstattung *f* equipment and furniture; factory and office equipment; fixtures, fittings, fixtures and fittings, furniture and fittings, office furnishings

bewegliche Wirtschaftsgüter [Vermögensgegenstände] *npl* chattels, movable assets, movable property, movables

bewegliches Anlagevermögen *n* non-real-estate fixed assets

Bewertung *f* measurement, measuring, valuation

- **Bewertung** *f* **von Vermögensgegenständen** measuring assets
- **Bewertung** *f* **zu Anschaffungs- oder Herstellungskosten** purchase price or cost of production valuation, valuation at historical cost, valuation on the basis of acquisition or production, valuation at acquisition and [or] production cost

Bodenschätze *mpl* minerals, natural resources

Buchwert *m* book value, depreciated book value, carrying amount *(IAS-term)*, carrying value, cost *(US-GAAP-term)*, net book value, rate of asset, written-down value

- **fortgeschriebener Buchwert** *m* depreciated book value, carrying value, net book value, written-down value, book value brought [carried] forward
- **Buchwert** *m* **am Jahresende** book value at year end, carrying amount
- **Buchwert** *m* **(Ende) Vorjahr** prior-year carrying amount, prior-year ending balance
- **Buchwert** *m* **zum 31. 12. 2014** net book value, December 31, 2014

Büro- und Geschäftseinrichtung *f* office equipment and furnishings

Einbau *m* fitting, fixture, installation

Einheit *f* unit

Erinnerungsposten *m*, **Erinnerungswert** *m* memo item, memorandum item, pro memoria figure

Ersatzteil *n* renewal part, replacement part, spare, spare part

Fabrik *f* factory, mill, works

Fabrikgebäude *n* factory building, works building

fortschreiben *v* adjust, extrapolate

Fuhrpark *m* automobile fleet, car pool, motor vehicles, vehicles fleet, *(AE)* fleet of trucks

Gebäude *n* building

– **eigene Gebäude** *npl* freehold buildings, freehold premises

gepachtetes Land *n* leasehold property

Geschäftsausstattung *f* furnitures and fictures

Geschäftsbauten *mpl* commercial buildings

gewerbliche Bauten *mpl* non-residential buildings, commercial buildings

Großreparatur *f* general overhaul, general repair, major repair

Grundbuch *n* book of original entry, daybook, journal

Grund- *m* **und Boden** *m* land, real estate, real property

Grundstück *n* land, real estate, real property, site *(Grundstücke und darauf errichtete Gebäude/land and structures errected thereon)*

– **Grundstücke** *npl* **ohne Bauten** undeveloped land, undeveloped real estate, *(AE)* unimproved real property

– **Gundstücke** *npl* **und Gebäude** *npl* land and buildings

– **eigene Grundstücke** *npl* **und Gebäude** *npl* freehold land and buildings

Grundstücksbestandteil *m* fixture, appurtenau

Grundstückseinrichtungen *fpl* accessories and fittings

grundstücksgleiche Rechte *npl* land rights, leasehold rights, rights equivalent to real property rights

Grundstückswert *m* real estate value, real property value, site value

Grundvermögen *n* real estate, real property, immovable property

Gruppenbewertung *f* aggregated (group) measurement, category valuation, composite method of valuation, group valuation, group-of-asset valuation

historische Kosten *pl* historical cost, original cost

im Bau befindliche Anlagen *fpl* construction in progress, plant under construction, *(AE)* construction in process

immaterielle Vermögensgegenstände *mpl* intangible assets, intangibles

Immobilie *f* immovable property, real estate, real property

Immobilien *fpl* **als Anlageobjekte** investment property

Installation *f* fitting, fixture, installation

kurzlebig of short working life

Maschinen *fpl* machinery

– **maschinelle Anlagen** *fpl* equipment

– **Maschinen und Anlagen** *fpl* plant and machinery, machinery and equipment, plant and equipment

– **Maschinengruppe** *f* machine group

– **Maschinenkosten** *fpl* cost of machinery

– **Maschinennummer** *f* machine number

Neubewertung *f* revaluation *(z. B. Neubewertung der Vorräte/e. g. inventory revaluation, IAS 16.29, 38)*

– **Neubewertungsmethode** *f* entity concept, revaluation method

Niederstwerttest *m* impairment test *(IAS 36)*

Nutzungsdauer *f*, **Nutzzeit** *f* asset life, operating life, service life, period of usage, useful life, useful lifetime

– **begrenzte Nutzungsdauer** *f* finite useful life, finite life, limited life

– **beschränkte Nutzungsdauer** *f* s. begrenzte Nutzungsdauer

– **betriebsgewöhnliche Nutzungsdauer** *f* useful economic life, useful lifetime, useful life expectancy, service life

– **durchschnittliche Nutzungsdauer** *f* average useful life

– **endliche Nutzungsdauer** *f* s. begrenzte Nutzungsdauer

– **tatsächliche Nutzungsdauer** *f* actual service life, effective life

– **technische Nutzungsdauer** *f* technical life

– **unbegrenzte Nutzungsdauer** *f* indefinite useful life

– **unbestimmbare Nutzungsdauer** *f* indefinite useful life

– **voraussichtliche Nutzungsdauer** *f* expected useful life

– **wirtschaftliche Nutzungsdauer** *f* economic (useful) life

Nutzwert *m* utility value, value in use *(IAS 36.5)*; rental value *(im Steuerrecht/in tax law)*

Produktionsanlage *f* plant, production facilities

rechtlicher Eigentümer *m* legal owner

rechtliches Eigentum *n* legal ownership

Restbuchwert *m* net book value, carrying amount, depreciated book value *(materielle WG/tangibles)*, amortized book value *(immaterielle WG/intangibles)*, residual (book) value *(am Jahresende/at the end of year)*

Restwert *m* recovery value, residual value, salvage value, scrap value

Restlebensdauer *f*, **Restnutzungsdauer** remaining life expectancy, remaining useful life, unexpired life

Sachanlagen *fpl* fixed assets; tangible assets; property, plant and equipment

– **Sachanlagenbuch** *n* fixed asset ledger

– **Sachanlagenkonto** *n* fixed asset account

– **Sachanlagenregister** *n* fixed-assets register

– **Sachanlagenzugänge** *mpl* fixed asset additions

– **Sachanlagevermögen** *n* tangible (fixed) assets; property, plant and equipment

Seriennummer *f* machine serial number

Subvention *f* government grant, nonreciprocal transfer

– **subventionieren** *v* subsidize

– **subventioniert aus öffentlichen Mitteln** subsidized out of public funds

– **Subventionierung** *f* subsidization *(z. B. aus öffentl. Mitteln/e. g. out of public funds)*

technische Anlagen *fpl* technical equipment

technische Anlagen *fpl* **und Maschinen** *fpl* plant and machinery, technical equipment and machinery

technischer Fortschritt *m* engineering progress

technischer Verschleiß *m* use, ordinary wear and tear

technischer Wandel *m* technological changes

technisch-wirtschaftlich überholt *(§ 7 Abs. 1 EStG)* obsolete

Veralterung *f* obsolescence

– **veraltet** obsolete, out of date

voraussichtlicher Restwert *m* estimated residual value

Verschleiß *m* wear and tear

– **normaler Verschleiß** *m* ordinary wear and tear

Wartungskosten *pl* cost of servicing, maintenance cost

Wegbefestigungen *fpl* driveways

Werk *n* factory, mill, plant

– **Werksgebäude** *n* factory, factory building

– **Werksgrundstück** *n* factory-side land, plant side

– **Werkstraße** *f* driveway

Werkzeugmaschinenhersteller *m* machine tool maker

Wertaufholung *f* appreciation in value, increase in value, reinstated write-down, revaluation, reversal of impairment loss, write-up due to appreciation, reversal of write-down, step-up, value make-good *(IAS 36)*; increased valuation *(im Steuerrecht/in tax law)*

Wertberichtigung *f* **auf Anlagenvermögen** valuation adjustment reserve for [on] fixed assets, valuation adjustment on tangible assets

Wertberichtigungskonto *n* contra account, valuation adjustment account

Wertberichtigungsposten *m* valuation adjustment item

Werthaltigkeitstest *m* impairment test *(IAS 36)*

Wertminderung *f* impairment of value

– **technisch bedingte Wertminderung** *f* diminution in value for wear and tear

– **Wertminderungen** *fpl* **von Vermögensgegenständen** impairment of assets *(IAS 36,5)*

– **Wertminderungsverlust** *m* impairment loss *(IAS 16.6)*

Wiederbeschaffung *f* replacement

– **Wiederbeschaffungskosten** *fpl* replacement cost

– **Wiederbeschaffungsrestwert** *m* written-down replacement cost

– **Wiederbeschaffungswert** *m* current cost, replacement cost, written down current replacement cost

wirtschaftliche Überholung *f* economic obsolescence

wirtschaftlicher Eigentümer *m* economic owner

wirtschaftliches Eigentum *n* economic [beneficial] ownership

Wohngebäude *npl* residential buildings

Zulage *f* grant, subsidy

Zuschreibung *f s.* Wertaufholung

Zuschüsse *fpl* **aus öffentlichen Mitteln** subsidies from public funds

5 **5. Lagerbuchhaltung** *f*

Abbau *m* **der Vorräte** decrease in stock, inventory liquidation

abbauen *v* liquidate, run down *(z. B. Vorräte/e. g. stocks)*

Abfall *m* waste *(z. B. Produktionsabfall/e. g. special production waste)*, scrap *(z. B. Späne/e. g. borings and cuttings)*, spoilage *(z. B. Ausschuss/e. g. not meeting quality standards)*

Anschaffung *f* purchase, aquisition

- **Anschaffungsdatum** *n* date of purchase
- **Anschaffungskosten** *pl* cost of purchase *(IAS 2.7, 2.8, 16.15 ff.)*
- **Anschaffungskostenminderung** *f* purchase price reduction
- **Anschaffungspreis** *m* purchase price
- **Anschaffungspreisminderung** *fpl* purchase price reduction
- **Anschaffungs- oder Herstellungskosten** *fpl* **der Vorräte** cost of inventories
- **Anschaffungswert** *m* acquisition value, cost value,

arithmetischer Durchschnitt *m*, **arithmetisches Mittel** *n* arithmetic average, arithmetic mean

Artikel *m* article, item

- **Artikelkarte** item card
- **Artikelnummer** *f* item number, stock number
- **Artikelstammdatei** *f* item master file
- **Artikelstammsatz** *m* item master record

aufstocken *v* build up, increase

Aufstockung *f* **der Vorräte** increase in stock

ausmustern *v* set aside

Beschaffungsbereich *m* procurement area [function]

Beschaffungskosten *fpl* procurement cost, procurement overhead

Beschaffungsplan *m* procurement budget, procurement plan

Bestand *m* inventory, *(BE)* stock

- **Bestand** *m* **an Handelswaren** merchandise inventory
- **Bestand** *m* **an fertigen Erzeugnissen** finished goods inventory
- **Bestand** *m* **an unfertigen Erzeugnissen** work-in-progress inventory, *(AE)* work-in-process inventory

Bestandsabbau *m* decrease of inventory, liquidation of inventories, *(BE)* reduction [liquidation] of stock

Bestandsaufnahme *f* inventory, inventory count, inventory taking, stocktaking

Bestandsbewertung *f* inventory pricing, inventory valuation

- **Bestandsbewertung** *f* **zu Anschaffungskosten** inventory valuation at acquisition [purchase] cost
- **Bestandsbewertung** *f* **zu Herstellungskosten** inventory valuation at production cost

Bestandserhöhung *f* increase in inventories, inventory increase [growth]

Bestandsermittlung *f* inventory taking, stock taking

Bestandsfortschreibung *f* inventory updating

Bestandsführung *f* inventory management

Bestandskarte *f* inventory balance card, inventory record card

Bestandskartei *f* inventory file

Bestandskontrolle *f* inventory control

Bestandsliste *f* inventory, inventory list, stock list

Bestandsmehrung *f* increase in inventories, inventory growth

Bestandsminderung *f* decrease in inventories, drop in inventories, inventory decrease [reduction]

Bestandsobergrenze *f* maximum inventory level

Bestandsprüfer *m* inventory checker

Bestandsprüfung *f* inventory audit

Bestandsveränderungen *fpl (BE)* change in stock, inventory changes, changes in (finished goods) inventories, *(AE)* increase or decrease in inventories

Bestandsveränderungen *fpl* **an fertigen und unfertigen Erzeugnissen und an noch nicht abrechenbaren Leistungen** *(BE)* changes of finished goods and work in progress, *(AE)* changes in finished goods invetories and work in process

Bestandsverzeichnis *n* inventory, inventory list, (BE) stock list *(z. B. Vorräte/ e. g. inventories, stock)*, list of assets and liabilities

Bestände *mpl* inventories, inventory, merchandise on hand, *(BE)* stock, stock on hand, *(BE)* stock in trade

– **Bestände** *mpl* **abbauen** *v* destock, trim inventories

– **Bestände** *mpl* **aufnehmen** *v* inventory, take inventory, take stock

Bilanzierung *f* **der Vorräte** *mpl* balancing of stocks

chaotische Lagerhaltung *f* random warehousing

Durchschnitt *m* average, mean

– **durchschnittliche Lagerdauer** *f* average age of inventory

– **durchschnittlicher Einstandspreis** *m* average cost price

– **durchschnittlicher Lagerbestand** *m* average stock

– **Durchschnittsbestand** *m* average inventory, standard inventory

– **Durchschnittsbewertung** *m* valuation at average prices

– **Durchschnittspreis** *m* average price

– **Durchschnittswert** *m* average value

halbfertige Erzeugnisse *npl* work in progress, *(AE)* work in process

Hilfsstoffe *mpl* auxiliary material, factory supplies, manufacturing supplies, supplies

Hilfs- und Betriebsstoffe *mpl* manufacturing supplies, production supplies, *(BE)* consumables, *(AE)* supplies

Hochlager *n* high bay store

innerbetrieblicher Verrechnungspreis *m* internal transfer price, intra-company transfer price

Lagerabbau *m* inventory destocking

Lagerbereich *m* stock area, storage area

Lagerbestand *m* goods in stock, goods on hand, inventory, inventory level, level of stock, stock, stock of goods

Lagerbestandsverzeichnis *n* inventory status report

Lagerbewegung *f* inventory movement, movement of goods, stock movement

Lagerbewertung *f* inventory valuation, inventory costing

Lagerbuch *n* stock ledger, stores ledger

Lagerbuchführung *f* inventory accounting, stock accounting

Lagerbuchhaltung *f* inventory accounting department

Lagerdauer *f* days of storage, period of storage, storage period

Lagerentnahme *f* inventory withdrawal, withdrawal from stock

Lagerfachkarte *f* bin card

Lagerfähigkeit *f* ability to keeping in stock, storability

Lagerfertigung *f* make-to-stock production, production to stock

Lagerhaltung *f* stockkeeping

Lagerhaltungskosten *fpl* inventory carrying cost, stock-holding cost, storage cost, warehouse charges

Lagerhüter *m* inactive item, slow moving item, obsolete stock

Lagerkartei *f* inventory file, inventory records, stock file

Lagerkonto *n* inventory account, item account

Lagernummer *f* stock number, storage number

Lagerort *m* stock location, storage location

Lagerraum *m* storage room, storeroom, stockroom

Lagerumschlag *m* inventory turnover, stock turnover

– **Lagerumschlagshäufigkeit** *f* rate of inventory turnover, inventory turnover rate, stockturn rate

– **Lagerumschlagskennziffer** *f* *(AE)* inventory-to-sales ratio, stock turnover ratio, stockturn ratio

Lagerzugang *m* inventory addition

Materialentnahme *f* stock issue

Materialentnahmeschein *m* issue voucher, issue slip, materials issue note, materials order, materials requisition order

Materialnummer *f* stock number

Materialrückgabeschein *m* materials return slip

Menge *f* quantity

Mengeneinheit *f* quantity unit, unit of quantity

Mindestbestand *m* inventory reserve, minimum inventory level, reserve stock, safety stock [level]

Schrott *m* scrap

– **Schrotterlöse** *mpl* proceeds from sale of scrap

– **Schrottverkauf** *m* sale of scrap

– **Schrottwert** *m* salvage value, scrap value, junk value

schwer verkäuflich hard-selling, slow-moving

Schwund *m* leakage, shrinkage, ullage

Sicherheitsbestand *m* safety level, safety stock

Stückliste *f* bill of materials

Stückpreis *m* price per unit, unit price

Überalterung *f* obsolescence, overage

Überbestände *mpl* overstocking

Umschlagsdauer *f* days of turnover

unfertige Erzeugnisse *npl* work in progress, *(AE)* work in process, semifinished goods, unfinished goods *(d. h. noch nicht fertiggestellte Erzeugnisse/ i. e. items not completed at the end of period)*

Veralterung *f* obsolescence

– **veraltet** obsolete, out of date

Vorräte *mpl* goods on hand, goods in stock, stock of inventory, *(BE)* stock, *(AE)* inventories

– **Vorrätekonto** *n* inventory account, item account

– **Vorratsbewertung** *f* inventory valuation

– **Vorratsvermögen** *n* inventories

Waren *fpl* goods for resale, merchandise

– **unterwegs befindliche Ware** *f* goods in transit

– **Warenausgangsbuch** *n* sales book [journal]

– **Wareneingangsbuch** *n* purchase journal [book]

– **Wareneinkaufskonto** *n* purchase account, merchandise purchase account

– **Warenkonto** *n* merchandise account

– **Warenverkaufsbuch** *n* *s.* Warenausgangsbuch

– **Warenverkaufskonto** *n* merchandise sales account

Zunahme *f* increase

6 ## 6. Abschreibungen *fpl* und Zuschreibung *f*

abnutzbares Wirtschaftsgut *n* depreciable fixed asset

Abnutzung *f* use, wear and tear

abschreiben *v* depreciate *(materielle WG/tangible assets)*, write down *(nicht geplant und teilweise/non-scheduled and partially)*, write off *(nicht geplant und voll/non-scheduled and completely)*, deplete *(für Substanzverringerung/for depletion)*; amortize *(immaterielle WG/intangible assets)*

Abschreibung *f, steuerlich:* **Absetzung** *f* depreciation, *(BE)* capital allowance

- **Abschreibung** *f* **auf Sachanlagen** depreciation, fixed asset depreciation
- **Abschreibung** *f* **auf immaterielle Vermögensgegenstände** amortisation, *(AE)* amortization
- **Abschreibung** *f* **[Absetzung** *f***] für Substanzverringerung** *f* depletion, depletion allowance
- **Absetzung für Abnutzung** *f*, **AfA** scheduled tax depreciation, tax depreciation, tax write off
- **Absetzung** *f* **für außergewöhnliche Abnutzung, AfaA** tax depreciation due to extraordinary wear and tear
- **Abschreibung** *f* **geringwertiger Wirtschaftsgüter** *(§ 6 Abs. 2 EStG)* depreciation of low-value items, write-off of low-cost assets
- **Abschreibung** *f* **nach Leistungseinheiten** *(§ 7 Abs. 1 Satz 6 EStG)* unit-of-product depreciation, production-unit-based depreciation, units of production depreciation, *(AE)* sum of the unit method of depreciation *(US-GAAP)*
- **Abschreibung** *f* **wegen wirtschaftlicher und technischer Abnutzung** write-down for wear and tear
- **arithmetisch-degressive Abschreibung** *s.* digitale Abschreibung
- **bilanzielle Abschreibung** *f* *(§ 253 HGB)* balance sheet depreciation, book depreciation, depreciation for reporting purposes
- **Buchwertabschreibung** *f s.* degressive Abschreibung
- **degressive Abschreibung** *f* *(§ 7 Abs. 2 Satz 2 EStG)* diminishing-provision method of depreciation, diminishing method of depreciation, declining depreciation, reducing-balance depreciation; declining balance tax depreciation *(in tax law)*
- **digitale Abschreibung** *f* sum-of-the-years-digit method of depreciation
- **einheitliche Abschreibung** *f (GoB)* depreciation subject to the same treatment
- **Gebäudeabschreibung** *f* building depreciation, depreciation of buildings
- **geometrisch-degressive Abschreibung** *f s.* degressive Abschreibung
- **kalkulatorische Abschreibung** *f* imputed depreciation, cost-accounting depreciation
- **kumulierte Abschreibung** *f* accumulated depreciation
- **lineare Abschreibung** *f* straight-line (method of) depreciation
- **Mengenabschreibung** *f s.* unit-of-production depreciation
- **periodische Abschreibung** *f s.* pro-rata-temporis depreciation, periodic depreciation
- **planmäßige Abschreibung** *f* *(§ 253 Abs. 2 Satz 1 HGB)* depreciation, regular depreciation, normal depreciation, scheduled depreciation, systematic depreciation,

- **progressive Abschreibung** *f* increasing (method of) depreciation, progressive depreciation
- **Sonderabschreibung** *f* accelarated depreciation, special tax depreciation
- **steuerliche Abschreibung** *f (§§ 6 und 7 EStG)* tax depreciation, tax write-off, depreciation for wear and tear, depreciation for income tax purposes
- **teilweise außerplanmäßige Abschreibung** *f* write down
- **vollständige außerplanmäßige Abschreibung** *f* write off

Abschreibung *f* **der Aufwendungen für die Ingangsetzung und Erweiterung des Geschäftsbetriebs** amortization of business start-up and expansion expenses

Abschreibung *f* **auf Basis der Wiederbeschaffungskosten** replacement method of depreciation

Abschreibung *f* **auf Vorräte** inventory depreciation

- **teilweise Abschreibung** *f* **auf Vorräte** inventory depreciation, write-down of inventories
- **vollständige Abschreibung** *f* **auf Vorräte** inventory write-off, write-off of inventories

Abschreibung *f* **auf uneinbringliche Forderungen** writedown of uncollectable receivables

Abschreibung *f* **auf Forderungen** write-down of bad or doubtful accounts

Abschreibung *f* **aus bilanzpolitischen Gründen** policy depreciation

Abschreibung *f* **des Geschäfts oder Firmenwerts** *(§ 244 Abs. 4 HGB, § 7 Abs. 1 Satz 3 EStG)* amortization of goodwill

Abschreibung *f* **für das laufende Jahr** depreciation for the (current) year

Abschreibung *f* **vom Wiederbeschaffungswert** replacement method of depreciation

Abschreibung *f* **wegen technischer Veralterung** obsolescence write-down, write-down due to technical obsolescence

Abschreibung *f* **wegen wirtschaftlicher und technischer Abnutzung** *(§ 7 Abs. 1 Satz 7 EStG)* write-down for wear and tear

Abschreibungen *fpl* **auf fertige Erzeugnisse** inventory adjustments to finished goods, write-down on finished goods

Abschreibungen *fpl* **auf Finanzanlagen** depeciation on financial assets

Abschreibungen *fpl* **auf Finanzanlagen und Wertpapiere des Umlaufvermögens** write-down of financial assets and marketable securities

Abschreibungen *fpl* **auf unfertige Erzeugnisse** *(GoB)* inventory adjustments on unfinished goods, *(AE)* inventory adjustments to work in process

Abschreibungen fpl **aus bilanz- oder finanzpolitischen Gründen** policy depreciation

Abschreibungen *fpl* **des Geschäftsjahres** depreciation for the year

Abschreibungsarten *fpl* types of depreciation

Abschreibungsaufwand *m* depreciation expense

Abschreibungsbasis *f* depreciation base

Abschreibungsbedarf *m* depreciation requirements

Abschreibungsbetrag *m* amount of depreciation; depreciation allowance *(im Steuerrecht/in tax law)*

Abschreibungsdauer *f* period of depreciation

abschreibungsfähig depreciable *(materielle WG/tangible assets)*, amortizable *(immaterielle WG/intangible assets)*

Abschreibungskorrektur *f* adjustment of depreciation

Abschreibungsmethode *f* depreciation method, depreciation procedure

Abschreibungsmöglichkeiten *fpl* depreciation facilities, write-off facilities, write-off possibilities

abschreibungspflichtig compulsory depreciation, obligatory depreciation, subject to mandatory depreciation

Abschreibungsplan *m* depreciation schedule, depreciation programme, *(AE)* depreciation program

Abschreibungspolitik *f* depreciation policy

Abschreibungsprozentsatz *m* depreciation rate

Abschreibungsquote *f* annual depreciation rate, annual depreciation per period

Abschreibungssatz *m* depreciation rate, rate of depreciation

Abschreibungssatz *m*/**konstanter** fixed-rate of depreciation

Abschreibungstabellen *fpl* depreciation-rate tables, depreciation tables, *(AE)* guideline lives

Abschreibungsursachen *fpl* causes of expiration of original costs, factors of depreciation

Abschreibungsverfahren *n* depreciation method [procedure]

Abschreibungsvergünstigungen *fpl* depreciation privileges

Abschreibungsvolumen *n* depreciable amount, depreciation capacity

Abschreibungswagnis *n* depreciation risk

Abschreibungszeitraum *m* period of depreciation, depreciation period

abwerten *v* devalue

Abwertung *f* devaluation, write-down

Abwertungsverlust *m* impairment loss

ausgeschiedenes Wirtschaftsgut *n* retired asset

außergewöhnlicher Verschleiß *m* extraordinary wear and tear

außerordentliche Abschreibung *f* extraordinary depreciation

außerplanmäßige Abschreibung *f* irregular depreciation, non-scheduled depreciation, unplanned depreciation *(§ 253 Abs. 3 HGB, IAS 36)*

bewegliche Sache *f* chattel, movable, movable object [property]

bewegliche Vermögensgegenstände *mpl* [**Wirtschaftsgüter** *npl*] chattels, movable assets, movable property, movables

dauerhafte Wertminderung *f* permanent diminuation in value, permanent impairment

Erinnerungsposten *m*, **Erinnerungswert** *m* memo item, memorandum item, pro memoria figure, pro memo figure

Fortschreibung *f* updating

fortgeschriebener Buchwert *m* book value brought [carried] forward, net book value

Höchstabschreibung *f* write-off ceiling

jährlicher Abschreibungsbetrag *m* annual charge of depreciation, annual amount of depreciation

kumulierte Abschreibungen *fpl* accumulated depreciation, cumulative depreciation, (cumulative) amortization and write-downs

kurzlebig of short working life

nicht abgeschriebener Rest *m* unamortized balance

nicht abnutzar nonwasting

Normalabschreibung *f* ordinary depreciation, standard depreciation

normaler Verschleiß *m* ordinary wear and tear

Restbuchwert *m* net book value, carrying amount, depreciated book value, residual (book) value *(IAS 16.46)*

Restlebensdauer *f* remaining life expectancy, remaining useful life, unexpired life

Restnutzungsdauer *f* s. Restlebensdauer

Restwert *m* recovery value, residual value, salvage value, scrap value, terminal value

– **Restwertabschreibung** *f* s. (geometrisch-) degressive Abschreibung

Substanzverringerung *f* depletion

technisch bedingte Wertminderung *f* wear and tear

technischer Fortschritt *m* engineering progress

technischer Verschleiß *m* use

technischer Wandel *m* technological changes

technisch-wirtschaftlich überholt *(§ 7 Abs. 1 Satz 7 EStG)* obsolete

Teilwert *m* going concern value, partial value

– **Teilwertabschreibung** *f* partial write-down, write-down to fair value, write-down to going concern value, write-down to the lower going concern value

– **Teilwertvermutung** *f* going concern value assumption [presumption]

Überalterung *f* obsolescence, overage

unübliche Abschreibungen *fpl* **auf Vermögensgegenstände des Umlaufvermögens** *(§ 275 Abs. 2 Nr. 7b HGB)* exceptional amounts written off current assets

verbrauchsbedingte Abschreibung *f* production-basis depreciation, production-basis method, service-output depreciation

verteilbarer Abschreibungsaufwand *m* depreciable cost

Wertaufholung *f* increase in value, reinstated write-down, reinstatement of original values, revaluation, reversal of impairment (loss), write-up, reversal of write-down, step-up, value make-good *(IAS 36)*; increased valuation *(im Steuerrecht/in tax law)*

– **Wertaufholungsgebot** *m (§ 280 HGB)* requirement to reinstate original values, requirement to reverse write-downs *(wenn die Gründe für die Abschreibung entfallen sind/where the reasons for them no longer exist)*

Wertberichtigung *f* **(auf)** valuation adjustment, value adjustment, valuation adjustment reserve, valuation allowance, allowance provision (for, on)

– **Pauschalwertberichtigung** *f* general provision, global valuation adjustment, lump-sum valuation adjustment

– **Wertberichtigung** *f* **auf Anlagenvermögen** valuation adjustment reserve for [on] fixed assets, valuation adjustment on tangible assets

– **Wertberichtigung** *f* **auf Beteiligungen** allowance on investments, allowance on share holding, allowance for loss on investments, valuation allowance for investments

– **Wertberichtigung** *f* **auf Finanzanlagevermögen** indirect writedown of permanent investment

– **Wertberichtigung** *f* **auf Umlaufvermögen** current-asset valuation adjustment, valuation allowance for current assets

– **Wertberichtigung** *f* **auf Vorräte** inventory valuation adjustment [allowance]

– **Wertberichtigung** *f* **auf zweifelhafte Forderungen** allowance for doubtful accounts, del credere account, doubtful accounts valuation adjustment, valuation allowance for accounts receivable

– **Wertberichtigungskonto** *n* contra account, valuation adjustment account

– **Wertberichtigungsposten** *m* valuation adjustment item

zeitanteilige Abschreibung *f* pro-rata-temporis depreciation, systematic writedown, period depreciation

zuschreiben *v* write up, revaluate

Zuschreibung *f* s. Wertaufholung

7 ## 7. Rücklagen *fpl*

auflösbare Gewinnrücklagen *fpl* distributable revenue reserves

auflösen *v* dissolve, retransfer, reverse, release

Auflösung *f* dissolution, release, reversal, retransfer

– **Auflösung** *f* **stiller Reserven** realization of hidden reserves

– **Auflösung** *f* **von Rücklagen** release [reversal] of reserves

Aufwendungen *pl* **aus der Einstellung in den Sonderposten mit Rücklageanteil** cost of transfer to special tax-allowable reserve

bilden *v* **einer Rücklage** create a reserve, set up a reserve

Bildung *f* **von Rücklagen** establishment of reserves, formation of reserves, set-up [setting-up] of reserves

Reserven *fpl* reserves

– **Reserven** *fpl*, **die in guten Jahren gebildet und in schlechten Jahren aufgelöst werden** cookie jar reserves

– **stille Reserven** *fpl* hidden reserves, undisclosed assets, conceiled reserves, off-balance-sheet reserves

– **aufgelöste stille Reserven** *fpl* realized hidden reserves

Rücklage *f* reserve, appropriated retained earnings

– **andere Gewinnrücklagen** *fpl* other revenue reserves

– **freie Rücklagen** *fpl* free reserves, reserves at disposal, unappropriated reserves, voluntary reserves

– **Gewinnrücklagen** *fpl* appropriated retained earnings, appropriated surplus, earned surplus, retained earnings, revenue reserves

– **Kapitalrücklage** *f (§ 272 Abs. 4 HGB)* additional paid-in capital, capital reserves, capital surplus, *(BE)* share premium amount

– **Neubewertungsrücklage** *f* revaluation reserve, revaluation surplus *(IAS 16.37)*

– **offene Rücklagen** *fpl* disclosed reserves, open reserves

– **Reinvestitionsrücklage** *f (R 6.6 EStR)* reinvestment reserve, replacement reserve

– **Rücklage** *f* **für eigene Anteile** *f (§ 272 Abs. 4 HGB)* capital redemption reserve, reserve for own shares, reserve for treasury shares, *(AE)* reserve for treasury stocks

– **Rücklage** *f* **für Ersatzbeschaffung** *s.* reinvestment reserve

– **Rücklage** *f* **für nicht realisierte Gewinne** *f* accumulated other comprehensive income

– **Rücklage** *f* **für Reinvestitionen** *s.* replacement reserve

– **Rücklage** *f* **für Veräußerungsgewinne** *(§ 6 EStG)* capital gains reserve

– **Sonderrücklage** *f* special purpose reserve

– **statuarische Rücklagen** *fpl* statutory reserves, reserves provided for by the articles of the association

– **steuerfreie Rücklage** *f* nontaxable accrual, untaxed reserve

– **versteckte Rücklagen** *fpl* conceiled reserves, hidden reserves

– **Wertaufholungsrücklage** *f* write-up reserve, revaluation reserve

– **zweckgebundene Rücklage** *f* appropriated reserve, special purpose reserve

Rücklage erfolgswirksam auflösen *v* retransfer reserve to taxable income

Rücklagen auflösen *v* dissolve [liquidate, retransfer, reverse] reserves, write back reserves

Rücklagenauflösung *f* liquidation [retransfer, reversal] of reserves

Rücklagen bilden *v* accumulate reserves, build up reserves, establish reserves, form reserves, set up reserves

Rücklagenbildung *f* **(für)** forming of reserves, setting-up reserves, set-up of reserves (for)

Rücklagen dotieren *v* add [transfer] to reserves

Rücklagendotierung *f* allocation [transfer] to reserves, funding of reserves, appropriation [charge] to reserves

Rücklagenkonto *n* reserve account

Rücklagenzuweisung *f s.* Rücklagendotierung

Sonderposten *mpl* special reserves

Sonderposten *m* **mit Rücklageanteil** *(§ 247 Abs. 3 HGB)* special reserve with an equity portion, special tax-allowable reserve, untaxed reserve

– **Rücklage** *f* **für Ersatzbeschaffung** *(R 6.6 EStR)* replacememt reserve

– **Rücklage** *f* **für Veräußerungsgewinne** *(§ 6b EStG)* capital gains reserve, reinvestment [replacement] reserve

Zuführung *f* **zu den Rücklagen** appropriation [allocation] to reserves, transfer to reserves, setup of reserves

zuführen, zuweisen *v* allocate, allot, appropriate, assign, form

8. Rückstellungen *fpl* 8

auflösen *v* **einer Rückstellung** liquidate a provision, retransfer [reverse] a provision, *(AE)* retransfer [reverse] an accrual

Auflösung *f* **von Rückstellungen** reversal of accruals, reversal of accrued liabilities

aufstocken *v* increase

bilden *v* **einer Rückstellung** accrue a provision, form a provision, set up provisions

Bildung *f* **von Rückstellungen** forming of provisions, *(AE)* forming of accruals, set-up of provisions, set-up of accrued liaibilities, transfer to provisions

Drohverlustrückstellung *f (BE)* provision for contingent losses, *(AE)* accrual for contingent losses

Pensionsrückstellungen *fpl (BE)* provisions for pensions and similar obligations, *(AE)* accruals for pensions and similar obligations *(IAS 37.85)*

Rückstellung *f (§ 249 HGB)* accrued liability, liability reserve, operating reserve, *(AE)* accrual, *(BE)* provision, liability provision *(IAS 37)*

– **Rückstellung** *f* **für drohende Verluste** *s.* Drohverlustrückstellung

– **Rückstellung** *f* **für Ertragsteuern** accrued income taxes, *(BE)* provision for income taxes

– **Rückstellung** *f* **für Eventualverbindlichkeiten** *s.* Rückstellung für ungewisse Verbindlichkeiten

– **Rückstellung** *f* **für Gewährleistungen** *(BE)* provision for warranties, *(AE)* accrual for warranties

– **Rückstellung** *f* **für künftig fällige Provisionen** reserve for accrued commissions

– **Rückstellung** *f* **für Pensionen** *(RüSt) (AE)* accrual for pensions, *(BE)* provision for pensions

– **Rückstellungen** *fpl* **für Pensionen und ähnliche Verpflichtungen** pension reserves and similar obligations, *(AE)* accruals for pensions and similar obligations, *(BE)* provisions for pensions and similar obligations *(IAS 37.85)*

– **Rückstellung** *f* **für Restrukturierungsverpflichtungen** provision for restructuring costs

– **Rückstellung** *f* **für ungewisse Verbindlichkeiten** *f (§ 249 Abs. 1 HGB)* provision for contingencies, contingency reserve, *(AE)* accrued contingencies *(IAS 37)*

– **Rückstellung** *f* **für unterlassene Aufwendungen für Instandhaltung** *f* provision for deferred repairs and maintenance

– **Rückstellung** *f* **für Verluste aus schwebenden Geschäften** *s.* Drohverlustrückstellung

Rückstellungsfehlbetrag *m* under-accrual

Steuerrückstellung *f (BE)* provision for taxation [taxes], *(BE)* tax provision, *(AE)* accrued taxes, *(AE)* tax accruals

– **Steuerrückstellung** *f* **für kurzfristige Ertragsteuern** current tax provision

– **Steuerrückstellung** *f* **für latente Steuern** tax liabilities from deferred taxes, deferred tax liabilities, *(BE)* provisions for deferred taxes, *(AE)* accruals for deferred taxes, accrued deferred taxes

Zuweisung *f* **zu den Rückstellungen** appropriation [allocation] to provision accounts, forming of provisions, *(AE)* allocation to accrual accounts, forming of accruals, setup of accruals

9 ## 9. Bilanzierungshilfen *fpl*

Aktiver Steuerabgrenzungsposten *m (§ 274 Abs. 2 HGB)* deferred taxes, deferred tax asset

Aufwendungen *fpl* **für die Ingangsetzung und Erweiterung des Geschäftsbetriebs** *(§ 269 HGB)* start-up and business expansion expenses

Disagio *n (§ 250 Abs. 3 HGB, § 5 Abs. 5 Satz 1 Nr. 1 EStG)* disagio, debt [loan] discount, loan premium

Firmenwert *m* goodwill

– **derivativer Firmenwert** *m* *(§ 255 Abs. 4 HGB, § 5 Abs. 2 i. V. m. § 6 Abs. 1* Nr. 1 EStG) acquired [purchased] goodwill

– **negativer Firmenwert** *m* bad will

– **originärer Firmenwert** self-generated goodwill

Passiver Steuerabgrenzungsposten *m* deferred tax liabilities

10. Inventur *f*, Inventar *n* 10

Bestandsberichtigung *f* inventory adjustment

Bestandsdifferenz *f* inventory discrepancy, *(BE)* stock difference

Buchinventur *f* book inventory

aufnehmen *v* **der Bestände** inventory, take inventory, *(BE)* take stock

Fehlbestand *m* deficiency, deficit, shortage, shortfall, *(BE)* stock-out

Inventar *n* inventory, inventory records; list of assets, liabilities and net assets

Inventarbuch *n* inventory book, inventory register, (BE) stock book

Inventarliste *f* inventory, inventory list

Inventur *f* inventory, inventory taking, (BE) stocktaking

Inventur *f* **machen** *v* take inventory, (BE) take stock

Inventuraufnahmeblatt *n* inventory sheet

Inventurbeleg *m* inventory document, (BE) stock taking voucher

Inventurdifferenz *f* inventory difference, inventory discrepancy, inventory variance, (BE) stock difference

Inventurprüfung *f* inventory audit

Inventurrichtlinien *fpl* inventory guidelines, inventory rules, *(BE)* stocktaking rules

Inventurstichtag *m* inventory date

Inventurvereinfachungsverfahren *npl* inventory relief methods

Jahresinventur *f* annual inventory, closing inventory, year-end inventory

körperliche Inventur [Bestandsaufnahme] *f* physical inventory taking

messen *v* measure

permanente Inventur *f* continuos [perpetual, running] inventory

Saldenbestätigung *f* confirmation of accounts (receivable), confirmation of balance, position confirmation, statement of balance

schätzen (auf) *v* estimate, evaluate, value (at)

Schätzung *f* appraisal, estimate, estimation, guess

– **grobe Schätzung** *f* rough estimate

– **vorsichtige Schätzung** *f* conservative estimate

Schätzwert *m* appraised value, estimated value, estimate

Schlussinventar *n* closing inventory

Schulden *fpl* liabilities, debts

Stichprobe *f* sample test, sample

Stichprobeninventur *f* random test inventory, sampling inventory

Stichprobenprüfung *f* random check, sampling, spotcheck, statistical sampling

Stichprobenumfang *m* sample size

Stichprobenverfahren *n* audit sampling *(in der Abschlussprüfung)*

Stichprobenverteilung *f* sampling distribution

Stichtag *m* cut-off date, deadline, key date, qualifying date

Stichtagsinventur *f* end-of-period inventory, periodical inventory

Reinvermögen *n* net assets, net worth, owner's claims, owner's equity

Vermögenswerte *mpl* assets, property

wiegen *v* weigh

Zählverfahren *n (Lag)* counting procedure

zeitlich verlegte Inventur *f* deferred inventory

zeitnah zum Bilanzstichtag fast close to balance sheet date

zeitnahe Inventur *f* fast-close-to-balance-sheet-date inventory

11 11. Ansatz *m* und Bewertung *f*

Abweichung *f* **von der einheitlichen Bewertung** departure from uniform measurement

Abwertung *f* impairment, write-down

Abzinsung *f* discounting, deduction of unaccrued interest

Aktivierung *f (AE)* capitalization, *(BE)* capitalisation, carrying as an asset

Aktivierungsgebot *n*, **Aktivierungspflicht** *f* legal obligation to capitalize

Aktivierungsverbot *n* legal prohibition to capitalize, prohibition on recognition

Aktivierungswahlrecht *n* option to capitalize, recognition option

allgemeine Bewertungsprinzipien *npl* general measurement principles

alternativ zulässige Behandlung *f* allowed alternative treatment

Änderung *f* **der Bilanzierungs- und Bewertungsmethoden** accounting changes, changes in accounting policies

Änderung *f* **der Gliederung oder Bezeichnung** change in classification or headings

Angabepflicht *f* duty to disclosure, disclosure requirement

Angabepflichten *fpl* **im Anhang** required notes disclosures

angemessene Darstellung *f* fair presentation

angemessener Wert *m* fair value, fair market value

angemessene Sorgfalt *f* due care, due diligence, ordinary diligence

Annahme *f* **der Fortführung der Unternehmenstätigkeit** going concern assumption

Ansatz *m* capitalization, recognition, reporting

– **Ansatz** *m* **der Höhe nach** reported amount

– **Ansatz** *m* **und Bewertung** *f* recognition and measurement

– **Ansatz- und Bewertungsvorschriften** *fpl* recognition and measurement principles

Ansatzvorschriften *fpl* capitalization rules, recognition rules

Anschaffungskosten *pl* initial cost, original cost, cost of acquisition, cost of investment, historical cost

Anschaffungskostenprinzip *f* historical cost principle, historical cost convention, *(AE)* cost model concept

Anschaffungs- oder Herstellungskosten *fpl* cost, cost of asset, historical cost, original cost, purchase and [or] production cost

– **zu Anschaffungs- oder Herstellungskosten** at cost

Aufdeckung *f* **stiller Reserven** realization of hidden reserves

aufgegebene Geschäftsbereiche *mpl* discontinued operations

aufwerten *v* revaluate

Ausgewogenheit *f* **der Grundsätze** balance between qualitative characteristics (and cost)

ausüben *v* carry out, exercise, perform, practice, *(AE)* practise

Ausweis *m* statement, presentation, reporting, showing *(z. B. der Bilanzposten/e. g. of balance sheet items)*

ausweisen *v* carry *(z. B. als besonderen Posten/e. g. in a separate heading)*, present, report, recognize, show *(z. B. in der Bilanz/e. g. on the balance sheet)*

– **gesondert ausweisen** *v* present separately

Ausweispflicht *f* disclosure requirement

Barwert *m* cash value, current value, net present value, present value

beibehalten *v* retain *(Bewertungspolitik/ measurement policies);* roll forward *(z. B. stille Reserven/e. g. hidden reserves)*

Beibehaltungswahlrecht *n* **des niedrigeren Wertansatzes** lower carrying amount to be retained

beizulegender Wert *m* attributable value, fair value

– **beizulegender Zeitwert** *m* **abzüglich Verkaufskosten** fair value less costs to sell

– **niedrigerer beizulegender Wert** *m* net realisable value

bewerten *v* appraise, evaluate, measure, valuate, value, cost

– **einzeln bewerten** *v* measure on an item-by-item basis

– **vorsichtig bewerten** *v* measure prudently

Bewertung *f* appraisal, evaluation, measurement, valuation

– **Bewertung** *f* **nach dem Stuttgarter Verfahren** appraisal following the Stuttgart formula

– **Bewertung** *f* **zu Anschaffungs- oder Herstellungskosten** purchase price or cost of production valuation, valuation at historical cost, valuation on the basis of acquisition or production, valuation at acquisition or production cost

– **Bewertung** *f* **zu Durchschnittspreisen** average cost valuation

– **Bewertung** *f* **zu festen Verrechnungspreisen** standard cost valuation

– **Bewertung** *f* **zum beizulegenden Wert** fair value method of depreciation, fair value measurement

– **Bewertung** *f* **zum Festwert** constant value measurement

– **Bewertung** *f* **zum Niederstwert** valuation at the lower of cost or market

– **Bewertung** *f* **zum Tageswert** current price valuation, market price valuation

– **Bewertung** *f* **zum Wiederbeschaffungspreis** *f* valuation at replacement cost, replacement cost valuation

– **Bewertung** *f* **zum Zeitwert** fair value measurement

Bewertungsfreiheit *f* discretionary valuation

Bewertungskontinuität *f* continuity of valuation

Bewertungsmethode *f* valuation method, method of valuation, measurement policy, technique for the measurement of cost

Bewertungsinkonsistenz *f* accounting mismatch

Bewertungsvereinfachungsverfahren *fpl* simplified measurement methods [options]

Bewertungsverfahren *n* **der Sammelbewertung oder Verbrauchsfolgebewertung** cost formula

Bewertungswahlrecht *n* valuation option

Bilanzansatz *m* balance sheet value, carrying amount, carrying value

Bilanzgliederung *f* balance sheet classification [format], balance sheet structure, layout of balance sheet

Bilanzidentität *f* balance sheet continuity

bilanzieren *v* capitalize, show in [on] the balance sheet

Bilanzierungsverbot *n* prohibition of recognition

Bilanzierungswahlrecht *n* option to capitalize, option to show in [on] the balance sheet

Bilanzklarheit *f* principle of unambiguous presentation of balance sheet items

Bilanzkontinuität *f* continuity of balance sheet presentation

Bilanzverständlichkeit *f* understandability

Bilanzvollständigkeit *f* completeness

Bilanzwahrheit *f* faithful presentation

Bilanzwahrheit *f* **und Bilanzvollständigkeit** *f* reliability

Bilanzzusammenhang *m* continuity of balance sheet presentation

Darstellung *f* presentation *(z. B. des Jahresabschlusses/e. g. of financial statements)*

– **angemessene Darstellung** *f* fair presentation, *(BE)* true and fair view

– **glaubwürdige Darstellung** *f* faithful presentation

detaillierte Aufstellung *f* breakdown, detailed list

detaillierte Berichterstattung *f* detailed reporting

Durchschnittsbewertung *f* valuation at average prices

– **gewogener Durchschnittspreis** *m* weighted average cost

– **gleitender Durchschnittspreis** *m* moving average cost

Einzelbewertung *f* itemized measurement, item-by-item valuation, single-asset valuation

Einzelwertberichtigung *f* itemized valuation allowance

Ereignisse *npl* **nach dem Bilanzstichtag** events after the balance sheet date

Erinnerungsposten *m* memo item, memorandum item, pro memoria figure

Festbewertung *f* constant measurement, valuation based on standard values and quantities

fifo *(§ 256 HGB)* first in – first out

Folgebewertung *f* subsequent measurement *(IAS 16.28)*

Fremdwährungsumrechnung *f* translation of foreign currencies, foreign currency translation

Gängigkeitsbewertung *f* marketability valuation

Gegenwartswert *m* current value

gemeiner Wert *m* fair market value

Grundsatz *m* principle, policy, *(AE)* concept

– **Grundsatz** *m* **der Bilanzklarheit** principle of fair [unambiguous] presentation

- **Grundsatz** *m* **der Einzelbewertung** principle of single-asset valuation
- **Grundsatz** *m* **der Periodenabgrenzung** accrual basis accounting, matching principle, *(AE)* accruals concept
- **Grundsatz** *m* **der Stetigkeit** consistency (principle), *(AE)* consistency (concept)
- **Grundsatz** *m* **der Unternehmensfortführung** going concern principle, *(AE)* going concern concept
- **Grundsatz** *m* **der Vollständigkeit** completeness (principle), *(AE)* completeness (concept)
- **Grundsatz** *m* **der Vorsicht** accounting principle of prudence, prudence principle, *(AE)* prudence concept
- **Grundsatz** *m* **der Wesentlichkeit** materiality principle, principle of materiality, *(AE)* materiality concept
- **Grundsatz** *m* **der Willkürfreiheit** neutrality principle
- **Grundsatz** *m* **der Wirtschaftlichkeit** balance between benefit and cost

Grundsätze *mpl* Standards, Framework

- **Grundsätze** *mpl* **ordnungsmäßiger Buchführung (und Bilanzierung)** *fpl* accounting principles, principles of an orderly and adequate book-keeping, financial accounting standards, financial reporting standards, *(AE)* generally accepted accounting principles, GAAP
- **Grundsätze** *mpl* **zur Bilanzierung, Bewertung und Dartellung in Abschlüssen** *(BE)* Financial Reporting Standards

Gruppenbewertung *f (R 6.8 Abs. 5 EStR)* aggregated (group) measurement, category valuation, composite method of valuation, group valuation, group-of-asset valuation

Handelsbrauch *m* business usage, commercial practice, custom of the market [trade], mercantile custom, trade practice [custom, usage]

hifo highest in – first out

innerer Wert *f* intrinsic value

irreführende Darstellung *f* misrepresentation

kaufmännische Sorgfalt *f* care [diligence] of a prudent businessman

kaufmännische Vorsicht *f* commercial conservatism [prudence]

merkantiler Minderwert *m* loss in value upon resale, reduced market value

Merkposten *m* memo item, memorandum item, pro memoria figure

Mindestbewertung *f* minimum valuation

Mussvorschrift *f* mandatory provision, obligatory disposition (provision)

Neubewertung *f* revaluation

Neubewertungsmethode *f (AE)* revaluation method

Niederstwert *m* lower of cost or market value

Niederstwertprinzip *n* principle of the lower of cost or market valuation, lower of cost or market method [principle], *(AE)* lower of cost or market concept

- **gemildertes Niederstwertprinzip** *n* less strict principle of lower of cost or market value
- **strenges Niederstwertprinzip** *n* strict principle of lower of cost or market value

Niederstwerttest *m* impairment test

Nutzwert *m* utility value, value in use

Ordnungsmäßigkeit *f* adequacy, correctness, due diligence

Passivierungspflicht *f*, **Passivierungsgebot** *n* mandatory accrual, obligation to carry as liability, requirement to accrue

Passivierungsverbot *n* legal prohibition to accrue

Passivierungswahlrecht *n* option to accrue, option to show or not to show items on the liabilities side

Publizitätspflicht *f* duty to disclose, statutory disclosure requirement

Realisationsprinzip *n* realization rule, revenue recognition principle, *(BE)* realisation principle, *(AE)* realization concept

Realisationswert *m* realizable value, value on realization, recovery value

retrograder Wert *m* net realisable value, *(AE)* net realizable value

Richtwert *m* guideline value, *(im Steuerrecht/in tax law:)* comparative value

Saldierungsverbot *n* prohibition to offset assets against liabilities and earnings against expenes

Schrottwert *m* salvage value, scrap value, junk value

sehr unwahrscheinlich remote

sehr wahrscheinlich highly probable

Sofortabschreibung *f* write-off in full, immediate write-off, immediate charge-off

Sorgfalt *f* care, diligence

– **angemessene Sorgfalt** *f* due care, due diligence, ordinary diligence

– **Sorgfalt** *f* **eines ordentlichen Kaufmanns** due care and diligence of a prudent businessman, care taken by a prudent mercantile trader, diligence of a careful mercantile trader

Stetigkeit *f* continuity, consistency

– **Stetigkeit** *f* **der Darstellung** consistency of presentation

– **Stetigkeitsprinzip** *n* consistency concept [principle]

steuerliche Bewertungsvorschriften *fpl* tax valuation rules

steuerliche Gestaltungsfreiheit *f* freedom to shape taxable transactions

steuerliche Sonderabschreibung *f* accelerated tax write-off, special depreciation for tax purposes, fast tax write-off

steuerlicher Wertansatz *m* tax basis, tax valuation, tax value

steuerrechtlich in terms of fiscal law, relating to fiscal law, under the tax laws

– **steuerrechtliche Bewertung** *f* tax valuation, tax-based valuation, valuation for tax purposes

– **steuerrechtliche Vorschriften** *fpl* tax provisions [regulations], tax rules

Stichtagskursmethode *f* current rate method

Tageswert *m* current value, current cost, fair value, market value, present value

Tauschwert *m* exchange value

Teilwert *m* going concern value, partial value

Teilwertvermutung *f* going concern value assumption [presumption]

übergeordnetes Prinzip *n* overriding principle *(z. B. ein den tatsächlichen Verhältnissen entsprechendes Bild/e. g. true and fair view)*

umgekehrte Maßlichkeit *f* reverse authority *(d. h. Übernahme der steuerlichen Bewertung in die Handelsbilanz, damit sie in der Steuerbilanz anerkannt wird/ i. e. tax dictates financial accounting – tax accounting principles are adopted in financial statements in order for them to be accepted in the tax accounts)*

Umrechnungskurs *m* exchange rate, foreign exchange rate

Unternehmensfortführungsfiktion *f* going concern principle

Veräußerungswert *m* proceeds on disposal, realisable value, recovery value, settlement value, value on realization

Verbrauchsfolgebewertung *f* valuation according to the sequence of moving of units

Verlässlichkeit *f* reliability

Verlässlichkeitsprinzip *n* reliability principle, *(AE)* reliabiity concept

Verrechnungsverbot *n* prohibition to offset assets against liabilities and earnings against expenes

Verständlichkeit *f* understandability

Vorsicht *f* prudence

Vorsichtsprinzip *n* principle of prudence, prudence principle, prudence concept, *(AE)* conservatism concept

Wahlrecht *n* option

– **Wahlrecht** *n* **des beizulegenden Wertes** fair value option

wahrheitsgemäße Darstellung *f (GoB)* faithful presentation

wahrscheinlich *(GoB)* probable

– **sehr wahrscheinlich** highly probable

Wahrscheinlichkeit *f* probability

Wertberichtigung *f* **(auf)** valuation adjustment, value adjustment, valuation adjustment reserve, valuation allowance, allowance provision (for, on)

Werthaltigkeitstest *m* impairment test

Wertminderungen *fpl* **von Vermögensgegenständen** impairment of assets

Wertminderungsverlust *m* impairment loss

Wesentlichkeit *f* materiality

Wesentlichkeitsgrundsatz *m* materiality principle

Wiederbeschaffungskosten *fpl* replacement cost

Willkürfreiheit *f* neutrality

Zeitnähe *f* timeliness

Zeitwert *m* current value, current cost, fair value, market value, market price, present value

Zeitwert *m* **abzüglich Veräußerungskosten** fair value less cost to sell

zulässig admissible, allowed, permitted, permissible

– **zulässige Alternativmethode** *f* allowed alternative treatment

zum Bilanzstichtag *m* on balance sheet day

zum Nennwert *m* at par

zum Anschaffungs- oder Herstellungskostenwert *m* at cost

Zuschreibungsgebot *n* *s.* Wertaufholungsgebot unter 6. Abschreibungen

zwingend binding, compulsory, mandatory, obligatory

zwingendes Recht *n* binding law, mandatory law

12. Betriebsübersicht *f*, Hauptabschlussübersicht *f* 12

Betriebsübersicht *f* balance sheet in schedule form, condensed tabular statement of balance sheet figures, work sheet

Doppelspalte *f* double column

Eröffnungsbilanz *f* opening balance sheet

Erfolgsbilanz *f* profit and loss statement, income statement, balances of expense and income [revenue] acccounts

Habenseite *f* credit side

Hauptabschlussübersicht *f s.* Betriebsübersicht

Inventurbilanz *f* statement of inventory results

Kontenbezeichnung *f* account title

Kontonummer *f* account number

Probebilanz *f* trial balance sheet

Rohbilanz *f s.* Inventurbilanz

Saldenbilanz *f* list of (general ledger) balances

Sollseite *f* debit side

Summenbilanz *f* balances of credit and debit sums

Umbuchungsbilanz *f* book transfer balances, repostings

Umsatzbilanz *f* statement of accounts transactions

13 ## 13. Konzernrechnungslegung *f*

abhängige Gesellschaft *f* controlled [dependent] company

Anhang *m* **zum Konzernabschluss** notes to group fianancial statements, *(BE)* notes to consolidated accounts

Anteile *fpl* **an assoziierten Unternehmen** s. Anteile an verbundenen Unternehmen

Anteile an verbundenen Unternehmen investment(s) in associates; *(BE)* shares in group undertakings, *(BE)* shares in affiliated companies

anteilmäßige Konsolidierung *f* pro rata consolidation, proportional consolidation, quota consolidation

Anteilsbesitz *m* share holding(s), share ownership

Anteilseinbringung *f* contribution of shares, *(AE)* contribution of stocks

Anteilserwerb *m* share purchases

Anteilspaket *n* block of shares

Anteilstausch *m* share exchange, share swap, share-for-share exchange

Aufwands- und Ertragskonsolidierung *f* consolidation of revenue and expenditure

Aufwendungen *pl* **aus Beteiligungen** expenses on participating interests

Aufwendungen *pl* **aus Gewinnabführungsverträgen** expenses from profit transfer agreements

ausländischer Geschäftsbetrieb *m* foreign operation

ausländisches Tochterunternehmen *n* foreign subsidiary, foreign operation

Ausleihungen *fpl* **an Unternehmen, mit denen ein Beteiligungsverhältnis besteht** loans to companies in which the company has a participating interest, *(AE)* loans to companies in which participations are held

Ausleihungen *fpl* **an verbundene Unternehmen** loans to group undertakings, loans to affiliated companies

befreiende Wirkung *f* exempting effect

beherrschendes Unternehmen *n* controlling company, dominant enterprise

beherrschtes Unternehmen *n* controlled company [enterprise]

Beherrschungsvertrag *m* dependency [control] agreement

Beteiligung *f***/wechselseitige** crossholdings

Beteiligungsbesitz *m* shareholdings, *(AE)* stock ownership

Beteiligungsbuchwert *m* carrying amount of investment

Beteiligungsgesellschaft *f* affiliated company

Beteiligungsquote *f* participation quota, proportionate equity interest

Beteiligungsverhältnis *n* participating interest, shareholding relationship

Bilanzkonsolidierung *f* consolidation of balance sheets

Billigung *f* **des Konzernabschlusses** approval of consolidated financial statements

börsennotiertes Mutterunternehmen *n* listed parent

Buchwertmethode *f* book value method, *(AE)* parent company concept

Darlehen *n* **an Tochtergesellschaften** advances to subsidiary companies

Darlehen *n* **der Tochtergesellschaft an die Muttergesellschaft** stream loan

Dotationskapital *n* allotted capital

Eigenkapitalmethode *f* equity method

Equity-Beteiligung *f* equity-method investment

Equitybewertung *f*, **Equitymethode** *f*, **Equitykonsolidierung** *f* equity accounting, equity method (of consolidation)

Erstkonsolidierung *f* first consolidation, initial consolidation

Erträge *mpl* **aus Beteiligungen** income from participating interests, income from participations, income from investments (in group companies)

Erträge *mpl* **aus Verlustübernahme** income from transfer of losses

Erwerbsmethode *f* purchase method

Forderungen *fpl* **an Konzernunternehmen** *fpl s.* Forderungen gegenüber verbundenen Unternehmen

Forderungen *fpl* **gegen Unternehmen, mit denen ein Beteiligungsverhältnis besteht** receivables from companies in which participations are held, *(BE)* amounts owed by undertakings in which the company has a participating interest

Forderungen *fpl* **gegenüber verbundenen Unternehmen** *fpl (BE)* due from affiliated companies, receivables from affiliated companies, amounts owed by group companies, group accounts receivable

Gewinnabführungsvertrag *m* profit transfer agreement

Gewinnaufteilungsmethode *f* profit split method

Gewinnbeteiligung *f* profit participation, profit sharing

gezeichnetes Kapital und Rücklagen, die den Anteilseignern der Muttergesellschaft zugeordnet sind issued capital and reserves attributable to equity holders of the parent

Gruppenabschluss *m* group financial statements, *(BE)* group accounts

herrschendes Unternehmen *n* controlling company, common parent company, umbrella company, dominant company

hundert-prozentige Tochter *f* subsidiary wholly owned

Innenumsätze *mpl* intra-group sales

Interessenzusammenführungsmethode *f* pooling of interest method

internationaler Konzern *m* multi-national group

konsolidieren *v* consolidate

konsolidierte Bilanz *f* consolidated balance sheet, *(BE)* group balance sheet

konsolidierter Abschluss *m* consolidated financial statements, consolidated (annual) accounts, *(BE)* group accounts, group financial statements

konsolidierte Schulden *fpl* consolidated debts

Konsolidierung *f* consolidation

Konsolidierungsausgleichsposten *m* consolidation excess item

Konsolidierungsbuchung *f* consolidating entry, consolidation entry

Konsolidierungskreis *m* consolidated group, consolidated entity, reporting entity

Konsolidierungsvorschrift *f* consolidation provision [rule]

Konzern *m* group, affiliated group, combine, companies under common control, corporate group

Konzernabschluss *m* consolidated financial statements, *(BE)* group accounts

Konzernanhang *m* notes to group financial statements, notes to consolidated financial statements

Konzernaußenumsatz *m* group external turnover, *(AE)* group external sales

Konzernbilanz *f* consolidated balance sheet

Konzernergebnis *n* consolidated profits, group result

Konzerngeschäftsbericht *m* consolidated annual report

Konzerngesellschaft *f* affiliated company, associated company, group company

Konzerngewinn *m* consolidated net income, consolidated profits, group profit [result]

Konzern-Gewinn- und Verlustrechnung *f* group income statement

konzerninternes Clearing *n* netting system

Konzernlagebericht *m* group management report

Konzernrechnungslegung *f* group accounting

Konzernrichtlinie *f* 1. group regulations; 2. 7th EC Directive

Konzernunternehmen *n* group company

maßgebliche Beteiligung *f* controlling interest, substantial interest

maßgeblicher Einfluss *m* significant influence

Mehrheit *f* controlling interest, majority

Minderheitsbeteiligung *f* minority holding, minority interest, minority participation, minority stake

Muttergesellschaft *f* parent company

Obergesellschaft *f* controlling company, parent company, common parent company, umbrella company

Organvertrag *m* intercompany agreement

Quotenkonsolidierung *f* proportional consolidation, proportionate consolidation, pro-rata consolidation, quota consolidation

Schachtelprivileg *n* affiliation privilege, dividend received deduction, participation exemption, *(BE)* inter-corporate dividend relief

Schuldenkonsolidierung *f* debt consolidation, offsetting of receivables and payables in the consolidated financial statements, receivables and payables consolidation

Schwestergesellschaft *f* sister company, co-subsidiary, fellow subsidiary

Sitz *m* **der Muttergesellschaft** home office of parent company

Stufenkonzept *n* multi-level concept

Summenabschluss *m* aggregated single-entity financial statements

Teilgewinnabführungsvertrag *m* partial profit transfer agreement

Teilkonsolidierung *f* partial consolidation

Teilkonzernabschluss *m* subgroup accounts

Tochter *f*, **100 %-ige** wholly-owned subsidiary

Tochterunternehmen *n* affiliated [group] company, subsidiary

Tochterunternehmen *n* **im Mehrheitsbesitz** majority-owned subsidiary

Unternehmensgruppe *f* group of companies

Unternehmenszusammenschluss *m* business combination, combine

Unterschiedsbetrag *m* **aus der Kapitalkonsolidierung** negative goodwill

verbundenes Unternehmen *n* affiliated company, related [affiliated] party

Verrechnungspreis *m* intercompany price, transfer price

wesentliche Beteiligung *f* material interest

Zusammensetzung *f* **der in den Konzernabschluss einbezogenen Unternehmen** composition of the companies included in the consolidated financial statements

zwischenbetrieblich inter-company, interfirm

Zwischenergebniseliminierung *f* elimination of intercompany profits and losses

Zwischengewinn *m* intecompany profit, intergroup profit

Zwischenkonsolidierung *f* intercompany consolidation

Zwischenverlust *m* intercompany loss, intergroup loss

14. Steuern *fpl* 14

Abgabe *f* charge, duty, fee, fiscal charge, imposition, levy, tax; *pl:* duties, taxes, *(AE)* dues

- **Abgaben** *fpl*/**öffentliche** public charges, public levies
- **Abgaben** *fpl*/**steuerliche** fiscal burden

Abgabe einer Steuererklärung *f* filing of tax return

- **Abgabefrist** *f* due date, final date (of acceptance)
- **Abgabetermin** *m* **für die Steuererklärung** due date of tax return
- **abgeben** *v*/**Steuererklärung** file a tax return

Abgabenordnung *f*, **AO** Fiscal Code, General Fiscal Code

absetzbar (tax) deductible

absetzen *v* deduct

Abzug *m* **an der Quelle** deduction at source

abzugsfähige Betriebsausgaben *fpl* deductible business expenses

Änderung *f* **des Steuerbescheids** amendment of tax assessment

Änderung *f* **einer (bestandskräftigen) Veranlagung** reopening of an assessment

anrechenbare Steuer *f* creditable tax, allowable (tax) credit

Anrechnung *f* **ausländischer Steuern** foreign tax credit

Aufhebung *f* **eines Steuerbescheids** annulment of tax assessment notice

Aufwandsteuer *f* expenditure tax, excise tax

aufzuteilende Vorsteuer *f* input tax to be apportioned

Ausfuhrbestätigung *f* certificate of exportation, export certificate

Ausfuhrlieferung *f* export delivery

Ausfuhrnachweis *m* evidence of export, export certificate

Ausfuhrzoll *m* export duty

ausländische Quellensteuer *f* foreign tax withheld at source

Außenprüfung *f* field audit, tax audit

Aussetzung *f* **der Steuerfestsetzung** suspension of tax assessment

Außensteuergesetz *n* Foreign Transactions Tax Act

Außenumsatzerlöse *mpl* external sales

Ausweis *m* **der Umsatzsteuer** separate statement of VAT, stating of VAT

Befreiung *f* exempt, exemption

Behandlung *f* **als homogene Einheit** merger method, *(AE)* pooling-of-interests method, unity-of-interests method

belasten *v* tax, charge

Bemessungsgrundlage *f* basis of assessment, tax [taxable] base

Bemessungszeitraum *m* assessment period

Berichtigung *f* **der Steuerfestsetzung** amendment of tax assessment

– **Berichtigungsbescheid** *m* notice of adjustment

– **Berichtigungsfeststellung** *f* adjusting assessment

– **Berichtigungsveranlagung** *f* adjusted assessment, adjusting assessment

berücksichtigungsfähig claimable, tax deductible

Besitzsteuern *fpl* taxes from income and property

Besteuerung *f* taxation

– **von der Besteuerung ausgenommen** tax-exempt, outside the scope of taxation

– **der Besteuerung unterliegend** taxable

– **mit 7 % USt zu belastende Artikel** goods to be charged with 7 % VAT

Besteuerung *f* **nach Durchschnittssätzen** taxation at flat rates

Bestimmungslandprinzip *n* country of destination principle, destination principle

Betriebsprüfung *f* examination by tax authorities, field audit, (government) tax audit, tax examination, *(BE)* audit by Inland Revenue

– **Betriebsprüfer** *m* field auditor, tax auditor, tax examiner, tax investigator

– **Betriebsprüferbilanz** *f* tax auditor's balance sheet, balance sheet prepared by the tax auditor

– **Betriebsprüfungsbericht** *m* tax audit report

Betriebsstättengewinnermittlung *f* profit determination of a permanent establishment

Betriebsschulden *fpl* business debt

Betriebsvermögen *n* business assets and liabilities, company assets, business (connected) property, operating assets

Betriebsvermögensvergleich *m* accrual basis accounting, balance-sheet comparison

Bewertungsfreiheit *f* discretionary valuation

Bewertungsgesetz *n* Valuation Act

Bilanzsteuerrecht *n* accounting tax law, fiscal law relating to balance-sheets

Bruttoumsatzsteuer *f* turnover tax, cascade tax

Bundesamt für Finanzen *n* Federal Office of Finance

Bundesbetriebsprüfungsstelle *f* Federal Tax Examination Office

Bundesfinanzhof *m* (German) Federal Fiscal Court

Bundesministerium *n* **der Finanzen** (German) Federal Ministry of Finance

Bundessteuer *f* federal tax

Bundessteuerberaterkammer *f* German Federal Chamber of Certified Tax Advisors

Bundessteuerblatt *n* Official Federal Taxation Gazette, Federal Tax Gazette

direkte Steuer *f* direct tax

Doppelbesteuerungsabkommen *n* Double Tax Convention, Double Taxation Treaty

doppelte Haushaltsführung *f* double housekeeping, maintaining two households, maintenance of two households

Drittland *m* third country, non-EU state

Drittlandsgebiet *n* third country territory

Durchfuhr *f* transit

Durchführungsbestimmung *f* implementing regulation

Durchführungsverordnung *f* implementation ordinance, implementing [regulating] ordinance

durchlaufende Steuer *f* transitory tax

Durchschnittssteuersatz *m* average tax rate

effektiver Steuersatz *m* effective tax rate

Eigenverbrauch *m* consumption by owner, personal use by taxpayer *(korrekter Begriff/correct term: unentgeltliche Wertabgaben; § 3 Abs. 1b Nr. 1 UStG)*

einbehalten *v* withhold *(z. B. Lohnsteuer/ e. g. wage tax)*

Einbehaltung *f* **von Steuern** withholding [deduction] of tax

Einfuhrumsatzsteuer *f* turnover tax on imports

einheitliche Gewinnfeststellung *f* uniform determination of profits

Einheitsbewertung *f* assessed (uniform) valuation

Einheitswert *m* assessed value of property, assessed (uniform) value

Einkommensteuer *f* income tax

- **Einkommensteuer-Durchführungsverordnung** *f* Income Tax Implementing Ordinance
- **Einkommensteuererklärung** *f* income tax return
- **Einkommensteuergesetz** *n* Income Tax Act
- **Einkommensteuerrecht** *n* income tax law
- **Einkommensteuer-Richtlinien** *fpl* Income Tax Regulations
- **Einkommensteuertarif** *m* income tax scale
- **Einkommensteuer-Grundtabelle** *f* basic income tax schedule
- **Einkommensteuerpflicht** *f* income tax liability
- **einkommensteuerpflichtig** liable for income tax, subject to income tax
- **Einkommensteuer-Splittingtabelle** *f* income tax splitting schedule
- **Einkommensteuerveranlagung** *f* income tax assessment

Einkünfte *fpl* earnings, income

- **Einkünfte aus Gewerbebetrieb** business earnings, business income, trade income
- **Einkünfte aus Kapitalvermögen** income from (capital) investments, *(BE)* unearned income

– **Einkünfte aus Land- und Forstwirtschaft** income from agriculture [farming] and forestry
– **Einkünfte aus nichtselbständiger Arbeit** employment income, income from employment
– **Einkünfte aus selbständiger Arbeit** self-employment income, income from self-employment
– **Einkünfte aus Spekulationsgeschäften** income from speculative transactions
– **Einkünfte aus Vermietung und Verpachtung** income from rents and leases, rental income, rental and royalty income

Einkunftsart *f* income category

endgültige Veranlagung *f* final assessment

Erbschaftsteuer *f* inheritance tax

Ergänzungsabgabe *f* income tax surcharge, supplemental income tax, supplementary tax, surtax

Erleichterung gewähren *v* grant relief

ermäßigter Umsatzsteuersatz *m* reduced VAT rate

erstatten *v* recuperate, refund

Erstattung *f* **überzahlter Steuern** tax refund

ertragsabhängige Steuern *fpl* income-based taxes, income taxes

Ertragsteuern *fpl* income-based tax(es), income tax(es), tax on income, tax on earnings

Feststellungszeitpunkt *m* measurement date

Finanzamt *f* local tax office, revenue [tax] office, *(AE)* Internal Revenue Service, IRS

Finanzausgleich *m* financial adjustment

Finanzbehörden *fpl* fiscal authorities, taxation authorities, *(BE)* Inland Revenue

Finanzgericht *n* Fiscal Court, tax court

Finanzgerichtsbarkeit *f* fiscal jurisdiction

Finanzgerichtsurteil *n* fiscal court judgment, tax court judgment

Finanzrecht *n* fiscal law, *(BE)* revenue law

Finanzverwaltung *f* *(BE)* Inland Revenue, *(AE)* Internal Revenue Services, IRS

Fiskus *m* taxation authorities, *(BE)* Exchequer, *(AE)* taxation authorities

Freibetrag *m* allowance, allowable deduction, exempted amount, *(BE)* tax allowance, *(AE)* tax exemption

Freigrenze *f* exempt threshold, tax-exempt threshold

Gemeindesteuer *f* municipal tax

Gesetzeslücke *f* **im Steuerrecht** tax loophole

gesonderte Anschaffung *f* separate acquisition

Gewerbesteuer *f* trade tax
– **Gewerbeertrag** *m* trade income
– **Gewerbeertragsteuer** *f* trade tax on earnings, trade income tax
– **Gewerbesteuer-Durchführungsverordnung** *f* Trade Tax Implementing Ordinance
– **Gewerbesteuererklärung** *f* trade tax return
– **Gewerbesteuergesetz** *n* Trade Tax Act
– **Gewerbesteuer-Richtlinien** *fpl* Trade Tax Regulations
– **Gewerbesteuerrückstellung** *f* provision for trade taxes, *(AE)* accrual for trade taxes

Grunderwerbsteuer *f* land transfer tax, property aquisition tax, real estate [property] transfer tax

Grundfreibetrag *m* basic tax-free amount, zero rate bracket

Grundsteuer *f* land tax, real estate [property] tax

Kalenderjahr *n* calendar year

Kapitalertragsteuer *f* capital-gains tax, capital-yields tax

Kapitalerträge *mpl* investment income [earnings], capital gains [yields], income from investments

Kapitalverkehrsteuer *f* capital transfer tax, *(BE)* transfer duty

Kirchensteuer *f* church tax

Körperschaftsteuer *f* *(BE)* corporate (income) tax, *(AE)* corporation (income) tax

– **Körperschaftsteuer-Durchführungsverordnung** *f* Corporate Income Tax Implementing Ordinance

– **Körperschaftsteuererklärung** *f* corporate income tax return

– **Körperschaftsteuergesetz** *n* Corporate Income Tax Act, Corporation Tax Act

– **Körperschaftsteuer-Richtlinien** *fpl* Corporate Income Tax Regulations

– **Körperschaftsteuersatz** *m* corporate income tax rate

Kraftfahrzeugsteuer *fpl* motor vehicle tax, road tax, *(BE)* vehicle licence tax, *(AE)* vehicle excise license

latente Steuern *fpl* deferred taxes

– **latenter Steueraufwand** *m* deferred tax expense

– **latenter Steuerertrag** *m* deferred tax revenue

– **latente Steueransprüche und -schulden** deferred tax liabilities and deferred tax assets

Lohnsteuer *f* income tax on wages, wage tax, *(BE)* P.A.Y.E. *(pay-as-you-earn)*, *(AE)* P.A.Y.G. *(pay-as-you-go)*

– **Lohnsteuerabzugsverfahren** *n* deduction of wage tax procedure, wage tax withholding procedure, *(AE)* checkoff system

– **Lohnsteuer-Durchführungsverordnung** *f* Wage Tax Implementating Ordinance

– **Lohnsteuerjahresausgleich** *m* annual wage tax compensation [recompensation]

– **Lohnsteuerkarte** *f* wage tax card

– **lohnsteuerpflichtig** subject to wage tax, taxable

– **Lohnsteuerprüfung** *f* wage tax audit

– **Lohnsteuer-Richtlinien** *fpl* Wage Tax Regulations

– **Lohnsteuertabelle** *f* wage tax withholding table

Mehrphasensteuer *f* multi-stage tax

Mehrwertsteuer *f* value added tax, VAT, output VAT

Mineralölsteuer *f* mineral oil tax

Nachfrist *f* days of grace, grace period, extension time

nicht abzugsfähig disallowed, non-deductible

nicht steuerpflichtig non-taxable

normaler Umsatzsteuersatz *m* standard VAT rate

Nullsatz *m* zero VAT rate

Objektsteuer *f* impersonal tax, non-personal tax

Pauschalbesteuerung *f* taxation at a flat rate

Personensteuer *f* personal tax, tax imposed on the person of the taxpayer

Quellenabzug *m* deduction [withholding] at source

Quellenabzug *m* **der Lohnsteuer** *(BE)* pay-as-you-earn system, P.A.Y.E. system, *(AE)* pay-as-you-go system, P.A.Y.G. system

Quellensteuer *f* tax collected [deducted] at source, withholding tax

Realsteuer *f* impersonal tax, non-personal tax

Rechnungsbetrag *m* **brutto** ***(einschließlich MwSt)*** total of invoice, invoice amount

Rechtsbehelfsbelehrung *f* advice of applicable remedies, advice on available remedies, instruction about available remedies, instructions on right to appeal

rechtskräftig final, legally effective

Regelsteuersatz *m* standard rate

Reihengeschäft *n* chain transaction, *(AE)* chain supply

retrograder Wert *m* net realisable value, *(AE)* net realizable value *(IAS 2.4)*

Sachbezüge *mpl* non-monetary compensation, payment [remuneration] in kind

Sachsteuer *f s.* Realsteuer

Säumniszuschlag *f* delay [late] payment penalty, delay penalty, penalty for late payment

Schenkungsteuererklärung *f* gift tax return

Selbstanzeige *f* self-accusation (of tax evasion)

Sitz *m*/**steuerlicher** fiscal domicile

Solidaritätszuschlag *m* solidarity surcharge

Sonderbetriebsvermögen *n* separate business assets

Sonderfreibetrag *m* special allowance

Sondervermögen *n* separate assets, special assets

sonstige Leistungen *fpl* other performances

Spekulationsteuer *f (§§ 22, 23 EStG)* capital gains tax, tax on speculative gains

Spende *f* donation

– **Spenden** *fpl* **an politische Parteien** donations to political parties

– **Spenden** *fpl* **für karitative Zwecke** charitable contributions, donations to charity

– **Spenden** *fpl* **für milddtätige Zwecke** *s.* Spenden für karitative Zwecke

Spendenabzug *m* deduction for qualifying donations

Spendenquittung *f* donation receipt

Steuer *f* 1. tax, levy, duty; 2. tax charge [amount]

– **degressive Steuer** decreasing tax

– **direkte Steuer** direct tax

– **indirekte Steuer** indirect tax, consumption tax

– **rückständige Steuer** delinquent tax, unpaid tax

– **Steuer** *f* **auf Ausschüttungen** tax on distributed earnings

– **Steuer** *f* **auf Gesellschaftsebene** tax on entity-level

– **Steuer** *f* **auf Veräußerungsgewinne** capital gains tax, tax on capital gains

– **Steuer erheben** *v* levy a tax

Steuerabkommen *n* tax agreement, tax convention, tax treaty

Steuerabzugsbetrag *m* amount of withholding tax

Steuerabzugsverfahren *n* tax deduction at source, taxation at source procedure

Steueränderungsgesetz *n* Tax Amendment Act

Steueranmeldung *f (§ 167 AO)* self-assessment return

Steueranrechnung *f* crediting of taxes, tax credit

Steueraufwand *m* tax expenses, *colloq:* tax expenditure

Steuerausweichung *f* tax avoidance

steuerbar taxable

- **steuerbar nach dem Umsatzsteuergesetz** taxable within the scope of VAT
- **steuerbare Lieferung** *f* taxable delivery
- **steuerbare Leistung** *f* taxable performance
- **steuerbare Umsätze** *mpl* taxable transactions
- **steuerbares Einkommen** *n* chargeable income, income liable to tax, taxable income

steuerbefreit zero rated *(z. B. von der USt/e. g. from VAT)*, tax exempt *(z. B. von der ESt/e. g. from income tax)*

- **steuerbefreite Organisation** *f* exempt organization
- **steuerbefreite Wertpapiere** *npl* exempt securities, tax-exempt securities
- **steuerbefreite Wirtschaftsgüter** *npl* tax-exempt assets

Steuerbefreiung *f* exemption from tax (liability), immunity from taxation, exemption from taxation

- **Steuerbefreiung** *f* **bei der Ausfuhr** (tax-)exemption of export deliveries
- **Steuerbefreiung** *f* **bei der Einfuhr** (tax-)exemption from import tax
- **Steuerbefreiung** *f*/**befristete** tax break, tax holiday

steuerbegünstigt eligible for tax relief, fiscally privileged, *(BE)* tax favoured, *(AE)* tax favored, tax privileged [sheltered]

- **steuerbegünstigte Aufwendungen** *pl* expenses subject to preferential tax treatment
- **steuerbegünstigte Umwandlung** *f* tax-privileged conversion
- **steuerbegünstigter Zweck** *m* recognized tax favoured purpose, *(AE)* recognized tax favored purpose

Steuerbelastung *f* tax burden, taxation

Steuerbemessungsgrundlage *f* assessment basis, basis for tax assessment, tax base, taxable base

Steuerberatung *f* tax advice, tax consultation, tax counseling, tax consulting

Steuerberatungsgesetz *n* Tax Consulting Act, Tax Advisors Act, law governing tax consultancy

Steuerberatungskosten *pl* fees for tax consulting services, tax consultation fees

Steuerberechnung *f* computation of taxes

Steuerbereinigungsgesetz *n* Tax Technical Corrections Act

Steuerbescheid *m* assessment notice [note], formal assessment note, tax assessment notice

Steuerbetrug *m* tax fraud

Steuerbevollmächtigter *m* agent in tax matters, tax representative

Steuerbilanz *f* balance sheet for tax purposes, tax balance sheet, *(AE)* fiscal balance sheet

Steuerbilanzgewinn *m* tax balance sheet profit, tax profit

Steuerdelikt *n* tax offence, *(AE)* tax offense

Steuerentlastungsgesetz *n* Tax Relief Act

Steuerentrichtung *f* payment of taxes

Steuererhebung *f* imposition of taxes, levy [raising] of taxes, tax collection

Steuererhebung *f* **an der Quelle** tax collection at source

Steuererklärung *f* tax declaration [return] *(z. B. Einkommensteuererklärung/e. g. income tax return)*

– **Steuererklärung abgeben** *v* file one's tax return, send in one's tax return

– **Steuererklärung ausfüllen** *v* fill in one's tax return

– **Steuererklärungsfrist** *f* filing period (for taxpayers)

Steuererlass *m* abatement of tax, forgiveness of a tax, mitigation of tax liability, release from tax liability

Steuererleichterung *f* tax benefit, tax concession, tax relief

– **Steuererleichterung gewähren** *v* allow tax benefit [relief]

Steuerermäßigung *f* tax allowance [rebate, reduction]

Steuerermittlung *f* ascertainment of taxes

Steuerersparnis *f* tax saving

Steuererstattungsanspruch *m* tax refund claim, tax assets

Steuerfahnder *m* tax (fraud) investigator, *(BE)* revenue investigator, *infm:* tax ferret

Steuerfahndung *f* tax fraud investigation, tax search, *(BE)* investigation into tax offences, *(AE)* investigation in tax offenses

Steuerfälligkeitstermin *m* tax due date

Steuerfestsetzung *f* tax assessment, assessment of tax, levy

Steuerfestsetzung *f* **vorläufige** interim tax assessment

Steuerfestsetzung *f* **unter Vorbehalt der Nachprüfung** preliminary assessment subject to review

Steuerfestsetzungsverfahren *n* assessment procedure

Steuerflucht *f* tax evasion, escape from tax liability

steuerfrei 1. exempt from taxation, tax-free, non-taxable, not subject to taxation; 2. duty-free; 3. zero-rated *(bei der USt/in VAT taxation)*

– **steuerfreie Anleihe** *f* tax-exempt loan issue

– **steuerfreie Ausfuhr** *f* tax-exempt export deliveries

– **steuerfreie Bezüge** *mpl* tax-free earnings [income]

– **steuerfreie Einnahmen** *fpl* non-taxable income

– **steuerfreie Lieferungen [Leistungen]** *fpl* nontaxable turnover, tax-exempt supplies, tax-free supplies

– **steuerfreie Rücklage** *f* non-taxable accrual, untaxed reserve

– **steuerfreie Wertpapiere** *npl* tax-exempt securities

Steuerfreibetrag *m (BE)* tax allowance, *(AE)* tax exemption, tax-exempt amount, tax-free amount

Steuerfreigrenze *f* tax-exempt threshold, limit of tax exemption

Steuerfreiheit *f s.* Steuerbefreiung

Steuerfreijahre *npl* tax holiday, tax break

Steuerfreistellung *f* tax exemption

Steuergefälle *n* tax differential

Steuergericht *n* fiscal court, tax court

Steuergerichtsurteil *n* fiscal [tax] court judgment

Steuergesetz *n* tax act, tax statute, fiscal act, *(AE)* revenue law

Steuergesetzgebung *f* tax [fiscal] legislation, tax laws

Steuergruppe *f s.* Steuerklasse

steuergünstige Gestaltung *f* tax shelter

Steuergutschrift *f* tax credit

Steuerhaftung *f* tax liability, liability for taxes to be withheld

Steuerinländer *m* resident taxpayer *(unbeschränkt steuerpflichtig/subject to unlimited tax liability)*

Steuerjahr *n* fiscal year, tax [taxable] year

Steuerkarte *f* tax card, wage tax card

Steuerklasse *f* 1. tax bracket, tax group *(zeigt den oberen und unteren Einkommensbetrag, auf den ein bestimmter Steuersatz zutrifft/showing figures between which income is subjected to specific rate of tax)*; 2. tax class, withholding category *(im Falle der Lohnsteuer/in case of wages and salaries)*

Steuerkürzung *f* tax cut

Steuerlast *f* tax burden, tax load

steuerlich according to fiscal law, fiscal, for tax purposes, relating to tax law, tax, taxwise, tax related

– **aus steuerlichen Gründen** for tax reasons

– **steuerlich absetzen** *v* deduct for tax purposes, deduct on one's tax return

– **steuerlich abzugsfähig** tax-deductible, allowable for tax purposes

– **steuerlich abzugsfähige Beträge** *mpl* *(BE)* tax relief, *(AE)* tax deductions

– **steuerlich anerkannt** effective [regarded] for tax purposes

– **steuerlich begünstigt** *s.* steuerbegünstigt

– **steuerlich benachteiligt** tax-discriminated

– **steuerlich geltend machen** *v* claim a tax deduction, deduct from tax liability

– **steuerlich gleichgestellt** having equal tax status

– **steuerlich maßgebend** authoritative for tax purposes

– **steuerlich nicht abzugsfähig** disallowable against tax

– **steuerlich voll abzugsfähig** fully tax deductible

– **steuerlich wirksam** effective for tax purposes, tax effective

– **steuerlich zulässig** permissable under tax law

– **steuerliche Abschreibungsmöglichkeiten** *fpl* tax write-off facilities

– **steuerliche Abzugsmöglichkeiten** *fpl* scope for deductions from tax liability, tax deduction opportunities

– **steuerliche Außenprüfung** *f* tax field audit

– **steuerliche Behandlung** *f* tax treatment

– **steuerliche Belastung** *f* tax burden, tax load

– **steuerliche Belastunsgrenze** *f* taxable capacity

– **steuerliche Benachteiligung** *f* tax discrimination

– **steuerliche Betriebsprüfung** *f* tax audit

– **steuerliche Gestaltungsfreiheit** *f* freedom to shape taxable transactions

– **steuerliche Gewinnermittlung** *f* income [profit] determination for tax purposes, tax accounting

– **steuerliche Konsoldierung** *f* tax [fiscal] consolidation

– **steuerliche Sonderabschreibung** *f* accelerated tax write-off, special depreciation for tax purposes

– **steuerliche Veranlagung** *f* tax assessment

– **steuerliche Vergünstigung** *f* tax break, tax concession *(d. h. Begünstigung bestimmter Tätigkeiten/i. e. an advantage for a particular activity)*

– **steuerliche Vorschriften** *fpl* *s.* steuerrechtliche Vorschriften

– **steuerliche Zwecke** *mpl*/**für** for tax (accounting) purposes

– **steuerlicher Grenzausgleich** *m* border tax adjustment

– **steuerlicher Höchstbetrag** *m* maximum amount deductible from tax liability

– **steuerlicher Nachteil** *m* fiscal disadvantage

– **steuerlicher Sitz** *m* fiscal domicile, tax home

– **steuerlicher Verlust** *m* tax loss

– **steuerlicher Vorteil** *m* tax advantage, tax benefit

– **steuerlicher Wohnsitz** *m* fiscal [tax] domicile, tax home, tax residence

– **steuerliches Ergebnis** *n* taxable profit

Steuerlücke *f* tax loophole

– **Steuerlücken schließen** *v* shut down tax loopholes

Steuermessbetrag *m* base value

Steuermesszahl *f* basic fiscal rate

Steuern *fpl* **vom Einkommen und vom Ertrag** tax on profit, *(AE)* income taxes, taxes on income *(IAS 12 und 16)*

Steuern umgehen *v* avoid taxes, *(BE, colloq:)* dodge taxes

Steuernachforderung *f* additional tax assessment, claim for back taxes, subsequent tax claim, tax deficiency claim

Steuernachzahlung *f* tax payment for former [prior] years, tax back payment

Steuernummer *f* taxpayer identification number, TIN

Steuerobjekt *n* taxable object, tax object

Steuerordnungswidrigkeit *f (§ 377 AO)* break of tax rules, *(BE)* fiscal [tax] offence, *(AE)* fiscal [tax] offense, fiscal [tax] violation

Steuerpauschalierung *f* lump-sum taxation

Steuerpflicht *m* 1. liability to pay taxes, subjectivity to taxation *(bezieht sich auf alle Steuern/related to all taxes)*; 2. rateability *(zur Gemeindesteuer/related to municipal taxes only)*

steuerpflichtig 1. liable to tax, liable to pay taxes, subject to tax [taxation], tax-attracting; 2. rateable (Gemeindesteuern/related to municipal taxes only)

– **steuerpflichtige Leistung** *f* taxable supply, taxable transaction

– **Steuerpflichtiger** *m* legal taxpayer, taxable person

– **steuerpflichtiger Gegenstand** *m* taxable object

– **steuerpflichtiger Gewinn** *m* taxable gain, taxable profit

– **steuerpflichtiger Lohn** *m* taxable pay

– **steuerpflichtiger Umsatz** *m* taxable turnover

– **steuerpflichtiges Einkommen** *n* chargeable income, taxable income

Steuerplanung *f* tax planning

Steuerpolitik *m* 1. corporate tax policy, tax policy *(eines Unternehmens/of an enterprise)*; 2. fiscal policy, tax policy, taxation policy *(des Staates/by the state)*

steuerpolitisch fiscal, for tax reasons, relating to fiscal policy, under fiscal policy

Steuerprüfung *f s.* Betriebsprüfung

Steuerrecht *n* fiscal [tax] law, taxation law, law of taxation

– **Steuerrecht** *n* **der Unternehmen** tax law affecting businesses

steuerrechtlich affecting fiscal law, fiscal, under the tax laws

– **steuerrechtliche Behandlung** *f* tax treatment

– **steuerrechtliche Bewertung** *f* tax valuation, tax-based valuation, valuation for tax purposes

– **steuerrechtliche Vorschriften** *fpl* tax (law) provisions [regulations], tax rules

Steuerreform *f* fiscal reform, tax reform

Steuerreformgesetz *n* Tax Reform Act

Steuerrichtlinien *fpl* tax guidelines, tax regulations *(d. h. Regelungen für die Finanzverwaltung/i. e. administrative tax regulations)*

Steuerrückerstattung *f* tax refund, refund of overpaid tax

Steuerrückerstattungsanspruch *m* tax refund claim

Steuerrückstände *mpl* tax arrears

Steuerrückvergütung *f* *s.* Steuerrückerstattung

Steuerrückzahlung *f* tax refund

Steuersatz *m* tax [taxation] rate, rate of assessment [tax]

Steuerschätzung *f (§ 162 AO)* estimation of tax, tax estimation, estimate of taxable income

Steuerschlupfloch *n* tax loophole

Steuerschuld *f* tax liability, tax due [payable]

Steuerschulden *fpl* **und -erstattungsansprüche** *mpl* liabilities and assets for current tax

Steuerschuldner *m* tax debtor, taxable person

Steuerstrafe *f* tax penalty

Steuerstrafrecht *n* criminal tax law, *(BE)* law related to tax offences, *(AE)* law related to tax offenses

Steuerstraftat *f (§ 369 AO)* criminal tax violation, tax crime, *(BE)* fiscal [tax] offence, *(AE)* fiscal [tax] offense

Steuerstrafverfahren *n (§ 385 ff AO)* criminal [penal] tax proceedings, criminal proceedings for tax fraud, *(BE)* criminal proceedings for fiscal offences, criminal proceedings on tax matters, *(BE)* penal proceedings for fiscal offences, *(AE)* penal proceedings for fiscal offenses

Steuerstufe *f* tax bracket

Steuerstundung *f (§ 222 AO)* 1. respite for tax payment *(d. h. Verlängerung der Zahlungsfrist/i. e. extension of time for the payment of taxes)*; 2. tax deferment, tax deferral *(i. e. phase shifting, s. auch: Steuerverschiebung)*

Steuersubjekt *n* taxable entity

Steuersubvention *f* tax benefit, tax concession

Steuersystem *n* tax system [structure], taxation system, system of taxation

Steuertabelle *f* tax schedule, tax table, tax-rate table

Steuertarif *m* tax rate, tax scale

Steuertermin *m* due date *(für die Steuererklärung/for tax return)*, tax due date, tax payment date

Steuerumgehungsmodell *n* tax avoidance scheme, tax circumvention device

Steuerveranlagungsverfahren *n* tax assessment procedure

Steuerverbindlichkeit *f* tax liability, tax payable

Steuervergünstigung *f* favourable [preferential] tax treatment, tax benefit, tax concession, tax privilege, tax relief, *(AE)* favorable tax treatment

Steuervergütungsbescheid *m* tax refund notice

Steuerverkürzung *f (§ 378 AO)* fiscal evasion, tax evasion, tax deficiency

Steuervermeidungsmodell *n* tax avoidance [circumvention] scheme

Steuerverschiebung *f* **(in die Zukunft)** deferment [postponement] of tax, tax deferment [deferral]

Steuerverschiebungsvehikel *n* tax-remote vehicle

Steuerverwaltung *f* fiscal [tax] administration

Steuervorauszahlung *f* advance tax payment, estimated tax payment, prepayment of taxes

Steuervordruck *m* tax form

Steuervorteil *m* tax advantage, tax benefit, tax preference

Steuerzahler *m* taxpayer

Steuerzahllast *f* tax due, tax liability *(s. auch unter Zahllast)*

Steuerzahlung *f* payment of taxes, tax payment

Steuerzuschlag *m* surtax

Stundung *f* **von Steuern** tax deferral, deferment of taxes

– **Stundungsantrag** *m* request for respite

– **Stundungszinsen** *mpl* interest charged for respite

Umsatz *m* **mit nicht umsatzsteuerpflichtigen Kleinunternehmen** exempt supply

Umsatzausgleichsteuer *f* turnover equalization tax (charged on imported goods)

Umsatzerlöse *mpl* sales, *(AE)* sales revenue, *(BE)* turnover

– **Umsatzerlös** *m* **brutto** gross sales *(einschl. USt/inclusive VAT)*

– **Umsatzerlös** *m* **netto** basic sales *(ausschl. USt/exclusive VAT)*

Umsatzsteuer *f* output tax, sales tax, turnover tax, value added tax, VAT

Umsatzsteuerausweis *m* (separate) stating of VAT

Umsatzsteuerbefreiung *f* VAT exemption

Umsatzsteuerbetrag *m* VAT amount

Umsatzsteuer-Durchführungsverordnung *f* Value Added Tax Implementing Ordinance,

Umsatzsteuererklärung *f* value added tax return

umsatzsteuerfrei zero-rated

Umsatzsteuergesetz *n*, **UStG** Value-Added-Tax Act

Umsatzsteuerguthaben *n* reclaimable VAT

Umsatzsteuerindentifikationsnummer *f* VAT registration number

Umsatzsteuerpflicht *f* liablity for VAT

umsatzsteuerpflichtig liable to VAT, subject to VAT

Umsatzsteuerrecht *n* VAT law

Umsatzsteuer-Richtlinien *fpl* Value-Added-Tax Regulations

Umsatzsteuerrückvergütung *f* VAT refund

Umsatzsteuersatz *m* VAT rate, VAT percentage

– **Umsatzsteuersatz** *m*/**gesetzlicher** legal VAT rate

– **Umsatzsteuersatz** *m*/**normaler, Regelsteuersatz** standard VAT rate

– **Umsatzsteuersatz** *m*/**ermäßigter [reduzierter]** reduced VAT rate

Umsatzsteuerschuld *f* VAT liability

Umsatzsteuervoranmeldung *f* VAT return, preliminary VAT self-assessment return

– **Umsatzsteuervoranmeldung** *f*/**monatliche** monthly VAT return, VAT return on a monthly basis

– **Umsatzsteuervoranmeldung** *f*/**vierteljährliche** quaterly VAT return, VAT return on a quaterly basis

Umsatzsteuerzahllast *f* VAT payable, net VAT payable

unentgeltliche Wertabgaben *fpl* consumption by owner, use by taxpayer

Unternehmensbesteuerung *f* business taxation

veranlagen *v* asses

– **zur Einkommensteuer veranlagt werden** be assessed for [to] income tax

Veranlagung *f* (tax) assessment

Veranlagungsjahr *n* assessment year

Verbrauchsteuer *f* commodity tax, excise tax, tax on consumption

Vergnügungsteuer *f* amusement [entertainment] tax

Verkehrsteuer *f* excise tax [duty], tax on transactions

Verlustrücktrag *m*/**steuerlicher** tax loss carryback

Verlustvortrag *m*/**steuerlicher** tax loss carryforward

Verspätungszuschlag *m s.* Säumniszuschlag

Versicherungsteuer *f* insurance tax

versteuert taxed, tax paid, net of tax

Vorsteuer *f* input VAT, prior turnover tax, prepaid VAT, tax receivable

Vorsteuerguthaben *n* input tax credit, ITC

Vorsteuerüberhang *m* excess input VAT, VAT recoverable, VAT refund

Werbegeschenke *npl* **bis zu 40 EUR** advertising gifts up to 40 EUR

Werbegeschenke *npl* **über 40 EUR** advertising gifts to the value of more than 40 EUR

Werbungskosten *fpl* income-related expenses

Werbungskosten-Pauschbetrag *m* blanket deduction for income-related expenses

wirtschaftlicher Zusammenhang *m* economic link

Wirtschaftsgut *n* asset

Zahllast *f* VAT payable, net VAT amount payable, amount of VAT payable

Zinsabschlagsteuer *f* withholding tax on interest income

Zoll *m* customs duty, duty, tariff

Zollbeamter *m* tax inspector

Zollinspektor *m* tax inspector

15. Kostenrechnung *f* 15

Absatzbereich *m* distribution area

Abteilungserfolgsrechnung *f* activity accounting

Abweichungsanalyse *f* variance analysis

allgemeine Kostenstelle *f (BE)* general cost centre, *(AE)* general cost center

allgemeine Verwaltungskosten *fpl)* general administration cost, general and administrative expenses [cost]

Anderskosten *fpl* costs other than in financial accounting, different calculated costs

Äquivalenzziffernrechnung *f* equivalence coefficient costing

Arbeitsablaufabweichung *f* non-standard operation variance

Arbeitsstunde *f (BE)* labour hour, *(AE)* labor hour, man hour

Auftragsabrechnung *f* contract costing, job-order costing, order costing

Auftragsergebnis *n* job-order result

Auftragskosten *fpl* contract cost, job cost, job-order cost, order cost

aufwandsgleiche Kosten, Grundkosten *fpl* cash outlay costs, costs set equal to expenses

Bareinkaufspreis *m* cash purchase price

Barverkaufspreis *m* cash sale price

beeinflussbare Kosten *fpl* controllable costs

Beschaffungsbereich *m* procurement area, procurement function, procurement sector

beschäftigungsabhängig activity-related, volume-related

beschäftigungsabhängiger Kostentreiber *m* volume-related cost driver

Beschäftigungsabweichung *f* activity volume variance, capacity volume variance, utilization variance

Betriebsabrechnung *f* industrial cost accounting, internal accountancy, operational accounting

Betriebsabrechnungsbogen *m* overhead allocation sheet, expense distribution sheet

– **mehrstufiger Betriebsabrechnungsbogen** *m* multiple step overhead allocation sheet

Bezugskalkulation *f* cost price estimate

Bezuschlagung *f* absorption

Chargenkalkulation *f* batch costing

Deckungsbeitrag *m* contribution margin, profit contribution, marginal income

Deckungsbeitragsrechnung *f* contribution costing, contribution analysis, cost-volume-profit analysis, *(BE)* marginal costing, *(AE)* direct costing

degressive Kosten *fpl* decreasing costs

Divisionskalkulation *f* process costing

Einzelkosten *fpl* direct costs

erlaubte Kosten *fpl (d. h. vom Markt erlaubte Kosten)* allowable costs *(in der Zielkostenrechnung/in target costing)*

fallende Kosten *fpl* decreasing costs

Fertigungsbereich *m* manufacturing sector, production sector, production area

Fertigungsgemeinkosten *fpl* conversion overhead, factory burden, factory overhead, manufacturing overhead

Fertigungsgemeinkostenzuschlag *m* factory overhead rate

Fertigungskosten *fpl* conversion costs, factory costs *(d. h. Fertigungslöhne + Fertigungsgemeinkosten/i. e. direct wages + factory overhead)*

Fertigungskostenstelle *f* production cost centre, *(AE)* production cost center

Fertigungslöhne *mpl* direct wage(s), direct labour, *(AE)* direct labor

Fertigungsmaterial *n* direct material, raw material

fixe Kosten *fpl* capacity costs, constant costs, cost of readiness, fixed costs, period costs, time costs, volume costs

Gemeinkosten *fpl* indirect costs, overhead (costs), *(BE)* on-costs

Gemeinkostenlöhne *mpl* indirect labour, *(AE)* indirect labor

Gemeinkostenmaterial *n* indirect material

Gemeinkostenüberdeckung *f* overabsorbtion of overhead, overapplied overhead

Gemeinkostenunterdeckung *f* underabsorbtion of overhead, underapplied overhead

Gemeinkostenzuschlag *m* absorption rate, costing rate, markon, markup, overhead rate

Gewinnschwelle *f* break-even point

Gewinnzuschlag *m* profit markup

Grenzkosten *fpl* incremental cost, marginal cost

Grenzkostenrechnung *f* proportional costing, proportional cost accounting

Grenzplankostenrechnung *f* standard direct costing

Handlungskostenzuschlag *m* administration overhead markup

Hauptkostenstelle *f* direct cost centre, *(AE)* direct cost center

Herstellkosten *fpl* cost of production, manufacturing cost, production cost *(im Englischen wird nicht zwischen dem Begriff Herstellkosten der Kostenrechnung und den Herstellungskosten der Finanzbuchhaltung unterschieden/ Britisch and American accountants do not differentiate the terms 'Herstellkosten' as in German cost accounting and 'Herstellungskosten' as in German financial accounting)*

Hilfskostenstelle *f* auxiliary cost centre, indirect cost centre, non-productive cost centre, service (cost) centre, service department; *(AE)* auxiliary cost center, indirect cost center, service center

Hilfslöhne *mpl* indirect labour, *(AE)* indirect labor

Istbeschäftigung *f* actual activity, actual worked hours

Istkosten *pl* actual cost, historical cost

Istkostenrechnung *f* actual cost system, actual costing, historical cost accounting

Iststunden *fpl* actual hours worked, actual manhours

Kalkulation *f* calculation, cost estimation

– **Kalulationsfaktor** *m* markup factor

– **Kalkulationsschema** *n* costing scheme, product costing scheme

– **Kalkulationszuschlag** *m* costing rate, cost markon, markon, markup

kalkulatorisch fictitious, imputed

– **kalkulatorische Abschreibung** *f* imputed depreciation, cost-accounting depreciation

– **kalkulatorische Kosten** *fpl* imputed costs

– **kalkulatorische Miete** *f* imputed rent

– **kalkulatorische Wagnisse** *npl* imputed risk premium

– **kalkulatorische Zinsen** *mpl* fictitious interest, imputed interest

– **kalkulatorischer Gewinn** *m* fictitious profit, imputed profit

– **kalkulatorischer Restwert** *m* calculated residual value

– **kalkulatorischer Unternehmerlohn** *m* imputed owner's salary

kalkulieren *v* calculate, cost, estimate costs

Kapazitätskosten *fpl s.* fixe Kosten

Kosten *fpl* cost *(im Singular geht es eher um den Preis einer Sache/in the singular* **cost** *is used to talk about the price of something);* **costs** *(im Plural geht es eher um die Kostenarten/in the plural costs is often used to talk about the money spent on different types of items)*

Kostenabschlag *m* markdown

Kostenabweichung *f* cost variance

Kostenart *f* cost category, cost element, cost type, type of cost

Kostenartenrechnung *f* cost type accounting

Kostendeckung *f* cost coverage, cost recovery

Kostendeckungspunkt *m* break-even point

Kostendegression *f* decline of costs

Kosteneinflussgröße *f* cost determinant

Kostenrechnung *f* cost accounting *(d. h. die Tätigkeit/i. e. the activity)*; cost accountancy *(d. h. die Abteilung/i. e. the department)*

Kostenrechnung *f* **nach Verantwortungsbereichen** accounting by functions, activity accounting, responsibility accounting

Kostenstelle *f* department, cost centre, functional account, *(AE)* cost center

– **Kostenstellenbereich** *m* cost centre group, *(AE)* cost center group

– **Kostenstellenblatt** *n* cost centre summary sheet

– **Kostenstelleneinzelkosten** *fpl* direct cost centre costs

– **Kostenstellengemeinkosten** *fpl* cost centre overhead, departmental burden

– **Kostenstellenplan** *m* chart of functional accounts, *(BE)* chart of cost centres, *(AE)* chart of cost centers

– **Kostenstellenrechnung** *f* cost centre accounting, *(AE)* cost center accounting

– **Kostenstellenumlage** *f* secondary allocation

Kostenträger *m* cost unit

– **Kostenträgergruppe** *f* cost unit group

– **Kostenträgerrechnung** *f* job-order cost accounting, job-order costing

– **Kostenträgerstückrechnung** *f* cost unit accounting, unit costing

– **Kostenträgerzeitrechnung** *f* cost unit period accounting

Kostentreiber *m* cost driver

Kostenüberdeckung *f* cost surplus, overabsorbed overhead, overestimate of costs

Kostenumlage *f* allocation of cost, cost allocation, cost apportionment, cost distribution

Kosten- und Leistungsrechnung *f* cost accounting and result accounts

Kostenunterdeckung *f* underabsorbed overhead

Kostenverursachungsprinzip *n* cost causing principle

Kundendeckungsbeitragsrechnung *f* customer contribution accounting

Kuppelkalkulation *f* joint-product costing

Kuppelprodukte *npl* joint products

Leerkosten *fpl* idle-capacity cost

Leistung *f* output, performance

leistungabhängige Kostenverrechnung *f* activity accounting, responsibility accounting

leistungsmengeninduziert activity quantity induced

Lohneinzelkosten *fpl* direct wages, *(BE)* direct labour, *(AE)* direct labor

Lohnstückkosten *fpl* unit labour cost, *(AE)* unit labor cost

Maschinenstundensatz *m* machine hour rate, rate per machine hour

Machinenstundensatzrechnung *f* machine hour accounting

Materialeinzelkosten *fpl* direct material, direct material cost

Materialgemeinkosten *fpl* materials overhead, materials handling overhead

Materialagemeinkostenzuschlag *m* materials overhead rate

Materialkosten *fpl* cost of material, material cost

Materialpreisabweichung *f* materials price variance

Materialverbrauchsabweichung *f* materials usage variance

mengenabhängig volume related

Mengenabweichung *f* quantity variance, usage variance

Mischkalkulation *f* compensatory costing, compensatory pricing

Nachkalkulation *f* actual costing, actual cost calculation, statistical cost accounting

Nebenprodukt *n* by-product, spinoff

negative Abweichung *f* adverse variance

Normalkosten *fpl* normal cost

Normalkostenrechnung *f* normal costing

Normalkostensatz *m* normal cost rate

Opportunitätskosten *fpl* opportunity cost, shadow price

Planbeschäftigung *f* budgeted hours, planned activity level

Plankostenrechnung *f* standard cost accounting

positive Abweichung *f* favourable variance, *(AE)* favorable variance

Preisabweichung *f* price variance

Preiskalkulation *f* cost-based pricing

Preisuntergrenze *f* lowest price limit

progressive Kosten *fpl* progressive costs

Prozesskostenrechnung *f* activity based accounting, activity based costing

relevante Kosten *pl* alternative costs, incremental costs, relevant costs

Rüstkosten *fpl* change-over cost

Rüstzeit *f* set-up time, change-over time

Schlüsselkosten *fpl* spread-type costs

Selbstkostenpreis *m* cost price

Sondereinzelkosten *fpl* special direct cost

– **Sondereinzelkosten der Fertigung** special direct manufacturing cost

– **Sondereinzelkosten des Vertriebs** special direct sales cost

sprungfixe Kosten *fpl* semi-fixed costs, stepped costs

Standardkostenrechnung *f* standard cost accounting

starre Plankostenrechnung *f* fixed-budget cost accounting

Teilkostenrechnung *f* direct costing, proportional cost accounting

teilproportionale Kosten *pl* semi-proportional costs

teilvariable Kosten *fpl* semi-variable costs

Überdeckung *f* favourable variance, overabsorption, *(AE)* favorable variance

Umlage *f* allocation *(der Kostenarten/of cost types)*; apportionment, assessment *(der allgemeinen Kostenstellen und der Hilfskostenstellen/of general and service cost centres)*

Umlagekostenart *f* assessment cost type

Umlageschlüssel *m* allocation formula, base of apportionment

Unterdeckung *f* underabsorption, unfavourable variance, *(AE)* unfavorable variance

variable Kosten *fpl* variable costs

Verbrauchsabweichung *f* spending variance, usage variance

Verkaufspreisziel *m* cost-based selling price target *(in der Zielkostenrechnung/in target costing)*

verrechnete Gemeinkosten *fpl* absorbed burden, absorbed overhead, allocated overhead

Verteilungsschlüssel *m* allocation base, allocation formula, apportionment rule, base of apportionment

Vertrieb *m* distribution, sales and distribution

– **Vertriebsbereich** *m* distribution function [sector], sales function [sector]

– **Vertriebsgemeinkosten** *fpl* distribution overhead, selling overhead

– **Vertriebsgemeinkostenzuschlag** *m* distribution overhead markup

– **Vertriebskosten** *fpl* cost of sales, distribution cost, *(AE)* selling expenses

– **Vertriebskostenstelle** *f* distribution cost centre, distribution department, *(AE)* sales cost center

Verursachungsprinzip *n* causing principle

Verwaltungsbereich *m* administration function [area, sector]

– **Verwaltungsgemeinkosten** *fpl* administration overhead

– **Verwaltungsgemeinkostenzuschlag** *m* administration overhead rate

Vollkosten *fpl* absorbed cost, full cost

Vollkostenrechnung *f* absorption costing, full costing, full cost accounting

Vorkalkulation *f* cost estimation, estimated cost calculation, preliminary costing

vorkalkulierte Kosten *fpl* estimated cost, predetermined costs

Zieleinkaufspreis *m* price before cash discount

Zielkosten *fpl* target costs

Zielkostenrechnung *f* target costing

Zusatzkosten *fpl* additionally absorbed costs

Zuschlagskalkulation *f* job costing, job order costing, order cost accounting, order cost system

Zuschlagsrechnung *f* absorption accounting

Zuschlagssatz *m* burden rate, costing rate, markon, overhead rate

Zweckaufwand *m* operating expense *(s. auch/ see also: aufwandsgleiche Kosten, Grundkosten)*

Zwischenkalkulation *f* interim calculation, intermediate cost estimation

16 16. Begriffe zu den Bestandteilen des Jahresabschlusses

Abschlussstichtag *m* balance sheet date, closing date, cutoff date, reporting date

Aktivposten *m* asset item, asset unit

Aktivseite *f* asset side, assets

Aktiva *npl* assets, asset side

Aufwendungen *pl* expense(s)

bestätigter Jahresabschluss *m* certified financial statements

Bestätigungsvermerk *m* audit [auditors'] certificate, audit opinion, audit report, auditors' opinion, auditors' report *(zum Jahresabschluss/on financial statements)*

– **eingeschränkter Bestätigungsvermerk** *m* qualified auditors' report

– **negativer Bestätigungsvermerk** *m* adverse audit opinion

– **versagter Bestätigungsvermerk** *m* non-affirmative auditors' report

Beurteilung *f* **der künftigen Entwicklung** assessment of the future development

Beurteilung *f* **des Prüfungsergebnisses** assessment of the results of the audit

Bewegungsbilanz *f* flow statement, statement of application of funds, sources-and-uses statement

Bilanz *f* balance sheet, *(BE)* accounts, statement of financial position at the end of period (IAS 1.10)

– **verkürzte Bilanz** *f* condensed balance sheet

– **Bilanz** *f* **in Kontenform** matrix balance sheet

Bilanz und Gewinn- und Verlustrechnung *f* package of accounting statements

Bilanzanlage *f* balance sheet supplement

Bilanzgliederung *f* balance sheet classification [format, layout], balance sheet structure

Bilanzierungshandbuch *n* accounting manual *(enthält Einzelheiten zur betrieblichen Bilanzpolitik und zur Vorgehensweise bei Ansatz und Bewertung/gives details of a business's accounting policies and procedures)*

Bilanzierungsmethode *f* accounting policy [method], accounting politics

Bilanzposition *f*, **Bilanzposten** *m* balance-sheet item, line item

– **über die Mindestgliederung hinausgehender Bilanzposten** additional line item

Bilanzprüfer *m* auditor (of a balance sheet)

Bilanzstichtag *m s.* Abschlussstichtag

– **am Bilanzstichtag** on balance sheet day

Bilanzstruktur *f* balance sheet structure

Bilanzsumme *f* balance-sheet totals, total assets and total liabilities

Bilanzvermerk *m* balance sheet note, below-the-line item

Buchwert *m* **(Ende) Vorjahr** prior-year carrying amount, prior-year ending balance

Buchwert *m* **zum 31.12.18** net book value, December 31, 18

Bundesanzeigerpublizität *f* announcement in Federal Gazette

Datum *n* **der erstmaligen Anwendung** effective date, effective transition

Entwicklungstätigkeit *f* development activity

Ertrag *m*, **Erträge** *mpl* income

Ertragsposten *m* income item, revenue item

Ertrags- *mpl* **und Aufwandsposten** *mpl* revenue and expense items

Fußnoten *fpl* **zu Bilanz und Gewinn- und Verlustrechnung** annotation to financial statements, footnotes, notes to financial statements

Gesamtkostenverfahren *n* expense format, *(AE)* cost-categories-oriented format, *(BE)* type-of-expenditure format, cost categories oriented format, cost-summary method, expenditure format, nature of expense method, presentation by nature, total cost format

Geschäftsbericht *m* annual report

Geschäftsjahr *n* accounting year, business year, fiscal year, operating cycle, trading year

– **während des Geschäftsjahres** during (fiscal) year

Geschäftsjahresschluss *m* end of accounting year

Gewinn- und Verlustrechnung *f* profit and loss statement, statement of earnings, income statement (IAS 1.10), statement of income, *(BE)* profit and loss account, *(BE)* trading and profit and loss account, statement of comprehensive income for the period (IAS 1)

Gewinn- und Verlustrechnung *f* **nach dem Umsatzkostenverfahren in Kurzform** *(AE)* condensed format statement

Größenklasse *f (§ 267 HGB)* group, size class, size classification, size criterion *(Anzahl Mitarbeiter, Bilanzsumme und Umsatzerlöse/defining size of labour force, capital and sales volume)*

handelsrechtlicher Jahresabschluss *m* financial statements

Jahresabschluss *m* annual accounts, annual statements (of account), year-end accounts, financial statements *(umfasst Bilanz, GuV, Eigenkapitalveränderungsrechnung, Cash-flow-Rechnung und Anhang/comprising balance sheet, income statement, statement of changes in equity, cash flow statement and notes)*

– **Jahresabschluss aufstellen [erstellen]** *v* prepare the financial statements, *(BE)* draw up the annual accounts

– **Jahresabschluss feststellen** *v* adopt [approve] the annual financial statements

Jahresabschlussprüfung *f* annual audit, audit of annual financial statements, *(BE)* audit of annual accounts

Jahresbericht *m* annual report

Kapitalflussrechnung *f* cash flow statement (IAS 1.10)

Kontenform *f* matrix form

Konzernabschlussprüfung *f* group audit

Konzernanhang *m* notes to group financial statements, *(BE)* notes to consolidated accounts

Konzernberichtswesen *n* group reporting

Konzerngeschäftsbericht *m* consolidated annual report

Offenlegung *f* disclosure, publication

Offenlegungspflicht *f* duty to disclose, disclosure requirement, reporting requirement

Passiva *npl* equity and liabilities, *(BE)* shareholders' equity and liabilities, liabilities, *(AE)* total equity and liabilities

Passivposten *m* liability item

Passivseite *f* liabilities side (of the balance sheet)

Position *f*, **Posten** *m* item *(z. B. Bilanzposten/e. g. balance sheet item)*

Prüfung *f* financial audit, audit

Prüfung *f* **bis zum Beleg** audit trail, accounting trail

Prüfungsbericht *m* accountant's report, long-form audit report

– **Prüfungsbericht** *m* **mit Bestätigung** *f* audit report and conclusions

Quartalsabschluss *m* quaterly financial statements, interim report, quaterly report

Rohbilanz *f* preliminary balance sheet

Schlussbilanz *f* closing balance sheet, end-of-year balance sheet, final balance sheet

Schlussbilanzkonto *n* closing balance sheet account

Staffelform *f* statement form, reporting form

Steuerbilanz *f* balance sheet for tax purposes, tax balance sheet, *(AE)* fiscal balance sheet

– **in der Steuerbilanz** *f* in tax accounts

Stufengliederung *f (der Gewinn- und Verlustrechnung § 275 HGB/of income statement according to section 275 German Commercial Code)* multiple step format

Tag *m* **der Bilanzerstellung** balance sheet closing day, date of preparation of the balance sheet

Überschuldungsbilanz *f* statement of overindebtedness

Umsatzkostenverfahren *n* cost of goods sold format, cost of sales format, cost of sales accounting format, income by function format, operational format, operations oriented format

Unterbilanz *f* adverse balance, deficit balance

unverkürzte Bilanz *f* unabbreviated balance sheet

Verkehrsziffern *fpl* totals *(eines Kontos oder der Bilanz/of an account or balance sheet)*

verkürzte Bilanz *f* abbreviated commercial balance sheet

Vermögensbilanz *f*, **Vermögensstatus** *m* assets and liabilities statement, statement of assets and liabilities

Vorjahr *n* previous year, prior year

vorläufige Bilanz *f* preliminary balance sheet

Wirtschaftsjahr *n 1.* business year, financial year; 2. fiscal year (in accordance with the calendar year)

Wirtschaftsprüfer *m* auditor, *(BE)* chartered accountant, CA, public accountant, *(AE)* certified public accountant, CPA

zusammengefasste Bilanz *f* condensed balance sheet

Zusatzinformation *f* ancillary information, annotation, footnote

Zwischenabschluss *m* interim financial report, interim financial statements

Zwischenberichterstattung *f* interim financial reporting *(IAS 34)*

17. Anhang 17

Anhang *m* notes to financial statements

– **im Anhang angeben** disclose in the notes

Anlagengitter *n*, **Anlagenspiegel** *m* fixed-assets analysis [statement], fixed-assets movement schedule

Anzahl *f* **Mitarbeiter** *(§ 267 HGB)* size of labour force, *(AE)* size of labor force

Aufsichtsrat *m* supervisory board

Berichterstattung *f* **über Beziehungen zu nahe stehenden Personen** related party disclosures

Bezüge *mpl (weiterer Begriff als Löhne und Gehälter)* emoluments, remuneration

Bilanzbericht *m* notes added to the balance sheet

Bilanzerläuterung *f* balance sheet note

Cash-Flow-Rechnung *f* cash flow statement

Eigenkapitalspiegel *m* siehe Eigenkapitalveränderungsrechnung

Eigenkapitalveränderungsrechnung *f* statement of changes in equity, statement of recognized gains and losses, changes in shareholders' equity (IAS 1.10)

Geschäftssegment *n* business segment

Gewinn *m* **pro Aktie vor Verwässerung** basic earnings per share

Information *f* **nach Bereichen** segmental information

Mitarbeiter *mpl*, **Mitarbeiterinnen** *fpl* employees, staff, staff members

Segmentberichterstattung *f (§ 297 Abs. 1 HGB)* segment reporting *(IAS 14)*

Segmentinformationen *fpl* segment information

Sekundärsegment *n* secondary reporting format, secondary market segment

Sitz *m* **der Firma** corporate seat [domicile]

Stammaktie *f* *(BE)* ordinary share, *(AE)* common stock

Umrechnungskurs *m* foreign exchange rate, exchange rate

Umsatz *m* **nach Ländern** geographical allocation of turnover, *(AE)* geographical allocation of sales

Unternehmensgröße *f* size of firm [enterprise], *(AE)* size of the undertaking

Verbindlichkeiten *fpl* *(BE)* creditors, *(BE)* debts, liabilities, *(AE)* payables

– **Verbindlichkeiten mit einer Restlaufzeit bis zu einem Jahr** liabilities falling due within one year

– **Verbindlichkeiten mit einer Restlaufzeit von mehr als fünf Jahren** liabilities falling due after more than five years

Vergleichszahlen *fpl* benchmark figures, comparative figures

verwässerter Gewinn *f* **je Aktie** diluted earnings per share

Vorstand *m* management board, managing board

Vorstandsvorsitzender *m* chairman of the board of management, managing director

Vorzugsaktie *f* *(BE)* preference share, *(AE)* preferred stock

18 ## 18. Anlagenspiegel *m*, Anlagengitter *n*

Abgänge mpl **im Geschäftsjahr** disposals, retirements

Abschreibung *f* **für das laufende Jahr** depreciation for the (current) year

Abschreibungen *fpl* **kumuliert** accumulated depreciation, cumulative depreciation, (cumulative) amortization and write-downs

Anlagenspiegel *m*, **Anlagengitter** *n (§ 268 Abs. 2 HGB)* fixed-assets analysis, fixed assets statement

Buchwert *m* **am Ende des Jahres** depreciated [net] book value at the end of year

historische Anschaffungs- oder Herstellungskosten *pl* historical cost, original cost

kumulierte Abschreibungen *fpl* **am Ende des Jahres** cumulative depreciation amounts at the end of year

Umbuchungen *fpl* book transfers, reclassifications, repostings

Zugänge *mpl* **im Geschäftsjahr** additions, additions during fiscal year

Zuschreibungen *fpl* reinstated depreciation, value make-good, write-up, increased valuation on previous balance sheet figures

19 ## 19. Lagebericht

Auftragsbestand *m* orders on hand, order volume

Auftragseingänge *mpl* order bookings, orders received, incoming orders

Berichterstattung *f* disclosure, reporting

Bericht *m* **über die wichtigsten Ereignisse** highlight report

Entwicklungstätigkeit *f* development activities

Forschungstätigkeit *f* research activities

Forschungs- und Entwicklungskosten *pl* research and development cost, R&D cost

Geschäftsentwicklung *f* development of business

Investitionen *fpl* investments, capital expenditures

Jahreshauptversammlung *f* annual general meeting (of shareholders)

Kapitalverhältnisse *npl* capital structure

Lagebericht *m* annual report *(§ 289 HGB)*; directors' report, management's discussion and analysis, management report *(IAS 1.8)*, status report

Produktion *f* production

Risikoberichterstattung *f (§ 289 HGB)* risk reporting

Risikobewertung *f* risk appraisal, risk assessment, assessment of risks

Risikomanagement *n* exposure management, risk management

Verschuldung *f* indebtedness

voraussichtliche Entwicklung *f* expected development

wirtschaftliche Lage *f* economic situation

20. Akronyme 20

ABC activity based costing – Prozesskostenrechnung

ACAS Advisory, Conciliation and Arbitration Service *(BE)* – staatliche Schlichtungsstelle für die friedliche Beilegung von Arbeitskämpfen

AEA American Enterprise Association – Amerikanischer Unternehmerverband

AFL-CIO American Federation of Labor and Congress of Industrial Organisers – Dachverband der amerikanischen Industriegewerkschaften

AGM annual general meeting – Jahreshauptversammlung *(§ 188 ff. AktG)*

AICPA American Institute of Certified Public Accountants – Amerikanisches Institut der Wirtschaftsprüfer *(entwickelt Vorschläge zu Bilanzierungsfragen)*

AIS accounting information system – Buchhaltunginformationssystem *(unterstützt die Generierung und Verteilung von Buchhaltungsinformationen)*

AOCI accumulated other comprehensive income – Rücklage für nicht realisierte Gewinne

APB Accounting Principles Board – Abteilung des Amerikanischen Instituts der Wirtschaftsprüfer, zuständig für Regelungen zu Unternehmenszusammenschlüssen

APIC additional paid-in capital – Kapitalrücklage *(§ 272 II HGB, US-GAAP)*

ATT Association of Taxation Technicians – Verband britischer Steuerfachleute

AVCs additional voluntary contributions – freiwillige Zusatzbeiträge

B2B business to business – Geschäftsvorgänge zwischen Unternehmen

B2C business to consumer – Geschäftsvorgänge zwischen Unternehmen und Verbraucher

c/f carried forward – Übertrag

CA chartered accountant – Wirtschaftsprüfer

CAP Committee for Accounting Procedures – Ausschuss für Methoden der Rechnungslegung *(innerhalb des AICPA zuständig für die Regelungen gegen Unternehmenszusammenbrüche)*

CC Commercial Code, Code of Commerce – Handelsgesetzbuch (HGB)

CCAB Consultative Committee of Accountancy Bodies – beratender Ausschuss der Rechnungslegungsgremien

CCCTB Common Consolidated Corporate Tax Base – gemeinsame konsolidierte Körperschaftssteuer-Bemessungsgrundlage, GKKB, als einheitliche Grundlage für die Unternehmensbesteuerung

CDO collateralized debt obligations – besicherter Schuldtitel

CDS credit default swaps – Versicherung gegen einen Ausfall

CFO chief financial officer – Finanzdirektor

CFROI cash flow return on investment – Cashflow auf das investierte Kapital

CG corporate governance – Unternehmensführung

CGT capital gains tax – Kapitalertragsteuer, Kapitalzuwachssteuer

CGU cash generating units – Geschäftseinheiten zur Erzielung von Cashflows, d. h. Zahlungsmittel generierende Einheiten *(IAS 36)*

CIA certified internal auditor – Interner Revisor *(Titel wird vom Institute of Internal Auditors vergeben)*

CIMA Chartered Institute of Management Accountants – Institut der betrieblichen Rechnungsprüfer

CIPFA Chartered Institute of Public Finance and Accountancy – Britisches Institut für öffentliches Finanz- und Rechnungswesen

CIT corporate income tax – Körperschaftsteuer

CPA Certified Public Accountant, Chartered Management Accountant – Wirtschaftsprüfer *(mit CPA-Examen)*

CPM comparable profits method *(AE)* – Gewinnvergleichsmethode

CR Corporate Responsibility – körperschaftliche Verantwortung, unternehmerische Verantwortung

CSR Corporate Social Responsibility – soziale Verantwortung der Unternehmen

DCF discounted cash flow – diskontierter Einnahmenüberschuss

D/D direct debit(ing) – Abbuchung *(aufgrund einer Einzugsermächtigung)*

DP Discussion Papers – Diskussionspapiere *(abrufbar unter www.iasb.org)*

EBIT earnings before interest and taxes – Gewinn nach Hinzurechnung der Steuern und Zinsen und Abzug der außerordentlichen Aufwendungen und Erträge

EBITA earnings before interest, taxes and amortization – Gewinn vor Zinsen, Steuern und Abschreibungen auf den Geschäfts- oder Firmenwert

EBITDA earnings before interest, taxes, depreciation and amortization – Gewinn vor Zinsen, Steuern, Abschreibungen auf Sachanlagen und Abschreibungen auf den Geschäfts- oder Firmenwert

EBT earnings before taxes – Gewinn vor Steuern

EC European Community – Europäische Gemeinschaft

ED exposure draft – Entwurf eines neuen Standards, Vorentwurf eines IFRS *(abrufbar unter www.iasb.org)*

EDP electronic data processing – elektronische Datenverarbeitung

EEIG European Economic Interest Grouping – Europäische wirtschaftliche Interessenvereinbarung

E&OE errors and omissions excepted – Irrtum und Auslassung vorbehalten

EOQ economic order quantity – wirtschaftliche Bestellmenge

EPS earnings per share – Ergebnis je Aktie *(IAS 33.66)*

ERP enterprise resource planning – Planung der Unternehmensressourcen

ESOP employee share ownership plan – Mitarbeiterbeteiligung

EV enterprise valuation – Unternehmensbewertung

enterprise value – Unternehmenswert

F framework – Grundsätze, Rahmenkonzept, Rahmenwerk *(z. B. die Grundsätze der IASB-Rechnungslegung)*

FAS Financial Accounting Standards – Grundsätze ordnungsmäßiger Buchführung, GoB

FASB Financial Accounting Standards Board – Kommission für die Entwicklung und Überwachung der Grundsätze ordnungsmäßiger Buchführung

FRS Financial Reporting Standards – Grundsätze zur Bilanzierung, Bewertung und Darstellung in Abschlüssen

GAAP Generally Accepted Accounting Principles – Grundsätze ordnungsmäßiger Buchführung, GoB

GAS German Accounting Standards – Rechnungslegungsgrundsätze für deutsche Unternehmen *(z. B. der GoB)*

Governmental Accounting Standards – Rechnungslegungsgrundsätze für Unternehmen mit Beteiligung der öffentlichen Hand

GASB German Accounting Standards Board – Deutscher Standardisierungsrat, DSR

GASC German Accounting Standards Committee – Deutscher Ausschuss für Rechnungslegungsstandards

GL general ledger – Hauptbuch, Sachbuch

IAS International Accounting Standards – Internationale Rechnungswesengrundsätze *(Weltstandard für die internationale Bilanzierung)*

IASB International Accounting Standards Board – Internationale nicht-staatliche Fachorganisation aus Vertretern der mit der Rechnungslegung befassten Berufsverbände, des Berufsstandes der Wirtschaftsprüfer sowie Vertretern der Unternehmen, die internationale Rechnungslegungsgrundsätze festlegen

IASC International Accounting Standards Committee – Internationaler Ausschuss für Rechnungswesenstandards, Rat für die Verbesserung und Angleichung von Rechnungslegungsvorschriften auf internationaler Ebene

IASF International Accounting Standards Committee Foundation – unabhängige Dachorganisation der Standardsetter in den USA *(2001 abgelöst durch das IASB)*

IC invested capital – Kapitaleinsatz, gebundenes Kapital

ICAEW Institute of Chartered Accountants of England and Wales – Institut der Wirtschaftsprüfer von England und Wales

IFAC International Federation of Accountants – Internationaler Verband der Wirtschaftsprüfer *(Sitz in New York)*

IFRIC International Financial Reporting Interpretations Committee – Komitee zuständig für die Auslegung internationaler Rechnungslegungstandards

IFRS International Financial Reporting Standard(s) – Internationale Rechnungswesengrundsätze

IOA impairment-only approach – ausschließlich außerplanmäßige Abschreibung

IOU I Owe You *(auch: I.O.U.)* – Schuldschein *(syn: certificate of indebtedness, §§ 371, 952 BGB)*

IRS International Revenue Service – Bundesbehörde der USA für die Erhebung der Bundessteuern und die Ermittlung in Steuerstrafsachen

ISA International Standards of Auditing – Weltstandard für internationale Abschlussprüfungen

ITC input tax credit – Vorsteuerguthaben

JIG Joint International Group – beratendes Gremium aus Finanz-/Bilanzexperten internationaler Konzerne

KPI Key Performance Indicator – Kennzahl, Leistungskennzahl

LCM lower of cost or market – Niederstwert *(§ 253 II HGB)*

LIFO last in – first out – Lifo-Methode *(unterstellt bei der Vorratsbewertung, dass die zuletzt an Lager gegangenen Posten zuerst wieder entnommen werden; § 258 HGB, § 6 I EStG)*

LOFO lowest in – first out – Lofo-Methode *(unterstellt bei der Vorratsbewertung, dass die Vorräte mit den niedrigsten Einstandspreis zuerst wieder das Lager verlassen)*

MD&A managements discussion and analysis – Lagebericht *(IAS 1.8, kein Pflichtbestandteil des Abschlusses nach US-GAAP)*

MIS management information system – Management-Informationssystem

MTT municipal trade tax – kommunale Gewerbesteuer

n.a., n/a not applicable – nicht anwendbar

NOPAT net operating profit after taxes – Nettobetriebsgewinn nach Steuern

NPAE non-publicity accountable entities – kleine und mittelgroße Unternehmen ohne besondere Offenlegungspflichten

NPV net present value – Kapitalwert, Nettobarwert

NRV net realizable value – Nettorealisationswert, Nettoveräußerungspreis, retrograder Wert *(IAS 2.4)*

OCI other comprehensive income – sonstiges Ergebnis *(nicht realisierte bzw. nicht ausgewiesene Gewinne oder Verluste neben dem ausgewiesenen Jahresüberschuss)*

OCR optical character regognition – optische Zeichenerkennung

OECD Organization for Economic Cooperation and Development – Organisation für wirtschaftliche Zusammenarbeit und Entwicklung *(mit Sitz in Paris)*

P&L Profit and Loss – Gewinn und Verlust

PAYE pay as you earn – Quellenabzug der Lohnsteuer

PAYG pay as you go – Quellenabzug der Lohnsteuer in den USA

PBO projected benefit obligation – Pensionsverpflichtung bzw. Pensionsrückstellung bezogen auf das künftige Gehaltsniveau

PCAOB Public Company Accounting Oversight Board – Aufsichtsbehörde für die Festlegung der Prüfungsstandards für Kapitalgesellschaften in den USA

P/E, PER price-to-earnings ratio – Kurs-Gewinn-Verhältnis

R&D research and development – Forschungs- und Entwicklungskosten *(IAS 1.99)*

ROCE return on capital employed – Kapitalrentabilität, Rentabilität des betriebsnotwendigen Kapitals

ROE return on equity – Eigenkapitalrentabilität

ROI return on investment – Gesamtkapitalrentabilität

SEC Securities & Exchange Commission – Börsenaufsichtsbehörde

SFAC Statements of Financial Accounting Concepts – Zusammenfassung der US-amerikanischen Grundsätze zur externen Rechnungslegung

SFAS Statement of Financial Accounting Standards – Teil der US-GAAP Rechnungslegungsstandards

SIC Standing Interpretations Committee – Komitee zur Klärung von Zweifelsfragen zu den bestehenden Rechnungswesen-Standards *(2001 umbenannt in IFRIC)*

SME(s) small and medium-sized entities – kleine und mittelgroße Unternehmen

S/O standing order – Dauerauftrag

SOX Sarbanes-Oxley Act – Gesetz zur Finanzberichterstattung in den USA

SPE special purpose entity – Zweckgesellschaft

TIEA Tax Information Exchange Agreement – Musterabkommen zum Informationsaustausch in Steuerfragen

TIN taxpayer identification number – Steuernummer

US-GAAP US-Generally Accepted Accounting Principles – US-amerikanische Rechnungslegungsvorschriften

VAT value-added tax – Mehrwertsteuer

WIP work in process *(AE)*, work in progress *(BE)* – Fertigungsumlauf, unfertige Erzeugnisse

ZBB zero-based budgeting – bei Null beginnender Planungsprozess *(Planung „auf der grünen Wiese")*

21. Bilanz und Gewinn- und Verlustrechnung nach HGB 21

Gliederung der Bilanz (§§ 266, 250 Abs. 3, 269, 272, 273, 274 Abs. 2 HGB) **Balance sheet classification (sections 266, 250(3), 269, 272, 273, 274(2) HGB)**		
Aktiva	**Assets**	§ HGB
A. Anlagevermögen I. Immaterielle Vermögensgegenstände 1. Selbst geschaffene gewerbliche Schutzrechte und ähnl. Rechte und Werte 2. entgeltlich erworbene Konzessionen, gewerbliche Schutzrechte und ähnliche Rechte und Werte	A. Fixed assets I. Intangible fixed assets 1. Self-created industrial property rights and similar rights and values 2. acquired concessions and industrial property rights and similar rights and values as well as licences in such rights and assets	247

Aktiva	Assets	§ HGB
sowie Lizenzen an solchen Rechten und Werten	3. Goodwill	
3. Geschäfts- oder Firmenwert	4. Prepayments	
4. geleistete Anzahlungen		
II. Sachanlagen	II. Tangible fixed assets	
1. Grundstücke, grundstücksgleiche Rechte und Bauten einschließlich der Bauten auf fremden Grundstücken	1. Land, land rights and buildings, including buildings on third-party land	
2. technische Anlagen und Maschinen	2. Technical equipment and machinery	
3. andere Anlagen, Betriebs- und Geschäftsausstattung	3. Other equipment, operating and office equipment	
4. geleistete Anzahlungen und Anlagen im Bau	4. Prepayments and assets under construction	
III. Finanzanlagen	III. Long-term financial assets	
1. Anteile an verbundenen Unternehmen	1. Shares in affiliated companies	271 Abs. 2
2. Ausleihungen an verbund. Unternehmen	2. Loans to affiliated companies	271 Abs. 2
3. Beteiligungen	3. Other long-term equity investments	271 Abs. 1
4. Ausleihungen an Unternehmen, mit denen ein Beteiligungsverhältnis besteht	4. Loans to other long-term investees and investors	
5. Wertpapiere des Anlagevermögens	5. Long-term securities	
6. sonstige Ausleihungen	6. Other loans	
B. Umlaufvermögen	B. Current assets	247
I. Vorräte	I. Inventories	
1. Roh-, Hilfs- und Betriebsstoffe	1. Raw materials, consumables & supplies	
2. unfertige Erzeugnisse, unfertige Leistungen	2. Work in progress	
3. fertige Erzeugnisse und Waren	3. Finished goods and merchandise	
4. geleistete Anzahlungen	4. Prepayments	
II. Forderungen u. sonst. Vermögensgegenstände	II. Receivables and other assets	
1. Forderungen aus Lieferungen u. Leistungen	1. Trade receivables	
2. Forderungen gegen verbundene Unternehmen	2. Receivables from affiliated companies	
3. Forderungen gegen Unternehmen, mit denen ein Beteiligungsverhältnis besteht	3. Receivables from other long-term investees and investors	
4. sonstige Vermögensgegenstände	4. Other assets	
III. Wertpapiere	III. Securities	
1. Anteile an verbundenen Unternehmen	1. Shares in affiliated companies	
2. sonstige Wertpapiere	2. Other securities	

Aktiva	**Assets**	§ HGB
IV. Kassenbestand, Bundesbankguthaben, Guthaben bei Kreditinstituten und Schecks	IV. Cash-in-hand, central bank balances, bank balances and cheques	
C. Rechnungsabgrenzungsposten	C. Prepaid expenses	247, 250
D. Aktive latente Steuern	D. Deferred taxes	
E. Aktiver Unterschiedsbetrag aus Vermögensverrechnung	E. Active difference resulting from asset offsetting	

Passiva	**Equity and Liabilities**	§ HGB
A. Eigenkapital	A. Equity	247
I. Gezeichnetes Kapital	I. Subscribed capital	272 Abs. 1
II. Kapitalrücklage	II. Capital reserves	272 Abs. 2
III. Gewinnrücklagen	III. Revenue reserves	272 Abs. 3
1. gesetzliche Rücklage	1. legal reserve	§ 150 AktG
2. Rücklage für eigene Anteile	2. reserve for treasury shares	272 Abs. 4
3. satzungsmäßige Rücklagen	3. statutory reserves	
4. andere Gewinnrücklagen	4. other revenue reserves	
IV. Gewinnvortrag / Verlustvortrag	IV. Retained profits/accumulated losses brought forward	268
V. Jahresüberschuss/Jahresfehlbetrag	V. Net income/net loss for the financial year	
B. Rückstellungen	B. Provisions	249
1. Rückstellungen für Pensionen und ähnliche Verpflichtungen	1. Provisions for pensions and similar obligations	249
2. Steuerrückstellungen	2. Provisions for taxes	249
3. sonstige Rückstellungen	3. other provisions	249
C. Verbindlichkeiten	C. Liabilities	247
1. Anleihen	1. Bonds	
– davon konvertibel	– of which convertible	
2. Verbindlichk. ggü. Kreditinstituten	2. Liabilities to banks	
3. erhaltene Anzahlungen auf Bestellungen	3. Payments received on account of orders	
4. Verbindlichk. aus Lief. u. Leistungen	4. Trade payables	
5. Verbindlichk. aus der Annahme gezogener Wechsel u. der Ausstellung eigener Wechsel	5. Liabilities on bills accepted and drawn	
6. Verbindlichk. ggü. verbundenen Unternehmen	6. Liabilities to affiliated companies	271 Abs. 2
7. Verbindlichk. ggü. Unternehmen, mit denen ein Beteiligungsverhältnis besteht	7. Liabilities to undertakings in which the company has a participating interest	271 Abs. 1
8. sonstige Verbindlichkeiten	8. Other liabilities	
– davon aus Steuern	– of which taxes	
– davon im Rahmen der soz. Sicherheit	– of which relating to social security and similar obligations	
D. Rechnungsabgrenzungsposten	D. Deferred income	250 Abs. 2
E. Passive latente Steuern	E. Deferred taxes	247 Abs. 1

22

Gewinn- und Verlustrechnung nach dem Gesamtkostenverfahren (§ 275 Abs. 2 HGB) **Income Statement using the total cost method (section 275 (2) HGB)**		
1. Umsatzerlöse	1. Revenue [*BE:* turnover]	277 Abs. 1
2. Erhöhung oder Verminderung des Bestands an fertigen u. unfertigen Erzeugnissen	2. Increase or decrease in finished goods inventories and work in progress	277 Abs. 2
3. andere aktivierte Eigenleistungen	3. Own work capitalised [capitalized]	
4. sonstige betriebliche Erträge	4. Other operating income	
5. Materialaufwand	5. Cost of materials	
a) Aufwendungen für Roh-, Hilfs- u. Betriebsstoffe u. für bezogene Waren	a) Cost of raw materials, consumables and supplies, and of merchandise	
b) Aufwend. für bezogene Leistungen	b) Cost of purchased services	
6. Personalaufwand	6. Personnel expenses	
a) Löhne und Gehälter	a) Wages and salaries	
b) Soziale Abgaben u. Aufwendungen für Altersversorgung u. Unterstützung	b) Social security, post-employment and other employee benefit costs	
– davon für Altersversorgung	– of which in respect of old age pensions	
7. Abschreibungen	7. Depreciation, amortisation and write-downs	
a) auf immaterielle Vermögensgegenstände des Anlagevermögens u. Sachanlagen	a) Amortisation and write-downs of intangible fixed assets, depreciation and write-downs of tangible fixed assets	
b) auf Vermögensgegenstände des Umlaufvermögens, soweit diese die in der Kapitalgesellschaft üblichen Abschreibungen überschreiten	b) Write-downs of current assets to the extent that they exceed the write-downs that are usual for the corporation	
8. Sonstige betriebliche Aufwendungen	8. Other operating expenses	
9. Erträge aus Beteiligungen – davon aus verbundenen Unternehmen	9. Income from participating interests – of which from affiliated companies	
10. Erträge aus anderen Wertpapieren und Ausleihungen des Finanzanlage-Vermögens – davon aus verbundenen Unternehmen	10. Income from other long-term securities and loans – of which from affiliated companies	
11. sonstige Zinsen u. ähnliche Erträge – davon aus verbundenen Unternehmen	11. Other interest and similar income – of which from affiliated companies	
12. Abschreibungen auf Finanzanlagen u. auf Wertpapiere des Umlaufvermögens	12. Write-downs of long-term financial assets and current securities	
13. Zinsen u. ähnliche Aufwendungen – davon an verbundene Unternehmen	13. Interest payable and similar expenses – of which to affiliated companies	

14. Ergebnis der gewöhnlichen Geschäftstätigkeit 15. außerordentliche Erträge 16. außerordentliche Aufwendungen 17. außerordentliches Ergebnis 18. Steuern vom Einkommen u. vom Ertrag 19. sonstige Steuern 20. Jahresüberschuss/Jahresfehlbetrag	14. Profit/Loss on [result from] ordinary activities 15. Extraordinay income 16. Extraordinary expense 17. Extraordinary profit/loss [result] 18. Taxes on income 19. Other taxes 20. Net income/net loss for the year	277 Abs. 4 277 Abs. 4 278

23

Gewinn- und Verlustrechnung nach dem Umsatzkostenverfahren (§ 275 Abs. 3 HGB) Income Statement using the cost of sales method (section 275 (3) HGB)		
1. Umsatzerlöse 2. Herstellungskosten der zur Erzielung der Umsatzerlöse erbrachten Leistungen 3. Bruttoergebnis vom Umsatz 4. Vertriebskosten 5. allgemeine Verwaltungskosten 6. sonstige betriebliche Erträge 7. sonstige betriebliche Aufwendungen	1. Revenue *(BE:* turnover*)* 2. Cost of sales 3. Gross profit on sales 4. Selling expenses 5. General administration expenses 6. Other operating income 7. Other operating expenses	277 Abs. 1
Fortsetzung wie unter Gewinn- und Verlustrechnung nach dem Gesamtkostenverfahren		

22. Jahresabschluss nach IFRS 24

Ein IFRS-Jahresabschluss besteht aus folgenden Bestandteilen (IAS 1.10)	
Bilanz	statement of financial position as at the end of the period *(balance sheet)*
Gewinn- und Verlustrechnung	statement of comprehensive income for the period *(income statement)*
Eigenkapitalspiegel	statement of changes in equity for the period
Kapitalflussrechnung	statement of cash flows for the period
Anhang	notes

Mindestgliederung der Bilanz nach IFRS Minimum requirements of balance sheet structure in accordance with IAS 1.68	
Aktiva	Assets
Sachanlagen als Finanzinvestitionen gehaltene Immobilien immaterielle Vermögenswerte finanzielle Vermögenswerte nach der Equity-Methode bilanzierte Finanzanlagen biologische Vermögenswerte Vorräte Forderungen aus LuL und sonstige Forderungen Zahlungsmittel und Zahlungsmitteläquivalente	property, plant and equipment investment property intangible assets financial assets investments accounted for using the equity method biological assets inventories trade and other receivables cash and cash equivalents

Mindestgliederung der GuV nach IFRS (Gesamtkostenverfahren) Minimum requirements of income statement structure in accordance with IAS 1.78 ff. (income by nature format – manufacturing undertaking)	
Umsatzerlöse + sonstige Erträge +/– Bestandsveränderungen – Roh-, Hilfs- und Betriebsstoffaufw. – Personalaufwand – planmäßige Abschreibungen – andere Aufwendungen	Revenue + other operating income +/– changes in inventories – raw materials and consumables used – personnel expenses – (scheduled) depreciation and amortization – other operating expenses
Gewinn	Profit
+ Finanzergebnis + Ergebnis aus Beteiligungen, die nach der Equity-Methode bilanziert werden – Steueraufwendungen	+ finance costs + result from investments accounted for using the equity method – tax expenses
Ergebnis	profit or loss

Mindestgliederung der GuV nach IFRS (Umsatzkostenverfahren) Minimum requirements of income statement structure in accordance with IAS 1.78 ff. (cost of goods sold format – manufacturing undertaking)	
Umsatzerlöse – Umsatzkosten = Bruttogewinn + sonstige Erträge – Vertriebskosten – Verwaltungsaufwendungen – sonstige betriebliche Aufwendungen	Revenue – cost of goods sold = gross profit + other operating income – distribution costs – administration expenses – other operating expenses
Gewinn	Profit
+ Finanzergebnis + Ergebnis aus Beteiligungen, die nach der Equity-Methode bilanziert werden – Steueraufwendungen	+ finance costs + result from investments accounted for using the equity method – tax expenses
Ergebnis	profit or loss

Konsolidierte Bilanz und Gewinn- und Verlustrechnung nach IAS/IFRS

Konsolidierte Bilanz zum 31. Dezember in €'000	**Consolidated balance sheet as at 31 December in €'000**		IAS 1.8(a) IAS 1.46(b),(c) IAS 1.46(d),(e)
Aktiva	Assets	**€'000**	
Anlagevermögen	**Non-current assets**		IAS 1.51
Sachanlagen	Property, plant and equipment		IAS 1.68(a)
– Unbebaute Grundstücke	– Undeveloped land	100	IAS 16.37
– Grundstücke und Gebäude	– Land and buildings	400	i.V.m. IAS 1.72
– Maschinen u. maschinelle Anlagen	– Plant and machinery	400	
– Geschäftsausstattung	– Fixtures and fittings	200	
Als Finanzanlagen gehaltene Immobilien	Investment property	10	IAS 1.68(b)
Geschäfts- oder Firmenwert	Goodwill	10	IAS 1.69
Sonstige immaterielle Anlagen	Other intangible assets		IAS 1.68(c)
– Markenrechte	– Trade mark rights	10	IAS 38.119,
– EDV-Software	– EDP-software	10	i.V.m. IAS 1.72
– Lizenzen	– Licences (*AE:* licenses)	10	
Überschuss aus Verschmelzung	Negative Goodwill	10	IAS 1.69
Beteiligungen	Other long-term equity investments		IAS 1.68(e)
– Anteile an assoziierten Unternehmen	– Shares in associated undertakings	20	IAS 28.13(e)
– Gemeinsam geführte Unternehmen	– Common managed undertakings	20	IAS 31.38
Zur Veräußerung verfügbare Anlagen	Available-for-sale investments	20	IAS 1.69
Forderungen aus Finanzierungsleasing	Finance lease receivables	200	IAS 1.69
Aktiver Steuerabgrenzungsposten	Deferred tax assets	10	IAS 1.68(n) i.V.m. IAS 1.51 u. 1.70
Derivative Finanzierungsinstrumente	Derivative financial instruments	10	IAS 1.69
Summe Anlagevermögen	**Total non-current assets**	1 440	
Umlaufvermögen	**Current assets**		IAS 1.51
Vorräte	Inventories		IAS 1.68(g)
– Erhaltene Anzahlungen auf Vorräte	– Customer advances	10	IAS 11.42 (a)
– Roh-, Hilfs- und Betriebsstoffe	– Raw materials and consumables	50	IAS 1.68(g)
– Unfertige Erzeugnisse	– Unfinished products	50	i.V.m. IAS 1.72
– Fertigerzeugnisse	– Finished products	50	
– Handelswaren	– Goods for resale	50	
Forderungen aus Finanzierungsleasing	Finance lease receivables	50	IAS 1.69
Forderungen aus Lief. u. Leistungen	Trade receivables	200	IAS 1.68(h)
Sonstige Forderungen	Other receivables	100	IAS 1.68(h)
Zum Verkauf gehaltene Beteiligungen	Investments held for trading	30	IAS 1.69

Aktiva	Assets	€'000	
Derivative Finanzierungsinstrumente	Derivative financial instruments	10	IAS 1.69
Zahlungsmittel und Zahlungsmitteläquivalente	Cash and cash equivalents	20	IAS 1.68(i) i. V. m. IAS 1.57(d)
Zur Veräußerung bestimmte Vermögensgegenstände	Assets classified as held for sale	10	IAS 1.68A(a)
Summe Umlaufvermögen	Total current assets	630	
Bilanzsumme	**Total assets**	2 070	

Passiva	Equity and liabilities	€'000	
Gezeichnetes Kapital u. Rücklagen	**Capital and reserves**		IAS 1.68(p)
Gezeichnetes Kapital	Share capital	250	IAS 1.69
Kapitalrücklage	Capital reserves	50	IAS 1.69
Neubewertungsrücklage	Revaluation reserves		IAS 1.69
– Immat. Vermögensgegenstände	– Intangible Assets	20	IAS 38.35, 38.36
– Sachanlagen	– Property, plant and equipment	100	IAS 16.39
Rücklage für Kurssicherungs- und Währungsumrechnungsdifferenzen	Hedging and translation reserves	(20)	IAS 1.69, IAS 21
Thesaurierter Gewinn	Retained earnings	270	IAS 1.69
Den Anteilseignern der Muttergesellschaft zuzuordnendes Eigenkapital	Equity attributable to equity holders of the parent	670	
Minderheitsbeteiligung	Minority interest	10	IAS 1.68(o)
Summe Eigenkapital	Total equity	680	IAS 1.69
Langfristige Verbindlichkeiten	**Non-current liabilities**		IAS 1.51, 1.69
Darlehen von Kreditinstituten	Bank loans	700	IAS 1.69
Wandelschuldverschreibungen	Convertible bonds	30	IAS 1.69
Pensionsverpflichtungen	Retirement benefit obligation	60	IAS 1.69
Rückstellungen für latente Steuern	Deferred tax liabilities	20	IAS 1.68(n) i. V. m. IAS 1.51, 1.70
Verbindlich. aus Finanzierungsleasing	Obligations under finance leases	2	IAS 1.69
Dividendenverbindlichkeiten	Liability for share-based payments	8	IAS 1.69
Langfristige Rückstellungen	Non-current provisions	10	IAS 1.69(k)
Summe langfristige Verbindlichkeiten	Total non-current liabilities	830	

Kurzfristige Verbindlichkeiten	**Current Liabilities**		IAS 1.51, 1.69
Verbindlichk. aus Liefe. u. Leistungen	Trade payables	300	IAS 1.68(j), 1.61
Sonstige Verbindlichkeiten	Other liabilities	20	IAS 1.68(j), 1.61
Verbindlichkeiten aus Steuern	Current tax liabilities	20	IAS 1.68(m)
Verbindlichk. aus Finanzierungsleasing	Obligations under finance leases	3	IAS 1.69
Kurzfristige Bankverbindlichkeiten	Bankoverdrafts and loans	200	IAS 1.69
Kurzfristige Rückstellungen	Current provisions	10	IAS 1.68(k)
Derivative Finanzinstrumente	Derivative financial instruments	1	IAS 1.69
Verbindlichkeiten aus dem Verkauf bestimmter Vermögensgegenstände	Liabilities directly associated with assets classified as held for sale	6	IAS 1.68A(b)
Summe langfristige Verbindlichkeiten	Total non-current liabilities	560	
Summe der Verbindlichkeiten	**Total liabilities**	1 390	
Bilanzsumme	**Total equity and liabilities**	2 070	

25

Konsolidierte Gewinn- und Verlustrechnung (Gesamtkostenverfahren) für das Geschäftsjahr	**Consolidated income statement for the year ended (Expenditure format) 31 December**	**€'000**	IAS 8(b) IAS 1.46(b),(c) IAS 1.46(d),(e)
Laufende Geschäftstätigkeit	**Continuing operations**		
Umsatzerlöse	Revenue	2 000	IAS 1.81(a)
Sonstige betriebliche Erträge	Other operating income	20	IAS 1.88
Erhöhung oder Vermind. des Bestands an fertigen u. unfertigen Erzeugnissen	Changes in inventories of finished goods and work in progress		IAS 1.88
		5	IAS 1.88
Roh-, Hilfs- und Betriebsstoffe	Raw materials & consumables used	(1 280)	IAS 1.88
Personalaufwand	Personnel expenses	(400)	IAS 1.88
Abschreibungen auf immat. Vermögensgegenstände und Sachanlagen	Depreciation & amortisation expense	(60)	IAS 1.88
Sonstige betriebliche Aufwendungen	Other operating expenses	(50)	IAS 1.88
Betriebsergebnis	Operating profit	235	IAS 1.83
Erträge aus Beteiligungen	Share of associates' profit	20	IAS 1.81(c)
Erträge aus Finanzanlagevermögen	Investment revenues	5	IAS 1.83
Sonstige Gewinne und Verluste	Other gains and losses	(10)	IAS 1.83
Finanzierungskosten	Finance costs	(50)	IAS 1.81(b)
Ergebnis vor Steuern	Profit before tax	200	IAS 1.83
Steuern vom Einkommen u. vom Ertrag	Income tax expense	(32)	IAS 1.81(d)
Ergebnis aus laufender Geschäftstätigkeit	Profit for the year from continuing operations	168	IAS 1.83

Aufgegebene Bereiche	**Discontinued operations**		
Ergebnis aus aufgegebenen Bereichen	Profit for the year from discontinued operations	21	IAS 1.81(e)
Jahresgewinn	**Profit for the year**	189	IAS 1.81(f)
Davon entfallen auf:	Attributable to:		
Anteilseigner des Mutterunternehmens	Equity holders of the parent	188	IAS 1.82(b)
Minderheitsbeteiligungen	Minority interest	1	IAS 1.82(a)

	Gewinn je Aktie	**Earnings per share**		IAS 33.66
26	Aus laufender Tätigkeit und aufgegebenen Bereich	From continuing & discontinued operations		
	– Gewinn vor Verwässerung	– basic	0,624 €	
	– Verwässerter Gewinn	– diluted	0,485 €	
	Aus laufender Tätigkeit	From continuing operations		
	– Gewinn vor Verwässerung	– basic	0,557 €	
	– Verwässerter Gewinn	– diluted	0,434 €	

	Konsolidierte Gewinn- und Verlustrechnung (Umsatzkostenverfahren) für das Geschäftsjahr	**Consolidated income statement for the year ended (Cost of sales format) 31 December**	**€'000**	IAS 8(b) IAS 1.46(b),(c) IAS 1.46(d),(e)
27	**Laufende Geschäftstätigkeit**	**Continuing operations**		
	Umsatzerlöse	Revenue	2 000	IAS 1.81(a)
	Herstellungskosten des Umsatzes	Cost of sales	1 400	IAS 1.88
	Bruttoergebnis vom Umsatz	Gross profit	600	IAS 1.83
	Sonstige betriebliche Erträge	Other operating income	20	IAS 1.88
	Vertriebskosten	Distribution costs	(190)	IAS 1.88
	Allgemeine Verwaltungskosten	Administration expenses	(170)	IAS 1.88
	Sonstige betriebliche Aufwendungen	Other operating expenses	(25)	IAS 1.88
	Betriebsergebnis	Operating profit	235	IAS 1.83
	Erträge aus Beteiligungen	Share of associates' profit	20	IAS 1.81(c)
	Erträge aus Finanzanlagevermögen	Investment revenues	5	IAS 1.83
	Sonstige Gewinne und Verluste	Other gains and losses	(10)	IAS 1.83
	Finanzierungskosten	Finance costs	(50)	IAS 1.81(b)
	Ergebnis vor Steuern	Profit before tax	200	IAS 1.83
	Steuern vom Einkommen u. vom Ertrag	Income tax expense	(32)	IAS 1.81(d)
	Ergebnis aus laufender Geschäftstätigkeit	Profit for the year from continuing Operations	168	IAS 1.83
	Aufgegebene Bereiche	**Discontinued operations**		
	Ergebnis aus aufgegebenen Bereichen	Profit for the year from discontinued operations	21	IAS 1.81(e)
	Jahresgewinn	**Profit for the year**	189	IAS 1.81(f)
	Fortsetzung wie unter Gewinn- und Verlustrechnung nach dem Gesamtkostenverfahren.			

23. Internet-Adressen 28

Accountancy (News)	www.accountancymag.co.uk
Accountancy Age (News)	www.accountancyage.com/news
Accountancy – UK (News)	www.accountancy-uk.co.uk
Accounting Investigation and Discipline Board	www.asb.org.uk/aidb
Accounting Standards Board	www.asb.org.uk/asb
AccountingWEB (News)	www.accountingweb.co.uk/news
American Accounting Association	www.aaahq.org
American Institute of Certified Public Accountants	www.aicpa.org
Association of Accounting Technicians	www.aat.org.uk
Association of Administrative Professionals	www.iaap-hq.org
Association of Chartered Certified Accountants	www.acca.co.uk
Association of Corporate Treasurers	www.treasurers.org
Association of International Accountants	www.aia.org.uk
Association of Taxation Technicians	www.att.org.uk
Auditing Practices Board	www.asb.org.uk/apb
Außenhandelskammer	www.ihk.de
Auswärtiges Amt	www.auswaertiges-amt.de
Bank of England	www.bankofengland.co.uk
British Accounting Association	www.shef.ac.uk/-baa
Bundesamt für Finanzen	www.bff-online.de
Bundesfinanzhof	www.jura.uni-sb.de/Entscheidungen/ Bundesgerichte/BFH/index.html
Bundesfinanzministerium	www.bundesfinanzministerium.de
Bundesministerium für Wirtschaft	www.bmwi.de
Bundesstelle für Außenhandelsinformationen	www.bfai.com
Business-channel	www.business-channel.de
Canadian Institute of Chartered Accountants	www.cica.ca
CELEX	http://europa.eu.int/celex
Chartered Institute of Management Accountants	www.cimaglobal.com
Chartered Institute of Public Finance and Accounting	www.cipfa.org.uk
Chartered Institute of Taxation	www.tax.org.uk
Confederation of Asian and Pacific Accountants	www.capa.com.my
Confédération Fiscale Européenne, CFE	www.tax.org-uk/cfe

DATEV eG	www.datev.de
Deutsche Bibliothek	www.dnb.de
Deutsches Rechnungslegungs-Standard Committee e.V.	www.drsc.de
DIHT	www.diht.de
Ernst & Young	www.ey.com
EUR-Lex	http://europa.eu/eur-lex/
Europa	http://europa.eu.int
Europäische Union (Anwendung intern. Rechnungsgrundsätze)	www.europa.eu.int
European Central Bank	www.ecbt/int
European Financial Reporting Advisory Group	www.efrag.org
European Public Real Estate Association	www.epra.com
European Union Institutions	www.europarl.eu./institutions/en/
Excite (de)	www.excite.de
Excite (fr)	www.fr.excite.com
Excite (uk)	www.uk.excite.com
Excite (us)	www.excite.com
Fédération des Experts Comptables Européens	www.fee.be
Financial Accounting Standards Advisory Council (USA)	www.fasb.org/fasac
Financial Accounting Standards Board (USA)	www.fasb.org
Financial Reporting Council	www.asb.org.uk
Financial Reporting Review Panel	www.asb.org.uk/frrp
Friedrich Kiehl Verlag	www.kiehl.de
HM Treasury	www.hm-treasury.gov.uk
Inland Revenue	www.hmrc.gov.uk
Institut der Wirtschaftsprüfer	www.idw.de
Institut für Mittelstandsforschung, Bonn	www.ifm-bonn.de
Institute of Chartered Accountants in England and Wales	www.icaew.co.uk
Institute of Chartered Accountants in Ireland	www.icai.org.uk
Institute of Chartered Accountants in Scotland	www.icas.org.uk
Institute of Financial Accounts	www.ifa.org.uk
Institute of Internal Auditors	www.theiia.org
Institute of Management Accountants	www.imanet.org
International Accounting Standards Board	www.iasb.org.uk

International Accounting Standards Committee Foundation	www.iasc.org.uk
International Association for Accounting Education and Research	www.iaaer.org
International Association of Book-keepers	www.iab.org.uk
International Auditing and Assurance Standards Board	www.ifac.org/iaasb
International Federation of Accountants	www.ifac.org
International Financial Reporting Interpretations Committee	www.iasb.org/about/ifric
International Organization of Securities Commissions	www.iosco.org
International Revenue Service (USA)	www.irs.gov
Langenscheidt Fachverlag	www.langenscheidt.de
LEXIS-NEXIS	www.lexisnexis.com
Multilingual Glossary von Summertown	www.summertown.co.uk
Nachrichten zur internationalen Rechnungslegung	www.iasplus.de
National Association of Accountants (USA)	www.nsacct.org
New York Stock Exchange (Glossary)	www.nyse.com
NWB Verlag	www.nwb.de
Office for National Statistics	www.statistics.gov.uk
PricewaterhouseCoopers	www.pwc.de
Securities and Exchange Commission	www.sec.gov
Standards Advisory Council	www.iasb.org/about/sac
Statistisches Amt der Europäischen Gemeinschaften	http://europa.eu.int/en/comm/eurostat/servde/home.htm
Statistisches Bundesamt für Deutschland	www.destatis.de
Tax and Accounting	www.taxsites.com/international
USA Online	www.usaol.com
WhoWhere (sucht E-Mail-Adressen international)	www.whowhere.com
Wirtschaftsprüferkammer	www.wpk.de
World Congress of Accountants	www.wcoa2018.sydney
Yahoo TaxCenter	http://finance.yahoo.com

STICHWORTVERZEICHNIS

Die in Klammern gesetzten, fettgedruckten Ziffern verweisen auf das jeweilige Hauptkapitel, die nachfolgenden Ziffern auf die zugehörigen Randnummern.

E

F

G

H

I

J

K

M

N

O

P

Q

R

S

T

U

W